# BKI Baukosten 2022 Neubau
# Teil 1

# Statistische Kostenkennwerte für Gebäude

**BKI Baukosten 2022 Neubau**
**Statistische Kostenkennwerte für Gebäude**

BKI Baukosteninformationszentrum (Hrsg.)
Stuttgart: BKI, 2022

**Mitarbeit:**
Hannes Spielbauer (Geschäftsführer)
Brigitte Kleinmann (Prokuristin)
Dokumentation: Catrin Baumeister, Anna Bertling, Heike Elsäßer, Sabine Egenberger, Ramona Frey, Christiane Keck, Irmgard Schauer, Sibylle Vogelmann
Produktmanagement: Tabea Wessel, Yvonne Walz
Jeannette Sturm

**Fachautoren:**
Univ.-Prof. Dr.-Ing. Wolfdietrich Kalusche und Dr.-Ing. Sebastian Herke

**Layout, Satz:**
Marvin Bisceglie
Hans-Peter Freund
Thomas Fütterer

**Fachliche Begleitung:**
Beirat Baukosteninformationszentrum
Stephan Weber (Vorsitzender)
Markus Lehrmann (stellv. Vorsitzender)
Prof. Dr. Bert Bielefeld
Markus Fehrs
Andrea Geister-Herbolzheimer
Oliver Heiss
Prof. Dr. Wolfdietrich Kalusche
Martin Müller
Markus Weise

Alle Rechte, auch das der Übersetzung vorbehalten. Ohne ausdrückliche Genehmigung des Herausgebers ist es auch nicht gestattet, dieses Buch oder Teile daraus auf fotomechanischem Wege (Fotokopie, Mikrokopie) zu vervielfältigen sowie die Einspeisung und Verarbeitung in elektronischen Systemen vorzunehmen. Zahlenangaben ohne Gewähr.

© Baukosteninformationszentrum Deutscher Architektenkammern GmbH

Anschrift:
Seelbergstraße 4, 70372 Stuttgart
Kundenbetreuung: (0711) 954 854-0
Baukosten-Hotline: (0711) 954 854-41
Telefax: (0711) 954 854-54
info@bki.de   www.bki.de

Für etwaige Fehler, Irrtümer usw. kann der Herausgeber keine Verantwortung übernehmen.

# Vorwort

Die Planung der Baukosten bildet einen wesentlichen Bestandteil der Leistung der Architektenschaft. Eine der wichtigsten Elemente der Baukostenplanung ist die Ermittlung der Baukosten. Kompetente Kostenermittlungen beruhen auf qualifizierten Vergleichsdaten und Methoden. Daher gehört die Bereitstellung aktueller Daten zur Baukostenermittlung zu den wichtigsten Aufgaben des BKI seit seiner Gründung im Jahr 1996.

Nach DIN 276:2018-12, der wichtigsten Nom für die Kostenplanung im Bauwesen, müssen bereits bei der Kostenschätzung, die zur Entscheidung über die Vorplanung dient, die Gesamtkosten nach Kostengruppen in der zweiten Ebene der Kostengliederung ermittelt werden. Der vorliegende Band „BKI Baukosten 2022 Neubau Gebäude" enthält Kostenkennwerte für diese Kostenermittlungsstufe.

Die Fachbuchreihe „BAUKOSTEN NEUBAU" erscheint jährlich. Dabei werden alle Kostenkennwerte auf Basis neu dokumentierter Objekte und neuer statistischer Auswertungen aktualisiert. Die Kosten, Kostenkennwerte und Positionen dieser neuen Objekte tragen in allen drei Bänden zur Aktualisierung bei. Mit den integrierten „BKI Regionalfaktoren 2022" kann der Nutzer eine Anpassung der Bundesdurchschnittswerte an den jeweiligen Stadt- bzw. Landkreis seines Bauorts vornehmen.

Die Fachbuchreihe BAUKOSTEN Neubau 2022 (Statistische Kostenkennwerte) besteht aus den drei Teilen:
Baukosten Gebäude 2022 (Teil 1)
Baukosten Bauelemente 2022 (Teil 2)
Baukosten Positionen 2022 (Teil 3)

Die Bände sind aufeinander abgestimmt und unterstützen bei der Anwendung in allen Planungsphasen. Je Band sind ausführliche Erläuterung zur fachgerechten Anwendung enthalten.

Zur Bewertung aktueller Baukostenentwicklungen führen wir zusätzlich Befragungen zur regionalen Baukosten-Niveaus nach Leistungsbereichen durch. Die Ergebnisse stellen wir den Anwender*innen der BKI-Fachbuchreihe zur Verfügung, unter:
www.bki.de/baukostenentwicklungen.

Damit können die Risiken kurzfristiger Materialpreis- und Lohnkosten-Veränderungen verbessert prognostiziert werden, wie sie die normkonforme Kostenplanung nach DIN 276 verlangt.

Weitere Praxistipps und Hinweise werden in den BKI-Workshops und im "Handbuch Kostenplanung im Bauwesen" vermittelt. Informationen zur Termin- und Bauzeitplanung finden Sie im "Handbuch Terminplanung für Architekten".

Der Dank des BKI gilt allen Architektinnen und Architekten, die Daten und Unterlagen zur Verfügung stellen. Sie profitieren von der Dokumentationsarbeit des BKI und unterstützen nebenbei den eigenen Berufsstand. Die in Buchform veröffentlichten Architekt*innen-Projekte bilden eine fundierte und anschauliche Dokumentation gebauter Architektur, die sich zur Kostenermittlung von Folgeobjekten und zu Akquisitionszwecken hervorragend eignet.

Zur Pflege der Baukostendatenbanken sucht BKI weitere Objekte aus allen Bundesländern. Bewerbungsbögen zur Objekt-Veröffentlichung von Hochbauten und Freianlagen werden im Internet unter www.bki.de/projekt-veroeffentlichung zur Verfügung gestellt. Auch die Bereitstellung von Leistungsverzeichnissen mit Positionen und Vergabepreisen ist jetzt möglich, mehr Info dazu finden Sie unter www.bki.de/lv-daten.

Besonderer Dank gilt abschließend auch dem BKI-Beirat, der mit seiner Expertise aus der Praxis der Architektenschaft, den Architekten- und Ingenieurkammern, Normausschüssen und Universitäten zum Gelingen der BKI-Fachinformationen beiträgt.

Wir wünschen allen Anwender*innen der neuen Fachbuchreihe 2022 viel Erfolg in allen Phasen der Kostenplanung und vor allem eine große Übereinstimmung zwischen geplanten und realisierten Baukosten im Sinne zufriedener Bauherr*innen. Anregungen und Kritik zur Verbesserung der BKI-Fachbücher sind uns jederzeit willkommen.

*Hannes Spielbauer - Geschäftsführer*
*Brigitte Kleinmann - Prokuristin*

*Baukosteninformationszentrum*
*Deutscher Architektenkammern GmbH*
*Stuttgart, im Mai 2022*

# Inhalt

## Vorbemerkungen und Erläuterungen

| | Seite |
|---|---|
| **Einführung** | 8 |
| **Benutzerhinweise** | 8 |
| **Neue BKI Neubau-Dokumentationen 2021-2022** | 14 |
| **Erläuterungen zur Fachbuchreihe BKI BAUKOSTEN - Neubau** | 34 |
| **Erläuterungen der Seitentypen (Musterseiten)** | |
|     Kostenkennwerte für Kosten des Bauwerks | 46 |
|     Kostenkennwerte für Kostengruppen (1. und 2. Ebene) | 48 |
|     Kostenkennwerte für die Kostengruppe 700 Baunebenkosten | 50 |
|     Prozentanteile der Kosten für Leistungsbereiche nach STLB | 52 |
|     Planungskennwerte für Flächen und Rauminhalte DIN 277 | 54 |
|     Objektübersicht | 56 |
|     Standardeinordnung | 58 |
| **Auswahl kostenrelevanter Baukonstruktionen und Technischer Anlagen** | 60 |
| **Erläuterungen Baukostensimulationsmodell** | 64 |
| **Häufig gestellte Fragen** | |
|     Fragen zur Flächenberechnung | 70 |
|     Fragen zur Wohnflächenberechnung | 71 |
|     Fragen zur Kostengruppenzuordnung | 72 |
|     Fragen zu Kosteneinflussfaktoren | 73 |
|     Fragen zur Handhabung der von BKI herausgegebenen Bücher | 75 |
|     Fragen zu weiteren BKI Produkten | 77 |
| **Fachartikel von Univ.-Prof. Dr.-Ing. Wolfdietrich Kalusche und Dr.-Ing. Sebastian Herke** | |
|     „Orientierungswerte und frühzeitige Ermittlung der Baunebenkosten ausgewählter Gebäudearten" | 80 |
| **Abkürzungsverzeichnis** | 102 |
| **Gliederung in Leistungsbereiche nach STLB-Bau** | 104 |

## Kostenkennwerte für Gebäude

| | Seite |
|---|---|
| **Übersicht Kostenkennwerte für Gebäudearten** | |
|     Übersicht Kosten des Bauwerks (KG 300+400 DIN 276) in €/m² BGF | 106 |
|     Übersicht Kosten des Bauwerks (KG 300+400 DIN 276) in €/m³ BRI | 108 |
| **1  Büro- und Verwaltungsgebäude** | |
|     Standardeinordnung bei Büro- und Verwaltungsgebäuden | 112 |
|     Büro- und Verwaltungsgebäude, einfacher Standard | 116 |
|     Büro- und Verwaltungsgebäude, mittlerer Standard | 124 |
|     Büro- und Verwaltungsgebäude, hoher Standard | 144 |
| **2  Gebäude für Forschung und Lehre** | |
|     Instituts- und Laborgebäude | 156 |
| **3  Gebäude des Gesundheitswesens** | |
|     Medizinische Einrichtungen | 170 |
|     Pflegeheime | 182 |
|     Gebäude für Erholungszwecke | 192 |

## 4 Schulen und Kindergärten
### Schulen
| | |
|---|---|
| Allgemeinbildende Schulen | 198 |
| Berufliche Schulen | 218 |
| Förder- und Sonderschulen | 226 |
| Weiterbildungseinrichtungen | 234 |

### Kindergärten
| | |
|---|---|
| Kindergärten, nicht unterkellert | |
|     Standardeinordnung bei Kindergärten, nicht unterkellert | 242 |
|     Kindergärten, nicht unterkellert, einfacher Standard | 246 |
|     Kindergärten, nicht unterkellert, mittlerer Standard | 254 |
|     Kindergärten, nicht unterkellert, hoher Standard | 272 |
| Kindergärten, Holzbauweise, nicht unterkellert | 282 |
| Kindergärten, unterkellert | 296 |

## 5 Sportbauten
### Sport- und Mehrzweckhallen
| | |
|---|---|
| Sport- und Mehrzweckhallen | 304 |
| Sporthallen (Einfeldhallen) | 312 |
| Sporthallen (Dreifeldhallen) | 322 |
| Schwimmhallen | 334 |

## 6 Wohngebäude
### Ein- und Zweifamilienhäuser
| | |
|---|---|
| Ein- und Zweifamilienhäuser, unterkellert | |
|     Standardeinordnung bei unterkellerten Ein- und Zweifamilienhäusern | 338 |
|     Ein- und Zweifamilienhäuser, unterkellert, einfacher Standard | 342 |
|     Ein- und Zweifamilienhäuser, unterkellert, mittlerer Standard | 350 |
|     Ein- und Zweifamilienhäuser, unterkellert, hoher Standard | 366 |
| Ein- und Zweifamilienhäuser, nicht unterkellert | |
|     Standardeinordnung bei nicht unterkellerten Ein- und Zweifamilienhäusern | 386 |
|     Ein- und Zweifamilienhäuser, nicht unterkellert, einfacher Standard | 390 |
|     Ein- und Zweifamilienhäuser, nicht unterkellert, mittlerer Standard | 396 |
|     Ein- und Zweifamilienhäuser, nicht unterkellert, hoher Standard | 420 |
| Ein- und Zweifamilienhäuser, Passivhausstandard | |
|     Ein- und Zweifamilienhäuser, Passivhausstandard, Massivbau | 436 |
|     Ein- und Zweifamilienhäuser, Passivhausstandard, Holzbau | 448 |
| Ein- und Zweifamilienhäuser, Holzbauweise | |
|     Ein- und Zweifamilienhäuser, Holzbauweise, unterkellert | 462 |
|     Ein- und Zweifamilienhäuser, Holzbauweise, nicht unterkellert | 476 |

### Doppel- und Reihenhäuser
| | |
|---|---|
| Doppel- und Reihenendhäuser | |
|     Standardeinordnung bei Doppel- und Reihenendhäusern | 492 |
|     Doppel- und Reihenendhäuser, einfacher Standard | 496 |
|     Doppel- und Reihenendhäuser, mittlerer Standard | 502 |
|     Doppel- und Reihenendhäuser, hoher Standard | 512 |
| Reihenhäuser | |
|     Standardeinordnung bei Reihenhäusern | 520 |
|     Reihenhäuser, einfacher Standard | 524 |
|     Reihenhäuser, mittlerer Standard | 530 |
|     Reihenhäuser, hoher Standard | 538 |

## 6 Wohngebäude (Fortsetzung)

### Mehrfamilienhäuser

| | |
|---|---|
| Mehrfamilienhäuser, mit bis zu 6 WE | |
|     Standardeinordnung bei Mehrfamilienhäusern, mit bis zu 6 WE | 544 |
|     Mehrfamilienhäuser, mit bis zu 6 WE, einfacher Standard | 548 |
|     Mehrfamilienhäuser, mit bis zu 6 WE, mittlerer Standard | 556 |
|     Mehrfamilienhäuser, mit bis zu 6 WE, hoher Standard | 568 |
| Mehrfamilienhäuser, mit 6 bis 19 WE | |
|     Standardeinordnung bei Mehrfamilienhäusern, mit 6 bis 19 WE | 580 |
|     Mehrfamilienhäuser, mit 6 bis 19 WE, einfacher Standard | 584 |
|     Mehrfamilienhäuser, mit 6 bis 19 WE, mittlerer Standard | 590 |
|     Mehrfamilienhäuser, mit 6 bis 19 WE, hoher Standard | 606 |
| Mehrfamilienhäuser, mit 20 und mehr WE | |
|     Standardeinordnung bei Mehrfamilienhäusern, mit 20 und mehr WE | 616 |
|     Mehrfamilienhäuser, mit 20 und mehr WE, einfacher Standard | 620 |
|     Mehrfamilienhäuser, mit 20 und mehr WE, mittlerer Standard | 628 |
|     Mehrfamilienhäuser, mit 20 und mehr WE, hoher Standard | 642 |
| Mehrfamilienhäuser, Passivhäuser | 650 |
| Wohnhäuser, mit bis zu 15% Mischnutzung | |
|     Standardeinordnung bei Wohnhäusern, mit bis zu 15% Mischnutzung | 662 |
|     Wohnhäuser, mit bis zu 15% Mischnutzung, einfacher Standard | 666 |
|     Wohnhäuser, mit bis zu 15% Mischnutzung, mittlerer Standard | 672 |
|     Wohnhäuser, mit bis zu 15% Mischnutzung, hoher Standard | 682 |
| Wohnhäuser, mit mehr als 15% Mischnutzung | 692 |

### Seniorenwohnungen

| | |
|---|---|
| Standardeinordnung bei Seniorenwohnungen | 704 |
| Seniorenwohnungen, mittlerer Standard | 708 |
| Seniorenwohnungen, hoher Standard | 716 |

### Beherbergung

| | |
|---|---|
| Wohnheime und Internate | 722 |
| Hotels | 738 |

## 7 Gewerbegebäude

### Gaststätten und Kantinen

| | |
|---|---|
| Gaststätten, Kantinen und Mensen | 744 |

### Gebäude für Produktion

| | |
|---|---|
| Industrielle Produktionsgebäude, Massivbauweise | 756 |
| Industrielle Produktionsgebäude, überwiegend Skelettbauweise | 764 |
| Betriebs- und Werkstätten, eingeschossig | 772 |
| Betriebs- und Werkstätten, mehrgeschossig, geringer Hallenanteil | 780 |
| Betriebs- und Werkstätten, mehrgeschossig, hoher Hallenanteil | 790 |

### Gebäude für Handel und Lager

| | |
|---|---|
| Geschäftshäuser, mit Wohnungen | 800 |
| Geschäftshäuser, ohne Wohnungen | 808 |
| Verbrauchermärkte | 814 |
| Autohäuser | 822 |
| Lagergebäude, ohne Mischnutzung | 828 |
| Lagergebäude, mit bis zu 25% Mischnutzung | 838 |
| Lagergebäude, mit mehr als 25% Mischnutzung | 846 |

### Garagen

| | |
|---|---|
| Einzel-, Mehrfach- und Hochgaragen | 852 |
| Tiefgaragen | 860 |

## 7 Gewerbegebäude (Fortsetzung)
### Bereitschaftsdienste
| | |
|---|---:|
| Feuerwehrhäuser | 866 |
| Öffentliche Bereitschaftsdienste | 878 |

## 8 Bauwerke für technische Zwecke

## 9 Kulturgebäude
### Gebäude für kulturelle Zwecke
| | |
|---|---:|
| Bibliotheken, Museen und Ausstellungen | 886 |
| Theater | 898 |
| Gemeindezentren | |
|     Standardeinordnung bei Gemeindezentren | 904 |
|     Gemeindezentren, einfacher Standard | 908 |
|     Gemeindezentren, mittlerer Standard | 916 |
|     Gemeindezentren, hoher Standard | 928 |

### Gebäude für religiöse Zwecke
| | |
|---|---:|
| Sakralbauten | 938 |
| Friedhofsgebäude | 944 |

## BKI-NHK 2022
| | |
|---|---:|
| Erläuterungen | 955 |
|   Wohngebäude, Gebäudetyp 1-3 | 956 |
|   Wohngebäude, Gebäudetyp 1-5 | 957 |
|   Nichtwohngebäude, Gebäudetyp 6-13 | 958 |
|   Nichtwohngebäude, Gebäudetyp 14-17 | 959 |

## Anhang
| | |
|---|---:|
| Regionalfaktoren 2022 | 962 |

# Einführung

Dieses Fachbuch wendet sich an Architekt*innen, Ingenieure*innen, Sachverständige und an alle sonstigen Fachleute, die mit Kostenermittlungen von Hochbaumaßnahmen in den frühen Planungsphasen befasst sind. Es deckt den dafür erforderlichen Bedarf an Orientierungswerten ab, die bei der Grundlagenermittlung und Vorplanung benötigt werden, um die Baukosten zu ermitteln. Im Tabellenteil werden Kostenkennwerte und Planungskennwerte für 78 Gebäudearten angegeben.

Alle Kennwerte basieren auf der Analyse realer, abgerechneter Vergleichsobjekte, die derzeit in den BKI-Baukostendatenbanken verfügbar sind. Zu jeder Gebäudeart sind alle Objekte dargestellt, die zur Kennwertbildung herangezogen wurden. Diese wurden an die DIN 276:2018-12 angepasst bzw. nach DIN 276:2018 erhoben. Die Darstellung erlaubt es dem Anwender*innen, bei der Kostenermittlung von der Kostenkennwertmethode zur Objektvergleichsmethode zu wechseln, bzw. die ermittelten Kosten anhand ausgewählter Objekte auf Plausibilität zu prüfen. Die ausführlichen Dokumentationen dieser Objekte können beim BKI angefordert werden.

Dieses Fachbuch erscheint jährlich neu, so dass der Benutzer*in stets aktuelle Kostenkennwerte zur Hand hat. Differenziertere Kostenkennwerte der 3. Ebene DIN 276 und BKI Ausführungsarten enthält der dieses Fachbuch ergänzende Teil 2: Statistische Kostenkennwerte für Bauelemente. Im Teil 3: Statistische Kostenkennwerte für Positionen werden außer Positionspreisen auch Mustertexte und Kurztexte fertiggestellter Objekte in leistungsbereichsorientierter Anordnung veröffentlicht.

# Benutzerhinweise

**1. Definitionen**
**Kostenkennwerte** sind Werte, die das Verhältnis von Kosten bestimmter Kostengruppen nach DIN 276:2018-12 zu bestimmten Bezugseinheiten nach DIN 277:2021-08 darstellen.
**Planungskennwerte** im Sinne dieser Veröffentlichung sind Werte, die das Verhältnis bestimmter Flächen und Rauminhalte zueinander darstellen, angegeben als Prozentsätze oder als Faktoren.

**2. Kostenstand und Mehrwertsteuer**
Kostenstand aller Kennwerte ist das 1. Quartal 2022. Alle Kostenkennwerte dieser Fachbuchreihe enthalten die Mehrwertsteuer. Die Angabe aller Kostenkennwerte erfolgt in Euro.
Die vorliegenden Kosten- und Planungskennwerte sind Orientierungswerte. Sie können nicht als Richtwerte im Sinne einer verpflichtenden Unter- oder Obergrenze angewendet werden.

**3. Datengrundlage - Haftung**
Grundlage der Tabellen sind statistische Analysen abgerechneter Bauvorhaben. Die Daten wurden mit größtmöglicher Sorgfalt vom BKI bzw. seinen Dokumentationsstellen erhoben und zusammengestellt. Für die Richtigkeit, Aktualität und Vollständigkeit dieser Daten, Analysen und Tabellen übernehmen jedoch weder die Herausgeber*in noch BKI eine Haftung, ebenso nicht für Druckfehler und fehlerhafte Angaben. Die Benutzung dieses Fachbuchs und die Umsetzung der darin erhaltenen Informationen erfolgen auf eigenes Risiko.

Angesichts der vielfältigen Kosteneinflussfaktoren müssen Anwender*innen die genannten Orientierungswerte eigenverantwortlich prüfen und entsprechend dem jeweiligen Verwendungszweck anpassen.

**4. Betrachtung der Kostenauswirkungen aktueller Energiestandards**
Gerade im Hinblick auf die wiederholte Verschärfung gesetzgeberischer Anforderungen an die energetische Qualität, insbesondere von Neubauten, wird von Kunden-

seite die Frage nach dem Energiestandard der statistischen Fachbuchreihe BKI BAUKOSTEN gestellt.

BKI hat Untersuchungen zu den kostenmäßigen Auswirkungen der erhöhten energetischen Qualität von Neubauten vorgenommen. Die Untersuchungen zeigen, dass energetisch bedingte Kostensteigerungen durch Rationalisierungseffekte größtenteils kompensiert werden.

BKI dokumentiert derzeit ca. 200 neue Objekte pro Jahr, die zur Erneuerung der statistischen Auswertungen verwendet werden. Etwa im gleichen Maße werden ältere Objekte aus den Auswertungen entfernt. Mit den hohen Dokumentationszahlen der letzten Jahre wurden die BKI-Datenbanken damit noch aktueller.

In nahezu allen energetisch relevanten Gebäudearten sind zudem Objekte enthalten, die über den gesetzlich geforderten energetischen Standard hinausgehen. Diese Objekte kompensieren einzelne Objekte, die den aktuellen energetischen Standard nicht erreichen. Insgesamt wird daher ein ausgeglichenes Objektgefüge pro Gebäudeart erreicht.

Obwohl BKI fertiggestellte und schlussabgerechnete Objekte dokumentiert, können durch die Dokumentation von Objekten, die über das gesetzgeberisch geforderte Maß energetischer Qualität hinausgehen, Kostenkennwerte für aktuell geforderte energetische Standards ausgewiesen werden. Die Kostenkennwerte der Fachbuchreihe BKI BAUKOSTEN 2022 entsprechen somit dem aktuell gesetzlich geforderten energetischem Niveau.

## 5. Anwendungsbereiche

Die Kostenkennwerte dienen als Orientierungswerte für Kostenermittlungen in den frühen Planungsphasen, z. B. zur Aufstellung eines „Kostenrahmens" auf der Grundlage von Bedarfsplänen oder Baumassenkonzepten und bei Kostenschätzungen auf der Grundlage von Vorplanungen, für Mittelbedarfsplanungen von Investor*innen, für Plausibilitätsprüfungen von Kostenermittlungen Dritter, für Begutachtungen von Beleihungsanträgen durch Kreditinstitute, für Wertermittlungsgutachten u.ä. Zwecke.
Für die Projektentwicklung und die frühen Planungsphasen werden auch die Kostenkennwerte für Vorbereitende Maßnahmen, Außenanlagen und Freiflächen, sowie Ausstattung und Kunstwerke ausgewiesen. Gleiches gilt für die Kosten und den Flächenbedarf für Nutzeinheiten und den Bauzeitbedarf bezogen auf die Brutto-Grundfläche.

Die formalen Anforderungen hinsichtlich der Darstellung der Ergebnisse einer Kostenermittlung sind in DIN 276-1:2018-12 unter Ziffer 4 Grundsätze der Kostenplanung festgelegt.

## 6. Geltungsbereiche

Die genannten Kostenkennwerte spiegeln in etwa das durchschnittliche Baukostenniveau in Deutschland für die jeweilige Kategorie von Gebäudearten wider. Die Geltungsbereiche der Tabellenwerte sind fließend. Die „von-/bis-Werte" markieren weder nach oben noch nach unten absolute Grenzwerte. Um diesen Sachverhalt zu verdeutlichen, werden objektbezogene Kostenkennwerte angegeben, die teilweise außerhalb des statistisch ermittelten „Streubereichs" (Standardabweichung) liegen. Es empfiehlt sich daher in Einzelfällen, ergänzend die Kostendokumentationen bestimmter Objekte beim BKI zu beschaffen, um die Ermittlungsergebnisse ggf. anhand der Daten dieser Vergleichsobjekte anzupassen.

## 7. Berechnung der „von-/bis-Werte"

Im Fachbuch „BKI Baukosten Gebäude, Statistische Kostenkennwerte (Teil 1)" wird eine Berechnung der Streubereiche (auch als „von-/bis-Werte" bezeichnet) durchgeführt. Der Streubereich wird in der Grafik „Vergleichsobjekte" als Balken markiert.
Um dem Umstand Rechnung zu tragen, dass im Bauwesen Abweichungen nach oben wahrscheinlicher sind als Abweichungen nach unten, werden die Werte oberhalb des Mittelwertes getrennt von den Werten unterhalb des Mittelwertes betrachtet.

Besonders teure Gebäude haben somit keinen Einfluss auf die statistischen Werte unterhalb des Mittelwerts.

Der Mittelwert liegt daher nicht zwingend in der Mitte des Streubereiches (z. B. 25 27 31). In den Tabellen wird kenntlich gemacht, ob nur ein Einzelwert vorliegt (z. B. - 27 -), oder ob mehrere Werte vorliegen, die aber noch keine Berechnung der Bandbreite zulassen (z. B. 27 27 27).

Der Vorteil dieser Betrachtungsweise liegt in der genaueren Wiedergabe der Realitäten im Bauwesen.

### 8. Kosteneinflüsse

In den Bandbreiten der Kostenkennwerte spiegeln sich die vielfältigen Kosteneinflüsse aus Nutzung, Markt, Gebäudegeometrie, Ausführungsstandard, Projektgröße etc. wider. Die Orientierungswerte können nicht schematisch übernommen werden, sondern müssen entsprechend den spezifischen Planungsbedingungen überprüft und ggf. angepasst werden. Mögliche Einflüsse, die eine Anpassung der Orientierungswerte erforderlich machen, können sein:
– besondere Nutzungsanforderungen
– Standortbedingungen (Erschließung, Immission, Topografie, Bodenbeschaffenheit)
– Bauwerksgeometrie (Grundrissform, Geschosszahlen, Geschosshöhen, Dachform, Dachaufbauten)
– Bauwerksqualität (gestalterische, funktionale und konstruktive Besonderheiten),
– Baumarkt (Zeit, regionaler Baumarkt, Vergabeart).

### 9. Budgetierung nach Kostengruppen

Die in den Tabellen „Kostenkennwerte für die Kostengruppen der 1. und 2. Ebene DIN 276" genannten Prozentanteile ermöglichen eine erste grobe Aufteilung der ermittelten Bauwerkskosten in „Teilbudgets". Solche geschätzten „Teilbudgets" können als Kontrollgrößen dienen für die entsprechenden, zu einem späteren Zeitpunkt und anhand genauerer Planungsunterlagen ermittelten Kosten (Kostenkontrolle).

Aus Prozentsätzen abgeleitete Kostenaussagen können ferner zur Überprüfung von Kostenermittlungen dienen, die auf büroeigenen Kostendaten oder den Angaben Dritter basieren (Plausibilitätskontrolle). Die Ableitung von überschlägig geschätzten Teilbudgets schafft auch die Voraussetzung, dass die kostenplanerisch relevanten Kostenanteile erkennbar werden, bei denen z. B. die Entwicklung kostensparender Alternativen primär Erfolg verspricht (Kostentransparenz, Kostenplanung, Kostensteuerung).

### 10. Budgetierung nach Vergabeeinheiten

In den Tabellen „Kostenkennwerte für Leistungsbereiche" sind nur die Leistungsbereichskosten in die Prozentsätze eingegangen, die den Kostengruppen 300 und 400 zuzuordnen sind; also nicht z. B. Erdarbeiten nach LB 002, die nach DIN 276 ggf. zur Kostengruppe 500 (Außenanlagen und Freiflächen) gehören. Die unter „Rohbau" und „Ausbau" zusammengefassten Leistungsbereiche sind nicht exakt der Kostengruppe 300 gleichzusetzen (nur näherungsweise!). Mit Hilfe der angegebenen Prozentsätze lassen sich die ermittelten Bauwerkskosten in Teilbudgets für einzelne Leistungsbereiche aufteilen. Man sollte jedoch nicht den Eindruck erwecken, die Kosten solcher Teilbudgets nach Leistungsbereichen seien bereits (wie später unerlässlich) aus Einzelansätzen „Menge x Einheitspreis" positionsweise ermittelt worden. Die auf diese Weise überschlägig ermittelten Leistungsbereichskosten können aber zur Kostenkontrolle der späteren Ausschreibungsergebnisse herangezogen werden.

### 11. Planungskennwerte / Baukostensimulationsmodell

Neben den Kosten werden von BKI auch die Flächen und Rauminhalte der abgerechneten Objekte dokumentiert. Aus den einzelnen Flächen und Rauminhalten werden Planungskennwerte gebildet. Ein Planungskennwert stellt das Verhältnis bestimmter Flächen und Rauminhalte zueinander dar, z. B. der Anteil der Verkehrsfläche an der Nutzungsfläche, angegeben als Prozentwert oder als Faktor. Die Planungskennwerte aller Objekte einer Gebäudeart werden statistisch ausgewertet und auf der vierten Seite jeder Gebäudeart dargestellt. Sie erlauben z. B. die Überprüfung der Wirtschaftlichkeit einer Entwurfslösung.

Es werden auch die Flächen der Grobelemente (2. Ebene nach DIN 276) ausgewertet und ihr Anteil an der Nutzungsfläche (NUF) und der Brutto-Grundfläche (BGF) dokumentiert. Diese Planungskennwerte können dazu dienen, die Grobelementflächen einer Planung statistisch zu ermitteln, solange konkrete Planungen oder Skizzen noch nicht vorliegen. Anhand der Brutto-Grundfläche kann somit z. B. eine statistische Aussage über die zu erwartende Menge der Außenwandfläche getroffen werden. Multipliziert mit dem Kostenkennwert der Außenwand können dadurch die Kosten der Außenwand ermittelt werden. BKI spricht bei diesem Verfahren vom „Baukostensimulationsmodell". Eine komplett ausgeführte Baukostensimulation liefert als Ergebnis einen Kostenrahmen mit Kosten für die 1. und 2. Ebene DIN 276 der Kostengruppen 300 und 400.

Für die Baukostensimulation hat BKI eine Excel-Tabelle vorbereitet.
Diese wird kostenfrei im Internet unter: www.bki.de/kostensimulationsmodell.html zur Verfügung gestellt. Hier werden auch weitere Informationen zu den Grundlagen des Verfahrens und der Handhabung der Tabelle angeboten.

### 12. Regionalisierung der Daten
Grundlage der BKI Regionalfaktoren sind Daten aus der amtlichen Bautätigkeitsstatistik der statistischen Landesämter, eigene Berechnungen auch unter Verwendung von Schwerpunktpositionen und regionale Umfragen. Zusätzlich wurden von BKI Verfahren entwickelt, um die Eingangsdaten auf Plausibilität prüfen und ggf. anpassen zu können. Auf der Grundlage dieser Berechnungen hat BKI einen bundesdeutschen Mittelwert gebildet. Anhand des Mittelwertes lassen sich die einzelnen Land- und Stadtkreise prozentual einordnen. Diese Prozentwerte wurden die Grundlage der BKI Deutschlandkarte mit „Regionalfaktoren für Deutschland".

Für die größeren Inseln Deutschlands wurden separate Regionalfaktoren ermittelt. Dazu wurde der zugehörige Landkreis in Festland und Inseln unterteilt. Alle Inseln eines Landkreises erhalten durch dieses Verfahren den gleichen Regionalfaktor. Der Regionalfaktor des Festlandes enthält keine Inseln mehr und ist daher gegenüber früheren Ausgaben verringert.

Die Kosten der Objekte der BKI Datenbanken wurden auf den Bundesdurchschnitt umgerechnet. Für den Anwender bedeutet die Umrechnung der Daten auf den Bundesdurchschnitt, dass einzelne Kostenkennwerte oder das Ergebnis einer Kostenermittlung mit dem Regionalfaktor des Standorts des geplanten Objekts multipliziert werden können. Die BKI Landkreisfaktoren befinden sich im Anhang des Buchs.

### 13. Urheberrechte
Alle Objektinformationen und die daraus abgeleiteten Auswertungen (Statistiken) sind urheberrechtlich geschützt. Die Urheberrechte liegen bei den jeweiligen Büros, Personen bzw. beim BKI. Es ist ausschließlich eine Anwendung der Daten im Rahmen der praktischen Kostenplanung im Hochbau zugelassen. Für eine anderweitige Nutzung oder weiterführende Auswertungen behält sich das BKI alle Rechte vor.

# Neue BKI Neubau-Dokumentationen 2021-2022

## Fotopräsentation der Objekte

**1300-0227** Verwaltungsgebäude - Effizienzhaus~59%
Büro- und Verwaltungsgebäude, mittlerer Standard
⌂ studio moeve architekten bda
Darmstadt

**1300-0269** Bürogebäude (116 AP), TG - Effizienzhaus ~51%
Büro- und Verwaltungsgebäude, mittlerer Standard
⌂ Plan. Concept Architekten GmbH
Osnabrück

**1300-0271** Bürogebäude (350 AP), TG (45 STP)
Büro- und Verwaltungsgebäude, hoher Standard
⌂ AHM Architekten
Berlin

**1300-0272** Bürogebäude (10 AP)
Büro- und Verwaltungsgebäude, mittlerer Standard
⌂ janek pfeufer architektur gmbh
Saarbrücken

**1300-0273** Bürogebäude (6 AP)
Büro- und Verwaltungsgebäude, hoher Standard
⌂ Ingenieurbüro Nebe
Frankenberg

**1300-0274** Verwaltungsgebäude (40 AP)
Büro- und Verwaltungsgebäude, mittlerer Standard
⌂ Kleine + Potthoff Architekten
Korbach

## Fotopräsentation der Objekte

**1300-0275** Rathaus, Veranstaltungssaal (35 AP)
Büro- und Verwaltungsgebäude, mittlerer Standard
⌂ htm.a Hartmann Architektur GmbH
  Hannover

**1300-0276** Bürogebäude (41 AP)
Büro- und Verwaltungsgebäude, einfacher Standard
⌂ Architekten und Ingenieure Bley und Voß PartGmbB
  Breitenburg

**1300-0277** Bürogebäude (22 AP)
Büro- und Verwaltungsgebäude, mittlerer Standard
⌂ Architekturbüro Pflügelbauer & Scheffczyk PartGmbB
  Hamburg

**1300-0278** Verwaltungsgebäude Technologiezentrum
Büro- und Verwaltungsgebäude, hoher Standard
⌂ htm.a Hartmann Architektur GmbH
  Hannover

**1300-0279** Rathaus (85 AP), Bürgersaal
Büro- und Verwaltungsgebäude, mittlerer Standard
⌂ ARCHWERK Generalplaner KG
  Bochum

**1300-0281** Architekturbüro (10 AP)
Büro- und Verwaltungsgebäude, mittlerer Standard
⌂ Dipl. Ing. (FH) Gaby Heghmann-Jakobs Aplacon
  GmbH, Straelen

## Fotopräsentation der Objekte

**1300-0282** Bürogebäude (24 AP)
Büro- und Verwaltungsgebäude, mittlerer Standard
⌂ Architekturbüro Dipl. Ing. Stefan Risthaus
  Dorsten

**1300-0284** Praxis- und Bürogebäude (32 AP), TG (22 STP)
Büro- und Verwaltungsgebäude, mittlerer Standard
⌂ s+p dinkel Architektur GmbH
  Gilching

**1300-0285** Bürogebäude (900 AP), TG
Büro- und Verwaltungsgebäude, mittlerer Standard
⌂ Schenk Fleischhaker Architekten Partnerschaft mbB
  Hamburg

**1300-0287** Büro- und Verwaltungsgebäude (10 AP)
Büro- und Verwaltungsgebäude, hoher Standard
⌂ Dipl.-Ing. Achim Dreischmeier Architekt BDA und
  Stadtplaner, Ostseebad Koserow

**2200-0057** Forschungsgebäude (80 AP) - Effizienzhaus ~75%
Instituts- und Laborgebäude
⌂ BHBVT Gesellschaft v. Architekten mbH
  Berlin

**2200-0058** Institutsgebäude (150 AP)
Instituts- und Laborgebäude
⌂ LP 1-3 Universitätsklinikum, Düsseldorf
  LP 4-8 Schneider + Sendelbach, Braunschweig

## Fotopräsentation der Objekte

**3100-0031** Praxishaus (15 AP)
Medizinische Einrichtungen
⌂ Parmakerli-Fountis Gesellschaft von Architekten mbH
Kleinmachnow

**4100-0192** Ganztagsschule (4 Kl, 96 Sch) - Passivhaus
Allgemeinbildende Schulen
⌂ Architekten_FSB
Bremen

**4100-0204** Unterrichtsgebäude (2 Klassen, 28 Schüler)
Allgemeinbildende Schulen
⌂ MURZIK architekten
Leipzig

**4100-0211** Grundschule (4 Klassen, 88 Schüler)
Allgemeinbildende Schulen
⌂ Gössler Kinz Kerber Schippmann
Hamburg

**4100-0212** Gesamtschule (10 Klassen, 264 Schüler)
Allgemeinbildende Schulen
⌂ ppp architekten + stadtplaner gmbh
Lübeck

**4100-0213** Grundschule (18 Klassen) - Effizienzhaus ~53%
Allgemeinbildende Schulen
⌂ SEHW Architektur GmbH
Berlin

## Fotopräsentation der Objekte

**4400-0311** Hortgebäude, Mensa, Jugendclub (143 Sch)
Kindergärten, nicht unterkellert, hoher Standard
⌂ Planungswerk Näther Wucke PartGmbB
Berlin

**4400-0344** Kindertagesstätte (4 Gruppen, 60 Kinder)
Kindergärten, Holzbauweise, nicht unterkellert
⌂ JEBENS SCHOOF ARCHITEKTEN BDA
Heide

**4400-0345** Kindertagesstätte (2 Gruppen, 45 Kinder)
Kindergärten, Holzbauweise, nicht unterkellert
⌂ maurer - ARCHITEKTUR, Velchelde
Jensen Gronau Architekten, Braunschweig

**4400-0346** Kindertagesstätte (10 Gruppen, 220 Kinder)
Kindergärten, nicht unterkellert, mittlerer Standard
⌂ GPK Architekten GmbH Großmann-Groth-Kasbohm
Lübeck

**4400-0347** Kindertagesstätte (7 Gruppen, 110 Kinder)
Kindergärten, Holzbauweise, nicht unterkellert
⌂ Werkgruppe Kleinmachnow Architekten PartGmbB
Kleinmachnow

**4400-0348** Kinderhort (4 Gruppen, 100 Kinder)
Kindergärten, Holzbauweise, nicht unterkellert
⌂ goldbrunner + hrycyk architekten
München

## Fotopräsentation der Objekte

**4400-0349** Kinderhaus (8 Gruppen, 161 Kinder)
Kindergärten, Holzbauweise, nicht unterkellert
⌂ Hrycyk Architekten
München

**4400-0351** Kindertagesstätte (6 Gruppen, 138 Kinder)
Kindergärten, Holzbauweise, nicht unterkellert
⌂ Bär Stadelmann Stöcker Architekten und Stadtplaner
PartGmbH, Nürnberg

**5100-0131** Sporthalle (Einfeldhalle) - Effizienzhaus ~31%
Sporthallen (Einfeldhallen)
⌂ Wagner Architekten
Dingolfing

**5100-0133** Sporthalle (Dreifeldhalle)
Sporthallen (Dreifeldhallen)
⌂ Galandi Schirmer Architekten + Ingenieure GmbH
Berlin

**5200-0020** Badeanstalt
Gebäude für Erholungszwecke
⌂ Sabine Reimann Dipl. Ing. Architektin
Wesenberg

**5300-0015** Strandbad, Café
Gebäude für Erholungszwecke
⌂ Architekturbüro Müntinga und Puy
Bad Arolsen

## Fotopräsentation der Objekte

**5300-0017** DLRG-Station, Ferienwohnungen (4 WE)
Hotels
⌂ Architekturbüro Wohlenberg
  Eckernförde

**5300-0019** Flussbad, Eingangsgebäude, Brücke
Sonstige Gebäude
⌂ JORDAN BALZER SCHUBERT Architekten PartG mbH
  Dresden

**5300-0020** Vereinsheim
Sonstige Gebäude
⌂ Thomas Becker Architekten GmbH
  Ennigerloh

**6100-1387** Einfamilienhaus
Ein- und Zweifamilienhäuser, unterkellert, hoher Standard
⌂ KISSERARCHITEKTUR Architekt Gordon Kisser
  Isernhagen

**6100-1464** Einfamilienhaus, Carport - Effizienzhaus ~80%
Ein- u. Zweifamilienhäuser, nicht unterkell., mittl. Standard
⌂ Fuchs Architekten BDA
  Göttingen

**6100-1505** Einfamilienhaus - Effizienzhaus ~56%
Ein- u. Zweifamilienhäuser, nicht unterkell., hoher Standard
⌂ Architekturbüro Griebel
  Lensahn

## Fotopräsentation der Objekte

**6100-1507** Mehrfamilienhäuser (21 WE)
Mehrfamilienhäuser, mit 20 oder mehr WE, mittl. Standard
⌂ Architekten Asmussen + Partner GmbH
Flensburg

**6100-1509** Wohn- und Geschäftshaus (276 WE), TG
Wohnhäuser, mit bis zu 15% Mischnutzung, hoh. Standard
⌂ HKA HASTRICH KEUTHAGE ARCHITEKTEN
Berlin

**6100-1512** Wohn- und Geschäftshaus (4 WE)
Wohnhäuser, mit mehr als 15% Mischnutzung
⌂ ASUNA Dipl.Ing.(FH) Architekt Dirk Stenzel
Leipzig

**6100-1514** Mehrfamilienhäuser (3 Gebäude, 55 WE)
Mehrfamilienhäuser, mit 20 oder mehr WE, mittl. Standard
⌂ O+M Architekten GmbH BDA
Dresden

**6100-1515** Mehrfamilienhaus (26 WE) - Effizienzhaus ~54%
Mehrfamilienhäuser, mit 20 oder mehr WE, mittl. Standard
⌂ Arnold und Gladisch Objektplanung Generalplanung GmbH, Berlin

**6100-1517** Mehrfamilienhaus (13 WE)
Mehrfamilienhäuser, mit 6 bis 19 WE, mittlerer Standard
⌂ META architektur GmbH
Magdeburg

## Fotopräsentation der Objekte

**6100-1518** Einfamilienhaus, Büro - Effizienzhaus ~38%
Ein- u. Zweifamilienhäuser, nicht unterkell., mittl. Standard
⌂ architekturbüro.wiesenburg ulrich.kaunath
Wiesenburg

**6100-1519** Wohnanlage (78 WE), Tiefgarage (80 STP)
Mehrfamilienhäuser, mit 20 oder mehr WE, mittl. Standard
⌂ Schettler & Partner PartG mbB
Weimar

**6100-1520** Wohnanlage, Büro- u. Schulungsräume, Café
Wohnhäuser, mit bis zu 15% Mischnutzung, mittl. Standard
⌂ Architekturbüro Klima
Nordhausen

**6100-1521** Mehrfamilienhaus (5 WE) - Effizienzhaus ~73%
Mehrfamilienhäuser, mit bis zu 6 WE, mittlerer Standard
⌂ KNYCHALLA + TEAM ARCHITEKTUR + FREIRAUM
Neumarkt i.d.OPf.

**6100-1522** Einfamilienhaus - Effizienzhaus ~66%
Ein- u. Zweifamilienhäuser, unterkellert, mittlerer Standard
⌂ Fichtner Gruber Architekten
Weiden

**6100-1523** Einfamilienhaus, Carport - Effizienzhaus 55
Ein- u. Zweifamilienhäuser, nicht unterkell., hoher Standard
⌂ jup. architektur
Winsen (Luhe)

**Fotopräsentation der Objekte**

**6100-1524** Mehrfamilienhaus (6 WE)
Mehrfamilienhäuser, mit bis zu 6 WE, hoher Standard
⌂ Augustin + Imkamp freie Architekten GbR
Leipzig

**6100-1525** Mehrfamilienhaus (53 WE) - Effizienzhaus ~72%
Mehrfamilienhäuser, mit 20 oder mehr WE, mittl. Standard
⌂ Arnold und Gladisch Objektplanung Generalplanung
GmbH, Berlin

**6100-1526** Einfamilienhaus, Garage
Ein- u. Zweifamilienhäuser, nicht unterkell., hoher Standard
⌂ Architekturbüro Ullrich Runge
Delmenhorst

**6100-1527** Einfamilienhaus
Ein- u. Zweifamilienhäuser, unterkellert, mittlerer Standard
⌂ claus arnold architekt bda m. eng. dipl.-ing. fh
architekt, Würzburg

**6100-1528** Wohnanlage (31 WE), TG (31 STP)
Mehrfamilienhäuser, mit 20 oder mehr WE, mittl. Standard
⌂ LP 1-8 PLAN-Z ARCHITEKTEN
LP 1-5 H2R Architekten BDA, München

**6100-1529** Zweifamilienhaus, Garage
Ein- u. Zweifamilienhäuser, unterkellert, mittlerer Standard
⌂ KNYCHALLA + TEAM ARCHITEKTUR + FREIRAUM
Neumarkt i.d.OPf.

## Fotopräsentation der Objekte

**6100-1531** Einfamilienhaus - Effizienzhaus ~63%
Ein- und Zweifamilienhäuser, Holzbauweise, unterkellert
⌂ Grosche Burgmer Architekten Part GmbB
  Köln

**6100-1532** Mehrfamilienhäuser (2 Gebäude, 23 WE)
Mehrfamilienhäuser, mit 20 oder mehr WE, mittl. Standard
⌂ Praeger Richter Architekten BDA
  Berlin

**6100-1534** Mehrfamilienhaus (33 WE), Tiefgarage (34 STP)
Mehrfamilienhäuser, mit 20 oder mehr WE, mittl. Standard
⌂ Zaeske Architekten BDA Partnerschaftsgesellschaft
  mbB, Wiesbaden

**6100-1535** Einfamilienhaus
Ein- und Zweifamilienhäuser, Holzbauweise, unterkellert
⌂ Laura Hirsch Architektin
  Hamburg

**6100-1537** Mehrfamilienhaus (12 WE) - Effizienzhaus ~51%
Mehrfamilienhäuser, mit 6 bis 19 WE, hoher Standard
⌂ Grotegut Architekten
  Bonn

**6100-1539** Einfamilienhaus
Ein- u. Zweifamilienhäuser, Holzbau, nicht unterkellert
⌂ Zeller & Moye
  Berlin

## Fotopräsentation der Objekte

**6100-1540** Einfamilienhaus, Garage
Ein- u. Zweifamilienhäuser, nicht unterkell., mittl. Standard
Ing.arch. Valerie Söder Architektin
Berlin

**6100-1542** Einfamilienhaus
Ein- u. Zweifamilienhäuser, nicht unterkell., mittl. Standard
LP 1-5 Kai Binnewies Architekt
LP 5-9 Jörgen Dreher, Havixbeck

**6100-1543** Mehrfamilienhaus (4 WE)
Mehrfamilienhäuser, mit bis zu 6 WE, mittlerer Standard
Ingenieurbüro Gerdom
Bad Essen

**6100-1546** Einfamilienhaus, Carport
Ein- u. Zweifamilienhäuser, Holzbau, nicht unterkellert
Henschke Schulze Reimers Architekten
Lüneburg

**6100-1547** Einfamilienhaus, Garagen (2 STP)
Ein- u. Zweifamilienhäuser, nicht unterkell., mittl. Standard
Kontrapunkt Architektur GmbH
München

**6100-1548** Mehrfamilienhaus (62 WE), Bürogebäude, TG
Wohnhäuser, mit mehr als 15% Mischnutzung
Giesler Architekten Gesellschaft für Architektur und Stadtplanung mbH, Braunschweig

## Fotopräsentation der Objekte

**6100-1549** Einfamilienhaus
Ein- und Zweifamilienhäuser, unterkellert, hoher Standard
⌂ KNYCHALLA + TEAM ARCHITEKTUR + FREIRAUM
Neumarkt i.d.OPf.

**6100-1550** Einfamilienhaus, Doppelgarage
Ein- und Zweifamilienhäuser, Holzbau, nicht unterkellert
⌂ burgemeister+marx architekten
Berlin

**6100-1551** Einfamilienhaus, Garage
Ein- u. Zweifamilienhäuser, nicht unterkell., hoher Standard
⌂ Timmermeister + Belz PartGmbB
Holdorf

**6100-1553** Einfamilienhaus, Doppelgarage
Ein- u. Zweifamilienhäuser, unterkellert, mittlerer Standard
⌂ +studio moeve architekten bda
Darmstadt

**6100-1554** Mehrfamilienhaus (30 WE)
Mehrfamilienhäuser, mit 20 oder mehr WE, mittl. Standard
⌂ Hartfil - Steinbrinck Architekten
Hamburg

**6100-1555** Mehrfamilienhaus (7 WE), TG (13 STP)
Mehrfamilienhäuser, mit 6 bis 19 WE, hoher Standard
⌂ ruby³ architekten BDA
Darmstadt

## Fotopräsentation der Objekte

**6200-0080** Inkl. Wohnen für Menschen mit Behinderung
Wohnheime und Internate

Ebe | Ausfelder | Partner Architekten
München

**6200-0103** Studentenwohnheim (50 WE)
Wohnheime und Internate

LKK Lehrecke Kammerer Keiß Gesellschaft von Architekt:innen mbH BDA, Berlin

**6200-0104** Studentenwohnheim - Effizienzhaus ~42%
Wohnheime und Internate

sittig-architekten
Jena

**6200-0105** Wohnheim für Jugendliche (15 Betten)
Wohnheime und Internate

Parmakerli-Fountis Gesellschaft von Architekten mbH
Kleinmachnow

**6200-0107** Jugendwohngruppe
Wohnheime und Internate

Miethe + Quehl architekten
Potsdam

**6200-0108** Übergangswohnhaus (46 Zimmer)
Wohnheime und Internate

BHBVT Gesellschaft von Architekten mbH
Berlin

## Fotopräsentation der Objekte

**6200-0109** Mehrfamilienhaus (16 WE, 28 Betten)
Pflegeheime
⌂ Parmakerli-Fountis Gesellschaft von Architekten mbH
Kleinmachnow

**6400-0115** Jugendfreizeiteinrichtung, Familienzentrum
Gemeindezentren, hoher Standard
⌂ Gruber + Popp Architekt:innen BDA
Berlin

**6400-0116** Dorfgemeinschaftshaus - Effizienzhaus ~42%
Gemeindezentren, hoher Standard
⌂ jup. architektur
Winsen (Luhe)

**6400-0117** Gemeindehaus (195 Sitzplätze)
Gemeindezentren, mittlerer Standard
⌂ Architekturbüro Müntinga und Puy
Bad Arolsen

**6400-0118** Gemeindezentrum, Kindertagesstätte (3 Gr)
Gemeindezentren, mittlerer Standard
⌂ D:4 Architektur
Berlin

**6500-0053** Kiosk, WC-Anlage
Gaststätten, Kantinen und Mensen
⌂ HJPplaner
Aachen

## Fotopräsentation der Objekte

**6600-0033** Hotel (358 Betten), Tiefgarage (43 STP)
Hotels
⌂ haber turri architekten Partnerschaftsgesellschaft mbB, Frankfurt am Main

**6600-0034** Hafenhotel (260 Betten), TG (112 STP)
Hotels
⌂ Architekturbüro Ladehoff GmbH
Hardebek

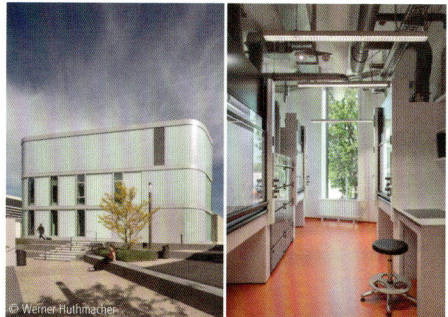

**7100-0061** Isotopenlabor (13 AP) - Effizienzhaus ~27%
Instituts- und Laborgebäude
⌂ hammeskrause architekten bda
Stuttgart

**7100-0062** Produktionshalle, Büroflächen (96 AP)
Industrielle Produktionsgebäude, Massivbauweise
⌂ Staubach + Partner PartGmbB
Fulda

**7100-0064** Produktionshalle (48 AP)
Industrielle Produktionsgebäude, überwiegend Skelettbau
⌂ KAARS I SCHLICHTMANN Planungsgesellschaft mbH
Bremen

**7200-0097** Lebensmittelmarkt
Verbrauchermärkte
⌂ Seidel + Architekten
Pirna

## Fotopräsentation der Objekte

**7200-0099** Dorfladen, Café (10 Sitzplätze)
Verbrauchermärkte
⌂ integrale planung
  Marburg

**7300-0100** Gewerbegebäude (26 AP) - Effizienzhaus ~59%
Betriebs- u. Werkstätten, mehrgeschossig, ger. Hallenanteil
⌂ LP 1-4 Michelmann Architekten
  LP 5-9 TW. Architekten, Hannover

**7300-0104** Zentralküche (35 AP)
Betriebs- u. Werkstätten, mehrgeschossig, ger. Hallenanteil
⌂ Plan3Architekten PartGmbB
  Schongau

**7300-0105** Betriebsgebäude (36 AP)
Betriebs- u. Werkstätten, mehrgeschossig, ger. Hallenanteil
⌂ IPROconsult GmbH
  Dresden

**7600-0081** Feuerwehrstützpunkt (8 Fahrzeuge)
Feuerwehrhäuser
⌂ KÖBER-PLAN GmbH
  Brandenburg

**7600-0087** Rettungswache, Wohnmobilwerkstatt, Prüfhalle
Feuerwehrhäuser
⌂ LP 1-5 schulteplan, Eckernförde
  LP 6-8 FB-Architekten, Gettorf

## Fotopräsentation der Objekte

**7800-0027** Fahrradpavillon mit E-Bike-Ladestation (19 STP)
Einzel-, Mehrfach- und Hochgaragen
DORBRITZ ARCHITEKTEN BDA
Bad Hersfeld

**7800-0028** Parkhaus (445 STP)
Einzel-, Mehrfach- und Hochgaragen
RitterBauerArchitektenGmbH
Aschaffenburg

**7800-0030** Fahrradparkhaus (224 STP)
Einzel-, Mehrfach- und Hochgaragen
slb_architekten und ingenieure Hachenberg & Roll GbR, Boppard

**8300-0003** Umspannwerk, Schaltanlage
Sonstige Gebäude
META architektur GmbH
Magdeburg

**8900-0001** Lärmschutzwand Nebenräume
Sonstige Gebäude
jahn-architekten
Mühltal

**9100-0187** Neuapostolische Kirche (212 Sitzplätze)
Sakralbauten
ATG Bau-Planung GmbH
Berlin

## Fotopräsentation der Objekte

**9100-0190** Tanzschule, Café, Gewerbe - Effizienzhaus ~22%
Sonstige Gebäude
⌂ esfandiary möller architekten PartG mbB
  Lüneburg

**9100-0191** Besucher- und Dokumentationszentrum
Bibliotheken, Museen und Ausstellungen
⌂ BHBVT Gesellschaft von Architekten mbH
  Berlin

**9300-0010** Veterinärärztliche Gemeinschaftspraxis (5 AP)
Sonstige Gebäude
⌂ Großmann Architektur
  Halle

# Erläuterungen zur Fachbuchreihe BKI Baukosten Neubau

# Erläuterungen zur Fachbuchreihe BKI Baukosten Neubau

Die Fachbuchreihe BKI Baukosten besteht aus drei Bänden:
- Baukosten Gebäude Neubau 2022, Statistische Kostenkennwerte (Teil 1)
- Baukosten Bauelemente Neubau 2022, Statistische Kostenkennwerte (Teil 2)
- Baukosten Positionen Neubau 2022, Statistische Kostenkennwerte (Teil 3)

Die drei Fachbücher für den Neubau sind für verschiedene Stufen der Kostenermittlungen vorgesehen. Daneben gibt es noch eine vergleichbare Buchreihe für den Altbau (Bauen im Bestand) gegliedert in zwei Fachbücher. Nähere Informationen dazu erscheinen in den entsprechenden Büchern. Die nachfolgende Schnellübersicht erläutert Inhalt und Verwendungszweck:

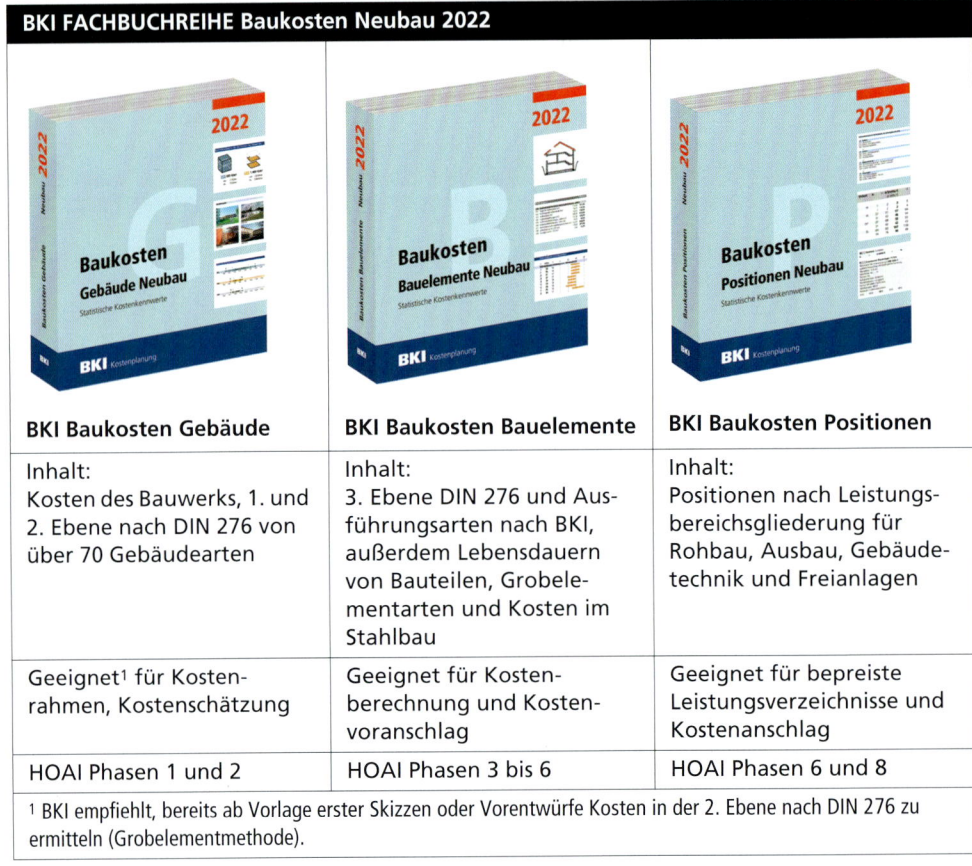

| BKI FACHBUCHREIHE Baukosten Neubau 2022 | | |
| --- | --- | --- |
| **BKI Baukosten Gebäude** | **BKI Baukosten Bauelemente** | **BKI Baukosten Positionen** |
| Inhalt:<br>Kosten des Bauwerks, 1. und 2. Ebene nach DIN 276 von über 70 Gebäudearten | Inhalt:<br>3. Ebene DIN 276 und Ausführungsarten nach BKI, außerdem Lebensdauern von Bauteilen, Grobelementarten und Kosten im Stahlbau | Inhalt:<br>Positionen nach Leistungsbereichsgliederung für Rohbau, Ausbau, Gebäudetechnik und Freianlagen |
| Geeignet[1] für Kostenrahmen, Kostenschätzung | Geeignet für Kostenberechnung und Kostenvoranschlag | Geeignet für bepreiste Leistungsverzeichnisse und Kostenanschlag |
| HOAI Phasen 1 und 2 | HOAI Phasen 3 bis 6 | HOAI Phasen 6 und 8 |
| [1] BKI empfiehlt, bereits ab Vorlage erster Skizzen oder Vorentwürfe Kosten in der 2. Ebene nach DIN 276 zu ermitteln (Grobelementmethode). | | |

Die Buchreihe BKI Baukosten enthält für die verschiedenen Stufen der Kostenermittlung unterschiedliche Tabellen und Grafiken. Ihre Anwendung soll nachfolgend kurz dargestellt werden.

# Kostenrahmen

Für die Ermittlung der „ersten Zahl" werden auf der ersten Seite jeder Gebäudeart die Kosten des Bauwerks insgesamt angegeben. Je nach Informationsstand kann der Kostenkennwert (KKW) pro m³ BRI (Brutto-Rauminhalt), m² BGF (Brutto-Grundfläche) oder m² NUF (Nutzungsfläche) verwendet werden.

Diese Kennwerte sind geeignet, um bereits ohne Vorentwurf erste Kostenaussagen auf der Grundlage von Bedarfsberechnungen treffen zu können.

Für viele Gebäudearten existieren zusätzlich Kostenkennwerte pro Nutzeinheit. In allen Büchern der Reihe BKI Baukosten werden die statistischen Kostenkennwerte mit Mittelwert (Fettdruck) und Streubereich (von- und bis-Wert) angegeben (Abb. 1; BKI Baukosten Gebäude).

In der unteren Grafik der ersten Seite zu einer Gebäudeart sind die Kostenkennwerte der an der Stichprobe beteiligten Objekte zur Erläuterung der Bandbreite der Kostenkennwerte abgebildet. In allen Büchern wird in der Fußzeile der Kostenstand und die Mehrwertsteuer angegeben. (Abb. 2; BKI Baukosten Gebäude)

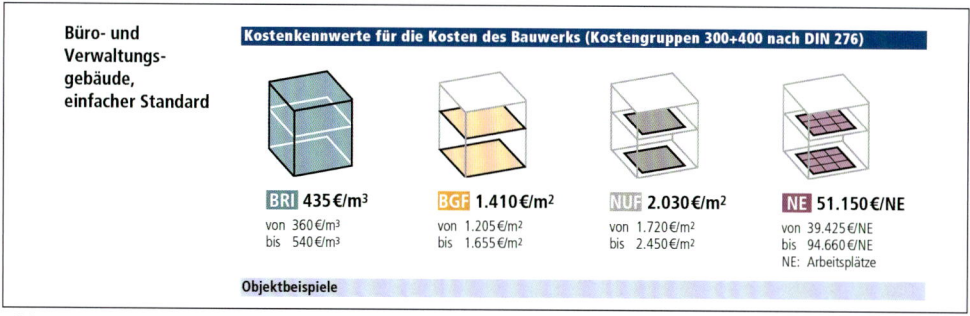

Abb. 1 aus BKI Baukosten Gebäude: Kostenkennwerte des Bauwerks

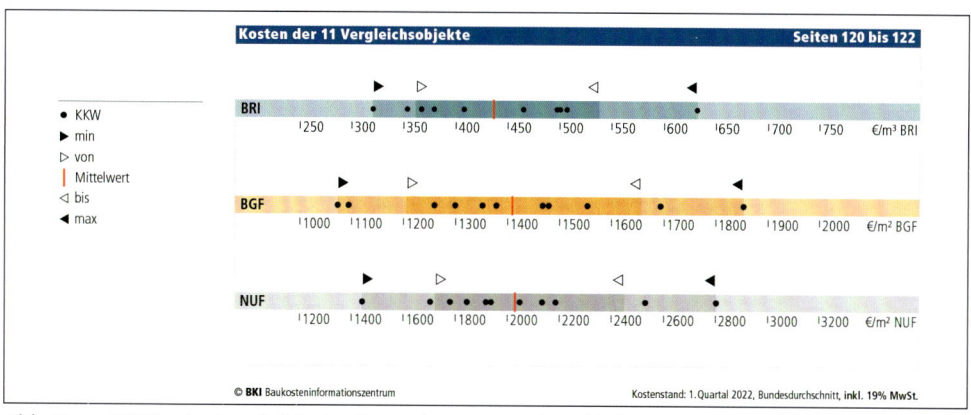

Abb. 2 aus BKI Baukosten Gebäude: Kostenkennwerte der Objekte einer Gebäudeart

## Kostenschätzung

Die obere Tabelle der zweiten Seite zu einer Gebäudeart differenziert die Kosten des Bauwerks in die Kostengruppen der 1. Ebene. Es werden nicht nur die Kostenkennwerte für das Bauwerk – getrennt nach Baukonstruktionen und Technische Anlagen – sondern ebenfalls für „Vorbereitende Maßnahmen" des Grundstücks, „Außenanlagen und Freiflächen", „Ausstattung und Kunstwerke", „Baunebenkosten" genannt. Für Plausibilitätsprüfungen sind zusätzlich die Prozentanteile der einzelnen Kostengruppen ausgewiesen. (Abb. 3; BKI Baukosten Gebäude)

Für die Kostenschätzung müssen nach neuer DIN 276 die Gesamtkosten nach Kostengruppen in der zweiten Ebene der Kostengliederung ermittelt werden. Dazu müssen die Mengen der Kostengruppen 310 Baugrube/Erdbau bis 360 Dächer und die BGF ermittelt werden. Eine Kostenermittlung auf der 2. Ebene ist somit bereits durch Ermittlung von lediglich sieben Mengen möglich. (Abb. 4; BKI Baukosten Gebäude)

In den Benutzerhinweisen am Anfang des Fachbuchs „BKI Baukosten Gebäude, Statistische Kostenkennwerte Teil 1" ist eine „Auswahl kostenrelevanter Baukonstruktionen und Technischer Anlagen" aufgelistet. Sie unterstützen bei der Standardeinordnung einzelner Projekte. Weiterhin gibt die Auflistung Hinweise, welche Ausführungen in den Kostengruppen der 2. Ebene kostenmindernd bzw. kostensteigernd wirken. Dementsprechend sind Kostenkennwerte über oder unter dem Durchschnittswert auszuwählen. Eine rein systematische Verwendung des Mittelwerts reicht für eine qualifizierte Kostenermittlung nicht aus. (Abb. 5; BKI Baukosten Gebäude)

**Kostenkennwerte für die Kostengruppen der 1. und 2. Ebene DIN 276**

| KG | Kostengruppen der 1. Ebene | Einheit | ▷ | €/Einheit | ◁ | ▷ | % an 300+400 | ◁ |
|---|---|---|---|---|---|---|---|---|
| 100 | Grundstück | m²GF | – | – | – | – | – | – |
| 200 | Vorbereitende Maßnahmen | m²GF | 3 | 9 | 19 | 0,8 | 2,0 | 7,3 |
| 300 | Bauwerk – Baukonstruktionen | m²BGF | 944 | 1.140 | 1.324 | 76,4 | 80,9 | 87,2 |
| 400 | Bauwerk – Technische Anlagen | m²BGF | 187 | 270 | 367 | 12,8 | 19,1 | 23,6 |
|  | Bauwerk (300+400) | m²BGF | 1.205 | 1.409 | 1.657 | 100,0 | 100,0 | 100,0 |
| 500 | Außenanlagen und Freiflächen | m²AF | 36 | 93 | 166 | 1,7 | 5,4 | 11,4 |
| 600 | Ausstattung und Kunstwerke | m²BGF | 57 | 139 | 188 | 5,2 | 9,9 | 12,2 |
| 700 | Baunebenkosten* | m²BGF | 328 | 366 | 404 | 23,3 | 25,9 | 28,6 |
| 800 | Finanzierung | m²BGF | – | – | – | – | – | – |

\* Auf Grundlage der HOAI 2021 berechnete Werte nach §§ 35, 52, 56. Weitere Informationen siehe Seite 50.

Abb. 3 aus BKI

| KG | Kostengruppen der 2. Ebene | Einheit | ▷ | €/Einheit | ◁ | ▷ | % an 1. Ebene | ◁ |
|---|---|---|---|---|---|---|---|---|
| 310 | Baugrube / Erdbau | m³BGI | 13 | 27 | 37 | 0,9 | 1,7 | 2,7 |
| 320 | Gründung, Unterbau | m²GRF | 276 | 338 | 452 | 8,3 | 13,9 | 18,6 |
| 330 | Außenwände / vertikal außen | m²AWF | 352 | 398 | 471 | 23,6 | 29,7 | 36,3 |
| 340 | Innenwände / vertikal innen | m²IWF | 164 | 233 | 283 | 10,5 | 17,1 | 24,2 |
| 350 | Decken / horizontal | m²DEF | 274 | 309 | 391 | 4,1 | 14,5 | 20,5 |
| 360 | Dächer | m²DAF | 248 | 365 | 476 | 11,2 | 18,0 | 29,0 |
| 370 | Infrastrukturanlagen |  | – | – | – | – | – | – |
| 380 | Baukonstruktive Einbauten | m²BGF | 3 | 10 | 38 | 0,3 | 1,0 | 3,4 |
| 390 | Sonst. Maßnahmen für Baukonst. | m²BGF | 36 | 47 | 56 | 3,5 | 4,2 | 6,4 |
| **300** | **Bauwerk – Baukonstruktionen** | **m²BGF** |  |  |  |  | 100,0 |  |
| 410 | Abwasser-, Wasser-, Gasanlagen | m²BGF | 26 | 43 | 64 | 11,7 | 16,1 | 22,6 |
| 420 | Wärmeversorgungsanlagen | m²BGF | 47 | 63 | 76 | 9,4 | 24,9 | 47,2 |
| 430 | Raumlufttechnische Anlagen | m²BGF | 4 | 37 | 138 | 1,0 | 7,2 | 31,7 |
| 440 | Elektrische Anlagen | m²BGF | 62 | 104 | 168 | 33,2 | 36,8 | 45,1 |
| 450 | Kommunikationstechnische Anlagen | m²BGF | 6 | 20 | 45 | 2,1 | 7,4 | 15,0 |
| 460 | Förderanlagen | m²BGF | 28 | 40 | 52 | 0,0 | 5,6 | 15,7 |
| 470 | Nutzungsspez. / verfahrenstech. Anl. | m²BGF | < 1 | 3 | 4 | < 0,1 | 0,4 | 1,7 |
| 480 | Gebäude- und Anlagenautomation | m²BGF | 35 | 35 | 35 | 0,0 | 1,6 | 8,1 |
| 490 | Sonst. Maßnahmen f. techn. Anl. | m²BGF | – | – | – | – | – | – |
| **400** | **Bauwerk – Technische Anlagen** | **m²BGF** |  |  |  |  | 100,0 |  |

Abb. 4 aus BKI Baukosten Gebäude: Kostenkennwerte der 2. Ebene

**Auswahl kostenrelevanter Baukonstruktionen**

**310 Baugrube/Erdbau**
- **kostenmindernd:**
  Nur Oberboden abtragen, Wiederverwertung des Aushubs auf dem Grundstück, keine Deponiegebühr, kurze Transportwege, wiederverwertbares Aushubmaterial für Verfüllung
+ **kostensteigernd:**
  Wasserhaltung, Grundwasserabsenkung, Baugrubenverbau, Spundwände, Baugrubensicherung mit Großbohrpfählen, Felsbohrungen, schwer lösbare Bodenarten oder Fels

**320 Gründung, Unterbau**
- **kostenmindernd:**
  Kein Fußbodenaufbau auf der Gründungsfläche, keine Dämmmaßnahmen auf oder unter der Gründungsfläche
+ **kostensteigernd:**
  Teurer Fußbodenaufbau auf der Gründungsfläche, Bodenverbesserung, Bodenkanäle, Perimeterdämmung oder sonstige, teure Dämmmaßnahmen, versetzte Ebenen

mauerwerk, Ganzglastüren, Vollholztüren Brandschutztüren, sonstige hochwertige Türen, hohe Anforderungen an Statik, Brandschutz, Schallschutz, Raumakustik und Optik, Edelstahlgeländer, raumhohe Verfliesung

**350 Decke/Horizontale Baukonstruktionen**
- **kostenmindernd:**
  Einfache Bodenbeläge, wenige und einfache Treppen, geringe Spannweiten
+ **kostensteigernd:**
  Doppelboden, Natursteinböden, Metall- und Holzbekleidungen, Edelstahltreppen, hohe Anforderungen an Brandschutz, Schallschutz, Raumakustik und Optik, hohe Spannweiten

**360 Dächer**
- **kostenmindernd:**
  Einfache Geometrie, wenig Durchdringungen
+ **kostensteigernd:**
  Aufwändige Geometrie wie Mansarddach mit Gauben, Metalldeckung, Glasdächer oder Glasoberlichter, begeh-/befahrbare Flachdächer, Begrünung, Schutzelemente wie Edelstahl-Geländer

Abb. 5 aus BKI Baukosten Gebäude: Kostenrelevante Baukonstruktionen

Die Mengen der 2. Ebene können alternativ statistisch mit den Planungskennwerten auf der vierten Seite jeder Gebäudeart näherungsweise ermittelt werden. (Abb. 6; aus BKI Baukosten Gebäude: Planungskennwerte)
Eine Tabelle zur Anwendung dieser Planungskennwerte ist unter *www.bki.de/kostensimulationsmodell* für Neubau als Excel-Tabelle erhältlich. Die Anwendung dieser Tabelle ist dort ebenfalls beschrieben.

Die Werte, die über dieses statistische Verfahren ermittelt werden, sind für die weitere Verwendung auf Plausibilität zu prüfen und anzupassen.

In BKI Baukosten Gebäude befindet sich auf der dritten Seite zu jeder Gebäudeart eine Aufschlüsselung nach Leistungsbereichen für eine überschlägige Aufteilung der Bauwerkskosten. (Abb. 7; BKI Baukosten Gebäude)

Für die Kostenaufstellung nach Leistungsbereichen existiert folgender Ansatz:
Bereits nach Kostengruppen ermittelte Kosten können prozentual, mit Hilfe der Angaben in den Prozentspalten, in die voraussichtlich anfallenden Leistungsbereiche aufgeteilt werden.

Die Ergebnisse dieser „Budgetierung" können die positionsorientierte Aufstellung der Leistungsbereichskosten nicht ersetzen. Für Plausibilitätsprüfungen bzw. grobe Kostenaussagen z. B. für Finanzierungsanfragen sind sie jedoch gut geeignet.

| Planungskennwerte für Flächen und Rauminhalte nach DIN 277 | | | | | | | |
|---|---|---|---|---|---|---|---|
| **Grundflächen** | | | ▷ Fläche/NUF (%) ◁ | | | ▷ Fläche/BGF (%) ◁ | |
| NUF | Nutzungsfläche | 100,0 | **100,0** | 100,0 | 68,6 | **69,9** | 74,2 |
| TF | Technikfläche | 2,2 | **2,8** | 4,2 | 1,5 | **1,9** | 2,7 |
| VF | Verkehrsfläche | 14,6 | **18,6** | 22,2 | 10,4 | **12,6** | 14,9 |
| NRF | Netto-Raumfläche | 115,9 | **120,8** | 125,2 | 81,7 | **84,0** | 85,5 |
| KGF | Konstruktions-Grundfläche | 20,0 | **23,1** | 26,8 | 14,5 | **16,0** | 18,3 |
| BGF | Brutto-Grundfläche | 136,6 | **144,0** | 147,0 | 100,0 | **100,0** | 100,0 |
| **Brutto-Rauminhalte** | | | ▷ BRI/NUF (m) ◁ | | | ▷ BRI/BGF (m) ◁ | |
| BRI | Brutto-Rauminhalt | 4,31 | **4,73** | 5,27 | 3,19 | **3,28** | 3,74 |
| **Flächen von Nutzeinheiten** | | | ▷ NUF/Einheit (m²) ◁ | | | ▷ BGF/Einheit (m²) ◁ | |
| Nutzeinheit: Arbeitsplätze | | 23,97 | **26,56** | 36,41 | 35,10 | **38,43** | 55,78 |
| **Lufttechnisch behandelte Flächen** | | | ▷ Fläche/NUF (%) ◁ | | | ▷ Fläche/BGF (%) ◁ | |
| Entlüftete Fläche | | 2,8 | **2,8** | 2,8 | 2,0 | **2,0** | 2,0 |
| Be- und entlüftete Fläche | | 48,7 | **48,7** | 48,7 | 31,7 | **31,7** | 31,7 |
| Teilklimatisierte Fläche | | – | – | – | – | – | – |
| Klimatisierte Fläche | | 2,1 | **2,1** | 2,1 | 1,5 | **1,5** | 1,5 |
| **KG** | **Kostengruppen (2. Ebene)** | **Einheit** | ▷ Menge/NUF ◁ | | | ▷ Menge/BGF ◁ | |
| 310 | Baugrube / Erdbau | m³BGI | 1,25 | **1,51** | 1,75 | 0,85 | **1,04** | 1,28 |
| 320 | Gründung, Unterbau | m²GRF | 0,59 | **0,70** | 0,70 | 0,41 | **0,49** | 0,49 |
| 330 | Außenwände / vertikal außen | m²AWF | 1,07 | **1,21** | 1,21 | 0,75 | **0,85** | 0,85 |
| 340 | Innenwände / vertikal innen | m²IWF | 0,92 | **1,17** | 1,34 | 0,64 | **0,82** | 0,99 |
| 350 | Decken / horizontal | m²DEF | 0,80 | **0,90** | 0,92 | 0,55 | **0,62** | 0,66 |
| 360 | Dächer | m²DAF | 0,74 | **0,82** | 0,82 | 0,52 | **0,58** | 0,58 |
| 370 | Infrastrukturanlagen | | – | – | – | – | – | – |
| 380 | Baukonstruktive Einbauten | m²BGF | 1,37 | **1,44** | 1,47 | 1,00 | **1,00** | 1,00 |
| 390 | Sonst. Maßnahmen für Baukonst. | m²BGF | 1,37 | **1,44** | 1,47 | 1,00 | **1,00** | 1,00 |
| **300** | **Bauwerk – Baukonstruktionen** | **m²BGF** | 1,37 | **1,44** | 1,47 | 1,00 | **1,00** | 1,00 |

Abb. 6 aus BKI Baukosten Gebäude: Planungskennwerte

**Büro- und Verwaltungsgebäude, einfacher Standard**

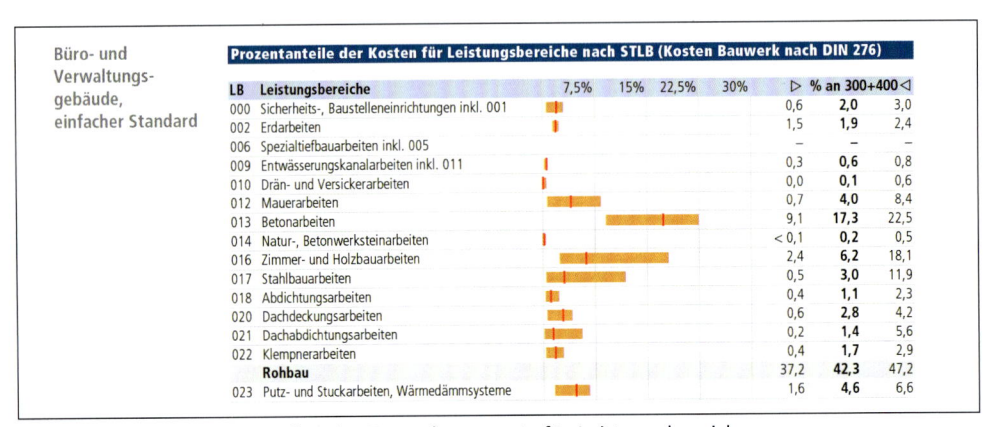

| Prozentanteile der Kosten für Leistungsbereiche nach STLB (Kosten Bauwerk nach DIN 276) | | | | | | | ▷ % an 300+400 ◁ | |
|---|---|---|---|---|---|---|---|---|
| LB | Leistungsbereiche | 7,5% | 15% | 22,5% | 30% | | | |
| 000 | Sicherheits-, Baustelleneinrichtungen inkl. 001 | | | | | 0,6 | **2,0** | 3,0 |
| 002 | Erdarbeiten | | | | | 1,5 | **1,9** | 2,4 |
| 006 | Spezialtiefbauarbeiten inkl. 005 | | | | | – | – | – |
| 009 | Entwässerungskanalarbeiten inkl. 011 | | | | | 0,3 | **0,6** | 0,8 |
| 010 | Drän- und Versickerarbeiten | | | | | 0,0 | **0,1** | 0,6 |
| 012 | Mauerarbeiten | | | | | 0,7 | **4,0** | 8,4 |
| 013 | Betonarbeiten | | | | | 9,1 | **17,3** | 22,5 |
| 014 | Natur-, Betonwerksteinarbeiten | | | | | < 0,1 | **0,2** | 0,5 |
| 016 | Zimmer- und Holzbauarbeiten | | | | | 2,4 | **6,2** | 18,1 |
| 017 | Stahlbauarbeiten | | | | | 0,5 | **3,0** | 11,9 |
| 018 | Abdichtungsarbeiten | | | | | 0,4 | **1,1** | 2,3 |
| 020 | Dachdeckungsarbeiten | | | | | 0,6 | **2,8** | 4,2 |
| 021 | Dachabdichtungsarbeiten | | | | | 0,2 | **1,4** | 5,6 |
| 022 | Klempnerarbeiten | | | | | 0,4 | **1,7** | 2,9 |
| | **Rohbau** | | | | | 37,2 | **42,3** | 47,2 |
| 023 | Putz- und Stuckarbeiten, Wärmedämmsysteme | | | | | 1,6 | **4,6** | 6,6 |

Abb. 7 aus BKI Baukosten Gebäude: Kostenkennwerte für Leistungsbereiche

# Kostenberechnung

In der DIN 276:2018-12 wird für Kostenberechnungen festgelegt, dass die Kosten bis zur 3. Ebene der Kostengliederung ermittelt werden müssen. (Abb. 8; BKI Baukosten Bauelemente)

Für die Kostengruppen 380, 390 und 410 bis 490 ist lediglich die BGF zu ermitteln, da hier sämtliche Kostenkennwerte auf die BGF bezogen sind. Da in der Regel nicht in allen Kostengruppen Kosten anfallen und viele Mengenermittlungen mehrfach verwendet werden können, ist die Mengenermittlung der 3. Ebene ebenfalls mit relativ wenigen Mengen (ca. 15 bis 25) möglich. (Abb. 9; BKI Baukosten Bauelemente)

Eine besondere Bedeutung kann der 3. Ebene der DIN 276 beim Bauen im Bestand im Rahmen der Bewertung der mitzuverarbeitenden Bausubstanz zukommen, die auch in der aktualisierten HOAI 2021 enthalten sind. Denn erst in der 3. Ebene DIN 276 ist eine Differenzierung der Bauteile in die tragende Konstruktion und die Oberflächen (innen und außen) gegeben. Beim Bauen im Bestand sind häufig die Oberflächen zu erneuern. Wesentliche Teile der Gründung und der Tragkonstruktion bleiben faktisch unverändert, werden planerisch aber erfasst und mitverarbeitet. Deren Kostenanteile werden erst durch die Differenzierung der Kosten ab der 3. Ebene ablesbar. Daher können die Neubaukosten der 3. Ebene oft wichtige Kennwerte für die Bewertung der mitzuverarbeitenden Bausubstanz darstellen.

| 334 Außenwandöffnungen | Gebäudeart | ▷ | €/Einheit | ◁ | KG an 300 |
|---|---|---|---|---|---|
| | **1 Büro- und Verwaltungsgebäude** | | | | |
| | Büro- und Verwaltungsgebäude, einfacher Standard | 270,00 | **344,00** | 392,00 | 9,1% |
| | Büro- und Verwaltungsgebäude, mittlerer Standard | 390,00 | **616,00** | 950,00 | 9,7% |
| | Büro- und Verwaltungsgebäude, hoher Standard | 742,00 | **972,00** | 2.194,00 | 8,5% |
| | **2 Gebäude für Forschung und Lehre** | | | | |
| | Instituts- und Laborgebäude | 765,00 | **1.052,00** | 1.871,00 | 5,3% |
| | **3 Gebäude des Gesundheitswesens** | | | | |
| | Medizinische Einrichtungen | 308,00 | **467,00** | 547,00 | 7,1% |
| | Pflegeheime | 400,00 | **546,00** | 786,00 | 7,7% |
| | **4 Schulen und Kindergärten** | | | | |
| | Allgemeinbildende Schulen | 506,00 | **868,00** | 1.274,00 | 7,2% |
| | Berufliche Schulen | 662,00 | **1.057,00** | 1.400,00 | 4,2% |
| | Förder- und Sonderschulen | 572,00 | **840,00** | 1.119,00 | 4,0% |
| | Weiterbildungseinrichtungen | 1.080,00 | **1.714,00** | 2.348,00 | 0,8% |
| | Kindergärten, nicht unterkellert, einfacher Standard | 669,00 | **709,00** | 780,00 | 6,8% |
| | Kindergärten, nicht unterkellert, mittlerer Standard | 538,00 | **725,00** | 1.051,00 | 8,1% |
| | Kindergärten, nicht unterkellert, hoher Standard | 485,00 | **674,00** | 768,00 | 3,3% |
| | Kindergärten, Holzbauweise, nicht unterkellert | 489,00 | **716,00** | 941,00 | 6,5% |
| | Kindergärten, unterkellert | 692,00 | **810,00** | 993,00 | 9,4% |

Abb. 8 aus BKI Baukosten Bauelemente: Kostenkennwerte der 3. Ebene

| 444 Niederspannungs-installations-anlagen | Gebäudeart | ▷ | €/Einheit | ◁ | KG an 400 |
|---|---|---|---|---|---|
| | **1 Büro- und Verwaltungsgebäude** | | | | |
| | Büro- und Verwaltungsgebäude, einfacher Standard | 23,00 | **39,00** | 51,00 | 20,2% |
| | Büro- und Verwaltungsgebäude, mittlerer Standard | 48,00 | **69,00** | 101,00 | 19,0% |
| | Büro- und Verwaltungsgebäude, hoher Standard | 63,00 | **83,00** | 134,00 | 12,2% |
| | **2 Gebäude für Forschung und Lehre** | | | | |
| | Instituts- und Laborgebäude | 31,00 | **69,00** | 101,00 | 8,2% |
| | **3 Gebäude des Gesundheitswesens** | | | | |
| | Medizinische Einrichtungen | 62,00 | **90,00** | 143,00 | 17,8% |
| | Pflegeheime | 35,00 | **58,00** | 70,00 | 9,3% |
| | **4 Schulen und Kindergärten** | | | | |
| | Allgemeinbildende Schulen | 35,00 | **53,00** | 73,00 | 15,4% |
| | Berufliche Schulen | 64,00 | **84,00** | 123,00 | 15,3% |
| | Förder- und Sonderschulen | 59,00 | **86,00** | 196,00 | 20,3% |
| | Weiterbildungseinrichtungen | 58,00 | **115,00** | 228,00 | 19,9% |
| | Kindergärten, nicht unterkellert, einfacher Standard | 16,00 | **27,00** | 33,00 | 11,0% |
| | Kindergärten, nicht unterkellert, mittlerer Standard | 39,00 | **54,00** | 109,00 | 19,5% |
| | Kindergärten, nicht unterkellert, hoher Standard | 24,00 | **29,00** | 33,00 | 9,6% |
| | Kindergärten, Holzbauweise, nicht unterkellert | 18,00 | **31,00** | 45,00 | 10,0% |
| | Kindergärten, unterkellert | 31,00 | **61,00** | 118,00 | 17,0% |

Abb. 9 aus BKI Baukosten Bauelemente: Kostenkennwerte der 3. Ebene für Kostengruppe 400

## Kostenvoranschlag

Mit dem Begriff „Kostenvoranschlag" wird in der neuen DIN 276 gegenüber der Vorgängernorm ein neuer Begriff eingeführt. Der Kostenvoranschlag wird als die Ermittlung der Kosten auf der Grundlage der Ausführungsplanung und der Vorbereitung der Vergabe definiert. Die neue Kostenermittlungsstufe entspricht dem bisherigen „Kostenanschlag". Die DIN 276 fordert, dass die Gesamtkosten nach Kostengruppen in der dritten Ebene der Kostengliederung ermittelt und darüber hinaus nach technischen Merkmalen oder herstellungsmäßigen Gesichtspunkten weiter untergliedert werden. Anschließend sollen die Kosten in Vergabeeinheiten nach der für das jeweilige Bauprojekt vorgesehenen Vergabe- und Ausführungsstruktur geordnet werden. Diese Ordnung erleichtert es in den nachfolgenden Kostenermittlungen, dass die Angebote, Aufträge und Abrechnungen zusammengestellt, kontrolliert und verglichen werden können.

Für die geforderte Untergliederung der 3. Ebene sind die im Band „Bauelemente" enthaltenen BKI Ausführungsarten besonders geeignet. Die darin enthaltene Aufteilung in Leistungsbereiche ermöglicht eine ausführungsorientierte Gliederung. Diese Leistungsbereiche können dann zu den geforderten projektspezifischen Vergabeeinheiten zusammengestellt werden.

| **334.60 Fenster** | | | | |
|---|---|---|---|---|
| 01 AW Fenster, Holz, 1-flüglig, bis 0,70m², Fensterbank, innen/außen | 690,00 | **730,00** | 880,00 | |
| Einheit: m² Fensterfläche | | | | |
| 014 Natur-, Betonwerksteinarbeiten | | | | 5,3% |
| 022 Klempnerarbeiten | | | | 4,6% |
| 026 Fenster, Außentüren | | | | 90,1% |

Abb. 10 aus BKI Baukosten Bauelemente: Kostenkennwerte für Ausführungsarten

# Kostenanschlag

Der Kostenanschlag ist nach Kostenrahmen, Kostenschätzung, Kostenberechnung und Kostenvoranschlag die fünfte Stufe der Kostenermittlungen nach DIN 276. Er dient den Entscheidungen über die Vergaben und die Ausführung. Die HOAI-Novelle 2013 beinhaltet in der Leistungsphase 6 „Vorbereitung der Vergabe" eine wesentliche Änderung: Als Grundleistung wird hier das „Ermitteln der Kosten auf Grundlage vom Planer bepreister Leistungsverzeichnisse" aufgeführt. Auch in der HOAI 2021 ist die Grundleistung unverändert enthalten. Nach der Begründung zur 7. HOAI-Novelle wird durch diese präzisierte Kostenermittlung und -kontrolle der Kostenanschlag entbehrlich. Dies heißt jedoch nicht, dass auf die 3. Ebene der DIN 276 verzichtet werden kann. Die 3. Ebene der DIN 276 und die BKI Ausführungsarten sind wichtige Zwischenschritte auf dem Weg zu bepreisten Leistungsverzeichnissen.

| 335 Außenwandbekleidungen, außen | KG.OZ | ▷ | €/Einheit | ◁ | LB an AA |
|---|---|---|---|---|---|
| | 335.30 Putz | | | | |
| | 01 AW Sockelausbildung, Abdichtung, Putz, Beschichtung | 78,00 | **87,00** | 100,00 | |
| | Einheit: m² Sockelfläche | | | | |
| | 018 Abdichtungsarbeiten | | | | 30,9% |
| | 023 Putz- und Stuckarbeiten, Wärmedämmsysteme | | | | 56,2% |
| | 034 Maler- und Lackierarbeiten - Beschichtungen | | | | 12,9% |
| | 02 AW Putz, Beschichtung, Silikatfarbe | 53,00 | **62,00** | 69,00 | |
| | Einheit: m² Bekleidungsfläche | | | | |
| | 023 Putz- und Stuckarbeiten, Wärmedämmsysteme | | | | 77,8% |
| | 034 Maler- und Lackierarbeiten - Beschichtungen | | | | 22,2% |
| | 03 AW Putz, Beschichtung, Dispersionsfarbe | 52,00 | **60,00** | 67,00 | |
| | Einheit: m² Bekleidungsfläche | | | | |
| | 023 Putz- und Stuckarbeiten, Wärmedämmsysteme | | | | 79,4% |
| | 034 Maler- und Lackierarbeiten - Beschichtungen | | | | 20,6% |
| | 04 AW Putz, Beschichtung, Silikonharzfarbe | 54,00 | **63,00** | 70,00 | |
| | Einheit: m² Bekleidungsfläche | | | | |
| | 023 Putz- und Stuckarbeiten, Wärmedämmsysteme | | | | 75,6% |
| | 034 Maler- und Lackierarbeiten - Beschichtungen | | | | 24,4% |

Abb. 11 aus BKI Baukosten Bauelemente: Kostenkennwerte für Ausführungsarten

# Positionspreise

Zum Bepreisen von Leistungsverzeichnissen, Vorbereitung der Vergabe sowie Prüfen von Preisen eignet sich der Band BKI Baukosten Positionen, Statistische Kostenkennwerte (Teil 3). In diesem Band werden Positionen aus den BKI-Positionsdatenbanken ausgewertet und tabellarisch mit Minimal-, Von-, Mittel-, Bis- sowie Maximalpreisen aufgelistet. Aufgeführt sind jeweils Brutto- und Nettopreise. (Abb. 12; BKI Baukosten Positionen)

Die Von-, Mittel-, Bis-Preise stellen dabei die übliche Bandbreite der Positionspreise dar. Minimal- und Maximalpreise bezeichnen die kleinsten und größten aufgetretenen Preise einer in den BKI-Positionsdatenbanken dokumentierten Position. Sie stellen jedoch keine absolute Unter- oder Obergrenze dar. Die Positionen sind gegliedert nach den Leistungsbereichen des Standardleistungsbuchs. Es werden Positionen für Rohbau, Ausbau, Gebäudetechnik und Freianlagen dokumentiert.
Ergänzt werden die statistisch ausgewerteten Baupreise durch Mustertexte für die Ausschreibung von Bauleistungen. Diese werden von Fachautoren verfasst und i.d.R. von Fachverbänden geprüft. Die Verbände sind in der Fußzeile für den jeweiligen Leistungsbereich benannt.
(Abb. 13; BKI Baukosten Positionen)

| LB 012 Mauerarbeiten | Mauerarbeiten | | | | | | Preise € |
|---|---|---|---|---|---|---|---|
| Nr. | Positionen | Einheit | ▶ | ▷ ø brutto € / ø netto € | | ◁ | ◀ |
| 1 | Querschnittsabdichtung, Mauerwerk bis 17,5cm | m | 1,5 / 1,3 | 3,3 / 2,8 | **4,0** / **3,4** | 5,1 / 4,3 | 6,7 / 5,7 |
| 2 | Querschnittsabdichtung, Mauerwerk bis 36,5cm | m | 3,5 / 2,9 | 5,3 / 4,5 | **6,2** / **5,2** | 7,6 / 6,4 | 11 / 9,1 |
| 3 | Dämmstein, Mauerwerk, 11,5cm | m | 19 / 16 | 31 / 26 | **36** / **31** | 43 / 36 | 56 / 47 |
| 4 | Dämmstein, Mauerwerk, 17,5cm | m | 23 / 19 | 38 / 32 | **44** / **37** | 55 / 46 | 83 / 69 |
| 5 | Dämmstein, Mauerwerk, 24cm | m | 34 / 29 | 53 / 45 | **60** / **50** | 78 / 65 | 110 / 93 |
| 6 | Dämmstein, KS-Mauerwerk, 11,5cm | m | 23 / 19 | 25 / 21 | **27** / **22** | 29 / 24 | 32 / 27 |
| 7 | Dämmstein, KS-Mauerwerk 17,5cm | m | 29 / 24 | 36 / 30 | **40** / **34** | 46 / 39 | 58 / 49 |
| 8 | Dämmstein, KS-Mauerwerk, 24cm | m | 37 / 31 | 50 / 42 | **50** / **42** | 56 / 47 | 68 / 57 |

Abb. 12 aus BKI Baukosten Positionen: Positionspreise

**LB 012 Mauerarbeiten**

| Nr. | Kurztext / Langtext | | | | [Einheit] | Ausf.-Dauer | Kostengruppe Positionsnummer |
|---|---|---|---|---|---|---|---|
| | ▶ ▷ ø netto € ◁ ◀ | | | | | | |

**A 1  Querschnittsabdichtung, Mauerwerk**                          Beschreibung für Pos. **1-2**
Abdichtung, einlagig, gegen Bodenfeuchte in/unter Mauerwerkswänden, mit seitlichem Überstand und Überdeckung von je mind. 10cm; inkl. Abgleichen der Auflagerfläche.

**1  Querschnittsabdichtung, Mauerwerk bis 17,5cm**                 KG **342**
Wie Ausführungsbeschreibung A 1
Mauerdicke: bis 17,5 cm
Abdichtung: Bitumendichtungsbahn G 200 DD
Angeb. Fabrikat: .....

| 1€ | 3€ | **3€** | 4€ | 6€ | [m] | ⏱ 0,04 h/m | 012.000.206 |

Abb. 13 aus BKI Baukosten Positionen: Mustertexte

# Detaillierte Kostenangaben zu einzelnen Objekten

In BKI Baukosten Gebäude existiert zu jeder Gebäudeart eine Objektübersicht mit den ausgewerteten Objekten, die zu den Stichproben beigetragen haben. (Abb. 14; BKI Baukosten Gebäude)

Diese Übersicht erlaubt den Übergang von der Kostenkennwertmethode auf der Grundlage einer statistischen Auswertung, wie sie in der Buchreihe "BKI Baukosten" gebildet wird, zur Objektvergleichsmethode auf der Grundlage einer objektorientierten Darstellung, wie sie in den "BKI Objektdaten" enthalten ist. Alle Objekte sind mit einer Objektnummer versehen, unter der eine Einzeldokumentation bei BKI geführt wird. Weiterhin ist angegeben, in welchem Fachbuch der Reihe BKI OBJEKTDATEN das betreffende Objekt veröffentlicht wurde.

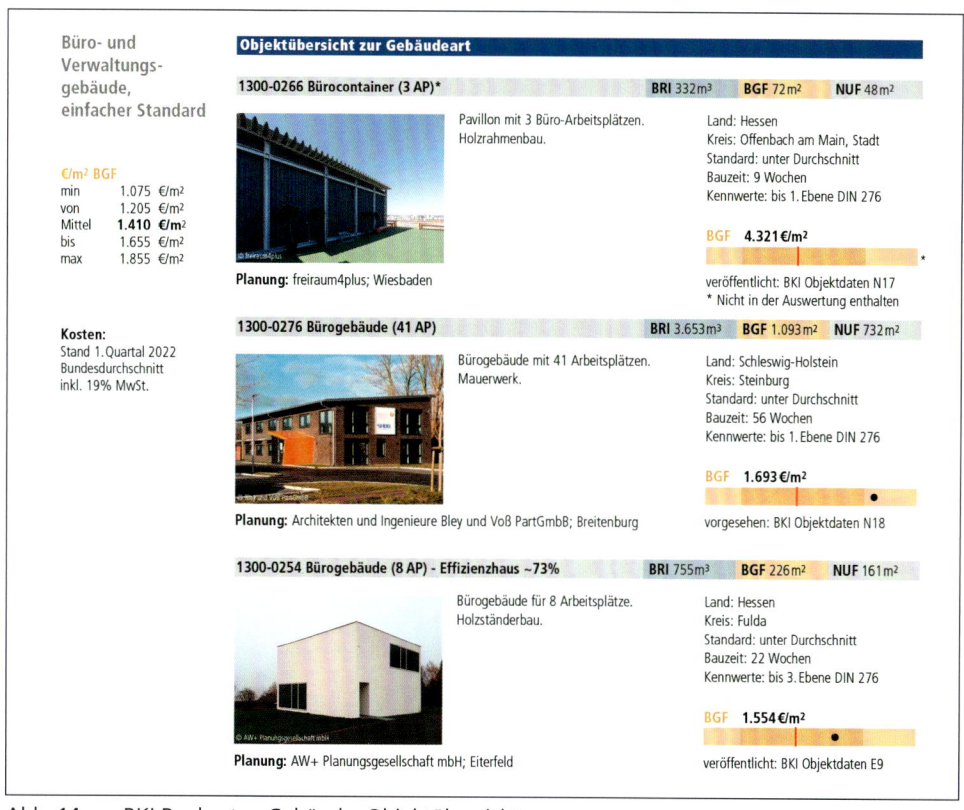

Abb. 14 aus BKI Baukosten Gebäude: Objektübersicht

# Erläuterungen

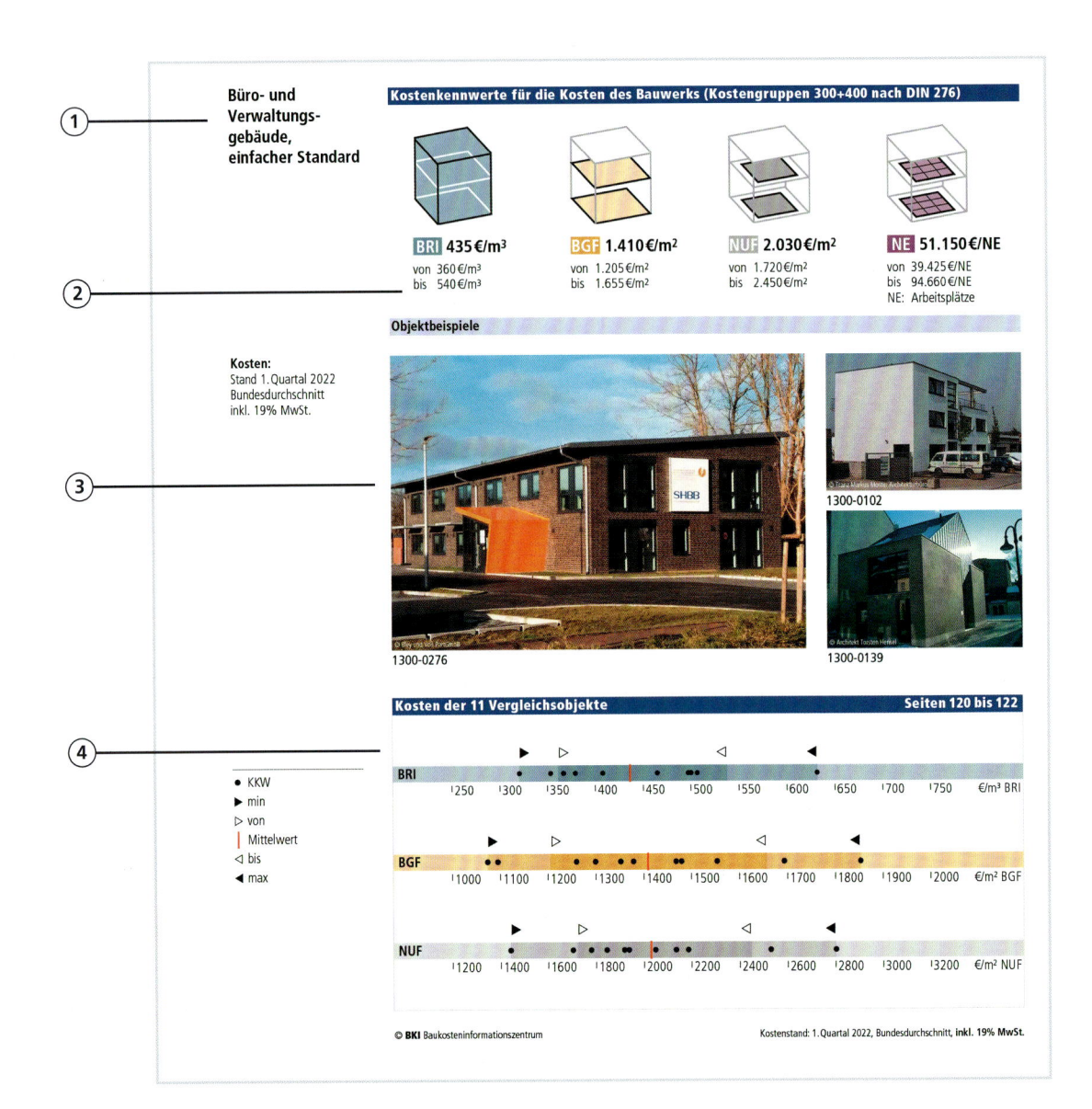

① **Büro- und Verwaltungsgebäude, einfacher Standard**

**Kostenkennwerte für die Kosten des Bauwerks (Kostengruppen 300+400 nach DIN 276)**

**BRI** 435 €/m³
von 360 €/m³
bis 540 €/m³

**BGF** 1.410 €/m²
von 1.205 €/m²
bis 1.655 €/m²

**NUF** 2.030 €/m²
von 1.720 €/m²
bis 2.450 €/m²

**NE** 51.150 €/NE
von 39.425 €/NE
bis 94.660 €/NE
NE: Arbeitsplätze

② **Kosten:**
Stand 1. Quartal 2022
Bundesdurchschnitt
inkl. 19% MwSt.

**Objektbeispiele**

③ 1300-0276   1300-0102   1300-0139

**Kosten der 11 Vergleichsobjekte** — Seiten 120 bis 122

④ • KKW
▶ min
▷ von
| Mittelwert
◁ bis
◀ max

BRI — 250, 300, 350, 400, 450, 500, 550, 600, 650, 700, 750 €/m³ BRI

BGF — 1000, 1100, 1200, 1300, 1400, 1500, 1600, 1700, 1800, 1900, 2000 €/m² BGF

NUF — 1200, 1400, 1600, 1800, 2000, 2200, 2400, 2600, 2800, 3000, 3200 €/m² NUF

© **BKI** Baukosteninformationszentrum    Kostenstand: 1. Quartal 2022, Bundesdurchschnitt, **inkl. 19% MwSt.**

## Erläuterung nebenstehender Tabellen und Abbildungen

### Kostenkennwerte für die Kosten des Bauwerks (Kostengruppe 300+400 DIN 276)

**①**

Bezeichnung der Gebäudeart

**②**

Kostenkennwerte für Bauwerkskosten inkl. MwSt. mit Kostenstand 1. Quartal 2022.
Kosten und Kostenkennwerte umgerechnet auf den Bundesdurchschnitt.

Angabe von Streubereich (Standardabweichung; „von-/bis"-Werte) und Mittelwert (Fettdruck).
- Bauwerkskosten: Summe der Kostengruppen 300 und 400 (DIN 276)
- Kostengruppe 300: Bauwerk-Baukonstruktionen
- Kostengruppe 400: Bauwerk-Technische Anlagen
- BRI: Brutto-Rauminhalt (Summe der Regelfall (R)- und Sonderfall (S)-Rauminhalte nach DIN 277)
- BGF: Brutto-Grundfläche (Summe der Regelfall (R)- und Sonderfall (S)-Rauminhalte nach DIN 277)
- NUF: Nutzungsfläche (Summe der Regelfall (R)- und Sonderfall (S)-Rauminhalte nach DIN 277)
- NE: Nutzeinheit
Auf volle 5 bzw. 10€ gerundete Werte

**③**

Zeigt Abbildungen beispielhaft ausgewählter Vergleichsobjekte aus der jeweiligen Gebäudeart. Die Objektnummer verweist auf die in den BKI-Baukostendatenbanken verfügbare Objektdokumentation. Diese Objektnummer ermöglicht es, bei Bedarf von der Kostenkennwertmethode zur Objektvergleichsmethode zu wechseln. Weitere Objektnachweise finden sich in der Objektübersicht zu dieser Gebäudeart.

### Vergleichsobjekte

**④**

Die Punkte zeigen auf die objektbezogenen Kostenkennwerte €/m³ BRI, €/m² BGF und €/m² NUF der Vergleichsobjekte. Diese Tabelle verdeutlicht den Sachverhalt, dass die Kostenkennwerte realer und abgerechneter Einzelobjekte auch außerhalb des statistisch ermittelten Streubereichs (Standardabweichung) liegen können. Der farbintensive innere Bereich stellt diesen Streubereich (von-bis) grafisch mit der Angabe des Mittelwerts dar. Von allen Vergleichsobjekten können beim BKI bei Bedarf die ausführlichen Kostendokumentationen angefordert werden. Die Breiten der Streubereiche variieren bei den unterschiedlichen Gebäudearten. Eine Übersicht über alle Gebäudearten mit einheitlicher Skala befindet sich auf Seite 106-109.

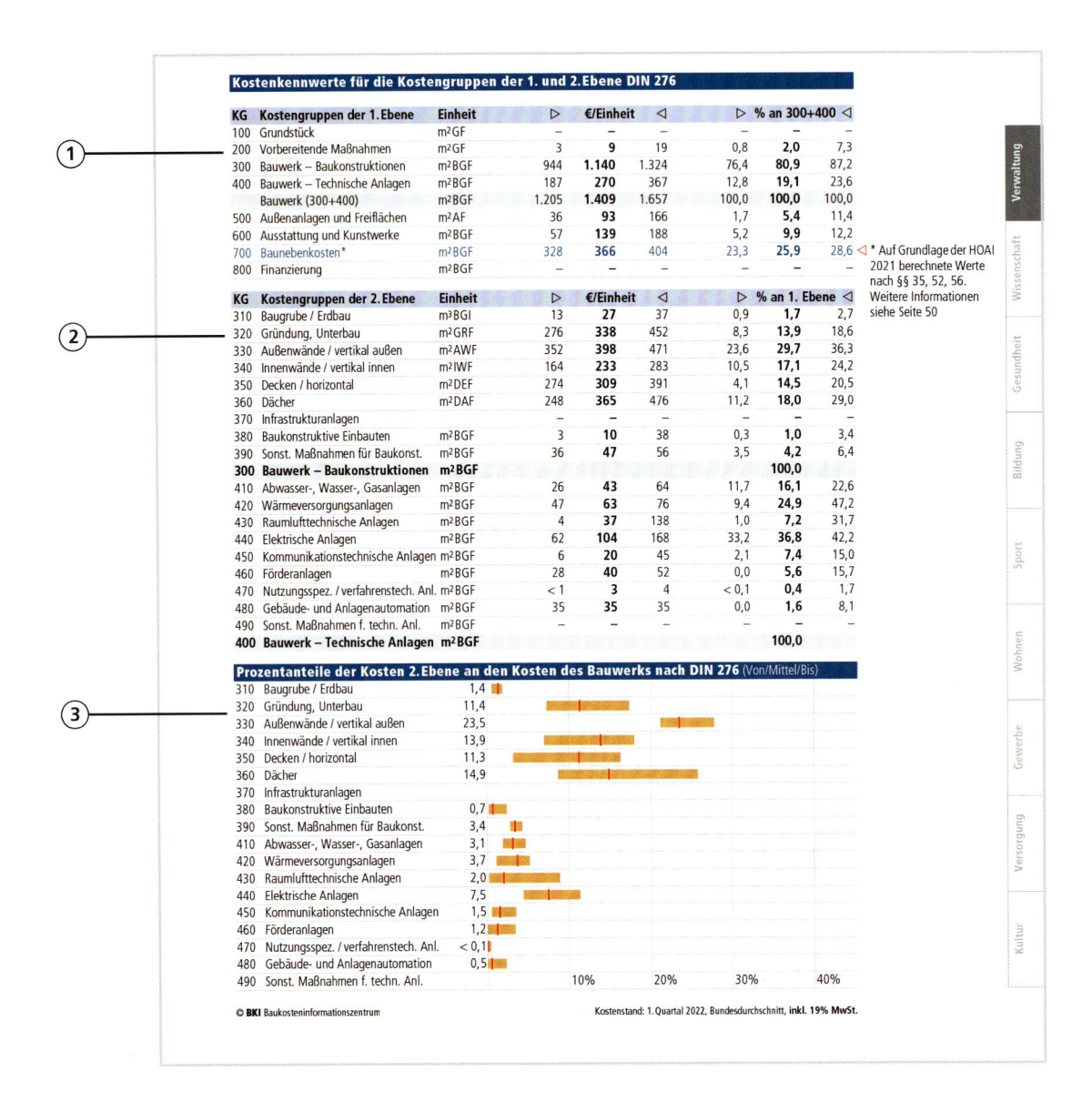

## Kostenkennwerte für die Kostengruppen der 1. und 2. Ebene DIN 276

| KG | Kostengruppen der 1. Ebene | Einheit | ▷ | €/Einheit | ◁ | ▷ % an 300+400 ◁ | | |
|---|---|---|---|---|---|---|---|---|
| 100 | Grundstück | m²GF | – | – | – | – | – | – |
| 200 | Vorbereitende Maßnahmen | m²GF | 3 | 9 | 19 | 0,8 | 2,0 | 7,3 |
| 300 | Bauwerk – Baukonstruktionen | m²BGF | 944 | 1.140 | 1.324 | 76,4 | 80,9 | 87,2 |
| 400 | Bauwerk – Technische Anlagen | m²BGF | 187 | 270 | 367 | 12,8 | 19,1 | 23,6 |
|  | Bauwerk (300+400) | m²BGF | 1.205 | 1.409 | 1.657 | 100,0 | 100,0 | 100,0 |
| 500 | Außenanlagen und Freiflächen | m²AF | 36 | 93 | 166 | 1,7 | 5,4 | 11,4 |
| 600 | Ausstattung und Kunstwerke | m²BGF | 57 | 139 | 188 | 5,2 | 9,9 | 12,2 |
| 700 | Baunebenkosten* | m²BGF | 328 | 366 | 404 | 23,3 | 25,9 | 28,6 |
| 800 | Finanzierung | m²BGF | – | – | – | – | – | – |

\* Auf Grundlage der HOAI 2021 berechnete Werte nach §§ 35, 52, 56. Weitere Informationen siehe Seite 50

| KG | Kostengruppen der 2. Ebene | Einheit | ▷ | €/Einheit | ◁ | ▷ % an 1. Ebene ◁ | | |
|---|---|---|---|---|---|---|---|---|
| 310 | Baugrube / Erdbau | m³BGI | 13 | 27 | 37 | 0,9 | 1,7 | 2,7 |
| 320 | Gründung, Unterbau | m²GRF | 276 | 338 | 452 | 8,3 | 13,9 | 18,6 |
| 330 | Außenwände / vertikal außen | m²AWF | 352 | 398 | 471 | 23,6 | 29,7 | 36,3 |
| 340 | Innenwände / vertikal innen | m²IWF | 164 | 233 | 283 | 10,5 | 17,1 | 24,2 |
| 350 | Decken / horizontal | m²DEF | 274 | 309 | 391 | 4,1 | 14,5 | 20,5 |
| 360 | Dächer | m²DAF | 248 | 365 | 476 | 11,2 | 18,0 | 29,0 |
| 370 | Infrastrukturanlagen | | – | – | – | – | – | – |
| 380 | Baukonstruktive Einbauten | m²BGF | 3 | 10 | 38 | 0,3 | 1,0 | 3,4 |
| 390 | Sonst. Maßnahmen für Baukonst. | m²BGF | 36 | 47 | 56 | 3,5 | 4,2 | 6,4 |
| **300** | **Bauwerk – Baukonstruktionen** | **m²BGF** | | | | | **100,0** | |
| 410 | Abwasser-, Wasser-, Gasanlagen | m²BGF | 26 | 43 | 64 | 11,7 | 16,1 | 22,6 |
| 420 | Wärmeversorgungsanlagen | m²BGF | 47 | 63 | 76 | 9,4 | 24,9 | 47,2 |
| 430 | Raumlufttechnische Anlagen | m²BGF | 4 | 37 | 138 | 1,0 | 7,2 | 31,7 |
| 440 | Elektrische Anlagen | m²BGF | 62 | 104 | 168 | 33,2 | 36,8 | 42,2 |
| 450 | Kommunikationstechnische Anlagen | m²BGF | 6 | 20 | 45 | 2,1 | 7,4 | 15,0 |
| 460 | Förderanlagen | m²BGF | 28 | 40 | 52 | 0,0 | 5,6 | 15,7 |
| 470 | Nutzungsspez. / verfahrenstech. Anl. | m²BGF | < 1 | 3 | 4 | < 0,1 | 0,4 | 1,7 |
| 480 | Gebäude- und Anlagenautomation | m²BGF | 35 | 35 | 35 | 0,0 | 1,6 | 8,1 |
| 490 | Sonst. Maßnahmen f. techn. Anl. | m²BGF | – | – | – | – | – | – |
| **400** | **Bauwerk – Technische Anlagen** | **m²BGF** | | | | | **100,0** | |

### Prozentanteile der Kosten 2. Ebene an den Kosten des Bauwerks nach DIN 276 (Von/Mittel/Bis)

| KG | Kostengruppe | % |
|---|---|---|
| 310 | Baugrube / Erdbau | 1,4 |
| 320 | Gründung, Unterbau | 11,4 |
| 330 | Außenwände / vertikal außen | 23,5 |
| 340 | Innenwände / vertikal innen | 13,9 |
| 350 | Decken / horizontal | 11,3 |
| 360 | Dächer | 14,9 |
| 370 | Infrastrukturanlagen | |
| 380 | Baukonstruktive Einbauten | 0,7 |
| 390 | Sonst. Maßnahmen für Baukonst. | 3,4 |
| 410 | Abwasser-, Wasser-, Gasanlagen | 3,1 |
| 420 | Wärmeversorgungsanlagen | 3,7 |
| 430 | Raumlufttechnische Anlagen | 2,0 |
| 440 | Elektrische Anlagen | 7,5 |
| 450 | Kommunikationstechnische Anlagen | 1,5 |
| 460 | Förderanlagen | 1,2 |
| 470 | Nutzungsspez. / verfahrenstech. Anl. | < 0,1 |
| 480 | Gebäude- und Anlagenautomation | 0,5 |
| 490 | Sonst. Maßnahmen f. techn. Anl. | |

© BKI Baukosteninformationszentrum — Kostenstand: 1. Quartal 2022, Bundesdurchschnitt, **inkl. 19% MwSt.**

**Erläuterung nebenstehender Baukostentabellen**

Alle Kostenkennwerte enthalten die Mehrwertsteuer. Kostenstand: 1. Quartal 2022.
Kosten und Kostenkennwerte umgerechnet auf den Bundesdurchschnitt.
Die Bezugseinheiten der Kostenkennwerte entsprechen der DIN 276:2018-12: Mengen und Bezugseinheiten.

**Kostenkennwerte für die Kostengruppen der 1. und 2. Ebene DIN 276**

① 

Kostenkennwerte in €/Einheit für die Kostengruppen 200 bis 600 der 1. Ebene DIN 276 mit Angabe von Mittelwert (Spalte: €/Einheit) und Standardabweichung („von-/bis"-Werte). Anteil der jeweiligen Kostengruppen in Prozent der Bauwerkskosten (100%) mit Angabe von Mittelwert (Spalte: % an 300 + 400) und Streubereich („von-/bis"-Werte). Die Werte in den Spalten „von" bzw. „bis" sind aus statistischen Gründen nicht addierbar, sonstige Abweichungen sind rundungsbedingt.

② 

Angaben zum Bauwerk, jedoch für Kostengruppen der 2. Ebene DIN 276. Die Kostenkennwerte zur Kostengruppe 300 (Bauwerk-Baukonstruktionen) sind wegen der unterschiedlichen Bezugseinheiten nicht addierbar.
Bei der Ermittlung der Kostenkennwerte dieser Tabelle variiert der Stichprobenumfang von Kostengruppe zu Kostengruppe und auch gegenüber dem Stichprobenumfang der Tabelle der 1. Ebene. Um kostenplanerisch realistische Kostenkennwerte für die einzelnen Kostengruppen angeben zu können, wurden bei jeder Kostengruppe nur diejenigen Objekte einbezogen, bei denen für die betreffende Kostengruppe auch tatsächlich Kosten angefallen sind.
Zur Berechnung der Prozentanteile wurden jedoch alle Objekte herangezogen, zwischen den Kostenkennwerten und den Prozentanteilen kann daher kein direkter Bezug hergeleitet werden.
Beispiel: Da Büro- und Verwaltungsgebäude nicht immer eine Förderanlage enthalten, ergibt sich bezogen auf die gesamte Stichprobe der geringe mittlere Prozentanteil von nur 5,6% an den Kosten der Technischen Anlagen. Diesem Prozentsatz steht der Kostenkennwert von 40€/m² BGF gegenüber, ermittelt aus den Objekten, bei denen Kosten für Förderanlagen abgerechnet worden sind.

**Prozentualer Anteil der Kostengruppen der 2. Ebene an den Kosten des Bauwerks nach DIN 276**

③ 

Die grafische Darstellung verdeutlicht, welchen durchschnittlichen Anteil die Kostengruppen der 2. Ebene DIN 276 an den Bauwerkskosten (Kostengruppe 300 + 400 = 100%) haben. Für Kostenermittlungen werden die kostenplanerisch besonders relevanten Kostengruppen auch optisch sofort erkennbar. Der senkrechte Strich markiert den durchschnittlichen Prozentanteil (Mittelwert); der farbige Balken visualisiert den „Streubereich" (Standardabweichung). Bei der Aufsummierung aller Prozentanteile der Kostengruppen sind Abweichungen zu 100% rundungsbedingt.

## Kostenkennwerte für die Kostengruppen der 1. und 2. Ebene DIN 276

| KG | Kostengruppen der 1. Ebene | Einheit | ▷ | €/Einheit | ◁ | ▷ | % an 300+400 | ◁ |
|---|---|---|---|---|---|---|---|---|
| 100 | Grundstück | m²GF | – | – | – | – | – | – |
| 200 | Vorbereitende Maßnahmen | m²GF | 3 | **9** | 19 | 0,8 | **2,0** | 7,3 |
| 300 | Bauwerk – Baukonstruktionen | m²BGF | 944 | **1.140** | 1.324 | 76,4 | **80,9** | 87,2 |
| 400 | Bauwerk – Technische Anlagen | m²BGF | 187 | **270** | 367 | 12,8 | **19,1** | 23,6 |
|  | Bauwerk (300+400) | m²BGF | 1.205 | **1.409** | 1.657 | 100,0 | **100,0** | 100,0 |
| 500 | Außenanlagen und Freiflächen | m²AF | 36 | **93** | 166 | 1,7 | **5,4** | 11,4 |
| 600 | Ausstattung und Kunstwerke | m²BGF | 57 | **139** | 188 | 5,2 | **9,9** | 12,2 |
| 700 | Baunebenkosten* | m²BGF | 328 | **366** | 404 | 23,3 | **25,9** | 28,6 |
| 800 | Finanzierung | m²BGF | – | – | – | – | – | – |

① * Auf Grundlage der HOAI 2021 berechnete Werte nach §§ 35, 52, 56. Weitere Informationen siehe Seite 50

| KG | Kostengruppen der 2. Ebene | Einheit | ▷ | €/Einheit | ◁ | ▷ | % an 1. Ebene | ◁ |
|---|---|---|---|---|---|---|---|---|
| 310 | Baugrube / Erdbau | m³BGI | 13 | **27** | 37 | 0,9 | **1,7** | 2,7 |
| 320 | Gründung, Unterbau | m²GRF | 276 | **338** | 452 | 8,3 | **13,9** | 18,6 |
| 330 | Außenwände / vertikal außen | m²AWF | 352 | **398** | 471 | 23,6 | **29,7** | 36,3 |
| 340 | Innenwände / vertikal innen | m²IWF | 164 | **233** | 283 | 10,5 | **17,1** | 24,2 |
| 350 | Decken / horizontal | m²DEF | 274 | **309** | 391 | 4,1 | **14,5** | 20,5 |
| 360 | Dächer | m²DAF | 248 | **365** | 476 | 11,2 | **18,0** | 29,0 |
| 370 | Infrastrukturanlagen | | – | – | – | – | – | – |
| 380 | Baukonstruktive Einbauten | m²BGF | 3 | **10** | 38 | 0,3 | **1,0** | 3,4 |
| 390 | Sonst. Maßnahmen für Baukonst. | m²BGF | 36 | **47** | 56 | 3,5 | **4,2** | 6,4 |
| **300** | **Bauwerk – Baukonstruktionen** | **m²BGF** | | | | | **100,0** | |
| 410 | Abwasser-, Wasser-, Gasanlagen | m²BGF | 26 | **43** | 64 | 11,7 | **16,1** | 22,6 |
| 420 | Wärmeversorgungsanlagen | m²BGF | 47 | **63** | 76 | 9,4 | **24,9** | 47,2 |
| 430 | Raumlufttechnische Anlagen | m²BGF | 4 | **37** | 138 | 1,0 | **7,2** | 31,7 |
| 440 | Elektrische Anlagen | m²BGF | 62 | **104** | 168 | 33,2 | **36,8** | 42,2 |
| 450 | Kommunikationstechnische Anlagen | m²BGF | 6 | **20** | 45 | 2,1 | **7,4** | 15,0 |
| 460 | Förderanlagen | m²BGF | 28 | **40** | 52 | 0,0 | **5,6** | 15,7 |
| 470 | Nutzungsspez. / verfahrenstech. Anl. | m²BGF | < 1 | **3** | 4 | < 0,1 | **0,4** | 1,7 |
| 480 | Gebäude- und Anlagenautomation | m²BGF | 35 | **35** | 35 | 0,0 | **1,6** | 8,1 |
| 490 | Sonst. Maßnahmen f. techn. Anl. | m²BGF | – | – | – | – | – | – |
| **400** | **Bauwerk – Technische Anlagen** | **m²BGF** | | | | | **100,0** | |

### Prozentanteile der Kosten 2. Ebene an den Kosten des Bauwerks nach DIN 276 (Von/Mittel/Bis)

| KG | | % |
|---|---|---|
| 310 | Baugrube / Erdbau | 1,4 |
| 320 | Gründung, Unterbau | 11,4 |
| 330 | Außenwände / vertikal außen | 23,5 |
| 340 | Innenwände / vertikal innen | 13,9 |
| 350 | Decken / horizontal | 11,3 |
| 360 | Dächer | 14,9 |
| 370 | Infrastrukturanlagen | |
| 380 | Baukonstruktive Einbauten | 0,7 |
| 390 | Sonst. Maßnahmen für Baukonst. | 3,4 |
| 410 | Abwasser-, Wasser-, Gasanlagen | 3,1 |
| 420 | Wärmeversorgungsanlagen | 3,7 |
| 430 | Raumlufttechnische Anlagen | 2,0 |
| 440 | Elektrische Anlagen | 7,5 |
| 450 | Kommunikationstechnische Anlagen | 1,5 |
| 460 | Förderanlagen | 1,2 |
| 470 | Nutzungsspez. / verfahrenstech. Anl. | < 0,1 |
| 480 | Gebäude- und Anlagenautomation | 0,5 |
| 490 | Sonst. Maßnahmen f. techn. Anl. | |

© BKI Baukosteninformationszentrum    Kostenstand: 1. Quartal 2022, Bundesdurchschnitt, **inkl. 19% MwSt.**

**Erläuterung nebenstehender Baukostentabellen**

Alle Kostenkennwerte enthalten die Mehrwertsteuer. Kostenstand: 1. Quartal 2022.
Kosten und Kostenkennwerte umgerechnet auf den Bundesdurchschnitt.
Die Bezugseinheiten der Kostenkennwerte entsprechen der DIN 276:2018-12: Mengen und Bezugseinheiten.

**Kostenkennwerte für die Kostengruppe 700 Baunebenkosten**

(1)

Im Fachbuch „BKI Baukosten 2022 - Gebäude" werden die Honorare für die Architekten- und Ingenieurleistungen rechnerisch ermittelt. Als Grundlage dienen die Bauwerkskosten (KG 300 und 400) der jeweiligen Objekte, welche eine detaillierte Berechnung ermöglichen.

Für jedes in der Gebäudeart enthaltene Objekt wurden anhand der jeweils anrechenbaren Kosten:
- die Honorare für Grundleistungen bei Gebäuden und Innenräumen (Honorartafel § 35),
- die Honorare für Grundleistungen bei Tragwerksplanungen (Honorartafel §52),
- die Honorare für Grundleistungen der Technischen Ausrüstung (Honorartafel §56).

Es handelt sich dabei um regelmäßig anfallende Leistungsbilder der HOAI. Die berechneten Honorare beinhalten jeweils alle Grundleistungen (100%) des Leistungsbildes und keine besonderen Leistungen.

Je nach Anforderung können weitere Leistungsbilder (z.B. für Freianlagen, Umweltverträglichkeitsstudien, Bauphysik, Geotechnik, Ingenieurvermessung und weitere) und besondere Leistungen erforderlich werden. Diese müssen bei Kostenermittlungen separat ermittelt und kostenplanerisch erfasst werden. Dafür kann der Artikel „Orientierungswerte und frühzeitige Ermittlung der Baunebenkosten ausgewählter Gebäudearten" von Univ.-Prof. Dr.-Ing. Wolfdietrich Kalusche und Dr.-Ing. Sebastian Herke (ab Seite 80) eine wesentliche Hilfestellung geben, oder die ebenfalls bei BKI erhältliche Software „BKI Honorarermittler".

Die Honorarberechnungen wurden jeweils für den Mindest-, Mittel- und Höchstsatz der entsprechenden Leistungsbilder berechnet und in der BKI Systematik bei den Von-, Mittel-, und Bis-Werten eingetragen. Bei mehreren möglichen Honorarzonen wurde die jeweils niedrigere gewählt.

Für die rechnerisch ermittelten Kostenkennwerte der KG 700 wurde eine blaue Schriftfarbe verwendet, um diese von den empirisch erhobenen Werten der anderen Kostengruppen abzuheben. Damit soll auch verdeutlicht werden, dass der hier abgebildete Kostenkennwert nicht die gesamten Kosten der KG 700 abbildet. Es werden ausschließlich die Honorare nach den Paragrafen 35, 52, 56 der HOAI 2013 ermittelt. Für eine überschlägige Berechnung der weiteren Bestandteile der Baunebenkosten wird die Tabelle 10 im Artikel „Orientierungswerte und fühzeitige Ermittlung der Baunebenkosten ausgewählter Gebäudearten" empfohlen.

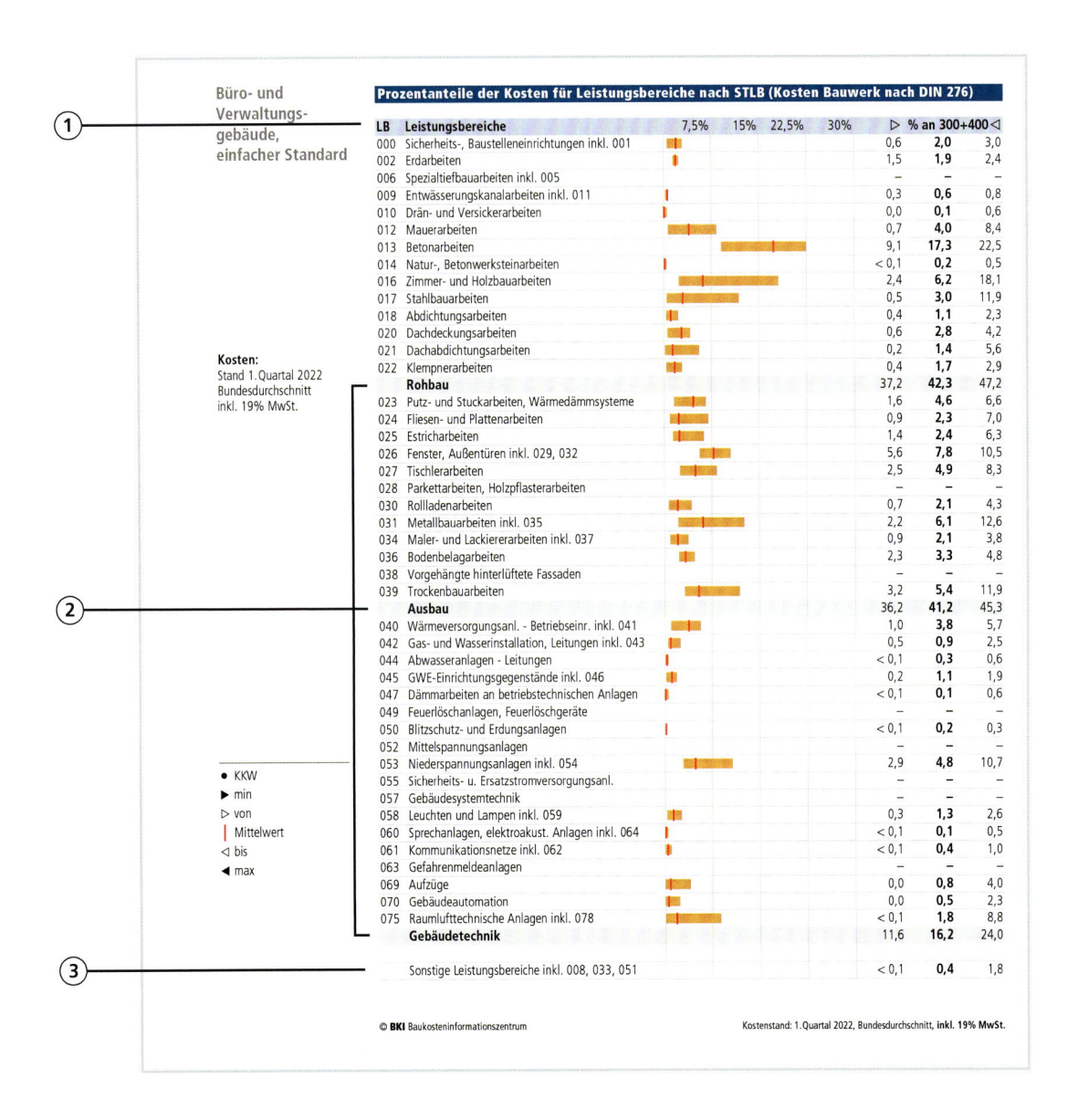

Büro- und Verwaltungsgebäude, einfacher Standard

Kosten:
Stand 1. Quartal 2022
Bundesdurchschnitt
inkl. 19% MwSt.

- KKW
- ▶ min
- ▷ von
- | Mittelwert
- ◁ bis
- ◀ max

## Prozentanteile der Kosten für Leistungsbereiche nach STLB (Kosten Bauwerk nach DIN 276)

| LB | Leistungsbereiche | 7,5% | 15% | 22,5% | 30% | ▷ % an 300+400 ◁ | | |
|---|---|---|---|---|---|---|---|---|
| 000 | Sicherheits-, Baustelleneinrichtungen inkl. 001 | | | | | 0,6 | **2,0** | 3,0 |
| 002 | Erdarbeiten | | | | | 1,5 | **1,9** | 2,4 |
| 006 | Spezialtiefbauarbeiten inkl. 005 | | | | | – | – | – |
| 009 | Entwässerungskanalarbeiten inkl. 011 | | | | | 0,3 | **0,6** | 0,8 |
| 010 | Drän- und Versickerarbeiten | | | | | 0,0 | **0,1** | 0,6 |
| 012 | Mauerarbeiten | | | | | 0,7 | **4,0** | 8,4 |
| 013 | Betonarbeiten | | | | | 9,1 | **17,3** | 22,5 |
| 014 | Natur-, Betonwerksteinarbeiten | | | | | < 0,1 | **0,2** | 0,5 |
| 016 | Zimmer- und Holzbauarbeiten | | | | | 2,4 | **6,2** | 18,1 |
| 017 | Stahlbauarbeiten | | | | | 0,5 | **3,0** | 11,9 |
| 018 | Abdichtungsarbeiten | | | | | 0,4 | **1,1** | 2,3 |
| 020 | Dachdeckungsarbeiten | | | | | 0,6 | **2,8** | 4,2 |
| 021 | Dachabdichtungsarbeiten | | | | | 0,2 | **1,4** | 5,6 |
| 022 | Klempnerarbeiten | | | | | 0,4 | **1,7** | 2,9 |
| | **Rohbau** | | | | | 37,2 | **42,3** | 47,2 |
| 023 | Putz- und Stuckarbeiten, Wärmedämmsysteme | | | | | 1,6 | **4,6** | 6,6 |
| 024 | Fliesen- und Plattenarbeiten | | | | | 0,9 | **2,3** | 7,0 |
| 025 | Estricharbeiten | | | | | 1,4 | **2,4** | 6,3 |
| 026 | Fenster, Außentüren inkl. 029, 032 | | | | | 5,6 | **7,8** | 10,5 |
| 027 | Tischlerarbeiten | | | | | 2,5 | **4,9** | 8,3 |
| 028 | Parkettarbeiten, Holzpflasterarbeiten | | | | | – | – | – |
| 030 | Rollladenarbeiten | | | | | 0,7 | **2,1** | 4,3 |
| 031 | Metallbauarbeiten inkl. 035 | | | | | 2,2 | **6,1** | 12,6 |
| 034 | Maler- und Lackiererarbeiten inkl. 037 | | | | | 0,9 | **2,1** | 3,8 |
| 036 | Bodenbelagarbeiten | | | | | 2,3 | **3,3** | 4,8 |
| 038 | Vorgehängte hinterlüftete Fassaden | | | | | – | – | – |
| 039 | Trockenbauarbeiten | | | | | 3,2 | **5,4** | 11,9 |
| | **Ausbau** | | | | | 36,2 | **41,2** | 45,3 |
| 040 | Wärmeversorgungsanl. - Betriebseinr. inkl. 041 | | | | | 1,0 | **3,8** | 5,7 |
| 042 | Gas- und Wasserinstallation, Leitungen inkl. 043 | | | | | 0,5 | **0,9** | 2,5 |
| 044 | Abwasseranlagen - Leitungen | | | | | < 0,1 | **0,3** | 0,6 |
| 045 | GWE-Einrichtungsgegenstände inkl. 046 | | | | | 0,2 | **1,1** | 1,9 |
| 047 | Dämmarbeiten an betriebstechnischen Anlagen | | | | | < 0,1 | **0,1** | 0,6 |
| 049 | Feuerlöschanlagen, Feuerlöschgeräte | | | | | – | – | – |
| 050 | Blitzschutz- und Erdungsanlagen | | | | | < 0,1 | **0,2** | 0,3 |
| 052 | Mittelspannungsanlagen | | | | | – | – | – |
| 053 | Niederspannungsanlagen inkl. 054 | | | | | 2,9 | **4,8** | 10,7 |
| 055 | Sicherheits- u. Ersatzstromversorgungsanl. | | | | | – | – | – |
| 057 | Gebäudesystemtechnik | | | | | – | – | – |
| 058 | Leuchten und Lampen inkl. 059 | | | | | 0,3 | **1,3** | 2,6 |
| 060 | Sprechanlagen, elektroakust. Anlagen inkl. 064 | | | | | < 0,1 | **0,1** | 0,5 |
| 061 | Kommunikationsnetze inkl. 062 | | | | | < 0,1 | **0,4** | 1,0 |
| 063 | Gefahrenmeldeanlagen | | | | | – | – | – |
| 069 | Aufzüge | | | | | 0,0 | **0,8** | 4,0 |
| 070 | Gebäudeautomation | | | | | 0,0 | **0,5** | 2,3 |
| 075 | Raumlufttechnische Anlagen inkl. 078 | | | | | < 0,1 | **1,8** | 8,8 |
| | **Gebäudetechnik** | | | | | 11,6 | **16,2** | 24,0 |
| | Sonstige Leistungsbereiche inkl. 008, 033, 051 | | | | | < 0,1 | **0,4** | 1,8 |

© **BKI** Baukosteninformationszentrum

Kostenstand: 1. Quartal 2022, Bundesdurchschnitt, **inkl. 19% MwSt.**

**Erläuterung nebenstehender Baukostentabelle**

Alle Kostenkennwerte enthalten die Mehrwertsteuer. Kostenstand: 1. Quartal 2022.
Kosten und Kostenkennwerte umgerechnet auf den Bundesdurchschnitt.

**Prozentanteile der Kosten für Leistungsbereiche nach STLB (Kosten des Bauwerks DIN 276)**

① 

LB-Nummer nach Standardleistungsbuch (STLB).
Bezeichnung des Leistungsbereichs (zum Teil abgekürzt).

Die grafische Darstellung verdeutlicht, welchen durchschnittlichen Anteil die einzelnen Leistungsbereiche an den Bauwerkskosten (Kostengruppe 300 + 400 = 100%) haben. Für Kostenermittlungen werden die kostenplanerisch besonders relevanten Leistungsbereiche auch optisch sofort erkennbar. Der senkrechte Strich markiert den durchschnittlichen Prozentanteil (Mittelwert); der farbige Balken visualisiert den „Streubereich" (Standardabweichung). Bei der Aufsummierung aller Prozentanteile der Leistungsbereiche sind Abweichungen zu 100% rundungsbedingt.

Anteil der jeweiligen Leistungsbereiche in Prozent der Bauwerkskosten (100%):
Mittelwerte: siehe Spalte „% an 300 + 400"
Standardabweichung: siehe Spalten „von/bis".

②

Prozentanteile für „Leistungsbereichspakete" als Zusammenfassung bestimmter Leistungsbereiche. Leistungsbereiche mit relativ geringem Kostenanteil wurden in Einzelfällen mit anderen Leistungsbereichen zusammengefasst.

Beispiel:
LB 000 Baustelleneinrichtung zusammengefasst mit
LB 001 Gerüstarbeiten (Angabe: inkl. 001).
vollständige Leistungsbereichsgliederung siehe S. 104

③

Ergänzende, den STLB-Leistungsbereichen nicht zuordenbare Leistungsbereiche, zusammengefasst mit den LB-Nr. 008, 033, 051 u.a.

Anmerkung:
Die Werte in den Spalten „von" bzw. „bis" sind aus statistischen Gründen nicht addierbar, sonstige Abweichungen sind rundungsbedingt.
Bei zu geringem Stichprobenumfang entfällt bei einzelnen Leistungsbereichen die Angabe „von/bis".

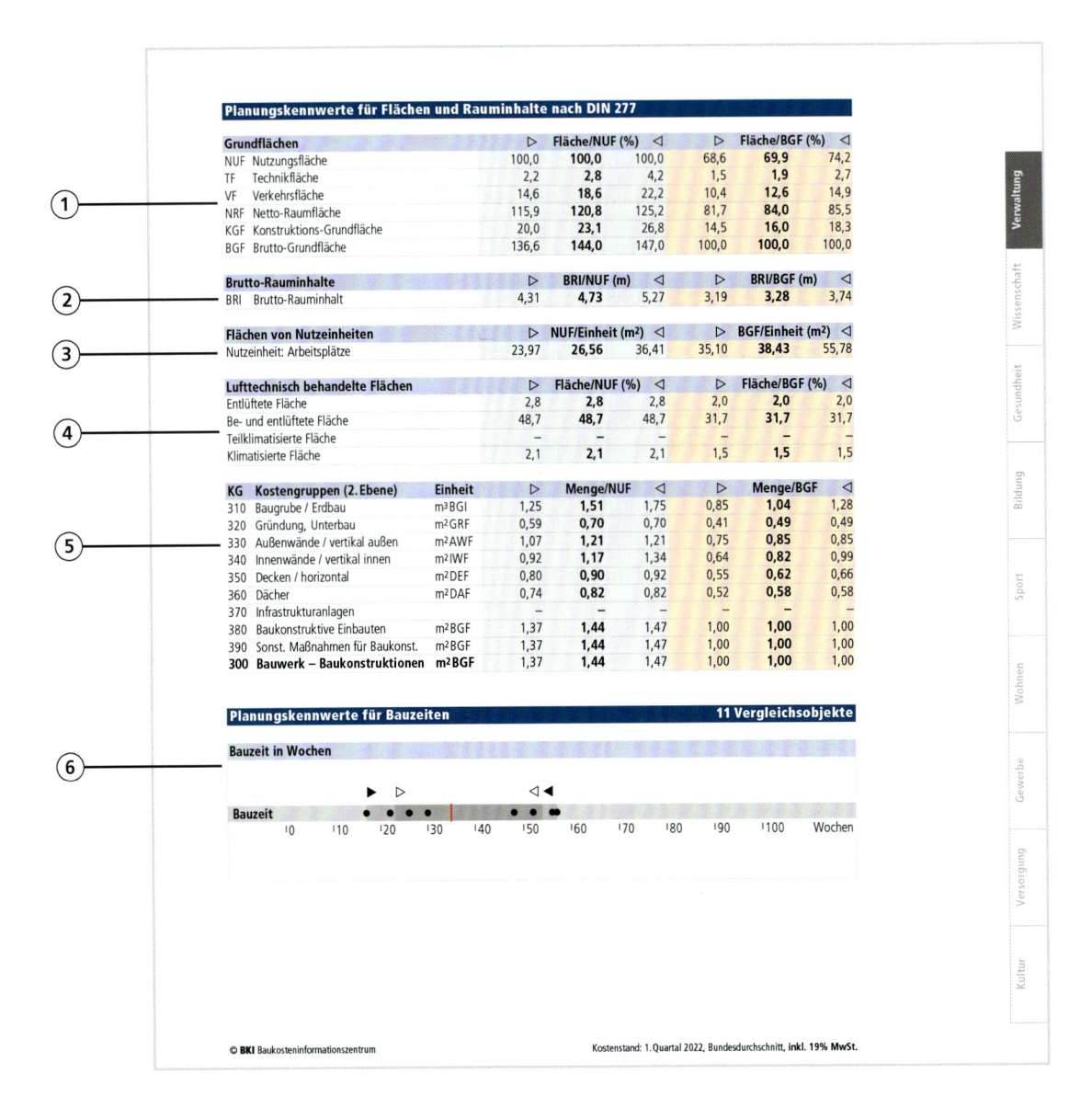

## Planungskennwerte für Flächen und Rauminhalte nach DIN 277

| Grundflächen | | ▷ | Fläche/NUF (%) | ◁ | ▷ | Fläche/BGF (%) | ◁ |
|---|---|---|---|---|---|---|---|
| NUF | Nutzungsfläche | 100,0 | **100,0** | 100,0 | 68,6 | **69,9** | 74,2 |
| TF | Technikfläche | 2,2 | **2,8** | 4,2 | 1,5 | **1,9** | 2,7 |
| VF | Verkehrsfläche | 14,6 | **18,6** | 22,2 | 10,4 | **12,6** | 14,9 |
| NRF | Netto-Raumfläche | 115,9 | **120,8** | 125,2 | 81,7 | **84,0** | 85,5 |
| KGF | Konstruktions-Grundfläche | 20,0 | **23,1** | 26,8 | 14,5 | **16,0** | 18,3 |
| BGF | Brutto-Grundfläche | 136,6 | **144,0** | 147,0 | 100,0 | **100,0** | 100,0 |

| Brutto-Rauminhalte | | ▷ | BRI/NUF (m) | ◁ | ▷ | BRI/BGF (m) | ◁ |
|---|---|---|---|---|---|---|---|
| BRI | Brutto-Rauminhalt | 4,31 | **4,73** | 5,27 | 3,19 | **3,28** | 3,74 |

| Flächen von Nutzeinheiten | ▷ | NUF/Einheit (m²) | ◁ | ▷ | BGF/Einheit (m²) | ◁ |
|---|---|---|---|---|---|---|
| Nutzeinheit: Arbeitsplätze | 23,97 | **26,56** | 36,41 | 35,10 | **38,43** | 55,78 |

| Lufttechnisch behandelte Flächen | ▷ | Fläche/NUF (%) | ◁ | ▷ | Fläche/BGF (%) | ◁ |
|---|---|---|---|---|---|---|
| Entlüftete Fläche | 2,8 | **2,8** | 2,8 | 2,0 | **2,0** | 2,0 |
| Be- und entlüftete Fläche | 48,7 | **48,7** | 48,7 | 31,7 | **31,7** | 31,7 |
| Teilklimatisierte Fläche | – | – | – | – | – | – |
| Klimatisierte Fläche | 2,1 | **2,1** | 2,1 | 1,5 | **1,5** | 1,5 |

| KG | Kostengruppen (2. Ebene) | Einheit | ▷ | Menge/NUF | ◁ | ▷ | Menge/BGF | ◁ |
|---|---|---|---|---|---|---|---|---|
| 310 | Baugrube / Erdbau | m³BGI | 1,25 | **1,51** | 1,75 | 0,85 | **1,04** | 1,28 |
| 320 | Gründung, Unterbau | m²GRF | 0,59 | **0,70** | 0,70 | 0,41 | **0,49** | 0,49 |
| 330 | Außenwände / vertikal außen | m²AWF | 1,07 | **1,21** | 1,21 | 0,75 | **0,85** | 0,85 |
| 340 | Innenwände / vertikal innen | m²IWF | 0,92 | **1,17** | 1,34 | 0,64 | **0,82** | 0,99 |
| 350 | Decken / horizontal | m²DEF | 0,80 | **0,90** | 0,92 | 0,55 | **0,62** | 0,66 |
| 360 | Dächer | m²DAF | 0,74 | **0,82** | 0,82 | 0,52 | **0,58** | 0,58 |
| 370 | Infrastrukturanlagen | | – | – | – | – | – | – |
| 380 | Baukonstruktive Einbauten | m²BGF | 1,37 | **1,44** | 1,47 | 1,00 | **1,00** | 1,00 |
| 390 | Sonst. Maßnahmen für Baukonst. | m²BGF | 1,37 | **1,44** | 1,47 | 1,00 | **1,00** | 1,00 |
| **300** | **Bauwerk – Baukonstruktionen** | m²BGF | 1,37 | **1,44** | 1,47 | 1,00 | **1,00** | 1,00 |

## Planungskennwerte für Bauzeiten — 11 Vergleichsobjekte

**Bauzeit in Wochen**

Bauzeit: |10  |20  |30  |40  |50  |60  |70  |80  |90  |100  Wochen

© BKI Baukosteninformationszentrum          Kostenstand: 1. Quartal 2022, Bundesdurchschnitt, **inkl. 19% MwSt.**

## Erläuterung nebenstehender Planungskennwerttabellen

### Planungskennwerte für Grundflächen und Rauminhalte DIN 277

In Ergänzung der Kostenkennwerttabellen werden für jede Gebäudeart Planungskennwerte angegeben, die die Überprüfung der Wirtschaftlichkeit einer Entwurfslösung anhand nicht-monetärer Kennwerte ermöglichen.
Ein Planungskennwert im Sinne dieser Veröffentlichung ist ein Wert, der das Verhältnis bestimmter Flächen und Rauminhalte darstellt, angegeben als Prozentwert oder als Faktor (Mengenverhältnis).

① 
Grundflächen im Verhältnis zur Nutzungsfläche (NUF = 100%) und Brutto-Grundfläche (BGF = 100%) in Prozent. Angegeben sind Mittelwerte und Streubereich (Spalten „von" bzw. „bis"). Die „von-/bis"-Werte sind aus statistischen Gründen nicht addierbar, sonstige Abweichungen sind entweder rundungsbedingt oder es lagen bei einzelnen Objekten nicht alle Flächenangaben vor.

② 
Verhältnis von BRI zur Nutzungsfläche und zur Brutto-Grundfläche (mittlere Geschosshöhe), angegeben als Faktor (in Meter).

③ 
Verhältnis der Nutzeinheiten (NE) zur Nutzungsfläche und Brutto-Grundfläche.

④ 
Verhältnis von lufttechnisch behandelten Flächen (nach BKI) zur Nutzungsfläche und zur Brutto-Grundfläche in Prozent. Diese Angaben sind nicht bei allen Objekten verfügbar. Wenn in der Tabelle kein Streubereich angegeben ist, handelt es sich bei dem Mittelwert um den Wert eines einzelnen Objekts.

⑤ 
Verhältnis der Mengen dieser Kostengruppen nach DIN 276 („Grobelemente") zur Nutzungs- und Brutto-Grundfläche, angegeben als Faktor. Wenn aus der Grundlagenermittlung die Nutzungsfläche oder Brutto-Grundfläche für ein Projekt bekannt ist, ein Vorentwurf als Grundlage für Mengenermittlungen aber noch nicht vorliegt, so können mit diesen Faktoren die Grobelementmengen überschlägig ermittelt werden.

⑥ 
Die statistische Auswertung der Bauzeiten der einzelnen Objekte zeigt die mittlere Bauzeit, sowie den Von-Bis-Bereich und die Minimal- und Maximal-Zeiten jeweils in Wochen. Die Skala wechselt, um die unterschiedliche Zeitdauer bei wechselnden Gebäudearten darstellen zu können. Untypische Objekte werden nicht in die Auswertung einbezogen.

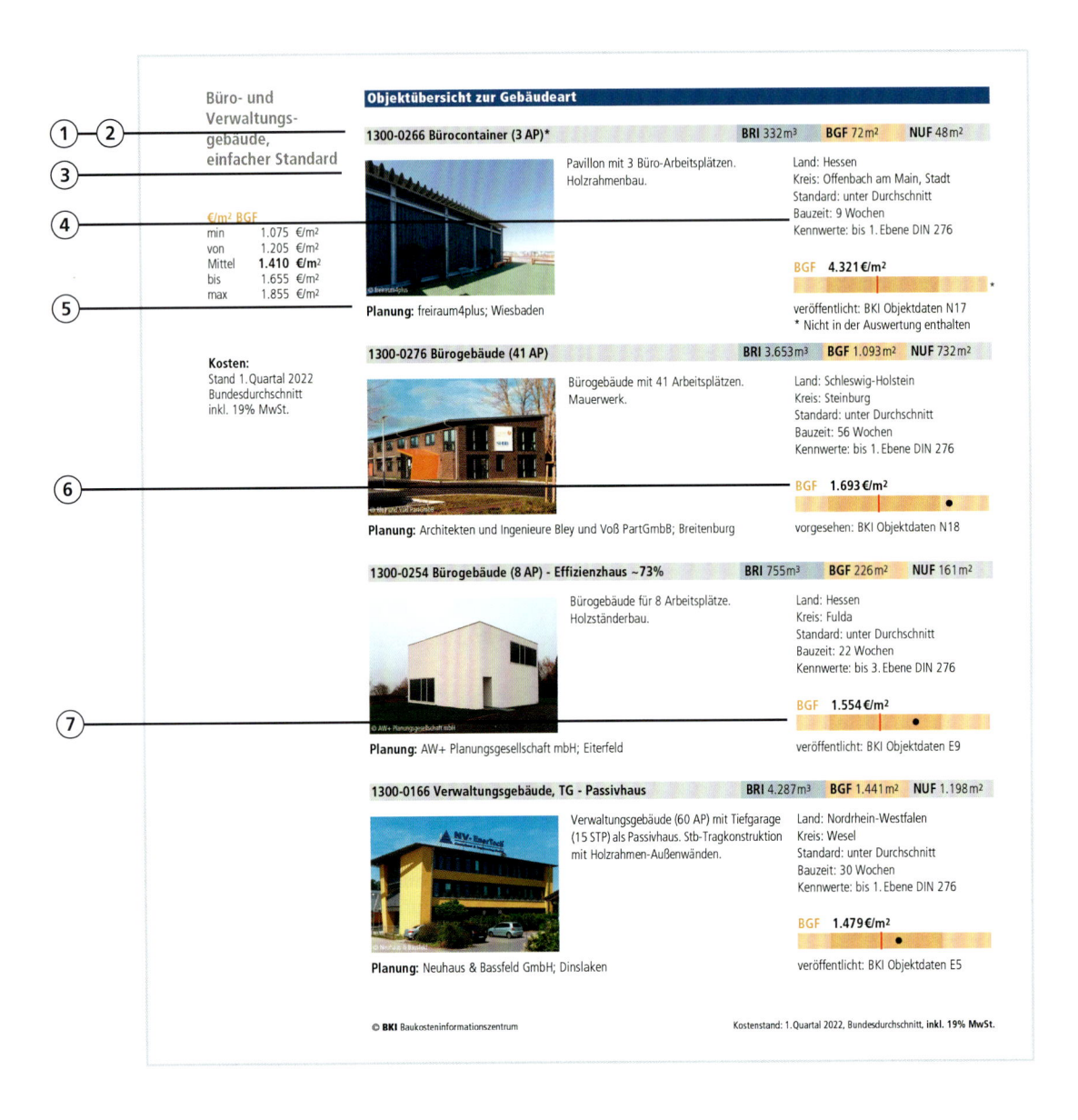

① ②  Büro- und Verwaltungs-
③     gebäude, einfacher Standard

④ €/m² BGF
   min     1.075 €/m²
   von     1.205 €/m²
   Mittel  1.410 €/m²
   bis     1.655 €/m²
⑤  max    1.855 €/m²

Kosten:
Stand 1. Quartal 2022
Bundesdurchschnitt
inkl. 19% MwSt.

⑥

⑦

**Objektübersicht zur Gebäudeart**

**1300-0266 Bürocontainer (3 AP)*** | **BRI** 332 m³ | **BGF** 72 m² | **NUF** 48 m²

Pavillon mit 3 Büro-Arbeitsplätzen. Holzrahmenbau.

Land: Hessen
Kreis: Offenbach am Main, Stadt
Standard: unter Durchschnitt
Bauzeit: 9 Wochen
Kennwerte: bis 1. Ebene DIN 276

**BGF 4.321 €/m²**

Planung: freiraum4plus; Wiesbaden

veröffentlicht: BKI Objektdaten N17
* Nicht in der Auswertung enthalten

**1300-0276 Bürogebäude (41 AP)** | **BRI** 3.653 m³ | **BGF** 1.093 m² | **NUF** 732 m²

Bürogebäude mit 41 Arbeitsplätzen. Mauerwerk.

Land: Schleswig-Holstein
Kreis: Steinburg
Standard: unter Durchschnitt
Bauzeit: 56 Wochen
Kennwerte: bis 1. Ebene DIN 276

**BGF 1.693 €/m²**

Planung: Architekten und Ingenieure Bley und Voß PartGmbB; Breitenburg

vorgesehen: BKI Objektdaten N18

**1300-0254 Bürogebäude (8 AP) - Effizienzhaus ~73%** | **BRI** 755 m³ | **BGF** 226 m² | **NUF** 161 m²

Bürogebäude für 8 Arbeitsplätze. Holzständerbau.

Land: Hessen
Kreis: Fulda
Standard: unter Durchschnitt
Bauzeit: 22 Wochen
Kennwerte: bis 3. Ebene DIN 276

**BGF 1.554 €/m²**

Planung: AW+ Planungsgesellschaft mbH; Eiterfeld

veröffentlicht: BKI Objektdaten E9

**1300-0166 Verwaltungsgebäude, TG - Passivhaus** | **BRI** 4.287 m³ | **BGF** 1.441 m² | **NUF** 1.198 m²

Verwaltungsgebäude (60 AP) mit Tiefgarage (15 STP) als Passivhaus. Stb-Tragkonstruktion mit Holzrahmen-Außenwänden.

Land: Nordrhein-Westfalen
Kreis: Wesel
Standard: unter Durchschnitt
Bauzeit: 30 Wochen
Kennwerte: bis 1. Ebene DIN 276

**BGF 1.479 €/m²**

Planung: Neuhaus & Bassfeld GmbH; Dinslaken

veröffentlicht: BKI Objektdaten E5

© **BKI** Baukosteninformationszentrum

Kostenstand: 1. Quartal 2022, Bundesdurchschnitt, **inkl. 19% MwSt.**

**Erläuterung nebenstehender Baukostentabellen**

Alle Kostenkennwerte enthalten die Mehrwertsteuer. Kostenstand: 1. Quartal 2022.
Kosten und Kostenkennwerte umgerechnet auf den Bundesdurchschnitt.
Die Bezugseinheiten der Kostenkennwerte entsprechen der DIN 276:2018-12: Mengen und Bezugseinheiten.

**Tabellen zur Objektübersicht**

① 
Objektnummer und Objektbezeichnung. Unter der Objektnummer kann die komplette Kostendokumentation beim BKI erworben werden.

② 
Angaben zu Brutto-Rauminhalt (BRI), Brutto-Grundfläche (BGF) und Nutzungsfläche (NUF) nach DIN 277

③ 
Abbildung und Nutzungsbeschreibung des Objektes mit Nennung des überwiegenden Konstruktionsprinzips dieses Objekts z. B. Massivbau, Stahlskelettbau, Holzbau usw.

④ 
a) Angaben zum Bundesland
b) Angaben zum Kreis
c) Angaben zum Standard
d) Angaben zur Bauzeit
e) „Kennwerte" gibt die Kostengliederungstiefe nach DIN 276 an. Die BKI Objekte sind unterschiedlich detailliert dokumentiert: Eine Kurzdokumentation enthält Kosteninformationen bis zur 1. Ebene DIN 276, eine Grobdokumentation bis zur 2. Ebene DIN 276 und eine Langdokumentation bis zur 3. Ebene und teilweise darüber hinaus bis zu den Ausführungsarten einzelner Kostengruppen.

⑤ 
Planendes und/oder ausführendes Architektur- oder Planungsbüro.

⑥ 
Kosten des Bauwerks (KG 300+400) in €/m² BGF.

⑦ 
Lineare Skala mit Angabe der Kosten des Objekts als schwarzer Punkt • (Kostengruppe 300+400 in €/m² BGF), der „von-/bis-"-Werte (dunkler Bereich) und Angabe der „min-/max-"-Werte (heller Bereich) und des Mittelwertes (roter Strich) der zugehörigen Gebäudeart.

**Arbeitsblatt zur Standardeinordnung bei Büro- und Verwaltungsgebäuden**

Kosten:
Stand 1. Quartal 2022
Bundesdurchschnitt
inkl. 19% MwSt.

- KKW
- ▶ min
- ▷ von
- | Mittelwert
- ◁ bis
- ◀ max

## Kostenkennwerte für die Kosten des Bauwerks (Kostengruppen 300+400 nach DIN 276)

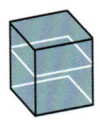

| BRI 615 €/m³ | BGF 2.235 €/m² | NUF 3.480 €/m² | NE 98.615 €/NE |
|---|---|---|---|
| von 480 €/m³ | von 1.725 €/m² | von 2.570 €/m² | von 58.970 €/NE |
| bis 830 €/m³ | bis 3.055 €/m² | bis 4.880 €/m² | bis 193.135 €/NE |
| | | | NE: Arbeitsplätze |

### Standardzuordnung

gesamt / einfach / mittel / hoch — Skala 500 – 3500 €/m² BGF

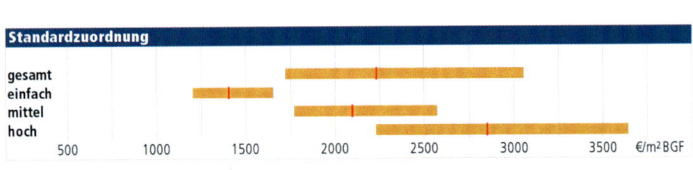

### Standardeinordnung für Ihr Projekt:

| KG | Kostengruppen der 2. Ebene | niedrig | mittel | hoch | Punkte |
|---|---|---|---|---|---|
| 310 | Baugrube / Erdbau | | | | |
| 320 | Gründung, Unterbau | 1 | 2 | 4 | |
| 330 | Außenwände/Vert. Konstrukt., außen | 5 | 7 | 9 | |
| 340 | Innenwände/Vert. Baukonstrukt., innen | 2 | 4 | 5 | |
| 350 | Decken/Horizontale Baukonstruktionen | 3 | 4 | 5 | |
| 360 | Dächer | 2 | 3 | 5 | |
| 370 | Infrastrukturanlagen | | | | |
| 380 | Baukonstruktive Einbauten | 0 | 0 | 1 | |
| 390 | Sonst. Maßnahmen für Baukonstrukt. | | | | |
| 410 | Abwasser-, Wasser-, Gasanlagen | 1 | 1 | 1 | |
| 420 | Wärmeversorgungsanlagen | 1 | 2 | 2 | |
| 430 | Raumlufttechnische Anlagen | 0 | 1 | 2 | |
| 440 | Elektrische Anlagen | 2 | 2 | 3 | |
| 450 | Kommunikationstechnische Anlagen | 0 | 1 | 2 | |
| 460 | Förderanlagen | 0 | 1 | 1 | |
| 470 | Nutzungsspez. u. verfahrenstechn. Anl. | 0 | 0 | 0 | |
| 480 | Gebäude- und Anlagenautomation | 0 | 1 | 1 | |
| 490 | Sonst. Maßnahmen für techn. Anlagen | | | | |

**Punkte: 17 bis 24 = einfach    25 bis 34 = mittel    35 bis 41 = hoch**    Ihr Projekt (Summe):

**Erläuterung:**
Obenstehende Tabelle soll Ihnen die Zuordnung zu den Gebäudearten mit einfachem, mittlerem und hohem Standard erleichtern. Schätzen Sie für jedes Grobelement ab, ob die Aufwendungen niedrig, mittel oder hoch sein werden und übertragen Sie die Punkte in die rechte Spalte. Bilden Sie die Summe der rechten Spalte und ordnen Sie Ihr Projekt nach dem Schema der untersten Zeile ein. Nehmen Sie dieses Schema auch als Hinweis darauf, bei welchen Kostengruppen Sie den Mittelwert nach oben oder unten anpassen sollten.

© BKI Baukosteninformationszentrum    Kostenstand: 1. Quartal 2022, Bundesdurchschnitt, **inkl. 19% MwSt.**

**Erläuterung nebenstehender Tabellen**

## Arbeitsblatt zur Standardeinordnung bei verschiedenen Gebäudearten

Einige Gebäudearten werden vom BKI nach Standard unterteilt.
Unter Standard versteht BKI nicht nur Unterschiede in der Ausstattung eines Gebäudes, auch hochwertige Außenbauteile, wie z. B. eine Natursteinfassade, können die Standardeinordnung eines Gebäudes beeinflussen. Auch an die Konstruktion können durch den Standard erhöhte Anforderungen gestellt werden, z. B. wenn ein Flachdach befahrbar sein muss. Kostenintensive Aufwendungen im Bereich der Baugrube erhöhen zwar die Kosten des Bauwerks; wirken sich aber nicht auf den Standard des Gebäudes aus. Alle diese projektspezifischen Besonderheiten wirken zusammen. Es gibt also keine eindeutige „Wenn-dann-Beziehung".
Der Standard eines Objektes hat Auswirkungen auf seinen Kostenkennwert.
Allerdings besteht in der Praxis oft das Problem, die richtige Einordnung zu finden. Genügt z. B. die schon erwähnte Natursteinfassade, um ein ansonsten eher durchschnittliches Gebäude in die Kategorie „hoher Standard" einzuordnen?

Um eine gewisse Hilfestellung zu geben, wenn es darum geht, das eigene Projekt einer Gebäudeart zuzuordnen, wurde bei allen nach Standards unterteilten Gebäudearten eine Gebäudeklasse vorangestellt. Diese Gebäudeklasse ist eine Zusammenfassung der drei nach Standards unterteilten Gebäudearten. Die Gebäudeklassen erlauben es, einfach und schnell die Bandbreite von Kostenkennwerten festzustellen, die die Gebäudeart ohne Unterteilung in Standards aufweisen würde. Zusätzlich wird in der Gebäudeklasse eine Methode vorgestellt, die es erlaubt das eigene Projekt anhand einer Matrix einer der nachfolgenden unterteilten Gebäudearten zuzuordnen. Der Nutzer kann in dieser Matrix die einzelnen Grobelemente wie in einem Fragebogen bewerten. Eine Auswahl von Baumaßnahmen, die kostenmindernd oder kostensteigernd wirken, wird in der Übersicht auf Seite 60-61 dargestellt (Die Maßnahmen sind beispielhaft gewählt und erheben keinen Anspruch auf Vollständigkeit). Die Gesamtpunktzahl zeigt am Ende bei welchem Standard das Projekt am besten einzuordnen ist. Besonders sinnvoll ist diese Vorgehensweise, wenn noch mit den Kostenkennwerten der ersten Ebene gearbeitet wird und eine differenziertere Betrachtung auf der zweiten Ebene nicht möglich oder nicht gewollt ist.

Bei der Bearbeitung der zweiten Ebene kann dieses Schema zusätzlich ein Hinweis darauf sein, welche Kostengruppen evtl. nach oben oder unten angepasst werden sollten. Ein Projekt, das beispielsweise überwiegend beim mittleren Standard einzuordnen ist, aber bei den Außenwänden einen hohen Standard aufweist, wird insgesamt zwar der Gebäudeart „mittlerer Standard" zugeordnet. Es ist aber in diesem Fall empfehlenswert, die Kostenkennwerte der Außenwand nach oben anzupassen.

## Auswahl kostenrelevanter Baukonstruktionen

**310 Baugrube/Erdbau**
- kostenmindernd:
  Nur Oberboden abtragen, Wiederverwertung des Aushubs auf dem Grundstück, keine Deponiegebühr, kurze Transportwege, wiederverwertbares Aushubmaterial für Verfüllung
+ kostensteigernd:
  Wasserhaltung, Grundwasserabsenkung, Baugrubenverbau, Spundwände, Baugrubensicherung mit Großbohrpfählen, Felsbohrungen, schwer lösbare Bodenarten oder Fels

**320 Gründung, Unterbau**
- kostenmindernd:
  Kein Fußbodenaufbau auf der Gründungsfläche, keine Dämmmaßnahmen auf oder unter der Gründungsfläche
+ kostensteigernd:
  Teurer Fußbodenaufbau auf der Gründungsfläche, Bodenverbesserung, Bodenkanäle, Perimeterdämmung oder sonstige, teure Dämmmaßnahmen, versetzte Ebenen

**330 Außenwände/Vertikale Baukonstruktionen, außen**
- kostenmindernd:
  (monolithisches) Mauerwerk, Putzfassade, geringe Anforderungen an Statik, Brandschutz, Schallschutz und Optik
+ kostensteigernd:
  Natursteinfassade, Pfosten-Riegel-Konstruktionen, Sichtmauerwerk, Passivhausfenster, Dreifachverglasungen, sonstige hochwertige Fenster oder Sonderverglasungen, Lärmschutzmaßnahmen, Sonnenschutzanlagen

**340 Innenwände/Vertikale Baukonstruktionen, innen**
- kostenmindernd:
  Großer Anteil an Kellertrennwänden, Sanitärtrennwänden, einfachen Montagewänden, sparsame Verfliesung
+ kostensteigernd:
  Hoher Anteil an mobilen Trennwänden, Schrankwänden, verglasten Wänden, Sichtmauerwerk, Ganzglastüren, Vollholztüren Brandschutztüren, sonstige hochwertige Türen, hohe Anforderungen an Statik, Brandschutz, Schallschutz, Raumakustik und Optik, Edelstahlgeländer, raumhohe Verfliesung

**350 Decke/Horizontale Baukonstruktionen**
- kostenmindernd:
  Einfache Bodenbeläge, wenige und einfache Treppen, geringe Spannweiten
+ kostensteigernd:
  Doppelboden, Natursteinböden, Metall- und Holzbekleidungen, Edelstahltreppen, hohe Anforderungen an Brandschutz, Schallschutz, Raumakustik und Optik, hohe Spannweiten

**360 Dächer**
- kostenmindernd:
  Einfache Geometrie, wenig Durchdringungen
+ kostensteigernd:
  Aufwändige Geometrie wie Mansarddach mit Gauben, Metalldeckung, Glasdächer oder Glasoberlichter, begeh-/befahrbare Flachdächer, Begrünung, Schutzelemente wie Edelstahl-Geländer

**380 Baukonstruktive Einbauten**
+ kostensteigernd:
  Hoher Anteil Einbauschränke, -regale und andere fest eingebaute Bauteile

**390 Sonstige Maßnahmen für Baukonstruktionen**
+ kostensteigernd:
  Baustraße, Baustellenbüro, Schlechtwetterbau, Notverglasungen, provisorische Beheizung, aufwändige Gerüstarbeiten, lange Vorhaltzeiten

## Auswahl kostenrelevanter Technischer Anlagen

**410 Abwasser-, Wasser-, Gasanlagen**
- kostenmindernd:
  wenige, günstige Sanitärobjekte, zentrale Anordnung von Ent- und Versorgungsleitungen
+ kostensteigernd:
  Regenwassernutzungsanlage, Schmutzwasserhebeanlage, Benzinabscheider, Fett- und Stärkeabscheider, Druckerhöhungsanlagen, Enthärtungsanlagen

**420 Wärmeversorgungsanlagen**
+ kostensteigernd:
  Solarkollektoren, Blockheizkraftwerk, Fußbodenheizung

**430 Raumlufttechnische Anlagen**
- kostenmindernd:
  Einzelraumlüftung
+ kostensteigernd:
  Klimaanlage, Wärmerückgewinnung

**440 Elektrische Anlagen**
- kostenmindernd:
  Wenig Steckdosen, Schalter und Brennstellen
+ kostensteigernd:
  Blitzschutzanlagen, Sicherheits- und Notbeleuchtungsanlage, Elektroleitungen in Leerrohren, Photovoltaikanlagen, Unterbrechungsfreie Ersatzstromanlagen, Zentralbatterieanlagen

**450 Kommunikations-, sicherheits- und informationstechnische Anlagen**
+ kostensteigernd:
  Brandmeldeanlagen, Einbruchsmeldeanlagen, Video-Überwachungsanlage, Lautsprecheranlage, EDV-Verkabelung, Konferenzanlage, Personensuchanlage, Zeiterfassungsanlage

**460 Förderanlagen**
+ kostensteigernd:
  Personenaufzüge (mit Glaskabinen), Lastenaufzug, Doppelparkanlagen, Fahrtreppen, Hydraulikanlagen

**470 Nutzungsspezifische und verfahrenstechnische Anlagen**
+ kostensteigernd:
  Feuerlösch- und Meldeanlagen, Sprinkleranlagen, Feuerlöschgeräte, Küchentechnische Anlagen, Wasseraufbereitungsanlagen, Desinfektions- und Sterilisationseinrichtungen

**480 Gebäude- und Anlagenautomation**
+ kostensteigernd:
  Überwachungs-, Steuer-, Regel- und Optimierungseinrichtungen zur automatischen Durchführung von technischen Funktionsabläufen

# Erläuterung
# Baukostensimulationstabelle

## Baukosten-Simulationsmodell

Die Baukostensimulation kann für die 78 Gebäudearten aus dem Fachbuch „BKI Baukosten Gebäude Neubau" angewendet werden und liefert schnelle Ergebnisse für einen Kostenrahmen in der Struktur der DIN 276.

Die Ergebnisse werden nach der Kostengliederung der DIN 276 in der 2. Ebene dargestellt. Dies hat den Vorteil, dass die Ergebnisse nachfolgender Kostenermittlungsstufen damit verglichen werden können. Um verlässliche und exakte Kostenschätzungen nach DIN 276 durchzuführen, bedarf es einer genauen Mengen- und Kostenkennwert-Ermittlung mit Hilfe der BKI-Baukostendatenbanken.

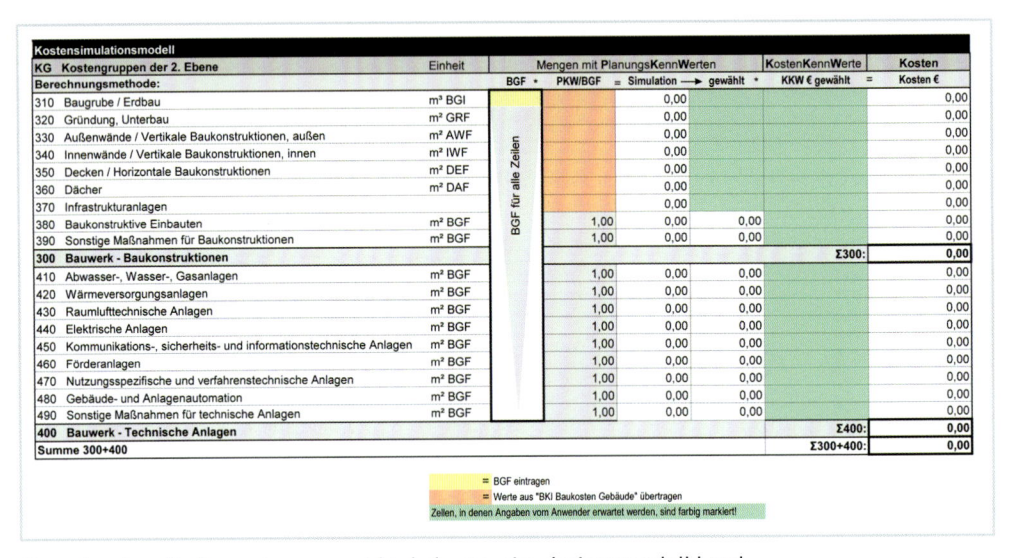

| Kostensimulationsmodell | | | | | | | | |
|---|---|---|---|---|---|---|---|---|
| KG | Kostengruppen der 2. Ebene | Einheit | Mengen mit PlanungsKennWerten | | | KostenKennWerte | | Kosten |
| | Berechnungsmethode: | | BGF * | PKW/BGF | = Simulation → gewählt * | KKW € gewählt | = | Kosten € |
| 310 | Baugrube / Erdbau | m³ BGI | | | 0,00 | | | 0,00 |
| 320 | Gründung, Unterbau | m³ GRF | | | 0,00 | | | 0,00 |
| 330 | Außenwände / Vertikale Baukonstruktionen, außen | m² AWF | | | 0,00 | | | 0,00 |
| 340 | Innenwände / Vertikale Baukonstruktionen, innen | m² IWF | | | 0,00 | | | 0,00 |
| 350 | Decken / Horizontale Baukonstruktionen | m² DEF | | | 0,00 | | | 0,00 |
| 360 | Dächer | m² DAF | | | 0,00 | | | 0,00 |
| 370 | Infrastrukturanlagen | | | | 0,00 | | | 0,00 |
| 380 | Baukonstruktive Einbauten | m² BGF | | 1,00 | 0,00 | 0,00 | | 0,00 |
| 390 | Sonstige Maßnahmen für Baukonstruktionen | m² BGF | | 1,00 | 0,00 | 0,00 | | 0,00 |
| **300** | **Bauwerk - Baukonstruktionen** | | | | | | Σ300: | 0,00 |
| 410 | Abwasser-, Wasser-, Gasanlagen | m² BGF | | 1,00 | 0,00 | 0,00 | | 0,00 |
| 420 | Wärmeversorgungsanlagen | m² BGF | | 1,00 | 0,00 | 0,00 | | 0,00 |
| 430 | Raumlufttechnische Anlagen | m² BGF | | 1,00 | 0,00 | 0,00 | | 0,00 |
| 440 | Elektrische Anlagen | m² BGF | | 1,00 | 0,00 | 0,00 | | 0,00 |
| 450 | Kommunikations-, sicherheits- und informationstechnische Anlagen | m² BGF | | 1,00 | 0,00 | 0,00 | | 0,00 |
| 460 | Förderanlagen | m² BGF | | 1,00 | 0,00 | 0,00 | | 0,00 |
| 470 | Nutzungsspezifische und verfahrenstechnische Anlagen | m² BGF | | 1,00 | 0,00 | 0,00 | | 0,00 |
| 480 | Gebäude- und Anlagenautomation | m² BGF | | 1,00 | 0,00 | 0,00 | | 0,00 |
| 490 | Sonstige Maßnahmen für technische Anlagen | m² BGF | | 1,00 | 0,00 | 0,00 | | 0,00 |
| **400** | **Bauwerk - Technische Anlagen** | | | | | | Σ400: | 0,00 |
| | **Summe 300+400** | | | | | | Σ300+400: | 0,00 |

= BGF eintragen
= Werte aus "BKI Baukosten Gebäude" übertragen
Zellen, in denen Angaben vom Anwender erwartet werden, sind farbig markiert!

Download zu finden unter: www.bki.de/kostensimulationsmodell.html

Zum besseren Verständnis sei an dieser Stelle kurz der fachliche Hintergrund der BKI-Berechnungsmethodik zum Baukosten-Simulationsmodell erläutert:
Die abgerechneten Objekte der Neubau BKI-Baukostendatenbanken sind 78 Gebäudearten zugeordnet. Eine Gebäudeart umfasst beispielsweise die Objektgruppe „Sport- und Mehrzweckhallen". Für die abgerechneten Objekte dieser Gruppe liegen unter anderem Baukostenauswertungen und Planungskennzahlen vor. Die BKI-Baukostenauswertungen beinhalten für diese Objektgruppe beispielsweise statistische Mittelwerte für:
– Baukosten 1. Ebene DIN 276 (z. B. für KG 300 Bauwerk- Baukonstruktionen)
– Baukosten 2. Ebene DIN 276 (z. B. für KG 330 Außenwände/Vertikale Baukonstruktionen, außen)
– Baukosten nach Leistungsbereichen (z. B. für LB 012 Mauerarbeiten)

Diese gründlichen Baukostenauswertungen in Verbindung mit den objektbezogenen Planungskennzahlen sind die Grundlage für die BKI-Baukostensimulation.
Die Planungskennzahlen liefern Mengenansätze für die kostenentscheidenden Grobelemente im Verhältnis zu Brutto-Grundfläche z. B. für:
– Baugrube (m³ BGI Baugrubeninhalt / Erdbaurauminhalt)
– Gründung (m² GRF Gründungsfläche / Unterbaufläche)
– Außenwände (m² AWF Außenwandfläche / Fläche der vertikalen Baukonstruktionen, außen)
– Innenwände (m² IWF Innenwandfläche / Fläche der vertikalen Baukonstruktionen, innen)
– Decken (m² DEF Deckenfläche / Fläche der horizontalen Baukonstruktionen)
– Dächer (m² DAF Dachfläche)

Mit Angaben der Brutto-Grundfläche kann somit eine statistische Aussage über die zu erwartende Menge z. B. Außenwandfläche getroffen werden. Multipliziert mit z. B. dem mittleren Kostenkennwert (KKW z. B. 479€/m² AWF für KG 330 Außenwände / Vertikale Baukonstruktionen, außen) wird dadurch die Baukostensimulation für dieses Grobelement wie auch für alle anderen Grobelemente durchgeführt.

Eine komplett ausgeführte Baukosten-Simulation liefert als Ergebnis einen Kostenrahmen mit Kosten:
– für die 1. Ebene DIN 276
– für die 2. Ebene DIN 276 Kostengruppe 300 (Grobelemente)
– für die 2. Ebene DIN 276 Kostengruppe 400

Die so ermittelten Kosten können mit der Tabelle „Prozentanteile der Kosten für Leistungsbereiche nach STLB" und deren Angaben in der Spalte „% an 300+400" dann noch den Leistungsbereichen nach STLB zugeordnet werden.

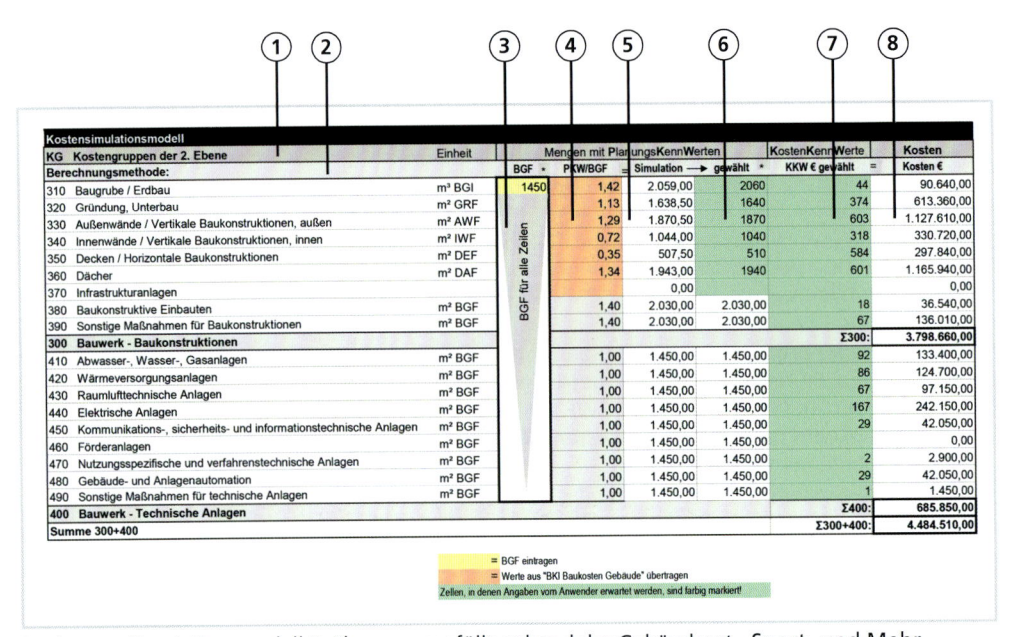

| | | | ① | ② | ③ | ④ | ⑤ | | ⑥ | ⑦ | | ⑧ |
|---|---|---|---|---|---|---|---|---|---|---|---|---|
| **Kostensimulationsmodell** | | | | | | | | | | | | |
| KG | Kostengruppen der 2. Ebene | | Einheit | | | | Mengen mit PlanungsKennWerten | | | KostenKennWerte | | Kosten |
| | Berechnungsmethode: | | | BGF | * | PKW/BGF | Simulation | → gewählt | * | KKW € gewählt | = | Kosten € |
| 310 | Baugrube / Erdbau | | m³ BGI | 1450 | | 1,42 | 2.059,00 | | 2060 | 44 | | 90.640,00 |
| 320 | Gründung, Unterbau | | m² GRF | | | 1,13 | 1.638,50 | | 1640 | 374 | | 613.360,00 |
| 330 | Außenwände / Vertikale Baukonstruktionen, außen | | m² AWF | | | 1,29 | 1.870,50 | | 1870 | 603 | | 1.127.610,00 |
| 340 | Innenwände / Vertikale Baukonstruktionen, innen | | m² IWF | | | 0,72 | 1.044,00 | | 1040 | 318 | | 330.720,00 |
| 350 | Decken / Horizontale Baukonstruktionen | | m² DEF | | | 0,35 | 507,50 | | 510 | 584 | | 297.840,00 |
| 360 | Dächer | | m² DAF | BGF für alle Zellen | | 1,34 | 1.943,00 | | 1940 | 601 | | 1.165.940,00 |
| 370 | Infrastrukturanlagen | | | | | | 0,00 | | | | | 0,00 |
| 380 | Baukonstruktive Einbauten | | m² BGF | | | 1,40 | 2.030,00 | | 2.030,00 | 18 | | 36.540,00 |
| 390 | Sonstige Maßnahmen für Baukonstruktionen | | m² BGF | | | 1,40 | 2.030,00 | | 2.030,00 | 67 | | 136.010,00 |
| **300** | **Bauwerk - Baukonstruktionen** | | | | | | | | | Σ300: | | **3.798.660,00** |
| 410 | Abwasser-, Wasser-, Gasanlagen | | m² BGF | | | 1,00 | 1.450,00 | | 1.450,00 | 92 | | 133.400,00 |
| 420 | Wärmeversorgungsanlagen | | m² BGF | | | 1,00 | 1.450,00 | | 1.450,00 | 86 | | 124.700,00 |
| 430 | Raumlufttechnische Anlagen | | m² BGF | | | 1,00 | 1.450,00 | | 1.450,00 | 67 | | 97.150,00 |
| 440 | Elektrische Anlagen | | m² BGF | | | 1,00 | 1.450,00 | | 1.450,00 | 167 | | 242.150,00 |
| 450 | Kommunikations-, sicherheits- und informationstechnische Anlagen | | m² BGF | | | 1,00 | 1.450,00 | | 1.450,00 | 29 | | 42.050,00 |
| 460 | Förderanlagen | | m² BGF | | | 1,00 | 1.450,00 | | 1.450,00 | | | 0,00 |
| 470 | Nutzungsspezifische und verfahrenstechnische Anlagen | | m² BGF | | | 1,00 | 1.450,00 | | 1.450,00 | 2 | | 2.900,00 |
| 480 | Gebäude- und Anlagenautomation | | m² BGF | | | 1,00 | 1.450,00 | | 1.450,00 | 29 | | 42.050,00 |
| 490 | Sonstige Maßnahmen für technische Anlagen | | m² BGF | | | 1,00 | 1.450,00 | | 1.450,00 | 1 | | 1.450,00 |
| **400** | **Bauwerk - Technische Anlagen** | | | | | | | | | Σ400: | | **685.850,00** |
| | **Summe 300+400** | | | | | | | | | Σ300+400: | | **4.484.510,00** |

= BGF eintragen
= Werte aus "BKI Baukosten Gebäude" übertragen
Zellen, in denen Angaben vom Anwender erwartet werden, sind farbig markiert!

Baukosten-Simulationsmodell 2. Ebene ausgefüllt anhand der Gebäudeart „Sport- und Mehrzweckhallen"

## Erläuterung nebenstehender Baukostensimulationstabelle

### Erläuterung der Tabelle „Baukosten-Simulationsmodell" 2. Ebene anhand der Gebäudeart Sport- und Mehrzweckhallen (S. 304)

**①**

Die Überschriftenzeile gliedert in die Berechnungsschritte:

- Kostengruppen der 2. Ebene wählen
- Mengen mit Planungskennwerten ermitteln
- Kostenkennwerte wählen
- Kosten errechnen.

**②**

Die Methodenzeile erläutert die Rechenschritte des Modells.

**③**

Die BGF muss nur einmal eingetragen werden und gilt für alle folgenden Zeilen der Tabelle.

**④**

Die Planungskennwerte/BGF werden mit der BGF multipliziert (S. 307; Planungskennwerte der 2. Ebene der Gebäudeart Sport- und Mehrzweckhallen)

**⑤**

Das errechnete Ergebnis wird in der Spalte „Simulation" eingetragen.

**⑥**

Die simulierten Ergebnisse aus der Spalte „Simulation" werden auf Plausibilität geprüft, wenn erforderlich korrigiert und dann in der Spalte „gewählt" eingetragen.

**⑦**

In die Spalte „KKW € gewählt" werden die Kostenkennwerte der entsprechenden Kostengruppe eingetragen (S. 305; Kostenkennwerte der 2. Ebene).

**⑧**

In der Spalte „Kosten" werden die Einträge der Spalten „gewählt" und „KKW € gewählt" von Excel multipliziert und in den Summenzeilen zu Zwischensummen und Endsumme addiert.

| Kostensimulationsmodell Zusammenfassung | | | | |
|---|---|---|---|---|
| KG Kostengruppen der 1. Ebene | Menge | Einh. | KKW € | Kosten € |
| 100 Grundstück | | m² GF | | 0,00 |
| 200 Vorbereitende Maßnahmen | 6.000 | m² GF | 11 | 66.000,00 |
| 300 Bauwerk - Baukonstruktionen | 1450 | m² BGF | 2.620 | 3.798.660,00 |
| 400 Bauwerk - Technische Anlagen | 1450 | m² BGF | 473 | 685.850,00 |
| Bauwerk (300 + 400) | 1450 | m² BGF | 3.093 | 4.484.510,00 |
| 500 Außenanlagen und Freiflächen | 1.400 | m² AF | 246 | 344.400,00 |
| 600 Ausstattung und Kunstwerke | 1.450 | m² BGF | 76 | 110.200,00 |
| 700 Baunebenkosten | 1.450 | m² BGF | 526 | 762.700,00 |
| 800 Finanzierung | 1.450 | m² BGF | | 0,00 |
| **Gesamtkosten** | | | Σ100 bis 800: | **5.767.810,00** |
| ① Regionalfaktor (Land- oder Stadtkreis) | | | 1,002 | 5.779.345,62 |
| ② Anpassung Baupreisindex (Basisjahr 2015) | Kostenstand Buch 138,1 | aktuelles Quartal 1. Quartal 2022 | aktueller Index 138,1 | 5.779.345,62 |
| ③ Prognose bis zur Vergabe | | | 1,10% | 6.357.280,18 |

= Übertrag der BGF aus Tabelle "2. Ebene"
= Werte aus "BKI Baukosten Gebäude" übertragen
Zellen, in denen Angaben vom Anwender erwartet werden, sind farbig markiert!

Baukosten-Simulationsmodell 1. Ebene ausgefüllt anhand der Gebäudeart „Sport- und Mehrzweckhallen"

## Erläuterung nebenstehender Baukostensimulationstabelle

### Erläuterung der Tabelle „Baukosten-Simulationsmodell" 1. Ebene

Die Zusammenfassung der Kosten auf der ersten Ebene der DIN 276 nutzen Sie um die verbleibenden Kostengruppen zu ergänzen und so die Gesamtkosten zu erhalten.

Das Ergebnis der Kostenermittlung kann hier mit dem Regionalfaktor (aus dem Anhang der BKI Baukosten Gebäude) und dem aktuellen Baupreisindex fortgeschrieben werden.

Zur Fortschreibung der Baukosten benutzt BKI den Baupreisindex des Statistischen Bundesamtes für den Neubau von Wohngebäuden insgesamt (inkl. MwSt.) mit der Basis 2015=100.

Es wird auch die Möglichkeit einer Prognose in die Zukunft angeboten, um die Bauherrschaft umfassend zu informieren.

**①**

Gewünschten Regionalfaktor aus dem Buchanhang einfügen, in diesem Beispiel: Rottweil 1,002.

**②**

Neuesten Baupreisindex für den Neubau von Wohngebäuden insgesamt (inkl. MwSt.), Basis 2015=100 eintragen: www.bki.de/baupreisindex

**③**

Mögliche Kostenprognose von der Kostenschätzung bis zur Vergabe in Abstimmung mit der Bauherrschaft als prozentuale Steigerung.

# Häufig gestellte Fragen

**Fragen zur Flächenberechnung (DIN 277):**

| | |
|---|---|
| 1. Wie wird die BGF berechnet? | Die Brutto-Grundfläche ist die Summe der Grundflächen aller Grundrissebenen. Nicht dazu gehören die Grundflächen von nicht nutzbaren Dachflächen (Kriechböden) und von konstruktiv bedingten Hohlräumen (z. B. über abgehängter Decke). (DIN 277:2021-08) |
| 2. Gehört der Keller bzw. eine Tiefgarage mit zur BGF? | Ja, im Gegensatz zur Geschossfläche nach § 20 Baunutzungsverordnung (Bau NVo) gehört auch der Keller bzw. die Tiefgarage zur BGF. |
| 3. Wie werden Luftgeschosse (z. B. Züblinhaus) nach DIN 277 berechnet? | Die Rauminhalte der Luftgeschosse zählen zum Regelfall der Raumumschließung (R) BRI (R). Die Grundflächen der untersten Ebene der Luftgeschosse und Stege, Treppen, Galerien etc. innerhalb der Luftgeschosse zählen zur Brutto-Grundfläche BGF (R). Vorsicht ist vor allem bei Kostenermittlungen mit Kostenkennwerten des Brutto-Rauminhalts geboten. |
| 4. Welchen Flächen ist die Garage zuzurechnen? | Die Stellplatzflächen von Garagen werden zur Nutzungsfläche gezählt, die Fahrbahn ist Verkehrsfläche. |
| 5. Wird die Diele oder ein Flur zur Nutzungsfläche gezählt? | Normalerweise nicht, da eine Diele oder ein Flur zur Verkehrsfläche gezählt wird. Wenn die Diele aber als Wohnraum genutzt werden kann, z. B. als Essplatz, wird sie zur Nutzungsfläche gezählt. |
| 6. Zählt eine nicht umschlossene oder nicht überdeckte Terrasse einer Sporthalle, die als Eingang und Fluchtweg dient, zur Nutzungsfläche? | Die Terrasse ist nicht Bestandteil der Grundflächen des Bauwerks nach DIN 277. Sie bildet daher keine BGF und damit auch keine Nutzungsfläche. Die Funktion als Eingang oder Fluchtweg ändert daran nichts. |

| | |
|---|---|
| **7. Zählt eine Außentreppe zum Keller zur BGF?** | Wenn die Treppe allseitig umschlossen ist, z. B. mit einem Geländer, ist sie als Verkehrsfläche zu werten. Nach DIN 277:2021-08 gilt: Grundflächen und Rauminhalte sind nach ihrer Zugehörigkeit zu den folgenden Bereichen getrennt zu ermitteln: Regelfall der Raumumschließung (R): Räume und Grundflächen, die Nutzungen der Netto-Raumfläche entsprechend Tabelle 1 aufweisen und die bei allen Begrenzungsflächen des Raums (Boden, Decke, Wand) vollständig umschlossen sind. Dazu gehören nicht nur Innenräume, die von der Witterung geschützt sind, sondern auch solche allseitig umschlossenen Räume, die über Öffnungen mit dem Außenklima verbunden sind; Sonderfall der Raumumschließung (S): Räume und Grundflächen, die Nutzungen der Netto-Raumfläche entsprechend Tabelle 1 aufweisen und mit dem Bauwerk konstruktiv verbunden sind, jedoch nicht bei allen Begrenzungsflächen des Raums (Boden, Decke, Wand) vollständig umschlossen sind (z. B. Loggien, Balkone, Terrassen auf Flachdächern, unterbaute Innenhöfe, Eingangsbereiche, Außentreppen). Die Außentreppe stellt also demnach einen Sonderfall der Raumumschließung (S) dar. Wenn die Treppe allerdings über einen Tiefgarten ins UG führt, wird sie zu den Außenanlagen gezählt. Sie bildet dann keine BGF. Die Kosten für den Tiefgarten mit Treppe sind bei den Außenanlagen zu erfassen. |
| **8. Ist eine Abstellkammer mit Heizung eine Technikfläche?** | Es kommt auf die überwiegende Nutzung an. Wenn über 50% der Kammer zum Abstellen genutzt werden können, wird sie als Abstellraum gezählt. Es kann also Gebäude ohne Technikfläche geben. |
| **9. Ist die NUF gleich der Wohnfläche?** | Nein, die DIN 277 kennt den Begriff Wohnfläche nicht. Zur Nutzungsfläche gehören grundsätzlich keine Verkehrsflächen, während bei der Wohnfläche zumindest die Verkehrsflächen innerhalb der Wohnung hinzugerechnet werden. Die Abweichungen sind dadurch meistens nicht unerheblich. |

## Fragen zur Wohnflächenberechnung (WoFlV):

| | |
|---|---|
| **10. Wie wird die Wohnfläche (NE: Wohnfläche) bei Wohngebäuden bei BKI berechnet?** | Die Berechnung der bei BKI auf der Startseite der Wohngebäude angegebenen "NE: Wohnfläche" erfolgt nach der Wohnflächenberechnung WoFlV. |

| | |
|---|---|
| 11. Wird ein Hobbyraum im Keller zur Wohnfläche gezählt? | Wenn der Hobbyraum nicht innerhalb der Wohnung liegt, wird er nicht zur Wohnfläche gezählt. Beim Einfamilienhaus gilt: Das ganze Haus stellt die Wohnung dar. Der Hobbyraum liegt also innerhalb der Wohnung und wird mitgezählt, wenn er die Qualitäten eines Aufenthaltsraums nach LBO aufweist. |
| 12. Wird eine Diele oder ein Flur zur Wohnfläche gezählt? | Wenn die Diele oder der Flur in der Wohnung liegt ja, ansonsten nicht. |
| 13. In welchem Umfang sind Balkone oder Terrassen bei der Wohnfläche zu rechnen? | Balkone und Terrassen werden von BKI zu einem Viertel zur Wohnfläche gerechnet. Die Anrechnung zur Hälfte wird nicht verwendet, da sie in der WoFIV als Ausnahme definiert ist. |
| 14. Zählt eine Empore/Galerie im Zimmer als eigene Wohnfläche oder Nutzungsfläche? | Wenn es sich um ein unlösbar mit dem Baukörper verbundenes Bauteil handelt, zählt die Empore mit. Anders beim nachträglich eingebauten Hochbett, das zählt zum Mobiliar. Für die verbleibende Höhe über der Empore ist die 1 bis 2m Regel nach WoFIL anzuwenden: „Die Grundflächen von Räumen und Raumteilen mit einer lichten Höhe von mindestens zwei Metern sind vollständig, von Räumen und Raumteilen mit einer lichten Höhe von mindestens einem Meter und weniger als zwei Metern sind zur Hälfte anzurechnen." |

### Fragen zur Kostengruppenzuordnung (DIN 276):

| | |
|---|---|
| 15. Wo werden Abbruchkosten zugeordnet? | Abbruchkosten ganzer Gebäude im Sinne von „Bebaubarkeit des Grundstücks herstellen" werden der KG 212 Abbruchmaßnahmen zugeordnet. Abbruchkosten einzelner Bauteile, insbesondere bei Sanierungen werden den jeweiligen Kostengruppen der 2. oder 3. Ebene (Wände, Decken, Dächer) zugeordnet. Wo diese Aufteilung nicht möglich ist, werden die Abbruchkosten der KG 394 Abbruchmaßnahmen zugeordnet, weil z. B. die Abbruchkosten verschiedenster Bauteile pauschal abgerechnet wurden. Analog gilt dies auch für die Kostengruppen 400 und 500. |

| | |
|---|---|
| 16. Wo muss ich die Kosten des Aushubs für Abwasser- oder Wasserleitungen zuordnen? | Diese Kosten werden wie auch alle anderen Rohrgraben- und Schachtaushubskosten der KG 311 zugeordnet, sofern der Aushub unterhalb des Gebäudes anfällt.<br>Die Kosten für Rohrgraben- und Schachtaushub zwischen Gebäudeaußenkante und Grundstücksgrenze gehören in die KG 511. Die Kosten des Rohrgraben- und Schachtaushubs innerhalb von Erschließungsflächen werden der KG 220 ff. oder KG 230 ff. zugeordnet. |
| 17. Wie werden Eigenleistungen bewertet? | Nach DIN 276: 2018-12, gilt:<br>4.2.11 Die Werte von unentgeltlich eingebrachten Gütern und Leistungen (z. B. Materialien, Eigenleistungen) sind den betreffenden Kostengruppen zuzurechnen, aber gesondert auszuweisen. Dafür sind die aktuellen Marktwerte dieser Güter und Leistungen zu ermitteln und einzusetzen.<br>Nach HOAI §4 (2) gilt: Als anrechenbare Kosten nach Absatz 2 gelten ortsübliche Preise, wenn der Auftraggeber:<br>• selbst Lieferungen oder Leistungen übernimmt<br>• von bauausführenden Unternehmern oder von Lieferanten sonst nicht übliche Vergünstigungen erhält<br>• Lieferungen oder Leistungen in Gegenrechnung ausführt oder<br>• vorhandene oder vorbeschaffte Baustoffe oder Bauteile einbauen lässt. |

## Fragen zu Kosteneinflussfaktoren:

| | |
|---|---|
| 18. Welchen Einfluss hat die Konjunktur auf die Baukosten? | Der Einfluss der Konjunktur auf die Baukosten wird häufig überschätzt. Er ist meist geringer als der anderer Kosteneinflussfaktoren. BKI Untersuchungen haben ergeben, dass die Baukosten bei mittlerer Konjunktur manchmal höher sind als bei hoher Konjunktur. |

### 19. Gibt es beim BKI Regionalfaktoren?

Der Anhang dieser Ausgabe enthält eine Liste der Regionalfaktoren aller deutschen Land- und Stadtkreise. Die Faktoren wurden auf Grundlage von Daten aus den statistischen Landesämtern gebildet, die wiederum aus den Angaben der Antragsteller von Bauanträgen entstammen. Die Regionalfaktoren werden von BKI zusätzlich als farbiges Poster im DIN A1 Format angeboten.

Die Faktoren geben Aufschluss darüber, inwiefern die Baukosten in einer bestimmten Region Deutschlands teurer oder günstiger liegen als im Bundesdurchschnitt. Sie können dazu verwendet werden, die BKI Baukosten an das besondere Baupreisniveau einer Region anzupassen.

Die Angaben wurden durch Untersuchungen des BKI weitgehend verifiziert. Dennoch können Abweichungen zu den angegebenen Werten entstehen. In Grenznähe zu einem Land-Stadtkreis mit anderen Baupreisfaktoren sollte dessen Baupreisniveau mit berücksichtigt werden, da die Übergänge zwischen den Land-Stadtkreisen fließend sind. Die Besonderheiten des Einzelfalls können ebenfalls zu Abweichungen führen. Siehe auch Benutzerhinweise, 12. Regionalisierung der Daten (Seite 11).

### 20. Standardzuordnung

Einige Gebäudearten werden vom BKI nach ihrem Standard in „einfach", „mittel" und „hoch" unterteilt. Diese Unterteilung wurde immer dann vorgenommen, wenn der Standard als ein wesentlicher Kostenfaktor festgestellt wurde. Grundsätzlich gilt, dass immer mehrere Kosteneinflussfaktoren auf die Kosten und damit auf die Kostenkennwerte einwirken. Einige dieser vielen Faktoren seien hier aufgelistet:

- Zeitpunkt der Ausschreibung
- Art der Ausschreibung
- Regionale Konjunktur
- Gebäudegröße
- Lage der Baustelle, Erreichbarkeit

usw.

Wenn bei einem Gebäude große Mengen an Bauteilen hoher Qualität die übrigen Kosteneinflussfaktoren überlagern, dann wird von einem „hohen Standard" gesprochen.

Siehe auch Arbeitsblatt zur Standardeinordnung auf Seite 58 und 59.

| | | |
|---|---|---|
| 21. | Wie gehe ich mit der aktuellen Baukostenentwicklung um? | Zur Bewertung aktueller Baukostenentwicklungen führen wir zusätzlich Befragungen zur regionalen Baukosten-Niveaus nach Leistungsbereichen durch. Die Ergebnisse stellen wir den Anwender*innen der BKI-Fachbuchreihe zur Verfügung, unter *www.bki.de/baukostenentwicklungen*. Damit können die Risiken kurzfristiger Materialpreis- und Lohnkosten-Veränderungen verbessert prognostiziert werden, wie sie die normkonforme Kostenplanung nach DIN 276 verlangt. |

**Fragen zur Handhabung der von BKI herausgegebenen Bücher:**

| | | |
|---|---|---|
| 22. | Ist die MwSt. in den Kostenkennwerten enthalten? | Bei allen Kostenkennwerten in „BKI Baukosten" ist die gültige MwSt. enthalten (zum Zeitpunkt der Herausgabe 19%). In „BKI Baukosten Positionen (Neubau und Altbau), Statistische Kostenkennwerte " werden die Kostenkennwerte, wie bei Positionspreisen üblich, zusätzlich ohne MwSt. dargestellt. |
| 23. | Hat das Baujahr der Objekte einen Einfluss auf die angegebenen Kosten? | Nein, alle Kosten wurden über den Baupreisindex auf einen einheitlichen zum Zeitpunkt der Herausgabe aktuellen Kostenstand umgerechnet. Der Kostenstand wird auf jeder Seite als Fußzeile angegeben. Allenfalls sind Korrekturen zwischen dem Kostenstand zum Zeitpunkt der Herausgabe und dem aktuellen Kostenstand durchzuführen. |
| 24. | Wo finde ich weitere Informationen zu den einzelnen Objekten einer Gebäudeart? | Alle Objekte einer Gebäudeart sind einzeln mit Kurzbeschreibung, Angabe der BGF und anderer wichtiger Kostenfaktoren aufgeführt. Die Objektdokumentationen sind veröffentlicht in den Fachbüchern „Objektdaten" und können als PDF-Datei unter ihrer Objektnummer bei BKI bestellt werden, Telefon: 0711 954 854-41. |
| 25. | Was mache ich, wenn ich keine passende Gebäudeart finde? | In aller Regel findet man verwandte Gebäudearten, deren Kostenkennwerte der 2. Ebene (Grobelemente) wegen ähnlicher Konstruktionsart übernommen werden können. |

| | | |
|---|---|---|
| 26. | Wo findet man Kostenkennwerte für Abbruch? | Im Fachbuch „BKI Baukosten Gebäude Altbau - Statistische Kostenkennwerte" gibt es Ausführungsarten zu Abbruch und Demontagearbeiten. Der Abbruch ganzer Gebäude ist zu finden in der KG 212. Im Fachbuch „BKI Baukosten Positionen Altbau - Statistische Kostenkennwerte" gibt es Mustertexte für Teilleistungen zu „LB 384 - Abbruch und Rückbauarbeiten". Im Fachbuch „BKI Baupreise kompakt Altbau" gibt es Positionspreise und Kurztexte zu „LB 384 - Abbruch und Rückbauarbeiten". Die Mustertexte für Teilleistungen zu „LB 384 - Abbruch und Rückbauarbeiten" und deren Positionspreise sind auch auf der DVD BKI Positionen und im BKI Kostenplaner enthalten. |
| 27. | Warum ist die Summe der Kostenkennwerte in der Kostengruppen (KG) 310-390 nicht gleich dem Kostenkennwert der KG 300, aber bei der KG 400 ist eine Summenbildung möglich? | In den Kostengruppen 310-390 ändern sich die Einheiten (310 Baugrube/Erdbau gemessen in m³, 320 Gründung, Unterbau gemessen in m²); eine Addition der Kostenkennwerte ist nicht möglich. In den Kostengruppen 410-490 ist die Bezugsgröße immer BGF, dadurch ist eine Addition prinzipiell möglich. |
| 28. | Manchmal stimmt die Summe der Kostenkennwerte der 2. Ebene der Kostengruppe 400 trotzdem nicht mit dem Kostenkennwert der 1. Ebene überein; warum nicht? | Die Anzahl der Objekte, die auf der 1. Ebene dokumentiert werden, kann von der Anzahl der Objekte der 2. Ebene abweichen. Dann weichen auch die Kostenkennwerte voneinander ab, da es sich um unterschiedliche Stichproben handelt. Es fallen auch nicht bei allen Objekten Kosten in jeder Kostengruppe an (Beispiel KG 461 Aufzugsanlagen). |
| 29. | Baunutzungskosten, Lebenszykluskosten | Seit 2010 bringt BKI in Zusammenarbeit mit dem Institut für Bauökonomie der Universität Stuttgart ein Fachbuch mit Nutzungskosten ausgewählter Objekte heraus. Die Reihe wird kontinuierlich erweitert. Das Fachbuch Nutzungskosten Gebäude 2020/2021 fasst einzelne Objekte zu statistischen Auswertungen zusammen. |
| 30. | Lohn und Materialkosten | BKI dokumentiert Baukosten nicht getrennt nach Lohn- und Materialanteil. |
| 31. | Gibt es Angaben zu Kostenflächenarten? | Nein, das BKI hält die Grobelementmethode für geeigneter. Solange keine Grobelemente vorliegen, besteht die Möglichkeit der Ableitung der Grobelementmengen aus den Verhältniszahlen von Vergleichsobjekten (siehe Planungskennwerte und Baukostensimulation). |

**Fragen zu weiteren BKI Produkten:**

| | | |
|---|---|---|
| 32. | Sind die Inhalte von „BKI Baukosten Gebäude, Statistische Kostenkennwerte (Teil 1)" und „BKI Baukosten Bauelemente, Statistische Kostenkennwerte (Teil 2)" auch im BKI Kostenplaner enthalten? | Ja, im BKI Kostenplaner Statistik sind alle Objekte mit den Kosten bis zur 3. Ebene nach DIN 276 enthalten.<br>Im BKI Kostenplaner Statistik plus sind zudem die vom BKI gebildeten Ausführungsklassen und Ausführungsarten enthalten. Darüber hinaus ermöglicht der BKI Kostenplaner den Zugriff auf alle Einzeldokumentationen von tausenden Objekten. |
| 33. | Worin unterscheiden sich die Fachbuchreihen „BKI Baukosten" und „BKI Objektdaten"? | In der Fachbuchreihe BKI Objektdaten erscheinen abgerechnete Einzelobjekte eines bestimmten Teilbereichs des Bauens (A=Altbau, N=Neubau, E=energieeffizientes Bauen, IR=Innenräume, F=Freianlagen). In der Fachbuchreihe BKI Baukosten erscheinen hingegen statistische Kostenkennwerte von Gebäudearten, die aus den Einzelobjekten gebildet werden. Die Kostenplanung mit Einzelobjekten oder mit statistischen Kostenkennwerten haben spezifische Vor- und Nachteile:<br>Planung mit Objektdaten (BKI Objektdaten):<br>• Vorteil: Wenn es gelingt ein vergleichbares Einzelobjekt oder passende Bauausführungen zu finden ist die Genauigkeit besser als mit statistischen Kostenkennwerten. Die Unsicherheit, die der Streubereich (von-bis-Werte) mit sich bringt, entfällt.<br>• Nachteil: Passende Vergleichobjekte oder Bauausführungen zu finden kann mühsam oder erfolglos sein.<br>Planung mit statistischen Kostenkennwerten (BKI Baukosten):<br>• Vorteil: Über die BKI Gebäudearten ist man recht schnell am Ziel, aufwändiges Suchen entfällt.<br>• Nachteil: Genauere Prüfung, ob die Mittelwerte übernommen werden können oder noch nach oben oder unten angepasst werden müssen, ist unerlässlich. |
| 34. | In welchen Produkten dokumentiert BKI Positionspreise? | Positionspreise mit statistischer Auswertung und Einzelbeispielen werden in „BKI Baukosten Positionen, Statistische Kostenkennwerte Neubau (Teil 3) und Altbau (Teil 5)" und „BKI Baupreise kompakt Neu- und Altbau" herausgegeben. Ausgewählte Positionspreise zu bestimmten Details enthalten die Fachbücher „Konstruktionsdetails K1, K2, K3 und K4". Außerdem gibt es Positionspreise in digitaler Form in der Version Kostenplaner 2022 - Statistik plus [Positionen] und die Software „BKI Positionen". |

| | |
|---|---|
| 35. Worin unterscheiden sich die Bände A1 bis A11 (N1 bis N17) | Die Bücher unterscheiden sich durch die Auswahl der dokumentierten Einzelobjekte. Der Aufbau der Bände ist gleich. In der BKI Fachbuchreihe Objektdaten erscheinen regelmäßig aktuelle Folgebände mit neu dokumentierten Einzelobjekten. Speziell bei den Altbaubänden A1 bis A11 ist es nützlich, alle Bände zu besitzen, da es im Bereich Altbau notwendig ist, mit passenden Vergleichsobjekten zu planen. Je mehr Vergleichsobjekte vorhanden sind, desto höher ist die „Trefferquote". Bände der Fachbuchreihe Objektdaten sollten deshalb langfristig aufbewahrt werden. |

Diese Liste der FAQ wird im Internet unter *www.bki.de/faq-kostenplanung.html* veröffentlicht.

# Orientierungswerte und frühzeitige Ermittlung der Baunebenkosten ausgewählter Gebäudearten

von Univ.-Prof. Dr.-Ing. Wolfdietrich Kalusche
und
Dr.-Ing. Sebastian Herke

# Orientierungswerte und frühzeitige Ermittlung der Baunebenkosten ausgewählter Gebäudearten

Autoren: Sebastian Herke
Wolfdietrich Kalusche

Die Baunebenkosten (KG 700) und die Kosten der Finanzierung (KG 800) machen einen nicht unerheblichen Teil an den Gesamtkosten (KG 100–800) eines Bauprojekts aus. Die Erhebung von Kostendaten und die Bildung von Kostenkennwerten der entsprechenden Aufwendungen sind wesentlich schwieriger als die der Bauwerkskosten (KG 300 und 400). Das liegt unter anderem daran, dass häufig Anteile nicht erfasst oder nicht offengelegt werden. Jedoch gelten als Kosten im Bauwesen nach DIN 276 „Aufwendungen, insbesondere für Güter, Leistungen, Steuern und Abgaben, die mit der Vorbereitung, Planung und Ausführung von Bauprojekten verbunden sind." [DIN 276:2018-12, Ziffer 3.1] Weiter heißt es: „Die Gesamtkosten sind vollständig zu erfassen und zu dokumentieren". [DIN 276:2018-12, Ziffer 4.2.3]

Viele Kostenermittlungen sind unvollständig. Die ermittelten Kosten dürfen in solchen Fällen deswegen nicht als Gesamtkosten bezeichnet werden. Die genaue Ermittlung der Gesamtkosten (Investition) ist eine unabdingbare Voraussetzung für die Kostensicherheit und die ausreichende Mittelbereitstellung (Finanzierung) eines Bauvorhabens.

Das Baukosteninformationszentrum Deutscher Architektenkammern (BKI) hat über viele Jahre Kostenwerte der Baunebenkosten erhoben. Es konnten zwar in den meisten Fällen die Kosten der Objekt- und Fachplanung (KG 730 und 740) oder die Allgemeinen Baunebenkosten (KG 760) dokumentiert werden, aber vor allem die Kosten der Bauherrenaufgaben (KG 710) und der Finanzierung (KG 800) wurden nur selten ermittelt oder bereitgestellt.

Es kommt hinzu, dass mit der 7. Novelle der Honorarordnung für Architekten und Ingenieure im Jahr 2013 die Leistungsbilder und die Honorartabellen verändert wurden. Statistische Kostenkennwerte der Baunebenkosten aus abgerechneten Honorarverträgen nach der HOAI 2009 sind deswegen als Grundlage für die Kostenermittlung aktuell geplanter Baumaßnahmen nicht ohne Weiteres geeignet. Denn die Honorare nach der HOAI 2013 fallen zum überwiegenden Teil höher aus, als in den vorangegangenen Jahren.

Aufgrund der wenigen und nicht aussagekräftigen Daten wurde in den früheren Veröffentlichungen die Kostengruppe 700 (Baunebenkosten) nicht als Kostenkennwert in den Datensammlungen des BKI abgebildet.

Mit Inkrafttreten der HOAI 2021 ist für Honorarvereinbarungen der verbindliche Preisrahmen aus Mindest- und Höchstsatz für Grundleistungen entfallen. Ob und in welchem Ausmaß sich die Honorare von Architekten und Ingenieure dadurch verändern, insbesondere geringer ausfallen, kann statistisch noch nicht belegt werden. Deswegen werden im vorliegenden Beitrag alle Berechnungen noch ohne Berücksichtigung eines solchen denkbaren Effekts ermittelt. Für eine gegebenenfalls notwendige Korrektur, z.B. einen Minderungsfaktor auf Grund eines stärkeren Preiswettbewerbs auf dem Markt für Planungsleistungen, ist es noch zu früh.

Seit dem Jahr 2018 werden erstmalig die Honorare für die Objektplanung eigenständig ermittelt. Als Grundlage dienen die Bauwerkskosten (KG 300 und 400) der jeweiligen Objekte, welche eine detaillierte Berechnung ermöglichen. Ein entsprechender Kostenkennwert wird in den Tabellen der Kostengruppen der 1. Ebene angegeben.

Dieser dort abgebildete Kostenkennwert ist nicht mit den gesamten Kosten der KG 700 zu verwechseln. Vielmehr werden ausschließlich die Honorare nach den Paragrafen 35, 40, 52, 56 der HOAI 2013 ermittelt. Der Wert für die Objektplanung beträgt rund zwei Drittel der Baunebenkosten [siehe **Tab. 7**] und bildet somit den überwiegenden Anteil der Kostengruppe 700.

Zur frühzeitigen Ermittlung der vollständigen Baunebenkosten und der Kosten der Finanzierung bei der Objektplanung wurde deshalb erstmals im Jahr 2014 im Band BKI Baukosten Gebäude – Statistische Kostenkennwerte Teil 1 ein Fachaufsatz zu den Baunebenkosten veröffentlicht. Dieser enthält Orientierungswerte, ein Verfahren sowie ein Beispiel für die Ermittlung. Eine weitere Überarbeitung erfolgte im Jahr 2016, in der die Baunebenkosten hinsichtlich verschiedener Nutzungsarten untersucht werden. Das vorliegende Kapitel stellt im Vergleich hierzu eine Überarbeitung und Erweiterung der Grundlagen und der Beispielermittlung dar. Es berücksichtigt die Änderungen in der Fassung der Kostengliederung der DIN 276:2018-12. Auf die Vollständigkeit der Kostenermittlung, also der Gesamtkosten (KG 100–800) wird dabei nach wie vor besonderer Wert gelegt.

In vorherigen Fassungen der DIN 276 waren die Kosten der Finanzierung Bestandteil der Baunebenkosten und in der Kostengruppe 760 (Finanzierungskosten) verortet. [vgl. DIN 276-1:2008-12] In der DIN 276:2018-12 wird die Kostengliederung um eine Kostengruppe auf insgesamt acht Kostengruppen erweitert. Die Kosten der Finanzierung werden in der Kostengruppe 800 gesondert berücksichtigt. Aufgrund der vormaligen Zusammengehörigkeit wird dennoch eine gemeinsame Betrachtung der Kostengruppen 700 und 800 erforderlich.

Die frühzeitige Ermittlung der Baunebenkosten und Kosten der Finanzierung soll zur Kostensicherheit beitragen. Sie soll außerdem möglichst vollständig sein und Überraschungen vermeiden helfen – im Sinne von: „Leider haben wir das Honorar eines wichtigen am Projekt Beteiligten vergessen." Sobald der Bauherr die Verträge mit seinem Objekt- und Fachplaner geschlossen oder erste Gebühren entrichtet hat, soll die frühzeitige Ermittlung schrittweise durch genauere Ermittlungen ersetzt werden.

Eine weitere Voraussetzung für die Kostensicherheit ist die richtige Zuordnung von Kostenwerten unter Verwendung der korrekten Begriffe. So ging es schon bei der Entstehung der DIN 276 im Jahr 1934 darum, „der im Bauwesen herrschenden Begriffsverwirrung entgegenzutreten." [Winkler 1994, S. 9f.] Das ist auch heute noch von nicht zu unterschätzender Bedeutung.

## 1  Beginn der Regelung und Begriffsbestimmung

Die Nebenkosten im Bauwesen waren lange Zeit unzureichend definiert. In der ersten Fassung der DIN 276, Kosten von Hochbauten und damit zusammenhängenden Leistungen, aus dem Jahr 1934 wurden die Nebenkosten nicht gesondert beschrieben. So werden die wesentlichen Bestandteile der Nebenkosten wie folgt zusammengefasst:

I. „Die Aufwendungen für Maßnahmen, die mit dem Kauf des Baugrundstückes verbunden sind.
II. Die Aufwendungen für Maßnahmen, die mit der Erschließung (Baufreimachung) des Baugrundstückes verbunden sind.
III. Die Aufwendungen für Planung, Bauleitung und Bauausführung.

IV. Aufwendungen für baupolizeiliche Prüfungen und Genehmigungen.
V. Aufwendungen für die Beschaffung und Verzinsung der Mittel zum Grunderwerb und zur Bauausführung."
[Kleffner 1936, S. 9f.]

In der Fassung der DIN 276:1943-08, Kosten von Hochbauten, werden die einzelnen Bereiche der Nebenkosten getrennt ausgewiesen. Bis heute ist diese Gliederung Bestandteil der Norm. Die Beschreibung folgt der Auffassung, dass Nebenkosten im Bauwesen unter verschiedenen Aspekten zu betrachten und zwingend voneinander zu trennen sind. Im Wesentlichen sind dies in der Systematik der DIN 276:2018-12 die Kosten für

– den Erwerb des Baugrundstückes
– (KG 120 – Grundstücksnebenkosten),
– die vorbereitenden Maßnahmen am Grundstück (KG 200 – Vorbereitende Maßnahmen) sowie
– die Planung und Durchführung (KG 700 – Baunebenkosten).

Die ursprünglich als Nebenkosten bezeichneten Leistungen sind inhaltlich zu trennen und den entsprechenden Kostengruppen zuzuordnen. Für die Ermittlung der Kostengruppen 120 und 200 existieren ausreichend Beispiele in der Fachliteratur.

Im Folgenden werden die Baunebenkosten als „Kosten, die bei der Planung und Ausführung auf der Grundlage von Honorarordnungen, Gebührenordnungen oder nach weiteren vertraglichen Vereinbarungen entstehen" beschrieben. [Ruf 2019, S. 155]

**Mehrere Regelwerke und unterschiedliche Begriffe**

Der Begriff „Baunebenkosten" wird im Bauwesen durch Normen und Verordnungen abgegrenzt. Eine Beschreibung findet sich in folgenden Regelwerken:

– Zweite Berechnungsverordnung (2. BV)
– Immobilienwertermittlungsverordnung (vorher Wertermittlungsverordnung)
– DIN 276:2018-12 – Kosten im Bauwesen

Die einzelnen Regelwerke beziehen sich dabei auf verschiedene Teilbereiche im Bauwesen. Die Zweite Berechnungsverordnung ist bei der Wirtschaftlichkeitsberechnung im öffentlich geförderten Wohnungsbau anzuwenden. Dies schließt andere Gebäudearten aus. Die 2. Berechnungsverordnung beschreibt ebenso Höchstsätze für die Verwaltungsleistungen des Bauherrn, d. h. Kosten bei der Vorbereitung und Durchführung von Bauprojekten. [vgl. 2. BV 2007, § 8 Abs. 3] Diese unterscheiden sich wesentlich von den Honoraren, die der Ausschuss der Verbände und Kammern der Ingenieure und Architekten für die Honorarordnung e. V. (AHO) zusammengestellt hat.

Die Baunebenkosten werden in der Zweite Berechnungsverordnung definiert als

1. „die Kosten der Architekten- und Ingenieurleistungen,
2. die Kosten der dem Bauherrn obliegenden Verwaltungsleistungen bei Vorbereitung und Durchführung des Bauvorhabens,
3. die Kosten der Behördenleistungen bei Vorbereitung und Durchführung des Bauvorhabens, soweit sie nicht Erwerbskosten sind,
4. die Kosten der Beschaffung der Finanzierungsmittel, die Kosten der Zwischenfinanzierung und, soweit sie auf die Bauzeit fallen, die Kapitalkosten und die Steuerbelastungen des Baugrundstücks,
5. die Kosten der Beschaffung von Darlehen und Zuschüssen zur Deckung von laufenden Aufwendungen, Fremdkapitalkosten, Annuitäten und Bewirtschaftungskosten,
6. sonstige Nebenkosten bei Vorbereitung und Durchführung des Bauvorhabens."
[2. Berechnungsverordnung 2007, § 5 Abs. 4]

Die Immobilienwertermittlungsverordnung nimmt Bezug auf „die Verkehrswerte (Marktwerte) von Grundstücken". Dabei werden die Normalherstellungskosten, als Kosten, „die marktüblich für die Neuerrichtung einer entsprechenden baulichen Anlage aufzuwenden wären", betrachtet. Dazu „gehören auch die üblicherweise entstehenden Baunebenkosten, insbesondere Kosten für Planung, Baudurchführung, behördliche Prüfungen und Genehmigungen." [ImmoWertV 2010, § 22 Abs. 2]

Die Zweite Berechnungsverordnung und die Immobilienwertermittlungsverordnung beziehen sich inhaltlich auf Teilbereiche im Bauwesen. Die DIN 276:2018-12 – Kosten im Bauwesen ist hingegen für alle Bauprojekte im Hochbau anzuwenden.

Die meisten Regelwerke verweisen auf die Bestimmungen der DIN 276. So werden in der Verwaltungsvorschrift über die Durchführung von Bauaufgaben der Freien und Hansestadt Hamburg (VV-Bau) die Baunebenkosten als „alle mit der eigentlichen Baumaßnahme untrennbar verbundenen Kosten [...] entsprechend Kostengruppe 700 der DIN 276-1 in der jeweils geltenden Fassung" beschrieben. [VV Bau „Freien und Hansestadt Hamburg" 2015, S. 7f.]

## 2 Aufgaben des Objektplaners

Die Kostenermittlung gehört zu den Berufsaufgaben des Objektplaners. Er ist dabei auf die Mitwirkung des Bauherrn und auf Beiträge anderer an der Planung fachlich Beteiligter angewiesen. Den Bauherrn hierauf hinzuweisen, gehört zu den Beratungspflichten des Objektplaners.

Häufig befindet sich bereits zu Beginn der Planung das Grundstück im Eigentum des Bauherrn. Den Kaufpreis oder den Grundstückswert (KG 110) sowie die Grundstücksnebenkosten (KG 120) und die Kosten für Rechte Dritter (KG 130), z. B. für Abfindungen und Entschädigungen, soll der Bauherr dem Objektplaner für die Kostenermittlung angeben. Die Vorbereitenden Maßnahmen (KG 200) und damit die Ermittlung der Kosten, um das Grundstück bebauen zu können, sind ebenfalls zu berücksichtigen.

Aufgabe des Objektplaners ist die Kostenermittlung mindestens in Bezug auf die Bauwerkskosten (BWK) der Kostengruppen 300 und 400. Die Kosten der Baukonstruktionen (KG 300) ermittelt er selbst. Weiter koordiniert er die Leistungen der an der Planung fachlich Beteiligten und integriert deren Beiträge in seine Eigenplanung. Das sind vor allem Angaben des Tragwerksplaners und der Fachingenieure für die Planung der Technischen Anlagen (KG 400). Sind für die Objektbereiche Innenräume oder Außenanlagen und Freiflächen weitere Planer beauftragt, werden deren anteilige Kostenermittlungen ebenfalls zur Vervollständigung der Kostenplanung benötigt. Deshalb arbeitet der Innenarchitekt die anteiligen Bauwerkskosten (KG 300 und 400) sowie die Kosten der Ausstattung und Kunstwerke (KG 600) zu. Das gilt ebenso für den Landschaftsarchitekten in Bezug auf die Kosten der Außenanlagen und Freiflächen (KG 500).

Die Berücksichtigung der Baunebenkosten (KG 700) und der Kosten der Finanzierung (KG 800) gehört auf jeden Fall zur vollständigen Kostenermittlung, da diese einen erheblichen Anteil an den Gesamtkosten haben. In der Praxis ist das leider die Ausnahme. Die Gründe dafür sind vielfältig:

- Die Höhe der anfallenden Kosten wird unterschätzt.
- Leistungen, die zu den Baunebenkosten gehören, sind zu Beginn der Planung nicht vollständig bekannt.
- Datensammlungen fehlen bisher weitgehend.
- Orientierungswerte, wie sie in der Praxis mitgeteilt werden, sind meist veraltet oder beziehen sich nur auf Teile der Baunebenkosten.
- Eigenleistungen des Bauherrn führen nicht zu Zahlungen und werden deshalb nicht als Kosten berücksichtigt.

Dieses Kapitel soll dem Objektplaner helfen, schon zu Beginn einer Planung

- die Vollständigkeit der Kostenermittlung sicherzustellen und
- durch eine einfache Rechnung mit Orientierungswerten die Kosten nachvollziehbar und angemessen abzuschätzen.

Dabei wird auf die Berücksichtigung der Bauherrenaufgaben (KG 710), der Objekt- und Fachplanung (KG 730 und 740) und der Kosten der Finanzierung (KG 800) besonderer Wert gelegt. Denn diese Kostenanteile fehlen bei der Kostenermittlung in der Praxis am häufigsten.

Die Höhe der Gesamtkosten (KG 100–800) als Ergebnis einer vollständigen Kostenermittlung ist eine notwendige Information für den Bauherrn. Auf dieser Grundlage kann er entscheiden, ob er das Objekt finanzieren und betreiben oder veräußern kann. Der Objektplaner trägt einerseits aufgrund seiner Fachkompetenz und Erfahrung die Verantwortung dafür, dass dem Bauherrn dies gelingen kann. Der Bauherr hat andererseits die Mitwirkungspflicht gegenüber seinem Objektplaner, ihm alle notwendigen Unterlagen zur Verfügung zu stellen, damit dieser seine Leistungen erbringen kann. Das sind unter anderem Angaben zu Eigenleistungen sowie Angebote und Abrechnungen zu Planungs- und Bauleistungen.

## Kostenkennwerte für die Baunebenkosten (KG 700) und für die Finanzierung (KG 800)

Die Dokumentation von Kostenkennwerten erfolgt herkömmlich vor allem für die Bauwerkskosten (KG 300 und 400), also die Baukonstruktionen (KG 300) und die Technischen Anlagen (KG 400). Für alle dazu gehörenden Baukonstruktionen, z. B. Innenwände (KG 340), und Technische Anlagen, z. B. Raumlufttechnische Anlagen (KG 430), liegen umfassende Datensammlungen vor. Sie erlauben eine genaue Kostenermittlung sowohl für den Neubau als auch für das Bauen im Bestand. Hierzu sind zahlreiche Produkte des Baukosteninformationszentrums Deutscher Architektenkammern (BKI) erschienen.

Die Kosten der Finanzierung (KG 800) waren bis zur Novellierung der DIN 276 im Jahr 2018 Bestandteil der Baunebenkosten. Aufgrund dessen liegen keine gesonderten Daten zur Berechnung der KG 800 vor. Oftmals wurden die Kosten der Finanzierung bei bisherigen Kostenermittlungen nicht berücksichtigt.

Kostenkennwerte zu den Baunebenkosten stehen oftmals nicht zur Verfügung. Nur vereinzelt findet man ungefähre Angaben zur Höhe der Baunebenkosten in der Fachliteratur. Das gilt insbesondere für den Aufwand bei der Wahrnehmung der Bauherrenaufgaben und für die Kosten der Finanzierung vor Beginn der Nutzung. Sollten diese dem Bauherrn nicht bekannt sein oder dem Objektplaner nicht vorliegen, muss dieser die Kostenermittlung um den Hinweis ergänzen: „Die Kostengruppen 710 Bauherrenaufgaben und 800 Finanzierung sind in der Kostenermittlung nicht oder nicht vollständig enthalten." Das gilt für andere nicht enthaltene Kostenwerte entsprechend.

Angaben zu den Baunebenkosten macht Willi Hasselmann in seinem Fachbuch zur Baukostenplanung. Er gibt für den Wohnungsbau Prozentwerte für ausgewählte Baunebenkosten an. [siehe **Tab. 1**] Leider sind auch diese Angaben nicht ganz vollständig. Als Schätzung wird dabei die KG 700 mit 15 bis 20 % der Kostengruppen 300 bis 600 angegeben.

| Kostengruppen | Baunebenkosten nach Hasselmann |
|---|---|
| 710  Bauherrenaufgaben | ca. 2,5 % der Kostengruppen 300–600 |
| 730  Objektplanung | ca. 8,0–15,0 % der Kostengruppen 300–600 |
| 740  Fachplanung | |
| 760  Allgemeine Baunebenkosten | ca. 2,0–5,0 % der Kostengruppen 300–600 |

Tab. 1: Baunebenkosten als Prozentwerte der KG 300–600. [vgl. Hasselmann 1997, S. 45]

| Gebäudeart | Baunebenkosten nach NHK 2010 |
|---|---|
| Ein- und Zweifamilienhäuser, Doppelhäuser, Reihenhäuser | 17 % |
| Mehrfamilienhäuser | 19 % |
| Banken/Geschäftshäuser | 22 % |
| Bürogebäude | 18 % |
| Gemeindezentren, Saalbauten/Veranstaltungsgebäude | 18 % |
| Kindergärten, Schulen | 20–21 % |
| Wohnheime, Alten-/Pflegeheime | 18 % |
| Krankenhäuser, Tageskliniken | 21 % |
| Beherbergungsstätten, Verpflegungseinrichtungen | 21 % |
| Sporthallen | 17 % |
| Freizeitbäder/Heilbäder | 24 % |
| Verbrauchermärkte | 16 % |
| Kauf-/Warenhäuser | 22 % |
| Produktionsgebäude | 18 % |
| Theater | 22 % |

Tab. 2: Baunebenkosten als Prozentwerte der Bauwerkskosten, Auszug. [Sachwertrichtlinie – SW-RL]

Die Höhe der Baunebenkosten wird in der Praxis prozentual auf unterschiedliche Bezugswerte beaufschlagt. Weder die Prozentwerte noch die Grundlagen sind einheitlich, da die Ansätze zur Berechnung verschieden sind.

Bei den Normalherstellungskosten (NHK 2010) sind die Baunebenkosten im Kostenkennwert eingerechnet und werden in Prozent angegeben (Von-Hundert-Rechnung). [siehe **Tab. 2**] Die Baunebenkosten beschreiben dabei ausschließlich die Objekt- und Fachplanung (KG 730 und 740) sowie Prüfungen, Genehmigungen, Abnahmen (KG 762) nach DIN 276. Die Prozentwerte der Baunebenkosten nach NHK 2010 berücksichtigen die Honoraranpassung der HOAI 2021 noch nicht.

In der Praxis werden Angaben zu den Baunebenkosten bereits in der frühen Planungsphase benötigt. So verwenden Kreditinstitute wie die Landesbausparkasse Baden-Württemberg (LBS) pauschale Angaben – rund 18 bis 25 % der Baukosten – bei der Finanzierung. [vgl. Landesbausparkasse Baden-Württemberg 2013]

In der Regel werden die aufgeführten Werte nicht ausreichend erläutert, sind veraltet und werden dem heutigen Aufwand für Planung, Steuerung und weiteren Maßnahmen nicht gerecht. Die Bezugsgröße (Baukosten oder Bauwerkskosten) und die entsprechenden Kostengruppen, auf welche sich diese Werte beziehen, sind unvollständig. Um diesem Mangel abzuhelfen, wird mit dem vorliegenden Kapitel ein einfaches Verfahren zur frühzeitigen Ermittlung der Baunebenkosten bei Gebäuden vorgestellt. Damit ist der Objektplaner in der Lage, bereits in der Leistungsphase 1 (Grundlagenermittlung) die vollständigen Baunebenkosten und Kosten der Finanzierung ausreichend genau abzuschätzen.

## 3  Baunebenkosten (KG 700)

Die Baunebenkosten berücksichtigen unterschiedliche Aufwendungen und sind über jeweils verschiedene Verfahren zu ermitteln. Die Gliederung der Baunebenkosten orientiert sich vorwiegend an den Projektbeteiligten. [vgl. Hasselmann/Weiß 2005, S. 68]

Im Leitfaden für Wirtschaftlichkeitsuntersuchungen bei der Vorbereitung von Hochbaumaßnahmen des Bundes (WU Hochbau) wird deshalb empfohlen, bereits in den frühen Leistungsphasen eine Detaillierung der Kostengruppe auf 2. Ebene durchzuführen. [vgl. WU Hochbau 2014, S. 48]

Die DIN 276 gliedert die KG 700 in der 2. Ebene wie folgt:

– 710 Bauherrenaufgaben
– 720 Vorbereitung der Objektplanung
– 730 Objektplanung
– 740 Fachplanung
– 750 Künstlerische Leistungen
– 760 Allgemeine Baunebenkosten
– 790 Sonstige Baunebenkosten

Im vorliegenden Kapitel werden die Kostengruppen der Baunebenkosten in der 2. Ebene der Gliederung erläutert. Weiterhin werden Prozentwerte zu den Baunebenkosten als Aufschlag auf einen einfachen und einheitlichen Bezugswert angegeben. Als Bezugswert dient die Höhe der Bauwerkskosten (KG 300 und 400). Denn mindestens diese sollen bereits im Kostenrahmen der Leistungsphase 1 (Grundlagenermittlung) nach HOAI 2021 gesondert ausgewiesen sein. Die Mehrwertsteuer ist nicht Bestandteil der Berechnung. Für eine erste überschlägige Ermittlung und unter dem Vorbehalt späterer Berechnungen sind die Netto-Bauwerkskosten (KG 300 und 400) als Grundlage für die Betrachtung ausreichend. Die Netto-Bauwerkskosten werden in der frühzeitigen Ermittlung der Baunebenkosten vereinfacht den anrechenbaren Kosten gleichgesetzt.

Bei der beschriebenen Ermittlung der Baunebenkosten werden die Kosten Vorbereitenden Maßnahmen (KG 200), die Kosten der Außenanlagen und Freiflächen (KG 500) und die Kosten von Ausstattung und Kunstwerken (KG 600) noch nicht berücksichtigt, um das Verfahren möglichst einfach zu halten. Bei der Mehrzahl der Neubauten sind diese Kostenanteile eher gering. Selbstverständlich dürfen sie nicht vergessen werden.

Die Prozentwerte der Baunebenkosten wurden aus abgerechneten Objekten (Neubau) gewonnen und werden in Von-bis-Werten angegeben. Sie sollen als Orientierungswerte verstanden werden und für eine erste Ermittlung der Baunebenkosten genügen. So bald wie möglich sind sie durch konkrete Kostenwerte, z. B. Honorarermittlungen auf der Grundlage von abgeschlossenen Verträgen, oder anderen Nachweisen zu ersetzen.

## 3.1 Bauherrenaufgaben (KG 710)

Die Bauherrenaufgaben beschreiben die baubegleitenden Aufgaben des Bauherrn, die dieser persönlich, als Projektleitung, oder durch die Beauftragung Dritter, als Projektsteuerung, wahrnimmt.

In seiner Funktion als Auftraggeber hat der Bauherr die Projektleitung (KG 711) zur Vertretung seiner Bauherreninteressen wahrzunehmen. Hierzu gehören unter anderem das Festlegen der Projektziele, das Aufstellen eines Organisations- und Terminplanes für die Bauaufgabe, der Abschluss von Verträgen zur Verwirklichung der Projektziele, das Prüfen der Planungsergebnisse auf Einhaltung der Planungsvorgaben und die rechtsgeschäftliche Abnahme aller beauftragten Vertragsleistungen. Für eine erste Ermittlung sind hierfür rund 2 bis 3 % der Netto-Bauwerkskosten ausreichend.

In einzelnen Fällen kann eine Bedarfsplanung (KG 712) erforderlich werden. Bedarfsplanung im Bauwesen bedeutet nach dem nationalen Vorwort zur DIN 18205

– „die methodische Ermittlung der Bedürfnisse von Bauherren und Nutzern,
– deren zielgerichtete Aufbereitung als
– ‚Bedarf' und
– dessen Übersetzung in eine für den Planer, Architekten und Ingenieur verständliche Aufgabenstellung."
[DIN 18205:1996-04, Bedarfsplanung im Bauwesen]

Die Bedarfsplanung ist ein Prozess. Dieser „besteht darin,

1. die Bedürfnisse, Ziele und einschränkenden Gegebenheiten (die Mittel, die Raumbedingungen) des Bauherrn und wichtiger Beteiligter zu ermitteln und zu analysieren. [...]
2. alle damit zusammenhängenden Probleme zu formulieren, deren Lösung man vom Architekten erwartet."
[DIN 18205:1996-04, Bedarfsplanung im Bauwesen]

Ein Leistungsbild oder eine Honorarordnung für die Bedarfsplanung gibt es bisher nicht. Der Aufwand für eine Bedarfsplanung kann in Abhängigkeit von der Aufgabenstellung sehr hoch sein. Für die nachfolgenden Ausführungen ist die Bedarfsplanung im Sinne einer umfassenden, von einem Bedarfsplaner vorgenommenen Analyse nicht enthalten.

Weitere Leistungen, wie die Rechts- und Steuerberatung, werden in der KG 719 zusammengefasst. Dies betrifft auch Kosten, die als Bauherrenaufgaben anfallen, aber nicht den Kostengruppen 711 bis 715 zuzuordnen sind.

### Projektsteuerung (KG 713)

Zu seiner zeitlichen und fachlichen Entlastung kann der Bauherr eine Projektsteuerung (KG 713) beauftragen. Das Leistungsbild der Projektsteuerung wurde erstmals in groben Zügen im Paragrafen 31 der HOAI 1977 beschrieben. Es war für die praktische Anwendung nicht ausreichend und ist im Zuge der 6. Änderungsnovelle der HOAI im Jahr 2009 entfallen. Seit dem Jahr 1990 arbeitet der Ausschuss der Verbände und Kammern der Ingenieure und Architekten für die Honorarordnung (AHO) unter dem Titel „Untersuchungen zum Leistungsbild und zur Vergütung der Projektsteuerung" an entsprechenden Regelungen. Die aktuelle Fassung liegt als Heft Nr. 9 der Schriftenreihe der AHO-Fachkommission vor. [vgl. AHO-Fachkommission Projektmanagement in der Bau- und Immobilienwirtschaft – Standards für Leistungen und Vergütung: AHO Heft 9, 2020]

Rund zwei Drittel der Bauherrenaufgaben (KG 710) können an eine Projektsteuerung (KG 713) übertragen werden. Umgekehrt verbleibt in der Regel ein Drittel der Bauherrenaufgaben beim Auftraggeber in Form der Projektleitung (KG 711). Die Leistungen der Projektsteuerung unterliegen sowohl dem Preis- als auch dem Leistungswettbewerb und werden demnach frei vereinbart.

Die Bauherrenaufgaben werden je nachdem, ob es sich um einen

– privaten Bauherrn (z. B. ein privater Haushalt),
– erwerbswirtschaftlichen Bauherrn (z. B. ein Bauträger) oder
– öffentlichen Bauherrn (z. B. eine Kommune)

handelt, in zeitlicher und fachlicher Hinsicht unterschiedlich wahrgenommen.

Private Bauherren kümmern sich um ihr Bauvorhaben nach Feierabend und kommen meist nicht auf die Idee, die in dieser Form erbrachten Eigenleistungen als Kosten im Sinne der DIN 276 zu erfassen. Erwerbswirtschaftliche Bauherren würden, wenn sie dies unterließen, falsch kalkulieren und auf Dauer nicht erfolgreich bleiben. Bei den öffentlichen Bauherren werden zum überwiegenden Teil die Personal- und Sachkosten für die Betreuung von Bauvorhaben insgesamt erfasst, aber nicht in jedem Fall dem einzelnen Objekt zugerechnet.

Im AHO Heft Nr. 9 findet sich eine Honorarempfehlung für die Grundleistungen der Projektsteuerung. Die Vergütung der Grundleistungen der Projektsteuerung reicht von rund 1 % für große Objekte der Honorarzone I bei hohen anrechenbaren Kosten (50.000.000 €) bis zu rund 9 % für sehr kleine Objekte der Honorarzone V bei sehr geringen anrechenbaren Kosten (500.000 €). Für die Ermittlung der Kosten für die Projektsteuerung (KG 713) werden die angegebenen Prozentwerte als Empfehlung der AHO übernommen. [siehe **Tab. 3**]

Die anrechenbaren Kosten nach AHO entsprechen den Gesamtkosten, ohne die KG 110, KG 710 und KG 800. Die Mehrwertsteuer ist nicht Bestandteil der Berechnung. [vgl. AHO 2020, § 6 Abs. 1 a] Für eine erste überschlägige Ermittlung und unter dem Vorbehalt späterer Berechnungen sind auch hier die Netto-Bauwerkskosten (KG 300 und 400) als Grundlage für die Ermittlung ausreichend.

Bei kleinen Projekten mit anrechenbaren Kosten unter 2.000.000 € ergibt in der Regel eine Projektsteuerung wenig Sinn. Jedoch sind die Aufwendungen des Bauherrn, vor allem sein zeitlicher Einsatz, zu bewerten. Hier kann ein geringerer Anteil von rund 1 bis 3 % der Bauwerkskosten angenommen werden.

**Einfache Ermittlung der Bauherrenaufgaben (KG 710)**

Wenn der Bauherr vor der Wahl steht, zu bauen, zu kaufen oder zu mieten und hierzu einen Kostenvergleich aufstellt, muss die Kostenermittlung für den Neubau vollständig sein und seinen eigenen Aufwand als Bauherrenaufgaben (KG 710) beinhalten.

Die Bauherrenaufgaben machen je nach Größe, Schwierigkeit und Dauer eines Projektes sowie abhängig von der Anzahl der am Projekt Beteiligten rund ein Viertel bis ein Halb des Aufwandes der erforderlichen Objekt- und Fachplanung aus. Will man also die Kosten der Bauherrenaufgaben einschätzen und hat keine bessere Grundlage zur Verfügung, kann einfach ein entsprechender Teil der Architekten- und Ingenieurhonorare als Maßstab für den notwendigen Aufwand auf der Seite des Bauherrn angesetzt werden. Prozentwerte von 3 bis 8 % der Bauwerkskosten sollen hierfür ausreichen. Im öffentlichen Hochbau werden dafür teilweise bis zu 10 % angesetzt. [vgl. WU Hochbau 2014, S. 51]

Andernfalls sind die Kosten der Projektsteuerung nach AHO zu ermitteln. Das Verhältnis der Aufwendungen für die Projektsteuerung im Verhältnis zur Projektleitung liegt dann bei 2 zu 1.

Die Vorbereitung eines Projekts seitens des Bauherrn ist aufwendig. Teilweise ist eine Bedarfs- oder Betriebsplanung erforderlich. Dies rechtfertigt einen entsprechend hohen Ansatz der Bauherrenaufgaben.

### 3.2 Vorbereitung der Objektplanung (KG 720)

Zur Vorbereitung der Objektplanung können Untersuchungen (KG 721) in Form von Standortanalysen, Baugrundgutachten, Gutachten für die Verkehrsanbindung, Bestandsanalysen, z. B. Umweltverträglichkeitsprüfungen, erforderlich sein. Gutachten zu Wertermittlungen (KG 722) der Objekte sollen, insofern diese nicht in der KG 126 erfasst sind, ausgewiesen werden. Als vorbereitende Bebauungsstudien können auch Städtebauliche Leistungen (KG 723) anfallen. Ebenso sind der Land-

| Anrechenbare Kosten | Honorarzone I Mittelwert | Honorarzone II Mittelwert | Honorarzone III Mittelwert | Honorarzone IV Mittelwert | Honorarzone V Mittelwert |
|---|---|---|---|---|---|
| 500.000 € | 4,4 % | 5,5 % | 6,8 % | 7,9 % | 9,0 % |
| 1.000.000 € | 4,0 % | 5,0 % | 6,1 % | 7,1 % | 8,1 % |
| 2.000.000 € | 3,5 % | 4,4 % | 5,4 % | 6,2 % | 7,1 % |
| 5.000.000 € | 2,9 % | 3,6 % | 4,4 % | 5,1 % | 5,9 % |
| 10.000.000 € | 2,4 % | 3,0 % | 3,7 % | 4,3 % | 4,9 % |
| 20.000.000 € | 2,0 % | 2,5 % | 3,0 % | 3,5 % | 3,9 % |
| 50.000.000 € | 1,4 % | 1,7 % | 2,0 % | 2,3 % | 2,7 % |

**Tab. 3:** Gekürzte Honorartafel Projektsteuerung, Umrechnung der Honorare in Prozentwerte. [vgl. AHO 2020, § 6 Abs. 5]

schaftsplan oder der Grünordnungsplan als Landschaftsplanerische Leistungen (KG 724) zu beachten. Die Kosten eines Architektenwettbewerbs werden unter Wettbewerbe (KG 725) erfasst. Für sonstige Kosten der Vorbereitung der Objektplanung steht die Kostengruppe 729 zur Verfügung.

Die Honorare für Städtebauliche Leistungen (KG 723) sind nach § 21 HOAI und die Honorare für landschaftsplanerische Leistungen nach § 31 HOAI zu ermitteln.

Wird ein Architektenwettbewerb, z. B. ein Realisierungswettbewerb, durchgeführt, soll die Auslobungsunterlage mindestens die Leistungsphase 1 (Grundlagenermittlung) umfassen. Die Arbeiten der Wettbewerbsteilnehmer haben weitgehend der Leistungsphase 2 (Vorplanung) zu entsprechen. Die Kosten für die Auslobung, Durchführung und Dokumentation liegen in jedem Fall deutlich höher als das vergleichbare Honorar für die Leistungsphase 2 (Vorplanung) im Fall der direkten Beauftragung. Zu den Aufwendungen gehören in der Regel die Wettbewerbsvorbereitung, die Preisgelder, die Wettbewerbsprüfungen und die Kosten für die Jury (Gutachter). Als Kosten für den Wettbewerb können im Allgemeinen bis zu 2 % der Bauwerkskosten angesetzt werden. Die Kosten für Planungswettbewerbe sind nach der Richtlinie für Planungswettbewerbe (RPW 2013) anzugeben.

### 3.3 Objekt- und Fachplanung (KG 730 und 740)

Die Leistungen der Objektplanung umfassen die Planung in Form von Skizzen, Zeichnungen, Berechnungen und Erläuterungen, Vorschläge zur Beauftragung von fachlich Beteiligten, die Vorbereitung und Mitwirkung bei Ausschreibung und Vergabe sowie die Objektüberwachung. Darüber hinaus obliegt dem Objektplaner die Integration der Beiträge anderer an der Planung fachlich Beteiligter sowie die technische und terminliche Koordination der ausführenden Firmen. Als Leistungen der Fachlich Beteiligten fallen vor allem die Tragwerksplanung und Planung der Technischen Ausrüstung an.

In der vorherigen Fassung der DIN 276 waren die Tragwerksplanung (KG 735 nach DIN 276-1:2008-12) und die Planung der Technischen Ausrüstung (KG 736 nach DIN 276-1:2008-12) Bestandteil der Architekten- und Ingenieurleistungen der KG 730. In der neuen Fassung der DIN 276 werden diese Kosten der Fachplanung (KG 740) zugeordnet und sind in den Kostengruppen KG 741 (Tragwerksplanung) und KG 742 (Technische Ausrüstung) verortet.

### Objektplanung (KG 730)

Die Vergütung des Objektplaners wird auf der Grundlage der Honorarordnung für Architekten und Ingenieure (HOAI) ermittelt. Dabei sind unter anderem die Größe des Bauvorhabens, gemessen an den anrechenbaren Kosten, und die Schwierigkeit der Planung durch Bestimmung einer Honorarzone maßgebend.

Die Vergütung der Grundleistungen der Objektplanung Gebäude reicht von rund 6 % für sehr große Objekte der Honorarzone I bei sehr hohen anrechenbaren Kosten (25.000.000 €) bis zu rund 24 % für sehr kleine Objekte der Honorarzone V bei sehr geringen anrechenbaren Kosten (50.000 €). Für eine erste Ermittlung der Kosten für Gebäude und Innenräume (KG 731) sollen die angegebenen Prozentwerte ausreichend genau sein. [siehe **Tab. 4**] Die Minderung des Honorars bei hohen Kosten der Technischen Anlagen [vgl. HOAI 2013, § 33 Abs. 2] und die etwaige Beauftragung von Besonderen Leistungen sollen erst nach Abschluss der Architekten- und Ingenieurverträge in ei-

| Anrechenbare Kosten | Honorarzone I Mittelwert | Honorarzone II Mittelwert | Honorarzone III Mittelwert | Honorarzone IV Mittelwert | Honorarzone V Mittelwert |
|---|---|---|---|---|---|
| 50.000 € | 12,6 % | 14,9 % | 18,1 % | 21,4 % | 23,7 % |
| 100.000 € | 11,7 % | 13,8 % | 16,9 % | 19,9 % | 22,0 % |
| 500.000 € | 9,8 % | 11,6 % | 14,1 % | 16,7 % | 18,4 % |
| 1.000.000 € | 9,0 % | 10,7 % | 13,0 % | 15,3 % | 17,0 % |
| 2.000.000 € | 8,4 % | 9,9 % | 12,0 % | 14,2 % | 15,7 % |
| 5.000.000 € | 7,5 % | 8,8 % | 10,7 % | 12,7 % | 14,0 % |
| 25.000.000 € | 6,2 % | 7,4 % | 9,0 % | 10,6 % | 11,7 % |

**Tab. 4:** Gekürzte Honorartafel Objektplanung für Gebäude und Innenräume, Umrechnung der Honorare in Prozentwerte. [vgl. HOAI 2021, § 35 Abs. 1]

ner weiteren Ermittlung Berücksichtigung finden. Für eine erste Ermittlung und unter dem Vorbehalt späterer Berechnungen sind die Netto-Bauwerkskosten (KG 300 und 400) als Grundlage für diese Betrachtung ausreichend. Bei der Honorarermittlung wird grundsätzlich die Mehrwertsteuer nicht berücksichtigt.

Bei größeren Bauvorhaben, z. B. anrechenbare Kosten in Höhe von 5.000.000 €, mittlerer Honorarzone und einem Objektplanervertrag mit einem Leistungsbild über alle Leistungsphasen kann von einem Honorar für die Grundleistungen in Höhe von rund 11 % der Bauwerkskosten ausgegangen werden. In der Praxis werden Besondere Leistungen nicht immer in vollem Umfang honoriert, sei es, dass der Planer ein gesondertes Honorar dafür nicht einfordert oder der Bauherr ganz einfach nicht bereit ist, diese angemessen zu vergüten. Ob die Regelungen der Honorarordnung für Architekten und Ingenieure von den Vertragsparteien eingehalten werden, soll an dieser Stelle nicht erörtert werden.

### Tragwerksplanung (KG 741) und Technische Ausrüstung (KG 742)

Gegenstand der Tragwerksplanung (Statik) ist die Standsicherheit des Bauwerkes. Hierfür erarbeitet der Tragwerksplaner (Statiker) eine Lösung hinsichtlich der Baustoffe, der Bauarten, des Herstellungsverfahrens sowie der Art der Gründung auf der Grundlage der Objektplanung und unter Beachtung der in die Planung zu integrierenden Beiträge der weiteren fachlich Beteiligten, z. B. Ingenieure für Bodenmechanik und Technische Anlagen. In Abstimmung mit dem Objektplaner erstellt er bereits zu Beginn der Planung ein statisch-konstruktives Konzept für das Tragwerk und trifft eine grundlegende Festlegung der konstruktiven Details und Hauptabmessungen des Tragwerkes für die tragenden Querschnitte, Aussparungen und Fugen, die Ausbildung der Auflager und Knotenpunkte sowie der Verbindungsmittel. Hierzu gehören ferner das Aufstellen eines Lastenplanes sowie gegebenenfalls der Nachweis der Erdbebensicherung.

Die Leistungen bei der Planung der Technischen Anlagen durch die Fachlich Beteiligten sind ein Beitrag für die Objektplanung und dienen zur Auslegung der Systeme und Anlagenteile des jeweiligen Fachbereiches bzw. für die jeweilige Anlagengruppe, z. B. die Elektrotechnik. Ergebnisse der Planung der Technischen Anlagen sind insbesondere die Erarbeitung von Planungskonzepten, die Untersuchung alternativer Lösungsmöglichkeiten und Wirtschaftlichkeitsvorbetrachtungen, das Aufstellen von Funktionsschemata und Prinzipschaltbildern der Anlagen, die Berechnung und Bemessung sowie die zeichnerische Darstellung mit Dimensionen und Anlagenbeschreibung, die Angabe und Abstimmung der für die Tragwerksplanung notwendigen Durchführungen und Lastangaben. Weiterhin ist das Mitwirken bei der Kostenermittlung und bei der Kostenkontrolle zu nennen. [vgl. HOAI 2013, Anlage 15 zu § 55 Abs. 3, § 56 Abs. 3]

### Einfache Ermittlung der Kosten der Objektplanung (KG 730), der Tragwerksplanung (KG 741) und der Planung der Technischen Ausrüstung (KG 742)

Für die Ermittlung der Honorare der an der Planung fachlich Beteiligten enthält die Honorarordnung die entsprechenden Leistungsbilder, Honorartafeln und ergänzenden Regelungen.

Es wird davon ausgegangen, dass das Verhältnis der Honorare des Objektplaners zu den Honoraren der Tragwerksplanung und Technischen Ausrüstung von rund 70 zu 30 bei einfachen Gebäuden, z. B. einfachen Wohngebäuden, bis zu einem Verhältnis von rund 50 zu 50 bei besonders komplexen und hoch installierten Gebäuden, z. B. Schwimmhallen oder medizinischen Einrichtungen, reicht. Man kann also vorbehaltlich genauer Ermittlungen der Ingenieurhonorare auch mit Verhältniswerten rechnen. [siehe **Tab. 5**]

| Honoraranteile nach Honorarzonen | Zone I | Zone II | Zone III | Zone IV | Zone V |
|---|---|---|---|---|---|
| Gebäude und Innenräume (KG 731) | 70 % | 65 % | 60 % | 55 % | 50 % |
| Tragwerksplanung (KG 741) und Technische Ausrüstung (KG 742) | 30 % | 35 % | 40 % | 45 % | 50 % |

**Tab. 5:** Honoraranteile der Objekt- und Fachplanung

Wurde im vorangegangenen Abschnitt von einem Verhältniswert von 11 % für das Honorar des Objektplaners ausgegangen, so ergeben sich bei einem Schwierigkeitsgrad im Bereich der Honorarzonen II bis IV für die Kosten der Objektplanung (KG 730) und Fachplanung (KG 741 und 742) in den meisten Fällen rund 17 bis 22 % der Bauwerkskosten.

**Fachplanung (KG 740)**

Die Kostengruppe 740 wurde in Fachplanung umbenannt und enthält die bereits beschriebenen Kosten der Tragwerksplanung (KG 741) und der Planung der Technischen Ausrüstung (KG 742). Zudem beinhaltet die Fachplanung weitere Bestandteile, die vorher der Kostengruppe Gutachten und Beratung (KG 740 der DIN 276-1:2008-12) zugeordnet waren. Zu diesen gehören die Bauphysik (KG 743), die Geotechnik (KG 744) und die Ingenieurvermessung (KG 745). Letztere beschreibt vermessungstechnische Leistungen mit Ausnahme von Leistungen, die aufgrund landesrechtlicher Vorschriften anfallen – z. B. zum Zweck der Landvermessung (siehe KG 121).

Ferner gehören dazu die Leistungen für Lichttechnik und Tageslichttechnik (KG 746). Die Leistungen im Brandschutz (KG 747) beschreiben z. B. die Anfertigung von Flucht- und Rettungsplänen. Zu Altlasten, Kampfmitteln und kulturhistorischen Funden (KG 748) zählen u. a. Leistungen zur Kampfmittelräumung. Die Kosten der Fachplanung (ohne die KG 741 und 742) liegen bei mittleren und größeren Bauvorhaben bei 1 bis 3 % der Bauwerkskosten. Bei einfachen oder kleinen Gebäuden fallen sie lediglich für die Bauvermessung an und liegen um 1 %.

Die Leistungen der Fachplanung der DIN 276:2018-12 lassen sich den Leistungen nach HOAI zuordnen. [siehe **Tab. 6**]

### 3.4 Künstlerische Leistungen (KG 750)

Zum einen kann es sich um Kunstwettbewerbe (KG 751) handeln und dabei um die Kosten für die Durchführung von Wettbewerben zur Erarbeitung eines Konzepts für Kunstwerke und künstlerisch gestaltete Bauteile. Zum anderen zählen die Honorare (KG 752) als Kosten für die geistig-schöpferische Leistung für Kunstwerke und künstlerisch gestaltete Bauteile dazu. Die Honorare sind dabei von den Kosten des Kunstwerks zu trennen, was nicht immer möglich ist. Angaben zu den Kosten der Kunst sollen hier nicht gemacht werden. In den meisten Fällen entstehen hierfür keine Kosten.

### 3.5 Allgemeine Baunebenkosten (KG 760)

Zu den Allgemeinen Baunebenkosten gehören die Kosten für Gutachten und Beratung (KG 761). Zudem werden Prüfungen, Genehmigungen und Abnahmen (KG 762) aufgeführt. Zu diesen zählen z. B. Gebühren für das Baugenehmigungsverfahren, Prüfung der Tragwerksplanung (Prüfstatik) sowie für Prüfungen und Abnahmen Technischer Anlagen, z. B. Brandmeldeanlagen, durch das zuständige Bauordnungsamt oder den Technischen Überwachungsverein. Die Gebühren dazu sind in den jeweiligen Gebührenordnungen der Länder beschrieben. [vgl. AVerwGebO NRW; BbgBauGebO]

| DIN 276:2018 (KG 740) | HOAI 2013 (Anlage 1 zu § 3 Absatz 1) |
|---|---|
| KG 741 Tragwerksplanung | Tragwerksplanung (Fachplanung Abschnitt 1) |
| KG 742 Technische Anlagen | Technische Ausrüstung (Fachplanung Abschnitt 2) |
| KG 743 Bauphysik | Bauphysik (1.2) |
| KG 744 Geotechnik | Geotechnik (1.3) |
| KG 745 Ingenieurvermessung | Ingenieurvermessung (1.4) |
| KG 746 Lichttechnik, Tageslichttechnik | keine Angaben [1] |
| KG 747 Brandschutz | keine Angaben [2] |
| KG 748 Altlasten, Kampfmittel, kulturhistorische Funde | Umweltverträglichkeitsstudie (1.1) |
| [1] Leistungen sind abzugrenzen zu § 55 Technische Ausrüstung HOAI | |
| [2] Leistungen sind abzugrenzen zu Grundleistungen der HOAI [vgl. BGH 2012] | |

**Tab. 6:** Kosten nach DIN 276 und Beratungsleistungen nach HOAI 2021.

**Abb. 1:** Büroflächen im Baucontainer, für die Bewirtschaftung der Baustelle (KG 763).

In der Regel fallen Bewirtschaftungskosten (KG 763) an, diese ergeben sich aus der Bereitstellung von Büroflächen für die Bauherrenorganisation und der Objektüberwachung einschließlich der damit verbundenen Nebenkosten für Beheizung, Beleuchtung und Reinigung. Auch die Bewachung der Baustelle wird hierzu gezählt. [siehe **Abb. 1**]

Die Bemusterung (Bemusterungskosten – KG 764), z. B. von Fassadenelementen, Ausbaukonstruktionen oder Sanitärobjekten, Modellversuche und Eignungsmessungen dienen dem Bauherrn zur Entscheidung bei der Planung und können erhebliche Kosten verursachen. Die Kosten für Materialprüfungen sind ebenso zu berücksichtigen. Damit sind Güte- und Gebrauchsprüfungen von Stoffen und Bauteilen gemeint, die über den in den Allgemeinen Technischen Vertragsbedingungen (ATV) oder sonst vertraglich vorgeschriebenen Umfang hinausgehen. [vgl. RBBau 2015, K8 1/1]

Werden Anlagen nach der Abnahme in Betrieb genommen, z. B. Heizungsanlagen, dann zählen die verbrauchte Energie und die erforderliche Stillstandwartung zu den Betriebskosten nach der Abnahme (KG 765).

Zu den Versicherungen (KG 766) während der Bauzeit gehören die Bauleistungsversicherung, die Bauherrenhaftpflichtversicherung, die Feuerrohbauversicherung und die Unfallversicherung. Zwar sind die genannten Versicherungen unverzichtbar, die Kosten hierfür fallen bei einer ersten Ermittlung wie in diesem Fall nicht ins Gewicht. Es kann hierfür auch ein Versicherungszwang aufgrund von Landesgesetzen oder Ortsstatuten bestehen.

Als Sonstiges zur KG 760 (KG 769) werden die Kosten für Vervielfältigung und Dokumentation, Post- und Fernsprechgebühren gerechnet. Neben den bereits genannten Punkten sind weiterhin Bestandteil die Grundsteinlegung oder das Richtfest.

Die Allgemeinen Baunebenkosten werden durch Kosten für Prüfungen, Genehmigungen und Abnahmen (KG 762) bestimmt und liegen im Fall von Neubauten bei rund 1 % der Bauwerkskosten. In besonderen Fällen, so bei Umbauten, Erweiterungsbauten, Modernisierungen oder Maßnahmen mit sehr hohen Sicherheitsanforderungen können sie bis zu 3 % der Bauwerkskosten oder mehr ausmachen.

### 3.6 Sonstige Baunebenkosten (KG 790)

Kosten für Aufwendungen und Leistungen, welche nicht den vorherigen Kostengruppen zuzuordnen sind, werden in den sonstigen Baunebenkosten berücksichtigt. Zu beachten sind hierbei die in der Richtlinie für die Durchführung von Bauaufgaben des Bundes (RBBau) beschriebenen Ausführungen, welche teilweise von der Beschreibung der DIN 276 abweichen. [vgl. RBBau 2015, K8 1/1]

### 4 Ermittlung der Baunebenkosten (KG 700)

Soweit dem Bauherrn und dem Objektplaner zu Beginn eines Bauvorhabens noch keine besseren Informationen über die voraussichtliche Höhe der Baunebenkosten vorliegen, können die folgenden Von-bis-Werte zur Orientierung [siehe **Tab. 7**, mittlere Spalte] bei Neubauten (Honorarzone II bis IV) für eine erste Ermittlung zu Hilfe genommen werden. Die in der rechten Spalte angegebenen Prozentwerte sind für die Ermittlung der vollständigen Baunebenkosten im vorangegangenen Beispiel hergeleitet worden.

**Ermittlung der Baunebenkosten ausgewählter Gebäudearten**

Die Ermittlung der Baunebenkosten berücksichtigt nicht die objektspezifischen Eigenschaften, die sich aus der jeweiligen Gebäudeart ergeben. Im Folgenden wird untersucht, welche Auswirkung die Gebäudeart auf die Kostengruppe 700 hat. Dazu werden exemplarisch acht unterschiedliche Gebäudearten betrachtet. Die Auswahl orientiert sich an der Unterteilung der Gebäude nach BKI.

Es wird angenommen, dass für jede Gebäudeart nur eine bestimmte Objektgröße mit zugehörigen Bauwerkskosten in Betracht kommen. Dadurch sind die Kosten der Honorare für die Objektplanung und weitere Leistungen genauer zu beschreiben.

Bei einigen Gebäudearten, wie medizinischen Einrichtungen (Krankenhäuser), kommen die Randbereiche der Honorartafeln meist nicht in Betracht. Medizinische Einrichtungen werden in der Objektliste nach HOAI 2021 der Honorarzone IV und V zugeordnet. Es ist davon auszugehen, dass bei diesen Gebäuden ein hoher Planungsaufwand vorliegt. Eine niedrige Honorarzone und geringe anrechenbare Kosten sind deshalb meist auszuschließen.

Bei Planungsbeginn kennt der Bauherr eine Vielzahl an Rahmenbedingungen oder sie werden seitens der Objektplanung ermittelt. Neben der Gebäudeart sind dies die Objektgröße und der Objektstandard. Es kann daraus für jede Gebäudeart eine durchschnittliche Projektgröße abgeleitet werden. Dokumentiert sind diese Werte in BKI Baukosten Gebäude, Statistische Kostenkennwerte (Teil 1). Vergleicht man die dokumentierten Gebäude, lassen sich diese nach Größe (Grundflächen nach DIN 277) und Kosten (Kostenkennwerte der Bauwerkskosten nach DIN 276) eingrenzen.

Auf der Grundlage von vereinfachten Berechnungen und mittels der Kostenkennwerte der BKI-Daten lassen sich Orientierungswerte für die Projektgröße ableiten.

| Kostengruppen | | Von-bis-Werte | gewählt |
|---|---|---|---|
| 710 | Bauherrenaufgaben | 2 % – 8 % | 5 % |
| 720 | Vorbereitung der Objektplanung | 0 % – 2 % | 1 % |
| 730 | Objektplanung | 18 % – 25 % | 22 % |
| 740 | Fachplanung | | |
| 750 | Künstlerische Leistungen | hier vernachlässigt | |
| 760 | Allgemeine Baunebenkosten | 1 % – 3 % | 2 % |
| 790 | Sonstige Baunebenkosten | hier vernachlässigt | |
| 700 | Baunebenkosten | 21 % – 38 % | 30 % |

**Tab. 7:** Orientierungswerte für Baunebenkosten, bezogen auf die Bauwerkskosten (ohne KG 200, KG 500 und KG 600) von Gebäuden (Honorarzone II bis IV).

| Gebäudeart | Objektgröße BGF | | Bauwerkskosten | | Honorarzone | |
|---|---|---|---|---|---|---|
| | Von-bis-Werte | | Von-bis-Werte | | AHO | HOAI |
| Bürogebäude (mittlerer Standard) | 500 m² | 2.000 m² | 500.000 € | 2.500.000 € | III | III |
| Gebäude des Gesundheitswesens (medizinische Einrichtungen) | 1.000 m² | 15.000 m² | 1.500.000 € | 25.000.000 € | V | IV-V |
| Schulen (Allgemeinbildende Schulen) | 1.500 m² | 3.000 m² | 2.000.000 € | 4.000.000 € | III | III |
| Sportbauten (Sport- und Mehrzweckhallen) | 1.000 m² | 4.000 m² | 1.500.000 € | 6.000.000 € | IV | IV-V |
| Wohngebäude (EFH, unterkellert, mittlerer Standard) | 300 m² | 400 m² | 300.000 € | 400.000 € | I | III-IV |
| Wohngebäude (MFH, 6–19 WE, mittlerer Standard) | 1.000 m² | 2.500 m² | 700.000 € | 2.000.000 € | II | III-IV |
| Wohngebäude (MFH, 6–19 WE, mittlerer Standard, Modernisierung, BAK 1920–1945) | 1.000 m² | 2.500 m² | 600.000 € | 1.700.000 € | II | III-IV |
| Gewerbegebäude (Industrielle Produktion, Massivbauweise) | 1.000 m² | 5.000 m² | 1.000.000 € | 5.000.000 € | IV | III-V |

**Tab. 8:** Zusammenhang zwischen durchschnittlicher Objektgröße und durchschnittlichen Bauwerkskosten nach Gebäudeart. [Kostenstand: 1. Quartal 2022, ohne MwSt.]

Bei Bürogebäuden, mittlerer Standard, sind Objekte mit einer durchschnittlichen Brutto-Grundfläche (BGF) von 500 m² bis 2.000 m² dokumentiert. Bei dieser Objektgröße liegen die Bauwerkskosten (ohne MwSt.) bei rund 500.000 bis 2.500.000 € (Kostenstand 1. Quartal 2021). Eine Zuordnung der Bauwerkskosten erfolgt für alle acht ausgewählten Gebäudearten. [siehe **Tab. 8**, mittlere Spalte]

Mittels der durchschnittlichen Projektgröße können detaillierte Angaben zu den Honoraren für die Projektsteuerung (KG 713) und Objekt- und Fachplanung (KG 730 und 740) erfolgen. Dafür werden die Netto-Bauwerkskosten (KG 300 und 400) zugrunde gelegt. Auf eine Unterscheidung der anrechenbaren Kosten nach den Honoraren der Objektplaner sowie der fachlich Beteiligten wird verzichtet. Die Honorarzone ist nach HOAI über die Objektliste (vgl. HOAI 2013, Anhang 10) zu ermitteln. Die Einordnung in die Honorarzone nach AHO erfolgt mittels der Beschreibung der Standardzuordnung nach BKI und orientiert sich an der Honorarzone nach HOAI. Mit diesen Angaben lassen sich über die prozentualen Mittelwerte in den **Tabellen 3 und 4** detaillierte Aussagen zu den Honoraren treffen. Mit Ausnahme der Einfamilienhäuser, kann für die Bauherrenaufgaben (KG 710) rund 6 bis 10 % der Bauwerkskosten angesetzt werden. [siehe **Tab. 10**] Die Aufwendungen der Projektsteuerung (KG 713) haben daran einen Anteil von zwei Drittel.

Die Kostengruppe 720 beinhaltet, neben den Kosten für Untersuchungen sowie Städtebauliche und Landschaftsplanerische Leistungen, hauptsächlich die Kosten für Wettbewerbe (KG 725). Vor allem bei öffentlichen Hochbauprojekten werden Planungswettbewerbe durchgeführt. Die Kosten dafür entsprechen in etwa den Kosten der Leistungsphase 2 nach § 34 Abs. 3 HOAI. Eine Gegenüberstellung der Prozentwerte nach Gebäudeart verdeutlicht, dass als Mittelwert rund 1 % der Bauwerkskosten für die Planungswettbewerbe ausreichend ist. [siehe **Tab. 9**] Für die Kostengruppe 720 können somit bis zu 2 % der Bauwerkskosten veranschlagt werden.

Die Aufwendungen der Fachplanung (KG 740) variieren je nach Schwierigkeitsgrad der Planung und Anforderungen an die Technische Ausrüstung. Bei Wohngebäuden sind geringe Kosten anzunehmen. Bei öffentlichen Bauvorhaben und Bauprojekten mit hohem Anteil an Technischer Ausrüstung sind höhere Kosten zu veranschlagen.

| KG | Bürogebäude | med. Einrichtungen | Schulen | Sportbauten | Wohngebäude (EFH) | Wohngebäude (MFH) | Wohngebäude (Bestand) | Gewerbegebäude |
|---|---|---|---|---|---|---|---|---|
| 725 | 0,9 % | 0,9 % | 0,8 % | 1,0 % | 0 %[1] | 1,0 % | 1,0 %[1] | 1,3 % | 1,0 % |

[1] Bei Einfamilienhäuser (EFH) werden in der Regel keine Planungswettbewerbe durchgeführt.

**Tab. 9:** Kosten für Planungswettbewerbe, bezogen auf die Bauwerkskosten von Gebäuden (ohne KG 200, KG 500 und KG 600).

| KG | Bürogebäude | med. Einrichtungen | Schulen | Sportbauten | Wohngebäude (EFH) | Wohngebäude (MFH) | Wohngebäude (Bestand) | Gewerbegebäude |
|---|---|---|---|---|---|---|---|---|
| | Von-bis-Werte | | | | | | | |
| 710 | 7 % – 9 % | 5 % – 10 % | 6 % – 8 % | 7 % – 9 % | 1 % – 6 % | 6 % – 7 % | 8 % – 9 % | 7 % – 10 % |
| 720 | 0 % – 2 % | 0 % – 2 % | 0 % – 2 % | 0 % – 2 % | 0 % – 1 % | 0 % – 2 % | 0 % – 2 % | 0 % – 2 % |
| 730 740 | 22 % – 25 % | 24 % – 34 % | 21 % – 23 % | 25 % – 33 % | 25 % – 35 % | 22 % – 29 % | 29 % – 38 % | 22 % – 33 % |
| 750 | hier vernachlässigt | | | | | | | |
| 760 | 2 % | 3 % | 3 % | 2 % | 1 % | 1 % | 2 % | 2 % |
| 790 | hier vernachlässigt | | | | | | | |
| 700 | 31 % – 38 % | 32 % – 49 % | 30 % – 36 % | 34 % – 46 % | 27 % – 43 % | 29 % – 39 % | 39 % – 51 % | 31 % – 47 % |

**Tab. 10:** Orientierungswerte für Baunebenkosten nach Gebäudeart, bezogen auf die Bauwerkskosten (ohne KG 200, KG 500 und KG 600).

Die Allgemeinen Baunebenkosten (KG 760) werden mit 1 bis 3 % der Bauwerkskosten bewertet. Dies richtet sich vor allem nach dem Aufwand und dem Schwierigkeitsgrad bei der Planung. So sind bei Einfamilienhäusern (EFH) weniger Gutachten und Beratungsleistungen erforderlich, als bei anderen Gebäudearten.

Sind die Baunebenkosten für das Bauen im Bestand, z. B. Erweiterungsbauten, Umbauten oder Modernisierungen, zu ermitteln, dann ist zu berücksichtigen, dass die Bauwerkskosten im Unterschied zu einem Neubau vergleichsweise gering sind. Gleichzeitig erfordern Aufgaben wie die Objektplanung (KG 730) oder die Allgemeinen Baunebenkosten (KG 760) einen wesentlich höheren Aufwand als bei einem Neubau.

Vergleicht man die Tabellen 7 und 10, ergibt sich eine Differenzierung der Baunebenkosten nach der Gebäudeart. Bei Gebäuden mit einem geringen Anteil an Fachplanung und Bauherrenaufgaben, wie Einfamilienhäuser, liegen die Baunebenkosten bei rund 27 bis 43 % der Bauwerkskosten. Bei Objekten mit hohem Anteil an Technischen Anlagen, Beratungsleistungen sowie umfangreichen Bauherrenaufgaben, wie medizinischen Einrichtungen (Krankenhäusern), betragen die Baunebenkosten bis zu 50 % der Bauwerkskosten. Auch beim Bauen im Bestand sind höhere Angaben zu den Baunebenkosten zu erwarten.

## 5 Finanzierung (KG 800)

Zur Finanzierung gehören die Kosten der Finanzierungsnebenkosten (KG 810), die Fremdkapitalzinsen (KG 820), die Eigenkapitalzinsen (KG 830) sowie die Bürgschaften (KG 840). Bei letzten handelt es sich um Eigenleistungen, hier als kalkulatorische Eigenkapitalverzinsung bezeichnet, die in der Kostenermittlung berücksichtigt werden müssen.

Die Kosten der Finanzierung ergeben sich aus der Höhe des Zinssatzes für das im Projekt gebundene Kapital sowie der Dauer der Kapitalbindung. Die Nebenkosten für die Kreditbeschaffung und Bearbeitungsgebühren erhöhen den Zinssatz meist nur um rund 0,1 Prozentpunkte. Die Art der Finanzierung, also ob Eigen- oder Fremdmittel eingesetzt werden, ist zwar für die Liquiditätsplanung des Bauherrn von entscheidender Bedeutung, nicht aber für die Ermittlung der Kosten. Denn für den Einsatz von Eigenkapital ist bei vollständiger Betrachtung für die entgangenen (Haben-)Zinsen (Opportunitätskosten) die kalkulatorische Eigenkapitalverzinsung anzusetzen.

Private Bauherren, die sich den Traum vom eigenen Haus erfüllen, vergessen in ihren Berechnungen fast immer die kalkulatorische Verzinsung der Eigenmittel, angefangen vom Grundstück bis zu den verwendeten Ersparnissen.

Ganz anders sieht es bei einem erwerbswirtschaftlichen Bauherrn, z. B. einem Bauträger, aus. Er muss als Bauherr auf Zeit für alle gebundenen Mittel eine angemessene Rendite erwirtschaften, die es ihm erlaubt, den Grunderwerb, die Planung, Ausführung und die Vermarktung der Immobilie zu finanzieren. Seine Rendite muss so hoch sein, dass wenigstens der eigene Aufwand, die Fremdkapitalkosten, eine ausreichende Verzinsung des Eigenkapitals sowie das unternehmerische Risiko abgedeckt sind.

Öffentliche Bauherren, angesprochen sind Bund, Länder und Kommunen, finanzieren ihre Bauvorhaben grundsätzlich aus Steuermitteln und bauen überwiegend auf eigenen Grundstücken. Ein Ausweis der Kosten für die Bauherrenaufgaben, für Leistungen der Objekt- und Fachplanung sowie für die Finanzierung wird unterschiedlich gehandhabt. Gibt es für die Deckung eines Bedarfs die Varianten Neubau, Kauf oder Miete, ist die vollständige Kostenermittlung als eine Grundlage für den Wirtschaftlichkeitsvergleich unverzichtbar.

Für private Bauherren ist die Angabe der Kosten der Finanzierung entscheidend, da bei der Finanzierung durch Kreditinstitute oder bei Fördermaßnahmen nur „die Kosten der Beratung, Planung und Baubegleitung, die im unmittelbaren Zusammenhang mit den Maßnahmen zur Verbesserung der Energieeffizienz stehen, anerkannt" werden. Die Trennung der Aufwendungen ist dahingehend notwendig, da die „Kosten der Beschaffung der Finanzierungsmittel, Kosten der Zwischenfinanzierung, Kapitalkosten, Steuerbelastung des Baugrundstückes, Kosten von Behörden- und Verwaltungsleistungen sowie Umzugskosten und Ausweichquartiere" nicht förderfähig sind. [KfW 2016, S. 2f.]

**Exkurs Kapitalmarkt und Entwicklung der Baugeldzinsen seit 1967**

Die Kosten der Finanzierung machen je nach

Zinssatz und Dauer des Bauvorhabens einen erheblichen Teil der Gesamtkosten aus. Bei einem Zinssatz über 5,0 % pro Jahr und mehreren Jahren Planungs- und Bauzeit können sie höher ausfallen als die Kosten aller Objekt- und Fachplanungen zusammen.

Bei dem Beispiel der Ermittlung wurden die Kosten der mehrjährigen Kapitalbindung mit einem einheitlichen Zinssatz von 5,0 % pro Jahr ermittelt. Es steht dem Anwender dieses Verfahrens frei, mit einem anderen Zinssatz zu rechnen. Wir befinden uns zurzeit in einer Tiefzinsphase. Baufinanzierungen sind aktuell zu einem Zinssatz von rund 1,0 % pro Jahr möglich. Die Baugeldzinsen liegen nach Angaben der Deutschen Bundesbank bei 1,07 % pro Jahr (Stand: Februar 2021). Langfristig betrachtet ist es ein ungewöhnlich niedriger Wert. Er ist kurzfristig für Investitionen, z. B. Bauvorhaben von Vorteil und wird für eine Finanzierung mit Fremdkapital begrüßt. Somit steigt die Nachfrage nach Immobilien als Geldanlage. Für denjenigen, der eine Immobilieninvestition mit Eigenkapital finanziert, sind allerdings 2,0 % Eigenkapitalrentabilität nicht akzeptabel. Denn die Eigenkapitalrentabilität steht nicht nur für die Bereitstellung von Kapital, sondern auch für den Inflationsausgleich und das Investitionsrisiko.

Wie sich der Zinssatz für die Baufinanzierung (Baugeldzinsen) in den Jahren seit 1967 entwickelt hat, zeigt **Abbildung 2** am Beispiel der Wohnungsbaukredite an private Haushalte.

In der Zinsentwicklung sind die höchsten Werte Anfang der 1970er und 1980er-Jahre mit rund 10,0 % pro Jahr, zeitweise über 11,0 % pro Jahr zu verzeichnen. Seit Mitte der 1990er-Jahre sinken die Zinsen kontinuierlich und fallen um die 2000er-Jahre unter 6,0 % pro Jahr. Neben kleinen Schwankungen ist seit 2008 ein Abwärtstrend zu beobachten. Aktuell sind Baugeldzinsen bei einer Zinsbindung von bis zu 10 Jahren von effektiv rund 1,0 % pro Jahr zu erwarten.

Die Verfasser halten einen Zinssatz für Kredite langfristig von 4,0 bis 6,0 % für angemessen. Investoren setzen unabhängig davon die notwendige Eigenkapitalrentabilität deutlich höher an.

## 6 Ermittlung der Kosten der Finanzierung vor Nutzungsbeginn

Gegenstand der Finanzierung sind das Grundstück sowie alle Planungs- und Bauleistungen, die vor dem Nutzungsbeginn Eigen- oder Fremdmittel binden. Die Ermittlung der Kosten der Finanzierung (KG 800) wird an einem Beispiel gezeigt. [siehe **Tab. 11**] Es handelt sich um ein mehrgeschossiges Bürogebäude mittleren Standards. Folgende Annahmen werden getroffen:

– Das Grundstück wird zum Beginn der Planung erworben und mit einem Kredit finanziert, dafür sind Zinsen an die Bank zu zahlen. Oder es ist bereits Eigentum des Bauherrn, dann

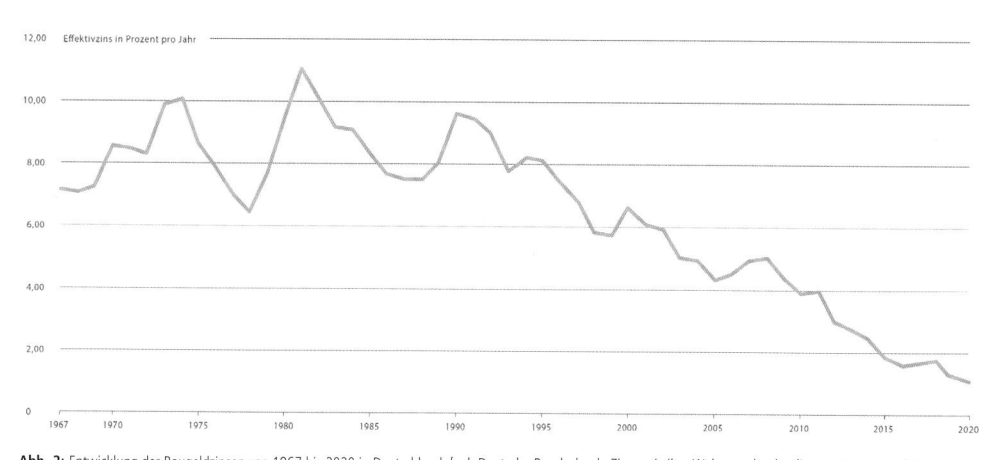

**Abb. 2:** Entwicklung der Baugeldzinsen von 1967 bis 2020 in Deutschland. [vgl. Deutsche Bundesbank: Zinsstatistik – Wohnungsbaukredite an private Haushalte mit anfänglicher Zinsbindung von 5 bis 10 Jahren (SUD118), Stand: Februar 2021]

wird es bewertet und der Bauherr setzt auf dieser Grundlage eine kalkulatorische Eigenkapitalverzinsung an. In beiden Fällen ist von Beginn der Planung bis zum Abschluss der Baumaßnahme eine Kapitalbindung im Grundstück von 100 % des Grundstückswertes (KG 110) zu berücksichtigen.

- Die Bauleistungen (entsprechen den Bauwerkskosten) sind über einen längeren Zeitraum während der Bauausführung zu finanzieren. Die durchschnittliche Kapitalbindung von Beginn der Bauarbeiten (0 %) bis zur Fertigstellung (100 %) des Bauwerkes beträgt im Mittel die Hälfte (50 %) der geleisteten Zahlungen.
- Die Baunebenkosten werden in diesem Beispiel mit 25 %, auf die Bauwerkskosten gerechnet, angesetzt. Sie fallen vereinfacht betrachtet von Planungsbeginn (0 %) bis zum Abschluss der Baumaßnahme (100 %) an. Die Kapitalbindung hierfür wird im Mittel mit 50 % angesetzt.
- Zum Abschluss der Baumaßnahme sind die Rechnungen für die Bauleistungen und die Planungsleistungen in der Regel noch nicht vollständig bezahlt. Es wird in diesem Fall ein Zahlungsstand von 80 % unterstellt.
- Für die Dauer des Bauvorhabens wird angenommen, dass bereits nach 12 Monaten Planung die Bauarbeiten beginnen und diese 24 Monate dauern. Daraus ergibt sich eine Projektdauer von 36 Monaten, welche für die Bauherrenaufgaben, die Objekt- und Fachplanung sowie weitere Aufwendungen als Teil der Baunebenkosten zu berücksichtigen ist.

Sie ist ebenso für die Kapitalbindung im Grundstück maßgebend.
- Für das im Projekt gebundene Kapital wird eine Verzinsung der Fremd- und Eigenmittel in Höhe von einheitlich 5 % pro Jahr festgelegt (Erläuterung siehe oben).
- Der Zinseszinseffekt wird aus Gründen der Vereinfachung vernachlässigt.
- Die Vorbereitenden Maßnahmen (KG 200), Außenanlagen und Freiflächen (KG 500) sowie Ausstattung und Kunstwerke (KG 600) werden vorerst nicht berücksichtigt.

Die Höhe der ermittelten Kosten der Finanzierung beträgt 545.000 €. Die Gesamtkosten addieren sich aus 8.050.000 € und 545.000 € zu 8.595.000 €.

Die Kosten der Finanzierung können entweder als Anteil an den Gesamtkosten (ohne KG 200, KG 500 und KG 600) oder als Zuschlag auf die Bauwerkskosten (BWK) gerechnet werden. [siehe **Tab. 12**]

Die Gesamtkosten für das Beispiel betragen 8.595.000 €. Die Kostengruppe 800 hat einen Anteil von rund 6 % (Von-Hundert-Rechnung) an den Gesamtkosten. Anders betrachtet machen sie rund 11 % der Bauwerkskosten aus (Auf-Hundert-Rechnung). Auf den Bezugswert einer Berechnung ist also immer zu achten.

**Kosten der Finanzierung als Variable**

Die oben dargestellte Berechnung der Kosten der Finanzierung berücksichtigt einen Zinssatz für das gebunden Kapital von 5 % und eine Projektdauer von maximal 36 Monaten (12 Monate Planung und 24 Monate Bauausfüh-

| Kostengruppen | Kosten | Zahlungsstand | Zinssatz | Dauer der Kapitalbindung | Anteil der Kapitalbindung | Kosten der Finanzierung (KG 800) |
|---|---|---|---|---|---|---|
| 100 Grundstück | 1.800.000 € | 100 % | 5 % | 36 Mon. | 100 % | 270.000 € |
| 200 Vorbereitende Maßnahmen | werden vorerst nicht berücksichtigt | | | | | |
| 300 Bauwerk – Baukonstruktionen | 5.000.000 € | 80 % | 5 % | 24 Mon. | 50 % | 200.000 € |
| 400 Bauwerk – Technische Anlagen | | | | | | |
| 500 Außenanlagen und Freiflächen | werden vorerst nicht berücksichtigt | | | | | |
| 600 Ausstattung und Kunstwerke | werden vorerst nicht berücksichtigt | | | | | |
| 700 Baunebenkosten | 1.250.000 € | 80 % | 5 % | 36 Mon. | 50 % | 75.000 € |
| Zwischensumme | 8.050.000 € | – | – | – | – | – |
| 800 Finanzierung | 545.000 € | – | – | – | – | 545.000 € |
| Gesamtkosten (ohne KG 200, KG 500 und KG 600) | 8.595.000 € | – | – | – | – | – |

**Tab. 11:** Ermittlung der Finanzierung (KG 800) an einem Beispiel. [Kostenstand: 1. Quartal 2022, ohne MwSt.]

rung). In der Praxis können jedoch – in Abhängigkeit von der Objektart – unterschiedliche Projektdauern auftreten. Zudem verändert sich der Zinssatz für Fremd- und Eigenkapital. Zwar befinden wir uns zurzeit in einer Phase mit niedrigen Zinssätzen, ein Anstieg ist in Zukunft jedoch nicht auszuschließen.

Um den Einfluss der Projektdauer und des Zinssatzes auf die Kosten der Finanzierung (KG 800) zu verdeutlichen, werden im Folgenden diese Kostenbestandteile untersucht. Zudem wird ein dynamischer Ansatz zur Berechnung gewählt, um den Zinseszinseffekt zu berücksichtigen.

Für die Ermittlung wird ein Beispielprojekt zugrunde gelegt. Zusammenfassend ergeben sich zum einen Kosten für das Grundstück und die Vorbereitenden Maßnahmen (KG 100–200), zum anderen Kosten für das Bauwerk, die Außenanlagen und Freiflächen, die Ausstattung und Kunstwerke sowie die Baunebenkosten (KG 300–700). [siehe **Tab. 13**] Der Zahlungsstand variiert von 80 bis 100 %, in Abhängigkeit geleisteter Zahlungen. Die Kapitalbindung für nicht abnutzbare Güter (Grundstück) beträgt 100 %. Die durchschnittliche Kapitalbindung für Zahlungen der Kostengruppen 300 bis 700 beläuft sich auf 50 %.

Eine dynamische Betrachtung (Zinseszinseffekt) ergibt vor allem bei langen Projektdauern Sinn. Die Berechnung erfolgt durch die Zinseszinsformel: $K_n = K_0 \times q^n$

Das zu berücksichtigende Anfangskapital $K_0$ resultiert aus dem Produkt von Investitionskosten, Zahlungsstand und Anteil der Kapitalbindung. [siehe **Tab. 13**] Der Aufzinsfaktor ergibt sich aus dem Zinsfaktor (q), bestehend aus dem Zinssatz (im oben genannten Beispiel 1 bis 10 %) sowie der Potenz (n) des Zinsfaktors in Höhe des Zeitraumes (im oben genannten Beispiel 1 bis 10 Jahre). [siehe **Tab. 14**] [Anmerkung: der Zinsfaktor wird aus der Formel $q = 1 + p/100$ berechnet]

Das ermittelte Endkapital zum Bezugszeitraum ($K_n$) beschreibt die Kosten inkl. des Anfangskapitals. Durch den Abzug des Anfangskapitals ($K_0$) vom Endkapital ($K_n$) lassen sich die Kosten der Finanzierung (KG 800) ermitteln. [siehe **Tab. 15**]

| Kostengruppen | Kosten | Bauwerkskosten = 100,0 % | Gesamtkosten = 100,0 % |
|---|---|---|---|
| 100 Grundstück | 1.800.000 € | 36,0 % | 21,0 % |
| 200 Vorbereitende Maßnahmen | werden vorerst nicht berücksichtigt | | |
| 300 Bauwerk – Baukonstruktionen | 5.000.000 € | 100 % | 58,0 % |
| 400 Bauwerk – Technische Anlagen | | | |
| 500 Außenanlagen und Freiflächen | werden vorerst nicht berücksichtigt | | |
| 600 Ausstattung und Kunstwerke | werden vorerst nicht berücksichtigt | | |
| 700 Baunebenkosten | 1.250.000 € | 25,0 % | 15,0 % |
| 800 Finanzierung | 545.000 € | 11,0 % | 6,0 % |
| Gesamtkosten (ohne KG 200, KG 500 und KG 600) | 8.595.000 € | 172,0 % | 100,0 % |

**Tab. 12:** Baunebenkosten in Prozent der Bauwerkskosten (KG 300 und 400) und der Gesamtkosten (ohne KG 200, KG 500 und KG 600). [Kostenstand: 1. Quartal 2022, ohne MwSt.]

| Kostengruppen | Kosten | Zahlungsstand | Anteil der Kapitalbindung |
|---|---|---|---|
| 100 Grundstück | 100.000 € | 100 % | 100 % |
| 200 Vorbereitende Maßnahmen | | | |
| 300 Bauwerk – Baukonstruktionen | 400.000 € | 80 % | 50 % |
| 400 Bauwerk – Technische Anlagen | | | |
| 500 Außenanlagen und Freiflächen | | | |
| 600 Ausstattung und Kunstwerke | | | |
| 700 Baunebenkosten | | | |

**Tab. 13:** Ermittlung der Kosten der KG 100 bis 700.

Im vorliegenden Beispiel variieren die Kosten der Kostengruppe 800 zwischen 2.600 und 414.440 €. Betrachtet man einen Projektzeitraum von 2 bis 5 Jahren und einen Zinssatz von 2,0 bis 4,0 %, betragen die Kosten rund 10.000 bis 56.000 €. Bezogen auf die Gesamtkosten (KG 100–800) belaufen sich die Kosten der Finanzierung (KG 800) auf rund 2,0 bis 10,0 %. [siehe **Tab. 16**]

## 7 Schlussbemerkung

Die Beispiele zeigen, wie die Gesamtkosten auf der Grundlage weniger Angaben und Annahmen ermittelt werden und welchen Anteil die Baunebenkosten (KG 700) und insbesondere die Kosten der Finanzierung (KG 800) haben können. Auch der Einfluss der Projektdauer und des Zinssatzes auf die Gesamtkosten eines Bauvorhabens lässt sich durch die Variationen der Faktoren Zeit und Zins feststellen.

|          | 1,0 % | 2,0 % | 3,0 % | 4,0 % | 5,0 % | 6,0 % | 7,0 % | 8,0 % | 9,0 % | 10,0 % |
|----------|-------|-------|-------|-------|-------|-------|-------|-------|-------|--------|
| 1 Jahr   | 1,010 | 1,020 | 1,030 | 1,040 | 1,050 | 1,060 | 1,070 | 1,080 | 1,090 | 1,100  |
| 2 Jahre  | 1,020 | 1,040 | 1,061 | 1,082 | 1,103 | 1,124 | 1,145 | 1,166 | 1,188 | 1,210  |
| 3 Jahre  | 1,030 | 1,061 | 1,093 | 1,125 | 1,158 | 1,191 | 1,225 | 1,260 | 1,295 | 1,331  |
| 4 Jahre  | 1,041 | 1,082 | 1,126 | 1,170 | 1,216 | 1,262 | 1,311 | 1,360 | 1,412 | 1,464  |
| 5 Jahre  | 1,051 | 1,104 | 1,159 | 1,217 | 1,276 | 1,338 | 1,403 | 1,469 | 1,539 | 1,611  |
| 6 Jahre  | 1,062 | 1,126 | 1,194 | 1,265 | 1,340 | 1,419 | 1,501 | 1,587 | 1,677 | 1,772  |
| 7 Jahre  | 1,072 | 1,149 | 1,230 | 1,316 | 1,407 | 1,504 | 1,606 | 1,714 | 1,828 | 1,949  |
| 8 Jahre  | 1,083 | 1,172 | 1,267 | 1,369 | 1,477 | 1,594 | 1,718 | 1,851 | 1,993 | 2,144  |
| 9 Jahre  | 1,094 | 1,195 | 1,305 | 1,423 | 1,551 | 1,689 | 1,838 | 1,999 | 2,172 | 2,358  |
| 10 Jahre | 1,105 | 1,219 | 1,344 | 1,480 | 1,629 | 1,791 | 1,967 | 2,159 | 2,367 | 2,594  |

**Tab. 14:** Aufzinsfaktoren

|          | 1,0 %    | 2,0 %    | 3,0 %    | 4,0 %     | 5,0 %     | 6,0 %     | 7,0 %     | 8,0 %     | 9,0 %     | 10,0 %    |
|----------|----------|----------|----------|-----------|-----------|-----------|-----------|-----------|-----------|-----------|
| 1 Jahr   | 2.600 €  | 5.200 €  | 7.800 €  | 10.400 €  | 13.000 €  | 15.600 €  | 18.200 €  | 20.800 €  | 23.400 €  | 26.000 €  |
| 2 Jahre  | 5.200 €  | 10.400 € | 15.860 € | 21.320 €  | 26.780 €  | 32.240 €  | 37.700 €  | 43.160 €  | 48.880 €  | 54.600 €  |
| 3 Jahre  | 7.800 €  | 15.860 € | 24.180 € | 32.500 €  | 41.080 €  | 49.660 €  | 58.500 €  | 67.600 €  | 76.700 €  | 86.060 €  |
| 4 Jahre  | 10.660 € | 21.320 € | 32.760 € | 44.200 €  | 56.160 €  | 68.120 €  | 80.860 €  | 93.600 €  | 107.120 € | 120.640 € |
| 5 Jahre  | 13.260 € | 27.040 € | 41.340 € | 56.420 €  | 71.760 €  | 87.880 €  | 104.780 € | 121.940 € | 140.140 € | 158.860 € |
| 6 Jahre  | 16.120 € | 32.760 € | 50.440 € | 68.900 €  | 88.400 €  | 108.940 € | 130.260 € | 152.620 € | 176.020 € | 200.720 € |
| 7 Jahre  | 18.720 € | 38.740 € | 59.800 € | 82.160 €  | 105.820 € | 131.040 € | 157.560 € | 185.640 € | 215.280 € | 246.740 € |
| 8 Jahre  | 21.580 € | 44.720 € | 69.420 € | 95.940 €  | 124.020 € | 154.440 € | 186.680 € | 221.260 € | 258.180 € | 297.440 € |
| 9 Jahre  | 24.440 € | 50.700 € | 79.300 € | 109.980 € | 143.260 € | 179.140 € | 217.880 € | 259.740 € | 304.720 € | 353.080 € |
| 10 Jahre | 27.300 € | 56.940 € | 89.440 € | 124.800 € | 163.540 € | 205.660 € | 251.420 € | 301.340 € | 355.420 € | 414.440 € |

**Tab. 15:** Kosten der Finanzierung (KG 800)

|          | 1,0 % | 2,0 %  | 3,0 %  | 4,0 %  | 5,0 %  | 6,0 %  | 7,0 %  | 8,0 %  | 9,0 %  | 10,0 % |
|----------|-------|--------|--------|--------|--------|--------|--------|--------|--------|--------|
| 1 Jahr   | 0,5 % | 1,0 %  | 1,5 %  | 2,0 %  | 2,5 %  | 3,0 %  | 3,5 %  | 4,0 %  | 4,5 %  | 4,9 %  |
| 2 Jahre  | 1,0 % | 2,0 %  | 3,1 %  | 4,1 %  | 5,1 %  | 6,1 %  | 7,0 %  | 7,9 %  | 8,9 %  | 9,8 %  |
| 3 Jahre  | 1,5 % | 3,1 %  | 4,6 %  | 6,1 %  | 7,6 %  | 9,0 %  | 10,5 % | 11,9 % | 13,3 % | 14,7 % |
| 4 Jahre  | 2,1 % | 4,1 %  | 6,1 %  | 8,1 %  | 10,1 % | 12,0 % | 13,9 % | 15,8 % | 17,6 % | 19,4 % |
| 5 Jahre  | 2,6 % | 5,1 %  | 7,6 %  | 10,1 % | 12,6 % | 14,9 % | 17,3 % | 19,6 % | 21,9 % | 24,1 % |
| 6 Jahre  | 3,1 % | 6,1 %  | 9,2 %  | 12,1 % | 15,0 % | 17,9 % | 20,7 % | 23,4 % | 26,0 % | 28,6 % |
| 7 Jahre  | 3,6 % | 7,2 %  | 10,7 % | 14,1 % | 17,5 % | 20,8 % | 24,0 % | 27,1 % | 30,1 % | 33,0 % |
| 8 Jahre  | 4,1 % | 8,2 %  | 12,2 % | 16,1 % | 19,9 % | 23,6 % | 27,2 % | 30,7 % | 34,1 % | 37,3 % |
| 9 Jahre  | 4,7 % | 9,2 %  | 13,7 % | 18,0 % | 22,3 % | 26,4 % | 30,4 % | 34,2 % | 37,9 % | 41,4 % |
| 10 Jahre | 5,2 % | 10,2 % | 15,2 % | 20,0 % | 24,6 % | 29,1 % | 33,5 % | 37,6 % | 41,5 % | 45,3 % |

**Tab. 16:** Kosten der Finanzierung in Prozent der Gesamtkosten (KG 100–800)

Es bleibt zu beachten, dass nicht alle Aufwendungen der KG 700 bei jeder Gebäudeart anfallen. So sind bei kleineren Projekten die Bauherrenaufgaben (KG 710) oft nicht in vollem Umfang erforderlich. Dies bedeutet jedoch nicht, dass die Kosten für entsprechende Leistungen zu vernachlässigen sind. In diesem Fall ist es notwendig, abhängig von der Projektgröße, die Bedingungen zu beachten.

Bei großen Infrastrukturprojekten wie Flughäfen oder Sonderbauten (Theater) sind die Aufwendungen für die Baunebenkosten sehr hoch. Der (prozentuale) Anteil der Baunebenkosten an den Bauwerkskosten (KG 300 und 400) unterscheidet sich jedoch nicht wesentlich von anderen Gebäudearten mit geringen Gesamtkosten.

Es ist zu beobachten, dass der Anteil der Baunebenkosten an den Gesamtkosten bei allen Gebäudearten in den letzten Jahren zunimmt. Eine Zunahme ist vor allem durch die gestiegenen Honorare für Objekt- und Fachplaner sowie Projektsteuerer ersichtlich. Des Weiteren ist eine Zunahme erforderlicher Gutachten und Beratungsleistungen zu verzeichnen. Die Höhe der Baunebenkosten spiegelt damit auch die gestiegenen Ansprüche an Gebäude und die behördlichen Auflagen wider.

Die Höhe der Kosten der Finanzierung variiert und ist in Abhängigkeit von Zinssatz und Projektdauer zu betrachten. Bei einer kurzen Projektdauer (von bis zu 3 Jahren) sind 5 Prozent der Gesamtkosten realistisch. Bei längeren Projektdauern (ab 5 Jahren) sollten bis zu 10 Prozent der Gesamtkosten für die Kostengruppe 800 berücksichtigt werden.

## Literatur

### Gerichtsurteile, Gesetze, Normen und Rechtsverordnungen

Allgemeine Verwaltungsgebührenordnung (AVerwGebO NRW), in der Fassung vom 03. Juli 2001, zuletzt geändert am 15. Februar 2016.

Bundesgerichtshof, Urteil vom 26. Januar 2012 (Az.: VII ZR 128/11), erschienen in NJW 2012, 1575-1578.

DIN 276:1934-08 – Kosten von Hochbauten und damit zusammenhängenden Leistungen

DIN 276:1943-08 – Kosten von Hochbauten

DIN 276:2018-12 – Kosten im Bauwesen

DIN 277-1:2016-01 – Grundflächen und Rauminhalte von Bauwerken – Teil 1: Hochbau

DIN 18205:1996-04 – Bedarfsplanung im Bauwesen

DIN 18205:2016-11 – Bedarfsplanung im Bauwesen

Richtlinien für Planungswettbewerbe (RPW 2013), in der Fassung vom 31. Januar 2013.

Richtlinien für die Durchführung von Bauaufgaben des Bundes (RBBau), in der Fassung vom 19. März 2009, zuletzt geändert am 12. Januar 2015.

Richtlinie zur Ermittlung des Sachwerts (Sachwertrichtlinie – SW-RL), in der Fassung vom 05. September 2012.

Verordnung über die Gebühren in bauordnungsrechtlichen Angelegenheiten im Land Brandenburg (Brandenburgische Baugebührenordnung – BbgBauGebO), in der Fassung vom 20. August 2009, zuletzt geändert am 03. August 2015.

Verordnung über die Grundsätze für die Ermittlung der Verkehrswerte von Grundstücken (Immobilienwertermittlungsverordnung – ImmoWertV), in der Fassung vom 19. Mai 2010, zuletzt geändert am 26. November 2019.

Verordnung über die Honorare für Architekten- und Ingenieurleistungen (Honorarordnung für Architekten und Ingenieure – HOAI), in der Fassung vom 01. Januar 2021.

Verordnung über Sicherheit und Gesundheitsschutz auf Baustellen (Baustellenverordnung – BaustellV), in der Fassung vom 10. Juni 1998, zuletzt geändert am 23. Dezember 2004.

Verordnung über wohnungswirtschaftliche Berechnungen nach dem Zweiten Wohnungsbaugesetz (Zweite Berechnungsverordnung – 2. BV), in der Fassung vom 12. Oktober 1990, zuletzt geändert am 23. November 2007.

Verwaltungsvorschriften über die Durchführung von Bauaufgaben der Freien und Hansestadt Hamburg (VV-Bau), in der Fassung vom 15. Dezember 1994, zuletzt geändert Dezember 2015.

### Sachtitel

AHO Ausschuss der Ingenieurverbände und Ingenieurkammern für die Honorarordnung e. V. (Hrsg.): Leistungen nach der Baustellenverordnung: AHO Heft 15, 2. Aufl., Köln: Bundesanzeiger, 2011.

AHO-Fachkommission Projektsteuerung/Projektmanagement (Hrsg.): Projektmanagement in der Bau- und Immobilienwirtschaft – Standards für Leistungen und Vergütungen: AHO Heft 9. 5. Aufl., Köln: Bundesanzeiger, 2020.

Ruf, Hans-Ulrich: BKI Bildkommentar DIN 276/DIN 277. 5. Aufl., Stuttgart: BKI, 2019.

Bundesministerium für Umwelt, Naturschutz, Bau und Reaktorsicherheit (BMUB) (Hrsg.): Leitfaden WU Hochbau – Wirtschaftlichkeitsuntersuchungen bei der Vorbereitung von Hochbaumaßnahmen des Bundes, 3. Aufl., Berlin: BMUB, 2014.

Deutsche Bundesbank (Hrsg.): Zinsstatistik – Gegenüberstellung der Instrumentenkategorien der MFI-Zinsstatistik (Neugeschäft) und der Erhebungspositionen der früheren Bundesbank-Zinsstatistik, Berlin, 2020.

Hasselmann, Willi: Praktische Baukostenplanung und -kontrolle. Köln: R. Müller Verlag, 1997.

Hasselmann, Willi; Liebscher, Klaus: Normengerechtes Bauen – Kosten, Grundflächen und Rauminhalte von Hochbauten nach DIN 276 und DIN 277, 20. Aufl., Köln: R. Müller Verlag, 2008.

Kalusche, Wolfdietrich (Hrsg.): BKI Handbuch HOAI 2013. Der Praxisleitfaden zur sicheren Anwendung der neuen Honorarordnung für Architekten und Ingenieure, Baukosteninformationszentrum Deutscher Architektenkammern: Stuttgart, 2013.

Kalusche, Wolfdietrich: Frühzeitige Ermittlung der Baunebenkosten bei der Gebäudeplanung. In: BKI Baukosteninformationszentrum Deutscher Architektenkammern (Hrsg.): BKI Baukosten Gebäude 2014 – Statistische Kostenkennwerte Teil 1, Stuttgart 2014, S. 44–55.

Kalusche, Wolfdietrich: Projektmanagement für Bauherren und Planer. 4. Aufl., München: De Gruyter Oldenbourg Verlag, 2016.

Kleffner, Walter: Die Baunebenkosten im Wohnungsbau – unter besonderer Berücksichtigung der Anliegerkosten, Berlin: Verlagsges. Müller, 1936.

Kreditanstalt für Wiederaufbau (KfW): Anlage zu den Merkblättern Energieeffizient Sanieren – Kredit (151, 152) und Investitionszuschuss (430). Stand 2016.

Landesbausparkasse Baden-Württemberg LBS (Hrsg.): LBS-Hausdiagnose. Stuttgart, 2013.

Winkler, Walter: Hochbaukosten, Flächen, Rauminhalte – Kommentar zur DIN 276, 277, 18022 und 18960 Teil 1. 8. Aufl., Braunschweig: Friedr. Vieweg & Sohn, 1994.

## Abkürzungsverzeichnis

| Abkürzung | Bezeichnung |
|---|---|
| AF | Außenanlagenfläche |
| AP | Arbeitsplätze |
| APP | Appartement |
| AWF | Außenwandfläche |
| BGF | Brutto-Grundfläche (Summe der Regelfall (R)- und Sonderfall (S)-Flächen nach DIN 277) |
| BGI | Baugrubeninhalt |
| bis | oberer Grenzwert des Streubereichs um einen Mittelwert |
| BRI | Brutto-Rauminhalt (Summe der Regelfall (R)- und Sonderfall (S)-Rauminhalte nach DIN 277) |
| BRI/BGF (m) | Verhältnis von Brutto-Rauminhalt zur Brutto-Grundfläche angegeben in Meter |
| BRI/NUF (m) | Verhältnis von Brutto-Rauminhalt zur Nutzungsfläche angegeben in Meter |
| DAF | Dachfläche |
| DEF | Deckenfläche |
| DIN 276 | Kosten im Bauwesen (DIN 276:2018-12) |
| DIN 277 | Grundflächen und Rauminhalte im Hochbau (DIN 277:2021-08) |
| DHH | Doppelhaushälfte |
| ELW | Einliegerwohnung |
| ETW | Etagenwohnung |
| €/Einheit | Spaltenbezeichnung für Mittelwerte zu den Kosten bezogen auf eine Einheit der Bezugsgröße |
| €/m² BGF | Spaltenbezeichnung für Mittelwerte zu den Kosten bezogen auf Brutto-Grundfläche |
| GF | Grundstücksfläche |
| Fläche/BGF (%) | Anteil der angegebenen Fläche zur Brutto-Grundfläche in Prozent |
| Fläche/NUF (%) | Anteil der angegebenen Fläche zur Nutzungsfläche in Prozent |
| GRF | Gründungsfläche |
| inkl. | einschließlich |
| IWF | Innenwandfläche |
| KFZ | Kraftfahrzeug |
| KG | Kostengruppe |
| KGF | Konstruktions-Grundfläche (Summe der Regelfall (R)- und Sonderfall (S)-Flächen nach DIN 277) |
| KITA | Kindertagesstätte |
| LB | Leistungsbereich |
| Menge/BGF | Menge der genannten Kostengruppen-Bezugsgröße bezogen auf die Menge der Brutto-Grundfläche |
| Menge/NUF | Menge der genannten Kostengruppen-Bezugsgröße bezogen auf die Menge der Nutzungsfläche |
| NE | Nutzeinheit |
| NUF | Nutzungsfläche (Summe der Regelfall (R)- und Sonderfall (S)-Flächen nach DIN 277) |
| NRF | Netto-Raumfläche (Summe der Regelfall (R)- und Sonderfall (S)-Flächen nach DIN 277) |
| Obj.-Nr. | Nummer des Objekts in der BKI-Baukostendatenbanken |
| RH | Reihenhaus |
| STP | Stellplatz |
| STLB | Standardleistungsbuch |
| TF | Technikfläche (Summe der Regelfall (R)- und Sonderfall (S)-Flächen nach DIN 277) |
| TG | Tiefgarage |
| VF | Verkehrsfläche (Summe der Regelfall (R)- und Sonderfall (S)-Flächen nach DIN 277) |
| von | unterer Grenzwert des Streubereichs um einen Mittelwert |
| WE | Wohneinheit |
| WFL | Wohnfläche |
| Ø | Mittelwert |
| 300+400 | Zusammenfassung der Kostengruppen Bauwerk-Baukonstruktionen und Bauwerk-Technische Anlagen |
| % an 300+400 | Kostenanteil der jeweiligen Kostengruppe an den Kosten des Bauwerks |
| % an 300 | Kostenanteil der jeweiligen Kostengruppe an der Kostengruppe Bauwerk-Baukonstruktion |
| % an 400 | Kostenanteil der jeweiligen Kostengruppe an der Kostengruppe Bauwerk-Technische Anlagen |

## Abkürzungsverzeichnis (Fortsetzung)

| Abkürzung | Bezeichnung |
|---|---|
| N1 | BKI OBJEKTE N1 Neubau, erschienen 1999* |
| N2 | BKI OBJEKTE N2 Neubau, erschienen 2000* |
| N3 | BKI OBJEKTE N3 Neubau, erschienen 2001* |
| N4 | BKI OBJEKTE N4 Neubau, erschienen 2002* |
| N5 | BKI OBJEKTE N5 Neubau, erschienen 2003* |
| N6 | BKI OBJEKTDATEN N6 Neubau, erschienen 2004* |
| N7 | BKI OBJEKTDATEN N7 Neubau, erschienen 2006* |
| N8 | BKI OBJEKTDATEN N8 Neubau, erschienen 2007 |
| N9 | BKI OBJEKTDATEN N9 Neubau, erschienen 2009* |
| N10 | BKI OBJEKTDATEN N10 Neubau, erschienen 2011 |
| N11 | BKI OBJEKTDATEN N11 Neubau, erschienen 2012 |
| N12 | BKI OBJEKTDATEN N12 Neubau, erschienen 2013 |
| N13 | BKI OBJEKTDATEN N13 Neubau, erschienen 2015 |
| N14 | BKI OBJEKTDATEN N14 Neubau - Sonderband Sozialer Wohnungsbau, erschienen 2016* |
| N15 | BKI OBJEKTDATEN N15 Neubau, erschienen 2017 |
| N16 | BKI OBJEKTDATEN N16 Neubau, erschienen 2018 |
| N17 | BKI OBJEKTDATEN N17 Neubau, erschienen 2021 |
| N18 | BKI OBJEKTDATEN N18 Neubau, erscheint 2022 |
| E1 | BKI OBJEKTE E1 Niedrigenergie-/Passivhäuser, erschienen 2001* |
| E3 | BKI OBJEKTDATEN E3 Energieeffizientes Bauen im Neubau, erschienen 2008 |
| E4 | BKI OBJEKTDATEN E4 Energieeffizientes Bauen im Neubau und Altbau, erschienen 2011 |
| E5 | BKI OBJEKTDATEN E5 Energieeffizientes Bauen im Neubau und Altbau, erschienen 2013 |
| E6 | BKI OBJEKTDATEN E6 Energieeffizientes Bauen im Neubau und Altbau, erschienen 2015 |
| E7 | BKI OBJEKTDATEN E7 Energieeffizientes Bauen im Neubau, erschienen 2017 |
| E8 | BKI OBJEKTDATEN E8 Energieeffizientes Bauen im Neubau, erschienen 2020 |
| E9 | BKI OBJEKTDATEN E9 Energieeffizientes Bauen im Neubau, erschienen 2021 |
| E10 | BKI OBJEKTDATEN E10 Energieeffizientes Bauen im Neubau, erscheint 2023 |
| F7 | BKI OBJEKTDATEN F7 Freianlagen, erschienen 2016 |
| S1 | BKI OBJEKTDATEN S1 - Sonderband Schulen, erschienen 2017 |
| S2 | BKI OBJEKTDATEN S2 - Sonderband Barrierefreies Bauen, erschienen 2017 |
| S3 | BKI OBJEKTDATEN S3 - Sonderband Sozialer Wohnungsbau, erschienen 2018 |

* Bücher bereits vergriffen

| KG Nummer | Abkürzung | Kostengruppen-Bezeichnung |
|---|---|---|
| 330 | Außenwände / vertikal außen | Außenwände/Vertikale Baukonstruktionen, außen |
| 340 | Innenwände / vertikal innen | Innenwände/Vertikale Baukonstruktionen, innen |
| 350 | Decken / horizontal | Decken / Horizontale Baukonstuktionen |
| 450 | Kommunikationstechnische Anlagen | Kommunikations-, sicherheits- und informationstechnische Anlagen |
| 470 | Nutzungsspez. u. verfahrenstech. Anl. | Nutzungsspezifische und verfahrenstechnische Anlagen |

## Gliederung in Leistungsbereiche nach STLB-Bau

Als Beispiel für eine ausführungsorientierte Ergänzung der Kostengliederung werden im Folgenden die Leistungsbereiche des Standardleistungsbuches für das Bauwesen in einer Übersicht dargestellt.

- 000 Sicherheitseinrichtungen, Baustelleneinrichtung
- 001 Gerüstarbeiten
- 002 Erdarbeiten
- 003 Landschaftsbauarbeiten
- 004 Landschaftsbauarbeiten, Pflanzen
- 005 Brunnenbauarbeiten und Aufschlussbohrungen
- 006 Spezialtiefbauarbeiten
- 007 Untertagebauarbeiten
- 008 Wasserhaltungsarbeiten
- 009 Entwässerungskanalarbeiten
- 010 Drän- und Versickerungsarbeiten
- 011 Abscheider- und Kleinkläranlagen
- 012 Mauerarbeiten
- 013 Betonarbeiten
- 014 Natur-, Betonwerksteinarbeiten
- 016 Zimmer- und Holzbauarbeiten
- 017 Stahlbauarbeiten
- 018 Abdichtungsarbeiten
- 019 Kampfmittelräumarbeiten
- 020 Dachdeckungsarbeiten
- 021 Dachabdichtungsarbeiten
- 022 Klempnerarbeiten
- 023 Putz- und Stuckarbeiten, Wärmedämmsysteme
- 024 Fliesen- und Plattenarbeiten
- 025 Estricharbeiten
- 026 Fenster, Außentüren
- 027 Tischlerarbeiten
- 028 Parkettarbeiten, Holzpflasterarbeiten
- 029 Beschlagarbeiten
- 030 Rollladenarbeiten
- 031 Metallbauarbeiten
- 032 Verglasungsarbeiten
- 033 Baureinigungsarbeiten
- 034 Maler- und Lackierarbeiten, Beschichtungen
- 035 Korrosionsschutzarbeiten an Stahlbauten
- 036 Bodenbelagsarbeiten
- 037 Tapezierarbeiten
- 038 Vorgehängte hinterlüftete Fassaden
- 039 Trockenbauarbeiten
- 040 Wärmeversorgungsanlagen - Betriebseinrichtungen
- 041 Wärmeversorgungsanlagen - Leitungen, Armaturen, Heizflächen
- 042 Gas- und Wasseranlagen - Leitungen und Armaturen
- 043 Druckrohrleitungen für Gas, Wasser und Abwasser
- 044 Abwasseranlagen - Leitung, Abläufe, Armaturen
- 045 Gas-, Wasser- und Entwässerungsanlagen - Ausstattung, Elemente, Fertigbäder
- 046 Gas-, Wasser- und Entwässerungsanlagen - Betriebseinrichtungen
- 047 Dämm- und Brandschutzarbeiten an technischen Anlagen
- 049 Feuerlöschanlagen, Feuerlöschgeräte
- 050 Blitzschutz- und Erdungsanlagen, Überspannungsschutz
- 051 Kabelleitungstiefbauarbeiten
- 052 Mittelspannungsanlagen
- 053 Niederspannungsanlagen - Kabel/Leitungen, Verlegesysteme, Installationsgeräte
- 054 Niederspannungsanlagen - Verteilersysteme und Einbaugeräte
- 055 Sicherheits- und Ersatzstromversorgungsanlagen
- 057 Gebäudesystemtechnik
- 058 Leuchten und Lampen
- 059 Sicherheitsbeleuchtungsanlagen
- 060 Sprech-, Ruf-, Antennenempfangs-, Uhren- und elektroakustische Anlagen
- 061 Kommunikations- und Übertragungsnetze
- 062 Kommunikationsanlagen
- 063 Gefahrenmeldeanlagen
- 064 Zutrittskontroll-, Zeiterfassungssysteme
- 069 Aufzüge
- 070 Gebäudeautomation
- 075 Raumlufttechnische Anlagen
- 078 Kälteanlagen für raumlufttechnische Anlagen
- 080 Straßen, Wege, Plätze
- 081 Betonerhaltungsarbeiten
- 082 Bekämpfender Holzschutz
- 084 Abbruch-, Rückbau- und Schadstoffsanierungsarbeiten
- 085 Rohrvortriebsarbeiten
- 087 Abfallentsorgung, Verwertung und Beseitigung
- 090 Baulogistik
- 091 Stundenlohnarbeiten
- 096 Bauarbeiten an Bahnübergängen
- 097 Bauarbeiten an Gleisen und Weichen
- 098 Witterungsschutzmaßnahmen

# Übersicht Kostenkennwerte für Gebäudearten nach BGF und BRI

# Kosten des Bauwerks in €/m² BGF

**Kosten:**
Stand 1. Quartal 2022
Bundesdurchschnitt
inkl. 19% MwSt.

**Einheit:** m² BGF
Brutto-Grundfläche

Von-Mittel-Bis-Werte

## Übersicht Kosten des Bauwerks (KG 300+400 DIN 276) in €/m² BGF

Skala: 0 – 750 – 1500 – 2250 – 3000 – 3750 – 4500 €/m²

### Büro- und Verwaltungsgebäude
- Büro- und Verwaltungsgebäude, einfacher Standard
- Büro- und Verwaltungsgebäude, mittlerer Standard
- Büro- und Verwaltungsgebäude, hoher Standard

### Gebäude für Forschung und Lehre
- Instituts- und Laborgebäude

### Gebäude des Gesundheitswesens
- Medizinische Einrichtungen
- Pflegeheime
- Gebäude für Erholungszwecke

### Schulen und Kindergärten
- Allgemeinbildende Schulen
- Berufliche Schulen
- Förder- und Sonderschulen
- Weiterbildungseinrichtungen
- Kindergärten, nicht unterkellert, einfacher Standard
- Kindergärten, nicht unterkellert, mittlerer Standard
- Kindergärten, nicht unterkellert, hoher Standard
- Kindergärten, Holzbauweise, nicht unterkellert
- Kindergärten, unterkellert

### Sportbauten
- Sport- und Mehrzweckhallen
- Sporthallen (Einfeldhallen)
- Sporthallen (Dreifeldhallen)
- Schwimmhallen

### Wohngebäude

#### Ein- und Zweifamilienhäuser
- Ein- und Zweifamilienhäuser, unterkellert, einfacher Standard
- Ein- und Zweifamilienhäuser, unterkellert, mittlerer Standard
- Ein- und Zweifamilienhäuser, unterkellert, hoher Standard
- Ein- und Zweifamilienhäuser, nicht unterkellert, einfacher Standard
- Ein- und Zweifamilienhäuser, nicht unterkellert, mittlerer Standard
- Ein- und Zweifamilienhäuser, nicht unterkellert, hoher Standard
- Ein- und Zweifamilienhäuser, Passivhausstandard, Massivbau
- Ein- und Zweifamilienhäuser, Passivhausstandard, Holzbau
- Ein- und Zweifamilienhäuser, Holzbauweise, unterkellert
- Ein- und Zweifamilienhäuser, Holzbauweise, nicht unterkellert
- Doppel- und Reihenendhäuser, einfacher Standard
- Doppel- und Reihenendhäuser, mittlerer Standard
- Doppel- und Reihenendhäuser, hoher Standard
- Reihenhäuser, einfacher Standard
- Reihenhäuser, mittlerer Standard
- Reihenhäuser, hoher Standard

#### Mehrfamilienhäuser
- Mehrfamilienhäuser, mit bis zu 6 WE, einfacher Standard
- Mehrfamilienhäuser, mit bis zu 6 WE, mittlerer Standard
- Mehrfamilienhäuser, mit bis zu 6 WE, hoher Standard

© BKI Baukosteninformationszentrum

Kostenstand: 1. Quartal 2022, Bundesdurchschnitt, **inkl. 19% MwSt.**

## Übersicht Kosten des Bauwerks (KG 300+400 DIN 276) in €/m² BGF

### Mehrfamilienhäuser (Fortsetzung)
- Mehrfamilienhäuser, mit 6 bis 19 WE, einfacher Standard
- Mehrfamilienhäuser, mit 6 bis 19 WE, mittlerer Standard
- Mehrfamilienhäuser, mit 6 bis 19 WE, hoher Standard
- Mehrfamilienhäuser, mit 20 oder mehr WE, einfacher Standard
- Mehrfamilienhäuser, mit 20 oder mehr WE, mittlerer Standard
- Mehrfamilienhäuser, mit 20 oder mehr WE, hoher Standard
- Mehrfamilienhäuser, Passivhäuser
- Wohnhäuser, mit bis zu 15% Mischnutzung, einfacher Standard
- Wohnhäuser, mit bis zu 15% Mischnutzung, mittlerer Standard
- Wohnhäuser, mit bis zu 15% Mischnutzung, hoher Standard
- Wohnhäuser, mit mehr als 15% Mischnutzung

### Seniorenwohnungen
- Seniorenwohnungen, mittlerer Standard
- Seniorenwohnungen, hoher Standard

### Beherbergung
- Wohnheime und Internate
- Hotels

## Gewerbegebäude

### Gaststätten und Kantinen
- Gaststätten, Kantinen und Mensen

### Gebäude für Produktion
- Industrielle Produktionsgebäude, Massivbauweise
- Industrielle Produktionsgebäude, überwiegend Skelettbauweise
- Betriebs- und Werkstätten, eingeschossig
- Betriebs- und Werkstätten, mehrgeschossig, geringer Hallenanteil
- Betriebs- und Werkstätten, mehrgeschossig, hoher Hallenanteil

### Gebäude für Handel und Lager
- Geschäftshäuser, mit Wohnungen
- Geschäftshäuser, ohne Wohnungen
- Verbrauchermärkte
- Autohäuser
- Lagergebäude, ohne Mischnutzung
- Lagergebäude, mit bis zu 25% Mischnutzung
- Lagergebäude, mit mehr als 25% Mischnutzung

### Garagen und Bereitschaftsdienste
- Einzel-, Mehrfach- und Hochgaragen
- Tiefgaragen
- Feuerwehrhäuser
- Öffentliche Bereitschaftsdienste

## Kulturgebäude

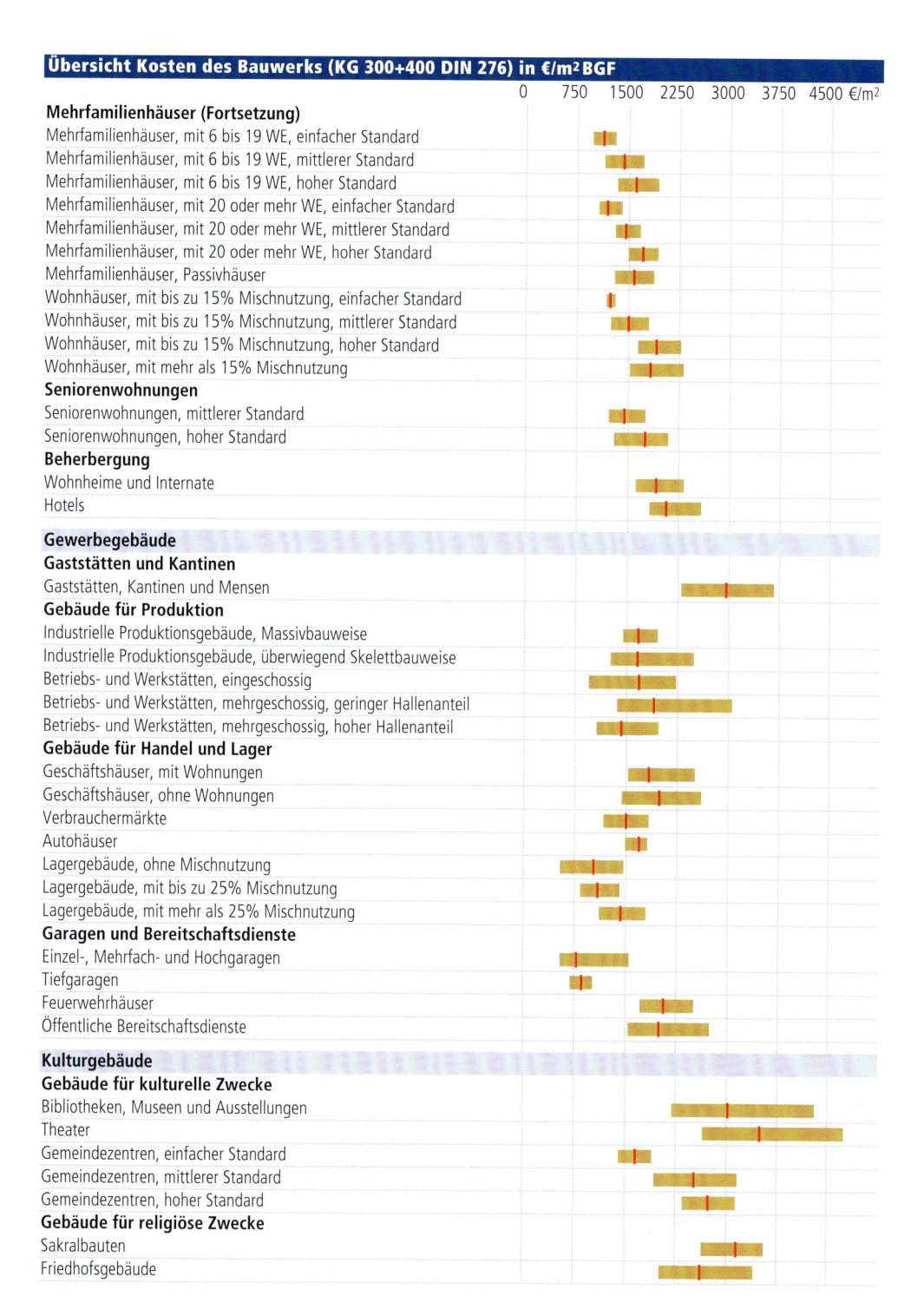

### Gebäude für kulturelle Zwecke
- Bibliotheken, Museen und Ausstellungen
- Theater
- Gemeindezentren, einfacher Standard
- Gemeindezentren, mittlerer Standard
- Gemeindezentren, hoher Standard

### Gebäude für religiöse Zwecke
- Sakralbauten
- Friedhofsgebäude

**Kosten des Bauwerks in €/m² BGF**

Einheit: m² BGF
Brutto-Grundfläche

© BKI Baukosteninformationszentrum  Kostenstand: 1. Quartal 2022, Bundesdurchschnitt, inkl. 19% MwSt.

# Kosten des Bauwerks in €/m³ BRI

**Kosten:**
Stand 1. Quartal 2022
Bundesdurchschnitt
inkl. 19% MwSt.

Einheit: m³ BRI
Brutto-Rauminhalt

Von-Mittel-Bis-Werte

## Übersicht Kosten des Bauwerks (KG 300+400 DIN 276) in €/m³ BRI

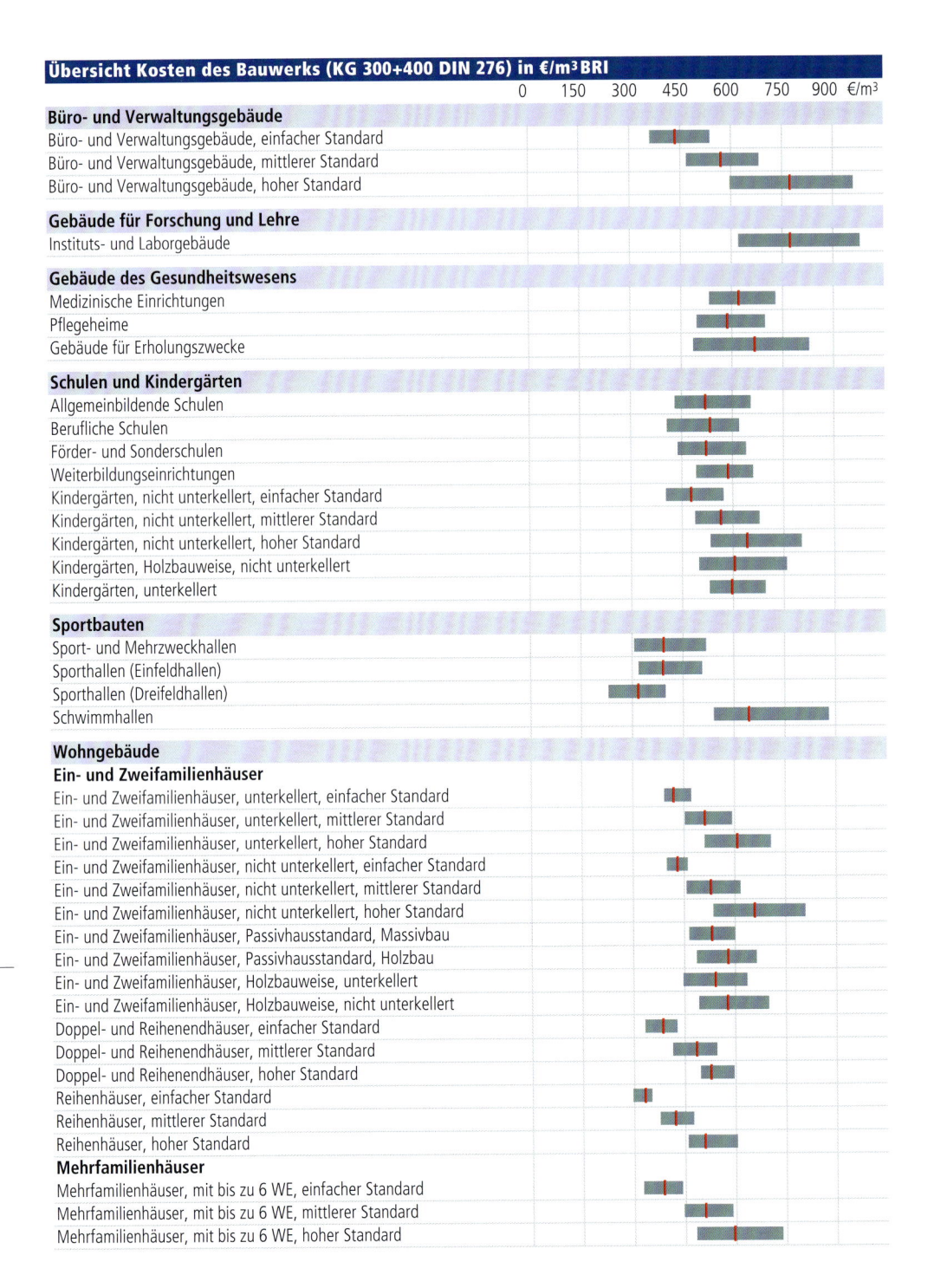

Skala: 0 – 150 – 300 – 450 – 600 – 750 – 900 €/m³

### Büro- und Verwaltungsgebäude
- Büro- und Verwaltungsgebäude, einfacher Standard
- Büro- und Verwaltungsgebäude, mittlerer Standard
- Büro- und Verwaltungsgebäude, hoher Standard

### Gebäude für Forschung und Lehre
- Instituts- und Laborgebäude

### Gebäude des Gesundheitswesens
- Medizinische Einrichtungen
- Pflegeheime
- Gebäude für Erholungszwecke

### Schulen und Kindergärten
- Allgemeinbildende Schulen
- Berufliche Schulen
- Förder- und Sonderschulen
- Weiterbildungseinrichtungen
- Kindergärten, nicht unterkellert, einfacher Standard
- Kindergärten, nicht unterkellert, mittlerer Standard
- Kindergärten, nicht unterkellert, hoher Standard
- Kindergärten, Holzbauweise, nicht unterkellert
- Kindergärten, unterkellert

### Sportbauten
- Sport- und Mehrzweckhallen
- Sporthallen (Einfeldhallen)
- Sporthallen (Dreifeldhallen)
- Schwimmhallen

### Wohngebäude

#### Ein- und Zweifamilienhäuser
- Ein- und Zweifamilienhäuser, unterkellert, einfacher Standard
- Ein- und Zweifamilienhäuser, unterkellert, mittlerer Standard
- Ein- und Zweifamilienhäuser, unterkellert, hoher Standard
- Ein- und Zweifamilienhäuser, nicht unterkellert, einfacher Standard
- Ein- und Zweifamilienhäuser, nicht unterkellert, mittlerer Standard
- Ein- und Zweifamilienhäuser, nicht unterkellert, hoher Standard
- Ein- und Zweifamilienhäuser, Passivhausstandard, Massivbau
- Ein- und Zweifamilienhäuser, Passivhausstandard, Holzbau
- Ein- und Zweifamilienhäuser, Holzbauweise, unterkellert
- Ein- und Zweifamilienhäuser, Holzbauweise, nicht unterkellert
- Doppel- und Reihenendhäuser, einfacher Standard
- Doppel- und Reihenendhäuser, mittlerer Standard
- Doppel- und Reihenendhäuser, hoher Standard
- Reihenhäuser, einfacher Standard
- Reihenhäuser, mittlerer Standard
- Reihenhäuser, hoher Standard

#### Mehrfamilienhäuser
- Mehrfamilienhäuser, mit bis zu 6 WE, einfacher Standard
- Mehrfamilienhäuser, mit bis zu 6 WE, mittlerer Standard
- Mehrfamilienhäuser, mit bis zu 6 WE, hoher Standard

© BKI Baukosteninformationszentrum

Kostenstand: 1. Quartal 2022, Bundesdurchschnitt, **inkl. 19% MwSt.**

## Übersicht Kosten des Bauwerks (KG 300+400 DIN 276) in €/m³ BRI

**Kosten des Bauwerks in €/m³ BRI**

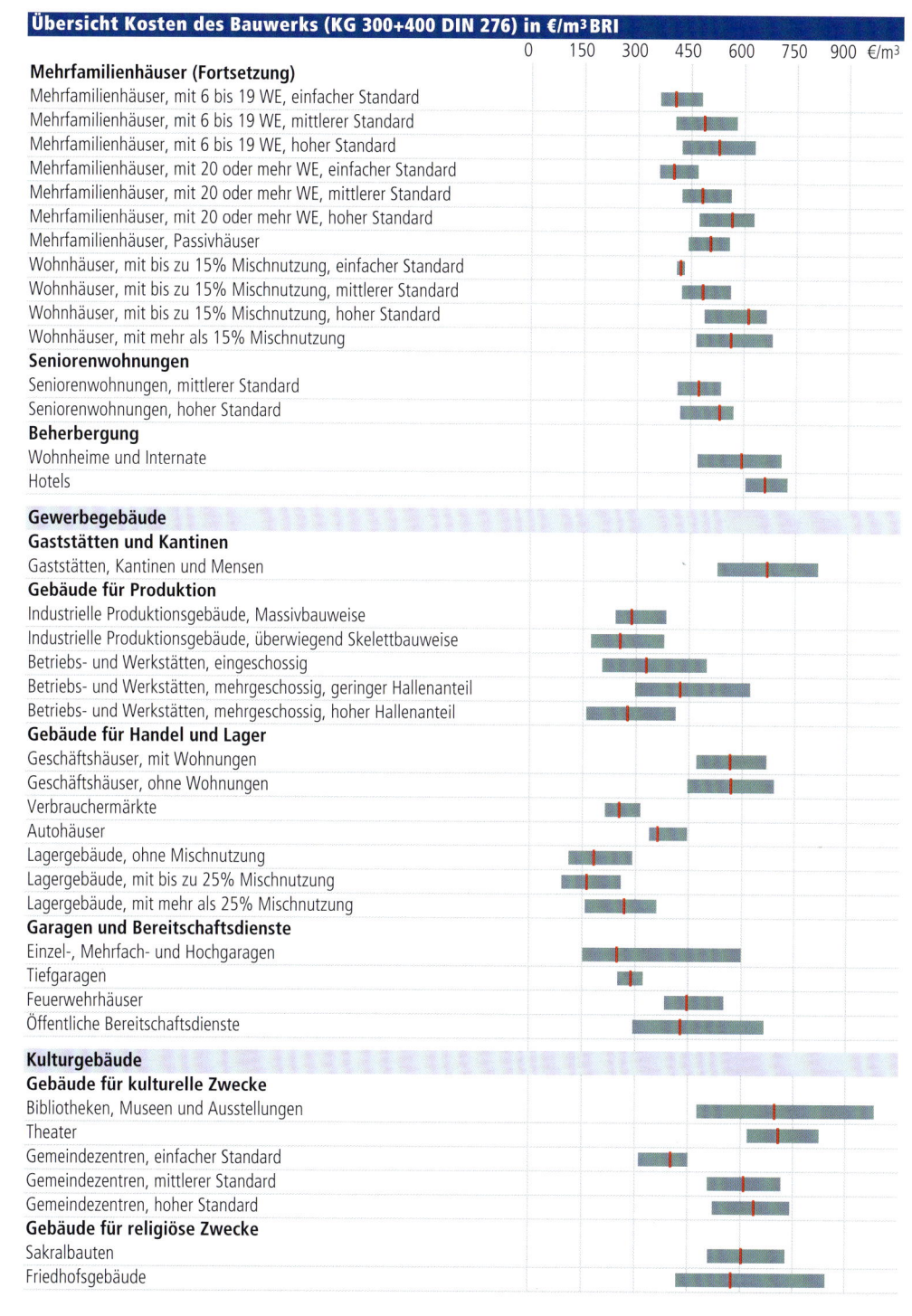

### Mehrfamilienhäuser (Fortsetzung)
- Mehrfamilienhäuser, mit 6 bis 19 WE, einfacher Standard
- Mehrfamilienhäuser, mit 6 bis 19 WE, mittlerer Standard
- Mehrfamilienhäuser, mit 6 bis 19 WE, hoher Standard
- Mehrfamilienhäuser, mit 20 oder mehr WE, einfacher Standard
- Mehrfamilienhäuser, mit 20 oder mehr WE, mittlerer Standard
- Mehrfamilienhäuser, mit 20 oder mehr WE, hoher Standard
- Mehrfamilienhäuser, Passivhäuser
- Wohnhäuser, mit bis zu 15% Mischnutzung, einfacher Standard
- Wohnhäuser, mit bis zu 15% Mischnutzung, mittlerer Standard
- Wohnhäuser, mit bis zu 15% Mischnutzung, hoher Standard
- Wohnhäuser, mit mehr als 15% Mischnutzung

### Seniorenwohnungen
- Seniorenwohnungen, mittlerer Standard
- Seniorenwohnungen, hoher Standard

### Beherbergung
- Wohnheime und Internate
- Hotels

## Gewerbegebäude

### Gaststätten und Kantinen
- Gaststätten, Kantinen und Mensen

### Gebäude für Produktion
- Industrielle Produktionsgebäude, Massivbauweise
- Industrielle Produktionsgebäude, überwiegend Skelettbauweise
- Betriebs- und Werkstätten, eingeschossig
- Betriebs- und Werkstätten, mehrgeschossig, geringer Hallenanteil
- Betriebs- und Werkstätten, mehrgeschossig, hoher Hallenanteil

### Gebäude für Handel und Lager
- Geschäftshäuser, mit Wohnungen
- Geschäftshäuser, ohne Wohnungen
- Verbrauchermärkte
- Autohäuser
- Lagergebäude, ohne Mischnutzung
- Lagergebäude, mit bis zu 25% Mischnutzung
- Lagergebäude, mit mehr als 25% Mischnutzung

### Garagen und Bereitschaftsdienste
- Einzel-, Mehrfach- und Hochgaragen
- Tiefgaragen
- Feuerwehrhäuser
- Öffentliche Bereitschaftsdienste

## Kulturgebäude

### Gebäude für kulturelle Zwecke
- Bibliotheken, Museen und Ausstellungen
- Theater
- Gemeindezentren, einfacher Standard
- Gemeindezentren, mittlerer Standard
- Gemeindezentren, hoher Standard

### Gebäude für religiöse Zwecke
- Sakralbauten
- Friedhofsgebäude

Einheit: m³ BRI
Brutto-Rauminhalt

© BKI Baukosteninformationszentrum  Kostenstand: 1. Quartal 2022, Bundesdurchschnitt, inkl. 19% MwSt.

# Kostenkennwerte für Gebäude

Büro- und Verwaltungsgebäude

Gebäude für Forschung und Lehre

Gebäude des Gesundheitswesens

Schulen und Kindergärten

Sportbauten

Wohngebäude

Gewerbegebäude

Bauwerke für technische Zwecke

Kulturgebäude

# Arbeitsblatt zur Standardeinordnung bei Büro- und Verwaltungsgebäuden

**Kosten:**
Stand 1. Quartal 2022
Bundesdurchschnitt
inkl. 19% MwSt.

- ● KKW
- ▶ min
- ▷ von
- | Mittelwert
- ◁ bis
- ◀ max

## Kostenkennwerte für die Kosten des Bauwerks (Kostengruppen 300+400 nach DIN 276)

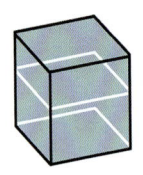

**BRI** 615 €/m³
von 480 €/m³
bis 830 €/m³

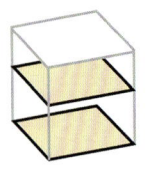

**BGF** 2.235 €/m²
von 1.725 €/m²
bis 3.055 €/m²

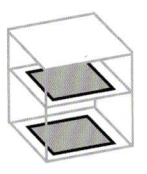

**NUF** 3.480 €/m²
von 2.570 €/m²
bis 4.880 €/m²

**NE** 98.615 €/NE
von 58.970 €/NE
bis 193.135 €/NE
NE: Arbeitsplätze

### Standardzuordnung

(Diagramm: gesamt / einfach / mittel / hoch in €/m² BGF, Skala 500 – 3500)

### Standardeinordnung für Ihr Projekt:

| KG | Kostengruppen der 2. Ebene | niedrig | mittel | hoch | Punkte |
|---|---|---|---|---|---|
| 310 | Baugrube / Erdbau | | | | |
| 320 | Gründung, Unterbau | 1 | 2 | 4 | |
| 330 | Außenwände/Vert. Konstrukt., außen | 5 | 7 | 9 | |
| 340 | Innenwände/Vert. Baukonstrukt., innen | 2 | 4 | 5 | |
| 350 | Decken/Horizontale Baukonstruktionen | 3 | 4 | 5 | |
| 360 | Dächer | 2 | 3 | 5 | |
| 370 | Infrastrukturanlagen | | | | |
| 380 | Baukonstruktive Einbauten | 0 | 0 | 1 | |
| 390 | Sonst. Maßnahmen für Baukonstrukt. | | | | |
| 410 | Abwasser-, Wasser-, Gasanlagen | 1 | 1 | 1 | |
| 420 | Wärmeversorgungsanlagen | 1 | 2 | 2 | |
| 430 | Raumlufttechnische Anlagen | 0 | 1 | 2 | |
| 440 | Elektrische Anlagen | 2 | 2 | 3 | |
| 450 | Kommunikationstechnische Anlagen | 0 | 1 | 2 | |
| 460 | Förderanlagen | 0 | 1 | 1 | |
| 470 | Nutzungsspez. u. verfahrenstechn. Anl. | 0 | 0 | 0 | |
| 480 | Gebäude- und Anlagenautomation | 0 | 1 | 1 | |
| 490 | Sonst. Maßnahmen für techn. Anlagen | | | | |

**Punkte:** 17 bis 24 = einfach    25 bis 34 = mittel    35 bis 41 = hoch    **Ihr Projekt (Summe):**

**Erläuterung:**
Obenstehende Tabelle soll Ihnen die Zuordnung zu den Gebäudearten mit einfachem, mittlerem und hohem Standard erleichtern. Schätzen Sie für jedes Grobelement ab, ob die Aufwendungen niedrig, mittel oder hoch sein werden und übertragen Sie die Punkte in die rechte Spalte. Bilden Sie die Summe der rechten Spalte und ordnen Sie Ihr Projekt nach dem Schema der untersten Zeile ein. Nehmen Sie dieses Schema auch als Hinweis darauf, bei welchen Kostengruppen Sie den Mittelwert nach oben oder unten anpassen sollten.

© BKI Baukosteninformationszentrum; Erläuterungen zu den Tabellen siehe Seite 58    Kostenstand: 1. Quartal 2022, Bundesdurchschnitt, **inkl. 19% MwSt.**

## Kostenkennwerte für die Kostengruppen der 1. und 2. Ebene DIN 276

| KG | Kostengruppen der 1. Ebene | Einheit | ▷ | €/Einheit | ◁ | ▷ | % an 300+400 | ◁ |
|---|---|---|---|---|---|---|---|---|
| 100 | Grundstück | m²GF | – | – | – | – | – | – |
| 200 | Vorbereitende Maßnahmen | m²GF | 11 | **61** | 377 | 0,6 | **2,1** | 7,1 |
| 300 | Bauwerk – Baukonstruktionen | m²BGF | 1.320 | **1.675** | 2.256 | 69,8 | **75,5** | 81,4 |
| 400 | Bauwerk – Technische Anlagen | m²BGF | 364 | **561** | 863 | 18,6 | **24,5** | 30,2 |
|  | Bauwerk (300+400) | m²BGF | 1.725 | **2.236** | 3.057 | 100,0 | **100,0** | 100,0 |
| 500 | Außenanlagen und Freiflächen | m²AF | 60 | **211** | 699 | 2,2 | **6,1** | 13,1 |
| 600 | Ausstattung und Kunstwerke | m²BGF | 12 | **69** | 224 | 0,5 | **2,9** | 9,0 |
| 700 | Baunebenkosten* | m²BGF | 417 | **464** | 512 | 19,0 | **21,2** | 23,3 |
| 800 | Finanzierung | m²BGF | – | – | – | – | – | – |

\* Auf Grundlage der HOAI 2021 berechnete Werte nach §§ 35, 52, 56. Weitere Informationen siehe Seite 50

| KG | Kostengruppen der 2. Ebene | Einheit | ▷ | €/Einheit | ◁ | ▷ | % an 1. Ebene | ◁ |
|---|---|---|---|---|---|---|---|---|
| 310 | Baugrube / Erdbau | m³BGI | 31 | **65** | 155 | 1,0 | **2,6** | 6,6 |
| 320 | Gründung, Unterbau | m²GRF | 338 | **465** | 708 | 7,1 | **10,8** | 17,1 |
| 330 | Außenwände / vertikal außen | m²AWF | 502 | **721** | 1.073 | 27,0 | **33,4** | 40,5 |
| 340 | Innenwände / vertikal innen | m²IWF | 246 | **332** | 503 | 11,8 | **17,4** | 22,6 |
| 350 | Decken / horizontal | m²DEF | 358 | **464** | 612 | 9,5 | **16,0** | 20,7 |
| 360 | Dächer | m²DAF | 384 | **531** | 765 | 9,2 | **13,2** | 21,0 |
| 370 | Infrastrukturanlagen |  | – | – | – | – | – | – |
| 380 | Baukonstruktive Einbauten | m²BGF | 9 | **31** | 89 | 0,2 | **1,2** | 3,9 |
| 390 | Sonst. Maßnahmen für Baukonst. | m²BGF | 48 | **93** | 171 | 3,1 | **5,3** | 8,2 |
| **300** | **Bauwerk – Baukonstruktionen** | m²BGF |  |  |  |  | **100,0** |  |
| 410 | Abwasser-, Wasser-, Gasanlagen | m²BGF | 43 | **62** | 84 | 8,7 | **12,7** | 19,1 |
| 420 | Wärmeversorgungsanlagen | m²BGF | 82 | **125** | 198 | 15,2 | **23,9** | 37,4 |
| 430 | Raumlufttechnische Anlagen | m²BGF | 26 | **82** | 178 | 2,7 | **11,2** | 21,7 |
| 440 | Elektrische Anlagen | m²BGF | 116 | **171** | 256 | 25,9 | **32,5** | 41,0 |
| 450 | Kommunikationstechnische Anlagen | m²BGF | 33 | **64** | 136 | 6,5 | **11,2** | 19,8 |
| 460 | Förderanlagen | m²BGF | 26 | **41** | 64 | < 0,1 | **3,1** | 8,8 |
| 470 | Nutzungsspez. / verfahrenstech. Anl. | m²BGF | 3 | **15** | 48 | < 0,1 | **1,3** | 6,4 |
| 480 | Gebäude- und Anlagenautomation | m²BGF | 33 | **62** | 96 | < 0,1 | **3,9** | 9,8 |
| 490 | Sonst. Maßnahmen f. techn. Anl. | m²BGF | 1 | **2** | 4 | < 0,1 | **< 0,1** | 0,4 |
| **400** | **Bauwerk – Technische Anlagen** | m²BGF |  |  |  |  | **100,0** |  |

### Prozentanteile der Kosten 2. Ebene an den Kosten des Bauwerks nach DIN 276 (Von/Mittel/Bis)

| KG | Bezeichnung | Mittel |
|---|---|---|
| 310 | Baugrube / Erdbau | 2,0 |
| 320 | Gründung, Unterbau | 8,4 |
| 330 | Außenwände / vertikal außen | 25,4 |
| 340 | Innenwände / vertikal innen | 13,0 |
| 350 | Decken / horizontal | 12,0 |
| 360 | Dächer | 10,2 |
| 370 | Infrastrukturanlagen |  |
| 380 | Baukonstruktive Einbauten | 0,9 |
| 390 | Sonst. Maßnahmen für Baukonst. | 4,0 |
| 410 | Abwasser-, Wasser-, Gasanlagen | 2,9 |
| 420 | Wärmeversorgungsanlagen | 5,5 |
| 430 | Raumlufttechnische Anlagen | 3,0 |
| 440 | Elektrische Anlagen | 7,7 |
| 450 | Kommunikationstechnische Anlagen | 2,8 |
| 460 | Förderanlagen | 0,8 |
| 470 | Nutzungsspez. / verfahrenstech. Anl. | 0,3 |
| 480 | Gebäude- und Anlagenautomation | 1,1 |
| 490 | Sonst. Maßnahmen f. techn. Anl. | < 0,1 |

© BKI Baukosteninformationszentrum; Erläuterungen zu den Tabellen siehe Seite 48 und 50  Kostenstand: 1. Quartal 2022, Bundesdurchschnitt, inkl. 19% MwSt.

# Büro- und Verwaltungsgebäude

## Prozentanteile der Kosten für Leistungsbereiche nach STLB (Kosten Bauwerk nach DIN 276)

**Kosten:** Stand 1. Quartal 2022 Bundesdurchschnitt inkl. 19% MwSt.

| LB | Leistungsbereiche | von | Mittelwert | bis |
|---|---|---|---|---|
| 000 | Sicherheits-, Baustelleneinrichtungen inkl. 001 | 1,7 | 3,1 | 4,6 |
| 002 | Erdarbeiten | 1,1 | 2,2 | 5,4 |
| 006 | Spezialtiefbauarbeiten inkl. 005 | < 0,1 | 0,9 | 4,1 |
| 009 | Entwässerungskanalarbeiten inkl. 011 | 0,1 | 0,4 | 0,9 |
| 010 | Drän- und Versickerarbeiten | < 0,1 | 0,1 | 0,4 |
| 012 | Mauerarbeiten | 0,6 | 3,3 | 9,4 |
| 013 | Betonarbeiten | 12,4 | 18,3 | 23,9 |
| 014 | Natur-, Betonwerksteinarbeiten | < 0,1 | 0,5 | 1,8 |
| 016 | Zimmer- und Holzbauarbeiten | 0,2 | 2,2 | 9,8 |
| 017 | Stahlbauarbeiten | < 0,1 | 0,8 | 4,5 |
| 018 | Abdichtungsarbeiten | 0,2 | 0,6 | 1,4 |
| 020 | Dachdeckungsarbeiten | < 0,1 | 0,6 | 3,6 |
| 021 | Dachabdichtungsarbeiten | 1,1 | 3,0 | 5,2 |
| 022 | Klempnerarbeiten | 0,4 | 1,1 | 2,4 |
| | **Rohbau** | **31,2** | **37,1** | **44,5** |
| 023 | Putz- und Stuckarbeiten, Wärmedämmsysteme | 0,8 | 3,9 | 7,8 |
| 024 | Fliesen- und Plattenarbeiten | 0,5 | 1,3 | 3,3 |
| 025 | Estricharbeiten | 0,9 | 1,8 | 3,8 |
| 026 | Fenster, Außentüren inkl. 029, 032 | 2,2 | 6,8 | 11,2 |
| 027 | Tischlerarbeiten | 1,7 | 3,6 | 7,0 |
| 028 | Parkettarbeiten, Holzpflasterarbeiten | < 0,1 | 0,4 | 3,0 |
| 030 | Rollladenarbeiten | 0,7 | 1,9 | 3,5 |
| 031 | Metallbauarbeiten inkl. 035 | 3,2 | 8,4 | 16,1 |
| 034 | Maler- und Lackiererarbeiten inkl. 037 | 1,3 | 2,1 | 3,7 |
| 036 | Bodenbelagarbeiten | 0,9 | 2,0 | 3,4 |
| 038 | Vorgehängte hinterlüftete Fassaden | < 0,1 | 1,3 | 6,5 |
| 039 | Trockenbauarbeiten | 3,0 | 5,1 | 8,6 |
| | **Ausbau** | **34,3** | **38,8** | **44,3** |
| 040 | Wärmeversorgungsanl. - Betriebseinr. inkl. 041 | 3,0 | 5,1 | 7,8 |
| 042 | Gas- und Wasserinstallation, Leitungen inkl. 043 | 0,5 | 0,8 | 4,1 |
| 044 | Abwasseranlagen - Leitungen | 0,3 | 0,6 | 1,1 |
| 045 | GWE-Einrichtungsgegenstände inkl. 046 | 0,6 | 1,1 | 1,9 |
| 047 | Dämmarbeiten an betriebstechnischen Anlagen | 0,2 | 0,6 | 1,3 |
| 049 | Feuerlöschanlagen, Feuerlöschgeräte | < 0,1 | < 0,1 | 1,3 |
| 050 | Blitzschutz- und Erdungsanlagen | 0,1 | 0,3 | 0,5 |
| 052 | Mittelspannungsanlagen | < 0,1 | 0,1 | 2,3 |
| 053 | Niederspannungsanlagen inkl. 054 | 3,3 | 5,0 | 7,6 |
| 055 | Sicherheits- u. Ersatzstromversorgungsanl. | < 0,1 | 0,2 | 2,0 |
| 057 | Gebäudesystemtechnik | < 0,1 | 0,2 | 2,2 |
| 058 | Leuchten und Lampen inkl. 059 | 0,9 | 2,0 | 3,0 |
| 060 | Sprechanlagen, elektroakust. Anlagen inkl. 064 | < 0,1 | 0,3 | 0,9 |
| 061 | Kommunikationsnetze inkl. 062 | 0,6 | 1,4 | 2,7 |
| 063 | Gefahrenmeldeanlagen | 0,2 | 0,9 | 2,8 |
| 069 | Aufzüge | < 0,1 | 0,8 | 2,2 |
| 070 | Gebäudeautomation | < 0,1 | 0,8 | 2,6 |
| 075 | Raumlufttechnische Anlagen inkl. 078 | 0,5 | 2,8 | 5,5 |
| | **Gebäudetechnik** | **17,3** | **23,3** | **29,3** |
| | Sonstige Leistungsbereiche inkl. 008, 033, 051 | 0,2 | 0,8 | 2,2 |

Legende:
- ● KKW
- ▶ min
- ▷ von
- | Mittelwert
- ◁ bis
- ◀ max

© BKI Baukosteninformationszentrum; Erläuterungen zu den Tabellen siehe Seite 52
Kostenstand: 1. Quartal 2022, Bundesdurchschnitt, **inkl. 19% MwSt.**

## Planungskennwerte für Flächen und Rauminhalte nach DIN 277

| Grundflächen | | ▷ | Fläche/NUF (%) | ◁ | ▷ | Fläche/BGF (%) | ◁ |
|---|---|---|---|---|---|---|---|
| NUF | Nutzungsfläche | 100,0 | **100,0** | 100,0 | 61,0 | **65,4** | 70,4 |
| TF | Technikfläche | 3,9 | **5,5** | 9,6 | 2,5 | **3,4** | 5,6 |
| VF | Verkehrsfläche | 20,3 | **26,3** | 36,3 | 12,8 | **16,4** | 20,6 |
| NRF | Netto-Raumfläche | 124,4 | **131,6** | 142,4 | 82,7 | **85,1** | 87,2 |
| KGF | Konstruktions-Grundfläche | 19,5 | **23,4** | 27,9 | 12,8 | **14,9** | 17,3 |
| BGF | Brutto-Grundfläche | 145,6 | **154,9** | 167,8 | 100,0 | **100,0** | 100,0 |

| Brutto-Rauminhalte | | ▷ | BRI/NUF (m) | ◁ | ▷ | BRI/BGF (m) | ◁ |
|---|---|---|---|---|---|---|---|
| BRI | Brutto-Rauminhalt | 5,20 | **5,65** | 6,25 | 3,44 | **3,66** | 4,07 |

| Flächen von Nutzeinheiten | ▷ | NUF/Einheit (m²) | ◁ | ▷ | BGF/Einheit (m²) | ◁ |
|---|---|---|---|---|---|---|
| Nutzeinheit: Arbeitsplätze | 23,82 | **27,84** | 46,62 | 36,38 | **42,92** | 69,37 |

| Lufttechnisch behandelte Flächen | ▷ | Fläche/NUF (%) | ◁ | ▷ | Fläche/BGF (%) | ◁ |
|---|---|---|---|---|---|---|
| Entlüftete Fläche | 20,2 | **30,9** | 30,9 | 9,8 | **17,1** | 17,1 |
| Be- und entlüftete Fläche | 54,4 | **58,4** | 79,0 | 35,3 | **37,8** | 50,6 |
| Teilklimatisierte Fläche | 27,2 | **32,2** | 38,0 | 18,5 | **21,0** | 25,9 |
| Klimatisierte Fläche | 2,3 | **2,3** | 2,3 | 1,6 | **1,6** | 1,6 |

| KG | Kostengruppen (2. Ebene) | Einheit | ▷ | Menge/NUF | ◁ | ▷ | Menge/BGF | ◁ |
|---|---|---|---|---|---|---|---|---|
| 310 | Baugrube / Erdbau | m³ BGI | 0,97 | **1,35** | 2,41 | 0,63 | **0,87** | 1,50 |
| 320 | Gründung, Unterbau | m² GRF | 0,49 | **0,59** | 0,85 | 0,33 | **0,40** | 0,60 |
| 330 | Außenwände / vertikal außen | m² AWF | 1,05 | **1,26** | 1,60 | 0,69 | **0,83** | 1,02 |
| 340 | Innenwände / vertikal innen | m² IWF | 1,12 | **1,33** | 1,56 | 0,74 | **0,88** | 1,03 |
| 350 | Decken / horizontal | m² DEF | 0,84 | **0,95** | 1,09 | 0,55 | **0,62** | 0,69 |
| 360 | Dächer | m² DAF | 0,55 | **0,66** | 0,98 | 0,36 | **0,44** | 0,71 |
| 370 | Infrastrukturanlagen | | – | **–** | – | – | **–** | – |
| 380 | Baukonstruktive Einbauten | m² BGF | 1,46 | **1,55** | 1,68 | 1,00 | **1,00** | 1,00 |
| 390 | Sonst. Maßnahmen für Baukonst. | m² BGF | 1,46 | **1,55** | 1,68 | 1,00 | **1,00** | 1,00 |
| **300** | **Bauwerk – Baukonstruktionen** | m² BGF | 1,46 | **1,55** | 1,68 | 1,00 | **1,00** | 1,00 |

## Planungskennwerte für Bauzeiten

**Bauzeit in Wochen**

© BKI Baukosteninformationszentrum; Erläuterungen zu den Tabellen siehe Seite 54    Kostenstand: 1. Quartal 2022, Bundesdurchschnitt, **inkl. 19% MwSt.**

# Büro- und Verwaltungsgebäude, einfacher Standard

## Kostenkennwerte für die Kosten des Bauwerks (Kostengruppen 300+400 nach DIN 276)

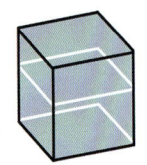

**BRI** 435 €/m³
von 360 €/m³
bis 540 €/m³

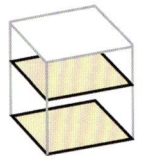

**BGF** 1.410 €/m²
von 1.205 €/m²
bis 1.655 €/m²

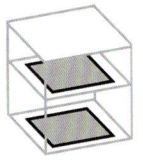

**NUF** 2.030 €/m²
von 1.720 €/m²
bis 2.450 €/m²

**NE** 51.150 €/NE
von 39.425 €/NE
bis 94.660 €/NE
NE: Arbeitsplätze

**Kosten:**
Stand 1. Quartal 2022
Bundesdurchschnitt
inkl. 19% MwSt.

### Objektbeispiele

1300-0276

1300-0102

1300-0139

### Kosten der 11 Vergleichsobjekte — Seiten 120 bis 122

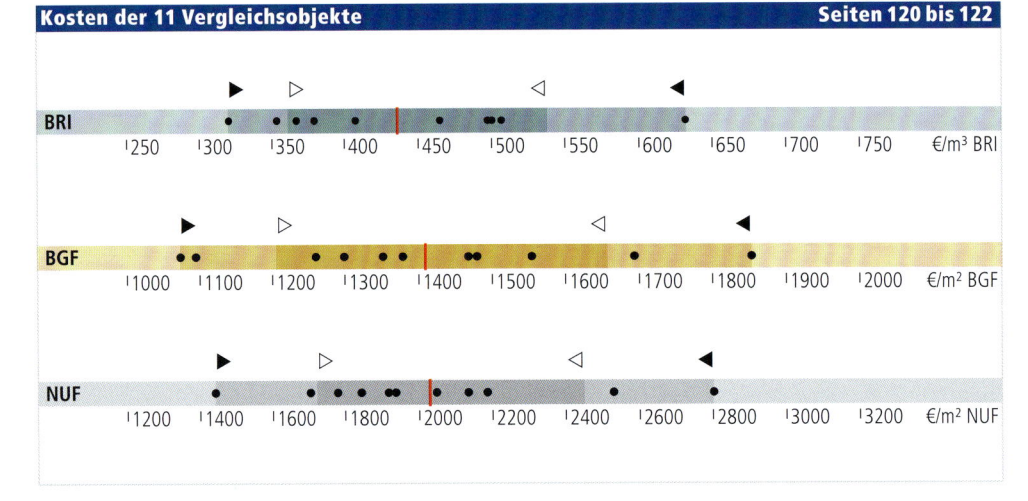

- ● KKW
- ▶ min
- ▷ von
- | Mittelwert
- ◁ bis
- ◀ max

BRI: €/m³ BRI (250–750)
BGF: €/m² BGF (1000–2000)
NUF: €/m² NUF (1200–3200)

© BKI Baukosteninformationszentrum; Erläuterungen zu den Tabellen siehe Seite 46
Kostenstand: 1. Quartal 2022, Bundesdurchschnitt, **inkl. 19% MwSt.**

## Kostenkennwerte für die Kostengruppen der 1. und 2. Ebene DIN 276

| KG | Kostengruppen der 1. Ebene | Einheit | ▷ | €/Einheit | ◁ | ▷ | % an 300+400 | ◁ |
|---|---|---|---|---|---|---|---|---|
| 100 | Grundstück | m² GF | – | – | – | – | – | – |
| 200 | Vorbereitende Maßnahmen | m² GF | 3 | **9** | 19 | 0,8 | **2,0** | 7,3 |
| 300 | Bauwerk – Baukonstruktionen | m² BGF | 944 | **1.140** | 1.324 | 76,4 | **80,9** | 87,2 |
| 400 | Bauwerk – Technische Anlagen | m² BGF | 187 | **270** | 367 | 12,8 | **19,1** | 23,6 |
|  | Bauwerk (300+400) | m² BGF | 1.205 | **1.409** | 1.657 | 100,0 | **100,0** | 100,0 |
| 500 | Außenanlagen und Freiflächen | m² AF | 36 | **93** | 166 | 1,7 | **5,4** | 11,4 |
| 600 | Ausstattung und Kunstwerke | m² BGF | 57 | **139** | 188 | 5,2 | **9,9** | 12,2 |
| 700 | Baunebenkosten* | m² BGF | 328 | **366** | 404 | 23,3 | **25,9** | 28,6 |
| 800 | Finanzierung | m² BGF | – | – | – | – | – | – |

◁ * Auf Grundlage der HOAI 2021 berechnete Werte nach §§ 35, 52, 56. Weitere Informationen siehe Seite 50

| KG | Kostengruppen der 2. Ebene | Einheit | ▷ | €/Einheit | ◁ | ▷ | % an 1. Ebene | ◁ |
|---|---|---|---|---|---|---|---|---|
| 310 | Baugrube / Erdbau | m³ BGI | 13 | **27** | 37 | 0,9 | **1,7** | 2,7 |
| 320 | Gründung, Unterbau | m² GRF | 276 | **338** | 452 | 8,3 | **13,9** | 18,6 |
| 330 | Außenwände / vertikal außen | m² AWF | 352 | **398** | 471 | 23,6 | **29,7** | 36,3 |
| 340 | Innenwände / vertikal innen | m² IWF | 164 | **233** | 283 | 10,5 | **17,1** | 24,2 |
| 350 | Decken / horizontal | m² DEF | 274 | **309** | 391 | 4,1 | **14,5** | 20,5 |
| 360 | Dächer | m² DAF | 248 | **365** | 476 | 11,2 | **18,0** | 29,0 |
| 370 | Infrastrukturanlagen |  | – | – | – | – | – | – |
| 380 | Baukonstruktive Einbauten | m² BGF | 3 | **10** | 38 | 0,3 | **1,0** | 3,4 |
| 390 | Sonst. Maßnahmen für Baukonst. | m² BGF | 36 | **47** | 56 | 3,5 | **4,2** | 6,4 |
| **300** | **Bauwerk – Baukonstruktionen** | **m² BGF** |  |  |  |  | **100,0** |  |
| 410 | Abwasser-, Wasser-, Gasanlagen | m² BGF | 26 | **43** | 64 | 11,7 | **16,1** | 22,6 |
| 420 | Wärmeversorgungsanlagen | m² BGF | 47 | **63** | 76 | 9,4 | **24,9** | 47,2 |
| 430 | Raumlufttechnische Anlagen | m² BGF | 4 | **37** | 138 | 1,0 | **7,2** | 31,7 |
| 440 | Elektrische Anlagen | m² BGF | 62 | **104** | 168 | 33,2 | **36,8** | 42,2 |
| 450 | Kommunikationstechnische Anlagen | m² BGF | 6 | **20** | 45 | 2,1 | **7,4** | 15,0 |
| 460 | Förderanlagen | m² BGF | 28 | **40** | 52 | 0,0 | **5,6** | 15,7 |
| 470 | Nutzungsspez. / verfahrenstech. Anl. | m² BGF | < 1 | **3** | 4 | < 0,1 | **0,4** | 1,7 |
| 480 | Gebäude- und Anlagenautomation | m² BGF | 35 | **35** | 35 | 0,0 | **1,6** | 8,1 |
| 490 | Sonst. Maßnahmen f. techn. Anl. | m² BGF | – | – | – | – | – | – |
| **400** | **Bauwerk – Technische Anlagen** | **m² BGF** |  |  |  |  | **100,0** |  |

### Prozentanteile der Kosten 2. Ebene an den Kosten des Bauwerks nach DIN 276 (Von/Mittel/Bis)

| KG | | % |
|---|---|---|
| 310 | Baugrube / Erdbau | 1,4 |
| 320 | Gründung, Unterbau | 11,4 |
| 330 | Außenwände / vertikal außen | 23,5 |
| 340 | Innenwände / vertikal innen | 13,9 |
| 350 | Decken / horizontal | 11,3 |
| 360 | Dächer | 14,9 |
| 370 | Infrastrukturanlagen |  |
| 380 | Baukonstruktive Einbauten | 0,7 |
| 390 | Sonst. Maßnahmen für Baukonst. | 3,4 |
| 410 | Abwasser-, Wasser-, Gasanlagen | 3,1 |
| 420 | Wärmeversorgungsanlagen | 3,7 |
| 430 | Raumlufttechnische Anlagen | 2,0 |
| 440 | Elektrische Anlagen | 7,5 |
| 450 | Kommunikationstechnische Anlagen | 1,5 |
| 460 | Förderanlagen | 1,2 |
| 470 | Nutzungsspez. / verfahrenstech. Anl. | < 0,1 |
| 480 | Gebäude- und Anlagenautomation | 0,5 |
| 490 | Sonst. Maßnahmen f. techn. Anl. |  |

© **BKI** Baukosteninformationszentrum; Erläuterungen zu den Tabellen siehe Seite 48 und 50    Kostenstand: 1. Quartal 2022, Bundesdurchschnitt, **inkl. 19% MwSt.**

**Büro- und Verwaltungsgebäude, einfacher Standard**

## Prozentanteile der Kosten für Leistungsbereiche nach STLB (Kosten Bauwerk nach DIN 276)

| LB | Leistungsbereiche | von | Mittelwert | bis |
|---|---|---|---|---|
| 000 | Sicherheits-, Baustelleneinrichtungen inkl. 001 | 0,6 | **2,0** | 3,0 |
| 002 | Erdarbeiten | 1,5 | **1,9** | 2,4 |
| 006 | Spezialtiefbauarbeiten inkl. 005 | – | – | – |
| 009 | Entwässerungskanalarbeiten inkl. 011 | 0,3 | **0,6** | 0,8 |
| 010 | Drän- und Versickerarbeiten | 0,0 | **0,1** | 0,6 |
| 012 | Mauerarbeiten | 0,7 | **4,0** | 8,4 |
| 013 | Betonarbeiten | 9,1 | **17,3** | 22,5 |
| 014 | Natur-, Betonwerksteinarbeiten | < 0,1 | **0,2** | 0,5 |
| 016 | Zimmer- und Holzbauarbeiten | 2,4 | **6,2** | 18,1 |
| 017 | Stahlbauarbeiten | 0,5 | **3,0** | 11,9 |
| 018 | Abdichtungsarbeiten | 0,4 | **1,1** | 2,3 |
| 020 | Dachdeckungsarbeiten | 0,6 | **2,8** | 4,2 |
| 021 | Dachabdichtungsarbeiten | 0,2 | **1,4** | 5,6 |
| 022 | Klempnerarbeiten | 0,4 | **1,7** | 2,9 |
| | **Rohbau** | 37,2 | **42,3** | 47,2 |
| 023 | Putz- und Stuckarbeiten, Wärmedämmsysteme | 1,6 | **4,6** | 6,6 |
| 024 | Fliesen- und Plattenarbeiten | 0,9 | **2,3** | 7,0 |
| 025 | Estricharbeiten | 1,4 | **2,4** | 6,3 |
| 026 | Fenster, Außentüren inkl. 029, 032 | 5,6 | **7,8** | 10,5 |
| 027 | Tischlerarbeiten | 2,5 | **4,9** | 8,3 |
| 028 | Parkettarbeiten, Holzpflasterarbeiten | – | – | – |
| 030 | Rollladenarbeiten | 0,7 | **2,1** | 4,3 |
| 031 | Metallbauarbeiten inkl. 035 | 2,2 | **6,1** | 12,6 |
| 034 | Maler- und Lackiererarbeiten inkl. 037 | 0,9 | **2,1** | 3,8 |
| 036 | Bodenbelagarbeiten | 2,3 | **3,3** | 4,8 |
| 038 | Vorgehängte hinterlüftete Fassaden | – | – | – |
| 039 | Trockenbauarbeiten | 3,2 | **5,4** | 11,9 |
| | **Ausbau** | 36,2 | **41,2** | 45,3 |
| 040 | Wärmeversorgungsanl. - Betriebseinr. inkl. 041 | 1,0 | **3,8** | 5,7 |
| 042 | Gas- und Wasserinstallation, Leitungen inkl. 043 | 0,5 | **0,9** | 2,5 |
| 044 | Abwasseranlagen - Leitungen | < 0,1 | **0,3** | 0,6 |
| 045 | GWE-Einrichtungsgegenstände inkl. 046 | 0,2 | **1,1** | 1,9 |
| 047 | Dämmarbeiten an betriebstechnischen Anlagen | < 0,1 | **0,1** | 0,6 |
| 049 | Feuerlöschanlagen, Feuerlöschgeräte | – | – | – |
| 050 | Blitzschutz- und Erdungsanlagen | < 0,1 | **0,2** | 0,3 |
| 052 | Mittelspannungsanlagen | – | – | – |
| 053 | Niederspannungsanlagen inkl. 054 | 2,9 | **4,8** | 10,7 |
| 055 | Sicherheits- u. Ersatzstromversorgungsanl. | – | – | – |
| 057 | Gebäudesystemtechnik | – | – | – |
| 058 | Leuchten und Lampen inkl. 059 | 0,3 | **1,3** | 2,6 |
| 060 | Sprechanlagen, elektroakust. Anlagen inkl. 064 | < 0,1 | **0,1** | 0,5 |
| 061 | Kommunikationsnetze inkl. 062 | < 0,1 | **0,4** | 1,0 |
| 063 | Gefahrenmeldeanlagen | – | – | – |
| 069 | Aufzüge | 0,0 | **0,8** | 4,0 |
| 070 | Gebäudeautomation | 0,0 | **0,5** | 2,3 |
| 075 | Raumlufttechnische Anlagen inkl. 078 | < 0,1 | **1,8** | 8,8 |
| | **Gebäudetechnik** | 11,6 | **16,2** | 24,0 |
| | Sonstige Leistungsbereiche inkl. 008, 033, 051 | < 0,1 | **0,4** | 1,8 |

**Kosten:**
Stand 1. Quartal 2022
Bundesdurchschnitt
inkl. 19% MwSt.

- ● KKW
- ▶ min
- ▷ von
- | Mittelwert
- ◁ bis
- ◀ max

## Planungskennwerte für Flächen und Rauminhalte nach DIN 277

| Grundflächen | | | ▷ | **Fläche/NUF (%)** | ◁ | ▷ | **Fläche/BGF (%)** | ◁ |
|---|---|---|---|---|---|---|---|---|
| NUF | Nutzungsfläche | | 100,0 | **100,0** | 100,0 | 68,6 | **69,9** | 74,2 |
| TF | Technikfläche | | 2,2 | **2,8** | 4,2 | 1,5 | **1,9** | 2,7 |
| VF | Verkehrsfläche | | 14,6 | **18,6** | 22,2 | 10,4 | **12,6** | 14,9 |
| NRF | Netto-Raumfläche | | 115,9 | **120,8** | 125,2 | 81,7 | **84,0** | 85,5 |
| KGF | Konstruktions-Grundfläche | | 20,0 | **23,1** | 26,8 | 14,5 | **16,0** | 18,3 |
| BGF | Brutto-Grundfläche | | 136,6 | **144,0** | 147,0 | 100,0 | **100,0** | 100,0 |

| Brutto-Rauminhalte | | | ▷ | **BRI/NUF (m)** | ◁ | ▷ | **BRI/BGF (m)** | ◁ |
|---|---|---|---|---|---|---|---|---|
| BRI | Brutto-Rauminhalt | | 4,31 | **4,73** | 5,27 | 3,19 | **3,28** | 3,74 |

| Flächen von Nutzeinheiten | | | ▷ | **NUF/Einheit (m²)** | ◁ | ▷ | **BGF/Einheit (m²)** | ◁ |
|---|---|---|---|---|---|---|---|---|
| Nutzeinheit: Arbeitsplätze | | | 23,97 | **26,56** | 36,41 | 35,10 | **38,43** | 55,78 |

| Lufttechnisch behandelte Flächen | | | ▷ | **Fläche/NUF (%)** | ◁ | ▷ | **Fläche/BGF (%)** | ◁ |
|---|---|---|---|---|---|---|---|---|
| Entlüftete Fläche | | | 2,8 | **2,8** | 2,8 | 2,0 | **2,0** | 2,0 |
| Be- und entlüftete Fläche | | | 48,7 | **48,7** | 48,7 | 31,7 | **31,7** | 31,7 |
| Teilklimatisierte Fläche | | | – | – | – | – | – | – |
| Klimatisierte Fläche | | | 2,1 | **2,1** | 2,1 | 1,5 | **1,5** | 1,5 |

| KG | Kostengruppen (2. Ebene) | Einheit | ▷ | **Menge/NUF** | ◁ | ▷ | **Menge/BGF** | ◁ |
|---|---|---|---|---|---|---|---|---|
| 310 | Baugrube / Erdbau | m³ BGI | 1,25 | **1,51** | 1,75 | 0,85 | **1,04** | 1,28 |
| 320 | Gründung, Unterbau | m² GRF | 0,59 | **0,70** | 0,70 | 0,41 | **0,49** | 0,49 |
| 330 | Außenwände / vertikal außen | m² AWF | 1,07 | **1,21** | 1,21 | 0,75 | **0,85** | 0,85 |
| 340 | Innenwände / vertikal innen | m² IWF | 0,92 | **1,17** | 1,34 | 0,64 | **0,82** | 0,99 |
| 350 | Decken / horizontal | m² DEF | 0,80 | **0,90** | 0,92 | 0,55 | **0,62** | 0,66 |
| 360 | Dächer | m² DAF | 0,74 | **0,82** | 0,82 | 0,52 | **0,58** | 0,58 |
| 370 | Infrastrukturanlagen | | – | – | – | – | – | – |
| 380 | Baukonstruktive Einbauten | m² BGF | 1,37 | **1,44** | 1,47 | 1,00 | **1,00** | 1,00 |
| 390 | Sonst. Maßnahmen für Baukonst. | m² BGF | 1,37 | **1,44** | 1,47 | 1,00 | **1,00** | 1,00 |
| 300 | **Bauwerk – Baukonstruktionen** | m² BGF | 1,37 | **1,44** | 1,47 | 1,00 | **1,00** | 1,00 |

## Planungskennwerte für Bauzeiten         11 Vergleichsobjekte

**Bauzeit in Wochen**

© BKI Baukosteninformationszentrum; Erläuterungen zu den Tabellen siehe Seite 54      Kostenstand: 1. Quartal 2022, Bundesdurchschnitt, inkl. 19% MwSt.

# Büro- und Verwaltungsgebäude, einfacher Standard

**€/m² BGF**
| | |
|---|---|
| min | 1.075 €/m² |
| von | 1.205 €/m² |
| Mittel | **1.410 €/m²** |
| bis | 1.655 €/m² |
| max | 1.855 €/m² |

**Kosten:**
Stand 1. Quartal 2022
Bundesdurchschnitt
inkl. 19% MwSt.

## Objektübersicht zur Gebäudeart

### 1300-0266 Bürocontainer (3 AP)*
**BRI** 332 m³  **BGF** 72 m²  **NUF** 48 m²

Pavillon mit 3 Büro-Arbeitsplätzen. Holzrahmenbau.

Land: Hessen
Kreis: Offenbach am Main, Stadt
Standard: unter Durchschnitt
Bauzeit: 9 Wochen
Kennwerte: bis 1. Ebene DIN 276

**BGF  4.321 €/m²**

Planung: freiraum4plus; Wiesbaden

veröffentlicht: BKI Objektdaten N17
* Nicht in der Auswertung enthalten

### 1300-0276 Bürogebäude (41 AP)
**BRI** 3.653 m³  **BGF** 1.093 m²  **NUF** 732 m²

Bürogebäude mit 41 Arbeitsplätzen. Mauerwerk.

Land: Schleswig-Holstein
Kreis: Steinburg
Standard: unter Durchschnitt
Bauzeit: 56 Wochen
Kennwerte: bis 1. Ebene DIN 276

**BGF  1.693 €/m²**

Planung: Architekten und Ingenieure Bley und Voß PartGmbB; Breitenburg

vorgesehen: BKI Objektdaten N18

### 1300-0254 Bürogebäude (8 AP) - Effizienzhaus ~73%
**BRI** 755 m³  **BGF** 226 m²  **NUF** 161 m²

Bürogebäude für 8 Arbeitsplätze. Holzständerbau.

Land: Hessen
Kreis: Fulda
Standard: unter Durchschnitt
Bauzeit: 22 Wochen
Kennwerte: bis 3. Ebene DIN 276

**BGF  1.554 €/m²**

Planung: AW+ Planungsgesellschaft mbH; Eiterfeld

veröffentlicht: BKI Objektdaten E9

### 1300-0166 Verwaltungsgebäude, TG - Passivhaus
**BRI** 4.287 m³  **BGF** 1.441 m²  **NUF** 1.198 m²

Verwaltungsgebäude (60 AP) mit Tiefgarage (15 STP) als Passivhaus. Stb-Tragkonstruktion mit Holzrahmen-Außenwänden.

Land: Nordrhein-Westfalen
Kreis: Wesel
Standard: unter Durchschnitt
Bauzeit: 30 Wochen
Kennwerte: bis 1. Ebene DIN 276

**BGF  1.479 €/m²**

Planung: Neuhaus & Bassfeld GmbH; Dinslaken

veröffentlicht: BKI Objektdaten E5

## Objektübersicht zur Gebäudeart

### 1300-0139 Bürogebäude

**BRI** 752 m³  **BGF** 273 m²  **NUF** 196 m²

Bürogebäude. Stb-Massivbau.

Land: Brandenburg
Kreis: Elbe-Elster
Standard: unter Durchschnitt
Bauzeit: 26 Wochen
Kennwerte: bis 3. Ebene DIN 276

**BGF**  1.378 €/m²

**Planung:** Architekt (TU) Torsten Hensel; Finsterwalde

veröffentlicht: BKI Objektdaten N9

### 1300-0106 Bürogebäude

**BRI** 1.418 m³  **BGF** 309 m²  **NUF** 222 m²

Bürogebäude genutzt von einem Planungsbüro. Mauerwerksbau mit Stahl-Dachkonstruktion.

Land: Bayern
Kreis: Bad Kissingen
Standard: unter Durchschnitt
Bauzeit: 22 Wochen
Kennwerte: bis 3. Ebene DIN 276

**BGF**  1.468 €/m²

**Planung:** k.A.

veröffentlicht: BKI Objektdaten N7

### 1300-0102 Verwaltungsgebäude, Wohnung (1 WE)

**BRI** 1.604 m³  **BGF** 528 m²  **NUF** 393 m²

Bürogebäude für 15 Mitarbeiter, Empfangsbüro, Verkaufsraum, Ausstellungshalle, Betriebswohnung (110 m² WFL). Mauerwerksbau.

Land: Nordrhein-Westfalen
Kreis: Köln, Stadt
Standard: unter Durchschnitt
Bauzeit: 52 Wochen
Kennwerte: bis 1. Ebene DIN 276

**BGF**  1.073 €/m²

**Planung:** Franz Markus Moster Architekturbüro; Köln

veröffentlicht: BKI Objektdaten N5

### 1300-0097 Verwaltungsgebäude, Sozialstation

**BRI** 3.003 m³  **BGF** 875 m²  **NUF** 569 m²

Bürogebäude als Massivbau mit Holzdachstuhl für 10 Mitarbeiter als Verwaltungsgebäude einer Sozialstation mit Sitzungsräumen. Mauerwerksbau.

Land: Rheinland-Pfalz
Kreis: Südliche Weinstraße
Standard: unter Durchschnitt
Bauzeit: 48 Wochen
Kennwerte: bis 3. Ebene DIN 276

**BGF**  1.260 €/m²

**Planung:** Peter Rheinwalt Architekturbüro; Edesheim

veröffentlicht: BKI Objektdaten N4

© BKI Baukosteninformationszentrum; Erläuterungen zu den Tabellen siehe Seite 56   Kostenstand: 1. Quartal 2022, Bundesdurchschnitt, **inkl. 19% MwSt.**

# Büro- und Verwaltungsgebäude, einfacher Standard

**€/m² BGF**
| | |
|---|---|
| min | 1.075 €/m² |
| von | 1.205 €/m² |
| Mittel | **1.410 €/m²** |
| bis | 1.655 €/m² |
| max | 1.855 €/m² |

**Kosten:**
Stand 1. Quartal 2022
Bundesdurchschnitt
inkl. 19% MwSt.

## Objektübersicht zur Gebäudeart

### 1300-0091 Bürogebäude
**BRI** 1.124 m³ **BGF** 377 m² **NUF** 242 m²

Architekturbüro mit 12 Arbeitsplätzen. Stb-Skelettbau.

Land: Bayern
Kreis: München
Standard: unter Durchschnitt
Bauzeit: 17 Wochen
Kennwerte: bis 1. Ebene DIN 276

**BGF** 1.095 €/m²

**Planung:** Reichart + Leibhard Architekten Dipl.-Ing.; Unterschleißheim

veröffentlicht: BKI Objektdaten N4

### 1300-0089 Bürogebäude (52 AP)
**BRI** 5.032 m³ **BGF** 1.518 m² **NUF** 961 m²

Bürogebäude für 52 Arbeitsplätze, Besprechungszimmer, Schulungsräume. Stahlbetonbau.

Land: Bayern
Kreis: Eichstätt
Standard: unter Durchschnitt
Bauzeit: 26 Wochen
Kennwerte: bis 1. Ebene DIN 276

**BGF** 1.352 €/m²

**Planung:** Architektur + Projektmanagement Bachschuster; Ingolstadt

veröffentlicht: BKI Objektdaten N5

### 1300-0099 Bürogebäude - Passivhaus
**BRI** 647 m³ **BGF** 221 m² **NUF** 146 m²

Einzelbüros, 1 Büro mit Ausstellungsfläche. Mauerwerksbau.

Land: Niedersachsen
Kreis: Oldenburg (Oldb), Stadt
Standard: unter Durchschnitt
Bauzeit: 26 Wochen
Kennwerte: bis 1. Ebene DIN 276

**BGF** 1.853 €/m²

**Planung:** Architekturbüro team 3 Ulf Brannies, Rita Fredeweß; Oldenburg

veröffentlicht: BKI Objektdaten E1

### 1300-0088 Bürogebäude
**BRI** 6.328 m³ **BGF** 1.847 m² **NUF** 1.301 m²

Bürogebäude für 35 Mitarbeiter als Massivbau mit Holzdachstuhl; gemischte Nutzung durch Radio- und TV-Anstalt, Architekturbüro und EDV-Betriebe. Stahlbetonbau.

Land: Bayern
Kreis: Berchtesgadener Land
Standard: unter Durchschnitt
Bauzeit: 57 Wochen
Kennwerte: bis 2. Ebene DIN 276

**BGF** 1.299 €/m²

**Planung:** Hofmann + Döberlein; Freilassing

veröffentlicht: BKI Objektdaten N4

**Verwaltung**

**Büro- und Verwaltungsgebäude, mittlerer Standard**

## Kostenkennwerte für die Kosten des Bauwerks (Kostengruppen 300+400 nach DIN 276)

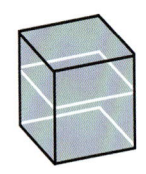

**BRI** 570 €/m³
von 470 €/m³
bis 680 €/m³

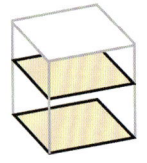

**BGF** 2.100 €/m²
von 1.770 €/m²
bis 2.575 €/m²

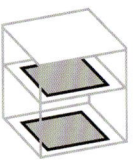

**NUF** 3.290 €/m²
von 2.685 €/m²
bis 4.215 €/m²

**NE** 91.255 €/NE
von 57.850 €/NE
bis 177.965 €/NE
NE: Arbeitsplätze

**Kosten:**
Stand 1. Quartal 2022
Bundesdurchschnitt
inkl. 19% MwSt.

### Objektbeispiele

1300-0277

1300-0279

1300-0281

### Kosten der 64 Vergleichsobjekte — Seiten 128 bis 143

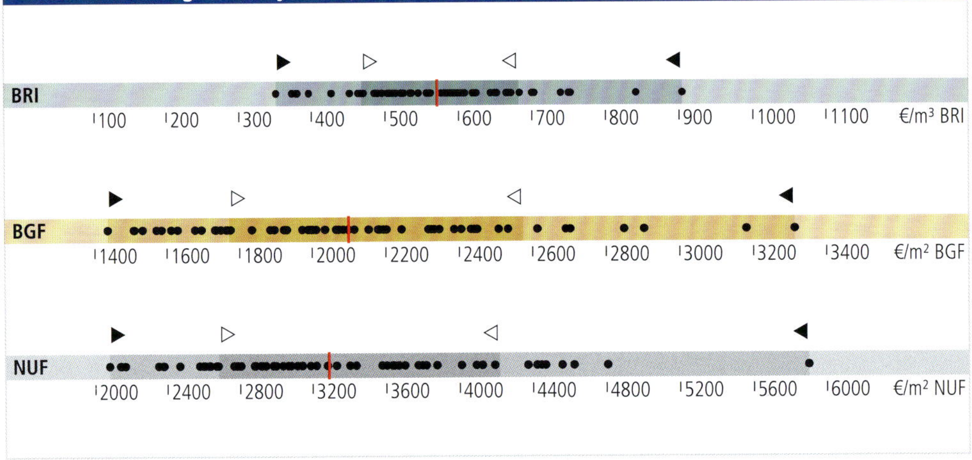

- ● KKW
- ▶ min
- ▷ von
- | Mittelwert
- ◁ bis
- ◀ max

BRI: €/m³ BRI (100–1100)

BGF: €/m² BGF (1400–3400)

NUF: €/m² NUF (2000–6000)

124

© BKI Baukosteninformationszentrum; Erläuterungen zu den Tabellen siehe Seite 46    Kostenstand: 1. Quartal 2022, Bundesdurchschnitt, **inkl. 19% MwSt.**

## Kostenkennwerte für die Kostengruppen der 1. und 2. Ebene DIN 276

| KG | Kostengruppen der 1. Ebene | Einheit | ▷ | €/Einheit | ◁ | ▷ | % an 300+400 | ◁ |
|---|---|---|---|---|---|---|---|---|
| 100 | Grundstück | m²GF | – | – | – | – | – | – |
| 200 | Vorbereitende Maßnahmen | m²GF | 7 | **42** | 271 | 0,5 | **1,9** | 5,6 |
| 300 | Bauwerk – Baukonstruktionen | m²BGF | 1.339 | **1.580** | 1.939 | 69,9 | **75,5** | 80,8 |
| 400 | Bauwerk – Technische Anlagen | m²BGF | 367 | **519** | 696 | 19,2 | **24,5** | 30,1 |
|  | Bauwerk (300+400) | m²BGF | 1.772 | **2.099** | 2.575 | 100,0 | **100,0** | 100,0 |
| 500 | Außenanlagen und Freiflächen | m²AF | 52 | **161** | 497 | 2,6 | **6,4** | 13,6 |
| 600 | Ausstattung und Kunstwerke | m²BGF | 7 | **43** | 182 | 0,4 | **2,0** | 9,1 |
| 700 | Baunebenkosten* | m²BGF | 396 | **441** | 486 | 19,0 | **21,1** | 23,3 |
| 800 | Finanzierung | m²BGF | – | – | – | – | – | – |

\* Auf Grundlage der HOAI 2021 berechnete Werte nach §§ 35, 52, 56. Weitere Informationen siehe Seite 50

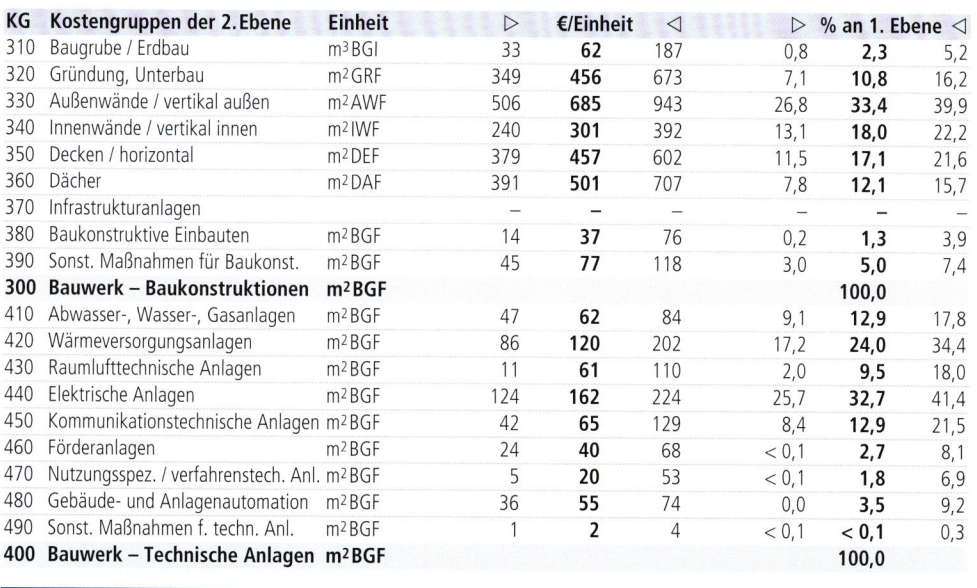

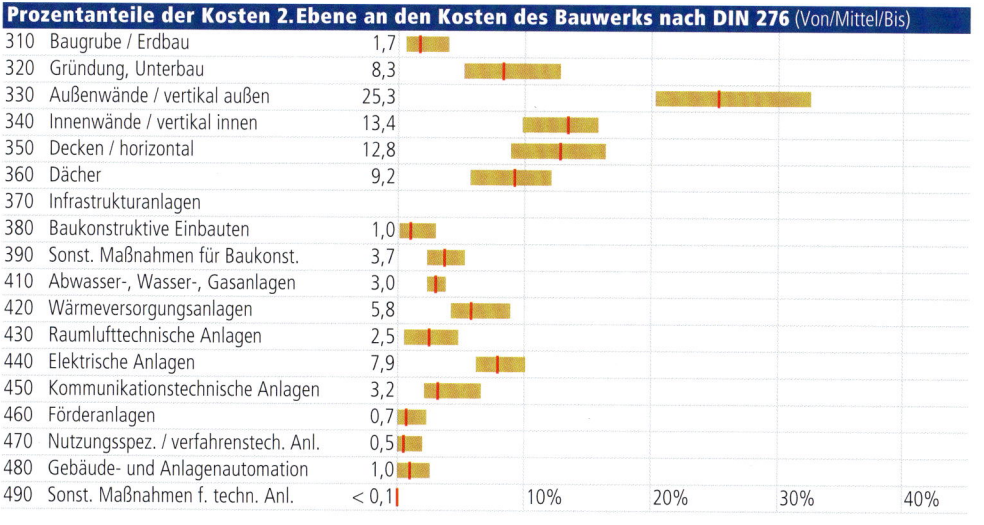

| KG | Kostengruppen der 2. Ebene | Einheit | ▷ | €/Einheit | ◁ | ▷ | % an 1. Ebene | ◁ |
|---|---|---|---|---|---|---|---|---|
| 310 | Baugrube / Erdbau | m³BGI | 33 | **62** | 187 | 0,8 | **2,3** | 5,2 |
| 320 | Gründung, Unterbau | m²GRF | 349 | **456** | 673 | 7,1 | **10,8** | 16,2 |
| 330 | Außenwände / vertikal außen | m²AWF | 506 | **685** | 943 | 26,8 | **33,4** | 39,9 |
| 340 | Innenwände / vertikal innen | m²IWF | 240 | **301** | 392 | 13,1 | **18,0** | 22,2 |
| 350 | Decken / horizontal | m²DEF | 379 | **457** | 602 | 11,5 | **17,1** | 21,6 |
| 360 | Dächer | m²DAF | 391 | **501** | 707 | 7,8 | **12,1** | 15,7 |
| 370 | Infrastrukturanlagen |  | – | – | – | – | – | – |
| 380 | Baukonstruktive Einbauten | m²BGF | 14 | **37** | 76 | 0,2 | **1,3** | 3,9 |
| 390 | Sonst. Maßnahmen für Baukonst. | m²BGF | 45 | **77** | 118 | 3,0 | **5,0** | 7,4 |
| **300** | **Bauwerk – Baukonstruktionen** | **m²BGF** |  |  |  |  | **100,0** |  |
| 410 | Abwasser-, Wasser-, Gasanlagen | m²BGF | 47 | **62** | 84 | 9,1 | **12,9** | 17,8 |
| 420 | Wärmeversorgungsanlagen | m²BGF | 86 | **120** | 202 | 17,2 | **24,0** | 34,4 |
| 430 | Raumlufttechnische Anlagen | m²BGF | 11 | **61** | 110 | 2,0 | **9,5** | 18,0 |
| 440 | Elektrische Anlagen | m²BGF | 124 | **162** | 224 | 25,7 | **32,7** | 41,4 |
| 450 | Kommunikationstechnische Anlagen | m²BGF | 42 | **65** | 129 | 8,4 | **12,9** | 21,5 |
| 460 | Förderanlagen | m²BGF | 24 | **40** | 68 | < 0,1 | **2,7** | 8,1 |
| 470 | Nutzungsspez. / verfahrenstech. Anl. | m²BGF | 5 | **20** | 53 | < 0,1 | **1,8** | 6,9 |
| 480 | Gebäude- und Anlagenautomation | m²BGF | 36 | **55** | 74 | 0,0 | **3,5** | 9,2 |
| 490 | Sonst. Maßnahmen f. techn. Anl. | m²BGF | 1 | **2** | 4 | < 0,1 | **< 0,1** | 0,3 |
| **400** | **Bauwerk – Technische Anlagen** | **m²BGF** |  |  |  |  | **100,0** |  |

### Prozentanteile der Kosten 2. Ebene an den Kosten des Bauwerks nach DIN 276 (Von/Mittel/Bis)

| KG | Bezeichnung | Mittel |
|---|---|---|
| 310 | Baugrube / Erdbau | 1,7 |
| 320 | Gründung, Unterbau | 8,3 |
| 330 | Außenwände / vertikal außen | 25,3 |
| 340 | Innenwände / vertikal innen | 13,4 |
| 350 | Decken / horizontal | 12,8 |
| 360 | Dächer | 9,2 |
| 370 | Infrastrukturanlagen |  |
| 380 | Baukonstruktive Einbauten | 1,0 |
| 390 | Sonst. Maßnahmen für Baukonst. | 3,7 |
| 410 | Abwasser-, Wasser-, Gasanlagen | 3,0 |
| 420 | Wärmeversorgungsanlagen | 5,8 |
| 430 | Raumlufttechnische Anlagen | 2,5 |
| 440 | Elektrische Anlagen | 7,9 |
| 450 | Kommunikationstechnische Anlagen | 3,2 |
| 460 | Förderanlagen | 0,7 |
| 470 | Nutzungsspez. / verfahrenstech. Anl. | 0,5 |
| 480 | Gebäude- und Anlagenautomation | 1,0 |
| 490 | Sonst. Maßnahmen f. techn. Anl. | < 0,1 |

© BKI Baukosteninformationszentrum; Erläuterungen zu den Tabellen siehe Seite 48 und 50    Kostenstand: 1. Quartal 2022, Bundesdurchschnitt, **inkl. 19% MwSt.**

**Büro- und Verwaltungsgebäude, mittlerer Standard**

## Prozentanteile der Kosten für Leistungsbereiche nach STLB (Kosten Bauwerk nach DIN 276)

| LB | Leistungsbereiche | 7,5% | 15% | 22,5% | 30% | ▷ | % an 300+400 | ◁ |
|---|---|---|---|---|---|---|---|---|
| 000 | Sicherheits-, Baustelleneinrichtungen inkl. 001 | | | | | 1,6 | **2,9** | 4,1 |
| 002 | Erdarbeiten | | | | | 1,0 | **2,1** | 5,1 |
| 006 | Spezialtiefbauarbeiten inkl. 005 | | | | | < 0,1 | **1,0** | 4,6 |
| 009 | Entwässerungskanalarbeiten inkl. 011 | | | | | 0,1 | **0,5** | 1,0 |
| 010 | Drän- und Versickerarbeiten | | | | | < 0,1 | **0,1** | 0,4 |
| 012 | Mauerarbeiten | | | | | 0,8 | **3,5** | 10,1 |
| 013 | Betonarbeiten | | | | | 14,7 | **20,2** | 25,3 |
| 014 | Natur-, Betonwerksteinarbeiten | | | | | < 0,1 | **0,4** | 1,3 |
| 016 | Zimmer- und Holzbauarbeiten | | | | | < 0,1 | **0,8** | 3,8 |
| 017 | Stahlbauarbeiten | | | | | < 0,1 | **0,4** | 2,1 |
| 018 | Abdichtungsarbeiten | | | | | 0,1 | **0,4** | 0,9 |
| 020 | Dachdeckungsarbeiten | | | | | < 0,1 | **0,2** | 2,2 |
| 021 | Dachabdichtungsarbeiten | | | | | 1,9 | **3,3** | 5,1 |
| 022 | Klempnerarbeiten | | | | | 0,3 | **1,0** | 2,3 |
| | **Rohbau** | | | | | 31,2 | **36,9** | 43,9 |
| 023 | Putz- und Stuckarbeiten, Wärmedämmsysteme | | | | | 0,9 | **4,3** | 8,1 |
| 024 | Fliesen- und Plattenarbeiten | | | | | 0,5 | **1,3** | 2,9 |
| 025 | Estricharbeiten | | | | | 0,7 | **1,7** | 3,1 |
| 026 | Fenster, Außentüren inkl. 029, 032 | | | | | 3,1 | **7,4** | 11,4 |
| 027 | Tischlerarbeiten | | | | | 1,7 | **3,2** | 5,5 |
| 028 | Parkettarbeiten, Holzpflasterarbeiten | | | | | < 0,1 | **0,4** | 3,9 |
| 030 | Rollladenarbeiten | | | | | 0,6 | **1,8** | 3,4 |
| 031 | Metallbauarbeiten inkl. 035 | | | | | 3,3 | **7,7** | 18,0 |
| 034 | Maler- und Lackiererarbeiten inkl. 037 | | | | | 1,5 | **2,3** | 4,1 |
| 036 | Bodenbelagarbeiten | | | | | 1,1 | **2,0** | 3,4 |
| 038 | Vorgehängte hinterlüftete Fassaden | | | | | < 0,1 | **1,2** | 5,8 |
| 039 | Trockenbauarbeiten | | | | | 3,3 | **5,1** | 7,6 |
| | **Ausbau** | | | | | 34,1 | **38,4** | 44,2 |
| 040 | Wärmeversorgungsanl. - Betriebseinr. inkl. 041 | | | | | 3,4 | **5,3** | 8,5 |
| 042 | Gas- und Wasserinstallation, Leitungen inkl. 043 | | | | | 0,5 | **0,9** | 5,7 |
| 044 | Abwasseranlagen - Leitungen | | | | | 0,3 | **0,6** | 1,1 |
| 045 | GWE-Einrichtungsgegenstände inkl. 046 | | | | | 0,7 | **1,1** | 1,8 |
| 047 | Dämmarbeiten an betriebstechnischen Anlagen | | | | | 0,2 | **0,6** | 1,2 |
| 049 | Feuerlöschanlagen, Feuerlöschgeräte | | | | | < 0,1 | **0,1** | 1,9 |
| 050 | Blitzschutz- und Erdungsanlagen | | | | | 0,1 | **0,3** | 0,5 |
| 052 | Mittelspannungsanlagen | | | | | 0,0 | **0,2** | 2,6 |
| 053 | Niederspannungsanlagen inkl. 054 | | | | | 3,5 | **5,2** | 7,5 |
| 055 | Sicherheits- u. Ersatzstromversorgungsanl. | | | | | < 0,1 | **0,3** | 2,3 |
| 057 | Gebäudesystemtechnik | | | | | < 0,1 | **0,3** | 2,7 |
| 058 | Leuchten und Lampen inkl. 059 | | | | | 1,1 | **2,0** | 2,8 |
| 060 | Sprechanlagen, elektroakust. Anlagen inkl. 064 | | | | | < 0,1 | **0,4** | 1,1 |
| 061 | Kommunikationsnetze inkl. 062 | | | | | 0,9 | **1,7** | 3,0 |
| 063 | Gefahrenmeldeanlagen | | | | | 0,2 | **1,0** | 3,4 |
| 069 | Aufzüge | | | | | < 0,1 | **0,8** | 2,2 |
| 070 | Gebäudeautomation | | | | | < 0,1 | **0,6** | 2,3 |
| 075 | Raumlufttechnische Anlagen inkl. 078 | | | | | 0,4 | **2,5** | 4,5 |
| | **Gebäudetechnik** | | | | | 18,5 | **24,0** | 29,5 |
| | Sonstige Leistungsbereiche inkl. 008, 033, 051 | | | | | 0,2 | **0,7** | 1,8 |

**Kosten:**
Stand 1. Quartal 2022
Bundesdurchschnitt
inkl. 19% MwSt.

- ● KKW
- ▶ min
- ▷ von
- | Mittelwert
- ◁ bis
- ◀ max

## Planungskennwerte für Flächen und Rauminhalte nach DIN 277

| Grundflächen | | | ▷ | Fläche/NUF (%) | ◁ | ▷ | Fläche/BGF (%) | ◁ |
|---|---|---|---|---|---|---|---|---|
| NUF | Nutzungsfläche | | 100,0 | **100,0** | 100,0 | 60,4 | **64,7** | 69,7 |
| TF | Technikfläche | | 3,8 | **5,2** | 7,2 | 2,4 | **3,3** | 4,7 |
| VF | Verkehrsfläche | | 21,3 | **28,0** | 39,0 | 13,4 | **17,2** | 21,8 |
| NRF | Netto-Raumfläche | | 125,9 | **133,1** | 144,1 | 83,0 | **85,2** | 87,3 |
| KGF | Konstruktions-Grundfläche | | 19,7 | **23,4** | 27,8 | 12,7 | **14,8** | 17,0 |
| BGF | Brutto-Grundfläche | | 147,2 | **156,5** | 169,3 | 100,0 | **100,0** | 100,0 |

| Brutto-Rauminhalte | | | ▷ | BRI/NUF (m) | ◁ | ▷ | BRI/BGF (m) | ◁ |
|---|---|---|---|---|---|---|---|---|
| BRI | Brutto-Rauminhalt | | 5,41 | **5,78** | 6,43 | 3,53 | **3,70** | 4,14 |

| Flächen von Nutzeinheiten | | | ▷ | NUF/Einheit (m²) | ◁ | ▷ | BGF/Einheit (m²) | ◁ |
|---|---|---|---|---|---|---|---|---|
| Nutzeinheit: Arbeitsplätze | | | 23,99 | **27,77** | 51,14 | 36,17 | **43,08** | 76,20 |

| Lufttechnisch behandelte Flächen | | | ▷ | Fläche/NUF (%) | ◁ | ▷ | Fläche/BGF (%) | ◁ |
|---|---|---|---|---|---|---|---|---|
| Entlüftete Fläche | | | 48,0 | **48,0** | 48,0 | 24,7 | **24,7** | 24,7 |
| Be- und entlüftete Fläche | | | 66,6 | **70,0** | 76,4 | 42,9 | **45,0** | 48,2 |
| Teilklimatisierte Fläche | | | 5,5 | **6,0** | 6,0 | 2,9 | **3,2** | 3,2 |
| Klimatisierte Fläche | | | 2,6 | **2,6** | 2,6 | 1,6 | **1,6** | 1,6 |

| KG | Kostengruppen (2. Ebene) | Einheit | ▷ | Menge/NUF | ◁ | ▷ | Menge/BGF | ◁ |
|---|---|---|---|---|---|---|---|---|
| 310 | Baugrube / Erdbau | m³ BGI | 1,00 | **1,27** | 2,53 | 0,57 | **0,81** | 1,57 |
| 320 | Gründung, Unterbau | m² GRF | 0,48 | **0,59** | 0,82 | 0,31 | **0,38** | 0,51 |
| 330 | Außenwände / vertikal außen | m² AWF | 1,01 | **1,24** | 1,45 | 0,66 | **0,80** | 0,94 |
| 340 | Innenwände / vertikal innen | m² IWF | 1,22 | **1,43** | 1,62 | 0,79 | **0,92** | 1,00 |
| 350 | Decken / horizontal | m² DEF | 0,86 | **0,94** | 1,11 | 0,55 | **0,61** | 0,66 |
| 360 | Dächer | m² DAF | 0,50 | **0,61** | 0,87 | 0,33 | **0,39** | 0,54 |
| 370 | Infrastrukturanlagen | | – | **–** | – | – | **–** | – |
| 380 | Baukonstruktive Einbauten | m² BGF | 1,47 | **1,57** | 1,69 | 1,00 | **1,00** | 1,00 |
| 390 | Sonst. Maßnahmen für Baukonst. | m² BGF | 1,47 | **1,57** | 1,69 | 1,00 | **1,00** | 1,00 |
| 300 | **Bauwerk – Baukonstruktionen** | m² BGF | 1,47 | **1,57** | 1,69 | 1,00 | **1,00** | 1,00 |

## Planungskennwerte für Bauzeiten — 64 Vergleichsobjekte

**Bauzeit in Wochen**

Bauzeit: 0 | 15 | 30 | 45 | 60 | 75 | 90 | 105 | 120 | 135 | 150 Wochen

© BKI Baukosteninformationszentrum; Erläuterungen zu den Tabellen siehe Seite 54    Kostenstand: 1. Quartal 2022, Bundesdurchschnitt, inkl. 19% MwSt.

**Büro- und Verwaltungsgebäude, mittlerer Standard**

**€/m² BGF**
| | |
|---|---|
| min | 1.435 €/m² |
| von | 1.770 €/m² |
| Mittel | **2.100 €/m²** |
| bis | 2.575 €/m² |
| max | 3.315 €/m² |

**Kosten:**
Stand 1. Quartal 2022
Bundesdurchschnitt
inkl. 19% MwSt.

## Objektübersicht zur Gebäudeart

### 1300-0277 Bürogebäude (22 AP)
**BRI** 2.363 m³ **BGF** 779 m² **NUF** 493 m²

Bürogebäude mit 22 Arbeitsplätzen. Mauerwerk.

Land: Hamburg
Kreis: Hamburg, Freie und Hansestadt
Standard: Durchschnitt
Bauzeit: 48 Wochen
Kennwerte: bis 1. Ebene DIN 276

**BGF 1.763 €/m²**

Planung: Architekturbüro Pflügelbauer & Scheffczyk PartGmbB; Hamburg

vorgesehen: BKI Objektdaten N18

### 1300-0282 Bürogebäude (24 AP)
**BRI** 4.024 m³ **BGF** 1.210 m² **NUF** 748 m²

Bürogebäude für eine Anwaltskanzlei und ein Notariat. 29 PKW Stellplätze. Stahlbeton.

Land: Nordrhein-Westfalen
Kreis: Recklinghausen
Standard: Durchschnitt
Bauzeit: 52 Wochen
Kennwerte: bis 1. Ebene DIN 276

**BGF 1.629 €/m²**

Planung: Architekturbüro Dipl. Ing. Stefan Risthaus; Dorsten

vorgesehen: BKI Objektdaten N18

### 1300-0269 Bürogebäude (116 AP), TG - Effizienzhaus ~51%
**BRI** 23.569 m³ **BGF** 6.765 m² **NUF** 4.104 m²

Bürogebäude mit flexibler Raumnutzung für 116 Arbeitsplätze und Tiefgarage mit 68 Stellplätzen als Effizienzhaus ~51%. Stb-Skelettbau.

Land: Niedersachsen
Kreis: Osnabrück, Stadt
Standard: Durchschnitt
Bauzeit: 83 Wochen
Kennwerte: bis 3. Ebene DIN 276

**BGF 2.316 €/m²**

Planung: Plan. Concept Architekten GmbH; Osnabrück

veröffentlicht: BKI Objektdaten E9

### 1300-0281 Architekturbüro (10 AP)
**BRI** 1.107 m³ **BGF** 302 m² **NUF** 208 m²

Architekturbüro mit 2 Büroeinheiten für 10 Mitarbeiter. Massivbau.

Land: Nordrhein-Westfalen
Kreis: Kleve
Standard: Durchschnitt
Bauzeit: 52 Wochen
Kennwerte: bis 1. Ebene DIN 276

**BGF 3.313 €/m²**

Planung: Dipl. Ing. (FH) Gaby Heghmann-Jakobs Aplacon GmbH; Straelen

vorgesehen: BKI Objektdaten N18

## Objektübersicht zur Gebäudeart

### 1300-0263 Büro-/Entwicklungsgebäude (320 AP)   BRI 25.170 m³   BGF 6.527 m²   NUF 4.285 m²

Büro- und Entwicklungsgebäude mit 320 Arbeitsplätzen. Stahlbetonbau.

Land: Saarland
Kreis: Saarbrücken, Regionalverband
Standard: Durchschnitt
Bauzeit: 69 Wochen
Kennwerte: bis 1. Ebene DIN 276

BGF   2.903 €/m²

veröffentlicht: BKI Objektdaten N17

**Planung:** Planungsgruppe Prof. Focht + Partner GmbH; Saarbrücken

### 1300-0284 Praxis- und Bürogebäude (32 AP), TG (22 STP)   BRI 8.271 m³   BGF 2.386 m²   NUF 1.414 m²

Geschäftshaus mit Praxis, Laden und einem kleinen Café. Massivbau.

Land: Bayern
Kreis: Starnberg
Standard: Durchschnitt
Bauzeit: 74 Wochen
Kennwerte: bis 1. Ebene DIN 276

BGF   1.768 €/m²

vorgesehen: BKI Objektdaten N18

**Planung:** s+p dinkel Architektur GmbH; Gilching

### 1300-0274 Verwaltungsgebäude (40 AP)   BRI 5.185 m³   BGF 1.544 m²   NUF 955 m²

Verwaltungsgebäude mit 40 Arbeitsplätzen. Stahlbeton.

Land: Hessen
Kreis: Waldeck-Frankenberg
Standard: Durchschnitt
Bauzeit: 70 Wochen
Kennwerte: bis 1. Ebene DIN 276

BGF   1.992 €/m²

vorgesehen: BKI Objektdaten N18

**Planung:** Kleine + Potthoff Architekten; Korbach

### 1300-0279 Rathaus (85 AP), Bürgersaal   BRI 11.851 m³   BGF 2.688 m²   NUF 1.668 m²

Rathaus (85 AP) mit Bürgersaal und Begegnungsstätte. Stb-Skelettbau.

Land: Nordrhein-Westfalen
Kreis: Oberbergischer Kreis
Standard: Durchschnitt
Bauzeit: 121 Wochen
Kennwerte: bis 3. Ebene DIN 276

BGF   2.405 €/m²

vorgesehen: BKI Objektdaten N18

**Planung:** ARCHWERK Generalplaner KG; Bochum

© BKI Baukosteninformationszentrum; Erläuterungen zu den Tabellen siehe Seite 56   Kostenstand: 1. Quartal 2022, Bundesdurchschnitt, **inkl. 19% MwSt.**

# Büro- und Verwaltungsgebäude, mittlerer Standard

**€/m² BGF**

| | |
|---|---|
| min | 1.435 €/m² |
| von | 1.770 €/m² |
| Mittel | 2.100 €/m² |
| bis | 2.575 €/m² |
| max | 3.315 €/m² |

**Kosten:**
Stand 1. Quartal 2022
Bundesdurchschnitt
inkl. 19% MwSt.

## Objektübersicht zur Gebäudeart

### 1300-0275 Rathaus, Veranstaltungssaal (35 AP)

**BRI** 10.553 m³   **BGF** 2.228 m²   **NUF** 1.201 m²

Rathaus mit 35 Arbeitsplätzen und Veranstaltungssaal mit 250 Sitzplätzen. Mauerwerk.

Land: Niedersachsen
Kreis: Celle
Standard: Durchschnitt
Bauzeit: 65 Wochen
Kennwerte: bis 1. Ebene DIN 276

**BGF  3.181 €/m²**

vorgesehen: BKI Objektdaten N18

**Planung:** htm.a Hartmann Architektur GmbH; Hannover

### 1300-0272 Bürogebäude (10 AP)

**BRI** 1.439 m³   **BGF** 402 m²   **NUF** 239 m²

Bürogebäude mit zehn Arbeitsplätzen. Mauerwerk.

Land: Saarland
Kreis: Saarbrücken, Regionalverband
Standard: Durchschnitt
Bauzeit: 43 Wochen
Kennwerte: bis 3. Ebene DIN 276

**BGF  2.386 €/m²**

vorgesehen: BKI Objektdaten N18

**Planung:** janek pfeufer architektur gmbh; Saarbrücken

### 1300-0268 Bürogebäude (226 AP), TG (32 STP)

**BRI** 18.391 m³   **BGF** 5.355 m²   **NUF** 3.352 m²

Bürogebäude (226 AP). Stahlbeton.

Land: Niedersachsen
Kreis: Oldenburg (Oldb), Stadt
Standard: Durchschnitt
Bauzeit: 61 Wochen
Kennwerte: bis 1. Ebene DIN 276

**BGF  2.085 €/m²**

veröffentlicht: BKI Objektdaten N17

**Planung:** Angelis & Partner Architekten mbB; Oldenburg

### 1300-0261 Rathaus (12 AP)

**BRI** 3.644 m³   **BGF** 1.011 m²   **NUF** 625 m²

Rathaus mit 12 Arbeitsplätzen. Massivbau.

Land: Bayern
Kreis: Regensburg
Standard: Durchschnitt
Bauzeit: 82 Wochen
Kennwerte: bis 1. Ebene DIN 276

**BGF  2.703 €/m²**

veröffentlicht: BKI Objektdaten N17

**Planung:** Stefan Schretzenmayr Architekt BDA; Regensburg

## Objektübersicht zur Gebäudeart

### 1300-0285 Bürogebäude (900 AP), Tiefgarage
**BRI** 64.380 m³   **BGF** 17.510 m²   **NUF** 13.218 m²

Bürogebäude mit Betriebsrestaurant, 900 Arbeitsplätzen sowie Tiefgarage mit 130 Stellplätzen. Stb-Skelettbau.

Land: Hamburg
Kreis: Hamburg, Freie und Hansestadt
Standard: Durchschnitt
Bauzeit: 65 Wochen
Kennwerte: bis 1. Ebene DIN 276

**BGF   1.571 €/m²**

**Planung:** Schenk Fleischhaker Architekten Partnerschaft mbB; Hamburg

vorgesehen: BKI Objektdaten N18

---

### 1300-0260 Bürogebäude (25 AP)
**BRI** 5.604 m³   **BGF** 1.143 m²   **NUF** 790 m²

Bürogebäude mit Seminarräumen und einer Wohnung. Stahlbetonbau.

Land: Niedersachsen
Kreis: Hannover, Region
Standard: Durchschnitt
Bauzeit: 57 Wochen
Kennwerte: bis 1. Ebene DIN 276

**BGF   2.849 €/m²**

**Planung:** Architekten Höhlich & Schmotz; Burgdorf

veröffentlicht: BKI Objektdaten N17

---

### 1300-0258 Bürogebäude (14 AP) - Effizienzhaus ~41%
**BRI** 1.537 m³   **BGF** 452 m²   **NUF** 293 m²

Architekturbüro mit 14 Arbeitsplätzen. Massivbau.

Land: Baden-Württemberg
Kreis: Alb-Donau-Kreis
Standard: Durchschnitt
Bauzeit: 31 Wochen
Kennwerte: bis 1. Ebene DIN 276

**BGF   2.036 €/m²**

**Planung:** ott_architekten Partnerschaft mbB; Laichingen

veröffentlicht: BKI Objektdaten E9

---

### 1300-0255 Verwaltungsgebäude (200 AP), Tiefgarage (88 STP)
**BRI** 22.850 m³   **BGF** 6.500 m²   **NUF** 4.141 m²

Verwaltungsgebäude (200 AP) mit Tiefgarage (88 STP). Beton-Sandwichelemente.

Land: Baden-Württemberg
Kreis: Rhein-Neckar-Kreis
Standard: Durchschnitt
Bauzeit: 74 Wochen
Kennwerte: bis 1. Ebene DIN 276

**BGF   1.834 €/m²**

**Planung:** Neff Kuhn Architekten Studio PPANK; Weinheim

veröffentlicht: BKI Objektdaten N17

---

© BKI Baukosteninformationszentrum; Erläuterungen zu den Tabellen siehe Seite 56   Kostenstand: 1. Quartal 2022, Bundesdurchschnitt, **inkl. 19% MwSt.**

# Büro- und Verwaltungsgebäude, mittlerer Standard

**€/m² BGF**

| | |
|---|---|
| min | 1.435 €/m² |
| von | 1.770 €/m² |
| **Mittel** | **2.100 €/m²** |
| bis | 2.575 €/m² |
| max | 3.315 €/m² |

**Kosten:**
Stand 1. Quartal 2022
Bundesdurchschnitt
inkl. 19% MwSt.

## Objektübersicht zur Gebäudeart

### 1300-0246 Bürogebäude, Kanzlei (60 AP) - Effizienzhaus ~72%

**BRI** 8.776 m³ **BGF** 2.341 m² **NUF** 1.155 m²

Bürogebäude mit 60 Arbeitsplätzen. Mauerwerksbau.

Land: Niedersachsen
Kreis: Oldenburg (Oldb), Stadt
Standard: Durchschnitt
Bauzeit: 57 Wochen
Kennwerte: bis 1. Ebene DIN 276

**BGF** 2.193 €/m²

**Planung:** kbg architekten bagge grothoff partner; Oldenburg

veröffentlicht: BKI Objektdaten E8

### 1300-0238 Bürogebäude, Lagerhalle - Effizienzhaus 70

**BRI** 2.307 m³ **BGF** 504 m² **NUF** 407 m²

Bürogebäude mit Lagerhalle. Massivbau.

Land: Bayern
Kreis: Bamberg
Standard: Durchschnitt
Bauzeit: 52 Wochen
Kennwerte: bis 1. Ebene DIN 276

**BGF** 1.736 €/m²

**Planung:** Eis Architekten GmbH; Bamberg

veröffentlicht: BKI Objektdaten E8

### 1300-0235 Bürogebäude (12 AP) - Effizienzhaus ~60%

**BRI** 742 m³ **BGF** 255 m² **NUF** 173 m²

Büro mit 12 Arbeitsplätzen. Holzbau.

Land: Hessen
Kreis: Groß-Gerau
Standard: Durchschnitt
Bauzeit: 31 Wochen
Kennwerte: bis 1. Ebene DIN 276

**BGF** 2.449 €/m²

**Planung:** MIND Architects Collective; Bischofsheim

veröffentlicht: BKI Objektdaten N17

### 1300-0249 Verwaltungsgebäude (42 AP)

**BRI** 8.340 m³ **BGF** 2.323 m² **NUF** 1.293 m²

Büro- und Verwaltungsgebäude für die Organisationen und Einrichtungen der Forst-, Holz- und Landwirtschaft (42 AP). Holzkonstruktion.

Land: Bayern
Kreis: Oberallgäu
Standard: Durchschnitt
Bauzeit: 74 Wochen
Kennwerte: bis 1. Ebene DIN 276

**BGF** 1.749 €/m²

**Planung:** F64 Architekten, Architekten und Stadtplaner PartGmbB; Kempten/Allgäu

veröffentlicht: BKI Objektdaten N17

## Objektübersicht zur Gebäudeart

### 1300-0226 Bürogebäude (8 AP) - Effizienzhaus ~86%

**BRI** 1.636 m³   **BGF** 393 m²   **NUF** 226 m²

Bürogebäude (9 AP) mit 4 Garagen. Massivbau.

Land: Sachsen
Kreis: Meißen
Standard: Durchschnitt
Bauzeit: 39 Wochen
Kennwerte: bis 3. Ebene DIN 276

**BGF** 2.182 €/m²

**Planung:** G.N.b.h. Architekten Grill und Neumann Partnerschaft; Dresden

veröffentlicht: BKI Objektdaten E7

### 1300-0237 Bürogebäude (30 AP) - Effizienzhaus ~76%

**BRI** 3.574 m³   **BGF** 959 m²   **NUF** 716 m²

Bürogebäude mit 30 Arbeitsplätzen, Effizienzhaus ~76%. Stahlbeton.

Land: Hessen
Kreis: Kassel, Stadt
Standard: Durchschnitt
Bauzeit: 35 Wochen
Kennwerte: bis 1. Ebene DIN 276

**BGF** 2.179 €/m²

**Planung:** crep.D Architekten BDA; Kassel

veröffentlicht: BKI Objektdaten E8

### 1300-0231 Bürogebäude (95 AP)

**BRI** 16.002 m³   **BGF** 4.490 m²   **NUF** 3.067 m²

Bürogebäude mit 95 Arbeitsplätzen und Kinderbetreuung. Stb-Skelettbau.

Land: Niedersachsen
Kreis: Wittmund
Standard: Durchschnitt
Bauzeit: 83 Wochen
Kennwerte: bis 3. Ebene DIN 276

**BGF** 2.324 €/m²

**Planung:** kbg architekten bagge grothoff partner; Oldenburg

veröffentlicht: BKI Objektdaten N17

### 1300-0224 Verwaltungsgebäude (205 AP) - Effizienzhaus ~66%

**BRI** 27.616 m³   **BGF** 7.957 m²   **NUF** 5.916 m²

Verwaltungsgebäude (205 AP) mit Tiefgarage (33 STP). Stb-Massivbau.

Land: Baden-Württemberg
Kreis: Biberach
Standard: Durchschnitt
Bauzeit: 91 Wochen
Kennwerte: bis 3. Ebene DIN 276

**BGF** 2.440 €/m²

**Planung:** Braunger Wörtz Architekten GmbH; Ulm

veröffentlicht: BKI Objektdaten E7

**Büro- und Verwaltungs- gebäude, mittlerer Standard**

€/m² BGF
- min 1.435 €/m²
- von 1.770 €/m²
- Mittel **2.100 €/m²**
- bis 2.575 €/m²
- max 3.315 €/m²

**Kosten:**
Stand 1. Quartal 2022
Bundesdurchschnitt
inkl. 19% MwSt.

## Objektübersicht zur Gebäudeart

### 1300-0203 Bürogebäude (17 AP)
**BRI** 1.370 m³    **BGF** 250 m²    **NUF** 187 m²

Bürogebäude für max. 17 Arbeitsplätze. Vorgefertigter Holzrahmenbau.

Land: Bayern
Kreis: Kulmbach
Standard: Durchschnitt
Bauzeit: 13 Wochen
Kennwerte: bis 1. Ebene DIN 276

**BGF  1.923 €/m²**

**Planung:** 2wei Plus architekten GmbH; Bamberg

veröffentlicht: BKI Objektdaten E6

### 1300-0227 Verwaltungsgebäude (42 AP) - Effizienzhaus ~59%
**BRI** 5.950 m³    **BGF** 1.593 m²    **NUF** 1.116 m²

Verwaltungsgebäude mit öffentlichem Kundenbereich und Caféteria (42 AP) als Effizienzhaus ~59%. Massivbau.

Land: Hessen
Kreis: Darmstadt-Dieburg
Standard: Durchschnitt
Bauzeit: 130 Wochen
Kennwerte: bis 3. Ebene DIN 276

**BGF  2.202 €/m²**

**Planung:** studio moeve architekten bda; Darmstadt

veröffentlicht: BKI Objektdaten E9

### 1300-0204 Bürogebäude (84 AP)
**BRI** 7.580 m³    **BGF** 1.816 m²    **NUF** 1.191 m²

Bürogebäude mit 84 Arbeitsplätzen, Schulungs- und Konferenzraum. Stb-Fertigteilkonstruktion.

Land: Sachsen
Kreis: Dresden, Stadt
Standard: Durchschnitt
Bauzeit: 35 Wochen
Kennwerte: bis 1. Ebene DIN 276

**BGF  2.346 €/m²**

**Planung:** P6 architekteningenieure BSC Bauplanung Sachsen; Dresden

veröffentlicht: BKI Objektdaten E6

### 1300-0239 Technologiezentrum - Effizienzhaus ~62%
**BRI** 11.186 m³    **BGF** 3.088 m²    **NUF** 1.693 m²

Technologiezentrum mit Mietflächen für Werkstatt-, Labor- und Büronutzungen. Stahlbeton.

Land: Thüringen
Kreis: Jena
Standard: Durchschnitt
Bauzeit: 91 Wochen
Kennwerte: bis 1. Ebene DIN 276

**BGF  2.243 €/m²**

**Planung:** Wagner + Günther Architekten; Jena

veröffentlicht: BKI Objektdaten E8

## Objektübersicht zur Gebäudeart

### 1300-0213 Bürogebäude (18 AP)    BRI 2.031 m³    BGF 515 m²    NUF 311 m²

Bürogebäude als Teil eines Betriebsgebäudes (18 AP). Mauerwerksbau.

Land: Bremen
Kreis: Bremen, Stadt
Standard: Durchschnitt
Bauzeit: 39 Wochen
Kennwerte: bis 3. Ebene DIN 276

BGF    1.925 €/m²

**Planung:** Püffel Architekten; Bremen

veröffentlicht: BKI Objektdaten N13

### 1300-0229 Bürogebäude (125 AP), TG - Effizienzhaus ~38%    BRI 21.886 m³    BGF 5.982 m²    NUF 4.132 m²

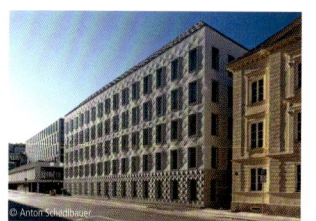

Bürogebäude mit 125 Arbeitsplätzen, Cafeteria und Tiefgarage. Stahlbetonbau.

Land: Bayern
Kreis: München
Standard: Durchschnitt
Bauzeit: 96 Wochen
Kennwerte: bis 1. Ebene DIN 276

BGF    1.922 €/m²

**Planung:** Wandel Lorch Architekten; Frankfurt

veröffentlicht: BKI Objektdaten E7

### 1300-0214 Bürogebäude (29 AP) - Effizienzhaus ~31%    BRI 2.143 m³    BGF 626 m²    NUF 383 m²

Bürogebäude (29 AP). Mauerwerksbau.

Land: Niedersachsen
Kreis: Gifhorn
Standard: Durchschnitt
Bauzeit: 43 Wochen
Kennwerte: bis 3. Ebene DIN 276

BGF    1.612 €/m²

**Planung:** Die Planschmiede 2KS GmbH & Co. KG; Hankensbüttel

veröffentlicht: BKI Objektdaten E7

### 1300-0242 Rathaus (55 AP) - Passivhaus    BRI 10.258 m³    BGF 2.735 m²    NUF 1.835 m²

Rathaus mit 55 Arbeitsplätzen als Passivhaus. Massivbau.

Land: Brandenburg
Kreis: Oder-Spree
Standard: Durchschnitt
Bauzeit: 109 Wochen
Kennwerte: bis 1. Ebene DIN 276

BGF    2.011 €/m²

**Planung:** Schmidtmann und Gölling Architektur- u. Ingenieurgesellschaft mbH; Berlin

veröffentlicht: BKI Objektdaten E8

© BKI Baukosteninformationszentrum; Erläuterungen zu den Tabellen siehe Seite 56    Kostenstand: 1. Quartal 2022, Bundesdurchschnitt, **inkl. 19% MwSt.**

**Büro- und Verwaltungsgebäude, mittlerer Standard**

**€/m² BGF**
| | |
|---|---|
| min | 1.435 €/m² |
| von | 1.770 €/m² |
| **Mittel** | **2.100 €/m²** |
| bis | 2.575 €/m² |
| max | 3.315 €/m² |

**Kosten:**
Stand 1. Quartal 2022
Bundesdurchschnitt
inkl. 19% MwSt.

## Objektübersicht zur Gebäudeart

### 1300-0223 Verwaltungsgebäude, Schulungszentrum (330 AP), TG
**BRI** 34.016 m³ | **BGF** 9.746 m² | **NUF** 5.438 m²

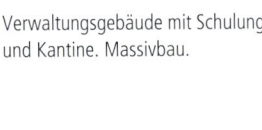

Verwaltungsgebäude mit Schulungsräumen und Kantine. Massivbau.

Land: Hessen
Kreis: Darmstadt
Standard: Durchschnitt
Bauzeit: 78 Wochen
Kennwerte: bis 1. Ebene DIN 276

**BGF 2.065 €/m²**

Planung: Architekturbüro Georg Schmitt; Darmstadt

veröffentlicht: BKI Objektdaten N15

### 1300-0205 Bürogebäude (100 AP)
**BRI** 12.366 m³ | **BGF** 3.725 m² | **NUF** 2.618 m²

Bürogebäude mit variablen Grundrissen, Gastronomie und Showroom im EG, Durchfahrt zum Parkhaus mit Pförtnerloge. Massivbau.

Land: Nordrhein-Westfalen
Kreis: Bonn, Stadt
Standard: Durchschnitt
Bauzeit: 74 Wochen
Kennwerte: bis 3. Ebene DIN 276

**BGF 2.153 €/m²**

Planung: Ulrich Griebel Planungsgesellschaft mbH; Köln

veröffentlicht: BKI Objektdaten E6

### 1300-0211 Gewerbezentrum (110 AP), TG (16 STP)
**BRI** 10.716 m³ | **BGF** 2.962 m² | **NUF** 1.790 m²

Gewerbezentrum mit Büroräumen für die Kreativwirtschaft (110 AP). Stb-Konstruktion.

Land: Thüringen
Kreis: Weimar, Stadt
Standard: Durchschnitt
Bauzeit: 78 Wochen
Kennwerte: bis 1. Ebene DIN 276

**BGF 2.533 €/m²**

Planung: gildehaus.reich architekten BDA; Weimar

veröffentlicht: BKI Objektdaten N13

### 1300-0199 Verwaltungsgebäude (48 AP)
**BRI** 7.279 m³ | **BGF** 1.984 m² | **NUF** 1.075 m²

Verwaltungsgebäude mit Einzel- und Doppelbüros. Stb-Skelettbau.

Land: Schleswig-Holstein
Kreis: Schleswig-Flensburg
Standard: Durchschnitt
Bauzeit: 48 Wochen
Kennwerte: bis 3. Ebene DIN 276

**BGF 2.507 €/m²**

Planung: architekturbüro p. sindram Architekt Paul Sindram; Schleswig

veröffentlicht: BKI Objektdaten E6

## Objektübersicht zur Gebäudeart

### 1300-0194 Bürogebäude (18 AP)   BRI 2.973 m³   BGF 734 m²   NUF 511 m²

Bürogebäude mit 18 Arbeitsplätzen. Mauerwerksbau.

Land: Nordrhein-Westfalen
Kreis: Siegen-Wittgenstein
Standard: Durchschnitt
Bauzeit: 44 Wochen
Kennwerte: bis 1. Ebene DIN 276

BGF   1.510 €/m²

**Planung:** projektplan gmbh Dipl.-Ing. Architektin Annika Menze; Siegen

veröffentlicht: BKI Objektdaten N13

### 1300-0209 Gemeindeverwaltung, Jugendclub (3 AP)   BRI 988 m³   BGF 300 m²   NUF 193 m²

Gemeindeverwaltung mit drei Arbeitsplätzen und Jugendclub. Mauerwerksbau.

Land: Thüringen
Kreis: Weimarer Land
Standard: Durchschnitt
Bauzeit: 57 Wochen
Kennwerte: bis 1. Ebene DIN 276

BGF   1.973 €/m²

**Planung:** Architekturbüro Ludewig; Weimar

veröffentlicht: BKI Objektdaten N13

### 1300-0195 Bürogebäude (200 AP)   BRI 20.960 m³   BGF 5.610 m²   NUF 3.600 m²

Bürogebäude (Verlagshaus) mit 200 Arbeitsplätzen, Redaktionen, Besprechungen. Massivbauweise.

Land: Schleswig-Holstein
Kreis: Schleswig-Flensburg
Standard: Durchschnitt
Bauzeit: 48 Wochen
Kennwerte: bis 1. Ebene DIN 276

BGF   2.332 €/m²

**Planung:** ARGE Brodersen - Hain - Ladehoff; Flensburg

veröffentlicht: BKI Objektdaten N13

### 1300-0201 Bürogebäude (39 AP)   BRI 5.382 m³   BGF 1.425 m²   NUF 830 m²

Verwaltungsgebäude für 31 Mitarbeiter. Massivbau.

Land: Nordrhein-Westfalen
Kreis: Gütersloh
Standard: Durchschnitt
Bauzeit: 35 Wochen
Kennwerte: bis 1. Ebene DIN 276

BGF   1.437 €/m²

**Planung:** MELISCH ARCHITEKTEN BDA; Gütersloh

veröffentlicht: BKI Objektdaten E6

© BKI Baukosteninformationszentrum; Erläuterungen zu den Tabellen siehe Seite 56   Kostenstand: 1. Quartal 2022, Bundesdurchschnitt, **inkl. 19% MwSt.**

**Büro- und Verwaltungs-gebäude, mittlerer Standard**

€/m² BGF

| | | |
|---|---|---|
| min | 1.435 | €/m² |
| von | 1.770 | €/m² |
| Mittel | 2.100 | €/m² |
| bis | 2.575 | €/m² |
| max | 3.315 | €/m² |

**Kosten:**
Stand 1. Quartal 2022
Bundesdurchschnitt
inkl. 19% MwSt.

## Objektübersicht zur Gebäudeart

### 1300-0196 Bürogebäude (20 AP) — BRI 2.172 m³ · BGF 584 m² · NUF 411 m²

Bürogebäude mit 20 Arbeitsplätzen, Großraum- und Einzelbüros. Stb-Skelettbau.

Land: Nordrhein-Westfalen
Kreis: Kleve
Standard: Durchschnitt
Bauzeit: 48 Wochen
Kennwerte: bis 1. Ebene DIN 276

BGF 1.884 €/m²

veröffentlicht: BKI Objektdaten N13

**Planung:** Philipp von der Linde Architekten BDA; Geldern

### 1300-0206 Verwaltungsgebäude (63 AP) — BRI 13.036 m³ · BGF 3.687 m² · NUF 1.921 m²

Verwaltungsgebäude mit 63 Arbeitsplätzen und Seminarbereich mit bis zu 100 Sitzplätzen. Massivbau.

Land: Schleswig-Holstein
Kreis: Dithmarschen
Standard: Durchschnitt
Bauzeit: 78 Wochen
Kennwerte: bis 1. Ebene DIN 276

BGF 1.895 €/m²

veröffentlicht: BKI Objektdaten N13

**Planung:** ppp architekten + stadtplaner gmbh; Lübeck

### 1300-0183 Bürogebäude (20 AP) — BRI 2.162 m³ · BGF 594 m² · NUF 351 m²

Bürogebäude mit 20 Arbeitsplätzen. Lager/Archiv im UG, Büroräume/Besprechungsräume/Warte- und Kommunikationsbereiche im EG und OG. Massivbau.

Land: Sachsen
Kreis: Vogtlandkreis
Standard: Durchschnitt
Bauzeit: 31 Wochen
Kennwerte: bis 1. Ebene DIN 276

BGF 2.690 €/m²

veröffentlicht: BKI Objektdaten N12

**Planung:** THAUTARCHITEKTEN; Zwickau

### 1300-0177 Bürogebäude — BRI 6.134 m³ · BGF 1.524 m² · NUF 1.017 m²

Bürogebäude für 50 Mitarbeiter. Das Gebäude ist als kompakter zweigeschossiger Baukörper geplant. Stb-Massivbau.

Land: Sachsen
Kreis: Dresden, Stadt
Standard: Durchschnitt
Bauzeit: 52 Wochen
Kennwerte: bis 1. Ebene DIN 276

BGF 2.449 €/m²

veröffentlicht: BKI Objektdaten N11

**Planung:** Heinle, Wischer und Partner; Dresden

## Objektübersicht zur Gebäudeart

### 1300-0175 Bürogebäude  BRI 6.296 m³  BGF 1.521 m²  NUF 1.061 m²

Bürogebäude für 37 Mitarbeiter. Massivbau.

Land: Hessen
Kreis: Offenbach am Main, Stadt
Standard: Durchschnitt
Bauzeit: 74 Wochen
Kennwerte: bis 4. Ebene DIN 276

BGF  1.929 €/m²

**Planung:** Büro für Architektur André Richter bei b@ugilde-architekten; Diez

veröffentlicht: BKI Objektdaten N11

### 1300-0173 Bürogebäude  BRI 2.283 m³  BGF 600 m²  NUF 380 m²

Bürogebäude mit 26 Arbeitsplätzen. Massivbau.

Land: Nordrhein-Westfalen
Kreis: Steinfurt
Standard: Durchschnitt
Bauzeit: 35 Wochen
Kennwerte: bis 4. Ebene DIN 276

BGF  1.508 €/m²

**Planung:** Bayer Berresheim Architekten Anuschka Wahl; Aachen

veröffentlicht: BKI Objektdaten N11

### 1300-0179 Verwaltungsgebäude (455 AP)  BRI 37.260 m³  BGF 11.097 m²  NUF 7.538 m²

Verwaltungsgebäude mit Großraumbüros. Massivbau.

Land: Schleswig-Holstein
Kreis: Kiel, Stadt
Standard: Durchschnitt
Bauzeit: 91 Wochen
Kennwerte: bis 3. Ebene DIN 276

BGF  1.998 €/m²

**Planung:** bbp : architekten bda brockstedt.bergfeld.petersen; Kiel

veröffentlicht: BKI Objektdaten N13

### 1300-0165 Bürogebäude  BRI 1.934 m³  BGF 565 m²  NUF 359 m²

Bürogebäude für 33 Mitarbeiter. Massivbau.

Land: Niedersachsen
Kreis: Osnabrück
Standard: Durchschnitt
Bauzeit: 30 Wochen
Kennwerte: bis 4. Ebene DIN 276

BGF  1.695 €/m²

**Planung:** Dälken Ingenieurgesellschaft mbH & Co. KG; Georgsmarienhütte

veröffentlicht: BKI Objektdaten N11

© BKI Baukosteninformationszentrum; Erläuterungen zu den Tabellen siehe Seite 56    Kostenstand: 1. Quartal 2022, Bundesdurchschnitt, **inkl. 19% MwSt.**

# Büro- und Verwaltungsgebäude, mittlerer Standard

**€/m² BGF**
| | |
|---|---|
| min | 1.435 €/m² |
| von | 1.770 €/m² |
| **Mittel** | **2.100 €/m²** |
| bis | 2.575 €/m² |
| max | 3.315 €/m² |

**Kosten:**
Stand 1. Quartal 2022
Bundesdurchschnitt
inkl. 19% MwSt.

## Objektübersicht zur Gebäudeart

### 1300-0176 Bürogebäude
**BRI** 1.987 m³ **BGF** 557 m² **NUF** 370 m²

Bürogebäude. Mauerwerksbau.

Land: Thüringen
Kreis: Saalfeld-Rudolstadt
Standard: Durchschnitt
Bauzeit: 26 Wochen
Kennwerte: bis 4. Ebene DIN 276

**BGF 1.733 €/m²**

Planung: Architekturbüro Martin Raffelt; Pößneck

veröffentlicht: BKI Objektdaten N11

### 1300-0192 Bürogebäude (15 AP)
**BRI** 1.950 m³ **BGF** 522 m² **NUF** 306 m²

Bürogebäude (15 Arbeitsplätze). Stb-Konstruktion.

Land: Baden-Württemberg
Kreis: Sigmaringen
Standard: Durchschnitt
Bauzeit: 35 Wochen
Kennwerte: bis 1. Ebene DIN 276

**BGF 2.613 €/m²**

Planung: wassung bader architekten; Tettnang

veröffentlicht: BKI Objektdaten N12

### 1300-0187 Bürogebäude (40 AP)
**BRI** 3.868 m³ **BGF** 1.169 m² **NUF** 754 m²

Bürogebäude mit 40 Arbeitsplätzen. Stb-Konstruktion.

Land: Bayern
Kreis: Neumarkt i.d.Opf.
Standard: Durchschnitt
Bauzeit: 56 Wochen
Kennwerte: bis 1. Ebene DIN 276

**BGF 1.533 €/m²**

Planung: KNYCHALLA + TEAM ARCHITEKTUR + FREIRAUM; Neumarkt i.d.OPf.

veröffentlicht: BKI Objektdaten N12

### 1300-0146 Verwaltungsgebäude
**BRI** 2.864 m³ **BGF** 772 m² **NUF** 550 m²

Verwaltungsgebäude. Mauerwerksbau, Holzrahmenwände; Stb-Flachdach.

Land: Saarland
Kreis: St. Wendel
Standard: Durchschnitt
Bauzeit: 48 Wochen
Kennwerte: bis 4. Ebene DIN 276

**BGF 1.678 €/m²**

Planung: S.I.G. SCHROLL CONSULT GmbH Dipl.-Ing. (FH) Sven Schroll; Saarbrücken

veröffentlicht: BKI Objektdaten N10

## Objektübersicht zur Gebäudeart

### 1300-0144 Bürogebäude
**BRI** 8.393 m³  **BGF** 2.195 m²  **NUF** 1.973 m²

Büros, Sprachschule, Biomarkt. Stb-Skelettbau, Pfosten-Riegel-Fassade.

Land: Schleswig-Holstein
Kreis: Lübeck, Hansestadt
Standard: Durchschnitt
Bauzeit: 35 Wochen
Kennwerte: bis 1. Ebene DIN 276

**BGF   1.925 €/m²**

**Planung:** Matthias Homann Tillmann+Homann Architekten; Lübeck

veröffentlicht: BKI Objektdaten N9

### 1300-0147 Verwaltungsgebäude
**BRI** 1.738 m³  **BGF** 529 m²  **NUF** 373 m²

Neubau eines Verwaltungsgebäude mit 18 Arbeitsplätzen. Stb-Skelettbau, Pfosten-Riegel-Fassade.

Land: Baden-Württemberg
Kreis: Tuttlingen
Standard: Durchschnitt
Bauzeit: 26 Wochen
Kennwerte: bis 1. Ebene DIN 276

**BGF   2.114 €/m²**

**Planung:** messmerarchitektur gmbh; Wehingen

veröffentlicht: BKI Objektdaten N9

### 1300-0163 Bürogebäude
**BRI** 20.453 m³  **BGF** 5.908 m²  **NUF** 3.021 m²

Bürogebäude für 160 Mitarbeiter und einer Tiefgarage mit 32 Stellplätzen. Stb-Konstruktion.

Land: Baden-Württemberg
Kreis: Stuttgart, Stadtkreis
Standard: Durchschnitt
Bauzeit: 69 Wochen
Kennwerte: bis 4. Ebene DIN 276

**BGF   1.930 €/m²**

**Planung:** D'Inka Scheible Hoffmann Architekten BDA; Fellbach

veröffentlicht: BKI Objektdaten N11

### 1300-0158 Bürogebäude mit Werkstätten
**BRI** 96.356 m³  **BGF** 24.532 m²  **NUF** 18.350 m²

Verwaltungs-, Labor- und Werkstättengebäude. Stb-Skelettkonstruktion.

Land: Bayern
Kreis: München, Stadt
Standard: Durchschnitt
Bauzeit: 109 Wochen
Kennwerte: bis 3. Ebene DIN 276

**BGF   2.098 €/m²**

**Planung:** h4a Gessert + Randecker Architekten BDA; Stuttgart

veröffentlicht: BKI Objektdaten N11

**Büro- und Verwaltungsgebäude, mittlerer Standard**

€/m² BGF
| | |
|---|---|
| min | 1.435 €/m² |
| von | 1.770 €/m² |
| Mittel | **2.100 €/m²** |
| bis | 2.575 €/m² |
| max | 3.315 €/m² |

**Kosten:**
Stand 1. Quartal 2022
Bundesdurchschnitt
inkl. 19% MwSt.

## Objektübersicht zur Gebäudeart

### 1300-0140 Büro-/ Verwaltungsgebäude
**BRI** 3.777 m³  **BGF** 1.130 m²  **NUF** 699 m²

Bürogebäude mit Einzelbüros; Cafeteria und Sozialräumen; Archivräumen und Haustechnik. Mauerwerksbau.

Land: Nordrhein-Westfalen
Kreis: Münster, Stadt
Standard: Durchschnitt
Bauzeit: 43 Wochen
Kennwerte: bis 3. Ebene DIN 276

**BGF  1.927 €/m²**

**Planung:** plan.werk I Gesellschaft für Architektur und Städtebau mbH; Münster

veröffentlicht: BKI Objektdaten N9

### 1300-0156 Büro- und Sozialgebäude
**BRI** 33.701 m³  **BGF** 7.715 m²  **NUF** 5.148 m²

Büro- und Sozialgebäude für 143 Mitarbeiter, Besprechungsräume, Küche, Kantine. Stb-Konstruktion.

Land: Bremen
Kreis: Bremerhaven, Stadt
Standard: Durchschnitt
Bauzeit: 57 Wochen
Kennwerte: bis 3. Ebene DIN 276

**BGF  2.432 €/m²**

**Planung:** Fritz-Dieter Tollé Architekt BDB Architekten Stadtplaner Ingenieure; Verden

veröffentlicht: BKI Objektdaten N11

### 1300-0137 Bürogebäude
**BRI** 2.554 m³  **BGF** 743 m²  **NUF** 528 m²

Bürogebäude mit Gemeinschaftsräumen. Mauerwerksbau, Holzdachkonstruktion.

Land: Rheinland-Pfalz
Kreis: Südliche Weinstraße
Standard: Durchschnitt
Bauzeit: 43 Wochen
Kennwerte: bis 4. Ebene DIN 276

**BGF  2.072 €/m²**

**Planung:** BECKER I RITZMANN Architekten + Ingenieure; Neustadt

veröffentlicht: BKI Objektdaten N10

### 1300-0164 Rathaus
**BRI** 3.600 m³  **BGF** 988 m²  **NUF** 628 m²

Rathaus mit Bürgersaal, Bürgerservice, Büros und Trauzimmer. Stahlbetonbau.

Land: Baden-Württemberg
Kreis: Ostalbkreis
Standard: Durchschnitt
Bauzeit: 57 Wochen
Kennwerte: bis 1. Ebene DIN 276

**BGF  2.183 €/m²**

**Planung:** Atelier Wolfshof Architekten Martin Bühler, Norbert König; Weinstadt

veröffentlicht: BKI Objektdaten N10

## Objektübersicht zur Gebäudeart

### 1300-0133 Bürogebäude
**BRI** 4.782 m³  **BGF** 1.337 m²  **NUF** 928 m²

Bürogebäude mit Steuerkanzlei und Räume für Finanzdienstleister (2. BA zu Objekt 1300-0070). Stb-Skelettbau.

Land: Bayern
Kreis: Hof, Stadt
Standard: Durchschnitt
Bauzeit: 48 Wochen
Kennwerte: bis 3. Ebene DIN 276

**BGF  2.002 €/m²**

**Planung:** Architekturbüro Meiler Dipl.-Ing. (FH) M. Meiler; Plauen

veröffentlicht: BKI Objektdaten N9

### 1300-0145 Verwaltungsgebäude, TG
**BRI** 22.905 m³  **BGF** 6.745 m²  **NUF** 3.471 m²

Rathaus mit Einzel- und Großraumbüros und Tiefgarage. Stb-Skelettbau, Pfosten-Riegel-Fassade.

Land: Baden-Württemberg
Kreis: Esslingen
Standard: Durchschnitt
Bauzeit: 48 Wochen
Kennwerte: bis 1. Ebene DIN 276

**BGF  1.585 €/m²**

**Planung:** weinbrenner.single.arabzadeh ArchitektenWerkgemeinschaft; Nürtingen

veröffentlicht: BKI Objektdaten N9

### 1300-0122 Bürogebäude
**BRI** 3.118 m³  **BGF** 904 m²  **NUF** 618 m²

Bürogebäude mit Ausstellungsraum, Sozialräume. Stb-Konstruktion.

Land: Nordrhein-Westfalen
Kreis: Märkischer Kreis
Standard: Durchschnitt
Bauzeit: 39 Wochen
Kennwerte: bis 4. Ebene DIN 276

**BGF  1.775 €/m²**

**Planung:** Architekt Reinhard Klotz; Schalksmühle

veröffentlicht: BKI Objektdaten N8

### 1300-0127 Polizeidienstgebäude
**BRI** 3.860 m³  **BGF** 1.207 m²  **NUF** 791 m²

Polizeirevier, Büroräume, Asservatenraum, Verwahrraum, Schulungsraum, Sportraum. Stb-Konstruktion mit Filigrandecken und Flachdach.

Land: Sachsen
Kreis: Dresden, Stadt
Standard: Durchschnitt
Bauzeit: 74 Wochen
Kennwerte: bis 4. Ebene DIN 276

**BGF  1.989 €/m²**

**Planung:** Kremtz Architekten Dr.-Ing. Ullrich Kremtz; Dresden

veröffentlicht: BKI Objektdaten N8

**Büro- und Verwaltungsgebäude, hoher Standard**

## Kostenkennwerte für die Kosten des Bauwerks (Kostengruppen 300+400 nach DIN 276)

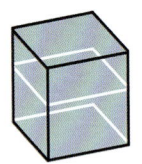

**BRI** 775 €/m³
von 595 €/m³
bis 960 €/m³

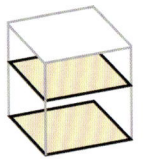

**BGF** 2.855 €/m²
von 2.230 €/m²
bis 3.645 €/m²

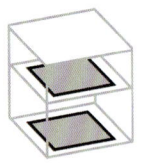

**NUF** 4.450 €/m²
von 3.365 €/m²
bis 5.885 €/m²

**NE** 128.065 €/NE
von 75.360 €/NE
bis 218.465 €/NE
NE: Arbeitsplätze

**Kosten:**
Stand 1. Quartal 2022
Bundesdurchschnitt
inkl. 19% MwSt.

### Objektbeispiele

1300-0278

1300-0273

1300-0271

### Kosten der 29 Vergleichsobjekte
Seiten 148 bis 155

- ● KKW
- ▶ min
- ▷ von
- | Mittelwert
- ◁ bis
- ◀ max

BRI — €/m³ BRI (Skala 1300 – 1300)

BGF — €/m² BGF (Skala 1400 – 4900)

NUF — €/m² NUF (Skala 2400 – 8400)

© BKI Baukosteninformationszentrum; Erläuterungen zu den Tabellen siehe Seite 46   Kostenstand: 1. Quartal 2022, Bundesdurchschnitt, **inkl. 19% MwSt.**

## Kostenkennwerte für die Kostengruppen der 1. und 2. Ebene DIN 276

| KG | Kostengruppen der 1. Ebene | Einheit | ▷ | €/Einheit | ◁ | ▷ | % an 300+400 | ◁ |
|---|---|---|---|---|---|---|---|---|
| 100 | Grundstück | m²GF | – | – | – | – | – | – |
| 200 | Vorbereitende Maßnahmen | m²GF | 23 | **115** | 523 | 0,8 | **2,4** | 9,7 |
| 300 | Bauwerk – Baukonstruktionen | m²BGF | 1.642 | **2.088** | 2.643 | 68,7 | **73,4** | 79,4 |
| 400 | Bauwerk – Technische Anlagen | m²BGF | 536 | **764** | 1.091 | 20,6 | **26,6** | 31,3 |
|  | Bauwerk (300+400) | m²BGF | 2.232 | **2.853** | 3.644 | 100,0 | **100,0** | 100,0 |
| 500 | Außenanlagen und Freiflächen | m²AF | 129 | **371** | 1.119 | 1,9 | **5,9** | 12,9 |
| 600 | Ausstattung und Kunstwerke | m²BGF | 14 | **113** | 245 | 0,5 | **3,6** | 7,5 |
| 700 | Baunebenkosten* | m²BGF | 497 | **553** | 610 | 17,5 | **19,5** | 21,5 |
| 800 | Finanzierung | m²BGF | – | – | – | – | – | – |

* Auf Grundlage der HOAI 2021 berechnete Werte nach §§ 35, 52, 56. Weitere Informationen siehe Seite 50

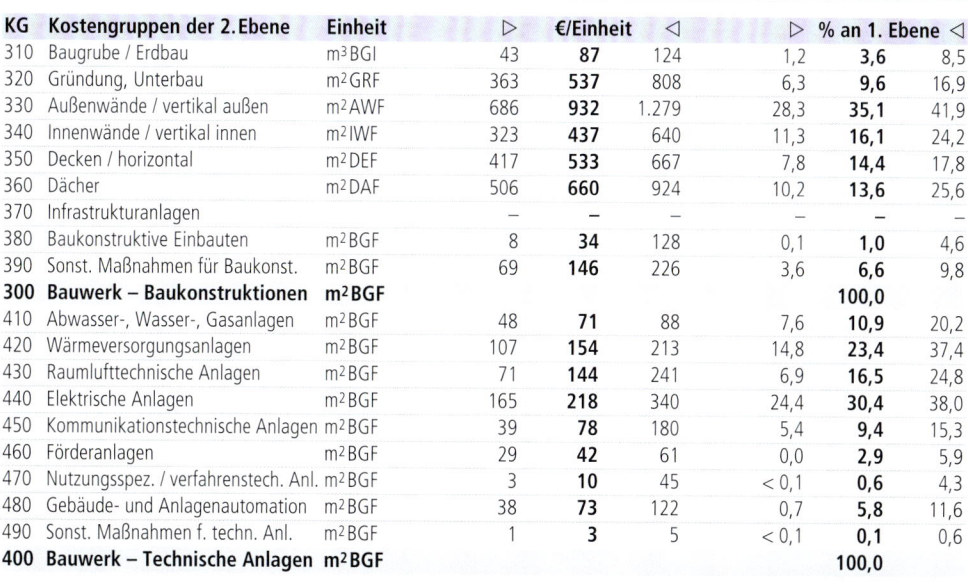

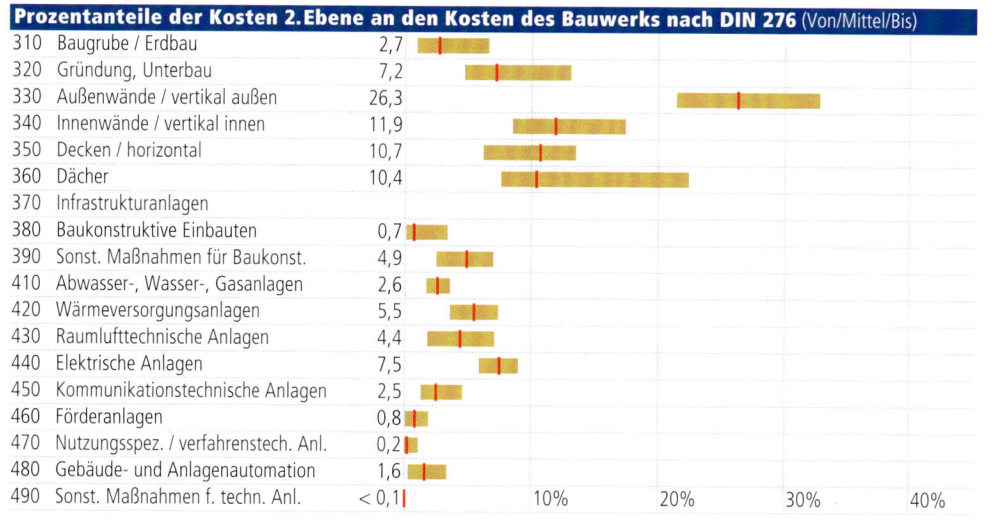

| KG | Kostengruppen der 2. Ebene | Einheit | ▷ | €/Einheit | ◁ | ▷ | % an 1. Ebene | ◁ |
|---|---|---|---|---|---|---|---|---|
| 310 | Baugrube / Erdbau | m³BGI | 43 | **87** | 124 | 1,2 | **3,6** | 8,5 |
| 320 | Gründung, Unterbau | m²GRF | 363 | **537** | 808 | 6,3 | **9,6** | 16,9 |
| 330 | Außenwände / vertikal außen | m²AWF | 686 | **932** | 1.279 | 28,3 | **35,1** | 41,9 |
| 340 | Innenwände / vertikal innen | m²IWF | 323 | **437** | 640 | 11,3 | **16,1** | 24,2 |
| 350 | Decken / horizontal | m²DEF | 417 | **533** | 667 | 7,8 | **14,4** | 17,8 |
| 360 | Dächer | m²DAF | 506 | **660** | 924 | 10,2 | **13,6** | 25,6 |
| 370 | Infrastrukturanlagen | – | – | – | – | – | – | – |
| 380 | Baukonstruktive Einbauten | m²BGF | 8 | **34** | 128 | 0,1 | **1,0** | 4,6 |
| 390 | Sonst. Maßnahmen für Baukonst. | m²BGF | 69 | **146** | 226 | 3,6 | **6,6** | 9,8 |
| **300** | **Bauwerk – Baukonstruktionen** | **m²BGF** |  |  |  |  | **100,0** |  |
| 410 | Abwasser-, Wasser-, Gasanlagen | m²BGF | 48 | **71** | 88 | 7,6 | **10,9** | 20,2 |
| 420 | Wärmeversorgungsanlagen | m²BGF | 107 | **154** | 213 | 14,8 | **23,4** | 37,4 |
| 430 | Raumlufttechnische Anlagen | m²BGF | 71 | **144** | 241 | 6,9 | **16,5** | 24,8 |
| 440 | Elektrische Anlagen | m²BGF | 165 | **218** | 340 | 24,4 | **30,4** | 38,0 |
| 450 | Kommunikationstechnische Anlagen | m²BGF | 39 | **78** | 180 | 5,4 | **9,4** | 15,3 |
| 460 | Förderanlagen | m²BGF | 29 | **42** | 61 | 0,0 | **2,9** | 5,9 |
| 470 | Nutzungsspez. / verfahrenstech. Anl. | m²BGF | 3 | **10** | 45 | < 0,1 | **0,6** | 4,3 |
| 480 | Gebäude- und Anlagenautomation | m²BGF | 38 | **73** | 122 | 0,7 | **5,8** | 11,6 |
| 490 | Sonst. Maßnahmen f. techn. Anl. | m²BGF | 1 | **3** | 5 | < 0,1 | **0,1** | 0,6 |
| **400** | **Bauwerk – Technische Anlagen** | **m²BGF** |  |  |  |  | **100,0** |  |

### Prozentanteile der Kosten 2. Ebene an den Kosten des Bauwerks nach DIN 276 (Von/Mittel/Bis)

| KG | Kostengruppe | Mittelwert % |
|---|---|---|
| 310 | Baugrube / Erdbau | 2,7 |
| 320 | Gründung, Unterbau | 7,2 |
| 330 | Außenwände / vertikal außen | 26,3 |
| 340 | Innenwände / vertikal innen | 11,9 |
| 350 | Decken / horizontal | 10,7 |
| 360 | Dächer | 10,4 |
| 370 | Infrastrukturanlagen |  |
| 380 | Baukonstruktive Einbauten | 0,7 |
| 390 | Sonst. Maßnahmen für Baukonst. | 4,9 |
| 410 | Abwasser-, Wasser-, Gasanlagen | 2,6 |
| 420 | Wärmeversorgungsanlagen | 5,5 |
| 430 | Raumlufttechnische Anlagen | 4,4 |
| 440 | Elektrische Anlagen | 7,5 |
| 450 | Kommunikationstechnische Anlagen | 2,5 |
| 460 | Förderanlagen | 0,8 |
| 470 | Nutzungsspez. / verfahrenstech. Anl. | 0,2 |
| 480 | Gebäude- und Anlagenautomation | 1,6 |
| 490 | Sonst. Maßnahmen f. techn. Anl. | < 0,1 |

© BKI Baukosteninformationszentrum; Erläuterungen zu den Tabellen siehe Seite 48 und 50    Kostenstand: 1. Quartal 2022, Bundesdurchschnitt, **inkl. 19% MwSt.**

# Büro- und Verwaltungsgebäude, hoher Standard

**Kosten:**
Stand 1. Quartal 2022
Bundesdurchschnitt
inkl. 19% MwSt.

- KKW
- ▶ min
- ▷ von
- | Mittelwert
- ◁ bis
- ◀ max

## Prozentanteile der Kosten für Leistungsbereiche nach STLB (Kosten Bauwerk nach DIN 276)

| LB | Leistungsbereiche | ▷ | % an 300+400 | ◁ |
|---|---|---|---|---|
| 000 | Sicherheits-, Baustelleneinrichtungen inkl. 001 | 2,1 | **3,9** | 5,4 |
| 002 | Erdarbeiten | 1,3 | **2,3** | 6,5 |
| 006 | Spezialtiefbauarbeiten inkl. 005 | < 0,1 | **1,1** | 3,0 |
| 009 | Entwässerungskanalarbeiten inkl. 011 | < 0,1 | **0,2** | 0,4 |
| 010 | Drän- und Versickerarbeiten | < 0,1 | **< 0,1** | 0,4 |
| 012 | Mauerarbeiten | 0,4 | **2,7** | 8,8 |
| 013 | Betonarbeiten | 10,9 | **14,2** | 18,5 |
| 014 | Natur-, Betonwerksteinarbeiten | 0,2 | **0,8** | 3,0 |
| 016 | Zimmer- und Holzbauarbeiten | 0,7 | **3,8** | 13,8 |
| 017 | Stahlbauarbeiten | 0,1 | **0,7** | 2,1 |
| 018 | Abdichtungsarbeiten | 0,2 | **0,7** | 1,6 |
| 020 | Dachdeckungsarbeiten | 0,0 | **0,8** | 3,3 |
| 021 | Dachabdichtungsarbeiten | 0,8 | **3,1** | 5,8 |
| 022 | Klempnerarbeiten | 0,4 | **0,9** | 1,5 |
| | **Rohbau** | 28,9 | **35,3** | 42,1 |
| 023 | Putz- und Stuckarbeiten, Wärmedämmsysteme | 0,6 | **2,7** | 7,5 |
| 024 | Fliesen- und Plattenarbeiten | 0,4 | **0,9** | 1,6 |
| 025 | Estricharbeiten | 0,9 | **1,9** | 3,9 |
| 026 | Fenster, Außentüren inkl. 029, 032 | 0,9 | **5,0** | 11,7 |
| 027 | Tischlerarbeiten | 1,2 | **4,2** | 8,1 |
| 028 | Parkettarbeiten, Holzpflasterarbeiten | 0,0 | **0,6** | 2,0 |
| 030 | Rollladenarbeiten | 1,2 | **2,3** | 3,3 |
| 031 | Metallbauarbeiten inkl. 035 | 4,9 | **10,9** | 15,3 |
| 034 | Maler- und Lackiererarbeiten inkl. 037 | 1,2 | **1,8** | 3,0 |
| 036 | Bodenbelagarbeiten | 0,4 | **1,3** | 2,1 |
| 038 | Vorgehängte hinterlüftete Fassaden | 0,3 | **2,2** | 8,3 |
| 039 | Trockenbauarbeiten | 2,4 | **4,8** | 9,7 |
| | **Ausbau** | 34,0 | **38,7** | 43,3 |
| 040 | Wärmeversorgungsanl. - Betriebseinr. inkl. 041 | 3,2 | **5,2** | 6,9 |
| 042 | Gas- und Wasserinstallation, Leitungen inkl. 043 | 0,4 | **0,6** | 0,9 |
| 044 | Abwasseranlagen - Leitungen | 0,3 | **0,5** | 1,1 |
| 045 | GWE-Einrichtungsgegenstände inkl. 046 | 0,7 | **1,1** | 2,2 |
| 047 | Dämmarbeiten an betriebstechnischen Anlagen | 0,4 | **0,8** | 1,8 |
| 049 | Feuerlöschanlagen, Feuerlöschgeräte | < 0,1 | **< 0,1** | 0,2 |
| 050 | Blitzschutz- und Erdungsanlagen | 0,2 | **0,3** | 0,4 |
| 052 | Mittelspannungsanlagen | 0,0 | **< 0,1** | 0,4 |
| 053 | Niederspannungsanlagen inkl. 054 | 3,3 | **4,8** | 7,1 |
| 055 | Sicherheits- u. Ersatzstromversorgungsanl. | < 0,1 | **0,3** | 1,7 |
| 057 | Gebäudesystemtechnik | 0,0 | **< 0,1** | 0,6 |
| 058 | Leuchten und Lampen inkl. 059 | 0,8 | **2,4** | 3,5 |
| 060 | Sprechanlagen, elektroakust. Anlagen inkl. 064 | < 0,1 | **0,2** | 0,5 |
| 061 | Kommunikationsnetze inkl. 062 | 0,7 | **1,1** | 2,2 |
| 063 | Gefahrenmeldeanlagen | 0,2 | **0,9** | 1,8 |
| 069 | Aufzüge | < 0,1 | **0,8** | 1,9 |
| 070 | Gebäudeautomation | 0,2 | **1,5** | 3,2 |
| 075 | Raumlufttechnische Anlagen inkl. 078 | 1,7 | **4,2** | 6,7 |
| | **Gebäudetechnik** | 20,6 | **24,8** | 30,3 |
| | Sonstige Leistungsbereiche inkl. 008, 033, 051 | 0,3 | **1,1** | 3,1 |

## Planungskennwerte für Flächen und Rauminhalte nach DIN 277

| Grundflächen | | | ▷ Fläche/NUF (%) ◁ | | | ▷ Fläche/BGF (%) ◁ | | |
|---|---|---|---|---|---|---|---|---|
| NUF | Nutzungsfläche | | 100,0 | **100,0** | 100,0 | 60,7 | **65,1** | 70,4 |
| TF | Technikfläche | | 5,0 | **6,9** | 14,0 | 3,1 | **4,3** | 7,5 |
| VF | Verkehrsfläche | | 20,3 | **25,5** | 31,7 | 12,5 | **16,1** | 18,4 |
| NRF | Netto-Raumfläche | | 125,7 | **132,2** | 142,2 | 82,4 | **85,3** | 87,4 |
| KGF | Konstruktions-Grundfläche | | 19,2 | **23,3** | 28,3 | 12,6 | **14,7** | 17,6 |
| BGF | Brutto-Grundfläche | | 145,6 | **155,5** | 167,2 | 100,0 | **100,0** | 100,0 |

| Brutto-Rauminhalte | | | ▷ BRI/NUF (m) ◁ | | | ▷ BRI/BGF (m) ◁ | | |
|---|---|---|---|---|---|---|---|---|
| BRI | Brutto-Rauminhalt | | 5,33 | **5,72** | 6,12 | 3,51 | **3,70** | 4,07 |

| Flächen von Nutzeinheiten | | | ▷ NUF/Einheit (m²) ◁ | | | ▷ BGF/Einheit (m²) ◁ | | |
|---|---|---|---|---|---|---|---|---|
| Nutzeinheit: Arbeitsplätze | | | 23,65 | **28,38** | 35,90 | 36,80 | **44,06** | 57,63 |

| Lufttechnisch behandelte Flächen | | | ▷ Fläche/NUF (%) ◁ | | | ▷ Fläche/BGF (%) ◁ | | |
|---|---|---|---|---|---|---|---|---|
| Entlüftete Fläche | | | 24,8 | **24,8** | 24,8 | 16,8 | **16,8** | 16,8 |
| Be- und entlüftete Fläche | | | 45,0 | **45,0** | 45,0 | 29,4 | **29,4** | 29,4 |
| Teilklimatisierte Fläche | | | 71,5 | **71,5** | 71,5 | 47,7 | **47,7** | 47,7 |
| Klimatisierte Fläche | | | – | – | – | – | – | – |

| KG | Kostengruppen (2. Ebene) | Einheit | ▷ Menge/NUF ◁ | | | ▷ Menge/BGF ◁ | | |
|---|---|---|---|---|---|---|---|---|
| 310 | Baugrube / Erdbau | m³ BGI | 1,10 | **1,46** | 2,20 | 0,71 | **0,94** | 1,34 |
| 320 | Gründung, Unterbau | m² GRF | 0,49 | **0,56** | 0,80 | 0,34 | **0,39** | 0,62 |
| 330 | Außenwände / vertikal außen | m² AWF | 1,16 | **1,33** | 1,77 | 0,75 | **0,87** | 1,07 |
| 340 | Innenwände / vertikal innen | m² IWF | 1,02 | **1,19** | 1,52 | 0,67 | **0,80** | 1,07 |
| 350 | Decken / horizontal | m² DEF | 0,81 | **1,01** | 1,11 | 0,55 | **0,65** | 0,74 |
| 360 | Dächer | m² DAF | 0,60 | **0,68** | 0,98 | 0,40 | **0,47** | 0,81 |
| 370 | Infrastrukturanlagen | | – | – | – | – | – | – |
| 380 | Baukonstruktive Einbauten | m² BGF | 1,46 | **1,56** | 1,67 | 1,00 | **1,00** | 1,00 |
| 390 | Sonst. Maßnahmen für Baukonst. | m² BGF | 1,46 | **1,56** | 1,67 | 1,00 | **1,00** | 1,00 |
| 300 | **Bauwerk – Baukonstruktionen** | m² BGF | 1,46 | **1,56** | 1,67 | 1,00 | **1,00** | 1,00 |

## Planungskennwerte für Bauzeiten — 28 Vergleichsobjekte

**Bauzeit in Wochen**

Bauzeit: Verteilung von ca. 30 bis 125 Wochen (Skala: 0, 15, 30, 45, 60, 75, 90, 105, 120, 135, 150 Wochen)

© BKI Baukosteninformationszentrum; Erläuterungen zu den Tabellen siehe Seite 54   Kostenstand: 1. Quartal 2022, Bundesdurchschnitt, inkl. 19% MwSt.

**Büro- und Verwaltungs-gebäude, hoher Standard**

€/m² BGF
| | | |
|---|---|---|
| min | 1.835 | €/m² |
| von | 2.230 | €/m² |
| Mittel | **2.855** | **€/m²** |
| bis | 3.645 | €/m² |
| max | 4.885 | €/m² |

**Kosten:**
Stand 1. Quartal 2022
Bundesdurchschnitt
inkl. 19% MwSt.

## Objektübersicht zur Gebäudeart

### 1300-0273 Bürogebäude (6 AP)
**BRI** 776 m³ **BGF** 237 m² **NUF** 133 m²

Bürogebäude mit 6 Arbeitsplätzen. Mauerwerk.

Land: Sachsen
Kreis: Mittelsachsen
Standard: über Durchschnitt
Bauzeit: 57 Wochen
Kennwerte: bis 3. Ebene DIN 276

**BGF** 2.291 €/m²

**Planung:** Ingenieurbüro Nebe; Frankenberg

vorgesehen: BKI Objektdaten N18

### 1300-0287 Büro- und Verwaltungsgebäude (10 AP)
**BRI** 2.298 m³ **BGF** 679 m² **NUF** 424 m²

Büro- und Verwaltungsgebäude in Hotelanlage integriert. Massivbau.

Land: Mecklenburg-Vorpommern
Kreis: Vorpommern-Greifswald
Standard: über Durchschnitt
Bauzeit: 70 Wochen
Kennwerte: bis 1. Ebene DIN 276

**BGF** 3.328 €/m²

**Planung:** Achim Dreischmeier Architekt BDA und Stadtplaner; Ostseebad Koserow

vorgesehen: BKI Objektdaten N18

### 1300-0278 Verwaltungsgebäude Technologiezentrum (152 AP)
**BRI** 17.559 m³ **BGF** 4.337 m² **NUF** 3.135 m²

Technologiezentrum mit 152 Arbeitsplätzen. Stahlbeton.

Land: Niedersachsen
Kreis: Hannover, Region
Standard: über Durchschnitt
Bauzeit: 65 Wochen
Kennwerte: bis 1. Ebene DIN 276

**BGF** 3.125 €/m²

**Planung:** htm.a Hartmann Architektur GmbH; Hannover

vorgesehen: BKI Objektdaten N18

### 1300-0259 Bürogebäude (30 AP) - Effizienzhaus ~53%
**BRI** 4.373 m³ **BGF** 858 m² **NUF** 746 m²

Bürogebäude mit 30 Arbeitsplätzen als Effizienzhaus ~53%. Mischkonstruktion.

Land: Baden-Württemberg
Kreis: Zollernalbkreis
Standard: über Durchschnitt
Bauzeit: 52 Wochen
Kennwerte: bis 3. Ebene DIN 276

**BGF** 2.140 €/m²

**Planung:** RAINER GRAF architekten GmbH; Ofterdingen

veröffentlicht: BKI Objektdaten E9

## Objektübersicht zur Gebäudeart

### 1300-0252 Verwaltungsgebäude (34 AP) - Effizienzhaus ~25%*   BRI 2.272 m³   BGF 653 m²   NUF 387 m²

Verwaltungsgebäude mit Doppelbüros für 34 Arbeitsplätze, Effizienzhaus ~25%. Stb-Skelettbau.

Land: Schleswig-Holstein
Kreis: Schleswig-Flensburg
Standard: Durchschnitt
Bauzeit: 74 Wochen
Kennwerte: bis 3. Ebene DIN 276

BGF   4.594 €/m²

**Planung:** architekturbüro p. sindram Architekt Paul Sindram; Schleswig

veröffentlicht: BKI Objektdaten E8
* Nicht in der Auswertung enthalten

### 1300-0271 Bürogebäude (350 AP), TG (45 STP)   BRI 30.073 m³   BGF 8.385 m²   NUF 5.706 m²

Bürogebäude mit ca. 350 Arbeitsplätzen, Gastronomie im Erdgeschoss und Tiefgarage mit 45 Stellplätzen. Stb-Skelettbau.

Land: Berlin
Kreis: Berlin, Stadt
Standard: über Durchschnitt
Bauzeit: 130 Wochen
Kennwerte: bis 3. Ebene DIN 276

BGF   2.644 €/m²

**Planung:** AHM Architekten; Berlin

vorgesehen: BKI Objektdaten N18

### 1300-0253 Bürogebäude (40 AP)   BRI 4.306 m³   BGF 1.143 m²   NUF 744 m²

Bürogebäude für 40 Arbeitsplätze. Stahlbeton.

Land: Niedersachsen
Kreis: Hannover, Region
Standard: über Durchschnitt
Bauzeit: 83 Wochen
Kennwerte: bis 3. Ebene DIN 276

BGF   3.311 €/m²

**Planung:** htm.a Hartmann Architektur GmbH; Hannover

veröffentlicht: BKI Objektdaten N17

### 1300-0257 Bürogebäude (50 AP)   BRI 10.788 m³   BGF 3.080 m²   NUF 2.077 m²

Bürogebäude mit Einzelbüros. Stb-Skelettbau.

Land: Berlin
Kreis: Berlin, Stadt
Standard: über Durchschnitt
Bauzeit: 83 Wochen
Kennwerte: bis 1. Ebene DIN 276

BGF   3.716 €/m²

**Planung:** Hüffer.Ramin Architekten; Berlin

veröffentlicht: BKI Objektdaten N17

© BKI Baukosteninformationszentrum; Erläuterungen zu den Tabellen siehe Seite 56     Kostenstand: 1. Quartal 2022, Bundesdurchschnitt, **inkl. 19% MwSt.**

**Büro- und Verwaltungsgebäude, hoher Standard**

€/m² BGF
min 1.835 €/m²
von 2.230 €/m²
Mittel **2.855 €/m²**
bis 3.645 €/m²
max 4.885 €/m²

Kosten:
Stand 1. Quartal 2022
Bundesdurchschnitt
inkl. 19% MwSt.

## Objektübersicht zur Gebäudeart

### 1300-0256 Verwaltungszentrum (121 AP) TG (8 STP)
**BRI** 20.750 m³ **BGF** 5.559 m² **NUF** 3.344 m²

Verwaltungszentrum der Bürgerdienste (121 AP). Massivbau.

Land: Baden-Württemberg
Kreis: Ulm, Stadtkreis
Standard: über Durchschnitt
Bauzeit: 122 Wochen
Kennwerte: bis 1. Ebene DIN 276

**BGF** 2.641 €/m²

Planung: Bez + Kock Architekten; Stuttgart

veröffentlicht: BKI Objektdaten N17

### 1300-0240 Büro- und Wohngebäude - Effizienzhaus 40 PLUS
**BRI** 1.142 m³ **BGF** 324 m² **NUF** 242 m²

Büro mit sechs Arbeitsplätzen und Loftwohnung. Stb-Massivbau.

Land: Baden-Württemberg
Kreis: Tübingen
Standard: über Durchschnitt
Bauzeit: 26 Wochen
Kennwerte: bis 3. Ebene DIN 276

**BGF** 2.050 €/m²

Planung: Architekt Rainer Graf Architektur + Energiekonzepte; Ofterdingen

veröffentlicht: BKI Objektdaten E8

### 1300-0241 Entwicklungs- und Verwaltungszentrum
**BRI** 18.460 m³ **BGF** 5.142 m² **NUF** 3.345 m²

Entwicklungs- und Verwaltungszentrum (160 AP). Stb-Skelettbau.

Land: Nordrhein-Westfalen
Kreis: Bochum
Standard: über Durchschnitt
Bauzeit: 48 Wochen
Kennwerte: bis 1. Ebene DIN 276

**BGF** 1.856 €/m²

Planung: Kemper Steiner & Partner Architekten GmbH; Bochum

veröffentlicht: BKI Objektdaten N16

### 1300-0265 Bürogebäude (70 AP), Augenarztpraxis (18 AP)
**BRI** 8.945 m³ **BGF** 2.726 m² **NUF** 1.602 m²

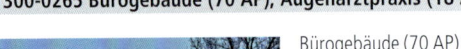

Bürogebäude (70 AP) mit Arztpraxis (18 AP) und OP-Zentrum. Stb-Skelettbauweise.

Land: Bremen
Kreis: Bremen, Stadt
Standard: über Durchschnitt
Bauzeit: 104 Wochen
Kennwerte: bis 1. Ebene DIN 276

**BGF** 1.997 €/m²

Planung: Gruppe GME Architekten BDA; Achim

veröffentlicht: BKI Objektdaten N17

## Objektübersicht zur Gebäudeart

### 1300-0264 Verwaltungsgebäude (52 AP) - Effizienzhaus ~80%    BRI 9.993 m³    BGF 2.577 m²    NUF 1.595 m²

Verwaltungsgebäude mit 52 Arbeitsplätzen. Stahlbeton.

Land: Niedersachsen
Kreis: Osnabrück, Stadt
Standard: über Durchschnitt
Bauzeit: 100 Wochen
Kennwerte: bis 1. Ebene DIN 276

BGF    4.883 €/m²

**Planung:** Riemann Gesellschaft von Architekten mbH; Lübeck    veröffentlicht: BKI Objektdaten E9

### 1300-0244 Verwaltungs- und Hörsaalgebäude (53 AP)    BRI 9.588 m³    BGF 2.593 m²    NUF 1.472 m²

Verwaltung- und Hörsaalgebäude mit 53 Arbeitsplätzen, 2 Hörsälen (je 120 Sitzplätze) und 5 Seminarräumen (je 30 Sitzplätze). Massivbau.

Land: Bayern
Kreis: Landshut
Standard: über Durchschnitt
Bauzeit: 104 Wochen
Kennwerte: bis 1. Ebene DIN 276

BGF    3.187 €/m²

**Planung:** POS architekten ZT gmbh; Wien    veröffentlicht: BKI Objektdaten N16

### 1300-0230 Bürogebäude (144 AP), Gastronomie, TG (29 STP)    BRI 20.436 m³    BGF 5.503 m²    NUF 3.802 m²

Bürogebäude mit 144 Arbeitsplätzen, Tiefgarage (29 STP) und Gastronomie mit 120 Sitzplätzen. Massivbau.

Land: Bremen
Kreis: Bremen
Standard: über Durchschnitt
Bauzeit: 52 Wochen
Kennwerte: bis 1. Ebene DIN 276

BGF    2.342 €/m²

**Planung:** dt+p Architekten und Ingenieure GmbH; Bremen    veröffentlicht: BKI Objektdaten N16

### 1300-0225 Bürogebäude (44 AP)    BRI 6.484 m³    BGF 1.784 m²    NUF 1.011 m²

Bürogebäude mit Netzleitstelle (44 AP). MW-Massivbau.

Land: Mecklenburg-Vorpommern
Kreis: Schwerin, Stadt
Standard: über Durchschnitt
Bauzeit: 52 Wochen
Kennwerte: bis 3. Ebene DIN 276

BGF    2.821 €/m²

**Planung:** Dipl.-Ing. Architekt E. Schneekloth + Partner; Schwerin    veröffentlicht: BKI Objektdaten N15

© BKI Baukosteninformationszentrum; Erläuterungen zu den Tabellen siehe Seite 56    Kostenstand: 1. Quartal 2022, Bundesdurchschnitt, inkl. 19% MwSt.

**Büro- und Verwaltungsgebäude, hoher Standard**

€/m² BGF
| | |
|---|---|
| min | 1.835 €/m² |
| von | 2.230 €/m² |
| Mittel | **2.855 €/m²** |
| bis | 3.645 €/m² |
| max | 4.885 €/m² |

**Kosten:**
Stand 1. Quartal 2022
Bundesdurchschnitt
inkl. 19% MwSt.

## Objektübersicht zur Gebäudeart

### 1300-0233 Büro- und Ausstellungsgebäude (32 AP)
**BRI** 6.947 m³ **BGF** 1.884 m² **NUF** 1.107 m²

Büro- und Ausstellungsgebäude mit 18 Arbeitsplätzen. Stb-Konstruktion.

Land: Baden-Württemberg
Kreis: Ludwigsburg
Standard: über Durchschnitt
Bauzeit: 113 Wochen
Kennwerte: bis 1. Ebene DIN 276

**BGF  2.544 €/m²**

Planung: fmb architekten Norman Binder, Andreas-Thomas Mayer; Stuttgart

veröffentlicht: BKI Objektdaten N16

### 1300-0248 Bürogebäude (405 AP) - Effizienzhaus ~75%
**BRI** 46.127 m³ **BGF** 12.780 m² **NUF** 8.244 m²

Bürogebäude mit 405 Arbeitsplätzen und TG-Stellplätzen (122 St). Mauerwerksbau.

Land: Hessen
Kreis: Wiesbaden, Stadt
Standard: über Durchschnitt
Bauzeit: 87 Wochen
Kennwerte: bis 1. Ebene DIN 276

**BGF  1.836 €/m²**

Planung: grabowski.spork GmbH; Wiesbaden

veröffentlicht: BKI Objektdaten E8

### 1300-0220 Bürogebäude Bankfiliale (26 AP)
**BRI** 6.918 m³ **BGF** 1.842 m² **NUF** 1.140 m²

Kompetenzzentrum einer Bank. Stb-Massivbau.

Land: Baden-Württemberg
Kreis: Göppingen
Standard: über Durchschnitt
Bauzeit: 78 Wochen
Kennwerte: bis 3. Ebene DIN 276

**BGF  3.190 €/m²**

Planung: dauner rommel schalk architekten; Göppingen

veröffentlicht: BKI Objektdaten N15

### 1300-0222 Bürogebäude (130 AP) - Effizienzhaus ~85%
**BRI** 10.677 m³ **BGF** 3.663 m² **NUF** 2.502 m²

Bürogebäude mit 130 Arbeitsplätzen als Effizienzhaus ~85%. Stb-Skelettbau.

Land: Brandenburg
Kreis: Brandenburg a.d. Havel
Standard: über Durchschnitt
Bauzeit: 100 Wochen
Kennwerte: bis 3. Ebene DIN 276

**BGF  2.713 €/m²**

Planung: Dr. Krekeler Generalplaner GmbH; Brandenburg an der Havel

veröffentlicht: BKI Objektdaten E7

## Objektübersicht zur Gebäudeart

### 1300-0219 Bürogebäude (72 AP) - Effizienzhaus ~28%

**BRI** 7.952 m³  **BGF** 2.201 m²  **NUF** 1.085 m²

Bürogebäude für eine Hochschule mit Einzelbüros und Seminarräumen (72 AP). Stb-Konstruktion.

Land: Nordrhein-Westfalen
Kreis: Köln, Stadt
Standard: über Durchschnitt
Bauzeit: 82 Wochen*
Kennwerte: bis 1. Ebene DIN 276

**BGF** 3.429 €/m²

**Planung:** Heinle, Wischer und Partner Freie Architekten GbR; Köln

veröffentlicht: BKI Objektdaten E7
* Nicht in der Auswertung enthalten

### 1300-0210 Büro- und Präsentationsgebäude (6 AP)

**BRI** 914 m³  **BGF** 263 m²  **NUF** 195 m²

Büro- und Präsentationsgebäude mit 6 Arbeitsplätzen. Holzkonstruktion.

Land: Niedersachsen
Kreis: Osnabrück
Standard: über Durchschnitt
Bauzeit: 39 Wochen
Kennwerte: bis 1. Ebene DIN 276

**BGF** 3.001 €/m²

**Planung:** Architekturbüro W. Poggemann, Architekt u. Bauing.; Georgsmarienhütte

veröffentlicht: BKI Objektdaten E6

### 1300-0184 Pforte*

**BRI** 265 m³  **BGF** 104 m²  **NUF** 47 m²

Pforte mit Pförtnerraum, Arztzimmer, Wartebereich und WC. Stb-Konstruktion.

Land: Baden-Württemberg
Kreis: Neckar-Odenwald-Kreis
Standard: über Durchschnitt
Bauzeit: 26 Wochen
Kennwerte: bis 1. Ebene DIN 276

**BGF** 3.448 €/m²

**Planung:** Link Architekten; Walldürn

veröffentlicht: BKI Objektdaten N12
* Nicht in der Auswertung enthalten

### 1300-0189 Verwaltungsgebäude (60 AP)

**BRI** 11.570 m³  **BGF** 3.233 m²  **NUF** 2.325 m²

Verwaltungsgebäude mit 60 Arbeitsplätzen. Stb-Skelettkonstruktion.

Land: Nordrhein-Westfalen
Kreis: Duisburg
Standard: über Durchschnitt
Bauzeit: 74 Wochen
Kennwerte: bis 1. Ebene DIN 276

**BGF** 2.503 €/m²

**Planung:** Gruppe GME Architekten BDA; Achim

veröffentlicht: BKI Objektdaten N12

© BKI Baukosteninformationszentrum; Erläuterungen zu den Tabellen siehe Seite 56    Kostenstand: 1. Quartal 2022, Bundesdurchschnitt, **inkl. 19% MwSt.**

# Büro- und Verwaltungsgebäude, hoher Standard

**€/m² BGF**

| | | |
|---|---:|---|
| min | 1.835 | €/m² |
| von | 2.230 | €/m² |
| Mittel | 2.855 | €/m² |
| bis | 3.645 | €/m² |
| max | 4.885 | €/m² |

**Kosten:**
Stand 1. Quartal 2022
Bundesdurchschnitt
inkl. 19% MwSt.

## Objektübersicht zur Gebäudeart

### 1300-0188 Bürogebäude (120 AP), Tiefgarage (20 STP)

**BRI** 12.500 m³   **BGF** 3.550 m²   **NUF** 2.396 m²

Bürogebäude mit 120 Arbeitsplätzen und höchsten Nachhaltigkeitsstandards. Stb-Konstruktion.

Land: Baden-Württemberg
Kreis: Stuttgart, Stadtkreis
Standard: über Durchschnitt
Bauzeit: 78 Wochen
Kennwerte: bis 1. Ebene DIN 276

**BGF   2.032 €/m²**

Planung: Blocher Blocher Partners; Stuttgart

veröffentlicht: BKI Objektdaten N12

### 1300-0202 Verwaltungsgebäude (30 AP)

**BRI** 6.568 m³   **BGF** 1.728 m²   **NUF** 1.119 m²

Verwaltungsgebäude (30 AP) mit Großraumbüros, Laboren und Archiv. Massivbau.

Land: Brandenburg
Kreis: Cottbus
Standard: über Durchschnitt
Bauzeit: 70 Wochen
Kennwerte: bis 1. Ebene DIN 276

**BGF   2.953 €/m²**

Planung: Hampel Kotzur & Kollegen Architekten Ingenieure GmbH; Cottbus

veröffentlicht: BKI Objektdaten E6

### 1300-0190 Rathaus

**BRI** 4.035 m³   **BGF** 1.103 m²   **NUF** 609 m²

Verwaltungsgebäude mit 12 Arbeitsplätzen. Stb-Konstruktion.

Land: Bayern
Kreis: Pfaffenhofen a.d. Ilm
Standard: über Durchschnitt
Bauzeit: 83 Wochen
Kennwerte: bis 1. Ebene DIN 276

**BGF   2.973 €/m²**

Planung: Eck-Fehmi-Zett Architekten BDA; Landshut

veröffentlicht: BKI Objektdaten N12

### 1300-0131 Bürogebäude

**BRI** 1.827 m³   **BGF** 478 m²   **NUF** 311 m²

Bürogebäude. Mauerwerksbau.

Land: Rheinland-Pfalz
Kreis: Mainz, Stadt
Standard: über Durchschnitt
Bauzeit: 52 Wochen
Kennwerte: bis 4. Ebene DIN 276

**BGF   3.110 €/m²**

Planung: Dipl.-Ing. Architekt Rüdiger Schmitt; Mainz

veröffentlicht: BKI Objektdaten N9

## Objektübersicht zur Gebäudeart

### 1300-0128 Bürogebäude

**BRI** 10.308 m³ **BGF** 2.350 m² **NUF** 1.678 m²

Bürogebäude für eine Rundfunkanstalt mit 160 Mitarbeitern. Stb-Konstruktion mit Stb-Decken und Flachdach.

Land: Brandenburg
Kreis: Potsdam, Stadt
Standard: über Durchschnitt
Bauzeit: 57 Wochen
Kennwerte: bis 4. Ebene DIN 276

**BGF** 4.420 €/m²

**Planung:** modus.architekten Dipl.-Ing. Holger Kalla; Potsdam

veröffentlicht: BKI Objektdaten N8

### 1300-0120 Bürogebäude, Wohnen (1 WE)

**BRI** 6.971 m³ **BGF** 1.836 m² **NUF** 1.268 m²

Bürogebäude mit Archiv und Wohnung (155 m² WFL). Mauerwerksbau.

Land: Hessen
Kreis: Main-Taunus-Kreis
Standard: über Durchschnitt
Bauzeit: 52 Wochen
Kennwerte: bis 3. Ebene DIN 276

**BGF** 3.370 €/m²

**Planung:** Planergruppe Hytrek, Thomas, Weyell und Weyell GmbH; Wiesbaden

veröffentlicht: BKI Objektdaten N9

### 1300-0129 Bürogebäude - Passivhaus

**BRI** 32.233 m³ **BGF** 8.374 m² **NUF** 5.425 m²

Bürogebäude für 420 Mitarbeiter im Passivhausstandard. Stb-Skelettbau mit vorgehängten Holzfassadenelementen.

Land: Baden-Württemberg
Kreis: Ulm, Stadtkreis
Standard: über Durchschnitt
Bauzeit: 92 Wochen
Kennwerte: bis 3. Ebene DIN 276

**BGF** 2.319 €/m²

**Planung:** oehler + arch kom architekten ingenieure; Bretten

veröffentlicht: BKI Objektdaten E3

# Instituts- und Laborgebäude

## Kostenkennwerte für die Kosten des Bauwerks (Kostengruppen 300+400 nach DIN 276)

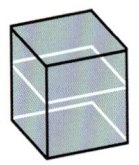

**BRI** 775 €/m³
von 620 €/m³
bis 980 €/m³

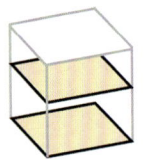

**BGF** 3.290 €/m²
von 2.500 €/m²
bis 4.300 €/m²

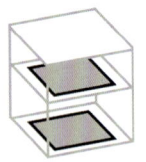

**NUF** 6.125 €/m²
von 4.275 €/m²
bis 9.365 €/m²

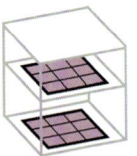

**NE** 202.920 €/NE
von 112.475 €/NE
bis 506.565 €/NE
NE: Arbeitsplätze

**Kosten:**
Stand 1. Quartal 2022
Bundesdurchschnitt
inkl. 19% MwSt.

### Objektbeispiele

2200-0057

2200-0058

7100-0059

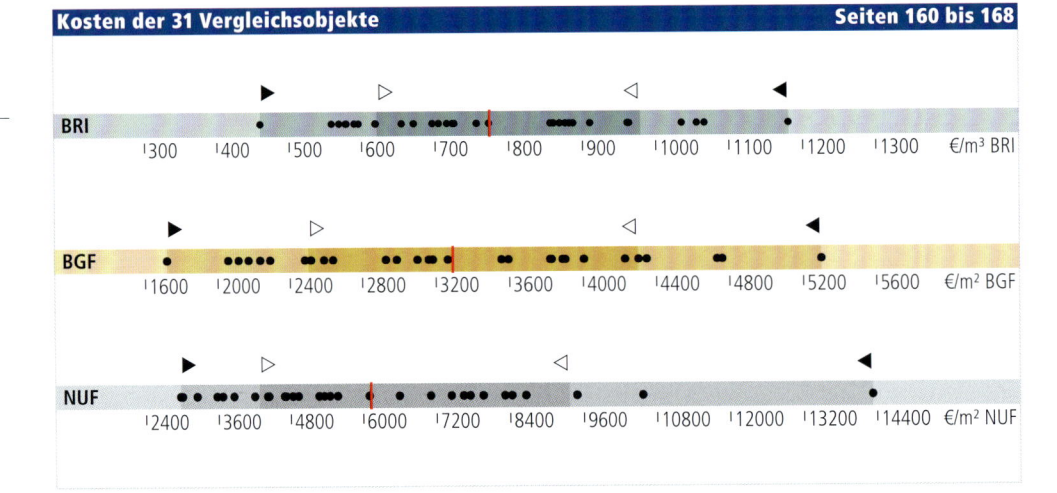

### Kosten der 31 Vergleichsobjekte — Seiten 160 bis 168

- ● KKW
- ▶ min
- ▷ von
- | Mittelwert
- ◁ bis
- ◀ max

BRI: 300 – 1300 €/m³ BRI
BGF: 1600 – 5600 €/m² BGF
NUF: 2400 – 14400 €/m² NUF

© BKI Baukosteninformationszentrum; Erläuterungen zu den Tabellen siehe Seite 46 — Kostenstand: 1. Quartal 2022, Bundesdurchschnitt, **inkl. 19% MwSt.**

## Kostenkennwerte für die Kostengruppen der 1. und 2. Ebene DIN 276

| KG | Kostengruppen der 1. Ebene | Einheit | ▷ | €/Einheit | ◁ | ▷ | % an 300+400 | ◁ |
|---|---|---|---|---|---|---|---|---|
| 100 | Grundstück | m²GF | – | – | – | – | – | – |
| 200 | Vorbereitende Maßnahmen | m²GF | 12 | **55** | 307 | 0,5 | **2,0** | 5,9 |
| 300 | Bauwerk – Baukonstruktionen | m²BGF | 1.555 | **1.933** | 2.307 | 51,2 | **60,8** | 73,7 |
| 400 | Bauwerk – Technische Anlagen | m²BGF | 718 | **1.359** | 2.080 | 26,3 | **39,2** | 48,8 |
|  | Bauwerk (300+400) | m²BGF | 2.500 | **3.292** | 4.300 | 100,0 | **100,0** | 100,0 |
| 500 | Außenanlagen und Freiflächen | m²AF | 119 | **271** | 580 | 3,1 | **6,1** | 8,8 |
| 600 | Ausstattung und Kunstwerke | m²BGF | 27 | **145** | 730 | 0,8 | **4,1** | 20,5 |
| 700 | Baunebenkosten* | m²BGF | 654 | **699** | 745 | 20,1 | **21,5** | 22,8 |
| 800 | Finanzierung | m²BGF | – | – | – | – | – | – |

\* Auf Grundlage der HOAI 2021 berechnete Werte nach §§ 35, 52, 56. Weitere Informationen siehe Seite 50

| KG | Kostengruppen der 2. Ebene | Einheit | ▷ | €/Einheit | ◁ | ▷ | % an 1. Ebene | ◁ |
|---|---|---|---|---|---|---|---|---|
| 310 | Baugrube / Erdbau | m³BGI | 39 | **62** | 127 | 0,3 | **0,8** | 1,4 |
| 320 | Gründung, Unterbau | m²GRF | 331 | **375** | 420 | 10,9 | **14,2** | 17,4 |
| 330 | Außenwände / vertikal außen | m²AWF | 486 | **669** | 897 | 31,2 | **36,0** | 41,0 |
| 340 | Innenwände / vertikal innen | m²IWF | 275 | **351** | 439 | 12,4 | **16,6** | 18,2 |
| 350 | Decken / horizontal | m²DEF | 495 | **542** | 681 | 7,5 | **12,6** | 18,2 |
| 360 | Dächer | m²DAF | 287 | **380** | 417 | 13,2 | **14,0** | 14,7 |
| 370 | Infrastrukturanlagen |  | – | – | – | – | – | – |
| 380 | Baukonstruktive Einbauten | m²BGF | 39 | **39** | 39 | 0,0 | **0,5** | 1,9 |
| 390 | Sonst. Maßnahmen für Baukonst. | m²BGF | 57 | **89** | 115 | 3,6 | **5,4** | 7,1 |
| **300** | **Bauwerk – Baukonstruktionen** | **m²BGF** |  |  |  |  | **100,0** |  |
| 410 | Abwasser-, Wasser-, Gasanlagen | m²BGF | 56 | **97** | 217 | 4,7 | **7,1** | 10,0 |
| 420 | Wärmeversorgungsanlagen | m²BGF | 78 | **163** | 373 | 6,6 | **11,3** | 16,8 |
| 430 | Raumlufttechnische Anlagen | m²BGF | 333 | **512** | 983 | 28,0 | **39,4** | 50,1 |
| 440 | Elektrische Anlagen | m²BGF | 134 | **191** | 317 | 8,5 | **17,4** | 24,0 |
| 450 | Kommunikationstechnische Anlagen | m²BGF | 24 | **71** | 91 | 3,9 | **5,5** | 7,1 |
| 460 | Förderanlagen | m²BGF | 22 | **22** | 22 | 0,0 | **0,5** | 2,1 |
| 470 | Nutzungsspez. / verfahrenstech. Anl. | m²BGF | 159 | **227** | 362 | 5,0 | **13,5** | 34,8 |
| 480 | Gebäude- und Anlagenautomation | m²BGF | 34 | **74** | 149 | 1,2 | **4,6** | 8,8 |
| 490 | Sonst. Maßnahmen f. techn. Anl. | m²BGF | 4 | **19** | 34 | < 0,1 | **0,5** | 1,7 |
| **400** | **Bauwerk – Technische Anlagen** | **m²BGF** |  |  |  |  | **100,0** |  |

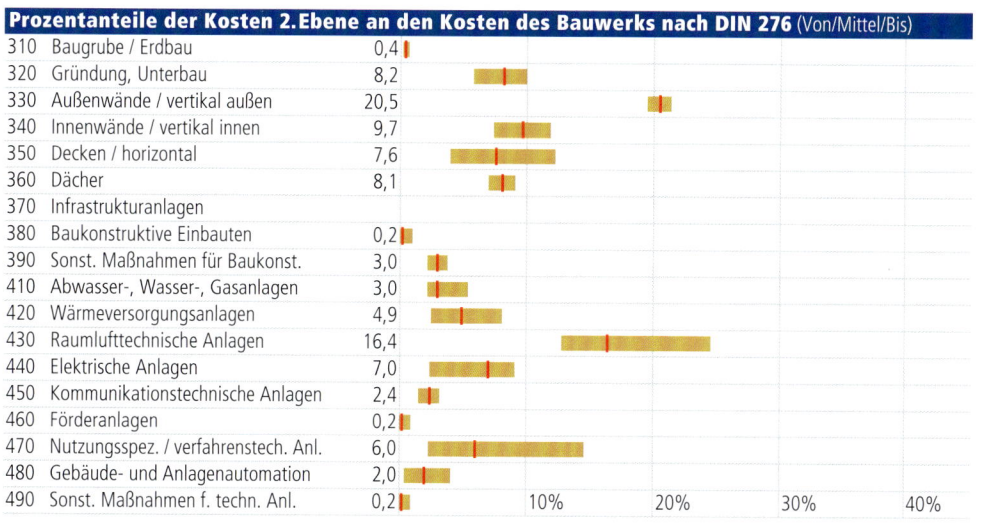

### Prozentanteile der Kosten 2. Ebene an den Kosten des Bauwerks nach DIN 276 (Von/Mittel/Bis)

| KG | Kostengruppe | Mittel |
|---|---|---|
| 310 | Baugrube / Erdbau | 0,4 |
| 320 | Gründung, Unterbau | 8,2 |
| 330 | Außenwände / vertikal außen | 20,5 |
| 340 | Innenwände / vertikal innen | 9,7 |
| 350 | Decken / horizontal | 7,6 |
| 360 | Dächer | 8,1 |
| 370 | Infrastrukturanlagen |  |
| 380 | Baukonstruktive Einbauten | 0,2 |
| 390 | Sonst. Maßnahmen für Baukonst. | 3,0 |
| 410 | Abwasser-, Wasser-, Gasanlagen | 3,0 |
| 420 | Wärmeversorgungsanlagen | 4,9 |
| 430 | Raumlufttechnische Anlagen | 16,4 |
| 440 | Elektrische Anlagen | 7,0 |
| 450 | Kommunikationstechnische Anlagen | 2,4 |
| 460 | Förderanlagen | 0,2 |
| 470 | Nutzungsspez. / verfahrenstech. Anl. | 6,0 |
| 480 | Gebäude- und Anlagenautomation | 2,0 |
| 490 | Sonst. Maßnahmen f. techn. Anl. | 0,2 |

© BKI Baukosteninformationszentrum; Erläuterungen zu den Tabellen siehe Seite 48 und 50  Kostenstand: 1. Quartal 2022, Bundesdurchschnitt, inkl. 19% MwSt.

# Instituts- und Laborgebäude

**Prozentanteile der Kosten für Leistungsbereiche nach STLB (Kosten Bauwerk nach DIN 276)**

| LB | Leistungsbereiche | von | Mittelwert | bis |
|---|---|---|---|---|
| 000 | Sicherheits-, Baustelleneinrichtungen inkl. 001 | 2,0 | **3,2** | 4,9 |
| 002 | Erdarbeiten | 0,3 | **0,9** | 1,7 |
| 006 | Spezialtiefbauarbeiten inkl. 005 | 0,0 | **0,2** | 1,0 |
| 009 | Entwässerungskanalarbeiten inkl. 011 | 0,2 | **0,5** | 1,4 |
| 010 | Drän- und Versickerarbeiten | < 0,1 | **0,2** | 0,8 |
| 012 | Mauerarbeiten | 0,4 | **1,5** | 3,2 |
| 013 | Betonarbeiten | 10,9 | **12,9** | 14,6 |
| 014 | Natur-, Betonwerksteinarbeiten | 0,0 | **0,3** | 0,8 |
| 016 | Zimmer- und Holzbauarbeiten | 0,0 | **0,3** | 1,4 |
| 017 | Stahlbauarbeiten | 0,3 | **1,8** | 3,9 |
| 018 | Abdichtungsarbeiten | < 0,1 | **0,4** | 0,8 |
| 020 | Dachdeckungsarbeiten | 0,0 | **0,3** | 1,4 |
| 021 | Dachabdichtungsarbeiten | 2,4 | **3,1** | 3,9 |
| 022 | Klempnerarbeiten | < 0,1 | **0,5** | 0,9 |
| | **Rohbau** | 17,6 | **26,1** | 28,6 |
| 023 | Putz- und Stuckarbeiten, Wärmedämmsysteme | 1,0 | **1,4** | 2,0 |
| 024 | Fliesen- und Plattenarbeiten | 0,4 | **1,1** | 1,4 |
| 025 | Estricharbeiten | 0,9 | **1,3** | 1,6 |
| 026 | Fenster, Außentüren inkl. 029, 032 | 5,2 | **9,7** | 15,9 |
| 027 | Tischlerarbeiten | 0,7 | **1,7** | 3,1 |
| 028 | Parkettarbeiten, Holzpflasterarbeiten | 0,0 | **< 0,1** | 0,2 |
| 030 | Rollladenarbeiten | 0,0 | **0,5** | 0,9 |
| 031 | Metallbauarbeiten inkl. 035 | 2,4 | **4,1** | 5,8 |
| 034 | Maler- und Lackiererarbeiten inkl. 037 | 0,9 | **1,7** | 2,9 |
| 036 | Bodenbelagarbeiten | 0,9 | **1,2** | 2,2 |
| 038 | Vorgehängte hinterlüftete Fassaden | 0,0 | **5,4** | 9,5 |
| 039 | Trockenbauarbeiten | 1,3 | **3,9** | 5,5 |
| | **Ausbau** | 26,4 | **32,0** | 36,5 |
| 040 | Wärmeversorgungsanl. - Betriebseinr. inkl. 041 | 2,8 | **4,8** | 8,3 |
| 042 | Gas- und Wasserinstallation, Leitungen inkl. 043 | 0,5 | **1,5** | 3,0 |
| 044 | Abwasseranlagen - Leitungen | 0,3 | **1,0** | 2,4 |
| 045 | GWE-Einrichtungsgegenstände inkl. 046 | 0,2 | **1,0** | 2,4 |
| 047 | Dämmarbeiten an betriebstechnischen Anlagen | 1,2 | **1,3** | 1,8 |
| 049 | Feuerlöschanlagen, Feuerlöschgeräte | < 0,1 | **< 0,1** | 0,1 |
| 050 | Blitzschutz- und Erdungsanlagen | < 0,1 | **0,2** | 0,5 |
| 052 | Mittelspannungsanlagen | – | **–** | – |
| 053 | Niederspannungsanlagen inkl. 054 | 3,6 | **6,4** | 10,4 |
| 055 | Sicherheits- u. Ersatzstromversorgungsanl. | – | **–** | – |
| 057 | Gebäudesystemtechnik | 0,0 | **0,2** | 1,0 |
| 058 | Leuchten und Lampen inkl. 059 | < 0,1 | **1,3** | 2,5 |
| 060 | Sprechanlagen, elektroakust. Anlagen inkl. 064 | < 0,1 | **0,8** | 3,7 |
| 061 | Kommunikationsnetze inkl. 062 | 0,5 | **2,0** | 8,2 |
| 063 | Gefahrenmeldeanlagen | < 0,1 | **1,1** | 1,8 |
| 069 | Aufzüge | 0,0 | **0,6** | 1,8 |
| 070 | Gebäudeautomation | 0,0 | **0,9** | 2,2 |
| 075 | Raumlufttechnische Anlagen inkl. 078 | 9,7 | **16,0** | 24,3 |
| | **Gebäudetechnik** | 29,5 | **39,1** | 45,8 |
| | Sonstige Leistungsbereiche inkl. 008, 033, 051 | 0,3 | **2,8** | 12,7 |

**Kosten:**
Stand 1. Quartal 2022
Bundesdurchschnitt
inkl. 19% MwSt.

- KKW
- ▶ min
- ▷ von
- | Mittelwert
- ◁ bis
- ◀ max

## Planungskennwerte für Flächen und Rauminhalte nach DIN 277

| Grundflächen | | | ▷ | Fläche/NUF (%) | ◁ | ▷ | Fläche/BGF (%) | ◁ |
|---|---|---|---|---|---|---|---|---|
| NUF | Nutzungsfläche | 100,0 | | **100,0** | 100,0 | 51,4 | **56,4** | 61,7 |
| TF | Technikfläche | 15,0 | | **19,8** | 35,4 | 7,7 | **10,1** | 15,2 |
| VF | Verkehrsfläche | 28,7 | | **34,8** | 41,8 | 15,1 | **18,7** | 21,2 |
| NRF | Netto-Raumfläche | 143,6 | | **154,6** | 172,3 | 81,5 | **85,2** | 87,1 |
| KGF | Konstruktions-Grundfläche | 22,3 | | **27,2** | 36,4 | 12,9 | **14,8** | 18,5 |
| BGF | Brutto-Grundfläche | 168,8 | | **181,9** | 204,9 | 100,0 | **100,0** | 100,0 |

| Brutto-Rauminhalte | | ▷ | BRI/NUF (m) | ◁ | ▷ | BRI/BGF (m) | ◁ |
|---|---|---|---|---|---|---|---|
| BRI | Brutto-Rauminhalt | 7,01 | **7,70** | 8,91 | 4,00 | **4,22** | 4,41 |

| Flächen von Nutzeinheiten | ▷ | NUF/Einheit (m²) | ◁ | ▷ | BGF/Einheit (m²) | ◁ |
|---|---|---|---|---|---|---|
| Nutzeinheit: Arbeitsplätze | 28,53 | **35,40** | 64,54 | 50,54 | **63,14** | 113,44 |

| Lufttechnisch behandelte Flächen | ▷ | Fläche/NUF (%) | ◁ | ▷ | Fläche/BGF (%) | ◁ |
|---|---|---|---|---|---|---|
| Entlüftete Fläche | 8,5 | **9,8** | 9,8 | 4,7 | **5,7** | 5,7 |
| Be- und entlüftete Fläche | 78,8 | **80,1** | 101,3 | 45,6 | **46,8** | 46,8 |
| Teilklimatisierte Fläche | – | **–** | – | – | **–** | – |
| Klimatisierte Fläche | 46,2 | **46,2** | 46,2 | 25,0 | **25,0** | 25,0 |

| KG | Kostengruppen (2. Ebene) | Einheit | ▷ | Menge/NUF | ◁ | ▷ | Menge/BGF | ◁ |
|---|---|---|---|---|---|---|---|---|
| 310 | Baugrube / Erdbau | m³ BGI | 0,29 | **0,35** | 0,35 | 0,19 | **0,22** | 0,22 |
| 320 | Gründung, Unterbau | m² GRF | 0,94 | **0,97** | 1,19 | 0,58 | **0,62** | 0,62 |
| 330 | Außenwände / vertikal außen | m² AWF | 1,27 | **1,46** | 1,46 | 0,84 | **0,94** | 0,94 |
| 340 | Innenwände / vertikal innen | m² IWF | 1,21 | **1,21** | 1,28 | 0,79 | **0,79** | 0,79 |
| 350 | Decken / horizontal | m² DEF | 0,55 | **0,55** | 0,58 | 0,37 | **0,37** | 0,39 |
| 360 | Dächer | m² DAF | 0,94 | **0,96** | 1,15 | 0,58 | **0,62** | 0,62 |
| 370 | Infrastrukturanlagen | | – | **–** | – | – | **–** | – |
| 380 | Baukonstruktive Einbauten | m² BGF | 1,69 | **1,82** | 2,05 | 1,00 | **1,00** | 1,00 |
| 390 | Sonst. Maßnahmen für Baukonst. | m² BGF | 1,69 | **1,82** | 2,05 | 1,00 | **1,00** | 1,00 |
| **300** | **Bauwerk – Baukonstruktionen** | m² BGF | 1,69 | **1,82** | 2,05 | 1,00 | **1,00** | 1,00 |

## Planungskennwerte für Bauzeiten — 29 Vergleichsobjekte

**Bauzeit in Wochen**

© BKI Baukosteninformationszentrum; Erläuterungen zu den Tabellen siehe Seite 54. Kostenstand: 1. Quartal 2022, Bundesdurchschnitt, inkl. 19% MwSt.

## Instituts- und Laborgebäude

**Objektübersicht zur Gebäudeart**

### 2200-0057 Forschungsgebäude (80 AP) - Effizienzhaus ~75%

**BRI** 23.824 m³ **BGF** 4.834 m² **NUF** 2.493 m²

Forschungsgebäude mit 80 Büro- und Laborarbeitsplätzen. Mischkonstruktion.

Land: Bayern
Kreis: Aschaffenburg
Standard: über Durchschnitt
Bauzeit: 131 Wochen
Kennwerte: bis 1. Ebene DIN 276

**BGF 4.347 €/m²**

**Planung:** BHBVT Gesellschaft v. Architekten mbH; Berlin

veröffentlicht: BKI Objektdaten E9

### 7100-0061 Isotopenlabor (13 AP) - Effizienzhaus ~27%*

**BRI** 5.007 m³ **BGF** 1.224 m² **NUF** 361 m²

Isotopenlabor mit 10 Arbeitsplätzen im Labor und 3 Arbeitsplätzen im Institut. Stb-Skelettbau.

Land: Schleswig-Holstein
Kreis: Lübeck, Hansestadt
Standard: über Durchschnitt
Bauzeit: 126 Wochen
Kennwerte: bis 1. Ebene DIN 276

**BGF 9.015 €/m²**

**Planung:** hammeskrause architekten bda; Stuttgart

vorgesehen: BKI Objektdaten E10
* Nicht in der Auswertung enthalten

### 2200-0054 Institutsgebäude (25 AP)

**BRI** 2.221 m³ **BGF** 554 m² **NUF** 355 m²

Institutsgebäude für den Fachbereich Architektur (25 AP). Massivbau.

Land: Nordrhein-Westfalen
Kreis: Aachen, Städteregion
Standard: Durchschnitt
Bauzeit: 69 Wochen
Kennwerte: bis 1. Ebene DIN 276

**BGF 3.098 €/m²**

**Planung:** Kaiser Schweitzer Architekten; Aachen

veröffentlicht: BKI Objektdaten N17

### 2200-0058 Institutsgebäude (150 AP)

**BRI** 37.250 m³ **BGF** 8.393 m² **NUF** 4.136 m²

Institutsgebäude mit Laboren zur wissenschaftlichen Ausbildung und Forschung. Stahlbeton.

Land: Nordrhein-Westfalen
Kreis: Düsseldorf, Stadt
Standard: Durchschnitt
Bauzeit: 143 Wochen
Kennwerte: bis 1. Ebene DIN 276

**BGF 3.820 €/m²**

**Planung:** Uniklinik Düsseldorf Schneider+Sendelbach Architektenges.mbH; Braunschweig

vorgesehen: BKI Objektdaten N18

---

**€/m² BGF**
min  1.720 €/m²
von  2.500 €/m²
Mittel  3.290 €/m²
bis  4.300 €/m²
max  5.300 €/m²

**Kosten:**
Stand 1. Quartal 2022
Bundesdurchschnitt
inkl. 19% MwSt.

## Objektübersicht zur Gebäudeart

### 7100-0054 Laborgebäude (23 AP)  BRI 2.230 m³  BGF 502 m²  NUF 360 m²

Dentallabor für Zahntechnik (23 AP). Holzrahmenbauweise.

Land: Nordrhein-Westfalen
Kreis: Oberbergischer Kreis
Standard: Durchschnitt
Bauzeit: 26 Wochen
Kennwerte: bis 1. Ebene DIN 276

BGF  3.182 €/m²

**Planung:** grau. architektur Dipl.-Ing. Architektin Petra Grau; Wuppertal

veröffentlicht: BKI Objektdaten N16

### 7100-0059 Laborgebäude (285 AP)  BRI 46.054 m³  BGF 10.547 m²  NUF 5.283 m²

Laborgebäude mit 8 Laboreinheiten und 285 Arbeitsplätzen. Massivbau.

Land: Berlin
Kreis: Berlin, Stadt
Standard: über Durchschnitt
Bauzeit: 213 Wochen
Kennwerte: bis 1. Ebene DIN 276

BGF  3.828 €/m²

**Planung:** Staab Architekten GmbH; Berlin

veröffentlicht: BKI Objektdaten N17

### 2200-0051 Lehrsaalgebäude, Institut der Feuerwehr  BRI 18.438 m³  BGF 4.223 m²  NUF 2.493 m²

Lehrsaalgebäude mit Büroräumen für ein Institut der Feuerwehr. Massivbau.

Land: Nordrhein-Westfalen
Kreis: Münster, Stadt
Standard: über Durchschnitt
Bauzeit: 113 Wochen
Kennwerte: bis 1. Ebene DIN 276

BGF  3.160 €/m²

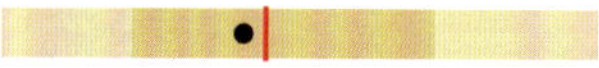

**Planung:** behet bondzio lin architekten GmbH & Co.KG; Münster

veröffentlicht: BKI Objektdaten N16

### 2200-0055 Labor- und Bürogebäude (80 AP)  BRI 61.468 m³  BGF 12.444 m²  NUF 6.242 m²

Institut für Fischereiökologie und Seefischerei. Stb-Skelettbau.

Land: Bremen
Kreis: Bremerhaven, Stadt
Standard: über Durchschnitt
Bauzeit: 157 Wochen
Kennwerte: bis 1. Ebene DIN 276

BGF  4.759 €/m²

**Planung:** Staab Architekten GmbH; Berlin

veröffentlicht: BKI Objektdaten N17

© BKI Baukosteninformationszentrum; Erläuterungen zu den Tabellen siehe Seite 56   Kostenstand: 1. Quartal 2022, Bundesdurchschnitt, **inkl. 19% MwSt.**

# Instituts- und Laborgebäude

**€/m² BGF**

| | | |
|---|---|---|
| min | 1.720 | €/m² |
| von | 2.500 | €/m² |
| Mittel | **3.290** | €/m² |
| bis | 4.300 | €/m² |
| max | 5.300 | €/m² |

**Kosten:**
Stand 1. Quartal 2022
Bundesdurchschnitt
inkl. 19% MwSt.

## Objektübersicht zur Gebäudeart

### 7100-0053 Laborgebäude (50 AP), Effizienzhaus ~89%
**BRI** 12.042 m³ **BGF** 2.803 m² **NUF** 1.896 m²

Labor- und Betriebsgebäude mit Verwaltungsteil (50 AP). Stahlbeton.

Land: Thüringen
Kreis: Jena, Stadt
Standard: über Durchschnitt
Bauzeit: 48 Wochen
Kennwerte: bis 3. Ebene DIN 276

**BGF** 2.482 €/m²

Planung: sittig-architekten; Jena

veröffentlicht: BKI Objektdaten E7

### 2200-0046 Forschungs- und Laborgebäude (250 AP)
**BRI** 38.114 m³ **BGF** 8.519 m² **NUF** 3.983 m²

Forschungs- und Laborgebäude mit 250 Arbeitsplätzen. Stb-Skelettbau.

Land: Berlin
Kreis: Berlin
Standard: Durchschnitt
Bauzeit: 143 Wochen
Kennwerte: bis 1. Ebene DIN 276

**BGF** 3.888 €/m²

Planung: Bodamer Faber Architekten BDA (LPH 2-5); Stuttgart

veröffentlicht: BKI Objektdaten N16

### 2200-0042 Forschungs- und Entwicklungszentrum (138 AP)
**BRI** 18.946 m³ **BGF** 5.069 m² **NUF** 2.933 m²

Forschungs- und Entwicklungszentrum mit 138 Arbeitsplätzen. Mauerwerksbau.

Land: Nordrhein-Westfalen
Kreis: Siegen-Wittgenstein
Standard: Durchschnitt
Bauzeit: 43 Wochen
Kennwerte: bis 1. Ebene DIN 276

**BGF** 1.719 €/m²

Planung: Architekturbüro Dipl. Ing. M. Lobe; Wiesbaden

veröffentlicht: BKI Objektdaten N13

### 2200-0049 Bioforschungszentrum
**BRI** 10.704 m³ **BGF** 2.385 m² **NUF** 882 m²

Bioforschungszentrum (70 AP) mit 2 Laborebenen, teilweise mit metallfreien Räumen. Stahlbeton.

Land: Bayern
Kreis: Erlangen
Standard: über Durchschnitt
Bauzeit: 109 Wochen
Kennwerte: bis 1. Ebene DIN 276

**BGF** 5.298 €/m²

Planung: Grabow + Hofmann Architektenpartnerschaft BDA; Nürnberg

veröffentlicht: BKI Objektdaten N16

## Objektübersicht zur Gebäudeart

### 2200-0044 Labor- und Praktikumsgebäude    BRI 19.981 m³   BGF 5.039 m²   NUF 2.675 m²

Institut für Pharmakologie, Pharmazie und Experimentelle Therapie mit 96 Mitarbeitern und 130 Studenten. Stb-Wände, Pfosten-Riegel-Fassade.

Land: Mecklenburg-Vorpommern
Kreis: Vorpommern-Greifswald
Standard: über Durchschnitt
Bauzeit: 122 Wochen
Kennwerte: bis 1. Ebene DIN 276

**BGF   4.228 €/m²**

veröffentlicht: BKI Objektdaten N15

**Planung:** MHB Planungs- und Ingenieurgesellschaft mbH; Rostock

---

### 2200-0050 Forschungsgebäude, Rechenzentrum (215 AP)    BRI 27.341 m³   BGF 6.923 m²   NUF 3.343 m²

Forschungsgebäude und Rechenzentrum mit 215 Arbeitsplätzen. Stb-Konstruktion.

Land: Brandenburg
Kreis: Potsdam
Standard: Durchschnitt
Bauzeit: 156 Wochen
Kennwerte: bis 1. Ebene DIN 276

**BGF   3.594 €/m²**

veröffentlicht: BKI Objektdaten N16

**Planung:** BHBVT Gesellschaft von Architekten mbH; Berlin

---

### 2200-0041 Laborgebäude (312 AP)    BRI 22.355 m³   BGF 4.891 m²   NUF 2.190 m²

Laborgebäude für die Fakultät Chemie und Physik, mit 312 Arbeitsplätzen. Massivbau.

Land: Sachsen
Kreis: Mittelsachsen
Standard: Durchschnitt
Bauzeit: 104 Wochen
Kennwerte: bis 1. Ebene DIN 276

**BGF   4.731 €/m²**

veröffentlicht: BKI Objektdaten N13

**Planung:** CODE UNIQUE Architekten BDA; Dresden

---

### 2200-0036 Laborgebäude für Umweltprüfungen (21 AP)    BRI 11.784 m³   BGF 2.621 m²   NUF 1.535 m²

Laborgebäude für Umweltprüfungen mit Laborarbeitsplätzen und Büroräumen. Massivbau.

Land: Hessen
Kreis: Offenbach
Standard: Durchschnitt
Bauzeit: 44 Wochen
Kennwerte: bis 1. Ebene DIN 276

**BGF   3.265 €/m²**

veröffentlicht: BKI Objektdaten N13

**Planung:** Architekturbüro Dipl. Ing. Manfred Lobe; Wiesbaden

# Instituts- und Laborgebäude

## Objektübersicht zur Gebäudeart

€/m² BGF
min    1.720 €/m²
von    2.500 €/m²
**Mittel  3.290 €/m²**
bis    4.300 €/m²
max    5.300 €/m²

**Kosten:**
Stand 1. Quartal 2022
Bundesdurchschnitt
inkl. 19% MwSt.

---

### 2200-0043 Forschungslabor Mikroelektronik*
**BRI** 60.096 m³  **BGF** 11.757 m²  **NUF** 2.753 m²

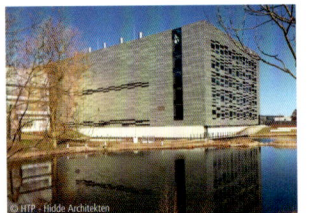

Forschungslabor der Mikroelektronik mit Reinräumen. Massivbau.

Land: Schleswig-Holstein
Kreis: Steinburg
Standard: Durchschnitt
Bauzeit: 135 Wochen
Kennwerte: bis 1. Ebene DIN 276

**BGF  3.210 €/m²**

**Planung:** HTP Hidde Timmermann Architekten GmbH; Braunschweig

veröffentlicht: BKI Objektdaten N15
* Nicht in der Auswertung enthalten

---

### 7100-0047 Büro-, Laborgebäude, Nanobioanalytik-Zentrum
**BRI** 21.345 m³  **BGF** 5.553 m²  **NUF** 2.708 m²

Büro- und Laborgebäude (Nano-Bioanalytik Zentrum) mit 100 Arbeitsplätzen. Massivbau.

Land: Nordrhein-Westfalen
Kreis: Münster, Stadt
Standard: Durchschnitt
Bauzeit: 78 Wochen
Kennwerte: bis 1. Ebene DIN 276

**BGF  2.290 €/m²**

**Planung:** Staab Architekten GmbH; Berlin

veröffentlicht: BKI Objektdaten E6

---

### 2200-0039 Laborgebäude (50 AP)
**BRI** 6.823 m³  **BGF** 1.495 m²  **NUF** 1.075 m²

Laborgebäude (S2 und S3 Labore) und Büroräume für Lebensmittel- und Umweltanalysen. Stb-Skelettkonstruktion.

Land: Bayern
Kreis: Regensburg
Standard: über Durchschnitt
Bauzeit: 61 Wochen
Kennwerte: bis 1. Ebene DIN 276

**BGF  3.177 €/m²**

**Planung:** Architekten Brune+Brune; Göttingen

veröffentlicht: BKI Objektdaten N13

---

### 2200-0037 Laborgebäude (Hochschule)
**BRI** 6.167 m³  **BGF** 1.485 m²  **NUF** 987 m²

Laborgebäude für eine Hochschule mit 16 Arbeitsplätzen. Massivbau.

Land: Niedersachsen
Kreis: Osnabrück
Standard: über Durchschnitt
Bauzeit: 74 Wochen
Kennwerte: bis 1. Ebene DIN 276

**BGF  3.556 €/m²**

**Planung:** pbr Planungsbüro Rohling AG; Osnabrück

veröffentlicht: BKI Objektdaten N13

## Objektübersicht zur Gebäudeart

### 2200-0031 Lehr- und Lernzentrum, Kita (5 Gruppen), Café
**BRI** 11.481 m³    **BGF** 3.453 m²    **NUF** 1.986 m²

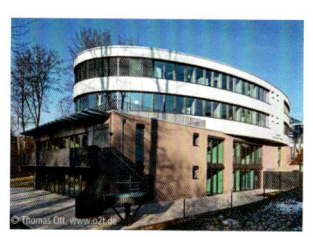

Lehr- und Lernzentrum für medizinische Lehre (39 AP) mit Kindertagesstätte (30 Kinder) und Café (28 Sitzplätze). Massivbau.

Land: Hessen  
Kreis: Marburg-Biedenkopf  
Standard: Durchschnitt  
Bauzeit: 48 Wochen  
Kennwerte: bis 1. Ebene DIN 276

**BGF**    2.056 €/m²

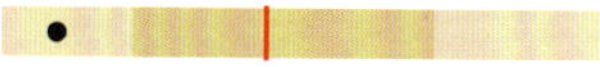

veröffentlicht: BKI Objektdaten N12

**Planung:** Artec Architekten; Marburg

---

### 2200-0029 Verfügungsgebäude Ingenieurwissenschaften
**BRI** 11.479 m³    **BGF** 2.748 m²    **NUF** 1.506 m²

Verfügungsgebäude für angewandte Ingenieurwissenschaften (86 Arbeitsplätze), Büros, Labore, Messräume. Stb-Massivbau.

Land: Saarland  
Kreis: Saarbrücken  
Standard: Durchschnitt  
Bauzeit: 61 Wochen  
Kennwerte: bis 1. Ebene DIN 276

**BGF**    2.586 €/m²

veröffentlicht: BKI Objektdaten N12

**Planung:** Schneider + Sendelbach Architektenges. mbH; Braunschweig

---

### 2200-0026 Institutsgebäude Fischereiwesen*
**BRI** 4.548 m³    **BGF** 1.113 m²    **NUF** 525 m²

Forschungseinrichtung mit 33 Laborplätzen. Stb-Skelettbau auf Pfahlgründung.

Land: Niedersachsen  
Kreis: Cuxhaven  
Standard: Durchschnitt  
Bauzeit: 70 Wochen  
Kennwerte: bis 1. Ebene DIN 276

**BGF**    5.389 €/m²

veröffentlicht: BKI Objektdaten N12  
* Nicht in der Auswertung enthalten

**Planung:** HTP Hidde Timmermann Partnerschaft; Braunschweig

---

### 2200-0045 Zentrum für Medien und Soziale Forschung
**BRI** 55.951 m³    **BGF** 13.466 m²    **NUF** 7.239 m²

Zentrum für Medien und Soziale Forschung mit Tiefgarage (100 STP). Stahlbetonkonstruktion.

Land: Sachsen  
Kreis: Mittelsachsen  
Standard: über Durchschnitt  
Bauzeit: 217 Wochen*  
Kennwerte: bis 1. Ebene DIN 276

**BGF**    2.927 €/m²

veröffentlicht: BKI Objektdaten N15  
* Nicht in der Auswertung enthalten

**Planung:** Georg Bumiller Ges. von Architekten mbH; Berlin

# Instituts- und Laborgebäude

**€/m² BGF**
- min: 1.720 €/m²
- von: 2.500 €/m²
- Mittel: **3.290 €/m²**
- bis: 4.300 €/m²
- max: 5.300 €/m²

**Kosten:**
Stand 1. Quartal 2022
Bundesdurchschnitt
inkl. 19% MwSt.

## Objektübersicht zur Gebäudeart

### 7100-0041 Laborgebäude, Büros, Technikum
**BRI** 3.430 m³ **BGF** 888 m² **NUF** 661 m²

Laborgebäude mit Büroräumen, Produktionsraum, Musterversand. Stahlskelettkonstruktion.

Land: Niedersachsen
Kreis: Verden
Standard: Durchschnitt
Bauzeit: 31 Wochen
Kennwerte: bis 4. Ebene DIN 276

**BGF** 2.235 €/m²

**Planung:** aip vügten + partner GmbH; Bremen

veröffentlicht: BKI Objektdaten N11

### 2200-0040 Instituts- und Bibliotheksgebäude (254 AP)
**BRI** 50.692 m³ **BGF** 12.579 m² **NUF** 7.889 m²

Institutsgebäude der philosophischen Fakultät mit Arbeits- und Seminarräumen sowie Bibliothek, Erweiterungsbau. Stb-Skelettbau in Mischbauweise.

Land: Niedersachsen
Kreis: Göttingen
Standard: über Durchschnitt
Bauzeit: 100 Wochen
Kennwerte: bis 1. Ebene DIN 276

**BGF** 2.636 €/m²

**Planung:** Architekten Prof. Klaus Sill; Hamburg

veröffentlicht: BKI Objektdaten E6

### 2200-0038 Instituts- und Seminargebäude (115 AP)
**BRI** 22.217 m³ **BGF** 5.713 m² **NUF** 3.217 m²

Instituts- und Seminargebäude (zwei Baukörper) mit Hörsälen, Unterrichtsräumen, Konferenzraum, Seminarräumen und Büros. Stb-Konstruktion.

Land: Schleswig-Holstein
Kreis: Kiel
Standard: Durchschnitt
Bauzeit: 91 Wochen
Kennwerte: bis 1. Ebene DIN 276

**BGF** 2.171 €/m²

**Planung:** Schnittger Architekten+ Partner GmbH; Kiel

veröffentlicht: BKI Objektdaten N13

### 2200-0030 Forschungszentrum
**BRI** 22.735 m³ **BGF** 5.579 m² **NUF** 2.773 m²

Forschungszentrum für Pharmakologie, Pharmazie und experimentelle Therapie. Stb-Konstruktion.

Land: Mecklenburg-Vorpommern
Kreis: Vorpommern-Greifswald
Standard: über Durchschnitt
Bauzeit: 122 Wochen
Kennwerte: bis 1. Ebene DIN 276

**BGF** 4.302 €/m²

**Planung:** MHB Planungs- und Ingenieurgesellschaft mbH; Rostock

veröffentlicht: BKI Objektdaten N12

## Objektübersicht zur Gebäudeart

### 2200-0028 Institutsgebäude
**BRI** 10.072 m³  **BGF** 2.290 m²  **NUF** 1.258 m²

Institutsgebäude für ein astrophysikalisches Institut mit 48 Arbeitsplätzen. Stb-Konstruktion.

Land: Brandenburg
Kreis: Potsdam
Standard: Durchschnitt
Bauzeit: 78 Wochen
Kennwerte: bis 1. Ebene DIN 276

**BGF** 3.902 €/m²

**Planung:** BHBVT Gesellschaft von Architekten mbH; Berlin

veröffentlicht: BKI Objektdaten N12

### 2200-0017 Hochschule
**BRI** 27.429 m³  **BGF** 7.376 m²  **NUF** 4.804 m²

Neubau einer Hochschule mit insgesamt 5 Gebäuden: 3 Atelierhäuser, Zentralgebäude mit Verwaltung und Seminartrakt, zentrales Cafeteria-Gebäude mit Bibliothek. Ateliers: Holzbau; Cafeteria, Verwaltung: Stahlbeton, Mauerwerk.

Land: Nordrhein-Westfalen
Kreis: Rhein-Sieg-Kreis
Standard: Durchschnitt
Bauzeit: 74 Wochen
Kennwerte: bis 1. Ebene DIN 276

**BGF** 2.115 €/m²

**Planung:** Freie Planungsgruppe 7; Stuttgart

veröffentlicht: BKI Objektdaten N10

### 2200-0018 Biotechnologiezentrum
**BRI** 18.903 m³  **BGF** 4.495 m²  **NUF** 2.716 m²

Biotechnologiezentrum als 2. Bauabschnitt mit Labor- und Büroflächen als Mietflächen für Gründerfirmen. Massivbau.

Land: Bremen
Kreis: Bremerhaven, Stadt
Standard: Durchschnitt
Bauzeit: 52 Wochen
Kennwerte: bis 1. Ebene DIN 276

**BGF** 3.181 €/m²

**Planung:** Partnerschaft HTP, Husemann, Timmermann, Hidde; Braunschweig

veröffentlicht: BKI Objektdaten N11

### 2200-0016 Institutsgebäude
**BRI** 38.640 m³  **BGF** 9.061 m²  **NUF** 3.735 m²

Institutsgebäude für Polymertechnik der Fraunhofer Gesellschaft. Stb-Skelettbau, Pfosten-Riegel-Fassade.

Land: Baden-Württemberg
Kreis: Karlsruhe
Standard: Durchschnitt
Bauzeit: 100 Wochen
Kennwerte: bis 1. Ebene DIN 276

**BGF** 2.515 €/m²

**Planung:** weinbrenner.single.arabzadeh ArchitektenWerkgemeinschaft; Nürtingen

veröffentlicht: BKI Objektdaten N9

# Instituts- und Laborgebäude

**€/m² BGF**
| | |
|---|---|
| min | 1.720 €/m² |
| von | 2.500 €/m² |
| Mittel | **3.290** €/m² |
| bis | 4.300 €/m² |
| max | 5.300 €/m² |

**Kosten:**
Stand 1. Quartal 2022
Bundesdurchschnitt
inkl. 19% MwSt.

## Objektübersicht zur Gebäudeart

### 2200-0007 Physikalisches Institut
**BRI** 1.238 m³ | **BGF** 278 m² | **NUF** 169 m²

Forschungslabore, Büroräume. Mauerwerksbau.

Land: Bayern
Kreis: Würzburg, Stadt
Standard: Durchschnitt
Bauzeit: 52 Wochen
Kennwerte: bis 4. Ebene DIN 276

**BGF** 2.987 €/m²

**Planung:** Scholz & Völker Architektengemeinschaft; Würzburg

veröffentlicht: BKI Objektdaten N6

### 2200-0009 Lehr- und Laborgebäude
**BRI** 10.856 m³ | **BGF** 2.607 m² | **NUF** 1.583 m²

Erweiterung der Hochschule mit Labor- und Seminarräumen. Stb-Konstruktion.

Land: Thüringen
Kreis: Weimar, Stadt
Standard: über Durchschnitt
Bauzeit: 243 Wochen*
Kennwerte: bis 4. Ebene DIN 276

**BGF** 4.003 €/m²

**Planung:** K+H Architekten Freie Architekten und Stadtplaner; Stuttgart

veröffentlicht: BKI Objektdaten N8
* Nicht in der Auswertung enthalten

Wissenschaft

## Medizinische Einrichtungen

### Kostenkennwerte für die Kosten des Bauwerks (Kostengruppen 300+400 nach DIN 276)

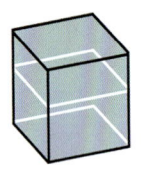

**BRI** 620 €/m³
von 535 €/m³
bis 730 €/m³

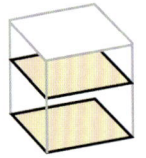

**BGF** 2.350 €/m²
von 1.915 €/m²
bis 2.825 €/m²

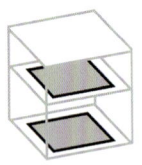

**NUF** 4.265 €/m²
von 3.305 €/m²
bis 6.080 €/m²

**NE** 218.740 €/NE
von 148.310 €/NE
bis 310.895 €/NE
NE: Betten

**Kosten:**
Stand 1. Quartal 2022
Bundesdurchschnitt
inkl. 19% MwSt.

### Objektbeispiele

3100-0031

3500-0006

3300-0014

### Kosten der 26 Vergleichsobjekte — Seiten 174 bis 180

- ● KKW
- ▶ min
- ▷ von
- | Mittelwert
- ◁ bis
- ◀ max

**BRI** €/m³ BRI (400, 450, 500, 550, 600, 650, 700, 750, 800, 850, 900)

**BGF** €/m² BGF (1000, 1250, 1500, 1750, 2000, 2250, 2500, 2750, 3000, 3250, 3500)

**NUF** €/m² NUF (2100, 2800, 3500, 4200, 4900, 5600, 6300, 7000, 7700, 8400, 9100)

© BKI Baukosteninformationszentrum; Erläuterungen zu den Tabellen siehe Seite 46
Kostenstand: 1. Quartal 2022, Bundesdurchschnitt, **inkl. 19% MwSt.**

## Kostenkennwerte für die Kostengruppen der 1. und 2. Ebene DIN 276

| KG | Kostengruppen der 1. Ebene | Einheit | ▷ | €/Einheit | ◁ | ▷ | % an 300+400 | ◁ |
|---|---|---|---|---|---|---|---|---|
| 100 | Grundstück | m² GF | – | – | – | – | – | – |
| 200 | Vorbereitende Maßnahmen | m² GF | 9 | 25 | 58 | 0,7 | 1,1 | 2,0 |
| 300 | Bauwerk – Baukonstruktionen | m² BGF | 1.381 | 1.660 | 2.067 | 65,0 | 70,9 | 78,0 |
| 400 | Bauwerk – Technische Anlagen | m² BGF | 474 | 689 | 908 | 22,0 | 29,1 | 35,0 |
|  | Bauwerk (300+400) | m² BGF | 1.916 | 2.349 | 2.823 | 100,0 | 100,0 | 100,0 |
| 500 | Außenanlagen und Freiflächen | m² AF | 184 | 395 | 1.670 | 3,1 | 6,1 | 11,1 |
| 600 | Ausstattung und Kunstwerke | m² BGF | 46 | 114 | 240 | 1,7 | 4,4 | 8,6 |
| 700 | Baunebenkosten* | m² BGF | 495 | 532 | 568 | 21,2 | 22,7 | 24,3 |
| 800 | Finanzierung | m² BGF | – | – | – | – | – | – |

\* Auf Grundlage der HOAI 2021 berechnete Werte nach §§ 35, 52, 56. Weitere Informationen siehe Seite 50

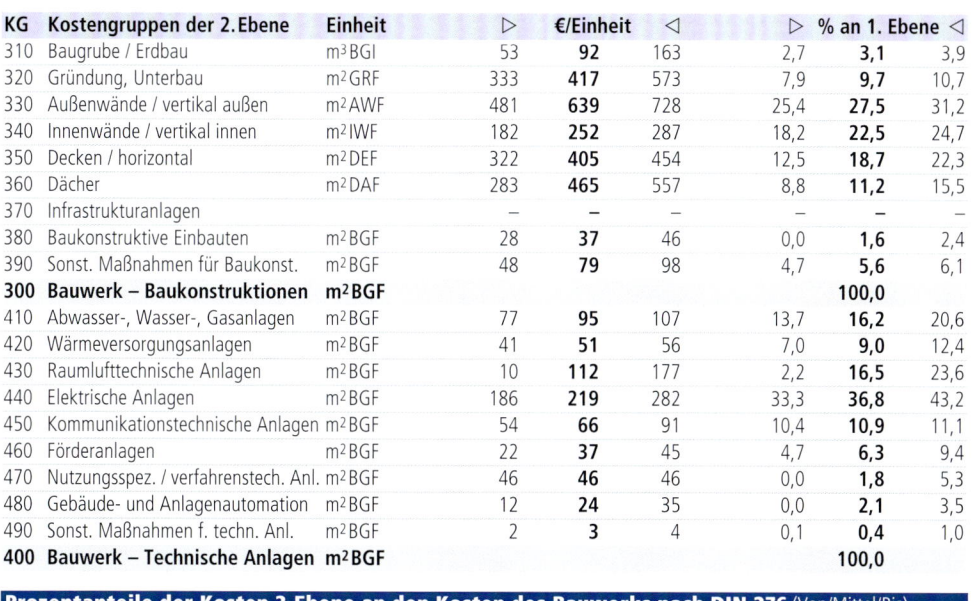

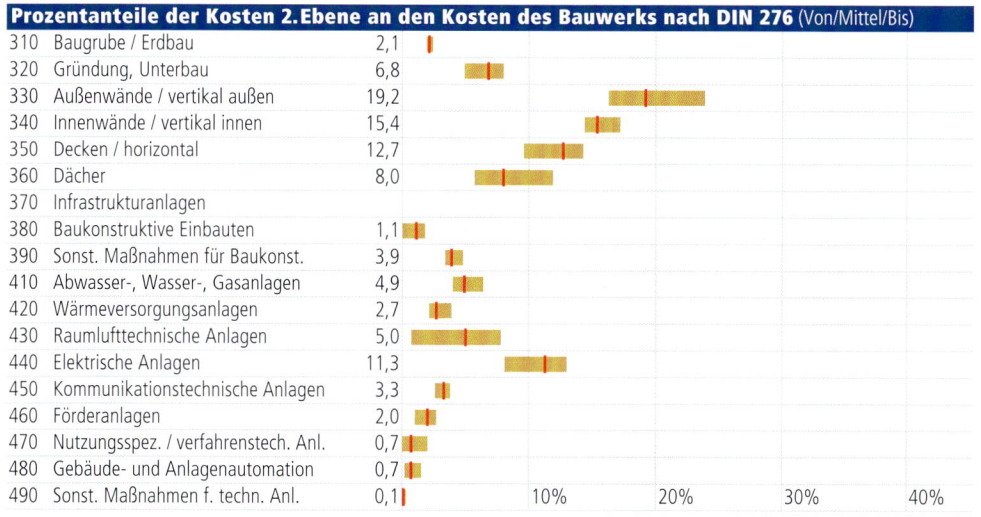

| KG | Kostengruppen der 2. Ebene | Einheit | ▷ | €/Einheit | ◁ | ▷ | % an 1. Ebene | ◁ |
|---|---|---|---|---|---|---|---|---|
| 310 | Baugrube / Erdbau | m³ BGI | 53 | 92 | 163 | 2,7 | 3,1 | 3,9 |
| 320 | Gründung, Unterbau | m² GRF | 333 | 417 | 573 | 7,9 | 9,7 | 10,7 |
| 330 | Außenwände / vertikal außen | m² AWF | 481 | 639 | 728 | 25,4 | 27,5 | 31,2 |
| 340 | Innenwände / vertikal innen | m² IWF | 182 | 252 | 287 | 18,2 | 22,5 | 24,7 |
| 350 | Decken / horizontal | m² DEF | 322 | 405 | 454 | 12,5 | 18,7 | 22,3 |
| 360 | Dächer | m² DAF | 283 | 465 | 557 | 8,8 | 11,2 | 15,5 |
| 370 | Infrastrukturanlagen |  | – | – | – | – | – | – |
| 380 | Baukonstruktive Einbauten | m² BGF | 28 | 37 | 46 | 0,0 | 1,6 | 2,4 |
| 390 | Sonst. Maßnahmen für Baukonst. | m² BGF | 48 | 79 | 98 | 4,7 | 5,6 | 6,1 |
| 300 | **Bauwerk – Baukonstruktionen** | m² BGF |  |  |  |  | 100,0 |  |
| 410 | Abwasser-, Wasser-, Gasanlagen | m² BGF | 77 | 95 | 107 | 13,7 | 16,2 | 20,6 |
| 420 | Wärmeversorgungsanlagen | m² BGF | 41 | 51 | 56 | 7,0 | 9,0 | 12,4 |
| 430 | Raumlufttechnische Anlagen | m² BGF | 10 | 112 | 177 | 2,2 | 16,5 | 23,6 |
| 440 | Elektrische Anlagen | m² BGF | 186 | 219 | 282 | 33,3 | 36,8 | 43,2 |
| 450 | Kommunikationstechnische Anlagen | m² BGF | 54 | 66 | 91 | 10,4 | 10,9 | 11,1 |
| 460 | Förderanlagen | m² BGF | 22 | 37 | 45 | 4,7 | 6,3 | 9,4 |
| 470 | Nutzungsspez. / verfahrenstech. Anl. | m² BGF | 46 | 46 | 46 | 0,0 | 1,8 | 5,3 |
| 480 | Gebäude- und Anlagenautomation | m² BGF | 12 | 24 | 35 | 0,0 | 2,1 | 3,5 |
| 490 | Sonst. Maßnahmen f. techn. Anl. | m² BGF | 2 | 3 | 4 | 0,1 | 0,4 | 1,0 |
| 400 | **Bauwerk – Technische Anlagen** | m² BGF |  |  |  |  | 100,0 |  |

### Prozentanteile der Kosten 2. Ebene an den Kosten des Bauwerks nach DIN 276 (Von/Mittel/Bis)

| KG | Bezeichnung | Mittel |
|---|---|---|
| 310 | Baugrube / Erdbau | 2,1 |
| 320 | Gründung, Unterbau | 6,8 |
| 330 | Außenwände / vertikal außen | 19,2 |
| 340 | Innenwände / vertikal innen | 15,4 |
| 350 | Decken / horizontal | 12,7 |
| 360 | Dächer | 8,0 |
| 370 | Infrastrukturanlagen |  |
| 380 | Baukonstruktive Einbauten | 1,1 |
| 390 | Sonst. Maßnahmen für Baukonst. | 3,9 |
| 410 | Abwasser-, Wasser-, Gasanlagen | 4,9 |
| 420 | Wärmeversorgungsanlagen | 2,7 |
| 430 | Raumlufttechnische Anlagen | 5,0 |
| 440 | Elektrische Anlagen | 11,3 |
| 450 | Kommunikationstechnische Anlagen | 3,3 |
| 460 | Förderanlagen | 2,0 |
| 470 | Nutzungsspez. / verfahrenstech. Anl. | 0,7 |
| 480 | Gebäude- und Anlagenautomation | 0,7 |
| 490 | Sonst. Maßnahmen f. techn. Anl. | 0,1 |

© BKI Baukosteninformationszentrum; Erläuterungen zu den Tabellen siehe Seite 48 und 50    Kostenstand: 1. Quartal 2022, Bundesdurchschnitt, inkl. 19% MwSt.

# Medizinische Einrichtungen

## Prozentanteile der Kosten für Leistungsbereiche nach STLB (Kosten Bauwerk nach DIN 276)

| LB | Leistungsbereiche | ▷ | % an 300+400 | ◁ |
|---|---|---|---|---|
| 000 | Sicherheits-, Baustelleneinrichtungen inkl. 001 | 2,3 | **2,9** | 3,5 |
| 002 | Erdarbeiten | 0,5 | **2,2** | 2,9 |
| 006 | Spezialtiefbauarbeiten inkl. 005 | 0,0 | **0,3** | 1,3 |
| 009 | Entwässerungskanalarbeiten inkl. 011 | < 0,1 | **0,5** | 1,0 |
| 010 | Drän- und Versickerarbeiten | 0,0 | **< 0,1** | < 0,1 |
| 012 | Mauerarbeiten | 1,2 | **4,9** | 8,7 |
| 013 | Betonarbeiten | 13,3 | **15,3** | 17,0 |
| 014 | Natur-, Betonwerksteinarbeiten | 0,0 | **0,9** | 1,2 |
| 016 | Zimmer- und Holzbauarbeiten | 0,4 | **1,8** | 3,2 |
| 017 | Stahlbauarbeiten | < 0,1 | **0,9** | 1,9 |
| 018 | Abdichtungsarbeiten | < 0,1 | **0,3** | 0,6 |
| 020 | Dachdeckungsarbeiten | 0,0 | **< 0,1** | 0,3 |
| 021 | Dachabdichtungsarbeiten | 1,9 | **2,8** | 3,7 |
| 022 | Klempnerarbeiten | 0,6 | **1,3** | 3,4 |
| | **Rohbau** | 29,4 | **34,1** | 38,4 |
| 023 | Putz- und Stuckarbeiten, Wärmedämmsysteme | 1,2 | **2,6** | 3,9 |
| 024 | Fliesen- und Plattenarbeiten | 0,9 | **1,3** | 1,8 |
| 025 | Estricharbeiten | 1,3 | **1,6** | 1,9 |
| 026 | Fenster, Außentüren inkl. 029, 032 | 4,3 | **7,3** | 10,4 |
| 027 | Tischlerarbeiten | 0,9 | **2,7** | 3,4 |
| 028 | Parkettarbeiten, Holzpflasterarbeiten | < 0,1 | **0,5** | 1,5 |
| 030 | Rollladenarbeiten | 0,2 | **0,8** | 1,2 |
| 031 | Metallbauarbeiten inkl. 035 | 3,2 | **3,8** | 4,3 |
| 034 | Maler- und Lackiererarbeiten inkl. 037 | 1,8 | **2,7** | 3,4 |
| 036 | Bodenbelagarbeiten | 1,3 | **2,2** | 3,0 |
| 038 | Vorgehängte hinterlüftete Fassaden | 1,2 | **2,0** | 2,9 |
| 039 | Trockenbauarbeiten | 7,3 | **8,0** | 8,6 |
| | **Ausbau** | 32,2 | **35,3** | 38,7 |
| 040 | Wärmeversorgungsanl. - Betriebseinr. inkl. 041 | 2,0 | **3,2** | 4,7 |
| 042 | Gas- und Wasserinstallation, Leitungen inkl. 043 | 0,7 | **1,2** | 1,8 |
| 044 | Abwasseranlagen - Leitungen | 0,8 | **1,6** | 2,5 |
| 045 | GWE-Einrichtungsgegenstände inkl. 046 | 1,0 | **1,8** | 2,6 |
| 047 | Dämmarbeiten an betriebstechnischen Anlagen | 0,7 | **0,7** | 0,9 |
| 049 | Feuerlöschanlagen, Feuerlöschgeräte | 0,0 | **0,2** | 0,4 |
| 050 | Blitzschutz- und Erdungsanlagen | 0,1 | **0,4** | 0,5 |
| 052 | Mittelspannungsanlagen | – | **–** | – |
| 053 | Niederspannungsanlagen inkl. 054 | 4,8 | **6,0** | 7,4 |
| 055 | Sicherheits- u. Ersatzstromversorgungsanl. | 0,0 | **0,2** | 0,7 |
| 057 | Gebäudesystemtechnik | < 0,1 | **0,4** | 1,4 |
| 058 | Leuchten und Lampen inkl. 059 | 1,8 | **3,4** | 7,0 |
| 060 | Sprechanlagen, elektroakust. Anlagen inkl. 064 | 0,2 | **0,6** | 1,4 |
| 061 | Kommunikationsnetze inkl. 062 | 0,4 | **1,1** | 1,7 |
| 063 | Gefahrenmeldeanlagen | 0,2 | **0,9** | 1,6 |
| 069 | Aufzüge | 1,3 | **2,2** | 2,8 |
| 070 | Gebäudeautomation | 0,1 | **0,5** | 1,5 |
| 075 | Raumlufttechnische Anlagen inkl. 078 | 0,7 | **5,1** | 7,3 |
| | **Gebäudetechnik** | 25,2 | **29,4** | 37,9 |
| | Sonstige Leistungsbereiche inkl. 008, 033, 051 | 0,3 | **1,2** | 3,5 |

**Kosten:**
Stand 1. Quartal 2022
Bundesdurchschnitt
inkl. 19% MwSt.

● KKW
▶ min
▷ von
| Mittelwert
◁ bis
◀ max

## Planungskennwerte für Flächen und Rauminhalte nach DIN 277

### Grundflächen

| | | | ▷ | Fläche/NUF (%) | ◁ | ▷ | Fläche/BGF (%) | ◁ |
|---|---|---|---|---|---|---|---|---|
| NUF | Nutzungsfläche | 100,0 | 100,0 | **100,0** | 100,0 | 49,9 | **57,1** | 61,3 |
| TF | Technikfläche | 5,6 | | **7,1** | 12,0 | 2,9 | **3,8** | 6,0 |
| VF | Verkehrsfläche | 33,0 | | **40,3** | 64,5 | 17,6 | **21,4** | 25,2 |
| NRF | Netto-Raumfläche | 142,4 | | **147,5** | 174,3 | 77,9 | **82,3** | 84,8 |
| KGF | Konstruktions-Grundfläche | 27,0 | | **32,6** | 49,7 | 15,2 | **17,7** | 22,1 |
| BGF | Brutto-Grundfläche | 168,6 | | **180,1** | 227,4 | 100,0 | **100,0** | 100,0 |

### Brutto-Rauminhalte

| | | ▷ | BRI/NUF (m) | ◁ | ▷ | BRI/BGF (m) | ◁ |
|---|---|---|---|---|---|---|---|
| BRI | Brutto-Rauminhalt | 6,26 | **6,81** | 8,20 | 3,60 | **3,79** | 4,27 |

### Flächen von Nutzeinheiten

| | ▷ | NUF/Einheit (m²) | ◁ | ▷ | BGF/Einheit (m²) | ◁ |
|---|---|---|---|---|---|---|
| Nutzeinheit: Betten | 50,84 | **53,55** | 73,54 | 84,44 | **90,56** | 130,29 |

### Lufttechnisch behandelte Flächen

| | ▷ | Fläche/NUF (%) | ◁ | ▷ | Fläche/BGF (%) | ◁ |
|---|---|---|---|---|---|---|
| Entlüftete Fläche | – | – | – | – | – | – |
| Be- und entlüftete Fläche | 12,6 | **12,6** | 12,6 | 7,2 | **7,2** | 7,2 |
| Teilklimatisierte Fläche | – | – | – | – | – | – |
| Klimatisierte Fläche | – | – | – | – | – | – |

### Kostengruppen (2. Ebene)

| KG | Kostengruppen (2. Ebene) | Einheit | ▷ | Menge/NUF | ◁ | ▷ | Menge/BGF | ◁ |
|---|---|---|---|---|---|---|---|---|
| 310 | Baugrube / Erdbau | m³ BGI | 1,06 | **1,11** | 1,11 | 0,59 | **0,61** | 0,61 |
| 320 | Gründung, Unterbau | m² GRF | 0,56 | **0,63** | 0,63 | 0,27 | **0,35** | 0,35 |
| 330 | Außenwände / vertikal außen | m² AWF | 1,08 | **1,11** | 1,11 | 0,55 | **0,60** | 0,60 |
| 340 | Innenwände / vertikal innen | m² IWF | 2,28 | **2,28** | 2,38 | 1,19 | **1,23** | 1,23 |
| 350 | Decken / horizontal | m² DEF | 1,06 | **1,19** | 1,19 | 0,63 | **0,63** | 0,71 |
| 360 | Dächer | m² DAF | 0,54 | **0,63** | 0,63 | 0,35 | **0,35** | 0,40 |
| 370 | Infrastrukturanlagen | | – | – | – | – | – | – |
| 380 | Baukonstruktive Einbauten | m² BGF | 1,69 | **1,80** | 2,27 | 1,00 | **1,00** | 1,00 |
| 390 | Sonst. Maßnahmen für Baukonst. | m² BGF | 1,69 | **1,80** | 2,27 | 1,00 | **1,00** | 1,00 |
| **300** | **Bauwerk – Baukonstruktionen** | m² BGF | 1,69 | **1,80** | 2,27 | 1,00 | **1,00** | 1,00 |

## Planungskennwerte für Bauzeiten — 26 Vergleichsobjekte

Bauzeit in Wochen

## Medizinische Einrichtungen

**Objektübersicht zur Gebäudeart**

€/m² BGF
min 1.485 €/m²
von 1.915 €/m²
Mittel 2.350 €/m²
bis 2.825 €/m²
max 3.455 €/m²

**Kosten:**
Stand 1. Quartal 2022
Bundesdurchschnitt
inkl. 19% MwSt.

---

### 3100-0031 Praxishaus (15 AP)
**BRI** 3.998 m³  **BGF** 711 m²  **NUF** 379 m²

Medizinische Behandlung von Patienten in 3 verschiedenen Arztpraxen. Massivbau.

Land: Brandenburg
Kreis: Barnim
Standard: Durchschnitt
Bauzeit: 61 Wochen
Kennwerte: bis 1. Ebene DIN 276

**BGF** 3.454 €/m²

**Planung:** Parmakerli-Fountis Gesellschaft von Architekten mbH; Kleinmachnow
vorgesehen: BKI Objektdaten N18

---

### 3500-0006 Therapie- und Kreativzentrum (50 Kinder)
**BRI** 2.663 m³  **BGF** 587 m²  **NUF** 407 m²

Therapie- und Kreativzentrum für 50 Kinder. Massivholzbau.

Land: Bremen
Kreis: Bremen, Stadt
Standard: über Durchschnitt
Bauzeit: 43 Wochen
Kennwerte: bis 1. Ebene DIN 276

**BGF** 2.925 €/m²

**Planung:** Ulrich Tilgner Thomas Grotz Architekten GmbH; Bremen
veröffentlicht: BKI Objektdaten N17

---

### 3300-0015 Psychiatrische Tagesklinik (106 Plätze)
**BRI** 35.923 m³  **BGF** 10.105 m²  **NUF** 5.812 m²

Psychiatrische Tagesklinik mit Ambulanzzentrum und TG (25 STP). Massivbau.

Land: Baden-Württemberg
Kreis: Reutlingen
Standard: Durchschnitt
Bauzeit: 122 Wochen
Kennwerte: bis 1. Ebene DIN 276

**BGF** 1.933 €/m²

**Planung:** Hartmaier + Partner Freie Architekten BDA; Reutlingen
veröffentlicht: BKI Objektdaten N17

---

### 3100-0029 Praxis-, Labor- und Bürogebäude
**BRI** 5.134 m³  **BGF** 1.465 m²  **NUF** 940 m²

Physio-, Ergo- und Logopädiepraxis, Zahnarztpraxis mit Labor, 2 Büros. Massivbau.

Land: Bayern
Kreis: Bad Kissingen
Standard: über Durchschnitt
Bauzeit: 48 Wochen
Kennwerte: bis 1. Ebene DIN 276

**BGF** 2.694 €/m²

**Planung:** Architekturwerkstatt Bornkessel; Hammelburg
veröffentlicht: BKI Objektdaten N16

## Objektübersicht zur Gebäudeart

### 3500-0005 Therapiezentrum (10 AP)    BRI 2.329 m³    BGF 653 m²    NUF 402 m²

Therapiezentrum mit 14 Behandlungsräumen. Mischkonstruktion.

Land: Bayern  
Kreis: Forchheim  
Standard: über Durchschnitt  
Bauzeit: 52 Wochen  
Kennwerte: bis 1. Ebene DIN 276  

BGF   1.816 €/m²

**Planung:** GRIMM ARCHITEKTEN BDA; Nürnberg    veröffentlicht: BKI Objektdaten N17

---

### 3300-0014 Fachklinik für Psychosomatik    BRI 15.777 m³    BGF 4.366 m²    NUF 2.463 m²

Fachklinik für Psychosomatik mit 44 Betten. Massivbau.

Land: Niedersachsen  
Kreis: Ammerland  
Standard: über Durchschnitt  
Bauzeit: 96 Wochen  
Kennwerte: bis 1. Ebene DIN 276  

BGF   2.626 €/m²

**Planung:** GSP Gerlach Schneider Partner Architekten mbB; Bremen    veröffentlicht: BKI Objektdaten N16

---

### 3100-0024 Praxishaus (7 AP)    BRI 1.231 m³    BGF 408 m²    NUF 240 m²

Praxishaus mit 2 Arztpraxen und 7 Arbeitsplätzen. Massivbau.

Land: Nordrhein-Westfalen  
Kreis: Heinsberg  
Standard: über Durchschnitt  
Bauzeit: 52 Wochen  
Kennwerte: bis 1. Ebene DIN 276  

BGF   1.822 €/m²

**Planung:** RoA RONGEN ARCHITEKTEN PartG mbB; Wassenberg    veröffentlicht: BKI Objektdaten N16

---

### 3100-0025 Arztpraxis    BRI 727 m³    BGF 188 m²    NUF 108 m²

Arztpraxis mit Seminarraum. Vorgefertigter Brettsperrholz-Elementbau.

Land: Bayern  
Kreis: Bad Tölz  
Standard: Durchschnitt  
Bauzeit: 30 Wochen  
Kennwerte: bis 1. Ebene DIN 276  

BGF   2.384 €/m²

**Planung:** Planungsbüro Beham BIAV; Dietramszell    veröffentlicht: BKI Objektdaten N16

---

© BKI Baukosteninformationszentrum; Erläuterungen zu den Tabellen siehe Seite 56    Kostenstand: 1. Quartal 2022, Bundesdurchschnitt, inkl. 19% MwSt.

# Medizinische Einrichtungen

**€/m² BGF**
| | |
|---|---|
| min | 1.485 €/m² |
| von | 1.915 €/m² |
| Mittel | **2.350 €/m²** |
| bis | 2.825 €/m² |
| max | 3.455 €/m² |

**Kosten:**
Stand 1. Quartal 2022
Bundesdurchschnitt
inkl. 19% MwSt.

## Objektübersicht zur Gebäudeart

### 3200-0026 Geriatrische Klinik
**BRI** 24.600 m³  **BGF** 6.198 m²  **NUF** 3.343 m²

Geriatrische Klinik mit 80 Betten und 15 Betten der Tagesklinik. Massivbau.

Land: Brandenburg
Kreis: Frankfurt (Oder), Stadt
Standard: Durchschnitt
Bauzeit: 70 Wochen
Kennwerte: bis 1. Ebene DIN 276

**BGF  2.731 €/m²**

veröffentlicht: BKI Objektdaten N16

**Planung:** HDR GmbH; Berlin

### 3100-0021 Praxis für Allgemeinmedizin
**BRI** 1.052 m³  **BGF** 288 m²  **NUF** 182 m²

Arztpraxis für Allgemeinmedizin mit Behandlungszimmern (4 St) und einem Labor. Mauerwerksbau.

Land: Nordrhein-Westfalen
Kreis: Düren
Standard: Durchschnitt
Bauzeit: 57 Wochen
Kennwerte: bis 1. Ebene DIN 276

**BGF  2.198 €/m²**

veröffentlicht: BKI Objektdaten N15

**Planung:** Altgott + Schneiders Architekten; Aachen

### 3100-0027 Ärztehaus (8 Praxen)
**BRI** 19.956 m³  **BGF** 5.388 m²  **NUF** 2.874 m²

Ärztehaus mit 8 Praxen. Massivbau.

Land: Bayern
Kreis: Neuburg-Schrobenhausen
Standard: Durchschnitt
Bauzeit: 74 Wochen
Kennwerte: bis 1. Ebene DIN 276

**BGF  2.376 €/m²**

veröffentlicht: BKI Objektdaten N16

**Planung:** ABHD Architekten Beck und Denzinger; Neuburg a.d. Donau

### 3500-0004 Rehaklinik für suchtkranke Menschen
**BRI** 18.114 m³  **BGF** 5.383 m²  **NUF** 3.605 m²

Rehaklinik für suchtkranke Menschen. Mauerwerksbau.

Land: Niedersachsen
Kreis: Emsland
Standard: Durchschnitt
Bauzeit: 78 Wochen
Kennwerte: bis 1. Ebene DIN 276

**BGF  1.902 €/m²**

veröffentlicht: BKI Objektdaten N15

**Planung:** Hüdepohl . Ferner Architektur- und Ingenieurgesellschaft mbH; Osnabrück

## Objektübersicht zur Gebäudeart

### 3200-0022 Geriatrie (88 Betten), Tagesklinik (10 Plätze) — BRI 19.363 m³ — BGF 5.140 m² — NUF 3.210 m²

Neubau einer Geriatrie mit 88 Betten und Tagesklinik (10 Plätze). Mauerwerksbau.

Land: Hamburg
Kreis: Hamburg, Freie und Hansestadt
Standard: Durchschnitt
Bauzeit: 87 Wochen
Kennwerte: bis 1. Ebene DIN 276

**BGF  2.028 €/m²**

**Planung:** euroterra GmbH architekten ingenieure; Hamburg

veröffentlicht: BKI Objektdaten N15

---

### 3100-0028 Ärztehaus (5 Praxen), Apotheke — BRI 14.177 m³ — BGF 3.520 m² — NUF 1.767 m²

Ärztehaus mit 5 Arztpraxen und Apotheke. Stahlbeton.

Land: Thüringen
Kreis: Weimarer Land
Standard: Durchschnitt
Bauzeit: 70 Wochen
Kennwerte: bis 1. Ebene DIN 276

**BGF  1.858 €/m²**

**Planung:** Junk & Reich Architekten BDA Planungsgesellschaft mbH; Weimar

veröffentlicht: BKI Objektdaten N16

---

### 3200-0025 Zentrum für Neurologie und Geriatrie (220 Betten) — BRI 67.605 m³ — BGF 16.067 m² — NUF 8.815 m²

Klinik für Neurologie mit 220 Betten. Stb-Konstruktion.

Land: Niedersachsen
Kreis: Osnabrück
Standard: Durchschnitt
Bauzeit: 148 Wochen
Kennwerte: bis 1. Ebene DIN 276

**BGF  3.053 €/m²**

**Planung:** Kossmann Maslo Architekten Planungsgesellschaft mbH + Co.KG; Münster

veröffentlicht: BKI Objektdaten N16

---

### 3200-0023 Psychosomatische Klinik (40 Betten) — BRI 39.727 m³ — BGF 9.443 m² — NUF 4.720 m²

Psychosomatische Klinik mit 40 Betten. Stb-Skelettbau.

Land: Bayern
Kreis: Schweinfurt
Standard: Durchschnitt
Bauzeit: 152 Wochen
Kennwerte: bis 1. Ebene DIN 276

**BGF  2.486 €/m²**

**Planung:** Heinle, Wischer und Partner Freie Architekten; Köln

veröffentlicht: BKI Objektdaten N15

# Medizinische Einrichtungen

## Objektübersicht zur Gebäudeart

**€/m² BGF**
| | |
|---|---|
| min | 1.485 €/m² |
| von | 1.915 €/m² |
| Mittel | **2.350 €/m²** |
| bis | 2.825 €/m² |
| max | 3.455 €/m² |

**Kosten:**
Stand 1. Quartal 2022
Bundesdurchschnitt
inkl. 19% MwSt.

---

### 3100-0013 Praxis-Klinik Zahnarzt
**BRI** 1.296 m³   **BGF** 389 m²   **NUF** 211 m²

Zahnarzt-Praxis-Klinik mit Behandlungszimmern (5 St), OP, Röntgen, Warteraum. Mauerwerksbau.

Land: Sachsen-Anhalt
Kreis: Magdeburg
Standard: Durchschnitt
Bauzeit: 39 Wochen
Kennwerte: bis 1. Ebene DIN 276

**BGF**   **2.484 €/m²**

Planung: Architekturbüro AW GmbH; Magdeburg

veröffentlicht: BKI Objektdaten N12

---

### 3300-0010 Klinik Psychosomat. Medizin - Effizienzhaus ~59%
**BRI** 13.433 m³   **BGF** 3.530 m²   **NUF** 2.076 m²

Universitätsklinikum zur ambulanten und stationären Betreuung von Patienten für psychosomatische Medizin und Psychotherapie. Stb-Skelettkonstruktion, Pfosten-Riegel-Konstruktion.

Land: Baden-Württemberg
Kreis: Ulm, Stadtkreis
Standard: Durchschnitt
Bauzeit: 96 Wochen
Kennwerte: bis 1. Ebene DIN 276

**BGF**   **2.117 €/m²**

Planung: Tiemann-Petri und Partner Freie Architekten BDA; Stuttgart

veröffentlicht: BKI Objektdaten E7

---

### 3300-0006 Tagesklinik Allgemeinpsychiatrie
**BRI** 9.500 m³   **BGF** 2.370 m²   **NUF** 1.317 m²

Tagesklinik für Geronto- und Allgemeinpsychiatrie. Massivbau.

Land: Nordrhein-Westfalen
Kreis: Viersen
Standard: über Durchschnitt
Bauzeit: 78 Wochen
Kennwerte: bis 3. Ebene DIN 276

**BGF**   **2.186 €/m²**

Planung: Dr. Schrammen Architekten BDA; Mönchengladbach

veröffentlicht: BKI Objektdaten N13

---

### 3100-0016 Medizinisches Versorgungszentrum (12 AP)
**BRI** 4.163 m³   **BGF** 1.186 m²   **NUF** 715 m²

Medizinisches Zentrum für sozialpsychiatrische Versorgung für Kinder, Jugendliche und ihre Angehörigen. Mauerwerksbau.

Land: Hamburg
Kreis: Hamburg, Freie und Hansestadt
Standard: Durchschnitt
Bauzeit: 70 Wochen
Kennwerte: bis 3. Ebene DIN 276

**BGF**   **1.483 €/m²**

Planung: Architekturbüro Prell und Partner; Hamburg

veröffentlicht: BKI Objektdaten N13

## Objektübersicht zur Gebäudeart

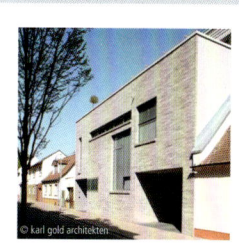

### 3100-0012 Zahnklinik - Effizienzhaus 40
**BRI** 2.441 m³  **BGF** 748 m²  **NUF** 216 m²

Arztpraxis mit 5 Behandlungsplätzen. Empfang, Behandlungszimmer, Röntgen, OP. Massivbau.

Land: Hessen
Kreis: Main-Taunus-Kreis
Standard: über Durchschnitt
Bauzeit: 44 Wochen
Kennwerte: bis 1. Ebene DIN 276

**BGF** 2.626 €/m²

**Planung:** karl gold architekten; Hochheim

veröffentlicht: BKI Objektdaten E5

### 3100-0010 Tagesklinik Psychiatrie
**BRI** 4.837 m³  **BGF** 1.178 m²  **NUF** 644 m²

Tagesklinik für Kinder- und Jugendpsychiatrie und Psychotherapie (2 Gruppen, 12 Kinder, 12 Jugendliche). Mauerwerksbau.

Land: Thüringen
Kreis: Eisenach, Stadt
Standard: Durchschnitt
Bauzeit: 65 Wochen
Kennwerte: bis 1. Ebene DIN 276

**BGF** 2.915 €/m²

**Planung:** Architektengemeinschaft Schwieger & Ortmann; Göttingen/Mühlhausen

veröffentlicht: BKI Objektdaten N11

### 3200-0019 Krankenhaus (620 Betten)*
**BRI** 331.327 m³  **BGF** 69.637 m²  **NUF** 34.821 m²

Krankenhaus mit 620 Betten für sämtlichen medizinischen Abteilungen und 13 OPs. Stb-Konstruktion.

Land: Baden-Württemberg
Kreis: Rems-Murr-Kreis
Standard: über Durchschnitt
Bauzeit: 270 Wochen*
Kennwerte: bis 1. Ebene DIN 276

**BGF** 4.003 €/m²

**Planung:** ARGE: Hascher-Jehle Architektur und Monnerjan-Kast-Walter Architekten

veröffentlicht: BKI Objektdaten N13
* Nicht in der Auswertung enthalten

### 3300-0004 Zentrum für Psychiatrie
**BRI** 18.721 m³  **BGF** 5.555 m²  **NUF** 3.186 m²

Psychiatrische Einrichtung mit 76 Betten, Eingangshalle, Therapie-, Untersuchungs- und Aufenthaltsräumen. Stb-Skelettbau mit Sichtbeton AW.

Land: Baden-Württemberg
Kreis: Bodenseekreis
Standard: über Durchschnitt
Bauzeit: 104 Wochen
Kennwerte: bis 1. Ebene DIN 276

**BGF** 2.221 €/m²

**Planung:** huber staudt architekten bda Gesellschaft von Architekten mbH; Berlin

veröffentlicht: BKI Objektdaten N12

# Medizinische Einrichtungen

**€/m² BGF**

| | |
|---|---|
| min | 1.485 €/m² |
| von | 1.915 €/m² |
| Mittel | **2.350 €/m²** |
| bis | 2.825 €/m² |
| max | 3.455 €/m² |

**Kosten:**
Stand 1. Quartal 2022
Bundesdurchschnitt
inkl. 19% MwSt.

## Objektübersicht zur Gebäudeart

### 3300-0008 Klinik für psychosomatische Medizin (195 Betten)
**BRI** 65.446 m³ **BGF** 18.927 m² **NUF** 12.445 m²

Klinik für psychosomatische Medizin mit 195 Betten, Eingangshalle, Großküche, Arzt- und Therapieräumen sowie Tiefgarage. Mauerwerksbau.

Land: Schleswig-Holstein
Kreis: Segeberg
Standard: über Durchschnitt
Bauzeit: 148 Wochen
Kennwerte: bis 1. Ebene DIN 276

**BGF** 2.646 €/m²

**Planung:** Planungsgesellschaft Masur & Partner mbH; Hamburg

veröffentlicht: BKI Objektdaten N13

### 3100-0007 Ärztehaus, Apotheke
**BRI** 14.435 m³ **BGF** 4.239 m² **NUF** 2.950 m²

Ärztehaus mit Apotheke und 13 Arztpraxen. Stb-Konstruktion; Stb-Hohlkammerdecken; Stb-Flachdach.

Land: Nordrhein-Westfalen
Kreis: Unna
Standard: über Durchschnitt
Bauzeit: 48 Wochen
Kennwerte: bis 1. Ebene DIN 276

**BGF** 1.811 €/m²

**Planung:** Köhler Architekten; Dortmund

veröffentlicht: BKI Objektdaten N10

### 3100-0009 Ärztehaus
**BRI** 59.759 m³ **BGF** 14.886 m² **NUF** 6.947 m²

Ärztehaus mit medizinischem Versorgungszentrum (ambulante Patientenversorgung). Massivbau.

Land: Bayern
Kreis: Ingolstadt, Stadt
Standard: Durchschnitt
Bauzeit: 96 Wochen
Kennwerte: bis 3. Ebene DIN 276

**BGF** 2.298 €/m²

**Planung:** Ludes Generalplaner GmbH, Stefan Ludes Architekten; Berlin

veröffentlicht: BKI Objektdaten N11

Gesundheit

# Pflegeheime

## Kostenkennwerte für die Kosten des Bauwerks (Kostengruppen 300+400 nach DIN 276)

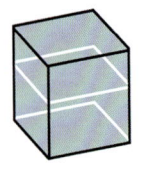

**BRI** 585 €/m³
von 495 €/m³
bis 700 €/m³

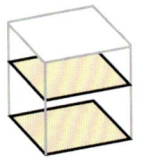

**BGF** 2.060 €/m²
von 1.695 €/m²
bis 2.855 €/m²

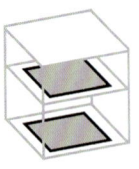

**NUF** 3.255 €/m²
von 2.650 €/m²
bis 4.470 €/m²

**NE** 175.060 €/NE
von 120.255 €/NE
bis 300.410 €/NE
NE: Betten

**Kosten:**
Stand 1. Quartal 2022
Bundesdurchschnitt
inkl. 19% MwSt.

### Objektbeispiele

6200-0109

6200-0099

6200-0051

### Kosten der 21 Vergleichsobjekte — Seiten 186 bis 191

- ● KKW
- ▶ min
- ▷ von
- | Mittelwert
- ◁ bis
- ◀ max

BRI: 350 – 850 €/m³ BRI

BGF: 1000 – 3500 €/m² BGF

NUF: 2100 – 5600 €/m² NUF

© BKI Baukosteninformationszentrum; Erläuterungen zu den Tabellen siehe Seite 46
Kostenstand: 1. Quartal 2022, Bundesdurchschnitt, **inkl. 19% MwSt.**

## Kostenkennwerte für die Kostengruppen der 1. und 2. Ebene DIN 276

| KG | Kostengruppen der 1. Ebene | Einheit | ▷ | €/Einheit | ◁ | ▷ | % an 300+400 | ◁ |
|---|---|---|---|---|---|---|---|---|
| 100 | Grundstück | m²GF | – | – | – | – | – | – |
| 200 | Vorbereitende Maßnahmen | m²GF | 7 | **23** | 54 | 0,4 | **1,3** | 2,4 |
| 300 | Bauwerk – Baukonstruktionen | m²BGF | 1.134 | **1.463** | 2.061 | 61,6 | **70,5** | 75,2 |
| 400 | Bauwerk – Technische Anlagen | m²BGF | 459 | **597** | 780 | 24,8 | **29,5** | 38,4 |
|  | Bauwerk (300+400) | m²BGF | 1.694 | **2.061** | 2.854 | 100,0 | **100,0** | 100,0 |
| 500 | Außenanlagen und Freiflächen | m²AF | 144 | **306** | 972 | 3,3 | **6,4** | 12,3 |
| 600 | Ausstattung und Kunstwerke | m²BGF | 21 | **102** | 159 | 1,5 | **5,5** | 9,0 |
| 700 | Baunebenkosten* | m²BGF | 401 | **444** | 487 | 19,1 | **21,2** | 23,2 |
| 800 | Finanzierung | m²BGF | – | – | – | – | – | – |

\* Auf Grundlage der HOAI 2021 berechnete Werte nach §§ 35, 52, 56. Weitere Informationen siehe Seite 50

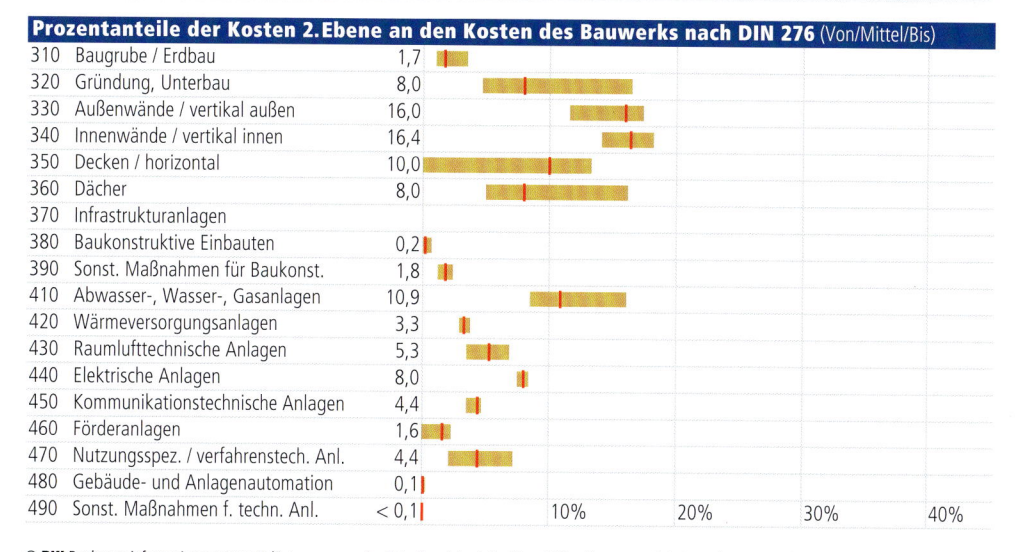

| KG | Kostengruppen der 2. Ebene | Einheit | ▷ | €/Einheit | ◁ | ▷ | % an 1. Ebene | ◁ |
|---|---|---|---|---|---|---|---|---|
| 310 | Baugrube / Erdbau | m³BGI | 19 | **36** | 53 | 1,6 | **2,8** | 6,3 |
| 320 | Gründung, Unterbau | m²GRF | 219 | **378** | 516 | 7,9 | **12,4** | 23,1 |
| 330 | Außenwände / vertikal außen | m²AWF | 490 | **632** | 828 | 22,3 | **25,8** | 29,4 |
| 340 | Innenwände / vertikal innen | m²IWF | 245 | **259** | 274 | 24,1 | **26,4** | 28,3 |
| 350 | Decken / horizontal | m²DEF | 300 | **338** | 412 | 0,0 | **17,0** | 22,8 |
| 360 | Dächer | m²DAF | 283 | **333** | 387 | 8,3 | **12,4** | 22,7 |
| 370 | Infrastrukturanlagen |  | – | – | – | – | – | – |
| 380 | Baukonstruktive Einbauten | m²BGF | < 1 | **4** | 13 | < 0,1 | **0,3** | 1,3 |
| 390 | Sonst. Maßnahmen für Baukonst. | m²BGF | 25 | **34** | 55 | 1,9 | **2,9** | 3,8 |
| **300** | **Bauwerk – Baukonstruktionen** | **m²BGF** |  |  |  |  | **100,0** |  |
| 410 | Abwasser-, Wasser-, Gasanlagen | m²BGF | 156 | **201** | 243 | 24,8 | **28,2** | 37,5 |
| 420 | Wärmeversorgungsanlagen | m²BGF | 56 | **62** | 77 | 7,4 | **9,1** | 13,8 |
| 430 | Raumlufttechnische Anlagen | m²BGF | 62 | **103** | 140 | 6,6 | **14,3** | 17,4 |
| 440 | Elektrische Anlagen | m²BGF | 142 | **151** | 157 | 19,3 | **21,5** | 27,8 |
| 450 | Kommunikationstechnische Anlagen | m²BGF | 72 | **83** | 95 | 10,8 | **11,7** | 12,5 |
| 460 | Förderanlagen | m²BGF | 35 | **40** | 49 | 0,0 | **3,9** | 5,3 |
| 470 | Nutzungsspez. / verfahrenstech. Anl. | m²BGF | 50 | **82** | 154 | 6,4 | **10,9** | 16,3 |
| 480 | Gebäude- und Anlagenautomation | m²BGF | 3 | **4** | 6 | 0,0 | **0,3** | 0,6 |
| 490 | Sonst. Maßnahmen f. techn. Anl. | m²BGF | 2 | **2** | 2 | 0,0 | **0,1** | 0,2 |
| **400** | **Bauwerk – Technische Anlagen** | **m²BGF** |  |  |  |  | **100,0** |  |

### Prozentanteile der Kosten 2. Ebene an den Kosten des Bauwerks nach DIN 276 (Von/Mittel/Bis)

| KG | Kostengruppe | Mittel |
|---|---|---|
| 310 | Baugrube / Erdbau | 1,7 |
| 320 | Gründung, Unterbau | 8,0 |
| 330 | Außenwände / vertikal außen | 16,0 |
| 340 | Innenwände / vertikal innen | 16,4 |
| 350 | Decken / horizontal | 10,0 |
| 360 | Dächer | 8,0 |
| 370 | Infrastrukturanlagen |  |
| 380 | Baukonstruktive Einbauten | 0,2 |
| 390 | Sonst. Maßnahmen für Baukonst. | 1,8 |
| 410 | Abwasser-, Wasser-, Gasanlagen | 10,9 |
| 420 | Wärmeversorgungsanlagen | 3,3 |
| 430 | Raumlufttechnische Anlagen | 5,3 |
| 440 | Elektrische Anlagen | 8,0 |
| 450 | Kommunikationstechnische Anlagen | 4,4 |
| 460 | Förderanlagen | 1,6 |
| 470 | Nutzungsspez. / verfahrenstech. Anl. | 4,4 |
| 480 | Gebäude- und Anlagenautomation | 0,1 |
| 490 | Sonst. Maßnahmen f. techn. Anl. | < 0,1 |

© BKI Baukosteninformationszentrum; Erläuterungen zu den Tabellen siehe Seite 48 und 50   Kostenstand: 1. Quartal 2022, Bundesdurchschnitt, **inkl. 19% MwSt.**

# Pflegeheime

## Prozentanteile der Kosten für Leistungsbereiche nach STLB (Kosten Bauwerk nach DIN 276)

| LB | Leistungsbereiche | von | Mittelwert | bis |
|---|---|---|---|---|
| 000 | Sicherheits-, Baustelleneinrichtungen inkl. 001 | 1,4 | **2,3** | 5,7 |
| 002 | Erdarbeiten | 1,2 | **2,2** | 3,6 |
| 006 | Spezialtiefbauarbeiten inkl. 005 | – | **–** | – |
| 009 | Entwässerungskanalarbeiten inkl. 011 | 0,2 | **0,7** | 1,0 |
| 010 | Drän- und Versickerarbeiten | < 0,1 | **0,1** | 0,3 |
| 012 | Mauerarbeiten | 3,2 | **4,2** | 5,0 |
| 013 | Betonarbeiten | 9,7 | **13,8** | 16,4 |
| 014 | Natur-, Betonwerksteinarbeiten | 0,0 | **0,3** | 0,8 |
| 016 | Zimmer- und Holzbauarbeiten | 0,4 | **1,4** | 5,0 |
| 017 | Stahlbauarbeiten | 0,0 | **0,2** | 0,6 |
| 018 | Abdichtungsarbeiten | 0,3 | **0,6** | 1,0 |
| 020 | Dachdeckungsarbeiten | 0,0 | **1,2** | 3,3 |
| 021 | Dachabdichtungsarbeiten | 1,8 | **2,1** | 3,1 |
| 022 | Klempnerarbeiten | 0,5 | **1,1** | 2,1 |
| | **Rohbau** | 26,9 | **30,2** | 33,4 |
| 023 | Putz- und Stuckarbeiten, Wärmedämmsysteme | 1,6 | **2,7** | 4,0 |
| 024 | Fliesen- und Plattenarbeiten | 1,8 | **2,9** | 4,4 |
| 025 | Estricharbeiten | 1,4 | **1,7** | 2,0 |
| 026 | Fenster, Außentüren inkl. 029, 032 | 4,6 | **6,7** | 9,0 |
| 027 | Tischlerarbeiten | 2,3 | **3,7** | 5,6 |
| 028 | Parkettarbeiten, Holzpflasterarbeiten | 0,2 | **0,7** | 2,8 |
| 030 | Rollladenarbeiten | 1,0 | **1,3** | 1,5 |
| 031 | Metallbauarbeiten inkl. 035 | 1,7 | **3,7** | 5,0 |
| 034 | Maler- und Lackiererarbeiten inkl. 037 | 1,5 | **1,7** | 2,1 |
| 036 | Bodenbelagarbeiten | 0,8 | **1,7** | 2,8 |
| 038 | Vorgehängte hinterlüftete Fassaden | 0,2 | **1,3** | 5,4 |
| 039 | Trockenbauarbeiten | 2,0 | **7,3** | 12,3 |
| | **Ausbau** | 27,2 | **35,4** | 40,9 |
| 040 | Wärmeversorgungsanl. - Betriebseinr. inkl. 041 | 2,4 | **2,8** | 3,5 |
| 042 | Gas- und Wasserinstallation, Leitungen inkl. 043 | 1,5 | **1,7** | 2,0 |
| 044 | Abwasseranlagen - Leitungen | 0,8 | **1,4** | 2,0 |
| 045 | GWE-Einrichtungsgegenstände inkl. 046 | 3,8 | **6,3** | 11,0 |
| 047 | Dämmarbeiten an betriebstechnischen Anlagen | 0,4 | **0,8** | 1,1 |
| 049 | Feuerlöschanlagen, Feuerlöschgeräte | < 0,1 | **< 0,1** | 0,4 |
| 050 | Blitzschutz- und Erdungsanlagen | 0,1 | **0,2** | 0,3 |
| 052 | Mittelspannungsanlagen | 0,0 | **0,1** | 0,5 |
| 053 | Niederspannungsanlagen inkl. 054 | 3,0 | **4,1** | 4,8 |
| 055 | Sicherheits- u. Ersatzstromversorgungsanl. | 0,0 | **< 0,1** | 0,2 |
| 057 | Gebäudesystemtechnik | – | **–** | – |
| 058 | Leuchten und Lampen inkl. 059 | 2,4 | **2,9** | 4,2 |
| 060 | Sprechanlagen, elektroakust. Anlagen inkl. 064 | 0,3 | **1,2** | 1,7 |
| 061 | Kommunikationsnetze inkl. 062 | 0,9 | **1,4** | 2,0 |
| 063 | Gefahrenmeldeanlagen | 1,1 | **1,8** | 2,3 |
| 069 | Aufzüge | 0,0 | **1,7** | 2,2 |
| 070 | Gebäudeautomation | < 0,1 | **0,2** | 0,3 |
| 075 | Raumlufttechnische Anlagen inkl. 078 | 2,3 | **4,8** | 8,1 |
| | **Gebäudetechnik** | 25,7 | **31,7** | 39,0 |
| | Sonstige Leistungsbereiche inkl. 008, 033, 051 | 0,1 | **2,7** | 4,8 |

**Kosten:** Stand 1. Quartal 2022 Bundesdurchschnitt inkl. 19% MwSt.

- KKW
- min
- von
- Mittelwert
- bis
- max

## Planungskennwerte für Flächen und Rauminhalte nach DIN 277

| Grundflächen | | ▷ | Fläche/NUF (%) | ◁ | ▷ | Fläche/BGF (%) | ◁ |
|---|---|---|---|---|---|---|---|
| NUF | Nutzungsfläche | 100,0 | **100,0** | 100,0 | 60,3 | **63,4** | 65,4 |
| TF | Technikfläche | 2,1 | **2,9** | 4,1 | 1,3 | **1,8** | 2,6 |
| VF | Verkehrsfläche | 25,0 | **29,6** | 34,8 | 16,0 | **18,5** | 20,7 |
| NRF | Netto-Raumfläche | 127,4 | **132,5** | 137,9 | 82,1 | **83,8** | 85,0 |
| KGF | Konstruktions-Grundfläche | 24,0 | **25,8** | 30,3 | 15,0 | **16,2** | 17,9 |
| BGF | Brutto-Grundfläche | 153,5 | **158,3** | 167,8 | 100,0 | **100,0** | 100,0 |

| Brutto-Rauminhalte | | ▷ | BRI/NUF (m) | ◁ | ▷ | BRI/BGF (m) | ◁ |
|---|---|---|---|---|---|---|---|
| BRI | Brutto-Rauminhalt | 5,14 | **5,52** | 6,18 | 3,31 | **3,50** | 3,92 |

| Flächen von Nutzeinheiten | ▷ | NUF/Einheit (m²) | ◁ | ▷ | BGF/Einheit (m²) | ◁ |
|---|---|---|---|---|---|---|
| Nutzeinheit: Betten | 52,97 | **57,60** | 83,88 | 80,33 | **91,77** | 134,20 |

| Lufttechnisch behandelte Flächen | ▷ | Fläche/NUF (%) | ◁ | ▷ | Fläche/BGF (%) | ◁ |
|---|---|---|---|---|---|---|
| Entlüftete Fläche | – | – | – | – | – | – |
| Be- und entlüftete Fläche | 44,5 | **44,5** | 44,5 | 27,8 | **27,8** | 27,8 |
| Teilklimatisierte Fläche | – | – | – | – | – | – |
| Klimatisierte Fläche | – | – | – | – | – | – |

| KG | Kostengruppen (2. Ebene) | Einheit | ▷ | Menge/NUF | ◁ | ▷ | Menge/BGF | ◁ |
|---|---|---|---|---|---|---|---|---|
| 310 | Baugrube / Erdbau | m³ BGI | 1,32 | **1,47** | 1,88 | 0,78 | **0,91** | 1,14 |
| 320 | Gründung, Unterbau | m² GRF | 0,66 | **0,72** | 0,72 | 0,41 | **0,45** | 0,45 |
| 330 | Außenwände / vertikal außen | m² AWF | 0,78 | **0,80** | 0,80 | 0,48 | **0,50** | 0,50 |
| 340 | Innenwände / vertikal innen | m² IWF | 1,74 | **1,98** | 2,00 | 1,10 | **1,22** | 1,28 |
| 350 | Decken / horizontal | m² DEF | 1,21 | **1,21** | 1,25 | 0,73 | **0,74** | 0,74 |
| 360 | Dächer | m² DAF | 0,68 | **0,77** | 0,77 | 0,44 | **0,48** | 0,48 |
| 370 | Infrastrukturanlagen | | – | – | – | – | – | – |
| 380 | Baukonstruktive Einbauten | m² BGF | 1,53 | **1,58** | 1,68 | 1,00 | **1,00** | 1,00 |
| 390 | Sonst. Maßnahmen für Baukonst. | m² BGF | 1,53 | **1,58** | 1,68 | 1,00 | **1,00** | 1,00 |
| **300** | **Bauwerk – Baukonstruktionen** | m² BGF | 1,53 | **1,58** | 1,68 | 1,00 | **1,00** | 1,00 |

## Planungskennwerte für Bauzeiten — 21 Vergleichsobjekte

**Bauzeit in Wochen**

Bauzeit: 15 | 30 | 45 | 60 | 75 | 90 | 105 | 120 | 135 | 150 | 165 Wochen

© BKI Baukosteninformationszentrum; Erläuterungen zu den Tabellen siehe Seite 54 — Kostenstand: 1. Quartal 2022, Bundesdurchschnitt, **inkl. 19% MwSt.**

# Pflegeheime

## Objektübersicht zur Gebäudeart

**€/m² BGF**
- min   1.360 €/m²
- von   1.695 €/m²
- Mittel 2.060 €/m²
- bis   2.855 €/m²
- max   3.500 €/m²

**Kosten:**
Stand 1. Quartal 2022
Bundesdurchschnitt
inkl. 19% MwSt.

---

### 6200-0109 Mehrfamilienhaus (16 WE, 28 Betten)
**BRI** 9.266 m³ **BGF** 2.942 m² **NUF** 1.816 m²

Mehrfamilienhaus für betreutes Wohnen mit 44 Betten. Mauerwerk.

Land: Brandenburg
Kreis: Brandenburg an der Havel, Stadt
Standard: Durchschnitt
Bauzeit: 87 Wochen
Kennwerte: bis 1. Ebene DIN 276

**BGF** 2.007 €/m²

Planung: Parmakerli-Fountis Gesellschaft von Architekten mbH; Kleinmachnow

vorgesehen: BKI Objektdaten N18

---

### 6200-0099 Wohnheim für Beh. (24 Betten) - Effizienzhaus ~8%
**BRI** 7.877 m³ **BGF** 2.668 m² **NUF** 1.775 m²

Wohnheim für Menschen mit Behinderung mit 24 Wohnplätzen in 3 Wohngruppen und eine Büroeinheit. Holzbau.

Land: Bayern
Kreis: Garmisch-Partenkirchen
Standard: Durchschnitt
Bauzeit: 91 Wochen
Kennwerte: bis 1. Ebene DIN 276

**BGF** 1.890 €/m²

Planung: Steinert Architekten GmbH; Garmisch-Partenkirchen

veröffentlicht: BKI Objektdaten E9

---

### 6200-0096 Hospiz (14 Betten)
**BRI** 4.815 m³ **BGF** 1.271 m² **NUF** 660 m²

Hospiz mit 12 Gästezimmern, 2 Angehörigenzimmern mit 4 Büros und 2 Schwesternzimmern. KS-Massivbau.

Land: Brandenburg
Kreis: Teltow-Fläming
Standard: Durchschnitt
Bauzeit: 74 Wochen
Kennwerte: bis 1. Ebene DIN 276

**BGF** 2.727 €/m²

Planung: ELZ Architekten BDA; Potsdam

veröffentlicht: BKI Objektdaten N17

---

### 6200-0100 Tagespflege für Senioren - Effizienzhaus ~58%
**BRI** 1.620 m³ **BGF** 375 m² **NUF** 249 m²

Tagespflege für Senioren (18 Betreuungsplätze). Massivbau.

Land: Nordrhein-Westfalen
Kreis: Paderborn
Standard: Durchschnitt
Bauzeit: 48 Wochen
Kennwerte: bis 1. Ebene DIN 276

**BGF** 1.767 €/m²

Planung: Hüllmann Architekten & Ingenieure; Delbrück

veröffentlicht: BKI Objektdaten E9

## Objektübersicht zur Gebäudeart

### 6200-0084 Wohn- und Pflegeheim (28 Betten)    BRI 5.731 m³    BGF 1.612 m²    NUF 1.017 m²

Wohn- und Pflegeheim mit 28 Betten. Stb-Konstruktion.

Land: Baden-Württemberg
Kreis: Neckar-Odenwald-Kreis
Standard: über Durchschnitt
Bauzeit: 74 Wochen
Kennwerte: bis 1. Ebene DIN 276

BGF   2.152 €/m²

**Planung:** Ecker Architekten; Heidelberg

veröffentlicht: BKI Objektdaten N16

### 6200-0088 Tagespflege, Demenzerkrankte - Effizienzhaus ~62%    BRI 1.908 m³    BGF 386 m²    NUF 273 m²

Tagespflege für Demenzerkrankte mit 24 Betreuungsplätzen und Angehörigencafé als Effizienzhaus ~62%. Massivbau.

Land: Rheinland-Pfalz
Kreis: Kaiserslautern, Stadt
Standard: Durchschnitt
Bauzeit: 100 Wochen
Kennwerte: bis 1. Ebene DIN 276

BGF   3.498 €/m²

**Planung:** AV1 Architekten GmbH; Kaiserslautern

veröffentlicht: BKI Objektdaten E8

### 6200-0094 Tagespflegeeinrichtung    BRI 1.906 m³    BGF 559 m²    NUF 338 m²

Tagespflegeeinrichtung für 18 Patienten. Massivbau.

Land: Thüringen
Kreis: Erfurt
Standard: Durchschnitt
Bauzeit: 48 Wochen
Kennwerte: bis 1. Ebene DIN 276

BGF   2.369 €/m²

**Planung:** hauschild architekten; Erfurt

veröffentlicht: BKI Objektdaten N17

### 6200-0081 Wohnpflegeheim (16 Betten)    BRI 7.977 m³    BGF 2.408 m²    NUF 1.452 m²

Wohnpflegeheim mit 16 Betten und Bereiche für offene Hilfe. Massivbau.

Land: Bayern
Kreis: Memmingen
Standard: Durchschnitt
Bauzeit: 65 Wochen
Kennwerte: bis 1. Ebene DIN 276

BGF   1.764 €/m²

**Planung:** Haindl + Kollegen GmbH; München

veröffentlicht: BKI Objektdaten N16

© BKI Baukosteninformationszentrum; Erläuterungen zu den Tabellen siehe Seite 56    Kostenstand: 1. Quartal 2022, Bundesdurchschnitt, **inkl. 19% MwSt.**

# Pflegeheime

## Objektübersicht zur Gebäudeart

### 3400-0023 Seniorenpflegeheim - Effizienzhaus ~52%  |  BRI 11.835 m³  |  BGF 4.155 m²  |  NUF 2.748 m²

Seniorenpflegeheim (65 Betten) mit Vollküche und Gemeinschaftsräume. Massivbauweise.

Land: Niedersachsen
Kreis: Hannover, Region
Standard: Durchschnitt
Bauzeit: 57 Wochen
Kennwerte: bis 1. Ebene DIN 276

**BGF   1.495 €/m²**

veröffentlicht: BKI Objektdaten N17

**Planung:** SAUER ARCHITEKTUR- UND INGENIEURBÜRO; Hildesheim

**€/m² BGF**
min         1.360 €/m²
von         1.695 €/m²
Mittel      **2.060 €/m²**
bis         2.855 €/m²
max         3.500 €/m²

**Kosten:**
Stand 1. Quartal 2022
Bundesdurchschnitt
inkl. 19% MwSt.

### 6200-0078 Pflegewohnheim für Menschen mit Demenz (96 Plätze)  |  BRI 19.130 m³  |  BGF 5.778 m²  |  NUF 3.769 m²

Pflegewohnheim für Menschen mit Demenz mit 96 Pflegeplätzen. Massivbau.

Land: Bayern
Kreis: Forchheim
Standard: Durchschnitt
Bauzeit: 78 Wochen
Kennwerte: bis 1. Ebene DIN 276

**BGF   1.857 €/m²**

veröffentlicht: BKI Objektdaten S2

**Planung:** Feddersen Architekten; Berlin

### 6200-0060 Kinderhospiz (10 Betten)  |  BRI 7.654 m³  |  BGF 2.208 m²  |  NUF 1.380 m²

Kinderhospiz mit zehn Betten (5 WE), Saal, Elternappartments, Besprechungsräume, gemeinschaftlicher Wohn- und Essbereich, Büroräume. Massivbau.

Land: Hessen
Kreis: Wiesbaden
Standard: Durchschnitt
Bauzeit: 52 Wochen
Kennwerte: bis 1. Ebene DIN 276

**BGF   1.882 €/m²**

veröffentlicht: BKI Objektdaten N13

**Planung:** hupfauf_thiels architekten bda; Wiesbaden

### 6200-0070 Tagesförderstätte (22 Pflegeplätze)  |  BRI 2.419 m³  |  BGF 591 m²  |  NUF 392 m²

Tagesförderstätte für Menschen mit Behinderung. Mauerwerksbau.

Land: Schleswig-Holstein
Kreis: Schleswig-Flensburg
Standard: Durchschnitt
Bauzeit: 35 Wochen
Kennwerte: bis 1. Ebene DIN 276

**BGF   3.154 €/m²**

veröffentlicht: BKI Objektdaten N15

**Planung:** Johannsen und Fuchs; Husum

## Objektübersicht zur Gebäudeart

### 3400-0022 Seniorenpflegeheim (90 Betten)

**BRI** 20.482 m³   **BGF** 6.357 m²   **NUF** 4.187 m²

Seniorenpflegeheim mit 90 Betten. Massivbau.

Land: Nordrhein-Westfalen
Kreis: Krefeld, Stadt
Standard: Durchschnitt
Bauzeit: 100 Wochen
Kennwerte: bis 3. Ebene DIN 276

**BGF**   1.610 €/m²

veröffentlicht: BKI Objektdaten N15

**Planung:** DGM Architekten; Krefeld

---

### 6200-0042 Pflegeheim und Betreutes Wohnen

**BRI** 45.121 m³   **BGF** 14.737 m²   **NUF** 9.207 m²

Seniorenpflegeheim mit 119 Pflegezimmern und Betreutes Wohnen (79 WE). Im Erdgeschoss befindet sich die Verwaltung, ein Veranstaltungssaal, das Foyer, eine Arztpraxis und ein Friseur. Massivbau.

Land: Berlin
Kreis: Berlin, Stadt
Standard: Durchschnitt
Bauzeit: 113 Wochen
Kennwerte: bis 1. Ebene DIN 276

**BGF**   1.360 €/m²

veröffentlicht: BKI Objektdaten N11

**Planung:** feddersenarchitekten; Berlin

---

### 6200-0037 Pflegeheim (27 Betten)

**BRI** 6.250 m³   **BGF** 1.402 m²   **NUF** 886 m²

Altenpflegeheim mit 26 Betten und 1 Bett zur besonderen Verfügung. Mauerwerksbau.

Land: Nordrhein-Westfalen
Kreis: Rhein-Sieg-Kreis
Standard: über Durchschnitt
Bauzeit: 61 Wochen
Kennwerte: bis 3. Ebene DIN 276

**BGF**   1.960 €/m²

veröffentlicht: BKI Objektdaten N11

**Planung:** amb bruckner architekten; Lohmar

---

### 6200-0051 Pflegehospiz (12 Betten)

**BRI** 4.274 m³   **BGF** 1.071 m²   **NUF** 753 m²

Pflegehospiz mit zehn Pflegezimmer und 2 Gästezimmer. Mauerwerk.

Land: Bayern
Kreis: Bayreuth
Standard: Durchschnitt
Bauzeit: 79 Wochen
Kennwerte: bis 1. Ebene DIN 276

**BGF**   2.828 €/m²

veröffentlicht: BKI Objektdaten N12

**Planung:** Becher & Partner Architekten / Innenarchitekten; Bayreuth

---

© BKI Baukosteninformationszentrum; Erläuterungen zu den Tabellen siehe Seite 56    Kostenstand: 1. Quartal 2022, Bundesdurchschnitt, inkl. 19% MwSt.

# Pflegeheime

## Objektübersicht zur Gebäudeart

€/m² BGF
| | |
|---|---|
| min | 1.360 €/m² |
| von | 1.695 €/m² |
| **Mittel** | **2.060 €/m²** |
| bis | 2.855 €/m² |
| max | 3.500 €/m² |

**Kosten:**
Stand 1. Quartal 2022
Bundesdurchschnitt
inkl. 19% MwSt.

---

### 3400-0020 Pflegeheim (90 Betten)

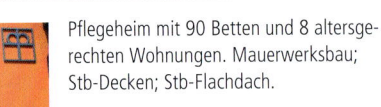

**BRI** 19.924 m³  **BGF** 6.517 m²  **NUF** 4.109 m²

Pflegeheim mit 90 Betten und 8 altersgerechten Wohnungen. Mauerwerksbau; Stb-Decken; Stb-Flachdach.

Land: Thüringen
Kreis: Jena, Stadt
Standard: Durchschnitt
Bauzeit: 70 Wochen
Kennwerte: bis 1. Ebene DIN 276

**BGF   1.687 €/m²**

**Planung:** ICS Ingenieur-Consult Sens GmbH; Jena

veröffentlicht: BKI Objektdaten N10

---

### 3400-0019 Pflegewohnheim (60 Betten)*

**BRI** 15.556 m³  **BGF** 6.494 m²  **NUF** 4.354 m²

Pflegewohnheim mit Kapelle, 60 vollstationären Pflegeplätzen, nicht unterkellert. Mauerwerksbau; Holzdachkonstruktion.

Land: Nordrhein-Westfalen
Kreis: Paderborn
Standard: Durchschnitt
Bauzeit: 122 Wochen
Kennwerte: bis 1. Ebene DIN 276

**BGF   1.163 €/m²**

**Planung:** Schützdeller-Münstermann Architekten; Rheda-Wiedenbrück

veröffentlicht: BKI Objektdaten N10
* Nicht in der Auswertung enthalten

---

### 3400-0018 Pflegewohnheim (82 Betten)

**BRI** 16.650 m³  **BGF** 5.814 m²  **NUF** 3.782 m²

Pflegewohnheim mit 82 vollstationären Pflegeplätzen. Massivbau; Holzdachkonstruktion.

Land: Nordrhein-Westfalen
Kreis: Bielefeld, Stadt
Standard: Durchschnitt
Bauzeit: 148 Wochen
Kennwerte: bis 1. Ebene DIN 276

**BGF   1.536 €/m²**

**Planung:** Schützdeller-Münstermann Architekten; Rheda-Wiedenbrück

veröffentlicht: BKI Objektdaten N10

---

### 6200-0036 Alten-und Pflegeheim mit Kita

**BRI** 10.874 m³  **BGF** 3.268 m²  **NUF** 2.038 m²

Pflegeheim mit 50 Plätzen, Kita mit 2 Gruppen, Erstellung gemeinsam mit Objekt 6100-0644. Stb-Konstruktion.

Land: Baden-Württemberg
Kreis: Reutlingen
Standard: Durchschnitt
Bauzeit: 87 Wochen
Kennwerte: bis 1. Ebene DIN 276

**BGF   1.709 €/m²**

**Planung:** Ackermann & Raff Architekten Stadtplaner BDA; Tübingen

veröffentlicht: BKI Objektdaten N9

## Objektübersicht zur Gebäudeart

### 3400-0016 Seniorenpflegeheim (72 Betten)   **BRI** 17.088 m³   **BGF** 5.346 m²   **NUF** 3.264 m²

Pflegeheim mit 72 Betten, Küche und Wäscherei. Massivbau; Stb-Flachdach.

Land: Baden-Württemberg
Kreis: Zollernalbkreis
Standard: Durchschnitt
Bauzeit: 122 Wochen
Kennwerte: bis 3. Ebene DIN 276

**BGF   1.860 €/m²**

**Planung:** Architekturbüro Walter Haller; Albstadt

veröffentlicht: BKI Objektdaten N10

### 3400-0021 Altenpflegeheim (80 Betten) - Passivhaus   **BRI** 15.070 m³   **BGF** 4.909 m²   **NUF** 2.818 m²

Altenpflegeheim mit 80 Pflegeplätzen, Passivhausstandard. Massivbau.

Land: Nordrhein-Westfalen
Kreis: Mönchengladbach, Stadt
Standard: Durchschnitt
Bauzeit: 91 Wochen
Kennwerte: bis 3. Ebene DIN 276

**BGF   2.161 €/m²**

**Planung:** Rongen Architekten PartG mbB; Wassenberg

veröffentlicht: BKI Objektdaten E6

© **BKI** Baukosteninformationszentrum; Erläuterungen zu den Tabellen siehe Seite 56     Kostenstand: 1. Quartal 2022, Bundesdurchschnitt, **inkl. 19% MwSt.**

# Gebäude für Erholungszwecke

## Kostenkennwerte für die Kosten des Bauwerks (Kostengruppen 300+400 nach DIN 276)

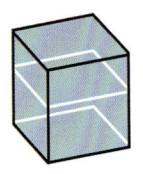

**BRI** 665 €/m³
von 485 €/m³
bis 830 €/m³

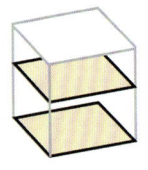

**BGF** 2.760 €/m²
von 2.510 €/m²
bis 3.045 €/m²

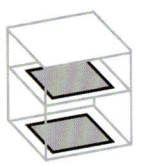

**NUF** 4.140 €/m²
von 3.270 €/m²
bis 4.650 €/m²

**Kosten:**
Stand 1. Quartal 2022
Bundesdurchschnitt
inkl. 19% MwSt.

### Objektbeispiele

3600-0002

5200-0020

5300-0015

### Kosten der 6 Vergleichsobjekte — Seiten 196 bis 197

- ● KKW
- ▶ min
- ▷ von
- | Mittelwert
- ◁ bis
- ◀ max

© BKI Baukosteninformationszentrum; Erläuterungen zu den Tabellen siehe Seite 46   Kostenstand: 1. Quartal 2022, Bundesdurchschnitt, **inkl. 19% MwSt.**

## Kostenkennwerte für die Kostengruppen der 1. und 2. Ebene DIN 276

| KG | Kostengruppen der 1. Ebene | Einheit | ▷ | €/Einheit | ◁ | ▷ | % an 300+400 | ◁ |
|---|---|---|---|---|---|---|---|---|
| 100 | Grundstück | m²GF | – | – | – | – | – | – |
| 200 | Vorbereitende Maßnahmen | m²GF | < 1 | 2 | 3 | 1,4 | 4,5 | 10,4 |
| 300 | Bauwerk – Baukonstruktionen | m²BGF | 2.137 | 2.308 | 2.464 | 76,6 | 84,3 | 96,7 |
| 400 | Bauwerk – Technische Anlagen | m²BGF | 150 | 452 | 755 | 3,3 | 15,7 | 23,4 |
|  | Bauwerk (300+400) | m²BGF | 2.509 | 2.760 | 3.045 | 100,0 | 100,0 | 100,0 |
| 500 | Außenanlagen und Freiflächen | m²AF | 284 | 284 | 284 | 11,0 | 20,0 | 33,1 |
| 600 | Ausstattung und Kunstwerke | m²BGF | 5 | 16 | 22 | 0,2 | 0,5 | 0,7 |
| 700 | Baunebenkosten* | m²BGF | 666 | 737 | 809 | 24,1 | 26,6 | 29,2 |
| 800 | Finanzierung | m²BGF | – | – | – | – | – | – |

\* Auf Grundlage der HOAI 2021 berechnete Werte nach §§ 35, 52, 56. Weitere Informationen siehe Seite 50

| KG | Kostengruppen der 2. Ebene | Einheit | ▷ | €/Einheit | ◁ | ▷ | % an 1. Ebene | ◁ |
|---|---|---|---|---|---|---|---|---|
| 310 | Baugrube / Erdbau | m³BGI | 21 | 33 | 44 | 0,0 | 1,3 | 3,0 |
| 320 | Gründung, Unterbau | m²GRF | 357 | 420 | 444 | 14,3 | 15,8 | 17,2 |
| 330 | Außenwände / vertikal außen | m²AWF | 530 | 561 | 645 | 35,3 | 43,3 | 49,9 |
| 340 | Innenwände / vertikal innen | m²IWF | 288 | 307 | 325 | 6,7 | 11,0 | 14,7 |
| 350 | Decken / horizontal | m²DEF | 517 | 517 | 517 | 0,0 | 2,1 | 8,6 |
| 360 | Dächer | m²DAF | 288 | 437 | 495 | 15,3 | 22,4 | 28,3 |
| 370 | Infrastrukturanlagen | – | – | – | – | – | – | – |
| 380 | Baukonstruktive Einbauten | m²BGF | 2 | 2 | 2 | 0,0 | < 0,1 | < 0,1 |
| 390 | Sonst. Maßnahmen für Baukonst. | m²BGF | 58 | 94 | 202 | 2,4 | 4,1 | 9,1 |
| 300 | **Bauwerk – Baukonstruktionen** | m²BGF | | | | | 100,0 | |
| 410 | Abwasser-, Wasser-, Gasanlagen | m²BGF | 18 | 160 | 302 | 13,2 | 32,3 | 39,5 |
| 420 | Wärmeversorgungsanlagen | m²BGF | 54 | 149 | 241 | 31,6 | 46,4 | 83,7 |
| 430 | Raumlufttechnische Anlagen | m²BGF | 1 | 20 | 39 | 0,0 | 1,9 | 3,9 |
| 440 | Elektrische Anlagen | m²BGF | 4 | 121 | 239 | 0,0 | 18,1 | 29,2 |
| 450 | Kommunikationstechnische Anlagen | m²BGF | 18 | 22 | 25 | 6,3 | 1,4 | 2,9 |
| 460 | Förderanlagen | m²BGF | – | – | – | – | – | – |
| 470 | Nutzungsspez. / verfahrenstech. Anl. | m²BGF | – | – | – | – | – | – |
| 480 | Gebäude- und Anlagenautomation | m²BGF | – | – | – | – | – | – |
| 490 | Sonst. Maßnahmen f. techn. Anl. | m²BGF | – | – | – | – | – | – |
| 400 | **Bauwerk – Technische Anlagen** | m²BGF | | | | | 100,0 | |

### Prozentanteile der Kosten 2. Ebene an den Kosten des Bauwerks nach DIN 276 (Von/Mittel/Bis)

| KG | Kostengruppe | Mittel |
|---|---|---|
| 310 | Baugrube / Erdbau | 0,9 |
| 320 | Gründung, Unterbau | 13,6 |
| 330 | Außenwände / vertikal außen | 37,1 |
| 340 | Innenwände / vertikal innen | 8,9 |
| 350 | Decken / horizontal | 1,6 |
| 360 | Dächer | 19,8 |
| 370 | Infrastrukturanlagen | |
| 380 | Baukonstruktive Einbauten | < 0,1 |
| 390 | Sonst. Maßnahmen für Baukonst. | 3,3 |
| 410 | Abwasser-, Wasser-, Gasanlagen | 5,2 |
| 420 | Wärmeversorgungsanlagen | 5,0 |
| 430 | Raumlufttechnische Anlagen | 0,3 |
| 440 | Elektrische Anlagen | 3,9 |
| 450 | Kommunikationstechnische Anlagen | 0,4 |
| 460 | Förderanlagen | |
| 470 | Nutzungsspez. / verfahrenstech. Anl. | |
| 480 | Gebäude- und Anlagenautomation | |
| 490 | Sonst. Maßnahmen f. techn. Anl. | |

© BKI Baukosteninformationszentrum; Erläuterungen zu den Tabellen siehe Seite 48 und 50    Kostenstand: 1. Quartal 2022, Bundesdurchschnitt, inkl. 19% MwSt.

# Gebäude für Erholungszwecke

**Prozentanteile der Kosten für Leistungsbereiche nach STLB (Kosten Bauwerk nach DIN 276)**

Kosten: Stand 1. Quartal 2022 Bundesdurchschnitt inkl. 19% MwSt.

| LB | Leistungsbereiche | ▷ % an 300+400 ◁ | | |
|---|---|---|---|---|
| | | von | Mittelwert | bis |
| 000 | Sicherheits-, Baustelleneinrichtungen inkl. 001 | 2,1 | **3,2** | 6,7 |
| 002 | Erdarbeiten | 1,8 | **2,4** | 3,9 |
| 006 | Spezialtiefbauarbeiten inkl. 005 | 0,0 | **< 0,1** | < 0,1 |
| 009 | Entwässerungskanalarbeiten inkl. 011 | 0,7 | **1,0** | 1,7 |
| 010 | Drän- und Versickerarbeiten | 0,0 | **< 0,1** | 0,2 |
| 012 | Mauerarbeiten | 5,3 | **12,5** | 19,2 |
| 013 | Betonarbeiten | 6,9 | **10,3** | 19,7 |
| 014 | Natur-, Betonwerksteinarbeiten | 0,0 | **1,2** | 2,5 |
| 016 | Zimmer- und Holzbauarbeiten | 3,0 | **11,4** | 19,9 |
| 017 | Stahlbauarbeiten | < 0,1 | **1,8** | 7,2 |
| 018 | Abdichtungsarbeiten | 1,4 | **2,1** | 4,1 |
| 020 | Dachdeckungsarbeiten | 0,0 | **0,7** | 2,9 |
| 021 | Dachabdichtungsarbeiten | 4,4 | **7,3** | 9,8 |
| 022 | Klempnerarbeiten | 0,6 | **3,0** | 5,4 |
| | **Rohbau** | 46,8 | **56,9** | 67,1 |
| 023 | Putz- und Stuckarbeiten, Wärmedämmsysteme | 1,7 | **3,7** | 6,2 |
| 024 | Fliesen- und Plattenarbeiten | 3,2 | **5,4** | 8,0 |
| 025 | Estricharbeiten | 0,8 | **1,3** | 1,9 |
| 026 | Fenster, Außentüren inkl. 029, 032 | 0,5 | **5,2** | 10,5 |
| 027 | Tischlerarbeiten | 1,4 | **6,8** | 12,1 |
| 028 | Parkettarbeiten, Holzpflasterarbeiten | – | – | – |
| 030 | Rollladenarbeiten | – | – | – |
| 031 | Metallbauarbeiten inkl. 035 | 0,0 | **0,9** | 3,6 |
| 034 | Maler- und Lackiererarbeiten inkl. 037 | 0,3 | **0,9** | 1,6 |
| 036 | Bodenbelagarbeiten | 0,0 | **0,8** | 1,8 |
| 038 | Vorgehängte hinterlüftete Fassaden | 0,0 | **2,2** | 8,7 |
| 039 | Trockenbauarbeiten | 0,8 | **3,0** | 5,0 |
| | **Ausbau** | 26,8 | **30,0** | 32,9 |
| 040 | Wärmeversorgungsanl. - Betriebseinr. inkl. 041 | 0,0 | **3,2** | 6,6 |
| 042 | Gas- und Wasserinstallation, Leitungen inkl. 043 | 0,0 | **1,1** | 2,3 |
| 044 | Abwasseranlagen - Leitungen | 0,0 | **0,5** | 1,0 |
| 045 | GWE-Einrichtungsgegenstände inkl. 046 | 0,0 | **2,5** | 5,4 |
| 047 | Dämmarbeiten an betriebstechnischen Anlagen | 0,0 | **1,1** | 2,5 |
| 049 | Feuerlöschanlagen, Feuerlöschgeräte | – | – | – |
| 050 | Blitzschutz- und Erdungsanlagen | 0,2 | **0,6** | 1,6 |
| 052 | Mittelspannungsanlagen | 0,0 | **< 0,1** | 0,2 |
| 053 | Niederspannungsanlagen inkl. 054 | 0,0 | **2,4** | 4,8 |
| 055 | Sicherheits- u. Ersatzstromversorgungsanl. | – | – | – |
| 057 | Gebäudesystemtechnik | – | – | – |
| 058 | Leuchten und Lampen inkl. 059 | 0,0 | **1,0** | 1,9 |
| 060 | Sprechanlagen, elektroakust. Anlagen inkl. 064 | < 0,1 | **0,2** | 0,7 |
| 061 | Kommunikationsnetze inkl. 062 | < 0,1 | **0,1** | 0,4 |
| 063 | Gefahrenmeldeanlagen | – | – | – |
| 069 | Aufzüge | – | – | – |
| 070 | Gebäudeautomation | – | – | – |
| 075 | Raumlufttechnische Anlagen inkl. 078 | 0,0 | **0,3** | 1,2 |
| | **Gebäudetechnik** | 0,2 | **13,0** | 26,0 |
| | Sonstige Leistungsbereiche inkl. 008, 033, 051 | – | – | – |

- KKW
- ▶ min
- ▷ von
- | Mittelwert
- ◁ bis
- ◀ max

© BKI Baukosteninformationszentrum; Erläuterungen zu den Tabellen siehe Seite 52

Kostenstand: 1. Quartal 2022, Bundesdurchschnitt, **inkl. 19% MwSt.**

## Planungskennwerte für Flächen und Rauminhalte nach DIN 277

| Grundflächen | | | ▷ | **Fläche/NUF (%)** | ◁ | ▷ | **Fläche/BGF (%)** | ◁ |
|---|---|---|---|---|---|---|---|---|
| NUF | Nutzungsfläche | | 100,0 | **100,0** | 100,0 | 61,4 | **68,4** | 73,5 |
| TF | Technikfläche | | 3,2 | **3,8** | 5,7 | 2,0 | **2,5** | 3,4 |
| VF | Verkehrsfläche | | 28,2 | **30,9** | 30,9 | 14,6 | **16,7** | 16,7 |
| NRF | Netto-Raumfläche | | 115,2 | **123,7** | 123,7 | 79,0 | **81,6** | 84,3 |
| KGF | Konstruktions-Grundfläche | | 26,3 | **27,7** | 33,0 | 15,7 | **18,4** | 21,0 |
| BGF | Brutto-Grundfläche | | 142,7 | **151,4** | 174,3 | 100,0 | **100,0** | 100,0 |

| Brutto-Rauminhalte | | | ▷ | **BRI/NUF (m)** | ◁ | ▷ | **BRI/BGF (m)** | ◁ |
|---|---|---|---|---|---|---|---|---|
| BRI | Brutto-Rauminhalt | | 6,39 | **6,90** | 10,38 | 4,00 | **4,40** | 4,40 |

| Flächen von Nutzeinheiten | | | ▷ | **NUF/Einheit (m²)** | ◁ | ▷ | **BGF/Einheit (m²)** | ◁ |
|---|---|---|---|---|---|---|---|---|
| Nutzeinheit: | | | – | – | – | – | – | – |

| Lufttechnisch behandelte Flächen | | | ▷ | **Fläche/NUF (%)** | ◁ | ▷ | **Fläche/BGF (%)** | ◁ |
|---|---|---|---|---|---|---|---|---|
| Entlüftete Fläche | | | – | – | – | – | – | – |
| Be- und entlüftete Fläche | | | – | – | – | – | – | – |
| Teilklimatisierte Fläche | | | – | – | – | – | – | – |
| Klimatisierte Fläche | | | – | – | – | – | – | – |

| KG | Kostengruppen (2. Ebene) | Einheit | ▷ | **Menge/NUF** | ◁ | ▷ | **Menge/BGF** | ◁ |
|---|---|---|---|---|---|---|---|---|
| 310 | Baugrube / Erdbau | m³ BGI | 3,38 | **3,38** | 3,38 | 2,38 | **2,38** | 2,38 |
| 320 | Gründung, Unterbau | m² GRF | 1,23 | **1,31** | 1,47 | 0,91 | **0,91** | 0,93 |
| 330 | Außenwände / vertikal außen | m² AWF | 2,50 | **2,70** | 2,70 | 1,62 | **1,85** | 1,85 |
| 340 | Innenwände / vertikal innen | m² IWF | 1,12 | **1,23** | 1,29 | 0,70 | **0,86** | 0,96 |
| 350 | Decken / horizontal | m² DEF | 0,57 | **0,57** | 0,57 | 0,37 | **0,37** | 0,37 |
| 360 | Dächer | m² DAF | 1,69 | **1,74** | 1,89 | 1,19 | **1,21** | 1,31 |
| 370 | Infrastrukturanlagen | | – | – | – | – | – | – |
| 380 | Baukonstruktive Einbauten | m² BGF | 1,43 | **1,51** | 1,74 | 1,00 | **1,00** | 1,00 |
| 390 | Sonst. Maßnahmen für Baukonst. | m² BGF | 1,43 | **1,51** | 1,74 | 1,00 | **1,00** | 1,00 |
| **300** | **Bauwerk – Baukonstruktionen** | m² BGF | 1,43 | **1,51** | 1,74 | 1,00 | **1,00** | 1,00 |

## Planungskennwerte für Bauzeiten — 6 Vergleichsobjekte

**Bauzeit in Wochen**

Bauzeit: ▶ ▷ ◁ ◀ — Punkte bei ca. 20, 25, 45, 50, 60 Wochen; Skala 0–100 Wochen.

# Gebäude für Erholungszwecke

## Objektübersicht zur Gebäudeart

€/m² BGF
- min    2.405 €/m²
- von    2.510 €/m²
- **Mittel  2.760 €/m²**
- bis    3.045 €/m²
- max    3.205 €/m²

**Kosten:**
Stand 1. Quartal 2022
Bundesdurchschnitt
inkl. 19% MwSt.

---

### 5200-0020 Badeanstalt

**BRI** 656 m³  **BGF** 204 m²  **NUF** 132 m²

Badeanstalt. Mauerwerk.

Land: Mecklenburg-Vorpommern
Kreis: Mecklenburgische Seenplatte
Standard: Durchschnitt
Bauzeit: 30 Wochen
Kennwerte: bis 3. Ebene DIN 276

**BGF  2.972 €/m²**

**Planung:** Sabine Reimann Dipl. Ing. Architektin; Wesenberg

vorgesehen: BKI Objektdaten N18

---

### 5300-0018 Pfahlbauten Mehrzweckgebäude

**BRI** 4.037 m³  **BGF** 603 m²  **NUF** 291 m²

Pfahlbau mit zwei Gebäuden auf einer Plattform mit Strandrettung, Strandkorb-Vermietung, Erste-Hilfe-Raum, Ausstellungsraum und WCs. Holzbau.

Land: Schleswig-Holstein
Kreis: Nordfriesland
Standard: über Durchschnitt
Bauzeit: 48 Wochen
Kennwerte: bis 1. Ebene DIN 276

**BGF  2.405 €/m²**

**Planung:** limbrecht jensen rudolph ARCHITEKTEN PartGmbB; Niebüll

veröffentlicht: BKI Objektdaten N17

---

### 5300-0015 Strandbad, Café

**BRI** 1.796 m³  **BGF** 419 m²  **NUF** 300 m²

Strandbad mit Umkleiden und Café. Stahlbeton.

Land: Hessen
Kreis: Waldeck-Frankenberg
Standard: Durchschnitt
Bauzeit: 61 Wochen
Kennwerte: bis 3. Ebene DIN 276

**BGF  3.204 €/m²**

**Planung:** Architekturbüro Müntinga und Puy; Bad Arolsen

vorgesehen: BKI Objektdaten N18

---

### 5300-0012 Seebadeanstalt, Gastronomie

**BRI** 464 m³  **BGF** 122 m²  **NUF** 101 m²

Seebadeanstalt und Gastronomie mit 38 Sitzplätzen. Holzrahmenbau.

Land: Schleswig-Holstein
Kreis: Rendsburg-Eckernförde
Standard: Durchschnitt
Bauzeit: 22 Wochen
Kennwerte: bis 1. Ebene DIN 276

**BGF  2.810 €/m²**

**Planung:** Eckhart Wundram Architekt; Bordesholm

veröffentlicht: BKI Objektdaten N13

## Objektübersicht zur Gebäudeart

### 9900-0006 Aktiv- und Erholungspark, Spielhaus*

**BRI** 602 m³  **BGF** 197 m²  **NUF** 159 m²

Spielhaus in Aktiv- und Erholungspark für Familienhotelanlage zur Erweiterung der Outdoor-Angebote. Holzfachwerkkonstruktion.

Land: Mecklenburg-Vorpommern
Kreis: Vorpommern-Greifswald
Standard: über Durchschnitt
Bauzeit: 52 Wochen
Kennwerte: bis 3. Ebene DIN 276

**BGF** 1.611 €/m²

**Planung:** Achim Dreischmeier Architekt BDA und Stadtplaner; Ostseebad Koserow

veröffentlicht: BKI Objektdaten F7
\* Nicht in der Auswertung enthalten

### 9900-0005 Aktiv- und Erholungspark, Backhaus

**BRI** 253 m³  **BGF** 61 m²  **NUF** 50 m²

Backhaus in Aktiv- und Erholungspark für Familienhotelanlage zur Erweiterung der Outdoor-Angebote. Holzfachwerkkonstruktion.

Land: Mecklenburg-Vorpommern
Kreis: Vorpommern-Greifswald
Standard: über Durchschnitt
Bauzeit: 52 Wochen
Kennwerte: bis 3. Ebene DIN 276

**BGF** 2.598 €/m²

**Planung:** Achim Dreischmeier Architekt BDA und Stadtplaner; Ostseebad Koserow

veröffentlicht: BKI Objektdaten F7

### 3600-0002 Aktiv- und Erholungspark, Saunahaus

**BRI** 644 m³  **BGF** 153 m²  **NUF** 93 m²

Saunahaus in Aktiv- und Erholungspark für Familienhotelanlage zur Erweiterung der Outdoor-Angebote. Mauerwerk und Holzfachwerk.

Land: Mecklenburg-Vorpommern
Kreis: Vorpommern-Greifswald
Standard: über Durchschnitt
Bauzeit: 52 Wochen
Kennwerte: bis 3. Ebene DIN 276

**BGF** 2.571 €/m²

**Planung:** Achim Dreischmeier Architekt BDA und Stadtplaner; Ostseebad Koserow

veröffentlicht: BKI Objektdaten F7

### 3600-0001 Saunagebäude*

**BRI** 430 m³  **BGF** 121 m²  **NUF** 83 m²

Saunagebäude. Massivbau.

Land: Brandenburg
Kreis: Brandenburg
Standard: Durchschnitt
Bauzeit: 35 Wochen
Kennwerte: bis 1. Ebene DIN 276

**BGF** 3.738 €/m²

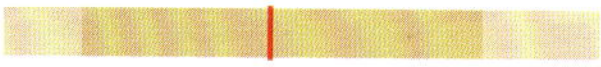

**Planung:** KÖBER-PLAN GmbH Architekten und Ingenieure; Brandenburg an der Havel

veröffentlicht: BKI Objektdaten N13
\* Nicht in der Auswertung enthalten

© BKI Baukosteninformationszentrum; Erläuterungen zu den Tabellen siehe Seite 56    Kostenstand: 1. Quartal 2022, Bundesdurchschnitt, inkl. 19% MwSt.

# Allgemeinbildende Schulen

## Kostenkennwerte für die Kosten des Bauwerks (Kostengruppen 300+400 nach DIN 276)

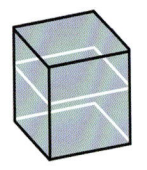

**BRI** 520 €/m³
von 430 €/m³
bis 655 €/m³

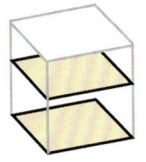

**BGF** 2.185 €/m²
von 1.780 €/m²
bis 2.705 €/m²

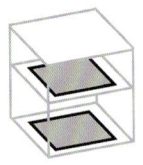

**NUF** 3.470 €/m²
von 2.700 €/m²
bis 4.430 €/m²

**NE** 23.955 €/NE
von 14.240 €/NE
bis 37.195 €/NE
NE: Schüler

**Kosten:**
Stand 1. Quartal 2022
Bundesdurchschnitt
inkl. 19% MwSt.

### Objektbeispiele

4100-0192

4100-0204

4100-0211

### Kosten der 58 Vergleichsobjekte — Seiten 202 bis 217

- ● KKW
- ▶ min
- ▷ von
- | Mittelwert
- ◁ bis
- ◀ max

BRI: 100 – 1100 €/m³ BRI

BGF: 700 – 4200 €/m² BGF

NUF: 2100 – 5600 €/m² NUF

© BKI Baukosteninformationszentrum; Erläuterungen zu den Tabellen siehe Seite 46    Kostenstand: 1. Quartal 2022, Bundesdurchschnitt, **inkl. 19% MwSt.**

## Kostenkennwerte für die Kostengruppen der 1. und 2. Ebene DIN 276

| KG | Kostengruppen der 1. Ebene | Einheit | ▷ | €/Einheit | ◁ | ▷ | % an 300+400 | ◁ |
|---|---|---|---|---|---|---|---|---|
| 100 | Grundstück | m²GF | – | – | – | – | – | – |
| 200 | Vorbereitende Maßnahmen | m²GF | 5 | **20** | 42 | 1,4 | **4,2** | 24,8 |
| 300 | Bauwerk – Baukonstruktionen | m²BGF | 1.366 | **1.690** | 2.093 | 72,7 | **77,4** | 82,1 |
| 400 | Bauwerk – Technische Anlagen | m²BGF | 366 | **497** | 677 | 17,9 | **22,6** | 27,3 |
|  | Bauwerk (300+400) | m²BGF | 1.780 | **2.187** | 2.707 | 100,0 | **100,0** | 100,0 |
| 500 | Außenanlagen und Freiflächen | m²AF | 49 | **135** | 401 | 2,5 | **7,1** | 14,2 |
| 600 | Ausstattung und Kunstwerke | m²BGF | 15 | **74** | 169 | 0,7 | **3,3** | 7,4 |
| 700 | Baunebenkosten* | m²BGF | 389 | **434** | 478 | 17,8 | **19,9** | 21,9 |
| 800 | Finanzierung | m²BGF | – | – | – | – | – | – |

◁ * Auf Grundlage der HOAI 2021 berechnete Werte nach §§ 35, 52, 56. Weitere Informationen siehe Seite 50

| KG | Kostengruppen der 2. Ebene | Einheit | ▷ | €/Einheit | ◁ | ▷ | % an 1. Ebene | ◁ |
|---|---|---|---|---|---|---|---|---|
| 310 | Baugrube / Erdbau | m³BGI | 25 | **66** | 132 | 1,5 | **2,9** | 6,1 |
| 320 | Gründung, Unterbau | m²GRF | 350 | **463** | 642 | 11,5 | **15,1** | 20,6 |
| 330 | Außenwände / vertikal außen | m²AWF | 573 | **805** | 1.035 | 27,4 | **31,9** | 34,9 |
| 340 | Innenwände / vertikal innen | m²IWF | 302 | **370** | 434 | 9,1 | **15,0** | 19,2 |
| 350 | Decken / horizontal | m²DEF | 355 | **470** | 545 | 2,5 | **11,2** | 15,7 |
| 360 | Dächer | m²DAF | 389 | **505** | 631 | 13,5 | **18,2** | 26,6 |
| 370 | Infrastrukturanlagen | | – | – | – | – | – | – |
| 380 | Baukonstruktive Einbauten | m²BGF | 3 | **16** | 35 | 0,2 | **0,9** | 2,3 |
| 390 | Sonst. Maßnahmen für Baukonst. | m²BGF | 51 | **88** | 143 | 3,3 | **5,1** | 8,0 |
| **300** | **Bauwerk – Baukonstruktionen** | m²BGF | | | | | **100,0** | |
| 410 | Abwasser-, Wasser-, Gasanlagen | m²BGF | 44 | **66** | 103 | 10,8 | **15,2** | 25,5 |
| 420 | Wärmeversorgungsanlagen | m²BGF | 52 | **78** | 135 | 9,4 | **19,2** | 29,9 |
| 430 | Raumlufttechnische Anlagen | m²BGF | 14 | **64** | 144 | 2,4 | **10,6** | 22,2 |
| 440 | Elektrische Anlagen | m²BGF | 110 | **152** | 235 | 22,3 | **34,9** | 44,1 |
| 450 | Kommunikationstechnische Anlagen | m²BGF | 19 | **35** | 64 | 2,2 | **7,3** | 11,6 |
| 460 | Förderanlagen | m²BGF | 13 | **23** | 30 | 0,8 | **3,2** | 5,7 |
| 470 | Nutzungsspez. / verfahrenstech. Anl. | m²BGF | 12 | **57** | 107 | 0,2 | **4,4** | 15,8 |
| 480 | Gebäude- und Anlagenautomation | m²BGF | 28 | **52** | 72 | 0,2 | **3,9** | 11,0 |
| 490 | Sonst. Maßnahmen f. techn. Anl. | m²BGF | 3 | **9** | 33 | < 0,1 | **1,2** | 10,5 |
| **400** | **Bauwerk – Technische Anlagen** | m²BGF | | | | | **100,0** | |

### Prozentanteile der Kosten 2. Ebene an den Kosten des Bauwerks nach DIN 276 (Von/Mittel/Bis)

| KG | Kostengruppe | Mittel |
|---|---|---|
| 310 | Baugrube / Erdbau | 2,2 |
| 320 | Gründung, Unterbau | 12,1 |
| 330 | Außenwände / vertikal außen | 25,2 |
| 340 | Innenwände / vertikal innen | 11,7 |
| 350 | Decken / horizontal | 8,6 |
| 360 | Dächer | 14,6 |
| 370 | Infrastrukturanlagen | |
| 380 | Baukonstruktive Einbauten | 0,7 |
| 390 | Sonst. Maßnahmen für Baukonst. | 4,0 |
| 410 | Abwasser-, Wasser-, Gasanlagen | 3,0 |
| 420 | Wärmeversorgungsanlagen | 3,9 |
| 430 | Raumlufttechnische Anlagen | 2,6 |
| 440 | Elektrische Anlagen | 7,1 |
| 450 | Kommunikationstechnische Anlagen | 1,6 |
| 460 | Förderanlagen | 0,8 |
| 470 | Nutzungsspez. / verfahrenstech. Anl. | 1,1 |
| 480 | Gebäude- und Anlagenautomation | 1,0 |
| 490 | Sonst. Maßnahmen f. techn. Anl. | 0,2 |

© BKI Baukosteninformationszentrum; Erläuterungen zu den Tabellen siehe Seite 48 und 50   Kostenstand: 1. Quartal 2022, Bundesdurchschnitt, inkl. 19% MwSt.

# Allgemeinbildende Schulen

**Prozentanteile der Kosten für Leistungsbereiche nach STLB (Kosten Bauwerk nach DIN 276)**

| LB | Leistungsbereiche | ▷ | % an 300+400 | ◁ |
|---|---|---:|---:|---:|
| 000 | Sicherheits-, Baustelleneinrichtungen inkl. 001 | 2,3 | **3,5** | 5,1 |
| 002 | Erdarbeiten | 1,8 | **3,0** | 5,2 |
| 006 | Spezialtiefbauarbeiten inkl. 005 | < 0,1 | **0,5** | 2,2 |
| 009 | Entwässerungskanalarbeiten inkl. 011 | < 0,1 | **0,2** | 0,5 |
| 010 | Drän- und Versickerarbeiten | < 0,1 | **0,2** | 0,9 |
| 012 | Mauerarbeiten | 0,5 | **1,9** | 5,9 |
| 013 | Betonarbeiten | 9,0 | **14,9** | 19,0 |
| 014 | Natur-, Betonwerksteinarbeiten | 0,0 | **0,6** | 1,9 |
| 016 | Zimmer- und Holzbauarbeiten | 1,6 | **9,4** | 28,5 |
| 017 | Stahlbauarbeiten | < 0,1 | **0,7** | 2,4 |
| 018 | Abdichtungsarbeiten | 0,4 | **1,1** | 2,0 |
| 020 | Dachdeckungsarbeiten | < 0,1 | **1,1** | 5,2 |
| 021 | Dachabdichtungsarbeiten | 1,7 | **3,4** | 7,0 |
| 022 | Klempnerarbeiten | 0,6 | **1,6** | 3,4 |
| | **Rohbau** | 36,0 | **42,0** | 57,9 |
| 023 | Putz- und Stuckarbeiten, Wärmedämmsysteme | 1,0 | **3,0** | 8,1 |
| 024 | Fliesen- und Plattenarbeiten | 0,3 | **1,0** | 1,6 |
| 025 | Estricharbeiten | 0,9 | **1,7** | 2,6 |
| 026 | Fenster, Außentüren inkl. 029, 032 | 5,1 | **10,4** | 13,1 |
| 027 | Tischlerarbeiten | 2,1 | **3,8** | 6,3 |
| 028 | Parkettarbeiten, Holzpflasterarbeiten | < 0,1 | **0,4** | 2,3 |
| 030 | Rollladenarbeiten | 0,2 | **0,8** | 1,3 |
| 031 | Metallbauarbeiten inkl. 035 | 1,4 | **4,4** | 11,4 |
| 034 | Maler- und Lackiererarbeiten inkl. 037 | 1,0 | **1,6** | 2,8 |
| 036 | Bodenbelagarbeiten | 0,9 | **1,9** | 2,7 |
| 038 | Vorgehängte hinterlüftete Fassaden | 0,3 | **2,4** | 5,2 |
| 039 | Trockenbauarbeiten | 2,6 | **4,8** | 6,6 |
| | **Ausbau** | 26,5 | **36,3** | 39,9 |
| 040 | Wärmeversorgungsanl. - Betriebseinr. inkl. 041 | 2,1 | **3,6** | 7,1 |
| 042 | Gas- und Wasserinstallation, Leitungen inkl. 043 | 0,4 | **0,7** | 1,0 |
| 044 | Abwasseranlagen - Leitungen | 0,3 | **0,7** | 1,1 |
| 045 | GWE-Einrichtungsgegenstände inkl. 046 | 0,8 | **1,4** | 2,7 |
| 047 | Dämmarbeiten an betriebstechnischen Anlagen | 0,2 | **0,8** | 1,5 |
| 049 | Feuerlöschanlagen, Feuerlöschgeräte | < 0,1 | **< 0,1** | < 0,1 |
| 050 | Blitzschutz- und Erdungsanlagen | 0,2 | **0,4** | 0,7 |
| 052 | Mittelspannungsanlagen | – | **–** | – |
| 053 | Niederspannungsanlagen inkl. 054 | 3,1 | **4,2** | 6,2 |
| 055 | Sicherheits- u. Ersatzstromversorgungsanl. | 0,0 | **< 0,1** | 0,3 |
| 057 | Gebäudesystemtechnik | < 0,1 | **< 0,1** | < 0,1 |
| 058 | Leuchten und Lampen inkl. 059 | 1,0 | **2,5** | 3,6 |
| 060 | Sprechanlagen, elektroakust. Anlagen inkl. 064 | < 0,1 | **0,3** | 0,8 |
| 061 | Kommunikationsnetze inkl. 062 | < 0,1 | **0,6** | 1,0 |
| 063 | Gefahrenmeldeanlagen | 0,1 | **0,6** | 1,3 |
| 069 | Aufzüge | 0,1 | **0,8** | 1,3 |
| 070 | Gebäudeautomation | < 0,1 | **1,0** | 2,6 |
| 075 | Raumlufttechnische Anlagen inkl. 078 | 0,4 | **2,5** | 5,4 |
| | **Gebäudetechnik** | 15,7 | **20,1** | 24,3 |
| | Sonstige Leistungsbereiche inkl. 008, 033, 051 | 0,3 | **1,6** | 4,5 |

**Kosten:** Stand 1. Quartal 2022 Bundesdurchschnitt inkl. 19% MwSt.

- ● KKW
- ▶ min
- ▷ von
- | Mittelwert
- ◁ bis
- ◀ max

## Planungskennwerte für Flächen und Rauminhalte nach DIN 277

| Grundflächen | | ▷ | Fläche/NUF (%) | ◁ | ▷ | Fläche/BGF (%) | ◁ |
|---|---|---|---|---|---|---|---|
| NUF | Nutzungsfläche | 100,0 | **100,0** | 100,0 | 58,9 | **64,3** | 71,0 |
| TF | Technikfläche | 3,9 | **5,2** | 10,6 | 2,3 | **3,1** | 5,6 |
| VF | Verkehrsfläche | 22,9 | **30,7** | 38,7 | 14,1 | **18,7** | 22,6 |
| NRF | Netto-Raumfläche | 126,9 | **135,7** | 145,2 | 81,0 | **85,9** | 88,5 |
| KGF | Konstruktions-Grundfläche | 18,6 | **23,2** | 38,2 | 11,5 | **14,1** | 19,0 |
| BGF | Brutto-Grundfläche | 146,1 | **158,9** | 178,8 | 100,0 | **100,0** | 100,0 |

| Brutto-Rauminhalte | | ▷ | BRI/NUF (m) | ◁ | ▷ | BRI/BGF (m) | ◁ |
|---|---|---|---|---|---|---|---|
| BRI | Brutto-Rauminhalt | 6,10 | **6,70** | 7,43 | 4,00 | **4,24** | 4,76 |

| Flächen von Nutzeinheiten | ▷ | NUF/Einheit (m²) | ◁ | ▷ | BGF/Einheit (m²) | ◁ |
|---|---|---|---|---|---|---|
| Nutzeinheit: Schüler | 5,65 | **6,89** | 9,14 | 9,02 | **10,94** | 14,00 |

| Lufttechnisch behandelte Flächen | ▷ | Fläche/NUF (%) | ◁ | ▷ | Fläche/BGF (%) | ◁ |
|---|---|---|---|---|---|---|
| Entlüftete Fläche | 2,3 | **2,3** | 2,3 | 1,3 | **1,3** | 1,3 |
| Be- und entlüftete Fläche | 134,2 | **135,8** | 139,7 | 66,0 | **75,7** | 77,9 |
| Teilklimatisierte Fläche | 0,4 | **0,4** | 0,4 | 0,2 | **0,2** | 0,2 |
| Klimatisierte Fläche | – | – | – | – | – | – |

| KG | Kostengruppen (2. Ebene) | Einheit | ▷ | Menge/NUF | ◁ | ▷ | Menge/BGF | ◁ |
|---|---|---|---|---|---|---|---|---|
| 310 | Baugrube / Erdbau | m³ BGI | 1,43 | **1,75** | 2,60 | 0,88 | **1,06** | 1,53 |
| 320 | Gründung, Unterbau | m² GRF | 0,82 | **0,89** | 1,10 | 0,50 | **0,58** | 0,60 |
| 330 | Außenwände / vertikal außen | m² AWF | 0,98 | **1,13** | 1,35 | 0,62 | **0,73** | 0,87 |
| 340 | Innenwände / vertikal innen | m² IWF | 1,05 | **1,18** | 1,45 | 0,62 | **0,73** | 0,85 |
| 350 | Decken / horizontal | m² DEF | 0,77 | **0,84** | 1,06 | 0,45 | **0,49** | 0,52 |
| 360 | Dächer | m² DAF | 0,83 | **0,95** | 1,19 | 0,54 | **0,62** | 0,85 |
| 370 | Infrastrukturanlagen | | – | – | – | – | – | – |
| 380 | Baukonstruktive Einbauten | m² BGF | 1,46 | **1,59** | 1,79 | 1,00 | **1,00** | 1,00 |
| 390 | Sonst. Maßnahmen für Baukonst. | m² BGF | 1,46 | **1,59** | 1,79 | 1,00 | **1,00** | 1,00 |
| **300** | **Bauwerk – Baukonstruktionen** | m² BGF | 1,46 | **1,59** | 1,79 | 1,00 | **1,00** | 1,00 |

## Planungskennwerte für Bauzeiten — 57 Vergleichsobjekte

**Bauzeit in Wochen**

Bauzeit: ▶ ▷ ◁ ◀ (Verteilung über 0–150 Wochen)

# Allgemeinbildende Schulen

## Objektübersicht zur Gebäudeart

**€/m² BGF**
- min: 1.455 €/m²
- von: 1.780 €/m²
- Mittel: 2.185 €/m²
- bis: 2.705 €/m²
- max: 3.525 €/m²

**Kosten:**
Stand 1. Quartal 2022
Bundesdurchschnitt
inkl. 19% MwSt.

### 4100-0207 Grundschule (5 Klassen, 125 Schüler)

**BRI** 8.910 m³ **BGF** 2.440 m² **NUF** 1.601 m²

Grundschule 5 Klassen, 125 Schüler. Massivbau.

Land: Sachsen
Kreis: Nordsachsen
Standard: über Durchschnitt
Bauzeit: 78 Wochen
Kennwerte: bis 1. Ebene DIN 276

**BGF** 2.383 €/m²

**Planung:** IPROconsult GmbH; Dresden

veröffentlicht: BKI Objektdaten N17

### 4100-0212 Gesamtschule (10 Klassen, 264 Schüler)

**BRI** 11.128 m³ **BGF** 2.519 m² **NUF** 1.611 m²

Gesamtschule mit 10 Klassen für 320 Schüler. Stahlbeton.

Land: Niedersachsen
Kreis: Nienburg (Weser)
Standard: Durchschnitt
Bauzeit: 78 Wochen
Kennwerte: bis 1. Ebene DIN 276

**BGF** 3.525 €/m²

**Planung:** ppp architekten + stadtplaner gmbh; Lübeck

vorgesehen: BKI Objektdaten N18

### 4100-0213 Grundschule (18 Klassen) - Effizienzhaus ~53%

**BRI** 42.301 m³ **BGF** 8.461 m² **NUF** 5.555 m²

Grundschule mit 18 Klassen und 504 Schüler. Stb-Skelettbau.

Land: Brandenburg
Kreis: Potsdam, Stadt
Standard: Durchschnitt
Bauzeit: 104 Wochen
Kennwerte: bis 1. Ebene DIN 276

**BGF** 2.412 €/m²

**Planung:** SEHW Architektur GmbH; Berlin

veröffentlicht: BKI Objektdaten E9

### 4100-0204 Unterrichtsgebäude (2 Klassen, 28 Schüler)

**BRI** 872 m³ **BGF** 220 m² **NUF** 167 m²

Unterrichtsgebäude mit 2 Klassenräumen für 28 Schüler. Holzbau.

Land: Sachsen
Kreis: Leipzig, Stadt
Standard: Durchschnitt
Bauzeit: 30 Wochen
Kennwerte: bis 3. Ebene DIN 276

**BGF** 3.299 €/m²

**Planung:** MURZIK architekten; Leipzig

vorgesehen: BKI Objektdaten N18

## Objektübersicht zur Gebäudeart

### 4100-0205 Grundschule (224 Schüler) - Effizienzhaus ~67%  BRI 12.772 m³   BGF 3.133 m²   NUF 1.762 m²

Grundschule mit 8 Klassen und 224 Schülern. Stahlbetonbau.

Land: Sachsen
Kreis: Dresden, Stadt
Standard: Durchschnitt
Bauzeit: 82 Wochen
Kennwerte: bis 1. Ebene DIN 276

**BGF   2.325 €/m²**

**Planung:** ARGE R.B.Z. AB Raum und Bau GmbH + AGZ Zimmermann GmbH; Dresden

veröffentlicht: BKI Objektdaten E9

### 4100-0199 Grundschule (16 Klassen) - Effizienzhaus ~18%   BRI 14.485 m³   BGF 3.399 m²   NUF 2.262 m²

Grundschule mit 16 Klassen und 400 Schülern. Mauerwerksbau.

Land: Schleswig-Holstein
Kreis: Schleswig-Flensburg
Standard: Durchschnitt
Bauzeit: 65 Wochen
Kennwerte: bis 1. Ebene DIN 276

**BGF   2.242 €/m²**

**Planung:** Architekten Johannsen und Partner mbB; Hamburg

veröffentlicht: BKI Objektdaten E8

### 4100-0200 Selbstlernzentrum (60 Schüler)   BRI 1.170 m³   BGF 260 m²   NUF 236 m²

Selbstlernzentrum eines reinen Oberstufen-Standorts zweier Schulen. Holzrahmenbau.

Land: Hamburg
Kreis: Hamburg, Freie und Hansestadt
Standard: Durchschnitt
Bauzeit: 26 Wochen
Kennwerte: bis 1. Ebene DIN 276

**BGF   2.608 €/m²**

**Planung:** tun-architektur PartGmbB; Hamburg

veröffentlicht: BKI Objektdaten N17

### 4100-0211 Grundschule (4 Klassen, 88 Schüler)   BRI 10.578 m³   BGF 1.761 m²   NUF 1.147 m²

Grundschule mit 4 Klassen und 88 Schülern sowie Mehrzweck- und Gymnastikraum. Mauerwerk.

Land: Hamburg
Kreis: Hamburg, Freie und Hansestadt
Standard: Durchschnitt
Bauzeit: 122 Wochen
Kennwerte: bis 1. Ebene DIN 276

**BGF   2.905 €/m²**

**Planung:** Gössler Kinz Kerber Schippmann; Hamburg

vorgesehen: BKI Objektdaten N18

© BKI Baukosteninformationszentrum; Erläuterungen zu den Tabellen siehe Seite 56    Kostenstand: 1. Quartal 2022, Bundesdurchschnitt, **inkl. 19% MwSt.**

# Allgemeinbildende Schulen

## Objektübersicht zur Gebäudeart

€/m² BGF
min    1.455 €/m²
von    1.780 €/m²
Mittel 2.185 €/m²
bis    2.705 €/m²
max    3.525 €/m²

**Kosten:**
Stand 1. Quartal 2022
Bundesdurchschnitt
inkl. 19% MwSt.

### 4100-0188 Grundschule (10 Klassen, 240 Schüler), Mensa
**BRI** 11.328 m³   **BGF** 2.942 m²   **NUF** 1.857 m²

Grundschule mit 10 Klassen für 240 Schüler, Mensa. Stb-Konstruktion.

Land: Nordrhein-Westfalen
Kreis: Rhein-Kreis Neuss
Standard: Durchschnitt
Bauzeit: 44 Wochen
Kennwerte: bis 1. Ebene DIN 276

**BGF** 1.634 €/m²

**Planung:** Werkgemeinschaft Quasten-Mundt; Grevenbroich

veröffentlicht: BKI Objektdaten N16

### 4100-0177 Grundschule (10 Klassen, 280 Schüler)
**BRI** 7.660 m³   **BGF** 2.069 m²   **NUF** 1.354 m²

Grundschule mit 10 Klassen und 280 Schülern. Mauerwerksbau.

Land: Hamburg
Kreis: Hamburg, Freie und Hansestadt
Standard: Durchschnitt
Bauzeit: 70 Wochen
Kennwerte: bis 1. Ebene DIN 276

**BGF** 1.496 €/m²

**Planung:** k.A.

veröffentlicht: BKI Objektdaten S2

### 4100-0192 Ganztagsschule (96 Schüler) - Passivhaus
**BRI** 3.952 m³   **BGF** 1.165 m²   **NUF** 452 m²

Jahrgangshaus mit 4 Klassen und 96 Schüler als Passivhaus. Mischkonstruktion.

Land: Bremen
Kreis: Bremen, Stadt
Standard: Durchschnitt
Bauzeit: 69 Wochen
Kennwerte: bis 3. Ebene DIN 276

**BGF** 1.971 €/m²

**Planung:** Architekten_FSB; Bremen

veröffentlicht: BKI Objektdaten E9

### 4100-0198 Gesamtschule Tanz- und Atelierräume (3 Klassen)
**BRI** 2.439 m³   **BGF** 575 m²   **NUF** 452 m²

Ateliergebäude mit drei Unterrichtsräumen für Waldorfschule. Holzbau.

Land: Sachsen-Anhalt
Kreis: Magdeburg
Standard: Durchschnitt
Bauzeit: 83 Wochen
Kennwerte: bis 1. Ebene DIN 276

**BGF** 1.894 €/m²

**Planung:** qbatur Planungsgenossenschaft eG; Quedlinburg

veröffentlicht: BKI Objektdaten N17

## Objektübersicht zur Gebäudeart

### 4100-0197 Grundschule (3 Klasse, 90 Schüler)

**BRI** 1.996 m³ **BGF** 517 m² **NUF** 328 m²

Grundschule mit 3 Klassen für 90 Schüler. MW-Massivbau.

Land: Brandenburg
Kreis: Potsdam
Standard: Durchschnitt
Bauzeit: 74 Wochen
Kennwerte: bis 1. Ebene DIN 276

**BGF** 3.157 €/m²

**Planung:** Behrens & Heinlein Architekten BDA; Potsdam

veröffentlicht: BKI Objektdaten N17

### 4100-0191 Gesamtschule (240 Schüler), Mensa, Bibliothek

**BRI** 11.425 m³ **BGF** 2.994 m² **NUF** 1.979 m²

Gesamtschule (8 Klassen) mit Mensa, Küche und Bibliothek. Massivbau.

Land: Nordrhein-Westfalen
Kreis: Rhein-Sieg-Kreis
Standard: über Durchschnitt
Bauzeit: 100 Wochen
Kennwerte: bis 1. Ebene DIN 276

**BGF** 2.459 €/m²

**Planung:** Zacharias Planungsgruppe GbR; Sankt Augustin

veröffentlicht: BKI Objektdaten N17

### 4100-0189 Grundschule (12 Klassen, 360 Schüler)

**BRI** 13.760 m³ **BGF** 3.330 m² **NUF** 2.320 m²

Grundschule mit 3 Lernhäusern, 12 Klassenzimmern für 360 Schüler. Massivbau.

Land: Niedersachsen
Kreis: Rotenburg (Wümme)
Standard: Durchschnitt
Bauzeit: 61 Wochen
Kennwerte: bis 3. Ebene DIN 276

**BGF** 2.097 €/m²

**Planung:** ARCHITEKTURBÜRO TABERY; Bremervörde

veröffentlicht: BKI Objektdaten E9

### 4100-0175 Grundschule (160 Schüler) - Effizienzhaus ~3%

**BRI** 9.671 m³ **BGF** 2.170 m² **NUF** 1.780 m²

Grundschule mit 4 Klassen für 160 Schüler als Effizienzhaus ~3%. Mischbauweise Massiv + Holz.

Land: Niedersachsen
Kreis: Lüchow-Dannenberg
Standard: Durchschnitt
Bauzeit: 70 Wochen
Kennwerte: bis 3. Ebene DIN 276

**BGF** 2.240 €/m²

**Planung:** ralf pohlmann architekten; Waddeweitz

veröffentlicht: BKI Objektdaten E8

© BKI Baukosteninformationszentrum; Erläuterungen zu den Tabellen siehe Seite 56    Kostenstand: 1. Quartal 2022, Bundesdurchschnitt, **inkl. 19% MwSt.**

# Allgemeinbildende Schulen

## Objektübersicht zur Gebäudeart

**€/m² BGF**
| | |
|---|---|
| min | 1.455 €/m² |
| von | 1.780 €/m² |
| Mittel | **2.185 €/m²** |
| bis | 2.705 €/m² |
| max | 3.525 €/m² |

**Kosten:**
Stand 1. Quartal 2022
Bundesdurchschnitt
inkl. 19% MwSt.

---

### 4100-0183 Mittelschule (125 Schüler) - Effizienzhaus ~72%
**BRI** 6.921 m³  **BGF** 1.883 m²  **NUF** 1.200 m²

Mittelschule mit 5 Klassen für 125 Schüler. Holzbau, Stb-Wände im Erdreich.

Land: Bayern
Kreis: Eichstätt
Standard: über Durchschnitt
Bauzeit: 52 Wochen
Kennwerte: bis 1. Ebene DIN 276

**BGF  2.226 €/m²**

**Planung:** ABHD Architekten Beck und Denzinger; Neuburg a.d. Donau

veröffentlicht: BKI Objektdaten E8

---

### 4100-0167 Oberschule (2 Klassen, 40 Schüler)
**BRI** 606 m³  **BGF** 178 m²  **NUF** 125 m²

Oberschule mit 2 Klassen für 40 Schüler. Modulbau Holz.

Land: Niedersachsen
Kreis: Harburg
Standard: Durchschnitt
Bauzeit: 9 Wochen
Kennwerte: bis 3. Ebene DIN 276

**BGF  1.721 €/m²**

**Planung:** Bosse Westphal Schäffer Architekten; Winsen/Luhe

veröffentlicht: BKI Objektdaten N16

---

### 4100-0178 Gymnasium (6 Klassen), Sporthalle (Einfeldhalle)
**BRI** 10.394 m³  **BGF** 2.095 m²  **NUF** 1.459 m²

Schulerweiterung mit 6 Klassenräumen, Sporthalle und Umkleiden (für Schul- und Vereinssport getrennt). Massivbau.

Land: Hamburg
Kreis: Hamburg, Freie und Hansestadt
Standard: über Durchschnitt
Bauzeit: 56 Wochen
Kennwerte: bis 1. Ebene DIN 276

**BGF  2.188 €/m²**

**Planung:** Dohse Architekten; Hamburg

veröffentlicht: BKI Objektdaten N16

---

### 4100-0174 Gesamtschule (10 Klassen) - Effizienzhaus ~66%
**BRI** 2.180 m³  **BGF** 608 m²  **NUF** 419 m²

Gesamtschule für 10 Gruppen mit 188 Kindern als Effizienzhaus ~66%. Holzständerbau.

Land: Thüringen
Kreis: Saalfeld-Rudolstadt
Standard: Durchschnitt
Bauzeit: 48 Wochen
Kennwerte: bis 3. Ebene DIN 276

**BGF  1.552 €/m²**

**Planung:** Tectum Hille Kobelt Architekten BDA; Weimar

veröffentlicht: BKI Objektdaten E8

## Objektübersicht zur Gebäudeart

### 4100-0193 Ganztagsschule (320 Kinder), Sporthalle
**BRI** 24.737 m³ **BGF** 5.930 m² **NUF** 3.573 m²

Montessori-Gesamtschule (320 Schüler) mit Sporthalle und Mensa. Stb-Konstruktion.

Land: Bayern
Kreis: Freising
Standard: Durchschnitt
Bauzeit: 87 Wochen
Kennwerte: bis 1. Ebene DIN 276

**BGF** 1.657 €/m²

**Planung:** Numrich Albrecht Klumpp Ges. von Architekten mbH; Berlin

veröffentlicht: BKI Objektdaten N17

---

### 4100-0179 Gymnasium, Sporthalle - Plusenergiehaus
**BRI** 81.390 m³ **BGF** 16.046 m² **NUF** 8.672 m²

Gymnasium mit 32 Klassen für 960 Schüler, mit Aula und Dreifeldhalle, als Plusenergiehaus. Holzbau.

Land: Bayern
Kreis: Augsburg
Standard: Durchschnitt
Bauzeit: 104 Wochen
Kennwerte: bis 1. Ebene DIN 276

**BGF** 2.559 €/m²

**Planung:** H. Kaufmann ZT GmbH & F. Nagler Architekten GmbH; München

veröffentlicht: BKI Objektdaten E8

---

### 4100-0170 Grundschule (400 Schüler) - Passivhausbauweise
**BRI** 27.063 m³ **BGF** 6.380 m² **NUF** 3.038 m²

Grundschule in Passivhausbauweise mit 16 Klassen und 400 Schülern. Stahlbetonbau.

Land: Hessen
Kreis: Frankfurt am Main, Stadt
Standard: Durchschnitt
Bauzeit: 135 Wochen
Kennwerte: bis 1. Ebene DIN 276

**BGF** 2.057 €/m²

**Planung:** PFP Planungs GmbH Prof. Jörg Friedrich; Hamburg

veröffentlicht: BKI Objektdaten E7

---

### 4100-0166 Gymnasium (21 Klassen, 600 Schüler)
**BRI** 14.908 m³ **BGF** 3.666 m² **NUF** 2.022 m²

Neubau eines Gymnasiums (21 Klassen) für eine Schulerweiterung. Mauerwerksbau.

Land: Schleswig-Holstein
Kreis: Rendsburg-Eckernförde
Standard: Durchschnitt
Bauzeit: 82 Wochen
Kennwerte: bis 1. Ebene DIN 276

**BGF** 1.969 €/m²

**Planung:** Schüler Architekten Schüler Böller Bahnemann; Rendsburg

veröffentlicht: BKI Objektdaten N15

# Allgemeinbildende Schulen

## Objektübersicht zur Gebäudeart

€/m² BGF
- min: 1.455 €/m²
- von: 1.780 €/m²
- Mittel: **2.185 €/m²**
- bis: 2.705 €/m²
- max: 3.525 €/m²

**Kosten:**
Stand 1. Quartal 2022
Bundesdurchschnitt
inkl. 19% MwSt.

---

### 4100-0169 Mittelschule, Sporthalle - Effizienzhaus ~28%
**BRI** 40.446 m³ | **BGF** 8.160 m² | **NUF** 5.863 m²

Mittelschule (12 Klassen, 360 Schüler), Sporthalle (Dreifeldhalle), Effizienzhaus ~28%. Stb-Skelettbau.

Land: Bayern
Kreis: Fürstenfeldbruck
Standard: Durchschnitt
Bauzeit: 104 Wochen
Kennwerte: bis 1. Ebene DIN 276

**BGF** 2.076 €/m²

Planung: Hausmann Architekten GmbH; Aachen

veröffentlicht: BKI Objektdaten E7

---

### 4100-0155 Grundschule (580 Sch), Kindertagesstätte (123 Ki)
**BRI** 38.200 m³ | **BGF** 8.155 m² | **NUF** 5.829 m²

Kinderzentrum mit Grundschule (20 Klassen, 580 Schüler), Zweifeldsporthalle und Kindertagesstätte (7 Gruppen, 123 Kinder). Mauerwerksbau.

Land: Schleswig-Holstein
Kreis: Herzogtum Lauenburg
Standard: Durchschnitt
Bauzeit: 70 Wochen
Kennwerte: bis 1. Ebene DIN 276

**BGF** 2.123 €/m²

Planung: Spengler · Wiescholek Architekten Stadtplaner; Hamburg

veröffentlicht: BKI Objektdaten N13

---

### 4100-0162 Gesamtschule (10 Klassen, 280 Schüler)
**BRI** 18.967 m³ | **BGF** 4.585 m² | **NUF** 2.319 m²

Gesamtschule (10 Klassen) für 280 Schüler. Massivbau.

Land: Sachsen-Anhalt
Kreis: Salzlandkreis
Standard: Durchschnitt
Bauzeit: 104 Wochen
Kennwerte: bis 1. Ebene DIN 276

**BGF** 2.433 €/m²

Planung: ARGE Junk&Reich / Hartmann+Helm; Weimar

veröffentlicht: BKI Objektdaten N15

---

### 4100-0160 Grundschule (150 Schüler), Hort (100 Kinder)
**BRI** 4.371 m³ | **BGF** 1.227 m² | **NUF** 782 m²

Grundschule (6 Klassen) für 150 Schüler und Hort (100 Kinder). Holztafelbau.

Land: Sachsen-Anhalt
Kreis: Magdeburg
Standard: Durchschnitt
Bauzeit: 65 Wochen
Kennwerte: bis 1. Ebene DIN 276

**BGF** 1.704 €/m²

Planung: qbatur Planungsbüro GmbH; Quedlinburg

veröffentlicht: BKI Objektdaten N13

## Objektübersicht zur Gebäudeart

### 4100-0158 Gemeinschaftsschule (14 Klassen, 336 Schüler)    BRI 13.027 m³    BGF 2.776 m²    NUF 1.653 m²

Erweiterungsbau für 336 Schüler (14 Klassen) für eine Gesamtschule. Massivbau.

Land: Schleswig-Holstein
Kreis: Schleswig-Flensburg
Standard: Durchschnitt
Bauzeit: 74 Wochen
Kennwerte: bis 1. Ebene DIN 276

BGF    2.440 €/m²

**Planung:** petersen pörksen partner architekten + stadtplaner | bda; Lübeck

veröffentlicht: BKI Objektdaten E6

### 4100-0181 Grundschule (450 Schüler), Sporthalle - Passivhaus    BRI 42.986 m³    BGF 8.630 m²    NUF 5.330 m²

Grundschule für 450 Kinder mit Dreifeldhalle und Hort als Passivhaus. Stahlbetonbau.

Land: Sachsen
Kreis: Leipzig, Stadt
Standard: über Durchschnitt
Bauzeit: 130 Wochen
Kennwerte: bis 1. Ebene DIN 276

BGF    2.087 €/m²

**Planung:** pbr Planungsbüro Rohling AG; Braunschweig

veröffentlicht: BKI Objektdaten N16

### 4100-0154 Gesamtschule (750 Schüler)    BRI 22.185 m³    BGF 5.486 m²    NUF 2.965 m²

Gesamtschule (2. Bauabschnitt) mit 750 Schülern, Naturwissenschaftsräume, Unterrichtsräume, Bibliothek. Stb.-Konstruktion.

Land: Brandenburg
Kreis: Oberhavel
Standard: Durchschnitt
Bauzeit: 70 Wochen
Kennwerte: bis 1. Ebene DIN 276

BGF    2.682 €/m²

**Planung:** Fromme + Linsenhoff; Berlin

veröffentlicht: BKI Objektdaten E6

### 4100-0157 Gymnasium (17 Klassen, 500 Schüler)    BRI 11.529 m³    BGF 2.799 m²    NUF 1.479 m²

Gymnasium (Erweiterungsbau) mit 17 Klassenräumen für 500 Schüler, Betreuungsraum und Lehrerstützpunkt. Massivbauweise.

Land: Hessen
Kreis: Rheingau-Taunus-Kreis
Standard: Durchschnitt
Bauzeit: 78 Wochen
Kennwerte: bis 1. Ebene DIN 276

BGF    1.736 €/m²

**Planung:** Gerhard Guckes & Kollegen; Idstein

veröffentlicht: BKI Objektdaten N13

© BKI Baukosteninformationszentrum; Erläuterungen zu den Tabellen siehe Seite 56    Kostenstand: 1. Quartal 2022, Bundesdurchschnitt, **inkl. 19% MwSt.**

# Allgemeinbildende Schulen

**€/m² BGF**
min 1.455 €/m²
von 1.780 €/m²
Mittel **2.185 €/m²**
bis 2.705 €/m²
max 3.525 €/m²

**Kosten:**
Stand 1. Quartal 2022
Bundesdurchschnitt
inkl. 19% MwSt.

## Objektübersicht zur Gebäudeart

### 4100-0151 Gesamtschule (270 Schüler) - Passivhaus
**BRI** 8.441 m³ **BGF** 2.136 m² **NUF** 1.325 m²

Erweiterungsbau für eine Gesamtschule mit Klassen- und Gruppenräumen (10 St), Fachklassenräumen (4 St), Bibliothek und Lehrerzimmer. Stb-Konstruktion.

Land: Hessen
Kreis: Groß-Gerau
Standard: über Durchschnitt
Bauzeit: 83 Wochen
Kennwerte: bis 1. Ebene DIN 276

**BGF  1.966 €/m²**

**Planung:** Thomas Grüninger Architekten BDA; Darmstadt

veröffentlicht: BKI Objektdaten E6

### 4100-0168 Realschule (400 Schüler) - Effizienzhaus ~66%
**BRI** 18.862 m³ **BGF** 4.511 m² **NUF** 2.530 m²

Neubau einer 2,5-zügigen Realschule (286 Schüler) mit Ganztagsbereich, Effizienzhaus ~66%. Stb-Konstruktion.

Land: Baden-Württemberg
Kreis: Stuttgart, Stadtkreis
Standard: Durchschnitt
Bauzeit: 104 Wochen
Kennwerte: bis 3. Ebene DIN 276

**BGF  2.373 €/m²**

**Planung:** KBK Architektengesellschaft Belz | Lutz mbH; Stuttgart

veröffentlicht: BKI Objektdaten S2

### 4100-0147 Grundschule (12 Klassen, 288 Schüler)
**BRI** 15.614 m³ **BGF** 4.021 m² **NUF** 2.363 m²

Grundschule mit 12 Klassen (288 Schüler), Mensa, Küche und Werkräumen. Massivbau.

Land: Bremen
Kreis: Bremerhaven
Standard: Durchschnitt
Bauzeit: 70 Wochen
Kennwerte: bis 1. Ebene DIN 276

**BGF  2.081 €/m²**

**Planung:** me di um Architekten; Hamburg

veröffentlicht: BKI Objektdaten E6

### 4100-0153 Grundschule (6 Klassen, 150 Schüler) - Passivhaus
**BRI** 6.145 m³ **BGF** 1.418 m² **NUF** 913 m²

Grundschule mit 6 Klassen für 150 Schüler, Bibliothek und Speiseraum als Passivhaus. Mauerwerksbau.

Land: Hessen
Kreis: Offenbach
Standard: über Durchschnitt
Bauzeit: 52 Wochen
Kennwerte: bis 1. Ebene DIN 276

**BGF  2.801 €/m²**

**Planung:** RitterBauer Architekten GmbH; Aschaffenburg

veröffentlicht: BKI Objektdaten N13

## Objektübersicht zur Gebäudeart

### 4100-0144 Gymnasium (12 Klassen, 310 Schüler) - Passivhaus | BRI 14.824 m³ | BGF 4.144 m² | NUF 2.528 m²

Gymnasium mit 12 Klassen und 310 Schülern. Massivbau.

Land: Hamburg
Kreis: Hamburg, Freie und Hansestadt
Standard: über Durchschnitt
Bauzeit: 87 Wochen
Kennwerte: bis 1. Ebene DIN 276

BGF  2.036 €/m²

**Planung:** me di um Architekten; Hamburg

veröffentlicht: BKI Objektdaten E5

### 4100-0126 Gebäude für betreute Grundschule (100 Schüler) | BRI 2.260 m³ | BGF 650 m² | NUF 442 m²

Gebäude für die betreute Grundschule (100 Schüler). Kinder werden hier außerhalb der Unterrichtszeiten betreut. Mauerwerksbau.

Land: Schleswig-Holstein
Kreis: Stormarn
Standard: Durchschnitt
Bauzeit: 35 Wochen
Kennwerte: bis 1. Ebene DIN 276

BGF  1.862 €/m²

**Planung:** Architekturbüro Gunther Wördemann; Quickborn

veröffentlicht: BKI Objektdaten N11

### 4100-0138 Grundschule (10 Klassen, 250 Schüler) - Passivhaus | BRI 11.761 m³ | BGF 2.334 m² | NUF 1.607 m²

Grundschule mit 10 Klassen für 250 Schüler. Massivbau.

Land: Schleswig-Holstein
Kreis: Steinburg
Standard: Durchschnitt
Bauzeit: 65 Wochen
Kennwerte: bis 1. Ebene DIN 276

BGF  1.774 €/m²

**Planung:** Butzlaff Tewes Architekten + Ingenieure; Brande-Hörnerkirchen

veröffentlicht: BKI Objektdaten E5

### 4100-0145 Grundschule (4 Klassen) Cafeteria - Passivhaus | BRI 7.562 m³ | BGF 1.780 m² | NUF 1.046 m²

Grundschule (4 Klassen) mit Fach- und Betreuungsräumen, Vollküche und Speisesaal mit 75 Sitzplätzen. Massivbau.

Land: Hessen
Kreis: Frankfurt am Main, Stadt
Standard: Durchschnitt
Bauzeit: 100 Wochen
Kennwerte: bis 3. Ebene DIN 276

BGF  2.756 €/m²

**Planung:** EGN Darmstadt mit Hochbauamt der Stadt Frankfurt

veröffentlicht: BKI Objektdaten E5

# Allgemeinbildende Schulen

## Objektübersicht zur Gebäudeart

€/m² BGF
| | | |
|---|---:|---|
| min | 1.455 | €/m² |
| von | 1.780 | €/m² |
| Mittel | **2.185** | **€/m²** |
| bis | 2.705 | €/m² |
| max | 3.525 | €/m² |

**Kosten:**
Stand 1. Quartal 2022
Bundesdurchschnitt
inkl. 19% MwSt.

---

### 4100-0140 Grundschule (4 Klassen) - Passivhaus
**BRI** 6.570 m³    **BGF** 1.557 m²    **NUF** 980 m²

Dreizügige Grundschule mit vier Klassen, Nachmittagsbetreuung und Vollküche mit Speisesaal. Massivbau.

Land: Hessen
Kreis: Frankfurt am Main, Stadt
Standard: Durchschnitt
Bauzeit: 100 Wochen
Kennwerte: bis 3. Ebene DIN 276

**BGF 2.628 €/m²**

**Planung:** EGN Darmstadt mit Hochbauamt der Stadt Frankfurt
veröffentlicht: BKI Objektdaten E5

---

### 4100-0150 Ganztagsschule, Mensa (11 Klassen, 360 Schüler)
**BRI** 9.714 m³    **BGF** 2.637 m²    **NUF** 1.516 m²

Erweiterungsneubau für Ganztagsschule (Gymnasium/Realschule) mit 12 Klassenzimmern, 10 Gruppenräumen und Mensa mit 280 Sitzplätzen. Massivbau.

Land: Nordrhein-Westfalen
Kreis: Bielefeld
Standard: Durchschnitt
Bauzeit: 52 Wochen
Kennwerte: bis 1. Ebene DIN 276

**BGF 1.910 €/m²**

**Planung:** brückner-hüttemann pasch bhp Architekten+Generalplaner GmbH; Bielefeld
veröffentlicht: BKI Objektdaten E6

---

### 4100-0135 Grundschule (12 Klassen, 350 Schüler)
**BRI** 14.975 m³    **BGF** 3.487 m²    **NUF** 2.310 m²

Schulgebäude, Grundschule 1-2 geschossig mit Innenhof, Küche, Mensa und Aula. Mauerwerksbau.

Land: Bayern
Kreis: Miltenberg
Standard: Durchschnitt
Bauzeit: 91 Wochen
Kennwerte: bis 1. Ebene DIN 276

**BGF 1.654 €/m²**

**Planung:** a.i.b - Architekten Ole Brinckmann u. Thomas Horn; Gernsheim
veröffentlicht: BKI Objektdaten N12

---

### 4100-0124 Grundschule dreizügig (12 Klassen, 304 Schüler)
**BRI** 11.272 m³    **BGF** 2.920 m²    **NUF** 1.750 m²

Dreizügige Grundschule (12 Klassen, 304 Schüler). Mauerwerksbau.

Land: Mecklenburg-Vorpommern
Kreis: Nordwestmecklenburg
Standard: Durchschnitt
Bauzeit: 74 Wochen
Kennwerte: bis 1. Ebene DIN 276

**BGF 1.456 €/m²**

**Planung:** MHB Planungs- und Ingenieurgesellschaft mbH; Rostock
veröffentlicht: BKI Objektdaten N11

# Objektübersicht zur Gebäudeart

## 4100-0139 Grundschule (12 Klassen, 336 Schüler) - Passivhaus    BRI 16.595 m³    BGF 3.759 m²    NUF 2.129 m²

Grundschule für 12 Klassen mit 336 Schülern, Passivhaus. Stb-Konstruktion, Holzdachkonstruktion.

Land: Hessen
Kreis: Frankfurt am Main, Stadt
Standard: Durchschnitt
Bauzeit: 78 Wochen
Kennwerte: bis 1. Ebene DIN 276

**BGF    2.838 €/m²**

**Planung:** Baufrösche Architekten und Stadtplaner GmbH; Kassel

veröffentlicht: BKI Objektdaten E5

## 4100-0130 Gymnasium, Sporthalle (32 Klassen, 960 Schüler)    BRI 46.387 m³    BGF 11.708 m²    NUF 6.973 m²

Gymnasium, vierzügig, mit 32 Klassen, Mensa und Turnhalle.
Gymnasium: Stb-Skelettbau
Sporthalle: Stahlskelettbau

Land: Sachsen
Kreis: Dresden, Stadt
Standard: Durchschnitt
Bauzeit: 91 Wochen
Kennwerte: bis 1. Ebene DIN 276

**BGF    1.997 €/m²**

**Planung:** ARGE: Hartmann+Helm mit Junk & Reich Architekten; Weimar

veröffentlicht: BKI Objektdaten N12

## 4100-0149 Grundschule (10 Klassen, 250 Schüler)    BRI 5.651 m³    BGF 1.417 m²    NUF 835 m²

Grundschule für 10 Klassen und 250 Schüler als Ersatzneubau. Stb-Konstruktion.

Land: Nordrhein-Westfalen
Kreis: Düsseldorf
Standard: Durchschnitt
Bauzeit: 39 Wochen
Kennwerte: bis 1. Ebene DIN 276

**BGF    2.488 €/m²**

**Planung:** pagelhenn architektinnenarchitekt; Hilden

veröffentlicht: BKI Objektdaten N13

## 4100-0113 Ganztagsgrundschule, Kindertagesstätte*    BRI 15.570 m³    BGF 4.591 m²    NUF 2.819 m²

Kreativganztagsgrundschule mit Kindertagesstätte und Sporthalle (308 Schüler, 36 Kita-Plätze). Mauerwerksbau.

Land: Mecklenburg-Vorpommern
Kreis: Rostock, Stadt
Standard: unter Durchschnitt
Bauzeit: 48 Wochen
Kennwerte: bis 1. Ebene DIN 276

**BGF    975 €/m²**
*

**Planung:** MHB Planungs- und Ingenieurgesellschaft mbH; Rostock

veröffentlicht: BKI Objektdaten N11
* Nicht in der Auswertung enthalten

© **BKI** Baukosteninformationszentrum; Erläuterungen zu den Tabellen siehe Seite 56    Kostenstand: 1. Quartal 2022, Bundesdurchschnitt, inkl. 19% MwSt.

# Allgemeinbildende Schulen

€/m² BGF
min 1.455 €/m²
von 1.780 €/m²
Mittel **2.185 €/m²**
bis 2.705 €/m²
max 3.525 €/m²

**Kosten:**
Stand 1. Quartal 2022
Bundesdurchschnitt
inkl. 19% MwSt.

## Objektübersicht zur Gebäudeart

### 4100-0112 Offene Ganztagsschule (65 Schüler)
**BRI** 1.269 m³  **BGF** 304 m²  **NUF** 232 m²

Offene Ganztagsschule mit drei Klassenräumen, Küche und Sonderbereich. Mauerwerksbau.

Land: Nordrhein-Westfalen
Kreis: Dortmund, Stadt
Standard: Durchschnitt
Bauzeit: 39 Wochen
Kennwerte: bis 1. Ebene DIN 276

**BGF 2.732 €/m²**

**Planung:** Görtz Schoeneweiß Architektur, Markus Görtz Jörg Schoeneweiß; Dortmund

veröffentlicht: BKI Objektdaten N10

### 4100-0128 Waldorfschule*
**BRI** 1.919 m³  **BGF** 362 m²  **NUF** 253 m²

Einzelnes Schulgebäude einer Waldorfschule (3 Klassen, Sanitärräume). Der Neubau der Waldorfschule besteht insgesamt aus 5 Einzelgebäuden. Mauerwerksbau.

Land: Schleswig-Holstein
Kreis: Steinburg
Standard: Durchschnitt
Bauzeit: 52 Wochen
Kennwerte: bis 1. Ebene DIN 276

**BGF 2.194 €/m²**

**Planung:** Architekturbüro Prell und Partner; Hamburg

veröffentlicht: BKI Objektdaten N11
* Nicht in der Auswertung enthalten

### 4100-0120 Schulzentrum (1.800 Schüler), Sporthalle
**BRI** 106.309 m³  **BGF** 28.274 m²  **NUF** 14.650 m²

Gymnasium und Fach- und Berufsoberschule mit dreifach Sporthalle, Parkdeck (185 STP), Hausmeisterwohnung (175 m² WFL). Stb-Skelettkonstruktion.

Land: Bayern
Kreis: Fürstenfeldbruck
Standard: Durchschnitt
Bauzeit: 109 Wochen
Kennwerte: bis 3. Ebene DIN 276

**BGF 1.466 €/m²**

**Planung:** Bauer Kurz Stockburger & Partner; München

veröffentlicht: BKI Objektdaten N13

### 4100-0080 Waldorfschule*
**BRI** 1.663 m³  **BGF** 465 m²  **NUF** 334 m²

Offene Ganztagsschule mit Fachklassen. Mauerwerksbau; Holzdachkonstruktion.

Land: Nordrhein-Westfalen
Kreis: Recklinghausen
Standard: Durchschnitt
Bauzeit: 48 Wochen
Kennwerte: bis 1. Ebene DIN 276

**BGF 1.346 €/m²**

**Planung:** sws-architekten Harry Schöpke, Elke Wallat-Schöpke; Essen

veröffentlicht: BKI Objektdaten N9
* Nicht in der Auswertung enthalten

## Objektübersicht zur Gebäudeart

### 4100-0078 Gymnasium (10 Klassen, 300 Schüler)

**BRI** 7.739 m³ **BGF** 2.078 m² **NUF** 1.262 m²

Erweiterung eines Gymnasiums um einen autarken Gebäudeteil mit zehn Klassen, Caféteria, Pausenhalle, Sanitärräume. Mauerwerksbau; Stb-Filigrandach, Holz-pultdachkonstruktion.

Land: Niedersachsen
Kreis: Verden
Standard: Durchschnitt
Bauzeit: 52 Wochen
Kennwerte: bis 3. Ebene DIN 276

**BGF   1.763 €/m²**

**Planung:** Fritz-Dieter Tollé Architekt BDB Architekten Stadtplaner Ingenieure; Verden

veröffentlicht: BKI Objektdaten N10

### 4100-0084 Grundschule (4 Klassen, 100 Schüler)

**BRI** 3.813 m³ **BGF** 968 m² **NUF** 832 m²

Grundschule mit 4 Klassenräumen für 100 Kinder, Mensa mit Küche. Mauerwerksbau, Holzdachstuhl.

Land: Nordrhein-Westfalen
Kreis: Herford
Standard: Durchschnitt
Bauzeit: 74 Wochen
Kennwerte: bis 1. Ebene DIN 276

**BGF   1.807 €/m²**

**Planung:** SITTIG + VOGES Architekten - Stadtplaner; Bovenden

veröffentlicht: BKI Objektdaten N10

### 4100-0068 Ergänzungsbau offene Ganztagsschule

**BRI** 8.167 m³ **BGF** 1.273 m² **NUF** 988 m²

Ergänzungsgebäude mit Mensa und Veranstaltungsraum für 400 Schüler, um die Schule als eine offene Ganztagsschule betreiben zu können. Mauerwerksbau.

Land: Schleswig-Holstein
Kreis: Segeberg
Standard: Durchschnitt
Bauzeit: 69 Wochen
Kennwerte: bis 1. Ebene DIN 276

**BGF   1.867 €/m²**

**Planung:** Architekturbüro Wolfgang Fehrs; Neumünster

veröffentlicht: BKI Objektdaten N9

### 4100-0101 Grundschule, Turnhalle (8 Klassen, 222 Schüler)

**BRI** 13.461 m³ **BGF** 2.750 m² **NUF** 2.029 m²

Grundschule (8 Klassen) mit integrierter Turnhalle und offener Ganztagsschule (4 Gruppen). Mauerwerksbau.

Land: Nordrhein-Westfalen
Kreis: Rhein-Erft-Kreis
Standard: Durchschnitt
Bauzeit: 109 Wochen
Kennwerte: bis 1. Ebene DIN 276

**BGF   2.562 €/m²**

**Planung:** SCHALLER/THEODOR ARCHITEKTEN BDA; Köln

veröffentlicht: BKI Objektdaten N10

# Allgemeinbildende Schulen

## Objektübersicht zur Gebäudeart

€/m² BGF
- min    1.455 €/m²
- von    1.780 €/m²
- **Mittel    2.185 €/m²**
- bis    2.705 €/m²
- max    3.525 €/m²

**Kosten:**
Stand 1. Quartal 2022
Bundesdurchschnitt
inkl. 19% MwSt.

---

### 4100-0083 Grundschule (4 Klassen, 100 Schüler)
**BRI** 3.779 m³    **BGF** 1.041 m²    **NUF** 739 m²

Grundschule mit 4 Klassen für 100 Kinder. Mauerwerksbau, Holzdachstuhl.

Land: Nordrhein-Westfalen
Kreis: Herford
Standard: Durchschnitt
Bauzeit: 87 Wochen
Kennwerte: bis 1. Ebene DIN 276

**BGF**    1.526 €/m²

**Planung:** SITTIG + VOGES Architekten - Stadtplaner; Bovenden

veröffentlicht: BKI Objektdaten N10

---

### 4100-0069 Freie Ev. Schule
**BRI** 12.436 m³    **BGF** 2.690 m²    **NUF** 1.611 m²

Erweiterungsbau einer Schule. Stb-Konstruktion.

Land: Baden-Württemberg
Kreis: Reutlingen
Standard: Durchschnitt
Bauzeit: 83 Wochen
Kennwerte: bis 3. Ebene DIN 276

**BGF**    1.855 €/m²

**Planung:** Hartmaier + Partner Freie Architekten; Reutlingen

veröffentlicht: BKI Objektdaten N11

---

### 4100-0105 Gymnasium Fachklassentrakt
**BRI** 20.009 m³    **BGF** 4.430 m²    **NUF** 2.515 m²

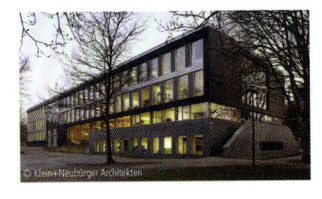

Fachklassentrakt mit 20 Fachklassen, Selbstlernzentrum, Biblio-Mediothek und Schülercafé. Realisierung in 2 Bauabschnitten mit dem Objekt: 4100-0106 (Sanierung Bestandsgebäude). Stb-Skelettbau.

Land: Nordrhein-Westfalen
Kreis: Recklinghausen
Standard: Durchschnitt
Bauzeit: 135 Wochen
Kennwerte: bis 1. Ebene DIN 276

**BGF**    2.393 €/m²

**Planung:** Klein+Neubürger Architekten BDA; Bochum

veröffentlicht: BKI Objektdaten N10

---

### 4100-0061 Pausenhalle, Verbindungsgängen
**BRI** 1.670 m³    **BGF** 325 m²    **NUF** 253 m²

Pausenhalle mit Verbindungsgängen zwischen Schulgebäude und Sporthalle. Multifunktionale Nutzungsmöglichkeiten für Schulfeste, Elternversammlungen, Theateraufführungen oder Ausstellungen. Die Pausenhalle bietet 450 Stehplätze oder 227 Sitzplätze. Die Nutz- und die Verkehrsfläche bilden die Pausenhalle. Mauerwerksbau.

Land: Bayern
Kreis: Freising
Standard: Durchschnitt
Bauzeit: 44 Wochen
Kennwerte: bis 4. Ebene DIN 276

**BGF**    2.130 €/m²

**Planung:** Architekturbüro Hermann Woermann; Freising

veröffentlicht: BKI Objektdaten N6

## Objektübersicht zur Gebäudeart

### 4100-0102 Grund- und Hauptschule*   BRI 9.450 m³   BGF 2.202 m²   NUF 1.374 m²

Neubau und Erweiterung einer Grund- und Hauptschule mit Werkrealschule. 13 Klassenräume, Gymnastikraum, Nebenräume. Stahlbetonbau.

Land: Baden-Württemberg
Kreis: Stuttgart, Stadtkreis
Standard: Durchschnitt
Bauzeit: 70 Wochen
Kennwerte: bis 1. Ebene DIN 276

**BGF  3.085 €/m²**

**Planung:** Lamott und Lamott Freie Architekten BDA; Stuttgart

veröffentlicht: BKI Objektdaten N10
* Nicht in der Auswertung enthalten

### 4100-0079 Gymnasium (32 Klassen, 950 Schüler)   BRI 43.338 m³   BGF 9.558 m²   NUF 6.234 m²

Allgemeinbildende Schule / Gymnasium Foyer, Verwaltung, Unterrichtsräume, Fachräume, Werkstatträume. Mauerwerksbau; Stb-Filigrandecken.

Land: Nordrhein-Westfalen
Kreis: Gütersloh
Standard: über Durchschnitt
Bauzeit: 226 Wochen*
Kennwerte: bis 2. Ebene DIN 276

**BGF  2.290 €/m²**

**Planung:** KNIRR+PITTIG ARCHITEKTEN; Essen

veröffentlicht: BKI Objektdaten N9
* Nicht in der Auswertung enthalten

# Berufliche Schulen

## Kostenkennwerte für die Kosten des Bauwerks (Kostengruppen 300+400 nach DIN 276)

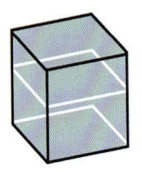

**BRI** 535 €/m³
von 405 €/m³
bis 620 €/m³

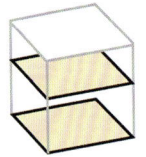

**BGF** 2.180 €/m²
von 1.655 €/m²
bis 2.670 €/m²

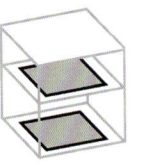

**NUF** 3.265 €/m²
von 2.465 €/m²
bis 4.290 €/m²

**NE** 27.730 €/NE
von 16.390 €/NE
bis 51.095 €/NE
NE: Auszubildende

**Kosten:**
Stand 1. Quartal 2022
Bundesdurchschnitt
inkl. 19% MwSt.

### Objektbeispiele

4200-0008

4200-0017

4200-0030

4200-0036

4200-0027

4200-0022

## Kosten der 10 Vergleichsobjekte — Seiten 222 bis 224

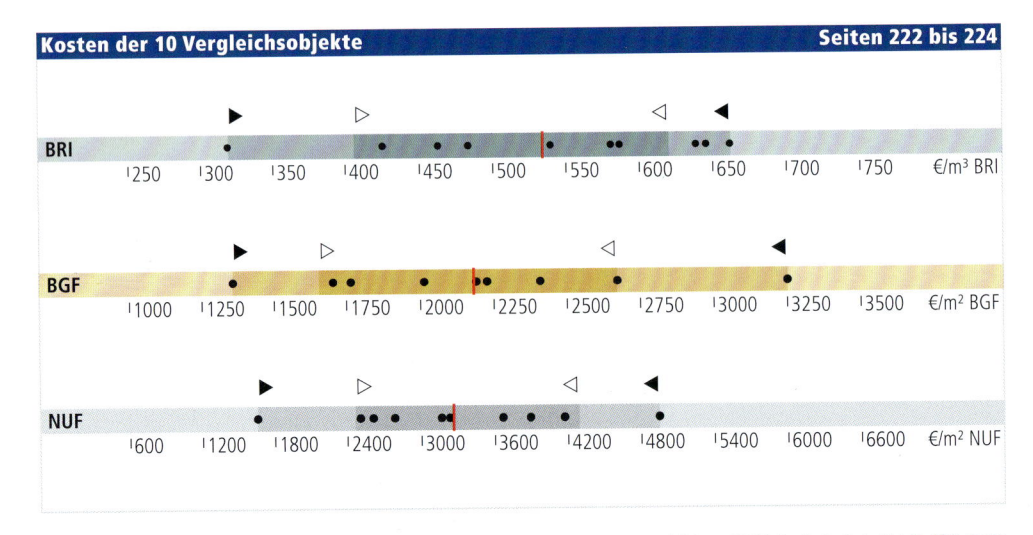

- ● KKW
- ▶ min
- ▷ von
- | Mittelwert
- ◁ bis
- ◀ max

BRI — €/m³ BRI (250–750)

BGF — €/m² BGF (1000–3500)

NUF — €/m² NUF (600–6600)

© BKI Baukosteninformationszentrum; Erläuterungen zu den Tabellen siehe Seite 46
Kostenstand: 1. Quartal 2022, Bundesdurchschnitt, **inkl. 19% MwSt.**

## Kostenkennwerte für die Kostengruppen der 1. und 2. Ebene DIN 276

| KG | Kostengruppen der 1. Ebene | Einheit | ▷ | €/Einheit | ◁ | ▷ | % an 300+400 | ◁ |
|---|---|---|---|---|---|---|---|---|
| 100 | Grundstück | m²GF | – | – | – | – | – | – |
| 200 | Vorbereitende Maßnahmen | m²GF | 5 | 62 | 401 | 0,8 | 2,5 | 12,3 |
| 300 | Bauwerk – Baukonstruktionen | m²BGF | 1.163 | **1.552** | 1.880 | 67,9 | **71,2** | 74,7 |
| 400 | Bauwerk – Technische Anlagen | m²BGF | 475 | **629** | 820 | 25,3 | **28,8** | 32,1 |
|  | Bauwerk (300+400) | m²BGF | 1.655 | **2.181** | 2.671 | 100,0 | **100,0** | 100,0 |
| 500 | Außenanlagen und Freiflächen | m²AF | 12 | 69 | 182 | 1,1 | 3,4 | 6,4 |
| 600 | Ausstattung und Kunstwerke | m²BGF | 21 | 73 | 133 | 0,6 | 3,1 | 5,2 |
| 700 | Baunebenkosten* | m²BGF | 387 | **429** | 471 | 17,7 | **19,6** | 21,6 |
| 800 | Finanzierung | m²BGF | – | – | – | – | – | – |

* Auf Grundlage der HOAI 2021 berechnete Werte nach §§ 35, 52, 56. Weitere Informationen siehe Seite 50

| KG | Kostengruppen der 2. Ebene | Einheit | ▷ | €/Einheit | ◁ | ▷ | % an 1. Ebene | ◁ |
|---|---|---|---|---|---|---|---|---|
| 310 | Baugrube / Erdbau | m³BGI | 27 | **37** | 47 | 1,6 | **2,1** | 3,1 |
| 320 | Gründung, Unterbau | m²GRF | 216 | **286** | 355 | 6,3 | **13,5** | 21,5 |
| 330 | Außenwände / vertikal außen | m²AWF | 642 | **733** | 827 | 22,3 | **29,0** | 36,1 |
| 340 | Innenwände / vertikal innen | m²IWF | 290 | **387** | 511 | 11,4 | **13,2** | 17,2 |
| 350 | Decken / horizontal | m²DEF | 232 | **496** | 609 | 0,2 | **10,5** | 21,8 |
| 360 | Dächer | m²DAF | 341 | **486** | 618 | 12,8 | **24,8** | 38,4 |
| 370 | Infrastrukturanlagen | | – | – | – | – | – | – |
| 380 | Baukonstruktive Einbauten | m²BGF | 8 | **42** | 102 | < 0,1 | **2,0** | 4,3 |
| 390 | Sonst. Maßnahmen für Baukonst. | m²BGF | 40 | **82** | 154 | 2,7 | **5,2** | 10,6 |
| **300** | **Bauwerk – Baukonstruktionen** | m²BGF | | | | | **100,0** | |
| 410 | Abwasser-, Wasser-, Gasanlagen | m²BGF | 59 | **91** | 229 | 10,3 | **13,1** | 19,6 |
| 420 | Wärmeversorgungsanlagen | m²BGF | 42 | **89** | 118 | 8,0 | **13,6** | 16,7 |
| 430 | Raumlufttechnische Anlagen | m²BGF | 55 | **96** | 125 | 3,7 | **12,7** | 18,2 |
| 440 | Elektrische Anlagen | m²BGF | 152 | **183** | 228 | 23,0 | **31,4** | 51,2 |
| 450 | Kommunikationstechnische Anlagen | m²BGF | 41 | **49** | 61 | 6,5 | **8,0** | 11,1 |
| 460 | Förderanlagen | m²BGF | 19 | **42** | 106 | 0,5 | **3,3** | 7,3 |
| 470 | Nutzungsspez. / verfahrenstech. Anl. | m²BGF | 7 | **109** | 190 | 2,4 | **12,1** | 29,7 |
| 480 | Gebäude- und Anlagenautomation | m²BGF | 49 | **68** | 107 | 0,7 | **5,6** | 15,4 |
| 490 | Sonst. Maßnahmen f. techn. Anl. | m²BGF | 1 | **2** | 4 | 0,0 | **0,1** | 0,4 |
| **400** | **Bauwerk – Technische Anlagen** | m²BGF | | | | | **100,0** | |

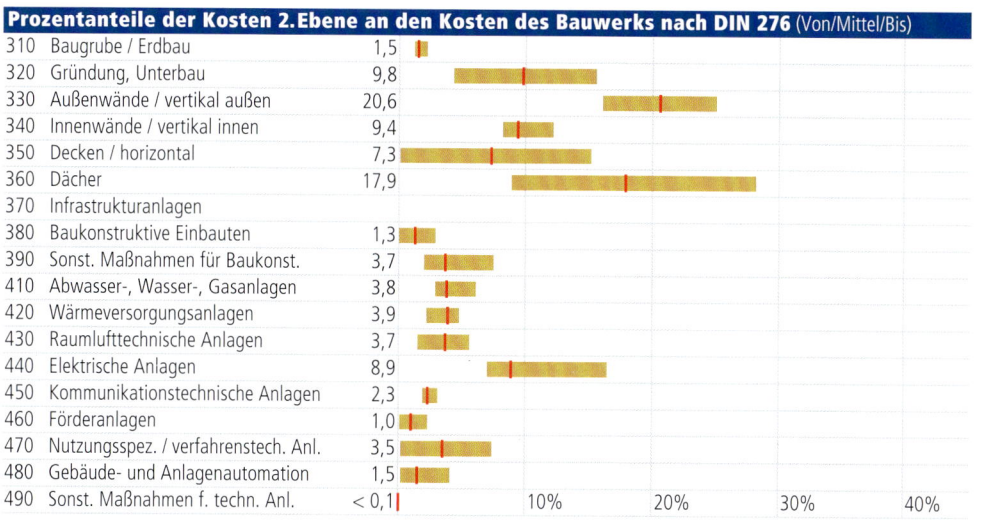

## Prozentanteile der Kosten 2. Ebene an den Kosten des Bauwerks nach DIN 276 (Von/Mittel/Bis)

| KG | Kostengruppe | Mittel % |
|---|---|---|
| 310 | Baugrube / Erdbau | 1,5 |
| 320 | Gründung, Unterbau | 9,8 |
| 330 | Außenwände / vertikal außen | 20,6 |
| 340 | Innenwände / vertikal innen | 9,4 |
| 350 | Decken / horizontal | 7,3 |
| 360 | Dächer | 17,9 |
| 370 | Infrastrukturanlagen | |
| 380 | Baukonstruktive Einbauten | 1,3 |
| 390 | Sonst. Maßnahmen für Baukonst. | 3,7 |
| 410 | Abwasser-, Wasser-, Gasanlagen | 3,8 |
| 420 | Wärmeversorgungsanlagen | 3,9 |
| 430 | Raumlufttechnische Anlagen | 3,7 |
| 440 | Elektrische Anlagen | 8,9 |
| 450 | Kommunikationstechnische Anlagen | 2,3 |
| 460 | Förderanlagen | 1,0 |
| 470 | Nutzungsspez. / verfahrenstech. Anl. | 3,5 |
| 480 | Gebäude- und Anlagenautomation | 1,5 |
| 490 | Sonst. Maßnahmen f. techn. Anl. | < 0,1 |

© BKI Baukosteninformationszentrum; Erläuterungen zu den Tabellen siehe Seite 48 und 50   Kostenstand: 1. Quartal 2022, Bundesdurchschnitt, inkl. 19% MwSt.

# Berufliche Schulen

**Kosten:**
Stand 1. Quartal 2022
Bundesdurchschnitt
inkl. 19% MwSt.

- KKW
- ▶ min
- ▷ von
- | Mittelwert
- ◁ bis
- ◀ max

## Prozentanteile der Kosten für Leistungsbereiche nach STLB (Kosten Bauwerk nach DIN 276)

| LB | Leistungsbereiche | ▷ % an 300+400 ◁ | | |
|---|---|---|---|---|
| 000 | Sicherheits-, Baustelleneinrichtungen inkl. 001 | 1,1 | 3,3 | 7,0 |
| 002 | Erdarbeiten | 1,0 | 2,0 | 3,6 |
| 006 | Spezialtiefbauarbeiten inkl. 005 | 0,0 | < 0,1 | 0,4 |
| 009 | Entwässerungskanalarbeiten inkl. 011 | 0,4 | 1,0 | 1,4 |
| 010 | Drän- und Versickerarbeiten | 0,0 | < 0,1 | < 0,1 |
| 012 | Mauerarbeiten | 0,5 | 1,2 | 3,5 |
| 013 | Betonarbeiten | 9,5 | 12,7 | 17,3 |
| 014 | Natur-, Betonwerksteinarbeiten | 0,1 | 0,4 | 0,8 |
| 016 | Zimmer- und Holzbauarbeiten | < 0,1 | 10,3 | 17,4 |
| 017 | Stahlbauarbeiten | 0,2 | 1,3 | 5,3 |
| 018 | Abdichtungsarbeiten | < 0,1 | 0,2 | 0,6 |
| 020 | Dachdeckungsarbeiten | 0,0 | < 0,1 | 0,5 |
| 021 | Dachabdichtungsarbeiten | 1,3 | 3,5 | 7,0 |
| 022 | Klempnerarbeiten | 0,9 | 2,8 | 5,4 |
| | **Rohbau** | **30,8** | **38,7** | **44,4** |
| 023 | Putz- und Stuckarbeiten, Wärmedämmsysteme | 0,6 | 1,4 | 2,5 |
| 024 | Fliesen- und Plattenarbeiten | 0,3 | 1,0 | 1,9 |
| 025 | Estricharbeiten | 0,8 | 2,0 | 6,1 |
| 026 | Fenster, Außentüren inkl. 029, 032 | 1,6 | 6,1 | 10,2 |
| 027 | Tischlerarbeiten | 3,2 | 6,3 | 11,1 |
| 028 | Parkettarbeiten, Holzpflasterarbeiten | 0,3 | 1,2 | 4,1 |
| 030 | Rollladenarbeiten | 0,4 | 1,3 | 2,0 |
| 031 | Metallbauarbeiten inkl. 035 | 3,3 | 6,8 | 16,4 |
| 034 | Maler- und Lackiererarbeiten inkl. 037 | 0,4 | 1,4 | 2,2 |
| 036 | Bodenbelagarbeiten | 0,1 | 1,1 | 4,8 |
| 038 | Vorgehängte hinterlüftete Fassaden | 0,2 | 1,3 | 3,0 |
| 039 | Trockenbauarbeiten | 1,0 | 3,6 | 8,6 |
| | **Ausbau** | **29,0** | **33,3** | **38,4** |
| 040 | Wärmeversorgungsanl. - Betriebseinr. inkl. 041 | 1,9 | 3,1 | 3,9 |
| 042 | Gas- und Wasserinstallation, Leitungen inkl. 043 | 0,6 | 1,0 | 1,6 |
| 044 | Abwasseranlagen - Leitungen | 0,2 | 0,3 | 0,5 |
| 045 | GWE-Einrichtungsgegenstände inkl. 046 | 0,7 | 0,9 | 1,2 |
| 047 | Dämmarbeiten an betriebstechnischen Anlagen | 0,6 | 1,5 | 3,2 |
| 049 | Feuerlöschanlagen, Feuerlöschgeräte | 0,0 | < 0,1 | < 0,1 |
| 050 | Blitzschutz- und Erdungsanlagen | < 0,1 | 0,7 | 1,6 |
| 052 | Mittelspannungsanlagen | – | – | – |
| 053 | Niederspannungsanlagen inkl. 054 | 3,8 | 6,0 | 10,1 |
| 055 | Sicherheits- u. Ersatzstromversorgungsanl. | < 0,1 | < 0,1 | 0,3 |
| 057 | Gebäudesystemtechnik | – | – | – |
| 058 | Leuchten und Lampen inkl. 059 | 1,7 | 2,5 | 3,0 |
| 060 | Sprechanlagen, elektroakust. Anlagen inkl. 064 | < 0,1 | 0,2 | 0,6 |
| 061 | Kommunikationsnetze inkl. 062 | 0,4 | 1,0 | 2,0 |
| 063 | Gefahrenmeldeanlagen | 0,4 | 1,0 | 1,8 |
| 069 | Aufzüge | 0,1 | 1,0 | 2,6 |
| 070 | Gebäudeautomation | 0,3 | 1,9 | 4,1 |
| 075 | Raumlufttechnische Anlagen inkl. 078 | 1,4 | 3,5 | 5,8 |
| | **Gebäudetechnik** | **19,4** | **24,6** | **27,4** |
| | Sonstige Leistungsbereiche inkl. 008, 033, 051 | 0,8 | 3,3 | 7,2 |

© BKI Baukosteninformationszentrum; Erläuterungen zu den Tabellen siehe Seite 52

Kostenstand: 1. Quartal 2022, Bundesdurchschnitt, **inkl. 19% MwSt.**

## Planungskennwerte für Flächen und Rauminhalte nach DIN 277

| Grundflächen | | | ▷ | **Fläche/NUF (%)** | ◁ | ▷ | **Fläche/BGF (%)** | ◁ |
|---|---|---|---|---|---|---|---|---|
| NUF | Nutzungsfläche | | 100,0 | **100,0** | 100,0 | 64,9 | **68,6** | 75,4 |
| TF | Technikfläche | | 3,9 | **5,4** | 6,9 | 2,4 | **3,5** | 4,0 |
| VF | Verkehrsfläche | | 19,7 | **26,5** | 35,5 | 12,0 | **16,7** | 20,4 |
| NRF | Netto-Raumfläche | | 121,7 | **132,0** | 138,4 | 88,1 | **88,8** | 90,0 |
| KGF | Konstruktions-Grundfläche | | 15,1 | **17,3** | 18,6 | 10,0 | **11,2** | 11,9 |
| BGF | Brutto-Grundfläche | | 137,5 | **149,3** | 159,7 | 100,0 | **100,0** | 100,0 |

| Brutto-Rauminhalte | | | ▷ | **BRI/NUF (m)** | ◁ | ▷ | **BRI/BGF (m)** | ◁ |
|---|---|---|---|---|---|---|---|---|
| BRI | Brutto-Rauminhalt | | 5,83 | **6,04** | 6,48 | 3,82 | **4,13** | 4,60 |

| Flächen von Nutzeinheiten | | ▷ | **NUF/Einheit (m²)** | ◁ | ▷ | **BGF/Einheit (m²)** | ◁ |
|---|---|---|---|---|---|---|---|
| Nutzeinheit: Auszubildende | | 8,90 | **11,11** | 11,91 | 11,75 | **14,74** | 15,39 |

| Lufttechnisch behandelte Flächen | | ▷ | **Fläche/NUF (%)** | ◁ | ▷ | **Fläche/BGF (%)** | ◁ |
|---|---|---|---|---|---|---|---|
| Entlüftete Fläche | | 1,9 | **1,9** | 1,9 | 1,3 | **1,3** | 1,3 |
| Be- und entlüftete Fläche | | 93,5 | **93,5** | 93,5 | 55,6 | **55,6** | 55,6 |
| Teilklimatisierte Fläche | | 54,3 | **54,3** | 54,3 | 37,4 | **37,4** | 37,4 |
| Klimatisierte Fläche | | – | **–** | – | – | **–** | – |

| KG | Kostengruppen (2. Ebene) | Einheit | ▷ | **Menge/NUF** | ◁ | ▷ | **Menge/BGF** | ◁ |
|---|---|---|---|---|---|---|---|---|
| 310 | Baugrube / Erdbau | m³ BGI | 1,11 | **1,46** | 2,07 | 0,83 | **1,02** | 1,17 |
| 320 | Gründung, Unterbau | m² GRF | 0,82 | **0,91** | 0,96 | 0,64 | **0,69** | 0,72 |
| 330 | Außenwände / vertikal außen | m² AWF | 0,93 | **0,96** | 1,25 | 0,63 | **0,67** | 0,88 |
| 340 | Innenwände / vertikal innen | m² IWF | 0,73 | **0,79** | 0,93 | 0,49 | **0,55** | 0,60 |
| 350 | Decken / horizontal | m² DEF | 0,70 | **0,70** | 0,77 | 0,43 | **0,43** | 0,49 |
| 360 | Dächer | m² DAF | 0,87 | **1,05** | 1,17 | 0,67 | **0,80** | 0,89 |
| 370 | Infrastrukturanlagen | | – | **–** | – | – | **–** | – |
| 380 | Baukonstruktive Einbauten | m² BGF | 1,38 | **1,49** | 1,60 | 1,00 | **1,00** | 1,00 |
| 390 | Sonst. Maßnahmen für Baukonst. | m² BGF | 1,38 | **1,49** | 1,60 | 1,00 | **1,00** | 1,00 |
| 300 | **Bauwerk – Baukonstruktionen** | m² BGF | 1,38 | **1,49** | 1,60 | 1,00 | **1,00** | 1,00 |

## Planungskennwerte für Bauzeiten — 10 Vergleichsobjekte

**Bauzeit in Wochen**

Bauzeit: ▶ bei ca. 30 Wochen, ▷ bei ca. 45 Wochen, Median (rot) bei ca. 75 Wochen, ◁ bei ca. 100 Wochen, ◀ bei ca. 125 Wochen (Skala: 0–150 Wochen)

© BKI Baukosteninformationszentrum; Erläuterungen zu den Tabellen siehe Seite 54  Kostenstand: 1. Quartal 2022, Bundesdurchschnitt, inkl. 19% MwSt.

# Berufliche Schulen

## Objektübersicht zur Gebäudeart

**€/m² BGF**
| | |
|---|---|
| min | 1.355 €/m² |
| von | 1.655 €/m² |
| Mittel | **2.180 €/m²** |
| bis | 2.670 €/m² |
| max | 3.250 €/m² |

**Kosten:**
Stand 1. Quartal 2022
Bundesdurchschnitt
inkl. 19% MwSt.

---

### 4200-0036 Ausbildungszentrum Pflegeberufe (150 Schüler)
**BRI** 11.587 m³ **BGF** 3.072 m² **NUF** 1.773 m²

Ausbildungszentrum für Krankenpflege, Kinderkrankenpflege und Altenpflege. Stahlbetonbau.

Land: Schleswig-Holstein
Kreis: Steinburg
Standard: Durchschnitt
Bauzeit: 52 Wochen
Kennwerte: bis 1. Ebene DIN 276

**BGF 2.408 €/m²**

**Planung:** Planungsring Mumm + Partner GbR; Treia

veröffentlicht: BKI Objektdaten N17

---

### 4200-0032 Berufsschule
**BRI** 3.107 m³ **BGF** 562 m² **NUF** 474 m²

Schulungsräume für Schreinerlehrlinge. Holzbau.

Land: Bayern
Kreis: Cham
Standard: Durchschnitt
Bauzeit: 35 Wochen
Kennwerte: bis 3. Ebene DIN 276

**BGF 2.672 €/m²**

**Planung:** PH2 Architektur + Stadtplanung; Eschlkam

veröffentlicht: BKI Objektdaten N17

---

### 4200-0030 Berufliche Schule (42 Klassen, 1.590 Azubis)
**BRI** 40.177 m³ **BGF** 10.473 m² **NUF** 7.212 m²

Kaufmännische Berufsschule mit 42 Klassen für 1.240 Schüler (Teilzeit) und 350 Schüler (Vollzeit). Tiefgarage (52 Plätze). Massivbau.

Land: Bayern
Kreis: Nürnberg, Stadt
Standard: Durchschnitt
Bauzeit: 104 Wochen
Kennwerte: bis 1. Ebene DIN 276

**BGF 2.227 €/m²**

**Planung:** Michel + Wolf + Partner Freie Architekten BDA; Stuttgart

veröffentlicht: BKI Objektdaten N13

---

### 4200-0022 Unterrichts- und Werkstattgebäude (50 Azubis)
**BRI** 5.548 m³ **BGF** 1.303 m² **NUF** 1.067 m²

Unterrichts- und Werkstattgebäude für die Fachbereiche Bau- und Holztechnik der berufsbildenden Schulen. Holzrahmenbau.

Land: Niedersachsen
Kreis: Lüchow-Dannenberg
Standard: Durchschnitt
Bauzeit: 30 Wochen
Kennwerte: bis 3. Ebene DIN 276

**BGF 1.357 €/m²**

**Planung:** ralf pohlmann architekten; Waddeweitz

veröffentlicht: BKI Objektdaten N13

## Objektübersicht zur Gebäudeart

### 4200-0027 Berufliche Schule (450 Azubis) - Passivhaus

**BRI** 7.300 m³    **BGF** 2.341 m²    **NUF** 1.285 m²

Berufliche Schule mit 18 Klassen für 450 Schüler als Passivhaus. Stb-Konstruktion.

Land: Hessen
Kreis: Wiesbaden
Standard: Durchschnitt
Bauzeit: 82 Wochen
Kennwerte: bis 1. Ebene DIN 276

**BGF**    2.012 €/m²

veröffentlicht: BKI Objektdaten E6

**Planung:** hupfauf_thiels architekten bda; Wiesbaden

---

### 4200-0021 Kompetenzzentrum

**BRI** 16.850 m³    **BGF** 4.417 m²    **NUF** 3.111 m²

Neubau für berufsbezogene Aus- und Weiterbildung als Kompetenzzentrum im Bereich Hochtechnologie und Solarwirtschaft. Stb-Fertigteilbau.

Land: Thüringen
Kreis: Erfurt, Stadt
Standard: Durchschnitt
Bauzeit: 52 Wochen
Kennwerte: bis 1. Ebene DIN 276

**BGF**    1.765 €/m²

veröffentlicht: BKI Objektdaten N10

**Planung:** hks ARCHITEKTEN + GESAMTPLANER GmbH; Erfurt

---

### 4200-0017 Berufliche Oberschule (224 Azubis)

**BRI** 9.088 m³    **BGF** 2.394 m²    **NUF** 1.370 m²

Schulgebäude einer Fachober- und Berufsoberschule als eigenständige Erweiterung. Holzkonstruktion.

Land: Bayern
Kreis: Rosenheim, Stadt
Standard: Durchschnitt
Bauzeit: 83 Wochen
Kennwerte: bis 2. Ebene DIN 276

**BGF**    2.227 €/m²

veröffentlicht: BKI Objektdaten N10

**Planung:** Kröff Architekten-Diplomingenieure; Wasserburg

---

### 4200-0018 Gewerbliche Schule

**BRI** 11.551 m³    **BGF** 2.351 m²    **NUF** 1.545 m²

Technisches Gymnasium, Berufskollegs, Fachschule für Maschinen- und Bautechnik, Meisterschule Maurer/Betonbauer und Zimmerer, Berufsfachschulen für Bau-, Elektro-, Metall- und Fahrzeugtechnik, Berufsvorbereitungsjahr, Berufseinstiegsjahr. Massivbau.

Land: Baden-Württemberg
Kreis: Biberach
Standard: über Durchschnitt
Bauzeit: 70 Wochen
Kennwerte: bis 3. Ebene DIN 276

**BGF**    3.251 €/m²

veröffentlicht: BKI Objektdaten N11

**Planung:** Projektgemeinschaft ELWERT&STOTTELE; Ravensburg

---

© BKI Baukosteninformationszentrum; Erläuterungen zu den Tabellen siehe Seite 56    Kostenstand: 1. Quartal 2022, Bundesdurchschnitt, **inkl. 19% MwSt.**

# Berufliche Schulen

## Objektübersicht zur Gebäudeart

### 4200-0008 Berufliche Schule

**BRI** 54.163 m³  **BGF** 17.152 m²  **NUF** 10.502 m²

Kaufmännische Berufsschule, Wirtschaftsschule, Kaufmännische Berufskollegs, Wirtschaftsgymnasium, Tiefgarage mit 148 Stellplätzen. Stb-Konstruktion.

Land: Baden-Württemberg
Kreis: Biberach
Standard: über Durchschnitt
Bauzeit: 104 Wochen
Kennwerte: bis 3. Ebene DIN 276

**Planung:** Projektgemeinschaft ELWERT&STOTTELE; Ravensburg

**BGF** 1.703 €/m²

veröffentlicht: BKI Objektdaten N11

### 4200-0013 Überbetriebliches Bildungszentrum, Hallen

**BRI** 22.539 m³  **BGF** 4.375 m²  **NUF** 3.672 m²

Ausbildungszentrum mit 160 Ausbildungsplätzen. Stb-Skelettbau.

Land: Brandenburg
Kreis: Cottbus, Stadt
Standard: Durchschnitt
Bauzeit: 130 Wochen
Kennwerte: bis 4. Ebene DIN 276

**Planung:** Architekten BDA Richter Altmann Jyrch; Cottbus

**BGF** 2.190 €/m²

veröffentlicht: BKI Objektdaten N7

---

**€/m² BGF**
min   1.355 €/m²
von   1.655 €/m²
Mittel **2.180 €/m²**
bis   2.670 €/m²
max   3.250 €/m²

**Kosten:**
Stand 1. Quartal 2022
Bundesdurchschnitt
inkl. 19% MwSt.

**Bildung**

# Förder- und Sonderschulen

## Kostenkennwerte für die Kosten des Bauwerks (Kostengruppen 300+400 nach DIN 276)

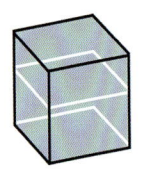

**BRI** 520 €/m³
von 440 €/m³
bis 640 €/m³

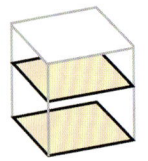

**BGF** 2.165 €/m²
von 1.885 €/m²
bis 2.500 €/m²

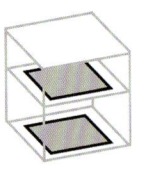

**NUF** 3.675 €/m²
von 3.005 €/m²
bis 4.460 €/m²

**NE** 137.145 €/NE
von 76.620 €/NE
bis 360.875 €/NE
NE: Schüler

**Kosten:**
Stand 1. Quartal 2022
Bundesdurchschnitt
inkl. 19% MwSt.

### Objektbeispiele

4300-0023 © Christian Boehm
4300-0007 © Stefan Müller
4300-0008 © AAg Loebner Schäfer Weber
4300-0024 © Architekt Heimle
4300-0022 © Fotografie Dorfmüller Klier
4300-0018 © Trapez Architektur

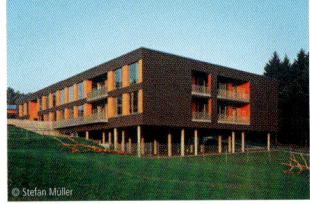

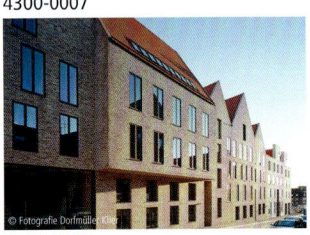

### Kosten der 12 Vergleichsobjekte — Seiten 230 bis 232

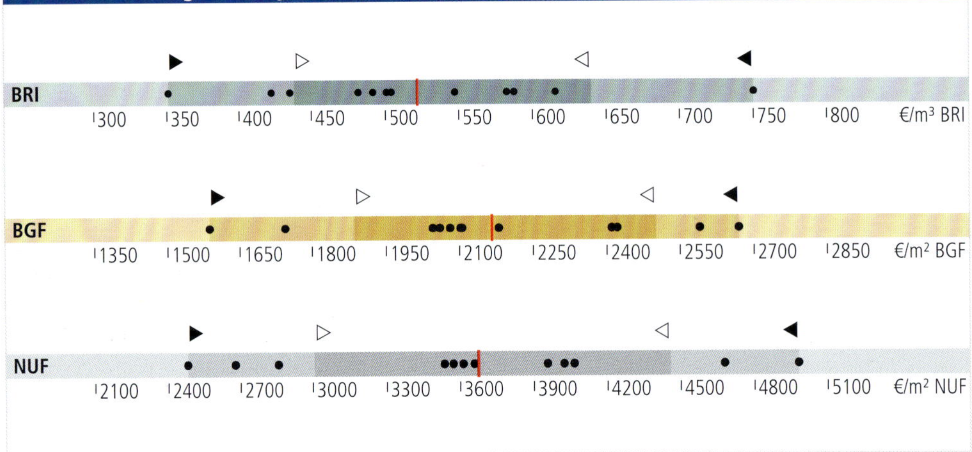

Legende:
- KKW
- ▶ min
- ▷ von
- | Mittelwert
- ◁ bis
- ◀ max

BRI: €/m³ BRI (300–800)
BGF: €/m² BGF (1350–2850)
NUF: €/m² NUF (2100–5100)

© BKI Baukosteninformationszentrum; Erläuterungen zu den Tabellen siehe Seite 46
Kostenstand: 1. Quartal 2022, Bundesdurchschnitt, **inkl. 19% MwSt.**

## Kostenkennwerte für die Kostengruppen der 1. und 2. Ebene DIN 276

| KG | Kostengruppen der 1. Ebene | Einheit | ▷ | €/Einheit | ◁ | ▷ | % an 300+400 | ◁ |
|---|---|---|---|---|---|---|---|---|
| 100 | Grundstück | m²GF | – | – | – | – | – | – |
| 200 | Vorbereitende Maßnahmen | m²GF | 7 | **16** | 90 | 0,7 | **1,5** | 3,2 |
| 300 | Bauwerk – Baukonstruktionen | m²BGF | 1.390 | **1.645** | 1.894 | 72,2 | **75,9** | 80,0 |
| 400 | Bauwerk – Technische Anlagen | m²BGF | 439 | **521** | 680 | 20,0 | **24,1** | 27,8 |
|  | Bauwerk (300+400) | m²BGF | 1.885 | **2.166** | 2.500 | 100,0 | **100,0** | 100,0 |
| 500 | Außenanlagen und Freiflächen | m²AF | 86 | **362** | 2.518 | 3,1 | **7,3** | 13,1 |
| 600 | Ausstattung und Kunstwerke | m²BGF | 5 | **24** | 102 | 0,2 | **1,1** | 4,7 |
| 700 | Baunebenkosten* | m²BGF | 434 | **465** | 497 | 20,1 | **21,5** | 23,0 |
| 800 | Finanzierung | m²BGF | – | – | – | – | – | – |

◁ * Auf Grundlage der HOAI 2021 berechnete Werte nach §§ 35, 52, 56. Weitere Informationen siehe Seite 50

| KG | Kostengruppen der 2. Ebene | Einheit | ▷ | €/Einheit | ◁ | ▷ | % an 1. Ebene | ◁ |
|---|---|---|---|---|---|---|---|---|
| 310 | Baugrube / Erdbau | m³BGI | 17 | **33** | 57 | 0,7 | **1,9** | 3,5 |
| 320 | Gründung, Unterbau | m²GRF | 351 | **430** | 617 | 9,2 | **11,7** | 14,9 |
| 330 | Außenwände / vertikal außen | m²AWF | 535 | **758** | 924 | 22,1 | **26,8** | 30,1 |
| 340 | Innenwände / vertikal innen | m²IWF | 290 | **355** | 498 | 17,2 | **19,2** | 21,5 |
| 350 | Decken / horizontal | m²DEF | 422 | **489** | 548 | 8,4 | **15,4** | 19,3 |
| 360 | Dächer | m²DAF | 377 | **468** | 582 | 12,8 | **15,6** | 19,2 |
| 370 | Infrastrukturanlagen |  | – | – | – | – | – | – |
| 380 | Baukonstruktive Einbauten | m²BGF | 24 | **58** | 107 | 1,4 | **3,3** | 6,2 |
| 390 | Sonst. Maßnahmen für Baukonst. | m²BGF | 77 | **105** | 163 | 4,9 | **6,0** | 7,7 |
| 300 | **Bauwerk – Baukonstruktionen** | m²BGF |  |  |  |  | **100,0** |  |
| 410 | Abwasser-, Wasser-, Gasanlagen | m²BGF | 51 | **83** | 109 | 12,3 | **16,1** | 20,2 |
| 420 | Wärmeversorgungsanlagen | m²BGF | 74 | **114** | 170 | 17,0 | **22,1** | 34,9 |
| 430 | Raumlufttechnische Anlagen | m²BGF | 16 | **33** | 66 | 3,2 | **6,3** | 11,0 |
| 440 | Elektrische Anlagen | m²BGF | 127 | **174** | 262 | 23,4 | **34,2** | 42,1 |
| 450 | Kommunikationstechnische Anlagen | m²BGF | 23 | **36** | 52 | 3,8 | **7,5** | 10,8 |
| 460 | Förderanlagen | m²BGF | 16 | **31** | 47 | 2,3 | **5,6** | 10,0 |
| 470 | Nutzungsspez. / verfahrenstech. Anl. | m²BGF | 4 | **21** | 62 | 0,9 | **4,1** | 11,6 |
| 480 | Gebäude- und Anlagenautomation | m²BGF | 10 | **22** | 33 | 1,2 | **3,8** | 6,9 |
| 490 | Sonst. Maßnahmen f. techn. Anl. | m²BGF | < 1 | **2** | 6 | < 0,1 | **0,2** | 1,2 |
| 400 | **Bauwerk – Technische Anlagen** | m²BGF |  |  |  |  | **100,0** |  |

## Prozentanteile der Kosten 2. Ebene an den Kosten des Bauwerks nach DIN 276 (Von/Mittel/Bis)

| KG | Bezeichnung | Mittel % |
|---|---|---|
| 310 | Baugrube / Erdbau | 1,5 |
| 320 | Gründung, Unterbau | 8,9 |
| 330 | Außenwände / vertikal außen | 20,6 |
| 340 | Innenwände / vertikal innen | 14,7 |
| 350 | Decken / horizontal | 11,8 |
| 360 | Dächer | 11,9 |
| 370 | Infrastrukturanlagen | |
| 380 | Baukonstruktive Einbauten | 2,5 |
| 390 | Sonst. Maßnahmen für Baukonst. | 4,7 |
| 410 | Abwasser-, Wasser-, Gasanlagen | 3,9 |
| 420 | Wärmeversorgungsanlagen | 5,5 |
| 430 | Raumlufttechnische Anlagen | 1,5 |
| 440 | Elektrische Anlagen | 7,8 |
| 450 | Kommunikationstechnische Anlagen | 1,7 |
| 460 | Förderanlagen | 1,2 |
| 470 | Nutzungsspez. / verfahrenstech. Anl. | 0,9 |
| 480 | Gebäude- und Anlagenautomation | 0,8 |
| 490 | Sonst. Maßnahmen f. techn. Anl. | < 0,1 |

© BKI Baukosteninformationszentrum; Erläuterungen zu den Tabellen siehe Seite 48 und 50  Kostenstand: 1. Quartal 2022, Bundesdurchschnitt, inkl. 19% MwSt.

# Förder- und Sonderschulen

## Prozentanteile der Kosten für Leistungsbereiche nach STLB (Kosten Bauwerk nach DIN 276)

Kosten: Stand 1. Quartal 2022, Bundesdurchschnitt inkl. 19% MwSt.

| LB | Leistungsbereiche | von | Mittelwert | bis |
|---|---|---|---|---|
| 000 | Sicherheits-, Baustelleneinrichtungen inkl. 001 | 1,9 | 3,5 | 5,0 |
| 002 | Erdarbeiten | 1,5 | 2,8 | 5,2 |
| 006 | Spezialtiefbauarbeiten inkl. 005 | < 0,1 | 0,5 | 3,7 |
| 009 | Entwässerungskanalarbeiten inkl. 011 | < 0,1 | 0,6 | 1,9 |
| 010 | Drän- und Versickerarbeiten | < 0,1 | 0,1 | 0,3 |
| 012 | Mauerarbeiten | 0,1 | 2,5 | 5,2 |
| 013 | Betonarbeiten | 15,4 | 19,3 | 23,1 |
| 014 | Natur-, Betonwerksteinarbeiten | < 0,1 | 0,2 | 0,6 |
| 016 | Zimmer- und Holzbauarbeiten | 1,4 | 4,2 | 12,3 |
| 017 | Stahlbauarbeiten | < 0,1 | 1,0 | 2,6 |
| 018 | Abdichtungsarbeiten | 0,3 | 0,6 | 1,0 |
| 020 | Dachdeckungsarbeiten | 0,0 | < 0,1 | 0,7 |
| 021 | Dachabdichtungsarbeiten | 0,6 | 2,6 | 4,8 |
| 022 | Klempnerarbeiten | 0,7 | 2,4 | 7,4 |
|  | **Rohbau** | 35,1 | 40,3 | 46,4 |
| 023 | Putz- und Stuckarbeiten, Wärmedämmsysteme | 0,7 | 2,5 | 4,7 |
| 024 | Fliesen- und Plattenarbeiten | 0,7 | 1,4 | 2,8 |
| 025 | Estricharbeiten | 1,3 | 1,6 | 1,8 |
| 026 | Fenster, Außentüren inkl. 029, 032 | 0,4 | 6,4 | 10,4 |
| 027 | Tischlerarbeiten | 4,1 | 6,4 | 7,9 |
| 028 | Parkettarbeiten, Holzpflasterarbeiten | < 0,1 | 0,8 | 2,4 |
| 030 | Rollladenarbeiten | 0,4 | 0,9 | 1,3 |
| 031 | Metallbauarbeiten inkl. 035 | 2,2 | 5,7 | 12,2 |
| 034 | Maler- und Lackiererarbeiten inkl. 037 | 0,9 | 1,2 | 1,9 |
| 036 | Bodenbelagarbeiten | 0,4 | 1,7 | 3,0 |
| 038 | Vorgehängte hinterlüftete Fassaden | < 0,1 | 1,6 | 6,2 |
| 039 | Trockenbauarbeiten | 4,1 | 6,4 | 7,3 |
|  | **Ausbau** | 29,2 | 36,8 | 41,0 |
| 040 | Wärmeversorgungsanl. - Betriebseinr. inkl. 041 | 3,1 | 5,7 | 9,8 |
| 042 | Gas- und Wasserinstallation, Leitungen inkl. 043 | 0,5 | 1,0 | 2,0 |
| 044 | Abwasseranlagen - Leitungen | 0,3 | 0,6 | 1,0 |
| 045 | GWE-Einrichtungsgegenstände inkl. 046 | 0,4 | 1,3 | 2,2 |
| 047 | Dämmarbeiten an betriebstechnischen Anlagen | 0,2 | 0,4 | 0,9 |
| 049 | Feuerlöschanlagen, Feuerlöschgeräte | < 0,1 | < 0,1 | < 0,1 |
| 050 | Blitzschutz- und Erdungsanlagen | 0,2 | 0,3 | 0,5 |
| 052 | Mittelspannungsanlagen | 0,0 | 0,3 | 2,4 |
| 053 | Niederspannungsanlagen inkl. 054 | 3,4 | 5,7 | 9,3 |
| 055 | Sicherheits- u. Ersatzstromversorgungsanl. | < 0,1 | 0,4 | 1,8 |
| 057 | Gebäudesystemtechnik | 0,0 | 0,2 | 1,8 |
| 058 | Leuchten und Lampen inkl. 059 | 0,4 | 1,6 | 2,8 |
| 060 | Sprechanlagen, elektroakust. Anlagen inkl. 064 | < 0,1 | 0,2 | 0,5 |
| 061 | Kommunikationsnetze inkl. 062 | 0,3 | 0,7 | 1,5 |
| 063 | Gefahrenmeldeanlagen | < 0,1 | 0,4 | 0,7 |
| 069 | Aufzüge | 0,5 | 1,3 | 2,0 |
| 070 | Gebäudeautomation | < 0,1 | 0,3 | 0,9 |
| 075 | Raumlufttechnische Anlagen inkl. 078 | 0,5 | 1,3 | 2,7 |
|  | **Gebäudetechnik** | 18,1 | 21,8 | 26,0 |
|  | Sonstige Leistungsbereiche inkl. 008, 033, 051 | 0,2 | 1,1 | 2,4 |

- KKW
- ▶ min
- ▷ von
- | Mittelwert
- ◁ bis
- ◀ max

## Planungskennwerte für Flächen und Rauminhalte nach DIN 277

| Grundflächen | | | ▷ | **Fläche/NUF (%)** | ◁ | ▷ | **Fläche/BGF (%)** | ◁ |
|---|---|---|---|---|---|---|---|---|
| NUF | Nutzungsfläche | | 100,0 | **100,0** | 100,0 | 56,7 | **59,8** | 63,5 |
| TF | Technikfläche | | 5,5 | **6,4** | 12,9 | 3,3 | **3,7** | 6,8 |
| VF | Verkehrsfläche | | 30,6 | **36,7** | 49,4 | 18,3 | **21,2** | 26,3 |
| NRF | Netto-Raumfläche | | 133,8 | **143,1** | 153,7 | 81,2 | **84,7** | 86,0 |
| KGF | Konstruktions-Grundfläche | | 22,5 | **25,8** | 33,2 | 14,0 | **15,3** | 18,8 |
| BGF | Brutto-Grundfläche | | 159,0 | **168,9** | 178,6 | 100,0 | **100,0** | 100,0 |

| Brutto-Rauminhalte | | | ▷ | **BRI/NUF (m)** | ◁ | ▷ | **BRI/BGF (m)** | ◁ |
|---|---|---|---|---|---|---|---|---|
| BRI | Brutto-Rauminhalt | | 6,50 | **7,12** | 7,81 | 4,07 | **4,21** | 4,42 |

| Flächen von Nutzeinheiten | | | ▷ | **NUF/Einheit (m²)** | ◁ | ▷ | **BGF/Einheit (m²)** | ◁ |
|---|---|---|---|---|---|---|---|---|
| Nutzeinheit: Schüler | | | 29,08 | **35,95** | 73,49 | 50,91 | **61,87** | 124,91 |

| Lufttechnisch behandelte Flächen | | | ▷ | **Fläche/NUF (%)** | ◁ | ▷ | **Fläche/BGF (%)** | ◁ |
|---|---|---|---|---|---|---|---|---|
| Entlüftete Fläche | | | – | – | – | – | – | – |
| Be- und entlüftete Fläche | | | – | – | – | – | – | – |
| Teilklimatisierte Fläche | | | – | – | – | – | – | – |
| Klimatisierte Fläche | | | – | – | – | – | – | – |

| KG | Kostengruppen (2. Ebene) | Einheit | ▷ | **Menge/NUF** | ◁ | ▷ | **Menge/BGF** | ◁ |
|---|---|---|---|---|---|---|---|---|
| 310 | Baugrube / Erdbau | m³ BGI | 1,56 | **1,88** | 2,27 | 0,91 | **1,08** | 1,41 |
| 320 | Gründung, Unterbau | m² GRF | 0,78 | **0,83** | 0,83 | 0,43 | **0,47** | 0,47 |
| 330 | Außenwände / vertikal außen | m² AWF | 0,99 | **1,10** | 1,18 | 0,57 | **0,62** | 0,73 |
| 340 | Innenwände / vertikal innen | m² IWF | 1,53 | **1,67** | 1,97 | 0,85 | **0,95** | 1,05 |
| 350 | Decken / horizontal | m² DEF | 0,62 | **0,89** | 1,05 | 0,51 | **0,51** | 0,56 |
| 360 | Dächer | m² DAF | 0,92 | **1,02** | 1,10 | 0,50 | **0,57** | 0,61 |
| 370 | Infrastrukturanlagen | | – | – | – | – | – | – |
| 380 | Baukonstruktive Einbauten | m² BGF | 1,59 | **1,69** | 1,79 | 1,00 | **1,00** | 1,00 |
| 390 | Sonst. Maßnahmen für Baukonst. | m² BGF | 1,59 | **1,69** | 1,79 | 1,00 | **1,00** | 1,00 |
| **300** | **Bauwerk – Baukonstruktionen** | m² BGF | 1,59 | **1,69** | 1,79 | 1,00 | **1,00** | 1,00 |

## Planungskennwerte für Bauzeiten — 12 Vergleichsobjekte

**Bauzeit in Wochen**

Bauzeit: Werte zwischen ca. 50 und 210 Wochen (12 Vergleichsobjekte), Skala 0–250 Wochen.

## Förder- und Sonderschulen

**€/m² BGF**
| | | |
|---|---:|---|
| min | 1.590 | €/m² |
| von | 1.885 | €/m² |
| **Mittel** | **2.165** | **€/m²** |
| bis | 2.500 | €/m² |
| max | 2.670 | €/m² |

**Kosten:**
Stand 1. Quartal 2022
Bundesdurchschnitt
inkl. 19% MwSt.

### Objektübersicht zur Gebäudeart

**4300-0024 Sonderpädagogisches Förderzentrum (45 Schüler)**   BRI 5.252 m³   BGF 1.406 m²   NUF 786 m²

Sonderpädagogische Bildungs- & Beratungszentrum, Förderschwerpunkt körperliche und motorische Entwicklung mit 6 Klassenräumen für 45 Schüler. Massivbau.

Land: Baden-Württemberg
Kreis: Hohenlohekreis
Standard: Durchschnitt
Bauzeit: 74 Wochen
Kennwerte: bis 1. Ebene DIN 276

BGF  2.045 €/m²

Planung: Wolfgang Helmle Freier Architekt BDA; Ellwangen

veröffentlicht: BKI Objektdaten N17

---

**4300-0023 Sonderpädagogisches Förderzentrum**   BRI 14.950 m³   BGF 3.434 m²   NUF 2.096 m²

Sonderpädagogisches Förderzentrum mit neun Klassen (106 Schüler) und 2 Kindergartengruppen (16 Kinder). Stb-Konstruktion.

Land: Bayern
Kreis: Freyung-Grafenau
Standard: Durchschnitt
Bauzeit: 104 Wochen
Kennwerte: bis 4. Ebene DIN 276

BGF  2.180 €/m²

Planung: ssp - planung GmbH; Waldkirchen

veröffentlicht: BKI Objektdaten S2

---

**4300-0022 Förderschule, Werkstätten, Büros, Café**   BRI 13.734 m³   BGF 3.860 m²   NUF 2.605 m²

Förderschule mit Werkstätten und Bürogebäude mit Kantine und Café. Mauerwerksbau.

Land: Schleswig-Holstein
Kreis: Lübeck, Hansestadt
Standard: Durchschnitt
Bauzeit: 78 Wochen
Kennwerte: bis 1. Ebene DIN 276

BGF  2.670 €/m²

Planung: Konermann Siegmund Architekten BDA; Lübeck

veröffentlicht: BKI Objektdaten N13

---

**4300-0020 Förderschule (19 Klassen, 300 Schüler)**   BRI 18.943 m³   BGF 4.187 m²   NUF 2.680 m²

Förderschule mit 19 Klassen und ca. 300 Schüler, Fachräume, Verwaltung. Mauerwerksbau.

Land: Sachsen
Kreis: Sächsische Schweiz
Standard: Durchschnitt
Bauzeit: 48 Wochen
Kennwerte: bis 3. Ebene DIN 276

BGF  1.588 €/m²

Planung: Hoffmann.Seifert.Partner Architekten und Ingenieure; Crimmitschau

veröffentlicht: BKI Objektdaten N11

## Objektübersicht zur Gebäudeart

### 4300-0018 Förderschule (5 Klassen, 38 Schüler)    BRI 7.821 m³    BGF 1.760 m²    NUF 915 m²

Förderschule mit 4-5 Klassen für 38 Schüler, als Ergänzung zu einem Schulzentrum. Massivbau.

Land: Schleswig-Holstein
Kreis: Stormarn
Standard: Durchschnitt
Bauzeit: 87 Wochen
Kennwerte: bis 3. Ebene DIN 276

**BGF 2.590 €/m²**

**Planung:** Trapez Architektur GmbH; Hamburg

veröffentlicht: BKI Objektdaten N11

### 4300-0011 Förderschule (4 Klassen, 52 Schüler)    BRI 23.586 m³    BGF 4.911 m²    NUF 2.541 m²

Förderschule für körperliche und motorische Entwicklung mit Turn- und Schwimmhalle. Stahlbetonbau.

Land: Nordrhein-Westfalen
Kreis: Euskirchen
Standard: Durchschnitt
Bauzeit: 78 Wochen
Kennwerte: bis 2. Ebene DIN 276

**BGF 2.421 €/m²**

**Planung:** 3Pass Architekt/innen Burkard Koob Kusch; Köln

veröffentlicht: BKI Objektdaten N10

### 4300-0017 Förderschule (13 Klassen, 120 Schüler)    BRI 36.983 m³    BGF 7.504 m²    NUF 4.417 m²

Förderschule, 13 Klassenräume, Fachklassen, Turnhalle, Schwimmhalle, behindertengerecht. Stb-Konstruktion.

Land: Nordrhein-Westfalen
Kreis: Oberhausen, Stadt
Standard: über Durchschnitt
Bauzeit: 74 Wochen
Kennwerte: bis 1. Ebene DIN 276

**BGF 2.081 €/m²**

**Planung:** Architekten KLMT; Düsseldorf

veröffentlicht: BKI Objektdaten N11

### 4300-0009 Schule für Hörsprachbehinderte (10 Klassen)    BRI 4.221 m³    BGF 1.078 m²    NUF 639 m²

Schule für Hörsprachbehinderte für 20 Schüler, Unterrichts- und Therapieräume, Aufzug. Massivbau.

Land: Rheinland-Pfalz
Kreis: Frankenthal (Pfalz), Stadt
Standard: Durchschnitt
Bauzeit: 74 Wochen
Kennwerte: bis 3. Ebene DIN 276

**BGF 2.410 €/m²**

**Planung:** Behnisch Architekten; Frankenthal

veröffentlicht: BKI Objektdaten N11

© BKI Baukosteninformationszentrum; Erläuterungen zu den Tabellen siehe Seite 56    Kostenstand: 1. Quartal 2022, Bundesdurchschnitt, **inkl. 19% MwSt.**

# Förder- und Sonderschulen

## Objektübersicht zur Gebäudeart

### 4300-0008 Sonderschule für geistig Behinderte

**BRI** 7.809 m³   **BGF** 2.201 m²   **NUF** 1.433 m²

Sonderschule für Menschen mit geistiger Behinderung. Stb-Konstruktion, 2.OG und Dach Holzkonstruktion.

Land: Baden-Württemberg
Kreis: Mannheim, Stadt
Standard: Durchschnitt
Bauzeit: 70 Wochen
Kennwerte: bis 1. Ebene DIN 276

**BGF** 1.744 €/m²

veröffentlicht: BKI Objektdaten N9

Planung: AAg Loebner Schäfer Weber Freie Architekten GmbH; Heidelberg

---

### 4300-0007 Schule für Körperbehinderte (11 Klassen, 132 Schüler)

**BRI** 25.312 m³   **BGF** 5.791 m²   **NUF** 3.030 m²

Körperbehindertenschule mit Klassen- und Gruppenräumen, Fachunterrichts-, Therapie- und Verwaltungsräumen. Stahl-Skelettbau.

Land: Nordrhein-Westfalen
Kreis: Rheinisch-Bergischer Kreis
Standard: über Durchschnitt
Bauzeit: 91 Wochen
Kennwerte: bis 3. Ebene DIN 276

**BGF** 2.105 €/m²

veröffentlicht: BKI Objektdaten N9

Planung: schlösser architekten BDA Dipl.-Ing. Horst Schlösser; Köln

---

### 4300-0021 Heimsonderschule für Blinde, Schwimmbecken

**BRI** 14.975 m³   **BGF** 4.187 m²   **NUF** 2.436 m²

Heimsonderschule für blinde und sehbehinderte Kinder und Jugendliche mit Mehrfachbehinderungen. Ein Kindergarten mit 2 Gruppen ist mit im Gebäude. Massivbau.

Land: Baden-Württemberg
Kreis: Heidenheim
Standard: Durchschnitt
Bauzeit: 122 Wochen
Kennwerte: bis 2. Ebene DIN 276

**BGF** 2.102 €/m²

veröffentlicht: BKI Objektdaten N12

Planung: Maximilian Otto und Ursula Hüfftlein-Otto; Stuttgart

---

### 4300-0015 Förderschule

**BRI** 37.875 m³   **BGF** 8.002 m²   **NUF** 5.770 m²

Förderschule mit neuem Schulkonzept einer integrativen Beschulung von lernschwachen bis mehrfachbehinderten Kindern. 22 Klassen mit 220 Schülern. Mauerwerksbau.

Land: Nordrhein-Westfalen
Kreis: Bielefeld, Stadt
Standard: über Durchschnitt
Bauzeit: 217 Wochen
Kennwerte: bis 1. Ebene DIN 276

**BGF** 2.059 €/m²

veröffentlicht: BKI Objektdaten N10

Planung: alberts.architekten BDA; Bielefeld

---

**€/m² BGF**

| | |
|---|---|
| min | 1.590 €/m² |
| von | 1.885 €/m² |
| Mittel | **2.165 €/m²** |
| bis | 2.500 €/m² |
| max | 2.670 €/m² |

**Kosten:**
Stand 1. Quartal 2022
Bundesdurchschnitt
inkl. 19% MwSt.

Bildung

## Weiterbildungseinrichtungen

### Kostenkennwerte für die Kosten des Bauwerks (Kostengruppen 300+400 nach DIN 276)

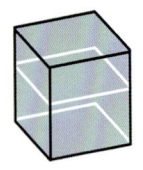

**BRI** 585 €/m³
von 490 €/m³
bis 660 €/m³

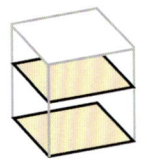

**BGF** 2.455 €/m²
von 2.100 €/m²
bis 2.785 €/m²

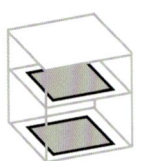

**NUF** 3.725 €/m²
von 3.035 €/m²
bis 4.785 €/m²

**Kosten:**
Stand 1. Quartal 2022
Bundesdurchschnitt
inkl. 19% MwSt.

### Objektbeispiele

4200-0015
4500-0009 
4200-0031 
4200-0035 
4200-0011 
4100-0164 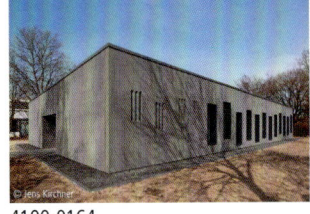

### Kosten der 9 Vergleichsobjekte — Seiten 238 bis 240

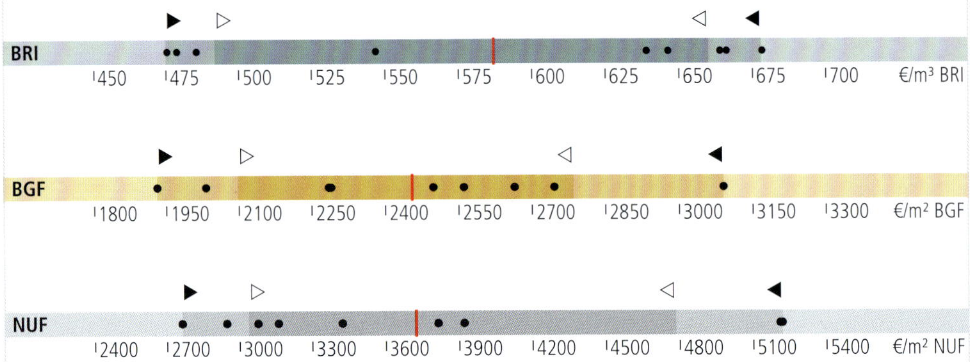

- ● KKW
- ▶ min
- ▷ von
- | Mittelwert
- ◁ bis
- ◀ max

BRI: 450–700 €/m³ BRI
BGF: 1800–3300 €/m² BGF
NUF: 2400–5400 €/m² NUF

© BKI Baukosteninformationszentrum; Erläuterungen zu den Tabellen siehe Seite 46 — Kostenstand: 1. Quartal 2022, Bundesdurchschnitt, inkl. 19% MwSt.

## Kostenkennwerte für die Kostengruppen der 1. und 2. Ebene DIN 276

| KG | Kostengruppen der 1. Ebene | Einheit | ▷ €/Einheit ◁ | | | ▷ % an 300+400 ◁ | | |
|---|---|---|---|---|---|---|---|---|
| 100 | Grundstück | m²GF | – | – | – | – | – | – |
| 200 | Vorbereitende Maßnahmen | m²GF | 6 | **10** | 12 | 0,6 | **0,8** | 1,4 |
| 300 | Bauwerk – Baukonstruktionen | m²BGF | 1.564 | **1.875** | 2.178 | 70,0 | **76,5** | 84,6 |
| 400 | Bauwerk – Technische Anlagen | m²BGF | 386 | **580** | 802 | 15,4 | **23,5** | 30,0 |
|  | Bauwerk (300+400) | m²BGF | 2.098 | **2.455** | 2.785 | 100,0 | **100,0** | 100,0 |
| 500 | Außenanlagen und Freiflächen | m²AF | 52 | **146** | 287 | 2,5 | **7,6** | 10,1 |
| 600 | Ausstattung und Kunstwerke | m²BGF | 3 | **33** | 68 | < 0,1 | **1,5** | 2,9 |
| 700 | Baunebenkosten* | m²BGF | 532 | **572** | 612 | 21,5 | **23,1** | 24,8 |
| 800 | Finanzierung | m²BGF | – | – | – | – | – | – |

◁ * Auf Grundlage der HOAI 2021 berechnete Werte nach §§ 35, 52, 56. Weitere Informationen siehe Seite 50

| KG | Kostengruppen der 2. Ebene | Einheit | ▷ €/Einheit ◁ | | | ▷ % an 1. Ebene ◁ | | |
|---|---|---|---|---|---|---|---|---|
| 310 | Baugrube / Erdbau | m³BGI | 26 | **28** | 30 | 0,6 | **1,7** | 4,4 |
| 320 | Gründung, Unterbau | m²GRF | 289 | **544** | 631 | 10,0 | **16,3** | 24,1 |
| 330 | Außenwände / vertikal außen | m²AWF | 728 | **839** | 958 | 27,7 | **31,1** | 34,5 |
| 340 | Innenwände / vertikal innen | m²IWF | 396 | **466** | 541 | 13,0 | **17,2** | 20,5 |
| 350 | Decken / horizontal | m²DEF | 402 | **573** | 658 | 0,0 | **12,2** | 16,3 |
| 360 | Dächer | m²DAF | 386 | **437** | 585 | 8,9 | **16,4** | 23,7 |
| 370 | Infrastrukturanlagen | | – | – | – | – | – | – |
| 380 | Baukonstruktive Einbauten | m²BGF | 50 | **53** | 55 | 0,0 | **1,5** | 3,0 |
| 390 | Sonst. Maßnahmen für Baukonst. | m²BGF | 36 | **70** | 105 | 1,7 | **3,6** | 5,3 |
| **300** | **Bauwerk – Baukonstruktionen** | m²BGF | | | | | **100,0** | |
| 410 | Abwasser-, Wasser-, Gasanlagen | m²BGF | 64 | **91** | 118 | 11,5 | **21,7** | 50,2 |
| 420 | Wärmeversorgungsanlagen | m²BGF | 50 | **95** | 203 | 5,0 | **16,7** | 21,4 |
| 430 | Raumlufttechnische Anlagen | m²BGF | 35 | **61** | 86 | 8,4 | **11,5** | 20,7 |
| 440 | Elektrische Anlagen | m²BGF | 100 | **179** | 364 | 23,8 | **28,7** | 42,8 |
| 450 | Kommunikationstechnische Anlagen | m²BGF | 9 | **35** | 69 | 2,2 | **4,8** | 9,7 |
| 460 | Förderanlagen | m²BGF | 20 | **39** | 75 | 1,0 | **3,9** | 7,3 |
| 470 | Nutzungsspez. / verfahrenstech. Anl. | m²BGF | 10 | **66** | 176 | 1,2 | **7,1** | 23,7 |
| 480 | Gebäude- und Anlagenautomation | m²BGF | 30 | **74** | 118 | 0,0 | **5,6** | 12,8 |
| 490 | Sonst. Maßnahmen f. techn. Anl. | m²BGF | < 1 | **< 1** | < 1 | < 0,1 | **< 0,1** | 0,1 |
| **400** | **Bauwerk – Technische Anlagen** | m²BGF | | | | | **100,0** | |

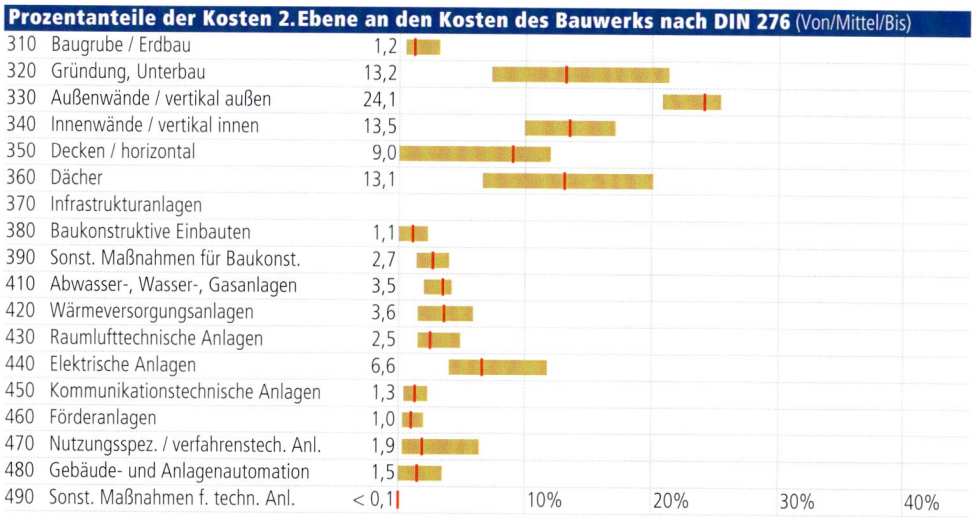

### Prozentanteile der Kosten 2. Ebene an den Kosten des Bauwerks nach DIN 276 (Von/Mittel/Bis)

| KG | Kostengruppe | Mittel |
|---|---|---|
| 310 | Baugrube / Erdbau | 1,2 |
| 320 | Gründung, Unterbau | 13,2 |
| 330 | Außenwände / vertikal außen | 24,1 |
| 340 | Innenwände / vertikal innen | 13,5 |
| 350 | Decken / horizontal | 9,0 |
| 360 | Dächer | 13,1 |
| 370 | Infrastrukturanlagen | |
| 380 | Baukonstruktive Einbauten | 1,1 |
| 390 | Sonst. Maßnahmen für Baukonst. | 2,7 |
| 410 | Abwasser-, Wasser-, Gasanlagen | 3,5 |
| 420 | Wärmeversorgungsanlagen | 3,6 |
| 430 | Raumlufttechnische Anlagen | 2,5 |
| 440 | Elektrische Anlagen | 6,6 |
| 450 | Kommunikationstechnische Anlagen | 1,3 |
| 460 | Förderanlagen | 1,0 |
| 470 | Nutzungsspez. / verfahrenstech. Anl. | 1,9 |
| 480 | Gebäude- und Anlagenautomation | 1,5 |
| 490 | Sonst. Maßnahmen f. techn. Anl. | < 0,1 |

© BKI Baukosteninformationszentrum; Erläuterungen zu den Tabellen siehe Seite 48 und 50   Kostenstand: 1. Quartal 2022, Bundesdurchschnitt, **inkl. 19% MwSt.**

# Weiterbildungseinrichtungen

**Prozentanteile der Kosten für Leistungsbereiche nach STLB (Kosten Bauwerk nach DIN 276)**

| LB | Leistungsbereiche | ▷ | % an 300+400 | ◁ |
|---|---|---|---|---|
| 000 | Sicherheits-, Baustelleneinrichtungen inkl. 001 | 1,0 | 2,4 | 3,9 |
| 002 | Erdarbeiten | 1,8 | 3,6 | 7,8 |
| 006 | Spezialtiefbauarbeiten inkl. 005 | 0,0 | 0,3 | 1,1 |
| 009 | Entwässerungskanalarbeiten inkl. 011 | 0,2 | 0,8 | 1,5 |
| 010 | Drän- und Versickerarbeiten | 0,0 | 0,3 | 0,6 |
| 012 | Mauerarbeiten | 0,2 | 1,7 | 3,7 |
| 013 | Betonarbeiten | 8,2 | 15,0 | 21,9 |
| 014 | Natur-, Betonwerksteinarbeiten | – | – | – |
| 016 | Zimmer- und Holzbauarbeiten | < 0,1 | 14,1 | 33,4 |
| 017 | Stahlbauarbeiten | 0,2 | 1,1 | 2,0 |
| 018 | Abdichtungsarbeiten | 0,3 | 0,3 | 0,5 |
| 020 | Dachdeckungsarbeiten | 0,0 | 0,5 | 1,1 |
| 021 | Dachabdichtungsarbeiten | 1,7 | 3,4 | 4,2 |
| 022 | Klempnerarbeiten | 0,3 | 1,1 | 1,7 |
|  | **Rohbau** | 36,6 | 44,6 | 66,2 |
| 023 | Putz- und Stuckarbeiten, Wärmedämmsysteme | 0,0 | 0,3 | 0,8 |
| 024 | Fliesen- und Plattenarbeiten | 0,4 | 1,5 | 2,5 |
| 025 | Estricharbeiten | 1,7 | 2,1 | 2,6 |
| 026 | Fenster, Außentüren inkl. 029, 032 | 0,8 | 8,8 | 16,8 |
| 027 | Tischlerarbeiten | 4,6 | 8,7 | 12,5 |
| 028 | Parkettarbeiten, Holzpflasterarbeiten | 0,0 | 0,5 | 2,0 |
| 030 | Rollladenarbeiten | 0,8 | 0,9 | 1,1 |
| 031 | Metallbauarbeiten inkl. 035 | 0,0 | 5,2 | 7,5 |
| 034 | Maler- und Lackiererarbeiten inkl. 037 | 0,4 | 0,8 | 1,2 |
| 036 | Bodenbelagarbeiten | 0,7 | 1,7 | 4,5 |
| 038 | Vorgehängte hinterlüftete Fassaden | 0,0 | 1,7 | 3,3 |
| 039 | Trockenbauarbeiten | 0,6 | 2,0 | 3,6 |
|  | **Ausbau** | 24,5 | 34,2 | 38,2 |
| 040 | Wärmeversorgungsanl. - Betriebseinr. inkl. 041 | 1,3 | 3,4 | 5,7 |
| 042 | Gas- und Wasserinstallation, Leitungen inkl. 043 | 0,5 | 0,7 | 1,1 |
| 044 | Abwasseranlagen - Leitungen | < 0,1 | 0,5 | 1,0 |
| 045 | GWE-Einrichtungsgegenstände inkl. 046 | 0,5 | 1,1 | 2,8 |
| 047 | Dämmarbeiten an betriebstechnischen Anlagen | 0,2 | 0,6 | 1,1 |
| 049 | Feuerlöschanlagen, Feuerlöschgeräte | 0,0 | < 0,1 | < 0,1 |
| 050 | Blitzschutz- und Erdungsanlagen | < 0,1 | 0,2 | 0,3 |
| 052 | Mittelspannungsanlagen | 0,0 | < 0,1 | 0,4 |
| 053 | Niederspannungsanlagen inkl. 054 | 2,9 | 5,5 | 11,8 |
| 055 | Sicherheits- u. Ersatzstromversorgungsanl. | 0,0 | < 0,1 | 0,3 |
| 057 | Gebäudesystemtechnik | – | – | – |
| 058 | Leuchten und Lampen inkl. 059 | 0,8 | 1,7 | 2,6 |
| 060 | Sprechanlagen, elektroakust. Anlagen inkl. 064 | 0,0 | < 0,1 | < 0,1 |
| 061 | Kommunikationsnetze inkl. 062 | < 0,1 | 0,2 | 0,5 |
| 063 | Gefahrenmeldeanlagen | < 0,1 | 0,2 | 0,7 |
| 069 | Aufzüge | 0,3 | 1,0 | 2,0 |
| 070 | Gebäudeautomation | 0,0 | 1,4 | 3,4 |
| 075 | Raumlufttechnische Anlagen inkl. 078 | 1,5 | 2,5 | 4,9 |
|  | **Gebäudetechnik** | 12,2 | 19,2 | 24,9 |
|  | Sonstige Leistungsbereiche inkl. 008, 033, 051 | 0,3 | 1,9 | 6,9 |

**Kosten:**
Stand 1. Quartal 2022
Bundesdurchschnitt
inkl. 19% MwSt.

- ● KKW
- ▶ min
- ▷ von
- | Mittelwert
- ◁ bis
- ◀ max

## Planungskennwerte für Flächen und Rauminhalte nach DIN 277

| Grundflächen | | ▷ | Fläche/NUF (%) | ◁ | ▷ | Fläche/BGF (%) | ◁ |
|---|---|---|---|---|---|---|---|
| NUF | Nutzungsfläche | 100,0 | **100,0** | 100,0 | 62,5 | **67,4** | 70,6 |
| TF | Technikfläche | 4,6 | **6,2** | 11,1 | 3,0 | **3,8** | 6,7 |
| VF | Verkehrsfläche | 21,8 | **25,9** | 34,3 | 14,4 | **16,6** | 19,7 |
| NRF | Netto-Raumfläche | 125,8 | **132,1** | 144,1 | 86,7 | **87,9** | 88,3 |
| KGF | Konstruktions-Grundfläche | 17,2 | **18,5** | 21,6 | 11,7 | **12,1** | 13,3 |
| BGF | Brutto-Grundfläche | 144,6 | **150,5** | 164,7 | 100,0 | **100,0** | 100,0 |

| Brutto-Rauminhalte | | ▷ | BRI/NUF (m) | ◁ | ▷ | BRI/BGF (m) | ◁ |
|---|---|---|---|---|---|---|---|
| BRI | Brutto-Rauminhalt | 6,04 | **6,31** | 6,95 | 4,05 | **4,20** | 4,25 |

| Flächen von Nutzeinheiten | | ▷ | NUF/Einheit (m²) | ◁ | ▷ | BGF/Einheit (m²) | ◁ |
|---|---|---|---|---|---|---|---|
| Nutzeinheit: | | – | – | – | – | – | – |

| Lufttechnisch behandelte Flächen | ▷ | Fläche/NUF (%) | ◁ | ▷ | Fläche/BGF (%) | ◁ |
|---|---|---|---|---|---|---|
| Entlüftete Fläche | – | – | – | – | – | – |
| Be- und entlüftete Fläche | 11,8 | **11,8** | 11,8 | 6,5 | **6,5** | 6,5 |
| Teilklimatisierte Fläche | 81,2 | **81,2** | 81,2 | 48,1 | **48,1** | 48,1 |
| Klimatisierte Fläche | – | – | – | – | – | – |

| KG | Kostengruppen (2. Ebene) | Einheit | ▷ | Menge/NUF | ◁ | ▷ | Menge/BGF | ◁ |
|---|---|---|---|---|---|---|---|---|
| 310 | Baugrube / Erdbau | m³ BGI | 2,67 | **2,90** | 2,90 | 1,68 | **1,72** | 1,72 |
| 320 | Gründung, Unterbau | m² GRF | 0,90 | **0,94** | 1,06 | 0,54 | **0,62** | 0,62 |
| 330 | Außenwände / vertikal außen | m² AWF | 1,17 | **1,17** | 1,21 | 0,73 | **0,75** | 0,84 |
| 340 | Innenwände / vertikal innen | m² IWF | 0,96 | **1,21** | 1,23 | 0,66 | **0,78** | 0,99 |
| 350 | Decken / horizontal | m² DEF | 0,91 | **0,91** | 0,95 | 0,55 | **0,55** | 0,56 |
| 360 | Dächer | m² DAF | 1,15 | **1,20** | 1,49 | 0,63 | **0,80** | 0,80 |
| 370 | Infrastrukturanlagen | | – | – | – | – | – | – |
| 380 | Baukonstruktive Einbauten | m² BGF | 1,45 | **1,51** | 1,65 | 1,00 | **1,00** | 1,00 |
| 390 | Sonst. Maßnahmen für Baukonst. | m² BGF | 1,45 | **1,51** | 1,65 | 1,00 | **1,00** | 1,00 |
| **300** | **Bauwerk – Baukonstruktionen** | m² BGF | 1,45 | **1,51** | 1,65 | 1,00 | **1,00** | 1,00 |

## Planungskennwerte für Bauzeiten

**9 Vergleichsobjekte**

Bauzeit in Wochen

Bauzeit: ▶ ▷ ◁ ◀ – Skala von 15 bis 165 Wochen

© BKI Baukosteninformationszentrum; Erläuterungen zu den Tabellen siehe Seite 54   Kostenstand: 1. Quartal 2022, Bundesdurchschnitt, inkl. 19% MwSt.

# Weiterbildungseinrichtungen

## Objektübersicht zur Gebäudeart

**€/m² BGF**
| | |
|---|---|
| min | 1.930 €/m² |
| von | 2.100 €/m² |
| Mittel | **2.455 €/m²** |
| bis | 2.785 €/m² |
| max | 3.090 €/m² |

**Kosten:**
Stand 1. Quartal 2022
Bundesdurchschnitt
inkl. 19% MwSt.

---

### 4200-0035 Bildungszentrum (400 Schüler)
**BRI** 12.617 m³ **BGF** 3.396 m² **NUF** 2.184 m²

Bildungszentrum für 400 Schüler. Holzbauweise.

Land: Berlin
Kreis: Berlin, Stadt
Standard: Durchschnitt
Bauzeit: 78 Wochen
Kennwerte: bis 1. Ebene DIN 276

**BGF** 2.032 €/m²

**Planung:** Kersten Kopp Architekten GmbH; Berlin

veröffentlicht: BKI Objektdaten N17

---

### 4100-0164 Musikunterrichtsräume (5 Klassen)
**BRI** 1.500 m³ **BGF** 400 m² **NUF** 262 m²

Musikunterrichtsräume (5 St), Instrumentenlager für ein Gymnasium. Beton-Sandwich-Fertigteile.

Land: Nordrhein-Westfalen
Kreis: Mettmann
Standard: Durchschnitt
Bauzeit: 35 Wochen
Kennwerte: bis 1. Ebene DIN 276

**BGF** 2.498 €/m²

**Planung:** pagelhenn architektinnenarchitekt; Hilden

veröffentlicht: BKI Objektdaten N15

---

### 4500-0018 Technologie-/Bildungszentrum - Effizienzhaus ~45%*
**BRI** 5.342 m³ **BGF** 1.304 m² **NUF** 792 m²

Technologiezentrum für Energieeffizienz und Barrierefreiheit. Pfosten-Riegel-Konstruktion, Massivbau.

Land: Nordrhein-Westfalen
Kreis: Köln
Standard: über Durchschnitt
Bauzeit: 65 Wochen
Kennwerte: bis 1. Ebene DIN 276

**BGF** 5.418 €/m² *

**Planung:** SSP AG; Bochum

veröffentlicht: BKI Objektdaten E8
* Nicht in der Auswertung enthalten

---

### 4200-0031 Fachakademie Sozialpädagogik (9 Kl, 250 Schüler)
**BRI** 10.129 m³ **BGF** 2.528 m² **NUF** 1.651 m²

Fachakademie für 250 Schüler (9 Klassen). Stahlbetonbau.

Land: Bayern
Kreis: Nürnberger Land
Standard: Durchschnitt
Bauzeit: 87 Wochen
Kennwerte: bis 1. Ebene DIN 276

**BGF** 2.560 €/m²

**Planung:** Dömges Architekten AG; Regensburg

veröffentlicht: BKI Objektdaten N15

## Objektübersicht zur Gebäudeart

### 4500-0014 Schule für Heilerziehungspflege (84 Schüler)   BRI 2.343 m³   BGF 497 m²   NUF 386 m²

Schule für Heilerziehungspflege mit 3 Klassen und 84 Schülern. Massivbauweise.

Land: Nordrhein-Westfalen
Kreis: Mönchengladbach, Stadt
Standard: Durchschnitt
Bauzeit: 39 Wochen
Kennwerte: bis 1. Ebene DIN 276

BGF   2.289 €/m²

**Planung:** Sillmanns GmbH Architekten und Ingenieure; Mönchengladbach

veröffentlicht: BKI Objektdaten N13

### 4500-0013 Überbetriebliche Bildungsstätte   BRI 15.519 m³   BGF 3.252 m²   NUF 2.416 m²

Überbetriebliche Bildungsstätte mit dreigeschossigem Verwaltungs-, Unterweisungs- und Versorgungstrakt und eingeschossigem Werkstatt- und Lagerbereich. 124 Ausbildungsplätze. Mauerwerksbau.

Land: Nordrhein-Westfalen
Kreis: Düsseldorf, Stadt
Standard: Durchschnitt
Bauzeit: 74 Wochen
Kennwerte: bis 1. Ebene DIN 276

BGF   2.285 €/m²

**Planung:** WALLMEIER STUMMBILLIG Planungs GmbH, Architekten BDA; Herne

veröffentlicht: BKI Objektdaten N10

### 4500-0012 Förderbereich, Mehrzwecksaal   BRI 1.602 m³   BGF 389 m²   NUF 303 m²

Förderbereich, behindertengerechter Ausbau und flexibel nutzbarer Saalbereich. Holzrahmenbau, BSH-Binder.

Land: Thüringen
Kreis: Kyffhäuserkreis
Standard: Durchschnitt
Bauzeit: 52 Wochen
Kennwerte: bis 2. Ebene DIN 276

BGF   2.664 €/m²

**Planung:** TECTUM, Heinrich - Hille Ingenieure und Architekten BDA; Weimar

veröffentlicht: BKI Objektdaten N10

### 4200-0015 Berufsschule   BRI 43.870 m³   BGF 10.801 m²   NUF 7.550 m²

Berufsschule mit Werkstatt- und Laborräumen, Klassenräume für Gewerbe, Kaufleute und Hauswirtschaft. Stb-Skelettbau.

Land: Baden-Württemberg
Kreis: Tuttlingen
Standard: Durchschnitt
Bauzeit: 126 Wochen
Kennwerte: bis 3. Ebene DIN 276

BGF   1.931 €/m²

**Planung:** habermann.stock.decker Architekten; Lemgo

veröffentlicht: BKI Objektdaten N9

## Weiterbildungseinrichtungen

**€/m² BGF**
| | |
|---|---|
| min | 1.930 €/m² |
| von | 2.100 €/m² |
| **Mittel** | **2.455 €/m²** |
| bis | 2.785 €/m² |
| max | 3.090 €/m² |

**Kosten:**
Stand 1. Quartal 2022
Bundesdurchschnitt
inkl. 19% MwSt.

### Objektübersicht zur Gebäudeart

#### 4500-0009 Berufsförderungswerk
**BRI** 12.105 m³   **BGF** 2.601 m²   **NUF** 1.540 m²

Ausbildungsgebäude für 140 Rehabilitanden in 3-5 Gruppen, Technikräume für Medien, Lernzentrum mit neuen Medien, Internet-Café. Stb-Konstruktion mit Stb-Decken und Flachdach.

Land: Rheinland-Pfalz
Kreis: Mayen-Koblenz
Standard: über Durchschnitt
Bauzeit: 91 Wochen
Kennwerte: bis 4. Ebene DIN 276

**BGF   3.090 €/m²**

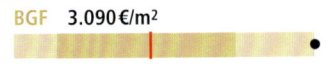

Planung: plp Architekten Generalplaner; Hamburg

veröffentlicht: BKI Objektdaten N8

#### 4200-0011 Überbetriebliches Berufsbildungszentrum
**BRI** 6.788 m³   **BGF** 1.677 m²   **NUF** 884 m²

Klassenräume für die berufliche Ausbildung, Verwaltung, Mensa mit Küche, Sanitärräume. Mauerwerksbau.

Land: Brandenburg
Kreis: Cottbus, Stadt
Standard: Durchschnitt
Bauzeit: 130 Wochen
Kennwerte: bis 4. Ebene DIN 276

**BGF   2.745 €/m²**

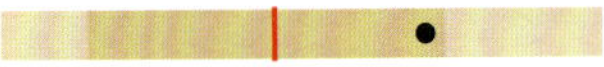

Planung: Architekten BDA Richter Altmann Jyrch; Cottbus

veröffentlicht: BKI Objektdaten N7

**Bildung**

**Arbeitsblatt zur Standardeinordnung bei Kindergärten, nicht unterkellert**

## Kostenkennwerte für die Kosten des Bauwerks (Kostengruppen 300+400 nach DIN 276)

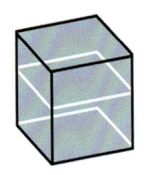

**BRI** 570 €/m³
von 475 €/m³
bis 705 €/m³

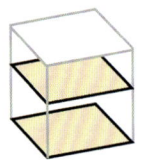

**BGF** 2.205 €/m²
von 1.805 €/m²
bis 2.700 €/m²

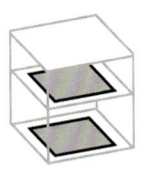

**NUF** 3.340 €/m²
von 2.625 €/m²
bis 4.170 €/m²

**NE** 28.835 €/NE
von 20.200 €/NE
bis 43.415 €/NE
NE: Kinder

**Kosten:**
Stand 1. Quartal 2022
Bundesdurchschnitt
inkl. 19% MwSt.

### Standardzuordnung

(Diagramm: gesamt, einfach, mittel, hoch – Skala 500 bis 3500 €/m² BGF)

- ● KKW
- ▶ min
- ▷ von
- | Mittelwert
- ◁ bis
- ◀ max

### Standardeinordnung für Ihr Projekt:

| KG | Kostengruppen der 2. Ebene | niedrig | mittel | hoch | Punkte |
|---|---|---|---|---|---|
| 310 | Baugrube / Erdbau | | | | |
| 320 | Gründung, Unterbau | 3 | 4 | 5 | |
| 330 | Außenwände/Vert. Konstrukt., außen | 6 | 7 | 9 | |
| 340 | Innenwände/Vert. Baukonstrukt., innen | 4 | 5 | 6 | |
| 350 | Decken/Horizontale Baukonstruktionen | 2 | 2 | 4 | |
| 360 | Dächer | 4 | 6 | 7 | |
| 370 | Infrastrukturanlagen | | | | |
| 380 | Baukonstruktive Einbauten | 1 | 1 | 2 | |
| 390 | Sonst. Maßnahmen für Baukonstrukt. | | | | |
| 410 | Abwasser-, Wasser-, Gasanlagen | 1 | 1 | 2 | |
| 420 | Wärmeversorgungsanlagen | 1 | 1 | 2 | |
| 430 | Raumlufttechnische Anlagen | 0 | 1 | 2 | |
| 440 | Elektrische Anlagen | 2 | 2 | 3 | |
| 450 | Kommunikationstechnische Anlagen | 0 | 0 | 1 | |
| 460 | Förderanlagen | 0 | 0 | 0 | |
| 470 | Nutzungsspez. u. verfahrenstechn. Anl. | 0 | 0 | 1 | |
| 480 | Gebäude- und Anlagenautomation | 0 | 0 | 0 | |
| 490 | Sonst. Maßnahmen für techn. Anlagen | | | | |

Punkte: 24 bis 28 = einfach   29 bis 37 = mittel   38 bis 44 = hoch   Ihr Projekt (Summe):

**Erläuterung:**
Obenstehende Tabelle soll Ihnen die Zuordnung zu den Gebäudearten mit einfachem, mittlerem und hohem Standard erleichtern. Schätzen Sie für jedes Grobelement ab, ob die Aufwendungen niedrig, mittel oder hoch sein werden und übertragen Sie die Punkte in die rechte Spalte. Bilden Sie die Summe der rechten Spalte und ordnen Sie Ihr Projekt nach dem Schema der untersten Zeile ein. Nehmen Sie dieses Schema auch als Hinweis darauf, bei welchen Kostengruppen Sie den Mittelwert nach oben oder unten anpassen sollten.

© BKI Baukosteninformationszentrum; Erläuterungen zu den Tabellen siehe Seite 58   Kostenstand: 1. Quartal 2022, Bundesdurchschnitt, **inkl. 19% MwSt.**

## Kostenkennwerte für die Kostengruppen der 1. und 2. Ebene DIN 276

| KG | Kostengruppen der 1. Ebene | Einheit | ▷ | €/Einheit | ◁ | ▷ | % an 300+400 | ◁ |
|---|---|---|---|---|---|---|---|---|
| 100 | Grundstück | m²GF | – | – | – | – | – | – |
| 200 | Vorbereitende Maßnahmen | m²GF | 7 | **18** | 38 | 1,0 | **2,3** | 4,4 |
| 300 | Bauwerk – Baukonstruktionen | m²BGF | 1.404 | **1.727** | 2.123 | 73,6 | **78,3** | 82,5 |
| 400 | Bauwerk – Technische Anlagen | m²BGF | 348 | **480** | 629 | 17,5 | **21,7** | 26,4 |
|  | Bauwerk (300+400) | m²BGF | 1.803 | **2.207** | 2.702 | 100,0 | **100,0** | 100,0 |
| 500 | Außenanlagen und Freiflächen | m²AF | 59 | **145** | 275 | 6,0 | **11,7** | 19,7 |
| 600 | Ausstattung und Kunstwerke | m²BGF | 51 | **114** | 244 | 2,1 | **5,3** | 10,5 |
| 700 | Baunebenkosten* | m²BGF | 440 | **490** | 541 | 20,0 | **22,3** | 24,6 |
| 800 | Finanzierung | m²BGF | – | – | – | – | – | – |

\* Auf Grundlage der HOAI 2021 berechnete Werte nach §§ 35, 52, 56. Weitere Informationen siehe Seite 50

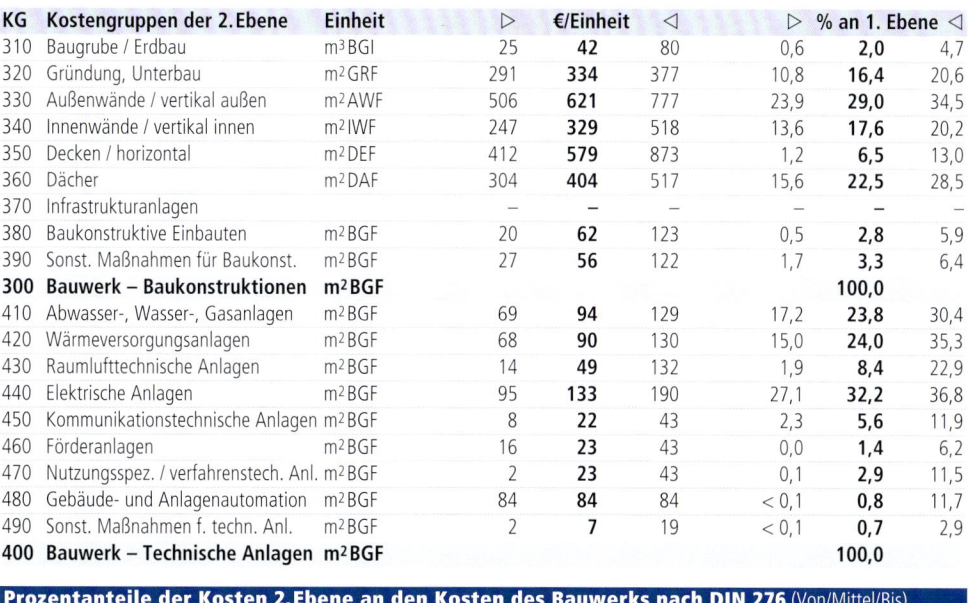

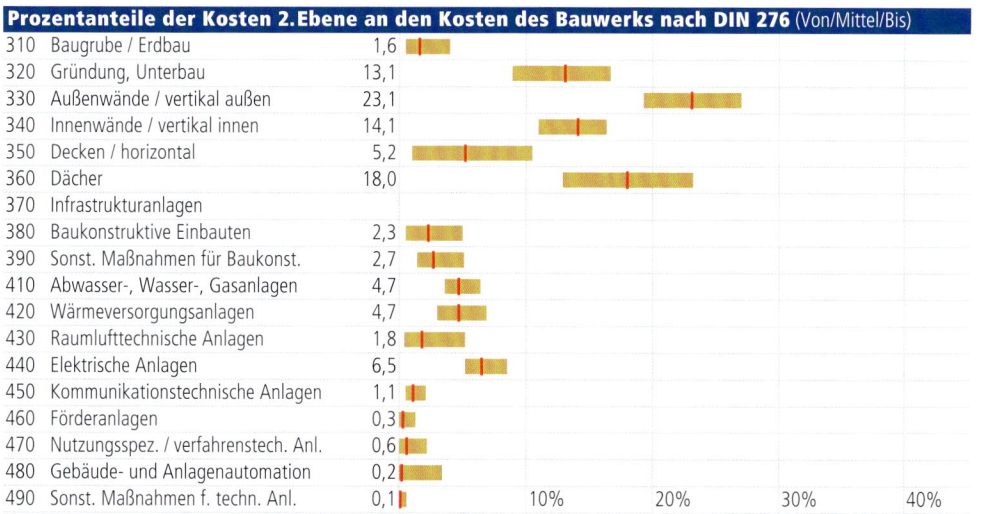

| KG | Kostengruppen der 2. Ebene | Einheit | ▷ | €/Einheit | ◁ | ▷ | % an 1. Ebene | ◁ |
|---|---|---|---|---|---|---|---|---|
| 310 | Baugrube / Erdbau | m³BGI | 25 | **42** | 80 | 0,6 | **2,0** | 4,7 |
| 320 | Gründung, Unterbau | m²GRF | 291 | **334** | 377 | 10,8 | **16,4** | 20,6 |
| 330 | Außenwände / vertikal außen | m²AWF | 506 | **621** | 777 | 23,9 | **29,0** | 34,5 |
| 340 | Innenwände / vertikal innen | m²IWF | 247 | **329** | 518 | 13,6 | **17,6** | 20,2 |
| 350 | Decken / horizontal | m²DEF | 412 | **579** | 873 | 1,2 | **6,5** | 13,0 |
| 360 | Dächer | m²DAF | 304 | **404** | 517 | 15,6 | **22,5** | 28,5 |
| 370 | Infrastrukturanlagen |  | – | – | – | – | – | – |
| 380 | Baukonstruktive Einbauten | m²BGF | 20 | **62** | 123 | 0,5 | **2,8** | 5,9 |
| 390 | Sonst. Maßnahmen für Baukonst. | m²BGF | 27 | **56** | 122 | 1,7 | **3,3** | 6,4 |
| **300** | **Bauwerk – Baukonstruktionen** | **m²BGF** |  |  |  |  | **100,0** |  |
| 410 | Abwasser-, Wasser-, Gasanlagen | m²BGF | 69 | **94** | 129 | 17,2 | **23,8** | 30,4 |
| 420 | Wärmeversorgungsanlagen | m²BGF | 68 | **90** | 130 | 15,0 | **24,0** | 35,3 |
| 430 | Raumlufttechnische Anlagen | m²BGF | 14 | **49** | 132 | 1,9 | **8,4** | 22,9 |
| 440 | Elektrische Anlagen | m²BGF | 95 | **133** | 190 | 27,1 | **32,2** | 36,8 |
| 450 | Kommunikationstechnische Anlagen | m²BGF | 8 | **22** | 43 | 2,3 | **5,6** | 11,9 |
| 460 | Förderanlagen | m²BGF | 16 | **23** | 43 | 0,0 | **1,4** | 6,2 |
| 470 | Nutzungsspez. / verfahrenstech. Anl. | m²BGF | 2 | **23** | 43 | 0,1 | **2,9** | 11,5 |
| 480 | Gebäude- und Anlagenautomation | m²BGF | 84 | **84** | 84 | < 0,1 | **0,8** | 11,7 |
| 490 | Sonst. Maßnahmen f. techn. Anl. | m²BGF | 2 | **7** | 19 | < 0,1 | **0,7** | 2,9 |
| **400** | **Bauwerk – Technische Anlagen** | **m²BGF** |  |  |  |  | **100,0** |  |

### Prozentanteile der Kosten 2. Ebene an den Kosten des Bauwerks nach DIN 276 (Von/Mittel/Bis)

| KG | Kostengruppe | Mittel |
|---|---|---|
| 310 | Baugrube / Erdbau | 1,6 |
| 320 | Gründung, Unterbau | 13,1 |
| 330 | Außenwände / vertikal außen | 23,1 |
| 340 | Innenwände / vertikal innen | 14,1 |
| 350 | Decken / horizontal | 5,2 |
| 360 | Dächer | 18,0 |
| 370 | Infrastrukturanlagen | |
| 380 | Baukonstruktive Einbauten | 2,3 |
| 390 | Sonst. Maßnahmen für Baukonst. | 2,7 |
| 410 | Abwasser-, Wasser-, Gasanlagen | 4,7 |
| 420 | Wärmeversorgungsanlagen | 4,7 |
| 430 | Raumlufttechnische Anlagen | 1,8 |
| 440 | Elektrische Anlagen | 6,5 |
| 450 | Kommunikationstechnische Anlagen | 1,1 |
| 460 | Förderanlagen | 0,3 |
| 470 | Nutzungsspez. / verfahrenstech. Anl. | 0,6 |
| 480 | Gebäude- und Anlagenautomation | 0,2 |
| 490 | Sonst. Maßnahmen f. techn. Anl. | 0,1 |

© BKI Baukosteninformationszentrum; Erläuterungen zu den Tabellen siehe Seite 48 und 50    Kostenstand: 1. Quartal 2022, Bundesdurchschnitt, inkl. 19% MwSt.

# Kindergärten, nicht unterkellert

## Prozentanteile der Kosten für Leistungsbereiche nach STLB (Kosten Bauwerk nach DIN 276)

**Kosten:** Stand 1. Quartal 2022, Bundesdurchschnitt inkl. 19% MwSt.

| LB | Leistungsbereiche | von | Mittelwert | bis |
|---|---|---:|---:|---:|
| 000 | Sicherheits-, Baustelleneinrichtungen inkl. 001 | 0,9 | 2,2 | 3,6 |
| 002 | Erdarbeiten | 0,7 | 2,0 | 3,3 |
| 006 | Spezialtiefbauarbeiten inkl. 005 | 0,0 | 0,3 | 2,4 |
| 009 | Entwässerungskanalarbeiten inkl. 011 | 0,1 | 0,4 | 1,0 |
| 010 | Drän- und Versickerarbeiten | 0,0 | < 0,1 | 0,4 |
| 012 | Mauerarbeiten | 2,5 | 7,4 | 18,2 |
| 013 | Betonarbeiten | 4,6 | 8,8 | 12,2 |
| 014 | Natur-, Betonwerksteinarbeiten | < 0,1 | < 0,1 | 0,6 |
| 016 | Zimmer- und Holzbauarbeiten | 3,5 | 9,3 | 16,6 |
| 017 | Stahlbauarbeiten | < 0,1 | 0,2 | 1,7 |
| 018 | Abdichtungsarbeiten | 0,3 | 1,0 | 1,5 |
| 020 | Dachdeckungsarbeiten | 0,2 | 2,0 | 4,6 |
| 021 | Dachabdichtungsarbeiten | 0,8 | 3,5 | 6,7 |
| 022 | Klempnerarbeiten | 1,0 | 2,2 | 5,3 |
| | **Rohbau** | **34,8** | **39,2** | **44,2** |
| 023 | Putz- und Stuckarbeiten, Wärmedämmsysteme | 2,0 | 4,7 | 8,0 |
| 024 | Fliesen- und Plattenarbeiten | 1,0 | 1,6 | 2,7 |
| 025 | Estricharbeiten | 0,6 | 1,6 | 2,4 |
| 026 | Fenster, Außentüren inkl. 029, 032 | 5,1 | 8,4 | 12,6 |
| 027 | Tischlerarbeiten | 4,1 | 6,4 | 9,9 |
| 028 | Parkettarbeiten, Holzpflasterarbeiten | 0,0 | 0,5 | 1,9 |
| 030 | Rollladenarbeiten | 0,4 | 1,3 | 2,0 |
| 031 | Metallbauarbeiten inkl. 035 | 0,4 | 2,5 | 5,6 |
| 034 | Maler- und Lackiererarbeiten inkl. 037 | 1,5 | 1,9 | 2,8 |
| 036 | Bodenbelagarbeiten | 1,3 | 2,5 | 3,3 |
| 038 | Vorgehängte hinterlüftete Fassaden | < 0,1 | 1,7 | 6,0 |
| 039 | Trockenbauarbeiten | 5,0 | 6,4 | 9,6 |
| | **Ausbau** | **33,6** | **39,5** | **42,9** |
| 040 | Wärmeversorgungsanl. - Betriebseinr. inkl. 041 | 3,0 | 4,9 | 7,3 |
| 042 | Gas- und Wasserinstallation, Leitungen inkl. 043 | 0,6 | 1,1 | 1,9 |
| 044 | Abwasseranlagen - Leitungen | 0,5 | 1,4 | 3,8 |
| 045 | GWE-Einrichtungsgegenstände inkl. 046 | 1,1 | 2,0 | 3,0 |
| 047 | Dämmarbeiten an betriebstechnischen Anlagen | 0,1 | 0,5 | 1,0 |
| 049 | Feuerlöschanlagen, Feuerlöschgeräte | 0,0 | < 0,1 | < 0,1 |
| 050 | Blitzschutz- und Erdungsanlagen | 0,2 | 0,5 | 1,2 |
| 052 | Mittelspannungsanlagen | – | – | – |
| 053 | Niederspannungsanlagen inkl. 054 | 2,6 | 3,9 | 7,6 |
| 055 | Sicherheits- u. Ersatzstromversorgungsanl. | – | – | – |
| 057 | Gebäudesystemtechnik | < 0,1 | 0,2 | 1,8 |
| 058 | Leuchten und Lampen inkl. 059 | 1,1 | 2,8 | 4,6 |
| 060 | Sprechanlagen, elektroakust. Anlagen inkl. 064 | < 0,1 | 0,3 | 1,1 |
| 061 | Kommunikationsnetze inkl. 062 | < 0,1 | 0,3 | 0,6 |
| 063 | Gefahrenmeldeanlagen | 0,1 | 0,5 | 1,1 |
| 069 | Aufzüge | 0,0 | 0,5 | 2,3 |
| 070 | Gebäudeautomation | < 0,1 | < 0,1 | 1,1 |
| 075 | Raumlufttechnische Anlagen inkl. 078 | 0,4 | 1,8 | 4,6 |
| | **Gebäudetechnik** | **17,1** | **20,9** | **26,3** |
| | Sonstige Leistungsbereiche inkl. 008, 033, 051 | < 0,1 | 0,4 | 1,1 |

- KKW
- min
- ▷ von
- | Mittelwert
- ◁ bis
- ◀ max

© BKI Baukosteninformationszentrum; Erläuterungen zu den Tabellen siehe Seite 52

## Planungskennwerte für Flächen und Rauminhalte nach DIN 277

| Grundflächen | | ▷ | Fläche/NUF (%) | ◁ | ▷ | Fläche/BGF (%) | ◁ |
|---|---|---|---|---|---|---|---|
| NUF | Nutzungsfläche | 100,0 | **100,0** | 100,0 | 63,0 | **66,9** | 71,0 |
| TF | Technikfläche | 2,5 | **3,2** | 6,4 | 1,7 | **2,1** | 3,8 |
| VF | Verkehrsfläche | 19,6 | **25,1** | 31,5 | 12,9 | **16,1** | 19,3 |
| NRF | Netto-Raumfläche | 122,7 | **128,3** | 134,6 | 82,0 | **85,1** | 86,6 |
| KGF | Konstruktions-Grundfläche | 20,1 | **22,9** | 30,7 | 13,4 | **14,9** | 18,0 |
| BGF | Brutto-Grundfläche | 143,1 | **151,2** | 162,1 | 100,0 | **100,0** | 100,0 |

| Brutto-Rauminhalte | | ▷ | BRI/NUF (m) | ◁ | ▷ | BRI/BGF (m) | ◁ |
|---|---|---|---|---|---|---|---|
| BRI | Brutto-Rauminhalt | 5,50 | **5,90** | 6,48 | 3,68 | **3,90** | 4,19 |

| Flächen von Nutzeinheiten | ▷ | NUF/Einheit (m²) | ◁ | ▷ | BGF/Einheit (m²) | ◁ |
|---|---|---|---|---|---|---|
| Nutzeinheit: Kinder | 7,62 | **8,63** | 11,82 | 11,39 | **13,03** | 17,59 |

| Lufttechnisch behandelte Flächen | ▷ | Fläche/NUF (%) | ◁ | ▷ | Fläche/BGF (%) | ◁ |
|---|---|---|---|---|---|---|
| Entlüftete Fläche | 6,2 | **6,2** | 6,8 | 3,9 | **3,9** | 4,0 |
| Be- und entlüftete Fläche | 93,5 | **93,5** | 100,9 | 62,1 | **62,1** | 64,9 |
| Teilklimatisierte Fläche | – | – | – | – | – | – |
| Klimatisierte Fläche | – | – | – | – | – | – |

| KG | Kostengruppen (2. Ebene) | Einheit | ▷ | Menge/NUF | ◁ | ▷ | Menge/BGF | ◁ |
|---|---|---|---|---|---|---|---|---|
| 310 | Baugrube / Erdbau | m³ BGI | 0,82 | **1,12** | 1,61 | 0,56 | **0,74** | 1,16 |
| 320 | Gründung, Unterbau | m² GRF | 1,04 | **1,16** | 1,29 | 0,66 | **0,77** | 0,85 |
| 330 | Außenwände / vertikal außen | m² AWF | 1,03 | **1,17** | 1,42 | 0,70 | **0,76** | 0,90 |
| 340 | Innenwände / vertikal innen | m² IWF | 1,29 | **1,38** | 1,53 | 0,79 | **0,91** | 1,02 |
| 350 | Decken / horizontal | m² DEF | 0,34 | **0,47** | 0,55 | 0,22 | **0,29** | 0,33 |
| 360 | Dächer | m² DAF | 1,22 | **1,36** | 1,51 | 0,81 | **0,90** | 0,98 |
| 370 | Infrastrukturanlagen | | – | – | – | – | – | – |
| 380 | Baukonstruktive Einbauten | m² BGF | 1,43 | **1,51** | 1,62 | 1,00 | **1,00** | 1,00 |
| 390 | Sonst. Maßnahmen für Baukonst. | m² BGF | 1,43 | **1,51** | 1,62 | 1,00 | **1,00** | 1,00 |
| 300 | **Bauwerk – Baukonstruktionen** | m² BGF | 1,43 | **1,51** | 1,62 | 1,00 | **1,00** | 1,00 |

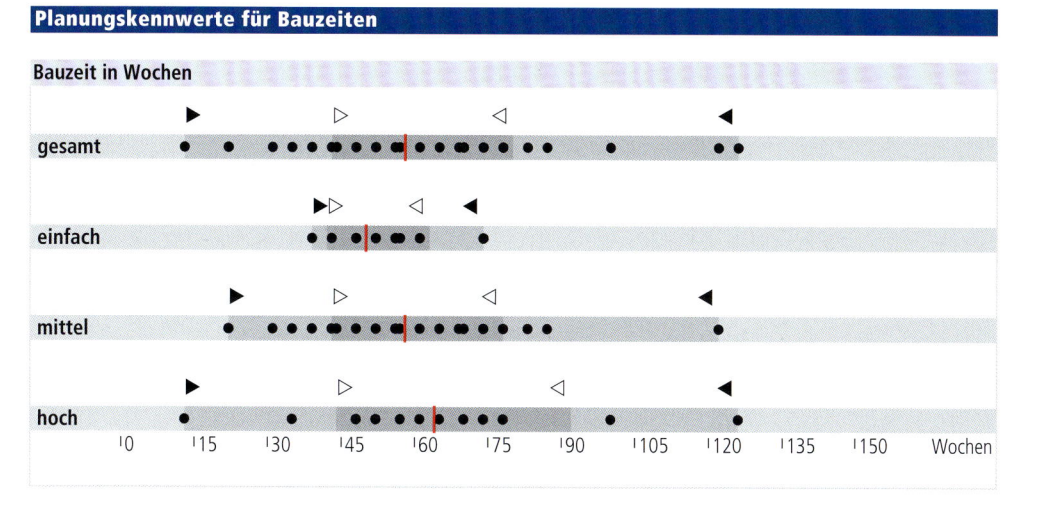

## Planungskennwerte für Bauzeiten

**Bauzeit in Wochen**

gesamt, einfach, mittel, hoch — Skala 0 bis 150+ Wochen

© BKI Baukosteninformationszentrum; Erläuterungen zu den Tabellen siehe Seite 54  Kostenstand: 1. Quartal 2022, Bundesdurchschnitt, inkl. 19% MwSt.

**Kindergärten, nicht unterkellert, einfacher Standard**

## Kostenkennwerte für die Kosten des Bauwerks (Kostengruppen 300+400 nach DIN 276)

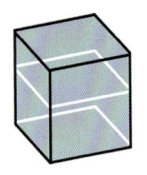

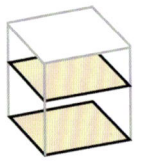

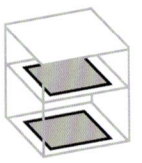

| | | | |
|---|---|---|---|
| **BRI** 475 €/m³ | **BGF** 1.805 €/m² | **NUF** 2.630 €/m² | **NE** 18.525 €/NE |
| von 400 €/m³ | von 1.480 €/m² | von 2.085 €/m² | von 14.265 €/NE |
| bis 575 €/m³ | bis 2.135 €/m² | bis 3.170 €/m² | bis 25.225 €/NE |
| | | | NE: Kinder |

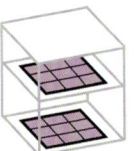

**Kosten:** Stand 1. Quartal 2022 Bundesdurchschnitt inkl. 19% MwSt.

### Objektbeispiele

4400-0097  
4400-0090   
4400-0296   
4400-0297   
4400-0135   
4400-0218 

### Kosten der 12 Vergleichsobjekte — Seiten 250 bis 252

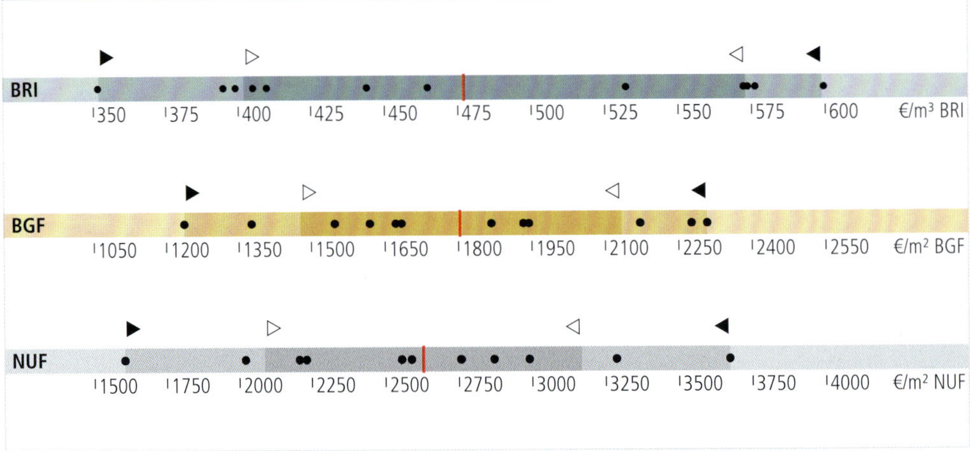

- ● KKW
- ▶ min
- ▷ von
- | Mittelwert
- ◁ bis
- ◀ max

BRI: 350 – 600 €/m³ BRI  
BGF: 1050 – 2550 €/m² BGF  
NUF: 1500 – 4000 €/m² NUF

© BKI Baukosteninformationszentrum; Erläuterungen zu den Tabellen siehe Seite 46  
Kostenstand: 1. Quartal 2022, Bundesdurchschnitt, inkl. 19% MwSt.

## Kostenkennwerte für die Kostengruppen der 1. und 2. Ebene DIN 276

| KG | Kostengruppen der 1. Ebene | Einheit | ▷ | €/Einheit | ◁ | ▷ | % an 300+400 | ◁ |
|---|---|---|---|---|---|---|---|---|
| 100 | Grundstück | m²GF | – | – | – | – | – | – |
| 200 | Vorbereitende Maßnahmen | m²GF | 2 | **10** | 16 | 0,7 | **2,5** | 4,4 |
| 300 | Bauwerk – Baukonstruktionen | m²BGF | 1.195 | **1.452** | 1.718 | 76,1 | **80,7** | 85,0 |
| 400 | Bauwerk – Technische Anlagen | m²BGF | 232 | **351** | 448 | 15,0 | **19,3** | 23,9 |
|  | Bauwerk (300+400) | m²BGF | 1.478 | **1.803** | 2.133 | 100,0 | **100,0** | 100,0 |
| 500 | Außenanlagen und Freiflächen | m²AF | 39 | **100** | 143 | 6,3 | **13,9** | 24,7 |
| 600 | Ausstattung und Kunstwerke | m²BGF | 10 | **99** | 183 | 0,5 | **5,7** | 10,1 |
| 700 | Baunebenkosten* | m²BGF | 379 | **423** | 467 | 21,2 | **23,6** | 26,1 |
| 800 | Finanzierung | m²BGF | – | – | – | – | – | – |

\* Auf Grundlage der HOAI 2021 berechnete Werte nach §§ 35, 52, 56. Weitere Informationen siehe Seite 50

| KG | Kostengruppen der 2. Ebene | Einheit | ▷ | €/Einheit | ◁ | ▷ | % an 1. Ebene | ◁ |
|---|---|---|---|---|---|---|---|---|
| 310 | Baugrube / Erdbau | m³BGI | 28 | **45** | 101 | 0,6 | **2,2** | 3,5 |
| 320 | Gründung, Unterbau | m²GRF | 262 | **312** | 343 | 14,0 | **19,0** | 24,0 |
| 330 | Außenwände / vertikal außen | m²AWF | 502 | **551** | 628 | 26,8 | **29,1** | 32,3 |
| 340 | Innenwände / vertikal innen | m²IWF | 256 | **317** | 356 | 17,6 | **18,9** | 21,1 |
| 350 | Decken / horizontal | m²DEF | 636 | **750** | 977 | 1,1 | **6,5** | 14,6 |
| 360 | Dächer | m²DAF | 265 | **310** | 340 | 16,2 | **20,5** | 25,5 |
| 370 | Infrastrukturanlagen | | – | – | – | – | – | – |
| 380 | Baukonstruktive Einbauten | m²BGF | 16 | **34** | 48 | 0,3 | **1,9** | 3,2 |
| 390 | Sonst. Maßnahmen für Baukonst. | m²BGF | 12 | **31** | 61 | 0,9 | **2,2** | 4,1 |
| **300** | **Bauwerk – Baukonstruktionen** | m²BGF | | | | | **100,0** | |
| 410 | Abwasser-, Wasser-, Gasanlagen | m²BGF | 71 | **82** | 122 | 20,8 | **23,8** | 28,2 |
| 420 | Wärmeversorgungsanlagen | m²BGF | 79 | **93** | 145 | 20,9 | **27,8** | 39,7 |
| 430 | Raumlufttechnische Anlagen | m²BGF | 7 | **31** | 56 | 1,5 | **6,6** | 13,6 |
| 440 | Elektrische Anlagen | m²BGF | 87 | **109** | 146 | 25,7 | **31,4** | 35,2 |
| 450 | Kommunikationstechnische Anlagen | m²BGF | 5 | **14** | 26 | 1,6 | **3,8** | 7,0 |
| 460 | Förderanlagen | m²BGF | 15 | **15** | 15 | 0,0 | **0,8** | 4,1 |
| 470 | Nutzungsspez. / verfahrenstech. Anl. | m²BGF | 29 | **45** | 61 | 0,0 | **5,3** | 14,2 |
| 480 | Gebäude- und Anlagenautomation | m²BGF | – | – | – | – | – | – |
| 490 | Sonst. Maßnahmen f. techn. Anl. | m²BGF | 3 | **3** | 3 | 0,0 | **0,1** | 0,7 |
| **400** | **Bauwerk – Technische Anlagen** | m²BGF | | | | | **100,0** | |

### Prozentanteile der Kosten 2. Ebene an den Kosten des Bauwerks nach DIN 276 (Von/Mittel/Bis)

| KG | Kostengruppe | % |
|---|---|---|
| 310 | Baugrube / Erdbau | 1,8 |
| 320 | Gründung, Unterbau | 15,2 |
| 330 | Außenwände / vertikal außen | 23,4 |
| 340 | Innenwände / vertikal innen | 15,1 |
| 350 | Decken / horizontal | 5,3 |
| 360 | Dächer | 16,4 |
| 370 | Infrastrukturanlagen | |
| 380 | Baukonstruktive Einbauten | 1,5 |
| 390 | Sonst. Maßnahmen für Baukonst. | 1,7 |
| 410 | Abwasser-, Wasser-, Gasanlagen | 4,7 |
| 420 | Wärmeversorgungsanlagen | 5,4 |
| 430 | Raumlufttechnische Anlagen | 1,4 |
| 440 | Elektrische Anlagen | 6,2 |
| 450 | Kommunikationstechnische Anlagen | 0,8 |
| 460 | Förderanlagen | 0,2 |
| 470 | Nutzungsspez. / verfahrenstech. Anl. | 1,0 |
| 480 | Gebäude- und Anlagenautomation | |
| 490 | Sonst. Maßnahmen f. techn. Anl. | < 0,1 |

© BKI Baukosteninformationszentrum; Erläuterungen zu den Tabellen siehe Seite 48 und 50   Kostenstand: 1. Quartal 2022, Bundesdurchschnitt, inkl. 19% MwSt.

**Kindergärten, nicht unterkellert, einfacher Standard**

## Prozentanteile der Kosten für Leistungsbereiche nach STLB (Kosten Bauwerk nach DIN 276)

| LB | Leistungsbereiche | von | Mittelwert | bis |
|---|---|---|---|---|
| 000 | Sicherheits-, Baustelleneinrichtungen inkl. 001 | 0,7 | **1,7** | 2,3 |
| 002 | Erdarbeiten | 1,8 | **2,8** | 4,2 |
| 006 | Spezialtiefbauarbeiten inkl. 005 | 0,0 | **1,0** | 2,1 |
| 009 | Entwässerungskanalarbeiten inkl. 011 | < 0,1 | **0,6** | 1,0 |
| 010 | Drän- und Versickerarbeiten | – | – | – |
| 012 | Mauerarbeiten | 2,7 | **5,3** | 8,3 |
| 013 | Betonarbeiten | 6,3 | **8,7** | 10,2 |
| 014 | Natur-, Betonwerksteinarbeiten | 0,0 | **< 0,1** | < 0,1 |
| 016 | Zimmer- und Holzbauarbeiten | 8,7 | **13,2** | 17,5 |
| 017 | Stahlbauarbeiten | – | – | – |
| 018 | Abdichtungsarbeiten | 0,6 | **1,3** | 2,0 |
| 020 | Dachdeckungsarbeiten | 0,7 | **1,3** | 2,0 |
| 021 | Dachabdichtungsarbeiten | 0,6 | **4,3** | 6,8 |
| 022 | Klempnerarbeiten | 1,2 | **1,6** | 1,9 |
| | **Rohbau** | **38,1** | **41,7** | **43,9** |
| 023 | Putz- und Stuckarbeiten, Wärmedämmsysteme | 1,4 | **4,6** | 6,5 |
| 024 | Fliesen- und Plattenarbeiten | 1,9 | **2,6** | 3,1 |
| 025 | Estricharbeiten | 1,3 | **1,9** | 2,3 |
| 026 | Fenster, Außentüren inkl. 029, 032 | 7,2 | **7,8** | 8,8 |
| 027 | Tischlerarbeiten | 5,3 | **7,4** | 9,3 |
| 028 | Parkettarbeiten, Holzpflasterarbeiten | – | – | – |
| 030 | Rollladenarbeiten | 1,1 | **1,3** | 1,6 |
| 031 | Metallbauarbeiten inkl. 035 | 0,2 | **1,4** | 2,4 |
| 034 | Maler- und Lackiererarbeiten inkl. 037 | 1,8 | **2,2** | 2,7 |
| 036 | Bodenbelagarbeiten | 2,9 | **3,2** | 3,6 |
| 038 | Vorgehängte hinterlüftete Fassaden | – | – | – |
| 039 | Trockenbauarbeiten | 4,9 | **5,7** | 6,9 |
| | **Ausbau** | **35,4** | **38,2** | **41,8** |
| 040 | Wärmeversorgungsanl. - Betriebseinr. inkl. 041 | 4,0 | **4,4** | 4,7 |
| 042 | Gas- und Wasserinstallation, Leitungen inkl. 043 | 1,1 | **1,3** | 1,4 |
| 044 | Abwasseranlagen - Leitungen | 0,3 | **0,9** | 1,2 |
| 045 | GWE-Einrichtungsgegenstände inkl. 046 | 1,9 | **2,5** | 3,2 |
| 047 | Dämmarbeiten an betriebstechnischen Anlagen | 0,2 | **0,3** | 0,5 |
| 049 | Feuerlöschanlagen, Feuerlöschgeräte | – | – | – |
| 050 | Blitzschutz- und Erdungsanlagen | 0,3 | **0,8** | 1,3 |
| 052 | Mittelspannungsanlagen | – | – | – |
| 053 | Niederspannungsanlagen inkl. 054 | 2,8 | **3,4** | 4,2 |
| 055 | Sicherheits- u. Ersatzstromversorgungsanl. | – | – | – |
| 057 | Gebäudesystemtechnik | – | – | – |
| 058 | Leuchten und Lampen inkl. 059 | 2,7 | **3,0** | 3,4 |
| 060 | Sprechanlagen, elektroakust. Anlagen inkl. 064 | < 0,1 | **0,2** | 0,3 |
| 061 | Kommunikationsnetze inkl. 062 | < 0,1 | **0,4** | 0,6 |
| 063 | Gefahrenmeldeanlagen | 0,4 | **0,5** | 0,6 |
| 069 | Aufzüge | – | – | – |
| 070 | Gebäudeautomation | – | – | – |
| 075 | Raumlufttechnische Anlagen inkl. 078 | 1,5 | **2,2** | 3,1 |
| | **Gebäudetechnik** | **18,1** | **19,9** | **21,8** |
| | Sonstige Leistungsbereiche inkl. 008, 033, 051 | 0,0 | **0,3** | 0,6 |

**Kosten:** Stand 1. Quartal 2022, Bundesdurchschnitt inkl. 19% MwSt.

Legende:
- ● KKW
- ▶ min
- ▷ von
- | Mittelwert
- ◁ bis
- ◀ max

## Planungskennwerte für Flächen und Rauminhalte nach DIN 277

| Grundflächen | | ▷ | Fläche/NUF (%) | ◁ | ▷ | Fläche/BGF (%) | ◁ |
|---|---|---|---|---|---|---|---|
| NUF | Nutzungsfläche | 100,0 | **100,0** | 100,0 | 66,6 | **69,2** | 72,2 |
| TF | Technikfläche | 1,7 | **2,3** | 2,9 | 1,2 | **1,6** | 1,9 |
| VF | Verkehrsfläche | 18,2 | **23,5** | 30,4 | 12,3 | **15,6** | 19,1 |
| NRF | Netto-Raumfläche | 119,4 | **125,8** | 133,2 | 84,9 | **86,4** | 86,8 |
| KGF | Konstruktions-Grundfläche | 18,2 | **19,4** | 21,0 | 12,9 | **13,4** | 14,6 |
| BGF | Brutto-Grundfläche | 139,9 | **145,6** | 151,8 | 100,0 | **100,0** | 100,0 |

| Brutto-Rauminhalte | | ▷ | BRI/NUF (m) | ◁ | ▷ | BRI/BGF (m) | ◁ |
|---|---|---|---|---|---|---|---|
| BRI | Brutto-Rauminhalt | 5,26 | **5,52** | 6,01 | 3,60 | **3,79** | 3,93 |

| Flächen von Nutzeinheiten | ▷ | NUF/Einheit (m²) | ◁ | ▷ | BGF/Einheit (m²) | ◁ |
|---|---|---|---|---|---|---|
| Nutzeinheit: Kinder | 6,52 | **7,03** | 9,27 | 9,04 | **10,10** | 12,74 |

| Lufttechnisch behandelte Flächen | ▷ | Fläche/NUF (%) | ◁ | ▷ | Fläche/BGF (%) | ◁ |
|---|---|---|---|---|---|---|
| Entlüftete Fläche | – | – | – | – | – | – |
| Be- und entlüftete Fläche | 112,8 | **112,8** | 112,8 | 85,8 | **85,8** | 85,8 |
| Teilklimatisierte Fläche | – | – | – | – | – | – |
| Klimatisierte Fläche | – | – | – | – | – | – |

| KG | Kostengruppen (2. Ebene) | Einheit | ▷ | Menge/NUF | ◁ | ▷ | Menge/BGF | ◁ |
|---|---|---|---|---|---|---|---|---|
| 310 | Baugrube / Erdbau | m³ BGI | 0,98 | **1,13** | 1,78 | 0,71 | **0,79** | 1,39 |
| 320 | Gründung, Unterbau | m² GRF | 1,14 | **1,22** | 1,34 | 0,74 | **0,84** | 0,86 |
| 330 | Außenwände / vertikal außen | m² AWF | 1,00 | **1,08** | 1,09 | 0,67 | **0,74** | 0,80 |
| 340 | Innenwände / vertikal innen | m² IWF | 1,14 | **1,25** | 1,29 | 0,76 | **0,86** | 0,95 |
| 350 | Decken / horizontal | m² DEF | 0,22 | **0,34** | 0,34 | 0,23 | **0,23** | 0,31 |
| 360 | Dächer | m² DAF | 1,16 | **1,33** | 1,50 | 0,92 | **0,92** | 0,97 |
| 370 | Infrastrukturanlagen | | – | – | – | – | – | – |
| 380 | Baukonstruktive Einbauten | m² BGF | 1,40 | **1,46** | 1,52 | 1,00 | **1,00** | 1,00 |
| 390 | Sonst. Maßnahmen für Baukonst. | m² BGF | 1,40 | **1,46** | 1,52 | 1,00 | **1,00** | 1,00 |
| 300 | Bauwerk – Baukonstruktionen | m² BGF | 1,40 | **1,46** | 1,52 | 1,00 | **1,00** | 1,00 |

## Planungskennwerte für Bauzeiten — 12 Vergleichsobjekte

**Bauzeit in Wochen**

Bauzeit: ▶ ▷ ◁ ◀
• • • • • •   •
10  20  30  40  50  60  70  80  90  100  110  Wochen

© BKI Baukosteninformationszentrum; Erläuterungen zu den Tabellen siehe Seite 54    Kostenstand: 1. Quartal 2022, Bundesdurchschnitt, inkl. 19% MwSt.

# Kindergärten, nicht unterkellert, einfacher Standard

**€/m² BGF**

| | |
|---|---|
| min | 1.235 €/m² |
| von | 1.480 €/m² |
| Mittel | **1.805 €/m²** |
| bis | 2.135 €/m² |
| max | 2.310 €/m² |

**Kosten:**
Stand 1. Quartal 2022
Bundesdurchschnitt
inkl. 19% MwSt.

## Objektübersicht zur Gebäudeart

### 4400-0296 Kindertagesstätte (3 Gruppen, 75 Kinder)
**BRI** 1.925 m³  **BGF** 500 m²  **NUF** 386 m²

Kindertagesstätte für 75 Kinder in 3 Gruppen mit Mittagsbetreuung. Massivbau.

Land: Bayern
Kreis: Ingolstadt
Standard: unter Durchschnitt
Bauzeit: 39 Wochen
Kennwerte: bis 1. Ebene DIN 276

**BGF** 2.308 €/m²

Planung: architekturbüro raum-modul Stephan Karches Florian Schweiger; Ingolstadt
veröffentlicht: BKI Objektdaten N16

### 4400-0307 Kindertagesstätte (100 Kinder) - Effizienzhaus ~60%
**BRI** 4.338 m³  **BGF** 1.051 m²  **NUF** 637 m²

Kindertagesstätte für 4 Gruppen, 100 Kinder als Effizienzhaus ~60%. Holzrahmenbau.

Land: Hessen
Kreis: Groß-Gerau
Standard: unter Durchschnitt
Bauzeit: 43 Wochen
Kennwerte: bis 3. Ebene DIN 276

**BGF** 1.672 €/m²

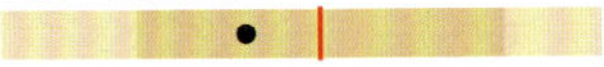

Planung: wagner + ewald architekten; Ginsheim-Gustavsburg
veröffentlicht: BKI Objektdaten E8

### 4400-0297 Kindertagesstätte (6 Gruppen, 126 Kinder)
**BRI** 4.424 m³  **BGF** 1.120 m²  **NUF** 694 m²

Kindertagesstätte mit 6 Gruppen für 126 Kinder. Mauerwerksbau.

Land: Hessen
Kreis: Main-Taunus-Kreis
Standard: unter Durchschnitt
Bauzeit: 52 Wochen
Kennwerte: bis 1. Ebene DIN 276

**BGF** 2.276 €/m²

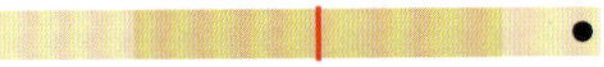

Planung: raum-z architekten gmbh; Frankfurt
veröffentlicht: BKI Objektdaten N16

### 4400-0293 Kinderkrippe (3 Gr, 36 Ki) - Effizienzhaus ~37%
**BRI** 2.560 m³  **BGF** 612 m²  **NUF** 466 m²

Kindergrippe mit 3 Gruppen für 36 Kinder. MW-Massivbau.

Land: Bayern
Kreis: Neuburg-Schrobenhausen
Standard: unter Durchschnitt
Bauzeit: 56 Wochen
Kennwerte: bis 3. Ebene DIN 276

**BGF** 1.944 €/m²

Planung: Architekturbüro Schwalm; Karlskron
veröffentlicht: BKI Objektdaten E8

## Objektübersicht zur Gebäudeart

### 4400-0218 Kindertagesstätte (6 Gruppen, 100 Kinder)   BRI 3.684 m³   BGF 974 m²   NUF 643 m²

Kindertagesstätte mit 6 Gruppen für 100 Kinder. Mauerwerk und Holzskelettbau.

Land: Sachsen
Kreis: Leipzig, Stadt
Standard: unter Durchschnitt
Bauzeit: 74 Wochen
Kennwerte: bis 1. Ebene DIN 276

BGF   2.171 €/m²

**Planung:** Susanne Hofmann Architekten und die Baupiloten BDA; Berlin

veröffentlicht: BKI Objektdaten N13

### 4400-0135 Kindertagesstätte (6 Gruppen, 100 Kinder)   BRI 3.790 m³   BGF 924 m²   NUF 578 m²

Kindertagesstätte mit 6 Gruppen für 100 Kinder. Mauerwerksbau.

Land: Brandenburg
Kreis: Potsdam-Mittelmark
Standard: unter Durchschnitt
Bauzeit: 39 Wochen
Kennwerte: bis 1. Ebene DIN 276

BGF   1.619 €/m²

**Planung:** KÖBER-PLAN GmbH; Brandenburg

veröffentlicht: BKI Objektdaten N11

### 4400-0097 Kindertagesstätte (5 Gruppen)   BRI 4.276 m³   BGF 1.102 m²   NUF 773 m²

Kindertagesstätte, 5 Gruppen, Mehrzweckraum, Küchen, Sanitärräume. Mauerwerksbau.

Land: Thüringen
Kreis: Erfurt, Stadt
Standard: unter Durchschnitt
Bauzeit: 48 Wochen
Kennwerte: bis 3. Ebene DIN 276

BGF   1.548 €/m²

**Planung:** Architekten- und Ingenieurgruppe Erfurt & Partner GmbH; Erfurt

veröffentlicht: BKI Objektdaten N7

### 4400-0091 Kindergarten (6 Gruppen)   BRI 3.113 m³   BGF 885 m²   NUF 682 m²

Kindergarten mit 6 Gruppen. Mauerwerksbau.

Land: Thüringen
Kreis: Hildburghausen
Standard: unter Durchschnitt
Bauzeit: 39 Wochen
Kennwerte: bis 1. Ebene DIN 276

BGF   1.237 €/m²

**Planung:** Krauß & Partner Architekturbüro; Scheusingen

veröffentlicht: BKI Objektdaten N3

© BKI Baukosteninformationszentrum; Erläuterungen zu den Tabellen siehe Seite 56   Kostenstand: 1. Quartal 2022, Bundesdurchschnitt, **inkl. 19% MwSt.**

**Kindergärten, nicht unterkellert, einfacher Standard**

**€/m² BGF**
| | | |
|---|---:|---|
| min | 1.235 | €/m² |
| von | 1.480 | €/m² |
| Mittel | **1.805** | **€/m²** |
| bis | 2.135 | €/m² |
| max | 2.310 | €/m² |

**Kosten:**
Stand 1. Quartal 2022
Bundesdurchschnitt
inkl. 19% MwSt.

## Objektübersicht zur Gebäudeart

### 4400-0090 Kindergarten (2 Gruppen)
**BRI** 1.534 m³ **BGF** 457 m² **NUF** 311 m²

Kindergarten mit 2 Gruppen. Mauerwerksbau.

Land: Baden-Württemberg
Kreis: Tübingen
Standard: unter Durchschnitt
Bauzeit: 61 Wochen
Kennwerte: bis 1. Ebene DIN 276

**BGF** 1.376 €/m²

Planung: Ackermann & Raff Freie Architekten BDA; Tübingen

veröffentlicht: BKI Objektdaten N3

### 4400-0077 Kindergarten (5 Gruppen)
**BRI** 4.811 m³ **BGF** 1.325 m² **NUF** 929 m²

Fünf Kindergartengruppen mit je 25 Kindern. Mauerwerksbau.

Land: Niedersachsen
Kreis: Wesermarsch
Standard: unter Durchschnitt
Bauzeit: 43 Wochen
Kennwerte: bis 1. Ebene DIN 276

**BGF** 1.933 €/m²

Planung: Architekturbüro Bocklage + Buddelmeyer

veröffentlicht: BKI Objektdaten N1

### 4400-0069 Kindertagesstätte (4 Gruppen, 100 Kinder)
**BRI** 2.632 m³ **BGF** 807 m² **NUF** 525 m²

Kindertagesstätte und Kinderhort mit 4 Gruppen, Mehrzweckraum. Mauerwerksbau.

Land: Nordrhein-Westfalen
Kreis: Rheinisch-Bergischer Kreis
Standard: unter Durchschnitt
Bauzeit: 48 Wochen
Kennwerte: bis 2. Ebene DIN 276

**BGF** 1.866 €/m²

Planung: Böttger & Partner; Köln

www.bki.de

### 4400-0071 Kindergarten (3 Gruppen, 75 Kinder)
**BRI** 2.840 m³ **BGF** 749 m² **NUF** 565 m²

Kindergarten für 3 Gruppen mit Mehrzweckraum. Mauerwerksbau.

Land: Nordrhein-Westfalen
Kreis: Steinfurt
Standard: unter Durchschnitt
Bauzeit: 57 Wochen
Kennwerte: bis 2. Ebene DIN 276

**BGF** 1.684 €/m²

Planung: Architekturbüro Huss & Rammes; Ibbenbüren

www.bki.de

**Bildung**

**Kindergärten,
nicht unterkellert,
mittlerer Standard**

## Kostenkennwerte für die Kosten des Bauwerks (Kostengruppen 300+400 nach DIN 276)

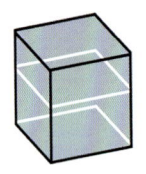

**BRI** 565 €/m³
von 490 €/m³
bis 680 €/m³

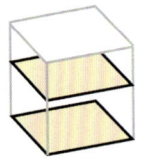

**BGF** 2.180 €/m²
von 1.830 €/m²
bis 2.510 €/m²

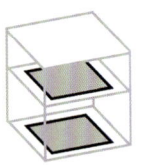

**NUF** 3.325 €/m²
von 2.675 €/m²
bis 3.950 €/m²

**NE** 30.660 €/NE
von 21.640 €/NE
bis 46.780 €/NE
NE: Kinder

**Kosten:**
Stand 1. Quartal 2022
Bundesdurchschnitt
inkl. 19% MwSt.

### Objektbeispiele

4400-0346

4400-0340

4400-0330

### Kosten der 52 Vergleichsobjekte — Seiten 258 bis 270

- ● KKW
- ▶ min
- ▷ von
- | Mittelwert
- ◁ bis
- ◀ max

BRI — €/m³ BRI (100–1100)

BGF — €/m² BGF (1200–3200)

NUF — €/m² NUF (2100–5100)

© BKI Baukosteninformationszentrum; Erläuterungen zu den Tabellen siehe Seite 46    Kostenstand: 1. Quartal 2022, Bundesdurchschnitt, **inkl. 19% MwSt.**

## Kostenkennwerte für die Kostengruppen der 1. und 2. Ebene DIN 276

| KG | Kostengruppen der 1. Ebene | Einheit | ▷ | €/Einheit | ◁ | ▷ | % an 300+400 | ◁ |
|---|---|---|---|---|---|---|---|---|
| 100 | Grundstück | m²GF | – | – | – | – | – | – |
| 200 | Vorbereitende Maßnahmen | m²GF | 7 | 19 | 40 | 1,0 | 2,2 | 4,7 |
| 300 | Bauwerk – Baukonstruktionen | m²BGF | 1.395 | 1.696 | 1.970 | 72,8 | 77,7 | 81,8 |
| 400 | Bauwerk – Technische Anlagen | m²BGF | 369 | 486 | 608 | 18,2 | 22,3 | 27,2 |
|  | Bauwerk (300+400) | m²BGF | 1.828 | 2.181 | 2.508 | 100,0 | 100,0 | 100,0 |
| 500 | Außenanlagen und Freiflächen | m²AF | 58 | 133 | 213 | 6,1 | 11,3 | 18,8 |
| 600 | Ausstattung und Kunstwerke | m²BGF | 58 | 126 | 264 | 2,5 | 5,6 | 11,1 |
| 700 | Baunebenkosten* | m²BGF | 431 | 481 | 530 | 19,8 | 22,1 | 24,4 |
| 800 | Finanzierung | m²BGF | – | – | – | – | – | – |

\* Auf Grundlage der HOAI 2021 berechnete Werte nach §§ 35, 52, 56. Weitere Informationen siehe Seite 50

| KG | Kostengruppen der 2. Ebene | Einheit | ▷ | €/Einheit | ◁ | ▷ | % an 1. Ebene | ◁ |
|---|---|---|---|---|---|---|---|---|
| 310 | Baugrube / Erdbau | m³BGI | 24 | 36 | 46 | 0,5 | 1,5 | 2,6 |
| 320 | Gründung, Unterbau | m²GRF | 320 | 350 | 414 | 10,5 | 16,0 | 19,0 |
| 330 | Außenwände / vertikal außen | m²AWF | 509 | 651 | 841 | 24,7 | 31,2 | 36,8 |
| 340 | Innenwände / vertikal innen | m²IWF | 181 | 272 | 323 | 12,0 | 16,8 | 19,1 |
| 350 | Decken / horizontal | m²DEF | 390 | 456 | 502 | 0,0 | 6,5 | 13,8 |
| 360 | Dächer | m²DAF | 310 | 412 | 470 | 16,8 | 22,2 | 26,6 |
| 370 | Infrastrukturanlagen |  | – | – | – | – | – | – |
| 380 | Baukonstruktive Einbauten | m²BGF | 9 | 53 | 125 | 0,3 | 2,3 | 5,9 |
| 390 | Sonst. Maßnahmen für Baukonst. | m²BGF | 32 | 62 | 115 | 1,7 | 3,7 | 5,6 |
| 300 | **Bauwerk – Baukonstruktionen** | m²BGF |  |  |  |  | 100,0 |  |
| 410 | Abwasser-, Wasser-, Gasanlagen | m²BGF | 67 | 108 | 130 | 14,0 | 25,9 | 32,0 |
| 420 | Wärmeversorgungsanlagen | m²BGF | 59 | 89 | 120 | 11,6 | 22,3 | 33,7 |
| 430 | Raumlufttechnische Anlagen | m²BGF | 14 | 61 | 201 | 1,7 | 6,5 | 28,2 |
| 440 | Elektrische Anlagen | m²BGF | 106 | 150 | 236 | 27,1 | 32,7 | 37,8 |
| 450 | Kommunikationstechnische Anlagen | m²BGF | 16 | 33 | 61 | 3,5 | 8,2 | 16,3 |
| 460 | Förderanlagen | m²BGF | 43 | 43 | 43 | 0,0 | 1,6 | 9,8 |
| 470 | Nutzungsspez. / verfahrenstech. Anl. | m²BGF | 1 | 2 | 3 | < 0,1 | 0,2 | 0,4 |
| 480 | Gebäude- und Anlagenautomation | m²BGF | 84 | 84 | 84 | 0,0 | 2,0 | 11,7 |
| 490 | Sonst. Maßnahmen f. techn. Anl. | m²BGF | 2 | 5 | 7 | < 0,1 | 0,7 | 2,1 |
| 400 | **Bauwerk – Technische Anlagen** | m²BGF |  |  |  |  | 100,0 |  |

## Prozentanteile der Kosten 2. Ebene an den Kosten des Bauwerks nach DIN 276 (Von/Mittel/Bis)

| KG | Kostengruppe | Mittel |
|---|---|---|
| 310 | Baugrube / Erdbau | 1,2 |
| 320 | Gründung, Unterbau | 12,6 |
| 330 | Außenwände / vertikal außen | 24,5 |
| 340 | Innenwände / vertikal innen | 13,3 |
| 350 | Decken / horizontal | 5,2 |
| 360 | Dächer | 17,6 |
| 370 | Infrastrukturanlagen |  |
| 380 | Baukonstruktive Einbauten | 1,8 |
| 390 | Sonst. Maßnahmen für Baukonst. | 2,9 |
| 410 | Abwasser-, Wasser-, Gasanlagen | 5,2 |
| 420 | Wärmeversorgungsanlagen | 4,5 |
| 430 | Raumlufttechnische Anlagen | 1,7 |
| 440 | Elektrische Anlagen | 6,9 |
| 450 | Kommunikationstechnische Anlagen | 1,5 |
| 460 | Förderanlagen | 0,4 |
| 470 | Nutzungsspez. / verfahrenstech. Anl. | < 0,1 |
| 480 | Gebäude- und Anlagenautomation | 0,6 |
| 490 | Sonst. Maßnahmen f. techn. Anl. | 0,1 |

© BKI Baukosteninformationszentrum; Erläuterungen zu den Tabellen siehe Seite 48 und 50    Kostenstand: 1. Quartal 2022, Bundesdurchschnitt, inkl. 19% MwSt.

**Kindergärten, nicht unterkellert, mittlerer Standard**

## Prozentanteile der Kosten für Leistungsbereiche nach STLB (Kosten Bauwerk nach DIN 276)

| LB | Leistungsbereiche | ▷ | % an 300+400 | ◁ |
|---|---|---|---|---|
| 000 | Sicherheits-, Baustelleneinrichtungen inkl. 001 | 0,8 | **2,2** | 4,0 |
| 002 | Erdarbeiten | 0,5 | **1,4** | 2,2 |
| 006 | Spezialtiefbauarbeiten inkl. 005 | 0,0 | **0,1** | 1,0 |
| 009 | Entwässerungskanalarbeiten inkl. 011 | 0,1 | **0,4** | 0,7 |
| 010 | Drän- und Versickerarbeiten | – | – | – |
| 012 | Mauerarbeiten | 2,6 | **8,5** | 24,6 |
| 013 | Betonarbeiten | 3,2 | **8,8** | 12,8 |
| 014 | Natur-, Betonwerksteinarbeiten | 0,0 | **< 0,1** | 0,6 |
| 016 | Zimmer- und Holzbauarbeiten | 2,5 | **8,1** | 15,8 |
| 017 | Stahlbauarbeiten | 0,0 | **< 0,1** | 0,2 |
| 018 | Abdichtungsarbeiten | 0,4 | **0,9** | 1,3 |
| 020 | Dachdeckungsarbeiten | 0,0 | **2,4** | 5,7 |
| 021 | Dachabdichtungsarbeiten | 0,5 | **3,1** | 5,4 |
| 022 | Klempnerarbeiten | 0,6 | **1,4** | 2,2 |
| | **Rohbau** | **33,1** | **37,6** | **41,4** |
| 023 | Putz- und Stuckarbeiten, Wärmedämmsysteme | 1,9 | **4,9** | 8,8 |
| 024 | Fliesen- und Plattenarbeiten | 0,8 | **1,2** | 2,3 |
| 025 | Estricharbeiten | 0,3 | **1,6** | 2,5 |
| 026 | Fenster, Außentüren inkl. 029, 032 | 5,8 | **8,5** | 14,2 |
| 027 | Tischlerarbeiten | 3,4 | **5,0** | 9,3 |
| 028 | Parkettarbeiten, Holzpflasterarbeiten | 0,0 | **0,7** | 2,3 |
| 030 | Rollladenarbeiten | 0,2 | **1,2** | 2,0 |
| 031 | Metallbauarbeiten inkl. 035 | 0,2 | **2,6** | 6,6 |
| 034 | Maler- und Lackiererarbeiten inkl. 037 | 1,3 | **1,8** | 2,4 |
| 036 | Bodenbelagarbeiten | 0,6 | **2,4** | 3,3 |
| 038 | Vorgehängte hinterlüftete Fassaden | 0,4 | **3,1** | 6,8 |
| 039 | Trockenbauarbeiten | 5,2 | **6,6** | 13,2 |
| | **Ausbau** | **33,4** | **39,5** | **43,4** |
| 040 | Wärmeversorgungsanl. - Betriebseinr. inkl. 041 | 3,0 | **5,3** | 8,2 |
| 042 | Gas- und Wasserinstallation, Leitungen inkl. 043 | 0,4 | **1,1** | 2,1 |
| 044 | Abwasseranlagen - Leitungen | 0,9 | **2,0** | 5,3 |
| 045 | GWE-Einrichtungsgegenstände inkl. 046 | 0,8 | **1,8** | 2,9 |
| 047 | Dämmarbeiten an betriebstechnischen Anlagen | 0,1 | **0,5** | 1,0 |
| 049 | Feuerlöschanlagen, Feuerlöschgeräte | 0,0 | **< 0,1** | 0,1 |
| 050 | Blitzschutz- und Erdungsanlagen | 0,1 | **0,5** | 1,1 |
| 052 | Mittelspannungsanlagen | – | – | – |
| 053 | Niederspannungsanlagen inkl. 054 | 3,0 | **4,7** | 9,2 |
| 055 | Sicherheits- u. Ersatzstromversorgungsanl. | – | – | – |
| 057 | Gebäudesystemtechnik | < 0,1 | **0,3** | 2,3 |
| 058 | Leuchten und Lampen inkl. 059 | 0,7 | **2,4** | 5,1 |
| 060 | Sprechanlagen, elektroakust. Anlagen inkl. 064 | < 0,1 | **0,4** | 1,2 |
| 061 | Kommunikationsnetze inkl. 062 | < 0,1 | **0,3** | 0,5 |
| 063 | Gefahrmeldeanlagen | < 0,1 | **0,5** | 1,2 |
| 069 | Aufzüge | 0,0 | **0,7** | 2,6 |
| 070 | Gebäudeautomation | 0,0 | **0,2** | 1,1 |
| 075 | Raumlufttechnische Anlagen inkl. 078 | 0,4 | **1,5** | 7,2 |
| | **Gebäudetechnik** | **17,9** | **22,3** | **28,7** |
| | Sonstige Leistungsbereiche inkl. 008, 033, 051 | 0,1 | **0,6** | 1,3 |

**Kosten:**
Stand 1. Quartal 2022
Bundesdurchschnitt
inkl. 19% MwSt.

- KKW
▶ min
▷ von
| Mittelwert
◁ bis
◀ max

## Planungskennwerte für Flächen und Rauminhalte nach DIN 277

| Grundflächen | | | ▷ | Fläche/NUF (%) | ◁ | ▷ | Fläche/BGF (%) | ◁ |
|---|---|---|---|---|---|---|---|---|
| NUF | Nutzungsfläche | | 100,0 | **100,0** | 100,0 | 62,3 | **66,4** | 70,8 |
| TF | Technikfläche | | 2,4 | **3,0** | 4,7 | 1,6 | **1,9** | 2,8 |
| VF | Verkehrsfläche | | 20,9 | **26,1** | 32,7 | 13,6 | **16,6** | 19,8 |
| NRF | Netto-Raumfläche | | 124,1 | **129,1** | 135,9 | 81,7 | **85,0** | 86,6 |
| KGF | Konstruktions-Grundfläche | | 20,3 | **23,2** | 31,7 | 13,4 | **15,0** | 18,3 |
| BGF | Brutto-Grundfläche | | 143,8 | **152,3** | 164,5 | 100,0 | **100,0** | 100,0 |

| Brutto-Rauminhalte | | | ▷ | BRI/NUF (m) | ◁ | ▷ | BRI/BGF (m) | ◁ |
|---|---|---|---|---|---|---|---|---|
| BRI | Brutto-Rauminhalt | | 5,47 | **5,92** | 6,46 | 3,67 | **3,89** | 4,17 |

| Flächen von Nutzeinheiten | | | ▷ | NUF/Einheit (m²) | ◁ | ▷ | BGF/Einheit (m²) | ◁ |
|---|---|---|---|---|---|---|---|---|
| Nutzeinheit: Kinder | | | 8,23 | **9,25** | 12,70 | 12,30 | **14,03** | 18,97 |

| Lufttechnisch behandelte Flächen | | | ▷ | Fläche/NUF (%) | ◁ | ▷ | Fläche/BGF (%) | ◁ |
|---|---|---|---|---|---|---|---|---|
| Entlüftete Fläche | | | 9,1 | **9,1** | 9,1 | 5,7 | **5,7** | 5,7 |
| Be- und entlüftete Fläche | | | 87,1 | **87,1** | 88,0 | 54,3 | **54,3** | 54,6 |
| Teilklimatisierte Fläche | | | – | – | – | – | – | – |
| Klimatisierte Fläche | | | – | – | – | – | – | – |

| KG | Kostengruppen (2. Ebene) | Einheit | ▷ | Menge/NUF | ◁ | ▷ | Menge/BGF | ◁ |
|---|---|---|---|---|---|---|---|---|
| 310 | Baugrube / Erdbau | m³ BGI | 0,84 | **1,16** | 1,50 | 0,55 | **0,72** | 1,01 |
| 320 | Gründung, Unterbau | m² GRF | 1,06 | **1,21** | 1,31 | 0,65 | **0,77** | 0,79 |
| 330 | Außenwände / vertikal außen | m² AWF | 1,20 | **1,34** | 1,52 | 0,79 | **0,84** | 0,87 |
| 340 | Innenwände / vertikal innen | m² IWF | 1,61 | **1,66** | 1,72 | 1,00 | **1,04** | 1,06 |
| 350 | Decken / horizontal | m² DEF | 0,70 | **0,70** | 0,73 | 0,40 | **0,40** | 0,43 |
| 360 | Dächer | m² DAF | 1,46 | **1,46** | 1,55 | 0,87 | **0,92** | 0,99 |
| 370 | Infrastrukturanlagen | | – | – | – | – | – | – |
| 380 | Baukonstruktive Einbauten | m² BGF | 1,44 | **1,52** | 1,64 | 1,00 | **1,00** | 1,00 |
| 390 | Sonst. Maßnahmen für Baukonst. | m² BGF | 1,44 | **1,52** | 1,64 | 1,00 | **1,00** | 1,00 |
| **300** | **Bauwerk – Baukonstruktionen** | m² BGF | 1,44 | **1,52** | 1,64 | 1,00 | **1,00** | 1,00 |

## Planungskennwerte für Bauzeiten — 52 Vergleichsobjekte

**Bauzeit in Wochen**

Bauzeit: Punkte verteilt zwischen ca. 20 und 120 Wochen; Markierungen ▶ bei ~22, ▷ bei ~38, ◁ bei ~68, ◀ bei ~115. Skala: 0, 15, 30, 45, 60, 75, 90, 105, 120, 135, 150 Wochen.

© BKI Baukosteninformationszentrum; Erläuterungen zu den Tabellen siehe Seite 54    Kostenstand: 1. Quartal 2022, Bundesdurchschnitt, inkl. 19% MwSt.

**Kindergärten, nicht unterkellert, mittlerer Standard**

€/m² BGF
min     1.400 €/m²
von     1.830 €/m²
Mittel  2.180 €/m²
bis     2.510 €/m²
max     2.870 €/m²

**Kosten:**
Stand 1. Quartal 2022
Bundesdurchschnitt
inkl. 19% MwSt.

## Objektübersicht zur Gebäudeart

### 4400-0346 Kindertagesstätte (10 Gruppen, 220 Kinder)
**BRI** 7.648 m³ **BGF** 1.959 m² **NUF** 1.382 m²

Kindertagesstätte für 220 Hortkinder der angrenzenden Grundschule. Massivbau.

Land: Mecklenburg-Vorpommern
Kreis: Schwerin
Standard: Durchschnitt
Bauzeit: 87 Wochen
Kennwerte: bis 1. Ebene DIN 276

**BGF** 1.972 €/m²

**Planung:** GPK Architekten GmbH Großmann-Groth-Kasbohm; Lübeck

vorgesehen: BKI Objektdaten N18

### 4400-0330 Kindertagesstätte (90 Kinder) - Effizienzhaus ~50%
**BRI** 3.656 m³ **BGF** 904 m² **NUF** 569 m²

Kindertagesstätte mit 7 Gruppen für 90 Kindergartenkinder. KS-Massivbau.

Land: Brandenburg
Kreis: Potsdam, Stadt
Standard: Durchschnitt
Bauzeit: 52 Wochen
Kennwerte: bis 1. Ebene DIN 276

**BGF** 2.013 €/m²

**Planung:** Gutheil Kuhn Architekten; Potsdam

veröffentlicht: BKI Objektdaten E9

### 4400-0328 Kindertagesstätte (13 Gruppen, 200 Kinder)
**BRI** 10.318 m³ **BGF** 2.410 m² **NUF** 1.465 m²

Kindertagesstätte mit 13 Gruppen für 70 Kindergartenkinder und 130 Hortkinder. KS-Massivbau.

Land: Brandenburg
Kreis: Brandenburg a. d. Havel
Standard: Durchschnitt
Bauzeit: 74 Wochen
Kennwerte: bis 1. Ebene DIN 276

**BGF** 2.330 €/m²

**Planung:** KÖBER-PLAN GmbH; Brandenburg

veröffentlicht: BKI Objektdaten N17

### 4400-0318 Kindertagesstätte (7 Gruppen, 145 Kinder)
**BRI** 7.818 m³ **BGF** 1.742 m² **NUF** 1.117 m²

Kindertagesstätte mit 7 Gruppen für 145 Kinder. Massivbau.

Land: Niedersachsen
Kreis: Gifhorn
Standard: Durchschnitt
Bauzeit: 70 Wochen
Kennwerte: bis 1. Ebene DIN 276

**BGF** 2.352 €/m²

**Planung:** Gödde Architekten; Gifhorn

veröffentlicht: BKI Objektdaten N16

## Objektübersicht zur Gebäudeart

### 4400-0323 Kindertagesstätte (4 Gruppen, 74 Kinder)

**BRI** 4.035 m³  **BGF** 954 m²  **NUF** 758 m²

Kindertagesstätte mit 4 Gruppen und 74 Kindern. Hybridbauweise.

Land: Hessen
Kreis: Kassel
Standard: Durchschnitt
Bauzeit: 39 Wochen
Kennwerte: bis 1. Ebene DIN 276

**BGF** 2.580 €/m²

**Planung:** ARGE foundation 5+ architekten BDA

veröffentlicht: BKI Objektdaten N17

### 4400-0320 Kindertagesstätte (3 Gruppen, 57 Kinder)

**BRI** 3.426 m³  **BGF** 751 m²  **NUF** 501 m²

Kindertagesstätte (3 Gruppen) für 57 Kinder. Mauerwerksbau.

Land: Saarland
Kreis: Saarpfalz-Kreis
Standard: Durchschnitt
Bauzeit: 78 Wochen
Kennwerte: bis 1. Ebene DIN 276

**BGF** 2.436 €/m²

**Planung:** Dipl.-Ing. Mario Morschett; Gersheim

veröffentlicht: BKI Objektdaten N17

### 4400-0298 Kinderhort (40 Kinder) - Effizienzhaus ~30%

**BRI** 1.343 m³  **BGF** 317 m²  **NUF** 186 m²

Hortgebäude (2 Gruppen, 40 Kinder), temporäre Nutzung als Grundschule (1 Klasse, 40 Schüler). Holzrahmenbau.

Land: Niedersachsen
Kreis: Lüchow-Dannenberg
Standard: Durchschnitt
Bauzeit: 22 Wochen
Kennwerte: bis 3. Ebene DIN 276

**BGF** 2.456 €/m²

**Planung:** ralf pohlmann architekten; Waddeweitz

veröffentlicht: BKI Objektdaten E8

### 4400-0340 Kindertagesstätte - Effizienzhaus ~70%

**BRI** 6.614 m³  **BGF** 1.618 m²  **NUF** 1.139 m²

Kindertagesstätte mit Hortbetreuung. Massivbau.

Land: Bayern
Kreis: Traunstein
Standard: Durchschnitt
Bauzeit: 122 Wochen
Kennwerte: bis 1. Ebene DIN 276

**BGF** 2.369 €/m²

**Planung:** Lechner · Lechner Architekten GmbH; Traunstein

veröffentlicht: BKI Objektdaten E9

**Kindergärten, nicht unterkellert, mittlerer Standard**

€/m² BGF
- min: 1.400 €/m²
- von: 1.830 €/m²
- Mittel: 2.180 €/m²
- bis: 2.510 €/m²
- max: 2.870 €/m²

**Kosten:**
Stand 1. Quartal 2022
Bundesdurchschnitt
inkl. 19% MwSt.

## Objektübersicht zur Gebäudeart

### 4400-0326 Kindertagesstätte (99 Kinder) - Effizienzhaus ~71%
**BRI** 6.417 m³ **BGF** 1.604 m² **NUF** 1.068 m²

Bewegungs- und Ernährungskita mit 6 Gruppen und 99 Kindern. Mauerwerksbau.

Land: Hessen
Kreis: Darmstadt, Stadt
Standard: Durchschnitt
Bauzeit: 65 Wochen
Kennwerte: bis 1. Ebene DIN 276

**BGF** 2.358 €/m²

Planung: raum-z architekten gmbh; Frankfurt

veröffentlicht: BKI Objektdaten N17

### 4400-0316 Kindertagesstätte (97 Kinder) - Effizienzhaus ~67%
**BRI** 4.227 m³ **BGF** 1.085 m² **NUF** 714 m²

Kindertagesstätte für 5 Gruppen, 97 Kinder als Effizienzhaus ~47%. Brettschichtholzbau.

Land: Saarland
Kreis: Saarpfalz-Kreis
Standard: Durchschnitt
Bauzeit: 65 Wochen
Kennwerte: bis 3. Ebene DIN 276

**BGF** 2.721 €/m²

Planung: Prof. Rollmann + Partner Architekten PartGmbB; Homburg

veröffentlicht: BKI Objektdaten E8

### 4400-0321 Kindertagesstätte (4 Gruppen, 100 Kinder)
**BRI** 4.479 m³ **BGF** 980 m² **NUF** 647 m²

Kindertagesstätte mit vier Gruppen und 100 Kindern. Mauerwerksbau.

Land: Hessen
Kreis: Groß-Gerau
Standard: Durchschnitt
Bauzeit: 43 Wochen
Kennwerte: bis 1. Ebene DIN 276

**BGF** 2.436 €/m²

Planung: prosa Architektur + Stadtplanung Quasten Rauh PartGmbB; Darmstadt

veröffentlicht: BKI Objektdaten N17

### 4400-0300 Kita (6 Gruppen, 102 Kinder) - Effizienzhaus ~61%
**BRI** 3.828 m³ **BGF** 1.059 m² **NUF** 679 m²

Kindertagesstätte für 6 Gruppen mit 102 Kindern. Mauerwerk.

Land: Sachsen
Kreis: Leipzig
Standard: Durchschnitt
Bauzeit: 57 Wochen
Kennwerte: bis 1. Ebene DIN 276

**BGF** 2.199 €/m²

Planung: wittig brösdorf architekten; Leipzig

veröffentlicht: BKI Objektdaten E8

## Objektübersicht zur Gebäudeart

### 4400-0319 Kindertagesstätte (6 Gruppen, 120 Kinder)
**BRI** 5.383 m³ **BGF** 1.484 m² **NUF** 884 m²

Kindertagesstätte (6 Gruppen, 120-150 Kinder). Mauerwerksbau.

Land: Nordrhein-Westfalen
Kreis: Wuppertal, Stadt
Standard: Durchschnitt
Bauzeit: 65 Wochen
Kennwerte: bis 1. Ebene DIN 276

**BGF** 1.820 €/m²

**Planung:** hmp ARCHITEKTEN ALLNOCH UND HÜTT GmbH; Köln

veröffentlicht: BKI Objektdaten N17

### 4400-0286 Kindertagesstätte (4 Gruppen, 80 Kinder)
**BRI** 4.579 m³ **BGF** 1.243 m² **NUF** 652 m²

Kindertagesstätte mit 4 Gruppen für 80 Kinder. MW-Massivbau.

Land: Nordrhein-Westfalen
Kreis: Rhein-Kreis Neuss
Standard: Durchschnitt
Bauzeit: 57 Wochen
Kennwerte: bis 3. Ebene DIN 276

**BGF** 2.004 €/m²

**Planung:** Werkgemeinschaft Quasten-Mundt; Grevenbroich

veröffentlicht: BKI Objektdaten N16

### 4400-0292 Kindertagesstätte (6 Gruppen, 100 Kinder)
**BRI** 5.044 m³ **BGF** 1.397 m² **NUF** 806 m²

Kindertagesstätte (6 Gruppen, 100 Kinder). Massivbau, Teilbereiche in Holzbauweise.

Land: Hessen
Kreis: Wiesbaden
Standard: Durchschnitt
Bauzeit: 57 Wochen
Kennwerte: bis 1. Ebene DIN 276

**BGF** 2.057 €/m²

**Planung:** grabowski.spork architektur; Wiesbaden

veröffentlicht: BKI Objektdaten N15

### 4400-0299 Kindertagesstätte (108 Kinder) - Effizienzhaus ~79%
**BRI** 4.250 m³ **BGF** 1.295 m² **NUF** 888 m²

Kindertagesstätte mit 7 Gruppen für 108 Kinder, Kindergartenbereich integrativ. Mauerwerk.

Land: Sachsen
Kreis: Leipzig
Standard: Durchschnitt
Bauzeit: 39 Wochen
Kennwerte: bis 1. Ebene DIN 276

**BGF** 1.787 €/m²

**Planung:** wittig brösdorf architekten; Leipzig

veröffentlicht: BKI Objektdaten E8

© BKI Baukosteninformationszentrum; Erläuterungen zu den Tabellen siehe Seite 56     Kostenstand: 1. Quartal 2022, Bundesdurchschnitt, **inkl. 19% MwSt.**

## Kindergärten, nicht unterkellert, mittlerer Standard

**€/m² BGF**
- min: 1.400 €/m²
- von: 1.830 €/m²
- Mittel: **2.180 €/m²**
- bis: 2.510 €/m²
- max: 2.870 €/m²

**Kosten:**
Stand 1. Quartal 2022
Bundesdurchschnitt
inkl. 19% MwSt.

### Objektübersicht zur Gebäudeart

**4400-0290 Kindertagesstätte (3 Gruppen, 55 Kinder)** — BRI 3.547 m³ | BGF 909 m² | NUF 676 m²

Kindertagesstätte mit 3 Gruppen und 55 Kindern. Massivbau.

Land: Niedersachsen
Kreis: Oldenburg
Standard: Durchschnitt
Bauzeit: 56 Wochen
Kennwerte: bis 1. Ebene DIN 276

BGF **1.945 €/m²**

veröffentlicht: BKI Objektdaten N15

Planung: neun grad architektur BDA; Oldenburg

---

**4400-0303 Kindertagesstätte (3 Gruppen, 58 Kinder)** — BRI 1.801 m³ | BGF 520 m² | NUF 349 m²

Kindertagesstätte mit 3 Gruppen und 58 Kindern. Mauerwerksbau.

Land: Hamburg
Kreis: Hamburg, Freie und Hansestadt
Standard: Durchschnitt
Bauzeit: 48 Wochen
Kennwerte: bis 1. Ebene DIN 276

BGF **2.205 €/m²**

veröffentlicht: BKI Objektdaten N16

Planung: acollage. architektur urbanistik; Hamburg

---

**4400-0268 Kindertagesstätte (4 Gruppen, 76 Kinder), 9 WE** — BRI 6.783 m³ | BGF 2.160 m² | NUF 1.345 m²

Kindertagesstätte mit 4 Gruppen für 76 Kinder sowie Beratungsstelle, 8 Einzimmerwohnungen und 1 Wohngemeinschaft. Mauerwerksbau.

Land: Niedersachsen
Kreis: Lüneburg
Standard: Durchschnitt
Bauzeit: 61 Wochen
Kennwerte: bis 1. Ebene DIN 276

BGF **2.480 €/m²**

veröffentlicht: BKI Objektdaten N15

Planung: pmp Projekt GmbH; Hamburg

---

**4400-0254 Kindertagesstätte (3 Gruppen, 60 Kinder)** — BRI 2.799 m³ | BGF 725 m² | NUF 580 m²

Kindertagesstätte mit 3 Gruppen für 60 Kinder. Massivbau.

Land: Thüringen
Kreis: Jena, Stadt
Standard: Durchschnitt
Bauzeit: 74 Wochen
Kennwerte: bis 1. Ebene DIN 276

BGF **1.869 €/m²**

veröffentlicht: BKI Objektdaten N13

Planung: sittig-architekten; Jena

## Objektübersicht zur Gebäudeart

### 4400-0287 Kindertagesstätte (5 Gruppen, 86 Kinder)   BRI 5.148 m³   BGF 1.184 m²   NUF 864 m²

Kindertagesstätte (5 Gruppen, 86 Kinder). Mauerwerksbau.

Land: Saarland
Kreis: Saarlouis
Standard: Durchschnitt
Bauzeit: 70 Wochen
Kennwerte: bis 1. Ebene DIN 276

BGF   1.612 €/m²

**Planung:** Leinen und Schmitt Architekten; Saarlouis

veröffentlicht: BKI Objektdaten N15

### 4400-0294 Kindertagesstätte (125 Kinder) - Effizienzhaus ~62%   BRI 5.588 m³   BGF 1.194 m²   NUF 779 m²

Kindertagesstätte mit 5 Gruppen für 85 Kindern. Mauerwerksbau.

Land: Niedersachsen
Kreis: Hannover, Region
Standard: Durchschnitt
Bauzeit: 56 Wochen
Kennwerte: bis 1. Ebene DIN 276

BGF   2.645 €/m²

**Planung:** Stricker Architekten BDA; Hannover

veröffentlicht: BKI Objektdaten E7

### 4400-0274 Kindertagesstätte (7 Gruppen, 117 Kinder)   BRI 4.228 m³   BGF 1.120 m²   NUF 759 m²

Kindertagesstätte mit 7 Gruppen (117 Kinder). Massivbau.

Land: Sachsen
Kreis: Dresden, Stadt
Standard: Durchschnitt
Bauzeit: 65 Wochen
Kennwerte: bis 1. Ebene DIN 276

BGF   2.260 €/m²

**Planung:** dd1 architekten Eckhard Helfrich Lars-Olaf Schmidt; Dresden

veröffentlicht: BKI Objektdaten N15

### 4400-0242 Kindertagesstätte (10 Gruppen, 171 Kinder)   BRI 6.231 m³   BGF 1.773 m²   NUF 1.438 m²

Kindertagesstätte mit Kinderkrippe (3 Gruppen, 45 Kinder) und Kindergarten (5 Gruppen, 126 Kinder) sowie Integrationsplätzen (6 St). Mauerwerksbau.

Land: Sachsen
Kreis: Leipzig
Standard: Durchschnitt
Bauzeit: 39 Wochen
Kennwerte: bis 1. Ebene DIN 276

BGF   1.723 €/m²

**Planung:** wittig brösdorf architekten; Leipzig

veröffentlicht: BKI Objektdaten N13

© BKI Baukosteninformationszentrum; Erläuterungen zu den Tabellen siehe Seite 56   Kostenstand: 1. Quartal 2022, Bundesdurchschnitt, **inkl. 19% MwSt.**

## Kindergärten, nicht unterkellert, mittlerer Standard

**€/m² BGF**

| | |
|---|---|
| min | 1.400 €/m² |
| von | 1.830 €/m² |
| Mittel | **2.180 €/m²** |
| bis | 2.510 €/m² |
| max | 2.870 €/m² |

**Kosten:**
Stand 1. Quartal 2022
Bundesdurchschnitt
inkl. 19% MwSt.

### Objektübersicht zur Gebäudeart

**4400-0241 Kindertagesstätte (6 Gruppen, 100 Kinder)** | **BRI** 3.820 m³ | **BGF** 1.034 m² | **NUF** 829 m²

Kindertagesstätte mit Kindergarten (4 Gruppen) und Kinderkrippe (2 Gruppen) für insgesamt 100 Kinder. Mauerwerksbau.

Land: Sachsen
Kreis: Leipzig
Standard: Durchschnitt
Bauzeit: 35 Wochen
Kennwerte: bis 1. Ebene DIN 276

**BGF   1.868 €/m²**

**Planung:** wittig brösdorf architekten; Leipzig

veröffentlicht: BKI Objektdaten N13

---

**4400-0231 Kindertagesstätte (7 Gruppen, 140 Kinder)** | **BRI** 4.128 m³ | **BGF** 1.192 m² | **NUF** 828 m²

Kindertagesstätte mit 7 Gruppen für 140 Kinder. Mauerwerksbau.

Land: Hamburg
Kreis: Hamburg, Freie und Hansestadt
Standard: Durchschnitt
Bauzeit: 39 Wochen
Kennwerte: bis 1. Ebene DIN 276

**BGF   1.668 €/m²**

**Planung:** Knaack & Prell Architekten; Hamburg

veröffentlicht: BKI Objektdaten N15

---

**4400-0262 Kindertagesstätte (3 Gruppen, 55 Kinder)** | **BRI** 2.418 m³ | **BGF** 648 m² | **NUF** 492 m²

Kindertagesstätte mit 2 Krippengruppen und einer Kitagruppe für insgesamt 55 Kinder. Massivbau.

Land: Niedersachsen
Kreis: Braunschweig
Standard: Durchschnitt
Bauzeit: 43 Wochen
Kennwerte: bis 1. Ebene DIN 276

**BGF   2.871 €/m²**

**Planung:** maurer - ARCHITEKTUR; Vechelde

veröffentlicht: BKI Objektdaten N13

---

**4400-0271 Kinderkrippe (4 Gruppen, 48 Kinder)** | **BRI** 3.002 m³ | **BGF** 867 m² | **NUF** 627 m²

Kinderkrippe mit 4 Gruppenräumen für 48 Kinder. Mauerwerksbau.

Land: Bayern
Kreis: München
Standard: Durchschnitt
Bauzeit: 83 Wochen
Kennwerte: bis 1. Ebene DIN 276

**BGF   1.627 €/m²**

**Planung:** Landherr Architekten; München

veröffentlicht: BKI Objektdaten N15

## Objektübersicht zur Gebäudeart

### 4400-0224 Kindertagesstätte (5 Gruppen, 99 Kinder)  BRI 5.721 m³   BGF 1.231 m²   NUF 776 m²

Kindertagesstätte mit drei Kindergartengruppen und 2 Kinderkrippengruppen für insgesamt 99 Kinder. Mauerwerksbau.

Land: Bayern
Kreis: Bamberg
Standard: Durchschnitt
Bauzeit: 57 Wochen
Kennwerte: bis 1. Ebene DIN 276

BGF   2.587 €/m²

veröffentlicht: BKI Objektdaten E6

**Planung:** dresel architekt; Altendorf

### 4400-0278 Kindertagesstätte (105 Kinder), Stadtteiltreff   BRI 6.132 m³   BGF 1.579 m²   NUF 1.079 m²

Kindertagesstätte mit 6 Gruppen für 105 Kinder sowie einen Mehrzwecksaal (140 m² NUF). Massivbau.

Land: Baden-Württemberg
Kreis: Böblingen
Standard: Durchschnitt
Bauzeit: 78 Wochen
Kennwerte: bis 1. Ebene DIN 276

BGF   2.342 €/m²

veröffentlicht: BKI Objektdaten N15

**Planung:** (se)arch Freie Architekten BDA; Stuttgart

### 4400-0210 Kinderkrippe (2 Gruppen, 22 Kinder)   BRI 1.089 m³   BGF 345 m²   NUF 235 m²

Kinderkrippe mit 2 Gruppen für 22 Kinder. Mauerwerksbau.

Land: Bayern
Kreis: Altötting
Standard: Durchschnitt
Bauzeit: 39 Wochen
Kennwerte: bis 1. Ebene DIN 276

BGF   2.616 €/m²

veröffentlicht: BKI Objektdaten N12

**Planung:** studio lot Architektur / Innenarchitektur; Altötting

### 4400-0200 Kindertagesstätte U3 (3 Gruppen, 27 Kinder)   BRI 1.730 m³   BGF 491 m²   NUF 344 m²

Kindertagesstätte U3 mit 3 Gruppen für 27 Kinder. Mauerwerksbau.

Land: Bremen
Kreis: Bremen
Standard: Durchschnitt
Bauzeit: 48 Wochen
Kennwerte: bis 1. Ebene DIN 276

BGF   2.713 €/m²

veröffentlicht: BKI Objektdaten N12

**Planung:** Püffel Architekten; Bremen

© BKI Baukosteninformationszentrum; Erläuterungen zu den Tabellen siehe Seite 56   Kostenstand: 1. Quartal 2022, Bundesdurchschnitt, **inkl.** 19% MwSt.

**Kindergärten, nicht unterkellert, mittlerer Standard**

## Objektübersicht zur Gebäudeart

**€/m² BGF**
- min    1.400 €/m²
- von    1.830 €/m²
- Mittel   **2.180 €/m²**
- bis    2.510 €/m²
- max   2.870 €/m²

**Kosten:**
Stand 1. Quartal 2022
Bundesdurchschnitt
inkl. 19% MwSt.

---

### 4400-0205 Integrative Kindertagesstätte (4 Gruppen) | BRI 2.985 m³ | BGF 873 m² | NUF 660 m²

Integrative Kindertagesstätte mit 4 Gruppen für 65 Kinder, Familienzentrum. Mauerwerksbau, Holzrahmenbau.

Land: Nordrhein-Westfalen
Kreis: Rhein-Erft-Kreis
Standard: Durchschnitt
Bauzeit: 44 Wochen
Kennwerte: bis 1. Ebene DIN 276

**BGF 2.233 €/m²**

**Planung:** UTE PIROETH ARCHITEKTUR Dip.-Ing. Architektin BDA; Köln

veröffentlicht: BKI Objektdaten N12

---

### 4400-0264 Kindertagesstätte (7 Gruppen, 110 Kinder) | BRI 8.660 m³ | BGF 2.075 m² | NUF 1.235 m²

Kindertageseinrichtung mit 7 Gruppenräumen für 110 Kinder (U3 und Ü3 - Krippe und Kindergarten). Stahl-/Holzkonstruktion; Mauerwerksbau.

Land: Nordrhein-Westfalen
Kreis: Bochum
Standard: Durchschnitt
Bauzeit: 69 Wochen
Kennwerte: bis 1. Ebene DIN 276

**BGF 2.552 €/m²**

**Planung:** Wörmann Architekten GmbH; Ostbevern

veröffentlicht: BKI Objektdaten N13

---

### 4400-0162 Kinderkrippe | BRI 1.192 m³ | BGF 314 m² | NUF 193 m²

Kinderkrippe mit einem Gruppenraum für 15 Kinder mit der Möglichkeit der Erweiterung. Mauerwerksbau.

Land: Niedersachsen
Kreis: Gifhorn
Standard: Durchschnitt
Bauzeit: 35 Wochen
Kennwerte: bis 3. Ebene DIN 276

**BGF 1.714 €/m²**

**Planung:** Die Planschmiede 2KS GmbH & Co. KG; Hankensbüttel

veröffentlicht: BKI Objektdaten N11

---

### 4400-0246 Kindertagesstätte (200 Kinder) | BRI 8.150 m³ | BGF 2.021 m² | NUF 1.408 m²

Kindertagesstätte mit 4 Gruppen für 200 Kinder, Indoor-Spielplatz und Bistro. Massivbau.

Land: Brandenburg
Kreis: Teltow-Fläming
Standard: Durchschnitt
Bauzeit: 65 Wochen
Kennwerte: bis 1. Ebene DIN 276

**BGF 2.157 €/m²**

**Planung:** Architekturbüro Thyssen; Berlin

veröffentlicht: BKI Objektdaten N13

## Objektübersicht zur Gebäudeart

### 4400-0187 Hort (4 Gruppen)    BRI 3.386 m³    BGF 882 m²    NUF 593 m²

Schulhort und Freizeiteinrichtung für 102 Kinder in vier Gruppen. Mauerwerksbau, Dachtragwerk: Stahl/Holz.

Land: Brandenburg
Kreis: Cottbus
Standard: Durchschnitt
Bauzeit: 70 Wochen
Kennwerte: bis 1. Ebene DIN 276

BGF    2.218 €/m²

**Planung:** Keller Mayer Wittig Architekten Stadtplaner Bauforscher; Cottbus

veröffentlicht: BKI Objektdaten N12

### 4400-0213 Kindertagesstätte (5 Gruppen, 60 Kinder)    BRI 3.935 m³    BGF 1.124 m²    NUF 734 m²

Kindertagesstätte (5 Gruppen, 60 Kinder) mit Bewegungsraum. Mauerwerksbau.

Land: Schleswig-Holstein
Kreis: Lübeck, Hansestadt
Standard: Durchschnitt
Bauzeit: 52 Wochen
Kennwerte: bis 1. Ebene DIN 276

BGF    2.462 €/m²

**Planung:** ppp architekten + stadtplaner gmbh; Lübeck

veröffentlicht: BKI Objektdaten N12

### 4400-0185 Kindertagesstätte (12 Gruppen, 210 Kinder)    BRI 8.859 m³    BGF 2.057 m²    NUF 1.272 m²

Kindertagesstätte mit 12 Gruppen für 210 Grundschulkinder. Mauerwerksbau.

Land: Brandenburg
Kreis: Havelland
Standard: Durchschnitt
Bauzeit: 52 Wochen
Kennwerte: bis 3. Ebene DIN 276

BGF    1.709 €/m²

**Planung:** KÖBER-PLAN GmbH; Brandenburg

veröffentlicht: BKI Objektdaten N11

### 4400-0184 Kindertagesstätte (14 Gruppen, 178 Kinder)    BRI 8.532 m³    BGF 1.974 m²    NUF 1.479 m²

Kindertagesstätte mit 14 Gruppen (178 Kinder). Kita besteht aus 4 Gebäudeteilen mit unterschiedlichen Nutzungen: Kinderkrippe, Gemeinschaftsbereich, Kindergarten (2St). Mauerwerksbau.

Land: Mecklenburg-Vorpommern
Kreis: Schwerin, Stadt
Standard: Durchschnitt
Bauzeit: 52 Wochen
Kennwerte: bis 1. Ebene DIN 276

BGF    1.982 €/m²

**Planung:** Brenncke Architekten GbR; Schwerin

veröffentlicht: BKI Objektdaten N12

© BKI Baukosteninformationszentrum; Erläuterungen zu den Tabellen siehe Seite 56    Kostenstand: 1. Quartal 2022, Bundesdurchschnitt, inkl. 19% MwSt.

**Kindergärten, nicht unterkellert, mittlerer Standard**

## Objektübersicht zur Gebäudeart

### 4400-0176 Kindertagesstätte (5 Gruppen)

**BRI** 4.164 m³    **BGF** 842 m²    **NUF** 510 m²

Kindertagesstätte mit Kinderkrippe (3 Gruppen, 35 Kinder) und Kindergarten (2 Gruppen, 25 Kinder). Mauerwerksbau.

Land: Sachsen
Kreis: Mittelsachsen
Standard: Durchschnitt
Bauzeit: 56 Wochen
Kennwerte: bis 1. Ebene DIN 276

**BGF**    2.473 €/m²

**Planung:** bauplanung plauen gmbh Architekten und Ingenieure; Plauen

veröffentlicht: BKI Objektdaten N11

### 4400-0214 Kindertagesstätte (8 Gruppen, 144 Kinder)

**BRI** 5.858 m³    **BGF** 1.542 m²    **NUF** 922 m²

Kindertagesstätte mit 8 Gruppen für 144 Kinder. Mauerwerksbau.

Land: Sachsen
Kreis: Dresden, Stadt
Standard: Durchschnitt
Bauzeit: 52 Wochen
Kennwerte: bis 1. Ebene DIN 276

**BGF**    2.099 €/m²

**Planung:** Klinkenbusch + Kunze; Dresden

veröffentlicht: BKI Objektdaten N12

### 4400-0192 Kinderkrippe (4 Gruppen)

**BRI** 4.491 m³    **BGF** 1.079 m²    **NUF** 680 m²

Kinderkrippe mit 4 Gruppen für 40 Kinder. Massivbau.

Land: Hessen
Kreis: Darmstadt
Standard: Durchschnitt
Bauzeit: 57 Wochen
Kennwerte: bis 1. Ebene DIN 276

**BGF**    2.060 €/m²

**Planung:** Freischlad + Holz Architekten BDA; Darmstadt

veröffentlicht: BKI Objektdaten N12

### 4400-0226 Kindertagesstätte, Familienzentrum (8 Gruppen)

**BRI** 6.428 m³    **BGF** 1.760 m²    **NUF** 1.076 m²

Kindertagesstätte mit 8 Gruppen für 120 Kinder sowie Beratungsstelle. Mauerwerksbau.

Land: Schleswig-Holstein
Kreis: Herzogtum Lauenburg
Standard: Durchschnitt
Bauzeit: 61 Wochen
Kennwerte: bis 1. Ebene DIN 276

**BGF**    2.022 €/m²

**Planung:** Wacker Zeiger Architekten; Hamburg

veröffentlicht: BKI Objektdaten N13

---

**€/m² BGF**

| | |
|---|---|
| min | 1.400 €/m² |
| von | 1.830 €/m² |
| Mittel | **2.180 €/m²** |
| bis | 2.510 €/m² |
| max | 2.870 €/m² |

**Kosten:**
Stand 1. Quartal 2022
Bundesdurchschnitt
inkl. 19% MwSt.

## Objektübersicht zur Gebäudeart

### 4400-0170 Kindertagesstätte (6 Gruppen, 140 Kinder)   BRI 7.398 m³   BGF 2.268 m²   NUF 1.126 m²

Kindertagesstätte (6 Gruppen, 140 Kinder) mit Kinderkrippe. Zusätzliche externe Nutzung durch eine Hebammenpraxis. Mauerwerksbau.

Land: Niedersachsen
Kreis: Osnabrück
Standard: Durchschnitt
Bauzeit: 44 Wochen
Kennwerte: bis 1. Ebene DIN 276

BGF   1.401 €/m²

**Planung:** Hüdepohl . Ferner Architektur- und Ingenieurgesellschaft mbH; Osnabrück   veröffentlicht: BKI Objektdaten N11

### 4400-0232 Kinderkrippe (3 Gruppen, 30 Kinder) - Passivhaus   BRI 2.711 m³   BGF 686 m²   NUF 423 m²

Kinderkrippe mit 3 Gruppen für 30 Kinder. Mauerwerksbau.

Land: Bremen
Kreis: Bremerhaven
Standard: Durchschnitt
Bauzeit: 65 Wochen
Kennwerte: bis 1. Ebene DIN 276

BGF   2.473 €/m²

**Planung:** Architekturbüro Werner Grannemann; Bremerhaven   veröffentlicht: BKI Objektdaten E6

### 4400-0193 Kindertagesstätte (2 Gruppen)   BRI 2.718 m³   BGF 800 m²   NUF 585 m²

Kindertagesstätte für 2 Gruppen (25 Kinder) mit Gruppenräumen, Schlafräumen, Multifunktionsraum. Massivbau.

Land: Thüringen
Kreis: Sonneberg
Standard: Durchschnitt
Bauzeit: 87 Wochen
Kennwerte: bis 1. Ebene DIN 276

BGF   1.908 €/m²

**Planung:** Optiplan Bau GmbH; Sonneberg   veröffentlicht: BKI Objektdaten N12

### 4400-0171 Kindertagesstätte (4 Gruppen, 70 Kinder)   BRI 3.453 m³   BGF 905 m²   NUF 547 m²

Kindertagesstätte für einen Uni-Campus (4 Gruppen, 70 Kinder). Massivbau.

Land: Niedersachsen
Kreis: Oldenburg (Oldb), Stadt
Standard: Durchschnitt
Bauzeit: 52 Wochen
Kennwerte: bis 1. Ebene DIN 276

BGF   2.008 €/m²

**Planung:** Angelis & Partner Architekten mbB; Oldenburg   veröffentlicht: BKI Objektdaten N11

© BKI Baukosteninformationszentrum; Erläuterungen zu den Tabellen siehe Seite 56   Kostenstand: 1. Quartal 2022, Bundesdurchschnitt, **inkl. 19% MwSt.**

**Kindergärten, nicht unterkellert, mittlerer Standard**

€/m² BGF
min 1.400 €/m²
von 1.830 €/m²
Mittel **2.180 €/m²**
bis 2.510 €/m²
max 2.870 €/m²

**Kosten:**
Stand 1. Quartal 2022
Bundesdurchschnitt
inkl. 19% MwSt.

## Objektübersicht zur Gebäudeart

### 4400-0197 Kindertagesstätte (100 Kinder) - Passivhaus
**BRI** 7.310 m³  **BGF** 1.884 m²  **NUF** 965 m²

Kindertagesstätte mit Hort, 5 Gruppen, 100 Kinder (60 Kindergarten, 40 Hort), Passivhaus. Massivbau.

Land: Hessen
Kreis: Frankfurt am Main, Stadt
Standard: Durchschnitt
Bauzeit: 83 Wochen
Kennwerte: bis 1. Ebene DIN 276

**BGF  2.453 €/m²**

**Planung:** Baufrösche Architekten und Stadtplaner GmbH; Kassel

veröffentlicht: BKI Objektdaten E5

### 4400-0119 Kindergarten (4 Gruppen)
**BRI** 2.570 m³  **BGF** 735 m²  **NUF** 529 m²

Kindergarten und Jugendbereich. Mauerwerksbau, Holzdachkonstruktion.

Land: Nordrhein-Westfalen
Kreis: Dortmund, Stadt
Standard: Durchschnitt
Bauzeit: 35 Wochen
Kennwerte: bis 1. Ebene DIN 276

**BGF  1.836 €/m²**

**Planung:** Planungsgemeinschaft Kussel & Schlegel; Dortmund

veröffentlicht: BKI Objektdaten N9

### 4400-0183 Kindertagesstätte (4 Gruppen)
**BRI** 4.620 m³  **BGF** 1.170 m²  **NUF** 699 m²

Kindertagesstätte mit Ganztageskrippe und Mehrzweckraum, zweieinhalbgeschossig, 4 Gruppen, 90 Kinder. Stahlbeton-Massiv/Skelett-Konstruktion, 2-teiliges Satteldach 45° geneigt.

Land: Baden-Württemberg
Kreis: Rastatt
Standard: Durchschnitt
Bauzeit: 61 Wochen
Kennwerte: bis 1. Ebene DIN 276

**BGF  2.632 €/m²**

**Planung:** Architekten Gaiser + Partner Freie Architekten; Karlsruhe

veröffentlicht: BKI Objektdaten N12

### 4400-0112 Kindertagesstätte
**BRI** 1.561 m³  **BGF** 395 m²  **NUF** 292 m²

Kindertagesstätte für eine Grundschule mit Gruppen- und Freizeiträumen. Mauerwerksbau; BSH-Dachkonstruktion.

Land: Berlin
Kreis: Berlin, Stadt
Standard: Durchschnitt
Bauzeit: 31 Wochen
Kennwerte: bis 3. Ebene DIN 276

**BGF  2.118 €/m²**

**Planung:** Blumers Architekten; Berlin

veröffentlicht: BKI Objektdaten N9

© BKI Baukosteninformationszentrum; Erläuterungen zu den Tabellen siehe Seite 56   Kostenstand: 1. Quartal 2022, Bundesdurchschnitt, **inkl. 19% MwSt.**

Bildung

**Kindergärten, nicht unterkellert, hoher Standard**

## Kostenkennwerte für die Kosten des Bauwerks (Kostengruppen 300+400 nach DIN 276)

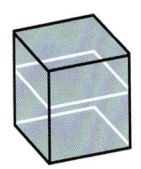

**BRI** 640 €/m³
von 535 €/m³
bis 805 €/m³

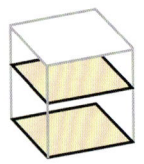

**BGF** 2.570 €/m²
von 2.080 €/m²
bis 3.130 €/m²

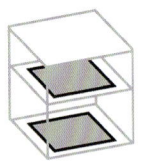

**NUF** 3.895 €/m²
von 3.175 €/m²
bis 4.895 €/m²

**NE** 30.240 €/NE
von 24.315 €/NE
bis 38.715 €/NE
NE: Kinder

**Kosten:**
Stand 1. Quartal 2022
Bundesdurchschnitt
inkl. 19% MwSt.

### Objektbeispiele

4400-0311

4400-0142

4400-0317

### Kosten der 17 Vergleichsobjekte — Seiten 276 bis 280

- ● KKW
- ► min
- ▷ von
- | Mittelwert
- ◁ bis
- ◄ max

**BRI** (€/m³ BRI): 200, 300, 400, 500, 600, 700, 800, 900, 1000, 1100, 1200

**BGF** (€/m² BGF): 1600, 1800, 2000, 2200, 2400, 2600, 2800, 3000, 3200, 3400, 3600

**NUF** (€/m² NUF): 1800, 2250, 2700, 3150, 3600, 4050, 4500, 4950, 5400, 5850, 6300

© BKI Baukosteninformationszentrum; Erläuterungen zu den Tabellen siehe Seite 46    Kostenstand: 1. Quartal 2022, Bundesdurchschnitt, **inkl. 19% MwSt.**

## Kostenkennwerte für die Kostengruppen der 1. und 2. Ebene DIN 276

| KG | Kostengruppen der 1. Ebene | Einheit | ▷ | €/Einheit | ◁ | ▷ | % an 300+400 | ◁ |
|---|---|---|---|---|---|---|---|---|
| 100 | Grundstück | m²GF | – | – | – | – | – | – |
| 200 | Vorbereitende Maßnahmen | m²GF | 9 | **24** | 38 | 0,8 | **2,6** | 3,5 |
| 300 | Bauwerk – Baukonstruktionen | m²BGF | 1.606 | **2.015** | 2.443 | 74,7 | **78,5** | 82,8 |
| 400 | Bauwerk – Technische Anlagen | m²BGF | 409 | **556** | 724 | 17,2 | **21,5** | 25,3 |
|  | Bauwerk (300+400) | m²BGF | 2.079 | **2.571** | 3.132 | 100,0 | **100,0** | 100,0 |
| 500 | Außenanlagen und Freiflächen | m²AF | 87 | **223** | 468 | 4,5 | **11,5** | 17,1 |
| 600 | Ausstattung und Kunstwerke | m²BGF | 39 | **78** | 118 | 2,0 | **3,5** | 6,1 |
| 700 | Baunebenkosten* | m²BGF | 509 | **567** | 626 | 19,6 | **21,9** | 24,2 |
| 800 | Finanzierung | m²BGF | – | – | – | – | – | – |

◁ * Auf Grundlage der HOAI 2021 berechnete Werte nach §§ 35, 52, 56. Weitere Informationen siehe Seite 50

| KG | Kostengruppen der 2. Ebene | Einheit | ▷ | €/Einheit | ◁ | ▷ | % an 1. Ebene | ◁ |
|---|---|---|---|---|---|---|---|---|
| 310 | Baugrube / Erdbau | m³BGI | 23 | **47** | 103 | 0,5 | **2,5** | 8,1 |
| 320 | Gründung, Unterbau | m²GRF | 306 | **336** | 369 | 9,6 | **13,7** | 17,5 |
| 330 | Außenwände / vertikal außen | m²AWF | 540 | **662** | 778 | 21,4 | **25,5** | 30,7 |
| 340 | Innenwände / vertikal innen | m²IWF | 303 | **430** | 785 | 13,4 | **17,3** | 21,3 |
| 350 | Decken / horizontal | m²DEF | 383 | **543** | 1.004 | 4,9 | **6,4** | 8,0 |
| 360 | Dächer | m²DAF | 450 | **510** | 686 | 11,0 | **25,5** | 31,3 |
| 370 | Infrastrukturanlagen | | – | – | – | – | – | – |
| 380 | Baukonstruktive Einbauten | m²BGF | 87 | **116** | 134 | 1,4 | **4,9** | 7,4 |
| 390 | Sonst. Maßnahmen für Baukonst. | m²BGF | 45 | **78** | 178 | 2,7 | **4,2** | 8,7 |
| **300** | **Bauwerk – Baukonstruktionen** | **m²BGF** | | | | | **100,0** | |
| 410 | Abwasser-, Wasser-, Gasanlagen | m²BGF | 62 | **86** | 120 | 15,7 | **20,5** | 25,2 |
| 420 | Wärmeversorgungsanlagen | m²BGF | 62 | **89** | 122 | 16,8 | **21,7** | 36,0 |
| 430 | Raumlufttechnische Anlagen | m²BGF | 15 | **53** | 97 | 5,2 | **13,5** | 32,6 |
| 440 | Elektrische Anlagen | m²BGF | 106 | **137** | 167 | 29,1 | **32,7** | 37,0 |
| 450 | Kommunikationstechnische Anlagen | m²BGF | 4 | **17** | 22 | 1,2 | **4,1** | 5,4 |
| 460 | Förderanlagen | m²BGF | 14 | **18** | 22 | 0,0 | **2,0** | 4,2 |
| 470 | Nutzungsspez. / verfahrenstech. Anl. | m²BGF | 26 | **31** | 35 | 0,0 | **3,9** | 8,1 |
| 480 | Gebäude- und Anlagenautomation | m²BGF | – | – | – | – | – | – |
| 490 | Sonst. Maßnahmen f. techn. Anl. | m²BGF | 1 | **12** | 24 | < 0,1 | **1,3** | 4,8 |
| **400** | **Bauwerk – Technische Anlagen** | **m²BGF** | | | | | **100,0** | |

### Prozentanteile der Kosten 2. Ebene an den Kosten des Bauwerks nach DIN 276 (Von/Mittel/Bis)

| 310 | Baugrube / Erdbau | 2,0 |
| 320 | Gründung, Unterbau | 11,1 |
| 330 | Außenwände / vertikal außen | 20,7 |
| 340 | Innenwände / vertikal innen | 14,0 |
| 350 | Decken / horizontal | 5,2 |
| 360 | Dächer | 20,6 |
| 370 | Infrastrukturanlagen | |
| 380 | Baukonstruktive Einbauten | 3,9 |
| 390 | Sonst. Maßnahmen für Baukonst. | 3,4 |
| 410 | Abwasser-, Wasser-, Gasanlagen | 3,9 |
| 420 | Wärmeversorgungsanlagen | 4,1 |
| 430 | Raumlufttechnische Anlagen | 2,5 |
| 440 | Elektrische Anlagen | 6,3 |
| 450 | Kommunikationstechnische Anlagen | 0,8 |
| 460 | Förderanlagen | 0,4 |
| 470 | Nutzungsspez. / verfahrenstech. Anl. | 0,8 |
| 480 | Gebäude- und Anlagenautomation | |
| 490 | Sonst. Maßnahmen f. techn. Anl. | 0,2 |

© BKI Baukosteninformationszentrum; Erläuterungen zu den Tabellen siehe Seite 48 und 50    Kostenstand: 1. Quartal 2022, Bundesdurchschnitt, inkl. 19% MwSt.

**Kindergärten, nicht unterkellert, hoher Standard**

**Prozentanteile der Kosten für Leistungsbereiche nach STLB (Kosten Bauwerk nach DIN 276)**

| LB | Leistungsbereiche | ▷ % an 300+400 ◁ | | |
|---|---|---|---|---|
| 000 | Sicherheits-, Baustelleneinrichtungen inkl. 001 | 1,9 | **2,5** | 3,0 |
| 002 | Erdarbeiten | 1,7 | **2,5** | 3,9 |
| 006 | Spezialtiefbauarbeiten inkl. 005 | – | – | – |
| 009 | Entwässerungskanalarbeiten inkl. 011 | < 0,1 | **0,2** | 0,3 |
| 010 | Drän- und Versickerarbeiten | 0,0 | **0,1** | 0,2 |
| 012 | Mauerarbeiten | 4,9 | **6,7** | 8,8 |
| 013 | Betonarbeiten | 7,8 | **9,1** | 11,0 |
| 014 | Natur-, Betonwerksteinarbeiten | – | – | – |
| 016 | Zimmer- und Holzbauarbeiten | 3,6 | **8,0** | 11,5 |
| 017 | Stahlbauarbeiten | 0,0 | **0,8** | 1,5 |
| 018 | Abdichtungsarbeiten | 0,7 | **0,9** | 1,3 |
| 020 | Dachdeckungsarbeiten | 1,0 | **1,6** | 2,2 |
| 021 | Dachabdichtungsarbeiten | 1,8 | **3,6** | 6,2 |
| 022 | Klempnerarbeiten | 1,8 | **4,6** | 6,9 |
| | **Rohbau** | 35,1 | **40,6** | 44,0 |
| 023 | Putz- und Stuckarbeiten, Wärmedämmsysteme | 3,5 | **4,3** | 5,2 |
| 024 | Fliesen- und Plattenarbeiten | 1,3 | **1,5** | 1,6 |
| 025 | Estricharbeiten | 1,2 | **1,5** | 1,7 |
| 026 | Fenster, Außentüren inkl. 029, 032 | 5,6 | **8,8** | 13,8 |
| 027 | Tischlerarbeiten | 8,0 | **8,5** | 9,1 |
| 028 | Parkettarbeiten, Holzpflasterarbeiten | < 0,1 | **0,7** | 1,1 |
| 030 | Rollladenarbeiten | 0,9 | **1,5** | 2,3 |
| 031 | Metallbauarbeiten inkl. 035 | 2,2 | **3,3** | 4,0 |
| 034 | Maler- und Lackiererarbeiten inkl. 037 | 1,4 | **1,9** | 2,5 |
| 036 | Bodenbelagarbeiten | 1,8 | **2,0** | 2,2 |
| 038 | Vorgehängte hinterlüftete Fassaden | 0,0 | **< 0,1** | < 0,1 |
| 039 | Trockenbauarbeiten | 5,3 | **6,8** | 7,7 |
| | **Ausbau** | 38,3 | **40,6** | 43,1 |
| 040 | Wärmeversorgungsanl. - Betriebseinr. inkl. 041 | 2,7 | **4,3** | 5,5 |
| 042 | Gas- und Wasserinstallation, Leitungen inkl. 043 | 0,8 | **1,1** | 1,4 |
| 044 | Abwasseranlagen - Leitungen | 0,4 | **0,5** | 0,6 |
| 045 | GWE-Einrichtungsgegenstände inkl. 046 | 1,7 | **2,0** | 2,4 |
| 047 | Dämmarbeiten an betriebstechnischen Anlagen | 0,3 | **0,7** | 1,2 |
| 049 | Feuerlöschanlagen, Feuerlöschgeräte | 0,0 | **< 0,1** | < 0,1 |
| 050 | Blitzschutz- und Erdungsanlagen | 0,2 | **0,3** | 0,5 |
| 052 | Mittelspannungsanlagen | – | – | – |
| 053 | Niederspannungsanlagen inkl. 054 | 1,8 | **2,5** | 3,1 |
| 055 | Sicherheits- u. Ersatzstromversorgungsanl. | – | – | – |
| 057 | Gebäudesystemtechnik | 0,0 | **0,2** | 0,5 |
| 058 | Leuchten und Lampen inkl. 059 | 2,7 | **3,5** | 4,1 |
| 060 | Sprechanlagen, elektroakust. Anlagen inkl. 064 | < 0,1 | **< 0,1** | 0,2 |
| 061 | Kommunikationsnetze inkl. 062 | 0,2 | **0,2** | 0,2 |
| 063 | Gefahrenmeldeanlagen | < 0,1 | **0,3** | 0,6 |
| 069 | Aufzüge | 0,0 | **0,4** | 0,7 |
| 070 | Gebäudeautomation | – | – | – |
| 075 | Raumlufttechnische Anlagen inkl. 078 | 1,1 | **2,3** | 4,0 |
| | **Gebäudetechnik** | 16,3 | **18,5** | 20,5 |
| | Sonstige Leistungsbereiche inkl. 008, 033, 051 | < 0,1 | **0,2** | 0,4 |

**Kosten:** Stand 1. Quartal 2022 Bundesdurchschnitt inkl. 19% MwSt.

- KKW
- ▶ min
- ▷ von
- | Mittelwert
- ◁ bis
- ◀ max

## Planungskennwerte für Flächen und Rauminhalte nach DIN 277

| Grundflächen | | | ▷ | Fläche/NUF (%) | ◁ | ▷ | Fläche/BGF (%) | ◁ |
|---|---|---|---|---|---|---|---|---|
| NUF | Nutzungsfläche | 100,0 | | **100,0** | 100,0 | 63,4 | **66,6** | 70,4 |
| TF | Technikfläche | 3,9 | | **4,7** | 10,2 | 2,3 | **3,0** | 6,3 |
| VF | Verkehrsfläche | 18,1 | | **23,1** | 26,2 | 12,1 | **14,9** | 17,0 |
| NRF | Netto-Raumfläche | 121,9 | | **127,5** | 131,6 | 81,2 | **84,3** | 86,6 |
| KGF | Konstruktions-Grundfläche | 20,6 | | **24,4** | 30,5 | 13,4 | **15,7** | 18,8 |
| BGF | Brutto-Grundfläche | 143,1 | | **151,9** | 158,1 | 100,0 | **100,0** | 100,0 |

| Brutto-Rauminhalte | | ▷ | BRI/NUF (m) | ◁ | ▷ | BRI/BGF (m) | ◁ |
|---|---|---|---|---|---|---|---|
| BRI | Brutto-Rauminhalt | 5,74 | **6,10** | 6,83 | 3,79 | **4,03** | 4,35 |

| Flächen von Nutzeinheiten | ▷ | NUF/Einheit (m²) | ◁ | ▷ | BGF/Einheit (m²) | ◁ |
|---|---|---|---|---|---|---|
| Nutzeinheit: Kinder | 6,95 | **7,80** | 8,77 | 10,25 | **11,92** | 13,64 |

| Lufttechnisch behandelte Flächen | ▷ | Fläche/NUF (%) | ◁ | ▷ | Fläche/BGF (%) | ◁ |
|---|---|---|---|---|---|---|
| Entlüftete Fläche | 0,4 | **0,4** | 0,4 | 0,3 | **0,3** | 0,3 |
| Be- und entlüftete Fläche | – | **–** | – | – | **–** | – |
| Teilklimatisierte Fläche | – | **–** | – | – | **–** | – |
| Klimatisierte Fläche | – | **–** | – | – | **–** | – |

| KG | Kostengruppen (2. Ebene) | Einheit | ▷ | Menge/NUF | ◁ | ▷ | Menge/BGF | ◁ |
|---|---|---|---|---|---|---|---|---|
| 310 | Baugrube / Erdbau | m³ BGI | 0,69 | **1,03** | 1,03 | 0,44 | **0,69** | 0,69 |
| 320 | Gründung, Unterbau | m² GRF | 0,91 | **1,03** | 1,16 | 0,70 | **0,70** | 0,75 |
| 330 | Außenwände / vertikal außen | m² AWF | 0,90 | **1,01** | 1,14 | 0,64 | **0,68** | 0,68 |
| 340 | Innenwände / vertikal innen | m² IWF | 1,08 | **1,14** | 1,14 | 0,71 | **0,77** | 0,81 |
| 350 | Decken / horizontal | m² DEF | 0,30 | **0,39** | 0,39 | 0,21 | **0,26** | 0,26 |
| 360 | Dächer | m² DAF | 1,09 | **1,25** | 1,35 | 0,72 | **0,86** | 0,93 |
| 370 | Infrastrukturanlagen | | – | **–** | – | – | **–** | – |
| 380 | Baukonstruktive Einbauten | m² BGF | 1,43 | **1,52** | 1,58 | 1,00 | **1,00** | 1,00 |
| 390 | Sonst. Maßnahmen für Baukonst. | m² BGF | 1,43 | **1,52** | 1,58 | 1,00 | **1,00** | 1,00 |
| **300** | **Bauwerk – Baukonstruktionen** | m² BGF | 1,43 | **1,52** | 1,58 | 1,00 | **1,00** | 1,00 |

## Planungskennwerte für Bauzeiten — 17 Vergleichsobjekte

**Bauzeit in Wochen**

Bauzeit: |0  |15  |30  |45  |60  |75  |90  |105  |120  |135  |150  Wochen

© BKI Baukosteninformationszentrum; Erläuterungen zu den Tabellen siehe Seite 54 — Kostenstand: 1. Quartal 2022, Bundesdurchschnitt, inkl. 19% MwSt.

# Kindergärten, nicht unterkellert, hoher Standard

**€/m² BGF**
- min: 1.645 €/m²
- von: 2.080 €/m²
- Mittel: **2.570 €/m²**
- bis: 3.130 €/m²
- max: 3.530 €/m²

**Kosten:**
Stand 1. Quartal 2022
Bundesdurchschnitt
inkl. 19% MwSt.

## Objektübersicht zur Gebäudeart

### 4400-0317 Kindertagesstätte (50 Kinder) - Modulbau
**BRI** 1.223 m³ | **BGF** 338 m² | **NUF** 245 m²

Kindertagesstätte mit drei Gruppen für 50 Kinder. Modulbauweise in Stahlrahmenkonstruktion.

Land: Niedersachsen
Kreis: Osnabrück
Standard: über Durchschnitt
Bauzeit: 13 Wochen
Kennwerte: bis 1. Ebene DIN 276

**BGF  3.528 €/m²**

Planung: Lüttmann Generalplaner GmbH; Ostbevern

veröffentlicht: BKI Objektdaten N16

### 4400-0311 Hortgebäude, Mensa, Jugendclub (143 Schüler)
**BRI** 6.260 m³ | **BGF** 1.656 m² | **NUF** 1.161 m²

Hortgebäude für 143 Schüler mit Mensa und Jugendclub. Mischkonstruktion.

Land: Brandenburg
Kreis: Teltow-Fläming
Standard: über Durchschnitt
Bauzeit: 70 Wochen
Kennwerte: bis 3. Ebene DIN 276

**BGF  1.988 €/m²**

Planung: Planungswerk Näther Wucke PartGmbB; Berlin

vorgesehen: BKI Objektdaten N18

### 4400-0313 Kindertagesstätte (60 Kinder) - Passivhaus
**BRI** 2.470 m³ | **BGF** 712 m² | **NUF** 410 m²

Kindertagesstätte für 60 Kinder und 4 Gruppenräumen, Ruheräume und Differenzierungsräume. Massivbau.

Land: Bremen
Kreis: Bremen, Stadt
Standard: über Durchschnitt
Bauzeit: 61 Wochen
Kennwerte: bis 1. Ebene DIN 276

**BGF  3.075 €/m²**

Planung: Gruppe GME Architekten BDA; Achim

veröffentlicht: BKI Objektdaten E8

### 4400-0308 Kindertagesstätte (75 Kinder)
**BRI** 2.590 m³ | **BGF** 541 m² | **NUF** 409 m²

Kindertagesstätte mit 2 Krippengruppen und 3 Kitagruppen (75 Kinder). Mauerwerk.

Land: Brandenburg
Kreis: Ostprignitz-Ruppin
Standard: über Durchschnitt
Bauzeit: 74 Wochen
Kennwerte: bis 1. Ebene DIN 276

**BGF  3.357 €/m²**

Planung: kleyer.koblitz.letzel.freivogel ges. v. architekten mbh; Berlin

veröffentlicht: BKI Objektdaten N16

## Objektübersicht zur Gebäudeart

### 4400-0305 Kindertagesstätte (125 Kinder) - Passivhaus   **BRI** 6.370 m³   **BGF** 1.567 m²   **NUF** 971 m²

Kindertagesstätte (6 Gruppen, 125 Kinder). Mauerwerk.

Land: Hessen
Kreis: Bergstraße
Standard: über Durchschnitt
Bauzeit: 57 Wochen
Kennwerte: bis 1. Ebene DIN 276

**BGF**   2.170 €/m²

**Planung:** VOLK architekten Roland Volk Dipl.-Ing. Architekt; Bensheim

veröffentlicht: BKI Objektdaten E8

### 4400-0302 Kindertagesstätte (6 Gruppen, 85 Kinder)   **BRI** 3.416 m³   **BGF** 812 m²   **NUF** 625 m²

Kindertagesstätte mit 6 Gruppen für 85 Kinder. Stb-Konstruktion.

Land: Berlin
Kreis: Berlin
Standard: über Durchschnitt
Bauzeit: 61 Wochen
Kennwerte: bis 1. Ebene DIN 276

**BGF**   2.792 €/m²

**Planung:** LANDHERR / Architekten und Ingenieure GmbH; Hoppegarten

veröffentlicht: BKI Objektdaten N16

### 4400-0309 Kindertagesstätte (100 Kinder) - Effizienzhaus ~55%   **BRI** 6.548 m³   **BGF** 1.677 m²   **NUF** 1.134 m²

Kindertagesstätte mit 4 Gruppen für Kinder von 3-6 Jahren und 2 Gruppen für Kinder von 1-3 Jahren. Massivbau.

Land: Baden-Württemberg
Kreis: Esslingen
Standard: über Durchschnitt
Bauzeit: 100 Wochen
Kennwerte: bis 1. Ebene DIN 276

**BGF**   2.136 €/m²

**Planung:** ZOLL Architekten Stadtplaner GmbH; Stuttgart

veröffentlicht: BKI Objektdaten E8

### 4400-0312 Kindertagesstätte (90 Kinder) - Effizienzhaus ~50%   **BRI** 3.674 m³   **BGF** 866 m²   **NUF** 576 m²

Kindertagesstätte mit 4 Gruppen für 90 Kinder. Mauerwerksbau.

Land: Rheinland-Pfalz
Kreis: Alzey-Worms
Standard: über Durchschnitt
Bauzeit: 52 Wochen
Kennwerte: bis 1. Ebene DIN 276

**BGF**   2.507 €/m²

**Planung:** ARGE Kopf / Sinopoli Architekten; Alzey

veröffentlicht: BKI Objektdaten E8

**Kindergärten, nicht unterkellert, hoher Standard**

€/m² BGF
- min: 1.645 €/m²
- von: 2.080 €/m²
- **Mittel: 2.570 €/m²**
- bis: 3.130 €/m²
- max: 3.530 €/m²

**Kosten:**
Stand 1. Quartal 2022
Bundesdurchschnitt
inkl. 19% MwSt.

## Objektübersicht zur Gebäudeart

### 4400-0272 Kindertagesstätte (130 Kinder) - Effizienzhaus ~69%
**BRI** 6.683 m³ | **BGF** 1.854 m² | **NUF** 1.231 m²

Kindertagesstätte mit 7 Gruppenräumen für 130 Kinder. Massivbau.

- Land: Baden-Württemberg
- Kreis: Rhein-Neckar-Kreis
- Standard: über Durchschnitt
- Bauzeit: 126 Wochen
- Kennwerte: bis 1. Ebene DIN 276

**BGF 2.190 €/m²**

**Planung:** pbs architekten Gerlach Wolf Böhning Planungsgesellschaft mbH; Aachen
veröffentlicht: BKI Objektdaten E7

### 4400-0239 Kindertagesstätte (5 Gruppen, 75 Kinder)
**BRI** 5.165 m³ | **BGF** 1.223 m² | **NUF** 763 m²

Kindertagesstätte mit 5 Gruppen für 75 Kinder. Massivbau.

- Land: Bayern
- Kreis: Nürnberg
- Standard: über Durchschnitt
- Bauzeit: 74 Wochen
- Kennwerte: bis 1. Ebene DIN 276

**BGF 2.719 €/m²**

**Planung:** Grabow + Hofmann Architektenpartnerschaft BDA; Nürnberg
veröffentlicht: BKI Objektdaten N13

### 4400-0236 Kindertagesstätte (7 Gruppen, 117 Kinder)
**BRI** 4.336 m³ | **BGF** 1.128 m² | **NUF** 714 m²

Kindertagesstätte für 117 Kinder mit Krippe (3 Gruppen) und Kindergarten (4 Gruppen), Mehrzweckraum, Küche. Massivbau.

- Land: Sachsen
- Kreis: Dresden, Stadt
- Standard: über Durchschnitt
- Bauzeit: 57 Wochen
- Kennwerte: bis 2. Ebene DIN 276

**BGF 2.537 €/m²**

**Planung:** dd1architekten; Dresden
veröffentlicht: BKI Objektdaten E6

### 4400-0227 Kindertagesstätte (8 Gruppen, 120 Kinder)
**BRI** 5.706 m³ | **BGF** 1.839 m² | **NUF** 1.042 m²

Kindertagesstätte mit 8 Gruppen für 120 Kinder. Mauerwerksbau.

- Land: Berlin
- Kreis: Berlin
- Standard: über Durchschnitt
- Bauzeit: 61 Wochen
- Kennwerte: bis 1. Ebene DIN 276

**BGF 1.644 €/m²**

**Planung:** pk Architekten und Ingenieure; Berlin
veröffentlicht: BKI Objektdaten N13

# Objektübersicht zur Gebäudeart

## 4400-0141 Kindertagesstätte (2 Gruppen, 30 Kinder)    **BRI** 2.433 m³    **BGF** 479 m²    **NUF** 287 m²

Kindertagesstätte (2 Gruppen) für 30 Kleinkinder (1-3 Jahre). Im OG gesondertes Informationsbüro und Elternberatung. Mauerwerksbau.

Land: Niedersachsen
Kreis: Hannover, Region
Standard: über Durchschnitt
Bauzeit: 35 Wochen
Kennwerte: bis 1. Ebene DIN 276

**BGF**    2.713 €/m²

veröffentlicht: BKI Objektdaten N11

**Planung:** Jörn Knop Architekt + Innenarchitekt; Wunstorf

## 4400-0144 Kindertagesstätte - Passivhaus    **BRI** 2.702 m³    **BGF** 610 m²    **NUF** 358 m²

Kindertagesstätte (3 Gruppen, 55 Kinder) als Passivhaus. Gebäude ist komplett erdüberdeckt und öffnet sich nur nach Süden. Sichtbetonkonstruktion.

Land: Niedersachsen
Kreis: Göttingen
Standard: über Durchschnitt
Bauzeit: 52 Wochen
Kennwerte: bis 1. Ebene DIN 276

**BGF**    3.313 €/m²

veröffentlicht: BKI Objektdaten E5

**Planung:** Despang Architekten; Radebeul bei Dresden

## 4400-0142 Kindertagesstätte (4 Gruppen) - Effizienzhaus 70    **BRI** 3.296 m³    **BGF** 894 m²    **NUF** 674 m²

Ersatzneubau einer Kindertagesstätte (4 Gruppen, 74 Kinder), Effizienzhaus 70. Gruppenräume konsequent nach Süden orientiert. Mauerwerkskonstruktion.

Land: Bayern
Kreis: Nürnberg, Stadt
Standard: über Durchschnitt
Bauzeit: 65 Wochen
Kennwerte: bis 1. Ebene DIN 276

**BGF**    2.871 €/m²

veröffentlicht: BKI Objektdaten E5

**Planung:** plankoepfe nuernberg R. Wölfel - A. Volkmar, Architekten; Nürnberg

## 4400-0128 Kindertagesstätte (4 Gruppen, 72 Kinder)    **BRI** 3.350 m³    **BGF** 829 m²    **NUF** 503 m²

Kindertagesstätte für 72 Kinder in 4 Gruppen im Passivhausstandard. Mauerwerksbau.

Land: Sachsen
Kreis: Sächsische Schweiz
Standard: über Durchschnitt
Bauzeit: 48 Wochen
Kennwerte: bis 3. Ebene DIN 276

**BGF**    2.140 €/m²

veröffentlicht: BKI Objektdaten E4

**Planung:** Architektengemeinschaft Reiter & Rentzsch; Dresden

© **BKI** Baukosteninformationszentrum; Erläuterungen zu den Tabellen siehe Seite 56    Kostenstand: 1. Quartal 2022, Bundesdurchschnitt, **inkl. 19% MwSt.**

**Kindergärten,
nicht unterkellert,
hoher Standard**

€/m² BGF
| | |
|---|---|
| min | 1.645 €/m² |
| von | 2.080 €/m² |
| Mittel | **2.570 €/m²** |
| bis | 3.130 €/m² |
| max | 3.530 €/m² |

**Kosten:**
Stand 1. Quartal 2022
Bundesdurchschnitt
inkl. 19% MwSt.

## Objektübersicht zur Gebäudeart

### 4400-0064 Kindertagesstätte (4 Gruppen, 100 Kinder)   BRI 4.514 m³   BGF 1.023 m²   NUF 814 m²

Viergruppiger Kindergarten mit Hort- und Krippenplätzen, im EG 3 Funktionsbereiche: Eingangsbereich mit Mehrzweckraum, entlang des Flures die 4 Gruppenräume, im Norden Neben- und Funktionsräume. Mauerwerksbau.

**Planung:** Günter Heinrich Architekturbüro; Bendorf

Land: Rheinland-Pfalz
Kreis: Mayen-Koblenz
Standard: über Durchschnitt
Bauzeit: 78 Wochen
Kennwerte: bis 3. Ebene DIN 276

**BGF   2.032 €/m²**

www.bki.de

**Bildung**

**Kindergärten, Holzbauweise, nicht unterkellert**

## Kostenkennwerte für die Kosten des Bauwerks (Kostengruppen 300+400 nach DIN 276)

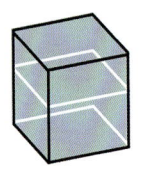

**BRI** 605 €/m³
von 500 €/m³
bis 760 €/m³

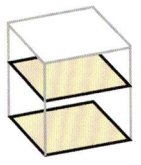

**BGF** 2.390 €/m²
von 1.950 €/m²
bis 3.050 €/m²

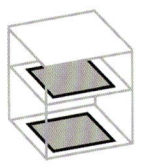

**NUF** 3.530 €/m²
von 2.830 €/m²
bis 4.650 €/m²

**NE** 32.105 €/NE
von 20.940 €/NE
bis 47.075 €/NE
NE: Kinder

### Objektbeispiele

**Kosten:**
Stand 1. Quartal 2022
Bundesdurchschnitt
inkl. 19% MwSt.

4400-0344

4400-0345

4400-0347

### Kosten der 39 Vergleichsobjekte — Seiten 286 bis 295

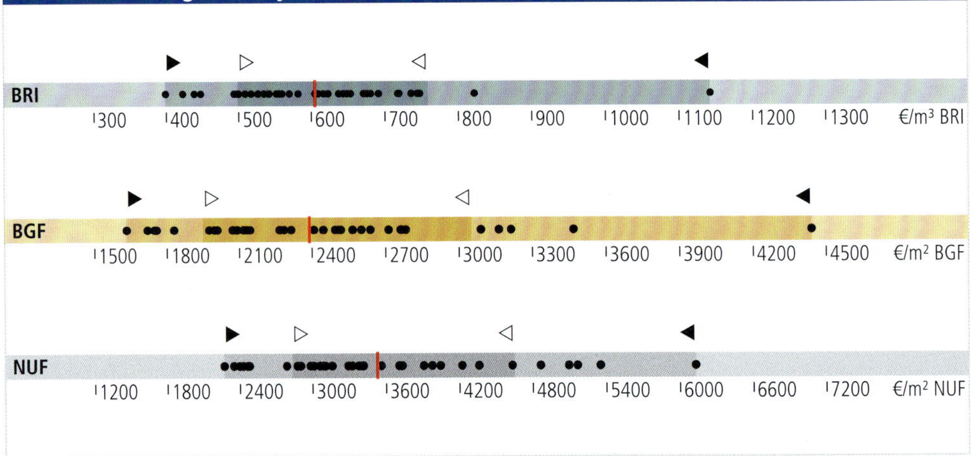

- ● KKW
- ▶ min
- ▷ von
- | Mittelwert
- ◁ bis
- ◀ max

BRI — €/m³ BRI

BGF — €/m² BGF

NUF — €/m² NUF

© BKI Baukosteninformationszentrum; Erläuterungen zu den Tabellen siehe Seite 46   Kostenstand: 1. Quartal 2022, Bundesdurchschnitt, **inkl. 19% MwSt.**

## Kostenkennwerte für die Kostengruppen der 1. und 2. Ebene DIN 276

| KG | Kostengruppen der 1. Ebene | Einheit | ▷ | €/Einheit | ◁ | ▷ | % an 300+400 | ◁ |
|---|---|---|---|---|---|---|---|---|
| 100 | Grundstück | m²GF | – | – | – | – | – | – |
| 200 | Vorbereitende Maßnahmen | m²GF | 7 | 24 | 42 | 1,9 | 4,7 | 8,3 |
| 300 | Bauwerk – Baukonstruktionen | m²BGF | 1.532 | 1.879 | 2.344 | 73,6 | 79,0 | 83,3 |
| 400 | Bauwerk – Technische Anlagen | m²BGF | 365 | 510 | 768 | 16,7 | 21,0 | 26,4 |
|  | Bauwerk (300+400) | m²BGF | 1.950 | 2.389 | 3.051 | 100,0 | 100,0 | 100,0 |
| 500 | Außenanlagen und Freiflächen | m²AF | 108 | 368 | 3.469 | 7,0 | 12,0 | 21,0 |
| 600 | Ausstattung und Kunstwerke | m²BGF | 23 | 91 | 190 | 1,3 | 4,0 | 9,2 |
| 700 | Baunebenkosten* | m²BGF | 485 | 541 | 597 | 20,5 | 22,8 | 25,2 |
| 800 | Finanzierung | m²BGF | – | – | – | – | – | – |

\* Auf Grundlage der HOAI 2021 berechnete Werte nach §§ 35, 52, 56. Weitere Informationen siehe Seite 50

| KG | Kostengruppen der 2. Ebene | Einheit | ▷ | €/Einheit | ◁ | ▷ | % an 1. Ebene | ◁ |
|---|---|---|---|---|---|---|---|---|
| 310 | Baugrube / Erdbau | m³BGI | 30 | 50 | 104 | 0,8 | 1,6 | 2,8 |
| 320 | Gründung, Unterbau | m²GRF | 243 | 299 | 339 | 10,3 | 15,0 | 20,5 |
| 330 | Außenwände / vertikal außen | m²AWF | 527 | 633 | 878 | 24,9 | 30,5 | 41,8 |
| 340 | Innenwände / vertikal innen | m²IWF | 259 | 314 | 395 | 12,3 | 16,8 | 20,5 |
| 350 | Decken / horizontal | m²DEF | 522 | 857 | 1.235 | 0,6 | 6,6 | 22,1 |
| 360 | Dächer | m²DAF | 321 | 421 | 566 | 18,9 | 22,7 | 28,5 |
| 370 | Infrastrukturanlagen |  | – | – | – | – | – | – |
| 380 | Baukonstruktive Einbauten | m²BGF | 52 | 65 | 93 | 1,3 | 3,3 | 4,5 |
| 390 | Sonst. Maßnahmen für Baukonst. | m²BGF | 35 | 57 | 86 | 2,2 | 3,3 | 4,7 |
| 300 | **Bauwerk – Baukonstruktionen** | m²BGF |  |  |  |  | 100,0 |  |
| 410 | Abwasser-, Wasser-, Gasanlagen | m²BGF | 75 | 99 | 122 | 22,7 | 27,9 | 34,3 |
| 420 | Wärmeversorgungsanlagen | m²BGF | 70 | 95 | 123 | 18,6 | 26,5 | 32,8 |
| 430 | Raumlufttechnische Anlagen | m²BGF | 15 | 32 | 63 | 1,3 | 5,4 | 10,9 |
| 440 | Elektrische Anlagen | m²BGF | 94 | 122 | 176 | 30,9 | 32,9 | 37,7 |
| 450 | Kommunikationstechnische Anlagen | m²BGF | 10 | 26 | 42 | 1,4 | 5,5 | 8,7 |
| 460 | Förderanlagen | m²BGF | 45 | 45 | 45 | 0,0 | 1,0 | 6,9 |
| 470 | Nutzungsspez. / verfahrenstech. Anl. | m²BGF | < 1 | < 1 | < 1 | 0,0 | < 0,1 | 0,1 |
| 480 | Gebäude- und Anlagenautomation | m²BGF | 5 | 16 | 26 | 0,0 | 0,7 | 3,0 |
| 490 | Sonst. Maßnahmen f. techn. Anl. | m²BGF | < 1 | < 1 | < 1 | 0,0 | < 0,1 | 0,1 |
| 400 | **Bauwerk – Technische Anlagen** | m²BGF |  |  |  |  | 100,0 |  |

### Prozentanteile der Kosten 2. Ebene an den Kosten des Bauwerks nach DIN 276 (Von/Mittel/Bis)

| KG | Bezeichnung | Mittel |
|---|---|---|
| 310 | Baugrube / Erdbau | 1,3 |
| 320 | Gründung, Unterbau | 12,4 |
| 330 | Außenwände / vertikal außen | 25,2 |
| 340 | Innenwände / vertikal innen | 13,7 |
| 350 | Decken / horizontal | 5,3 |
| 360 | Dächer | 18,7 |
| 370 | Infrastrukturanlagen |  |
| 380 | Baukonstruktive Einbauten | 2,7 |
| 390 | Sonst. Maßnahmen für Baukonst. | 2,7 |
| 410 | Abwasser-, Wasser-, Gasanlagen | 4,9 |
| 420 | Wärmeversorgungsanlagen | 4,7 |
| 430 | Raumlufttechnische Anlagen | 1,0 |
| 440 | Elektrische Anlagen | 5,9 |
| 450 | Kommunikationstechnische Anlagen | 1,0 |
| 460 | Förderanlagen | 0,3 |
| 470 | Nutzungsspez. / verfahrenstech. Anl. | < 0,1 |
| 480 | Gebäude- und Anlagenautomation | 0,2 |
| 490 | Sonst. Maßnahmen f. techn. Anl. | < 0,1 |

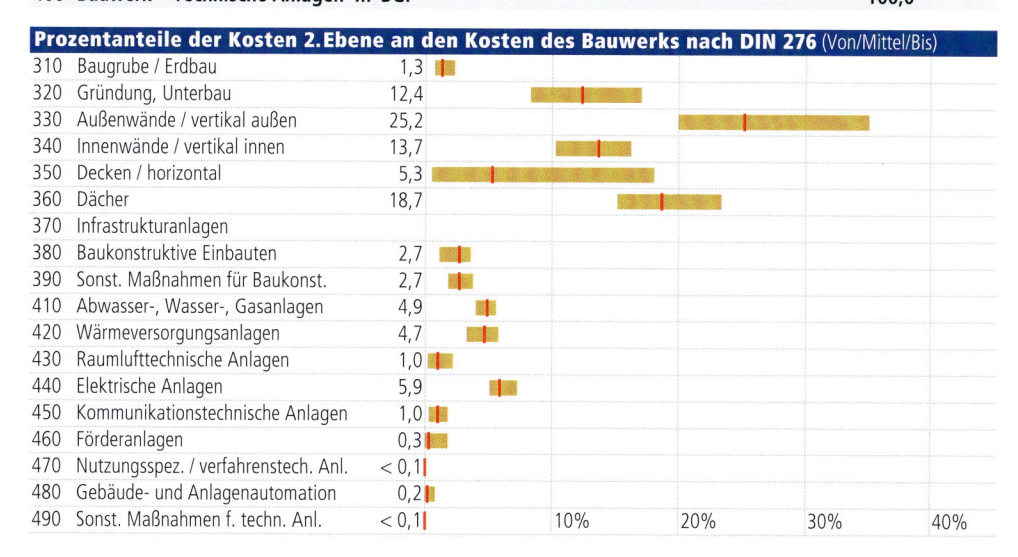

© BKI Baukosteninformationszentrum; Erläuterungen zu den Tabellen siehe Seite 48 und 50  Kostenstand: 1. Quartal 2022, Bundesdurchschnitt, inkl. 19% MwSt.

**Kindergärten, Holzbauweise, nicht unterkellert**

Kosten: Stand 1. Quartal 2022 Bundesdurchschnitt inkl. 19% MwSt.

### Prozentanteile der Kosten für Leistungsbereiche nach STLB (Kosten Bauwerk nach DIN 276)

| LB | Leistungsbereiche | von | Mittelwert | bis |
|---|---|---|---|---|
| 000 | Sicherheits-, Baustelleneinrichtungen inkl. 001 | 1,5 | 2,3 | 3,3 |
| 002 | Erdarbeiten | 0,9 | 1,9 | 2,9 |
| 006 | Spezialtiefbauarbeiten inkl. 005 | – | – | – |
| 009 | Entwässerungskanalarbeiten inkl. 011 | 0,1 | 0,5 | 0,9 |
| 010 | Drän- und Versickerarbeiten | 0,0 | 0,1 | 0,5 |
| 012 | Mauerarbeiten | < 0,1 | 0,6 | 2,3 |
| 013 | Betonarbeiten | 4,1 | 4,8 | 5,7 |
| 014 | Natur-, Betonwerksteinarbeiten | – | – | – |
| 016 | Zimmer- und Holzbauarbeiten | 22,0 | 28,2 | 36,8 |
| 017 | Stahlbauarbeiten | 0,0 | 0,8 | 2,3 |
| 018 | Abdichtungsarbeiten | 0,2 | 0,5 | 1,1 |
| 020 | Dachdeckungsarbeiten | 0,0 | 0,2 | 1,5 |
| 021 | Dachabdichtungsarbeiten | 3,0 | 5,3 | 9,2 |
| 022 | Klempnerarbeiten | 0,8 | 1,9 | 2,4 |
| | **Rohbau** | 43,4 | 47,2 | 51,1 |
| 023 | Putz- und Stuckarbeiten, Wärmedämmsysteme | 0,0 | 0,2 | 0,7 |
| 024 | Fliesen- und Plattenarbeiten | 0,9 | 1,2 | 1,9 |
| 025 | Estricharbeiten | 0,4 | 1,3 | 2,1 |
| 026 | Fenster, Außentüren inkl. 029, 032 | 6,2 | 9,9 | 11,9 |
| 027 | Tischlerarbeiten | 2,4 | 6,3 | 8,9 |
| 028 | Parkettarbeiten, Holzpflasterarbeiten | 0,1 | 1,2 | 3,1 |
| 030 | Rollladenarbeiten | 0,4 | 1,1 | 2,3 |
| 031 | Metallbauarbeiten inkl. 035 | 0,4 | 1,9 | 5,5 |
| 034 | Maler- und Lackiererarbeiten inkl. 037 | 0,9 | 1,6 | 2,7 |
| 036 | Bodenbelagarbeiten | 0,7 | 1,6 | 2,4 |
| 038 | Vorgehängte hinterlüftete Fassaden | 1,6 | 4,5 | 8,3 |
| 039 | Trockenbauarbeiten | 2,1 | 4,0 | 6,2 |
| | **Ausbau** | 32,0 | 34,8 | 39,7 |
| 040 | Wärmeversorgungsanl. - Betriebseinr. inkl. 041 | 3,2 | 4,5 | 5,7 |
| 042 | Gas- und Wasserinstallation, Leitungen inkl. 043 | 0,7 | 1,0 | 1,3 |
| 044 | Abwasseranlagen - Leitungen | 0,5 | 0,7 | 0,8 |
| 045 | GWE-Einrichtungsgegenstände inkl. 046 | 1,6 | 2,3 | 3,5 |
| 047 | Dämmarbeiten an betriebstechnischen Anlagen | 0,2 | 0,5 | 0,9 |
| 049 | Feuerlöschanlagen, Feuerlöschgeräte | 0,0 | < 0,1 | < 0,1 |
| 050 | Blitzschutz- und Erdungsanlagen | 0,3 | 0,7 | 1,5 |
| 052 | Mittelspannungsanlagen | – | – | – |
| 053 | Niederspannungsanlagen inkl. 054 | 1,8 | 2,8 | 3,2 |
| 055 | Sicherheits- u. Ersatzstromversorgungsanl. | 0,0 | 0,2 | 1,8 |
| 057 | Gebäudesystemtechnik | – | – | – |
| 058 | Leuchten und Lampen inkl. 059 | 1,2 | 2,3 | 3,3 |
| 060 | Sprechanlagen, elektroakust. Anlagen inkl. 064 | < 0,1 | 0,1 | 0,4 |
| 061 | Kommunikationsnetze inkl. 062 | 0,1 | 0,3 | 1,1 |
| 063 | Gefahrenmeldeanlagen | 0,1 | 0,5 | 1,1 |
| 069 | Aufzüge | 0,0 | 0,2 | 1,8 |
| 070 | Gebäudeautomation | 0,0 | 0,1 | 0,7 |
| 075 | Raumlufttechnische Anlagen inkl. 078 | 0,2 | 0,8 | 1,9 |
| | **Gebäudetechnik** | 14,8 | 17,0 | 22,8 |
| | Sonstige Leistungsbereiche inkl. 008, 033, 051 | 0,2 | 1,0 | 3,6 |

- KKW
- min
▷ von
| Mittelwert
◁ bis
◀ max

## Planungskennwerte für Flächen und Rauminhalte nach DIN 277

| Grundflächen | | ▷ | Fläche/NUF (%) | ◁ | ▷ | Fläche/BGF (%) | ◁ |
|---|---|---|---|---|---|---|---|
| NUF | Nutzungsfläche | 100,0 | **100,0** | 100,0 | 63,6 | **68,5** | 73,7 |
| TF | Technikfläche | 2,2 | **2,7** | 4,0 | 1,4 | **1,8** | 2,6 |
| VF | Verkehrsfläche | 17,8 | **24,3** | 34,6 | 11,4 | **15,7** | 20,2 |
| NRF | Netto-Raumfläche | 120,5 | **127,0** | 138,2 | 84,4 | **86,0** | 87,8 |
| KGF | Konstruktions-Grundfläche | 17,7 | **20,8** | 24,0 | 12,2 | **14,0** | 15,6 |
| BGF | Brutto-Grundfläche | 138,6 | **147,8** | 161,1 | 100,0 | **100,0** | 100,0 |

| Brutto-Rauminhalte | | ▷ | BRI/NUF (m) | ◁ | ▷ | BRI/BGF (m) | ◁ |
|---|---|---|---|---|---|---|---|
| BRI | Brutto-Rauminhalt | 5,34 | **5,85** | 6,48 | 3,76 | **3,96** | 4,24 |

| Flächen von Nutzeinheiten | ▷ | NUF/Einheit (m²) | ◁ | ▷ | BGF/Einheit (m²) | ◁ |
|---|---|---|---|---|---|---|
| Nutzeinheit: Kinder | 8,03 | **9,21** | 12,42 | 11,74 | **13,45** | 17,79 |

| Lufttechnisch behandelte Flächen | ▷ | Fläche/NUF (%) | ◁ | ▷ | Fläche/BGF (%) | ◁ |
|---|---|---|---|---|---|---|
| Entlüftete Fläche | – | – | – | – | – | – |
| Be- und entlüftete Fläche | 105,4 | **105,4** | 123,8 | 69,9 | **69,9** | 72,8 |
| Teilklimatisierte Fläche | – | – | – | – | – | – |
| Klimatisierte Fläche | – | – | – | – | – | – |

| KG | Kostengruppen (2. Ebene) | Einheit | ▷ | Menge/NUF | ◁ | ▷ | Menge/BGF | ◁ |
|---|---|---|---|---|---|---|---|---|
| 310 | Baugrube / Erdbau | m³ BGI | 0,85 | **1,04** | 1,20 | 0,54 | **0,68** | 0,91 |
| 320 | Gründung, Unterbau | m² GRF | 1,12 | **1,23** | 1,25 | 0,78 | **0,82** | 0,84 |
| 330 | Außenwände / vertikal außen | m² AWF | 1,13 | **1,24** | 1,43 | 0,76 | **0,82** | 0,99 |
| 340 | Innenwände / vertikal innen | m² IWF | 1,18 | **1,37** | 1,51 | 0,82 | **0,88** | 0,97 |
| 350 | Decken / horizontal | m² DEF | 0,44 | **0,49** | 0,51 | 0,24 | **0,27** | 0,29 |
| 360 | Dächer | m² DAF | 1,27 | **1,42** | 1,60 | 0,93 | **0,94** | 1,08 |
| 370 | Infrastrukturanlagen | | – | – | – | – | – | – |
| 380 | Baukonstruktive Einbauten | m² BGF | 1,39 | **1,48** | 1,61 | 1,00 | **1,00** | 1,00 |
| 390 | Sonst. Maßnahmen für Baukonst. | m² BGF | 1,39 | **1,48** | 1,61 | 1,00 | **1,00** | 1,00 |
| **300** | **Bauwerk – Baukonstruktionen** | m² BGF | 1,39 | **1,48** | 1,61 | 1,00 | **1,00** | 1,00 |

## Planungskennwerte für Bauzeiten — 39 Vergleichsobjekte

**Bauzeit in Wochen**

Bauzeit: Verteilung zwischen ca. 10 und 80 Wochen, Median bei ca. 40 Wochen.

© BKI Baukosteninformationszentrum; Erläuterungen zu den Tabellen siehe Seite 54. Kostenstand: 1. Quartal 2022, Bundesdurchschnitt, inkl. 19% MwSt.

**Kindergärten, Holzbauweise, nicht unterkellert**

€/m² BGF
min  1.635 €/m²
von  1.950 €/m²
Mittel  **2.390 €/m²**
bis  3.050 €/m²
max  4.440 €/m²

**Kosten:**
Stand 1. Quartal 2022
Bundesdurchschnitt
inkl. 19% MwSt.

## Objektübersicht zur Gebäudeart

### 4400-0349 Kinderhaus (8 Gruppen, 161 Kinder)
**BRI** 8.630 m³  **BGF** 2.518 m²  **NUF** 1.830 m²

Kinderhaus für 50 Hortplätze, 75 Kindergartenplätze und 36 Krippenplätze. Holzbau.

Land: Bayern
Kreis: Weißenburg-Gunzenhausen
Standard: Durchschnitt
Bauzeit: 44 Wochen
Kennwerte: bis 1. Ebene DIN 276

**BGF 2.089 €/m²**

vorgesehen: BKI Objektdaten N18

**Planung:** Hrycyk Architekten; München

### 4400-0348 Kinderhort (4 Gruppen, 100 Kinder)
**BRI** 4.451 m³  **BGF** 1.026 m²  **NUF** 701 m²

Kinderhort für 100 Schulkinder. Holzbau.

Land: Bayern
Kreis: Landshut
Standard: Durchschnitt
Bauzeit: 57 Wochen
Kennwerte: bis 1. Ebene DIN 276

**BGF 2.765 €/m²**

vorgesehen: BKI Objektdaten N18

**Planung:** goldbrunner + hrycyk architekten; München

### 4400-0347 Kindertagesstätte (7 Gruppen, 110 Kinder)
**BRI** 4.868 m³  **BGF** 1.185 m²  **NUF** 724 m²

Kindertagesstätte für 110 Kinder ohne feste Gruppenbildung in 4 Themenräumen. Mischkonstruktion.

Land: Brandenburg
Kreis: Potsdam, Stadt
Standard: über Durchschnitt
Bauzeit: 52 Wochen
Kennwerte: bis 1. Ebene DIN 276

**BGF 2.266 €/m²**

vorgesehen: BKI Objektdaten N18

**Planung:** Werkgruppe Kleinmachnow Architekten PartGmbB; Kleinmachnow

### 4400-0351 Kindertagesstätte (6 Gruppen, 138 Kinder)
**BRI** 7.542 m³  **BGF** 1.600 m²  **NUF** 945 m²

Kindertagesstätte mit 6 Gruppen bzw. 138 Kindern. Massivbau.

Land: Bayern
Kreis: Eichstätt
Standard: über Durchschnitt
Bauzeit: 70 Wochen
Kennwerte: bis 1. Ebene DIN 276

**BGF 3.162 €/m²**

vorgesehen: BKI Objektdaten N18

**Planung:** Bär Stadelmann Stöcker Architekten und Stadtplaner PartGmbH; Nürnberg

## Objektübersicht zur Gebäudeart

### 4400-0345 Kindertagesstätte (2 Gruppen, 45 Kinder)    **BRI** 1.547 m³    **BGF** 398 m²    **NUF** 288 m²

Kindertagesstätte für 45 Kinder. Holzbau.

Land: Niedersachsen
Kreis: Braunschweig, Stadt
Standard: über Durchschnitt
Bauzeit: 65 Wochen
Kennwerte: bis 1. Ebene DIN 276

**BGF**    4.440 €/m²

**Planung:** maurer - ARCHITEKTUR Jensen Gronau Architekten BDA; Vechelde    vorgesehen: BKI Objektdaten N18

### 4400-0344 Kindertagesstätte (4 Gruppen, 60 Kinder)    **BRI** 3.496 m³    **BGF** 840 m²    **NUF** 601 m²

Kindertagesstätte mit 4 Gruppen und 60 Kindern. Holzbau.

Land: Schleswig-Holstein
Kreis: Dithmarschen
Standard: Durchschnitt
Bauzeit: 39 Wochen
Kennwerte: bis 1. Ebene DIN 276

**BGF**    2.072 €/m²

**Planung:** JEBENS SCHOOF ARCHITEKTEN BDA; Heide    vorgesehen: BKI Objektdaten N18

### 4400-0339 Kindertagesstätte (99 Kinder) - Effizienzhaus ~26%    **BRI** 4.450 m³    **BGF** 1.200 m²    **NUF** 801 m²

Kindertagesstätte (5 Gruppen, 99 Kinder), Effizienzhaus ~26%. Mischkonstruktion.

Land: Bayern
Kreis: Weilheim-Schongau
Standard: über Durchschnitt
Bauzeit: 70 Wochen
Kennwerte: bis 1. Ebene DIN 276

**BGF**    2.008 €/m²

**Planung:** Angele Architekten GmbH; Oberhausen    veröffentlicht: BKI Objektdaten E9

### 4400-0301 Kindertagesstätte (1 Gruppe, 25 Kinder)    **BRI** 604 m³    **BGF** 184 m²    **NUF** 125 m²

Kindertagesstätte mit 1 Gruppe für max. 25 Kinder. Holzbau.

Land: Hamburg
Kreis: Hamburg, Freie und Hansestadt
Standard: Durchschnitt
Bauzeit: 22 Wochen
Kennwerte: bis 1. Ebene DIN 276

**BGF**    2.143 €/m²

**Planung:** Bosse Westphal Schäffer Architekten; Winsen/Luhe    veröffentlicht: BKI Objektdaten N16

© BKI Baukosteninformationszentrum; Erläuterungen zu den Tabellen siehe Seite 56    Kostenstand: 1. Quartal 2022, Bundesdurchschnitt, inkl. 19% MwSt.

# Kindergärten, Holzbauweise, nicht unterkellert

## Objektübersicht zur Gebäudeart

### 4400-0310 Kindergarten (80 Kinder) - Effizienzhaus ~76%

**BRI** 3.757 m³    **BGF** 853 m²    **NUF** 638 m²

Kindergarten (4 Gruppen, 80 Kinder), Effizienzhaus ~76%. Holzbau.

Land: Nordrhein-Westfalen
Kreis: Bottrop
Standard: Durchschnitt
Bauzeit: 35 Wochen
Kennwerte: bis 1. Ebene DIN 276

**BGF** 1.757 €/m²

**Planung:** Kemper Steiner & Partner Architekten GmbH; Bochum

veröffentlicht: BKI Objektdaten E8

### 4400-0284 Kinderhort (150 Kinder) - Effizienzhaus ~32%

**BRI** 6.211 m³    **BGF** 1.740 m²    **NUF** 976 m²

Kinderhort (6 Gruppen, 150 Kinder), Effizienzhaus ~32%. Holzkonstruktion.

Land: Bayern
Kreis: Starnberg
Standard: über Durchschnitt
Bauzeit: 35 Wochen
Kennwerte: bis 1. Ebene DIN 276

**BGF** 1.996 €/m²

**Planung:** Raum und Bau Planungsgesellschaft mbH; München

veröffentlicht: BKI Objektdaten E7

### 4400-0288 Kinderkrippe (1 Gruppe, 12 Kinder) Modulbau

**BRI** 480 m³    **BGF** 135 m²    **NUF** 98 m²

Kinderkrippe mit 7 Modulen in Holzrahmenbau für 1 Gruppe á 12 Kinder, das 7te Modul ist für Kinderwagen oder als Lager nutzbar. Holzmodulbau.

Land: Niedersachsen
Kreis: Harburg
Standard: Durchschnitt
Bauzeit: 9 Wochen
Kennwerte: bis 3. Ebene DIN 276

**BGF** 1.756 €/m²

**Planung:** Bosse Westphal Schäffer Architekten; Winsen/Luhe

veröffentlicht: BKI Objektdaten N16

### 4400-0273 Kinderkrippe (2 Gruppen, 30 Kinder)

**BRI** 1.812 m³    **BGF** 428 m²    **NUF** 292 m²

Kinderkrippe mit 2 Gruppen für 30 Kinder. Holzrahmenbau.

Land: Niedersachsen
Kreis: Harburg
Standard: Durchschnitt
Bauzeit: 39 Wochen
Kennwerte: bis 1. Ebene DIN 276

**BGF** 2.117 €/m²

**Planung:** Bosse Westphal Schäffer Architekten; Winsen/Luhe

veröffentlicht: BKI Objektdaten N15

---

**€/m² BGF**

| | |
|---|---|
| min | 1.635 €/m² |
| von | 1.950 €/m² |
| Mittel | **2.390 €/m²** |
| bis | 3.050 €/m² |
| max | 4.440 €/m² |

**Kosten:**
Stand 1. Quartal 2022
Bundesdurchschnitt
inkl. 19% MwSt.

## Objektübersicht zur Gebäudeart

### 4400-0255 Kinderkrippe (4 Gruppen, 40 Kinder)   BRI 2.252 m³   BGF 611 m²   NUF 489 m²

Kinderkrippe mit 4 Gruppen für 40 Kinder. Holzrahmenbau.

Land: Schleswig-Holstein
Kreis: Flensburg, Stadt
Standard: Durchschnitt
Bauzeit: 48 Wochen
Kennwerte: bis 1. Ebene DIN 276

BGF   2.711 €/m²

**Planung:** heinobrodersen architekt; Flensburg

veröffentlicht: BKI Objektdaten N13

### 4400-0259 Kinderkrippe (4 Gruppen, 40 Kinder)   BRI 4.175 m³   BGF 830 m²   NUF 511 m²

Kinderkrippe mit 4 Gruppen für 40 Kinder. Holzrahmenbau.

Land: Bremen
Kreis: Bremerhaven
Standard: Durchschnitt
Bauzeit: 43 Wochen
Kennwerte: bis 1. Ebene DIN 276

BGF   2.600 €/m²

**Planung:** Architekturbüro Werner Grannemann; Bremerhaven

veröffentlicht: BKI Objektdaten N13

### 4400-0289 Kindergarten (1 Gruppe, 12 Kinder) - Modulbau   BRI 386 m³   BGF 104 m²   NUF 75 m²

Kindergarten mit 5 Modulen in Holzrahmenbau für 1 Gruppe á 12 Kinder. Holzmodulbau.

Land: Niedersachsen
Kreis: Harburg
Standard: Durchschnitt
Bauzeit: 9 Wochen
Kennwerte: bis 3. Ebene DIN 276

BGF   1.634 €/m²

**Planung:** Bosse Westphal Schäffer Architekten; Winsen/Luhe

veröffentlicht: BKI Objektdaten N16

### 4400-0267 Kindergarten (2 Gruppen, 50 Kinder)   BRI 2.221 m³   BGF 538 m²   NUF 341 m²

Kindergarten mit 2 Gruppen für 50 Kinder. Holzständerkonstruktion.

Land: Bayern
Kreis: München
Standard: über Durchschnitt
Bauzeit: 83 Wochen
Kennwerte: bis 1. Ebene DIN 276

BGF   3.089 €/m²

**Planung:** Breitenbücher Hirschbeck Architektengesellschaft mbH; München

veröffentlicht: BKI Objektdaten N15

© BKI Baukosteninformationszentrum; Erläuterungen zu den Tabellen siehe Seite 56   Kostenstand: 1. Quartal 2022, Bundesdurchschnitt, **inkl. 19% MwSt.**

**Kindergärten, Holzbauweise, nicht unterkellert**

## Objektübersicht zur Gebäudeart

### 4400-0250 Kinderkrippe (4 Gruppen, 50 Kinder)   BRI 3.712 m³   BGF 1.000 m²   NUF 554 m²

Kinderkrippe mit 4 Gruppen für 50 Kinder. Holzbau.

Land: Bayern
Kreis: Traunstein
Standard: Durchschnitt
Bauzeit: 35 Wochen
Kennwerte: bis 3. Ebene DIN 276

BGF   2.565 €/m²

**Planung:** Leonhard Architekten; München

veröffentlicht: BKI Objektdaten N16

**€/m² BGF**
min   1.635 €/m²
von   1.950 €/m²
Mittel   2.390 €/m²
bis   3.050 €/m²
max   4.440 €/m²

**Kosten:**
Stand 1. Quartal 2022
Bundesdurchschnitt
inkl. 19% MwSt.

### 4400-0245 Kindertagesstätte (9 Gruppen, 150 Kinder)   BRI 5.900 m³   BGF 1.866 m²   NUF 1.323 m²

Kindertagesstätte mit 9 Gruppen für 150 Kinder, Elterncafé und Sprachförderungsraum. Holzrahmenbau.

Land: Schleswig-Holstein
Kreis: Segeberg
Standard: Durchschnitt
Bauzeit: 52 Wochen
Kennwerte: bis 1. Ebene DIN 276

BGF   1.757 €/m²

**Planung:** güldenzopf rohrberg architektur + design; Hamburg

veröffentlicht: BKI Objektdaten N13

### 4400-0256 Kinderkrippe (4 Gr, 48 Ki) - Effizienzhaus ~76%   BRI 3.900 m³   BGF 1.033 m²   NUF 908 m²

Kinderkrippe mit 4 Gruppen für 48 Kinder. Holzkonstruktion.

Land: Bayern
Kreis: München
Standard: Durchschnitt
Bauzeit: 39 Wochen
Kennwerte: bis 1. Ebene DIN 276

BGF   2.446 €/m²

**Planung:** Schindhelm Moser Architekten; München

veröffentlicht: BKI Objektdaten E7

### 4400-0235 Kinderkrippe (3 Gruppen, 36 Kinder)   BRI 1.669 m³   BGF 427 m²   NUF 304 m²

Kinderkrippe (3 Gruppen) für 36 Kinder. Holzmassivbau.

Land: Bayern
Kreis: Freising
Standard: Durchschnitt
Bauzeit: 22 Wochen
Kennwerte: bis 1. Ebene DIN 276

BGF   2.637 €/m²

**Planung:** goldbrunner + hrycyk architekten; München

veröffentlicht: BKI Objektdaten N13

## Objektübersicht zur Gebäudeart

### 4400-0247 Kindertagesstätte (2 Gruppen, 20 Kinder) — BRI 2.340 m³ — BGF 588 m² — NUF 379 m²

Kindertagesstätte mit 2 Gruppen für 20 Kinder. Holzrahmenbau.

Land: Schleswig-Holstein
Kreis: Lübeck, Hansestadt
Standard: über Durchschnitt
Bauzeit: 30 Wochen
Kennwerte: bis 1. Ebene DIN 276

**BGF** 2.408 €/m²

**Planung:** Meyer Steffens Architekten und Stadtplaner BDA; Lübeck

veröffentlicht: BKI Objektdaten N13

### 4400-0266 Kindertagesstätte (80 Kinder) - Effizienzhaus ~10% — BRI 2.488 m³ — BGF 594 m² — NUF 422 m²

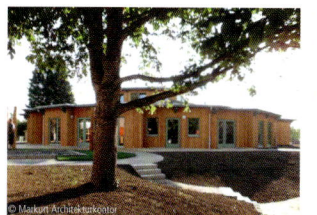

Kindertagesstätte mit 5 Gruppen für 80 Kinder, Multifunktionsraum, 2 Schlafräumen und Küche. Holzrahmenkonstruktion, Mauerwerk (innen).

Land: Sachsen
Kreis: Leipzig
Standard: über Durchschnitt
Bauzeit: 13 Wochen
Kennwerte: bis 1. Ebene DIN 276

**BGF** 2.130 €/m²

**Planung:** Markurt Architekturkontor; Wermsdorf

veröffentlicht: BKI Objektdaten E7

### 4400-0237 Kindertagesstätte (4 Gruppen, 36 Kinder) — BRI 3.341 m³ — BGF 821 m² — NUF 573 m²

Kindertagesstätte als heilpädagogische Einrichtung für je 2 Gruppen im Kindergartenalter und im Schulalter. Holzständerkonstruktion.

Land: Bayern
Kreis: München, Stadt
Standard: Durchschnitt
Bauzeit: 39 Wochen
Kennwerte: bis 4. Ebene DIN 276

**BGF** 1.721 €/m²

**Planung:** dreier + lauterbach architekten und ingenieure gmbh; München

veröffentlicht: BKI Objektdaten E6

### 4400-0216 Kinderkrippe (4 Gruppen, 60 Kinder) — BRI 3.101 m³ — BGF 827 m² — NUF 576 m²

Kinderkrippe für 4 Gruppen mit 60 Kindern. Holzrahmenbau.

Land: Sachsen
Kreis: Erzgebirgskreis
Standard: Durchschnitt
Bauzeit: 48 Wochen
Kennwerte: bis 3. Ebene DIN 276

**BGF** 2.313 €/m²

**Planung:** heine l reichold architekten Partnerschaftsgesellschaft mbB; Lichtenstein

veröffentlicht: BKI Objektdaten N15

## Kindergärten, Holzbauweise, nicht unterkellert

**€/m² BGF**
| | |
|---|---|
| min | 1.635 €/m² |
| von | 1.950 €/m² |
| Mittel | **2.390 €/m²** |
| bis | 3.050 €/m² |
| max | 4.440 €/m² |

**Kosten:**
Stand 1. Quartal 2022
Bundesdurchschnitt
inkl. 19% MwSt.

### Objektübersicht zur Gebäudeart

**4400-0282 Kindertagesstätte (8 Gruppen, 140 Kinder)** — BRI 5.339 m³ — BGF 1.536 m² — NUF 918 m²

Kindertagesstätte mit 8 Gruppen und 140 Kindern, barrierefrei. Holzbau.

Land: Hamburg
Kreis: Hamburg, Freie und Hansestadt
Standard: Durchschnitt
Bauzeit: 39 Wochen
Kennwerte: bis 1. Ebene DIN 276

BGF 1.829 €/m²

**Planung:** Neustadtarchitekten (LPH 1-5) mit lup-architekten (LPH 6-9); Hamburg

veröffentlicht: BKI Objektdaten N15

---

**4400-0249 Kindertagesstätte (6 Gruppen, 90 Kinder)** — BRI 5.839 m³ — BGF 1.428 m² — NUF 780 m²

Kindertagesstätte (6 Gruppen) für 90 Kinder mit Foyer, Mehrzweckraum, Gruppenräumen und Intensiv- und Schlafräume. Holzständerbauweise.

Land: Rheinland-Pfalz
Kreis: Alzey-Worms
Standard: Durchschnitt
Bauzeit: 61 Wochen
Kennwerte: bis 1. Ebene DIN 276

BGF 2.783 €/m²

**Planung:** AV1 Architekten GmbH; Kaiserslautern

veröffentlicht: BKI Objektdaten N13

---

**4400-0225 Kinderkrippe (2 Gruppen, 30 Kinder)** — BRI 2.309 m³ — BGF 474 m² — NUF 370 m²

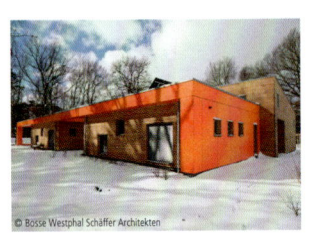

Kinderkrippe mit 2 Gruppen für 30 Kinder. Holzrahmenbau.

Land: Niedersachsen
Kreis: Harburg
Standard: über Durchschnitt
Bauzeit: 39 Wochen
Kennwerte: bis 1. Ebene DIN 276

BGF 2.564 €/m²

**Planung:** Bosse Westphal Schäffer Architekten; Winsen/Luhe

veröffentlicht: BKI Objektdaten E6

---

**4400-0263 Kindertagesstätte (2 Gruppen, 37 Kinder)** — BRI 2.414 m³ — BGF 539 m² — NUF 443 m²

Kindertagesstätte für 2 Gruppen (Kindergartengruppe mit 25 Kindern und Kinderkrippengruppe mit 12 Kindern), Personalräume, Mehrzweckraum. Holzmassivkonstruktion.

Land: Bayern
Kreis: Eichstätt
Standard: Durchschnitt
Bauzeit: 57 Wochen
Kennwerte: bis 1. Ebene DIN 276

BGF 3.212 €/m²

**Planung:** ABHD Architekten Beck und Denzinger; Neuburg

veröffentlicht: BKI Objektdaten N13

## Objektübersicht zur Gebäudeart

### 4400-0240 Kindertagesstätte (6 Gruppen, 149 Kinder)    BRI 6.351 m³    BGF 1.823 m²    NUF 1.533 m²

Kindertagesstätte mit 6 Gruppen und 149 Kindern. Holzbauweise.

Land: Bayern
Kreis: Freising
Standard: über Durchschnitt
Bauzeit: 48 Wochen
Kennwerte: bis 1. Ebene DIN 276

BGF    2.507 €/m²

**Planung:** Hirner und Riehl Architekten und Stadtplaner BDA; München

veröffentlicht: BKI Objektdaten N13

### 4400-0234 Kindertagesstätte (5 Gruppen, 100 Kinder) - Passivhaus    BRI 5.152 m³    BGF 1.221 m²    NUF 820 m²

Kindertagesstätte (5 Gruppen) für 100 Kinder als Passivhaus. Holzrahmenbau.

Land: Hessen
Kreis: Frankfurt am Main, Stadt
Standard: über Durchschnitt
Bauzeit: 70 Wochen
Kennwerte: bis 1. Ebene DIN 276

BGF    3.468 €/m²

**Planung:** Birk Heilmeyer und Frenzel Gesellschaft von Architekten mbH; Stuttgart

veröffentlicht: BKI Objektdaten E6

### 4400-0190 Kindertagesstätte (4 Gruppen)    BRI 3.122 m³    BGF 799 m²    NUF 583 m²

Kindergarten und Krippe, 4 Gruppen mit 72 Kindern. Holzrahmenbauweise auf Stb-Fundament.

Land: Hamburg
Kreis: Hamburg, Freie und Hansestadt
Standard: Durchschnitt
Bauzeit: 26 Wochen
Kennwerte: bis 1. Ebene DIN 276

BGF    1.749 €/m²

**Planung:** bmwquadrat architekten; Hamburg

veröffentlicht: BKI Objektdaten N12

### 4400-0265 Kinderkrippe (6 Gruppen, 72 Kinder)    BRI 4.763 m³    BGF 1.297 m²    NUF 682 m²

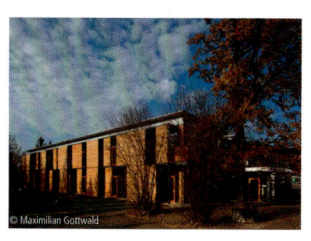

Kinderkrippe mit 6 Gruppen für 72 Kinder. Holzrahmenbau.

Land: Bayern
Kreis: Eichstätt
Standard: Durchschnitt
Bauzeit: 52 Wochen
Kennwerte: bis 3. Ebene DIN 276

BGF    2.091 €/m²

**Planung:** ABHD Architekten Beck und Denzinger; Neuburg a.d. Donau

veröffentlicht: BKI Objektdaten N16

© BKI Baukosteninformationszentrum; Erläuterungen zu den Tabellen siehe Seite 56    Kostenstand: 1. Quartal 2022, Bundesdurchschnitt, **inkl. 19% MwSt.**

# Kindergärten, Holzbauweise, nicht unterkellert

**€/m² BGF**
- min  1.635 €/m²
- von  1.950 €/m²
- Mittel  **2.390 €/m²**
- bis  3.050 €/m²
- max  4.440 €/m²

**Kosten:**
Stand 1. Quartal 2022
Bundesdurchschnitt
inkl. 19% MwSt.

## Objektübersicht zur Gebäudeart

### 4400-0201 Kinderkrippe (2 Gruppen) - Effizienzhaus 55

**BRI** 1.215 m³    **BGF** 283 m²    **NUF** 179 m²

Kinderkrippe 2 Gruppen, 24 Kinder. Holzständerbauweise.

Land: Bayern
Kreis: Nürnberger Land
Standard: über Durchschnitt
Bauzeit: 43 Wochen
Kennwerte: bis 1. Ebene DIN 276

**BGF** 2.761 €/m²

**Planung:** Architekturbüro Thiemann; Hersbruck

veröffentlicht: BKI Objektdaten E5

### 4400-0189 Kindertagesstätte (8 Gruppen)

**BRI** 3.797 m³    **BGF** 1.123 m²    **NUF** 829 m²

Kindertagesstätte mit 8 Gruppen für 120 Kinder in Modulbauweise. Vorfertigung modularer Holzbauelemente.

Land: Brandenburg
Kreis: Potsdam
Standard: Durchschnitt
Bauzeit: 48 Wochen
Kennwerte: bis 1. Ebene DIN 276

**BGF** 2.517 €/m²

**Planung:** larssonarchitekten; Berlin

veröffentlicht: BKI Objektdaten N12

### 4400-0229 Spielhaus auf Abenteuerspielplatz

**BRI** 690 m³    **BGF** 151 m²    **NUF** 101 m²

Spielhaus auf Abenteuerspielplatz mit Gruppenraum, Küche, Materialraum und Büro. Holzrahmenbau.

Land: Nordrhein-Westfalen
Kreis: Bielefeld
Standard: Durchschnitt
Bauzeit: 22 Wochen
Kennwerte: bis 1. Ebene DIN 276

**BGF** 2.283 €/m²

**Planung:** MELISCH.DIEKÖTTER ARCHITEKTEN BDA; Gütersloh

veröffentlicht: BKI Objektdaten N13

### 4400-0145 Kindertagesstätte (5 Gruppen, 90 Kinder)

**BRI** 2.943 m³    **BGF** 806 m²    **NUF** 549 m²

Kindertagesstätte mit 5 Gruppen für 90 Kinder. Rückzugs- und Ausguckräume im OG. Holzrahmenkonstruktion.

Land: Sachsen
Kreis: Leipzig, Stadt
Standard: Durchschnitt
Bauzeit: 39 Wochen
Kennwerte: bis 1. Ebene DIN 276

**BGF** 1.975 €/m²

**Planung:** wittig brösdorf architekten; Leipzig

veröffentlicht: BKI Objektdaten N11

## Objektübersicht zur Gebäudeart

### 4400-0131 Kindertageseinrichtung (3 Gruppen)

**BRI** 2.193 m³  **BGF** 565 m²  **NUF** 379 m²

Kindertagesstätte für 3 Gruppen mit Mehrzweckraum. Holzrahmenkonstruktion.

Land: Baden-Württemberg
Kreis: Karlsruhe, Stadt
Standard: über Durchschnitt
Bauzeit: 31 Wochen
Kennwerte: bis 3. Ebene DIN 276

**BGF** 2.074 €/m²

**Planung:** evaplan Architektur + Stadtplanung; Karlsruhe

veröffentlicht: BKI Objektdaten N11

### 4400-0215 Kindertagesstätte (5 Gruppen, 60 Kinder)

**BRI** 3.872 m³  **BGF** 904 m²  **NUF** 605 m²

Kindertagesstätte (5 Gruppen, 60 Kinder), davon 2 Gruppen für körperbehinderte Kinder, eine integrative Gruppe. Vollholzkonstruktion, Holzrahmenbau.

Land: Baden-Württemberg
Kreis: Schwäbisch Hall
Standard: Durchschnitt
Bauzeit: 44 Wochen
Kennwerte: bis 1. Ebene DIN 276

**BGF** 2.494 €/m²

**Planung:** Wolfgang Helmle Freier Architekt BDA; Ellwangen

veröffentlicht: BKI Objektdaten N12

### 4400-0118 Kindertageseinrichtung (3 Gruppen)

**BRI** 2.005 m³  **BGF** 552 m²  **NUF** 370 m²

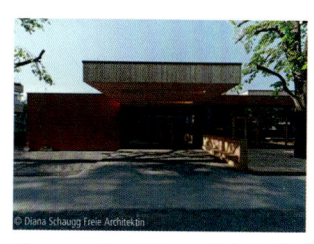

Kindertagesstätte, 3 Gruppen, 75 Kinder, Gruppenräume, Spielflur, Foyer, Aufbereitungsküche, Sanitärräume, Büro. Holzrahmenbau.

Land: Baden-Württemberg
Kreis: Stuttgart, Stadtkreis
Standard: über Durchschnitt
Bauzeit: 35 Wochen
Kennwerte: bis 1. Ebene DIN 276

**BGF** 2.264 €/m²

**Planung:** Diana Schaugg Freie Architektin; Stuttgart

veröffentlicht: BKI Objektdaten N9

© **BKI** Baukosteninformationszentrum; Erläuterungen zu den Tabellen siehe Seite 56    Kostenstand: 1. Quartal 2022, Bundesdurchschnitt, **inkl. 19% MwSt.**

# Kindergärten, unterkellert

## Kostenkennwerte für die Kosten des Bauwerks (Kostengruppen 300+400 nach DIN 276)

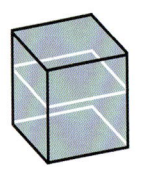

**BRI** 595 €/m³
von 530 €/m³
bis 695 €/m³

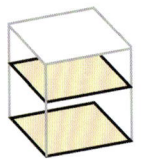

**BGF** 2.290 €/m²
von 1.885 €/m²
bis 2.580 €/m²

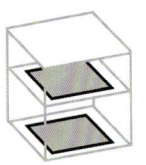

**NUF** 3.715 €/m²
von 3.040 €/m²
bis 4.650 €/m²

**NE** 43.985 €/NE
von 21.505 €/NE
bis 74.735 €/NE
NE: Kinder

**Kosten:**
Stand 1. Quartal 2022
Bundesdurchschnitt
inkl. 19% MwSt.

### Objektbeispiele

4400-0275
4400-0260 
4400-0243 
4400-0244 
4400-0199 
4400-0207 

### Kosten der 12 Vergleichsobjekte — Seiten 300 bis 303

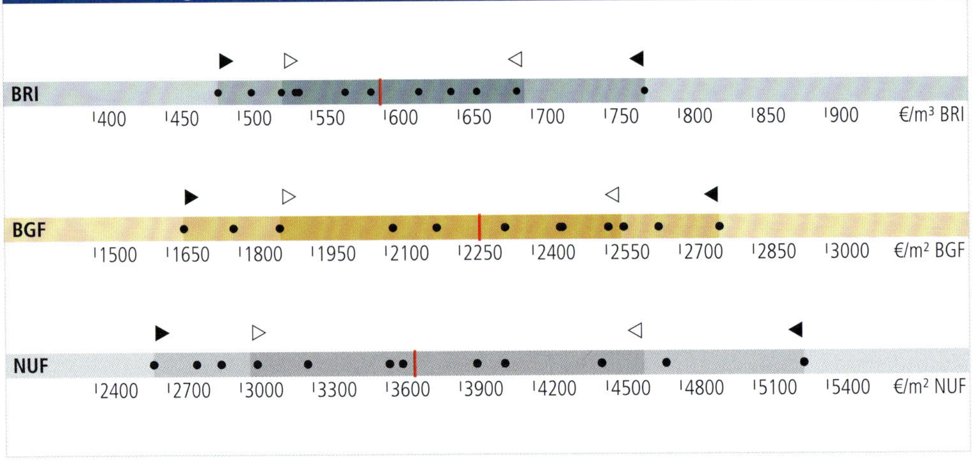

- ● KKW
- ▶ min
- ▷ von
- | Mittelwert
- ◁ bis
- ◀ max

BRI: €/m³ BRI (400–900)
BGF: €/m² BGF (1500–3000)
NUF: €/m² NUF (2400–5400)

© BKI Baukosteninformationszentrum; Erläuterungen zu den Tabellen siehe Seite 46    Kostenstand: 1. Quartal 2022, Bundesdurchschnitt, **inkl. 19% MwSt.**

## Kostenkennwerte für die Kostengruppen der 1. und 2. Ebene DIN 276

| KG | Kostengruppen der 1. Ebene | Einheit | ▷ | €/Einheit | ◁ | ▷ | % an 300+400 | ◁ |
|---|---|---|---|---|---|---|---|---|
| 100 | Grundstück | m²GF | – | – | – | – | – | – |
| 200 | Vorbereitende Maßnahmen | m²GF | 7 | **21** | 41 | 1,1 | **2,1** | 3,5 |
| 300 | Bauwerk – Baukonstruktionen | m²BGF | 1.548 | **1.825** | 2.067 | 77,3 | **79,8** | 82,9 |
| 400 | Bauwerk – Technische Anlagen | m²BGF | 355 | **467** | 565 | 17,1 | **20,2** | 22,7 |
|  | Bauwerk (300+400) | m²BGF | 1.884 | **2.292** | 2.581 | 100,0 | **100,0** | 100,0 |
| 500 | Außenanlagen und Freiflächen | m²AF | 69 | **154** | 263 | 4,7 | **9,5** | 15,2 |
| 600 | Ausstattung und Kunstwerke | m²BGF | 30 | **92** | 148 | 1,7 | **4,3** | 8,4 |
| 700 | Baunebenkosten* | m²BGF | 442 | **493** | 544 | 19,3 | **21,6** | 23,8 |
| 800 | Finanzierung | m²BGF | – | – | – | – | – | – |

\* Auf Grundlage der HOAI 2021 berechnete Werte nach §§ 35, 52, 56. Weitere Informationen siehe Seite 50

| KG | Kostengruppen der 2. Ebene | Einheit | ▷ | €/Einheit | ◁ | ▷ | % an 1. Ebene | ◁ |
|---|---|---|---|---|---|---|---|---|
| 310 | Baugrube / Erdbau | m³BGI | 17 | **31** | 38 | 1,8 | **3,0** | 5,6 |
| 320 | Gründung, Unterbau | m²GRF | 349 | **360** | 376 | 13,8 | **14,7** | 16,5 |
| 330 | Außenwände / vertikal außen | m²AWF | 400 | **565** | 649 | 22,4 | **28,0** | 31,7 |
| 340 | Innenwände / vertikal innen | m²IWF | 244 | **277** | 299 | 14,2 | **16,0** | 17,0 |
| 350 | Decken / horizontal | m²DEF | 302 | **441** | 693 | 3,2 | **6,0** | 11,2 |
| 360 | Dächer | m²DAF | 300 | **469** | 583 | 16,5 | **20,8** | 23,0 |
| 370 | Infrastrukturanlagen |  | – | – | – | – | – | – |
| 380 | Baukonstruktive Einbauten | m²BGF | 20 | **89** | 128 | 1,0 | **5,4** | 7,6 |
| 390 | Sonst. Maßnahmen für Baukonst. | m²BGF | 91 | **104** | 125 | 5,3 | **6,0** | 7,0 |
| **300** | **Bauwerk – Baukonstruktionen** | m²BGF |  |  |  |  | **100,0** |  |
| 410 | Abwasser-, Wasser-, Gasanlagen | m²BGF | 73 | **94** | 136 | 19,5 | **24,6** | 32,2 |
| 420 | Wärmeversorgungsanlagen | m²BGF | 45 | **89** | 118 | 15,0 | **24,3** | 38,3 |
| 430 | Raumlufttechnische Anlagen | m²BGF | 4 | **43** | 120 | 0,8 | **10,4** | 29,4 |
| 440 | Elektrische Anlagen | m²BGF | 81 | **140** | 246 | 26,8 | **32,6** | 44,0 |
| 450 | Kommunikationstechnische Anlagen | m²BGF | 9 | **17** | 30 | 2,9 | **3,8** | 5,3 |
| 460 | Förderanlagen | m²BGF | – | – | – | – | – | – |
| 470 | Nutzungsspez. / verfahrenstech. Anl. | m²BGF | < 1 | **1** | 1 | 0,2 | **0,3** | 0,5 |
| 480 | Gebäude- und Anlagenautomation | m²BGF | 41 | **41** | 41 | 0,0 | **3,3** | 10,0 |
| 490 | Sonst. Maßnahmen f. techn. Anl. | m²BGF | 1 | **5** | 9 | 0,1 | **0,7** | 1,7 |
| **400** | **Bauwerk – Technische Anlagen** | m²BGF |  |  |  |  | **100,0** |  |

### Prozentanteile der Kosten 2. Ebene an den Kosten des Bauwerks nach DIN 276 (Von/Mittel/Bis)

| KG | Kostengruppe | Mittel |
|---|---|---|
| 310 | Baugrube / Erdbau | 2,5 |
| 320 | Gründung, Unterbau | 12,1 |
| 330 | Außenwände / vertikal außen | 22,9 |
| 340 | Innenwände / vertikal innen | 13,2 |
| 350 | Decken / horizontal | 5,0 |
| 360 | Dächer | 17,0 |
| 370 | Infrastrukturanlagen | – |
| 380 | Baukonstruktive Einbauten | 4,4 |
| 390 | Sonst. Maßnahmen für Baukonst. | 4,8 |
| 410 | Abwasser-, Wasser-, Gasanlagen | 4,4 |
| 420 | Wärmeversorgungsanlagen | 4,3 |
| 430 | Raumlufttechnische Anlagen | 1,7 |
| 440 | Elektrische Anlagen | 6,2 |
| 450 | Kommunikationstechnische Anlagen | 0,7 |
| 460 | Förderanlagen | – |
| 470 | Nutzungsspez. / verfahrenstech. Anl. | < 0,1 |
| 480 | Gebäude- und Anlagenautomation | 0,6 |
| 490 | Sonst. Maßnahmen f. techn. Anl. | 0,2 |

© BKI Baukosteninformationszentrum; Erläuterungen zu den Tabellen siehe Seite 48 und 50   Kostenstand: 1. Quartal 2022, Bundesdurchschnitt, inkl. 19% MwSt.

# Kindergärten, unterkellert

## Prozentanteile der Kosten für Leistungsbereiche nach STLB (Kosten Bauwerk nach DIN 276)

| LB | Leistungsbereiche | von | Mittelwert | bis |
|---|---|---:|---:|---:|
| 000 | Sicherheits-, Baustelleneinrichtungen inkl. 001 | 3,8 | **4,3** | 4,9 |
| 002 | Erdarbeiten | 1,5 | **2,6** | 3,7 |
| 006 | Spezialtiefbauarbeiten inkl. 005 | 0,0 | **< 0,1** | < 0,1 |
| 009 | Entwässerungskanalarbeiten inkl. 011 | < 0,1 | **0,7** | 1,2 |
| 010 | Drän- und Versickerarbeiten | – | – | – |
| 012 | Mauerarbeiten | 0,8 | **5,5** | 8,9 |
| 013 | Betonarbeiten | 11,8 | **13,5** | 14,6 |
| 014 | Natur-, Betonwerksteinarbeiten | 0,0 | **< 0,1** | < 0,1 |
| 016 | Zimmer- und Holzbauarbeiten | 7,1 | **9,6** | 13,6 |
| 017 | Stahlbauarbeiten | 0,0 | **0,1** | 0,2 |
| 018 | Abdichtungsarbeiten | 1,5 | **1,8** | 2,3 |
| 020 | Dachdeckungsarbeiten | 0,0 | **1,0** | 1,9 |
| 021 | Dachabdichtungsarbeiten | 0,3 | **2,9** | 4,9 |
| 022 | Klempnerarbeiten | 1,2 | **4,1** | 6,9 |
| | **Rohbau** | 43,2 | **46,1** | 49,0 |
| 023 | Putz- und Stuckarbeiten, Wärmedämmsysteme | 3,6 | **4,7** | 6,4 |
| 024 | Fliesen- und Plattenarbeiten | 1,0 | **1,8** | 2,5 |
| 025 | Estricharbeiten | 1,3 | **1,6** | 1,8 |
| 026 | Fenster, Außentüren inkl. 029, 032 | 5,4 | **8,6** | 13,3 |
| 027 | Tischlerarbeiten | 6,6 | **6,7** | 6,8 |
| 028 | Parkettarbeiten, Holzpflasterarbeiten | < 0,1 | **0,5** | 0,7 |
| 030 | Rollladenarbeiten | 0,1 | **1,0** | 1,5 |
| 031 | Metallbauarbeiten inkl. 035 | 0,4 | **2,6** | 4,5 |
| 034 | Maler- und Lackiererarbeiten inkl. 037 | 1,2 | **1,9** | 2,5 |
| 036 | Bodenbelagarbeiten | 1,1 | **1,7** | 2,1 |
| 038 | Vorgehängte hinterlüftete Fassaden | – | – | – |
| 039 | Trockenbauarbeiten | 3,4 | **4,4** | 5,5 |
| | **Ausbau** | 33,0 | **35,5** | 39,8 |
| 040 | Wärmeversorgungsanl. - Betriebseinr. inkl. 041 | 2,7 | **3,9** | 5,2 |
| 042 | Gas- und Wasserinstallation, Leitungen inkl. 043 | 0,8 | **0,9** | 0,9 |
| 044 | Abwasseranlagen - Leitungen | 0,4 | **0,5** | 0,6 |
| 045 | GWE-Einrichtungsgegenstände inkl. 046 | 1,0 | **2,0** | 2,8 |
| 047 | Dämmarbeiten an betriebstechnischen Anlagen | 0,8 | **1,2** | 1,6 |
| 049 | Feuerlöschanlagen, Feuerlöschgeräte | < 0,1 | **< 0,1** | < 0,1 |
| 050 | Blitzschutz- und Erdungsanlagen | 0,2 | **0,3** | 0,5 |
| 052 | Mittelspannungsanlagen | – | – | – |
| 053 | Niederspannungsanlagen inkl. 054 | 2,0 | **3,3** | 4,7 |
| 055 | Sicherheits- u. Ersatzstromversorgungsanl. | – | – | – |
| 057 | Gebäudesystemtechnik | – | – | – |
| 058 | Leuchten und Lampen inkl. 059 | 1,8 | **2,8** | 3,7 |
| 060 | Sprechanlagen, elektroakust. Anlagen inkl. 064 | < 0,1 | **0,2** | 0,3 |
| 061 | Kommunikationsnetze inkl. 062 | 0,2 | **0,3** | 0,4 |
| 063 | Gefahrenmeldeanlagen | 0,2 | **0,3** | 0,5 |
| 069 | Aufzüge | – | – | – |
| 070 | Gebäudeautomation | < 0,1 | **0,6** | 1,2 |
| 075 | Raumlufttechnische Anlagen inkl. 078 | 0,1 | **1,2** | 2,2 |
| | **Gebäudetechnik** | 13,0 | **17,4** | 20,6 |
| | Sonstige Leistungsbereiche inkl. 008, 033, 051 | 0,3 | **1,0** | 1,7 |

**Kosten:** Stand 1. Quartal 2022, Bundesdurchschnitt inkl. 19% MwSt.

- ● KKW
- ▶ min
- ▷ von
- | Mittelwert
- ◁ bis
- ◀ max

## Planungskennwerte für Flächen und Rauminhalte nach DIN 277

| Grundflächen | | | ▷ | Fläche/NUF (%) | ◁ | ▷ | Fläche/BGF (%) | ◁ |
|---|---|---|---|---|---|---|---|---|
| NUF | Nutzungsfläche | | 100,0 | **100,0** | 100,0 | 58,5 | **62,9** | 65,6 |
| TF | Technikfläche | | 3,7 | **4,6** | 6,0 | 2,2 | **2,8** | 3,4 |
| VF | Verkehrsfläche | | 20,0 | **27,9** | 33,0 | 12,0 | **16,6** | 18,8 |
| NRF | Netto-Raumfläche | | 125,0 | **132,5** | 138,8 | 78,8 | **82,3** | 83,6 |
| KGF | Konstruktions-Grundfläche | | 25,5 | **29,3** | 38,4 | 16,4 | **17,7** | 21,2 |
| BGF | Brutto-Grundfläche | | 149,7 | **161,8** | 175,8 | 100,0 | **100,0** | 100,0 |

| Brutto-Rauminhalte | | | ▷ | BRI/NUF (m) | ◁ | ▷ | BRI/BGF (m) | ◁ |
|---|---|---|---|---|---|---|---|---|
| BRI | Brutto-Rauminhalt | | 5,65 | **6,20** | 6,70 | 3,71 | **3,85** | 4,13 |

| Flächen von Nutzeinheiten | | | ▷ | NUF/Einheit (m²) | ◁ | ▷ | BGF/Einheit (m²) | ◁ |
|---|---|---|---|---|---|---|---|---|
| Nutzeinheit: Kinder | | | 9,63 | **12,54** | 21,28 | 14,06 | **19,54** | 31,01 |

| Lufttechnisch behandelte Flächen | | | ▷ | Fläche/NUF (%) | ◁ | ▷ | Fläche/BGF (%) | ◁ |
|---|---|---|---|---|---|---|---|---|
| Entlüftete Fläche | | | 3,2 | **3,2** | 3,2 | 2,0 | **2,0** | 2,0 |
| Be- und entlüftete Fläche | | | – | **–** | – | – | **–** | – |
| Teilklimatisierte Fläche | | | – | **–** | – | – | **–** | – |
| Klimatisierte Fläche | | | – | **–** | – | – | **–** | – |

| KG | Kostengruppen (2. Ebene) | Einheit | ▷ | Menge/NUF | ◁ | ▷ | Menge/BGF | ◁ |
|---|---|---|---|---|---|---|---|---|
| 310 | Baugrube / Erdbau | m³ BGI | 1,98 | **2,41** | 2,41 | 1,64 | **1,64** | 1,87 |
| 320 | Gründung, Unterbau | m² GRF | 1,01 | **1,02** | 1,02 | 0,65 | **0,72** | 0,72 |
| 330 | Außenwände / vertikal außen | m² AWF | 1,26 | **1,26** | 1,27 | 0,88 | **0,88** | 0,88 |
| 340 | Innenwände / vertikal innen | m² IWF | 1,45 | **1,45** | 1,45 | 1,02 | **1,02** | 1,05 |
| 350 | Decken / horizontal | m² DEF | 0,41 | **0,41** | 0,57 | 0,27 | **0,27** | 0,33 |
| 360 | Dächer | m² DAF | 1,17 | **1,17** | 1,17 | 0,73 | **0,81** | 0,81 |
| 370 | Infrastrukturanlagen | | – | **–** | – | – | **–** | – |
| 380 | Baukonstruktive Einbauten | m² BGF | 1,50 | **1,62** | 1,76 | 1,00 | **1,00** | 1,00 |
| 390 | Sonst. Maßnahmen für Baukonst. | m² BGF | 1,50 | **1,62** | 1,76 | 1,00 | **1,00** | 1,00 |
| 300 | Bauwerk – Baukonstruktionen | m² BGF | 1,50 | **1,62** | 1,76 | 1,00 | **1,00** | 1,00 |

## Planungskennwerte für Bauzeiten — 12 Vergleichsobjekte

Bauzeit in Wochen: Bauzeit-Werte verteilt zwischen ca. 30 und 80 Wochen (Median ca. 60 Wochen).

# Kindergärten, unterkellert

## Objektübersicht zur Gebäudeart

**€/m² BGF**
| | |
|---|---|
| min | 1.685 €/m² |
| von | 1.885 €/m² |
| Mittel | 2.290 €/m² |
| bis | 2.580 €/m² |
| max | 2.780 €/m² |

**Kosten:**
Stand 1. Quartal 2022
Bundesdurchschnitt
inkl. 19% MwSt.

---

### 4400-0285 Kinderkrippe (3 Gruppen, 30 Kinder) - Effizienzhaus 85   BRI 3.647 m³   BGF 843 m²   NUF 587 m²

Kinderkrippe (3 Gruppen, 30 Kinder), Effizienzhaus 85. Stb-Konstruktion, Holzrahmenbau.

Land: Saarland
Kreis: Saarbrücken
Standard: über Durchschnitt
Bauzeit: 56 Wochen
Kennwerte: bis 1. Ebene DIN 276

**BGF   2.554 €/m²**

Planung: AG: Architekten Naujack/Rind/Hof; Koblenz, Baumeisterei Mertens; Saarbrücken
veröffentlicht: BKI Objektdaten E7

---

### 4400-0275 Grundschulhort (300 Kinder)   BRI 4.720 m³   BGF 1.058 m²   NUF 657 m²

Kindertagesstätte (300 Kinder) für Grundschule. KS-Mauerwerk, Stb-Beton, Pfosten-Riegel-Konstruktion.

Land: Berlin
Kreis: Berlin
Standard: Durchschnitt
Bauzeit: 65 Wochen
Kennwerte: bis 1. Ebene DIN 276

**BGF   2.781 €/m²**

Planung: Lehrecke Witschurke Architekten; Berlin
veröffentlicht: BKI Objektdaten N15

---

### 4400-0260 Kinderkrippe (2 Gr, 24 Ki) - Effizienzhaus ~90%   BRI 1.559 m³   BGF 441 m²   NUF 336 m²

Kinderkrippe mit 2 Gruppen für 24 Kinder. Massivbau.

Land: Bayern
Kreis: München
Standard: Durchschnitt
Bauzeit: 48 Wochen
Kennwerte: bis 3. Ebene DIN 276

**BGF   2.343 €/m²**

Planung: Firmhofer + Günther Architekten; München
veröffentlicht: BKI Objektdaten E7

---

### 4400-0233 Kinderkrippe (4 Gruppen, 60 Kinder) - Passivhaus   BRI 5.505 m³   BGF 1.404 m²   NUF 821 m²

Kinderkrippe mit 4 Gruppen und 60 Kindern in Passivhausstandard. Holzständerkonstruktion und Massivbau.

Land: Bayern
Kreis: Ostallgäu
Standard: Durchschnitt
Bauzeit: 31 Wochen
Kennwerte: bis 1. Ebene DIN 276

**BGF   2.114 €/m²**

Planung: müllerschurr.architekten; Marktoberdorf
veröffentlicht: BKI Objektdaten E6

## Objektübersicht zur Gebäudeart

### 4400-0238 Kindertagesstätte (4 Gruppen, 64 Kinder)*
**BRI** 3.942 m³  **BGF** 933 m²  **NUF** 670 m²

Kindertagesstätte (4 Gruppen, 64 Kinder) mit vier Gruppenräumen, Wickelräumen, Mehrzweckraum, Personalräumen und Küche. Leichtbetonfertigbauelemente, Holzsparrendach.

Land: Bayern
Kreis: Ingolstadt
Standard: Durchschnitt
Bauzeit: 61 Wochen
Kennwerte: bis 1. Ebene DIN 276

**BGF**  2.874 €/m²

**Planung:** architekturbüro raum-modul Stefan Karches; Ingolstadt

veröffentlicht: BKI Objektdaten E6
* Nicht in der Auswertung enthalten

### 4400-0243 Familienzentrum, Kinderkrippe (2 Gruppen)
**BRI** 5.661 m³  **BGF** 1.592 m²  **NUF** 1.134 m²

Familienzentrum mit Kinderkrippe (30 Kinder, 2 Gruppen), Musikschule, Café, Beratungsräume. Massivbau.

Land: Niedersachsen
Kreis: Braunschweig
Standard: Durchschnitt
Bauzeit: 52 Wochen
Kennwerte: bis 1. Ebene DIN 276

**BGF**  1.882 €/m²

**Planung:** bplan architekten stadtplaner & ingenieure; Braunschweig

veröffentlicht: BKI Objektdaten N13

### 4400-0244 Kindertagesstätte (5 Gruppen, 125 Kinder)
**BRI** 4.247 m³  **BGF** 1.209 m²  **NUF** 740 m²

Kindertagesstätte mit 5 Gruppen für 125 Kinder, Mehrzweckraum, Küche, Sanitärräume. Massivbauweise, Stahlbeton, Mauerwerk.

Land: Rheinland-Pfalz
Kreis: Mainz, Stadt
Standard: unter Durchschnitt
Bauzeit: 61 Wochen
Kennwerte: bis 1. Ebene DIN 276

**BGF**  1.787 €/m²

**Planung:** Meurer Generalplaner; Frankfurt am Main

veröffentlicht: BKI Objektdaten N13

### 4400-0230 Kindertagesstätte (6 Gruppen, 90 Kinder)
**BRI** 6.541 m³  **BGF** 1.701 m²  **NUF** 918 m²

Kindertagesstätte mit 6 Gruppen für 90 Kinder und Räume für mobile Jugendarbeit (20-30 Jugendliche). Holzrahmenkonstruktion.

Land: Baden-Württemberg
Kreis: Stuttgart, Stadtkreis
Standard: über Durchschnitt
Bauzeit: 78 Wochen
Kennwerte: bis 1. Ebene DIN 276

**BGF**  2.204 €/m²

**Planung:** Schaugg Architekten Diana Schaugg; Stuttgart

veröffentlicht: BKI Objektdaten E6

© BKI Baukosteninformationszentrum; Erläuterungen zu den Tabellen siehe Seite 56    Kostenstand: 1. Quartal 2022, Bundesdurchschnitt, **inkl. 19% MwSt.**

# Kindergärten, unterkellert

## Objektübersicht zur Gebäudeart

### 4400-0188 Kindergarten (2 Gruppen, 40 Kinder)*

**BRI** 2.472 m³ | **BGF** 852 m² | **NUF** 543 m²

Kindergarten mit 2 Gruppen und 40 Kindern. Holzständerbau.

Land: Rheinland-Pfalz
Kreis: Neuwied
Standard: Durchschnitt
Bauzeit: 43 Wochen
Kennwerte: bis 3. Ebene DIN 276

**BGF** 1.050 €/m²
*

**Planung:** P2 Architektur mit Energie Dipl.-Ing. Silke Pesau; Unkel

veröffentlicht: BKI Objektdaten N13
* Nicht in der Auswertung enthalten

### 4400-0207 Kinderkrippe (3 Gruppen, 40 Kinder)

**BRI** 3.560 m³ | **BGF** 1.041 m² | **NUF** 583 m²

Kinderkrippe mit 3 Gruppen für 40 Kinder. Massivbau.

Land: Sachsen-Anhalt
Kreis: Burgenlandkreis
Standard: über Durchschnitt
Bauzeit: 74 Wochen
Kennwerte: bis 1. Ebene DIN 276

**BGF** 2.656 €/m²

**Planung:** TRÄNKNER ARCHITEKTEN, Architekt Matthias Tränkner; Naumburg (Saale)

veröffentlicht: BKI Objektdaten N12

### 4400-0220 Kindertagesstätte (5 Gruppen, 70 Kinder)

**BRI** 5.670 m³ | **BGF** 1.251 m² | **NUF** 937 m²

Kindertagesstätte mit 5 Gruppen für 70 Kinder. Massivholzkonstruktion.

Land: Hessen
Kreis: Frankfurt am Main, Stadt
Standard: unter Durchschnitt
Bauzeit: 65 Wochen
Kennwerte: bis 3. Ebene DIN 276

**BGF** 2.456 €/m²

**Planung:** ARGE raum-z gmbh architekten klaus leber architekten bda; Frankfurt

veröffentlicht: BKI Objektdaten E6

### 4400-0199 Kinderkrippe (4 Gruppen)

**BRI** 3.958 m³ | **BGF** 1.056 m² | **NUF** 515 m²

Kinderkrippe mit 4 Gruppen (48 Kinder). Stahlbetonmauerwerk.

Land: Bayern
Kreis: Landshut
Standard: Durchschnitt
Bauzeit: 65 Wochen
Kennwerte: bis 1. Ebene DIN 276

**BGF** 2.585 €/m²

**Planung:** Eck-Fehmi-Zett Architekten BDA; Landshut

veröffentlicht: BKI Objektdaten E5

---

**€/m² BGF**

| | |
|---|---|
| min | 1.685 €/m² |
| von | 1.885 €/m² |
| Mittel | **2.290 €/m²** |
| bis | 2.580 €/m² |
| max | 2.780 €/m² |

**Kosten:**
Stand 1. Quartal 2022
Bundesdurchschnitt
inkl. 19% MwSt.

## Objektübersicht zur Gebäudeart

### 4400-0191 Hort Montessori Grundschule (10 Gruppen)    BRI 4.932 m³    BGF 1.293 m²    NUF 801 m²

Teilunterkellerter Hortneubau in Turmform für 250 Schüler mit zehn Gruppenräumen, Küche, Speiseraum, Lager, Personalraum, Kuschel- und Kletterraum. Pfahlgründungen erforderlich, Bestandsgebäudeanbindung, tragende Stahlbetonwandscheiben.

Land: Berlin
Kreis: Berlin
Standard: Durchschnitt
Bauzeit: 74 Wochen
Kennwerte: bis 1. Ebene DIN 276

BGF    2.461 €/m²

**Planung:** Kersten + Kopp Architekten BDA; Berlin

veröffentlicht: BKI Objektdaten N12

### 4400-0130 Kindergarten (2 Gruppen) - Passivhaus*    BRI 3.390 m³    BGF 855 m²    NUF 625 m²

Kindergarten im Passivhausstandard mit 2 Gruppen für 40 Kinder. Holzkonstruktion.

Land: Österreich
Kreis: Vorarlberg
Standard: über Durchschnitt
Bauzeit: 48 Wochen
Kennwerte: bis 3. Ebene DIN 276

BGF    2.158 €/m²

**Planung:** Architekt DI Bernardo Bader; Dornbirn

veröffentlicht: BKI Objektdaten E4
* Nicht in der Auswertung enthalten

### 4400-0120 Kindertagesstätte (4 Gruppen)*    BRI 1.881 m³    BGF 590 m²    NUF 365 m²

Kindertagesstätte, 4 Gruppen, 60 Kinder, 4 Gruppenräume, Sanitärräume, Büro- und Personalraum, Nebenräume. Mauerwerksbau; Stb-Flachdach.

Land: Brandenburg
Kreis: Oder-Spree
Standard: unter Durchschnitt
Bauzeit: 35 Wochen
Kennwerte: bis 1. Ebene DIN 276

BGF    1.317 €/m²

**Planung:** Architekturbüro Nülken GbR; Frankfurt (Oder)

veröffentlicht: BKI Objektdaten N10
* Nicht in der Auswertung enthalten

### 4400-0107 Kindertagesstätte (3 Gruppen, 75 Kinder)    BRI 3.073 m³    BGF 887 m²    NUF 530 m²

Kindertagesstätte mit 3 Gruppen für 75 Kinder. Mauerwerksbau mit Stb-Decken, Holzdachkonstruktion und Stb-Flachdach.

Land: Nordrhein-Westfalen
Kreis: Hagen, Stadt
Standard: Durchschnitt
Bauzeit: 65 Wochen
Kennwerte: bis 3. Ebene DIN 276

BGF    1.684 €/m²

**Planung:** Miele + Rabe Dipl.-Ing. Architekten AKNW; Hagen-Hohenlimburg

veröffentlicht: BKI Objektdaten N8

© BKI Baukosteninformationszentrum; Erläuterungen zu den Tabellen siehe Seite 56    Kostenstand: 1. Quartal 2022, Bundesdurchschnitt, inkl. 19% MwSt.

# Sport- und Mehrzweckhallen

## Kostenkennwerte für die Kosten des Bauwerks (Kostengruppen 300+400 nach DIN 276)

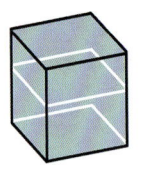

**BRI** 395 €/m³
von 305 €/m³
bis 520 €/m³

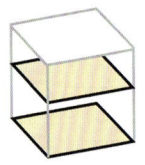

**BGF** 2.185 €/m²
von 1.765 €/m²
bis 2.415 €/m²

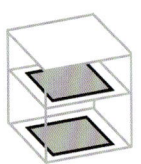

**NUF** 3.060 €/m²
von 2.570 €/m²
bis 3.940 €/m²

**Kosten:**
Stand 1. Quartal 2022
Bundesdurchschnitt
inkl. 19% MwSt.

### Objektbeispiele

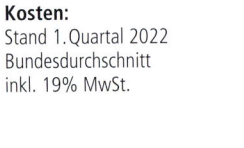

5100-0100
5100-0098 
5100-0081 
5100-0072 
5100-0097 
5100-0071 

### Kosten der 12 Vergleichsobjekte — Seiten 308 bis 311

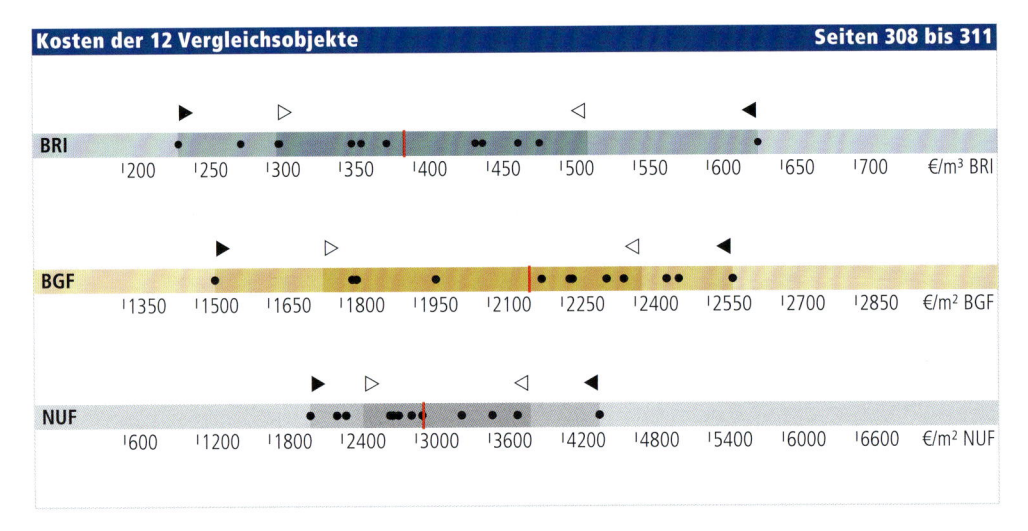

- ● KKW
- ▶ min
- ▷ von
- | Mittelwert
- ◁ bis
- ◀ max

BRI — €/m³ BRI (200–700)
BGF — €/m² BGF (1350–2850)
NUF — €/m² NUF (600–6600)

© BKI Baukosteninformationszentrum; Erläuterungen zu den Tabellen siehe Seite 46    Kostenstand: 1. Quartal 2022, Bundesdurchschnitt, **inkl. 19% MwSt.**

## Kostenkennwerte für die Kostengruppen der 1. und 2. Ebene DIN 276

| KG | Kostengruppen der 1. Ebene | Einheit | ▷ | €/Einheit | ◁ | ▷ | % an 300+400 | ◁ |
|---|---|---|---|---|---|---|---|---|
| 100 | Grundstück | m²GF | – | – | – | – | – | – |
| 200 | Vorbereitende Maßnahmen | m²GF | 4 | **11** | 21 | 0,9 | **2,4** | 6,1 |
| 300 | Bauwerk – Baukonstruktionen | m²BGF | 1.418 | **1.674** | 2.018 | 70,0 | **76,6** | 83,0 |
| 400 | Bauwerk – Technische Anlagen | m²BGF | 348 | **510** | 685 | 17,0 | **23,4** | 30,0 |
|  | Bauwerk (300+400) | m²BGF | 1.763 | **2.184** | 2.413 | 100,0 | **100,0** | 100,0 |
| 500 | Außenanlagen und Freiflächen | m²AF | 55 | **246** | 611 | 1,9 | **5,0** | 7,7 |
| 600 | Ausstattung und Kunstwerke | m²BGF | 34 | **76** | 201 | 1,4 | **3,6** | 7,1 |
| 700 | Baunebenkosten* | m²BGF | 491 | **526** | 562 | 22,5 | **24,1** | 25,7 |
| 800 | Finanzierung | m²BGF | – | – | – | – | – | – |

\* Auf Grundlage der HOAI 2021 berechnete Werte nach §§ 35, 52, 56. Weitere Informationen siehe Seite 50

| KG | Kostengruppen der 2. Ebene | Einheit | ▷ | €/Einheit | ◁ | ▷ | % an 1. Ebene | ◁ |
|---|---|---|---|---|---|---|---|---|
| 310 | Baugrube / Erdbau | m³BGI | 15 | **44** | 61 | 0,3 | **2,8** | 4,3 |
| 320 | Gründung, Unterbau | m²GRF | 351 | **374** | 389 | 15,1 | **16,8** | 17,9 |
| 330 | Außenwände / vertikal außen | m²AWF | 516 | **603** | 656 | 27,1 | **30,1** | 34,6 |
| 340 | Innenwände / vertikal innen | m²IWF | 188 | **318** | 546 | 2,6 | **8,7** | 11,7 |
| 350 | Decken / horizontal | m²DEF | 467 | **584** | 701 | 0,0 | **5,4** | 8,1 |
| 360 | Dächer | m²DAF | 460 | **601** | 883 | 25,5 | **31,6** | 42,3 |
| 370 | Infrastrukturanlagen |  | – | – | – | – | – | – |
| 380 | Baukonstruktive Einbauten | m²BGF | 11 | **18** | 26 | 0,2 | **0,7** | 1,6 |
| 390 | Sonst. Maßnahmen für Baukonst. | m²BGF | 7 | **67** | 102 | 0,3 | **4,0** | 6,2 |
| **300** | **Bauwerk – Baukonstruktionen** | **m²BGF** |  |  |  |  | **100,0** |  |
| 410 | Abwasser-, Wasser-, Gasanlagen | m²BGF | 78 | **92** | 120 | 16,8 | **26,6** | 44,3 |
| 420 | Wärmeversorgungsanlagen | m²BGF | 42 | **86** | 151 | 14,1 | **18,5** | 27,4 |
| 430 | Raumlufttechnische Anlagen | m²BGF | 12 | **67** | 94 | 7,4 | **13,4** | 16,7 |
| 440 | Elektrische Anlagen | m²BGF | 56 | **167** | 244 | 32,2 | **36,6** | 45,2 |
| 450 | Kommunikationstechnische Anlagen | m²BGF | 8 | **29** | 49 | 0,6 | **3,2** | 8,1 |
| 460 | Förderanlagen | m²BGF | – | – | – | – | – | – |
| 470 | Nutzungsspez. / verfahrenstech. Anl. | m²BGF | 2 | **2** | 2 | 0,0 | **< 0,1** | 0,3 |
| 480 | Gebäude- und Anlagenautomation | m²BGF | 29 | **29** | 29 | 0,0 | **1,6** | 4,7 |
| 490 | Sonst. Maßnahmen f. techn. Anl. | m²BGF | < 1 | **< 1** | < 1 | 0,0 | **< 0,1** | < 0,1 |
| **400** | **Bauwerk – Technische Anlagen** | **m²BGF** |  |  |  |  | **100,0** |  |

### Prozentanteile der Kosten 2. Ebene an den Kosten des Bauwerks nach DIN 276 (Von/Mittel/Bis)

| KG | Bezeichnung | Mittel |
|---|---|---|
| 310 | Baugrube / Erdbau | 2,2 |
| 320 | Gründung, Unterbau | 13,5 |
| 330 | Außenwände / vertikal außen | 24,5 |
| 340 | Innenwände / vertikal innen | 6,6 |
| 350 | Decken / horizontal | 4,0 |
| 360 | Dächer | 26,1 |
| 370 | Infrastrukturanlagen |  |
| 380 | Baukonstruktive Einbauten | 0,6 |
| 390 | Sonst. Maßnahmen für Baukonst. | 3,0 |
| 410 | Abwasser-, Wasser-, Gasanlagen | 4,0 |
| 420 | Wärmeversorgungsanlagen | 3,8 |
| 430 | Raumlufttechnische Anlagen | 3,0 |
| 440 | Elektrische Anlagen | 7,4 |
| 450 | Kommunikationstechnische Anlagen | 0,8 |
| 460 | Förderanlagen |  |
| 470 | Nutzungsspez. / verfahrenstech. Anl. | < 0,1 |
| 480 | Gebäude- und Anlagenautomation | 0,4 |
| 490 | Sonst. Maßnahmen f. techn. Anl. | < 0,1 |

© BKI Baukosteninformationszentrum; Erläuterungen zu den Tabellen siehe Seite 48 und 50   Kostenstand: 1. Quartal 2022, Bundesdurchschnitt, inkl. 19% MwSt.

# Sport- und Mehrzweckhallen

## Prozentanteile der Kosten für Leistungsbereiche nach STLB (Kosten Bauwerk nach DIN 276)

| LB | Leistungsbereiche | von | Mittelwert | bis |
|---|---|---|---|---|
| 000 | Sicherheits-, Baustelleneinrichtungen inkl. 001 | 0,8 | 2,6 | 4,4 |
| 002 | Erdarbeiten | 1,0 | 2,7 | 4,4 |
| 006 | Spezialtiefbauarbeiten inkl. 005 | 0,0 | 0,5 | 1,9 |
| 009 | Entwässerungskanalarbeiten inkl. 011 | < 0,1 | 0,3 | 0,8 |
| 010 | Drän- und Versickerarbeiten | 0,0 | < 0,1 | 0,2 |
| 012 | Mauerarbeiten | 0,6 | 2,4 | 4,1 |
| 013 | Betonarbeiten | 10,8 | 15,1 | 19,4 |
| 014 | Natur-, Betonwerksteinarbeiten | – | – | – |
| 016 | Zimmer- und Holzbauarbeiten | 5,8 | 9,0 | 12,4 |
| 017 | Stahlbauarbeiten | 0,0 | 2,3 | 5,5 |
| 018 | Abdichtungsarbeiten | 0,1 | 0,4 | 0,9 |
| 020 | Dachdeckungsarbeiten | 0,0 | 2,4 | 4,8 |
| 021 | Dachabdichtungsarbeiten | 1,7 | 6,4 | 19,8 |
| 022 | Klempnerarbeiten | 0,4 | 1,3 | 3,6 |
| | **Rohbau** | **38,9** | **45,5** | **52,3** |
| 023 | Putz- und Stuckarbeiten, Wärmedämmsysteme | 1,9 | 2,5 | 3,0 |
| 024 | Fliesen- und Plattenarbeiten | 0,4 | 1,7 | 3,0 |
| 025 | Estricharbeiten | 0,9 | 1,1 | 1,5 |
| 026 | Fenster, Außentüren inkl. 029, 032 | 0,8 | 4,7 | 8,6 |
| 027 | Tischlerarbeiten | 0,9 | 2,0 | 2,9 |
| 028 | Parkettarbeiten, Holzpflasterarbeiten | 0,0 | 2,8 | 6,2 |
| 030 | Rollladenarbeiten | 0,0 | 0,2 | 0,9 |
| 031 | Metallbauarbeiten inkl. 035 | 2,3 | 12,0 | 24,6 |
| 034 | Maler- und Lackiererarbeiten inkl. 037 | 1,1 | 2,6 | 6,5 |
| 036 | Bodenbelagarbeiten | 0,6 | 2,0 | 3,4 |
| 038 | Vorgehängte hinterlüftete Fassaden | 0,0 | 0,7 | 2,8 |
| 039 | Trockenbauarbeiten | 0,7 | 2,1 | 6,1 |
| | **Ausbau** | **30,4** | **34,5** | **37,8** |
| 040 | Wärmeversorgungsanl. - Betriebseinr. inkl. 041 | 1,8 | 3,8 | 5,5 |
| 042 | Gas- und Wasserinstallation, Leitungen inkl. 043 | 0,4 | 0,9 | 2,2 |
| 044 | Abwasseranlagen - Leitungen | 1,2 | 1,5 | 2,6 |
| 045 | GWE-Einrichtungsgegenstände inkl. 046 | 0,6 | 1,4 | 3,2 |
| 047 | Dämmarbeiten an betriebstechnischen Anlagen | 0,2 | 0,5 | 0,8 |
| 049 | Feuerlöschanlagen, Feuerlöschgeräte | 0,0 | < 0,1 | < 0,1 |
| 050 | Blitzschutz- und Erdungsanlagen | 0,1 | 0,3 | 0,5 |
| 052 | Mittelspannungsanlagen | – | – | – |
| 053 | Niederspannungsanlagen inkl. 054 | 2,1 | 4,0 | 9,6 |
| 055 | Sicherheits- u. Ersatzstromversorgungsanl. | 0,0 | 0,4 | 1,0 |
| 057 | Gebäudesystemtechnik | – | – | – |
| 058 | Leuchten und Lampen inkl. 059 | 0,8 | 2,1 | 3,4 |
| 060 | Sprechanlagen, elektroakust. Anlagen inkl. 064 | 0,0 | 0,1 | 0,3 |
| 061 | Kommunikationsnetze inkl. 062 | < 0,1 | 0,3 | 1,1 |
| 063 | Gefahrenmeldeanlagen | 0,0 | 0,5 | 1,0 |
| 069 | Aufzüge | – | – | – |
| 070 | Gebäudeautomation | 0,0 | 0,5 | 1,0 |
| 075 | Raumlufttechnische Anlagen inkl. 078 | 0,5 | 3,1 | 4,1 |
| | **Gebäudetechnik** | **6,4** | **19,7** | **24,6** |
| | Sonstige Leistungsbereiche inkl. 008, 033, 051 | 0,1 | 0,3 | 0,7 |

**Kosten:** Stand 1. Quartal 2022 Bundesdurchschnitt inkl. 19% MwSt.

## Planungskennwerte für Flächen und Rauminhalte nach DIN 277

| Grundflächen | | | ▷ | Fläche/NUF (%) | ◁ | ▷ | Fläche/BGF (%) | ◁ |
|---|---|---|---|---|---|---|---|---|
| NUF | Nutzungsfläche | | 100,0 | **100,0** | 100,0 | 66,1 | **72,6** | 76,6 |
| TF | Technikfläche | | 5,7 | **8,0** | 12,9 | 3,7 | **5,3** | 7,3 |
| VF | Verkehrsfläche | | 15,0 | **18,5** | 26,9 | 10,3 | **12,5** | 16,1 |
| NRF | Netto-Raumfläche | | 117,3 | **123,6** | 136,4 | 87,1 | **88,5** | 89,8 |
| KGF | Konstruktions-Grundfläche | | 14,5 | **16,3** | 18,3 | 10,2 | **11,5** | 12,9 |
| BGF | Brutto-Grundfläche | | 133,0 | **139,9** | 155,0 | 100,0 | **100,0** | 100,0 |

| Brutto-Rauminhalte | | | ▷ | BRI/NUF (m) | ◁ | ▷ | BRI/BGF (m) | ◁ |
|---|---|---|---|---|---|---|---|---|
| BRI | Brutto-Rauminhalt | | 6,91 | **8,10** | 9,17 | 5,26 | **5,78** | 6,32 |

| Flächen von Nutzeinheiten | | | ▷ | NUF/Einheit (m²) | ◁ | ▷ | BGF/Einheit (m²) | ◁ |
|---|---|---|---|---|---|---|---|---|
| Nutzeinheit: | | | – | – | – | – | – | – |

| Lufttechnisch behandelte Flächen | | | ▷ | Fläche/NUF (%) | ◁ | ▷ | Fläche/BGF (%) | ◁ |
|---|---|---|---|---|---|---|---|---|
| Entlüftete Fläche | | | 13,1 | **13,1** | 13,1 | 9,7 | **9,7** | 9,7 |
| Be- und entlüftete Fläche | | | 46,5 | **46,5** | 46,5 | 34,6 | **34,6** | 34,6 |
| Teilklimatisierte Fläche | | | – | – | – | – | – | – |
| Klimatisierte Fläche | | | – | – | – | – | – | – |

| KG | Kostengruppen (2. Ebene) | Einheit | ▷ | Menge/NUF | ◁ | ▷ | Menge/BGF | ◁ |
|---|---|---|---|---|---|---|---|---|
| 310 | Baugrube / Erdbau | m³ BGI | 1,05 | **1,42** | 1,42 | 1,01 | **1,01** | 1,25 |
| 320 | Gründung, Unterbau | m² GRF | 1,13 | **1,13** | 1,21 | 0,79 | **0,84** | 0,84 |
| 330 | Außenwände / vertikal außen | m² AWF | 1,26 | **1,29** | 1,29 | 0,91 | **1,00** | 1,00 |
| 340 | Innenwände / vertikal innen | m² IWF | 0,71 | **0,72** | 0,72 | 0,47 | **0,51** | 0,51 |
| 350 | Decken / horizontal | m² DEF | 0,35 | **0,35** | 0,35 | 0,24 | **0,24** | 0,24 |
| 360 | Dächer | m² DAF | 1,34 | **1,34** | 1,34 | 1,00 | **1,00** | 1,04 |
| 370 | Infrastrukturanlagen | | – | – | – | – | – | – |
| 380 | Baukonstruktive Einbauten | m² BGF | 1,33 | **1,40** | 1,55 | 1,00 | **1,00** | 1,00 |
| 390 | Sonst. Maßnahmen für Baukonst. | m² BGF | 1,33 | **1,40** | 1,55 | 1,00 | **1,00** | 1,00 |
| **300** | **Bauwerk – Baukonstruktionen** | m² BGF | 1,33 | **1,40** | 1,55 | 1,00 | **1,00** | 1,00 |

## Planungskennwerte für Bauzeiten — 12 Vergleichsobjekte

**Bauzeit in Wochen**

Bauzeit: 15 | 30 | 45 | 60 | 75 | 90 | 105 | 120 | 135 | 150 | 165 Wochen

© BKI Baukosteninformationszentrum; Erläuterungen zu den Tabellen siehe Seite 54   Kostenstand: 1. Quartal 2022, Bundesdurchschnitt, inkl. 19% MwSt.

# Sport- und Mehrzweckhallen

€/m² BGF
- min      1.540 €/m²
- von      1.765 €/m²
- **Mittel   2.185 €/m²**
- bis      2.415 €/m²
- max      2.600 €/m²

**Kosten:**
Stand 1. Quartal 2022
Bundesdurchschnitt
inkl. 19% MwSt.

## Objektübersicht zur Gebäudeart

### 5100-0114 Sport- und Mehrzweckhalle - Effizienzhaus ~75%
**BRI** 7.302 m³  **BGF** 1.240 m²  **NUF** 955 m²

Sport- und Mehrzweckhalle (Einfeldhalle) für Schulsport und Veranstaltungen. Stb-Sockelgeschoss, Holzkonstruktion.

Land: Berlin
Kreis: Berlin
Standard: Durchschnitt
Bauzeit: 100 Wochen
Kennwerte: bis 1. Ebene DIN 276

**BGF   2.599 €/m²**

Planung: Kersten + Kopp Architekten BDA; Berlin

veröffentlicht: BKI Objektdaten E7

### 5100-0100 Mehrzweckhalle (Dreifeldhalle)
**BRI** 14.937 m³  **BGF** 2.314 m²  **NUF** 1.665 m²

Sporthalle (Dreifeldhalle) mit Mehrzweckraum für Schul-, Vereinsbetrieb und Konzertnutzung. Massivbau, Stahl-Dachträger.

Land: Hessen
Kreis: Offenbach
Standard: über Durchschnitt
Bauzeit: 48 Wochen
Kennwerte: bis 1. Ebene DIN 276

**BGF   1.539 €/m²**

Planung: Dillig Architekten GmbH; Simmern

veröffentlicht: BKI Objektdaten N13

### 5100-0098 Sporthalle (Zweifeldhalle), Mehrzweckraum
**BRI** 15.590 m³  **BGF** 2.396 m²  **NUF** 1.802 m²

Sporthalle (Zweifeldhalle) für Schul- und Vereinssport mit Tribüne (ca. 100 Personen), Kraftraum, Mehrzweckraum, Geräteräume, Umkleideräume, Duschen. Massivbauweise, Dachkonstruktion Holzbinder.

Land: Sachsen-Anhalt
Kreis: Salzlandkreis
Standard: Durchschnitt
Bauzeit: 43 Wochen
Kennwerte: bis 1. Ebene DIN 276

**BGF   1.831 €/m²**

Planung: Steinblock Architekten; Magdeburg

veröffentlicht: BKI Objektdaten N13

### 5100-0097 Sporthalle (Dreifeldhalle), Mehrzweckraum
**BRI** 22.256 m³  **BGF** 3.011 m²  **NUF** 2.433 m²

Sporthalle (Dreifeldhalle) mit Mehrzweckraum (400 Sitzplätze). Mauerwerksbau.

Land: Hamburg
Kreis: Hamburg, Freie und Hansestadt
Standard: Durchschnitt
Bauzeit: 61 Wochen
Kennwerte: bis 1. Ebene DIN 276

**BGF   2.272 €/m²**

Planung: BKS ARCHITEKTEN GmbH; Hamburg

veröffentlicht: BKI Objektdaten N13

## Objektübersicht zur Gebäudeart

### 5100-0081 Mehrzweckhalle, Aula
**BRI** 7.172 m³  **BGF** 976 m²  **NUF** 610 m²

Mehrzweckhalle mit 400 Zuschauerplätzen, einer Bühne und einer Aula. Mauerwerksbau, Holzdachstuhl.

Land: Hamburg
Kreis: Hamburg, Freie und Hansestadt
Standard: über Durchschnitt
Bauzeit: 70 Wochen
Kennwerte: bis 3. Ebene DIN 276

**BGF  2.266 €/m²**

veröffentlicht: BKI Objektdaten N13

**Planung:** Architekturbüro Prell und Partner; Hamburg

---

### 5100-0072 Sport- und Mehrzweckhalle
**BRI** 5.770 m³  **BGF** 1.036 m²  **NUF** 740 m²

Sport- und Mehrzweckhalle für Grundschule und Stadt. Massivbau.

Land: Hessen
Kreis: Waldeck-Frankenberg
Standard: Durchschnitt
Bauzeit: 48 Wochen
Kennwerte: bis 1. Ebene DIN 276

**BGF  1.993 €/m²**

veröffentlicht: BKI Objektdaten N10

**Planung:** Architekturbüro Steiner; Vöhl-Ederbringhausen

---

### 5100-0080 Sport- und Mehrzweckhalle*
**BRI** 19.097 m³  **BGF** 3.031 m²  **NUF** 2.459 m²

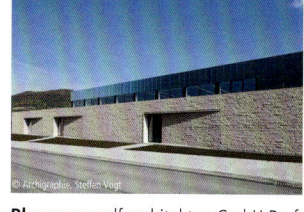

Zweifeldhalle für Kultur- und Sportnutzung. Hallenkonstruktion in Holzskelettbauweise, weitere Gebäudeteile in Stb/Mauerwerksbau/Leichtbauweise.

Land: Baden-Württemberg
Kreis: Reutlingen
Standard: über Durchschnitt
Bauzeit: 70 Wochen
Kennwerte: bis 1. Ebene DIN 276

**BGF  3.420 €/m²**

veröffentlicht: BKI Objektdaten N12
* Nicht in der Auswertung enthalten

**Planung:** wulf architekten GmbH Prof. T. Wulf I K. Bierich I A. Vohl; Stuttgart

---

### 5100-0071 Mehrzweckgebäude
**BRI** 13.968 m³  **BGF** 2.752 m²  **NUF** 1.506 m²

Mehrzweckgebäude mit drei Funktionsbereichen: Verwaltung- und Seminarbereich, Foyer, Mehrzweckraum und Spielraumtheater. Massivbau.

Land: Schleswig-Holstein
Kreis: Kiel, Stadt
Standard: Durchschnitt
Bauzeit: 65 Wochen
Kennwerte: bis 1. Ebene DIN 276

**BGF  2.464 €/m²**

veröffentlicht: BKI Objektdaten N10

**Planung:** agn Paul Niederberghaus & Partner GmbH i. Halle; Halle/Saale

# Sport- und Mehrzweckhallen

## Objektübersicht zur Gebäudeart

**€/m² BGF**
- min    1.540 €/m²
- von    1.765 €/m²
- Mittel **2.185 €/m²**
- bis    2.415 €/m²
- max    2.600 €/m²

**Kosten:**
Stand 1. Quartal 2022
Bundesdurchschnitt
inkl. 19% MwSt.

---

### 5100-0042 Sport- und Mehrzweckhalle
**BRI** 5.716 m³ **BGF** 1.195 m² **NUF** 923 m²

Mehrzwecknutzung Sport und Veranstaltungen. Stahlstützen, Holzbinder, Pfosten-Riegel-Fassade.

Land: Bayern
Kreis: Starnberg
Standard: Durchschnitt
Bauzeit: 35 Wochen
Kennwerte: bis 1. Ebene DIN 276

**BGF  1.823 €/m²**

**Planung:** barth architekten; Gauting

veröffentlicht: BKI Objektdaten N9

---

### 5100-0089 Mehrzweckhalle (Dreifeldhalle), Mensa
**BRI** 18.200 m³ **BGF** 2.830 m² **NUF** 2.170 m²

Mehrzweckhalle (Dreifeldhalle) mit 100 Sitzplätzen (Tribüne), 800 Besucher (Halle) und Mensa mit 100 Sitzplätzen. Massivbau, Stahlträger (Dach).

Land: Baden-Württemberg
Kreis: Ostalbkreis
Standard: Durchschnitt
Bauzeit: 69 Wochen
Kennwerte: bis 1. Ebene DIN 276

**BGF  2.342 €/m²**

**Planung:** ARCHITEKTUR 109 M. Arnold + A. Fentzloff Freie Architekten BDA; Stuttgart

veröffentlicht: BKI Objektdaten N12

---

### 5100-0069 Sport- und Messehalle*
**BRI** 24.823 m³ **BGF** 2.854 m² **NUF** 2.341 m²

Der Neubau ist als multifunktionale Halle konzipiert. Der Foyerbereich dient als gelenkartige Verbindung zur Messestraße und zur Sporthalle. Stahlbetonbau.

Land: Österreich
Kreis: Vorarlberg
Standard: Durchschnitt
Bauzeit: 78 Wochen
Kennwerte: bis 1. Ebene DIN 276

**BGF  3.786 €/m²**

**Planung:** Cukrowicz Nachbaur Architekten ZT GmbH; Bregenz

veröffentlicht: BKI Objektdaten N10
* Nicht in der Auswertung enthalten

---

### 5100-0038 Mehrzwecksporthalle (Zweifeldhalle)*
**BRI** 12.499 m³ **BGF** 2.187 m² **NUF** 1.846 m²

Zweifeldmehrzwecksporthalle (1.055 m²), Geräteräume, Sanitärräume, Empore. Mauerwerksbau.

Land: Thüringen
Kreis: Wartburgkreis
Standard: Durchschnitt
Bauzeit: 52 Wochen
Kennwerte: bis 3. Ebene DIN 276

**BGF  1.139 €/m²**

**Planung:** Architekt Dipl.-Ing. (TU) Dieter Zumpe; Felsberg

veröffentlicht: BKI Objektdaten N7
* Nicht in der Auswertung enthalten

## Objektübersicht zur Gebäudeart

### 5100-0036 Mehrzweckhalle

**BRI** 374 m³  **BGF** 95 m²  **NUF** 83 m²

Mehrzweckhalle mit Geräteraum und WC. Stb-Konstruktion.

Land: Rheinland-Pfalz
Kreis: Mainz, Stadt
Standard: über Durchschnitt
Bauzeit: 113 Wochen
Kennwerte: bis 3. Ebene DIN 276

**BGF  2.489 €/m²**

**Planung:** Wohnbau Mainz GmbH; Mainz

veröffentlicht: BKI Objektdaten N6

### 5100-0028 Mehrzweckhalle

**BRI** 30.338 m³  **BGF** 5.700 m²  **NUF** 3.535 m²

3-Feld-Sporthalle mit mobiler Tribüne und Nebenräume, Saal mit Kleinkunstbühne, Foyer mit Garderobe, Kindergarten, Restaurant, Konferenzräume, Kraftsportraum, Jugendzentrum, Teilunterkellerung als Lagerflächen. Mauerwerksbau.

Land: Hessen
Kreis: Wetteraukreis
Standard: Durchschnitt
Bauzeit: 78 Wochen
Kennwerte: bis 1. Ebene DIN 276

**BGF  2.377 €/m²**

**Planung:** Prof. Bremmer-Lorenz-Frielinghaus Planungsgesellschaft mbH Architekten

veröffentlicht: BKI Objektdaten N2

### 5100-0022 Sport- und Mehrzweckhalle

**BRI** 5.661 m³  **BGF** 1.207 m²  **NUF** 899 m²

Mehrzweckhalle mit abteilbarer Bühne für Schulen und Vereine; Jugendraum unter der Bühne. Stb-Skelettbau.

Land: Baden-Württemberg
Kreis: Tübingen
Standard: unter Durchschnitt
Bauzeit: 130 Wochen
Kennwerte: bis 4. Ebene DIN 276

**BGF  2.209 €/m²**

**Planung:** Ackermann & Raff Freie Architekten BDA; Tübingen

www.bki.de

© BKI Baukosteninformationszentrum; Erläuterungen zu den Tabellen siehe Seite 56   Kostenstand: 1. Quartal 2022, Bundesdurchschnitt, **inkl. 19% MwSt.**

# Sporthallen (Einfeldhallen)

## Kostenkennwerte für die Kosten des Bauwerks (Kostengruppen 300+400 nach DIN 276)

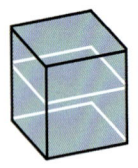

**BRI** 390 €/m³
von 320 €/m³
bis 505 €/m³

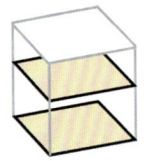

**BGF** 2.370 €/m²
von 1.975 €/m²
bis 2.910 €/m²

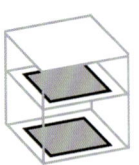

**NUF** 3.240 €/m²
von 2.550 €/m²
bis 4.080 €/m²

**Kosten:**
Stand 1. Quartal 2022
Bundesdurchschnitt
inkl. 19% MwSt.

### Objektbeispiele

5100-0131

5100-0091

5100-0099

### Kosten der 17 Vergleichsobjekte — Seiten 316 bis 320

- ● KKW
- ▶ min
- ▷ von
- | Mittelwert
- ◁ bis
- ◀ max

BRI — €/m³ BRI
BGF — €/m² BGF
NUF — €/m² NUF

© BKI Baukosteninformationszentrum; Erläuterungen zu den Tabellen siehe Seite 46    Kostenstand: 1. Quartal 2022, Bundesdurchschnitt, **inkl. 19% MwSt.**

## Kostenkennwerte für die Kostengruppen der 1. und 2. Ebene DIN 276

| KG | Kostengruppen der 1. Ebene | Einheit | ▷ | €/Einheit | ◁ | ▷ | % an 300+400 | ◁ |
|---|---|---|---|---|---|---|---|---|
| 100 | Grundstück | m² GF | – | – | – | – | – | – |
| 200 | Vorbereitende Maßnahmen | m² GF | 2 | **16** | 65 | 1,0 | **3,3** | 8,2 |
| 300 | Bauwerk – Baukonstruktionen | m² BGF | 1.516 | **1.823** | 2.123 | 71,9 | **77,5** | 83,4 |
| 400 | Bauwerk – Technische Anlagen | m² BGF | 371 | **545** | 810 | 16,6 | **22,5** | 28,1 |
|  | Bauwerk (300+400) | m² BGF | 1.977 | **2.368** | 2.911 | 100,0 | **100,0** | 100,0 |
| 500 | Außenanlagen und Freiflächen | m² AF | 29 | **112** | 176 | 3,2 | **8,3** | 19,3 |
| 600 | Ausstattung und Kunstwerke | m² BGF | 9 | **37** | 111 | 0,4 | **1,4** | 3,7 |
| 700 | Baunebenkosten* | m² BGF | 467 | **520** | 574 | 19,7 | **22,0** | 24,3 |
| 800 | Finanzierung | m² BGF | – | – | – | – | – | – |

◁ * Auf Grundlage der HOAI 2021 berechnete Werte nach §§ 35, 52, 56. Weitere Informationen siehe Seite 50

| KG | Kostengruppen der 2. Ebene | Einheit | ▷ | €/Einheit | ◁ | ▷ | % an 1. Ebene | ◁ |
|---|---|---|---|---|---|---|---|---|
| 310 | Baugrube / Erdbau | m³ BGI | 23 | **31** | 43 | 0,8 | **3,3** | 4,8 |
| 320 | Gründung, Unterbau | m² GRF | 259 | **347** | 393 | 14,4 | **17,4** | 19,0 |
| 330 | Außenwände / vertikal außen | m² AWF | 431 | **549** | 617 | 25,3 | **28,5** | 33,3 |
| 340 | Innenwände / vertikal innen | m² IWF | 319 | **351** | 403 | 10,9 | **12,4** | 15,2 |
| 350 | Decken / horizontal | m² DEF | 124 | **443** | 639 | 0,7 | **4,3** | 6,1 |
| 360 | Dächer | m² DAF | 341 | **448** | 653 | 16,1 | **27,7** | 33,6 |
| 370 | Infrastrukturanlagen |  | – | – | – | – | – | – |
| 380 | Baukonstruktive Einbauten | m² BGF | 11 | **34** | 45 | 0,8 | **2,0** | 2,7 |
| 390 | Sonst. Maßnahmen für Baukonst. | m² BGF | 52 | **74** | 87 | 3,7 | **4,4** | 4,9 |
| **300** | **Bauwerk – Baukonstruktionen** | **m² BGF** |  |  |  |  | **100,0** |  |
| 410 | Abwasser-, Wasser-, Gasanlagen | m² BGF | 61 | **76** | 83 | 20,2 | **22,3** | 26,2 |
| 420 | Wärmeversorgungsanlagen | m² BGF | 63 | **86** | 131 | 18,1 | **25,8** | 40,1 |
| 430 | Raumlufttechnische Anlagen | m² BGF | 8 | **23** | 53 | 2,6 | **6,1** | 12,8 |
| 440 | Elektrische Anlagen | m² BGF | 101 | **139** | 201 | 26,5 | **40,2** | 47,2 |
| 450 | Kommunikationstechnische Anlagen | m² BGF | 13 | **18** | 27 | 3,5 | **5,5** | 9,5 |
| 460 | Förderanlagen | m² BGF | – | – | – | – | – | – |
| 470 | Nutzungsspez. / verfahrenstech. Anl. | m² BGF | – | – | – | – | – | – |
| 480 | Gebäude- und Anlagenautomation | m² BGF | – | – | – | – | – | – |
| 490 | Sonst. Maßnahmen f. techn. Anl. | m² BGF | < 1 | **< 1** | < 1 | 0,0 | **< 0,1** | 0,2 |
| **400** | **Bauwerk – Technische Anlagen** | **m² BGF** |  |  |  |  | **100,0** |  |

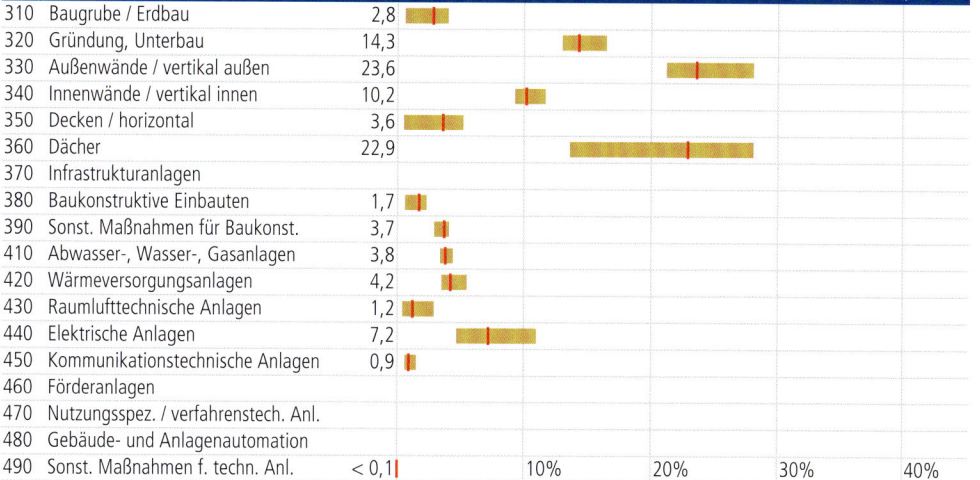

### Prozentanteile der Kosten 2.Ebene an den Kosten des Bauwerks nach DIN 276 (Von/Mittel/Bis)

| KG | Kostengruppe | Mittel |
|---|---|---|
| 310 | Baugrube / Erdbau | 2,8 |
| 320 | Gründung, Unterbau | 14,3 |
| 330 | Außenwände / vertikal außen | 23,6 |
| 340 | Innenwände / vertikal innen | 10,2 |
| 350 | Decken / horizontal | 3,6 |
| 360 | Dächer | 22,9 |
| 370 | Infrastrukturanlagen |  |
| 380 | Baukonstruktive Einbauten | 1,7 |
| 390 | Sonst. Maßnahmen für Baukonst. | 3,7 |
| 410 | Abwasser-, Wasser-, Gasanlagen | 3,8 |
| 420 | Wärmeversorgungsanlagen | 4,2 |
| 430 | Raumlufttechnische Anlagen | 1,2 |
| 440 | Elektrische Anlagen | 7,2 |
| 450 | Kommunikationstechnische Anlagen | 0,9 |
| 460 | Förderanlagen |  |
| 470 | Nutzungsspez. / verfahrenstech. Anl. |  |
| 480 | Gebäude- und Anlagenautomation |  |
| 490 | Sonst. Maßnahmen f. techn. Anl. | < 0,1 |

© BKI Baukosteninformationszentrum; Erläuterungen zu den Tabellen siehe Seite 48 und 50    Kostenstand: 1. Quartal 2022, Bundesdurchschnitt, **inkl. 19% MwSt.**

# Sporthallen (Einfeldhallen)

**Kosten:** Stand 1. Quartal 2022 Bundesdurchschnitt inkl. 19% MwSt.

- ● KKW
- ▶ min
- ▷ von
- | Mittelwert
- ◁ bis
- ◀ max

## Prozentanteile der Kosten für Leistungsbereiche nach STLB (Kosten Bauwerk nach DIN 276)

| LB | Leistungsbereiche | ▷ | % an 300+400 | ◁ |
|---|---|---|---|---|
| 000 | Sicherheits-, Baustelleneinrichtungen inkl. 001 | 3,1 | **3,4** | 3,8 |
| 002 | Erdarbeiten | 1,5 | **3,9** | 5,6 |
| 006 | Spezialtiefbauarbeiten inkl. 005 | – | **–** | – |
| 009 | Entwässerungskanalarbeiten inkl. 011 | 0,1 | **0,3** | 0,5 |
| 010 | Drän- und Versickerarbeiten | 0,1 | **0,2** | 0,4 |
| 012 | Mauerarbeiten | 0,9 | **1,7** | 2,9 |
| 013 | Betonarbeiten | 8,3 | **11,7** | 15,7 |
| 014 | Natur-, Betonwerksteinarbeiten | – | **–** | – |
| 016 | Zimmer- und Holzbauarbeiten | 14,6 | **18,6** | 24,2 |
| 017 | Stahlbauarbeiten | – | **–** | – |
| 018 | Abdichtungsarbeiten | 0,2 | **0,5** | 0,8 |
| 020 | Dachdeckungsarbeiten | 2,3 | **4,5** | 7,9 |
| 021 | Dachabdichtungsarbeiten | 0,0 | **2,1** | 4,3 |
| 022 | Klempnerarbeiten | 1,5 | **2,6** | 3,6 |
| | **Rohbau** | **43,0** | **49,6** | **54,9** |
| 023 | Putz- und Stuckarbeiten, Wärmedämmsysteme | 2,5 | **4,1** | 6,7 |
| 024 | Fliesen- und Plattenarbeiten | 2,0 | **2,4** | 2,8 |
| 025 | Estricharbeiten | 0,8 | **1,2** | 1,7 |
| 026 | Fenster, Außentüren inkl. 029, 032 | 4,1 | **4,8** | 5,7 |
| 027 | Tischlerarbeiten | 3,0 | **4,8** | 7,2 |
| 028 | Parkettarbeiten, Holzpflasterarbeiten | – | **–** | – |
| 030 | Rollladenarbeiten | – | **–** | – |
| 031 | Metallbauarbeiten inkl. 035 | 0,3 | **1,1** | 1,6 |
| 034 | Maler- und Lackiererarbeiten inkl. 037 | 0,7 | **1,4** | 1,9 |
| 036 | Bodenbelagarbeiten | 4,1 | **4,8** | 5,5 |
| 038 | Vorgehängte hinterlüftete Fassaden | 0,0 | **1,4** | 2,8 |
| 039 | Trockenbauarbeiten | 3,6 | **5,5** | 8,1 |
| | **Ausbau** | **28,0** | **31,4** | **35,1** |
| 040 | Wärmeversorgungsanl. - Betriebseinr. inkl. 041 | 2,9 | **4,0** | 4,9 |
| 042 | Gas- und Wasserinstallation, Leitungen inkl. 043 | 0,5 | **0,6** | 0,7 |
| 044 | Abwasseranlagen - Leitungen | 0,2 | **0,4** | 0,5 |
| 045 | GWE-Einrichtungsgegenstände inkl. 046 | 1,8 | **2,3** | 2,5 |
| 047 | Dämmarbeiten an betriebstechnischen Anlagen | 0,2 | **0,4** | 0,7 |
| 049 | Feuerlöschanlagen, Feuerlöschgeräte | – | **–** | – |
| 050 | Blitzschutz- und Erdungsanlagen | 0,4 | **0,6** | 0,8 |
| 052 | Mittelspannungsanlagen | – | **–** | – |
| 053 | Niederspannungsanlagen inkl. 054 | 1,2 | **2,0** | 2,5 |
| 055 | Sicherheits- u. Ersatzstromversorgungsanl. | 0,0 | **0,2** | 0,4 |
| 057 | Gebäudesystemtechnik | – | **–** | – |
| 058 | Leuchten und Lampen inkl. 059 | 2,0 | **4,5** | 6,5 |
| 060 | Sprechanlagen, elektroakust. Anlagen inkl. 064 | < 0,1 | **0,2** | 0,3 |
| 061 | Kommunikationsnetze inkl. 062 | < 0,1 | **0,1** | 0,2 |
| 063 | Gefahrenmeldeanlagen | 0,3 | **0,6** | 0,9 |
| 069 | Aufzüge | – | **–** | – |
| 070 | Gebäudeautomation | – | **–** | – |
| 075 | Raumlufttechnische Anlagen inkl. 078 | 0,3 | **1,2** | 2,1 |
| | **Gebäudetechnik** | **13,7** | **17,2** | **19,9** |
| | Sonstige Leistungsbereiche inkl. 008, 033, 051 | 1,2 | **1,8** | 2,7 |

## Planungskennwerte für Flächen und Rauminhalte nach DIN 277

| Grundflächen | | | ▷ | **Fläche/NUF (%)** | ◁ | ▷ | **Fläche/BGF (%)** | ◁ |
|---|---|---|---|---|---|---|---|---|
| NUF | Nutzungsfläche | | 100,0 | **100,0** | 100,0 | 71,0 | **74,1** | 77,4 |
| TF | Technikfläche | | 3,5 | **4,2** | 6,6 | 2,3 | **3,0** | 4,5 |
| VF | Verkehrsfläche | | 12,4 | **15,9** | 19,5 | 8,8 | **11,2** | 13,1 |
| NRF | Netto-Raumfläche | | 116,0 | **119,5** | 125,3 | 86,4 | **88,5** | 90,6 |
| KGF | Konstruktions-Grundfläche | | 12,7 | **15,9** | 20,7 | 9,4 | **11,5** | 13,6 |
| BGF | Brutto-Grundfläche | | 131,3 | **136,4** | 143,4 | 100,0 | **100,0** | 100,0 |

| Brutto-Rauminhalte | | | ▷ | **BRI/NUF (m)** | ◁ | ▷ | **BRI/BGF (m)** | ◁ |
|---|---|---|---|---|---|---|---|---|
| BRI | Brutto-Rauminhalt | | 7,83 | **8,37** | 9,21 | 5,75 | **6,16** | 6,61 |

| Flächen von Nutzeinheiten | | | ▷ | **NUF/Einheit (m²)** | ◁ | ▷ | **BGF/Einheit (m²)** | ◁ |
|---|---|---|---|---|---|---|---|---|
| Nutzeinheit: | | | – | – | – | – | – | – |

| Lufttechnisch behandelte Flächen | | | ▷ | **Fläche/NUF (%)** | ◁ | ▷ | **Fläche/BGF (%)** | ◁ |
|---|---|---|---|---|---|---|---|---|
| Entlüftete Fläche | | | 57,7 | **57,7** | 57,7 | 48,4 | **48,4** | 48,4 |
| Be- und entlüftete Fläche | | | 3,9 | **3,9** | 3,9 | 3,3 | **3,3** | 3,3 |
| Teilklimatisierte Fläche | | | – | – | – | – | – | – |
| Klimatisierte Fläche | | | – | – | – | – | – | – |

| KG | Kostengruppen (2. Ebene) | Einheit | ▷ | **Menge/NUF** | ◁ | ▷ | **Menge/BGF** | ◁ |
|---|---|---|---|---|---|---|---|---|
| 310 | Baugrube / Erdbau | m³ BGI | 1,38 | **2,08** | 2,08 | 1,66 | **1,66** | 2,13 |
| 320 | Gründung, Unterbau | m² GRF | 1,03 | **1,03** | 1,08 | 0,80 | **0,84** | 0,84 |
| 330 | Außenwände / vertikal außen | m² AWF | 1,06 | **1,06** | 1,11 | 0,86 | **0,86** | 0,88 |
| 340 | Innenwände / vertikal innen | m² IWF | 0,71 | **0,71** | 0,73 | 0,58 | **0,58** | 0,60 |
| 350 | Decken / horizontal | m² DEF | 0,18 | **0,18** | 0,20 | 0,15 | **0,15** | 0,15 |
| 360 | Dächer | m² DAF | 1,25 | **1,25** | 1,33 | 1,03 | **1,03** | 1,10 |
| 370 | Infrastrukturanlagen | | – | – | – | – | – | – |
| 380 | Baukonstruktive Einbauten | m² BGF | 1,31 | **1,36** | 1,43 | 1,00 | **1,00** | 1,00 |
| 390 | Sonst. Maßnahmen für Baukonst. | m² BGF | 1,31 | **1,36** | 1,43 | 1,00 | **1,00** | 1,00 |
| **300** | **Bauwerk – Baukonstruktionen** | **m² BGF** | **1,31** | **1,36** | **1,43** | **1,00** | **1,00** | **1,00** |

## Planungskennwerte für Bauzeiten — 17 Vergleichsobjekte

**Bauzeit in Wochen**

Bauzeit: Verteilung der Werte zwischen ca. 15 und 130 Wochen, Median bei ca. 60 Wochen (0 | 15 | 30 | 45 | 60 | 75 | 90 | 105 | 120 | 135 | 150 Wochen).

© BKI Baukosteninformationszentrum; Erläuterungen zu den Tabellen siehe Seite 54    Kostenstand: 1. Quartal 2022, Bundesdurchschnitt, **inkl. 19% MwSt.**

# Sporthallen (Einfeldhallen)

€/m² BGF
| | |
|---|---|
| min | 1.755 €/m² |
| von | 1.975 €/m² |
| Mittel | **2.370 €/m²** |
| bis | 2.910 €/m² |
| max | 3.300 €/m² |

**Kosten:**
Stand 1. Quartal 2022
Bundesdurchschnitt
inkl. 19% MwSt.

## Objektübersicht zur Gebäudeart

### 5100-0131 Sporthalle (Einfeldhalle) - Effizienzhaus ~31%
**BRI** 5.854 m³ **BGF** 845 m² **NUF** 592 m²

Sporthalle (Einfeldhalle) mit Umkleideräumen, WCs, Duschen und Technikraum. Holzbau.

Land: Bayern
Kreis: Dingolfing-Landau
Standard: über Durchschnitt
Bauzeit: 57 Wochen
Kennwerte: bis 1. Ebene DIN 276

**BGF 3.198 €/m²**

**Planung:** Wagner Architekten; Dingolfing

vorgesehen: BKI Objektdaten E10

### 5100-0117 Sporthalle (Einfeldhalle)
**BRI** 4.515 m³ **BGF** 986 m² **NUF** 604 m²

Sporthalle (Einfeldhalle) für Schul- und Vereinssport. Mischkonstruktion.

Land: Bayern
Kreis: Roth
Standard: Durchschnitt
Bauzeit: 57 Wochen
Kennwerte: bis 1. Ebene DIN 276

**BGF 2.751 €/m²**

**Planung:** Dömges Architekten AG; Regensburg

veröffentlicht: BKI Objektdaten N16

### 5100-0118 Sporthalle (1,5-Feldhalle)
**BRI** 13.560 m³ **BGF** 1.866 m² **NUF** 1.206 m²

Sporthalle für Schul- und Vereinssport. Stb-Konstruktion.

Land: Baden-Württemberg
Kreis: Ravensburg
Standard: über Durchschnitt
Bauzeit: 131 Wochen
Kennwerte: bis 1. Ebene DIN 276

**BGF 2.245 €/m²**

**Planung:** wurm architektur; Ravensburg

veröffentlicht: BKI Objektdaten N16

### 5100-0115 Sporthalle (Einfeldhalle) - Effizienzhaus ~68%
**BRI** 4.292 m³ **BGF** 737 m² **NUF** 559 m²

Sporthalle als Einfeldhalle, Effizienzhaus ~68%. Mischbauweise Massiv + Holz.

Land: Thüringen
Kreis: Saalfeld-Rudolstadt
Standard: Durchschnitt
Bauzeit: 52 Wochen
Kennwerte: bis 3. Ebene DIN 276

**BGF 1.829 €/m²**

**Planung:** Tectum Hille Kobelt Architekten BDA; Weimar

veröffentlicht: BKI Objektdaten E8

## Objektübersicht zur Gebäudeart

### 5100-0110 Sporthalle (Einfeldhalle) - Passivhaus

**BRI** 6.260 m³    **BGF** 959 m²    **NUF** 639 m²

Sporthalle (Einfeldhalle). Stb-Fertigteilbau und Mauerwerksbau.

Land: Niedersachsen
Kreis: Osnabrück
Standard: Durchschnitt
Bauzeit: 48 Wochen
Kennwerte: bis 1. Ebene DIN 276

**BGF** 2.314 €/m²

**Planung:** Hüdepohl . Ferner Architektur- und Ingenieurgesellschaft mbH; Osnabrück

veröffentlicht: BKI Objektdaten N15

### 5100-0103 Sporthalle (Einfeldhalle)

**BRI** 5.017 m³    **BGF** 786 m²    **NUF** 663 m²

Sporthalle (Einfeldhalle) für Grundschul- und Vereinssport. Massivbau.

Land: Sachsen
Kreis: Zwickau
Standard: Durchschnitt
Bauzeit: 48 Wochen
Kennwerte: bis 1. Ebene DIN 276

**BGF** 2.230 €/m²

**Planung:** Fugmann Architekten GmbH; Falkenstein

veröffentlicht: BKI Objektdaten N15

### 5100-0112 Sporthalle

**BRI** 7.713 m³    **BGF** 1.017 m²    **NUF** 796 m²

Sporthalle (1,5-Feldhalle) für Schul- und Vereinssport. Stb-Konstruktion, BSH-Dachträger, Mauerwerksbau (Nebenräume).

Land: Niedersachsen
Kreis: Harburg
Standard: Durchschnitt
Bauzeit: 52 Wochen
Kennwerte: bis 1. Ebene DIN 276

**BGF** 2.279 €/m²

**Planung:** Dohse Architekten; Hamburg

veröffentlicht: BKI Objektdaten N15

### 5100-0099 Sporthalle (Einfeldhalle) - Effizienzhaus ~53%

**BRI** 3.332 m³    **BGF** 527 m²    **NUF** 433 m²

Einfeldsporthalle mit Umkleide- und Sanitärräumen. Massivbau, Stahltragwerk Dach.

Land: Bayern
Kreis: Fürth
Standard: Durchschnitt
Bauzeit: 61 Wochen
Kennwerte: bis 1. Ebene DIN 276

**BGF** 3.298 €/m²

**Planung:** hettl architektur; Obermichelbach

veröffentlicht: BKI Objektdaten E7

# Sporthallen (Einfeldhallen)

**€/m² BGF**
| | |
|---|---|
| min | 1.755 €/m² |
| von | 1.975 €/m² |
| Mittel | **2.370 €/m²** |
| bis | 2.910 €/m² |
| max | 3.300 €/m² |

**Kosten:**
Stand 1. Quartal 2022
Bundesdurchschnitt
inkl. 19% MwSt.

## Objektübersicht zur Gebäudeart

### 5100-0090 Sportzentrum (Einfeldhalle)
**BRI** 9.775 m³  **BGF** 1.690 m²  **NUF** 1.137 m²

Sporthalle (Einfeldhalle) mit Multifunktionshalle, Kraftraum und Entspannungsraum. Stb-Konstruktion, Dachkonstruktion Holzbinder.

Land: Niedersachsen
Kreis: Wolfsburg
Standard: über Durchschnitt
Bauzeit: 52 Wochen
Kennwerte: bis 1. Ebene DIN 276

**BGF  2.517 €/m²**

**Planung:** Dohle + Lohse Architekten GmbH; Braunschweig

veröffentlicht: BKI Objektdaten N12

### 5100-0085 Sporthalle (Einfeldhalle)
**BRI** 5.400 m³  **BGF** 973 m²  **NUF** 746 m²

Einfeldsporthalle mit Gymnastikhalle. Massiv- und Holzbauweise.

Land: Hessen
Kreis: Bergstraße
Standard: Durchschnitt
Bauzeit: 74 Wochen
Kennwerte: bis 1. Ebene DIN 276

**BGF  2.406 €/m²**

**Planung:** Thomas Grüninger Architekten BDA; Darmstadt

veröffentlicht: BKI Objektdaten N12

### 5100-0088 Sporthalle (Einfeldhalle), Schulbühne
**BRI** 14.323 m³  **BGF** 2.502 m²  **NUF** 1.800 m²

Sporthalle mit Schulbühne (500 Sitzplätze). Massivbau.

Land: Bayern
Kreis: Deggendorf
Standard: Durchschnitt
Bauzeit: 65 Wochen
Kennwerte: bis 1. Ebene DIN 276

**BGF  1.860 €/m²**

**Planung:** Schnabel Architekten GmbH; Bad Kötzting

veröffentlicht: BKI Objektdaten N12

### 5100-0084 Sporthalle (Einfeldhalle)
**BRI** 5.423 m³  **BGF** 998 m²  **NUF** 661 m²

Sporthalle (Einfeldhalle) mit max. 460 Sitzplätzen für Schul- und Vereinsveranstaltungen. Stb-Konstruktion, Holzleimbinder im Dach.

Land: Bayern
Kreis: München
Standard: Durchschnitt
Bauzeit: 82 Wochen
Kennwerte: bis 1. Ebene DIN 276

**BGF  1.849 €/m²**

**Planung:** Moosmang Architekten; Gräfelfing

veröffentlicht: BKI Objektdaten N12

## Objektübersicht zur Gebäudeart

### 5100-0086 Sport- und Schwimmhalle*

**BRI** 9.802 m³    **BGF** 1.824 m²    **NUF** 1.159 m²

Einfeldsporthalle mit Schwimmhalle. Stb-Konstruktion.

Land: Hessen
Kreis: Frankfurt am Main, Stadt
Standard: über Durchschnitt
Bauzeit: 91 Wochen
Kennwerte: bis 1. Ebene DIN 276

**BGF**   3.979 €/m² *

veröffentlicht: BKI Objektdaten N12
* Nicht in der Auswertung enthalten

**Planung:** Baufrösche Architekten und Stadtplaner GmbH; Kassel

### 5100-0091 Sporthalle (Einfeldhalle)

**BRI** 3.889 m³    **BGF** 779 m²    **NUF** 635 m²

Sporthalle (Einfeldhalle) für Schul- und Vereinssportnutzung. Massivbau.

Land: Niedersachsen
Kreis: Diepholz
Standard: Durchschnitt
Bauzeit: 43 Wochen
Kennwerte: bis 1. Ebene DIN 276

**BGF**   2.685 €/m²

veröffentlicht: BKI Objektdaten N13

**Planung:** Karola Lindner Gemeinde Stuhr; Stuhr

### 5100-0074 Sporthalle (Einfeldhalle) - Passivhaus

**BRI** 6.336 m³    **BGF** 966 m²    **NUF** 626 m²

Einfeldsporthalle im Passivhausstandard. Erdgeschoss mit Foyer und Umkleiden, Untergeschoss mit teilbarer Sportfläche, Geräteräumen und Regieraum. Stb-Konstruktion.

Land: Brandenburg
Kreis: Märkisch-Oderland
Standard: Durchschnitt
Bauzeit: 48 Wochen
Kennwerte: bis 1. Ebene DIN 276

**BGF**   2.854 €/m²

veröffentlicht: BKI Objektdaten E4

**Planung:** BAUCONZEPT PLANUNGSGESELLSCHAFT mbH; Lichtenstein

### 5100-0049 Sporthalle (Einfeldhalle)

**BRI** 4.220 m³    **BGF** 667 m²    **NUF** 571 m²

Einfeldsporthalle, vormittags wird die Halle für Schulsport genutzt, abends für Vereinssport. Holzständerbau.

Land: Schleswig-Holstein
Kreis: Herzogtum Lauenburg
Standard: unter Durchschnitt
Bauzeit: 22 Wochen
Kennwerte: bis 4. Ebene DIN 276

**BGF**   1.828 €/m²

veröffentlicht: BKI Objektdaten N10

**Planung:** Die Planschmiede 2KS GmbH & Co. KG; Hankensbüttel

© **BKI** Baukosteninformationszentrum; Erläuterungen zu den Tabellen siehe Seite 56    Kostenstand: 1. Quartal 2022, Bundesdurchschnitt, **inkl. 19% MwSt.**

# Sporthallen (Einfeldhallen)

**€/m² BGF**
| | |
|---|---|
| min | 1.755 €/m² |
| von | 1.975 €/m² |
| Mittel | **2.370 €/m²** |
| bis | 2.910 €/m² |
| max | 3.300 €/m² |

**Kosten:**
Stand 1. Quartal 2022
Bundesdurchschnitt
inkl. 19% MwSt.

## Objektübersicht zur Gebäudeart

### 5100-0073 Sporthalle (Einfeldhalle)
**BRI** 4.133 m³  **BGF** 741 m²  **NUF** 589 m²

Einfeldsporthalle mit Geräteräumen, Umkleiden, Sanitärräumen und Galerie. Stb-Konstruktion.

Land: Nordrhein-Westfalen
Kreis: Aachen, Städteregion
Standard: Durchschnitt
Bauzeit: 48 Wochen
Kennwerte: bis 1. Ebene DIN 276

**BGF   1.754 €/m²**

veröffentlicht: BKI Objektdaten N11

**Planung:** Finkeldei Architekten; Linnich

### 5100-0030 Sporthalle*
**BRI** 4.855 m³  **BGF** 809 m²  **NUF** 669 m²

Sporthalle (15x27m), Sportgeräteraum, Anbau mit zwei Umkleide- und Sanitärräumen, behindertengerechtes WC mit Behelfsdusche, Übungsleiterraum mit Sanitärbereich. Stahlskelettbau.

Land: Sachsen-Anhalt
Kreis: Wittenberg
Standard: unter Durchschnitt
Bauzeit: 35 Wochen
Kennwerte: bis 1. Ebene DIN 276

**BGF   1.305 €/m²**

veröffentlicht: BKI Objektdaten N3
* Nicht in der Auswertung enthalten

**Planung:** Schmidt + Krause Architekturbüro; Bannewitz

### 5100-0025 Sporthalle
**BRI** 8.777 m³  **BGF** 1.207 m²  **NUF** 1.013 m²

Sporthalle in Holzkonstruktion, Nutzung durch Schulen und Vereine, Umkleiden, Sanitärräume und Halle im EG, Zuschauergalerie und Lüftung im OG. Holzskelettbau.

Land: Sachsen
Kreis: Erzgebirgskreis
Standard: Durchschnitt
Bauzeit: 130 Wochen
Kennwerte: bis 3. Ebene DIN 276

**BGF   2.359 €/m²**

veröffentlicht: BKI Objektdaten N1

**Planung:** Dieter Gogolin Dipl.-Ing. Architekt; Marienberg

**Sport**

## Sporthallen (Dreifeldhallen)

### Kostenkennwerte für die Kosten des Bauwerks (Kostengruppen 300+400 nach DIN 276)

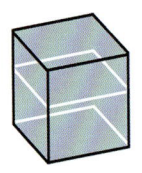

**BRI** 320 €/m³
von 230 €/m³
bis 400 €/m³

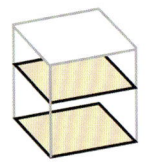

**BGF** 2.135 €/m²
von 1.590 €/m²
bis 2.620 €/m²

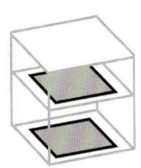

**NUF** 2.915 €/m²
von 2.125 €/m²
bis 3.675 €/m²

**Kosten:**
Stand 1. Quartal 2022
Bundesdurchschnitt
inkl. 19% MwSt.

### Objektbeispiele

5100-0133

5100-0130

5100-0123

### Kosten der 29 Vergleichsobjekte — Seiten 326 bis 333

- ● KKW
- ▶ min
- ▷ von
- | Mittelwert
- ◁ bis
- ◀ max

BRI: 50 – 550 €/m³ BRI

BGF: 0 – 4500 €/m² BGF

NUF: 0 – 6000 €/m² NUF

© BKI Baukosteninformationszentrum; Erläuterungen zu den Tabellen siehe Seite 46. Kostenstand: 1. Quartal 2022, Bundesdurchschnitt, **inkl. 19% MwSt.**

## Kostenkennwerte für die Kostengruppen der 1. und 2. Ebene DIN 276

| KG | Kostengruppen der 1. Ebene | Einheit | ▷ | €/Einheit | ◁ | ▷ | % an 300+400 | ◁ |
|---|---|---|---|---|---|---|---|---|
| 100 | Grundstück | m²GF | – | – | – | – | – | – |
| 200 | Vorbereitende Maßnahmen | m²GF | 7 | **33** | 130 | 1,1 | **2,8** | 8,6 |
| 300 | Bauwerk – Baukonstruktionen | m²BGF | 1.225 | **1.663** | 2.034 | 74,9 | **78,0** | 81,6 |
| 400 | Bauwerk – Technische Anlagen | m²BGF | 328 | **471** | 611 | 18,4 | **22,0** | 25,1 |
|  | Bauwerk (300+400) | m²BGF | 1.589 | **2.134** | 2.619 | 100,0 | **100,0** | 100,0 |
| 500 | Außenanlagen und Freiflächen | m²AF | 49 | **128** | 232 | 2,5 | **6,0** | 10,1 |
| 600 | Ausstattung und Kunstwerke | m²BGF | 21 | **46** | 79 | 1,0 | **2,4** | 4,5 |
| 700 | Baunebenkosten* | m²BGF | 371 | **414** | 457 | 17,6 | **19,6** | 21,6 |
| 800 | Finanzierung | m²BGF | – | – | – | – | – | – |

* Auf Grundlage der HOAI 2021 berechnete Werte nach §§ 35, 52, 56. Weitere Informationen siehe Seite 50

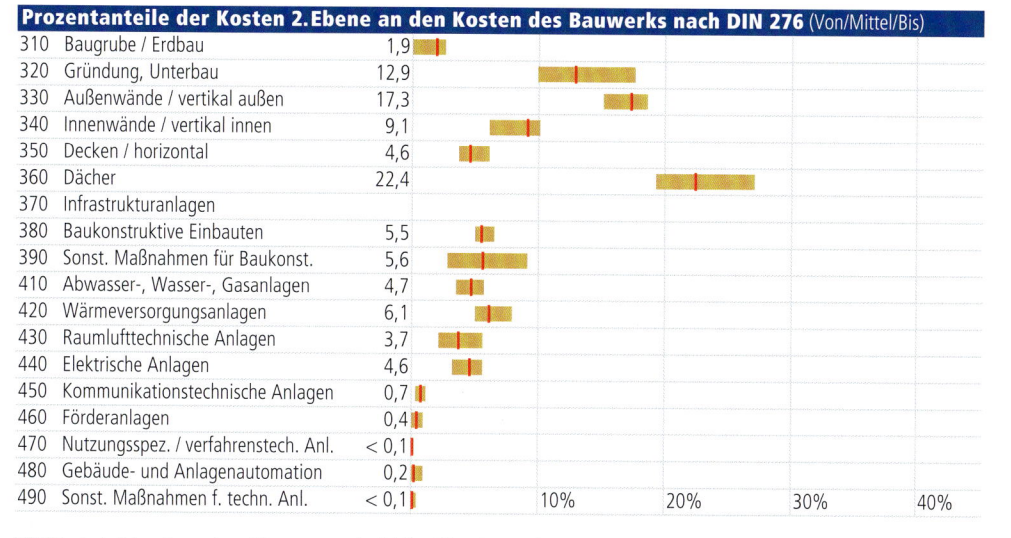

| KG | Kostengruppen der 2. Ebene | Einheit | ▷ | €/Einheit | ◁ | ▷ | % an 1. Ebene | ◁ |
|---|---|---|---|---|---|---|---|---|
| 310 | Baugrube / Erdbau | m³BGI | 22 | **29** | 35 | 0,0 | **2,4** | 3,2 |
| 320 | Gründung, Unterbau | m²GRF | 334 | **376** | 482 | 13,3 | **16,0** | 23,5 |
| 330 | Außenwände / vertikal außen | m²AWF | 530 | **695** | 821 | 18,2 | **21,8** | 23,2 |
| 340 | Innenwände / vertikal innen | m²IWF | 298 | **378** | 436 | 8,5 | **11,6** | 13,2 |
| 350 | Decken / horizontal | m²DEF | 471 | **559** | 740 | 4,7 | **5,9** | 8,0 |
| 360 | Dächer | m²DAF | 377 | **482** | 633 | 25,2 | **28,1** | 32,4 |
| 370 | Infrastrukturanlagen | | – | – | – | – | – | – |
| 380 | Baukonstruktive Einbauten | m²BGF | 106 | **123** | 134 | 6,4 | **7,0** | 7,8 |
| 390 | Sonst. Maßnahmen für Baukonst. | m²BGF | 59 | **132** | 222 | 3,4 | **7,2** | 11,9 |
| **300** | **Bauwerk – Baukonstruktionen** | **m²BGF** | | | | | **100,0** | |
| 410 | Abwasser-, Wasser-, Gasanlagen | m²BGF | 81 | **106** | 141 | 16,2 | **23,4** | 27,9 |
| 420 | Wärmeversorgungsanlagen | m²BGF | 103 | **139** | 189 | 25,9 | **29,5** | 32,2 |
| 430 | Raumlufttechnische Anlagen | m²BGF | 47 | **86** | 134 | 9,7 | **17,4** | 22,1 |
| 440 | Elektrische Anlagen | m²BGF | 65 | **105** | 135 | 17,5 | **22,2** | 25,4 |
| 450 | Kommunikationstechnische Anlagen | m²BGF | 16 | **20** | 30 | 1,1 | **3,7** | 5,3 |
| 460 | Förderanlagen | m²BGF | 16 | **20** | 25 | 0,0 | **1,8** | 4,4 |
| 470 | Nutzungsspez. / verfahrenstech. Anl. | m²BGF | < 1 | **1** | 4 | 0,1 | **0,4** | 1,3 |
| 480 | Gebäude- und Anlagenautomation | m²BGF | 21 | **21** | 21 | 0,0 | **0,8** | 4,1 |
| 490 | Sonst. Maßnahmen f. techn. Anl. | m²BGF | < 1 | **3** | 7 | < 0,1 | **0,5** | 2,3 |
| **400** | **Bauwerk – Technische Anlagen** | **m²BGF** | | | | | **100,0** | |

## Prozentanteile der Kosten 2. Ebene an den Kosten des Bauwerks nach DIN 276 (Von/Mittel/Bis)

| 310 | Baugrube / Erdbau | 1,9 |
| 320 | Gründung, Unterbau | 12,9 |
| 330 | Außenwände / vertikal außen | 17,3 |
| 340 | Innenwände / vertikal innen | 9,1 |
| 350 | Decken / horizontal | 4,6 |
| 360 | Dächer | 22,4 |
| 370 | Infrastrukturanlagen | |
| 380 | Baukonstruktive Einbauten | 5,5 |
| 390 | Sonst. Maßnahmen für Baukonst. | 5,6 |
| 410 | Abwasser-, Wasser-, Gasanlagen | 4,7 |
| 420 | Wärmeversorgungsanlagen | 6,1 |
| 430 | Raumlufttechnische Anlagen | 3,7 |
| 440 | Elektrische Anlagen | 4,6 |
| 450 | Kommunikationstechnische Anlagen | 0,7 |
| 460 | Förderanlagen | 0,4 |
| 470 | Nutzungsspez. / verfahrenstech. Anl. | < 0,1 |
| 480 | Gebäude- und Anlagenautomation | 0,2 |
| 490 | Sonst. Maßnahmen f. techn. Anl. | < 0,1 |

© BKI Baukosteninformationszentrum; Erläuterungen zu den Tabellen siehe Seite 48 und 50    Kostenstand: 1. Quartal 2022, Bundesdurchschnitt, inkl. 19% MwSt.

# Sporthallen (Dreifeldhallen)

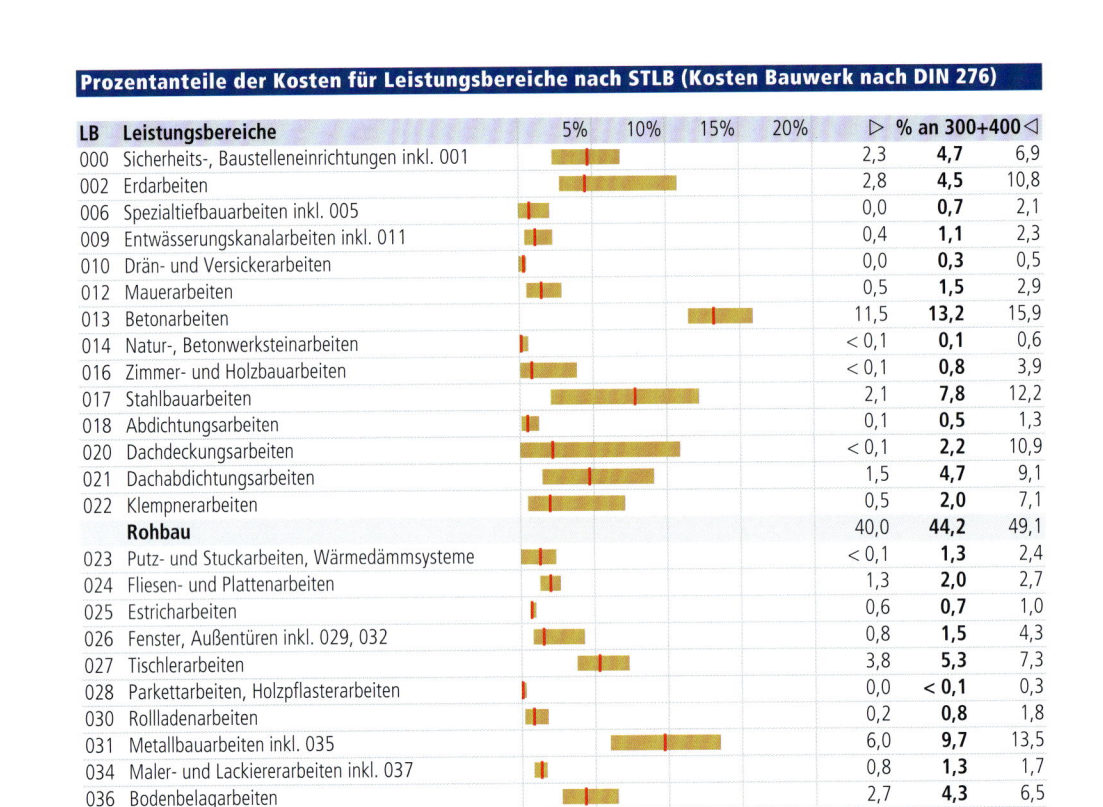

## Prozentanteile der Kosten für Leistungsbereiche nach STLB (Kosten Bauwerk nach DIN 276)

**Kosten:** Stand 1. Quartal 2022 Bundesdurchschnitt inkl. 19% MwSt.

| LB | Leistungsbereiche | von | Mittelwert | bis |
|---|---|---|---|---|
| 000 | Sicherheits-, Baustelleneinrichtungen inkl. 001 | 2,3 | **4,7** | 6,9 |
| 002 | Erdarbeiten | 2,8 | **4,5** | 10,8 |
| 006 | Spezialtiefbauarbeiten inkl. 005 | 0,0 | **0,7** | 2,1 |
| 009 | Entwässerungskanalarbeiten inkl. 011 | 0,4 | **1,1** | 2,3 |
| 010 | Drän- und Versickerarbeiten | 0,0 | **0,3** | 0,5 |
| 012 | Mauerarbeiten | 0,5 | **1,5** | 2,9 |
| 013 | Betonarbeiten | 11,5 | **13,2** | 15,9 |
| 014 | Natur-, Betonwerksteinarbeiten | < 0,1 | **0,1** | 0,6 |
| 016 | Zimmer- und Holzbauarbeiten | < 0,1 | **0,8** | 3,9 |
| 017 | Stahlbauarbeiten | 2,1 | **7,8** | 12,2 |
| 018 | Abdichtungsarbeiten | 0,1 | **0,5** | 1,3 |
| 020 | Dachdeckungsarbeiten | < 0,1 | **2,2** | 10,9 |
| 021 | Dachabdichtungsarbeiten | 1,5 | **4,7** | 9,1 |
| 022 | Klempnerarbeiten | 0,5 | **2,0** | 7,1 |
| | **Rohbau** | **40,0** | **44,2** | **49,1** |
| 023 | Putz- und Stuckarbeiten, Wärmedämmsysteme | < 0,1 | **1,3** | 2,4 |
| 024 | Fliesen- und Plattenarbeiten | 1,3 | **2,0** | 2,7 |
| 025 | Estricharbeiten | 0,6 | **0,7** | 1,0 |
| 026 | Fenster, Außentüren inkl. 029, 032 | 0,8 | **1,5** | 4,3 |
| 027 | Tischlerarbeiten | 3,8 | **5,3** | 7,3 |
| 028 | Parkettarbeiten, Holzpflasterarbeiten | 0,0 | **< 0,1** | 0,3 |
| 030 | Rollladenarbeiten | 0,2 | **0,8** | 1,8 |
| 031 | Metallbauarbeiten inkl. 035 | 6,0 | **9,7** | 13,5 |
| 034 | Maler- und Lackiererarbeiten inkl. 037 | 0,8 | **1,3** | 1,7 |
| 036 | Bodenbelagarbeiten | 2,7 | **4,3** | 6,5 |
| 038 | Vorgehängte hinterlüftete Fassaden | < 0,1 | **0,8** | 2,0 |
| 039 | Trockenbauarbeiten | 1,2 | **2,8** | 8,3 |
| | **Ausbau** | **27,8** | **30,6** | **34,8** |
| 040 | Wärmeversorgungsanl. - Betriebseinr. inkl. 041 | 5,2 | **6,5** | 7,6 |
| 042 | Gas- und Wasserinstallation, Leitungen inkl. 043 | 0,5 | **1,2** | 2,3 |
| 044 | Abwasseranlagen - Leitungen | 0,4 | **1,0** | 1,6 |
| 045 | GWE-Einrichtungsgegenstände inkl. 046 | 1,1 | **2,2** | 3,9 |
| 047 | Dämmarbeiten an betriebstechnischen Anlagen | 0,0 | **0,1** | 0,3 |
| 049 | Feuerlöschanlagen, Feuerlöschgeräte | < 0,1 | **< 0,1** | < 0,1 |
| 050 | Blitzschutz- und Erdungsanlagen | < 0,1 | **0,1** | 0,2 |
| 052 | Mittelspannungsanlagen | 0,0 | **< 0,1** | 0,4 |
| 053 | Niederspannungsanlagen inkl. 054 | 2,3 | **4,2** | 5,5 |
| 055 | Sicherheits- u. Ersatzstromversorgungsanl. | – | **–** | – |
| 057 | Gebäudesystemtechnik | – | **–** | – |
| 058 | Leuchten und Lampen inkl. 059 | < 0,1 | **1,2** | 2,0 |
| 060 | Sprechanlagen, elektroakust. Anlagen inkl. 064 | 0,0 | **0,3** | 0,5 |
| 061 | Kommunikationsnetze inkl. 062 | < 0,1 | **0,3** | 1,3 |
| 063 | Gefahrenmeldeanlagen | < 0,1 | **0,2** | 0,5 |
| 069 | Aufzüge | 0,0 | **0,3** | 0,8 |
| 070 | Gebäudeautomation | 0,0 | **0,3** | 0,8 |
| 075 | Raumlufttechnische Anlagen inkl. 078 | 1,2 | **3,0** | 5,3 |
| | **Gebäudetechnik** | **15,2** | **20,9** | **22,8** |
| | Sonstige Leistungsbereiche inkl. 008, 033, 051 | 0,1 | **4,3** | 5,6 |

- ● KKW
- ▶ min
- ▷ von
- | Mittelwert
- ◁ bis
- ◀ max

© BKI Baukosteninformationszentrum; Erläuterungen zu den Tabellen siehe Seite 52. Kostenstand: 1. Quartal 2022, Bundesdurchschnitt, **inkl. 19% MwSt.**

## Planungskennwerte für Flächen und Rauminhalte nach DIN 277

| Grundflächen | | ▷ | Fläche/NUF (%) | ◁ | ▷ | Fläche/BGF (%) | ◁ |
|---|---|---|---|---|---|---|---|
| NUF | Nutzungsfläche | 100,0 | **100,0** | 100,0 | 70,5 | **74,3** | 79,8 |
| TF | Technikfläche | 4,1 | **5,4** | 9,3 | 2,9 | **3,8** | 6,3 |
| VF | Verkehrsfläche | 12,8 | **16,9** | 22,8 | 9,4 | **12,1** | 15,4 |
| NRF | Netto-Raumfläche | 117,3 | **122,2** | 128,7 | 88,6 | **90,1** | 92,1 |
| KGF | Konstruktions-Grundfläche | 10,8 | **13,6** | 15,8 | 7,9 | **9,9** | 11,4 |
| BGF | Brutto-Grundfläche | 127,8 | **135,8** | 143,8 | 100,0 | **100,0** | 100,0 |

| Brutto-Rauminhalte | | ▷ | BRI/NUF (m) | ◁ | ▷ | BRI/BGF (m) | ◁ |
|---|---|---|---|---|---|---|---|
| BRI | Brutto-Rauminhalt | 8,50 | **9,22** | 10,11 | 6,21 | **6,81** | 7,28 |

| Flächen von Nutzeinheiten | | ▷ | NUF/Einheit (m²) | ◁ | ▷ | BGF/Einheit (m²) | ◁ |
|---|---|---|---|---|---|---|---|
| Nutzeinheit: | | – | – | – | – | – | – |

| Lufttechnisch behandelte Flächen | ▷ | Fläche/NUF (%) | ◁ | ▷ | Fläche/BGF (%) | ◁ |
|---|---|---|---|---|---|---|
| Entlüftete Fläche | 4,9 | **7,4** | 7,4 | 3,4 | **5,3** | 5,3 |
| Be- und entlüftete Fläche | 56,2 | **59,8** | 74,2 | 38,4 | **41,1** | 57,9 |
| Teilklimatisierte Fläche | – | – | – | – | – | – |
| Klimatisierte Fläche | – | – | – | – | – | – |

| KG | Kostengruppen (2. Ebene) | Einheit | ▷ | Menge/NUF | ◁ | ▷ | Menge/BGF | ◁ |
|---|---|---|---|---|---|---|---|---|
| 310 | Baugrube / Erdbau | m³ BGI | 1,17 | **2,26** | 2,64 | 0,86 | **1,60** | 1,84 |
| 320 | Gründung, Unterbau | m² GRF | 1,01 | **1,09** | 1,15 | 0,71 | **0,74** | 0,76 |
| 330 | Außenwände / vertikal außen | m² AWF | 0,79 | **0,83** | 0,89 | 0,51 | **0,57** | 0,59 |
| 340 | Innenwände / vertikal innen | m² IWF | 0,76 | **0,82** | 1,05 | 0,50 | **0,56** | 0,71 |
| 350 | Decken / horizontal | m² DEF | 0,23 | **0,29** | 0,36 | 0,16 | **0,20** | 0,26 |
| 360 | Dächer | m² DAF | 1,52 | **1,57** | 1,76 | 1,01 | **1,09** | 1,27 |
| 370 | Infrastrukturanlagen | | – | – | – | – | – | – |
| 380 | Baukonstruktive Einbauten | m² BGF | 1,28 | **1,36** | 1,44 | 1,00 | **1,00** | 1,00 |
| 390 | Sonst. Maßnahmen für Baukonst. | m² BGF | 1,28 | **1,36** | 1,44 | 1,00 | **1,00** | 1,00 |
| **300** | **Bauwerk – Baukonstruktionen** | **m² BGF** | **1,28** | **1,36** | **1,44** | **1,00** | **1,00** | **1,00** |

## Planungskennwerte für Bauzeiten — 29 Vergleichsobjekte

**Bauzeit in Wochen**

Bauzeit: ca. 15 – 165 Wochen

# Sporthallen (Dreifeldhallen)

**€/m² BGF**

| | | |
|---|---:|---|
| min | 890 | €/m² |
| von | 1.590 | €/m² |
| Mittel | **2.135** | **€/m²** |
| bis | 2.620 | €/m² |
| max | 3.115 | €/m² |

**Kosten:**
Stand 1. Quartal 2022
Bundesdurchschnitt
inkl. 19% MwSt.

## Objektübersicht zur Gebäudeart

### 5100-0133 Sporthalle (Dreifeldhalle) — BRI 23.919 m³ · BGF 3.054 m² · NUF 2.068 m²

Dreifeldsporthalle mit Tribüne, Nebenräumen und Parkplätzen. Mischkonstruktion.

Land: Brandenburg
Kreis: Havelland
Standard: über Durchschnitt
Bauzeit: 65 Wochen
Kennwerte: bis 1. Ebene DIN 276

**BGF 2.857 €/m²**

vorgesehen: BKI Objektdaten N18

**Planung:** Galandi Schirmer Architekten + Ingenieure GmbH; Berlin

### 5100-0130 Sporthalle (Doppel-Dreifeldhalle) — BRI 32.800 m³ · BGF 4.946 m² · NUF 3.698 m²

Doppel-Dreifeldsporthalle für Ausbildung und Training der Sportfachverbände, des Landessportbundes und des Olympiastützpunktes. Stahlbeton.

Land: Hessen
Kreis: Frankfurt am Main, Stadt
Standard: Durchschnitt
Bauzeit: 87 Wochen
Kennwerte: bis 1. Ebene DIN 276

**BGF 2.574 €/m²**

veröffentlicht: BKI Objektdaten N17

**Planung:** blfp planungs gmbh; Friedberg

### 5100-0126 Tennishalle (Dreifeldhalle) — BRI 13.563 m³ · BGF 1.925 m² · NUF 1.838 m²

Tennishalle als Dreifeldhalle. Holzbau.

Land: Hessen
Kreis: Darmstadt, Stadt
Standard: unter Durchschnitt
Bauzeit: 35 Wochen
Kennwerte: bis 1. Ebene DIN 276

**BGF 890 €/m²**

veröffentlicht: BKI Objektdaten N17

**Planung:** raum-z architekten gmbh; Frankfurt

### 5100-0123 Sporthalle (Zweifeldhalle) — BRI 13.027 m³ · BGF 1.884 m² · NUF 1.420 m²

Sporthalle (Zweifeldhalle) mit 194 Sitzplätzen und 2 barrierefreien Stellplätzen. Massivbau.

Land: Sachsen
Kreis: Mittelsachsen
Standard: Durchschnitt
Bauzeit: 61 Wochen
Kennwerte: bis 1. Ebene DIN 276

**BGF 2.180 €/m²**

veröffentlicht: BKI Objektdaten N16

**Planung:** BAUCONZEPT® PLANUNGSGESELLSCHAFT mbH; Lichtenstein/Sachsen

## Objektübersicht zur Gebäudeart

### 5100-0125 Sporthalle (2,5-Feldhalle) - Effizienzhaus ~28%   BRI 16.628 m³   BGF 2.516 m²   NUF 1.714 m²

Sporthalle (Zweifeldhalle). Stb-Konstruktion, Dachkonstruktion BSH-Träger mit unterspannter Stahlkonstruktion.

Land: Bayern
Kreis: Rosenheim
Standard: Durchschnitt
Bauzeit: 79 Wochen
Kennwerte: bis 1. Ebene DIN 276

BGF   1.446 €/m²

**Planung:** Planungsgruppe Strasser GmbH

veröffentlicht: BKI Objektdaten N17

### 5100-0121 Sporthalle (Zweifeldhalle) - Passivhaus   BRI 12.355 m³   BGF 1.698 m²   NUF 1.238 m²

Sporthalle (Zweifeldhalle). Massivbauweise.

Land: Nordrhein-Westfalen
Kreis: Aachen, Städteregion
Standard: Durchschnitt
Bauzeit: 78 Wochen
Kennwerte: bis 1. Ebene DIN 276

BGF   2.412 €/m²

**Planung:** KRESINGS Architekten; Münster

veröffentlicht: BKI Objektdaten N17

### 5100-0119 Sporthalle (Dreifeldhalle) - Effizienzhaus ~37%   BRI 19.662 m³   BGF 2.874 m²   NUF 1.811 m²

Sporthalle (Dreifeldhalle). Massivbau.

Land: Niedersachsen
Kreis: Hameln-Pyrmont
Standard: Durchschnitt
Bauzeit: 70 Wochen
Kennwerte: bis 1. Ebene DIN 276

BGF   1.988 €/m²

**Planung:** Baufrösche Architekten und Stadtplaner GmbH; Kassel

veröffentlicht: BKI Objektdaten E8

### 5100-0111 Sporthalle (Dreifeldhalle)   BRI 15.840 m³   BGF 2.066 m²   NUF 1.679 m²

Sporthalle (Dreifeldhalle). Mauerwerksbau.

Land: Hamburg
Kreis: Hamburg, Freie und Hansestadt
Standard: Durchschnitt
Bauzeit: 39 Wochen
Kennwerte: bis 1. Ebene DIN 276

BGF   2.074 €/m²

**Planung:** Wischhusen Architektur; Hamburg

veröffentlicht: BKI Objektdaten N15

© **BKI** Baukosteninformationszentrum; Erläuterungen zu den Tabellen siehe Seite 56   Kostenstand: 1. Quartal 2022, Bundesdurchschnitt, **inkl. 19% MwSt.**

# Sporthallen (Dreifeldhallen)

**€/m² BGF**
| | |
|---|---|
| min | 890 €/m² |
| von | 1.590 €/m² |
| Mittel | **2.135 €/m²** |
| bis | 2.620 €/m² |
| max | 3.115 €/m² |

**Kosten:**
Stand 1. Quartal 2022
Bundesdurchschnitt
inkl. 19% MwSt.

## Objektübersicht zur Gebäudeart

### 5100-0105 Sporthalle (Zweifeldhalle)
**BRI** 11.896 m³  **BGF** 1.543 m²  **NUF** 1.186 m²

Zweifeldhalle für Schul- und Vereinssport mit Besuchergalerie. Stb-Konstruktion, BSH-Dachträger.

Land: Bayern
Kreis: Schweinfurt
Standard: Durchschnitt
Bauzeit: 57 Wochen
Kennwerte: bis 1. Ebene DIN 276

**BGF  2.101 €/m²**

**Planung:** Stadt Schweinfurt Stadtentwicklungs- und Hochbauamt; Schweinfurt

veröffentlicht: BKI Objektdaten N15

### 5100-0113 Sporthalle (Zweifeldhalle) - Passivhausbauweise*
**BRI** 15.382 m³  **BGF** 2.084 m²  **NUF** 1.325 m²

Sporthalle als Zweifeldhalle (unter Geländeniveau). Stahlbetonbau.

Land: Hessen
Kreis: Frankfurt am Main, Stadt
Standard: Durchschnitt
Bauzeit: 135 Wochen
Kennwerte: bis 1. Ebene DIN 276

**BGF  3.807 €/m²** *

**Planung:** PFP Planungs GmbH Prof. Jörg Friedrich; Hamburg

veröffentlicht: BKI Objektdaten E7
* Nicht in der Auswertung enthalten

### 5100-0102 Sporthalle (Dreifeldhalle)
**BRI** 21.472 m³  **BGF** 2.898 m²  **NUF** 1.982 m²

Dreifeldhalle für Schul- und Vereinssport mit Tribüne (312 Sitzplätze). Stb-Konstruktion, BSH-Dachträger.

Land: Saarland
Kreis: Saarpfalz-Kreis
Standard: Durchschnitt
Bauzeit: 56 Wochen
Kennwerte: bis 1. Ebene DIN 276

**BGF  2.668 €/m²**

**Planung:** Architekturbüro Morschett; Gersheim

veröffentlicht: BKI Objektdaten N15

### 5100-0096 Sporthalle (Zweifeldhalle)
**BRI** 14.786 m³  **BGF** 1.813 m²  **NUF** 1.581 m²

Zweifeldhalle für Schul- und Vereinssport mit Tribüne. Massivbau.

Land: Schleswig-Holstein
Kreis: Pinneberg
Standard: Durchschnitt
Bauzeit: 61 Wochen
Kennwerte: bis 1. Ebene DIN 276

**BGF  1.506 €/m²**

**Planung:** dt+p Dorkowski, Tülp und Partner Architekten+Ingenieure GmbH; Bremen

veröffentlicht: BKI Objektdaten N13

## Objektübersicht zur Gebäudeart

### 5100-0109 Sporthalle (Zweifeldhalle) - Effizienzhaus ~73%   BRI 18.593 m³   BGF 3.306 m²   NUF 2.678 m²

Zweifeldhalle, Tribüne mit 200 Sitzplätzen, Außenspielfeld, Tiefgarage (64 STP). Stb-Konstruktion.

Land: Baden-Württemberg
Kreis: Stuttgart, Stadtkreis
Standard: über Durchschnitt
Bauzeit: 78 Wochen
Kennwerte: bis 1. Ebene DIN 276

BGF   2.255 €/m²

**Planung:** Tiemann-Petri und Partner Freie Architekten BDA; Stuttgart

veröffentlicht: BKI Objektdaten E7

### 5100-0108 Sporthalle (Zweifeldhalle)   BRI 12.765 m³   BGF 1.773 m²   NUF 1.362 m²

Sporthalle (Zweifeldhalle) für Schul- und Vereinssportnutzung. Massivbau, Holzbinderdachkonstruktion.

Land: Bayern
Kreis: Traunstein
Standard: Durchschnitt
Bauzeit: 70 Wochen
Kennwerte: bis 1. Ebene DIN 276

BGF   1.609 €/m²

**Planung:** Planungsgruppe Strasser GmbH; Traunstein

veröffentlicht: BKI Objektdaten N15

### 5100-0106 Sporthalle (Zweifeldhalle) - Effizienzhaus ~56%   BRI 15.979 m³   BGF 2.229 m²   NUF 1.442 m²

Zweifeldhalle für Schul- und Vereinssport mit Foyer und Tribüne (ca. 200 Sitzplätze). Stahlbetonbau, Holzbinder.

Land: Bayern
Kreis: Traunstein
Standard: Durchschnitt
Bauzeit: 87 Wochen
Kennwerte: bis 1. Ebene DIN 276

BGF   1.651 €/m²

**Planung:** Planungsgruppe Strasser GmbH; Traunstein

veröffentlicht: BKI Objektdaten E7

### 5100-0095 Sporthalle (Zweifeldhalle)   BRI 14.431 m³   BGF 2.049 m²   NUF 1.538 m²

Sporthalle (Zweifeldhalle) mit Foyer und Tribüne (150 Sitzplätze). Stb-Konstruktion, BSH-Dachträger.

Land: Baden-Württemberg
Kreis: Esslingen
Standard: Durchschnitt
Bauzeit: 61 Wochen
Kennwerte: bis 1. Ebene DIN 276

BGF   2.447 €/m²

**Planung:** Glück + Partner GmbH; Stuttgart

veröffentlicht: BKI Objektdaten N13

## Sporthallen (Dreifeldhallen)

**€/m² BGF**

| | | |
|---|---|---|
| min | 890 | €/m² |
| von | 1.590 | €/m² |
| Mittel | **2.135** | **€/m²** |
| bis | 2.620 | €/m² |
| max | 3.115 | €/m² |

**Kosten:**
Stand 1. Quartal 2022
Bundesdurchschnitt
inkl. 19% MwSt.

### Objektübersicht zur Gebäudeart

**5100-0092 Sporthalle (Dreifeldhalle)** | **BRI** 26.904 m³ | **BGF** 3.873 m² | **NUF** 2.884 m²

Freistehende Sport- und Mehrzweckhalle (Dreifeldhalle) für 2 Schulen. Stb-Massivbau.

Land: Rheinland-Pfalz
Kreis: Bernkastel-Wittlich
Standard: Durchschnitt
Bauzeit: 96 Wochen
Kennwerte: bis 3. Ebene DIN 276

**BGF** 2.427 €/m²

**Planung:** Architekten BDA Naujack . Rind . Hof; Koblenz

veröffentlicht: BKI Objektdaten N15

---

**5100-0120 Sporthalle (Zweifeldhalle)** | **BRI** 20.376 m³ | **BGF** 3.279 m² | **NUF** 2.369 m²

Sporthalle (Zweifeldhalle) mit Fitness- und Kraftraum. Massivbau.

Land: Hessen
Kreis: Offenbach am Main, Stadt
Standard: über Durchschnitt
Bauzeit: 43 Wochen
Kennwerte: bis 1. Ebene DIN 276

**BGF** 1.271 €/m²

**Planung:** Dillig Architekten GmbH; Simmern

veröffentlicht: BKI Objektdaten N16

---

**5100-0116 Sporthalle (Dreifeldhalle) - Effizienzhaus ~73%** | **BRI** 17.009 m³ | **BGF** 2.556 m² | **NUF** 1.935 m²

Sporthalle (Dreifeldhalle) für Ballsportarten, wird vom Sportverein genutzt. Stahlbeton, Stahlkonstruktion.

Land: Berlin
Kreis: Berlin
Standard: Durchschnitt
Bauzeit: 148 Wochen
Kennwerte: bis 1. Ebene DIN 276

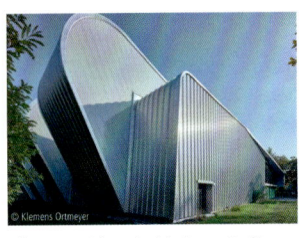

**BGF** 2.597 €/m²

**Planung:** Alten Architekten; Berlin

veröffentlicht: BKI Objektdaten E7

---

**5100-0087 Sporthalle (Zweifeld), Dachspielfeld - Passivhaus** | **BRI** 15.697 m³ | **BGF** 1.817 m² | **NUF** 1.295 m²

Zweifeldsporthalle mit Dachspielfeld, Passivhaus. Stb-Konstruktion.

Land: Hessen
Kreis: Frankfurt am Main, Stadt
Standard: Durchschnitt
Bauzeit: 83 Wochen
Kennwerte: bis 1. Ebene DIN 276

**BGF** 3.113 €/m²

**Planung:** Baufrösche Architekten und Stadtplaner GmbH; Kassel

veröffentlicht: BKI Objektdaten E5

## Objektübersicht zur Gebäudeart

### 5100-0083 Sporthalle (Zweifeldhalle)
**BRI** 11.492 m³  **BGF** 1.547 m²  **NUF** 1.187 m²

Schulsporthalle mit Zuschauergalerie (Zweifeldhalle). Stb-Konstruktion.

Land: Rheinland-Pfalz
Kreis: Landau in der Pfalz, Stadt
Standard: Durchschnitt
Bauzeit: 43 Wochen
Kennwerte: bis 1. Ebene DIN 276

**BGF  1.810 €/m²**

**Planung:** sander.hofrichter architekten Partnerschaft; Ludwigshafen

veröffentlicht: BKI Objektdaten N12

---

### 5100-0076 Sporthalle (Zweifeldhalle)
**BRI** 5.255 m³  **BGF** 904 m²  **NUF** 714 m²

Sporthalle (Zweifeldhalle) für Schul- und Vereinssportnutzung. Mauerwerksbau.

Land: Niedersachsen
Kreis: Lüneburg
Standard: Durchschnitt
Bauzeit: 70 Wochen
Kennwerte: bis 1. Ebene DIN 276

**BGF  2.545 €/m²**

**Planung:** Architekturbüro Prell und Partner; Hamburg

veröffentlicht: BKI Objektdaten N11

---

### 5100-0070 Sporthalle (Zweifeldhalle)
**BRI** 11.338 m³  **BGF** 1.572 m²  **NUF** 1.310 m²

Zweifeldsporthalle, Geräteräume, Umkleiden, Sanitärräume, Übungsleiter. Massivbau.

Land: Nordrhein-Westfalen
Kreis: Paderborn
Standard: Durchschnitt
Bauzeit: 48 Wochen
Kennwerte: bis 1. Ebene DIN 276

**BGF  2.231 €/m²**

**Planung:** BREITHAUPT ARCHITEKTEN Andreas Breithaupt Architekt BDA; Salzkotten

veröffentlicht: BKI Objektdaten N10

---

### 5100-0043 Sporthalle
**BRI** 14.885 m³  **BGF** 2.218 m²  **NUF** 1.727 m²

Schulsporthalle mit anteiliger Vereinsnutzung und separater Gymnastikhalle. Stb-Wände, Spannbetonhohlkammerdecken, Holzbinder.

Land: Nordrhein-Westfalen
Kreis: Ennepe-Ruhr-Kreis
Standard: Durchschnitt
Bauzeit: 69 Wochen
Kennwerte: bis 1. Ebene DIN 276

**BGF  1.778 €/m²**

**Planung:** Frielinghaus Schüren Architekten; Witten

veröffentlicht: BKI Objektdaten N9

---

© BKI Baukosteninformationszentrum; Erläuterungen zu den Tabellen siehe Seite 56   Kostenstand: 1. Quartal 2022, Bundesdurchschnitt, inkl. 19% MwSt.

# Sporthallen (Dreifeldhallen)

**€/m² BGF**

| | |
|---|---|
| min | 890 €/m² |
| von | 1.590 €/m² |
| Mittel | **2.135 €/m²** |
| bis | 2.620 €/m² |
| max | 3.115 €/m² |

**Kosten:**
Stand 1. Quartal 2022
Bundesdurchschnitt
inkl. 19% MwSt.

## Objektübersicht zur Gebäudeart

### 5100-0068 Schulsporthalle (Zweifeldhalle)
**BRI** 10.329 m³  **BGF** 1.657 m²  **NUF** 1.221 m²

Schulsporthalle, Zweifeldhalle. Stahlbetonbau, Dach Holzbinder.

Land: Baden-Württemberg
Kreis: Stuttgart, Stadtkreis
Standard: Durchschnitt
Bauzeit: 83 Wochen
Kennwerte: bis 1. Ebene DIN 276

**BGF  3.008 €/m²**

**Planung:** Glück + Partner GmbH; Stuttgart

veröffentlicht: BKI Objektdaten N10

### 5100-0045 Sporthalle (Zweifeldhalle)
**BRI** 13.849 m³  **BGF** 2.114 m²  **NUF** 1.528 m²

Zweifeldsporthalle, Schul- und Vereinsnutzung. Mauerwerksbau, Stahlfachwerkbinder, BSH-Nebenträger, Trapezblech.

Land: Nordrhein-Westfalen
Kreis: Gütersloh
Standard: über Durchschnitt
Bauzeit: 52 Wochen
Kennwerte: bis 1. Ebene DIN 276

**BGF  1.695 €/m²**

**Planung:** KNIRR+PITTIG ARCHITEKTEN; Essen

veröffentlicht: BKI Objektdaten N9

### 5100-0040 Sporthalle (Dreifeldhalle)
**BRI** 20.145 m³  **BGF** 3.545 m²  **NUF** 2.376 m²

Sporthalle mit drei Hallenteilen und einer Zuschauertribüne für 200 Personen. Stb-Konstruktion.

Land: Baden-Württemberg
Kreis: Ulm, Stadtkreis
Standard: über Durchschnitt
Bauzeit: 78 Wochen
Kennwerte: bis 3. Ebene DIN 276

**BGF  2.426 €/m²**

**Planung:** Auer + Weber + Partner Seidel : Architekten; München

veröffentlicht: BKI Objektdaten N8

### 5100-0037 Sporthalle (Dreifeldhalle)
**BRI** 15.493 m³  **BGF** 2.794 m²  **NUF** 2.024 m²

Sporthalle Typ 27/45 mit Mehrzweckhalle (224m²) und Konditionsraum (40m²), Zuschauertribüne für 300 Personen. Stb-Konstruktion.

Land: Baden-Württemberg
Kreis: Ludwigsburg
Standard: Durchschnitt
Bauzeit: 74 Wochen
Kennwerte: bis 4. Ebene DIN 276

**BGF  2.016 €/m²**

**Planung:** PAI Planungsteam Architekten + Ingenieure; Schwieberdingen

veröffentlicht: BKI Objektdaten N6

## Objektübersicht zur Gebäudeart

### 5100-0026 Sporthalle (Dreifeldhalle)    BRI 19.947 m³   BGF 4.401 m²   NUF 2.698 m²

Sporthalle mit 3 Feldern, Neben- und Funktionsräumen, Teleskoptribünen und Zuschauergalerie für ca. 600 Zuschauer, Fitnessraum, Foyer, barrierefreier Aufzug. Stahlskelettbau.

Land: Sachsen
Kreis: Mittelsachsen
Standard: unter Durchschnitt
Bauzeit: 104 Wochen
Kennwerte: bis 2. Ebene DIN 276

**BGF 1.949 €/m²**

**Planung:** Allmann, Sattler, Wappner Architekten; München

www.bki.de

### 5100-0024 Sporthalle (Dreifeldhalle)    BRI 19.031 m³   BGF 3.075 m²   NUF 2.085 m²

Sporthalle 3-teilbar für ein Gymnasium (Objekt 4100-0011), mit separatem Kraftsportraum, Teleskoptribüne. Stahlskelettbau.

Land: Thüringen
Kreis: Sonneberg
Standard: Durchschnitt
Bauzeit: 26 Wochen
Kennwerte: bis 3. Ebene DIN 276

**BGF 2.370 €/m²**

**Planung:** BAURCONSULT GbR Architekten+Ingenieure; Stuttgart

www.bki.de

© BKI Baukosteninformationszentrum; Erläuterungen zu den Tabellen siehe Seite 56    Kostenstand: 1. Quartal 2022, Bundesdurchschnitt, **inkl. 19% MwSt.**

# Schwimmhallen

## Kostenkennwerte für die Kosten des Bauwerks (Kostengruppen 300+400 nach DIN 276)

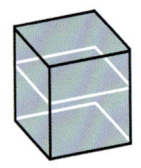

**BRI** 645 €/m³
von 540 €/m³
bis 880 €/m³

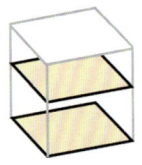

**BGF** 3.255 €/m²
von 2.735 €/m²
bis 4.000 €/m²

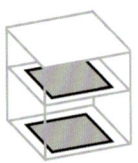

**NUF** 6.670 €/m²
von 5.225 €/m²
bis 8.840 €/m²

**Kosten:**
Stand 1. Quartal 2022
Bundesdurchschnitt
inkl. 19% MwSt.

### Objektbeispiele

5200-0008

5200-0009

5200-0010

### Kosten der 7 Vergleichsobjekte — Seiten 336 bis 337

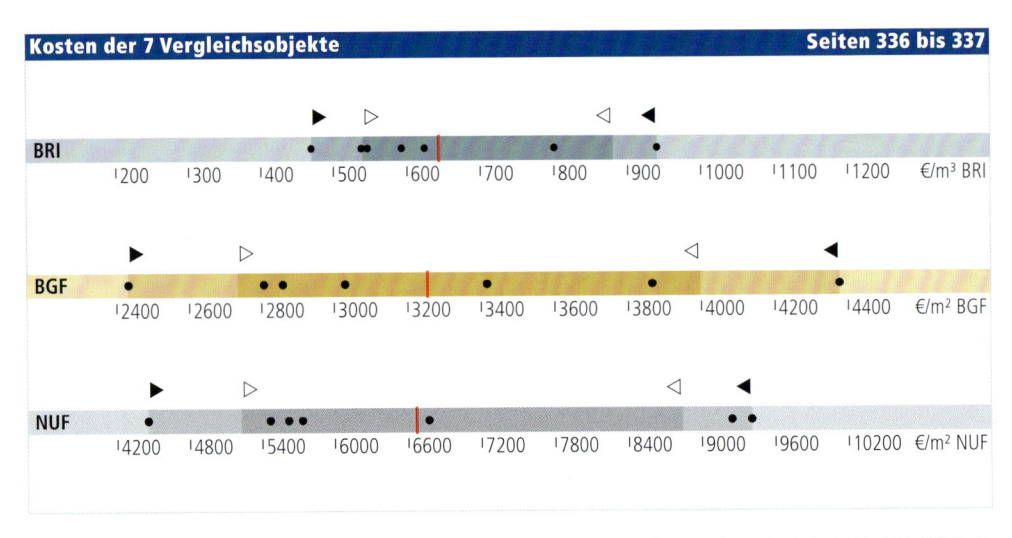

- ● KKW
- ▶ min
- ▷ von
- | Mittelwert
- ◁ bis
- ◀ max

**BRI** €/m³ BRI

**BGF** €/m² BGF

**NUF** €/m² NUF

© BKI Baukosteninformationszentrum; Erläuterungen zu den Tabellen siehe Seite 46      Kostenstand: 1. Quartal 2022, Bundesdurchschnitt, inkl. 19% MwSt.

## Kostenkennwerte für die Kostengruppen der 1. Ebene DIN 276

| KG | Kostengruppen der 1. Ebene | Einheit | ▷ | €/Einheit | ◁ | ▷ | % an 300+400 | ◁ |
|---|---|---|---|---|---|---|---|---|
| 100 | Grundstück | m²GF | – | – | – | – | – | – |
| 200 | Vorbereitende Maßnahmen | m²GF | 2 | **5** | 7 | 0,5 | **0,8** | 1,4 |
| 300 | Bauwerk – Baukonstruktionen | m²BGF | 1.763 | **2.016** | 2.245 | 54,0 | **63,0** | 67,6 |
| 400 | Bauwerk – Technische Anlagen | m²BGF | 944 | **1.239** | 2.003 | 32,4 | **37,0** | 46,0 |
|  | Bauwerk (300+400) | m²BGF | 2.734 | **3.255** | 3.998 | 100,0 | **100,0** | 100,0 |
| 500 | Außenanlagen und Freiflächen | m²AF | 78 | **169** | 513 | 2,1 | **7,1** | 10,3 |
| 600 | Ausstattung und Kunstwerke | m²BGF | 51 | **62** | 72 | 1,7 | **1,9** | 2,1 |
| 700 | Baunebenkosten* | m²BGF | 707 | **756** | 805 | 21,3 | **22,7** | 24,2 |
| 800 | Finanzierung | m²BGF | – | – | – | – | – | – |

*Auf Grundlage der HOAI 2021 berechnete Werte nach §§ 35, 52, 56. Weitere Informationen siehe Seite 50

## Planungskennwerte für Flächen und Rauminhalte nach DIN 277

| Grundflächen | | ▷ | Fläche/NUF (%) | ◁ | ▷ | Fläche/BGF (%) | ◁ |
|---|---|---|---|---|---|---|---|
| NUF | Nutzungsfläche | 100,0 | **100,0** | 100,0 | 47,4 | **49,8** | 51,3 |
| TF | Technikfläche | 40,4 | **51,5** | 58,5 | 18,9 | **25,3** | 28,0 |
| VF | Verkehrsfläche | 16,3 | **19,4** | 26,3 | 7,8 | **9,5** | 13,1 |
| NRF | Netto-Raumfläche | 166,7 | **170,9** | 180,9 | 82,6 | **84,6** | 84,9 |
| KGF | Konstruktions-Grundfläche | 28,3 | **31,5** | 33,6 | 15,1 | **15,4** | 17,4 |
| BGF | Brutto-Grundfläche | 196,8 | **202,3** | 214,4 | 100,0 | **100,0** | 100,0 |

| Brutto-Rauminhalte | | ▷ | BRI/NUF (m) | ◁ | ▷ | BRI/BGF (m) | ◁ |
|---|---|---|---|---|---|---|---|
| BRI | Brutto-Rauminhalt | 9,20 | **10,37** | 11,05 | 4,76 | **5,14** | 5,64 |

| Flächen von Nutzeinheiten | | ▷ | NUF/Einheit (m²) | ◁ | ▷ | BGF/Einheit (m²) | ◁ |
|---|---|---|---|---|---|---|---|
| Nutzeinheit: | | – | – | – | – | – | – |

| Lufttechnisch behandelte Flächen | ▷ | Fläche/NUF (%) | ◁ | ▷ | Fläche/BGF (%) | ◁ |
|---|---|---|---|---|---|---|
| Entlüftete Fläche | 120,6 | **120,6** | 120,6 | 56,1 | **56,1** | 56,1 |
| Be- und entlüftete Fläche | 77,5 | **77,5** | 77,5 | 42,3 | **42,3** | 42,3 |
| Teilklimatisierte Fläche | – | – | – | – | – | – |
| Klimatisierte Fläche | – | – | – | – | – | – |

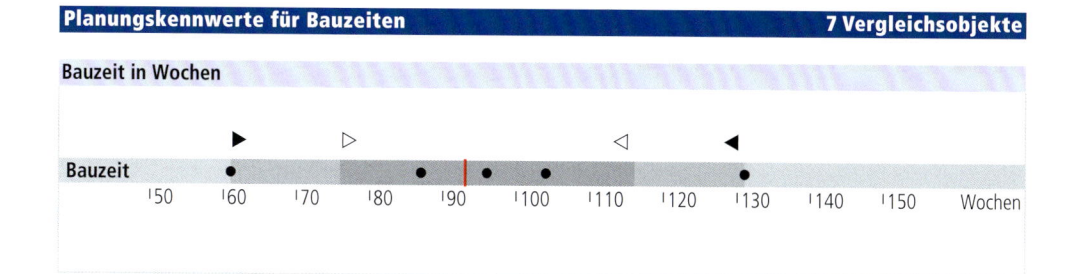

## Planungskennwerte für Bauzeiten — 7 Vergleichsobjekte

Bauzeit in Wochen: Bauzeit-Skala von '50 bis '150 Wochen; Datenpunkte bei ca. 60, 85, 95, 100, 105, 130 Wochen; Markierungen ▶ bei ~65, ▷ bei ~80, ◁ bei ~115, ◀ bei ~128; roter Median-Strich bei ~92 Wochen.

© BKI Baukosteninformationszentrum; Erläuterungen zu den Tabellen siehe Seite 48, 50, 54  Kostenstand: 1. Quartal 2022, Bundesdurchschnitt, inkl. 19% MwSt.

# Schwimmhallen

## Objektübersicht zur Gebäudeart

€/m² BGF
- min 2.430 €/m²
- von 2.735 €/m²
- Mittel 3.255 €/m²
- bis 4.000 €/m²
- max 4.375 €/m²

Kosten:
Stand 1. Quartal 2022
Bundesdurchschnitt
inkl. 19% MwSt.

### 5200-0017 Bewegungsbad*

**BRI** 1.046 m³  **BGF** 220 m²  **NUF** 145 m²

Bewegungsbad für Schädel-Hirn-Trauma-Patienten. Holzbau.

Land: Schleswig-Holstein
Kreis: Dithmarschen
Standard: Durchschnitt
Bauzeit: 57 Wochen
Kennwerte: bis 1. Ebene DIN 276

**BGF** 5.596 €/m²

Planung: JEBENS SCHOOF ARCHITEKTEN BDA; Heide

veröffentlicht: BKI Objektdaten N16
* Nicht in der Auswertung enthalten

### 5200-0018 Schwimmhalle

**BRI** 29.183 m³  **BGF** 4.524 m²  **NUF** 2.390 m²

Schwimmhalle mit wettkampfgerechtem Schwimmerbecken mit sechs 25-Meter-Bahnen, Mehrzweckbecken mit vier 25-Meter-Bahnen mit variabler Wassertiefe 1,35-1,80m, Planschbecken mit 25m². Massivbau.

Land: Mecklenburg-Vorpommern
Kreis: Schwerin
Standard: Durchschnitt
Bauzeit: 87 Wochen
Kennwerte: bis 1. Ebene DIN 276

**BGF** 3.029 €/m²

Planung: BAUCONZEPT® PLANUNGSGESELLSCHAFT mbH; Lichtenstein/Sachsen

veröffentlicht: BKI Objektdaten N16

### 5200-0011 Schwimmhalle

**BRI** 15.190 m³  **BGF** 2.775 m²  **NUF** 1.400 m²

Schwimmhalle mit Mehrzweckbecken (25m), Planschbecken, Umkleiden, Sanitär- und Personalräume. Stb-Konstruktion, Stahlfachwerkträger (Dachkonstruktion).

Land: Sachsen
Kreis: Erzgebirgskreis
Standard: Durchschnitt
Bauzeit: 96 Wochen
Kennwerte: bis 2. Ebene DIN 276

**BGF** 3.416 €/m²

Planung: BAUCONZEPT PLANUNGSGESELLSCHAFT mbH; Lichtenstein

veröffentlicht: BKI Objektdaten N13

### 5200-0009 Hallenbad, Umkleiden für Freibad

**BRI** 13.684 m³  **BGF** 2.832 m²  **NUF** 1.184 m²

Hallenbad (2 Becken), Umkleiden, Foyer sowie Umkleiden/Sanitärbereich (88m²) für Freibad. Stb-Konstruktion, Dachtragwerk Holz.

Land: Nordrhein-Westfalen
Kreis: Leverkusen
Standard: Durchschnitt
Bauzeit: 61 Wochen
Kennwerte: bis 1. Ebene DIN 276

**BGF** 3.865 €/m²

Planung: schmersahl I biermann I prüssner Architekten + Stadtplaner; Bad Salzuflen

veröffentlicht: BKI Objektdaten N11

## Objektübersicht zur Gebäudeart

### 5200-0010 Sportbad  BRI 22.526 m³  BGF 4.240 m²  NUF 2.157 m²

Sportbad für Schul- und Vereinsnutzung. 25m Edelstahlbecken, Nichtschwimmer- und Planschbecken, Saunaanlage. Stahlbeton, Dachkonstruktion mit Leimholzbindern.

Land: Sachsen-Anhalt
Kreis: Anhalt-Bitterfeld
Standard: Durchschnitt
Bauzeit: 87 Wochen
Kennwerte: bis 1. Ebene DIN 276

BGF   2.858 €/m²

**Planung:** BAUCONZEPT PLANUNGSGESELLSCHAFT mbH; Lichtenstein

veröffentlicht: BKI Objektdaten N11

### 5200-0008 Erlebnis- und Sportbad  BRI 22.107 m³  BGF 4.303 m²  NUF 2.209 m²

Freizeitorientiertes Sportbad mit Badehalle und Saunaanlage. Stb-Konstruktion.

Land: Thüringen
Kreis: Altenburger Land
Standard: Durchschnitt
Bauzeit: 87 Wochen
Kennwerte: bis 1. Ebene DIN 276

BGF   2.806 €/m²

**Planung:** BAUCONZEPT PLANUNGSGESELLSCHAFT mbH; Lichtenstein

veröffentlicht: BKI Objektdaten N11

### 5200-0002 Freizeitbad, 5 Becken  BRI 21.183 m³  BGF 5.160 m²  NUF 2.816 m²

Freizeitbad im ländlichen Raum mit 5 Becken, Umkleiden, 54m-Rutschbahn, Sauna, Solarien, Cafeteria, Nebenräume. Stahlbetonbau.

Land: Baden-Württemberg
Kreis: Alb-Donau-Kreis
Standard: Durchschnitt
Bauzeit: 131 Wochen
Kennwerte: bis 2. Ebene DIN 276

BGF   2.432 €/m²

www.bki.de

### 5200-0001 Therapie-Schulschwimmhalle  BRI 1.877 m³  BGF 403 m²  NUF 188 m²

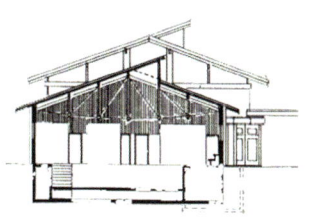

Therapie-Schulschwimmhalle, Becken 6x10m, mit Hubboden, Gegenstromanlage; Umkleide- und Waschräume; im UG Technikräume (Lüftung, Hausanschluss Elektro und Sanitär); im Anschluss an Objekt 5100-0012 gebaut, Zugang zum Untergeschoss nur von dort. Stahlbetonbau.

Land: Baden-Württemberg
Kreis: Karlsruhe
Standard: Durchschnitt
Bauzeit: 104 Wochen
Kennwerte: bis 2. Ebene DIN 276

BGF   4.376 €/m²

www.bki.de

© BKI Baukosteninformationszentrum; Erläuterungen zu den Tabellen siehe Seite 56   Kostenstand: 1. Quartal 2022, Bundesdurchschnitt, **inkl. 19% MwSt.**

**Arbeitsblatt zur Standardeinordnung bei Ein- und Zweifamilienhäusern, unterkellert**

**Kosten:**
Stand 1. Quartal 2022
Bundesdurchschnitt
inkl. 19% MwSt.

## Kostenkennwerte für die Kosten des Bauwerks (Kostengruppen 300+400 nach DIN 276)

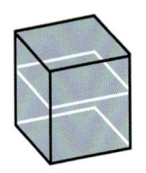

**BRI** 555 €/m³
von 465 €/m³
bis 670 €/m³

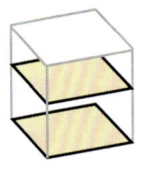

**BGF** 1.705 €/m²
von 1.385 €/m²
bis 2.140 €/m²

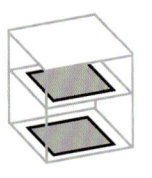

**NUF** 2.610 €/m²
von 2.050 €/m²
bis 3.330 €/m²

**NE** 3.250 €/NE
von 2.550 €/NE
bis 4.100 €/NE
NE: Wohnfläche

### Standardzuordnung

(gesamt / einfach / mittel / hoch — Skala 500 bis 3500 €/m² BGF)

### Standardeinordnung für Ihr Projekt:

| KG | Kostengruppen der 2. Ebene | niedrig | mittel | hoch | Punkte |
|---|---|---|---|---|---|
| 310 | Baugrube / Erdbau | | | | |
| 320 | Gründung, Unterbau | 1 | 2 | 2 | |
| 330 | Außenwände/Vert. Konstrukt., außen | 6 | 8 | 9 | |
| 340 | Innenwände/Vert. Baukonstrukt., innen | 2 | 3 | 3 | |
| 350 | Decken/Horizontale Baukonstruktionen | 3 | 4 | 5 | |
| 360 | Dächer | 2 | 3 | 4 | |
| 370 | Infrastrukturanlagen | | | | |
| 380 | Baukonstruktive Einbauten | 0 | 0 | 1 | |
| 390 | Sonst. Maßnahmen für Baukonstrukt. | | | | |
| 410 | Abwasser-, Wasser-, Gasanlagen | 1 | 1 | 2 | |
| 420 | Wärmeversorgungsanlagen | 1 | 2 | 2 | |
| 430 | Raumlufttechnische Anlagen | 0 | 0 | 1 | |
| 440 | Elektrische Anlagen | 1 | 1 | 2 | |
| 450 | Kommunikationstechnische Anlagen | 0 | 0 | 0 | |
| 460 | Förderanlagen | 0 | 0 | 0 | |
| 470 | Nutzungsspez. u. verfahrenstechn. Anl. | 0 | 0 | 0 | |
| 480 | Gebäude- und Anlagenautomation | 0 | 0 | 1 | |
| 490 | Sonst. Maßnahmen für techn. Anlagen | | | | |

Punkte: 17 bis 21 = einfach  22 bis 27 = mittel  28 bis 32 = hoch     Ihr Projekt (Summe):

- KKW
- min
- von
- Mittelwert
- bis
- max

**Erläuterung:**
Obenstehende Tabelle soll Ihnen die Zuordnung zu den Gebäudearten mit einfachem, mittlerem und hohem Standard erleichtern. Schätzen Sie für jedes Grobelement ab, ob die Aufwendungen niedrig, mittel oder hoch sein werden und übertragen Sie die Punkte in die rechte Spalte. Bilden Sie die Summe der rechten Spalte und ordnen Sie Ihr Projekt nach dem Schema der untersten Zeile ein. Nehmen Sie dieses Schema auch als Hinweis darauf, bei welchen Kostengruppen Sie den Mittelwert nach oben oder unten anpassen sollten.

© BKI Baukosteninformationszentrum; Erläuterungen zu den Tabellen siehe Seite 58      Kostenstand: 1. Quartal 2022, Bundesdurchschnitt, **inkl. 19% MwSt.**

## Kostenkennwerte für die Kostengruppen der 1. und 2. Ebene DIN 276

| KG | Kostengruppen der 1. Ebene | Einheit | ▷ | €/Einheit | ◁ | ▷ | % an 300+400 | ◁ |
|---|---|---|---|---|---|---|---|---|
| 100 | Grundstück | m² GF | – | – | – | – | – | – |
| 200 | Vorbereitende Maßnahmen | m² GF | 7 | **25** | 74 | 1,0 | **2,6** | 7,9 |
| 300 | Bauwerk – Baukonstruktionen | m² BGF | 1.125 | **1.393** | 1.721 | 77,5 | **82,0** | 86,9 |
| 400 | Bauwerk – Technische Anlagen | m² BGF | 225 | **317** | 440 | 14,6 | **18,4** | 22,6 |
|  | Bauwerk (300+400) | m² BGF | 1.387 | **1.704** | 2.141 | 100,0 | **100,0** | 100,0 |
| 500 | Außenanlagen und Freiflächen | m² AF | 46 | **150** | 543 | 3,1 | **6,7** | 12,1 |
| 600 | Ausstattung und Kunstwerke | m² BGF | 11 | **55** | 147 | 0,7 | **3,3** | 9,1 |
| 700 | Baunebenkosten* | m² BGF | 402 | **448** | 494 | 23,7 | **26,5** | 29,2 |
| 800 | Finanzierung | m² BGF | – | – | – | – | – | – |

◁ * Auf Grundlage der HOAI 2021 berechnete Werte nach §§ 35, 52, 56. Weitere Informationen siehe Seite 50

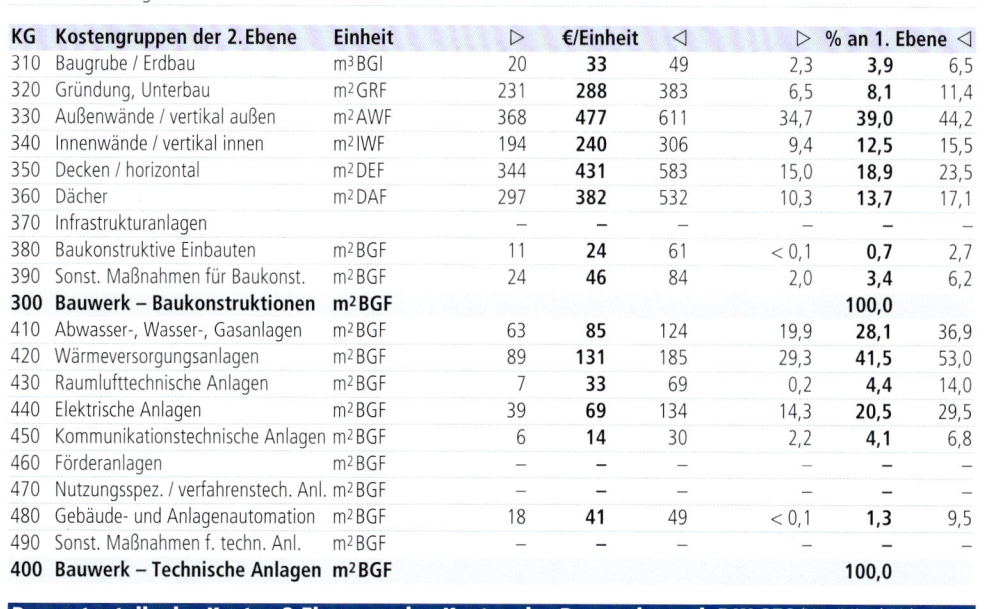

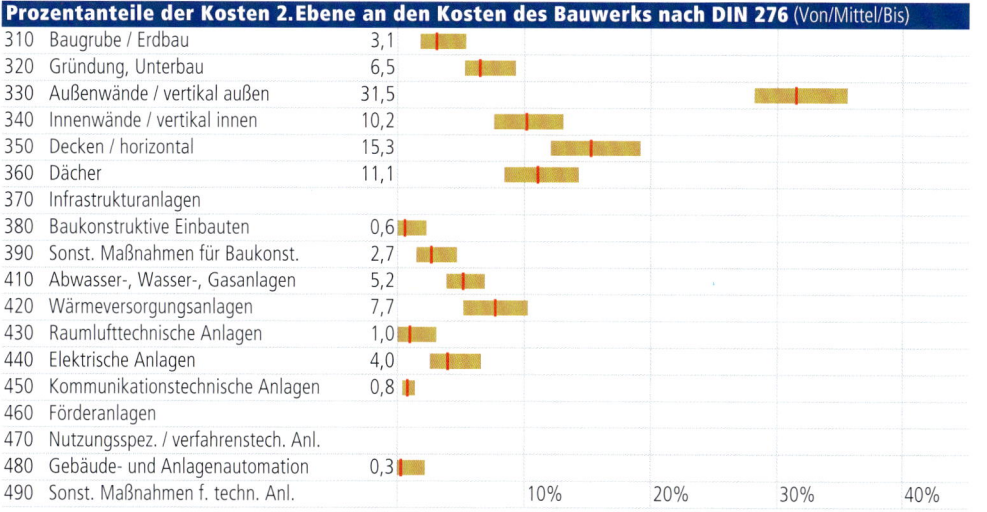

| KG | Kostengruppen der 2. Ebene | Einheit | ▷ | €/Einheit | ◁ | ▷ | % an 1. Ebene | ◁ |
|---|---|---|---|---|---|---|---|---|
| 310 | Baugrube / Erdbau | m³ BGI | 20 | **33** | 49 | 2,3 | **3,9** | 6,5 |
| 320 | Gründung, Unterbau | m² GRF | 231 | **288** | 383 | 6,5 | **8,1** | 11,4 |
| 330 | Außenwände / vertikal außen | m² AWF | 368 | **477** | 611 | 34,7 | **39,0** | 44,2 |
| 340 | Innenwände / vertikal innen | m² IWF | 194 | **240** | 306 | 9,4 | **12,5** | 15,5 |
| 350 | Decken / horizontal | m² DEF | 344 | **431** | 583 | 15,0 | **18,9** | 23,5 |
| 360 | Dächer | m² DAF | 297 | **382** | 532 | 10,3 | **13,7** | 17,1 |
| 370 | Infrastrukturanlagen | | – | – | – | – | – | – |
| 380 | Baukonstruktive Einbauten | m² BGF | 11 | **24** | 61 | < 0,1 | **0,7** | 2,7 |
| 390 | Sonst. Maßnahmen für Baukonst. | m² BGF | 24 | **46** | 84 | 2,0 | **3,4** | 6,2 |
| **300** | **Bauwerk – Baukonstruktionen** | **m² BGF** | | | | | **100,0** | |
| 410 | Abwasser-, Wasser-, Gasanlagen | m² BGF | 63 | **85** | 124 | 19,9 | **28,1** | 36,9 |
| 420 | Wärmeversorgungsanlagen | m² BGF | 89 | **131** | 185 | 29,3 | **41,5** | 53,0 |
| 430 | Raumlufttechnische Anlagen | m² BGF | 7 | **33** | 69 | 0,2 | **4,4** | 14,0 |
| 440 | Elektrische Anlagen | m² BGF | 39 | **69** | 134 | 14,3 | **20,5** | 29,5 |
| 450 | Kommunikationstechnische Anlagen | m² BGF | 6 | **14** | 30 | 2,2 | **4,1** | 6,8 |
| 460 | Förderanlagen | m² BGF | – | – | – | – | – | – |
| 470 | Nutzungsspez. / verfahrenstech. Anl. | m² BGF | – | – | – | – | – | – |
| 480 | Gebäude- und Anlagenautomation | m² BGF | 18 | **41** | 49 | < 0,1 | **1,3** | 9,5 |
| 490 | Sonst. Maßnahmen f. techn. Anl. | m² BGF | – | – | – | – | – | – |
| **400** | **Bauwerk – Technische Anlagen** | **m² BGF** | | | | | **100,0** | |

## Prozentanteile der Kosten 2. Ebene an den Kosten des Bauwerks nach DIN 276 (Von/Mittel/Bis)

| KG | Kostengruppe | % |
|---|---|---|
| 310 | Baugrube / Erdbau | 3,1 |
| 320 | Gründung, Unterbau | 6,5 |
| 330 | Außenwände / vertikal außen | 31,5 |
| 340 | Innenwände / vertikal innen | 10,2 |
| 350 | Decken / horizontal | 15,3 |
| 360 | Dächer | 11,1 |
| 370 | Infrastrukturanlagen | |
| 380 | Baukonstruktive Einbauten | 0,6 |
| 390 | Sonst. Maßnahmen für Baukonst. | 2,7 |
| 410 | Abwasser-, Wasser-, Gasanlagen | 5,2 |
| 420 | Wärmeversorgungsanlagen | 7,7 |
| 430 | Raumlufttechnische Anlagen | 1,0 |
| 440 | Elektrische Anlagen | 4,0 |
| 450 | Kommunikationstechnische Anlagen | 0,8 |
| 460 | Förderanlagen | |
| 470 | Nutzungsspez. / verfahrenstech. Anl. | |
| 480 | Gebäude- und Anlagenautomation | 0,3 |
| 490 | Sonst. Maßnahmen f. techn. Anl. | |

© BKI Baukosteninformationszentrum; Erläuterungen zu den Tabellen siehe Seite 48 und 50   Kostenstand: 1. Quartal 2022, Bundesdurchschnitt, inkl. 19% MwSt.

**Ein- und Zweifamilienhäuser, unterkellert**

**Kosten:**
Stand 1. Quartal 2022
Bundesdurchschnitt
inkl. 19% MwSt.

- KKW
▶ min
▷ von
| Mittelwert
◁ bis
◀ max

## Prozentanteile der Kosten für Leistungsbereiche nach STLB (Kosten Bauwerk nach DIN 276)

| LB | Leistungsbereiche | ▷ | % an 300+400 | ◁ |
|---|---|---|---|---|
| 000 | Sicherheits-, Baustelleneinrichtungen inkl. 001 | 1,4 | 2,5 | 4,1 |
| 002 | Erdarbeiten | 2,1 | 3,3 | 5,3 |
| 006 | Spezialtiefbauarbeiten inkl. 005 | – | – | – |
| 009 | Entwässerungskanalarbeiten inkl. 011 | 0,2 | 0,7 | 1,5 |
| 010 | Drän- und Versickerarbeiten | < 0,1 | 0,4 | 1,1 |
| 012 | Mauerarbeiten | 3,8 | 8,8 | 14,6 |
| 013 | Betonarbeiten | 11,6 | 15,7 | 19,8 |
| 014 | Natur-, Betonwerksteinarbeiten | < 0,1 | 0,6 | 2,7 |
| 016 | Zimmer- und Holzbauarbeiten | 2,2 | 5,6 | 14,9 |
| 017 | Stahlbauarbeiten | < 0,1 | 0,5 | 3,1 |
| 018 | Abdichtungsarbeiten | 0,6 | 1,3 | 2,5 |
| 020 | Dachdeckungsarbeiten | 1,1 | 3,2 | 6,4 |
| 021 | Dachabdichtungsarbeiten | 0,1 | 1,2 | 3,7 |
| 022 | Klempnerarbeiten | 0,8 | 1,5 | 3,0 |
| | **Rohbau** | **39,7** | **45,3** | **54,2** |
| 023 | Putz- und Stuckarbeiten, Wärmedämmsysteme | 4,1 | 7,2 | 10,7 |
| 024 | Fliesen- und Plattenarbeiten | 1,6 | 2,7 | 4,7 |
| 025 | Estricharbeiten | 1,1 | 1,7 | 2,4 |
| 026 | Fenster, Außentüren inkl. 029, 032 | 5,2 | 8,4 | 13,2 |
| 027 | Tischlerarbeiten | 2,0 | 3,7 | 6,9 |
| 028 | Parkettarbeiten, Holzpflasterarbeiten | 0,7 | 2,4 | 4,4 |
| 030 | Rollladenarbeiten | 0,6 | 1,7 | 2,9 |
| 031 | Metallbauarbeiten inkl. 035 | 0,8 | 2,8 | 6,4 |
| 034 | Maler- und Lackiererarbeiten inkl. 037 | 1,2 | 2,4 | 3,8 |
| 036 | Bodenbelagarbeiten | < 0,1 | 0,6 | 2,1 |
| 038 | Vorgehängte hinterlüftete Fassaden | < 0,1 | 0,2 | 3,5 |
| 039 | Trockenbauarbeiten | 0,9 | 2,7 | 4,6 |
| | **Ausbau** | **29,7** | **36,5** | **42,2** |
| 040 | Wärmeversorgungsanl. - Betriebseinr. inkl. 041 | 5,4 | 7,2 | 9,5 |
| 042 | Gas- und Wasserinstallation, Leitungen inkl. 043 | 0,9 | 1,5 | 3,3 |
| 044 | Abwasseranlagen - Leitungen | 0,3 | 0,7 | 1,6 |
| 045 | GWE-Einrichtungsgegenstände inkl. 046 | 1,1 | 2,1 | 3,4 |
| 047 | Dämmarbeiten an betriebstechnischen Anlagen | 0,1 | 0,3 | 0,7 |
| 049 | Feuerlöschanlagen, Feuerlöschgeräte | – | – | – |
| 050 | Blitzschutz- und Erdungsanlagen | < 0,1 | 0,2 | 0,4 |
| 052 | Mittelspannungsanlagen | – | – | – |
| 053 | Niederspannungsanlagen inkl. 054 | 2,3 | 3,6 | 5,5 |
| 055 | Sicherheits- u. Ersatzstromversorgungsanl. | 0,0 | 0,2 | 4,2 |
| 057 | Gebäudesystemtechnik | 0,0 | < 0,1 | 1,5 |
| 058 | Leuchten und Lampen inkl. 059 | < 0,1 | 0,3 | 1,1 |
| 060 | Sprechanlagen, elektroakust. Anlagen inkl. 064 | < 0,1 | 0,2 | 0,6 |
| 061 | Kommunikationsnetze inkl. 062 | 0,1 | 0,4 | 0,7 |
| 063 | Gefahrenmeldeanlagen | < 0,1 | < 0,1 | 0,3 |
| 069 | Aufzüge | – | – | – |
| 070 | Gebäudeautomation | 0,0 | 0,2 | 2,2 |
| 075 | Raumlufttechnische Anlagen inkl. 078 | < 0,1 | 0,7 | 2,7 |
| | **Gebäudetechnik** | **14,1** | **17,8** | **22,8** |
| | Sonstige Leistungsbereiche inkl. 008, 033, 051 | < 0,1 | 0,3 | 1,2 |

© BKI Baukosteninformationszentrum; Erläuterungen zu den Tabellen siehe Seite 52

Kostenstand: 1. Quartal 2022, Bundesdurchschnitt, inkl. 19% MwSt.

## Planungskennwerte für Flächen und Rauminhalte nach DIN 277

| Grundflächen | | | ▷ Fläche/NUF (%) ◁ | | | ▷ Fläche/BGF (%) ◁ | | |
|---|---|---|---|---|---|---|---|---|
| NUF | Nutzungsfläche | | 100,0 | **100,0** | 100,0 | 62,3 | **65,9** | 69,3 |
| TF | Technikfläche | | 3,6 | **4,8** | 8,1 | 2,3 | **3,0** | 4,8 |
| VF | Verkehrsfläche | | 13,5 | **16,6** | 21,8 | 8,7 | **10,6** | 13,0 |
| NRF | Netto-Raumfläche | | 116,2 | **120,9** | 128,0 | 76,8 | **79,3** | 81,7 |
| KGF | Konstruktions-Grundfläche | | 27,5 | **32,1** | 37,5 | 18,3 | **20,7** | 23,1 |
| BGF | Brutto-Grundfläche | | 146,2 | **153,0** | 163,2 | 100,0 | **100,0** | 100,0 |

| Brutto-Rauminhalte | | | ▷ BRI/NUF (m) ◁ | | | ▷ BRI/BGF (m) ◁ | | |
|---|---|---|---|---|---|---|---|---|
| BRI | Brutto-Rauminhalt | | 4,41 | **4,71** | 5,11 | 2,92 | **3,08** | 3,25 |

| Flächen von Nutzeinheiten | | | ▷ NUF/Einheit (m²) ◁ | | | ▷ BGF/Einheit (m²) ◁ | | |
|---|---|---|---|---|---|---|---|---|
| Nutzeinheit: Wohnfläche | | | 1,13 | **1,24** | 1,40 | 1,73 | **1,89** | 2,13 |

| Lufttechnisch behandelte Flächen | | | ▷ Fläche/NUF (%) ◁ | | | ▷ Fläche/BGF (%) ◁ | | |
|---|---|---|---|---|---|---|---|---|
| Entlüftete Fläche | | | – | – | – | – | – | – |
| Be- und entlüftete Fläche | | | 107,2 | **107,2** | 107,2 | 67,7 | **67,7** | 67,7 |
| Teilklimatisierte Fläche | | | – | – | – | – | – | – |
| Klimatisierte Fläche | | | – | – | – | – | – | – |

| KG | Kostengruppen (2. Ebene) | Einheit | ▷ Menge/NUF ◁ | | | ▷ Menge/BGF ◁ | | |
|---|---|---|---|---|---|---|---|---|
| 310 | Baugrube / Erdbau | m³ BGI | 2,10 | **2,61** | 5,52 | 1,39 | **1,70** | 3,36 |
| 320 | Gründung, Unterbau | m² GRF | 0,51 | **0,57** | 0,67 | 0,34 | **0,37** | 0,44 |
| 330 | Außenwände / vertikal außen | m² AWF | 1,50 | **1,71** | 1,93 | 0,99 | **1,12** | 1,28 |
| 340 | Innenwände / vertikal innen | m² IWF | 0,95 | **1,08** | 1,41 | 0,62 | **0,70** | 0,91 |
| 350 | Decken / horizontal | m² DEF | 0,76 | **0,91** | 1,01 | 0,49 | **0,59** | 0,65 |
| 360 | Dächer | m² DAF | 0,65 | **0,74** | 0,84 | 0,43 | **0,48** | 0,53 |
| 370 | Infrastrukturanlagen | | – | – | – | – | – | – |
| 380 | Baukonstruktive Einbauten | m² BGF | 1,46 | **1,53** | 1,63 | 1,00 | **1,00** | 1,00 |
| 390 | Sonst. Maßnahmen für Baukonst. | m² BGF | 1,46 | **1,53** | 1,63 | 1,00 | **1,00** | 1,00 |
| 300 | Bauwerk – Baukonstruktionen | m² BGF | 1,46 | **1,53** | 1,63 | 1,00 | **1,00** | 1,00 |

## Planungskennwerte für Bauzeiten

**Bauzeit in Wochen**

gesamt / einfach / mittel / hoch

© BKI Baukosteninformationszentrum; Erläuterungen zu den Tabellen siehe Seite 54    Kostenstand: 1. Quartal 2022, Bundesdurchschnitt, **inkl. 19% MwSt.**

**Ein- und Zweifamilienhäuser, unterkellert, einfacher Standard**

## Kostenkennwerte für die Kosten des Bauwerks (Kostengruppen 300+400 nach DIN 276)

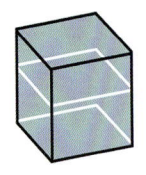

**BRI** 420 €/m³
von 390 €/m³
bis 470 €/m³

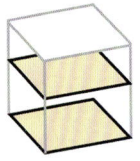

**BGF** 1.160 €/m²
von 1.060 €/m²
bis 1.255 €/m²

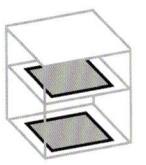

**NUF** 1.705 €/m²
von 1.570 €/m²
bis 1.950 €/m²

**NE** 2.310 €/NE
von 1.600 €/NE
bis 2.950 €/NE
NE: Wohnfläche

**Kosten:**
Stand 1. Quartal 2022
Bundesdurchschnitt
inkl. 19% MwSt.

### Objektbeispiele

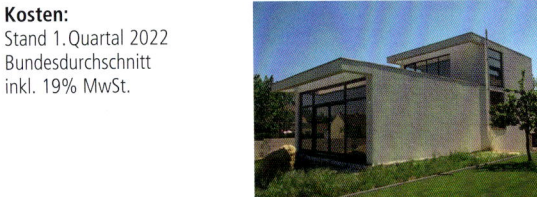

6100-0166
6100-0351 
6100-0247 
6100-0513 
6100-0485 
6100-0225 

### Kosten der 9 Vergleichsobjekte — Seiten 346 bis 348

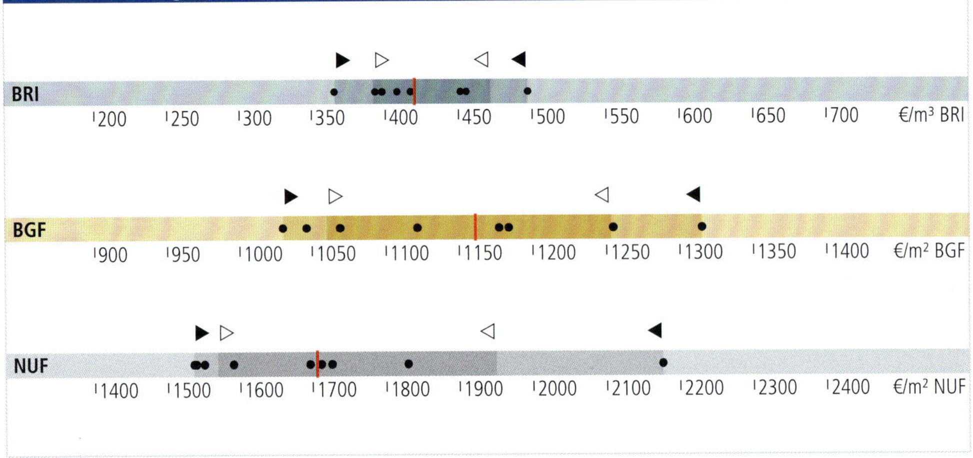

- ● KKW
- ▶ min
- ▷ von
- | Mittelwert
- ◁ bis
- ◀ max

BRI — €/m³ BRI (Skala 200–700)
BGF — €/m² BGF (Skala 900–1400)
NUF — €/m² NUF (Skala 1400–2400)

© BKI Baukosteninformationszentrum; Erläuterungen zu den Tabellen siehe Seite 46
Kostenstand: 1. Quartal 2022, Bundesdurchschnitt, **inkl. 19% MwSt.**

## Kostenkennwerte für die Kostengruppen der 1. und 2. Ebene DIN 276

| KG | Kostengruppen der 1. Ebene | Einheit | ▷ | €/Einheit | ◁ | ▷ | % an 300+400 | ◁ |
|---|---|---|---|---|---|---|---|---|
| 100 | Grundstück | m² GF | – | – | – | – | – | – |
| 200 | Vorbereitende Maßnahmen | m² GF | 16 | **21** | 31 | 2,0 | **3,0** | 3,5 |
| 300 | Bauwerk – Baukonstruktionen | m² BGF | 908 | **997** | 1.076 | 83,7 | **85,9** | 88,1 |
| 400 | Bauwerk – Technische Anlagen | m² BGF | 131 | **164** | 192 | 11,9 | **14,1** | 16,3 |
|  | Bauwerk (300+400) | m² BGF | 1.060 | **1.161** | 1.253 | 100,0 | **100,0** | 100,0 |
| 500 | Außenanlagen und Freiflächen | m² AF | 24 | **26** | 30 | 2,3 | **3,6** | 4,8 |
| 600 | Ausstattung und Kunstwerke | m² BGF | 62 | **62** | 62 | 5,5 | **5,5** | 5,5 |
| 700 | Baunebenkosten* | m² BGF | 288 | **322** | 355 | 24,8 | **27,7** | 30,6 |
| 800 | Finanzierung | m² BGF | – | – | – | – | – | – |

\* Auf Grundlage der HOAI 2021 berechnete Werte nach §§ 35, 52, 56. Weitere Informationen siehe Seite 50

| KG | Kostengruppen der 2. Ebene | Einheit | ▷ | €/Einheit | ◁ | ▷ | % an 1. Ebene | ◁ |
|---|---|---|---|---|---|---|---|---|
| 310 | Baugrube / Erdbau | m³ BGI | 24 | **37** | 49 | 3,4 | **4,6** | 7,0 |
| 320 | Gründung, Unterbau | m² GRF | 161 | **228** | 251 | 6,8 | **8,0** | 9,3 |
| 330 | Außenwände / vertikal außen | m² AWF | 316 | **374** | 508 | 25,8 | **33,4** | 36,3 |
| 340 | Innenwände / vertikal innen | m² IWF | 196 | **236** | 279 | 13,4 | **14,0** | 14,2 |
| 350 | Decken / horizontal | m² DEF | 320 | **350** | 385 | 19,0 | **21,5** | 23,6 |
| 360 | Dächer | m² DAF | 225 | **290** | 345 | 12,4 | **16,4** | 20,3 |
| 370 | Infrastrukturanlagen |  | – | – | – | – | – | – |
| 380 | Baukonstruktive Einbauten | m² BGF | 24 | **24** | 24 | 0,0 | **0,5** | 2,1 |
| 390 | Sonst. Maßnahmen für Baukonst. | m² BGF | 6 | **16** | 29 | 0,6 | **1,6** | 2,8 |
| **300** | **Bauwerk – Baukonstruktionen** | **m² BGF** |  |  |  |  | **100,0** |  |
| 410 | Abwasser-, Wasser-, Gasanlagen | m² BGF | 48 | **63** | 74 | 31,1 | **36,0** | 40,4 |
| 420 | Wärmeversorgungsanlagen | m² BGF | 57 | **69** | 81 | 31,1 | **40,7** | 50,4 |
| 430 | Raumlufttechnische Anlagen | m² BGF | < 1 | **< 1** | < 1 | 0,0 | **< 0,1** | 0,2 |
| 440 | Elektrische Anlagen | m² BGF | 24 | **33** | 44 | 15,1 | **19,2** | 23,6 |
| 450 | Kommunikationstechnische Anlagen | m² BGF | 4 | **6** | 9 | 2,3 | **3,6** | 5,0 |
| 460 | Förderanlagen | m² BGF | – | – | – | – | – | – |
| 470 | Nutzungsspez. / verfahrenstech. Anl. | m² BGF | – | – | – | – | – | – |
| 480 | Gebäude- und Anlagenautomation | m² BGF | – | – | – | – | – | – |
| 490 | Sonst. Maßnahmen f. techn. Anl. | m² BGF | – | – | – | – | – | – |
| **400** | **Bauwerk – Technische Anlagen** | **m² BGF** |  |  |  |  | **100,0** |  |

### Prozentanteile der Kosten 2. Ebene an den Kosten des Bauwerks nach DIN 276 (Von/Mittel/Bis)

| KG | Kostengruppe | Mittelwert % |
|---|---|---|
| 310 | Baugrube / Erdbau | 3,9 |
| 320 | Gründung, Unterbau | 6,8 |
| 330 | Außenwände / vertikal außen | 28,5 |
| 340 | Innenwände / vertikal innen | 11,9 |
| 350 | Decken / horizontal | 18,3 |
| 360 | Dächer | 14,0 |
| 370 | Infrastrukturanlagen |  |
| 380 | Baukonstruktive Einbauten | 0,5 |
| 390 | Sonst. Maßnahmen für Baukonst. | 1,4 |
| 410 | Abwasser-, Wasser-, Gasanlagen | 5,3 |
| 420 | Wärmeversorgungsanlagen | 6,0 |
| 430 | Raumlufttechnische Anlagen | < 0,1 |
| 440 | Elektrische Anlagen | 2,8 |
| 450 | Kommunikationstechnische Anlagen | 0,5 |
| 460 | Förderanlagen |  |
| 470 | Nutzungsspez. / verfahrenstech. Anl. |  |
| 480 | Gebäude- und Anlagenautomation |  |
| 490 | Sonst. Maßnahmen f. techn. Anl. |  |

© BKI Baukosteninformationszentrum; Erläuterungen zu den Tabellen siehe Seite 48 und 50   Kostenstand: 1. Quartal 2022, Bundesdurchschnitt, inkl. 19% MwSt.

**Ein- und Zweifamilienhäuser, unterkellert, einfacher Standard**

**Kosten:**
Stand 1. Quartal 2022
Bundesdurchschnitt
inkl. 19% MwSt.

### Prozentanteile der Kosten für Leistungsbereiche nach STLB (Kosten Bauwerk nach DIN 276)

| LB | Leistungsbereiche | von | Mittelwert | bis |
|---|---|---|---|---|
| 000 | Sicherheits-, Baustelleneinrichtungen inkl. 001 | 1,2 | **1,8** | 2,6 |
| 002 | Erdarbeiten | 2,4 | **3,9** | 5,0 |
| 006 | Spezialtiefbauarbeiten inkl. 005 | – | – | – |
| 009 | Entwässerungskanalarbeiten inkl. 011 | 0,2 | **1,2** | 1,9 |
| 010 | Drän- und Versickerarbeiten | 0,1 | **1,0** | 1,6 |
| 012 | Mauerarbeiten | 12,4 | **15,3** | 17,7 |
| 013 | Betonarbeiten | 14,2 | **15,6** | 17,5 |
| 014 | Natur-, Betonwerksteinarbeiten | 0,7 | **0,8** | 1,1 |
| 016 | Zimmer- und Holzbauarbeiten | 4,2 | **5,8** | 6,8 |
| 017 | Stahlbauarbeiten | – | – | – |
| 018 | Abdichtungsarbeiten | 0,7 | **1,4** | 2,0 |
| 020 | Dachdeckungsarbeiten | 5,5 | **6,3** | 7,2 |
| 021 | Dachabdichtungsarbeiten | – | – | – |
| 022 | Klempnerarbeiten | 1,0 | **1,4** | 1,9 |
| | **Rohbau** | **52,4** | **54,7** | **56,8** |
| 023 | Putz- und Stuckarbeiten, Wärmedämmsysteme | 6,4 | **7,4** | 8,9 |
| 024 | Fliesen- und Plattenarbeiten | 2,7 | **3,6** | 4,3 |
| 025 | Estricharbeiten | 1,6 | **2,3** | 2,9 |
| 026 | Fenster, Außentüren inkl. 029, 032 | 4,7 | **5,1** | 5,9 |
| 027 | Tischlerarbeiten | 1,8 | **2,4** | 2,9 |
| 028 | Parkettarbeiten, Holzpflasterarbeiten | 1,6 | **2,3** | 3,2 |
| 030 | Rollladenarbeiten | 0,8 | **1,8** | 2,8 |
| 031 | Metallbauarbeiten inkl. 035 | 0,8 | **2,0** | 2,8 |
| 034 | Maler- und Lackiererarbeiten inkl. 037 | 3,5 | **3,6** | 3,8 |
| 036 | Bodenbelagarbeiten | 0,4 | **0,8** | 1,2 |
| 038 | Vorgehängte hinterlüftete Fassaden | – | – | – |
| 039 | Trockenbauarbeiten | 0,0 | **0,6** | 1,1 |
| | **Ausbau** | **30,2** | **31,9** | **34,6** |
| 040 | Wärmeversorgungsanl. - Betriebseinr. inkl. 041 | 4,6 | **5,6** | 6,2 |
| 042 | Gas- und Wasserinstallation, Leitungen inkl. 043 | 1,0 | **1,1** | 1,2 |
| 044 | Abwasseranlagen - Leitungen | 0,3 | **0,6** | 0,7 |
| 045 | GWE-Einrichtungsgegenstände inkl. 046 | 1,6 | **2,0** | 2,6 |
| 047 | Dämmarbeiten an betriebstechnischen Anlagen | 0,2 | **0,4** | 0,7 |
| 049 | Feuerlöschanlagen, Feuerlöschgeräte | – | – | – |
| 050 | Blitzschutz- und Erdungsanlagen | < 0,1 | **0,1** | 0,1 |
| 052 | Mittelspannungsanlagen | – | – | – |
| 053 | Niederspannungsanlagen inkl. 054 | 2,2 | **2,6** | 2,9 |
| 055 | Sicherheits- u. Ersatzstromversorgungsanl. | – | – | – |
| 057 | Gebäudesystemtechnik | – | – | – |
| 058 | Leuchten und Lampen inkl. 059 | < 0,1 | **< 0,1** | < 0,1 |
| 060 | Sprechanlagen, elektroakust. Anlagen inkl. 064 | < 0,1 | **0,2** | 0,2 |
| 061 | Kommunikationsnetze inkl. 062 | 0,1 | **0,4** | 0,6 |
| 063 | Gefahrenmeldeanlagen | – | – | – |
| 069 | Aufzüge | – | – | – |
| 070 | Gebäudeautomation | – | – | – |
| 075 | Raumlufttechnische Anlagen inkl. 078 | – | – | – |
| | **Gebäudetechnik** | **12,0** | **13,0** | **13,9** |
| | Sonstige Leistungsbereiche inkl. 008, 033, 051 | 0,2 | **0,4** | 0,6 |

- KKW
- ▶ min
- ▷ von
- | Mittelwert
- ◁ bis
- ◀ max

## Planungskennwerte für Flächen und Rauminhalte nach DIN 277

| Grundflächen | | ▷ | Fläche/NUF (%) | ◁ | ▷ | Fläche/BGF (%) | ◁ |
|---|---|---|---|---|---|---|---|
| NUF | Nutzungsfläche | 100,0 | **100,0** | 100,0 | 66,6 | **68,4** | 71,1 |
| TF | Technikfläche | 3,7 | **4,6** | 5,6 | 2,3 | **3,0** | 3,7 |
| VF | Verkehrsfläche | 13,1 | **14,8** | 16,6 | 8,9 | **10,1** | 10,8 |
| NRF | Netto-Raumfläche | 116,6 | **119,4** | 123,7 | 78,5 | **81,4** | 84,4 |
| KGF | Konstruktions-Grundfläche | 21,9 | **26,7** | 29,4 | 15,4 | **18,0** | 19,7 |
| BGF | Brutto-Grundfläche | 141,8 | **147,0** | 151,6 | 100,0 | **100,0** | 100,0 |

| Brutto-Rauminhalte | | ▷ | BRI/NUF (m) | ◁ | ▷ | BRI/BGF (m) | ◁ |
|---|---|---|---|---|---|---|---|
| BRI | Brutto-Rauminhalt | 3,85 | **4,06** | 4,14 | 2,68 | **2,77** | 2,91 |

| Flächen von Nutzeinheiten | | ▷ | NUF/Einheit (m²) | ◁ | ▷ | BGF/Einheit (m²) | ◁ |
|---|---|---|---|---|---|---|---|
| Nutzeinheit: Wohnfläche | | 1,29 | **1,46** | 1,58 | 1,77 | **2,17** | 2,26 |

| Lufttechnisch behandelte Flächen | ▷ | Fläche/NUF (%) | ◁ | ▷ | Fläche/BGF (%) | ◁ |
|---|---|---|---|---|---|---|
| Entlüftete Fläche | – | – | – | – | – | – |
| Be- und entlüftete Fläche | – | – | – | – | – | – |
| Teilklimatisierte Fläche | – | – | – | – | – | – |
| Klimatisierte Fläche | – | – | – | – | – | – |

| KG | Kostengruppen (2. Ebene) | Einheit | ▷ | Menge/NUF | ◁ | ▷ | Menge/BGF | ◁ |
|---|---|---|---|---|---|---|---|---|
| 310 | Baugrube / Erdbau | m³ BGI | 1,75 | **2,00** | 2,24 | 1,20 | **1,33** | 1,51 |
| 320 | Gründung, Unterbau | m² GRF | 0,53 | **0,53** | 0,53 | 0,33 | **0,35** | 0,36 |
| 330 | Außenwände / vertikal außen | m² AWF | 1,31 | **1,37** | 1,47 | 0,88 | **0,90** | 1,00 |
| 340 | Innenwände / vertikal innen | m² IWF | 0,91 | **0,91** | 0,92 | 0,56 | **0,60** | 0,63 |
| 350 | Decken / horizontal | m² DEF | 0,88 | **0,93** | 0,93 | 0,61 | **0,61** | 0,64 |
| 360 | Dächer | m² DAF | 0,85 | **0,85** | 0,89 | 0,54 | **0,56** | 0,57 |
| 370 | Infrastrukturanlagen | | – | – | – | – | – | – |
| 380 | Baukonstruktive Einbauten | m² BGF | 1,42 | **1,47** | 1,52 | 1,00 | **1,00** | 1,00 |
| 390 | Sonst. Maßnahmen für Baukonst. | m² BGF | 1,42 | **1,47** | 1,52 | 1,00 | **1,00** | 1,00 |
| **300** | **Bauwerk – Baukonstruktionen** | **m² BGF** | 1,42 | **1,47** | 1,52 | 1,00 | **1,00** | 1,00 |

## Planungskennwerte für Bauzeiten — 9 Vergleichsobjekte

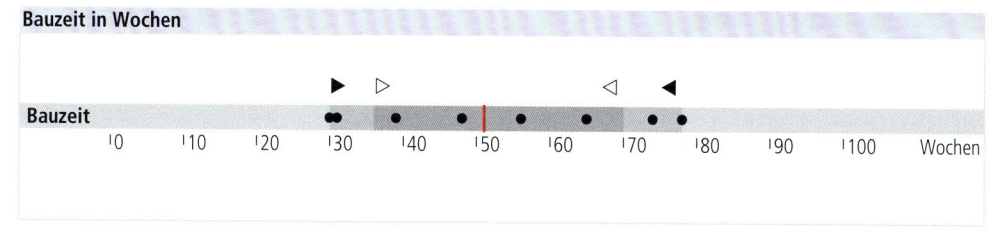

**Bauzeit in Wochen**

Bauzeit: ▶ ca. 30, ▷ ca. 35, Median ca. 50, ◁ ca. 65, ◀ ca. 72 (Skala 0–100 Wochen)

**Ein- und Zweifamilienhäuser, unterkellert, einfacher Standard**

**€/m² BGF**
| | | |
|---|---|---|
| min | 1.030 | €/m² |
| von | 1.060 | €/m² |
| Mittel | **1.160** | **€/m²** |
| bis | 1.255 | €/m² |
| max | 1.315 | €/m² |

**Kosten:**
Stand 1. Quartal 2022
Bundesdurchschnitt
inkl. 19% MwSt.

---

## Objektübersicht zur Gebäudeart

### 6100-0513 Wohnhaus (2 WE) — BRI 1.844 m³ | BGF 678 m² | NUF 472 m²

Zweifamilienhaus mit getrennten Eingängen (236 m² WFL). Mauerwerksbau.

Land: Bayern
Kreis: Donau-Ries
Standard: unter Durchschnitt
Bauzeit: 56 Wochen
Kennwerte: bis 4. Ebene DIN 276

BGF  1.069 €/m²

**Planung:** Planungsgruppe 5.4.3 Architekten & Ingenieure GbR; Freilassing

veröffentlicht: BKI Objektdaten N9

---

### 6100-0485 Einfamilienhaus — BRI 879 m³ | BGF 292 m² | NUF 200 m²

Wohnhaus mit Garage, unterkellert. Mauerwerksbau.

Land: Nordrhein-Westfalen
Kreis: Rheinisch-Bergischer Kreis
Standard: unter Durchschnitt
Bauzeit: 31 Wochen
Kennwerte: bis 4. Ebene DIN 276

BGF  1.254 €/m²

**Planung:** Kopner Architekten; Bergisch Gladbach

veröffentlicht: BKI Objektdaten N6

---

### 6100-0445 Einfamilienhaus — BRI 893 m³ | BGF 345 m² | NUF 224 m²

Einfamilienhaus (127 m² WFL II.BVO) mit Garage. Mauerwerksbau.

Land: Bayern
Kreis: Regensburg
Standard: unter Durchschnitt
Bauzeit: 39 Wochen
Kennwerte: bis 4. Ebene DIN 276

BGF  1.030 €/m²

**Planung:** Dipl.-Ing. Reinhard Gorgon Architekt; Regensburg

veröffentlicht: BKI Objektdaten N5

---

### 6100-0351 Einfamilienhaus, Garage — BRI 850 m³ | BGF 323 m² | NUF 199 m²

Einfamilienwohnhaus mit Garage. Mauerwerksbau.

Land: Thüringen
Kreis: Greiz
Standard: unter Durchschnitt
Bauzeit: 30 Wochen
Kennwerte: bis 1. Ebene DIN 276

BGF  1.046 €/m²

**Planung:** thoma architekten; Greiz

veröffentlicht: BKI Objektdaten N4

---

© BKI Baukosteninformationszentrum; Erläuterungen zu den Tabellen siehe Seite 56    Kostenstand: 1. Quartal 2022, Bundesdurchschnitt, **inkl. 19% MwSt.**

## Objektübersicht zur Gebäudeart

### 6100-0225 Einfamilienhaus, ELW    BRI 1.220 m³    BGF 421 m²    NUF 291 m²

Einfamilienwohnhaus mit Einliegerwohnung. Mauerwerksbau.

Land: Sachsen-Anhalt
Kreis: Anhalt-Bitterfeld
Standard: unter Durchschnitt
Bauzeit: 39 Wochen
Kennwerte: bis 1. Ebene DIN 276

**BGF   1.184 €/m²**

**Planung:** Banisch Architektur- und Ingenieurbüro; Köthen

veröffentlicht: BKI Objektdaten N2

### 6100-0166 Einfamilienhaus    BRI 950 m³    BGF 295 m²    NUF 226 m²

Einfamilienwohnhaus (258 m² WFL II.BVO). Mauerwerksbau.

Land: Nordrhein-Westfalen
Kreis: Rhein-Erft-Kreis
Standard: unter Durchschnitt
Bauzeit: 65 Wochen
Kennwerte: bis 1. Ebene DIN 276

**BGF   1.177 €/m²**

**Planung:** Franz Markus Moster Architekturbüro; Köln

veröffentlicht: BKI Objektdaten N3

### 6100-0247 Einfamilienhaus, ELW    BRI 1.201 m³    BGF 483 m²    NUF 350 m²

Einliegerwohnung, Abstellräume im UG, Hauptwohnung, Garage im EG, Dachgeschoss nicht ausgebaut. Mauerwerksbau.

Land: Bayern
Kreis: Schweinfurt
Standard: unter Durchschnitt
Bauzeit: 48 Wochen
Kennwerte: bis 1. Ebene DIN 276

**BGF   1.122 €/m²**

**Planung:** k.A.

veröffentlicht: BKI Objektdaten N2

### 6100-0283 Einfamilienhaus, Garage    BRI 768 m³    BGF 279 m²    NUF 203 m²

Einfamilienwohnhaus (125 m² WFL II.BVO), Garage, voll unterkellert. Mauerwerksbau.

Land: Sachsen
Kreis: Zwickau
Standard: unter Durchschnitt
Bauzeit: 74 Wochen
Kennwerte: bis 1. Ebene DIN 276

**BGF   1.255 €/m²**

**Planung:** Barbara Schindler Architekturbüro; Chemnitz

veröffentlicht: BKI Objektdaten N3

© BKI Baukosteninformationszentrum; Erläuterungen zu den Tabellen siehe Seite 56    Kostenstand: 1. Quartal 2022, Bundesdurchschnitt, **inkl. 19% MwSt.**

**Ein- und Zweifamilienhäuser, unterkellert, einfacher Standard**

**€/m² BGF**
| | | |
|---|---|---|
| min | 1.030 | €/m² |
| von | 1.060 | €/m² |
| Mittel | **1.160** | **€/m²** |
| bis | 1.255 | €/m² |
| max | 1.315 | €/m² |

**Kosten:**
Stand 1. Quartal 2022
Bundesdurchschnitt
inkl. 19% MwSt.

## Objektübersicht zur Gebäudeart

**6100-0168 Zweifamilienhaus**  |  **BRI** 1.230 m³  **BGF** 465 m²  **NUF** 281 m²

Freistehendes eingeschossiges Zweifamilienhaus mit ausgebautem Dachgeschoss, voll unterkellert. Mauerwerksbau.

Land: Nordrhein-Westfalen
Kreis: Aachen, Städteregion
Standard: unter Durchschnitt
Bauzeit: 78 Wochen
Kennwerte: bis 2. Ebene DIN 276

**BGF   1.315 €/m²**

**Planung:** Walter H. Müller Dipl.-Ing.; Eschweiler

www.bki.de

**Wohnen**

**Ein- und Zweifamilienhäuser, unterkellert, mittlerer Standard**

## Kostenkennwerte für die Kosten des Bauwerks (Kostengruppen 300+400 nach DIN 276)

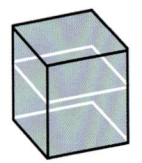

**BRI** 510 €/m³
von 455 €/m³
bis 595 €/m³

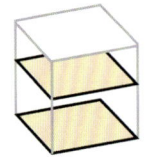

**BGF** 1.570 €/m²
von 1.345 €/m²
bis 1.885 €/m²

**NUF** 2.375 €/m²
von 1.980 €/m²
bis 2.900 €/m²

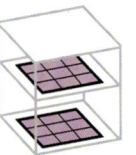

**NE** 2.995 €/NE
von 2.425 €/NE
bis 3.740 €/NE
NE: Wohnfläche

**Kosten:**
Stand 1. Quartal 2022
Bundesdurchschnitt
inkl. 19% MwSt.

### Objektbeispiele

6100-1522

6100-1529

6100-1527

### Kosten der 46 Vergleichsobjekte — Seiten 354 bis 365

- ● KKW
- ▶ min
- ▷ von
- | Mittelwert
- ◁ bis
- ◀ max

BRI: €/m³ BRI (300–800)

BGF: €/m² BGF (900–2400)

NUF: €/m² NUF (1500–4000)

© BKI Baukosteninformationszentrum; Erläuterungen zu den Tabellen siehe Seite 46 — Kostenstand: 1. Quartal 2022, Bundesdurchschnitt, **inkl. 19% MwSt.**

## Kostenkennwerte für die Kostengruppen der 1. und 2. Ebene DIN 276

| KG | Kostengruppen der 1. Ebene | Einheit | ▷ | €/Einheit | ◁ | ▷ | % an 300+400 | ◁ |
|---|---|---|---|---|---|---|---|---|
| 100 | Grundstück | m² GF | – | – | – | – | – | – |
| 200 | Vorbereitende Maßnahmen | m² GF | 8 | **32** | 76 | 1,1 | **3,8** | 10,7 |
| 300 | Bauwerk – Baukonstruktionen | m² BGF | 1.107 | **1.293** | 1.563 | 78,6 | **82,5** | 88,7 |
| 400 | Bauwerk – Technische Anlagen | m² BGF | 226 | **288** | 389 | 14,8 | **18,3** | 21,8 |
|  | Bauwerk (300+400) | m² BGF | 1.347 | **1.569** | 1.883 | 100,0 | **100,0** | 100,0 |
| 500 | Außenanlagen und Freiflächen | m² AF | 51 | **196** | 718 | 3,1 | **6,5** | 11,1 |
| 600 | Ausstattung und Kunstwerke | m² BGF | 7 | **28** | 134 | 0,4 | **1,9** | 9,2 |
| 700 | Baunebenkosten* | m² BGF | 381 | **425** | 468 | 24,3 | **27,2** | 30,0 |
| 800 | Finanzierung | m² BGF | – | – | – | – | – | – |

◁ * Auf Grundlage der HOAI 2021 berechnete Werte nach §§ 35, 52, 56. Weitere Informationen siehe Seite 50

| KG | Kostengruppen der 2. Ebene | Einheit | ▷ | €/Einheit | ◁ | ▷ | % an 1. Ebene | ◁ |
|---|---|---|---|---|---|---|---|---|
| 310 | Baugrube / Erdbau | m³ BGI | 27 | **38** | 54 | 2,6 | **4,3** | 7,4 |
| 320 | Gründung, Unterbau | m² GRF | 233 | **269** | 333 | 6,2 | **7,6** | 10,7 |
| 330 | Außenwände / vertikal außen | m² AWF | 371 | **455** | 575 | 35,9 | **39,1** | 43,5 |
| 340 | Innenwände / vertikal innen | m² IWF | 192 | **224** | 308 | 9,8 | **12,4** | 16,0 |
| 350 | Decken / horizontal | m² DEF | 341 | **398** | 545 | 15,1 | **18,3** | 22,2 |
| 360 | Dächer | m² DAF | 297 | **368** | 505 | 11,5 | **14,0** | 16,7 |
| 370 | Infrastrukturanlagen |  | – | – | – | – | – | – |
| 380 | Baukonstruktive Einbauten | m² BGF | 8 | **18** | 55 | < 0,1 | **0,3** | 2,1 |
| 390 | Sonst. Maßnahmen für Baukonst. | m² BGF | 27 | **49** | 89 | 2,1 | **3,9** | 6,4 |
| **300** | **Bauwerk – Baukonstruktionen** | **m² BGF** |  |  |  |  | **100,0** |  |
| 410 | Abwasser-, Wasser-, Gasanlagen | m² BGF | 64 | **85** | 131 | 20,8 | **28,9** | 38,2 |
| 420 | Wärmeversorgungsanlagen | m² BGF | 89 | **127** | 169 | 26,2 | **41,2** | 52,6 |
| 430 | Raumlufttechnische Anlagen | m² BGF | 9 | **33** | 78 | 0,3 | **4,6** | 15,2 |
| 440 | Elektrische Anlagen | m² BGF | 40 | **67** | 117 | 15,2 | **20,8** | 29,1 |
| 450 | Kommunikationstechnische Anlagen | m² BGF | 5 | **10** | 17 | 1,8 | **3,5** | 5,5 |
| 460 | Förderanlagen | m² BGF | – | – | – | – | – | – |
| 470 | Nutzungsspez. / verfahrenstech. Anl. | m² BGF | – | – | – | – | – | – |
| 480 | Gebäude- und Anlagenautomation | m² BGF | 18 | **31** | 44 | < 0,1 | **0,7** | 7,3 |
| 490 | Sonst. Maßnahmen f. techn. Anl. | m² BGF | – | – | – | – | – | – |
| **400** | **Bauwerk – Technische Anlagen** | **m² BGF** |  |  |  |  | **100,0** |  |

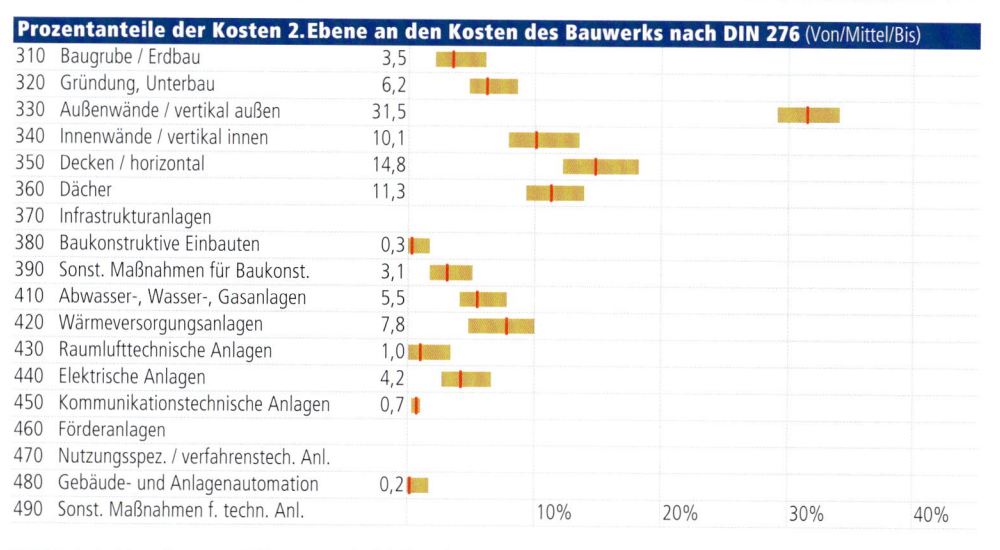

### Prozentanteile der Kosten 2. Ebene an den Kosten des Bauwerks nach DIN 276 (Von/Mittel/Bis)

| KG | Bezeichnung | Mittel |
|---|---|---|
| 310 | Baugrube / Erdbau | 3,5 |
| 320 | Gründung, Unterbau | 6,2 |
| 330 | Außenwände / vertikal außen | 31,5 |
| 340 | Innenwände / vertikal innen | 10,1 |
| 350 | Decken / horizontal | 14,8 |
| 360 | Dächer | 11,3 |
| 370 | Infrastrukturanlagen | |
| 380 | Baukonstruktive Einbauten | 0,3 |
| 390 | Sonst. Maßnahmen für Baukonst. | 3,1 |
| 410 | Abwasser-, Wasser-, Gasanlagen | 5,5 |
| 420 | Wärmeversorgungsanlagen | 7,8 |
| 430 | Raumlufttechnische Anlagen | 1,0 |
| 440 | Elektrische Anlagen | 4,2 |
| 450 | Kommunikationstechnische Anlagen | 0,7 |
| 460 | Förderanlagen | |
| 470 | Nutzungsspez. / verfahrenstech. Anl. | |
| 480 | Gebäude- und Anlagenautomation | 0,2 |
| 490 | Sonst. Maßnahmen f. techn. Anl. | |

© BKI Baukosteninformationszentrum; Erläuterungen zu den Tabellen siehe Seite 48 und 50  Kostenstand: 1. Quartal 2022, Bundesdurchschnitt, inkl. 19% MwSt.

**Ein- und Zweifamilienhäuser, unterkellert, mittlerer Standard**

## Prozentanteile der Kosten für Leistungsbereiche nach STLB (Kosten Bauwerk nach DIN 276)

| LB | Leistungsbereiche | ▷ | % an 300+400 | ◁ |
|---|---|---|---|---|
| 000 | Sicherheits-, Baustelleneinrichtungen inkl. 001 | 1,8 | **2,9** | 4,7 |
| 002 | Erdarbeiten | 2,5 | **3,6** | 6,1 |
| 006 | Spezialtiefbauarbeiten inkl. 005 | – | – | – |
| 009 | Entwässerungskanalarbeiten inkl. 011 | 0,2 | **0,7** | 1,5 |
| 010 | Drän- und Versickerarbeiten | < 0,1 | **0,3** | 0,9 |
| 012 | Mauerarbeiten | 3,5 | **9,6** | 15,5 |
| 013 | Betonarbeiten | 10,3 | **14,5** | 18,8 |
| 014 | Natur-, Betonwerksteinarbeiten | < 0,1 | **0,3** | 2,1 |
| 016 | Zimmer- und Holzbauarbeiten | 3,1 | **7,5** | 21,6 |
| 017 | Stahlbauarbeiten | < 0,1 | **0,6** | 2,4 |
| 018 | Abdichtungsarbeiten | 0,6 | **1,5** | 2,6 |
| 020 | Dachdeckungsarbeiten | 1,3 | **3,5** | 6,7 |
| 021 | Dachabdichtungsarbeiten | < 0,1 | **0,7** | 2,8 |
| 022 | Klempnerarbeiten | 1,0 | **1,6** | 2,6 |
| | **Rohbau** | **42,1** | **47,3** | **56,5** |
| 023 | Putz- und Stuckarbeiten, Wärmedämmsysteme | 3,7 | **7,3** | 11,0 |
| 024 | Fliesen- und Plattenarbeiten | 2,0 | **2,9** | 4,7 |
| 025 | Estricharbeiten | 1,3 | **1,9** | 2,5 |
| 026 | Fenster, Außentüren inkl. 029, 032 | 4,6 | **7,5** | 10,8 |
| 027 | Tischlerarbeiten | 2,2 | **3,5** | 5,8 |
| 028 | Parkettarbeiten, Holzpflasterarbeiten | 0,9 | **2,2** | 4,1 |
| 030 | Rollladenarbeiten | 0,4 | **1,5** | 2,6 |
| 031 | Metallbauarbeiten inkl. 035 | 0,8 | **2,3** | 6,0 |
| 034 | Maler- und Lackiererarbeiten inkl. 037 | 0,8 | **2,3** | 3,8 |
| 036 | Bodenbelagarbeiten | < 0,1 | **0,6** | 2,0 |
| 038 | Vorgehängte hinterlüftete Fassaden | 0,0 | **< 0,1** | 1,3 |
| 039 | Trockenbauarbeiten | 1,0 | **2,7** | 4,5 |
| | **Ausbau** | **27,0** | **34,6** | **40,8** |
| 040 | Wärmeversorgungsanl. - Betriebseinr. inkl. 041 | 5,6 | **7,2** | 8,8 |
| 042 | Gas- und Wasserinstallation, Leitungen inkl. 043 | 0,9 | **1,6** | 2,9 |
| 044 | Abwasseranlagen - Leitungen | 0,3 | **0,6** | 1,4 |
| 045 | GWE-Einrichtungsgegenstände inkl. 046 | 1,2 | **2,2** | 3,8 |
| 047 | Dämmarbeiten an betriebstechnischen Anlagen | 0,2 | **0,3** | 0,8 |
| 049 | Feuerlöschanlagen, Feuerlöschgeräte | – | – | – |
| 050 | Blitzschutz- und Erdungsanlagen | < 0,1 | **0,2** | 0,4 |
| 052 | Mittelspannungsanlagen | – | – | – |
| 053 | Niederspannungsanlagen inkl. 054 | 2,3 | **3,8** | 5,9 |
| 055 | Sicherheits- u. Ersatzstromversorgungsanl. | 0,0 | **0,3** | 5,8 |
| 057 | Gebäudesystemtechnik | – | – | – |
| 058 | Leuchten und Lampen inkl. 059 | < 0,1 | **0,1** | 0,4 |
| 060 | Sprechanlagen, elektroakust. Anlagen inkl. 064 | < 0,1 | **0,2** | 0,4 |
| 061 | Kommunikationsnetze inkl. 062 | < 0,1 | **0,4** | 0,7 |
| 063 | Gefahrenmeldeanlagen | 0,0 | **< 0,1** | 0,2 |
| 069 | Aufzüge | – | – | – |
| 070 | Gebäudeautomation | < 0,1 | **0,2** | 1,7 |
| 075 | Raumlufttechnische Anlagen inkl. 078 | < 0,1 | **0,5** | 2,4 |
| | **Gebäudetechnik** | **14,4** | **17,8** | **22,2** |
| | Sonstige Leistungsbereiche inkl. 008, 033, 051 | 0,0 | **0,3** | 1,7 |

**Kosten:** Stand 1. Quartal 2022 Bundesdurchschnitt inkl. 19% MwSt.

- ● KKW
- ▶ min
- ▷ von
- | Mittelwert
- ◁ bis
- ◀ max

## Planungskennwerte für Flächen und Rauminhalte nach DIN 277

| Grundflächen | | ▷ | Fläche/NUF (%) | ◁ | ▷ | Fläche/BGF (%) | ◁ |
|---|---|---|---|---|---|---|---|
| NUF | Nutzungsfläche | 100,0 | **100,0** | 100,0 | 63,0 | **66,6** | 70,0 |
| TF | Technikfläche | 3,3 | **4,4** | 6,7 | 2,2 | **2,8** | 4,0 |
| VF | Verkehrsfläche | 13,3 | **16,1** | 20,5 | 8,6 | **10,4** | 12,5 |
| NRF | Netto-Raumfläche | 115,7 | **120,0** | 125,8 | 77,0 | **79,5** | 82,0 |
| KGF | Konstruktions-Grundfläche | 26,7 | **31,4** | 37,1 | 18,0 | **20,5** | 23,0 |
| BGF | Brutto-Grundfläche | 144,3 | **151,5** | 160,8 | 100,0 | **100,0** | 100,0 |

| Brutto-Rauminhalte | | ▷ | BRI/NUF (m) | ◁ | ▷ | BRI/BGF (m) | ◁ |
|---|---|---|---|---|---|---|---|
| BRI | Brutto-Rauminhalt | 4,36 | **4,63** | 4,96 | 2,92 | **3,06** | 3,18 |

| Flächen von Nutzeinheiten | | ▷ | NUF/Einheit (m²) | ◁ | ▷ | BGF/Einheit (m²) | ◁ |
|---|---|---|---|---|---|---|---|
| Nutzeinheit: Wohnfläche | | 1,14 | **1,26** | 1,41 | 1,74 | **1,91** | 2,13 |

| Lufttechnisch behandelte Flächen | ▷ | Fläche/NUF (%) | ◁ | ▷ | Fläche/BGF (%) | ◁ |
|---|---|---|---|---|---|---|
| Entlüftete Fläche | – | – | – | – | – | – |
| Be- und entlüftete Fläche | 107,2 | **107,2** | 107,2 | 67,7 | **67,7** | 67,7 |
| Teilklimatisierte Fläche | – | – | – | – | – | – |
| Klimatisierte Fläche | – | – | – | – | – | – |

| KG | Kostengruppen (2. Ebene) | Einheit | ▷ | Menge/NUF | ◁ | ▷ | Menge/BGF | ◁ |
|---|---|---|---|---|---|---|---|---|
| 310 | Baugrube / Erdbau | m³ BGI | 1,78 | **2,11** | 2,47 | 1,18 | **1,38** | 1,63 |
| 320 | Gründung, Unterbau | m² GRF | 0,47 | **0,53** | 0,58 | 0,31 | **0,35** | 0,39 |
| 330 | Außenwände / vertikal außen | m² AWF | 1,47 | **1,69** | 1,89 | 0,97 | **1,11** | 1,26 |
| 340 | Innenwände / vertikal innen | m² IWF | 0,95 | **1,10** | 1,50 | 0,62 | **0,72** | 0,97 |
| 350 | Decken / horizontal | m² DEF | 0,71 | **0,90** | 0,99 | 0,46 | **0,59** | 0,62 |
| 360 | Dächer | m² DAF | 0,66 | **0,75** | 0,88 | 0,44 | **0,49** | 0,54 |
| 370 | Infrastrukturanlagen | | – | – | – | – | – | – |
| 380 | Baukonstruktive Einbauten | m² BGF | 1,44 | **1,51** | 1,61 | 1,00 | **1,00** | 1,00 |
| 390 | Sonst. Maßnahmen für Baukonst. | m² BGF | 1,44 | **1,51** | 1,61 | 1,00 | **1,00** | 1,00 |
| 300 | Bauwerk – Baukonstruktionen | m² BGF | 1,44 | **1,51** | 1,61 | 1,00 | **1,00** | 1,00 |

## Planungskennwerte für Bauzeiten — 46 Vergleichsobjekte

**Bauzeit in Wochen**

Bauzeit: 10 | 20 | 30 | 40 | 50 | 60 | 70 | 80 | 90 | 100 | 110 Wochen

**Ein- und Zweifamilienhäuser, unterkellert, mittlerer Standard**

**€/m² BGF**
| | | |
|---|---|---|
| min | 1.165 | €/m² |
| von | 1.345 | €/m² |
| Mittel | **1.570** | **€/m²** |
| bis | 1.885 | €/m² |
| max | 2.360 | €/m² |

**Kosten:**
Stand 1. Quartal 2022
Bundesdurchschnitt
inkl. 19% MwSt.

## Objektübersicht zur Gebäudeart

### 6100-1522 Einfamilienhaus, Doppelgarage - Effizienzhaus ~66%
**BRI** 1.503 m³  **BGF** 449 m²  **NUF** 328 m²

Einfamilienhaus mit Doppelgarage. Massivbau.

Land: Bayern
Kreis: Neustadt a.d. Waldnaab
Standard: über Durchschnitt
Bauzeit: 57 Wochen
Kennwerte: bis 1. Ebene DIN 276

**BGF  2.361 €/m²**

**Planung:** Fichtner Gruber Architekten; Weiden

veröffentlicht: BKI Objektdaten E9

### 6100-1529 Zweifamilienhaus, Garage
**BRI** 1.151 m³  **BGF** 383 m²  **NUF** 231 m²

Zweifamilienhaus mit Garage. Massivbau.

Land: Bayern
Kreis: Neumarkt i.d.OPf.
Standard: Durchschnitt
Bauzeit: 91 Wochen
Kennwerte: bis 1. Ebene DIN 276

**BGF  1.550 €/m²**

**Planung:** KNYCHALLA + TEAM ARCHITEKTUR + FREIRAUM; Neumarkt i.d.OPf.

vorgesehen: BKI Objektdaten N18

### 6100-1553 Einfamilienhaus, Doppelgarage
**BRI** 963 m³  **BGF** 345 m²  **NUF** 236 m²

Einfamilienhaus mit 209 m² WFL und Doppelgarage. Mauerwerk.

Land: Hessen
Kreis: Main-Taunus-Kreis
Standard: Durchschnitt
Bauzeit: 52 Wochen
Kennwerte: bis 1. Ebene DIN 276

**BGF  1.446 €/m²**

**Planung:** +studio moeve architekten bda; Darmstadt

vorgesehen: BKI Objektdaten N18

### 6100-1442 Einfamilienhaus - Effizienzhaus 55
**BRI** 1.115 m³  **BGF** 346 m²  **NUF** 206 m²

Einfamilienhaus als Effizienzhaus 55. Mauerwerk.

Land: Nordrhein-Westfalen
Kreis: Warendorf
Standard: Durchschnitt
Bauzeit: 39 Wochen
Kennwerte: bis 3. Ebene DIN 276

**BGF  1.533 €/m²**

**Planung:** hartmann I s architekten BDA; Telgte

veröffentlicht: BKI Objektdaten E9

## Objektübersicht zur Gebäudeart

### 6100-1527 Einfamilienhaus  |  BRI 719 m³  |  BGF 242 m²  |  NUF 131 m²

Einfamilienhaus mit überdachtem Freisitz. Holzbau.

Land: Bayern
Kreis: Schweinfurt
Standard: Durchschnitt
Bauzeit: 39 Wochen
Kennwerte: bis 3. Ebene DIN 276

BGF  1.690 €/m²

**Planung:** claus arnold architekt bda m. eng. dipl.-ing. fh architekt; Würzburg

vorgesehen: BKI Objektdaten N18

### 6100-1489 Einfamilienhaus  |  BRI 1.725 m³  |  BGF 503 m²  |  NUF 321 m²

Einfamilienhaus. Massivbau.

Land: Nordrhein-Westfalen
Kreis: Rhein-Kreis Neuss
Standard: Durchschnitt
Bauzeit: 22 Wochen
Kennwerte: bis 1. Ebene DIN 276

BGF  1.918 €/m²

**Planung:** Kleszczewski + Partner Architekten; Grevenbroich

veröffentlicht: BKI Objektdaten N17

### 6100-1289 Einfamilienhaus, Garage - Effizienzhaus ~31%  |  BRI 961 m³  |  BGF 287 m²  |  NUF 189 m²

Einfamilienhaus (142 m² WFL) mit Garage. Holzrahmenbau.

Land: Nordrhein-Westfalen
Kreis: Viersen
Standard: Durchschnitt
Bauzeit: 35 Wochen
Kennwerte: bis 3. Ebene DIN 276

BGF  2.073 €/m²

**Planung:** bau grün ! energieeff. Gebäude Arch. Daniel Finocchiaro; Mönchengladbach

veröffentlicht: BKI Objektdaten E8

### 6100-1352 Einfamilienhaus, Carport  |  BRI 886 m³  |  BGF 294 m²  |  NUF 206 m²

Einfamilienhaus (180 m² WFL) mit Carport. Massivbau.

Land: Nordrhein-Westfalen
Kreis: Rhein-Sieg-Kreis
Standard: Durchschnitt
Bauzeit: 52 Wochen
Kennwerte: bis 1. Ebene DIN 276

BGF  1.923 €/m²

**Planung:** Architekturbüro Freudenberg; Bad Honnef

veröffentlicht: BKI Objektdaten N16

© **BKI** Baukosteninformationszentrum; Erläuterungen zu den Tabellen siehe Seite 56    Kostenstand: 1. Quartal 2022, Bundesdurchschnitt, **inkl. 19% MwSt.**

**Ein- und Zweifamilienhäuser, unterkellert, mittlerer Standard**

€/m² BGF
| | |
|---|---|
| min | 1.165 €/m² |
| von | 1.345 €/m² |
| Mittel | **1.570 €/m²** |
| bis | 1.885 €/m² |
| max | 2.360 €/m² |

**Kosten:**
Stand 1. Quartal 2022
Bundesdurchschnitt
inkl. 19% MwSt.

## Objektübersicht zur Gebäudeart

### 6100-1275 Einfamilienhaus - Effizienzhaus 70

**BRI** 1.018 m³ **BGF** 414 m² **NUF** 276 m²

Einfamilienhaus (178 m² WFL) als Effizienzhaus 70, teilunterkellert. Mauerwerksbau.

Land: Nordrhein-Westfalen
Kreis: Rheinisch-Bergischer Kreis
Standard: Durchschnitt
Bauzeit: 39 Wochen
Kennwerte: bis 1. Ebene DIN 276

**BGF 1.186 €/m²**

**Planung:** Klotz Planen und Bauen GmbH & Co. KG; Schalksmühle

veröffentlicht: BKI Objektdaten E7

### 6100-1338 Einfamilienhaus, ELW - Effizienzhaus 40

**BRI** 1.184 m³ **BGF** 356 m² **NUF** 235 m²

Einfamilienhaus mit ELW und Garage. KS-Massivbau.

Land: Baden-Württemberg
Kreis: Reutlingen
Standard: Durchschnitt
Bauzeit: 31 Wochen
Kennwerte: bis 3. Ebene DIN 276

**BGF 1.540 €/m²**

**Planung:** Architekt Rainer Graf Architektur + Energiekonzepte; Ofterdingen

veröffentlicht: BKI Objektdaten E8

### 6100-1200 Einfamilienhaus - Effizienzhaus 70

**BRI** 1.178 m³ **BGF** 347 m² **NUF** 210 m²

Einfamilienhaus Effizienzhaus 70. Mauerwerksbau, Holz-Mansarddach.

Land: Brandenburg
Kreis: Potsdam-Mittelmark
Standard: Durchschnitt
Bauzeit: 39 Wochen
Kennwerte: bis 3. Ebene DIN 276

**BGF 1.865 €/m²**

**Planung:** Sommer + Sommer Architekten BDA; Berlin

veröffentlicht: BKI Objektdaten E7

### 6100-1123 Einfamilienhaus - Effizienzhaus 55

**BRI** 933 m³ **BGF** 325 m² **NUF** 192 m²

Einfamilienhaus. Mauerwerksbau.

Land: Sachsen
Kreis: Dresden, Stadt
Standard: Durchschnitt
Bauzeit: 35 Wochen
Kennwerte: bis 3. Ebene DIN 276

**BGF 1.578 €/m²**

**Planung:** eckehardt schmidt architekten; Dresden

veröffentlicht: BKI Objektdaten E6

## Objektübersicht zur Gebäudeart

### 6100-1102 Einfamilienhaus - Effizienzhaus 70    BRI 891 m³    BGF 272 m²    NUF 184 m²

Einfamilienhaus (161m² WFL) als Effizienzhaus 70. Massivbau.

Land: Hamburg
Kreis: Hamburg, Freie und Hansestadt
Standard: Durchschnitt
Bauzeit: 43 Wochen
Kennwerte: bis 1. Ebene DIN 276

BGF    1.673 €/m²

**Planung:** gnosa architekten; Hamburg

veröffentlicht: BKI Objektdaten E6

### 6100-1082 Einfamilienhaus - Effizienzhaus 55    BRI 1.039 m³    BGF 366 m²    NUF 259 m²

Einfamilienwohnhaus mit Carport. Massivbau.

Land: Baden-Württemberg
Kreis: Breisgau-Hochschwarzwald
Standard: Durchschnitt
Bauzeit: 26 Wochen
Kennwerte: bis 3. Ebene DIN 276

BGF    1.315 €/m²

**Planung:** Werkgruppe Freiburg Architekten; Freiburg

veröffentlicht: BKI Objektdaten E6

### 6100-1171 Einfamilienhaus, Garage    BRI 1.071 m³    BGF 337 m²    NUF 211 m²

Einfamilienhaus (155m² WFL), mit Garage. Mauerwerksbau.

Land: Nordrhein-Westfalen
Kreis: Köln
Standard: Durchschnitt
Bauzeit: 48 Wochen
Kennwerte: bis 1. Ebene DIN 276

BGF    1.724 €/m²

**Planung:** stkn architekten; Köln

veröffentlicht: BKI Objektdaten N13

### 6100-1054 Einfamilienhaus, Garage    BRI 926 m³    BGF 313 m²    NUF 206 m²

Einfamilienhaus (169m² WFL) mit Garage. Mauerwerksbau.

Land: Thüringen
Kreis: Erfurt
Standard: Durchschnitt
Bauzeit: 35 Wochen
Kennwerte: bis 1. Ebene DIN 276

BGF    1.392 €/m²

**Planung:** Funken Architekten; Erfurt

veröffentlicht: BKI Objektdaten N12

© BKI Baukosteninformationszentrum; Erläuterungen zu den Tabellen siehe Seite 56    Kostenstand: 1. Quartal 2022, Bundesdurchschnitt, **inkl. 19% MwSt.**

**Ein- und Zweifamilienhäuser, unterkellert, mittlerer Standard**

**€/m² BGF**
| | |
|---|---|
| min | 1.165 €/m² |
| von | 1.345 €/m² |
| Mittel | **1.570 €/m²** |
| bis | 1.885 €/m² |
| max | 2.360 €/m² |

**Kosten:**
Stand 1. Quartal 2022
Bundesdurchschnitt
inkl. 19% MwSt.

## Objektübersicht zur Gebäudeart

### 6100-1145 Einfamilienhaus, Carport
**BRI** 820 m³ **BGF** 296 m² **NUF** 213 m²

Einfamilienhaus an Hanglage mit 199 m² WFL. Mauerwerksbau.

Land: Baden-Württemberg
Kreis: Konstanz
Standard: Durchschnitt
Bauzeit: 35 Wochen
Kennwerte: bis 1. Ebene DIN 276

**BGF 1.454 €/m²**

**Planung:** Architekturbüro Sebastian Baingo; Radolfzell

veröffentlicht: BKI Objektdaten N13

### 6100-1060 Stadthaus (1 WE)
**BRI** 760 m³ **BGF** 263 m² **NUF** 189 m²

Stadthaus (156 m² WFL). Massivbauweise.

Land: Berlin
Kreis: Berlin, Stadt
Standard: Durchschnitt
Bauzeit: 44 Wochen
Kennwerte: bis 1. Ebene DIN 276

**BGF 1.166 €/m²**

**Planung:** Kromat Bauplanungs- Service GmbH; Königs-Wusterhausen-Zernsdorf

veröffentlicht: BKI Objektdaten N13

### 6100-1103 Einfamilienhaus - Effizienzhaus 85
**BRI** 893 m³ **BGF** 257 m² **NUF** 147 m²

Einfamilienhaus (165 m² WFL) als Effizienzhaus 85. Massivbau.

Land: Bayern
Kreis: Regensburg
Standard: Durchschnitt
Bauzeit: 26 Wochen
Kennwerte: bis 1. Ebene DIN 276

**BGF 2.110 €/m²**

**Planung:** fabi architekten bda; Regensburg

veröffentlicht: BKI Objektdaten E6

### 6100-0890 Einfamilienhaus - Sonnenhaus*
**BRI** 1.500 m³ **BGF** 448 m² **NUF** 275 m²

Einfamilienhaus mit Garage als Sonnenhaus (257 m² WFL). Mauerwerksbau.

Land: Österreich
Kreis: Salzburg
Standard: Durchschnitt
Bauzeit: 39 Wochen
Kennwerte: bis 1. Ebene DIN 276

**BGF 1.731 €/m²**

**Planung:** Architekt Werner Vogt und Ludwig Aicher Bau GmbH; Fridolfing

veröffentlicht: BKI Objektdaten E5
* Nicht in der Auswertung enthalten

## Objektübersicht zur Gebäudeart

### 6100-1104 Einfamilienhaus, Doppelgarage - Effizienzhaus 85    BRI 1.346 m³    BGF 385 m²    NUF 272 m²

Einfamilienhaus (191 m² WFL) mit Doppelgarage als Effizienzhaus 85. Massivbau.

Land: Bayern
Kreis: Regensburg
Standard: Durchschnitt
Bauzeit: 83 Wochen
Kennwerte: bis 1. Ebene DIN 276

BGF    1.383 €/m²

**Planung:** fabi architekten bda; Regensburg

veröffentlicht: BKI Objektdaten E6

### 6100-0955 Einfamilienhaus, Garage    BRI 890 m³    BGF 299 m²    NUF 206 m²

Einfamilienhaus (168 m² WFL). Mauerwerksbau.

Land: Bayern
Kreis: Nürnberger Land
Standard: Durchschnitt
Bauzeit: 61 Wochen
Kennwerte: bis 1. Ebene DIN 276

BGF    1.328 €/m²

**Planung:** B19 ARCHITEKTEN BDA; Barchfeld-Immelborn

veröffentlicht: BKI Objektdaten N11

### 6100-0833 Einfamilienhaus    BRI 770 m³    BGF 267 m²    NUF 165 m²

Einfamilienhaus mit Carport, unterkellert (140 m² WFL). Mauerwerksbau.

Land: Baden-Württemberg
Kreis: Calw
Standard: Durchschnitt
Bauzeit: 31 Wochen
Kennwerte: bis 1. Ebene DIN 276

BGF    1.583 €/m²

**Planung:** Bonasera Architekten Nagold; Nagold

veröffentlicht: BKI Objektdaten N11

### 6100-0860 Einfamilienhaus    BRI 661 m³    BGF 226 m²    NUF 137 m²

Einfamilienhaus (144 m² WFL). Mauerwerksbau.

Land: Brandenburg
Kreis: Brandenburg a. d. Havel
Standard: Durchschnitt
Bauzeit: 39 Wochen
Kennwerte: bis 1. Ebene DIN 276

BGF    1.552 €/m²

**Planung:** Märkplan GmbH; Brandenburg

veröffentlicht: BKI Objektdaten N11

# Ein- und Zweifamilienhäuser, unterkellert, mittlerer Standard

**€/m² BGF**
- min     1.165 €/m²
- von     1.345 €/m²
- **Mittel**    **1.570 €/m²**
- bis      1.885 €/m²
- max    2.360 €/m²

**Kosten:**
Stand 1. Quartal 2022
Bundesdurchschnitt
inkl. 19% MwSt.

## Objektübersicht zur Gebäudeart

### 6100-0887 Einfamilienhaus, Garage - Passivhaus
**BRI** 1.295 m³    **BGF** 385 m²    **NUF** 295 m²

Einfamilienhaus mit Garage (160 m² WFL). Mauerwerksbau.

Land: Baden-Württemberg
Kreis: Esslingen
Standard: Durchschnitt
Bauzeit: 35 Wochen
Kennwerte: bis 1. Ebene DIN 276

**BGF**    1.404 €/m²

Planung: BERTRAM KILTZ ARCHITEKT; Kirchheim-Teck

veröffentlicht: BKI Objektdaten N11

### 6100-0953 Einfamilienhaus, Garage - KfW 40
**BRI** 1.172 m³    **BGF** 391 m²    **NUF** 233 m²

Einfamilienhaus (241 m² WFL), KfW 40. Unterirdische Verbindung zu einer Doppelgarage. Mauerwerksbau.

Land: Baden-Württemberg
Kreis: Göppingen
Standard: Durchschnitt
Bauzeit: 48 Wochen
Kennwerte: bis 1. Ebene DIN 276

**BGF**    1.853 €/m²

Planung: architekturbüro arch +/- 4 Freier Architekt (Dipl. Ing.) Niko Moll; Bissingen

veröffentlicht: BKI Objektdaten N11

### 6100-0771 Einfamilienhaus - Effizienzhaus 55
**BRI** 1.063 m³    **BGF** 319 m²    **NUF** 220 m²

Einfamilienwohnhaus, Effizienzhaus 55. Mauerwerksbau.

Land: Rheinland-Pfalz
Kreis: Frankenthal (Pfalz), Stadt
Standard: Durchschnitt
Bauzeit: 39 Wochen
Kennwerte: bis 1. Ebene DIN 276

**BGF**    1.467 €/m²

Planung: k.A.

veröffentlicht: BKI Objektdaten E4

### 6100-0697 Einfamilienhaus
**BRI** 1.173 m³    **BGF** 389 m²    **NUF** 251 m²

Einfamilienhaus (165 m² WFL). Mauerwerksbau; Stb-Decken; Holzdachkonstruktion.

Land: Brandenburg
Kreis: Potsdam-Mittelmark
Standard: Durchschnitt
Bauzeit: 31 Wochen
Kennwerte: bis 4. Ebene DIN 276

**BGF**    1.304 €/m²

Planung: TSSB architekten.ingenieure . Berlin; Berlin

veröffentlicht: BKI Objektdaten N10

## Objektübersicht zur Gebäudeart

### 6100-0869 Einfamilienhaus    BRI 1.025 m³    BGF 350 m²    NUF 221 m²

Einfamilienhaus, gestaffelte Bauweise (184 m² WFL). Unterrichtsraum für Musikschüler im EG. Mauerwerksbau.

Land: Brandenburg
Kreis: Potsdam, Stadt
Standard: Durchschnitt
Bauzeit: 52 Wochen
Kennwerte: bis 1. Ebene DIN 276

BGF    1.691 €/m²

veröffentlicht: BKI Objektdaten N11

**Planung:** wening.architekten; Potsdam

---

### 6100-0876 Einfamilienhaus    BRI 871 m³    BGF 268 m²    NUF 201 m²

Einfamilienhaus (147 m² WFL). Mauerwerksbau.

Land: Baden-Württemberg
Kreis: Ravensburg
Standard: Durchschnitt
Bauzeit: 48 Wochen
Kennwerte: bis 1. Ebene DIN 276

BGF    1.652 €/m²

veröffentlicht: BKI Objektdaten N11

**Planung:** spaeth architekten Stuttgart; Stuttgart

---

### 6100-0894 Einfamilienhaus    BRI 904 m³    BGF 295 m²    NUF 214 m²

Einfamilienhaus (226 m² WFL) an steiler Hanglage. Großzügige Balkone und Vordächer. Mauerwerksbau.

Land: Bayern
Kreis: Regensburg
Standard: Durchschnitt
Bauzeit: 52 Wochen
Kennwerte: bis 1. Ebene DIN 276

BGF    1.960 €/m²

veröffentlicht: BKI Objektdaten N11

**Planung:** Dipl. Ing. Christian Kirchberger Architekt; Regensburg

---

### 6100-0886 Doppelhaushälfte (2 WE) - KfW 60    BRI 1.060 m³    BGF 382 m²    NUF 246 m²

Doppelhaushälfte mit ELW, KfW 60 (197 m² WFL). Mauerwerksbau.

Land: Baden-Württemberg
Kreis: Esslingen
Standard: Durchschnitt
Bauzeit: 48 Wochen
Kennwerte: bis 1. Ebene DIN 276

BGF    1.309 €/m²

veröffentlicht: BKI Objektdaten E4

**Planung:** BERTRAM KILTZ ARCHITEKT; Kirchheim-Teck

---

© BKI Baukosteninformationszentrum; Erläuterungen zu den Tabellen siehe Seite 56    Kostenstand: 1. Quartal 2022, Bundesdurchschnitt, **inkl. 19% MwSt.**

**Ein- und Zweifamilienhäuser, unterkellert, mittlerer Standard**

**€/m² BGF**
| | |
|---|---|
| min | 1.165 €/m² |
| von | 1.345 €/m² |
| Mittel | **1.570 €/m²** |
| bis | 1.885 €/m² |
| max | 2.360 €/m² |

**Kosten:**
Stand 1. Quartal 2022
Bundesdurchschnitt
inkl. 19% MwSt.

## Objektübersicht zur Gebäudeart

### 6100-0758 Einfamilienhaus - KfW 40
**BRI** 802 m³ | **BGF** 261 m² | **NUF** 170 m²

Einfamilienwohnhaus KfW 40, unterkellert. Mauerwerksbau.

Land: Rheinland-Pfalz
Kreis: Zweibrücken, Stadt
Standard: Durchschnitt
Bauzeit: 35 Wochen
Kennwerte: bis 1. Ebene DIN 276

**BGF** 1.495 €/m²

Planung: k.A.

veröffentlicht: BKI Objektdaten E4

### 6100-0823 Einfamilienhaus
**BRI** 1.001 m³ | **BGF** 336 m² | **NUF** 255 m²

Einfamilienhaus mit Einliegerwohnung (2 WE). Mauerwerksbau.

Land: Sachsen
Kreis: Dresden, Stadt
Standard: Durchschnitt
Bauzeit: 61 Wochen
Kennwerte: bis 1. Ebene DIN 276

**BGF** 1.662 €/m²

Planung: Planungsgemeinschaft Julia Heisenberg + Anja Oehler-Brenner; Dresden

veröffentlicht: BKI Objektdaten N10

### 6100-0669 Einfamilienhaus
**BRI** 1.092 m³ | **BGF** 343 m² | **NUF** 218 m²

Einfamilienwohnhaus (161 m² WFL), Doppelgarage. Mauerwerksbau; Stb-Decken; Holzdachkonstruktion.

Land: Nordrhein-Westfalen
Kreis: Coesfeld
Standard: Durchschnitt
Bauzeit: 57 Wochen
Kennwerte: bis 4. Ebene DIN 276

**BGF** 1.327 €/m²

Planung: Architekt Dipl.-Ing. Marcel Köhler; Lüdinghausen

veröffentlicht: BKI Objektdaten N9

### 6100-0699 Einfamilienhaus
**BRI** 1.037 m³ | **BGF** 366 m² | **NUF** 242 m²

Einfamilienwohnhaus. Mauerwerksbau; Stb-Filigrandecke; Holzsatteldach.

Land: Nordrhein-Westfalen
Kreis: Paderborn
Standard: Durchschnitt
Bauzeit: 35 Wochen
Kennwerte: bis 1. Ebene DIN 276

**BGF** 1.208 €/m²

Planung: jacobs. Architekturbüro; Paderborn

veröffentlicht: BKI Objektdaten N10

# Objektübersicht zur Gebäudeart

### 6100-0750 Einfamilienhaus, Einliegerwohnung — BRI 1.213 m³ · BGF 420 m² · NUF 287 m²

Einfamilienhaus mit Einliegerwohnung (240 m² WFL), Sauna, Doppelgarage. Mauerwerksbau.

Land: Baden-Württemberg
Kreis: Böblingen
Standard: Durchschnitt
Bauzeit: 43 Wochen
Kennwerte: bis 3. Ebene DIN 276

BGF  1.389 €/m²

**Planung:** BAUART X Ltd. Ingenieurgesellschaft für Bauwesen; Stuttgart

veröffentlicht: BKI Objektdaten N12

### 6100-0676 Einfamilienhaus - KfW 60 — BRI 1.252 m³ · BGF 372 m² · NUF 279 m²

Einfamilienwohnhaus (170 m² WFL), KfW 60 Standard, Doppelgarage, Wärmepumpe. Mauerwerksbau; Stb-Decke; Holzdachkonstruktion.

Land: Bayern
Kreis: Berchtesgadener Land
Standard: Durchschnitt
Bauzeit: 43 Wochen
Kennwerte: bis 4. Ebene DIN 276

BGF  1.548 €/m²

**Planung:** Planungsgruppe 5.4.3 Architekten & Ingenieure GbR; Freilassing

veröffentlicht: BKI Objektdaten N9

### 6100-0662 Einfamilienhaus — BRI 1.090 m³ · BGF 363 m² · NUF 265 m²

Einfamilienwohnhaus, Holzbauweise (194 m² WFL), Garage. Mauerwerksbau; Stb-Decken; Holzdachkonstruktion.

Land: Hessen
Kreis: Bergstraße
Standard: Durchschnitt
Bauzeit: 39 Wochen
Kennwerte: bis 3. Ebene DIN 276

BGF  1.779 €/m²

**Planung:** Architekt Dipl.-Ing. Alexander Böhm; Heidelberg

veröffentlicht: BKI Objektdaten N10

### 6100-0656 Einfamilienhaus — BRI 936 m³ · BGF 351 m² · NUF 191 m²

Wohnen, Flexible Nutzungsstruktur. Mauerwerksbau, Holzdachkonstruktion.

Land: Nordrhein-Westfalen
Kreis: Coesfeld
Standard: Durchschnitt
Bauzeit: 26 Wochen
Kennwerte: bis 1. Ebene DIN 276

BGF  1.282 €/m²

**Planung:** Brüning + Hart Architekten GbR; Münster

veröffentlicht: BKI Objektdaten N9

**Ein- und Zweifamilienhäuser, unterkellert, mittlerer Standard**

**€/m² BGF**
| | |
|---|---|
| min | 1.165 €/m² |
| von | 1.345 €/m² |
| **Mittel** | **1.570 €/m²** |
| bis | 1.885 €/m² |
| max | 2.360 €/m² |

**Kosten:**
Stand 1. Quartal 2022
Bundesdurchschnitt
inkl. 19% MwSt.

## Objektübersicht zur Gebäudeart

### 6100-0562 Einfamilienhaus
**BRI** 1.120 m³ **BGF** 379 m² **NUF** 266 m²

Einfamilienhaus (159 m² WFL II.BVO). Mauerwerksbau mit Stb-Decken und geneigtem Holzdach.

Land: Sachsen-Anhalt
Kreis: Mansfeld-Südharz
Standard: Durchschnitt
Bauzeit: 22 Wochen
Kennwerte: bis 3. Ebene DIN 276

**BGF** 1.414 €/m²

Planung: Architektur- & Ingenieurbüro Dipl.-Ing. Reinhard Pescht; Sangerhausen

veröffentlicht: BKI Objektdaten N7

### 6100-0570 Zweifamilienhaus
**BRI** 1.304 m³ **BGF** 416 m² **NUF** 334 m²

Zweifamilienhaus (286 m² WFL) mit Sauna, Hanglage, Höhenunterschied 3,5 m. Mauerwerksbau.

Land: Berlin
Kreis: Berlin, Stadt
Standard: Durchschnitt
Bauzeit: 39 Wochen
Kennwerte: bis 4. Ebene DIN 276

**BGF** 1.865 €/m²

Planung: Architekt Olaf Reimann; Berlin

veröffentlicht: BKI Objektdaten N8

### 6100-0632 Einfamilienhaus, 3-Liter-Haus
**BRI** 858 m³ **BGF** 250 m² **NUF** 168 m²

Einfamilienhaus mit Carport. Mauerwerksbau.

Land: Nordrhein-Westfalen
Kreis: Steinfurt
Standard: Durchschnitt
Bauzeit: 43 Wochen
Kennwerte: bis 2. Ebene DIN 276

**BGF** 1.700 €/m²

Planung: Architekt Hans Dresen; Münster

veröffentlicht: BKI Objektdaten E3

### 6100-0569 Einfamilienhaus, Doppelgarage
**BRI** 937 m³ **BGF** 323 m² **NUF** 216 m²

Einfamilienhaus mit Doppelgarage. Mauerwerksbau.

Land: Nordrhein-Westfalen
Kreis: Recklinghausen
Standard: Durchschnitt
Bauzeit: 48 Wochen
Kennwerte: bis 4. Ebene DIN 276

**BGF** 1.304 €/m²

Planung: Architekturbüro pizolka & heintze; Recklinghausen

veröffentlicht: BKI Objektdaten N8

## Objektübersicht zur Gebäudeart

### 6100-0572 Einfamilienhaus mit ELW

**BRI** 939 m³    **BGF** 292 m²    **NUF** 185 m²

Wohnhaus mit Einliegerwohnung. Mauerwerksbau mit Stb-Decken und geneigtem Holzdach.

Land: Hessen
Kreis: Lahn-Dill-Kreis
Standard: Durchschnitt
Bauzeit: 35 Wochen
Kennwerte: bis 3. Ebene DIN 276

**BGF**    1.635 €/m²

veröffentlicht: BKI Objektdaten N8

**Planung:** Nemesis Architekten Becker + Ohlmann; Kassel

---

### 6100-0557 Einfamilienhaus

**BRI** 1.222 m³    **BGF** 436 m²    **NUF** 246 m²

Einfamilienhaus (300 m² WFL). Mauerwerksbau.

Land: Mecklenburg-Vorpommern
Kreis: Schwerin, Stadt
Standard: Durchschnitt
Bauzeit: 31 Wochen
Kennwerte: bis 2. Ebene DIN 276

**BGF**    1.361 €/m²

veröffentlicht: BKI Objektdaten N9

**Planung:** Freischaffender Architekt Dipl.-Ing. (FH) F.-K. Curschmann; Schwerin

---

### 6100-0535 Einfamilienhaus, Garage

**BRI** 1.641 m³    **BGF** 633 m²    **NUF** 470 m²

Einfamilienhaus mit Garage (342 m² WFL II.BVO), Terrasse im EG (179 m²). Mauerwerksbau.

Land: Baden-Württemberg
Kreis: Ortenaukreis
Standard: Durchschnitt
Bauzeit: 56 Wochen
Kennwerte: bis 3. Ebene DIN 276

**BGF**    1.213 €/m²

veröffentlicht: BKI Objektdaten N7

**Planung:** Grossmann Architects; Kehl

**Ein- und Zweifamilienhäuser, unterkellert, hoher Standard**

## Kostenkennwerte für die Kosten des Bauwerks (Kostengruppen 300+400 nach DIN 276)

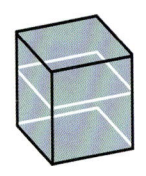

**BRI** 610 €/m³
von 510 €/m³
bis 705 €/m³

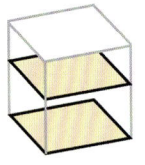

**BGF** 1.905 €/m²
von 1.620 €/m²
bis 2.295 €/m²

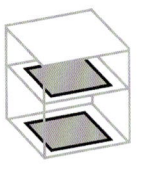

**NUF** 2.960 €/m²
von 2.450 €/m²
bis 3.610 €/m²

**NE** 3.520 €/NE
von 2.860 €/NE
bis 4.365 €/NE
NE: Wohnfläche

**Kosten:**
Stand 1. Quartal 2022
Bundesdurchschnitt
inkl. 19% MwSt.

### Objektbeispiele

6100-1387

6100-1354

6100-1549

### Kosten der 55 Vergleichsobjekte — Seiten 370 bis 385

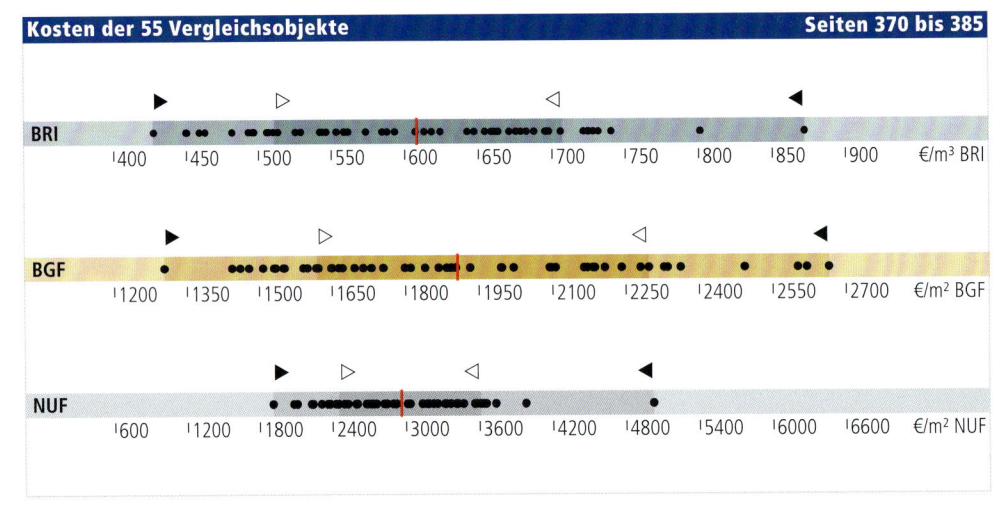

- • KKW
- ▶ min
- ▷ von
- | Mittelwert
- ◁ bis
- ◀ max

BRI: €/m³ BRI (400–900)
BGF: €/m² BGF (1200–2700)
NUF: €/m² NUF (600–6600)

© BKI Baukosteninformationszentrum; Erläuterungen zu den Tabellen siehe Seite 46
Kostenstand: 1. Quartal 2022, Bundesdurchschnitt, **inkl. 19% MwSt.**

## Kostenkennwerte für die Kostengruppen der 1. und 2.Ebene DIN 276

| KG | Kostengruppen der 1.Ebene | Einheit | ▷ | €/Einheit | ◁ | ▷ | % an 300+400 | ◁ |
|---|---|---|---|---|---|---|---|---|
| 100 | Grundstück | m² GF | – | – | – | – | – | – |
| 200 | Vorbereitende Maßnahmen | m² GF | 6 | **21** | 78 | 0,8 | **1,7** | 3,8 |
| 300 | Bauwerk – Baukonstruktionen | m² BGF | 1.290 | **1.541** | 1.851 | 76,4 | **80,9** | 84,8 |
| 400 | Bauwerk – Technische Anlagen | m² BGF | 274 | **365** | 478 | 15,2 | **19,1** | 23,6 |
|  | Bauwerk (300+400) | m² BGF | 1.619 | **1.906** | 2.296 | 100,0 | **100,0** | 100,0 |
| 500 | Außenanlagen und Freiflächen | m² AF | 45 | **126** | 319 | 3,2 | **7,2** | 13,0 |
| 600 | Ausstattung und Kunstwerke | m² BGF | 17 | **66** | 168 | 0,9 | **3,7** | 9,7 |
| 700 | Baunebenkosten* | m² BGF | 438 | **488** | 539 | 23,1 | **25,7** | 28,4 |
| 800 | Finanzierung | m² BGF | – | – | – | – | – | – |

◁ * Auf Grundlage der HOAI 2021 berechnete Werte nach §§ 35, 52, 56. Weitere Informationen siehe Seite 50

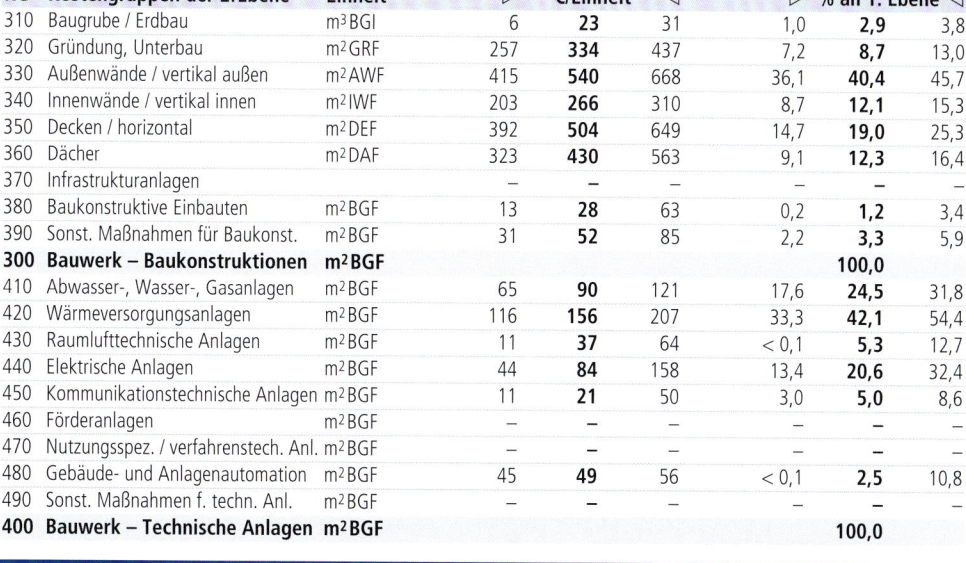

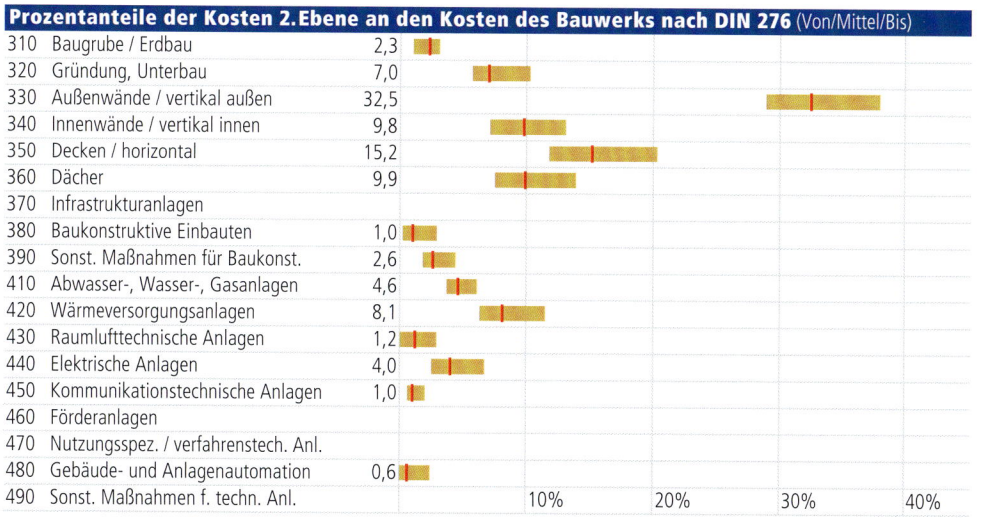

| KG | Kostengruppen der 2.Ebene | Einheit | ▷ | €/Einheit | ◁ | ▷ | % an 1. Ebene | ◁ |
|---|---|---|---|---|---|---|---|---|
| 310 | Baugrube / Erdbau | m³ BGI | 6 | **23** | 31 | 1,0 | **2,9** | 3,8 |
| 320 | Gründung, Unterbau | m² GRF | 257 | **334** | 437 | 7,2 | **8,7** | 13,0 |
| 330 | Außenwände / vertikal außen | m² AWF | 415 | **540** | 668 | 36,1 | **40,4** | 45,7 |
| 340 | Innenwände / vertikal innen | m² IWF | 203 | **266** | 310 | 8,7 | **12,1** | 15,3 |
| 350 | Decken / horizontal | m² DEF | 392 | **504** | 649 | 14,7 | **19,0** | 25,3 |
| 360 | Dächer | m² DAF | 323 | **430** | 563 | 9,1 | **12,3** | 16,4 |
| 370 | Infrastrukturanlagen |  | – | – | – | – | – | – |
| 380 | Baukonstruktive Einbauten | m² BGF | 13 | **28** | 63 | 0,2 | **1,2** | 3,4 |
| 390 | Sonst. Maßnahmen für Baukonst. | m² BGF | 31 | **52** | 85 | 2,2 | **3,3** | 5,9 |
| **300** | **Bauwerk – Baukonstruktionen** | **m² BGF** |  |  |  |  | **100,0** |  |
| 410 | Abwasser-, Wasser-, Gasanlagen | m² BGF | 65 | **90** | 121 | 17,6 | **24,5** | 31,8 |
| 420 | Wärmeversorgungsanlagen | m² BGF | 116 | **156** | 207 | 33,3 | **42,1** | 54,4 |
| 430 | Raumlufttechnische Anlagen | m² BGF | 11 | **37** | 64 | < 0,1 | **5,3** | 12,7 |
| 440 | Elektrische Anlagen | m² BGF | 44 | **84** | 158 | 13,4 | **20,6** | 32,4 |
| 450 | Kommunikationstechnische Anlagen | m² BGF | 11 | **21** | 50 | 3,0 | **5,0** | 8,6 |
| 460 | Förderanlagen | m² BGF | – | – | – | – | – | – |
| 470 | Nutzungsspez. / verfahrenstech. Anl. | m² BGF | – | – | – | – | – | – |
| 480 | Gebäude- und Anlagenautomation | m² BGF | 45 | **49** | 56 | < 0,1 | **2,5** | 10,8 |
| 490 | Sonst. Maßnahmen f. techn. Anl. | m² BGF | – | – | – | – | – | – |
| **400** | **Bauwerk – Technische Anlagen** | **m² BGF** |  |  |  |  | **100,0** |  |

### Prozentanteile der Kosten 2.Ebene an den Kosten des Bauwerks nach DIN 276 (Von/Mittel/Bis)

| KG | Kostengruppe | Mittel |
|---|---|---|
| 310 | Baugrube / Erdbau | 2,3 |
| 320 | Gründung, Unterbau | 7,0 |
| 330 | Außenwände / vertikal außen | 32,5 |
| 340 | Innenwände / vertikal innen | 9,8 |
| 350 | Decken / horizontal | 15,2 |
| 360 | Dächer | 9,9 |
| 370 | Infrastrukturanlagen |  |
| 380 | Baukonstruktive Einbauten | 1,0 |
| 390 | Sonst. Maßnahmen für Baukonst. | 2,6 |
| 410 | Abwasser-, Wasser-, Gasanlagen | 4,6 |
| 420 | Wärmeversorgungsanlagen | 8,1 |
| 430 | Raumlufttechnische Anlagen | 1,2 |
| 440 | Elektrische Anlagen | 4,0 |
| 450 | Kommunikationstechnische Anlagen | 1,0 |
| 460 | Förderanlagen |  |
| 470 | Nutzungsspez. / verfahrenstech. Anl. |  |
| 480 | Gebäude- und Anlagenautomation | 0,6 |
| 490 | Sonst. Maßnahmen f. techn. Anl. |  |

© BKI Baukosteninformationszentrum; Erläuterungen zu den Tabellen siehe Seite 48 und 50    Kostenstand: 1.Quartal 2022, Bundesdurchschnitt, inkl. 19% MwSt.

**Ein- und Zweifamilienhäuser, unterkellert, hoher Standard**

Kosten:
Stand 1. Quartal 2022
Bundesdurchschnitt
inkl. 19% MwSt.

- KKW
- ▶ min
- ▷ von
- | Mittelwert
- ◁ bis
- ◀ max

## Prozentanteile der Kosten für Leistungsbereiche nach STLB (Kosten Bauwerk nach DIN 276)

| LB | Leistungsbereiche | ▷ | % an 300+400 | ◁ |
|---|---|---|---|---|
| 000 | Sicherheits-, Baustelleneinrichtungen inkl. 001 | 1,2 | **2,1** | 3,2 |
| 002 | Erdarbeiten | 1,6 | **2,8** | 3,9 |
| 006 | Spezialtiefbauarbeiten inkl. 005 | – | **–** | – |
| 009 | Entwässerungskanalarbeiten inkl. 011 | 0,3 | **0,7** | 1,1 |
| 010 | Drän- und Versickerarbeiten | < 0,1 | **0,4** | 0,9 |
| 012 | Mauerarbeiten | 3,1 | **6,7** | 9,8 |
| 013 | Betonarbeiten | 14,4 | **17,1** | 22,7 |
| 014 | Natur-, Betonwerksteinarbeiten | < 0,1 | **1,0** | 3,3 |
| 016 | Zimmer- und Holzbauarbeiten | 0,6 | **3,2** | 5,7 |
| 017 | Stahlbauarbeiten | < 0,1 | **0,5** | 4,3 |
| 018 | Abdichtungsarbeiten | 0,4 | **1,2** | 2,3 |
| 020 | Dachdeckungsarbeiten | 0,8 | **2,2** | 5,5 |
| 021 | Dachabdichtungsarbeiten | 0,3 | **2,0** | 4,0 |
| 022 | Klempnerarbeiten | 0,8 | **1,4** | 5,0 |
| | **Rohbau** | 34,7 | **41,1** | 44,1 |
| 023 | Putz- und Stuckarbeiten, Wärmedämmsysteme | 4,4 | **7,1** | 10,6 |
| 024 | Fliesen- und Plattenarbeiten | 1,0 | **2,4** | 4,2 |
| 025 | Estricharbeiten | 0,9 | **1,4** | 1,8 |
| 026 | Fenster, Außentüren inkl. 029, 032 | 6,0 | **10,1** | 15,0 |
| 027 | Tischlerarbeiten | 1,8 | **4,3** | 7,7 |
| 028 | Parkettarbeiten, Holzpflasterarbeiten | 0,7 | **2,7** | 5,0 |
| 030 | Rollladenarbeiten | 0,8 | **2,0** | 3,3 |
| 031 | Metallbauarbeiten inkl. 035 | 1,0 | **3,5** | 7,5 |
| 034 | Maler- und Lackiererarbeiten inkl. 037 | 1,6 | **2,4** | 3,9 |
| 036 | Bodenbelagarbeiten | < 0,1 | **0,6** | 2,4 |
| 038 | Vorgehängte hinterlüftete Fassaden | 0,0 | **0,3** | 4,8 |
| 039 | Trockenbauarbeiten | 1,0 | **3,0** | 4,7 |
| | **Ausbau** | 35,6 | **39,7** | 43,9 |
| 040 | Wärmeversorgungsanl. - Betriebseinr. inkl. 041 | 5,5 | **7,5** | 10,5 |
| 042 | Gas- und Wasserinstallation, Leitungen inkl. 043 | 0,8 | **1,4** | 3,9 |
| 044 | Abwasseranlagen - Leitungen | 0,4 | **0,8** | 1,8 |
| 045 | GWE-Einrichtungsgegenstände inkl. 046 | 1,0 | **2,0** | 3,0 |
| 047 | Dämmarbeiten an betriebstechnischen Anlagen | < 0,1 | **0,3** | 0,5 |
| 049 | Feuerlöschanlagen, Feuerlöschgeräte | – | **–** | – |
| 050 | Blitzschutz- und Erdungsanlagen | < 0,1 | **0,2** | 0,4 |
| 052 | Mittelspannungsanlagen | – | **–** | – |
| 053 | Niederspannungsanlagen inkl. 054 | 2,3 | **3,7** | 5,2 |
| 055 | Sicherheits- u. Ersatzstromversorgungsanl. | 0,0 | **< 0,1** | 0,2 |
| 057 | Gebäudesystemtechnik | 0,0 | **0,2** | 1,5 |
| 058 | Leuchten und Lampen inkl. 059 | < 0,1 | **0,5** | 1,3 |
| 060 | Sprechanlagen, elektroakust. Anlagen inkl. 064 | < 0,1 | **0,3** | 0,8 |
| 061 | Kommunikationsnetze inkl. 062 | < 0,1 | **0,5** | 0,8 |
| 063 | Gefahrenmeldeanlagen | < 0,1 | **0,1** | 0,4 |
| 069 | Aufzüge | – | **–** | – |
| 070 | Gebäudeautomation | 0,0 | **0,4** | 2,7 |
| 075 | Raumlufttechnische Anlagen inkl. 078 | < 0,1 | **1,1** | 2,9 |
| | **Gebäudetechnik** | 14,6 | **18,9** | 23,9 |
| | Sonstige Leistungsbereiche inkl. 008, 033, 051 | < 0,1 | **0,3** | 0,8 |

© BKI Baukosteninformationszentrum; Erläuterungen zu den Tabellen siehe Seite 52     Kostenstand: 1. Quartal 2022, Bundesdurchschnitt, **inkl. 19% MwSt.**

## Planungskennwerte für Flächen und Rauminhalte nach DIN 277

| Grundflächen | | ▷ | **Fläche/NUF (%)** | ◁ | ▷ | **Fläche/BGF (%)** | ◁ |
|---|---|---|---|---|---|---|---|
| NUF | Nutzungsfläche | 100,0 | **100,0** | 100,0 | 61,3 | **64,9** | 68,2 |
| TF | Technikfläche | 3,8 | **5,1** | 9,3 | 2,4 | **3,2** | 5,3 |
| VF | Verkehrsfläche | 13,9 | **17,3** | 23,2 | 8,7 | **10,8** | 13,4 |
| NRF | Netto-Raumfläche | 117,4 | **122,0** | 129,5 | 76,3 | **78,7** | 80,7 |
| KGF | Konstruktions-Grundfläche | 29,3 | **33,4** | 38,8 | 19,3 | **21,3** | 23,7 |
| BGF | Brutto-Grundfläche | 148,6 | **155,4** | 166,0 | 100,0 | **100,0** | 100,0 |

| Brutto-Rauminhalte | | ▷ | **BRI/NUF (m)** | ◁ | ▷ | **BRI/BGF (m)** | ◁ |
|---|---|---|---|---|---|---|---|
| BRI | Brutto-Rauminhalt | 4,52 | **4,88** | 5,31 | 2,99 | **3,14** | 3,33 |

| Flächen von Nutzeinheiten | ▷ | **NUF/Einheit (m²)** | ◁ | ▷ | **BGF/Einheit (m²)** | ◁ |
|---|---|---|---|---|---|---|
| Nutzeinheit: Wohnfläche | 1,11 | **1,21** | 1,32 | 1,73 | **1,86** | 2,04 |

| Lufttechnisch behandelte Flächen | ▷ | **Fläche/NUF (%)** | ◁ | ▷ | **Fläche/BGF (%)** | ◁ |
|---|---|---|---|---|---|---|
| Entlüftete Fläche | – | – | – | – | – | – |
| Be- und entlüftete Fläche | – | – | – | – | – | – |
| Teilklimatisierte Fläche | – | – | – | – | – | – |
| Klimatisierte Fläche | – | – | – | – | – | – |

| KG | Kostengruppen (2. Ebene) | Einheit | ▷ | **Menge/NUF** | ◁ | ▷ | **Menge/BGF** | ◁ |
|---|---|---|---|---|---|---|---|---|
| 310 | Baugrube / Erdbau | m³ BGI | 3,19 | **3,61** | 7,99 | 2,03 | **2,33** | 4,83 |
| 320 | Gründung, Unterbau | m² GRF | 0,59 | **0,63** | 0,73 | 0,37 | **0,41** | 0,49 |
| 330 | Außenwände / vertikal außen | m² AWF | 1,74 | **1,84** | 2,07 | 1,12 | **1,20** | 1,34 |
| 340 | Innenwände / vertikal innen | m² IWF | 0,97 | **1,10** | 1,26 | 0,64 | **0,71** | 0,82 |
| 350 | Decken / horizontal | m² DEF | 0,79 | **0,91** | 1,04 | 0,51 | **0,59** | 0,67 |
| 360 | Dächer | m² DAF | 0,67 | **0,69** | 0,77 | 0,42 | **0,45** | 0,52 |
| 370 | Infrastrukturanlagen | | – | – | – | – | – | – |
| 380 | Baukonstruktive Einbauten | m² BGF | 1,49 | **1,55** | 1,66 | 1,00 | **1,00** | 1,00 |
| 390 | Sonst. Maßnahmen für Baukonst. | m² BGF | 1,49 | **1,55** | 1,66 | 1,00 | **1,00** | 1,00 |
| **300** | **Bauwerk – Baukonstruktionen** | m² BGF | 1,49 | **1,55** | 1,66 | 1,00 | **1,00** | 1,00 |

## Planungskennwerte für Bauzeiten — 55 Vergleichsobjekte

**Bauzeit in Wochen**

Bauzeit: 10 – 20 – 30 – 40 – 50 – 60 – 70 – 80 – 90 – 100 – 110 Wochen

© BKI Baukosteninformationszentrum; Erläuterungen zu den Tabellen siehe Seite 54. Kostenstand: 1. Quartal 2022, Bundesdurchschnitt, inkl. 19% MwSt.

**Ein- und Zweifamilienhäuser, unterkellert, hoher Standard**

**€/m² BGF**
min     1.305 €/m²
von     1.620 €/m²
Mittel  **1.905** €/m²
bis     2.295 €/m²
max     2.665 €/m²

**Kosten:**
Stand 1. Quartal 2022
Bundesdurchschnitt
inkl. 19% MwSt.

## Objektübersicht zur Gebäudeart

### 6100-1549 Einfamilienhaus
**BRI** 1.154 m³  **BGF** 381 m²  **NUF** 228 m²

Unterkellertes Einfamilienhaus mit Doppelgarage. Massivbau.

Land: Bayern
Kreis: Neumarkt i.d.OPf.
Standard: über Durchschnitt
Bauzeit: 87 Wochen
Kennwerte: bis 1. Ebene DIN 276

**BGF  1.649 €/m²**

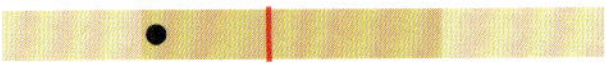

Planung: KNYCHALLA + TEAM ARCHITEKTUR + FREIRAUM; Neumarkt i.d.OPf.

vorgesehen: BKI Objektdaten N18

### 6100-1468 Einfamilienhaus - Effizienzhaus ~71%
**BRI** 1.255 m³  **BGF** 388 m²  **NUF** 234 m²

Einfamilienhaus (238 m² WFL). Mauerwerk.

Land: Nordrhein-Westfalen
Kreis: Rhein-Erft-Kreis
Standard: über Durchschnitt
Bauzeit: 52 Wochen
Kennwerte: bis 1. Ebene DIN 276

**BGF  2.207 €/m²**

Planung: Grotegut Architekten Inhaber Dirk Hellings; Bonn

veröffentlicht: BKI Objektdaten E9

### 6100-1473 Einfamilienhaus - Effizienzhaus ~48%*
**BRI** 1.117 m³  **BGF** 322 m²  **NUF** 228 m²

Einfamilienhaus (233 m² WFL). Holzkonstruktion.

Land: Berlin
Kreis: Berlin, Stadt
Standard: über Durchschnitt
Bauzeit: 57 Wochen
Kennwerte: bis 1. Ebene DIN 276

**BGF  3.901 €/m²**                                           *

Planung: rundzwei Architekten BDA; Berlin

veröffentlicht: BKI Objektdaten E9
* Nicht in der Auswertung enthalten

### 6100-1445 Einfamilienhaus, Carport - Effizienzhaus ~71%
**BRI** 1.136 m³  **BGF** 344 m²  **NUF** 237 m²

Einfamilienhaus (197 m² WFL) mit Nebengebäude (Carport mit Abstellraum). Mauerwerk.

Land: Bayern
Kreis: Bad Tölz
Standard: über Durchschnitt
Bauzeit: 39 Wochen
Kennwerte: bis 1. Ebene DIN 276

**BGF  2.297 €/m²**

Planung: Beham Architekten; Dietramszell

veröffentlicht: BKI Objektdaten E9

# Objektübersicht zur Gebäudeart

## 6100-1490 Einfamilienhaus - Effizienzhaus ~72%

**BRI** 1.135 m³   **BGF** 364 m²   **NUF** 227 m²

Einfamilienhaus als Effizienzhaus ~72% mit 180 m² Wohnfläche. Mauerwerk.

Land: Brandenburg
Kreis: Havelland
Standard: über Durchschnitt
Bauzeit: 65 Wochen
Kennwerte: bis 1. Ebene DIN 276

**BGF**   1.893 €/m²

**Planung:** wening.architekten; Potsdam

veröffentlicht: BKI Objektdaten E9

## 6100-1390 Einfamilienhaus - Effizienzhaus ~67%*

**BRI** 2.118 m³   **BGF** 645 m²   **NUF** 439 m²

Einfamilienhaus mit 450 m² WFL als Effizienzhaus. Mauerwerksbau.

Land: Hamburg
Kreis: Hamburg, Freie und Hansestadt
Standard: über Durchschnitt
Bauzeit: 70 Wochen
Kennwerte: bis 1. Ebene DIN 276

**BGF**   3.884 €/m²

**Planung:** güldenzopf rohrberg architektur + design; Hamburg

veröffentlicht: BKI Objektdaten N17
\* Nicht in der Auswertung enthalten

## 6100-1420 Zweifamilienhaus, Garage - Effizienzhaus 40 Plus

**BRI** 1.426 m³   **BGF** 466 m²   **NUF** 292 m²

Zweifamilienhaus mit Garage. Mauerwerksbau.

Land: Hamburg
Kreis: Hamburg, Freie und Hansestadt
Standard: über Durchschnitt
Bauzeit: 39 Wochen
Kennwerte: bis 1. Ebene DIN 276

**BGF**   2.021 €/m²

**Planung:** Sieckmann Walther Architekten; Hamburg

veröffentlicht: BKI Objektdaten E8

## 6100-1423 Einfamilienhaus, Garage - Effizienzhaus ~45%

**BRI** 1.435 m³   **BGF** 449 m²   **NUF** 315 m²

Einfamilienhaus mit unterkellerter Doppelgarage Effizienzhaus ~45%. UG: Massivbau; EG-DG: Holzkonstruktion.

Land: Baden-Württemberg
Kreis: Rems-Murr-Kreis
Standard: über Durchschnitt
Bauzeit: 39 Wochen
Kennwerte: bis 1. Ebene DIN 276

**BGF**   1.622 €/m²

**Planung:** BF ARCHITEKTUR Bettina Müller-Fauth; Welzheim/Eselshalden

veröffentlicht: BKI Objektdaten N17

© **BKI** Baukosteninformationszentrum; Erläuterungen zu den Tabellen siehe Seite 56    Kostenstand: 1. Quartal 2022, Bundesdurchschnitt, **inkl. 19% MwSt.**

**Ein- und Zweifamilienhäuser, unterkellert, hoher Standard**

**€/m² BGF**
| | |
|---|---|
| min | 1.305 €/m² |
| von | 1.620 €/m² |
| **Mittel** | **1.905 €/m²** |
| bis | 2.295 €/m² |
| max | 2.665 €/m² |

**Kosten:**
Stand 1. Quartal 2022
Bundesdurchschnitt
inkl. 19% MwSt.

## Objektübersicht zur Gebäudeart

### 6100-1354 Einfamilienhaus - Effizienzhaus ~73%
**BRI** 1.119 m³ **BGF** 363 m² **NUF** 255 m²

Einfamilienhaus, Effizienzhaus ~73%. Mauerwerk.

Land: Brandenburg
Kreis: Potsdam
Standard: über Durchschnitt
Bauzeit: 35 Wochen
Kennwerte: bis 1. Ebene DIN 276

**BGF** 1.995 €/m²

**Planung:** wening.architekten; Potsdam

veröffentlicht: BKI Objektdaten E8

### 6100-1331 Einfamilienhaus, Garagen - Effizienzhaus ~64%
**BRI** 1.142 m³ **BGF** 436 m² **NUF** 297 m²

Einfamilienhaus (196 m² WFL) mit 2 Garagen. Massivbau.

Land: Baden-Württemberg
Kreis: Heilbronn
Standard: über Durchschnitt
Bauzeit: 57 Wochen
Kennwerte: bis 1. Ebene DIN 276

**BGF** 1.303 €/m²

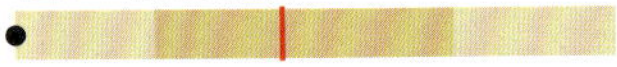

**Planung:** Architekturbüro VÖHRINGER; Leingarten

veröffentlicht: BKI Objektdaten E8

### 6100-1425 Zweifamilienhaus, Garage
**BRI** 2.038 m³ **BGF** 666 m² **NUF** 422 m²

Zweifamilienhaus mit Doppelgarage. Mauerwerksbau.

Land: Bayern
Kreis: Starnberg
Standard: über Durchschnitt
Bauzeit: 52 Wochen
Kennwerte: bis 1. Ebene DIN 276

**BGF** 1.508 €/m²

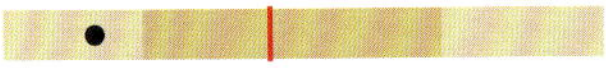

**Planung:** gramming rosenmüller architekten; München

veröffentlicht: BKI Objektdaten N17

### 6100-1247 Einfamilienhaus, Carport
**BRI** 900 m³ **BGF** 251 m² **NUF** 158 m²

Einfamilienhaus (140 m² WFL) mit Carport. Massivbau.

Land: Brandenburg
Kreis: Potsdam-Mittelmark
Standard: über Durchschnitt
Bauzeit: 35 Wochen
Kennwerte: bis 1. Ebene DIN 276

**BGF** 2.094 €/m²

**Planung:** Küssner Architekten BDA; Kleinmachnow

veröffentlicht: BKI Objektdaten N15

# Objektübersicht zur Gebäudeart

### 6100-1387 Einfamilienhaus     **BRI** 1.418 m³   **BGF** 435 m²   **NUF** 262 m²

Einfamilienhaus. Mauerwerk.

Land: Niedersachsen
Kreis: Hannover, Region
Standard: über Durchschnitt
Bauzeit: 74 Wochen
Kennwerte: bis 3. Ebene DIN 276

**BGF**   **2.187 €/m²**

**Planung:** KISSERARCHITEKTUR Dipl.-Ing. Architekt Gordon Kisser; Isernhagen

vorgesehen: BKI Objektdaten N18

### 6100-1301 Einfamilienhaus, Garage - Effizienzhaus 85     **BRI** 1.156 m³   **BGF** 344 m²   **NUF** 240 m²

Einfamilienhaus (176 m² WFL) als Effizienzhaus 85 mit Teilunterkellerung. Mauerwerksbau.

Land: Bayern
Kreis: Roth
Standard: über Durchschnitt
Bauzeit: 61 Wochen
Kennwerte: bis 1. Ebene DIN 276

**BGF**   **2.493 €/m²**

**Planung:** biefang | pemsel Architekten GmbH; Nürnberg

veröffentlicht: BKI Objektdaten N15

### 6100-1194 Einfamilienhaus, Garage - Effizienzhaus 70     **BRI** 1.392 m³   **BGF** 394 m²   **NUF** 273 m²

Einfamilienhaus mit Garage, Effizienzhaus 70. Massivbau.

Land: Berlin
Kreis: Berlin, Stadt
Standard: über Durchschnitt
Bauzeit: 30 Wochen
Kennwerte: bis 3. Ebene DIN 276

**BGF**   **2.335 €/m²**

**Planung:** 3PO Bopst Melan Architektenpartnerschaft BDA

veröffentlicht: BKI Objektdaten E7

### 6100-1229 Einfamilienhaus, Doppelgarage - Effizienzhaus 70     **BRI** 1.554 m³   **BGF** 494 m²   **NUF** 338 m²

Einfamilienhaus (292 m² WFL) mit Doppelgarage als Effizienzhaus 70. Massivbau.

Land: Nordrhein-Westfalen
Kreis: Neuss
Standard: über Durchschnitt
Bauzeit: 30 Wochen
Kennwerte: bis 1. Ebene DIN 276

**BGF**   **1.444 €/m²**

**Planung:** Werkgemeinschaft Quasten-Mundt; Grevenbroich

veröffentlicht: BKI Objektdaten E7

© BKI Baukosteninformationszentrum; Erläuterungen zu den Tabellen siehe Seite 56     Kostenstand: 1. Quartal 2022, Bundesdurchschnitt, inkl. 19% MwSt.

**Ein- und Zweifamilienhäuser, unterkellert, hoher Standard**

**€/m² BGF**
| | |
|---|---|
| min | 1.305 €/m² |
| von | 1.620 €/m² |
| Mittel | **1.905** €/m² |
| bis | 2.295 €/m² |
| max | 2.665 €/m² |

**Kosten:**
Stand 1. Quartal 2022
Bundesdurchschnitt
inkl. 19% MwSt.

## Objektübersicht zur Gebäudeart

### 6100-1316 Einfamilienhaus, Carport*
**BRI** 1.150 m³  **BGF** 469 m²  **NUF** 332 m²

Einfamilienhaus (266 m² WFL) mit Carport. Mischkonstruktion.

Land: Brandenburg
Kreis: Oder-Spree
Standard: über Durchschnitt
Bauzeit: 109 Wochen
Kennwerte: bis 3. Ebene DIN 276

**BGF  2.896 €/m²** *

**Planung:** Dritte Haut° Architekten Dipl.-Ing. Architekt Peter Garkisch; Berlin

veröffentlicht: BKI Objektdaten N17
* Nicht in der Auswertung enthalten

### 6100-1257 Einfamilienhaus, Garage - Effizienzhaus ~60%
**BRI** 950 m³  **BGF** 313 m²  **NUF** 167 m²

Einfamilienhaus (126 m² WFL) mit Garage, teilunterkellert. Massivbau.

Land: Nordrhein-Westfalen
Kreis: Rhein-Kreis Neuss
Standard: über Durchschnitt
Bauzeit: 61 Wochen
Kennwerte: bis 1. Ebene DIN 276

**BGF  1.895 €/m²**

**Planung:** cordes architektur; Erkelenz

veröffentlicht: BKI Objektdaten N15

### 6100-1245 Einfamilienhaus, Doppelgarage
**BRI** 1.613 m³  **BGF** 539 m²  **NUF** 402 m²

Einfamilienhaus (262 m² WFL) mit Doppelgarage. Massivbau.

Land: Bayern
Kreis: Miltenberg
Standard: über Durchschnitt
Bauzeit: 43 Wochen
Kennwerte: bis 1. Ebene DIN 276

**BGF  1.671 €/m²**

**Planung:** HWP Holl - Wieden Partnerschaft Architekten & Stadtplaner; Würzburg

veröffentlicht: BKI Objektdaten N15

### 6100-1212 Einfamilienhaus, Carport - Effizienzhaus 55
**BRI** 1.264 m³  **BGF** 345 m²  **NUF** 216 m²

Einfamilienhaus (196 m² WFL) mit Carport und Lichthof als Effizienzhaus 55. Mauerwerksbau.

Land: Nordrhein-Westfalen
Kreis: Paderborn
Standard: über Durchschnitt
Bauzeit: 52 Wochen
Kennwerte: bis 1. Ebene DIN 276

**BGF  1.696 €/m²**

**Planung:** Anja Dohle Architektin; Paderborn

veröffentlicht: BKI Objektdaten E7

# Objektübersicht zur Gebäudeart

## 6100-1135 Einfamilienhaus - Effizienzhaus 55

**BRI** 1.250 m³    **BGF** 390 m²    **NUF** 227 m²

Einfamilienhaus (228 m² WFL) als Effizienzhaus 55. Massivbau.

Land: Bayern
Kreis: München
Standard: über Durchschnitt
Bauzeit: 52 Wochen
Kennwerte: bis 1. Ebene DIN 276

**BGF** 2.097 €/m²

veröffentlicht: BKI Objektdaten E6

**Planung:** pmp Architekten Anton Meyer; Dachau

## 6100-1281 Einfamilienhaus, Garage - Effizienzhaus 70

**BRI** 1.227 m³    **BGF** 413 m²    **NUF** 250 m²

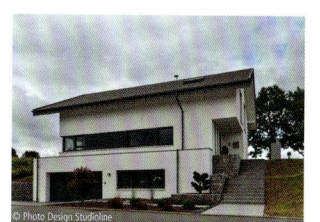

Einfamilienhaus (245 m² WFL) mit Garage. Mauerwerksbau.

Land: Baden-Württemberg
Kreis: Neckar-Odenwald-Kreis
Standard: über Durchschnitt
Bauzeit: 48 Wochen
Kennwerte: bis 1. Ebene DIN 276

**BGF** 1.622 €/m²

veröffentlicht: BKI Objektdaten E7

**Planung:** Huber Architekten Partnerschaft Joachim Huber, Freier Architekt; Billigheim

## 6100-1090 Einfamilienhaus, Garage

**BRI** 1.159 m³    **BGF** 424 m²    **NUF** 284 m²

Einfamilienhaus (233 m² WFL), mit Garage. Mauerwerksbau.

Land: Baden-Württemberg
Kreis: Rems-Murr-Kreis
Standard: über Durchschnitt
Bauzeit: 52 Wochen
Kennwerte: bis 1. Ebene DIN 276

**BGF** 1.903 €/m²

veröffentlicht: BKI Objektdaten N13

**Planung:** Bohn Architekten; Stuttgart

## 6100-1141 Einfamilienhaus, Garage

**BRI** 1.402 m³    **BGF** 510 m²    **NUF** 346 m²

Einfamilienhaus mit 248 m² WFL. Mauerwerksbau.

Land: Nordrhein-Westfalen
Kreis: Rhein-Kreis Neuss
Standard: über Durchschnitt
Bauzeit: 48 Wochen
Kennwerte: bis 1. Ebene DIN 276

**BGF** 1.617 €/m²

veröffentlicht: BKI Objektdaten N13

**Planung:** Architekturbüro Berhausen; Köln

**Ein- und Zweifamilienhäuser, unterkellert, hoher Standard**

**€/m² BGF**
min 1.305 €/m²
von 1.620 €/m²
Mittel **1.905** €/m²
bis 2.295 €/m²
max 2.665 €/m²

**Kosten:**
Stand 1. Quartal 2022
Bundesdurchschnitt
inkl. 19% MwSt.

## Objektübersicht zur Gebäudeart

### 6100-0988 Einfamilienhaus, Doppelgarage
**BRI** 1.755 m³ **BGF** 634 m² **NUF** 467 m²

Einfamilienhaus mit Doppelgarage. Mauerwerksbau.

Land: Bayern
Kreis: Fürstenfeldbruck
Standard: über Durchschnitt
Bauzeit: 35 Wochen
Kennwerte: bis 1. Ebene DIN 276

**BGF** 1.533 €/m²

**Planung:** arktek - Architekturbüro Dipl.-Ing. (FH) Jürgen H. Kraus; Puchheim

veröffentlicht: BKI Objektdaten N12

### 6100-1040 Einfamilienhaus - Effizienzhaus 70
**BRI** 1.444 m³ **BGF** 388 m² **NUF** 238 m²

Einfamilienhaus (200 m² WFL) mit Untergeschoss als "weiße Wanne". Ausstattung des Hauses mit BUS-Technik für weltweite Abrufbarkeit der technischen Betriebszustände. Massivbau.

Land: Bayern
Kreis: Würzburg
Standard: über Durchschnitt
Bauzeit: 65 Wochen
Kennwerte: bis 3. Ebene DIN 276

**BGF** 1.590 €/m²

**Planung:** Paprota Architektur Christoph Paprota; Würzburg

veröffentlicht: BKI Objektdaten E5

### 6100-1015 Einfamilienhaus, Garage - KfW 70
**BRI** 1.115 m³ **BGF** 404 m² **NUF** 279 m²

Einfamilienhaus mit Garage (190 m² WFL), Hanglage. Massivbau.

Land: Sachsen
Kreis: Zwickau
Standard: über Durchschnitt
Bauzeit: 65 Wochen
Kennwerte: bis 1. Ebene DIN 276

**BGF** 1.550 €/m²

**Planung:** heine l reichold architekten Partnerschaftsgesellschaft mbB; Lichtenstein

veröffentlicht: BKI Objektdaten E5

### 6100-1125 Einfamilienhaus, Doppelgarage
**BRI** 1.005 m³ **BGF** 354 m² **NUF** 265 m²

Einfamilienhaus (183 m² WFL) mit Doppelgarage. Mauerwerksbau.

Land: Thüringen
Kreis: Erfurt
Standard: über Durchschnitt
Bauzeit: 61 Wochen
Kennwerte: bis 1. Ebene DIN 276

**BGF** 1.868 €/m²

**Planung:** Bauer Architektur; Weimar

veröffentlicht: BKI Objektdaten N13

## Objektübersicht zur Gebäudeart

### 6100-1068 Einfamilienhaus, Doppelgarage - Effizienzhaus 70   BRI 1.430 m³   BGF 485 m²   NUF 314 m²

Einfamilienhaus mit Doppelgarage (270m² WFL) als Effizienzhaus 70. Mauerwerksbau.

Land: Nordrhein-Westfalen
Kreis: Märkischer Kreis
Standard: über Durchschnitt
Bauzeit: 87 Wochen
Kennwerte: bis 1. Ebene DIN 276

BGF   2.362 €/m²

**Planung:** STUDIO KMK Büro für Architektur; Plettenberg

veröffentlicht: BKI Objektdaten E6

### 6100-1001 Einfamilienhaus, Doppelgarage   BRI 1.154 m³   BGF 385 m²   NUF 262 m²

Einfamilienhaus mit Doppelgarage (224m² WFL). Mauerwerksbau.

Land: Bayern
Kreis: Starnberg
Standard: über Durchschnitt
Bauzeit: 48 Wochen
Kennwerte: bis 1. Ebene DIN 276

BGF   2.164 €/m²

**Planung:** Design Associates Stephan Maria Lang; München

veröffentlicht: BKI Objektdaten N12

### 6100-1071 Einfamilienhaus - Effizienzhaus 85   BRI 1.040 m³   BGF 416 m²   NUF 219 m²

Ein in eine Baulücke integriertes Einfamilienhaus mit 2 Stellplätzen. Massivbau.

Land: Nordrhein-Westfalen
Kreis: Bonn
Standard: über Durchschnitt
Bauzeit: 30 Wochen
Kennwerte: bis 1. Ebene DIN 276

BGF   1.534 €/m²

**Planung:** aaw Architektenbüro Arno Weirich; Alfter

veröffentlicht: BKI Objektdaten E6

### 6100-1122 Einfamilienhaus, Garage   BRI 1.203 m³   BGF 418 m²   NUF 310 m²

Einfamilienhaus (261m² WFL). Mauerwerksbau.

Land: Brandenburg
Kreis: Potsdam-Mittelmark
Standard: über Durchschnitt
Bauzeit: 35 Wochen
Kennwerte: bis 1. Ebene DIN 276

BGF   1.650 €/m²

**Planung:** Justus Mayser Architekt; Michendorf

veröffentlicht: BKI Objektdaten N13

© BKI Baukosteninformationszentrum; Erläuterungen zu den Tabellen siehe Seite 56   Kostenstand: 1. Quartal 2022, Bundesdurchschnitt, **inkl. 19% MwSt.**

**Ein- und Zweifamilienhäuser, unterkellert, hoher Standard**

**€/m² BGF**
| | |
|---|---|
| min | 1.305 €/m² |
| von | 1.620 €/m² |
| Mittel | **1.905 €/m²** |
| bis | 2.295 €/m² |
| max | 2.665 €/m² |

**Kosten:**
Stand 1. Quartal 2022
Bundesdurchschnitt
inkl. 19% MwSt.

## Objektübersicht zur Gebäudeart

### 6100-0973 Zweifamilienhaus, Garage
**BRI** 1.615 m³ **BGF** 529 m² **NUF** 276 m²

Innerstädtisches Wohngebäude (240 m² WFL), hochwertige Ausführung und Ausstattung. Massivbau, Mauerwerk, Holzdachkonstruktion.

Land: Baden-Württemberg
Kreis: Main-Tauber-Kreis
Standard: über Durchschnitt
Bauzeit: 61 Wochen
Kennwerte: bis 1. Ebene DIN 276

**BGF  1.811 €/m²**

**Planung:** Eingartner Khorrami Architekten BDA; Berlin

veröffentlicht: BKI Objektdaten N11

### 6100-1049 Einfamilienhaus - Effizienzhaus 85
**BRI** 1.101 m³ **BGF** 340 m² **NUF** 204 m²

Einfamilienwohnhaus (209 m² WFL) als Effizienzhaus 85. Mauerwerksbau.

Land: Nordrhein-Westfalen
Kreis: Viersen
Standard: über Durchschnitt
Bauzeit: 31 Wochen
Kennwerte: bis 1. Ebene DIN 276

**BGF  1.461 €/m²**

**Planung:** Dipl.-Ing. Architektin Sandra Poetters; Willich

veröffentlicht: BKI Objektdaten E6

### 6100-0987 Wohnhaus (2 WE)
**BRI** 2.410 m³ **BGF** 701 m² **NUF** 501 m²

Wohnhaus (2 WE) mit Doppelgarage (464 m² WFL). Mauerwerksbau.

Land: Bayern
Kreis: München
Standard: über Durchschnitt
Bauzeit: 39 Wochen
Kennwerte: bis 1. Ebene DIN 276

**BGF  2.280 €/m²**

**Planung:** arktek - Architekturbüro Dipl.-Ing. Dipl.-Ing. (FH) Jürgen H. Kraus; Puchheim

veröffentlicht: BKI Objektdaten N12

### 6100-0914 Einfamilienhaus
**BRI** 1.176 m³ **BGF** 405 m² **NUF** 272 m²

Einfamilienwohnhaus (184 m² WFL). Massivbau.

Land: Bayern
Kreis: Traunstein
Standard: über Durchschnitt
Bauzeit: 48 Wochen
Kennwerte: bis 3. Ebene DIN 276

**BGF  2.106 €/m²**

**Planung:** Architekturbüro von Seidlein Röhrl; München

veröffentlicht: BKI Objektdaten N12

## Objektübersicht zur Gebäudeart

### 6100-1039 Einfamilienhaus, Carport

**BRI** 1.209 m³  **BGF** 332 m²  **NUF** 176 m²

Einfamilienhaus (196 m² WFL) mit Carport (2 Stellplätze). Massivbau.

Land: Nordrhein-Westfalen
Kreis: Gütersloh
Standard: über Durchschnitt
Bauzeit: 30 Wochen
Kennwerte: bis 1. Ebene DIN 276

**BGF   2.665 €/m²**

**Planung:** Spooren Architekten; Gütersloh

veröffentlicht: BKI Objektdaten N12

### 6100-0896 Einfamilienhaus - Effizienzhaus 70

**BRI** 909 m³  **BGF** 283 m²  **NUF** 180 m²

Einfamilienhaus als Effizienzhaus 70, vollunterkellert. Mauerwerksbau.

Land: Sachsen
Kreis: Dresden, Stadt
Standard: über Durchschnitt
Bauzeit: 61 Wochen
Kennwerte: bis 3. Ebene DIN 276

**BGF   2.182 €/m²**

**Planung:** TSSB architekten.ingenieure; Dresden

veröffentlicht: BKI Objektdaten E4

### 6100-0906 Einfamilienhaus - Effizienzhaus 55

**BRI** 683 m³  **BGF** 242 m²  **NUF** 135 m²

Reihenendhaus (145 m² WFL). Mauerwerksbau.

Land: Baden-Württemberg
Kreis: Emmendingen
Standard: über Durchschnitt
Bauzeit: 26 Wochen
Kennwerte: bis 3. Ebene DIN 276

**BGF   1.531 €/m²**

**Planung:** Werkgruppe Freiburg Architekten; Freiburg

veröffentlicht: BKI Objektdaten E5

### 6100-0913 Einfamilienhaus, Garage - KfW 55

**BRI** 1.470 m³  **BGF** 524 m²  **NUF** 330 m²

Einfamilienhaus mit Garage (237 m² WFL). Im EG kommunikativer Bereich mit Wohnen, Essen und Küche. Im OG der Rückzugsbereich. Massivbau UG und EG, Holztafelbau OG.

Land: Bayern
Kreis: Fürth
Standard: über Durchschnitt
Bauzeit: 43 Wochen
Kennwerte: bis 1. Ebene DIN 276

**BGF   1.894 €/m²**

**Planung:** (dp) architektur-baubiologie dagmar pemsel architektin; Nürnberg

veröffentlicht: BKI Objektdaten E5

© **BKI** Baukosteninformationszentrum; Erläuterungen zu den Tabellen siehe Seite 56   Kostenstand: 1. Quartal 2022, Bundesdurchschnitt, **inkl. 19% MwSt.**

# Ein- und Zweifamilienhäuser, unterkellert, hoher Standard

**€/m² BGF**

| | |
|---|---|
| min | 1.305 €/m² |
| von | 1.620 €/m² |
| Mittel | **1.905 €/m²** |
| bis | 2.295 €/m² |
| max | 2.665 €/m² |

**Kosten:**
Stand 1. Quartal 2022
Bundesdurchschnitt
inkl. 19% MwSt.

## Objektübersicht zur Gebäudeart

### 6100-0972 Einfamilienhaus, ELW
**BRI** 1.865 m³  **BGF** 578 m²  **NUF** 366 m²

Einfamilienhaus mit ELW (280 m² WFL). Langes schmales Haus mit repräsentativem Erscheinungsbild. Mauerwerksbau, Holzdachkonstruktion.

Land: Brandenburg
Kreis: Cottbus
Standard: über Durchschnitt
Bauzeit: 39 Wochen
Kennwerte: bis 1. Ebene DIN 276

**BGF** 1.599 €/m²

veröffentlicht: BKI Objektdaten N11

**Planung:** Eingartner Khorrami Architekten BDA; Berlin

### 6100-0831 Einfamilienhaus, Garage
**BRI** 1.187 m³  **BGF** 369 m²  **NUF** 297 m²

Einfamilienhaus am Hang mit offener Grundrisslösung. Stahlbetonbau.

Land: Nordrhein-Westfalen
Kreis: Bochum, Stadt
Standard: über Durchschnitt
Bauzeit: 43 Wochen
Kennwerte: bis 1. Ebene DIN 276

**BGF** 2.328 €/m²

veröffentlicht: BKI Objektdaten N10

**Planung:** Thomas Sebralla Dipl.-Ing. Architekt; Witten

### 6100-0989 Einfamilienhaus, Garage
**BRI** 1.515 m³  **BGF** 504 m²  **NUF** 332 m²

Einfamilienhaus mit Doppelgarage (285 m² WFL). Mauerwerksbau.

Land: Hessen
Kreis: Wiesbaden
Standard: über Durchschnitt
Bauzeit: 35 Wochen
Kennwerte: bis 1. Ebene DIN 276

**BGF** 2.620 €/m²

veröffentlicht: BKI Objektdaten N12

**Planung:** Architekturbüro Dipl.-Ing. M. Lobe; Wiesbaden

### 6100-0917 Einfamilienhaus, Garage - KfW 60
**BRI** 850 m³  **BGF** 239 m²  **NUF** 160 m²

Einfamilienhaus mit Garage (161 m² WFL), KfW 60. Garage und Eingangsebene im UG, Wohnebene im EG. Mauerwerksbau.

Land: Bayern
Kreis: Forchheim
Standard: über Durchschnitt
Bauzeit: 30 Wochen
Kennwerte: bis 1. Ebene DIN 276

**BGF** 1.799 €/m²

veröffentlicht: BKI Objektdaten E5

**Planung:** plankoepfe nuernberg R. Wölfel - A. Volkmar, Architekten; Nürnberg

## Objektübersicht zur Gebäudeart

### 6100-0960 Einfamilienhaus - KfW 40

**BRI** 1.445 m³　**BGF** 461 m²　**NUF** 278 m²

Einfamilienhaus, KfW 40 (243 m² WFL). Mauerwerksbau.

Land: Niedersachsen
Kreis: Celle
Standard: über Durchschnitt
Bauzeit: 82 Wochen
Kennwerte: bis 1. Ebene DIN 276

**BGF  2.186 €/m²**

**Planung:** .rott .schirmer .partner; Großburgwedel

veröffentlicht: BKI Objektdaten E5

### 6100-0746 Einfamilienhaus

**BRI** 1.273 m³　**BGF** 428 m²　**NUF** 291 m²

Einfamilienwohnhaus (181 m² WFL). Mauerwerksbau.

Land: Sachsen
Kreis: Sächsische Schweiz
Standard: über Durchschnitt
Bauzeit: 48 Wochen
Kennwerte: bis 4. Ebene DIN 276

**BGF  1.664 €/m²**

**Planung:** TSSB architekten.ingenieure; Dresden

veröffentlicht: BKI Objektdaten N10

### 6100-1021 Einfamilienhaus - KfW 40

**BRI** 878 m³　**BGF** 257 m²　**NUF** 166 m²

Einfamilienhaus KfW 40 (153 m² WFL). Mauerwerksbau.

Land: Niedersachsen
Kreis: Göttingen
Standard: über Durchschnitt
Bauzeit: 35 Wochen
Kennwerte: bis 1. Ebene DIN 276

**BGF  1.754 €/m²**

**Planung:** Baufrösche Architekten und Stadtplaner GmbH; Kassel

veröffentlicht: BKI Objektdaten E5

### 6100-0741 Einfamilienhaus

**BRI** 1.571 m³　**BGF** 532 m²　**NUF** 308 m²

Einfamilienhaus als Doppelhaushälfte mit gemeinsamer Tiefgarage. Mauerwerksbau; Stb-Decken; Holzdachkonstruktion.

Land: Hessen
Kreis: Wetteraukreis
Standard: über Durchschnitt
Bauzeit: 78 Wochen
Kennwerte: bis 1. Ebene DIN 276

**BGF  1.552 €/m²**

**Planung:** Nemesis Architekten Becker + Ohlmann; Kassel

veröffentlicht: BKI Objektdaten N10

**Ein- und Zweifamilienhäuser, unterkellert, hoher Standard**

**€/m² BGF**
| | | |
|---|---:|---|
| min | 1.305 | €/m² |
| von | 1.620 | €/m² |
| Mittel | **1.905** | **€/m²** |
| bis | 2.295 | €/m² |
| max | 2.665 | €/m² |

**Kosten:**
Stand 1. Quartal 2022
Bundesdurchschnitt
inkl. 19% MwSt.

## Objektübersicht zur Gebäudeart

### 6100-0665 Einfamilienhaus mit ELW
**BRI** 1.318 m³ **BGF** 418 m² **NUF** 278 m²

Einfamilienhaus mit Einliegerwohnung und Garagenanbau. Mauerwerksbau, Holzdachkonstruktion.

Land: Baden-Württemberg
Kreis: Calw
Standard: über Durchschnitt
Bauzeit: 43 Wochen
Kennwerte: bis 1. Ebene DIN 276

**BGF  2.171 €/m²**

veröffentlicht: BKI Objektdaten N9

**Planung:** Architekturbüro Raible Timo Raible Dipl.-Ing. (FH); Eutingen im Gäu

### 6100-0712 Einfamilienhaus
**BRI** 1.280 m³ **BGF** 420 m² **NUF** 253 m²

Einfamilienwohnhaus mit Garage. Massivbau; Stb-Decken; Holzdachkonstruktion.

Land: Nordrhein-Westfalen
Kreis: Rheinisch-Bergischer Kreis
Standard: über Durchschnitt
Bauzeit: 48 Wochen
Kennwerte: bis 1. Ebene DIN 276

**BGF  1.885 €/m²**

veröffentlicht: BKI Objektdaten N10

**Planung:** Lars Puff Architekt HPA +; Köln

### 6100-0982 Einfamilienhaus, Garage
**BRI** 1.708 m³ **BGF** 509 m² **NUF** 367 m²

Einfamilienhaus mit Garage (276 m² WFL). Mauerwerksbau.

Land: Nordrhein-Westfalen
Kreis: Mettmann
Standard: über Durchschnitt
Bauzeit: 74 Wochen
Kennwerte: bis 1. Ebene DIN 276

**BGF  1.714 €/m²**

veröffentlicht: BKI Objektdaten N12

**Planung:** Architekturbüro bolte + galle; Essen

### 6100-0696 Einfamilienhaus
**BRI** 1.568 m³ **BGF** 408 m² **NUF** 271 m²

Einfamilienwohnhaus mit 212 m² WFL. Mauerwerksbau.

Land: Bayern
Kreis: Augsburg
Standard: über Durchschnitt
Bauzeit: 83 Wochen
Kennwerte: bis 3. Ebene DIN 276

**BGF  1.730 €/m²**

veröffentlicht: BKI Objektdaten N11

**Planung:** Architekt Franz-Georg Schröck; Kempten

## Objektübersicht zur Gebäudeart

### 6100-0649 Einfamilienhaus       BRI 1.108 m³   BGF 310 m²   NUF 216 m²

Einfamilienhaus mit hohem Standard (163 m² WFL). Massivbau; Stb-Decke; Stb-Flachdach.

Land: Baden-Württemberg
Kreis: Zollernalbkreis
Standard: über Durchschnitt
Bauzeit: 57 Wochen
Kennwerte: bis 4. Ebene DIN 276

**BGF   2.601 €/m²**

**Planung:** Architekturbüro Walter Haller; Albstadt

veröffentlicht: BKI Objektdaten N9

### 6100-1046 Einfamilienhaus, Doppelgarage*       BRI 2.303 m³   BGF 718 m²   NUF 484 m²

Einfamilienhaus mit Doppelgarage (462 m² WFL). Mauerwerksbau.

Land: Nordrhein-Westfalen
Kreis: Bochum
Standard: über Durchschnitt
Bauzeit: 87 Wochen
Kennwerte: bis 1. Ebene DIN 276

**BGF   2.887 €/m²**

**Planung:** architektur anders; Bochum

veröffentlicht: BKI Objektdaten N13
* Nicht in der Auswertung enthalten

### 6100-0678 Einfamilienhaus, Garage       BRI 2.967 m³   BGF 878 m²   NUF 577 m²

Einfamilienhaus mit Garage (364 m² WFL). Mauerwerksbau; Stb-Filigrandecken, Stahltreppe; Stb-Flachdach.

Land: Baden-Württemberg
Kreis: Schwäbisch Hall
Standard: über Durchschnitt
Bauzeit: 57 Wochen
Kennwerte: bis 4. Ebene DIN 276

**BGF   2.241 €/m²**

**Planung:** Architektur Udo Richter Dipl.-Ing. Freier Architekt; Heilbronn

veröffentlicht: BKI Objektdaten N9

### 6100-0640 Einfamilienhaus - KfW 40       BRI 842 m³   BGF 242 m²   NUF 163 m²

Einfamilienwohnhaus im KfW 40 Standard (177 m² WFL). Mauerwerksbau; Stb-Decken; Holzdachkonstruktion.

Land: Hamburg
Kreis: Hamburg, Freie und Hansestadt
Standard: über Durchschnitt
Bauzeit: 30 Wochen
Kennwerte: bis 4. Ebene DIN 276

**BGF   1.840 €/m²**

**Planung:** luenzmann architektur; Hamburg

veröffentlicht: BKI Objektdaten N9

© BKI Baukosteninformationszentrum; Erläuterungen zu den Tabellen siehe Seite 56    Kostenstand: 1. Quartal 2022, Bundesdurchschnitt, **inkl. 19% MwSt.**

**Ein- und Zweifamilienhäuser, unterkellert, hoher Standard**

€/m² BGF
min        1.305 €/m²
von        1.620 €/m²
Mittel     **1.905 €/m²**
bis        2.295 €/m²
max        2.665 €/m²

Kosten:
Stand 1. Quartal 2022
Bundesdurchschnitt
inkl. 19% MwSt.

## Objektübersicht zur Gebäudeart

### 6100-0802 Einfamilienhaus - KfW 60
**BRI** 1.055 m³ | **BGF** 373 m² | **NUF** 217 m²

Einfamilienhaus für 5 Personen, Hanglage, Carport. Mauerwerksbau.

Land: Baden-Württemberg
Kreis: Enzkreis
Standard: über Durchschnitt
Bauzeit: 43 Wochen
Kennwerte: bis 1. Ebene DIN 276

**BGF** 1.997 €/m²

**Planung:** Georg Beuchle Dipl.-Ing. FH Freier Architekt; Keltern

veröffentlicht: BKI Objektdaten E4

### 6100-0747 Einfamilienhaus, Einliegerwohnung
**BRI** 994 m³ | **BGF** 324 m² | **NUF** 203 m²

Einfamilienhaus mit Einliegerwohnung (238 m² WFL). Mauerwerksbau.

Land: Sachsen
Kreis: Leipzig
Standard: über Durchschnitt
Bauzeit: 52 Wochen
Kennwerte: bis 3. Ebene DIN 276

**BGF** 1.479 €/m²

**Planung:** büro labs vonhelmolt architekten und ingenieure PartGmbB; Falkensee

veröffentlicht: BKI Objektdaten N11

### 6100-0607 Zweifamilienhaus*
**BRI** 1.636 m³ | **BGF** 576 m² | **NUF** 408 m²

Stadtvilla mit zwei Wohneinheiten (1x198 m², 1x110 m² WFL) in denkmalgeschütztem gründerzeitlichem Villenviertel. Alle Arbeiten waren abzustimmen. Mauerwerksbau.

Land: Sachsen-Anhalt
Kreis: Burgenlandkreis
Standard: über Durchschnitt
Bauzeit: 61 Wochen
Kennwerte: bis 4. Ebene DIN 276

**BGF** 1.393 €/m²

**Planung:** TRÄNKNER ARCHITEKTEN, Architekt Matthias Tränkner; Naumburg

veröffentlicht: BKI Objektdaten N8
* Nicht in der Auswertung enthalten

### 6100-0504 Einfamilienhaus
**BRI** 1.290 m³ | **BGF** 429 m² | **NUF** 294 m²

Einfamilienhaus mit zusätzlicher Dusche für Mitarbeiter der Gärtnerei. Mauerwerksbau.

Land: Hessen
Kreis: Main-Taunus-Kreis
Standard: über Durchschnitt
Bauzeit: 39 Wochen
Kennwerte: bis 4. Ebene DIN 276

**BGF** 1.932 €/m²

**Planung:** gold diplomingenieure architekten; Hochheim

veröffentlicht: BKI Objektdaten N7

## Objektübersicht zur Gebäudeart

### 6100-0559 Einfamilienhaus am Hang*

**BRI** 1.191 m³   **BGF** 459 m²   **NUF** 323 m²

Einfamilienwohnhaus am Hang (294 m² WFL II.BVO). Mauerwerksbau mit Stb-Decken und geneigtem Holzdach.

Land: Bayern
Kreis: Aschaffenburg
Standard: über Durchschnitt
Bauzeit: 130 Wochen
Kennwerte: bis 4. Ebene DIN 276

**BGF**   1.433 €/m²

veröffentlicht: BKI Objektdaten N8
* Nicht in der Auswertung enthalten

**Planung:** Fischer + Goth, Peter Goth, Walter F. Fischer; Aschaffenburg

**Arbeitsblatt zur Standardeinordnung bei Ein- und Zweifamilienhäusern, nicht unterkellert**

## Kostenkennwerte für die Kosten des Bauwerks (Kostengruppen 300+400 nach DIN 276)

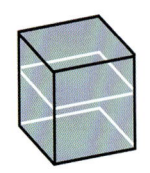

**BRI** 575 €/m³
von 475 €/m³
bis 725 €/m³

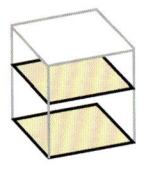

**BGF** 1.840 €/m²
von 1.460 €/m²
bis 2.340 €/m²

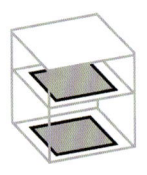

**NUF** 2.725 €/m²
von 2.130 €/m²
bis 3.550 €/m²

**NE** 2.890 €/NE
von 2.320 €/NE
bis 3.660 €/NE
NE: Wohnfläche

**Kosten:**
Stand 1. Quartal 2022
Bundesdurchschnitt
inkl. 19% MwSt.

### Standardzuordnung

gesamt
einfach
mittel
hoch

500  1000  1500  2000  2500  3000  3500  €/m² BGF

### Standardeinordnung für Ihr Projekt:

| KG | Kostengruppen der 2. Ebene | niedrig | mittel | hoch | Punkte |
|---|---|---|---|---|---|
| 310 | Baugrube / Erdbau | | | | |
| 320 | Gründung, Unterbau | 2 | 3 | 4 | |
| 330 | Außenwände/Vert. Konstrukt., außen | 6 | 8 | 9 | |
| 340 | Innenwände/Vert. Baukonstrukt., innen | 2 | 3 | 3 | |
| 350 | Decken/Horizontale Baukonstruktionen | 3 | 3 | 4 | |
| 360 | Dächer | 3 | 4 | 5 | |
| 370 | Infrastrukturanlagen | | | | |
| 380 | Baukonstruktive Einbauten | 0 | 1 | 1 | |
| 390 | Sonst. Maßnahmen für Baukonstrukt. | | | | |
| 410 | Abwasser-, Wasser-, Gasanlagen | 1 | 1 | 2 | |
| 420 | Wärmeversorgungsanlagen | 2 | 2 | 3 | |
| 430 | Raumlufttechnische Anlagen | 0 | 1 | 1 | |
| 440 | Elektrische Anlagen | 1 | 1 | 1 | |
| 450 | Kommunikationstechnische Anlagen | 0 | 0 | 0 | |
| 460 | Förderanlagen | 0 | 0 | 0 | |
| 470 | Nutzungsspez. u. verfahrenstechn. Anl. | 0 | 0 | 0 | |
| 480 | Gebäude- und Anlagenautomation | 0 | 0 | 0 | |
| 490 | Sonst. Maßnahmen für techn. Anlagen | | | | |

Punkte: 20 bis 23 = einfach   24 bis 29 = mittel   30 bis 33 = hoch   **Ihr Projekt (Summe):**

- KKW
- ▶ min
- ▷ von
- | Mittelwert
- ◁ bis
- ◀ max

**Erläuterung:**
Obenstehende Tabelle soll Ihnen die Zuordnung zu den Gebäudearten mit einfachem, mittlerem und hohem Standard erleichtern. Schätzen Sie für jedes Grobelement ab, ob die Aufwendungen niedrig, mittel oder hoch sein werden und übertragen Sie die Punkte in die rechte Spalte. Bilden Sie die Summe der rechten Spalte und ordnen Sie Ihr Projekt nach dem Schema der untersten Zeile ein. Nehmen Sie dieses Schema auch als Hinweis darauf, bei welchen Kostengruppen Sie den Mittelwert nach oben oder unten anpassen sollten.

© BKI Baukosteninformationszentrum; Erläuterungen zu den Tabellen siehe Seite 58   Kostenstand: 1. Quartal 2022, Bundesdurchschnitt, **inkl. 19% MwSt.**

## Kostenkennwerte für die Kostengruppen der 1. und 2. Ebene DIN 276

| KG | Kostengruppen der 1. Ebene | Einheit | ▷ | €/Einheit | ◁ | ▷ | % an 300+400 | ◁ |
|---|---|---|---|---|---|---|---|---|
| 100 | Grundstück | m²GF | – | – | – | – | – | – |
| 200 | Vorbereitende Maßnahmen | m²GF | 6 | **18** | 44 | 0,9 | **2,5** | 5,3 |
| 300 | Bauwerk – Baukonstruktionen | m²BGF | 1.180 | **1.494** | 1.897 | 76,9 | **81,2** | 85,0 |
| 400 | Bauwerk – Technische Anlagen | m²BGF | 254 | **346** | 487 | 15,0 | **18,8** | 23,1 |
|  | Bauwerk (300+400) | m²BGF | 1.461 | **1.840** | 2.341 | 100,0 | **100,0** | 100,0 |
| 500 | Außenanlagen und Freiflächen | m²AF | 57 | **147** | 977 | 3,6 | **7,8** | 14,5 |
| 600 | Ausstattung und Kunstwerke | m²BGF | 18 | **51** | 99 | 1,2 | **2,8** | 5,3 |
| 700 | Baunebenkosten* | m²BGF | 457 | **510** | 563 | 25,0 | **27,9** | 30,8 |
| 800 | Finanzierung | m²BGF | – | – | – | – | – | – |

\* Auf Grundlage der HOAI 2021 berechnete Werte nach §§ 35, 52, 56. Weitere Informationen siehe Seite 50

| KG | Kostengruppen der 2. Ebene | Einheit | ▷ | €/Einheit | ◁ | ▷ | % an 1. Ebene | ◁ |
|---|---|---|---|---|---|---|---|---|
| 310 | Baugrube / Erdbau | m³BGI | 29 | **49** | 89 | 0,7 | **1,6** | 2,7 |
| 320 | Gründung, Unterbau | m²GRF | 309 | **389** | 491 | 11,5 | **14,2** | 18,0 |
| 330 | Außenwände / vertikal außen | m²AWF | 394 | **473** | 568 | 30,0 | **35,8** | 40,4 |
| 340 | Innenwände / vertikal innen | m²IWF | 196 | **246** | 330 | 9,4 | **12,3** | 16,0 |
| 350 | Decken / horizontal | m²DEF | 322 | **415** | 515 | 9,2 | **13,1** | 18,0 |
| 360 | Dächer | m²DAF | 289 | **398** | 547 | 13,9 | **18,2** | 22,9 |
| 370 | Infrastrukturanlagen |  | – | – | – | – | – | – |
| 380 | Baukonstruktive Einbauten | m²BGF | 18 | **42** | 72 | < 0,1 | **1,1** | 4,2 |
| 390 | Sonst. Maßnahmen für Baukonst. | m²BGF | 32 | **55** | 119 | 2,2 | **3,8** | 6,6 |
| **300** | **Bauwerk – Baukonstruktionen** | **m²BGF** |  |  |  |  | **100,0** |  |
| 410 | Abwasser-, Wasser-, Gasanlagen | m²BGF | 69 | **96** | 132 | 23,7 | **29,7** | 38,2 |
| 420 | Wärmeversorgungsanlagen | m²BGF | 99 | **144** | 220 | 31,8 | **43,9** | 53,1 |
| 430 | Raumlufttechnische Anlagen | m²BGF | 13 | **33** | 53 | < 0,1 | **3,2** | 12,0 |
| 440 | Elektrische Anlagen | m²BGF | 40 | **62** | 97 | 14,3 | **18,9** | 26,5 |
| 450 | Kommunikationstechnische Anlagen | m²BGF | 8 | **14** | 30 | 2,2 | **4,2** | 8,4 |
| 460 | Förderanlagen | m²BGF | – | – | – | – | – | – |
| 470 | Nutzungsspez. / verfahrenstech. Anl. | m²BGF | – | – | – | – | – | – |
| 480 | Gebäude- und Anlagenautomation | m²BGF | – | – | – | – | – | – |
| 490 | Sonst. Maßnahmen f. techn. Anl. | m²BGF | < 1 | **4** | 6 | 0,0 | **< 0,1** | 0,9 |
| **400** | **Bauwerk – Technische Anlagen** | **m²BGF** |  |  |  |  | **100,0** |  |

### Prozentanteile der Kosten 2. Ebene an den Kosten des Bauwerks nach DIN 276 (Von/Mittel/Bis)

| KG | Kostengruppe | Mittel |
|---|---|---|
| 310 | Baugrube / Erdbau | 1,3 |
| 320 | Gründung, Unterbau | 11,5 |
| 330 | Außenwände / vertikal außen | 29,1 |
| 340 | Innenwände / vertikal innen | 9,9 |
| 350 | Decken / horizontal | 10,6 |
| 360 | Dächer | 14,8 |
| 370 | Infrastrukturanlagen |  |
| 380 | Baukonstruktive Einbauten | 0,9 |
| 390 | Sonst. Maßnahmen für Baukonst. | 3,1 |
| 410 | Abwasser-, Wasser-, Gasanlagen | 5,5 |
| 420 | Wärmeversorgungsanlagen | 8,2 |
| 430 | Raumlufttechnische Anlagen | 0,7 |
| 440 | Elektrische Anlagen | 3,6 |
| 450 | Kommunikationstechnische Anlagen | 0,8 |
| 460 | Förderanlagen |  |
| 470 | Nutzungsspez. / verfahrenstech. Anl. |  |
| 480 | Gebäude- und Anlagenautomation |  |
| 490 | Sonst. Maßnahmen f. techn. Anl. | < 0,1 |

© BKI Baukosteninformationszentrum; Erläuterungen zu den Tabellen siehe Seite 48 und 50    Kostenstand: 1. Quartal 2022, Bundesdurchschnitt, inkl. 19% MwSt.

**Ein- und Zweifamilienhäuser, nicht unterkellert**

## Prozentanteile der Kosten für Leistungsbereiche nach STLB (Kosten Bauwerk nach DIN 276)

**Kosten:** Stand 1. Quartal 2022 Bundesdurchschnitt inkl. 19% MwSt.

| LB | Leistungsbereiche | von | Mittelwert | bis |
|---|---|---|---|---|
| 000 | Sicherheits-, Baustelleneinrichtungen inkl. 001 | 1,5 | **2,6** | 4,0 |
| 002 | Erdarbeiten | 1,2 | **2,1** | 3,3 |
| 006 | Spezialtiefbauarbeiten inkl. 005 | 0,0 | **< 0,1** | 2,0 |
| 009 | Entwässerungskanalarbeiten inkl. 011 | 0,1 | **0,7** | 2,0 |
| 010 | Drän- und Versickerarbeiten | 0,0 | **0,1** | 0,9 |
| 012 | Mauerarbeiten | 8,0 | **10,6** | 14,6 |
| 013 | Betonarbeiten | 9,1 | **13,0** | 17,1 |
| 014 | Natur-, Betonwerksteinarbeiten | < 0,1 | **0,6** | 2,0 |
| 016 | Zimmer- und Holzbauarbeiten | 1,5 | **4,6** | 10,0 |
| 017 | Stahlbauarbeiten | < 0,1 | **0,2** | 1,7 |
| 018 | Abdichtungsarbeiten | 0,1 | **0,6** | 1,2 |
| 020 | Dachdeckungsarbeiten | 0,3 | **2,7** | 5,7 |
| 021 | Dachabdichtungsarbeiten | 0,3 | **2,8** | 6,4 |
| 022 | Klempnerarbeiten | 0,9 | **1,7** | 3,0 |
| | **Rohbau** | 37,0 | **42,4** | 49,4 |
| 023 | Putz- und Stuckarbeiten, Wärmedämmsysteme | 6,0 | **8,7** | 11,5 |
| 024 | Fliesen- und Plattenarbeiten | 1,9 | **3,2** | 6,9 |
| 025 | Estricharbeiten | 1,3 | **2,0** | 3,0 |
| 026 | Fenster, Außentüren inkl. 029, 032 | 5,6 | **9,3** | 12,8 |
| 027 | Tischlerarbeiten | 2,0 | **4,4** | 7,4 |
| 028 | Parkettarbeiten, Holzpflasterarbeiten | 0,2 | **2,1** | 4,1 |
| 030 | Rollladenarbeiten | 0,2 | **1,3** | 3,1 |
| 031 | Metallbauarbeiten inkl. 035 | 0,5 | **1,8** | 5,6 |
| 034 | Maler- und Lackiererarbeiten inkl. 037 | 1,6 | **2,4** | 3,9 |
| 036 | Bodenbelagarbeiten | 0,1 | **0,9** | 2,7 |
| 038 | Vorgehängte hinterlüftete Fassaden | 0,0 | **0,5** | 4,5 |
| 039 | Trockenbauarbeiten | 1,0 | **2,8** | 4,2 |
| | **Ausbau** | 33,6 | **39,4** | 43,6 |
| 040 | Wärmeversorgungsanl. - Betriebseinr. inkl. 041 | 5,7 | **7,5** | 10,6 |
| 042 | Gas- und Wasserinstallation, Leitungen inkl. 043 | 1,0 | **1,6** | 3,2 |
| 044 | Abwasseranlagen - Leitungen | 0,3 | **0,7** | 1,2 |
| 045 | GWE-Einrichtungsgegenstände inkl. 046 | 1,6 | **2,7** | 5,1 |
| 047 | Dämmarbeiten an betriebstechnischen Anlagen | < 0,1 | **0,3** | 0,9 |
| 049 | Feuerlöschanlagen, Feuerlöschgeräte | – | **–** | – |
| 050 | Blitzschutz- und Erdungsanlagen | < 0,1 | **0,2** | 0,5 |
| 052 | Mittelspannungsanlagen | – | **–** | – |
| 053 | Niederspannungsanlagen inkl. 054 | 2,4 | **3,3** | 4,7 |
| 055 | Sicherheits- u. Ersatzstromversorgungsanl. | – | **–** | – |
| 057 | Gebäudesystemtechnik | – | **–** | – |
| 058 | Leuchten und Lampen inkl. 059 | < 0,1 | **0,2** | 0,7 |
| 060 | Sprechanlagen, elektroakust. Anlagen inkl. 064 | < 0,1 | **0,2** | 0,4 |
| 061 | Kommunikationsnetze inkl. 062 | 0,1 | **0,4** | 0,9 |
| 063 | Gefahrenmeldeanlagen | < 0,1 | **< 0,1** | 0,7 |
| 069 | Aufzüge | – | **–** | – |
| 070 | Gebäudeautomation | – | **–** | – |
| 075 | Raumlufttechnische Anlagen inkl. 078 | < 0,1 | **0,6** | 2,4 |
| | **Gebäudetechnik** | 14,5 | **17,7** | 21,8 |
| | Sonstige Leistungsbereiche inkl. 008, 033, 051 | < 0,1 | **0,4** | 2,3 |

- KKW
- ▶ min
- ▷ von
- │ Mittelwert
- ◁ bis
- ◀ max

© BKI Baukosteninformationszentrum; Erläuterungen zu den Tabellen siehe Seite 52

## Planungskennwerte für Flächen und Rauminhalte nach DIN 277

| Grundflächen | | | ▷ Fläche/NUF (%) ◁ | | | ▷ Fläche/BGF (%) ◁ | | |
|---|---|---|---|---|---|---|---|---|
| NUF | Nutzungsfläche | | 100,0 | **100,0** | 100,0 | 64,6 | **68,0** | 72,2 |
| TF | Technikfläche | | 2,8 | **3,5** | 6,0 | 1,9 | **2,4** | 3,9 |
| VF | Verkehrsfläche | | 10,8 | **14,0** | 19,4 | 7,1 | **9,2** | 11,9 |
| NRF | Netto-Raumfläche | | 113,5 | **117,2** | 123,5 | 76,3 | **79,4** | 82,0 |
| KGF | Konstruktions-Grundfläche | | 26,2 | **30,9** | 36,9 | 18,0 | **20,6** | 23,7 |
| BGF | Brutto-Grundfläche | | 140,5 | **148,1** | 157,1 | 100,0 | **100,0** | 100,0 |

| Brutto-Rauminhalte | | | ▷ BRI/NUF (m) ◁ | | | ▷ BRI/BGF (m) ◁ | | |
|---|---|---|---|---|---|---|---|---|
| BRI | Brutto-Rauminhalt | | 4,40 | **4,76** | 5,19 | 2,98 | **3,22** | 3,43 |

| Flächen von Nutzeinheiten | | | ▷ NUF/Einheit (m²) ◁ | | | ▷ BGF/Einheit (m²) ◁ | | |
|---|---|---|---|---|---|---|---|---|
| Nutzeinheit: Wohnfläche | | | 1,00 | **1,08** | 1,23 | 1,50 | **1,59** | 1,79 |

| Lufttechnisch behandelte Flächen | | | ▷ Fläche/NUF (%) ◁ | | | ▷ Fläche/BGF (%) ◁ | | |
|---|---|---|---|---|---|---|---|---|
| Entlüftete Fläche | | | – | – | – | – | – | – |
| Be- und entlüftete Fläche | | | 86,6 | **86,6** | 90,6 | 59,8 | **59,8** | 61,9 |
| Teilklimatisierte Fläche | | | – | – | – | – | – | – |
| Klimatisierte Fläche | | | 6,9 | **6,9** | 6,9 | 4,7 | **4,7** | 4,7 |

| KG | Kostengruppen (2. Ebene) | Einheit | ▷ Menge/NUF ◁ | | | ▷ Menge/BGF ◁ | | |
|---|---|---|---|---|---|---|---|---|
| 310 | Baugrube / Erdbau | m³ BGI | 0,60 | **0,86** | 1,35 | 0,41 | **0,58** | 0,85 |
| 320 | Gründung, Unterbau | m² GRF | 0,66 | **0,76** | 0,93 | 0,45 | **0,51** | 0,64 |
| 330 | Außenwände / vertikal außen | m² AWF | 1,38 | **1,57** | 1,72 | 0,93 | **1,07** | 1,18 |
| 340 | Innenwände / vertikal innen | m² IWF | 0,94 | **1,04** | 1,19 | 0,64 | **0,70** | 0,82 |
| 350 | Decken / horizontal | m² DEF | 0,60 | **0,67** | 0,75 | 0,40 | **0,45** | 0,50 |
| 360 | Dächer | m² DAF | 0,86 | **1,00** | 1,31 | 0,58 | **0,68** | 0,94 |
| 370 | Infrastrukturanlagen | | – | – | – | – | – | – |
| 380 | Baukonstruktive Einbauten | m² BGF | 1,40 | **1,48** | 1,57 | 1,00 | **1,00** | 1,00 |
| 390 | Sonst. Maßnahmen für Baukonst. | m² BGF | 1,40 | **1,48** | 1,57 | 1,00 | **1,00** | 1,00 |
| **300** | **Bauwerk – Baukonstruktionen** | **m² BGF** | 1,40 | **1,48** | 1,57 | 1,00 | **1,00** | 1,00 |

## Planungskennwerte für Bauzeiten

**Bauzeit in Wochen**

gesamt

einfach

mittel

hoch

0 | 15 | 30 | 45 | 60 | 75 | 90 | 105 | 120 | 135 | 150 Wochen

© BKI Baukosteninformationszentrum; Erläuterungen zu den Tabellen siehe Seite 54    Kostenstand: 1. Quartal 2022, Bundesdurchschnitt, **inkl. 19% MwSt.**

**Ein- und Zwei-familienhäuser, nicht unterkellert, einfacher Standard**

## Kostenkennwerte für die Kosten des Bauwerks (Kostengruppen 300+400 nach DIN 276)

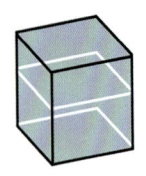

**BRI** 430 €/m³
von 400 €/m³
bis 460 €/m³

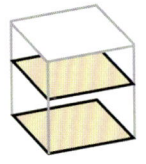

**BGF** 1.185 €/m²
von 1.075 €/m²
bis 1.440 €/m²

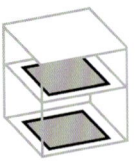

**NUF** 1.800 €/m²
von 1.565 €/m²
bis 2.215 €/m²

**NE** 1.905 €/NE
von 1.585 €/NE
bis 2.175 €/NE
NE: Wohnfläche

### Objektbeispiele

**Kosten:**
Stand 1. Quartal 2022
Bundesdurchschnitt
inkl. 19% MwSt.

6100-0977

6100-0803

6100-0963

### Kosten der 6 Vergleichsobjekte — Seiten 394 bis 395

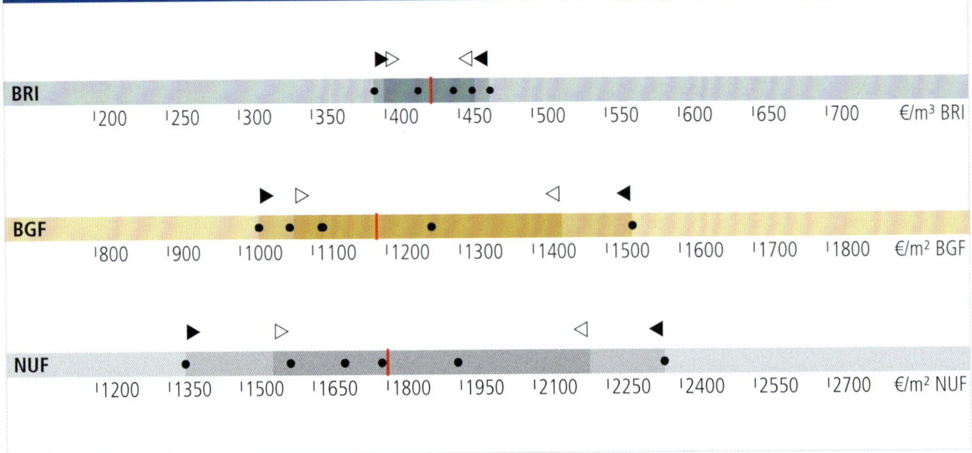

- ● KKW
- ▶ min
- ▷ von
- | Mittelwert
- ◁ bis
- ◀ max

BRI: 200 – 700 €/m³ BRI

BGF: 800 – 1800 €/m² BGF

NUF: 1200 – 2700 €/m² NUF

© BKI Baukosteninformationszentrum; Erläuterungen zu den Tabellen siehe Seite 46 — Kostenstand: 1. Quartal 2022, Bundesdurchschnitt, **inkl. 19% MwSt.**

## Kostenkennwerte für die Kostengruppen der 1. und 2. Ebene DIN 276

| KG | Kostengruppen der 1. Ebene | Einheit | ▷ | €/Einheit | ◁ | ▷ | % an 300+400 | ◁ |
|---|---|---|---|---|---|---|---|---|
| 100 | Grundstück | m²GF | – | – | – | – | – | – |
| 200 | Vorbereitende Maßnahmen | m²GF | 2 | **2** | 2 | 0,3 | **0,3** | 0,3 |
| 300 | Bauwerk – Baukonstruktionen | m²BGF | 861 | **971** | 1.204 | 75,3 | **81,7** | 84,8 |
| 400 | Bauwerk – Technische Anlagen | m²BGF | 166 | **216** | 270 | 15,2 | **18,3** | 24,7 |
|  | Bauwerk (300+400) | m²BGF | 1.074 | **1.186** | 1.439 | 100,0 | **100,0** | 100,0 |
| 500 | Außenanlagen und Freiflächen | m²AF | 18 | **56** | 94 | 2,7 | **6,9** | 11,1 |
| 600 | Ausstattung und Kunstwerke | m²BGF | 12 | **12** | 12 | 1,1 | **1,1** | 1,1 |
| 700 | Baunebenkosten* | m²BGF | 317 | **353** | 390 | 26,8 | **29,8** | 32,9 ◁ |
| 800 | Finanzierung | m²BGF | – | – | – | – | – | – |

\* Auf Grundlage der HOAI 2021 berechnete Werte nach §§ 35, 52, 56. Weitere Informationen siehe Seite 50

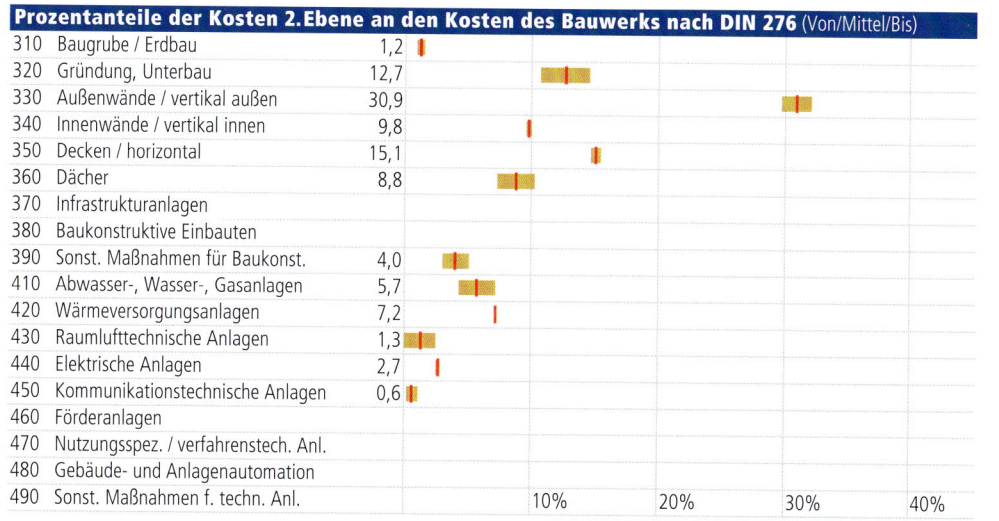

| KG | Kostengruppen der 2. Ebene | Einheit | ▷ | €/Einheit | ◁ | ▷ | % an 1. Ebene | ◁ |
|---|---|---|---|---|---|---|---|---|
| 310 | Baugrube / Erdbau | m³BGI | 23 | **49** | 76 | 1,2 | **1,5** | 1,7 |
| 320 | Gründung, Unterbau | m²GRF | 293 | **345** | 397 | 13,5 | **15,3** | 17,0 |
| 330 | Außenwände / vertikal außen | m²AWF | 317 | **369** | 420 | 34,5 | **37,5** | 40,6 |
| 340 | Innenwände / vertikal innen | m²IWF | 176 | **183** | 189 | 11,7 | **11,9** | 12,1 |
| 350 | Decken / horizontal | m²DEF | 272 | **290** | 307 | 17,1 | **18,4** | 19,6 |
| 360 | Dächer | m²DAF | 174 | **180** | 187 | 9,2 | **10,6** | 11,9 |
| 370 | Infrastrukturanlagen |  | – | – | – | – | – | – |
| 380 | Baukonstruktive Einbauten | m²BGF | – | – | – | – | – | – |
| 390 | Sonst. Maßnahmen für Baukonst. | m²BGF | 33 | **43** | 53 | 3,8 | **4,9** | 6,0 |
| **300** | **Bauwerk – Baukonstruktionen** | **m²BGF** |  |  |  |  | **100,0** |  |
| 410 | Abwasser-, Wasser-, Gasanlagen | m²BGF | 44 | **62** | 80 | 30,4 | **32,4** | 34,5 |
| 420 | Wärmeversorgungsanlagen | m²BGF | 73 | **77** | 81 | 34,8 | **42,6** | 50,5 |
| 430 | Raumlufttechnische Anlagen | m²BGF | 28 | **28** | 28 | 0,0 | **6,0** | 12,1 |
| 440 | Elektrische Anlagen | m²BGF | 26 | **29** | 31 | 13,5 | **15,6** | 17,7 |
| 450 | Kommunikationstechnische Anlagen | m²BGF | 2 | **7** | 12 | 1,4 | **3,2** | 5,1 |
| 460 | Förderanlagen | m²BGF | – | – | – | – | – | – |
| 470 | Nutzungsspez. / verfahrenstech. Anl. | m²BGF | – | – | – | – | – | – |
| 480 | Gebäude- und Anlagenautomation | m²BGF | – | – | – | – | – | – |
| 490 | Sonst. Maßnahmen f. techn. Anl. | m²BGF | – | – | – | – | – | – |
| **400** | **Bauwerk – Technische Anlagen** | **m²BGF** |  |  |  |  | **100,0** |  |

## Prozentanteile der Kosten 2. Ebene an den Kosten des Bauwerks nach DIN 276 (Von/Mittel/Bis)

| KG | Kostengruppen | Wert |
|---|---|---|
| 310 | Baugrube / Erdbau | 1,2 |
| 320 | Gründung, Unterbau | 12,7 |
| 330 | Außenwände / vertikal außen | 30,9 |
| 340 | Innenwände / vertikal innen | 9,8 |
| 350 | Decken / horizontal | 15,1 |
| 360 | Dächer | 8,8 |
| 370 | Infrastrukturanlagen |  |
| 380 | Baukonstruktive Einbauten |  |
| 390 | Sonst. Maßnahmen für Baukonst. | 4,0 |
| 410 | Abwasser-, Wasser-, Gasanlagen | 5,7 |
| 420 | Wärmeversorgungsanlagen | 7,2 |
| 430 | Raumlufttechnische Anlagen | 1,3 |
| 440 | Elektrische Anlagen | 2,7 |
| 450 | Kommunikationstechnische Anlagen | 0,6 |
| 460 | Förderanlagen |  |
| 470 | Nutzungsspez. / verfahrenstech. Anl. |  |
| 480 | Gebäude- und Anlagenautomation |  |
| 490 | Sonst. Maßnahmen f. techn. Anl. |  |

© BKI Baukosteninformationszentrum; Erläuterungen zu den Tabellen siehe Seite 48 und 50   Kostenstand: 1. Quartal 2022, Bundesdurchschnitt, **inkl. 19% MwSt.**

**Ein- und Zweifamilienhäuser, nicht unterkellert, einfacher Standard**

## Prozentanteile der Kosten für Leistungsbereiche nach STLB (Kosten Bauwerk nach DIN 276)

| LB | Leistungsbereiche | von | Mittelwert | bis |
|---|---|---|---|---|
| 000 | Sicherheits-, Baustelleneinrichtungen inkl. 001 | 3,0 | 4,0 | 5,1 |
| 002 | Erdarbeiten | 1,5 | 2,1 | 2,7 |
| 006 | Spezialtiefbauarbeiten inkl. 005 | – | – | – |
| 009 | Entwässerungskanalarbeiten inkl. 011 | 0,0 | 0,9 | 1,7 |
| 010 | Drän- und Versickerarbeiten | – | – | – |
| 012 | Mauerarbeiten | 8,1 | 13,8 | 19,5 |
| 013 | Betonarbeiten | 12,5 | 13,5 | 14,4 |
| 014 | Natur-, Betonwerksteinarbeiten | – | – | – |
| 016 | Zimmer- und Holzbauarbeiten | 1,8 | 4,1 | 6,3 |
| 017 | Stahlbauarbeiten | 0,0 | 0,2 | 0,5 |
| 018 | Abdichtungsarbeiten | 0,0 | 0,5 | 1,1 |
| 020 | Dachdeckungsarbeiten | 3,4 | 4,2 | 5,1 |
| 021 | Dachabdichtungsarbeiten | 0,0 | 0,3 | 0,6 |
| 022 | Klempnerarbeiten | 1,0 | 1,2 | 1,5 |
| | **Rohbau** | 37,1 | 44,9 | 52,7 |
| 023 | Putz- und Stuckarbeiten, Wärmedämmsysteme | 7,9 | 11,2 | 14,6 |
| 024 | Fliesen- und Plattenarbeiten | 0,8 | 1,7 | 2,5 |
| 025 | Estricharbeiten | 2,1 | 3,6 | 5,1 |
| 026 | Fenster, Außentüren inkl. 029, 032 | 6,9 | 7,2 | 7,5 |
| 027 | Tischlerarbeiten | 3,8 | 4,0 | 4,2 |
| 028 | Parkettarbeiten, Holzpflasterarbeiten | 0,0 | 1,4 | 2,8 |
| 030 | Rollladenarbeiten | 1,1 | 2,2 | 3,3 |
| 031 | Metallbauarbeiten inkl. 035 | 0,6 | 0,6 | 0,7 |
| 034 | Maler- und Lackiererarbeiten inkl. 037 | 1,1 | 1,5 | 1,9 |
| 036 | Bodenbelagarbeiten | 0,0 | 2,0 | 3,9 |
| 038 | Vorgehängte hinterlüftete Fassaden | 0,0 | 0,9 | 1,9 |
| 039 | Trockenbauarbeiten | 1,2 | 2,9 | 4,6 |
| | **Ausbau** | 35,4 | 39,3 | 43,1 |
| 040 | Wärmeversorgungsanl. - Betriebseinr. inkl. 041 | 5,3 | 6,0 | 6,7 |
| 042 | Gas- und Wasserinstallation, Leitungen inkl. 043 | 0,9 | 2,5 | 4,0 |
| 044 | Abwasseranlagen - Leitungen | 0,0 | 0,2 | 0,4 |
| 045 | GWE-Einrichtungsgegenstände inkl. 046 | 0,0 | 1,9 | 3,9 |
| 047 | Dämmarbeiten an betriebstechnischen Anlagen | 0,0 | 0,2 | 0,5 |
| 049 | Feuerlöschanlagen, Feuerlöschgeräte | – | – | – |
| 050 | Blitzschutz- und Erdungsanlagen | 0,0 | 0,1 | 0,3 |
| 052 | Mittelspannungsanlagen | – | – | – |
| 053 | Niederspannungsanlagen inkl. 054 | 2,4 | 2,9 | 3,4 |
| 055 | Sicherheits- u. Ersatzstromversorgungsanl. | – | – | – |
| 057 | Gebäudesystemtechnik | – | – | – |
| 058 | Leuchten und Lampen inkl. 059 | 0,0 | 0,2 | 0,3 |
| 060 | Sprechanlagen, elektroakust. Anlagen inkl. 064 | 0,1 | 0,1 | 0,1 |
| 061 | Kommunikationsnetze inkl. 062 | < 0,1 | 0,5 | 0,9 |
| 063 | Gefahrenmeldeanlagen | – | – | – |
| 069 | Aufzüge | – | – | – |
| 070 | Gebäudeautomation | – | – | – |
| 075 | Raumlufttechnische Anlagen inkl. 078 | 0,0 | 1,2 | 2,4 |
| | **Gebäudetechnik** | 11,8 | 15,8 | 19,8 |
| | Sonstige Leistungsbereiche inkl. 008, 033, 051 | – | – | – |

**Kosten:** Stand 1. Quartal 2022 Bundesdurchschnitt inkl. 19% MwSt.

- KKW
- ▶ min
- ▷ von
- | Mittelwert
- ◁ bis
- ◀ max

© BKI Baukosteninformationszentrum; Erläuterungen zu den Tabellen siehe Seite 52. Kostenstand: 1. Quartal 2022, Bundesdurchschnitt, **inkl. 19% MwSt.**

## Planungskennwerte für Flächen und Rauminhalte nach DIN 277

| Grundflächen | | ▷ | Fläche/NUF (%) | ◁ | ▷ | Fläche/BGF (%) | ◁ |
|---|---|---|---|---|---|---|---|
| NUF | Nutzungsfläche | 100,0 | **100,0** | 100,0 | 65,1 | **66,3** | 70,0 |
| TF | Technikfläche | 3,6 | **4,1** | 5,9 | 2,0 | **2,7** | 3,9 |
| VF | Verkehrsfläche | 9,0 | **13,2** | 16,2 | 6,2 | **8,7** | 10,6 |
| NRF | Netto-Raumfläche | 114,8 | **116,6** | 118,5 | 77,1 | **77,3** | 79,8 |
| KGF | Konstruktions-Grundfläche | 29,6 | **34,7** | 35,8 | 20,2 | **22,7** | 22,9 |
| BGF | Brutto-Grundfläche | 143,7 | **151,3** | 154,2 | 100,0 | **100,0** | 100,0 |

| Brutto-Rauminhalte | | ▷ | BRI/NUF (m) | ◁ | ▷ | BRI/BGF (m) | ◁ |
|---|---|---|---|---|---|---|---|
| BRI | Brutto-Rauminhalt | 4,00 | **4,18** | 4,45 | 2,61 | **2,76** | 2,97 |

| Flächen von Nutzeinheiten | ▷ | NUF/Einheit (m²) | ◁ | ▷ | BGF/Einheit (m²) | ◁ |
|---|---|---|---|---|---|---|
| Nutzeinheit: Wohnfläche | 1,05 | **1,06** | 1,14 | 1,54 | **1,59** | 1,71 |

| Lufttechnisch behandelte Flächen | ▷ | Fläche/NUF (%) | ◁ | ▷ | Fläche/BGF (%) | ◁ |
|---|---|---|---|---|---|---|
| Entlüftete Fläche | – | – | – | – | – | – |
| Be- und entlüftete Fläche | – | – | – | – | – | – |
| Teilklimatisierte Fläche | – | – | – | – | – | – |
| Klimatisierte Fläche | – | – | – | – | – | – |

| KG | Kostengruppen (2. Ebene) | Einheit | ▷ | Menge/NUF | ◁ | ▷ | Menge/BGF | ◁ |
|---|---|---|---|---|---|---|---|---|
| 310 | Baugrube / Erdbau | m³ BGI | 0,55 | **0,55** | 0,55 | 0,40 | **0,40** | 0,40 |
| 320 | Gründung, Unterbau | m² GRF | 0,57 | **0,57** | 0,57 | 0,39 | **0,39** | 0,39 |
| 330 | Außenwände / vertikal außen | m² AWF | 1,30 | **1,30** | 1,30 | 0,91 | **0,91** | 0,91 |
| 340 | Innenwände / vertikal innen | m² IWF | 0,83 | **0,83** | 0,83 | 0,58 | **0,58** | 0,58 |
| 350 | Decken / horizontal | m² DEF | 0,81 | **0,81** | 0,81 | 0,56 | **0,56** | 0,56 |
| 360 | Dächer | m² DAF | 0,74 | **0,74** | 0,74 | 0,52 | **0,52** | 0,52 |
| 370 | Infrastrukturanlagen | | – | – | – | – | – | – |
| 380 | Baukonstruktive Einbauten | m² BGF | 1,44 | **1,51** | 1,54 | 1,00 | **1,00** | 1,00 |
| 390 | Sonst. Maßnahmen für Baukonst. | m² BGF | 1,44 | **1,51** | 1,54 | 1,00 | **1,00** | 1,00 |
| **300** | **Bauwerk – Baukonstruktionen** | m² BGF | 1,44 | **1,51** | 1,54 | 1,00 | **1,00** | 1,00 |

## Planungskennwerte für Bauzeiten

**6 Vergleichsobjekte**

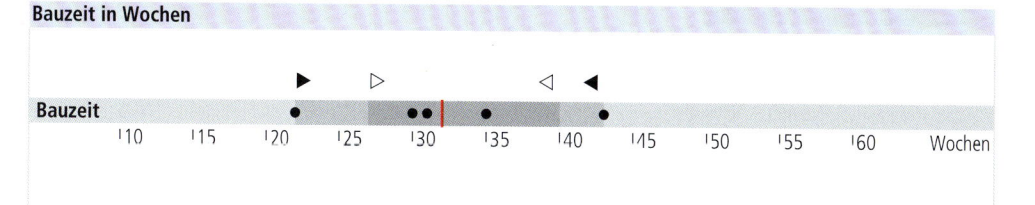

**Bauzeit in Wochen**

Bauzeit: '10 '15 '20 '25 '30 '35 '40 '45 '50 '55 '60 Wochen

© BKI Baukosteninformationszentrum; Erläuterungen zu den Tabellen siehe Seite 54    Kostenstand: 1. Quartal 2022, Bundesdurchschnitt, inkl. 19% MwSt.

# Ein- und Zweifamilienhäuser, nicht unterkellert, einfacher Standard

**€/m² BGF**

| | |
|---|---|
| min | 1.025 €/m² |
| von | 1.075 €/m² |
| Mittel | **1.185 €/m²** |
| bis | 1.440 €/m² |
| max | 1.535 €/m² |

**Kosten:**
Stand 1. Quartal 2022
Bundesdurchschnitt
inkl. 19% MwSt.

## Objektübersicht zur Gebäudeart

### 6100-0930 Einfamilienhaus
**BRI** 611 m³  **BGF** 270 m²  **NUF** 180 m²

Einfamilienhaus (146 m² WFL). Zwei hintereinandergeschaltete Treppen verbinden die drei Geschosse. Mauerwerksbau.

Land: Brandenburg
Kreis: Oder-Spree
Standard: unter Durchschnitt
Bauzeit: 22 Wochen
Kennwerte: bis 1. Ebene DIN 276

**BGF  1.069 €/m²**

Planung: ARCHOFFICE.net Sebastian Knieknecht, freier Architekt; Lawitz

veröffentlicht: BKI Objektdaten N11

### 6100-0977 Einfamilienhaus, Garage
**BRI** 826 m³  **BGF** 331 m²  **NUF** 215 m²

Einfamilienwohnhaus mit Garage. Mauerwerksbau.

Land: Rheinland-Pfalz
Kreis: Neuwied
Standard: unter Durchschnitt
Bauzeit: 31 Wochen
Kennwerte: bis 3. Ebene DIN 276

**BGF  1.114 €/m²**

Planung: P2 Architektur mit Energie Dipl.-Ing. Silke Pesau; Unkel

veröffentlicht: BKI Objektdaten N12

### 6100-0963 Einfamilienhaus, Carport
**BRI** 702 m³  **BGF** 210 m²  **NUF** 136 m²

Einfamilienhaus (136 m² WFL). Wohnen, Kochen, Essen und Technik im EG. Schlafen, Kinder und Bad im DG. Mauerwerksbau.

Land: Bayern
Kreis: Würzburg
Standard: unter Durchschnitt
Bauzeit: 31 Wochen
Kennwerte: bis 1. Ebene DIN 276

**BGF  1.535 €/m²**

Planung: Büro für Städtebau und Architektur Dr. Hartmut Holl; Würzburg

veröffentlicht: BKI Objektdaten N11

### 6100-0803 Einfamilienhaus - KfW 40
**BRI** 881 m³  **BGF** 311 m²  **NUF** 193 m²

Einfamilienhaus KfW 40, nicht unterkellert, mit Garage. Mauerwerksbau.

Land: Rheinland-Pfalz
Kreis: Mayen-Koblenz
Standard: unter Durchschnitt
Bauzeit: 43 Wochen
Kennwerte: bis 1. Ebene DIN 276

**BGF  1.112 €/m²**

Planung: objektraum architekten Dipl.-Ing. Architekt Jan Kujanek; Winningen

veröffentlicht: BKI Objektdaten E4

## Objektübersicht zur Gebäudeart

### 6100-0333 Einfamilienhaus    BRI 636 m³    BGF 213 m²    NUF 138 m²

Einfamilienhaus (139 m² WFL, II.BVO; nicht ausgebauter Spitzboden als Abstellfläche. Mauerwerksbau.

Land: Sachsen
Kreis: Zwickau
Standard: unter Durchschnitt
Bauzeit: 35 Wochen
Kennwerte: bis 1. Ebene DIN 276

BGF    1.261 €/m²

**Planung:** Architekturbüro Büschel + Partner; Dippoldiswalde

veröffentlicht: BKI Objektdaten N4

### 6100-0416 Einfamilienhaus    BRI 742 m³    BGF 284 m²    NUF 210 m²

Einfamilienwohnhaus (198 m² WFL II.BVO). Mauerwerksbau.

Land: Thüringen
Kreis: Gotha
Standard: unter Durchschnitt
Bauzeit: 30 Wochen
Kennwerte: bis 4. Ebene DIN 276

BGF    1.026 €/m²

**Planung:** Planungsgruppe Barthelmey Architekt Dipl.-Ing. Stefan Barthelmey; Erfurt

veröffentlicht: BKI Objektdaten N5

**Ein- und Zweifamilienhäuser, nicht unterkellert, mittlerer Standard**

## Kostenkennwerte für die Kosten des Bauwerks (Kostengruppen 300+400 nach DIN 276)

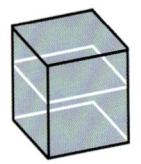

**BRI** 530 €/m³
von 455 €/m³
bis 615 €/m³

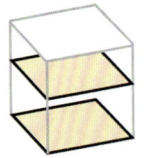

**BGF** 1.705 €/m²
von 1.420 €/m²
bis 2.065 €/m²

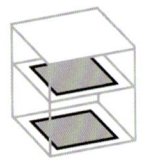

**NUF** 2.565 €/m²
von 2.090 €/m²
bis 3.200 €/m²

**NE** 2.715 €/NE
von 2.285 €/NE
bis 3.200 €/NE
NE: Wohnfläche

**Kosten:**
Stand 1. Quartal 2022
Bundesdurchschnitt
inkl. 19% MwSt.

### Objektbeispiele

6100-1464

6100-1518

6100-1540

### Kosten der 68 Vergleichsobjekte — Seiten 400 bis 418

- ● KKW
- ▶ min
- ▷ von
- | Mittelwert
- ◁ bis
- ◀ max

BRI: 300–800 €/m³ BRI

BGF: 800–2800 €/m² BGF

NUF: 1200–4200 €/m² NUF

© BKI Baukosteninformationszentrum; Erläuterungen zu den Tabellen siehe Seite 46 — Kostenstand: 1. Quartal 2022, Bundesdurchschnitt, **inkl. 19% MwSt.**

## Kostenkennwerte für die Kostengruppen der 1. und 2. Ebene DIN 276

| KG | Kostengruppen der 1. Ebene | Einheit | ▷ | €/Einheit | ◁ | ▷ | % an 300+400 | ◁ |
|---|---|---|---|---|---|---|---|---|
| 100 | Grundstück | m²GF | – | – | – | – | – | – |
| 200 | Vorbereitende Maßnahmen | m²GF | 9 | **23** | 58 | 1,3 | **2,8** | 6,0 |
| 300 | Bauwerk – Baukonstruktionen | m²BGF | 1.141 | **1.378** | 1.671 | 76,2 | **80,9** | 84,6 |
| 400 | Bauwerk – Technische Anlagen | m²BGF | 247 | **327** | 440 | 15,4 | **19,1** | 23,8 |
|  | Bauwerk (300+400) | m²BGF | 1.422 | **1.704** | 2.063 | 100,0 | **100,0** | 100,0 |
| 500 | Außenanlagen und Freiflächen | m²AF | 66 | **176** | 1.573 | 3,3 | **6,8** | 11,7 |
| 600 | Ausstattung und Kunstwerke | m²BGF | 18 | **51** | 93 | 1,1 | **2,9** | 4,9 |
| 700 | Baunebenkosten* | m²BGF | 431 | **480** | 530 | 25,4 | **28,3** | 31,2 |
| 800 | Finanzierung | m²BGF | – | – | – | – | – | – |

\* Auf Grundlage der HOAI 2021 berechnete Werte nach §§ 35, 52, 56. Weitere Informationen siehe Seite 50

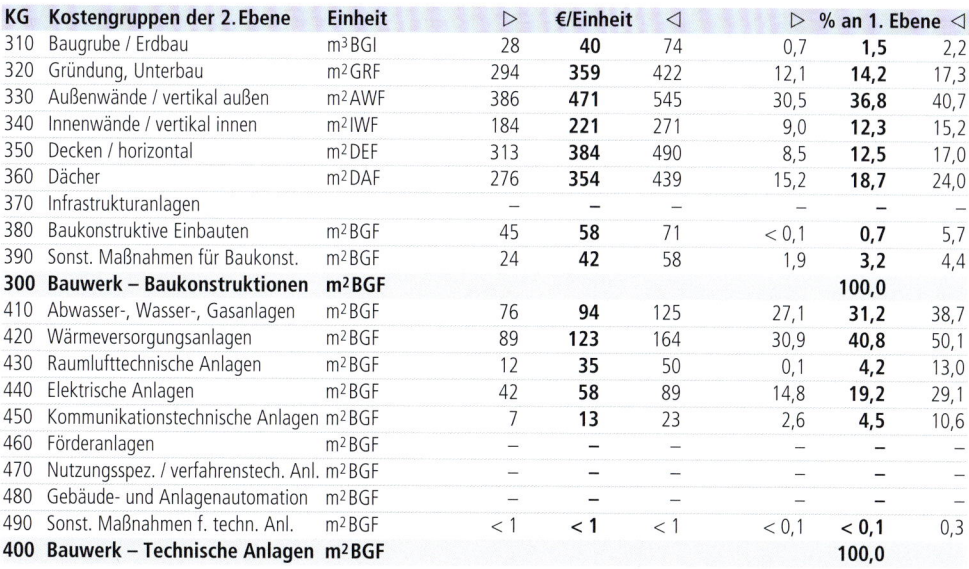

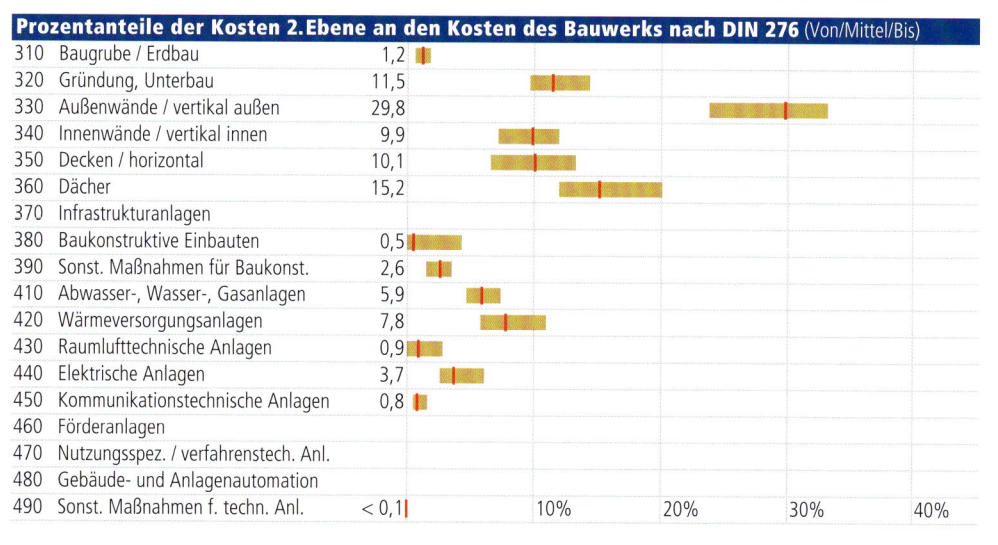

| KG | Kostengruppen der 2. Ebene | Einheit | ▷ | €/Einheit | ◁ | ▷ | % an 1. Ebene | ◁ |
|---|---|---|---|---|---|---|---|---|
| 310 | Baugrube / Erdbau | m³BGI | 28 | **40** | 74 | 0,7 | **1,5** | 2,2 |
| 320 | Gründung, Unterbau | m²GRF | 294 | **359** | 422 | 12,1 | **14,2** | 17,3 |
| 330 | Außenwände / vertikal außen | m²AWF | 386 | **471** | 545 | 30,5 | **36,8** | 40,7 |
| 340 | Innenwände / vertikal innen | m²IWF | 184 | **221** | 271 | 9,0 | **12,3** | 15,2 |
| 350 | Decken / horizontal | m²DEF | 313 | **384** | 490 | 8,5 | **12,5** | 17,0 |
| 360 | Dächer | m²DAF | 276 | **354** | 439 | 15,2 | **18,7** | 24,0 |
| 370 | Infrastrukturanlagen |  | – | – | – | – | – | – |
| 380 | Baukonstruktive Einbauten | m²BGF | 45 | **58** | 71 | < 0,1 | **0,7** | 5,7 |
| 390 | Sonst. Maßnahmen für Baukonst. | m²BGF | 24 | **42** | 58 | 1,9 | **3,2** | 4,4 |
| **300** | **Bauwerk – Baukonstruktionen** | m²BGF |  |  |  |  | **100,0** |  |
| 410 | Abwasser-, Wasser-, Gasanlagen | m²BGF | 76 | **94** | 125 | 27,1 | **31,2** | 38,7 |
| 420 | Wärmeversorgungsanlagen | m²BGF | 89 | **123** | 164 | 30,9 | **40,8** | 50,1 |
| 430 | Raumlufttechnische Anlagen | m²BGF | 12 | **35** | 50 | 0,1 | **4,2** | 13,0 |
| 440 | Elektrische Anlagen | m²BGF | 42 | **58** | 89 | 14,8 | **19,2** | 29,1 |
| 450 | Kommunikationstechnische Anlagen | m²BGF | 7 | **13** | 23 | 2,6 | **4,5** | 10,6 |
| 460 | Förderanlagen | m²BGF | – | – | – | – | – | – |
| 470 | Nutzungsspez. / verfahrenstech. Anl. | m²BGF | – | – | – | – | – | – |
| 480 | Gebäude- und Anlagenautomation | m²BGF | – | – | – | – | – | – |
| 490 | Sonst. Maßnahmen f. techn. Anl. | m²BGF | < 1 | **< 1** | < 1 | < 0,1 | **< 0,1** | 0,3 |
| **400** | **Bauwerk – Technische Anlagen** | m²BGF |  |  |  |  | **100,0** |  |

### Prozentanteile der Kosten 2. Ebene an den Kosten des Bauwerks nach DIN 276 (Von/Mittel/Bis)

| KG | Bezeichnung | Wert |
|---|---|---|
| 310 | Baugrube / Erdbau | 1,2 |
| 320 | Gründung, Unterbau | 11,5 |
| 330 | Außenwände / vertikal außen | 29,8 |
| 340 | Innenwände / vertikal innen | 9,9 |
| 350 | Decken / horizontal | 10,1 |
| 360 | Dächer | 15,2 |
| 370 | Infrastrukturanlagen |  |
| 380 | Baukonstruktive Einbauten | 0,5 |
| 390 | Sonst. Maßnahmen für Baukonst. | 2,6 |
| 410 | Abwasser-, Wasser-, Gasanlagen | 5,9 |
| 420 | Wärmeversorgungsanlagen | 7,8 |
| 430 | Raumlufttechnische Anlagen | 0,9 |
| 440 | Elektrische Anlagen | 3,7 |
| 450 | Kommunikationstechnische Anlagen | 0,8 |
| 460 | Förderanlagen |  |
| 470 | Nutzungsspez. / verfahrenstech. Anl. |  |
| 480 | Gebäude- und Anlagenautomation |  |
| 490 | Sonst. Maßnahmen f. techn. Anl. | < 0,1 |

© BKI Baukosteninformationszentrum; Erläuterungen zu den Tabellen siehe Seite 48 und 50    Kostenstand: 1. Quartal 2022, Bundesdurchschnitt, **inkl. 19% MwSt.**

**Ein- und Zweifamilienhäuser, nicht unterkellert, mittlerer Standard**

## Prozentanteile der Kosten für Leistungsbereiche nach STLB (Kosten Bauwerk nach DIN 276)

| LB | Leistungsbereiche | ▷ % an 300+400 ◁ | | |
|---|---|---|---|---|
| 000 | Sicherheits-, Baustelleneinrichtungen inkl. 001 | 1,4 | **2,7** | 4,2 |
| 002 | Erdarbeiten | 1,1 | **1,9** | 2,7 |
| 006 | Spezialtiefbauarbeiten inkl. 005 | 0,0 | **0,1** | 2,0 |
| 009 | Entwässerungskanalarbeiten inkl. 011 | 0,2 | **0,9** | 2,3 |
| 010 | Drän- und Versickerarbeiten | < 0,1 | **0,1** | 0,9 |
| 012 | Mauerarbeiten | 8,4 | **11,2** | 14,6 |
| 013 | Betonarbeiten | 9,9 | **12,9** | 16,7 |
| 014 | Natur-, Betonwerksteinarbeiten | < 0,1 | **0,5** | 1,7 |
| 016 | Zimmer- und Holzbauarbeiten | 2,1 | **4,5** | 8,0 |
| 017 | Stahlbauarbeiten | < 0,1 | **0,3** | 3,0 |
| 018 | Abdichtungsarbeiten | 0,2 | **0,6** | 1,1 |
| 020 | Dachdeckungsarbeiten | 0,8 | **3,3** | 6,4 |
| 021 | Dachabdichtungsarbeiten | 0,2 | **2,2** | 5,4 |
| 022 | Klempnerarbeiten | 1,2 | **1,8** | 3,2 |
| | **Rohbau** | 36,8 | **43,1** | 48,7 |
| 023 | Putz- und Stuckarbeiten, Wärmedämmsysteme | 7,3 | **9,7** | 12,0 |
| 024 | Fliesen- und Plattenarbeiten | 2,4 | **3,9** | 7,1 |
| 025 | Estricharbeiten | 1,2 | **1,8** | 2,6 |
| 026 | Fenster, Außentüren inkl. 029, 032 | 5,9 | **8,6** | 13,1 |
| 027 | Tischlerarbeiten | 1,5 | **3,4** | 6,1 |
| 028 | Parkettarbeiten, Holzpflasterarbeiten | 0,2 | **1,9** | 4,1 |
| 030 | Rollladenarbeiten | 0,2 | **1,3** | 3,2 |
| 031 | Metallbauarbeiten inkl. 035 | 0,4 | **1,6** | 5,4 |
| 034 | Maler- und Lackiererarbeiten inkl. 037 | 1,7 | **2,5** | 4,0 |
| 036 | Bodenbelagarbeiten | 0,2 | **0,9** | 2,4 |
| 038 | Vorgehängte hinterlüftete Fassaden | < 0,1 | **0,1** | 2,2 |
| 039 | Trockenbauarbeiten | 0,9 | **3,0** | 4,4 |
| | **Ausbau** | 33,6 | **38,6** | 42,7 |
| 040 | Wärmeversorgungsanl. - Betriebseinr. inkl. 041 | 5,4 | **7,2** | 10,3 |
| 042 | Gas- und Wasserinstallation, Leitungen inkl. 043 | 1,0 | **1,6** | 3,4 |
| 044 | Abwasseranlagen - Leitungen | 0,3 | **0,8** | 1,3 |
| 045 | GWE-Einrichtungsgegenstände inkl. 046 | 1,5 | **2,5** | 3,6 |
| 047 | Dämmarbeiten an betriebstechnischen Anlagen | < 0,1 | **0,2** | 0,6 |
| 049 | Feuerlöschanlagen, Feuerlöschgeräte | – | **–** | – |
| 050 | Blitzschutz- und Erdungsanlagen | < 0,1 | **0,2** | 0,4 |
| 052 | Mittelspannungsanlagen | – | **–** | – |
| 053 | Niederspannungsanlagen inkl. 054 | 2,5 | **3,5** | 5,0 |
| 055 | Sicherheits- u. Ersatzstromversorgungsanl. | – | **–** | – |
| 057 | Gebäudesystemtechnik | – | **–** | – |
| 058 | Leuchten und Lampen inkl. 059 | < 0,1 | **0,2** | 0,9 |
| 060 | Sprechanlagen, elektroakust. Anlagen inkl. 064 | < 0,1 | **0,1** | 0,3 |
| 061 | Kommunikationsnetze inkl. 062 | < 0,1 | **0,4** | 0,9 |
| 063 | Gefahrenmeldeanlagen | < 0,1 | **0,1** | 0,8 |
| 069 | Aufzüge | – | **–** | – |
| 070 | Gebäudeautomation | – | **–** | – |
| 075 | Raumlufttechnische Anlagen inkl. 078 | < 0,1 | **0,8** | 2,8 |
| | **Gebäudetechnik** | 15,0 | **17,9** | 22,2 |
| | Sonstige Leistungsbereiche inkl. 008, 033, 051 | < 0,1 | **0,4** | 1,8 |

**Kosten:** Stand 1. Quartal 2022 Bundesdurchschnitt inkl. 19% MwSt.

- ● KKW
- ▶ min
- ▷ von
- | Mittelwert
- ◁ bis
- ◀ max

## Planungskennwerte für Flächen und Rauminhalte nach DIN 277

| Grundflächen | | | ▷ | Fläche/NUF (%) | ◁ | ▷ | Fläche/BGF (%) | ◁ |
|---|---|---|---|---|---|---|---|---|
| NUF | Nutzungsfläche | | 100,0 | **100,0** | 100,0 | 64,1 | **67,0** | 70,9 |
| TF | Technikfläche | | 3,1 | **3,9** | 6,2 | 2,0 | **2,5** | 4,0 |
| VF | Verkehrsfläche | | 11,0 | **14,3** | 19,6 | 7,2 | **9,3** | 11,9 |
| NRF | Netto-Raumfläche | | 114,4 | **117,9** | 123,9 | 75,7 | **78,7** | 81,5 |
| KGF | Konstruktions-Grundfläche | | 27,4 | **32,3** | 38,1 | 18,5 | **21,3** | 24,3 |
| BGF | Brutto-Grundfläche | | 142,9 | **150,3** | 157,7 | 100,0 | **100,0** | 100,0 |

| Brutto-Rauminhalte | | | ▷ | BRI/NUF (m) | ◁ | ▷ | BRI/BGF (m) | ◁ |
|---|---|---|---|---|---|---|---|---|
| BRI | Brutto-Rauminhalt | | 4,48 | **4,85** | 5,28 | 3,00 | **3,23** | 3,44 |

| Flächen von Nutzeinheiten | | | ▷ | NUF/Einheit (m²) | ◁ | ▷ | BGF/Einheit (m²) | ◁ |
|---|---|---|---|---|---|---|---|---|
| Nutzeinheit: Wohnfläche | | | 1,00 | **1,08** | 1,22 | 1,53 | **1,61** | 1,79 |

| Lufttechnisch behandelte Flächen | | | ▷ | Fläche/NUF (%) | ◁ | ▷ | Fläche/BGF (%) | ◁ |
|---|---|---|---|---|---|---|---|---|
| Entlüftete Fläche | | | – | **–** | – | – | **–** | – |
| Be- und entlüftete Fläche | | | 82,5 | **82,5** | 83,8 | 57,0 | **57,0** | 58,2 |
| Teilklimatisierte Fläche | | | – | **–** | – | – | **–** | – |
| Klimatisierte Fläche | | | – | **–** | – | – | **–** | – |

| KG | Kostengruppen (2. Ebene) | Einheit | ▷ | Menge/NUF | ◁ | ▷ | Menge/BGF | ◁ |
|---|---|---|---|---|---|---|---|---|
| 310 | Baugrube / Erdbau | m³ BGI | 0,60 | **0,84** | 1,09 | 0,43 | **0,58** | 0,74 |
| 320 | Gründung, Unterbau | m² GRF | 0,65 | **0,74** | 0,97 | 0,46 | **0,52** | 0,68 |
| 330 | Außenwände / vertikal außen | m² AWF | 1,26 | **1,48** | 1,66 | 0,88 | **1,03** | 1,15 |
| 340 | Innenwände / vertikal innen | m² IWF | 0,97 | **1,04** | 1,21 | 0,67 | **0,72** | 0,83 |
| 350 | Decken / horizontal | m² DEF | 0,61 | **0,66** | 0,76 | 0,41 | **0,45** | 0,52 |
| 360 | Dächer | m² DAF | 0,90 | **1,02** | 1,35 | 0,63 | **0,71** | 0,97 |
| 370 | Infrastrukturanlagen | | – | **–** | – | – | **–** | – |
| 380 | Baukonstruktive Einbauten | m² BGF | 1,43 | **1,50** | 1,58 | 1,00 | **1,00** | 1,00 |
| 390 | Sonst. Maßnahmen für Baukonst. | m² BGF | 1,43 | **1,50** | 1,58 | 1,00 | **1,00** | 1,00 |
| **300** | **Bauwerk – Baukonstruktionen** | m² BGF | 1,43 | **1,50** | 1,58 | 1,00 | **1,00** | 1,00 |

## Planungskennwerte für Bauzeiten — 68 Vergleichsobjekte

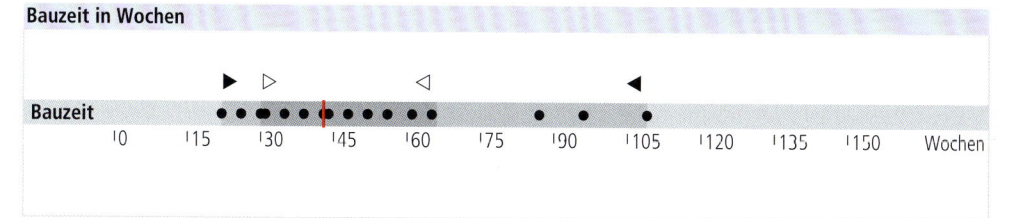

**Bauzeit in Wochen**

Bauzeit: ▶ ▷ ◁ ◀ skaliert von 10 bis 150 Wochen

**Ein- und Zweifamilienhäuser, nicht unterkellert, mittlerer Standard**

**€/m² BGF**
| | |
|---|---|
| min | 1.010 €/m² |
| von | 1.420 €/m² |
| Mittel | **1.705 €/m²** |
| bis | 2.065 €/m² |
| max | 2.595 €/m² |

**Kosten:**
Stand 1. Quartal 2022
Bundesdurchschnitt
inkl. 19% MwSt.

## Objektübersicht zur Gebäudeart

### 6100-1518 Einfamilienhaus, Büro - Effizienzhaus ~38%
**BRI** 1.256 m³  **BGF** 342 m²  **NUF** 233 m²

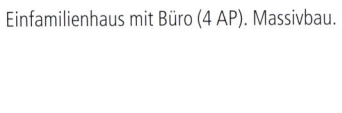

Einfamilienhaus mit Büro (4 AP). Massivbau.

Land: Brandenburg
Kreis: Potsdam-Mittelmark
Standard: Durchschnitt
Bauzeit: 44 Wochen
Kennwerte: bis 1. Ebene DIN 276

**BGF  2.263 €/m²**

veröffentlicht: BKI Objektdaten E9

Planung: architekturbüro.wiesenburg ulrich.kaunath; Wiesenburg

### 6100-1497 Einfamilienhaus, Nebengebäude
**BRI** 651 m³  **BGF** 158 m²  **NUF** 100 m²

Einfamilienhaus mit Nebengebäude als Gästebereich mit Abstellraum. Holzrahmenbau.

Land: Mecklenburg-Vorpommern
Kreis: Nordwestmecklenburg
Standard: Durchschnitt
Bauzeit: 26 Wochen
Kennwerte: bis 1. Ebene DIN 276

**BGF  2.389 €/m²**

veröffentlicht: BKI Objektdaten N17

Planung: Hatzius Sarramona Architekten; Hamburg

### 6100-1459 Singlehaus*
**BRI** 292 m³  **BGF** 75 m²  **NUF** 49 m²

Wohngebäude für eine Person. Mischkonstruktion.

Land: Mecklenburg-Vorpommern
Kreis: Vorpommern-Rügen
Standard: Durchschnitt
Bauzeit: 30 Wochen
Kennwerte: bis 1. Ebene DIN 276

**BGF  2.021 €/m²**

veröffentlicht: BKI Objektdaten N17
* Nicht in der Auswertung enthalten

Planung: plan² Architekturbüro Stendel; Ribnitz-Damgarten

### 6100-1540 Einfamilienhaus, Garage
**BRI** 858 m³  **BGF** 246 m²  **NUF** 154 m²

Einfamilienhaus mit Garage. Massivbau.

Land: Berlin
Kreis: Berlin, Stadt
Standard: Durchschnitt
Bauzeit: 109 Wochen
Kennwerte: bis 1. Ebene DIN 276

**BGF  2.035 €/m²**

vorgesehen: BKI Objektdaten N18

Planung: Ing.arch. Valerie Söder Architektin; Berlin

## Objektübersicht zur Gebäudeart

### 6100-1547 Einfamilienhaus, Garagen (2 STP)    BRI 798 m³    BGF 248 m²    NUF 154 m²

Einfamilienhaus mit 2 Garagen. Stahlbeton.

Land: Bayern  
Kreis: Rosenheim  
Standard: Durchschnitt  
Bauzeit: 48 Wochen  
Kennwerte: bis 1. Ebene DIN 276

**BGF 1.911 €/m²**

**Planung:** Kontrapunkt Architektur GmbH; München

vorgesehen: BKI Objektdaten N18

### 6100-1542 Einfamilienhaus    BRI 677 m³    BGF 233 m²    NUF 150 m²

Einfamilienhaus in Split-Level-Bauweise. Massivbau.

Land: Nordrhein-Westfalen  
Kreis: Coesfeld  
Standard: Durchschnitt  
Bauzeit: 48 Wochen  
Kennwerte: bis 1. Ebene DIN 276

**BGF 1.992 €/m²**

**Planung:** Kai Binnewies Dipl. Ing. Architekt; Havixbeck

vorgesehen: BKI Objektdaten N18

### 6100-1446 Singlehaus*    BRI 216 m³    BGF 63 m²    NUF 50 m²

Minihaus als Singlehaus in Fertigteilbauweise. Holztafelbau.

Land: Brandenburg  
Kreis: Potsdam-Mittelmark  
Standard: Durchschnitt  
Bauzeit: 22 Wochen  
Kennwerte: bis 1. Ebene DIN 276

**BGF 4.308 €/m²** *

**Planung:** Dipl.-Ing. (FH) Architektin Franca Wacker SchwörerHaus KG; Hohenstein

veröffentlicht: BKI Objektdaten N17  
* Nicht in der Auswertung enthalten

### 6100-1464 Einfamilienhaus, Carport - Effizienzhaus ~80%    BRI 788 m³    BGF 290 m²    NUF 196 m²

Einfamilienhaus mit Carport. Massivbau.

Land: Niedersachsen  
Kreis: Göttingen  
Standard: Durchschnitt  
Bauzeit: 35 Wochen  
Kennwerte: bis 3. Ebene DIN 276

**BGF 1.709 €/m²**

**Planung:** Fuchs Architekten BDA; Göttingen

veröffentlicht: BKI Objektdaten E9

© BKI Baukosteninformationszentrum; Erläuterungen zu den Tabellen siehe Seite 56    Kostenstand: 1. Quartal 2022, Bundesdurchschnitt, **inkl. 19% MwSt.**

**Ein- und Zweifamilienhäuser, nicht unterkellert, mittlerer Standard**

**€/m² BGF**
| | |
|---|---|
| min | 1.010 €/m² |
| von | 1.420 €/m² |
| Mittel | **1.705 €/m²** |
| bis | 2.065 €/m² |
| max | 2.595 €/m² |

**Kosten:**
Stand 1. Quartal 2022
Bundesdurchschnitt
inkl. 19% MwSt.

## Objektübersicht zur Gebäudeart

### 6100-1421 Einfamilienhaus Garage - Effizienzhaus ~55%

**BRI** 836 m³    **BGF** 230 m²    **NUF** 147 m²

Einfamilienhaus mit Garage.
Mauerwerksbau.

Land: Hamburg
Kreis: Hamburg, Freie und Hansestadt
Standard: Durchschnitt
Bauzeit: 31 Wochen
Kennwerte: bis 1. Ebene DIN 276

**BGF    1.850 €/m²**

Planung: MUDLAFF & OTTE Architekten PartGmbB; Hamburg

veröffentlicht: BKI Objektdaten N17

### 6100-1450 Einfamilienhaus*

**BRI** 563 m³    **BGF** 183 m²    **NUF** 144 m²

Einfamilienhaus als Single-Haus.
Mauerwerksbau.

Land: Saarland
Kreis: Saarlouis
Standard: Durchschnitt
Bauzeit: 43 Wochen
Kennwerte: bis 1. Ebene DIN 276

**BGF    1.692 €/m²**

Planung: Architekturbüro a hoch i netzwerk Lisa Groß; Dillingen

veröffentlicht: BKI Objektdaten N17
* Nicht in der Auswertung enthalten

### 6100-1391 Ferienhaus*

**BRI** 204 m³    **BGF** 60 m²    **NUF** 41 m²

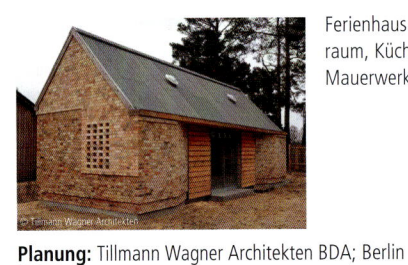

Ferienhaus (40 m² WFL), mit Wohn-Schlafraum, Küche, Bad und Kinderempore.
Mauerwerk.

Land: Brandenburg
Kreis: Barnim
Standard: Durchschnitt
Bauzeit: 78 Wochen
Kennwerte: bis 1. Ebene DIN 276

**BGF    3.616 €/m²**

Planung: Tillmann Wagner Architekten BDA; Berlin

veröffentlicht: BKI Objektdaten N17
* Nicht in der Auswertung enthalten

### 6100-1376 Einfamilienhaus

**BRI** 761 m³    **BGF** 201 m²    **NUF** 127 m²

Einfamilienhaus mit 134 m² WFL. Mauerwerk, Porenbeton.

Land: Brandenburg
Kreis: Oberhavel
Standard: Durchschnitt
Bauzeit: 35 Wochen
Kennwerte: bis 1. Ebene DIN 276

**BGF    2.006 €/m²**

Planung: Jirka + Nadansky Architekten; Hohen Neuendorf

veröffentlicht: BKI Objektdaten N16

## Objektübersicht zur Gebäudeart

### 6100-1373 Einfamilienhaus mit Carport

**BRI** 1.055 m³    **BGF** 391 m²    **NUF** 300 m²

Einfamilienhaus mit Carport und Abstellraum. Mauerwerk.

Land: Niedersachsen
Kreis: Hannover, Region
Standard: Durchschnitt
Bauzeit: 44 Wochen
Kennwerte: bis 3. Ebene DIN 276

**BGF**    1.497 €/m²

veröffentlicht: BKI Objektdaten N17

**Planung:** seyfarth stahlhut architekten dba PartGmbB; Hannover

### 6100-1358 Einfamilienhaus - Effizienzhaus 70

**BRI** 797 m³    **BGF** 266 m²    **NUF** 160 m²

Einfamilienhaus (162 m² WFL), Energieeffizienz 70. Holzbau, Brettstapelbauweise.

Land: Bayern
Kreis: Unterallgäu
Standard: Durchschnitt
Bauzeit: 52 Wochen
Kennwerte: bis 1. Ebene DIN 276

**BGF**    1.903 €/m²

veröffentlicht: BKI Objektdaten E8

**Planung:** SoHo Architektur; Memmingen

### 6100-1414 Zweifamilienhaus - Effizienzhaus 70

**BRI** 1.354 m³    **BGF** 413 m²    **NUF** 261 m²

Zweifamilienhaus (216 m² WFL) als Effizienzhaus 70%. Massivbau.

Land: Thüringen
Kreis: Nordhausen
Standard: Durchschnitt
Bauzeit: 61 Wochen
Kennwerte: bis 1. Ebene DIN 276

**BGF**    1.252 €/m²

veröffentlicht: BKI Objektdaten N17

**Planung:** Architekturbüro Wagner; Nordhausen

### 6100-1410 Einfamilienhaus - Effizienzhaus ~54%

**BRI** 910 m³    **BGF** 250 m²    **NUF** 182 m²

Einfamilienhaus (165 m² WFL) als Effizienzhaus ~54%. Holzrahmenbauweise.

Land: Bayern
Kreis: Forchheim
Standard: Durchschnitt
Bauzeit: 48 Wochen
Kennwerte: bis 1. Ebene DIN 276

**BGF**    2.105 €/m²

veröffentlicht: BKI Objektdaten N17

**Planung:** GRIMM ARCHITEKTEN BDA; Nürnberg

© **BKI** Baukosteninformationszentrum; Erläuterungen zu den Tabellen siehe Seite 56    Kostenstand: 1. Quartal 2022, Bundesdurchschnitt, **inkl. 19% MwSt.**

**Ein- und Zweifamilienhäuser, nicht unterkellert, mittlerer Standard**

**€/m² BGF**
| | |
|---|---|
| min | 1.010 €/m² |
| von | 1.420 €/m² |
| Mittel | **1.705 €/m²** |
| bis | 2.065 €/m² |
| max | 2.595 €/m² |

**Kosten:**
Stand 1. Quartal 2022
Bundesdurchschnitt
inkl. 19% MwSt.

## Objektübersicht zur Gebäudeart

### 6100-1340 Einfamilienhaussiedlung (12 WE)
**BRI** 7.401 m³  **BGF** 2.403 m²  **NUF** 1.641 m²

Einfamilienhaussiedlung mit 12 Gebäuden (12 WE). Massivbau.

Land: Berlin
Kreis: Berlin
Standard: Durchschnitt
Bauzeit: 109 Wochen
Kennwerte: bis 1. Ebene DIN 276

**BGF** 1.528 €/m²

veröffentlicht: BKI Objektdaten N16

**Planung:** Arnold und Gladisch Objektplanung Generalplanung GmbH; Berlin

### 6100-1259 Doppelhaushälfte, Carport
**BRI** 687 m³  **BGF** 244 m²  **NUF** 157 m²

Doppelhaushälfte (139 m² WFL) mit Carport und Dachterrasse. Mauerwerksbau aus Dämmsteinen.

Land: Nordrhein-Westfalen
Kreis: Olpe
Standard: Durchschnitt
Bauzeit: 52 Wochen
Kennwerte: bis 1. Ebene DIN 276

**BGF** 1.358 €/m²

veröffentlicht: BKI Objektdaten N15

**Planung:** T A T O R T architektur Dipl.-Ing. Nicole Wigger; Attendorn

### 6100-1256 Doppelhaushälfte, Carport
**BRI** 710 m³  **BGF** 224 m²  **NUF** 155 m²

Doppelhaushälfte (138 m² WFL) mit Carport. Mauerwerksbau aus Dämmsteinen.

Land: Nordrhein-Westfalen
Kreis: Olpe
Standard: Durchschnitt
Bauzeit: 52 Wochen
Kennwerte: bis 1. Ebene DIN 276

**BGF** 1.389 €/m²

veröffentlicht: BKI Objektdaten N15

**Planung:** T A T O R T architektur Dipl.-Ing. Nicole Wigger; Attendorn

### 6100-1288 Einfamilienhaus, Garage
**BRI** 691 m³  **BGF** 248 m²  **NUF** 192 m²

Einfamilienhaus (125 m² WFL) mit Garage. Mauerwerksbau, Sparrendach.

Land: Brandenburg
Kreis: Oberspreewald-Lausitz
Standard: Durchschnitt
Bauzeit: 30 Wochen
Kennwerte: bis 1. Ebene DIN 276

**BGF** 1.823 €/m²

veröffentlicht: BKI Objektdaten N15

**Planung:** Jörg Karwath / Lunau Architektur; Cottbus

## Objektübersicht zur Gebäudeart

### 6100-1328 Ferienhaus (Ferienhaussiedlung)*

**BRI** 297 m³    **BGF** 120 m²    **NUF** 95 m²

Ferienhaus (99 m² WFL). Massivbau.

Land: Thüringen
Kreis: Kyffhäuserkreis
Standard: Durchschnitt
Bauzeit: 26 Wochen
Kennwerte: bis 1. Ebene DIN 276

**BGF**   1.020 €/m²

**Planung:** ARCHITEKT MAURICE FIEDLER; Erfurt

veröffentlicht: BKI Objektdaten N16
* Nicht in der Auswertung enthalten

### 6100-1411 Einfamilienhaus, Garage - Effizienzhaus ~58%

**BRI** 713 m³    **BGF** 184 m²    **NUF** 114 m²

Einfamilienhaus (130 m² WFL) mit Garage als Effizienzhaus ~58%. Mauerwerksbau.

Land: Baden-Württemberg
Kreis: Rems-Murr-Kreis
Standard: Durchschnitt
Bauzeit: 65 Wochen
Kennwerte: bis 1. Ebene DIN 276

**BGF**   2.594 €/m²

**Planung:** Birk Heilmeyer und Frenzel Gesellschaft von Architekten mbH; Stuttgart

veröffentlicht: BKI Objektdaten N17

### 6100-1364 Einfamilienhaus - Effizienzhaus 55

**BRI** 957 m³    **BGF** 237 m²    **NUF** 150 m²

Einfamilienhaus mit 178 m² Wohnfläche. Massivbau.

Land: Brandenburg
Kreis: Oberhavel
Standard: Durchschnitt
Bauzeit: 39 Wochen
Kennwerte: bis 1. Ebene DIN 276

**BGF**   1.982 €/m²

**Planung:** Jirka + Nadansky Architekten; Hohen Neuendorf

veröffentlicht: BKI Objektdaten E8

### 6100-1315 Einfamilienhaus

**BRI** 649 m³    **BGF** 229 m²    **NUF** 136 m²

Einfamilienhaus. Mauerwerksbau.

Land: Niedersachsen
Kreis: Osterholz
Standard: Durchschnitt
Bauzeit: 35 Wochen
Kennwerte: bis 1. Ebene DIN 276

**BGF**   2.075 €/m²

**Planung:** Püffel Architekten; Bremen

veröffentlicht: BKI Objektdaten N16

© BKI Baukosteninformationszentrum; Erläuterungen zu den Tabellen siehe Seite 56    Kostenstand: 1. Quartal 2022, Bundesdurchschnitt, **inkl. 19% MwSt.**

**Ein- und Zweifamilienhäuser, nicht unterkellert, mittlerer Standard**

€/m² BGF
| | |
|---|---|
| min | 1.010 €/m² |
| von | 1.420 €/m² |
| Mittel | **1.705** €/m² |
| bis | 2.065 €/m² |
| max | 2.595 €/m² |

**Kosten:**
Stand 1. Quartal 2022
Bundesdurchschnitt
inkl. 19% MwSt.

## Objektübersicht zur Gebäudeart

**6100-1309 Einfamilienhaus** — BRI 775 m³ | BGF 272 m² | NUF 171 m²

Einfamilienhaus mit 138 m² WFL. Mauerwerk.

Land: Brandenburg
Kreis: Potsdam
Standard: Durchschnitt
Bauzeit: 43 Wochen
Kennwerte: bis 1. Ebene DIN 276

BGF  **1.596 €/m²**

veröffentlicht: BKI Objektdaten N16

Planung: Reimers Architekten; Potsdam

---

**6100-1363 Einfamilienhaus - Effizienzhaus 70*** — BRI 719 m³ | BGF 148 m² | NUF 124 m²

Einfamilienhaus (124 m² WFL) mit Sheddach als Effizienzhaus 70. Massivbau.

Land: Nordrhein-Westfalen
Kreis: Bottrop
Standard: Durchschnitt
Bauzeit: 48 Wochen
Kennwerte: bis 1. Ebene DIN 276

BGF  **3.579 €/m²**  *

veröffentlicht: BKI Objektdaten E8
* Nicht in der Auswertung enthalten

Planung: Romann Architektur; Oberhausen

---

**6100-1324 Einfamilienhaus** — BRI 731 m³ | BGF 215 m² | NUF 145 m²

Einfamilienhaus (160 m² WFL) mit Carport, nicht unterkellert. Holztafelbau.

Land: Thüringen
Kreis: Erfurt
Standard: Durchschnitt
Bauzeit: 26 Wochen
Kennwerte: bis 1. Ebene DIN 276

BGF  **2.184 €/m²**

veröffentlicht: BKI Objektdaten N16

Planung: Funken Architekten; Erfurt

---

**6100-1295 Einfamilienhaus** — BRI 814 m³ | BGF 298 m² | NUF 202 m²

Einfamilienhaus (195 m² WFL) mit Dachterrasse und Carport. Mauerwerk.

Land: Niedersachsen
Kreis: Ammerland
Standard: Durchschnitt
Bauzeit: 48 Wochen
Kennwerte: bis 1. Ebene DIN 276

BGF  **1.566 €/m²**

veröffentlicht: BKI Objektdaten N15

Planung: Hartmann-Eberlei Architekten; Oldenburg

---

© BKI Baukosteninformationszentrum; Erläuterungen zu den Tabellen siehe Seite 56    Kostenstand: 1. Quartal 2022, Bundesdurchschnitt, **inkl. 19% MwSt.**

## Objektübersicht zur Gebäudeart

### 6100-1419 Einfamilienhaus

**BRI** 1.189 m³ **BGF** 338 m² **NUF** 220 m²

Einfamilienhaus (201 m² WFL). Mischkonstruktion.

Land: Bayern
Kreis: Ansbach, Stadt
Standard: Durchschnitt
Bauzeit: 56 Wochen
Kennwerte: bis 1. Ebene DIN 276

**BGF** 2.009 €/m²

**Planung:** GRIMM ARCHITEKTEN BDA; Nürnberg

veröffentlicht: BKI Objektdaten N17

### 6100-1205 Einfamilienhaus, Garage

**BRI** 1.185 m³ **BGF** 395 m² **NUF** 238 m²

Einfamilienhaus (192 m² WFL) mit Garage. Mauerwerksbau.

Land: Brandenburg
Kreis: Brandenburg
Standard: Durchschnitt
Bauzeit: 48 Wochen
Kennwerte: bis 1. Ebene DIN 276

**BGF** 1.325 €/m²

**Planung:** Märkplan GmbH; Brandenburg

veröffentlicht: BKI Objektdaten N15

### 6100-1218 Einfamilienhaus - Effizienzhaus 40

**BRI** 713 m³ **BGF** 262 m² **NUF** 183 m²

Einfamilienhaus für 2 Personen (112 m² WFL). Mauerwerk.

Land: Nordrhein-Westfalen
Kreis: Mönchengladbach, Stadt
Standard: Durchschnitt
Bauzeit: 56 Wochen
Kennwerte: bis 1. Ebene DIN 276

**BGF** 1.180 €/m²

**Planung:** LP5-8: bau grün ! energieeff. Gebäude, Arch. D. Finocchiaro; Mönchengladbach

veröffentlicht: BKI Objektdaten N15

### 6100-1148 Einfamilienhaus, Carport, barrierefrei

**BRI** 691 m³ **BGF** 186 m² **NUF** 138 m²

Barrierefreies Einfamilienhaus (117 m² WFL) mit Carport. Massivbau.

Land: Niedersachsen
Kreis: Lüneburg
Standard: Durchschnitt
Bauzeit: 30 Wochen
Kennwerte: bis 1. Ebene DIN 276

**BGF** 2.331 €/m²

**Planung:** batzik meinheit architekten PartG mbB; Lüneburg

veröffentlicht: BKI Objektdaten N13

© BKI Baukosteninformationszentrum; Erläuterungen zu den Tabellen siehe Seite 56   Kostenstand: 1. Quartal 2022, Bundesdurchschnitt, **inkl. 19% MwSt.**

**Ein- und Zweifamilienhäuser, nicht unterkellert, mittlerer Standard**

**€/m² BGF**
| | |
|---|---|
| min | 1.010 €/m² |
| von | 1.420 €/m² |
| Mittel | **1.705 €/m²** |
| bis | 2.065 €/m² |
| max | 2.595 €/m² |

**Kosten:**
Stand 1. Quartal 2022
Bundesdurchschnitt
inkl. 19% MwSt.

## Objektübersicht zur Gebäudeart

### 6100-1264 Einfamilienhaus, Garage - Effizienzhaus ~30%
**BRI** 923 m³ **BGF** 272 m² **NUF** 182 m²

Einfamilienhaus mit Garage (183 m² WFL). Mauerwerksbau.

Land: Thüringen
Kreis: Erfurt
Standard: Durchschnitt
Bauzeit: 48 Wochen
Kennwerte: bis 1. Ebene DIN 276

**BGF 2.128 €/m²**

veröffentlicht: BKI Objektdaten E7

**Planung:** VITAMINOFFICE ARCHITEKTEN BDA; Erfurt

### 6100-1265 Einfamilienhaus, Garage
**BRI** 590 m³ **BGF** 181 m² **NUF** 116 m²

Einfamilienhaus (129 m² WFL) mit Garage, nicht unterkellert. Mauerwerksbau.

Land: Nordrhein-Westfalen
Kreis: Dortmund
Standard: Durchschnitt
Bauzeit: 48 Wochen
Kennwerte: bis 1. Ebene DIN 276

**BGF 2.274 €/m²**

veröffentlicht: BKI Objektdaten N15

**Planung:** SCHAMP & SCHMALÖER Architekten Stadtplaner PartGmbB; Dortmund

### 6100-1168 Einfamilienhaus, Carport - Effizienzhaus 40
**BRI** 856 m³ **BGF** 269 m² **NUF** 182 m²

Einfamilienhaus mit Carport als Effizienzhaus 40. Massivbau.

Land: Niedersachsen
Kreis: Vechta
Standard: Durchschnitt
Bauzeit: 35 Wochen
Kennwerte: bis 1. Ebene DIN 276

**BGF 1.657 €/m²**

veröffentlicht: BKI Objektdaten E6

**Planung:** Planlabor + Bauwerkstatt GmbH; Vechta

### 6100-1140 Einfamilienhaus, Carport - Effizienzhaus 70
**BRI** 925 m³ **BGF** 253 m² **NUF** 176 m²

Einfamilienhaus (176 m² WFL) mit Carport als Effizienzhaus 70. Mauerwerksbau, vorgefertigter Massivholzbau.

Land: Bayern
Kreis: Traunstein
Standard: Durchschnitt
Bauzeit: 35 Wochen
Kennwerte: bis 1. Ebene DIN 276

**BGF 2.034 €/m²**

veröffentlicht: BKI Objektdaten E6

**Planung:** Michael Feil Architekt; Regensburg

## Objektübersicht zur Gebäudeart

### 6100-1151 Einfamilienhaus, Doppelgarage - Effizienzhaus 70    BRI 914 m³    BGF 371 m²    NUF 236 m²

Einfamilienhaus (200 m² WFL) für 6 Personen als Effizienzhaus 70. Mauerwerksbau.

Land: Nordrhein-Westfalen
Kreis: Steinfurt
Standard: Durchschnitt
Bauzeit: 35 Wochen
Kennwerte: bis 1. Ebene DIN 276

**BGF    1.624 €/m²**

**Planung:** 23-7architektur; Münster

veröffentlicht: BKI Objektdaten E6

### 6100-1142 Einfamilienhaus, Garage - Effizienzhaus 55    BRI 1.235 m³    BGF 428 m²    NUF 298 m²

Einfamilienhaus (226 m² WFL) mit Garage. Mauerwerksbau.

Land: Nordrhein-Westfalen
Kreis: Euskirchen
Standard: Durchschnitt
Bauzeit: 43 Wochen
Kennwerte: bis 3. Ebene DIN 276

**BGF    1.450 €/m²**

**Planung:** Concavis Architekten + Ingenieure; Bornheim

veröffentlicht: BKI Objektdaten E6

### 6100-1132 Einfamilienhaus, Nebengebäude - Effizienzhaus 55    BRI 879 m³    BGF 250 m²    NUF 180 m²

Einfamilienhaus (171 m² WFL) mit Nebengebäude. Mauerwerksbau.

Land: Thüringen
Kreis: Gotha
Standard: Durchschnitt
Bauzeit: 48 Wochen
Kennwerte: bis 4. Ebene DIN 276

**BGF    1.823 €/m²**

**Planung:** grosskopf-architekten Sebastian Großkopf; Gotha

veröffentlicht: BKI Objektdaten E6

### 6100-1244 Einfamilienhaus, Doppelgarage - Effizienzhaus 70    BRI 1.116 m³    BGF 348 m²    NUF 246 m²

Einfamilienwohnhaus (212 m² WFL) als Effizienzhaus 70 mit Doppelgarage. Mauerwerksbau.

Land: Bayern
Kreis: Würzburg
Standard: Durchschnitt
Bauzeit: 35 Wochen
Kennwerte: bis 1. Ebene DIN 276

**BGF    1.320 €/m²**

**Planung:** HWP Holl - Wieden Partnerschaft Architekten & Stadtplaner; Würzburg

veröffentlicht: BKI Objektdaten E7

© BKI Baukosteninformationszentrum; Erläuterungen zu den Tabellen siehe Seite 56    Kostenstand: 1. Quartal 2022, Bundesdurchschnitt, **inkl. 19% MwSt.**

**Ein- und Zwei-familienhäuser, nicht unterkellert, mittlerer Standard**

€/m² BGF
| | |
|---|---|
| min | 1.010 €/m² |
| von | 1.420 €/m² |
| Mittel | **1.705 €/m²** |
| bis | 2.065 €/m² |
| max | 2.595 €/m² |

**Kosten:**
Stand 1. Quartal 2022
Bundesdurchschnitt
inkl. 19% MwSt.

## Objektübersicht zur Gebäudeart

### 6100-1170 Einfamilienhaus, Doppelgarage
**BRI** 835 m³   **BGF** 236 m²   **NUF** 160 m²

Einfamilienwohnhaus (160 m² WFL), nicht unterkellert mit Doppelgarage. Mauerwerksbau.

Land: Bayern
Kreis: Mühldorf
Standard: Durchschnitt
Bauzeit: 48 Wochen
Kennwerte: bis 1. Ebene DIN 276

**BGF  1.566 €/m²**

**Planung:** Viktor Filimonow Architekt; München

veröffentlicht: BKI Objektdaten N13

### 6100-1080 Einfamilienhaus, Garage
**BRI** 676 m³   **BGF** 219 m²   **NUF** 146 m²

Einfamilienhaus (159 m² WFL) mit Garage. Massivbau.

Land: Sachsen
Kreis: Leipzig, Stadt
Standard: Durchschnitt
Bauzeit: 35 Wochen
Kennwerte: bis 1. Ebene DIN 276

**BGF  1.342 €/m²**

**Planung:** Augustin + Imkamp freie Architekten GbR; Leipzig

veröffentlicht: BKI Objektdaten N13

### 6100-1116 Einfamilienhaus - Effizienzhaus 70
**BRI** 915 m³   **BGF** 279 m²   **NUF** 200 m²

Einfamilienhaus einer Wohnbebauung mit 326 Wohneinheiten. Mauerwerksbau.

Land: Hessen
Kreis: Wiesbaden, Stadt
Standard: Durchschnitt
Bauzeit: 96 Wochen
Kennwerte: bis 3. Ebene DIN 276

**BGF  1.282 €/m²**

**Planung:** Junghans + Formhals GmbH; Weiterstadt

veröffentlicht: BKI Objektdaten E6

### 6100-1011 Einfamilienhaus, Garage
**BRI** 563 m³   **BGF** 152 m²   **NUF** 96 m²

Einfamilienhaus mit Pultdach (88 m² WFL). Mauerwerksbau.

Land: Nordrhein-Westfalen
Kreis: Krefeld, Stadt
Standard: Durchschnitt
Bauzeit: 35 Wochen
Kennwerte: bis 1. Ebene DIN 276

**BGF  2.118 €/m²**

**Planung:** Architekturbüro Sengstock; Krefeld

veröffentlicht: BKI Objektdaten N12

## Objektübersicht zur Gebäudeart

### 6100-0935 Einfamilienhaus, Garage — BRI 887 m³ — BGF 361 m² — NUF 222 m²

Einfamilienhaus mit Garage (158 m² WFL). Mauerwerksbau.

Land: Brandenburg
Kreis: Havelland
Standard: Durchschnitt
Bauzeit: 26 Wochen
Kennwerte: bis 1. Ebene DIN 276

BGF 1.503 €/m²

**Planung:** Behrens & Heinlein Architekten BDA; Potsdam

veröffentlicht: BKI Objektdaten N11

### 6100-1005 Einfamilienhaus, Garage — BRI 866 m³ — BGF 258 m² — NUF 175 m²

Einfamilienhaus (152 m² WFL). Mauerwerksbau.

Land: Thüringen
Kreis: Gotha
Standard: Durchschnitt
Bauzeit: 65 Wochen
Kennwerte: bis 1. Ebene DIN 276

BGF 1.377 €/m²

**Planung:** büro für architektur und bautechnik; Hörselberg-Hainich

veröffentlicht: BKI Objektdaten N12

### 6100-0940 Einfamilienhaus, Doppelgarage - Effizienzhaus 70 — BRI 1.094 m³ — BGF 303 m² — NUF 180 m²

Einfamilienhaus mit Doppelgarage (193 m² WFL), Effizienzhaus 70. Mauerwerksbau.

Land: Hessen
Kreis: Lahn-Dill-Kreis
Standard: Durchschnitt
Bauzeit: 35 Wochen
Kennwerte: bis 1. Ebene DIN 276

BGF 1.779 €/m²

**Planung:** jungherr architekt Thomas Jungherr; Gießen

veröffentlicht: BKI Objektdaten E5

### 6100-1006 Zweifamilienhaus - KfW 70 — BRI 1.006 m³ — BGF 274 m² — NUF 208 m²

Zweifamilienhaus (203 m² WFL) mit einer Wohnung im EG und einer Wohnung im OG. Mauerwerksbau.

Land: Sachsen
Kreis: Dresden, Stadt
Standard: Durchschnitt
Bauzeit: 26 Wochen
Kennwerte: bis 1. Ebene DIN 276

BGF 2.011 €/m²

**Planung:** h.e.i.z. Haus Architektur.Stadtplanung Partnerschaft mbB; Dresden

veröffentlicht: BKI Objektdaten E5

© BKI Baukosteninformationszentrum; Erläuterungen zu den Tabellen siehe Seite 56 — Kostenstand: 1. Quartal 2022, Bundesdurchschnitt, inkl. 19% MwSt.

**Ein- und Zweifamilienhäuser, nicht unterkellert, mittlerer Standard**

**€/m² BGF**
| | |
|---|---|
| min | 1.010 €/m² |
| von | 1.420 €/m² |
| Mittel | **1.705 €/m²** |
| bis | 2.065 €/m² |
| max | 2.595 €/m² |

**Kosten:**
Stand 1. Quartal 2022
Bundesdurchschnitt
inkl. 19% MwSt.

## Objektübersicht zur Gebäudeart

### 6100-0903 Einfamilienhaus
**BRI** 962 m³  **BGF** 369 m²  **NUF** 248 m²

Einfamilienhaus (175 m² WFL) nicht unterkellert, aus Porenbeton-Mauerwerk. Mauerwerksbau.

Land: Berlin
Kreis: Berlin, Stadt
Standard: Durchschnitt
Bauzeit: 35 Wochen
Kennwerte: bis 4. Ebene DIN 276

**BGF** 1.400 €/m²

**Planung:** TSSB architekten.ingenieure; Berlin

veröffentlicht: BKI Objektdaten N12

### 6100-0866 Einfamilienhaus - Effizienzhaus 70
**BRI** 819 m³  **BGF** 227 m²  **NUF** 160 m²

Einfamilienhaus mit Carport als Effizienzhaus 70 (152 m² WFL). Mauerwerksbau.

Land: Niedersachsen
Kreis: Schaumburg
Standard: Durchschnitt
Bauzeit: 31 Wochen
Kennwerte: bis 1. Ebene DIN 276

**BGF** 1.729 €/m²

**Planung:** seyfarth architekten bda; Hannover

veröffentlicht: BKI Objektdaten E4

### 6100-0957 Einfamilienhaus - Effizienzhaus 70
**BRI** 630 m³  **BGF** 170 m²  **NUF** 112 m²

Einfamilienhaus (128 m² WFL) mit Carport, Effizienzhaus 70. Massivbau.

Land: Nordrhein-Westfalen
Kreis: Coesfeld
Standard: Durchschnitt
Bauzeit: 26 Wochen
Kennwerte: bis 1. Ebene DIN 276

**BGF** 1.772 €/m²

**Planung:** Heiderich Architekten; Lünen

veröffentlicht: BKI Objektdaten E5

### 6100-0941 Zweifamilienhaus - Effizienzhaus 70
**BRI** 794 m³  **BGF** 306 m²  **NUF** 197 m²

Zweifamilienhaus als Mehrgenerationenhaus (208 m² WFL), EG rollstuhlgerecht, Effizienzhaus 70. Mauerwerksbau.

Land: Nordrhein-Westfalen
Kreis: Borken
Standard: Durchschnitt
Bauzeit: 48 Wochen
Kennwerte: bis 1. Ebene DIN 276

**BGF** 1.401 €/m²

**Planung:** Architekturbüro Bartmann; Heiden

veröffentlicht: BKI Objektdaten E5

## Objektübersicht zur Gebäudeart

### 6100-0822 Einfamilienhaus    BRI 687 m³    BGF 209 m²    NUF 130 m²

Einfamilienhaus mit Carport und separatem Abstellraum im Garten Kriechboden als Abstellfläche im Dachgeschoss. Mauerwerksbau.

Land: Niedersachsen
Kreis: Braunschweig, Stadt
Standard: Durchschnitt
Bauzeit: 35 Wochen
Kennwerte: bis 3. Ebene DIN 276

**BGF 1.666 €/m²**

**Planung:** BRATHUHN + KÖNIG Architektur- u. Ingenieur-PartGmbB; Braunschweig

veröffentlicht: BKI Objektdaten N11

### 6100-1174 Einfamilienhaus, Carport - Effizienzhaus 70    BRI 625 m³    BGF 202 m²    NUF 112 m²

Einfamilienhaus mit Carport (142 m² WFL) als Effizienzhaus 70. Mauerwerksbau.

Land: Niedersachsen
Kreis: Oldenburg
Standard: Durchschnitt
Bauzeit: 26 Wochen
Kennwerte: bis 1. Ebene DIN 276

**BGF 1.580 €/m²**

**Planung:** Dipl.-Ing. (FH) Architekt André Siems

veröffentlicht: BKI Objektdaten E6

### 6100-0868 Einfamilienhaus - KfW 60    BRI 878 m³    BGF 331 m²    NUF 212 m²

Einfamilienhaus KfW 60 (196 m² WFL). Mauerwerksbau.

Land: Niedersachsen
Kreis: Hannover, Region
Standard: Durchschnitt
Bauzeit: 56 Wochen
Kennwerte: bis 1. Ebene DIN 276

**BGF 1.573 €/m²**

**Planung:** seyfarth architekten bda; Hannover

veröffentlicht: BKI Objektdaten E4

### 6100-0865 Einfamilienhaus - KfW 60    BRI 1.150 m³    BGF 407 m²    NUF 294 m²

Einfamilienhaus, KfW 60 (228 m² WFL). Mauerwerksbau.

Land: Niedersachsen
Kreis: Hannover, Region
Standard: Durchschnitt
Bauzeit: 26 Wochen
Kennwerte: bis 1. Ebene DIN 276

**BGF 1.301 €/m²**

**Planung:** seyfarth architekten bda; Hannover

veröffentlicht: BKI Objektdaten E4

© BKI Baukosteninformationszentrum; Erläuterungen zu den Tabellen siehe Seite 56    Kostenstand: 1. Quartal 2022, Bundesdurchschnitt, **inkl. 19% MwSt.**

**Ein- und Zweifamilienhäuser, nicht unterkellert, mittlerer Standard**

**€/m² BGF**

| | | |
|---|---:|---|
| min | 1.010 | €/m² |
| von | 1.420 | €/m² |
| Mittel | **1.705** | **€/m²** |
| bis | 2.065 | €/m² |
| max | 2.595 | €/m² |

**Kosten:**
Stand 1. Quartal 2022
Bundesdurchschnitt
inkl. 19% MwSt.

## Objektübersicht zur Gebäudeart

### 6100-0820 Einfamilienhaus
**BRI** 612 m³   **BGF** 185 m²   **NUF** 106 m²

Einfamilienhaus (138m² WFL) nicht unterkellert. Mauerwerksbau.

Land: Thüringen
Kreis: Erfurt, Stadt
Standard: Durchschnitt
Bauzeit: 22 Wochen
Kennwerte: bis 1. Ebene DIN 276

**BGF   1.438 €/m²**

**Planung:** funken trautwein architekten; Erfurt

veröffentlicht: BKI Objektdaten N10

### 6100-0819 Einfamilienhaus
**BRI** 564 m³   **BGF** 181 m²   **NUF** 128 m²

Einfamilienhaus (138m² WFL) nicht unterkellert. Mauerwerksbau.

Land: Brandenburg
Kreis: Barnim
Standard: Durchschnitt
Bauzeit: 31 Wochen
Kennwerte: bis 1. Ebene DIN 276

**BGF   1.730 €/m²**

**Planung:** Markus Coelen Gesellschaft von Architekten mbH; Berlin

veröffentlicht: BKI Objektdaten N10

### 6100-1131 Einfamilienhaus, Carport
**BRI** 1.004 m³   **BGF** 261 m²   **NUF** 193 m²

Einfamilienhaus (187m² WFL) mit Carport und Außenabstellraum. Mauerwerksbau.

Land: Niedersachsen
Kreis: Schaumburg
Standard: Durchschnitt
Bauzeit: 52 Wochen
Kennwerte: bis 3. Ebene DIN 276

**BGF   1.745 €/m²**

**Planung:** seyfarth stahlhut I architekten bda; Hannover

veröffentlicht: BKI Objektdaten N13

### 6100-0762 Einfamilienhaus - KfW 40
**BRI** 705 m³   **BGF** 212 m²   **NUF** 122 m²

Einfamilienwohnhaus KfW 40, nicht unterkellert,. Mauerwerksbau.

Land: Rheinland-Pfalz
Kreis: Kaiserslautern
Standard: Durchschnitt
Bauzeit: 39 Wochen
Kennwerte: bis 1. Ebene DIN 276

**BGF   1.740 €/m²**

**Planung:** k.A.

veröffentlicht: BKI Objektdaten E4

## Objektübersicht zur Gebäudeart

### 6100-0757 Einfamilienhaus - KfW 40*

**BRI** 635 m³  **BGF** 217 m²  **NUF** 134 m²

Einfamilienwohnhaus KfW 40, nicht unterkellert. Mauerwerksbau.

Land: Rheinland-Pfalz
Kreis: Südliche Weinstraße
Standard: Durchschnitt
Bauzeit: 52 Wochen
Kennwerte: bis 1. Ebene DIN 276

**BGF**  1.478 €/m²

veröffentlicht: BKI Objektdaten E4
* Nicht in der Auswertung enthalten

**Planung:** k.A.

### 6100-0755 Einfamilienhaus

**BRI** 689 m³  **BGF** 188 m²  **NUF** 144 m²

Einfamilienwohnhaus mit kleinem Büro und Schwimmbecken im Außenbereich. Mauerwerksbau.

Land: Saarland
Kreis: St. Wendel
Standard: Durchschnitt
Bauzeit: 35 Wochen
Kennwerte: bis 1. Ebene DIN 276

**BGF**  1.811 €/m²

veröffentlicht: BKI Objektdaten N11

**Planung:** Architekturbüro Armin Rohner; Marpingen

### 6100-0721 Hausmeisterwohnhaus - KfW 60

**BRI** 697 m³  **BGF** 208 m²  **NUF** 125 m²

Hausmeisterwohnung (1 WE). Mauerwerksbau; Stb-Decken; Holzdachkonstruktion.

Land: Bayern
Kreis: Freising
Standard: Durchschnitt
Bauzeit: 22 Wochen
Kennwerte: bis 1. Ebene DIN 276

**BGF**  1.665 €/m²

veröffentlicht: BKI Objektdaten E4

**Planung:** Haas W.; Freising

### 6100-0840 Einfamilienhaus, Garage - KfW 60

**BRI** 651 m³  **BGF** 232 m²  **NUF** 161 m²

Einfamilienhaus mit Garage, KfW 60 (160 m² WFL). Mauerwerksbau.

Land: Nordrhein-Westfalen
Kreis: Aachen, Städteregion
Standard: Durchschnitt
Bauzeit: 52 Wochen
Kennwerte: bis 1. Ebene DIN 276

**BGF**  1.288 €/m²

veröffentlicht: BKI Objektdaten E4

**Planung:** Georg Platen Architekt; Aachen

© **BKI** Baukosteninformationszentrum; Erläuterungen zu den Tabellen siehe Seite 56    Kostenstand: 1. Quartal 2022, Bundesdurchschnitt, inkl. 19% MwSt.

**Ein- und Zweifamilienhäuser, nicht unterkellert, mittlerer Standard**

**€/m² BGF**
| | |
|---|---|
| min | 1.010 €/m² |
| von | 1.420 €/m² |
| Mittel | **1.705 €/m²** |
| bis | 2.065 €/m² |
| max | 2.595 €/m² |

**Kosten:**
Stand 1. Quartal 2022
Bundesdurchschnitt
inkl. 19% MwSt.

## Objektübersicht zur Gebäudeart

### 6100-0830 Einfamilienhaus - KfW 40
**BRI** 855 m³   **BGF** 341 m²   **NUF** 228 m²

Einfamilienhaus, KfW 40 Standard, Energiegewinnhaus. Mauerwerksbau.

Land: Rheinland-Pfalz
Kreis: Mayen-Koblenz
Standard: Durchschnitt
Bauzeit: 26 Wochen
Kennwerte: bis 1. Ebene DIN 276

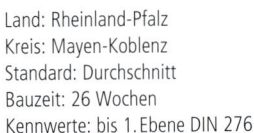

**BGF   1.010 €/m²**

veröffentlicht: BKI Objektdaten E4

**Planung:** objektraum architekten Dipl.-Ing. Architekt Jan Kujanek; Winningen

### 6100-0733 Einfamilienhaus
**BRI** 841 m³   **BGF** 264 m²   **NUF** 187 m²

Einfamilienwohnhaus mit Garage (171 m² WFL). Mauerwerksbau.

Land: Niedersachsen
Kreis: Gifhorn
Standard: Durchschnitt
Bauzeit: 52 Wochen
Kennwerte: bis 3. Ebene DIN 276

**BGF   1.598 €/m²**

veröffentlicht: BKI Objektdaten N11

**Planung:** Die Planschmiede 2KS GmbH & Co. KG; Hankensbüttel

### 6100-0672 Einfamilienhaus
**BRI** 695 m³   **BGF** 217 m²   **NUF** 154 m²

Einfamilienwohnhaus mit Carport und Kellerersatzraum. Mauerwerksbau; Stb-Decke; Holzdachkonstruktion.

Land: Nordrhein-Westfalen
Kreis: Soest
Standard: Durchschnitt
Bauzeit: 26 Wochen
Kennwerte: bis 3. Ebene DIN 276

**BGF   1.460 €/m²**

veröffentlicht: BKI Objektdaten N10

**Planung:** Dipl.-Ing. Architekt Michael Wiemers; Soest

### 6100-1100 Einfamilienhaus, Garage - KfW 60
**BRI** 913 m³   **BGF** 268 m²   **NUF** 211 m²

Einfamilienhaus (164 m² WFL) mit Garage. Mauerwerksbau.

Land: Baden-Württemberg
Kreis: Ortenaukreis
Standard: Durchschnitt
Bauzeit: 87 Wochen
Kennwerte: bis 1. Ebene DIN 276

**BGF   1.503 €/m²**

veröffentlicht: BKI Objektdaten E6

**Planung:** STRAUB Architekten; Sasbach

## Objektübersicht zur Gebäudeart

### 6100-0614 Einfamilienhaus mit Solaranlage    BRI 875 m³    BGF 273 m²    NUF 193 m²

Einfamilienhaus mit Doppelgarage. Mauerwerksbau.

Land: Nordrhein-Westfalen
Kreis: Oberhausen, Stadt
Standard: Durchschnitt
Bauzeit: 26 Wochen
Kennwerte: bis 4. Ebene DIN 276

**BGF   1.535 €/m²**

**Planung:** Meier-Ebbers Architekten und Ingenieure; Oberhausen

veröffentlicht: BKI Objektdaten N8

### 6100-0666 Einfamilienhaus mit ELW    BRI 912 m³    BGF 299 m²    NUF 165 m²

Großzügige Wohnung über 2 Geschosse, die bei Bedarf auch getrennt werden kann. Einliegerwohnung im DG. Mauerwerksbau, Holzdachkonstruktion.

Land: Baden-Württemberg
Kreis: Freiburg im Breisgau
Standard: Durchschnitt
Bauzeit: 43 Wochen
Kennwerte: bis 1. Ebene DIN 276

**BGF   1.603 €/m²**

**Planung:** Architekturbüro Dipl.-Ing. Gaby Sutter; Freiburg

veröffentlicht: BKI Objektdaten N9

### 6100-0651 Einfamilienhaus    BRI 575 m³    BGF 173 m²    NUF 146 m²

Einfamilienwohnhaus, (121 m² WFL). Mauerwerksbau.

Land: Thüringen
Kreis: Weimar, Stadt
Standard: Durchschnitt
Bauzeit: 35 Wochen
Kennwerte: bis 1. Ebene DIN 276

**BGF   1.537 €/m²**

**Planung:** karsten bauer architekt BDA; Weimar

veröffentlicht: BKI Objektdaten N9

### 6100-0564 Einfamilienhaus, barrierefrei    BRI 726 m³    BGF 246 m²    NUF 178 m²

Einfamilienhaus, barrierefrei (100 m² WFL II.BVO). Mauerwerksbau mit geneigtem Holzdach.

Land: Sachsen-Anhalt
Kreis: Mansfeld-Südharz
Standard: Durchschnitt
Bauzeit: 22 Wochen
Kennwerte: bis 3. Ebene DIN 276

**BGF   1.587 €/m²**

**Planung:** Architektur- & Ingenieurbüro Dipl.-Ing. Reinhard Pescht; Sangerhausen

veröffentlicht: BKI Objektdaten N7

**Ein- und Zwei-familienhäuser, nicht unterkellert, mittlerer Standard**

**€/m² BGF**
| | |
|---|---|
| min | 1.010 €/m² |
| von | 1.420 €/m² |
| Mittel | **1.705 €/m²** |
| bis | 2.065 €/m² |
| max | 2.595 €/m² |

**Kosten:**
Stand 1. Quartal 2022
Bundesdurchschnitt
inkl. 19% MwSt.

## Objektübersicht zur Gebäudeart

### 6100-0536 Einfamilienhaus, Garage
**BRI** 1.068 m³ **BGF** 362 m² **NUF** 225 m²

Einfamilienwohnhaus (207 m² WFL), Garage. Mauerwerksbau, Holzdachkonstruktion.

Land: Baden-Württemberg
Kreis: Rhein-Neckar-Kreis
Standard: Durchschnitt
Bauzeit: 30 Wochen
Kennwerte: bis 3. Ebene DIN 276

**BGF   1.667 €/m²**

veröffentlicht: BKI Objektdaten N9

**Planung:** Architekt Dipl.-Ing. Alexander Böhm; Heidelberg

### 6100-0547 Einfamilienhaus
**BRI** 709 m³ **BGF** 198 m² **NUF** 148 m²

Einfamilienwohnhaus (140 m² WFL II.BVO), nicht unterkellert. Mauerwerksbau.

Land: Hessen
Kreis: Wiesbaden, Stadt
Standard: Durchschnitt
Bauzeit: 35 Wochen
Kennwerte: bis 4. Ebene DIN 276

**BGF   1.623 €/m²**

veröffentlicht: BKI Objektdaten N6

**Planung:** Architekt Armin Loose; Wiesbaden

### 6100-0565 Einfamilienhaus
**BRI** 864 m³ **BGF** 252 m² **NUF** 168 m²

Einfamilienhaus (188 m² WFL II.BVO). Mauerwerksbau.

Land: Niedersachsen
Kreis: Hildesheim
Standard: Durchschnitt
Bauzeit: 26 Wochen
Kennwerte: bis 4. Ebene DIN 276

**BGF   1.776 €/m²**

veröffentlicht: BKI Objektdaten N7

**Planung:** Architekturbüro Jörg Sauer; Hildesheim

# Wohnen

**Ein- und Zweifamilienhäuser, nicht unterkellert, hoher Standard**

## Kostenkennwerte für die Kosten des Bauwerks (Kostengruppen 300+400 nach DIN 276)

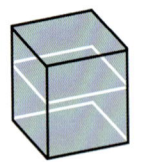

**BRI** 660 €/m³
von 535 €/m³
bis 810 €/m³

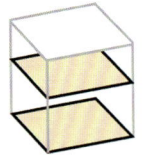

**BGF** 2.130 €/m²
von 1.745 €/m²
bis 2.580 €/m²

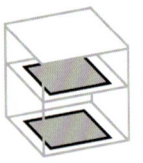

**NUF** 3.095 €/m²
von 2.395 €/m²
bis 3.870 €/m²

**NE** 3.280 €/NE
von 2.525 €/NE
bis 3.995 €/NE
NE: Wohnfläche

**Kosten:**
Stand 1. Quartal 2022
Bundesdurchschnitt
inkl. 19% MwSt.

### Objektbeispiele

6100-1505

6100-1523

6100-1526

### Kosten der 45 Vergleichsobjekte — Seiten 424 bis 435

- ● KKW
- ▶ min
- ▷ von
- | Mittelwert
- ◁ bis
- ◀ max

BRI (€/m³ BRI): 200–1200

BGF (€/m² BGF): 1000–3500

NUF (€/m² NUF): 1400–4900

© BKI Baukosteninformationszentrum; Erläuterungen zu den Tabellen siehe Seite 46
Kostenstand: 1. Quartal 2022, Bundesdurchschnitt, inkl. 19% MwSt.

## Kostenkennwerte für die Kostengruppen der 1. und 2. Ebene DIN 276

| KG | Kostengruppen der 1. Ebene | Einheit | ▷ | €/Einheit | ◁ | ▷ | % an 300+400 | ◁ |
|---|---|---|---|---|---|---|---|---|
| 100 | Grundstück | m²GF | – | – | – | – | – | – |
| 200 | Vorbereitende Maßnahmen | m²GF | 4 | **13** | 26 | 0,6 | **2,1** | 4,2 |
| 300 | Bauwerk – Baukonstruktionen | m²BGF | 1.420 | **1.739** | 2.083 | 78,1 | **81,7** | 85,4 |
| 400 | Bauwerk – Technische Anlagen | m²BGF | 282 | **393** | 530 | 14,6 | **18,3** | 21,9 |
|  | Bauwerk (300+400) | m²BGF | 1.743 | **2.132** | 2.582 | 100,0 | **100,0** | 100,0 |
| 500 | Außenanlagen und Freiflächen | m²AF | 51 | **105** | 340 | 4,2 | **9,1** | 17,5 |
| 600 | Ausstattung und Kunstwerke | m²BGF | 25 | **55** | 114 | 1,2 | **2,9** | 5,6 |
| 700 | Baunebenkosten* | m²BGF | 516 | **576** | 635 | 24,3 | **27,1** | 29,9 |
| 800 | Finanzierung | m²BGF | – | – | – | – | – | – |

*Auf Grundlage der HOAI 2021 berechnete Werte nach §§ 35, 52, 56. Weitere Informationen siehe Seite 50

| KG | Kostengruppen der 2. Ebene | Einheit | ▷ | €/Einheit | ◁ | ▷ | % an 1. Ebene | ◁ |
|---|---|---|---|---|---|---|---|---|
| 310 | Baugrube / Erdbau | m³BGI | 32 | **61** | 96 | 0,8 | **1,8** | 3,3 |
| 320 | Gründung, Unterbau | m²GRF | 351 | **435** | 565 | 10,8 | **13,9** | 18,9 |
| 330 | Außenwände / vertikal außen | m²AWF | 426 | **493** | 598 | 28,1 | **34,2** | 39,0 |
| 340 | Innenwände / vertikal innen | m²IWF | 219 | **287** | 356 | 9,5 | **12,3** | 16,9 |
| 350 | Decken / horizontal | m²DEF | 387 | **471** | 541 | 9,4 | **13,0** | 18,0 |
| 360 | Dächer | m²DAF | 407 | **489** | 640 | 14,8 | **18,7** | 22,8 |
| 370 | Infrastrukturanlagen |  | – | – | – | – | – | – |
| 380 | Baukonstruktive Einbauten | m²BGF | 16 | **39** | 72 | 0,4 | **1,8** | 4,1 |
| 390 | Sonst. Maßnahmen für Baukonst. | m²BGF | 35 | **73** | 144 | 2,2 | **4,4** | 8,3 |
| **300** | **Bauwerk – Baukonstruktionen** | **m²BGF** |  |  |  |  | **100,0** |  |
| 410 | Abwasser-, Wasser-, Gasanlagen | m²BGF | 67 | **104** | 141 | 21,0 | **27,3** | 39,5 |
| 420 | Wärmeversorgungsanlagen | m²BGF | 123 | **181** | 246 | 36,6 | **48,0** | 57,7 |
| 430 | Raumlufttechnische Anlagen | m²BGF | 10 | **30** | 62 | < 0,1 | **1,4** | 8,9 |
| 440 | Elektrische Anlagen | m²BGF | 50 | **73** | 115 | 13,5 | **19,1** | 23,5 |
| 450 | Kommunikationstechnische Anlagen | m²BGF | 10 | **18** | 38 | 1,9 | **4,0** | 6,7 |
| 460 | Förderanlagen | m²BGF | – | – | – | – | – | – |
| 470 | Nutzungsspez. / verfahrenstech. Anl. | m²BGF | – | – | – | – | – | – |
| 480 | Gebäude- und Anlagenautomation | m²BGF | – | – | – | – | – | – |
| 490 | Sonst. Maßnahmen f. techn. Anl. | m²BGF | 6 | **6** | 6 | 0,0 | **0,1** | 1,2 |
| **400** | **Bauwerk – Technische Anlagen** | **m²BGF** |  |  |  |  | **100,0** |  |

### Prozentanteile der Kosten 2. Ebene an den Kosten des Bauwerks nach DIN 276 (Von/Mittel/Bis)

| KG | Kostengruppe | Mittel |
|---|---|---|
| 310 | Baugrube / Erdbau | 1,5 |
| 320 | Gründung, Unterbau | 11,3 |
| 330 | Außenwände / vertikal außen | 27,9 |
| 340 | Innenwände / vertikal innen | 10,0 |
| 350 | Decken / horizontal | 10,6 |
| 360 | Dächer | 15,2 |
| 370 | Infrastrukturanlagen |  |
| 380 | Baukonstruktive Einbauten | 1,5 |
| 390 | Sonst. Maßnahmen für Baukonst. | 3,5 |
| 410 | Abwasser-, Wasser-, Gasanlagen | 5,0 |
| 420 | Wärmeversorgungsanlagen | 8,9 |
| 430 | Raumlufttechnische Anlagen | 0,3 |
| 440 | Elektrische Anlagen | 3,5 |
| 450 | Kommunikationstechnische Anlagen | 0,8 |
| 460 | Förderanlagen |  |
| 470 | Nutzungsspez. / verfahrenstech. Anl. |  |
| 480 | Gebäude- und Anlagenautomation |  |
| 490 | Sonst. Maßnahmen f. techn. Anl. | < 0,1 |

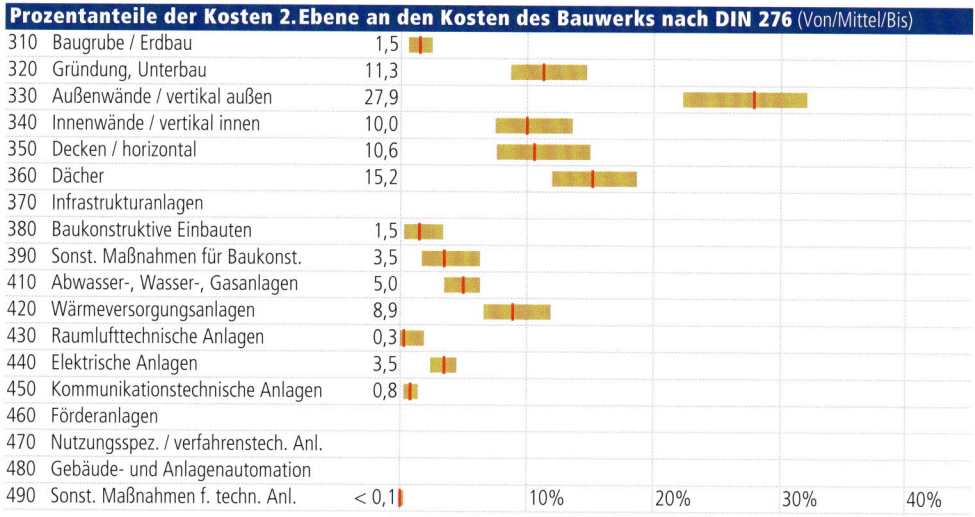

© BKI Baukosteninformationszentrum; Erläuterungen zu den Tabellen siehe Seite 48 und 50   Kostenstand: 1. Quartal 2022, Bundesdurchschnitt, **inkl. 19% MwSt.**

**Ein- und Zweifamilienhäuser, nicht unterkellert, hoher Standard**

## Prozentanteile der Kosten für Leistungsbereiche nach STLB (Kosten Bauwerk nach DIN 276)

| LB | Leistungsbereiche | von | Mittelwert | bis |
|---|---|---|---|---|
| 000 | Sicherheits-, Baustelleneinrichtungen inkl. 001 | 1,5 | **2,2** | 3,2 |
| 002 | Erdarbeiten | 1,2 | **2,5** | 3,8 |
| 006 | Spezialtiefbauarbeiten inkl. 005 | – | – | – |
| 009 | Entwässerungskanalarbeiten inkl. 011 | < 0,1 | **0,5** | 1,2 |
| 010 | Drän- und Versickerarbeiten | 0,0 | **0,1** | 0,8 |
| 012 | Mauerarbeiten | 7,4 | **9,5** | 12,4 |
| 013 | Betonarbeiten | 7,9 | **13,0** | 17,7 |
| 014 | Natur-, Betonwerksteinarbeiten | < 0,1 | **0,8** | 2,3 |
| 016 | Zimmer- und Holzbauarbeiten | 1,2 | **4,8** | 13,2 |
| 017 | Stahlbauarbeiten | < 0,1 | **< 0,1** | 0,5 |
| 018 | Abdichtungsarbeiten | 0,2 | **0,6** | 1,3 |
| 020 | Dachdeckungsarbeiten | < 0,1 | **1,6** | 4,8 |
| 021 | Dachabdichtungsarbeiten | 0,9 | **3,9** | 7,5 |
| 022 | Klempnerarbeiten | 0,6 | **1,6** | 3,0 |
| | **Rohbau** | 37,2 | **41,2** | 49,8 |
| 023 | Putz- und Stuckarbeiten, Wärmedämmsysteme | 5,2 | **7,0** | 9,3 |
| 024 | Fliesen- und Plattenarbeiten | 1,3 | **2,6** | 5,6 |
| 025 | Estricharbeiten | 1,3 | **1,9** | 2,6 |
| 026 | Fenster, Außentüren inkl. 029, 032 | 5,0 | **10,6** | 13,0 |
| 027 | Tischlerarbeiten | 3,1 | **5,7** | 8,6 |
| 028 | Parkettarbeiten, Holzpflasterarbeiten | 0,4 | **2,4** | 4,2 |
| 030 | Rollladenarbeiten | 0,0 | **1,2** | 2,9 |
| 031 | Metallbauarbeiten inkl. 035 | 0,8 | **2,3** | 5,9 |
| 034 | Maler- und Lackiererarbeiten inkl. 037 | 1,5 | **2,5** | 3,8 |
| 036 | Bodenbelagarbeiten | < 0,1 | **0,8** | 2,6 |
| 038 | Vorgehängte hinterlüftete Fassaden | 0,0 | **0,9** | 5,9 |
| 039 | Trockenbauarbeiten | 0,9 | **2,5** | 3,7 |
| | **Ausbau** | 34,0 | **40,5** | 44,8 |
| 040 | Wärmeversorgungsanl. - Betriebseinr. inkl. 041 | 6,0 | **8,0** | 10,8 |
| 042 | Gas- und Wasserinstallation, Leitungen inkl. 043 | 0,9 | **1,4** | 2,3 |
| 044 | Abwasseranlagen - Leitungen | 0,4 | **0,7** | 1,2 |
| 045 | GWE-Einrichtungsgegenstände inkl. 046 | 2,0 | **3,1** | 6,7 |
| 047 | Dämmarbeiten an betriebstechnischen Anlagen | < 0,1 | **0,3** | 1,2 |
| 049 | Feuerlöschanlagen, Feuerlöschgeräte | – | – | – |
| 050 | Blitzschutz- und Erdungsanlagen | < 0,1 | **0,2** | 0,6 |
| 052 | Mittelspannungsanlagen | – | – | – |
| 053 | Niederspannungsanlagen inkl. 054 | 2,2 | **2,9** | 4,1 |
| 055 | Sicherheits- u. Ersatzstromversorgungsanl. | – | – | – |
| 057 | Gebäudesystemtechnik | – | – | – |
| 058 | Leuchten und Lampen inkl. 059 | < 0,1 | **0,2** | 0,6 |
| 060 | Sprechanlagen, elektroakust. Anlagen inkl. 064 | < 0,1 | **0,2** | 0,6 |
| 061 | Kommunikationsnetze inkl. 062 | 0,1 | **0,4** | 0,9 |
| 063 | Gefahrenmeldeanlagen | < 0,1 | **0,1** | 0,6 |
| 069 | Aufzüge | – | – | – |
| 070 | Gebäudeautomation | – | – | – |
| 075 | Raumlufttechnische Anlagen inkl. 078 | < 0,1 | **0,1** | 0,9 |
| | **Gebäudetechnik** | 14,5 | **17,8** | 21,7 |
| | Sonstige Leistungsbereiche inkl. 008, 033, 051 | < 0,1 | **0,5** | 3,4 |

Kosten: Stand 1. Quartal 2022 Bundesdurchschnitt inkl. 19% MwSt.

- KKW
- ▶ min
- ▷ von
- | Mittelwert
- ◁ bis
- ◀ max

## Planungskennwerte für Flächen und Rauminhalte nach DIN 277

| Grundflächen | | ▷ | Fläche/NUF (%) | ◁ | ▷ | Fläche/BGF (%) | ◁ |
|---|---|---|---|---|---|---|---|
| NUF | Nutzungsfläche | 100,0 | **100,0** | 100,0 | 65,5 | **69,8** | 74,2 |
| TF | Technikfläche | 2,4 | **3,0** | 5,5 | 1,6 | **2,0** | 3,7 |
| VF | Verkehrsfläche | 10,6 | **13,7** | 19,5 | 7,2 | **9,2** | 11,8 |
| NRF | Netto-Raumfläche | 112,5 | **116,2** | 122,8 | 77,6 | **80,7** | 82,5 |
| KGF | Konstruktions-Grundfläche | 24,6 | **28,3** | 34,9 | 17,5 | **19,3** | 22,4 |
| BGF | Brutto-Grundfläche | 136,9 | **144,5** | 155,6 | 100,0 | **100,0** | 100,0 |

| Brutto-Rauminhalte | | ▷ | BRI/NUF (m) | ◁ | ▷ | BRI/BGF (m) | ◁ |
|---|---|---|---|---|---|---|---|
| BRI | Brutto-Rauminhalt | 4,39 | **4,69** | 5,02 | 3,06 | **3,26** | 3,43 |

| Flächen von Nutzeinheiten | ▷ | NUF/Einheit (m²) | ◁ | ▷ | BGF/Einheit (m²) | ◁ |
|---|---|---|---|---|---|---|
| Nutzeinheit: Wohnfläche | 1,00 | **1,07** | 1,27 | 1,45 | **1,54** | 1,80 |

| Lufttechnisch behandelte Flächen | ▷ | Fläche/NUF (%) | ◁ | ▷ | Fläche/BGF (%) | ◁ |
|---|---|---|---|---|---|---|
| Entlüftete Fläche | – | – | – | – | – | – |
| Be- und entlüftete Fläche | 94,7 | **94,7** | 94,7 | 65,4 | **65,4** | 65,4 |
| Teilklimatisierte Fläche | – | – | – | – | – | – |
| Klimatisierte Fläche | 6,9 | **6,9** | 6,9 | 4,7 | **4,7** | 4,7 |

| KG | Kostengruppen (2. Ebene) | Einheit | ▷ | Menge/NUF | ◁ | ▷ | Menge/BGF | ◁ |
|---|---|---|---|---|---|---|---|---|
| 310 | Baugrube / Erdbau | m³ BGI | 0,67 | **0,94** | 1,37 | 0,43 | **0,61** | 0,83 |
| 320 | Gründung, Unterbau | m² GRF | 0,70 | **0,80** | 0,91 | 0,46 | **0,53** | 0,61 |
| 330 | Außenwände / vertikal außen | m² AWF | 1,60 | **1,73** | 1,84 | 1,02 | **1,14** | 1,26 |
| 340 | Innenwände / vertikal innen | m² IWF | 0,97 | **1,07** | 1,16 | 0,63 | **0,70** | 0,81 |
| 350 | Decken / horizontal | m² DEF | 0,57 | **0,67** | 0,72 | 0,37 | **0,44** | 0,46 |
| 360 | Dächer | m² DAF | 0,85 | **1,02** | 1,29 | 0,55 | **0,67** | 0,93 |
| 370 | Infrastrukturanlagen | | – | – | – | – | – | – |
| 380 | Baukonstruktive Einbauten | m² BGF | 1,37 | **1,45** | 1,56 | 1,00 | **1,00** | 1,00 |
| 390 | Sonst. Maßnahmen für Baukonst. | m² BGF | 1,37 | **1,45** | 1,56 | 1,00 | **1,00** | 1,00 |
| **300** | **Bauwerk – Baukonstruktionen** | **m² BGF** | 1,37 | **1,45** | 1,56 | 1,00 | **1,00** | 1,00 |

## Planungskennwerte für Bauzeiten

**45 Vergleichsobjekte**

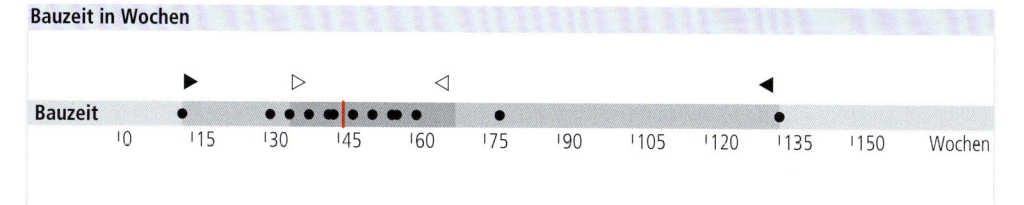

**Bauzeit in Wochen**

Bauzeit: ▶ bei ca. 15 Wochen, ▷ bei ca. 30, ◁ bei ca. 60, ◀ bei ca. 125; Median bei ca. 45 Wochen. Skala: 0, 15, 30, 45, 60, 75, 90, 105, 120, 135, 150 Wochen.

© BKI Baukosteninformationszentrum; Erläuterungen zu den Tabellen siehe Seite 54    Kostenstand: 1. Quartal 2022, Bundesdurchschnitt, inkl. 19% MwSt.

**Ein- und Zweifamilienhäuser, nicht unterkellert, hoher Standard**

**€/m² BGF**
| | |
|---|---|
| min | 1.195 €/m² |
| von | 1.745 €/m² |
| Mittel | **2.130 €/m²** |
| bis | 2.580 €/m² |
| max | 3.010 €/m² |

**Kosten:**
Stand 1. Quartal 2022
Bundesdurchschnitt
inkl. 19% MwSt.

## Objektübersicht zur Gebäudeart

### 6100-1551 Einfamilienhaus, Garage
**BRI** 946 m³ **BGF** 357 m² **NUF** 241 m²

barrierefreies Einfamilienhaus, als Alterswohnsitz. Massivbau.

Land: Niedersachsen
Kreis: Vechta
Standard: über Durchschnitt
Bauzeit: 39 Wochen
Kennwerte: bis 1. Ebene DIN 276

**BGF 1.592 €/m²**

Planung: Timmermeister + Belz PartGmbB; Holdorf

vorgesehen: BKI Objektdaten N18

### 6100-1526 Einfamilienhaus, Garage
**BRI** 932 m³ **BGF** 292 m² **NUF** 202 m²

Einfamilienhaus mit Garage. Mauerwerk.

Land: Niedersachsen
Kreis: Delmenhorst, Stadt
Standard: über Durchschnitt
Bauzeit: 35 Wochen
Kennwerte: bis 1. Ebene DIN 276

**BGF 2.782 €/m²**

Planung: Architekturbüro Ullrich Runge; Delmenhorst

vorgesehen: BKI Objektdaten N18

### 6100-1506 Einfamilienhaus - Effizienzhaus ~18%
**BRI** 1.188 m³ **BGF** 322 m² **NUF** 228 m²

Einfamilienhaus (216 m² WFL) mit Garage. Mauerwerk.

Land: Niedersachsen
Kreis: Hannover, Region
Standard: über Durchschnitt
Bauzeit: 43 Wochen
Kennwerte: bis 1. Ebene DIN 276

**BGF 2.548 €/m²**

Planung: Zymara Loitzenbauer Giesecke Architekten BDA; Hannover

veröffentlicht: BKI Objektdaten E9

### 6100-1505 Einfamilienhaus - Effizienzhaus ~56%
**BRI** 684 m³ **BGF** 236 m² **NUF** 140 m²

Einfamilienhaus als Effizienzhaus ~56%. Mischkonstruktion.

Land: Schleswig-Holstein
Kreis: Ostholstein
Standard: über Durchschnitt
Bauzeit: 48 Wochen
Kennwerte: bis 3. Ebene DIN 276

**BGF 2.268 €/m²**

Planung: Architekturbüro Griebel; Lensahn

veröffentlicht: BKI Objektdaten E9

## Objektübersicht zur Gebäudeart

### 6100-1452 Einfamilienhaus - Effizienzhaus ~13%   BRI 956 m³   BGF 284 m²   NUF 192 m²

Einfamilienhaus (188 m² WFL). Mischkonstruktion.

Land: Bayern
Kreis: Erding
Standard: über Durchschnitt
Bauzeit: 35 Wochen
Kennwerte: bis 1. Ebene DIN 276

BGF  1.962 €/m²

**Planung:** DWA David Wolfertstetter Architektur; Dorfen

veröffentlicht: BKI Objektdaten E9

### 6100-1482 Einfamilienhaus, Garage   BRI 878 m³   BGF 291 m²   NUF 213 m²

Einfamilienhaus (192 m² WFL) mit Garage. Mauerwerk.

Land: Thüringen
Kreis: Wartburgkreis
Standard: über Durchschnitt
Bauzeit: 44 Wochen
Kennwerte: bis 3. Ebene DIN 276

BGF  1.752 €/m²

**Planung:** M.A. Architekt Torsten Wolff; Erfurt

veröffentlicht: BKI Objektdaten N17

### 6100-1435 Einfamilienhaus mit Garage - Effizienzhaus 55   BRI 840 m³   BGF 291 m²   NUF 154 m²

Einfamilienhaus mit Garage als Effizienzhaus 55. MW-Massivbau.

Land: Niedersachsen
Kreis: Celle
Standard: über Durchschnitt
Bauzeit: 61 Wochen
Kennwerte: bis 3. Ebene DIN 276

BGF  2.156 €/m²

**Planung:** JA:3 Architekten, Ingenieure, Innenarchitekten; Winsen (Aller)

veröffentlicht: BKI Objektdaten E8

### 6100-1481 Einfamilienhaus - Effizienzhaus ~13%   BRI 898 m³   BGF 272 m²   NUF 187 m²

Einfamilienhaus - Effizienzhaus ~13%. Massivbau.

Land: Brandenburg
Kreis: Potsdam, Stadt
Standard: über Durchschnitt
Bauzeit: 43 Wochen
Kennwerte: bis 1. Ebene DIN 276

BGF  2.925 €/m²

**Planung:** Architekturbüro G. Hauptvogel-Flatau; Potsdam

veröffentlicht: BKI Objektdaten E9

© **BKI** Baukosteninformationszentrum; Erläuterungen zu den Tabellen siehe Seite 56    Kostenstand: 1. Quartal 2022, Bundesdurchschnitt, **inkl. 19% MwSt.**

**Ein- und Zweifamilienhäuser, nicht unterkellert, hoher Standard**

**€/m² BGF**
| | |
|---|---|
| min | 1.195 €/m² |
| von | 1.745 €/m² |
| Mittel | **2.130 €/m²** |
| bis | 2.580 €/m² |
| max | 3.010 €/m² |

**Kosten:**
Stand 1. Quartal 2022
Bundesdurchschnitt
inkl. 19% MwSt.

## Objektübersicht zur Gebäudeart

### 6100-1467 Einfamilienhaus - Effizienzhaus ~38%
**BRI** 626 m³  **BGF** 251 m²  **NUF** 171 m²

Einfamilienhaus (154 m² WFL). Mischkonstruktion.

Land: Bayern
Kreis: Deggendorf
Standard: über Durchschnitt
Bauzeit: 135 Wochen
Kennwerte: bis 1. Ebene DIN 276

**BGF 1.695 €/m²**

Planung: architekturbüro plandesign; Deggendorf

veröffentlicht: BKI Objektdaten E9

### 6100-1361 Zweifamilienhaus
**BRI** 847 m³  **BGF** 256 m²  **NUF** 182 m²

Zweifamilienhaus mit 156 m² WFL. Mauerwerk.

Land: Nordrhein-Westfalen
Kreis: Wesel
Standard: über Durchschnitt
Bauzeit: 52 Wochen
Kennwerte: bis 1. Ebene DIN 276

**BGF 1.656 €/m²**

Planung: Architekturbüro Beate Kempkens; Xanten

veröffentlicht: BKI Objektdaten N16

### 6100-1523 Einfamilienhaus, Doppelcarport - Effizienzhaus 55
**BRI** 836 m³  **BGF** 285 m²  **NUF** 202 m²

Einfamilienhaus mit Doppelcarport. Holzbau.

Land: Niedersachsen
Kreis: Harburg
Standard: über Durchschnitt
Bauzeit: 43 Wochen
Kennwerte: bis 1. Ebene DIN 276

**BGF 2.673 €/m²**

Planung: jup. architektur; Winsen (Luhe)

veröffentlicht: BKI Objektdaten E9

### 6100-1491 Einfamilienhaus
**BRI** 720 m³  **BGF** 221 m²  **NUF** 136 m²

Einfamilienhaus mit 155 m² WFL. Massivbau.

Land: Mecklenburg-Vorpommern
Kreis: Vorpommern-Rügen
Standard: über Durchschnitt
Bauzeit: 78 Wochen
Kennwerte: bis 1. Ebene DIN 276

**BGF 3.012 €/m²**

Planung: MÖHRING ARCHITEKTEN; Berlin

veröffentlicht: BKI Objektdaten N17

## Objektübersicht zur Gebäudeart

### 6100-1246 Zweifamilienhaus, Garage    BRI 913 m³    BGF 299 m²    NUF 225 m²

Zweifamilienhaus (201 m² WFL) mit Garage. Mauerwerksbau.

Land: Nordrhein-Westfalen
Kreis: Viersen
Standard: über Durchschnitt
Bauzeit: 48 Wochen
Kennwerte: bis 1. Ebene DIN 276

**BGF   1.889 €/m²**

**Planung:** raumumraum architekten Aldenhoff, Langenbahn, Möhring; Düsseldorf

veröffentlicht: BKI Objektdaten N15

### 6100-1271 Zweifamilienhaus, Einliegerwohnung, Doppelgarage    BRI 1.625 m³    BGF 567 m²    NUF 431 m²

Zweifamilienhaus (257 m² WFL) mit Einliegerwohnung und Doppelgarage, nicht unterkellert. Massivbau.

Land: Baden-Württemberg
Kreis: Karlsruhe
Standard: über Durchschnitt
Bauzeit: 56 Wochen
Kennwerte: bis 1. Ebene DIN 276

**BGF   1.951 €/m²**

**Planung:** m_architekten gmbh mattias huismans, judith haas fr. architekten; Karlsruhe

veröffentlicht: BKI Objektdaten N15

### 6100-1230 Einfamilienhaus, Carport - Effizienzhaus 70    BRI 779 m³    BGF 215 m²    NUF 130 m²

Einfamilienhaus (134 m² WFL) mit Carport. Massivbau.

Land: Nordrhein-Westfalen
Kreis: Hochsauerlandkreis
Standard: über Durchschnitt
Bauzeit: 52 Wochen
Kennwerte: bis 1. Ebene DIN 276

**BGF   2.152 €/m²**

**Planung:** masseck. architekten+generalplaner; Arnsberg

veröffentlicht: BKI Objektdaten E7

### 6100-1351 Einfamilienhaus    BRI 646 m³    BGF 208 m²    NUF 139 m²

Einfamilienhaus (140 m² WFL). Mauerwerk.

Land: Niedersachsen
Kreis: Hannover, Region
Standard: über Durchschnitt
Bauzeit: 35 Wochen
Kennwerte: bis 1. Ebene DIN 276

**BGF   2.446 €/m²**

**Planung:** mm architekten Martin A. Müller Architekt BDA; Hannover

veröffentlicht: BKI Objektdaten N16

**Ein- und Zwei-familienhäuser, nicht unterkellert, hoher Standard**

€/m² BGF
min 1.195 €/m²
von 1.745 €/m²
Mittel **2.130 €/m²**
bis 2.580 €/m²
max 3.010 €/m²

Kosten:
Stand 1. Quartal 2022
Bundesdurchschnitt
inkl. 19% MwSt.

## Objektübersicht zur Gebäudeart

### 6100-1260 Einfamilienhaus - Effizienzhaus ~33%
**BRI** 1.237 m³ **BGF** 379 m² **NUF** 262 m²

Einfamilienhaus (283 m² WFL). Massivbau.

Land: Nordrhein-Westfalen
Kreis: Aachen, Städteregion
Standard: über Durchschnitt
Bauzeit: 57 Wochen
Kennwerte: bis 1. Ebene DIN 276

**BGF 2.637 €/m²**

Planung: Zweering Helmus Architekten PartGmbB; Aachen

veröffentlicht: BKI Objektdaten N15

### 6100-1165 Einfamilienhaus, Garage - Effizienzhaus 70
**BRI** 811 m³ **BGF** 265 m² **NUF** 161 m²

Einfamilienhaus mit separater Garage, als Abstellraum genutzt. Mauerwerksbau.

Land: Schleswig-Holstein
Kreis: Ostholstein
Standard: über Durchschnitt
Bauzeit: 39 Wochen
Kennwerte: bis 3. Ebene DIN 276

**BGF 2.075 €/m²**

Planung: Mißfeldt Kraß Architekten BDA; Lübeck

veröffentlicht: BKI Objektdaten N13

### 6100-1124 Einfamilienhaus
**BRI** 1.050 m³ **BGF** 297 m² **NUF** 212 m²

Einfamilienhaus mit Garage. Mauerwerksbau.

Land: Thüringen
Kreis: Unstrut-Hainich-Kreis
Standard: über Durchschnitt
Bauzeit: 48 Wochen
Kennwerte: bis 3. Ebene DIN 276

**BGF 1.970 €/m²**

Planung: Bauer Architektur; Weimar

veröffentlicht: BKI Objektdaten N13

### 6100-1066 Einfamilienhaus, Carport
**BRI** 816 m³ **BGF** 226 m² **NUF** 150 m²

Einfamilienhaus (174 m² WFL) mit Carport. Mauerwerksbau.

Land: Niedersachsen
Kreis: Hannover, Region
Standard: über Durchschnitt
Bauzeit: 31 Wochen
Kennwerte: bis 1. Ebene DIN 276

**BGF 2.072 €/m²**

Planung: mm architekten Martin A. Müller Architekt BDA; Hannover

veröffentlicht: BKI Objektdaten N13

## Objektübersicht zur Gebäudeart

### 6100-1121 Einfamilienhaus, Doppelgarage - Effizienzhaus 70    **BRI** 860 m³    **BGF** 253 m²    **NUF** 179 m²

Einfamilienhaus (151 m² WFL) mit Doppelgarage als Effizienzhaus 70. Mauerwerksbau.

Land: Brandenburg
Kreis: Potsdam
Standard: über Durchschnitt
Bauzeit: 48 Wochen
Kennwerte: bis 1. Ebene DIN 276

**BGF**    **2.495 €/m²**

**Planung:** Justus Mayser Architekt; Michendorf

veröffentlicht: BKI Objektdaten E6

### 6100-1120 Einfamilienhaus, Garage - Effizienzhaus 85    **BRI** 1.184 m³    **BGF** 300 m²    **NUF** 210 m²

Einfamilienhaus (205 m² WFL) als Effizienzhaus 85. Mauerwerksbau (Außenwände), Innenwände Holz.

Land: Brandenburg
Kreis: Potsdam
Standard: über Durchschnitt
Bauzeit: 39 Wochen
Kennwerte: bis 1. Ebene DIN 276

**BGF**    **2.593 €/m²**

**Planung:** Justus Mayser Architekt; Michendorf

veröffentlicht: BKI Objektdaten E6

### 6100-1093 Zweifamilienhaus    **BRI** 1.874 m³    **BGF** 673 m²    **NUF** 405 m²

Freistehendes Zweifamilienhaus mit 358 m² WFL. Massivbau mit Holzrahmenkonstruktion.

Land: Sachsen
Kreis: Dresden, Stadt
Standard: über Durchschnitt
Bauzeit: 48 Wochen
Kennwerte: bis 3. Ebene DIN 276

**BGF**    **1.195 €/m²**

**Planung:** TSSB architekten.ingenieure; Dresden

veröffentlicht: BKI Objektdaten N13

### 6100-1020 Einfamilienhaus - KfW 40    **BRI** 1.111 m³    **BGF** 346 m²    **NUF** 232 m²

Einfamilienhaus (195 m² WFL). Mauerwerk.

Land: Nordrhein-Westfalen
Kreis: Aachen
Standard: über Durchschnitt
Bauzeit: 48 Wochen
Kennwerte: bis 1. Ebene DIN 276

**BGF**    **1.580 €/m²**

**Planung:** BAUSTRUCTURA Hennig & Müller Partnerschaftsgesellschaft; Würselen

veröffentlicht: BKI Objektdaten N12

© BKI Baukosteninformationszentrum; Erläuterungen zu den Tabellen siehe Seite 56    Kostenstand: 1. Quartal 2022, Bundesdurchschnitt, **inkl. 19% MwSt.**

**Ein- und Zweifamilienhäuser, nicht unterkellert, hoher Standard**

**€/m² BGF**
| | |
|---|---|
| min | 1.195 €/m² |
| von | 1.745 €/m² |
| Mittel | **2.130 €/m²** |
| bis | 2.580 €/m² |
| max | 3.010 €/m² |

**Kosten:**
Stand 1. Quartal 2022
Bundesdurchschnitt
inkl. 19% MwSt.

## Objektübersicht zur Gebäudeart

### 6100-0933 Einfamilienhaus
**BRI** 447 m³  **BGF** 128 m²  **NUF** 92 m²

Einfamilienhaus (104 m² WFL). Mauerwerksbau.

Land: Brandenburg
Kreis: Barnim
Standard: über Durchschnitt
Bauzeit: 48 Wochen
Kennwerte: bis 1. Ebene DIN 276

**BGF** 1.885 €/m²

**Planung:** dasfeine burgmeister+marx architekten; Berlin

veröffentlicht: BKI Objektdaten N11

### 6100-0843 Einfamilienhaus
**BRI** 638 m³  **BGF** 222 m²  **NUF** 131 m²

Einfamilienhaus in 1 1/2-geschossiger, flacher Bebauung mit weit auskragendem Satteldach. Mauerwerksbau.

Land: Berlin
Kreis: Berlin, Stadt
Standard: über Durchschnitt
Bauzeit: 35 Wochen
Kennwerte: bis 1. Ebene DIN 276

**BGF** 2.642 €/m²

**Planung:** Dritte Haut° Architekten Dipl.-Ing. Architekt Peter Garkisch; Berlin

veröffentlicht: BKI Objektdaten N10

### 6100-0969 Einfamilienhaus, Doppelgarage - KfW 60
**BRI** 1.450 m³  **BGF** 462 m²  **NUF** 312 m²

Einfamilienhaus (300 m² WFL) direkt an einer Bahntrasse. Gebäude gliedert sich in einen zweigeschossigen Massivbau und einen eingeschossigen Holzbau. Mauerwerkswände, Holzrahmenbau.

Land: Hessen
Kreis: Bergstraße
Standard: über Durchschnitt
Bauzeit: 52 Wochen
Kennwerte: bis 2. Ebene DIN 276

**BGF** 2.571 €/m²

**Planung:** Feierabend Architekten Olaf Feierabend Freier Architekt; Heppenheim

veröffentlicht: BKI Objektdaten E5

### 6100-1067 Einfamilienhaus
**BRI** 610 m³  **BGF** 199 m²  **NUF** 130 m²

Einfamilienhaus (160 m² WFL). Mauerwerksbau.

Land: Schleswig-Holstein
Kreis: Lübeck, Hansestadt
Standard: über Durchschnitt
Bauzeit: 35 Wochen
Kennwerte: bis 1. Ebene DIN 276

**BGF** 2.016 €/m²

**Planung:** mm architekten Martin A. Müller Architekt BDA; Hannover

veröffentlicht: BKI Objektdaten N13

## Objektübersicht zur Gebäudeart

### 6100-0900 Einfamilienhaus   BRI 881 m³   BGF 277 m²   NUF 186 m²

Einfamilienhaus mit großzügiger Verglasung zum Patio, Dachterrasse, wasserführender Kamin, Luftwärmepumpe, Solaranlage, hochwertige technische Ausstattung. Mauerwerksbau.

Land: Berlin
Kreis: Berlin, Stadt
Standard: über Durchschnitt
Bauzeit: 56 Wochen
Kennwerte: bis 3. Ebene DIN 276

BGF   2.131 €/m²

**Planung:** Gewers & Pudewill GPAI GmbH; Berlin

veröffentlicht: BKI Objektdaten N11

### 6100-0888 Einfamilienhaus - KfW 60   BRI 569 m³   BGF 176 m²   NUF 118 m²

Eingeschossiger Flachdachbungalow (123 m² WFL). Mauerwerksbau.

Land: Baden-Württemberg
Kreis: Heidenheim
Standard: über Durchschnitt
Bauzeit: 48 Wochen
Kennwerte: bis 1. Ebene DIN 276

BGF   2.373 €/m²

**Planung:** Architekturbüro Rolf Keck; Heidenheim

veröffentlicht: BKI Objektdaten E4

### 6100-0735 Einfamilienhaus*   BRI 864 m³   BGF 396 m²   NUF 289 m²

Einfamilienhaus mit Garage in Niedrigenergiebauweise, nicht unterkellert, Spitzboden nicht ausgebaut. Mauerwerksbau; Stb-Decken; Holzdachkonstruktion.

Land: Nordrhein-Westfalen
Kreis: Gütersloh
Standard: über Durchschnitt
Bauzeit: 48 Wochen
Kennwerte: bis 1. Ebene DIN 276

BGF   1.097 €/m²

**Planung:** Schützdeller-Münstermann Architekten; Rheda-Wiedenbrück

veröffentlicht: BKI Objektdaten N10
* Nicht in der Auswertung enthalten

### 6100-0703 Einfamilienhaus, Garage   BRI 742 m³   BGF 228 m²   NUF 163 m²

Einfamilienwohnhaus, nicht unterkellert, mit Garage. Mauerwerksbau; Stb-Filigrandecke; Spannbeton-Flachdach.

Land: Brandenburg
Kreis: Potsdam, Stadt
Standard: über Durchschnitt
Bauzeit: 39 Wochen
Kennwerte: bis 1. Ebene DIN 276

BGF   1.685 €/m²

**Planung:** Justus Mayser Architekt; Michendorf, OT Langerwisch

veröffentlicht: BKI Objektdaten N10

© BKI Baukosteninformationszentrum; Erläuterungen zu den Tabellen siehe Seite 56   Kostenstand: 1. Quartal 2022, Bundesdurchschnitt, **inkl. 19% MwSt.**

**Ein- und Zwei-familienhäuser, nicht unterkellert, hoher Standard**

€/m² BGF
| | |
|---|---|
| min | 1.195 €/m² |
| von | 1.745 €/m² |
| Mittel | **2.130 €/m²** |
| bis | 2.580 €/m² |
| max | 3.010 €/m² |

**Kosten:**
Stand 1. Quartal 2022
Bundesdurchschnitt
inkl. 19% MwSt.

## Objektübersicht zur Gebäudeart

### 6100-0934 Einfamilienhaus, Garage
**BRI** 1.022 m³ **BGF** 281 m² **NUF** 206 m²

Einfamilienhaus mit Garage (186 m² WFL). Mauerwerksbau.

Land: Niedersachsen
Kreis: Gifhorn
Standard: über Durchschnitt
Bauzeit: 78 Wochen
Kennwerte: bis 1. Ebene DIN 276

**BGF 2.274 €/m²**

**Planung:** Die Planschmiede 2KS GmbH & Co. KG; Hankensbüttel

veröffentlicht: BKI Objektdaten N11

### 6100-0745 Einfamilienhaus - KfW 60
**BRI** 1.518 m³ **BGF** 432 m² **NUF** 313 m²

Großzügiges Einfamilienwohnhaus. Mauerwerksbau; Stb-Decken; Holzdachkonstruktion.

Land: Sachsen
Kreis: Dresden, Stadt
Standard: über Durchschnitt
Bauzeit: 52 Wochen
Kennwerte: bis 1. Ebene DIN 276

**BGF 2.646 €/m²**

**Planung:** Dr.-Ing. Volkrad Drechsler Architekt BDA; Dresden

veröffentlicht: BKI Objektdaten E4

### 6100-0872 Einfamilienhaus - KfW 60, Carport
**BRI** 756 m³ **BGF** 201 m² **NUF** 139 m²

Einfamilienhaus (140 m² WFL), mit Carport. Mauerwerksbau.

Land: Niedersachsen
Kreis: Gifhorn
Standard: über Durchschnitt
Bauzeit: 39 Wochen
Kennwerte: bis 1. Ebene DIN 276

**BGF 2.629 €/m²**

**Planung:** maurer - ARCHITEKTUR; Vechelde

veröffentlicht: BKI Objektdaten E5

### 6100-0654 Einfamilienhaus
**BRI** 856 m³ **BGF** 249 m² **NUF** 203 m²

Einfamilienwohnhaus, (195 m² WFL). Mauerwerksbau.

Land: Thüringen
Kreis: Erfurt, Stadt
Standard: über Durchschnitt
Bauzeit: 39 Wochen
Kennwerte: bis 1. Ebene DIN 276

**BGF 1.780 €/m²**

**Planung:** karsten bauer architekt BDA; Weimar

veröffentlicht: BKI Objektdaten N9

## Objektübersicht zur Gebäudeart

### 6100-0748 Einfamilienhaus

**BRI** 703 m³ **BGF** 220 m² **NUF** 150 m²

Einfamilienhaus (168 m² WFL). Mauerwerksbau.

Land: Brandenburg
Kreis: Havelland
Standard: über Durchschnitt
Bauzeit: 39 Wochen
Kennwerte: bis 3. Ebene DIN 276

**BGF   1.811 €/m²**

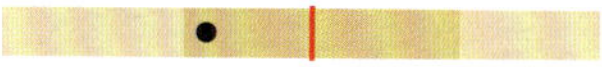

veröffentlicht: BKI Objektdaten N11

**Planung:** büro labs vonhelmolt architekten und ingenieure; Falkensee

### 6100-0671 Einfamilienhaus

**BRI** 606 m³ **BGF** 178 m² **NUF** 136 m²

Einfamilienwohnhaus, (127 m² WFL). Mauerwerksbau.

Land: Thüringen
Kreis: Erfurt, Stadt
Standard: über Durchschnitt
Bauzeit: 31 Wochen
Kennwerte: bis 1. Ebene DIN 276

**BGF   1.909 €/m²**

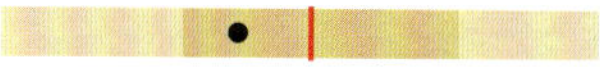

veröffentlicht: BKI Objektdaten N9

**Planung:** karsten bauer architekt BDA; Weimar

### 6100-0667 Einfamilienhaus

**BRI** 1.157 m³ **BGF** 319 m² **NUF** 254 m²

Einfamilienwohnhaus, (193 m² WFL), behindertengerechter Aufzug. Mauerwerksbau.

Land: Thüringen
Kreis: Weimar, Stadt
Standard: über Durchschnitt
Bauzeit: 35 Wochen
Kennwerte: bis 1. Ebene DIN 276

**BGF   1.886 €/m²**

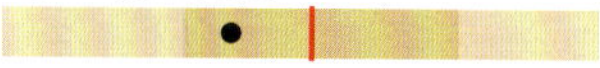

veröffentlicht: BKI Objektdaten N9

**Planung:** karsten bauer architekt BDA; Weimar

### 6100-0661 Einfamilienhaus

**BRI** 766 m³ **BGF** 218 m² **NUF** 176 m²

Einfamilienwohnhaus, (162 m² WFL). Mauerwerksbau.

Land: Thüringen
Kreis: Weimar, Stadt
Standard: über Durchschnitt
Bauzeit: 48 Wochen
Kennwerte: bis 1. Ebene DIN 276

**BGF   1.621 €/m²**

veröffentlicht: BKI Objektdaten N9

**Planung:** karsten bauer architekt BDA; Weimar

**Ein- und Zweifamilienhäuser, nicht unterkellert, hoher Standard**

**€/m² BGF**
- min  1.195 €/m²
- von  1.745 €/m²
- Mittel  **2.130** €/m²
- bis  2.580 €/m²
- max  3.010 €/m²

**Kosten:**
Stand 1. Quartal 2022
Bundesdurchschnitt
inkl. 19% MwSt.

## Objektübersicht zur Gebäudeart

### 6100-0647 Einfamilienhaus
**BRI** 568 m³  **BGF** 167 m²  **NUF** 133 m²

Einfamilienwohnhaus, (125 m² WFL). Mauerwerksbau.

Land: Thüringen
Kreis: Weimar, Stadt
Standard: über Durchschnitt
Bauzeit: 39 Wochen
Kennwerte: bis 1. Ebene DIN 276

**BGF  1.744 €/m²**

**Planung:** karsten bauer architekt BDA; Weimar

veröffentlicht: BKI Objektdaten N9

### 6100-0657 Einfamilienhaus
**BRI** 707 m³  **BGF** 199 m²  **NUF** 172 m²

Einfamilienwohnhaus (161 m² WFL). Mauerwerksbau.

Land: Thüringen
Kreis: Weimar, Stadt
Standard: über Durchschnitt
Bauzeit: 31 Wochen
Kennwerte: bis 1. Ebene DIN 276

**BGF  1.610 €/m²**

**Planung:** karsten bauer architekt BDA; Weimar

veröffentlicht: BKI Objektdaten N9

### 6100-0581 Einfamilienhaus, Carport
**BRI** 1.258 m³  **BGF** 390 m²  **NUF** 275 m²

Einfamilienwohnhaus. Mauerwerksbau.

Land: Bayern
Kreis: Donau-Ries
Standard: über Durchschnitt
Bauzeit: 39 Wochen
Kennwerte: bis 3. Ebene DIN 276

**BGF  1.739 €/m²**

**Planung:** Planungsgemeinschaft Zehetmayr und Lippert; Bad Aibling

veröffentlicht: BKI Objektdaten N9

### 6100-0675 Einfamilienhaus mit ELW
**BRI** 992 m³  **BGF** 320 m²  **NUF** 250 m²

Wohnhaus für älteres Ehepaar. Wohnung im EG mit direkter Anbindung an Garage. ELW im Dachgeschoss für evtl. erforderliche Pflegeperson. Mauerwerksbau; Stb-Decke; Stb-Flachdach, Holzdachkonstruktion.

Land: Baden-Württemberg
Kreis: Hohenlohekreis
Standard: über Durchschnitt
Bauzeit: 35 Wochen
Kennwerte: bis 1. Ebene DIN 276

**BGF  2.207 €/m²**

**Planung:** Architektur Udo Richter Dipl.-Ing. Freier Architekt; Heilbronn

veröffentlicht: BKI Objektdaten N9

## Objektübersicht zur Gebäudeart

### 6100-0567 Einfamilienhaus

**BRI** 950 m³ **BGF** 255 m² **NUF** 183 m²

Einfamilienhaus (125 m² WFL II.BVO) mit Garage. Mauerwerksbau mit Stb-Decken und geneigtem Holzdach.

Land: Mecklenburg-Vorpommern
Kreis: Vorpommern-Greifswald
Standard: über Durchschnitt
Bauzeit: 13 Wochen
Kennwerte: bis 3. Ebene DIN 276

**BGF 2.137 €/m²**

**Planung:** Architekten Quast + Matthies Dipl.-Ing. Jan Matthies; Neu Wulmstorf

veröffentlicht: BKI Objektdaten N7

### 6100-0529 Einfamilienhaus

**BRI** 1.080 m³ **BGF** 373 m² **NUF** 256 m²

Einfamilienwohnhaus. Mauerwerksbau.

Land: Berlin
Kreis: Berlin, Stadt
Standard: über Durchschnitt
Bauzeit: 48 Wochen
Kennwerte: bis 4. Ebene DIN 276

**BGF 2.572 €/m²**

**Planung:** Blumers Architekten; Berlin

veröffentlicht: BKI Objektdaten N6

© BKI Baukosteninformationszentrum; Erläuterungen zu den Tabellen siehe Seite 56    Kostenstand: 1. Quartal 2022, Bundesdurchschnitt, **inkl. 19% MwSt.**

**Ein- und Zwei-familienhäuser, Passivhausstandard, Massivbau**

## Kostenkennwerte für die Kosten des Bauwerks (Kostengruppen 300+400 nach DIN 276)

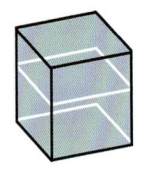

**BRI** 530 €/m³
von 465 €/m³
bis 600 €/m³

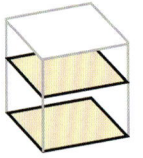

**BGF** 1.680 €/m²
von 1.470 €/m²
bis 1.960 €/m²

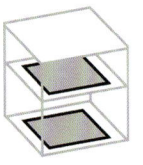

**NUF** 2.500 €/m²
von 2.100 €/m²
bis 2.965 €/m²

**NE** 2.900 €/NE
von 2.475 €/NE
bis 3.580 €/NE
NE: Wohnfläche

### Objektbeispiele

**Kosten:**
Stand 1. Quartal 2022
Bundesdurchschnitt
inkl. 19% MwSt.

6100-0636

6100-1178

6100-0807

6100-1335

6100-0975

6100-1038

### Kosten der 23 Vergleichsobjekte — Seiten 440 bis 446

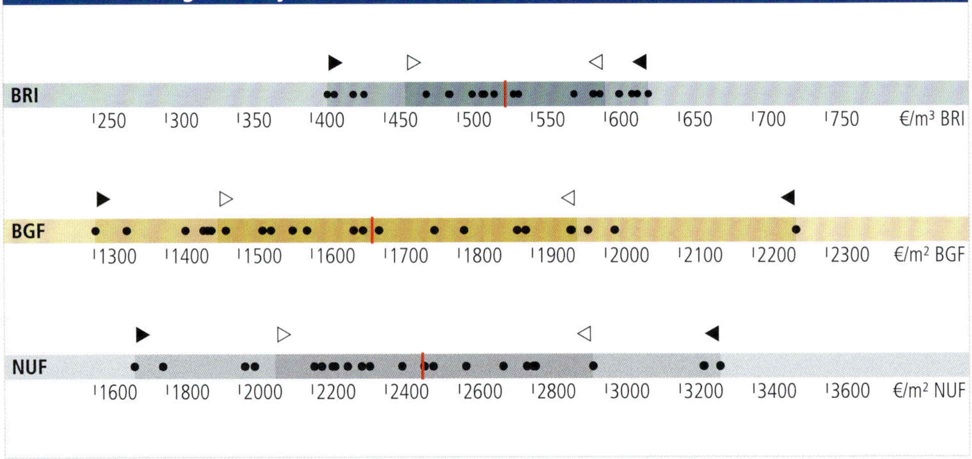

- ● KKW
- ▶ min
- ▷ von
- | Mittelwert
- ◁ bis
- ◀ max

BRI — €/m³ BRI (250, 300, 350, 400, 450, 500, 550, 600, 650, 700, 750)

BGF — €/m² BGF (1300, 1400, 1500, 1600, 1700, 1800, 1900, 2000, 2100, 2200, 2300)

NUF — €/m² NUF (1600, 1800, 2000, 2200, 2400, 2600, 2800, 3000, 3200, 3400, 3600)

© BKI Baukosteninformationszentrum; Erläuterungen zu den Tabellen siehe Seite 46   Kostenstand: 1. Quartal 2022, Bundesdurchschnitt, **inkl. 19% MwSt.**

## Kostenkennwerte für die Kostengruppen der 1. und 2. Ebene DIN 276

| KG | Kostengruppen der 1. Ebene | Einheit | ▷ | €/Einheit | ◁ | ▷ | % an 300+400 | ◁ |
|---|---|---|---|---|---|---|---|---|
| 100 | Grundstück | m² GF | – | – | – | – | – | – |
| 200 | Vorbereitende Maßnahmen | m² GF | 2 | **5** | 12 | 0,3 | **0,6** | 1,6 |
| 300 | Bauwerk – Baukonstruktionen | m² BGF | 1.114 | **1.317** | 1.549 | 73,9 | **78,1** | 81,9 |
| 400 | Bauwerk – Technische Anlagen | m² BGF | 301 | **365** | 456 | 18,1 | **21,9** | 26,1 |
|  | Bauwerk (300+400) | m² BGF | 1.471 | **1.682** | 1.961 | 100,0 | **100,0** | 100,0 |
| 500 | Außenanlagen und Freiflächen | m² AF | 10 | **30** | 56 | 1,0 | **2,9** | 5,1 |
| 600 | Ausstattung und Kunstwerke | m² BGF | 2 | **5** | 7 | 0,1 | **0,3** | 0,4 |
| 700 | Baunebenkosten* | m² BGF | 431 | **480** | 529 | 25,7 | **28,6** | 31,5 |
| 800 | Finanzierung | m² BGF | – | – | – | – | – | – |

◁ * Auf Grundlage der HOAI 2021 berechnete Werte nach §§ 35, 52, 56. Weitere Informationen siehe Seite 50

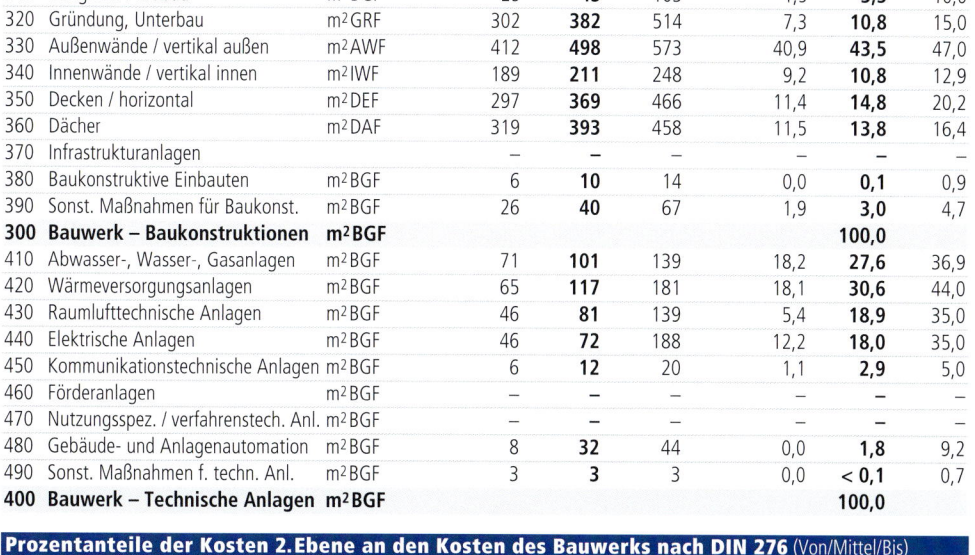

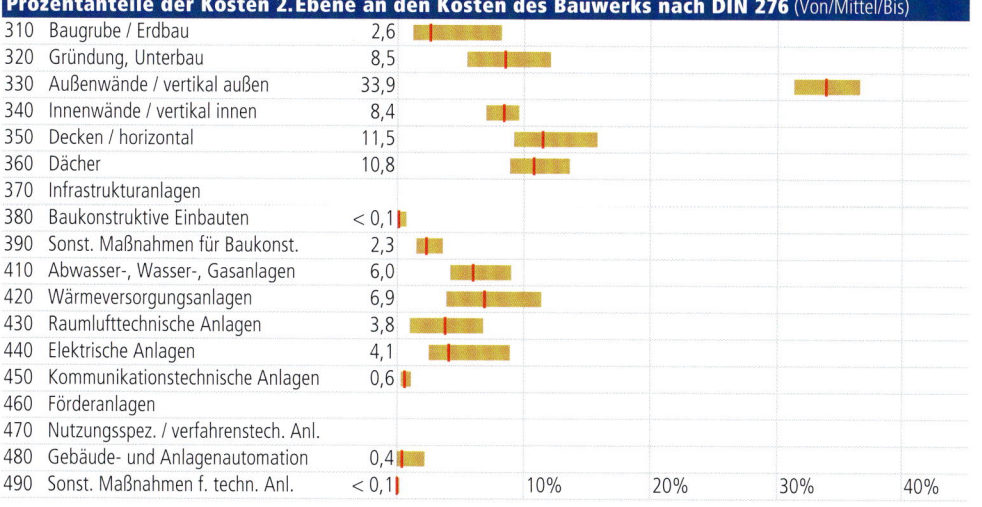

| KG | Kostengruppen der 2. Ebene | Einheit | ▷ | €/Einheit | ◁ | ▷ | % an 1. Ebene | ◁ |
|---|---|---|---|---|---|---|---|---|
| 310 | Baugrube / Erdbau | m³ BGI | 25 | **43** | 103 | 1,5 | **3,3** | 10,0 |
| 320 | Gründung, Unterbau | m² GRF | 302 | **382** | 514 | 7,3 | **10,8** | 15,0 |
| 330 | Außenwände / vertikal außen | m² AWF | 412 | **498** | 573 | 40,9 | **43,5** | 47,0 |
| 340 | Innenwände / vertikal innen | m² IWF | 189 | **211** | 248 | 9,2 | **10,8** | 12,9 |
| 350 | Decken / horizontal | m² DEF | 297 | **369** | 466 | 11,4 | **14,8** | 20,2 |
| 360 | Dächer | m² DAF | 319 | **393** | 458 | 11,5 | **13,8** | 16,4 |
| 370 | Infrastrukturanlagen |  | – | – | – | – | – | – |
| 380 | Baukonstruktive Einbauten | m² BGF | 6 | **10** | 14 | 0,0 | **0,1** | 0,9 |
| 390 | Sonst. Maßnahmen für Baukonst. | m² BGF | 26 | **40** | 67 | 1,9 | **3,0** | 4,7 |
| **300** | **Bauwerk – Baukonstruktionen** | **m² BGF** |  |  |  |  | **100,0** |  |
| 410 | Abwasser-, Wasser-, Gasanlagen | m² BGF | 71 | **101** | 139 | 18,2 | **27,6** | 36,9 |
| 420 | Wärmeversorgungsanlagen | m² BGF | 65 | **117** | 181 | 18,1 | **30,6** | 44,0 |
| 430 | Raumlufttechnische Anlagen | m² BGF | 46 | **81** | 139 | 5,4 | **18,9** | 35,0 |
| 440 | Elektrische Anlagen | m² BGF | 46 | **72** | 188 | 12,2 | **18,0** | 35,0 |
| 450 | Kommunikationstechnische Anlagen | m² BGF | 6 | **12** | 20 | 1,1 | **2,9** | 5,0 |
| 460 | Förderanlagen | m² BGF | – | – | – | – | – | – |
| 470 | Nutzungsspez. / verfahrenstech. Anl. | m² BGF | – | – | – | – | – | – |
| 480 | Gebäude- und Anlagenautomation | m² BGF | 8 | **32** | 44 | 0,0 | **1,8** | 9,2 |
| 490 | Sonst. Maßnahmen f. techn. Anl. | m² BGF | 3 | **3** | 3 | 0,0 | **< 0,1** | 0,7 |
| **400** | **Bauwerk – Technische Anlagen** | **m² BGF** |  |  |  |  | **100,0** |  |

### Prozentanteile der Kosten 2. Ebene an den Kosten des Bauwerks nach DIN 276 (Von/Mittel/Bis)

| KG | | Mittel |
|---|---|---|
| 310 | Baugrube / Erdbau | 2,6 |
| 320 | Gründung, Unterbau | 8,5 |
| 330 | Außenwände / vertikal außen | 33,9 |
| 340 | Innenwände / vertikal innen | 8,4 |
| 350 | Decken / horizontal | 11,5 |
| 360 | Dächer | 10,8 |
| 370 | Infrastrukturanlagen |  |
| 380 | Baukonstruktive Einbauten | < 0,1 |
| 390 | Sonst. Maßnahmen für Baukonst. | 2,3 |
| 410 | Abwasser-, Wasser-, Gasanlagen | 6,0 |
| 420 | Wärmeversorgungsanlagen | 6,9 |
| 430 | Raumlufttechnische Anlagen | 3,8 |
| 440 | Elektrische Anlagen | 4,1 |
| 450 | Kommunikationstechnische Anlagen | 0,6 |
| 460 | Förderanlagen |  |
| 470 | Nutzungsspez. / verfahrenstech. Anl. |  |
| 480 | Gebäude- und Anlagenautomation | 0,4 |
| 490 | Sonst. Maßnahmen f. techn. Anl. | < 0,1 |

© BKI Baukosteninformationszentrum; Erläuterungen zu den Tabellen siehe Seite 48 und 50    Kostenstand: 1. Quartal 2022, Bundesdurchschnitt, **inkl. 19% MwSt.**

**Ein- und Zweifamilienhäuser, Passivhausstandard, Massivbau**

**Prozentanteile der Kosten für Leistungsbereiche nach STLB (Kosten Bauwerk nach DIN 276)**

Kosten: Stand 1. Quartal 2022, Bundesdurchschnitt inkl. 19% MwSt.

| LB | Leistungsbereiche | von | Mittelwert | bis |
|---|---|---|---|---|
| 000 | Sicherheits-, Baustelleneinrichtungen inkl. 001 | 1,5 | **2,3** | 3,5 |
| 002 | Erdarbeiten | 2,0 | **3,1** | 5,5 |
| 006 | Spezialtiefbauarbeiten inkl. 005 | 0,0 | **0,6** | 7,0 |
| 009 | Entwässerungskanalarbeiten inkl. 011 | 0,2 | **0,6** | 1,1 |
| 010 | Drän- und Versickerarbeiten | < 0,1 | **0,2** | 0,4 |
| 012 | Mauerarbeiten | 3,7 | **7,1** | 9,7 |
| 013 | Betonarbeiten | 9,4 | **14,0** | 17,6 |
| 014 | Natur-, Betonwerksteinarbeiten | 0,0 | **< 0,1** | 0,2 |
| 016 | Zimmer- und Holzbauarbeiten | 3,2 | **8,3** | 16,2 |
| 017 | Stahlbauarbeiten | < 0,1 | **0,6** | 2,8 |
| 018 | Abdichtungsarbeiten | 0,4 | **1,2** | 2,6 |
| 020 | Dachdeckungsarbeiten | < 0,1 | **0,9** | 2,4 |
| 021 | Dachabdichtungsarbeiten | 0,3 | **2,1** | 4,8 |
| 022 | Klempnerarbeiten | 0,9 | **1,3** | 1,7 |
| | **Rohbau** | 36,7 | **42,3** | 49,2 |
| 023 | Putz- und Stuckarbeiten, Wärmedämmsysteme | 4,1 | **9,4** | 12,0 |
| 024 | Fliesen- und Plattenarbeiten | 1,7 | **2,3** | 4,0 |
| 025 | Estricharbeiten | 1,1 | **1,8** | 3,0 |
| 026 | Fenster, Außentüren inkl. 029, 032 | 7,6 | **9,7** | 13,9 |
| 027 | Tischlerarbeiten | 1,4 | **2,8** | 4,5 |
| 028 | Parkettarbeiten, Holzpflasterarbeiten | 0,8 | **2,3** | 3,8 |
| 030 | Rollladenarbeiten | 0,6 | **2,2** | 3,5 |
| 031 | Metallbauarbeiten inkl. 035 | < 0,1 | **0,8** | 2,7 |
| 034 | Maler- und Lackiererarbeiten inkl. 037 | 1,5 | **2,3** | 3,7 |
| 036 | Bodenbelagarbeiten | < 0,1 | **0,4** | 1,8 |
| 038 | Vorgehängte hinterlüftete Fassaden | 0,0 | **0,2** | 2,6 |
| 039 | Trockenbauarbeiten | 0,9 | **2,2** | 4,9 |
| | **Ausbau** | 31,7 | **36,5** | 41,3 |
| 040 | Wärmeversorgungsanl. - Betriebseinr. inkl. 041 | 3,5 | **6,3** | 10,1 |
| 042 | Gas- und Wasserinstallation, Leitungen inkl. 043 | 0,8 | **1,5** | 2,4 |
| 044 | Abwasseranlagen - Leitungen | 0,5 | **0,8** | 2,3 |
| 045 | GWE-Einrichtungsgegenstände inkl. 046 | 1,7 | **2,8** | 5,0 |
| 047 | Dämmarbeiten an betriebstechnischen Anlagen | < 0,1 | **0,3** | 0,7 |
| 049 | Feuerlöschanlagen, Feuerlöschgeräte | – | **–** | – |
| 050 | Blitzschutz- und Erdungsanlagen | 0,1 | **0,5** | 2,7 |
| 052 | Mittelspannungsanlagen | – | **–** | – |
| 053 | Niederspannungsanlagen inkl. 054 | 2,5 | **3,6** | 10,6 |
| 055 | Sicherheits- u. Ersatzstromversorgungsanl. | – | **–** | – |
| 057 | Gebäudesystemtechnik | 0,0 | **0,2** | 2,4 |
| 058 | Leuchten und Lampen inkl. 059 | 0,0 | **< 0,1** | 0,4 |
| 060 | Sprechanlagen, elektroakust. Anlagen inkl. 064 | < 0,1 | **0,2** | 0,4 |
| 061 | Kommunikationsnetze inkl. 062 | 0,1 | **0,4** | 0,6 |
| 063 | Gefahrenmeldeanlagen | < 0,1 | **< 0,1** | 0,5 |
| 069 | Aufzüge | – | **–** | – |
| 070 | Gebäudeautomation | < 0,1 | **0,3** | 2,0 |
| 075 | Raumlufttechnische Anlagen inkl. 078 | 1,0 | **3,9** | 7,0 |
| | **Gebäudetechnik** | 17,5 | **20,8** | 26,0 |
| | Sonstige Leistungsbereiche inkl. 008, 033, 051 | < 0,1 | **0,4** | 1,7 |

Legende: ● KKW, ▶ min, ▷ von, | Mittelwert, ◁ bis, ◀ max

## Planungskennwerte für Flächen und Rauminhalte nach DIN 277

| Grundflächen | | ▷ | Fläche/NUF (%) | ◁ | ▷ | Fläche/BGF (%) | ◁ |
|---|---|---|---|---|---|---|---|
| NUF | Nutzungsfläche | 100,0 | **100,0** | 100,0 | 65,6 | **67,7** | 70,9 |
| TF | Technikfläche | 3,6 | **4,5** | 6,0 | 2,3 | **3,0** | 3,9 |
| VF | Verkehrsfläche | 11,1 | **13,4** | 16,8 | 7,2 | **8,9** | 10,8 |
| NRF | Netto-Raumfläche | 112,9 | **116,5** | 118,7 | 76,8 | **78,7** | 81,3 |
| KGF | Konstruktions-Grundfläche | 27,1 | **31,8** | 35,4 | 18,7 | **21,3** | 23,2 |
| BGF | Brutto-Grundfläche | 142,3 | **148,3** | 153,6 | 100,0 | **100,0** | 100,0 |

| Brutto-Rauminhalte | | ▷ | BRI/NUF (m) | ◁ | ▷ | BRI/BGF (m) | ◁ |
|---|---|---|---|---|---|---|---|
| BRI | Brutto-Rauminhalt | 4,41 | **4,70** | 5,09 | 3,04 | **3,16** | 3,33 |

| Flächen von Nutzeinheiten | ▷ | NUF/Einheit (m²) | ◁ | ▷ | BGF/Einheit (m²) | ◁ |
|---|---|---|---|---|---|---|
| Nutzeinheit: Wohnfläche | 1,08 | **1,18** | 1,34 | 1,61 | **1,74** | 2,01 |

| Lufttechnisch behandelte Flächen | ▷ | Fläche/NUF (%) | ◁ | ▷ | Fläche/BGF (%) | ◁ |
|---|---|---|---|---|---|---|
| Entlüftete Fläche | 36,7 | **36,7** | 36,7 | 28,6 | **28,6** | 28,6 |
| Be- und entlüftete Fläche | 117,2 | **117,2** | 117,9 | 78,5 | **78,5** | 81,6 |
| Teilklimatisierte Fläche | – | **–** | – | – | **–** | – |
| Klimatisierte Fläche | – | **–** | – | – | **–** | – |

| KG | Kostengruppen (2. Ebene) | Einheit | ▷ | Menge/NUF | ◁ | ▷ | Menge/BGF | ◁ |
|---|---|---|---|---|---|---|---|---|
| 310 | Baugrube / Erdbau | m³ BGI | 1,30 | **1,64** | 2,06 | 0,88 | **1,09** | 1,40 |
| 320 | Gründung, Unterbau | m² GRF | 0,48 | **0,58** | 0,67 | 0,33 | **0,38** | 0,44 |
| 330 | Außenwände / vertikal außen | m² AWF | 1,68 | **1,81** | 2,03 | 1,11 | **1,21** | 1,38 |
| 340 | Innenwände / vertikal innen | m² IWF | 0,90 | **1,07** | 1,26 | 0,61 | **0,71** | 0,82 |
| 350 | Decken / horizontal | m² DEF | 0,74 | **0,81** | 0,90 | 0,48 | **0,54** | 0,57 |
| 360 | Dächer | m² DAF | 0,64 | **0,73** | 0,82 | 0,43 | **0,48** | 0,53 |
| 370 | Infrastrukturanlagen | | – | **–** | – | – | **–** | – |
| 380 | Baukonstruktive Einbauten | m² BGF | 1,42 | **1,48** | 1,54 | 1,00 | **1,00** | 1,00 |
| 390 | Sonst. Maßnahmen für Baukonst. | m² BGF | 1,42 | **1,48** | 1,54 | 1,00 | **1,00** | 1,00 |
| 300 | **Bauwerk – Baukonstruktionen** | m² BGF | 1,42 | **1,48** | 1,54 | 1,00 | **1,00** | 1,00 |

## Planungskennwerte für Bauzeiten — 23 Vergleichsobjekte

**Bauzeit in Wochen**

Bauzeit: Verteilung zwischen ca. 20 und 50 Wochen (Skala 0–100 Wochen).

# Ein- und Zweifamilienhäuser, Passivhausstandard, Massivbau

**€/m² BGF**
- min 1.300 €/m²
- von 1.470 €/m²
- Mittel **1.680 €/m²**
- bis 1.960 €/m²
- max 2.260 €/m²

**Kosten:**
Stand 1. Quartal 2022
Bundesdurchschnitt
inkl. 19% MwSt.

## Objektübersicht zur Gebäudeart

### 6100-1270 Einfamilienhaus - Passivhaus
**BRI** 638 m³    **BGF** 215 m²    **NUF** 140 m²

Einfamilienhaus im Passivhausstandard (150 m² WFL), nicht unterkellert. Mauerwerksbau.

Land: Nordrhein-Westfalen
Kreis: Münster
Standard: Durchschnitt
Bauzeit: 48 Wochen
Kennwerte: bis 1. Ebene DIN 276

**BGF** 1.807 €/m²

veröffentlicht: BKI Objektdaten E7

**Planung:** buildinggreen Planungsbüro; Münster

---

### 6100-1164 Einfamilienhaus, ELW - Passivhaus
**BRI** 1.385 m³    **BGF** 501 m²    **NUF** 322 m²

Einfamilienhaus mit Einliegerwohnung. Massivbauweise.

Land: Nordrhein-Westfalen
Kreis: Aachen, Städteregion
Standard: Durchschnitt
Bauzeit: 39 Wochen
Kennwerte: bis 3. Ebene DIN 276

**BGF** 1.451 €/m²

veröffentlicht: BKI Objektdaten E6

**Planung:** Rongen Architekten PartG mbB; Wassenberg

---

### 6100-1335 Einfamilienhaus, Garagen - Passivhaus
**BRI** 1.704 m³    **BGF** 504 m²    **NUF** 321 m²

Einfamilienhaus mit separatem Gästebereich und Garage als Passivhaus. Mischbauweise Massiv + Holz.

Land: Nordrhein-Westfalen
Kreis: Heinsberg
Standard: über Durchschnitt
Bauzeit: 30 Wochen
Kennwerte: bis 3. Ebene DIN 276

**BGF** 1.669 €/m²

veröffentlicht: BKI Objektdaten E8

**Planung:** RoA Rongen Architekten PartG mbB; Wassenberg

---

### 6100-1019 Einfamilienhaus - Passivhaus
**BRI** 721 m³    **BGF** 244 m²    **NUF** 168 m²

Wohnhaus (97 m² WFL). Mauerwerksbau.

Land: Sachsen
Kreis: Dresden, Stadt
Standard: Durchschnitt
Bauzeit: 35 Wochen
Kennwerte: bis 1. Ebene DIN 276

**BGF** 1.532 €/m²

veröffentlicht: BKI Objektdaten E5

**Planung:** architekten dd Dipl.-Ing. Dietmar Eichelmann; Dresden

## Objektübersicht zur Gebäudeart

### 6100-1178 Einfamilienhaus - Passivhaus

**BRI** 884 m³  **BGF** 260 m²  **NUF** 168 m²

Einfamilienhaus als Passivhaus mit 155 m² WFL. Mauerwerksbau.

Land: Baden-Württemberg
Kreis: Reutlingen
Standard: Durchschnitt
Bauzeit: 26 Wochen
Kennwerte: bis 3. Ebene DIN 276

**BGF**  1.457 €/m²

**Planung:** Architekt Rainer Graf Architektur + Energiekonzepte; Ofterdingen

veröffentlicht: BKI Objektdaten E6

### 6100-1038 Einfamilienhaus - Passivhaus

**BRI** 644 m³  **BGF** 195 m²  **NUF** 117 m²

Einfamilienhaus (145 m² WFL) als Passivhaus. Mauerwerksbau.

Land: Sachsen-Anhalt
Kreis: Magdeburg
Standard: Durchschnitt
Bauzeit: 43 Wochen
Kennwerte: bis 2. Ebene DIN 276

**BGF**  1.953 €/m²

**Planung:** Architektur- und Sachverständigenbüro Specht; Biederitz

veröffentlicht: BKI Objektdaten E5

### 6100-0986 Einfamilienhaus - Passivhaus*

**BRI** 1.096 m³  **BGF** 347 m²  **NUF** 235 m²

Einfamilienhaus, vom Passivhaus Institut zertifiziert, hat den Plusstandard erreicht, mit Garage. Mauerwerksbau.

Land: Bayern
Kreis: Aichach-Friedberg
Standard: über Durchschnitt
Bauzeit: 70 Wochen
Kennwerte: bis 4. Ebene DIN 276

**BGF**  2.526 €/m²

**Planung:** Architekturbüro Friedl Dr. Werner Friedl Master of Science; Adelzhausen

veröffentlicht: BKI Objektdaten E5
* Nicht in der Auswertung enthalten

### 6100-1029 Einfamilienhaus - Passivhaus

**BRI** 964 m³  **BGF** 303 m²  **NUF** 202 m²

Einfamilienhaus als Passivhaus (172 m² WFL), das in 2 WE aufgeteilt werden kann. Mauerwerksbau mit Verblendmauerwerk.

Land: Schleswig-Holstein
Kreis: Steinburg
Standard: über Durchschnitt
Bauzeit: 30 Wochen
Kennwerte: bis 1. Ebene DIN 276

**BGF**  1.574 €/m²

**Planung:** Architekturbüro Rühmann; Steenfeld

veröffentlicht: BKI Objektdaten E5

© BKI Bausteninformationszentrum; Erläuterungen zu den Tabellen siehe Seite 56   Kostenstand: 1. Quartal 2022, Bundesdurchschnitt, **inkl. 19% MwSt.**

# Ein- und Zweifamilienhäuser, Passivhausstandard, Massivbau

**€/m² BGF**
- min: 1.300 €/m²
- von: 1.470 €/m²
- **Mittel: 1.680 €/m²**
- bis: 1.960 €/m²
- max: 2.260 €/m²

**Kosten:**
Stand 1. Quartal 2022
Bundesdurchschnitt
inkl. 19% MwSt.

## Objektübersicht zur Gebäudeart

### 6100-0827 Einfamilienhaus, ELW - Passivhaus
**BRI** 677 m³ | **BGF** 211 m² | **NUF** 138 m²

Einfamilienhaus mit Einliegerwohnung im Passivhausstandard (155 m² WFL). Mauerwerksbau.

Land: Baden-Württemberg
Kreis: Karlsruhe
Standard: unter Durchschnitt
Bauzeit: 43 Wochen
Kennwerte: bis 3. Ebene DIN 276

**BGF** 1.657 €/m²

**Planung:** Heidrun Hausch Dipl.-Ing. (FH) BAUKONTOR hrp; Karlsruhe

veröffentlicht: BKI Objektdaten E4

### 6100-0807 Einfamilienhaus - Passivhaus
**BRI** 842 m³ | **BGF** 272 m² | **NUF** 211 m²

Einfamilienwohnhaus im Passivhausstandard (160 m² WFL). Mauerwerksbau.

Land: Baden-Württemberg
Kreis: Esslingen
Standard: über Durchschnitt
Bauzeit: 43 Wochen
Kennwerte: bis 3. Ebene DIN 276

**BGF** 1.952 €/m²

**Planung:** ASs Flassak & Tehrani Freie Architekten und Stadtplaner; Stuttgart

veröffentlicht: BKI Objektdaten E4

### 6100-0877 Einfamilienhaus - Passivhaus
**BRI** 737 m³ | **BGF** 271 m² | **NUF** 204 m²

Einfamilienhaus im Passivhausstandard (141 m² WFL). Mauerwerksbau.

Land: Nordrhein-Westfalen
Kreis: Mönchengladbach, Stadt
Standard: Durchschnitt
Bauzeit: 48 Wochen
Kennwerte: bis 3. Ebene DIN 276

**BGF** 1.345 €/m²

**Planung:** bau grün ! energieeff. Gebäude Arch. Daniel Finocchiaro; Mönchengladbach

veröffentlicht: BKI Objektdaten E4

### 6100-0792 Einfamilienhaus - Passivhaus
**BRI** 1.077 m³ | **BGF** 368 m² | **NUF** 255 m²

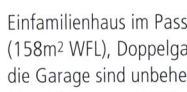

Einfamilienhaus im Passivhausstandard (158 m² WFL), Doppelgarage. Das UG und die Garage sind unbeheizt. UG und EG Massivbauweise, DG Holzständerkonstruktion.

Land: Baden-Württemberg
Kreis: Tübingen
Standard: über Durchschnitt
Bauzeit: 26 Wochen
Kennwerte: bis 3. Ebene DIN 276

**BGF** 1.691 €/m²

**Planung:** Architekt Rainer Graf Architektur + Energiekonzepte; Ofterdingen

veröffentlicht: BKI Objektdaten E4

## Objektübersicht zur Gebäudeart

### 6100-0760 Einfamilienhaus - Passivhaus   BRI 766 m³   BGF 231 m²   NUF 163 m²

Einfamilienhaus, Passivhaus, nicht unterkellert. Thermo-Module, betonverfüllt.

Land: Rheinland-Pfalz
Kreis: Eifelkreis Bitburg-Prüm
Standard: Durchschnitt
Bauzeit: 31 Wochen
Kennwerte: bis 1. Ebene DIN 276

**BGF  1.976 €/m²**

veröffentlicht: BKI Objektdaten E4

**Planung:** k.A.

### 6100-0975 Einfamilienhaus, Doppelgarage - Plusenergiehaus   BRI 1.061 m³   BGF 350 m²   NUF 232 m²

Einfamilienhaus (144 m² WFL) als Kettenhaus mit Doppelgarage. Mauerwerksbau.

Land: Bayern
Kreis: Regensburg, Stadt
Standard: Durchschnitt
Bauzeit: 31 Wochen
Kennwerte: bis 1. Ebene DIN 276

**BGF  1.544 €/m²**

veröffentlicht: BKI Objektdaten E5

**Planung:** Michaela Berkmüller Architektin; Regensburg

### 6100-0779 Einfamilienhaus - Passivhaus   BRI 1.210 m³   BGF 439 m²   NUF 295 m²

Einfamilienhaus im Passivhausstandard (247 m² WFL). Mauerwerksbau.

Land: Bayern
Kreis: Starnberg
Standard: Durchschnitt
Bauzeit: 35 Wochen
Kennwerte: bis 3. Ebene DIN 276

**BGF  1.482 €/m²**

veröffentlicht: BKI Objektdaten E4

**Planung:** Schindler Architekten mit Dipl.-Ing. (FH) H. Reineking; Planegg

### 6100-0777 Einfamilienhaus - Passivhaus   BRI 772 m³   BGF 255 m²   NUF 171 m²

Einfamilienwohnhaus, Passivhaus, Massivbau. Mauerwerksbau.

Land: Brandenburg
Kreis: Cottbus, Stadt
Standard: Durchschnitt
Bauzeit: 30 Wochen
Kennwerte: bis 1. Ebene DIN 276

**BGF  1.879 €/m²**

veröffentlicht: BKI Objektdaten E4

**Planung:** Dirk Böhme; Cottbus

© BKI Baukosteninformationszentrum; Erläuterungen zu den Tabellen siehe Seite 56   Kostenstand: 1. Quartal 2022, Bundesdurchschnitt, **inkl. 19% MwSt.**

**Ein- und Zwei-familienhäuser, Passivhausstandard, Massivbau**

**€/m² BGF**
| | |
|---|---|
| min | 1.300 €/m² |
| von | 1.470 €/m² |
| **Mittel** | **1.680 €/m²** |
| bis | 1.960 €/m² |
| max | 2.260 €/m² |

**Kosten:**
Stand 1. Quartal 2022
Bundesdurchschnitt
inkl. 19% MwSt.

## Objektübersicht zur Gebäudeart

**6100-0862 Einfamilienhaus - Passivhaus**  **BRI** 911 m³  **BGF** 249 m²  **NUF** 172 m²

Einfamilienhaus im Passivhausstandard (211m² WFL). Mauerwerksbau.

Land: Brandenburg
Kreis: Oberhavel
Standard: Durchschnitt
Bauzeit: 48 Wochen
Kennwerte: bis 3. Ebene DIN 276

**BGF 2.259 €/m²**

veröffentlicht: BKI Objektdaten E4

Planung: Jirka + Nadansky Architekten; Borgsdorf

**6100-0789 Einfamilienhaus - Passivhaus**  **BRI** 856 m³  **BGF** 255 m²  **NUF** 185 m²

Einfamilienhaus mit Einliegerwohnung, Passivhaus. Mauerwerksbau.

Land: Hamburg
Kreis: Hamburg, Freie und Hansestadt
Standard: Durchschnitt
Bauzeit: 52 Wochen
Kennwerte: bis 1. Ebene DIN 276

**BGF 1.462 €/m²**

veröffentlicht: BKI Objektdaten E4

Planung: Architektengruppe Voß Detlef Voß; Tostedt

**6100-0774 Einfamilienhaus - Passivhaus***  **BRI** 926 m³  **BGF** 315 m²  **NUF** 203 m²

Einfamilienhaus Passivhaus. Mauerwerksbau.

Land: Rheinland-Pfalz
Kreis: Rhein-Lahn-Kreis
Standard: Durchschnitt
Bauzeit: 30 Wochen
Kennwerte: bis 1. Ebene DIN 276

**BGF 1.239 €/m²**

veröffentlicht: BKI Objektdaten E4
* Nicht in der Auswertung enthalten

Planung: k.A.

**6100-0736 Einfamilienhaus - Passivhaus**  **BRI** 1.138 m³  **BGF** 342 m²  **NUF** 237 m²

Einfamilienhaus als Passivhaus mit Carport, nicht unterkellert, Garage Bestand. Mauerwerksbau; Stb-Decken; Holzdachkonstruktion.

Land: Nordrhein-Westfalen
Kreis: Gütersloh
Standard: über Durchschnitt
Bauzeit: 31 Wochen
Kennwerte: bis 1. Ebene DIN 276

**BGF 1.593 €/m²**

veröffentlicht: BKI Objektdaten E4

Planung: Schützdeller-Münstermann Architekten; Rheda-Wiedenbrück

## Objektübersicht zur Gebäudeart

### 6100-0773 Einfamilienhaus - Passivhaus*

**BRI** 663 m³    **BGF** 199 m²    **NUF** 125 m²

Einfamilienhaus, Passivhaus, nicht unterkellert. Mauerwerksbau.

Land: Rheinland-Pfalz
Kreis: Westerwaldkreis
Standard: Durchschnitt
Bauzeit: 35 Wochen
Kennwerte: bis 1. Ebene DIN 276

**BGF**    2.311 €/m²

veröffentlicht: BKI Objektdaten E4
* Nicht in der Auswertung enthalten

**Planung:** k.A.

### 6100-1047 Einfamilienhaus - Passivhaus

**BRI** 697 m³    **BGF** 203 m²    **NUF** 142 m²

Einfamilienhaus, nicht unterkellert (156 m² WFL), Passivhaus. Mauerwerksbau.

Land: Thüringen
Kreis: Erfurt, Stadt
Standard: Durchschnitt
Bauzeit: 30 Wochen
Kennwerte: bis 1. Ebene DIN 276

**BGF**    1.426 €/m²

veröffentlicht: BKI Objektdaten E5

**Planung:** Ulrike Ludewig Freie Architekten; Weimar

### 6100-0714 Einfamilienhaus - Passivhaus

**BRI** 1.205 m³    **BGF** 324 m²    **NUF** 197 m²

Einfamilienhaus im Passivhausstandard. Mauerwerksbau.

Land: Bayern
Kreis: Fürstenfeldbruck
Standard: Durchschnitt
Bauzeit: 44 Wochen
Kennwerte: bis 3. Ebene DIN 276

**BGF**    2.012 €/m²

veröffentlicht: BKI Objektdaten E4

**Planung:** Planungsbüro future-proved Alexander Grab; Augsburg

### 6100-0636 Einfamilienhaus - Passivhaus

**BRI** 661 m³    **BGF** 207 m²    **NUF** 132 m²

Einfamilienwohnhaus mit Carport, (144 m² WFL). Mauerwerksbau.

Land: Bremen
Kreis: Bremen, Stadt
Standard: über Durchschnitt
Bauzeit: 26 Wochen
Kennwerte: bis 3. Ebene DIN 276

**BGF**    1.891 €/m²

veröffentlicht: BKI Objektdaten E3

**Planung:** team 3 - architekturbüro; Oldenburg

© BKI Bausteninformationszentrum; Erläuterungen zu den Tabellen siehe Seite 56    Kostenstand: 1. Quartal 2022, Bundesdurchschnitt, inkl. 19% MwSt.

# Ein- und Zweifamilienhäuser, Passivhausstandard, Massivbau

**€/m² BGF**

| | |
|---|---|
| min | 1.300 €/m² |
| von | 1.470 €/m² |
| Mittel | **1.680 €/m²** |
| bis | 1.960 €/m² |
| max | 2.260 €/m² |

**Kosten:**
Stand 1. Quartal 2022
Bundesdurchschnitt
inkl. 19% MwSt.

## Objektübersicht zur Gebäudeart

### 6100-0653 Einfamilienhaus - Plusenergiehaus*

**BRI** 1.435 m³ **BGF** 474 m² **NUF** 301 m²

Einfamilienhaus (210 m² WFL), Plusenergiehaus in Passivbauweise, Fotovoltaik, Fassadenkollektoren, der jährliche Energieüberschuss ca. 35%, der Überschuss wird als Strom ins Netz eingespeist, Carport. Das Haus wurde zertifiziert. Mauerwerksbau; Stb-Decken; Holzdachkonstruktion.

Land: Bayern
Kreis: Augsburg, Stadt
Standard: über Durchschnitt
Bauzeit: 56 Wochen
Kennwerte: bis 3. Ebene DIN 276

**BGF** 2.554 €/m²

Planung: Architekturbüro Dipl.-Ing. (FH) Werner Friedl; Adelzhausen

veröffentlicht: BKI Objektdaten N9
* Nicht in der Auswertung enthalten

### 6100-0680 Einfamilienhaus - Passivhaus

**BRI** 967 m³ **BGF** 305 m² **NUF** 232 m²

Einfamilienhaus mit Carport. Stb-WU-Keller; Mauerwerksbau; Stb-Decken; Holzdachkonstruktion.

Land: Baden-Württemberg
Kreis: Ortenaukreis
Standard: über Durchschnitt
Bauzeit: 39 Wochen
Kennwerte: bis 1. Ebene DIN 276

**BGF** 1.302 €/m²

Planung: Werkgruppe Freiburg Architekten; Freiburg

veröffentlicht: BKI Objektdaten N9

### 6100-0625 Einfamilienhaus - Passivhaus

**BRI** 677 m³ **BGF** 233 m² **NUF** 152 m²

Einfamilienhaus im Passivhausstandard (170 m² WFL). Mauerwerksbau.

Land: Sachsen-Anhalt
Kreis: Halle (Saale), Stadt
Standard: Durchschnitt
Bauzeit: 35 Wochen
Kennwerte: bis 3. Ebene DIN 276

**BGF** 1.767 €/m²

Planung: Johann-Christian Fromme Freier Architekt; Halle

veröffentlicht: BKI Objektdaten E3

**Wohnen**

**Ein- und Zweifamilienhäuser, Passivhausstandard, Holzbau**

## Kostenkennwerte für die Kosten des Bauwerks (Kostengruppen 300+400 nach DIN 276)

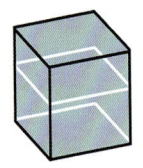

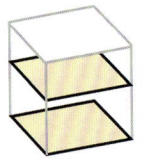

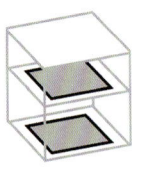

| | | | |
|---|---|---|---|
| **BRI** 580 €/m³ | **BGF** 1.785 €/m² | **NUF** 2.700 €/m² | **NE** 3.075 €/NE |
| von 485 €/m³ | von 1.480 €/m² | von 2.255 €/m² | von 2.590 €/NE |
| bis 665 €/m³ | bis 2.105 €/m² | bis 3.255 €/m² | bis 3.945 €/NE |
| | | | NE: Wohnfläche |

**Kosten:**
Stand 1. Quartal 2022
Bundesdurchschnitt
inkl. 19% MwSt.

### Objektbeispiele

6100-0571
6100-0627 
6100-0778 
6100-1474 
6100-0970 
6100-1360 

### Kosten der 36 Vergleichsobjekte — Seiten 452 bis 461

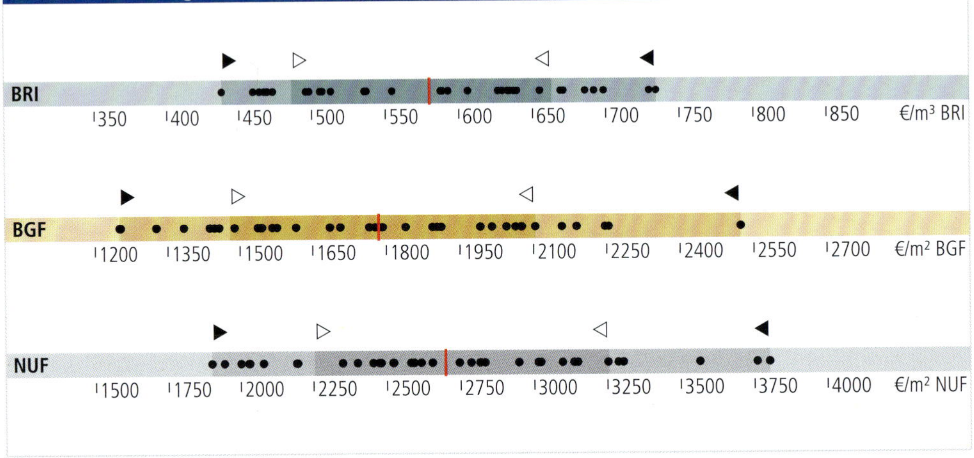

- ● KKW
- ▶ min
- ▷ von
- | Mittelwert
- ◁ bis
- ◀ max

BRI: 350–850 €/m³ BRI
BGF: 1200–2700 €/m² BGF
NUF: 1500–4000 €/m² NUF

© BKI Baukosteninformationszentrum; Erläuterungen zu den Tabellen siehe Seite 46 — Kostenstand: 1. Quartal 2022, Bundesdurchschnitt, **inkl. 19% MwSt.**

## Kostenkennwerte für die Kostengruppen der 1. und 2. Ebene DIN 276

| KG | Kostengruppen der 1. Ebene | Einheit | ▷ | €/Einheit | ◁ | ▷ | % an 300+400 | ◁ |
|---|---|---|---|---|---|---|---|---|
| 100 | Grundstück | m²GF | – | – | – | – | – | – |
| 200 | Vorbereitende Maßnahmen | m²GF | 6 | **15** | 33 | 0,6 | **1,8** | 3,2 |
| 300 | Bauwerk – Baukonstruktionen | m²BGF | 1.175 | **1.418** | 1.664 | 74,8 | **79,6** | 84,3 |
| 400 | Bauwerk – Technische Anlagen | m²BGF | 258 | **367** | 492 | 15,7 | **20,4** | 25,2 |
|  | Bauwerk (300+400) | m²BGF | 1.479 | **1.784** | 2.104 | 100,0 | **100,0** | 100,0 |
| 500 | Außenanlagen und Freiflächen | m²AF | 32 | **76** | 145 | 2,1 | **4,5** | 9,0 |
| 600 | Ausstattung und Kunstwerke | m²BGF | 2 | **48** | 94 | 0,1 | **2,7** | 5,0 |
| 700 | Baunebenkosten* | m²BGF | 446 | **497** | 548 | 25,0 | **27,9** | 30,7 |
| 800 | Finanzierung | m²BGF | – | – | – | – | – | – |

\* Auf Grundlage der HOAI 2021 berechnete Werte nach §§ 35, 52, 56. Weitere Informationen siehe Seite 50

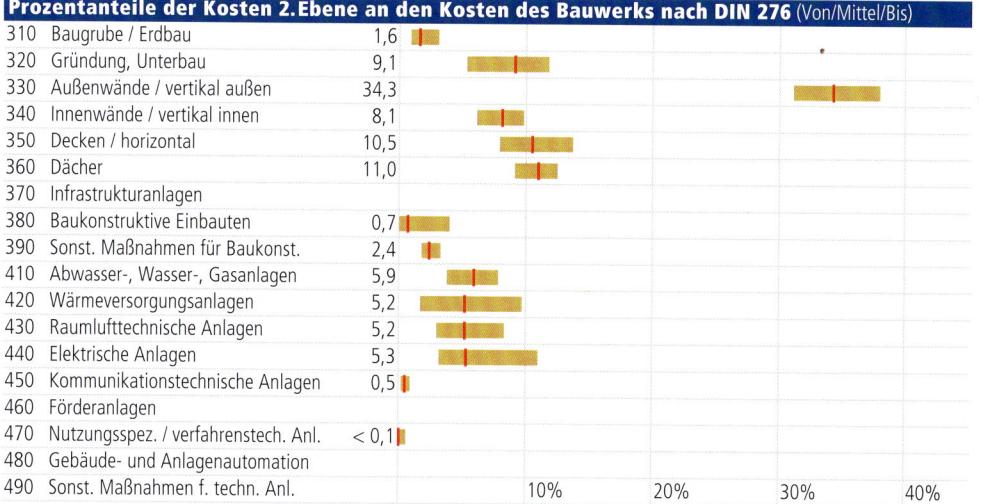

| KG | Kostengruppen der 2. Ebene | Einheit | ▷ | €/Einheit | ◁ | ▷ | % an 1. Ebene | ◁ |
|---|---|---|---|---|---|---|---|---|
| 310 | Baugrube / Erdbau | m³BGI | 30 | **47** | 76 | 1,2 | **2,1** | 3,9 |
| 320 | Gründung, Unterbau | m²GRF | 243 | **399** | 492 | 6,3 | **11,7** | 14,9 |
| 330 | Außenwände / vertikal außen | m²AWF | 472 | **567** | 705 | 41,0 | **44,0** | 47,4 |
| 340 | Innenwände / vertikal innen | m²IWF | 195 | **240** | 310 | 7,8 | **10,5** | 12,5 |
| 350 | Decken / horizontal | m²DEF | 340 | **428** | 488 | 10,0 | **13,5** | 17,3 |
| 360 | Dächer | m²DAF | 356 | **422** | 518 | 11,2 | **14,2** | 15,9 |
| 370 | Infrastrukturanlagen |  | – | – | – | – | – | – |
| 380 | Baukonstruktive Einbauten | m²BGF | 13 | **52** | 91 | < 0,1 | **0,9** | 4,9 |
| 390 | Sonst. Maßnahmen für Baukonst. | m²BGF | 28 | **45** | 56 | 2,3 | **3,0** | 4,4 |
| **300** | **Bauwerk – Baukonstruktionen** | **m²BGF** |  |  |  |  | **100,0** |  |
| 410 | Abwasser-, Wasser-, Gasanlagen | m²BGF | 78 | **113** | 161 | 18,6 | **27,0** | 37,7 |
| 420 | Wärmeversorgungsanlagen | m²BGF | 72 | **128** | 204 | 7,8 | **23,7** | 43,8 |
| 430 | Raumlufttechnische Anlagen | m²BGF | 72 | **108** | 169 | 12,7 | **24,3** | 39,1 |
| 440 | Elektrische Anlagen | m²BGF | 60 | **101** | 212 | 16,0 | **22,5** | 45,6 |
| 450 | Kommunikationstechnische Anlagen | m²BGF | 7 | **13** | 20 | 0,7 | **2,3** | 3,7 |
| 460 | Förderanlagen | m²BGF | – | – | – | – | – | – |
| 470 | Nutzungsspez. / verfahrenstech. Anl. | m²BGF | 9 | **9** | 9 | 0,0 | **0,2** | 2,2 |
| 480 | Gebäude- und Anlagenautomation | m²BGF | – | – | – | – | – | – |
| 490 | Sonst. Maßnahmen f. techn. Anl. | m²BGF | – | – | – | – | – | – |
| **400** | **Bauwerk – Technische Anlagen** | **m²BGF** |  |  |  |  | **100,0** |  |

### Prozentanteile der Kosten 2. Ebene an den Kosten des Bauwerks nach DIN 276 (Von/Mittel/Bis)

| KG | Kostengruppe | Mittel |
|---|---|---|
| 310 | Baugrube / Erdbau | 1,6 |
| 320 | Gründung, Unterbau | 9,1 |
| 330 | Außenwände / vertikal außen | 34,3 |
| 340 | Innenwände / vertikal innen | 8,1 |
| 350 | Decken / horizontal | 10,5 |
| 360 | Dächer | 11,0 |
| 370 | Infrastrukturanlagen |  |
| 380 | Baukonstruktive Einbauten | 0,7 |
| 390 | Sonst. Maßnahmen für Baukonst. | 2,4 |
| 410 | Abwasser-, Wasser-, Gasanlagen | 5,9 |
| 420 | Wärmeversorgungsanlagen | 5,2 |
| 430 | Raumlufttechnische Anlagen | 5,2 |
| 440 | Elektrische Anlagen | 5,3 |
| 450 | Kommunikationstechnische Anlagen | 0,5 |
| 460 | Förderanlagen |  |
| 470 | Nutzungsspez. / verfahrenstech. Anl. | < 0,1 |
| 480 | Gebäude- und Anlagenautomation |  |
| 490 | Sonst. Maßnahmen f. techn. Anl. |  |

© BKI Baukosteninformationszentrum; Erläuterungen zu den Tabellen siehe Seite 48 und 50   Kostenstand: 1. Quartal 2022, Bundesdurchschnitt, inkl. 19% MwSt.

**Ein- und Zweifamilienhäuser, Passivhausstandard, Holzbau**

## Prozentanteile der Kosten für Leistungsbereiche nach STLB (Kosten Bauwerk nach DIN 276)

| LB | Leistungsbereiche | von | Mittelwert | bis |
|---|---|---|---|---|
| 000 | Sicherheits-, Baustelleneinrichtungen inkl. 001 | 1,2 | **2,1** | 2,5 |
| 002 | Erdarbeiten | 1,1 | **1,9** | 2,8 |
| 006 | Spezialtiefbauarbeiten inkl. 005 | – | – | – |
| 009 | Entwässerungskanalarbeiten inkl. 011 | 0,1 | **0,6** | 1,2 |
| 010 | Drän- und Versickerarbeiten | < 0,1 | **0,3** | 1,1 |
| 012 | Mauerarbeiten | 0,3 | **0,9** | 1,7 |
| 013 | Betonarbeiten | 4,3 | **7,2** | 11,0 |
| 014 | Natur-, Betonwerksteinarbeiten | < 0,1 | **0,2** | 1,4 |
| 016 | Zimmer- und Holzbauarbeiten | 23,8 | **28,9** | 44,2 |
| 017 | Stahlbauarbeiten | 0,0 | **0,6** | 3,4 |
| 018 | Abdichtungsarbeiten | 0,3 | **0,9** | 2,5 |
| 020 | Dachdeckungsarbeiten | 0,2 | **1,5** | 3,5 |
| 021 | Dachabdichtungsarbeiten | 0,3 | **1,3** | 2,7 |
| 022 | Klempnerarbeiten | 0,8 | **1,4** | 1,9 |
| | **Rohbau** | 41,5 | **47,6** | 59,3 |
| 023 | Putz- und Stuckarbeiten, Wärmedämmsysteme | 0,6 | **2,5** | 4,6 |
| 024 | Fliesen- und Plattenarbeiten | 1,1 | **2,0** | 3,1 |
| 025 | Estricharbeiten | 1,1 | **1,9** | 2,9 |
| 026 | Fenster, Außentüren inkl. 029, 032 | 5,3 | **9,2** | 12,3 |
| 027 | Tischlerarbeiten | 1,4 | **3,1** | 6,3 |
| 028 | Parkettarbeiten, Holzpflasterarbeiten | 0,7 | **2,0** | 3,2 |
| 030 | Rollladenarbeiten | 1,0 | **2,3** | 2,9 |
| 031 | Metallbauarbeiten inkl. 035 | 0,3 | **1,6** | 3,2 |
| 034 | Maler- und Lackiererarbeiten inkl. 037 | 1,0 | **2,1** | 3,6 |
| 036 | Bodenbelagarbeiten | < 0,1 | **0,7** | 1,9 |
| 038 | Vorgehängte hinterlüftete Fassaden | 0,0 | **0,4** | 3,0 |
| 039 | Trockenbauarbeiten | 0,9 | **3,2** | 6,5 |
| | **Ausbau** | 16,6 | **31,0** | 36,4 |
| 040 | Wärmeversorgungsanl. - Betriebseinr. inkl. 041 | 1,3 | **4,9** | 9,3 |
| 042 | Gas- und Wasserinstallation, Leitungen inkl. 043 | 1,0 | **1,7** | 2,4 |
| 044 | Abwasseranlagen - Leitungen | 0,3 | **0,6** | 1,1 |
| 045 | GWE-Einrichtungsgegenstände inkl. 046 | 1,0 | **2,5** | 4,3 |
| 047 | Dämmarbeiten an betriebstechnischen Anlagen | < 0,1 | **0,3** | 0,6 |
| 049 | Feuerlöschanlagen, Feuerlöschgeräte | – | – | – |
| 050 | Blitzschutz- und Erdungsanlagen | < 0,1 | **< 0,1** | 0,2 |
| 052 | Mittelspannungsanlagen | – | – | – |
| 053 | Niederspannungsanlagen inkl. 054 | 3,0 | **5,1** | 9,9 |
| 055 | Sicherheits- u. Ersatzstromversorgungsanl. | – | – | – |
| 057 | Gebäudesystemtechnik | – | – | – |
| 058 | Leuchten und Lampen inkl. 059 | < 0,1 | **0,2** | 0,7 |
| 060 | Sprechanlagen, elektroakust. Anlagen inkl. 064 | < 0,1 | **0,1** | 0,3 |
| 061 | Kommunikationsnetze inkl. 062 | < 0,1 | **0,3** | 0,7 |
| 063 | Gefahrenmeldeanlagen | < 0,1 | **< 0,1** | < 0,1 |
| 069 | Aufzüge | – | – | – |
| 070 | Gebäudeautomation | – | – | – |
| 075 | Raumlufttechnische Anlagen inkl. 078 | 2,9 | **5,0** | 7,8 |
| | **Gebäudetechnik** | 17,7 | **20,9** | 24,7 |
| | Sonstige Leistungsbereiche inkl. 008, 033, 051 | < 0,1 | **0,4** | 2,4 |

Kosten: Stand 1. Quartal 2022 Bundesdurchschnitt inkl. 19% MwSt.

- KKW
- ▶ min
- ▷ von
- | Mittelwert
- ◁ bis
- ◀ max

© BKI Baukosteninformationszentrum; Erläuterungen zu den Tabellen siehe Seite 52

## Planungskennwerte für Flächen und Rauminhalte nach DIN 277

| Grundflächen | | | ▷ | Fläche/NUF (%) | ◁ | ▷ | Fläche/BGF (%) | ◁ |
|---|---|---|---|---|---|---|---|---|
| NUF | Nutzungsfläche | | 100,0 | **100,0** | 100,0 | 62,8 | **66,4** | 68,6 |
| TF | Technikfläche | | 4,3 | **5,6** | 10,1 | 2,8 | **3,7** | 6,3 |
| VF | Verkehrsfläche | | 9,8 | **12,7** | 15,2 | 6,6 | **8,4** | 10,0 |
| NRF | Netto-Raumfläche | | 115,4 | **118,2** | 120,7 | 74,6 | **78,4** | 81,3 |
| KGF | Konstruktions-Grundfläche | | 28,4 | **33,3** | 42,8 | 18,7 | **21,6** | 25,4 |
| BGF | Brutto-Grundfläche | | 146,8 | **151,5** | 162,0 | 100,0 | **100,0** | 100,0 |

| Brutto-Rauminhalte | | | ▷ | BRI/NUF (m) | ◁ | ▷ | BRI/BGF (m) | ◁ |
|---|---|---|---|---|---|---|---|---|
| BRI | Brutto-Rauminhalt | | 4,36 | **4,66** | 5,10 | 2,89 | **3,08** | 3,30 |

| Flächen von Nutzeinheiten | | | ▷ | NUF/Einheit (m²) | ◁ | ▷ | BGF/Einheit (m²) | ◁ |
|---|---|---|---|---|---|---|---|---|
| Nutzeinheit: Wohnfläche | | | 1,07 | **1,15** | 1,32 | 1,60 | **1,75** | 2,05 |

| Lufttechnisch behandelte Flächen | | | ▷ | Fläche/NUF (%) | ◁ | ▷ | Fläche/BGF (%) | ◁ |
|---|---|---|---|---|---|---|---|---|
| Entlüftete Fläche | | | – | **–** | – | – | **–** | – |
| Be- und entlüftete Fläche | | | 80,8 | **92,7** | 103,0 | 51,7 | **59,6** | 65,2 |
| Teilklimatisierte Fläche | | | 7,4 | **7,4** | 7,4 | 4,6 | **4,6** | 4,6 |
| Klimatisierte Fläche | | | – | **–** | – | – | **–** | – |

| KG | Kostengruppen (2. Ebene) | Einheit | ▷ | Menge/NUF | ◁ | ▷ | Menge/BGF | ◁ |
|---|---|---|---|---|---|---|---|---|
| 310 | Baugrube / Erdbau | m³BGI | 0,89 | **1,15** | 1,63 | 0,58 | **0,77** | 1,02 |
| 320 | Gründung, Unterbau | m²GRF | 0,58 | **0,65** | 0,71 | 0,38 | **0,44** | 0,48 |
| 330 | Außenwände / vertikal außen | m²AWF | 1,66 | **1,78** | 1,96 | 1,13 | **1,20** | 1,32 |
| 340 | Innenwände / vertikal innen | m²IWF | 0,83 | **0,99** | 1,08 | 0,56 | **0,66** | 0,73 |
| 350 | Decken / horizontal | m²DEF | 0,61 | **0,71** | 0,83 | 0,40 | **0,47** | 0,54 |
| 360 | Dächer | m²DAF | 0,66 | **0,78** | 0,93 | 0,45 | **0,53** | 0,63 |
| 370 | Infrastrukturanlagen | | – | **–** | – | – | **–** | – |
| 380 | Baukonstruktive Einbauten | m²BGF | 1,47 | **1,51** | 1,62 | 1,00 | **1,00** | 1,00 |
| 390 | Sonst. Maßnahmen für Baukonst. | m²BGF | 1,47 | **1,51** | 1,62 | 1,00 | **1,00** | 1,00 |
| 300 | **Bauwerk – Baukonstruktionen** | m²BGF | 1,47 | **1,51** | 1,62 | 1,00 | **1,00** | 1,00 |

## Planungskennwerte für Bauzeiten — 36 Vergleichsobjekte

**Bauzeit in Wochen**

Bauzeit: Verteilung der Vergleichsobjekte zwischen 10 und 80 Wochen (Wochen-Skala: 0, 10, 20, 30, 40, 50, 60, 70, 80, 90, 100).

© BKI Baukosteninformationszentrum; Erläuterungen zu den Tabellen siehe Seite 54 — Kostenstand: 1. Quartal 2022, Bundesdurchschnitt, inkl. 19% MwSt.

**Ein- und Zweifamilienhäuser, Passivhausstandard, Holzbau**

€/m² BGF
| | |
|---|---|
| min | 1.250 €/m² |
| von | 1.480 €/m² |
| Mittel | **1.785 €/m²** |
| bis | 2.105 €/m² |
| max | 2.525 €/m² |

**Kosten:**
Stand 1. Quartal 2022
Bundesdurchschnitt
inkl. 19% MwSt.

## Objektübersicht zur Gebäudeart

### 6100-1474 Einfamilienhaus Passivhaus
**BRI** 904 m³ **BGF** 318 m² **NUF** 214 m²

Einfamilienhaus. Holzrahmenbau.

Land: Nordrhein-Westfalen
Kreis: Mönchengladbach, Stadt
Standard: Durchschnitt
Bauzeit: 35 Wochen
Kennwerte: bis 1. Ebene DIN 276

**BGF** 1.904 €/m²

**Planung:** bau grün ! energieeff. Gebäude Arch. Daniel Finocchiaro; Mönchengladbach   veröffentlicht: BKI Objektdaten E9

### 6100-1360 Einfamilienhaus, Garage - Passivhaus
**BRI** 795 m³ **BGF** 298 m² **NUF** 184 m²

Einfamilienhaus mit 173 m² WFL und Garage mit Abstellraum. Holztafelbauweise.

Land: Nordrhein-Westfalen
Kreis: Wesel
Standard: Durchschnitt
Bauzeit: 26 Wochen
Kennwerte: bis 1. Ebene DIN 276

**BGF** 1.253 €/m²

**Planung:** bau grün ! energieeff. Gebäude Arch. Daniel Finocchiaro; Mönchengladbach   veröffentlicht: BKI Objektdaten E8

### 6100-1326 Einfamilienhaus, Carport - Passivhaus
**BRI** 958 m³ **BGF** 365 m² **NUF** 185 m²

Einfamilienhaus (145 m² WFL) mit Carport. Holzrahmenbau.

Land: Nordrhein-Westfalen
Kreis: Heinsberg
Standard: Durchschnitt
Bauzeit: 26 Wochen
Kennwerte: bis 1. Ebene DIN 276

**BGF** 1.327 €/m²

**Planung:** RoA RONGEN ARCHITEKTEN PartG mbB; Wassenberg   veröffentlicht: BKI Objektdaten E8

### 6100-1169 Reihenendhaus - Passivhaus
**BRI** 730 m³ **BGF** 250 m² **NUF** 151 m²

Reihenendhaus (132 m² WFL) als Passivhaus. Holzbauweise.

Land: Schleswig-Holstein
Kreis: Segeberg
Standard: Durchschnitt
Bauzeit: 22 Wochen
Kennwerte: bis 1. Ebene DIN 276

**BGF** 1.566 €/m²

**Planung:** Architekturbüro Thyroff-Krause; Kaltenkirchen   veröffentlicht: BKI Objektdaten E6

## Objektübersicht zur Gebäudeart

### 6100-1156 Reihenmittelhaus - Passivhaus

**BRI** 616 m³   **BGF** 212 m²   **NUF** 148 m²

Reihenmittelhaus (148 m² WFL) als Passivhaus. Holzbauweise.

Land: Schleswig-Holstein
Kreis: Segeberg
Standard: Durchschnitt
Bauzeit: 22 Wochen
Kennwerte: bis 1. Ebene DIN 276

**BGF**   **1.766 €/m²**

**Planung:** Architekturbüro Thyroff-Krause; Kaltenkirchen

veröffentlicht: BKI Objektdaten E6

### 6100-1209 Zweifamilienhaus, Garage - Passivhaus

**BRI** 1.464 m³   **BGF** 443 m²   **NUF** 309 m²

Zweifamilienhaus mit 244 m² WFL als Passivhaus. Holztafelbau, Massivbau (UG).

Land: Baden-Württemberg
Kreis: Enzkreis
Standard: über Durchschnitt
Bauzeit: 61 Wochen
Kennwerte: bis 1. Ebene DIN 276

**BGF**   **1.447 €/m²**

**Planung:** Sabine Schmidt freie architektin; Scheidegg

veröffentlicht: BKI Objektdaten E7

### 6100-1287 Einfamilienhaus - Effizienzhaus Plus*

**BRI** 886 m³   **BGF** 283 m²   **NUF** 183 m²

Einfamilienhaus (185 m² WFL), Effizienzhaus Plus. Holzrahmenkonstruktion.

Land: Nordrhein-Westfalen
Kreis: Wuppertal
Standard: über Durchschnitt
Bauzeit: 18 Wochen
Kennwerte: bis 1. Ebene DIN 276

**BGF**   **4.011 €/m²**

**Planung:** SchwörerHaus KG Franca Wacker; Hohenstein-Oberstetten

veröffentlicht: BKI Objektdaten E7
* Nicht in der Auswertung enthalten

### 6100-1181 Einfamilienhaus, Garage - Passivhaus*

**BRI** 948 m³   **BGF** 288 m²   **NUF** 165 m²

Einfamilienhaus mit Garage in Passivbauweise in Hanglage. UG: Stb-Wände, EG: Holzrahmenkonstruktion.

Land: Nordrhein-Westfalen
Kreis: Leverkusen, Stadt
Standard: über Durchschnitt
Bauzeit: 26 Wochen
Kennwerte: bis 3. Ebene DIN 276

**BGF**   **2.966 €/m²**

**Planung:** Architektin Katharina Hellmann; Leverkusen

veröffentlicht: BKI Objektdaten E6
* Nicht in der Auswertung enthalten

© BKI Baukosteninformationszentrum; Erläuterungen zu den Tabellen siehe Seite 56   Kostenstand: 1. Quartal 2022, Bundesdurchschnitt, **inkl. 19% MwSt.**

**Ein- und Zweifamilienhäuser, Passivhausstandard, Holzbau**

€/m² BGF
| | |
|---|---|
| min | 1.250 €/m² |
| von | 1.480 €/m² |
| Mittel | **1.785 €/m²** |
| bis | 2.105 €/m² |
| max | 2.525 €/m² |

**Kosten:**
Stand 1. Quartal 2022
Bundesdurchschnitt
inkl. 19% MwSt.

## Objektübersicht zur Gebäudeart

### 6100-1058 Doppelhaushälfte - Passivhaus
BRI 790 m³  BGF 235 m²  NUF 160 m²

Doppelhaushälfte als Passivhaus (125m² WFL). Holzrahmenbau.

Land: Nordrhein-Westfalen
Kreis: Aachen
Standard: Durchschnitt
Bauzeit: 31 Wochen
Kennwerte: bis 1. Ebene DIN 276

BGF  **2.104 €/m²**

veröffentlicht: BKI Objektdaten E6

**Planung:** Agathos Baukontor Dipl. Ing. Bernward Sutmann; Roetgen

### 6100-0947 Doppelhaushälfte - Passivhaus
BRI 542 m³  BGF 198 m²  NUF 146 m²

Doppelhaushälfte als Passivhaus. Holzrahmenbau.

Land: Hamburg
Kreis: Hamburg, Freie und Hansestadt
Standard: über Durchschnitt
Bauzeit: 13 Wochen
Kennwerte: bis 1. Ebene DIN 276

BGF  **1.616 €/m²**

veröffentlicht: BKI Objektdaten E5

**Planung:** Architekturbüro Thyroff-Krause; Kaltenkirchen

### 6100-1177 Einfamilienhaus, Carport - Passivhaus
BRI 634 m³  BGF 196 m²  NUF 144 m²

Einfamilienhaus mit Carport, nicht unterkellert. Holzrahmenkonstruktion.

Land: Baden-Württemberg
Kreis: Tübingen
Standard: Durchschnitt
Bauzeit: 22 Wochen
Kennwerte: bis 3. Ebene DIN 276

BGF  **2.063 €/m²**

veröffentlicht: BKI Objektdaten E6

**Planung:** Architekt Rainer Graf Architektur + Energiekonzepte; Ofterdingen

### 6100-1017 Einfamilienhaus - Passivhaus
BRI 602 m³  BGF 197 m²  NUF 118 m²

Einfamilienhaus (127m² WFL). Holzständerbauweise.

Land: Sachsen
Kreis: Meißen
Standard: Durchschnitt
Bauzeit: 30 Wochen
Kennwerte: bis 1. Ebene DIN 276

BGF  **2.247 €/m²**

veröffentlicht: BKI Objektdaten E5

**Planung:** architekten dd Dipl.-Ing. Dietmar Eichelmann; Dresden

## Objektübersicht zur Gebäudeart

### 6100-0970 Einfamilienhaus, Garage - Passivhaus    BRI 1.575 m³    BGF 543 m²    NUF 364 m²

Einfamilienhaus (274 m² WFL) in Passivhausbauweise. Die Teilunterkellerung ist ungedämmt. Holzrahmenbau, Untergeschoss Massivbauweise.

Land: Nordrhein-Westfalen
Kreis: Münster
Standard: über Durchschnitt
Bauzeit: 39 Wochen
Kennwerte: bis 1. Ebene DIN 276

BGF   1.840 €/m²

**Planung:** Entwurf: Dejozé & Dr. Ammann; Münster

veröffentlicht: BKI Objektdaten E5

### 6100-1018 Einfamilienhaus - Passivhaus    BRI 741 m³    BGF 239 m²    NUF 151 m²

Einfamilienhaus (162 m² WFL). Holzständerbauweise.

Land: Sachsen
Kreis: Dresden, Stadt
Standard: Durchschnitt
Bauzeit: 39 Wochen
Kennwerte: bis 1. Ebene DIN 276

BGF   2.076 €/m²

**Planung:** architekten dd Dipl.-Ing. Dietmar Eichelmann; Dresden

veröffentlicht: BKI Objektdaten E5

### 6100-0796 Einfamilienhaus - Passivhaus    BRI 947 m³    BGF 372 m²    NUF 228 m²

Einfamilienhaus im Passivhausstandard (168 m² WFL), das UG ist unbeheizt, Zugang direkt aus der warmen Hülle. Garage. Holzrahmenkonstruktion.

Land: Baden-Württemberg
Kreis: Reutlingen
Standard: über Durchschnitt
Bauzeit: 22 Wochen
Kennwerte: bis 3. Ebene DIN 276

BGF   1.707 €/m²

**Planung:** Architekt Rainer Graf Architektur + Energiekonzepte; Ofterdingen

veröffentlicht: BKI Objektdaten E4

### 6100-1042 Einfamilienhaus, Doppelgarage - Passivhaus    BRI 1.060 m³    BGF 325 m²    NUF 226 m²

Nichtunterkellertes Einfamilienhaus mit Doppelgarage (183 m² WFL). Holzrahmenbau.

Land: Bayern
Kreis: Rosenheim
Standard: über Durchschnitt
Bauzeit: 31 Wochen
Kennwerte: bis 1. Ebene DIN 276

BGF   2.254 €/m²

**Planung:** Wimmer Architekten; Rosenheim

veröffentlicht: BKI Objektdaten E6

# Ein- und Zweifamilienhäuser, Passivhausstandard, Holzbau

**€/m² BGF**
- min 1.250 €/m²
- von 1.480 €/m²
- Mittel **1.785 €/m²**
- bis 2.105 €/m²
- max 2.525 €/m²

**Kosten:**
Stand 1. Quartal 2022
Bundesdurchschnitt
inkl. 19% MwSt.

## Objektübersicht zur Gebäudeart

### 6100-0811 Einfamilienhaus - Passivhaus
**BRI** 1.085 m³ **BGF** 286 m² **NUF** 202 m²

Einfamilienhaus im Passivhausstandard (168 m² WFL). Holzständerkonstruktion.

Land: Rheinland-Pfalz
Kreis: Neuwied
Standard: Durchschnitt
Bauzeit: 17 Wochen
Kennwerte: bis 3. Ebene DIN 276

**BGF** 1.777 €/m²

veröffentlicht: BKI Objektdaten E4

**Planung:** Raum für Architektur Dipl.-Ing. Kay Künzel; Wachtberg

### 6100-0765 Einfamilienhaus - Passivhaus
**BRI** 959 m³ **BGF** 287 m² **NUF** 199 m²

Einfamilienwohnhaus im Passivhausstandard (223 m² WFL). Holzständerkonstruktion.

Land: Hessen
Kreis: Wetteraukreis
Standard: Durchschnitt
Bauzeit: 26 Wochen
Kennwerte: bis 3. Ebene DIN 276

**BGF** 2.188 €/m²

veröffentlicht: BKI Objektdaten E4

**Planung:** Martin Wamsler Freier Architekt BDA Dipl.-Ing. (FH); Friedrichshafen

### 6100-0981 Einfamilienhaus - Passivhaus
**BRI** 583 m³ **BGF** 254 m² **NUF** 161 m²

Wohnhaus für 6 Personen (148 m² WFL), das bei Bedarf in zwei Wohneinheiten aufgeteilt werden kann. Vorgefertigter Massivholzbau.

Land: Baden-Württemberg
Kreis: Tübingen
Standard: Durchschnitt
Bauzeit: 22 Wochen
Kennwerte: bis 1. Ebene DIN 276

**BGF** 1.576 €/m²

veröffentlicht: BKI Objektdaten E5

**Planung:** amunt architekten martenson und nagel theissen; Aachen, Stuttgart

### 6100-0870 Einfamilienhaus - Plusenergiehaus
**BRI** 1.173 m³ **BGF** 364 m² **NUF** 230 m²

Freistehendes, sonnenoptimiertes Gebäude als experimentelles Plusenergiehaus, kompakte Hülle um einen Betonkern (124 m² WFL). Holztafelkonstruktion.

Land: Brandenburg
Kreis: Oberhavel
Standard: Durchschnitt
Bauzeit: 39 Wochen
Kennwerte: bis 2. Ebene DIN 276

**BGF** 1.912 €/m²

veröffentlicht: BKI Objektdaten E4

**Planung:** Jirka + Nadansky Architekten; Borgsdorf

## Objektübersicht zur Gebäudeart

### 6100-0794 Einfamilienhaus - Passivhaus

**BRI** 770 m³   **BGF** 253 m²   **NUF** 166 m²

Einfamilienhaus im Passivhausstandard (131m² WFL), das UG ist unbeheizt, Zugang aus der warmen Hülle. Holzrahmenkonstruktion.

Land: Baden-Württemberg
Kreis: Reutlingen
Standard: Durchschnitt
Bauzeit: 21 Wochen
Kennwerte: bis 3. Ebene DIN 276

**BGF   1.437 €/m²**

**Planung:** Architekt Rainer Graf Architektur + Energiekonzepte; Ofterdingen

veröffentlicht: BKI Objektdaten E4

### 6100-0810 Einfamilienhaus - Passivhaus

**BRI** 848 m³   **BGF** 250 m²   **NUF** 179 m²

Einfamilienhaus im Passivhausstandard (171m² WFL). Holzständerkonstruktion.

Land: Nordrhein-Westfalen
Kreis: Rhein-Sieg-Kreis
Standard: Durchschnitt
Bauzeit: 21 Wochen
Kennwerte: bis 3. Ebene DIN 276

**BGF   2.158 €/m²**

**Planung:** Raum für Architektur Dipl.-Ing. Kay Künzel; Wachtberg

veröffentlicht: BKI Objektdaten E4

### 6100-0809 Einfamilienhaus - Passivhaus

**BRI** 908 m³   **BGF** 282 m²   **NUF** 207 m²

Einfamilienhaus im Passivhausstandard (201m² WFL). Holzständerkonstruktion.

Land: Nordrhein-Westfalen
Kreis: Rhein-Sieg-Kreis
Standard: Durchschnitt
Bauzeit: 17 Wochen
Kennwerte: bis 3. Ebene DIN 276

**BGF   1.895 €/m²**

**Planung:** Raum für Architektur Dipl.-Ing. Kay Künzel; Wachtberg

veröffentlicht: BKI Objektdaten E4

### 6100-0766 Einfamilienhaus - Passivhaus

**BRI** 908 m³   **BGF** 291 m²   **NUF** 192 m²

Einfamilienwohnhaus im Passivhausstandard (155m² WFL). Holzständerkonstruktion.

Land: Baden-Württemberg
Kreis: Böblingen
Standard: Durchschnitt
Bauzeit: 26 Wochen
Kennwerte: bis 3. Ebene DIN 276

**BGF   1.545 €/m²**

**Planung:** Martin Wamsler Freier Architekt BDA Dipl.-Ing. (FH); Friedrichshafen

veröffentlicht: BKI Objektdaten E4

© BKI Baukosteninformationszentrum; Erläuterungen zu den Tabellen siehe Seite 56   Kostenstand: 1. Quartal 2022, Bundesdurchschnitt, **inkl. 19% MwSt.**

**Ein- und Zwei-familienhäuser, Passivhausstandard, Holzbau**

**€/m² BGF**
| | |
|---|---|
| min | 1.250 €/m² |
| von | 1.480 €/m² |
| Mittel | **1.785 €/m²** |
| bis | 2.105 €/m² |
| max | 2.525 €/m² |

**Kosten:**
Stand 1. Quartal 2022
Bundesdurchschnitt
inkl. 19% MwSt.

## Objektübersicht zur Gebäudeart

### 6100-0895 Einfamilienhaus - Solaraktivhaus*
**BRI** 942 m³ | **BGF** 303 m² | **NUF** 170 m²

Einfamilienhaus als Modellprojekt mit neuentwickeltem Gebäudekonzept. Das Konzept basiert auf solarer Energiegewinnung. Holzrahmenkonstruktion.

Land: Bayern
Kreis: Regensburg, Stadt
Standard: über Durchschnitt
Bauzeit: 43 Wochen
Kennwerte: bis 1. Ebene DIN 276

**BGF   2.724 €/m²**

**Planung:** fabi architekten bda; Regensburg

veröffentlicht: BKI Objektdaten E4
* Nicht in der Auswertung enthalten

### 6100-0832 Wohnhaus (2 WE) - Passivhaus
**BRI** 803 m³ | **BGF** 306 m² | **NUF** 220 m²

Passivhaus (2 WE), Fertighaus. Holzständerkonstruktion.

Land: Rheinland-Pfalz
Kreis: Westerwaldkreis
Standard: Durchschnitt
Bauzeit: 13 Wochen
Kennwerte: bis 1. Ebene DIN 276

**BGF   1.457 €/m²**

**Planung:** August Bruns GmbH & Co.KG; Berge

veröffentlicht: BKI Objektdaten E4

### 6100-0715 Einfamilienhaus - Passivhaus
**BRI** 696 m³ | **BGF** 255 m² | **NUF** 162 m²

Einfamilienhaus im Passivhausstandard. Holzständerkonstruktion.

Land: Bayern
Kreis: Nürnberg, Stadt
Standard: Durchschnitt
Bauzeit: 30 Wochen
Kennwerte: bis 3. Ebene DIN 276

**BGF   1.991 €/m²**

**Planung:** Planungsbüro future-proved Alexander Grab; Augsburg

veröffentlicht: BKI Objektdaten E4

### 6100-0799 Einfamilienhaus - Passivhaus
**BRI** 1.104 m³ | **BGF** 306 m² | **NUF** 210 m²

Einfamilienhaus Passivhaus, nicht unterkellert, Holzbau mit freistehender Garage. Holzrahmenbau.

Land: Bayern
Kreis: Freyung-Grafenau
Standard: über Durchschnitt
Bauzeit: 39 Wochen
Kennwerte: bis 1. Ebene DIN 276

**BGF   1.685 €/m²**

**Planung:** Fürstberger, Büro f. Energieoptimierung Architektur u. Baubiologie; Zenting

veröffentlicht: BKI Objektdaten E4

## Objektübersicht zur Gebäudeart

### 6100-0808 Einfamilienhaus - Passivhaus

**BRI** 952 m³    **BGF** 246 m²    **NUF** 143 m²

Einfamilienhaus, Passivhaus (133 m² WFL) in Holzrahmenbauweise. OSB-Stegträgerkonstruktion.

Land: Rheinland-Pfalz
Kreis: Bad Kreuznach
Standard: über Durchschnitt
Bauzeit: 26 Wochen
Kennwerte: bis 1. Ebene DIN 276

**BGF**    **2.075 €/m²**

**Planung:** Winfried Mannert Architekt, Architektur- u. Stadtplanung; Bad Kreuznach

veröffentlicht: BKI Objektdaten E4

### 6100-0778 Reihenmittelhaus - Passivhaus

**BRI** 901 m³    **BGF** 291 m²    **NUF** 187 m²

Reihenmittelhaus als Passivhaus. Holzrahmenbau.

Land: Bayern
Kreis: München, Stadt
Standard: Durchschnitt
Bauzeit: 78 Wochen
Kennwerte: bis 1. Ebene DIN 276

**BGF**    **1.542 €/m²**

**Planung:** Kauer & Brodmeier GbR Planungsgemeinschaft; München

veröffentlicht: BKI Objektdaten E4

### 6100-0899 Einfamilienhaus, ELW - Passivhaus

**BRI** 1.533 m³    **BGF** 580 m²    **NUF** 382 m²

Einfamilienhaus mit ELW als Passivhaus (258 m² WFL). Holzständerkonstruktion.

Land: Nordrhein-Westfalen
Kreis: Duisburg, Stadt
Standard: über Durchschnitt
Bauzeit: 44 Wochen
Kennwerte: bis 1. Ebene DIN 276

**BGF**    **1.251 €/m²**

**Planung:** Architekturbüro Böhmer; Duisburg

veröffentlicht: BKI Objektdaten E5

### 6100-0813 Einfamilienhaus - Passivhaus

**BRI** 674 m³    **BGF** 211 m²    **NUF** 128 m²

Einfamilienwohnhaus im Passivhausstandard (120 m² WFL). Holzständerkonstruktion.

Land: Baden-Württemberg
Kreis: Böblingen
Standard: Durchschnitt
Bauzeit: 18 Wochen
Kennwerte: bis 3. Ebene DIN 276

**BGF**    **2.015 €/m²**

**Planung:** Martin Wamsler Freier Architekt BDA Dipl.-Ing. (FH); Friedrichshafen

veröffentlicht: BKI Objektdaten E4

© **BKI** Baukosteninformationszentrum; Erläuterungen zu den Tabellen siehe Seite 56    Kostenstand: 1. Quartal 2022, Bundesdurchschnitt, **inkl. 19% MwSt.**

# Ein- und Zweifamilienhäuser, Passivhausstandard, Holzbau

**€/m² BGF**
min 1.250 €/m²
von 1.480 €/m²
Mittel **1.785 €/m²**
bis 2.105 €/m²
max 2.525 €/m²

**Kosten:**
Stand 1. Quartal 2022
Bundesdurchschnitt
inkl. 19% MwSt.

## Objektübersicht zur Gebäudeart

### 6100-0679 Einfamilienhaus - Passivhaus
**BRI** 794 m³   **BGF** 270 m²   **NUF** 201 m²

Einfamilienhaus im Passivhausstandard mit Garage. Stb-Keller; Holztafelbau.

Land: Nordrhein-Westfalen
Kreis: Soest
Standard: Durchschnitt
Bauzeit: 52 Wochen
Kennwerte: bis 1. Ebene DIN 276

**BGF** 1.489 €/m²

**Planung:** Werkgruppe Freiburg Architekten; Freiburg

veröffentlicht: BKI Objektdaten N9

### 6100-0627 Einfamilienhaus - Passivhaus
**BRI** 933 m³   **BGF** 282 m²   **NUF** 175 m²

Einfamilienwohnhaus in vorgefertigter Holzständerbauweise als Energiegewinnhaus. Holzkonstruktion.

Land: Rheinland-Pfalz
Kreis: Germersheim
Standard: Durchschnitt
Bauzeit: 26 Wochen
Kennwerte: bis 1. Ebene DIN 276

**BGF** 1.537 €/m²

**Planung:** Dipl.-Ing. (FH) Wolfgang Klein; Pleisweiler-Oberhofen

veröffentlicht: BKI Objektdaten E3

### 6100-0853 Einfamilienhaus - Passivhaus
**BRI** 1.465 m³   **BGF** 419 m²   **NUF** 283 m²

Einfamilienhaus, Passivhaus, ökologische Bauweise (306 m² WFL), Untergeschoss nicht wärmegedämmt. UG: Stb-Konstruktion, EG und OG Holzrahmenbauweise. Holzkonstruktion.

Land: Bayern
Kreis: Erlangen, Stadt
Standard: über Durchschnitt
Bauzeit: 52 Wochen
Kennwerte: bis 1. Ebene DIN 276

**BGF** 1.793 €/m²

**Planung:** Architekturbüro Frau Farzaneh Nouri-Schellinger; Erlangen

veröffentlicht: BKI Objektdaten E4

### 6100-0587 Einfamilienhaus - Passivhaus
**BRI** 889 m³   **BGF** 246 m²   **NUF** 163 m²

Einfamilienhaus im Passivhausstandard (168 m² WFL). Holzständerbau.

Land: Bayern
Kreis: Freising
Standard: über Durchschnitt
Bauzeit: 48 Wochen
Kennwerte: bis 3. Ebene DIN 276

**BGF** 2.523 €/m²

**Planung:** Architekturbüro Dipl.-Ing. (FH) Werner Friedl; Adelzhausen

veröffentlicht: BKI Objektdaten N8

# Objektübersicht zur Gebäudeart

## 6100-0575 Einfamilienhaus - Passivhaus
**BRI** 903 m³    **BGF** 279 m²    **NUF** 194 m²

Einfamilienhaus im Passivhausstandard (184 m² WFL). Holzkonstruktion.

Land: Baden-Württemberg
Kreis: Tuttlingen
Standard: Durchschnitt
Bauzeit: 48 Wochen
Kennwerte: bis 3. Ebene DIN 276

**BGF**    **2.045 €/m²**

**Planung:** Martin Wamsler Freier Architekt BDA Dipl.-Ing. (FH); Friedrichshafen

veröffentlicht: BKI Objektdaten E3

## 6100-0571 Einfamilienhaus - Passivhaus
**BRI** 878 m³    **BGF** 321 m²    **NUF** 222 m²

Einfamilienwohnhaus im Passivhausstandard (211 m² WFL). Stb-Konstruktion mit Holzständerwänden.

Land: Baden-Württemberg
Kreis: Ostalbkreis
Standard: Durchschnitt
Bauzeit: 44 Wochen
Kennwerte: bis 3. Ebene DIN 276

**BGF**    **1.791 €/m²**

**Planung:** Martin Wamsler Freier Architekt BDA Dipl.-Ing. (FH); Friedrichshafen

veröffentlicht: BKI Objektdaten E3

## 6100-0655 Einfamilienhaus - Passivhaus
**BRI** 595 m³    **BGF** 198 m²    **NUF** 141 m²

Einfamilienwohnhaus mit Carport, (147 m² WFL). Holzrahmenbau.

Land: Nordrhein-Westfalen
Kreis: Unna
Standard: Durchschnitt
Bauzeit: 31 Wochen
Kennwerte: bis 1. Ebene DIN 276

**BGF**    **1.384 €/m²**

**Planung:** Architekturbüro Korkowsky; Bönen

veröffentlicht: BKI Objektdaten N9

© BKI Baukosteninformationszentrum; Erläuterungen zu den Tabellen siehe Seite 56    Kostenstand: 1. Quartal 2022, Bundesdurchschnitt, inkl. 19% MwSt.

**Ein- und Zwei-familienhäuser, Holzbauweise, unterkellert**

## Kostenkennwerte für die Kosten des Bauwerks (Kostengruppen 300+400 nach DIN 276)

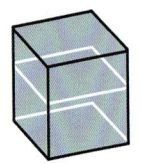

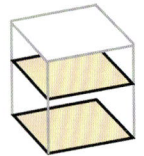

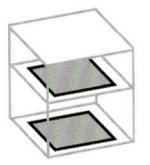

| | | | |
|---|---|---|---|
| **BRI** 540 €/m³ | **BGF** 1.705 €/m² | **NUF** 2.520 €/m² | **NE** 3.110 €/NE |
| von 445 €/m³ | von 1.355 €/m² | von 1.940 €/m² | von 2.470 €/NE |
| bis 635 €/m³ | bis 2.000 €/m² | bis 3.040 €/m² | bis 3.725 €/NE |
| | | | NE: Wohnfläche |

**Kosten:**
Stand 1. Quartal 2022
Bundesdurchschnitt
inkl. 19% MwSt.

### Objektbeispiele

6100-1531

6100-1382

6100-1535

### Kosten der 31 Vergleichsobjekte — Seiten 466 bis 474

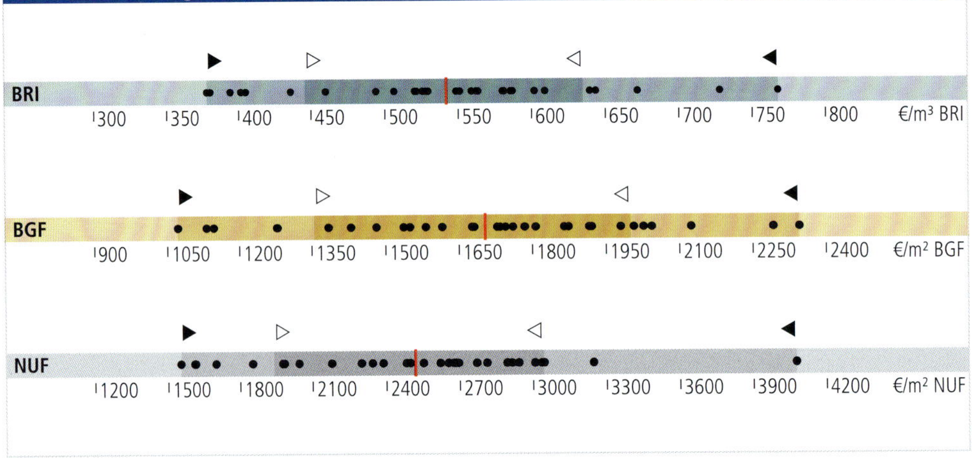

- ● KKW
- ▶ min
- ▷ von
- | Mittelwert
- ◁ bis
- ◀ max

BRI: 300 – 800 €/m³ BRI

BGF: 900 – 2400 €/m² BGF

NUF: 1200 – 4200 €/m² NUF

© BKI Baukosteninformationszentrum; Erläuterungen zu den Tabellen siehe Seite 46 — Kostenstand: 1. Quartal 2022, Bundesdurchschnitt, **inkl. 19% MwSt.**

## Kostenkennwerte für die Kostengruppen der 1. und 2. Ebene DIN 276

| KG | Kostengruppen der 1. Ebene | Einheit | ▷ | €/Einheit | ◁ | ▷ | % an 300+400 | ◁ |
|---|---|---|---|---|---|---|---|---|
| 100 | Grundstück | m² GF | – | – | – | – | – | – |
| 200 | Vorbereitende Maßnahmen | m² GF | 16 | **37** | 95 | 1,1 | **2,8** | 5,1 |
| 300 | Bauwerk – Baukonstruktionen | m² BGF | 1.091 | **1.394** | 1.646 | 78,6 | **81,7** | 85,5 |
| 400 | Bauwerk – Technische Anlagen | m² BGF | 230 | **309** | 382 | 14,5 | **18,3** | 21,4 |
|  | Bauwerk (300+400) | m² BGF | 1.355 | **1.703** | 2.000 | 100,0 | **100,0** | 100,0 |
| 500 | Außenanlagen und Freiflächen | m² AF | 55 | **185** | 478 | 2,5 | **6,0** | 11,4 |
| 600 | Ausstattung und Kunstwerke | m² BGF | 11 | **28** | 73 | 0,4 | **1,5** | 3,1 |
| 700 | Baunebenkosten* | m² BGF | 418 | **466** | 514 | 24,7 | **27,6** | 30,4 |
| 800 | Finanzierung | m² BGF | – | – | – | – | – | – |

◁ * Auf Grundlage der HOAI 2021 berechnete Werte nach §§ 35, 52, 56. Weitere Informationen siehe Seite 50

| KG | Kostengruppen der 2. Ebene | Einheit | ▷ | €/Einheit | ◁ | ▷ | % an 1. Ebene | ◁ |
|---|---|---|---|---|---|---|---|---|
| 310 | Baugrube / Erdbau | m³ BGI | 20 | **30** | 47 | 1,9 | **2,8** | 4,2 |
| 320 | Gründung, Unterbau | m² GRF | 195 | **262** | 377 | 5,4 | **7,4** | 10,3 |
| 330 | Außenwände / vertikal außen | m² AWF | 339 | **424** | 523 | 40,7 | **44,3** | 48,9 |
| 340 | Innenwände / vertikal innen | m² IWF | 164 | **197** | 263 | 8,3 | **11,8** | 14,5 |
| 350 | Decken / horizontal | m² DEF | 265 | **334** | 442 | 13,5 | **17,7** | 22,3 |
| 360 | Dächer | m² DAF | 296 | **363** | 445 | 11,0 | **12,4** | 14,7 |
| 370 | Infrastrukturanlagen |  | – | – | – | – | – | – |
| 380 | Baukonstruktive Einbauten | m² BGF | 1 | **40** | 79 | < 0,1 | **0,4** | 4,3 |
| 390 | Sonst. Maßnahmen für Baukonst. | m² BGF | 26 | **41** | 97 | 2,3 | **3,2** | 5,8 |
| **300** | **Bauwerk – Baukonstruktionen** | **m² BGF** |  |  |  |  | **100,0** |  |
| 410 | Abwasser-, Wasser-, Gasanlagen | m² BGF | 65 | **86** | 130 | 23,0 | **30,2** | 36,2 |
| 420 | Wärmeversorgungsanlagen | m² BGF | 88 | **120** | 169 | 35,3 | **42,2** | 60,1 |
| 430 | Raumlufttechnische Anlagen | m² BGF | 20 | **35** | 58 | 0,4 | **6,6** | 15,3 |
| 440 | Elektrische Anlagen | m² BGF | 35 | **51** | 82 | 13,3 | **17,8** | 24,9 |
| 450 | Kommunikationstechnische Anlagen | m² BGF | 5 | **8** | 13 | 1,8 | **2,8** | 4,5 |
| 460 | Förderanlagen | m² BGF | – | – | – | – | – | – |
| 470 | Nutzungsspez. / verfahrenstech. Anl. | m² BGF | 8 | **8** | 8 | 0,0 | **0,2** | 2,6 |
| 480 | Gebäude- und Anlagenautomation | m² BGF | – | – | – | – | – | – |
| 490 | Sonst. Maßnahmen f. techn. Anl. | m² BGF | 10 | **10** | 10 | 0,0 | **0,2** | 2,2 |
| **400** | **Bauwerk – Technische Anlagen** | **m² BGF** |  |  |  |  | **100,0** |  |

### Prozentanteile der Kosten 2. Ebene an den Kosten des Bauwerks nach DIN 276 (Von/Mittel/Bis)

| KG | Kostengruppe | Mittel |
|---|---|---|
| 310 | Baugrube / Erdbau | 2,3 |
| 320 | Gründung, Unterbau | 6,0 |
| 330 | Außenwände / vertikal außen | 35,8 |
| 340 | Innenwände / vertikal innen | 9,5 |
| 350 | Decken / horizontal | 14,2 |
| 360 | Dächer | 10,0 |
| 370 | Infrastrukturanlagen | – |
| 380 | Baukonstruktive Einbauten | 0,3 |
| 390 | Sonst. Maßnahmen für Baukonst. | 2,6 |
| 410 | Abwasser-, Wasser-, Gasanlagen | 5,7 |
| 420 | Wärmeversorgungsanlagen | 8,4 |
| 430 | Raumlufttechnische Anlagen | 1,3 |
| 440 | Elektrische Anlagen | 3,4 |
| 450 | Kommunikationstechnische Anlagen | 0,5 |
| 460 | Förderanlagen | – |
| 470 | Nutzungsspez. / verfahrenstech. Anl. | < 0,1 |
| 480 | Gebäude- und Anlagenautomation | – |
| 490 | Sonst. Maßnahmen f. techn. Anl. | < 0,1 |

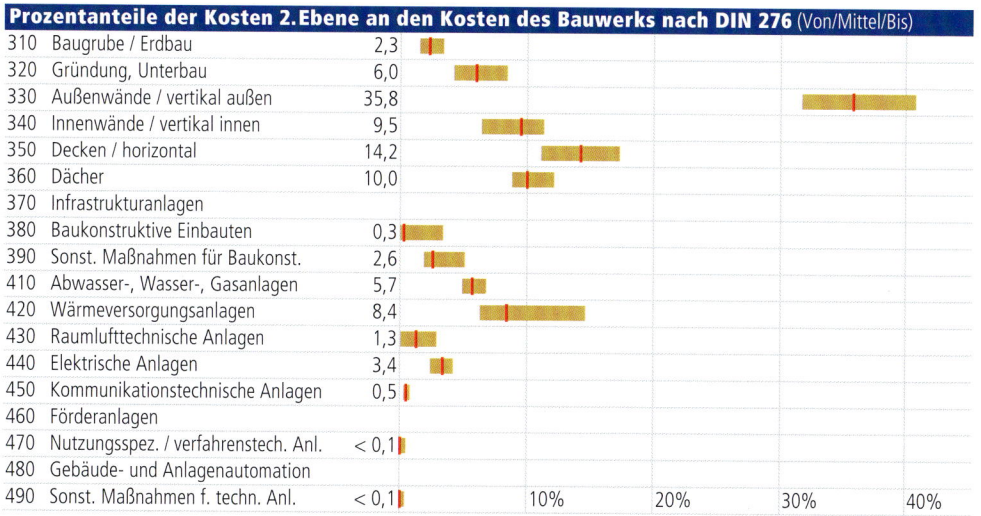

© BKI Baukosteninformationszentrum; Erläuterungen zu den Tabellen siehe Seite 48 und 50   Kostenstand: 1. Quartal 2022, Bundesdurchschnitt, inkl. 19% MwSt.

**Ein- und Zweifamilienhäuser, Holzbauweise, unterkellert**

**Kosten:**
Stand 1. Quartal 2022
Bundesdurchschnitt
inkl. 19% MwSt.

- KKW
- ▶ min
- ▷ von
- | Mittelwert
- ◁ bis
- ◀ max

## Prozentanteile der Kosten für Leistungsbereiche nach STLB (Kosten Bauwerk nach DIN 276)

| LB | Leistungsbereiche | ▷ % an 300+400 ◁ | | |
|---|---|---|---|---|
| 000 | Sicherheits-, Baustelleneinrichtungen inkl. 001 | 1,8 | **2,5** | 4,5 |
| 002 | Erdarbeiten | 1,4 | **2,5** | 3,7 |
| 006 | Spezialtiefbauarbeiten inkl. 005 | 0,0 | **< 0,1** | < 0,1 |
| 009 | Entwässerungskanalarbeiten inkl. 011 | 0,1 | **0,6** | 1,8 |
| 010 | Drän- und Versickerarbeiten | < 0,1 | **0,2** | 0,5 |
| 012 | Mauerarbeiten | 1,1 | **2,9** | 6,6 |
| 013 | Betonarbeiten | 8,8 | **11,1** | 15,6 |
| 014 | Natur-, Betonwerksteinarbeiten | < 0,1 | **0,1** | 0,6 |
| 016 | Zimmer- und Holzbauarbeiten | 19,8 | **26,3** | 33,9 |
| 017 | Stahlbauarbeiten | 0,0 | **< 0,1** | 0,1 |
| 018 | Abdichtungsarbeiten | 0,2 | **0,8** | 1,6 |
| 020 | Dachdeckungsarbeiten | < 0,1 | **1,6** | 3,0 |
| 021 | Dachabdichtungsarbeiten | < 0,1 | **0,9** | 3,4 |
| 022 | Klempnerarbeiten | 0,7 | **1,9** | 4,0 |
|  | **Rohbau** | **44,9** | **51,4** | **61,8** |
| 023 | Putz- und Stuckarbeiten, Wärmedämmsysteme | 0,7 | **2,0** | 4,3 |
| 024 | Fliesen- und Plattenarbeiten | 1,1 | **1,9** | 3,5 |
| 025 | Estricharbeiten | 0,7 | **1,7** | 3,5 |
| 026 | Fenster, Außentüren inkl. 029, 032 | 4,7 | **7,0** | 8,2 |
| 027 | Tischlerarbeiten | 1,7 | **3,8** | 5,7 |
| 028 | Parkettarbeiten, Holzpflasterarbeiten | 0,2 | **1,5** | 3,2 |
| 030 | Rollladenarbeiten | 0,2 | **1,3** | 2,0 |
| 031 | Metallbauarbeiten inkl. 035 | 0,2 | **1,8** | 5,4 |
| 034 | Maler- und Lackiererarbeiten inkl. 037 | 0,0 | **1,5** | 1,9 |
| 036 | Bodenbelagarbeiten | 0,0 | **0,4** | 1,8 |
| 038 | Vorgehängte hinterlüftete Fassaden | 0,0 | **2,5** | 9,4 |
| 039 | Trockenbauarbeiten | 2,2 | **4,6** | 7,4 |
|  | **Ausbau** | **23,1** | **30,2** | **36,1** |
| 040 | Wärmeversorgungsanl. - Betriebseinr. inkl. 041 | 5,6 | **7,7** | 12,1 |
| 042 | Gas- und Wasserinstallation, Leitungen inkl. 043 | 1,2 | **1,7** | 2,5 |
| 044 | Abwasseranlagen - Leitungen | 0,5 | **0,8** | 1,5 |
| 045 | GWE-Einrichtungsgegenstände inkl. 046 | 1,9 | **2,5** | 3,9 |
| 047 | Dämmarbeiten an betriebstechnischen Anlagen | 0,1 | **0,4** | 0,8 |
| 049 | Feuerlöschanlagen, Feuerlöschgeräte | – | **–** | – |
| 050 | Blitzschutz- und Erdungsanlagen | 0,1 | **0,2** | 0,6 |
| 052 | Mittelspannungsanlagen | – | **–** | – |
| 053 | Niederspannungsanlagen inkl. 054 | 2,6 | **3,3** | 3,9 |
| 055 | Sicherheits- u. Ersatzstromversorgungsanl. | – | **–** | – |
| 057 | Gebäudesystemtechnik | – | **–** | – |
| 058 | Leuchten und Lampen inkl. 059 | 0,0 | **< 0,1** | 0,2 |
| 060 | Sprechanlagen, elektroakust. Anlagen inkl. 064 | < 0,1 | **0,1** | 0,3 |
| 061 | Kommunikationsnetze inkl. 062 | < 0,1 | **0,3** | 0,5 |
| 063 | Gefahrmeldeanlagen | 0,0 | **< 0,1** | < 0,1 |
| 069 | Aufzüge | – | **–** | – |
| 070 | Gebäudeautomation | – | **–** | – |
| 075 | Raumlufttechnische Anlagen inkl. 078 | < 0,1 | **1,2** | 2,7 |
|  | **Gebäudetechnik** | **16,0** | **18,3** | **21,8** |
|  | Sonstige Leistungsbereiche inkl. 008, 033, 051 | 0,0 | **0,1** | 0,3 |

## Planungskennwerte für Flächen und Rauminhalte nach DIN 277

| Grundflächen | | | ▷ Fläche/NUF (%) ◁ | | | ▷ Fläche/BGF (%) ◁ | | |
|---|---|---|---|---|---|---|---|---|
| NUF | Nutzungsfläche | 100,0 | **100,0** | 100,0 | 64,9 | **68,3** | 71,9 |
| TF | Technikfläche | 3,3 | **4,2** | 7,3 | 2,2 | **2,8** | 4,8 |
| VF | Verkehrsfläche | 11,4 | **14,3** | 18,7 | 7,6 | **9,5** | 11,5 |
| NRF | Netto-Raumfläche | 115,0 | **118,4** | 122,0 | 77,6 | **80,5** | 82,5 |
| KGF | Konstruktions-Grundfläche | 25,3 | **29,3** | 35,6 | 17,5 | **19,5** | 22,4 |
| BGF | Brutto-Grundfläche | 141,1 | **147,6** | 156,4 | 100,0 | **100,0** | 100,0 |

| Brutto-Rauminhalte | | | ▷ BRI/NUF (m) ◁ | | | ▷ BRI/BGF (m) ◁ | | |
|---|---|---|---|---|---|---|---|---|
| BRI | Brutto-Rauminhalt | 4,35 | **4,64** | 5,03 | 3,00 | **3,14** | 3,32 |

| Flächen von Nutzeinheiten | ▷ NUF/Einheit (m²) ◁ | | | ▷ BGF/Einheit (m²) ◁ | | |
|---|---|---|---|---|---|---|
| Nutzeinheit: Wohnfläche | 1,12 | **1,22** | 1,37 | 1,66 | **1,79** | 2,00 |

| Lufttechnisch behandelte Flächen | ▷ Fläche/NUF (%) ◁ | | | ▷ Fläche/BGF (%) ◁ | | |
|---|---|---|---|---|---|---|
| Entlüftete Fläche | – | – | – | – | – | – |
| Be- und entlüftete Fläche | – | – | – | – | – | – |
| Teilklimatisierte Fläche | – | – | – | – | – | – |
| Klimatisierte Fläche | – | – | – | – | – | – |

| KG | Kostengruppen (2. Ebene) | Einheit | ▷ Menge/NUF ◁ | | | ▷ Menge/BGF ◁ | | |
|---|---|---|---|---|---|---|---|---|
| 310 | Baugrube / Erdbau | m³ BGI | 1,22 | **1,70** | 1,88 | 0,85 | **1,22** | 1,38 |
| 320 | Gründung, Unterbau | m² GRF | 0,42 | **0,47** | 0,54 | 0,31 | **0,34** | 0,41 |
| 330 | Außenwände / vertikal außen | m² AWF | 1,62 | **1,78** | 1,89 | 1,16 | **1,27** | 1,35 |
| 340 | Innenwände / vertikal innen | m² IWF | 0,97 | **1,01** | 1,06 | 0,66 | **0,71** | 0,78 |
| 350 | Decken / horizontal | m² DEF | 0,77 | **0,89** | 0,94 | 0,55 | **0,63** | 0,65 |
| 360 | Dächer | m² DAF | 0,55 | **0,58** | 0,64 | 0,39 | **0,41** | 0,44 |
| 370 | Infrastrukturanlagen | | – | – | – | – | – | – |
| 380 | Baukonstruktive Einbauten | m² BGF | 1,41 | **1,48** | 1,56 | 1,00 | **1,00** | 1,00 |
| 390 | Sonst. Maßnahmen für Baukonst. | m² BGF | 1,41 | **1,48** | 1,56 | 1,00 | **1,00** | 1,00 |
| **300** | **Bauwerk – Baukonstruktionen** | m² BGF | 1,41 | **1,48** | 1,56 | 1,00 | **1,00** | 1,00 |

## Planungskennwerte für Bauzeiten

**31 Vergleichsobjekte**

**Bauzeit in Wochen**

Bauzeit: 0 | 10 | 20 | 30 | 40 | 50 | 60 | 70 | 80 | 90 | 100 Wochen

© BKI Baukosteninformationszentrum; Erläuterungen zu den Tabellen siehe Seite 54    Kostenstand: 1. Quartal 2022, Bundesdurchschnitt, inkl. 19% MwSt.

**Ein- und Zweifamilienhäuser, Holzbauweise, unterkellert**

€/m² BGF
- min: 1.070 €/m²
- von: 1.355 €/m²
- Mittel: **1.705 €/m²**
- bis: 2.000 €/m²
- max: 2.345 €/m²

**Kosten:**
Stand 1. Quartal 2022
Bundesdurchschnitt
inkl. 19% MwSt.

## Objektübersicht zur Gebäudeart

### 6100-1531 Einfamilienhaus - Effizienzhaus ~63%

**BRI** 836 m³  **BGF** 280 m²  **NUF** 183 m²

Einfamilienhaus mit 161 m² WFL. Holzbau.

Land: Nordrhein-Westfalen
Kreis: Rheinisch-Bergischer Kreis
Standard: über Durchschnitt
Bauzeit: 39 Wochen
Kennwerte: bis 1. Ebene DIN 276

**BGF  1.734 €/m²**

Planung: Grosche Burgmer Architekten Part GmbB; Köln

veröffentlicht: BKI Objektdaten E9

### 6100-1535 Einfamilienhaus

**BRI** 1.456 m³  **BGF** 456 m²  **NUF** 319 m²

Einfamilienhaus. Holzbau.

Land: Hamburg
Kreis: Hamburg, Freie und Hansestadt
Standard: Durchschnitt
Bauzeit: 48 Wochen
Kennwerte: bis 1. Ebene DIN 276

**BGF  1.784 €/m²**

Planung: Laura Hirsch Architektin; Hamburg

vorgesehen: BKI Objektdaten N18

### 6100-1407 Einfamilienhaus, Doppelgarage - Effizienzhaus 55

**BRI** 855 m³  **BGF** 288 m²  **NUF** 192 m²

Einfamilienhaus als Effizienzhaus 55 mit Doppelgarage. Holzbau.

Land: Baden-Württemberg
Kreis: Heidenheim
Standard: Durchschnitt
Bauzeit: 26 Wochen
Kennwerte: bis 1. Ebene DIN 276

**BGF  1.745 €/m²**

Planung: 2P-Raum Architekten; Nattheim

veröffentlicht: BKI Objektdaten N17

### 6100-1382 Einfamilienhaus, teilunterkellert

**BRI** 747 m³  **BGF** 234 m²  **NUF** 142 m²

Einfamilienhaus mit 150 m² WFL. Massivbau (KG) und Holzbau (EG und OG).

Land: Hamburg
Kreis: Hamburg, Freie und Hansestadt
Standard: Durchschnitt
Bauzeit: 22 Wochen
Kennwerte: bis 1. Ebene DIN 276

**BGF  1.760 €/m²**

Planung: Hatzius Sarramona Architekten; Hamburg

veröffentlicht: BKI Objektdaten N16

# Objektübersicht zur Gebäudeart

## 6100-1268 Einfamilienhaus, Garage - Effizienzhaus 55

**BRI** 1.350 m³   **BGF** 408 m²   **NUF** 292 m²

Einfamilienhaus (244 m² WFL) mit Garage als Effizienzhaus 55. Holzkonstruktion.

Land: Nordrhein-Westfalen
Kreis: Mettmann
Standard: über Durchschnitt
Bauzeit: 31 Wochen
Kennwerte: bis 1. Ebene DIN 276

**BGF**   1.921 €/m²

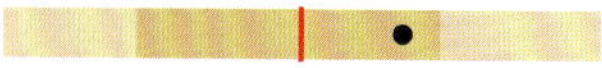

**Planung:** kg architektur Dipl.-Ing. Arch. Kai Grosche; Köln

veröffentlicht: BKI Objektdaten E7

## 6100-1365 Einfamilienhaus - Effizienzhaus 40

**BRI** 954 m³   **BGF** 282 m²   **NUF** 172 m²

Einfamilienhaus mit 148 m² WFL, Effizienzhaus 40. Holztafelbauweise.

Land: Berlin
Kreis: Berlin
Standard: über Durchschnitt
Bauzeit: 52 Wochen
Kennwerte: bis 1. Ebene DIN 276

**BGF**   1.980 €/m²

**Planung:** Jirka + Nadansky Architekten; Hohen Neuendorf

veröffentlicht: BKI Objektdaten E8

## 6100-1291 Einfamilienhaus, Garage

**BRI** 942 m³   **BGF** 308 m²   **NUF** 240 m²

Einfamilienhaus (160 m² WFL) mit Garage (2 STP). Holzbau.

Land: Hessen
Kreis: Darmstadt-Dieburg
Standard: über Durchschnitt
Bauzeit: 78 Wochen
Kennwerte: bis 3. Ebene DIN 276

**BGF**   2.345 €/m²

**Planung:** studio moeve architekten; Darmstadt

veröffentlicht: BKI Objektdaten N17

## 6100-1106 Einfamilienhaus, Garage - Effizienzhaus 70

**BRI** 1.038 m³   **BGF** 394 m²   **NUF** 296 m²

Einfamilienhaus (165 m² WFL) mit Keller und Garage mit Abstellraum. UG: Massivbau, EG/OG: Holzrahmenbau.

Land: Nordrhein-Westfalen
Kreis: Viersen
Standard: über Durchschnitt
Bauzeit: 31 Wochen
Kennwerte: bis 3. Ebene DIN 276

**BGF**   1.481 €/m²

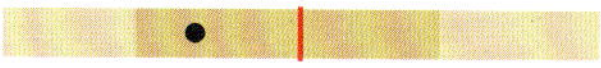

**Planung:** Lilienström Architekten PartG mbB; Dormagen

veröffentlicht: BKI Objektdaten E7

© BKI Baukosteninformationszentrum; Erläuterungen zu den Tabellen siehe Seite 56   Kostenstand: 1. Quartal 2022, Bundesdurchschnitt, **inkl. 19% MwSt.**

**Ein- und Zwei-familienhäuser, Holzbauweise, unterkellert**

€/m² BGF
min   1.070 €/m²
von   1.355 €/m²
Mittel **1.705 €/m²**
bis   2.000 €/m²
max   2.345 €/m²

Kosten:
Stand 1. Quartal 2022
Bundesdurchschnitt
inkl. 19% MwSt.

## Objektübersicht zur Gebäudeart

### 6100-1158 Einfamilienhaus, Carport
**BRI** 676 m³  **BGF** 224 m²  **NUF** 150 m²

Einfamilienhaus für zwei Personen (129 m² WFL) und Carport. Holzrahmenkonstruktion.

Land: Nordrhein-Westfalen
Kreis: Wuppertal
Standard: Durchschnitt
Bauzeit: 31 Wochen
Kennwerte: bis 1. Ebene DIN 276

**BGF  2.026 €/m²**

**Planung:** grau. architektur Dipl.-Ing. Architektin Petra Grau; Wuppertal

veröffentlicht: BKI Objektdaten N13

### 6100-1254 Einfamilienhaus - Effizienzhaus 55
**BRI** 740 m³  **BGF** 191 m²  **NUF** 124 m²

Einfamilienhaus (129 m² WFL). Holzrahmenbau.

Land: Baden-Württemberg
Kreis: Ludwigsburg
Standard: über Durchschnitt
Bauzeit: 26 Wochen
Kennwerte: bis 1. Ebene DIN 276

**BGF  1.915 €/m²**

**Planung:** son.tho architekten; Besigheim

veröffentlicht: BKI Objektdaten N15

### 6100-1094 Einfamilienhaus - Effizienzhaus 70
**BRI** 1.488 m³  **BGF** 473 m²  **NUF** 266 m²

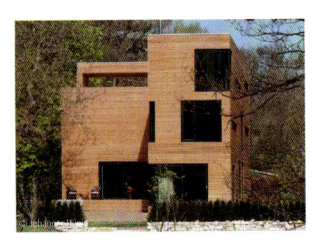

Einfamilienhaus (324 m² WFL) als Effizienzhaus 70. UG: Stahlbeton, EG-DG: Holzbauweise.

Land: Schleswig-Holstein
Kreis: Stormarn
Standard: Durchschnitt
Bauzeit: 39 Wochen
Kennwerte: bis 1. Ebene DIN 276

**BGF  2.292 €/m²**

**Planung:** Wacker Zeiger Architekten; Hamburg

veröffentlicht: BKI Objektdaten E6

### 6100-0980 Einfamilienhaus - Effizienzhaus 55
**BRI** 944 m³  **BGF** 275 m²  **NUF** 185 m²

Einfamilienhaus (137 m² WFL), Wohnen/Essen und Küche im EG, Schlafen Arbeiten und Bad im OG. vorgefertigte Holzbauweise, Stb-Keller.

Land: Baden-Württemberg
Kreis: Karlsruhe, Stadt
Standard: Durchschnitt
Bauzeit: 22 Wochen
Kennwerte: bis 1. Ebene DIN 276

**BGF  1.582 €/m²**

**Planung:** evaplan Architektur + Stadtplanung; Karlsruhe

veröffentlicht: BKI Objektdaten E5

# Objektübersicht zur Gebäudeart

## 6100-0991 Einfamilienhaus    BRI 969 m³    BGF 353 m²    NUF 232 m²

Einfamilienhaus in Holzbauweise mit Garage. Holzrahmenbau.

Land: Nordrhein-Westfalen
Kreis: Mönchengladbach, Stadt
Standard: über Durchschnitt
Bauzeit: 43 Wochen
Kennwerte: bis 3. Ebene DIN 276

BGF    1.429 €/m²

**Planung:** bau grün ! energieeff. Gebäude Arch. Daniel Finocchiaro; Mönchengladbach    veröffentlicht: BKI Objektdaten N13

## 6100-1044 Einfamilienhaus - Effizienzhaus 85    BRI 844 m³    BGF 281 m²    NUF 181 m²

Einfamilienhaus (131 m² WFL) als Effizienzhaus 85. Holzbau.

Land: Sachsen-Anhalt
Kreis: Burgenlandkreis
Standard: Durchschnitt
Bauzeit: 30 Wochen
Kennwerte: bis 1. Ebene DIN 276

BGF    1.806 €/m²

**Planung:** TRÄNKNER ARCHITEKTEN, Architekt Matthias Tränkner; Naumburg (Saale)    veröffentlicht: BKI Objektdaten E5

## 6100-1031 Einfamilienhaus - Effizienzhaus 70    BRI 939 m³    BGF 298 m²    NUF 192 m²

Energiesparendes Einfamilienhaus mit klarer Struktur (200 m² WFL); Keller in WU-Beton, EG und OG in Holzkonstruktion. Holzrahmenkonstruktion.

Land: Bayern
Kreis: Regensburg
Standard: Durchschnitt
Bauzeit: 26 Wochen
Kennwerte: bis 3. Ebene DIN 276

BGF    1.277 €/m²

**Planung:** Planungsgruppe Barthelmey Architekt Dipl.-Ing. Stefan Barthelmey; Erfurt    veröffentlicht: BKI Objektdaten E5

## 6100-0911 Einfamilienhaus    BRI 805 m³    BGF 252 m²    NUF 175 m²

Einfamilienhaus am Steilhang (172 m² WFL). Niedrigenergiestandard (Unterschreitung der EnEV 2009 um 30%). Holzrahmenbau.

Land: Bayern
Kreis: Landshut, Stadt
Standard: über Durchschnitt
Bauzeit: 22 Wochen
Kennwerte: bis 1. Ebene DIN 276

BGF    2.043 €/m²

**Planung:** brenner architekten; München    veröffentlicht: BKI Objektdaten N11

© **BKI** Baukosteninformationszentrum; Erläuterungen zu den Tabellen siehe Seite 56    Kostenstand: 1. Quartal 2022, Bundesdurchschnitt, **inkl. 19% MwSt.**

**Ein- und Zweifamilienhäuser, Holzbauweise, unterkellert**

**€/m² BGF**
| | | |
|---|---|---|
| min | 1.070 | €/m² |
| von | 1.355 | €/m² |
| Mittel | **1.705** | **€/m²** |
| bis | 2.000 | €/m² |
| max | 2.345 | €/m² |

**Kosten:**
Stand 1. Quartal 2022
Bundesdurchschnitt
inkl. 19% MwSt.

## Objektübersicht zur Gebäudeart

### 6100-0873 Einfamilienhaus - Effizienzhaus 70
**BRI** 1.222 m³ **BGF** 360 m² **NUF** 220 m²

Einfamilienhaus (206 m² WFL), mit Musikzimmer im UG für Musikunterricht. Holzkonstruktion.

Land: Bayern
Kreis: München
Standard: über Durchschnitt
Bauzeit: 43 Wochen
Kennwerte: bis 1. Ebene DIN 276

**BGF** **1.864 €/m²**

**Planung:** Jaks Architekten + Ingenieure; München

veröffentlicht: BKI Objektdaten E5

### 6100-0907 Einfamilienhaus, Doppelgarage*
**BRI** 1.324 m³ **BGF** 395 m² **NUF** 263 m²

Einfamilienhaus als 'reduzierter' Baukörper (236 m² WFL). Holzständerkonstruktion.

Land: Baden-Württemberg
Kreis: Reutlingen
Standard: über Durchschnitt
Bauzeit: 48 Wochen
Kennwerte: bis 1. Ebene DIN 276

**BGF** **2.346 €/m²**

**Planung:** OEHMIGEN RAUSCHKE ARCHITEKTEN; Stuttgart

veröffentlicht: BKI Objektdaten N11
* Nicht in der Auswertung enthalten

### 6100-0885 Einfamilienhaus - Effizienzhaus 40
**BRI** 1.376 m³ **BGF** 386 m² **NUF** 270 m²

Einfamilienhaus, Effizienzhaus 40 (214 m² WFL). Holzkonstruktion.

Land: Bayern
Kreis: Regensburg
Standard: über Durchschnitt
Bauzeit: 35 Wochen
Kennwerte: bis 1. Ebene DIN 276

**BGF** **1.873 €/m²**

**Planung:** fabi architekten bda; Regensburg

veröffentlicht: BKI Objektdaten E4

### 6100-0883 Einfamilienhaus - KfW 60
**BRI** 1.159 m³ **BGF** 351 m² **NUF** 256 m²

Einfamilienhaus (191 m² WFL), Niedrigenergiehaus. Holzrahmenkonstruktion.

Land: Hamburg
Kreis: Hamburg, Freie und Hansestadt
Standard: über Durchschnitt
Bauzeit: 61 Wochen
Kennwerte: bis 1. Ebene DIN 276

**BGF** **2.124 €/m²**

**Planung:** Hatzius Sarramona Architekten; Hamburg

veröffentlicht: BKI Objektdaten E5

# Objektübersicht zur Gebäudeart

## 6100-0874 Doppelhaushälfte, Garage

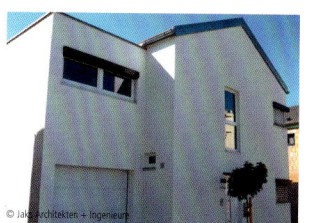

**BRI** 980 m³    **BGF** 308 m²    **NUF** 207 m²

Doppelhaushälfte (143 m² WFL) mit Garage. Brettschichtholzkonstruktion.

Land: Bayern
Kreis: Freising
Standard: über Durchschnitt
Bauzeit: 22 Wochen
Kennwerte: bis 1. Ebene DIN 276

**BGF**    **1.681 €/m²**

veröffentlicht: BKI Objektdaten N11

**Planung:** Jaks Architekten + Ingenieure; München

## 6100-0905 Einfamilienhaus - KfW 40

**BRI** 903 m³    **BGF** 276 m²    **NUF** 172 m²

Einfamilienhaus (163 m² WFL). Holzständerbau; UG Beton.

Land: Baden-Württemberg
Kreis: Breisgau-Hochschwarzwald
Standard: über Durchschnitt
Bauzeit: 26 Wochen
Kennwerte: bis 3. Ebene DIN 276

**BGF**    **1.728 €/m²**

veröffentlicht: BKI Objektdaten E5

**Planung:** Werkgruppe Freiburg Architekten; Freiburg

## 6100-0867 Doppelhaushälfte, Garage

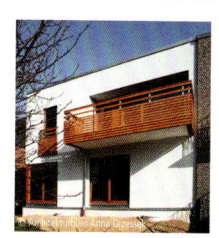

**BRI** 960 m³    **BGF** 314 m²    **NUF** 204 m²

Doppelhaushälfte mit Garage (148 m² WFL). Keller WU-Beton, EG und OG in Holzrahmenbauweise. Holzrahmenbau.

Land: Nordrhein-Westfalen
Kreis: Rhein-Erft-Kreis
Standard: Durchschnitt
Bauzeit: 35 Wochen
Kennwerte: bis 1. Ebene DIN 276

**BGF**    **1.550 €/m²**

veröffentlicht: BKI Objektdaten N11

**Planung:** Architekturbüro Anna Orzessek; Köln

## 6100-0835 Einfamilienhaus, Garage

**BRI** 962 m³    **BGF** 292 m²    **NUF** 236 m²

Einfamilienhaus mit Garage an Hanglage. Holzrahmenbau.

Land: Brandenburg
Kreis: Märkisch-Oderland
Standard: über Durchschnitt
Bauzeit: 78 Wochen
Kennwerte: bis 1. Ebene DIN 276

**BGF**    **2.006 €/m²**

veröffentlicht: BKI Objektdaten N10

**Planung:** TRU Architekten Partnerschaft mbB; Berlin

© BKI Baukosteninformationszentrum; Erläuterungen zu den Tabellen siehe Seite 56    Kostenstand: 1. Quartal 2022, Bundesdurchschnitt, **inkl. 19% MwSt.**

**Ein- und Zweifamilienhäuser, Holzbauweise, unterkellert**

**€/m² BGF**
| | |
|---|---|
| min | 1.070 €/m² |
| von | 1.355 €/m² |
| Mittel | **1.705 €/m²** |
| bis | 2.000 €/m² |
| max | 2.345 €/m² |

**Kosten:**
Stand 1. Quartal 2022
Bundesdurchschnitt
inkl. 19% MwSt.

## Objektübersicht zur Gebäudeart

### 6100-0834 Einfamilienhaus - KfW 40
**BRI** 635 m³  **BGF** 233 m²  **NUF** 133 m²

Einfamilienhaus, KfW 40 (140 m² WFL). Holzrahmenbau.

Land: Nordrhein-Westfalen
Kreis: Lippe
Standard: Durchschnitt
Bauzeit: 39 Wochen
Kennwerte: bis 1. Ebene DIN 276

**BGF** 1.537 €/m²

Planung: Architekturbüro A. Weiser; Detmold

veröffentlicht: BKI Objektdaten N11

### 6100-0711 Einfamilienhaus*
**BRI** 459 m³  **BGF** 156 m²  **NUF** 112 m²

Wohnhaus für 2 Personen als Erweiterung des bestehenden Gebäudes zum Mehrgenerationenhaus. Stb-Keller; Holzständerbauweise; Stb-Filigrandecke; Holz-Steildachkonstruktion.

Land: Nordrhein-Westfalen
Kreis: Rhein-Sieg-Kreis
Standard: über Durchschnitt
Bauzeit: 30 Wochen
Kennwerte: bis 1. Ebene DIN 276

**BGF** 2.779 €/m² *

Planung: Architekturbüro Waldorfplan; Bonn

veröffentlicht: BKI Objektdaten N10
* Nicht in der Auswertung enthalten

### 6100-0692 Einfamilienhaus, Carport
**BRI** 1.215 m³  **BGF** 403 m²  **NUF** 287 m²

Einfamilienwohnhaus mit Carport (185 m² WFL). Stb-Keller; Mauerwerks- und Holzständerwände; Stb-Decken; Holzdachkonstruktion.

Land: Baden-Württemberg
Kreis: Enzkreis
Standard: Durchschnitt
Bauzeit: 74 Wochen
Kennwerte: bis 1. Ebene DIN 276

**BGF** 1.147 €/m²

Planung: Büro Entenmann+Fischer Matthias Goltzsch; Knittlingen

veröffentlicht: BKI Objektdaten N9

### 6100-0550 Doppelhaushälfte, Holzbau
**BRI** 591 m³  **BGF** 187 m²  **NUF** 136 m²

Doppelhaushälfte als Klimaholzhaus, Niedrigenergiestandard (123 m² WFL II.BVO). Holztafelbau mit Holzdecke und Holzdachkonstruktion.

Land: Baden-Württemberg
Kreis: Bodenseekreis
Standard: Durchschnitt
Bauzeit: 17 Wochen
Kennwerte: bis 3. Ebene DIN 276

**BGF** 1.677 €/m²

Planung: Freier Architekt Dipl.-Ing. Tim Günther; Sipplingen

veröffentlicht: BKI Objektdaten N8

## Objektübersicht zur Gebäudeart

### 6100-0549 Doppelhaushälfte - KfW 60

**BRI** 691 m³  **BGF** 244 m²  **NUF** 168 m²

Doppelhaushälfte. Holzrahmenbau mit Stb-Filigrandecke und Holzdachkonstruktion.

Land: Bayern
Kreis: Weilheim-Schongau
Standard: Durchschnitt
Bauzeit: 78 Wochen
Kennwerte: bis 3. Ebene DIN 276

**BGF** 1.071 €/m²

veröffentlicht: BKI Objektdaten N7

**Planung:** Erber Architekten; Lindau

---

### 6100-0545 Doppelhaushälfte - KfW 40

**BRI** 844 m³  **BGF** 294 m²  **NUF** 206 m²

Doppelhaushälfte. Holzrahmenbau mit Stb-Filigrandecke und Holzdachkonstruktion.

Land: Bayern
Kreis: Weilheim-Schongau
Standard: Durchschnitt
Bauzeit: 26 Wochen
Kennwerte: bis 3. Ebene DIN 276

**BGF** 1.132 €/m²

veröffentlicht: BKI Objektdaten N7

**Planung:** Erber Architekten; Lindau

---

### 6100-0556 Reihenmittelhaus, Holzbau

**BRI** 662 m³  **BGF** 208 m²  **NUF** 156 m²

Reihenmittelhaus als Niedrigenergiehaus, unterkellert. Holztafelbau mit Stb-Fertigteildecke und Holzdachkonstruktion.

Land: Hessen
Kreis: Darmstadt, Stadt
Standard: Durchschnitt
Bauzeit: 57 Wochen
Kennwerte: bis 3. Ebene DIN 276

**BGF** 1.278 €/m²

veröffentlicht: BKI Objektdaten N8

**Planung:** Architekten + Diplom-Ingenieure Jünger + Logar; Darmstadt

---

### 6100-0552 Reihenendhaus, Holzbau

**BRI** 714 m³  **BGF** 225 m²  **NUF** 168 m²

Reihenendhaus als Niedrigenergiehaus, unterkellert. Holztafelbau mit Stb-Fertigteildecke und Holzdachkonstruktion.

Land: Hessen
Kreis: Darmstadt, Stadt
Standard: Durchschnitt
Bauzeit: 57 Wochen
Kennwerte: bis 3. Ebene DIN 276

**BGF** 1.384 €/m²

veröffentlicht: BKI Objektdaten N9

**Planung:** Architekten + Diplom-Ingenieure Jünger + Logar; Darmstadt

© BKI Baukosteninformationszentrum; Erläuterungen zu den Tabellen siehe Seite 56    Kostenstand: 1. Quartal 2022, Bundesdurchschnitt, **inkl. 19% MwSt.**

**Ein- und Zwei-familienhäuser, Holzbauweise, unterkellert**

**€/m² BGF**
| | |
|---|---|
| min | 1.070 €/m² |
| von | 1.355 €/m² |
| Mittel | **1.705 €/m²** |
| bis | 2.000 €/m² |
| max | 2.345 €/m² |

**Kosten:**
Stand 1. Quartal 2022
Bundesdurchschnitt
inkl. 19% MwSt.

## Objektübersicht zur Gebäudeart

**6100-0495 Einfamilienhaus, Holzrahmenbau**   **BRI** 1.028 m³   **BGF** 332 m²   **NUF** 262 m²

Einfamilienhaus mit Einliegerwohnung (257 m² WFL II.BVO). Holzrahmenbau.

**Planung:** Planungsgruppe Barthelmey Architekt Dipl.-Ing. Stefan Barthelmey; Erfurt

Land: Hessen
Kreis: Frankfurt am Main, Stadt
Standard: über Durchschnitt
Bauzeit: 22 Wochen
Kennwerte: bis 3. Ebene DIN 276

**BGF   1.616 €/m²**

veröffentlicht: BKI Objektdaten N7

# Wohnen

**Ein- und Zwei-familienhäuser, Holzbauweise, nicht unterkellert**

## Kostenkennwerte für die Kosten des Bauwerks (Kostengruppen 300+400 nach DIN 276)

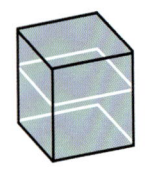

**BRI** 580 €/m³
von 490 €/m³
bis 700 €/m³

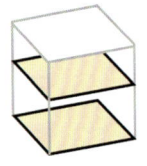

**BGF** 1.840 €/m²
von 1.535 €/m²
bis 2.255 €/m²

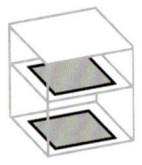

**NUF** 2.695 €/m²
von 2.140 €/m²
bis 3.450 €/m²

**NE** 2.685 €/NE
von 2.295 €/NE
bis 3.150 €/NE
NE: Wohnfläche

### Objektbeispiele

6100-1539

6100-1546

6100-1550

**Kosten:**
Stand 1. Quartal 2022
Bundesdurchschnitt
inkl. 19% MwSt.

- KKW
- ▶ min
- ▷ von
- | Mittelwert
- ◁ bis
- ◀ max

### Kosten der 31 Vergleichsobjekte — Seiten 480 bis 490

BRI: 400–900 €/m³ BRI
BGF: 1000–3000 €/m² BGF
NUF: 1400–4900 €/m² NUF

© BKI Baukosteninformationszentrum; Erläuterungen zu den Tabellen siehe Seite 46

Kostenstand: 1. Quartal 2022, Bundesdurchschnitt, **inkl. 19% MwSt.**

## Kostenkennwerte für die Kostengruppen der 1. und 2. Ebene DIN 276

| KG | Kostengruppen der 1. Ebene | Einheit | ▷ | €/Einheit | ◁ | ▷ | % an 300+400 | ◁ |
|---|---|---|---|---|---|---|---|---|
| 100 | Grundstück | m² GF | – | – | – | – | – | – |
| 200 | Vorbereitende Maßnahmen | m² GF | 6 | **23** | 70 | 1,2 | **3,1** | 8,4 |
| 300 | Bauwerk – Baukonstruktionen | m² BGF | 1.211 | **1.496** | 1.897 | 74,6 | **81,0** | 86,3 |
| 400 | Bauwerk – Technische Anlagen | m² BGF | 244 | **343** | 449 | 13,7 | **19,0** | 25,4 |
|  | Bauwerk (300+400) | m² BGF | 1.536 | **1.839** | 2.253 | 100,0 | **100,0** | 100,0 |
| 500 | Außenanlagen und Freiflächen | m² AF | 18 | **57** | 172 | 1,5 | **4,5** | 7,8 |
| 600 | Ausstattung und Kunstwerke | m² BGF | 6 | **16** | 52 | 0,3 | **0,8** | 2,1 |
| 700 | Baunebenkosten* | m² BGF | 466 | **520** | 573 | 25,5 | **28,5** | 31,4 |
| 800 | Finanzierung | m² BGF | – | – | – | – | – | – |

◁ * Auf Grundlage der HOAI 2021 berechnete Werte nach §§ 35, 52, 56. Weitere Informationen siehe Seite 50

| KG | Kostengruppen der 2. Ebene | Einheit | ▷ | €/Einheit | ◁ | ▷ | % an 1. Ebene | ◁ |
|---|---|---|---|---|---|---|---|---|
| 310 | Baugrube / Erdbau | m³ BGI | 17 | **58** | 103 | 0,7 | **1,5** | 2,5 |
| 320 | Gründung, Unterbau | m² GRF | 306 | **348** | 449 | 10,6 | **12,0** | 13,3 |
| 330 | Außenwände / vertikal außen | m² AWF | 381 | **471** | 548 | 33,2 | **39,7** | 45,6 |
| 340 | Innenwände / vertikal innen | m² IWF | 158 | **217** | 321 | 8,7 | **12,1** | 16,9 |
| 350 | Decken / horizontal | m² DEF | 279 | **384** | 473 | 9,7 | **11,9** | 14,1 |
| 360 | Dächer | m² DAF | 304 | **411** | 572 | 14,7 | **19,0** | 24,3 |
| 370 | Infrastrukturanlagen | | – | – | – | – | – | – |
| 380 | Baukonstruktive Einbauten | m² BGF | < 1 | **15** | 21 | < 0,1 | **0,4** | 1,6 |
| 390 | Sonst. Maßnahmen für Baukonst. | m² BGF | 25 | **51** | 98 | 1,8 | **3,5** | 6,8 |
| **300** | **Bauwerk – Baukonstruktionen** | m² BGF | | | | | **100,0** | |
| 410 | Abwasser-, Wasser-, Gasanlagen | m² BGF | 57 | **89** | 130 | 17,8 | **26,0** | 32,6 |
| 420 | Wärmeversorgungsanlagen | m² BGF | 99 | **157** | 236 | 32,7 | **44,8** | 56,7 |
| 430 | Raumlufttechnische Anlagen | m² BGF | 30 | **38** | 49 | 0,0 | **7,4** | 13,6 |
| 440 | Elektrische Anlagen | m² BGF | 45 | **63** | 156 | 14,4 | **17,8** | 44,2 |
| 450 | Kommunikationstechnische Anlagen | m² BGF | 5 | **9** | 19 | 1,1 | **2,7** | 5,2 |
| 460 | Förderanlagen | m² BGF | – | – | – | – | – | – |
| 470 | Nutzungsspez. / verfahrenstech. Anl. | m² BGF | 10 | **10** | 10 | 0,0 | **0,2** | 2,7 |
| 480 | Gebäude- und Anlagenautomation | m² BGF | 17 | **17** | 17 | 0,0 | **0,8** | 8,7 |
| 490 | Sonst. Maßnahmen f. techn. Anl. | m² BGF | – | – | – | – | – | – |
| **400** | **Bauwerk – Technische Anlagen** | m² BGF | | | | | **100,0** | |

### Prozentanteile der Kosten 2. Ebene an den Kosten des Bauwerks nach DIN 276 (Von/Mittel/Bis)

| KG | Kostengruppe | Mittelwert |
|---|---|---|
| 310 | Baugrube / Erdbau | 1,2 |
| 320 | Gründung, Unterbau | 9,7 |
| 330 | Außenwände / vertikal außen | 32,1 |
| 340 | Innenwände / vertikal innen | 9,7 |
| 350 | Decken / horizontal | 9,5 |
| 360 | Dächer | 15,3 |
| 370 | Infrastrukturanlagen | |
| 380 | Baukonstruktive Einbauten | 0,3 |
| 390 | Sonst. Maßnahmen für Baukonst. | 2,8 |
| 410 | Abwasser-, Wasser-, Gasanlagen | 5,0 |
| 420 | Wärmeversorgungsanlagen | 8,8 |
| 430 | Raumlufttechnische Anlagen | 1,3 |
| 440 | Elektrische Anlagen | 3,6 |
| 450 | Kommunikationstechnische Anlagen | 0,5 |
| 460 | Förderanlagen | |
| 470 | Nutzungsspez. / verfahrenstech. Anl. | < 0,1 |
| 480 | Gebäude- und Anlagenautomation | 0,1 |
| 490 | Sonst. Maßnahmen f. techn. Anl. | |

© BKI Baukosteninformationszentrum; Erläuterungen zu den Tabellen siehe Seite 48 und 50   Kostenstand: 1. Quartal 2022, Bundesdurchschnitt, inkl. 19% MwSt.

**Ein- und Zweifamilienhäuser, Holzbauweise, nicht unterkellert**

**Kosten:**
Stand 1. Quartal 2022
Bundesdurchschnitt
inkl. 19% MwSt.

## Prozentanteile der Kosten für Leistungsbereiche nach STLB (Kosten Bauwerk nach DIN 276)

| LB | Leistungsbereiche | ▷ % an 300+400 ◁ | | |
|---|---|---|---|---|
| 000 | Sicherheits-, Baustelleneinrichtungen inkl. 001 | 1,4 | 2,4 | 4,5 |
| 002 | Erdarbeiten | 1,5 | 2,6 | 3,3 |
| 006 | Spezialtiefbauarbeiten inkl. 005 | – | – | – |
| 009 | Entwässerungskanalarbeiten inkl. 011 | 0,2 | 0,9 | 3,2 |
| 010 | Drän- und Versickerarbeiten | 0,0 | < 0,1 | < 0,1 |
| 012 | Mauerarbeiten | < 0,1 | 0,5 | 2,2 |
| 013 | Betonarbeiten | 4,0 | 5,4 | 7,7 |
| 014 | Natur-, Betonwerksteinarbeiten | 0,0 | < 0,1 | 0,7 |
| 016 | Zimmer- und Holzbauarbeiten | 25,1 | 36,8 | 52,0 |
| 017 | Stahlbauarbeiten | 0,0 | 0,2 | 1,1 |
| 018 | Abdichtungsarbeiten | < 0,1 | 0,2 | 0,5 |
| 020 | Dachdeckungsarbeiten | 0,0 | 1,6 | 3,5 |
| 021 | Dachabdichtungsarbeiten | 0,4 | 2,5 | 9,0 |
| 022 | Klempnerarbeiten | 0,6 | 1,8 | 3,9 |
| | **Rohbau** | **44,7** | **54,9** | **68,1** |
| 023 | Putz- und Stuckarbeiten, Wärmedämmsysteme | 0,9 | 2,3 | 3,5 |
| 024 | Fliesen- und Plattenarbeiten | 0,7 | 1,5 | 4,0 |
| 025 | Estricharbeiten | 0,4 | 1,6 | 2,1 |
| 026 | Fenster, Außentüren inkl. 029, 032 | 3,3 | 8,3 | 12,0 |
| 027 | Tischlerarbeiten | 1,4 | 3,5 | 5,6 |
| 028 | Parkettarbeiten, Holzpflasterarbeiten | < 0,1 | 1,8 | 3,6 |
| 030 | Rollladenarbeiten | 0,0 | 1,7 | 2,9 |
| 031 | Metallbauarbeiten inkl. 035 | 0,0 | 0,4 | 1,9 |
| 034 | Maler- und Lackiererarbeiten inkl. 037 | 0,2 | 1,3 | 2,9 |
| 036 | Bodenbelagarbeiten | 0,0 | 0,7 | 2,0 |
| 038 | Vorgehängte hinterlüftete Fassaden | – | – | – |
| 039 | Trockenbauarbeiten | 0,3 | 3,0 | 5,1 |
| | **Ausbau** | **11,0** | **26,2** | **32,6** |
| 040 | Wärmeversorgungsanl. - Betriebseinr. inkl. 041 | 2,7 | 6,6 | 11,1 |
| 042 | Gas- und Wasserinstallation, Leitungen inkl. 043 | 0,7 | 2,7 | 10,6 |
| 044 | Abwasseranlagen - Leitungen | 0,3 | 0,8 | 4,0 |
| 045 | GWE-Einrichtungsgegenstände inkl. 046 | 0,2 | 1,5 | 2,3 |
| 047 | Dämmarbeiten an betriebstechnischen Anlagen | < 0,1 | 0,2 | 1,1 |
| 049 | Feuerlöschanlagen, Feuerlöschgeräte | – | – | – |
| 050 | Blitzschutz- und Erdungsanlagen | < 0,1 | < 0,1 | 0,2 |
| 052 | Mittelspannungsanlagen | – | – | – |
| 053 | Niederspannungsanlagen inkl. 054 | 2,4 | 3,5 | 9,9 |
| 055 | Sicherheits- u. Ersatzstromversorgungsanl. | – | – | – |
| 057 | Gebäudesystemtechnik | 0,0 | 0,3 | 2,3 |
| 058 | Leuchten und Lampen inkl. 059 | < 0,1 | 0,4 | 1,0 |
| 060 | Sprechanlagen, elektroakust. Anlagen inkl. 064 | < 0,1 | 0,1 | 0,2 |
| 061 | Kommunikationsnetze inkl. 062 | 0,0 | 0,3 | 0,6 |
| 063 | Gefahrenmeldeanlagen | 0,0 | < 0,1 | < 0,1 |
| 069 | Aufzüge | – | – | – |
| 070 | Gebäudeautomation | – | – | – |
| 075 | Raumlufttechnische Anlagen inkl. 078 | 0,3 | 1,8 | 2,8 |
| | **Gebäudetechnik** | **14,1** | **18,3** | **22,7** |
| | Sonstige Leistungsbereiche inkl. 008, 033, 051 | < 0,1 | 0,5 | 4,2 |

- KKW
▶ min
▷ von
| Mittelwert
◁ bis
◀ max

## Planungskennwerte für Flächen und Rauminhalte nach DIN 277

| Grundflächen | | | ▷ | Fläche/NUF (%) | ◁ | ▷ | Fläche/BGF (%) | ◁ |
|---|---|---|---|---|---|---|---|---|
| NUF | Nutzungsfläche | | 100,0 | **100,0** | 100,0 | 66,0 | **69,2** | 72,2 |
| TF | Technikfläche | | 3,5 | **4,7** | 9,5 | 2,4 | **3,1** | 5,6 |
| VF | Verkehrsfläche | | 9,2 | **12,2** | 18,1 | 6,3 | **8,1** | 11,3 |
| NRF | Netto-Raumfläche | | 113,3 | **117,4** | 127,7 | 77,7 | **80,7** | 82,4 |
| KGF | Konstruktions-Grundfläche | | 26,3 | **28,8** | 35,4 | 18,0 | **19,5** | 22,5 |
| BGF | Brutto-Grundfläche | | 140,5 | **145,8** | 154,1 | 100,0 | **100,0** | 100,0 |

| Brutto-Rauminhalte | | | ▷ | BRI/NUF (m) | ◁ | ▷ | BRI/BGF (m) | ◁ |
|---|---|---|---|---|---|---|---|---|
| BRI | Brutto-Rauminhalt | | 4,28 | **4,65** | 5,05 | 2,97 | **3,19** | 3,41 |

| Flächen von Nutzeinheiten | | | ▷ | NUF/Einheit (m²) | ◁ | ▷ | BGF/Einheit (m²) | ◁ |
|---|---|---|---|---|---|---|---|---|
| Nutzeinheit: Wohnfläche | | | 0,94 | **1,02** | 1,19 | 1,38 | **1,47** | 1,66 |

| Lufttechnisch behandelte Flächen | | | ▷ | Fläche/NUF (%) | ◁ | ▷ | Fläche/BGF (%) | ◁ |
|---|---|---|---|---|---|---|---|---|
| Entlüftete Fläche | | | – | – | – | – | – | – |
| Be- und entlüftete Fläche | | | – | – | – | – | – | – |
| Teilklimatisierte Fläche | | | – | – | – | – | – | – |
| Klimatisierte Fläche | | | – | – | – | – | – | – |

| KG | Kostengruppen (2. Ebene) | Einheit | ▷ | Menge/NUF | ◁ | ▷ | Menge/BGF | ◁ |
|---|---|---|---|---|---|---|---|---|
| 310 | Baugrube / Erdbau | m³ BGI | 0,53 | **0,64** | 0,83 | 0,38 | **0,45** | 0,60 |
| 320 | Gründung, Unterbau | m² GRF | 0,62 | **0,72** | 0,81 | 0,44 | **0,49** | 0,54 |
| 330 | Außenwände / vertikal außen | m² AWF | 1,48 | **1,73** | 1,88 | 1,04 | **1,20** | 1,26 |
| 340 | Innenwände / vertikal innen | m² IWF | 1,09 | **1,17** | 1,39 | 0,75 | **0,80** | 0,92 |
| 350 | Decken / horizontal | m² DEF | 0,62 | **0,64** | 0,69 | 0,43 | **0,45** | 0,49 |
| 360 | Dächer | m² DAF | 0,90 | **0,96** | 1,04 | 0,62 | **0,66** | 0,70 |
| 370 | Infrastrukturanlagen | | – | – | – | – | – | – |
| 380 | Baukonstruktive Einbauten | m² BGF | 1,40 | **1,46** | 1,54 | 1,00 | **1,00** | 1,00 |
| 390 | Sonst. Maßnahmen für Baukonst. | m² BGF | 1,40 | **1,46** | 1,54 | 1,00 | **1,00** | 1,00 |
| **300** | **Bauwerk – Baukonstruktionen** | m² BGF | 1,40 | **1,46** | 1,54 | 1,00 | **1,00** | 1,00 |

## Planungskennwerte für Bauzeiten — 31 Vergleichsobjekte

**Bauzeit in Wochen**

Bauzeit: 0 | 10 | 20 | 30 | 40 | 50 | 60 | 70 | 80 | 90 | 100 Wochen

© BKI Baukosteninformationszentrum; Erläuterungen zu den Tabellen siehe Seite 54    Kostenstand: 1. Quartal 2022, Bundesdurchschnitt, **inkl. 19% MwSt.**

**Ein- und Zweifamilienhäuser, Holzbauweise, nicht unterkellert**

**€/m² BGF**
| | |
|---|---|
| min | 1.315 €/m² |
| von | 1.535 €/m² |
| Mittel | 1.840 €/m² |
| bis | 2.255 €/m² |
| max | 2.780 €/m² |

**Kosten:**
Stand 1. Quartal 2022
Bundesdurchschnitt
inkl. 19% MwSt.

## Objektübersicht zur Gebäudeart

### 6100-1550 Einfamilienhaus, Doppelgarage
**BRI** 684 m³  **BGF** 250 m²  **NUF** 164 m²

Einfamilienhaus in Ständerbauweise mit Doppelgarage. Holzbau.

Land: Brandenburg
Kreis: Barnim
Standard: Durchschnitt
Bauzeit: 39 Wochen
Kennwerte: bis 1. Ebene DIN 276

**BGF** 2.022 €/m²

**Planung:** burgemeister+marx architekten; Berlin

vorgesehen: BKI Objektdaten N18

### 6100-1539 Einfamilienhaus
**BRI** 521 m³  **BGF** 131 m²  **NUF** 94 m²

Wohnhaus auf Einzelfundamenten in Kiefernwald. Holzbau.

Land: Brandenburg
Kreis: Dahme-Spreewald
Standard: Durchschnitt
Bauzeit: 44 Wochen
Kennwerte: bis 1. Ebene DIN 276

**BGF** 1.831 €/m²

**Planung:** Zeller & Moye; Berlin

vorgesehen: BKI Objektdaten N18

### 6100-1546 Einfamilienhaus, Carport
**BRI** 678 m³  **BGF** 211 m²  **NUF** 127 m²

Einfamilienwohnhaus mit Carport. Holzbau.

Land: Niedersachsen
Kreis: Lüneburg
Standard: Durchschnitt
Bauzeit: 26 Wochen
Kennwerte: bis 1. Ebene DIN 276

**BGF** 2.782 €/m²

**Planung:** Henschke Schulze Reimers Architekten; Lüneburg

vorgesehen: BKI Objektdaten N18

### 6100-1344 Einfamilienhaus - Effizienzhaus ~53%
**BRI** 649 m³  **BGF** 232 m²  **NUF** 167 m²

Einfamilienhaus (130 m² WFL). Holzbau.

Land: Nordrhein-Westfalen
Kreis: Rhein-Kreis Neuss
Standard: Durchschnitt
Bauzeit: 30 Wochen
Kennwerte: bis 1. Ebene DIN 276

**BGF** 1.680 €/m²

**Planung:** bau grün ! energieeff. Gebäude Arch. Daniel Finocchiaro; Mönchengladbach

veröffentlicht: BKI Objektdaten E8

## Objektübersicht zur Gebäudeart

### 6100-1513 Einfamilienhaus - Effizienzhaus ~64%

**BRI** 688 m³    **BGF** 202 m²    **NUF** 154 m²

Einfamilienhaus (161 m² WFL). Holzbau.

Land: Bayern
Kreis: Freyung-Grafenau
Standard: Durchschnitt
Bauzeit: 65 Wochen
Kennwerte: bis 1. Ebene DIN 276

**BGF**    **2.445 €/m²**

**Planung:** Maximilian Hartinger; München

veröffentlicht: BKI Objektdaten E9

---

### 6100-1304 Einfamilienhaus, ELW

**BRI** 836 m³    **BGF** 229 m²    **NUF** 136 m²

Einfamilienhaus mit Einliegerwohnung und Carport (190 m² WFL). Holzkonstruktion.

Land: Nordrhein-Westfalen
Kreis: Ennepe-Ruhr-Kreis
Standard: über Durchschnitt
Bauzeit: 13 Wochen
Kennwerte: bis 1. Ebene DIN 276

**BGF**    **2.501 €/m²**

**Planung:** adbarchitektur; Wuppertal

veröffentlicht: BKI Objektdaten N16

---

### 6100-1449 Ferienhaus (1 WE)*

**BRI** 727 m³    **BGF** 217 m²    **NUF** 122 m²

Ferienhaus mit Galerieebene (1 WE). Holzbau.

Land: Mecklenburg-Vorpommern
Kreis: Vorpommern-Rügen
Standard: über Durchschnitt
Bauzeit: 44 Wochen
Kennwerte: bis 1. Ebene DIN 276

**BGF**    **1.716 €/m²**

**Planung:** Straub Beutin Architekten; Berlin

veröffentlicht: BKI Objektdaten N17
* Nicht in der Auswertung enthalten

---

### 6100-1325 Einfamilienhaus - Effizienzhaus 40

**BRI** 705 m³    **BGF** 270 m²    **NUF** 158 m²

Einfamilienhaus in Massivholzbau (178 m² WFL). Massivholzbau.

Land: Bayern
Kreis: Oberallgäu
Standard: Durchschnitt
Bauzeit: 17 Wochen
Kennwerte: bis 1. Ebene DIN 276

**BGF**    **1.664 €/m²**

**Planung:** Brack Architekten; Kempten

veröffentlicht: BKI Objektdaten E8

---

© BKI Baukosteninformationszentrum; Erläuterungen zu den Tabellen siehe Seite 56    Kostenstand: 1. Quartal 2022, Bundesdurchschnitt, **inkl. 19% MwSt.**

**Ein- und Zweifamilienhäuser, Holzbauweise, nicht unterkellert**

**€/m² BGF**
min     1.315 €/m²
von     1.535 €/m²
Mittel  **1.840 €/m²**
bis     2.255 €/m²
max     2.780 €/m²

**Kosten:**
Stand 1. Quartal 2022
Bundesdurchschnitt
inkl. 19% MwSt.

## Objektübersicht zur Gebäudeart

### 6100-1253 Wochenendhaus*
**BRI** 334 m³  **BGF** 110 m²  **NUF** 82 m²

Wochenendhaus (98 m² WFL). Holzrahmenbauweise.

Land: Brandenburg
Kreis: Ostprignitz-Ruppin
Standard: Durchschnitt
Bauzeit: 30 Wochen
Kennwerte: bis 1. Ebene DIN 276

**BGF  3.042 €/m²**

**Planung:** Hütten & Paläste Architekten; Berlin

veröffentlicht: BKI Objektdaten N15
* Nicht in der Auswertung enthalten

### 6100-1339 Einfamilienhaus, Garage - Effizienzhaus 40
**BRI** 1.010 m³  **BGF** 313 m²  **NUF** 231 m²

Einfamilienhaus mit Garage. Holzbau.

Land: Baden-Württemberg
Kreis: Reutlingen
Standard: über Durchschnitt
Bauzeit: 26 Wochen
Kennwerte: bis 3. Ebene DIN 276

**BGF  1.823 €/m²**

**Planung:** Architekt Rainer Graf Architektur + Energiekonzepte; Ofterdingen

veröffentlicht: BKI Objektdaten E8

### 6100-1272 Einfamilienhäuser (2 Gebäude) - Effizienzhaus ~50%
**BRI** 1.051 m³  **BGF** 352 m²  **NUF** 201 m²

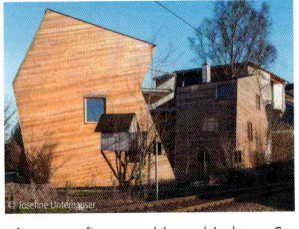

Einfamilienhäuser (2 St, 108+130 m² WFL) als Effizienzhaus ~50%, nicht unterkellert. Holzbauweise.

Land: Bayern
Kreis: Rosenheim
Standard: Durchschnitt
Bauzeit: 57 Wochen
Kennwerte: bis 1. Ebene DIN 276

**BGF  1.901 €/m²**

**Planung:** finsterwalderarchitekten; Stephanskirchen

veröffentlicht: BKI Objektdaten E7

### 6100-1240 Einfamilienhaus, Carport - Effizienzhaus 70
**BRI** 1.069 m³  **BGF** 288 m²  **NUF** 226 m²

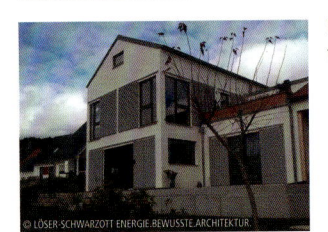

Einfamilienhaus (180 m² WFL) mit Dachterrasse und Carport. Holzrahmenbau.

Land: Bayern
Kreis: Regensburg
Standard: über Durchschnitt
Bauzeit: 17 Wochen
Kennwerte: bis 1. Ebene DIN 276

**BGF  1.586 €/m²**

**Planung:** LÖSER-SCHWARZOTT ENERGIE.BEWUSSTE. ARCHITEKTUR.; Regenstauf

veröffentlicht: BKI Objektdaten E7

## Objektübersicht zur Gebäudeart

### 6100-1276 Einfamilienhaus, Garage - Effizienzhaus ~72%

**BRI** 841 m³    **BGF** 280 m²    **NUF** 200 m²

Einfamilienhaus (180m² WFL) in einer Baulücke mit Garage. Holzbau.

Land: Brandenburg
Kreis: Brandenburg
Standard: Durchschnitt
Bauzeit: 26 Wochen
Kennwerte: bis 1. Ebene DIN 276

**BGF**    1.586 €/m²

veröffentlicht: BKI Objektdaten E7

**Planung:** Märkplan GmbH; Brandenburg an der Havel

---

### 6100-1211 Einfamilienhaus, Carport - Effizienzhaus 40*

**BRI** 928 m³    **BGF** 243 m²    **NUF** 174 m²

Einfamilienhaus mit 152m² WFL als Effizienzhaus 40. Massivholzkonstruktion.

Land: Bayern
Kreis: Erding
Standard: über Durchschnitt
Bauzeit: 26 Wochen
Kennwerte: bis 1. Ebene DIN 276

**BGF**    2.801 €/m²  *

veröffentlicht: BKI Objektdaten E7
* Nicht in der Auswertung enthalten

**Planung:** Wolfertstetter Architektur; München

---

### 6100-1273 Einfamilienhaus - Effizienzhaus ~56%

**BRI** 790 m³    **BGF** 218 m²    **NUF** 168 m²

Einfamilienhaus (192m² WFL) als Effizienzhaus ~56%, nicht unterkellert. Holzbauweise.

Land: Bayern
Kreis: Rosenheim
Standard: Durchschnitt
Bauzeit: 43 Wochen
Kennwerte: bis 1. Ebene DIN 276

**BGF**    2.058 €/m²

veröffentlicht: BKI Objektdaten E7

**Planung:** finsterwalderarchitekten; Stephanskirchen

---

### 6100-1217 Einfamilienhaus, Garage - Effizienzhaus 40

**BRI** 493 m³    **BGF** 201 m²    **NUF** 145 m²

Einfamilienhaus (125m² WFL) mit Garage, Effizienzhaus 40. Holzständerbau.

Land: Nordrhein-Westfalen
Kreis: Mönchengladbach, Stadt
Standard: Durchschnitt
Bauzeit: 39 Wochen
Kennwerte: bis 1. Ebene DIN 276

**BGF**    1.328 €/m²

veröffentlicht: BKI Objektdaten E7

**Planung:** bau grün ! energieeff. Gebäude Arch. Daniel Finocchiaro; Mönchengladbach

---

© BKI Baukosteninformationszentrum; Erläuterungen zu den Tabellen siehe Seite 56    Kostenstand: 1. Quartal 2022, Bundesdurchschnitt, inkl. 19% MwSt.

**Ein- und Zweifamilienhäuser, Holzbauweise, nicht unterkellert**

€/m² BGF
- min      1.315 €/m²
- von      1.535 €/m²
- Mittel   **1.840 €/m²**
- bis      2.255 €/m²
- max      2.780 €/m²

**Kosten:**
Stand 1. Quartal 2022
Bundesdurchschnitt
inkl. 19% MwSt.

## Objektübersicht zur Gebäudeart

### 6100-1219 Einfamilienhaus*

**BRI** 397 m³   **BGF** 152 m²   **NUF** 130 m²

Einfamilienhaus für 2 Personen (106 m² WFL). Holzbauweise.

Land: Brandenburg
Kreis: Barnim
Standard: Durchschnitt
Bauzeit: 39 Wochen
Kennwerte: bis 1. Ebene DIN 276

**BGF   3.163 €/m²**

veröffentlicht: BKI Objektdaten N15
* Nicht in der Auswertung enthalten

**Planung:** 2D+ Architekten; Berlin

### 6100-1133 Einfamilienhaus

**BRI** 347 m³   **BGF** 123 m²   **NUF** 90 m²

Einfamilienhaus (98 m² WFL). Holzrahmenkonstruktion (vorgefertigt).

Land: Bayern
Kreis: Augsburg
Standard: Durchschnitt
Bauzeit: 13 Wochen
Kennwerte: bis 1. Ebene DIN 276

**BGF   1.541 €/m²**

veröffentlicht: BKI Objektdaten N13

**Planung:** ARCHITEKTanBORD Dipl.-Ing. Viktor Walter; Augsburg

### 6100-1266 Ferienhaus*

**BRI** 460 m³   **BGF** 140 m²   **NUF** 108 m²

Ferienhaus mit 102 m² WFL. Holzbau.

Land: Mecklenburg-Vorpommern
Kreis: Vorpommern-Rügen
Standard: Durchschnitt
Bauzeit: 56 Wochen
Kennwerte: bis 1. Ebene DIN 276

**BGF   2.551 €/m²**

veröffentlicht: BKI Objektdaten N15
* Nicht in der Auswertung enthalten

**Planung:** gorinistreck architekten; Berlin

### 6100-1214 Einfamilienhaus, Garage - Effizienzhaus 70

**BRI** 1.194 m³   **BGF** 360 m²   **NUF** 252 m²

Einfamilienhaus mit 336 m² WFL als Effizienzhaus 70. Holzmassivbau.

Land: Bayern
Kreis: Neuburg-Schrobenhausen
Standard: über Durchschnitt
Bauzeit: 78 Wochen
Kennwerte: bis 1. Ebene DIN 276

**BGF   2.080 €/m²**

veröffentlicht: BKI Objektdaten E7

**Planung:** Thomas Pscherer Architekt; München

## Objektübersicht zur Gebäudeart

### 6100-1097 Einfamilienhaus, Carport - Effizienzhaus 55  BRI 716 m³  BGF 226 m²  NUF 143 m²

Einfamilienhaus in Holzrahmenbauweise, mit Carport und Technikraum im Außenbereich. Holzrahmenbauweise.

Land: Bayern
Kreis: Lichtenfels
Standard: über Durchschnitt
Bauzeit: 35 Wochen
Kennwerte: bis 3. Ebene DIN 276

BGF  1.577 €/m²

**Planung:** Planungsgruppe Barthelmey Architekt Dipl.-Ing. Stefan Barthelmey; Erfurt

veröffentlicht: BKI Objektdaten E6

### 6100-1213 Einfamilienhaus, Atelier - Effizienzhaus 70*  BRI 1.298 m³  BGF 352 m²  NUF 280 m²

Einfamilienhaus (275 m² WFL) mit Atelier als Effizienzhaus 70. Massivholzbauweise.

Land: Hessen
Kreis: Main-Kinzig-Kreis
Standard: über Durchschnitt
Bauzeit: 48 Wochen
Kennwerte: bis 1. Ebene DIN 276

BGF  3.710 €/m²

**Planung:** Jenner+Mayer Architekten; Wiesbaden

veröffentlicht: BKI Objektdaten E7
* Nicht in der Auswertung enthalten

### 6100-1088 Wochenendhaus*  BRI 152 m³  BGF 90 m²  NUF 76 m²

Wochenendhaus mit 61 m² WFL. Holzständerkonstruktion (KVH, vorgefertigt).

Land: Berlin
Kreis: Berlin
Standard: unter Durchschnitt
Bauzeit: 9 Wochen
Kennwerte: bis 1. Ebene DIN 276

BGF  2.139 €/m²

**Planung:** Hütten & Paläste Architekten; Berlin

veröffentlicht: BKI Objektdaten N13
* Nicht in der Auswertung enthalten

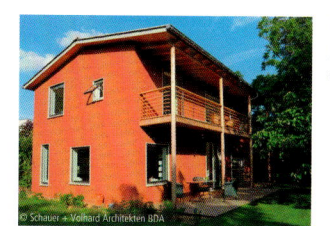

### 6100-1078 Einfamilienhaus  BRI 552 m³  BGF 167 m²  NUF 118 m²

Einfamilienhaus (124 m² WFL) mit Lehmbaustoffen als Speichermasse. Holzrahmenbauweise mit Lehmbaustoffen.

Land: Hessen
Kreis: Darmstadt
Standard: Durchschnitt
Bauzeit: 26 Wochen
Kennwerte: bis 2. Ebene DIN 276

BGF  2.305 €/m²

**Planung:** Schauer + Volhard Architekten BDA; Darmstadt

veröffentlicht: BKI Objektdaten N13

© BKI Baukosteninformationszentrum; Erläuterungen zu den Tabellen siehe Seite 56   Kostenstand: 1. Quartal 2022, Bundesdurchschnitt, inkl. 19% MwSt.

**Ein- und Zweifamilienhäuser, Holzbauweise, nicht unterkellert**

**€/m² BGF**
| | |
|---|---|
| min | 1.315 €/m² |
| von | 1.535 €/m² |
| Mittel | **1.840 €/m²** |
| bis | 2.255 €/m² |
| max | 2.780 €/m² |

**Kosten:**
Stand 1. Quartal 2022
Bundesdurchschnitt
inkl. 19% MwSt.

## Objektübersicht zur Gebäudeart

### 6100-1086 Einfamilienhaus - Effizienzhaus 55
**BRI** 571 m³ **BGF** 177 m² **NUF** 117 m²

Einfamilienhaus (140 m² WFL) als Effizienzhaus 55. Holzrahmenbau.

Land: Nordrhein-Westfalen
Kreis: Recklinghausen
Standard: Durchschnitt
Bauzeit: 26 Wochen
Kennwerte: bis 1. Ebene DIN 276

**BGF 2.007 €/m²**

veröffentlicht: BKI Objektdaten E6

**Planung:** puschmann architektur Jonas Puschmann; Recklinghausen

### 6100-1190 Einfamilienhaus, Garage - Effizienzhaus 40
**BRI** 656 m³ **BGF** 220 m² **NUF** 167 m²

Einfamilienhaus mit Garage, Effizienzhaus 40. Holzfachwerkbau.

Land: Bayern
Kreis: Oberallgäu
Standard: Durchschnitt
Bauzeit: 70 Wochen
Kennwerte: bis 3. Ebene DIN 276

**BGF 1.555 €/m²**

veröffentlicht: BKI Objektdaten E6

**Planung:** brack architekten; Kempten

### 6100-1096 Einfamilienhaus, Garagen
**BRI** 819 m³ **BGF** 264 m² **NUF** 193 m²

Einfamilienhaus (153 m² WFL) mit 2 Garagen. Holzrahmenbauweise.

Land: Nordrhein-Westfalen
Kreis: Dortmund, Stadt
Standard: Durchschnitt
Bauzeit: 22 Wochen
Kennwerte: bis 3. Ebene DIN 276

**BGF 2.245 €/m²**

veröffentlicht: BKI Objektdaten N15

**Planung:** puschmann architektur; Recklinghausen

### 6100-1167 Einfamilienhaus - Effizienzhaus 40
**BRI** 552 m³ **BGF** 174 m² **NUF** 114 m²

Einfamilienhaus als Effizienzhaus 40 für einen Vier-Personen-Haushalt. Holzrahmenbau.

Land: Hamburg
Kreis: Hamburg, Freie und Hansestadt
Standard: Durchschnitt
Bauzeit: 26 Wochen
Kennwerte: bis 1. Ebene DIN 276

**BGF 1.842 €/m²**

veröffentlicht: BKI Objektdaten E6

**Planung:** sellger architektur Martin Sellger, M.Sc.; Hamburg

## Objektübersicht zur Gebäudeart

### 6100-1189 Einfamilienhaus (Musterhaus) - Effizienzhaus Plus*  BRI 969 m³   BGF 260 m²   NUF 161 m²

Einfamilienwohnhaus mit ELW als Musterhaus (182 m² WFL), Effizienzhaus Plus. Holztafelbauweise.

Land: Nordrhein-Westfalen
Kreis: Rhein-Erft-Kreis
Standard: über Durchschnitt
Bauzeit: 26 Wochen
Kennwerte: bis 1. Ebene DIN 276

**BGF  2.625 €/m²**

**Planung:** SchwörerHaus KG Franca Wacker; Hohenstein-Oberstetten

veröffentlicht: BKI Objektdaten E7
* Nicht in der Auswertung enthalten

### 6100-1083 Einfamilienhaus, Carport - Effizienzhaus 70   BRI 865 m³   BGF 236 m²   NUF 164 m²

Einfamilienhaus mit 147 m² WFL als Effizienzhaus 70. Holzrahmenbau.

Land: Nordrhein-Westfalen
Kreis: Hochsauerlandkreis
Standard: Durchschnitt
Bauzeit: 39 Wochen
Kennwerte: bis 1. Ebene DIN 276

**BGF  1.955 €/m²**

**Planung:** Architekturbüro Peter Walach; Schmallenberg

veröffentlicht: BKI Objektdaten E6

### 6100-0828 Einfamilienhaus - Effizienzhaus 70   BRI 619 m³   BGF 182 m²   NUF 129 m²

Einfamilienhaus in Holzrahmenbauweise (133 m² WFL), Effizienzhaus 70. Holzrahmenkonstruktion.

Land: Sachsen
Kreis: Sächsische Schweiz
Standard: Durchschnitt
Bauzeit: 30 Wochen
Kennwerte: bis 2. Ebene DIN 276

**BGF  2.202 €/m²**

**Planung:** Locke Lührs Architektinnen; Dresden

veröffentlicht: BKI Objektdaten E4

### 6100-0829 Einfamilienhaus   BRI 784 m³   BGF 215 m²   NUF 160 m²

Dreigeschossiges Einfamilienhaus in einer Baulücke an der Brandwand des nachbarlichen Hinterhauses auf einem untypisch großzügigen, innerstädtischen Grundstück. Holzrahmenbau.

Land: Berlin
Kreis: Berlin, Stadt
Standard: Durchschnitt
Bauzeit: 26 Wochen
Kennwerte: bis 1. Ebene DIN 276

**BGF  1.491 €/m²**

**Planung:** brandt + simon architekten; Berlin

veröffentlicht: BKI Objektdaten N10

© **BKI** Bausteninformationszentrum; Erläuterungen zu den Tabellen siehe Seite 56     Kostenstand: 1. Quartal 2022, Bundesdurchschnitt, **inkl. 19% MwSt.**

**Ein- und Zwei-familienhäuser, Holzbauweise, nicht unterkellert**

€/m² BGF
| | |
|---|---|
| min | 1.315 €/m² |
| von | 1.535 €/m² |
| Mittel | **1.840 €/m²** |
| bis | 2.255 €/m² |
| max | 2.780 €/m² |

**Kosten:**
Stand 1. Quartal 2022
Bundesdurchschnitt
inkl. 19% MwSt.

## Objektübersicht zur Gebäudeart

### 6100-0775 Einfamilienhaus - KfW 40*
**BRI** 832 m³  **BGF** 300 m²  **NUF** 171 m²

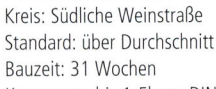

Einfamilienwohnhaus KfW 40, nicht unterkellert, nicht ausgebauter Dachboden. Holzrahmenbau.

Land: Rheinland-Pfalz
Kreis: Südliche Weinstraße
Standard: über Durchschnitt
Bauzeit: 31 Wochen
Kennwerte: bis 1. Ebene DIN 276

**BGF**  **1.944 €/m²**

**Planung:** k.A.

veröffentlicht: BKI Objektdaten E4
* Nicht in der Auswertung enthalten

### 6100-0847 Einfamilienhaus, 2 Garagen - Effizienzhaus 40
**BRI** 1.272 m³  **BGF** 409 m²  **NUF** 296 m²

Einfamilienhaus (180 m² WFL) im KfW 40 Standard. Holzkonstruktion.

Land: Nordrhein-Westfalen
Kreis: Hochsauerlandkreis
Standard: Durchschnitt
Bauzeit: 30 Wochen
Kennwerte: bis 3. Ebene DIN 276

**BGF**  **1.317 €/m²**

**Planung:** Architekturbüro Ising; Marsberg

veröffentlicht: BKI Objektdaten E4

### 6100-0761 Einfamilienhaus - KfW 40*
**BRI** 525 m³  **BGF** 211 m²  **NUF** 137 m²

Einfamilienwohnhaus KfW 40, nicht unterkellert. Holzrahmenbau.

Land: Rheinland-Pfalz
Kreis: Westerwaldkreis
Standard: Durchschnitt
Bauzeit: 17 Wochen
Kennwerte: bis 1. Ebene DIN 276

**BGF**  **1.818 €/m²**

**Planung:** k.A.

veröffentlicht: BKI Objektdaten E4
* Nicht in der Auswertung enthalten

### 6100-0719 Einfamilienhaus Lehmbau
**BRI** 792 m³  **BGF** 243 m²  **NUF** 159 m²

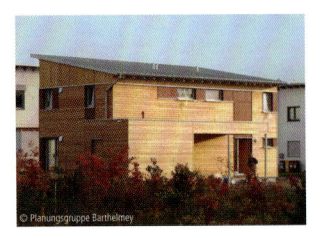

Einfamilienwohnhaus (166 m² WFL), Holzrahmenwände, Lehmputz. Lehmbau.

Land: Thüringen
Kreis: Erfurt, Stadt
Standard: Durchschnitt
Bauzeit: 22 Wochen
Kennwerte: bis 3. Ebene DIN 276

**BGF**  **1.510 €/m²**

**Planung:** Planungsgruppe Barthelmey Architekt Dipl.-Ing. Stefan Barthelmey; Erfurt

veröffentlicht: BKI Objektdaten N10

## Objektübersicht zur Gebäudeart

### 6100-0763 Einfamilienhaus - KfW 40

**BRI** 709 m³ **BGF** 275 m² **NUF** 223 m²

Einfamilienwohnhaus KfW 40, Garage, nicht unterkellert. Holzrahmenbau.

Land: Rheinland-Pfalz
Kreis: Altenkirchen
Standard: Durchschnitt
Bauzeit: 35 Wochen
Kennwerte: bis 1. Ebene DIN 276

**BGF  1.438 €/m²**

veröffentlicht: BKI Objektdaten E4

**Planung:** k.A.

### 6100-0756 Einfamilienhaus - KfW 40*

**BRI** 625 m³ **BGF** 231 m² **NUF** 164 m²

Einfamilienwohnhaus KfW 40, nicht unterkellert, Dachraum nicht ausgebaut. Holzrahmenbau.

Land: Rheinland-Pfalz
Kreis: Südliche Weinstraße
Standard: Durchschnitt
Bauzeit: 31 Wochen
Kennwerte: bis 1. Ebene DIN 276

**BGF  1.609 €/m²**

veröffentlicht: BKI Objektdaten E4
* Nicht in der Auswertung enthalten

**Planung:** k.A.

### 6100-0776 Einfamilienhaus - KfW 40*

**BRI** 637 m³ **BGF** 194 m² **NUF** 122 m²

Einfamilienwohnhaus KfW 40, nicht unterkellert. Holzrahmenbau.

Land: Rheinland-Pfalz
Kreis: Rhein-Hunsrück-Kreis
Standard: Durchschnitt
Bauzeit: 13 Wochen
Kennwerte: bis 1. Ebene DIN 276

**BGF  1.708 €/m²**

veröffentlicht: BKI Objektdaten E4
* Nicht in der Auswertung enthalten

**Planung:** k.A.

### 6100-0754 Einfamilienhaus - KfW 60

**BRI** 502 m³ **BGF** 147 m² **NUF** 87 m²

Einfaches und kompaktes Einfamilienwohnhaus mit offenen Raumstrukturen. Holzrahmenbau.

Land: Baden-Württemberg
Kreis: Emmendingen
Standard: Durchschnitt
Bauzeit: 18 Wochen
Kennwerte: bis 1. Ebene DIN 276

**BGF  1.903 €/m²**

veröffentlicht: BKI Objektdaten E4

**Planung:** arch zwo Freie Architekten Joachim Pies Dipl.-Ing. (FH); Kenzingen

© **BKI** Baukosteninformationszentrum; Erläuterungen zu den Tabellen siehe Seite 56    Kostenstand: 1. Quartal 2022, Bundesdurchschnitt, **inkl. 19% MwSt.**

**Ein- und Zwei-familienhäuser, Holzbauweise, nicht unterkellert**

€/m² BGF
| | |
|---|---|
| min | 1.315 €/m² |
| von | 1.535 €/m² |
| Mittel | **1.840 €/m²** |
| bis | 2.255 €/m² |
| max | 2.780 €/m² |

**Kosten:**
Stand 1. Quartal 2022
Bundesdurchschnitt
inkl. 19% MwSt.

## Objektübersicht zur Gebäudeart

### 6100-0720 Einfamilienhaus Lehmbau
**BRI** 609 m³  **BGF** 212 m²  **NUF** 153 m²

Einfamilienwohnhaus (150 m² WFL), Holzrahmenbau, Lehmputz. Lehmbau.

Land: Sachsen
Kreis: Sächsische Schweiz
Standard: Durchschnitt
Bauzeit: 18 Wochen
Kennwerte: bis 3. Ebene DIN 276

**BGF**  **1.426 €/m²**

**Planung:** Planungsgruppe Barthelmey Architekt Dipl.-Ing. Stefan Barthelmey; Erfurt

veröffentlicht: BKI Objektdaten N10

### 6100-0491 Doppelhaushälfte, 3-Liter-Haus
**BRI** 643 m³  **BGF** 197 m²  **NUF** 130 m²

Doppelhaushälfte, Niedrigenergiestandard. Holzrahmenbau.

Land: Niedersachsen
Kreis: Hannover, Region
Standard: Durchschnitt
Bauzeit: 31 Wochen
Kennwerte: bis 2. Ebene DIN 276

**BGF**  **1.732 €/m²**

**Planung:** Thorsten Kappelmeyer Dipl.-Ing. Architekt; Hannover

veröffentlicht: BKI Objektdaten N6

### 6100-0476 Doppelhaushälfte, 3-Liter-Haus
**BRI** 579 m³  **BGF** 176 m²  **NUF** 109 m²

Doppelhaushälfte, Niedrigenergiestandard. Holzrahmenbau.

Land: Niedersachsen
Kreis: Hannover, Region
Standard: Durchschnitt
Bauzeit: 31 Wochen
Kennwerte: bis 2. Ebene DIN 276

**BGF**  **1.669 €/m²**

**Planung:** Thorsten Kappelmeyer Dipl.-Ing. Architekt; Hannover

veröffentlicht: BKI Objektdaten N6

**Wohnen**

**Arbeitsblatt zur Standardeinordnung bei Doppel- und Reihenendhäusern**

## Kostenkennwerte für die Kosten des Bauwerks (Kostengruppen 300+400 nach DIN 276)

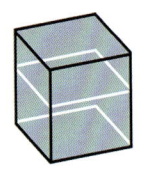

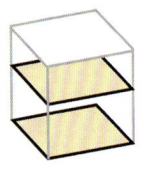

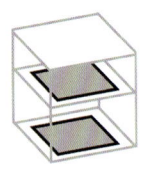

| BRI 480 €/m³ | BGF 1.390 €/m² | NUF 2.075 €/m² | NE 2.330 €/NE |
|---|---|---|---|
| von 390 €/m³ | von 1.130 €/m² | von 1.625 €/m² | von 1.765 €/NE |
| bis 545 €/m³ | bis 1.640 €/m² | bis 2.525 €/m² | bis 2.740 €/NE |
| | | | NE: Wohnfläche |

**Kosten:** Stand 1. Quartal 2022 Bundesdurchschnitt inkl. 19% MwSt.

### Standardzuordnung

(Balkendiagramm: gesamt, einfach, mittel, hoch – Skala 500 bis 3500 €/m² BGF)

### Standardeinordnung für Ihr Projekt:

| KG | Kostengruppen der 2. Ebene | niedrig | mittel | hoch | Punkte |
|---|---|---|---|---|---|
| 310 | Baugrube / Erdbau | | | | |
| 320 | Gründung, Unterbau | 1 | 2 | 2 | |
| 330 | Außenwände/Vert. Konstrukt., außen | 6 | 8 | 9 | |
| 340 | Innenwände/Vert. Baukonstrukt., innen | 2 | 3 | 4 | |
| 350 | Decken/Horizontale Baukonstruktionen | 3 | 4 | 5 | |
| 360 | Dächer | 2 | 3 | 3 | |
| 370 | Infrastrukturanlagen | | | | |
| 380 | Baukonstruktive Einbauten | 0 | 1 | 1 | |
| 390 | Sonst. Maßnahmen für Baukonstrukt. | | | | |
| 410 | Abwasser-, Wasser-, Gasanlagen | 1 | 1 | 2 | |
| 420 | Wärmeversorgungsanlagen | 2 | 2 | 3 | |
| 430 | Raumlufttechnische Anlagen | 0 | 0 | 0 | |
| 440 | Elektrische Anlagen | 1 | 1 | 2 | |
| 450 | Kommunikationstechnische Anlagen | 0 | 0 | 0 | |
| 460 | Förderanlagen | 0 | 0 | 0 | |
| 470 | Nutzungsspez. u. verfahrenstechn. Anl. | 0 | 0 | 0 | |
| 480 | Gebäude- und Anlagenautomation | 0 | 0 | 0 | |
| 490 | Sonst. Maßnahmen für techn. Anlagen | | | | |

**Punkte: 18 bis 21 = einfach    22 bis 27 = mittel    28 bis 31 = hoch**    Ihr Projekt (Summe):

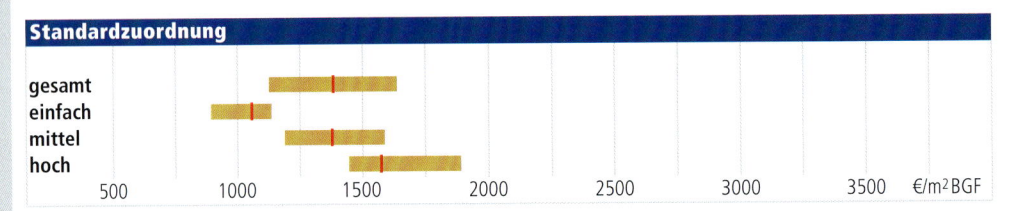

- KKW
- ▶ min
- ▷ von
- | Mittelwert
- ◁ bis
- ◀ max

**Erläuterung:**
Obenstehende Tabelle soll Ihnen die Zuordnung zu den Gebäudearten mit einfachem, mittlerem und hohem Standard erleichtern. Schätzen Sie für jedes Grobelement ab, ob die Aufwendungen niedrig, mittel oder hoch sein werden und übertragen Sie die Punkte in die rechte Spalte. Bilden Sie die Summe der rechten Spalte und ordnen Sie Ihr Projekt nach dem Schema der untersten Zeile ein. Nehmen Sie dieses Schema auch als Hinweis darauf, bei welchen Kostengruppen Sie den Mittelwert nach oben oder unten anpassen sollten.

© BKI Baukosteninformationszentrum; Erläuterungen zu den Tabellen siehe Seite 58    Kostenstand: 1. Quartal 2022, Bundesdurchschnitt, **inkl. 19% MwSt.**

## Kostenkennwerte für die Kostengruppen der 1. und 2. Ebene DIN 276

| KG | Kostengruppen der 1. Ebene | Einheit | ▷ | €/Einheit | ◁ | ▷ | % an 300+400 | ◁ |
|---|---|---|---|---|---|---|---|---|
| 100 | Grundstück | m²GF | – | – | – | – | – | – |
| 200 | Vorbereitende Maßnahmen | m²GF | 8 | **24** | 58 | 0,6 | **2,2** | 5,1 |
| 300 | Bauwerk – Baukonstruktionen | m²BGF | 937 | **1.116** | 1.336 | 76,3 | **80,6** | 84,5 |
| 400 | Bauwerk – Technische Anlagen | m²BGF | 186 | **273** | 348 | 15,5 | **19,4** | 23,7 |
|  | Bauwerk (300+400) | m²BGF | 1.131 | **1.389** | 1.641 | 100,0 | **100,0** | 100,0 |
| 500 | Außenanlagen und Freiflächen | m²AF | 57 | **121** | 218 | 3,3 | **7,1** | 11,1 |
| 600 | Ausstattung und Kunstwerke | m²BGF | 4 | **11** | 24 | 0,2 | **0,8** | 1,3 |
| 700 | Baunebenkosten* | m²BGF | 352 | 393 | 433 | 25,4 | **28,3** | 31,2 |
| 800 | Finanzierung | m²BGF | – | – | – | – | – | – |

\* Auf Grundlage der HOAI 2021 berechnete Werte nach §§ 35, 52, 56. Weitere Informationen siehe Seite 50

| KG | Kostengruppen der 2. Ebene | Einheit | ▷ | €/Einheit | ◁ | ▷ | % an 1. Ebene | ◁ |
|---|---|---|---|---|---|---|---|---|
| 310 | Baugrube / Erdbau | m³BGI | 26 | **48** | 71 | 0,4 | **3,0** | 4,7 |
| 320 | Gründung, Unterbau | m²GRF | 184 | **250** | 325 | 5,5 | **8,2** | 12,5 |
| 330 | Außenwände / vertikal außen | m²AWF | 292 | **369** | 442 | 33,3 | **37,2** | 41,6 |
| 340 | Innenwände / vertikal innen | m²IWF | 151 | **203** | 252 | 10,2 | **13,9** | 18,0 |
| 350 | Decken / horizontal | m²DEF | 293 | **362** | 459 | 14,4 | **20,9** | 25,6 |
| 360 | Dächer | m²DAF | 252 | **327** | 421 | 10,8 | **13,2** | 18,0 |
| 370 | Infrastrukturanlagen |  | – | – | – | – | – | – |
| 380 | Baukonstruktive Einbauten | m²BGF | 16 | **36** | 68 | < 0,1 | **0,5** | 4,8 |
| 390 | Sonst. Maßnahmen für Baukonst. | m²BGF | 21 | **36** | 57 | 1,8 | **3,2** | 4,5 |
| **300** | **Bauwerk – Baukonstruktionen** | **m²BGF** |  |  |  |  | **100,0** |  |
| 410 | Abwasser-, Wasser-, Gasanlagen | m²BGF | 56 | **82** | 114 | 21,6 | **30,2** | 39,2 |
| 420 | Wärmeversorgungsanlagen | m²BGF | 72 | **113** | 157 | 31,2 | **40,4** | 51,0 |
| 430 | Raumlufttechnische Anlagen | m²BGF | 8 | **29** | 44 | 0,5 | **6,1** | 13,4 |
| 440 | Elektrische Anlagen | m²BGF | 36 | **56** | 102 | 14,8 | **19,3** | 31,7 |
| 450 | Kommunikationstechnische Anlagen | m²BGF | 5 | **9** | 16 | 1,6 | **3,1** | 5,8 |
| 460 | Förderanlagen | m²BGF | – | – | – | – | – | – |
| 470 | Nutzungsspez. / verfahrenstech. Anl. | m²BGF | – | – | – | – | – | – |
| 480 | Gebäude- und Anlagenautomation | m²BGF | – | – | – | – | – | – |
| 490 | Sonst. Maßnahmen f. techn. Anl. | m²BGF | < 1 | **< 1** | < 1 | 0,0 | **< 0,1** | 0,5 |
| **400** | **Bauwerk – Technische Anlagen** | **m²BGF** |  |  |  |  | **100,0** |  |

### Prozentanteile der Kosten 2. Ebene an den Kosten des Bauwerks nach DIN 276 (Von/Mittel/Bis)

| KG | Kostengruppe | % |
|---|---|---|
| 310 | Baugrube / Erdbau | 2,4 |
| 320 | Gründung, Unterbau | 6,5 |
| 330 | Außenwände / vertikal außen | 29,7 |
| 340 | Innenwände / vertikal innen | 11,1 |
| 350 | Decken / horizontal | 16,8 |
| 360 | Dächer | 10,5 |
| 370 | Infrastrukturanlagen |  |
| 380 | Baukonstruktive Einbauten | 0,4 |
| 390 | Sonst. Maßnahmen für Baukonst. | 2,6 |
| 410 | Abwasser-, Wasser-, Gasanlagen | 5,9 |
| 420 | Wärmeversorgungsanlagen | 8,1 |
| 430 | Raumlufttechnische Anlagen | 1,3 |
| 440 | Elektrische Anlagen | 4,1 |
| 450 | Kommunikationstechnische Anlagen | 0,7 |
| 460 | Förderanlagen |  |
| 470 | Nutzungsspez. / verfahrenstech. Anl. |  |
| 480 | Gebäude- und Anlagenautomation |  |
| 490 | Sonst. Maßnahmen f. techn. Anl. | < 0,1 |

© BKI Baukosteninformationszentrum; Erläuterungen zu den Tabellen siehe Seite 48 und 50    Kostenstand: 1. Quartal 2022, Bundesdurchschnitt, inkl. 19% MwSt.

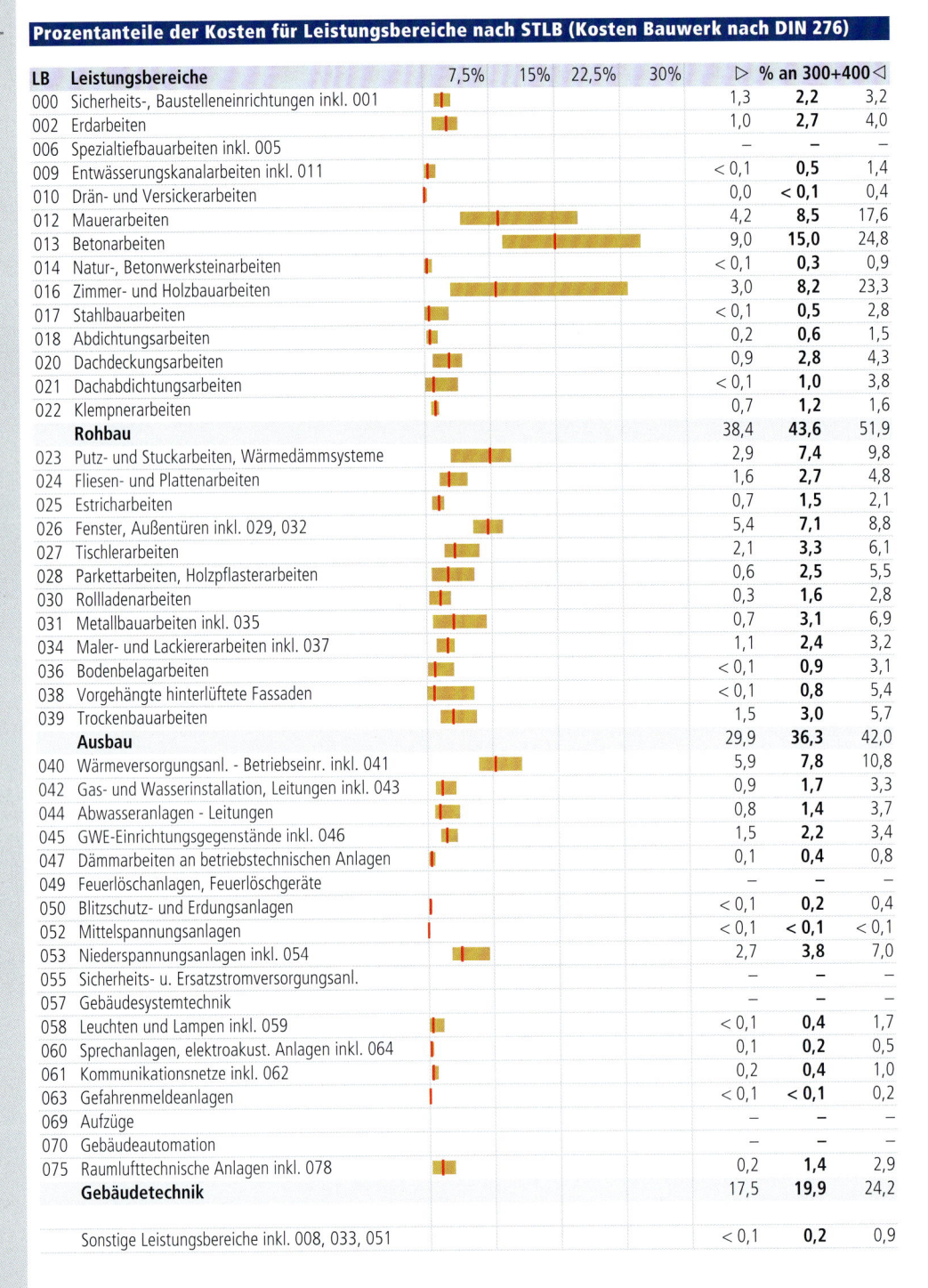

# Doppel- und Reihenendhäuser

**Prozentanteile der Kosten für Leistungsbereiche nach STLB (Kosten Bauwerk nach DIN 276)**

Kosten:
Stand 1. Quartal 2022
Bundesdurchschnitt
inkl. 19% MwSt.

| LB | Leistungsbereiche | von | Mittelwert | bis |
|---|---|---|---|---|
| 000 | Sicherheits-, Baustelleneinrichtungen inkl. 001 | 1,3 | **2,2** | 3,2 |
| 002 | Erdarbeiten | 1,0 | **2,7** | 4,0 |
| 006 | Spezialtiefbauarbeiten inkl. 005 | – | – | – |
| 009 | Entwässerungskanalarbeiten inkl. 011 | < 0,1 | **0,5** | 1,4 |
| 010 | Drän- und Versickerarbeiten | 0,0 | **< 0,1** | 0,4 |
| 012 | Mauerarbeiten | 4,2 | **8,5** | 17,6 |
| 013 | Betonarbeiten | 9,0 | **15,0** | 24,8 |
| 014 | Natur-, Betonwerksteinarbeiten | < 0,1 | **0,3** | 0,9 |
| 016 | Zimmer- und Holzbauarbeiten | 3,0 | **8,2** | 23,3 |
| 017 | Stahlbauarbeiten | < 0,1 | **0,5** | 2,8 |
| 018 | Abdichtungsarbeiten | 0,2 | **0,6** | 1,5 |
| 020 | Dachdeckungsarbeiten | 0,9 | **2,8** | 4,3 |
| 021 | Dachabdichtungsarbeiten | < 0,1 | **1,0** | 3,8 |
| 022 | Klempnerarbeiten | 0,7 | **1,2** | 1,6 |
|  | **Rohbau** | 38,4 | **43,6** | 51,9 |
| 023 | Putz- und Stuckarbeiten, Wärmedämmsysteme | 2,9 | **7,4** | 9,8 |
| 024 | Fliesen- und Plattenarbeiten | 1,6 | **2,7** | 4,8 |
| 025 | Estricharbeiten | 0,7 | **1,5** | 2,1 |
| 026 | Fenster, Außentüren inkl. 029, 032 | 5,4 | **7,1** | 8,8 |
| 027 | Tischlerarbeiten | 2,1 | **3,3** | 6,1 |
| 028 | Parkettarbeiten, Holzpflasterarbeiten | 0,6 | **2,5** | 5,5 |
| 030 | Rollladenarbeiten | 0,3 | **1,6** | 2,8 |
| 031 | Metallbauarbeiten inkl. 035 | 0,7 | **3,1** | 6,9 |
| 034 | Maler- und Lackiererarbeiten inkl. 037 | 1,1 | **2,4** | 3,2 |
| 036 | Bodenbelagarbeiten | < 0,1 | **0,9** | 3,1 |
| 038 | Vorgehängte hinterlüftete Fassaden | < 0,1 | **0,8** | 5,4 |
| 039 | Trockenbauarbeiten | 1,5 | **3,0** | 5,7 |
|  | **Ausbau** | 29,9 | **36,3** | 42,0 |
| 040 | Wärmeversorgungsanl. - Betriebseinr. inkl. 041 | 5,9 | **7,8** | 10,8 |
| 042 | Gas- und Wasserinstallation, Leitungen inkl. 043 | 0,9 | **1,7** | 3,3 |
| 044 | Abwasseranlagen - Leitungen | 0,8 | **1,4** | 3,7 |
| 045 | GWE-Einrichtungsgegenstände inkl. 046 | 1,5 | **2,2** | 3,4 |
| 047 | Dämmarbeiten an betriebstechnischen Anlagen | 0,1 | **0,4** | 0,8 |
| 049 | Feuerlöschanlagen, Feuerlöschgeräte | – | – | – |
| 050 | Blitzschutz- und Erdungsanlagen | < 0,1 | **0,2** | 0,4 |
| 052 | Mittelspannungsanlagen | < 0,1 | **< 0,1** | < 0,1 |
| 053 | Niederspannungsanlagen inkl. 054 | 2,7 | **3,8** | 7,0 |
| 055 | Sicherheits- u. Ersatzstromversorgungsanl. | – | – | – |
| 057 | Gebäudesystemtechnik | – | – | – |
| 058 | Leuchten und Lampen inkl. 059 | < 0,1 | **0,4** | 1,7 |
| 060 | Sprechanlagen, elektroakust. Anlagen inkl. 064 | 0,1 | **0,2** | 0,5 |
| 061 | Kommunikationsnetze inkl. 062 | 0,2 | **0,4** | 1,0 |
| 063 | Gefahrenmeldeanlagen | < 0,1 | **< 0,1** | 0,2 |
| 069 | Aufzüge | – | – | – |
| 070 | Gebäudeautomation | – | – | – |
| 075 | Raumlufttechnische Anlagen inkl. 078 | 0,2 | **1,4** | 2,9 |
|  | **Gebäudetechnik** | 17,5 | **19,9** | 24,2 |
|  | Sonstige Leistungsbereiche inkl. 008, 033, 051 | < 0,1 | **0,2** | 0,9 |

- KKW
▶ min
▷ von
| Mittelwert
◁ bis
◀ max

## Planungskennwerte für Flächen und Rauminhalte nach DIN 277

| Grundflächen | | | ▷ | Fläche/NUF (%) | ◁ | ▷ | Fläche/BGF (%) | ◁ |
|---|---|---|---|---|---|---|---|---|
| NUF | Nutzungsfläche | | 100,0 | **100,0** | 100,0 | 64,1 | **67,7** | 71,0 |
| TF | Technikfläche | | 3,5 | **4,9** | 6,8 | 2,4 | **3,2** | 4,2 |
| VF | Verkehrsfläche | | 12,8 | **15,5** | 22,2 | 8,6 | **10,3** | 13,3 |
| NRF | Netto-Raumfläche | | 116,9 | **120,4** | 127,8 | 78,9 | **81,2** | 82,8 |
| KGF | Konstruktions-Grundfläche | | 25,3 | **28,3** | 33,0 | 17,2 | **18,8** | 21,1 |
| BGF | Brutto-Grundfläche | | 142,3 | **148,7** | 158,5 | 100,0 | **100,0** | 100,0 |

| Brutto-Rauminhalte | | | ▷ | BRI/NUF (m) | ◁ | ▷ | BRI/BGF (m) | ◁ |
|---|---|---|---|---|---|---|---|---|
| BRI | Brutto-Rauminhalt | | 3,98 | **4,29** | 4,60 | 2,74 | **2,88** | 3,06 |

| Flächen von Nutzeinheiten | | | ▷ | NUF/Einheit (m²) | ◁ | ▷ | BGF/Einheit (m²) | ◁ |
|---|---|---|---|---|---|---|---|---|
| Nutzeinheit: Wohnfläche | | | 1,07 | **1,16** | 1,37 | 1,57 | **1,72** | 1,95 |

| Lufttechnisch behandelte Flächen | | | ▷ | Fläche/NUF (%) | ◁ | ▷ | Fläche/BGF (%) | ◁ |
|---|---|---|---|---|---|---|---|---|
| Entlüftete Fläche | | | 91,0 | **91,0** | 91,0 | 61,6 | **61,6** | 61,6 |
| Be- und entlüftete Fläche | | | – | – | – | – | – | – |
| Teilklimatisierte Fläche | | | – | – | – | – | – | – |
| Klimatisierte Fläche | | | – | – | – | – | – | – |

| KG | Kostengruppen (2. Ebene) | Einheit | ▷ | Menge/NUF | ◁ | ▷ | Menge/BGF | ◁ |
|---|---|---|---|---|---|---|---|---|
| 310 | Baugrube / Erdbau | m³ BGI | 1,05 | **1,45** | 1,77 | 0,71 | **0,99** | 1,31 |
| 320 | Gründung, Unterbau | m² GRF | 0,46 | **0,52** | 0,62 | 0,31 | **0,36** | 0,43 |
| 330 | Außenwände / vertikal außen | m² AWF | 1,44 | **1,67** | 1,97 | 1,00 | **1,14** | 1,29 |
| 340 | Innenwände / vertikal innen | m² IWF | 0,96 | **1,11** | 1,30 | 0,66 | **0,77** | 0,91 |
| 350 | Decken / horizontal | m² DEF | 0,81 | **0,92** | 1,02 | 0,56 | **0,63** | 0,68 |
| 360 | Dächer | m² DAF | 0,60 | **0,67** | 0,78 | 0,42 | **0,46** | 0,55 |
| 370 | Infrastrukturanlagen | | – | – | – | – | – | – |
| 380 | Baukonstruktive Einbauten | m² BGF | 1,42 | **1,49** | 1,59 | 1,00 | **1,00** | 1,00 |
| 390 | Sonst. Maßnahmen für Baukonst. | m² BGF | 1,42 | **1,49** | 1,59 | 1,00 | **1,00** | 1,00 |
| 300 | Bauwerk – Baukonstruktionen | m² BGF | 1,42 | **1,49** | 1,59 | 1,00 | **1,00** | 1,00 |

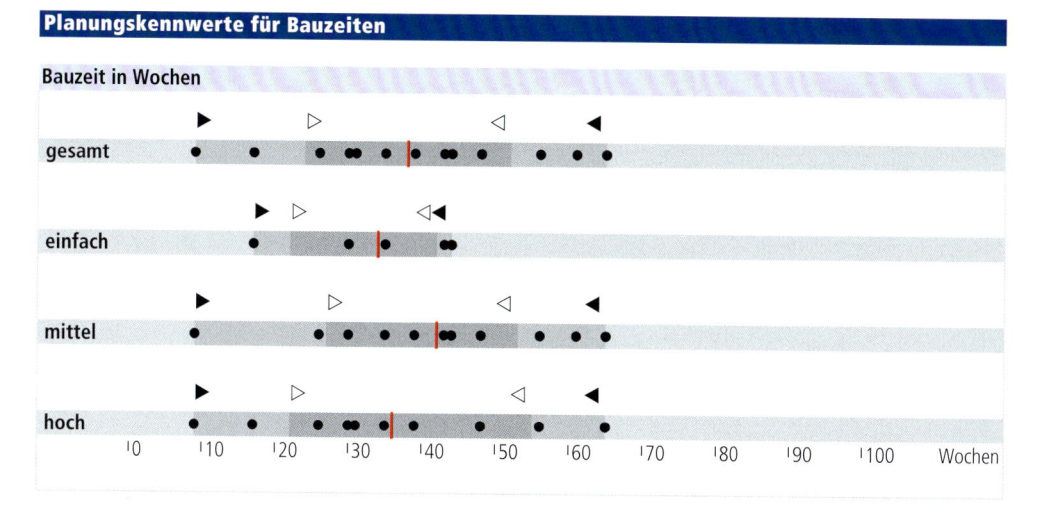

## Planungskennwerte für Bauzeiten

**Bauzeit in Wochen**

© **BKI** Baukosteninformationszentrum; Erläuterungen zu den Tabellen siehe Seite 54   Kostenstand: 1. Quartal 2022, Bundesdurchschnitt, **inkl. 19% MwSt.**

**Doppel- und Reihenendhäuser, einfacher Standard**

## Kostenkennwerte für die Kosten des Bauwerks (Kostengruppen 300+400 nach DIN 276)

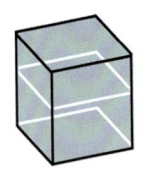

**BRI** 385 €/m³
von 335 €/m³
bis 430 €/m³

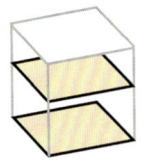

**BGF** 1.060 €/m²
von 900 €/m²
bis 1.140 €/m²

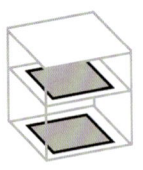

**NUF** 1.565 €/m²
von 1.175 €/m²
bis 1.760 €/m²

**NE** 1.850 €/NE
von 1.525 €/NE
bis 2.420 €/NE
NE: Wohnfläche

### Objektbeispiele

6100-1199

6100-1369

6100-0323

**Kosten:**
Stand 1. Quartal 2022
Bundesdurchschnitt
inkl. 19% MwSt.

### Kosten der 6 Vergleichsobjekte — Seiten 500 bis 501

- ● KKW
- ▶ min
- ▷ von
- | Mittelwert
- ◁ bis
- ◀ max

BRI: 300 315 330 345 360 375 390 405 420 435 450 €/m³ BRI

BGF: 750 800 850 900 950 1000 1050 1100 1150 1200 1250 €/m² BGF

NUF: 900 1000 1100 1200 1300 1400 1500 1600 1700 1800 1900 €/m² NUF

© BKI Baukosteninformationszentrum; Erläuterungen zu den Tabellen siehe Seite 46    Kostenstand: 1. Quartal 2022, Bundesdurchschnitt, **inkl. 19% MwSt.**

## Kostenkennwerte für die Kostengruppen der 1. und 2. Ebene DIN 276

| KG | Kostengruppen der 1. Ebene | Einheit | ▷ | €/Einheit | ◁ | ▷ | % an 300+400 | ◁ |
|---|---|---|---|---|---|---|---|---|
| 100 | Grundstück | m²GF | – | – | – | | | |
| 200 | Vorbereitende Maßnahmen | m²GF | 2 | 9 | 22 | 0,3 | 1,2 | 3,1 |
| 300 | Bauwerk – Baukonstruktionen | m²BGF | 765 | 870 | 917 | 76,5 | 82,3 | 86,9 |
| 400 | Bauwerk – Technische Anlagen | m²BGF | 128 | 192 | 273 | 13,1 | 17,7 | 23,5 |
| | Bauwerk (300+400) | m²BGF | 898 | 1.061 | 1.141 | 100,0 | 100,0 | 100,0 |
| 500 | Außenanlagen und Freiflächen | m²AF | 59 | 95 | 132 | 5,5 | 9,0 | 12,4 |
| 600 | Ausstattung und Kunstwerke | m²BGF | 5 | 5 | 5 | 0,5 | 0,5 | 0,5 |
| 700 | Baunebenkosten* | m²BGF | 276 | 308 | 340 | 25,9 | 28,9 | 31,9 |
| 800 | Finanzierung | m²BGF | – | – | – | – | – | – |

\* Auf Grundlage der HOAI 2021 berechnete Werte nach §§ 35, 52, 56. Weitere Informationen siehe Seite 50

| KG | Kostengruppen der 2. Ebene | Einheit | ▷ | €/Einheit | ◁ | ▷ | % an 1. Ebene | ◁ |
|---|---|---|---|---|---|---|---|---|
| 310 | Baugrube / Erdbau | m³BGI | 46 | 66 | 83 | 0,4 | 3,1 | 4,9 |
| 320 | Gründung, Unterbau | m²GRF | 119 | 215 | 277 | 5,0 | 8,8 | 14,9 |
| 330 | Außenwände / vertikal außen | m²AWF | 270 | 305 | 355 | 30,5 | 36,0 | 39,0 |
| 340 | Innenwände / vertikal innen | m²IWF | 119 | 154 | 191 | 9,7 | 14,7 | 18,3 |
| 350 | Decken / horizontal | m²DEF | 269 | 304 | 351 | 19,3 | 23,9 | 26,9 |
| 360 | Dächer | m²DAF | 194 | 248 | 278 | 10,1 | 11,9 | 12,5 |
| 370 | Infrastrukturanlagen | | – | – | – | – | – | – |
| 380 | Baukonstruktive Einbauten | m²BGF | | | | | | |
| 390 | Sonst. Maßnahmen für Baukonst. | m²BGF | 13 | 21 | 33 | 1,5 | 2,4 | 3,6 |
| 300 | **Bauwerk – Baukonstruktionen** | m²BGF | | | | | **100,0** | |
| 410 | Abwasser-, Wasser-, Gasanlagen | m²BGF | 46 | 58 | 77 | 20,7 | 32,0 | 39,8 |
| 420 | Wärmeversorgungsanlagen | m²BGF | 54 | 90 | 141 | 38,7 | 43,7 | 52,8 |
| 430 | Raumlufttechnische Anlagen | m²BGF | – | – | – | – | – | – |
| 440 | Elektrische Anlagen | m²BGF | 24 | 44 | 114 | 14,1 | 19,4 | 35,5 |
| 450 | Kommunikationstechnische Anlagen | m²BGF | 1 | 4 | 7 | 0,2 | 1,5 | 2,5 |
| 460 | Förderanlagen | m²BGF | – | – | – | – | – | – |
| 470 | Nutzungsspez. / verfahrenstech. Anl. | m²BGF | – | – | – | – | – | – |
| 480 | Gebäude- und Anlagenautomation | m²BGF | – | – | – | – | – | – |
| 490 | Sonst. Maßnahmen f. techn. Anl. | m²BGF | < 1 | < 1 | < 1 | 0,0 | < 0,1 | 0,5 |
| 400 | **Bauwerk – Technische Anlagen** | m²BGF | | | | | **100,0** | |

### Prozentanteile der Kosten 2. Ebene an den Kosten des Bauwerks nach DIN 276 (Von/Mittel/Bis)

| KG | | % |
|---|---|---|
| 310 | Baugrube / Erdbau | 2,6 |
| 320 | Gründung, Unterbau | 6,9 |
| 330 | Außenwände / vertikal außen | 29,2 |
| 340 | Innenwände / vertikal innen | 12,2 |
| 350 | Decken / horizontal | 19,7 |
| 360 | Dächer | 9,7 |
| 370 | Infrastrukturanlagen | |
| 380 | Baukonstruktive Einbauten | |
| 390 | Sonst. Maßnahmen für Baukonst. | 1,9 |
| 410 | Abwasser-, Wasser-, Gasanlagen | 5,5 |
| 420 | Wärmeversorgungsanlagen | 8,2 |
| 430 | Raumlufttechnische Anlagen | |
| 440 | Elektrische Anlagen | 3,9 |
| 450 | Kommunikationstechnische Anlagen | 0,3 |
| 460 | Förderanlagen | |
| 470 | Nutzungsspez. / verfahrenstech. Anl. | |
| 480 | Gebäude- und Anlagenautomation | |
| 490 | Sonst. Maßnahmen f. techn. Anl. | < 0,1 |

© **BKI** Baukosteninformationszentrum; Erläuterungen zu den Tabellen siehe Seite 48 und 50   Kostenstand: 1. Quartal 2022, Bundesdurchschnitt, inkl. 19% MwSt.

**Doppel- und Reihenendhäuser, einfacher Standard**

Kosten:
Stand 1. Quartal 2022
Bundesdurchschnitt
inkl. 19% MwSt.

● KKW
▶ min
▷ von
| Mittelwert
◁ bis
◀ max

## Prozentanteile der Kosten für Leistungsbereiche nach STLB (Kosten Bauwerk nach DIN 276)

| LB | Leistungsbereiche | ▷ % an 300+400 ◁ | | |
|---|---|---|---|---|
| 000 | Sicherheits-, Baustelleneinrichtungen inkl. 001 | 1,1 | **1,7** | 2,1 |
| 002 | Erdarbeiten | 1,9 | **2,6** | 3,4 |
| 006 | Spezialtiefbauarbeiten inkl. 005 | – | – | – |
| 009 | Entwässerungskanalarbeiten inkl. 011 | 0,0 | **0,4** | 0,7 |
| 010 | Drän- und Versickerarbeiten | 0,0 | **< 0,1** | 0,2 |
| 012 | Mauerarbeiten | 2,3 | **4,6** | 7,5 |
| 013 | Betonarbeiten | 11,8 | **22,6** | 30,8 |
| 014 | Natur-, Betonwerksteinarbeiten | – | – | – |
| 016 | Zimmer- und Holzbauarbeiten | 1,1 | **5,4** | 8,8 |
| 017 | Stahlbauarbeiten | – | – | – |
| 018 | Abdichtungsarbeiten | < 0,1 | **0,4** | 0,7 |
| 020 | Dachdeckungsarbeiten | 1,0 | **2,0** | 3,5 |
| 021 | Dachabdichtungsarbeiten | 0,0 | **1,6** | 3,2 |
| 022 | Klempnerarbeiten | 0,5 | **0,7** | 0,9 |
| | **Rohbau** | 36,9 | **42,0** | 45,7 |
| 023 | Putz- und Stuckarbeiten, Wärmedämmsysteme | 6,1 | **7,3** | 9,0 |
| 024 | Fliesen- und Plattenarbeiten | 2,2 | **2,7** | 3,3 |
| 025 | Estricharbeiten | 2,1 | **2,2** | 2,3 |
| 026 | Fenster, Außentüren inkl. 029, 032 | 7,1 | **8,6** | 9,9 |
| 027 | Tischlerarbeiten | 1,9 | **2,8** | 3,6 |
| 028 | Parkettarbeiten, Holzpflasterarbeiten | 1,1 | **2,2** | 3,6 |
| 030 | Rollladenarbeiten | 1,1 | **2,2** | 3,9 |
| 031 | Metallbauarbeiten inkl. 035 | 0,8 | **1,8** | 2,4 |
| 034 | Maler- und Lackiererarbeiten inkl. 037 | 1,7 | **2,4** | 3,4 |
| 036 | Bodenbelagarbeiten | 0,0 | **1,3** | 2,6 |
| 038 | Vorgehängte hinterlüftete Fassaden | 0,0 | **1,1** | 2,1 |
| 039 | Trockenbauarbeiten | 2,3 | **2,4** | 2,6 |
| | **Ausbau** | 34,0 | **37,0** | 39,8 |
| 040 | Wärmeversorgungsanl. - Betriebseinr. inkl. 041 | 7,7 | **9,9** | 12,0 |
| 042 | Gas- und Wasserinstallation, Leitungen inkl. 043 | 1,1 | **2,8** | 4,3 |
| 044 | Abwasseranlagen - Leitungen | 0,4 | **0,7** | 0,8 |
| 045 | GWE-Einrichtungsgegenstände inkl. 046 | 1,1 | **1,8** | 2,3 |
| 047 | Dämmarbeiten an betriebstechnischen Anlagen | 0,2 | **0,3** | 0,4 |
| 049 | Feuerlöschanlagen, Feuerlöschgeräte | – | – | – |
| 050 | Blitzschutz- und Erdungsanlagen | < 0,1 | **< 0,1** | 0,1 |
| 052 | Mittelspannungsanlagen | – | – | – |
| 053 | Niederspannungsanlagen inkl. 054 | 2,8 | **5,1** | 7,3 |
| 055 | Sicherheits- u. Ersatzstromversorgungsanl. | – | – | – |
| 057 | Gebäudesystemtechnik | – | – | – |
| 058 | Leuchten und Lampen inkl. 059 | 0,0 | **< 0,1** | < 0,1 |
| 060 | Sprechanlagen, elektroakust. Anlagen inkl. 064 | < 0,1 | **0,1** | 0,2 |
| 061 | Kommunikationsnetze inkl. 062 | 0,1 | **0,3** | 0,4 |
| 063 | Gefahrenmeldeanlagen | 0,0 | **< 0,1** | < 0,1 |
| 069 | Aufzüge | – | – | – |
| 070 | Gebäudeautomation | – | – | – |
| 075 | Raumlufttechnische Anlagen inkl. 078 | – | – | – |
| | **Gebäudetechnik** | 18,6 | **21,1** | 25,1 |
| | Sonstige Leistungsbereiche inkl. 008, 033, 051 | – | – | – |

© BKI Baukosteninformationszentrum; Erläuterungen zu den Tabellen siehe Seite 52      Kostenstand: 1. Quartal 2022, Bundesdurchschnitt, **inkl. 19% MwSt.**

## Planungskennwerte für Flächen und Rauminhalte nach DIN 277

| Grundflächen | | | ▷ Fläche/NUF (%) ◁ | | | ▷ Fläche/BGF (%) ◁ | | |
|---|---|---|---|---|---|---|---|---|
| NUF | Nutzungsfläche | | 100,0 | **100,0** | 100,0 | 67,5 | **68,9** | 71,5 |
| TF | Technikfläche | | 2,2 | **2,7** | 4,9 | 1,4 | **1,7** | 3,1 |
| VF | Verkehrsfläche | | 13,2 | **16,9** | 18,0 | 9,2 | **11,3** | 12,4 |
| NRF | Netto-Raumfläche | | 115,7 | **119,6** | 124,1 | 79,8 | **82,0** | 83,9 |
| KGF | Konstruktions-Grundfläche | | 22,3 | **26,8** | 29,3 | 16,1 | **18,0** | 20,2 |
| BGF | Brutto-Grundfläche | | 142,1 | **146,4** | 149,9 | 100,0 | **100,0** | 100,0 |

| Brutto-Rauminhalte | | | ▷ BRI/NUF (m) ◁ | | | ▷ BRI/BGF (m) ◁ | | |
|---|---|---|---|---|---|---|---|---|
| BRI | Brutto-Rauminhalt | | 3,73 | **4,03** | 4,08 | 2,70 | **2,76** | 2,92 |

| Flächen von Nutzeinheiten | | | ▷ NUF/Einheit (m²) ◁ | | | ▷ BGF/Einheit (m²) ◁ | | |
|---|---|---|---|---|---|---|---|---|
| Nutzeinheit: Wohnfläche | | | 1,10 | **1,19** | 1,25 | 1,58 | **1,74** | 1,81 |

| Lufttechnisch behandelte Flächen | | | ▷ Fläche/NUF (%) ◁ | | | ▷ Fläche/BGF (%) ◁ | | |
|---|---|---|---|---|---|---|---|---|
| Entlüftete Fläche | | | – | – | – | – | – | – |
| Be- und entlüftete Fläche | | | – | – | – | – | – | – |
| Teilklimatisierte Fläche | | | – | – | – | – | – | – |
| Klimatisierte Fläche | | | – | – | – | – | – | – |

| KG | Kostengruppen (2. Ebene) | Einheit | ▷ Menge/NUF ◁ | | | ▷ Menge/BGF ◁ | | |
|---|---|---|---|---|---|---|---|---|
| 310 | Baugrube / Erdbau | m³ BGI | 0,84 | **0,84** | 0,98 | 0,34 | **0,59** | 0,74 |
| 320 | Gründung, Unterbau | m² GRF | 0,43 | **0,50** | 0,63 | 0,30 | **0,34** | 0,43 |
| 330 | Außenwände / vertikal außen | m² AWF | 1,47 | **1,51** | 1,64 | 0,98 | **1,04** | 1,15 |
| 340 | Innenwände / vertikal innen | m² IWF | 1,10 | **1,17** | 1,23 | 0,79 | **0,82** | 0,96 |
| 350 | Decken / horizontal | m² DEF | 0,89 | **0,99** | 1,13 | 0,58 | **0,69** | 0,72 |
| 360 | Dächer | m² DAF | 0,59 | **0,63** | 0,79 | 0,42 | **0,43** | 0,54 |
| 370 | Infrastrukturanlagen | | – | – | – | – | – | – |
| 380 | Baukonstruktive Einbauten | m² BGF | 1,42 | **1,46** | 1,50 | 1,00 | **1,00** | 1,00 |
| 390 | Sonst. Maßnahmen für Baukonst. | m² BGF | 1,42 | **1,46** | 1,50 | 1,00 | **1,00** | 1,00 |
| 300 | Bauwerk – Baukonstruktionen | m² BGF | 1,42 | **1,46** | 1,50 | 1,00 | **1,00** | 1,00 |

## Planungskennwerte für Bauzeiten — 5 Vergleichsobjekte

**Bauzeit in Wochen**

Bauzeit: ▶ ca. 17 · ▷ ca. 22 · ● 30 · ● 34 · ◁ ca. 41 · ◀ ca. 42 · ●● 43 (Skala 5–55 Wochen)

© BKI Baukosteninformationszentrum; Erläuterungen zu den Tabellen siehe Seite 54 — Kostenstand: 1. Quartal 2022, Bundesdurchschnitt, inkl. 19% MwSt.

# Doppel- und Reihenendhäuser, einfacher Standard

**€/m² BGF**

| | |
|---|---:|
| min | 830 €/m² |
| von | 900 €/m² |
| Mittel | **1.060 €/m²** |
| bis | 1.140 €/m² |
| max | 1.190 €/m² |

**Kosten:**
Stand 1. Quartal 2022
Bundesdurchschnitt
inkl. 19% MwSt.

## Objektübersicht zur Gebäudeart

### 6100-1369 Doppelhaushälfte - Effizienzhaus 40

**BRI** 734 m³ | **BGF** 279 m² | **NUF** 173 m²

Doppelhaushälfte. MW-Massivbau.

Land: Baden-Württemberg
Kreis: Tübingen
Standard: unter Durchschnitt
Bauzeit: 43 Wochen
Kennwerte: bis 3. Ebene DIN 276

**BGF  1.150 €/m²**

veröffentlicht: BKI Objektdaten E8

Planung: Architekt Rainer Graf Architektur + Energiekonzepte; Ofterdingen

### 6100-1199 Doppelhaus - Effizienzhaus 55

**BRI** 930 m³ | **BGF** 328 m² | **NUF** 216 m²

Doppelhaus mit 240 m² WFL als Effizienzhaus 55. MW-Massivbau, Holzrahmenkonstruktion.

Land: Hessen
Kreis: Schwalm-Eder-Kreis
Standard: unter Durchschnitt
Bauzeit: 17 Wochen
Kennwerte: bis 3. Ebene DIN 276

**BGF  1.192 €/m²**

veröffentlicht: BKI Objektdaten E7

Planung: Planungsbüro Clobes GmbH; Wabern

### 6100-0440 Reihenendhaus

**BRI** 633 m³ | **BGF** 201 m² | **NUF** 152 m²

Reihenendhaus im Rahmen von 15 kostengünstigen Reihenhäusern ohne Bauträger in einer Bauherrengemeinschaft mit Einzelvergaben und Pauschalierungen. Stahlbetonbau.

Land: Baden-Württemberg
Kreis: Rems-Murr-Kreis
Standard: unter Durchschnitt
Bauzeit: 44 Wochen
Kennwerte: bis 3. Ebene DIN 276

**BGF  1.068 €/m²**

veröffentlicht: BKI Objektdaten N4

Planung: Rolf Neddermann Dr.-Ing. Freier Architekt; Remshalden-Grunbach

### 6100-0269 Doppelhaushälfte - Niedrigenergie

**BRI** 656 m³ | **BGF** 242 m² | **NUF** 157 m²

Doppelhaushälfte als Niedrigenergiehaus. Mauerwerksbau.

Land: Baden-Württemberg
Kreis: Main-Tauber-Kreis
Standard: unter Durchschnitt
Bauzeit: 30 Wochen
Kennwerte: bis 1. Ebene DIN 276

**BGF  1.044 €/m²**

veröffentlicht: BKI Objektdaten E1

Planung: Ernst-Paul Kolbe Dipl.-Ing.; Großrinderfeld-Schönfeld

## Objektübersicht zur Gebäudeart

### 6100-0323 Doppelhaus (2 WE)

**BRI** 1.420 m³ **BGF** 557 m² **NUF** 360 m²

In einer Gebäudehälfte nachträglich bei Nutzungsänderung der Räume im EG und OG (freiberufliche Nutzung) ausgebaut. Mauerwerksbau.

Land: Thüringen
Kreis: Suhl, Stadt
Standard: unter Durchschnitt
Bauzeit: 35 Wochen
Kennwerte: bis 2. Ebene DIN 276

**BGF** 1.084 €/m²

**Planung:** Dr. Schneider + Schult Dipl.-Ing. Freie Architekten BDA; Suhl

veröffentlicht: BKI Objektdaten N3

### 6100-0259 Doppelhaus (2 WE) - Niedrigenergie

**BRI** 1.442 m³ **BGF** 534 m² **NUF** 431 m²

Doppelhäuser im Niedrigenergiehaus-Standard, Abstellräume im UG, Wohnräume, Küchen im EG, Schlafräume, Bäder im OG, Gasthermen im DG. Mauerwerksbau.

Land: Bayern
Kreis: Starnberg
Standard: unter Durchschnitt
Bauzeit: 96 Wochen*
Kennwerte: bis 2. Ebene DIN 276

**BGF** 831 €/m²

**Planung:** Burkhard Reineking Dipl.-Ing. Architekt; Gauting

veröffentlicht: BKI Objektdaten E1
* Nicht in der Auswertung enthalten

# Doppel- und Reihenendhäuser, mittlerer Standard

## Kostenkennwerte für die Kosten des Bauwerks (Kostengruppen 300+400 nach DIN 276)

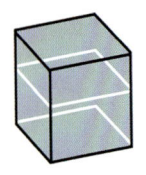

**BRI** 485 €/m³
von 415 €/m³
bis 545 €/m³

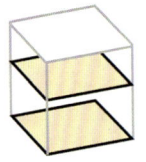

**BGF** 1.385 €/m²
von 1.195 €/m²
bis 1.590 €/m²

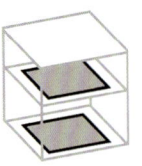

**NUF** 2.085 €/m²
von 1.670 €/m²
bis 2.485 €/m²

**NE** 2.405 €/NE
von 1.995 €/NE
bis 2.825 €/NE
NE: Wohnfläche

**Kosten:**
Stand 1. Quartal 2022
Bundesdurchschnitt
inkl. 19% MwSt.

### Objektbeispiele

6100-0539

6100-0613

6100-1426

6100-1475

6100-1032

6100-1208

### Kosten der 17 Vergleichsobjekte — Seiten 506 bis 510

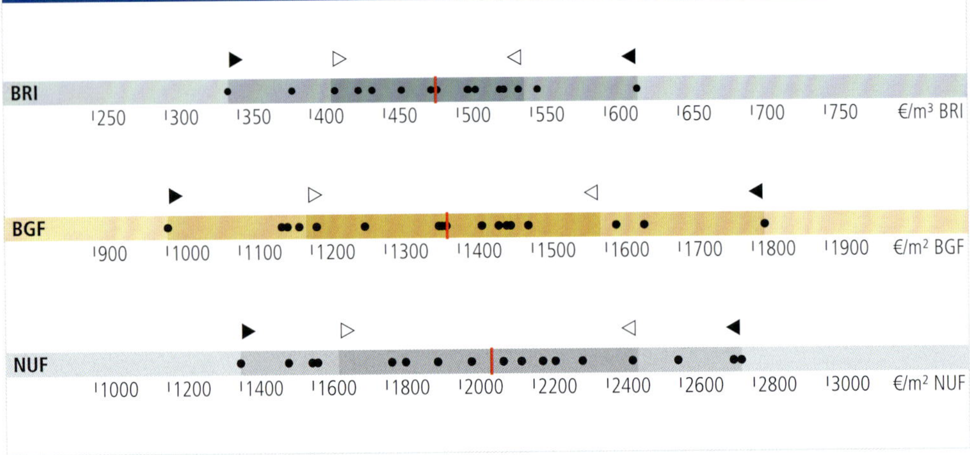

- ● KKW
- ▶ min
- ▷ von
- | Mittelwert
- ◁ bis
- ◀ max

BRI: 250–750 €/m³ BRI

BGF: 900–1900 €/m² BGF

NUF: 1000–3000 €/m² NUF

© BKI Baukosteninformationszentrum; Erläuterungen zu den Tabellen siehe Seite 46  Kostenstand: 1. Quartal 2022, Bundesdurchschnitt, **inkl. 19% MwSt.**

## Kostenkennwerte für die Kostengruppen der 1. und 2. Ebene DIN 276

| KG | Kostengruppen der 1. Ebene | Einheit | ▷ | €/Einheit | ◁ | ▷ | % an 300+400 | ◁ |
|---|---|---|---|---|---|---|---|---|
| 100 | Grundstück | m²GF | – | – | – | – | – | – |
| 200 | Vorbereitende Maßnahmen | m²GF | 6 | **21** | 44 | 0,6 | **1,8** | 3,2 |
| 300 | Bauwerk – Baukonstruktionen | m²BGF | 954 | **1.112** | 1.260 | 76,3 | **80,5** | 84,0 |
| 400 | Bauwerk – Technische Anlagen | m²BGF | 197 | **272** | 339 | 16,0 | **19,5** | 23,7 |
|  | Bauwerk (300+400) | m²BGF | 1.193 | **1.384** | 1.592 | 100,0 | **100,0** | 100,0 |
| 500 | Außenanlagen und Freiflächen | m²AF | 29 | **83** | 127 | 2,2 | **4,8** | 9,7 |
| 600 | Ausstattung und Kunstwerke | m²BGF | 7 | **10** | 16 | 0,4 | **0,9** | 1,2 |
| 700 | Baunebenkosten* | m²BGF | 351 | **391** | 431 | 25,3 | **28,2** | 31,1 |
| 800 | Finanzierung | m²BGF | – | – | – | – | – | – |

\* Auf Grundlage der HOAI 2021 berechnete Werte nach §§ 35, 52, 56. Weitere Informationen siehe Seite 50

| KG | Kostengruppen der 2. Ebene | Einheit | ▷ | €/Einheit | ◁ | ▷ | % an 1. Ebene | ◁ |
|---|---|---|---|---|---|---|---|---|
| 310 | Baugrube / Erdbau | m³BGI | 20 | **42** | 63 | 0,5 | **2,8** | 4,2 |
| 320 | Gründung, Unterbau | m²GRF | 199 | **258** | 330 | 5,5 | **8,4** | 12,7 |
| 330 | Außenwände / vertikal außen | m²AWF | 283 | **390** | 457 | 33,6 | **36,2** | 39,7 |
| 340 | Innenwände / vertikal innen | m²IWF | 177 | **214** | 248 | 10,9 | **14,4** | 19,3 |
| 350 | Decken / horizontal | m²DEF | 281 | **369** | 451 | 13,3 | **20,5** | 25,4 |
| 360 | Dächer | m²DAF | 259 | **313** | 369 | 9,7 | **13,1** | 17,3 |
| 370 | Infrastrukturanlagen | | – | – | – | – | – | – |
| 380 | Baukonstruktive Einbauten | m²BGF | 68 | **68** | 68 | 0,0 | **1,0** | 7,7 |
| 390 | Sonst. Maßnahmen für Baukonst. | m²BGF | 29 | **42** | 66 | 2,8 | **3,7** | 5,2 |
| **300** | **Bauwerk – Baukonstruktionen** | m²BGF | | | | | **100,0** | |
| 410 | Abwasser-, Wasser-, Gasanlagen | m²BGF | 53 | **81** | 102 | 18,9 | **28,4** | 36,6 |
| 420 | Wärmeversorgungsanlagen | m²BGF | 78 | **108** | 168 | 23,9 | **37,1** | 48,4 |
| 430 | Raumlufttechnische Anlagen | m²BGF | 12 | **38** | 48 | 0,2 | **10,6** | 14,8 |
| 440 | Elektrische Anlagen | m²BGF | 44 | **56** | 98 | 14,8 | **19,1** | 28,6 |
| 450 | Kommunikationstechnische Anlagen | m²BGF | 9 | **13** | 18 | 2,9 | **4,7** | 6,7 |
| 460 | Förderanlagen | m²BGF | – | – | – | – | – | – |
| 470 | Nutzungsspez. / verfahrenstech. Anl. | m²BGF | – | – | – | – | – | – |
| 480 | Gebäude- und Anlagenautomation | m²BGF | – | – | – | – | – | – |
| 490 | Sonst. Maßnahmen f. techn. Anl. | m²BGF | – | – | – | – | – | – |
| **400** | **Bauwerk – Technische Anlagen** | m²BGF | | | | | **100,0** | |

## Prozentanteile der Kosten 2. Ebene an den Kosten des Bauwerks nach DIN 276 (Von/Mittel/Bis)

| KG | Kostengruppe | Mittel |
|---|---|---|
| 310 | Baugrube / Erdbau | 2,2 |
| 320 | Gründung, Unterbau | 6,7 |
| 330 | Außenwände / vertikal außen | 28,7 |
| 340 | Innenwände / vertikal innen | 11,4 |
| 350 | Decken / horizontal | 16,3 |
| 360 | Dächer | 10,4 |
| 370 | Infrastrukturanlagen | |
| 380 | Baukonstruktive Einbauten | 0,7 |
| 390 | Sonst. Maßnahmen für Baukonst. | 2,9 |
| 410 | Abwasser-, Wasser-, Gasanlagen | 5,8 |
| 420 | Wärmeversorgungsanlagen | 7,6 |
| 430 | Raumlufttechnische Anlagen | 2,3 |
| 440 | Elektrische Anlagen | 4,1 |
| 450 | Kommunikationstechnische Anlagen | 1,0 |
| 460 | Förderanlagen | |
| 470 | Nutzungsspez. / verfahrenstech. Anl. | |
| 480 | Gebäude- und Anlagenautomation | |
| 490 | Sonst. Maßnahmen f. techn. Anl. | |

© BKI Bausteninformationszentrum; Erläuterungen zu den Tabellen siehe Seite 48 und 50    Kostenstand: 1. Quartal 2022, Bundesdurchschnitt, inkl. 19% MwSt.

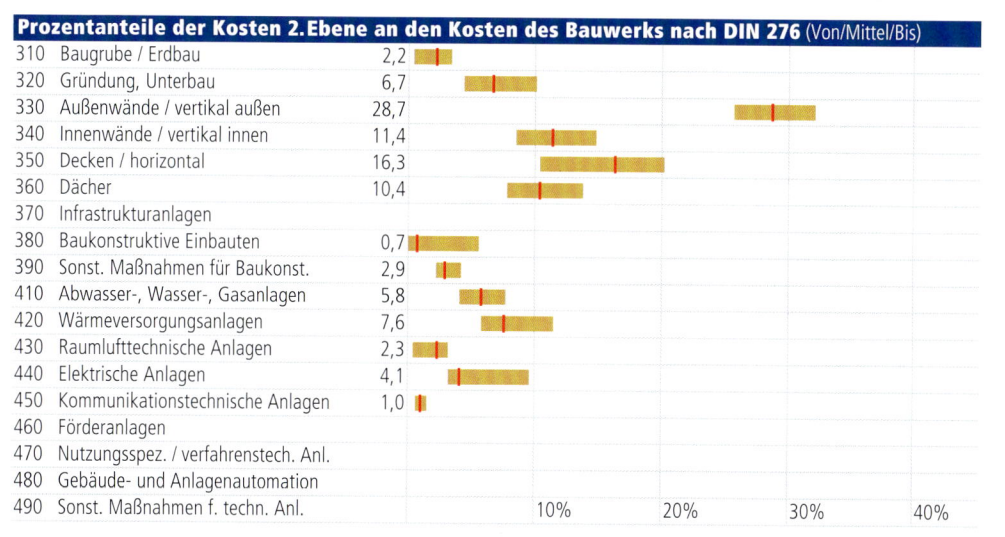

**Doppel- und Reihenendhäuser, mittlerer Standard**

**Kosten:**
Stand 1. Quartal 2022
Bundesdurchschnitt
inkl. 19% MwSt.

- ● KKW
- ▶ min
- ▷ von
- | Mittelwert
- ◁ bis
- ◀ max

## Prozentanteile der Kosten für Leistungsbereiche nach STLB (Kosten Bauwerk nach DIN 276)

| LB | Leistungsbereiche | ▷ % an 300+400 ◁ |||
|---|---|---|---|---|
| 000 | Sicherheits-, Baustelleneinrichtungen inkl. 001 | 1,6 | **2,2** | 3,0 |
| 002 | Erdarbeiten | 1,5 | **2,9** | 4,0 |
| 006 | Spezialtiefbauarbeiten inkl. 005 | – | **–** | – |
| 009 | Entwässerungskanalarbeiten inkl. 011 | 0,1 | **0,7** | 1,6 |
| 010 | Drän- und Versickerarbeiten | – | **–** | – |
| 012 | Mauerarbeiten | 7,0 | **11,1** | 23,4 |
| 013 | Betonarbeiten | 11,1 | **15,7** | 22,7 |
| 014 | Natur-, Betonwerksteinarbeiten | < 0,1 | **0,4** | 0,7 |
| 016 | Zimmer- und Holzbauarbeiten | 3,1 | **4,4** | 6,6 |
| 017 | Stahlbauarbeiten | 0,0 | **0,2** | 1,3 |
| 018 | Abdichtungsarbeiten | 0,2 | **0,5** | 1,2 |
| 020 | Dachdeckungsarbeiten | 3,0 | **3,7** | 4,7 |
| 021 | Dachabdichtungsarbeiten | 0,0 | **0,1** | 1,0 |
| 022 | Klempnerarbeiten | 0,7 | **1,1** | 1,6 |
| | **Rohbau** | 36,2 | **42,9** | 47,5 |
| 023 | Putz- und Stuckarbeiten, Wärmedämmsysteme | 6,1 | **8,9** | 11,1 |
| 024 | Fliesen- und Plattenarbeiten | 1,9 | **3,3** | 6,0 |
| 025 | Estricharbeiten | 1,2 | **1,7** | 2,2 |
| 026 | Fenster, Außentüren inkl. 029, 032 | 5,0 | **6,6** | 8,3 |
| 027 | Tischlerarbeiten | 2,2 | **3,5** | 7,5 |
| 028 | Parkettarbeiten, Holzpflasterarbeiten | < 0,1 | **1,1** | 2,5 |
| 030 | Rollladenarbeiten | 0,4 | **1,3** | 2,8 |
| 031 | Metallbauarbeiten inkl. 035 | 0,8 | **3,3** | 7,5 |
| 034 | Maler- und Lackiererarbeiten inkl. 037 | 1,5 | **2,5** | 3,5 |
| 036 | Bodenbelagarbeiten | 0,5 | **1,5** | 3,5 |
| 038 | Vorgehängte hinterlüftete Fassaden | – | **–** | – |
| 039 | Trockenbauarbeiten | 1,9 | **3,3** | 4,9 |
| | **Ausbau** | 32,3 | **37,1** | 40,9 |
| 040 | Wärmeversorgungsanl. - Betriebseinr. inkl. 041 | 5,5 | **7,2** | 10,0 |
| 042 | Gas- und Wasserinstallation, Leitungen inkl. 043 | 0,9 | **1,4** | 2,3 |
| 044 | Abwasseranlagen - Leitungen | 0,8 | **1,2** | 2,2 |
| 045 | GWE-Einrichtungsgegenstände inkl. 046 | 1,4 | **2,1** | 3,1 |
| 047 | Dämmarbeiten an betriebstechnischen Anlagen | 0,2 | **0,5** | 1,0 |
| 049 | Feuerlöschanlagen, Feuerlöschgeräte | – | **–** | – |
| 050 | Blitzschutz- und Erdungsanlagen | 0,2 | **0,3** | 0,4 |
| 052 | Mittelspannungsanlagen | – | **–** | – |
| 053 | Niederspannungsanlagen inkl. 054 | 2,8 | **3,6** | 6,2 |
| 055 | Sicherheits- u. Ersatzstromversorgungsanl. | – | **–** | – |
| 057 | Gebäudesystemtechnik | – | **–** | – |
| 058 | Leuchten und Lampen inkl. 059 | < 0,1 | **0,3** | 1,8 |
| 060 | Sprechanlagen, elektroakust. Anlagen inkl. 064 | 0,1 | **0,3** | 0,5 |
| 061 | Kommunikationsnetze inkl. 062 | 0,4 | **0,7** | 1,2 |
| 063 | Gefahrenmeldeanlagen | 0,0 | **< 0,1** | 0,2 |
| 069 | Aufzüge | – | **–** | – |
| 070 | Gebäudeautomation | – | **–** | – |
| 075 | Raumlufttechnische Anlagen inkl. 078 | 0,4 | **2,2** | 3,2 |
| | **Gebäudetechnik** | 17,7 | **19,7** | 24,0 |
| | Sonstige Leistungsbereiche inkl. 008, 033, 051 | < 0,1 | **0,3** | 0,9 |

## Planungskennwerte für Flächen und Rauminhalte nach DIN 277

| Grundflächen | | ▷ | Fläche/NUF (%) | ◁ | ▷ | Fläche/BGF (%) | ◁ |
|---|---|---|---|---|---|---|---|
| NUF | Nutzungsfläche | 100,0 | **100,0** | 100,0 | 62,6 | **67,2** | 70,0 |
| TF | Technikfläche | 3,9 | **5,7** | 8,0 | 2,6 | **3,7** | 4,8 |
| VF | Verkehrsfläche | 12,8 | **15,0** | 24,1 | 8,3 | **9,8** | 13,8 |
| NRF | Netto-Raumfläche | 118,0 | **120,7** | 130,3 | 78,2 | **80,7** | 82,4 |
| KGF | Konstruktions-Grundfläche | 26,2 | **29,4** | 34,4 | 17,6 | **19,3** | 21,8 |
| BGF | Brutto-Grundfläche | 144,0 | **150,1** | 161,8 | 100,0 | **100,0** | 100,0 |

| Brutto-Rauminhalte | | ▷ | BRI/NUF (m) | ◁ | ▷ | BRI/BGF (m) | ◁ |
|---|---|---|---|---|---|---|---|
| BRI | Brutto-Rauminhalt | 3,95 | **4,30** | 4,61 | 2,69 | **2,86** | 3,05 |

| Flächen von Nutzeinheiten | ▷ | NUF/Einheit (m²) | ◁ | ▷ | BGF/Einheit (m²) | ◁ |
|---|---|---|---|---|---|---|
| Nutzeinheit: Wohnfläche | 1,10 | **1,19** | 1,45 | 1,60 | **1,77** | 2,02 |

| Lufttechnisch behandelte Flächen | ▷ | Fläche/NUF (%) | ◁ | ▷ | Fläche/BGF (%) | ◁ |
|---|---|---|---|---|---|---|
| Entlüftete Fläche | – | – | – | – | – | – |
| Be- und entlüftete Fläche | – | – | – | – | – | – |
| Teilklimatisierte Fläche | – | – | – | – | – | – |
| Klimatisierte Fläche | – | – | – | – | – | – |

| KG | Kostengruppen (2. Ebene) | Einheit | ▷ | Menge/NUF | ◁ | ▷ | Menge/BGF | ◁ |
|---|---|---|---|---|---|---|---|---|
| 310 | Baugrube / Erdbau | m³ BGI | 1,40 | **1,53** | 1,81 | 0,92 | **1,02** | 1,24 |
| 320 | Gründung, Unterbau | m² GRF | 0,48 | **0,52** | 0,59 | 0,34 | **0,37** | 0,40 |
| 330 | Außenwände / vertikal außen | m² AWF | 1,34 | **1,58** | 1,80 | 0,92 | **1,07** | 1,15 |
| 340 | Innenwände / vertikal innen | m² IWF | 0,94 | **1,11** | 1,30 | 0,64 | **0,76** | 0,94 |
| 350 | Decken / horizontal | m² DEF | 0,88 | **0,91** | 0,99 | 0,60 | **0,62** | 0,65 |
| 360 | Dächer | m² DAF | 0,64 | **0,70** | 0,78 | 0,46 | **0,49** | 0,56 |
| 370 | Infrastrukturanlagen | | – | – | – | – | – | – |
| 380 | Baukonstruktive Einbauten | m² BGF | 1,44 | **1,50** | 1,62 | 1,00 | **1,00** | 1,00 |
| 390 | Sonst. Maßnahmen für Baukonst. | m² BGF | 1,44 | **1,50** | 1,62 | 1,00 | **1,00** | 1,00 |
| **300** | **Bauwerk – Baukonstruktionen** | m² BGF | 1,44 | **1,50** | 1,62 | 1,00 | **1,00** | 1,00 |

## Planungskennwerte für Bauzeiten — 16 Vergleichsobjekte

**Bauzeit in Wochen**

Bauzeit: ▶ bei ca. 10, ▷ bei ca. 25, ◁ bei ca. 50, ◀ bei ca. 60; Datenpunkte im Bereich 25–65 Wochen; Median (rote Linie) bei ca. 40 Wochen.

© BKI Baukosteninformationszentrum; Erläuterungen zu den Tabellen siehe Seite 54 — Kostenstand: 1. Quartal 2022, Bundesdurchschnitt, **inkl. 19% MwSt.**

**Doppel- und Reihenendhäuser, mittlerer Standard**

€/m² BGF
min    1.000 €/m²
von    1.195 €/m²
Mittel  **1.385 €/m²**
bis    1.590 €/m²
max    1.815 €/m²

**Kosten:**
Stand 1. Quartal 2022
Bundesdurchschnitt
inkl. 19% MwSt.

## Objektübersicht zur Gebäudeart

### 6100-1475 Doppelhaus (2WE)

**BRI** 986 m³  **BGF** 338 m²  **NUF** 222 m²

Zweifamilienhaus, je Doppelhaushälfte mit ca. 120 m² Wohnfläche. Mauerwerk.

Land: Nordrhein-Westfalen
Kreis: Aachen, Städteregion
Standard: Durchschnitt
Bauzeit: 65 Wochen
Kennwerte: bis 1. Ebene DIN 276

**BGF  1.816 €/m²**

**Planung:** jb | architektur Josef Basic; Würselen

veröffentlicht: BKI Objektdaten N17

### 6100-1426 Doppelhaushälfte - Passivhaus

**BRI** 764 m³  **BGF** 262 m²  **NUF** 154 m²

Einfamilienhaus als Passivhaus. MW-Massivbau.

Land: Nordrhein-Westfalen
Kreis: Aachen, Städteregion
Standard: Durchschnitt
Bauzeit: 39 Wochen
Kennwerte: bis 3. Ebene DIN 276

**BGF  1.614 €/m²**

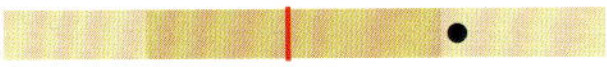

**Planung:** Rongen Architekten PartG mbB; Wassenberg

veröffentlicht: BKI Objektdaten E8

### 6100-1277 Doppelhaus (2 WE) - Effizienzhaus ~80%

**BRI** 1.496 m³  **BGF** 646 m²  **NUF** 462 m²

Doppelhaus für 2 Wohneinheiten. Massivbau.

Land: Nordrhein-Westfalen
Kreis: Rhein-Kreis Neuss
Standard: Durchschnitt
Bauzeit: 56 Wochen
Kennwerte: bis 3. Ebene DIN 276

**BGF  1.001 €/m²**

**Planung:** Lilienström Architekten PartG mbB; Dormagen

veröffentlicht: BKI Objektdaten N17

### 6100-1349 Doppelhäuser (2 WE) - Effizienzhaus 55

**BRI** 1.676 m³  **BGF** 626 m²  **NUF** 483 m²

Doppelhäuser (2 WE) mit Doppelgaragen (4 STP). Massivbau.

Land: Baden-Württemberg
Kreis: Bodenseekreis
Standard: Durchschnitt
Bauzeit: 48 Wochen
Kennwerte: bis 1. Ebene DIN 276

**BGF  1.183 €/m²**

**Planung:** Architekturbüro Jakob Krimmel; Bermatingen

veröffentlicht: BKI Objektdaten E8

## Objektübersicht zur Gebäudeart

### 6100-1154 Doppelhaushälfte - Effizienzhaus 55

**BRI** 844 m³   **BGF** 284 m²   **NUF** 192 m²

Doppelhaushälfte (160 m² WFL). Mauerwerksbau, Holzdachstuhl.

Land: Baden-Württemberg
Kreis: Freiburg im Breisgau
Standard: Durchschnitt
Bauzeit: 43 Wochen
Kennwerte: bis 4. Ebene DIN 276

**BGF**   1.432 €/m²

**Planung:** Werkgruppe Freiburg Architekten; Freiburg

veröffentlicht: BKI Objektdaten E7

### 6100-1208 Doppelhaushälfte - Effizienzhaus 70

**BRI** 617 m³   **BGF** 218 m²   **NUF** 116 m²

Doppelhaushälfte mit 108 m² WFL als Effizienzhaus 70. Mauerwerksbau.

Land: Baden-Württemberg
Kreis: Stuttgart, Stadtkreis
Standard: Durchschnitt
Bauzeit: 61 Wochen
Kennwerte: bis 1. Ebene DIN 276

**BGF**   1.377 €/m²

**Planung:** k.A.

veröffentlicht: BKI Objektdaten N15

### 6100-1065 Reihenendhaus - Effizienzhaus 85

**BRI** 611 m³   **BGF** 206 m²   **NUF** 145 m²

Reihenendhaus (165 m² WFL). Mauerwerksbau.

Land: Sachsen
Kreis: Leipzig, Stadt
Standard: Durchschnitt
Bauzeit: 44 Wochen
Kennwerte: bis 1. Ebene DIN 276

**BGF**   1.373 €/m²

**Planung:** Architekturbüro Augustin & Imkamp Leipzig; Leipzig

veröffentlicht: BKI Objektdaten E6

### 6100-1032 Doppelhaus - KfW 40

**BRI** 817 m³   **BGF** 263 m²   **NUF** 192 m²

Doppelhaus mit großformatiger Klinkerverblendung, 2 Wohneinheiten (212 m² WFL). Mauerwerksbau.

Land: Schleswig-Holstein
Kreis: Rendsburg-Eckernförde
Standard: Durchschnitt
Bauzeit: 30 Wochen
Kennwerte: bis 4. Ebene DIN 276

**BGF**   1.652 €/m²

**Planung:** Architekturbüro Rühmann; Steenfeld

veröffentlicht: BKI Objektdaten E5

© **BKI** Baukosteninformationszentrum; Erläuterungen zu den Tabellen siehe Seite 56   Kostenstand: 1. Quartal 2022, Bundesdurchschnitt, **inkl. 19% MwSt.**

**Doppel- und Reihenendhäuser, mittlerer Standard**

## Objektübersicht zur Gebäudeart

€/m² BGF
min   1.000 €/m²
von   1.195 €/m²
Mittel   **1.385 €/m²**
bis   1.590 €/m²
max   1.815 €/m²

**Kosten:**
Stand 1. Quartal 2022
Bundesdurchschnitt
inkl. 19% MwSt.

### 6100-1149 Doppelhaus - Effizienzhaus 55

**BRI** 1.480 m³   **BGF** 536 m²   **NUF** 360 m²

Doppelhaus als Effizienzhaus 55 mit 2 Wohneinheiten. Mauerwerksbau, Holzdach.

Land: Baden-Württemberg
Kreis: Lörrach
Standard: Durchschnitt
Bauzeit: 35 Wochen
Kennwerte: bis 3. Ebene DIN 276

**BGF   1.494 €/m²**

**Planung:** Werkgruppe Freiburg Architekten; Freiburg

veröffentlicht: BKI Objektdaten E6

### 6100-1115 Doppelhaushälfte - Effizienzhaus 70

**BRI** 928 m³   **BGF** 264 m²   **NUF** 197 m²

Doppelhaushälfte einer Wohnbebauung mit 326 Wohneinheiten. Mauerwerksbau.

Land: Hessen
Kreis: Wiesbaden, Stadt
Standard: Durchschnitt
Bauzeit: 96 Wochen*
Kennwerte: bis 3. Ebene DIN 276

**BGF   1.207 €/m²**

**Planung:** Junghans + Formhals GmbH; Weiterstadt

veröffentlicht: BKI Objektdaten E6
* Nicht in der Auswertung enthalten

### 6100-1101 Doppelhaushälfte, Carport

**BRI** 834 m³   **BGF** 336 m²   **NUF** 231 m²

Doppelhaushälfte (179 m² WFL), vollunterkellert mit Außenkellerraum und Carport. Mauerwerksbau.

Land: Baden-Württemberg
Kreis: Esslingen
Standard: Durchschnitt
Bauzeit: 48 Wochen
Kennwerte: bis 1. Ebene DIN 276

**BGF   1.272 €/m²**

**Planung:** KILTZ KAZMAIER ARCHITEKTEN; Kirchheim

veröffentlicht: BKI Objektdaten N13

### 6100-1028 Doppelhaushälfte, Carport - Effizienzhaus 55

**BRI** 1.014 m³   **BGF** 350 m²   **NUF** 208 m²

Doppelhaushälfte (164 m² WFL) als Effizienzhaus 55 mit Carport. Stb-Keller, Holzrahmenbau.

Land: Nordrhein-Westfalen
Kreis: Bochum
Standard: Durchschnitt
Bauzeit: 26 Wochen
Kennwerte: bis 1. Ebene DIN 276

**BGF   1.471 €/m²**

**Planung:** Aslaksen-Schürholz Architektin; Bochum

veröffentlicht: BKI Objektdaten E5

## Objektübersicht zur Gebäudeart

### 6100-1048 Doppelhaushälfte - KfW 60

**BRI** 1.843 m³  **BGF** 658 m²  **NUF** 423 m²

Doppelhaushälfte (326 m² WFL), KfW 60. UG/EG Mauerwerksbau, OG/DG Holzrahmenbau.

Land: Bayern
Kreis: München, Stadt
Standard: Durchschnitt
Bauzeit: 48 Wochen
Kennwerte: bis 1. Ebene DIN 276

**BGF  1.167 €/m²**

veröffentlicht: BKI Objektdaten E5

**Planung:** Hirschhäuser Liedtke Architekten BDA; München

---

### 6100-0613 Doppelhaushälfte, Garage

**BRI** 532 m³  **BGF** 184 m²  **NUF** 133 m²

Doppelhaushälfte (115 m² WFL). Mauerwerksbau; Holzdachkonstruktion.

Land: Nordrhein-Westfalen
Kreis: Düren
Standard: Durchschnitt
Bauzeit: 35 Wochen
Kennwerte: bis 3. Ebene DIN 276

**BGF  1.465 €/m²**

veröffentlicht: BKI Objektdaten N9

**Planung:** FRANKE Architektur I Innenarchitektur; Düren

---

### 6100-0689 Reihenendhaus

**BRI** 548 m³  **BGF** 183 m²  **NUF** 133 m²

Reihenendhaus mit einer Wohneinheit, Technikzentrale mit Gas-Brennwerttherme für drei Wohneinheiten. Stb-Fertigteilwände; Stb-Decken; Stb-Massivdach.

Land: Baden-Württemberg
Kreis: Karlsruhe
Standard: Durchschnitt
Bauzeit: 9 Wochen
Kennwerte: bis 1. Ebene DIN 276

**BGF  1.159 €/m²**

veröffentlicht: BKI Objektdaten N9

**Planung:** Architektur & Projektentwicklung GmbH; Dielheim

---

### 6100-0610 Doppelhaushälfte - KfW 60

**BRI** 484 m³  **BGF** 169 m²  **NUF** 100 m²

Einfamilienhaus mit Wohn-, Esszimmer, Küche, Arbeitszimmer, Abstellraum in EG, Elternschlafzimmer, 1 Kinderzimmer, Badezimmer im DG. Mauerwerksbau, Lehminnenwände mit Stb-Decken und Holzdachkonstruktion.

Land: Berlin
Kreis: Berlin, Stadt
Standard: Durchschnitt
Bauzeit: 35 Wochen
Kennwerte: bis 1. Ebene DIN 276

**BGF  1.383 €/m²**

veröffentlicht: BKI Objektdaten N8

**Planung:** Architekturbüro Dipl.-Ing. Joachim Dettki; Berlin

Doppel- und Reihenendhäuser, mittlerer Standard

## Objektübersicht zur Gebäudeart

**6100-0539 Doppelhäuser**

**BRI** 1.638 m³   **BGF** 595 m²   **NUF** 399 m²

Doppelhäuser (372 m² WFL). Mauerwerksbau.

**Planung:** Architekt Dipl.-Ing. Alexander Böhm; Heidelberg

Land: Baden-Württemberg
Kreis: Heidelberg, Stadt
Standard: Durchschnitt
Bauzeit: 44 Wochen
Kennwerte: bis 3. Ebene DIN 276

**BGF   1.454 €/m²**

veröffentlicht: BKI Objektdaten N10

**€/m² BGF**
| | |
|---|---|
| min | 1.000 €/m² |
| von | 1.195 €/m² |
| Mittel | **1.385 €/m²** |
| bis | 1.590 €/m² |
| max | 1.815 €/m² |

**Kosten:**
Stand 1. Quartal 2022
Bundesdurchschnitt
inkl. 19% MwSt.

**Wohnen**

**Doppel- und Reihenendhäuser, hoher Standard**

## Kostenkennwerte für die Kosten des Bauwerks (Kostengruppen 300+400 nach DIN 276)

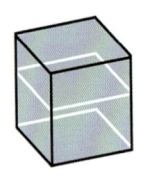

**BRI** 525 €/m³
von 495 €/m³
bis 595 €/m³

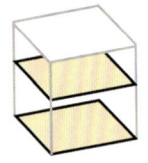

**BGF** 1.575 €/m²
von 1.450 €/m²
bis 1.895 €/m²

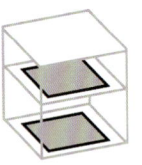

**NUF** 2.335 €/m²
von 2.045 €/m²
bis 2.730 €/m²

**NE** 2.545 €/NE
von 2.070 €/NE
bis 2.875 €/NE
NE: Wohnfläche

**Kosten:**
Stand 1. Quartal 2022
Bundesdurchschnitt
inkl. 19% MwSt.

### Objektbeispiele

6100-0494
6100-0966 
6100-1296 
6100-1322 
6100-0688 
6100-0728 

## Kosten der 11 Vergleichsobjekte — Seiten 516 bis 519

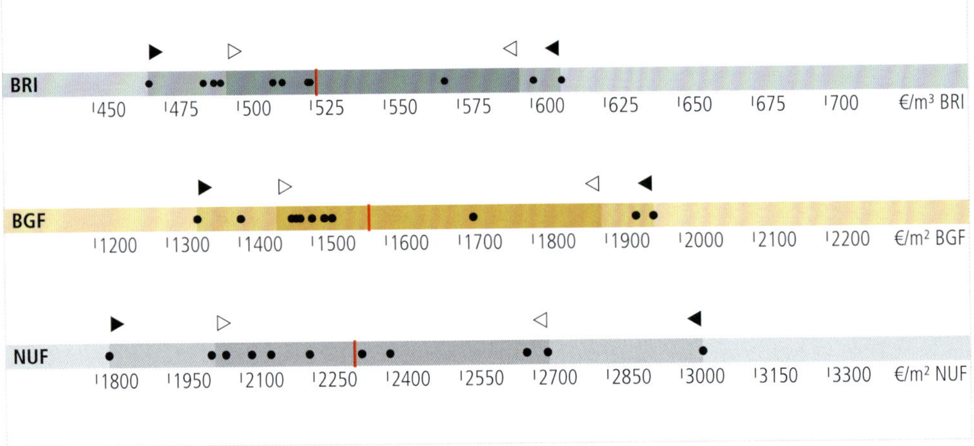

- ● KKW
- ▶ min
- ▷ von
- | Mittelwert
- ◁ bis
- ◀ max

BRI — €/m³ BRI (Skala 1450–1700)

BGF — €/m² BGF (Skala 1200–2200)

NUF — €/m² NUF (Skala 1800–3300)

© BKI Baukosteninformationszentrum; Erläuterungen zu den Tabellen siehe Seite 46 — Kostenstand: 1. Quartal 2022, Bundesdurchschnitt, **inkl. 19% MwSt.**

## Kostenkennwerte für die Kostengruppen der 1. und 2. Ebene DIN 276

| KG | Kostengruppen der 1. Ebene | Einheit | ▷ | €/Einheit | ◁ | ▷ | % an 300+400 | ◁ |
|---|---|---|---|---|---|---|---|---|
| 100 | Grundstück | m²GF | – | – | – | – | – | – |
| 200 | Vorbereitende Maßnahmen | m²GF | 14 | **35** | 76 | 1,2 | **3,2** | 7,7 |
| 300 | Bauwerk – Baukonstruktionen | m²BGF | 1.115 | **1.257** | 1.459 | 76,0 | **79,6** | 82,9 |
| 400 | Bauwerk – Technische Anlagen | m²BGF | 244 | **320** | 368 | 17,1 | **20,4** | 24,0 |
|  | Bauwerk (300+400) | m²BGF | 1.451 | **1.577** | 1.894 | 100,0 | **100,0** | 100,0 |
| 500 | Außenanlagen und Freiflächen | m²AF | 74 | **168** | 258 | 3,9 | **8,4** | 10,8 |
| 600 | Ausstattung und Kunstwerke | m²BGF | 2 | **13** | 26 | 0,1 | **0,8** | 1,4 |
| 700 | Baunebenkosten* | m²BGF | 397 | **442** | 488 | 25,2 | **28,1** | 31,0 |
| 800 | Finanzierung | m²BGF | – | – | – | – | – | – |

* Auf Grundlage der HOAI 2021 berechnete Werte nach §§ 35, 52, 56. Weitere Informationen siehe Seite 50

| KG | Kostengruppen der 2. Ebene | Einheit | ▷ | €/Einheit | ◁ | ▷ | % an 1. Ebene | ◁ |
|---|---|---|---|---|---|---|---|---|
| 310 | Baugrube / Erdbau | m³BGI | 28 | **43** | 70 | 0,8 | **3,4** | 5,2 |
| 320 | Gründung, Unterbau | m²GRF | 219 | **266** | 340 | 5,8 | **7,6** | 9,1 |
| 330 | Außenwände / vertikal außen | m²AWF | 329 | **390** | 438 | 35,1 | **39,2** | 43,9 |
| 340 | Innenwände / vertikal innen | m²IWF | 171 | **224** | 274 | 10,6 | **12,6** | 17,5 |
| 350 | Decken / horizontal | m²DEF | 330 | **396** | 485 | 14,6 | **19,3** | 25,0 |
| 360 | Dächer | m²DAF | 331 | **400** | 477 | 11,8 | **14,3** | 20,1 |
| 370 | Infrastrukturanlagen | | – | – | – | – | – | – |
| 380 | Baukonstruktive Einbauten | m²BGF | 8 | **20** | 31 | 0,0 | **0,4** | 1,5 |
| 390 | Sonst. Maßnahmen für Baukonstr. | m²BGF | 22 | **41** | 53 | 1,7 | **3,3** | 4,4 |
| **300** | **Bauwerk – Baukonstruktionen** | **m²BGF** | | | | | **100,0** | |
| 410 | Abwasser-, Wasser-, Gasanlagen | m²BGF | 80 | **100** | 147 | 24,0 | **30,9** | 39,7 |
| 420 | Wärmeversorgungsanlagen | m²BGF | 111 | **134** | 167 | 34,9 | **41,7** | 50,2 |
| 430 | Raumlufttechnische Anlagen | m²BGF | 6 | **19** | 33 | 0,7 | **5,3** | 9,9 |
| 440 | Elektrische Anlagen | m²BGF | 44 | **66** | 110 | 14,8 | **19,5** | 30,2 |
| 450 | Kommunikationstechnische Anlagen | m²BGF | 5 | **8** | 13 | 1,4 | **2,5** | 3,9 |
| 460 | Förderanlagen | m²BGF | – | – | – | – | – | – |
| 470 | Nutzungsspez. / verfahrenstech. Anl. | m²BGF | – | – | – | – | – | – |
| 480 | Gebäude- und Anlagenautomation | m²BGF | – | – | – | – | – | – |
| 490 | Sonst. Maßnahmen f. techn. Anl. | m²BGF | – | – | – | – | – | – |
| **400** | **Bauwerk – Technische Anlagen** | **m²BGF** | | | | | **100,0** | |

### Prozentanteile der Kosten 2. Ebene an den Kosten des Bauwerks nach DIN 276 (Von/Mittel/Bis)

| KG | | Mittelwert |
|---|---|---|
| 310 | Baugrube / Erdbau | 2,6 |
| 320 | Gründung, Unterbau | 6,0 |
| 330 | Außenwände / vertikal außen | 31,1 |
| 340 | Innenwände / vertikal innen | 10,1 |
| 350 | Decken / horizontal | 15,3 |
| 360 | Dächer | 11,3 |
| 370 | Infrastrukturanlagen | |
| 380 | Baukonstruktive Einbauten | 0,3 |
| 390 | Sonst. Maßnahmen für Baukonst. | 2,6 |
| 410 | Abwasser-, Wasser-, Gasanlagen | 6,4 |
| 420 | Wärmeversorgungsanlagen | 8,6 |
| 430 | Raumlufttechnische Anlagen | 1,1 |
| 440 | Elektrische Anlagen | 4,1 |
| 450 | Kommunikationstechnische Anlagen | 0,5 |
| 460 | Förderanlagen | |
| 470 | Nutzungsspez. / verfahrenstech. Anl. | |
| 480 | Gebäude- und Anlagenautomation | |
| 490 | Sonst. Maßnahmen f. techn. Anl. | |

© BKI Baukosteninformationszentrum; Erläuterungen zu den Tabellen siehe Seite 48 und 50    Kostenstand: 1. Quartal 2022, Bundesdurchschnitt, **inkl. 19% MwSt.**

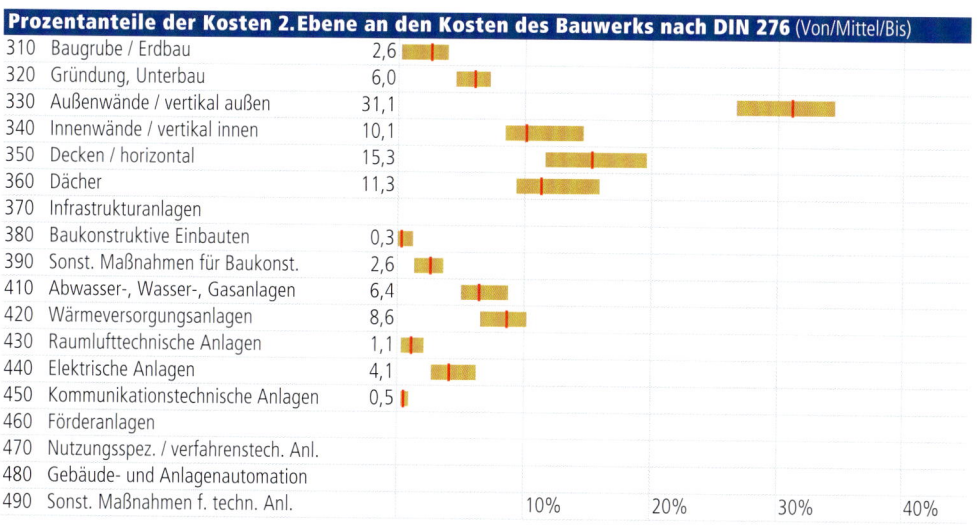

**Doppel- und Reihenendhäuser, hoher Standard**

**Kosten:**
Stand 1. Quartal 2022
Bundesdurchschnitt
inkl. 19% MwSt.

- ● KKW
- ▶ min
- ▷ von
- | Mittelwert
- ◁ bis
- ◀ max

## Prozentanteile der Kosten für Leistungsbereiche nach STLB (Kosten Bauwerk nach DIN 276)

| LB | Leistungsbereiche | ▷ % an 300+400 ◁ | | |
|---|---|---|---|---|
| 000 | Sicherheits-, Baustelleneinrichtungen inkl. 001 | 0,9 | **2,3** | 3,5 |
| 002 | Erdarbeiten | 0,6 | **2,6** | 4,1 |
| 006 | Spezialtiefbauarbeiten inkl. 005 | – | – | – |
| 009 | Entwässerungskanalarbeiten inkl. 011 | < 0,1 | **0,4** | 1,1 |
| 010 | Drän- und Versickerarbeiten | < 0,1 | **0,2** | 0,6 |
| 012 | Mauerarbeiten | 2,1 | **7,3** | 12,2 |
| 013 | Betonarbeiten | 6,7 | **10,9** | 16,1 |
| 014 | Natur-, Betonwerksteinarbeiten | < 0,1 | **0,3** | 1,1 |
| 016 | Zimmer- und Holzbauarbeiten | 3,1 | **13,8** | 27,6 |
| 017 | Stahlbauarbeiten | 0,2 | **1,1** | 3,9 |
| 018 | Abdichtungsarbeiten | 0,2 | **0,7** | 2,0 |
| 020 | Dachdeckungsarbeiten | 0,8 | **2,2** | 4,5 |
| 021 | Dachabdichtungsarbeiten | 0,2 | **1,7** | 3,9 |
| 022 | Klempnerarbeiten | 1,0 | **1,4** | 1,7 |
| | **Rohbau** | 40,0 | **45,0** | 57,0 |
| 023 | Putz- und Stuckarbeiten, Wärmedämmsysteme | 1,4 | **5,7** | 8,8 |
| 024 | Fliesen- und Plattenarbeiten | 1,2 | **2,0** | 3,0 |
| 025 | Estricharbeiten | < 0,1 | **1,1** | 1,6 |
| 026 | Fenster, Außentüren inkl. 029, 032 | 5,5 | **7,1** | 8,0 |
| 027 | Tischlerarbeiten | 2,1 | **3,2** | 5,5 |
| 028 | Parkettarbeiten, Holzpflasterarbeiten | 2,5 | **4,2** | 8,5 |
| 030 | Rollladenarbeiten | 0,2 | **1,7** | 2,3 |
| 031 | Metallbauarbeiten inkl. 035 | 0,5 | **3,3** | 6,9 |
| 034 | Maler- und Lackiererarbeiten inkl. 037 | 0,9 | **2,2** | 2,9 |
| 036 | Bodenbelagarbeiten | < 0,1 | **0,1** | 0,9 |
| 038 | Vorgehängte hinterlüftete Fassaden | 0,0 | **1,5** | 6,3 |
| 039 | Trockenbauarbeiten | 0,8 | **2,9** | 6,6 |
| | **Ausbau** | 26,9 | **35,0** | 43,1 |
| 040 | Wärmeversorgungsanl. - Betriebseinr. inkl. 041 | 6,2 | **7,6** | 9,5 |
| 042 | Gas- und Wasserinstallation, Leitungen inkl. 043 | 0,4 | **1,5** | 2,1 |
| 044 | Abwasseranlagen - Leitungen | 0,8 | **1,9** | 4,6 |
| 045 | GWE-Einrichtungsgegenstände inkl. 046 | 1,7 | **2,5** | 3,7 |
| 047 | Dämmarbeiten an betriebstechnischen Anlagen | < 0,1 | **0,3** | 0,6 |
| 049 | Feuerlöschanlagen, Feuerlöschgeräte | – | – | – |
| 050 | Blitzschutz- und Erdungsanlagen | < 0,1 | **0,2** | 0,4 |
| 052 | Mittelspannungsanlagen | 0,0 | **< 0,1** | < 0,1 |
| 053 | Niederspannungsanlagen inkl. 054 | 2,3 | **3,5** | 5,3 |
| 055 | Sicherheits- u. Ersatzstromversorgungsanl. | – | – | – |
| 057 | Gebäudesystemtechnik | – | – | – |
| 058 | Leuchten und Lampen inkl. 059 | 0,1 | **0,7** | 2,2 |
| 060 | Sprechanlagen, elektroakust. Anlagen inkl. 064 | 0,1 | **0,2** | 0,3 |
| 061 | Kommunikationsnetze inkl. 062 | < 0,1 | **0,2** | 0,6 |
| 063 | Gefahrenmeldeanlagen | – | – | – |
| 069 | Aufzüge | – | – | – |
| 070 | Gebäudeautomation | – | – | – |
| 075 | Raumlufttechnische Anlagen inkl. 078 | 0,3 | **1,0** | 2,1 |
| | **Gebäudetechnik** | 17,3 | **19,7** | 23,4 |
| | Sonstige Leistungsbereiche inkl. 008, 033, 051 | 0,0 | **0,2** | 1,0 |

© BKI Baukosteninformationszentrum; Erläuterungen zu den Tabellen siehe Seite 52  Kostenstand: 1. Quartal 2022, Bundesdurchschnitt, **inkl. 19% MwSt.**

## Planungskennwerte für Flächen und Rauminhalte nach DIN 277

| Grundflächen | | ▷ | Fläche/NUF (%) | ◁ | ▷ | Fläche/BGF (%) | ◁ |
|---|---|---|---|---|---|---|---|
| NUF | Nutzungsfläche | 100,0 | **100,0** | 100,0 | 65,9 | **67,8** | 69,7 |
| TF | Technikfläche | 3,9 | **4,8** | 5,7 | 2,7 | **3,2** | 3,7 |
| VF | Verkehrsfläche | 13,2 | **15,5** | 17,4 | 9,4 | **10,5** | 11,6 |
| NRF | Netto-Raumfläche | 117,8 | **120,3** | 122,5 | 79,6 | **81,5** | 82,2 |
| KGF | Konstruktions-Grundfläche | 26,1 | **27,5** | 30,6 | 17,8 | **18,5** | 20,4 |
| BGF | Brutto-Grundfläche | 143,5 | **147,8** | 151,6 | 100,0 | **100,0** | 100,0 |

| Brutto-Rauminhalte | | ▷ | BRI/NUF (m) | ◁ | ▷ | BRI/BGF (m) | ◁ |
|---|---|---|---|---|---|---|---|
| BRI | Brutto-Rauminhalt | 4,19 | **4,41** | 4,72 | 2,91 | **2,98** | 3,15 |

| Flächen von Nutzeinheiten | ▷ | NUF/Einheit (m²) | ◁ | ▷ | BGF/Einheit (m²) | ◁ |
|---|---|---|---|---|---|---|
| Nutzeinheit: Wohnfläche | 1,02 | **1,08** | 1,12 | 1,52 | **1,59** | 1,69 |

| Lufttechnisch behandelte Flächen | ▷ | Fläche/NUF (%) | ◁ | ▷ | Fläche/BGF (%) | ◁ |
|---|---|---|---|---|---|---|
| Entlüftete Fläche | 91,0 | **91,0** | 91,0 | 61,6 | **61,6** | 61,6 |
| Be- und entlüftete Fläche | – | – | – | – | – | – |
| Teilklimatisierte Fläche | – | – | – | – | – | – |
| Klimatisierte Fläche | – | – | – | – | – | – |

| KG | Kostengruppen (2. Ebene) | Einheit | ▷ | Menge/NUF | ◁ | ▷ | Menge/BGF | ◁ |
|---|---|---|---|---|---|---|---|---|
| 310 | Baugrube / Erdbau | m³ BGI | 1,27 | **1,78** | 1,85 | 0,87 | **1,22** | 1,35 |
| 320 | Gründung, Unterbau | m² GRF | 0,50 | **0,53** | 0,64 | 0,33 | **0,36** | 0,42 |
| 330 | Außenwände / vertikal außen | m² AWF | 1,80 | **1,89** | 2,15 | 1,20 | **1,27** | 1,41 |
| 340 | Innenwände / vertikal innen | m² IWF | 0,96 | **1,08** | 1,32 | 0,64 | **0,73** | 0,85 |
| 350 | Decken / horizontal | m² DEF | 0,84 | **0,89** | 0,97 | 0,56 | **0,60** | 0,63 |
| 360 | Dächer | m² DAF | 0,58 | **0,67** | 0,72 | 0,42 | **0,45** | 0,50 |
| 370 | Infrastrukturanlagen | | – | – | – | – | – | – |
| 380 | Baukonstruktive Einbauten | m² BGF | 1,43 | **1,48** | 1,52 | 1,00 | **1,00** | 1,00 |
| 390 | Sonst. Maßnahmen für Baukonst. | m² BGF | 1,43 | **1,48** | 1,52 | 1,00 | **1,00** | 1,00 |
| **300** | **Bauwerk – Baukonstruktionen** | m² BGF | 1,43 | **1,48** | 1,52 | 1,00 | **1,00** | 1,00 |

## Planungskennwerte für Bauzeiten — 11 Vergleichsobjekte

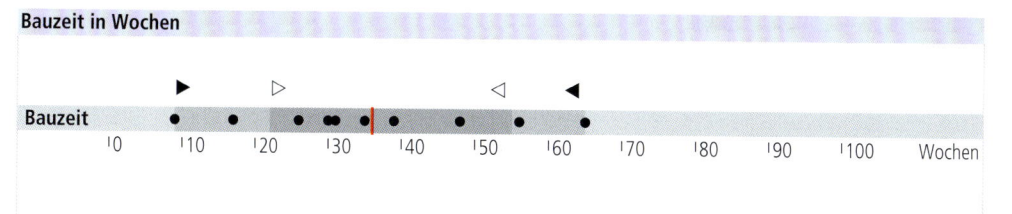

Bauzeit in Wochen: Bauzeit-Verteilung zwischen 10 und 100 Wochen.

© **BKI** Baukosteninformationszentrum; Erläuterungen zu den Tabellen siehe Seite 54 — Kostenstand: 1. Quartal 2022, Bundesdurchschnitt, **inkl. 19% MwSt.**

**Doppel- und Reihenendhäuser, hoher Standard**

€/m² BGF
| | |
|---|---|
| min | 1.340 €/m² |
| von | 1.450 €/m² |
| **Mittel** | **1.575 €/m²** |
| bis | 1.895 €/m² |
| max | 1.965 €/m² |

**Kosten:**
Stand 1. Quartal 2022
Bundesdurchschnitt
inkl. 19% MwSt.

## Objektübersicht zur Gebäudeart

### 6100-1296 Doppelhaus (2 WE)
**BRI** 1.070 m³ **BGF** 311 m² **NUF** 201 m²

Doppelhaus (211 m² WFL). Massivbau.

Land: Thüringen
Kreis: Weimar
Standard: über Durchschnitt
Bauzeit: 65 Wochen
Kennwerte: bis 1. Ebene DIN 276

**BGF** 1.964 €/m²

**Planung:** Bauer Architektur; Weimar

veröffentlicht: BKI Objektdaten N15

---

### 6100-1322 Doppelhaus (2 WE)
**BRI** 2.148 m³ **BGF** 719 m² **NUF** 487 m²

Doppelhaus (384 m² WFL). Massivbau.

Land: Hamburg
Kreis: Hamburg, Freie und Hansestadt
Standard: über Durchschnitt
Bauzeit: 48 Wochen
Kennwerte: bis 3. Ebene DIN 276

**BGF** 1.402 €/m²

**Planung:** T-O-M architekten PartGmbB; Hamburg

veröffentlicht: BKI Objektdaten N17

---

### 6100-1238 Wohnhäuser (2 WE), Garage*
**BRI** 1.469 m³ **BGF** 506 m² **NUF** 392 m²

Wohnhäuser mit 2 WE (279 m² WFL) und Garage (2 STP). Mauerwerksbau.

Land: Hessen
Kreis: Main-Kinzig-Kreis
Standard: über Durchschnitt
Bauzeit: 65 Wochen
Kennwerte: bis 1. Ebene DIN 276

**BGF** 3.132 €/m²

**Planung:** hkr.architekten gmbh hänsel + rollmann; Gelnhausen

veröffentlicht: BKI Objektdaten N15
* Nicht in der Auswertung enthalten

---

### 6100-0966 Doppelhaushälfte - KfW 85
**BRI** 763 m³ **BGF** 262 m² **NUF** 167 m²

Einfamilien-Doppelhaushälfte, KfW 85 (143 m² WFL). Massivbau.

Land: Baden-Württemberg
Kreis: Freiburg im Breisgau
Standard: über Durchschnitt
Bauzeit: 30 Wochen
Kennwerte: bis 3. Ebene DIN 276

**BGF** 1.500 €/m²

**Planung:** Werkgruppe Freiburg Architekten; Freiburg

veröffentlicht: BKI Objektdaten E5

## Objektübersicht zur Gebäudeart

### 6100-0845 Reihenendhaus*

**BRI** 767 m³    **BGF** 279 m²    **NUF** 196 m²

Reihenendhaus (210 m² WFL). Mauerwerksbau.

Land: Saarland
Kreis: Saarbrücken, Regionalverband
Standard: über Durchschnitt
Bauzeit: 56 Wochen
Kennwerte: bis 3. Ebene DIN 276

**BGF** 2.557 €/m² *

**Planung:** Lauer - Architekten; Saarbrücken

veröffentlicht: BKI Objektdaten N11
* Nicht in der Auswertung enthalten

### 6100-0663 Doppelhaushälfte - KfW 40

**BRI** 660 m³    **BGF** 233 m²    **NUF** 160 m²

Doppelhaushälfte, teilunterkellert, Massivholzbauweise, Bauzeit vier Monate durch Elementbauweise. Brettsperrholz-Massivwände; Stb-Filigrandecke, Brettsperrholz-Deckenelemente; Brettsperrholz-Dachelemente.

Land: Bayern
Kreis: Landsberg am Lech
Standard: über Durchschnitt
Bauzeit: 17 Wochen
Kennwerte: bis 4. Ebene DIN 276

**BGF** 1.484 €/m²

**Planung:** Büro ArchitektenGrundRiss Gerhard Ringler; Landsberg am Lech

veröffentlicht: BKI Objektdaten E4

### 6100-0728 Doppelhaus

**BRI** 1.375 m³    **BGF** 490 m²    **NUF** 340 m²

Neubau Doppelhaus mit 2 Wohneinheiten und je 1 Garage für jede Haushälfte. Massivbau.

Land: Baden-Württemberg
Kreis: Esslingen
Standard: über Durchschnitt
Bauzeit: 35 Wochen
Kennwerte: bis 3. Ebene DIN 276

**BGF** 1.472 €/m²

**Planung:** Architekturbüro Mesch-Fehrle; Aichtal-Grötzingen

veröffentlicht: BKI Objektdaten N12

### 6100-0688 Reihenendhaus mit Wärmepumpe

**BRI** 548 m³    **BGF** 183 m²    **NUF** 133 m²

Reihenendhaus mit einer Wohneinheit, gemeinsame Technikzentrale mit Wärmepumpen für drei Wohneinheiten. Stb-Fertigteilwände; Stb-Decken; Stb-Massivdach.

Land: Baden-Württemberg
Kreis: Karlsruhe
Standard: über Durchschnitt
Bauzeit: 9 Wochen
Kennwerte: bis 1. Ebene DIN 276

**BGF** 1.478 €/m²

**Planung:** Architektur & Projektentwicklung GmbH; Dielheim

veröffentlicht: BKI Objektdaten N9

© BKI Baukosteninformationszentrum; Erläuterungen zu den Tabellen siehe Seite 56    Kostenstand: 1. Quartal 2022, Bundesdurchschnitt, **inkl. 19% MwSt.**

## Doppel- und Reihenendhäuser, hoher Standard

**€/m² BGF**
- min: 1.340 €/m²
- von: 1.450 €/m²
- Mittel: **1.575 €/m²**
- bis: 1.895 €/m²
- max: 1.965 €/m²

**Kosten:**
Stand 1. Quartal 2022
Bundesdurchschnitt
inkl. 19% MwSt.

### Objektübersicht zur Gebäudeart

**6100-0595 Doppelhaushälfte - KfW 40**  BRI 487 m³  BGF 170 m²  NUF 107 m²

Doppelhaushälfte aus natürlichen Baustoffen, Lehm, Holz, Poroton. Mauerwerksbau, Lehminnenwände mit Stb-Decken und Holzdachkonstruktion.

Land: Berlin
Kreis: Berlin, Stadt
Standard: über Durchschnitt
Bauzeit: 35 Wochen
Kennwerte: bis 3. Ebene DIN 276

BGF  1.719 €/m²

**Planung:** Architekturbüro Dipl.-Ing. Joachim Dettki; Berlin
veröffentlicht: BKI Objektdaten N8

---

**6100-0494 Doppelhaus**  BRI 1.737 m³  BGF 546 m²  NUF 395 m²

Doppelhaus (337 m² WFL); Erdgeschoss als Wohnbereich mit offener Küche und offener Treppe ins Obergeschoss. Mauerwerksbau.

Land: Hessen
Kreis: Darmstadt-Dieburg
Standard: über Durchschnitt
Bauzeit: 39 Wochen
Kennwerte: bis 3. Ebene DIN 276

BGF  1.940 €/m²

**Planung:** F+R Architekten Prof. Florian Fink BDA; Bickenbach an der Bergstraße
veröffentlicht: BKI Objektdaten N9

---

**6100-0394 Doppelhaushälfte - Niedrigenergie**  BRI 611 m³  BGF 205 m²  NUF 130 m²

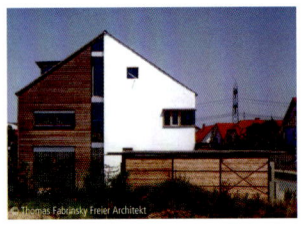

Doppelhaushälfte, nicht unterkellert; Niedrigenergiehausstandard. Mauerwerksbau.

Land: Baden-Württemberg
Kreis: Rhein-Neckar-Kreis
Standard: über Durchschnitt
Bauzeit: 31 Wochen
Kennwerte: bis 1. Ebene DIN 276

BGF  1.527 €/m²

**Planung:** Thomas Fabrinsky Dipl.-Ing. Freier Architekt; Karlsruhe
veröffentlicht: BKI Objektdaten E1

---

**6100-0273 Doppelhaus (2 WE)**  BRI 1.719 m³  BGF 625 m²  NUF 459 m²

Doppelwohnhaus mit 2 Wohneinheiten (284 m² WFL II.BVO), vollunterkellert. Mauerwerksbau.

Land: Hamburg
Kreis: Hamburg, Freie und Hansestadt
Standard: über Durchschnitt
Bauzeit: 56 Wochen
Kennwerte: bis 1. Ebene DIN 276

BGF  1.342 €/m²

**Planung:** Planungsgruppe Nord Architekten . Ingenieure . Stadtplaner; Hamburg
veröffentlicht: BKI Objektdaten N3

## Objektübersicht zur Gebäudeart

**6100-0212 Doppelhaushälfte Holzrahmenbau**  **BRI** 564 m³  **BGF** 183 m²  **NUF** 124 m²

Doppelhaushälfte, nicht unterkellert, Wohnebene mit offener Küche; Schlafräume in Obergeschossen. Holzrahmenbau.

Land: Baden-Württemberg
Kreis: Enzkreis
Standard: über Durchschnitt
Bauzeit: 26 Wochen
Kennwerte: bis 4. Ebene DIN 276

**BGF** 1.517 €/m²

**Planung:** Kottkamp & Schneider Freie Architekten VFA; Stuttgart

veröffentlicht: BKI Objektdaten N1

# Arbeitsblatt zur Standardeinordnung bei Reihenhäusern

## Kostenkennwerte für die Kosten des Bauwerks (Kostengruppen 300+400 nach DIN 276)

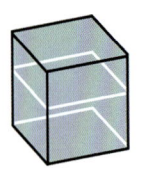

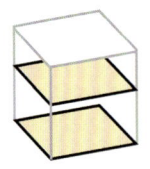

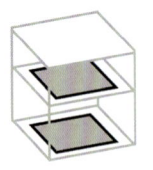

| BRI 430 €/m³ | BGF 1.290 €/m² | NUF 1.805 €/m² | NE 2.030 €/NE |
|---|---|---|---|
| von 365 €/m³ | von 1.090 €/m² | von 1.440 €/m² | von 1.620 €/NE |
| bis 515 €/m³ | bis 1.590 €/m² | bis 2.320 €/m² | bis 2.530 €/NE |
| | | | NE: Wohnfläche |

**Kosten:** Stand 1. Quartal 2022, Bundesdurchschnitt inkl. 19% MwSt.

### Standardzuordnung

(Balkendiagramm in €/m² BGF, Skala 500 – 3500)
- gesamt: ca. 1090 – 1590, Mittelwert ~1290
- einfach: schmaler Bereich um ~1000
- mittel: ca. 1100 – 1550, Mittelwert ~1290
- hoch: ca. 1500 – 1900

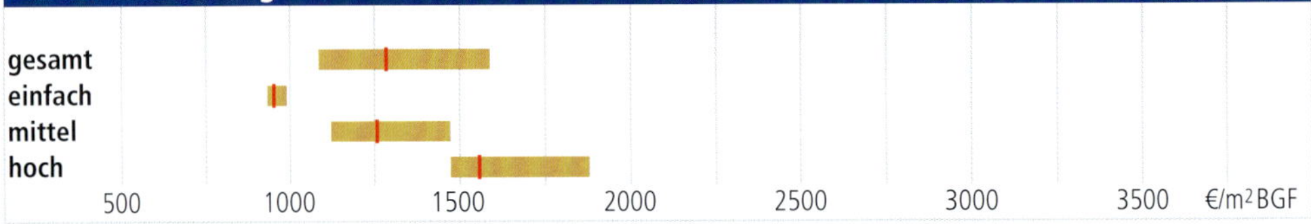

### Standardeinordnung für Ihr Projekt:

| KG | Kostengruppen der 2. Ebene | niedrig | mittel | hoch | Punkte |
|---|---|---|---|---|---|
| 310 | Baugrube / Erdbau | | | | |
| 320 | Gründung, Unterbau | 1 | 2 | 3 | |
| 330 | Außenwände/Vert. Konstrukt., außen | 6 | 7 | 9 | |
| 340 | Innenwände/Vert. Baukonstrukt., innen | 3 | 3 | 4 | |
| 350 | Decken/Horizontale Baukonstruktionen | 4 | 5 | 6 | |
| 360 | Dächer | 2 | 3 | 4 | |
| 370 | Infrastrukturanlagen | | | | |
| 380 | Baukonstruktive Einbauten | 0 | 0 | 0 | |
| 390 | Sonst. Maßnahmen für Baukonstrukt. | | | | |
| 410 | Abwasser-, Wasser-, Gasanlagen | 2 | 2 | 2 | |
| 420 | Wärmeversorgungsanlagen | 2 | 2 | 3 | |
| 430 | Raumlufttechnische Anlagen | 0 | 1 | 1 | |
| 440 | Elektrische Anlagen | 1 | 1 | 1 | |
| 450 | Kommunikationstechnische Anlagen | 0 | 0 | 0 | |
| 460 | Förderanlagen | 0 | 0 | 0 | |
| 470 | Nutzungsspez. u. verfahrenstechn. Anl. | 0 | 0 | 0 | |
| 480 | Gebäude- und Anlagenautomation | 0 | 0 | 0 | |
| 490 | Sonst. Maßnahmen für techn. Anlagen | | | | |

Punkte: 21 bis 24 = einfach   25 bis 29 = mittel   30 bis 33 = hoch     Ihr Projekt (Summe):

- ● KKW
- ▶ min
- ▷ von
- | Mittelwert
- ◁ bis
- ◀ max

**Erläuterung:**
Obenstehende Tabelle soll Ihnen die Zuordnung zu den Gebäudearten mit einfachem, mittlerem und hohem Standard erleichtern. Schätzen Sie für jedes Grobelement ab, ob die Aufwendungen niedrig, mittel oder hoch sein werden und übertragen Sie die Punkte in die rechte Spalte. Bilden Sie die Summe der rechten Spalte und ordnen Sie Ihr Projekt nach dem Schema der untersten Zeile ein. Nehmen Sie dieses Schema auch als Hinweis darauf, bei welchen Kostengruppen Sie den Mittelwert nach oben oder unten anpassen sollten.

© BKI Baukosteninformationszentrum; Erläuterungen zu den Tabellen siehe Seite 58     Kostenstand: 1. Quartal 2022, Bundesdurchschnitt, **inkl. 19% MwSt.**

## Kostenkennwerte für die Kostengruppen der 1. und 2. Ebene DIN 276

| KG | Kostengruppen der 1. Ebene | Einheit | ▷ | €/Einheit | ◁ | ▷ | % an 300+400 | ◁ |
|---|---|---|---|---|---|---|---|---|
| 100 | Grundstück | m²GF | – | – | – | – | – | – |
| 200 | Vorbereitende Maßnahmen | m²GF | 11 | **37** | 69 | 0,9 | **2,9** | 5,1 |
| 300 | Bauwerk – Baukonstruktionen | m²BGF | 848 | **1.036** | 1.240 | 76,6 | **80,5** | 85,6 |
| 400 | Bauwerk – Technische Anlagen | m²BGF | 186 | **252** | 349 | 14,4 | **19,5** | 23,4 |
|  | Bauwerk (300+400) | m²BGF | 1.088 | **1.288** | 1.591 | 100,0 | **100,0** | 100,0 |
| 500 | Außenanlagen und Freiflächen | m²AF | 28 | **77** | 120 | 2,4 | **5,2** | 8,3 |
| 600 | Ausstattung und Kunstwerke | m²BGF | 2 | **21** | 116 | 0,1 | **1,4** | 7,9 |
| 700 | Baunebenkosten* | m²BGF | 296 | **330** | 365 | 23,1 | **25,8** | 28,5 |
| 800 | Finanzierung | m²BGF | – | – | – | – | – | – |

\* Auf Grundlage der HOAI 2021 berechnete Werte nach §§ 35, 52, 56. Weitere Informationen siehe Seite 50

| KG | Kostengruppen der 2. Ebene | Einheit | ▷ | €/Einheit | ◁ | ▷ | % an 1. Ebene | ◁ |
|---|---|---|---|---|---|---|---|---|
| 310 | Baugrube / Erdbau | m³BGI | 37 | **58** | 78 | 1,9 | **3,0** | 4,2 |
| 320 | Gründung, Unterbau | m²GRF | 135 | **275** | 422 | 4,2 | **8,9** | 13,5 |
| 330 | Außenwände / vertikal außen | m²AWF | 246 | **334** | 411 | 30,0 | **35,0** | 41,6 |
| 340 | Innenwände / vertikal innen | m²IWF | 136 | **184** | 237 | 10,3 | **14,4** | 20,2 |
| 350 | Decken / horizontal | m²DEF | 271 | **355** | 493 | 20,4 | **23,1** | 26,3 |
| 360 | Dächer | m²DAF | 212 | **346** | 518 | 11,0 | **13,1** | 16,4 |
| 370 | Infrastrukturanlagen |  | – | – | – | – | – | – |
| 380 | Baukonstruktive Einbauten | m²BGF | 1 | **1** | 1 | 0,0 | **< 0,1** | 0,1 |
| 390 | Sonst. Maßnahmen für Baukonst. | m²BGF | 16 | **30** | 43 | 1,9 | **2,8** | 3,7 |
| **300** | **Bauwerk – Baukonstruktionen** | **m²BGF** |  |  |  |  | **100,0** |  |
| 410 | Abwasser-, Wasser-, Gasanlagen | m²BGF | 65 | **90** | 114 | 27,2 | **33,5** | 36,7 |
| 420 | Wärmeversorgungsanlagen | m²BGF | 76 | **105** | 169 | 31,5 | **38,2** | 45,8 |
| 430 | Raumlufttechnische Anlagen | m²BGF | 6 | **32** | 56 | 2,6 | **9,2** | 18,4 |
| 440 | Elektrische Anlagen | m²BGF | 27 | **39** | 47 | 11,7 | **14,9** | 18,5 |
| 450 | Kommunikationstechnische Anlagen | m²BGF | 6 | **10** | 16 | 0,5 | **2,6** | 5,0 |
| 460 | Förderanlagen | m²BGF | – | – | – | – | – | – |
| 470 | Nutzungsspez. / verfahrenstech. Anl. | m²BGF | – | – | – | – | – | – |
| 480 | Gebäude- und Anlagenautomation | m²BGF | – | – | – | – | – | – |
| 490 | Sonst. Maßnahmen f. techn. Anl. | m²BGF | < 1 | **< 1** | < 1 | 0,0 | **< 0,1** | 0,5 |
| **400** | **Bauwerk – Technische Anlagen** | **m²BGF** |  |  |  |  | **100,0** |  |

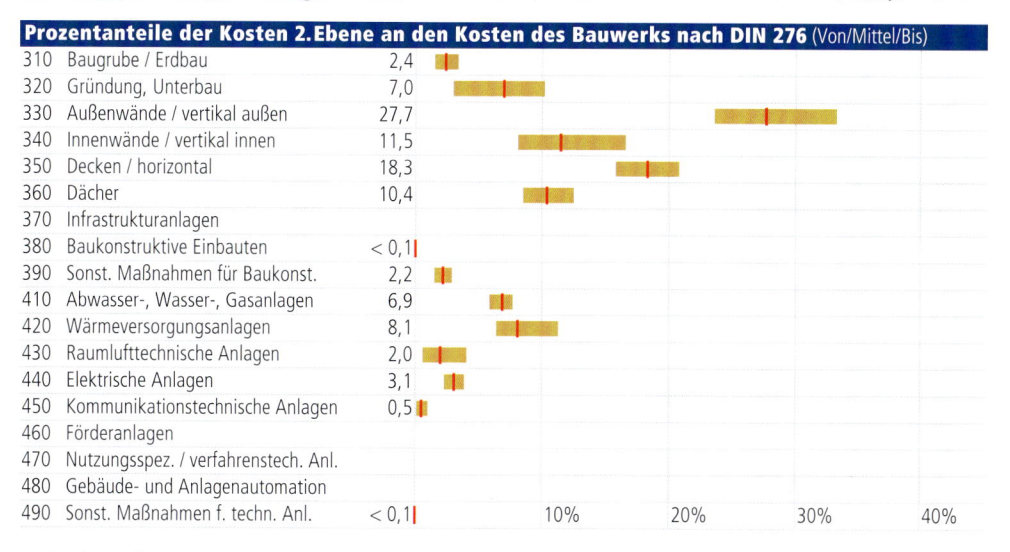

### Prozentanteile der Kosten 2. Ebene an den Kosten des Bauwerks nach DIN 276 (Von/Mittel/Bis)

| KG | Kostengruppe | Mittel (%) |
|---|---|---|
| 310 | Baugrube / Erdbau | 2,4 |
| 320 | Gründung, Unterbau | 7,0 |
| 330 | Außenwände / vertikal außen | 27,7 |
| 340 | Innenwände / vertikal innen | 11,5 |
| 350 | Decken / horizontal | 18,3 |
| 360 | Dächer | 10,4 |
| 370 | Infrastrukturanlagen |  |
| 380 | Baukonstruktive Einbauten | < 0,1 |
| 390 | Sonst. Maßnahmen für Baukonst. | 2,2 |
| 410 | Abwasser-, Wasser-, Gasanlagen | 6,9 |
| 420 | Wärmeversorgungsanlagen | 8,1 |
| 430 | Raumlufttechnische Anlagen | 2,0 |
| 440 | Elektrische Anlagen | 3,1 |
| 450 | Kommunikationstechnische Anlagen | 0,5 |
| 460 | Förderanlagen |  |
| 470 | Nutzungsspez. / verfahrenstech. Anl. |  |
| 480 | Gebäude- und Anlagenautomation |  |
| 490 | Sonst. Maßnahmen f. techn. Anl. | < 0,1 |

© BKI Baukosteninformationszentrum; Erläuterungen zu den Tabellen siehe Seite 48 und 50   Kostenstand: 1. Quartal 2022, Bundesdurchschnitt, **inkl. 19% MwSt.**

# Reihenhäuser

**Prozentanteile der Kosten für Leistungsbereiche nach STLB (Kosten Bauwerk nach DIN 276)**

**Kosten:**
Stand 1. Quartal 2022
Bundesdurchschnitt
inkl. 19% MwSt.

| LB | Leistungsbereiche | von | % an 300+400 | bis |
|---|---|---|---|---|
| 000 | Sicherheits-, Baustelleneinrichtungen inkl. 001 | 1,2 | **1,9** | 2,7 |
| 002 | Erdarbeiten | 1,4 | **2,2** | 3,3 |
| 006 | Spezialtiefbauarbeiten inkl. 005 | 0,0 | **0,4** | 3,7 |
| 009 | Entwässerungskanalarbeiten inkl. 011 | 0,3 | **0,7** | 1,0 |
| 010 | Drän- und Versickerarbeiten | 0,0 | **< 0,1** | 0,2 |
| 012 | Mauerarbeiten | 1,6 | **4,7** | 10,3 |
| 013 | Betonarbeiten | 8,0 | **14,4** | 36,4 |
| 014 | Natur-, Betonwerksteinarbeiten | < 0,1 | **0,7** | 1,5 |
| 016 | Zimmer- und Holzbauarbeiten | 4,6 | **14,8** | 28,4 |
| 017 | Stahlbauarbeiten | 0,0 | **0,3** | 1,4 |
| 018 | Abdichtungsarbeiten | 0,1 | **0,4** | 0,8 |
| 020 | Dachdeckungsarbeiten | 0,5 | **2,4** | 4,8 |
| 021 | Dachabdichtungsarbeiten | 0,4 | **1,2** | 2,9 |
| 022 | Klempnerarbeiten | 0,9 | **1,3** | 2,6 |
| | **Rohbau** | **39,9** | **45,4** | **51,6** |
| 023 | Putz- und Stuckarbeiten, Wärmedämmsysteme | 1,0 | **3,4** | 5,8 |
| 024 | Fliesen- und Plattenarbeiten | 1,6 | **2,3** | 3,0 |
| 025 | Estricharbeiten | 2,0 | **2,5** | 3,0 |
| 026 | Fenster, Außentüren inkl. 029, 032 | 5,7 | **7,1** | 9,2 |
| 027 | Tischlerarbeiten | 1,7 | **3,8** | 5,6 |
| 028 | Parkettarbeiten, Holzpflasterarbeiten | 0,7 | **2,7** | 5,2 |
| 030 | Rollladenarbeiten | < 0,1 | **0,8** | 2,0 |
| 031 | Metallbauarbeiten inkl. 035 | 0,5 | **2,0** | 5,1 |
| 034 | Maler- und Lackiererarbeiten inkl. 037 | 1,7 | **2,3** | 3,5 |
| 036 | Bodenbelagarbeiten | 0,3 | **1,3** | 3,1 |
| 038 | Vorgehängte hinterlüftete Fassaden | 0,0 | **1,0** | 3,4 |
| 039 | Trockenbauarbeiten | 3,4 | **5,5** | 9,5 |
| | **Ausbau** | **30,2** | **34,6** | **38,3** |
| 040 | Wärmeversorgungsanl. - Betriebseinr. inkl. 041 | 5,7 | **7,3** | 9,4 |
| 042 | Gas- und Wasserinstallation, Leitungen inkl. 043 | 1,6 | **2,4** | 5,2 |
| 044 | Abwasseranlagen - Leitungen | 1,1 | **1,4** | 1,9 |
| 045 | GWE-Einrichtungsgegenstände inkl. 046 | 1,5 | **2,2** | 3,2 |
| 047 | Dämmarbeiten an betriebstechnischen Anlagen | 0,3 | **0,7** | 2,5 |
| 049 | Feuerlöschanlagen, Feuerlöschgeräte | – | **–** | – |
| 050 | Blitzschutz- und Erdungsanlagen | < 0,1 | **< 0,1** | 0,1 |
| 052 | Mittelspannungsanlagen | – | **–** | – |
| 053 | Niederspannungsanlagen inkl. 054 | 2,0 | **2,8** | 3,7 |
| 055 | Sicherheits- u. Ersatzstromversorgungsanl. | < 0,1 | **< 0,1** | 0,5 |
| 057 | Gebäudesystemtechnik | – | **–** | – |
| 058 | Leuchten und Lampen inkl. 059 | < 0,1 | **0,2** | 0,4 |
| 060 | Sprechanlagen, elektroakust. Anlagen inkl. 064 | < 0,1 | **< 0,1** | 0,2 |
| 061 | Kommunikationsnetze inkl. 062 | < 0,1 | **0,3** | 0,8 |
| 063 | Gefahrenmeldeanlagen | 0,0 | **< 0,1** | 0,5 |
| 069 | Aufzüge | – | **–** | – |
| 070 | Gebäudeautomation | – | **–** | – |
| 075 | Raumlufttechnische Anlagen inkl. 078 | 0,8 | **2,2** | 3,9 |
| | **Gebäudetechnik** | **17,6** | **19,8** | **22,8** |
| | Sonstige Leistungsbereiche inkl. 008, 033, 051 | 0,0 | **0,2** | 0,9 |

- KKW
- ▶ min
- ▷ von
- | Mittelwert
- ◁ bis
- ◀ max

## Planungskennwerte für Flächen und Rauminhalte nach DIN 277

| Grundflächen | | | ▷ | Fläche/NUF (%) | ◁ | ▷ | Fläche/BGF (%) | ◁ |
|---|---|---|---|---|---|---|---|---|
| NUF | Nutzungsfläche | | 100,0 | **100,0** | 100,0 | 68,9 | **72,4** | 75,0 |
| TF | Technikfläche | | 2,4 | **3,1** | 4,9 | 1,6 | **2,2** | 3,2 |
| VF | Verkehrsfläche | | 9,9 | **12,5** | 14,8 | 7,0 | **8,8** | 10,2 |
| NRF | Netto-Raumfläche | | 112,0 | **115,1** | 118,5 | 78,2 | **83,0** | 84,3 |
| KGF | Konstruktions-Grundfläche | | 21,8 | **24,1** | 33,6 | 15,7 | **17,0** | 21,8 |
| BGF | Brutto-Grundfläche | | 134,8 | **139,3** | 147,6 | 100,0 | **100,0** | 100,0 |

| Brutto-Rauminhalte | | | ▷ | BRI/NUF (m) | ◁ | ▷ | BRI/BGF (m) | ◁ |
|---|---|---|---|---|---|---|---|---|
| BRI | Brutto-Rauminhalt | | 3,90 | **4,18** | 4,54 | 2,88 | **2,99** | 3,08 |

| Flächen von Nutzeinheiten | | | ▷ | NUF/Einheit (m²) | ◁ | ▷ | BGF/Einheit (m²) | ◁ |
|---|---|---|---|---|---|---|---|---|
| Nutzeinheit: Wohnfläche | | | 1,05 | **1,13** | 1,36 | 1,50 | **1,57** | 1,81 |

| Lufttechnisch behandelte Flächen | | | ▷ | Fläche/NUF (%) | ◁ | ▷ | Fläche/BGF (%) | ◁ |
|---|---|---|---|---|---|---|---|---|
| Entlüftete Fläche | | | 50,8 | **50,8** | 50,8 | 33,9 | **33,9** | 33,9 |
| Be- und entlüftete Fläche | | | 93,2 | **93,2** | 98,5 | 64,6 | **64,6** | 73,6 |
| Teilklimatisierte Fläche | | | – | – | – | – | – | – |
| Klimatisierte Fläche | | | – | – | – | – | – | – |

| KG | Kostengruppen (2. Ebene) | Einheit | ▷ | Menge/NUF | ◁ | ▷ | Menge/BGF | ◁ |
|---|---|---|---|---|---|---|---|---|
| 310 | Baugrube / Erdbau | m³ BGI | 0,64 | **0,87** | 0,97 | 0,48 | **0,63** | 0,73 |
| 320 | Gründung, Unterbau | m² GRF | 0,38 | **0,43** | 0,52 | 0,29 | **0,31** | 0,36 |
| 330 | Außenwände / vertikal außen | m² AWF | 1,29 | **1,52** | 1,85 | 0,98 | **1,10** | 1,29 |
| 340 | Innenwände / vertikal innen | m² IWF | 1,00 | **1,09** | 1,40 | 0,75 | **0,81** | 1,08 |
| 350 | Decken / horizontal | m² DEF | 0,88 | **0,92** | 0,94 | 0,64 | **0,67** | 0,71 |
| 360 | Dächer | m² DAF | 0,52 | **0,59** | 0,81 | 0,39 | **0,42** | 0,56 |
| 370 | Infrastrukturanlagen | | – | – | – | – | – | – |
| 380 | Baukonstruktive Einbauten | m² BGF | 1,35 | **1,39** | 1,48 | 1,00 | **1,00** | 1,00 |
| 390 | Sonst. Maßnahmen für Baukonst. | m² BGF | 1,35 | **1,39** | 1,48 | 1,00 | **1,00** | 1,00 |
| **300** | **Bauwerk – Baukonstruktionen** | **m² BGF** | **1,35** | **1,39** | **1,48** | **1,00** | **1,00** | **1,00** |

## Planungskennwerte für Bauzeiten

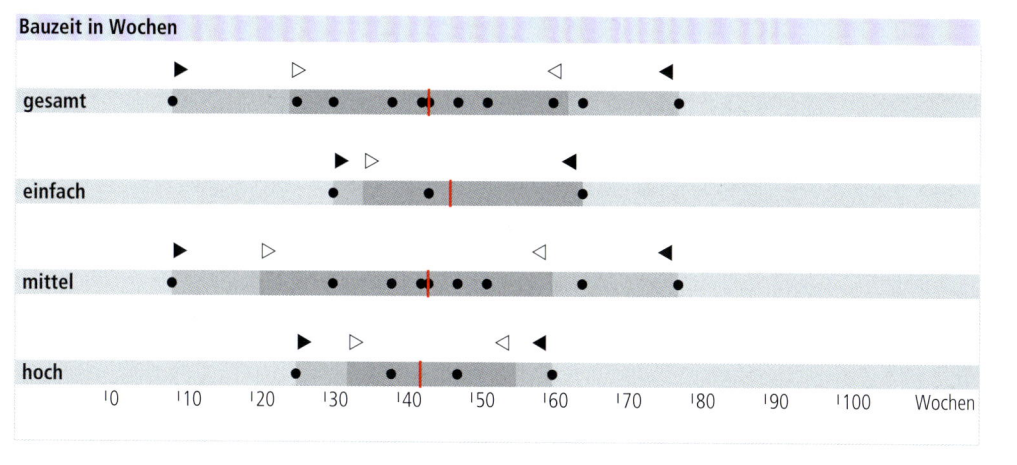

**Bauzeit in Wochen**

gesamt

einfach

mittel

hoch

|10  |20  |30  |40  |50  |60  |70  |80  |90  |100  Wochen

© BKI Baukosteninformationszentrum; Erläuterungen zu den Tabellen siehe Seite 54     Kostenstand: 1. Quartal 2022, Bundesdurchschnitt, **inkl. 19% MwSt.**

**Reihenhäuser, einfacher Standard**

## Kostenkennwerte für die Kosten des Bauwerks (Kostengruppen 300+400 nach DIN 276)

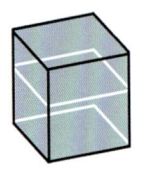

**BRI** 335 €/m³
von 295 €/m³
bis 350 €/m³

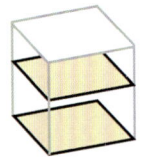

**BGF** 955 €/m²
von 935 €/m²
bis 995 €/m²

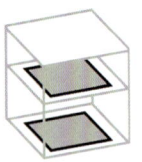

**NUF** 1.210 €/m²
von 1.155 €/m²
bis 1.240 €/m²

**NE** 1.460 €/NE
von 1.280 €/NE
bis 1.645 €/NE
NE: Wohnfläche

**Kosten:**
Stand 1. Quartal 2022
Bundesdurchschnitt
inkl. 19% MwSt.

### Objektbeispiele

6100-0929

6100-0254

6100-0929

### Kosten der 3 Vergleichsobjekte — Seite 528

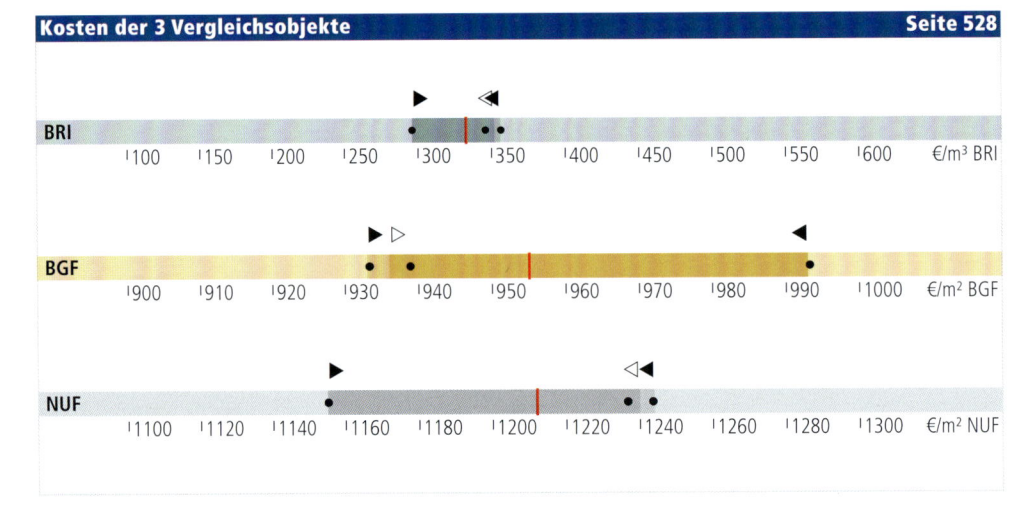

- ● KKW
- ▶ min
- ▷ von
- | Mittelwert
- ◁ bis
- ◀ max

**BRI** €/m³ BRI

**BGF** €/m² BGF

**NUF** €/m² NUF

© BKI Baukosteninformationszentrum; Erläuterungen zu den Tabellen siehe Seite 46    Kostenstand: 1. Quartal 2022, Bundesdurchschnitt, **inkl. 19% MwSt.**

## Kostenkennwerte für die Kostengruppen der 1. und 2. Ebene DIN 276

| KG | Kostengruppen der 1. Ebene | Einheit | ▷ | €/Einheit | ◁ | ▷ | % an 300+400 | ◁ |
|---|---|---|---|---|---|---|---|---|
| 100 | Grundstück | m²GF | – | – | – | – | – | – |
| 200 | Vorbereitende Maßnahmen | m²GF | 4 | **4** | 4 | 0,3 | **0,3** | 0,3 |
| 300 | Bauwerk – Baukonstruktionen | m²BGF | 749 | **765** | 799 | 76,9 | **80,2** | 85,1 |
| 400 | Bauwerk – Technische Anlagen | m²BGF | 154 | **190** | 244 | 14,9 | **19,8** | 23,1 |
|  | Bauwerk (300+400) | m²BGF | 936 | **955** | 993 | 100,0 | **100,0** | 100,0 |
| 500 | Außenanlagen und Freiflächen | m²AF | 47 | **73** | 123 | 1,3 | **5,7** | 8,4 |
| 600 | Ausstattung und Kunstwerke | m²BGF | < 1 | **2** | 4 | < 0,1 | **0,2** | 0,4 |
| 700 | Baunebenkosten* | m²BGF | 248 | **276** | 305 | 26,0 | **29,0** | 31,9 |
| 800 | Finanzierung | m²BGF | – | – | – | – | – | – |

◁ * Auf Grundlage der HOAI 2021 berechnete Werte nach §§ 35, 52, 56. Weitere Informationen siehe Seite 50

| KG | Kostengruppen der 2. Ebene | Einheit | ▷ | €/Einheit | ◁ | ▷ | % an 1. Ebene | ◁ |
|---|---|---|---|---|---|---|---|---|
| 310 | Baugrube / Erdbau | m³BGI | 40 | **56** | 89 | 1,4 | **2,7** | 4,9 |
| 320 | Gründung, Unterbau | m²GRF | 101 | **208** | 278 | 2,9 | **8,8** | 12,4 |
| 330 | Außenwände / vertikal außen | m²AWF | 205 | **287** | 340 | 30,6 | **31,7** | 34,0 |
| 340 | Innenwände / vertikal innen | m²IWF | 134 | **159** | 195 | 17,7 | **19,6** | 23,4 |
| 350 | Decken / horizontal | m²DEF | 225 | **261** | 281 | 22,9 | **24,7** | 25,8 |
| 360 | Dächer | m²DAF | 139 | **232** | 284 | 9,3 | **11,6** | 12,7 |
| 370 | Infrastrukturanlagen |  | – | – | – | – | – | – |
| 380 | Baukonstruktive Einbauten | m²BGF | 1 | **1** | 1 | 0,0 | **< 0,1** | 0,1 |
| 390 | Sonst. Maßnahmen für Baukonst. | m²BGF | 9 | **14** | 17 | 1,1 | **1,8** | 2,2 |
| **300** | **Bauwerk – Baukonstruktionen** | **m²BGF** |  |  |  |  | **100,0** |  |
| 410 | Abwasser-, Wasser-, Gasanlagen | m²BGF | 49 | **64** | 72 | 30,9 | **34,0** | 35,6 |
| 420 | Wärmeversorgungsanlagen | m²BGF | 59 | **77** | 107 | 37,6 | **40,0** | 44,1 |
| 430 | Raumlufttechnische Anlagen | m²BGF | 3 | **6** | 11 | 0,9 | **2,8** | 4,1 |
| 440 | Elektrische Anlagen | m²BGF | 18 | **33** | 40 | 13,8 | **16,9** | 21,3 |
| 450 | Kommunikationstechnische Anlagen | m²BGF | 3 | **6** | 9 | 0,0 | **1,8** | 3,1 |
| 460 | Förderanlagen | m²BGF | – | – | – | – | – | – |
| 470 | Nutzungsspez. / verfahrenstech. Anl. | m²BGF | – | – | – | – | – | – |
| 480 | Gebäude- und Anlagenautomation | m²BGF | – | – | – | – | – | – |
| 490 | Sonst. Maßnahmen f. techn. Anl. | m²BGF | < 1 | **< 1** | < 1 | 0,0 | **0,2** | 0,5 |
| **400** | **Bauwerk – Technische Anlagen** | **m²BGF** |  |  |  |  | **100,0** |  |

### Prozentanteile der Kosten 2.Ebene an den Kosten des Bauwerks nach DIN 276 (Von/Mittel/Bis)

| KG | Bezeichnung | Mittel |
|---|---|---|
| 310 | Baugrube / Erdbau | 2,2 |
| 320 | Gründung, Unterbau | 6,9 |
| 330 | Außenwände / vertikal außen | 25,5 |
| 340 | Innenwände / vertikal innen | 15,9 |
| 350 | Decken / horizontal | 19,9 |
| 360 | Dächer | 9,3 |
| 370 | Infrastrukturanlagen |  |
| 380 | Baukonstruktive Einbauten | < 0,1 |
| 390 | Sonst. Maßnahmen für Baukonst. | 1,4 |
| 410 | Abwasser-, Wasser-, Gasanlagen | 6,7 |
| 420 | Wärmeversorgungsanlagen | 8,0 |
| 430 | Raumlufttechnische Anlagen | 0,6 |
| 440 | Elektrische Anlagen | 3,4 |
| 450 | Kommunikationstechnische Anlagen | 0,4 |
| 460 | Förderanlagen |  |
| 470 | Nutzungsspez. / verfahrenstech. Anl. |  |
| 480 | Gebäude- und Anlagenautomation |  |
| 490 | Sonst. Maßnahmen f. techn. Anl. | < 0,1 |

© BKI Baukosteninformationszentrum; Erläuterungen zu den Tabellen siehe Seite 48 und 50   Kostenstand: 1. Quartal 2022, Bundesdurchschnitt, inkl. 19% MwSt.

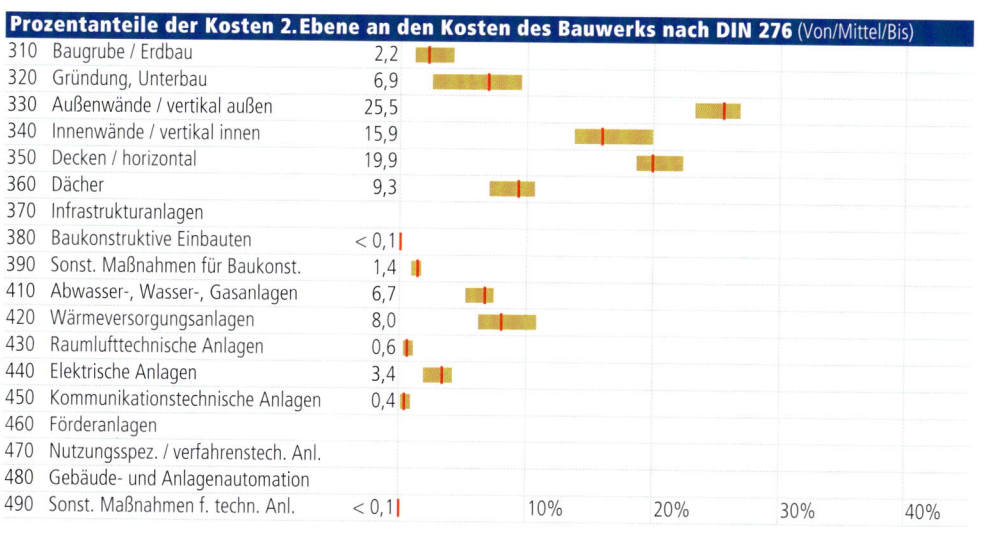

**Reihenhäuser, einfacher Standard**

## Prozentanteile der Kosten für Leistungsbereiche nach STLB (Kosten Bauwerk nach DIN 276)

| LB | Leistungsbereiche | ▷ | % an 300+400 | ◁ |
|---|---|---|---|---|
| 000 | Sicherheits-, Baustelleneinrichtungen inkl. 001 | 1,0 | **1,2** | 1,3 |
| 002 | Erdarbeiten | 2,4 | **2,7** | 2,9 |
| 006 | Spezialtiefbauarbeiten inkl. 005 | – | – | – |
| 009 | Entwässerungskanalarbeiten inkl. 011 | 0,0 | **0,5** | 1,0 |
| 010 | Drän- und Versickerarbeiten | 0,0 | **0,1** | 0,3 |
| 012 | Mauerarbeiten | 0,0 | **0,7** | 1,3 |
| 013 | Betonarbeiten | 5,0 | **24,3** | 43,7 |
| 014 | Natur-, Betonwerksteinarbeiten | 0,7 | **1,0** | 1,3 |
| 016 | Zimmer- und Holzbauarbeiten | 0,5 | **9,0** | 17,4 |
| 017 | Stahlbauarbeiten | – | – | – |
| 018 | Abdichtungsarbeiten | 0,0 | **0,3** | 0,5 |
| 020 | Dachdeckungsarbeiten | 0,0 | **2,0** | 4,0 |
| 021 | Dachabdichtungsarbeiten | 0,0 | **2,0** | 4,1 |
| 022 | Klempnerarbeiten | 0,5 | **0,9** | 1,2 |
|  | **Rohbau** | 35,6 | **44,6** | 53,6 |
| 023 | Putz- und Stuckarbeiten, Wärmedämmsysteme | 2,7 | **3,0** | 3,4 |
| 024 | Fliesen- und Plattenarbeiten | 2,2 | **2,4** | 2,7 |
| 025 | Estricharbeiten | 2,6 | **2,8** | 3,1 |
| 026 | Fenster, Außentüren inkl. 029, 032 | 6,8 | **6,8** | 6,9 |
| 027 | Tischlerarbeiten | 2,3 | **4,2** | 6,1 |
| 028 | Parkettarbeiten, Holzpflasterarbeiten | – | – | – |
| 030 | Rollladenarbeiten | 0,0 | **1,5** | 3,0 |
| 031 | Metallbauarbeiten inkl. 035 | < 0,1 | **0,4** | 0,7 |
| 034 | Maler- und Lackiererarbeiten inkl. 037 | 1,3 | **2,6** | 3,9 |
| 036 | Bodenbelagarbeiten | 2,3 | **3,1** | 4,0 |
| 038 | Vorgehängte hinterlüftete Fassaden | – | – | – |
| 039 | Trockenbauarbeiten | 3,0 | **7,4** | 11,8 |
|  | **Ausbau** | 27,5 | **34,3** | 41,1 |
| 040 | Wärmeversorgungsanl. - Betriebseinr. inkl. 041 | 6,3 | **8,5** | 10,6 |
| 042 | Gas- und Wasserinstallation, Leitungen inkl. 043 | 1,3 | **3,7** | 6,2 |
| 044 | Abwasseranlagen - Leitungen | 1,1 | **1,6** | 2,2 |
| 045 | GWE-Einrichtungsgegenstände inkl. 046 | 1,0 | **1,7** | 2,3 |
| 047 | Dämmarbeiten an betriebstechnischen Anlagen | 0,2 | **0,4** | 0,6 |
| 049 | Feuerlöschanlagen, Feuerlöschgeräte | – | – | – |
| 050 | Blitzschutz- und Erdungsanlagen | 0,0 | **< 0,1** | 0,1 |
| 052 | Mittelspannungsanlagen | – | – | – |
| 053 | Niederspannungsanlagen inkl. 054 | 3,3 | **3,7** | 4,0 |
| 055 | Sicherheits- u. Ersatzstromversorgungsanl. | – | – | – |
| 057 | Gebäudesystemtechnik | – | – | – |
| 058 | Leuchten und Lampen inkl. 059 | 0,0 | **< 0,1** | < 0,1 |
| 060 | Sprechanlagen, elektroakust. Anlagen inkl. 064 | 0,0 | **< 0,1** | 0,1 |
| 061 | Kommunikationsnetze inkl. 062 | 0,0 | **< 0,1** | 0,1 |
| 063 | Gefahrenmeldeanlagen | 0,0 | **0,3** | 0,6 |
| 069 | Aufzüge | – | – | – |
| 070 | Gebäudeautomation | – | – | – |
| 075 | Raumlufttechnische Anlagen inkl. 078 | 0,6 | **0,9** | 1,1 |
|  | **Gebäudetechnik** | 18,9 | **20,9** | 23,0 |
|  | Sonstige Leistungsbereiche inkl. 008, 033, 051 | 0,0 | **0,2** | 0,3 |

**Kosten:**
Stand 1. Quartal 2022
Bundesdurchschnitt
inkl. 19% MwSt.

● KKW
▶ min
▷ von
| Mittelwert
◁ bis
◀ max

© BKI Baukosteninformationszentrum; Erläuterungen zu den Tabellen siehe Seite 52   Kostenstand: 1. Quartal 2022, Bundesdurchschnitt, **inkl. 19% MwSt.**

## Planungskennwerte für Flächen und Rauminhalte nach DIN 277

| Grundflächen | | | ▷ | Fläche/NUF (%) | ◁ | ▷ | Fläche/BGF (%) | ◁ |
|---|---|---|---|---|---|---|---|---|
| NUF | Nutzungsfläche | | 100,0 | **100,0** | 100,0 | 78,9 | **78,9** | 79,6 |
| TF | Technikfläche | | 1,0 | **1,0** | 1,1 | 0,8 | **0,8** | 0,9 |
| VF | Verkehrsfläche | | 8,8 | **9,0** | 9,0 | 6,8 | **7,0** | 7,0 |
| NRF | Netto-Raumfläche | | 109,5 | **110,0** | 110,0 | 86,7 | **86,7** | 86,8 |
| KGF | Konstruktions-Grundfläche | | 16,9 | **16,9** | 17,0 | 13,2 | **13,3** | 13,3 |
| BGF | Brutto-Grundfläche | | 125,8 | **126,9** | 126,9 | 100,0 | **100,0** | 100,0 |

| Brutto-Rauminhalte | | | ▷ | BRI/NUF (m) | ◁ | ▷ | BRI/BGF (m) | ◁ |
|---|---|---|---|---|---|---|---|---|
| BRI | Brutto-Rauminhalt | | 3,50 | **3,67** | 3,67 | 2,77 | **2,89** | 2,89 |

| Flächen von Nutzeinheiten | | | ▷ | NUF/Einheit (m²) | ◁ | ▷ | BGF/Einheit (m²) | ◁ |
|---|---|---|---|---|---|---|---|---|
| Nutzeinheit: Wohnfläche | | | 1,23 | **1,23** | 1,23 | 1,56 | **1,56** | 1,56 |

| Lufttechnisch behandelte Flächen | | | ▷ | Fläche/NUF (%) | ◁ | ▷ | Fläche/BGF (%) | ◁ |
|---|---|---|---|---|---|---|---|---|
| Entlüftete Fläche | | | 0,9 | **0,9** | 0,9 | 0,7 | **0,7** | 0,7 |
| Be- und entlüftete Fläche | | | – | – | – | – | – | – |
| Teilklimatisierte Fläche | | | – | – | – | – | – | – |
| Klimatisierte Fläche | | | – | – | – | – | – | – |

| KG | Kostengruppen (2. Ebene) | Einheit | ▷ | Menge/NUF | ◁ | ▷ | Menge/BGF | ◁ |
|---|---|---|---|---|---|---|---|---|
| 310 | Baugrube / Erdbau | m³ BGI | 0,46 | **0,63** | 0,63 | 0,38 | **0,50** | 0,50 |
| 320 | Gründung, Unterbau | m² GRF | 0,38 | **0,38** | 0,39 | 0,30 | **0,30** | 0,30 |
| 330 | Außenwände / vertikal außen | m² AWF | 1,04 | **1,15** | 1,15 | 0,80 | **0,90** | 0,90 |
| 340 | Innenwände / vertikal innen | m² IWF | 1,14 | **1,28** | 1,28 | 0,92 | **1,01** | 1,01 |
| 350 | Decken / horizontal | m² DEF | 0,93 | **0,93** | 0,96 | 0,73 | **0,73** | 0,73 |
| 360 | Dächer | m² DAF | 0,48 | **0,51** | 0,51 | 0,39 | **0,40** | 0,40 |
| 370 | Infrastrukturanlagen | | – | – | – | – | – | – |
| 380 | Baukonstruktive Einbauten | m² BGF | 1,26 | **1,27** | 1,27 | 1,00 | **1,00** | 1,00 |
| 390 | Sonst. Maßnahmen für Baukonst. | m² BGF | 1,26 | **1,27** | 1,27 | 1,00 | **1,00** | 1,00 |
| 300 | **Bauwerk – Baukonstruktionen** | m² BGF | 1,26 | **1,27** | 1,27 | 1,00 | **1,00** | 1,00 |

## Planungskennwerte für Bauzeiten

**3 Vergleichsobjekte**

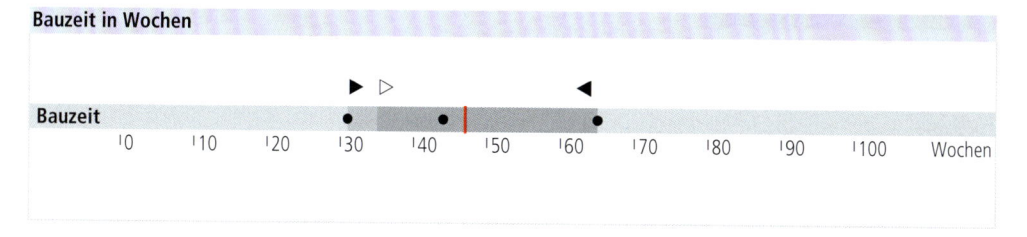

Bauzeit in Wochen

Reihenhäuser, einfacher Standard

**Objektübersicht zur Gebäudeart**

€/m² BGF
min        935 €/m²
von        935 €/m²
Mittel     **955 €/m²**
bis        995 €/m²
max        995 €/m²

**Kosten:**
Stand 1. Quartal 2022
Bundesdurchschnitt
inkl. 19% MwSt.

### 6100-0929 Reihenhäuser, fünf Ferienwohnungen

**BRI** 2.038 m³  **BGF** 710 m²  **NUF** 567 m²

Reihenhäuser mit 5 Ferienwohnungen. Holzrahmenkonstruktion.

Land: Sachsen-Anhalt
Kreis: Harz
Standard: unter Durchschnitt
Bauzeit: 65 Wochen
Kennwerte: bis 3. Ebene DIN 276

**BGF   993 €/m²**

**Planung:** qbatur Planungsbüro GmbH; Quedlinburg

veröffentlicht: BKI Objektdaten N11

### 6100-0437 Reihenmittelhaus

**BRI** 633 m³  **BGF** 201 m²  **NUF** 152 m²

Reihenmittelhaus im Rahmen von 15 kostengünstigen Reihenhäusern ohne Bauträger in einer Bauherrengemeinschaft mit Einzelvergaben und Pauschalierungen. Stahlbetonbau.

Land: Baden-Württemberg
Kreis: Rems-Murr-Kreis
Standard: unter Durchschnitt
Bauzeit: 44 Wochen
Kennwerte: bis 3. Ebene DIN 276

**BGF   933 €/m²**

**Planung:** Rolf Neddermann Dr.-Ing. Freier Architekt; Remshalden-Grunbach

veröffentlicht: BKI Objektdaten N4

### 6100-0254 Reihenhäuser (3 WE) - Niedrigenergie

**BRI** 1.552 m³  **BGF** 589 m²  **NUF** 479 m²

Drei Reihenhäuser im Niedrigenergiehaus-Standard, Abstellräume im UG, Wohnräume, Küchen im EG, Schlafräume, Bäder im OG, Gasthermen im DG. Mauerwerksbau.

Land: Bayern
Kreis: Starnberg
Standard: unter Durchschnitt
Bauzeit: 31 Wochen
Kennwerte: bis 2. Ebene DIN 276

**BGF   939 €/m²**

**Planung:** Burkhard Reineking Dipl.-Ing. Architekt; Gauting

veröffentlicht: BKI Objektdaten E1

**Wohnen**

# Reihenhäuser, mittlerer Standard

## Kostenkennwerte für die Kosten des Bauwerks (Kostengruppen 300+400 nach DIN 276)

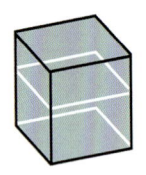

**BRI** 420 €/m³
von 375 €/m³
bis 475 €/m³

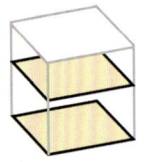

**BGF** 1.260 €/m²
von 1.125 €/m²
bis 1.475 €/m²

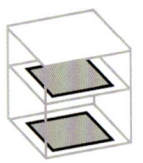

**NUF** 1.780 €/m²
von 1.550 €/m²
bis 2.290 €/m²

**NE** 2.025 €/NE
von 1.655 €/NE
bis 2.630 €/NE
NE: Wohnfläche

**Kosten:**
Stand 1. Quartal 2022
Bundesdurchschnitt
inkl. 19% MwSt.

### Objektbeispiele

6100-0505
6100-0691 
6100-0533 
6100-1476 
6100-0769 
6100-0684 

### Kosten der 13 Vergleichsobjekte — Seiten 534 bis 537

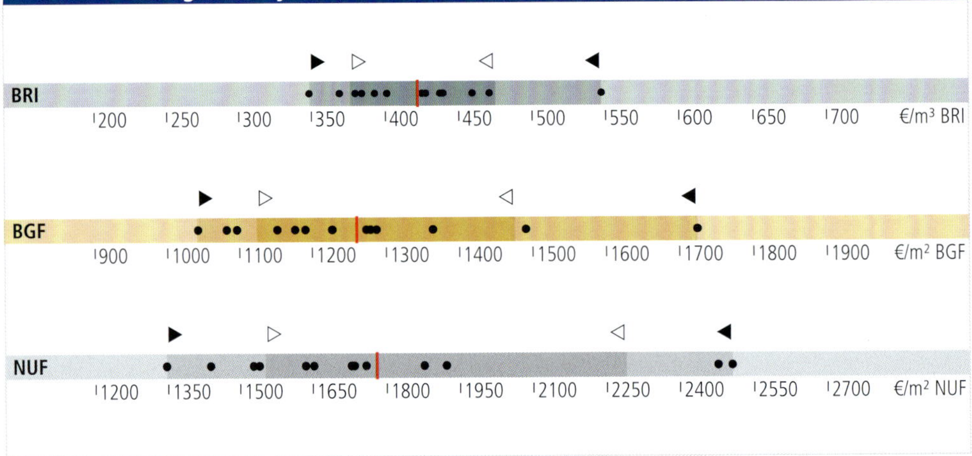

- ● KKW
- ▶ min
- ▷ von
- | Mittelwert
- ◁ bis
- ◀ max

BRI (€/m³ BRI): 200, 250, 300, 350, 400, 450, 500, 550, 600, 650, 700

BGF (€/m² BGF): 900, 1000, 1100, 1200, 1300, 1400, 1500, 1600, 1700, 1800, 1900

NUF (€/m² NUF): 1200, 1350, 1500, 1650, 1800, 1950, 2100, 2250, 2400, 2550, 2700

© BKI Baukosteninformationszentrum; Erläuterungen zu den Tabellen siehe Seite 46

Kostenstand: 1. Quartal 2022, Bundesdurchschnitt, **inkl. 19% MwSt.**

## Kostenkennwerte für die Kostengruppen der 1. und 2. Ebene DIN 276

| KG | Kostengruppen der 1. Ebene | Einheit | ▷ | €/Einheit | ◁ | ▷ | % an 300+400 | ◁ |
|---|---|---|---|---|---|---|---|---|
| 100 | Grundstück | m² GF | – | – | – | – | – | – |
| 200 | Vorbereitende Maßnahmen | m² GF | 15 | **42** | 75 | 0,7 | **3,5** | 5,4 |
| 300 | Bauwerk – Baukonstruktionen | m² BGF | 898 | **1.010** | 1.182 | 76,0 | **80,3** | 85,2 |
| 400 | Bauwerk – Technische Anlagen | m² BGF | 189 | **250** | 334 | 14,8 | **19,7** | 24,0 |
|  | Bauwerk (300+400) | m² BGF | 1.124 | **1.260** | 1.476 | 100,0 | **100,0** | 100,0 |
| 500 | Außenanlagen und Freiflächen | m² AF | 24 | **80** | 129 | 2,0 | **5,3** | 8,0 |
| 600 | Ausstattung und Kunstwerke | m² BGF | < 1 | **1** | 2 | < 0,1 | **< 0,1** | 0,1 |
| 700 | Baunebenkosten* | m² BGF | 278 | **310** | 342 | 22,2 | **24,8** | 27,3 |
| 800 | Finanzierung | m² BGF | – | – | – | – | – | – |

\* Auf Grundlage der HOAI 2021 berechnete Werte nach §§ 35, 52, 56. Weitere Informationen siehe Seite 50

| KG | Kostengruppen der 2. Ebene | Einheit | ▷ | €/Einheit | ◁ | ▷ | % an 1. Ebene | ◁ |
|---|---|---|---|---|---|---|---|---|
| 310 | Baugrube / Erdbau | m³ BGI | 48 | **61** | 78 | 2,3 | **3,0** | 3,5 |
| 320 | Gründung, Unterbau | m² GRF | 193 | **280** | 356 | 6,2 | **9,6** | 12,6 |
| 330 | Außenwände / vertikal außen | m² AWF | 227 | **322** | 358 | 37,3 | **40,8** | 43,7 |
| 340 | Innenwände / vertikal innen | m² IWF | 124 | **161** | 200 | 8,8 | **10,4** | 12,4 |
| 350 | Decken / horizontal | m² DEF | 286 | **323** | 423 | 18,5 | **20,3** | 21,9 |
| 360 | Dächer | m² DAF | 203 | **303** | 379 | 11,2 | **12,8** | 14,0 |
| 370 | Infrastrukturanlagen |  | – | – | – | – | – | – |
| 380 | Baukonstruktive Einbauten | m² BGF | – | – | – | – | – | – |
| 390 | Sonst. Maßnahmen für Baukonst. | m² BGF | 23 | **33** | 43 | 2,4 | **3,2** | 4,0 |
| **300** | **Bauwerk – Baukonstruktionen** | **m² BGF** |  |  |  |  | **100,0** |  |
| 410 | Abwasser-, Wasser-, Gasanlagen | m² BGF | 72 | **92** | 117 | 28,4 | **34,2** | 38,7 |
| 420 | Wärmeversorgungsanlagen | m² BGF | 86 | **96** | 122 | 30,0 | **36,4** | 41,1 |
| 430 | Raumlufttechnische Anlagen | m² BGF | 5 | **42** | 61 | 1,2 | **10,2** | 19,1 |
| 440 | Elektrische Anlagen | m² BGF | 34 | **38** | 43 | 12,0 | **14,7** | 17,7 |
| 450 | Kommunikationstechnische Anlagen | m² BGF | 9 | **13** | 20 | 1,1 | **3,9** | 6,2 |
| 460 | Förderanlagen | m² BGF | – | – | – | – | – | – |
| 470 | Nutzungsspez. / verfahrenstech. Anl. | m² BGF | – | – | – | – | – | – |
| 480 | Gebäude- und Anlagenautomation | m² BGF | – | – | – | – | – | – |
| 490 | Sonst. Maßnahmen f. techn. Anl. | m² BGF | – | – | – | – | – | – |
| **400** | **Bauwerk – Technische Anlagen** | **m² BGF** |  |  |  |  | **100,0** |  |

### Prozentanteile der Kosten 2. Ebene an den Kosten des Bauwerks nach DIN 276 (Von/Mittel/Bis)

| KG | Kostengruppe | Mittel % |
|---|---|---|
| 310 | Baugrube / Erdbau | 2,4 |
| 320 | Gründung, Unterbau | 7,6 |
| 330 | Außenwände / vertikal außen | 32,3 |
| 340 | Innenwände / vertikal innen | 8,3 |
| 350 | Decken / horizontal | 16,1 |
| 360 | Dächer | 10,1 |
| 370 | Infrastrukturanlagen |  |
| 380 | Baukonstruktive Einbauten |  |
| 390 | Sonst. Maßnahmen für Baukonst. | 2,5 |
| 410 | Abwasser-, Wasser-, Gasanlagen | 7,1 |
| 420 | Wärmeversorgungsanlagen | 7,7 |
| 430 | Raumlufttechnische Anlagen | 2,3 |
| 440 | Elektrische Anlagen | 3,1 |
| 450 | Kommunikationstechnische Anlagen | 0,7 |
| 460 | Förderanlagen |  |
| 470 | Nutzungsspez. / verfahrenstech. Anl. |  |
| 480 | Gebäude- und Anlagenautomation |  |
| 490 | Sonst. Maßnahmen f. techn. Anl. |  |

© BKI Baukosteninformationszentrum; Erläuterungen zu den Tabellen siehe Seite 48 und 50  Kostenstand: 1. Quartal 2022, Bundesdurchschnitt, inkl. 19% MwSt.

# Reihenhäuser, mittlerer Standard

## Prozentanteile der Kosten für Leistungsbereiche nach STLB (Kosten Bauwerk nach DIN 276)

| LB | Leistungsbereiche | ▷ % an 300+400 ◁ | | |
|---|---|---|---|---|
| 000 | Sicherheits-, Baustelleneinrichtungen inkl. 001 | 1,8 | **2,4** | 2,8 |
| 002 | Erdarbeiten | 1,3 | **1,9** | 2,5 |
| 006 | Spezialtiefbauarbeiten inkl. 005 | – | – | – |
| 009 | Entwässerungskanalarbeiten inkl. 011 | 0,6 | **0,7** | 0,9 |
| 010 | Drän- und Versickerarbeiten | 0,0 | **< 0,1** | 0,1 |
| 012 | Mauerarbeiten | 2,3 | **5,2** | 7,7 |
| 013 | Betonarbeiten | 9,2 | **15,1** | 19,9 |
| 014 | Natur-, Betonwerksteinarbeiten | 0,0 | **< 0,1** | 0,2 |
| 016 | Zimmer- und Holzbauarbeiten | 10,6 | **14,7** | 18,2 |
| 017 | Stahlbauarbeiten | – | – | – |
| 018 | Abdichtungsarbeiten | 0,1 | **0,5** | 0,7 |
| 020 | Dachdeckungsarbeiten | 0,7 | **1,3** | 2,2 |
| 021 | Dachabdichtungsarbeiten | 1,3 | **1,5** | 1,9 |
| 022 | Klempnerarbeiten | 0,9 | **1,0** | 1,1 |
| | **Rohbau** | 42,4 | **44,5** | 46,5 |
| 023 | Putz- und Stuckarbeiten, Wärmedämmsysteme | 2,1 | **3,7** | 5,5 |
| 024 | Fliesen- und Plattenarbeiten | 1,7 | **2,0** | 2,2 |
| 025 | Estricharbeiten | 2,0 | **2,3** | 2,6 |
| 026 | Fenster, Außentüren inkl. 029, 032 | 7,5 | **8,5** | 9,9 |
| 027 | Tischlerarbeiten | 1,6 | **2,9** | 3,7 |
| 028 | Parkettarbeiten, Holzpflasterarbeiten | 1,4 | **2,3** | 3,9 |
| 030 | Rollladenarbeiten | 0,5 | **0,9** | 1,5 |
| 031 | Metallbauarbeiten inkl. 035 | 0,4 | **2,5** | 4,0 |
| 034 | Maler- und Lackiererarbeiten inkl. 037 | 1,7 | **2,0** | 2,2 |
| 036 | Bodenbelagarbeiten | 0,2 | **1,2** | 1,9 |
| 038 | Vorgehängte hinterlüftete Fassaden | 0,0 | **1,4** | 2,7 |
| 039 | Trockenbauarbeiten | 4,8 | **6,1** | 8,2 |
| | **Ausbau** | 34,1 | **35,7** | 37,0 |
| 040 | Wärmeversorgungsanl. - Betriebseinr. inkl. 041 | 5,0 | **7,0** | 8,2 |
| 042 | Gas- und Wasserinstallation, Leitungen inkl. 043 | 1,4 | **1,6** | 2,0 |
| 044 | Abwasseranlagen - Leitungen | 1,2 | **1,3** | 1,5 |
| 045 | GWE-Einrichtungsgegenstände inkl. 046 | 1,8 | **2,1** | 2,3 |
| 047 | Dämmarbeiten an betriebstechnischen Anlagen | 0,5 | **1,4** | 2,3 |
| 049 | Feuerlöschanlagen, Feuerlöschgeräte | – | – | – |
| 050 | Blitzschutz- und Erdungsanlagen | < 0,1 | **< 0,1** | 0,2 |
| 052 | Mittelspannungsanlagen | – | – | – |
| 053 | Niederspannungsanlagen inkl. 054 | 2,0 | **2,5** | 3,2 |
| 055 | Sicherheits- u. Ersatzstromversorgungsanl. | – | – | – |
| 057 | Gebäudesystemtechnik | – | – | – |
| 058 | Leuchten und Lampen inkl. 059 | < 0,1 | **0,2** | 0,5 |
| 060 | Sprechanlagen, elektroakust. Anlagen inkl. 064 | < 0,1 | **< 0,1** | 0,2 |
| 061 | Kommunikationsnetze inkl. 062 | 0,3 | **0,5** | 0,8 |
| 063 | Gefahrenmeldeanlagen | 0,0 | **< 0,1** | < 0,1 |
| 069 | Aufzüge | – | – | – |
| 070 | Gebäudeautomation | – | – | – |
| 075 | Raumlufttechnische Anlagen inkl. 078 | 1,6 | **2,7** | 4,6 |
| | **Gebäudetechnik** | 17,0 | **19,7** | 21,6 |
| | Sonstige Leistungsbereiche inkl. 008, 033, 051 | 0,0 | **< 0,1** | 0,2 |

**Kosten:** Stand 1. Quartal 2022 Bundesdurchschnitt inkl. 19% MwSt.

- ● KKW
- ▶ min
- ▷ von
- | Mittelwert
- ◁ bis
- ◀ max

## Planungskennwerte für Flächen und Rauminhalte nach DIN 277

| Grundflächen | | ▷ | Fläche/NUF (%) | ◁ | ▷ | Fläche/BGF (%) | ◁ |
|---|---|---|---|---|---|---|---|
| NUF | Nutzungsfläche | 100,0 | **100,0** | 100,0 | 68,3 | **71,6** | 74,5 |
| TF | Technikfläche | 2,4 | **3,5** | 5,4 | 1,6 | **2,4** | 3,6 |
| VF | Verkehrsfläche | 9,4 | **12,3** | 14,3 | 6,5 | **8,5** | 10,0 |
| NRF | Netto-Raumfläche | 111,4 | **114,9** | 117,3 | 76,4 | **82,0** | 82,9 |
| KGF | Konstruktions-Grundfläche | 23,5 | **25,8** | 36,7 | 17,1 | **18,0** | 23,6 |
| BGF | Brutto-Grundfläche | 135,8 | **140,7** | 148,6 | 100,0 | **100,0** | 100,0 |

| Brutto-Rauminhalte | | ▷ | BRI/NUF (m) | ◁ | ▷ | BRI/BGF (m) | ◁ |
|---|---|---|---|---|---|---|---|
| BRI | Brutto-Rauminhalt | 4,00 | **4,21** | 4,53 | 2,89 | **2,99** | 3,05 |

| Flächen von Nutzeinheiten | ▷ | NUF/Einheit (m²) | ◁ | ▷ | BGF/Einheit (m²) | ◁ |
|---|---|---|---|---|---|---|
| Nutzeinheit: Wohnfläche | 1,08 | **1,15** | 1,41 | 1,51 | **1,61** | 1,88 |

| Lufttechnisch behandelte Flächen | ▷ | Fläche/NUF (%) | ◁ | ▷ | Fläche/BGF (%) | ◁ |
|---|---|---|---|---|---|---|
| Entlüftete Fläche | 100,6 | **100,6** | 100,6 | 67,1 | **67,1** | 67,1 |
| Be- und entlüftete Fläche | 100,6 | **100,6** | 100,6 | 67,1 | **67,1** | 67,1 |
| Teilklimatisierte Fläche | – | – | – | – | – | – |
| Klimatisierte Fläche | – | – | – | – | – | – |

| KG | Kostengruppen (2. Ebene) | Einheit | ▷ | Menge/NUF | ◁ | ▷ | Menge/BGF | ◁ |
|---|---|---|---|---|---|---|---|---|
| 310 | Baugrube / Erdbau | m³ BGI | 0,73 | **0,78** | 1,05 | 0,49 | **0,55** | 0,75 |
| 320 | Gründung, Unterbau | m² GRF | 0,44 | **0,49** | 0,57 | 0,32 | **0,34** | 0,34 |
| 330 | Außenwände / vertikal außen | m² AWF | 1,83 | **1,89** | 1,89 | 1,21 | **1,32** | 1,34 |
| 340 | Innenwände / vertikal innen | m² IWF | 0,92 | **0,94** | 0,96 | 0,66 | **0,66** | 0,67 |
| 350 | Decken / horizontal | m² DEF | 0,89 | **0,91** | 0,93 | 0,63 | **0,64** | 0,66 |
| 360 | Dächer | m² DAF | 0,58 | **0,68** | 0,68 | 0,42 | **0,47** | 0,47 |
| 370 | Infrastrukturanlagen | | – | – | – | – | – | – |
| 380 | Baukonstruktive Einbauten | m² BGF | 1,36 | **1,41** | 1,49 | 1,00 | **1,00** | 1,00 |
| 390 | Sonst. Maßnahmen für Baukonst. | m² BGF | 1,36 | **1,41** | 1,49 | 1,00 | **1,00** | 1,00 |
| **300** | **Bauwerk – Baukonstruktionen** | m² BGF | 1,36 | **1,41** | 1,49 | 1,00 | **1,00** | 1,00 |

## Planungskennwerte für Bauzeiten — 12 Vergleichsobjekte

**Bauzeit in Wochen**

Bauzeit: 0 | 10 | 20 | 30 | 40 | 50 | 60 | 70 | 80 | 90 | 100 Wochen

© BKI Baukosteninformationszentrum; Erläuterungen zu den Tabellen siehe Seite 54. Kostenstand: 1. Quartal 2022, Bundesdurchschnitt, inkl. **19% MwSt.**

# Reihenhäuser, mittlerer Standard

## Objektübersicht zur Gebäudeart

€/m² BGF
- min   1.040 €/m²
- von   1.125 €/m²
- Mittel 1.260 €/m²
- bis   1.475 €/m²
- max   1.725 €/m²

**Kosten:**
Stand 1. Quartal 2022
Bundesdurchschnitt
inkl. 19% MwSt.

---

### 6100-1476 Reihenhäuser (4 WE) - Effizienzhaus ~58%

**BRI** 2.327 m³   **BGF** 760 m²   **NUF** 531 m²

Reihenhäuser (4WE). Mauerwerk.

Land: Nordrhein-Westfalen
Kreis: Paderborn
Standard: Durchschnitt
Bauzeit: 65 Wochen
Kennwerte: bis 1. Ebene DIN 276

**BGF**   1.227 €/m²

**Planung:** Hüllmann - Architekten & Ingenieure; Delbrück

veröffentlicht: BKI Objektdaten E9

---

### 6100-1255 Reihenhäuser (4 WE)

**BRI** 2.839 m³   **BGF** 1.007 m²   **NUF** 666 m²

4 Reihenhäuser (633m² WFL). Mauerwerksbau.

Land: Bayern
Kreis: Starnberg
Standard: Durchschnitt
Bauzeit: 43 Wochen
Kennwerte: bis 1. Ebene DIN 276

**BGF**   1.082 €/m²

**Planung:** Füllemann Architekten GmbH; Gilching

veröffentlicht: BKI Objektdaten N15

---

### 6100-1348 3 Reihenhäuser - Effizienzhaus 55

**BRI** 2.349 m³   **BGF** 877 m²   **NUF** 676 m²

Reihenhäuser (3 WE) mit Doppelgaragen (6 STP). Massivbau.

Land: Baden-Württemberg
Kreis: Bodenseekreis
Standard: Durchschnitt
Bauzeit: 52 Wochen
Kennwerte: bis 1. Ebene DIN 276

**BGF**   1.176 €/m²

**Planung:** Architekturbüro Jakob Krimmel; Bermatingen

veröffentlicht: BKI Objektdaten E8

---

### 6100-1204 7 Reihenhäuser - Passivhausbauweise

**BRI** 5.161 m³   **BGF** 1.638 m²   **NUF** 1.140 m²

Neubau von sieben Reihenhäusern als Passivhäuser mit insgesamt 14 Stellplätzen und gemeinsamer Heizzentrale. Holztafelbau + Massivbau.

Land: Baden-Württemberg
Kreis: Esslingen
Standard: Durchschnitt
Bauzeit: 48 Wochen
Kennwerte: bis 3. Ebene DIN 276

**BGF**   1.724 €/m²

**Planung:** ASs Flassak & Tehrani Freie Architekten und Stadtplaner; Stuttgart

veröffentlicht: BKI Objektdaten E7

## Objektübersicht zur Gebäudeart

### 6100-1176 Reihenhäuser (4 WE)

**BRI** 3.431 m³   **BGF** 1.133 m²   **NUF** 758 m²

Reihenhäuser (4 WE). Mauerwerksbau.

Land: Hamburg
Kreis: Hamburg, Freie und Hansestadt
Standard: Durchschnitt
Bauzeit: 65 Wochen
Kennwerte: bis 1. Ebene DIN 276

**BGF**   1.287 €/m²

**Planung:** reichardt architekten; Hamburg

veröffentlicht: BKI Objektdaten N13

### 6100-1079 Reihenhäuser (4 WE) - Effizienzhaus 85

**BRI** 2.466 m³   **BGF** 830 m²   **NUF** 603 m²

Reihenhäuser (4 WE) mit 642 m² WFL. Mauerwerksbau.

Land: Sachsen
Kreis: Leipzig, Stadt
Standard: Durchschnitt
Bauzeit: 44 Wochen
Kennwerte: bis 1. Ebene DIN 276

**BGF**   1.364 €/m²

**Planung:** Augustin + Imkamp freie Architekten GbR; Leipzig

veröffentlicht: BKI Objektdaten E6

### 6100-0769 4 Reihenhäuser - KfW 40

**BRI** 3.137 m³   **BGF** 991 m²   **NUF** 590 m²

Reihenhäuser, 4-Spänner. Holzrahmenbau.

Land: Bayern
Kreis: München, Stadt
Standard: Durchschnitt
Bauzeit: 78 Wochen
Kennwerte: bis 1. Ebene DIN 276

**BGF**   1.491 €/m²

**Planung:** Kauer & Brodmeier GbR Planungsgemeinschaft; München

veröffentlicht: BKI Objektdaten E4

### 6100-0691 Reihenmittelhaus

**BRI** 545 m³   **BGF** 182 m²   **NUF** 141 m²

Reihenmittelhaus mit einer Wohneinheit, Technikzentrale für drei Wohneinheiten im Nachbarhaus. Stb-Fertigteilwände; Stb-Decken; Stb-Massivdach.

Land: Baden-Württemberg
Kreis: Karlsruhe
Standard: Durchschnitt
Bauzeit: 9 Wochen
Kennwerte: bis 1. Ebene DIN 276

**BGF**   1.042 €/m²

**Planung:** Architektur & Projektentwicklung GmbH; Dielheim

veröffentlicht: BKI Objektdaten N9

© BKI Baukosteninformationszentrum; Erläuterungen zu den Tabellen siehe Seite 56   Kostenstand: 1. Quartal 2022, Bundesdurchschnitt, **inkl. 19% MwSt.**

# Reihenhäuser, mittlerer Standard

## Objektübersicht zur Gebäudeart

**€/m² BGF**
| | |
|---|---|
| min | 1.040 €/m² |
| von | 1.125 €/m² |
| Mittel | **1.260 €/m²** |
| bis | 1.475 €/m² |
| max | 1.725 €/m² |

**Kosten:**
Stand 1. Quartal 2022
Bundesdurchschnitt
inkl. 19% MwSt.

---

### 6100-0690 Reihenmittelhaus mit Wärmepumpe
**BRI** 545 m³   **BGF** 182 m²   **NUF** 141 m²

Reihenmittelhaus mit einer Wohneinheit, Technikzentrale für drei Wohneinheiten im Nachbarhaus. Stb-Fertigteilwände; Stb-Decken; Stb-Massivdach.

Land: Baden-Württemberg
Kreis: Karlsruhe
Standard: Durchschnitt
Bauzeit: 9 Wochen
Kennwerte: bis 1. Ebene DIN 276

**BGF**   **1.279 €/m²**

**Planung:** Architektur & Projektentwicklung GmbH; Dielheim

veröffentlicht: BKI Objektdaten N9

---

### 6100-0684 8 Reihenhäuser - KfW 40
**BRI** 6.911 m³   **BGF** 2.374 m²   **NUF** 1.962 m²

Reihenhäuser mit 8 WE. Stb-Wände WU im Keller; Holztafelbau; Holzhohlkastendecken; Dachkonstruktion Holzstegträger.

Land: Baden-Württemberg
Kreis: Freiburg im Breisgau
Standard: Durchschnitt
Bauzeit: 39 Wochen
Kennwerte: bis 1. Ebene DIN 276

**BGF**   **1.273 €/m²**

**Planung:** Werkgruppe Freiburg Architekten; Freiburg

veröffentlicht: BKI Objektdaten N9

---

### 6100-0563 Mehrfamilienhaus (5 WE)
**BRI** 3.241 m³   **BGF** 1.033 m²   **NUF** 709 m²

Fünffamilienhaus in Reihenhausgrundrissen. Mauerwerksbau.

Land: Hessen
Kreis: Groß-Gerau
Standard: Durchschnitt
Bauzeit: 44 Wochen
Kennwerte: bis 3. Ebene DIN 276

**BGF**   **1.191 €/m²**

**Planung:** agplus Dipl.-Ing. Architekt Klaus Korbjuhn; Frankfurt

veröffentlicht: BKI Objektdaten N10

---

### 6100-0533 Reihenhäuser (3 WE)
**BRI** 2.245 m³   **BGF** 804 m²   **NUF** 613 m²

Drei Reihenhäuser (490 m² WFL II.BVO). Holzrahmenbau.

Land: Baden-Württemberg
Kreis: Freiburg im Breisgau
Standard: Durchschnitt
Bauzeit: 31 Wochen
Kennwerte: bis 4. Ebene DIN 276

**BGF**   **1.096 €/m²**

**Planung:** Architekturbüro Volkmar Bensch Freier Architekt; Denzlingen

veröffentlicht: BKI Objektdaten N7

## Objektübersicht zur Gebäudeart

### 6100-0505 Reihenhausanlage (9 WE)

**BRI** 4.954 m³ **BGF** 1.587 m² **NUF** 1.058 m²

Reihenhausanlage mit 9 Wohneinheiten in Holztafelbauweise. Holzständerkonstruktion.

Land: Baden-Württemberg
Kreis: Reutlingen
Standard: Durchschnitt
Bauzeit: 109 Wochen*
Kennwerte: bis 2. Ebene DIN 276

**BGF** 1.152 €/m²

www.bki.de
* Nicht in der Auswertung enthalten

**Planung:** Hartmaier + Partner Freie Architekten; Münsingen

# Reihenhäuser, hoher Standard

## Kostenkennwerte für die Kosten des Bauwerks (Kostengruppen 300+400 nach DIN 276)

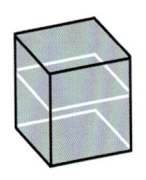

**BRI** 510 €/m³
von 460 €/m³
bis 605 €/m³

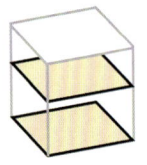

**BGF** 1.560 €/m²
von 1.475 €/m²
bis 1.880 €/m²

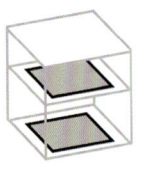

**NUF** 2.230 €/m²
von 1.985 €/m²
bis 2.635 €/m²

**NE** 2.275 €/NE
von 2.105 €/NE
bis 2.475 €/NE
NE: Wohnfläche

**Kosten:**
Stand 1. Quartal 2022
Bundesdurchschnitt
inkl. 19% MwSt.

### Objektbeispiele

6100-0682

6100-0892

6100-0710

### Kosten der 5 Vergleichsobjekte — Seiten 542 bis 543

- ● KKW
- ▶ min
- ▷ von
- | Mittelwert
- ◁ bis
- ◀ max

BRI: €/m³ BRI (Skala 300–800)

BGF: €/m² BGF (Skala 1400–1900)

NUF: €/m² NUF (Skala 1800–2800)

© BKI Baukosteninformationszentrum; Erläuterungen zu den Tabellen siehe Seite 46
Kostenstand: 1. Quartal 2022, Bundesdurchschnitt, **inkl. 19% MwSt.**

## Kostenkennwerte für die Kostengruppen der 1. und 2. Ebene DIN 276

| KG | Kostengruppen der 1. Ebene | Einheit | ▷ | €/Einheit | ◁ | ▷ | % an 300+400 | ◁ |
|---|---|---|---|---|---|---|---|---|
| 100 | Grundstück | m²GF | – | – | – | – | – | – |
| 200 | Vorbereitende Maßnahmen | m²GF | 8 | **39** | 59 | 1,7 | **2,4** | 3,8 |
| 300 | Bauwerk – Baukonstruktionen | m²BGF | 1.186 | **1.264** | 1.397 | 77,9 | **81,4** | 86,9 |
| 400 | Bauwerk – Technische Anlagen | m²BGF | 193 | **295** | 377 | 13,1 | **18,6** | 22,1 |
|     | Bauwerk (300+400) | m²BGF | 1.476 | **1.559** | 1.881 | 100,0 | **100,0** | 100,0 |
| 500 | Außenanlagen und Freiflächen | m²AF | 15 | **76** | 103 | 3,5 | **4,8** | 9,5 |
| 600 | Ausstattung und Kunstwerke | m²BGF | 1 | **58** | 116 | < 0,1 | **4,0** | 7,9 |
| 700 | Baunebenkosten* | m²BGF | 374 | **417** | 460 | 23,8 | **26,6** | 29,3 |
| 800 | Finanzierung | m²BGF | – | – | – | – | – | – |

* Auf Grundlage der HOAI 2021 berechnete Werte nach §§ 35, 52, 56. Weitere Informationen siehe Seite 50

| KG | Kostengruppen der 2. Ebene | Einheit | ▷ | €/Einheit | ◁ | ▷ | % an 1. Ebene | ◁ |
|---|---|---|---|---|---|---|---|---|
| 310 | Baugrube / Erdbau | m³BGI | 23 | **55** | 71 | 2,5 | **3,3** | 4,9 |
| 320 | Gründung, Unterbau | m²GRF | 166 | **335** | 616 | 3,5 | **8,0** | 16,3 |
| 330 | Außenwände / vertikal außen | m²AWF | 326 | **397** | 506 | 25,1 | **30,4** | 33,5 |
| 340 | Innenwände / vertikal innen | m²IWF | 193 | **240** | 264 | 11,0 | **14,4** | 20,1 |
| 350 | Decken / horizontal | m²DEF | 437 | **493** | 585 | 22,4 | **25,3** | 26,9 |
| 360 | Dächer | m²DAF | 419 | **518** | 712 | 10,8 | **15,2** | 17,8 |
| 370 | Infrastrukturanlagen | | – | – | – | – | – | – |
| 380 | Baukonstruktive Einbauten | m²BGF | – | – | – | – | – | – |
| 390 | Sonst. Maßnahmen für Baukonst. | m²BGF | 32 | **42** | 47 | 2,9 | **3,3** | 4,1 |
| **300** | **Bauwerk – Baukonstruktionen** | m²BGF | | | | | **100,0** | |
| 410 | Abwasser-, Wasser-, Gasanlagen | m²BGF | 110 | **112** | 114 | 26,2 | **32,1** | 35,2 |
| 420 | Wärmeversorgungsanlagen | m²BGF | 100 | **145** | 232 | 31,2 | **38,9** | 53,6 |
| 430 | Raumlufttechnische Anlagen | m²BGF | 38 | **48** | 61 | 8,0 | **14,1** | 18,3 |
| 440 | Elektrische Anlagen | m²BGF | 35 | **46** | 54 | 11,0 | **13,1** | 17,3 |
| 450 | Kommunikationstechnische Anlagen | m²BGF | 6 | **9** | 12 | 0,5 | **1,8** | 3,9 |
| 460 | Förderanlagen | m²BGF | – | – | – | – | – | – |
| 470 | Nutzungsspez. / verfahrenstech. Anl. | m²BGF | – | – | – | – | – | – |
| 480 | Gebäude- und Anlagenautomation | m²BGF | – | – | – | – | – | – |
| 490 | Sonst. Maßnahmen f. techn. Anl. | m²BGF | – | – | – | – | – | – |
| **400** | **Bauwerk – Technische Anlagen** | m²BGF | | | | | **100,0** | |

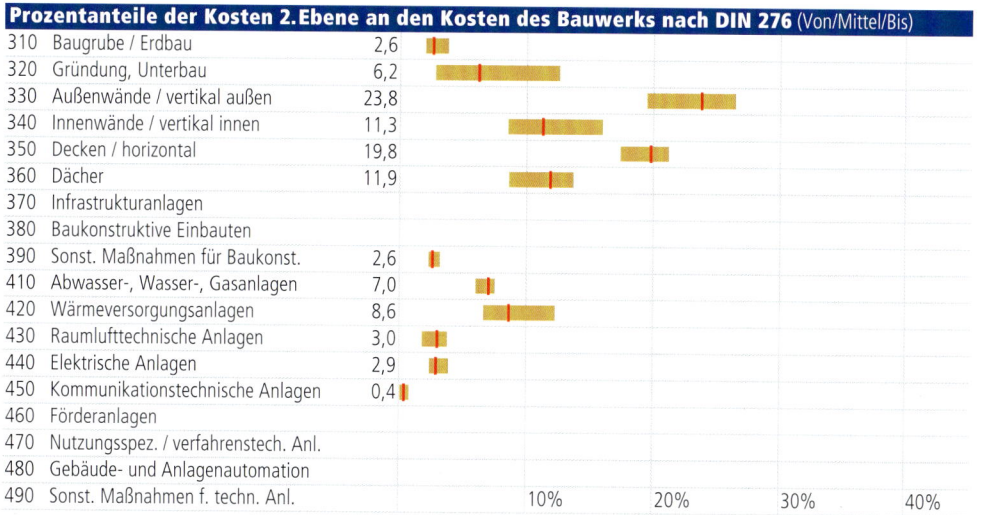

## Prozentanteile der Kosten 2. Ebene an den Kosten des Bauwerks nach DIN 276 (Von/Mittel/Bis)

| KG | Kostengruppe | % |
|---|---|---|
| 310 | Baugrube / Erdbau | 2,6 |
| 320 | Gründung, Unterbau | 6,2 |
| 330 | Außenwände / vertikal außen | 23,8 |
| 340 | Innenwände / vertikal innen | 11,3 |
| 350 | Decken / horizontal | 19,8 |
| 360 | Dächer | 11,9 |
| 370 | Infrastrukturanlagen | |
| 380 | Baukonstruktive Einbauten | |
| 390 | Sonst. Maßnahmen für Baukonst. | 2,6 |
| 410 | Abwasser-, Wasser-, Gasanlagen | 7,0 |
| 420 | Wärmeversorgungsanlagen | 8,6 |
| 430 | Raumlufttechnische Anlagen | 3,0 |
| 440 | Elektrische Anlagen | 2,9 |
| 450 | Kommunikationstechnische Anlagen | 0,4 |
| 460 | Förderanlagen | |
| 470 | Nutzungsspez. / verfahrenstech. Anl. | |
| 480 | Gebäude- und Anlagenautomation | |
| 490 | Sonst. Maßnahmen f. techn. Anl. | |

© BKI Baukosteninformationszentrum; Erläuterungen zu den Tabellen siehe Seite 48 und 50    Kostenstand: 1. Quartal 2022, Bundesdurchschnitt, inkl. 19% MwSt.

**Reihenhäuser, hoher Standard**

## Prozentanteile der Kosten für Leistungsbereiche nach STLB (Kosten Bauwerk nach DIN 276)

| LB | Leistungsbereiche | ▷ % an 300+400 ◁ | | |
|---|---|---|---|---|
| 000 | Sicherheits-, Baustelleneinrichtungen inkl. 001 | 1,0 | **1,8** | 2,4 |
| 002 | Erdarbeiten | 1,4 | **2,2** | 4,0 |
| 006 | Spezialtiefbauarbeiten inkl. 005 | 0,0 | **0,9** | 3,7 |
| 009 | Entwässerungskanalarbeiten inkl. 011 | 0,4 | **0,8** | 1,2 |
| 010 | Drän- und Versickerarbeiten | 0,0 | **< 0,1** | 0,1 |
| 012 | Mauerarbeiten | 2,2 | **6,3** | 10,3 |
| 013 | Betonarbeiten | 5,9 | **8,8** | 11,8 |
| 014 | Natur-, Betonwerksteinarbeiten | 0,1 | **0,9** | 1,8 |
| 016 | Zimmer- und Holzbauarbeiten | 2,9 | **17,9** | 33,3 |
| 017 | Stahlbauarbeiten | 0,0 | **0,7** | 1,4 |
| 018 | Abdichtungsarbeiten | 0,1 | **0,4** | 0,7 |
| 020 | Dachdeckungsarbeiten | 1,0 | **3,3** | 5,8 |
| 021 | Dachabdichtungsarbeiten | 0,1 | **0,5** | 0,9 |
| 022 | Klempnerarbeiten | 0,9 | **1,7** | 2,6 |
| | **Rohbau** | 41,2 | **46,5** | 51,7 |
| 023 | Putz- und Stuckarbeiten, Wärmedämmsysteme | 0,7 | **3,3** | 6,6 |
| 024 | Fliesen- und Plattenarbeiten | 1,6 | **2,5** | 3,5 |
| 025 | Estricharbeiten | 1,9 | **2,4** | 3,0 |
| 026 | Fenster, Außentüren inkl. 029, 032 | 4,7 | **6,3** | 7,8 |
| 027 | Tischlerarbeiten | 0,9 | **4,3** | 5,7 |
| 028 | Parkettarbeiten, Holzpflasterarbeiten | 2,7 | **4,4** | 6,1 |
| 030 | Rollladenarbeiten | < 0,1 | **0,3** | 1,2 |
| 031 | Metallbauarbeiten inkl. 035 | 0,4 | **2,5** | 4,9 |
| 034 | Maler- und Lackiererarbeiten inkl. 037 | 1,9 | **2,4** | 3,7 |
| 036 | Bodenbelagarbeiten | 0,0 | **0,4** | 0,8 |
| 038 | Vorgehängte hinterlüftete Fassaden | 0,2 | **1,2** | 3,7 |
| 039 | Trockenbauarbeiten | 1,7 | **4,0** | 4,8 |
| | **Ausbau** | 30,9 | **34,0** | 37,2 |
| 040 | Wärmeversorgungsanl. - Betriebseinr. inkl. 041 | 5,7 | **7,0** | 8,4 |
| 042 | Gas- und Wasserinstallation, Leitungen inkl. 043 | 1,9 | **2,3** | 3,5 |
| 044 | Abwasseranlagen - Leitungen | 1,1 | **1,3** | 1,7 |
| 045 | GWE-Einrichtungsgegenstände inkl. 046 | 1,6 | **2,5** | 3,7 |
| 047 | Dämmarbeiten an betriebstechnischen Anlagen | 0,2 | **0,4** | 0,9 |
| 049 | Feuerlöschanlagen, Feuerlöschgeräte | – | **–** | – |
| 050 | Blitzschutz- und Erdungsanlagen | < 0,1 | **0,1** | 0,2 |
| 052 | Mittelspannungsanlagen | – | **–** | – |
| 053 | Niederspannungsanlagen inkl. 054 | 2,2 | **2,6** | 3,8 |
| 055 | Sicherheits- u. Ersatzstromversorgungsanl. | 0,0 | **0,1** | 0,5 |
| 057 | Gebäudesystemtechnik | – | **–** | – |
| 058 | Leuchten und Lampen inkl. 059 | 0,0 | **0,2** | 0,3 |
| 060 | Sprechanlagen, elektroakust. Anlagen inkl. 064 | 0,0 | **0,1** | 0,2 |
| 061 | Kommunikationsnetze inkl. 062 | < 0,1 | **0,2** | 0,7 |
| 063 | Gefahrenmeldeanlagen | – | **–** | – |
| 069 | Aufzüge | – | **–** | – |
| 070 | Gebäudeautomation | – | **–** | – |
| 075 | Raumlufttechnische Anlagen inkl. 078 | 1,1 | **2,4** | 3,5 |
| | **Gebäudetechnik** | 15,7 | **19,2** | 20,8 |
| | Sonstige Leistungsbereiche inkl. 008, 033, 051 | 0,0 | **0,4** | 1,4 |

**Kosten:** Stand 1. Quartal 2022 Bundesdurchschnitt inkl. 19% MwSt.

- ● KKW
- ▶ min
- ▷ von
- | Mittelwert
- ◁ bis
- ◀ max

## Planungskennwerte für Flächen und Rauminhalte nach DIN 277

| Grundflächen | | ▷ | Fläche/NUF (%) | ◁ | ▷ | Fläche/BGF (%) | ◁ |
|---|---|---|---|---|---|---|---|
| NUF | Nutzungsfläche | 100,0 | **100,0** | 100,0 | 67,2 | **70,4** | 73,0 |
| TF | Technikfläche | 3,5 | **3,7** | 4,9 | 2,4 | **2,5** | 3,1 |
| VF | Verkehrsfläche | 12,7 | **15,0** | 16,3 | 8,9 | **10,4** | 11,9 |
| NRF | Netto-Raumfläche | 115,7 | **118,8** | 119,0 | 83,4 | **83,4** | 84,7 |
| KGF | Konstruktions-Grundfläche | 21,6 | **24,2** | 24,2 | 15,3 | **16,6** | 16,6 |
| BGF | Brutto-Grundfläche | 138,2 | **142,9** | 150,7 | 100,0 | **100,0** | 100,0 |

| Brutto-Rauminhalte | | ▷ | BRI/NUF (m) | ◁ | ▷ | BRI/BGF (m) | ◁ |
|---|---|---|---|---|---|---|---|
| BRI | Brutto-Rauminhalt | 4,23 | **4,40** | 4,40 | 3,05 | **3,08** | 3,12 |

| Flächen von Nutzeinheiten | ▷ | NUF/Einheit (m²) | ◁ | ▷ | BGF/Einheit (m²) | ◁ |
|---|---|---|---|---|---|---|
| Nutzeinheit: Wohnfläche | 1,02 | **1,04** | 1,11 | 1,41 | **1,47** | 1,52 |

| Lufttechnisch behandelte Flächen | ▷ | Fläche/NUF (%) | ◁ | ▷ | Fläche/BGF (%) | ◁ |
|---|---|---|---|---|---|---|
| Entlüftete Fläche | – | – | – | – | – | – |
| Be- und entlüftete Fläche | 89,5 | **89,5** | 89,5 | 63,3 | **63,3** | 63,3 |
| Teilklimatisierte Fläche | – | – | – | – | – | – |
| Klimatisierte Fläche | – | – | – | – | – | – |

| KG | Kostengruppen (2. Ebene) | Einheit | ▷ | Menge/NUF | ◁ | ▷ | Menge/BGF | ◁ |
|---|---|---|---|---|---|---|---|---|
| 310 | Baugrube / Erdbau | m³ BGI | 1,22 | **1,22** | 1,30 | 0,87 | **0,87** | 1,00 |
| 320 | Gründung, Unterbau | m² GRF | 0,40 | **0,40** | 0,40 | 0,28 | **0,28** | 0,29 |
| 330 | Außenwände / vertikal außen | m² AWF | 1,25 | **1,40** | 1,40 | 0,91 | **0,99** | 0,99 |
| 340 | Innenwände / vertikal innen | m² IWF | 1,08 | **1,09** | 1,09 | 0,77 | **0,79** | 0,79 |
| 350 | Decken / horizontal | m² DEF | 0,90 | **0,91** | 0,91 | 0,64 | **0,65** | 0,65 |
| 360 | Dächer | m² DAF | 0,54 | **0,54** | 0,58 | 0,38 | **0,38** | 0,42 |
| 370 | Infrastrukturanlagen | | – | – | – | – | – | – |
| 380 | Baukonstruktive Einbauten | m² BGF | 1,38 | **1,43** | 1,51 | 1,00 | **1,00** | 1,00 |
| 390 | Sonst. Maßnahmen für Baukonst. | m² BGF | 1,38 | **1,43** | 1,51 | 1,00 | **1,00** | 1,00 |
| **300** | **Bauwerk – Baukonstruktionen** | m² BGF | 1,38 | **1,43** | 1,51 | 1,00 | **1,00** | 1,00 |

## Planungskennwerte für Bauzeiten — 5 Vergleichsobjekte

**Bauzeit in Wochen**

Bauzeit: Skala von |0 bis |100 Wochen

## Reihenhäuser, hoher Standard

**€/m² BGF**
- min: 1.455 €/m²
- von: 1.475 €/m²
- **Mittel: 1.560 €/m²**
- bis: 1.880 €/m²
- max: 1.880 €/m²

**Kosten:**
Stand 1. Quartal 2022
Bundesdurchschnitt
inkl. 19% MwSt.

### Objektübersicht zur Gebäudeart

---

**6100-1084 Reihenhäuser (10 WE), TG\***

| BRI 8.177 m³ | BGF 1.691 m² | NUF 1.327 m² |

Reihenhausanlage (10 WE) mit 1.277 m² WFL und Tiefgarage (25 STP). Mauerwerksbau.

Land: Nordrhein-Westfalen
Kreis: Mettmann
Standard: über Durchschnitt
Bauzeit: 131 Wochen
Kennwerte: bis 1. Ebene DIN 276

**BGF 2.144 €/m²** *

Planung: HGMB Architekten GmbH + Co. KG; Düsseldorf

veröffentlicht: BKI Objektdaten N13
* Nicht in der Auswertung enthalten

---

**6100-0710 Reihenhäuser (4 WE)**

| BRI 2.636 m³ | BGF 798 m² | NUF 611 m² |

Reihenhäuser (4 WE), nicht unterkellert, gemeinsame Wärmeversorgung. Holzständerkonstruktion; Holz-Steildachkonstruktion.

Land: Nordrhein-Westfalen
Kreis: Rhein-Erft-Kreis
Standard: über Durchschnitt
Bauzeit: 61 Wochen
Kennwerte: bis 1. Ebene DIN 276

**BGF 1.457 €/m²**

Planung: Dipl.-Ing. Stephan Witte Architekt AKNW; Köln

veröffentlicht: BKI Objektdaten N10

---

**6100-0682 Reihenhäuser (4 WE) - Passivhaus**

| BRI 2.913 m³ | BGF 987 m² | NUF 748 m² |

Vier Reihenhäuser im Passivhausstandard (600 m² WFL). Stb-Keller; Holzständerwände; Stb-Decken, Leimholz-Kastendecken; Holz-Pultdach, Holzflachdach.

Land: Baden-Württemberg
Kreis: Rottweil
Standard: über Durchschnitt
Bauzeit: 39 Wochen
Kennwerte: bis 4. Ebene DIN 276

**BGF 1.512 €/m²**

Planung: Werkgruppe Freiburg Architekten; Freiburg

veröffentlicht: BKI Objektdaten E4

---

**6100-0892 Reihenmittelhaus - Passivhaus**

| BRI 1.117 m³ | BGF 347 m² | NUF 212 m² |

Reihenmittelhaus, Passivhaus in Holzrahmenbauweise (249 m² WFL). Holzrahmenkonstruktion.

Land: Bayern
Kreis: Erlangen, Stadt
Standard: über Durchschnitt
Bauzeit: 48 Wochen
Kennwerte: bis 1. Ebene DIN 276

**BGF 1.462 €/m²**

Planung: Architekturbüro Frau Farzaneh Nouri-Schellinger; Erlangen

veröffentlicht: BKI Objektdaten E4

## Objektübersicht zur Gebäudeart

### 6100-0542 Reihenmittelhaus     BRI 687 m³    BGF 235 m²    NUF 159 m²

Reihenmittelhaus (180 m² WFL II.BV), zunächst als freistehendes Haus errichtet. Mauerwerksbau.

Land: Baden-Württemberg
Kreis: Heidelberg, Stadt
Standard: über Durchschnitt
Bauzeit: 39 Wochen
Kennwerte: bis 3. Ebene DIN 276

BGF    1.881 €/m²

veröffentlicht: BKI Objektdaten N10

**Planung:** Architekt Dipl.-Ing. Alexander Böhm; Heidelberg

### 6100-0534 Reihenhaus     BRI 785 m³    BGF 262 m²    NUF 185 m²

Einfamilienhaus, Reihenhausbauweise (149 m² WFL). Mauerwerksbau, Holzdachkonstruktion.

Land: Baden-Württemberg
Kreis: Rhein-Neckar-Kreis
Standard: über Durchschnitt
Bauzeit: 26 Wochen
Kennwerte: bis 3. Ebene DIN 276

BGF    1.483 €/m²

www.bki.de

**Planung:** Architekt Dipl.-Ing. Alexander Böhm; Heidelberg

© **BKI** Baukosteninformationszentrum; Erläuterungen zu den Tabellen siehe Seite 56    Kostenstand: 1. Quartal 2022, Bundesdurchschnitt, **inkl. 19% MwSt.**

**Arbeitsblatt zur Standardeinordnung bei Mehrfamilienhäusern, mit bis zu 6 WE**

## Kostenkennwerte für die Kosten des Bauwerks (Kostengruppen 300+400 nach DIN 276)

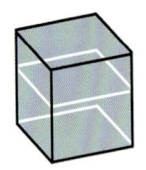

**BRI** 530 €/m³
von 430 €/m³
bis 685 €/m³

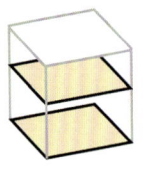

**BGF** 1.545 €/m²
von 1.220 €/m²
bis 2.020 €/m²

**NUF** 2.365 €/m²
von 1.765 €/m²
bis 3.190 €/m²

**NE** 2.940 €/NE
von 2.155 €/NE
bis 4.230 €/NE
NE: Wohnfläche

**Kosten:**
Stand 1. Quartal 2022
Bundesdurchschnitt
inkl. 19% MwSt.

### Standardzuordnung

(Diagramm: gesamt, einfach, mittel, hoch – Skala 500 bis 3500 €/m² BGF)

- KKW
- ▶ min
- ▷ von
- | Mittelwert
- ◁ bis
- ◀ max

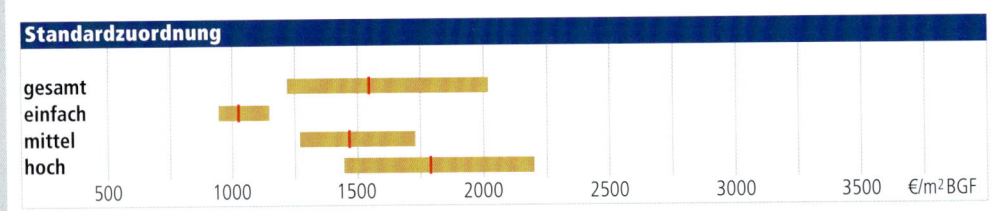

### Standardeinordnung für Ihr Projekt:

| KG | Kostengruppen der 2. Ebene | niedrig | mittel | hoch | Punkte |
|---|---|---|---|---|---|
| 310 | Baugrube / Erdbau | | | | |
| 320 | Gründung, Unterbau | 1 | 2 | 3 | |
| 330 | Außenwände/Vert. Konstrukt., außen | 6 | 7 | 9 | |
| 340 | Innenwände/Vert. Baukonstrukt., innen | 3 | 4 | 5 | |
| 350 | Decken/Horizontale Baukonstruktionen | 5 | 6 | 7 | |
| 360 | Dächer | 3 | 3 | 4 | |
| 370 | Infrastrukturanlagen | | | | |
| 380 | Baukonstruktive Einbauten | 0 | 0 | 0 | |
| 390 | Sonst. Maßnahmen für Baukonstrukt. | | | | |
| 410 | Abwasser-, Wasser-, Gasanlagen | 1 | 2 | 2 | |
| 420 | Wärmeversorgungsanlagen | 1 | 2 | 2 | |
| 430 | Raumlufttechnische Anlagen | 0 | 0 | 1 | |
| 440 | Elektrische Anlagen | 1 | 1 | 2 | |
| 450 | Kommunikationstechnische Anlagen | 0 | 0 | 0 | |
| 460 | Förderanlagen | 0 | 0 | 0 | |
| 470 | Nutzungsspez. u. verfahrenstechn. Anl. | 0 | 0 | 0 | |
| 480 | Gebäude- und Anlagenautomation | 0 | 0 | 0 | |
| 490 | Sonst. Maßnahmen für techn. Anlagen | | | | |

Punkte: 21 bis 24 = einfach   25 bis 31 = mittel   32 bis 35 = hoch     Ihr Projekt (Summe):

**Erläuterung:**
Obenstehende Tabelle soll Ihnen die Zuordnung zu den Gebäudearten mit einfachem, mittlerem und hohem Standard erleichtern. Schätzen Sie für jedes Grobelement ab, ob die Aufwendungen niedrig, mittel oder hoch sein werden und übertragen Sie die Punkte in die rechte Spalte. Bilden Sie die Summe der rechten Spalte und ordnen Sie Ihr Projekt nach dem Schema der untersten Zeile ein. Nehmen Sie dieses Schema auch als Hinweis darauf, bei welchen Kostengruppen Sie den Mittelwert nach oben oder unten anpassen sollten.

© BKI Baukosteninformationszentrum; Erläuterungen zu den Tabellen siehe Seite 58    Kostenstand: 1. Quartal 2022, Bundesdurchschnitt, **inkl. 19% MwSt.**

## Kostenkennwerte für die Kostengruppen der 1. und 2. Ebene DIN 276

| KG | Kostengruppen der 1. Ebene | Einheit | ▷ | €/Einheit | ◁ | ▷ | % an 300+400 | ◁ |
|---|---|---|---|---|---|---|---|---|
| 100 | Grundstück | m²GF | – | – | – | – | – | – |
| 200 | Vorbereitende Maßnahmen | m²GF | 20 | **56** | 182 | 1,0 | **2,7** | 6,3 |
| 300 | Bauwerk – Baukonstruktionen | m²BGF | 993 | **1.242** | 1.632 | 76,9 | **80,5** | 83,9 |
| 400 | Bauwerk – Technische Anlagen | m²BGF | 219 | **305** | 424 | 16,1 | **19,5** | 23,1 |
|  | Bauwerk (300+400) | m²BGF | 1.222 | **1.547** | 2.020 | 100,0 | **100,0** | 100,0 |
| 500 | Außenanlagen und Freiflächen | m²AF | 78 | **171** | 359 | 2,6 | **4,9** | 8,9 |
| 600 | Ausstattung und Kunstwerke | m²BGF | 9 | **20** | 54 | 0,5 | **1,0** | 2,3 |
| 700 | Baunebenkosten* | m²BGF | 331 | **369** | 407 | 21,7 | **24,2** | 26,7 |
| 800 | Finanzierung | m²BGF | – | – | – | – | – | – |

\* Auf Grundlage der HOAI 2021 berechnete Werte nach §§ 35, 52, 56. Weitere Informationen siehe Seite 50

| KG | Kostengruppen der 2. Ebene | Einheit | ▷ | €/Einheit | ◁ | ▷ | % an 1. Ebene | ◁ |
|---|---|---|---|---|---|---|---|---|
| 310 | Baugrube / Erdbau | m³BGI | 22 | **38** | 71 | 0,8 | **2,5** | 3,9 |
| 320 | Gründung, Unterbau | m²GRF | 208 | **317** | 554 | 5,5 | **7,7** | 10,5 |
| 330 | Außenwände / vertikal außen | m²AWF | 341 | **416** | 495 | 25,3 | **29,5** | 33,0 |
| 340 | Innenwände / vertikal innen | m²IWF | 188 | **221** | 260 | 13,9 | **16,6** | 21,4 |
| 350 | Decken / horizontal | m²DEF | 342 | **421** | 489 | 19,3 | **24,2** | 28,0 |
| 360 | Dächer | m²DAF | 321 | **479** | 718 | 12,2 | **14,6** | 18,1 |
| 370 | Infrastrukturanlagen | | – | – | – | – | – | – |
| 380 | Baukonstruktive Einbauten | m²BGF | 2 | **6** | 28 | < 0,1 | **0,2** | 1,2 |
| 390 | Sonst. Maßnahmen für Baukonst. | m²BGF | 22 | **57** | 104 | 2,3 | **4,8** | 9,5 |
| **300** | **Bauwerk – Baukonstruktionen** | **m²BGF** | | | | | **100,0** | |
| 410 | Abwasser-, Wasser-, Gasanlagen | m²BGF | 60 | **84** | 110 | 22,3 | **32,6** | 40,5 |
| 420 | Wärmeversorgungsanlagen | m²BGF | 60 | **89** | 123 | 24,7 | **33,7** | 41,4 |
| 430 | Raumlufttechnische Anlagen | m²BGF | 4 | **12** | 37 | 0,8 | **2,9** | 10,4 |
| 440 | Elektrische Anlagen | m²BGF | 40 | **61** | 102 | 17,0 | **22,8** | 34,0 |
| 450 | Kommunikationstechnische Anlagen | m²BGF | 6 | **10** | 17 | 1,6 | **3,6** | 5,1 |
| 460 | Förderanlagen | m²BGF | 47 | **51** | 56 | 0,0 | **4,3** | 14,8 |
| 470 | Nutzungsspez. / verfahrenstech. Anl. | m²BGF | < 1 | **< 1** | < 1 | 0,0 | **< 0,1** | 0,2 |
| 480 | Gebäude- und Anlagenautomation | m²BGF | – | – | – | – | – | – |
| 490 | Sonst. Maßnahmen f. techn. Anl. | m²BGF | < 1 | **< 1** | < 1 | < 0,1 | **< 0,1** | 0,1 |
| **400** | **Bauwerk – Technische Anlagen** | **m²BGF** | | | | | **100,0** | |

### Prozentanteile der Kosten 2. Ebene an den Kosten des Bauwerks nach DIN 276 (Von/Mittel/Bis)

| KG | Bezeichnung | Mittel |
|---|---|---|
| 310 | Baugrube / Erdbau | 2,0 |
| 320 | Gründung, Unterbau | 6,2 |
| 330 | Außenwände / vertikal außen | 23,9 |
| 340 | Innenwände / vertikal innen | 13,5 |
| 350 | Decken / horizontal | 19,7 |
| 360 | Dächer | 11,9 |
| 370 | Infrastrukturanlagen | |
| 380 | Baukonstruktive Einbauten | 0,2 |
| 390 | Sonst. Maßnahmen für Baukonst. | 3,9 |
| 410 | Abwasser-, Wasser-, Gasanlagen | 6,0 |
| 420 | Wärmeversorgungsanlagen | 6,2 |
| 430 | Raumlufttechnische Anlagen | 0,6 |
| 440 | Elektrische Anlagen | 4,4 |
| 450 | Kommunikationstechnische Anlagen | 0,7 |
| 460 | Förderanlagen | 0,9 |
| 470 | Nutzungsspez. / verfahrenstech. Anl. | < 0,1 |
| 480 | Gebäude- und Anlagenautomation | |
| 490 | Sonst. Maßnahmen f. techn. Anl. | < 0,1 |

© BKI Baukosteninformationszentrum; Erläuterungen zu den Tabellen siehe Seite 48 und 50   Kostenstand: 1. Quartal 2022, Bundesdurchschnitt, inkl. 19% MwSt.

# Mehrfamilienhäuser, mit bis zu 6 WE

## Prozentanteile der Kosten für Leistungsbereiche nach STLB (Kosten Bauwerk nach DIN 276)

Kosten: Stand 1. Quartal 2022 Bundesdurchschnitt inkl. 19% MwSt.

| LB | Leistungsbereiche | von | Mittelwert | bis |
|---|---|---|---|---|
| 000 | Sicherheits-, Baustelleneinrichtungen inkl. 001 | 1,4 | 2,4 | 4,3 |
| 002 | Erdarbeiten | 1,1 | 2,2 | 3,4 |
| 006 | Spezialtiefbauarbeiten inkl. 005 | – | – | – |
| 009 | Entwässerungskanalarbeiten inkl. 011 | 0,2 | 0,6 | 1,6 |
| 010 | Drän- und Versickerarbeiten | < 0,1 | 0,2 | 0,6 |
| 012 | Mauerarbeiten | 5,7 | 9,5 | 14,5 |
| 013 | Betonarbeiten | 11,7 | 17,7 | 20,9 |
| 014 | Natur-, Betonwerksteinarbeiten | 0,1 | 1,3 | 2,7 |
| 016 | Zimmer- und Holzbauarbeiten | 2,3 | 4,6 | 9,1 |
| 017 | Stahlbauarbeiten | < 0,1 | 0,5 | 4,0 |
| 018 | Abdichtungsarbeiten | 0,1 | 0,6 | 1,1 |
| 020 | Dachdeckungsarbeiten | 0,9 | 2,8 | 5,2 |
| 021 | Dachabdichtungsarbeiten | 0,2 | 1,5 | 4,0 |
| 022 | Klempnerarbeiten | 1,0 | 2,2 | 4,9 |
| | **Rohbau** | **42,1** | **46,1** | **49,9** |
| 023 | Putz- und Stuckarbeiten, Wärmedämmsysteme | 4,1 | 6,7 | 10,1 |
| 024 | Fliesen- und Plattenarbeiten | 2,0 | 3,6 | 5,8 |
| 025 | Estricharbeiten | 1,5 | 1,9 | 2,3 |
| 026 | Fenster, Außentüren inkl. 029, 032 | 4,3 | 6,2 | 8,9 |
| 027 | Tischlerarbeiten | 2,0 | 3,4 | 5,1 |
| 028 | Parkettarbeiten, Holzpflasterarbeiten | 0,0 | 1,0 | 2,3 |
| 030 | Rollladenarbeiten | 0,4 | 1,2 | 2,1 |
| 031 | Metallbauarbeiten inkl. 035 | 1,6 | 3,5 | 7,3 |
| 034 | Maler- und Lackiererarbeiten inkl. 037 | 2,2 | 3,2 | 5,3 |
| 036 | Bodenbelagarbeiten | 0,2 | 1,0 | 2,9 |
| 038 | Vorgehängte hinterlüftete Fassaden | 0,0 | 0,2 | 1,6 |
| 039 | Trockenbauarbeiten | 2,1 | 3,7 | 6,1 |
| | **Ausbau** | **32,2** | **35,7** | **40,3** |
| 040 | Wärmeversorgungsanl. - Betriebseinr. inkl. 041 | 4,1 | 5,4 | 6,8 |
| 042 | Gas- und Wasserinstallation, Leitungen inkl. 043 | 1,0 | 2,1 | 3,9 |
| 044 | Abwasseranlagen - Leitungen | 0,2 | 0,9 | 1,7 |
| 045 | GWE-Einrichtungsgegenstände inkl. 046 | 0,7 | 2,0 | 3,7 |
| 047 | Dämmarbeiten an betriebstechnischen Anlagen | 0,2 | 0,5 | 1,1 |
| 049 | Feuerlöschanlagen, Feuerlöschgeräte | 0,0 | < 0,1 | < 0,1 |
| 050 | Blitzschutz- und Erdungsanlagen | < 0,1 | 0,2 | 0,3 |
| 052 | Mittelspannungsanlagen | – | – | – |
| 053 | Niederspannungsanlagen inkl. 054 | 2,8 | 4,0 | 6,7 |
| 055 | Sicherheits- u. Ersatzstromversorgungsanl. | – | – | – |
| 057 | Gebäudesystemtechnik | 0,0 | < 0,1 | 0,3 |
| 058 | Leuchten und Lampen inkl. 059 | 0,1 | 0,4 | 0,9 |
| 060 | Sprechanlagen, elektroakust. Anlagen inkl. 064 | < 0,1 | 0,2 | 0,5 |
| 061 | Kommunikationsnetze inkl. 062 | < 0,1 | 0,3 | 0,5 |
| 063 | Gefahrenmeldeanlagen | 0,0 | < 0,1 | 0,2 |
| 069 | Aufzüge | 0,0 | 1,3 | 3,7 |
| 070 | Gebäudeautomation | – | – | – |
| 075 | Raumlufttechnische Anlagen inkl. 078 | 0,1 | 0,4 | 1,7 |
| | **Gebäudetechnik** | **13,6** | **17,7** | **20,8** |
| | Sonstige Leistungsbereiche inkl. 008, 033, 051 | 0,1 | 0,5 | 1,1 |

- KKW
- ▶ min
- ▷ von
- | Mittelwert
- ◁ bis
- ◀ max

© BKI Baukosteninformationszentrum; Erläuterungen zu den Tabellen siehe Seite 52
Kostenstand: 1. Quartal 2022, Bundesdurchschnitt, inkl. 19% MwSt.

## Planungskennwerte für Flächen und Rauminhalte nach DIN 277

| Grundflächen | | ▷ | Fläche/NUF (%) | ◁ | ▷ | Fläche/BGF (%) | ◁ |
|---|---|---|---|---|---|---|---|
| NUF | Nutzungsfläche | 100,0 | **100,0** | 100,0 | 61,2 | **66,6** | 70,6 |
| TF | Technikfläche | 2,6 | **3,3** | 6,9 | 1,7 | **2,1** | 3,9 |
| VF | Verkehrsfläche | 16,8 | **21,7** | 37,3 | 10,7 | **13,6** | 19,4 |
| NRF | Netto-Raumfläche | 120,3 | **125,0** | 142,1 | 78,9 | **82,3** | 84,7 |
| KGF | Konstruktions-Grundfläche | 23,0 | **27,2** | 33,6 | 15,3 | **17,7** | 21,1 |
| BGF | Brutto-Grundfläche | 144,1 | **152,2** | 170,5 | 100,0 | **100,0** | 100,0 |

| Brutto-Rauminhalte | | ▷ | BRI/NUF (m) | ◁ | ▷ | BRI/BGF (m) | ◁ |
|---|---|---|---|---|---|---|---|
| BRI | Brutto-Rauminhalt | 4,13 | **4,46** | 5,25 | 2,77 | **2,92** | 3,15 |

| Flächen von Nutzeinheiten | | ▷ | NUF/Einheit (m²) | ◁ | ▷ | BGF/Einheit (m²) | ◁ |
|---|---|---|---|---|---|---|---|
| Nutzeinheit: Wohnfläche | | 1,13 | **1,23** | 1,38 | 1,71 | **1,89** | 2,36 |

| Lufttechnisch behandelte Flächen | | ▷ | Fläche/NUF (%) | ◁ | ▷ | Fläche/BGF (%) | ◁ |
|---|---|---|---|---|---|---|---|
| Entlüftete Fläche | | 7,0 | **7,0** | 7,0 | 4,6 | **4,6** | 4,6 |
| Be- und entlüftete Fläche | | 83,0 | **83,0** | 83,0 | 46,6 | **46,6** | 46,6 |
| Teilklimatisierte Fläche | | – | – | – | – | – | – |
| Klimatisierte Fläche | | – | – | – | – | – | – |

| KG | Kostengruppen (2. Ebene) | Einheit | ▷ | Menge/NUF | ◁ | ▷ | Menge/BGF | ◁ |
|---|---|---|---|---|---|---|---|---|
| 310 | Baugrube / Erdbau | m³ BGI | 0,98 | **1,43** | 1,88 | 0,70 | **0,94** | 1,16 |
| 320 | Gründung, Unterbau | m² GRF | 0,42 | **0,44** | 0,53 | 0,27 | **0,30** | 0,34 |
| 330 | Außenwände / vertikal außen | m² AWF | 1,04 | **1,20** | 1,37 | 0,72 | **0,81** | 0,91 |
| 340 | Innenwände / vertikal innen | m² IWF | 1,08 | **1,24** | 1,32 | 0,76 | **0,84** | 0,92 |
| 350 | Decken / horizontal | m² DEF | 0,81 | **0,96** | 1,10 | 0,56 | **0,65** | 0,68 |
| 360 | Dächer | m² DAF | 0,48 | **0,54** | 0,59 | 0,32 | **0,37** | 0,43 |
| 370 | Infrastrukturanlagen | | – | – | – | – | – | – |
| 380 | Baukonstruktive Einbauten | m² BGF | 1,44 | **1,52** | 1,70 | 1,00 | **1,00** | 1,00 |
| 390 | Sonst. Maßnahmen für Baukonst. | m² BGF | 1,44 | **1,52** | 1,70 | 1,00 | **1,00** | 1,00 |
| **300** | **Bauwerk – Baukonstruktionen** | m² BGF | 1,44 | **1,52** | 1,70 | 1,00 | **1,00** | 1,00 |

## Planungskennwerte für Bauzeiten

**Bauzeit in Wochen**

gesamt, einfach, mittel, hoch

© BKI Baukosteninformationszentrum; Erläuterungen zu den Tabellen siehe Seite 54    Kostenstand: 1. Quartal 2022, Bundesdurchschnitt, inkl. 19% MwSt.

**Mehrfamilienhäuser, mit bis zu 6 WE, einfacher Standard**

## Kostenkennwerte für die Kosten des Bauwerks (Kostengruppen 300+400 nach DIN 276)

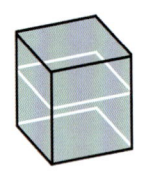

**BRI** 385 €/m³
von 325 €/m³
bis 440 €/m³

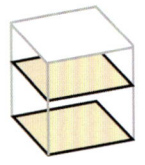

**BGF** 1.025 €/m²
von 950 €/m²
bis 1.150 €/m²

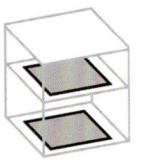

**NUF** 1.545 €/m²
von 1.300 €/m²
bis 1.755 €/m²

**NE** 1.930 €/NE
von 1.715 €/NE
bis 2.250 €/NE
NE: Wohnfläche

### Objektbeispiele

**Kosten:**
Stand 1. Quartal 2022
Bundesdurchschnitt
inkl. 19% MwSt.

6100-0213
6100-0522 
6100-0700 
6100-0219 
6100-0267 
6100-0702 

### Kosten der 9 Vergleichsobjekte — Seiten 552 bis 554

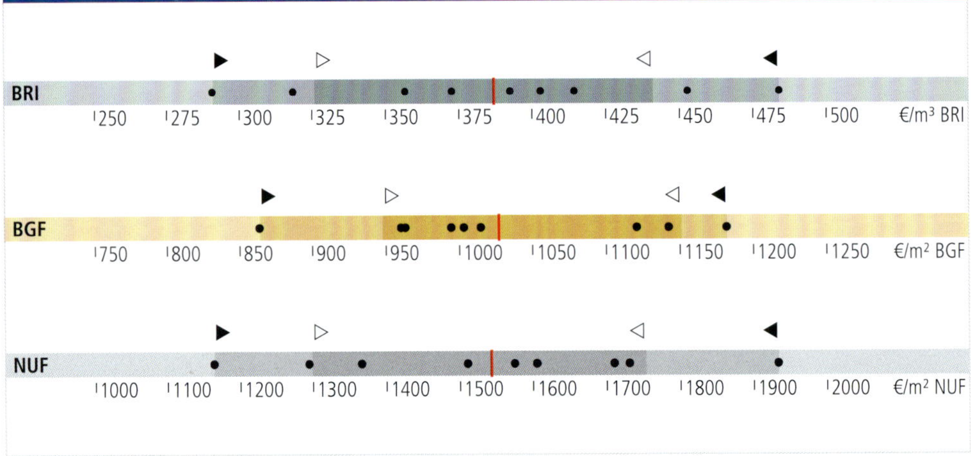

- ● KKW
- ▶ min
- ▷ von
- | Mittelwert
- ◁ bis
- ◀ max

BRI: 250 … 500 €/m³ BRI
BGF: 750 … 1250 €/m² BGF
NUF: 1000 … 2000 €/m² NUF

© BKI Baukosteninformationszentrum; Erläuterungen zu den Tabellen siehe Seite 46   Kostenstand: 1. Quartal 2022, Bundesdurchschnitt, **inkl. 19% MwSt.**

## Kostenkennwerte für die Kostengruppen der 1. und 2. Ebene DIN 276

| KG | Kostengruppen der 1. Ebene | Einheit | ▷ | €/Einheit | ◁ | ▷ | % an 300+400 | ◁ |
|---|---|---|---|---|---|---|---|---|
| 100 | Grundstück | m²GF | – | – | – | – | – | – |
| 200 | Vorbereitende Maßnahmen | m²GF | 20 | **22** | 24 | 1,1 | **1,7** | 3,1 |
| 300 | Bauwerk – Baukonstruktionen | m²BGF | 782 | **854** | 949 | 80,2 | **83,1** | 85,6 |
| 400 | Bauwerk – Technische Anlagen | m²BGF | 138 | **173** | 202 | 14,4 | **16,9** | 19,8 |
|  | Bauwerk (300+400) | m²BGF | 948 | **1.027** | 1.151 | 100,0 | **100,0** | 100,0 |
| 500 | Außenanlagen und Freiflächen | m²AF | 79 | **99** | 115 | 3,3 | **4,6** | 6,5 |
| 600 | Ausstattung und Kunstwerke | m²BGF | 3 | **3** | 3 | 0,2 | **0,2** | 0,2 |
| 700 | Baunebenkosten* | m²BGF | 242 | **270** | 298 | 23,5 | **26,3** | 29,0 |
| 800 | Finanzierung | m²BGF | – | – | – | – | – | – |

\* Auf Grundlage der HOAI 2021 berechnete Werte nach §§ 35, 52, 56. Weitere Informationen siehe Seite 50

| KG | Kostengruppen der 2. Ebene | Einheit | ▷ | €/Einheit | ◁ | ▷ | % an 1. Ebene | ◁ |
|---|---|---|---|---|---|---|---|---|
| 310 | Baugrube / Erdbau | m³BGI | 6 | **18** | 24 | 0,7 | **1,7** | 3,0 |
| 320 | Gründung, Unterbau | m²GRF | 162 | **215** | 316 | 6,2 | **8,1** | 11,9 |
| 330 | Außenwände / vertikal außen | m²AWF | 279 | **307** | 358 | 19,1 | **26,5** | 31,3 |
| 340 | Innenwände / vertikal innen | m²IWF | 176 | **219** | 280 | 16,6 | **20,8** | 28,1 |
| 350 | Decken / horizontal | m²DEF | 257 | **366** | 423 | 25,3 | **26,0** | 27,3 |
| 360 | Dächer | m²DAF | 268 | **277** | 296 | 10,9 | **14,2** | 15,9 |
| 370 | Infrastrukturanlagen |  | – | – | – | – | – | – |
| 380 | Baukonstruktive Einbauten | m²BGF | 2 | **3** | 4 | 0,0 | **0,2** | 0,4 |
| 390 | Sonst. Maßnahmen für Baukonst. | m²BGF | 16 | **20** | 29 | 1,8 | **2,5** | 3,9 |
| **300** | **Bauwerk – Baukonstruktionen** | m²BGF |  |  |  |  | **100,0** |  |
| 410 | Abwasser-, Wasser-, Gasanlagen | m²BGF | 51 | **60** | 77 | 31,9 | **38,1** | 41,8 |
| 420 | Wärmeversorgungsanlagen | m²BGF | 50 | **55** | 66 | 32,2 | **35,3** | 36,8 |
| 430 | Raumlufttechnische Anlagen | m²BGF | 2 | **4** | 6 | 0,3 | **1,4** | 3,4 |
| 440 | Elektrische Anlagen | m²BGF | 30 | **36** | 46 | 20,1 | **23,0** | 28,3 |
| 450 | Kommunikationstechnische Anlagen | m²BGF | 3 | **5** | 7 | 0,0 | **2,1** | 3,6 |
| 460 | Förderanlagen | m²BGF | – | – | – | – | – | – |
| 470 | Nutzungsspez. / verfahrenstech. Anl. | m²BGF | < 1 | **< 1** | < 1 | 0,0 | **< 0,1** | 0,2 |
| 480 | Gebäude- und Anlagenautomation | m²BGF | – | – | – | – | – | – |
| 490 | Sonst. Maßnahmen f. techn. Anl. | m²BGF | – | – | – | – | – | – |
| **400** | **Bauwerk – Technische Anlagen** | m²BGF |  |  |  |  | **100,0** |  |

### Prozentanteile der Kosten 2. Ebene an den Kosten des Bauwerks nach DIN 276 (Von/Mittel/Bis)

| KG | Kostengruppe | Mittel (%) |
|---|---|---|
| 310 | Baugrube / Erdbau | 1,4 |
| 320 | Gründung, Unterbau | 6,8 |
| 330 | Außenwände / vertikal außen | 22,4 |
| 340 | Innenwände / vertikal innen | 17,4 |
| 350 | Decken / horizontal | 21,8 |
| 360 | Dächer | 11,9 |
| 370 | Infrastrukturanlagen |  |
| 380 | Baukonstruktive Einbauten | 0,2 |
| 390 | Sonst. Maßnahmen für Baukonst. | 2,1 |
| 410 | Abwasser-, Wasser-, Gasanlagen | 6,1 |
| 420 | Wärmeversorgungsanlagen | 5,6 |
| 430 | Raumlufttechnische Anlagen | 0,2 |
| 440 | Elektrische Anlagen | 3,6 |
| 450 | Kommunikationstechnische Anlagen | 0,3 |
| 460 | Förderanlagen |  |
| 470 | Nutzungsspez. / verfahrenstech. Anl. | < 0,1 |
| 480 | Gebäude- und Anlagenautomation |  |
| 490 | Sonst. Maßnahmen f. techn. Anl. |  |

© BKI Baukosteninformationszentrum; Erläuterungen zu den Tabellen siehe Seite 48 und 50    Kostenstand: 1. Quartal 2022, Bundesdurchschnitt, **inkl. 19% MwSt.**

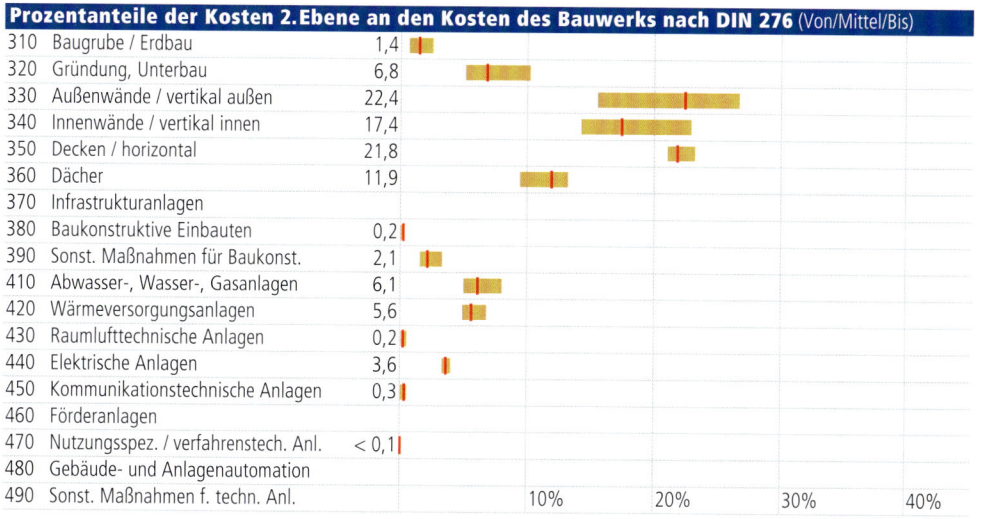

**Mehrfamilienhäuser, mit bis zu 6 WE, einfacher Standard**

## Prozentanteile der Kosten für Leistungsbereiche nach STLB (Kosten Bauwerk nach DIN 276)

| LB | Leistungsbereiche | ▷ % an 300+400 ◁ | | |
|---|---|---|---|---|
| 000 | Sicherheits-, Baustelleneinrichtungen inkl. 001 | 0,8 | **1,7** | 2,2 |
| 002 | Erdarbeiten | 1,4 | **2,1** | 3,5 |
| 006 | Spezialtiefbauarbeiten inkl. 005 | – | – | – |
| 009 | Entwässerungskanalarbeiten inkl. 011 | 0,2 | **0,7** | 1,9 |
| 010 | Drän- und Versickerarbeiten | < 0,1 | **0,3** | 0,7 |
| 012 | Mauerarbeiten | 8,3 | **10,8** | 12,9 |
| 013 | Betonarbeiten | 16,2 | **18,4** | 20,0 |
| 014 | Natur-, Betonwerksteinarbeiten | 0,0 | **0,7** | 2,0 |
| 016 | Zimmer- und Holzbauarbeiten | 2,3 | **4,0** | 7,7 |
| 017 | Stahlbauarbeiten | 0,0 | **< 0,1** | 0,1 |
| 018 | Abdichtungsarbeiten | 0,4 | **0,7** | 0,9 |
| 020 | Dachdeckungsarbeiten | 0,6 | **2,6** | 4,2 |
| 021 | Dachabdichtungsarbeiten | 0,2 | **1,1** | 2,2 |
| 022 | Klempnerarbeiten | 0,9 | **1,7** | 2,4 |
|  | **Rohbau** | 41,7 | **44,9** | 50,5 |
| 023 | Putz- und Stuckarbeiten, Wärmedämmsysteme | 5,0 | **8,6** | 12,0 |
| 024 | Fliesen- und Plattenarbeiten | 2,1 | **4,0** | 5,0 |
| 025 | Estricharbeiten | 2,0 | **2,2** | 2,6 |
| 026 | Fenster, Außentüren inkl. 029, 032 | 3,2 | **4,8** | 7,3 |
| 027 | Tischlerarbeiten | 1,5 | **3,3** | 5,0 |
| 028 | Parkettarbeiten, Holzpflasterarbeiten | 0,0 | **0,5** | 2,8 |
| 030 | Rollladenarbeiten | 0,0 | **0,5** | 0,8 |
| 031 | Metallbauarbeiten inkl. 035 | 2,7 | **3,8** | 6,0 |
| 034 | Maler- und Lackiererarbeiten inkl. 037 | 3,1 | **4,4** | 5,2 |
| 036 | Bodenbelagarbeiten | 0,9 | **2,1** | 3,3 |
| 038 | Vorgehängte hinterlüftete Fassaden | 0,0 | **0,5** | 2,8 |
| 039 | Trockenbauarbeiten | 2,9 | **4,2** | 7,3 |
|  | **Ausbau** | 32,7 | **38,9** | 41,9 |
| 040 | Wärmeversorgungsanl. - Betriebseinr. inkl. 041 | 4,0 | **4,9** | 5,8 |
| 042 | Gas- und Wasserinstallation, Leitungen inkl. 043 | 0,6 | **2,5** | 4,5 |
| 044 | Abwasseranlagen - Leitungen | < 0,1 | **0,8** | 2,3 |
| 045 | GWE-Einrichtungsgegenstände inkl. 046 | 0,2 | **1,8** | 5,6 |
| 047 | Dämmarbeiten an betriebstechnischen Anlagen | 0,1 | **0,4** | 1,3 |
| 049 | Feuerlöschanlagen, Feuerlöschgeräte | 0,0 | **< 0,1** | < 0,1 |
| 050 | Blitzschutz- und Erdungsanlagen | < 0,1 | **< 0,1** | 0,2 |
| 052 | Mittelspannungsanlagen | – | – | – |
| 053 | Niederspannungsanlagen inkl. 054 | 2,9 | **3,2** | 3,6 |
| 055 | Sicherheits- u. Ersatzstromversorgungsanl. | – | – | – |
| 057 | Gebäudesystemtechnik | – | – | – |
| 058 | Leuchten und Lampen inkl. 059 | < 0,1 | **0,2** | 0,3 |
| 060 | Sprechanlagen, elektroakust. Anlagen inkl. 064 | 0,0 | **< 0,1** | 0,2 |
| 061 | Kommunikationsnetze inkl. 062 | 0,0 | **< 0,1** | 0,3 |
| 063 | Gefahrenmeldeanlagen | – | – | – |
| 069 | Aufzüge | 0,0 | **1,6** | 4,8 |
| 070 | Gebäudeautomation | – | – | – |
| 075 | Raumlufttechnische Anlagen inkl. 078 | < 0,1 | **0,2** | 0,4 |
|  | **Gebäudetechnik** | 12,7 | **15,8** | 18,7 |
|  | Sonstige Leistungsbereiche inkl. 008, 033, 051 | 0,2 | **0,4** | 1,0 |

**Kosten:**
Stand 1. Quartal 2022
Bundesdurchschnitt
inkl. 19% MwSt.

- KKW
- ▶ min
- ▷ von
- | Mittelwert
- ◁ bis
- ◀ max

## Planungskennwerte für Flächen und Rauminhalte nach DIN 277

| Grundflächen | | ▷ | Fläche/NUF (%) | ◁ | ▷ | Fläche/BGF (%) | ◁ |
|---|---|---|---|---|---|---|---|
| NUF | Nutzungsfläche | 100,0 | **100,0** | 100,0 | 65,3 | **67,1** | 69,0 |
| TF | Technikfläche | 2,4 | **2,8** | 3,6 | 1,6 | **1,8** | 2,2 |
| VF | Verkehrsfläche | 18,3 | **21,8** | 24,5 | 12,3 | **14,4** | 16,1 |
| NRF | Netto-Raumfläche | 120,5 | **124,6** | 128,2 | 81,2 | **83,4** | 84,7 |
| KGF | Konstruktions-Grundfläche | 22,8 | **25,0** | 31,2 | 15,3 | **16,6** | 18,8 |
| BGF | Brutto-Grundfläche | 145,9 | **149,6** | 154,1 | 100,0 | **100,0** | 100,0 |

| Brutto-Rauminhalte | | ▷ | BRI/NUF (m) | ◁ | ▷ | BRI/BGF (m) | ◁ |
|---|---|---|---|---|---|---|---|
| BRI | Brutto-Rauminhalt | 3,76 | **4,01** | 4,33 | 2,46 | **2,69** | 2,86 |

| Flächen von Nutzeinheiten | ▷ | NUF/Einheit (m²) | ◁ | ▷ | BGF/Einheit (m²) | ◁ |
|---|---|---|---|---|---|---|
| Nutzeinheit: Wohnfläche | 1,16 | **1,24** | 1,32 | 1,75 | **1,87** | 1,96 |

| Lufttechnisch behandelte Flächen | ▷ | Fläche/NUF (%) | ◁ | ▷ | Fläche/BGF (%) | ◁ |
|---|---|---|---|---|---|---|
| Entlüftete Fläche | 5,8 | **5,8** | 5,8 | 4,3 | **4,3** | 4,3 |
| Be- und entlüftete Fläche | – | **–** | – | – | **–** | – |
| Teilklimatisierte Fläche | – | **–** | – | – | **–** | – |
| Klimatisierte Fläche | – | **–** | – | – | **–** | – |

| KG | Kostengruppen (2. Ebene) | Einheit | ▷ | Menge/NUF | ◁ | ▷ | Menge/BGF | ◁ |
|---|---|---|---|---|---|---|---|---|
| 310 | Baugrube / Erdbau | m³ BGI | 0,96 | **0,96** | 1,09 | 0,69 | **0,69** | 0,83 |
| 320 | Gründung, Unterbau | m² GRF | 0,44 | **0,44** | 0,49 | 0,32 | **0,32** | 0,33 |
| 330 | Außenwände / vertikal außen | m² AWF | 0,92 | **1,01** | 1,01 | 0,65 | **0,72** | 0,72 |
| 340 | Innenwände / vertikal innen | m² IWF | 1,07 | **1,09** | 1,09 | 0,78 | **0,78** | 0,83 |
| 350 | Decken / horizontal | m² DEF | 0,76 | **0,85** | 0,85 | 0,58 | **0,61** | 0,61 |
| 360 | Dächer | m² DAF | 0,59 | **0,59** | 0,60 | 0,42 | **0,42** | 0,42 |
| 370 | Infrastrukturanlagen | | – | **–** | – | – | **–** | – |
| 380 | Baukonstruktive Einbauten | m² BGF | 1,46 | **1,50** | 1,54 | 1,00 | **1,00** | 1,00 |
| 390 | Sonst. Maßnahmen für Baukonst. | m² BGF | 1,46 | **1,50** | 1,54 | 1,00 | **1,00** | 1,00 |
| **300** | **Bauwerk – Baukonstruktionen** | m² BGF | 1,46 | **1,50** | 1,54 | 1,00 | **1,00** | 1,00 |

## Planungskennwerte für Bauzeiten — 9 Vergleichsobjekte

**Bauzeit in Wochen**

© BKI Baukosteninformationszentrum; Erläuterungen zu den Tabellen siehe Seite 54  Kostenstand: 1. Quartal 2022, Bundesdurchschnitt, inkl. 19% MwSt.

**Mehrfamilienhäuser, mit bis zu 6 WE, einfacher Standard**

## Objektübersicht zur Gebäudeart

### 6100-1381 Flüchtlingsunterkunft (6 WE) - Effizienzhaus 70*
**BRI** 1.384 m³ | **BGF** 493 m² | **NUF** 362 m²

€/m² BGF
- min: 865 €/m²
- von: 950 €/m²
- Mittel: **1.025 €/m²**
- bis: 1.150 €/m²
- max: 1.180 €/m²

Flüchtlingsunterkunft mit 6 Wohneinheiten für 29 Betten. Mauerwerksbau.

Land: Baden-Württemberg
Kreis: Rems-Murr-Kreis
Standard: unter Durchschnitt
Bauzeit: 48 Wochen
Kennwerte: bis 1. Ebene DIN 276

**BGF 1.487 €/m²** *

Planung: archifaktur Freier Architekt Julian Bärlin; Winterbach

veröffentlicht: BKI Objektdaten E8
* Nicht in der Auswertung enthalten

**Kosten:**
Stand 1. Quartal 2022
Bundesdurchschnitt
inkl. 19% MwSt.

### 6100-1059 Mehrfamilienhaus (3 WE) - Effizienzhaus 85
**BRI** 1.232 m³ | **BGF** 472 m² | **NUF** 288 m²

Mehrfamilienhaus (3 WE) mit 230 m² Wohnfläche. Mauerwerksbau.

Land: Hessen
Kreis: Main-Taunus-Kreis
Standard: unter Durchschnitt
Bauzeit: 52 Wochen
Kennwerte: bis 1. Ebene DIN 276

**BGF 1.182 €/m²**

Planung: Stiehl + Lüders Baubetreuung GbR; Wiesbaden

veröffentlicht: BKI Objektdaten E6

### 6100-0698 Mehrfamilienhaus (4 WE)
**BRI** 1.479 m³ | **BGF** 706 m² | **NUF** 446 m²

Mehrfamilienwohnhaus mit vier Eigentumswohnungen. Mauerwerksbau; Stb-Filigrandecke; Holzsatteldach.

Land: Nordrhein-Westfalen
Kreis: Paderborn
Standard: unter Durchschnitt
Bauzeit: 30 Wochen
Kennwerte: bis 1. Ebene DIN 276

**BGF 1.015 €/m²**

Planung: jacobs. Architekturbüro; Paderborn

veröffentlicht: BKI Objektdaten N10

### 6100-0700 Mehrfamilienhaus (6 WE)
**BRI** 2.435 m³ | **BGF** 900 m² | **NUF** 583 m²

Mehrfamilienwohnhaus, 6 WE, Tiefgarage. Mauerwerksbau; Stb-Filigrandecke; Holzflachdach.

Land: Nordrhein-Westfalen
Kreis: Paderborn
Standard: unter Durchschnitt
Bauzeit: 43 Wochen
Kennwerte: bis 1. Ebene DIN 276

**BGF 1.121 €/m²**

Planung: jacobs. Architekturbüro; Paderborn

veröffentlicht: BKI Objektdaten N10

## Objektübersicht zur Gebäudeart

### 6100-0702 Mehrfamilienhaus (3 WE)

**BRI** 1.622 m³  **BGF** 663 m²  **NUF** 466 m²

Mehrfamilienwohnhaus mit 3 WE. Mauerwerksbau; Stb-Filigrandecke; Holzwalmdach.

Land: Nordrhein-Westfalen
Kreis: Paderborn
Standard: unter Durchschnitt
Bauzeit: 39 Wochen
Kennwerte: bis 1. Ebene DIN 276

**BGF** 960 €/m²

veröffentlicht: BKI Objektdaten N10

**Planung:** jacobs. Architekturbüro; Paderborn

---

### 6100-0522 Mehrfamilienhaus (4 WE), Carport

**BRI** 1.762 m³  **BGF** 621 m²  **NUF** 415 m²

Mehrfamilienhaus 4 WE (413 m² WFL II.BVO). Holzständerbau.

Land: Bayern
Kreis: Bad Kissingen
Standard: unter Durchschnitt
Bauzeit: 35 Wochen
Kennwerte: bis 4. Ebene DIN 276

**BGF** 1.142 €/m²

veröffentlicht: BKI Objektdaten N6

**Planung:** RICHTER I ARCHITEKTUR; Bad Brückenau

---

### 6100-0299 Mehrfamilienhaus (6 WE)

**BRI** 2.229 m³  **BGF** 708 m²  **NUF** 451 m²

Mehrfamilienwohnhaus mit 6 Wohnungen (331 m² WFL), unterkellert. Mauerwerksbau.

Land: Sachsen
Kreis: Meißen
Standard: unter Durchschnitt
Bauzeit: 39 Wochen
Kennwerte: bis 1. Ebene DIN 276

**BGF** 1.003 €/m²

veröffentlicht: BKI Objektdaten N3

**Planung:** Wolfgang Pilz Dipl. Ing. Architekt; Dresden

---

### 6100-0267 Mehrfamilienhaus (4 WE)

**BRI** 1.244 m³  **BGF** 466 m²  **NUF** 307 m²

Mehrfamilienwohnhaus (259 m² WFL II.BVO) mit zwei Dreizimmer- und zwei Zweizimmerwohnungen; Teilunterkellerung, Abstellräume, Hausanschlussraum. Mauerwerksbau.

Land: Bremen
Kreis: Bremen, Stadt
Standard: unter Durchschnitt
Bauzeit: 26 Wochen
Kennwerte: bis 1. Ebene DIN 276

**BGF** 994 €/m²

veröffentlicht: BKI Objektdaten N3

**Planung:** Uwe Meier Dipl.-Ing. Architekt; Bremen

---

© BKI Baukosteninformationszentrum; Erläuterungen zu den Tabellen siehe Seite 56    Kostenstand: 1. Quartal 2022, Bundesdurchschnitt, inkl. 19% MwSt.

**Mehrfamilienhäuser, mit bis zu 6 WE, einfacher Standard**

### Objektübersicht zur Gebäudeart

#### 6100-0213 Mehrfamilienhaus (6 WE)

**BRI** 2.685 m³ | **BGF** 904 m² | **NUF** 671 m²

Mehrfamilienhaus mit Büroeinheit im KG, pro Geschoss 2 Wohnungen, im DG über 2 Ebenen. Mauerwerksbau.

Land: Bayern
Kreis: Nürnberg, Stadt
Standard: unter Durchschnitt
Bauzeit: 26 Wochen
Kennwerte: bis 4. Ebene DIN 276

**BGF** 864 €/m²

**Planung:** Manfred Hierer Dipl.-Ing. Architekt; Cadolzburg

veröffentlicht: BKI Objektdaten N1

#### 6100-0219 Mehrfamilienhaus (6 WE), Doppelgarage

**BRI** 2.101 m³ | **BGF** 778 m² | **NUF** 579 m²

Mehrfamilienhaus mit 6 Wohnungen mit Terrasse oder Balkon (4x 2 Zimmer, 2x 3 Zimmer); Teilunterkellerung, getrennte Mieterkeller, Wasch- und Trockenraum, Fahrradabstellplatz. Mauerwerksbau.

Land: Hessen
Kreis: Darmstadt-Dieburg
Standard: unter Durchschnitt
Bauzeit: 65 Wochen
Kennwerte: bis 3. Ebene DIN 276

**BGF** 963 €/m²

**Planung:** Schlösser & Schepers Architekten a+p Architekten + Partner; Babenhausen

veröffentlicht: BKI Objektdaten N2

---

**€/m² BGF**

| | |
|---|---|
| min | 865 €/m² |
| von | 950 €/m² |
| Mittel | **1.025** €/m² |
| bis | 1.150 €/m² |
| max | 1.180 €/m² |

**Kosten:**
Stand 1. Quartal 2022
Bundesdurchschnitt
inkl. 19% MwSt.

**Wohnen**

**Mehrfamilienhäuser, mit bis zu 6 WE, mittlerer Standard**

## Kostenkennwerte für die Kosten des Bauwerks (Kostengruppen 300+400 nach DIN 276)

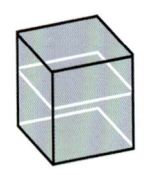

**BRI** 510 €/m³
von 445 €/m³
bis 590 €/m³

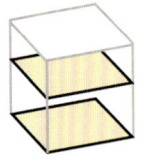

**BGF** 1.470 €/m²
von 1.270 €/m²
bis 1.730 €/m²

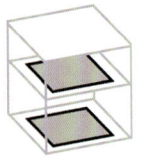

**NUF** 2.185 €/m²
von 1.825 €/m²
bis 2.760 €/m²

**NE** 2.720 €/NE
von 2.090 €/NE
bis 4.055 €/NE
NE: Wohnfläche

### Objektbeispiele

**Kosten:**
Stand 1. Quartal 2022
Bundesdurchschnitt
inkl. 19% MwSt.

6100-1521

6100-1453

6100-1543

### Kosten der 25 Vergleichsobjekte — Seiten 560 bis 566

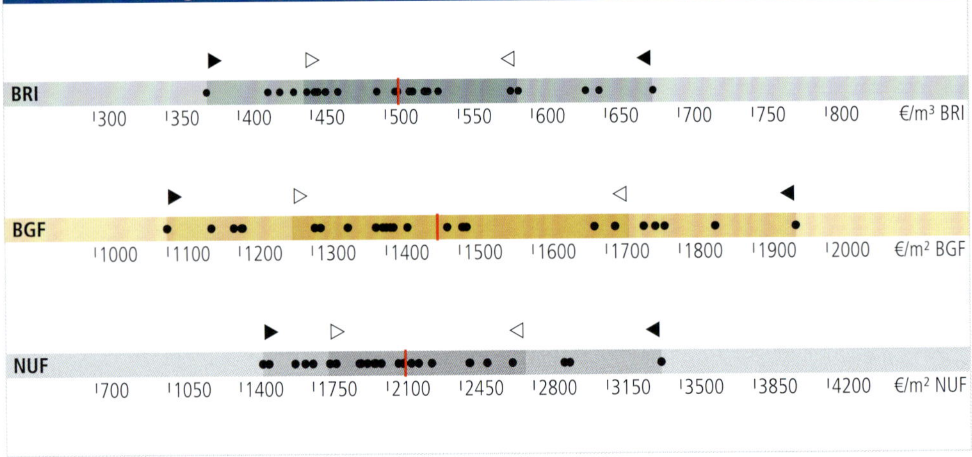

- ● KKW
- ▶ min
- ▷ von
- | Mittelwert
- ◁ bis
- ◀ max

BRI — €/m³ BRI
BGF — €/m² BGF
NUF — €/m² NUF

© BKI Baukosteninformationszentrum; Erläuterungen zu den Tabellen siehe Seite 46 — Kostenstand: 1. Quartal 2022, Bundesdurchschnitt, **inkl. 19% MwSt.**

## Kostenkennwerte für die Kostengruppen der 1. und 2. Ebene DIN 276

| KG | Kostengruppen der 1. Ebene | Einheit | ▷ | €/Einheit | ◁ | ▷ | % an 300+400 | ◁ |
|---|---|---|---|---|---|---|---|---|
| 100 | Grundstück | m² GF | – | – | – | – | – | – |
| 200 | Vorbereitende Maßnahmen | m² GF | 23 | **70** | 223 | 1,7 | **4,6** | 8,1 |
| 300 | Bauwerk – Baukonstruktionen | m² BGF | 1.040 | **1.185** | 1.436 | 76,6 | **80,6** | 83,7 |
| 400 | Bauwerk – Technische Anlagen | m² BGF | 224 | **285** | 375 | 16,3 | **19,4** | 23,4 |
|  | Bauwerk (300+400) | m² BGF | 1.272 | **1.470** | 1.731 | 100,0 | **100,0** | 100,0 |
| 500 | Außenanlagen und Freiflächen | m² AF | 57 | **139** | 260 | 2,7 | **5,0** | 10,4 |
| 600 | Ausstattung und Kunstwerke | m² BGF | 1 | **8** | 10 | < 0,1 | **0,6** | 0,7 |
| 700 | Baunebenkosten* | m² BGF | 328 | **366** | 404 | 22,4 | **25,0** | 27,5 |
| 800 | Finanzierung | m² BGF | – | – | – | – | – | – |

◁ * Auf Grundlage der HOAI 2021 berechnete Werte nach §§ 35, 52, 56. Weitere Informationen siehe Seite 50

| KG | Kostengruppen der 2. Ebene | Einheit | ▷ | €/Einheit | ◁ | ▷ | % an 1. Ebene | ◁ |
|---|---|---|---|---|---|---|---|---|
| 310 | Baugrube / Erdbau | m³ BGI | 37 | **52** | 116 | < 0,1 | **2,9** | 4,1 |
| 320 | Gründung, Unterbau | m² GRF | 217 | **273** | 340 | 4,6 | **7,3** | 10,3 |
| 330 | Außenwände / vertikal außen | m² AWF | 374 | **413** | 498 | 28,7 | **30,3** | 33,8 |
| 340 | Innenwände / vertikal innen | m² IWF | 184 | **203** | 233 | 13,1 | **15,6** | 18,6 |
| 350 | Decken / horizontal | m² DEF | 361 | **404** | 460 | 18,0 | **24,5** | 28,8 |
| 360 | Dächer | m² DAF | 296 | **405** | 545 | 12,7 | **14,1** | 17,5 |
| 370 | Infrastrukturanlagen |  | – | – | – | – | – | – |
| 380 | Baukonstruktive Einbauten | m² BGF | 1 | **2** | 3 | 0,0 | **< 0,1** | 0,3 |
| 390 | Sonst. Maßnahmen für Baukonst. | m² BGF | 22 | **56** | 114 | 2,0 | **5,4** | 11,8 |
| **300** | **Bauwerk – Baukonstruktionen** | m² BGF |  |  |  |  | **100,0** |  |
| 410 | Abwasser-, Wasser-, Gasanlagen | m² BGF | 57 | **90** | 115 | 23,2 | **36,0** | 43,9 |
| 420 | Wärmeversorgungsanlagen | m² BGF | 58 | **88** | 113 | 22,5 | **35,6** | 44,1 |
| 430 | Raumlufttechnische Anlagen | m² BGF | 4 | **10** | 36 | 0,8 | **2,7** | 13,0 |
| 440 | Elektrische Anlagen | m² BGF | 34 | **57** | 104 | 15,4 | **22,1** | 42,5 |
| 450 | Kommunikationstechnische Anlagen | m² BGF | 5 | **8** | 10 | 1,8 | **3,3** | 4,4 |
| 460 | Förderanlagen | m² BGF | – | – | – | – | – | – |
| 470 | Nutzungsspez. / verfahrenstech. Anl. | m² BGF | – | – | – | – | – | – |
| 480 | Gebäude- und Anlagenautomation | m² BGF | – | – | – | – | – | – |
| 490 | Sonst. Maßnahmen f. techn. Anl. | m² BGF | – | – | – | – | – | – |
| **400** | **Bauwerk – Technische Anlagen** | m² BGF |  |  |  |  | **100,0** |  |

### Prozentanteile der Kosten 2. Ebene an den Kosten des Bauwerks nach DIN 276 (Von/Mittel/Bis)

| KG | Kostengruppe | Mittel |
|---|---|---|
| 310 | Baugrube / Erdbau | 2,4 |
| 320 | Gründung, Unterbau | 5,9 |
| 330 | Außenwände / vertikal außen | 24,6 |
| 340 | Innenwände / vertikal innen | 12,6 |
| 350 | Decken / horizontal | 20,0 |
| 360 | Dächer | 11,4 |
| 370 | Infrastrukturanlagen |  |
| 380 | Baukonstruktive Einbauten | < 0,1 |
| 390 | Sonst. Maßnahmen für Baukonst. | 4,3 |
| 410 | Abwasser-, Wasser-, Gasanlagen | 6,7 |
| 420 | Wärmeversorgungsanlagen | 6,6 |
| 430 | Raumlufttechnische Anlagen | 0,6 |
| 440 | Elektrische Anlagen | 4,4 |
| 450 | Kommunikationstechnische Anlagen | 0,6 |
| 460 | Förderanlagen |  |
| 470 | Nutzungsspez. / verfahrenstech. Anl. |  |
| 480 | Gebäude- und Anlagenautomation |  |
| 490 | Sonst. Maßnahmen f. techn. Anl. |  |

© BKI Baukosteninformationszentrum; Erläuterungen zu den Tabellen siehe Seite 48 und 50    Kostenstand: 1. Quartal 2022, Bundesdurchschnitt, **inkl. 19% MwSt.**

# Mehrfamilienhäuser, mit bis zu 6 WE, mittlerer Standard

## Prozentanteile der Kosten für Leistungsbereiche nach STLB (Kosten Bauwerk nach DIN 276)

| LB | Leistungsbereiche | von | Mittelwert | bis |
|---|---|---|---|---|
| 000 | Sicherheits-, Baustelleneinrichtungen inkl. 001 | 1,1 | 2,3 | 4,5 |
| 002 | Erdarbeiten | 0,4 | 2,2 | 3,2 |
| 006 | Spezialtiefbauarbeiten inkl. 005 | – | – | – |
| 009 | Entwässerungskanalarbeiten inkl. 011 | < 0,1 | 0,5 | 0,9 |
| 010 | Drän- und Versickerarbeiten | 0,0 | 0,1 | 0,8 |
| 012 | Mauerarbeiten | 8,6 | 10,1 | 13,6 |
| 013 | Betonarbeiten | 9,6 | 14,6 | 18,9 |
| 014 | Natur-, Betonwerksteinarbeiten | 0,7 | 1,6 | 2,4 |
| 016 | Zimmer- und Holzbauarbeiten | 4,1 | 7,2 | 11,3 |
| 017 | Stahlbauarbeiten | < 0,1 | 1,1 | 6,4 |
| 018 | Abdichtungsarbeiten | < 0,1 | 0,4 | 0,8 |
| 020 | Dachdeckungsarbeiten | 1,8 | 4,4 | 5,9 |
| 021 | Dachabdichtungsarbeiten | 0,0 | 0,3 | 1,0 |
| 022 | Klempnerarbeiten | 1,0 | 1,8 | 3,4 |
| | **Rohbau** | **41,6** | **46,6** | **50,5** |
| 023 | Putz- und Stuckarbeiten, Wärmedämmsysteme | 2,2 | 5,2 | 6,9 |
| 024 | Fliesen- und Plattenarbeiten | 1,7 | 3,6 | 5,7 |
| 025 | Estricharbeiten | 1,3 | 1,7 | 2,0 |
| 026 | Fenster, Außentüren inkl. 029, 032 | 4,8 | 6,5 | 8,8 |
| 027 | Tischlerarbeiten | 2,3 | 3,1 | 4,1 |
| 028 | Parkettarbeiten, Holzpflasterarbeiten | 0,0 | 0,6 | 1,9 |
| 030 | Rollladenarbeiten | 0,6 | 1,2 | 1,7 |
| 031 | Metallbauarbeiten inkl. 035 | 1,9 | 4,5 | 10,2 |
| 034 | Maler- und Lackiererarbeiten inkl. 037 | 2,3 | 3,0 | 5,9 |
| 036 | Bodenbelagarbeiten | 0,2 | 1,1 | 2,9 |
| 038 | Vorgehängte hinterlüftete Fassaden | 0,0 | 0,2 | 0,7 |
| 039 | Trockenbauarbeiten | 2,8 | 4,3 | 6,3 |
| | **Ausbau** | **32,5** | **35,0** | **37,6** |
| 040 | Wärmeversorgungsanl. - Betriebseinr. inkl. 041 | 3,8 | 5,4 | 6,8 |
| 042 | Gas- und Wasserinstallation, Leitungen inkl. 043 | 1,2 | 2,3 | 3,5 |
| 044 | Abwasseranlagen - Leitungen | 0,5 | 1,1 | 1,4 |
| 045 | GWE-Einrichtungsgegenstände inkl. 046 | 1,7 | 2,3 | 2,9 |
| 047 | Dämmarbeiten an betriebstechnischen Anlagen | 0,2 | 0,7 | 1,5 |
| 049 | Feuerlöschanlagen, Feuerlöschgeräte | – | – | – |
| 050 | Blitzschutz- und Erdungsanlagen | 0,1 | 0,2 | 0,2 |
| 052 | Mittelspannungsanlagen | – | – | – |
| 053 | Niederspannungsanlagen inkl. 054 | 2,9 | 4,5 | 10,9 |
| 055 | Sicherheits- u. Ersatzstromversorgungsanl. | – | – | – |
| 057 | Gebäudesystemtechnik | – | – | – |
| 058 | Leuchten und Lampen inkl. 059 | 0,1 | 0,3 | 0,4 |
| 060 | Sprechanlagen, elektroakust. Anlagen inkl. 064 | < 0,1 | 0,2 | 0,5 |
| 061 | Kommunikationsnetze inkl. 062 | 0,2 | 0,4 | 0,7 |
| 063 | Gefahrenmeldeanlagen | 0,0 | < 0,1 | 0,2 |
| 069 | Aufzüge | – | – | – |
| 070 | Gebäudeautomation | – | – | – |
| 075 | Raumlufttechnische Anlagen inkl. 078 | 0,2 | 0,6 | 3,0 |
| | **Gebäudetechnik** | **13,6** | **18,0** | **20,6** |
| | Sonstige Leistungsbereiche inkl. 008, 033, 051 | < 0,1 | 0,4 | 1,0 |

Kosten:
Stand 1. Quartal 2022
Bundesdurchschnitt
inkl. 19% MwSt.

- KKW
- ▶ min
- ▷ von
- | Mittelwert
- ◁ bis
- ◀ max

## Planungskennwerte für Flächen und Rauminhalte nach DIN 277

| Grundflächen | | | ▷ Fläche/NUF (%) ◁ | | | ▷ Fläche/BGF (%) ◁ | | |
|---|---|---|---|---|---|---|---|---|
| NUF | Nutzungsfläche | | 100,0 | **100,0** | 100,0 | 63,5 | **68,1** | 71,5 |
| TF | Technikfläche | | 2,8 | **3,7** | 8,3 | 1,8 | **2,4** | 4,9 |
| VF | Verkehrsfläche | | 13,3 | **17,6** | 26,4 | 8,9 | **11,7** | 15,6 |
| NRF | Netto-Raumfläche | | 117,4 | **121,1** | 129,8 | 78,0 | **82,1** | 85,0 |
| KGF | Konstruktions-Grundfläche | | 22,2 | **27,0** | 35,8 | 15,0 | **17,9** | 22,0 |
| BGF | Brutto-Grundfläche | | 141,4 | **148,1** | 159,7 | 100,0 | **100,0** | 100,0 |

| Brutto-Rauminhalte | | | ▷ BRI/NUF (m) ◁ | | | ▷ BRI/BGF (m) ◁ | | |
|---|---|---|---|---|---|---|---|---|
| BRI | Brutto-Rauminhalt | | 4,04 | **4,28** | 4,66 | 2,80 | **2,89** | 3,15 |

| Flächen von Nutzeinheiten | | | ▷ NUF/Einheit (m²) ◁ | | | ▷ BGF/Einheit (m²) ◁ | | |
|---|---|---|---|---|---|---|---|---|
| Nutzeinheit: Wohnfläche | | | 1,11 | **1,21** | 1,39 | 1,61 | **1,82** | 2,32 |

| Lufttechnisch behandelte Flächen | | | ▷ Fläche/NUF (%) ◁ | | | ▷ Fläche/BGF (%) ◁ | | |
|---|---|---|---|---|---|---|---|---|
| Entlüftete Fläche | | | – | – | – | – | – | – |
| Be- und entlüftete Fläche | | | – | – | – | – | – | – |
| Teilklimatisierte Fläche | | | – | – | – | – | – | – |
| Klimatisierte Fläche | | | – | – | – | – | – | – |

| KG | Kostengruppen (2. Ebene) | Einheit | ▷ Menge/NUF ◁ | | | ▷ Menge/BGF ◁ | | |
|---|---|---|---|---|---|---|---|---|
| 310 | Baugrube / Erdbau | m³ BGI | 1,35 | **1,35** | 1,50 | 0,95 | **0,95** | 1,10 |
| 320 | Gründung, Unterbau | m² GRF | 0,37 | **0,38** | 0,38 | 0,27 | **0,28** | 0,37 |
| 330 | Außenwände / vertikal außen | m² AWF | 1,10 | **1,10** | 1,15 | 0,71 | **0,80** | 0,88 |
| 340 | Innenwände / vertikal innen | m² IWF | 0,96 | **1,15** | 1,21 | 0,73 | **0,83** | 0,87 |
| 350 | Decken / horizontal | m² DEF | 0,73 | **0,91** | 0,99 | 0,52 | **0,65** | 0,67 |
| 360 | Dächer | m² DAF | 0,52 | **0,54** | 0,61 | 0,38 | **0,40** | 0,47 |
| 370 | Infrastrukturanlagen | | – | – | – | – | – | – |
| 380 | Baukonstruktive Einbauten | m² BGF | 1,41 | **1,48** | 1,60 | 1,00 | **1,00** | 1,00 |
| 390 | Sonst. Maßnahmen für Baukonst. | m² BGF | 1,41 | **1,48** | 1,60 | 1,00 | **1,00** | 1,00 |
| 300 | Bauwerk – Baukonstruktionen | m² BGF | 1,41 | **1,48** | 1,60 | 1,00 | **1,00** | 1,00 |

## Planungskennwerte für Bauzeiten — 25 Vergleichsobjekte

**Bauzeit in Wochen**

Bauzeit: Skala 0 – 150 Wochen

© BKI Baukosteninformationszentrum; Erläuterungen zu den Tabellen siehe Seite 54 — Kostenstand: 1. Quartal 2022, Bundesdurchschnitt, inkl. 19% MwSt.

**Mehrfamilienhäuser, mit bis zu 6 WE, mittlerer Standard**

€/m² BGF
min  1.100 €/m²
von  1.270 €/m²
Mittel **1.470 €/m²**
bis  1.730 €/m²
max  1.960 €/m²

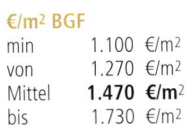

**Kosten:**
Stand 1. Quartal 2022
Bundesdurchschnitt
inkl. 19% MwSt.

## Objektübersicht zur Gebäudeart

### 6100-1543 Mehrfamilienhaus (4 WE)
**BRI** 1.539 m³ **BGF** 613 m² **NUF** 355 m²

Mehrfamilienhaus mit 4 Wohneinheiten. Mauerwerk.

Land: Niedersachsen
Kreis: Osnabrück
Standard: Durchschnitt
Bauzeit: 52 Wochen
Kennwerte: bis 1. Ebene DIN 276

**BGF  1.304 €/m²**

Planung: Ingenieurbüro Gerdom; Bad Essen

vorgesehen: BKI Objektdaten N18

### 6100-1521 Mehrfamilienhaus - Effizienzhaus ~73%
**BRI** 4.478 m³ **BGF** 1.565 m² **NUF** 849 m²

Mehrfamilienhaus mit 5 Wohneinheiten (439,68 m² WFL), eine Büroeinheit und Tiefgarage (13 STP). Massivbau.

Land: Bayern
Kreis: Neumarkt i.d.OPf.
Standard: Durchschnitt
Bauzeit: 70 Wochen
Kennwerte: bis 1. Ebene DIN 276

**BGF  1.848 €/m²**

Planung: KNYCHALLA + TEAM ARCHITEKTUR + FREIRAUM; Neumarkt i.d.OPf.

veröffentlicht: BKI Objektdaten E9

### 6100-1453 Mehrfamilienhaus (3 WE) - Effizienzhaus ~56%
**BRI** 2.122 m³ **BGF** 707 m² **NUF** 487 m²

Mehrfamilienhaus (347 m² WFL) mit 3 Wohneinheiten und Carport. Massivbau.

Land: Bayern
Kreis: Landsberg am Lech
Standard: Durchschnitt
Bauzeit: 56 Wochen
Kennwerte: bis 1. Ebene DIN 276

**BGF  1.483 €/m²**

Planung: Jo Güth Architekt; München

veröffentlicht: BKI Objektdaten E9

### 6100-1484 Mehrfamilienhaus (3 WE)
**BRI** 797 m³ **BGF** 211 m² **NUF** 145 m²

Mehrfamilienhaus mit 3 Wohnungen. Holzrahmenbau.

Land: Schleswig-Holstein
Kreis: Nordfriesland
Standard: Durchschnitt
Bauzeit: 39 Wochen
Kennwerte: bis 1. Ebene DIN 276

**BGF  1.712 €/m²**

Planung: Inke von Dobro-Wolski Dipl. Ing. Architektin; Stedesand

veröffentlicht: BKI Objektdaten N17

# Objektübersicht zur Gebäudeart

## 6100-1406 Mehrfamilienhaus (3 WE)

**BRI** 2.023 m³   **BGF** 611 m²   **NUF** 445 m²

Mehrfamilienhaus mit 3 WE. Mauerwerksbau.

Land: Hessen
Kreis: Frankfurt am Main, Stadt
Standard: Durchschnitt
Bauzeit: 52 Wochen
Kennwerte: bis 1. Ebene DIN 276

**BGF   1.684 €/m²**

**Planung:** Gerstner Kaluza Architektur GmbH; Frankfurt am Main

veröffentlicht: BKI Objektdaten N17

## 6100-1334 Mehrfamilienhaus (6 WE)

**BRI** 1.954 m³   **BGF** 681 m²   **NUF** 453 m²

Mehrfamilienhaus mit 6 WE (457 m² WFL). Mauerwerksbau.

Land: Hamburg
Kreis: Hamburg, Freie und Hansestadt
Standard: Durchschnitt
Bauzeit: 52 Wochen
Kennwerte: bis 1. Ebene DIN 276

**BGF   1.958 €/m²**

**Planung:** güldenzopf rohrberg architektur + design; Hamburg

veröffentlicht: BKI Objektdaten N16

## 6100-1408 Mehrfamilienhaus (5 WE) - Effizienzhaus 55

**BRI** 3.103 m³   **BGF** 1.130 m²   **NUF** 817 m²

Mehrfamilienhaus mit 5 Maisonette-Wohnungen (579 m² WFL) und Tiefgarage (5 STP), Effizienzhaus 55. Massivbau.

Land: Bayern
Kreis: München, Stadt
Standard: Durchschnitt
Bauzeit: 70 Wochen
Kennwerte: bis 1. Ebene DIN 276

**BGF   1.203 €/m²**

**Planung:** Architekten HBH Hilzinger Bittcher-Zeitz; München

veröffentlicht: BKI Objektdaten N17

## 6100-1377 Mehrfamilienhaus (3 WE)

**BRI** 1.206 m³   **BGF** 447 m²   **NUF** 357 m²

Dreifamilienhaus. Mischkonstruktion.

Land: Hessen
Kreis: Darmstadt, Stadt
Standard: Durchschnitt
Bauzeit: 52 Wochen
Kennwerte: bis 3. Ebene DIN 276

**BGF   1.400 €/m²**

**Planung:** +studio moeve architekten bda; Darmstadt

veröffentlicht: BKI Objektdaten N17

**Mehrfamilienhäuser, mit bis zu 6 WE, mittlerer Standard**

**€/m² BGF**
| | |
|---|---|
| min | 1.100 €/m² |
| von | 1.270 €/m² |
| Mittel | **1.470 €/m²** |
| bis | 1.730 €/m² |
| max | 1.960 €/m² |

**Kosten:**
Stand 1. Quartal 2022
Bundesdurchschnitt
inkl. 19% MwSt.

## Objektübersicht zur Gebäudeart

### 6100-1284 Mehrfamilienhaus (3 WE) - Effizienzhaus 70
**BRI** 1.096 m³ **BGF** 368 m² **NUF** 223 m²

Mehrfamilienhaus (149m² WFL) mit Garage (3 STP). Massivbau, Brettschichtholzkonstruktion.

Land: Bayern
Kreis: Passau
Standard: Durchschnitt
Bauzeit: 35 Wochen
Kennwerte: bis 1. Ebene DIN 276

**BGF** 1.510 €/m²

**Planung:** Studio für Architektur Bernd Vordermeier; Ortenburg

veröffentlicht: BKI Objektdaten E7

### 6100-1310 Mehrfamilienhaus (5 WE) - Effizienzhaus 70
**BRI** 2.047 m³ **BGF** 777 m² **NUF** 453 m²

Mehrfamilienhaus mit 5 WE (461m² WFL) als Effizienzhaus 70, nicht unterkellert. Mauerwerksbau.

Land: Nordrhein-Westfalen
Kreis: Borken
Standard: Durchschnitt
Bauzeit: 48 Wochen
Kennwerte: bis 1. Ebene DIN 276

**BGF** 1.192 €/m²

**Planung:** Architekturbüro Hermann Josef Steverding; Stadtlohn

veröffentlicht: BKI Objektdaten S2

### 6100-1294 Mehrfamilienhaus (3 WE) - Effizienzhaus 40
**BRI** 2.007 m³ **BGF** 714 m² **NUF** 559 m²

Mehrfamilienhaus dreigeschossig mit 3 Wohnungen, Garagengebäude mit Werkstatt, zweigeschossig, Lager im OG. Mischbauweise.

Land: Schleswig-Holstein
Kreis: Rendsburg-Eckernförde
Standard: über Durchschnitt
Bauzeit: 96 Wochen
Kennwerte: bis 3. Ebene DIN 276

**BGF** 1.204 €/m²

**Planung:** Architekturbüro Rühmann; Steenfeld

veröffentlicht: BKI Objektdaten E8

### 6100-1226 Mehrfamilienhaus (5 WE)
**BRI** 2.700 m³ **BGF** 966 m² **NUF** 637 m²

Mehrfamilienhaus (5 WE) mit 445m² WFL. Mauerwerksbau.

Land: Brandenburg
Kreis: Oberhavel
Standard: Durchschnitt
Bauzeit: 39 Wochen
Kennwerte: bis 1. Ebene DIN 276

**BGF** 1.779 €/m²

**Planung:** Sabine Reimann Dipl. Ing. Architektin; Wesenberg

veröffentlicht: BKI Objektdaten N15

## Objektübersicht zur Gebäudeart

### 6100-1398 Mehrfamilienhaus (5 WE) - Effizienzhaus 70    BRI 1.611 m³    BGF 574 m²    NUF 417 m²

Mehrfamilienhaus (5 WE) mit 393 m² WFL als Effizienzhaus 70. Mauerwerksbau.

Land: Niedersachsen
Kreis: Delmenhorst
Standard: Durchschnitt
Bauzeit: 39 Wochen
Kennwerte: bis 1. Ebene DIN 276

BGF    1.505 €/m²

veröffentlicht: BKI Objektdaten E8

**Planung:** Architekturbüro Dipl. Ing. Ullrich Runge; Delmenhorst

### 6100-1225 Mehrfamilienhaus (6 WE) - Effizienzhaus 70    BRI 4.858 m³    BGF 1.469 m²    NUF 997 m²

Mehrfamilienhaus (6 WE). Massivbau.

Land: Berlin
Kreis: Berlin
Standard: Durchschnitt
Bauzeit: 56 Wochen
Kennwerte: bis 1. Ebene DIN 276

BGF    1.504 €/m²

veröffentlicht: BKI Objektdaten E7

**Planung:** Schenk Perfler Architekten GbR; Berlin

### 6100-1055 Mehrfamilienhaus (3 WE)    BRI 867 m³    BGF 290 m²    NUF 197 m²

Mehrfamilienhaus mit 3 WE (225 m² WFL). Mauerwerksbau.

Land: Thüringen
Kreis: Erfurt
Standard: Durchschnitt
Bauzeit: 31 Wochen
Kennwerte: bis 1. Ebene DIN 276

BGF    1.751 €/m²

veröffentlicht: BKI Objektdaten N12

**Planung:** Funken Architekten; Erfurt

### 6100-1043 Wohngebäude, zwei Ferienwohnungen (3 WE)    BRI 1.650 m³    BGF 552 m²    NUF 328 m²

Wohngebäude mit zwei Ferienwohnungen im EG und einer Wohnung im OG/DG (292 m² WFL). Mauerwerksbau.

Land: Sachsen-Anhalt
Kreis: Burgenlandkreis
Standard: Durchschnitt
Bauzeit: 44 Wochen
Kennwerte: bis 1. Ebene DIN 276

BGF    1.766 €/m²

veröffentlicht: BKI Objektdaten N12

**Planung:** TRÄNKNER ARCHITEKTEN, Architekt Matthias Tränkner; Naumburg (Saale)

© BKI Baukosteninformationszentrum; Erläuterungen zu den Tabellen siehe Seite 56    Kostenstand: 1. Quartal 2022, Bundesdurchschnitt, inkl. 19% MwSt.

**Mehrfamilienhäuser, mit bis zu 6 WE, mittlerer Standard**

**€/m² BGF**
| | | |
|---|---|---|
| min | 1.100 | €/m² |
| von | 1.270 | €/m² |
| Mittel | **1.470** | **€/m²** |
| bis | 1.730 | €/m² |
| max | 1.960 | €/m² |

**Kosten:**
Stand 1. Quartal 2022
Bundesdurchschnitt
inkl. 19% MwSt.

## Objektübersicht zur Gebäudeart

### 6100-1128 Mehrfamilienhaus (6 WE)
BRI 2.950 m³ | BGF 1.110 m² | NUF 717 m²

Mehrfamilienhaus (621 m² WFL) mit 6 WE. Mauerwerksbau.

Land: Hamburg
Kreis: Hamburg, Freie und Hansestadt
Standard: Durchschnitt
Bauzeit: 65 Wochen
Kennwerte: bis 1. Ebene DIN 276

BGF 1.406 €/m²

**Planung:** BCT Architekt; Hamburg

veröffentlicht: BKI Objektdaten N13

### 6100-1064 Stadthäuser (3 WE)
BRI 2.327 m³ | BGF 800 m² | NUF 583 m²

Drei Stadthäuser im Verbund (535 m² WFL). Massivbauweise.

Land: Berlin
Kreis: Berlin, Stadt
Standard: Durchschnitt
Bauzeit: 44 Wochen
Kennwerte: bis 1. Ebene DIN 276

BGF 1.099 €/m²

**Planung:** Kromat Bauplanungs- Service GmbH; Königs-Wusterhausen-Zernsdorf

veröffentlicht: BKI Objektdaten N13

### 6100-0566 Mehrfamilienhaus (3 WE)
BRI 1.386 m³ | BGF 516 m² | NUF 364 m²

Mehrfamilienhaus mit drei Wohneinheiten (251 m² WFL II.BVO). Mauerwerksbau mit Stb-Decken und geneigtem Holzdach.

Land: Hessen
Kreis: Main-Kinzig-Kreis
Standard: Durchschnitt
Bauzeit: 35 Wochen
Kennwerte: bis 4. Ebene DIN 276

BGF 1.386 €/m²

**Planung:** Architekt Wolfgang Vogl; Bad Homburg

veröffentlicht: BKI Objektdaten N8

### 6100-0530 Mehrfamilienhaus (6 WE)
BRI 2.320 m³ | BGF 840 m² | NUF 569 m²

Mehrfamilienhaus (6 WE; 469 m² WFL II.BVO), unterkellert. Mauerwerksbau.

Land: Baden-Württemberg
Kreis: Ludwigsburg
Standard: Durchschnitt
Bauzeit: 44 Wochen
Kennwerte: bis 3. Ebene DIN 276

BGF 1.161 €/m²

**Planung:** Freie Architekten Blattmann + Oswald; Markgröningen

veröffentlicht: BKI Objektdaten N6

## Objektübersicht zur Gebäudeart

### 6100-0348 Mehrfamilienhaus (3 WE)

**BRI** 1.336 m³    **BGF** 505 m²    **NUF** 357 m²

Mehrfamilienwohnhaus mit drei Wohneinheiten (258 m² WFL II.BVO), unterkellert. Mauerwerksbau.

Land: Hessen
Kreis: Hochtaunuskreis
Standard: Durchschnitt
Bauzeit: 39 Wochen
Kennwerte: bis 4. Ebene DIN 276

**BGF**    1.395 €/m²

**Planung:** Architekt Wolfgang Vogl; Bad Homburg

veröffentlicht: BKI Objektdaten N5

### 6100-0428 Mehrfamilienhaus (4 WE)

**BRI** 1.950 m³    **BGF** 696 m²    **NUF** 499 m²

Mehrfamilienhaus mit vier Wohneinheiten (515 m² WFL II.BVO), vier Garagen. Holzrahmenbau.

Land: Baden-Württemberg
Kreis: Stuttgart, Stadtkreis
Standard: Durchschnitt
Bauzeit: 113 Wochen
Kennwerte: bis 1. Ebene DIN 276

**BGF**    1.311 €/m²

**Planung:** Joachim Eble in Arbeitsgemeinschaft mit Klaus Sonnenmoser; Tübingen

veröffentlicht: BKI Objektdaten N5

### 6100-0293 Mehrfamilienhaus (3 WE)

**BRI** 1.549 m³    **BGF** 579 m²    **NUF** 439 m²

Wohngebäude mit drei Wohneinheiten; separater Carport mit 2 Stellplätzen. Stahlbetonbau.

Land: Bayern
Kreis: Berchtesgadener Land
Standard: Durchschnitt
Bauzeit: 35 Wochen
Kennwerte: bis 2. Ebene DIN 276

**BGF**    1.410 €/m²

**Planung:** Planungsgruppe 5.4.3 Architekten & Ingenieure GbR

veröffentlicht: BKI Objektdaten N3

### 6100-0363 Wohnhaus, barrierefrei (4 WE)

**BRI** 2.200 m³    **BGF** 689 m²    **NUF** 483 m²

2 Wohneinheiten für Rollstuhlfahrer, 2 Wohneinheiten barrierefrei nach DIN 18025. Mauerwerksbau.

Land: Nordrhein-Westfalen
Kreis: Bonn, Stadt
Standard: Durchschnitt
Bauzeit: 57 Wochen
Kennwerte: bis 1. Ebene DIN 276

**BGF**    1.429 €/m²

**Planung:** Büro für Architektur u. Städtebau, Architekt Prof. Peter Riemann; Bonn

veröffentlicht: BKI Objektdaten N4

**Mehrfamilienhäuser, mit bis zu 6 WE, mittlerer Standard**

### Objektübersicht zur Gebäudeart

**6100-0369 Mehrfamilienhaus (3 WE) - Niedrigenergie**    **BRI** 1.592 m³    **BGF** 543 m²    **NUF** 365 m²

€/m² BGF
- min    1.100 €/m²
- von    1.270 €/m²
- **Mittel**    **1.470 €/m²**
- bis    1.730 €/m²
- max    1.960 €/m²

Mehrfamilienhaus mit 3 Wohneinheiten. Mauerwerksbau.

Land: Hessen
Kreis: Darmstadt-Dieburg
Standard: Durchschnitt
Bauzeit: 65 Wochen
Kennwerte: bis 3. Ebene DIN 276

**BGF**    **1.348 €/m²**

**Planung:** F+R Architekten Prof. Florian Fink BDA; Bickenbach an der Bergstraße

veröffentlicht: BKI Objektdaten E1

**Kosten:**
Stand 1. Quartal 2022
Bundesdurchschnitt
inkl. 19% MwSt.

**Wohnen**

**Mehrfamilienhäuser, mit bis zu 6 WE, hoher Standard**

## Kostenkennwerte für die Kosten des Bauwerks (Kostengruppen 300+400 nach DIN 276)

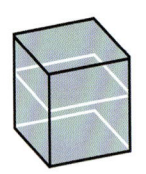

**BRI** 595 €/m³
von 480 €/m³
bis 735 €/m³

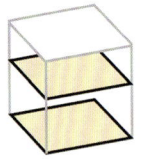

**BGF** 1.790 €/m²
von 1.450 €/m²
bis 2.200 €/m²

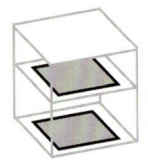

**NUF** 2.810 €/m²
von 2.230 €/m²
bis 3.635 €/m²

**NE** 3.455 €/NE
von 2.785 €/NE
bis 4.705 €/NE
NE: Wohnfläche

### Objektbeispiele

**Kosten:**
Stand 1. Quartal 2022
Bundesdurchschnitt
inkl. 19% MwSt.

6100-1524

6100-1418

6100-0639

### Kosten der 27 Vergleichsobjekte — Seiten 572 bis 578

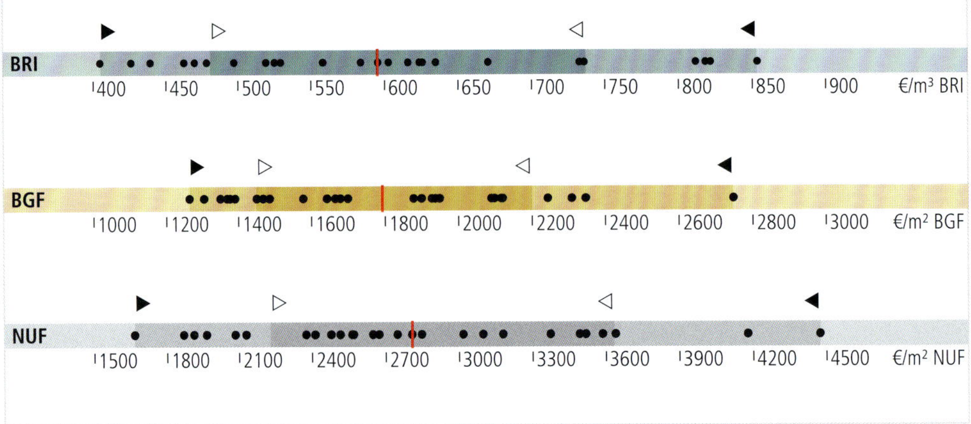

- ● KKW
- ▶ min
- ▷ von
- | Mittelwert
- ◁ bis
- ◀ max

BRI: 400 – 900 €/m³ BRI

BGF: 1000 – 3000 €/m² BGF

NUF: 1500 – 4500 €/m² NUF

© BKI Baukosteninformationszentrum; Erläuterungen zu den Tabellen siehe Seite 46
Kostenstand: 1. Quartal 2022, Bundesdurchschnitt, **inkl. 19% MwSt.**

## Kostenkennwerte für die Kostengruppen der 1. und 2. Ebene DIN 276

| KG | Kostengruppen der 1.Ebene | Einheit | ▷ | €/Einheit | ◁ | ▷ | % an 300+400 | ◁ |
|---|---|---|---|---|---|---|---|---|
| 100 | Grundstück | m² GF | – | – | – | – | – | – |
| 200 | Vorbereitende Maßnahmen | m² GF | 17 | **52** | 149 | 0,7 | **1,6** | 3,0 |
| 300 | Bauwerk – Baukonstruktionen | m² BGF | 1.153 | **1.424** | 1.787 | 76,5 | **79,4** | 83,0 |
| 400 | Bauwerk – Technische Anlagen | m² BGF | 289 | **367** | 464 | 17,0 | **20,6** | 23,5 |
| | Bauwerk (300+400) | m² BGF | 1.449 | **1.792** | 2.200 | 100,0 | **100,0** | 100,0 |
| 500 | Außenanlagen und Freiflächen | m² AF | 111 | **218** | 464 | 2,3 | **4,9** | 7,9 |
| 600 | Ausstattung und Kunstwerke | m² BGF | 16 | **29** | 62 | 0,8 | **1,4** | 2,4 |
| 700 | Baunebenkosten* | m² BGF | 364 | **406** | 447 | 20,4 | **22,8** | 25,1 |
| 800 | Finanzierung | m² BGF | – | – | – | – | – | – |

◁ * Auf Grundlage der HOAI 2021 berechnete Werte nach §§ 35, 52, 56. Weitere Informationen siehe Seite 50

| KG | Kostengruppen der 2.Ebene | Einheit | ▷ | €/Einheit | ◁ | ▷ | % an 1. Ebene | ◁ |
|---|---|---|---|---|---|---|---|---|
| 310 | Baugrube / Erdbau | m³ BGI | 22 | **34** | 50 | 1,2 | **2,4** | 3,7 |
| 320 | Gründung, Unterbau | m² GRF | 238 | **404** | 700 | 6,4 | **8,0** | 10,0 |
| 330 | Außenwände / vertikal außen | m² AWF | 412 | **465** | 527 | 26,5 | **29,9** | 33,6 |
| 340 | Innenwände / vertikal innen | m² IWF | 222 | **239** | 285 | 14,0 | **15,8** | 18,0 |
| 350 | Decken / horizontal | m² DEF | 413 | **461** | 563 | 19,8 | **23,1** | 27,3 |
| 360 | Dächer | m² DAF | 488 | **640** | 828 | 12,1 | **15,3** | 19,2 |
| 370 | Infrastrukturanlagen | | – | – | – | – | – | – |
| 380 | Baukonstruktive Einbauten | m² BGF | 3 | **11** | 28 | < 0,1 | **0,4** | 2,3 |
| 390 | Sonst. Maßnahmen für Baukonst. | m² BGF | 36 | **72** | 103 | 2,9 | **5,2** | 6,8 |
| 300 | Bauwerk – Baukonstruktionen | m² BGF | | | | | **100,0** | |
| 410 | Abwasser-, Wasser-, Gasanlagen | m² BGF | 71 | **88** | 109 | 21,8 | **26,8** | 31,3 |
| 420 | Wärmeversorgungsanlagen | m² BGF | 70 | **103** | 132 | 25,6 | **31,1** | 38,3 |
| 430 | Raumlufttechnische Anlagen | m² BGF | 5 | **15** | 37 | 0,9 | **3,8** | 10,8 |
| 440 | Elektrische Anlagen | m² BGF | 61 | **77** | 98 | 19,0 | **23,4** | 27,0 |
| 450 | Kommunikationstechnische Anlagen | m² BGF | 6 | **14** | 19 | 2,5 | **4,4** | 5,7 |
| 460 | Förderanlagen | m² BGF | 47 | **51** | 56 | 0,0 | **10,4** | 15,2 |
| 470 | Nutzungsspez. / verfahrenstech. Anl. | m² BGF | – | – | – | – | – | – |
| 480 | Gebäude- und Anlagenautomation | m² BGF | – | – | – | – | – | – |
| 490 | Sonst. Maßnahmen f. techn. Anl. | m² BGF | < 1 | **< 1** | < 1 | 0,0 | **< 0,1** | 0,1 |
| 400 | Bauwerk – Technische Anlagen | m² BGF | | | | | **100,0** | |

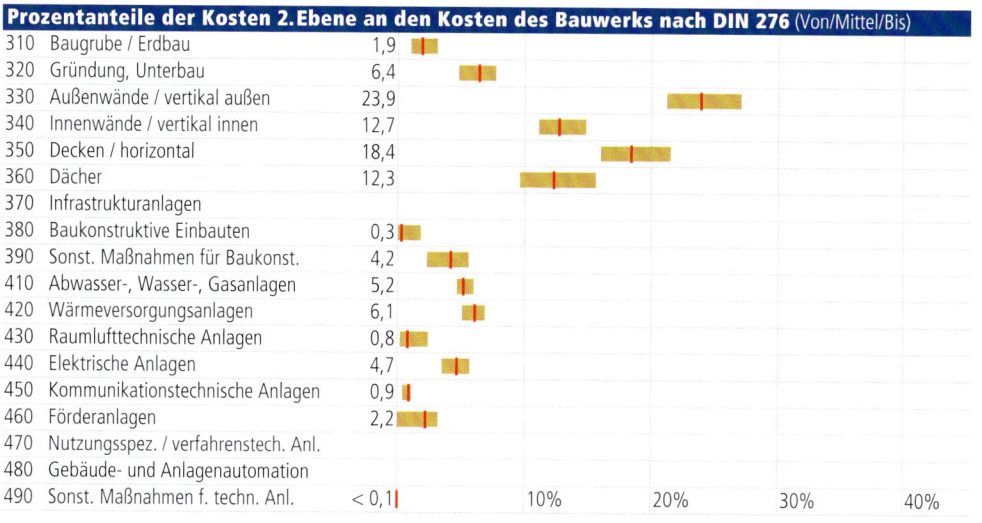

## Prozentanteile der Kosten 2.Ebene an den Kosten des Bauwerks nach DIN 276 (Von/Mittel/Bis)

| KG | Kostengruppe | Mittel |
|---|---|---|
| 310 | Baugrube / Erdbau | 1,9 |
| 320 | Gründung, Unterbau | 6,4 |
| 330 | Außenwände / vertikal außen | 23,9 |
| 340 | Innenwände / vertikal innen | 12,7 |
| 350 | Decken / horizontal | 18,4 |
| 360 | Dächer | 12,3 |
| 370 | Infrastrukturanlagen | |
| 380 | Baukonstruktive Einbauten | 0,3 |
| 390 | Sonst. Maßnahmen für Baukonst. | 4,2 |
| 410 | Abwasser-, Wasser-, Gasanlagen | 5,2 |
| 420 | Wärmeversorgungsanlagen | 6,1 |
| 430 | Raumlufttechnische Anlagen | 0,8 |
| 440 | Elektrische Anlagen | 4,7 |
| 450 | Kommunikationstechnische Anlagen | 0,9 |
| 460 | Förderanlagen | 2,2 |
| 470 | Nutzungsspez. / verfahrenstech. Anl. | |
| 480 | Gebäude- und Anlagenautomation | |
| 490 | Sonst. Maßnahmen f. techn. Anl. | < 0,1 |

© BKI Baukosteninformationszentrum; Erläuterungen zu den Tabellen siehe Seite 48 und 50   Kostenstand: 1. Quartal 2022, Bundesdurchschnitt, inkl. 19% MwSt.

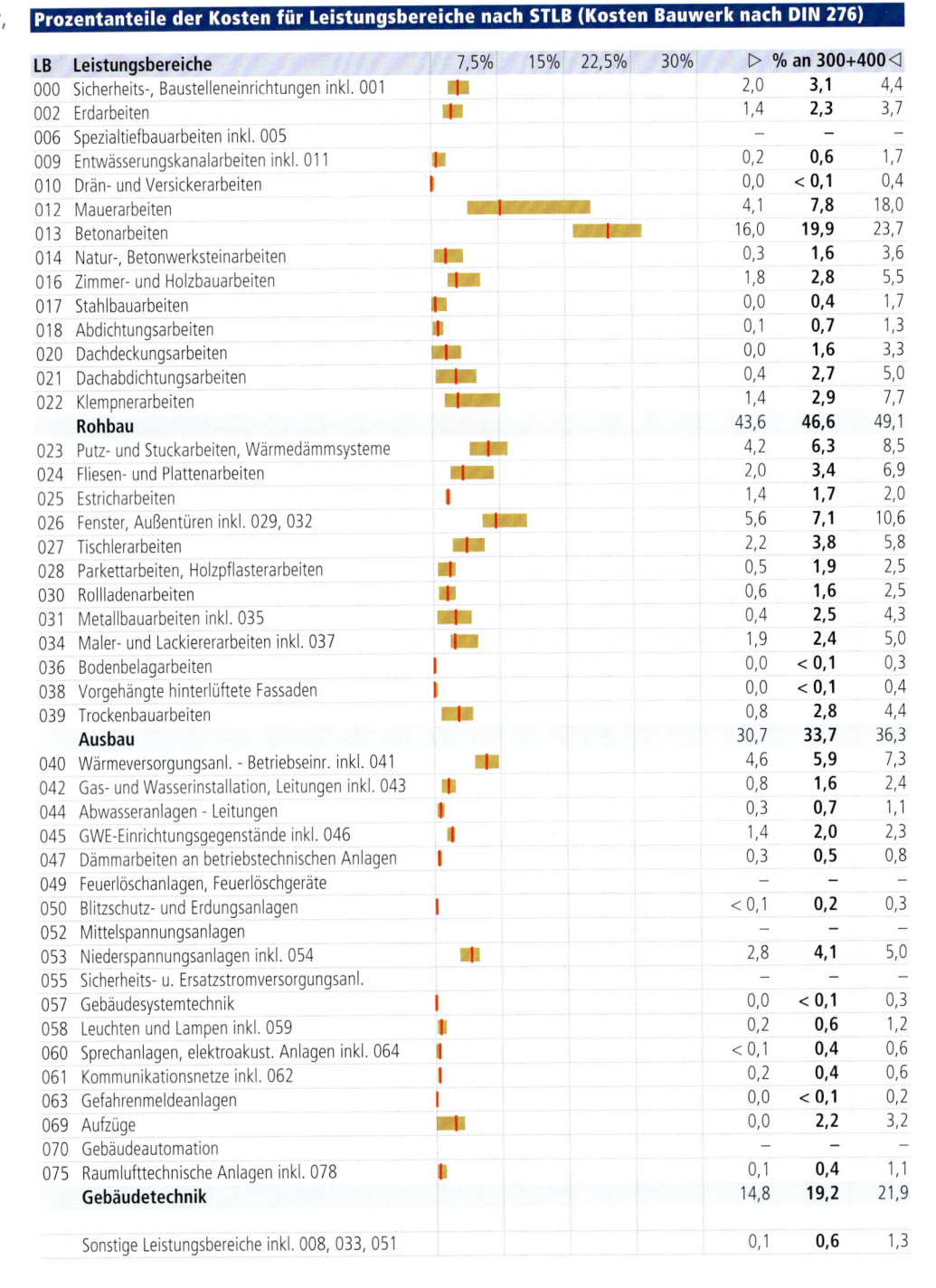

**Mehrfamilienhäuser, mit bis zu 6 WE, hoher Standard**

### Prozentanteile der Kosten für Leistungsbereiche nach STLB (Kosten Bauwerk nach DIN 276)

| LB | Leistungsbereiche | von | % an 300+400 | bis |
|---|---|---|---|---|
| 000 | Sicherheits-, Baustelleneinrichtungen inkl. 001 | 2,0 | 3,1 | 4,4 |
| 002 | Erdarbeiten | 1,4 | 2,3 | 3,7 |
| 006 | Spezialtiefbauarbeiten inkl. 005 | – | – | – |
| 009 | Entwässerungskanalarbeiten inkl. 011 | 0,2 | 0,6 | 1,7 |
| 010 | Drän- und Versickerarbeiten | 0,0 | < 0,1 | 0,4 |
| 012 | Mauerarbeiten | 4,1 | 7,8 | 18,0 |
| 013 | Betonarbeiten | 16,0 | 19,9 | 23,7 |
| 014 | Natur-, Betonwerksteinarbeiten | 0,3 | 1,6 | 3,6 |
| 016 | Zimmer- und Holzbauarbeiten | 1,8 | 2,8 | 5,5 |
| 017 | Stahlbauarbeiten | 0,0 | 0,4 | 1,7 |
| 018 | Abdichtungsarbeiten | 0,1 | 0,7 | 1,3 |
| 020 | Dachdeckungsarbeiten | 0,0 | 1,6 | 3,3 |
| 021 | Dachabdichtungsarbeiten | 0,4 | 2,7 | 5,0 |
| 022 | Klempnerarbeiten | 1,4 | 2,9 | 7,7 |
|  | **Rohbau** | **43,6** | **46,6** | **49,1** |
| 023 | Putz- und Stuckarbeiten, Wärmedämmsysteme | 4,2 | 6,3 | 8,5 |
| 024 | Fliesen- und Plattenarbeiten | 2,0 | 3,4 | 6,9 |
| 025 | Estricharbeiten | 1,4 | 1,7 | 2,0 |
| 026 | Fenster, Außentüren inkl. 029, 032 | 5,6 | 7,1 | 10,6 |
| 027 | Tischlerarbeiten | 2,2 | 3,8 | 5,8 |
| 028 | Parkettarbeiten, Holzpflasterarbeiten | 0,5 | 1,9 | 2,5 |
| 030 | Rollladenarbeiten | 0,6 | 1,6 | 2,5 |
| 031 | Metallbauarbeiten inkl. 035 | 0,4 | 2,5 | 4,3 |
| 034 | Maler- und Lackiererarbeiten inkl. 037 | 1,9 | 2,4 | 5,0 |
| 036 | Bodenbelagarbeiten | 0,0 | < 0,1 | 0,3 |
| 038 | Vorgehängte hinterlüftete Fassaden | 0,0 | < 0,1 | 0,4 |
| 039 | Trockenbauarbeiten | 0,8 | 2,8 | 4,4 |
|  | **Ausbau** | **30,7** | **33,7** | **36,3** |
| 040 | Wärmeversorgungsanl. - Betriebseinr. inkl. 041 | 4,6 | 5,9 | 7,3 |
| 042 | Gas- und Wasserinstallation, Leitungen inkl. 043 | 0,8 | 1,6 | 2,4 |
| 044 | Abwasseranlagen - Leitungen | 0,3 | 0,7 | 1,1 |
| 045 | GWE-Einrichtungsgegenstände inkl. 046 | 1,4 | 2,0 | 2,3 |
| 047 | Dämmarbeiten an betriebstechnischen Anlagen | 0,3 | 0,5 | 0,8 |
| 049 | Feuerlöschanlagen, Feuerlöschgeräte | – | – | – |
| 050 | Blitzschutz- und Erdungsanlagen | < 0,1 | 0,2 | 0,3 |
| 052 | Mittelspannungsanlagen | – | – | – |
| 053 | Niederspannungsanlagen inkl. 054 | 2,8 | 4,1 | 5,0 |
| 055 | Sicherheits- u. Ersatzstromversorgungsanl. | – | – | – |
| 057 | Gebäudesystemtechnik | 0,0 | < 0,1 | 0,3 |
| 058 | Leuchten und Lampen inkl. 059 | 0,2 | 0,6 | 1,2 |
| 060 | Sprechanlagen, elektroakust. Anlagen inkl. 064 | < 0,1 | 0,4 | 0,6 |
| 061 | Kommunikationsnetze inkl. 062 | 0,2 | 0,4 | 0,6 |
| 063 | Gefahrenmeldeanlagen | 0,0 | < 0,1 | 0,2 |
| 069 | Aufzüge | 0,0 | 2,2 | 3,2 |
| 070 | Gebäudeautomation | – | – | – |
| 075 | Raumlufttechnische Anlagen inkl. 078 | 0,1 | 0,4 | 1,1 |
|  | **Gebäudetechnik** | **14,8** | **19,2** | **21,9** |
|  | Sonstige Leistungsbereiche inkl. 008, 033, 051 | 0,1 | 0,6 | 1,3 |

**Kosten:** Stand 1. Quartal 2022 Bundesdurchschnitt inkl. 19% MwSt.

- ● KKW
- ▶ min
- ▷ von
- | Mittelwert
- ◁ bis
- ◀ max

## Planungskennwerte für Flächen und Rauminhalte nach DIN 277

| Grundflächen | | | ▷ | Fläche/NUF (%) | ◁ | ▷ | Fläche/BGF (%) | ◁ |
|---|---|---|---|---|---|---|---|---|
| NUF | Nutzungsfläche | | 100,0 | **100,0** | 100,0 | 58,8 | **64,9** | 70,0 |
| TF | Technikfläche | | 2,6 | **3,2** | 5,9 | 1,6 | **2,0** | 3,0 |
| VF | Verkehrsfläche | | 19,3 | **25,6** | 43,1 | 12,3 | **15,2** | 21,1 |
| NRF | Netto-Raumfläche | | 122,8 | **128,8** | 148,6 | 79,5 | **82,1** | 84,5 |
| KGF | Konstruktions-Grundfläche | | 23,6 | **28,1** | 32,2 | 15,5 | **17,9** | 20,5 |
| BGF | Brutto-Grundfläche | | 147,1 | **156,9** | 179,8 | 100,0 | **100,0** | 100,0 |

| Brutto-Rauminhalte | | | ▷ | BRI/NUF (m) | ◁ | ▷ | BRI/BGF (m) | ◁ |
|---|---|---|---|---|---|---|---|---|
| BRI | Brutto-Rauminhalt | | 4,42 | **4,77** | 5,67 | 2,88 | **3,03** | 3,22 |

| Flächen von Nutzeinheiten | | | ▷ | NUF/Einheit (m²) | ◁ | ▷ | BGF/Einheit (m²) | ◁ |
|---|---|---|---|---|---|---|---|---|
| Nutzeinheit: Wohnfläche | | | 1,17 | **1,24** | 1,36 | 1,81 | **1,95** | 2,51 |

| Lufttechnisch behandelte Flächen | | | ▷ | Fläche/NUF (%) | ◁ | ▷ | Fläche/BGF (%) | ◁ |
|---|---|---|---|---|---|---|---|---|
| Entlüftete Fläche | | | 8,3 | **8,3** | 8,3 | 4,9 | **4,9** | 4,9 |
| Be- und entlüftete Fläche | | | 83,0 | **83,0** | 83,0 | 46,6 | **46,6** | 46,6 |
| Teilklimatisierte Fläche | | | – | **–** | – | – | **–** | – |
| Klimatisierte Fläche | | | – | **–** | – | – | **–** | – |

| KG | Kostengruppen (2. Ebene) | Einheit | ▷ | Menge/NUF | ◁ | ▷ | Menge/BGF | ◁ |
|---|---|---|---|---|---|---|---|---|
| 310 | Baugrube / Erdbau | m³ BGI | 1,13 | **1,70** | 2,06 | 0,91 | **1,05** | 1,25 |
| 320 | Gründung, Unterbau | m² GRF | 0,47 | **0,49** | 0,59 | 0,27 | **0,30** | 0,32 |
| 330 | Außenwände / vertikal außen | m² AWF | 1,26 | **1,37** | 1,49 | 0,82 | **0,86** | 0,88 |
| 340 | Innenwände / vertikal innen | m² IWF | 1,34 | **1,39** | 1,45 | 0,84 | **0,88** | 0,96 |
| 350 | Decken / horizontal | m² DEF | 0,97 | **1,07** | 1,23 | 0,61 | **0,66** | 0,70 |
| 360 | Dächer | m² DAF | 0,43 | **0,52** | 0,59 | 0,28 | **0,33** | 0,35 |
| 370 | Infrastrukturanlagen | | – | **–** | – | – | **–** | – |
| 380 | Baukonstruktive Einbauten | m² BGF | 1,47 | **1,57** | 1,80 | 1,00 | **1,00** | 1,00 |
| 390 | Sonst. Maßnahmen für Baukonst. | m² BGF | 1,47 | **1,57** | 1,80 | 1,00 | **1,00** | 1,00 |
| 300 | Bauwerk – Baukonstruktionen | m² BGF | 1,47 | **1,57** | 1,80 | 1,00 | **1,00** | 1,00 |

## Planungskennwerte für Bauzeiten — 27 Vergleichsobjekte

**Bauzeit in Wochen**

Bauzeit: ▶ ▷ ◁ ◀ (Wertebereich ca. 40–160 Wochen)

Kostenstand: 1. Quartal 2022, Bundesdurchschnitt, inkl. 19% MwSt.

**Mehrfamilienhäuser, mit bis zu 6 WE, hoher Standard**

**€/m² BGF**
| | |
|---|---|
| min | 1.265 €/m² |
| von | 1.450 €/m² |
| Mittel | **1.790** €/m² |
| bis | 2.200 €/m² |
| max | 2.745 €/m² |

**Kosten:**
Stand 1. Quartal 2022
Bundesdurchschnitt
inkl. 19% MwSt.

## Objektübersicht zur Gebäudeart

### 6100-1447 Mehrfamilienhaus (4 WE) - Effizienzhaus 55
**BRI** 2.215 m³ **BGF** 699 m² **NUF** 505 m²

Mehrfamilienhaus mit 4 Wohneinheiten in Hanglage. Stb-Massiv.

Land: Baden-Württemberg
Kreis: Ostalbkreis
Standard: über Durchschnitt
Bauzeit: 65 Wochen
Kennwerte: bis 1. Ebene DIN 276

**BGF** **1.350 €/m²**

**Planung:** 2N 2L Architektur; Schwäbisch Gmünd

veröffentlicht: BKI Objektdaten E9

### 6100-1524 Mehrfamilienhaus (6 WE)
**BRI** 4.424 m³ **BGF** 1.360 m² **NUF** 850 m²

Mehrfamilienhaus mit 6 Wohneinheiten, 6 Garagenstellplätze. Massivbau.

Land: Sachsen
Kreis: Leipzig, Stadt
Standard: über Durchschnitt
Bauzeit: 83 Wochen
Kennwerte: bis 3. Ebene DIN 276

**BGF** **1.936 €/m²**

**Planung:** Augustin + Imkamp freie Architekten GbR; Leipzig

vorgesehen: BKI Objektdaten N18

### 6100-1460 Mehrfamilienhaus (6 WE)
**BRI** 1.959 m³ **BGF** 767 m² **NUF** 459 m²

Mehrfamilienhaus mit 6 WE. Mauerwerksbau.

Land: Hamburg
Kreis: Hamburg, Freie und Hansestadt
Standard: über Durchschnitt
Bauzeit: 91 Wochen
Kennwerte: bis 1. Ebene DIN 276

**BGF** **2.090 €/m²**

**Planung:** Babis. C. Tekeoglou BCT Architekt; Hamburg

veröffentlicht: BKI Objektdaten N17

### 6100-1409 Mehrfamilienhaus (5 WE), TG (5 STP)
**BRI** 3.540 m³ **BGF** 1.177 m² **NUF** 786 m²

Mehrfamilienhaus (5 WE), Penthauswohneinheit (insgesamt 604 m² WFL) und Tiefgarage (5 STP). Massivbau.

Land: Bayern
Kreis: München, Stadt
Standard: über Durchschnitt
Bauzeit: 57 Wochen
Kennwerte: bis 1. Ebene DIN 276

**BGF** **1.390 €/m²**

**Planung:** Architekten HBH Hilzinger Bittcher-Zeitz; München

veröffentlicht: BKI Objektdaten N17

## Objektübersicht zur Gebäudeart

### 6100-1337 Mehrfamilienhaus (5 WE) - Effizienzhaus ~33%

**BRI** 2.815 m³ **BGF** 880 m² **NUF** 617 m²

Mehrfamilienhaus (5 WE) mit Gemeinderaum für die benachbarte Kapelle. Massivbau.

Land: Brandenburg
Kreis: Potsdam-Mittelmark
Standard: über Durchschnitt
Bauzeit: 48 Wochen
Kennwerte: bis 3. Ebene DIN 276

**BGF** 1.928 €/m²

**Planung:** Küssner Architekten BDA; Kleinmachnow

veröffentlicht: BKI Objektdaten E8

### 6100-1359 Mehrfamilienhaus (6 WE) - Effizienzhaus 55

**BRI** 2.397 m³ **BGF** 768 m² **NUF** 507 m²

Mehrfamilienhaus mit 6 WE (454 m² WFL). Massivbau.

Land: Nordrhein-Westfalen
Kreis: Aachen
Standard: über Durchschnitt
Bauzeit: 44 Wochen
Kennwerte: bis 1. Ebene DIN 276

**BGF** 1.264 €/m²

**Planung:** BAUSTRUCTURA Architekturbüro Dipl.-Ing. Martin Hennig; Stolberg

veröffentlicht: BKI Objektdaten E8

### 6100-1418 Mehrfamilienhaus (5 WE), TG - Effizienzhaus 70

**BRI** 3.984 m³ **BGF** 1.049 m² **NUF** 532 m²

Mehrfamilienhaus mit 5 WE (439 m² WFL), Tiefgarage (5 STP) als Effizienzhaus 70. Massivbauweise.

Land: Nordrhein-Westfalen
Kreis: Dortmund
Standard: über Durchschnitt
Bauzeit: 57 Wochen
Kennwerte: bis 1. Ebene DIN 276

**BGF** 2.120 €/m²

**Planung:** SCHAMP & SCHMALÖER Architekten Stadtplaner PartGmbB; Dortmund

veröffentlicht: BKI Objektdaten N17

### 6100-1241 Mehrfamilienhaus (6 WE), TG - Effizienzhaus 85

**BRI** 4.311 m³ **BGF** 1.275 m² **NUF** 752 m²

Mehrfamilienhaus (6 WE) mit Tiefgarage (12 STP). Holzbauweise, TG WU-Beton.

Land: Berlin
Kreis: Berlin
Standard: über Durchschnitt
Bauzeit: 56 Wochen
Kennwerte: bis 1. Ebene DIN 276

**BGF** 2.116 €/m²

**Planung:** Roswag Architekten GvAmbH; Berlin

veröffentlicht: BKI Objektdaten E7

**Mehrfamilienhäuser, mit bis zu 6 WE, hoher Standard**

€/m² BGF
- min      1.265 €/m²
- von      1.450 €/m²
- Mittel   **1.790 €/m²**
- bis      2.200 €/m²
- max      2.745 €/m²

Kosten:
Stand 1. Quartal 2022
Bundesdurchschnitt
inkl. 19% MwSt.

## Objektübersicht zur Gebäudeart

### 6100-1466 Mehrfamilienhaus (3 WE) - Effizienzhaus ~17%
**BRI** 1.272 m³ | **BGF** 358 m² | **NUF** 229 m²

Mehrfamilienhaus (3 WE) mit Garage, Effizienzhaus ~17%. Mischkonstruktion.

Land: Bayern
Kreis: Bayreuth
Standard: über Durchschnitt
Bauzeit: 161 Wochen
Kennwerte: bis 1. Ebene DIN 276

**BGF  1.642 €/m²**

Planung: BUCHER | HÜTTINGER - ARCHITEKTUR INNEN ARCHITEKTUR; Betzenstein

veröffentlicht: BKI Objektdaten E9

### 6100-1249 Mehrfamilienhaus (6 WE), TG (6 STP)
**BRI** 3.420 m³ | **BGF** 1.266 m² | **NUF** 838 m²

Mehrfamilienwohnhaus mit 6 WE (611 m² WFL) und Tiefgarage (6 STP). Massivbau.

Land: Baden-Württemberg
Kreis: Heidenheim
Standard: über Durchschnitt
Bauzeit: 70 Wochen
Kennwerte: bis 1. Ebene DIN 276

**BGF  1.664 €/m²**

Planung: Architekturbüro Rolf Keck, Dipl.-Ing. (FH); Heidenheim

veröffentlicht: BKI Objektdaten N15

### 6100-1312 Mehrfamilienhaus (5 WE), TG (5 STP)
**BRI** 3.934 m³ | **BGF** 1.222 m² | **NUF** 751 m²

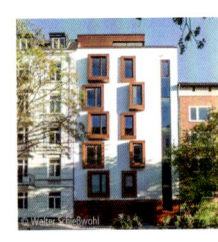

Mehrfamilienhaus mit 5 WE und Tiefgarage (5 STP) als KfW 70-Gebäude. Stahlbetonbau.

Land: Hamburg
Kreis: Hamburg, Freie und Hansestadt
Standard: über Durchschnitt
Bauzeit: 61 Wochen
Kennwerte: bis 1. Ebene DIN 276

**BGF  2.747 €/m²**

Planung: Reichardt + Partner Architekten; Hamburg

veröffentlicht: BKI Objektdaten N16

### 6100-1311 Mehrfamilienhaus (4 WE), TG - Effizienzhaus ~55%
**BRI** 3.484 m³ | **BGF** 1.160 m² | **NUF** 652 m²

Mehrfamilienhaus mit 4 Wohneinheiten (541 m² WFL) und Tiefgarage. Mauerwerk.

Land: Hamburg
Kreis: Hamburg, Freie und Hansestadt
Standard: über Durchschnitt
Bauzeit: 74 Wochen
Kennwerte: bis 3. Ebene DIN 276

**BGF  1.577 €/m²**

Planung: Leistner Fahr Architektenpartnerschaft; Reinbek

veröffentlicht: BKI Objektdaten E8

## Objektübersicht zur Gebäudeart

### 6100-1356 Mehrfamilienhaus (3 WE) - Effizienzhaus 70 — BRI 2.169 m³   BGF 667 m²   NUF 494 m²

Mehrfamilienhaus mit 3 WE (357 m² WFL), Effizienzhaus 70. Mauerwerksbau.

Land: Nordrhein-Westfalen
Kreis: Gelsenkirchen
Standard: über Durchschnitt
Bauzeit: 74 Wochen
Kennwerte: bis 1. Ebene DIN 276

BGF   1.899 €/m²

**Planung:** puschmann architektur; Recklinghausen

veröffentlicht: BKI Objektdaten E8

### 6100-1243 Mehrfamilienhaus (5 WE) - Effizienzhaus 55 — BRI 2.500 m³   BGF 794 m²   NUF 643 m²

Mehrfamilienwohnhaus mit 5 WE (546 m² WFL) als Effizienzhaus 55 mit 4 Garagen. Mischbauweise (Beton, Holz), Brettstapeldecken, Holzflachdach.

Land: Baden-Württemberg
Kreis: Heidenheim
Standard: über Durchschnitt
Bauzeit: 74 Wochen
Kennwerte: bis 1. Ebene DIN 276

BGF   2.309 €/m²

**Planung:** Architekturbüro Rolf Keck, Dipl.-Ing. (FH); Heidenheim

veröffentlicht: BKI Objektdaten E7

### 6100-1231 Mehrfamilienhaus (4 WE) - Effizienzhaus 70 — BRI 2.018 m³   BGF 698 m²   NUF 486 m²

Mehrfamilienhaus (4 WE) mit 448 m² WFL als Effizienzhaus 70. Mauerwerksbau.

Land: Hamburg
Kreis: Hamburg, Freie und Hansestadt
Standard: über Durchschnitt
Bauzeit: 48 Wochen
Kennwerte: bis 1. Ebene DIN 276

BGF   2.347 €/m²

**Planung:** architekt reichwald BDA; Hamburg

veröffentlicht: BKI Objektdaten E7

### 6100-1136 Mehrfamilienhaus (3 WE), TG - Effizienzhaus 70 — BRI 2.551 m³   BGF 817 m²   NUF 341 m²

Mehrfamilienwohnhaus (208 m² WFL), Tiefgarage mit 8 Stellplätzen. Massivbau.

Land: Bayern
Kreis: München
Standard: über Durchschnitt
Bauzeit: 52 Wochen
Kennwerte: bis 1. Ebene DIN 276

BGF   1.467 €/m²

**Planung:** pmp Architekten Anton Meyer; Dachau

veröffentlicht: BKI Objektdaten E6

© BKI Baukosteninformationszentrum; Erläuterungen zu den Tabellen siehe Seite 56   Kostenstand: 1. Quartal 2022, Bundesdurchschnitt, **inkl. 19% MwSt.**

**Mehrfamilienhäuser, mit bis zu 6 WE, hoher Standard**

## Objektübersicht zur Gebäudeart

### 6100-1216 Mehrfamilienhaus (6 WE), TG - Effizienzhaus 70

**BRI** 4.440 m³    **BGF** 1.374 m²    **NUF** 863 m²

Mehrfamilienhaus (6 WE) mit 680 m² WFL und Tiefgarage als Effizienzhaus 70. Mauerwerksbau.

Land: Hamburg
Kreis: Hamburg, Freie und Hansestadt
Standard: über Durchschnitt
Bauzeit: 48 Wochen
Kennwerte: bis 1. Ebene DIN 276

**BGF**   1.678 €/m²

**Planung:** STLH Architekten; Hamburg

veröffentlicht: BKI Objektdaten E7

**€/m² BGF**
min   1.265 €/m²
von   1.450 €/m²
**Mittel**   **1.790 €/m²**
bis   2.200 €/m²
max   2.745 €/m²

**Kosten:**
Stand 1. Quartal 2022
Bundesdurchschnitt
inkl. 19% MwSt.

### 6100-1239 Mehrfamilienhaus (3 WE), TG (3 STP)

**BRI** 2.262 m³    **BGF** 829 m²    **NUF** 511 m²

Mehrfamilienhaus (3 WE) mit Tiefgarage (3 STP). Kellerwände als Stb-Wände, Mauerwerk.

Land: Hamburg
Kreis: Hamburg, Freie und Hansestadt
Standard: über Durchschnitt
Bauzeit: 61 Wochen
Kennwerte: bis 1. Ebene DIN 276

**BGF**   2.242 €/m²

**Planung:** Spengler · Wiescholek Architekten Stadtplaner; Hamburg

veröffentlicht: BKI Objektdaten N15

### 6100-1119 Mehrfamilienhaus (6 WE) - Effizienzhaus 70

**BRI** 3.467 m³    **BGF** 1.335 m²    **NUF** 909 m²

Mehrfamilienhaus (722 m² WFL) mit Etagenwohnungen (6 St) als Effizienzhaus 70. Mauerwerksbau.

Land: Nordrhein-Westfalen
Kreis: Mettmann
Standard: über Durchschnitt
Bauzeit: 57 Wochen
Kennwerte: bis 1. Ebene DIN 276

**BGF**   1.450 €/m²

**Planung:** Dipl.-Ing. Architekt Wilhelm Jussen; Ratingen

veröffentlicht: BKI Objektdaten E6

### 6100-0998 Mehrfamilienhaus (4 WE), TG - Passivhaus

**BRI** 3.073 m³    **BGF** 1.029 m²    **NUF** 633 m²

Mehrfamilienhaus (4 WE) mit Tiefgarage als Passivhaus. Massivbau.

Land: Baden-Württemberg
Kreis: Breisgau-Hochschwarzwald
Standard: über Durchschnitt
Bauzeit: 61 Wochen
Kennwerte: bis 4. Ebene DIN 276

**BGF**   1.485 €/m²

**Planung:** kuhs architekten freiburg dipl-ing.(fh) winfried kuhs; Freiburg

veröffentlicht: BKI Objektdaten E5

## Objektübersicht zur Gebäudeart

### 6100-1152 Appartementhaus (5 WE), TG (9 STP) — BRI 4.674 m³ — BGF 1.609 m² — NUF 1.039 m²

Mehrfamilienhaus (5 WE) mit 798 m² WFL und Tiefgarage. Mauerwerksbau.

Land: Hamburg
Kreis: Hamburg, Freie und Hansestadt
Standard: über Durchschnitt
Bauzeit: 61 Wochen
Kennwerte: bis 1. Ebene DIN 276

BGF  1.948 €/m²

**Planung:** reichardt architekten; Hamburg

veröffentlicht: BKI Objektdaten N13

### 6100-1030 Wohnanlage (6 WE) — BRI 3.696 m³ — BGF 1.250 m² — NUF 886 m²

Wohnanlage aus 3 Reihenhäusern und einem Apartmenthaus mit 3 WE (740 m² WFL). Massivbau.

Land: Bayern
Kreis: Nürnberg, Stadt
Standard: über Durchschnitt
Bauzeit: 57 Wochen
Kennwerte: bis 1. Ebene DIN 276

BGF  1.878 €/m²

**Planung:** Rossdeutsch + Schmidt Architekten; Nürnberg

veröffentlicht: BKI Objektdaten N12

### 6100-0999 Mehrfamilienhaus (6 WE) - Effizienzhaus 55 — BRI 3.808 m³ — BGF 1.399 m² — NUF 959 m²

Mehrfamilienhaus, 6 WE (785 m² WFL). Stahlbeton- und Mauerwerksbau.

Land: Berlin
Kreis: Berlin
Standard: über Durchschnitt
Bauzeit: 87 Wochen
Kennwerte: bis 1. Ebene DIN 276

BGF  1.698 €/m²

**Planung:** Anne Lampen Architekten BDA; Berlin

veröffentlicht: BKI Objektdaten E5

### 6100-0812 Mehrfamilienhaus-Villa (5 WE) — BRI 3.031 m³ — BGF 1.165 m² — NUF 962 m²

Mehrfamilienhaus-Villa (5 WE), Tiefgarage mit 8 Stellplätzen. Mauerwerksbau.

Land: Hessen
Kreis: Wiesbaden, Stadt
Standard: über Durchschnitt
Bauzeit: 52 Wochen
Kennwerte: bis 1. Ebene DIN 276

BGF  1.377 €/m²

**Planung:** Heidacker Architekten; Bischofsheim

veröffentlicht: BKI Objektdaten N10

© BKI Baukosteninformationszentrum; Erläuterungen zu den Tabellen siehe Seite 56    Kostenstand: 1. Quartal 2022, Bundesdurchschnitt, **inkl. 19% MwSt.**

**Mehrfamilienhäuser, mit bis zu 6 WE, hoher Standard**

## Objektübersicht zur Gebäudeart

### 6100-0718 Mehrfamilienhaus (5 WE)

**BRI** 3.362 m$^3$ **BGF** 1.132 m$^2$ **NUF** 622 m$^2$

Mehrfamilienhaus mit 5 WE (496m$^2$ WFL). Mauerwerksbau.

Land: Bayern
Kreis: München, Stadt
Standard: über Durchschnitt
Bauzeit: 87 Wochen
Kennwerte: bis 4. Ebene DIN 276

**BGF** 1.305 €/m$^2$

Planung: Architekt Michael Knecht; Augsburg

veröffentlicht: BKI Objektdaten N10

### 6100-0639 Mehrfamilienhaus (4 WE)

**BRI** 1.413 m$^3$ **BGF** 496 m$^2$ **NUF** 327 m$^2$

Mehrfamilienhaus mit 4 Wohneinheiten (318m$^2$ WFL). Mauerwerksbau; Stb-Decken, Metalltreppen; Porenbeton Dachplatten mit Holzsparren.

Land: Niedersachsen
Kreis: Hannover, Region
Standard: über Durchschnitt
Bauzeit: 39 Wochen
Kennwerte: bis 4. Ebene DIN 276

**BGF** 2.098 €/m$^2$

Planung: Architekturbüro Dipl.-Ing. Gordon Kisser; Isernhagen

veröffentlicht: BKI Objektdaten N9

### 6100-0630 Mehrfamilienhaus (4 WE)

**BRI** 1.639 m$^3$ **BGF** 573 m$^2$ **NUF** 399 m$^2$

Mehrfamilienhaus mit 4 WE (395m$^2$ WFL), Maisonette-Wohnung in OG, eine Souterrain-Wohnung. Mauerwerksbau.

Land: Nordrhein-Westfalen
Kreis: Köln, Stadt
Standard: über Durchschnitt
Bauzeit: 39 Wochen
Kennwerte: bis 3. Ebene DIN 276

**BGF** 1.369 €/m$^2$

Planung: Architektur . Ingenieurbüro Dipl.-Ing. Reinhard Jo Billstein; Köln

veröffentlicht: BKI Objektdaten N9

---

**€/m$^2$ BGF**

| | |
|---|---|
| min | 1.265 €/m$^2$ |
| von | 1.450 €/m$^2$ |
| Mittel | **1.790** €/m$^2$ |
| bis | 2.200 €/m$^2$ |
| max | 2.745 €/m$^2$ |

**Kosten:**
Stand 1. Quartal 2022
Bundesdurchschnitt
inkl. 19% MwSt.

**Wohnen**

# Arbeitsblatt zur Standardeinordnung bei Mehrfamilienhäusern, mit 6 bis 19 WE

## Kostenkennwerte für die Kosten des Bauwerks (Kostengruppen 300+400 nach DIN 276)

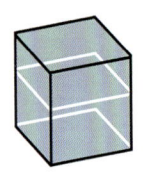

**BRI** 490 €/m³
von 400 €/m³
bis 595 €/m³

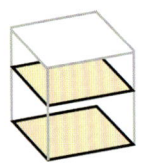

**BGF** 1.440 €/m²
von 1.165 €/m²
bis 1.790 €/m²

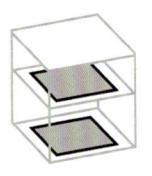

**NUF** 2.145 €/m²
von 1.670 €/m²
bis 2.725 €/m²

**NE** 2.690 €/NE
von 2.175 €/NE
bis 3.710 €/NE
NE: Wohnfläche

**Kosten:**
Stand 1. Quartal 2022
Bundesdurchschnitt
inkl. 19% MwSt.

### Standardzuordnung

(gesamt / einfach / mittel / hoch — Skala 500 bis 3500 €/m² BGF)

- ● KKW
- ▶ min
- ▷ von
- | Mittelwert
- ◁ bis
- ◀ max

### Standardeinordnung für Ihr Projekt:

| KG | Kostengruppen der 2. Ebene | niedrig | mittel | hoch | Punkte |
|---|---|---|---|---|---|
| 310 | Baugrube / Erdbau | | | | |
| 320 | Gründung, Unterbau | 1 | 2 | 2 | |
| 330 | Außenwände/Vert. Konstrukt., außen | 5 | 6 | 9 | |
| 340 | Innenwände/Vert. Baukonstrukt., innen | 3 | 4 | 4 | |
| 350 | Decken/Horizontale Baukonstruktionen | 5 | 5 | 6 | |
| 360 | Dächer | 2 | 3 | 3 | |
| 370 | Infrastrukturanlagen | | | | |
| 380 | Baukonstruktive Einbauten | 0 | 0 | 1 | |
| 390 | Sonst. Maßnahmen für Baukonstrukt. | | | | |
| 410 | Abwasser-, Wasser-, Gasanlagen | 1 | 2 | 2 | |
| 420 | Wärmeversorgungsanlagen | 1 | 1 | 2 | |
| 430 | Raumlufttechnische Anlagen | 0 | 0 | 1 | |
| 440 | Elektrische Anlagen | 1 | 1 | 2 | |
| 450 | Kommunikationstechnische Anlagen | 0 | 0 | 0 | |
| 460 | Förderanlagen | 0 | 1 | 1 | |
| 470 | Nutzungsspez. u. verfahrenstechn. Anl. | 0 | 0 | 0 | |
| 480 | Gebäude- und Anlagenautomation | 0 | 0 | 0 | |
| 490 | Sonst. Maßnahmen für techn. Anlagen | | | | |

Punkte: 19 bis 22 = einfach    23 bis 29 = mittel    30 bis 33 = hoch        Ihr Projekt (Summe):

**Erläuterung:**
Obenstehende Tabelle soll Ihnen die Zuordnung zu den Gebäudearten mit einfachem, mittlerem und hohem Standard erleichtern. Schätzen Sie für jedes Grobelement ab, ob die Aufwendungen niedrig, mittel oder hoch sein werden und übertragen Sie die Punkte in die rechte Spalte. Bilden Sie die Summe der rechten Spalte und ordnen Sie Ihr Projekt nach dem Schema der untersten Zeile ein. Nehmen Sie dieses Schema auch als Hinweis darauf, bei welchen Kostengruppen Sie den Mittelwert nach oben oder unten anpassen sollten.

© BKI Baukosteninformationszentrum; Erläuterungen zu den Tabellen siehe Seite 58    Kostenstand: 1. Quartal 2022, Bundesdurchschnitt, **inkl. 19% MwSt.**

## Kostenkennwerte für die Kostengruppen der 1. und 2. Ebene DIN 276

| KG | Kostengruppen der 1. Ebene | Einheit | ▷ | €/Einheit | ◁ | ▷ | % an 300+400 | ◁ |
|----|---|---|---|---|---|---|---|---|
| 100 | Grundstück | m²GF | – | – | – | – | – | – |
| 200 | Vorbereitende Maßnahmen | m²GF | 25 | **73** | 421 | 1,1 | **2,9** | 16,5 |
| 300 | Bauwerk – Baukonstruktionen | m²BGF | 936 | **1.146** | 1.401 | 75,4 | **79,8** | 83,6 |
| 400 | Bauwerk – Technische Anlagen | m²BGF | 213 | **296** | 421 | 16,4 | **20,2** | 24,6 |
|  | Bauwerk (300+400) | m²BGF | 1.167 | **1.442** | 1.790 | 100,0 | **100,0** | 100,0 |
| 500 | Außenanlagen und Freiflächen | m²AF | 76 | **208** | 432 | 1,9 | **4,3** | 7,7 |
| 600 | Ausstattung und Kunstwerke | m²BGF | 5 | **16** | 45 | 0,3 | **1,0** | 3,1 |
| 700 | Baunebenkosten* | m²BGF | 275 | **306** | 338 | 19,2 | **21,4** | 23,6 |
| 800 | Finanzierung | m²BGF | – | – | – | – | – | – |

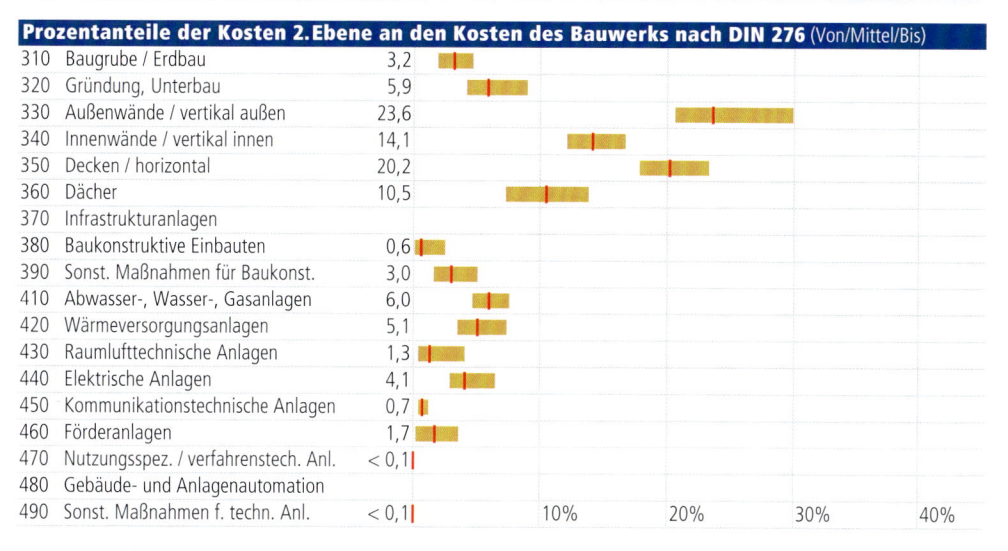

◁ * Auf Grundlage der HOAI 2021 berechnete Werte nach §§ 35, 52, 56. Weitere Informationen siehe Seite 50

| KG | Kostengruppen der 2. Ebene | Einheit | ▷ | €/Einheit | ◁ | ▷ | % an 1. Ebene | ◁ |
|----|---|---|---|---|---|---|---|---|
| 310 | Baugrube / Erdbau | m³BGI | 31 | **48** | 72 | 2,4 | **3,9** | 5,7 |
| 320 | Gründung, Unterbau | m²GRF | 204 | **266** | 412 | 5,3 | **7,2** | 10,6 |
| 330 | Außenwände / vertikal außen | m²AWF | 340 | **416** | 576 | 25,5 | **29,2** | 36,5 |
| 340 | Innenwände / vertikal innen | m²IWF | 172 | **201** | 249 | 14,6 | **17,5** | 20,6 |
| 350 | Decken / horizontal | m²DEF | 311 | **358** | 406 | 22,1 | **24,9** | 28,4 |
| 360 | Dächer | m²DAF | 321 | **378** | 492 | 9,0 | **12,9** | 16,5 |
| 370 | Infrastrukturanlagen |  | – | – | – | – | – | – |
| 380 | Baukonstruktive Einbauten | m²BGF | 4 | **15** | 40 | 0,1 | **0,8** | 3,2 |
| 390 | Sonst. Maßnahmen für Baukonst. | m²BGF | 19 | **39** | 71 | 2,0 | **3,7** | 6,4 |
| **300** | **Bauwerk – Baukonstruktionen** | m²BGF |  |  |  |  | **100,0** |  |
| 410 | Abwasser-, Wasser-, Gasanlagen | m²BGF | 49 | **74** | 91 | 25,0 | **32,7** | 41,9 |
| 420 | Wärmeversorgungsanlagen | m²BGF | 43 | **62** | 99 | 18,7 | **26,9** | 35,1 |
| 430 | Raumlufttechnische Anlagen | m²BGF | 7 | **18** | 57 | 2,4 | **6,1** | 18,5 |
| 440 | Elektrische Anlagen | m²BGF | 35 | **52** | 107 | 16,1 | **21,6** | 29,6 |
| 450 | Kommunikationstechnische Anlagen | m²BGF | 5 | **9** | 17 | 2,1 | **3,8** | 6,6 |
| 460 | Förderanlagen | m²BGF | 28 | **38** | 57 | 0,8 | **8,7** | 17,2 |
| 470 | Nutzungsspez. / verfahrenstech. Anl. | m²BGF | < 1 | **< 1** | < 1 | < 0,1 | **< 0,1** | 0,1 |
| 480 | Gebäude- und Anlagenautomation | m²BGF | – | – | – | – | – | – |
| 490 | Sonst. Maßnahmen f. techn. Anl. | m²BGF | < 1 | **1** | 2 | < 0,1 | **< 0,1** | 0,7 |
| **400** | **Bauwerk – Technische Anlagen** | m²BGF |  |  |  |  | **100,0** |  |

### Prozentanteile der Kosten 2. Ebene an den Kosten des Bauwerks nach DIN 276 (Von/Mittel/Bis)

| KG | Kostengruppe | Mittel |
|----|---|---|
| 310 | Baugrube / Erdbau | 3,2 |
| 320 | Gründung, Unterbau | 5,9 |
| 330 | Außenwände / vertikal außen | 23,6 |
| 340 | Innenwände / vertikal innen | 14,1 |
| 350 | Decken / horizontal | 20,2 |
| 360 | Dächer | 10,5 |
| 370 | Infrastrukturanlagen |  |
| 380 | Baukonstruktive Einbauten | 0,6 |
| 390 | Sonst. Maßnahmen für Baukonst. | 3,0 |
| 410 | Abwasser-, Wasser-, Gasanlagen | 6,0 |
| 420 | Wärmeversorgungsanlagen | 5,1 |
| 430 | Raumlufttechnische Anlagen | 1,3 |
| 440 | Elektrische Anlagen | 4,1 |
| 450 | Kommunikationstechnische Anlagen | 0,7 |
| 460 | Förderanlagen | 1,7 |
| 470 | Nutzungsspez. / verfahrenstech. Anl. | < 0,1 |
| 480 | Gebäude- und Anlagenautomation |  |
| 490 | Sonst. Maßnahmen f. techn. Anl. | < 0,1 |

© BKI Baukosteninformationszentrum; Erläuterungen zu den Tabellen siehe Seite 48 und 50   Kostenstand: 1. Quartal 2022, Bundesdurchschnitt, **inkl. 19% MwSt.**

**Mehrfamilienhäuser, mit 6 bis 19 WE**

## Prozentanteile der Kosten für Leistungsbereiche nach STLB (Kosten Bauwerk nach DIN 276)

**Kosten:** Stand 1. Quartal 2022, Bundesdurchschnitt inkl. 19% MwSt.

| LB | Leistungsbereiche | von | % an 300+400 Mittelwert | bis |
|---|---|---|---|---|
| 000 | Sicherheits-, Baustelleneinrichtungen inkl. 001 | 1,5 | 2,5 | 4,7 |
| 002 | Erdarbeiten | 1,8 | 3,3 | 4,9 |
| 006 | Spezialtiefbauarbeiten inkl. 005 | < 0,1 | 0,5 | 2,1 |
| 009 | Entwässerungskanalarbeiten inkl. 011 | 0,1 | 0,5 | 1,1 |
| 010 | Drän- und Versickerarbeiten | < 0,1 | 0,2 | 0,5 |
| 012 | Mauerarbeiten | 4,2 | 8,5 | 13,5 |
| 013 | Betonarbeiten | 18,2 | 23,1 | 27,8 |
| 014 | Natur-, Betonwerksteinarbeiten | 0,0 | 0,9 | 2,0 |
| 016 | Zimmer- und Holzbauarbeiten | 0,7 | 2,6 | 4,2 |
| 017 | Stahlbauarbeiten | 0,0 | < 0,1 | 0,2 |
| 018 | Abdichtungsarbeiten | 0,4 | 0,7 | 1,3 |
| 020 | Dachdeckungsarbeiten | < 0,1 | 1,2 | 2,9 |
| 021 | Dachabdichtungsarbeiten | 0,3 | 2,2 | 3,9 |
| 022 | Klempnerarbeiten | 0,7 | 1,3 | 2,2 |
| | **Rohbau** | **39,8** | **47,6** | **54,0** |
| 023 | Putz- und Stuckarbeiten, Wärmedämmsysteme | 4,3 | 6,8 | 10,6 |
| 024 | Fliesen- und Plattenarbeiten | 1,7 | 2,6 | 3,9 |
| 025 | Estricharbeiten | 1,4 | 1,8 | 2,4 |
| 026 | Fenster, Außentüren inkl. 029, 032 | 4,2 | 5,1 | 6,9 |
| 027 | Tischlerarbeiten | 1,9 | 2,7 | 4,4 |
| 028 | Parkettarbeiten, Holzpflasterarbeiten | 0,3 | 1,3 | 2,8 |
| 030 | Rollladenarbeiten | 0,2 | 1,1 | 2,7 |
| 031 | Metallbauarbeiten inkl. 035 | 3,2 | 4,4 | 6,2 |
| 034 | Maler- und Lackiererarbeiten inkl. 037 | 2,4 | 2,9 | 4,0 |
| 036 | Bodenbelagarbeiten | 0,2 | 1,0 | 1,8 |
| 038 | Vorgehängte hinterlüftete Fassaden | 0,0 | 0,3 | 2,1 |
| 039 | Trockenbauarbeiten | 1,4 | 3,6 | 6,8 |
| | **Ausbau** | **28,6** | **33,7** | **38,2** |
| 040 | Wärmeversorgungsanl. - Betriebseinr. inkl. 041 | 3,2 | 4,5 | 6,9 |
| 042 | Gas- und Wasserinstallation, Leitungen inkl. 043 | 1,2 | 1,9 | 3,9 |
| 044 | Abwasseranlagen - Leitungen | 0,7 | 1,4 | 2,8 |
| 045 | GWE-Einrichtungsgegenstände inkl. 046 | 1,0 | 1,9 | 2,8 |
| 047 | Dämmarbeiten an betriebstechnischen Anlagen | 0,3 | 0,8 | 1,0 |
| 049 | Feuerlöschanlagen, Feuerlöschgeräte | 0,0 | < 0,1 | < 0,1 |
| 050 | Blitzschutz- und Erdungsanlagen | < 0,1 | 0,1 | 0,2 |
| 052 | Mittelspannungsanlagen | – | – | – |
| 053 | Niederspannungsanlagen inkl. 054 | 2,6 | 3,8 | 6,3 |
| 055 | Sicherheits- u. Ersatzstromversorgungsanl. | – | – | – |
| 057 | Gebäudesystemtechnik | 0,0 | < 0,1 | < 0,1 |
| 058 | Leuchten und Lampen inkl. 059 | 0,1 | 0,3 | 0,7 |
| 060 | Sprechanlagen, elektroakust. Anlagen inkl. 064 | < 0,1 | 0,2 | 0,5 |
| 061 | Kommunikationsnetze inkl. 062 | 0,1 | 0,3 | 0,6 |
| 063 | Gefahrenmeldeanlagen | < 0,1 | 0,1 | 0,6 |
| 069 | Aufzüge | < 0,1 | 1,7 | 3,5 |
| 070 | Gebäudeautomation | – | – | – |
| 075 | Raumlufttechnische Anlagen inkl. 078 | 0,3 | 1,2 | 3,9 |
| | **Gebäudetechnik** | **14,3** | **18,3** | **23,2** |
| | Sonstige Leistungsbereiche inkl. 008, 033, 051 | < 0,1 | 0,4 | 1,2 |

- KKW
- ▶ min
- ▷ von
- | Mittelwert
- ◁ bis
- ◀ max

## Planungskennwerte für Flächen und Rauminhalte nach DIN 277

| Grundflächen | | ▷ | Fläche/NUF (%) | ◁ | ▷ | Fläche/BGF (%) | ◁ |
|---|---|---|---|---|---|---|---|
| NUF | Nutzungsfläche | 100,0 | **100,0** | 100,0 | 64,9 | **67,9** | 71,6 |
| TF | Technikfläche | 1,9 | **2,4** | 6,1 | 1,3 | **1,6** | 4,2 |
| VF | Verkehrsfläche | 16,9 | **21,2** | 27,5 | 11,0 | **13,9** | 17,1 |
| NRF | Netto-Raumfläche | 118,4 | **123,4** | 130,0 | 81,1 | **83,2** | 84,9 |
| KGF | Konstruktions-Grundfläche | 22,0 | **25,0** | 28,9 | 15,1 | **16,8** | 18,9 |
| BGF | Brutto-Grundfläche | 141,4 | **148,4** | 155,8 | 100,0 | **100,0** | 100,0 |

| Brutto-Rauminhalte | | ▷ | BRI/NUF (m) | ◁ | ▷ | BRI/BGF (m) | ◁ |
|---|---|---|---|---|---|---|---|
| BRI | Brutto-Rauminhalt | 4,11 | **4,40** | 5,30 | 2,81 | **2,96** | 3,50 |

| Flächen von Nutzeinheiten | ▷ | NUF/Einheit (m²) | ◁ | ▷ | BGF/Einheit (m²) | ◁ |
|---|---|---|---|---|---|---|
| Nutzeinheit: Wohnfläche | 1,17 | **1,27** | 1,41 | 1,74 | **1,88** | 2,10 |

| Lufttechnisch behandelte Flächen | ▷ | Fläche/NUF (%) | ◁ | ▷ | Fläche/BGF (%) | ◁ |
|---|---|---|---|---|---|---|
| Entlüftete Fläche | 20,0 | **22,7** | 22,7 | 13,3 | **15,4** | 15,4 |
| Be- und entlüftete Fläche | 76,1 | **79,4** | 79,4 | 51,5 | **53,8** | 53,8 |
| Teilklimatisierte Fläche | – | – | – | – | – | – |
| Klimatisierte Fläche | – | – | – | – | – | – |

| KG | Kostengruppen (2. Ebene) | Einheit | ▷ | Menge/NUF | ◁ | ▷ | Menge/BGF | ◁ |
|---|---|---|---|---|---|---|---|---|
| 310 | Baugrube / Erdbau | m³ BGI | 1,04 | **1,36** | 2,12 | 0,73 | **0,93** | 1,44 |
| 320 | Gründung, Unterbau | m² GRF | 0,34 | **0,40** | 0,48 | 0,23 | **0,28** | 0,32 |
| 330 | Außenwände / vertikal außen | m² AWF | 0,93 | **1,05** | 1,19 | 0,65 | **0,71** | 0,79 |
| 340 | Innenwände / vertikal innen | m² IWF | 1,11 | **1,29** | 1,49 | 0,77 | **0,88** | 0,99 |
| 350 | Decken / horizontal | m² DEF | 0,91 | **1,01** | 1,07 | 0,63 | **0,69** | 0,73 |
| 360 | Dächer | m² DAF | 0,43 | **0,50** | 0,56 | 0,30 | **0,34** | 0,38 |
| 370 | Infrastrukturanlagen | | – | – | – | – | – | – |
| 380 | Baukonstruktive Einbauten | m² BGF | 1,41 | **1,48** | 1,56 | 1,00 | **1,00** | 1,00 |
| 390 | Sonst. Maßnahmen für Baukonst. | m² BGF | 1,41 | **1,48** | 1,56 | 1,00 | **1,00** | 1,00 |
| **300** | **Bauwerk – Baukonstruktionen** | m² BGF | 1,41 | **1,48** | 1,56 | 1,00 | **1,00** | 1,00 |

## Planungskennwerte für Bauzeiten

**Bauzeit in Wochen**

gesamt, einfach, mittel, hoch (15–165 Wochen)

**Mehrfamilienhäuser, mit 6 bis 19 WE, einfacher Standard**

## Kostenkennwerte für die Kosten des Bauwerks (Kostengruppen 300+400 nach DIN 276)

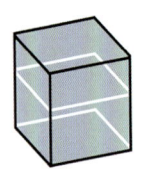

**BRI** 405 €/m³
von 365 €/m³
bis 480 €/m³

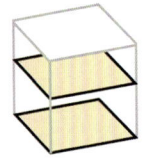

**BGF** 1.130 €/m²
von 970 €/m²
bis 1.305 €/m²

**NUF** 1.625 €/m²
von 1.375 €/m²
bis 2.075 €/m²

**NE** 2.070 €/NE
von 1.635 €/NE
bis 2.545 €/NE
NE: Wohnfläche

**Kosten:**
Stand 1. Quartal 2022
Bundesdurchschnitt
inkl. 19% MwSt.

### Objektbeispiele

6100-1251
6100-0628 
6100-0701 
6100-1320 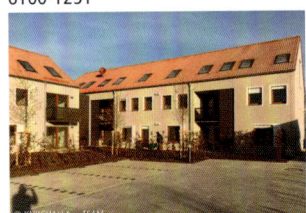
6100-0968 
6100-0383 

### Kosten der 8 Vergleichsobjekte — Seiten 588 bis 589

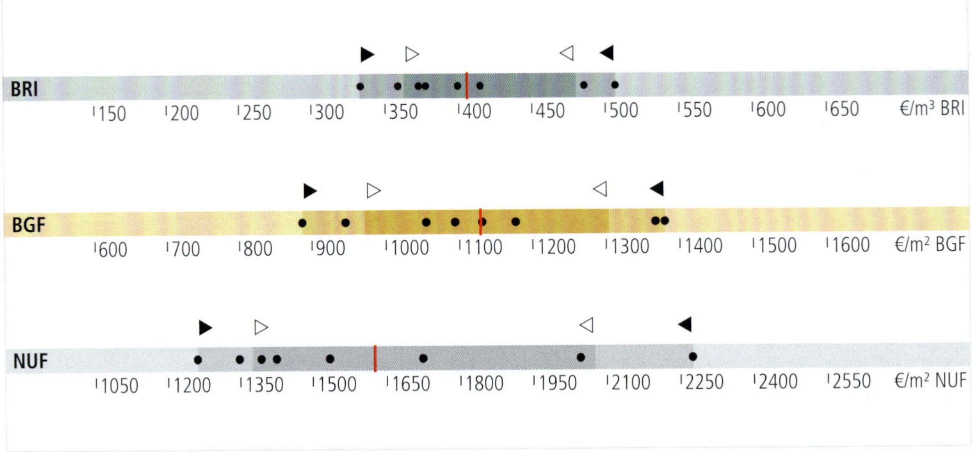

- ● KKW
- ▶ min
- ▷ von
- | Mittelwert
- ◁ bis
- ◀ max

BRI: €/m³ BRI (150–650)
BGF: €/m² BGF (600–1600)
NUF: €/m² NUF (1050–2550)

© BKI Baukosteninformationszentrum; Erläuterungen zu den Tabellen siehe Seite 46
Kostenstand: 1. Quartal 2022, Bundesdurchschnitt, **inkl. 19% MwSt.**

## Kostenkennwerte für die Kostengruppen der 1. und 2. Ebene DIN 276

| KG | Kostengruppen der 1. Ebene | Einheit | ▷ | €/Einheit | ◁ | ▷ | % an 300+400 | ◁ |
|---|---|---|---|---|---|---|---|---|
| 100 | Grundstück | m²GF | – | – | – | – | – | – |
| 200 | Vorbereitende Maßnahmen | m²GF | 21 | **30** | 35 | 1,5 | **2,1** | 2,8 |
| 300 | Bauwerk – Baukonstruktionen | m²BGF | 800 | **913** | 1.032 | 72,7 | **81,2** | 83,5 |
| 400 | Bauwerk – Technische Anlagen | m²BGF | 173 | **216** | 365 | 16,5 | **18,8** | 27,3 |
|  | Bauwerk (300+400) | m²BGF | 972 | **1.129** | 1.304 | 100,0 | **100,0** | 100,0 |
| 500 | Außenanlagen und Freiflächen | m²AF | 45 | **99** | 218 | 2,2 | **4,8** | 10,7 |
| 600 | Ausstattung und Kunstwerke | m²BGF | 4 | **4** | 4 | 0,3 | **0,3** | 0,3 |
| 700 | Baunebenkosten* | m²BGF | 232 | **259** | 285 | 20,7 | **23,1** | 25,5 |
| 800 | Finanzierung | m²BGF | – | – | – | – | – | – |

◁ * Auf Grundlage der HOAI 2021 berechnete Werte nach §§ 35, 52, 56. Weitere Informationen siehe Seite 50

| KG | Kostengruppen der 2. Ebene | Einheit | ▷ | €/Einheit | ◁ | ▷ | % an 1. Ebene | ◁ |
|---|---|---|---|---|---|---|---|---|
| 310 | Baugrube / Erdbau | m³BGI | 39 | **44** | 58 | 1,0 | **3,0** | 3,7 |
| 320 | Gründung, Unterbau | m²GRF | 201 | **274** | 472 | 5,3 | **7,5** | 9,6 |
| 330 | Außenwände / vertikal außen | m²AWF | 335 | **402** | 553 | 25,8 | **26,8** | 29,6 |
| 340 | Innenwände / vertikal innen | m²IWF | 181 | **215** | 252 | 15,5 | **17,4** | 18,8 |
| 350 | Decken / horizontal | m²DEF | 354 | **379** | 404 | 24,1 | **27,2** | 33,2 |
| 360 | Dächer | m²DAF | 329 | **359** | 417 | 11,8 | **13,7** | 15,4 |
| 370 | Infrastrukturanlagen |  | – | – | – | – | – | – |
| 380 | Baukonstruktive Einbauten | m²BGF | 30 | **30** | 30 | 0,0 | **0,7** | 2,7 |
| 390 | Sonst. Maßnahmen für Baukonst. | m²BGF | 15 | **39** | 99 | 1,1 | **3,9** | 7,3 |
| **300** | **Bauwerk – Baukonstruktionen** | **m²BGF** |  |  |  |  | **100,0** |  |
| 410 | Abwasser-, Wasser-, Gasanlagen | m²BGF | 64 | **75** | 90 | 31,6 | **37,6** | 43,7 |
| 420 | Wärmeversorgungsanlagen | m²BGF | 50 | **63** | 76 | 19,4 | **32,0** | 37,3 |
| 430 | Raumlufttechnische Anlagen | m²BGF | 4 | **14** | 34 | 1,4 | **4,8** | 14,2 |
| 440 | Elektrische Anlagen | m²BGF | 35 | **44** | 73 | 17,9 | **21,7** | 30,9 |
| 450 | Kommunikationstechnische Anlagen | m²BGF | 5 | **7** | 13 | 2,5 | **3,3** | 5,6 |
| 460 | Förderanlagen | m²BGF | – | – | – | – | – | – |
| 470 | Nutzungsspez. / verfahrenstech. Anl. | m²BGF | – | – | – | – | – | – |
| 480 | Gebäude- und Anlagenautomation | m²BGF | – | – | – | – | – | – |
| 490 | Sonst. Maßnahmen f. techn. Anl. | m²BGF | 2 | **2** | 2 | 0,0 | **0,2** | 0,9 |
| **400** | **Bauwerk – Technische Anlagen** | **m²BGF** |  |  |  |  | **100,0** |  |

### Prozentanteile der Kosten 2. Ebene an den Kosten des Bauwerks nach DIN 276 (Von/Mittel/Bis)

| KG | Kostengruppe | Mittel % |
|---|---|---|
| 310 | Baugrube / Erdbau | 2,4 |
| 320 | Gründung, Unterbau | 6,2 |
| 330 | Außenwände / vertikal außen | 22,1 |
| 340 | Innenwände / vertikal innen | 14,3 |
| 350 | Decken / horizontal | 22,4 |
| 360 | Dächer | 11,3 |
| 370 | Infrastrukturanlagen |  |
| 380 | Baukonstruktive Einbauten | 0,6 |
| 390 | Sonst. Maßnahmen für Baukonst. | 3,2 |
| 410 | Abwasser-, Wasser-, Gasanlagen | 6,7 |
| 420 | Wärmeversorgungsanlagen | 5,6 |
| 430 | Raumlufttechnische Anlagen | 0,8 |
| 440 | Elektrische Anlagen | 3,8 |
| 450 | Kommunikationstechnische Anlagen | 0,6 |
| 460 | Förderanlagen |  |
| 470 | Nutzungsspez. / verfahrenstech. Anl. |  |
| 480 | Gebäude- und Anlagenautomation |  |
| 490 | Sonst. Maßnahmen f. techn. Anl. | < 0,1 |

© BKI Baukosteninformationszentrum; Erläuterungen zu den Tabellen siehe Seite 48 und 50    Kostenstand: 1. Quartal 2022, Bundesdurchschnitt, **inkl. 19% MwSt.**

**Mehrfamilienhäuser, mit 6 bis 19 WE, einfacher Standard**

## Prozentanteile der Kosten für Leistungsbereiche nach STLB (Kosten Bauwerk nach DIN 276)

| LB | Leistungsbereiche | ▷ % an 300+400 ◁ | | |
|---|---|---|---|---|
| 000 | Sicherheits-, Baustelleneinrichtungen inkl. 001 | 1,1 | **2,6** | 6,1 |
| 002 | Erdarbeiten | 0,7 | **2,4** | 3,0 |
| 006 | Spezialtiefbauarbeiten inkl. 005 | 0,0 | **1,1** | 4,3 |
| 009 | Entwässerungskanalarbeiten inkl. 011 | 0,0 | **0,4** | 0,8 |
| 010 | Drän- und Versickerarbeiten | 0,2 | **0,4** | 0,6 |
| 012 | Mauerarbeiten | 11,0 | **13,8** | 21,1 |
| 013 | Betonarbeiten | 17,3 | **21,1** | 24,7 |
| 014 | Natur-, Betonwerksteinarbeiten | 0,0 | **0,8** | 1,7 |
| 016 | Zimmer- und Holzbauarbeiten | 2,6 | **2,9** | 3,7 |
| 017 | Stahlbauarbeiten | – | **–** | – |
| 018 | Abdichtungsarbeiten | 0,5 | **0,9** | 1,5 |
| 020 | Dachdeckungsarbeiten | 0,0 | **2,3** | 3,4 |
| 021 | Dachabdichtungsarbeiten | 0,2 | **0,8** | 2,4 |
| 022 | Klempnerarbeiten | 0,7 | **1,1** | 2,1 |
| | **Rohbau** | 48,1 | **50,5** | 57,0 |
| 023 | Putz- und Stuckarbeiten, Wärmedämmsysteme | 3,5 | **5,6** | 9,6 |
| 024 | Fliesen- und Plattenarbeiten | 1,1 | **3,1** | 4,0 |
| 025 | Estricharbeiten | 1,5 | **1,9** | 3,1 |
| 026 | Fenster, Außentüren inkl. 029, 032 | 3,6 | **5,0** | 6,4 |
| 027 | Tischlerarbeiten | 1,9 | **2,3** | 3,1 |
| 028 | Parkettarbeiten, Holzpflasterarbeiten | 0,0 | **1,4** | 3,2 |
| 030 | Rollladenarbeiten | 0,0 | **0,8** | 1,5 |
| 031 | Metallbauarbeiten inkl. 035 | 2,4 | **4,0** | 5,7 |
| 034 | Maler- und Lackiererarbeiten inkl. 037 | 2,6 | **3,4** | 5,7 |
| 036 | Bodenbelagarbeiten | 0,0 | **1,2** | 1,7 |
| 038 | Vorgehängte hinterlüftete Fassaden | 0,0 | **0,1** | 0,5 |
| 039 | Trockenbauarbeiten | 2,0 | **3,7** | 5,0 |
| | **Ausbau** | 28,7 | **32,5** | 35,5 |
| 040 | Wärmeversorgungsanl. - Betriebseinr. inkl. 041 | 3,4 | **4,8** | 6,1 |
| 042 | Gas- und Wasserinstallation, Leitungen inkl. 043 | 1,8 | **2,8** | 5,3 |
| 044 | Abwasseranlagen - Leitungen | 0,4 | **1,2** | 2,1 |
| 045 | GWE-Einrichtungsgegenstände inkl. 046 | 0,4 | **1,8** | 3,5 |
| 047 | Dämmarbeiten an betriebstechnischen Anlagen | 0,2 | **0,8** | 1,0 |
| 049 | Feuerlöschanlagen, Feuerlöschgeräte | – | **–** | – |
| 050 | Blitzschutz- und Erdungsanlagen | < 0,1 | **0,1** | 0,2 |
| 052 | Mittelspannungsanlagen | – | **–** | – |
| 053 | Niederspannungsanlagen inkl. 054 | 2,7 | **3,6** | 4,4 |
| 055 | Sicherheits- u. Ersatzstromversorgungsanl. | – | **–** | – |
| 057 | Gebäudesystemtechnik | – | **–** | – |
| 058 | Leuchten und Lampen inkl. 059 | 0,2 | **0,5** | 1,2 |
| 060 | Sprechanlagen, elektroakust. Anlagen inkl. 064 | 0,0 | **0,1** | 0,2 |
| 061 | Kommunikationsnetze inkl. 062 | 0,1 | **0,3** | 0,7 |
| 063 | Gefahrenmeldeanlagen | 0,0 | **< 0,1** | < 0,1 |
| 069 | Aufzüge | – | **–** | – |
| 070 | Gebäudeautomation | – | **–** | – |
| 075 | Raumlufttechnische Anlagen inkl. 078 | < 0,1 | **0,7** | 2,5 |
| | **Gebäudetechnik** | 16,1 | **16,7** | 17,3 |
| | Sonstige Leistungsbereiche inkl. 008, 033, 051 | 0,0 | **0,2** | 0,5 |

**Kosten:** Stand 1. Quartal 2022 Bundesdurchschnitt inkl. 19% MwSt.

- ● KKW
- ▶ min
- ▷ von
- | Mittelwert
- ◁ bis
- ◀ max

## Planungskennwerte für Flächen und Rauminhalte nach DIN 277

| Grundflächen | | | ▷ | Fläche/NUF (%) | ◁ | ▷ | Fläche/BGF (%) | ◁ |
|---|---|---|---|---|---|---|---|---|
| NUF | Nutzungsfläche | | 100,0 | **100,0** | 100,0 | 67,5 | **70,3** | 72,3 |
| TF | Technikfläche | | 1,5 | **1,7** | 2,2 | 1,0 | **1,2** | 1,6 |
| VF | Verkehrsfläche | | 12,7 | **16,1** | 18,3 | 8,9 | **11,1** | 11,9 |
| NRF | Netto-Raumfläche | | 115,9 | **117,8** | 120,4 | 79,9 | **82,6** | 84,8 |
| KGF | Konstruktions-Grundfläche | | 22,4 | **25,2** | 31,0 | 15,2 | **17,4** | 20,1 |
| BGF | Brutto-Grundfläche | | 139,8 | **143,1** | 150,0 | 100,0 | **100,0** | 100,0 |

| Brutto-Rauminhalte | | | ▷ | BRI/NUF (m) | ◁ | ▷ | BRI/BGF (m) | ◁ |
|---|---|---|---|---|---|---|---|---|
| BRI | Brutto-Rauminhalt | | 3,71 | **3,98** | 4,13 | 2,69 | **2,78** | 2,87 |

| Flächen von Nutzeinheiten | | | ▷ | NUF/Einheit (m²) | ◁ | ▷ | BGF/Einheit (m²) | ◁ |
|---|---|---|---|---|---|---|---|---|
| Nutzeinheit: Wohnfläche | | | 1,21 | **1,29** | 1,40 | 1,69 | **1,83** | 2,03 |

| Lufttechnisch behandelte Flächen | | | ▷ | Fläche/NUF (%) | ◁ | ▷ | Fläche/BGF (%) | ◁ |
|---|---|---|---|---|---|---|---|---|
| Entlüftete Fläche | | | 6,9 | 6,9 | 6,9 | 5,4 | **5,4** | 5,4 |
| Be- und entlüftete Fläche | | | 111,9 | **111,9** | 111,9 | 82,9 | **82,9** | 82,9 |
| Teilklimatisierte Fläche | | | – | – | – | – | – | – |
| Klimatisierte Fläche | | | – | – | – | – | – | – |

| KG | Kostengruppen (2. Ebene) | Einheit | ▷ | Menge/NUF | ◁ | ▷ | Menge/BGF | ◁ |
|---|---|---|---|---|---|---|---|---|
| 310 | Baugrube / Erdbau | m³ BGI | 0,70 | **0,85** | 0,85 | 0,51 | **0,61** | 0,79 |
| 320 | Gründung, Unterbau | m² GRF | 0,34 | **0,38** | 0,38 | 0,25 | **0,27** | 0,27 |
| 330 | Außenwände / vertikal außen | m² AWF | 0,87 | **0,92** | 1,10 | 0,59 | **0,66** | 0,74 |
| 340 | Innenwände / vertikal innen | m² IWF | 1,06 | **1,11** | 1,17 | 0,76 | **0,78** | 0,83 |
| 350 | Decken / horizontal | m² DEF | 0,93 | **0,93** | 0,98 | 0,64 | **0,67** | 0,68 |
| 360 | Dächer | m² DAF | 0,48 | **0,50** | 0,53 | 0,34 | **0,36** | 0,36 |
| 370 | Infrastrukturanlagen | | – | – | – | – | – | – |
| 380 | Baukonstruktive Einbauten | m² BGF | 1,40 | **1,43** | 1,50 | 1,00 | **1,00** | 1,00 |
| 390 | Sonst. Maßnahmen für Baukonst. | m² BGF | 1,40 | **1,43** | 1,50 | 1,00 | **1,00** | 1,00 |
| **300** | **Bauwerk – Baukonstruktionen** | m² BGF | 1,40 | **1,43** | 1,50 | 1,00 | **1,00** | 1,00 |

## Planungskennwerte für Bauzeiten

**8 Vergleichsobjekte**

**Bauzeit in Wochen**

Bauzeit: 0 – 100 Wochen

Kostenstand: 1. Quartal 2022, Bundesdurchschnitt, inkl. 19% MwSt.

**Mehrfamilienhäuser, mit 6 bis 19 WE, einfacher Standard**

## Objektübersicht zur Gebäudeart

### 6100-1320 Mehrfamilienhaus (14 WE)

**BRI** 4.088 m³ **BGF** 1.502 m² **NUF** 911 m²

Mehrfamilienhaus (14 WE) mit 978m² WFL. Mauerwerk.

Land: Bayern
Kreis: Neumarkt i.d.OPf.
Standard: unter Durchschnitt
Bauzeit: 57 Wochen
Kennwerte: bis 1. Ebene DIN 276

**BGF** 1.380 €/m²

**Planung:** KNYCHALLA + TEAM ARCHITEKTUR + FREIRAUM; Neumarkt i.d.OPf.

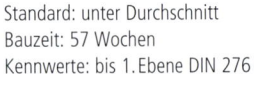

veröffentlicht: BKI Objektdaten N16

### €/m² BGF
| | |
|---|---|
| min | 885 €/m² |
| von | 970 €/m² |
| Mittel | **1.130 €/m²** |
| bis | 1.305 €/m² |
| max | 1.380 €/m² |

**Kosten:**
Stand 1. Quartal 2022
Bundesdurchschnitt
inkl. 19% MwSt.

### 6100-1251 Mehrfamilienhäuser (16 WE)

**BRI** 5.438 m³ **BGF** 1.932 m² **NUF** 1.291 m²

Zwei Mehrfamilienhäuser mit 16 WE. Mauerwerk.

Land: Hamburg
Kreis: Hamburg, Freie und Hansestadt
Standard: unter Durchschnitt
Bauzeit: 52 Wochen
Kennwerte: bis 3. Ebene DIN 276

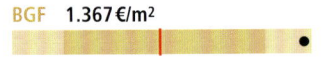

**BGF** 1.367 €/m²

**Planung:** Plan-R-Architektenbüro Joachim Reinig; Hamburg

veröffentlicht: BKI Objektdaten E8

### 6100-0968 Mehrfamilienhaus (8 WE) - Effizienzhaus 70

**BRI** 3.052 m³ **BGF** 1.038 m² **NUF** 769 m²

Mehrfamilienhaus (8 WE, 722m² WFL), Effizienzhaus 70. Im EG befinden sich die PKW-Stellplätze, in den Obergeschossen die Mietwohnungen in unterschiedlichen Größen. Mauerwerksbau.

Land: Nordrhein-Westfalen
Kreis: Paderborn
Standard: unter Durchschnitt
Bauzeit: 43 Wochen
Kennwerte: bis 1. Ebene DIN 276

**BGF** 1.055 €/m²

**Planung:** jacobs. Architekturbüro; Paderborn

veröffentlicht: BKI Objektdaten E5

### 6100-0701 Mehrfamilienhaus (8 WE)

**BRI** 2.283 m³ **BGF** 858 m² **NUF** 565 m²

Mehrfamilienwohnhaus, 8 Wohneinheiten, geförderte Mietwohnungen. Mauerwerksbau; Stb-Filigrandecke; Holzwalmdach.

Land: Nordrhein-Westfalen
Kreis: Paderborn
Standard: unter Durchschnitt
Bauzeit: 56 Wochen
Kennwerte: bis 1. Ebene DIN 276

**BGF** 887 €/m²

**Planung:** jacobs. Architekturbüro; Paderborn

veröffentlicht: BKI Objektdaten N10

## Objektübersicht zur Gebäudeart

### 6100-0628 Mehrfamilienhaus (18 WE), TG (18 STP)   BRI 8.057 m³   BGF 2.839 m²   NUF 1.938 m²

Mehrfamilienhaus mit 18 WE (1.195 m² WFL) und einer Tiefgarage mit 18 Stellplätzen. Mauerwerksbau mit Stb-Decken und Holzdachkonstruktion. Massivbau; KS-Innenmauerwerk; Stb-Decken; Holzdachkonstruktion.

Land: Nordrhein-Westfalen
Kreis: Dortmund, Stadt
Standard: unter Durchschnitt
Bauzeit: 57 Wochen
Kennwerte: bis 4. Ebene DIN 276

BGF   1.177 €/m²

**Planung:** planungsbüro brenker hoppe tegethoff gbr; Dortmund

veröffentlicht: BKI Objektdaten N10

### 6100-0383 Mehrfamilienhaus (9 WE), Garage   BRI 3.359 m³   BGF 1.342 m²   NUF 1.006 m²

Mehrfamilienhaus mit neun Wohneinheiten (745 m² WFL II.BVO), sechs Garagen im UG. Mauerwerksbau.

Land: Baden-Württemberg
Kreis: Alb-Donau-Kreis
Standard: unter Durchschnitt
Bauzeit: 39 Wochen
Kennwerte: bis 2. Ebene DIN 276

BGF   946 €/m²

**Planung:** Joachim Hauser Dipl.-Ing. Architekt; Ehingen/Donau

veröffentlicht: BKI Objektdaten N5

### 6100-0221 Mehrfamilienhaus (9 WE), TG   BRI 4.379 m³   BGF 1.599 m²   NUF 1.256 m²

Wohnhaus mit vier Dreizimmerwohnungen (95 m² WFL II.BVO), 2 Einzimmerwohnung (49 m² WFL II.BVO), 2 Dreizimmerwohnungen mit Studio (143 m² WFL II.BVO), Einzimmerwohnung mit Studio (81 m² WFL II.BVO); Tiefgarage mit zehn Stellplätzen, Kellerräume, Wasch- und Trockenraum. Mauerwerksbau.

Land: Hessen
Kreis: Hochtaunuskreis
Standard: unter Durchschnitt
Bauzeit: 52 Wochen
Kennwerte: bis 4. Ebene DIN 276

BGF   1.094 €/m²

**Planung:** E. Beilfuss + U. Hoffmann Dipl.-Ing. Architekten; Bad Homburg

veröffentlicht: BKI Objektdaten N2

### 6100-0251 Mehrfamilienhäuser (9 WE)   BRI 4.655 m³   BGF 1.535 m²   NUF 1.131 m²

Wohnungen mit gehobenem Ausbau wie z.B. Kamin, Ganzglastüren, Naturstein, 40 m² Kellerräume. Mauerwerksbau.

Land: Rheinland-Pfalz
Kreis: Westerwaldkreis
Standard: unter Durchschnitt
Bauzeit: 39 Wochen
Kennwerte: bis 1. Ebene DIN 276

BGF   1.131 €/m²

**Planung:** Stefan Musil Dipl.-Ing. Freier Architekt BDA; Ransbach-Baumbach

veröffentlicht: BKI Objektdaten N3

© BKI Baukosteninformationszentrum; Erläuterungen zu den Tabellen siehe Seite 56   Kostenstand: 1. Quartal 2022, Bundesdurchschnitt, inkl. 19% MwSt.

**Mehrfamilienhäuser, mit 6 bis 19 WE, mittlerer Standard**

## Kostenkennwerte für die Kosten des Bauwerks (Kostengruppen 300+400 nach DIN 276)

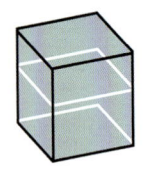

**BRI** 485 €/m³
von 405 €/m³
bis 580 €/m³

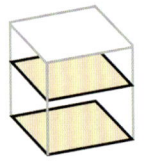

**BGF** 1.420 €/m²
von 1.145 €/m²
bis 1.715 €/m²

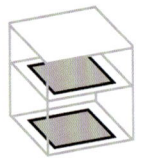

**NUF** 2.140 €/m²
von 1.675 €/m²
bis 2.605 €/m²

**NE** 2.635 €/NE
von 2.185 €/NE
bis 3.345 €/NE
NE: Wohnfläche

**Kosten:**
Stand 1. Quartal 2022
Bundesdurchschnitt
inkl. 19% MwSt.

### Objektbeispiele

6100-1469

6100-1517

6100-0800

### Kosten der 46 Vergleichsobjekte — Seiten 594 bis 605

- ● KKW
- ▶ min
- ▷ von
- | Mittelwert
- ◁ bis
- ◀ max

BRI — €/m³ BRI (250–750)

BGF — €/m² BGF (600–2100)

NUF — €/m² NUF (1200–3200)

© BKI Baukosteninformationszentrum; Erläuterungen zu den Tabellen siehe Seite 46  Kostenstand: 1. Quartal 2022, Bundesdurchschnitt, **inkl. 19% MwSt.**

## Kostenkennwerte für die Kostengruppen der 1. und 2. Ebene DIN 276

| KG | Kostengruppen der 1. Ebene | Einheit | ▷ | €/Einheit | ◁ | ▷ | % an 300+400 | ◁ |
|---|---|---|---|---|---|---|---|---|
| 100 | Grundstück | m²GF | – | – | – | – | – | – |
| 200 | Vorbereitende Maßnahmen | m²GF | 28 | **95** | 646 | 1,0 | **3,7** | 21,1 |
| 300 | Bauwerk – Baukonstruktionen | m²BGF | 924 | **1.124** | 1.349 | 75,6 | **79,4** | 83,9 |
| 400 | Bauwerk – Technische Anlagen | m²BGF | 211 | **297** | 405 | 16,1 | **20,6** | 24,4 |
|  | Bauwerk (300+400) | m²BGF | 1.144 | **1.421** | 1.713 | 100,0 | **100,0** | 100,0 |
| 500 | Außenanlagen und Freiflächen | m²AF | 74 | **206** | 422 | 1,7 | **3,9** | 6,2 |
| 600 | Ausstattung und Kunstwerke | m²BGF | 6 | **17** | 55 | 0,4 | **1,1** | 3,1 |
| 700 | Baunebenkosten* | m²BGF | 271 | **302** | 333 | 19,1 | **21,3** | 23,5 |
| 800 | Finanzierung | m²BGF | – | – | – | – | – | – |

\* Auf Grundlage der HOAI 2021 berechnete Werte nach §§ 35, 52, 56. Weitere Informationen siehe Seite 50

| KG | Kostengruppen der 2. Ebene | Einheit | ▷ | €/Einheit | ◁ | ▷ | % an 1. Ebene | ◁ |
|---|---|---|---|---|---|---|---|---|
| 310 | Baugrube / Erdbau | m³BGI | 25 | **46** | 69 | 2,5 | **3,9** | 5,5 |
| 320 | Gründung, Unterbau | m²GRF | 200 | **278** | 414 | 5,2 | **7,0** | 11,2 |
| 330 | Außenwände / vertikal außen | m²AWF | 351 | **417** | 540 | 26,1 | **29,7** | 33,9 |
| 340 | Innenwände / vertikal innen | m²IWF | 154 | **190** | 216 | 14,5 | **17,5** | 20,7 |
| 350 | Decken / horizontal | m²DEF | 306 | **354** | 400 | 24,3 | **25,8** | 28,2 |
| 360 | Dächer | m²DAF | 313 | **364** | 497 | 8,6 | **12,4** | 16,0 |
| 370 | Infrastrukturanlagen |  | – | – | – | – | – | – |
| 380 | Baukonstruktive Einbauten | m²BGF | 3 | **15** | 47 | 0,1 | **0,8** | 3,4 |
| 390 | Sonst. Maßnahmen für Baukonst. | m²BGF | 17 | **31** | 53 | 1,7 | **3,0** | 4,3 |
| **300** | **Bauwerk – Baukonstruktionen** | **m²BGF** |  |  |  |  | **100,0** |  |
| 410 | Abwasser-, Wasser-, Gasanlagen | m²BGF | 44 | **71** | 94 | 23,3 | **30,5** | 44,3 |
| 420 | Wärmeversorgungsanlagen | m²BGF | 40 | **65** | 113 | 16,4 | **27,0** | 34,9 |
| 430 | Raumlufttechnische Anlagen | m²BGF | 7 | **22** | 67 | 2,4 | **7,2** | 21,2 |
| 440 | Elektrische Anlagen | m²BGF | 41 | **62** | 138 | 18,5 | **24,1** | 32,6 |
| 450 | Kommunikationstechnische Anlagen | m²BGF | 4 | **8** | 16 | 1,6 | **3,0** | 4,5 |
| 460 | Förderanlagen | m²BGF | 30 | **38** | 78 | 0,7 | **8,0** | 16,5 |
| 470 | Nutzungsspez. / verfahrenstech. Anl. | m²BGF | <1 | **<1** | <1 | 0,0 | **<0,1** | 0,1 |
| 480 | Gebäude- und Anlagenautomation | m²BGF | – | – | – | – | – | – |
| 490 | Sonst. Maßnahmen f. techn. Anl. | m²BGF | – | – | – | – | – | – |
| **400** | **Bauwerk – Technische Anlagen** | **m²BGF** |  |  |  |  | **100,0** |  |

### Prozentanteile der Kosten 2. Ebene an den Kosten des Bauwerks nach DIN 276 (Von/Mittel/Bis)

| KG | Kostengruppe | Mittel |
|---|---|---|
| 310 | Baugrube / Erdbau | 3,1 |
| 320 | Gründung, Unterbau | 5,7 |
| 330 | Außenwände / vertikal außen | 23,8 |
| 340 | Innenwände / vertikal innen | 14,0 |
| 350 | Decken / horizontal | 20,7 |
| 360 | Dächer | 10,1 |
| 370 | Infrastrukturanlagen |  |
| 380 | Baukonstruktive Einbauten | 0,6 |
| 390 | Sonst. Maßnahmen für Baukonst. | 2,4 |
| 410 | Abwasser-, Wasser-, Gasanlagen | 5,7 |
| 420 | Wärmeversorgungsanlagen | 5,2 |
| 430 | Raumlufttechnische Anlagen | 1,6 |
| 440 | Elektrische Anlagen | 4,7 |
| 450 | Kommunikationstechnische Anlagen | 0,6 |
| 460 | Förderanlagen | 1,8 |
| 470 | Nutzungsspez. / verfahrenstech. Anl. | <0,1 |
| 480 | Gebäude- und Anlagenautomation |  |
| 490 | Sonst. Maßnahmen f. techn. Anl. |  |

© BKI Baukosteninformationszentrum; Erläuterungen zu den Tabellen siehe Seite 48 und 50    Kostenstand: 1. Quartal 2022, Bundesdurchschnitt, inkl. 19% MwSt.

**Mehrfamilienhäuser, mit 6 bis 19 WE, mittlerer Standard**

## Prozentanteile der Kosten für Leistungsbereiche nach STLB (Kosten Bauwerk nach DIN 276)

| LB | Leistungsbereiche | von | Mittelwert | bis |
|---|---|---|---|---|
| 000 | Sicherheits-, Baustelleneinrichtungen inkl. 001 | 1,3 | **2,1** | 2,9 |
| 002 | Erdarbeiten | 2,1 | **3,4** | 4,9 |
| 006 | Spezialtiefbauarbeiten inkl. 005 | 0,0 | **0,3** | 1,1 |
| 009 | Entwässerungskanalarbeiten inkl. 011 | 0,1 | **0,5** | 0,9 |
| 010 | Drän- und Versickerarbeiten | < 0,1 | **< 0,1** | 0,3 |
| 012 | Mauerarbeiten | 2,8 | **7,1** | 11,6 |
| 013 | Betonarbeiten | 18,3 | **22,5** | 30,0 |
| 014 | Natur-, Betonwerksteinarbeiten | 0,0 | **0,7** | 1,5 |
| 016 | Zimmer- und Holzbauarbeiten | 0,7 | **3,2** | 4,7 |
| 017 | Stahlbauarbeiten | 0,0 | **< 0,1** | 0,2 |
| 018 | Abdichtungsarbeiten | 0,2 | **0,5** | 0,7 |
| 020 | Dachdeckungsarbeiten | 0,1 | **1,3** | 2,8 |
| 021 | Dachabdichtungsarbeiten | 0,5 | **2,1** | 3,4 |
| 022 | Klempnerarbeiten | 0,8 | **1,3** | 1,9 |
| | **Rohbau** | 36,8 | **45,1** | 52,8 |
| 023 | Putz- und Stuckarbeiten, Wärmedämmsysteme | 4,4 | **6,9** | 8,8 |
| 024 | Fliesen- und Plattenarbeiten | 2,0 | **2,7** | 4,1 |
| 025 | Estricharbeiten | 1,7 | **2,0** | 2,3 |
| 026 | Fenster, Außentüren inkl. 029, 032 | 4,3 | **5,3** | 7,3 |
| 027 | Tischlerarbeiten | 1,7 | **2,6** | 4,1 |
| 028 | Parkettarbeiten, Holzpflasterarbeiten | 0,4 | **1,3** | 2,6 |
| 030 | Rollladenarbeiten | 0,6 | **1,4** | 3,8 |
| 031 | Metallbauarbeiten inkl. 035 | 3,3 | **4,4** | 6,3 |
| 034 | Maler- und Lackiererarbeiten inkl. 037 | 2,5 | **2,9** | 3,6 |
| 036 | Bodenbelagarbeiten | 0,2 | **1,1** | 1,9 |
| 038 | Vorgehängte hinterlüftete Fassaden | 0,0 | **0,5** | 2,9 |
| 039 | Trockenbauarbeiten | 2,1 | **4,1** | 7,2 |
| | **Ausbau** | 32,3 | **35,3** | 38,3 |
| 040 | Wärmeversorgungsanl. - Betriebseinr. inkl. 041 | 3,2 | **4,7** | 7,5 |
| 042 | Gas- und Wasserinstallation, Leitungen inkl. 043 | 1,2 | **1,9** | 3,9 |
| 044 | Abwasseranlagen - Leitungen | 0,5 | **1,1** | 1,6 |
| 045 | GWE-Einrichtungsgegenstände inkl. 046 | 1,7 | **2,0** | 2,6 |
| 047 | Dämmarbeiten an betriebstechnischen Anlagen | 0,4 | **0,8** | 1,1 |
| 049 | Feuerlöschanlagen, Feuerlöschgeräte | < 0,1 | **< 0,1** | < 0,1 |
| 050 | Blitzschutz- und Erdungsanlagen | < 0,1 | **< 0,1** | 0,2 |
| 052 | Mittelspannungsanlagen | – | **–** | – |
| 053 | Niederspannungsanlagen inkl. 054 | 3,0 | **4,5** | 7,6 |
| 055 | Sicherheits- u. Ersatzstromversorgungsanl. | – | **–** | – |
| 057 | Gebäudesystemtechnik | 0,0 | **< 0,1** | < 0,1 |
| 058 | Leuchten und Lampen inkl. 059 | 0,2 | **0,3** | 0,6 |
| 060 | Sprechanlagen, elektroakust. Anlagen inkl. 064 | < 0,1 | **0,2** | 0,4 |
| 061 | Kommunikationsnetze inkl. 062 | 0,2 | **0,3** | 0,7 |
| 063 | Gefahrenmeldeanlagen | < 0,1 | **< 0,1** | 0,1 |
| 069 | Aufzüge | 0,0 | **1,6** | 3,7 |
| 070 | Gebäudeautomation | – | **–** | – |
| 075 | Raumlufttechnische Anlagen inkl. 078 | 0,4 | **1,6** | 4,6 |
| | **Gebäudetechnik** | 13,3 | **19,2** | 24,5 |
| | Sonstige Leistungsbereiche inkl. 008, 033, 051 | < 0,1 | **0,3** | 0,7 |

**Kosten:** Stand 1. Quartal 2022 Bundesdurchschnitt inkl. 19% MwSt.

- ● KKW
- ▶ min
- ▷ von
- | Mittelwert
- ◁ bis
- ◀ max

## Planungskennwerte für Flächen und Rauminhalte nach DIN 277

| Grundflächen | | | ▷ Fläche/NUF (%) ◁ | | | ▷ Fläche/BGF (%) ◁ | | |
|---|---|---|---|---|---|---|---|---|
| NUF | Nutzungsfläche | | 100,0 | **100,0** | 100,0 | 64,3 | **66,9** | 70,4 |
| TF | Technikfläche | | 1,9 | **2,4** | 4,0 | 1,2 | **1,6** | 2,6 |
| VF | Verkehrsfläche | | 18,3 | **22,1** | 28,8 | 11,9 | **14,3** | 17,8 |
| NRF | Netto-Raumfläche | | 120,5 | **124,7** | 131,5 | 81,4 | **83,0** | 84,5 |
| KGF | Konstruktions-Grundfläche | | 22,9 | **25,7** | 28,7 | 15,5 | **17,0** | 18,6 |
| BGF | Brutto-Grundfläche | | 143,9 | **150,4** | 157,3 | 100,0 | **100,0** | 100,0 |

| Brutto-Rauminhalte | | | ▷ BRI/NUF (m) ◁ | | | ▷ BRI/BGF (m) ◁ | | |
|---|---|---|---|---|---|---|---|---|
| BRI | Brutto-Rauminhalt | | 4,15 | **4,40** | 4,75 | 2,78 | **2,92** | 3,05 |

| Flächen von Nutzeinheiten | | | ▷ NUF/Einheit (m²) ◁ | | | ▷ BGF/Einheit (m²) ◁ | | |
|---|---|---|---|---|---|---|---|---|
| Nutzeinheit: Wohnfläche | | | 1,18 | **1,25** | 1,42 | 1,77 | **1,88** | 2,06 |

| Lufttechnisch behandelte Flächen | | | ▷ Fläche/NUF (%) ◁ | | | ▷ Fläche/BGF (%) ◁ | | |
|---|---|---|---|---|---|---|---|---|
| Entlüftete Fläche | | | 41,3 | **41,3** | 41,3 | 27,6 | **27,6** | 27,6 |
| Be- und entlüftete Fläche | | | 71,3 | **72,9** | 73,0 | 46,6 | **48,0** | 49,0 |
| Teilklimatisierte Fläche | | | – | – | – | – | – | – |
| Klimatisierte Fläche | | | – | – | – | – | – | – |

| KG | Kostengruppen (2. Ebene) | Einheit | ▷ Menge/NUF ◁ | | | ▷ Menge/BGF ◁ | | |
|---|---|---|---|---|---|---|---|---|
| 310 | Baugrube / Erdbau | m³ BGI | 1,13 | **1,45** | 2,22 | 0,77 | **0,97** | 1,55 |
| 320 | Gründung, Unterbau | m² GRF | 0,31 | **0,38** | 0,43 | 0,21 | **0,25** | 0,28 |
| 330 | Außenwände / vertikal außen | m² AWF | 1,00 | **1,05** | 1,15 | 0,66 | **0,70** | 0,75 |
| 340 | Innenwände / vertikal innen | m² IWF | 1,23 | **1,37** | 1,47 | 0,82 | **0,91** | 1,01 |
| 350 | Decken / horizontal | m² DEF | 1,02 | **1,06** | 1,12 | 0,68 | **0,71** | 0,74 |
| 360 | Dächer | m² DAF | 0,42 | **0,50** | 0,57 | 0,29 | **0,33** | 0,38 |
| 370 | Infrastrukturanlagen | | – | – | – | – | – | – |
| 380 | Baukonstruktive Einbauten | m² BGF | 1,44 | **1,50** | 1,57 | 1,00 | **1,00** | 1,00 |
| 390 | Sonst. Maßnahmen für Baukonst. | m² BGF | 1,44 | **1,50** | 1,57 | 1,00 | **1,00** | 1,00 |
| **300** | **Bauwerk – Baukonstruktionen** | m² BGF | 1,44 | **1,50** | 1,57 | 1,00 | **1,00** | 1,00 |

## Planungskennwerte für Bauzeiten — 45 Vergleichsobjekte

**Bauzeit in Wochen**

Bauzeit: ▶ ▷ ◁ ◀
Punkte bei: 30, 45, 60, 75, 90, 135
Skala: 15, 30, 45, 60, 75, 90, 105, 120, 135, 150, 165 Wochen

© BKI Baukosteninformationszentrum; Erläuterungen zu den Tabellen siehe Seite 54 — Kostenstand: 1. Quartal 2022, Bundesdurchschnitt, inkl. 19% MwSt.

**Mehrfamilienhäuser, mit 6 bis 19 WE, mittlerer Standard**

**€/m² BGF**

| | | |
|---|---:|---|
| min | 890 | €/m² |
| von | 1.145 | €/m² |
| Mittel | **1.420** | **€/m²** |
| bis | 1.715 | €/m² |
| max | 2.090 | €/m² |

**Kosten:**
Stand 1. Quartal 2022
Bundesdurchschnitt
inkl. 19% MwSt.

## Objektübersicht zur Gebäudeart

### 6100-1498 Mehrfamilienhäuser mit 2 Gebäuden (18 WE)
**BRI** 6.711 m³ **BGF** 2.069 m² **NUF** 1.295 m²

2 Mehrfamilienhäuser als sozialer Wohnungsbau mit 18 WE und 1.270 m² WFL. Mauerwerk.

Land: Saarland
Kreis: Saarlouis
Standard: Durchschnitt
Bauzeit: 70 Wochen
Kennwerte: bis 1. Ebene DIN 276

**BGF** 1.870 €/m²

**Planung:** Architekturbüro Steffen; Überherrn

veröffentlicht: BKI Objektdaten N17

### 6100-1516 Mehrfamilienhaus (14 WE) - Effizienzhaus ~31%
**BRI** 8.025 m³ **BGF** 2.552 m² **NUF** 1.488 m²

Mehrfamilienhaus mit 14 Wohneinheiten (1.270 m² WFL) und Tiefgarage. Massivbau.

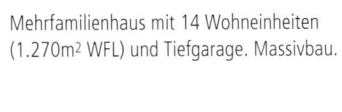

Land: Thüringen
Kreis: Erfurt, Stadt
Standard: Durchschnitt
Bauzeit: 74 Wochen
Kennwerte: bis 1. Ebene DIN 276

**BGF** 1.826 €/m²

**Planung:** Schettler & Partner PartGmbB; Weimar

veröffentlicht: BKI Objektdaten E9

### 6100-1441 Mehrfamilienhaus (14 WE) - Effizienzhaus ~47%
**BRI** 3.983 m³ **BGF** 1.496 m² **NUF** 1.036 m²

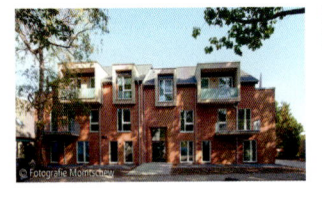

Mehrfamilienhaus mit 14 WE als Effizienzhaus ~47%. Mauerwerksbau.

Land: Hamburg
Kreis: Hamburg, Freie und Hansestadt
Standard: Durchschnitt
Bauzeit: 52 Wochen
Kennwerte: bis 1. Ebene DIN 276

**BGF** 1.297 €/m²

**Planung:** MMST Architekten GmbH; Hamburg

veröffentlicht: BKI Objektdaten N17

### 6100-1487 Mehrfamilienhaus (9 WE) - Effizienzhaus 55
**BRI** 5.097 m³ **BGF** 1.533 m² **NUF** 1.040 m²

Mehrfamilienhaus (9 WE). Mischkonstruktion.

Land: Brandenburg
Kreis: Potsdam, Stadt
Standard: Durchschnitt
Bauzeit: 96 Wochen
Kennwerte: bis 1. Ebene DIN 276

**BGF** 2.089 €/m²

**Planung:** Scharabi Architekten PartG mbB; Berlin

veröffentlicht: BKI Objektdaten E9

## Objektübersicht zur Gebäudeart

### 6100-1424 Mehrfamilienhaus (10 WE), TG - Effizienzhaus ~20%  BRI 6.045 m³  BGF 2.086 m²  NUF 1.324 m²

Mehrfamilienhäuser (2 Gebäude) mit 935 m² WFL und Tiefgarage (10 STP). Massivbau.

Land: Bayern
Kreis: München, Stadt
Standard: Durchschnitt
Bauzeit: 69 Wochen
Kennwerte: bis 1. Ebene DIN 276

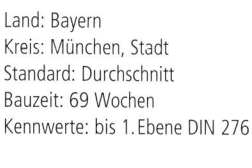

BGF  1.075 €/m²

veröffentlicht: BKI Objektdaten E8

**Planung:** Jo Güth | Architekt; München

### 6100-1469 Mehrfamilienhaus (14 WE) - Effizienzhaus ~50%  BRI 5.460 m³  BGF 1.822 m²  NUF 1.358 m²

Mehrfamilienhaus mit 14 WE (995 m²). Mauerwerksbau.

Land: Nordrhein-Westfalen
Kreis: Duisburg, Stadt
Standard: Durchschnitt
Bauzeit: 87 Wochen
Kennwerte: bis 1. Ebene DIN 276

BGF  1.461 €/m²

veröffentlicht: BKI Objektdaten E9

**Planung:** Druschke und Grosser Architektur I Architekten BDA; Duisburg

### 6100-1403 Mehrfamilienhaus (8 WE)  BRI 1.995 m³  BGF 651 m²  NUF 395 m²

Mehrfamilienhaus mit 8 Wohneinheiten als Sozialwohnungsbau und Folgeunterbringung für Heimatvertriebene. Massivbau.

Land: Baden-Württemberg
Kreis: Esslingen
Standard: Durchschnitt
Bauzeit: 56 Wochen
Kennwerte: bis 3. Ebene DIN 276

BGF  1.421 €/m²

veröffentlicht: BKI Objektdaten N17

**Planung:** KILTZ KAZMAIER ARCHITEKTEN; Kirchheim unter Teck

### 6100-1517 Mehrfamilienhaus (13 WE)  BRI 7.331 m³  BGF 2.228 m²  NUF 1.460 m²

Mehrfamilienhaus mit 13 Wohneinheiten (1.483 m² WFL). Massivbau.

Land: Sachsen-Anhalt
Kreis: Magdeburg, Stadt
Standard: Durchschnitt
Bauzeit: 91 Wochen
Kennwerte: bis 1. Ebene DIN 276

BGF  1.726 €/m²

vorgesehen: BKI Objektdaten N18

**Planung:** META architektur GmbH; Magdeburg

© BKI Baukosteninformationszentrum; Erläuterungen zu den Tabellen siehe Seite 56    Kostenstand: 1. Quartal 2022, Bundesdurchschnitt, **inkl. 19% MwSt.**

**Mehrfamilienhäuser, mit 6 bis 19 WE, mittlerer Standard**

€/m² BGF
| | | |
|---|---:|---|
| min | 890 | €/m² |
| von | 1.145 | €/m² |
| Mittel | **1.420** | €/m² |
| bis | 1.715 | €/m² |
| max | 2.090 | €/m² |

**Kosten:**
Stand 1. Quartal 2022
Bundesdurchschnitt
inkl. 19% MwSt.

## Objektübersicht zur Gebäudeart

### 6100-1454 Mehrfamilienhaus (17 WE) - Effizienzhaus ~63%
**BRI** 7.320 m³   **BGF** 2.430 m²   **NUF** 1.735 m²

Mehrfamilienhaus mit 17 WE als Effizienzhaus ~63%. Massivbau.

Land: Berlin
Kreis: Berlin, Stadt
Standard: Durchschnitt
Bauzeit: 96 Wochen
Kennwerte: bis 1. Ebene DIN 276

**BGF   1.557 €/m²**

veröffentlicht: BKI Objektdaten E9

**Planung:** buero eins punkt null; Berlin

### 6100-1401 Mehrfamilienhaus (13 WE), TG - Effizienzhaus 55
**BRI** 6.458 m³   **BGF** 2.255 m²   **NUF** 1.404 m²

Mehrfamilienhaus mit 13 Wohneinheiten und Tiefgarage als Effizienzhaus 55. Massivbau.

Land: Baden-Württemberg
Kreis: Freiburg im Breisgau
Standard: Durchschnitt
Bauzeit: 52 Wochen
Kennwerte: bis 3. Ebene DIN 276

**BGF   1.035 €/m²**

veröffentlicht: BKI Objektdaten E9

**Planung:** Werkgruppe Freiburg Architekten; Freiburg

### 6100-1400 Mehrfamilienhaus (13 WE), TG - Effizienzhaus 55
**BRI** 6.268 m³   **BGF** 2.200 m²   **NUF** 1.403 m²

Mehrfamilienhaus mit 13 Wohneinheiten und Tiefgarage als Effizienzhaus 55. Massivbau.

Land: Baden-Württemberg
Kreis: Freiburg im Breisgau
Standard: Durchschnitt
Bauzeit: 52 Wochen
Kennwerte: bis 3. Ebene DIN 276

**BGF   1.049 €/m²**

veröffentlicht: BKI Objektdaten E9

**Planung:** Werkgruppe Freiburg Architekten; Freiburg

### 6100-1477 Mehrfamilienhaus seniorengerecht (8 WE)
**BRI** 5.483 m³   **BGF** 1.692 m²   **NUF** 979 m²

Seniorengerechtes Wohnen, Bewohnerzimmer mit Bad (6 WE), Wohnungen (7 WE), Tiefgarage (9 STP). Massivbau.

Land: Nordrhein-Westfalen
Kreis: Paderborn
Standard: Durchschnitt
Bauzeit: 65 Wochen
Kennwerte: bis 1. Ebene DIN 276

**BGF   1.450 €/m²**

veröffentlicht: BKI Objektdaten E9

**Planung:** huellmann. Architekten & Ingenieure; Delbrück

## Objektübersicht zur Gebäudeart

### 6100-1488 Mehrgenerationenhaus (19 WE) - Effizienzhaus ~65%   **BRI** 10.995 m³   **BGF** 3.480 m²   **NUF** 2.434 m²

Mehrgenerationenhaus mit Tiefgarage. Massivbau.

Land: Baden-Württemberg
Kreis: Stuttgart, Stadtkreis
Standard: Durchschnitt
Bauzeit: 96 Wochen
Kennwerte: bis 1. Ebene DIN 276

**BGF   1.798 €/m²**

**Planung:** von Ey Architektur PartG mbB; Berlin

veröffentlicht: BKI Objektdaten E9

### 6100-1416 Mehrfamilienhaus (10 WE) - Effizienzhaus 70   **BRI** 3.847 m³   **BGF** 1.515 m²   **NUF** 960 m²

Mehrfamilienhaus (10 WE) mit 840 m² WFL als Effizienzhaus 70. Massivbau.

Land: Nordrhein-Westfalen
Kreis: Rhein-Sieg-Kreis
Standard: Durchschnitt
Bauzeit: 57 Wochen
Kennwerte: bis 1. Ebene DIN 276

**BGF   1.195 €/m²**

**Planung:** aaw Architektenbüro Arno Weirich; Alfter

veröffentlicht: BKI Objektdaten N17

### 6100-1461 Mehrfamilienhaus (15 WE), TG (17 STP)   **BRI** 8.577 m³   **BGF** 2.839 m²   **NUF** 1.746 m²

Mehrfamilienhaus mit 14 WE, einer Gästewohnung sowie einer Tiefgarage mit 17 Stellplätzen. Stahlbeton-Skelettbau.

Land: Hessen
Kreis: Darmstadt, Stadt
Standard: Durchschnitt
Bauzeit: 91 Wochen
Kennwerte: bis 1. Ebene DIN 276

**BGF   1.280 €/m²**

**Planung:** werk.um architekten; Darmstadt

veröffentlicht: BKI Objektdaten N17

### 6100-1417 Mehrfamilienhaus (8 WE) - Effizienzhaus 70   **BRI** 2.997 m³   **BGF** 1.070 m²   **NUF** 739 m²

Mehrfamilienhaus (8 WE) mit 670 m² WFL als Effizienzhaus 70. Massivbau.

Land: Nordrhein-Westfalen
Kreis: Rhein-Sieg-Kreis
Standard: Durchschnitt
Bauzeit: 35 Wochen
Kennwerte: bis 1. Ebene DIN 276

**BGF   1.476 €/m²**

**Planung:** aaw Architektenbüro Arno Weirich; Alfter

veröffentlicht: BKI Objektdaten N17

**Mehrfamilienhäuser, mit 6 bis 19 WE, mittlerer Standard**

**€/m² BGF**
| | | |
|---|---|---|
| min | 890 | €/m² |
| von | 1.145 | €/m² |
| Mittel | **1.420** | €/m² |
| bis | 1.715 | €/m² |
| max | 2.090 | €/m² |

**Kosten:**
Stand 1. Quartal 2022
Bundesdurchschnitt
inkl. 19% MwSt.

## Objektübersicht zur Gebäudeart

### 6100-1439 Mehrfamilienhaus (16 WE), Ladengeschäft
**BRI** 8.594 m³  **BGF** 2.926 m²  **NUF** 1.921 m²

Mehrfamilienhaus mit 16 Wohneinheiten (1.446 m² WFL) und Ladengeschäft. Massivbau.

Land: Thüringen
Kreis: Erfurt, Stadt
Standard: Durchschnitt
Bauzeit: 100 Wochen
Kennwerte: bis 1. Ebene DIN 276

**BGF** 1.426 €/m²

veröffentlicht: BKI Objektdaten N17

**Planung:** Hauschild Architekten; Erfurt

### 6100-1470 Wohnhaus (13 WE, 2 GE) - Effizienzhaus ~59%
**BRI** 6.137 m³  **BGF** 2.406 m²  **NUF** 1.685 m²

Wohn- und Gewerbeobjekt mit 13 Wohneinheiten. Stb-Skelettkonstruktion.

Land: Berlin
Kreis: Berlin, Stadt
Standard: Durchschnitt
Bauzeit: 135 Wochen
Kennwerte: bis 1. Ebene DIN 276

**BGF** 1.673 €/m²

veröffentlicht: BKI Objektdaten E9

**Planung:** orange architekten; Berlin

### 6100-1347 Mehrfamilienhäuser (5+7 WE) - Effizienzhaus 55
**BRI** 6.708 m³  **BGF** 2.271 m²  **NUF** 1.294 m²

Zwei Wohnhäuser mit 5+7 WE. Massivbau.

Land: Baden-Württemberg
Kreis: Bodenseekreis
Standard: Durchschnitt
Bauzeit: 65 Wochen
Kennwerte: bis 1. Ebene DIN 276

**BGF** 1.250 €/m²

veröffentlicht: BKI Objektdaten E8

**Planung:** Architekturbüro Jakob Krimmel; Bermatingen

### 6100-1313 Mehrfamilienhaus (7 WE) - Effizienzhaus 70
**BRI** 4.668 m³  **BGF** 1.459 m²  **NUF** 1.059 m²

Mehrfamilienhaus mit 7 WE (847 m² WFL) und Multifunktionsraum, Effizienzhaus 70. Mauerwerksbau.

Land: Berlin
Kreis: Berlin
Standard: Durchschnitt
Bauzeit: 52 Wochen
Kennwerte: bis 1. Ebene DIN 276

**BGF** 1.535 €/m²

veröffentlicht: BKI Objektdaten N16

**Planung:** büro 1.0 architektur +; Berlin

## Objektübersicht zur Gebäudeart

### 6100-1235 Mehrfamilienhaus (11 WE), TG (14 STP) — BRI 5.495 m³ | BGF 1.901 m² | NUF 1.475 m²

Mehrfamilienhaus mit 11 WE (1.067 m² WFL) und Tiefgarage (14 STP). Mauerwerksbau.

Land: Hessen
Kreis: Groß-Gerau
Standard: Durchschnitt
Bauzeit: 48 Wochen
Kennwerte: bis 1. Ebene DIN 276

BGF 1.091 €/m²

veröffentlicht: BKI Objektdaten N15

**Planung:** Heidacker Architekten; Bischofsheim

### 6100-1157 Mehrfamilienhaus (12 WE), TG - Effizienzhaus 70 — BRI 9.059 m³ | BGF 3.040 m² | NUF 2.370 m²

Mehrfamilienhaus (1.430 m² WFL) mit TG als Effizienzhaus 70. Mauerwerksbau.

Land: Sachsen-Anhalt
Kreis: Halle (Saale), Stadt
Standard: Durchschnitt
Bauzeit: 78 Wochen
Kennwerte: bis 1. Ebene DIN 276

BGF 1.186 €/m²

veröffentlicht: BKI Objektdaten E6

**Planung:** AIN Architektur-Ingenieur- Netzwerk GmbH; Halle (Saale)

### 6100-1319 Mehrfamilienhaus (9 WE) — BRI 4.009 m³ | BGF 1.358 m² | NUF 931 m²

Mehrfamilienhaus (9 WE) mit 817 m² WFL. Massivbau.

Land: Nordrhein-Westfalen
Kreis: Köln
Standard: Durchschnitt
Bauzeit: 48 Wochen
Kennwerte: bis 1. Ebene DIN 276

BGF 1.973 €/m²

veröffentlicht: BKI Objektdaten N16

**Planung:** Kastner Pichler Architekten; Köln

### 6100-1130 Mehrfamilienhaus (18 WE) - Effizienzhaus 70 — BRI 7.224 m³ | BGF 2.339 m² | NUF 1.472 m²

Mehrfamilienhaus (18 WE). Massivbau.

Land: Nordrhein-Westfalen
Kreis: Rhein-Kreis Neuss
Standard: Durchschnitt
Bauzeit: 52 Wochen
Kennwerte: bis 3. Ebene DIN 276

BGF 1.313 €/m²

veröffentlicht: BKI Objektdaten E6

**Planung:** Werkgemeinschaft Quasten-Mundt; Grevenbroich

© BKI Baukosteninformationszentrum; Erläuterungen zu den Tabellen siehe Seite 56    Kostenstand: 1. Quartal 2022, Bundesdurchschnitt, **inkl. 19% MwSt.**

**Mehrfamilienhäuser, mit 6 bis 19 WE, mittlerer Standard**

## Objektübersicht zur Gebäudeart

### 6100-1129 Mehrfamilienhaus (12 WE) - Effizienzhaus 70
**BRI** 4.681 m³   **BGF** 1.522 m²   **NUF** 951 m²

Mehrfamilienhaus (12 WE). Massivbau.

Land: Nordrhein-Westfalen
Kreis: Rhein-Kreis Neuss
Standard: Durchschnitt
Bauzeit: 39 Wochen
Kennwerte: bis 3. Ebene DIN 276

**BGF**   **1.385 €/m²**

**Planung:** Werkgemeinschaft Quasten-Mundt; Grevenbroich

veröffentlicht: BKI Objektdaten E6

€/m² BGF
min   890 €/m²
von   1.145 €/m²
Mittel   **1.420 €/m²**
bis   1.715 €/m²
max   2.090 €/m²

### 6100-1292 Mehrfamilienhäuser (12 WE)
**BRI** 4.609 m³   **BGF** 1.575 m²   **NUF** 919 m²

Mehrfamilienhäuser, 2 Gebäude (775m² WFL) mit 12 WE. Mauerwerk.

Land: Nordrhein-Westfalen
Kreis: Mettmann
Standard: Durchschnitt
Bauzeit: 74 Wochen
Kennwerte: bis 1. Ebene DIN 276

**BGF**   **1.718 €/m²**

**Planung:** HGMB Architekten GmbH + Co. KG; Düsseldorf

veröffentlicht: BKI Objektdaten N15

**Kosten:**
Stand 1. Quartal 2022
Bundesdurchschnitt
inkl. 19% MwSt.

### 6100-1258 Mehrfamilienhaus (15 WE) - Effizienzhaus 70
**BRI** 5.089 m³   **BGF** 1.745 m²   **NUF** 1.133 m²

Mehrfamilienhaus (15 WE) mit 1.039m² WFL als Effizienzhaus 70. Mauerwerksbau.

Land: Schleswig-Holstein
Kreis: Lübeck, Hansestadt
Standard: Durchschnitt
Bauzeit: 61 Wochen
Kennwerte: bis 1. Ebene DIN 276

**BGF**   **1.531 €/m²**

**Planung:** Planungsbüro Falk GbR; Lübeck

veröffentlicht: BKI Objektdaten E7

### 6100-1186 Mehrfamilienhaus (9 WE) - Effizienzhaus Plus
**BRI** 4.610 m³   **BGF** 1.514 m²   **NUF** 1.170 m²

Mehrfamilienhaus mit 9 WE als Effizienzhaus Plus. Holzbau.

Land: Baden-Württemberg
Kreis: Tübingen
Standard: Durchschnitt
Bauzeit: 78 Wochen
Kennwerte: bis 3. Ebene DIN 276

**BGF**   **1.880 €/m²**

**Planung:** Martin Wamsler Freier Architekt BDA Dipl.-Ing. (FH); Friedrichshafen

veröffentlicht: BKI Objektdaten E8

## Objektübersicht zur Gebäudeart

### 6100-1163 Mehrfamilienhaus (10 WE) - Effizienzhaus 55    BRI 4.834 m³    BGF 1.488 m²    NUF 1.082 m²

Mehrfamilienhaus mit 10 WE (984 m² WFL) als Effizienzhaus 55. Mauerwerksbau.

Land: Berlin
Kreis: Berlin
Standard: Durchschnitt
Bauzeit: 61 Wochen
Kennwerte: bis 1. Ebene DIN 276

BGF **1.719 €/m²**

veröffentlicht: BKI Objektdaten E6

Planung: büro 1.0 architektur+; Berlin

### 6100-1198 Mehrfamilienhaus (17 WE), TG (17 STP)    BRI 5.582 m³    BGF 2.287 m²    NUF 1.343 m²

Mehrfamilienhaus (17 WE) mit 1.103 m² WFL und Tiefgarage mit 21 Stellplätzen. Massivbau.

Land: Bayern
Kreis: Weilheim-Schongau
Standard: Durchschnitt
Bauzeit: 65 Wochen
Kennwerte: bis 1. Ebene DIN 276

BGF **1.180 €/m²**

veröffentlicht: BKI Objektdaten N13

Planung: Architektengemeinschaft Angele und Roppelt; Oberhausen

### 6100-1070 Mehrfamilienhaus (10 WE) - Effizienzhaus 70    BRI 4.754 m³    BGF 1.726 m²    NUF 1.243 m²

Mehrfamilienhaus (10 WE) mit 1.068 m² WFL, Laubengang. Mauerwerksbau.

Land: Niedersachsen
Kreis: Celle
Standard: Durchschnitt
Bauzeit: 48 Wochen
Kennwerte: bis 1. Ebene DIN 276

BGF **1.246 €/m²**

veröffentlicht: BKI Objektdaten E6

Planung: JA:3; Winsen (Aller)

### 6100-1061 Mehrfamilienhaus (12 WE), TG - Effizienzhaus 70    BRI 8.650 m³    BGF 2.734 m²    NUF 1.738 m²

Mehrfamilienhaus mit 12 WE (1.595 m² WFL), Tiefgarage (15 STP). Massivbauweise.

Land: Sachsen
Kreis: Leipzig
Standard: Durchschnitt
Bauzeit: 70 Wochen
Kennwerte: bis 1. Ebene DIN 276

BGF **1.458 €/m²**

veröffentlicht: BKI Objektdaten E6

Planung: Augustin + Imkamp freie Architekten GbR; Leipzig

© BKI Baukosteninformationszentrum; Erläuterungen zu den Tabellen siehe Seite 56    Kostenstand: 1. Quartal 2022, Bundesdurchschnitt, **inkl. 19% MwSt.**

**Mehrfamilienhäuser, mit 6 bis 19 WE, mittlerer Standard**

€/m² BGF
| | | |
|---|---|---|
| min | 890 | €/m² |
| von | 1.145 | €/m² |
| Mittel | **1.420** | **€/m²** |
| bis | 1.715 | €/m² |
| max | 2.090 | €/m² |

**Kosten:**
Stand 1. Quartal 2022
Bundesdurchschnitt
inkl. 19% MwSt.

## Objektübersicht zur Gebäudeart

### 6100-1073 Mehrfamilienhaus (17 WE), TG - Effizienzhaus 70
**BRI** 10.384 m³  **BGF** 3.197 m²  **NUF** 1.922 m²

Mehrfamilienhaus (1.780 m² WFL) mit 17 Eigentumswohnungen und Gemeinschaftsraum. Massivbau.

Land: Berlin
Kreis: Berlin
Standard: Durchschnitt
Bauzeit: 65 Wochen
Kennwerte: bis 1. Ebene DIN 276

**BGF** 1.395 €/m²

**Planung:** kampmann+architekten gmbh; Berlin

veröffentlicht: BKI Objektdaten E6

### 6100-1108 Mehrfamilienhaus (10 WE), TG - Effizienzhaus 40
**BRI** 4.946 m³  **BGF** 1.839 m²  **NUF** 1.240 m²

Mehrfamilienhaus (858 m² WFL) mit 10 WE und Tiefgarage als Effizienzhaus 40. Mauerwerksbau.

Land: Hamburg
Kreis: Hamburg, Freie und Hansestadt
Standard: Durchschnitt
Bauzeit: 83 Wochen
Kennwerte: bis 1. Ebene DIN 276

**BGF** 1.512 €/m²

**Planung:** luenzmann architektur; Hamburg

veröffentlicht: BKI Objektdaten E6

### 6100-0994 Mehrfamilienhaus (16 WE)
**BRI** 4.131 m³  **BGF** 1.703 m²  **NUF** 1.098 m²

Mehrfamilienhaus mit 16 WE (939 m² WFL), Mehrzweckraum. Mauerwerksbau.

Land: Nordrhein-Westfalen
Kreis: Unna
Standard: Durchschnitt
Bauzeit: 48 Wochen
Kennwerte: bis 1. Ebene DIN 276

**BGF** 1.423 €/m²

**Planung:** k.A.

veröffentlicht: BKI Objektdaten N12

### 6100-1161 Mehrfamilienhaus (13 WE) - Effizienzhaus 70
**BRI** 7.196 m³  **BGF** 2.148 m²  **NUF** 1.473 m²

Mehrfamilienhaus mit 13 Wohneinheiten (1.346 m² WFL), Gemeinschaftsräumen und einer Gewerbeeinheit. Massivbauweise.

Land: Berlin
Kreis: Berlin
Standard: Durchschnitt
Bauzeit: 100 Wochen*
Kennwerte: bis 1. Ebene DIN 276

**BGF** 1.782 €/m²

**Planung:** büro 1.0 architektur+; Berlin

veröffentlicht: BKI Objektdaten E6
* Nicht in der Auswertung enthalten

## Objektübersicht zur Gebäudeart

### 6100-0952 Mehrfamilienhaus (7 WE)

**BRI** 4.691 m³  **BGF** 1.549 m²  **NUF** 1.058 m²

Mehrfamilienhaus mit 7 WE (917 m² WFL). Mauerwerksbau.

Land: Berlin
Kreis: Berlin, Stadt
Standard: Durchschnitt
Bauzeit: 61 Wochen
Kennwerte: bis 1. Ebene DIN 276

**BGF** 1.494 €/m²

**Planung:** behrendt + nieselt architekten; Berlin

veröffentlicht: BKI Objektdaten N11

### 6100-0861 3 Mehrfamilienhäuser (10 WE) - KfW 60

**BRI** 3.801 m³  **BGF** 1.501 m²  **NUF** 1.130 m²

3 Mehrfamilienhäuser mit insgesamt 10 Wohneinheiten (1.019 m² WFL), Abstellräume und Technik zentral in einem Haus. Mauerwerksbau.

Land: Brandenburg
Kreis: Oder-Spree
Standard: Durchschnitt
Bauzeit: 61 Wochen
Kennwerte: bis 1. Ebene DIN 276

**BGF** 1.359 €/m²

**Planung:** Architekturbüro Bühl; Erkner

veröffentlicht: BKI Objektdaten E4

### 6100-0706 Mehrfamilienhaus (8 WE), TG

**BRI** 3.470 m³  **BGF** 1.093 m²  **NUF** 787 m²

Mehrfamilienhaus (8 WE) mit 8 Tiefgaragenstellplätzen und 3 Stellplätzen. Mauerwerksbau.

Land: Baden-Württemberg
Kreis: Heilbronn
Standard: Durchschnitt
Bauzeit: 31 Wochen
Kennwerte: bis 3. Ebene DIN 276

**BGF** 1.035 €/m²

**Planung:** Architektur Udo Richter Dipl.-Ing. Freier Architekt; Heilbronn

veröffentlicht: BKI Objektdaten N11

### 6100-0800 Mehrfamilienhaus (10 WE) - KfW 40, TG (10 STP)

**BRI** 5.643 m³  **BGF** 2.101 m²  **NUF** 1.317 m²

Mehrfamilienwohnhaus (10 WE), Tiefgarage mit 10 Stellplätzen. Mauerwerksbau.

Land: Hamburg
Kreis: Hamburg, Freie und Hansestadt
Standard: Durchschnitt
Bauzeit: 52 Wochen
Kennwerte: bis 1. Ebene DIN 276

**BGF** 1.648 €/m²

**Planung:** NeuStadtArchitekten; Hamburg

veröffentlicht: BKI Objektdaten E4

**Mehrfamilienhäuser, mit 6 bis 19 WE, mittlerer Standard**

## Objektübersicht zur Gebäudeart

**€/m² BGF**
| | |
|---|---|
| min | 890 €/m² |
| von | 1.145 €/m² |
| Mittel | **1.420 €/m²** |
| bis | 1.715 €/m² |
| max | 2.090 €/m² |

**Kosten:**
Stand 1. Quartal 2022
Bundesdurchschnitt
inkl. 19% MwSt.

---

### 6100-0893 Mehrfamilienhaus (7 WE), TG
**BRI** 3.615 m³ **BGF** 1.323 m² **NUF** 1.029 m²

Mehrfamilienwohnhaus (667 m² WFL) mit Tiefgarage. Mauerwerksbau.

Land: Baden-Württemberg
Kreis: Esslingen
Standard: Durchschnitt
Bauzeit: 65 Wochen
Kennwerte: bis 1. Ebene DIN 276

**BGF** 994 €/m²

veröffentlicht: BKI Objektdaten N11

**Planung:** W67 architekten bda schulz und stoll; Stuttgart

---

### 6100-0707 Mehrfamilienhaus (6+6 WE), TG (13 STP)
**BRI** 5.956 m³ **BGF** 2.267 m² **NUF** 1.589 m²

2 Mehrfamilienhäuser mit je 6 Wohnungen und 13 Tiefgaragenstellplätzen. Mauerwerksbau.

Land: Baden-Württemberg
Kreis: Heilbronn
Standard: Durchschnitt
Bauzeit: 43 Wochen
Kennwerte: bis 3. Ebene DIN 276

**BGF** 888 €/m²

veröffentlicht: BKI Objektdaten N11

**Planung:** Architektur Udo Richter Dipl.-Ing. Freier Architekt; Heilbronn

---

### 6100-0732 Mehrfamilienhaus (15 WE), TG (16 STP)
**BRI** 8.103 m³ **BGF** 3.019 m² **NUF** 2.164 m²

Zwei Mehrfamilienhäuser mit 15 Wohneinheiten und Tiefgarage (1.616 m² WFL). Massivbau.

Land: Baden-Württemberg
Kreis: Esslingen
Standard: Durchschnitt
Bauzeit: 56 Wochen
Kennwerte: bis 3. Ebene DIN 276

**BGF** 1.051 €/m²

veröffentlicht: BKI Objektdaten N12

**Planung:** Architekturbüro Mesch-Fehrle; Aichtal-Grötzingen

---

### 6100-0705 Mehrfamilienhaus (14 WE), TG*
**BRI** 7.033 m³ **BGF** 2.624 m² **NUF** 1.808 m²

Mehrfamilienhaus (14 WE) mit Tiefgarage mit 16 Stellplätzen. Mauerwerksbau.

Land: Baden-Württemberg
Kreis: Heilbronn
Standard: Durchschnitt
Bauzeit: 52 Wochen
Kennwerte: bis 3. Ebene DIN 276

**BGF** 759 €/m²

veröffentlicht: BKI Objektdaten N11
* Nicht in der Auswertung enthalten

**Planung:** Architektur Udo Richter Dipl.-Ing. Freier Architekt; Heilbronn

## Objektübersicht zur Gebäudeart

### 6100-0573 Mehrfamilienhaus (7 WE), TG (7 STP)    BRI 3.291 m³    BGF 1.281 m²    NUF 825 m²

Mehrfamilienhaus mit 7 Wohneinheiten (510 m² WFL II.BVO) und Tiefgarage. Mauerwerksbau mit Stb-Decken und Holzdachkonstruktion.

Land: Bayern
Kreis: Augsburg, Stadt
Standard: Durchschnitt
Bauzeit: 69 Wochen
Kennwerte: bis 4. Ebene DIN 276

**BGF 1.214 €/m²**

**Planung:** Architekt Michael Knecht; Augsburg

veröffentlicht: BKI Objektdaten N8

### 6100-0898 Betreutes Wohnen (8 WE)    BRI 2.396 m³    BGF 904 m²    NUF 608 m²

Mehrfamilienhaus mit behindertengerechten Wohnungen (8 WE), unterkellert. Mauerwerksbau.

Land: Bayern
Kreis: Miltenberg
Standard: Durchschnitt
Bauzeit: 52 Wochen
Kennwerte: bis 3. Ebene DIN 276

**BGF 1.253 €/m²**

**Planung:** F29 Architekten GmbH; Dresden

veröffentlicht: BKI Objektdaten N11

### 6100-0515 Wohnanlage (16 WE), TG (17 STP)    BRI 6.783 m³    BGF 2.350 m²    NUF 1.546 m²

Neubau einer Wohnanlage (16 WE) nach DIN 18025 Teil 2, Niedrigenergiehaus Standard, Tiefgarage (17 STP), Garagenstellplätze auf Grundstück (2 STP). Massivbau.

Land: Baden-Württemberg
Kreis: Reutlingen
Standard: Durchschnitt
Bauzeit: 78 Wochen
Kennwerte: bis 2. Ebene DIN 276

**BGF 1.161 €/m²**

**Planung:** Hartmaier + Partner Freie Architekten; Münsingen

veröffentlicht: BKI Objektdaten N7

© BKI Baukosteninformationszentrum; Erläuterungen zu den Tabellen siehe Seite 56    Kostenstand: 1. Quartal 2022, Bundesdurchschnitt, **inkl. 19% MwSt.**

**Mehrfamilienhäuser, mit 6 bis 19 WE, hoher Standard**

## Kostenkennwerte für die Kosten des Bauwerks (Kostengruppen 300+400 nach DIN 276)

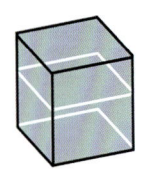

**BRI** 525 €/m³
von 425 €/m³
bis 630 €/m³

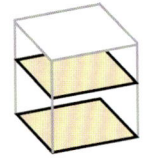

**BGF** 1.600 €/m²
von 1.330 €/m²
bis 1.940 €/m²

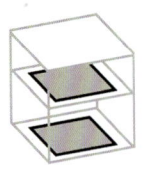

**NUF** 2.350 €/m²
von 1.905 €/m²
bis 3.055 €/m²

**NE** 3.045 €/NE
von 2.425 €/NE
bis 4.310 €/NE
NE: Wohnfläche

### Objektbeispiele

6100-1537

6100-1555

6100-1499

**Kosten:**
Stand 1. Quartal 2022
Bundesdurchschnitt
inkl. 19% MwSt.

### Kosten der 22 Vergleichsobjekte — Seiten 610 bis 615

- ● KKW
- ▶ min
- ▷ von
- | Mittelwert
- ◁ bis
- ◀ max

BRI (€/m³ BRI)

BGF (€/m² BGF)

NUF (€/m² NUF)

© BKI Baukosteninformationszentrum; Erläuterungen zu den Tabellen siehe Seite 46 — Kostenstand: 1. Quartal 2022, Bundesdurchschnitt, **inkl. 19% MwSt.**

## Kostenkennwerte für die Kostengruppen der 1. und 2. Ebene DIN 276

| KG | Kostengruppen der 1. Ebene | Einheit | ▷ | €/Einheit | ◁ | ▷ | % an 300+400 | ◁ |
|---|---|---|---|---|---|---|---|---|
| 100 | Grundstück | m²GF | – | – | – | – | – | – |
| 200 | Vorbereitende Maßnahmen | m²GF | 23 | **53** | 108 | 1,0 | **2,0** | 5,0 |
| 300 | Bauwerk – Baukonstruktionen | m²BGF | 1.076 | **1.277** | 1.522 | 76,1 | **80,1** | 83,3 |
| 400 | Bauwerk – Technische Anlagen | m²BGF | 246 | **323** | 460 | 16,7 | **19,9** | 23,9 |
|  | Bauwerk (300+400) | m²BGF | 1.331 | **1.599** | 1.938 | 100,0 | **100,0** | 100,0 |
| 500 | Außenanlagen und Freiflächen | m²AF | 101 | **256** | 482 | 2,0 | **4,8** | 9,1 |
| 600 | Ausstattung und Kunstwerke | m²BGF | 5 | **15** | 38 | 0,4 | **1,0** | 3,1 |
| 700 | Baunebenkosten* | m²BGF | 299 | **333** | 368 | 18,8 | **20,9** | 23,1 |
| 800 | Finanzierung | m²BGF | – | – | – | – | – | – |

◁ * Auf Grundlage der HOAI 2021 berechnete Werte nach §§ 35, 52, 56. Weitere Informationen siehe Seite 50

| KG | Kostengruppen der 2. Ebene | Einheit | ▷ | €/Einheit | ◁ | ▷ | % an 1. Ebene | ◁ |
|---|---|---|---|---|---|---|---|---|
| 310 | Baugrube / Erdbau | m³BGI | 37 | **56** | 77 | 2,7 | **4,7** | 6,3 |
| 320 | Gründung, Unterbau | m²GRF | 199 | **236** | 278 | 5,6 | **7,4** | 10,1 |
| 330 | Außenwände / vertikal außen | m²AWF | 326 | **425** | 652 | 24,6 | **29,7** | 42,5 |
| 340 | Innenwände / vertikal innen | m²IWF | 188 | **216** | 278 | 14,2 | **17,5** | 21,4 |
| 350 | Decken / horizontal | m²DEF | 304 | **351** | 414 | 20,1 | **21,5** | 22,7 |
| 360 | Dächer | m²DAF | 354 | **416** | 556 | 8,7 | **13,6** | 17,6 |
| 370 | Infrastrukturanlagen |  | – | – | – | – | – | – |
| 380 | Baukonstruktive Einbauten | m²BGF | 4 | **12** | 34 | 0,2 | **0,7** | 3,2 |
| 390 | Sonst. Maßnahmen für Baukonst. | m²BGF | 39 | **54** | 85 | 3,6 | **5,1** | 8,0 |
| **300** | **Bauwerk – Baukonstruktionen** | **m²BGF** |  |  |  |  | **100,0** |  |
| 410 | Abwasser-, Wasser-, Gasanlagen | m²BGF | 72 | **79** | 87 | 30,2 | **33,7** | 36,9 |
| 420 | Wärmeversorgungsanlagen | m²BGF | 46 | **57** | 77 | 20,3 | **23,5** | 26,9 |
| 430 | Raumlufttechnische Anlagen | m²BGF | 6 | **11** | 23 | 2,8 | **4,7** | 9,6 |
| 440 | Elektrische Anlagen | m²BGF | 26 | **39** | 47 | 12,3 | **16,5** | 18,8 |
| 450 | Kommunikationstechnische Anlagen | m²BGF | 9 | **13** | 21 | 4,3 | **5,7** | 11,8 |
| 460 | Förderanlagen | m²BGF | 24 | **37** | 44 | 11,5 | **15,8** | 20,2 |
| 470 | Nutzungsspez. / verfahrenstech. Anl. | m²BGF | < 1 | **< 1** | < 1 | 0,0 | **< 0,1** | 0,2 |
| 480 | Gebäude- und Anlagenautomation | m²BGF | – | – | – | – | – | – |
| 490 | Sonst. Maßnahmen f. techn. Anl. | m²BGF | < 1 | **< 1** | < 1 | 0,0 | **< 0,1** | 0,3 |
| **400** | **Bauwerk – Technische Anlagen** | **m²BGF** |  |  |  |  | **100,0** |  |

## Prozentanteile der Kosten 2. Ebene an den Kosten des Bauwerks nach DIN 276 (Von/Mittel/Bis)

| KG | Bezeichnung | Mittel |
|---|---|---|
| 310 | Baugrube / Erdbau | 3,8 |
| 320 | Gründung, Unterbau | 6,0 |
| 330 | Außenwände / vertikal außen | 24,4 |
| 340 | Innenwände / vertikal innen | 14,2 |
| 350 | Decken / horizontal | 17,5 |
| 360 | Dächer | 11,0 |
| 370 | Infrastrukturanlagen |  |
| 380 | Baukonstruktive Einbauten | 0,6 |
| 390 | Sonst. Maßnahmen für Baukonst. | 4,2 |
| 410 | Abwasser-, Wasser-, Gasanlagen | 6,1 |
| 420 | Wärmeversorgungsanlagen | 4,4 |
| 430 | Raumlufttechnische Anlagen | 0,9 |
| 440 | Elektrische Anlagen | 3,1 |
| 450 | Kommunikationstechnische Anlagen | 1,0 |
| 460 | Förderanlagen | 2,9 |
| 470 | Nutzungsspez. / verfahrenstech. Anl. | < 0,1 |
| 480 | Gebäude- und Anlagenautomation |  |
| 490 | Sonst. Maßnahmen f. techn. Anl. | < 0,1 |

© BKI Bausteninformationszentrum; Erläuterungen zu den Tabellen siehe Seite 48 und 50   Kostenstand: 1. Quartal 2022, Bundesdurchschnitt, **inkl. 19% MwSt.**

**Mehrfamilienhäuser, mit 6 bis 19 WE, hoher Standard**

## Prozentanteile der Kosten für Leistungsbereiche nach STLB (Kosten Bauwerk nach DIN 276)

| LB | Leistungsbereiche | ▷ | % an 300+400 | ◁ |
|---|---|---|---|---|
| 000 | Sicherheits-, Baustelleneinrichtungen inkl. 001 | 2,1 | **3,1** | 7,1 |
| 002 | Erdarbeiten | 1,4 | **3,8** | 5,2 |
| 006 | Spezialtiefbauarbeiten inkl. 005 | 0,2 | **0,6** | 1,3 |
| 009 | Entwässerungskanalarbeiten inkl. 011 | 0,1 | **0,6** | 1,4 |
| 010 | Drän- und Versickerarbeiten | < 0,1 | **0,2** | 0,6 |
| 012 | Mauerarbeiten | 5,3 | **7,6** | 9,5 |
| 013 | Betonarbeiten | 24,1 | **25,4** | 28,4 |
| 014 | Natur-, Betonwerksteinarbeiten | 0,3 | **1,5** | 2,6 |
| 016 | Zimmer- und Holzbauarbeiten | 0,2 | **1,4** | 2,7 |
| 017 | Stahlbauarbeiten | 0,0 | **< 0,1** | 0,3 |
| 018 | Abdichtungsarbeiten | 0,4 | **0,8** | 1,6 |
| 020 | Dachdeckungsarbeiten | 0,0 | **0,3** | 1,1 |
| 021 | Dachabdichtungsarbeiten | 1,3 | **3,4** | 5,0 |
| 022 | Klempnerarbeiten | 0,7 | **1,5** | 2,8 |
| | **Rohbau** | 43,1 | **50,2** | 53,9 |
| 023 | Putz- und Stuckarbeiten, Wärmedämmsysteme | 4,7 | **7,4** | 14,0 |
| 024 | Fliesen- und Plattenarbeiten | 1,5 | **2,2** | 3,0 |
| 025 | Estricharbeiten | 1,1 | **1,4** | 1,7 |
| 026 | Fenster, Außentüren inkl. 029, 032 | 4,3 | **4,8** | 5,4 |
| 027 | Tischlerarbeiten | 2,2 | **3,1** | 5,3 |
| 028 | Parkettarbeiten, Holzpflasterarbeiten | < 0,1 | **1,3** | 2,7 |
| 030 | Rollladenarbeiten | 0,2 | **0,9** | 2,2 |
| 031 | Metallbauarbeiten inkl. 035 | 3,9 | **4,8** | 7,7 |
| 034 | Maler- und Lackiererarbeiten inkl. 037 | 2,2 | **2,5** | 3,0 |
| 036 | Bodenbelagarbeiten | 0,1 | **0,5** | 1,3 |
| 038 | Vorgehängte hinterlüftete Fassaden | 0,0 | **< 0,1** | 0,5 |
| 039 | Trockenbauarbeiten | 0,9 | **2,6** | 9,8 |
| | **Ausbau** | 27,0 | **31,5** | 41,1 |
| 040 | Wärmeversorgungsanl. - Betriebseinr. inkl. 041 | 3,2 | **4,1** | 5,8 |
| 042 | Gas- und Wasserinstallation, Leitungen inkl. 043 | 0,4 | **1,4** | 1,9 |
| 044 | Abwasseranlagen - Leitungen | 1,1 | **1,9** | 5,4 |
| 045 | GWE-Einrichtungsgegenstände inkl. 046 | 0,5 | **1,9** | 2,5 |
| 047 | Dämmarbeiten an betriebstechnischen Anlagen | 0,2 | **0,6** | 0,9 |
| 049 | Feuerlöschanlagen, Feuerlöschgeräte | 0,0 | **< 0,1** | < 0,1 |
| 050 | Blitzschutz- und Erdungsanlagen | < 0,1 | **< 0,1** | 0,1 |
| 052 | Mittelspannungsanlagen | – | **–** | – |
| 053 | Niederspannungsanlagen inkl. 054 | 2,1 | **2,8** | 3,3 |
| 055 | Sicherheits- u. Ersatzstromversorgungsanl. | – | **–** | – |
| 057 | Gebäudesystemtechnik | – | **–** | – |
| 058 | Leuchten und Lampen inkl. 059 | < 0,1 | **0,3** | 0,6 |
| 060 | Sprechanlagen, elektroakust. Anlagen inkl. 064 | 0,1 | **0,3** | 0,6 |
| 061 | Kommunikationsnetze inkl. 062 | < 0,1 | **0,4** | 0,5 |
| 063 | Gefahrenmeldeanlagen | < 0,1 | **0,3** | 0,8 |
| 069 | Aufzüge | 1,9 | **2,8** | 3,3 |
| 070 | Gebäudeautomation | – | **–** | – |
| 075 | Raumlufttechnische Anlagen inkl. 078 | 0,3 | **0,8** | 1,7 |
| | **Gebäudetechnik** | 15,1 | **17,7** | 20,8 |
| | Sonstige Leistungsbereiche inkl. 008, 033, 051 | < 0,1 | **0,6** | 1,9 |

**Kosten:**
Stand 1. Quartal 2022
Bundesdurchschnitt
inkl. 19% MwSt.

- KKW
- ▶ min
- ▷ von
- | Mittelwert
- ◁ bis
- ◀ max

## Planungskennwerte für Flächen und Rauminhalte nach DIN 277

### Grundflächen

| | | | ▷ | Fläche/NUF (%) | ◁ | ▷ | Fläche/BGF (%) | ◁ |
|---|---|---|---|---|---|---|---|---|
| NUF | Nutzungsfläche | | 100,0 | **100,0** | 100,0 | 65,9 | **69,0** | 73,0 |
| TF | Technikfläche | | 2,1 | **2,7** | 9,2 | 1,5 | **1,8** | 6,6 |
| VF | Verkehrsfläche | | 15,9 | **20,9** | 25,9 | 10,3 | **13,9** | 16,3 |
| NRF | Netto-Raumfläche | | 116,6 | **122,6** | 127,9 | 81,3 | **84,1** | 85,8 |
| KGF | Konstruktions-Grundfläche | | 20,6 | **23,5** | 27,8 | 14,2 | **15,9** | 18,7 |
| BGF | Brutto-Grundfläche | | 139,1 | **146,1** | 153,9 | 100,0 | **100,0** | 100,0 |

### Brutto-Rauminhalte

| | | | ▷ | BRI/NUF (m) | ◁ | ▷ | BRI/BGF (m) | ◁ |
|---|---|---|---|---|---|---|---|---|
| BRI | Brutto-Rauminhalt | | 4,24 | **4,55** | 6,39 | 2,92 | **3,11** | 4,24 |

### Flächen von Nutzeinheiten

| | | ▷ | NUF/Einheit (m²) | ◁ | ▷ | BGF/Einheit (m²) | ◁ |
|---|---|---|---|---|---|---|---|
| Nutzeinheit: Wohnfläche | | 1,17 | **1,29** | 1,41 | 1,71 | **1,90** | 2,17 |

### Lufttechnisch behandelte Flächen

| | | ▷ | Fläche/NUF (%) | ◁ | ▷ | Fläche/BGF (%) | ◁ |
|---|---|---|---|---|---|---|---|
| Entlüftete Fläche | | 1,2 | **1,2** | 1,2 | 1,0 | **1,0** | 1,0 |
| Be- und entlüftete Fläche | | – | – | – | – | – | – |
| Teilklimatisierte Fläche | | – | – | – | – | – | – |
| Klimatisierte Fläche | | – | – | – | – | – | – |

### Kostengruppen

| KG | Kostengruppen (2. Ebene) | Einheit | ▷ | Menge/NUF | ◁ | ▷ | Menge/BGF | ◁ |
|---|---|---|---|---|---|---|---|---|
| 310 | Baugrube / Erdbau | m³ BGI | 1,09 | **1,52** | 2,18 | 0,84 | **1,04** | 1,47 |
| 320 | Gründung, Unterbau | m² GRF | 0,41 | **0,47** | 0,57 | 0,29 | **0,33** | 0,38 |
| 330 | Außenwände / vertikal außen | m² AWF | 0,99 | **1,11** | 1,19 | 0,70 | **0,77** | 0,85 |
| 340 | Innenwände / vertikal innen | m² IWF | 1,05 | **1,27** | 1,44 | 0,76 | **0,89** | 1,02 |
| 350 | Decken / horizontal | m² DEF | 0,88 | **0,95** | 1,00 | 0,58 | **0,67** | 0,68 |
| 360 | Dächer | m² DAF | 0,44 | **0,49** | 0,56 | 0,30 | **0,34** | 0,36 |
| 370 | Infrastrukturanlagen | | – | – | – | – | – | – |
| 380 | Baukonstruktive Einbauten | m² BGF | 1,39 | **1,46** | 1,54 | 1,00 | **1,00** | 1,00 |
| 390 | Sonst. Maßnahmen für Baukonst. | m² BGF | 1,39 | **1,46** | 1,54 | 1,00 | **1,00** | 1,00 |
| 300 | **Bauwerk – Baukonstruktionen** | m² BGF | 1,39 | **1,46** | 1,54 | 1,00 | **1,00** | 1,00 |

## Planungskennwerte für Bauzeiten

**22 Vergleichsobjekte**

**Bauzeit in Wochen**

Bauzeit: 10 | 20 | 30 | 40 | 50 | 60 | 70 | 80 | 90 | 100 | 110 Wochen

**Mehrfamilienhäuser, mit 6 bis 19 WE, hoher Standard**

€/m² BGF
- min: 1.240 €/m²
- von: 1.330 €/m²
- Mittel: **1.600 €/m²**
- bis: 1.940 €/m²
- max: 2.385 €/m²

Kosten:
Stand 1. Quartal 2022
Bundesdurchschnitt
inkl. 19% MwSt.

## Objektübersicht zur Gebäudeart

### 6100-1555 Mehrfamilienhaus (2 Gebäude, 7 WE), TG (13 STP)
**BRI** 6.128 m³ **BGF** 1.793 m² **NUF** 1.031 m²

Mehrfamilienprojekt mit 2 Gebäuden und 7 Wohneinheiten sowie gemeinsamer Tiefgarage mit 13 Stellplätzen. Massivbau.

Land: Hessen
Kreis: Darmstadt-Dieburg
Standard: über Durchschnitt
Bauzeit: 74 Wochen
Kennwerte: bis 1. Ebene DIN 276

**BGF 2.383 €/m²**

Planung: ruby³ architekten BDA; Darmstadt

vorgesehen: BKI Objektdaten N18

### 6100-1537 Mehrfamilienhaus (12 WE) - Effizienzhaus ~51%
**BRI** 6.955 m³ **BGF** 2.290 m² **NUF** 1.664 m²

Mehrfamilienhaus mit 12 WE und Tiefgarage für 13 STP als Effizienzhaus ~51%. Massivbau.

Land: Nordrhein-Westfalen
Kreis: Bonn, Stadt
Standard: über Durchschnitt
Bauzeit: 87 Wochen
Kennwerte: bis 1. Ebene DIN 276

**BGF 1.587 €/m²**

Planung: Grotegut Architekten Inhaber Dirk Hellings; Bonn

vorgesehen: BKI Objektdaten E10

### 6100-1496 Ferienwohnanlage (8 WE)*
**BRI** 2.795 m³ **BGF** 930 m² **NUF** 594 m²

Ferienwohnungs-Komplex bestehend aus 2 Doppelhäusern und 4 Reihenhäusern mit insgesamt 8 WE sowie 2 Nebengebäuden: einer Sauna und einem Gebäude mit Wasch- und Abstellräumen. Mauerwerksbau.

Land: Schleswig-Holstein
Kreis: Ostholstein
Standard: über Durchschnitt
Bauzeit: 61 Wochen
Kennwerte: bis 1. Ebene DIN 276

**BGF 2.694 €/m²** *

Planung: Architekturbüro Griebel; Lensahn

veröffentlicht: BKI Objektdaten N17
* Nicht in der Auswertung enthalten

### 6100-1499 Reihenhausanlage (9 WE)
**BRI** 6.229 m³ **BGF** 2.044 m² **NUF** 1.429 m²

3 Reihenhäuser und 2 Mehrfamilienhäuser mit je 3 Wohnungen (1.026 m² WFL). Mauerwerk.

Land: Niedersachsen
Kreis: Hannover, Region
Standard: über Durchschnitt
Bauzeit: 96 Wochen
Kennwerte: bis 1. Ebene DIN 276

**BGF 1.737 €/m²**

Planung: saboArchitekten BDA; Hannover

veröffentlicht: BKI Objektdaten N17

## Objektübersicht zur Gebäudeart

### 6100-1486 Mehrfamilienhaus (18 WE) - Effizienzhaus ~67%*    BRI 3.922 m³   BGF 1.245 m²   NUF 827 m²

Mehrfamilienhaus mit 18 Wohneinheiten. Mischkonstruktion.

Land: Berlin
Kreis: Berlin, Stadt
Standard: über Durchschnitt
Bauzeit: 87 Wochen
Kennwerte: bis 1. Ebene DIN 276

BGF   2.545 €/m²                                               *

veröffentlicht: BKI Objektdaten E9
\* Nicht in der Auswertung enthalten

**Planung:** rundzwei Architekten; Berlin

### 6100-1471 Mehrfamilienhaus (12 WE) - Effizienzhaus ~60%    BRI 13.738 m³   BGF 2.185 m²   NUF 1.434 m²

Mehrfamilienhaus mit 12 WE (1.260 m² WFL) als Effizienzhaus ~60%, mit Tiefgarage. Stahlbeton.

Land: Berlin
Kreis: Berlin, Stadt
Standard: über Durchschnitt
Bauzeit: 74 Wochen
Kennwerte: bis 1. Ebene DIN 276

BGF   1.746 €/m²

veröffentlicht: BKI Objektdaten E9

**Planung:** pfeifer architekten; Berlin

### 6100-1353 Mehrfamilienhaus (8 WE) - Effizienzhaus 70    BRI 4.150 m³   BGF 1.430 m²   NUF 948 m²

Mehrfamilienhaus mit 8 WE (730 m² WFL), Garagen (8 STP), Effizienzhaus 70. Massivbau.

Land: Baden-Württemberg
Kreis: Zollernalbkreis
Standard: über Durchschnitt
Bauzeit: 61 Wochen
Kennwerte: bis 1. Ebene DIN 276

BGF   1.297 €/m²

veröffentlicht: BKI Objektdaten E8

**Planung:** Sprenger Architekten und Partner mbB; Hechingen

### 6100-1395 Mehrfamilienhäuser (13 WE, 4 STP), TG (9 STP)    BRI 6.094 m³   BGF 2.492 m²   NUF 1.507 m²

Mehrfamilienhäuser mit 13 WE (1.163 m² WFL), Teilunterkellerung und Tiefgarage (9 STP). Mauerwerksbau.

Land: Bayern
Kreis: Fürth, Stadt
Standard: über Durchschnitt
Bauzeit: 70 Wochen
Kennwerte: bis 1. Ebene DIN 276

BGF   1.617 €/m²

veröffentlicht: BKI Objektdaten N17

**Planung:** Architekt Karsten Kundinger Wohnbau ROST GmbH; Fürth

© BKI Baukosteninformationszentrum; Erläuterungen zu den Tabellen siehe Seite 56    Kostenstand: 1. Quartal 2022, Bundesdurchschnitt, **inkl. 19% MwSt.**

**Mehrfamilienhäuser, mit 6 bis 19 WE, hoher Standard**

## Objektübersicht zur Gebäudeart

### 6100-1318 Mehrfamilienhaus (11 WE) - Effizienzhaus 70

**BRI** 6.109 m³ | **BGF** 1.952 m² | **NUF** 1.290 m²

Mehrfamilienhaus (11 WE) mit 1.154 m² WFL als Effizienzhaus 70. Massivbau.

Land: Niedersachsen
Kreis: Hannover, Region
Standard: über Durchschnitt
Bauzeit: 61 Wochen
Kennwerte: bis 1. Ebene DIN 276

**BGF** 1.909 €/m²

**Planung:** agsta Architekten und Ingenieure; Hannover

veröffentlicht: BKI Objektdaten E7

### 6100-1303 Mehrfamilienhaus (11 WE)

**BRI** 3.763 m³ | **BGF** 1.326 m² | **NUF** 941 m²

Mehrfamilienhaus mit 11 WE (700 m² WFL). Mauerwerksbau.

Land: Nordrhein-Westfalen
Kreis: Duisburg
Standard: über Durchschnitt
Bauzeit: 57 Wochen
Kennwerte: bis 1. Ebene DIN 276

**BGF** 1.415 €/m²

**Planung:** Druschke und Grosser Architektur I Architekten BDA; Duisburg

veröffentlicht: BKI Objektdaten N16

### 6100-1261 Mehrfamilienhaus (16 WE) - Effizienzhaus 70

**BRI** 8.860 m³ | **BGF** 3.282 m² | **NUF** 2.098 m²

Mehrfamilienhaus mit 16 WE (1.866 m² WFL), Tiefgarage (16 STP) als Effizienzhaus 70. Mauerwerksbau.

Land: Niedersachsen
Kreis: Harburg
Standard: über Durchschnitt
Bauzeit: 74 Wochen
Kennwerte: bis 1. Ebene DIN 276

**BGF** 1.307 €/m²

**Planung:** Architektengruppe Voß; Tostedt

veröffentlicht: BKI Objektdaten E7

### 6100-1299 Mehrfamilienhaus (19 WE) - Effizienzhaus 70

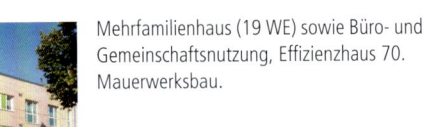

**BRI** 5.766 m³ | **BGF** 1.870 m² | **NUF** 1.275 m²

Mehrfamilienhaus (19 WE) sowie Büro- und Gemeinschaftsnutzung, Effizienzhaus 70. Mauerwerksbau.

Land: Bremen
Kreis: Bremen
Standard: über Durchschnitt
Bauzeit: 78 Wochen
Kennwerte: bis 1. Ebene DIN 276

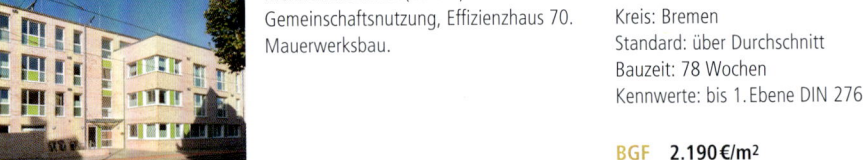

**BGF** 2.190 €/m²

**Planung:** Ulrich Tilgner Thomas Grotz Architekten GmbH; Bremen

veröffentlicht: BKI Objektdaten E7

---

**€/m² BGF**
min    1.240 €/m²
von    1.330 €/m²
Mittel **1.600 €/m²**
bis    1.940 €/m²
max    2.385 €/m²

**Kosten:**
Stand 1. Quartal 2022
Bundesdurchschnitt
inkl. 19% MwSt.

## Objektübersicht zur Gebäudeart

### 6100-1252 Mehrfamilienhaus (7 WE) TG (32 STP)

**BRI** 7.073 m³    **BGF** 2.589 m²    **NUF** 1.643 m²

Mehrfamilienhaus mit 7 Wohneinheiten und Tiefgarage mit 32 Stellplätzen. Massivbau.

Land: Hamburg
Kreis: Hamburg, Freie und Hansestadt
Standard: über Durchschnitt
Bauzeit: 43 Wochen
Kennwerte: bis 3. Ebene DIN 276

**BGF**    1.238 €/m²

**Planung:** Holst Becker Architekten PartGmbB; Hamburg

veröffentlicht: BKI Objektdaten N17

### 6100-0938 Mehrfamilienhaus (9 WE), TG (14 STP)

**BRI** 7.856 m³    **BGF** 2.547 m²    **NUF** 1.740 m²

Mehrfamilienhaus (9 WE, 1.273 m² WFL) mit Tiefgarage (14 STP). Mauerwerksbau.

Land: Niedersachsen
Kreis: Braunschweig, Stadt
Standard: über Durchschnitt
Bauzeit: 57 Wochen
Kennwerte: bis 1. Ebene DIN 276

**BGF**    1.665 €/m²

**Planung:** Perler und Scheurer Architekten Ruth Scheurer, Architektin BDA; Freiburg

veröffentlicht: BKI Objektdaten N11

### 6100-0958 Mehrfamilienhaus (14 WE)

**BRI** 3.940 m³    **BGF** 1.221 m²    **NUF** 938 m²

Mehrfamilienhaus (14 WE, 927 m² WFL). Sichtbetonkonstruktion mit Kerndämmung.

Land: Mecklenburg-Vorpommern
Kreis: Schwerin, Stadt
Standard: über Durchschnitt
Bauzeit: 82 Wochen
Kennwerte: bis 1. Ebene DIN 276

**BGF**    1.810 €/m²

**Planung:** jäger jäger Planungsgesellschaft mbH; Schwerin

veröffentlicht: BKI Objektdaten N11

### 6100-0943 Mehrfamilienhaus (12 WE) - KfW 40

**BRI** 3.732 m³    **BGF** 1.340 m²    **NUF** 1.001 m²

Mehrfamilienhaus, KfW 40 (12 WE, 821 m² WFL), Laubengangerschließung. Mauerwerksbau.

Land: Nordrhein-Westfalen
Kreis: Mettmann
Standard: über Durchschnitt
Bauzeit: 70 Wochen
Kennwerte: bis 1. Ebene DIN 276

**BGF**    1.626 €/m²

**Planung:** Jaeger / Leschhorn Spar- und Bauverein e.G.; Velbert

veröffentlicht: BKI Objektdaten N11

© BKI Baukosteninformationszentrum; Erläuterungen zu den Tabellen siehe Seite 56    Kostenstand: 1. Quartal 2022, Bundesdurchschnitt, **inkl. 19% MwSt.**

**Mehrfamilienhäuser, mit 6 bis 19 WE, hoher Standard**

€/m² BGF
| | |
|---|---|
| min | 1.240 €/m² |
| von | 1.330 €/m² |
| Mittel | **1.600** €/m² |
| bis | 1.940 €/m² |
| max | 2.385 €/m² |

**Kosten:**
Stand 1. Quartal 2022
Bundesdurchschnitt
inkl. 19% MwSt.

## Objektübersicht zur Gebäudeart

### 6100-0908 Mehrfamilienhaus (3+6 WE), TG (5 STP) — BRI 5.213 m³ | BGF 1.692 m² | NUF 1.039 m²

Zwei Mehrfamilienhäuser mit 3 und 6 Wohnungen (787 m² WFL) und 5 Tiefgaragenstellplätzen. Mauerwerksbau.

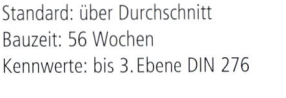

Land: Hamburg
Kreis: Hamburg, Freie und Hansestadt
Standard: über Durchschnitt
Bauzeit: 56 Wochen
Kennwerte: bis 3. Ebene DIN 276

BGF 1.304 €/m²

**Planung:** Kantstein Architekten Busse + Rampendahl Psg.; Hamburg

veröffentlicht: BKI Objektdaten N11

### 6100-1008 Appartementhaus (10 WE) - Effizienzhaus 60 — BRI 2.865 m³ | BGF 905 m² | NUF 603 m²

Apartmenthaus mit 10 Wohnungen und Gemeinschaftsbereich mit Gemeinschaftsküche. Mauerwerksbau.

Land: Nordrhein-Westfalen
Kreis: Lippe
Standard: über Durchschnitt
Bauzeit: 48 Wochen
Kennwerte: bis 1. Ebene DIN 276

BGF 1.699 €/m²

**Planung:** Bits & Beits GmbH Büro für Architektur; Bad Salzuflen

veröffentlicht: BKI Objektdaten N12

### 6100-0891 Mehrfamilienhaus (14 WE), TG — BRI 12.308 m³ | BGF 4.407 m² | NUF 2.802 m²

Mehrfamilienwohnhaus (14 WE) mit TG (42 STP), teilweise auch für umliegende Gebäude. Mauerwerksbau.

Land: Bayern
Kreis: München, Stadt
Standard: über Durchschnitt
Bauzeit: 87 Wochen
Kennwerte: bis 1. Ebene DIN 276

BGF 1.916 €/m²

**Planung:** Unterlandstättner Architekten; München

veröffentlicht: BKI Objektdaten N11

### 6100-0693 Mehrfamilienhaus (18 WE), TG (27 STP) — BRI 7.711 m³ | BGF 2.777 m² | NUF 2.132 m²

Mehrfamilienhaus mit 18 WE (1.545 m² WFL), Tiefgarage. Mauerwerksbau; Stb-Decken; Stb-Flachdach.

Land: Baden-Württemberg
Kreis: Ludwigsburg
Standard: über Durchschnitt
Bauzeit: 65 Wochen
Kennwerte: bis 4. Ebene DIN 276

BGF 1.244 €/m²

**Planung:** Steinhilber+Weis Architekten; Stuttgart

veröffentlicht: BKI Objektdaten N10

## Objektübersicht zur Gebäudeart

### 6100-0687 2 Mehrfamilienhäuser (2x7 WE)

**BRI** 3.783 m³  **BGF** 1.132 m²  **NUF** 942 m²

2 Mehrfamilienhäuser, 9 Tiefgaragenstellplätze, 5 Garagen. Mauerwerksbau; Stb-Decken; Holzdachkonstruktion.

Land: Nordrhein-Westfalen
Kreis: Siegen-Wittgenstein
Standard: über Durchschnitt
Bauzeit: 31 Wochen
Kennwerte: bis 1. Ebene DIN 276

**BGF** 1.460 €/m²

**Planung:** runkel.freie architekten; Siegen

veröffentlicht: BKI Objektdaten N9

### 6100-0582 Mehrfamilienhaus (10 WE), TG (10 STP), Baulücke

**BRI** 4.218 m³  **BGF** 1.588 m²  **NUF** 1.127 m²

Mehrfamilienhaus mit 10 Wohneinheiten (868 m² WFL II.BVO) mit Tiefgarage mit 10 Stellplätzen. Mauerwerksbau mit Stb-Decken und Holzdachkonstruktion.

Land: Hamburg
Kreis: Hamburg, Freie und Hansestadt
Standard: über Durchschnitt
Bauzeit: 65 Wochen
Kennwerte: bis 4. Ebene DIN 276

**BGF** 1.326 €/m²

**Planung:** Holst Becker Architekten holstbecker.de; Hamburg

veröffentlicht: BKI Objektdaten N8

### 6100-0561 Mehrfamilienhaus (11 WE), TG (11 STP)

**BRI** 3.929 m³  **BGF** 1.276 m²  **NUF** 915 m²

Mehrfamilienhaus mit elf Wohneinheiten (730 m² WFL II.BVO), Tiefgarage. Mauerwerksbau mit Stb-Decken, Stb-Flachdach und geneigtem Holzdach.

Land: Baden-Württemberg
Kreis: Ludwigsburg
Standard: über Durchschnitt
Bauzeit: 48 Wochen
Kennwerte: bis 4. Ebene DIN 276

**BGF** 1.252 €/m²

**Planung:** Freie Architekten Blattmann + Oswald; Markgröningen

veröffentlicht: BKI Objektdaten N7

### 6100-0161 Mehrfamilienhaus (9 WE), TG

**BRI** 4.782 m³  **BGF** 1.753 m²  **NUF** 1.379 m²

Wohnhaus (9 WE) an alter Stadtmauer mit Café, Bäckerei und Fleischer im EG; Tiefgarage. Mauerwerksbau.

Land: Sachsen
Kreis: Bautzen
Standard: über Durchschnitt
Bauzeit: 52 Wochen
Kennwerte: bis 4. Ebene DIN 276

**BGF** 1.461 €/m²

www.bki.de

**Arbeitsblatt zur Standardeinordnung bei Mehrfamilienhäusern, mit 20 oder mehr WE**

## Kostenkennwerte für die Kosten des Bauwerks (Kostengruppen 300+400 nach DIN 276)

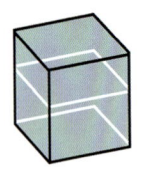

**BRI** 480 €/m³
von 405 €/m³
bis 580 €/m³

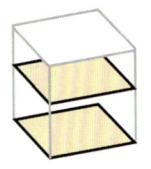

**BGF** 1.435 €/m²
von 1.210 €/m²
bis 1.720 €/m²

**NUF** 2.135 €/m²
von 1.755 €/m²
bis 2.650 €/m²

**NE** 2.655 €/NE
von 2.200 €/NE
bis 3.210 €/NE
NE: Wohnfläche

**Kosten:**
Stand 1. Quartal 2022
Bundesdurchschnitt
inkl. 19% MwSt.

### Standardzuordnung

(Diagramm: gesamt, einfach, mittel, hoch – Skala 500 bis 3500 €/m² BGF)

### Standardeinordnung für Ihr Projekt:

| KG | Kostengruppen der 2. Ebene | niedrig | mittel | hoch | Punkte |
|---|---|---|---|---|---|
| 310 | Baugrube / Erdbau | | | | |
| 320 | Gründung, Unterbau | 1 | 2 | 3 | |
| 330 | Außenwände/Vert. Konstrukt., außen | 6 | 7 | 9 | |
| 340 | Innenwände/Vert. Baukonstrukt., innen | 3 | 4 | 5 | |
| 350 | Decken/Horizontale Baukonstruktionen | 4 | 6 | 7 | |
| 360 | Dächer | 2 | 3 | 4 | |
| 370 | Infrastrukturanlagen | | | | |
| 380 | Baukonstruktive Einbauten | 0 | 0 | 1 | |
| 390 | Sonst. Maßnahmen für Baukonstrukt. | | | | |
| 410 | Abwasser-, Wasser-, Gasanlagen | 2 | 2 | 3 | |
| 420 | Wärmeversorgungsanlagen | 1 | 2 | 3 | |
| 430 | Raumlufttechnische Anlagen | 0 | 0 | 1 | |
| 440 | Elektrische Anlagen | 1 | 1 | 2 | |
| 450 | Kommunikationstechnische Anlagen | 0 | 0 | 0 | |
| 460 | Förderanlagen | 1 | 1 | 1 | |
| 470 | Nutzungsspez. u. verfahrenstechn. Anl. | 0 | 0 | 0 | |
| 480 | Gebäude- und Anlagenautomation | 0 | 0 | 0 | |
| 490 | Sonst. Maßnahmen für techn. Anlagen | | | | |

**Punkte:** 21 bis 25 = einfach   26 bis 33 = mittel   34 bis 39 = hoch   **Ihr Projekt (Summe):**

- KKW
- min
- von
- Mittelwert
- bis
- max

**Erläuterung:**
Obenstehende Tabelle soll Ihnen die Zuordnung zu den Gebäudearten mit einfachem, mittlerem und hohem Standard erleichtern. Schätzen Sie für jedes Grobelement ab, ob die Aufwendungen niedrig, mittel oder hoch sein werden und übertragen Sie die Punkte in die rechte Spalte. Bilden Sie die Summe der rechten Spalte und ordnen Sie Ihr Projekt nach dem Schema der untersten Zeile ein. Nehmen Sie dieses Schema auch als Hinweis darauf, bei welchen Kostengruppen Sie den Mittelwert nach oben oder unten anpassen sollten.

© BKI Baukosteninformationszentrum; Erläuterungen zu den Tabellen siehe Seite 58   Kostenstand: 1. Quartal 2022, Bundesdurchschnitt, **inkl. 19% MwSt.**

## Kostenkennwerte für die Kostengruppen der 1. und 2. Ebene DIN 276

| KG | Kostengruppen der 1. Ebene | Einheit | ▷ | €/Einheit | ◁ | ▷ | % an 300+400 | ◁ |
|---|---|---|---|---|---|---|---|---|
| 100 | Grundstück | m²GF | – | – | – | – | – | – |
| 200 | Vorbereitende Maßnahmen | m²GF | 10 | **36** | 100 | 0,5 | **1,8** | 4,3 |
| 300 | Bauwerk – Baukonstruktionen | m²BGF | 957 | **1.134** | 1.348 | 75,3 | **79,2** | 82,8 |
| 400 | Bauwerk – Technische Anlagen | m²BGF | 233 | **301** | 412 | 17,2 | **20,8** | 24,7 |
|  | Bauwerk (300+400) | m²BGF | 1.208 | **1.435** | 1.718 | 100,0 | **100,0** | 100,0 |
| 500 | Außenanlagen und Freiflächen | m²AF | 94 | **208** | 474 | 2,5 | **5,0** | 9,1 |
| 600 | Ausstattung und Kunstwerke | m²BGF | 3 | **13** | 73 | 0,2 | **0,7** | 3,6 |
| 700 | Baunebenkosten* | m²BGF | 231 | **258** | 285 | 16,2 | **18,0** | 19,9 |
| 800 | Finanzierung | m²BGF | – | – | – | – | – | – |

\* Auf Grundlage der HOAI 2021 berechnete Werte nach §§ 35, 52, 56. Weitere Informationen siehe Seite 50

| KG | Kostengruppen der 2. Ebene | Einheit | ▷ | €/Einheit | ◁ | ▷ | % an 1. Ebene | ◁ |
|---|---|---|---|---|---|---|---|---|
| 310 | Baugrube / Erdbau | m³BGI | 31 | **55** | 79 | 2,9 | **4,5** | 6,7 |
| 320 | Gründung, Unterbau | m²GRF | 205 | **325** | 471 | 4,6 | **8,6** | 11,3 |
| 330 | Außenwände / vertikal außen | m²AWF | 344 | **419** | 525 | 24,5 | **28,4** | 33,0 |
| 340 | Innenwände / vertikal innen | m²IWF | 157 | **198** | 287 | 14,0 | **16,8** | 19,3 |
| 350 | Decken / horizontal | m²DEF | 297 | **352** | 433 | 18,4 | **24,5** | 29,1 |
| 360 | Dächer | m²DAF | 311 | **377** | 490 | 8,7 | **10,9** | 12,6 |
| 370 | Infrastrukturanlagen |  | – | – | – | – | – | – |
| 380 | Baukonstruktive Einbauten | m²BGF | 3 | **12** | 43 | 0,1 | **0,7** | 2,7 |
| 390 | Sonst. Maßnahmen für Baukonst. | m²BGF | 31 | **59** | 137 | 3,2 | **5,7** | 12,0 |
| 300 | **Bauwerk – Baukonstruktionen** | m²BGF |  |  |  |  | **100,0** |  |
| 410 | Abwasser-, Wasser-, Gasanlagen | m²BGF | 68 | **85** | 116 | 25,0 | **32,6** | 38,7 |
| 420 | Wärmeversorgungsanlagen | m²BGF | 49 | **71** | 116 | 18,5 | **26,9** | 36,1 |
| 430 | Raumlufttechnische Anlagen | m²BGF | 6 | **16** | 48 | 1,6 | **4,9** | 17,0 |
| 440 | Elektrische Anlagen | m²BGF | 42 | **58** | 75 | 16,2 | **22,6** | 29,0 |
| 450 | Kommunikationstechnische Anlagen | m²BGF | 7 | **13** | 25 | 2,0 | **4,6** | 9,1 |
| 460 | Förderanlagen | m²BGF | 25 | **40** | 72 | 1,2 | **8,2** | 19,3 |
| 470 | Nutzungsspez. / verfahrenstech. Anl. | m²BGF | 3 | **3** | 3 | 0,0 | **< 0,1** | 0,9 |
| 480 | Gebäude- und Anlagenautomation | m²BGF | – | – | – | – | – | – |
| 490 | Sonst. Maßnahmen f. techn. Anl. | m²BGF | < 1 | **< 1** | < 1 | 0,0 | **< 0,1** | 0,1 |
| 400 | **Bauwerk – Technische Anlagen** | m²BGF |  |  |  |  | **100,0** |  |

### Prozentanteile der Kosten 2. Ebene an den Kosten des Bauwerks nach DIN 276 (Von/Mittel/Bis)

| KG | Kostengruppe | Mittel |
|---|---|---|
| 310 | Baugrube / Erdbau | 3,6 |
| 320 | Gründung, Unterbau | 6,8 |
| 330 | Außenwände / vertikal außen | 22,6 |
| 340 | Innenwände / vertikal innen | 13,4 |
| 350 | Decken / horizontal | 19,5 |
| 360 | Dächer | 8,6 |
| 370 | Infrastrukturanlagen |  |
| 380 | Baukonstruktive Einbauten | 0,5 |
| 390 | Sonst. Maßnahmen für Baukonst. | 4,5 |
| 410 | Abwasser-, Wasser-, Gasanlagen | 6,6 |
| 420 | Wärmeversorgungsanlagen | 5,5 |
| 430 | Raumlufttechnische Anlagen | 1,0 |
| 440 | Elektrische Anlagen | 4,5 |
| 450 | Kommunikationstechnische Anlagen | 0,9 |
| 460 | Förderanlagen | 1,8 |
| 470 | Nutzungsspez. / verfahrenstech. Anl. | < 0,1 |
| 480 | Gebäude- und Anlagenautomation |  |
| 490 | Sonst. Maßnahmen f. techn. Anl. | < 0,1 |

© BKI Baukosteninformationszentrum; Erläuterungen zu den Tabellen siehe Seite 48 und 50    Kostenstand: 1. Quartal 2022, Bundesdurchschnitt, inkl. 19% MwSt.

# Mehrfamilienhäuser, mit 20 oder mehr WE

## Prozentanteile der Kosten für Leistungsbereiche nach STLB (Kosten Bauwerk nach DIN 276)

| LB | Leistungsbereiche | von | Mittelwert | bis |
|---|---|---|---|---|
| 000 | Sicherheits-, Baustelleneinrichtungen inkl. 001 | 2,0 | **3,3** | 5,5 |
| 002 | Erdarbeiten | 1,7 | **3,0** | 4,4 |
| 006 | Spezialtiefbauarbeiten inkl. 005 | < 0,1 | **0,9** | 2,4 |
| 009 | Entwässerungskanalarbeiten inkl. 011 | 0,2 | **0,4** | 0,8 |
| 010 | Drän- und Versickerarbeiten | 0,0 | **0,2** | 0,5 |
| 012 | Mauerarbeiten | 1,6 | **6,0** | 9,7 |
| 013 | Betonarbeiten | 15,1 | **20,7** | 30,3 |
| 014 | Natur-, Betonwerksteinarbeiten | < 0,1 | **0,8** | 1,9 |
| 016 | Zimmer- und Holzbauarbeiten | 1,0 | **4,3** | 35,8 |
| 017 | Stahlbauarbeiten | < 0,1 | **1,7** | 6,9 |
| 018 | Abdichtungsarbeiten | 0,3 | **0,7** | 1,9 |
| 020 | Dachdeckungsarbeiten | < 0,1 | **1,2** | 3,5 |
| 021 | Dachabdichtungsarbeiten | 0,9 | **2,4** | 4,3 |
| 022 | Klempnerarbeiten | 1,0 | **1,4** | 2,5 |
| | **Rohbau** | 42,0 | **47,0** | 53,7 |
| 023 | Putz- und Stuckarbeiten, Wärmedämmsysteme | 2,0 | **5,8** | 8,1 |
| 024 | Fliesen- und Plattenarbeiten | 1,4 | **1,9** | 2,7 |
| 025 | Estricharbeiten | 1,4 | **2,1** | 2,9 |
| 026 | Fenster, Außentüren inkl. 029, 032 | 4,1 | **5,5** | 7,5 |
| 027 | Tischlerarbeiten | 1,4 | **2,2** | 3,9 |
| 028 | Parkettarbeiten, Holzpflasterarbeiten | 0,1 | **1,2** | 2,6 |
| 030 | Rollladenarbeiten | 0,2 | **0,9** | 1,6 |
| 031 | Metallbauarbeiten inkl. 035 | 2,0 | **4,7** | 7,2 |
| 034 | Maler- und Lackiererarbeiten inkl. 037 | 1,6 | **2,5** | 3,4 |
| 036 | Bodenbelagarbeiten | 0,3 | **1,3** | 2,4 |
| 038 | Vorgehängte hinterlüftete Fassaden | 0,0 | **0,5** | 2,1 |
| 039 | Trockenbauarbeiten | 2,8 | **3,9** | 6,1 |
| | **Ausbau** | 27,0 | **32,5** | 36,3 |
| 040 | Wärmeversorgungsanl. - Betriebseinr. inkl. 041 | 3,5 | **4,9** | 8,0 |
| 042 | Gas- und Wasserinstallation, Leitungen inkl. 043 | 1,3 | **2,3** | 4,6 |
| 044 | Abwasseranlagen - Leitungen | 0,8 | **1,2** | 2,9 |
| 045 | GWE-Einrichtungsgegenstände inkl. 046 | 1,2 | **2,1** | 3,4 |
| 047 | Dämmarbeiten an betriebstechnischen Anlagen | 0,6 | **1,1** | 2,5 |
| 049 | Feuerlöschanlagen, Feuerlöschgeräte | < 0,1 | **< 0,1** | 0,2 |
| 050 | Blitzschutz- und Erdungsanlagen | 0,1 | **0,2** | 0,4 |
| 052 | Mittelspannungsanlagen | 0,0 | **< 0,1** | < 0,1 |
| 053 | Niederspannungsanlagen inkl. 054 | 3,2 | **3,7** | 4,5 |
| 055 | Sicherheits- u. Ersatzstromversorgungsanl. | – | **–** | – |
| 057 | Gebäudesystemtechnik | – | **–** | – |
| 058 | Leuchten und Lampen inkl. 059 | 0,2 | **0,6** | 1,2 |
| 060 | Sprechanlagen, elektroakust. Anlagen inkl. 064 | 0,1 | **0,3** | 2,1 |
| 061 | Kommunikationsnetze inkl. 062 | 0,2 | **0,4** | 0,8 |
| 063 | Gefahrenmeldeanlagen | < 0,1 | **< 0,1** | 0,2 |
| 069 | Aufzüge | 0,3 | **2,0** | 4,4 |
| 070 | Gebäudeautomation | 0,0 | **< 0,1** | < 0,1 |
| 075 | Raumlufttechnische Anlagen inkl. 078 | 0,4 | **1,1** | 3,7 |
| | **Gebäudetechnik** | 17,3 | **20,1** | 23,9 |
| | Sonstige Leistungsbereiche inkl. 008, 033, 051 | 0,2 | **0,4** | 0,8 |

Kosten:
Stand 1. Quartal 2022
Bundesdurchschnitt
inkl. 19% MwSt.

- KKW
- ▶ min
- ▷ von
- | Mittelwert
- ◁ bis
- ◀ max

© BKI Baukosteninformationszentrum; Erläuterungen zu den Tabellen siehe Seite 52

## Planungskennwerte für Flächen und Rauminhalte nach DIN 277

| Grundflächen | | ▷ | Fläche/NUF (%) | ◁ | ▷ | Fläche/BGF (%) | ◁ |
|---|---|---|---|---|---|---|---|
| NUF | Nutzungsfläche | 100,0 | **100,0** | 100,0 | 64,6 | **67,9** | 72,2 |
| TF | Technikfläche | 1,4 | **1,8** | 2,9 | 1,0 | **1,2** | 1,8 |
| VF | Verkehrsfläche | 17,1 | **21,5** | 28,6 | 11,4 | **14,1** | 17,5 |
| NRF | Netto-Raumfläche | 118,9 | **123,3** | 130,4 | 81,2 | **83,2** | 85,5 |
| KGF | Konstruktions-Grundfläche | 21,1 | **25,2** | 28,9 | 14,5 | **16,8** | 18,8 |
| BGF | Brutto-Grundfläche | 140,7 | **148,6** | 157,1 | 100,0 | **100,0** | 100,0 |

| Brutto-Rauminhalte | | ▷ | BRI/NUF (m) | ◁ | ▷ | BRI/BGF (m) | ◁ |
|---|---|---|---|---|---|---|---|
| BRI | Brutto-Rauminhalt | 4,18 | **4,47** | 4,84 | 2,87 | **3,01** | 3,14 |

| Flächen von Nutzeinheiten | ▷ | NUF/Einheit (m²) | ◁ | ▷ | BGF/Einheit (m²) | ◁ |
|---|---|---|---|---|---|---|
| Nutzeinheit: Wohnfläche | 1,17 | **1,26** | 1,44 | 1,72 | **1,86** | 2,03 |

| Lufttechnisch behandelte Flächen | ▷ | Fläche/NUF (%) | ◁ | ▷ | Fläche/BGF (%) | ◁ |
|---|---|---|---|---|---|---|
| Entlüftete Fläche | 65,4 | **65,4** | 66,2 | 43,2 | **43,2** | 45,6 |
| Be- und entlüftete Fläche | 79,6 | **81,4** | 86,8 | 52,8 | **55,6** | 55,6 |
| Teilklimatisierte Fläche | – | – | – | – | – | – |
| Klimatisierte Fläche | – | – | – | – | – | – |

| KG | Kostengruppen (2. Ebene) | Einheit | ▷ | Menge/NUF | ◁ | ▷ | Menge/BGF | ◁ |
|---|---|---|---|---|---|---|---|---|
| 310 | Baugrube / Erdbau | m³ BGI | 1,12 | **1,49** | 2,29 | 0,85 | **1,04** | 1,61 |
| 320 | Gründung, Unterbau | m² GRF | 0,32 | **0,40** | 0,45 | 0,23 | **0,27** | 0,31 |
| 330 | Außenwände / vertikal außen | m² AWF | 0,99 | **1,05** | 1,27 | 0,66 | **0,72** | 0,88 |
| 340 | Innenwände / vertikal innen | m² IWF | 1,15 | **1,31** | 1,49 | 0,78 | **0,91** | 0,99 |
| 350 | Decken / horizontal | m² DEF | 0,91 | **1,01** | 1,09 | 0,64 | **0,70** | 0,75 |
| 360 | Dächer | m² DAF | 0,35 | **0,44** | 0,50 | 0,25 | **0,30** | 0,33 |
| 370 | Infrastrukturanlagen | | – | – | – | – | – | – |
| 380 | Baukonstruktive Einbauten | m² BGF | 1,41 | **1,49** | 1,57 | 1,00 | **1,00** | 1,00 |
| 390 | Sonst. Maßnahmen für Baukonst. | m² BGF | 1,41 | **1,49** | 1,57 | 1,00 | **1,00** | 1,00 |
| **300** | **Bauwerk – Baukonstruktionen** | **m² BGF** | **1,41** | **1,49** | **1,57** | **1,00** | **1,00** | **1,00** |

## Planungskennwerte für Bauzeiten

**Bauzeit in Wochen**

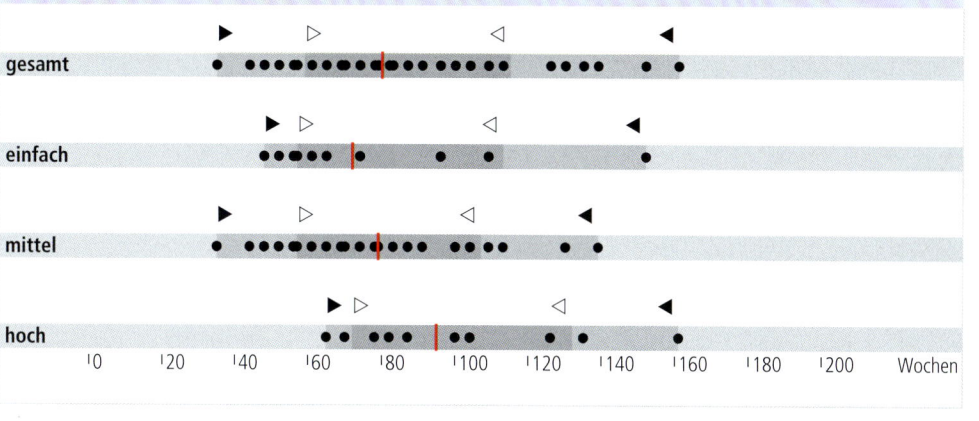

© BKI Baukosteninformationszentrum; Erläuterungen zu den Tabellen siehe Seite 54    Kostenstand: 1. Quartal 2022, Bundesdurchschnitt, **inkl. 19% MwSt.**

**Mehrfamilienhäuser, mit 20 oder mehr WE, einfacher Standard**

## Kostenkennwerte für die Kosten des Bauwerks (Kostengruppen 300+400 nach DIN 276)

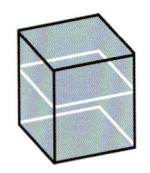

**BRI** 400 €/m³
von 360 €/m³
bis 470 €/m³

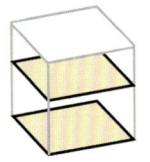

**BGF** 1.185 €/m²
von 1.065 €/m²
bis 1.395 €/m²

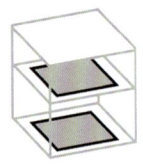

**NUF** 1.720 €/m²
von 1.465 €/m²
bis 1.995 €/m²

**NE** 2.250 €/NE
von 1.915 €/NE
bis 2.765 €/NE
NE: Wohnfläche

### Objektbeispiele

6100-1507

6100-1072

6100-1077

**Kosten:**
Stand 1. Quartal 2022
Bundesdurchschnitt
inkl. 19% MwSt.

### Kosten der 16 Vergleichsobjekte — Seiten 624 bis 627

- ● KKW
- ▶ min
- ▷ von
- | Mittelwert
- ◁ bis
- ◀ max

BRI (€/m³ BRI)
BGF (€/m² BGF)
NUF (€/m² NUF)

© BKI Baukosteninformationszentrum; Erläuterungen zu den Tabellen siehe Seite 46  Kostenstand: 1. Quartal 2022, Bundesdurchschnitt, **inkl. 19% MwSt.**

## Kostenkennwerte für die Kostengruppen der 1. und 2. Ebene DIN 276

| KG | Kostengruppen der 1. Ebene | Einheit | ▷ | €/Einheit | ◁ | ▷ | % an 300+400 | ◁ |
|---|---|---|---|---|---|---|---|---|
| 100 | Grundstück | m²GF | – | – | – | – | – | – |
| 200 | Vorbereitende Maßnahmen | m²GF | 7 | **39** | 62 | 0,4 | **2,3** | 3,8 |
| 300 | Bauwerk – Baukonstruktionen | m²BGF | 816 | **930** | 1.072 | 75,7 | **78,4** | 81,5 |
| 400 | Bauwerk – Technische Anlagen | m²BGF | 208 | **257** | 309 | 18,5 | **21,6** | 24,3 |
|  | Bauwerk (300+400) | m²BGF | 1.064 | **1.186** | 1.396 | 100,0 | **100,0** | 100,0 |
| 500 | Außenanlagen und Freiflächen | m²AF | 74 | **143** | 279 | 1,9 | **4,3** | 7,2 |
| 600 | Ausstattung und Kunstwerke | m²BGF | 1 | **2** | 4 | 0,1 | **0,2** | 0,3 |
| 700 | Baunebenkosten* | m²BGF | 201 | **224** | 247 | 16,9 | **18,8** | 20,8 |
| 800 | Finanzierung | m²BGF | – | – | – | – | – | – |

◁ * Auf Grundlage der HOAI 2021 berechnete Werte nach §§ 35, 52, 56. Weitere Informationen siehe Seite 50

| KG | Kostengruppen der 2. Ebene | Einheit | ▷ | €/Einheit | ◁ | ▷ | % an 1. Ebene | ◁ |
|---|---|---|---|---|---|---|---|---|
| 310 | Baugrube / Erdbau | m³BGI | 35 | **49** | 57 | 2,4 | **4,2** | 6,7 |
| 320 | Gründung, Unterbau | m²GRF | 169 | **238** | 325 | 3,1 | **7,6** | 10,6 |
| 330 | Außenwände / vertikal außen | m²AWF | 306 | **370** | 405 | 23,5 | **27,0** | 31,7 |
| 340 | Innenwände / vertikal innen | m²IWF | 139 | **170** | 222 | 14,3 | **16,8** | 18,9 |
| 350 | Decken / horizontal | m²DEF | 280 | **334** | 424 | 23,4 | **28,2** | 29,5 |
| 360 | Dächer | m²DAF | 276 | **340** | 457 | 9,3 | **11,1** | 13,1 |
| 370 | Infrastrukturanlagen | | – | – | – | – | – | – |
| 380 | Baukonstruktive Einbauten | m²BGF | 1 | **5** | 8 | < 0,1 | **0,2** | 0,8 |
| 390 | Sonst. Maßnahmen für Baukonst. | m²BGF | 29 | **41** | 60 | 3,4 | **5,0** | 7,3 |
| **300** | **Bauwerk – Baukonstruktionen** | **m²BGF** | | | | | **100,0** | |
| 410 | Abwasser-, Wasser-, Gasanlagen | m²BGF | 72 | **80** | 103 | 30,2 | **36,8** | 41,4 |
| 420 | Wärmeversorgungsanlagen | m²BGF | 41 | **63** | 108 | 16,2 | **28,3** | 38,1 |
| 430 | Raumlufttechnische Anlagen | m²BGF | 5 | **6** | 10 | 0,8 | **2,3** | 4,1 |
| 440 | Elektrische Anlagen | m²BGF | 33 | **46** | 58 | 15,5 | **21,8** | 30,3 |
| 450 | Kommunikationstechnische Anlagen | m²BGF | 3 | **7** | 9 | 2,0 | **3,0** | 4,3 |
| 460 | Förderanlagen | m²BGF | 34 | **52** | 70 | 0,0 | **7,6** | 20,9 |
| 470 | Nutzungsspez. / verfahrenstech. Anl. | m²BGF | 3 | **3** | 3 | 0,0 | **0,2** | 0,9 |
| 480 | Gebäude- und Anlagenautomation | m²BGF | – | – | – | – | – | – |
| 490 | Sonst. Maßnahmen f. techn. Anl. | m²BGF | < 1 | **< 1** | < 1 | 0,0 | **< 0,1** | < 0,1 |
| **400** | **Bauwerk – Technische Anlagen** | **m²BGF** | | | | | **100,0** | |

## Prozentanteile der Kosten 2. Ebene an den Kosten des Bauwerks nach DIN 276 (Von/Mittel/Bis)

| KG | Kostengruppe | Mittel |
|---|---|---|
| 310 | Baugrube / Erdbau | 3,3 |
| 320 | Gründung, Unterbau | 6,1 |
| 330 | Außenwände / vertikal außen | 21,4 |
| 340 | Innenwände / vertikal innen | 13,3 |
| 350 | Decken / horizontal | 22,4 |
| 360 | Dächer | 8,8 |
| 370 | Infrastrukturanlagen | |
| 380 | Baukonstruktive Einbauten | 0,2 |
| 390 | Sonst. Maßnahmen für Baukonst. | 3,9 |
| 410 | Abwasser-, Wasser-, Gasanlagen | 7,5 |
| 420 | Wärmeversorgungsanlagen | 6,0 |
| 430 | Raumlufttechnische Anlagen | 0,5 |
| 440 | Elektrische Anlagen | 4,3 |
| 450 | Kommunikationstechnische Anlagen | 0,6 |
| 460 | Förderanlagen | 1,9 |
| 470 | Nutzungsspez. / verfahrenstech. Anl. | < 0,1 |
| 480 | Gebäude- und Anlagenautomation | |
| 490 | Sonst. Maßnahmen f. techn. Anl. | < 0,1 |

© BKI Baukosteninformationszentrum; Erläuterungen zu den Tabellen siehe Seite 48 und 50   Kostenstand: 1. Quartal 2022, Bundesdurchschnitt, inkl. 19% MwSt.

**Mehrfamilienhäuser, mit 20 oder mehr WE, einfacher Standard**

## Prozentanteile der Kosten für Leistungsbereiche nach STLB (Kosten Bauwerk nach DIN 276)

| LB | Leistungsbereiche | ▷ % | Mittelwert | ◁ an 300+400 |
|---|---|---|---|---|
| 000 | Sicherheits-, Baustelleneinrichtungen inkl. 001 | 2,1 | 3,2 | 5,0 |
| 002 | Erdarbeiten | 1,4 | 2,2 | 4,5 |
| 006 | Spezialtiefbauarbeiten inkl. 005 | < 0,1 | 0,9 | 2,6 |
| 009 | Entwässerungskanalarbeiten inkl. 011 | 0,3 | 0,4 | 0,7 |
| 010 | Drän- und Versickerarbeiten | 0,0 | 0,2 | 0,6 |
| 012 | Mauerarbeiten | 0,4 | 5,1 | 8,5 |
| 013 | Betonarbeiten | 13,6 | 19,6 | 35,9 |
| 014 | Natur-, Betonwerksteinarbeiten | 0,0 | 0,7 | 1,8 |
| 016 | Zimmer- und Holzbauarbeiten | 1,3 | 8,2 | 35,8 |
| 017 | Stahlbauarbeiten | 0,7 | 3,7 | 8,1 |
| 018 | Abdichtungsarbeiten | 0,2 | 0,8 | 2,5 |
| 020 | Dachdeckungsarbeiten | 0,2 | 0,9 | 2,0 |
| 021 | Dachabdichtungsarbeiten | 0,6 | 1,6 | 3,0 |
| 022 | Klempnerarbeiten | 1,0 | 1,5 | 3,1 |
| | **Rohbau** | **42,3** | **48,9** | **57,3** |
| 023 | Putz- und Stuckarbeiten, Wärmedämmsysteme | 2,0 | 4,6 | 7,9 |
| 024 | Fliesen- und Plattenarbeiten | 1,3 | 1,8 | 2,8 |
| 025 | Estricharbeiten | 1,2 | 2,0 | 2,6 |
| 026 | Fenster, Außentüren inkl. 029, 032 | 4,7 | 5,8 | 7,9 |
| 027 | Tischlerarbeiten | 1,0 | 2,3 | 4,2 |
| 028 | Parkettarbeiten, Holzpflasterarbeiten | 0,0 | 1,0 | 2,7 |
| 030 | Rollladenarbeiten | 0,2 | 1,1 | 1,8 |
| 031 | Metallbauarbeiten inkl. 035 | 1,0 | 3,6 | 5,3 |
| 034 | Maler- und Lackiererarbeiten inkl. 037 | 1,5 | 2,4 | 3,9 |
| 036 | Bodenbelagarbeiten | 0,0 | 1,5 | 3,0 |
| 038 | Vorgehängte hinterlüftete Fassaden | 0,0 | 0,2 | 1,0 |
| 039 | Trockenbauarbeiten | 2,4 | 3,8 | 5,9 |
| | **Ausbau** | **25,3** | **30,3** | **36,3** |
| 040 | Wärmeversorgungsanl. - Betriebseinr. inkl. 041 | 3,6 | 5,5 | 10,9 |
| 042 | Gas- und Wasserinstallation, Leitungen inkl. 043 | 2,1 | 3,3 | 5,8 |
| 044 | Abwasseranlagen - Leitungen | 0,8 | 1,4 | 3,3 |
| 045 | GWE-Einrichtungsgegenstände inkl. 046 | 0,0 | 1,7 | 2,2 |
| 047 | Dämmarbeiten an betriebstechnischen Anlagen | 0,6 | 1,2 | 3,4 |
| 049 | Feuerlöschanlagen, Feuerlöschgeräte | 0,0 | < 0,1 | 0,2 |
| 050 | Blitzschutz- und Erdungsanlagen | < 0,1 | 0,1 | 0,2 |
| 052 | Mittelspannungsanlagen | – | – | – |
| 053 | Niederspannungsanlagen inkl. 054 | 3,3 | 3,8 | 4,5 |
| 055 | Sicherheits- u. Ersatzstromversorgungsanl. | – | – | – |
| 057 | Gebäudesystemtechnik | – | – | – |
| 058 | Leuchten und Lampen inkl. 059 | < 0,1 | 0,5 | 0,8 |
| 060 | Sprechanlagen, elektroakust. Anlagen inkl. 064 | < 0,1 | 0,1 | 0,2 |
| 061 | Kommunikationsnetze inkl. 062 | < 0,1 | 0,2 | 0,4 |
| 063 | Gefahrenmeldeanlagen | 0,0 | < 0,1 | 0,1 |
| 069 | Aufzüge | 0,0 | 1,9 | 5,1 |
| 070 | Gebäudeautomation | 0,0 | < 0,1 | < 0,1 |
| 075 | Raumlufttechnische Anlagen inkl. 078 | 0,1 | 0,5 | 0,7 |
| | **Gebäudetechnik** | **16,5** | **20,3** | **25,9** |
| | Sonstige Leistungsbereiche inkl. 008, 033, 051 | 0,3 | 0,5 | 1,0 |

**Kosten:** Stand 1. Quartal 2022 Bundesdurchschnitt inkl. 19% MwSt.

- ● KKW
- ▶ min
- ▷ von
- | Mittelwert
- ◁ bis
- ◀ max

## Planungskennwerte für Flächen und Rauminhalte nach DIN 277

| Grundflächen | | | ▷ Fläche/NUF (%) ◁ | | | ▷ Fläche/BGF (%) ◁ | | |
|---|---|---|---|---|---|---|---|---|
| NUF | Nutzungsfläche | | 100,0 | **100,0** | 100,0 | 66,8 | **69,2** | 74,0 |
| TF | Technikfläche | | 1,5 | **1,8** | 2,4 | 1,1 | **1,2** | 1,6 |
| VF | Verkehrsfläche | | 15,8 | **18,5** | 22,6 | 11,2 | **12,6** | 14,9 |
| NRF | Netto-Raumfläche | | 117,9 | **120,3** | 124,8 | 81,1 | **83,1** | 86,0 |
| KGF | Konstruktions-Grundfläche | | 20,3 | **24,8** | 27,5 | 14,0 | **16,9** | 18,9 |
| BGF | Brutto-Grundfläche | | 137,0 | **145,1** | 151,0 | 100,0 | **100,0** | 100,0 |

| Brutto-Rauminhalte | | | ▷ BRI/NUF (m) ◁ | | | ▷ BRI/BGF (m) ◁ | | |
|---|---|---|---|---|---|---|---|---|
| BRI | Brutto-Rauminhalt | | 4,04 | **4,29** | 4,43 | 2,84 | **2,96** | 3,04 |

| Flächen von Nutzeinheiten | | | ▷ NUF/Einheit (m²) ◁ | | | ▷ BGF/Einheit (m²) ◁ | | |
|---|---|---|---|---|---|---|---|---|
| Nutzeinheit: Wohnfläche | | | 1,24 | **1,30** | 1,39 | 1,77 | **1,88** | 2,10 |

| Lufttechnisch behandelte Flächen | | | ▷ Fläche/NUF (%) ◁ | | | ▷ Fläche/BGF (%) ◁ | | |
|---|---|---|---|---|---|---|---|---|
| Entlüftete Fläche | | | 70,7 | **70,7** | 70,7 | 50,8 | **50,8** | 50,8 |
| Be- und entlüftete Fläche | | | 66,4 | **66,4** | 66,4 | 45,6 | **45,6** | 45,6 |
| Teilklimatisierte Fläche | | | – | – | – | – | – | – |
| Klimatisierte Fläche | | | – | – | – | – | – | – |

| KG | Kostengruppen (2. Ebene) | Einheit | ▷ Menge/NUF ◁ | | | ▷ Menge/BGF ◁ | | |
|---|---|---|---|---|---|---|---|---|
| 310 | Baugrube / Erdbau | m³ BGI | 0,84 | **1,06** | 1,13 | 0,58 | **0,73** | 0,80 |
| 320 | Gründung, Unterbau | m² GRF | 0,29 | **0,37** | 0,42 | 0,21 | **0,25** | 0,28 |
| 330 | Außenwände / vertikal außen | m² AWF | 0,85 | **0,89** | 0,89 | 0,58 | **0,63** | 0,63 |
| 340 | Innenwände / vertikal innen | m² IWF | 1,10 | **1,25** | 1,42 | 0,73 | **0,89** | 0,96 |
| 350 | Decken / horizontal | m² DEF | 1,00 | **1,02** | 1,07 | 0,71 | **0,72** | 0,78 |
| 360 | Dächer | m² DAF | 0,31 | **0,42** | 0,46 | 0,22 | **0,29** | 0,32 |
| 370 | Infrastrukturanlagen | | – | – | – | – | – | – |
| 380 | Baukonstruktive Einbauten | m² BGF | 1,37 | **1,45** | 1,51 | 1,00 | **1,00** | 1,00 |
| 390 | Sonst. Maßnahmen für Baukonst. | m² BGF | 1,37 | **1,45** | 1,51 | 1,00 | **1,00** | 1,00 |
| 300 | **Bauwerk – Baukonstruktionen** | m² BGF | 1,37 | **1,45** | 1,51 | 1,00 | **1,00** | 1,00 |

## Planungskennwerte für Bauzeiten — 16 Vergleichsobjekte

**Bauzeit in Wochen**

Bauzeit: 0 | 20 | 40 | 60 | 80 | 100 | 120 | 140 | 160 | 180 | 200 Wochen

© BKI Baukosteninformationszentrum; Erläuterungen zu den Tabellen siehe Seite 54. Kostenstand: 1. Quartal 2022, Bundesdurchschnitt, inkl. 19% MwSt.

**Mehrfamilienhäuser, mit 20 oder mehr WE, einfacher Standard**

**€/m² BGF**
| | |
|---|---|
| min | 925 €/m² |
| von | 1.065 €/m² |
| Mittel | **1.185 €/m²** |
| bis | 1.395 €/m² |
| max | 1.720 €/m² |

**Kosten:**
Stand 1. Quartal 2022
Bundesdurchschnitt
inkl. 19% MwSt.

## Objektübersicht zur Gebäudeart

### 6100-1507 Mehrfamilienhäuser (21 WE)
**BRI** 6.149 m³   **BGF** 2.053 m²   **NUF** 1.449 m²

Mehrfamilienhaus mit 21 WE (1.231 m² WFL). Massivbau.

Land: Schleswig-Holstein
Kreis: Flensburg, Stadt
Standard: Durchschnitt
Bauzeit: 48 Wochen
Kennwerte: bis 1. Ebene DIN 276

**BGF 1.720 €/m²**

vorgesehen: BKI Objektdaten N18

Planung: Architekten Asmussen + Partner GmbH; Flensburg

### 6100-1451 Mehrfamilienhäuser (37 WE), TG (65 STP)
**BRI** 26.760 m³   **BGF** 8.935 m²   **NUF** 5.730 m²

6 Mehrfamilienhäuser mit 37 Wohneinheiten und gemeinsamer Tiefgarage (65 STP). Mauerwerksbau.

Land: Bayern
Kreis: Starnberg
Standard: unter Durchschnitt
Bauzeit: 152 Wochen
Kennwerte: bis 1. Ebene DIN 276

**BGF 1.268 €/m²**

veröffentlicht: BKI Objektdaten N17

Planung: raumstation Architekten GmbH; Starnberg

### 6100-1480 Mehrfamilienhaus (22 WE) - Effizienzhaus ~67%
**BRI** 7.554 m³   **BGF** 2.637 m²   **NUF** 1.804 m²

Mehrfamilienhaus mit 22 WE. Massivbau.

Land: Berlin
Kreis: Berlin, Stadt
Standard: unter Durchschnitt
Bauzeit: 96 Wochen
Kennwerte: bis 1. Ebene DIN 276

**BGF 1.179 €/m²**

veröffentlicht: BKI Objektdaten E9

Planung: CKRS ARCHITEKTEN; Berlin

### 6100-1366 Mehrfamilienhaus (20 WE) - Effizienzhaus 40
**BRI** 6.355 m³   **BGF** 2.149 m²   **NUF** 1.410 m²

Mehrfamilienhaus mit 20 WE (1.198 m² WFL), Effizienzhaus 40. Mauerwerksbau.

Land: Hamburg
Kreis: Hamburg, Freie und Hansestadt
Standard: unter Durchschnitt
Bauzeit: 57 Wochen
Kennwerte: bis 1. Ebene DIN 276

**BGF 1.294 €/m²**

veröffentlicht: BKI Objektdaten E8

Planung: MMST Architekten GmbH; Hamburg

## Objektübersicht zur Gebäudeart

### 6100-1436 Mehrfamilienhäuser (91 WE), TG - Effizienzhaus 55    BRI 25.462 m³    BGF 9.139 m²    NUF 6.334 m²

3 Mehrfamilienhäuser mit insgesamt 91 WE und Tiefgarage mit 32 Stellplätzen, Effizienzhaus 55. Massivbau.

Land: Berlin
Kreis: Berlin, Stadt
Standard: unter Durchschnitt
Bauzeit: 109 Wochen
Kennwerte: bis 1. Ebene DIN 276

**BGF 1.175 €/m²**

Planung: Itten + Brechbühl GmbH; Berlin

veröffentlicht: BKI Objektdaten E9

### 6100-1279 Mehrfamilienhaus (71 WE) - Effizienzhaus 70    BRI 23.654 m³    BGF 7.852 m²    NUF 5.231 m²

Mehrfamilienhaus bestehend aus 4 Gebäuden mit 71 WE (4.594 m² WFL), Inklusionsprojekt. Mauerwerksbau.

Land: Hamburg
Kreis: Hamburg, Freie und Hansestadt
Standard: unter Durchschnitt
Bauzeit: 56 Wochen
Kennwerte: bis 1. Ebene DIN 276

**BGF 1.210 €/m²**

Planung: Dohse Architekten; Hamburg

veröffentlicht: BKI Objektdaten E7

### 6100-1290 Mehrfamilienhäuser (36 WE) - Effizienzhaus 70    BRI 16.166 m³    BGF 5.318 m²    NUF 3.537 m²

Mehrfamilienwohnhäuser, 3 Gebäude (36 WE), Effizienzhaus 70. Massivbauweise.

Land: Thüringen
Kreis: Suhl
Standard: unter Durchschnitt
Bauzeit: 65 Wochen
Kennwerte: bis 1. Ebene DIN 276

**BGF 1.213 €/m²**

Planung: PROJEKTSCHEUNE Lönnecker & Diplomingenieure; St. Kilian

veröffentlicht: BKI Objektdaten E7

### 6100-1248 Mehrfamilienhaus (23 WE), TG (31 STP)    BRI 13.290 m³    BGF 4.073 m²    NUF 2.801 m²

2 Mehrfamilienhäuser mit insgesamt 23 Wohneinheiten und Tiefgarage (31 STP). Massivbau.

Land: Bayern
Kreis: Landshut
Standard: unter Durchschnitt
Bauzeit: 74 Wochen
Kennwerte: bis 3. Ebene DIN 276

**BGF 1.208 €/m²**

Planung: NEUMEISTER & PARINGER ARCHITEKTEN BDA; Landshut

veröffentlicht: BKI Objektdaten N15

© BKI Baukosteninformationszentrum; Erläuterungen zu den Tabellen siehe Seite 56    Kostenstand: 1. Quartal 2022, Bundesdurchschnitt, **inkl. 19% MwSt.**

**Mehrfamilienhäuser, mit 20 oder mehr WE, einfacher Standard**

€/m² BGF
| | |
|---|---|
| min | 925 €/m² |
| von | 1.065 €/m² |
| Mittel | **1.185 €/m²** |
| bis | 1.395 €/m² |
| max | 1.720 €/m² |

**Kosten:**
Stand 1.Quartal 2022
Bundesdurchschnitt
inkl. 19% MwSt.

## Objektübersicht zur Gebäudeart

### 6100-1336 Mehrfamilienhäuser (37 WE) - Effizienzhaus ~38%
**BRI** 13.069 m³   **BGF** 4.214 m²   **NUF** 3.028 m²

2 Mehrfamilienhäuser mit 37 Wohneinheiten und 2 Nebengebäuden (2.139 m² WFL). Holzbau.

Land: Bayern
Kreis: Ansbach, Stadt
Standard: unter Durchschnitt
Bauzeit: 74 Wochen
Kennwerte: bis 3. Ebene DIN 276

**BGF   1.052 €/m²**

**Planung:** Deppisch Architekten GmbH; Freising

veröffentlicht: BKI Objektdaten E9

### 6100-1072 Wohnanlage (55 WE), TG - Effizienzhaus 70
**BRI** 20.560 m³   **BGF** 7.876 m²   **NUF** 4.776 m²

Wohnanlage aus 3 Blocks (55 WE) mit Tiefgarage (39 STP) und Stellplätzen (5 St) im Freien. Massivbau.

Land: Nordrhein-Westfalen
Kreis: Rhein-Sieg-Kreis
Standard: unter Durchschnitt
Bauzeit: 57 Wochen
Kennwerte: bis 1. Ebene DIN 276

**BGF   1.084 €/m²**

**Planung:** aaw Architektenbüro Arno Weirich; Alfter

veröffentlicht: BKI Objektdaten E6

### 6100-1077 Mehrfamilienhaus (31 WE), TG - Effizienzhaus 55
**BRI** 14.890 m³   **BGF** 4.850 m²   **NUF** 3.332 m²

Mehrfamilienhaus mit 31 WE (2.431 m² WFL) und Tiefgarage als Effizienzhaus 55. Massivbau.

Land: Nordrhein-Westfalen
Kreis: Duisburg
Standard: unter Durchschnitt
Bauzeit: 65 Wochen
Kennwerte: bis 1. Ebene DIN 276

**BGF   1.231 €/m²**

**Planung:** Druschke und Grosser Architektur I Architekten BDA; Duisburg

veröffentlicht: BKI Objektdaten E6

### 6100-1010 Mehrfamilienhäuser (73 WE), Tiefgaragen (2 St)
**BRI** 48.794 m³   **BGF** 16.157 m²   **NUF** 10.794 m²

7 freistehende Mehrfamilienhäuser mit 73 WE (5.480 m² WFL), 2 Tiefgaragen mit 88 Stellplätzen in Garagenboxen. Alle Wohnungen sind barrierefrei zu erreichen. Die Häuser sind als KfW Effizienzhäuser 55 ausgeführt. Massivbau.

Land: Nordrhein-Westfalen
Kreis: Oberhausen, Stadt
Standard: unter Durchschnitt
Bauzeit: 65 Wochen
Kennwerte: bis 2. Ebene DIN 276

**BGF   1.037 €/m²**

**Planung:** Meier-Ebbers Architekten und Ingenieure; Oberhausen

veröffentlicht: BKI Objektdaten E5

## Objektübersicht zur Gebäudeart

### 6100-0709 Mehrfamilienhaus (40 WE)

**BRI** 15.510 m³  **BGF** 5.072 m²  **NUF** 3.563 m²

Mehrfamilienwohnhaus mit 40 öffentlich geförderten Wohnungen. Mauerwerksbau; Stb-Decke; Stb-Flachdach.

Land: Nordrhein-Westfalen
Kreis: Hamm, Stadt
Standard: unter Durchschnitt
Bauzeit: 65 Wochen
Kennwerte: bis 1. Ebene DIN 276

**BGF** 1.100 €/m²

**Planung:** Architektur- und Ingenieurbüro Heinz-Rainer Eichhorst BDB; Hamm

veröffentlicht: BKI Objektdaten N10

### 6100-0629 Mehrfamilienhaus (50 WE)

**BRI** 15.410 m³  **BGF** 5.310 m²  **NUF** 3.958 m²

Mehrfamilienhaus mit 50 WE (3.652 m² WFL). Mauerwerksbau.

Land: Bayern
Kreis: München, Stadt
Standard: unter Durchschnitt
Bauzeit: 52 Wochen
Kennwerte: bis 3. Ebene DIN 276

**BGF** 1.111 €/m²

**Planung:** Guggenbichler + Netzer Architekten GmbH; München

veröffentlicht: BKI Objektdaten N9

### 6100-0388 2 Mehrfamilienhäuser (2x11 WE)

**BRI** 6.840 m³  **BGF** 2.505 m²  **NUF** 1.779 m²

2 Mehrfamilienhäuser mit je 11 WE (1.415 m² WFL II.BVO). Mauerwerksbau.

Land: Thüringen
Kreis: Saale-Orla-Kreis
Standard: unter Durchschnitt
Bauzeit: 48 Wochen
Kennwerte: bis 3. Ebene DIN 276

**BGF** 923 €/m²

**Planung:** thoma architekten; Greiz

veröffentlicht: BKI Objektdaten N5

### 6100-0371 Mehrfamilienhäuser (32 WE)

**BRI** 12.831 m³  **BGF** 4.367 m²  **NUF** 3.673 m²

Mehrfamilienhaus mit 20 Drei- und zwölf Zweizimmerwohnungen (60 bis 95 m² WFL II.BVO), Tiefgarage mit 32 Stellplätzen; Niedrigenergiehaus-Standard. Mauerwerksbau.

Land: Nordrhein-Westfalen
Kreis: Bonn, Stadt
Standard: unter Durchschnitt
Bauzeit: 61 Wochen
Kennwerte: bis 1. Ebene DIN 276

**BGF** 1.179 €/m²

**Planung:** Büro f. Architektur und Städtebau Architekt-BDA Prof. Peter Riemann; Bonn

veröffentlicht: BKI Objektdaten N4

© BKI Baukosteninformationszentrum; Erläuterungen zu den Tabellen siehe Seite 56   Kostenstand: 1. Quartal 2022, Bundesdurchschnitt, inkl. 19% MwSt.

**Mehrfamilienhäuser, mit 20 oder mehr WE, mittlerer Standard**

## Kostenkennwerte für die Kosten des Bauwerks (Kostengruppen 300+400 nach DIN 276)

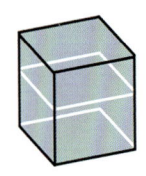

**BRI** 480 €/m³
von 425 €/m³
bis 560 €/m³

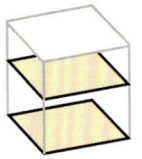

**BGF** 1.450 €/m²
von 1.300 €/m²
bis 1.665 €/m²

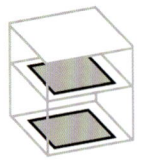

**NUF** 2.180 €/m²
von 1.890 €/m²
bis 2.570 €/m²

**NE** 2.625 €/NE
von 2.335 €/NE
bis 2.935 €/NE
NE: Wohnfläche

### Objektbeispiele

**Kosten:**
Stand 1. Quartal 2022
Bundesdurchschnitt
inkl. 19% MwSt.

6100-1514

6100-1525

6100-1528

### Kosten der 35 Vergleichsobjekte — Seiten 632 bis 640

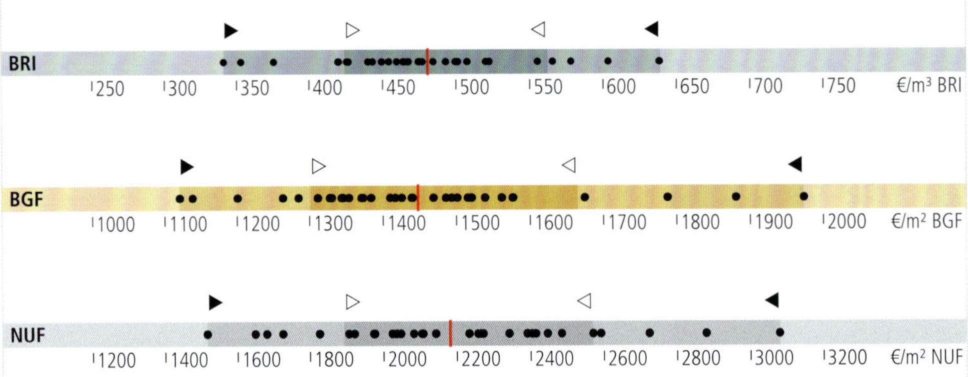

- ● KKW
- ▶ min
- ▷ von
- | Mittelwert
- ◁ bis
- ◀ max

BRI — €/m³ BRI (250, 300, 350, 400, 450, 500, 550, 600, 650, 700, 750)

BGF — €/m² BGF (1000, 1100, 1200, 1300, 1400, 1500, 1600, 1700, 1800, 1900, 2000)

NUF — €/m² NUF (1200, 1400, 1600, 1800, 2000, 2200, 2400, 2600, 2800, 3000, 3200)

© BKI Baukosteninformationszentrum; Erläuterungen zu den Tabellen siehe Seite 46    Kostenstand: 1. Quartal 2022, Bundesdurchschnitt, **inkl. 19% MwSt.**

## Kostenkennwerte für die Kostengruppen der 1. und 2. Ebene DIN 276

| KG | Kostengruppen der 1. Ebene | Einheit | ▷ | €/Einheit | ◁ | ▷ | % an 300+400 | ◁ |
|---|---|---|---|---|---|---|---|---|
| 100 | Grundstück | m²GF | – | – | – | – | – | – |
| 200 | Vorbereitende Maßnahmen | m²GF | 11 | **39** | 141 | 0,4 | **1,6** | 4,0 |
| 300 | Bauwerk – Baukonstruktionen | m²BGF | 1.042 | **1.157** | 1.313 | 76,3 | **80,0** | 83,8 |
| 400 | Bauwerk – Technische Anlagen | m²BGF | 221 | **292** | 372 | 16,2 | **20,0** | 23,7 |
|  | Bauwerk (300+400) | m²BGF | 1.301 | **1.448** | 1.665 | 100,0 | **100,0** | 100,0 |
| 500 | Außenanlagen und Freiflächen | m²AF | 103 | **236** | 516 | 2,8 | **5,5** | 10,2 |
| 600 | Ausstattung und Kunstwerke | m²BGF | 3 | **7** | 12 | 0,2 | **0,6** | 1,0 |
| 700 | Baunebenkosten* | m²BGF | 234 | **261** | 288 | 16,1 | **18,0** | 19,9 |
| 800 | Finanzierung | m²BGF | – | – | – | – | – | – |

\* Auf Grundlage der HOAI 2021 berechnete Werte nach §§ 35, 52, 56. Weitere Informationen siehe Seite 50

| KG | Kostengruppen der 2. Ebene | Einheit | ▷ | €/Einheit | ◁ | ▷ | % an 1. Ebene | ◁ |
|---|---|---|---|---|---|---|---|---|
| 310 | Baugrube / Erdbau | m³BGI | 46 | **75** | 99 | 3,0 | **4,9** | 6,9 |
| 320 | Gründung, Unterbau | m²GRF | 230 | **394** | 574 | 5,6 | **8,8** | 12,4 |
| 330 | Außenwände / vertikal außen | m²AWF | 376 | **454** | 540 | 23,9 | **28,6** | 30,4 |
| 340 | Innenwände / vertikal innen | m²IWF | 171 | **218** | 354 | 13,7 | **17,1** | 20,5 |
| 350 | Decken / horizontal | m²DEF | 309 | **338** | 412 | 15,9 | **21,4** | 26,8 |
| 360 | Dächer | m²DAF | 334 | **392** | 456 | 8,0 | **10,6** | 13,2 |
| 370 | Infrastrukturanlagen |  | – | – | – | – | – | – |
| 380 | Baukonstruktive Einbauten | m²BGF | 2 | **15** | 54 | 0,2 | **1,1** | 4,0 |
| 390 | Sonst. Maßnahmen für Baukonst. | m²BGF | 43 | **89** | 211 | 3,9 | **7,6** | 18,0 |
| 300 | **Bauwerk – Baukonstruktionen** | m²BGF |  |  |  |  | **100,0** |  |
| 410 | Abwasser-, Wasser-, Gasanlagen | m²BGF | 60 | **74** | 114 | 23,6 | **26,8** | 36,2 |
| 420 | Wärmeversorgungsanlagen | m²BGF | 62 | **77** | 117 | 24,1 | **27,8** | 37,1 |
| 430 | Raumlufttechnische Anlagen | m²BGF | 4 | **10** | 20 | 0,8 | **2,8** | 7,9 |
| 440 | Elektrische Anlagen | m²BGF | 64 | **75** | 85 | 24,4 | **27,3** | 30,2 |
| 450 | Kommunikationstechnische Anlagen | m²BGF | 17 | **24** | 29 | 2,0 | **7,2** | 11,7 |
| 460 | Förderanlagen | m²BGF | 19 | **27** | 39 | 2,2 | **7,5** | 11,9 |
| 470 | Nutzungsspez. / verfahrenstech. Anl. | m²BGF | – | – | – | – | – | – |
| 480 | Gebäude- und Anlagenautomation | m²BGF | – | – | – | – | – | – |
| 490 | Sonst. Maßnahmen f. techn. Anl. | m²BGF | < 1 | **< 1** | < 1 | 0,0 | **< 0,1** | 0,1 |
| 400 | **Bauwerk – Technische Anlagen** | m²BGF |  |  |  |  | **100,0** |  |

## Prozentanteile der Kosten 2. Ebene an den Kosten des Bauwerks nach DIN 276 (Von/Mittel/Bis)

| KG | | Mittelwert |
|---|---|---|
| 310 | Baugrube / Erdbau | 3,9 |
| 320 | Gründung, Unterbau | 7,1 |
| 330 | Außenwände / vertikal außen | 23,0 |
| 340 | Innenwände / vertikal innen | 13,8 |
| 350 | Decken / horizontal | 17,2 |
| 360 | Dächer | 8,5 |
| 370 | Infrastrukturanlagen |  |
| 380 | Baukonstruktive Einbauten | 0,9 |
| 390 | Sonst. Maßnahmen für Baukonst. | 6,1 |
| 410 | Abwasser-, Wasser-, Gasanlagen | 5,2 |
| 420 | Wärmeversorgungsanlagen | 5,4 |
| 430 | Raumlufttechnische Anlagen | 0,6 |
| 440 | Elektrische Anlagen | 5,3 |
| 450 | Kommunikationstechnische Anlagen | 1,4 |
| 460 | Förderanlagen | 1,5 |
| 470 | Nutzungsspez. / verfahrenstech. Anl. |  |
| 480 | Gebäude- und Anlagenautomation |  |
| 490 | Sonst. Maßnahmen f. techn. Anl. | < 0,1 |

© BKI Baukosteninformationszentrum; Erläuterungen zu den Tabellen siehe Seite 48 und 50    Kostenstand: 1. Quartal 2022, Bundesdurchschnitt, **inkl. 19% MwSt.**

**Mehrfamilienhäuser, mit 20 oder mehr WE, mittlerer Standard**

### Prozentanteile der Kosten für Leistungsbereiche nach STLB (Kosten Bauwerk nach DIN 276)

| LB | Leistungsbereiche | von | % an 300+400 Mittelwert | bis |
|---|---|---|---|---|
| 000 | Sicherheits-, Baustelleneinrichtungen inkl. 001 | 1,8 | 3,6 | 4,9 |
| 002 | Erdarbeiten | 2,7 | 3,9 | 4,9 |
| 006 | Spezialtiefbauarbeiten inkl. 005 | 0,0 | 1,0 | 2,1 |
| 009 | Entwässerungskanalarbeiten inkl. 011 | 0,1 | 0,4 | 0,7 |
| 010 | Drän- und Versickerarbeiten | < 0,1 | 0,3 | 0,5 |
| 012 | Mauerarbeiten | 5,6 | 8,5 | 10,9 |
| 013 | Betonarbeiten | 18,8 | 20,2 | 21,5 |
| 014 | Natur-, Betonwerksteinarbeiten | < 0,1 | 0,5 | 0,9 |
| 016 | Zimmer- und Holzbauarbeiten | 0,7 | 1,4 | 2,3 |
| 017 | Stahlbauarbeiten | – | – | – |
| 018 | Abdichtungsarbeiten | 0,3 | 0,8 | 1,3 |
| 020 | Dachdeckungsarbeiten | 0,0 | 0,9 | 1,7 |
| 021 | Dachabdichtungsarbeiten | 0,9 | 3,0 | 4,2 |
| 022 | Klempnerarbeiten | 0,8 | 1,1 | 1,4 |
| | **Rohbau** | **43,6** | **45,9** | **49,7** |
| 023 | Putz- und Stuckarbeiten, Wärmedämmsysteme | 3,9 | 6,1 | 9,1 |
| 024 | Fliesen- und Plattenarbeiten | 1,4 | 1,9 | 2,2 |
| 025 | Estricharbeiten | 2,0 | 2,5 | 3,3 |
| 026 | Fenster, Außentüren inkl. 029, 032 | 4,8 | 5,9 | 7,2 |
| 027 | Tischlerarbeiten | 1,7 | 1,9 | 2,0 |
| 028 | Parkettarbeiten, Holzpflasterarbeiten | 0,0 | 1,0 | 2,1 |
| 030 | Rollladenarbeiten | 0,4 | 0,8 | 1,3 |
| 031 | Metallbauarbeiten inkl. 035 | 5,3 | 6,2 | 7,1 |
| 034 | Maler- und Lackiererarbeiten inkl. 037 | 1,9 | 2,2 | 2,7 |
| 036 | Bodenbelagarbeiten | 1,5 | 1,6 | 1,6 |
| 038 | Vorgehängte hinterlüftete Fassaden | 0,0 | 0,6 | 1,2 |
| 039 | Trockenbauarbeiten | 2,9 | 3,7 | 4,5 |
| | **Ausbau** | **32,4** | **34,4** | **35,6** |
| 040 | Wärmeversorgungsanl. - Betriebseinr. inkl. 041 | 4,2 | 4,4 | 4,8 |
| 042 | Gas- und Wasserinstallation, Leitungen inkl. 043 | 1,0 | 1,2 | 1,4 |
| 044 | Abwasseranlagen - Leitungen | 0,6 | 0,8 | 1,0 |
| 045 | GWE-Einrichtungsgegenstände inkl. 046 | 1,8 | 1,9 | 2,0 |
| 047 | Dämmarbeiten an betriebstechnischen Anlagen | 0,6 | 1,0 | 1,4 |
| 049 | Feuerlöschanlagen, Feuerlöschgeräte | – | – | – |
| 050 | Blitzschutz- und Erdungsanlagen | 0,1 | 0,3 | 0,4 |
| 052 | Mittelspannungsanlagen | 0,0 | < 0,1 | < 0,1 |
| 053 | Niederspannungsanlagen inkl. 054 | 3,5 | 3,9 | 4,4 |
| 055 | Sicherheits- u. Ersatzstromversorgungsanl. | – | – | – |
| 057 | Gebäudesystemtechnik | – | – | – |
| 058 | Leuchten und Lampen inkl. 059 | 0,9 | 1,2 | 1,6 |
| 060 | Sprechanlagen, elektroakust. Anlagen inkl. 064 | 0,2 | 0,8 | 1,4 |
| 061 | Kommunikationsnetze inkl. 062 | 0,5 | 0,7 | 0,9 |
| 063 | Gefahrenmeldeanlagen | 0,2 | 0,2 | 0,3 |
| 069 | Aufzüge | 1,6 | 2,0 | 2,6 |
| 070 | Gebäudeautomation | – | – | – |
| 075 | Raumlufttechnische Anlagen inkl. 078 | 0,2 | 0,8 | 1,2 |
| | **Gebäudetechnik** | **17,7** | **19,4** | **20,5** |
| | Sonstige Leistungsbereiche inkl. 008, 033, 051 | 0,2 | 0,3 | 0,4 |

**Kosten:** Stand 1. Quartal 2022 Bundesdurchschnitt inkl. 19% MwSt.

- ● KKW
- ▶ min
- ▷ von
- | Mittelwert
- ◁ bis
- ◀ max

## Planungskennwerte für Flächen und Rauminhalte nach DIN 277

| Grundflächen | | | ▷ Fläche/NUF (%) ◁ | | | ▷ Fläche/BGF (%) ◁ | | |
|---|---|---|---|---|---|---|---|---|
| NUF | Nutzungsfläche | | 100,0 | **100,0** | 100,0 | 63,8 | **66,9** | 70,9 |
| TF | Technikfläche | | 1,4 | **1,8** | 2,9 | 0,9 | **1,2** | 1,8 |
| VF | Verkehrsfläche | | 18,8 | **23,2** | 30,7 | 12,4 | **15,1** | 18,5 |
| NRF | Netto-Raumfläche | | 120,8 | **125,0** | 132,5 | 81,2 | **83,2** | 85,3 |
| KGF | Konstruktions-Grundfläche | | 21,7 | **25,6** | 29,3 | 14,7 | **16,8** | 18,8 |
| BGF | Brutto-Grundfläche | | 143,3 | **150,6** | 159,2 | 100,0 | **100,0** | 100,0 |

| Brutto-Rauminhalte | | | ▷ BRI/NUF (m) ◁ | | | ▷ BRI/BGF (m) ◁ | | |
|---|---|---|---|---|---|---|---|---|
| BRI | Brutto-Rauminhalt | | 4,28 | **4,56** | 4,92 | 2,90 | **3,03** | 3,15 |

| Flächen von Nutzeinheiten | | | ▷ NUF/Einheit (m²) ◁ | | | ▷ BGF/Einheit (m²) ◁ | | |
|---|---|---|---|---|---|---|---|---|
| Nutzeinheit: Wohnfläche | | | 1,13 | **1,23** | 1,39 | 1,70 | **1,84** | 1,97 |

| Lufttechnisch behandelte Flächen | | | ▷ Fläche/NUF (%) ◁ | | | ▷ Fläche/BGF (%) ◁ | | |
|---|---|---|---|---|---|---|---|---|
| Entlüftete Fläche | | | 62,8 | **62,8** | 62,8 | 39,4 | **39,4** | 39,4 |
| Be- und entlüftete Fläche | | | 70,0 | **70,0** | 70,0 | 50,6 | **50,6** | 50,6 |
| Teilklimatisierte Fläche | | | – | – | – | – | – | – |
| Klimatisierte Fläche | | | – | – | – | – | – | – |

| KG | Kostengruppen (2. Ebene) | Einheit | ▷ Menge/NUF ◁ | | | ▷ Menge/BGF ◁ | | |
|---|---|---|---|---|---|---|---|---|
| 310 | Baugrube / Erdbau | m³ BGI | 1,04 | **1,34** | 1,34 | 0,65 | **0,84** | 0,84 |
| 320 | Gründung, Unterbau | m² GRF | 0,39 | **0,42** | 0,49 | 0,24 | **0,26** | 0,26 |
| 330 | Außenwände / vertikal außen | m² AWF | 1,02 | **1,15** | 1,15 | 0,66 | **0,72** | 0,78 |
| 340 | Innenwände / vertikal innen | m² IWF | 1,34 | **1,46** | 1,68 | 0,87 | **0,93** | 0,93 |
| 350 | Decken / horizontal | m² DEF | 1,04 | **1,09** | 1,12 | 0,65 | **0,70** | 0,73 |
| 360 | Dächer | m² DAF | 0,45 | **0,47** | 0,47 | 0,30 | **0,30** | 0,30 |
| 370 | Infrastrukturanlagen | | – | – | – | – | – | – |
| 380 | Baukonstruktive Einbauten | m² BGF | 1,43 | **1,51** | 1,59 | 1,00 | **1,00** | 1,00 |
| 390 | Sonst. Maßnahmen für Baukonst. | m² BGF | 1,43 | **1,51** | 1,59 | 1,00 | **1,00** | 1,00 |
| **300** | **Bauwerk – Baukonstruktionen** | m² BGF | 1,43 | **1,51** | 1,59 | 1,00 | **1,00** | 1,00 |

## Planungskennwerte für Bauzeiten

**35 Vergleichsobjekte**

**Bauzeit in Wochen**

Bauzeit: Datenpunkte verteilt zwischen ca. 30 und 140 Wochen; ▶ bei ca. 35, ▷ bei ca. 50, ◁ bei ca. 95, ◀ bei ca. 130; Median (rote Markierung) bei ca. 75 Wochen.

Skala: 15, 30, 45, 60, 75, 90, 105, 120, 135, 150, 165 Wochen

© BKI Baukosteninformationszentrum; Erläuterungen zu den Tabellen siehe Seite 54    Kostenstand: 1. Quartal 2022, Bundesdurchschnitt, **inkl. 19% MwSt.**

**Mehrfamilienhäuser, mit 20 oder mehr WE, mittlerer Standard**

## Objektübersicht zur Gebäudeart

€/m² BGF
- min: 1.120 €/m²
- von: 1.300 €/m²
- **Mittel: 1.450 €/m²**
- bis: 1.665 €/m²
- max: 1.975 €/m²

Kosten:
Stand 1. Quartal 2022
Bundesdurchschnitt
inkl. 19% MwSt.

---

### 6100-1532 Mehrfamilienhäuser (2 Gebäude, 23 WE)

| BRI 7.389 m³ | BGF 2.390 m² | NUF 1.638 m² |

Zwei Mehrfamilienhäuser mit 23 Wohneinheiten, barrierefrei. Holzbau.

Land: Brandenburg
Kreis: Ostprignitz-Ruppin
Standard: Durchschnitt
Bauzeit: 74 Wochen
Kennwerte: bis 1. Ebene DIN 276

**BGF 1.973 €/m²**

Planung: Praeger Richter Architekten BDA; Berlin

vorgesehen: BKI Objektdaten N18

---

### 6100-1525 Mehrfamilienhaus (53 WE) - Effizienzhaus ~72%

| BRI 18.509 m³ | BGF 5.601 m² | NUF 3.591 m² |

Mehrfamilienhaus mit 53 Wohneinheiten und 3.634 m² WFL. Massivbau.

Land: Berlin
Kreis: Berlin, Stadt
Standard: Durchschnitt
Bauzeit: 87 Wochen
Kennwerte: bis 1. Ebene DIN 276

**BGF 1.501 €/m²**

Planung: Arnold und Gladisch Objektplanung Generalplanung GmbH; Berlin

veröffentlicht: BKI Objektdaten E9

---

### 6100-1554 Mehrfamilienhaus (30 WE)

| BRI 7.799 m³ | BGF 2.648 m² | NUF 1.617 m² |

Mehrfamilienhaus mit 30 Wohneinheiten Mauerwerk.

Land: Hamburg
Kreis: Hamburg, Freie und Hansestadt
Standard: Durchschnitt
Bauzeit: 56 Wochen
Kennwerte: bis 1. Ebene DIN 276

**BGF 1.881 €/m²**

Planung: Hartfil - Steinbrinck Architekten; Hamburg

vorgesehen: BKI Objektdaten N18

---

### 6100-1479 Mehrfamilienhaus (25 WE), TG (35 STP)

| BRI 10.468 m³ | BGF 3.543 m² | NUF 2.258 m² |

Mehrfamilienhaus mit 25 WE und Tiefgarage mit 35 Stellplätzen. Mauerwerksbau.

Land: Rheinland-Pfalz
Kreis: Mainz-Bingen
Standard: Durchschnitt
Bauzeit: 69 Wochen
Kennwerte: bis 1. Ebene DIN 276

**BGF 1.328 €/m²**

Planung: Kramm & Strigl Architekten und Stadtplanergesellschaft; Darmstadt

veröffentlicht: BKI Objektdaten N17

## Objektübersicht zur Gebäudeart

### 6100-1515 Mehrfamilienhaus (26 WE) - Effizienzhaus ~54%
**BRI** 16.078 m³    **BGF** 5.087 m²    **NUF** 3.537 m²

Mehrfamilienhaus mit 26 WE und einer Tiefgarage mit 17 STP. Mauerwerk.

Land: Sachsen
Kreis: Leipzig, Stadt
Standard: Durchschnitt
Bauzeit: 91 Wochen
Kennwerte: bis 1. Ebene DIN 276

**BGF** 1.787 €/m²

**Planung:** Arnold und Gladisch Objektplanung Generalplanung GmbH; Berlin

vorgesehen: BKI Objektdaten E10

### 6100-1492 Mehrfamilienhaus (20 WE) - Effizienzhaus ~72%
**BRI** 11.833 m³    **BGF** 3.987 m²    **NUF** 2.757 m²

Mehrfamilienhaus mit Tiefgarage. Massivbau.

Land: Rheinland-Pfalz
Kreis: Bad Dürkheim
Standard: Durchschnitt
Bauzeit: 91 Wochen
Kennwerte: bis 1. Ebene DIN 276

**BGF** 1.263 €/m²

**Planung:** P4_Architekten BDA; Frankenthal

veröffentlicht: BKI Objektdaten E9

### 6100-1519 Wohnanlage (78 WE), Tiefgarage (80 STP)
**BRI** 40.482 m³    **BGF** 12.886 m²    **NUF** 9.740 m²

Wohnanlage mit 78 Wohneinheiten und einer Tiefgarage mit 80 Stellplätze. Massivbau.

Land: Thüringen
Kreis: Jena, Stadt
Standard: Durchschnitt
Bauzeit: 113 Wochen
Kennwerte: bis 1. Ebene DIN 276

**BGF** 1.494 €/m²

**Planung:** Schettler & Partner PartG mbB; Weimar

vorgesehen: BKI Objektdaten N18

### 6100-1413 Mehrfamilienhaus (30 WE), TG (30 STP)
**BRI** 15.787 m³    **BGF** 5.244 m²    **NUF** 3.441 m²

Mehrfamilienhaus mit 30 Wohneinheiten. Stb-Modulbau.

Land: Thüringen
Kreis: Nordhausen
Standard: Durchschnitt
Bauzeit: 35 Wochen
Kennwerte: bis 1. Ebene DIN 276

**BGF** 1.384 €/m²

**Planung:** Architekturbüro Wagner; Nordhausen

veröffentlicht: BKI Objektdaten N17

© **BKI** Baukosteninformationszentrum; Erläuterungen zu den Tabellen siehe Seite 56    Kostenstand: 1. Quartal 2022, Bundesdurchschnitt, **inkl. 19% MwSt.**

# Mehrfamilienhäuser, mit 20 oder mehr WE, mittlerer Standard

## Objektübersicht zur Gebäudeart

**€/m² BGF**
- min: 1.120 €/m²
- von: 1.300 €/m²
- Mittel: **1.450** €/m²
- bis: 1.665 €/m²
- max: 1.975 €/m²

**Kosten:**
Stand 1. Quartal 2022
Bundesdurchschnitt
inkl. 19% MwSt.

---

### 6100-1514 Mehrfamilienhäuser (3 Gebäude, 55 WE)

**BRI** 30.404 m³ — **BGF** 9.789 m² — **NUF** 6.796 m²

3 Mehrfamilienhäuser mit 55 WE. Massivbau.

Land: Sachsen
Kreis: Chemnitz, Stadt
Standard: Durchschnitt
Bauzeit: 104 Wochen
Kennwerte: bis 1. Ebene DIN 276

**BGF 1.577 €/m²**

**Planung:** O+M Architekten GmbH BDA; Dresden

vorgesehen: BKI Objektdaten N18

---

### 6100-1534 Mehrfamilienhaus (33 WE), Tiefgarage (34 STP)

**BRI** 15.640 m³ — **BGF** 5.002 m² — **NUF** 3.099 m²

Mehrfamilienhaus mit 33 Wohneinheiten und Tiefgarage mit 34 Stellplätzen (2.628 m² WFL). Massivbau.

Land: Hessen
Kreis: Frankfurt am Main, Stadt
Standard: Durchschnitt
Bauzeit: 65 Wochen
Kennwerte: bis 1. Ebene DIN 276

**BGF 1.515 €/m²**

**Planung:** Zaeske Architekten BDA Partnerschaftsgesellschaft mbB; Wiesbaden

vorgesehen: BKI Objektdaten N18

---

### 6100-1528 Wohnanlage (31 WE), TG (31 STP)

**BRI** 20.802 m³ — **BGF** 6.553 m² — **NUF** 3.853 m²

Wohnanlage mit 31 Wohneinheiten und 31 Tiefgaragenstellplätzen. Massivbau.

Land: Bayern
Kreis: München, Stadt
Standard: Durchschnitt
Bauzeit: 100 Wochen
Kennwerte: bis 1. Ebene DIN 276

**BGF 1.120 €/m²**

**Planung:** AG: PLAN-Z ARCHITEKTEN und H2R Architekten BDA; München

vorgesehen: BKI Objektdaten N18

---

### 6100-1478 Mehrfamilienhäuser (78 WE), 2 TG (59

**BRI** 32.866 m³ — **BGF** 10.839 m² — **NUF** 7.403 m²

6 Mehrfamilienhäuser mit 78 WE und 2 Tiefgaragen mit 69 Stellplätzen. Mauerwerksbau.

Land: Hessen
Kreis: Wiesbaden, Stadt
Standard: Durchschnitt
Bauzeit: 104 Wochen
Kennwerte: bis 1. Ebene DIN 276

**BGF 1.439 €/m²**

**Planung:** Kramm+Strigl Architekten; Darmstadt

veröffentlicht: BKI Objektdaten E9

## Objektübersicht zur Gebäudeart

### 6100-1388 Mehrfamilienhaus (21 WE) - Effizienzhaus ~76%    BRI 5.704 m³   BGF 1.940 m²   NUF 1.147 m²

Mehrfamilienhaus mit Laubengängen für 12 Wohneinheiten, barrierefrei erschlossen. Mauerwerksbau.

Land: Thüringen
Kreis: Ilm-Kreis
Standard: Durchschnitt
Bauzeit: 70 Wochen
Kennwerte: bis 3. Ebene DIN 276

BGF  1.469 €/m²

veröffentlicht: BKI Objektdaten E8

**Planung:** Architekturbüro Ludwig; Suhl

### 6100-1472 Mehrfamilienhaus (65 WE) - Effizienzhaus ~27%    BRI 16.244 m³   BGF 5.652 m²   NUF 4.001 m²

Mehrfamilienhaus mit 65 Wohneinheiten (3.511 m² WFL). Massivbau.

Land: Berlin
Kreis: Berlin, Stadt
Standard: Durchschnitt
Bauzeit: 83 Wochen
Kennwerte: bis 1. Ebene DIN 276

BGF  1.441 €/m²

veröffentlicht: BKI Objektdaten E9

**Planung:** Arnold und Gladisch Objektplanung Generalplanung GmbH; Berlin

### 6100-1510 Mehrfamilienhäuser (95 WE) - Effizienzhaus ~28%    BRI 29.687 m³   BGF 9.741 m²   NUF 6.134 m²

5 Mehrfamilienhäuser (5.915 m² WFL) mit 95 Wohneinheiten, 50 PKW-Stellplätze und 250 Fahrrad-Stellplätze. Barrierefrei erschlossen. Massivbau.

Land: Brandenburg
Kreis: Potsdam, Stadt
Standard: Durchschnitt
Bauzeit: 130 Wochen
Kennwerte: bis 1. Ebene DIN 276

BGF  1.426 €/m²

veröffentlicht: BKI Objektdaten E9

**Planung:** GSAI GALANDI SCHIRMER ARCHITEKTEN + INGENIEURE GMBH; Berlin

### 6100-1389 Mehrfamilienhaus (3 Gebäude) - Effizienzhaus 70    BRI 15.251 m³   BGF 5.840 m²   NUF 3.828 m²

Mehrfamilienhäuser (3St) mit 48 WE und 3.631 m² WFL als Effizienzhäuser 70. Mauerwerksbau.

Land: Niedersachsen
Kreis: Wolfsburg, Stadt
Standard: Durchschnitt
Bauzeit: 91 Wochen
Kennwerte: bis 1. Ebene DIN 276

BGF  1.576 €/m²

veröffentlicht: BKI Objektdaten N17

**Planung:** OTTINGERARCHITEKTEN; Braunschweig

**Mehrfamilienhäuser, mit 20 oder mehr WE, mittlerer Standard**

## Objektübersicht zur Gebäudeart

**€/m² BGF**
- min: 1.120 €/m²
- von: 1.300 €/m²
- Mittel: **1.450 €/m²**
- bis: 1.665 €/m²
- max: 1.975 €/m²

**Kosten:**
Stand 1. Quartal 2022
Bundesdurchschnitt
inkl. 19% MwSt.

---

### 6100-1437 Mehrfamilienhäuser (180 WE) - Effizienzhaus 70
**BRI** 54.557 m³   **BGF** 18.668 m²   **NUF** 13.855 m²

Mehrfamilienhäuser mit 180 Wohneinheiten und Tiefgarage für 61 Stellplätze, Effizienzhaus 70. Massivbau.

Land: Berlin
Kreis: Berlin, Stadt
Standard: Durchschnitt
Bauzeit: 109 Wochen
Kennwerte: bis 1. Ebene DIN 276

**BGF** 1.520 €/m²

**Planung:** Arnold und Gladisch Objektplanung Generalplanung GmbH; Berlin

veröffentlicht: BKI Objektdaten E9

---

### 6100-1438 Wohnanlage (62 WE), TG - Effizienzhaus ~28%
**BRI** 27.809 m³   **BGF** 8.627 m²   **NUF** 5.943 m²

Wohnanlage mit 62 Wohneinheiten und Tiefgarage, Effizienzhaus ~28%. Mischkonstruktion.

Land: Berlin
Kreis: Berlin, Stadt
Standard: Durchschnitt
Bauzeit: 57 Wochen
Kennwerte: bis 1. Ebene DIN 276

**BGF** 1.538 €/m²

**Planung:** roedig.schop architekten; Berlin

veröffentlicht: BKI Objektdaten E9

---

### 6100-1371 Mehrfamilienhäuser (57 WE) - Effizienzhaus ~34%
**BRI** 31.062 m³   **BGF** 10.712 m²   **NUF** 6.725 m²

Mehrfamilienhäuser (4.809 m² WFL) mit 57 WE und Tiefgarage mit 36 STP. Massivbau.

Land: Nordrhein-Westfalen
Kreis: Düsseldorf
Standard: Durchschnitt
Bauzeit: 104 Wochen
Kennwerte: bis 1. Ebene DIN 276

**BGF** 1.345 €/m²

**Planung:** HGMB Architekten GmbH; Düsseldorf

veröffentlicht: BKI Objektdaten E8

---

### 6100-1321 Wohnanlage (101 WE), TG - Effizienzhaus 70
**BRI** 62.177 m³   **BGF** 19.443 m²   **NUF** 15.843 m²

Wohnanlage mit 9 Wohnhäusern (101 WE) und 2 Tiefgaragen (245 STP). Massivbau.

Land: Berlin
Kreis: Berlin
Standard: Durchschnitt
Bauzeit: 113 Wochen
Kennwerte: bis 1. Ebene DIN 276

**BGF** 1.343 €/m²

**Planung:** Thomas Hillig Architekten GmbH; Berlin

veröffentlicht: BKI Objektdaten E8

## Objektübersicht zur Gebäudeart

### 6100-1412 Wohnanlage (136 WE), TG (60 STP) - Effizienzhaus 70 — BRI 44.337 m³ — BGF 14.623 m² — NUF 10.184 m²

Wohnanlage für 136 Wohneinheiten mit 10.184 m² Wohnfläche sowie Tiefgarage für 60 Stellplätze als Effizienzhaus 70. Massivbau.

Land: Brandenburg
Kreis: Potsdam, Stadt
Standard: Durchschnitt
Bauzeit: 139 Wochen
Kennwerte: bis 1. Ebene DIN 276

BGF  1.410 €/m²

**Planung:** Galandi Schirmer Architekten + Ingenieure GmbH; Berlin

veröffentlicht: BKI Objektdaten N17

### 6100-1250 Mehrfamilienhaus, altengerecht (29 WE) — BRI 10.006 m³ — BGF 3.158 m² — NUF 2.052 m²

Mehrfamilienhaus für altengerechtes Wohnen mit 29 WE und Gemeinschaftseinrichtung. MW-Massivbau.

Land: Mecklenburg-Vorpommern
Kreis: Rostock
Standard: Durchschnitt
Bauzeit: 65 Wochen
Kennwerte: bis 3. Ebene DIN 276

BGF  1.330 €/m²

**Planung:** Dipl.-Ing. Architekt E. Schneekloth + Partner; Schwerin

veröffentlicht: BKI Objektdaten N15

### 6100-1397 Mehrfamilienhaus (23 WE) - Effizienzhaus ~67% — BRI 6.206 m³ — BGF 2.208 m² — NUF 1.428 m²

Mehrfamilienhaus mit 20 WE (1.305 m² WFL) als Effizienzhaus ~67%. Mauerwerksbau.

Land: Niedersachsen
Kreis: Delmenhorst, Stadt
Standard: Durchschnitt
Bauzeit: 57 Wochen
Kennwerte: bis 1. Ebene DIN 276

BGF  1.561 €/m²

**Planung:** Architekturbüro Dipl. Ing. Ullrich Runge; Delmenhorst

veröffentlicht: BKI Objektdaten E8

### 6100-1362 Mehrfamilienhäuser (66 WE) - Effizienzhaus 70 — BRI 22.310 m³ — BGF 7.516 m² — NUF 4.672 m²

2 Mehrfamilienhäuser mit jeweils 40 und 26 WE als Effizienzhaus 70. Mauerwerksbau.

Land: Schleswig-Holstein
Kreis: Flensburg, Stadt
Standard: Durchschnitt
Bauzeit: 87 Wochen
Kennwerte: bis 1. Ebene DIN 276

BGF  1.486 €/m²

**Planung:** Architekten Asmussen + Partner GmbH; Flensburg

veröffentlicht: BKI Objektdaten E8

**Mehrfamilienhäuser, mit 20 oder mehr WE, mittlerer Standard**

## Objektübersicht zur Gebäudeart

### 6100-1283 Mehrfamilienhaus (24 WE), TG (20 STP)

**BRI** 10.114 m³  **BGF** 3.143 m²  **NUF** 1.665 m²

Mehrfamilienwohnhaus mit 24 WE (1.738 m² WFL), Tiefgarage mit 20 STP. Mauerwerksbau.

Land: Bremen
Kreis: Bremen
Standard: Durchschnitt
Bauzeit: 61 Wochen
Kennwerte: bis 1. Ebene DIN 276

**BGF**  1.373 €/m²

**Planung:** Gruppe GME Architekten BDA; Achim

veröffentlicht: BKI Objektdaten N15

€/m² BGF
min 1.120 €/m²
von 1.300 €/m²
Mittel **1.450 €/m²**
bis 1.665 €/m²
max 1.975 €/m²

### 6100-1075 Mehrfamilienhaus (20 WE) - Effizienzhaus 70

**BRI** 7.808 m³  **BGF** 2.443 m²  **NUF** 1.533 m²

Mehrfamilienhaus mit 20 WE (1.239 m² WFL). Massivbau.

Land: Nordrhein-Westfalen
Kreis: Rhein-Kreis Neuss
Standard: Durchschnitt
Bauzeit: 44 Wochen
Kennwerte: bis 1. Ebene DIN 276

**BGF**  1.417 €/m²

**Planung:** Werkgemeinschaft Quasten-Mundt; Grevenbroich

veröffentlicht: BKI Objektdaten E6

**Kosten:**
Stand 1. Quartal 2022
Bundesdurchschnitt
inkl. 19% MwSt.

### 6100-1081 Klimaschutzsiedlung (35 WE), TG (32 STP)

**BRI** 24.122 m³  **BGF** 7.130 m²  **NUF** 5.149 m²

Klimaschutzsiedlung mit 35 WE (3.606 m² WFL) mit Doppelhäusern, Reihenhäuser und Mehrfamilienhäuser und Tiefgarage. Massivbau.

Land: Nordrhein-Westfalen
Kreis: Essen
Standard: Durchschnitt
Bauzeit: 79 Wochen
Kennwerte: bis 1. Ebene DIN 276

**BGF**  1.521 €/m²

**Planung:** Druschke und Grosser Architektur I Architekten BDA; Duisburg

veröffentlicht: BKI Objektdaten E6

### 6100-1026 Mehrfamilienhaus (20 WE)

**BRI** 7.201 m³  **BGF** 2.357 m²  **NUF** 1.548 m²

Mehrfamilienhaus (1.178 m² WFL) mit 20 WE. Unterschiedliche Wohnungen von Einzimmer- bis Vierzimmerwohnungen. Mauerwerksbau.

Land: Nordrhein-Westfalen
Kreis: Rhein-Kreis Neuss
Standard: Durchschnitt
Bauzeit: 44 Wochen
Kennwerte: bis 1. Ebene DIN 276

**BGF**  1.344 €/m²

**Planung:** Werkgemeinschaft Quasten-Mundt; Grevenbroich

veröffentlicht: BKI Objektdaten N12

## Objektübersicht zur Gebäudeart

### 6100-0912 Mehrfamilienhaus (21 WE) - KfW 60

**BRI** 6.747 m³   **BGF** 2.604 m²   **NUF** 1.786 m²

Mehrfamilienhaus (1.619 m² WFL), aus zwei Gebäudeteilen, nicht unterkellert (21 WE). Mauerwerksbau.

Land: Bayern
Kreis: Rottal-Inn
Standard: Durchschnitt
Bauzeit: 61 Wochen
Kennwerte: bis 1. Ebene DIN 276

**BGF**   1.353 €/m²

**Planung:** Manfred Huber Dipl.-Ing. Architekt; Pfarrkirchen

veröffentlicht: BKI Objektdaten E5

### 6100-0839 Mehrfamilienhaus (28 WE), TG (22 STP) - KfW 40

**BRI** 11.077 m³   **BGF** 4.165 m²   **NUF** 2.844 m²

Mehrfamilienhaus (28 WE) mit Tiefgarage. Mauerwerksbau.

Land: Hessen
Kreis: Frankfurt am Main, Stadt
Standard: Durchschnitt
Bauzeit: 78 Wochen
Kennwerte: bis 1. Ebene DIN 276

**BGF**   1.311 €/m²

**Planung:** k.A.

veröffentlicht: BKI Objektdaten E4

### 6100-0788 Betreutes Wohnen (43 WE)

**BRI** 13.384 m³   **BGF** 4.541 m²   **NUF** 2.953 m²

Betreutes Wohnen für jung und alt, 43 WE. Holzrahmenbau.

Land: Mecklenburg-Vorpommern
Kreis: Rostock, Stadt
Standard: Durchschnitt
Bauzeit: 48 Wochen
Kennwerte: bis 1. Ebene DIN 276

**BGF**   1.371 €/m²

**Planung:** buttler architekten; Rostock

veröffentlicht: BKI Objektdaten N10

### 6100-0677 Mehrfamilienhaus, barrierefrei (25 WE)

**BRI** 9.941 m³   **BGF** 3.279 m²   **NUF** 2.222 m²

Mehrfamilienhaus mit 25 WE, barrierefrei (1.638 m² WFL), Versammlungsraum mit 80 Sitzplätzen. Mauerwerksbau; Stb-Decke; Holzdachkonstruktion.

Land: Thüringen
Kreis: Greiz
Standard: Durchschnitt
Bauzeit: 52 Wochen
Kennwerte: bis 4. Ebene DIN 276

**BGF**   1.138 €/m²

**Planung:** thoma architekten; Zeulenroda

veröffentlicht: BKI Objektdaten N10

© BKI Baukosteninformationszentrum; Erläuterungen zu den Tabellen siehe Seite 56   Kostenstand: 1. Quartal 2022, Bundesdurchschnitt, inkl. 19% MwSt.

**Mehrfamilienhäuser, mit 20 oder mehr WE, mittlerer Standard**

## Objektübersicht zur Gebäudeart

**€/m² BGF**
| min | 1.120 €/m² |
|---|---|
| von | 1.300 €/m² |
| Mittel | 1.450 €/m² |
| bis | 1.665 €/m² |
| max | 1.975 €/m² |

**Kosten:**
Stand 1. Quartal 2022
Bundesdurchschnitt
inkl. 19% MwSt.

---

### 6100-0353 Mehrfamilienhaus (45 WE), TG (82 STP)

**BRI** 17.697 m³ **BGF** 5.028 m² **NUF** 3.980 m²

Mehrfamilienhaus mit 45 WE und Tiefgarage mit 82 Stellplätzen (41 Doppelparker). Mauerwerksbau.

Land: Thüringen
Kreis: Greiz
Standard: Durchschnitt
Bauzeit: 65 Wochen
Kennwerte: bis 1. Ebene DIN 276

**BGF 1.201 €/m²**

Planung: thoma architekten; Greiz

veröffentlicht: BKI Objektdaten N4

---

### 6100-0243 Wohnanlage (63 WE, 56 STP)

**BRI** 17.894 m³ **BGF** 6.510 m² **NUF** 4.849 m²

Wohnanlage mit 63 Wohnungen in 2 Gebäuden, Wohnen im Rahmen des öffentlich geförderten Wohnungsbaus. Mauerwerksbau.

Land: Schleswig-Holstein
Kreis: Lübeck, Hansestadt
Standard: Durchschnitt
Bauzeit: 61 Wochen
Kennwerte: bis 1. Ebene DIN 276

**BGF 1.285 €/m²**

Planung: Mai Zill Kuhsen Architekten + Stadtplaner BDA; Lübeck

veröffentlicht: BKI Objektdaten N2

---

### 6100-0162 Wohnanlage (49 WE), TG (37 STP)

**BRI** 19.808 m³ **BGF** 6.839 m² **NUF** 4.204 m²

Wohnanlage (49 WE) aus 4 Mehrspännern und 2 Zweifamilienhäusern im Hof, Tiefgarage (37 Stellplätze). Mauerwerksbau.

Land: Sachsen
Kreis: Dresden, Stadt
Standard: Durchschnitt
Bauzeit: 65 Wochen
Kennwerte: bis 2. Ebene DIN 276

**BGF 1.674 €/m²**

www.bki.de

Wohnen

**Mehrfamilienhäuser, mit 20 oder mehr WE, hoher Standard**

## Kostenkennwerte für die Kosten des Bauwerks (Kostengruppen 300+400 nach DIN 276)

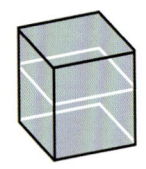

**BRI** 565 €/m³
von 470 €/m³
bis 630 €/m³

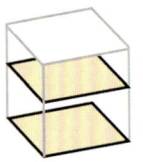

**BGF** 1.705 €/m²
von 1.485 €/m²
bis 1.930 €/m²

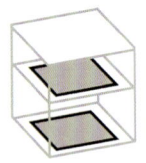

**NUF** 2.515 €/m²
von 2.010 €/m²
bis 2.930 €/m²

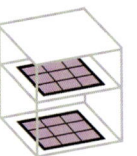

**NE** 3.200 €/NE
von 2.680 €/NE
bis 3.765 €/NE
NE: Wohnfläche

### Objektbeispiele

**Kosten:**
Stand 1. Quartal 2022
Bundesdurchschnitt
inkl. 19% MwSt.

6100-0942
6100-1023 
6100-1087 
6100-0659 
6100-1033 
6100-1508 

### Kosten der 13 Vergleichsobjekte — Seiten 646 bis 649

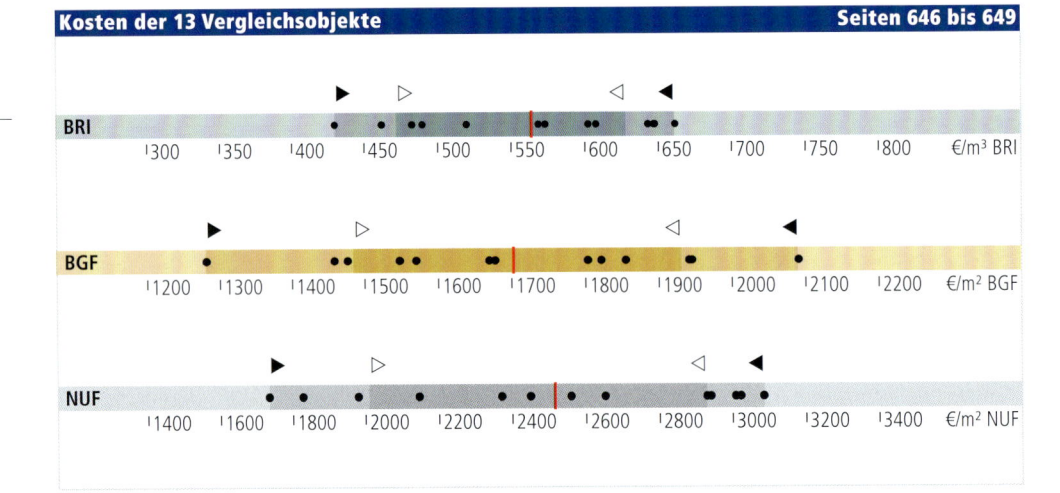

Legende:
- ● KKW
- ▶ min
- ▷ von
- | Mittelwert
- ◁ bis
- ◀ max

BRI (€/m³ BRI): 300, 350, 400, 450, 500, 550, 600, 650, 700, 750, 800

BGF (€/m² BGF): 1200, 1300, 1400, 1500, 1600, 1700, 1800, 1900, 2000, 2100, 2200

NUF (€/m² NUF): 1400, 1600, 1800, 2000, 2200, 2400, 2600, 2800, 3000, 3200, 3400

© BKI Baukosteninformationszentrum; Erläuterungen zu den Tabellen siehe Seite 46    Kostenstand: 1. Quartal 2022, Bundesdurchschnitt, **inkl. 19% MwSt.**

## Kostenkennwerte für die Kostengruppen der 1. und 2. Ebene DIN 276

| KG | Kostengruppen der 1. Ebene | Einheit | ▷ | €/Einheit | ◁ | ▷ | % an 300+400 | ◁ |
|---|---|---|---|---|---|---|---|---|
| 100 | Grundstück | m²GF | – | – | – | – | – | – |
| 200 | Vorbereitende Maßnahmen | m²GF | 5 | 25 | 57 | 0,5 | 1,5 | 7,0 |
| 300 | Bauwerk – Baukonstruktionen | m²BGF | 1.139 | 1.322 | 1.474 | 71,9 | 77,8 | 80,8 |
| 400 | Bauwerk – Technische Anlagen | m²BGF | 316 | 381 | 543 | 19,2 | 22,2 | 28,1 |
|  | Bauwerk (300+400) | m²BGF | 1.485 | 1.703 | 1.931 | 100,0 | 100,0 | 100,0 |
| 500 | Außenanlagen und Freiflächen | m²AF | 91 | 213 | 467 | 2,4 | 4,2 | 7,2 |
| 600 | Ausstattung und Kunstwerke | m²BGF | 4 | 28 | 98 | 0,2 | 1,4 | 4,7 |
| 700 | Baunebenkosten* | m²BGF | 262 | 292 | 323 | 15,4 | 17,2 | 18,9 |
| 800 | Finanzierung | m²BGF | – | – | – | – | – | – |

◁ * Auf Grundlage der HOAI 2021 berechnete Werte nach §§ 35, 52, 56. Weitere Informationen siehe Seite 50

| KG | Kostengruppen der 2. Ebene | Einheit | ▷ | €/Einheit | ◁ | ▷ | % an 1. Ebene | ◁ |
|---|---|---|---|---|---|---|---|---|
| 310 | Baugrube / Erdbau | m³BGI | 24 | 37 | 61 | 3,9 | 4,7 | 6,2 |
| 320 | Gründung, Unterbau | m²GRF | 344 | 377 | 394 | 7,7 | 9,8 | 11,3 |
| 330 | Außenwände / vertikal außen | m²AWF | 314 | 452 | 544 | 27,0 | 30,7 | 38,0 |
| 340 | Innenwände / vertikal innen | m²IWF | 187 | 220 | 267 | 14,2 | 16,4 | 17,6 |
| 350 | Decken / horizontal | m²DEF | 346 | 400 | 478 | 15,3 | 22,4 | 26,6 |
| 360 | Dächer | m²DAF | 359 | 417 | 530 | 10,0 | 10,8 | 11,3 |
| 370 | Infrastrukturanlagen | | – | – | – | – | – | – |
| 380 | Baukonstruktive Einbauten | m²BGF | 6 | 14 | 22 | 0,2 | 0,8 | 1,9 |
| 390 | Sonst. Maßnahmen für Baukonst. | m²BGF | 27 | 50 | 93 | 2,2 | 4,3 | 8,1 |
| 300 | **Bauwerk – Baukonstruktionen** | m²BGF | | | | | 100,0 | |
| 410 | Abwasser-, Wasser-, Gasanlagen | m²BGF | 89 | 106 | 135 | 27,2 | 33,3 | 36,4 |
| 420 | Wärmeversorgungsanlagen | m²BGF | 52 | 76 | 124 | 17,9 | 23,1 | 33,4 |
| 430 | Raumlufttechnische Anlagen | m²BGF | 17 | 35 | 71 | 5,1 | 12,1 | 25,6 |
| 440 | Elektrische Anlagen | m²BGF | 48 | 55 | 66 | 15,3 | 17,6 | 21,9 |
| 450 | Kommunikationstechnische Anlagen | m²BGF | 8 | 13 | 23 | 2,6 | 3,8 | 6,1 |
| 460 | Förderanlagen | m²BGF | 21 | 48 | 74 | 2,3 | 10,0 | 24,4 |
| 470 | Nutzungsspez. / verfahrenstech. Anl. | m²BGF | – | – | – | – | – | – |
| 480 | Gebäude- und Anlagenautomation | m²BGF | – | – | – | – | – | – |
| 490 | Sonst. Maßnahmen f. techn. Anl. | m²BGF | < 1 | < 1 | < 1 | 0,0 | < 0,1 | 0,2 |
| 400 | **Bauwerk – Technische Anlagen** | m²BGF | | | | | 100,0 | |

### Prozentanteile der Kosten 2. Ebene an den Kosten des Bauwerks nach DIN 276 (Von/Mittel/Bis)

| KG | | % |
|---|---|---|
| 310 | Baugrube / Erdbau | 3,7 |
| 320 | Gründung, Unterbau | 7,8 |
| 330 | Außenwände / vertikal außen | 24,3 |
| 340 | Innenwände / vertikal innen | 13,0 |
| 350 | Decken / horizontal | 17,7 |
| 360 | Dächer | 8,6 |
| 370 | Infrastrukturanlagen | |
| 380 | Baukonstruktive Einbauten | 0,6 |
| 390 | Sonst. Maßnahmen für Baukonst. | 3,4 |
| 410 | Abwasser-, Wasser-, Gasanlagen | 7,0 |
| 420 | Wärmeversorgungsanlagen | 4,8 |
| 430 | Raumlufttechnische Anlagen | 2,6 |
| 440 | Elektrische Anlagen | 3,7 |
| 450 | Kommunikationstechnische Anlagen | 0,8 |
| 460 | Förderanlagen | 2,1 |
| 470 | Nutzungsspez. / verfahrenstech. Anl. | |
| 480 | Gebäude- und Anlagenautomation | |
| 490 | Sonst. Maßnahmen f. techn. Anl. | < 0,1 |

© BKI Baukosteninformationszentrum; Erläuterungen zu den Tabellen siehe Seite 48 und 50   Kostenstand: 1. Quartal 2022, Bundesdurchschnitt, **inkl. 19% MwSt.**

**Mehrfamilienhäuser, mit 20 oder mehr WE, hoher Standard**

## Prozentanteile der Kosten für Leistungsbereiche nach STLB (Kosten Bauwerk nach DIN 276)

| LB | Leistungsbereiche | von | Mittelwert | bis |
|---|---|---|---|---|
| 000 | Sicherheits-, Baustelleneinrichtungen inkl. 001 | 1,5 | **3,2** | 4,5 |
| 002 | Erdarbeiten | 3,4 | **3,6** | 3,9 |
| 006 | Spezialtiefbauarbeiten inkl. 005 | 0,4 | **0,7** | 1,1 |
| 009 | Entwässerungskanalarbeiten inkl. 011 | < 0,1 | **0,3** | 0,5 |
| 010 | Drän- und Versickerarbeiten | 0,1 | **0,2** | 0,3 |
| 012 | Mauerarbeiten | 2,5 | **5,0** | 7,8 |
| 013 | Betonarbeiten | 16,4 | **23,0** | 27,5 |
| 014 | Natur-, Betonwerksteinarbeiten | 0,7 | **1,3** | 2,4 |
| 016 | Zimmer- und Holzbauarbeiten | 0,0 | **0,6** | 1,1 |
| 017 | Stahlbauarbeiten | – | **–** | – |
| 018 | Abdichtungsarbeiten | 0,3 | **0,6** | 1,0 |
| 020 | Dachdeckungsarbeiten | 0,0 | **1,8** | 3,6 |
| 021 | Dachabdichtungsarbeiten | 2,2 | **3,2** | 4,3 |
| 022 | Klempnerarbeiten | 1,1 | **1,4** | 1,7 |
| | **Rohbau** | 42,4 | **45,0** | 47,0 |
| 023 | Putz- und Stuckarbeiten, Wärmedämmsysteme | 6,1 | **7,4** | 8,2 |
| 024 | Fliesen- und Plattenarbeiten | 1,8 | **2,1** | 2,5 |
| 025 | Estricharbeiten | 1,4 | **1,7** | 2,0 |
| 026 | Fenster, Außentüren inkl. 029, 032 | 3,6 | **4,5** | 5,4 |
| 027 | Tischlerarbeiten | 2,0 | **2,4** | 2,8 |
| 028 | Parkettarbeiten, Holzpflasterarbeiten | 1,4 | **1,8** | 2,2 |
| 030 | Rollladenarbeiten | 0,4 | **0,6** | 0,8 |
| 031 | Metallbauarbeiten inkl. 035 | 2,0 | **5,2** | 7,4 |
| 034 | Maler- und Lackiererarbeiten inkl. 037 | 2,5 | **2,7** | 3,0 |
| 036 | Bodenbelagarbeiten | 0,5 | **0,6** | 0,8 |
| 038 | Vorgehängte hinterlüftete Fassaden | 0,0 | **1,0** | 1,9 |
| 039 | Trockenbauarbeiten | 3,3 | **4,3** | 5,1 |
| | **Ausbau** | 31,8 | **34,3** | 37,0 |
| 040 | Wärmeversorgungsanl. - Betriebseinr. inkl. 041 | 3,3 | **4,4** | 5,5 |
| 042 | Gas- und Wasserinstallation, Leitungen inkl. 043 | 1,2 | **1,6** | 2,2 |
| 044 | Abwasseranlagen - Leitungen | 0,7 | **1,3** | 1,8 |
| 045 | GWE-Einrichtungsgegenstände inkl. 046 | 1,5 | **2,9** | 3,8 |
| 047 | Dämmarbeiten an betriebstechnischen Anlagen | 0,8 | **1,0** | 1,3 |
| 049 | Feuerlöschanlagen, Feuerlöschgeräte | – | **–** | – |
| 050 | Blitzschutz- und Erdungsanlagen | 0,2 | **0,3** | 0,4 |
| 052 | Mittelspannungsanlagen | – | **–** | – |
| 053 | Niederspannungsanlagen inkl. 054 | 2,8 | **3,5** | 3,9 |
| 055 | Sicherheits- u. Ersatzstromversorgungsanl. | – | **–** | – |
| 057 | Gebäudesystemtechnik | – | **–** | – |
| 058 | Leuchten und Lampen inkl. 059 | 0,2 | **0,3** | 0,5 |
| 060 | Sprechanlagen, elektroakust. Anlagen inkl. 064 | 0,1 | **0,2** | 0,2 |
| 061 | Kommunikationsnetze inkl. 062 | 0,3 | **0,6** | 0,8 |
| 063 | Gefahrenmeldeanlagen | 0,0 | **< 0,1** | < 0,1 |
| 069 | Aufzüge | 0,2 | **2,1** | 3,6 |
| 070 | Gebäudeautomation | – | **–** | – |
| 075 | Raumlufttechnische Anlagen inkl. 078 | 0,9 | **2,5** | 4,0 |
| | **Gebäudetechnik** | 20,1 | **20,5** | 21,0 |
| | Sonstige Leistungsbereiche inkl. 008, 033, 051 | < 0,1 | **0,2** | 0,4 |

Kosten: Stand 1. Quartal 2022 Bundesdurchschnitt inkl. 19% MwSt.

- KKW
- ▶ min
- ▷ von
- | Mittelwert
- ◁ bis
- ◀ max

## Planungskennwerte für Flächen und Rauminhalte nach DIN 277

| Grundflächen | | | ▷ | **Fläche/NUF (%)** | ◁ | ▷ | **Fläche/BGF (%)** | ◁ |
|---|---|---|---|---|---|---|---|---|
| NUF | Nutzungsfläche | | 100,0 | **100,0** | 100,0 | 65,6 | **68,7** | 72,8 |
| TF | Technikfläche | | 1,5 | **2,0** | 3,2 | 1,0 | **1,3** | 2,0 |
| VF | Verkehrsfläche | | 16,8 | **20,6** | 28,3 | 10,8 | **13,4** | 17,3 |
| NRF | Netto-Raumfläche | | 118,6 | **122,6** | 129,6 | 81,4 | **83,4** | 85,2 |
| KGF | Konstruktions-Grundfläche | | 21,5 | **24,8** | 28,8 | 14,8 | **16,6** | 18,6 |
| BGF | Brutto-Grundfläche | | 140,2 | **147,4** | 155,6 | 100,0 | **100,0** | 100,0 |

| Brutto-Rauminhalte | | | ▷ | **BRI/NUF (m)** | ◁ | ▷ | **BRI/BGF (m)** | ◁ |
|---|---|---|---|---|---|---|---|---|
| BRI | Brutto-Rauminhalt | | 4,12 | **4,47** | 4,89 | 2,83 | **3,03** | 3,17 |

| Flächen von Nutzeinheiten | | | ▷ | **NUF/Einheit (m²)** | ◁ | ▷ | **BGF/Einheit (m²)** | ◁ |
|---|---|---|---|---|---|---|---|---|
| Nutzeinheit: Wohnfläche | | | 1,22 | **1,31** | 1,50 | 1,77 | **1,89** | 1,99 |

| Lufttechnisch behandelte Flächen | | | ▷ | **Fläche/NUF (%)** | ◁ | ▷ | **Fläche/BGF (%)** | ◁ |
|---|---|---|---|---|---|---|---|---|
| Entlüftete Fläche | | | – | – | – | – | – | – |
| Be- und entlüftete Fläche | | | 94,6 | **94,6** | 94,6 | 63,0 | **63,0** | 63,0 |
| Teilklimatisierte Fläche | | | – | – | – | – | – | – |
| Klimatisierte Fläche | | | – | – | – | – | – | – |

| KG | Kostengruppen (2. Ebene) | Einheit | ▷ | **Menge/NUF** | ◁ | ▷ | **Menge/BGF** | ◁ |
|---|---|---|---|---|---|---|---|---|
| 310 | Baugrube / Erdbau | m³ BGI | 2,18 | **2,42** | 2,42 | 1,67 | **1,80** | 1,80 |
| 320 | Gründung, Unterbau | m² GRF | 0,38 | **0,41** | 0,41 | 0,29 | **0,31** | 0,31 |
| 330 | Außenwände / vertikal außen | m² AWF | 0,95 | **1,17** | 1,17 | 0,73 | **0,87** | 0,87 |
| 340 | Innenwände / vertikal innen | m² IWF | 1,19 | **1,21** | 1,21 | 0,86 | **0,91** | 0,91 |
| 350 | Decken / horizontal | m² DEF | 0,89 | **0,89** | 0,91 | 0,66 | **0,66** | 0,67 |
| 360 | Dächer | m² DAF | 0,39 | **0,42** | 0,42 | 0,30 | **0,32** | 0,32 |
| 370 | Infrastrukturanlagen | | – | – | – | – | – | – |
| 380 | Baukonstruktive Einbauten | m² BGF | 1,40 | **1,47** | 1,56 | 1,00 | **1,00** | 1,00 |
| 390 | Sonst. Maßnahmen für Baukonst. | m² BGF | 1,40 | **1,47** | 1,56 | 1,00 | **1,00** | 1,00 |
| **300** | **Bauwerk – Baukonstruktionen** | m² BGF | 1,40 | **1,47** | 1,56 | 1,00 | **1,00** | 1,00 |

## Planungskennwerte für Bauzeiten — 12 Vergleichsobjekte

**Bauzeit in Wochen**

Bauzeit: Werte im Bereich ca. 50–150 Wochen (12 Vergleichsobjekte); Skala 0–500 Wochen.

© BKI Baukosteninformationszentrum; Erläuterungen zu den Tabellen siehe Seite 54 — Kostenstand: 1. Quartal 2022, Bundesdurchschnitt, **inkl. 19% MwSt.**

**Mehrfamilienhäuser, mit 20 oder mehr WE, hoher Standard**

**Objektübersicht zur Gebäudeart**

€/m² BGF
| | |
|---|---|
| min | 1.280 €/m² |
| von | 1.485 €/m² |
| Mittel | **1.705 €/m²** |
| bis | 1.930 €/m² |
| max | 2.090 €/m² |

**Kosten:**
Stand 1. Quartal 2022
Bundesdurchschnitt
inkl. 19% MwSt.

---

**6100-1508 Mehrfamilienhäuser (57 WE) - Effizienzhaus ~28%**  |  **BRI** 31.722 m³  **BGF** 9.054 m²  **NUF** 5.481 m²

5 Mehrfamilienhäuser (4.155 m² WFL) mit 57 Wohneinheiten und einer Tiefgarage mit 58 Stellplätzen. Massivbau.

Land: Sachsen-Anhalt
Kreis: Halle (Saale), Stadt
Standard: über Durchschnitt
Bauzeit: 135 Wochen
Kennwerte: bis 1. Ebene DIN 276

**BGF 1.821 €/m²**

**Planung:** ENKE WULF architekten; Berlin

veröffentlicht: BKI Objektdaten E9

---

**6100-1298 Mehrfamilienhaus (27 WE), TG - Effizienzhaus 70**  |  **BRI** 17.271 m³  **BGF** 5.463 m²  **NUF** 3.451 m²

Mehrfamilienhaus (3.194 m² WFL) mit 27 WE, Büro-/Ladeneinheit, TG (16 STP). Mauerwerk.

Land: Berlin
Kreis: Berlin
Standard: über Durchschnitt
Bauzeit: 126 Wochen
Kennwerte: bis 1. Ebene DIN 276

**BGF 1.547 €/m²**

**Planung:** Liebscher-Tauber und Tauber Architekten; Berlin

veröffentlicht: BKI Objektdaten E7

---

**6100-1146 Mehrfamilienhaus (20 WE), TG - Effizienzhaus 70**  |  **BRI** 14.503 m³  **BGF** 4.829 m²  **NUF** 3.960 m²

Mehrfamilienhaus (20 WE) mit 2.312 m² WFL, Tiefgarage, Bootsliegeplätze. Stahlbetonbau.

Land: Hamburg
Kreis: Hamburg, Freie und Hansestadt
Standard: über Durchschnitt
Bauzeit: 78 Wochen
Kennwerte: bis 1. Ebene DIN 276

**BGF 1.945 €/m²**

**Planung:** Reinhard Hagemann GmbH; Hamburg

veröffentlicht: BKI Objektdaten E6

---

**6100-1173 Wohnanlage, TG (66 WE, 108 STP) - Effizienzhaus 85**  |  **BRI** 42.128 m³  **BGF** 13.349 m²  **NUF** 10.649 m²

Wohnanlage, 2 Baufelder mit jeweils 3 Mehrfamilienhäusern, 66 WE, Effizienzhaus 85, Tiefgaragen (108 STP). Stb-Konstruktion.

Land: Schleswig-Holstein
Kreis: Pinneberg
Standard: über Durchschnitt
Bauzeit: 87 Wochen
Kennwerte: bis 3. Ebene DIN 276

**BGF 1.458 €/m²**

**Planung:** BIWERMAU Architekten BDA; Hamburg

veröffentlicht: BKI Objektdaten N13

## Objektübersicht zur Gebäudeart

### 6100-1222 Wohnanlage (44 WE), TG (48 STP)

**BRI** 17.370 m³ | **BGF** 5.918 m² | **NUF** 3.906 m²

Wohnanlage mit 44 WE und 48 STP mit 3.714 m² WFL. Massivbau.

Land: Hessen
Kreis: Fulda
Standard: über Durchschnitt
Bauzeit: 161 Wochen
Kennwerte: bis 1. Ebene DIN 276

**BGF   1.941 €/m²**

**Planung:** Sturm und Wartzeck GmbH Architekten BDA, Innenarchitekten; Dipperz

veröffentlicht: BKI Objektdaten N15

---

### 6100-1087 Solarsiedlung (65 WE), TG (66 STP)

**BRI** 31.272 m³ | **BGF** 10.218 m² | **NUF** 7.617 m²

Wohnanlage, Geschosswohnungsbau und Reihenhäuser (4.461 m² WFL), Tiefgarage (66 STP). Massivbau.

Land: Nordrhein-Westfalen
Kreis: Düsseldorf
Standard: über Durchschnitt
Bauzeit: 100 Wochen
Kennwerte: bis 1. Ebene DIN 276

**BGF   1.476 €/m²**

**Planung:** HGMB Architekten GmbH + Co. KG; Düsseldorf

veröffentlicht: BKI Objektdaten E6

---

### 6100-1023 Mehrfamilienhaus (24 WE), TG (24 STP)

**BRI** 14.301 m³ | **BGF** 5.203 m² | **NUF** 2.965 m²

Mehrfamilienwohnhaus mit 24 WE (2.356 m² WFL). Mauerwerksbau.

Land: Bremen
Kreis: Bremen
Standard: über Durchschnitt
Bauzeit: 70 Wochen
Kennwerte: bis 1. Ebene DIN 276

**BGF   1.670 €/m²**

**Planung:** Gruppe GME Architekten BDA; Achim

veröffentlicht: BKI Objektdaten N12

---

### 6100-1033 Mehrfamilienhaus (21 WE), TG - Effizienzhaus 55

**BRI** 17.237 m³ | **BGF** 5.433 m² | **NUF** 3.176 m²

Mehrfamilienhaus mit 21 Wohneinheiten (2.549 m² WFL) und 2 Büros, Tiefgarage mit 22 Stellplätzen. Massivbau.

Land: Berlin
Kreis: Berlin
Standard: über Durchschnitt
Bauzeit: 82 Wochen
Kennwerte: bis 1. Ebene DIN 276

**BGF   1.803 €/m²**

**Planung:** dp Architekten Drewes, Paulick, Zahn; Berlin

veröffentlicht: BKI Objektdaten E5

---

© BKI Baukosteninformationszentrum; Erläuterungen zu den Tabellen siehe Seite 56    Kostenstand: 1. Quartal 2022, Bundesdurchschnitt, **inkl. 19% MwSt.**

**Mehrfamilienhäuser, mit 20 oder mehr WE, hoher Standard**

## Objektübersicht zur Gebäudeart

**€/m² BGF**
| | |
|---|---|
| min | 1.280 €/m² |
| von | 1.485 €/m² |
| Mittel | **1.705 €/m²** |
| bis | 1.930 €/m² |
| max | 2.090 €/m² |

**Kosten:**
Stand 1. Quartal 2022
Bundesdurchschnitt
inkl. 19% MwSt.

---

### 6100-1024 Mehrfamilienhaus Wohnanlage (92 WE)
**BRI** 30.825 m³  **BGF** 10.527 m²  **NUF** 6.659 m²

Mehrfamilienwohnhaus. Insgesamt 3 Mehrfamilienhäuser (2x 9 WE, 1x 66 WE) und 4 Doppelhäuser (6.393 m² WFL). Mauerwerksbau.

Land: Bremen
Kreis: Bremen
Standard: über Durchschnitt
Bauzeit: 65 Wochen
Kennwerte: bis 1. Ebene DIN 276

**BGF  1.677 €/m²**

**Planung:** Gruppe GME Architekten BDA; Achim
veröffentlicht: BKI Objektdaten N12

---

### 6100-0942 Mehrfamilienhaus (45 WE) - KfW 40
**BRI** 18.977 m³  **BGF** 5.837 m²  **NUF** 4.037 m²

Mehrfamilienhaus (45 WE, 4.037 m² WFL), KfW 40. Ein Gebäude aus einem neuen Wohnquartier mit insgesamt 5 Wohngebäuden. Massivbau.

Land: Hessen
Kreis: Frankfurt am Main, Stadt
Standard: über Durchschnitt
Bauzeit: 104 Wochen
Kennwerte: bis 1. Ebene DIN 276

**BGF  2.090 €/m²**

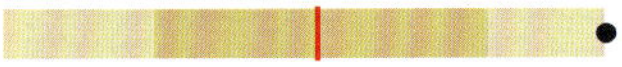

**Planung:** STEFAN FORSTER ARCHITEKTEN; Frankfurt am Main
veröffentlicht: BKI Objektdaten E5

---

### 6100-0659 8 Mehrfamilienhäuser (45 WE)
**BRI** 17.627 m³  **BGF** 5.911 m²  **NUF** 4.365 m²

Acht Mehrfamilienhäuser mit 45 WE (3.558 m² WFL). Mauerwerksbau; Stb-Decken; zweischalige Metalldachkonstruktion.

Land: Thüringen
Kreis: Suhl, Stadt
Standard: über Durchschnitt
Bauzeit: 65 Wochen
Kennwerte: bis 4. Ebene DIN 276

**BGF  1.281 €/m²**

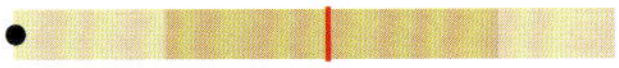

**Planung:** ingenieurbüro bauwesen A&H GbR Suhl; Suhl
veröffentlicht: BKI Objektdaten N10

---

### 6100-1085 Solarsiedlung (101 WE), TG (137 STP)
**BRI** 48.732 m³  **BGF** 20.080 m²  **NUF** 14.688 m²

Solarsiedlung mit 101 Wohnungen (9.209 m² WFL), Tiefgarage mit 137 Stellplätzen. Massivbau.

Land: Nordrhein-Westfalen
Kreis: Düsseldorf
Standard: über Durchschnitt
Bauzeit: 209 Wochen*
Kennwerte: bis 1. Ebene DIN 276

**BGF  1.570 €/m²**

**Planung:** HGMB Architekten GmbH + Co. KG; Düsseldorf
veröffentlicht: BKI Objektdaten E6
* Nicht in der Auswertung enthalten

## Objektübersicht zur Gebäudeart

### 6100-0626 Mehrgenerationen-Wohnanlage (30 WE)    **BRI** 9.780 m³   **BGF** 3.175 m²   **NUF** 2.302 m²

Mehrgenerationen-Wohnanlage (30 WE, 2.114 m² WFL). Mauerwerksbau.

Land: Thüringen
Kreis: Ilm-Kreis
Standard: über Durchschnitt
Bauzeit: 65 Wochen
Kennwerte: bis 3. Ebene DIN 276

**BGF**   1.855 €/m²

**Planung:** Architekten- und Ingenieurgruppe Erfurt & Partner GmbH; Erfurt

veröffentlicht: BKI Objektdaten N9

Kostenstand: 1. Quartal 2022, Bundesdurchschnitt, **inkl. 19% MwSt.**

# Mehrfamilienhäuser, Passivhäuser

## Kostenkennwerte für die Kosten des Bauwerks (Kostengruppen 300+400 nach DIN 276)

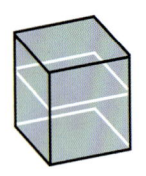

**BRI** 505 €/m³
von 440 €/m³
bis 555 €/m³

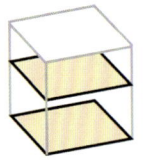

**BGF** 1.570 €/m²
von 1.295 €/m²
bis 1.870 €/m²

**NUF** 2.320 €/m²
von 1.945 €/m²
bis 2.920 €/m²

**NE** 2.695 €/NE
von 2.335 €/NE
bis 3.410 €/NE
NE: Wohnfläche

**Kosten:**
Stand 1. Quartal 2022
Bundesdurchschnitt
inkl. 19% MwSt.

### Objektbeispiele

6100-0724
6100-0795 
6100-1063 
6100-1433 
6100-0837 
6100-1399 

### Kosten der 22 Vergleichsobjekte — Seiten 654 bis 660

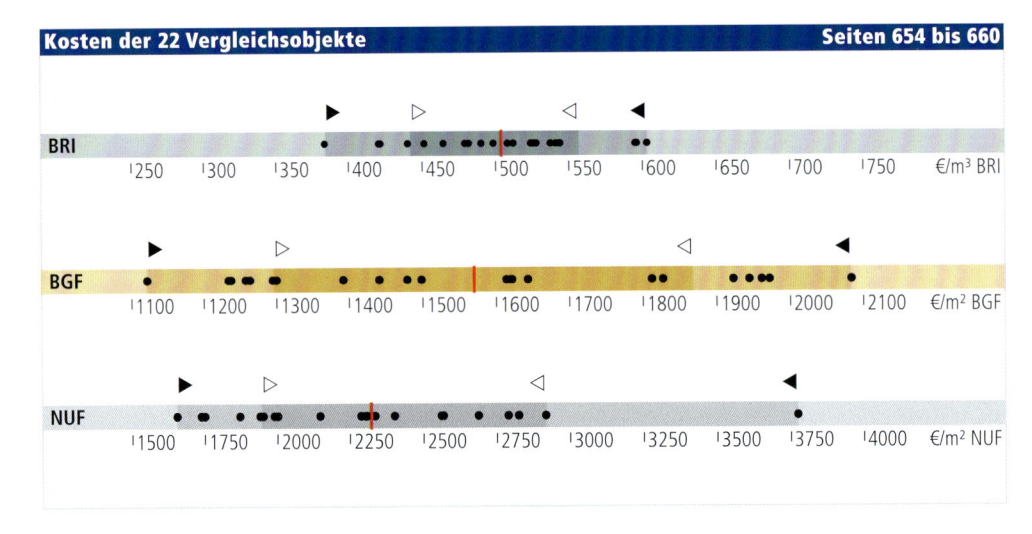

- ● KKW
- ▶ min
- ▷ von
- | Mittelwert
- ◁ bis
- ◀ max

BRI: 250–750 €/m³ BRI
BGF: 1100–2100 €/m² BGF
NUF: 1500–4000 €/m² NUF

© BKI Baukosteninformationszentrum; Erläuterungen zu den Tabellen siehe Seite 46
Kostenstand: 1. Quartal 2022, Bundesdurchschnitt, **inkl. 19% MwSt.**

## Kostenkennwerte für die Kostengruppen der 1. und 2. Ebene DIN 276

| KG | Kostengruppen der 1. Ebene | Einheit | ▷ | €/Einheit | ◁ | ▷ | % an 300+400 | ◁ |
|---|---|---|---|---|---|---|---|---|
| 100 | Grundstück | m² GF | – | – | – | – | – | – |
| 200 | Vorbereitende Maßnahmen | m² GF | 4 | **15** | 30 | 0,3 | **0,8** | 2,3 |
| 300 | Bauwerk – Baukonstruktionen | m² BGF | 1.038 | **1.232** | 1.472 | 75,2 | **78,6** | 82,2 |
| 400 | Bauwerk – Technische Anlagen | m² BGF | 246 | **338** | 427 | 17,8 | **21,4** | 24,8 |
|  | Bauwerk (300+400) | m² BGF | 1.296 | **1.570** | 1.868 | 100,0 | **100,0** | 100,0 |
| 500 | Außenanlagen und Freiflächen | m² AF | 100 | **172** | 280 | 2,4 | **4,7** | 10,6 |
| 600 | Ausstattung und Kunstwerke | m² BGF | 3 | **13** | 33 | 0,2 | **0,7** | 1,6 |
| 700 | Baunebenkosten* | m² BGF | 295 | **329** | 363 | 18,8 | **20,9** | 23,1 |
| 800 | Finanzierung | m² BGF | – | – | – | – | – | – |

◁ * Auf Grundlage der HOAI 2021 berechnete Werte nach §§ 35, 52, 56. Weitere Informationen siehe Seite 50

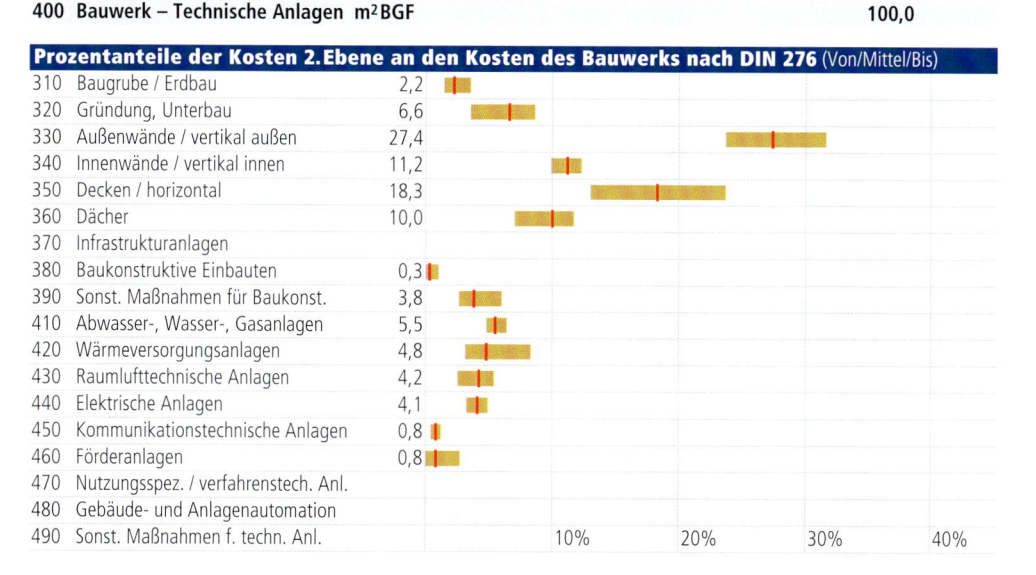

| KG | Kostengruppen der 2. Ebene | Einheit | ▷ | €/Einheit | ◁ | ▷ | % an 1. Ebene | ◁ |
|---|---|---|---|---|---|---|---|---|
| 310 | Baugrube / Erdbau | m³ BGI | 27 | **31** | 33 | 1,7 | **2,7** | 4,4 |
| 320 | Gründung, Unterbau | m² GRF | 226 | **320** | 376 | 4,5 | **8,3** | 10,4 |
| 330 | Außenwände / vertikal außen | m² AWF | 372 | **450** | 520 | 30,0 | **34,3** | 38,4 |
| 340 | Innenwände / vertikal innen | m² IWF | 169 | **189** | 215 | 11,6 | **14,1** | 15,4 |
| 350 | Decken / horizontal | m² DEF | 383 | **395** | 406 | 16,8 | **22,9** | 30,0 |
| 360 | Dächer | m² DAF | 367 | **452** | 531 | 9,5 | **12,5** | 15,4 |
| 370 | Infrastrukturanlagen |  | – | – | – | – | – | – |
| 380 | Baukonstruktive Einbauten | m² BGF | 4 | **11** | 25 | < 0,1 | **0,4** | 1,3 |
| 390 | Sonst. Maßnahmen für Baukonst. | m² BGF | 33 | **52** | 73 | 3,3 | **4,7** | 7,5 |
| **300** | **Bauwerk – Baukonstruktionen** | **m² BGF** |  |  |  |  | **100,0** |  |
| 410 | Abwasser-, Wasser-, Gasanlagen | m² BGF | 63 | **79** | 107 | 24,9 | **28,3** | 34,9 |
| 420 | Wärmeversorgungsanlagen | m² BGF | 40 | **74** | 154 | 16,0 | **23,1** | 32,3 |
| 430 | Raumlufttechnische Anlagen | m² BGF | 34 | **59** | 80 | 15,5 | **20,1** | 27,2 |
| 440 | Elektrische Anlagen | m² BGF | 42 | **58** | 74 | 16,7 | **20,5** | 22,5 |
| 450 | Kommunikationstechnische Anlagen | m² BGF | 6 | **12** | 18 | 1,7 | **4,2** | 5,7 |
| 460 | Förderanlagen | m² BGF | 17 | **30** | 43 | 0,0 | **3,7** | 13,0 |
| 470 | Nutzungsspez. / verfahrenstech. Anl. | m² BGF | – | – | – | – | – | – |
| 480 | Gebäude- und Anlagenautomation | m² BGF | – | – | – | – | – | – |
| 490 | Sonst. Maßnahmen f. techn. Anl. | m² BGF | – | – | – | – | – | – |
| **400** | **Bauwerk – Technische Anlagen** | **m² BGF** |  |  |  |  | **100,0** |  |

### Prozentanteile der Kosten 2. Ebene an den Kosten des Bauwerks nach DIN 276 (Von/Mittel/Bis)

| KG | Bezeichnung | Mittel |
|---|---|---|
| 310 | Baugrube / Erdbau | 2,2 |
| 320 | Gründung, Unterbau | 6,6 |
| 330 | Außenwände / vertikal außen | 27,4 |
| 340 | Innenwände / vertikal innen | 11,2 |
| 350 | Decken / horizontal | 18,3 |
| 360 | Dächer | 10,0 |
| 370 | Infrastrukturanlagen |  |
| 380 | Baukonstruktive Einbauten | 0,3 |
| 390 | Sonst. Maßnahmen für Baukonst. | 3,8 |
| 410 | Abwasser-, Wasser-, Gasanlagen | 5,5 |
| 420 | Wärmeversorgungsanlagen | 4,8 |
| 430 | Raumlufttechnische Anlagen | 4,2 |
| 440 | Elektrische Anlagen | 4,1 |
| 450 | Kommunikationstechnische Anlagen | 0,8 |
| 460 | Förderanlagen | 0,8 |
| 470 | Nutzungsspez. / verfahrenstech. Anl. |  |
| 480 | Gebäude- und Anlagenautomation |  |
| 490 | Sonst. Maßnahmen f. techn. Anl. |  |

© BKI Baukosteninformationszentrum; Erläuterungen zu den Tabellen siehe Seite 48 und 50    Kostenstand: 1. Quartal 2022, Bundesdurchschnitt, **inkl. 19% MwSt.**

# Mehrfamilienhäuser, Passivhäuser

## Prozentanteile der Kosten für Leistungsbereiche nach STLB (Kosten Bauwerk nach DIN 276)

| LB | Leistungsbereiche | von | Mittelwert | bis |
|---|---|---|---|---|
| 000 | Sicherheits-, Baustelleneinrichtungen inkl. 001 | 2,0 | 3,3 | 5,3 |
| 002 | Erdarbeiten | 1,9 | 2,8 | 4,3 |
| 006 | Spezialtiefbauarbeiten inkl. 005 | < 0,1 | 0,2 | 1,2 |
| 009 | Entwässerungskanalarbeiten inkl. 011 | 0,4 | 0,7 | 1,0 |
| 010 | Drän- und Versickerarbeiten | < 0,1 | < 0,1 | 0,5 |
| 012 | Mauerarbeiten | 4,2 | 6,9 | 10,6 |
| 013 | Betonarbeiten | 11,7 | 15,5 | 20,7 |
| 014 | Natur-, Betonwerksteinarbeiten | < 0,1 | 0,4 | 1,4 |
| 016 | Zimmer- und Holzbauarbeiten | 1,6 | 5,7 | 11,8 |
| 017 | Stahlbauarbeiten | 0,4 | 2,6 | 5,8 |
| 018 | Abdichtungsarbeiten | 0,5 | 1,0 | 1,4 |
| 020 | Dachdeckungsarbeiten | 0,0 | 0,2 | 1,7 |
| 021 | Dachabdichtungsarbeiten | 1,9 | 3,2 | 4,4 |
| 022 | Klempnerarbeiten | 1,1 | 1,7 | 2,6 |
|  | **Rohbau** | **40,3** | **44,3** | **53,5** |
| 023 | Putz- und Stuckarbeiten, Wärmedämmsysteme | 6,9 | 8,5 | 11,3 |
| 024 | Fliesen- und Plattenarbeiten | 1,7 | 2,6 | 4,0 |
| 025 | Estricharbeiten | 1,7 | 2,1 | 2,4 |
| 026 | Fenster, Außentüren inkl. 029, 032 | 6,3 | 7,3 | 8,7 |
| 027 | Tischlerarbeiten | 1,5 | 1,9 | 2,5 |
| 028 | Parkettarbeiten, Holzpflasterarbeiten | 0,7 | 2,8 | 3,8 |
| 030 | Rollladenarbeiten | 1,4 | 1,9 | 2,4 |
| 031 | Metallbauarbeiten inkl. 035 | 0,7 | 3,4 | 5,7 |
| 034 | Maler- und Lackiererarbeiten inkl. 037 | 1,3 | 1,9 | 2,8 |
| 036 | Bodenbelagarbeiten | < 0,1 | 0,5 | 1,8 |
| 038 | Vorgehängte hinterlüftete Fassaden | – | – | – |
| 039 | Trockenbauarbeiten | 2,3 | 3,4 | 4,8 |
|  | **Ausbau** | **33,1** | **36,3** | **39,6** |
| 040 | Wärmeversorgungsanl. - Betriebseinr. inkl. 041 | 2,5 | 4,1 | 6,6 |
| 042 | Gas- und Wasserinstallation, Leitungen inkl. 043 | 1,6 | 2,9 | 6,4 |
| 044 | Abwasseranlagen - Leitungen | 0,3 | 0,8 | 1,1 |
| 045 | GWE-Einrichtungsgegenstände inkl. 046 | 0,5 | 1,3 | 2,0 |
| 047 | Dämmarbeiten an betriebstechnischen Anlagen | 0,2 | 0,6 | 1,1 |
| 049 | Feuerlöschanlagen, Feuerlöschgeräte | – | – | – |
| 050 | Blitzschutz- und Erdungsanlagen | < 0,1 | 0,2 | 0,3 |
| 052 | Mittelspannungsanlagen | – | – | – |
| 053 | Niederspannungsanlagen inkl. 054 | 3,0 | 3,7 | 4,8 |
| 055 | Sicherheits- u. Ersatzstromversorgungsanl. | – | – | – |
| 057 | Gebäudesystemtechnik | – | – | – |
| 058 | Leuchten und Lampen inkl. 059 | < 0,1 | 0,2 | 0,4 |
| 060 | Sprechanlagen, elektroakust. Anlagen inkl. 064 | 0,2 | 0,2 | 0,3 |
| 061 | Kommunikationsnetze inkl. 062 | 0,2 | 0,6 | 0,9 |
| 063 | Gefahrenmeldeanlagen | < 0,1 | < 0,1 | 0,1 |
| 069 | Aufzüge | 0,0 | 0,7 | 2,6 |
| 070 | Gebäudeautomation | – | – | – |
| 075 | Raumlufttechnische Anlagen inkl. 078 | 2,4 | 3,9 | 4,8 |
|  | **Gebäudetechnik** | **15,0** | **19,0** | **22,2** |
|  | Sonstige Leistungsbereiche inkl. 008, 033, 051 | 0,1 | 0,4 | 0,8 |

**Kosten:** Stand 1. Quartal 2022 Bundesdurchschnitt inkl. 19% MwSt.

- KKW
- ▶ min
- ▷ von
- | Mittelwert
- ◁ bis
- ◀ max

## Planungskennwerte für Flächen und Rauminhalte nach DIN 277

| Grundflächen | | | ▷ Fläche/NUF (%) ◁ | | | ▷ Fläche/BGF (%) ◁ | | |
|---|---|---|---|---|---|---|---|---|
| NUF | Nutzungsfläche | 100,0 | **100,0** | 100,0 | 62,6 | **68,2** | 71,6 |
| TF | Technikfläche | 2,9 | **3,7** | 10,7 | 1,9 | **2,5** | 6,6 |
| VF | Verkehrsfläche | 14,1 | **18,1** | 34,2 | 9,3 | **11,5** | 18,0 |
| NRF | Netto-Raumfläche | 117,0 | **121,6** | 137,8 | 79,4 | **82,0** | 84,1 |
| KGF | Konstruktions-Grundfläche | 23,1 | **26,8** | 32,1 | 15,9 | **18,0** | 20,6 |
| BGF | Brutto-Grundfläche | 141,5 | **148,4** | 165,9 | 100,0 | **100,0** | 100,0 |

| Brutto-Rauminhalte | | ▷ BRI/NUF (m) ◁ | | | ▷ BRI/BGF (m) ◁ | | |
|---|---|---|---|---|---|---|---|
| BRI | Brutto-Rauminhalt | 4,33 | **4,58** | 5,09 | 2,92 | **3,10** | 3,32 |

| Flächen von Nutzeinheiten | ▷ NUF/Einheit (m²) ◁ | | | ▷ BGF/Einheit (m²) ◁ | | |
|---|---|---|---|---|---|---|
| Nutzeinheit: Wohnfläche | 1,11 | **1,18** | 1,28 | 1,56 | **1,74** | 1,85 |

| Lufttechnisch behandelte Flächen | ▷ Fläche/NUF (%) ◁ | | | ▷ Fläche/BGF (%) ◁ | | |
|---|---|---|---|---|---|---|
| Entlüftete Fläche | – | – | – | – | – | – |
| Be- und entlüftete Fläche | 80,7 | **86,0** | 87,6 | 56,6 | **57,0** | 61,5 |
| Teilklimatisierte Fläche | – | – | – | – | – | – |
| Klimatisierte Fläche | – | – | – | – | – | – |

| KG | Kostengruppen (2. Ebene) | Einheit | ▷ Menge/NUF ◁ | | | ▷ Menge/BGF ◁ | | |
|---|---|---|---|---|---|---|---|---|
| 310 | Baugrube / Erdbau | m³ BGI | 1,10 | **1,39** | 1,49 | 0,78 | **0,95** | 1,08 |
| 320 | Gründung, Unterbau | m² GRF | 0,34 | **0,42** | 0,46 | 0,24 | **0,29** | 0,33 |
| 330 | Außenwände / vertikal außen | m² AWF | 1,13 | **1,29** | 1,47 | 0,79 | **0,88** | 1,00 |
| 340 | Innenwände / vertikal innen | m² IWF | 1,15 | **1,22** | 1,32 | 0,78 | **0,83** | 0,87 |
| 350 | Decken / horizontal | m² DEF | 0,84 | **0,92** | 1,00 | 0,57 | **0,63** | 0,69 |
| 360 | Dächer | m² DAF | 0,38 | **0,46** | 0,47 | 0,27 | **0,31** | 0,33 |
| 370 | Infrastrukturanlagen | | – | – | – | – | – | – |
| 380 | Baukonstruktive Einbauten | m² BGF | 1,42 | **1,48** | 1,66 | 1,00 | **1,00** | 1,00 |
| 390 | Sonst. Maßnahmen für Baukonst. | m² BGF | 1,42 | **1,48** | 1,66 | 1,00 | **1,00** | 1,00 |
| **300** | **Bauwerk – Baukonstruktionen** | m² BGF | 1,42 | **1,48** | 1,66 | 1,00 | **1,00** | 1,00 |

## Planungskennwerte für Bauzeiten — 22 Vergleichsobjekte

Bauzeit in Wochen

Bauzeit: 0 | 15 | 30 | 45 | 60 | 75 | 90 | 105 | 120 | 135 | 150 Wochen

© BKI Baukosteninformationszentrum; Erläuterungen zu den Tabellen siehe Seite 54   Kostenstand: 1. Quartal 2022, Bundesdurchschnitt, inkl. 19% MwSt.

# Mehrfamilienhäuser, Passivhäuser

## Objektübersicht zur Gebäudeart

**€/m² BGF**
- min: 1.120 €/m²
- von: 1.295 €/m²
- Mittel: **1.570 €/m²**
- bis: 1.870 €/m²
- max: 2.085 €/m²

**Kosten:**
Stand 1. Quartal 2022
Bundesdurchschnitt
inkl. 19% MwSt.

---

### 6100-1433 Mehrfamilienhaus (5 WE) - Passivhaus

**BRI** 1.770 m³ | **BGF** 624 m² | **NUF** 408 m²

Mehrfamilienhaus mit 5 Wohneinheiten und Carports als Passivhaus. Massivbau.

Land: Nordrhein-Westfalen
Kreis: Heinsberg
Standard: über Durchschnitt
Bauzeit: 48 Wochen
Kennwerte: bis 3. Ebene DIN 276

**BGF  1.498 €/m²**

**Planung:** Rongen Architekten PartG mbB; Wassenberg

veröffentlicht: BKI Objektdaten E9

---

### 6100-1399 Mehrfamilienhäuser (34 WE) - Passivhäuser

**BRI** 13.492 m³ | **BGF** 4.168 m² | **NUF** 2.919 m²

Zwei Mehrfamilienhäuser mit 34 WE als Passivhäuser. Mauerwerksbau.

Land: Hessen
Kreis: Frankfurt am Main, Stadt
Standard: Durchschnitt
Bauzeit: 57 Wochen
Kennwerte: bis 1. Ebene DIN 276

**BGF  1.614 €/m²**

**Planung:** Scheffler + Partner Architekten mit Gottstein & Blumenstein; Frankfurt a.M.

veröffentlicht: BKI Objektdaten N17

---

### 6100-1380 Mehrfamilienhaus (25 WE) - Passivhaus

**BRI** 8.994 m³ | **BGF** 2.942 m² | **NUF** 2.113 m²

Mehrfamilienhaus mit 24 WE (1.743 m² WFL) als Passivhaus. Massivbau.

Land: Nordrhein-Westfalen
Kreis: Warendorf
Standard: Durchschnitt
Bauzeit: 83 Wochen
Kennwerte: bis 1. Ebene DIN 276

**BGF  1.643 €/m²**

**Planung:** KUCKERT ARCHITEKTEN BDA; Münster

veröffentlicht: BKI Objektdaten E8

---

### 6100-1228 Mehrfamilienhaus (8 WE) - Passivhaus

**BRI** 2.314 m³ | **BGF** 684 m² | **NUF** 517 m²

Mehrfamilienhaus mit 8 WE (513 m² WFL) als Passivhaus. Mauerwerksbau.

Land: Brandenburg
Kreis: Potsdam
Standard: Durchschnitt
Bauzeit: 43 Wochen
Kennwerte: bis 1. Ebene DIN 276

**BGF  1.622 €/m²**

**Planung:** Project Architecture Company; Berlin

veröffentlicht: BKI Objektdaten E7

## Objektübersicht zur Gebäudeart

### 6100-1236 Mehrfamilienhaus (7 WE), TG - Plusenergiehaus
**BRI** 4.776 m³ **BGF** 1.482 m² **NUF** 1.109 m²

Mehrfamilienhaus mit 7 WE (794 m² WFL) und Tiefgarage (11 STP) als EnergiePlus-Haus. Massivbau.

Land: Nordrhein-Westfalen
Kreis: Dortmund
Standard: Durchschnitt
Bauzeit: 74 Wochen
Kennwerte: bis 1. Ebene DIN 276

**BGF** 1.922 €/m²

**Planung:** Norbert Post • Hartmut Welters Architekten & Stadtplaner GmbH; Dortmund
veröffentlicht: BKI Objektdaten E7

### 6100-1134 Mehrfamilienhaus (5 WE) - Passivhaus
**BRI** 1.933 m³ **BGF** 523 m² **NUF** 378 m²

Mehrfamilienhaus als Mietobjekt mit 5 WE, Passivhaus. Massivbau, DG: Holzrahmenbau.

Land: Nordrhein-Westfalen
Kreis: Düren
Standard: Durchschnitt
Bauzeit: 57 Wochen
Kennwerte: bis 3. Ebene DIN 276

**BGF** 1.944 €/m²

**Planung:** Rongen Architekten PartG mbB; Wassenberg
veröffentlicht: BKI Objektdaten E6

### 6100-1221 Mehrfamilienhaus (10 WE), TG (18 STP) - Passivhaus
**BRI** 7.541 m³ **BGF** 2.307 m² **NUF** 1.559 m²

Mehrfamilienhaus mit 10 WE (1.132 m² WFL) als Passivhaus mit Tiefgarage (18 STP). Mauerwerksbau.

Land: Hamburg
Kreis: Hamburg, Freie und Hansestadt
Standard: über Durchschnitt
Bauzeit: 87 Wochen
Kennwerte: bis 1. Ebene DIN 276

**BGF** 1.972 €/m²

**Planung:** Dipl. Ing. Jakob Siemonsen; Hamburg
veröffentlicht: BKI Objektdaten E7

### 6100-1183 Mehrfamilienhaus (22 WE) - Passivhaus
**BRI** 11.676 m³ **BGF** 3.478 m² **NUF** 2.646 m²

Mehrfamilienhaus mit 22 WE (2.384 m² WFL) als Passivhaus. Stb-Konstruktion, Holztafelbaufassade.

Land: Berlin
Kreis: Berlin
Standard: Durchschnitt
Bauzeit: 87 Wochen
Kennwerte: bis 1. Ebene DIN 276

**BGF** 1.827 €/m²

**Planung:** Deimel Oelschläger Architekten Partnerschaft; Berlin
veröffentlicht: BKI Objektdaten E6

© BKI Baukosteninformationszentrum; Erläuterungen zu den Tabellen siehe Seite 56  Kostenstand: 1. Quartal 2022, Bundesdurchschnitt, inkl. 19% MwSt.

# Mehrfamilienhäuser, Passivhäuser

## Objektübersicht zur Gebäudeart

**€/m² BGF**
- min: 1.120 €/m²
- von: 1.295 €/m²
- Mittel: **1.570 €/m²**
- bis: 1.870 €/m²
- max: 2.085 €/m²

**Kosten:**
Stand 1. Quartal 2022
Bundesdurchschnitt
inkl. 19% MwSt.

---

### 6100-1188 Mehrfamilienhaus (17 WE) barrierefrei - Passivhaus
**BRI** 5.544 m³ **BGF** 1.821 m² **NUF** 874 m²

Mehrfamilienhaus (17 WE) mit 863 m² WFL mit Gemeinschaftsbereich als Passivhaus. Mauerwerksbau.

Land: Hamburg
Kreis: Hamburg, Freie und Hansestadt
Standard: Durchschnitt
Bauzeit: 74 Wochen
Kennwerte: bis 1. Ebene DIN 276

**BGF** 1.812 €/m²

**Planung:** Plan-R-Architektenbüro Joachim Reinig; Hamburg

veröffentlicht: BKI Objektdaten E7

---

### 6100-1016 Mehrfamilienhaus (3 WE) - Passivhaus
**BRI** 1.928 m³ **BGF** 605 m² **NUF** 351 m²

Mehrfamilienhaus (3 WE mit 349 m² WFL). Massivbauweise.

Land: Sachsen
Kreis: Dresden, Stadt
Standard: Durchschnitt
Bauzeit: 48 Wochen
Kennwerte: bis 1. Ebene DIN 276

**BGF** 1.620 €/m²

**Planung:** architekten dd Dipl.-Ing. Dietmar Eichelmann; Dresden

veröffentlicht: BKI Objektdaten E5

---

### 6100-1063 Mehrfamilienhaus (11 WE) - Passivhaus
**BRI** 6.964 m³ **BGF** 1.922 m² **NUF** 1.334 m²

Mehrfamilienhaus einer Baugemeinschaft als Passivhaus mit 11 WE (1.334 m² WFL). Mauerwerksbau.

Land: Berlin
Kreis: Berlin, Stadt
Standard: Durchschnitt
Bauzeit: 70 Wochen
Kennwerte: bis 1. Ebene DIN 276

**BGF** 1.961 €/m²

**Planung:** pfeifer deegen architekten; Berlin-Kreuzberg

veröffentlicht: BKI Objektdaten E6

---

### 6100-1009 Mehrfamilienhaus (8 WE) - Passivhaus
**BRI** 4.070 m³ **BGF** 1.686 m² **NUF** 1.143 m²

Mehrfamilienhaus mit 8 WE (892 m² WFL). EG-Wohnungen sind barrierefrei. Mauerwerksbau.

Land: Baden-Württemberg
Kreis: Karlsruhe
Standard: über Durchschnitt
Bauzeit: 74 Wochen
Kennwerte: bis 1. Ebene DIN 276

**BGF** 1.122 €/m²

**Planung:** Bisch.Otteni Architekten und Innenarchitekten; Karlsruhe

veröffentlicht: BKI Objektdaten E5

## Objektübersicht zur Gebäudeart

### 6100-1052 Mehrfamilienhaus (6 WE) - Plusenergiehaus*

**BRI** 4.060 m³    **BGF** 1.215 m²    **NUF** 795 m²

Mehrfamilienwohnhaus mit sechs Wohneinheiten als Energie-Plus-Wohngebäude. Mehrlagiges Fassadensystem mit variablen Funktionen. Stb-Konstruktion.

Land: Schleswig-Holstein
Kreis: Schleswig-Flensburg
Standard: über Durchschnitt
Bauzeit: 52 Wochen
Kennwerte: bis 3. Ebene DIN 276

**BGF**   4.289 €/m²

veröffentlicht: BKI Objektdaten N12
* Nicht in der Auswertung enthalten

**Planung:** architekturbüro p. sindram Architekt Paul Sindram; Schleswig

### 6100-1036 Mehrfamilienhaus (4 WE), Galerie - Passivhaus*

**BRI** 6.380 m³    **BGF** 1.751 m²    **NUF** 1.188 m²

Mehrfamilienwohnhaus mit 4 WE (702m² WFL) und einer Galerie im EG und UG. Stb-Konstruktion.

Land: Berlin
Kreis: Berlin
Standard: über Durchschnitt
Bauzeit: 65 Wochen
Kennwerte: bis 1. Ebene DIN 276

**BGF**   2.440 €/m²

veröffentlicht: BKI Objektdaten E5
* Nicht in der Auswertung enthalten

**Planung:** BCO Architekten; Berlin

### 6100-0967 Mehrfamilienhaus (20 WE) - Passivhaus

**BRI** 7.842 m³    **BGF** 2.628 m²    **NUF** 1.901 m²

Mehrfamilienhaus als Passivhaus (20 WE). Mauerwerksbau.

Land: Baden-Württemberg
Kreis: Freiburg im Breisgau
Standard: Durchschnitt
Bauzeit: 61 Wochen
Kennwerte: bis 4. Ebene DIN 276

**BGF**   1.258 €/m²

veröffentlicht: BKI Objektdaten E5

**Planung:** Werkgruppe Freiburg Architekten; Freiburg

### 6100-1269 Mehrfamilienhaus (16 WE), TG (12 STP) - Passivhaus

**BRI** 10.120 m³    **BGF** 3.355 m²    **NUF** 2.125 m²

Mehrfamilienhaus (16 WE) mit 1.667m² WFL und TG (12 STP) als Passivhaus. Mischkonstruktion.

Land: Hamburg
Kreis: Hamburg, Freie und Hansestadt
Standard: Durchschnitt
Bauzeit: 65 Wochen
Kennwerte: bis 1. Ebene DIN 276

**BGF**   1.479 €/m²

veröffentlicht: BKI Objektdaten E7

**Planung:** Neustadtarchitekten; Hamburg

© BKI Baukosteninformationszentrum; Erläuterungen zu den Tabellen siehe Seite 56    Kostenstand: 1. Quartal 2022, Bundesdurchschnitt, inkl. 19% MwSt.

# Mehrfamilienhäuser, Passivhäuser

## Objektübersicht zur Gebäudeart

**€/m² BGF**
- min: 1.120 €/m²
- von: 1.295 €/m²
- Mittel: **1.570 €/m²**
- bis: 1.870 €/m²
- max: 2.085 €/m²

**Kosten:**
Stand 1. Quartal 2022
Bundesdurchschnitt
inkl. 19% MwSt.

---

### 6100-1007 Mehrfamilienhaus (14 WE) - Passivhaus
**BRI** 6.680 m³ | **BGF** 2.430 m² | **NUF** 1.517 m²

Mehrfamilienhaus mit 14 WE (1.317 m² WFL) als Passivhaus. Massivbauweise.

Land: Hessen
Kreis: Main-Taunus-Kreis
Standard: über Durchschnitt
Bauzeit: 74 Wochen
Kennwerte: bis 1. Ebene DIN 276

**BGF** 1.441 €/m²

**Planung:** Dipl.Ing. Architekt Konrad Schirmer; Hattersheim

veröffentlicht: BKI Objektdaten E5

---

### 6100-0997 Mehrfamilienhaus (16 WE), TG (14 STP) - Passivhaus
**BRI** 9.621 m³ | **BGF** 3.352 m² | **NUF** 2.129 m²

Mehrfamilienhaus (16 WE) mit Tiefgarage als Passivhaus. Massivbau.

Land: Baden-Württemberg
Kreis: Freiburg im Breisgau
Standard: Durchschnitt
Bauzeit: 52 Wochen
Kennwerte: bis 4. Ebene DIN 276

**BGF** 1.263 €/m²

**Planung:** kuhs architekten freiburg dipl-ing.(fh) winfried kuhs; Freiburg

veröffentlicht: BKI Objektdaten E5

---

### 6100-0882 Solarsiedlung (39 WE) - drei Passivhäuser
**BRI** 14.373 m³ | **BGF** 3.750 m² | **NUF** 3.050 m²

Solarsiedlung. 3 Mehrfamilienhäuser als Passivhäuser mit 39 Mietwohnungen. (3.337 m² WFL). Mauerwerksbau.

Land: Nordrhein-Westfalen
Kreis: Münster, Stadt
Standard: Durchschnitt
Bauzeit: 52 Wochen
Kennwerte: bis 1. Ebene DIN 276

**BGF** 2.083 €/m²

**Planung:** Architekturbüro Thiel; Münster

veröffentlicht: BKI Objektdaten E4

---

### 6100-0797 Mehrfamilienhaus (23 WE), TG - Passivhaus
**BRI** 11.816 m³ | **BGF** 4.348 m² | **NUF** 3.024 m²

Mehrfamilienwohnhaus (23 WE), Passivhaus, Tiefgarage (23 Stellplätze). Betonbau.

Land: Baden-Württemberg
Kreis: Zollernalbkreis
Standard: Durchschnitt
Bauzeit: 109 Wochen
Kennwerte: bis 1. Ebene DIN 276

**BGF** 1.392 €/m²

**Planung:** Grießbach+Grießbach Architekten; Freiburg

veröffentlicht: BKI Objektdaten E4

## Objektübersicht zur Gebäudeart

### 6100-0837 Mehrfamilienhaus (44 WE) - Passivhaus

**BRI** 19.406 m³    **BGF** 6.014 m²    **NUF** 3.977 m²

Generationenübergreifendes Wohnen mit 44 WE. Gesamtanlage besteht aus 2 Baukörpern. Mauerwerksbau.

Land: Hessen  
Kreis: Darmstadt, Stadt  
Standard: Durchschnitt  
Bauzeit: 87 Wochen  
Kennwerte: bis 1. Ebene DIN 276  

**BGF**    1.238 €/m²

veröffentlicht: BKI Objektdaten E4

**Planung:** kolb+neumann Architekten BDA; Darmstadt

---

### 6100-0806 Mehrfamilienhaus (19 WE) - Passivhaus*

**BRI** 10.455 m³    **BGF** 2.942 m²    **NUF** 2.280 m²

Mehrfamilienwohnhaus für generationsübergreifendes Wohnen, 19 WE, Passivhaus, Mischbauweise. Holzrahmenbau.

Land: Berlin  
Kreis: Berlin, Stadt  
Standard: über Durchschnitt  
Bauzeit: 70 Wochen  
Kennwerte: bis 1. Ebene DIN 276  

**BGF**    1.914 €/m²

veröffentlicht: BKI Objektdaten E4  
\* Nicht in der Auswertung enthalten

**Planung:** Deimel Oelschläger Architekten Partnerschaft; Berlin

---

### 6100-0795 Mehrfamilienhaus (30 WE) - Passivhaus

**BRI** 14.808 m³    **BGF** 5.163 m²    **NUF** 3.425 m²

Mehrfamilienhaus mit 30 WE in 4 Häusern im Passivhausstandard. Die BGF enthält einen hohen Anteil an (S)-Flächen. Mauerwerksbau.

Land: Hamburg  
Kreis: Hamburg, Freie und Hansestadt  
Standard: Durchschnitt  
Bauzeit: 52 Wochen  
Kennwerte: bis 3. Ebene DIN 276  

**BGF**    1.295 €/m²

veröffentlicht: BKI Objektdaten E4

**Planung:** NeuStadtArchitekten; Hamburg

---

### 6100-0724 Mehrfamilienhaus (14 WE), TG (14 STP) - Passivhaus

**BRI** 8.978 m³    **BGF** 3.328 m²    **NUF** 2.229 m²

Mehrfamilienwohnhaus mit 14 Wohneinheiten, 2 Baukörper, selbstgenutztes Wohneigentum. Laubenganghaus; Stb-Wände (TG), KS-Mauerwerk; Stb-Filigrandecken; Stb-Flachdach.

Land: Sachsen  
Kreis: Dresden, Stadt  
Standard: Durchschnitt  
Bauzeit: 52 Wochen  
Kennwerte: bis 1. Ebene DIN 276  

**BGF**    1.300 €/m²

veröffentlicht: BKI Objektdaten E4

**Planung:** h.e.i.z. Haus Architektur.Stadtplanung Partnerschaft mbB; Dresden

---

© BKI Baukosteninformationszentrum; Erläuterungen zu den Tabellen siehe Seite 56     Kostenstand: 1. Quartal 2022, Bundesdurchschnitt, **inkl. 19% MwSt.**

Mehrfamilienhäuser, Passivhäuser

## Objektübersicht zur Gebäudeart

**6100-0767 Mehrfamilienhaus (4 WE) - Passivhaus**  **BRI** 1.943 m³   **BGF** 662 m²   **NUF** 467 m²

Mehrfamilienhaus mit 3 WE im Passivhausstandard und eine Wohnung im KfW 40 Standard. Holzständerkonstruktion.

Land: Bayern
Kreis: Lindau (Bodensee)
Standard: Durchschnitt
Bauzeit: 48 Wochen
Kennwerte: bis 3. Ebene DIN 276

**Planung:** freie architektin Sabine Schmidt; Scheidegg

**BGF**  1.234 €/m²

veröffentlicht: BKI Objektdaten E4

**€/m² BGF**
min     1.120 €/m²
von     1.295 €/m²
Mittel  1.570 €/m²
bis     1.870 €/m²
max     2.085 €/m²

**Kosten:**
Stand 1. Quartal 2022
Bundesdurchschnitt
inkl. 19% MwSt.

**Wohnen**

# Arbeitsblatt zur Standardeinordnung bei Wohnhäusern, mit bis zu 15% Mischnutzung

## Kostenkennwerte für die Kosten des Bauwerks (Kostengruppen 300+400 nach DIN 276)

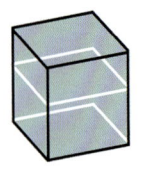

**BRI** 525 €/m³
von 435 €/m³
bis 635 €/m³

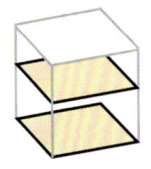

**BGF** 1.625 €/m²
von 1.280 €/m²
bis 2.010 €/m²

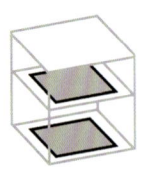

**NUF** 2.420 €/m²
von 1.940 €/m²
bis 3.100 €/m²

**Kosten:**
Stand 1. Quartal 2022
Bundesdurchschnitt
inkl. 19% MwSt.

### Standardzuordnung

(Grafik: gesamt, einfach, mittel, hoch — Skala 500 bis 3500 €/m² BGF)

### Standardeinordnung für Ihr Projekt:

| KG | Kostengruppen der 2. Ebene | niedrig | mittel | hoch | Punkte |
|---|---|---|---|---|---|
| 310 | Baugrube / Erdbau | | | | |
| 320 | Gründung, Unterbau | 1 | 2 | 3 | |
| 330 | Außenwände/Vert. Konstrukt., außen | 6 | 8 | 9 | |
| 340 | Innenwände/Vert. Baukonstrukt., innen | 4 | 4 | 5 | |
| 350 | Decken/Horizontale Baukonstruktionen | 5 | 5 | 6 | |
| 360 | Dächer | 2 | 3 | 3 | |
| 370 | Infrastrukturanlagen | | | | |
| 380 | Baukonstruktive Einbauten | 0 | 0 | 0 | |
| 390 | Sonst. Maßnahmen für Baukonstrukt. | | | | |
| 410 | Abwasser-, Wasser-, Gasanlagen | 1 | 2 | 3 | |
| 420 | Wärmeversorgungsanlagen | 1 | 2 | 2 | |
| 430 | Raumlufttechnische Anlagen | 0 | 0 | 0 | |
| 440 | Elektrische Anlagen | 1 | 1 | 2 | |
| 450 | Kommunikationstechnische Anlagen | 0 | 0 | 0 | |
| 460 | Förderanlagen | 1 | 1 | 1 | |
| 470 | Nutzungsspez. u. verfahrenstechn. Anl. | 0 | 0 | 0 | |
| 480 | Gebäude- und Anlagenautomation | 0 | 0 | 0 | |
| 490 | Sonst. Maßnahmen für techn. Anlagen | | | | |

Punkte: 22 bis 25 = einfach   26 bis 30 = mittel   31 bis 34 = hoch    Ihr Projekt (Summe):

- KKW
- min
- von
- Mittelwert
- bis
- max

**Erläuterung:**
Obenstehende Tabelle soll Ihnen die Zuordnung zu den Gebäudearten mit einfachem, mittlerem und hohem Standard erleichtern. Schätzen Sie für jedes Grobelement ab, ob die Aufwendungen niedrig, mittel oder hoch sein werden und übertragen Sie die Punkte in die rechte Spalte. Bilden Sie die Summe der rechten Spalte und ordnen Sie Ihr Projekt nach dem Schema der untersten Zeile ein. Nehmen Sie dieses Schema auch als Hinweis darauf, bei welchen Kostengruppen Sie den Mittelwert nach oben oder unten anpassen sollten.

© BKI Baukosteninformationszentrum; Erläuterungen zu den Tabellen siehe Seite 58    Kostenstand: 1. Quartal 2022, Bundesdurchschnitt, **inkl. 19% MwSt.**

## Kostenkennwerte für die Kostengruppen der 1. und 2. Ebene DIN 276

| KG | Kostengruppen der 1. Ebene | Einheit | ▷ | €/Einheit | ◁ | ▷ | % an 300+400 | ◁ |
|---|---|---|---|---|---|---|---|---|
| 100 | Grundstück | m²GF | – | – | – | – | – | – |
| 200 | Vorbereitende Maßnahmen | m²GF | 28 | 62 | 169 | 1,4 | 2,4 | 4,2 |
| 300 | Bauwerk – Baukonstruktionen | m²BGF | 1.037 | **1.312** | 1.643 | 76,5 | **80,9** | 85,7 |
| 400 | Bauwerk – Technische Anlagen | m²BGF | 216 | **311** | 423 | 14,3 | **19,1** | 23,5 |
|  | Bauwerk (300+400) | m²BGF | 1.280 | **1.623** | 2.010 | 100,0 | **100,0** | 100,0 |
| 500 | Außenanlagen und Freiflächen | m²AF | 83 | 166 | 346 | 2,4 | 4,8 | 10,5 |
| 600 | Ausstattung und Kunstwerke | m²BGF | 25 | 69 | 265 | 1,6 | 3,8 | 12,9 |
| 700 | Baunebenkosten* | m²BGF | 329 | 367 | 405 | 20,5 | 22,9 | 25,3 |
| 800 | Finanzierung | m²BGF | – | – | – | – | – | – |

\* Auf Grundlage der HOAI 2021 berechnete Werte nach §§ 35, 52, 56. Weitere Informationen siehe Seite 50

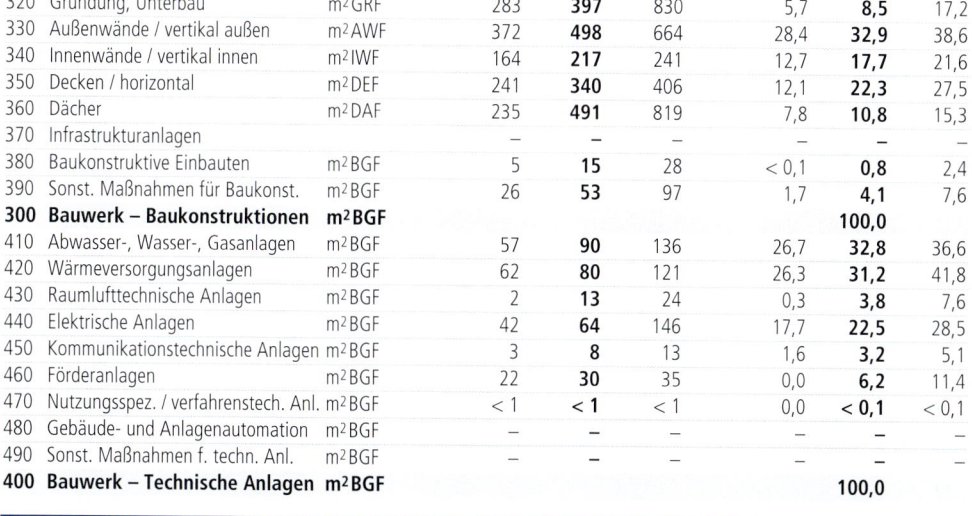

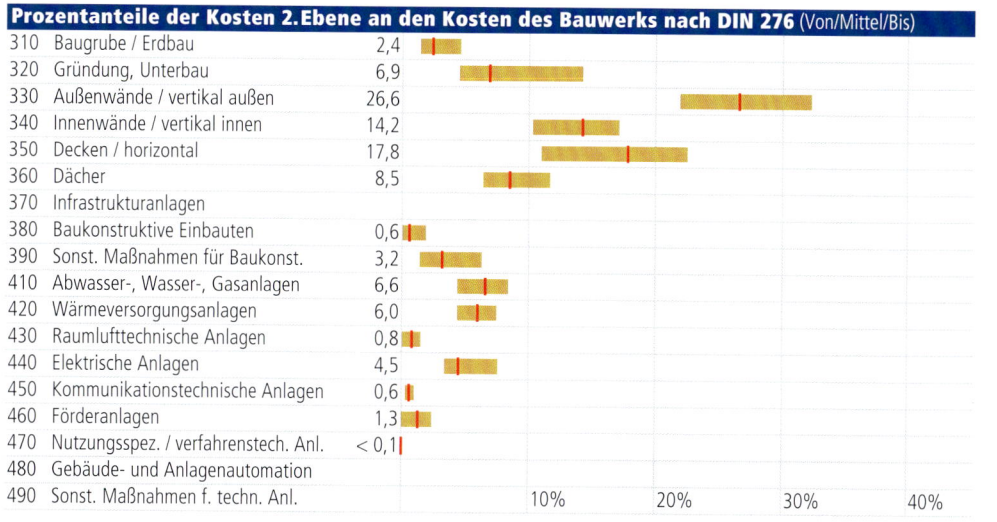

| KG | Kostengruppen der 2. Ebene | Einheit | ▷ | €/Einheit | ◁ | ▷ | % an 1. Ebene | ◁ |
|---|---|---|---|---|---|---|---|---|
| 310 | Baugrube / Erdbau | m³BGI | 33 | 59 | 155 | 1,7 | 3,0 | 5,4 |
| 320 | Gründung, Unterbau | m²GRF | 283 | 397 | 830 | 5,7 | 8,5 | 17,2 |
| 330 | Außenwände / vertikal außen | m²AWF | 372 | 498 | 664 | 28,4 | 32,9 | 38,6 |
| 340 | Innenwände / vertikal innen | m²IWF | 164 | 217 | 241 | 12,7 | 17,7 | 21,6 |
| 350 | Decken / horizontal | m²DEF | 241 | 340 | 406 | 12,1 | 22,3 | 27,5 |
| 360 | Dächer | m²DAF | 235 | 491 | 819 | 7,8 | 10,8 | 15,3 |
| 370 | Infrastrukturanlagen |  | – | – | – | – | – | – |
| 380 | Baukonstruktive Einbauten | m²BGF | 5 | 15 | 28 | < 0,1 | 0,8 | 2,4 |
| 390 | Sonst. Maßnahmen für Baukonst. | m²BGF | 26 | 53 | 97 | 1,7 | 4,1 | 7,6 |
| 300 | Bauwerk – Baukonstruktionen | m²BGF |  |  |  |  | 100,0 |  |
| 410 | Abwasser-, Wasser-, Gasanlagen | m²BGF | 57 | 90 | 136 | 26,7 | 32,8 | 36,6 |
| 420 | Wärmeversorgungsanlagen | m²BGF | 62 | 80 | 121 | 26,3 | 31,2 | 41,8 |
| 430 | Raumlufttechnische Anlagen | m²BGF | 2 | 13 | 24 | 0,3 | 3,8 | 7,6 |
| 440 | Elektrische Anlagen | m²BGF | 42 | 64 | 146 | 17,7 | 22,5 | 28,5 |
| 450 | Kommunikationstechnische Anlagen | m²BGF | 3 | 8 | 13 | 1,6 | 3,2 | 5,1 |
| 460 | Förderanlagen | m²BGF | 22 | 30 | 35 | 0,0 | 6,2 | 11,4 |
| 470 | Nutzungsspez. / verfahrenstech. Anl. | m²BGF | < 1 | < 1 | < 1 | 0,0 | < 0,1 | < 0,1 |
| 480 | Gebäude- und Anlagenautomation | m²BGF | – | – | – | – | – | – |
| 490 | Sonst. Maßnahmen f. techn. Anl. | m²BGF | – | – | – | – | – | – |
| 400 | Bauwerk – Technische Anlagen | m²BGF |  |  |  |  | 100,0 |  |

### Prozentanteile der Kosten 2. Ebene an den Kosten des Bauwerks nach DIN 276 (Von/Mittel/Bis)

| KG | Kostengruppe | Mittel |
|---|---|---|
| 310 | Baugrube / Erdbau | 2,4 |
| 320 | Gründung, Unterbau | 6,9 |
| 330 | Außenwände / vertikal außen | 26,6 |
| 340 | Innenwände / vertikal innen | 14,2 |
| 350 | Decken / horizontal | 17,8 |
| 360 | Dächer | 8,5 |
| 370 | Infrastrukturanlagen |  |
| 380 | Baukonstruktive Einbauten | 0,6 |
| 390 | Sonst. Maßnahmen für Baukonst. | 3,2 |
| 410 | Abwasser-, Wasser-, Gasanlagen | 6,6 |
| 420 | Wärmeversorgungsanlagen | 6,0 |
| 430 | Raumlufttechnische Anlagen | 0,8 |
| 440 | Elektrische Anlagen | 4,5 |
| 450 | Kommunikationstechnische Anlagen | 0,6 |
| 460 | Förderanlagen | 1,3 |
| 470 | Nutzungsspez. / verfahrenstech. Anl. | < 0,1 |
| 480 | Gebäude- und Anlagenautomation |  |
| 490 | Sonst. Maßnahmen f. techn. Anl. |  |

© BKI Baukosteninformationszentrum; Erläuterungen zu den Tabellen siehe Seite 48 und 50    Kostenstand: 1. Quartal 2022, Bundesdurchschnitt, inkl. 19% MwSt.

# Wohnhäuser, mit bis zu 15% Mischnutzung

## Prozentanteile der Kosten für Leistungsbereiche nach STLB (Kosten Bauwerk nach DIN 276)

Kosten: Stand 1. Quartal 2022 Bundesdurchschnitt inkl. 19% MwSt.

| LB | Leistungsbereiche | von | Mittelwert | bis |
|---|---|---|---|---|
| 000 | Sicherheits-, Baustelleneinrichtungen inkl. 001 | 1,4 | 3,1 | 6,6 |
| 002 | Erdarbeiten | 0,9 | 1,9 | 2,7 |
| 006 | Spezialtiefbauarbeiten inkl. 005 | < 0,1 | 0,9 | 3,3 |
| 009 | Entwässerungskanalarbeiten inkl. 011 | 0,2 | 0,5 | 0,9 |
| 010 | Drän- und Versickerarbeiten | 0,0 | < 0,1 | 0,2 |
| 012 | Mauerarbeiten | 0,4 | 3,1 | 5,5 |
| 013 | Betonarbeiten | 8,2 | 17,0 | 22,8 |
| 014 | Natur-, Betonwerksteinarbeiten | < 0,1 | 0,6 | 1,4 |
| 016 | Zimmer- und Holzbauarbeiten | 2,1 | 11,7 | 26,8 |
| 017 | Stahlbauarbeiten | < 0,1 | 0,2 | 0,7 |
| 018 | Abdichtungsarbeiten | < 0,1 | 0,5 | 1,2 |
| 020 | Dachdeckungsarbeiten | < 0,1 | 0,6 | 5,6 |
| 021 | Dachabdichtungsarbeiten | 1,2 | 2,9 | 5,2 |
| 022 | Klempnerarbeiten | 0,6 | 1,3 | 1,9 |
| | **Rohbau** | 40,0 | **44,2** | 50,3 |
| 023 | Putz- und Stuckarbeiten, Wärmedämmsysteme | 1,7 | 4,2 | 7,3 |
| 024 | Fliesen- und Plattenarbeiten | 1,1 | 2,2 | 5,3 |
| 025 | Estricharbeiten | 1,5 | 1,7 | 2,3 |
| 026 | Fenster, Außentüren inkl. 029, 032 | 7,6 | 9,4 | 11,8 |
| 027 | Tischlerarbeiten | 0,9 | 3,4 | 5,3 |
| 028 | Parkettarbeiten, Holzpflasterarbeiten | 0,6 | 2,1 | 4,0 |
| 030 | Rollladenarbeiten | 0,3 | 1,3 | 2,4 |
| 031 | Metallbauarbeiten inkl. 035 | 1,1 | 4,0 | 6,9 |
| 034 | Maler- und Lackiererarbeiten inkl. 037 | 1,8 | 2,8 | 4,8 |
| 036 | Bodenbelagarbeiten | < 0,1 | 0,4 | 2,1 |
| 038 | Vorgehängte hinterlüftete Fassaden | 0,0 | 2,1 | 6,6 |
| 039 | Trockenbauarbeiten | 1,8 | 3,7 | 6,4 |
| | **Ausbau** | 30,0 | **37,4** | 40,7 |
| 040 | Wärmeversorgungsanl. - Betriebseinr. inkl. 041 | 3,6 | 5,3 | 6,8 |
| 042 | Gas- und Wasserinstallation, Leitungen inkl. 043 | 1,2 | 1,8 | 3,5 |
| 044 | Abwasseranlagen - Leitungen | 0,6 | 1,3 | 2,3 |
| 045 | GWE-Einrichtungsgegenstände inkl. 046 | 1,4 | 2,1 | 3,1 |
| 047 | Dämmarbeiten an betriebstechnischen Anlagen | 0,1 | 0,5 | 1,1 |
| 049 | Feuerlöschanlagen, Feuerlöschgeräte | 0,0 | < 0,1 | < 0,1 |
| 050 | Blitzschutz- und Erdungsanlagen | 0,1 | 0,2 | 0,3 |
| 052 | Mittelspannungsanlagen | – | – | – |
| 053 | Niederspannungsanlagen inkl. 054 | 2,3 | 3,2 | 4,5 |
| 055 | Sicherheits- u. Ersatzstromversorgungsanl. | – | – | – |
| 057 | Gebäudesystemtechnik | 0,0 | < 0,1 | 0,9 |
| 058 | Leuchten und Lampen inkl. 059 | < 0,1 | 0,5 | 1,3 |
| 060 | Sprechanlagen, elektroakust. Anlagen inkl. 064 | < 0,1 | < 0,1 | 0,1 |
| 061 | Kommunikationsnetze inkl. 062 | 0,2 | 0,5 | 0,8 |
| 063 | Gefahrenmeldeanlagen | < 0,1 | < 0,1 | 0,3 |
| 069 | Aufzüge | 0,0 | 1,4 | 2,5 |
| 070 | Gebäudeautomation | 0,0 | < 0,1 | 0,3 |
| 075 | Raumlufttechnische Anlagen inkl. 078 | 0,1 | 0,7 | 1,5 |
| | **Gebäudetechnik** | 13,1 | **17,7** | 21,4 |
| | Sonstige Leistungsbereiche inkl. 008, 033, 051 | 0,2 | 0,6 | 3,8 |

- KKW
- ▶ min
- ▷ von
- | Mittelwert
- ◁ bis
- ◀ max

© BKI Baukosteninformationszentrum; Erläuterungen zu den Tabellen siehe Seite 52

Kostenstand: 1. Quartal 2022, Bundesdurchschnitt, **inkl. 19% MwSt.**

## Planungskennwerte für Flächen und Rauminhalte nach DIN 277

| Grundflächen | | ▷ | Fläche/NUF (%) | ◁ | ▷ | Fläche/BGF (%) | ◁ |
|---|---|---|---|---|---|---|---|
| NUF | Nutzungsfläche | 100,0 | **100,0** | 100,0 | 63,9 | **67,7** | 71,8 |
| TF | Technikfläche | 2,7 | **3,5** | 7,4 | 1,8 | **2,3** | 4,7 |
| VF | Verkehrsfläche | 12,8 | **17,0** | 23,6 | 8,3 | **11,0** | 14,0 |
| NRF | Netto-Raumfläche | 115,7 | **120,2** | 126,6 | 78,0 | **80,8** | 83,8 |
| KGF | Konstruktions-Grundfläche | 24,4 | **29,4** | 35,3 | 16,2 | **19,2** | 22,0 |
| BGF | Brutto-Grundfläche | 141,6 | **149,6** | 159,7 | 100,0 | **100,0** | 100,0 |

| Brutto-Rauminhalte | | ▷ | BRI/NUF (m) | ◁ | ▷ | BRI/BGF (m) | ◁ |
|---|---|---|---|---|---|---|---|
| BRI | Brutto-Rauminhalt | 4,20 | **4,60** | 4,98 | 2,89 | **3,08** | 3,23 |

| Flächen von Nutzeinheiten | | ▷ | NUF/Einheit (m²) | ◁ | ▷ | BGF/Einheit (m²) | ◁ |
|---|---|---|---|---|---|---|---|
| Nutzeinheit: | | – | – | – | – | – | – |

| Lufttechnisch behandelte Flächen | ▷ | Fläche/NUF (%) | ◁ | ▷ | Fläche/BGF (%) | ◁ |
|---|---|---|---|---|---|---|
| Entlüftete Fläche | 30,8 | **31,4** | 31,4 | 20,8 | **21,3** | 21,3 |
| Be- und entlüftete Fläche | 69,2 | **79,1** | 79,1 | 48,6 | **50,6** | 50,6 |
| Teilklimatisierte Fläche | – | **–** | – | – | **–** | – |
| Klimatisierte Fläche | – | **–** | – | – | **–** | – |

| KG | Kostengruppen (2. Ebene) | Einheit | ▷ | Menge/NUF | ◁ | ▷ | Menge/BGF | ◁ |
|---|---|---|---|---|---|---|---|---|
| 310 | Baugrube / Erdbau | m³ BGI | 0,67 | **0,85** | 0,97 | 0,50 | **0,63** | 0,77 |
| 320 | Gründung, Unterbau | m² GRF | 0,26 | **0,33** | 0,44 | 0,21 | **0,24** | 0,34 |
| 330 | Außenwände / vertikal außen | m² AWF | 0,90 | **1,00** | 1,31 | 0,67 | **0,74** | 1,04 |
| 340 | Innenwände / vertikal innen | m² IWF | 0,93 | **1,20** | 1,32 | 0,69 | **0,88** | 1,01 |
| 350 | Decken / horizontal | m² DEF | 0,76 | **0,95** | 1,16 | 0,56 | **0,69** | 0,75 |
| 360 | Dächer | m² DAF | 0,35 | **0,43** | 0,59 | 0,27 | **0,32** | 0,42 |
| 370 | Infrastrukturanlagen | | – | – | – | – | – | – |
| 380 | Baukonstruktive Einbauten | m² BGF | 1,42 | **1,50** | 1,60 | 1,00 | **1,00** | 1,00 |
| 390 | Sonst. Maßnahmen für Baukonst. | m² BGF | 1,42 | **1,50** | 1,60 | 1,00 | **1,00** | 1,00 |
| **300** | **Bauwerk – Baukonstruktionen** | m² BGF | 1,42 | **1,50** | 1,60 | 1,00 | **1,00** | 1,00 |

## Planungskennwerte für Bauzeiten

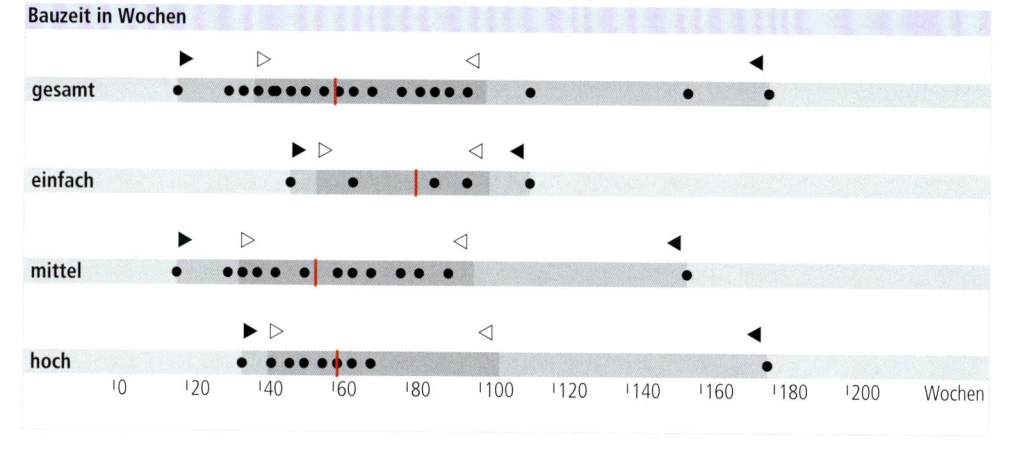

**Bauzeit in Wochen**

gesamt, einfach, mittel, hoch (Skala 0 bis 200 Wochen)

© BKI Baukosteninformationszentrum; Erläuterungen zu den Tabellen siehe Seite 54   Kostenstand: 1. Quartal 2022, Bundesdurchschnitt, inkl. 19% MwSt.

**Wohnhäuser, mit bis zu 15% Mischnutzung, einfacher Standard**

## Kostenkennwerte für die Kosten des Bauwerks (Kostengruppen 300+400 nach DIN 276)

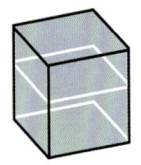

**BRI** 420 €/m³
von 410 €/m³
bis 430 €/m³

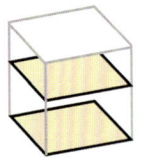

**BGF** 1.230 €/m²
von 1.180 €/m²
bis 1.300 €/m²

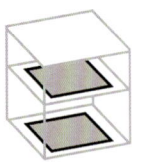

**NUF** 1.810 €/m²
von 1.560 €/m²
bis 1.995 €/m²

**Kosten:**
Stand 1. Quartal 2022
Bundesdurchschnitt
inkl. 19% MwSt.

### Objektbeispiele

6100-0619

6100-0479

6100-0618

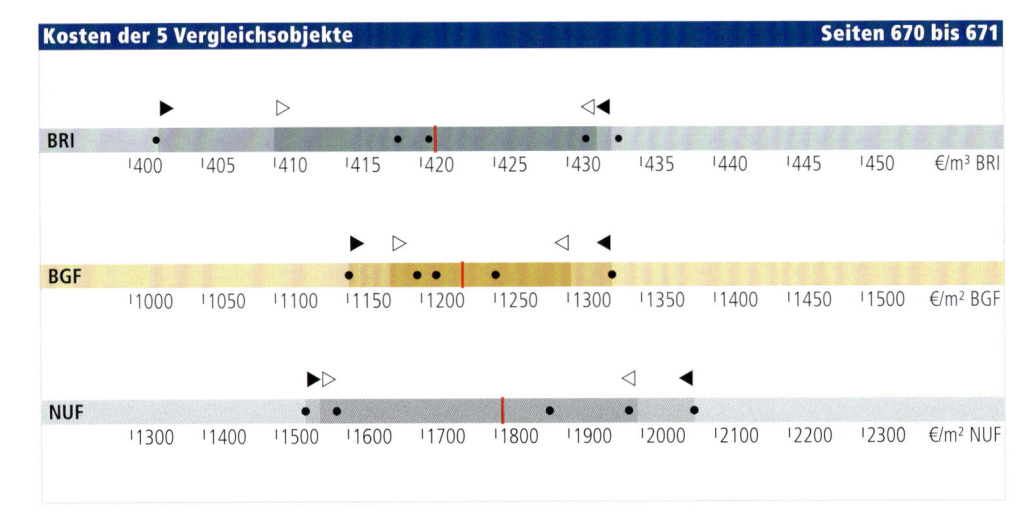

### Kosten der 5 Vergleichsobjekte — Seiten 670 bis 671

- ● KKW
- ▶ min
- ▷ von
- | Mittelwert
- ◁ bis
- ◀ max

BRI: 400–450 €/m³ BRI
BGF: 1000–1500 €/m² BGF
NUF: 1300–2300 €/m² NUF

© BKI Baukosteninformationszentrum; Erläuterungen zu den Tabellen siehe Seite 46

Kostenstand: 1. Quartal 2022, Bundesdurchschnitt, **inkl. 19% MwSt.**

## Kostenkennwerte für die Kostengruppen der 1. und 2. Ebene DIN 276

| KG | Kostengruppen der 1. Ebene | Einheit | ▷ | €/Einheit | ◁ | ▷ | % an 300+400 | ◁ |
|---|---|---|---|---|---|---|---|---|
| 100 | Grundstück | m²GF | – | – | – | – | – | – |
| 200 | Vorbereitende Maßnahmen | m²GF | 15 | **25** | 35 | 1,5 | **1,6** | 1,7 |
| 300 | Bauwerk – Baukonstruktionen | m²BGF | 902 | **1.005** | 1.087 | 77,8 | **81,8** | 86,0 |
| 400 | Bauwerk – Technische Anlagen | m²BGF | 176 | **222** | 261 | 14,0 | **18,2** | 22,2 |
|  | Bauwerk (300+400) | m²BGF | 1.179 | **1.228** | 1.302 | 100,0 | **100,0** | 100,0 |
| 500 | Außenanlagen und Freiflächen | m²AF | 131 | **131** | 131 | 1,7 | **2,8** | 3,9 |
| 600 | Ausstattung und Kunstwerke | m²BGF | – | – | – | – | – | – |
| 700 | Baunebenkosten* | m²BGF | 250 | **279** | 308 | 20,3 | **22,7** | 25,0 |
| 800 | Finanzierung | m²BGF | – | – | – | – | – | – |

◁ * Auf Grundlage der HOAI 2021 berechnete Werte nach §§ 35, 52, 56. Weitere Informationen siehe Seite 50

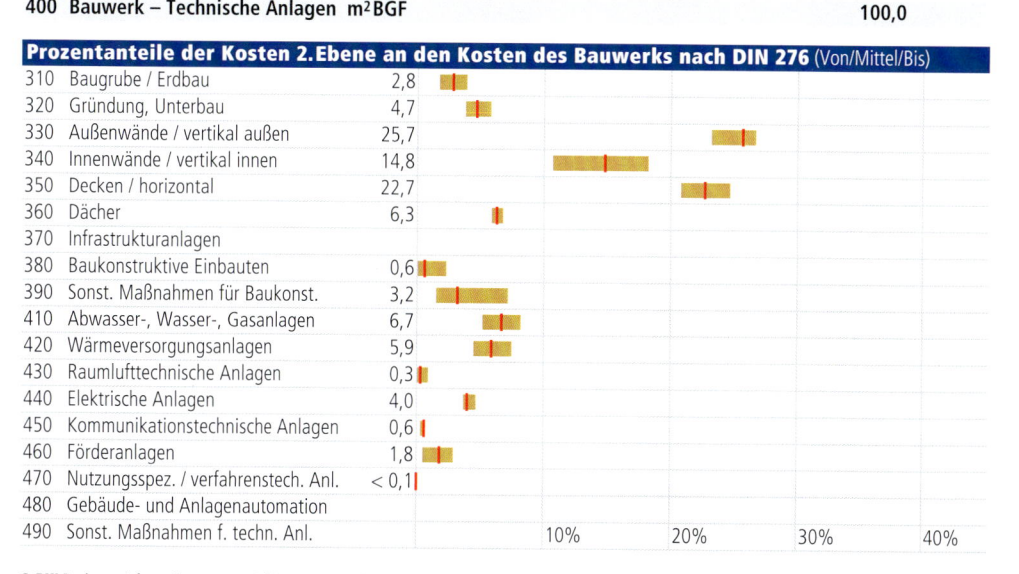

| KG | Kostengruppen der 2. Ebene | Einheit | ▷ | €/Einheit | ◁ | ▷ | % an 1. Ebene | ◁ |
|---|---|---|---|---|---|---|---|---|
| 310 | Baugrube / Erdbau | m³BGI | 35 | **54** | 77 | 2,2 | **3,4** | 4,8 |
| 320 | Gründung, Unterbau | m²GRF | 305 | **338** | 377 | 4,9 | **5,8** | 6,9 |
| 330 | Außenwände / vertikal außen | m²AWF | 355 | **510** | 568 | 29,6 | **31,8** | 33,7 |
| 340 | Innenwände / vertikal innen | m²IWF | 151 | **196** | 235 | 13,3 | **18,3** | 22,0 |
| 350 | Decken / horizontal | m²DEF | 325 | **344** | 367 | 25,2 | **28,1** | 29,2 |
| 360 | Dächer | m²DAF | 306 | **439** | 564 | 7,2 | **7,9** | 8,4 |
| 370 | Infrastrukturanlagen |  | – | – | – | – | – | – |
| 380 | Baukonstruktive Einbauten | m²BGF | 3 | **16** | 29 | < 0,1 | **0,8** | 2,9 |
| 390 | Sonst. Maßnahmen für Baukonst. | m²BGF | 18 | **39** | 90 | 1,9 | **4,1** | 8,9 |
| **300** | **Bauwerk – Baukonstruktionen** | **m²BGF** |  |  |  |  | **100,0** |  |
| 410 | Abwasser-, Wasser-, Gasanlagen | m²BGF | 63 | **80** | 95 | 33,3 | **34,6** | 36,1 |
| 420 | Wärmeversorgungsanlagen | m²BGF | 56 | **70** | 87 | 24,7 | **30,4** | 32,3 |
| 430 | Raumlufttechnische Anlagen | m²BGF | < 1 | **3** | 11 | 0,3 | **1,4** | 4,7 |
| 440 | Elektrische Anlagen | m²BGF | 45 | **48** | 58 | 17,0 | **21,6** | 26,3 |
| 450 | Kommunikationstechnische Anlagen | m²BGF | 3 | **7** | 9 | 1,9 | **3,3** | 4,6 |
| 460 | Förderanlagen | m²BGF | 19 | **28** | 34 | 2,4 | **8,3** | 12,6 |
| 470 | Nutzungsspez. / verfahrenstech. Anl. | m²BGF | < 1 | **< 1** | < 1 | 0,0 | **< 0,1** | < 0,1 |
| 480 | Gebäude- und Anlagenautomation | m²BGF | – | – | – | – | – | – |
| 490 | Sonst. Maßnahmen f. techn. Anl. | m²BGF | – | – | – | – | – | – |
| **400** | **Bauwerk – Technische Anlagen** | **m²BGF** |  |  |  |  | **100,0** |  |

### Prozentanteile der Kosten 2. Ebene an den Kosten des Bauwerks nach DIN 276 (Von/Mittel/Bis)

| KG | Bezeichnung | Wert |
|---|---|---|
| 310 | Baugrube / Erdbau | 2,8 |
| 320 | Gründung, Unterbau | 4,7 |
| 330 | Außenwände / vertikal außen | 25,7 |
| 340 | Innenwände / vertikal innen | 14,8 |
| 350 | Decken / horizontal | 22,7 |
| 360 | Dächer | 6,3 |
| 370 | Infrastrukturanlagen | |
| 380 | Baukonstruktive Einbauten | 0,6 |
| 390 | Sonst. Maßnahmen für Baukonst. | 3,2 |
| 410 | Abwasser-, Wasser-, Gasanlagen | 6,7 |
| 420 | Wärmeversorgungsanlagen | 5,9 |
| 430 | Raumlufttechnische Anlagen | 0,3 |
| 440 | Elektrische Anlagen | 4,0 |
| 450 | Kommunikationstechnische Anlagen | 0,6 |
| 460 | Förderanlagen | 1,8 |
| 470 | Nutzungsspez. / verfahrenstech. Anl. | < 0,1 |
| 480 | Gebäude- und Anlagenautomation | |
| 490 | Sonst. Maßnahmen f. techn. Anl. | |

© BKI Baukosteninformationszentrum; Erläuterungen zu den Tabellen siehe Seite 48 und 50   Kostenstand: 1. Quartal 2022, Bundesdurchschnitt, inkl. 19% MwSt.

**Wohnhäuser, mit bis zu 15% Mischnutzung, einfacher Standard**

**Prozentanteile der Kosten für Leistungsbereiche nach STLB (Kosten Bauwerk nach DIN 276)**

Kosten: Stand 1. Quartal 2022, Bundesdurchschnitt inkl. 19% MwSt.

| LB | Leistungsbereiche | von | Mittelwert | bis |
|---|---|---|---|---|
| 000 | Sicherheits-, Baustelleneinrichtungen inkl. 001 | 2,4 | 3,9 | 5,3 |
| 002 | Erdarbeiten | 2,0 | 2,2 | 2,5 |
| 006 | Spezialtiefbauarbeiten inkl. 005 | 0,0 | 0,3 | 0,6 |
| 009 | Entwässerungskanalarbeiten inkl. 011 | 0,3 | 0,3 | 0,4 |
| 010 | Drän- und Versickerarbeiten | < 0,1 | < 0,1 | 0,1 |
| 012 | Mauerarbeiten | 3,3 | 4,4 | 5,4 |
| 013 | Betonarbeiten | 15,6 | 18,5 | 22,1 |
| 014 | Natur-, Betonwerksteinarbeiten | 0,0 | < 0,1 | 0,2 |
| 016 | Zimmer- und Holzbauarbeiten | 3,9 | 7,7 | 13,7 |
| 017 | Stahlbauarbeiten | 0,3 | 0,5 | 0,9 |
| 018 | Abdichtungsarbeiten | 0,0 | 0,1 | 0,2 |
| 020 | Dachdeckungsarbeiten | – | – | – |
| 021 | Dachabdichtungsarbeiten | 1,6 | 2,1 | 2,4 |
| 022 | Klempnerarbeiten | 0,5 | 0,8 | 1,1 |
|  | **Rohbau** | **39,1** | **41,0** | **43,2** |
| 023 | Putz- und Stuckarbeiten, Wärmedämmsysteme | 4,8 | 6,1 | 8,0 |
| 024 | Fliesen- und Plattenarbeiten | 1,6 | 2,2 | 3,3 |
| 025 | Estricharbeiten | 1,7 | 1,8 | 1,8 |
| 026 | Fenster, Außentüren inkl. 029, 032 | 7,7 | 8,9 | 9,6 |
| 027 | Tischlerarbeiten | 2,9 | 3,4 | 4,1 |
| 028 | Parkettarbeiten, Holzpflasterarbeiten | 0,1 | 0,9 | 1,5 |
| 030 | Rollladenarbeiten | 0,8 | 1,4 | 1,9 |
| 031 | Metallbauarbeiten inkl. 035 | 4,3 | 5,7 | 7,8 |
| 034 | Maler- und Lackiererarbeiten inkl. 037 | 1,9 | 2,2 | 2,6 |
| 036 | Bodenbelagarbeiten | < 0,1 | 0,9 | 1,8 |
| 038 | Vorgehängte hinterlüftete Fassaden | – | – | – |
| 039 | Trockenbauarbeiten | 2,7 | 3,7 | 4,6 |
|  | **Ausbau** | **35,1** | **37,2** | **40,4** |
| 040 | Wärmeversorgungsanl. - Betriebseinr. inkl. 041 | 4,8 | 6,2 | 7,2 |
| 042 | Gas- und Wasserinstallation, Leitungen inkl. 043 | 1,3 | 2,2 | 2,9 |
| 044 | Abwasseranlagen - Leitungen | 1,0 | 1,6 | 2,5 |
| 045 | GWE-Einrichtungsgegenstände inkl. 046 | 2,0 | 2,7 | 3,3 |
| 047 | Dämmarbeiten an betriebstechnischen Anlagen | 0,4 | 0,5 | 0,5 |
| 049 | Feuerlöschanlagen, Feuerlöschgeräte | 0,0 | < 0,1 | < 0,1 |
| 050 | Blitzschutz- und Erdungsanlagen | 0,2 | 0,2 | 0,2 |
| 052 | Mittelspannungsanlagen | – | – | – |
| 053 | Niederspannungsanlagen inkl. 054 | 3,1 | 3,3 | 3,5 |
| 055 | Sicherheits- u. Ersatzstromversorgungsanl. | – | – | – |
| 057 | Gebäudesystemtechnik | – | – | – |
| 058 | Leuchten und Lampen inkl. 059 | 0,1 | 0,4 | 0,6 |
| 060 | Sprechanlagen, elektroakust. Anlagen inkl. 064 | < 0,1 | < 0,1 | < 0,1 |
| 061 | Kommunikationsnetze inkl. 062 | 0,3 | 0,5 | 0,8 |
| 063 | Gefahrenmeldeanlagen | – | – | – |
| 069 | Aufzüge | 1,9 | 2,3 | 3,0 |
| 070 | Gebäudeautomation | – | – | – |
| 075 | Raumlufttechnische Anlagen inkl. 078 | < 0,1 | 0,3 | 0,6 |
|  | **Gebäudetechnik** | **18,1** | **20,3** | **22,3** |
|  | Sonstige Leistungsbereiche inkl. 008, 033, 051 | 0,2 | 1,4 | 2,6 |

Legende:
- ● KKW
- ▶ min
- ▷ von
- | Mittelwert
- ◁ bis
- ◀ max

© BKI Baukosteninformationszentrum; Erläuterungen zu den Tabellen siehe Seite 52. Kostenstand: 1. Quartal 2022, Bundesdurchschnitt, inkl. 19% MwSt.

## Planungskennwerte für Flächen und Rauminhalte nach DIN 277

| Grundflächen | | | ▷ | Fläche/NUF (%) | ◁ | ▷ | Fläche/BGF (%) | ◁ |
|---|---|---|---|---|---|---|---|---|
| NUF | Nutzungsfläche | | 100,0 | **100,0** | 100,0 | 66,1 | **68,5** | 68,9 |
| TF | Technikfläche | | 4,6 | **5,4** | 5,4 | 3,2 | **3,6** | 3,6 |
| VF | Verkehrsfläche | | 13,0 | **15,5** | 16,7 | 9,2 | **10,4** | 11,8 |
| NRF | Netto-Raumfläche | | 116,8 | **119,8** | 125,7 | 78,4 | **81,8** | 84,8 |
| KGF | Konstruktions-Grundfläche | | 23,9 | **27,3** | 31,6 | 15,2 | **18,2** | 21,6 |
| BGF | Brutto-Grundfläche | | 146,3 | **147,1** | 152,8 | 100,0 | **100,0** | 100,0 |

| Brutto-Rauminhalte | | | ▷ | BRI/NUF (m) | ◁ | ▷ | BRI/BGF (m) | ◁ |
|---|---|---|---|---|---|---|---|---|
| BRI | Brutto-Rauminhalt | | 4,27 | **4,31** | 4,52 | 2,87 | **2,92** | 3,00 |

| Flächen von Nutzeinheiten | | | ▷ | NUF/Einheit (m²) | ◁ | ▷ | BGF/Einheit (m²) | ◁ |
|---|---|---|---|---|---|---|---|---|
| Nutzeinheit: | | | – | – | – | – | – | – |

| Lufttechnisch behandelte Flächen | | | ▷ | Fläche/NUF (%) | ◁ | ▷ | Fläche/BGF (%) | ◁ |
|---|---|---|---|---|---|---|---|---|
| Entlüftete Fläche | | | – | – | – | – | – | – |
| Be- und entlüftete Fläche | | | – | – | – | – | – | – |
| Teilklimatisierte Fläche | | | – | – | – | – | – | – |
| Klimatisierte Fläche | | | – | – | – | – | – | – |

| KG | Kostengruppen (2. Ebene) | Einheit | ▷ | Menge/NUF | ◁ | ▷ | Menge/BGF | ◁ |
|---|---|---|---|---|---|---|---|---|
| 310 | Baugrube / Erdbau | m³ BGI | 0,84 | **0,89** | 0,99 | 0,58 | **0,61** | 0,64 |
| 320 | Gründung, Unterbau | m² GRF | 0,24 | **0,24** | 0,26 | 0,17 | **0,17** | 0,17 |
| 330 | Außenwände / vertikal außen | m² AWF | 0,80 | **0,91** | 0,95 | 0,59 | **0,63** | 0,73 |
| 340 | Innenwände / vertikal innen | m² IWF | 1,26 | **1,30** | 1,30 | 0,88 | **0,89** | 0,90 |
| 350 | Decken / horizontal | m² DEF | 1,07 | **1,17** | 1,35 | 0,73 | **0,80** | 0,86 |
| 360 | Dächer | m² DAF | 0,28 | **0,28** | 0,35 | 0,18 | **0,19** | 0,22 |
| 370 | Infrastrukturanlagen | | – | – | – | – | – | – |
| 380 | Baukonstruktive Einbauten | m² BGF | 1,46 | **1,47** | 1,53 | 1,00 | **1,00** | 1,00 |
| 390 | Sonst. Maßnahmen für Baukonst. | m² BGF | 1,46 | **1,47** | 1,53 | 1,00 | **1,00** | 1,00 |
| **300** | **Bauwerk – Baukonstruktionen** | m² BGF | 1,46 | **1,47** | 1,53 | 1,00 | **1,00** | 1,00 |

## Planungskennwerte für Bauzeiten — 5 Vergleichsobjekte

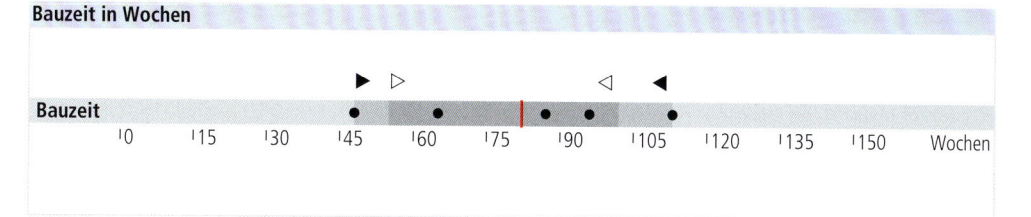

**Bauzeit in Wochen**

Bauzeit: ▶ ▷ (bei ca. 45, 60) | ◁ ◀ (bei ca. 90, 105); Skala: 0, 15, 30, 45, 60, 75, 90, 105, 120, 135, 150 Wochen

**Wohnhäuser, mit bis zu 15% Mischnutzung, einfacher Standard**

€/m² BGF
| | | |
|---|---:|---|
| min | 1.150 | €/m² |
| von | 1.180 | €/m² |
| **Mittel** | **1.230** | **€/m²** |
| bis | 1.300 | €/m² |
| max | 1.330 | €/m² |

**Kosten:**
Stand 1. Quartal 2022
Bundesdurchschnitt
inkl. 19% MwSt.

## Objektübersicht zur Gebäudeart

### 6100-0670 Einfamilienhaus mit Büro
**BRI** 1.426 m³ **BGF** 451 m² **NUF** 290 m²

Wohn- und Büronutzung. Mauerwerksbau; Stb-Decken; Holzdachkonstruktion.

Land: Nordrhein-Westfalen
Kreis: Borken
Standard: unter Durchschnitt
Bauzeit: 87 Wochen
Kennwerte: bis 1. Ebene DIN 276

**BGF** 1.330 €/m²

**Planung:** Scharlau Architektur; Legden

veröffentlicht: BKI Objektdaten N9

### 6100-0618 Wohn- und Geschäftshaus (6 WE)
**BRI** 3.294 m³ **BGF** 1.234 m² **NUF** 922 m²

Wohn- und Geschäftshaus mit 6 Wohneinheiten und 2 Geschäften. Mauerwerksbau, Pfosten-Riegel-Fassade.

Land: Baden-Württemberg
Kreis: Tübingen
Standard: unter Durchschnitt
Bauzeit: 48 Wochen
Kennwerte: bis 3. Ebene DIN 276

**BGF** 1.151 €/m²

**Planung:** ...die Architekten am Holzmarkt, U. Plathe BDA U. Schlierf BDA; Tübingen

veröffentlicht: BKI Objektdaten N9

### 6100-0619 Wohn- und Geschäftshaus (11 WE)
**BRI** 6.486 m³ **BGF** 2.349 m² **NUF** 1.775 m²

Wohn- und Geschäftshaus mit 11 Wohneinheiten und 2 Geschäften. Mauerwerksbau, Pfosten-Riegel-Fassade.

Land: Baden-Württemberg
Kreis: Tübingen
Standard: unter Durchschnitt
Bauzeit: 65 Wochen
Kennwerte: bis 3. Ebene DIN 276

**BGF** 1.197 €/m²

**Planung:** ...die Architekten am Holzmarkt, U. Plathe BDA U. Schlierf BDA; Tübingen

veröffentlicht: BKI Objektdaten N9

### 6100-0479 Mehrfamilienhaus (23 WE), Kita
**BRI** 14.564 m³ **BGF** 4.873 m² **NUF** 3.252 m²

Mehrfamilienhaus mit Kindertagesstätte im Erdgeschoss. Massivbau.

Land: Rheinland-Pfalz
Kreis: Mainz, Stadt
Standard: unter Durchschnitt
Bauzeit: 113 Wochen
Kennwerte: bis 3. Ebene DIN 276

**BGF** 1.250 €/m²

**Planung:** Wohnbau Mainz GmbH; Mainz

veröffentlicht: BKI Objektdaten N6

## Objektübersicht zur Gebäudeart

### 6100-0169 Mehrfamilienhaus (9 WE), Arztpraxis

**BRI** 4.839 m³ **BGF** 1.607 m² **NUF** 981 m²

Einseitig angebautes dreigeschossiges Mehrfamilienhaus mit ausgebautem Dachgeschoss mit 9 Wohnungen und einer Kinderarztpraxis. Mauerwerksbau.

Land: Nordrhein-Westfalen
Kreis: Aachen, Städteregion
Standard: unter Durchschnitt
Bauzeit: 96 Wochen
Kennwerte: bis 2. Ebene DIN 276

**BGF** 1.210 €/m²

**Planung:** Walter H. Müller Dipl.-Ing.; Eschweiler

www.bki.de

**Wohnhäuser, mit bis zu 15% Mischnutzung, mittlerer Standard**

## Kostenkennwerte für die Kosten des Bauwerks (Kostengruppen 300+400 nach DIN 276)

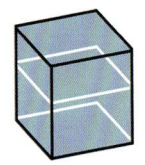

**BRI** 1.490 €/m³
von 425 €/m³
bis 560 €/m³

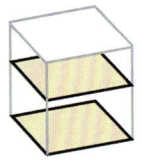

**BGF** 1.490 €/m²
von 1.240 €/m²
bis 1.795 €/m²

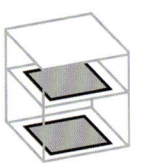

**NUF** 2.280 €/m²
von 1.805 €/m²
bis 2.870 €/m²

**Kosten:**
Stand 1. Quartal 2022
Bundesdurchschnitt
inkl. 19% MwSt.

### Objektbeispiele

6100-1520

6100-1504

6100-1172

### Kosten der 22 Vergleichsobjekte — Seiten 676 bis 681

Legende:
- ● KKW
- ▶ min
- ▷ von
- | Mittelwert
- ◁ bis
- ◀ max

BRI: €/m³ BRI (Skala 250–750)
BGF: €/m² BGF (Skala 600–2100)
NUF: €/m² NUF (Skala 900–3900)

© BKI Baukosteninformationszentrum; Erläuterungen zu den Tabellen siehe Seite 46
Kostenstand: 1. Quartal 2022, Bundesdurchschnitt, **inkl. 19% MwSt.**

## Kostenkennwerte für die Kostengruppen der 1. und 2. Ebene DIN 276

| KG | Kostengruppen der 1. Ebene | Einheit | ▷ | €/Einheit | ◁ | ▷ | % an 300+400 | ◁ |
|---|---|---|---|---|---|---|---|---|
| 100 | Grundstück | m²GF | – | – | – | – | – | – |
| 200 | Vorbereitende Maßnahmen | m²GF | 18 | **44** | 77 | 0,8 | **2,2** | 3,5 |
| 300 | Bauwerk – Baukonstruktionen | m²BGF | 1.017 | **1.198** | 1.518 | 76,8 | **80,3** | 85,6 |
| 400 | Bauwerk – Technische Anlagen | m²BGF | 205 | **294** | 368 | 14,4 | **19,7** | 23,2 |
|  | Bauwerk (300+400) | m²BGF | 1.242 | **1.492** | 1.793 | 100,0 | **100,0** | 100,0 |
| 500 | Außenanlagen und Freiflächen | m²AF | 58 | **140** | 314 | 1,9 | **3,7** | 7,1 |
| 600 | Ausstattung und Kunstwerke | m²BGF | 8 | **25** | 47 | 0,6 | **1,7** | 3,0 |
| 700 | Baunebenkosten* | m²BGF | 305 | **341** | 376 | 20,8 | **23,2** | 25,6 |
| 800 | Finanzierung | m²BGF | – | – | – | – | – | – |

* Auf Grundlage der HOAI 2021 berechnete Werte nach §§ 35, 52, 56. Weitere Informationen siehe Seite 50

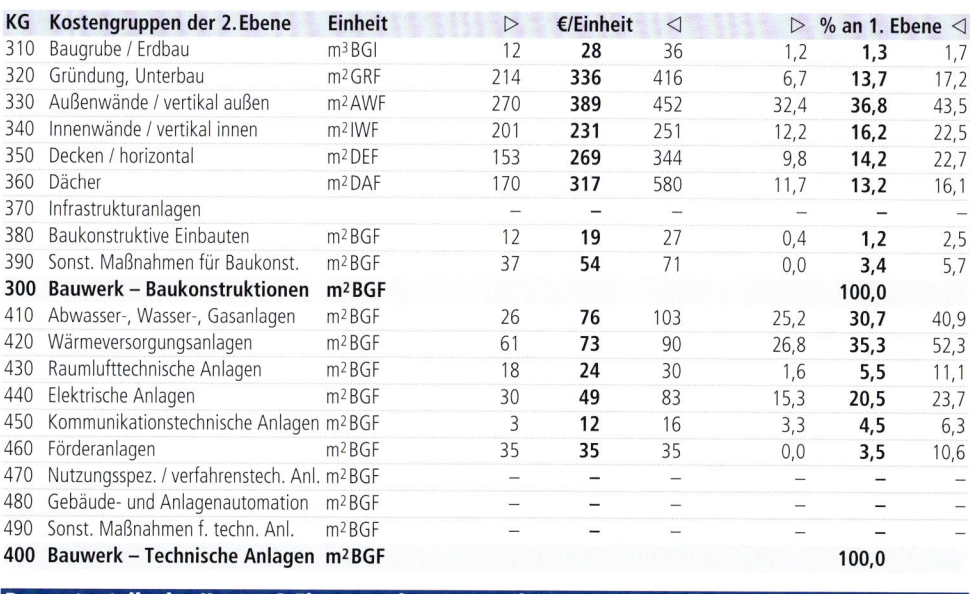

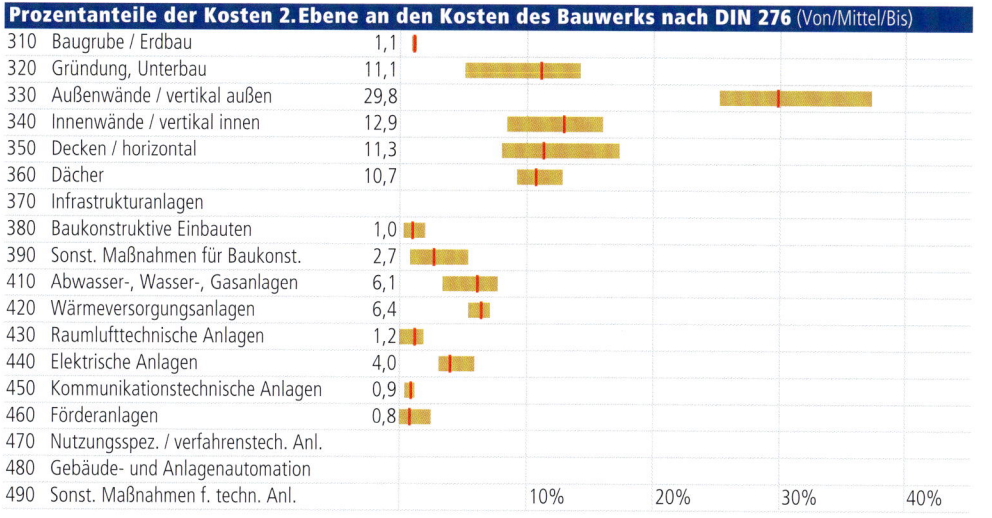

| KG | Kostengruppen der 2. Ebene | Einheit | ▷ | €/Einheit | ◁ | ▷ | % an 1. Ebene | ◁ |
|---|---|---|---|---|---|---|---|---|
| 310 | Baugrube / Erdbau | m³BGI | 12 | **28** | 36 | 1,2 | **1,3** | 1,7 |
| 320 | Gründung, Unterbau | m²GRF | 214 | **336** | 416 | 6,7 | **13,7** | 17,2 |
| 330 | Außenwände / vertikal außen | m²AWF | 270 | **389** | 452 | 32,4 | **36,8** | 43,5 |
| 340 | Innenwände / vertikal innen | m²IWF | 201 | **231** | 251 | 12,2 | **16,2** | 22,5 |
| 350 | Decken / horizontal | m²DEF | 153 | **269** | 344 | 9,8 | **14,2** | 22,7 |
| 360 | Dächer | m²DAF | 170 | **317** | 580 | 11,7 | **13,2** | 16,1 |
| 370 | Infrastrukturanlagen |  | – | – | – | – | – | – |
| 380 | Baukonstruktive Einbauten | m²BGF | 12 | **19** | 27 | 0,4 | **1,2** | 2,5 |
| 390 | Sonst. Maßnahmen für Baukonst. | m²BGF | 37 | **54** | 71 | 0,0 | **3,4** | 5,7 |
| **300** | **Bauwerk – Baukonstruktionen** | m²BGF |  |  |  |  | **100,0** |  |
| 410 | Abwasser-, Wasser-, Gasanlagen | m²BGF | 26 | **76** | 103 | 25,2 | **30,7** | 40,9 |
| 420 | Wärmeversorgungsanlagen | m²BGF | 61 | **73** | 90 | 26,8 | **35,3** | 52,3 |
| 430 | Raumlufttechnische Anlagen | m²BGF | 18 | **24** | 30 | 1,6 | **5,5** | 11,1 |
| 440 | Elektrische Anlagen | m²BGF | 30 | **49** | 83 | 15,3 | **20,5** | 23,7 |
| 450 | Kommunikationstechnische Anlagen | m²BGF | 3 | **12** | 16 | 3,3 | **4,5** | 6,3 |
| 460 | Förderanlagen | m²BGF | 35 | **35** | 35 | 0,0 | **3,5** | 10,6 |
| 470 | Nutzungsspez. / verfahrenstech. Anl. | m²BGF | – | – | – | – | – | – |
| 480 | Gebäude- und Anlagenautomation | m²BGF | – | – | – | – | – | – |
| 490 | Sonst. Maßnahmen f. techn. Anl. | m²BGF | – | – | – | – | – | – |
| **400** | **Bauwerk – Technische Anlagen** | m²BGF |  |  |  |  | **100,0** |  |

### Prozentanteile der Kosten 2. Ebene an den Kosten des Bauwerks nach DIN 276 (Von/Mittel/Bis)

| KG | Bezeichnung | Mittel |
|---|---|---|
| 310 | Baugrube / Erdbau | 1,1 |
| 320 | Gründung, Unterbau | 11,1 |
| 330 | Außenwände / vertikal außen | 29,8 |
| 340 | Innenwände / vertikal innen | 12,9 |
| 350 | Decken / horizontal | 11,3 |
| 360 | Dächer | 10,7 |
| 370 | Infrastrukturanlagen |  |
| 380 | Baukonstruktive Einbauten | 1,0 |
| 390 | Sonst. Maßnahmen für Baukonst. | 2,7 |
| 410 | Abwasser-, Wasser-, Gasanlagen | 6,1 |
| 420 | Wärmeversorgungsanlagen | 6,4 |
| 430 | Raumlufttechnische Anlagen | 1,2 |
| 440 | Elektrische Anlagen | 4,0 |
| 450 | Kommunikationstechnische Anlagen | 0,9 |
| 460 | Förderanlagen | 0,8 |
| 470 | Nutzungsspez. / verfahrenstech. Anl. |  |
| 480 | Gebäude- und Anlagenautomation |  |
| 490 | Sonst. Maßnahmen f. techn. Anl. |  |

© BKI Baukosteninformationszentrum; Erläuterungen zu den Tabellen siehe Seite 48 und 50  Kostenstand: 1. Quartal 2022, Bundesdurchschnitt, inkl. 19% MwSt.

**Wohnhäuser, mit bis zu 15% Mischnutzung, mittlerer Standard**

## Prozentanteile der Kosten für Leistungsbereiche nach STLB (Kosten Bauwerk nach DIN 276)

| LB | Leistungsbereiche | 7,5% | 15% | 22,5% | 30% | ▷ % an 300+400 ◁ | | |
|---|---|---|---|---|---|---|---|---|
| 000 | Sicherheits-, Baustelleneinrichtungen inkl. 001 | | | | | 0,3 | **1,3** | 2,1 |
| 002 | Erdarbeiten | | | | | 1,6 | **2,2** | 3,5 |
| 006 | Spezialtiefbauarbeiten inkl. 005 | | | | | – | – | – |
| 009 | Entwässerungskanalarbeiten inkl. 011 | | | | | 0,0 | **0,4** | 0,9 |
| 010 | Drän- und Versickerarbeiten | | | | | 0,0 | **< 0,1** | 0,2 |
| 012 | Mauerarbeiten | | | | | 0,5 | **2,2** | 7,3 |
| 013 | Betonarbeiten | | | | | 5,4 | **11,5** | 19,4 |
| 014 | Natur-, Betonwerksteinarbeiten | | | | | 0,0 | **0,8** | 1,6 |
| 016 | Zimmer- und Holzbauarbeiten | | | | | 4,2 | **22,7** | 29,6 |
| 017 | Stahlbauarbeiten | | | | | < 0,1 | **0,1** | 0,5 |
| 018 | Abdichtungsarbeiten | | | | | 0,0 | **0,5** | 1,1 |
| 020 | Dachdeckungsarbeiten | | | | | 0,0 | **1,4** | 5,6 |
| 021 | Dachabdichtungsarbeiten | | | | | 0,8 | **3,0** | 5,3 |
| 022 | Klempnerarbeiten | | | | | 0,3 | **1,4** | 1,9 |
| | **Rohbau** | | | | | 43,5 | **47,5** | 55,1 |
| 023 | Putz- und Stuckarbeiten, Wärmedämmsysteme | | | | | 0,0 | **2,2** | 4,4 |
| 024 | Fliesen- und Plattenarbeiten | | | | | 0,8 | **2,5** | 7,4 |
| 025 | Estricharbeiten | | | | | 1,4 | **1,6** | 1,8 |
| 026 | Fenster, Außentüren inkl. 029, 032 | | | | | 7,0 | **8,1** | 9,6 |
| 027 | Tischlerarbeiten | | | | | 3,3 | **5,0** | 6,7 |
| 028 | Parkettarbeiten, Holzpflasterarbeiten | | | | | 1,6 | **3,2** | 4,4 |
| 030 | Rollladenarbeiten | | | | | 0,0 | **1,1** | 2,3 |
| 031 | Metallbauarbeiten inkl. 035 | | | | | 0,3 | **1,5** | 5,1 |
| 034 | Maler- und Lackiererarbeiten inkl. 037 | | | | | 2,3 | **3,1** | 3,9 |
| 036 | Bodenbelagarbeiten | | | | | 0,0 | **< 0,1** | 0,1 |
| 038 | Vorgehängte hinterlüftete Fassaden | | | | | 0,0 | **1,9** | 3,9 |
| 039 | Trockenbauarbeiten | | | | | 3,6 | **5,4** | 7,4 |
| | **Ausbau** | | | | | 28,5 | **35,7** | 41,2 |
| 040 | Wärmeversorgungsanl. - Betriebseinr. inkl. 041 | | | | | 3,9 | **5,4** | 6,8 |
| 042 | Gas- und Wasserinstallation, Leitungen inkl. 043 | | | | | 1,5 | **2,2** | 4,2 |
| 044 | Abwasseranlagen - Leitungen | | | | | 0,6 | **1,0** | 1,4 |
| 045 | GWE-Einrichtungsgegenstände inkl. 046 | | | | | 1,2 | **1,7** | 2,7 |
| 047 | Dämmarbeiten an betriebstechnischen Anlagen | | | | | 0,0 | **0,3** | 1,2 |
| 049 | Feuerlöschanlagen, Feuerlöschgeräte | | | | | – | – | – |
| 050 | Blitzschutz- und Erdungsanlagen | | | | | 0,2 | **0,3** | 0,4 |
| 052 | Mittelspannungsanlagen | | | | | – | – | – |
| 053 | Niederspannungsanlagen inkl. 054 | | | | | 2,8 | **3,5** | 5,6 |
| 055 | Sicherheits- u. Ersatzstromversorgungsanl. | | | | | – | – | – |
| 057 | Gebäudesystemtechnik | | | | | – | – | – |
| 058 | Leuchten und Lampen inkl. 059 | | | | | < 0,1 | **0,2** | 0,6 |
| 060 | Sprechanlagen, elektroakust. Anlagen inkl. 064 | | | | | < 0,1 | **< 0,1** | 0,2 |
| 061 | Kommunikationsnetze inkl. 062 | | | | | 0,1 | **0,6** | 1,0 |
| 063 | Gefahrmeldeanlagen | | | | | 0,0 | **< 0,1** | 0,1 |
| 069 | Aufzüge | | | | | 0,0 | **0,6** | 2,5 |
| 070 | Gebäudeautomation | | | | | – | – | – |
| 075 | Raumlufttechnische Anlagen inkl. 078 | | | | | < 0,1 | **0,9** | 1,9 |
| | **Gebäudetechnik** | | | | | 11,7 | **16,7** | 21,7 |
| | Sonstige Leistungsbereiche inkl. 008, 033, 051 | | | | | 0,0 | **< 0,1** | 0,4 |

**Kosten:**
Stand 1. Quartal 2022
Bundesdurchschnitt
inkl. 19% MwSt.

- KKW
- ▶ min
- ▷ von
- | Mittelwert
- ◁ bis
- ◀ max

© BKI Baukosteninformationszentrum; Erläuterungen zu den Tabellen siehe Seite 52  Kostenstand: 1. Quartal 2022, Bundesdurchschnitt, **inkl. 19% MwSt.**

## Planungskennwerte für Flächen und Rauminhalte nach DIN 277

| Grundflächen | | | ▷ | **Fläche/NUF (%)** | ◁ | ▷ | **Fläche/BGF (%)** | ◁ |
|---|---|---|---|---|---|---|---|---|
| NUF | Nutzungsfläche | | 100,0 | **100,0** | 100,0 | 63,4 | **66,7** | 71,6 |
| TF | Technikfläche | | 2,3 | **3,1** | 5,0 | 1,5 | **2,0** | 3,0 |
| VF | Verkehrsfläche | | 13,3 | **18,8** | 26,1 | 8,5 | **11,9** | 14,8 |
| NRF | Netto-Raumfläche | | 115,6 | **121,5** | 128,4 | 77,8 | **80,4** | 82,9 |
| KGF | Konstruktions-Grundfläche | | 25,6 | **30,4** | 36,4 | 17,1 | **19,6** | 22,2 |
| BGF | Brutto-Grundfläche | | 143,0 | **152,0** | 162,1 | 100,0 | **100,0** | 100,0 |

| Brutto-Rauminhalte | | | ▷ | **BRI/NUF (m)** | ◁ | ▷ | **BRI/BGF (m)** | ◁ |
|---|---|---|---|---|---|---|---|---|
| BRI | Brutto-Rauminhalt | | 4,23 | **4,68** | 5,17 | 2,88 | **3,07** | 3,18 |

| Flächen von Nutzeinheiten | | | ▷ | **NUF/Einheit (m²)** | ◁ | ▷ | **BGF/Einheit (m²)** | ◁ |
|---|---|---|---|---|---|---|---|---|
| Nutzeinheit: | | | – | – | – | – | – | – |

| Lufttechnisch behandelte Flächen | | | ▷ | **Fläche/NUF (%)** | ◁ | ▷ | **Fläche/BGF (%)** | ◁ |
|---|---|---|---|---|---|---|---|---|
| Entlüftete Fläche | | | 87,8 | **87,8** | 87,8 | 58,9 | **58,9** | 58,9 |
| Be- und entlüftete Fläche | | | 125,5 | **125,5** | 125,5 | 72,9 | **72,9** | 72,9 |
| Teilklimatisierte Fläche | | | – | – | – | – | – | – |
| Klimatisierte Fläche | | | – | – | – | – | – | – |

| KG | Kostengruppen (2. Ebene) | Einheit | ▷ | **Menge/NUF** | ◁ | ▷ | **Menge/BGF** | ◁ |
|---|---|---|---|---|---|---|---|---|
| 310 | Baugrube / Erdbau | m³ BGI | 0,54 | **0,75** | 0,75 | 0,46 | **0,58** | 0,58 |
| 320 | Gründung, Unterbau | m² GRF | 0,48 | **0,48** | 0,53 | 0,38 | **0,38** | 0,41 |
| 330 | Außenwände / vertikal außen | m² AWF | 1,10 | **1,20** | 1,20 | 0,92 | **0,93** | 0,93 |
| 340 | Innenwände / vertikal innen | m² IWF | 0,79 | **0,87** | 0,87 | 0,57 | **0,64** | 0,64 |
| 350 | Decken / horizontal | m² DEF | 0,56 | **0,65** | 0,65 | 0,41 | **0,48** | 0,48 |
| 360 | Dächer | m² DAF | 0,66 | **0,66** | 0,67 | 0,52 | **0,52** | 0,52 |
| 370 | Infrastrukturanlagen | | – | – | – | – | – | – |
| 380 | Baukonstruktive Einbauten | m² BGF | 1,43 | **1,52** | 1,62 | 1,00 | **1,00** | 1,00 |
| 390 | Sonst. Maßnahmen für Baukonst. | m² BGF | 1,43 | **1,52** | 1,62 | 1,00 | **1,00** | 1,00 |
| **300** | **Bauwerk – Baukonstruktionen** | m² BGF | 1,43 | **1,52** | 1,62 | 1,00 | **1,00** | 1,00 |

## Planungskennwerte für Bauzeiten — 20 Vergleichsobjekte

**Bauzeit in Wochen**

Bauzeit: Skala 0 – 200 Wochen

© BKI Baukosteninformationszentrum; Erläuterungen zu den Tabellen siehe Seite 54. Kostenstand: 1. Quartal 2022, Bundesdurchschnitt, inkl. 19% MwSt.

**Wohnhäuser, mit bis zu 15% Mischnutzung, mittlerer Standard**

€/m² BGF
| | |
|---|---|
| min | 760 €/m² |
| von | 1.240 €/m² |
| Mittel | **1.490 €/m²** |
| bis | 1.795 €/m² |
| max | 2.030 €/m² |

**Kosten:**
Stand 1. Quartal 2022
Bundesdurchschnitt
inkl. 19% MwSt.

## Objektübersicht zur Gebäudeart

**6100-1520 Wohnanlage (11 WE), Büro- und Schulungsräume, Café** | **BRI** 7.373 m³ | **BGF** 2.250 m² | **NUF** 1.155 m²

Wohnanlage mit 11 Wohnungen, einer privaten Akademie mit Büro- und Schulungsräumen und einem Café. Mauerwerk.

Land: Thüringen
Kreis: Nordhausen
Standard: Durchschnitt
Bauzeit: 78 Wochen
Kennwerte: bis 1. Ebene DIN 276

**BGF  1.903 €/m²**

vorgesehen: BKI Objektdaten N18

**Planung:** Architekturbüro Klima; Nordhausen

**6100-1455 Wohn- und Geschäftshaus (98 WE) - Effizienzhaus 40** | **BRI** 27.701 m³ | **BGF** 8.546 m² | **NUF** 6.672 m²

Wohn- und Gewerbeobjekt mit 98 Wohneinheiten und ein Kindergarten mit 3 Gruppen für 30-35 Kinder. Stahlbeton-, Holzkonstruktion.

Land: Berlin
Kreis: Berlin, Stadt
Standard: Durchschnitt
Bauzeit: 52 Wochen
Kennwerte: bis 1. Ebene DIN 276

**BGF  1.707 €/m²**

veröffentlicht: BKI Objektdaten E9

**Planung:** SCHÄFERWENNINGER PROJEKT GmbH Generalplanung; Berlin

**6100-1503 2 Wohngebäude (15 WE, 1 GE) - Effizienzhaus ~71%** | **BRI** 6.548 m³ | **BGF** 2.146 m² | **NUF** 1.502 m²

2 Wohngebäude mit 15 WE und 1 GE. Massivbau.

Land: Berlin
Kreis: Berlin, Stadt
Standard: Durchschnitt
Bauzeit: 91 Wochen
Kennwerte: bis 1. Ebene DIN 276

**BGF  1.626 €/m²**

veröffentlicht: BKI Objektdaten E9

**Planung:** Schenk Perfler Architekten GbR; Berlin

**6100-1504 Mehrfamilienhaus (8 WE, 1 GE)** | **BRI** 4.191 m³ | **BGF** 1.309 m² | **NUF** 829 m²

Mehrfamilienhaus mit 8 Wohneinheiten. Massivbau.

Land: Sachsen-Anhalt
Kreis: Burgenlandkreis
Standard: Durchschnitt
Bauzeit: 156 Wochen
Kennwerte: bis 1. Ebene DIN 276

**BGF  2.030 €/m²**

veröffentlicht: BKI Objektdaten N17

**Planung:** Dietzsch & Weber Architekten BDA; Halle

## Objektübersicht zur Gebäudeart

### 6100-1323 Wohn- und Geschäftshaus (14 WE) - Effizienzhaus 70    BRI 5.279 m³   BGF 1.679 m²   NUF 979 m²

Wohnhaus mit 14 Wohnungen und 2 Gewerbeeinheiten. Massivbau.

Land: Berlin
Kreis: Berlin
Standard: Durchschnitt
Bauzeit: 70 Wochen
Kennwerte: bis 1. Ebene DIN 276

BGF   1.475 €/m²

veröffentlicht: BKI Objektdaten S2

**Planung:** HAAS Architekten BDA; Berlin

### 6100-1314 Wohn- und Geschäftshaus (10 WE) - Effizienzhaus 70    BRI 5.584 m³   BGF 1.747 m²   NUF 1.247 m²

Wohn- und Geschäftshaus mit 10 WE, Eisdiele, Büro und Gemeinschaftsraum (1.003 m² WFL). Massivbau.

Land: Berlin
Kreis: Berlin
Standard: Durchschnitt
Bauzeit: 83 Wochen
Kennwerte: bis 1. Ebene DIN 276

BGF   1.657 €/m²

veröffentlicht: BKI Objektdaten E7

**Planung:** büro 1.0 architektur +; Berlin

### 6100-1330 Mehrfamilienhaus (24 WE), TG - Effizienzhaus ~16%    BRI 20.259 m³   BGF 6.774 m²   NUF 4.561 m²

Mehrfamilienhaus mit 24 WE, einer Büroeinheit und 2 Tiefgaragengeschossen mit 47 STP im KfW 55-Standard. Mauerwerksbau.

Land: Hessen
Kreis: Kassel
Standard: Durchschnitt
Bauzeit: 35 Wochen
Kennwerte: bis 1. Ebene DIN 276

BGF   1.329 €/m²

veröffentlicht: BKI Objektdaten E8

**Planung:** foundation 5+ architekten BDA; Kassel

### 6100-1300 Wohnanlage (52 WE) - Effizienzhaus 70    BRI 29.406 m³   BGF 8.667 m²   NUF 5.147 m²

Wohnanlage (barrierefrei) mit 4 Gebäuden, 52 WE (3.146 m² WFL), Gewerbe als Effizienzhaus 70. Mauerwerk.

Land: Nordrhein-Westfalen
Kreis: Bielefeld
Standard: Durchschnitt
Bauzeit: 122 Wochen*
Kennwerte: bis 1. Ebene DIN 276

BGF   1.684 €/m²

veröffentlicht: BKI Objektdaten E7
* Nicht in der Auswertung enthalten

**Planung:** BKS Architekten GmbH Krauß Stanczus Schurbohm + Partner; Lübbecke

**Wohnhäuser, mit bis zu 15% Mischnutzung, mittlerer Standard**

**€/m² BGF**
| | | |
|---|---:|---|
| min | 760 | €/m² |
| von | 1.240 | €/m² |
| Mittel | **1.490** | **€/m²** |
| bis | 1.795 | €/m² |
| max | 2.030 | €/m² |

**Kosten:**
Stand 1. Quartal 2022
Bundesdurchschnitt
inkl. 19% MwSt.

## Objektübersicht zur Gebäudeart

### 6100-1172 Wohnanlage (64 WE, 4 Büros, TG) - Effizienzhaus 55
**BRI** 30.982 m³  **BGF** 10.120 m²  **NUF** 6.194 m²

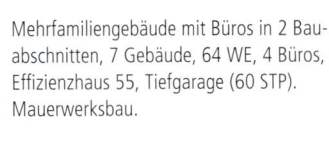

Mehrfamiliengebäude mit Büros in 2 Bauabschnitten, 7 Gebäude, 64 WE, 4 Büros, Effizienzhaus 55, Tiefgarage (60 STP). Mauerwerksbau.

Land: Schleswig-Holstein
Kreis: Herzogtum Lauenburg
Standard: Durchschnitt
Bauzeit: 157 Wochen*
Kennwerte: bis 1. Ebene DIN 276

**BGF  1.433 €/m²**

Planung: Jost Rintelen Planer GmbH; Hamburg

veröffentlicht: BKI Objektdaten E6
* Nicht in der Auswertung enthalten

### 6100-1232 Mehrfamilienhaus (28 WE) - Effizienzhaus 55
**BRI** 9.901 m³  **BGF** 3.672 m²  **NUF** 2.305 m²

Mehrfamilienhaus (28 WE) mit 3 Gewerbeeinheiten. Mauerwerksbau.

Land: Schleswig-Holstein
Kreis: Nordfriesland
Standard: Durchschnitt
Bauzeit: 65 Wochen
Kennwerte: bis 1. Ebene DIN 276

**BGF  1.240 €/m²**

Planung: Jost Rintelen Planer GmbH; Hamburg

veröffentlicht: BKI Objektdaten E7

### 6200-0059 Wohngebäude (15 WE), Tagespflegeeinrichtung
**BRI** 7.008 m³  **BGF** 1.989 m²  **NUF** 1.471 m²

Wohngebäude, barrierefrei (15 WE, 1.079 m² WFL), Tagespflegeeinrichtung mit 18 Plätzen im EG. Mauerwerksbau.

Land: Nordrhein-Westfalen
Kreis: Wesel
Standard: Durchschnitt
Bauzeit: 44 Wochen
Kennwerte: bis 1. Ebene DIN 276

**BGF  1.607 €/m²**

Planung: CompConsult Pastor Architekten GmbH; Kempen

veröffentlicht: BKI Objektdaten N13

### 6100-1184 Einfamilienhaus, Büro, Garage - Passivhaus
**BRI** 1.312 m³  **BGF** 409 m²  **NUF** 238 m²

Einfamilienhaus (238 m² WFL) mit Büro als Passivhaus. Holzrahmenkonstruktion.

Land: Bayern
Kreis: Bad Kissingen
Standard: Durchschnitt
Bauzeit: 52 Wochen
Kennwerte: bis 1. Ebene DIN 276

**BGF  1.235 €/m²**

Planung: Ingenieurbüro Miller; Münnerstadt

veröffentlicht: BKI Objektdaten E7

## Objektübersicht zur Gebäudeart

### 6100-1069 Einfamilienhaus, Büro - Passivhaus
**BRI** 755 m³    **BGF** 236 m²    **NUF** 144 m²

Einfamilienhaus (127 m² WFL) mit Büro als Passivhaus. Mauerwerksbau.

Land: Sachsen
Kreis: Chemnitz, Stadt
Standard: Durchschnitt
Bauzeit: 35 Wochen
Kennwerte: bis 1. Ebene DIN 276

**BGF**    1.403 €/m²

veröffentlicht: BKI Objektdaten E6

**Planung:** Dipl.-Ing. (FH) Architekt Dirk Fellendorf; Chemnitz

### 6100-0944 Wohnhaus mit Atelier
**BRI** 351 m³    **BGF** 116 m²    **NUF** 87 m²

Wohnhaus mit Atelier (101 m² WFL). Atelier, Bad und Schlafen im EG, Küche, Essen, Wohnen im OG. Holzrahmenbau.

Land: Bayern
Kreis: Würzburg, Stadt
Standard: Durchschnitt
Bauzeit: 35 Wochen
Kennwerte: bis 1. Ebene DIN 276

**BGF**    1.359 €/m²

veröffentlicht: BKI Objektdaten N11

**Planung:** Prof. Wolfgang Fischer Dipl.-Ing. Architekt BDA; Würzburg

### 6100-0884 Mehrfamilienhaus (8 WE) - KfW 40
**BRI** 4.663 m³    **BGF** 1.637 m²    **NUF** 1.100 m²

Baugemeinschafts-Mehrfamilienhaus mit kleiner Gewerbeeinheit. Stahlbetonkonstruktion.

Land: Baden-Württemberg
Kreis: Tübingen
Standard: Durchschnitt
Bauzeit: 61 Wochen
Kennwerte: bis 3. Ebene DIN 276

**BGF**    1.395 €/m²

veröffentlicht: BKI Objektdaten E4

**Planung:** Manderscheid Partnerschaft Freie Architekten; Stuttgart

### 6100-0909 Einfamilienhaus, Büro - Effizienzhaus 55
**BRI** 932 m³    **BGF** 315 m²    **NUF** 195 m²

Einfamilienhaus mit Büroeinheit. Die Wohnebene befindet sich im OG (174 m² WFL). Holzständerkonstruktion.

Land: Hessen
Kreis: Odenwaldkreis
Standard: Durchschnitt
Bauzeit: 31 Wochen
Kennwerte: bis 1. Ebene DIN 276

**BGF**    1.408 €/m²

veröffentlicht: BKI Objektdaten E5

**Planung:** Architekturbüro Daum-Klipstein; Bad König

**Wohnhäuser, mit bis zu 15% Mischnutzung, mittlerer Standard**

**€/m² BGF**
| | |
|---|---|
| min | 760 €/m² |
| von | 1.240 €/m² |
| **Mittel** | **1.490 €/m²** |
| bis | 1.795 €/m² |
| max | 2.030 €/m² |

**Kosten:**
Stand 1. Quartal 2022
Bundesdurchschnitt
inkl. 19% MwSt.

## Objektübersicht zur Gebäudeart

### 6100-0846 Wohnhaus (2 WE), Tierarztpraxis
**BRI** 1.455 m³ **BGF** 506 m² **NUF** 307 m²

Wohnhaus mit 2 Wohneinheiten im 1.OG und DG. Tierarztpraxis im EG (4 Behandlungsräume). Mauerwerksbau.

Land: Rheinland-Pfalz
Kreis: Mainz, Stadt
Standard: Durchschnitt
Bauzeit: 52 Wochen
Kennwerte: bis 1. Ebene DIN 276

**BGF** 1.283 €/m²

**Planung:** Klemme-Architekten; Mainz

veröffentlicht: BKI Objektdaten N11

### 6100-0738 Einfamilienhaus, Büro - KfW 60
**BRI** 743 m³ **BGF** 234 m² **NUF** 159 m²

Einfamilienhaus mit Büro, nicht unterkellert, Holzbau, KfW 60. Holzständerwände; Deckenbalken KVH; Dachbalken KVH.

Land: Nordrhein-Westfalen
Kreis: Recklinghausen
Standard: Durchschnitt
Bauzeit: 17 Wochen
Kennwerte: bis 1. Ebene DIN 276

**BGF** 1.572 €/m²

**Planung:** puschmann architektur; Recklinghausen

veröffentlicht: BKI Objektdaten E4

### 6100-0826 Wohn- und Geschäftshaus (18 WE)
**BRI** 5.360 m³ **BGF** 1.756 m² **NUF** 1.120 m²

Drei Wohngemeinschaften für 18 Menschen mit Behinderung. Gewerblich genutzt Flächen im Erdgeschoss. Massivbau.

Land: Hessen
Kreis: Darmstadt-Dieburg
Standard: Durchschnitt
Bauzeit: 52 Wochen
Kennwerte: bis 1. Ebene DIN 276

**BGF** 1.430 €/m²

**Planung:** planungsgruppeDREI Architekten + Ingenieure; Mühltal

veröffentlicht: BKI Objektdaten N10

### 6100-1022 Einfamilienhaus, Büro, ELW
**BRI** 1.397 m³ **BGF** 439 m² **NUF** 315 m²

Einfamilienhaus mit ELW (237 m² WFL) und Büro (95 m²). Massivbau.

Land: Baden-Württemberg
Kreis: Heilbronn
Standard: Durchschnitt
Bauzeit: 35 Wochen
Kennwerte: bis 1. Ebene DIN 276

**BGF** 1.950 €/m²

**Planung:** mattes+eppmann architekten; Abstatt

veröffentlicht: BKI Objektdaten N13

## Objektübersicht zur Gebäudeart

### 6100-0538 Einfamilienhaus, Musikzimmer

**BRI** 742 m³   **BGF** 250 m²   **NUF** 202 m²

Einfamilienhaus mit Musikzimmer, Garage. Holzrahmenbau mit Stb-Decke und Holzdachkonstruktion.

Land: Bayern
Kreis: Ostallgäu
Standard: Durchschnitt
Bauzeit: 17 Wochen
Kennwerte: bis 3. Ebene DIN 276

**BGF   1.331 €/m²**

**Planung:** mse architekten gmbh; Kaufbeuren

veröffentlicht: BKI Objektdaten N7

### 6100-0487 Wohn- und Bürogebäude (1 WE)

**BRI** 622 m³   **BGF** 260 m²   **NUF** 211 m²

Wohn- und Bürogebäude, Dachgeschoss nicht ausgebaut. Holzrahmenbau.

Land: Nordrhein-Westfalen
Kreis: Minden-Lübbecke
Standard: Durchschnitt
Bauzeit: 39 Wochen
Kennwerte: bis 4. Ebene DIN 276

**BGF   761 €/m²**

**Planung:** Architekt Dipl.-Ing. Roland Albers; Minden

veröffentlicht: BKI Objektdaten N6

**Wohnhäuser, mit bis zu 15% Mischnutzung, hoher Standard**

## Kostenkennwerte für die Kosten des Bauwerks (Kostengruppen 300+400 nach DIN 276)

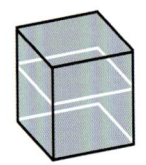

**BRI** 615 €/m³
von 490 €/m³
bis 665 €/m³

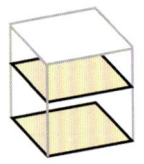

**BGF** 1.910 €/m²
von 1.630 €/m²
bis 2.270 €/m²

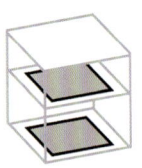

**NUF** 2.790 €/m²
von 2.370 €/m²
bis 3.230 €/m²

**Kosten:**
Stand 1. Quartal 2022
Bundesdurchschnitt
inkl. 19% MwSt.

### Objektbeispiele

6100-1509

6100-1278

6100-1263

### Kosten der 17 Vergleichsobjekte — Seiten 686 bis 691

- ● KKW
- ▶ min
- ▷ von
- | Mittelwert
- ◁ bis
- ◀ max

BRI: €/m³ BRI (300–800)
BGF: €/m² BGF (1000–3000)
NUF: €/m² NUF (2000–4000)

© BKI Baukosteninformationszentrum; Erläuterungen zu den Tabellen siehe Seite 46
Kostenstand: 1. Quartal 2022, Bundesdurchschnitt, **inkl. 19% MwSt.**

## Kostenkennwerte für die Kostengruppen der 1. und 2. Ebene DIN 276

| KG | Kostengruppen der 1. Ebene | Einheit | ▷ | €/Einheit | ◁ | ▷ | % an 300+400 | ◁ |
|---|---|---|---|---|---|---|---|---|
| 100 | Grundstück | m² GF | – | – | – | – | – | – |
| 200 | Vorbereitende Maßnahmen | m² GF | 34 | **96** | 204 | 1,9 | **2,8** | 5,1 |
| 300 | Bauwerk – Baukonstruktionen | m² BGF | 1.294 | **1.550** | 1.798 | 76,0 | **81,3** | 85,9 |
| 400 | Bauwerk – Technische Anlagen | m² BGF | 262 | **360** | 500 | 14,1 | **18,7** | 24,0 |
|  | Bauwerk (300+400) | m² BGF | 1.632 | **1.910** | 2.271 | 100,0 | **100,0** | 100,0 |
| 500 | Außenanlagen und Freiflächen | m² AF | 97 | **196** | 331 | 2,5 | **6,2** | 11,1 |
| 600 | Ausstattung und Kunstwerke | m² BGF | 51 | **158** | 265 | 3,1 | **8,0** | 12,9 |
| 700 | Baunebenkosten* | m² BGF | 383 | **427** | 471 | 20,2 | **22,6** | 24,9 |
| 800 | Finanzierung | m² BGF | – | – | – | – | – | – |

* Auf Grundlage der HOAI 2021 berechnete Werte nach §§ 35, 52, 56. Weitere Informationen siehe Seite 50

| KG | Kostengruppen der 2. Ebene | Einheit | ▷ | €/Einheit | ◁ | ▷ | % an 1. Ebene | ◁ |
|---|---|---|---|---|---|---|---|---|
| 310 | Baugrube / Erdbau | m³ BGI | 43 | **118** | 192 | 3,0 | **4,7** | 6,4 |
| 320 | Gründung, Unterbau | m² GRF | 210 | **609** | 1.007 | 4,4 | **6,0** | 7,6 |
| 330 | Außenwände / vertikal außen | m² AWF | 472 | **639** | 807 | 24,2 | **29,3** | 34,5 |
| 340 | Innenwände / vertikal innen | m² IWF | 228 | **236** | 243 | 16,6 | **19,0** | 21,4 |
| 350 | Decken / horizontal | m² DEF | 433 | **438** | 443 | 19,9 | **23,1** | 26,4 |
| 360 | Dächer | m² DAF | 498 | **855** | 1.212 | 8,0 | **12,9** | 17,9 |
| 370 | Infrastrukturanlagen |  | – | – | – | – | – | – |
| 380 | Baukonstruktive Einbauten | m² BGF | 3 | **3** | 3 | 0,0 | **< 0,1** | 0,2 |
| 390 | Sonst. Maßnahmen für Baukonst. | m² BGF | 42 | **79** | 116 | 3,2 | **5,0** | 6,9 |
| **300** | **Bauwerk – Baukonstruktionen** | m² BGF |  |  |  |  | **100,0** |  |
| 410 | Abwasser-, Wasser-, Gasanlagen | m² BGF | 87 | **133** | 179 | 31,5 | **32,3** | 33,1 |
| 420 | Wärmeversorgungsanlagen | m² BGF | 72 | **111** | 150 | 25,9 | **26,8** | 27,7 |
| 430 | Raumlufttechnische Anlagen | m² BGF | 22 | **22** | 22 | 4,0 | **6,0** | 7,9 |
| 440 | Elektrische Anlagen | m² BGF | 60 | **119** | 178 | 21,7 | **27,3** | 33,0 |
| 450 | Kommunikationstechnische Anlagen | m² BGF | 3 | **4** | 4 | 0,6 | **1,0** | 1,4 |
| 460 | Förderanlagen | m² BGF | 32 | **32** | 32 | 0,0 | **5,8** | 11,6 |
| 470 | Nutzungsspez. / verfahrenstech. Anl. | m² BGF | – | – | – | – | – | – |
| 480 | Gebäude- und Anlagenautomation | m² BGF | – | – | – | – | – | – |
| 490 | Sonst. Maßnahmen f. techn. Anl. | m² BGF | – | – | – | – | – | – |
| **400** | **Bauwerk – Technische Anlagen** | m² BGF |  |  |  |  | **100,0** |  |

### Prozentanteile der Kosten 2. Ebene an den Kosten des Bauwerks nach DIN 276 (Von/Mittel/Bis)

| KG | Kostengruppe | % |
|---|---|---|
| 310 | Baugrube / Erdbau | 3,8 |
| 320 | Gründung, Unterbau | 4,8 |
| 330 | Außenwände / vertikal außen | 23,4 |
| 340 | Innenwände / vertikal innen | 14,7 |
| 350 | Decken / horizontal | 17,9 |
| 360 | Dächer | 9,8 |
| 370 | Infrastrukturanlagen |  |
| 380 | Baukonstruktive Einbauten | < 0,1 |
| 390 | Sonst. Maßnahmen für Baukonst. | 4,1 |
| 410 | Abwasser-, Wasser-, Gasanlagen | 7,0 |
| 420 | Wärmeversorgungsanlagen | 5,8 |
| 430 | Raumlufttechnische Anlagen | 1,1 |
| 440 | Elektrische Anlagen | 6,3 |
| 450 | Kommunikationstechnische Anlagen | 0,2 |
| 460 | Förderanlagen | 0,8 |
| 470 | Nutzungsspez. / verfahrenstech. Anl. |  |
| 480 | Gebäude- und Anlagenautomation |  |
| 490 | Sonst. Maßnahmen f. techn. Anl. |  |

© BKI Baukosteninformationszentrum; Erläuterungen zu den Tabellen siehe Seite 48 und 50  Kostenstand: 1. Quartal 2022, Bundesdurchschnitt, inkl. 19% MwSt.

**Wohnhäuser, mit bis zu 15% Mischnutzung, hoher Standard**

### Prozentanteile der Kosten für Leistungsbereiche nach STLB (Kosten Bauwerk nach DIN 276)

| LB | Leistungsbereiche | ▷ von | Mittelwert | ◁ bis |
|---|---|---|---|---|
| 000 | Sicherheits-, Baustelleneinrichtungen inkl. 001 | 3,0 | **4,8** | 6,8 |
| 002 | Erdarbeiten | 0,2 | **1,3** | 1,9 |
| 006 | Spezialtiefbauarbeiten inkl. 005 | 1,4 | **2,6** | 4,1 |
| 009 | Entwässerungskanalarbeiten inkl. 011 | 0,5 | **0,7** | 1,0 |
| 010 | Drän- und Versickerarbeiten | < 0,1 | **0,1** | 0,2 |
| 012 | Mauerarbeiten | 1,5 | **3,0** | 5,2 |
| 013 | Betonarbeiten | 21,0 | **22,8** | 25,8 |
| 014 | Natur-, Betonwerksteinarbeiten | 0,4 | **0,8** | 1,4 |
| 016 | Zimmer- und Holzbauarbeiten | 0,5 | **0,9** | 1,6 |
| 017 | Stahlbauarbeiten | – | **–** | – |
| 018 | Abdichtungsarbeiten | 0,3 | **0,8** | 1,2 |
| 020 | Dachdeckungsarbeiten | 0,0 | **< 0,1** | 0,2 |
| 021 | Dachabdichtungsarbeiten | 2,1 | **3,5** | 5,4 |
| 022 | Klempnerarbeiten | 1,3 | **1,6** | 1,9 |
| | **Rohbau** | 40,4 | **43,0** | 47,3 |
| 023 | Putz- und Stuckarbeiten, Wärmedämmsysteme | 3,5 | **5,2** | 6,7 |
| 024 | Fliesen- und Plattenarbeiten | 1,7 | **1,8** | 2,0 |
| 025 | Estricharbeiten | 1,5 | **1,9** | 2,3 |
| 026 | Fenster, Außentüren inkl. 029, 032 | 10,0 | **11,5** | 13,0 |
| 027 | Tischlerarbeiten | < 0,1 | **1,3** | 2,6 |
| 028 | Parkettarbeiten, Holzpflasterarbeiten | 0,2 | **1,8** | 2,9 |
| 030 | Rollladenarbeiten | 0,8 | **1,5** | 2,7 |
| 031 | Metallbauarbeiten inkl. 035 | 4,5 | **5,7** | 7,4 |
| 034 | Maler- und Lackiererarbeiten inkl. 037 | 1,2 | **3,0** | 4,7 |
| 036 | Bodenbelagarbeiten | 0,2 | **0,5** | 0,7 |
| 038 | Vorgehängte hinterlüftete Fassaden | 0,5 | **4,3** | 7,5 |
| 039 | Trockenbauarbeiten | 0,7 | **1,4** | 2,4 |
| | **Ausbau** | 37,9 | **40,0** | 41,3 |
| 040 | Wärmeversorgungsanl. - Betriebseinr. inkl. 041 | 3,2 | **4,3** | 5,3 |
| 042 | Gas- und Wasserinstallation, Leitungen inkl. 043 | 0,9 | **1,1** | 1,2 |
| 044 | Abwasseranlagen - Leitungen | 0,5 | **1,3** | 1,9 |
| 045 | GWE-Einrichtungsgegenstände inkl. 046 | 1,3 | **2,0** | 2,4 |
| 047 | Dämmarbeiten an betriebstechnischen Anlagen | 0,6 | **0,8** | 1,1 |
| 049 | Feuerlöschanlagen, Feuerlöschgeräte | – | **–** | – |
| 050 | Blitzschutz- und Erdungsanlagen | < 0,1 | **0,1** | 0,1 |
| 052 | Mittelspannungsanlagen | – | **–** | – |
| 053 | Niederspannungsanlagen inkl. 054 | 1,3 | **2,6** | 3,4 |
| 055 | Sicherheits- u. Ersatzstromversorgungsanl. | – | **–** | – |
| 057 | Gebäudesystemtechnik | 0,0 | **0,3** | 0,6 |
| 058 | Leuchten und Lampen inkl. 059 | 0,4 | **1,0** | 1,5 |
| 060 | Sprechanlagen, elektroakust. Anlagen inkl. 064 | 0,0 | **< 0,1** | < 0,1 |
| 061 | Kommunikationsnetze inkl. 062 | 0,2 | **0,3** | 0,4 |
| 063 | Gefahrenmeldeanlagen | < 0,1 | **0,1** | 0,3 |
| 069 | Aufzüge | 0,8 | **1,5** | 2,7 |
| 070 | Gebäudeautomation | 0,0 | **< 0,1** | 0,2 |
| 075 | Raumlufttechnische Anlagen inkl. 078 | 0,7 | **0,9** | 1,0 |
| | **Gebäudetechnik** | 15,2 | **16,5** | 18,7 |
| | Sonstige Leistungsbereiche inkl. 008, 033, 051 | 0,5 | **0,5** | 0,5 |

Kosten: Stand 1. Quartal 2022 Bundesdurchschnitt inkl. 19% MwSt.

- ● KKW
- ▶ min
- ▷ von
- | Mittelwert
- ◁ bis
- ◀ max

## Planungskennwerte für Flächen und Rauminhalte nach DIN 277

| Grundflächen | | | ▷ Fläche/NUF (%) ◁ | | | ▷ Fläche/BGF (%) ◁ | | |
|---|---|---|---|---|---|---|---|---|
| NUF | Nutzungsfläche | | 100,0 | **100,0** | 100,0 | 64,7 | **68,8** | 72,6 |
| TF | Technikfläche | | 3,0 | **3,7** | 7,0 | 1,9 | **2,4** | 4,4 |
| VF | Verkehrsfläche | | 12,3 | **15,2** | 21,5 | 8,0 | **10,0** | 13,0 |
| NRF | Netto-Raumfläche | | 116,1 | **118,6** | 124,9 | 78,5 | **81,0** | 84,0 |
| KGF | Konstruktions-Grundfläche | | 23,1 | **28,6** | 34,0 | 16,0 | **19,0** | 21,5 |
| BGF | Brutto-Grundfläche | | 139,9 | **147,2** | 157,2 | 100,0 | **100,0** | 100,0 |

| Brutto-Rauminhalte | | | ▷ BRI/NUF (m) ◁ | | | ▷ BRI/BGF (m) ◁ | | |
|---|---|---|---|---|---|---|---|---|
| BRI | Brutto-Rauminhalt | | 4,27 | **4,58** | 4,77 | 2,93 | **3,12** | 3,28 |

| Flächen von Nutzeinheiten | | | ▷ NUF/Einheit (m²) ◁ | | | ▷ BGF/Einheit (m²) ◁ | | |
|---|---|---|---|---|---|---|---|---|
| Nutzeinheit: | | | – | – | – | – | – | – |

| Lufttechnisch behandelte Flächen | | | ▷ Fläche/NUF (%) ◁ | | | ▷ Fläche/BGF (%) ◁ | | |
|---|---|---|---|---|---|---|---|---|
| Entlüftete Fläche | | | 3,2 | **3,2** | 3,2 | 2,5 | **2,5** | 2,5 |
| Be- und entlüftete Fläche | | | 56,0 | **56,0** | 56,0 | 39,5 | **39,5** | 39,5 |
| Teilklimatisierte Fläche | | | – | – | – | – | – | – |
| Klimatisierte Fläche | | | – | – | – | – | – | – |

| KG | Kostengruppen (2. Ebene) | Einheit | ▷ Menge/NUF ◁ | | | ▷ Menge/BGF ◁ | | |
|---|---|---|---|---|---|---|---|---|
| 310 | Baugrube / Erdbau | m³ BGI | 0,93 | **0,93** | 0,93 | 0,74 | **0,74** | 0,74 |
| 320 | Gründung, Unterbau | m² GRF | 0,25 | **0,25** | 0,25 | 0,20 | **0,20** | 0,20 |
| 330 | Außenwände / vertikal außen | m² AWF | 0,88 | **0,88** | 0,88 | 0,70 | **0,70** | 0,70 |
| 340 | Innenwände / vertikal innen | m² IWF | 1,51 | **1,51** | 1,51 | 1,20 | **1,20** | 1,20 |
| 350 | Decken / horizontal | m² DEF | 0,99 | **0,99** | 0,99 | 0,78 | **0,78** | 0,78 |
| 360 | Dächer | m² DAF | 0,36 | **0,36** | 0,36 | 0,29 | **0,29** | 0,29 |
| 370 | Infrastrukturanlagen | | – | – | – | – | – | – |
| 380 | Baukonstruktive Einbauten | m² BGF | 1,40 | **1,47** | 1,57 | 1,00 | **1,00** | 1,00 |
| 390 | Sonst. Maßnahmen für Baukonst. | m² BGF | 1,40 | **1,47** | 1,57 | 1,00 | **1,00** | 1,00 |
| **300** | **Bauwerk – Baukonstruktionen** | m² BGF | 1,40 | **1,47** | 1,57 | 1,00 | **1,00** | 1,00 |

## Planungskennwerte für Bauzeiten — 15 Vergleichsobjekte

**Bauzeit in Wochen**

Bauzeit: ▶ ▷ ◁ ◀  
0 | 20 | 40 | 60 | 80 | 100 | 120 | 140 | 160 | 180 | 200 Wochen

© BKI Baukosteninformationszentrum; Erläuterungen zu den Tabellen siehe Seite 54    Kostenstand: 1. Quartal 2022, Bundesdurchschnitt, inkl. 19% MwSt.

**Wohnhäuser, mit bis zu 15% Mischnutzung, hoher Standard**

€/m² BGF
- min: 1.340 €/m²
- von: 1.630 €/m²
- Mittel: **1.910** €/m²
- bis: 2.270 €/m²
- max: 2.710 €/m²

Kosten:
Stand 1. Quartal 2022
Bundesdurchschnitt
inkl. 19% MwSt.

## Objektübersicht zur Gebäudeart

### 6100-1509 Wohn- und Geschäftshaus (276 WE), TG (100 STP)
**BRI** 112.313 m³ **BGF** 37.101 m² **NUF** 30.001 m²

Wohn- und Geschäftshaus mit Tiefgarage und 276 Wohneinheiten sowie 100 STP in der Tiefgarage. Massivbau.

Land: Berlin
Kreis: Berlin, Stadt
Standard: über Durchschnitt
Bauzeit: 178 Wochen
Kennwerte: bis 1. Ebene DIN 276

**BGF** 1.894 €/m²

Planung: HKA HASTRICH KEUTHAGE ARCHITEKTEN; Berlin

vorgesehen: BKI Objektdaten N18

### 6100-1370 Mehrfamilienhaus (14 WE), Gewerbe, TG (7 STP)
**BRI** 7.717 m³ **BGF** 2.350 m² **NUF** 1.516 m²

Mehrfamilienhaus mit 14 WE, Flächen für 1 Gewerbe und Tiefgarage mit 7 STP. Massivbau.

Land: Hamburg
Kreis: Hamburg, Freie und Hansestadt
Standard: über Durchschnitt
Bauzeit: 70 Wochen
Kennwerte: bis 1. Ebene DIN 276

**BGF** 2.048 €/m²

Planung: Kantstein Architekten Busse + Rampendahl Psg. mbB; Hamburg

veröffentlicht: BKI Objektdaten N16

### 6100-1263 Wohn-/Geschäftshaus (36 WE), TG - Effizienzhaus 55
**BRI** 16.822 m³ **BGF** 4.545 m² **NUF** 3.350 m²

Wohn- und Geschäftshaus (36 WE, 3 Gewerbeeinheiten) mit 2.709 m² WFL und TG (33 STP) als Effizienzhaus 55. Stahlbetonbau.

Land: Hamburg
Kreis: Hamburg, Freie und Hansestadt
Standard: über Durchschnitt
Bauzeit: 52 Wochen
Kennwerte: bis 1. Ebene DIN 276

**BGF** 2.712 €/m²

Planung: 360grad+ architekten GmbH; Hamburg

veröffentlicht: BKI Objektdaten E7

### 6100-1278 Mehrfamilienhaus (9 WE), Büros - Effizienzhaus 70
**BRI** 5.173 m³ **BGF** 1.691 m² **NUF** 950 m²

Wohn- und Geschäftshaus mit 9 WE (782 m² WFL) und 2 Büroeinheiten, Tiefgarage mit Doppelparkern, Effizienzhaus 70. Mauerwerksbau.

Land: Hamburg
Kreis: Hamburg, Freie und Hansestadt
Standard: über Durchschnitt
Bauzeit: 126 Wochen*
Kennwerte: bis 1. Ebene DIN 276

**BGF** 1.341 €/m²

Planung: Holst Becker Architekten PartGmbB; Hamburg

veröffentlicht: BKI Objektdaten E7
* Nicht in der Auswertung enthalten

## Objektübersicht zur Gebäudeart

### 6100-1057 Einfamilienhaus, Büro, Carport - Effizienzhaus 40    BRI 1.070 m³    BGF 352 m²    NUF 250 m²

Einfamilienhaus, teilunterkellert (220m² WFL) mit Büro und Carport. Holzskelettbauweise.

Land: Baden-Württemberg
Kreis: Freudenstadt
Standard: über Durchschnitt
Bauzeit: 35 Wochen
Kennwerte: bis 1. Ebene DIN 276

BGF    2.047 €/m²

veröffentlicht: BKI Objektdaten E6

**Planung:** arché techné néos stefan niesner freier architekt; Freudenstadt

### 6100-1107 Mehrfamilienhäuser (13 WE), Büro, TG (17 STP)*    BRI 5.815 m³    BGF 1.416 m²    NUF 988 m²

Zwei Mehrfamilienhäuser mit insgesamt 13 WE (895m² WFL), eine Büroeinheit und TG (17 STP). Massivbau.

Land: Baden-Württemberg
Kreis: Esslingen
Standard: über Durchschnitt
Bauzeit: 74 Wochen
Kennwerte: bis 1. Ebene DIN 276

BGF    3.010 €/m²

veröffentlicht: BKI Objektdaten N13
* Nicht in der Auswertung enthalten

**Planung:** BÜRO STOLL FÜR ARCHITEKTUR UND DESIGN; Ostfildern

### 6100-1041 Einfamilienhaus mit Atelier*    BRI 920 m³    BGF 265 m²    NUF 198 m²

Einfamilienwohnhaus (165m² WFL) mit Atelier/Büro im EG. Massivbau.

Land: Nordrhein-Westfalen
Kreis: Köln
Standard: über Durchschnitt
Bauzeit: 43 Wochen
Kennwerte: bis 1. Ebene DIN 276

BGF    2.567 €/m²

veröffentlicht: BKI Objektdaten N12
* Nicht in der Auswertung enthalten

**Planung:** Bachmann Badie Architekten; Köln

### 6100-1000 Einfamilienhaus, Doppelgarage*    BRI 1.930 m³    BGF 578 m²    NUF 374 m²

Einfamilienhaus mit Doppelgarage (372m² WFL), Arbeitsräume im OG. Stb-Konstruktion mit Sichtmauerwerk, Mauerwerksbau.

Land: Bayern
Kreis: Weilheim
Standard: über Durchschnitt
Bauzeit: 65 Wochen
Kennwerte: bis 1. Ebene DIN 276

BGF    4.752 €/m²

veröffentlicht: BKI Objektdaten N12
* Nicht in der Auswertung enthalten

**Planung:** Design Associates Stephan Maria Lang; München

© BKI Baukosteninformationszentrum; Erläuterungen zu den Tabellen siehe Seite 56    Kostenstand: 1. Quartal 2022, Bundesdurchschnitt, **inkl. 19% MwSt.**

**Wohnhäuser, mit bis zu 15% Mischnutzung, hoher Standard**

**€/m² BGF**
- min: 1.340 €/m²
- von: 1.630 €/m²
- Mittel: 1.910 €/m²
- bis: 2.270 €/m²
- max: 2.710 €/m²

**Kosten:**
Stand 1. Quartal 2022
Bundesdurchschnitt
inkl. 19% MwSt.

## Objektübersicht zur Gebäudeart

### 6100-0971 Einfamilienhaus, Praxis - Effizienzhaus 70
**BRI** 1.200 m³ **BGF** 404 m² **NUF** 236 m²

Einfamilienhaus (237 m² WFL) mit einer Hautpflegepraxis im Untergeschoss. Mauerwerksbau, Anbau Holzrahmenkonstruktion.

Land: Nordrhein-Westfalen
Kreis: Borken
Standard: über Durchschnitt
Bauzeit: 61 Wochen
Kennwerte: bis 1. Ebene DIN 276

**BGF** 1.906 €/m²

Planung: Architekturbüro Hermann Josef Steverding; Stadtlohn

veröffentlicht: BKI Objektdaten E5

### 6100-1002 Einfamilienhaus, Doppelgarage*
**BRI** 1.419 m³ **BGF** 394 m² **NUF** 273 m²

Einfamilienhaus mit Doppelgarage (253 m² WFL), Arbeitsräume im OG. Mauerwerksbau.

Land: Bayern
Kreis: München
Standard: über Durchschnitt
Bauzeit: 74 Wochen
Kennwerte: bis 1. Ebene DIN 276

**BGF** 2.976 €/m² *

Planung: Design Associates Stephan Maria Lang; München

veröffentlicht: BKI Objektdaten N12
* Nicht in der Auswertung enthalten

### 6100-0936 Mehrfamilienhaus, Kita (50 Kinder) - Passivhaus
**BRI** 4.776 m³ **BGF** 1.360 m² **NUF** 983 m²

Mehrfamilienhaus mit 5 Wohnungen (905 m² WFL) als Passivhaus mit Kindertagesstätte im EG (2 Gruppen, 50 Kinder). Mauerwerksbau EG, Holzrahmenbau OG.

Land: Niedersachsen
Kreis: Hannover, Region
Standard: über Durchschnitt
Bauzeit: 48 Wochen
Kennwerte: bis 1. Ebene DIN 276

**BGF** 2.063 €/m²

Planung: lindener baukontor; Hannover

veröffentlicht: BKI Objektdaten E5

### 6100-0959 Mehrfamilienhaus, Büro, Tiefgarage*
**BRI** 6.881 m³ **BGF** 2.535 m² **NUF** 1.644 m²

Barrierefreie Wohnanlage (9 WE, 943 m² WFL), die aus zwei Gebäuden besteht. Laubengangverbindung und Tiefgarage. Mauerwerksbau.

Land: Bayern
Kreis: München
Standard: über Durchschnitt
Bauzeit: 78 Wochen
Kennwerte: bis 1. Ebene DIN 276

**BGF** 1.235 €/m²
*

Planung: raumstation Architekten GmbH; Starnberg

veröffentlicht: BKI Objektdaten N11
* Nicht in der Auswertung enthalten

## Objektübersicht zur Gebäudeart

### 6100-0723 Zweifamilienhaus mit Gewerbe

**BRI** 2.037 m³   **BGF** 821 m²   **NUF** 587 m²

Zweifamilienhaus mit Gewerbe (Schneiderei), 2 Garagen. Mauerwerksbau; Stb-Decken; Stb-Flachdach.

Land: Bayern
Kreis: Landshut
Standard: über Durchschnitt
Bauzeit: 35 Wochen
Kennwerte: bis 1. Ebene DIN 276

**BGF**   **1.661 €/m²**

veröffentlicht: BKI Objektdaten N10

**Planung:** Dipl.-Ing. Architektin B. Anetsberger; Landshut

### 6100-0855 Doppelhaus, Drei-Liter-Haus, Büro*

**BRI** 1.578 m³   **BGF** 520 m²   **NUF** 303 m²

Zwei Doppelhaushälften, die auseinander geschoben und versetzt zueinander angeordnet sind. (219 m² WFL). Büronutzung (75 m²). Mauerwerksbau.

Land: Österreich
Kreis: Vorarlberg
Standard: über Durchschnitt
Bauzeit: 48 Wochen
Kennwerte: bis 1. Ebene DIN 276

**BGF**   **1.582 €/m²**

veröffentlicht: BKI Objektdaten E4
* Nicht in der Auswertung enthalten

**Planung:** straub architektur; Lindau am Bodensee

### 6100-1003 Einfamilienhaus, Doppelgarage

**BRI** 1.399 m³   **BGF** 409 m²   **NUF** 279 m²

Einfamilienhaus mit Doppelgarage (275 m² WFL). Massivbauweise.

Land: Bayern
Kreis: Fürstenfeldbruck
Standard: über Durchschnitt
Bauzeit: 61 Wochen
Kennwerte: bis 1. Ebene DIN 276

**BGF**   **2.323 €/m²**

veröffentlicht: BKI Objektdaten N12

**Planung:** Design Associates Stephan Maria Lang; München

### 6100-0818 Wohnhaus (3 WE), Büro

**BRI** 1.600 m³   **BGF** 465 m²   **NUF** 338 m²

Wohnhaus mit Bürotrakt und Mietobjekt (3 WE, einschl. Büro). Mauerwerksbau.

Land: Nordrhein-Westfalen
Kreis: Rheinisch-Bergischer Kreis
Standard: über Durchschnitt
Bauzeit: 61 Wochen
Kennwerte: bis 1. Ebene DIN 276

**BGF**   **1.829 €/m²**

veröffentlicht: BKI Objektdaten N10

**Planung:** Bieniussa Martinez Architekten; Bergisch Gladbach

**Wohnhäuser, mit bis zu 15% Mischnutzung, hoher Standard**

€/m² BGF
| | |
|---|---|
| min | 1.340 €/m² |
| von | 1.630 €/m² |
| Mittel | **1.910 €/m²** |
| bis | 2.270 €/m² |
| max | 2.710 €/m² |

Kosten:
Stand 1. Quartal 2022
Bundesdurchschnitt
inkl. 19% MwSt.

## Objektübersicht zur Gebäudeart

### 6100-0749 Wohn- und Geschäftshaus (20 WE)

**BRI** 7.886 m³   **BGF** 2.793 m²   **NUF** 1.568 m²

Mehrfamilienwohnhaus mit 20 Altenwohnungen, 2 Ladenlokalen und 10 Stellplätze im EG. Pfahlgründung; Stb-Konstruktion.

Land: Saarland
Kreis: Saarlouis
Standard: über Durchschnitt
Bauzeit: 65 Wochen
Kennwerte: bis 1. Ebene DIN 276

**BGF   1.803 €/m²**

**Planung:** HEPP + ZENNER Ingenieurgesellschaft mbH; Saarbrücken

veröffentlicht: BKI Objektdaten N10

### 6100-0875 Wohnhaus mit ELW, Büro

**BRI** 1.212 m³   **BGF** 443 m²   **NUF** 287 m²

Wohnhaus mit ELW, Büro und integrierten PKW-Stellplätzen (257 m² WFL). Mauerwerksbau.

Land: Nordrhein-Westfalen
Kreis: Olpe
Standard: über Durchschnitt
Bauzeit: 109 Wochen*
Kennwerte: bis 1. Ebene DIN 276

**BGF   1.689 €/m²**

**Planung:** TATORT architektur; Attendorn

veröffentlicht: BKI Objektdaten N11
* Nicht in der Auswertung enthalten

### 6100-0854 Reihenendhaus (Büro) - Passivhaus

**BRI** 1.139 m³   **BGF** 347 m²   **NUF** 218 m²

Reihenendhaus mit Büronutzung, Passivhaus. Untergeschoss nicht wärmegedämmt. Holzkonstruktion.

Land: Bayern
Kreis: Erlangen, Stadt
Standard: über Durchschnitt
Bauzeit: 43 Wochen
Kennwerte: bis 1. Ebene DIN 276

**BGF   1.350 €/m²**

**Planung:** Architekturbüro Frau Farzaneh Nouri-Schellinger; Erlangen

veröffentlicht: BKI Objektdaten E4

### 6100-0289 Wohnhaus (1 WE), 2 Büros, Garage

**BRI** 749 m³   **BGF** 269 m²   **NUF** 172 m²

Einfamilienwohnhaus (168 m² WFL II.BVO), voll unterkellert, 2 Büros für Freiberufler. Mauerwerksbau.

Land: Nordrhein-Westfalen
Kreis: Rheinisch-Bergischer Kreis
Standard: über Durchschnitt
Bauzeit: 43 Wochen
Kennwerte: bis 1. Ebene DIN 276

**BGF   1.871 €/m²**

**Planung:** Hingst - Planungs - GmbH Architekten Ingenieure; Köln

veröffentlicht: BKI Objektdaten N3

## Objektübersicht zur Gebäudeart

### 6100-0296 Einfamilienhaus, Büro - Niedrigenergie       BRI 1.042 m³   BGF 324 m²   NUF 238 m²

Einfamilienhaus mit Architekturbüro; besondere Energiekonzeption; ökologische Bauweise, Holzbausystem mit elementierten Wandscheiben in Blocktafelbauweise. Holzrahmenbau.

Land: Baden-Württemberg
Kreis: Bodenseekreis
Standard: über Durchschnitt
Bauzeit: 35 Wochen
Kennwerte: bis 1. Ebene DIN 276

BGF   2.095 €/m²

**Planung:** Freier Architekt Dipl.-Ing. Tim Günther; Sipplingen

veröffentlicht: BKI Objektdaten E1

### 6100-0337 Wohnhaus (4 WE), 4 Praxen       BRI 2.950 m³   BGF 958 m²   NUF 780 m²

Mehrfamilienwohnhaus mit Praxen im UG und EG. Mauerwerksbau.

Land: Baden-Württemberg
Kreis: Heidelberg, Stadt
Standard: über Durchschnitt
Bauzeit: 57 Wochen
Kennwerte: bis 2. Ebene DIN 276

BGF   1.859 €/m²

**Planung:** Böhm & Ruland Architekten B.A.U/ SRL Ökologisches Bauen; Heidelberg

veröffentlicht: BKI Objektdaten N3

### 6100-0215 Wohn- und Geschäftshaus (23 WE), TG       BRI 13.417 m³   BGF 4.178 m²   NUF 3.240 m²

Wohn- und Geschäftshaus als Eckhaus mit TG (9 STP), 4 Läden im EG, Büros und Arztpraxen im 1. und 2. OG, darüber Wohnungen. Mauerwerksbau.

Land: Sachsen
Kreis: Leipzig, Stadt
Standard: über Durchschnitt
Bauzeit: 65 Wochen
Kennwerte: bis 3. Ebene DIN 276

BGF   1.975 €/m²

**Planung:** Planungsgruppe IFB Dr. Braschel GmbH; Stuttgart

veröffentlicht: BKI Objektdaten N1

© BKI Baukosteninformationszentrum; Erläuterungen zu den Tabellen siehe Seite 56     Kostenstand: 1. Quartal 2022, Bundesdurchschnitt, **inkl. 19% MwSt.**

**Wohnhäuser, mit mehr als 15% Mischnutzung**

## Kostenkennwerte für die Kosten des Bauwerks (Kostengruppen 300+400 nach DIN 276)

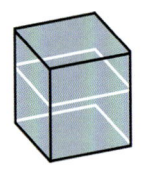

**BRI** 560 €/m³
von 465 €/m³
bis 680 €/m³

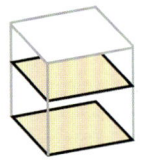

**BGF** 1.820 €/m²
von 1.520 €/m²
bis 2.310 €/m²

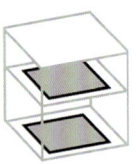

**NUF** 2.730 €/m²
von 2.195 €/m²
bis 3.585 €/m²

### Objektbeispiele

6100-1512

6100-1548

6100-1317

**Kosten:**
Stand 1. Quartal 2022
Bundesdurchschnitt
inkl. 19% MwSt.

### Kosten der 27 Vergleichsobjekte — Seiten 696 bis 702

Legende:
- ● KKW
- ▶ min
- ▷ von
- | Mittelwert
- ◁ bis
- ◀ max

BRI: 350–850 €/m³ BRI
BGF: 1200–2700 €/m² BGF
NUF: 1500–4500 €/m² NUF

© BKI Baukosteninformationszentrum; Erläuterungen zu den Tabellen siehe Seite 46
Kostenstand: 1. Quartal 2022, Bundesdurchschnitt, **inkl. 19% MwSt.**

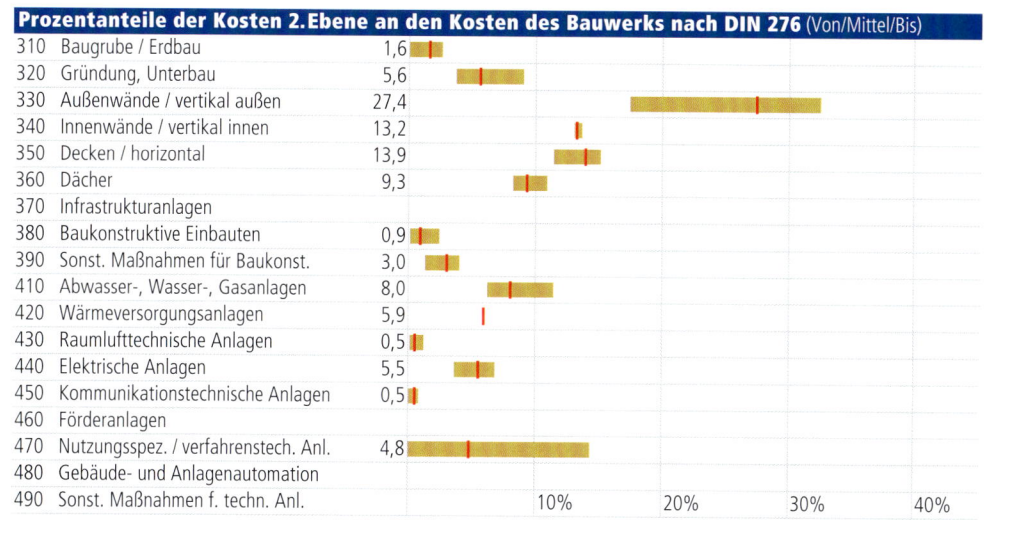

## Kostenkennwerte für die Kostengruppen der 1. und 2. Ebene DIN 276

| KG | Kostengruppen der 1. Ebene | Einheit | ▷ | €/Einheit | ◁ | ▷ | % an 300+400 | ◁ |
|---|---|---|---|---|---|---|---|---|
| 100 | Grundstück | m²GF | – | – | – | – | – | – |
| 200 | Vorbereitende Maßnahmen | m²GF | 31 | **87** | 256 | 0,6 | **2,1** | 4,6 |
| 300 | Bauwerk – Baukonstruktionen | m²BGF | 1.211 | **1.457** | 1.853 | 75,1 | **80,2** | 86,9 |
| 400 | Bauwerk – Technische Anlagen | m²BGF | 236 | **364** | 495 | 13,1 | **19,8** | 24,9 |
|  | Bauwerk (300+400) | m²BGF | 1.518 | **1.821** | 2.309 | 100,0 | **100,0** | 100,0 |
| 500 | Außenanlagen und Freiflächen | m²AF | 129 | **370** | 1.109 | 2,2 | **4,4** | 7,5 |
| 600 | Ausstattung und Kunstwerke | m²BGF | 2 | **17** | 24 | 0,1 | **0,8** | 1,2 |
| 700 | Baunebenkosten* | m²BGF | 363 | **405** | 446 | 20,1 | **22,4** | 24,7 |
| 800 | Finanzierung | m²BGF | – | – | – | – | – | – |

◁ * Auf Grundlage der HOAI 2021 berechnete Werte nach §§ 35, 52, 56. Weitere Informationen siehe Seite 50

| KG | Kostengruppen der 2. Ebene | Einheit | ▷ | €/Einheit | ◁ | ▷ | % an 1. Ebene | ◁ |
|---|---|---|---|---|---|---|---|---|
| 310 | Baugrube / Erdbau | m³BGI | 26 | **36** | 56 | < 0,1 | **2,0** | 3,2 |
| 320 | Gründung, Unterbau | m²GRF | 273 | **283** | 303 | 4,7 | **7,9** | 14,1 |
| 330 | Außenwände / vertikal außen | m²AWF | 347 | **465** | 529 | 27,3 | **36,0** | 40,9 |
| 340 | Innenwände / vertikal innen | m²IWF | 184 | **208** | 219 | 16,4 | **17,8** | 20,5 |
| 350 | Decken / horizontal | m²DEF | 386 | **392** | 405 | 18,0 | **18,5** | 19,5 |
| 360 | Dächer | m²DAF | 264 | **464** | 574 | 9,9 | **12,5** | 13,9 |
| 370 | Infrastrukturanlagen |  | – | – | – | – | – | – |
| 380 | Baukonstruktive Einbauten | m²BGF | 4 | **22** | 40 | 0,2 | **1,4** | 3,8 |
| 390 | Sonst. Maßnahmen für Baukonst. | m²BGF | 22 | **51** | 66 | 2,1 | **3,9** | 4,9 |
| **300** | **Bauwerk – Baukonstruktionen** | **m²BGF** |  |  |  |  | **100,0** |  |
| 410 | Abwasser-, Wasser-, Gasanlagen | m²BGF | 79 | **136** | 173 | 31,4 | **32,0** | 33,2 |
| 420 | Wärmeversorgungsanlagen | m²BGF | 85 | **99** | 120 | 16,0 | **25,4** | 30,4 |
| 430 | Raumlufttechnische Anlagen | m²BGF | 5 | **12** | 19 | 0,0 | **1,7** | 2,8 |
| 440 | Elektrische Anlagen | m²BGF | 67 | **95** | 145 | 9,9 | **25,3** | 33,1 |
| 450 | Kommunikationstechnische Anlagen | m²BGF | 9 | **13** | 17 | 0,0 | **2,5** | 3,7 |
| 460 | Förderanlagen | m²BGF | – | – | – | – | – | – |
| 470 | Nutzungsspez. / verfahrenstech. Anl. | m²BGF | 237 | **237** | 237 | 0,0 | **13,2** | 39,5 |
| 480 | Gebäude- und Anlagenautomation | m²BGF | – | – | – | – | – | – |
| 490 | Sonst. Maßnahmen f. techn. Anl. | m²BGF | – | – | – | – | – | – |
| **400** | **Bauwerk – Technische Anlagen** | **m²BGF** |  |  |  |  | **100,0** |  |

### Prozentanteile der Kosten 2. Ebene an den Kosten des Bauwerks nach DIN 276 (Von/Mittel/Bis)

| KG | Kostengruppe | Mittel |
|---|---|---|
| 310 | Baugrube / Erdbau | 1,6 |
| 320 | Gründung, Unterbau | 5,6 |
| 330 | Außenwände / vertikal außen | 27,4 |
| 340 | Innenwände / vertikal innen | 13,2 |
| 350 | Decken / horizontal | 13,9 |
| 360 | Dächer | 9,3 |
| 370 | Infrastrukturanlagen |  |
| 380 | Baukonstruktive Einbauten | 0,9 |
| 390 | Sonst. Maßnahmen für Baukonst. | 3,0 |
| 410 | Abwasser-, Wasser-, Gasanlagen | 8,0 |
| 420 | Wärmeversorgungsanlagen | 5,9 |
| 430 | Raumlufttechnische Anlagen | 0,5 |
| 440 | Elektrische Anlagen | 5,5 |
| 450 | Kommunikationstechnische Anlagen | 0,5 |
| 460 | Förderanlagen |  |
| 470 | Nutzungsspez. / verfahrenstech. Anl. | 4,8 |
| 480 | Gebäude- und Anlagenautomation |  |
| 490 | Sonst. Maßnahmen f. techn. Anl. |  |

© BKI Baukosteninformationszentrum; Erläuterungen zu den Tabellen siehe Seite 48 und 50    Kostenstand: 1. Quartal 2022, Bundesdurchschnitt, inkl. 19% MwSt.

**Wohnhäuser, mit mehr als 15% Mischnutzung**

**Kosten:**
Stand 1. Quartal 2022
Bundesdurchschnitt
inkl. 19% MwSt.

- KKW
- ▶ min
- ▷ von
- | Mittelwert
- ◁ bis
- ◀ max

### Prozentanteile der Kosten für Leistungsbereiche nach STLB (Kosten Bauwerk nach DIN 276)

| LB | Leistungsbereiche | ▷ von | Mittelwert | ◁ bis |
|---|---|---|---|---|
| 000 | Sicherheits-, Baustelleneinrichtungen inkl. 001 | 2,0 | **2,8** | 3,6 |
| 002 | Erdarbeiten | 0,8 | **1,6** | 2,8 |
| 006 | Spezialtiefbauarbeiten inkl. 005 | – | – | – |
| 009 | Entwässerungskanalarbeiten inkl. 011 | 0,5 | **0,6** | 0,8 |
| 010 | Drän- und Versickerarbeiten | 0,0 | **< 0,1** | 0,2 |
| 012 | Mauerarbeiten | 4,8 | **7,3** | 9,8 |
| 013 | Betonarbeiten | 9,7 | **15,7** | 19,6 |
| 014 | Natur-, Betonwerksteinarbeiten | 0,0 | **3,2** | 6,3 |
| 016 | Zimmer- und Holzbauarbeiten | 1,0 | **1,9** | 3,4 |
| 017 | Stahlbauarbeiten | – | – | – |
| 018 | Abdichtungsarbeiten | 0,0 | **0,2** | 0,4 |
| 020 | Dachdeckungsarbeiten | 0,3 | **1,9** | 3,0 |
| 021 | Dachabdichtungsarbeiten | 0,6 | **2,0** | 3,3 |
| 022 | Klempnerarbeiten | 0,3 | **0,5** | 0,9 |
| | **Rohbau** | **32,9** | **37,7** | **44,0** |
| 023 | Putz- und Stuckarbeiten, Wärmedämmsysteme | 0,2 | **2,7** | 5,1 |
| 024 | Fliesen- und Plattenarbeiten | 2,6 | **4,7** | 6,7 |
| 025 | Estricharbeiten | 1,1 | **1,7** | 2,0 |
| 026 | Fenster, Außentüren inkl. 029, 032 | 9,8 | **13,5** | 17,7 |
| 027 | Tischlerarbeiten | 3,3 | **5,3** | 6,8 |
| 028 | Parkettarbeiten, Holzpflasterarbeiten | 0,2 | **1,1** | 1,7 |
| 030 | Rollladenarbeiten | – | – | – |
| 031 | Metallbauarbeiten inkl. 035 | 2,2 | **3,3** | 4,5 |
| 034 | Maler- und Lackiererarbeiten inkl. 037 | 0,7 | **1,2** | 1,9 |
| 036 | Bodenbelagarbeiten | < 0,1 | **0,5** | 0,8 |
| 038 | Vorgehängte hinterlüftete Fassaden | – | – | – |
| 039 | Trockenbauarbeiten | 2,4 | **3,6** | 5,3 |
| | **Ausbau** | **36,1** | **37,5** | **38,6** |
| 040 | Wärmeversorgungsanl. - Betriebseinr. inkl. 041 | 5,3 | **5,6** | 5,8 |
| 042 | Gas- und Wasserinstallation, Leitungen inkl. 043 | 1,1 | **2,0** | 2,9 |
| 044 | Abwasseranlagen - Leitungen | 1,7 | **2,1** | 2,5 |
| 045 | GWE-Einrichtungsgegenstände inkl. 046 | 2,1 | **2,7** | 3,1 |
| 047 | Dämmarbeiten an betriebstechnischen Anlagen | 0,4 | **0,6** | 0,7 |
| 049 | Feuerlöschanlagen, Feuerlöschgeräte | – | – | – |
| 050 | Blitzschutz- und Erdungsanlagen | 0,1 | **0,2** | 0,2 |
| 052 | Mittelspannungsanlagen | – | – | – |
| 053 | Niederspannungsanlagen inkl. 054 | 3,5 | **5,1** | 6,1 |
| 055 | Sicherheits- u. Ersatzstromversorgungsanl. | – | – | – |
| 057 | Gebäudesystemtechnik | – | – | – |
| 058 | Leuchten und Lampen inkl. 059 | < 0,1 | **0,3** | 0,4 |
| 060 | Sprechanlagen, elektroakust. Anlagen inkl. 064 | < 0,1 | **< 0,1** | 0,1 |
| 061 | Kommunikationsnetze inkl. 062 | 0,0 | **0,2** | 0,3 |
| 063 | Gefahrenmeldeanlagen | 0,0 | **0,2** | 0,5 |
| 069 | Aufzüge | – | – | – |
| 070 | Gebäudeautomation | – | – | – |
| 075 | Raumlufttechnische Anlagen inkl. 078 | < 0,1 | **2,8** | 5,4 |
| | **Gebäudetechnik** | **17,9** | **21,8** | **24,6** |
| | Sonstige Leistungsbereiche inkl. 008, 033, 051 | 0,2 | **3,0** | 5,7 |

© BKI Baukosteninformationszentrum; Erläuterungen zu den Tabellen siehe Seite 52      Kostenstand: 1. Quartal 2022, Bundesdurchschnitt, **inkl. 19% MwSt.**

## Planungskennwerte für Flächen und Rauminhalte nach DIN 277

| Grundflächen | | ▷ | Fläche/NUF (%) | ◁ | ▷ | Fläche/BGF (%) | ◁ |
|---|---|---|---|---|---|---|---|
| NUF | Nutzungsfläche | 100,0 | **100,0** | 100,0 | 64,5 | **67,6** | 72,5 |
| TF | Technikfläche | 2,4 | **3,0** | 3,6 | 1,6 | **2,0** | 2,5 |
| VF | Verkehrsfläche | 13,2 | **17,3** | 22,5 | 8,5 | **11,3** | 14,0 |
| NRF | Netto-Raumfläche | 116,2 | **120,3** | 125,6 | 78,9 | **80,9** | 84,0 |
| KGF | Konstruktions-Grundfläche | 23,8 | **29,2** | 32,9 | 16,3 | **19,2** | 21,2 |
| BGF | Brutto-Grundfläche | 140,2 | **149,3** | 157,3 | 100,0 | **100,0** | 100,0 |

| Brutto-Rauminhalte | | ▷ | BRI/NUF (m) | ◁ | ▷ | BRI/BGF (m) | ◁ |
|---|---|---|---|---|---|---|---|
| BRI | Brutto-Rauminhalt | 4,49 | **4,84** | 5,24 | 3,14 | **3,24** | 3,40 |

| Flächen von Nutzeinheiten | | ▷ | NUF/Einheit (m²) | ◁ | ▷ | BGF/Einheit (m²) | ◁ |
|---|---|---|---|---|---|---|---|
| Nutzeinheit: | | – | – | – | – | – | – |

| Lufttechnisch behandelte Flächen | ▷ | Fläche/NUF (%) | ◁ | ▷ | Fläche/BGF (%) | ◁ |
|---|---|---|---|---|---|---|
| Entlüftete Fläche | – | – | – | – | – | – |
| Be- und entlüftete Fläche | 82,5 | **82,5** | 82,5 | 57,1 | **57,1** | 57,1 |
| Teilklimatisierte Fläche | – | – | – | – | – | – |
| Klimatisierte Fläche | – | – | – | – | – | – |

| KG | Kostengruppen (2. Ebene) | Einheit | ▷ | Menge/NUF | ◁ | ▷ | Menge/BGF | ◁ |
|---|---|---|---|---|---|---|---|---|
| 310 | Baugrube / Erdbau | m³ BGI | 0,61 | **1,06** | 1,06 | 0,48 | **0,79** | 0,79 |
| 320 | Gründung, Unterbau | m² GRF | 0,40 | **0,41** | 0,41 | 0,31 | **0,32** | 0,32 |
| 330 | Außenwände / vertikal außen | m² AWF | 1,24 | **1,30** | 1,30 | 0,95 | **0,97** | 0,97 |
| 340 | Innenwände / vertikal innen | m² IWF | 1,40 | **1,46** | 1,46 | 1,01 | **1,09** | 1,09 |
| 350 | Decken / horizontal | m² DEF | 0,74 | **0,80** | 0,80 | 0,56 | **0,60** | 0,60 |
| 360 | Dächer | m² DAF | 0,43 | **0,48** | 0,48 | 0,35 | **0,37** | 0,37 |
| 370 | Infrastrukturanlagen | | – | – | – | – | – | – |
| 380 | Baukonstruktive Einbauten | m² BGF | 1,40 | **1,49** | 1,57 | 1,00 | **1,00** | 1,00 |
| 390 | Sonst. Maßnahmen für Baukonst. | m² BGF | 1,40 | **1,49** | 1,57 | 1,00 | **1,00** | 1,00 |
| **300** | **Bauwerk – Baukonstruktionen** | m² BGF | 1,40 | **1,49** | 1,57 | 1,00 | **1,00** | 1,00 |

## Planungskennwerte für Bauzeiten — 27 Vergleichsobjekte

**Bauzeit in Wochen**

Bauzeit: 10 | 15 | 30 | 45 | 60 | 75 | 90 | 105 | 120 | 135 | 150 Wochen

© BKI Baukosteninformationszentrum; Erläuterungen zu den Tabellen siehe Seite 54    Kostenstand: 1. Quartal 2022, Bundesdurchschnitt, inkl. 19% MwSt.

**Wohnhäuser, mit mehr als 15% Mischnutzung**

€/m² BGF
min 1.265 €/m²
von 1.520 €/m²
Mittel **1.820 €/m²**
bis 2.310 €/m²
max 2.570 €/m²

Kosten:
Stand 1. Quartal 2022
Bundesdurchschnitt
inkl. 19% MwSt.

## Objektübersicht zur Gebäudeart

### 6100-1548 Mehrfamilienhaus (62 WE), Bürogebäude, TG
**BRI** 59.052 m³ **BGF** 17.152 m² **NUF** 11.119 m²

Gebäudeensemble aus Wohn- und Geschäftshaus und einem Bürogebäude mit Café auf einer gemeinsamen Tiefgarage. Massivbau.

Land: Niedersachsen
Kreis: Braunschweig, Stadt
Standard: Durchschnitt
Bauzeit: 100 Wochen
Kennwerte: bis 1. Ebene DIN 276

**BGF 2.566 €/m²**

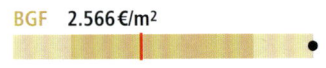

Planung: Giesler Architekten Gesell. f. Architektur u. Stadtplanung mbH; Braunschweig

vorgesehen: BKI Objektdaten N18

### 6100-1458 Wohn- und Geschäftshaus (9 WE)
**BRI** 4.984 m³ **BGF** 1.546 m² **NUF** 965 m²

Wohn- und Geschäftshaus mit 9 Wohneinheiten. Mauerwerk.

Land: Mecklenburg-Vorpommern
Kreis: Vorpommern-Greifswald
Standard: Durchschnitt
Bauzeit: 56 Wochen
Kennwerte: bis 1. Ebene DIN 276

**BGF 1.468 €/m²**

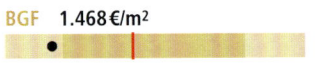

Planung: Ingenieurbüro D. Neuhaus & Partner GmbH; Anklam

veröffentlicht: BKI Objektdaten N17

### 6100-1512 Wohn- und Geschäftshaus - Effizienzhaus ~54%
**BRI** 5.654 m³ **BGF** 1.546 m² **NUF** 963 m²

Wohn-und Geschäftshaus mit 4 WE und einem Gewerbe. Holzbau.

Land: Sachsen
Kreis: Leipzig, Stadt
Standard: über Durchschnitt
Bauzeit: 83 Wochen
Kennwerte: bis 1. Ebene DIN 276

**BGF 2.282 €/m²**

Planung: ASUNA Dipl.Ing.(FH) Architekt Dirk Stenzel; Leipzig

vorgesehen: BKI Objektdaten E10

### 6100-1343 Pfarrhaus, Gemeindebüros
**BRI** 1.276 m³ **BGF** 388 m² **NUF** 242 m²

Pfarrerhaus (182 m² WFL) mit Gemeindeteil. Holzrahmenbau.

Land: Mecklenburg-Vorpommern
Kreis: Mecklenburgische Seenplatte
Standard: Durchschnitt
Bauzeit: 35 Wochen
Kennwerte: bis 1. Ebene DIN 276

**BGF 2.126 €/m²**

Planung: Architekturbüro Ulrike Ahnert; Malchow

veröffentlicht: BKI Objektdaten N16

## Objektübersicht zur Gebäudeart

### 6100-1342 Wohn- und Geschäftshaus - Effizienzhaus 70
**BRI** 6.718 m³  **BGF** 2.039 m²  **NUF** 1.575 m²

Wohn- und Geschäftshaus mit 15 WE (1.418 m² WFL), Büros (2 GE), Effizienzhaus 70. Massivbau.

Land: Berlin
Kreis: Berlin
Standard: Durchschnitt
Bauzeit: 91 Wochen
Kennwerte: bis 1. Ebene DIN 276

**BGF  2.029 €/m²**

**Planung:** roedig . schop architekten PartG mbB; Berlin

veröffentlicht: BKI Objektdaten E8

### 6100-1383 Einfamilienhaus mit Büro (10 AP), Gästeapartment*
**BRI** 2.582 m³  **BGF** 770 m²  **NUF** 447 m²

Wohnhaus mit Gästeapartment, eine Büroetage, nicht unterkellert. Massivbau.

Land: Hamburg
Kreis: Hamburg, Freie und Hansestadt
Standard: über Durchschnitt
Bauzeit: 152 Wochen
Kennwerte: bis 3. Ebene DIN 276

**BGF  4.839 €/m²**

**Planung:** Walter Gebhardt Architekt; Hamburg

veröffentlicht: BKI Objektdaten E9
* Nicht in der Auswertung enthalten

### 6100-1274 Einfamilienhaus Büro - Effizienzhaus 85
**BRI** 1.357 m³  **BGF** 413 m²  **NUF** 253 m²

Einfamilienhaus mit 178 m² WFL, Büroeinheit und Garage. Mauerwerk.

Land: Hessen
Kreis: Groß-Gerau
Standard: über Durchschnitt
Bauzeit: 56 Wochen
Kennwerte: bis 1. Ebene DIN 276

**BGF  1.771 €/m²**

**Planung:** mz³ architekten ingenieure GbR; Mainz

veröffentlicht: BKI Objektdaten E7

### 6100-1332 Wohn- und Geschäftshaus (1 WE, 6 AP)
**BRI** 813 m³  **BGF** 277 m²  **NUF** 189 m²

Wohn- und Geschäftshaus (1 WE, 6 AP). Massivbau.

Land: Baden-Württemberg
Kreis: Esslingen
Standard: Durchschnitt
Bauzeit: 61 Wochen
Kennwerte: bis 1. Ebene DIN 276

**BGF  1.592 €/m²**

**Planung:** KILTZ KAZMAIER ARCHITEKTEN; Kirchheim unter Teck

veröffentlicht: BKI Objektdaten N16

© **BKI** Baukosteninformationszentrum; Erläuterungen zu den Tabellen siehe Seite 56   Kostenstand: 1. Quartal 2022, Bundesdurchschnitt, **inkl. 19% MwSt.**

**Wohnhäuser, mit mehr als 15% Mischnutzung**

€/m² BGF
min   1.265 €/m²
von   1.520 €/m²
Mittel **1.820 €/m²**
bis   2.310 €/m²
max   2.570 €/m²

Kosten:
Stand 1. Quartal 2022
Bundesdurchschnitt
inkl. 19% MwSt.

## Objektübersicht zur Gebäudeart

### 6100-1224 Mehrfamilienhaus (2 WE), Büro - Passivhaus
**BRI** 1.675 m³  **BGF** 441 m²  **NUF** 273 m²

Mehrfamilienhaus (2 WE) mit Büro im EG (7 AP). Massivbau.

Land: Saarland
Kreis: Saarpfalz-Kreis
Standard: über Durchschnitt
Bauzeit: 39 Wochen
Kennwerte: bis 1. Ebene DIN 276

**BGF  2.239 €/m²**

veröffentlicht: BKI Objektdaten E7

Planung: wack + marx - architekten; St. Ingbert

### 6100-1280 Wohn- und Gemeindehaus (25 WE) - Effizienzhaus 55
**BRI** 15.155 m³  **BGF** 4.493 m²  **NUF** 3.109 m²

Wohn- und Gemeindehaus mit 25 WE (1.991 m² WFL), Büros, Versammlungsräume, TG (13 STP), Effizienzhaus 55. Massivbau.

Land: Hamburg
Kreis: Hamburg, Freie und Hansestadt
Standard: über Durchschnitt
Bauzeit: 109 Wochen
Kennwerte: bis 1. Ebene DIN 276

**BGF  1.741 €/m²**

veröffentlicht: BKI Objektdaten E7

Planung: Dohse Architekten; Hamburg

### 6100-1317 Wohn- und Geschäftshäuser (21 WE), (6 Gewerbe)
**BRI** 13.440 m³  **BGF** 3.705 m²  **NUF** 2.413 m²

Wohn- und Geschäftshäuser mit einer Hausmeisterwohnung, 20 Wohnungen für ältere Menschen, die selbstständig leben können und 6 Gewerbeeinheiten. Massivbau.

Land: Bayern
Kreis: Forchheim
Standard: Durchschnitt
Bauzeit: 78 Wochen
Kennwerte: bis 1. Ebene DIN 276

**BGF  1.383 €/m²**

veröffentlicht: BKI Objektdaten S2

Planung: Feddersen Architekten; Berlin

### 6100-1341 Wohn- und Geschäftshaus - Effizienzhaus ~56%
**BRI** 10.207 m³  **BGF** 2.961 m²  **NUF** 1.715 m²

Wohn- und Geschäftshaus mit 10 WE (1.330 m² WFL), Proben- und Aufführraum mit Nebenräumen, Zimmer für Gastkünstler, Effizienzhaus ~56%. Massivbau.

Land: Berlin
Kreis: Berlin
Standard: Durchschnitt
Bauzeit: 135 Wochen
Kennwerte: bis 1. Ebene DIN 276

**BGF  2.546 €/m²**

veröffentlicht: BKI Objektdaten E8

Planung: roedig . schop architekten PartG mbB; Berlin

## Objektübersicht zur Gebäudeart

### 6100-1233 Wohn- und Geschäftshaus (3 WE)  BRI 2.330 m³  BGF 717 m²  NUF 462 m²

Mehrfamilienhaus mit 3 WE (295m² WFL) und einer Büroeinheit (106m²). Mauerwerksbau.

Land: Hamburg
Kreis: Hamburg, Freie und Hansestadt
Standard: über Durchschnitt
Bauzeit: 83 Wochen
Kennwerte: bis 1. Ebene DIN 276

BGF  2.572 €/m²

**Planung:** Planungsbüro Köhler; Hamburg

veröffentlicht: BKI Objektdaten N15

### 6100-1109 Einfamilienhaus, Büroanbau, Garage - Passivhaus  BRI 1.006 m³  BGF 287 m²  NUF 206 m²

Einfamilienhaus mit Büroanbau und Carport als Passivhaus (125m² WFL). Holzrahmenbau.

Land: Bayern
Kreis: Ostallgäu
Standard: über Durchschnitt
Bauzeit: 13 Wochen
Kennwerte: bis 1. Ebene DIN 276

BGF  2.013 €/m²

**Planung:** müllerschurr.architekten; Marktoberdorf

veröffentlicht: BKI Objektdaten E6

### 6100-1014 Mehrfamilienhaus (15 WE), Gewerbe - Passivhaus  BRI 7.656 m³  BGF 2.260 m²  NUF 1.597 m²

Mehrfamilienhaus als Passivhaus mit 15 WE und zwei Gewerbeeinheiten im EG (Bankfiliale, Büro). Vorgefertigter Holztafelbau, UG Massivbauweise.

Land: Bayern
Kreis: Rosenheim
Standard: über Durchschnitt
Bauzeit: 48 Wochen
Kennwerte: bis 1. Ebene DIN 276

BGF  1.459 €/m²

**Planung:** Hubert Steinsailer Architekt

veröffentlicht: BKI Objektdaten E5

### 6100-1155 Mehrfamilienhaus (9 WE), Gewerbe, Atelier  BRI 10.010 m³  BGF 2.938 m²  NUF 1.983 m²

Mehrfamilienhaus (1.103m² WFL) mit 9 WE und Gewerbe (Büros, Arztpraxen, Atelier). Stb-Skelettbau.

Land: Berlin
Kreis: Berlin
Standard: über Durchschnitt
Bauzeit: 79 Wochen
Kennwerte: bis 1. Ebene DIN 276

BGF  1.697 €/m²

**Planung:** walk | architekten Seeger Müller Architekten Partnerschaft; Berlin

veröffentlicht: BKI Objektdaten E6

© BKI Baukosteninformationszentrum; Erläuterungen zu den Tabellen siehe Seite 56    Kostenstand: 1. Quartal 2022, Bundesdurchschnitt, inkl. 19% MwSt.

**Wohnhäuser, mit mehr als 15% Mischnutzung**

€/m² BGF
| | |
|---|---|
| min | 1.265 €/m² |
| von | 1.520 €/m² |
| Mittel | **1.820 €/m²** |
| bis | 2.310 €/m² |
| max | 2.570 €/m² |

**Kosten:**
Stand 1. Quartal 2022
Bundesdurchschnitt
inkl. 19% MwSt.

## Objektübersicht zur Gebäudeart

### 6100-1025 Einfamilienhaus, Praxis
**BRI** 1.235 m³ **BGF** 426 m² **NUF** 274 m²

Einfamilienhaus (179 m² WFL) mit Praxis im UG. Betonfertigteil-Konstruktion.

Land: Nordrhein-Westfalen
Kreis: Dortmund
Standard: Durchschnitt
Bauzeit: 52 Wochen
Kennwerte: bis 1. Ebene DIN 276

**BGF 1.731 €/m²**

**Planung:** Miele Architekten + Stadtplaner; Hagen

veröffentlicht: BKI Objektdaten N12

### 6100-0985 Einfamilienhaus, Büro - KfW 60
**BRI** 1.239 m³ **BGF** 415 m² **NUF** 274 m²

Einfamilienhaus mit Büro im Untergeschoss (267 m² WFL). Mauerwerksbau, Anbau als Holzständerkonstruktion.

Land: Baden-Württemberg
Kreis: Heilbronn
Standard: über Durchschnitt
Bauzeit: 39 Wochen
Kennwerte: bis 1. Ebene DIN 276

**BGF 1.267 €/m²**

**Planung:** Architekturbüro VÖHRINGER; Leingarten bei Heilbronn

veröffentlicht: BKI Objektdaten E5

### 6100-0838 Wohn- und Geschäftshaus (4 WE)
**BRI** 3.677 m³ **BGF** 1.180 m² **NUF** 933 m²

Mehrfamilienwohnhaus mit 4 WE, Gastronomie im Erdgeschoss. Stahlbetonbau.

Land: Hessen
Kreis: Frankfurt am Main, Stadt
Standard: über Durchschnitt
Bauzeit: 48 Wochen
Kennwerte: bis 1. Ebene DIN 276

**BGF 2.207 €/m²**

**Planung:** vav Fischer-Bumiller GbR; Frankfurt am Main

veröffentlicht: BKI Objektdaten N10

### 6100-0990 Mehrfamilienhaus (6 WE), Gaststätte
**BRI** 2.800 m³ **BGF** 930 m² **NUF** 617 m²

Wohn- und Geschäftshaus mit einer Gaststätte (45 Sitzplätze) im EG und Wohnungen (6 WE) in den Obergeschossen. Mauerwerksbau.

Land: Thüringen
Kreis: Weimarer Land
Standard: Durchschnitt
Bauzeit: 65 Wochen
Kennwerte: bis 1. Ebene DIN 276

**BGF 1.332 €/m²**

**Planung:** SB - Projekt Apolda Architektur- & Ingenieurbüro; Apolda

veröffentlicht: BKI Objektdaten N12

## Objektübersicht zur Gebäudeart

### 6100-0842 Wohn- und Geschäftshaus (6 WE)　　BRI 4.779 m³　BGF 1.596 m²　NUF 980 m²

Wohn- und Geschäftshaus. 2 Gewerbeeinheiten im Erdgeschoss. 6 Etagen- und Maisonettewohnungen. Stahlbetonbau.

Land: Berlin
Kreis: Berlin, Stadt
Standard: Durchschnitt
Bauzeit: 65 Wochen
Kennwerte: bis 1. Ebene DIN 276

BGF　1.489 €/m²

**Planung:** roedig . schop architekten gbr; Berlin

veröffentlicht: BKI Objektdaten N10

### 6100-1191 Wohn- und Atelierhaus (9 WE) - Effizienzhaus ~38%　　BRI 4.564 m³　BGF 1.419 m²　NUF 961 m²

Wohn- und Atelierhaus mit Gastronomie, Laden, Ausstellungsraum, Werkstatt und Wohnungen (9 WE). Stb-Skelettbau.

Land: Berlin
Kreis: Berlin
Standard: über Durchschnitt
Bauzeit: 104 Wochen
Kennwerte: bis 1. Ebene DIN 276

BGF　1.718 €/m²

**Planung:** BARarchitekten; Berlin

veröffentlicht: BKI Objektdaten E7

### 1300-0162 Bürogebäude Wohnungen (2 WE)　　BRI 1.303 m³　BGF 428 m²　NUF 341 m²

Bürogebäude mit Wohnungen (2 WE). Mischbauweise: UG Massivbau, sonst Holzrahmenbau.

Land: Hessen
Kreis: Frankfurt am Main, Stadt
Standard: Durchschnitt
Bauzeit: 30 Wochen
Kennwerte: bis 1. Ebene DIN 276

BGF　1.516 €/m²

**Planung:** Klaus Eismann & Partner Planungs- u. Bauleitungs GmbH; Frankfurt a.M.

veröffentlicht: BKI Objektdaten N10

### 6100-0730 Doppelhaushälfte, Büro　　BRI 1.086 m³　BGF 368 m²　NUF 260 m²

Neubau Doppelhaushälfte als Zweifamilienhaus. Eine WE im UG und EG wird als Büro genutzt. Mauerwerksbau; Stb-Decken; Holzdachkonstruktion.

Land: Baden-Württemberg
Kreis: Esslingen
Standard: über Durchschnitt
Bauzeit: 39 Wochen
Kennwerte: bis 1. Ebene DIN 276

BGF　1.816 €/m²

**Planung:** Architekturbüro Mesch-Fehrle; Aichtal-Grötzingen

veröffentlicht: BKI Objektdaten N10

© BKI Baukosteninformationszentrum; Erläuterungen zu den Tabellen siehe Seite 56　　Kostenstand: 1. Quartal 2022, Bundesdurchschnitt, **inkl. 19% MwSt.**

**Wohnhäuser, mit mehr als 15% Mischnutzung**

€/m² BGF
min     1.265 €/m²
von     1.520 €/m²
Mittel  **1.820 €/m²**
bis     2.310 €/m²
max     2.570 €/m²

Kosten:
Stand 1. Quartal 2022
Bundesdurchschnitt
inkl. 19% MwSt.

## Objektübersicht zur Gebäudeart

### 6100-0949 Wohn- und Geschäftshaus (20 WE)

**BRI** 9.590 m³   **BGF** 3.319 m²   **NUF** 1.833 m²

Wohn- und Geschäftshaus. Altersgerechtes Wohnen (20 WE, 1.296 m² WFL), Bäcker, Friseur, Arzt, Büros. Mauerwerksbau.

Land: Schleswig-Holstein
Kreis: Steinburg
Standard: Durchschnitt
Bauzeit: 65 Wochen
Kennwerte: bis 1. Ebene DIN 276

**BGF   1.576 €/m²**

**Planung:** Architekturbüro Prell und Partner; Hamburg

veröffentlicht: BKI Objektdaten N11

### 6100-0617 Wohn- und Bürogebäude

**BRI** 3.067 m³   **BGF** 1.050 m²   **NUF** 728 m²

Wohn- und Bürogebäude mit 6 Büroräumen für 8 Mitarbeiter und 3 Wohnungen. Mauerwerksbau, Pfosten-Riegel-Fassade; Holzdachkonstruktion.

Land: Nordrhein-Westfalen
Kreis: Köln, Stadt
Standard: über Durchschnitt
Bauzeit: 122 Wochen
Kennwerte: bis 3. Ebene DIN 276

**BGF   1.990 €/m²**

**Planung:** JSWD Architekten + Planer; Köln

veröffentlicht: BKI Objektdaten N9

### 6100-0578 Wohnhaus (10 WE) mit Schaukäserei

**BRI** 2.319 m³   **BGF** 781 m²   **NUF** 642 m²

Käseproduktion, Hofladen, Hofcafé, 2 Wohnungen (304 m² WFL). Mauerwerksbau.

Land: Baden-Württemberg
Kreis: Bodenseekreis
Standard: unter Durchschnitt
Bauzeit: 52 Wochen
Kennwerte: bis 4. Ebene DIN 276

**BGF   1.653 €/m²**

**Planung:** Martin Wamsler Freier Architekt BDA Dipl.-Ing. (FH); Friedrichshafen

veröffentlicht: BKI Objektdaten N9

### 6100-0622 Atelierhaus, Studios, Wohnungen

**BRI** 4.434 m³   **BGF** 1.234 m²   **NUF** 947 m²

Atelierhaus mit 12 Studios, Werkstätten und Wohnungen. Stb-Konstruktion, Holzrahmenausfachungen; Stb-Flachdach.

Land: Bayern
Kreis: Starnberg
Standard: Durchschnitt
Bauzeit: 52 Wochen
Kennwerte: bis 3. Ebene DIN 276

**BGF   1.399 €/m²**

**Planung:** Dannheimer & Joos Architekten BDA; München

veröffentlicht: BKI Objektdaten N9

Wohnen

# Arbeitsblatt zur Standardeinordnung bei Seniorenwohnungen

## Kostenkennwerte für die Kosten des Bauwerks (Kostengruppen 300+400 nach DIN 276)

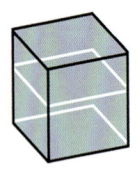

**BRI** 490 €/m³
von 415 €/m³
bis 550 €/m³

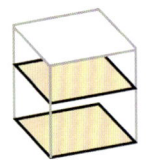

**BGF** 1.535 €/m²
von 1.245 €/m²
bis 1.935 €/m²

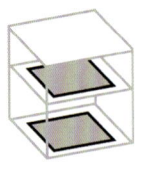

**NUF** 2.320 €/m²
von 1.850 €/m²
bis 2.955 €/m²

**NE** 2.685 €/NE
von 2.265 €/NE
bis 3.170 €/NE
NE: Wohnfläche

Kosten:
Stand 1. Quartal 2022
Bundesdurchschnitt
inkl. 19% MwSt.

## Standardzuordnung

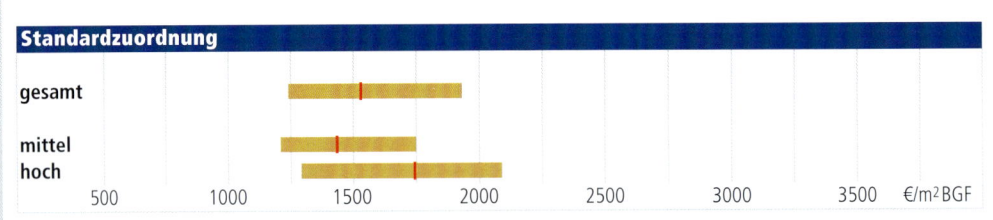

gesamt
mittel
hoch
500  1000  1500  2000  2500  3000  3500  €/m² BGF

## Standardeinordnung für Ihr Projekt:

| KG | Kostengruppen der 2. Ebene | niedrig | mittel | hoch | Punkte |
|---|---|---|---|---|---|
| 310 | Baugrube / Erdbau | | | | |
| 320 | Gründung, Unterbau | 1 | 2 | 2 | |
| 330 | Außenwände/Vert. Konstrukt., außen | 6 | 7 | 9 | |
| 340 | Innenwände/Vert. Baukonstrukt., innen | 4 | 5 | 5 | |
| 350 | Decken/Horizontale Baukonstruktionen | 6 | 6 | 7 | |
| 360 | Dächer | 3 | 3 | 4 | |
| 370 | Infrastrukturanlagen | | | | |
| 380 | Baukonstruktive Einbauten | 0 | 0 | 1 | |
| 390 | Sonst. Maßnahmen für Baukonstrukt. | | | | |
| 410 | Abwasser-, Wasser-, Gasanlagen | 2 | 3 | 4 | |
| 420 | Wärmeversorgungsanlagen | 2 | 3 | 3 | |
| 430 | Raumlufttechnische Anlagen | 0 | 0 | 0 | |
| 440 | Elektrische Anlagen | 2 | 2 | 2 | |
| 450 | Kommunikationstechnische Anlagen | 0 | 0 | 1 | |
| 460 | Förderanlagen | 1 | 1 | 2 | |
| 470 | Nutzungsspez. u. verfahrenstechn. Anl. | 0 | 0 | 0 | |
| 480 | Gebäude- und Anlagenautomation | 0 | 0 | 0 | |
| 490 | Sonst. Maßnahmen für techn. Anlagen | | | | |

Punkte: bis = einfach    27 bis 27 = mittel    28 bis 40 = hoch    Ihr Projekt (Summe):

- KKW
- ▶ min
- ▷ von
- | Mittelwert
- ◁ bis
- ◀ max

**Erläuterung:**
Obenstehende Tabelle soll Ihnen die Zuordnung zu den Gebäudearten mit einfachem, mittlerem und hohem Standard erleichtern. Schätzen Sie für jedes Grobelement ab, ob die Aufwendungen niedrig, mittel oder hoch sein werden und übertragen Sie die Punkte in die rechte Spalte. Bilden Sie die Summe der rechten Spalte und ordnen Sie Ihr Projekt nach dem Schema der untersten Zeile ein. Nehmen Sie dieses Schema auch als Hinweis darauf, bei welchen Kostengruppen Sie den Mittelwert nach oben oder unten anpassen sollten.

© BKI Baukosteninformationszentrum; Erläuterungen zu den Tabellen siehe Seite 58    Kostenstand: 1. Quartal 2022, Bundesdurchschnitt, **inkl. 19% MwSt.**

## Kostenkennwerte für die Kostengruppen der 1. und 2. Ebene DIN 276

| KG | Kostengruppen der 1. Ebene | Einheit | ▷ | €/Einheit | ◁ | ▷ | % an 300+400 | ◁ |
|---|---|---|---|---|---|---|---|---|
| 100 | Grundstück | m² GF | – | – | – | – | – | – |
| 200 | Vorbereitende Maßnahmen | m² GF | 11 | **33** | 83 | 1,0 | **2,9** | 7,5 |
| 300 | Bauwerk – Baukonstruktionen | m² BGF | 938 | **1.151** | 1.463 | 70,5 | **75,2** | 80,1 |
| 400 | Bauwerk – Technische Anlagen | m² BGF | 287 | **382** | 543 | 19,9 | **24,8** | 29,5 |
|  | Bauwerk (300+400) | m² BGF | 1.244 | **1.533** | 1.934 | 100,0 | **100,0** | 100,0 |
| 500 | Außenanlagen und Freiflächen | m² AF | 70 | **128** | 277 | 3,3 | **5,7** | 10,7 |
| 600 | Ausstattung und Kunstwerke |  | 13 | **44** | 119 | 0,6 | **2,6** | 5,2 |
| 700 | Baunebenkosten* | m² BGF | 289 | **322** | 355 | 19,1 | **21,2** | 23,4 |
| 800 | Finanzierung | m² BGF | – | – | – | – | – | – |

\* Auf Grundlage der HOAI 2021 berechnete Werte nach §§ 35, 52, 56. Weitere Informationen siehe Seite 50

| KG | Kostengruppen der 2. Ebene | Einheit | ▷ | €/Einheit | ◁ | ▷ | % an 1. Ebene | ◁ |
|---|---|---|---|---|---|---|---|---|
| 310 | Baugrube / Erdbau | m³ BGI | 33 | **52** | 108 | 1,6 | **3,1** | 5,0 |
| 320 | Gründung, Unterbau | m² GRF | 201 | **277** | 325 | 5,2 | **6,6** | 7,6 |
| 330 | Außenwände / vertikal außen | m² AWF | 339 | **419** | 503 | 24,1 | **28,8** | 39,8 |
| 340 | Innenwände / vertikal innen | m² IWF | 163 | **201** | 235 | 17,5 | **19,9** | 28,0 |
| 350 | Decken / horizontal | m² DEF | 276 | **312** | 378 | 21,8 | **23,6** | 25,6 |
| 360 | Dächer | m² DAF | 289 | **379** | 523 | 8,7 | **11,3** | 14,1 |
| 370 | Infrastrukturanlagen |  | – | – | – | – | – | – |
| 380 | Baukonstruktive Einbauten | m² BGF | 5 | **16** | 61 | 0,2 | **0,9** | 5,5 |
| 390 | Sonst. Maßnahmen für Baukonst. | m² BGF | 27 | **58** | 128 | 3,1 | **5,8** | 14,7 |
| **300** | **Bauwerk – Baukonstruktionen** | m² BGF |  |  |  |  | **100,0** |  |
| 410 | Abwasser-, Wasser-, Gasanlagen | m² BGF | 78 | **104** | 177 | 23,1 | **30,0** | 38,7 |
| 420 | Wärmeversorgungsanlagen | m² BGF | 57 | **82** | 125 | 16,3 | **24,3** | 34,4 |
| 430 | Raumlufttechnische Anlagen | m² BGF | 7 | **11** | 15 | 0,9 | **3,0** | 4,7 |
| 440 | Elektrische Anlagen | m² BGF | 57 | **74** | 88 | 17,3 | **22,0** | 26,5 |
| 450 | Kommunikationstechnische Anlagen | m² BGF | 12 | **19** | 34 | 3,7 | **5,6** | 10,2 |
| 460 | Förderanlagen | m² BGF | 25 | **48** | 87 | 7,6 | **14,4** | 27,0 |
| 470 | Nutzungsspez. / verfahrenstech. Anl. | m² BGF | < 1 | **2** | 6 | 0,1 | **0,5** | 2,1 |
| 480 | Gebäude- und Anlagenautomation | m² BGF | – | – | – | – | – | – |
| 490 | Sonst. Maßnahmen f. techn. Anl. | m² BGF | – | – | – | – | – | – |
| **400** | **Bauwerk – Technische Anlagen** | m² BGF |  |  |  |  | **100,0** |  |

## Prozentanteile der Kosten 2. Ebene an den Kosten des Bauwerks nach DIN 276 (Von/Mittel/Bis)

| KG | Bezeichnung | Mittel |
|---|---|---|
| 310 | Baugrube / Erdbau | 2,3 |
| 320 | Gründung, Unterbau | 4,9 |
| 330 | Außenwände / vertikal außen | 21,4 |
| 340 | Innenwände / vertikal innen | 14,8 |
| 350 | Decken / horizontal | 17,6 |
| 360 | Dächer | 8,4 |
| 370 | Infrastrukturanlagen |  |
| 380 | Baukonstruktive Einbauten | 0,7 |
| 390 | Sonst. Maßnahmen für Baukonst. | 4,3 |
| 410 | Abwasser-, Wasser-, Gasanlagen | 7,8 |
| 420 | Wärmeversorgungsanlagen | 6,1 |
| 430 | Raumlufttechnische Anlagen | 0,8 |
| 440 | Elektrische Anlagen | 5,5 |
| 450 | Kommunikationstechnische Anlagen | 1,4 |
| 460 | Förderanlagen | 3,7 |
| 470 | Nutzungsspez. / verfahrenstech. Anl. | 0,1 |
| 480 | Gebäude- und Anlagenautomation |  |
| 490 | Sonst. Maßnahmen f. techn. Anl. |  |

© BKI Baukosteninformationszentrum; Erläuterungen zu den Tabellen siehe Seite 48 und 50    Kostenstand: 1. Quartal 2022, Bundesdurchschnitt, inkl. 19% MwSt.

# Seniorenwohnungen

**Prozentanteile der Kosten für Leistungsbereiche nach STLB (Kosten Bauwerk nach DIN 276)**

Kosten: Stand 1. Quartal 2022, Bundesdurchschnitt inkl. 19% MwSt.

| LB | Leistungsbereiche | von | Mittelwert | bis |
|---|---|---|---|---|
| 000 | Sicherheits-, Baustelleneinrichtungen inkl. 001 | 1,2 | 2,8 | 5,5 |
| 002 | Erdarbeiten | 1,0 | 2,5 | 4,3 |
| 006 | Spezialtiefbauarbeiten inkl. 005 | – | – | – |
| 009 | Entwässerungskanalarbeiten inkl. 011 | 0,0 | 0,4 | 0,9 |
| 010 | Drän- und Versickerarbeiten | < 0,1 | < 0,1 | 0,4 |
| 012 | Mauerarbeiten | 3,0 | 6,1 | 8,1 |
| 013 | Betonarbeiten | 14,4 | 18,0 | 38,6 |
| 014 | Natur-, Betonwerksteinarbeiten | 0,0 | 0,3 | 1,5 |
| 016 | Zimmer- und Holzbauarbeiten | 0,9 | 2,5 | 4,3 |
| 017 | Stahlbauarbeiten | 0,0 | 0,1 | 1,1 |
| 018 | Abdichtungsarbeiten | 0,1 | 0,6 | 1,0 |
| 020 | Dachdeckungsarbeiten | 0,2 | 0,9 | 2,2 |
| 021 | Dachabdichtungsarbeiten | 0,7 | 1,7 | 3,3 |
| 022 | Klempnerarbeiten | 1,7 | 2,5 | 3,8 |
| | **Rohbau** | **34,9** | **38,6** | **43,3** |
| 023 | Putz- und Stuckarbeiten, Wärmedämmsysteme | 4,8 | 6,3 | 7,5 |
| 024 | Fliesen- und Plattenarbeiten | 2,6 | 3,3 | 4,4 |
| 025 | Estricharbeiten | 1,4 | 1,8 | 3,0 |
| 026 | Fenster, Außentüren inkl. 029, 032 | 5,0 | 5,7 | 6,9 |
| 027 | Tischlerarbeiten | 2,3 | 3,2 | 5,5 |
| 028 | Parkettarbeiten, Holzpflasterarbeiten | 0,0 | 1,0 | 2,8 |
| 030 | Rollladenarbeiten | 0,5 | 2,6 | 8,1 |
| 031 | Metallbauarbeiten inkl. 035 | 2,6 | 4,5 | 6,9 |
| 034 | Maler- und Lackiererarbeiten inkl. 037 | 2,4 | 3,2 | 4,0 |
| 036 | Bodenbelagarbeiten | 0,0 | 1,1 | 2,0 |
| 038 | Vorgehängte hinterlüftete Fassaden | 0,0 | 1,1 | 3,1 |
| 039 | Trockenbauarbeiten | 1,6 | 2,7 | 4,5 |
| | **Ausbau** | **33,0** | **36,5** | **42,0** |
| 040 | Wärmeversorgungsanl. - Betriebseinr. inkl. 041 | 3,8 | 5,3 | 7,8 |
| 042 | Gas- und Wasserinstallation, Leitungen inkl. 043 | 0,9 | 1,9 | 2,9 |
| 044 | Abwasseranlagen - Leitungen | 0,5 | 1,3 | 2,1 |
| 045 | GWE-Einrichtungsgegenstände inkl. 046 | 1,9 | 3,4 | 6,4 |
| 047 | Dämmarbeiten an betriebstechnischen Anlagen | 0,2 | 1,1 | 1,6 |
| 049 | Feuerlöschanlagen, Feuerlöschgeräte | < 0,1 | < 0,1 | 0,1 |
| 050 | Blitzschutz- und Erdungsanlagen | 0,2 | 0,3 | 0,6 |
| 052 | Mittelspannungsanlagen | 0,0 | 0,7 | 5,8 |
| 053 | Niederspannungsanlagen inkl. 054 | 1,2 | 4,0 | 4,8 |
| 055 | Sicherheits- u. Ersatzstromversorgungsanl. | – | – | – |
| 057 | Gebäudesystemtechnik | – | – | – |
| 058 | Leuchten und Lampen inkl. 059 | 0,2 | 0,7 | 1,1 |
| 060 | Sprechanlagen, elektroakust. Anlagen inkl. 064 | 0,1 | 0,6 | 1,5 |
| 061 | Kommunikationsnetze inkl. 062 | 0,2 | 0,5 | 0,8 |
| 063 | Gefahrenmeldeanlagen | < 0,1 | 0,2 | 0,4 |
| 069 | Aufzüge | 1,9 | 3,8 | 6,8 |
| 070 | Gebäudeautomation | – | – | – |
| 075 | Raumlufttechnische Anlagen inkl. 078 | 0,1 | 0,6 | 0,8 |
| | **Gebäudetechnik** | **21,8** | **24,5** | **28,9** |
| | Sonstige Leistungsbereiche inkl. 008, 033, 051 | 0,2 | 0,4 | 0,8 |

Legende:
- ● KKW
- ▶ min
- ▷ von
- │ Mittelwert
- ◁ bis
- ◀ max

© BKI Baukosteninformationszentrum; Erläuterungen zu den Tabellen siehe Seite 52

Kostenstand: 1. Quartal 2022, Bundesdurchschnitt, inkl. 19% MwSt.

## Planungskennwerte für Flächen und Rauminhalte nach DIN 277

| Grundflächen | | ▷ | Fläche/NUF (%) | ◁ | ▷ | Fläche/BGF (%) | ◁ |
|---|---|---|---|---|---|---|---|
| NUF | Nutzungsfläche | 100,0 | **100,0** | 100,0 | 63,9 | **66,5** | 70,1 |
| TF | Technikfläche | 1,6 | **2,0** | 2,4 | 1,0 | **1,3** | 1,6 |
| VF | Verkehrsfläche | 19,2 | **23,2** | 28,3 | 12,3 | **15,1** | 18,3 |
| NRF | Netto-Raumfläche | 120,5 | **125,0** | 130,2 | 79,3 | **82,8** | 85,6 |
| KGF | Konstruktions-Grundfläche | 21,5 | **26,2** | 32,4 | 14,4 | **17,2** | 20,7 |
| BGF | Brutto-Grundfläche | 144,0 | **151,2** | 157,9 | 100,0 | **100,0** | 100,0 |

| Brutto-Rauminhalte | | ▷ | BRI/NUF (m) | ◁ | ▷ | BRI/BGF (m) | ◁ |
|---|---|---|---|---|---|---|---|
| BRI | Brutto-Rauminhalt | 4,38 | **4,70** | 5,13 | 2,92 | **3,11** | 3,44 |

| Flächen von Nutzeinheiten | ▷ | NUF/Einheit (m²) | ◁ | ▷ | BGF/Einheit (m²) | ◁ |
|---|---|---|---|---|---|---|
| Nutzeinheit: Wohnfläche | 1,10 | **1,23** | 1,62 | 1,65 | **1,81** | 2,19 |

| Lufttechnisch behandelte Flächen | ▷ | Fläche/NUF (%) | ◁ | ▷ | Fläche/BGF (%) | ◁ |
|---|---|---|---|---|---|---|
| Entlüftete Fläche | – | – | – | – | – | – |
| Be- und entlüftete Fläche | – | – | – | – | – | – |
| Teilklimatisierte Fläche | – | – | – | – | – | – |
| Klimatisierte Fläche | – | – | – | – | – | – |

| KG | Kostengruppen (2. Ebene) | Einheit | ▷ | Menge/NUF | ◁ | ▷ | Menge/BGF | ◁ |
|---|---|---|---|---|---|---|---|---|
| 310 | Baugrube / Erdbau | m³ BGI | 0,78 | **0,93** | 1,08 | 0,52 | **0,65** | 0,78 |
| 320 | Gründung, Unterbau | m² GRF | 0,30 | **0,35** | 0,36 | 0,21 | **0,24** | 0,25 |
| 330 | Außenwände / vertikal außen | m² AWF | 0,88 | **1,00** | 1,08 | 0,61 | **0,68** | 0,74 |
| 340 | Innenwände / vertikal innen | m² IWF | 1,27 | **1,45** | 1,61 | 0,91 | **0,99** | 1,05 |
| 350 | Decken / horizontal | m² DEF | 1,08 | **1,09** | 1,11 | 0,74 | **0,75** | 0,76 |
| 360 | Dächer | m² DAF | 0,38 | **0,44** | 0,48 | 0,26 | **0,30** | 0,32 |
| 370 | Infrastrukturanlagen | | – | – | – | – | – | – |
| 380 | Baukonstruktive Einbauten | m² BGF | 1,44 | **1,51** | 1,58 | 1,00 | **1,00** | 1,00 |
| 390 | Sonst. Maßnahmen für Baukonst. | m² BGF | 1,44 | **1,51** | 1,58 | 1,00 | **1,00** | 1,00 |
| **300** | **Bauwerk – Baukonstruktionen** | m² BGF | 1,44 | **1,51** | 1,58 | 1,00 | **1,00** | 1,00 |

## Planungskennwerte für Bauzeiten

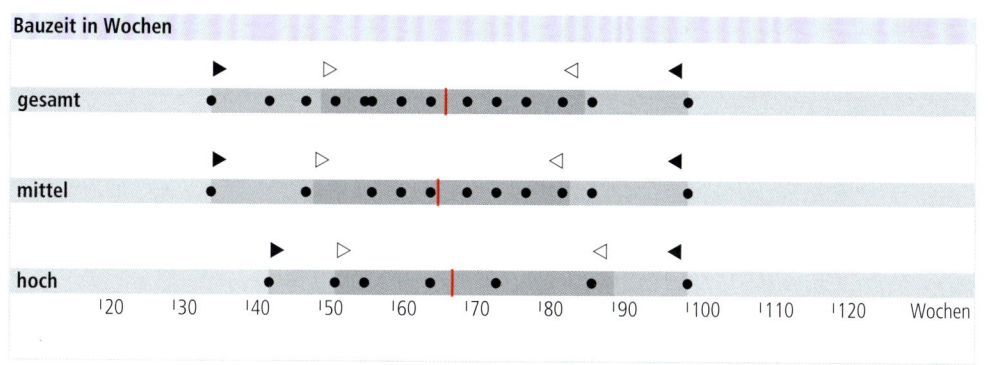

**Bauzeit in Wochen**

gesamt, mittel, hoch (Skala: 20 bis 120 Wochen)

© BKI Baukosteninformationszentrum; Erläuterungen zu den Tabellen siehe Seite 54 — Kostenstand: 1. Quartal 2022, Bundesdurchschnitt, **inkl. 19% MwSt.**

**Seniorenwohnungen, mittlerer Standard**

## Kostenkennwerte für die Kosten des Bauwerks (Kostengruppen 300+400 nach DIN 276)

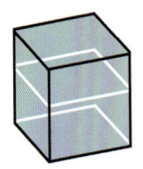

**BRI** 1.475 €/m³
von 415 €/m³
bis 535 €/m³

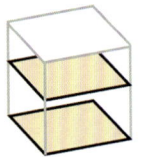

**BGF** 1.440 €/m²
von 1.215 €/m²
bis 1.750 €/m²

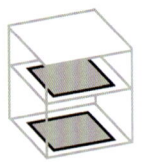

**NUF** 2.205 €/m²
von 1.845 €/m²
bis 2.730 €/m²

**NE** 2.630 €/NE
von 2.205 €/NE
bis 2.955 €/NE
NE: Wohnfläche

**Kosten:**
Stand 1. Quartal 2022
Bundesdurchschnitt
inkl. 19% MwSt.

### Objektbeispiele

6100-0644
6100-0841 
6200-0091 
6200-0101 
6100-0852 
6100-0919 

## Kosten der 16 Vergleichsobjekte — Seiten 712 bis 715

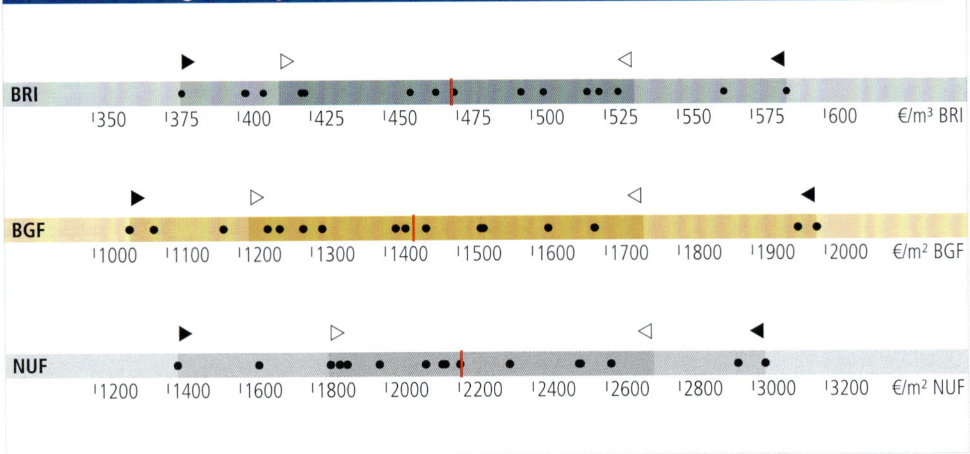

- ● KKW
- ▶ min
- ▷ von
- | Mittelwert
- ◁ bis
- ◀ max

BRI: €/m³ BRI (350–600)
BGF: €/m² BGF (1000–2000)
NUF: €/m² NUF (1200–3200)

© BKI Baukosteninformationszentrum; Erläuterungen zu den Tabellen siehe Seite 46
Kostenstand: 1. Quartal 2022, Bundesdurchschnitt, **inkl. 19% MwSt.**

## Kostenkennwerte für die Kostengruppen der 1. und 2. Ebene DIN 276

| KG | Kostengruppen der 1. Ebene | Einheit | ▷ | €/Einheit | ◁ | ▷ | % an 300+400 | ◁ |
|---|---|---|---|---|---|---|---|---|
| 100 | Grundstück | m²GF | – | – | – | – | – | – |
| 200 | Vorbereitende Maßnahmen | m²GF | 12 | **30** | 111 | 0,8 | **1,8** | 4,1 |
| 300 | Bauwerk – Baukonstruktionen | m²BGF | 903 | **1.086** | 1.329 | 71,3 | **75,4** | 80,2 |
| 400 | Bauwerk – Technische Anlagen | m²BGF | 288 | **354** | 502 | 19,8 | **24,6** | 28,7 |
|  | Bauwerk (300+400) | m²BGF | 1.213 | **1.439** | 1.752 | 100,0 | **100,0** | 100,0 |
| 500 | Außenanlagen und Freiflächen | m²AF | 63 | **122** | 221 | 3,5 | **5,2** | 7,3 |
| 600 | Ausstattung und Kunstwerke | m²BGF | 16 | **34** | 43 | 1,6 | **2,7** | 4,3 |
| 700 | Baunebenkosten* | m²BGF | 273 | **304** | 335 | 19,1 | **21,3** | 23,5 |
| 800 | Finanzierung | m²BGF | – | – | – | – | – | – |

\* Auf Grundlage der HOAI 2021 berechnete Werte nach §§ 35, 52, 56. Weitere Informationen siehe Seite 50

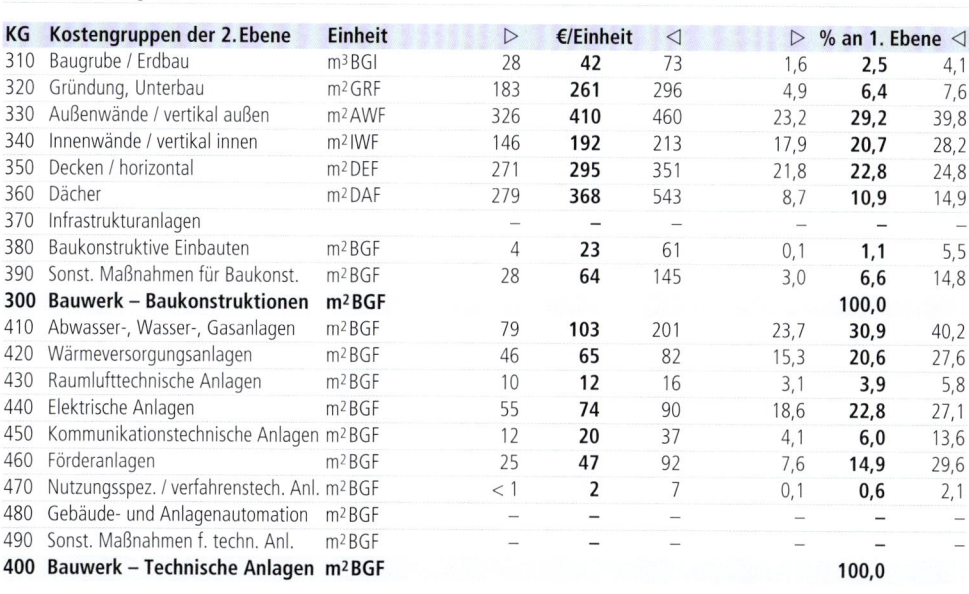

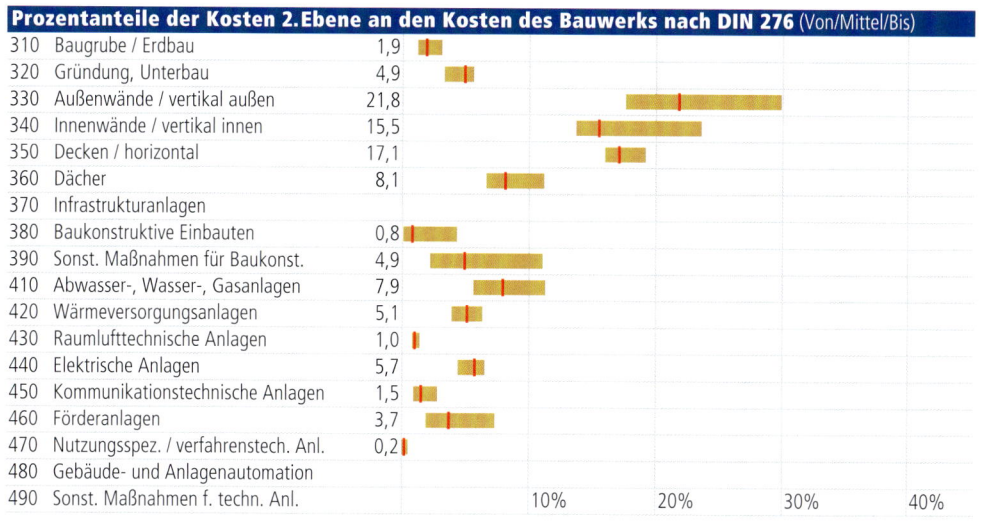

| KG | Kostengruppen der 2. Ebene | Einheit | ▷ | €/Einheit | ◁ | ▷ | % an 1. Ebene | ◁ |
|---|---|---|---|---|---|---|---|---|
| 310 | Baugrube / Erdbau | m³BGI | 28 | **42** | 73 | 1,6 | **2,5** | 4,1 |
| 320 | Gründung, Unterbau | m²GRF | 183 | **261** | 296 | 4,9 | **6,4** | 7,6 |
| 330 | Außenwände / vertikal außen | m²AWF | 326 | **410** | 460 | 23,2 | **29,2** | 39,8 |
| 340 | Innenwände / vertikal innen | m²IWF | 146 | **192** | 213 | 17,9 | **20,7** | 28,2 |
| 350 | Decken / horizontal | m²DEF | 271 | **295** | 351 | 21,8 | **22,8** | 24,8 |
| 360 | Dächer | m²DAF | 279 | **368** | 543 | 8,7 | **10,9** | 14,9 |
| 370 | Infrastrukturanlagen | | – | – | – | – | – | – |
| 380 | Baukonstruktive Einbauten | m²BGF | 4 | **23** | 61 | 0,1 | **1,1** | 5,5 |
| 390 | Sonst. Maßnahmen für Baukonst. | m²BGF | 28 | **64** | 145 | 3,0 | **6,6** | 14,8 |
| **300** | **Bauwerk – Baukonstruktionen** | m²BGF | | | | | **100,0** | |
| 410 | Abwasser-, Wasser-, Gasanlagen | m²BGF | 79 | **103** | 201 | 23,7 | **30,9** | 40,2 |
| 420 | Wärmeversorgungsanlagen | m²BGF | 46 | **65** | 82 | 15,3 | **20,6** | 27,6 |
| 430 | Raumlufttechnische Anlagen | m²BGF | 10 | **12** | 16 | 3,1 | **3,9** | 5,8 |
| 440 | Elektrische Anlagen | m²BGF | 55 | **74** | 90 | 18,6 | **22,8** | 27,1 |
| 450 | Kommunikationstechnische Anlagen | m²BGF | 12 | **20** | 37 | 4,1 | **6,0** | 13,6 |
| 460 | Förderanlagen | m²BGF | 25 | **47** | 92 | 7,6 | **14,9** | 29,6 |
| 470 | Nutzungsspez. / verfahrenstech. Anl. | m²BGF | < 1 | **2** | 7 | 0,1 | **0,6** | 2,1 |
| 480 | Gebäude- und Anlagenautomation | m²BGF | – | – | – | – | – | – |
| 490 | Sonst. Maßnahmen f. techn. Anl. | m²BGF | – | – | – | – | – | – |
| **400** | **Bauwerk – Technische Anlagen** | m²BGF | | | | | **100,0** | |

### Prozentanteile der Kosten 2. Ebene an den Kosten des Bauwerks nach DIN 276 (Von/Mittel/Bis)

| KG | Kostengruppe | Mittel |
|---|---|---|
| 310 | Baugrube / Erdbau | 1,9 |
| 320 | Gründung, Unterbau | 4,9 |
| 330 | Außenwände / vertikal außen | 21,8 |
| 340 | Innenwände / vertikal innen | 15,5 |
| 350 | Decken / horizontal | 17,1 |
| 360 | Dächer | 8,1 |
| 370 | Infrastrukturanlagen | |
| 380 | Baukonstruktive Einbauten | 0,8 |
| 390 | Sonst. Maßnahmen für Baukonst. | 4,9 |
| 410 | Abwasser-, Wasser-, Gasanlagen | 7,9 |
| 420 | Wärmeversorgungsanlagen | 5,1 |
| 430 | Raumlufttechnische Anlagen | 1,0 |
| 440 | Elektrische Anlagen | 5,7 |
| 450 | Kommunikationstechnische Anlagen | 1,5 |
| 460 | Förderanlagen | 3,7 |
| 470 | Nutzungsspez. / verfahrenstech. Anl. | 0,2 |
| 480 | Gebäude- und Anlagenautomation | |
| 490 | Sonst. Maßnahmen f. techn. Anl. | |

© BKI Baukosteninformationszentrum; Erläuterungen zu den Tabellen siehe Seite 48 und 50  Kostenstand: 1. Quartal 2022, Bundesdurchschnitt, **inkl. 19% MwSt.**

**Seniorenwohnungen, mittlerer Standard**

**Prozentanteile der Kosten für Leistungsbereiche nach STLB (Kosten Bauwerk nach DIN 276)**

Kosten: Stand 1. Quartal 2022 Bundesdurchschnitt inkl. 19% MwSt.

| LB | Leistungsbereiche | von | Mittelwert | bis |
|----|-------------------|-----|------------|-----|
| 000 | Sicherheits-, Baustelleneinrichtungen inkl. 001 | 0,8 | 3,0 | 5,5 |
| 002 | Erdarbeiten | 0,9 | 2,0 | 3,7 |
| 006 | Spezialtiefbauarbeiten inkl. 005 | – | – | – |
| 009 | Entwässerungskanalarbeiten inkl. 011 | 0,0 | 0,4 | 1,0 |
| 010 | Drän- und Versickerarbeiten | < 0,1 | < 0,1 | 0,4 |
| 012 | Mauerarbeiten | 2,5 | 6,1 | 8,4 |
| 013 | Betonarbeiten | 13,9 | 18,6 | 38,6 |
| 014 | Natur-, Betonwerksteinarbeiten | 0,0 | 0,3 | 1,8 |
| 016 | Zimmer- und Holzbauarbeiten | 0,6 | 1,7 | 2,6 |
| 017 | Stahlbauarbeiten | – | – | – |
| 018 | Abdichtungsarbeiten | 0,2 | 0,7 | 1,1 |
| 020 | Dachdeckungsarbeiten | 0,1 | 1,1 | 2,2 |
| 021 | Dachabdichtungsarbeiten | 0,6 | 1,6 | 3,6 |
| 022 | Klempnerarbeiten | 1,5 | 2,6 | 3,8 |
| | **Rohbau** | **32,7** | **38,0** | **42,1** |
| 023 | Putz- und Stuckarbeiten, Wärmedämmsysteme | 4,5 | 6,3 | 7,6 |
| 024 | Fliesen- und Plattenarbeiten | 2,8 | 3,5 | 4,6 |
| 025 | Estricharbeiten | 1,5 | 2,0 | 3,1 |
| 026 | Fenster, Außentüren inkl. 029, 032 | 5,3 | 6,1 | 6,9 |
| 027 | Tischlerarbeiten | 2,5 | 3,4 | 7,2 |
| 028 | Parkettarbeiten, Holzpflasterarbeiten | 0,0 | 1,3 | 2,8 |
| 030 | Rollladenarbeiten | < 0,1 | 2,8 | 8,1 |
| 031 | Metallbauarbeiten inkl. 035 | 2,6 | 4,3 | 7,8 |
| 034 | Maler- und Lackiererarbeiten inkl. 037 | 2,1 | 3,1 | 3,7 |
| 036 | Bodenbelagarbeiten | 0,0 | 0,9 | 2,0 |
| 038 | Vorgehängte hinterlüftete Fassaden | 0,0 | 1,5 | 3,2 |
| 039 | Trockenbauarbeiten | 1,2 | 2,4 | 3,5 |
| | **Ausbau** | **33,3** | **37,6** | **42,1** |
| 040 | Wärmeversorgungsanl. - Betriebseinr. inkl. 041 | 3,4 | 4,3 | 5,3 |
| 042 | Gas- und Wasserinstallation, Leitungen inkl. 043 | 0,7 | 1,8 | 2,8 |
| 044 | Abwasseranlagen - Leitungen | 0,4 | 1,3 | 2,2 |
| 045 | GWE-Einrichtungsgegenstände inkl. 046 | 1,9 | 3,6 | 7,0 |
| 047 | Dämmarbeiten an betriebstechnischen Anlagen | 0,0 | 1,0 | 1,6 |
| 049 | Feuerlöschanlagen, Feuerlöschgeräte | < 0,1 | < 0,1 | 0,1 |
| 050 | Blitzschutz- und Erdungsanlagen | 0,2 | 0,3 | 0,7 |
| 052 | Mittelspannungsanlagen | < 0,1 | 1,0 | 5,8 |
| 053 | Niederspannungsanlagen inkl. 054 | 1,1 | 3,8 | 4,9 |
| 055 | Sicherheits- u. Ersatzstromversorgungsanl. | – | – | – |
| 057 | Gebäudesystemtechnik | – | – | – |
| 058 | Leuchten und Lampen inkl. 059 | 0,4 | 0,9 | 1,2 |
| 060 | Sprechanlagen, elektroakust. Anlagen inkl. 064 | 0,2 | 0,6 | 1,6 |
| 061 | Kommunikationsnetze inkl. 062 | 0,1 | 0,5 | 0,8 |
| 063 | Gefahrenmeldeanlagen | 0,1 | 0,2 | 0,5 |
| 069 | Aufzüge | 2,0 | 3,8 | 7,3 |
| 070 | Gebäudeautomation | – | – | – |
| 075 | Raumlufttechnische Anlagen inkl. 078 | 0,7 | 0,7 | 0,9 |
| | **Gebäudetechnik** | **21,3** | **24,0** | **27,3** |
| | Sonstige Leistungsbereiche inkl. 008, 033, 051 | 0,2 | 0,4 | 0,8 |

- KKW
- ▶ min
- ▷ von
- | Mittelwert
- ◁ bis
- ◀ max

## Planungskennwerte für Flächen und Rauminhalte nach DIN 277

| Grundflächen | | | ▷ | Fläche/NUF (%) | ◁ | ▷ | Fläche/BGF (%) | ◁ |
|---|---|---|---|---|---|---|---|---|
| NUF | Nutzungsfläche | | 100,0 | **100,0** | 100,0 | 62,9 | **65,5** | 69,4 |
| TF | Technikfläche | | 1,4 | **1,8** | 2,3 | 0,9 | **1,2** | 1,5 |
| VF | Verkehrsfläche | | 19,5 | **24,7** | 29,7 | 12,3 | **15,9** | 19,2 |
| NRF | Netto-Raumfläche | | 120,4 | **126,3** | 131,4 | 79,0 | **82,5** | 85,7 |
| KGF | Konstruktions-Grundfläche | | 21,8 | **27,1** | 32,7 | 14,3 | **17,5** | 21,0 |
| BGF | Brutto-Grundfläche | | 145,7 | **153,4** | 159,8 | 100,0 | **100,0** | 100,0 |

| Brutto-Rauminhalte | | | ▷ | BRI/NUF (m) | ◁ | ▷ | BRI/BGF (m) | ◁ |
|---|---|---|---|---|---|---|---|---|
| BRI | Brutto-Rauminhalt | | 4,39 | **4,65** | 4,93 | 2,89 | **3,03** | 3,19 |

| Flächen von Nutzeinheiten | | | ▷ | NUF/Einheit (m²) | ◁ | ▷ | BGF/Einheit (m²) | ◁ |
|---|---|---|---|---|---|---|---|---|
| Nutzeinheit: Wohnfläche | | | 1,06 | **1,20** | 1,64 | 1,65 | **1,81** | 2,24 |

| Lufttechnisch behandelte Flächen | | | ▷ | Fläche/NUF (%) | ◁ | ▷ | Fläche/BGF (%) | ◁ |
|---|---|---|---|---|---|---|---|---|
| Entlüftete Fläche | | | – | – | – | – | – | – |
| Be- und entlüftete Fläche | | | – | – | – | – | – | – |
| Teilklimatisierte Fläche | | | – | – | – | – | – | – |
| Klimatisierte Fläche | | | – | – | – | – | – | – |

| KG | Kostengruppen (2. Ebene) | Einheit | ▷ | Menge/NUF | ◁ | ▷ | Menge/BGF | ◁ |
|---|---|---|---|---|---|---|---|---|
| 310 | Baugrube / Erdbau | m³ BGI | 0,80 | **0,92** | 1,06 | 0,56 | **0,63** | 0,77 |
| 320 | Gründung, Unterbau | m² GRF | 0,36 | **0,36** | 0,37 | 0,24 | **0,24** | 0,25 |
| 330 | Außenwände / vertikal außen | m² AWF | 0,88 | **1,02** | 1,11 | 0,59 | **0,68** | 0,74 |
| 340 | Innenwände / vertikal innen | m² IWF | 1,45 | **1,56** | 1,72 | 0,99 | **1,05** | 1,11 |
| 350 | Decken / horizontal | m² DEF | 1,06 | **1,11** | 1,12 | 0,75 | **0,75** | 0,75 |
| 360 | Dächer | m² DAF | 0,44 | **0,44** | 0,48 | 0,25 | **0,29** | 0,32 |
| 370 | Infrastrukturanlagen | | – | – | – | – | – | – |
| 380 | Baukonstruktive Einbauten | m² BGF | 1,46 | **1,53** | 1,60 | 1,00 | **1,00** | 1,00 |
| 390 | Sonst. Maßnahmen für Baukonst. | m² BGF | 1,46 | **1,53** | 1,60 | 1,00 | **1,00** | 1,00 |
| **300** | **Bauwerk – Baukonstruktionen** | m² BGF | 1,46 | **1,53** | 1,60 | 1,00 | **1,00** | 1,00 |

## Planungskennwerte für Bauzeiten — 16 Vergleichsobjekte

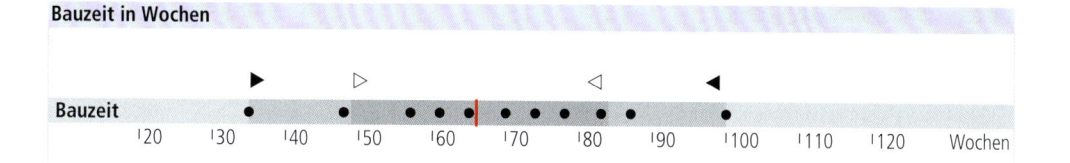

**Bauzeit in Wochen**

Bauzeit: ca. 35 (▶), 50 (▷), 65 (rote Markierung), 80 (◁), 95 (◀)
Skala: 20, 30, 40, 50, 60, 70, 80, 90, 100, 110, 120 Wochen

© BKI Baukosteninformationszentrum; Erläuterungen zu den Tabellen siehe Seite 54 — Kostenstand: 1. Quartal 2022, Bundesdurchschnitt, **inkl. 19% MwSt.**

**Seniorenwohnungen, mittlerer Standard**

€/m² BGF
| | |
|---|---|
| min | 1.050 €/m² |
| von | 1.215 €/m² |
| Mittel | **1.440 €/m²** |
| bis | 1.750 €/m² |
| max | 1.990 €/m² |

**Kosten:**
Stand 1. Quartal 2022
Bundesdurchschnitt
inkl. 19% MwSt.

## Objektübersicht zur Gebäudeart

### 6200-0091 Seniorenwohnanlage (36 WE) - Effizienzhaus ~70%
**BRI** 14.069 m³  **BGF** 4.528 m²  **NUF** 2.821 m²

Wohnungen (36 WE) für selbstständige Senioren, Wohncafé, Pflegedienst vor Ort, Tiefgarage mit 15 Stellplätzen. Mauerwerksbau.

Land: Hessen
Kreis: Groß-Gerau
Standard: Durchschnitt
Bauzeit: 78 Wochen
Kennwerte: bis 1. Ebene DIN 276

**BGF**  1.315 €/m²

Planung: FFM-ARCHITEKTEN. TOVAR + TOVAR PartGmbB; Frankfurt am Main

veröffentlicht: BKI Objektdaten N17

### 6200-0101 Seniorenwohnanlage (85 WE) - Effizienzhaus ~63%
**BRI** 26.589 m³  **BGF** 8.737 m²  **NUF** 5.306 m²

Seniorenwohnanlage mit 85 WE und Gemeinschaftsflächen. Mauerwerksbau.

Land: Hamburg
Kreis: Hamburg, Freie und Hansestadt
Standard: Durchschnitt
Bauzeit: 83 Wochen
Kennwerte: bis 1. Ebene DIN 276

**BGF**  1.534 €/m²

Planung: Thüs Farnschläder Architekten; Hamburg

veröffentlicht: BKI Objektdaten E9

### 6200-0089 Wohnheim für betreutes Wohnen (24 Betten)
**BRI** 5.455 m³  **BGF** 1.552 m²  **NUF** 1.017 m²

Wohnheim für betreutes Wohnen in 4 Wohngruppen mit insgesamt 24 Betten. Mauerwerksbau.

Land: Niedersachsen
Kreis: Osnabrück
Standard: Durchschnitt
Bauzeit: 74 Wochen
Kennwerte: bis 1. Ebene DIN 276

**BGF**  1.988 €/m²

Planung: Hüdepohl . Ferner Architektur- und Ingenieurgesellschaft mbH; Osnabrück

veröffentlicht: BKI Objektdaten N17

### 6200-0090 Seniorengerechtes Wohnen - Effizienzhaus 70
**BRI** 9.157 m³  **BGF** 3.105 m²  **NUF** 1.878 m²

Seniorengerechtes Wohnen mit Wohngruppen, Tagespflege, Begegnungsstätte und Pflegedienst-Station. Mauerwerk.

Land: Thüringen
Kreis: Erfurt
Standard: Durchschnitt
Bauzeit: 70 Wochen
Kennwerte: bis 1. Ebene DIN 276

**BGF**  1.530 €/m²

Planung: WOLFF Architekten & Ingenieure; Erfurt

veröffentlicht: BKI Objektdaten E8

## Objektübersicht zur Gebäudeart

### 6200-0067 Seniorenwohnheim, Pflege - Effizienzhaus ~73%   BRI 15.653 m³   BGF 5.048 m²   NUF 3.503 m²

Senioren- und Servicezentrum mit Seniorenwohnanlage (45 WE), Pflege- und Wohngemeinschaft (24 Betten) und Begegnungsstätte. Mauerwerksbau.

Land: Mecklenburg-Vorpommern
Kreis: Vorpommern-Greifswald
Standard: Durchschnitt
Bauzeit: 61 Wochen
Kennwerte: bis 1. Ebene DIN 276

**BGF  1.622 €/m²**

**Planung:** Achim Dreischmeier, Architekt BDA und Stadtplaner; Ostseebad Koserow

veröffentlicht: BKI Objektdaten E7

### 6100-1004 Betreutes Wohnen (22 WE)   BRI 5.532 m³   BGF 1.729 m²   NUF 1.123 m²

Betreutes Wohnen (22 WE), nicht unterkellert, Abstellräume im Dachgeschoss. Mauerwerksbau.

Land: Thüringen
Kreis: Ilm-Kreis
Standard: Durchschnitt
Bauzeit: 48 Wochen
Kennwerte: bis 3. Ebene DIN 276

**BGF  1.289 €/m²**

**Planung:** IBP-Ing.-Büro Bohlen; Erfurt

veröffentlicht: BKI Objektdaten N13

### 6100-1045 Wohnhaus für Behinderte, TG - Passivhaus   BRI 5.961 m³   BGF 1.783 m²   NUF 1.339 m²

Wohngebäude mit 14 Wohnungen für Menschen mit Behinderungen. Massivbau.

Land: Hamburg
Kreis: Hamburg, Freie und Hansestadt
Standard: Durchschnitt
Bauzeit: 78 Wochen
Kennwerte: bis 1. Ebene DIN 276

**BGF  1.962 €/m²**

**Planung:** DR - Architekten GbR; Hamburg

veröffentlicht: BKI Objektdaten E5

### 6200-0041 Betreuungseinrichtung (30 Betten)   BRI 7.586 m³   BGF 2.384 m²   NUF 1.357 m²

Betreutes Wohnen (5 Wohngruppen mit 30 Betten) für eine psychiatrisch / neurologische Klinik. Mauerwerksbau.

Land: Rheinland-Pfalz
Kreis: Neustadt, Weinstraße
Standard: Durchschnitt
Bauzeit: 65 Wochen
Kennwerte: bis 1. Ebene DIN 276

**BGF  1.685 €/m²**

**Planung:** BECKER I RITZMANN Architekten + Ingenieure; Neustadt

veröffentlicht: BKI Objektdaten N11

© BKI Baukosteninformationszentrum; Erläuterungen zu den Tabellen siehe Seite 56   Kostenstand: 1. Quartal 2022, Bundesdurchschnitt, inkl. 19% MwSt.

## Seniorenwohnungen, mittlerer Standard

**€/m² BGF**

| | |
|---|---|
| min | 1.050 €/m² |
| von | 1.215 €/m² |
| Mittel | **1.440 €/m²** |
| bis | 1.750 €/m² |
| max | 1.990 €/m² |

**Kosten:**
Stand 1. Quartal 2022
Bundesdurchschnitt
inkl. 19% MwSt.

### Objektübersicht zur Gebäudeart

**6100-0945 Seniorenwohnungen (32 WE), TG (8 STP)** — BRI 9.314 m³ | BGF 3.022 m² | NUF 1.976 m²

Wohnungen (32 WE) für selbstständige Senioren, barrierefrei, Gemeinschaftsraum, Tiefgarage mit 8 Stellplätzen. Massivbau.

Land: Nordrhein-Westfalen
Kreis: Bonn, Stadt
Standard: über Durchschnitt
Bauzeit: 48 Wochen
Kennwerte: bis 3. Ebene DIN 276

**BGF 1.414 €/m²**

**Planung:** Concavis Architekten + Ingenieure; Bornheim

veröffentlicht: BKI Objektdaten N12

---

**6100-0995 Betreutes Wohnen (8 WE)** — BRI 1.968 m³ | BGF 743 m² | NUF 498 m²

Mehrfamilienhaus mit behindertengerechten Wohnungen (8 WE), nicht unterkellert. Mauerwerksbau.

Land: Bayern
Kreis: Miltenberg
Standard: Durchschnitt
Bauzeit: 48 Wochen
Kennwerte: bis 3. Ebene DIN 276

**BGF 1.256 €/m²**

**Planung:** F29 Architekten GmbH; Dresden

veröffentlicht: BKI Objektdaten N11

---

**6100-0841 Seniorenwohnungen (22 WE)** — BRI 5.775 m³ | BGF 2.008 m² | NUF 1.331 m²

Seniorenwohnungen (22 WE) mit Vorder- und Hinterhaus, die durch ein verglastes Treppenhaus verbunden sind; 9 Wohnungen rollstuhlgerecht ausgeführt, alle anderen barrierefrei. Mauerwerksbau.

Land: Nordrhein-Westfalen
Kreis: Wesel
Standard: Durchschnitt
Bauzeit: 83 Wochen
Kennwerte: bis 1. Ebene DIN 276

**BGF 1.428 €/m²**

**Planung:** Eberl & Lohmeyer Architekten GbR; Wesel

veröffentlicht: BKI Objektdaten N11

---

**6100-0852 Seniorenwohnungen (18 WE)** — BRI 6.226 m³ | BGF 1.803 m² | NUF 1.192 m²

Barrierefreie Zweizimmerwohnungen für Senioren (18 WE). Massivbau.

Land: Nordrhein-Westfalen
Kreis: Krefeld, Stadt
Standard: Durchschnitt
Bauzeit: 100 Wochen
Kennwerte: bis 3. Ebene DIN 276

**BGF 1.456 €/m²**

**Planung:** DGM Architekten; Krefeld

veröffentlicht: BKI Objektdaten N15

## Objektübersicht zur Gebäudeart

### 6100-0919 Betreutes Wohnen (8 WE)

**BRI** 1.968 m³  **BGF** 743 m²  **NUF** 498 m²

Mehrfamilienhaus mit behindertengerechten Wohnungen (8 WE), nicht unterkellert. Mauerwerksbau.

Land: Bayern
Kreis: Miltenberg
Standard: Durchschnitt
Bauzeit: 35 Wochen
Kennwerte: bis 3. Ebene DIN 276

**BGF  1.239 €/m²**

veröffentlicht: BKI Objektdaten N11

**Planung:** F29 Architekten GmbH; Dresden

### 6100-0737 Seniorenwohnungen (9 WE)

**BRI** 2.804 m³  **BGF** 1.093 m²  **NUF** 693 m²

Mehrfamilienwohnhaus (9 WE), barrierefrei, für seniorengerechtes Wohnen. Mauerwerksbau; Stb-Decken; Holzdachkonstruktion.

Land: Nordrhein-Westfalen
Kreis: Bielefeld, Stadt
Standard: Durchschnitt
Bauzeit: 48 Wochen
Kennwerte: bis 1. Ebene DIN 276

**BGF  1.049 €/m²**

veröffentlicht: BKI Objektdaten N10

**Planung:** Schützdeller-Münstermann Architekten; Rheda-Wiedenbrück

### 6100-0644 Seniorenwohnanlage (15 WE)

**BRI** 7.103 m³  **BGF** 2.425 m²  **NUF** 1.508 m²

Seniorenwohnanlage mit 15 Wohnungen, Erstellung gemeinsam mit Objekt 6200-0036. Stb-Konstruktion.

Land: Baden-Württemberg
Kreis: Reutlingen
Standard: Durchschnitt
Bauzeit: 87 Wochen
Kennwerte: bis 1. Ebene DIN 276

**BGF  1.178 €/m²**

veröffentlicht: BKI Objektdaten N9

**Planung:** Ackermann & Raff Architekten Stadtplaner BDA; Tübingen

### 6200-0031 Seniorenwohnungen mit Pflegebereich

**BRI** 13.589 m³  **BGF** 4.778 m²  **NUF** 3.622 m²

Seniorenwohnanlage mit Pflegebereich. Massivbau.

Land: Sachsen
Kreis: Dresden, Stadt
Standard: Durchschnitt
Bauzeit: 57 Wochen
Kennwerte: bis 2. Ebene DIN 276

**BGF  1.082 €/m²**

veröffentlicht: BKI Objektdaten N9

**Planung:** Johannes Böhm Dipl.-Ing. Architekt BDB; Dresden

© BKI Baukosteninformationszentrum; Erläuterungen zu den Tabellen siehe Seite 56   Kostenstand: 1. Quartal 2022, Bundesdurchschnitt, **inkl. 19% MwSt.**

**Seniorenwohnungen, hoher Standard**

## Kostenkennwerte für die Kosten des Bauwerks (Kostengruppen 300+400 nach DIN 276)

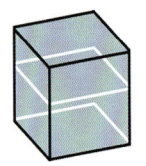

**BRI** 530 €/m³
von 420 €/m³
bis 570 €/m³

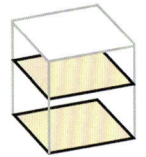

**BGF** 1.745 €/m²
von 1.295 €/m²
bis 2.090 €/m²

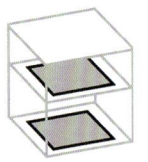

**NUF** 2.570 €/m²
von 1.820 €/m²
bis 3.205 €/m²

**NE** 2.835 €/NE
von 2.320 €/NE
bis 3.550 €/NE
NE: Wohnfläche

### Objektbeispiele

**Kosten:**
Stand 1. Quartal 2022
Bundesdurchschnitt
inkl. 19% MwSt.

6200-0062
6100-0499 
6200-0020 
6200-0063 
6100-1076 
6100-0727 

## Kosten der 7 Vergleichsobjekte — Seiten 720 bis 721

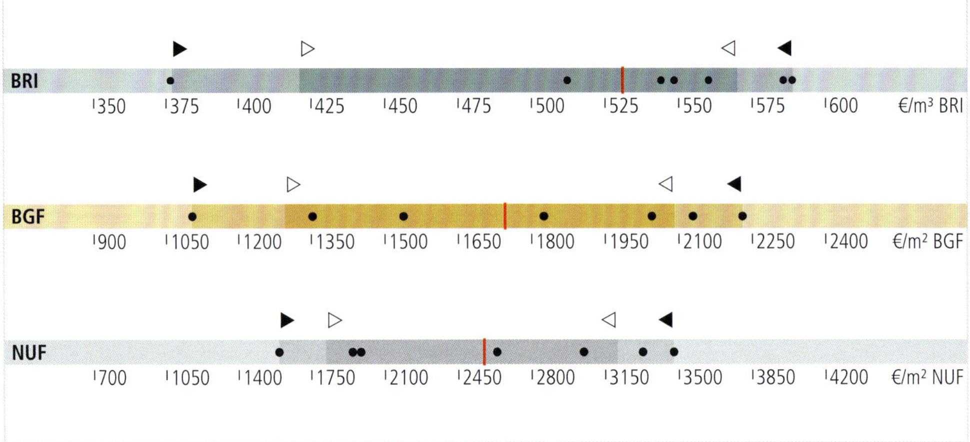

- ● KKW
- ▶ min
- ▷ von
- | Mittelwert
- ◁ bis
- ◀ max

**BRI** 350 – 600 €/m³ BRI

**BGF** 900 – 2400 €/m² BGF

**NUF** 700 – 4200 €/m² NUF

© BKI Baukosteninformationszentrum; Erläuterungen zu den Tabellen siehe Seite 46    Kostenstand: 1. Quartal 2022, Bundesdurchschnitt, **inkl. 19% MwSt.**

## Kostenkennwerte für die Kostengruppen der 1. und 2. Ebene DIN 276

| KG | Kostengruppen der 1. Ebene | Einheit | ▷ | €/Einheit | ◁ | ▷ | % an 300+400 | ◁ |
|---|---|---|---|---|---|---|---|---|
| 100 | Grundstück | m²GF | – | – | – | – | – | – |
| 200 | Vorbereitende Maßnahmen | m²GF | 4 | **40** | 61 | 1,9 | **5,1** | 10,3 |
| 300 | Bauwerk – Baukonstruktionen | m²BGF | 1.021 | **1.300** | 1.608 | 70,1 | **74,8** | 81,2 |
| 400 | Bauwerk – Technische Anlagen | m²BGF | 305 | **446** | 613 | 18,8 | **25,2** | 29,9 |
|  | Bauwerk (300+400) | m²BGF | 1.295 | **1.746** | 2.091 | 100,0 | **100,0** | 100,0 |
| 500 | Außenanlagen und Freiflächen | m²AF | 81 | **138** | 404 | 3,2 | **6,9** | 15,5 |
| 600 | Ausstattung und Kunstwerke | m²BGF | 4 | **53** | 151 | 0,3 | **2,5** | 6,8 |
| 700 | Baunebenkosten* | m²BGF | 326 | **364** | 401 | 18,9 | **21,1** | 23,2 |
| 800 | Finanzierung | m²BGF | – | – | – | – | – | – |

\* Auf Grundlage der HOAI 2021 berechnete Werte nach §§ 35, 52, 56. Weitere Informationen siehe Seite 50

| KG | Kostengruppen der 2. Ebene | Einheit | ▷ | €/Einheit | ◁ | ▷ | % an 1. Ebene | ◁ |
|---|---|---|---|---|---|---|---|---|
| 310 | Baugrube / Erdbau | m³BGI | 44 | **84** | 124 | 3,4 | **5,0** | 6,6 |
| 320 | Gründung, Unterbau | m²GRF | 277 | **326** | 375 | 6,7 | **7,1** | 7,6 |
| 330 | Außenwände / vertikal außen | m²AWF | 329 | **447** | 564 | 26,8 | **27,6** | 28,5 |
| 340 | Innenwände / vertikal innen | m²IWF | 197 | **230** | 264 | 15,6 | **17,5** | 19,3 |
| 350 | Decken / horizontal | m²DEF | 320 | **364** | 408 | 25,8 | **26,0** | 26,3 |
| 360 | Dächer | m²DAF | 353 | **412** | 471 | 11,8 | **12,6** | 13,4 |
| 370 | Infrastrukturanlagen | | – | – | – | – | – | – |
| 380 | Baukonstruktive Einbauten | m²BGF | 4 | **5** | 6 | 0,4 | **0,5** | 0,5 |
| 390 | Sonst. Maßnahmen für Baukonst. | m²BGF | 35 | **39** | 43 | 3,6 | **3,7** | 3,7 |
| 300 | **Bauwerk – Baukonstruktionen** | m²BGF | | | | | **100,0** | |
| 410 | Abwasser-, Wasser-, Gasanlagen | m²BGF | 73 | **105** | 137 | 21,6 | **27,1** | 32,6 |
| 420 | Wärmeversorgungsanlagen | m²BGF | 117 | **131** | 145 | 27,8 | **35,3** | 42,8 |
| 430 | Raumlufttechnische Anlagen | m²BGF | 4 | **4** | 4 | 0,0 | **0,4** | 0,9 |
| 440 | Elektrische Anlagen | m²BGF | 63 | **73** | 82 | 14,9 | **19,6** | 24,3 |
| 450 | Kommunikationstechnische Anlagen | m²BGF | 11 | **18** | 24 | 3,3 | **4,5** | 5,7 |
| 460 | Förderanlagen | m²BGF | 26 | **51** | 76 | 7,7 | **12,9** | 18,1 |
| 470 | Nutzungsspez. / verfahrenstech. Anl. | m²BGF | < 1 | **< 1** | 1 | < 0,1 | **0,2** | 0,4 |
| 480 | Gebäude- und Anlagenautomation | m²BGF | – | – | – | – | – | – |
| 490 | Sonst. Maßnahmen f. techn. Anl. | m²BGF | – | – | – | – | – | – |
| 400 | **Bauwerk – Technische Anlagen** | m²BGF | | | | | **100,0** | |

### Prozentanteile der Kosten 2. Ebene an den Kosten des Bauwerks nach DIN 276 (Von/Mittel/Bis)

| KG | | Mittel |
|---|---|---|
| 310 | Baugrube / Erdbau | 3,8 |
| 320 | Gründung, Unterbau | 5,2 |
| 330 | Außenwände / vertikal außen | 20,3 |
| 340 | Innenwände / vertikal innen | 12,7 |
| 350 | Decken / horizontal | 19,1 |
| 360 | Dächer | 9,2 |
| 370 | Infrastrukturanlagen | |
| 380 | Baukonstruktive Einbauten | 0,3 |
| 390 | Sonst. Maßnahmen für Baukonst. | 2,7 |
| 410 | Abwasser-, Wasser-, Gasanlagen | 7,5 |
| 420 | Wärmeversorgungsanlagen | 9,0 |
| 430 | Raumlufttechnische Anlagen | 0,1 |
| 440 | Elektrische Anlagen | 5,0 |
| 450 | Kommunikationstechnische Anlagen | 1,3 |
| 460 | Förderanlagen | 3,7 |
| 470 | Nutzungsspez. / verfahrenstech. Anl. | < 0,1 |
| 480 | Gebäude- und Anlagenautomation | |
| 490 | Sonst. Maßnahmen f. techn. Anl. | |

© BKI Baukosteninformationszentrum; Erläuterungen zu den Tabellen siehe Seite 48 und 50    Kostenstand: 1. Quartal 2022, Bundesdurchschnitt, inkl. 19% MwSt.

**Seniorenwohnungen, hoher Standard**

## Prozentanteile der Kosten für Leistungsbereiche nach STLB (Kosten Bauwerk nach DIN 276)

| LB | Leistungsbereiche | von | Mittelwert | bis |
|---|---|---:|---:|---:|
| 000 | Sicherheits-, Baustelleneinrichtungen inkl. 001 | 2,2 | **2,3** | 2,4 |
| 002 | Erdarbeiten | 2,5 | **4,0** | 5,6 |
| 006 | Spezialtiefbauarbeiten inkl. 005 | – | – | – |
| 009 | Entwässerungskanalarbeiten inkl. 011 | 0,5 | **0,5** | 0,5 |
| 010 | Drän- und Versickerarbeiten | < 0,1 | **0,2** | 0,3 |
| 012 | Mauerarbeiten | 5,9 | **6,3** | 6,6 |
| 013 | Betonarbeiten | 15,8 | **16,3** | 16,7 |
| 014 | Natur-, Betonwerksteinarbeiten | 0,0 | **0,5** | 1,0 |
| 016 | Zimmer- und Holzbauarbeiten | 4,8 | **5,1** | 5,4 |
| 017 | Stahlbauarbeiten | 0,0 | **0,5** | 1,1 |
| 018 | Abdichtungsarbeiten | < 0,1 | **0,3** | 0,6 |
| 020 | Dachdeckungsarbeiten | 0,0 | **0,4** | 0,8 |
| 021 | Dachabdichtungsarbeiten | 1,2 | **1,8** | 2,4 |
| 022 | Klempnerarbeiten | 2,1 | **2,1** | 2,1 |
|  | **Rohbau** | **38,4** | **40,2** | **42,1** |
| 023 | Putz- und Stuckarbeiten, Wärmedämmsysteme | 6,1 | **6,4** | 6,7 |
| 024 | Fliesen- und Plattenarbeiten | 2,3 | **2,7** | 3,0 |
| 025 | Estricharbeiten | 1,1 | **1,2** | 1,3 |
| 026 | Fenster, Außentüren inkl. 029, 032 | 4,5 | **4,8** | 5,1 |
| 027 | Tischlerarbeiten | 2,3 | **2,5** | 2,7 |
| 028 | Parkettarbeiten, Holzpflasterarbeiten | – | – | – |
| 030 | Rollladenarbeiten | 2,1 | **2,1** | 2,1 |
| 031 | Metallbauarbeiten inkl. 035 | 4,5 | **4,9** | 5,3 |
| 034 | Maler- und Lackiererarbeiten inkl. 037 | 2,9 | **3,6** | 4,4 |
| 036 | Bodenbelagarbeiten | 1,4 | **1,7** | 2,1 |
| 038 | Vorgehängte hinterlüftete Fassaden | – | – | – |
| 039 | Trockenbauarbeiten | 1,9 | **3,6** | 5,3 |
|  | **Ausbau** | **31,1** | **33,5** | **35,8** |
| 040 | Wärmeversorgungsanl. - Betriebseinr. inkl. 041 | 7,6 | **8,2** | 8,8 |
| 042 | Gas- und Wasserinstallation, Leitungen inkl. 043 | 1,5 | **2,3** | 3,1 |
| 044 | Abwasseranlagen - Leitungen | 1,1 | **1,3** | 1,5 |
| 045 | GWE-Einrichtungsgegenstände inkl. 046 | 1,8 | **2,9** | 4,1 |
| 047 | Dämmarbeiten an betriebstechnischen Anlagen | 0,8 | **1,2** | 1,6 |
| 049 | Feuerlöschanlagen, Feuerlöschgeräte | < 0,1 | **< 0,1** | < 0,1 |
| 050 | Blitzschutz- und Erdungsanlagen | 0,3 | **0,4** | 0,5 |
| 052 | Mittelspannungsanlagen | – | – | – |
| 053 | Niederspannungsanlagen inkl. 054 | 4,0 | **4,4** | 4,8 |
| 055 | Sicherheits- u. Ersatzstromversorgungsanl. | – | – | – |
| 057 | Gebäudesystemtechnik | – | – | – |
| 058 | Leuchten und Lampen inkl. 059 | 0,2 | **0,3** | 0,4 |
| 060 | Sprechanlagen, elektroakust. Anlagen inkl. 064 | 0,0 | **0,5** | 1,0 |
| 061 | Kommunikationsnetze inkl. 062 | 0,4 | **0,6** | 0,8 |
| 063 | Gefahrenmeldeanlagen | 0,0 | **0,1** | 0,3 |
| 069 | Aufzüge | 1,7 | **3,6** | 5,6 |
| 070 | Gebäudeautomation | – | – | – |
| 075 | Raumlufttechnische Anlagen inkl. 078 | 0,0 | **0,1** | 0,3 |
|  | **Gebäudetechnik** | **21,9** | **26,1** | **30,2** |
|  | Sonstige Leistungsbereiche inkl. 008, 033, 051 | 0,2 | **0,2** | 0,2 |

**Kosten:** Stand 1. Quartal 2022 Bundesdurchschnitt inkl. 19% MwSt.

- ● KKW
- ▶ min
- ▷ von
- | Mittelwert
- ◁ bis
- ◀ max

## Planungskennwerte für Flächen und Rauminhalte nach DIN 277

| Grundflächen | | | ▷ | Fläche/NUF (%) | ◁ | ▷ | Fläche/BGF (%) | ◁ |
|---|---|---|---|---|---|---|---|---|
| NUF | Nutzungsfläche | | 100,0 | **100,0** | 100,0 | 68,7 | **68,8** | 72,0 |
| TF | Technikfläche | | 2,0 | **2,3** | 2,6 | 1,4 | **1,6** | 1,7 |
| VF | Verkehrsfläche | | 16,6 | **19,7** | 23,2 | 11,1 | **13,1** | 15,3 |
| NRF | Netto-Raumfläche | | 118,4 | **122,0** | 124,8 | 83,2 | **83,5** | 84,6 |
| KGF | Konstruktions-Grundfläche | | 21,6 | **24,3** | 25,7 | 15,4 | **16,5** | 16,8 |
| BGF | Brutto-Grundfläche | | 140,2 | **146,3** | 146,6 | 100,0 | **100,0** | 100,0 |

| Brutto-Rauminhalte | | | ▷ | BRI/NUF (m) | ◁ | ▷ | BRI/BGF (m) | ◁ |
|---|---|---|---|---|---|---|---|---|
| BRI | Brutto-Rauminhalt | | 4,34 | **4,81** | 4,93 | 3,00 | **3,28** | 3,66 |

| Flächen von Nutzeinheiten | | | ▷ | NUF/Einheit (m²) | ◁ | ▷ | BGF/Einheit (m²) | ◁ |
|---|---|---|---|---|---|---|---|---|
| Nutzeinheit: Wohnfläche | | | 1,22 | **1,30** | 1,56 | 1,68 | **1,80** | 2,04 |

| Lufttechnisch behandelte Flächen | | | ▷ | Fläche/NUF (%) | ◁ | ▷ | Fläche/BGF (%) | ◁ |
|---|---|---|---|---|---|---|---|---|
| Entlüftete Fläche | | | – | – | – | – | – | – |
| Be- und entlüftete Fläche | | | – | – | – | – | – | – |
| Teilklimatisierte Fläche | | | – | – | – | – | – | – |
| Klimatisierte Fläche | | | – | – | – | – | – | – |

| KG | Kostengruppen (2. Ebene) | Einheit | ▷ | Menge/NUF | ◁ | ▷ | Menge/BGF | ◁ |
|---|---|---|---|---|---|---|---|---|
| 310 | Baugrube / Erdbau | m³ BGI | 0,94 | **0,94** | 0,94 | 0,68 | **0,68** | 0,68 |
| 320 | Gründung, Unterbau | m² GRF | 0,32 | **0,32** | 0,32 | 0,23 | **0,23** | 0,23 |
| 330 | Außenwände / vertikal außen | m² AWF | 0,94 | **0,94** | 0,94 | 0,68 | **0,68** | 0,68 |
| 340 | Innenwände / vertikal innen | m² IWF | 1,12 | **1,12** | 1,12 | 0,81 | **0,81** | 0,81 |
| 350 | Decken / horizontal | m² DEF | 1,04 | **1,04** | 1,04 | 0,76 | **0,76** | 0,76 |
| 360 | Dächer | m² DAF | 0,45 | **0,45** | 0,45 | 0,33 | **0,33** | 0,33 |
| 370 | Infrastrukturanlagen | | – | – | – | – | – | – |
| 380 | Baukonstruktive Einbauten | m² BGF | 1,40 | **1,46** | 1,47 | 1,00 | **1,00** | 1,00 |
| 390 | Sonst. Maßnahmen für Baukonst. | m² BGF | 1,40 | **1,46** | 1,47 | 1,00 | **1,00** | 1,00 |
| **300** | **Bauwerk – Baukonstruktionen** | m² BGF | 1,40 | **1,46** | 1,47 | 1,00 | **1,00** | 1,00 |

## Planungskennwerte für Bauzeiten — 7 Vergleichsobjekte

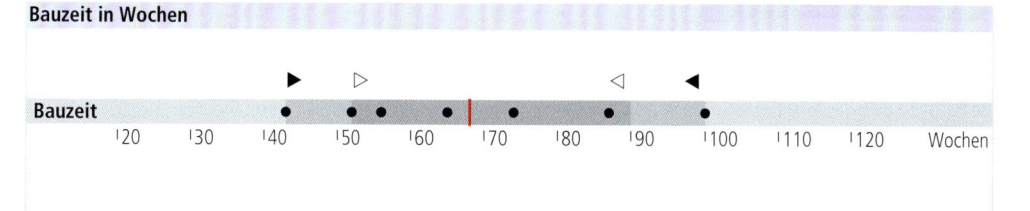

Bauzeit in Wochen: Punkte bei ca. 40, 50, 55, 60, 70, 85, 100 Wochen (Median bei ca. 67 Wochen).

© BKI Baukosteninformationszentrum; Erläuterungen zu den Tabellen siehe Seite 54. Kostenstand: 1. Quartal 2022, Bundesdurchschnitt, inkl. 19% MwSt.

**Seniorenwohnungen, hoher Standard**

€/m² BGF
min 1.105 €/m²
von 1.295 €/m²
Mittel **1.745 €/m²**
bis 2.090 €/m²
max 2.230 €/m²

Kosten:
Stand 1. Quartal 2022
Bundesdurchschnitt
inkl. 19% MwSt.

## Objektübersicht zur Gebäudeart

### 6100-1076 Betreutes Wohnen (36 WE) - Effizienzhaus 70
**BRI** 16.639 m³  **BGF** 3.822 m²  **NUF** 2.796 m²

Wohnanlage für betreutes Wohnen (2.495 m² WFL) mit insgesamt 7 Gebäuden (Gemeinschaftshaus, Apartmenthäuser (2 St), Wohnhäuser (4 St). Mauerwerksbau.

Land: Schleswig-Holstein
Kreis: Schleswig-Flensburg
Standard: über Durchschnitt
Bauzeit: 52 Wochen
Kennwerte: bis 1. Ebene DIN 276

**BGF** 2.230 €/m²

**Planung:** Architektenbüro Lorenzen Freischaffende Architekten BDA; Flensburg

veröffentlicht: BKI Objektdaten E6

### 6200-0062 Seniorenwohnungen (29 WE), Arztpraxen, Pflege
**BRI** 9.432 m³  **BGF** 2.896 m²  **NUF** 2.006 m²

Seniorenwohnungen (1.996 m² WFL), 2 Arztpraxen und ein Pflegedienstbüro. Massivbau.

Land: Nordrhein-Westfalen
Kreis: Recklinghausen
Standard: über Durchschnitt
Bauzeit: 100 Wochen
Kennwerte: bis 1. Ebene DIN 276

**BGF** 1.824 €/m²

**Planung:** baukunst thomas serwe; Münster

veröffentlicht: BKI Objektdaten N13

### 6200-0063 Hospiz (16 Betten) - Effizienzhaus 85
**BRI** 7.795 m³  **BGF** 2.156 m²  **NUF** 1.321 m²

Hospiz mit 16 Betten. Mauerwerksbau.

Land: Schleswig-Holstein
Kreis: Kiel
Standard: über Durchschnitt
Bauzeit: 74 Wochen
Kennwerte: bis 1. Ebene DIN 276

**BGF** 2.128 €/m²

**Planung:** Dipl.-Ing. Architekt E. Schneekloth + Partner; Lütjenburg

veröffentlicht: BKI Objektdaten E6

### 6100-0727 Betreutes Wohnen (9 WE)
**BRI** 2.134 m³  **BGF** 858 m²  **NUF** 597 m²

Mehrfamilienhaus (9 WE), behindertengerecht mit Aufzug und Schwesternrufanlage. Mauerwerksbau.

Land: Baden-Württemberg
Kreis: Esslingen
Standard: über Durchschnitt
Bauzeit: 43 Wochen
Kennwerte: bis 3. Ebene DIN 276

**BGF** 1.353 €/m²

**Planung:** Architekturbüro Mesch-Fehrle; Aichtal-Grötzingen

veröffentlicht: BKI Objektdaten N12

© BKI Baukosteninformationszentrum; Erläuterungen zu den Tabellen siehe Seite 56     Kostenstand: 1. Quartal 2022, Bundesdurchschnitt, **inkl. 19% MwSt.**

## Objektübersicht zur Gebäudeart

### 6100-0499 Wohnanlage (26 WE)   BRI 8.119 m³   BGF 2.895 m²   NUF 2.245 m²

26 altengerechte Wohnungen, Tiefgarage. Mauerwerksbau.

Land: Thüringen
Kreis: Saalfeld-Rudolstadt
Standard: über Durchschnitt
Bauzeit: 87 Wochen
Kennwerte: bis 3. Ebene DIN 276

BGF   1.538 €/m²

**Planung:** Architekten- und Ingenieurgruppe Erfurt & Partner GmbH; Erfurt

veröffentlicht: BKI Objektdaten N7

### 6100-0441 Seniorenwohnanlage*   BRI 47.191 m³   BGF 16.514 m²   NUF 11.550 m²

Seniorenwohnanlage mit 98 Wohneinheiten (67-155 m² WFL), TG, Schwimmbad, Aufenthaltsräume. Mauerwerksbau.

Land: Berlin
Kreis: Berlin, Stadt
Standard: über Durchschnitt
Bauzeit: 61 Wochen
Kennwerte: bis 3. Ebene DIN 276

BGF   3.355 €/m²

**Planung:** Hilmer+Sattler und T. Albrecht GmbH; Berlin

veröffentlicht: BKI Objektdaten N9
* Nicht in der Auswertung enthalten

### 6100-0362 Servicewohnanlage (19 WE)   BRI 9.176 m³   BGF 3.132 m²   NUF 2.170 m²

Service-Wohnanlage mit 19 Wohneinheiten (1.641 m² WFL II.BVO), die Wohnungen sind speziell für Senioren und Behinderte, 16 Wohnungen barrierefrei. Mauerwerksbau.

Land: Nordrhein-Westfalen
Kreis: Mülheim an der Ruhr, Stadt
Standard: über Durchschnitt
Bauzeit: 56 Wochen
Kennwerte: bis 1. Ebene DIN 276

BGF   1.103 €/m²

**Planung:** Dipl.-Ing. Friedrich Kamp Architekturbüro; Mülheim a.d. Ruhr

veröffentlicht: BKI Objektdaten N4

### 6200-0020 Wohnanlage für Behinderte (24 Betten)   BRI 4.066 m³   BGF 1.165 m²   NUF 716 m²

Gemeinschaftswohnungen für Behinderte; Gemeinschaftsräume und Verwaltung auch für Bewohner des Nachbargebäudes; Trainingswohnung im Untergeschoss. Mauerwerksbau.

Land: Nordrhein-Westfalen
Kreis: Höxter
Standard: über Durchschnitt
Bauzeit: 65 Wochen
Kennwerte: bis 1. Ebene DIN 276

BGF   2.044 €/m²

**Planung:** Michel + Wolf + Partner Freie Architekten BDA; Stuttgart

veröffentlicht: BKI Objektdaten N3

# Wohnheime und Internate

## Kostenkennwerte für die Kosten des Bauwerks (Kostengruppen 300+400 nach DIN 276)

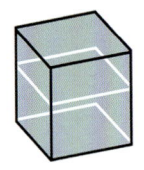

**BRI** 595 €/m³
von 470 €/m³
bis 710 €/m³

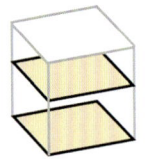

**BGF** 1.915 €/m²
von 1.610 €/m²
bis 2.325 €/m²

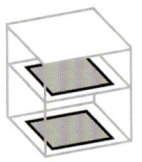

**NUF** 2.995 €/m²
von 2.410 €/m²
bis 3.745 €/m²

**NE** 106.250 €/NE
von 68.755 €/NE
bis 170.955 €/NE
NE: Betten

**Kosten:**
Stand 1. Quartal 2022
Bundesdurchschnitt
inkl. 19% MwSt.

### Objektbeispiele

6200-0103

6200-0080

6200-0105

### Kosten der 39 Vergleichsobjekte — Seiten 726 bis 736

- ● KKW
- ▶ min
- ▷ von
- | Mittelwert
- ◁ bis
- ◀ max

BRI: €/m³ BRI (100–1100)
BGF: €/m² BGF (1000–3000)
NUF: €/m² NUF (1800–4800)

© BKI Baukosteninformationszentrum; Erläuterungen zu den Tabellen siehe Seite 46    Kostenstand: 1. Quartal 2022, Bundesdurchschnitt, **inkl. 19% MwSt.**

## Kostenkennwerte für die Kostengruppen der 1. und 2. Ebene DIN 276

| KG | Kostengruppen der 1. Ebene | Einheit | ▷ | €/Einheit | ◁ | ▷ | % an 300+400 | ◁ |
|---|---|---|---|---|---|---|---|---|
| 100 | Grundstück | m² GF | – | – | – | – | – | – |
| 200 | Vorbereitende Maßnahmen | m² GF | 13 | **42** | 125 | 0,8 | **2,2** | 6,5 |
| 300 | Bauwerk – Baukonstruktionen | m² BGF | 1.216 | **1.468** | 1.721 | 72,9 | **76,9** | 81,3 |
| 400 | Bauwerk – Technische Anlagen | m² BGF | 327 | **446** | 595 | 18,7 | **23,1** | 27,1 |
|  | Bauwerk (300+400) | m² BGF | 1.611 | **1.914** | 2.324 | 100,0 | **100,0** | 100,0 |
| 500 | Außenanlagen und Freiflächen | m² AF | 84 | **194** | 329 | 3,2 | **6,5** | 10,7 |
| 600 | Ausstattung und Kunstwerke | m² BGF | 28 | **85** | 192 | 1,4 | **4,1** | 8,4 |
| 700 | Baunebenkosten* | m² BGF | 349 | **389** | 429 | 18,1 | **20,2** | 22,3 |
| 800 | Finanzierung | m² BGF | – | – | – | – | – | – |

* Auf Grundlage der HOAI 2021 berechnete Werte nach §§ 35, 52, 56. Weitere Informationen siehe Seite 50

| KG | Kostengruppen der 2. Ebene | Einheit | ▷ | €/Einheit | ◁ | ▷ | % an 1. Ebene | ◁ |
|---|---|---|---|---|---|---|---|---|
| 310 | Baugrube / Erdbau | m³ BGI | 31 | **43** | 68 | 1,0 | **2,2** | 3,6 |
| 320 | Gründung, Unterbau | m² GRF | 241 | **353** | 445 | 6,4 | **9,1** | 12,9 |
| 330 | Außenwände / vertikal außen | m² AWF | 436 | **526** | 660 | 24,3 | **29,7** | 37,4 |
| 340 | Innenwände / vertikal innen | m² IWF | 225 | **270** | 328 | 16,4 | **18,5** | 25,9 |
| 350 | Decken / horizontal | m² DEF | 347 | **440** | 561 | 14,7 | **18,8** | 22,9 |
| 360 | Dächer | m² DAF | 311 | **484** | 586 | 8,7 | **12,8** | 16,8 |
| 370 | Infrastrukturanlagen |  | – | – | – | – | – | – |
| 380 | Baukonstruktive Einbauten | m² BGF | 10 | **40** | 72 | 0,3 | **2,1** | 5,3 |
| 390 | Sonst. Maßnahmen für Baukonst. | m² BGF | 48 | **95** | 401 | 3,5 | **6,8** | 27,8 |
| **300** | **Bauwerk – Baukonstruktionen** | **m² BGF** |  |  |  |  | **100,0** |  |
| 410 | Abwasser-, Wasser-, Gasanlagen | m² BGF | 70 | **109** | 169 | 21,9 | **26,0** | 29,9 |
| 420 | Wärmeversorgungsanlagen | m² BGF | 66 | **100** | 141 | 17,6 | **25,6** | 34,3 |
| 430 | Raumlufttechnische Anlagen | m² BGF | 13 | **43** | 84 | 1,6 | **7,9** | 15,0 |
| 440 | Elektrische Anlagen | m² BGF | 84 | **105** | 180 | 20,7 | **26,4** | 31,7 |
| 450 | Kommunikationstechnische Anlagen | m² BGF | 11 | **23** | 42 | 1,6 | **5,6** | 7,7 |
| 460 | Förderanlagen | m² BGF | 14 | **26** | 38 | 0,4 | **4,0** | 9,8 |
| 470 | Nutzungsspez. / verfahrenstech. Anl. | m² BGF | < 1 | **26** | 102 | < 0,1 | **2,5** | 19,7 |
| 480 | Gebäude- und Anlagenautomation | m² BGF | 13 | **16** | 23 | 0,0 | **1,6** | 4,4 |
| 490 | Sonst. Maßnahmen f. techn. Anl. | m² BGF | 2 | **5** | 8 | < 0,1 | **0,4** | 1,6 |
| **400** | **Bauwerk – Technische Anlagen** | **m² BGF** |  |  |  |  | **100,0** |  |

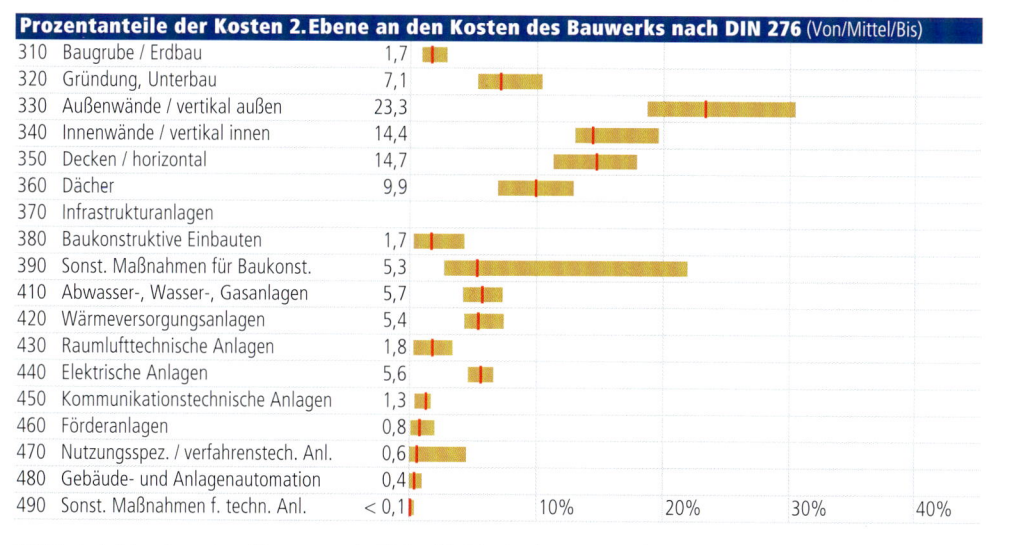

### Prozentanteile der Kosten 2. Ebene an den Kosten des Bauwerks nach DIN 276 (Von/Mittel/Bis)

| KG | Kostengruppe | Mittel |
|---|---|---|
| 310 | Baugrube / Erdbau | 1,7 |
| 320 | Gründung, Unterbau | 7,1 |
| 330 | Außenwände / vertikal außen | 23,3 |
| 340 | Innenwände / vertikal innen | 14,4 |
| 350 | Decken / horizontal | 14,7 |
| 360 | Dächer | 9,9 |
| 370 | Infrastrukturanlagen |  |
| 380 | Baukonstruktive Einbauten | 1,7 |
| 390 | Sonst. Maßnahmen für Baukonst. | 5,3 |
| 410 | Abwasser-, Wasser-, Gasanlagen | 5,7 |
| 420 | Wärmeversorgungsanlagen | 5,4 |
| 430 | Raumlufttechnische Anlagen | 1,8 |
| 440 | Elektrische Anlagen | 5,6 |
| 450 | Kommunikationstechnische Anlagen | 1,3 |
| 460 | Förderanlagen | 0,8 |
| 470 | Nutzungsspez. / verfahrenstech. Anl. | 0,6 |
| 480 | Gebäude- und Anlagenautomation | 0,4 |
| 490 | Sonst. Maßnahmen f. techn. Anl. | < 0,1 |

© BKI Baukosteninformationszentrum; Erläuterungen zu den Tabellen siehe Seite 48 und 50   Kostenstand: 1. Quartal 2022, Bundesdurchschnitt, **inkl. 19% MwSt.**

# Wohnheime und Internate

**Prozentanteile der Kosten für Leistungsbereiche nach STLB (Kosten Bauwerk nach DIN 276)**

| LB | Leistungsbereiche | ▷ | Mittelwert | ◁ % an 300+400 |
|---|---|---|---|---|
| 000 | Sicherheits-, Baustelleneinrichtungen inkl. 001 | 1,8 | 4,0 | 12,4 |
| 002 | Erdarbeiten | 1,3 | 2,3 | 3,2 |
| 006 | Spezialtiefbauarbeiten inkl. 005 | < 0,1 | 0,4 | 3,6 |
| 009 | Entwässerungskanalarbeiten inkl. 011 | 0,0 | 0,3 | 0,5 |
| 010 | Drän- und Versickerarbeiten | 0,0 | < 0,1 | 0,1 |
| 012 | Mauerarbeiten | 2,2 | 5,4 | 8,7 |
| 013 | Betonarbeiten | 15,6 | 18,8 | 23,9 |
| 014 | Natur-, Betonwerksteinarbeiten | < 0,1 | 0,7 | 2,1 |
| 016 | Zimmer- und Holzbauarbeiten | 0,2 | 2,3 | 6,7 |
| 017 | Stahlbauarbeiten | < 0,1 | 0,2 | 1,4 |
| 018 | Abdichtungsarbeiten | 0,3 | 0,6 | 1,2 |
| 020 | Dachdeckungsarbeiten | 0,1 | 1,0 | 4,5 |
| 021 | Dachabdichtungsarbeiten | 0,8 | 3,1 | 5,4 |
| 022 | Klempnerarbeiten | 0,6 | 1,2 | 2,2 |
| | **Rohbau** | **35,1** | **40,3** | **45,6** |
| 023 | Putz- und Stuckarbeiten, Wärmedämmsysteme | 2,0 | 3,9 | 5,0 |
| 024 | Fliesen- und Plattenarbeiten | 1,5 | 2,3 | 3,7 |
| 025 | Estricharbeiten | 1,1 | 1,4 | 1,8 |
| 026 | Fenster, Außentüren inkl. 029, 032 | 5,5 | 10,4 | 19,1 |
| 027 | Tischlerarbeiten | 2,9 | 4,6 | 7,4 |
| 028 | Parkettarbeiten, Holzpflasterarbeiten | < 0,1 | 0,9 | 2,2 |
| 030 | Rollladenarbeiten | 0,1 | 0,8 | 1,7 |
| 031 | Metallbauarbeiten inkl. 035 | 1,4 | 3,8 | 5,7 |
| 034 | Maler- und Lackiererarbeiten inkl. 037 | 1,6 | 2,5 | 3,6 |
| 036 | Bodenbelagarbeiten | 0,6 | 1,5 | 4,0 |
| 038 | Vorgehängte hinterlüftete Fassaden | < 0,1 | 0,9 | 6,8 |
| 039 | Trockenbauarbeiten | 2,1 | 3,6 | 4,8 |
| | **Ausbau** | **30,1** | **36,7** | **45,6** |
| 040 | Wärmeversorgungsanl. - Betriebseinr. inkl. 041 | 3,9 | 5,0 | 7,4 |
| 042 | Gas- und Wasserinstallation, Leitungen inkl. 043 | 1,5 | 2,1 | 2,9 |
| 044 | Abwasseranlagen - Leitungen | 0,8 | 1,1 | 1,6 |
| 045 | GWE-Einrichtungsgegenstände inkl. 046 | 1,4 | 2,5 | 3,7 |
| 047 | Dämmarbeiten an betriebstechnischen Anlagen | 0,3 | 1,0 | 1,4 |
| 049 | Feuerlöschanlagen, Feuerlöschgeräte | 0,0 | < 0,1 | < 0,1 |
| 050 | Blitzschutz- und Erdungsanlagen | 0,1 | 0,3 | 1,1 |
| 052 | Mittelspannungsanlagen | – | – | – |
| 053 | Niederspannungsanlagen inkl. 054 | 3,0 | 3,9 | 4,5 |
| 055 | Sicherheits- u. Ersatzstromversorgungsanl. | 0,0 | 0,3 | 2,3 |
| 057 | Gebäudesystemtechnik | 0,0 | 0,1 | 1,1 |
| 058 | Leuchten und Lampen inkl. 059 | 0,4 | 1,2 | 2,3 |
| 060 | Sprechanlagen, elektroakust. Anlagen inkl. 064 | 0,1 | 0,2 | 0,4 |
| 061 | Kommunikationsnetze inkl. 062 | < 0,1 | 0,4 | 0,7 |
| 063 | Gefahrenmeldeanlagen | 0,2 | 0,6 | 0,9 |
| 069 | Aufzüge | < 0,1 | 0,8 | 2,0 |
| 070 | Gebäudeautomation | 0,0 | 0,2 | 1,0 |
| 075 | Raumlufttechnische Anlagen inkl. 078 | 0,3 | 1,6 | 3,0 |
| | **Gebäudetechnik** | **18,2** | **21,5** | **24,4** |
| | Sonstige Leistungsbereiche inkl. 008, 033, 051 | 0,5 | 1,5 | 2,5 |

**Kosten:** Stand 1. Quartal 2022 Bundesdurchschnitt inkl. 19% MwSt.

- ● KKW
- ▶ min
- ▷ von
- | Mittelwert
- ◁ bis
- ◀ max

## Planungskennwerte für Flächen und Rauminhalte nach DIN 277

| Grundflächen | | ▷ | Fläche/NUF (%) | ◁ | ▷ | Fläche/BGF (%) | ◁ |
|---|---|---|---|---|---|---|---|
| NUF | Nutzungsfläche | 100,0 | **100,0** | 100,0 | 60,1 | **64,8** | 68,9 |
| TF | Technikfläche | 2,7 | **3,4** | 6,3 | 1,8 | **2,3** | 4,4 |
| VF | Verkehrsfläche | 20,5 | **26,4** | 38,8 | 12,6 | **16,2** | 21,1 |
| NRF | Netto-Raumfläche | 123,7 | **129,1** | 141,1 | 80,7 | **82,8** | 84,8 |
| KGF | Konstruktions-Grundfläche | 23,4 | **27,1** | 31,5 | 15,2 | **17,2** | 19,3 |
| BGF | Brutto-Grundfläche | 147,5 | **156,2** | 171,7 | 100,0 | **100,0** | 100,0 |

| Brutto-Rauminhalte | | ▷ | BRI/NUF (m) | ◁ | ▷ | BRI/BGF (m) | ◁ |
|---|---|---|---|---|---|---|---|
| BRI | Brutto-Rauminhalt | 4,70 | **5,08** | 5,62 | 3,12 | **3,26** | 3,59 |

| Flächen von Nutzeinheiten | | ▷ | NUF/Einheit (m²) | ◁ | ▷ | BGF/Einheit (m²) | ◁ |
|---|---|---|---|---|---|---|---|
| Nutzeinheit: Betten | | 25,48 | **33,43** | 51,45 | 39,90 | **53,62** | 77,47 |

| Lufttechnisch behandelte Flächen | ▷ | Fläche/NUF (%) | ◁ | ▷ | Fläche/BGF (%) | ◁ |
|---|---|---|---|---|---|---|
| Entlüftete Fläche | – | **–** | – | – | **–** | – |
| Be- und entlüftete Fläche | 116,2 | **116,2** | 116,2 | 77,0 | **77,0** | 77,0 |
| Teilklimatisierte Fläche | – | **–** | – | – | **–** | – |
| Klimatisierte Fläche | – | **–** | – | – | **–** | – |

| KG | Kostengruppen (2. Ebene) | Einheit | ▷ | Menge/NUF | ◁ | ▷ | Menge/BGF | ◁ |
|---|---|---|---|---|---|---|---|---|
| 310 | Baugrube / Erdbau | m³ BGI | 0,94 | **1,34** | 1,90 | 0,59 | **0,86** | 1,16 |
| 320 | Gründung, Unterbau | m² GRF | 0,52 | **0,58** | 0,61 | 0,33 | **0,37** | 0,38 |
| 330 | Außenwände / vertikal außen | m² AWF | 1,17 | **1,25** | 1,39 | 0,75 | **0,82** | 0,90 |
| 340 | Innenwände / vertikal innen | m² IWF | 1,46 | **1,54** | 1,98 | 0,92 | **0,99** | 1,23 |
| 350 | Decken / horizontal | m² DEF | 0,90 | **0,94** | 1,00 | 0,56 | **0,61** | 0,65 |
| 360 | Dächer | m² DAF | 0,53 | **0,60** | 0,61 | 0,34 | **0,38** | 0,39 |
| 370 | Infrastrukturanlagen | | – | **–** | – | – | **–** | – |
| 380 | Baukonstruktive Einbauten | m² BGF | 1,48 | **1,56** | 1,72 | 1,00 | **1,00** | 1,00 |
| 390 | Sonst. Maßnahmen für Baukonst. | m² BGF | 1,48 | **1,56** | 1,72 | 1,00 | **1,00** | 1,00 |
| **300** | **Bauwerk – Baukonstruktionen** | m² BGF | 1,48 | **1,56** | 1,72 | 1,00 | **1,00** | 1,00 |

## Planungskennwerte für Bauzeiten — 38 Vergleichsobjekte

**Bauzeit in Wochen**

Bauzeit: ▶ ▷ ◁ ◀
Datenpunkte bei ca. 30, 35, 40, 45, 50, 55, 60, 65, 70, 75, 80, 85, 95, 100, 105, 110, 120, 140 Wochen
Skala: |15 |30 |45 |60 |75 |90 |105 |120 |135 |150 |165 Wochen

© BKI Baukosteninformationszentrum; Erläuterungen zu den Tabellen siehe Seite 54 — Kostenstand: 1. Quartal 2022, Bundesdurchschnitt, **inkl. 19% MwSt.**

# Wohnheime und Internate

## Objektübersicht zur Gebäudeart

**€/m² BGF**
- min: 1.250 €/m²
- von: 1.610 €/m²
- Mittel: **1.915 €/m²**
- bis: 2.325 €/m²
- max: 2.835 €/m²

**Kosten:**
Stand 1. Quartal 2022
Bundesdurchschnitt
inkl. 19% MwSt.

---

### 6200-0105 Wohnheim für Jugendliche (15 Betten)
**BRI** 2.447 m³ | **BGF** 681 m² | **NUF** 397 m²

Wohnheim mit drei Wohneinheiten für 15 Jugendliche, sowie Verwaltungsräumen. Massivbau.

Land: Brandenburg
Kreis: Barnim
Standard: Durchschnitt
Bauzeit: 39 Wochen
Kennwerte: bis 1. Ebene DIN 276

**BGF 2.337 €/m²**

Planung: Parmakerli-Fountis Gesellschaft von Architekten mbH; Kleinmachnow

vorgesehen: BKI Objektdaten N18

---

### 6200-0107 Jugendwohngruppe
**BRI** 5.859 m³ | **BGF** 1.936 m² | **NUF** 1.336 m²

Stationäre Wohneinrichtung für Kinder und Jugendliche. Massivbau.

Land: Brandenburg
Kreis: Potsdam, Stadt
Standard: Durchschnitt
Bauzeit: 70 Wochen
Kennwerte: bis 1. Ebene DIN 276

**BGF 2.090 €/m²**

Planung: Miethe + Quehl architekten; Potsdam

vorgesehen: BKI Objektdaten N18

---

### 6200-0103 Studentenwohnheim (50 WE)
**BRI** 7.208 m³ | **BGF** 2.188 m² | **NUF** 1.444 m²

Studentenwohnheim mit 50 Wohneinheiten. Mauerwerk.

Land: Berlin
Kreis: Berlin, Stadt
Standard: Durchschnitt
Bauzeit: 82 Wochen
Kennwerte: bis 1. Ebene DIN 276

**BGF 2.247 €/m²**

Planung: LKK Lehrecke Kammerer Keiß Gesell. von Architekt:innen mbH BDA; Berlin

vorgesehen: BKI Objektdaten N18

---

### 6200-0108 Übergangswohnhaus (46 Zimmer)
**BRI** 5.193 m³ | **BGF** 1.663 m² | **NUF** 957 m²

Übergangswohnhaus zur zeitlich begrenzten Aufnahme von Wohnungslosen mit 46 Zimmern. Mauerwerk.

Land: Berlin
Kreis: Berlin, Stadt
Standard: unter Durchschnitt
Bauzeit: 130 Wochen
Kennwerte: bis 1. Ebene DIN 276

**BGF 1.912 €/m²**

Planung: BHBVT Gesellschaft von Architekten mbH; Berlin

vorgesehen: BKI Objektdaten N18

## Objektübersicht zur Gebäudeart

### 6200-0104 Studentenwohnheim (79 WE) - Effizienzhaus ~42%   BRI 19.221 m³   BGF 6.490 m²   NUF 3.934 m²

Studentenwohnheim mit 79 Wohneinheiten. Massivbau.

Land: Thüringen
Kreis: Jena, Stadt
Standard: unter Durchschnitt
Bauzeit: 117 Wochen
Kennwerte: bis 1. Ebene DIN 276

**BGF   1.409 €/m²**

**Planung:** sittig-architekten; Jena

veröffentlicht: BKI Objektdaten E9

### 6200-0093 Wohnheim (34 Betten)   BRI 4.966 m³   BGF 1.714 m²   NUF 1.052 m²

Wohnheim für Menschen mit einer Behinderung aus dem autistischen Spektrum (34 Betten). Massivbau.

Land: Berlin
Kreis: Berlin, Stadt
Standard: Durchschnitt
Bauzeit: 56 Wochen
Kennwerte: bis 1. Ebene DIN 276

**BGF   1.836 €/m²**

**Planung:** ZappeArchitekten; Berlin

veröffentlicht: BKI Objektdaten N17

### 6200-0082 Wohnheim, Jugendhilfe (3 Gebäude)   BRI 3.149 m³   BGF 886 m²   NUF 498 m²

Jugendhilfeeinrichtung, 3 Häuser á 6 Betten. KS-Mauerwerk.

Land: Brandenburg
Kreis: Barnim
Standard: Durchschnitt
Bauzeit: 44 Wochen
Kennwerte: bis 1. Ebene DIN 276

**BGF   2.068 €/m²**

**Planung:** Parmakerli-Fountis Gesellschaft von Architekten mbH; Kleinmachnow

veröffentlicht: BKI Objektdaten N16

### 6200-0077 Jugendwohngruppe (10 Betten)   BRI 1.804 m³   BGF 490 m²   NUF 309 m²

Wohngruppe für 10 Jugendliche (379 m² WFL), umnutzbar in zwei Doppelhaushälften. Mauerwerk.

Land: Niedersachsen
Kreis: Goslar
Standard: Durchschnitt
Bauzeit: 35 Wochen
Kennwerte: bis 3. Ebene DIN 276

**BGF   2.201 €/m²**

**Planung:** BRATHUHN + KÖNIG Architektur- u. Ingenieur-PartGmbB; Braunschweig

veröffentlicht: BKI Objektdaten N17

© BKI Baukosteninformationszentrum; Erläuterungen zu den Tabellen siehe Seite 56   Kostenstand: 1. Quartal 2022, Bundesdurchschnitt, **inkl. 19% MwSt.**

# Wohnheime und Internate

## Objektübersicht zur Gebäudeart

**€/m² BGF**
| | |
|---|---|
| min | 1.250 €/m² |
| von | 1.610 €/m² |
| Mittel | **1.915 €/m²** |
| bis | 2.325 €/m² |
| max | 2.835 €/m² |

**Kosten:**
Stand 1. Quartal 2022
Bundesdurchschnitt
inkl. 19% MwSt.

---

### 6100-1282 Modulhäuser (34 WE)*   BRI 12.674 m³   BGF 3.247 m²   NUF 1.929 m²

9 Wohngebäude zur temporären öffentlich rechtlichen Unterbringung. Stahlbau.

Land: Hamburg
Kreis: Hamburg, Freie und Hansestadt
Standard: unter Durchschnitt
Bauzeit: 17 Wochen
Kennwerte: bis 3. Ebene DIN 276

**BGF   1.027 €/m²**

Planung: Plan-R Architekten; Hamburg

veröffentlicht: BKI Objektdaten N17
* Nicht in der Auswertung enthalten

---

### 6200-0083 Studentenwohnheim, Verwaltung - Effizienzhaus ~26%   BRI 11.489 m³   BGF 3.690 m²   NUF 2.305 m²

Studentenwohnheim (80 Betten) mit Verwaltung und studentischen Arbeitsplätzen. Massivbau.

Land: Niedersachsen
Kreis: Hannover, Region
Standard: Durchschnitt
Bauzeit: 74 Wochen
Kennwerte: bis 1. Ebene DIN 276

**BGF   2.100 €/m²**

Planung: ACMS Architekten GmbH; Wuppertal

veröffentlicht: BKI Objektdaten E8

---

### 6200-0086 Studentenwohnheim (62 Betten), TG - Passivhaus   BRI 11.243 m³   BGF 3.629 m²   NUF 1.647 m²

Studentenwohnheim für 62 Studierende (1.605 m² WFL) und Tiefgarage (22 STP) als Passivhaus. Massivbau.

Land: Nordrhein-Westfalen
Kreis: Leverkusen, Stadt
Standard: Durchschnitt
Bauzeit: 96 Wochen
Kennwerte: bis 1. Ebene DIN 276

**BGF   1.768 €/m²**

Planung: HU MA N hussmann und macht architektur | design GbR; Köln

veröffentlicht: BKI Objektdaten E8

---

### 6200-0076 Studentenappartements (57 WE) - Effizienzhaus 40   BRI 7.855 m³   BGF 2.748 m²   NUF 1.782 m²

Studentenapartments (57 WE) mit Gemeinschaftsbereichen. Mauerwerksbau.

Land: Hamburg
Kreis: Hamburg, Freie und Hansestadt
Standard: Durchschnitt
Bauzeit: 79 Wochen
Kennwerte: bis 1. Ebene DIN 276

**BGF   1.909 €/m²**

Planung: Heider Zeichardt Architekten; Hamburg

veröffentlicht: BKI Objektdaten S2

## Objektübersicht zur Gebäudeart

### 6600-0027 Gästehaus (40 Einzelzimmer) - Effizienzhaus ~53%   BRI 8.710 m³   BGF 2.520 m²   NUF 1.311 m²

Gästehaus mit 40 Einzelzimmern und Tiefgarage mit 39 Stellplätzen. Stahlbetonbau.

Land: Nordrhein-Westfalen
Kreis: Rhein-Sieg-Kreis
Standard: über Durchschnitt
Bauzeit: 52 Wochen
Kennwerte: bis 1. Ebene DIN 276

BGF   2.256 €/m²

**Planung:** ARGE Luft-Brix Architekten mit Johannes Schneider Architekt BDA; Bremen

veröffentlicht: BKI Objektdaten E8

### 6200-0075 Wohnheim für Jugendliche - Effizienzhaus 70   BRI 2.957 m³   BGF 893 m²   NUF 574 m²

Wohnheim für Kinder und Jugendliche mit 13 Plätzen als Effizienzhaus 70. Mauerwerksbau.

Land: Schleswig-Holstein
Kreis: Schleswig-Flensburg
Standard: Durchschnitt
Bauzeit: 56 Wochen
Kennwerte: bis 1. Ebene DIN 276

BGF   1.648 €/m²

**Planung:** LPP Architektur Jens Lassen; Eckernförde

veröffentlicht: BKI Objektdaten E7

### 6200-0079 Übergangswohnheim für Flüchtlinge (12 WE)   BRI 5.272 m³   BGF 1.660 m²   NUF 1.040 m²

Übergangswohnheim (12 WE) für Flüchtlinge. Mauerwerksbau.

Land: Nordrhein-Westfalen
Kreis: Köln
Standard: Durchschnitt
Bauzeit: 91 Wochen
Kennwerte: bis 1. Ebene DIN 276

BGF   1.642 €/m²

**Planung:** pagelhenn architektinnenarchitekt; Hilden

veröffentlicht: BKI Objektdaten N16

### 6200-0095 Studentenwohnheim (99 WE), TG (24 STP)   BRI 17.400 m³   BGF 5.725 m²   NUF 3.554 m²

Studentenwohnanlage mit 99 Wohneinheiten und Tiefgarage (24 STP). Massivbau.

Land: Bayern
Kreis: Bamberg, Stadt
Standard: Durchschnitt
Bauzeit: 113 Wochen
Kennwerte: bis 1. Ebene DIN 276

BGF   1.600 €/m²

**Planung:** habermann.decker.architekten PartGmbB; Lemgo

veröffentlicht: BKI Objektdaten N17

# Wohnheime und Internate

## Objektübersicht zur Gebäudeart

**€/m² BGF**
| | |
|---|---|
| min | 1.250 €/m² |
| von | 1.610 €/m² |
| Mittel | 1.915 €/m² |
| bis | 2.325 €/m² |
| max | 2.835 €/m² |

**Kosten:**
Stand 1. Quartal 2022
Bundesdurchschnitt
inkl. 19% MwSt.

---

### 6200-0087 Wohnheim für Beh. (26 WE) - Effizienzhaus ~16%
**BRI** 12.399 m³ **BGF** 4.145 m² **NUF** 2.781 m²

Wohnheim für Menschen mit Behinderung mit 24 WE und 2 Kurzzeitplätzen. Massivbau.

Land: Bayern
Kreis: Kempten (Allgäu)
Standard: über Durchschnitt
Bauzeit: 148 Wochen
Kennwerte: bis 1. Ebene DIN 276

**BGF** 2.061 €/m²

Planung: mse architekten gmbh; Kaufbeuren
veröffentlicht: BKI Objektdaten E8

---

### 6200-0080 Inklusives Wohnen für Menschen mit Behinderung
**BRI** 15.744 m³ **BGF** 5.176 m² **NUF** 3.175 m²

Wohnanlage für behinderte Menschen mit Café. Stahlbeton.

Land: Bayern
Kreis: Ingolstadt, Stadt
Standard: Durchschnitt
Bauzeit: 109 Wochen
Kennwerte: bis 3. Ebene DIN 276

**BGF** 1.250 €/m²

Planung: eap Architekten Stadtplaner PartGmbH; München
vorgesehen: BKI Objektdaten N18

---

### 6200-0069 Wohnungen für obdachlose Menschen (14 WE)
**BRI** 3.358 m³ **BGF** 728 m² **NUF** 562 m²

Obdachlosenheim (381 m² WFL) mit 14 Zimmern für 32 Betten, Büro, Werkstatt. Massivbau.

Land: Bayern
Kreis: Ingolstadt
Standard: unter Durchschnitt
Bauzeit: 39 Wochen
Kennwerte: bis 1. Ebene DIN 276

**BGF** 1.852 €/m²

Planung: eap Architekten Stadtplaner PartGmbH; München
veröffentlicht: BKI Objektdaten N15

---

### 6200-0068 Studentenwohnheim (14 WE) - Effizienzhaus 40
**BRI** 1.514 m³ **BGF** 539 m² **NUF** 392 m²

Studentenwohnheim mit 14 Wohneinheiten (343 m² WFL). Mauerwerksbau.

Land: Bremen
Kreis: Bremen
Standard: Durchschnitt
Bauzeit: 43 Wochen
Kennwerte: bis 1. Ebene DIN 276

**BGF** 1.897 €/m²

Planung: 360Grad / Architektur; Bremen
veröffentlicht: BKI Objektdaten E7

## Objektübersicht zur Gebäudeart

### 6200-0072 Wohnheimanlage (600 WE), TG (61 STP)

**BRI** 69.874 m³   **BGF** 22.882 m²   **NUF** 14.694 m²

Wohnheim mit 600 WE (14.693 m² WFL) in 6 Häusern (Wohnensemble). Massivbau.

Land: Hessen
Kreis: Frankfurt am Main, Stadt
Standard: Durchschnitt
Bauzeit: 91 Wochen
Kennwerte: bis 1. Ebene DIN 276

**BGF** 1.694 €/m²

**Planung:** APB. Architekten BDA Grossmann-Hensel - Schneider - Andresen; Hamburg

veröffentlicht: BKI Objektdaten N15

### 6600-0022 Jugendgästehaus (28 Betten), Bürogebäude

**BRI** 2.741 m³   **BGF** 771 m²   **NUF** 537 m²

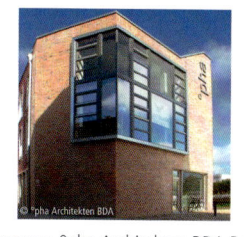

Jugendgästehaus mit 28 Betten und Bürogebäude mit drei Großbüros. Massivbau.

Land: Brandenburg
Kreis: Potsdam, Stadt
Standard: Durchschnitt
Bauzeit: 43 Wochen
Kennwerte: bis 3. Ebene DIN 276

**BGF** 1.416 €/m²

**Planung:** °pha Architekten BDA Banniza, Hermann, Öchsner PartGmbB; Potsdam

veröffentlicht: BKI Objektdaten N15

### 6200-0065 Vereinsheim (15 Betten)*

**BRI** 2.482 m³   **BGF** 662 m²   **NUF** 387 m²

Vereinsheim mit 15 Wohn- und Schlafplätzen. Mauerwerksbau.

Land: Schleswig-Holstein
Kreis: Dithmarschen
Standard: Durchschnitt
Bauzeit: 52 Wochen
Kennwerte: bis 1. Ebene DIN 276

**BGF** 3.107 €/m²

**Planung:** Detlefsen + Figge; Kiel

veröffentlicht: BKI Objektdaten N13
* Nicht in der Auswertung enthalten

### 6200-0064 Studentenwohnheim (50 Betten), Kindertagesstätte

**BRI** 10.279 m³   **BGF** 3.030 m²   **NUF** 2.083 m²

Studentenwohnheim im 1.-3. OG mit 21 Wohneinheiten und 50 Betten, Kindertagesstätte im EG mit sechs Gruppen für 82 Kinder. Massivbau.

Land: Thüringen
Kreis: Erfurt, Stadt
Standard: Durchschnitt
Bauzeit: 61 Wochen
Kennwerte: bis 1. Ebene DIN 276

**BGF** 1.658 €/m²

**Planung:** sittig-architekten; Jena

veröffentlicht: BKI Objektdaten N13

© BKI Baukosteninformationszentrum; Erläuterungen zu den Tabellen siehe Seite 56   Kostenstand: 1. Quartal 2022, Bundesdurchschnitt, inkl. 19% MwSt.

# Wohnheime und Internate

## Objektübersicht zur Gebäudeart

### 6200-0071 Studentendorf (384 Studenten) - Effizienzhaus 40
**BRI** 47.290 m³  **BGF** 13.410 m²  **NUF** 9.805 m²

Studentendorf mit Einzel- und Doppelapartments für Studenten sowie Forscher und Lehrende. Massivbau.

Land: Berlin
Kreis: Berlin
Standard: Durchschnitt
Bauzeit: 56 Wochen
Kennwerte: bis 1. Ebene DIN 276

**BGF** 1.828 €/m²

**Planung:** Die Zusammenarbeiter Gesellschaft von Architekten mbH; Berlin

veröffentlicht: BKI Objektdaten N15

### 6200-0061 Studentenwohnhäuser (84 WE) - Passivhaus
**BRI** 9.745 m³  **BGF** 3.270 m²  **NUF** 2.215 m²

Drei Wohnhäuser für Studenten (84 WE) mit 2.256 m² WFL als Passivhaus. Stb-Stützenkonstruktion, Außenwände Holztafelbau.

Land: Nordrhein-Westfalen
Kreis: Wuppertal
Standard: über Durchschnitt
Bauzeit: 74 Wochen
Kennwerte: bis 1. Ebene DIN 276

**BGF** 2.365 €/m²

**Planung:** Architektur Contor Müller Schlüter; Wuppertal

veröffentlicht: BKI Objektdaten E6

### 6600-0023 Bettenhaus (42 Betten), Seminarräume
**BRI** 4.153 m³  **BGF** 1.160 m²  **NUF** 719 m²

Neubau eines Bettenhauses (36 Zimmer, 42 Betten) mit Seminarbereich als Erweiterung des Evangelischen Bildungszentrums Rastede. Mauerwerksbau.

Land: Niedersachsen
Kreis: Ammerland
Standard: Durchschnitt
Bauzeit: 83 Wochen
Kennwerte: bis 3. Ebene DIN 276

**BGF** 2.836 €/m²

**Planung:** Angelis & Partner Architekten mbB; Oldenburg

veröffentlicht: BKI Objektdaten E6

### 6600-0019 Jugendgästehaus (78 Betten)
**BRI** 2.101 m³  **BGF** 646 m²  **NUF** 424 m²

Jugendgästehaus mit 78 Betten (12 Sechsbettzimmer, 6 Einbettzimmer, Sanitärräume). Mauerwerksbau.

Land: Thüringen
Kreis: Nordhausen
Standard: Durchschnitt
Bauzeit: 48 Wochen
Kennwerte: bis 1. Ebene DIN 276

**BGF** 2.476 €/m²

**Planung:** Dipl.-Ing. Architekt Tobias Winkler; Nordhausen

veröffentlicht: BKI Objektdaten N12

---

**€/m² BGF**
- min: 1.250 €/m²
- von: 1.610 €/m²
- Mittel: **1.915 €/m²**
- bis: 2.325 €/m²
- max: 2.835 €/m²

**Kosten:**
Stand 1. Quartal 2022
Bundesdurchschnitt
inkl. 19% MwSt.

## Objektübersicht zur Gebäudeart

### 6600-0018 Gästehaus (53 Betten)   BRI 4.327 m³   BGF 1.370 m²   NUF 748 m²

Gästehaus (53 Betten) mit 27 Zimmern (625 m² WFL), Café und Speiseraum im EG. Mauerwerksbau.

Land: Thüringen
Kreis: Kyffhäuserkreis
Standard: Durchschnitt
Bauzeit: 70 Wochen
Kennwerte: bis 1. Ebene DIN 276

BGF   2.296 €/m²

**Planung:** AIG mbH Sondershausen Clemens Kober Arch. K. Schmidt; Sondershausen   veröffentlicht: BKI Objektdaten N12

### 6100-1053 Wohnstätte für geistig beeinträchtigte Menschen   BRI 6.692 m³   BGF 1.595 m²   NUF 1.028 m²

Wohnstätte für 29 geistig behinderte Menschen (1.028 m² WFL). Mauerwerksbau.

Land: Brandenburg
Kreis: Brandenburg an der Havel
Standard: über Durchschnitt
Bauzeit: 43 Wochen
Kennwerte: bis 1. Ebene DIN 276

BGF   1.678 €/m²

**Planung:** MPE Märkische Projektentwicklungsgesellschaft mbH; Brandenburg a.d. Havel   veröffentlicht: BKI Objektdaten E6

### 6100-0961 Mutter-Kind-Haus (3 WE)   BRI 1.137 m³   BGF 421 m²   NUF 283 m²

Haus für Betreutes Wohnen für Mütter mit ihren Kleinkindern (307 m² WFL). Gemeinschaftsbereich im EG. Vorgefertigter Holzmassivbau.

Land: Thüringen
Kreis: Weimar, Stadt
Standard: Durchschnitt
Bauzeit: 43 Wochen
Kennwerte: bis 1. Ebene DIN 276

BGF   1.795 €/m²

**Planung:** Tectum Hille Kobelt Architekten BDA; Weimar   veröffentlicht: BKI Objektdaten N11

### 6200-0058 Tagesheim für Menschen mit Behinderung (15 Plätze)   BRI 1.246 m³   BGF 392 m²   NUF 266 m²

Heim zur Tagesbetreuung für Menschen mit Behinderung (15 Plätze). Vollholzkonstruktion, Aufzugs- und Treppenhaus in Sichtbeton.

Land: Baden-Württemberg
Kreis: Ostalbkreis
Standard: Durchschnitt
Bauzeit: 26 Wochen
Kennwerte: bis 1. Ebene DIN 276

BGF   2.113 €/m²

**Planung:** Wolfgang Helmle Freier Architekt BDA; Ellwangen   veröffentlicht: BKI Objektdaten N12

# Wohnheime und Internate

## Objektübersicht zur Gebäudeart

### 6200-0044 Wohnheim
**BRI** 4.284 m³   **BGF** 1.199 m²   **NUF** 840 m²

Wohnheim (24 Betten), 3 Gruppen mit je 8 Personen, Gemeinschaftsräume, Versorgungsräume (906 m² WFL). Mauerwerksbau.

Land: Mecklenburg-Vorpommern
Kreis: Mecklenburgische Seenplatte
Standard: Durchschnitt
Bauzeit: 56 Wochen
Kennwerte: bis 1. Ebene DIN 276

**BGF** 1.907 €/m²

**Planung:** atelier05 Architektur und Innenarchitektur; Jürgenshagen

veröffentlicht: BKI Objektdaten N11

### 6200-0053 Wohnheim für behinderte Menschen (24 Betten)
**BRI** 5.519 m³   **BGF** 1.623 m²   **NUF** 1.020 m²

Wohnheim für behinderte Menschen mit 24 Betten. Mauerwerksbau.

Land: Nordrhein-Westfalen
Kreis: Lippe
Standard: über Durchschnitt
Bauzeit: 39 Wochen
Kennwerte: bis 1. Ebene DIN 276

**BGF** 1.905 €/m²

**Planung:** Bits & Beits GmbH Büro für Architektur; Bad Salzuflen

veröffentlicht: BKI Objektdaten N12

### 6200-0046 Ensemblegeschützte Studentenwohnanlage
**BRI** 72.537 m³   **BGF** 26.541 m²   **NUF** 20.410 m²

Studentenwohnanlage mit 1.052 Wohnplätzen. Eine aus den 1960er Jahren stammende denkmalgeschützte Wohnanlage wurde abgerissen und an selber Stelle ein Neubau mit der denkmalpflegerischer Auflage, die städtebauliche Charakteristika des Ensembles zu wahren, errichtet. Stb-Fertigteilbauweise.

Land: Bayern
Kreis: München, Stadt
Standard: Durchschnitt
Bauzeit: 169 Wochen*
Kennwerte: bis 1. Ebene DIN 276

**BGF** 2.412 €/m²

**Planung:** arge werner wirsing bogevischs buero; München

veröffentlicht: BKI Objektdaten N11
* Nicht in der Auswertung enthalten

### 6200-0057 Studentenwohnheim (139 Betten)
**BRI** 17.355 m³   **BGF** 6.101 m²   **NUF** 3.768 m²

Studentenwohnheim für 139 Studierende (3.466 m² WFL). Das Gebäude gliedert sich in einen u-förmigen Gebäudeteil mit Einzelzimmern um eine Erschließungshalle und einen über Laubengänge erschlossenen Riegel, in dem je drei bzw. fünf Zimmer zu einer Wohngemeinschaft zusammengefasst sind. Stb-Skelettbau.

Land: Bayern
Kreis: Würzburg, Stadt
Standard: Durchschnitt
Bauzeit: 61 Wochen
Kennwerte: bis 3. Ebene DIN 276

**BGF** 1.256 €/m²

**Planung:** Michel + Wolf + Partner Freie Architekten BDA; Stuttgart

veröffentlicht: BKI Objektdaten N15

---

**€/m² BGF**
min 1.250 €/m²
von 1.610 €/m²
Mittel **1.915 €/m²**
bis 2.325 €/m²
max 2.835 €/m²

**Kosten:**
Stand 1. Quartal 2022
Bundesdurchschnitt
inkl. 19% MwSt.

## Objektübersicht zur Gebäudeart

### 6200-0049 Schwesternwohnheim, Büros   BRI 12.600 m³   BGF 4.182 m²   NUF 2.879 m²

Schwesternwohnheim mit Verwaltungseinheit. Massivbau.

Land: Bayern
Kreis: München, Stadt
Standard: Durchschnitt
Bauzeit: 117 Wochen
Kennwerte: bis 3. Ebene DIN 276

BGF   1.829 €/m²

**Planung:** Haindl + Kollegen GmbH Planung und Baumanagement; München

veröffentlicht: BKI Objektdaten N11

### 6200-0043 Internat für Jugendfußballer   BRI 8.495 m³   BGF 2.532 m²   NUF 1.529 m²

Internat für Jugendfußballer mit 26 Zimmer / 30 Betten, im Sportfunktionsgebäude sind Umkleideräume, Duschen und Räume für Fitness und Funktionsräume für 80 Sportler. Es gibt eine Küche mit Speisesaal. Massivbau.

Land: Niedersachsen
Kreis: Wolfsburg, Stadt
Standard: Durchschnitt
Bauzeit: 65 Wochen
Kennwerte: bis 3. Ebene DIN 276

BGF   2.258 €/m²

**Planung:** nb+b Neumann-Berking und Bendorf Planungsgesellschaft mbH; Wolfsburg

veröffentlicht: BKI Objektdaten N12

### 6200-0047 Studentenwohnanlage (588 WE)   BRI 76.765 m³   BGF 24.813 m²   NUF 15.970 m²

Studentenwohnanlage mit 588 Wohnplätzen. Die Wohneinheiten sind in mehrere Baukörper unterschiedlicher Kubatur aufgeteilt. Stahlbeton.

Land: Bayern
Kreis: München, Stadt
Standard: Durchschnitt
Bauzeit: 113 Wochen
Kennwerte: bis 1. Ebene DIN 276

BGF   1.476 €/m²

**Planung:** Spengler Wiescholek Architekten; Hamburg

veröffentlicht: BKI Objektdaten N11

### 6200-0033 Elternhaus (15 WE)   BRI 5.726 m³   BGF 1.875 m²   NUF 1.342 m²

Elternwohnhaus mit 15 Appartements, Elternecke, Raum für Geschwisterbetreuung, das ganze Gebäude ist behindertenfreundlich, Aufzug, Geschäftsstelle, Tiefgarage. Massivbau; Stb-Wände, KS-Mauerwerk; Stb-Decken; Stb-Flachdach.

Land: Baden-Württemberg
Kreis: Ulm, Stadtkreis
Standard: Durchschnitt
Bauzeit: 83 Wochen
Kennwerte: bis 3. Ebene DIN 276

BGF   1.842 €/m²

**Planung:** idw Architekten Dipl.-Ing. (FH) Nicole Pflüger; Neu-Ulm

veröffentlicht: BKI Objektdaten N9

## Wohnheime und Internate

### Objektübersicht zur Gebäudeart

**6200-0048 Studentenwohnanlage (545 WE)**  **BRI** 71.331 m³  **BGF** 19.068 m²  **NUF** 15.188 m²

Studentenwohnanlage für 545 Studierende (12.950 m² WFL). Das 250 Meter lange und 18 Meter breite Gebäude ist über einen Laubengang erschlossen und besitzt 5 Wohntürme, in denen je fünf Zimmer zu einer Wohngemeinschaft zusammengefasst sind. Stahlbeton.

Land: Bayern
Kreis: München, Stadt
Standard: Durchschnitt
Bauzeit: 104 Wochen
Kennwerte: bis 1. Ebene DIN 276

**BGF**  1.523 €/m²

**Planung:** bogevischs buero hofmann ritzer architekten; München

veröffentlicht: BKI Objektdaten N11

**€/m² BGF**
min     1.250 €/m²
von     1.610 €/m²
Mittel  **1.915** €/m²
bis     2.325 €/m²
max     2.835 €/m²

**Kosten:**
Stand 1. Quartal 2022
Bundesdurchschnitt
inkl. 19% MwSt.

**Wohnen**

# Hotels

## Kostenkennwerte für die Kosten des Bauwerks (Kostengruppen 300+400 nach DIN 276)

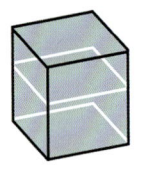

**BRI** 660 €/m³
von 605 €/m³
bis 725 €/m³

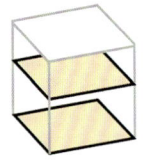

**BGF** 2.065 €/m²
von 1.820 €/m²
bis 2.575 €/m²

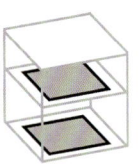

**NUF** 3.290 €/m²
von 2.685 €/m²
bis 4.535 €/m²

**Kosten:**
Stand 1. Quartal 2022
Bundesdurchschnitt
inkl. 19% MwSt.

### Objektbeispiele

5300-0017

6600-0033

6600-0034

### Kosten der 9 Vergleichsobjekte — Seiten 740 bis 742

- ● KKW
- ▶ min
- ▷ von
- | Mittelwert
- ◁ bis
- ◀ max

BRI: €/m³ BRI (Skala 400–900)

BGF: €/m² BGF (Skala 1500–3000)

NUF: €/m² NUF (Skala 2100–5600)

© BKI Baukosteninformationszentrum; Erläuterungen zu den Tabellen siehe Seite 46
Kostenstand: 1. Quartal 2022, Bundesdurchschnitt, **inkl. 19% MwSt.**

## Kostenkennwerte für die Kostengruppen der 1. Ebene DIN 276

| KG | Kostengruppen der 1. Ebene | Einheit | ▷ | €/Einheit | ◁ | ▷ | % an 300+400 | ◁ |
|---|---|---|---|---|---|---|---|---|
| 100 | Grundstück | m² GF | – | – | – | – | – | – |
| 200 | Vorbereitende Maßnahmen | m² GF | 45 | **173** | 671 | 2,0 | **4,4** | 7,7 |
| 300 | Bauwerk – Baukonstruktionen | m² BGF | 1.295 | **1.512** | 1.958 | 67,9 | **73,1** | 82,1 |
| 400 | Bauwerk – Technische Anlagen | m² BGF | 347 | **554** | 668 | 17,9 | **26,9** | 32,1 |
|  | Bauwerk (300+400) | m² BGF | 1.818 | **2.066** | 2.576 | 100,0 | **100,0** | 100,0 |
| 500 | Außenanlagen und Freiflächen | m² AF | 160 | **339** | 1.189 | 3,2 | **6,3** | 10,0 |
| 600 | Ausstattung und Kunstwerke | m² BGF | 56 | **268** | 428 | 2,7 | **13,7** | 22,2 |
| 700 | Baunebenkosten* | m² BGF | 393 | **424** | 455 | 19,1 | **20,6** | 22,1 |
| 800 | Finanzierung | m² BGF | – | – | – | – | – | – |

\* Auf Grundlage der HOAI 2021 berechnete Werte nach §§ 35, 52, 56. Weitere Informationen siehe Seite 50

## Planungskennwerte für Flächen und Rauminhalte nach DIN 277

| Grundflächen | | ▷ | Fläche/NUF (%) | ◁ | ▷ | Fläche/BGF (%) | ◁ |
|---|---|---|---|---|---|---|---|
| NUF | Nutzungsfläche | 100,0 | **100,0** | 100,0 | 60,1 | **64,5** | 71,4 |
| TF | Technikfläche | 3,7 | **4,8** | 7,6 | 2,5 | **2,8** | 4,5 |
| VF | Verkehrsfläche | 18,1 | **23,6** | 28,6 | 11,0 | **14,3** | 16,7 |
| NRF | Netto-Raumfläche | 122,3 | **128,4** | 131,2 | 80,3 | **81,6** | 84,7 |
| KGF | Konstruktions-Grundfläche | 23,0 | **29,5** | 31,7 | 15,3 | **18,4** | 19,7 |
| BGF | Brutto-Grundfläche | 144,5 | **157,9** | 162,9 | 100,0 | **100,0** | 100,0 |

| Brutto-Rauminhalte | | ▷ | BRI/NUF (m) | ◁ | ▷ | BRI/BGF (m) | ◁ |
|---|---|---|---|---|---|---|---|
| BRI | Brutto-Rauminhalt | 4,47 | **4,94** | 5,60 | 2,94 | **3,11** | 3,36 |

| Flächen von Nutzeinheiten | ▷ | NUF/Einheit (m²) | ◁ | ▷ | BGF/Einheit (m²) | ◁ |
|---|---|---|---|---|---|---|
| Nutzeinheit: | – | – | – | – | – | – |

| Lufttechnisch behandelte Flächen | ▷ | Fläche/NUF (%) | ◁ | ▷ | Fläche/BGF (%) | ◁ |
|---|---|---|---|---|---|---|
| Entlüftete Fläche | – | – | – | – | – | – |
| Be- und entlüftete Fläche | – | – | – | – | – | – |
| Teilklimatisierte Fläche | – | – | – | – | – | – |
| Klimatisierte Fläche | – | – | – | – | – | – |

## Planungskennwerte für Bauzeiten — 9 Vergleichsobjekte

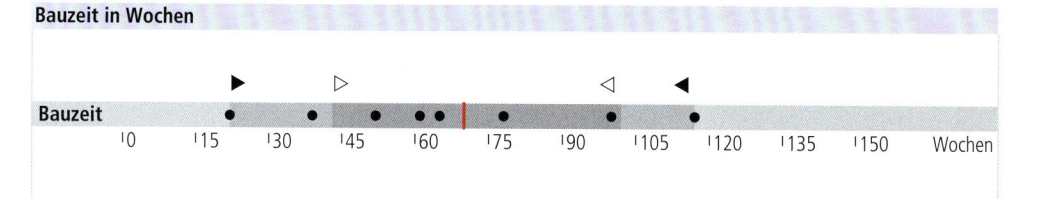

Bauzeit in Wochen: Bauzeit-Skala von 0 bis 150+ Wochen mit Markierungen bei ca. 20, 30, 40, 50, 55, 65, 95, 110 Wochen.

© BKI Baukosteninformationszentrum; Erläuterungen zu den Tabellen siehe Seite 48, 50, 54    Kostenstand: 1. Quartal 2022, Bundesdurchschnitt, inkl. 19% MwSt.

**Hotels**

## Objektübersicht zur Gebäudeart

### 6600-0033 Hotel (358 Betten), Tiefgarage (43 STP)
**BRI** 28.298 m³  **BGF** 8.932 m²  **NUF** 4.775 m²

Hotel mit 358 Betten und Tiefgarage sowie erdgeschossiger Garage mit insgesamt 43 Stellplätzen. Stahlbeton.

Land: Hessen
Kreis: Frankfurt am Main, Stadt
Standard: Durchschnitt
Bauzeit: 100 Wochen
Kennwerte: bis 1. Ebene DIN 276

**BGF** 2.055 €/m²

**Planung:** haber turri architekten Partnerschaftsgesellschaft mbB; Frankfurt am Main

vorgesehen: BKI Objektdaten N18

€/m² BGF
min   1.575 €/m²
von   1.820 €/m²
Mittel 2.065 €/m²
bis   2.575 €/m²
max   2.910 €/m²

**Kosten:**
Stand 1. Quartal 2022
Bundesdurchschnitt
inkl. 19% MwSt.

### 5300-0017 DLRG-Station, Ferienwohnungen (4 WE)
**BRI** 1.893 m³  **BGF** 728 m²  **NUF** 461 m²

Neubau einer DLRG-Station mit 4 Ferienwohnungen. Mischkonstruktion.

Land: Schleswig-Holstein
Kreis: Rendsburg-Eckernförde
Standard: Durchschnitt
Bauzeit: 39 Wochen
Kennwerte: bis 3. Ebene DIN 276

**BGF** 1.893 €/m²

**Planung:** Architekturbüro Wohlenberg; Eckernförde

vorgesehen: BKI Objektdaten N18

### 6600-0034 Hafenhotel (260 Betten), TG (112 STP)
**BRI** 49.448 m³  **BGF** 15.827 m²  **NUF** 9.024 m²

Hafenhotel mit Leuchtfeuer mit 260 Betten, verteilt auf 108 Zimmer und Suiten sowie 3 Hotelapartments. 2-geschossiger Tiefgarage mit 112 Stellplätzen. Massivbau.

Land: Schleswig-Holstein
Kreis: Dithmarschen
Standard: über Durchschnitt
Bauzeit: 117 Wochen
Kennwerte: bis 1. Ebene DIN 276

**BGF** 1.969 €/m²

**Planung:** Architekturbüro Ladehoff GmbH; Hardebek

vorgesehen: BKI Objektdaten N18

### 6600-0031 Gästehaus (28 Zimmer) - Effizienzhaus 70*
**BRI** 3.663 m³  **BGF** 804 m²  **NUF** 519 m²

Gästehaus eines Klosters mit 28 Zimmern. Mauerwerksbau.

Land: Niedersachsen
Kreis: Nienburg (Weser)
Standard: Durchschnitt
Bauzeit: 91 Wochen
Kennwerte: bis 1. Ebene DIN 276

**BGF** 5.639 €/m² *

**Planung:** pax brüning architekten bda; Hannover

veröffentlicht: BKI Objektdaten N17
* Nicht in der Auswertung enthalten

## Objektübersicht zur Gebäudeart

### 6600-0028 Hotel (214 Betten) - Effizienzhaus ~61%    BRI 26.674 m³   BGF 8.668 m²   NUF 5.511 m²

Hotel mit 4 Sternen und 214 Betten als Effizienzhaus. Mauerwerksbau.

Land: Schleswig-Holstein
Kreis: Dithmarschen
Standard: Durchschnitt
Bauzeit: 61 Wochen
Kennwerte: bis 1. Ebene DIN 276

BGF  1.870 €/m²

**Planung:** ARGE Architekturbüro Ladehoff GmbH; Hardebek

veröffentlicht: BKI Objektdaten N17

### 6600-0030 Hotel (250 Betten) - Effizienzhaus ~76%    BRI 30.991 m³   BGF 9.622 m²   NUF 6.393 m²

Hotel mit 3 Sternen und 250 Betten als Effizienzhaus. Mauerwerksbau.

Land: Schleswig-Holstein
Kreis: Ostholstein
Standard: Durchschnitt
Bauzeit: 78 Wochen
Kennwerte: bis 1. Ebene DIN 276

BGF  2.170 €/m²

**Planung:** ARGE Architekturbüro Ladehoff; Hardebek mit Holt & Nicolaisen; Flensburg

veröffentlicht: BKI Objektdaten N17

### 6600-0029 Hotel (170 Betten) - Effizienzhaus ~78%    BRI 13.484 m³   BGF 4.135 m²   NUF 3.036 m²

Hotel mit 3 Sternen und 170 Betten. Mauerwerksbau.

Land: Schleswig-Holstein
Kreis: Ostholstein
Standard: Durchschnitt
Bauzeit: 65 Wochen
Kennwerte: bis 1. Ebene DIN 276

BGF  2.308 €/m²

**Planung:** ARGE Architekturbüro Ladehoff GmbH

veröffentlicht: BKI Objektdaten N17

### 6600-0026 Hotel (94 Betten) - Effizienzhaus ~53%    BRI 10.497 m³   BGF 3.711 m²   NUF 2.447 m²

Hotel mit 47 Zimmern und 90 Plätzen in der Gastronomie. Mauerwerksbau.

Land: Schleswig-Holstein
Kreis: Nordfriesland
Standard: über Durchschnitt
Bauzeit: 52 Wochen
Kennwerte: bis 1. Ebene DIN 276

BGF  1.573 €/m²

**Planung:** Architekturbüro Ladehoff GmbH; Hardebek

veröffentlicht: BKI Objektdaten E7

Hotels

## Objektübersicht zur Gebäudeart

**6600-0020 Hotel (76 Betten), Gewerbe**  **BRI** 14.107 m³  **BGF** 3.697 m²  **NUF** 2.004 m²

Hotel mit 38 Ein- und Zweizimmerappartements (76 Betten) und Gewerbe, mit Teilunterkellerung. Stahlbeton.

Land: Sachsen
Kreis: Dresden, Stadt
Standard: über Durchschnitt
Bauzeit: 100 Wochen
Kennwerte: bis 1. Ebene DIN 276

**BGF** 2.908 €/m²

**Planung:** IPRO Dresden Planungs- und Ingenieuraktiengesellschaft; Dresden

veröffentlicht: BKI Objektdaten N15

**€/m² BGF**
min     1.575 €/m²
von     1.820 €/m²
Mittel  **2.065 €/m²**
bis     2.575 €/m²
max     2.910 €/m²

**Kosten:**
Stand 1. Quartal 2022
Bundesdurchschnitt
inkl. 19% MwSt.

**6100-1062 Ferienhaus (7 WE)**  **BRI** 1.552 m³  **BGF** 538 m²  **NUF** 447 m²

Ferienhaus (7 WE, 438 m² WFL) mit Gemeinschaftsküche und Servicebereich. Massivbau.

Land: Mecklenburg-Vorpommern
Kreis: Mecklenburgische Seenplatte
Standard: über Durchschnitt
Bauzeit: 22 Wochen
Kennwerte: bis 1. Ebene DIN 276

**BGF** 1.849 €/m²

**Planung:** Kisse Architekt; Waren

veröffentlicht: BKI Objektdaten N13

# Gewerbe

# Gaststätten, Kantinen und Mensen

## Kostenkennwerte für die Kosten des Bauwerks (Kostengruppen 300+400 nach DIN 276)

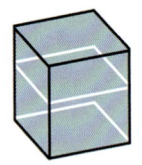

**BRI** 670 €/m³
von 525 €/m³
bis 815 €/m³

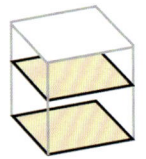

**BGF** 2.955 €/m²
von 2.295 €/m²
bis 3.665 €/m²

**NUF** 4.100 €/m²
von 3.190 €/m²
bis 5.620 €/m²

**NE** 13.870 €/NE
von 8.150 €/NE
bis 21.190 €/NE
NE: Sitzplätze

**Kosten:**
Stand 1. Quartal 2022
Bundesdurchschnitt
inkl. 19% MwSt.

### Objektbeispiele

6500-0053

6500-0052

6500-0018

## Kosten der 28 Vergleichsobjekte — Seiten 748 bis 754

- ● KKW
- ► min
- ▷ von
- | Mittelwert
- ◁ bis
- ◀ max

BRI: €/m³ BRI (200–1200)

BGF: €/m² BGF (1400–4900)

NUF: €/m² NUF (1200–7200)

© BKI Baukosteninformationszentrum; Erläuterungen zu den Tabellen siehe Seite 46  Kostenstand: 1. Quartal 2022, Bundesdurchschnitt, **inkl. 19% MwSt.**

## Kostenkennwerte für die Kostengruppen der 1. und 2. Ebene DIN 276

| KG | Kostengruppen der 1. Ebene | Einheit | ▷ | €/Einheit | ◁ | ▷ | % an 300+400 | ◁ |
|---|---|---|---|---|---|---|---|---|
| 100 | Grundstück | m²GF | – | – | – | – | – | – |
| 200 | Vorbereitende Maßnahmen | m²GF | 8 | **55** | 102 | 2,9 | **6,7** | 19,5 |
| 300 | Bauwerk – Baukonstruktionen | m²BGF | 1.669 | **2.107** | 2.668 | 64,1 | **71,6** | 79,1 |
| 400 | Bauwerk – Technische Anlagen | m²BGF | 573 | **851** | 1.257 | 20,9 | **28,4** | 35,9 |
|  | Bauwerk (300+400) | m²BGF | 2.296 | **2.957** | 3.664 | 100,0 | **100,0** | 100,0 |
| 500 | Außenanlagen und Freiflächen | m²AF | 48 | **153** | 256 | 4,9 | **10,9** | 21,3 |
| 600 | Ausstattung und Kunstwerke | m²BGF | 84 | **216** | 359 | 3,3 | **7,8** | 14,3 |
| 700 | Baunebenkosten* | m²BGF | 748 | **803** | 858 | 25,5 | **27,4** | 29,2 |
| 800 | Finanzierung | m²BGF | – | – | – | – | – | – |

◁ * Auf Grundlage der HOAI 2021 berechnete Werte nach §§ 35, 52, 56. Weitere Informationen siehe Seite 50

| KG | Kostengruppen der 2. Ebene | Einheit | ▷ | €/Einheit | ◁ | ▷ | % an 1. Ebene | ◁ |
|---|---|---|---|---|---|---|---|---|
| 310 | Baugrube / Erdbau | m³BGI | 58 | **66** | 82 | 1,7 | **2,9** | 5,1 |
| 320 | Gründung, Unterbau | m²GRF | 352 | **408** | 510 | 6,0 | **16,3** | 23,1 |
| 330 | Außenwände / vertikal außen | m²AWF | 585 | **705** | 882 | 24,5 | **27,9** | 30,2 |
| 340 | Innenwände / vertikal innen | m²IWF | 192 | **377** | 477 | 13,6 | **15,6** | 19,4 |
| 350 | Decken / horizontal | m²DEF | 505 | **571** | 604 | 5,0 | **10,3** | 20,1 |
| 360 | Dächer | m²DAF | 320 | **485** | 781 | 18,9 | **20,8** | 24,1 |
| 370 | Infrastrukturanlagen |  | – | – | – | – | – | – |
| 380 | Baukonstruktive Einbauten | m²BGF | 7 | **49** | 91 | 0,2 | **1,9** | 5,3 |
| 390 | Sonst. Maßnahmen für Baukonst. | m²BGF | 9 | **84** | 123 | 0,7 | **4,6** | 6,5 |
| **300** | **Bauwerk – Baukonstruktionen** | **m²BGF** |  |  |  |  | **100,0** |  |
| 410 | Abwasser-, Wasser-, Gasanlagen | m²BGF | 87 | **119** | 175 | 10,9 | **14,9** | 17,4 |
| 420 | Wärmeversorgungsanlagen | m²BGF | 102 | **123** | 134 | 11,9 | **17,4** | 28,0 |
| 430 | Raumlufttechnische Anlagen | m²BGF | 44 | **223** | 333 | 9,1 | **24,7** | 34,7 |
| 440 | Elektrische Anlagen | m²BGF | 146 | **190** | 274 | 17,0 | **24,2** | 27,9 |
| 450 | Kommunikationstechnische Anlagen | m²BGF | 12 | **20** | 37 | 1,6 | **2,5** | 3,9 |
| 460 | Förderanlagen | m²BGF | 63 | **63** | 63 | 0,0 | **2,2** | 6,6 |
| 470 | Nutzungsspez. / verfahrenstech. Anl. | m²BGF | 85 | **97** | 120 | 10,3 | **12,8** | 16,6 |
| 480 | Gebäude- und Anlagenautomation | m²BGF | – | – | – | – | – | – |
| 490 | Sonst. Maßnahmen f. techn. Anl. | m²BGF | 8 | **12** | 16 | 0,2 | **0,8** | 1,7 |
| **400** | **Bauwerk – Technische Anlagen** | **m²BGF** |  |  |  |  | **100,0** |  |

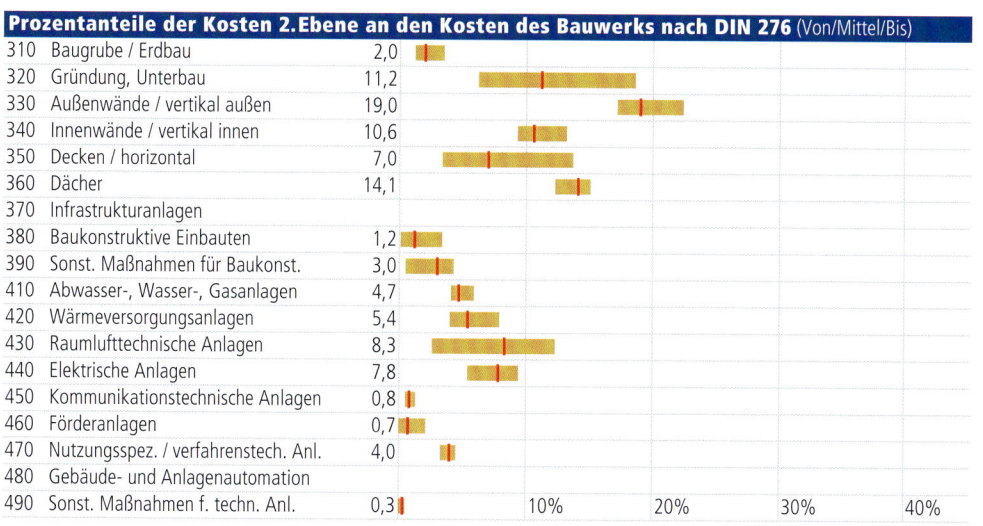

### Prozentanteile der Kosten 2. Ebene an den Kosten des Bauwerks nach DIN 276 (Von/Mittel/Bis)

| KG | | % |
|---|---|---|
| 310 | Baugrube / Erdbau | 2,0 |
| 320 | Gründung, Unterbau | 11,2 |
| 330 | Außenwände / vertikal außen | 19,0 |
| 340 | Innenwände / vertikal innen | 10,6 |
| 350 | Decken / horizontal | 7,0 |
| 360 | Dächer | 14,1 |
| 370 | Infrastrukturanlagen |  |
| 380 | Baukonstruktive Einbauten | 1,2 |
| 390 | Sonst. Maßnahmen für Baukonst. | 3,0 |
| 410 | Abwasser-, Wasser-, Gasanlagen | 4,7 |
| 420 | Wärmeversorgungsanlagen | 5,4 |
| 430 | Raumlufttechnische Anlagen | 8,3 |
| 440 | Elektrische Anlagen | 7,8 |
| 450 | Kommunikationstechnische Anlagen | 0,8 |
| 460 | Förderanlagen | 0,7 |
| 470 | Nutzungsspez. / verfahrenstech. Anl. | 4,0 |
| 480 | Gebäude- und Anlagenautomation |  |
| 490 | Sonst. Maßnahmen f. techn. Anl. | 0,3 |

© BKI Baukosteninformationszentrum; Erläuterungen zu den Tabellen siehe Seite 48 und 50    Kostenstand: 1. Quartal 2022, Bundesdurchschnitt, **inkl. 19% MwSt.**

# Gaststätten, Kantinen und Mensen

**Prozentanteile der Kosten für Leistungsbereiche nach STLB (Kosten Bauwerk nach DIN 276)**

Kosten:
Stand 1. Quartal 2022
Bundesdurchschnitt
inkl. 19% MwSt.

| LB | Leistungsbereiche | von | % an 300+400 | bis |
|---|---|---|---|---|
| 000 | Sicherheits-, Baustelleneinrichtungen inkl. 001 | 0,8 | **1,8** | 2,8 |
| 002 | Erdarbeiten | 0,0 | **1,7** | 3,5 |
| 006 | Spezialtiefbauarbeiten inkl. 005 | – | – | – |
| 009 | Entwässerungskanalarbeiten inkl. 011 | 0,0 | **0,1** | 0,2 |
| 010 | Drän- und Versickerarbeiten | 0,0 | **0,1** | 0,3 |
| 012 | Mauerarbeiten | 2,6 | **18,5** | 34,4 |
| 013 | Betonarbeiten | 0,0 | **7,8** | 15,6 |
| 014 | Natur-, Betonwerksteinarbeiten | 0,0 | **1,7** | 3,4 |
| 016 | Zimmer- und Holzbauarbeiten | 0,3 | **1,1** | 1,8 |
| 017 | Stahlbauarbeiten | 0,0 | **1,3** | 2,5 |
| 018 | Abdichtungsarbeiten | 0,0 | **0,2** | 0,4 |
| 020 | Dachdeckungsarbeiten | 0,8 | **5,7** | 10,6 |
| 021 | Dachabdichtungsarbeiten | 0,0 | **0,7** | 1,4 |
| 022 | Klempnerarbeiten | 0,0 | **0,5** | 0,9 |
|  | **Rohbau** | 34,7 | **41,2** | 47,7 |
| 023 | Putz- und Stuckarbeiten, Wärmedämmsysteme | 2,7 | **3,1** | 3,6 |
| 024 | Fliesen- und Plattenarbeiten | 2,8 | **3,3** | 3,8 |
| 025 | Estricharbeiten | 0,9 | **1,0** | 1,1 |
| 026 | Fenster, Außentüren inkl. 029, 032 | 1,3 | **5,9** | 10,6 |
| 027 | Tischlerarbeiten | 0,0 | **0,9** | 1,7 |
| 028 | Parkettarbeiten, Holzpflasterarbeiten | 0,0 | **0,2** | 0,4 |
| 030 | Rollladenarbeiten | 0,3 | **1,2** | 2,1 |
| 031 | Metallbauarbeiten inkl. 035 | 5,6 | **9,7** | 13,9 |
| 034 | Maler- und Lackiererarbeiten inkl. 037 | 0,4 | **0,9** | 1,3 |
| 036 | Bodenbelagarbeiten | 0,3 | **1,3** | 2,2 |
| 038 | Vorgehängte hinterlüftete Fassaden | – | – | – |
| 039 | Trockenbauarbeiten | 3,9 | **5,2** | 6,5 |
|  | **Ausbau** | 31,5 | **32,7** | 34,0 |
| 040 | Wärmeversorgungsanl. - Betriebseinr. inkl. 041 | 3,5 | **4,7** | 5,9 |
| 042 | Gas- und Wasserinstallation, Leitungen inkl. 043 | 0,0 | **0,4** | 0,8 |
| 044 | Abwasseranlagen - Leitungen | 2,4 | **2,6** | 2,9 |
| 045 | GWE-Einrichtungsgegenstände inkl. 046 | 1,9 | **3,1** | 4,2 |
| 047 | Dämmarbeiten an betriebstechnischen Anlagen | 0,0 | **1,2** | 2,5 |
| 049 | Feuerlöschanlagen, Feuerlöschgeräte | 0,0 | **< 0,1** | < 0,1 |
| 050 | Blitzschutz- und Erdungsanlagen | 0,0 | **< 0,1** | 0,2 |
| 052 | Mittelspannungsanlagen | 0,0 | **0,7** | 1,4 |
| 053 | Niederspannungsanlagen inkl. 054 | 1,3 | **3,4** | 5,4 |
| 055 | Sicherheits- u. Ersatzstromversorgungsanl. | 0,0 | **< 0,1** | < 0,1 |
| 057 | Gebäudesystemtechnik | – | – | – |
| 058 | Leuchten und Lampen inkl. 059 | 0,0 | **1,4** | 2,7 |
| 060 | Sprechanlagen, elektroakust. Anlagen inkl. 064 | 0,0 | **0,3** | 0,5 |
| 061 | Kommunikationsnetze inkl. 062 | 0,0 | **0,1** | 0,2 |
| 063 | Gefahrenmeldeanlagen | 0,0 | **0,2** | 0,5 |
| 069 | Aufzüge | 0,0 | **1,0** | 2,1 |
| 070 | Gebäudeautomation | 0,0 | **1,4** | 2,9 |
| 075 | Raumlufttechnische Anlagen inkl. 078 | 0,0 | **3,0** | 6,1 |
|  | **Gebäudetechnik** | 18,3 | **23,7** | 29,1 |
|  | Sonstige Leistungsbereiche inkl. 008, 033, 051 | 0,0 | **2,4** | 4,7 |

- KKW
- ▶ min
- ▷ von
- | Mittelwert
- ◁ bis
- ◀ max

© BKI Baukosteninformationszentrum; Erläuterungen zu den Tabellen siehe Seite 52   Kostenstand: 1. Quartal 2022, Bundesdurchschnitt, **inkl. 19% MwSt.**

## Planungskennwerte für Flächen und Rauminhalte nach DIN 277

| Grundflächen | | ▷ | Fläche/NUF (%) | ◁ | ▷ | Fläche/BGF (%) | ◁ |
|---|---|---|---|---|---|---|---|
| NUF | Nutzungsfläche | 100,0 | **100,0** | 100,0 | 69,0 | **73,3** | 76,4 |
| TF | Technikfläche | 5,1 | **6,8** | 12,6 | 3,6 | **4,8** | 8,6 |
| VF | Verkehrsfläche | 11,3 | **14,7** | 20,0 | 7,7 | **10,1** | 12,7 |
| NRF | Netto-Raumfläche | 115,0 | **120,2** | 126,8 | 84,6 | **87,3** | 90,0 |
| KGF | Konstruktions-Grundfläche | 13,7 | **17,7** | 24,2 | 10,0 | **12,7** | 15,4 |
| BGF | Brutto-Grundfläche | 133,1 | **137,9** | 148,1 | 100,0 | **100,0** | 100,0 |

| Brutto-Rauminhalte | | ▷ | BRI/NUF (m) | ◁ | ▷ | BRI/BGF (m) | ◁ |
|---|---|---|---|---|---|---|---|
| BRI | Brutto-Rauminhalt | 5,61 | **6,12** | 7,12 | 4,13 | **4,45** | 4,96 |

| Flächen von Nutzeinheiten | ▷ | NUF/Einheit (m²) | ◁ | ▷ | BGF/Einheit (m²) | ◁ |
|---|---|---|---|---|---|---|
| Nutzeinheit: Sitzplätze | 2,68 | **3,39** | 4,30 | 3,75 | **4,73** | 6,13 |

| Lufttechnisch behandelte Flächen | ▷ | Fläche/NUF (%) | ◁ | ▷ | Fläche/BGF (%) | ◁ |
|---|---|---|---|---|---|---|
| Entlüftete Fläche | 46,0 | **46,0** | 46,0 | 31,6 | **31,6** | 31,6 |
| Be- und entlüftete Fläche | 66,7 | **66,7** | 78,1 | 50,6 | **50,6** | 65,6 |
| Teilklimatisierte Fläche | – | – | – | – | – | – |
| Klimatisierte Fläche | – | – | – | – | – | – |

| KG | Kostengruppen (2. Ebene) | Einheit | ▷ | Menge/NUF | ◁ | ▷ | Menge/BGF | ◁ |
|---|---|---|---|---|---|---|---|---|
| 310 | Baugrube / Erdbau | m³ BGI | 1,12 | **1,21** | 1,21 | 0,74 | **0,83** | 0,83 |
| 320 | Gründung, Unterbau | m² GRF | 0,83 | **0,83** | 0,96 | 0,49 | **0,60** | 0,60 |
| 330 | Außenwände / vertikal außen | m² AWF | 0,93 | **0,93** | 0,97 | 0,66 | **0,66** | 0,67 |
| 340 | Innenwände / vertikal innen | m² IWF | 1,03 | **1,03** | 1,06 | 0,73 | **0,73** | 0,77 |
| 350 | Decken / horizontal | m² DEF | 0,44 | **0,46** | 0,46 | 0,30 | **0,31** | 0,31 |
| 360 | Dächer | m² DAF | 1,14 | **1,14** | 1,26 | 0,81 | **0,81** | 0,85 |
| 370 | Infrastrukturanlagen | | – | – | – | – | – | – |
| 380 | Baukonstruktive Einbauten | m² BGF | 1,33 | **1,38** | 1,48 | 1,00 | **1,00** | 1,00 |
| 390 | Sonst. Maßnahmen für Baukonst. | m² BGF | 1,33 | **1,38** | 1,48 | 1,00 | **1,00** | 1,00 |
| 300 | **Bauwerk – Baukonstruktionen** | m² BGF | 1,33 | **1,38** | 1,48 | 1,00 | **1,00** | 1,00 |

## Planungskennwerte für Bauzeiten — 27 Vergleichsobjekte

Bauzeit in Wochen

© BKI Baukosteninformationszentrum; Erläuterungen zu den Tabellen siehe Seite 54 — Kostenstand: 1. Quartal 2022, Bundesdurchschnitt, inkl. 19% MwSt.

**Gaststätten, Kantinen und Mensen**

€/m² BGF
min   1.600 €/m²
von   2.295 €/m²
Mittel **2.955 €/m²**
bis   3.665 €/m²
max   4.715 €/m²

**Kosten:**
Stand 1. Quartal 2022
Bundesdurchschnitt
inkl. 19% MwSt.

## Objektübersicht zur Gebäudeart

### 6500-0052 Café, Restaurant - (72 Sitzplätze)
**BRI** 1.448 m³  **BGF** 339 m²  **NUF** 262 m²

Café und Restaurant mit 72 Sitzplätze. Massivbau.

Land: Nordrhein-Westfalen
Kreis: Soest
Standard: über Durchschnitt
Bauzeit: 43 Wochen
Kennwerte: bis 1. Ebene DIN 276

**BGF** 3.109 €/m²

**Planung:** HARTUNG Architekten; Möhnesee

veröffentlicht: BKI Objektdaten N17

### 6500-0053 Kiosk, WC-Anlage
**BRI** 812 m³  **BGF** 144 m²  **NUF** 103 m²

Kiosk mit öfftlicher WC-Anlage. Stahlbeton.

Land: Nordrhein-Westfalen
Kreis: Rhein-Erft-Kreis
Standard: über Durchschnitt
Bauzeit: 65 Wochen
Kennwerte: bis 1. Ebene DIN 276

**BGF** 4.717 €/m²

**Planung:** HJPplaner; Aachen

vorgesehen: BKI Objektdaten N18

### 6500-0049 Speisesaal für Tagungsstätte (220 Sitzplätze)
**BRI** 6.360 m³  **BGF** 1.305 m²  **NUF** 997 m²

Speisesaal, Tagungsstätte, Büros. Mischbauweise Massiv + Stahl.

Land: Thüringen
Kreis: Unstrut-Hainich-Kreis
Standard: Durchschnitt
Bauzeit: 117 Wochen
Kennwerte: bis 1. Ebene DIN 276

**BGF** 2.360 €/m²

**Planung:** Bauhütte Volkenroda; Volkenroda

veröffentlicht: BKI Objektdaten N17

### 6500-0043 Mensa
**BRI** 4.800 m³  **BGF** 776 m²  **NUF** 643 m²

Mensa. Stahlbetonbau.

Land: Rheinland-Pfalz
Kreis: Bernkastel-Wittlich
Standard: Durchschnitt
Bauzeit: 65 Wochen
Kennwerte: bis 1. Ebene DIN 276

**BGF** 3.321 €/m²

**Planung:** Berdi Architekten; Bernkastel-Kues

veröffentlicht: BKI Objektdaten N15

## Objektübersicht zur Gebäudeart

### 5300-0013 Sport- und Vereinsheim  **BRI** 1.001 m³  **BGF** 268 m²  **NUF** 197 m²

Sport- und Vereinsheim. Holzrahmenbauwände (außen), KS-Mauerwerk (innen).

Land: Niedersachsen
Kreis: Braunschweig
Standard: Durchschnitt
Bauzeit: 35 Wochen
Kennwerte: bis 1. Ebene DIN 276

**BGF** 2.071 €/m²

**Planung:** O. M. Architekten BDA Rainer Ottinger Thomas Möhlendick; Braunschweig

veröffentlicht: BKI Objektdaten N15

### 6500-0046 Mensa  **BRI** 1.952 m³  **BGF** 385 m²  **NUF** 300 m²

Mensa mit 124 Sitzplätzen einer Schule. Massivbau.

Land: Hamburg
Kreis: Hamburg, Freie und Hansestadt
Standard: Durchschnitt
Bauzeit: 65 Wochen
Kennwerte: bis 1. Ebene DIN 276

**BGF** 3.682 €/m²

**Planung:** tun-architektur T. Müller / N. Dudda PartG mbB; Hamburg

veröffentlicht: BKI Objektdaten N16

### 6500-0045 Gaststätte (55 Sitzplätze)  **BRI** 1.243 m³  **BGF** 331 m²  **NUF** 204 m²

Gaststätte mit 55 Sitzplätzen. Massivbau.

Land: Nordrhein-Westfalen
Kreis: Bonn
Standard: über Durchschnitt
Bauzeit: 48 Wochen
Kennwerte: bis 1. Ebene DIN 276

**BGF** 3.123 €/m²

**Planung:** Kastner Pichler Architekten; Köln

veröffentlicht: BKI Objektdaten N16

### 6500-0047 Mensa, Unterrichtsräume (256 Schüler) - Passivhaus  **BRI** 11.708 m³  **BGF** 2.785 m²  **NUF** 1.685 m²

Mensa mit 500 Plätzen und allgemeine Unterrichtsräume mit 8 Klassen und 256 Schüler. Mauerwerksbau.

Land: Niedersachsen
Kreis: Hannover, Region
Standard: über Durchschnitt
Bauzeit: 100 Wochen
Kennwerte: bis 1. Ebene DIN 276

**BGF** 2.977 €/m²

**Planung:** (pfitzner moorkens) architekten; Hannover

veröffentlicht: BKI Objektdaten E8

© BKI Baukosteninformationszentrum; Erläuterungen zu den Tabellen siehe Seite 56    Kostenstand: 1. Quartal 2022, Bundesdurchschnitt, **inkl. 19% MwSt.**

# Gaststätten, Kantinen und Mensen

**€/m² BGF**
min 1.600 €/m²
von 2.295 €/m²
Mittel **2.955 €/m²**
bis 3.665 €/m²
max 4.715 €/m²

**Kosten:**
Stand 1. Quartal 2022
Bundesdurchschnitt
inkl. 19% MwSt.

## Objektübersicht zur Gebäudeart

### 6500-0044 Kantine (199 Sitzplätze) - Effizienzhaus ~75%
**BRI** 3.626 m³  **BGF** 919 m²  **NUF** 539 m²

Kantine für kirchliche Fortbildungseinrichtung mit 199 Sitzplätzen. Mischkonstruktion.

Land: Nordrhein-Westfalen
Kreis: Wuppertal
Standard: Durchschnitt
Bauzeit: 61 Wochen
Kennwerte: bis 1. Ebene DIN 276

**BGF** 3.847 €/m²

**Planung:** Kastner Pichler Architekten; Köln

veröffentlicht: BKI Objektdaten E8

### 6500-0040 Mensa, Multifunktionsräume
**BRI** 2.795 m³  **BGF** 583 m²  **NUF** 466 m²

Mensa mit unterteilbarem Speiseraum, Ausgabe- und Spülküche und Aufenthaltsraum. Mauerwerksbau, Holzleimbinder (Dach).

Land: Rheinland-Pfalz
Kreis: Bernkastel-Wittlich
Standard: Durchschnitt
Bauzeit: 48 Wochen
Kennwerte: bis 1. Ebene DIN 276

**BGF** 2.880 €/m²

**Planung:** SpreierTrenner Architekten; Dreis

veröffentlicht: BKI Objektdaten N13

### 6500-0041 Mensa
**BRI** 1.430 m³  **BGF** 349 m²  **NUF** 240 m²

Mensa mit Speiseraum (144 Sitzplätze), Sozialräume, Speisesaal, Ausgabe, Aufwärmküche, Kühllager, Spülküche, Lager, Technik. Massivbau.

Land: Nordrhein-Westfalen
Kreis: Leverkusen
Standard: Durchschnitt
Bauzeit: 52 Wochen
Kennwerte: bis 1. Ebene DIN 276

**BGF** 3.706 €/m²

**Planung:** Kastner Pichler Architekten; Köln

veröffentlicht: BKI Objektdaten N13

### 6500-0032 Mensa
**BRI** 1.735 m³  **BGF** 403 m²  **NUF** 305 m²

Mensa mit Speiseraum (100 Sitzplätze), Ausgabeküche, Spülküche, Lager und Sozialräumen. Holzskelettkonstruktion.

Land: Bremen
Kreis: Bremen
Standard: Durchschnitt
Bauzeit: 39 Wochen
Kennwerte: bis 1. Ebene DIN 276

**BGF** 2.679 €/m²

**Planung:** Andreas Schneider Architekten GmbH & Co. KG; Bremen

veröffentlicht: BKI Objektdaten N12

# Objektübersicht zur Gebäudeart

## 6500-0035 Mensagebäude mit Hörsaal

**BRI** 8.773 m³    **BGF** 1.815 m²    **NUF** 1.158 m²

Mensa mit Küche für 600 Essen, Hörsaal (300 Sitzplätze), 2 Mehrzweckräume (je 50 Sitzplätze). Massivbau.

Land: Sachsen-Anhalt
Kreis: Salzlandkreis
Standard: über Durchschnitt
Bauzeit: 74 Wochen
Kennwerte: bis 1. Ebene DIN 276

**BGF**    3.612 €/m²

**Planung:** Architekturbüro Heinz + Jörg Gardzella; Groß Quenstedt

veröffentlicht: BKI Objektdaten N13

## 6500-0033 Mensa

**BRI** 2.292 m³    **BGF** 467 m²    **NUF** 385 m²

Mensa mit Speiseraum (204 Sitzplätze), Speisesaal, Ausgabe, Vorbereitung, Spülküche, Lager- und Sozialräume. Massivbau.

Land: Nordrhein-Westfalen
Kreis: Lippe
Standard: Durchschnitt
Bauzeit: 26 Wochen
Kennwerte: bis 1. Ebene DIN 276

**BGF**    2.499 €/m²

**Planung:** brüchner-hüttemann pasch bhp Architekten+Generalplaner GmbH; Bielefeld

veröffentlicht: BKI Objektdaten N13

## 6500-0028 Mensa

**BRI** 1.244 m³    **BGF** 272 m²    **NUF** 193 m²

Mensa (rollstuhlgerecht) mit unterteilbarem Speiseraum, Ausgabe- und Spülküche. Mauerwerksbau.

Land: Nordrhein-Westfalen
Kreis: Rhein-Kreis Neuss
Standard: Durchschnitt
Bauzeit: 35 Wochen
Kennwerte: bis 1. Ebene DIN 276

**BGF**    2.608 €/m²

**Planung:** Werkgemeinschaft Quasten + Berger; Grevenbroich

veröffentlicht: BKI Objektdaten N11

## 6500-0027 Café Pavillon

**BRI** 621 m³    **BGF** 149 m²    **NUF** 124 m²

Friedhofscafé mit 85 Sitzplätzen als Trauer- und Begegnungsstätte. Vorgefertigte Brettsperrholzwände.

Land: Nordrhein-Westfalen
Kreis: Düren
Standard: Durchschnitt
Bauzeit: 48 Wochen
Kennwerte: bis 1. Ebene DIN 276

**BGF**    3.381 €/m²

**Planung:** amunt architekten martenson und nagel theissen; Aachen, Stuttgart

veröffentlicht: BKI Objektdaten N11

© BKI Baukosteninformationszentrum; Erläuterungen zu den Tabellen siehe Seite 56    Kostenstand: 1. Quartal 2022, Bundesdurchschnitt, **inkl. 19% MwSt.**

# Gaststätten, Kantinen und Mensen

**€/m² BGF**
| | |
|---|---|
| min | 1.600 €/m² |
| von | 2.295 €/m² |
| Mittel | **2.955 €/m²** |
| bis | 3.665 €/m² |
| max | 4.715 €/m² |

**Kosten:**
Stand 1. Quartal 2022
Bundesdurchschnitt
inkl. 19% MwSt.

## Objektübersicht zur Gebäudeart

### 6500-0026 Mensa
**BRI** 1.768 m³   **BGF** 398 m²   **NUF** 332 m²

Mensa mit Speiseraum (184 Sitzplätze), Ausgabeküche, Spülküche und Sozialräume. Stahlkonstruktion in Verbindung mit Stb-Skelettkonstruktion.

Land: Nordrhein-Westfalen
Kreis: Rhein-Kreis Neuss
Standard: Durchschnitt
Bauzeit: 35 Wochen
Kennwerte: bis 1. Ebene DIN 276

**BGF**   2.557 €/m²

Planung: Lenze + Partner Dipl.-Ing. Architekten BDA; Grevenbroich

veröffentlicht: BKI Objektdaten N11

### 6500-0030 Mensa, Klassenräume, Bibliothek
**BRI** 7.680 m³   **BGF** 1.640 m²   **NUF** 1.160 m²

Multifunktionale Mensa (200 Sitzplätze), die auch als Veranstaltungsraum mit Bühne genutzt werden kann. Im OG befinden sich 3 Klassenzimmer und Bibliothek. Mauerwerksbau.

Land: Schleswig-Holstein
Kreis: Nordfriesland
Standard: über Durchschnitt
Bauzeit: 65 Wochen
Kennwerte: bis 1. Ebene DIN 276

**BGF**   2.117 €/m²

Planung: Steinwender Architekten BDA; Heide

veröffentlicht: BKI Objektdaten N11

### 6500-0034 Mensa mit Cafeteria, Freizeiteinrichtungen
**BRI** 13.330 m³   **BGF** 2.230 m²   **NUF** 1.357 m²

Mensa (200 Sitzplätze) und Cafeteria (130 Sitzplätze) mit zusätzlichen Freizeiteinrichtungen (Bowlingbahn, Gymnastikraum, Clubraum, Billardraum, Fitnessraum). Stb-Konstruktion.

Land: Brandenburg
Kreis: Dahme-Spreewald
Standard: Durchschnitt
Bauzeit: 113 Wochen
Kennwerte: bis 1. Ebene DIN 276

**BGF**   3.771 €/m²

Planung: Numrich Albrecht Klumpp Gesellschaft von Architekten mbH; Berlin

veröffentlicht: BKI Objektdaten N12

### 6500-0038 Café
**BRI** 327 m³   **BGF** 93 m²   **NUF** 73 m²

Marktplatzgebäude mit Cafénutzung (15 Sitzplätze) und öffentlichem WC. Holzrahmenbau.

Land: Nordrhein-Westfalen
Kreis: Lippe
Standard: Durchschnitt
Bauzeit: 26 Wochen
Kennwerte: bis 1. Ebene DIN 276

**BGF**   2.607 €/m²

Planung: mm architekten Martin A. Müller Architekt BDA; Hannover

veröffentlicht: BKI Objektdaten N13

## Objektübersicht zur Gebäudeart

### 6500-0031 Café

**BRI** 958 m³　**BGF** 244 m²　**NUF** 202 m²

Café mit 2 Galerieräumen (60 Sitzplätze). Im Außenbereich Musikpavillon und Platz für 100 Sitzplätze. Mauerwerksbau.

Land: Thüringen
Kreis: Saale-Orla-Kreis
Standard: Durchschnitt
Bauzeit: 39 Wochen
Kennwerte: bis 1. Ebene DIN 276

**BGF** 3.083 €/m²

**Planung:** Architekturbüro Martin Raffelt; Pößneck

veröffentlicht: BKI Objektdaten N11

### 6500-0037 Tennis-Vereinsheim, Gaststätte

**BRI** 1.596 m³　**BGF** 453 m²　**NUF** 314 m²

Vereinsheim mit Gaststätte (50 Sitzplätze). Holzrahmenkonstruktion.

Land: Baden-Württemberg
Kreis: Calw
Standard: Durchschnitt
Bauzeit: 52 Wochen
Kennwerte: bis 1. Ebene DIN 276

**BGF** 1.598 €/m²

**Planung:** Architekturbüro Klaus; Karlsruhe

veröffentlicht: BKI Objektdaten N12

### 6500-0019 Mensa

**BRI** 1.664 m³　**BGF** 410 m²　**NUF** 280 m²

Mensa für ein Gymnasium. Mauerwerksbau; Holz-/Alu-Pfostenriegelfassade; Stb-Flachdach.

Land: Bayern
Kreis: Starnberg
Standard: Durchschnitt
Bauzeit: 48 Wochen
Kennwerte: bis 1. Ebene DIN 276

**BGF** 2.636 €/m²

**Planung:** barth architekten; Gauting

veröffentlicht: BKI Objektdaten N9

### 6500-0022 Mensa

**BRI** 4.468 m³　**BGF** 952 m²　**NUF** 772 m²

Neubau einer Mensa für die Fachhochschule Pforzheim. Stb-Konstruktion, Stahl-Pfosten-Riegelfassade; Stb-Verbundträgerdach.

Land: Baden-Württemberg
Kreis: Pforzheim, Stadt
Standard: Durchschnitt
Bauzeit: 113 Wochen
Kennwerte: bis 1. Ebene DIN 276

**BGF** 3.703 €/m²

**Planung:** Steinhilber+Weis Architekten; Stuttgart

veröffentlicht: BKI Objektdaten N9

© BKI Baukosteninformationszentrum; Erläuterungen zu den Tabellen siehe Seite 56　　Kostenstand: 1. Quartal 2022, Bundesdurchschnitt, **inkl. 19% MwSt.**

## Gaststätten, Kantinen und Mensen

**€/m² BGF**
min 1.600 €/m²
von 2.295 €/m²
Mittel **2.955 €/m²**
bis 3.665 €/m²
max 4.715 €/m²

**Kosten:**
Stand 1. Quartal 2022
Bundesdurchschnitt
inkl. 19% MwSt.

### Objektübersicht zur Gebäudeart

#### 6500-0020 Speise- und Aufenthaltsgebäude
**BRI** 2.022 m³  **BGF** 484 m²  **NUF** 373 m²

Speise- und Aufenthaltsraum. Massivbau.

Land: Bayern
Kreis: Bad Kissingen
Standard: unter Durchschnitt
Bauzeit: 26 Wochen
Kennwerte: bis 2. Ebene DIN 276

**BGF** 1.727 €/m²

**Planung:** RICHTER I ARCHITEKTUR; Bad Brückenau

www.bki.de

#### 6500-0021 Mensa
**BRI** 1.840 m³  **BGF** 385 m²  **NUF** 311 m²

Mensa und Mehrzwecknutzung. Stb-Konstruktion.

Land: Rheinland-Pfalz
Kreis: Koblenz, Stadt
Standard: Durchschnitt
Bauzeit: 52 Wochen
Kennwerte: bis 1. Ebene DIN 276

**BGF** 2.750 €/m²

**Planung:** Architekten BHP Planungsgesellschaft mbH; Koblenz

veröffentlicht: BKI Objektdaten N9

#### 6500-0018 Restaurant
**BRI** 3.775 m³  **BGF** 1.162 m²  **NUF** 800 m²

Neubau eines Restaurants in bester Aussichtslage. Massivbau.

Land: Baden-Württemberg
Kreis: Reutlingen
Standard: über Durchschnitt
Bauzeit: 143 Wochen*
Kennwerte: bis 2. Ebene DIN 276

**BGF** 2.705 €/m²

**Planung:** Hartmaier + Partner Freie Architekten; Münsingen

veröffentlicht: BKI Objektdaten N6
* Nicht in der Auswertung enthalten

#### 6500-0015 Autobahnraststätte
**BRI** 12.730 m³  **BGF** 3.113 m²  **NUF** 2.080 m²

Rasthaus an einer Autobahn, WC- und Duschanlagen, Lager- und Kühlräume, Büroräume, Technikräume, Laderampe mit überdachtem Autohof, Personalräume im UG, Hauptzugang, Restaurant ca. 250 Plätze, Free-Flow-Zone, Küche mit Bäckerei, Shop, Freisitz, Konferenzraum, Emporenfläche, Haustechnikräume im OG. Mauerwerksbau.

Land: Rheinland-Pfalz
Kreis: Neuwied
Standard: über Durchschnitt
Bauzeit: 78 Wochen
Kennwerte: bis 3. Ebene DIN 276

**BGF** 2.978 €/m²

**Planung:** Arch.-werkstatt Aachen Hestermann-König-Schmidt & Partner; Bad Neuenahr

veröffentlicht: BKI Objektdaten N3

Gewerbe

# Industrielle Produktionsgebäude, Massivbauweise

## Kostenkennwerte für die Kosten des Bauwerks (Kostengruppen 300+400 nach DIN 276)

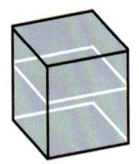

**BRI** 285 €/m³
von 240 €/m³
bis 385 €/m³

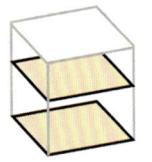

**BGF** 1.665 €/m²
von 1.445 €/m²
bis 1.955 €/m²

**NUF** 2.400 €/m²
von 1.945 €/m²
bis 3.040 €/m²

**NE** 542.280 €/NE
von 154.985 €/NE
bis 1.307.525 €/NE
NE: Arbeitsplätze

Kosten:
Stand 1. Quartal 2022
Bundesdurchschnitt
inkl. 19% MwSt.

### Objektbeispiele

7100-0019

7700-0031

7100-0055

### Kosten der 7 Vergleichsobjekte — Seiten 760 bis 762

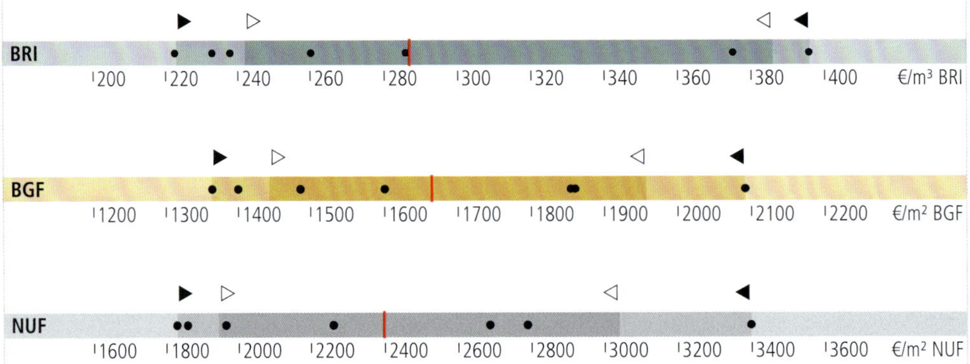

- ● KKW
- ▶ min
- ▷ von
- | Mittelwert
- ◁ bis
- ◀ max

BRI: Bereich ca. 200–400 €/m³ BRI
BGF: Bereich ca. 1200–2200 €/m² BGF
NUF: Bereich ca. 1600–3600 €/m² NUF

© BKI Baukosteninformationszentrum; Erläuterungen zu den Tabellen siehe Seite 46
Kostenstand: 1. Quartal 2022, Bundesdurchschnitt, **inkl. 19% MwSt.**

## Kostenkennwerte für die Kostengruppen der 1. und 2. Ebene DIN 276

| KG | Kostengruppen der 1. Ebene | Einheit | ▷ | €/Einheit | ◁ | ▷ | % an 300+400 | ◁ |
|---|---|---|---|---|---|---|---|---|
| 100 | Grundstück | m²GF | – | – | – | – | – | – |
| 200 | Vorbereitende Maßnahmen | m²GF | 1 | **5** | 13 | 0,3 | **1,2** | 3,1 |
| 300 | Bauwerk – Baukonstruktionen | m²BGF | 932 | **1.130** | 1.268 | 49,0 | **69,3** | 78,1 |
| 400 | Bauwerk – Technische Anlagen | m²BGF | 309 | **535** | 902 | 21,9 | **30,7** | 51,0 |
|  | Bauwerk (300+400) | m²BGF | 1.443 | **1.665** | 1.957 | 100,0 | **100,0** | 100,0 |
| 500 | Außenanlagen und Freiflächen | m²AF | 43 | **81** | 141 | 9,1 | **10,6** | 15,2 |
| 600 | Ausstattung und Kunstwerke | m²BGF | 158 | **158** | 158 | 9,9 | **9,9** | 9,9 |
| 700 | Baunebenkosten* | m²BGF | 312 | **347** | 382 | 19,0 | **21,1** | 23,2 |
| 800 | Finanzierung | m²BGF | – | – | – | – | – | – |

\* Auf Grundlage der HOAI 2021 berechnete Werte nach §§ 35, 52, 56. Weitere Informationen siehe Seite 50

| KG | Kostengruppen der 2. Ebene | Einheit | ▷ | €/Einheit | ◁ | ▷ | % an 1. Ebene | ◁ |
|---|---|---|---|---|---|---|---|---|
| 310 | Baugrube / Erdbau | m³BGI | 21 | **31** | 46 | 1,0 | **2,2** | 3,8 |
| 320 | Gründung, Unterbau | m²GRF | 284 | **324** | 378 | 17,9 | **21,1** | 32,6 |
| 330 | Außenwände / vertikal außen | m²AWF | 385 | **513** | 624 | 23,4 | **30,5** | 34,1 |
| 340 | Innenwände / vertikal innen | m²IWF | 189 | **293** | 358 | 9,2 | **11,6** | 14,6 |
| 350 | Decken / horizontal | m²DEF | 329 | **458** | 558 | 9,7 | **11,2** | 13,1 |
| 360 | Dächer | m²DAF | 198 | **289** | 336 | 18,3 | **19,3** | 20,4 |
| 370 | Infrastrukturanlagen |  | – | – | – | – | – | – |
| 380 | Baukonstruktive Einbauten | m²BGF | 10 | **26** | 42 | 0,0 | **0,9** | 2,6 |
| 390 | Sonst. Maßnahmen für Baukonst. | m²BGF | 26 | **34** | 45 | 2,3 | **3,2** | 3,9 |
| **300** | **Bauwerk – Baukonstruktionen** | m²BGF |  |  |  |  | **100,0** |  |
| 410 | Abwasser-, Wasser-, Gasanlagen | m²BGF | 48 | **62** | 76 | 10,3 | **17,8** | 26,3 |
| 420 | Wärmeversorgungsanlagen | m²BGF | 64 | **76** | 84 | 10,4 | **22,2** | 28,5 |
| 430 | Raumlufttechnische Anlagen | m²BGF | 11 | **25** | 44 | 2,1 | **5,6** | 17,9 |
| 440 | Elektrische Anlagen | m²BGF | 105 | **137** | 183 | 22,8 | **35,2** | 43,7 |
| 450 | Kommunikationstechnische Anlagen | m²BGF | 4 | **11** | 20 | 1,2 | **2,6** | 4,7 |
| 460 | Förderanlagen | m²BGF | 3 | **18** | 33 | < 0,1 | **1,9** | 9,0 |
| 470 | Nutzungsspez. / verfahrenstech. Anl. | m²BGF | 6 | **143** | 690 | 2,0 | **14,9** | 66,5 |
| 480 | Gebäude- und Anlagenautomation | m²BGF | – | – | – | – | – | – |
| 490 | Sonst. Maßnahmen f. techn. Anl. | m²BGF | – | – | – | – | – | – |
| **400** | **Bauwerk – Technische Anlagen** | m²BGF |  |  |  |  | **100,0** |  |

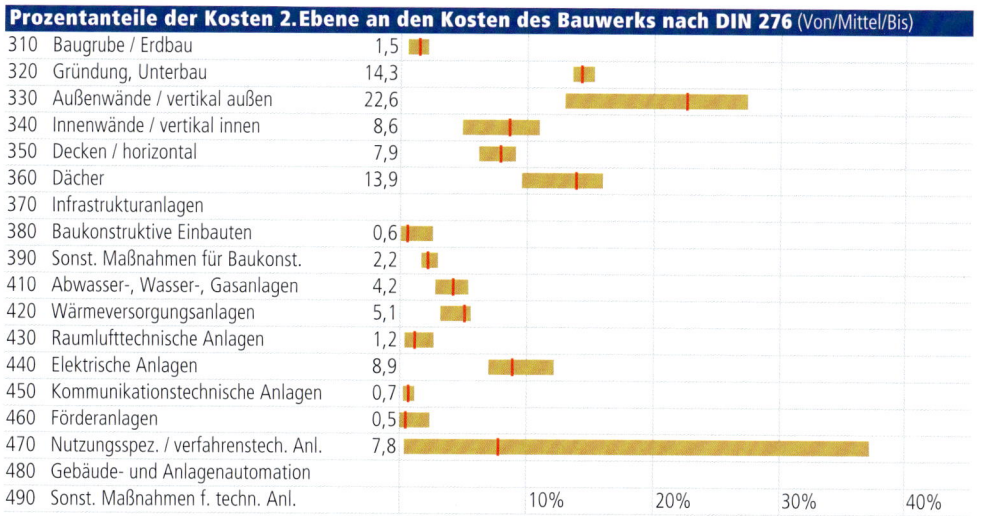

### Prozentanteile der Kosten 2. Ebene an den Kosten des Bauwerks nach DIN 276 (Von/Mittel/Bis)

| KG | Kostengruppe | Mittel |
|---|---|---|
| 310 | Baugrube / Erdbau | 1,5 |
| 320 | Gründung, Unterbau | 14,3 |
| 330 | Außenwände / vertikal außen | 22,6 |
| 340 | Innenwände / vertikal innen | 8,6 |
| 350 | Decken / horizontal | 7,9 |
| 360 | Dächer | 13,9 |
| 370 | Infrastrukturanlagen | – |
| 380 | Baukonstruktive Einbauten | 0,6 |
| 390 | Sonst. Maßnahmen für Baukonst. | 2,2 |
| 410 | Abwasser-, Wasser-, Gasanlagen | 4,2 |
| 420 | Wärmeversorgungsanlagen | 5,1 |
| 430 | Raumlufttechnische Anlagen | 1,2 |
| 440 | Elektrische Anlagen | 8,9 |
| 450 | Kommunikationstechnische Anlagen | 0,7 |
| 460 | Förderanlagen | 0,5 |
| 470 | Nutzungsspez. / verfahrenstech. Anl. | 7,8 |
| 480 | Gebäude- und Anlagenautomation | – |
| 490 | Sonst. Maßnahmen f. techn. Anl. | – |

© BKI Baukosteninformationszentrum; Erläuterungen zu den Tabellen siehe Seite 48 und 50   Kostenstand: 1. Quartal 2022, Bundesdurchschnitt, **inkl. 19% MwSt.**

# Industrielle Produktionsgebäude, Massivbauweise

## Prozentanteile der Kosten für Leistungsbereiche nach STLB (Kosten Bauwerk nach DIN 276)

| LB | Leistungsbereiche | ▷ % an 300+400 ◁ | | |
|---|---|---|---|---|
| 000 | Sicherheits-, Baustelleneinrichtungen inkl. 001 | 1,5 | **2,0** | 2,6 |
| 002 | Erdarbeiten | 1,7 | **1,9** | 2,9 |
| 006 | Spezialtiefbauarbeiten inkl. 005 | – | – | – |
| 009 | Entwässerungskanalarbeiten inkl. 011 | 0,4 | **0,8** | 2,2 |
| 010 | Drän- und Versickerarbeiten | 0,0 | **0,2** | 0,5 |
| 012 | Mauerarbeiten | 3,8 | **5,1** | 7,6 |
| 013 | Betonarbeiten | 14,0 | **19,9** | 24,1 |
| 014 | Natur-, Betonwerksteinarbeiten | – | – | – |
| 016 | Zimmer- und Holzbauarbeiten | < 0,1 | **1,3** | 3,8 |
| 017 | Stahlbauarbeiten | 2,2 | **5,4** | 9,2 |
| 018 | Abdichtungsarbeiten | 0,0 | **0,1** | 0,4 |
| 020 | Dachdeckungsarbeiten | 1,1 | **3,1** | 6,3 |
| 021 | Dachabdichtungsarbeiten | 0,2 | **3,5** | 5,9 |
| 022 | Klempnerarbeiten | 0,2 | **1,2** | 3,2 |
| | **Rohbau** | 37,3 | **44,6** | 49,8 |
| 023 | Putz- und Stuckarbeiten, Wärmedämmsysteme | 1,6 | **3,0** | 5,6 |
| 024 | Fliesen- und Plattenarbeiten | 0,6 | **1,4** | 3,0 |
| 025 | Estricharbeiten | 0,3 | **1,6** | 1,9 |
| 026 | Fenster, Außentüren inkl. 029, 032 | 1,9 | **3,4** | 5,4 |
| 027 | Tischlerarbeiten | 0,7 | **2,1** | 6,7 |
| 028 | Parkettarbeiten, Holzpflasterarbeiten | – | – | – |
| 030 | Rollladenarbeiten | 0,2 | **0,6** | 1,3 |
| 031 | Metallbauarbeiten inkl. 035 | 3,9 | **10,3** | 14,5 |
| 034 | Maler- und Lackiererarbeiten inkl. 037 | 1,2 | **1,5** | 1,9 |
| 036 | Bodenbelagarbeiten | 0,4 | **1,7** | 4,2 |
| 038 | Vorgehängte hinterlüftete Fassaden | 0,0 | **0,1** | 0,7 |
| 039 | Trockenbauarbeiten | 0,8 | **1,4** | 2,2 |
| | **Ausbau** | 14,9 | **27,1** | 33,3 |
| 040 | Wärmeversorgungsanl. - Betriebseinr. inkl. 041 | 3,5 | **4,8** | 5,5 |
| 042 | Gas- und Wasserinstallation, Leitungen inkl. 043 | 1,0 | **1,6** | 2,5 |
| 044 | Abwasseranlagen - Leitungen | 0,4 | **0,9** | 1,5 |
| 045 | GWE-Einrichtungsgegenstände inkl. 046 | 0,8 | **1,1** | 1,5 |
| 047 | Dämmarbeiten an betriebstechnischen Anlagen | 0,1 | **0,4** | 0,8 |
| 049 | Feuerlöschanlagen, Feuerlöschgeräte | < 0,1 | **0,8** | 4,0 |
| 050 | Blitzschutz- und Erdungsanlagen | 0,2 | **0,3** | 0,8 |
| 052 | Mittelspannungsanlagen | 0,0 | **< 0,1** | 0,2 |
| 053 | Niederspannungsanlagen inkl. 054 | 4,1 | **6,4** | 9,8 |
| 055 | Sicherheits- u. Ersatzstromversorgungsanl. | < 0,1 | **0,4** | 1,5 |
| 057 | Gebäudesystemtechnik | – | – | – |
| 058 | Leuchten und Lampen inkl. 059 | 1,2 | **2,2** | 3,1 |
| 060 | Sprechanlagen, elektroakust. Anlagen inkl. 064 | 0,0 | **< 0,1** | < 0,1 |
| 061 | Kommunikationsnetze inkl. 062 | < 0,1 | **< 0,1** | 0,2 |
| 063 | Gefahrenmeldeanlagen | 0,0 | **0,2** | 1,1 |
| 069 | Aufzüge | < 0,1 | **0,5** | 2,3 |
| 070 | Gebäudeautomation | – | – | – |
| 075 | Raumlufttechnische Anlagen inkl. 078 | 0,4 | **1,2** | 2,5 |
| | **Gebäudetechnik** | 18,5 | **20,8** | 24,4 |
| | Sonstige Leistungsbereiche inkl. 008, 033, 051 | 0,9 | **7,5** | 33,5 |

**Kosten:**
Stand 1. Quartal 2022
Bundesdurchschnitt
inkl. 19% MwSt.

- KKW
- ▶ min
- ▷ von
- | Mittelwert
- ◁ bis
- ◀ max

## Planungskennwerte für Flächen und Rauminhalte nach DIN 277

| Grundflächen | | | ▷ Fläche/NUF (%) ◁ | | | ▷ Fläche/BGF (%) ◁ | | |
|---|---|---|---|---|---|---|---|---|
| NUF | Nutzungsfläche | | 100,0 | **100,0** | 100,0 | 67,3 | **70,5** | 72,7 |
| TF | Technikfläche | | 9,2 | **11,4** | 13,9 | 6,0 | **7,7** | 8,4 |
| VF | Verkehrsfläche | | 15,3 | **19,3** | 25,1 | 11,1 | **13,3** | 17,2 |
| NRF | Netto-Raumfläche | | 128,0 | **130,7** | 139,5 | 89,6 | **91,6** | 91,9 |
| KGF | Konstruktions-Grundfläche | | 10,6 | **11,9** | 14,2 | 8,1 | **8,4** | 10,4 |
| BGF | Brutto-Grundfläche | | 138,4 | **142,5** | 150,0 | 100,0 | **100,0** | 100,0 |

| Brutto-Rauminhalte | | | ▷ BRI/NUF (m) ◁ | | | ▷ BRI/BGF (m) ◁ | | |
|---|---|---|---|---|---|---|---|---|
| BRI | Brutto-Rauminhalt | | 7,44 | **8,89** | 11,41 | 5,13 | **6,14** | 7,36 |

| Flächen von Nutzeinheiten | | | ▷ NUF/Einheit (m²) ◁ | | | ▷ BGF/Einheit (m²) ◁ | | |
|---|---|---|---|---|---|---|---|---|
| Nutzeinheit: Arbeitsplätze | | | 196,20 | **201,69** | 201,69 | 277,74 | **293,70** | 293,70 |

| Lufttechnisch behandelte Flächen | | | ▷ Fläche/NUF (%) ◁ | | | ▷ Fläche/BGF (%) ◁ | | |
|---|---|---|---|---|---|---|---|---|
| Entlüftete Fläche | | | 5,2 | **7,3** | 7,3 | 3,8 | **5,4** | 5,4 |
| Be- und entlüftete Fläche | | | 48,1 | **48,1** | 48,1 | 32,0 | **32,0** | 32,0 |
| Teilklimatisierte Fläche | | | – | – | – | – | – | – |
| Klimatisierte Fläche | | | – | – | – | – | – | – |

| KG | Kostengruppen (2. Ebene) | Einheit | ▷ | Menge/NUF | ◁ | ▷ | Menge/BGF | ◁ |
|---|---|---|---|---|---|---|---|---|
| 310 | Baugrube / Erdbau | m³ BGI | 0,82 | **0,94** | 1,07 | 0,59 | **0,68** | 0,80 |
| 320 | Gründung, Unterbau | m² GRF | 0,88 | **0,96** | 1,14 | 0,63 | **0,69** | 0,77 |
| 330 | Außenwände / vertikal außen | m² AWF | 0,88 | **0,92** | 1,02 | 0,61 | **0,67** | 0,72 |
| 340 | Innenwände / vertikal innen | m² IWF | 0,54 | **0,65** | 0,65 | 0,39 | **0,48** | 0,68 |
| 350 | Decken / horizontal | m² DEF | 0,35 | **0,39** | 0,51 | 0,24 | **0,28** | 0,38 |
| 360 | Dächer | m² DAF | 0,95 | **1,04** | 1,15 | 0,69 | **0,75** | 0,77 |
| 370 | Infrastrukturanlagen | | – | – | – | – | – | – |
| 380 | Baukonstruktive Einbauten | m² BGF | 1,38 | **1,43** | 1,50 | 1,00 | **1,00** | 1,00 |
| 390 | Sonst. Maßnahmen für Baukonst. | m² BGF | 1,38 | **1,43** | 1,50 | 1,00 | **1,00** | 1,00 |
| **300** | **Bauwerk – Baukonstruktionen** | **m² BGF** | **1,38** | **1,43** | **1,50** | **1,00** | **1,00** | **1,00** |

## Planungskennwerte für Bauzeiten — 7 Vergleichsobjekte

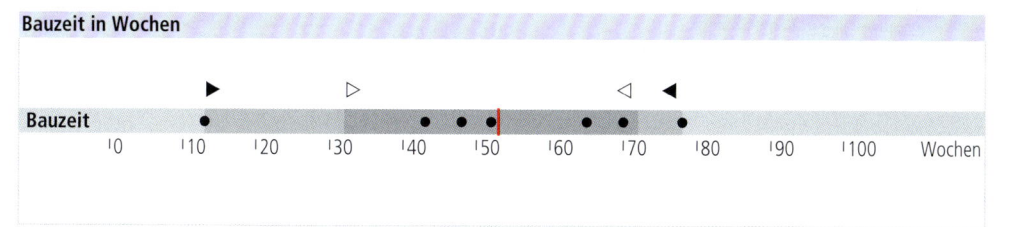

**Bauzeit in Wochen**

Bauzeit: Datenpunkte bei ca. 10, 40, 45, 50, 60, 65, 75 Wochen; ▶ bei ~12, ▷ bei ~30, Median (rot) bei ~52, ◁ bei ~65, ◀ bei ~75.
Skala: 0, 10, 20, 30, 40, 50, 60, 70, 80, 90, 100 Wochen

**Industrielle Produktions-gebäude, Massivbauweise**

€/m² BGF
| | |
|---|---|
| min | 1.365 €/m² |
| von | 1.445 €/m² |
| Mittel | **1.665** €/m² |
| bis | 1.955 €/m² |
| max | 2.090 €/m² |

**Kosten:**
Stand 1. Quartal 2022
Bundesdurchschnitt
inkl. 19% MwSt.

## Objektübersicht zur Gebäudeart

### 7100-0062 Produktionshalle mit Büroflächen (96 AP)*
**BRI** 42.077 m³  **BGF** 5.878 m²  **NUF** 4.465 m²

Produktionshalle mit Bürogebäude, Technologiecenter und Betriebsrestaurant mit 96 Arbeitsplätzen. Stahlbeton.

Land: Hessen
Kreis: Fulda
Standard: Durchschnitt
Bauzeit: 74 Wochen
Kennwerte: bis 1. Ebene DIN 276

**BGF** 3.325 €/m²

vorgesehen: BKI Objektdaten N18
* Nicht in der Auswertung enthalten

**Planung:** Staubach + Partner PartGmbB; Fulda

### 7100-0055 Weinkellerei - Effizienzhaus ~33%
**BRI** 27.438 m³  **BGF** 4.218 m²  **NUF** 2.921 m²

Weinkellerei mit sechs Arbeitsplätzen. Stahlbetonbau.

Land: Rheinland-Pfalz
Kreis: Alzey-Worms
Standard: über Durchschnitt
Bauzeit: 70 Wochen
Kennwerte: bis 1. Ebene DIN 276

**BGF** 1.860 €/m²

veröffentlicht: BKI Objektdaten N17

**Planung:** Architekt BDA Dr.-Ing Sever Severain; Wiesbaden

### 7700-0041 Galvanikbetrieb
**BRI** 1.511 m³  **BGF** 438 m²  **NUF** 322 m²

Galvanikbetrieb (120 m²), Büroräume, Empfang, Lagerräume, Labore. Mauerwerksbau.

Land: Nordrhein-Westfalen
Kreis: Leverkusen, Stadt
Standard: unter Durchschnitt
Bauzeit: 13 Wochen
Kennwerte: bis 4. Ebene DIN 276

**BGF** 1.364 €/m²

veröffentlicht: BKI Objektdaten N5

**Planung:** Planungsgesellschaft für Hochbau mbH Wirtz+Kölsch; Leverkusen

### 7100-0021 Sanitärbetrieb, Büro, Ausstellung
**BRI** 5.253 m³  **BGF** 1.232 m²  **NUF** 871 m²

Büro- und Ausstellungsräume, Produktions- und Lagerhalle. Mauerwerksbau.

Land: Baden-Württemberg
Kreis: Böblingen
Standard: Durchschnitt
Bauzeit: 48 Wochen
Kennwerte: bis 3. Ebene DIN 276

**BGF** 1.600 €/m²

veröffentlicht: BKI Objektdaten N5

**Planung:** Freier Architekt BDA Prof. Clemens Richarz; München

## Objektübersicht zur Gebäudeart

### 7100-0013 Produktionshalle   BRI 19.740 m³   BGF 2.100 m²   NUF 1.293 m²

Produktionshalle für 20 Arbeitsplätze, Verarbeitungsräume, Zuschnitt, Montage, Veredelung, Pressenraum mit Aggregatereihen, Lagerbereich, technische Werkstätten, Werkstattbüro, haustechnische Zentralen. Stahlbetonbau.

Land: Thüringen
Kreis: Weimarer Land
Standard: Durchschnitt
Bauzeit: 43 Wochen
Kennwerte: bis 1. Ebene DIN 276

**BGF  2.092 €/m²**

veröffentlicht: BKI Objektdaten N2

**Planung:** Ibaupro Architekten- und Ingenieurbüro GmbH; Jena

### 7700-0031 Chemie Vertriebszentrale   BRI 176.142 m³   BGF 24.727 m²   NUF 16.438 m²

Produktion, Bürogebäude, Labore, Sozialgebäude. Die mit Tanklastern auf der Straße und Tankwagen auf der Schiene angelieferten Chemikalien werden zwischengelagert, gemischt und in große Behälter abgefüllt und an die Kundschaft mit Tanklastern und LKW ausgeliefert. Bürotrakt: Mauerwerk, Halle: Stb-Skelettkonstruktion.

Land: Nordrhein-Westfalen
Kreis: Duisburg, Stadt
Standard: Durchschnitt
Bauzeit: 52 Wochen
Kennwerte: bis 2. Ebene DIN 276

**BGF  1.854 €/m²**

veröffentlicht: BKI Objektdaten N5

**Planung:** Helmut Mögel Freier Architekt BDA; Stuttgart

### 7100-0020 Brauerei, Büros, Gaststätte*   BRI 13.951 m³   BGF 2.422 m²   NUF 1.945 m²

Brauerei, Getränkegroßhandel, Verwaltung, Gaststätte. Mauerwerksbau.

Land: Sachsen
Kreis: Meißen
Standard: unter Durchschnitt
Bauzeit: 91 Wochen
Kennwerte: bis 2. Ebene DIN 276

**BGF  2.825 €/m²**

veröffentlicht: BKI Objektdaten N3
* Nicht in der Auswertung enthalten

**Planung:** Planungsgruppe 5.4.3 Architekten & Ingenieure GbR; Freilassing

### 7700-0021 Produktions- und Lagerhalle, Büros   BRI 12.810 m³   BGF 2.008 m²   NUF 1.519 m²

Drei Nutzungsbereiche: Produktion und Service, Büro, Ersatzteillager. Im Hochregallager steht das gesamte Angebot der Firma zum Versand bereit und wird teils durch 2 Kundendienstmonteure, teils durch die Post der Kundschaft zur Verfügung gestellt. Stahlbetonbau.

Land: Sachsen-Anhalt
Kreis: Börde
Standard: Durchschnitt
Bauzeit: 65 Wochen
Kennwerte: bis 3. Ebene DIN 276

**BGF  1.486 €/m²**

veröffentlicht: BKI Objektdaten N2

**Planung:** Dieter Hosch Dipl.-Ing. Tecos GmbH; Stuttgart

© BKI Baukosteninformationszentrum; Erläuterungen zu den Tabellen siehe Seite 56    Kostenstand: 1. Quartal 2022, Bundesdurchschnitt, inkl. 19% MwSt.

**Industrielle Produktionsgebäude, Massivbauweise**

€/m² BGF
| | |
|---|---|
| min | 1.365 €/m² |
| von | 1.445 €/m² |
| Mittel | **1.665 €/m²** |
| bis | 1.955 €/m² |
| max | 2.090 €/m² |

**Kosten:**
Stand 1. Quartal 2022
Bundesdurchschnitt
inkl. 19% MwSt.

## Objektübersicht zur Gebäudeart

**7100-0019 Getriebefabrik, Bürotrakt**  |  **BRI** 26.422 m³  |  **BGF** 4.491 m²  |  **NUF** 3.437 m²

Nutzeinheit 1: Produktion und Service; Nutzeinheit 2: Büroanbau mit Cafeteria; Nutzeinheit 3: Lackiererei mit Technikräumen; In der Produktion werden Schneckengetriebe hergestellt, die den verschiedensten Anbietern für große Übersetzungsverhältnisse angeboten werden. Mauerwerksbau.

Land: Sachsen
Kreis: Meißen
Standard: Durchschnitt
Bauzeit: 78 Wochen
Kennwerte: bis 2. Ebene DIN 276

**BGF**  1.400 €/m²

veröffentlicht: BKI Objektdaten N3

**Planung:** Tecos GmbH; Stuttgart

**Gewerbe**

**Industrielle Produktionsgebäude, überwiegend Skelettbauweise**

## Kostenkennwerte für die Kosten des Bauwerks (Kostengruppen 300+400 nach DIN 276)

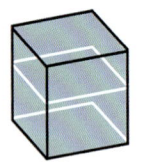

**BRI** 255 €/m³
von 175 €/m³
bis 380 €/m³

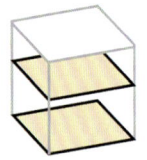

**BGF** 1.650 €/m²
von 1.265 €/m²
bis 2.485 €/m²

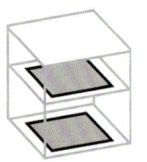

**NUF** 2.235 €/m²
von 1.600 €/m²
bis 4.200 €/m²

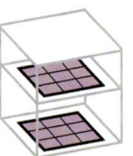

**NE** 142.355 €/NE
von 83.965 €/NE
bis 218.885 €/NE
NE: Arbeitsplätze

**Kosten:**
Stand 1. Quartal 2022
Bundesdurchschnitt
inkl. 19% MwSt.

### Objektbeispiele

7100-0064

7700-0084

7100-0050

### Kosten der 15 Vergleichsobjekte — Seiten 768 bis 771

- ● KKW
- ▶ min
- ▷ von
- | Mittelwert
- ◁ bis
- ◀ max

BRI: €/m³ BRI (Skala 50–550)
BGF: €/m² BGF (Skala 0–4500)
NUF: €/m² NUF (Skala 0–6000)

© BKI Baukosteninformationszentrum; Erläuterungen zu den Tabellen siehe Seite 46
Kostenstand: 1. Quartal 2022, Bundesdurchschnitt, **inkl. 19% MwSt.**

## Kostenkennwerte für die Kostengruppen der 1. und 2. Ebene DIN 276

| KG | Kostengruppen der 1. Ebene | Einheit | ▷ | €/Einheit | ◁ | ▷ | % an 300+400 | ◁ |
|---|---|---|---|---|---|---|---|---|
| 100 | Grundstück | m²GF | – | – | – | – | – | – |
| 200 | Vorbereitende Maßnahmen | m²GF | 4 | **11** | 23 | 0,4 | **1,4** | 3,7 |
| 300 | Bauwerk – Baukonstruktionen | m²BGF | 868 | **1.154** | 1.461 | 63,0 | **71,5** | 76,6 |
| 400 | Bauwerk – Technische Anlagen | m²BGF | 325 | **499** | 977 | 23,4 | **28,5** | 37,0 |
| | Bauwerk (300+400) | m²BGF | 1.264 | **1.652** | 2.486 | 100,0 | **100,0** | 100,0 |
| 500 | Außenanlagen und Freiflächen | m²AF | 91 | **254** | 1.466 | 3,5 | **6,7** | 11,6 |
| 600 | Ausstattung und Kunstwerke | m²BGF | 1 | **2** | 5 | < 0,1 | **0,1** | 0,2 |
| 700 | Baunebenkosten* | m²BGF | 292 | **325** | 358 | 18,0 | **20,0** | 22,0 |
| 800 | Finanzierung | m²BGF | – | – | – | – | – | – |

\* Auf Grundlage der HOAI 2021 berechnete Werte nach §§ 35, 52, 56. Weitere Informationen siehe Seite 50

| KG | Kostengruppen der 2. Ebene | Einheit | ▷ | €/Einheit | ◁ | ▷ | % an 1. Ebene | ◁ |
|---|---|---|---|---|---|---|---|---|
| 310 | Baugrube / Erdbau | m³BGI | 14 | **53** | 89 | 0,5 | **2,1** | 3,4 |
| 320 | Gründung, Unterbau | m²GRF | 277 | **425** | 848 | 18,3 | **25,9** | 40,3 |
| 330 | Außenwände / vertikal außen | m²AWF | 272 | **361** | 508 | 19,1 | **27,7** | 35,6 |
| 340 | Innenwände / vertikal innen | m²IWF | 263 | **325** | 401 | 2,3 | **10,1** | 16,1 |
| 350 | Decken / horizontal | m²DEF | 225 | **355** | 491 | 0,9 | **6,2** | 10,4 |
| 360 | Dächer | m²DAF | 248 | **331** | 390 | 17,5 | **23,4** | 32,3 |
| 370 | Infrastrukturanlagen | | – | – | – | – | – | – |
| 380 | Baukonstruktive Einbauten | | – | – | – | – | – | – |
| 390 | Sonst. Maßnahmen für Baukonst. | m²BGF | 34 | **58** | 91 | 3,7 | **4,6** | 7,5 |
| **300** | **Bauwerk – Baukonstruktionen** | m²BGF | | | | | **100,0** | |
| 410 | Abwasser-, Wasser-, Gasanlagen | m²BGF | 19 | **34** | 48 | 3,6 | **7,4** | 10,8 |
| 420 | Wärmeversorgungsanlagen | m²BGF | 38 | **52** | 90 | 3,9 | **9,4** | 26,5 |
| 430 | Raumlufttechnische Anlagen | m²BGF | 55 | **154** | 414 | 4,9 | **16,6** | 34,4 |
| 440 | Elektrische Anlagen | m²BGF | 80 | **154** | 213 | 26,3 | **31,9** | 52,1 |
| 450 | Kommunikationstechnische Anlagen | m²BGF | 10 | **18** | 47 | 2,1 | **3,7** | 6,2 |
| 460 | Förderanlagen | m²BGF | 50 | **84** | 142 | 0,0 | **7,3** | 12,3 |
| 470 | Nutzungsspez. / verfahrenstech. Anl. | m²BGF | 16 | **64** | 139 | 5,6 | **19,8** | 68,8 |
| 480 | Gebäude- und Anlagenautomation | m²BGF | 11 | **44** | 66 | 0,6 | **3,5** | 7,2 |
| 490 | Sonst. Maßnahmen f. techn. Anl. | m²BGF | 8 | **11** | 13 | 0,0 | **0,5** | 1,3 |
| **400** | **Bauwerk – Technische Anlagen** | m²BGF | | | | | **100,0** | |

### Prozentanteile der Kosten 2. Ebene an den Kosten des Bauwerks nach DIN 276 (Von/Mittel/Bis)

| KG | Kostengruppe | Mittel |
|---|---|---|
| 310 | Baugrube / Erdbau | 1,5 |
| 320 | Gründung, Unterbau | 18,2 |
| 330 | Außenwände / vertikal außen | 19,9 |
| 340 | Innenwände / vertikal innen | 7,3 |
| 350 | Decken / horizontal | 4,4 |
| 360 | Dächer | 16,9 |
| 370 | Infrastrukturanlagen | |
| 380 | Baukonstruktive Einbauten | |
| 390 | Sonst. Maßnahmen für Baukonst. | 3,3 |
| 410 | Abwasser-, Wasser-, Gasanlagen | 2,0 |
| 420 | Wärmeversorgungsanlagen | 2,6 |
| 430 | Raumlufttechnische Anlagen | 5,4 |
| 440 | Elektrische Anlagen | 8,9 |
| 450 | Kommunikationstechnische Anlagen | 1,0 |
| 460 | Förderanlagen | 2,3 |
| 470 | Nutzungsspez. / verfahrenstech. Anl. | 5,1 |
| 480 | Gebäude- und Anlagenautomation | 1,1 |
| 490 | Sonst. Maßnahmen f. techn. Anl. | 0,2 |

© BKI Baukosteninformationszentrum; Erläuterungen zu den Tabellen siehe Seite 48 und 50   Kostenstand: 1. Quartal 2022, Bundesdurchschnitt, inkl. 19% MwSt.

**Industrielle Produktionsgebäude, überwiegend Skelettbauweise**

Kosten:
Stand 1. Quartal 2022
Bundesdurchschnitt
inkl. 19% MwSt.

- ● KKW
- ▶ min
- ▷ von
- | Mittelwert
- ◁ bis
- ◀ max

**Prozentanteile der Kosten für Leistungsbereiche nach STLB (Kosten Bauwerk nach DIN 276)**

| LB | Leistungsbereiche | ▷ | % an 300+400 | ◁ |
|---|---|---|---|---|
| 000 | Sicherheits-, Baustelleneinrichtungen inkl. 001 | 1,8 | **2,7** | 4,1 |
| 002 | Erdarbeiten | 1,0 | **2,4** | 3,4 |
| 006 | Spezialtiefbauarbeiten inkl. 005 | 0,2 | **2,1** | 9,3 |
| 009 | Entwässerungskanalarbeiten inkl. 011 | 0,2 | **0,7** | 1,0 |
| 010 | Drän- und Versickerarbeiten | 0,0 | **0,1** | 0,4 |
| 012 | Mauerarbeiten | 1,0 | **1,9** | 3,0 |
| 013 | Betonarbeiten | 15,2 | **26,8** | 34,5 |
| 014 | Natur-, Betonwerksteinarbeiten | – | **–** | – |
| 016 | Zimmer- und Holzbauarbeiten | – | **–** | – |
| 017 | Stahlbauarbeiten | 3,3 | **12,1** | 27,0 |
| 018 | Abdichtungsarbeiten | < 0,1 | **0,3** | 0,8 |
| 020 | Dachdeckungsarbeiten | 0,0 | **0,2** | 1,0 |
| 021 | Dachabdichtungsarbeiten | 1,9 | **3,4** | 4,4 |
| 022 | Klempnerarbeiten | 1,9 | **7,3** | 15,1 |
| | **Rohbau** | 47,6 | **60,0** | 70,0 |
| 023 | Putz- und Stuckarbeiten, Wärmedämmsysteme | 0,2 | **0,6** | 0,9 |
| 024 | Fliesen- und Plattenarbeiten | 0,2 | **0,5** | 1,1 |
| 025 | Estricharbeiten | 0,1 | **0,9** | 2,1 |
| 026 | Fenster, Außentüren inkl. 029, 032 | 0,6 | **3,3** | 9,0 |
| 027 | Tischlerarbeiten | 0,0 | **< 0,1** | 0,3 |
| 028 | Parkettarbeiten, Holzpflasterarbeiten | – | **–** | – |
| 030 | Rollladenarbeiten | < 0,1 | **0,2** | 0,6 |
| 031 | Metallbauarbeiten inkl. 035 | 0,6 | **4,0** | 9,1 |
| 034 | Maler- und Lackiererarbeiten inkl. 037 | 0,4 | **1,3** | 2,5 |
| 036 | Bodenbelagarbeiten | 0,1 | **0,7** | 1,1 |
| 038 | Vorgehängte hinterlüftete Fassaden | 0,0 | **< 0,1** | 0,5 |
| 039 | Trockenbauarbeiten | 0,3 | **1,4** | 3,4 |
| | **Ausbau** | 5,2 | **13,0** | 24,8 |
| 040 | Wärmeversorgungsanl. - Betriebseinr. inkl. 041 | 1,0 | **2,3** | 6,5 |
| 042 | Gas- und Wasserinstallation, Leitungen inkl. 043 | 0,2 | **0,6** | 1,4 |
| 044 | Abwasseranlagen - Leitungen | 0,1 | **0,3** | 0,8 |
| 045 | GWE-Einrichtungsgegenstände inkl. 046 | 0,3 | **0,8** | 2,7 |
| 047 | Dämmarbeiten an betriebstechnischen Anlagen | 0,4 | **1,0** | 1,9 |
| 049 | Feuerlöschanlagen, Feuerlöschgeräte | < 0,1 | **< 0,1** | < 0,1 |
| 050 | Blitzschutz- und Erdungsanlagen | 0,2 | **0,5** | 0,9 |
| 052 | Mittelspannungsanlagen | 0,0 | **0,2** | 1,0 |
| 053 | Niederspannungsanlagen inkl. 054 | 4,7 | **6,7** | 9,9 |
| 055 | Sicherheits- u. Ersatzstromversorgungsanl. | 0,0 | **< 0,1** | 0,2 |
| 057 | Gebäudesystemtechnik | – | **–** | – |
| 058 | Leuchten und Lampen inkl. 059 | 1,1 | **1,4** | 1,6 |
| 060 | Sprechanlagen, elektroakust. Anlagen inkl. 064 | 0,0 | **< 0,1** | < 0,1 |
| 061 | Kommunikationsnetze inkl. 062 | 0,4 | **0,7** | 1,0 |
| 063 | Gefahrenmeldeanlagen | < 0,1 | **0,3** | 0,9 |
| 069 | Aufzüge | 0,0 | **0,7** | 2,0 |
| 070 | Gebäudeautomation | < 0,1 | **0,7** | 2,2 |
| 075 | Raumlufttechnische Anlagen inkl. 078 | 1,2 | **4,9** | 11,0 |
| | **Gebäudetechnik** | 10,7 | **21,2** | 27,8 |
| | Sonstige Leistungsbereiche inkl. 008, 033, 051 | 2,3 | **5,8** | 18,1 |

© BKI Baukosteninformationszentrum; Erläuterungen zu den Tabellen siehe Seite 52    Kostenstand: 1. Quartal 2022, Bundesdurchschnitt, **inkl. 19% MwSt.**

## Planungskennwerte für Flächen und Rauminhalte nach DIN 277

| Grundflächen | | ▷ | Fläche/NUF (%) | ◁ | ▷ | Fläche/BGF (%) | ◁ |
|---|---|---|---|---|---|---|---|
| NUF | Nutzungsfläche | 100,0 | **100,0** | 100,0 | 69,3 | **78,2** | 83,5 |
| TF | Technikfläche | 6,6 | **8,7** | 23,2 | 4,1 | **5,7** | 12,2 |
| VF | Verkehrsfläche | 10,5 | **13,1** | 17,7 | 7,3 | **9,5** | 12,7 |
| NRF | Netto-Raumfläche | 114,5 | **119,8** | 136,9 | 88,2 | **92,0** | 93,5 |
| KGF | Konstruktions-Grundfläche | 8,8 | **11,0** | 18,3 | 6,5 | **8,0** | 11,8 |
| BGF | Brutto-Grundfläche | 123,5 | **130,8** | 151,9 | 100,0 | **100,0** | 100,0 |

| Brutto-Rauminhalte | | ▷ | BRI/NUF (m) | ◁ | ▷ | BRI/BGF (m) | ◁ |
|---|---|---|---|---|---|---|---|
| BRI | Brutto-Rauminhalt | 7,75 | **8,99** | 10,57 | 5,98 | **6,97** | 8,38 |

| Flächen von Nutzeinheiten | | ▷ | NUF/Einheit (m²) | ◁ | ▷ | BGF/Einheit (m²) | ◁ |
|---|---|---|---|---|---|---|---|
| Nutzeinheit: Arbeitsplätze | | 58,93 | **68,55** | 98,69 | 77,09 | **87,10** | 122,71 |

| Lufttechnisch behandelte Flächen | | ▷ | Fläche/NUF (%) | ◁ | ▷ | Fläche/BGF (%) | ◁ |
|---|---|---|---|---|---|---|---|
| Entlüftete Fläche | | – | – | – | – | – | – |
| Be- und entlüftete Fläche | | – | – | – | – | – | – |
| Teilklimatisierte Fläche | | – | – | – | – | – | – |
| Klimatisierte Fläche | | 14,1 | **14,1** | 14,1 | 12,3 | **12,3** | 12,3 |

| KG | Kostengruppen (2. Ebene) | Einheit | ▷ | Menge/NUF | ◁ | ▷ | Menge/BGF | ◁ |
|---|---|---|---|---|---|---|---|---|
| 310 | Baugrube / Erdbau | m³ BGI | 0,79 | **1,01** | 1,01 | 0,61 | **0,82** | 0,82 |
| 320 | Gründung, Unterbau | m² GRF | 0,94 | **0,94** | 0,99 | 0,76 | **0,77** | 0,84 |
| 330 | Außenwände / vertikal außen | m² AWF | 0,97 | **1,12** | 1,35 | 0,90 | **0,92** | 1,08 |
| 340 | Innenwände / vertikal innen | m² IWF | 0,58 | **0,68** | 0,68 | 0,41 | **0,49** | 0,49 |
| 350 | Decken / horizontal | m² DEF | 0,38 | **0,38** | 0,40 | 0,28 | **0,28** | 0,35 |
| 360 | Dächer | m² DAF | 0,86 | **0,98** | 0,99 | 0,78 | **0,80** | 0,89 |
| 370 | Infrastrukturanlagen | | – | – | – | – | – | – |
| 380 | Baukonstruktive Einbauten | m² BGF | 1,24 | **1,31** | 1,52 | 1,00 | **1,00** | 1,00 |
| 390 | Sonst. Maßnahmen für Baukonst. | m² BGF | 1,24 | **1,31** | 1,52 | 1,00 | **1,00** | 1,00 |
| 300 | **Bauwerk – Baukonstruktionen** | m² BGF | 1,24 | **1,31** | 1,52 | 1,00 | **1,00** | 1,00 |

## Planungskennwerte für Bauzeiten — 15 Vergleichsobjekte

**Bauzeit in Wochen**

Bauzeit: Werte auf Skala 0 bis 100 Wochen verteilt; Markierungen bei ca. 25, 35, 40, 55, 58, 62, 78 Wochen; Bereich ▷ bei ca. 28, ▷ bei ca. 35, ◁ bei ca. 62, ◁ bei ca. 72.

© **BKI** Baukosteninformationszentrum; Erläuterungen zu den Tabellen siehe Seite 54    Kostenstand: 1. Quartal 2022, Bundesdurchschnitt, inkl. **19% MwSt.**

## Industrielle Produktions-gebäude, überwiegend Skelettbauweise

**€/m² BGF**

| | |
|---|---|
| min | 970 €/m² |
| von | 1.265 €/m² |
| Mittel | **1.650 €/m²** |
| bis | 2.485 €/m² |
| max | 3.110 €/m² |

**Kosten:**
Stand 1. Quartal 2022
Bundesdurchschnitt
inkl. 19% MwSt.

## Objektübersicht zur Gebäudeart

### 7100-0064 Produktionshalle (48 AP)
**BRI** 31.792 m³   **BGF** 4.405 m²   **NUF** 2.345 m²

Integrationshalle zur Herstellung von Satelliten mit 48 Arbeitsplätzen. Stb-Skelettbau.

Land: Bremen
Kreis: Bremen, Stadt
Standard: über Durchschnitt
Bauzeit: 65 Wochen
Kennwerte: bis 1. Ebene DIN 276

**BGF**   3.111 €/m²

Planung: KAARS I SCHLICHTMANN Planungsgesellschaft mbH; Bremen

vorgesehen: BKI Objektdaten N18

### 7100-0057 Montagehalle mit Büronutzung (220 AP)
**BRI** 135.634 m³   **BGF** 14.647 m²   **NUF** 12.037 m²

Montagehalle mit Büronutzung (220 AP). Betonfertigteilbau.

Land: Hessen
Kreis: Offenbach
Standard: Durchschnitt
Bauzeit: 57 Wochen
Kennwerte: bis 1. Ebene DIN 276

**BGF**   1.468 €/m²

Planung: MOW Architekten GmbH; Frankfurt

veröffentlicht: BKI Objektdaten N17

### 7700-0084 Logistikhalle (60 AP)
**BRI** 23.357 m³   **BGF** 3.050 m²   **NUF** 2.677 m²

Logistikhalle (25 AP) mit Büros (35 AP). Holzkonstruktion.

Land: Baden-Württemberg
Kreis: Ravensburg
Standard: Durchschnitt
Bauzeit: 35 Wochen
Kennwerte: bis 1. Ebene DIN 276

**BGF**   1.845 €/m²

Planung: F64 Architekten, Architekten und Stadtplaner PartGmbB; Kempten/Allgäu

veröffentlicht: BKI Objektdaten N17

### 7700-0074 Werkhalle für Werkzeugbau (25 AP)
**BRI** 18.013 m³   **BGF** 1.545 m²   **NUF** 1.328 m²

Werkhalle für Werkzeugbau (25 AP). Stb-Skelettbau, Mauerwerk.

Land: Baden-Württemberg
Kreis: Heilbronn, Stadt
Standard: über Durchschnitt
Bauzeit: 35 Wochen
Kennwerte: bis 3. Ebene DIN 276

**BGF**   2.713 €/m²

Planung: Architektur Udo Richter Dipl.-Ing. Freier Architekt; Heilbronn

veröffentlicht: BKI Objektdaten N15

## Objektübersicht zur Gebäudeart

### 7100-0051 Produktionshalle, Büro - Passivhaus    **BRI** 56.000 m³   **BGF** 6.882 m²   **NUF** 5.701 m²

Produktionshalle mit Bürotrakt (Passivhaus) für 35 Mitarbeiter. Stahlbetonbau (Halle), Holzrahmenbau (Bürotrakt).

Land: Schleswig-Holstein
Kreis: Segeberg
Standard: Durchschnitt
Bauzeit: 26 Wochen
Kennwerte: bis 1. Ebene DIN 276

**BGF   1.025 €/m²**

**Planung:** Architekturbüro Thyroff-Krause; Kaltenkirchen

veröffentlicht: BKI Objektdaten E7

### 7100-0052 Technologietransferzentrum    **BRI** 32.224 m³   **BGF** 4.969 m²   **NUF** 2.937 m²

Neubau eines Laserzentrums mit 2 Industriehallen, technischem Labor und Bürotrakt. Mischbauweise.

Land: Hamburg
Kreis: Hamburg, Freie und Hansestadt
Standard: über Durchschnitt
Bauzeit: 79 Wochen
Kennwerte: bis 3. Ebene DIN 276

**BGF   2.010 €/m²**

**Planung:** Planungsgemeinschaft blauraum Architekten ASSMANN GmbH; Hamburg

veröffentlicht: BKI Objektdaten N16

### 7100-0046 Betriebsgebäude - Niedrigenergie    **BRI** 10.170 m³   **BGF** 1.978 m²   **NUF** 1.565 m²

Betriebsgebäude mit Produktion (20 Arbeitsplätze) und Verwaltung (20 Arbeitsplätze) in Niedrigenergiebauweise. Holztafelbau.

Land: Berlin
Kreis: Berlin
Standard: Durchschnitt
Bauzeit: 26 Wochen
Kennwerte: bis 1. Ebene DIN 276

**BGF   1.544 €/m²**

**Planung:** Roswag Architekten GvAmbH; Berlin

veröffentlicht: BKI Objektdaten E5

### 7300-0078 Betriebs- und Produktionsgebäude    **BRI** 2.529 m³   **BGF** 639 m²   **NUF** 448 m²

Betriebs- und Produktionsgebäude für Messgeräte mit Werkstatt, Fertigung, und Verwaltung. Stahlbeton-Skelett und Holzrahmenbau, Holzdachkonstruktion.

Land: Niedersachsen
Kreis: Hameln-Pyrmont
Standard: über Durchschnitt
Bauzeit: 35 Wochen
Kennwerte: bis 1. Ebene DIN 276

**BGF   1.887 €/m²**

**Planung:** kosel-architektur; Hameln

veröffentlicht: BKI Objektdaten N12

**Industrielle Produktionsgebäude, überwiegend Skelettbauweise**

**€/m² BGF**
| | | |
|---|---:|---|
| min | 970 | €/m² |
| von | 1.265 | €/m² |
| Mittel | **1.650** | **€/m²** |
| bis | 2.485 | €/m² |
| max | 3.110 | €/m² |

**Kosten:**
Stand 1. Quartal 2022
Bundesdurchschnitt
inkl. 19% MwSt.

## Objektübersicht zur Gebäudeart

### 7100-0045 Produktionsgebäude, Verwaltung
**BRI** 35.040 m³ **BGF** 6.017 m² **NUF** 4.672 m²

Produktionsgebäude (60 Arbeitsplätze) und Verwaltung (64 Mitarbeiter). Stb-Skelettbauweise.

Land: Bayern
Kreis: Bamberg
Standard: Durchschnitt
Bauzeit: 61 Wochen
Kennwerte: bis 1. Ebene DIN 276

**BGF 1.336 €/m²**

**Planung:** Glöckner³ Architekten GmbH; Nürnberg

veröffentlicht: BKI Objektdaten N12

### 7100-0050 Produktions- und Bürogebäude (20 AP)
**BRI** 14.963 m³ **BGF** 2.299 m² **NUF** 1.648 m²

Produktionshalle (12 Arbeitsplätze) und Verwaltungsbau mit Büroräumen (8 Arbeitsplätze), Ausstellungsfläche und Lager. Stahlskelettkonstruktion (Halle), Massivbauweise (Verwaltung).

Land: Nordrhein-Westfalen
Kreis: Köln
Standard: Durchschnitt
Bauzeit: 43 Wochen
Kennwerte: bis 1. Ebene DIN 276

**BGF 1.175 €/m²**

**Planung:** KF Architekten; Köln

veröffentlicht: BKI Objektdaten N13

### 7100-0040 Produktionshalle, Verwaltungsbau
**BRI** 28.946 m³ **BGF** 4.806 m² **NUF** 3.973 m²

Produktionshalle mit Verwaltungsbau. Ausstellung mit Cafeteria, Büros (20 Büroarbeitsplätze) und Produktion, Lager, Versand (18 Arbeitsplätze). Holzrahmenbau.

Land: Bayern
Kreis: Amberg, Stadt
Standard: Durchschnitt
Bauzeit: 65 Wochen
Kennwerte: bis 1. Ebene DIN 276

**BGF 1.605 €/m²**

**Planung:** H+F Architekten GmbH; Amberg

veröffentlicht: BKI Objektdaten N11

### 7100-0026 Produktions- und Montagehalle
**BRI** 62.445 m³ **BGF** 6.473 m² **NUF** 5.672 m²

Produktions- und Montagehalle mit Büro- und Sozialtrakt, Messraum. Pressenschiff mit vier Hydraulikpressen, zwei Kranbahnen. Stahlskelettkonstruktion.

Land: Sachsen
Kreis: Zwickau
Standard: Durchschnitt
Bauzeit: 43 Wochen
Kennwerte: bis 4. Ebene DIN 276

**BGF 1.500 €/m²**

**Planung:** heine I reichold architekten Partnerschaftsgesellschaft mbB; Lichtenstein

veröffentlicht: BKI Objektdaten N10

## Objektübersicht zur Gebäudeart

### 7100-0043 Produktions- und Verwaltungsgebäude
**BRI** 9.028 m³  **BGF** 2.395 m²  **NUF** 1.902 m²

Produktions- und Verwaltungsgebäude mit Schulungsräumen. Stb-Skelettbau.

Land: Bayern
Kreis: Oberallgäu
Standard: Durchschnitt
Bauzeit: 43 Wochen
Kennwerte: bis 4. Ebene DIN 276

**BGF**  1.316 €/m²

veröffentlicht: BKI Objektdaten N12

**Planung:** Becker Architekten; Kempten / Allgäu

---

### 7100-0044 Produktionshalle
**BRI** 8.353 m³  **BGF** 1.031 m²  **NUF** 1.004 m²

Produktionshalle für Laseranwendungstechnik. Stahlskelettkonstruktion.

Land: Thüringen
Kreis: Nordhausen
Standard: unter Durchschnitt
Bauzeit: 35 Wochen
Kennwerte: bis 3. Ebene DIN 276

**BGF**  970 €/m²

veröffentlicht: BKI Objektdaten N12

**Planung:** Dipl.-Ing. Architekt Tobias Winkler; Nordhausen

---

### 7100-0027 Produktionsgebäude*
**BRI** 125.568 m³  **BGF** 20.161 m²  **NUF** m²

Produktionsgebäude (2-geschossig) mit angebautem Büro- und Laborgebäude (4-geschossig). Stahlbeton-Skelettbau.

Land: Schweiz
Kreis: Kanton St. Gallen
Standard: Durchschnitt
Bauzeit: 57 Wochen
Kennwerte: bis 1. Ebene DIN 276

**BGF**  2.175 €/m²

veröffentlicht: BKI Objektdaten N10
* Nicht in der Auswertung enthalten

**Planung:** Andreas STIHL AG & Co.KG; Waiblingen

---

### 7100-0022 Produktions-, Bürogebäude
**BRI** 7.587 m³  **BGF** 1.467 m²  **NUF** 1.115 m²

Produktions- und Bürogebäude, Foyer, Sozialräume, Versandhalle, Meisterbüro, Lagerräume, Büroräume für die Verwaltung, Produktionsräume. Holzkonstruktion.

Land: Baden-Württemberg
Kreis: Ludwigsburg
Standard: Durchschnitt
Bauzeit: 26 Wochen
Kennwerte: bis 1. Ebene DIN 276

**BGF**  1.279 €/m²

veröffentlicht: BKI Objektdaten N5

**Planung:** Heiner P. Klöckner Architektur Freier Architekt; Stuttgart

---

© BKI Baukosteninformationszentrum; Erläuterungen zu den Tabellen siehe Seite 56   Kostenstand: 1. Quartal 2022, Bundesdurchschnitt, **inkl. 19% MwSt.**

## Betriebs- und Werkstätten, eingeschossig

### Kostenkennwerte für die Kosten des Bauwerks (Kostengruppen 300+400 nach DIN 276)

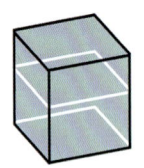

**BRI** 330 €/m³
von 205 €/m³
bis 500 €/m³

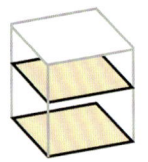

**BGF** 1.675 €/m²
von 945 €/m²
bis 2.225 €/m²

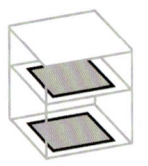

**NUF** 2.190 €/m²
von 1.215 €/m²
bis 3.220 €/m²

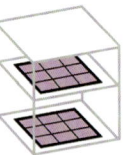

**NE** 115.340 €/NE
von 58.125 €/NE
bis 289.695 €/NE
NE: Arbeitsplätze

**Kosten:**
Stand 1. Quartal 2022
Bundesdurchschnitt
inkl. 19% MwSt.

### Objektbeispiele

7300-0021
7300-0030 
7300-0043 
7300-0099 
7300-0035 
7300-0042 

### Kosten der 10 Vergleichsobjekte — Seiten 776 bis 778

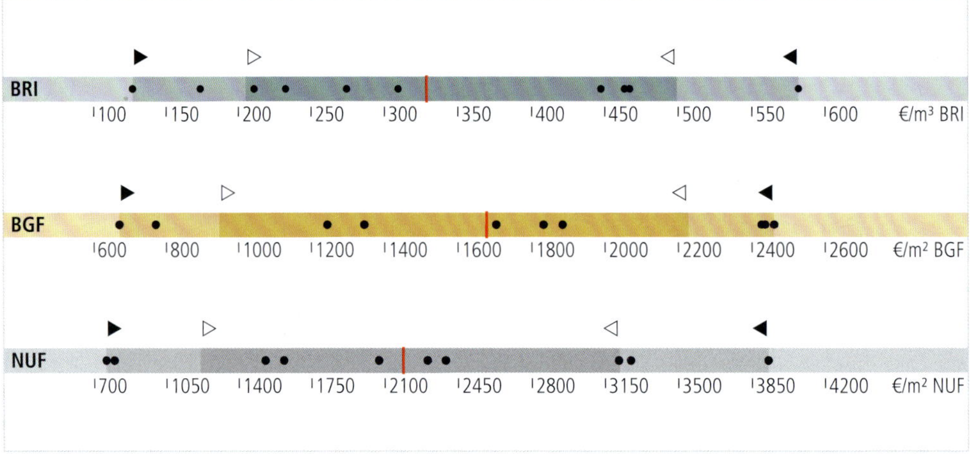

- ● KKW
- ▶ min
- ▷ von
- | Mittelwert
- ◁ bis
- ◀ max

BRI: 100 – 600 €/m³ BRI
BGF: 600 – 2600 €/m² BGF
NUF: 700 – 4200 €/m² NUF

© BKI Baukosteninformationszentrum; Erläuterungen zu den Tabellen siehe Seite 46 — Kostenstand: 1. Quartal 2022, Bundesdurchschnitt, **inkl. 19% MwSt.**

## Kostenkennwerte für die Kostengruppen der 1. und 2. Ebene DIN 276

| KG | Kostengruppen der 1. Ebene | Einheit | ▷ | €/Einheit | ◁ | ▷ | % an 300+400 | ◁ |
|---|---|---|---|---|---|---|---|---|
| 100 | Grundstück | m²GF | – | – | – | – | – | – |
| 200 | Vorbereitende Maßnahmen | m²GF | 9 | **23** | 58 | 2,0 | **7,5** | 23,8 |
| 300 | Bauwerk – Baukonstruktionen | m²BGF | 885 | **1.272** | 1.795 | 67,4 | **77,9** | 85,9 |
| 400 | Bauwerk – Technische Anlagen | m²BGF | 141 | **405** | 623 | 14,1 | **22,1** | 32,6 |
|  | Bauwerk (300+400) | m²BGF | 947 | **1.677** | 2.227 | 100,0 | **100,0** | 100,0 |
| 500 | Außenanlagen und Freiflächen | m²AF | 44 | **79** | 116 | 8,3 | **15,0** | 42,5 |
| 600 | Ausstattung und Kunstwerke | m²BGF | 14 | **43** | 79 | 0,8 | **3,2** | 6,1 |
| 700 | Baunebenkosten* | m²BGF | 323 | **360** | 397 | 19,9 | **22,2** | 24,5 |
| 800 | Finanzierung | m²BGF | – | – | – | – | – | – |

◁ * Auf Grundlage der HOAI 2021 berechnete Werte nach §§ 35, 52, 56. Weitere Informationen siehe Seite 50

| KG | Kostengruppen der 2. Ebene | Einheit | ▷ | €/Einheit | ◁ | ▷ | % an 1. Ebene | ◁ |
|---|---|---|---|---|---|---|---|---|
| 310 | Baugrube / Erdbau | m³BGI | 19 | **31** | 68 | 1,6 | **5,1** | 15,1 |
| 320 | Gründung, Unterbau | m²GRF | 242 | **270** | 300 | 15,5 | **23,1** | 30,9 |
| 330 | Außenwände / vertikal außen | m²AWF | 395 | **465** | 632 | 20,1 | **23,7** | 27,3 |
| 340 | Innenwände / vertikal innen | m²IWF | 183 | **256** | 284 | 5,1 | **11,0** | 16,2 |
| 350 | Decken / horizontal | m²DEF | 226 | **282** | 339 | 0,3 | **3,0** | 11,0 |
| 360 | Dächer | m²DAF | 277 | **385** | 502 | 26,2 | **30,5** | 34,8 |
| 370 | Infrastrukturanlagen |  | – | – | – | – | – | – |
| 380 | Baukonstruktive Einbauten | m²BGF | 16 | **25** | 33 | 0,0 | **1,0** | 2,4 |
| 390 | Sonst. Maßnahmen für Baukonst. | m²BGF | 14 | **33** | 74 | 0,8 | **2,8** | 5,4 |
| **300** | **Bauwerk – Baukonstruktionen** | **m²BGF** |  |  |  |  | **100,0** |  |
| 410 | Abwasser-, Wasser-, Gasanlagen | m²BGF | 7 | **72** | 105 | 12,9 | **16,8** | 26,0 |
| 420 | Wärmeversorgungsanlagen | m²BGF | 87 | **94** | 105 | 5,8 | **14,7** | 35,6 |
| 430 | Raumlufttechnische Anlagen | m²BGF | 5 | **163** | 247 | 4,0 | **18,2** | 31,7 |
| 440 | Elektrische Anlagen | m²BGF | 35 | **117** | 178 | 2,7 | **21,8** | 31,5 |
| 450 | Kommunikationstechnische Anlagen | m²BGF | 7 | **25** | 58 | 0,8 | **3,3** | 6,5 |
| 460 | Förderanlagen | m²BGF | 22 | **27** | 32 | 0,9 | **17,9** | 68,6 |
| 470 | Nutzungsspez. / verfahrenstech. Anl. | m²BGF | 26 | **64** | 101 | 0,7 | **4,1** | 12,8 |
| 480 | Gebäude- und Anlagenautomation | m²BGF | 80 | **80** | 80 | 0,0 | **2,7** | 10,7 |
| 490 | Sonst. Maßnahmen f. techn. Anl. | m²BGF | 4 | **4** | 4 | 0,0 | **0,1** | 0,5 |
| **400** | **Bauwerk – Technische Anlagen** | **m²BGF** |  |  |  |  | **100,0** |  |

### Prozentanteile der Kosten 2. Ebene an den Kosten des Bauwerks nach DIN 276 (Von/Mittel/Bis)

| KG | Kostengruppe | Mittel |
|---|---|---|
| 310 | Baugrube / Erdbau | 3,5 |
| 320 | Gründung, Unterbau | 18,2 |
| 330 | Außenwände / vertikal außen | 18,2 |
| 340 | Innenwände / vertikal innen | 7,6 |
| 350 | Decken / horizontal | 1,9 |
| 360 | Dächer | 23,3 |
| 370 | Infrastrukturanlagen |  |
| 380 | Baukonstruktive Einbauten | 0,6 |
| 390 | Sonst. Maßnahmen für Baukonst. | 1,9 |
| 410 | Abwasser-, Wasser-, Gasanlagen | 4,0 |
| 420 | Wärmeversorgungsanlagen | 4,0 |
| 430 | Raumlufttechnische Anlagen | 5,8 |
| 440 | Elektrische Anlagen | 6,4 |
| 450 | Kommunikationstechnische Anlagen | 1,0 |
| 460 | Förderanlagen | 1,3 |
| 470 | Nutzungsspez. / verfahrenstech. Anl. | 1,4 |
| 480 | Gebäude- und Anlagenautomation | 1,1 |
| 490 | Sonst. Maßnahmen f. techn. Anl. | < 0,1 |

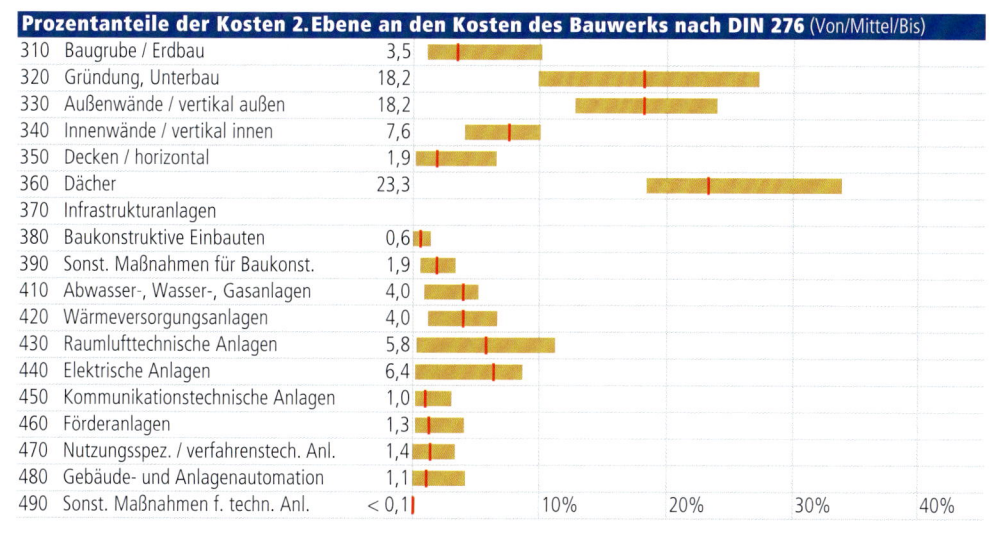

© BKI Baukosteninformationszentrum; Erläuterungen zu den Tabellen siehe Seite 48 und 50    Kostenstand: 1. Quartal 2022, Bundesdurchschnitt, **inkl. 19% MwSt.**

**Betriebs- und Werkstätten, eingeschossig**

### Prozentanteile der Kosten für Leistungsbereiche nach STLB (Kosten Bauwerk nach DIN 276)

| LB | Leistungsbereiche | ▷ | % an 300+400 | ◁ |
|---|---|---|---|---|
| 000 | Sicherheits-, Baustelleneinrichtungen inkl. 001 | 0,7 | **2,2** | 3,8 |
| 002 | Erdarbeiten | 1,4 | **1,4** | 1,5 |
| 006 | Spezialtiefbauarbeiten inkl. 005 | – | – | – |
| 009 | Entwässerungskanalarbeiten inkl. 011 | 0,0 | **0,3** | 0,6 |
| 010 | Drän- und Versickerarbeiten | – | – | – |
| 012 | Mauerarbeiten | 0,0 | **0,9** | 1,9 |
| 013 | Betonarbeiten | 15,2 | **16,5** | 17,8 |
| 014 | Natur-, Betonwerksteinarbeiten | – | – | – |
| 016 | Zimmer- und Holzbauarbeiten | – | – | – |
| 017 | Stahlbauarbeiten | 7,5 | **21,0** | 34,5 |
| 018 | Abdichtungsarbeiten | – | – | – |
| 020 | Dachdeckungsarbeiten | 0,0 | **3,9** | 7,8 |
| 021 | Dachabdichtungsarbeiten | 0,0 | **2,1** | 4,3 |
| 022 | Klempnerarbeiten | 0,0 | **0,4** | 0,9 |
| | **Rohbau** | 35,6 | **48,9** | 62,1 |
| 023 | Putz- und Stuckarbeiten, Wärmedämmsysteme | 0,0 | **0,2** | 0,4 |
| 024 | Fliesen- und Plattenarbeiten | 0,6 | **1,0** | 1,5 |
| 025 | Estricharbeiten | 1,6 | **3,1** | 4,7 |
| 026 | Fenster, Außentüren inkl. 029, 032 | 1,0 | **1,3** | 1,6 |
| 027 | Tischlerarbeiten | 0,2 | **0,8** | 1,4 |
| 028 | Parkettarbeiten, Holzpflasterarbeiten | – | – | – |
| 030 | Rollladenarbeiten | 0,0 | **0,3** | 0,6 |
| 031 | Metallbauarbeiten inkl. 035 | 0,0 | **7,3** | 14,6 |
| 034 | Maler- und Lackiererarbeiten inkl. 037 | 0,8 | **1,0** | 1,2 |
| 036 | Bodenbelagarbeiten | 0,7 | **0,7** | 0,8 |
| 038 | Vorgehängte hinterlüftete Fassaden | 0,0 | **0,8** | 1,6 |
| 039 | Trockenbauarbeiten | 2,1 | **3,8** | 5,4 |
| | **Ausbau** | 16,1 | **20,4** | 24,7 |
| 040 | Wärmeversorgungsanl. - Betriebseinr. inkl. 041 | 3,5 | **8,1** | 12,7 |
| 042 | Gas- und Wasserinstallation, Leitungen inkl. 043 | 0,0 | **1,6** | 3,1 |
| 044 | Abwasseranlagen - Leitungen | 0,7 | **0,8** | 0,9 |
| 045 | GWE-Einrichtungsgegenstände inkl. 046 | 0,0 | **0,2** | 0,5 |
| 047 | Dämmarbeiten an betriebstechnischen Anlagen | 0,0 | **1,4** | 2,7 |
| 049 | Feuerlöschanlagen, Feuerlöschgeräte | – | – | – |
| 050 | Blitzschutz- und Erdungsanlagen | < 0,1 | **0,1** | 0,2 |
| 052 | Mittelspannungsanlagen | 0,0 | **0,7** | 1,4 |
| 053 | Niederspannungsanlagen inkl. 054 | 7,9 | **8,1** | 8,4 |
| 055 | Sicherheits- u. Ersatzstromversorgungsanl. | 0,0 | **< 0,1** | < 0,1 |
| 057 | Gebäudesystemtechnik | – | – | – |
| 058 | Leuchten und Lampen inkl. 059 | 0,0 | **0,5** | 0,9 |
| 060 | Sprechanlagen, elektroakust. Anlagen inkl. 064 | – | – | – |
| 061 | Kommunikationsnetze inkl. 062 | 0,0 | **0,6** | 1,3 |
| 063 | Gefahrenmeldeanlagen | 0,0 | **0,9** | 1,8 |
| 069 | Aufzüge | 0,0 | **0,6** | 1,2 |
| 070 | Gebäudeautomation | 0,0 | **1,8** | 3,5 |
| 075 | Raumlufttechnische Anlagen inkl. 078 | 0,0 | **5,0** | 10,1 |
| | **Gebäudetechnik** | 21,8 | **30,4** | 38,9 |
| | Sonstige Leistungsbereiche inkl. 008, 033, 051 | 0,0 | **0,4** | 0,8 |

Kosten: Stand 1. Quartal 2022 Bundesdurchschnitt inkl. 19% MwSt.

- KKW
- ▶ min
- ▷ von
- | Mittelwert
- ◁ bis
- ◀ max

## Planungskennwerte für Flächen und Rauminhalte nach DIN 277

| Grundflächen | | | ▷ Fläche/NUF (%) ◁ | | | ▷ Fläche/BGF (%) ◁ | | |
|---|---|---|---|---|---|---|---|---|
| NUF | Nutzungsfläche | 100,0 | **100,0** | 100,0 | 74,3 | **80,3** | 85,4 |
| TF | Technikfläche | 4,5 | **5,5** | 7,8 | 3,4 | **4,1** | 5,2 |
| VF | Verkehrsfläche | 8,1 | **9,5** | 19,9 | 5,7 | **6,9** | 12,7 |
| NRF | Netto-Raumfläche | 110,8 | **114,5** | 128,1 | 86,8 | **90,9** | 92,6 |
| KGF | Konstruktions-Grundfläche | 9,5 | **11,7** | 17,4 | 7,4 | **9,1** | 13,2 |
| BGF | Brutto-Grundfläche | 118,5 | **126,2** | 138,9 | 100,0 | **100,0** | 100,0 |

| Brutto-Rauminhalte | | | ▷ BRI/NUF (m) ◁ | | | ▷ BRI/BGF (m) ◁ | | |
|---|---|---|---|---|---|---|---|---|
| BRI | Brutto-Rauminhalt | 5,96 | **6,66** | 7,73 | 4,74 | **5,31** | 6,33 |

| Flächen von Nutzeinheiten | | ▷ NUF/Einheit (m²) ◁ | | | ▷ BGF/Einheit (m²) ◁ | | |
|---|---|---|---|---|---|---|---|
| Nutzeinheit: Arbeitsplätze | 40,57 | **53,28** | 53,28 | 52,90 | **67,26** | 67,26 |

| Lufttechnisch behandelte Flächen | | ▷ Fläche/NUF (%) ◁ | | | ▷ Fläche/BGF (%) ◁ | | |
|---|---|---|---|---|---|---|---|
| Entlüftete Fläche | 100,6 | **100,6** | 100,6 | 97,0 | **97,0** | 97,0 |
| Be- und entlüftete Fläche | – | – | – | – | – | – |
| Teilklimatisierte Fläche | – | – | – | – | – | – |
| Klimatisierte Fläche | – | – | – | – | – | – |

| KG | Kostengruppen (2. Ebene) | Einheit | ▷ Menge/NUF ◁ | | | ▷ Menge/BGF ◁ | | |
|---|---|---|---|---|---|---|---|---|
| 310 | Baugrube / Erdbau | m³ BGI | 1,62 | **2,35** | 2,35 | 1,06 | **1,64** | 1,64 |
| 320 | Gründung, Unterbau | m² GRF | 1,01 | **1,14** | 1,14 | 0,90 | **0,90** | 0,91 |
| 330 | Außenwände / vertikal außen | m² AWF | 0,69 | **0,71** | 0,75 | 0,54 | **0,57** | 0,57 |
| 340 | Innenwände / vertikal innen | m² IWF | 0,48 | **0,75** | 1,00 | 0,31 | **0,55** | 0,63 |
| 350 | Decken / horizontal | m² DEF | 0,25 | **0,25** | 0,25 | 0,20 | **0,20** | 0,20 |
| 360 | Dächer | m² DAF | 1,01 | **1,15** | 1,15 | 0,91 | **0,91** | 0,91 |
| 370 | Infrastrukturanlagen | | – | – | – | – | – | – |
| 380 | Baukonstruktive Einbauten | m² BGF | 1,18 | **1,26** | 1,39 | 1,00 | **1,00** | 1,00 |
| 390 | Sonst. Maßnahmen für Baukonst. | m² BGF | 1,18 | **1,26** | 1,39 | 1,00 | **1,00** | 1,00 |
| **300** | **Bauwerk – Baukonstruktionen** | m² BGF | 1,18 | **1,26** | 1,39 | 1,00 | **1,00** | 1,00 |

## Planungskennwerte für Bauzeiten — 10 Vergleichsobjekte

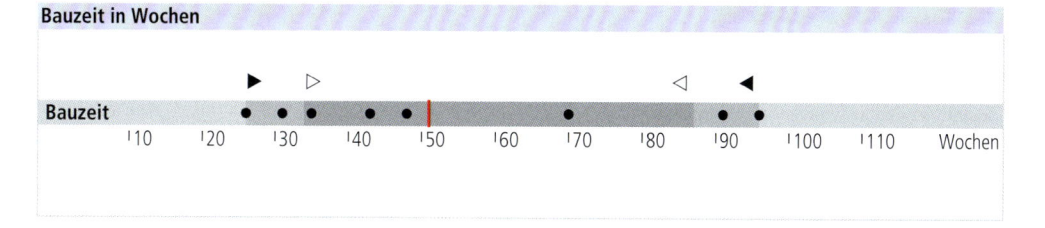

**Bauzeit in Wochen**

Bauzeit: Werte verteilt über Skala von '10 bis '110 Wochen (▶ ca. '25, ▷ ca. '35, roter Median bei ca. '50, ◁ ca. '85, ◀ ca. '92)

© BKI Baukosteninformationszentrum; Erläuterungen zu den Tabellen siehe Seite 54    Kostenstand: 1. Quartal 2022, Bundesdurchschnitt, **inkl. 19% MwSt.**

**Betriebs- und Werkstätten, eingeschossig**

€/m² BGF
min    670 €/m²
von    945 €/m²
Mittel  1.675 €/m²
bis   2.225 €/m²
max   2.460 €/m²

**Kosten:**
Stand 1. Quartal 2022
Bundesdurchschnitt
inkl. 19% MwSt.

## Objektübersicht zur Gebäudeart

### 7300-0099 Werkstatthalle - Effizienzhaus ~79%
**BRI** 5.147 m³   **BGF** 637 m²   **NUF** 524 m²

Werkstatthalle mit LKW-Waschstraße, Sozialtrakt, Freiflächen und Stellplätzen. Stb-Skelettbau.

Land: Mecklenburg-Vorpommern
Kreis: Schwerin
Standard: über Durchschnitt
Bauzeit: 31 Wochen
Kennwerte: bis 1. Ebene DIN 276

**BGF** 1.703 €/m²

**Planung:** Brenncke Architekten Partnergesellschaft mbB; Schwerin

veröffentlicht: BKI Objektdaten E9

### 7300-0097 Betriebshof - Effizienzhaus ~47%
**BRI** 6.085 m³   **BGF** 1.158 m²   **NUF** 862 m²

Betriebshof mit Bürogebäude und Remise. Holzrahmenbau.

Land: Hamburg
Kreis: Hamburg, Freie und Hansestadt
Standard: Durchschnitt
Bauzeit: 70 Wochen
Kennwerte: bis 1. Ebene DIN 276

**BGF** 2.435 €/m²

**Planung:** Stölken Schmidt Architekten BDA GmbB; Hamburg

veröffentlicht: BKI Objektdaten N17

### 7300-0081 Werkstatt für Behinderte*
**BRI** 4.235 m³   **BGF** 765 m²   **NUF** 642 m²

Werkstatt für Behinderte (40 AP) mit Montagebereich, Hochregallager, Verwaltung, Sanitärraume. Stb-Konstruktion.

Land: Saarland
Kreis: Saarpfalz-Kreis
Standard: unter Durchschnitt
Bauzeit: 39 Wochen
Kennwerte: bis 1. Ebene DIN 276

**BGF** 2.877 €/m²

**Planung:** sander.hofrichter architekten Partnerschaft; Ludwigshafen

veröffentlicht: BKI Objektdaten N12
* Nicht in der Auswertung enthalten

### 7300-0065 Produktionsgebäude, Büros (25 AP)
**BRI** 4.600 m³   **BGF** 1.124 m²   **NUF** 893 m²

Produktionshalle mit Sozialgebäude und Verwaltung. Mauerwerksbau.

Land: Mecklenburg-Vorpommern
Kreis: Rostock
Standard: Durchschnitt
Bauzeit: 43 Wochen
Kennwerte: bis 1. Ebene DIN 276

**BGF** 1.831 €/m²

**Planung:** AC Architekten Contor Klingbeil & Malcherek; Rostock

veröffentlicht: BKI Objektdaten N10

## Objektübersicht zur Gebäudeart

### 7700-0052 Gewerbehalle

**BRI** 2.326 m³   **BGF** 602 m²   **NUF** 532 m²

Gewerbehalle für einen Handwerksbetrieb mit Büro und Sozialräumen. BSH-Hallenkonstruktion, Stahlblech-Sandwichelemente.

Land: Baden-Württemberg
Kreis: Lörrach
Standard: Durchschnitt
Bauzeit: 35 Wochen
Kennwerte: bis 1. Ebene DIN 276

**BGF** 671 €/m²

**Planung:** Werkgruppe Freiburg Architekten; Freiburg

veröffentlicht: BKI Objektdaten N9

### 7300-0042 Offsetdruckerei

**BRI** 6.826 m³   **BGF** 1.275 m²   **NUF** 982 m²

Produktionshalle (509 m²), Räume für Arbeitsvorbereitung, Lagerräume, Sozialräume, Büroräume für die Verwaltung, Aufenthaltsraum. Mauerwerksbau mit Halle in Stahlkonstruktion.

Land: Baden-Württemberg
Kreis: Göppingen
Standard: Durchschnitt
Bauzeit: 43 Wochen
Kennwerte: bis 1. Ebene DIN 276

**BGF** 1.244 €/m²

**Planung:** Heiner P. Klöckner Architektur Freier Architekt; Stuttgart

veröffentlicht: BKI Objektdaten N5

### 7300-0043 Werkstatt für orthopädische Hilfen

**BRI** 7.450 m³   **BGF** 1.787 m²   **NUF** 1.104 m²

Produktion von orthopädischen Hilfen; Schulung von Personal. Stahlbetonbau.

Land: Baden-Württemberg
Kreis: Ludwigsburg
Standard: Durchschnitt
Bauzeit: 48 Wochen
Kennwerte: bis 2. Ebene DIN 276

**BGF** 2.426 €/m²

**Planung:** Rossmann und Partner Diplom-Ingenieure Freie Architekten BDA; Karlsruhe

veröffentlicht: BKI Objektdaten N7

### 7300-0035 Druckereigebäude

**BRI** 61.667 m³   **BGF** 10.132 m²   **NUF** 7.979 m²

Druckereigebäude mit Verladehalle, Versandbereich, Versand/Rotationshalle, Nebenräume/Leitstand/Technikzentrale, Rotationshalle mit Rollenwechslerebene, zweigeschossiges Papierlager, Technikräume, Anlieferung; Räume für Personal/Werkstätten/Büros/Akzidenz/Plattenherstellung. Stb-Skelettbau.

Land: Bayern
Kreis: Kempten (Allgäu)
Standard: über Durchschnitt
Bauzeit: 91 Wochen
Kennwerte: bis 4. Ebene DIN 276

**BGF** 1.883 €/m²

**Planung:** IE Graphic-Engineering München GmbH; München

veröffentlicht: BKI Objektdaten N4

**Betriebs- und Werkstätten, eingeschossig**

€/m² BGF
min  670 €/m²
von  945 €/m²
Mittel  1.675 €/m²
bis  2.225 €/m²
max  2.460 €/m²

**Kosten:**
Stand 1. Quartal 2022
Bundesdurchschnitt
inkl. 19% MwSt.

## Objektübersicht zur Gebäudeart

### 7300-0016 Druckereigebäude
**BRI** 3.368 m³ **BGF** 687 m² **NUF** 605 m²

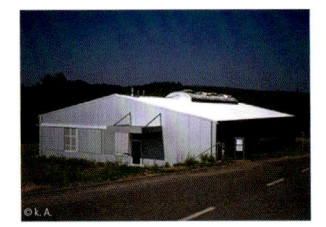

Druckereigebäude mit Büro- und Sozialräumen. Stahlskelettbau.

Land: Thüringen
Kreis: Hildburghausen
Standard: über Durchschnitt
Bauzeit: 26 Wochen
Kennwerte: bis 4. Ebene DIN 276

**BGF** 1.345 €/m²

www.bki.de

### 7300-0030 Werkstatt für Behinderte
**BRI** 18.290 m³ **BGF** 3.471 m² **NUF** 2.656 m²

Werkstatt für Behinderte, Produktion, Lager, Wirtschaftsbereich, Verwaltung, Begleitender Dienst; insgesamt 190 Arbeitsplätze; Hausmeisterwohnung. Mauerwerksbau.

Land: Rheinland-Pfalz
Kreis: Cochem-Zell
Standard: Durchschnitt
Bauzeit: 96 Wochen
Kennwerte: bis 1. Ebene DIN 276

**BGF** 2.460 €/m²

veröffentlicht: BKI Objektdaten N2

**Planung:** Architekten BHP Planungsgesellschaft mbH; Koblenz

### 7300-0021 Produktionshalle Kunststoffverarbeitung
**BRI** 13.151 m³ **BGF** 2.167 m² **NUF** 2.090 m²

Produktionshalle, abgetrenntes Werkzeuglager, Sozialräume; Abwärme der Maschinen wird per Wärmerückgewinnung genutzt. Stb-Skelettbau.

Land: Nordrhein-Westfalen
Kreis: Ennepe-Ruhr-Kreis
Standard: über Durchschnitt
Bauzeit: 26 Wochen
Kennwerte: bis 2. Ebene DIN 276

**BGF** 771 €/m²

www.bki.de

**Planung:** Rauh Damm Stiller & Partner Freie Architekten BDA; Hattingen

Gewerbe

**Betriebs- und Werkstätten, mehrgeschossig, geringer Hallenanteil**

## Kostenkennwerte für die Kosten des Bauwerks (Kostengruppen 300+400 nach DIN 276)

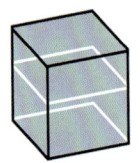

**BRI** 425 €/m³
von 295 €/m³
bis 625 €/m³

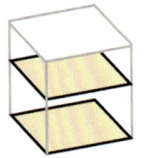

**BGF** 1.900 €/m²
von 1.360 €/m²
bis 3.055 €/m²

**NUF** 2.735 €/m²
von 1.735 €/m²
bis 5.185 €/m²

**NE** 135.190 €/NE
von 80.920 €/NE
bis 221.690 €/NE
NE: Arbeitsplätze

**Kosten:**
Stand 1. Quartal 2022
Bundesdurchschnitt
inkl. 19% MwSt.

### Objektbeispiele

7300-0100

7300-0104

7300-0105

### Kosten der 16 Vergleichsobjekte — Seiten 784 bis 788

- ● KKW
- ▶ min
- ▷ von
- | Mittelwert
- ◁ bis
- ◀ max

BRI — €/m³ BRI
BGF — €/m² BGF
NUF — €/m² NUF

© BKI Baukosteninformationszentrum; Erläuterungen zu den Tabellen siehe Seite 46 — Kostenstand: 1. Quartal 2022, Bundesdurchschnitt, inkl. 19% MwSt.

## Kostenkennwerte für die Kostengruppen der 1. und 2. Ebene DIN 276

| KG | Kostengruppen der 1. Ebene | Einheit | ▷ | €/Einheit | ◁ | ▷ | % an 300+400 | ◁ |
|---|---|---|---|---|---|---|---|---|
| 100 | Grundstück | m²GF | – | – | – | – | – | – |
| 200 | Vorbereitende Maßnahmen | m²GF | 3 | **15** | 24 | 0,5 | **1,1** | 3,0 |
| 300 | Bauwerk – Baukonstruktionen | m²BGF | 1.079 | **1.425** | 2.130 | 68,0 | **77,3** | 86,7 |
| 400 | Bauwerk – Technische Anlagen | m²BGF | 207 | **477** | 892 | 13,3 | **22,7** | 32,0 |
|  | Bauwerk (300+400) | m²BGF | 1.358 | **1.901** | 3.056 | 100,0 | **100,0** | 100,0 |
| 500 | Außenanlagen und Freiflächen | m²AF | 45 | **112** | 194 | 3,3 | **6,4** | 10,9 |
| 600 | Ausstattung und Kunstwerke | m²BGF | 2 | **14** | 52 | 0,1 | **0,8** | 2,8 |
| 700 | Baunebenkosten* | m²BGF | 341 | **380** | 419 | 18,4 | **20,5** | 22,6 |
| 800 | Finanzierung | m²BGF | – | – | – | – | – | – |

\* Auf Grundlage der HOAI 2021 berechnete Werte nach §§ 35, 52, 56. Weitere Informationen siehe Seite 50

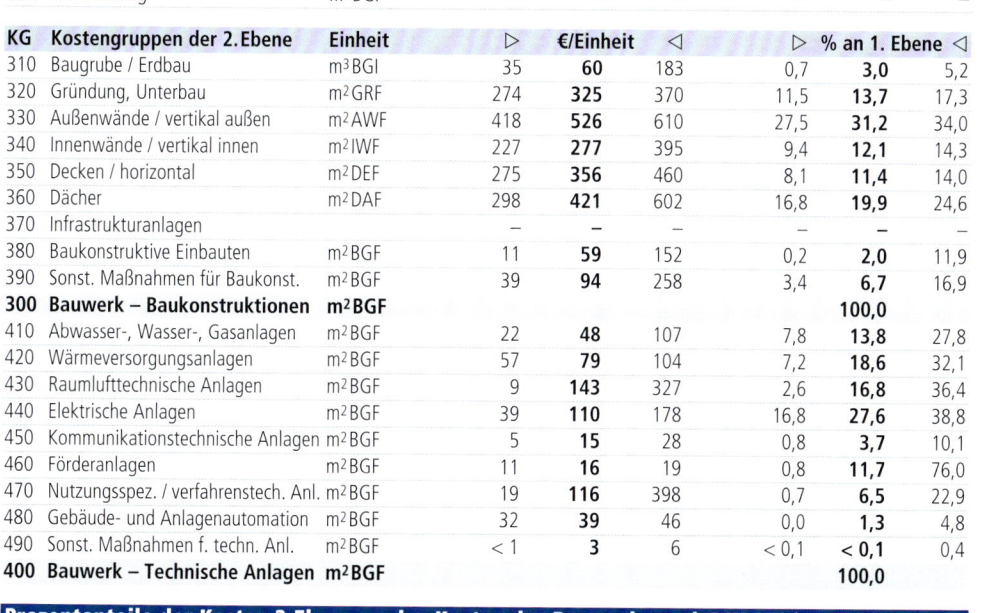

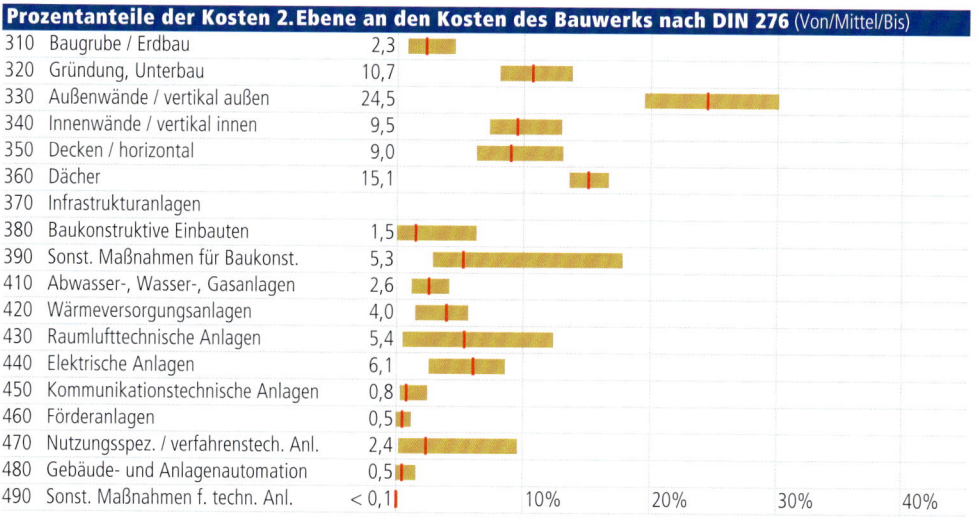

| KG | Kostengruppen der 2. Ebene | Einheit | ▷ | €/Einheit | ◁ | ▷ | % an 1. Ebene | ◁ |
|---|---|---|---|---|---|---|---|---|
| 310 | Baugrube / Erdbau | m³BGI | 35 | **60** | 183 | 0,7 | **3,0** | 5,2 |
| 320 | Gründung, Unterbau | m²GRF | 274 | **325** | 370 | 11,5 | **13,7** | 17,3 |
| 330 | Außenwände / vertikal außen | m²AWF | 418 | **526** | 610 | 27,5 | **31,2** | 34,0 |
| 340 | Innenwände / vertikal innen | m²IWF | 227 | **277** | 395 | 9,4 | **12,1** | 14,3 |
| 350 | Decken / horizontal | m²DEF | 275 | **356** | 460 | 8,1 | **11,4** | 14,0 |
| 360 | Dächer | m²DAF | 298 | **421** | 602 | 16,8 | **19,9** | 24,6 |
| 370 | Infrastrukturanlagen |  | – | – | – | – | – | – |
| 380 | Baukonstruktive Einbauten | m²BGF | 11 | **59** | 152 | 0,2 | **2,0** | 11,9 |
| 390 | Sonst. Maßnahmen für Baukonst. | m²BGF | 39 | **94** | 258 | 3,4 | **6,7** | 16,9 |
| **300** | **Bauwerk – Baukonstruktionen** | m²BGF |  |  |  |  | **100,0** |  |
| 410 | Abwasser-, Wasser-, Gasanlagen | m²BGF | 22 | **48** | 107 | 7,8 | **13,8** | 27,8 |
| 420 | Wärmeversorgungsanlagen | m²BGF | 57 | **79** | 104 | 7,2 | **18,6** | 32,1 |
| 430 | Raumlufttechnische Anlagen | m²BGF | 9 | **143** | 327 | 2,6 | **16,8** | 36,4 |
| 440 | Elektrische Anlagen | m²BGF | 39 | **110** | 178 | 16,8 | **27,6** | 38,8 |
| 450 | Kommunikationstechnische Anlagen | m²BGF | 5 | **15** | 28 | 0,8 | **3,7** | 10,1 |
| 460 | Förderanlagen | m²BGF | 11 | **16** | 19 | 0,8 | **11,7** | 76,0 |
| 470 | Nutzungsspez. / verfahrenstech. Anl. | m²BGF | 19 | **116** | 398 | 0,7 | **6,5** | 22,9 |
| 480 | Gebäude- und Anlagenautomation | m²BGF | 32 | **39** | 46 | 0,0 | **1,3** | 4,8 |
| 490 | Sonst. Maßnahmen f. techn. Anl. | m²BGF | < 1 | **3** | 6 | < 0,1 | **< 0,1** | 0,4 |
| **400** | **Bauwerk – Technische Anlagen** | m²BGF |  |  |  |  | **100,0** |  |

### Prozentanteile der Kosten 2. Ebene an den Kosten des Bauwerks nach DIN 276 (Von/Mittel/Bis)

| KG | Kostengruppe | Mittel |
|---|---|---|
| 310 | Baugrube / Erdbau | 2,3 |
| 320 | Gründung, Unterbau | 10,7 |
| 330 | Außenwände / vertikal außen | 24,5 |
| 340 | Innenwände / vertikal innen | 9,5 |
| 350 | Decken / horizontal | 9,0 |
| 360 | Dächer | 15,1 |
| 370 | Infrastrukturanlagen |  |
| 380 | Baukonstruktive Einbauten | 1,5 |
| 390 | Sonst. Maßnahmen für Baukonst. | 5,3 |
| 410 | Abwasser-, Wasser-, Gasanlagen | 2,6 |
| 420 | Wärmeversorgungsanlagen | 4,0 |
| 430 | Raumlufttechnische Anlagen | 5,4 |
| 440 | Elektrische Anlagen | 6,1 |
| 450 | Kommunikationstechnische Anlagen | 0,8 |
| 460 | Förderanlagen | 0,5 |
| 470 | Nutzungsspez. / verfahrenstech. Anl. | 2,4 |
| 480 | Gebäude- und Anlagenautomation | 0,5 |
| 490 | Sonst. Maßnahmen f. techn. Anl. | < 0,1 |

© BKI Baukosteninformationszentrum; Erläuterungen zu den Tabellen siehe Seite 48 und 50   Kostenstand: 1. Quartal 2022, Bundesdurchschnitt, inkl. 19% MwSt.

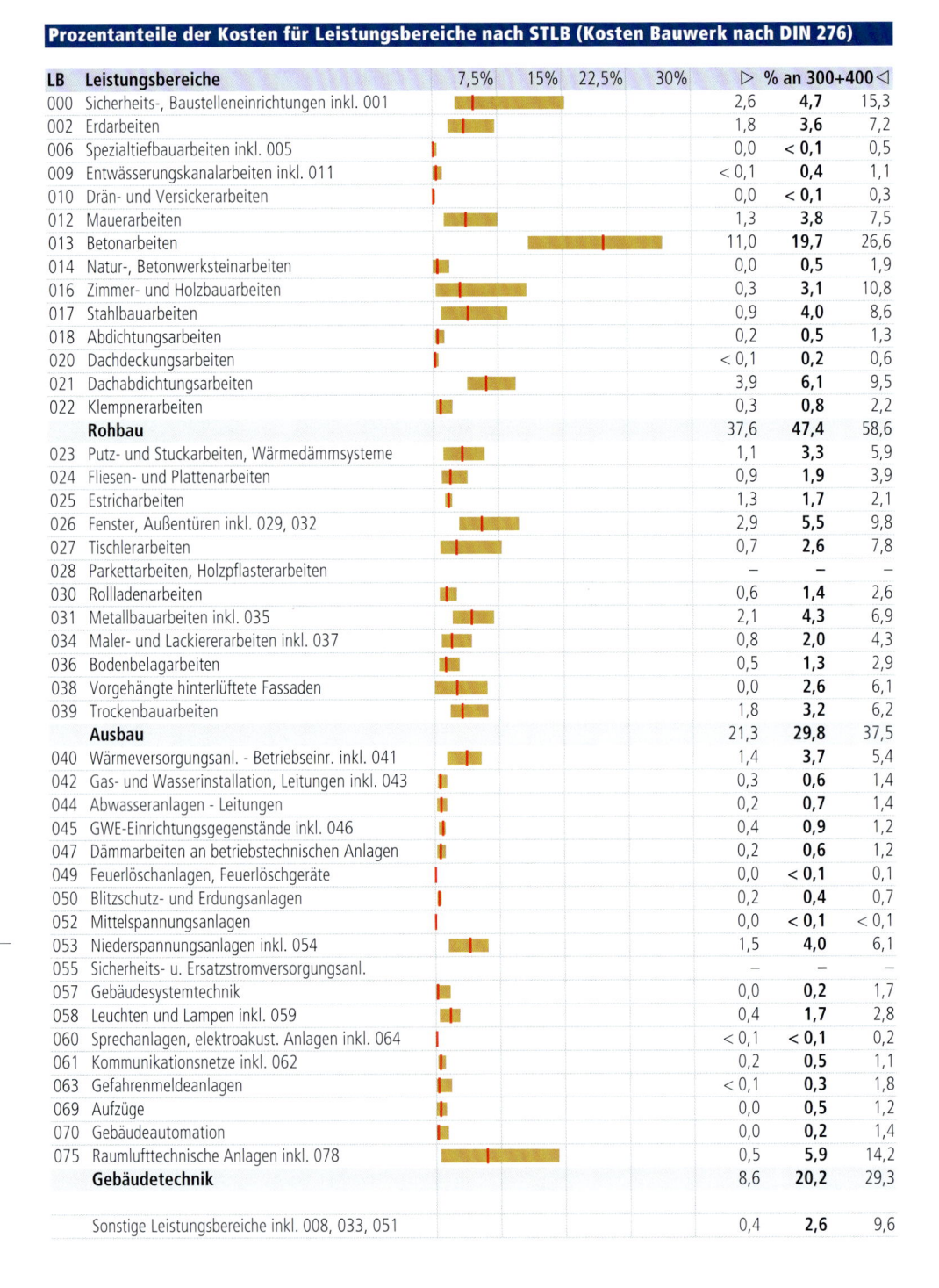

**Betriebs- und Werkstätten, mehrgeschossig, geringer Hallenanteil**

**Kosten:**
Stand 1. Quartal 2022
Bundesdurchschnitt
inkl. 19% MwSt.

- ● KKW
- ▶ min
- ▷ von
- | Mittelwert
- ◁ bis
- ◀ max

### Prozentanteile der Kosten für Leistungsbereiche nach STLB (Kosten Bauwerk nach DIN 276)

| LB | Leistungsbereiche | ▷ | % an 300+400 | ◁ |
|---|---|---:|---:|---:|
| 000 | Sicherheits-, Baustelleneinrichtungen inkl. 001 | 2,6 | 4,7 | 15,3 |
| 002 | Erdarbeiten | 1,8 | 3,6 | 7,2 |
| 006 | Spezialtiefbauarbeiten inkl. 005 | 0,0 | < 0,1 | 0,5 |
| 009 | Entwässerungskanalarbeiten inkl. 011 | < 0,1 | 0,4 | 1,1 |
| 010 | Drän- und Versickerarbeiten | 0,0 | < 0,1 | 0,3 |
| 012 | Mauerarbeiten | 1,3 | 3,8 | 7,5 |
| 013 | Betonarbeiten | 11,0 | 19,7 | 26,6 |
| 014 | Natur-, Betonwerksteinarbeiten | 0,0 | 0,5 | 1,9 |
| 016 | Zimmer- und Holzbauarbeiten | 0,3 | 3,1 | 10,8 |
| 017 | Stahlbauarbeiten | 0,9 | 4,0 | 8,6 |
| 018 | Abdichtungsarbeiten | 0,2 | 0,5 | 1,3 |
| 020 | Dachdeckungsarbeiten | < 0,1 | 0,2 | 0,6 |
| 021 | Dachabdichtungsarbeiten | 3,9 | 6,1 | 9,5 |
| 022 | Klempnerarbeiten | 0,3 | 0,8 | 2,2 |
| | **Rohbau** | **37,6** | **47,4** | **58,6** |
| 023 | Putz- und Stuckarbeiten, Wärmedämmsysteme | 1,1 | 3,3 | 5,9 |
| 024 | Fliesen- und Plattenarbeiten | 0,9 | 1,9 | 3,9 |
| 025 | Estricharbeiten | 1,3 | 1,7 | 2,1 |
| 026 | Fenster, Außentüren inkl. 029, 032 | 2,9 | 5,5 | 9,8 |
| 027 | Tischlerarbeiten | 0,7 | 2,6 | 7,8 |
| 028 | Parkettarbeiten, Holzpflasterarbeiten | – | – | – |
| 030 | Rollladenarbeiten | 0,6 | 1,4 | 2,6 |
| 031 | Metallbauarbeiten inkl. 035 | 2,1 | 4,3 | 6,9 |
| 034 | Maler- und Lackiererarbeiten inkl. 037 | 0,8 | 2,0 | 4,3 |
| 036 | Bodenbelagarbeiten | 0,5 | 1,3 | 2,9 |
| 038 | Vorgehängte hinterlüftete Fassaden | 0,0 | 2,6 | 6,1 |
| 039 | Trockenbauarbeiten | 1,8 | 3,2 | 6,2 |
| | **Ausbau** | **21,3** | **29,8** | **37,5** |
| 040 | Wärmeversorgungsanl. - Betriebseinr. inkl. 041 | 1,4 | 3,7 | 5,4 |
| 042 | Gas- und Wasserinstallation, Leitungen inkl. 043 | 0,3 | 0,6 | 1,4 |
| 044 | Abwasseranlagen - Leitungen | 0,2 | 0,7 | 1,4 |
| 045 | GWE-Einrichtungsgegenstände inkl. 046 | 0,4 | 0,9 | 1,2 |
| 047 | Dämmarbeiten an betriebstechnischen Anlagen | 0,2 | 0,6 | 1,2 |
| 049 | Feuerlöschanlagen, Feuerlöschgeräte | 0,0 | < 0,1 | 0,1 |
| 050 | Blitzschutz- und Erdungsanlagen | 0,2 | 0,4 | 0,7 |
| 052 | Mittelspannungsanlagen | 0,0 | < 0,1 | < 0,1 |
| 053 | Niederspannungsanlagen inkl. 054 | 1,5 | 4,0 | 6,1 |
| 055 | Sicherheits- u. Ersatzstromversorgungsanl. | – | – | – |
| 057 | Gebäudesystemtechnik | 0,0 | 0,2 | 1,7 |
| 058 | Leuchten und Lampen inkl. 059 | 0,4 | 1,7 | 2,8 |
| 060 | Sprechanlagen, elektroakust. Anlagen inkl. 064 | < 0,1 | < 0,1 | 0,2 |
| 061 | Kommunikationsnetze inkl. 062 | 0,2 | 0,5 | 1,1 |
| 063 | Gefahrenmeldeanlagen | < 0,1 | 0,3 | 1,8 |
| 069 | Aufzüge | 0,0 | 0,5 | 1,2 |
| 070 | Gebäudeautomation | 0,0 | 0,2 | 1,4 |
| 075 | Raumlufttechnische Anlagen inkl. 078 | 0,5 | 5,9 | 14,2 |
| | **Gebäudetechnik** | **8,6** | **20,2** | **29,3** |
| | Sonstige Leistungsbereiche inkl. 008, 033, 051 | 0,4 | 2,6 | 9,6 |

## Planungskennwerte für Flächen und Rauminhalte nach DIN 277

### Grundflächen

|  |  |  | ▷ Fläche/NUF (%) ◁ |  |  | ▷ Fläche/BGF (%) ◁ |  |
|---|---|---|---|---|---|---|---|
| NUF | Nutzungsfläche | 100,0 | **100,0** | 100,0 | 66,3 | **74,6** | 78,2 |
| TF | Technikfläche | 3,4 | **4,3** | 8,4 | 2,2 | **2,9** | 5,4 |
| VF | Verkehrsfläche | 13,1 | **16,6** | 31,7 | 8,8 | **11,1** | 16,6 |
| NRF | Netto-Raumfläche | 115,5 | **120,6** | 139,2 | 87,1 | **88,5** | 89,9 |
| KGF | Konstruktions-Grundfläche | 14,0 | **16,2** | 20,7 | 10,1 | **11,5** | 12,9 |
| BGF | Brutto-Grundfläche | 130,2 | **136,8** | 160,9 | 100,0 | **100,0** | 100,0 |

### Brutto-Rauminhalte

|  |  |  | ▷ BRI/NUF (m) ◁ |  |  | ▷ BRI/BGF (m) ◁ |  |
|---|---|---|---|---|---|---|---|
| BRI | Brutto-Rauminhalt | 5,45 | **6,15** | 7,63 | 4,09 | **4,46** | 4,82 |

### Flächen von Nutzeinheiten

|  |  | ▷ NUF/Einheit (m²) ◁ |  |  | ▷ BGF/Einheit (m²) ◁ |  |
|---|---|---|---|---|---|---|
| Nutzeinheit: Arbeitsplätze | 45,14 | **56,32** | 96,64 | 62,17 | **75,16** | 128,35 |

### Lufttechnisch behandelte Flächen

|  |  | ▷ Fläche/NUF (%) ◁ |  |  | ▷ Fläche/BGF (%) ◁ |  |
|---|---|---|---|---|---|---|
| Entlüftete Fläche | 9,8 | **9,8** | 9,8 | 7,6 | **7,6** | 7,6 |
| Be- und entlüftete Fläche | 9,8 | **9,8** | 9,8 | 7,7 | **7,7** | 7,7 |
| Teilklimatisierte Fläche | 28,9 | **28,9** | 28,9 | 22,7 | **22,7** | 22,7 |
| Klimatisierte Fläche | – | – | – | – | – | – |

### Kostengruppen (2. Ebene)

| KG | Kostengruppen (2.Ebene) | Einheit | ▷ Menge/NUF ◁ | | | ▷ Menge/BGF ◁ | | |
|---|---|---|---|---|---|---|---|---|
| 310 | Baugrube / Erdbau | m³ BGI | 1,09 | **1,59** | 2,93 | 0,94 | **1,04** | 1,47 |
| 320 | Gründung, Unterbau | m² GRF | 0,61 | **0,75** | 0,94 | 0,44 | **0,54** | 0,58 |
| 330 | Außenwände / vertikal außen | m² AWF | 0,87 | **1,05** | 1,33 | 0,67 | **0,76** | 0,82 |
| 340 | Innenwände / vertikal innen | m² IWF | 0,73 | **0,83** | 1,20 | 0,54 | **0,58** | 0,71 |
| 350 | Decken / horizontal | m² DEF | 0,51 | **0,55** | 0,62 | 0,37 | **0,41** | 0,42 |
| 360 | Dächer | m² DAF | 0,78 | **0,86** | 1,16 | 0,57 | **0,62** | 0,65 |
| 370 | Infrastrukturanlagen |  | – | – | – | – | – | – |
| 380 | Baukonstruktive Einbauten | m² BGF | 1,30 | **1,37** | 1,61 | 1,00 | **1,00** | 1,00 |
| 390 | Sonst. Maßnahmen für Baukonst. | m² BGF | 1,30 | **1,37** | 1,61 | 1,00 | **1,00** | 1,00 |
| **300** | **Bauwerk – Baukonstruktionen** | m² BGF | 1,30 | **1,37** | 1,61 | 1,00 | **1,00** | 1,00 |

## Planungskennwerte für Bauzeiten — 16 Vergleichsobjekte

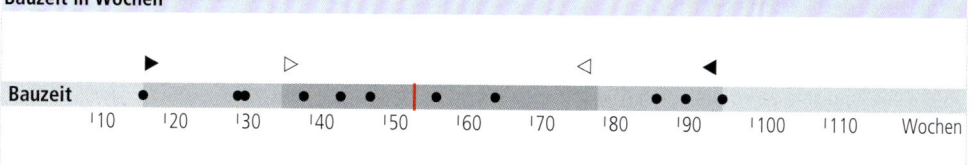

**Bauzeit in Wochen**

Bauzeit: ▶ bei ~18, ▷ bei ~33, ◁ bei ~68, ◀ bei ~85; Datenpunkte bei ca. 18, 28, 29, 34, 40, 44, 52, 55, 58, 85, 88, 93; Skala: 10, 20, 30, 40, 50, 60, 70, 80, 90, 100, 110 Wochen

© BKI Baukosteninformationszentrum; Erläuterungen zu den Tabellen siehe Seite 54    Kostenstand: 1. Quartal 2022, Bundesdurchschnitt, inkl. 19% MwSt.

**Betriebs- und Werkstätten, mehrgeschossig, geringer Hallenanteil**

€/m² BGF
min     1.070 €/m²
von     1.360 €/m²
Mittel  **1.900 €/m²**
bis     3.055 €/m²
max     3.765 €/m²

**Kosten:**
Stand 1. Quartal 2022
Bundesdurchschnitt
inkl. 19% MwSt.

## Objektübersicht zur Gebäudeart

### 7300-0104 Zentralküche (35 AP)
**BRI** 10.331 m³  **BGF** 1.998 m²  **NUF** 970 m²

Zentralküche mit 35 Arbeitsplätzen für benachteiligte Menschen zur Produktion von täglich bis zu 1.200 Mahlzeiten. Stahlbeton.

Land: Bayern
Kreis: Weilheim-Schongau
Standard: über Durchschnitt
Bauzeit: 91 Wochen
Kennwerte: bis 3. Ebene DIN 276

**BGF   3.154 €/m²**

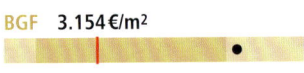

vorgesehen: BKI Objektdaten N18

**Planung:** Plan3Architekten PartGmbB; Schongau

### 7300-0105 Betriebsgebäude (36 AP)
**BRI** 6.514 m³  **BGF** 1.466 m²  **NUF** 875 m²

Betriebsgebäude mit 36 Arbeitsplätzen und teilbarem Mehrzweckraum für Betriebsversammlungen und Seminare. Massivbau.

Land: Sachsen
Kreis: Erzgebirgskreis
Standard: Durchschnitt
Bauzeit: 96 Wochen
Kennwerte: bis 1. Ebene DIN 276

**BGF   3.763 €/m²**

vorgesehen: BKI Objektdaten N18

**Planung:** IPROconsult GmbH; Dresden

### 7300-0100 Gewerbegebäude (26 AP) - Effizienzhaus ~59%
**BRI** 5.459 m³  **BGF** 1.462 m²  **NUF** 1.229 m²

Gewerbegebäude als Effizienzhaus ~59% für insgesamt 26 Arbeitsplätze. Zugang der Gewerbeeinheiten im EG über Sektionaltore. Flexible Teilung der Flächen im OG möglich. Stahlbeton.

Land: Niedersachsen
Kreis: Hannover, Region
Standard: Durchschnitt
Bauzeit: 39 Wochen
Kennwerte: bis 3. Ebene DIN 276

**BGF   1.813 €/m²**

vorgesehen: BKI Objektdaten E10

**Planung:** TW-Architekten Többen Woschek; Hannover

### 7300-0095 Werkstättengebäude (17 AP)
**BRI** 3.911 m³  **BGF** 902 m²  **NUF** 640 m²

Werkstättengebäude für Großfahrzeuge (17 AP). Mauerwerksbau.

Land: Nordrhein-Westfalen
Kreis: Warendorf
Standard: Durchschnitt
Bauzeit: 48 Wochen
Kennwerte: bis 1. Ebene DIN 276

**BGF   1.498 €/m²**

veröffentlicht: BKI Objektdaten N16

**Planung:** Lüttmann Generalplaner GmbH; Ostbevern

## Objektübersicht zur Gebäudeart

### 7300-0096 Werkstatt für Menschen mit Behinderung (180 AP)   BRI 19.472 m³   BGF 4.539 m²   NUF 3.144 m²

Werkstatt (180 AP) für Menschen mit Behinderung, Küche und Speisesaal. Mauerwerksbau.

Land: Niedersachsen
Kreis: Hannover, Region
Standard: Durchschnitt
Bauzeit: 65 Wochen
Kennwerte: bis 1. Ebene DIN 276

BGF   2.498 €/m²

Planung: ABACUS Bau Projekt Management; Bremen

veröffentlicht: BKI Objektdaten N17

### 7300-0092 Großküche (28 AP)*   BRI 4.620 m³   BGF 1.083 m²   NUF 712 m²

Großküche. Stahlbau, Stahldach, Mauerwerk.

Land: Niedersachsen
Kreis: Hannover, Region
Standard: Durchschnitt
Bauzeit: 43 Wochen
Kennwerte: bis 1. Ebene DIN 276

BGF   4.521 €/m²

Planung: N2M Architektur & Stadtplanung GmbH; Wilhelmshaven

veröffentlicht: BKI Objektdaten N16
* Nicht in der Auswertung enthalten

### 7300-0088 Betriebsgebäude (22 AP) - Helgoland   BRI 9.913 m³   BGF 1.808 m²   NUF 1.273 m²

Betriebsgebäude (22 AP) mit Büro und Halle eines Hochsee-Windparks. Mauerwerksbau (Büro) und Stb-Fertigteilbau (Halle).

Land: Schleswig-Holstein
Kreis: Pinneberg
Standard: Durchschnitt
Bauzeit: 48 Wochen
Kennwerte: bis 1. Ebene DIN 276

BGF   2.942 €/m²

Planung: Gössler Kinz Kerber Kreienbaum Architekten BDA; Hamburg

veröffentlicht: BKI Objektdaten N15

### 7100-0049 Büro-, Labor- und Produktionsgebäude (132 AP)   BRI 36.430 m³   BGF 8.813 m²   NUF 6.448 m²

Labor-, Büro- und Produktionsgebäude (177 AP). Stb-Skelettbau.

Land: Sachsen
Kreis: Leipzig
Standard: über Durchschnitt
Bauzeit: 87 Wochen
Kennwerte: bis 1. Ebene DIN 276

BGF   2.342 €/m²

Planung: Spengler · Wiescholek Architekten Stadtplaner; Hamburg

veröffentlicht: BKI Objektdaten N13

© BKI Baukosteninformationszentrum; Erläuterungen zu den Tabellen siehe Seite 56    Kostenstand: 1. Quartal 2022, Bundesdurchschnitt, inkl. 19% MwSt.

**Betriebs- und Werkstätten, mehrgeschossig, geringer Hallenanteil**

**€/m² BGF**
| | | |
|---|---|---|
| min | 1.070 | €/m² |
| von | 1.360 | €/m² |
| Mittel | **1.900** | **€/m²** |
| bis | 3.055 | €/m² |
| max | 3.765 | €/m² |

**Kosten:**
Stand 1. Quartal 2022
Bundesdurchschnitt
inkl. 19% MwSt.

## Objektübersicht zur Gebäudeart

### 7300-0084 Großbäckerei (Erweiterungsbau)
**BRI** 19.558 m³ **BGF** 4.254 m² **NUF** 3.295 m²

Bäckerei (Erweiterungsbau) mit Kommissionierung, Versand, Verwaltung und Produktion (Teilbereiche). Stb-Konstruktion.

Land: Bayern
Kreis: München
Standard: Durchschnitt
Bauzeit: 57 Wochen
Kennwerte: bis 1. Ebene DIN 276

**BGF   1.325 €/m²**

**Planung:** Kiessler + Partner Architekten GmbH; München
veröffentlicht: BKI Objektdaten N12

### 7100-0042 Lager, Werkstatt- und Bürogebäude
**BRI** 12.718 m³ **BGF** 2.851 m² **NUF** 2.243 m²

Betriebsgebäude mit Werkstatt (837 m²), Lager (510 m²) und Bürogebäude (1.018 m²). Massivbau.

Land: Bremen
Kreis: Bremen, Stadt
Standard: über Durchschnitt
Bauzeit: 57 Wochen
Kennwerte: bis 3. Ebene DIN 276

**BGF   1.756 €/m²**

**Planung:** aip vügten + partner GmbH; Bremen
veröffentlicht: BKI Objektdaten N12

### 7300-0066 Verwaltungsgebäude, Werkstatt (54 AP)
**BRI** 13.595 m³ **BGF** 2.569 m² **NUF** 2.040 m²

Verwaltungsgebäude mit Werkstatt (54 AP). Büro: Stb-Konstruktion; Halle: Stahlkonstruktion.

Land: Bremen
Kreis: Bremen, Stadt
Standard: Durchschnitt
Bauzeit: 65 Wochen
Kennwerte: bis 3. Ebene DIN 276

**BGF   1.280 €/m²**

**Planung:** Fritz-Dieter Tollé Architekt BDB Architekten Stadtplaner Ingenieure; Verden
veröffentlicht: BKI Objektdaten N15

### 7300-0077 Tischlerei mit Ausstellung und Büro
**BRI** 4.886 m³ **BGF** 1.285 m² **NUF** 1.063 m²

Tischlerei mit 18 Arbeitsplätzen, Werkstatt, Lager, Ausstellung und Verwaltung. Stahlbeton-Skelett und Holzrahmenbau, Holzdachkonstruktion.

Land: Niedersachsen
Kreis: Hameln-Pyrmont
Standard: über Durchschnitt
Bauzeit: 30 Wochen
Kennwerte: bis 1. Ebene DIN 276

**BGF   1.074 €/m²**

**Planung:** kosel-architektur; Hameln
veröffentlicht: BKI Objektdaten N12

## Objektübersicht zur Gebäudeart

### 7300-0073 Produktions- und Bürogebäude (50 AP)    BRI 11.143 m³   BGF 2.469 m²   NUF 2.008 m²

Produktions- und Bürogebäude. Stahlrahmenkonstruktion.

Land: Nordrhein-Westfalen
Kreis: Steinfurt
Standard: Durchschnitt
Bauzeit: 31 Wochen
Kennwerte: bis 3. Ebene DIN 276

BGF   1.148 €/m²

**Planung:** Hillebrand + Welp Architekten BDA / BDB; Greven

veröffentlicht: BKI Objektdaten N13

---

### 7300-0070 Produktionshalle, Büro, Wohnen    BRI 11.159 m³   BGF 2.315 m²   NUF 1.670 m²

Produktionshalle mit Büro- und Wohngebäude. Wohnen im OG (402 m² WFL). Stb-Skelettkonstruktion.

Land: Bayern
Kreis: Pfaffenhofen a.d.Ilm
Standard: Durchschnitt
Bauzeit: 44 Wochen
Kennwerte: bis 1. Ebene DIN 276

BGF   1.498 €/m²

**Planung:** Jaks Architekten + Ingenieure; München

veröffentlicht: BKI Objektdaten N11

---

### 7300-0054 Druckerei- und Geschäftsgebäude    BRI 3.864 m³   BGF 909 m²   NUF 679 m²

Druckereigebäude für vier Mitarbeiter mit Büroräumen für 14 Mitarbeiter. Mauerwerksbau, Brettsperrholzwände.

Land: Bayern
Kreis: Berchtesgadener Land
Standard: über Durchschnitt
Bauzeit: 48 Wochen
Kennwerte: bis 4. Ebene DIN 276

BGF   1.835 €/m²

**Planung:** Planungsgruppe 5.4.3 Architekten & Ingenieure GbR; Freilassing

veröffentlicht: BKI Objektdaten N9

---

### 7300-0050 Betriebsgebäude, Ausstellung, Büro    BRI 2.994 m³   BGF 911 m²   NUF 777 m²

Betriebsgebäude, Büroräume, Ausstellungsraum, Lagerräume, Tiefgarage. Massivbau.

Land: Baden-Württemberg
Kreis: Esslingen
Standard: Durchschnitt
Bauzeit: 17 Wochen
Kennwerte: bis 4. Ebene DIN 276

BGF   1.071 €/m²

**Planung:** Habrik Architekten Helmut Habrik Freier Architekt BDA; Esslingen

veröffentlicht: BKI Objektdaten N6

**Betriebs- und Werkstätten, mehrgeschossig, geringer Hallenanteil**

**€/m² BGF**
| | | |
|---|---:|---|
| min | 1.070 | €/m² |
| von | 1.360 | €/m² |
| Mittel | **1.900** | **€/m²** |
| bis | 3.055 | €/m² |
| max | 3.765 | €/m² |

**Kosten:**
Stand 1. Quartal 2022
Bundesdurchschnitt
inkl. 19% MwSt.

## Objektübersicht zur Gebäudeart

### 7300-0038 Produktions-, Bürogebäude*
**BRI** 5.356 m³   **BGF** 1.172 m²   **NUF** 904 m²

Produktionsräume zur Herstellung von Unterhaltungselektronik (Bühnentechnik), Test-, Lager- und Versandräume; Serviceraum; Büroräume, Besprechungs- und Vorführraum, Archiv; Teeküche, Sanitärräume; Ruheräume. Mauerwerksbau.

Land: Bayern
Kreis: Würzburg
Standard: Durchschnitt
Bauzeit: 104 Wochen
Kennwerte: bis 3. Ebene DIN 276

**BGF   973 €/m²**

**Planung:** Scholz & Partner GmbH Architekten und Ingenieure; Würzburg

veröffentlicht: BKI Objektdaten N5
* Nicht in der Auswertung enthalten

### 7300-0024 Bäckerei, Sozialräume, (2 APP)
**BRI** 8.380 m³   **BGF** 1.780 m²   **NUF** 1.534 m²

Produktionshalle, Büro, Laden, Aufenthaltsräume, 2 Apartments, 3 Lehrlingszimmer, Umkleideräume. Mauerwerksbau.

Land: Bayern
Kreis: Passau
Standard: Durchschnitt
Bauzeit: 44 Wochen
Kennwerte: bis 1. Ebene DIN 276

**BGF   1.424 €/m²**

**Planung:** Thomas Schmied Architekturbüro; Passau

veröffentlicht: BKI Objektdaten N2

**Gewerbe**

**Betriebs- und Werkstätten, mehrgeschossig, hoher Hallenanteil**

## Kostenkennwerte für die Kosten des Bauwerks (Kostengruppen 300+400 nach DIN 276)

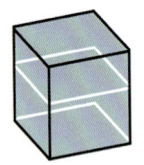

**BRI** 275 €/m³
von 160 €/m³
bis 415 €/m³

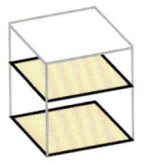

**BGF** 1.420 €/m²
von 1.065 €/m²
bis 1.975 €/m²

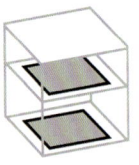

**NUF** 1.805 €/m²
von 1.330 €/m²
bis 2.750 €/m²

**NE** 134.405 €/NE
von 84.785 €/NE
bis 268.875 €/NE
NE: Arbeitsplätze

**Kosten:**
Stand 1. Quartal 2022
Bundesdurchschnitt
inkl. 19% MwSt.

### Objektbeispiele

7300-0059
7300-0071 
7300-0076 
7100-0058 
7300-0080 
7700-0064 

### Kosten der 15 Vergleichsobjekte — Seiten 794 bis 798

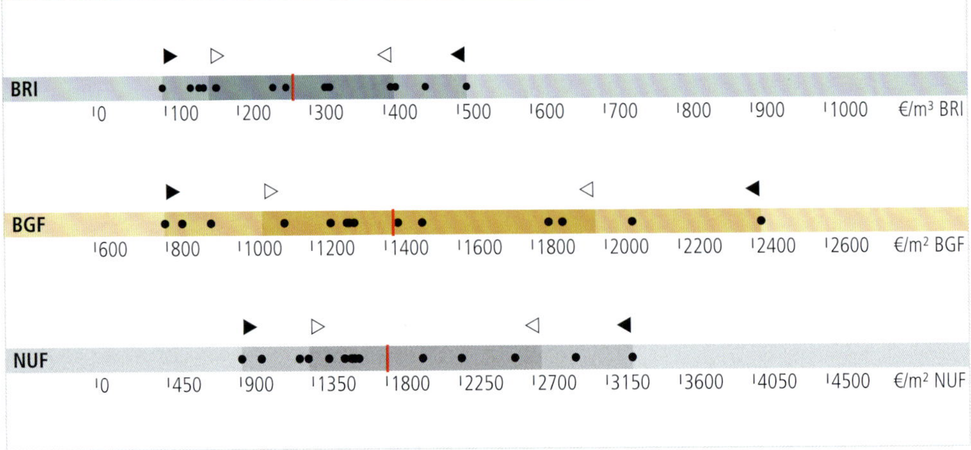

- ● KKW
- ▶ min
- ▷ von
- | Mittelwert
- ◁ bis
- ◀ max

BRI: 0 – 1000 €/m³ BRI
BGF: 600 – 2600 €/m² BGF
NUF: 0 – 4500 €/m² NUF

© BKI Baukosteninformationszentrum; Erläuterungen zu den Tabellen siehe Seite 46 — Kostenstand: 1. Quartal 2022, Bundesdurchschnitt, **inkl. 19% MwSt.**

## Kostenkennwerte für die Kostengruppen der 1. und 2. Ebene DIN 276

| KG | Kostengruppen der 1. Ebene | Einheit | ▷ | €/Einheit | ◁ | ▷ | % an 300+400 | ◁ |
|---|---|---|---|---|---|---|---|---|
| 100 | Grundstück | m²GF | – | – | – | – | – | – |
| 200 | Vorbereitende Maßnahmen | m²GF | 4 | **10** | 25 | 0,5 | **1,5** | 3,5 |
| 300 | Bauwerk – Baukonstruktionen | m²BGF | 742 | **1.028** | 1.353 | 62,7 | **73,2** | 83,1 |
| 400 | Bauwerk – Technische Anlagen | m²BGF | 220 | **393** | 638 | 16,9 | **26,8** | 37,3 |
|  | Bauwerk (300+400) | m²BGF | 1.064 | **1.421** | 1.973 | 100,0 | **100,0** | 100,0 |
| 500 | Außenanlagen und Freiflächen | m²AF | 52 | **150** | 304 | 4,9 | **11,3** | 16,7 |
| 600 | Ausstattung und Kunstwerke | m²BGF | 2 | **55** | 216 | 0,1 | **4,4** | 17,3 |
| 700 | Baunebenkosten* | m²BGF | 277 | **309** | 340 | 19,7 | **22,0** | 24,2 |
| 800 | Finanzierung | m²BGF | – | – | – | – | – | – |

◁ * Auf Grundlage der HOAI 2021 berechnete Werte nach §§ 35, 52, 56. Weitere Informationen siehe Seite 50

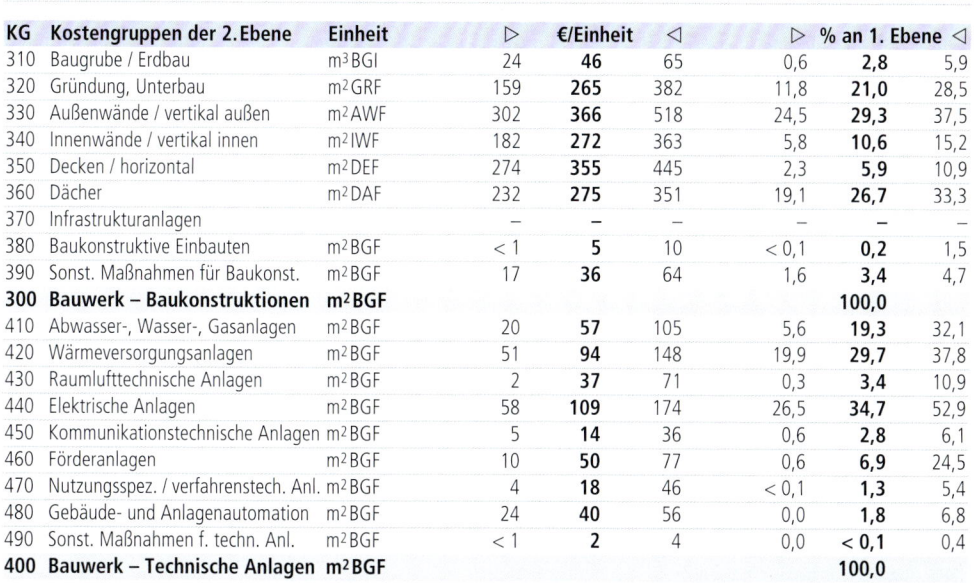

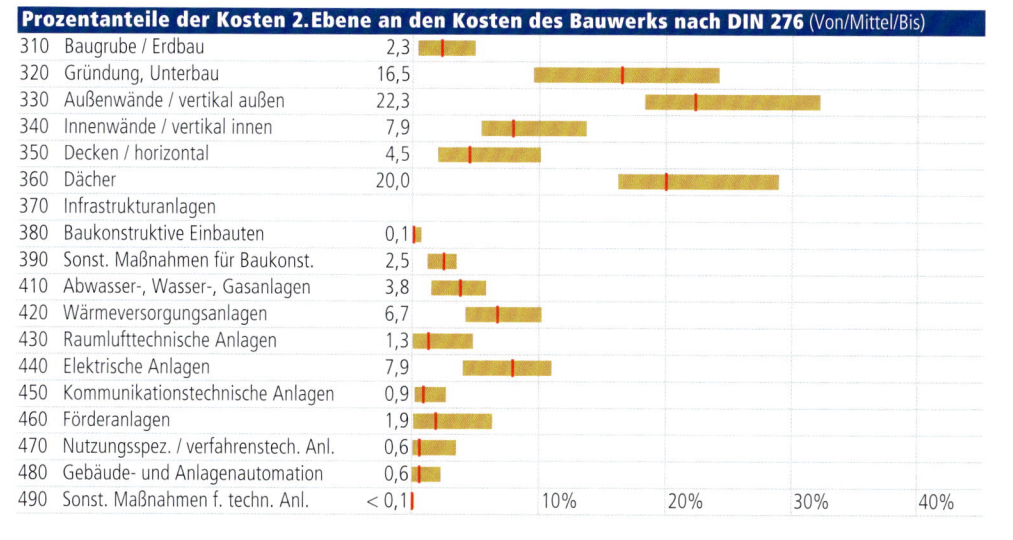

| KG | Kostengruppen der 2. Ebene | Einheit | ▷ | €/Einheit | ◁ | ▷ | % an 1. Ebene | ◁ |
|---|---|---|---|---|---|---|---|---|
| 310 | Baugrube / Erdbau | m³BGI | 24 | **46** | 65 | 0,6 | **2,8** | 5,9 |
| 320 | Gründung, Unterbau | m²GRF | 159 | **265** | 382 | 11,8 | **21,0** | 28,5 |
| 330 | Außenwände / vertikal außen | m²AWF | 302 | **366** | 518 | 24,5 | **29,3** | 37,5 |
| 340 | Innenwände / vertikal innen | m²IWF | 182 | **272** | 363 | 5,8 | **10,6** | 15,2 |
| 350 | Decken / horizontal | m²DEF | 274 | **355** | 445 | 2,3 | **5,9** | 10,9 |
| 360 | Dächer | m²DAF | 232 | **275** | 351 | 19,1 | **26,7** | 33,3 |
| 370 | Infrastrukturanlagen |  | – | – | – | – | – | – |
| 380 | Baukonstruktive Einbauten | m²BGF | < 1 | **5** | 10 | < 0,1 | **0,2** | 1,5 |
| 390 | Sonst. Maßnahmen für Baukonst. | m²BGF | 17 | **36** | 64 | 1,6 | **3,4** | 4,7 |
| **300** | **Bauwerk – Baukonstruktionen** | m²BGF |  |  |  |  | **100,0** |  |
| 410 | Abwasser-, Wasser-, Gasanlagen | m²BGF | 20 | **57** | 105 | 5,6 | **19,3** | 32,1 |
| 420 | Wärmeversorgungsanlagen | m²BGF | 51 | **94** | 148 | 19,9 | **29,7** | 37,8 |
| 430 | Raumlufttechnische Anlagen | m²BGF | 2 | **37** | 71 | 0,3 | **3,4** | 10,9 |
| 440 | Elektrische Anlagen | m²BGF | 58 | **109** | 174 | 26,5 | **34,7** | 52,9 |
| 450 | Kommunikationstechnische Anlagen | m²BGF | 5 | **14** | 36 | 0,6 | **2,8** | 6,1 |
| 460 | Förderanlagen | m²BGF | 10 | **50** | 77 | 0,6 | **6,9** | 24,5 |
| 470 | Nutzungsspez. / verfahrenstech. Anl. | m²BGF | 4 | **18** | 46 | < 0,1 | **1,3** | 5,4 |
| 480 | Gebäude- und Anlagenautomation | m²BGF | 24 | **40** | 56 | 0,0 | **1,8** | 6,8 |
| 490 | Sonst. Maßnahmen f. techn. Anl. | m²BGF | < 1 | **2** | 4 | 0,0 | **< 0,1** | 0,4 |
| **400** | **Bauwerk – Technische Anlagen** | m²BGF |  |  |  |  | **100,0** |  |

### Prozentanteile der Kosten 2. Ebene an den Kosten des Bauwerks nach DIN 276 (Von/Mittel/Bis)

| KG | Kostengruppe | Mittel |
|---|---|---|
| 310 | Baugrube / Erdbau | 2,3 |
| 320 | Gründung, Unterbau | 16,5 |
| 330 | Außenwände / vertikal außen | 22,3 |
| 340 | Innenwände / vertikal innen | 7,9 |
| 350 | Decken / horizontal | 4,5 |
| 360 | Dächer | 20,0 |
| 370 | Infrastrukturanlagen |  |
| 380 | Baukonstruktive Einbauten | 0,1 |
| 390 | Sonst. Maßnahmen für Baukonst. | 2,5 |
| 410 | Abwasser-, Wasser-, Gasanlagen | 3,8 |
| 420 | Wärmeversorgungsanlagen | 6,7 |
| 430 | Raumlufttechnische Anlagen | 1,3 |
| 440 | Elektrische Anlagen | 7,9 |
| 450 | Kommunikationstechnische Anlagen | 0,9 |
| 460 | Förderanlagen | 1,9 |
| 470 | Nutzungsspez. / verfahrenstech. Anl. | 0,6 |
| 480 | Gebäude- und Anlagenautomation | 0,6 |
| 490 | Sonst. Maßnahmen f. techn. Anl. | < 0,1 |

© BKI Baukosteninformationszentrum; Erläuterungen zu den Tabellen siehe Seite 48 und 50   Kostenstand: 1. Quartal 2022, Bundesdurchschnitt, **inkl. 19% MwSt.**

**Betriebs- und Werkstätten, mehrgeschossig, hoher Hallenanteil**

## Prozentanteile der Kosten für Leistungsbereiche nach STLB (Kosten Bauwerk nach DIN 276)

| LB | Leistungsbereiche | ▷ | % an 300+400 | ◁ |
|---|---|---|---|---|
| 000 | Sicherheits-, Baustelleneinrichtungen inkl. 001 | 1,3 | **2,4** | 3,4 |
| 002 | Erdarbeiten | 0,5 | **4,1** | 6,5 |
| 006 | Spezialtiefbauarbeiten inkl. 005 | < 0,1 | **0,9** | 4,9 |
| 009 | Entwässerungskanalarbeiten inkl. 011 | 0,2 | **0,6** | 1,8 |
| 010 | Drän- und Versickerarbeiten | < 0,1 | **0,1** | 0,7 |
| 012 | Mauerarbeiten | 0,5 | **3,2** | 8,8 |
| 013 | Betonarbeiten | 10,7 | **13,7** | 17,6 |
| 014 | Natur-, Betonwerksteinarbeiten | – | **–** | – |
| 016 | Zimmer- und Holzbauarbeiten | 1,1 | **6,5** | 24,4 |
| 017 | Stahlbauarbeiten | 0,8 | **7,3** | 15,8 |
| 018 | Abdichtungsarbeiten | < 0,1 | **0,5** | 1,3 |
| 020 | Dachdeckungsarbeiten | < 0,1 | **0,7** | 2,0 |
| 021 | Dachabdichtungsarbeiten | 1,5 | **4,6** | 8,2 |
| 022 | Klempnerarbeiten | 0,5 | **4,1** | 10,4 |
| | **Rohbau** | 37,4 | **48,8** | 59,2 |
| 023 | Putz- und Stuckarbeiten, Wärmedämmsysteme | < 0,1 | **0,6** | 1,3 |
| 024 | Fliesen- und Plattenarbeiten | 0,8 | **2,5** | 4,9 |
| 025 | Estricharbeiten | 0,6 | **2,0** | 5,3 |
| 026 | Fenster, Außentüren inkl. 029, 032 | 2,3 | **6,2** | 16,4 |
| 027 | Tischlerarbeiten | 0,3 | **1,0** | 1,8 |
| 028 | Parkettarbeiten, Holzpflasterarbeiten | 0,0 | **0,3** | 1,5 |
| 030 | Rollladenarbeiten | 0,2 | **0,8** | 1,9 |
| 031 | Metallbauarbeiten inkl. 035 | 4,7 | **8,5** | 13,9 |
| 034 | Maler- und Lackiererarbeiten inkl. 037 | 0,3 | **1,5** | 1,9 |
| 036 | Bodenbelagarbeiten | 0,6 | **1,2** | 2,2 |
| 038 | Vorgehängte hinterlüftete Fassaden | 0,0 | **0,1** | 0,9 |
| 039 | Trockenbauarbeiten | 1,3 | **2,8** | 5,0 |
| | **Ausbau** | 19,9 | **27,5** | 35,5 |
| 040 | Wärmeversorgungsanl. - Betriebseinr. inkl. 041 | 4,5 | **6,8** | 10,3 |
| 042 | Gas- und Wasserinstallation, Leitungen inkl. 043 | 0,4 | **1,3** | 1,9 |
| 044 | Abwasseranlagen - Leitungen | 0,2 | **0,6** | 1,3 |
| 045 | GWE-Einrichtungsgegenstände inkl. 046 | 0,2 | **0,8** | 1,5 |
| 047 | Dämmarbeiten an betriebstechnischen Anlagen | 0,1 | **0,9** | 3,2 |
| 049 | Feuerlöschanlagen, Feuerlöschgeräte | 0,0 | **0,1** | 1,1 |
| 050 | Blitzschutz- und Erdungsanlagen | 0,1 | **0,3** | 0,4 |
| 052 | Mittelspannungsanlagen | 0,0 | **0,3** | 1,5 |
| 053 | Niederspannungsanlagen inkl. 054 | 3,0 | **5,4** | 7,4 |
| 055 | Sicherheits- u. Ersatzstromversorgungsanl. | < 0,1 | **< 0,1** | < 0,1 |
| 057 | Gebäudesystemtechnik | – | **–** | – |
| 058 | Leuchten und Lampen inkl. 059 | 0,7 | **1,8** | 3,5 |
| 060 | Sprechanlagen, elektroakust. Anlagen inkl. 064 | < 0,1 | **< 0,1** | 0,3 |
| 061 | Kommunikationsnetze inkl. 062 | < 0,1 | **0,4** | 1,2 |
| 063 | Gefahrenmeldeanlagen | 0,0 | **0,2** | 1,8 |
| 069 | Aufzüge | 0,0 | **0,2** | 1,0 |
| 070 | Gebäudeautomation | 0,0 | **0,8** | 2,1 |
| 075 | Raumlufttechnische Anlagen inkl. 078 | < 0,1 | **1,6** | 4,2 |
| | **Gebäudetechnik** | 13,9 | **21,6** | 34,3 |
| | Sonstige Leistungsbereiche inkl. 008, 033, 051 | 0,4 | **2,1** | 6,7 |

**Kosten:** Stand 1. Quartal 2022 Bundesdurchschnitt inkl. 19% MwSt.

- ● KKW
- ▶ min
- ▷ von
- | Mittelwert
- ◁ bis
- ◀ max

## Planungskennwerte für Flächen und Rauminhalte nach DIN 277

| Grundflächen | | | ▷ | Fläche/NUF (%) | ◁ | ▷ | Fläche/BGF (%) | ◁ |
|---|---|---|---|---|---|---|---|---|
| NUF | Nutzungsfläche | | 100,0 | **100,0** | 100,0 | 75,3 | **80,4** | 84,0 |
| TF | Technikfläche | | 2,5 | **3,4** | 6,5 | 1,8 | **2,6** | 4,7 |
| VF | Verkehrsfläche | | 8,3 | **10,9** | 18,6 | 6,1 | **8,0** | 12,5 |
| NRF | Netto-Raumfläche | | 110,3 | **113,4** | 120,7 | 88,1 | **90,3** | 92,3 |
| KGF | Konstruktions-Grundfläche | | 9,6 | **12,6** | 16,4 | 7,7 | **9,7** | 11,9 |
| BGF | Brutto-Grundfläche | | 120,6 | **126,0** | 133,5 | 100,0 | **100,0** | 100,0 |

| Brutto-Rauminhalte | | | ▷ | BRI/NUF (m) | ◁ | ▷ | BRI/BGF (m) | ◁ |
|---|---|---|---|---|---|---|---|---|
| BRI | Brutto-Rauminhalt | | 6,56 | **7,17** | 8,81 | 5,42 | **5,84** | 7,22 |

| Flächen von Nutzeinheiten | | | ▷ | NUF/Einheit (m²) | ◁ | ▷ | BGF/Einheit (m²) | ◁ |
|---|---|---|---|---|---|---|---|---|
| Nutzeinheit: Arbeitsplätze | | | 58,17 | **78,13** | 121,21 | 75,14 | **98,82** | 135,00 |

| Lufttechnisch behandelte Flächen | | | ▷ | Fläche/NUF (%) | ◁ | ▷ | Fläche/BGF (%) | ◁ |
|---|---|---|---|---|---|---|---|---|
| Entlüftete Fläche | | | – | – | – | – | – | – |
| Be- und entlüftete Fläche | | | 71,8 | **71,8** | 71,8 | 60,4 | **60,4** | 60,4 |
| Teilklimatisierte Fläche | | | 0,6 | **0,6** | 0,6 | 0,5 | **0,5** | 0,5 |
| Klimatisierte Fläche | | | 1,0 | **1,0** | 1,0 | 0,9 | **0,9** | 0,9 |

| KG | Kostengruppen (2. Ebene) | Einheit | ▷ | Menge/NUF | ◁ | ▷ | Menge/BGF | ◁ |
|---|---|---|---|---|---|---|---|---|
| 310 | Baugrube / Erdbau | m³ BGI | 0,70 | **0,98** | 1,64 | 0,55 | **0,80** | 1,37 |
| 320 | Gründung, Unterbau | m² GRF | 0,91 | **0,99** | 1,07 | 0,76 | **0,82** | 0,88 |
| 330 | Außenwände / vertikal außen | m² AWF | 0,90 | **0,99** | 1,16 | 0,80 | **0,82** | 0,95 |
| 340 | Innenwände / vertikal innen | m² IWF | 0,46 | **0,54** | 0,74 | 0,36 | **0,44** | 0,59 |
| 350 | Decken / horizontal | m² DEF | 0,20 | **0,24** | 0,29 | 0,17 | **0,20** | 0,22 |
| 360 | Dächer | m² DAF | 0,99 | **1,16** | 1,23 | 0,87 | **0,95** | 1,00 |
| 370 | Infrastrukturanlagen | | – | – | – | – | – | – |
| 380 | Baukonstruktive Einbauten | m² BGF | 1,21 | **1,26** | 1,33 | 1,00 | **1,00** | 1,00 |
| 390 | Sonst. Maßnahmen für Baukonst. | m² BGF | 1,21 | **1,26** | 1,33 | 1,00 | **1,00** | 1,00 |
| **300** | **Bauwerk – Baukonstruktionen** | m² BGF | 1,21 | **1,26** | 1,33 | 1,00 | **1,00** | 1,00 |

## Planungskennwerte für Bauzeiten

**15 Vergleichsobjekte**

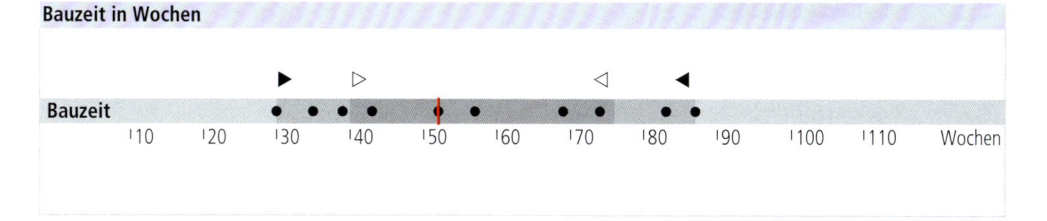

Bauzeit in Wochen: Bauzeit-Verteilung über ca. 30 bis 90 Wochen (Skala 10–110 Wochen)

© BKI Baukosteninformationszentrum; Erläuterungen zu den Tabellen siehe Seite 54  Kostenstand: 1. Quartal 2022, Bundesdurchschnitt, inkl. 19% MwSt.

**Betriebs- und Werkstätten, mehrgeschossig, hoher Hallenanteil**

€/m² BGF
| | | |
|---|---:|---|
| min | 795 | €/m² |
| von | 1.065 | €/m² |
| Mittel | **1.420** | **€/m²** |
| bis | 1.975 | €/m² |
| max | 2.425 | €/m² |

Kosten:
Stand 1. Quartal 2022
Bundesdurchschnitt
inkl. 19% MwSt.

## Objektübersicht zur Gebäudeart

### 7100-0058 Produktionsgebäude (8 AP) - Effizienzhaus 55
**BRI** 1.706 m³ **BGF** 386 m² **NUF** 349 m²

Büro- und Produktionsgebäude (8 AP). Stahlbau.

Land: Baden-Württemberg
Kreis: Karlsruhe, Stadt
Standard: Durchschnitt
Bauzeit: 69 Wochen
Kennwerte: bis 3. Ebene DIN 276

**BGF 1.434 €/m²**

**Planung:** medienundwerk; Karlsruhe

veröffentlicht: BKI Objektdaten E9

### 7300-0093 Betriebsgebäude (40 AP)
**BRI** 4.731 m³ **BGF** 999 m² **NUF** 732 m²

Betriebsgebäude mit Lagerhalle und Verwaltungsbau (40 AP). Stb-Fertigteile, Brettschichtholzbinder.

Land: Sachsen
Kreis: Dresden, Stadt
Standard: Durchschnitt
Bauzeit: 35 Wochen
Kennwerte: bis 1. Ebene DIN 276

**BGF 2.424 €/m²**

**Planung:** IPROconsult GmbH Planer Architekten Ingenieure; Dresden

veröffentlicht: BKI Objektdaten N16

### 7300-0090 Bäckerei, Verkaufsraum - Effizienzhaus ~73%
**BRI** 10.130 m³ **BGF** 2.230 m² **NUF** 1.561 m²

Zentrales Bäckereigebäude mit angegliedertem Verkaufsraum, Büro- und Sozialtrakt (25 AP) als Effizienzhaus ~37%. Stb-Konstruktion.

Land: Schleswig-Holstein
Kreis: Rendsburg-Eckernförde
Standard: Durchschnitt
Bauzeit: 43 Wochen
Kennwerte: bis 3. Ebene DIN 276

**BGF 2.072 €/m²**

**Planung:** FB-Architekten; Gettorf

veröffentlicht: BKI Objektdaten E8

### 7300-0091 Produktionshalle, Büros - Effizienzhaus ~76%
**BRI** 7.128 m³ **BGF** 1.343 m² **NUF** 1.108 m²

Produktionshalle mit angegliedertem Bürogebäude als Effizienzhaus ~76%. Stahlbau.

Land: Nordrhein-Westfalen
Kreis: Lippe
Standard: Durchschnitt
Bauzeit: 39 Wochen
Kennwerte: bis 3. Ebene DIN 276

**BGF 1.316 €/m²**

**Planung:** STELLWERKSTATT architekturbüro; Detmold

veröffentlicht: BKI Objektdaten E8

## Objektübersicht zur Gebäudeart

### 7300-0086 Werkstatt für Menschen mit Behinderung    BRI 11.915 m³   BGF 2.630 m²   NUF 1.913 m²

Werkstatt (60 AP) für Menschen mit Behinderung mit Lager, Speiseraum, Büros, Umkleiden und Sanitärbereich. Vollholzkonstruktion.

Land: Thüringen
Kreis: Gera, Stadt
Standard: über Durchschnitt
Bauzeit: 39 Wochen
Kennwerte: bis 1. Ebene DIN 276

BGF   1.882 €/m²

**Planung:** Klaus Sorger BVS GmbH; Gera

veröffentlicht: BKI Objektdaten E6

---

### 7300-0082 Produktionshalle, Verwaltung    BRI 25.021 m³   BGF 3.409 m²   NUF 2.942 m²

Produktionshalle mit Verwaltung (40 AP). Stb-Fertigteilkonstruktion.

Land: Hessen
Kreis: Marburg-Biedenkopf
Standard: Durchschnitt
Bauzeit: 43 Wochen
Kennwerte: bis 1. Ebene DIN 276

BGF   1.252 €/m²

**Planung:** Artec Architekten; Marburg

veröffentlicht: BKI Objektdaten N12

---

### 7300-0076 Büro- und Ausstellungsgebäude, Produktionshalle    BRI 5.260 m³   BGF 1.165 m²   NUF 951 m²

Büro- und Ausstellungsgebäude mit Produktionshalle und Wohnung (1 WE). Mauerwerksbau und Stahlskelettkonstruktion mit Sandwichverbundelementen.

Land: Nordrhein-Westfalen
Kreis: Unna
Standard: Durchschnitt
Bauzeit: 52 Wochen
Kennwerte: bis 1. Ebene DIN 276

BGF   1.844 €/m²

**Planung:** k.A.

veröffentlicht: BKI Objektdaten N12

---

### 7700-0064 Produktionshalle mit Bürogebäude    BRI 8.640 m³   BGF 1.738 m²   NUF 1.155 m²

Produktionshalle für holzverarbeitendes Gewerbe mit angeschlossenem zweigeschossigem Bürogebäude. Holzkonstruktion.

Land: Thüringen
Kreis: Sömmerda
Standard: unter Durchschnitt
Bauzeit: 30 Wochen
Kennwerte: bis 1. Ebene DIN 276

BGF   842 €/m²

**Planung:** ipunktarchitektur Ilka Altenstädter, Architektin; Sömmerda

veröffentlicht: BKI Objektdaten N11

**Betriebs- und Werkstätten, mehrgeschossig, hoher Hallenanteil**

€/m² BGF
- min: 795 €/m²
- von: 1.065 €/m²
- Mittel: **1.420 €/m²**
- bis: 1.975 €/m²
- max: 2.425 €/m²

Kosten:
Stand 1. Quartal 2022
Bundesdurchschnitt
inkl. 19% MwSt.

## Objektübersicht zur Gebäudeart

### 7300-0075 Produktionshalle, Büro
**BRI** 114.347 m³   **BGF** 12.838 m²   **NUF** 10.794 m²

Produktionshalle für Schienenfahrzeuge, Hochregallager, Büro- und Sozialräume. Halle: Stahlskelettkonstruktion; Bürogebäude: Stb-Konstruktion.

Land: Schleswig-Holstein
Kreis: Kiel, Stadt
Standard: Durchschnitt
Bauzeit: 43 Wochen
Kennwerte: bis 3. Ebene DIN 276

**BGF** 1.302 €/m²

Planung: FB-Architekten; Gettorf

veröffentlicht: BKI Objektdaten N11

### 7700-0055 Produktions- und Lagerhalle
**BRI** 241.262 m³   **BGF** 21.568 m²   **NUF** 20.103 m²

Produktions- und Lagerhalle mit Hochregallager. Stahl-Faserbetonbodenplatte; Stb-Skelettkonstruktion; Stahl-Fachwerkbinder, Trapezblechdach.

Land: Sachsen
Kreis: Erzgebirgskreis
Standard: unter Durchschnitt
Bauzeit: 57 Wochen
Kennwerte: bis 1. Ebene DIN 276

**BGF** 1.500 €/m²

Planung: IPRO Dresden Planungs-Ingenieuraktiengesellschaft; Annaberg-Buchholz

veröffentlicht: BKI Objektdaten N10

### 7300-0071 Produktionshalle, Schreinerei
**BRI** 3.441 m³   **BGF** 660 m²   **NUF** 577 m²

Produktionshalle, Schreinerei mit Büro und Sozialräumen. Teilbereiche zweigeschossig. Stahlkonstruktion.

Land: Nordrhein-Westfalen
Kreis: Olpe
Standard: Durchschnitt
Bauzeit: 39 Wochen
Kennwerte: bis 1. Ebene DIN 276

**BGF** 795 €/m²

Planung: TATORT architektur; Attendorn

veröffentlicht: BKI Objektdaten N11

### 7700-0049 Produktionshalle*
**BRI** 7.338 m³   **BGF** 1.203 m²   **NUF** 1.120 m²

Produktion von Maschinen, Büro. Halle Stahlrahmenkonstruktion, Bürotrakt Mauerwerk; Stb-Decke; Stahltrapezblechdach.

Land: Nordrhein-Westfalen
Kreis: Steinfurt
Standard: Durchschnitt
Bauzeit: 17 Wochen
Kennwerte: bis 1. Ebene DIN 276

**BGF** 763 €/m²

Planung: hofschröer planen und bauen gmbh; Rheine

veröffentlicht: BKI Objektdaten N9
* Nicht in der Auswertung enthalten

## Objektübersicht zur Gebäudeart

### 7300-0080 Produktionshalle

**BRI** 28.012 m³   **BGF** 2.911 m²   **NUF** 2.603 m²

Anbau einer Produktionshalle als Stahlkonstruktion. Halle: Stahlrahmenkonstruktion; Büros: Stb-Konstruktion.

Land: Hessen
Kreis: Schwalm-Eder-Kreis
Standard: Durchschnitt
Bauzeit: 83 Wochen
Kennwerte: bis 3. Ebene DIN 276

**BGF**   922 €/m²

**Planung:** Harald Gläsel Architekt VfA; Schwalmstadt-Treysa

veröffentlicht: BKI Objektdaten N13

### 7300-0059 Entwicklungszentrum

**BRI** 93.996 m³   **BGF** 23.696 m²   **NUF** 15.187 m²

Entwicklungszentrum Automobilzulieferer. Stahlbeton-Skelettbau, Pfosten-Riegel-Fassade.

Land: Bayern
Kreis: Starnberg
Standard: Durchschnitt
Bauzeit: 87 Wochen
Kennwerte: bis 1. Ebene DIN 276

**BGF**   1.297 €/m²

**Planung:** barth architekten; Gauting

veröffentlicht: BKI Objektdaten N9

### 7300-0061 Büro- und Produktionsgebäude*

**BRI** 82.770 m³   **BGF** 14.000 m²   **NUF** 11.313 m²

Büro- und Produktionsgebäude mit 150 Büroarbeitsplätzen und 250 Arbeitsplätzen in der Produktion. Stb-Konstruktion.

Land: Baden-Württemberg
Kreis: Heilbronn, Stadt
Standard: Durchschnitt
Bauzeit: 100 Wochen
Kennwerte: bis 1. Ebene DIN 276

**BGF**   568 €/m²

**Planung:** Architektur Udo Richter Dipl.-Ing. Freier Architekt; Heilbronn

veröffentlicht: BKI Objektdaten N11
* Nicht in der Auswertung enthalten

### 7300-0053 Werkstatt, Büro, Wohnung

**BRI** 1.120 m³   **BGF** 275 m²   **NUF** 219 m²

Werkstatt, Ausstellungsraum, Büroraum, Wohnung. Holzkonstruktion, Holzdachstuhl.

Land: Baden-Württemberg
Kreis: Emmendingen
Standard: Durchschnitt
Bauzeit: 52 Wochen
Kennwerte: bis 3. Ebene DIN 276

**BGF**   1.304 €/m²

**Planung:** Freier Architekt Manfred Mohr; Waldkirch

veröffentlicht: BKI Objektdaten N7

© BKI Baukosteninformationszentrum; Erläuterungen zu den Tabellen siehe Seite 56   Kostenstand: 1. Quartal 2022, Bundesdurchschnitt, **inkl. 19% MwSt.**

**Betriebs- und Werkstätten, mehrgeschossig, hoher Hallenanteil**

€/m² BGF
| | | |
|---|---:|---|
| min | 795 | €/m² |
| von | 1.065 | €/m² |
| Mittel | **1.420** | **€/m²** |
| bis | 1.975 | €/m² |
| max | 2.425 | €/m² |

**Kosten:**
Stand 1. Quartal 2022
Bundesdurchschnitt
inkl. 19% MwSt.

## Objektübersicht zur Gebäudeart

**7300-0057 Betriebsgebäude, Verwaltung**   **BRI** 4.100 m³   **BGF** 970 m²   **NUF** 824 m²

Betriebsgebäude mit Büroräumen, Sanitärräume. Stb-Skelettbau.

Land: Baden-Württemberg
Kreis: Emmendingen
Standard: Durchschnitt
Bauzeit: 74 Wochen
Kennwerte: bis 3. Ebene DIN 276

**BGF**   **1.124 €/m²**

**Planung:** Freier Architekt Manfred Mohr; Waldkirch

veröffentlicht: BKI Objektdaten N8

**Gewerbe**

# Geschäftshäuser, mit Wohnungen

## Kostenkennwerte für die Kosten des Bauwerks (Kostengruppen 300+400 nach DIN 276)

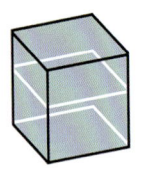

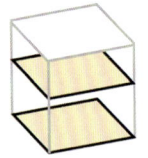

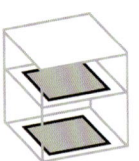

| BRI | 565 €/m³ | BGF | 1.830 €/m² | NUF | 2.825 €/m² |
|---|---|---|---|---|---|
| von | 470 €/m³ | von | 1.525 €/m² | von | 2.075 €/m² |
| bis | 670 €/m³ | bis | 2.510 €/m² | bis | 3.770 €/m² |

**Kosten:**
Stand 1. Quartal 2022
Bundesdurchschnitt
inkl. 19% MwSt.

### Objektbeispiele

7200-0080
7200-0073 
7500-0026 
7200-0093 
7200-0092 
7200-0055 

### Kosten der 10 Vergleichsobjekte — Seiten 804 bis 806

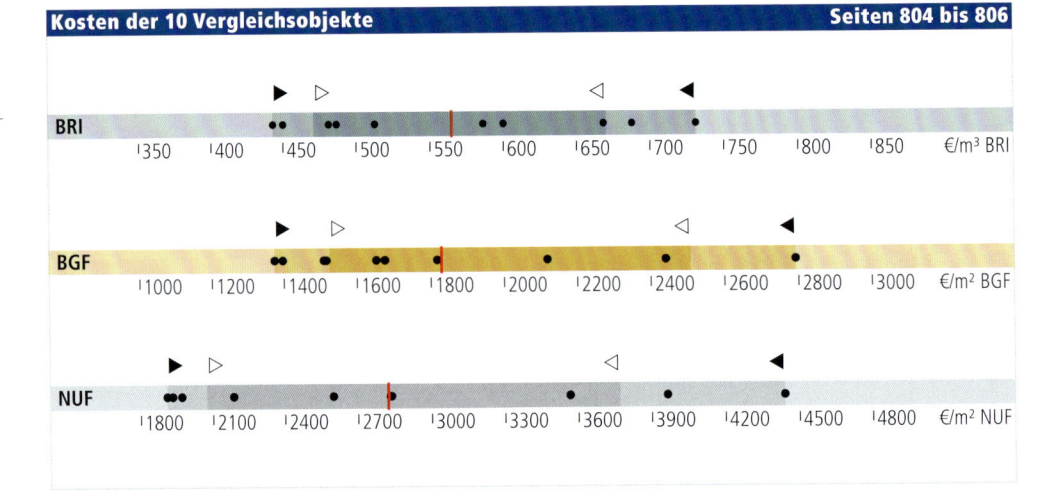

- ● KKW
- ▶ min
- ▷ von
- | Mittelwert
- ◁ bis
- ◀ max

BRI: €/m³ BRI (350–850)
BGF: €/m² BGF (1000–3000)
NUF: €/m² NUF (1800–4800)

© BKI Baukosteninformationszentrum; Erläuterungen zu den Tabellen siehe Seite 46 — Kostenstand: 1. Quartal 2022, Bundesdurchschnitt, **inkl. 19% MwSt.**

## Kostenkennwerte für die Kostengruppen der 1. und 2. Ebene DIN 276

| KG | Kostengruppen der 1. Ebene | Einheit | ▷ | €/Einheit | ◁ | ▷ | % an 300+400 | ◁ |
|---|---|---|---|---|---|---|---|---|
| 100 | Grundstück | m²GF | – | – | – | – | – | – |
| 200 | Vorbereitende Maßnahmen | m²GF | 3 | **627** | 1.252 | 0,1 | **4,9** | 9,6 |
| 300 | Bauwerk – Baukonstruktionen | m²BGF | 1.194 | **1.431** | 1.793 | 74,2 | **79,0** | 83,5 |
| 400 | Bauwerk – Technische Anlagen | m²BGF | 271 | **398** | 633 | 16,5 | **21,0** | 25,8 |
|  | Bauwerk (300+400) | m²BGF | 1.524 | **1.829** | 2.508 | 100,0 | **100,0** | 100,0 |
| 500 | Außenanlagen und Freiflächen | m²AF | 186 | **242** | 317 | 2,0 | **4,8** | 9,8 |
| 600 | Ausstattung und Kunstwerke | m²BGF | 5 | **5** | 5 | 0,4 | **0,4** | 0,4 |
| 700 | Baunebenkosten* | m²BGF | 334 | **372** | 410 | 18,3 | **20,4** | 22,5 |
| 800 | Finanzierung | m²BGF | – | – | – | – | – | – |

\* Auf Grundlage der HOAI 2021 berechnete Werte nach §§ 35, 52, 56. Weitere Informationen siehe Seite 50

| KG | Kostengruppen der 2. Ebene | Einheit | ▷ | €/Einheit | ◁ | ▷ | % an 1. Ebene | ◁ |
|---|---|---|---|---|---|---|---|---|
| 310 | Baugrube / Erdbau | m³BGI | 22 | **55** | 121 | 1,8 | **6,2** | 15,0 |
| 320 | Gründung, Unterbau | m²GRF | 301 | **384** | 549 | 5,7 | **6,4** | 7,4 |
| 330 | Außenwände / vertikal außen | m²AWF | 517 | **604** | 648 | 28,1 | **32,6** | 41,4 |
| 340 | Innenwände / vertikal innen | m²IWF | 254 | **302** | 386 | 13,9 | **15,6** | 18,8 |
| 350 | Decken / horizontal | m²DEF | 378 | **389** | 395 | 25,5 | **26,9** | 29,1 |
| 360 | Dächer | m²DAF | 264 | **360** | 408 | 4,0 | **9,1** | 12,6 |
| 370 | Infrastrukturanlagen | – | – | – | – | – | – | – |
| 380 | Baukonstruktive Einbauten | m²BGF | 6 | **6** | 6 | 0,0 | **0,2** | 0,6 |
| 390 | Sonst. Maßnahmen für Baukonst. | m²BGF | 27 | **36** | 55 | 2,4 | **3,1** | 4,5 |
| **300** | **Bauwerk – Baukonstruktionen** | m²BGF | | | | | **100,0** | |
| 410 | Abwasser-, Wasser-, Gasanlagen | m²BGF | 29 | **43** | 51 | 6,7 | **14,2** | 18,0 |
| 420 | Wärmeversorgungsanlagen | m²BGF | 35 | **58** | 70 | 8,1 | **20,1** | 27,6 |
| 430 | Raumlufttechnische Anlagen | m²BGF | 3 | **41** | 117 | 1,0 | **9,6** | 26,9 |
| 440 | Elektrische Anlagen | m²BGF | 66 | **100** | 116 | 15,2 | **33,9** | 45,4 |
| 450 | Kommunikationstechnische Anlagen | m²BGF | 13 | **19** | 26 | 1,0 | **3,7** | 8,2 |
| 460 | Förderanlagen | m²BGF | 49 | **86** | 122 | 0,0 | **14,5** | 24,1 |
| 470 | Nutzungsspez. / verfahrenstech. Anl. | m²BGF | < 1 | **27** | 53 | 0,1 | **4,1** | 12,1 |
| 480 | Gebäude- und Anlagenautomation | m²BGF | – | – | – | – | – | – |
| 490 | Sonst. Maßnahmen f. techn. Anl. | m²BGF | – | – | – | – | – | – |
| **400** | **Bauwerk – Technische Anlagen** | m²BGF | | | | | **100,0** | |

### Prozentanteile der Kosten 2. Ebene an den Kosten des Bauwerks nach DIN 276 (Von/Mittel/Bis)

| KG | Kostengruppe | Mittel |
|---|---|---|
| 310 | Baugrube / Erdbau | 4,6 |
| 320 | Gründung, Unterbau | 5,0 |
| 330 | Außenwände / vertikal außen | 25,6 |
| 340 | Innenwände / vertikal innen | 12,1 |
| 350 | Decken / horizontal | 20,9 |
| 360 | Dächer | 7,1 |
| 370 | Infrastrukturanlagen | |
| 380 | Baukonstruktive Einbauten | 0,1 |
| 390 | Sonst. Maßnahmen für Baukonst. | 2,4 |
| 410 | Abwasser-, Wasser-, Gasanlagen | 3,0 |
| 420 | Wärmeversorgungsanlagen | 4,1 |
| 430 | Raumlufttechnische Anlagen | 2,5 |
| 440 | Elektrische Anlagen | 6,9 |
| 450 | Kommunikationstechnische Anlagen | 0,9 |
| 460 | Förderanlagen | 3,7 |
| 470 | Nutzungsspez. / verfahrenstech. Anl. | 1,1 |
| 480 | Gebäude- und Anlagenautomation | |
| 490 | Sonst. Maßnahmen f. techn. Anl. | |

© BKI Baukosteninformationszentrum; Erläuterungen zu den Tabellen siehe Seite 48 und 50   Kostenstand: 1. Quartal 2022, Bundesdurchschnitt, inkl. 19% MwSt.

**Geschäftshäuser, mit Wohnungen**

### Prozentanteile der Kosten für Leistungsbereiche nach STLB (Kosten Bauwerk nach DIN 276)

| LB | Leistungsbereiche | von | Mittelwert | bis |
|---|---|---|---|---|
| 000 | Sicherheits-, Baustelleneinrichtungen inkl. 001 | 1,8 | **2,2** | 2,6 |
| 002 | Erdarbeiten | 1,7 | **2,0** | 2,3 |
| 006 | Spezialtiefbauarbeiten inkl. 005 | 0,0 | **3,0** | 6,0 |
| 009 | Entwässerungskanalarbeiten inkl. 011 | 0,0 | **0,2** | 0,4 |
| 010 | Drän- und Versickerarbeiten | 0,0 | **< 0,1** | < 0,1 |
| 012 | Mauerarbeiten | 0,4 | **2,8** | 4,5 |
| 013 | Betonarbeiten | 16,7 | **20,8** | 23,3 |
| 014 | Natur-, Betonwerksteinarbeiten | < 0,1 | **0,8** | 1,4 |
| 016 | Zimmer- und Holzbauarbeiten | 1,2 | **2,3** | 4,1 |
| 017 | Stahlbauarbeiten | < 0,1 | **2,0** | 4,0 |
| 018 | Abdichtungsarbeiten | 0,0 | **0,3** | 0,7 |
| 020 | Dachdeckungsarbeiten | 0,8 | **1,5** | 2,6 |
| 021 | Dachabdichtungsarbeiten | 0,6 | **0,8** | 1,0 |
| 022 | Klempnerarbeiten | 0,5 | **0,9** | 1,5 |
| | **Rohbau** | 34,7 | **39,7** | 43,4 |
| 023 | Putz- und Stuckarbeiten, Wärmedämmsysteme | 1,2 | **4,9** | 7,4 |
| 024 | Fliesen- und Plattenarbeiten | 1,6 | **2,2** | 2,9 |
| 025 | Estricharbeiten | 0,5 | **1,6** | 2,3 |
| 026 | Fenster, Außentüren inkl. 029, 032 | 1,1 | **5,0** | 8,4 |
| 027 | Tischlerarbeiten | 1,3 | **2,2** | 3,6 |
| 028 | Parkettarbeiten, Holzpflasterarbeiten | 0,7 | **1,3** | 2,0 |
| 030 | Rollladenarbeiten | < 0,1 | **0,8** | 1,4 |
| 031 | Metallbauarbeiten inkl. 035 | 7,9 | **10,6** | 12,6 |
| 034 | Maler- und Lackiererarbeiten inkl. 037 | 1,2 | **1,8** | 2,3 |
| 036 | Bodenbelagarbeiten | 0,2 | **1,3** | 2,2 |
| 038 | Vorgehängte hinterlüftete Fassaden | 0,6 | **1,3** | 1,9 |
| 039 | Trockenbauarbeiten | 3,7 | **5,3** | 7,0 |
| | **Ausbau** | 32,5 | **38,4** | 48,2 |
| 040 | Wärmeversorgungsanl. - Betriebseinr. inkl. 041 | 3,5 | **4,2** | 4,9 |
| 042 | Gas- und Wasserinstallation, Leitungen inkl. 043 | 0,9 | **1,1** | 1,3 |
| 044 | Abwasseranlagen - Leitungen | 0,3 | **0,8** | 1,0 |
| 045 | GWE-Einrichtungsgegenstände inkl. 046 | 0,6 | **1,0** | 1,4 |
| 047 | Dämmarbeiten an betriebstechnischen Anlagen | < 0,1 | **0,2** | 0,4 |
| 049 | Feuerlöschanlagen, Feuerlöschgeräte | < 0,1 | **1,1** | 2,1 |
| 050 | Blitzschutz- und Erdungsanlagen | < 0,1 | **< 0,1** | 0,1 |
| 052 | Mittelspannungsanlagen | – | **–** | – |
| 053 | Niederspannungsanlagen inkl. 054 | 3,3 | **4,8** | 6,4 |
| 055 | Sicherheits- u. Ersatzstromversorgungsanl. | 0,0 | **0,4** | 0,8 |
| 057 | Gebäudesystemtechnik | – | **–** | – |
| 058 | Leuchten und Lampen inkl. 059 | 1,0 | **1,9** | 2,6 |
| 060 | Sprechanlagen, elektroakust. Anlagen inkl. 064 | < 0,1 | **0,2** | 0,4 |
| 061 | Kommunikationsnetze inkl. 062 | < 0,1 | **0,2** | 0,3 |
| 063 | Gefahrenmeldeanlagen | < 0,1 | **0,2** | 0,4 |
| 069 | Aufzüge | 0,5 | **3,6** | 5,5 |
| 070 | Gebäudeautomation | – | **–** | – |
| 075 | Raumlufttechnische Anlagen inkl. 078 | 0,1 | **2,3** | 4,3 |
| | **Gebäudetechnik** | 19,0 | **21,9** | 25,7 |
| | Sonstige Leistungsbereiche inkl. 008, 033, 051 | < 0,1 | **< 0,1** | < 0,1 |

**Kosten:**
Stand 1. Quartal 2022
Bundesdurchschnitt
inkl. 19% MwSt.

- KKW
- ▶ min
- ▷ von
- | Mittelwert
- ◁ bis
- ◀ max

## Planungskennwerte für Flächen und Rauminhalte nach DIN 277

| Grundflächen | | | ▷ Fläche/NUF (%) ◁ | | | ▷ Fläche/BGF (%) ◁ | | |
|---|---|---|---|---|---|---|---|---|
| NUF | Nutzungsfläche | 100,0 | **100,0** | 100,0 | 62,6 | **66,2** | 69,6 |
| TF | Technikfläche | 3,5 | **4,5** | 7,3 | 2,2 | **2,8** | 4,4 |
| VF | Verkehrsfläche | 19,7 | **25,3** | 30,8 | 12,2 | **16,1** | 19,2 |
| NRF | Netto-Raumfläche | 123,6 | **129,8** | 137,2 | 81,3 | **85,1** | 87,6 |
| KGF | Konstruktions-Grundfläche | 19,4 | **23,0** | 25,7 | 12,4 | **14,9** | 18,7 |
| BGF | Brutto-Grundfläche | 146,5 | **152,8** | 162,8 | 100,0 | **100,0** | 100,0 |

| Brutto-Rauminhalte | | ▷ BRI/NUF (m) ◁ | | | ▷ BRI/BGF (m) ◁ | | |
|---|---|---|---|---|---|---|---|
| BRI | Brutto-Rauminhalt | 4,67 | **4,95** | 5,18 | 3,01 | **3,23** | 3,51 |

| Flächen von Nutzeinheiten | | ▷ NUF/Einheit (m²) ◁ | | | ▷ BGF/Einheit (m²) ◁ | | |
|---|---|---|---|---|---|---|---|
| Nutzeinheit: | | – | – | – | – | – | – |

| Lufttechnisch behandelte Flächen | | ▷ Fläche/NUF (%) ◁ | | | ▷ Fläche/BGF (%) ◁ | | |
|---|---|---|---|---|---|---|---|
| Entlüftete Fläche | | 37,6 | **37,6** | 37,6 | 21,9 | **21,9** | 21,9 |
| Be- und entlüftete Fläche | | 1,7 | **1,7** | 1,7 | 1,2 | **1,2** | 1,2 |
| Teilklimatisierte Fläche | | 105,6 | **105,6** | 105,6 | 61,6 | **61,6** | 61,6 |
| Klimatisierte Fläche | | – | – | – | – | – | – |

| KG | Kostengruppen (2. Ebene) | Einheit | ▷ Menge/NUF ◁ | | | ▷ Menge/BGF ◁ | | |
|---|---|---|---|---|---|---|---|---|
| 310 | Baugrube / Erdbau | m³ BGI | 1,59 | **1,68** | 1,68 | 1,00 | **1,09** | 1,09 |
| 320 | Gründung, Unterbau | m² GRF | 0,30 | **0,30** | 0,33 | 0,21 | **0,21** | 0,22 |
| 330 | Außenwände / vertikal außen | m² AWF | 0,82 | **0,95** | 0,95 | 0,61 | **0,64** | 0,64 |
| 340 | Innenwände / vertikal innen | m² IWF | 0,91 | **0,91** | 0,91 | 0,56 | **0,62** | 0,62 |
| 350 | Decken / horizontal | m² DEF | 1,20 | **1,21** | 1,21 | 0,79 | **0,80** | 0,80 |
| 360 | Dächer | m² DAF | 0,43 | **0,43** | 0,44 | 0,30 | **0,30** | 0,31 |
| 370 | Infrastrukturanlagen | | – | – | – | – | – | – |
| 380 | Baukonstruktive Einbauten | m² BGF | 1,46 | **1,53** | 1,63 | 1,00 | **1,00** | 1,00 |
| 390 | Sonst. Maßnahmen für Baukonst. | m² BGF | 1,46 | **1,53** | 1,63 | 1,00 | **1,00** | 1,00 |
| **300** | **Bauwerk – Baukonstruktionen** | m² BGF | 1,46 | **1,53** | 1,63 | 1,00 | **1,00** | 1,00 |

## Planungskennwerte für Bauzeiten — 10 Vergleichsobjekte

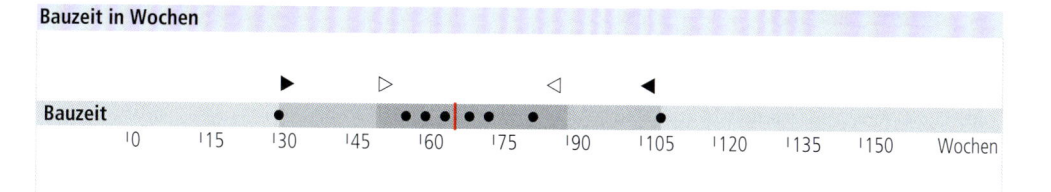

**Bauzeit in Wochen**

Bauzeit: ▶ at ~30, ▷ at ~50, ◁ at ~80, ◀ at ~100
Datenpunkte: •30, •55, •60, •63, •65, •70, •105
Skala: 10 | 15 | 30 | 45 | 60 | 75 | 90 | 105 | 120 | 135 | 150 Wochen

© BKI Baukosteninformationszentrum; Erläuterungen zu den Tabellen siehe Seite 54    Kostenstand: 1. Quartal 2022, Bundesdurchschnitt, **inkl. 19% MwSt.**

## Geschäftshäuser, mit Wohnungen

**Objektübersicht zur Gebäudeart**

### 7500-0026 Bankfiliale Wohnungen (2 WE)

**BRI** 2.227 m³    **BGF** 533 m²    **NUF** 375 m²

Bankfiliale (5 AP) und 2 Wohnungen (136 m² WFL). Mauerwerksbau.

Land: Hessen
Kreis: Lahn-Dill-Kreis
Standard: Durchschnitt
Bauzeit: 57 Wochen
Kennwerte: bis 1. Ebene DIN 276

**BGF** 2.792 €/m²

**Planung:** Archidee Drommershausen • Böhme PartG mbB • Architekten BDB; Gießen

veröffentlicht: BKI Objektdaten N17

### 7200-0093 Wohn-/Geschäftshaus, Hotel - Effizienzhaus ~48%

**BRI** 48.810 m³    **BGF** 13.755 m²    **NUF** 7.561 m²

Wohn- und Geschäftshaus mit Hotel (105 Zimmer), Gastronomie, Läden, Büros und Wohnungen (17 WE) als Effizienzhaus. Massivbau.

Land: Sachsen
Kreis: Dresden, Stadt
Standard: über Durchschnitt
Bauzeit: 109 Wochen
Kennwerte: bis 1. Ebene DIN 276

**BGF** 2.440 €/m²

**Planung:** IPROconsult GmbH Planer Architekten Ingenieure; Dresden

veröffentlicht: BKI Objektdaten E8

### 7200-0092 Geschäftshaus, Wohnung (1 WE)

**BRI** 4.389 m³    **BGF** 1.215 m²    **NUF** 722 m²

Geschäftshaus mit Einzelhandelsfläche, einem Büro und einer Maisonette-Wohnung mit Dachterrasse. Mauerwerksbau.

Land: Bremen
Kreis: Bremen, Stadt
Standard: über Durchschnitt
Bauzeit: 74 Wochen
Kennwerte: bis 1. Ebene DIN 276

**BGF** 2.118 €/m²

**Planung:** Angelis & Partner mbB; Oldenburg

veröffentlicht: BKI Objektdaten N16

### 7200-0084 Wohn- und Geschäftshaus (7 WE)

**BRI** 11.614 m³    **BGF** 4.673 m²    **NUF** 2.993 m²

Wohn- und Geschäftshaus mit Wohnungen (7WE), Praxisräumen, Büroräumen, Kindertagesstätte und Tiefgarage. Massivholzbauweise (Vorderhaus), Holztafelbauweise (Hinterhaus).

Land: Berlin
Kreis: Berlin
Standard: über Durchschnitt
Bauzeit: 65 Wochen
Kennwerte: bis 1. Ebene DIN 276

**BGF** 1.817 €/m²

**Planung:** Kaden + Partner; Berlin

veröffentlicht: BKI Objektdaten E6

---

**€/m² BGF**
min   1.375 €/m²
von   1.525 €/m²
Mittel   **1.830 €/m²**
bis   2.510 €/m²
max   2.790 €/m²

**Kosten:**
Stand 1. Quartal 2022
Bundesdurchschnitt
inkl. 19% MwSt.

© BKI Baukosteninformationszentrum; Erläuterungen zu den Tabellen siehe Seite 56

Kostenstand: 1. Quartal 2022, Bundesdurchschnitt, **inkl. 19% MwSt.**

## Objektübersicht zur Gebäudeart

### 7200-0080 Büro, Café, Wohnungen (10 WE) - KfW 60      BRI 8.508 m³   BGF 2.487 m²   NUF 1.949 m²

Café und Büro im EG, Büro und Wohnungen (10 WE, 1.732 m² WFL) in den OGs. Massivbau.

Land: Sachsen-Anhalt
Kreis: Magdeburg, Stadt
Standard: Durchschnitt
Bauzeit: 61 Wochen
Kennwerte: bis 1. Ebene DIN 276

BGF   1.516 €/m²

**Planung:** ARC architekturconcept GmbH Lauterbach Oheim Schaper; Magdeburg

veröffentlicht: BKI Objektdaten E5

### 7200-0073 Geschäftshaus, Wohnungen (3 WE)      BRI 10.784 m³   BGF 3.478 m²   NUF 2.402 m²

Geschäftshaus mit Wohnungen, das aus 2 Baukörpern besteht, Tiefgarage (19 Stellplätze), Gewerbeflächen, Büros, Wohnungen (3 WE). Holzständerkonstruktion.

Land: Baden-Württemberg
Kreis: Esslingen
Standard: Durchschnitt
Bauzeit: 70 Wochen
Kennwerte: bis 1. Ebene DIN 276

BGF   1.509 €/m²

**Planung:** BANKWITZ ARCHITEKTEN Freie Architekten u. Ingenieure GmbH; Kirchheim

veröffentlicht: BKI Objektdaten N10

### 7500-0021 Bankgebäude, Wohnen (2 WE)      BRI 1.616 m³   BGF 594 m²   NUF 434 m²

Zweigstelle einer Bank mit zwei Wohneinheiten (166 m² WFL II.BVO). Mauerwerksbau mit Stb-Decken und Holzdachkonstruktion.

Land: Baden-Württemberg
Kreis: Alb-Donau-Kreis
Standard: Durchschnitt
Bauzeit: 31 Wochen
Kennwerte: bis 4. Ebene DIN 276

BGF   1.396 €/m²

**Planung:** ott-architekten Matthias Ott, Thomas Ott; Laichingen

veröffentlicht: BKI Objektdaten N8

### 7200-0055 Apotheke, Arztpraxen, Wohnung (1 WE)      BRI 7.467 m³   BGF 2.446 m²   NUF 1.704 m²

Geschäftshaus mit Apotheke im Erdgeschoss, Praxen und Büros in den Obergeschossen, sowie einer Wohnung im Dachgeschoss. Stahlbetonbau.

Land: Baden-Württemberg
Kreis: Freudenstadt
Standard: unter Durchschnitt
Bauzeit: 83 Wochen
Kennwerte: bis 3. Ebene DIN 276

BGF   1.374 €/m²

**Planung:** Detlef Brückner Dipl.-Ing. (FH) Freier Architekt; Freudenstadt

veröffentlicht: BKI Objektdaten N5

© BKI Baukosteninformationszentrum; Erläuterungen zu den Tabellen siehe Seite 56      Kostenstand: 1. Quartal 2022, Bundesdurchschnitt, **inkl. 19% MwSt.**

## Geschäftshäuser, mit Wohnungen

### Objektübersicht zur Gebäudeart

**7200-0038 Büro- und Geschäftshaus (1 WE)**    **BRI** 2.075 m³    **BGF** 743 m²    **NUF** 479 m²

Büro- und Geschäftshaus in einer Baulücke mit Laden und Werkstatt im Erdgeschoss, einem Architekturbüro im 1. und 2. Obergeschoss und einer Wohnung im 3. und 4. Obergeschoss. Mauerwerksbau.

Land: Bayern
Kreis: Straubing, Stadt
Standard: Durchschnitt
Bauzeit: 57 Wochen
Kennwerte: bis 1. Ebene DIN 276

**BGF**   1.675 €/m²

veröffentlicht: BKI Objektdaten N4

**Planung:** Friedrich Herr Diplom-Ingenieur Architekt BDA; Straubing

**7200-0021 Geschäftshaus**    **BRI** 25.691 m³    **BGF** 7.482 m²    **NUF** 4.366 m²

Das Shop-in-Shop Geschäftshaus bietet in 8 Geschossen Verkaufsfläche. Im DG befinden sich ein Personalraum sowie 2 (Hausmeister-) Wohnungen. Im EG befinden sich die Ein-/Ausfahrt zur Tiefgarage sowie die Hofzufahrt. Stb-Skelettbau.

Land: Berlin
Kreis: Berlin, Stadt
Standard: Durchschnitt
Bauzeit: 65 Wochen
Kennwerte: bis 4. Ebene DIN 276

**BGF**   1.652 €/m²

veröffentlicht: BKI Objektdaten N1

**Planung:** Quick Bäckmann Quick Architekten BDA; Berlin

---

**€/m² BGF**

| | |
|---|---|
| min | 1.375 €/m² |
| von | 1.525 €/m² |
| Mittel | **1.830 €/m²** |
| bis | 2.510 €/m² |
| max | 2.790 €/m² |

**Kosten:**
Stand 1. Quartal 2022
Bundesdurchschnitt
inkl. 19% MwSt.

**Gewerbe**

## Geschäftshäuser, ohne Wohnungen

### Kostenkennwerte für die Kosten des Bauwerks (Kostengruppen 300+400 nach DIN 276)

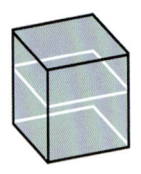

**BRI** 1.985 €/m³
von 445 €/m³
bis 690 €/m³

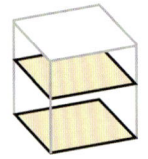

**BGF** 1.985 €/m²
von 1.430 €/m²
bis 2.600 €/m²

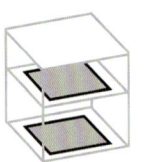

**NUF** 2.880 €/m²
von 2.060 €/m²
bis 3.670 €/m²

*Korrektur:* BRI 570 €/m³

### Objektbeispiele

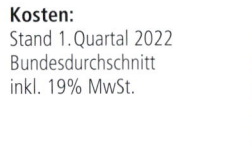

**Kosten:**
Stand 1. Quartal 2022
Bundesdurchschnitt
inkl. 19% MwSt.

7200-0017
7200-0064 
7200-0034 
7200-0056 
7200-0074 
7200-0089 

### Kosten der 6 Vergleichsobjekte — Seiten 812 bis 813

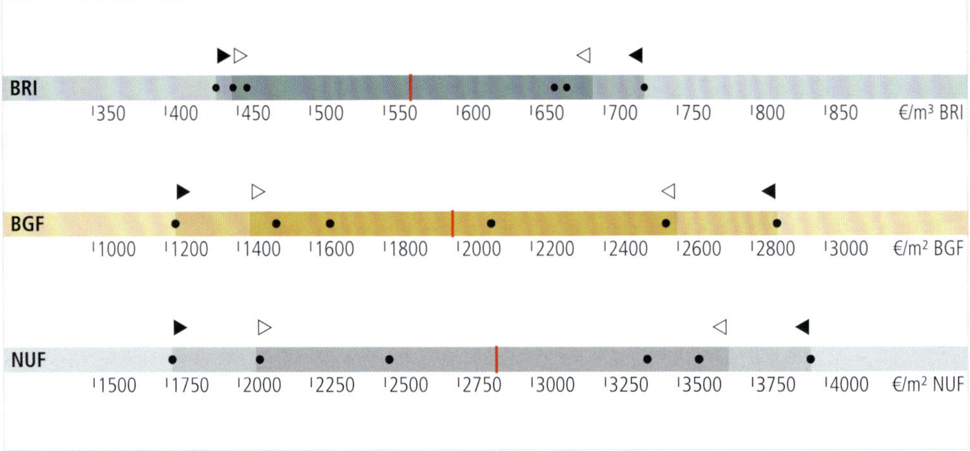

- ● KKW
- ▶ min
- ▷ von
- | Mittelwert
- ◁ bis
- ◀ max

**BRI** — €/m³ BRI (Skala 350–850)

**BGF** — €/m² BGF (Skala 1000–3000)

**NUF** — €/m² NUF (Skala 1500–4000)

© BKI Baukosteninformationszentrum; Erläuterungen zu den Tabellen siehe Seite 46  Kostenstand: 1. Quartal 2022, Bundesdurchschnitt, **inkl. 19% MwSt.**

## Kostenkennwerte für die Kostengruppen der 1. und 2. Ebene DIN 276

| KG | Kostengruppen der 1. Ebene | Einheit | ▷ | €/Einheit | ◁ | ▷ | % an 300+400 | ◁ |
|---|---|---|---|---|---|---|---|---|
| 100 | Grundstück | m²GF | – | – | – | – | – | – |
| 200 | Vorbereitende Maßnahmen | m²GF | < 1 | **148** | 295 | < 0,1 | **1,4** | 2,7 |
| 300 | Bauwerk – Baukonstruktionen | m²BGF | 1.156 | **1.556** | 2.070 | 71,8 | **78,8** | 82,2 |
| 400 | Bauwerk – Technische Anlagen | m²BGF | 275 | **429** | 642 | 17,8 | **21,2** | 28,2 |
|  | Bauwerk (300+400) | m²BGF | 1.432 | **1.985** | 2.598 | 100,0 | **100,0** | 100,0 |
| 500 | Außenanlagen und Freiflächen | m²AF | 187 | **1.960** | 7.267 | 3,0 | **5,6** | 7,8 |
| 600 | Ausstattung und Kunstwerke | m²BGF | 5 | **185** | 365 | 0,3 | **7,3** | 14,2 |
| 700 | Baunebenkosten* | m²BGF | 363 | **405** | 447 | 18,4 | **20,5** | 22,6 |
| 800 | Finanzierung | m²BGF | – | – | – | – | – | – |

*Auf Grundlage der HOAI 2021 berechnete Werte nach §§ 35, 52, 56. Weitere Informationen siehe Seite 50

| KG | Kostengruppen der 2. Ebene | Einheit | ▷ | €/Einheit | ◁ | ▷ | % an 1. Ebene | ◁ |
|---|---|---|---|---|---|---|---|---|
| 310 | Baugrube / Erdbau | m³BGI | 35 | **42** | 50 | 3,1 | **3,8** | 4,4 |
| 320 | Gründung, Unterbau | m²GRF | 277 | **321** | 364 | 5,9 | **6,8** | 7,7 |
| 330 | Außenwände / vertikal außen | m²AWF | 374 | **408** | 442 | 29,3 | **34,2** | 39,2 |
| 340 | Innenwände / vertikal innen | m²IWF | 232 | **303** | 373 | 13,9 | **18,5** | 23,1 |
| 350 | Decken / horizontal | m²DEF | 336 | **357** | 378 | 24,1 | **25,0** | 25,9 |
| 360 | Dächer | m²DAF | 341 | **371** | 401 | 8,6 | **9,3** | 10,0 |
| 370 | Infrastrukturanlagen |  | – | – | – | – | – | – |
| 380 | Baukonstruktive Einbauten | m²BGF | 2 | **2** | 2 | 0,1 | **0,1** | 0,2 |
| 390 | Sonst. Maßnahmen für Baukonst. | m²BGF | 23 | **25** | 27 | 1,9 | **2,3** | 2,6 |
| **300** | **Bauwerk – Baukonstruktionen** | m²BGF |  |  |  |  | **100,0** |  |
| 410 | Abwasser-, Wasser-, Gasanlagen | m²BGF | 55 | **71** | 86 | 25,1 | **26,4** | 27,7 |
| 420 | Wärmeversorgungsanlagen | m²BGF | 82 | **84** | 86 | 27,4 | **32,5** | 37,7 |
| 430 | Raumlufttechnische Anlagen | m²BGF | 3 | **4** | 4 | 1,0 | **1,4** | 1,9 |
| 440 | Elektrische Anlagen | m²BGF | 49 | **56** | 63 | 15,8 | **22,2** | 28,6 |
| 450 | Kommunikationstechnische Anlagen | m²BGF | 5 | **10** | 15 | 1,7 | **4,2** | 6,7 |
| 460 | Förderanlagen | m²BGF | 83 | **83** | 83 | 0,0 | **13,2** | 26,5 |
| 470 | Nutzungsspez. / verfahrenstech. Anl. | m²BGF | – | – | – | – | – | – |
| 480 | Gebäude- und Anlagenautomation | m²BGF | – | – | – | – | – | – |
| 490 | Sonst. Maßnahmen f. techn. Anl. | m²BGF | – | – | – | – | – | – |
| **400** | **Bauwerk – Technische Anlagen** | m²BGF |  |  |  |  | **100,0** |  |

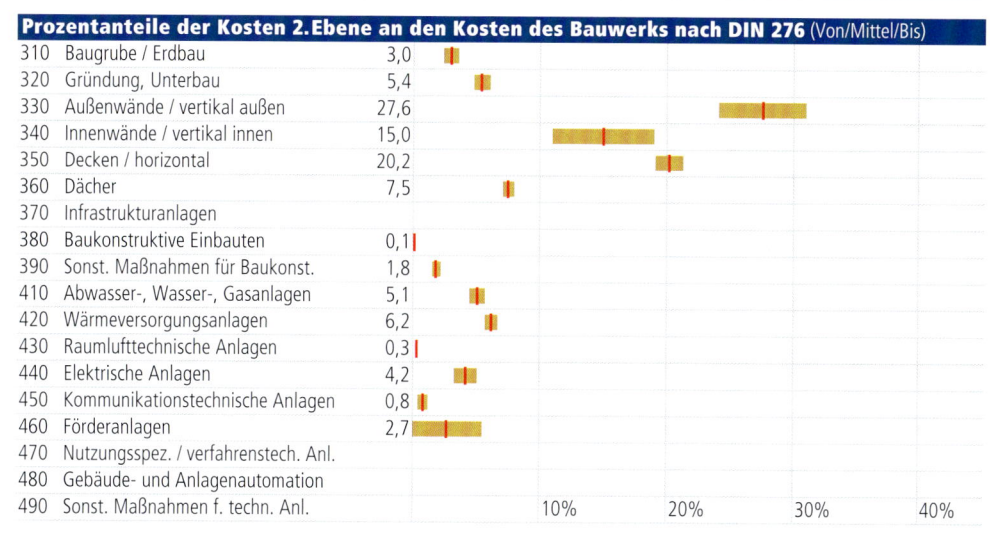

### Prozentanteile der Kosten 2. Ebene an den Kosten des Bauwerks nach DIN 276 (Von/Mittel/Bis)

| KG | Kostengruppe | Mittel % |
|---|---|---|
| 310 | Baugrube / Erdbau | 3,0 |
| 320 | Gründung, Unterbau | 5,4 |
| 330 | Außenwände / vertikal außen | 27,6 |
| 340 | Innenwände / vertikal innen | 15,0 |
| 350 | Decken / horizontal | 20,2 |
| 360 | Dächer | 7,5 |
| 370 | Infrastrukturanlagen |  |
| 380 | Baukonstruktive Einbauten | 0,1 |
| 390 | Sonst. Maßnahmen für Baukonst. | 1,8 |
| 410 | Abwasser-, Wasser-, Gasanlagen | 5,1 |
| 420 | Wärmeversorgungsanlagen | 6,2 |
| 430 | Raumlufttechnische Anlagen | 0,3 |
| 440 | Elektrische Anlagen | 4,2 |
| 450 | Kommunikationstechnische Anlagen | 0,8 |
| 460 | Förderanlagen | 2,7 |
| 470 | Nutzungsspez. / verfahrenstech. Anl. |  |
| 480 | Gebäude- und Anlagenautomation |  |
| 490 | Sonst. Maßnahmen f. techn. Anl. |  |

© BKI Baukosteninformationszentrum; Erläuterungen zu den Tabellen siehe Seite 48 und 50    Kostenstand: 1. Quartal 2022, Bundesdurchschnitt, **inkl. 19% MwSt.**

**Geschäftshäuser, ohne Wohnungen**

**Prozentanteile der Kosten für Leistungsbereiche nach STLB (Kosten Bauwerk nach DIN 276)**

| LB | Leistungsbereiche | von | Mittelwert | bis |
|---|---|---|---|---|
| 000 | Sicherheits-, Baustelleneinrichtungen inkl. 001 | 1,3 | **1,4** | 1,5 |
| 002 | Erdarbeiten | 2,6 | **3,2** | 3,7 |
| 006 | Spezialtiefbauarbeiten inkl. 005 | – | – | – |
| 009 | Entwässerungskanalarbeiten inkl. 011 | 0,1 | **0,2** | 0,4 |
| 010 | Drän- und Versickerarbeiten | 0,0 | **0,2** | 0,4 |
| 012 | Mauerarbeiten | 6,5 | **7,8** | 9,2 |
| 013 | Betonarbeiten | 17,5 | **18,1** | 18,6 |
| 014 | Natur-, Betonwerksteinarbeiten | 0,0 | **1,3** | 2,7 |
| 016 | Zimmer- und Holzbauarbeiten | 1,2 | **1,9** | 2,6 |
| 017 | Stahlbauarbeiten | 0,0 | **< 0,1** | < 0,1 |
| 018 | Abdichtungsarbeiten | 0,8 | **1,2** | 1,6 |
| 020 | Dachdeckungsarbeiten | 2,0 | **2,2** | 2,4 |
| 021 | Dachabdichtungsarbeiten | 0,0 | **0,7** | 1,5 |
| 022 | Klempnerarbeiten | 1,0 | **1,8** | 2,7 |
| | **Rohbau** | 39,2 | **40,2** | 41,1 |
| 023 | Putz- und Stuckarbeiten, Wärmedämmsysteme | 5,6 | **6,7** | 7,9 |
| 024 | Fliesen- und Plattenarbeiten | 4,8 | **5,2** | 5,7 |
| 025 | Estricharbeiten | 1,7 | **2,5** | 3,2 |
| 026 | Fenster, Außentüren inkl. 029, 032 | 8,1 | **9,4** | 10,7 |
| 027 | Tischlerarbeiten | 3,0 | **5,9** | 8,9 |
| 028 | Parkettarbeiten, Holzpflasterarbeiten | 0,0 | **< 0,1** | 0,2 |
| 030 | Rollladenarbeiten | 0,2 | **0,9** | 1,6 |
| 031 | Metallbauarbeiten inkl. 035 | 2,8 | **3,0** | 3,3 |
| 034 | Maler- und Lackiererarbeiten inkl. 037 | 1,5 | **1,7** | 1,9 |
| 036 | Bodenbelagarbeiten | 0,0 | **1,5** | 3,1 |
| 038 | Vorgehängte hinterlüftete Fassaden | 0,0 | **0,5** | 1,0 |
| 039 | Trockenbauarbeiten | 1,0 | **2,9** | 4,7 |
| | **Ausbau** | 38,3 | **40,4** | 42,5 |
| 040 | Wärmeversorgungsanl. - Betriebseinr. inkl. 041 | 5,1 | **5,4** | 5,6 |
| 042 | Gas- und Wasserinstallation, Leitungen inkl. 043 | 1,6 | **1,8** | 2,0 |
| 044 | Abwasseranlagen - Leitungen | 1,3 | **1,5** | 1,7 |
| 045 | GWE-Einrichtungsgegenstände inkl. 046 | 1,0 | **1,4** | 1,7 |
| 047 | Dämmarbeiten an betriebstechnischen Anlagen | 0,4 | **0,5** | 0,5 |
| 049 | Feuerlöschanlagen, Feuerlöschgeräte | – | – | – |
| 050 | Blitzschutz- und Erdungsanlagen | 0,1 | **0,2** | 0,3 |
| 052 | Mittelspannungsanlagen | – | – | – |
| 053 | Niederspannungsanlagen inkl. 054 | 3,3 | **3,9** | 4,5 |
| 055 | Sicherheits- u. Ersatzstromversorgungsanl. | – | – | – |
| 057 | Gebäudesystemtechnik | – | – | – |
| 058 | Leuchten und Lampen inkl. 059 | 0,3 | **0,3** | 0,3 |
| 060 | Sprechanlagen, elektroakust. Anlagen inkl. 064 | 0,0 | **< 0,1** | 0,1 |
| 061 | Kommunikationsnetze inkl. 062 | 0,2 | **0,3** | 0,3 |
| 063 | Gefahrenmeldeanlagen | 0,0 | **0,4** | 0,9 |
| 069 | Aufzüge | 0,0 | **2,7** | 5,5 |
| 070 | Gebäudeautomation | 0,0 | **0,4** | 0,8 |
| 075 | Raumlufttechnische Anlagen inkl. 078 | 0,2 | **0,3** | 0,3 |
| | **Gebäudetechnik** | 17,7 | **19,1** | 20,4 |
| | Sonstige Leistungsbereiche inkl. 008, 033, 051 | 0,2 | **0,4** | 0,5 |

Kosten:
Stand 1. Quartal 2022
Bundesdurchschnitt
inkl. 19% MwSt.

- KKW
▶ min
▷ von
| Mittelwert
◁ bis
◀ max

## Planungskennwerte für Flächen und Rauminhalte nach DIN 277

| Grundflächen | | | ▷ Fläche/NUF (%) ◁ | | | ▷ Fläche/BGF (%) ◁ | | |
|---|---|---|---|---|---|---|---|---|
| NUF | Nutzungsfläche | 100,0 | **100,0** | 100,0 | 62,5 | **69,5** | 75,3 |
| TF | Technikfläche | 4,7 | **5,9** | 8,8 | 3,2 | **4,0** | 6,3 |
| VF | Verkehrsfläche | 18,0 | **25,1** | 41,9 | 11,4 | **15,8** | 23,3 |
| NRF | Netto-Raumfläche | 123,0 | **131,0** | 147,3 | 89,3 | **89,3** | 89,7 |
| KGF | Konstruktions-Grundfläche | 14,5 | **15,7** | 16,6 | 10,3 | **10,7** | 10,7 |
| BGF | Brutto-Grundfläche | 136,9 | **146,8** | 165,2 | 100,0 | **100,0** | 100,0 |

| Brutto-Rauminhalte | | ▷ BRI/NUF (m) ◁ | | | ▷ BRI/BGF (m) ◁ | | |
|---|---|---|---|---|---|---|---|
| BRI | Brutto-Rauminhalt | 4,64 | **5,03** | 5,42 | 3,23 | **3,46** | 3,76 |

| Flächen von Nutzeinheiten | ▷ NUF/Einheit (m²) ◁ | | | ▷ BGF/Einheit (m²) ◁ | | |
|---|---|---|---|---|---|---|
| Nutzeinheit: | – | – | – | – | – | – |

| Lufttechnisch behandelte Flächen | ▷ Fläche/NUF (%) ◁ | | | ▷ Fläche/BGF (%) ◁ | | |
|---|---|---|---|---|---|---|
| Entlüftete Fläche | – | – | – | – | – | – |
| Be- und entlüftete Fläche | 12,4 | **12,4** | 12,4 | 8,6 | **8,6** | 8,6 |
| Teilklimatisierte Fläche | – | – | – | – | – | – |
| Klimatisierte Fläche | 100,0 | **100,0** | 100,0 | 65,7 | **65,7** | 65,7 |

| KG | Kostengruppen (2. Ebene) | Einheit | ▷ Menge/NUF ◁ | | | ▷ Menge/BGF ◁ | | |
|---|---|---|---|---|---|---|---|---|
| 310 | Baugrube / Erdbau | m³ BGI | 1,38 | **1,38** | 1,38 | 0,98 | **0,98** | 0,98 |
| 320 | Gründung, Unterbau | m² GRF | 0,33 | **0,33** | 0,33 | 0,23 | **0,23** | 0,23 |
| 330 | Außenwände / vertikal außen | m² AWF | 1,34 | **1,34** | 1,34 | 0,96 | **0,96** | 0,96 |
| 340 | Innenwände / vertikal innen | m² IWF | 0,94 | **0,94** | 0,94 | 0,67 | **0,67** | 0,67 |
| 350 | Decken / horizontal | m² DEF | 1,08 | **1,08** | 1,08 | 0,77 | **0,77** | 0,77 |
| 360 | Dächer | m² DAF | 0,39 | **0,39** | 0,39 | 0,28 | **0,28** | 0,28 |
| 370 | Infrastrukturanlagen | | – | – | – | – | – | – |
| 380 | Baukonstruktive Einbauten | m² BGF | 1,37 | **1,47** | 1,65 | 1,00 | **1,00** | 1,00 |
| 390 | Sonst. Maßnahmen für Baukonst. | m² BGF | 1,37 | **1,47** | 1,65 | 1,00 | **1,00** | 1,00 |
| **300** | **Bauwerk – Baukonstruktionen** | m² BGF | 1,37 | **1,47** | 1,65 | 1,00 | **1,00** | 1,00 |

## Planungskennwerte für Bauzeiten — 6 Vergleichsobjekte

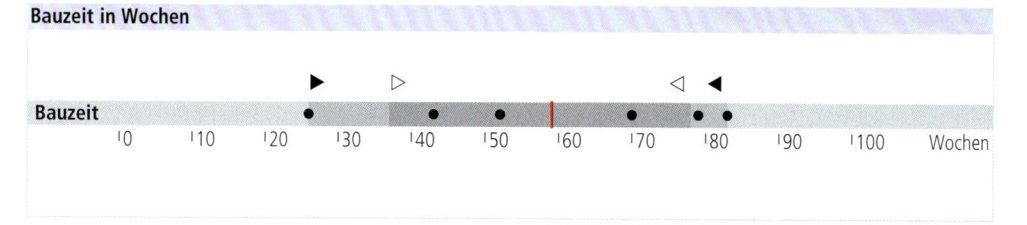

**Bauzeit in Wochen**

Bauzeit-Skala: 0 bis 100 Wochen

© BKI Baukosteninformationszentrum; Erläuterungen zu den Tabellen siehe Seite 54. Kostenstand: 1. Quartal 2022, Bundesdurchschnitt, inkl. 19% MwSt.

## Geschäftshäuser, ohne Wohnungen

€/m² BGF
min 1.225 €/m²
von 1.430 €/m²
Mittel **1.985 €/m²**
bis 2.600 €/m²
max 2.870 €/m²

**Kosten:**
Stand 1. Quartal 2022
Bundesdurchschnitt
inkl. 19% MwSt.

### Objektübersicht zur Gebäudeart

**7200-0089 Ärzte- und Geschäftshaus, TG (22 STP)**    **BRI** 14.461 m³   **BGF** 3.807 m²   **NUF** 2.503 m²

Geschäftshaus mit Tiefgarage (22 STP), Laden, Praxisräumen und Büroeinheiten. Massivbau.

Land: Nordrhein-Westfalen
Kreis: Essen
Standard: über Durchschnitt
Bauzeit: 70 Wochen
Kennwerte: bis 1. Ebene DIN 276

**BGF**   **1.653 €/m²**

**Planung:** Format Architektur; Köln     veröffentlicht: BKI Objektdaten N15

---

**7200-0074 Apotheke**    **BRI** 961 m³   **BGF** 226 m²   **NUF** 191 m²

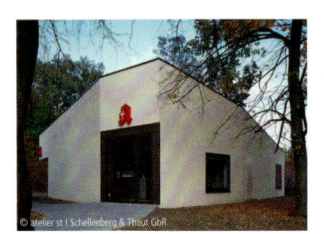

Apotheke mit Verkaufsraum, Beratungsraum, Labor, Büro und Personalraum, Massivbau. Stahlbetonbau.

Land: Sachsen
Kreis: Zwickau
Standard: über Durchschnitt
Bauzeit: 26 Wochen
Kennwerte: bis 1. Ebene DIN 276

**BGF**   **2.868 €/m²**

**Planung:** atelier st I Schellenberg & Thaut GbR Freie Architekten BDA; Leipzig     veröffentlicht: BKI Objektdaten N10

---

**7200-0064 Geschäftshaus**    **BRI** 2.565 m³   **BGF** 778 m²   **NUF** 565 m²

Geschäftshaus, Laden, Praxisräume, alten- und behindertengerecht, Nutzungsfläche: 564 m². Massivbau mit Stb-Decken und Holzdachstuhl.

Land: Rheinland-Pfalz
Kreis: Alzey-Worms
Standard: Durchschnitt
Bauzeit: 43 Wochen
Kennwerte: bis 4. Ebene DIN 276

**BGF**   **1.505 €/m²**

**Planung:** Freier Architekt Dipl.-Ing. Jürgen Conrad; Worms     veröffentlicht: BKI Objektdaten N7

---

**7200-0056 Kaufhaus**    **BRI** 55.000 m³   **BGF** 15.580 m²   **NUF** 11.202 m²

Kaufhaus für Textil, Bücher, Wohnen, teilweise Fremdfirmen, Lebensmittel im UG; Verwaltung im DG. Stb-Skelettbau.

Land: Thüringen
Kreis: Erfurt, Stadt
Standard: über Durchschnitt
Bauzeit: 79 Wochen
Kennwerte: bis 1. Ebene DIN 276

**BGF**   **2.567 €/m²**

**Planung:** KBK Architekten Belz Lutz Guggenberger Architektengesell. mbH; Stuttgart     veröffentlicht: BKI Objektdaten N6

## Objektübersicht zur Gebäudeart

### 7200-0034 Büro- und Geschäftshaus (27 WE)  BRI 29.340 m³   BGF 9.349 m²   NUF 4.949 m²

Fahrgassen der Tiefgarage wurden der Verkehrsfläche zugeordnet (1.659 m²). Stahlbetonbau.

Land: Bayern
Kreis: Traunstein
Standard: über Durchschnitt
Bauzeit: 83 Wochen
Kennwerte: bis 1. Ebene DIN 276

BGF   2.090 €/m²

veröffentlicht: BKI Objektdaten N3

**Planung:** SSP Architekten Schmidt-Schicketanz und Partner GmbH; München

### 7200-0022 Geschäftshaus, Apotheke*   BRI 2.445 m³   BGF 678 m²   NUF 427 m²

EG und 1.OG: Apotheke mit hohem Ausbaustandard; 2. und 3.OG: Büroräume; vor der Fassade vorgehängte Stahlfachwerkscheibe, aus Brandschutzgründen (F90) mit zirkulierendem Kühlmittel gefüllt. Stahlbetonbau.

Land: Hessen
Kreis: Offenbach am Main, Stadt
Standard: über Durchschnitt
Bauzeit: 78 Wochen
Kennwerte: bis 3. Ebene DIN 276

BGF   5.622 €/m²  *

veröffentlicht: BKI Objektdaten N1
* Nicht in der Auswertung enthalten

**Planung:** k.A.

### 7200-0017 Geschäftshaus mit Büros, Arztpraxen   BRI 6.058 m³   BGF 2.208 m²   NUF 1.529 m²

Geschäftshaus mit Büros und Arztpraxen mit durchschnittlicher Grundausstattung; Einrichtung durch Mieter; Anschluss an Parkdeck (Objekt 7800-0013). Mauerwerksbau.

Land: Thüringen
Kreis: Südthüringen
Standard: unter Durchschnitt
Bauzeit: 52 Wochen
Kennwerte: bis 3. Ebene DIN 276

BGF   1.226 €/m²

www.bki.de

**Planung:** Baur Consult Ingenieure; Hassfurt

# Verbrauchermärkte

## Kostenkennwerte für die Kosten des Bauwerks (Kostengruppen 300+400 nach DIN 276)

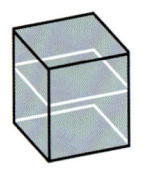

**BRI** 255 €/m³
von 215 €/m³
bis 315 €/m³

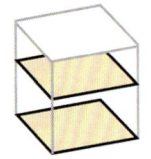

**BGF** 1.495 €/m²
von 1.170 €/m²
bis 1.830 €/m²

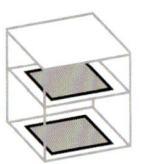

**NUF** 1.900 €/m²
von 1.455 €/m²
bis 2.445 €/m²

**Kosten:**
Stand 1. Quartal 2022
Bundesdurchschnitt
inkl. 19% MwSt.

### Objektbeispiele

7200-0097

7200-0099

7200-0082

### Kosten der 12 Vergleichsobjekte — Seiten 818 bis 821

- ● KKW
- ▶ min
- ▷ von
- | Mittelwert
- ◁ bis
- ◀ max

BRI: €/m³ BRI (Skala 0 bis 500)

BGF: €/m² BGF (Skala 750 bis 2250)

NUF: €/m² NUF (Skala 800 bis 2800)

© BKI Baukosteninformationszentrum; Erläuterungen zu den Tabellen siehe Seite 46    Kostenstand: 1. Quartal 2022, Bundesdurchschnitt, **inkl. 19% MwSt.**

## Kostenkennwerte für die Kostengruppen der 1. und 2. Ebene DIN 276

| KG | Kostengruppen der 1. Ebene | Einheit | ▷ | €/Einheit | ◁ | ▷ | % an 300+400 | ◁ |
|---|---|---|---|---|---|---|---|---|
| 100 | Grundstück | m²GF | – | – | – | – | – | – |
| 200 | Vorbereitende Maßnahmen | m²GF | 14 | **36** | 68 | 2,5 | **6,8** | 11,6 |
| 300 | Bauwerk – Baukonstruktionen | m²BGF | 962 | **1.138** | 1.384 | 71,5 | **77,2** | 84,8 |
| 400 | Bauwerk – Technische Anlagen | m²BGF | 199 | **355** | 494 | 15,2 | **22,8** | 28,5 |
|  | Bauwerk (300+400) | m²BGF | 1.170 | **1.493** | 1.831 | 100,0 | **100,0** | 100,0 |
| 500 | Außenanlagen und Freiflächen | m²AF | 79 | **138** | 204 | 10,5 | **17,7** | 30,1 |
| 600 | Ausstattung und Kunstwerke | m²BGF | < 1 | **2** | 3 | < 0,1 | **0,1** | 0,2 |
| 700 | Baunebenkosten* | m²BGF | 284 | **317** | 349 | 18,9 | **21,1** | 23,3 |
| 800 | Finanzierung | m²BGF | – | – | – | – | – | – |

*Auf Grundlage der HOAI 2021 berechnete Werte nach §§ 35, 52, 56. Weitere Informationen siehe Seite 50

| KG | Kostengruppen der 2. Ebene | Einheit | ▷ | €/Einheit | ◁ | ▷ | % an 1. Ebene | ◁ |
|---|---|---|---|---|---|---|---|---|
| 310 | Baugrube / Erdbau | m³BGI | 31 | **42** | 53 | 0,3 | **1,0** | 1,6 |
| 320 | Gründung, Unterbau | m²GRF | 232 | **269** | 307 | 22,1 | **26,1** | 30,0 |
| 330 | Außenwände / vertikal außen | m²AWF | 430 | **557** | 685 | 26,9 | **28,2** | 29,5 |
| 340 | Innenwände / vertikal innen | m²IWF | 273 | **305** | 338 | 12,7 | **15,1** | 17,5 |
| 350 | Decken / horizontal | m²DEF | – | – | – | – | – | – |
| 360 | Dächer | m²DAF | 226 | **238** | 249 | 26,1 | **27,2** | 28,3 |
| 370 | Infrastrukturanlagen | | – | – | – | – | – | – |
| 380 | Baukonstruktive Einbauten | m²BGF | 1 | **1** | 1 | 0,0 | **< 0,1** | 0,1 |
| 390 | Sonst. Maßnahmen für Baukonst. | m²BGF | 17 | **24** | 31 | 1,7 | **2,4** | 3,1 |
| **300** | **Bauwerk – Baukonstruktionen** | **m²BGF** | | | | | **100,0** | |
| 410 | Abwasser-, Wasser-, Gasanlagen | m²BGF | 45 | **62** | 79 | 13,9 | **14,6** | 15,2 |
| 420 | Wärmeversorgungsanlagen | m²BGF | 52 | **102** | 152 | 16,0 | **22,6** | 29,3 |
| 430 | Raumlufttechnische Anlagen | m²BGF | 62 | **74** | 87 | 16,7 | **17,9** | 19,1 |
| 440 | Elektrische Anlagen | m²BGF | 116 | **125** | 134 | 25,8 | **30,8** | 35,7 |
| 450 | Kommunikationstechnische Anlagen | m²BGF | 6 | **9** | 12 | 1,8 | **2,0** | 2,3 |
| 460 | Förderanlagen | m²BGF | – | – | – | – | – | – |
| 470 | Nutzungsspez. / verfahrenstech. Anl. | m²BGF | 44 | **50** | 56 | 10,7 | **12,1** | 13,5 |
| 480 | Gebäude- und Anlagenautomation | m²BGF | – | – | – | – | – | – |
| 490 | Sonst. Maßnahmen f. techn. Anl. | m²BGF | – | – | – | – | – | – |
| **400** | **Bauwerk – Technische Anlagen** | **m²BGF** | | | | | **100,0** | |

### Prozentanteile der Kosten 2. Ebene an den Kosten des Bauwerks nach DIN 276 (Von/Mittel/Bis)

| KG | Kostengruppe | Mittel |
|---|---|---|
| 310 | Baugrube / Erdbau | 0,7 |
| 320 | Gründung, Unterbau | 18,3 |
| 330 | Außenwände / vertikal außen | 20,1 |
| 340 | Innenwände / vertikal innen | 10,8 |
| 350 | Decken / horizontal | |
| 360 | Dächer | 19,2 |
| 370 | Infrastrukturanlagen | |
| 380 | Baukonstruktive Einbauten | < 0,1 |
| 390 | Sonst. Maßnahmen für Baukonst. | 1,7 |
| 410 | Abwasser-, Wasser-, Gasanlagen | 4,3 |
| 420 | Wärmeversorgungsanlagen | 6,9 |
| 430 | Raumlufttechnische Anlagen | 5,1 |
| 440 | Elektrische Anlagen | 8,7 |
| 450 | Kommunikationstechnische Anlagen | 0,6 |
| 460 | Förderanlagen | |
| 470 | Nutzungsspez. / verfahrenstech. Anl. | 3,5 |
| 480 | Gebäude- und Anlagenautomation | |
| 490 | Sonst. Maßnahmen f. techn. Anl. | |

© BKI Baukosteninformationszentrum; Erläuterungen zu den Tabellen siehe Seite 48 und 50    Kostenstand: 1. Quartal 2022, Bundesdurchschnitt, inkl. 19% MwSt.

# Verbrauchermärkte

**Prozentanteile der Kosten für Leistungsbereiche nach STLB (Kosten Bauwerk nach DIN 276)**

| LB | Leistungsbereiche | % an 300+400 von | Mittelwert | bis |
|---|---|---|---|---|
| 000 | Sicherheits-, Baustelleneinrichtungen inkl. 001 | 1,0 | 1,6 | 2,3 |
| 002 | Erdarbeiten | 1,8 | 1,9 | 2,1 |
| 006 | Spezialtiefbauarbeiten inkl. 005 | – | – | – |
| 009 | Entwässerungskanalarbeiten inkl. 011 | 0,0 | 0,4 | 0,9 |
| 010 | Drän- und Versickerarbeiten | – | – | – |
| 012 | Mauerarbeiten | 0,0 | 7,9 | 15,8 |
| 013 | Betonarbeiten | 9,9 | 17,3 | 24,6 |
| 014 | Natur-, Betonwerksteinarbeiten | 0,0 | 2,6 | 5,3 |
| 016 | Zimmer- und Holzbauarbeiten | 5,3 | 6,5 | 7,8 |
| 017 | Stahlbauarbeiten | 0,4 | 0,7 | 0,9 |
| 018 | Abdichtungsarbeiten | 0,0 | < 0,1 | 0,1 |
| 020 | Dachdeckungsarbeiten | 5,7 | 7,1 | 8,4 |
| 021 | Dachabdichtungsarbeiten | 0,0 | 0,6 | 1,2 |
| 022 | Klempnerarbeiten | 1,7 | 2,5 | 3,2 |
| | **Rohbau** | **45,3** | **49,2** | **53,1** |
| 023 | Putz- und Stuckarbeiten, Wärmedämmsysteme | 0,0 | 1,0 | 2,1 |
| 024 | Fliesen- und Plattenarbeiten | 3,6 | 5,5 | 7,4 |
| 025 | Estricharbeiten | 0,0 | 0,2 | 0,4 |
| 026 | Fenster, Außentüren inkl. 029, 032 | 4,2 | 5,2 | 6,1 |
| 027 | Tischlerarbeiten | 1,2 | 1,2 | 1,3 |
| 028 | Parkettarbeiten, Holzpflasterarbeiten | – | – | – |
| 030 | Rollladenarbeiten | 0,0 | < 0,1 | < 0,1 |
| 031 | Metallbauarbeiten inkl. 035 | 2,5 | 3,8 | 5,0 |
| 034 | Maler- und Lackiererarbeiten inkl. 037 | 0,8 | 0,9 | 1,1 |
| 036 | Bodenbelagarbeiten | 0,0 | 0,3 | 0,5 |
| 038 | Vorgehängte hinterlüftete Fassaden | 0,0 | 1,6 | 3,2 |
| 039 | Trockenbauarbeiten | 2,6 | 2,8 | 2,9 |
| | **Ausbau** | **22,3** | **22,5** | **22,8** |
| 040 | Wärmeversorgungsanl. - Betriebseinr. inkl. 041 | 3,5 | 6,1 | 8,7 |
| 042 | Gas- und Wasserinstallation, Leitungen inkl. 043 | 0,8 | 1,2 | 1,7 |
| 044 | Abwasseranlagen - Leitungen | 0,7 | 1,1 | 1,6 |
| 045 | GWE-Einrichtungsgegenstände inkl. 046 | 1,1 | 1,2 | 1,3 |
| 047 | Dämmarbeiten an betriebstechnischen Anlagen | 0,2 | 1,2 | 2,2 |
| 049 | Feuerlöschanlagen, Feuerlöschgeräte | – | – | – |
| 050 | Blitzschutz- und Erdungsanlagen | 0,1 | 0,3 | 0,5 |
| 052 | Mittelspannungsanlagen | – | – | – |
| 053 | Niederspannungsanlagen inkl. 054 | 6,1 | 6,8 | 7,4 |
| 055 | Sicherheits- u. Ersatzstromversorgungsanl. | – | – | – |
| 057 | Gebäudesystemtechnik | – | – | – |
| 058 | Leuchten und Lampen inkl. 059 | 0,7 | 1,4 | 2,0 |
| 060 | Sprechanlagen, elektroakust. Anlagen inkl. 064 | 0,4 | 0,4 | 0,4 |
| 061 | Kommunikationsnetze inkl. 062 | 0,0 | < 0,1 | < 0,1 |
| 063 | Gefahrenmeldeanlagen | 0,0 | 0,1 | 0,3 |
| 069 | Aufzüge | – | – | – |
| 070 | Gebäudeautomation | 0,0 | 0,7 | 1,4 |
| 075 | Raumlufttechnische Anlagen inkl. 078 | 7,3 | 7,6 | 7,9 |
| | **Gebäudetechnik** | **24,1** | **28,2** | **32,4** |
| | Sonstige Leistungsbereiche inkl. 008, 033, 051 | 0,0 | < 0,1 | < 0,1 |

**Kosten:** Stand 1. Quartal 2022 Bundesdurchschnitt inkl. 19% MwSt.

- ● KKW
- ▶ min
- ▷ von
- | Mittelwert
- ◁ bis
- ◀ max

## Planungskennwerte für Flächen und Rauminhalte nach DIN 277

| Grundflächen | | | ▷ Fläche/NUF (%) ◁ | | | ▷ Fläche/BGF (%) ◁ | | |
|---|---|---|---|---|---|---|---|---|
| NUF | Nutzungsfläche | 100,0 | **100,0** | 100,0 | 77,1 | **79,4** | 83,5 |
| TF | Technikfläche | 3,8 | **5,2** | 7,3 | 2,9 | **4,1** | 5,8 |
| VF | Verkehrsfläche | 5,9 | **8,2** | 9,3 | 4,5 | **6,3** | 7,3 |
| NRF | Netto-Raumfläche | 109,0 | **113,4** | 117,2 | 86,9 | **89,8** | 91,3 |
| KGF | Konstruktions-Grundfläche | 11,1 | **12,9** | 17,1 | 8,7 | **10,2** | 13,1 |
| BGF | Brutto-Grundfläche | 120,7 | **126,3** | 130,2 | 100,0 | **100,0** | 100,0 |

| Brutto-Rauminhalte | | | ▷ BRI/NUF (m) ◁ | | | ▷ BRI/BGF (m) ◁ | | |
|---|---|---|---|---|---|---|---|---|
| BRI | Brutto-Rauminhalt | 6,42 | **7,66** | 9,05 | 5,10 | **6,01** | 7,00 |

| Flächen von Nutzeinheiten | | ▷ NUF/Einheit (m²) ◁ | | | ▷ BGF/Einheit (m²) ◁ | | |
|---|---|---|---|---|---|---|---|
| Nutzeinheit: | | – | – | – | – | – | – |

| Lufttechnisch behandelte Flächen | | ▷ Fläche/NUF (%) ◁ | | | ▷ Fläche/BGF (%) ◁ | | |
|---|---|---|---|---|---|---|---|
| Entlüftete Fläche | | – | – | – | – | – | – |
| Be- und entlüftete Fläche | | – | – | – | – | – | – |
| Teilklimatisierte Fläche | | – | – | – | – | – | – |
| Klimatisierte Fläche | | – | – | – | – | – | – |

| KG | Kostengruppen (2. Ebene) | Einheit | ▷ | Menge/NUF | ◁ | ▷ | Menge/BGF | ◁ |
|---|---|---|---|---|---|---|---|---|
| 310 | Baugrube / Erdbau | m³ BGI | 0,26 | **0,26** | 0,26 | 0,20 | **0,20** | 0,20 |
| 320 | Gründung, Unterbau | m² GRF | 1,24 | **1,24** | 1,24 | 0,98 | **0,98** | 0,98 |
| 330 | Außenwände / vertikal außen | m² AWF | 0,68 | **0,68** | 0,68 | 0,54 | **0,54** | 0,54 |
| 340 | Innenwände / vertikal innen | m² IWF | 0,63 | **0,63** | 0,63 | 0,50 | **0,50** | 0,50 |
| 350 | Decken / horizontal | m² DEF | – | – | – | – | – | – |
| 360 | Dächer | m² DAF | 1,47 | **1,47** | 1,47 | 1,16 | **1,16** | 1,16 |
| 370 | Infrastrukturanlagen | | – | – | – | – | – | – |
| 380 | Baukonstruktive Einbauten | m² BGF | 1,21 | **1,26** | 1,30 | 1,00 | **1,00** | 1,00 |
| 390 | Sonst. Maßnahmen für Baukonstr. | m² BGF | 1,21 | **1,26** | 1,30 | 1,00 | **1,00** | 1,00 |
| **300** | **Bauwerk – Baukonstruktionen** | m² BGF | 1,21 | **1,26** | 1,30 | 1,00 | **1,00** | 1,00 |

## Planungskennwerte für Bauzeiten — 11 Vergleichsobjekte

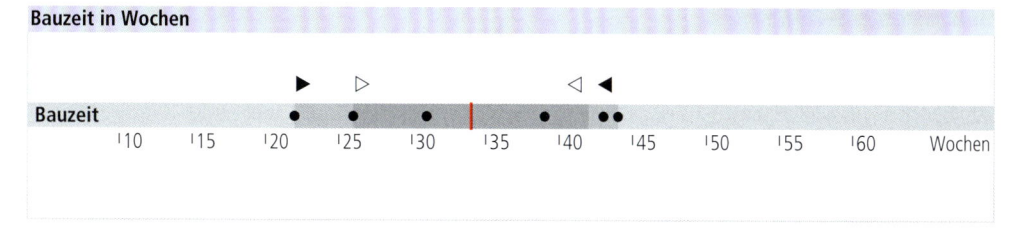

Bauzeit in Wochen: ▶ ▷ ◁ ◀  
Punkte bei ca. 22, 25, 30, 40, 42, 43 Wochen; roter Marker bei ca. 34 Wochen  
Skala: 10, 15, 20, 25, 30, 35, 40, 45, 50, 55, 60 Wochen

© BKI Baukosteninformationszentrum; Erläuterungen zu den Tabellen siehe Seite 54 — Kostenstand: 1. Quartal 2022, Bundesdurchschnitt, inkl. 19% MwSt.

# Verbrauchermärkte

## Objektübersicht zur Gebäudeart

### 7200-0099 Dorfladen mit Café (10 Sitzplätze) — BRI 2.289 m³ | BGF 388 m² | NUF 325 m²

Dorfladen und Café mit zehn Sitzplätzen im Innenbereich und Stehtischen im Außenbereich. Mauerwerk.

Land: Hessen
Kreis: Marburg-Biedenkopf
Standard: Durchschnitt
Bauzeit: 44 Wochen
Kennwerte: bis 1. Ebene DIN 276

BGF  1.981 €/m²

Planung: integrale planung; Marburg

vorgesehen: BKI Objektdaten N18

**€/m² BGF**
min        925 €/m²
von      1.170 €/m²
Mittel   **1.495 €/m²**
bis      1.830 €/m²
max      1.980 €/m²

**Kosten:**
Stand 1. Quartal 2022
Bundesdurchschnitt
inkl. 19% MwSt.

### 7200-0095 Nahversorgungsmarkt, Bäckerei -Effizienzhaus ~70% — BRI 16.189 m³ | BGF 2.453 m² | NUF 1.793 m²

Nahversorgungsmarkt mit Bäckerei (30 AP). Stb-Skelettbau.

Land: Nordrhein-Westfalen
Kreis: Lippe
Standard: Durchschnitt
Bauzeit: 26 Wochen
Kennwerte: bis 1. Ebene DIN 276

BGF  1.953 €/m²

Planung: Bits & Beits GmbH Büro für Architektur; Bad Salzuflen

veröffentlicht: BKI Objektdaten E9

### 7200-0097 Lebensmittelmarkt — BRI 19.204 m³ | BGF 2.937 m² | NUF 2.214 m²

Lebensmittelmarkt mit Backshop und Getränkemarkt. Stahlbeton.

Land: Sachsen
Kreis: Sächsische Schweiz-Osterzgebirge
Standard: Durchschnitt
Bauzeit: 43 Wochen
Kennwerte: bis 1. Ebene DIN 276

BGF  1.673 €/m²

Planung: Seidel + Architekten; Pirna

vorgesehen: BKI Objektdaten N18

### 7200-0088 Baufachmarkt, Ausstellungsgebäude — BRI 23.612 m³ | BGF 2.819 m² | NUF 2.202 m²

Baufachmarkt mit Ausstellungsfläche und Lager. Stb-Skelettbau.

Land: Bayern
Kreis: Passau
Standard: über Durchschnitt
Bauzeit: 39 Wochen
Kennwerte: bis 1. Ebene DIN 276

BGF  1.281 €/m²

Planung: Architekturbüro Willi Neumeier Architekt Dipl. Ing. FH; Tittling

veröffentlicht: BKI Objektdaten N15

## Objektübersicht zur Gebäudeart

### 7200-0091 Verbrauchermarkt

**BRI** 52.451 m³  **BGF** 8.528 m²  **NUF** 6.504 m²

Verbrauchermarkt mit Kühlräumen, Personal- und Büroräumen. Stb-Skelettbau.

Land: Nordrhein-Westfalen
Kreis: Mettmann
Standard: Durchschnitt
Bauzeit: 43 Wochen
Kennwerte: bis 1. Ebene DIN 276

**BGF   1.392 €/m²**

veröffentlicht: BKI Objektdaten N16

**Planung:** nhp Neuwald Dulle Architekten - Ingenieure; Seevetal

### 7200-0085 Nahversorgungszentrum

**BRI** 38.225 m³  **BGF** 6.438 m²  **NUF** 5.179 m²

Nahversorgungszentrum mit Lebensmittelläden, Drogeriemarkt und Fitnessstudio. Massivbau, Brettschichtholzträger.

Land: Niedersachsen
Kreis: Oldenburg (Oldb), Stadt
Standard: Durchschnitt
Bauzeit: 39 Wochen
Kennwerte: bis 1. Ebene DIN 276

**BGF   1.505 €/m²**

veröffentlicht: BKI Objektdaten N13

**Planung:** 9 grad architektur; Oldenburg

### 7200-0076 Verkaufs- und Ausstellungsgebäude*

**BRI** 3.420 m³  **BGF** 755 m²  **NUF** 601 m²

Verkaufs- und Ausstellungsgebäude für Elektrogeräte mit Ausstellungsfläche, Lager, Büro und Personalraum. Stahlbetonkonstruktion.

Land: Nordrhein-Westfalen
Kreis: Rhein-Sieg-Kreis
Standard: Durchschnitt
Bauzeit: 22 Wochen
Kennwerte: bis 1. Ebene DIN 276

**BGF   613 €/m²**

veröffentlicht: BKI Objektdaten N11
* Nicht in der Auswertung enthalten

**Planung:** Dipl.-Ing. Claudia Schwister-Schulte; Hürth

### 7200-0083 Verbrauchermarkt

**BRI** 7.180 m³  **BGF** 850 m²  **NUF** 623 m²

Verbrauchermarkt. Stb-Fertigteilkonstruktion, Nagelplattenbinder-Flachdachkonstruktion.

Land: Baden-Württemberg
Kreis: Enzkreis
Standard: Durchschnitt
Bauzeit: 26 Wochen
Kennwerte: bis 1. Ebene DIN 276

**BGF   1.944 €/m²**

veröffentlicht: BKI Objektdaten N12

**Planung:** Architekturbüro Klaus; Karlsruhe

© BKI Baukosteninformationszentrum; Erläuterungen zu den Tabellen siehe Seite 56    Kostenstand: 1. Quartal 2022, Bundesdurchschnitt, inkl. 19% MwSt.

# Verbrauchermärkte

## Objektübersicht zur Gebäudeart

€/m² BGF
min 925 €/m²
von 1.170 €/m²
Mittel **1.495 €/m²**
bis 1.830 €/m²
max 1.980 €/m²

**Kosten:**
Stand 1. Quartal 2022
Bundesdurchschnitt
inkl. 19% MwSt.

---

### 7200-0063 Obstverkaufshalle*
**BRI** 1.259 m³ **BGF** 379 m² **NUF** 307 m²

Obstverkaufshalle mit Lagerräumen, Brennerei und Mitarbeiterwohnungen. Holzrahmenbau mit Holzdachkonstruktion.

Land: Bayern
Kreis: Lindau (Bodensee)
Standard: Durchschnitt
Bauzeit: 31 Wochen
Kennwerte: bis 3. Ebene DIN 276

**BGF 1.810 €/m²**

**Planung:** Erber Architekten; Lindau

veröffentlicht: BKI Objektdaten N8
* Nicht in der Auswertung enthalten

---

### 7200-0065 Verbrauchermarkt
**BRI** 7.434 m³ **BGF** 1.223 m² **NUF** 968 m²

Verbrauchermarkt. Stb-Skelettkonstruktion, Stb-Sandwichplatten, Holzdachstuhl.

Land: Bayern
Kreis: Ebersberg
Standard: Durchschnitt
Bauzeit: 39 Wochen
Kennwerte: bis 4. Ebene DIN 276

**BGF 1.529 €/m²**

**Planung:** Hans Baumann & Freunde Robert Kolbitsch; Moosach

veröffentlicht: BKI Objektdaten N7

---

### 7200-0082 Fachmarktzentrum
**BRI** 33.064 m³ **BGF** 8.058 m² **NUF** 6.423 m²

Fachmarktzentrum mit Fachmärkten, Gastronomie, Fitnesscenter, Büros und Praxen, Stellplätze (140 St). Massivbauweise.

Land: Niedersachsen
Kreis: Hannover, Region
Standard: unter Durchschnitt
Bauzeit: 78 Wochen*
Kennwerte: bis 1. Ebene DIN 276

**BGF 1.354 €/m²**

**Planung:** Jürgen Scharlach Dipl.-Ing. Architekt DWB; Isernhagen

veröffentlicht: BKI Objektdaten N12
* Nicht in der Auswertung enthalten

---

### 7200-0045 Verbrauchermarkt
**BRI** 7.637 m³ **BGF** 1.310 m² **NUF** 1.034 m²

Lebensmitteleinzelhandel mit Getränkemarkt, Backshop, Friseursalon. Mauerwerksbau.

Land: Niedersachsen
Kreis: Harburg
Standard: Durchschnitt
Bauzeit: 22 Wochen
Kennwerte: bis 3. Ebene DIN 276

**BGF 1.343 €/m²**

**Planung:** Architekturbüro Wilfried Matzak; Winsen/Luhe

veröffentlicht: BKI Objektdaten N5

## Objektübersicht zur Gebäudeart

### 7200-0044 Verbrauchermarkt

**BRI** 6.469 m³    **BGF** 1.550 m²    **NUF** 1.412 m²

Verbrauchermarkt im Erdgeschoss mit Büro- und Personalräumen, im Untergeschoss (Teilunterkellerung) Autozubehörhandel. Mauerwerksbau.

Land: Bayern
Kreis: Miltenberg
Standard: Durchschnitt
Bauzeit: 31 Wochen
Kennwerte: bis 1. Ebene DIN 276

**BGF**    1.038 €/m²

**Planung:** Peter Zirkel Architekten; Dresden

veröffentlicht: BKI Objektdaten N4

### 7700-0029 Büromarkt, Poststelle, Fachmarkt

**BRI** 7.678 m³    **BGF** 1.931 m²    **NUF** 1.623 m²

Einkaufsmarkt, Tiefgarage 24 Plätze. Stahlskelettbau.

Land: Bayern
Kreis: Coburg
Standard: Durchschnitt
Bauzeit: 26 Wochen
Kennwerte: bis 1. Ebene DIN 276

**BGF**    924 €/m²

**Planung:** Architekturbüro Heinz u. Rolf Liebermann; Coburg

veröffentlicht: BKI Objektdaten N4

# Autohäuser

## Kostenkennwerte für die Kosten des Bauwerks (Kostengruppen 300+400 nach DIN 276)

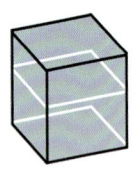

**BRI** 365 €/m³
von 340 €/m³
bis 445 €/m³

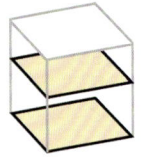

**BGF** 1.685 €/m²
von 1.485 €/m²
bis 1.810 €/m²

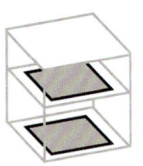

**NUF** 2.000 €/m²
von 1.685 €/m²
bis 2.220 €/m²

**Kosten:**
Stand 1. Quartal 2022
Bundesdurchschnitt
inkl. 19% MwSt.

### Objektbeispiele

7200-0071

7200-0027

7200-0042

### Kosten der 5 Vergleichsobjekte — Seiten 826 bis 827

- ● KKW
- ▶ min
- ▷ von
- | Mittelwert
- ◁ bis
- ◀ max

BRI: 300 – 450 €/m³ BRI

BGF: 1400 – 1900 €/m² BGF

NUF: 1500 – 2500 €/m² NUF

© BKI Baukosteninformationszentrum; Erläuterungen zu den Tabellen siehe Seite 46    Kostenstand: 1. Quartal 2022, Bundesdurchschnitt, **inkl. 19% MwSt.**

## Kostenkennwerte für die Kostengruppen der 1. und 2. Ebene DIN 276

| KG | Kostengruppen der 1. Ebene | Einheit | ▷ | €/Einheit | ◁ | ▷ | % an 300+400 | ◁ |
|---|---|---|---|---|---|---|---|---|
| 100 | Grundstück | m²GF | – | – | – | – | – | – |
| 200 | Vorbereitende Maßnahmen | m²GF | 13 | **31** | 49 | 1,3 | **5,4** | 9,4 |
| 300 | Bauwerk – Baukonstruktionen | m²BGF | 1.167 | **1.402** | 1.607 | 79,1 | **82,8** | 94,7 |
| 400 | Bauwerk – Technische Anlagen | m²BGF | 98 | **284** | 340 | 5,3 | **17,2** | 20,9 |
|  | Bauwerk (300+400) | m²BGF | 1.483 | **1.686** | 1.809 | 100,0 | **100,0** | 100,0 |
| 500 | Außenanlagen und Freiflächen | m²AF | 32 | **165** | 431 | 10,8 | **16,6** | 24,9 |
| 600 | Ausstattung und Kunstwerke | m²BGF | 2 | **73** | 108 | 0,1 | **4,8** | 7,2 |
| 700 | Baunebenkosten* | m²BGF | 333 | **372** | 411 | 19,7 | **22,0** | 24,3 |
| 800 | Finanzierung | m²BGF | – | – | – | – | – | – |

\* Auf Grundlage der HOAI 2021 berechnete Werte nach §§ 35, 52, 56. Weitere Informationen siehe Seite 50

| KG | Kostengruppen der 2. Ebene | Einheit | ▷ | €/Einheit | ◁ | ▷ | % an 1. Ebene | ◁ |
|---|---|---|---|---|---|---|---|---|
| 310 | Baugrube / Erdbau | m³BGI | 10 | **63** | 90 | 6,9 | **21,7** | 46,5 |
| 320 | Gründung, Unterbau | m²GRF | 335 | **367** | 420 | 12,1 | **20,5** | 24,8 |
| 330 | Außenwände / vertikal außen | m²AWF | 185 | **444** | 606 | 17,4 | **24,7** | 28,8 |
| 340 | Innenwände / vertikal innen | m²IWF | 268 | **284** | 293 | 6,3 | **11,6** | 15,2 |
| 350 | Decken / horizontal | m²DEF | 243 | **425** | 517 | 2,9 | **4,4** | 5,2 |
| 360 | Dächer | m²DAF | 235 | **272** | 294 | 10,5 | **15,8** | 18,5 |
| 370 | Infrastrukturanlagen |  | – | – | – | – | – | – |
| 380 | Baukonstruktive Einbauten | m²BGF | 4 | **4** | 4 | 0,0 | **< 0,1** | 0,3 |
| 390 | Sonst. Maßnahmen für Baukonst. | m²BGF | 35 | **47** | 68 | 2,3 | **3,4** | 5,5 |
| **300** | **Bauwerk – Baukonstruktionen** | **m²BGF** |  |  |  |  | **100,0** |  |
| 410 | Abwasser-, Wasser-, Gasanlagen | m²BGF | 24 | **42** | 74 | 9,7 | **16,1** | 20,0 |
| 420 | Wärmeversorgungsanlagen | m²BGF | 33 | **70** | 90 | 24,4 | **27,5** | 33,4 |
| 430 | Raumlufttechnische Anlagen | m²BGF | 1 | **3** | 5 | 0,7 | **0,9** | 1,4 |
| 440 | Elektrische Anlagen | m²BGF | 62 | **97** | 154 | 24,1 | **39,3** | 47,2 |
| 450 | Kommunikationstechnische Anlagen | m²BGF | 23 | **24** | 26 | 0,0 | **4,5** | 6,7 |
| 460 | Förderanlagen | m²BGF | 96 | **96** | 96 | 0,0 | **8,6** | 25,7 |
| 470 | Nutzungsspez. / verfahrenstech. Anl. | m²BGF | 8 | **8** | 8 | 0,0 | **0,7** | 2,2 |
| 480 | Gebäude- und Anlagenautomation | m²BGF | – | – | – | – | – | – |
| 490 | Sonst. Maßnahmen f. techn. Anl. | m²BGF | – | – | – | – | – | – |
| **400** | **Bauwerk – Technische Anlagen** | **m²BGF** |  |  |  |  | **100,0** |  |

## Prozentanteile der Kosten 2. Ebene an den Kosten des Bauwerks nach DIN 276 (Von/Mittel/Bis)

| KG | Bezeichnung | Mittel |
|---|---|---|
| 310 | Baugrube / Erdbau | 19,4 |
| 320 | Gründung, Unterbau | 16,8 |
| 330 | Außenwände / vertikal außen | 20,4 |
| 340 | Innenwände / vertikal innen | 9,5 |
| 350 | Decken / horizontal | 3,8 |
| 360 | Dächer | 13,0 |
| 370 | Infrastrukturanlagen |  |
| 380 | Baukonstruktive Einbauten | < 0,1 |
| 390 | Sonst. Maßnahmen für Baukonst. | 2,7 |
| 410 | Abwasser-, Wasser-, Gasanlagen | 2,5 |
| 420 | Wärmeversorgungsanlagen | 4,1 |
| 430 | Raumlufttechnische Anlagen | 0,2 |
| 440 | Elektrische Anlagen | 5,6 |
| 450 | Kommunikationstechnische Anlagen | 1,0 |
| 460 | Förderanlagen | 2,0 |
| 470 | Nutzungsspez. / verfahrenstech. Anl. | 0,1 |
| 480 | Gebäude- und Anlagenautomation |  |
| 490 | Sonst. Maßnahmen f. techn. Anl. |  |

© BKI Baukosteninformationszentrum; Erläuterungen zu den Tabellen siehe Seite 48 und 50    Kostenstand: 1. Quartal 2022, Bundesdurchschnitt, inkl. 19% MwSt.

# Autohäuser

**Prozentanteile der Kosten für Leistungsbereiche nach STLB (Kosten Bauwerk nach DIN 276)**

Kosten: Stand 1. Quartal 2022 Bundesdurchschnitt inkl. 19% MwSt.

| LB | Leistungsbereiche | von | Mittelwert | bis |
|---|---|---|---|---|
| 000 | Sicherheits-, Baustelleneinrichtungen inkl. 001 | 1,2 | **1,5** | 2,1 |
| 002 | Erdarbeiten | 3,7 | **6,5** | 8,9 |
| 006 | Spezialtiefbauarbeiten inkl. 005 | 0,0 | **11,4** | 22,9 |
| 009 | Entwässerungskanalarbeiten inkl. 011 | 0,3 | **0,6** | 1,0 |
| 010 | Drän- und Versickerarbeiten | < 0,1 | **0,2** | 0,3 |
| 012 | Mauerarbeiten | 0,9 | **2,4** | 3,7 |
| 013 | Betonarbeiten | 11,9 | **17,5** | 20,8 |
| 014 | Natur-, Betonwerksteinarbeiten | – | – | – |
| 016 | Zimmer- und Holzbauarbeiten | 0,0 | **0,3** | 0,7 |
| 017 | Stahlbauarbeiten | 3,6 | **8,0** | 11,0 |
| 018 | Abdichtungsarbeiten | 0,0 | **0,1** | 0,2 |
| 020 | Dachdeckungsarbeiten | 0,0 | **0,9** | 1,8 |
| 021 | Dachabdichtungsarbeiten | 1,6 | **3,3** | 5,2 |
| 022 | Klempnerarbeiten | 1,0 | **2,0** | 3,2 |
| | **Rohbau** | 46,9 | **54,7** | 61,2 |
| 023 | Putz- und Stuckarbeiten, Wärmedämmsysteme | 0,6 | **0,8** | 1,0 |
| 024 | Fliesen- und Plattenarbeiten | 1,8 | **3,7** | 4,9 |
| 025 | Estricharbeiten | 0,0 | **1,0** | 2,1 |
| 026 | Fenster, Außentüren inkl. 029, 032 | 3,0 | **5,2** | 8,1 |
| 027 | Tischlerarbeiten | 0,1 | **1,0** | 1,8 |
| 028 | Parkettarbeiten, Holzpflasterarbeiten | – | – | – |
| 030 | Rollladenarbeiten | < 0,1 | **0,6** | 1,0 |
| 031 | Metallbauarbeiten inkl. 035 | 8,3 | **12,9** | 15,8 |
| 034 | Maler- und Lackiererarbeiten inkl. 037 | 1,4 | **1,9** | 2,7 |
| 036 | Bodenbelagarbeiten | 0,3 | **0,7** | 1,0 |
| 038 | Vorgehängte hinterlüftete Fassaden | 0,0 | **0,7** | 1,4 |
| 039 | Trockenbauarbeiten | 1,6 | **2,1** | 2,9 |
| | **Ausbau** | 27,6 | **30,6** | 33,3 |
| 040 | Wärmeversorgungsanl. - Betriebseinr. inkl. 041 | 1,8 | **2,8** | 3,5 |
| 042 | Gas- und Wasserinstallation, Leitungen inkl. 043 | 0,5 | **0,8** | 1,3 |
| 044 | Abwasseranlagen - Leitungen | 0,5 | **0,9** | 1,5 |
| 045 | GWE-Einrichtungsgegenstände inkl. 046 | 0,2 | **0,3** | 0,6 |
| 047 | Dämmarbeiten an betriebstechnischen Anlagen | < 0,1 | **0,2** | 0,3 |
| 049 | Feuerlöschanlagen, Feuerlöschgeräte | – | – | – |
| 050 | Blitzschutz- und Erdungsanlagen | < 0,1 | **< 0,1** | < 0,1 |
| 052 | Mittelspannungsanlagen | – | – | – |
| 053 | Niederspannungsanlagen inkl. 054 | 3,2 | **5,0** | 6,8 |
| 055 | Sicherheits- u. Ersatzstromversorgungsanl. | – | – | – |
| 057 | Gebäudesystemtechnik | – | – | – |
| 058 | Leuchten und Lampen inkl. 059 | 1,3 | **2,5** | 3,4 |
| 060 | Sprechanlagen, elektroakust. Anlagen inkl. 064 | – | – | – |
| 061 | Kommunikationsnetze inkl. 062 | 0,0 | **0,4** | 0,8 |
| 063 | Gefahrenmeldeanlagen | – | – | – |
| 069 | Aufzüge | – | – | – |
| 070 | Gebäudeautomation | – | – | – |
| 075 | Raumlufttechnische Anlagen inkl. 078 | < 0,1 | **0,1** | 0,2 |
| | **Gebäudetechnik** | 9,0 | **13,1** | 17,3 |
| | Sonstige Leistungsbereiche inkl. 008, 033, 051 | 0,1 | **1,6** | 2,8 |

- ● KKW
- ▶ min
- ▷ von
- | Mittelwert
- ◁ bis
- ◀ max

© BKI Baukosteninformationszentrum; Erläuterungen zu den Tabellen siehe Seite 52. Kostenstand: 1. Quartal 2022, Bundesdurchschnitt, **inkl. 19% MwSt.**

## Planungskennwerte für Flächen und Rauminhalte nach DIN 277

| Grundflächen | | ▷ | Fläche/NUF (%) | ◁ | ▷ | Fläche/BGF (%) | ◁ |
|---|---|---|---|---|---|---|---|
| NUF | Nutzungsfläche | 100,0 | **100,0** | 100,0 | 82,0 | **84,7** | 85,7 |
| TF | Technikfläche | 1,3 | **1,7** | 1,9 | 1,1 | **1,5** | 1,7 |
| VF | Verkehrsfläche | 4,7 | **5,5** | 5,7 | 4,6 | **4,6** | 5,2 |
| NRF | Netto-Raumfläche | 106,5 | **106,9** | 107,7 | 87,3 | **90,5** | 92,3 |
| KGF | Konstruktions-Grundfläche | 9,1 | **11,4** | 16,3 | 7,7 | **9,5** | 12,7 |
| BGF | Brutto-Grundfläche | 117,0 | **118,3** | 122,5 | 100,0 | **100,0** | 100,0 |

| Brutto-Rauminhalte | | ▷ | BRI/NUF (m) | ◁ | ▷ | BRI/BGF (m) | ◁ |
|---|---|---|---|---|---|---|---|
| BRI | Brutto-Rauminhalt | 5,35 | **5,57** | 6,15 | 4,46 | **4,68** | 4,97 |

| Flächen von Nutzeinheiten | | ▷ | NUF/Einheit (m²) | ◁ | ▷ | BGF/Einheit (m²) | ◁ |
|---|---|---|---|---|---|---|---|
| Nutzeinheit: | | – | – | – | – | – | – |

| Lufttechnisch behandelte Flächen | ▷ | Fläche/NUF (%) | ◁ | ▷ | Fläche/BGF (%) | ◁ |
|---|---|---|---|---|---|---|
| Entlüftete Fläche | 1,0 | **1,0** | 1,0 | 0,9 | **0,9** | 0,9 |
| Be- und entlüftete Fläche | – | – | – | – | – | – |
| Teilklimatisierte Fläche | – | – | – | – | – | – |
| Klimatisierte Fläche | – | – | – | – | – | – |

| KG | Kostengruppen (2. Ebene) | Einheit | ▷ | Menge/NUF | ◁ | ▷ | Menge/BGF | ◁ |
|---|---|---|---|---|---|---|---|---|
| 310 | Baugrube / Erdbau | m³ BGI | 4,41 | **4,88** | 4,88 | 3,75 | **4,22** | 4,22 |
| 320 | Gründung, Unterbau | m² GRF | 0,92 | **0,92** | 0,93 | 0,79 | **0,79** | 0,83 |
| 330 | Außenwände / vertikal außen | m² AWF | 1,15 | **1,15** | 1,15 | 0,97 | **0,99** | 0,99 |
| 340 | Innenwände / vertikal innen | m² IWF | 0,62 | **0,67** | 0,67 | 0,53 | **0,57** | 0,57 |
| 350 | Decken / horizontal | m² DEF | 0,17 | **0,22** | 0,22 | 0,15 | **0,19** | 0,19 |
| 360 | Dächer | m² DAF | 0,97 | **0,97** | 0,98 | 0,83 | **0,83** | 0,85 |
| 370 | Infrastrukturanlagen | | – | – | – | – | – | – |
| 380 | Baukonstruktive Einbauten | m² BGF | 1,17 | **1,18** | 1,23 | 1,00 | **1,00** | 1,00 |
| 390 | Sonst. Maßnahmen für Baukonst. | m² BGF | 1,17 | **1,18** | 1,23 | 1,00 | **1,00** | 1,00 |
| 300 | **Bauwerk – Baukonstruktionen** | m² BGF | 1,17 | **1,18** | 1,23 | 1,00 | **1,00** | 1,00 |

## Planungskennwerte für Bauzeiten  **5 Vergleichsobjekte**

**Bauzeit in Wochen**

Bauzeit: 0 – 10 – 20 – 30 – 40 – 50 – 60 – 70 – 80 – 90 – 100 Wochen

© BKI Baukosteninformationszentrum; Erläuterungen zu den Tabellen siehe Seite 54 — Kostenstand: 1. Quartal 2022, Bundesdurchschnitt, **inkl. 19% MwSt.**

Autohäuser

## Objektübersicht zur Gebäudeart

€/m² BGF
min 1.415 €/m²
von 1.485 €/m²
Mittel **1.685** €/m²
bis 1.810 €/m²
max 1.840 €/m²

Kosten:
Stand 1. Quartal 2022
Bundesdurchschnitt
inkl. 19% MwSt.

### 7200-0071 Autohaus mit Werkstatt
**BRI** 7.524 m³ **BGF** 1.507 m² **NUF** 1.249 m²

Autohaus mit Werkstatt, Büroräume. Stb-Skelettkonstruktion.

Land: Bayern
Kreis: Altötting
Standard: Durchschnitt
Bauzeit: 35 Wochen
Kennwerte: bis 3. Ebene DIN 276

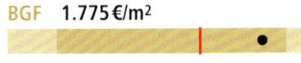

**BGF** 1.775 €/m²

Planung: Architektur Seidel; Mühldorf/Inn

veröffentlicht: BKI Objektdaten N11

### 7200-0075 Autohaus*
**BRI** 4.571 m³ **BGF** 699 m² **NUF** 646 m²

Autohaus mit Verkaufsraum und Galerie mit Kundenwartezone. Stahlkonstruktion.

Land: Saarland
Kreis: Neunkirchen
Standard: Durchschnitt
Bauzeit: 43 Wochen
Kennwerte: bis 1. Ebene DIN 276

**BGF** 2.536 €/m²

Planung: Büro Prof. Rollmann + Partner; Homburg

veröffentlicht: BKI Objektdaten N10
* Nicht in der Auswertung enthalten

### 7200-0054 Autozubehörvertrieb
**BRI** 1.842 m³ **BGF** 447 m² **NUF** 386 m²

Autozubehörhandel mit Werkstatt und Ausstellungsräumen. Stahlkonstruktion.

Land: Bayern
Kreis: Bad Kissingen
Standard: unter Durchschnitt
Bauzeit: 26 Wochen
Kennwerte: bis 4. Ebene DIN 276

**BGF** 1.841 €/m²

Planung: RICHTER | ARCHITEKTUR; Bad Brückenau

veröffentlicht: BKI Objektdaten N5

### 7200-0042 Autohaus, Werkstatt, Büros
**BRI** 8.212 m³ **BGF** 1.475 m² **NUF** 1.144 m²

Ausstellungsräume, Büroräume für 6 Mitarbeiter. Stahlkonstruktion.

Land: Bayern
Kreis: Eichstätt
Standard: über Durchschnitt
Bauzeit: 65 Wochen
Kennwerte: bis 1. Ebene DIN 276

**BGF** 1.802 €/m²

Planung: Architektur + Projektmanagement Bachschuster; Ingolstadt

veröffentlicht: BKI Objektdaten N5

## Objektübersicht zur Gebäudeart

### 7200-0027 Autohaus

**BRI** 13.072 m³  **BGF** 3.168 m²  **NUF** 2.789 m²

Zusammenlegung zweier komplett abgetrennter Autohäuser unter einem Dach. Mauerwerksbau.

Land: Bayern
Kreis: Mühldorf a.Inn
Standard: Durchschnitt
Bauzeit: 39 Wochen
Kennwerte: bis 1. Ebene DIN 276

**BGF**  1.413 €/m²

**Planung:** Klaus Seidel & Paul Brandstetter Architekten Seidel & Partner; Mühldorf/Inn

veröffentlicht: BKI Objektdaten N2

### 7200-0037 Autohaus, Werkstatt

**BRI** 4.350 m³  **BGF** 943 m²  **NUF** 837 m²

Autohaus mit Büro-, Ausstellungs-, Werkstatt und Sozialräumen, nicht unterkellert. Mauerwerksbau.

Land: Thüringen
Kreis: Erfurt, Stadt
Standard: Durchschnitt
Bauzeit: 22 Wochen
Kennwerte: bis 2. Ebene DIN 276

**BGF**  1.598 €/m²

**Planung:** Scholz & Partner GmbH Architekten und Ingenieure; Würzburg

veröffentlicht: BKI Objektdaten N3

## Lagergebäude, ohne Mischnutzung

### Kostenkennwerte für die Kosten des Bauwerks (Kostengruppen 300+400 nach DIN 276)

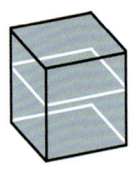

**BRI** 185 €/m³
von 110 €/m³
bis 290 €/m³

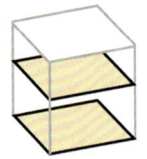

**BGF** 1.025 €/m²
von 540 €/m²
bis 1.460 €/m²

**NUF** 1.190 €/m²
von 565 €/m²
bis 1.775 €/m²

**Kosten:**
Stand 1. Quartal 2022
Bundesdurchschnitt
inkl. 19% MwSt.

### Objektbeispiele

7300-0085

7400-0006

7700-0083

7700-0086

7400-0007

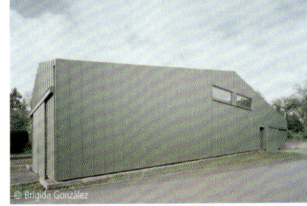

7700-0082

### Kosten der 17 Vergleichsobjekte — Seiten 832 bis 837

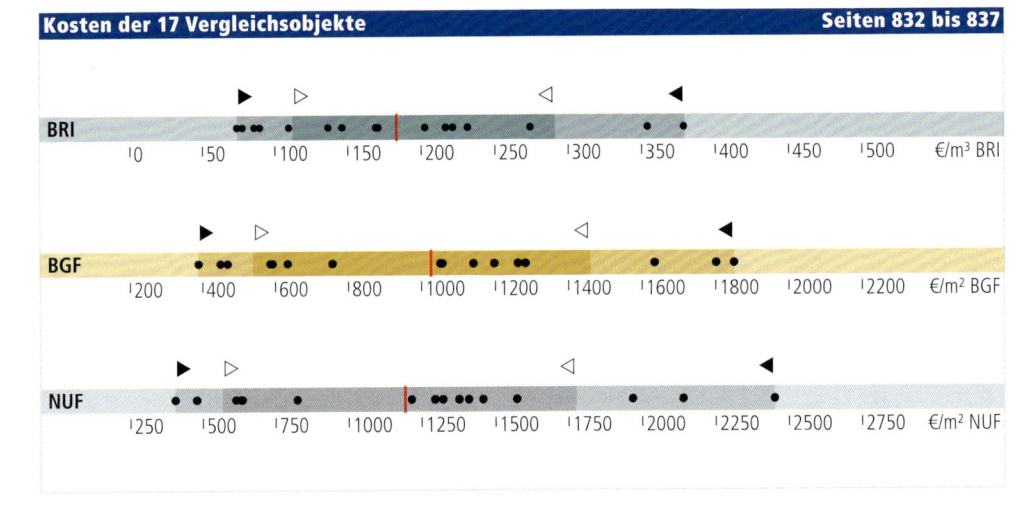

- ● KKW
- ▶ min
- ▷ von
- | Mittelwert
- ◁ bis
- ◀ max

BRI — €/m³ BRI

BGF — €/m² BGF

NUF — €/m² NUF

© BKI Baukosteninformationszentrum; Erläuterungen zu den Tabellen siehe Seite 46    Kostenstand: 1. Quartal 2022, Bundesdurchschnitt, **inkl. 19% MwSt.**

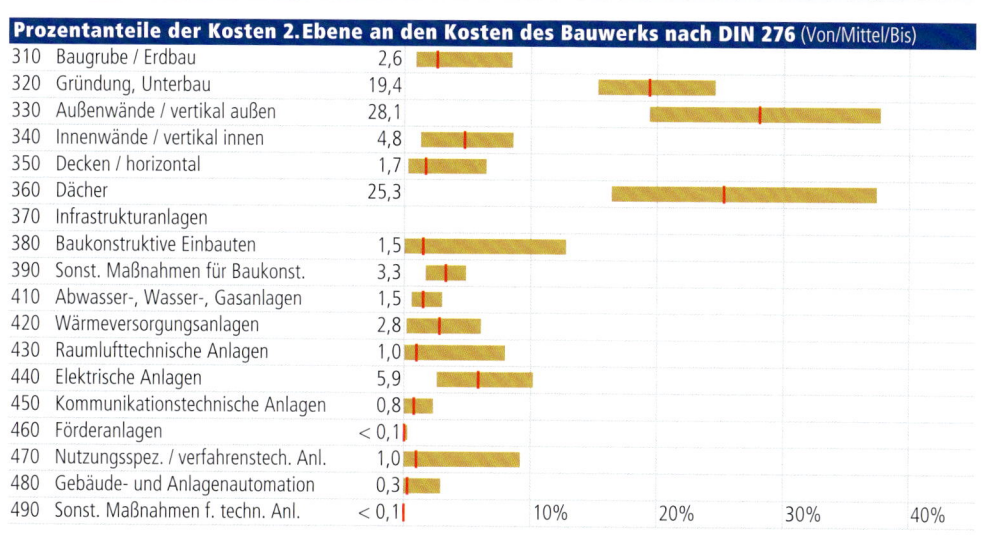

## Kostenkennwerte für die Kostengruppen der 1. und 2. Ebene DIN 276

| KG | Kostengruppen der 1. Ebene | Einheit | ▷ | €/Einheit | ◁ | ▷ | % an 300+400 | ◁ |
|---|---|---|---|---|---|---|---|---|
| 100 | Grundstück | m²GF | – | – | – | – | – | – |
| 200 | Vorbereitende Maßnahmen | m²GF | 3 | **10** | 25 | 1,9 | **5,6** | 18,2 |
| 300 | Bauwerk – Baukonstruktionen | m²BGF | 452 | **861** | 1.168 | 68,3 | **85,4** | 94,9 |
| 400 | Bauwerk – Technische Anlagen | m²BGF | 54 | **164** | 492 | 5,1 | **14,6** | 31,7 |
|  | Bauwerk (300+400) | m²BGF | 539 | **1.026** | 1.460 | 100,0 | **100,0** | 100,0 |
| 500 | Außenanlagen und Freiflächen | m²AF | 37 | **83** | 253 | 9,4 | **47,4** | 387,4 |
| 600 | Ausstattung und Kunstwerke | m²BGF | 1 | **132** | 273 | 0,1 | **12,9** | 28,0 |
| 700 | Baunebenkosten* | m²BGF | 191 | **210** | 230 | 19,2 | **21,1** | 23,1 |
| 800 | Finanzierung | m²BGF | – | – | – | – | – | – |

\* Auf Grundlage der HOAI 2021 berechnete Werte nach §§ 35, 52, 56. Weitere Informationen siehe Seite 50

| KG | Kostengruppen der 2. Ebene | Einheit | ▷ | €/Einheit | ◁ | ▷ | % an 1. Ebene | ◁ |
|---|---|---|---|---|---|---|---|---|
| 310 | Baugrube / Erdbau | m³BGI | 20 | **41** | 70 | 1,1 | **3,0** | 9,4 |
| 320 | Gründung, Unterbau | m²GRF | 107 | **183** | 283 | 19,8 | **22,3** | 27,8 |
| 330 | Außenwände / vertikal außen | m²AWF | 147 | **271** | 384 | 23,8 | **32,2** | 40,7 |
| 340 | Innenwände / vertikal innen | m²IWF | 169 | **295** | 427 | 1,0 | **5,7** | 9,7 |
| 350 | Decken / horizontal | m²DEF | 175 | **258** | 361 | 0,2 | **2,1** | 6,7 |
| 360 | Dächer | m²DAF | 108 | **197** | 278 | 19,9 | **29,4** | 44,2 |
| 370 | Infrastrukturanlagen | | – | – | – | – | – | – |
| 380 | Baukonstruktive Einbauten | m²BGF | 2 | **28** | 81 | < 0,1 | **1,6** | 14,0 |
| 390 | Sonst. Maßnahmen für Baukonst. | m²BGF | 18 | **36** | 54 | 2,0 | **3,8** | 5,5 |
| **300** | **Bauwerk – Baukonstruktionen** | **m²BGF** | | | | | **100,0** | |
| 410 | Abwasser-, Wasser-, Gasanlagen | m²BGF | 5 | **14** | 25 | 7,1 | **21,8** | 70,0 |
| 420 | Wärmeversorgungsanlagen | m²BGF | 34 | **58** | 136 | 3,3 | **17,8** | 42,5 |
| 430 | Raumlufttechnische Anlagen | m²BGF | 2 | **51** | 148 | < 0,1 | **2,5** | 14,2 |
| 440 | Elektrische Anlagen | m²BGF | 25 | **51** | 117 | 29,7 | **49,4** | 89,1 |
| 450 | Kommunikationstechnische Anlagen | m²BGF | 12 | **27** | 69 | 0,0 | **4,8** | 11,5 |
| 460 | Förderanlagen | m²BGF | 6 | **6** | 6 | 0,0 | **< 0,1** | 0,8 |
| 470 | Nutzungsspez. / verfahrenstech. Anl. | m²BGF | < 1 | **85** | 170 | 0,0 | **2,5** | 21,7 |
| 480 | Gebäude- und Anlagenautomation | m²BGF | 54 | **54** | 54 | 0,0 | **0,8** | 6,9 |
| 490 | Sonst. Maßnahmen f. techn. Anl. | m²BGF | 3 | **3** | 3 | 0,0 | **< 0,1** | 0,3 |
| **400** | **Bauwerk – Technische Anlagen** | **m²BGF** | | | | | **100,0** | |

### Prozentanteile der Kosten 2. Ebene an den Kosten des Bauwerks nach DIN 276 (Von/Mittel/Bis)

| KG | Kostengruppe | Mittel |
|---|---|---|
| 310 | Baugrube / Erdbau | 2,6 |
| 320 | Gründung, Unterbau | 19,4 |
| 330 | Außenwände / vertikal außen | 28,1 |
| 340 | Innenwände / vertikal innen | 4,8 |
| 350 | Decken / horizontal | 1,7 |
| 360 | Dächer | 25,3 |
| 370 | Infrastrukturanlagen | |
| 380 | Baukonstruktive Einbauten | 1,5 |
| 390 | Sonst. Maßnahmen für Baukonst. | 3,3 |
| 410 | Abwasser-, Wasser-, Gasanlagen | 1,5 |
| 420 | Wärmeversorgungsanlagen | 2,8 |
| 430 | Raumlufttechnische Anlagen | 1,0 |
| 440 | Elektrische Anlagen | 5,9 |
| 450 | Kommunikationstechnische Anlagen | 0,8 |
| 460 | Förderanlagen | < 0,1 |
| 470 | Nutzungsspez. / verfahrenstech. Anl. | 1,0 |
| 480 | Gebäude- und Anlagenautomation | 0,3 |
| 490 | Sonst. Maßnahmen f. techn. Anl. | < 0,1 |

© BKI Baukosteninformationszentrum; Erläuterungen zu den Tabellen siehe Seite 48 und 50    Kostenstand: 1. Quartal 2022, Bundesdurchschnitt, **inkl. 19% MwSt.**

**Lagergebäude, ohne Mischnutzung**

**Prozentanteile der Kosten für Leistungsbereiche nach STLB (Kosten Bauwerk nach DIN 276)**

| LB | Leistungsbereiche | von | Mittelwert | bis |
|---|---|---|---|---|
| 000 | Sicherheits-, Baustelleneinrichtungen inkl. 001 | 2,6 | 3,9 | 5,2 |
| 002 | Erdarbeiten | 1,8 | 5,7 | 15,4 |
| 006 | Spezialtiefbauarbeiten inkl. 005 | 0,0 | 1,1 | 6,7 |
| 009 | Entwässerungskanalarbeiten inkl. 011 | 0,1 | 0,4 | 0,7 |
| 010 | Drän- und Versickerarbeiten | 0,0 | < 0,1 | 0,2 |
| 012 | Mauerarbeiten | 0,8 | 4,9 | 10,1 |
| 013 | Betonarbeiten | 15,6 | 23,0 | 55,4 |
| 014 | Natur-, Betonwerksteinarbeiten | – | – | – |
| 016 | Zimmer- und Holzbauarbeiten | 0,9 | 8,4 | 27,7 |
| 017 | Stahlbauarbeiten | 0,9 | 6,7 | 17,6 |
| 018 | Abdichtungsarbeiten | < 0,1 | 0,5 | 1,7 |
| 020 | Dachdeckungsarbeiten | 0,4 | 4,5 | 12,5 |
| 021 | Dachabdichtungsarbeiten | 0,0 | 2,2 | 7,2 |
| 022 | Klempnerarbeiten | 2,4 | 5,3 | 10,5 |
|  | **Rohbau** | 50,0 | 66,6 | 81,1 |
| 023 | Putz- und Stuckarbeiten, Wärmedämmsysteme | < 0,1 | 1,0 | 2,0 |
| 024 | Fliesen- und Plattenarbeiten | 0,0 | 0,1 | 0,4 |
| 025 | Estricharbeiten | < 0,1 | 0,4 | 2,2 |
| 026 | Fenster, Außentüren inkl. 029, 032 | 0,3 | 2,4 | 4,9 |
| 027 | Tischlerarbeiten | < 0,1 | 0,3 | 1,7 |
| 028 | Parkettarbeiten, Holzpflasterarbeiten | – | – | – |
| 030 | Rollladenarbeiten | 0,0 | 0,3 | 1,1 |
| 031 | Metallbauarbeiten inkl. 035 | 2,9 | 6,3 | 12,4 |
| 034 | Maler- und Lackiererarbeiten inkl. 037 | 0,4 | 1,4 | 2,5 |
| 036 | Bodenbelagarbeiten | < 0,1 | 0,3 | 1,8 |
| 038 | Vorgehängte hinterlüftete Fassaden | 1,0 | 6,1 | 11,0 |
| 039 | Trockenbauarbeiten | < 0,1 | 1,4 | 4,5 |
|  | **Ausbau** | 10,3 | 20,0 | 29,9 |
| 040 | Wärmeversorgungsanl. - Betriebseinr. inkl. 041 | 0,4 | 3,0 | 5,7 |
| 042 | Gas- und Wasserinstallation, Leitungen inkl. 043 | < 0,1 | 0,6 | 1,2 |
| 044 | Abwasseranlagen - Leitungen | < 0,1 | 0,5 | 1,1 |
| 045 | GWE-Einrichtungsgegenstände inkl. 046 | < 0,1 | 0,2 | 0,5 |
| 047 | Dämmarbeiten an betriebstechnischen Anlagen | < 0,1 | 0,5 | 1,5 |
| 049 | Feuerlöschanlagen, Feuerlöschgeräte | < 0,1 | 0,2 | 0,9 |
| 050 | Blitzschutz- und Erdungsanlagen | 0,1 | 0,2 | 0,5 |
| 052 | Mittelspannungsanlagen | – | – | – |
| 053 | Niederspannungsanlagen inkl. 054 | 1,1 | 3,0 | 5,0 |
| 055 | Sicherheits- u. Ersatzstromversorgungsanl. | – | – | – |
| 057 | Gebäudesystemtechnik | – | – | – |
| 058 | Leuchten und Lampen inkl. 059 | 0,2 | 0,9 | 2,2 |
| 060 | Sprechanlagen, elektroakust. Anlagen inkl. 064 | 0,0 | < 0,1 | 0,2 |
| 061 | Kommunikationsnetze inkl. 062 | < 0,1 | < 0,1 | 0,6 |
| 063 | Gefahrenmeldeanlagen | 0,0 | 0,9 | 2,1 |
| 069 | Aufzüge | – | – | – |
| 070 | Gebäudeautomation | 0,0 | 0,4 | 2,2 |
| 075 | Raumlufttechnische Anlagen inkl. 078 | < 0,1 | 2,6 | 15,2 |
|  | **Gebäudetechnik** | 5,1 | 13,3 | 32,9 |
|  | Sonstige Leistungsbereiche inkl. 008, 033, 051 | 0,0 | < 0,1 | 0,4 |

Kosten: Stand 1. Quartal 2022 Bundesdurchschnitt inkl. 19% MwSt.

- ● KKW
- ▶ min
- ▷ von
- | Mittelwert
- ◁ bis
- ◀ max

## Planungskennwerte für Flächen und Rauminhalte nach DIN 277

| Grundflächen | | | ▷ | Fläche/NUF (%) | ◁ | ▷ | Fläche/BGF (%) | ◁ |
|---|---|---|---|---|---|---|---|---|
| NUF | Nutzungsfläche | | 100,0 | **100,0** | 100,0 | 84,3 | **89,1** | 91,9 |
| TF | Technikfläche | | 2,9 | **3,7** | 7,9 | 2,3 | **3,0** | 6,2 |
| VF | Verkehrsfläche | | 3,4 | **3,9** | 7,6 | 2,7 | **3,1** | 5,5 |
| NRF | Netto-Raumfläche | | 103,0 | **104,5** | 109,8 | 89,6 | **92,7** | 94,6 |
| KGF | Konstruktions-Grundfläche | | 6,6 | **8,7** | 12,9 | 5,4 | **7,3** | 10,4 |
| BGF | Brutto-Grundfläche | | 110,0 | **113,2** | 120,6 | 100,0 | **100,0** | 100,0 |

| Brutto-Rauminhalte | | | ▷ | BRI/NUF (m) | ◁ | ▷ | BRI/BGF (m) | ◁ |
|---|---|---|---|---|---|---|---|---|
| BRI | Brutto-Rauminhalt | | 5,67 | **6,58** | 8,41 | 5,06 | **5,80** | 6,86 |

| Flächen von Nutzeinheiten | | | ▷ | NUF/Einheit (m²) | ◁ | ▷ | BGF/Einheit (m²) | ◁ |
|---|---|---|---|---|---|---|---|---|
| Nutzeinheit: | | | – | – | – | – | – | – |

| Lufttechnisch behandelte Flächen | | | ▷ | Fläche/NUF (%) | ◁ | ▷ | Fläche/BGF (%) | ◁ |
|---|---|---|---|---|---|---|---|---|
| Entlüftete Fläche | | | 56,8 | **56,8** | 56,8 | 53,4 | **53,4** | 53,4 |
| Be- und entlüftete Fläche | | | 29,1 | **29,1** | 29,1 | 27,4 | **27,4** | 27,4 |
| Teilklimatisierte Fläche | | | 29,1 | **29,1** | 29,1 | 27,4 | **27,4** | 27,4 |
| Klimatisierte Fläche | | | – | – | – | – | – | – |

| KG | Kostengruppen (2. Ebene) | Einheit | ▷ | Menge/NUF | ◁ | ▷ | Menge/BGF | ◁ |
|---|---|---|---|---|---|---|---|---|
| 310 | Baugrube / Erdbau | m³ BGI | 0,68 | **0,94** | 1,96 | 0,65 | **0,88** | 1,84 |
| 320 | Gründung, Unterbau | m² GRF | 1,03 | **1,05** | 1,13 | 0,94 | **0,97** | 1,00 |
| 330 | Außenwände / vertikal außen | m² AWF | 0,90 | **1,05** | 1,12 | 0,84 | **0,96** | 1,17 |
| 340 | Innenwände / vertikal innen | m² IWF | 0,25 | **0,33** | 0,42 | 0,22 | **0,29** | 0,38 |
| 350 | Decken / horizontal | m² DEF | 0,08 | **0,12** | 0,17 | 0,08 | **0,11** | 0,16 |
| 360 | Dächer | m² DAF | 1,12 | **1,19** | 1,36 | 1,05 | **1,09** | 1,20 |
| 370 | Infrastrukturanlagen | | – | – | – | – | – | – |
| 380 | Baukonstruktive Einbauten | m² BGF | 1,10 | **1,13** | 1,21 | 1,00 | **1,00** | 1,00 |
| 390 | Sonst. Maßnahmen für Baukonst. | m² BGF | 1,10 | **1,13** | 1,21 | 1,00 | **1,00** | 1,00 |
| **300** | **Bauwerk – Baukonstruktionen** | m² BGF | 1,10 | **1,13** | 1,21 | 1,00 | **1,00** | 1,00 |

## Planungskennwerte für Bauzeiten — 17 Vergleichsobjekte

**Bauzeit in Wochen**

Bauzeit: Werte verteilt zwischen ca. 15 und 85 Wochen; ▶ bei ca. 20, ▷ bei ca. 25, ◁ bei ca. 55, ◀ bei ca. 80; Median (rot) bei ca. 40 Wochen.

© BKI Baukosteninformationszentrum; Erläuterungen zu den Tabellen siehe Seite 54  Kostenstand: 1. Quartal 2022, Bundesdurchschnitt, inkl. 19% MwSt.

**Lagergebäude, ohne Mischnutzung**

## Objektübersicht zur Gebäudeart

### 7700-0081 Lagerhalle

| | |
|---|---|
| BRI | 2.524 m³ |
| BGF | 457 m² |
| NUF | 414 m² |

Lagerhalle für zweistöckige Palettenregale. Stb-Skelettbau.

Land: Bayern
Kreis: Passau
Standard: über Durchschnitt
Bauzeit: 17 Wochen
Kennwerte: bis 1. Ebene DIN 276

BGF  1.197 €/m²

Planung: Andreas Köck Architekt & Stadtplaner; Grafenau

veröffentlicht: BKI Objektdaten N16

€/m² BGF
min    390 €/m²
von    540 €/m²
Mittel 1.025 €/m²
bis  1.460 €/m²
max  1.850 €/m²

Kosten:
Stand 1. Quartal 2022
Bundesdurchschnitt
inkl. 19% MwSt.

### 7700-0086 Zentraldepot für Kunstgut - Effizienzhaus ~63%

| | |
|---|---|
| BRI | 29.525 m³ |
| BGF | 5.803 m² |
| NUF | 4.266 m² |

Zentrales Kunstgutdepot als Effizienzhaus ~63%. Stb-Skelettbau.

Land: Brandenburg
Kreis: Potsdam, Stadt
Standard: Durchschnitt
Bauzeit: 87 Wochen
Kennwerte: bis 1. Ebene DIN 276

BGF  1.801 €/m²

Planung: Staab Architekten GmbH; Berlin

veröffentlicht: BKI Objektdaten E9

### 7700-0083 Lagerhalle

| | |
|---|---|
| BRI | 3.660 m³ |
| BGF | 587 m² |
| NUF | 526 m² |

Lagerhalle für einen Künstler. Stb-Skelettkonstruktion mit KS-Ausfachung.

Land: Brandenburg
Kreis: Teltow-Fläming
Standard: Durchschnitt
Bauzeit: 70 Wochen
Kennwerte: bis 1. Ebene DIN 276

BGF  1.262 €/m²

Planung: WÜRSCHINGER Architekten GmbH; Berlin

veröffentlicht: BKI Objektdaten N16

### 7700-0079 Lagergebäude

| | |
|---|---|
| BRI | 9.946 m³ |
| BGF | 1.488 m² |
| NUF | 1.397 m² |

Lagergebäude für Weinkellerei mit Lagerräumen für Holzgärständer und Barriquelager. Stahlbeton.

Land: Baden-Württemberg
Kreis: Ludwigsburg
Standard: Durchschnitt
Bauzeit: 22 Wochen
Kennwerte: bis 3. Ebene DIN 276

BGF  1.140 €/m²

Planung: Helmut Mögel Freier Architekt BDA; Stuttgart

veröffentlicht: BKI Objektdaten N16

## Objektübersicht zur Gebäudeart

### 7700-0075 Aktiv- und Erholungspark, Abstellhaus

**BRI** 827 m³ **BGF** 182 m² **NUF** 139 m²

Abstellhaus in Aktiv- und Erholungspark für Familienhotelanlage zur Erweiterung der Outdoor-Angebote. Mauerwerksbau.

Land: Mecklenburg-Vorpommern
Kreis: Vorpommern-Greifswald
Standard: über Durchschnitt
Bauzeit: 52 Wochen
Kennwerte: bis 3. Ebene DIN 276

**BGF 1.052 €/m²**

**Planung:** Achim Dreischmeier Architekt BDA und Stadtplaner; Ostseebad Koserow

veröffentlicht: BKI Objektdaten F7

### 7700-0073 Lagerhalle

**BRI** 1.552 m³ **BGF** 268 m² **NUF** 236 m²

Lagerhalle als Teil eines Betriebsgebäudes. Mauerwerksbau, Stahlstützen, Holzleimbinder.

Land: Bremen
Kreis: Bremen, Stadt
Standard: Durchschnitt
Bauzeit: 39 Wochen
Kennwerte: bis 3. Ebene DIN 276

**BGF 1.283 €/m²**

**Planung:** Püffel Architekten; Bremen

veröffentlicht: BKI Objektdaten N13

### 7700-0067 Tiefkühllager*

**BRI** 2.997 m³ **BGF** 330 m² **NUF** 272 m²

Tiefkühllager für Logistikzentrum. Stahl-Skelettkonstruktion.

Land: Sachsen
Kreis: Nordsachsen
Standard: Durchschnitt
Bauzeit: 26 Wochen
Kennwerte: bis 3. Ebene DIN 276

**BGF 2.622 €/m²**

**Planung:** heine | reichold architekten Partnerschaftsgesellschaft mbB; Lichtenstein

veröffentlicht: BKI Objektdaten N15
* Nicht in der Auswertung enthalten

### 7700-0082 Wirtschaftsgebäude

**BRI** 1.046 m³ **BGF** 309 m² **NUF** 252 m²

Wirtschaftsgebäude für ein Wohn- und Pflegeheim. Holzkonstruktion.

Land: Baden-Württemberg
Kreis: Neckar-Odenwald-Kreis
Standard: über Durchschnitt
Bauzeit: 43 Wochen
Kennwerte: bis 1. Ebene DIN 276

**BGF 1.283 €/m²**

**Planung:** Ecker Architekten; Heidelberg

veröffentlicht: BKI Objektdaten N16

**Lagergebäude, ohne Mischnutzung**

## Objektübersicht zur Gebäudeart

### 7700-0072 Salzlagerhalle
**BRI** 3.127 m³    **BGF** 324 m²    **NUF** 248 m²

Salzlagerhalle für 1.500 t Streusalz für eine Straßenmeisterei. Holzskelettkonstruktion.

Land: Bayern
Kreis: Landshut, Stadt
Standard: unter Durchschnitt
Bauzeit: 18 Wochen
Kennwerte: bis 1. Ebene DIN 276

**BGF**    1.634 €/m²

veröffentlicht: BKI Objektdaten N13

Planung: Staatliches Bauamt Landshut

### 7300-0085 Gewächshaus, Sortierhalle, Sozialgebäude (50 AP)
**BRI** 79.338 m³    **BGF** 12.500 m²    **NUF** 12.235 m²

Gewächshaus (120x95m) mit Sortierhalle und Sozialtrakt (Aufenthaltsraum, Umkleide- und Sanitärräume, Büros, Technikräume). Stahlkonstruktion (Gewächshaus), Massivbau (Anbauten).

Land: Thüringen
Kreis: Gera, Stadt
Standard: Durchschnitt
Bauzeit: 43 Wochen
Kennwerte: bis 1. Ebene DIN 276

**BGF**    469 €/m²

veröffentlicht: BKI Objektdaten N13

Planung: Klaus Sorger BVS GmbH; Gera

### 7700-0063 Lagerhalle mit Werkstatt
**BRI** 1.513 m³    **BGF** 242 m²    **NUF** 197 m²

Lagerhalle mit Werkstatt und Sanitärbereich. Realisierung zusammen mit Bürogebäude Objekt-Nr.: 1300-0173. Stahl-Rahmenbinderkonstruktion.

Land: Nordrhein-Westfalen
Kreis: Steinfurt
Standard: Durchschnitt
Bauzeit: 26 Wochen
Kennwerte: bis 1. Ebene DIN 276

**BGF**    1.057 €/m²

veröffentlicht: BKI Objektdaten N11

Planung: Bayer Berresheim Architekten Anuschka Wahl; Aachen, Frankfurt

### 7300-0069 Kranhalle*
**BRI** 2.271 m³    **BGF** 353 m²    **NUF** 328 m²

Kranhalle zur Fertigung von Edelstahlteilen (327 m² Hallenfläche). Gemeinsam erstellt mit angrenzendem Umkleide- und Sanitärgebäude. Objekt-Nr. 7300-0068. Stahlkonstruktion.

Land: Nordrhein-Westfalen
Kreis: Dortmund, Stadt
Standard: Durchschnitt
Bauzeit: 26 Wochen
Kennwerte: bis 1. Ebene DIN 276

**BGF**    2.547 €/m² *

veröffentlicht: BKI Objektdaten N11
* Nicht in der Auswertung enthalten

Planung: echtermeyer.fietz architekten; Dortmund

---

**€/m² BGF**
min    390 €/m²
von    540 €/m²
Mittel    **1.025** €/m²
bis    1.460 €/m²
max    1.850 €/m²

**Kosten:**
Stand 1. Quartal 2022
Bundesdurchschnitt
inkl. 19% MwSt.

## Objektübersicht zur Gebäudeart

### 7400-0008 Stellplatzüberdachung für Landmaschinen

**BRI** 5.921 m³    **BGF** 1.441 m²    **NUF** 1.356 m²

Überdachter Stellplatz für 17 Landmaschinen. Holzkonstruktion.

Land: Sachsen-Anhalt
Kreis: Burgenlandkreis
Standard: unter Durchschnitt
Bauzeit: 43 Wochen
Kennwerte: bis 1. Ebene DIN 276

**BGF**   450 €/m²

**Planung:** TRÄNKNER ARCHITEKTEN, Architekt Matthias Tränkner; Naumburg (Saale)

veröffentlicht: BKI Objektdaten N12

### 7700-0065 Material- und Weinlager*

**BRI** 4.100 m³    **BGF** 838 m²    **NUF** 729 m²

Temperiertes Weintanklager, Materiallager, Rohstofflager für Abfüllung und Fertigteillager. Stb-Konstruktion.

Land: Sachsen-Anhalt
Kreis: Burgenlandkreis
Standard: Durchschnitt
Bauzeit: 48 Wochen
Kennwerte: bis 4. Ebene DIN 276

**BGF**   1.749 €/m²

**Planung:** Boy und Partner Ingenieurbüro für Bauwesen GmbH; Naumburg

veröffentlicht: BKI Objektdaten N11
\* Nicht in der Auswertung enthalten

### 7700-0056 Maschinenhalle*

**BRI** 767 m³    **BGF** 121 m²    **NUF** 111 m²

Maschinenhalle mit 4 Stellplätzen. Holzrahmenbau.

Land: Baden-Württemberg
Kreis: Emmendingen
Standard: Durchschnitt
Bauzeit: 13 Wochen
Kennwerte: bis 1. Ebene DIN 276

**BGF**   1.463 €/m²

**Planung:** Architekturwerkstatt Holderer; Bahlingen

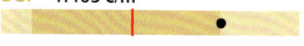

veröffentlicht: BKI Objektdaten N10
\* Nicht in der Auswertung enthalten

### 7300-0079 Produktionshalle, Lagerbereich (90 AP)

**BRI** 17.395 m³    **BGF** 2.579 m²    **NUF** 2.424 m²

Produktionshalle mit Lagerbereich. Stahl-Skelett-Konstruktion.

Land: Baden-Württemberg
Kreis: Neckar-Odenwald-Kreis
Standard: über Durchschnitt
Bauzeit: 48 Wochen
Kennwerte: bis 3. Ebene DIN 276

**BGF**   1.850 €/m²

**Planung:** Link Architekten; Walldürn

veröffentlicht: BKI Objektdaten N13

## Lagergebäude, ohne Mischnutzung

**Objektübersicht zur Gebäudeart**

€/m² BGF
| | | |
|---|---:|---|
| min | 390 | €/m² |
| von | 540 | €/m² |
| Mittel | **1.025** | **€/m²** |
| bis | 1.460 | €/m² |
| max | 1.850 | €/m² |

**Kosten:**
Stand 1. Quartal 2022
Bundesdurchschnitt
inkl. 19% MwSt.

---

### 7700-0045 Lagerhalle
**BRI** 11.433 m³  **BGF** 1.672 m²  **NUF** 1.597 m²

Lagerhalle. Stahlskelettkonstruktion, Trapezblechdach.

Land: Bayern
Kreis: Berchtesgadener Land
Standard: Durchschnitt
Bauzeit: 52 Wochen
Kennwerte: bis 4. Ebene DIN 276

**BGF  586 €/m²**

veröffentlicht: BKI Objektdaten N8

**Planung:** Architekturbüro Armin Riedl; Surheim

---

### 7400-0007 Maschinenhalle
**BRI** 2.256 m³  **BGF** 341 m²  **NUF** 321 m²

Maschinenhalle, abstellen und in Stand setzen von Fahrzeugen, Geräten und Maschinen. Holzskelettkonstruktion.

Land: Baden-Württemberg
Kreis: Bodenseekreis
Standard: unter Durchschnitt
Bauzeit: 30 Wochen
Kennwerte: bis 3. Ebene DIN 276

**BGF  592 €/m²**

veröffentlicht: BKI Objektdaten N9

**Planung:** Martin Wamsler Freier Architekt BDA Dipl.-Ing. (FH); Friedrichshafen

---

### 7400-0006 Führanlage und Außenreitplatz
**BRI** 1.361 m³  **BGF** 314 m²  **NUF** 313 m²

Die Führanlage ist eine Rundhalle mit Deckenführanlage mit einem Durchmesser von 20m. Stahlrahmenkonstruktion.

Land: Sachsen-Anhalt
Kreis: Altmarkkreis Salzwedel
Standard: über Durchschnitt
Bauzeit: 48 Wochen
Kennwerte: bis 2. Ebene DIN 276

**BGF  633 €/m²**

veröffentlicht: BKI Objektdaten N6

**Planung:** Franz Schneidewind Dipl.-Ing. Architekt BDA; Braunschweig

---

### 7400-0005 Fahrzeughalle
**BRI** 1.409 m³  **BGF** 282 m²  **NUF** 271 m²

Pultdachhalle mit einer offenen Längsseite zur Unterstellung von landwirtschaftlich genutzten Maschinen und Geräten, sowie zur Unterstellung eines LKW. Stahlkonstruktion.

Land: Sachsen-Anhalt
Kreis: Altmarkkreis Salzwedel
Standard: unter Durchschnitt
Bauzeit: 48 Wochen
Kennwerte: bis 2. Ebene DIN 276

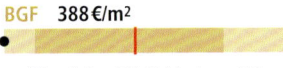

**BGF  388 €/m²**

veröffentlicht: BKI Objektdaten N6

**Planung:** Franz Schneidewind Dipl.-Ing. Architekt BDA; Braunschweig

## Objektübersicht zur Gebäudeart

### 7700-0034 Lager, Bürogebäude

**BRI** 8.221 m³    **BGF** 1.483 m²    **NUF** 1.362 m²

Lagergebäude für einen Schuhladen mit Büroräumen. Stahlrahmenkonstruktion.

Land: Baden-Württemberg
Kreis: Biberach
Standard: Durchschnitt
Bauzeit: 26 Wochen
Kennwerte: bis 2. Ebene DIN 276

**BGF**    757 €/m²

veröffentlicht: BKI Objektdaten N5

**Planung:** Joachim Hauser Dipl.-Ing. Architekt; Ehingen/Donau

**Lagergebäude, mit bis zu 25% Mischnutzung**

## Kostenkennwerte für die Kosten des Bauwerks (Kostengruppen 300+400 nach DIN 276)

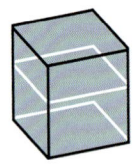

**BRI** 165 €/m³
von 90 €/m³
bis 260 €/m³

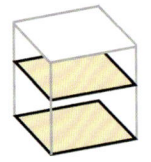

**BGF** 1.085 €/m²
von 830 €/m²
bis 1.405 €/m²

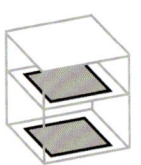

**NUF** 1.280 €/m²
von 920 €/m²
bis 1.710 €/m²

Kosten:
Stand 1. Quartal 2022
Bundesdurchschnitt
inkl. 19% MwSt.

### Objektbeispiele

7200-0077

7300-0083

7700-0070

7700-0054

7700-0050

7700-0076

## Kosten der 9 Vergleichsobjekte — Seiten 842 bis 844

- ● KKW
- ▶ min
- ▷ von
- | Mittelwert
- ◁ bis
- ◀ max

© BKI Baukosteninformationszentrum; Erläuterungen zu den Tabellen siehe Seite 46     Kostenstand: 1. Quartal 2022, Bundesdurchschnitt, **inkl. 19% MwSt.**

## Kostenkennwerte für die Kostengruppen der 1. und 2. Ebene DIN 276

| KG | Kostengruppen der 1. Ebene | Einheit | ▷ | €/Einheit | ◁ | ▷ | % an 300+400 | ◁ |
|---|---|---|---|---|---|---|---|---|
| 100 | Grundstück | m² GF | – | – | – | – | – | – |
| 200 | Vorbereitende Maßnahmen | m² GF | 2 | **14** | 29 | 0,1 | **4,4** | 8,8 |
| 300 | Bauwerk – Baukonstruktionen | m² BGF | 620 | **860** | 1.072 | 73,2 | **79,3** | 86,5 |
| 400 | Bauwerk – Technische Anlagen | m² BGF | 153 | **226** | 367 | 13,5 | **20,7** | 26,8 |
|  | Bauwerk (300+400) | m² BGF | 832 | **1.086** | 1.406 | 100,0 | **100,0** | 100,0 |
| 500 | Außenanlagen und Freiflächen | m² AF | 43 | **87** | 148 | 6,8 | **10,0** | 20,6 |
| 600 | Ausstattung und Kunstwerke | m² BGF | 6 | **24** | 47 | 0,7 | **2,5** | 7,5 |
| 700 | Baunebenkosten* | m² BGF | 176 | **193** | 211 | 16,2 | **17,8** | 19,4 |
| 800 | Finanzierung | m² BGF | – | – | – | – | – | – |

\* Auf Grundlage der HOAI 2021 berechnete Werte nach §§ 35, 52, 56. Weitere Informationen siehe Seite 50

| KG | Kostengruppen der 2. Ebene | Einheit | ▷ | €/Einheit | ◁ | ▷ | % an 1. Ebene | ◁ |
|---|---|---|---|---|---|---|---|---|
| 310 | Baugrube / Erdbau | m³ BGI | 21 | **31** | 36 | 0,4 | **1,3** | 1,9 |
| 320 | Gründung, Unterbau | m² GRF | 176 | **206** | 265 | 14,7 | **19,8** | 28,1 |
| 330 | Außenwände / vertikal außen | m² AWF | 165 | **317** | 400 | 28,5 | **30,4** | 33,8 |
| 340 | Innenwände / vertikal innen | m² IWF | 218 | **332** | 517 | 1,8 | **12,1** | 18,6 |
| 350 | Decken / horizontal | m² DEF | 244 | **352** | 556 | 0,7 | **4,2** | 6,6 |
| 360 | Dächer | m² DAF | 240 | **271** | 331 | 18,8 | **28,0** | 34,5 |
| 370 | Infrastrukturanlagen |  | – | – | – | – | – | – |
| 380 | Baukonstruktive Einbauten | m² BGF | 47 | **47** | 47 | 0,0 | **1,4** | 4,1 |
| 390 | Sonst. Maßnahmen für Baukonst. | m² BGF | 18 | **26** | 43 | 1,4 | **2,7** | 3,5 |
| **300** | **Bauwerk – Baukonstruktionen** | **m² BGF** |  |  |  |  | **100,0** |  |
| 410 | Abwasser-, Wasser-, Gasanlagen | m² BGF | 16 | **28** | 51 | 10,2 | **13,5** | 19,7 |
| 420 | Wärmeversorgungsanlagen | m² BGF | 44 | **54** | 73 | 20,9 | **31,6** | 50,5 |
| 430 | Raumlufttechnische Anlagen | m² BGF | 55 | **55** | 55 | 0,0 | **4,3** | 12,8 |
| 440 | Elektrische Anlagen | m² BGF | 43 | **81** | 137 | 30,8 | **37,6** | 51,0 |
| 450 | Kommunikationstechnische Anlagen | m² BGF | 20 | **32** | 45 | 0,0 | **7,8** | 11,8 |
| 460 | Förderanlagen | m² BGF | 17 | **17** | 17 | 0,0 | **1,3** | 3,9 |
| 470 | Nutzungsspez. / verfahrenstech. Anl. | m² BGF | 15 | **15** | 15 | 0,0 | **1,2** | 3,6 |
| 480 | Gebäude- und Anlagenautomation | m² BGF | 35 | **35** | 35 | 0,0 | **2,8** | 8,3 |
| 490 | Sonst. Maßnahmen f. techn. Anl. | m² BGF | – | – | – | – | – | – |
| **400** | **Bauwerk – Technische Anlagen** | **m² BGF** |  |  |  |  | **100,0** |  |

### Prozentanteile der Kosten 2. Ebene an den Kosten des Bauwerks nach DIN 276 (Von/Mittel/Bis)

| KG | Kostengruppe | Mittelwert % |
|---|---|---|
| 310 | Baugrube / Erdbau | 1,1 |
| 320 | Gründung, Unterbau | 16,7 |
| 330 | Außenwände / vertikal außen | 25,0 |
| 340 | Innenwände / vertikal innen | 9,6 |
| 350 | Decken / horizontal | 3,3 |
| 360 | Dächer | 23,6 |
| 370 | Infrastrukturanlagen |  |
| 380 | Baukonstruktive Einbauten | 1,0 |
| 390 | Sonst. Maßnahmen für Baukonst. | 2,3 |
| 410 | Abwasser-, Wasser-, Gasanlagen | 2,3 |
| 420 | Wärmeversorgungsanlagen | 4,8 |
| 430 | Raumlufttechnische Anlagen | 1,2 |
| 440 | Elektrische Anlagen | 6,2 |
| 450 | Kommunikationstechnische Anlagen | 1,5 |
| 460 | Förderanlagen | 0,4 |
| 470 | Nutzungsspez. / verfahrenstech. Anl. | 0,3 |
| 480 | Gebäude- und Anlagenautomation | 0,8 |
| 490 | Sonst. Maßnahmen f. techn. Anl. |  |

© BKI Baukosteninformationszentrum; Erläuterungen zu den Tabellen siehe Seite 48 und 50    Kostenstand: 1. Quartal 2022, Bundesdurchschnitt, inkl. 19% MwSt.

**Lagergebäude, mit bis zu 25% Mischnutzung**

**Prozentanteile der Kosten für Leistungsbereiche nach STLB (Kosten Bauwerk nach DIN 276)**

| LB | Leistungsbereiche | ▷ % an 300+400 ◁ | | |
|---|---|---|---|---|
| 000 | Sicherheits-, Baustelleneinrichtungen inkl. 001 | 1,6 | **2,2** | 3,2 |
| 002 | Erdarbeiten | 1,6 | **2,4** | 3,1 |
| 006 | Spezialtiefbauarbeiten inkl. 005 | – | – | – |
| 009 | Entwässerungskanalarbeiten inkl. 011 | 0,1 | **0,5** | 0,7 |
| 010 | Drän- und Versickerarbeiten | – | – | – |
| 012 | Mauerarbeiten | 4,7 | **5,5** | 6,2 |
| 013 | Betonarbeiten | 18,7 | **23,9** | 27,5 |
| 014 | Natur-, Betonwerksteinarbeiten | 0,0 | **< 0,1** | 0,2 |
| 016 | Zimmer- und Holzbauarbeiten | 0,0 | **2,2** | 4,5 |
| 017 | Stahlbauarbeiten | 4,8 | **14,6** | 22,7 |
| 018 | Abdichtungsarbeiten | < 0,1 | **< 0,1** | < 0,1 |
| 020 | Dachdeckungsarbeiten | 0,0 | **3,6** | 7,3 |
| 021 | Dachabdichtungsarbeiten | 2,4 | **4,8** | 8,0 |
| 022 | Klempnerarbeiten | 0,4 | **1,0** | 1,4 |
|  | **Rohbau** | 53,8 | **60,9** | 67,5 |
| 023 | Putz- und Stuckarbeiten, Wärmedämmsysteme | < 0,1 | **1,3** | 2,5 |
| 024 | Fliesen- und Plattenarbeiten | 0,5 | **0,6** | 0,9 |
| 025 | Estricharbeiten | 0,2 | **0,4** | 0,7 |
| 026 | Fenster, Außentüren inkl. 029, 032 | 4,6 | **7,8** | 10,6 |
| 027 | Tischlerarbeiten | 0,2 | **1,2** | 2,0 |
| 028 | Parkettarbeiten, Holzpflasterarbeiten | 0,0 | **0,4** | 0,9 |
| 030 | Rollladenarbeiten | 0,0 | **0,4** | 0,9 |
| 031 | Metallbauarbeiten inkl. 035 | 4,9 | **6,7** | 7,9 |
| 034 | Maler- und Lackiererarbeiten inkl. 037 | 0,3 | **1,6** | 2,4 |
| 036 | Bodenbelagarbeiten | 0,0 | **0,4** | 0,8 |
| 038 | Vorgehängte hinterlüftete Fassaden | – | – | – |
| 039 | Trockenbauarbeiten | 1,1 | **1,5** | 1,8 |
|  | **Ausbau** | 14,7 | **22,3** | 28,2 |
| 040 | Wärmeversorgungsanl. - Betriebseinr. inkl. 041 | 3,2 | **4,5** | 5,4 |
| 042 | Gas- und Wasserinstallation, Leitungen inkl. 043 | 0,5 | **1,1** | 1,6 |
| 044 | Abwasseranlagen - Leitungen | < 0,1 | **< 0,1** | 0,1 |
| 045 | GWE-Einrichtungsgegenstände inkl. 046 | < 0,1 | **0,4** | 0,6 |
| 047 | Dämmarbeiten an betriebstechnischen Anlagen | < 0,1 | **0,6** | 1,1 |
| 049 | Feuerlöschanlagen, Feuerlöschgeräte | 0,0 | **0,2** | 0,4 |
| 050 | Blitzschutz- und Erdungsanlagen | 0,3 | **0,4** | 0,4 |
| 052 | Mittelspannungsanlagen | – | – | – |
| 053 | Niederspannungsanlagen inkl. 054 | 3,5 | **4,0** | 4,7 |
| 055 | Sicherheits- u. Ersatzstromversorgungsanl. | – | – | – |
| 057 | Gebäudesystemtechnik | 0,0 | **0,8** | 1,5 |
| 058 | Leuchten und Lampen inkl. 059 | 0,8 | **2,0** | 2,9 |
| 060 | Sprechanlagen, elektroakust. Anlagen inkl. 064 | < 0,1 | **0,1** | 0,2 |
| 061 | Kommunikationsnetze inkl. 062 | 0,3 | **0,7** | 1,1 |
| 063 | Gefahrenmeldeanlagen | < 0,1 | **0,7** | 1,2 |
| 069 | Aufzüge | – | – | – |
| 070 | Gebäudeautomation | – | – | – |
| 075 | Raumlufttechnische Anlagen inkl. 078 | 0,1 | **1,3** | 2,2 |
|  | **Gebäudetechnik** | 12,3 | **16,7** | 21,0 |
|  | Sonstige Leistungsbereiche inkl. 008, 033, 051 | 0,0 | **0,1** | 0,2 |

**Kosten:**
Stand 1. Quartal 2022
Bundesdurchschnitt
inkl. 19% MwSt.

- KKW
▶ min
▷ von
| Mittelwert
◁ bis
◀ max

## Planungskennwerte für Flächen und Rauminhalte nach DIN 277

| Grundflächen | | ▷ | Fläche/NUF (%) | ◁ | ▷ | Fläche/BGF (%) | ◁ |
|---|---|---|---|---|---|---|---|
| NUF | Nutzungsfläche | 100,0 | **100,0** | 100,0 | 83,8 | **86,2** | 90,1 |
| TF | Technikfläche | 2,1 | **2,7** | 4,5 | 1,7 | **2,3** | 3,6 |
| VF | Verkehrsfläche | 4,1 | **4,5** | 4,9 | 3,4 | **3,8** | 4,0 |
| NRF | Netto-Raumfläche | 104,4 | **105,9** | 108,9 | 86,6 | **91,2** | 92,5 |
| KGF | Konstruktions-Grundfläche | 8,9 | **10,6** | 16,8 | 7,5 | **8,8** | 13,4 |
| BGF | Brutto-Grundfläche | 111,5 | **116,5** | 118,7 | 100,0 | **100,0** | 100,0 |

| Brutto-Rauminhalte | | ▷ | BRI/NUF (m) | ◁ | ▷ | BRI/BGF (m) | ◁ |
|---|---|---|---|---|---|---|---|
| BRI | Brutto-Rauminhalt | 7,67 | **9,20** | 11,30 | 6,41 | **7,98** | 9,62 |

| Flächen von Nutzeinheiten | | ▷ | NUF/Einheit (m²) | ◁ | ▷ | BGF/Einheit (m²) | ◁ |
|---|---|---|---|---|---|---|---|
| Nutzeinheit: | | – | – | – | – | – | – |

| Lufttechnisch behandelte Flächen | ▷ | Fläche/NUF (%) | ◁ | ▷ | Fläche/BGF (%) | ◁ |
|---|---|---|---|---|---|---|
| Entlüftete Fläche | – | – | – | – | – | – |
| Be- und entlüftete Fläche | – | – | – | – | – | – |
| Teilklimatisierte Fläche | – | – | – | – | – | – |
| Klimatisierte Fläche | – | – | – | – | – | – |

| KG | Kostengruppen (2. Ebene) | Einheit | ▷ | Menge/NUF | ◁ | ▷ | Menge/BGF | ◁ |
|---|---|---|---|---|---|---|---|---|
| 310 | Baugrube / Erdbau | m³ BGI | 0,56 | **0,61** | 0,61 | 0,47 | **0,53** | 0,53 |
| 320 | Gründung, Unterbau | m² GRF | 1,00 | **1,00** | 1,00 | 0,87 | **0,88** | 0,88 |
| 330 | Außenwände / vertikal außen | m² AWF | 1,12 | **1,12** | 1,21 | 0,99 | **0,99** | 1,00 |
| 340 | Innenwände / vertikal innen | m² IWF | 0,32 | **0,46** | 0,46 | 0,26 | **0,38** | 0,38 |
| 350 | Decken / horizontal | m² DEF | 0,14 | **0,14** | 0,14 | 0,12 | **0,12** | 0,12 |
| 360 | Dächer | m² DAF | 1,09 | **1,09** | 1,12 | 0,96 | **0,96** | 0,96 |
| 370 | Infrastrukturanlagen | | – | – | – | – | – | – |
| 380 | Baukonstruktive Einbauten | m² BGF | 1,12 | **1,17** | 1,19 | 1,00 | **1,00** | 1,00 |
| 390 | Sonst. Maßnahmen für Baukonst. | m² BGF | 1,12 | **1,17** | 1,19 | 1,00 | **1,00** | 1,00 |
| **300** | **Bauwerk – Baukonstruktionen** | m² BGF | 1,12 | **1,17** | 1,19 | 1,00 | **1,00** | 1,00 |

## Planungskennwerte für Bauzeiten — 9 Vergleichsobjekte

**Bauzeit in Wochen**

© BKI Baukosteninformationszentrum; Erläuterungen zu den Tabellen siehe Seite 54    Kostenstand: 1. Quartal 2022, Bundesdurchschnitt, inkl. 19% MwSt.

**Lagergebäude, mit bis zu 25% Mischnutzung**

€/m² BGF
| | |
|---|---|
| min | 745 €/m² |
| von | 830 €/m² |
| Mittel | **1.085 €/m²** |
| bis | 1.405 €/m² |
| max | 1.555 €/m² |

**Kosten:**
Stand 1. Quartal 2022
Bundesdurchschnitt
inkl. 19% MwSt.

## Objektübersicht zur Gebäudeart

### 7700-0076 Lager- und Vertriebsgebäude (50 AP)
BRI 238.726 m³  BGF 21.392 m²  NUF 19.727 m²

Lager- und Vertriebsgebäude (50 AP) mit Verwaltungsräumen. Stahlbetonfertigteilbau.

Land: Rheinland-Pfalz
Kreis: Alzey-Worms
Standard: Durchschnitt
Bauzeit: 44 Wochen
Kennwerte: bis 1. Ebene DIN 276

BGF  825 €/m²

Planung: O. M. Architekten BDA Rainer Ottinger Thomas Möhlendick; Braunschweig
veröffentlicht: BKI Objektdaten N15

### 7700-0071 Logistikhalle, Hochregallager
BRI 375.395 m³  BGF 31.736 m²  NUF 28.800 m²

Logistikhalle / Hochregallager für 138 Arbeitsplätze. Stb-Skelettkonstruktion.

Land: Schleswig-Holstein
Kreis: Stormarn
Standard: über Durchschnitt
Bauzeit: 43 Wochen
Kennwerte: bis 1. Ebene DIN 276

BGF  746 €/m²

Planung: DHBT. Architekten GmbH; Kiel
veröffentlicht: BKI Objektdaten E6

### 7700-0070 Logistikzentrum, Verwaltung (120 AP)
BRI 191.756 m³  BGF 15.521 m²  NUF 12.552 m²

Logistikzentrum mit Lager, Kommissionierung und Verwaltung. Stahlkonstruktion, Stb-Konstruktion (Verwaltung).

Land: Sachsen-Anhalt
Kreis: Magdeburg
Standard: über Durchschnitt
Bauzeit: 48 Wochen
Kennwerte: bis 1. Ebene DIN 276

BGF  1.456 €/m²

Planung: Hammer Pfeiffer Architekten; Lindau
veröffentlicht: BKI Objektdaten N13

### 7300-0083 Logistikhalle mit Büro
BRI 7.780 m³  BGF 1.715 m²  NUF 1.411 m²

Logistikhalle mit Büro, Ausstellung, Verkauf, und Schulungsraum (50 Arbeitsplätze). Mauerwerksbau, Stahlbinderkonstruktion (Halle).

Land: Bayern
Kreis: Freyung-Grafenau
Standard: über Durchschnitt
Bauzeit: 52 Wochen
Kennwerte: bis 1. Ebene DIN 276

BGF  943 €/m²

Planung: Willi Neumeier Architekt Dipl.-Ing. FH; Tittling
veröffentlicht: BKI Objektdaten N12

## Objektübersicht zur Gebäudeart

### 7700-0066 Lager-, Vertriebs-, und Bürogebäude*

**BRI** 13.880 m³  **BGF** 2.078 m²  **NUF** 1.652 m²

Logistikzentrum mit Lager-, Vertriebs- und Büroflächen für 20 Mitarbeiter. Stb-Skelettbau.

Land: Bayern
Kreis: Miesbach
Standard: Durchschnitt
Bauzeit: 39 Wochen
Kennwerte: bis 1. Ebene DIN 276

**BGF** 1.526 €/m²

**Planung:** Beham Architekten; Bairawies

veröffentlicht: BKI Objektdaten N12
* Nicht in der Auswertung enthalten

### 7200-0077 Verkaufshalle, Lager

**BRI** 18.415 m³  **BGF** 2.727 m²  **NUF** 2.357 m²

Holzzentrum mit Verkaufs- und Ausstellungshalle, Lager und Galerie. Stb-Konstruktion.

Land: Bayern
Kreis: Kempten (Allgäu)
Standard: Durchschnitt
Bauzeit: 39 Wochen
Kennwerte: bis 1. Ebene DIN 276

**BGF** 1.071 €/m²

**Planung:** Architekten HBH; München

veröffentlicht: BKI Objektdaten N11

### 7700-0054 Logistikzentrum

**BRI** 37.840 m³  **BGF** 4.930 m²  **NUF** 4.020 m²

Logistikzentrum, Lagerhalle, Apotheke, Labore, Büroräume. Stahlskelettkonstruktion.

Land: Nordrhein-Westfalen
Kreis: Kleve
Standard: Durchschnitt
Bauzeit: 57 Wochen
Kennwerte: bis 4. Ebene DIN 276

**BGF** 1.553 €/m²

**Planung:** Fritz-Dieter Tollé Architekt BDB Architekten Stadtplaner Ingenieure; Verden

veröffentlicht: BKI Objektdaten N11

### 7700-0053 Lagerhalle, Büros

**BRI** 5.554 m³  **BGF** 913 m²  **NUF** 784 m²

Lagergebäude mit Büros. Mauerwerksbau; Stb-Decke; Holzdachkonstruktion, Stahltrapezblechdeckung.

Land: Bayern
Kreis: Rosenheim
Standard: Durchschnitt
Bauzeit: 30 Wochen
Kennwerte: bis 4. Ebene DIN 276

**BGF** 1.314 €/m²

**Planung:** rabaschus und rosenthal büro für architektur und stadtplanung; Dresden

veröffentlicht: BKI Objektdaten N10

© BKI Baukosteninformationszentrum; Erläuterungen zu den Tabellen siehe Seite 56   Kostenstand: 1. Quartal 2022, Bundesdurchschnitt, **inkl. 19% MwSt.**

**Lagergebäude, mit bis zu 25% Mischnutzung**

**€/m² BGF**
| | |
|---|---|
| min | 745 €/m² |
| von | 830 €/m² |
| Mittel | **1.085** €/m² |
| bis | 1.405 €/m² |
| max | 1.555 €/m² |

**Kosten:**
Stand 1. Quartal 2022
Bundesdurchschnitt
inkl. 19% MwSt.

## Objektübersicht zur Gebäudeart

### 7700-0050 Gewerbehalle
**BRI** 623 m³  **BGF** 188 m²  **NUF** 148 m²

Gewerbehalle für einen Maler- und Lackierbetrieb. Holztafelbau; Holzdachkonstruktion.

Land: Baden-Württemberg
Kreis: Lörrach
Standard: Durchschnitt
Bauzeit: 18 Wochen
Kennwerte: bis 1. Ebene DIN 276

**BGF  1.125 €/m²**

**Planung:** Werkgruppe Freiburg Architekten; Freiburg

veröffentlicht: BKI Objektdaten N9

### 7700-0046 Logistikzentrum
**BRI** 13.514 m³  **BGF** 1.665 m²  **NUF** 1.621 m²

Lagerhalle, Büro, Sanitärräume. Stahlkonstruktion, Stb-Decken, Stahltrapezblechdach.

Land: Baden-Württemberg
Kreis: Reutlingen
Standard: unter Durchschnitt
Bauzeit: 22 Wochen
Kennwerte: bis 3. Ebene DIN 276

**BGF  743 €/m²**

**Planung:** Freier Architekt Dipl.-Ing. (FH) Gerhard Heinlin; Pfullingen

veröffentlicht: BKI Objektdaten N8

**Gewerbe**

**Lagergebäude, mit mehr als 25% Mischnutzung**

## Kostenkennwerte für die Kosten des Bauwerks (Kostengruppen 300+400 nach DIN 276)

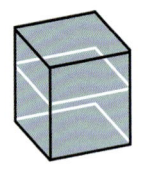

**BRI** 270 €/m³
von 160 €/m³
bis 360 €/m³

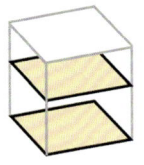

**BGF** 1.425 €/m²
von 1.115 €/m²
bis 1.790 €/m²

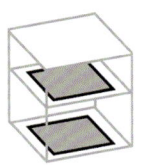

**NUF** 1.780 €/m²
von 1.305 €/m²
bis 2.420 €/m²

### Objektbeispiele

**Kosten:**
Stand 1. Quartal 2022
Bundesdurchschnitt
inkl. 19% MwSt.

7700-0017

7700-0077

7700-0078

### Kosten der 7 Vergleichsobjekte — Seiten 850 bis 851

- ● KKW
- ▶ min
- ▷ von
- | Mittelwert
- ◁ bis
- ◀ max

BRI — €/m³ BRI (0, 50, 100, 150, 200, 250, 300, 350, 400, 450, 500)

BGF — €/m² BGF (900, 1000, 1100, 1200, 1300, 1400, 1500, 1600, 1700, 1800, 1900)

NUF — €/m² NUF (800, 1000, 1200, 1400, 1600, 1800, 2000, 2200, 2400, 2600, 2800)

© BKI Baukosteninformationszentrum; Erläuterungen zu den Tabellen siehe Seite 46     Kostenstand: 1. Quartal 2022, Bundesdurchschnitt, **inkl. 19% MwSt.**

## Kostenkennwerte für die Kostengruppen der 1. und 2. Ebene DIN 276

| KG | Kostengruppen der 1. Ebene | Einheit | ▷ | €/Einheit | ◁ | ▷ | % an 300+400 | ◁ |
|---|---|---|---|---|---|---|---|---|
| 100 | Grundstück | m²GF | – | – | – | – | – | – |
| 200 | Vorbereitende Maßnahmen | m²GF | 3 | **24** | 45 | 0,8 | **4,3** | 7,8 |
| 300 | Bauwerk – Baukonstruktionen | m²BGF | 873 | **1.132** | 1.349 | 76,8 | **80,2** | 84,9 |
| 400 | Bauwerk – Technische Anlagen | m²BGF | 188 | **290** | 416 | 15,1 | **19,8** | 23,2 |
|  | Bauwerk (300+400) | m²BGF | 1.115 | **1.423** | 1.792 | 100,0 | **100,0** | 100,0 |
| 500 | Außenanlagen und Freiflächen | m²AF | 60 | **88** | 125 | 8,6 | **13,6** | 28,2 |
| 600 | Ausstattung und Kunstwerke | m²BGF | – | – | – | – | – | – |
| 700 | Baunebenkosten* | m²BGF | 243 | **267** | 291 | 17,1 | **18,8** | 20,5 |
| 800 | Finanzierung | m²BGF | – | – | – | – | – | – |

\* Auf Grundlage der HOAI 2021 berechnete Werte nach §§ 35, 52, 56. Weitere Informationen siehe Seite 50

| KG | Kostengruppen der 2. Ebene | Einheit | ▷ | €/Einheit | ◁ | ▷ | % an 1. Ebene | ◁ |
|---|---|---|---|---|---|---|---|---|
| 310 | Baugrube / Erdbau | m³BGI | 15 | **32** | 60 | 0,5 | **1,7** | 4,2 |
| 320 | Gründung, Unterbau | m²GRF | 185 | **221** | 286 | 15,3 | **18,0** | 22,3 |
| 330 | Außenwände / vertikal außen | m²AWF | 339 | **443** | 611 | 16,1 | **25,7** | 30,5 |
| 340 | Innenwände / vertikal innen | m²IWF | 284 | **343** | 374 | 10,0 | **13,4** | 15,6 |
| 350 | Decken / horizontal | m²DEF | 333 | **363** | 393 | 0,0 | **6,0** | 9,2 |
| 360 | Dächer | m²DAF | 228 | **333** | 498 | 24,5 | **31,5** | 45,3 |
| 370 | Infrastrukturanlagen | | – | – | – | – | – | – |
| 380 | Baukonstruktive Einbauten | m²BGF | 7 | **7** | 7 | 0,0 | **0,3** | 0,8 |
| 390 | Sonst. Maßnahmen für Baukonst. | m²BGF | 27 | **34** | 48 | 2,5 | **3,4** | 5,1 |
| **300** | **Bauwerk – Baukonstruktionen** | m²BGF | | | | | **100,0** | |
| 410 | Abwasser-, Wasser-, Gasanlagen | m²BGF | 32 | **38** | 49 | 14,1 | **18,1** | 20,6 |
| 420 | Wärmeversorgungsanlagen | m²BGF | 29 | **49** | 61 | 11,0 | **24,8** | 31,7 |
| 430 | Raumlufttechnische Anlagen | m²BGF | 2 | **2** | 2 | 0,0 | **0,4** | 1,3 |
| 440 | Elektrische Anlagen | m²BGF | 61 | **81** | 115 | 20,3 | **40,0** | 51,1 |
| 450 | Kommunikationstechnische Anlagen | m²BGF | 12 | **12** | 12 | 0,0 | **1,5** | 4,4 |
| 460 | Förderanlagen | m²BGF | – | – | – | – | – | – |
| 470 | Nutzungsspez. / verfahrenstech. Anl. | m²BGF | 120 | **120** | 120 | 0,0 | **15,2** | 45,7 |
| 480 | Gebäude- und Anlagenautomation | m²BGF | – | – | – | – | – | – |
| 490 | Sonst. Maßnahmen f. techn. Anl. | m²BGF | – | – | – | – | – | – |
| **400** | **Bauwerk – Technische Anlagen** | m²BGF | | | | | **100,0** | |

### Prozentanteile der Kosten 2. Ebene an den Kosten des Bauwerks nach DIN 276 (Von/Mittel/Bis)

| KG | Bezeichnung | Mittel |
|---|---|---|
| 310 | Baugrube / Erdbau | 1,4 |
| 320 | Gründung, Unterbau | 14,8 |
| 330 | Außenwände / vertikal außen | 21,4 |
| 340 | Innenwände / vertikal innen | 11,0 |
| 350 | Decken / horizontal | 5,0 |
| 360 | Dächer | 25,6 |
| 370 | Infrastrukturanlagen | |
| 380 | Baukonstruktive Einbauten | 0,2 |
| 390 | Sonst. Maßnahmen für Baukonst. | 2,8 |
| 410 | Abwasser-, Wasser-, Gasanlagen | 3,1 |
| 420 | Wärmeversorgungsanlagen | 4,1 |
| 430 | Raumlufttechnische Anlagen | < 0,1 |
| 440 | Elektrische Anlagen | 6,7 |
| 450 | Kommunikationstechnische Anlagen | 0,3 |
| 460 | Förderanlagen | |
| 470 | Nutzungsspez. / verfahrenstech. Anl. | 3,3 |
| 480 | Gebäude- und Anlagenautomation | |
| 490 | Sonst. Maßnahmen f. techn. Anl. | |

© BKI Baukosteninformationszentrum; Erläuterungen zu den Tabellen siehe Seite 48 und 50    Kostenstand: 1. Quartal 2022, Bundesdurchschnitt, inkl. 19% MwSt.

**Lagergebäude, mit mehr als 25% Mischnutzung**

## Prozentanteile der Kosten für Leistungsbereiche nach STLB (Kosten Bauwerk nach DIN 276)

| LB | Leistungsbereiche | % an 300+400 von | Mittelwert | bis |
|---|---|---|---|---|
| 000 | Sicherheits-, Baustelleneinrichtungen inkl. 001 | 2,0 | **2,5** | 2,9 |
| 002 | Erdarbeiten | 2,4 | **2,8** | 3,1 |
| 006 | Spezialtiefbauarbeiten inkl. 005 | – | – | – |
| 009 | Entwässerungskanalarbeiten inkl. 011 | 0,0 | **0,3** | 0,6 |
| 010 | Drän- und Versickerarbeiten | – | – | – |
| 012 | Mauerarbeiten | 2,6 | **5,3** | 7,4 |
| 013 | Betonarbeiten | 12,7 | **14,1** | 15,1 |
| 014 | Natur-, Betonwerksteinarbeiten | < 0,1 | **< 0,1** | 0,2 |
| 016 | Zimmer- und Holzbauarbeiten | 0,0 | **0,8** | 1,5 |
| 017 | Stahlbauarbeiten | 11,2 | **19,9** | 26,3 |
| 018 | Abdichtungsarbeiten | < 0,1 | **0,2** | 0,3 |
| 020 | Dachdeckungsarbeiten | 0,0 | **6,3** | 12,5 |
| 021 | Dachabdichtungsarbeiten | – | – | – |
| 022 | Klempnerarbeiten | 0,0 | **0,3** | 0,7 |
| | **Rohbau** | 50,4 | **52,6** | 56,1 |
| 023 | Putz- und Stuckarbeiten, Wärmedämmsysteme | < 0,1 | **1,9** | 3,7 |
| 024 | Fliesen- und Plattenarbeiten | 0,6 | **2,1** | 3,0 |
| 025 | Estricharbeiten | 0,7 | **1,1** | 1,6 |
| 026 | Fenster, Außentüren inkl. 029, 032 | 3,2 | **6,3** | 10,3 |
| 027 | Tischlerarbeiten | 0,7 | **1,1** | 1,3 |
| 028 | Parkettarbeiten, Holzpflasterarbeiten | – | – | – |
| 030 | Rollladenarbeiten | < 0,1 | **0,5** | 0,8 |
| 031 | Metallbauarbeiten inkl. 035 | 9,0 | **11,0** | 13,9 |
| 034 | Maler- und Lackiererarbeiten inkl. 037 | 2,4 | **2,8** | 3,2 |
| 036 | Bodenbelagarbeiten | < 0,1 | **0,6** | 1,0 |
| 038 | Vorgehängte hinterlüftete Fassaden | – | – | – |
| 039 | Trockenbauarbeiten | 0,3 | **2,6** | 4,4 |
| | **Ausbau** | 21,7 | **29,8** | 35,1 |
| 040 | Wärmeversorgungsanl. - Betriebseinr. inkl. 041 | 3,0 | **4,0** | 5,5 |
| 042 | Gas- und Wasserinstallation, Leitungen inkl. 043 | 1,9 | **2,1** | 2,5 |
| 044 | Abwasseranlagen - Leitungen | 0,0 | **0,1** | 0,3 |
| 045 | GWE-Einrichtungsgegenstände inkl. 046 | 0,0 | **0,5** | 0,9 |
| 047 | Dämmarbeiten an betriebstechnischen Anlagen | 0,0 | **0,2** | 0,4 |
| 049 | Feuerlöschanlagen, Feuerlöschgeräte | – | – | – |
| 050 | Blitzschutz- und Erdungsanlagen | 0,0 | **< 0,1** | 0,2 |
| 052 | Mittelspannungsanlagen | – | – | – |
| 053 | Niederspannungsanlagen inkl. 054 | 2,8 | **5,5** | 7,8 |
| 055 | Sicherheits- u. Ersatzstromversorgungsanl. | – | – | – |
| 057 | Gebäudesystemtechnik | – | – | – |
| 058 | Leuchten und Lampen inkl. 059 | 0,2 | **1,3** | 2,1 |
| 060 | Sprechanlagen, elektroakust. Anlagen inkl. 064 | – | – | – |
| 061 | Kommunikationsnetze inkl. 062 | 0,0 | **< 0,1** | < 0,1 |
| 063 | Gefahrenmeldeanlagen | 0,0 | **0,3** | 0,6 |
| 069 | Aufzüge | – | – | – |
| 070 | Gebäudeautomation | – | – | – |
| 075 | Raumlufttechnische Anlagen inkl. 078 | 0,0 | **< 0,1** | 0,1 |
| | **Gebäudetechnik** | 11,6 | **14,1** | 16,3 |
| | Sonstige Leistungsbereiche inkl. 008, 033, 051 | 0,0 | **3,5** | 6,9 |

**Kosten:** Stand 1. Quartal 2022 Bundesdurchschnitt inkl. 19% MwSt.

- ● KKW
- ▶ min
- ▷ von
- | Mittelwert
- ◁ bis
- ◀ max

## Planungskennwerte für Flächen und Rauminhalte nach DIN 277

| Grundflächen | | ▷ | Fläche/NUF (%) | ◁ | ▷ | Fläche/BGF (%) | ◁ |
|---|---|---|---|---|---|---|---|
| NUF | Nutzungsfläche | 100,0 | **100,0** | 100,0 | 76,5 | **81,7** | 83,7 |
| TF | Technikfläche | 1,7 | **2,0** | 4,1 | 1,3 | **1,5** | 2,8 |
| VF | Verkehrsfläche | 9,2 | **11,0** | 16,5 | 7,0 | **8,5** | 11,4 |
| NRF | Netto-Raumfläche | 111,0 | **113,0** | 120,5 | 91,0 | **91,6** | 94,4 |
| KGF | Konstruktions-Grundfläche | 7,3 | **10,4** | 12,0 | 5,6 | **8,4** | 9,0 |
| BGF | Brutto-Grundfläche | 120,6 | **123,4** | 133,3 | 100,0 | **100,0** | 100,0 |

| Brutto-Rauminhalte | | ▷ | BRI/NUF (m) | ◁ | ▷ | BRI/BGF (m) | ◁ |
|---|---|---|---|---|---|---|---|
| BRI | Brutto-Rauminhalt | 6,10 | **6,96** | 7,65 | 5,33 | **5,70** | 6,37 |

| Flächen von Nutzeinheiten | ▷ | NUF/Einheit (m²) | ◁ | ▷ | BGF/Einheit (m²) | ◁ |
|---|---|---|---|---|---|---|
| Nutzeinheit: | – | – | – | – | – | – |

| Lufttechnisch behandelte Flächen | ▷ | Fläche/NUF (%) | ◁ | ▷ | Fläche/BGF (%) | ◁ |
|---|---|---|---|---|---|---|
| Entlüftete Fläche | 1,9 | **1,9** | 1,9 | 1,6 | **1,6** | 1,6 |
| Be- und entlüftete Fläche | 3,5 | **3,5** | 3,5 | 2,9 | **2,9** | 2,9 |
| Teilklimatisierte Fläche | – | – | – | – | – | – |
| Klimatisierte Fläche | 15,9 | **15,9** | 15,9 | 13,3 | **13,3** | 13,3 |

| KG | Kostengruppen (2. Ebene) | Einheit | ▷ | Menge/NUF | ◁ | ▷ | Menge/BGF | ◁ |
|---|---|---|---|---|---|---|---|---|
| 310 | Baugrube / Erdbau | m³ BGI | 0,60 | **0,77** | 0,77 | 0,51 | **0,65** | 0,65 |
| 320 | Gründung, Unterbau | m² GRF | 0,94 | **0,98** | 0,98 | 0,79 | **0,83** | 0,83 |
| 330 | Außenwände / vertikal außen | m² AWF | 0,68 | **0,72** | 0,72 | 0,58 | **0,60** | 0,60 |
| 340 | Innenwände / vertikal innen | m² IWF | 0,40 | **0,48** | 0,48 | 0,33 | **0,40** | 0,40 |
| 350 | Decken / horizontal | m² DEF | 0,31 | **0,31** | 0,31 | 0,26 | **0,26** | 0,26 |
| 360 | Dächer | m² DAF | 1,12 | **1,17** | 1,17 | 0,94 | **0,99** | 0,99 |
| 370 | Infrastrukturanlagen | | – | – | – | – | – | – |
| 380 | Baukonstruktive Einbauten | m² BGF | 1,21 | **1,23** | 1,33 | 1,00 | **1,00** | 1,00 |
| 390 | Sonst. Maßnahmen für Baukonst. | m² BGF | 1,21 | **1,23** | 1,33 | 1,00 | **1,00** | 1,00 |
| 300 | Bauwerk – Baukonstruktionen | m² BGF | 1,21 | **1,23** | 1,33 | 1,00 | **1,00** | 1,00 |

## Planungskennwerte für Bauzeiten

**7 Vergleichsobjekte**

**Bauzeit in Wochen**

Bauzeit: 0 | 10 | 20 | 30 | 40 | 50 | 60 | 70 | 80 | 90 | 100 Wochen

**Lagergebäude, mit mehr als 25% Mischnutzung**

€/m² BGF
min    940 €/m²
von    1.115 €/m²
Mittel  **1.425** €/m²
bis    1.790 €/m²
max    1.835 €/m²

Kosten:
Stand 1. Quartal 2022
Bundesdurchschnitt
inkl. 19% MwSt.

## Objektübersicht zur Gebäudeart

### 7700-0078 Lager- und Verwaltungsgebäude - Effizienzhaus ~55%  | BRI 3.056 m³ | BGF 719 m² | NUF 557 m²

Lager- und Verwaltungsgebäude (32 AP) mit Seminarraum. Holzbau.

Land: Nordrhein-Westfalen
Kreis: Rheinisch-Bergischer Kreis
Standard: über Durchschnitt
Bauzeit: 26 Wochen
Kennwerte: bis 1. Ebene DIN 276

**BGF   1.738 €/m²**

**Planung:** kg architektur Dipl.-Ing. Arch. Kai Grosche; Köln

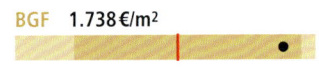

veröffentlicht: BKI Objektdaten E7

### 7700-0077 Lager- und Werkstattgebäude, Büro (18 AP)  | BRI 13.542 m³ | BGF 1.869 m² | NUF 1.669 m²

Lager- und Werkstattgebäude für Baumaschinen und Büro (18 AP). Sandwichpaneelen, Mauerwerk, Pfosten-Riegel-Konstruktion.

Land: Nordrhein-Westfalen
Kreis: Hagen
Standard: Durchschnitt
Bauzeit: 39 Wochen
Kennwerte: bis 1. Ebene DIN 276

**BGF   939 €/m²**

**Planung:** projektplan gmbh runkel. freie architekten; Siegen

veröffentlicht: BKI Objektdaten N15

### 7700-0048 Büro-und Lagergebäude  | BRI 6.360 m³ | BGF 1.289 m² | NUF 866 m²

Büro-und Lagergebäude. Stb-Konstruktion.

Land: Baden-Württemberg
Kreis: Tuttlingen
Standard: Durchschnitt
Bauzeit: 69 Wochen
Kennwerte: bis 1. Ebene DIN 276

**BGF   1.835 €/m²**

**Planung:** Muffler Architekten Freie Architekten BDA / DWB; Tuttlingen

veröffentlicht: BKI Objektdaten N9

### 7300-0056 Versandgebäude, Verwaltung  | BRI 9.300 m³ | BGF 1.575 m² | NUF 1.341 m²

Versandgebäude mit Büroräumen, Besprechungszimmer, Ausstellungsraum. Stahlkonstruktion, Holzsatteldach, Stb-Flachdach.

Land: Baden-Württemberg
Kreis: Tübingen
Standard: unter Durchschnitt
Bauzeit: 22 Wochen
Kennwerte: bis 2. Ebene DIN 276

**BGF   1.129 €/m²**

**Planung:** Freie Architekten Harald Kreuzberger; Rottenburg

veröffentlicht: BKI Objektdaten N8

© BKI Baukosteninformationszentrum; Erläuterungen zu den Tabellen siehe Seite 56     Kostenstand: 1. Quartal 2022, Bundesdurchschnitt, **inkl. 19% MwSt.**

## Objektübersicht zur Gebäudeart

### 7700-0018 Lager- und Verkaufsgebäude

**BRI** 32.167 m³  **BGF** 5.317 m²  **NUF** 4.531 m²

Verkauf und Lager von Türbeschlägen, Verwaltung mit Einzel- und Großraumbüros. Stb-Skelettbau.

Land: Brandenburg
Kreis: Teltow-Fläming
Standard: Durchschnitt
Bauzeit: 35 Wochen
Kennwerte: bis 1. Ebene DIN 276

**BGF**  1.796 €/m²

veröffentlicht: BKI Objektdaten N1

**Planung:** Tebarth Höhne Bauss Architekten

### 7700-0028 Vertriebszentrum, Lager, Büros

**BRI** 2.276 m³  **BGF** 556 m²  **NUF** 466 m²

Gewerblich genutztes Gebäude mit durchschnittlicher Ausstattung, ohne Einrichtungen. Stahlskelettbau.

Land: Bayern
Kreis: Kitzingen
Standard: Durchschnitt
Bauzeit: 35 Wochen
Kennwerte: bis 3. Ebene DIN 276

**BGF**  1.321 €/m²

veröffentlicht: BKI Objektdaten N3

**Planung:** Scholz & Partner GmbH Architekten und Ingenieure; Würzburg

### 7700-0017 Gerüstlager, Werkstatt

**BRI** 36.791 m³  **BGF** 4.972 m²  **NUF** 4.151 m²

Gerüstlager und Malerwerkstatt mit Sozialbereich über Werkstatt; Verwaltungsräume in Objekt 1300-0049. Stb-Skelettbau.

Land: Bayern
Kreis: Landshut
Standard: über Durchschnitt
Bauzeit: 52 Wochen
Kennwerte: bis 3. Ebene DIN 276

**BGF**  1.201 €/m²

www.bki.de

**Planung:** Reindl + Team Architektur + Design; Nürnberg

**Einzel-, Mehrfach- und Hochgaragen**

## Kostenkennwerte für die Kosten des Bauwerks (Kostengruppen 300+400 nach DIN 276)

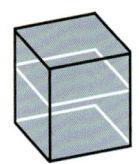

**BRI** 190 €/m³
von 130 €/m³
bis 275 €/m³

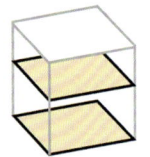

**BGF** 660 €/m²
von 490 €/m²
bis 835 €/m²

**NUF** 785 €/m²
von 570 €/m²
bis 1.015 €/m²

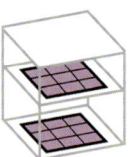

**NE** 22.685 €/NE
von 13.910 €/NE
bis 47.295 €/NE
NE: Stellplätze

### Objektbeispiele

7800-0024

6100-1396

7800-0017

**Kosten:**
Stand 1. Quartal 2022
Bundesdurchschnitt
inkl. 19% MwSt.

## Kosten der 9 Vergleichsobjekte — Seiten 856 bis 859

- ● KKW
- ▶ min
- ▷ von
- | Mittelwert
- ◁ bis
- ◀ max

BRI — €/m³ BRI
BGF — €/m² BGF
NUF — €/m² NUF

© BKI Baukosteninformationszentrum; Erläuterungen zu den Tabellen siehe Seite 46    Kostenstand: 1. Quartal 2022, Bundesdurchschnitt, **inkl. 19% MwSt.**

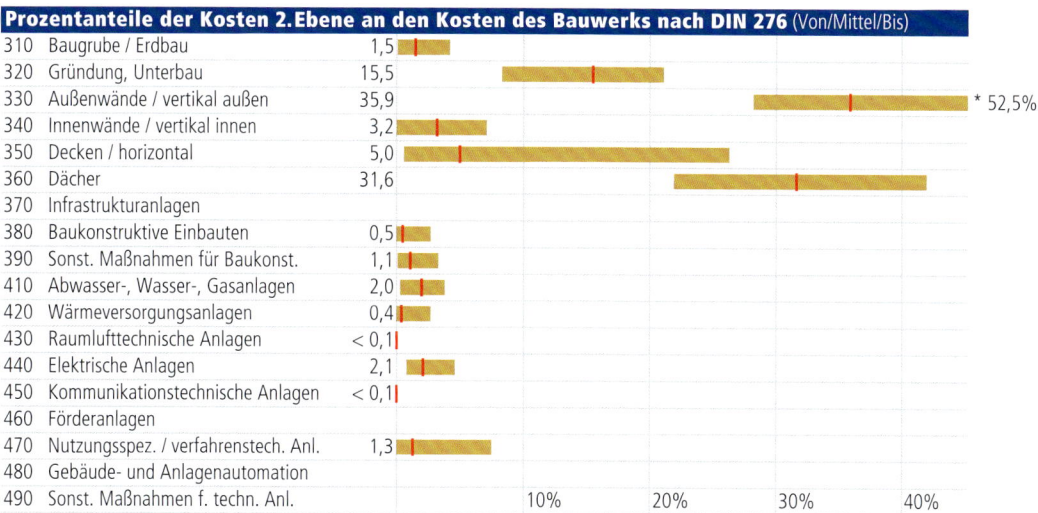

## Kostenkennwerte für die Kostengruppen der 1. und 2. Ebene DIN 276

| KG  | Kostengruppen der 1. Ebene | Einheit | ▷ | €/Einheit | ◁ | ▷ | % an 300+400 | ◁ |
|-----|---------------------------|---------|---|-----------|---|---|--------------|---|
| 100 | Grundstück                | m²GF    | – | –         | – | – | –            | – |
| 200 | Vorbereitende Maßnahmen   | m²GF    | < 1 | < 1     | < 1 | 0,2 | 0,2        | 0,2 |
| 300 | Bauwerk – Baukonstruktionen | m²BGF | 472 | 621     | 772 | 89,3 | 94,9      | 98,7 |
| 400 | Bauwerk – Technische Anlagen | m²BGF | 14 | 42      | 94 | 2,2 | 5,7        | 11,7 |
|     | Bauwerk (300+400)         | m²BGF   | 490 | 658     | 834 | 100,0 | 100,0    | 100,0 |
| 500 | Außenanlagen und Freiflächen | m²AF  | 16 | 38       | 71 | 4,0 | 9,4        | 19,8 |
| 600 | Ausstattung und Kunstwerke | m²BGF  | 101 | 101     | 101 | 11,3 | 11,3      | 11,3 |
| 700 | Baunebenkosten*           | m²BGF   | 133 | 147     | 161 | 19,8 | 21,9      | 24,0 |
| 800 | Finanzierung              | m²BGF   | –   | –       | –   | –   | –          | –   |

\* Auf Grundlage der HOAI 2021 berechnete Werte nach §§ 35, 52, 56. Weitere Informationen siehe Seite 50

| KG  | Kostengruppen der 2. Ebene | Einheit | ▷ | €/Einheit | ◁ | ▷ | % an 1. Ebene | ◁ |
|-----|---------------------------|---------|---|-----------|---|---|---------------|---|
| 310 | Baugrube / Erdbau         | m³BGI   | 16 | 26       | 43 | 0,2 | 1,7         | 4,8 |
| 320 | Gründung, Unterbau        | m²GRF   | 76 | 159      | 318 | 8,7 | 16,7        | 22,9 |
| 330 | Außenwände / vertikal außen | m²AWF | 181 | 216     | 245 | 30,3 | 37,9       | 53,1 |
| 340 | Innenwände / vertikal innen | m²IWF | 235 | 263     | 289 | < 0,1 | 3,6       | 8,0 |
| 350 | Decken / horizontal       | m²DEF   | 302 | 421     | 645 | 0,7 | 5,2         | 26,9 |
| 360 | Dächer                    | m²DAF   | 165 | 249     | 415 | 21,5 | 33,4       | 41,6 |
| 370 | Infrastrukturanlagen      |         | –   | –       | –   | –   | –           | –   |
| 380 | Baukonstruktive Einbauten | m²BGF   | 15 | 15       | 15 | 0,0 | 0,5         | 2,8 |
| 390 | Sonst. Maßnahmen für Baukonst. | m²BGF | 7 | 17   | 37 | 0,1 | 1,2         | 3,7 |
| **300** | **Bauwerk – Baukonstruktionen** | **m²BGF** | | | | | **100,0** | |
| 410 | Abwasser-, Wasser-, Gasanlagen | m²BGF | 6 | 18    | 35 | 21,6 | 38,7       | 65,5 |
| 420 | Wärmeversorgungsanlagen   | m²BGF   | < 1 | 12    | 24 | < 0,1 | 4,1       | 20,2 |
| 430 | Raumlufttechnische Anlagen | m²BGF  | 1 | 1        | 1 | 0,0 | 0,2         | 1,1 |
| 440 | Elektrische Anlagen       | m²BGF   | 7 | 19       | 41 | 27,4 | 44,8       | 71,1 |
| 450 | Kommunikationstechnische Anlagen | m²BGF | < 1 | < 1 | < 1 | < 0,1 | 0,3   | 1,3 |
| 460 | Förderanlagen             | m²BGF   | – | –        | – | – | –           | – |
| 470 | Nutzungsspez. / verfahrenstech. Anl. | m²BGF | 52 | 52 | 52 | 0,0 | 11,7   | 58,3 |
| 480 | Gebäude- und Anlagenautomation | m²BGF | – | –    | – | – | –           | – |
| 490 | Sonst. Maßnahmen f. techn. Anl. | m²BGF | – | –  | – | – | –           | – |
| **400** | **Bauwerk – Technische Anlagen** | **m²BGF** | | | | | **100,0** | |

### Prozentanteile der Kosten 2. Ebene an den Kosten des Bauwerks nach DIN 276 (Von/Mittel/Bis)

| KG  | Kostengruppe | Mittelwert |
|-----|-------------|-----------|
| 310 | Baugrube / Erdbau | 1,5 |
| 320 | Gründung, Unterbau | 15,5 |
| 330 | Außenwände / vertikal außen | 35,9 (* 52,5%) |
| 340 | Innenwände / vertikal innen | 3,2 |
| 350 | Decken / horizontal | 5,0 |
| 360 | Dächer | 31,6 |
| 370 | Infrastrukturanlagen | |
| 380 | Baukonstruktive Einbauten | 0,5 |
| 390 | Sonst. Maßnahmen für Baukonst. | 1,1 |
| 410 | Abwasser-, Wasser-, Gasanlagen | 2,0 |
| 420 | Wärmeversorgungsanlagen | 0,4 |
| 430 | Raumlufttechnische Anlagen | < 0,1 |
| 440 | Elektrische Anlagen | 2,1 |
| 450 | Kommunikationstechnische Anlagen | < 0,1 |
| 460 | Förderanlagen | |
| 470 | Nutzungsspez. / verfahrenstech. Anl. | 1,3 |
| 480 | Gebäude- und Anlagenautomation | |
| 490 | Sonst. Maßnahmen f. techn. Anl. | |

© BKI Baukosteninformationszentrum; Erläuterungen zu den Tabellen siehe Seite 48 und 50   Kostenstand: 1. Quartal 2022, Bundesdurchschnitt, inkl. 19% MwSt.

# Einzel-, Mehrfach- und Hochgaragen

**Prozentanteile der Kosten für Leistungsbereiche nach STLB (Kosten Bauwerk nach DIN 276)**

| LB | Leistungsbereiche | ▷ % an 300+400 ◁ | | |
|---|---|---:|---:|---:|
| 000 | Sicherheits-, Baustelleneinrichtungen inkl. 001 | 0,0 | 0,3 | 0,6 |
| 002 | Erdarbeiten | 1,5 | 5,1 | 10,0 |
| 006 | Spezialtiefbauarbeiten inkl. 005 | – | – | – |
| 009 | Entwässerungskanalarbeiten inkl. 011 | < 0,1 | 1,2 | 3,1 |
| 010 | Drän- und Versickerarbeiten | 0,0 | < 0,1 | 0,3 |
| 012 | Mauerarbeiten | < 0,1 | 0,6 | 1,5 |
| 013 | Betonarbeiten | 7,5 | 22,6 | 44,2 |
| 014 | Natur-, Betonwerksteinarbeiten | 0,0 | 1,0 | 2,5 |
| 016 | Zimmer- und Holzbauarbeiten | 0,0 | 13,2 | 66,2 |
| 017 | Stahlbauarbeiten | 3,7 | 24,6 | 54,4 |
| 018 | Abdichtungsarbeiten | < 0,1 | 1,2 | 3,5 |
| 020 | Dachdeckungsarbeiten | 0,0 | < 0,1 | < 0,1 |
| 021 | Dachabdichtungsarbeiten | 0,8 | 6,6 | 28,5 |
| 022 | Klempnerarbeiten | 0,4 | 1,7 | 3,1 |
| | **Rohbau** | **72,3** | **78,1** | **85,8** |
| 023 | Putz- und Stuckarbeiten, Wärmedämmsysteme | 0,0 | < 0,1 | 0,4 |
| 024 | Fliesen- und Plattenarbeiten | 0,0 | < 0,1 | 0,5 |
| 025 | Estricharbeiten | 0,0 | < 0,1 | < 0,1 |
| 026 | Fenster, Außentüren inkl. 029, 032 | 0,0 | 4,8 | 12,4 |
| 027 | Tischlerarbeiten | – | – | – |
| 028 | Parkettarbeiten, Holzpflasterarbeiten | – | – | – |
| 030 | Rollladenarbeiten | – | – | – |
| 031 | Metallbauarbeiten inkl. 035 | 0,1 | 8,3 | 23,6 |
| 034 | Maler- und Lackiererarbeiten inkl. 037 | 0,2 | 2,0 | 5,5 |
| 036 | Bodenbelagarbeiten | 0,0 | 1,8 | 9,0 |
| 038 | Vorgehängte hinterlüftete Fassaden | 0,0 | 1,2 | 5,8 |
| 039 | Trockenbauarbeiten | 0,0 | < 0,1 | 0,2 |
| | **Ausbau** | **8,5** | **18,2** | **28,5** |
| 040 | Wärmeversorgungsanl. - Betriebseinr. inkl. 041 | 0,0 | < 0,1 | < 0,1 |
| 042 | Gas- und Wasserinstallation, Leitungen inkl. 043 | 0,0 | < 0,1 | < 0,1 |
| 044 | Abwasseranlagen - Leitungen | 0,0 | < 0,1 | 0,2 |
| 045 | GWE-Einrichtungsgegenstände inkl. 046 | 0,0 | 0,1 | 0,6 |
| 047 | Dämmarbeiten an betriebstechnischen Anlagen | < 0,1 | < 0,1 | < 0,1 |
| 049 | Feuerlöschanlagen, Feuerlöschgeräte | – | – | – |
| 050 | Blitzschutz- und Erdungsanlagen | < 0,1 | 0,3 | 1,0 |
| 052 | Mittelspannungsanlagen | – | – | – |
| 053 | Niederspannungsanlagen inkl. 054 | 0,0 | 0,8 | 1,7 |
| 055 | Sicherheits- u. Ersatzstromversorgungsanl. | – | – | – |
| 057 | Gebäudesystemtechnik | – | – | – |
| 058 | Leuchten und Lampen inkl. 059 | 0,0 | 0,2 | 0,6 |
| 060 | Sprechanlagen, elektroakust. Anlagen inkl. 064 | 0,0 | < 0,1 | < 0,1 |
| 061 | Kommunikationsnetze inkl. 062 | 0,0 | < 0,1 | < 0,1 |
| 063 | Gefahrenmeldeanlagen | – | – | – |
| 069 | Aufzüge | – | – | – |
| 070 | Gebäudeautomation | – | – | – |
| 075 | Raumlufttechnische Anlagen inkl. 078 | – | – | – |
| | **Gebäudetechnik** | **0,6** | **1,6** | **3,1** |
| | Sonstige Leistungsbereiche inkl. 008, 033, 051 | 0,0 | 2,0 | 5,9 |

**Kosten:**
Stand 1. Quartal 2022
Bundesdurchschnitt
inkl. 19% MwSt.

- ● KKW
- ▶ min
- ▷ von
- | Mittelwert
- ◁ bis
- ◀ max

## Planungskennwerte für Flächen und Rauminhalte nach DIN 277

| Grundflächen | | ▷ | Fläche/NUF (%) | ◁ | ▷ | Fläche/BGF (%) | ◁ |
|---|---|---|---|---|---|---|---|
| NUF | Nutzungsfläche | 100,0 | **100,0** | 100,0 | 70,6 | **85,9** | 89,3 |
| TF | Technikfläche | 0,4 | **0,4** | 0,4 | 0,3 | **0,3** | 0,3 |
| VF | Verkehrsfläche | 30,9 | **33,6** | 33,6 | 15,7 | **17,7** | 17,7 |
| NRF | Netto-Raumfläche | 108,8 | **111,3** | 111,3 | 88,9 | **91,9** | 93,2 |
| KGF | Konstruktions-Grundfläche | 6,8 | **9,7** | 12,7 | 6,8 | **8,1** | 11,1 |
| BGF | Brutto-Grundfläche | 115,8 | **121,0** | 158,4 | 100,0 | **100,0** | 100,0 |

| Brutto-Rauminhalte | | ▷ | BRI/NUF (m) | ◁ | ▷ | BRI/BGF (m) | ◁ |
|---|---|---|---|---|---|---|---|
| BRI | Brutto-Rauminhalt | 4,26 | **4,57** | 5,25 | 3,62 | **3,87** | 4,49 |

| Flächen von Nutzeinheiten | | ▷ | NUF/Einheit (m²) | ◁ | ▷ | BGF/Einheit (m²) | ◁ |
|---|---|---|---|---|---|---|---|
| Nutzeinheit: Stellplätze | | 28,06 | **31,87** | 49,03 | 31,57 | **36,31** | 53,41 |

| Lufttechnisch behandelte Flächen | ▷ | Fläche/NUF (%) | ◁ | ▷ | Fläche/BGF (%) | ◁ |
|---|---|---|---|---|---|---|
| Entlüftete Fläche | 1,1 | **1,1** | 1,1 | 1,0 | **1,0** | 1,0 |
| Be- und entlüftete Fläche | – | **–** | – | – | **–** | – |
| Teilklimatisierte Fläche | – | **–** | – | – | **–** | – |
| Klimatisierte Fläche | – | **–** | – | – | **–** | – |

| KG | Kostengruppen (2. Ebene) | Einheit | ▷ | Menge/NUF | ◁ | ▷ | Menge/BGF | ◁ |
|---|---|---|---|---|---|---|---|---|
| 310 | Baugrube / Erdbau | m³ BGI | 1,38 | **1,38** | 1,73 | 1,29 | **1,29** | 1,58 |
| 320 | Gründung, Unterbau | m² GRF | 0,71 | **0,92** | 1,04 | 0,60 | **0,82** | 0,87 |
| 330 | Außenwände / vertikal außen | m² AWF | 0,97 | **1,12** | 1,26 | 0,91 | **0,99** | 1,07 |
| 340 | Innenwände / vertikal innen | m² IWF | 0,10 | **0,17** | 0,23 | 0,09 | **0,15** | 0,22 |
| 350 | Decken / horizontal | m² DEF | 0,16 | **0,17** | 0,17 | 0,15 | **0,16** | 0,16 |
| 360 | Dächer | m² DAF | 0,98 | **0,98** | 1,02 | 0,61 | **0,88** | 0,90 |
| 370 | Infrastrukturanlagen | | – | **–** | – | – | **–** | – |
| 380 | Baukonstruktive Einbauten | m² BGF | 1,16 | **1,21** | 1,58 | 1,00 | **1,00** | 1,00 |
| 390 | Sonst. Maßnahmen für Baukonst. | m² BGF | 1,16 | **1,21** | 1,58 | 1,00 | **1,00** | 1,00 |
| **300** | **Bauwerk – Baukonstruktionen** | m² BGF | 1,16 | **1,21** | 1,58 | 1,00 | **1,00** | 1,00 |

## Planungskennwerte für Bauzeiten — 9 Vergleichsobjekte

**Bauzeit in Wochen**

Bauzeit: Bereich ca. 15–75 Wochen (Median ca. 45 Wochen)

© **BKI** Baukosteninformationszentrum; Erläuterungen zu den Tabellen siehe Seite 54 — Kostenstand: 1. Quartal 2022, Bundesdurchschnitt, inkl. 19% MwSt.

**Einzel-, Mehrfach- und Hochgaragen**

€/m² BGF
min 320 €/m²
von 490 €/m²
Mittel **660 €/m²**
bis 835 €/m²
max 900 €/m²

Kosten:
Stand 1. Quartal 2022
Bundesdurchschnitt
inkl. 19% MwSt.

## Objektübersicht zur Gebäudeart

### 7800-0027 Fahrradpavillon mit E-Bike-Ladestation (19 STP)*
**BRI** 229 m³ **BGF** 71 m² **NUF** 28 m²

Fahrradpavillon mit E-Bike-Ladestation (19 STP). Stahlbau.

Land: Hessen
Kreis: Hersfeld-Rotenburg
Standard: über Durchschnitt
Bauzeit: 22 Wochen
Kennwerte: bis 1. Ebene DIN 276

**BGF** 2.348 €/m² *

**Planung:** DORBRITZ ARCHITEKTEN BDA; Bad Hersfeld

vorgesehen: BKI Objektdaten N18
* Nicht in der Auswertung enthalten

### 7800-0030 Fahrradparkhaus (224 STP)*
**BRI** 6.728 m³ **BGF** 1.666 m² **NUF** 782 m²

Fahrradparkhaus mit Fahrradwerkstatt/Verkausraum, Kundencenter und Aufenthaltsräumen für Busfahrer. Holzbau.

Land: Rheinland-Pfalz
Kreis: Bad Kreuznach
Standard: Durchschnitt
Bauzeit: 96 Wochen
Kennwerte: bis 3. Ebene DIN 276

**BGF** 1.950 €/m² *

**Planung:** slb_architekten und ingenieure Hachenberg & Roll GbR; Boppard

vorgesehen: BKI Objektdaten N18
* Nicht in der Auswertung enthalten

### 7800-0028 Parkhaus (445 STP)
**BRI** 36.184 m³ **BGF** 11.268 m² **NUF** 5.618 m²

Parkhaus mit 445 Stellplätzen. Stahlbau.

Land: Bayern
Kreis: Aschaffenburg, Stadt
Standard: Durchschnitt
Bauzeit: 39 Wochen
Kennwerte: bis 1. Ebene DIN 276

**BGF** 568 €/m²

**Planung:** RitterBauerArchitektenGmbH; Aschaffenburg

vorgesehen: BKI Objektdaten N18

### 6100-1396 Garage mit Carport (2 STP)
**BRI** 130 m³ **BGF** 51 m² **NUF** 43 m²

Garage mit Carport. Mischbauweise.

Land: Schleswig-Holstein
Kreis: Rendsburg-Eckernförde
Standard: Durchschnitt
Bauzeit: 17 Wochen
Kennwerte: bis 3. Ebene DIN 276

**BGF** 318 €/m²

**Planung:** Jens Rühmann; Steenfeld

veröffentlicht: BKI Objektdaten N17

## Objektübersicht zur Gebäudeart

### 7800-0024 Auto- und Fahrradgarage (2 STP)

**BRI** 84 m³  **BGF** 32 m²  **NUF** 31 m²

Doppelgarage für PKW (2 St) und Fahrräder. Holzkonstruktion..

Land: Baden-Württemberg
Kreis: Rems-Murr-Kreis
Standard: über Durchschnitt
Bauzeit: 18 Wochen
Kennwerte: bis 1. Ebene DIN 276

**BGF** 882 €/m²

**Planung:** archifaktur Architekt Julian Bärlin; Winterbach

veröffentlicht: BKI Objektdaten N13

### 6100-1440 Fertigteilgarage*

**BRI** 42 m³  **BGF** 16 m²  **NUF** 15 m²

Fertigteilgarage. Fertigteilbau.

Land: Baden-Württemberg
Kreis: Tübingen
Standard: unter Durchschnitt
Bauzeit: 4 Wochen
Kennwerte: bis 3. Ebene DIN 276

**BGF** 514 €/m²

**Planung:** Architekt Rainer Graf Architektur + Energiekonzepte; Ofterdingen

veröffentlicht: BKI Objektdaten N17
* Nicht in der Auswertung enthalten

### 7800-0025 PKW-Garagen (6 STP)

**BRI** 359 m³  **BGF** 114 m²  **NUF** 102 m²

Garage mit 6 Stellplätzen. Holzkonstruktion.

Land: Nordrhein-Westfalen
Kreis: Düsseldorf
Standard: Durchschnitt
Bauzeit: 26 Wochen
Kennwerte: bis 1. Ebene DIN 276

**BGF** 657 €/m²

**Planung:** bau grün ! energieeff. Gebäude Arch. Daniel Finocchiaro; Mönchengladbach

veröffentlicht: BKI Objektdaten N15

### 7800-0022 LKW-Halle (3 LKW), Wohnen*

**BRI** 3.425 m³  **BGF** 655 m²  **NUF** 528 m²

LKW-Halle für LKWs mit Anhänger (3 STP), Waschplatz, Montagegrube, Zapfstelle, 2 Betriebswohnungen. Stahlbetonbau.

Land: Bayern
Kreis: Ebersberg
Standard: Durchschnitt
Bauzeit: 35 Wochen
Kennwerte: bis 4. Ebene DIN 276

**BGF** 1.712 €/m²

**Planung:** Hans Baumann & Freunde Robert Kolbitsch; Moosach

veröffentlicht: BKI Objektdaten N8
* Nicht in der Auswertung enthalten

© BKI Baukosteninformationszentrum; Erläuterungen zu den Tabellen siehe Seite 56    Kostenstand: 1. Quartal 2022, Bundesdurchschnitt, **inkl. 19% MwSt.**

Einzel-, Mehrfach- und Hochgaragen

**€/m² BGF**
| | |
|---|---|
| min | 320 €/m² |
| von | 490 €/m² |
| Mittel | **660 €/m²** |
| bis | 835 €/m² |
| max | 900 €/m² |

**Kosten:**
Stand 1. Quartal 2022
Bundesdurchschnitt
inkl. 19% MwSt.

## Objektübersicht zur Gebäudeart

### 7800-0023 Parkgarage (158 STP)
**BRI** 17.219 m³ **BGF** 6.409 m² **NUF** 5.722 m²

Parkgarage mit 158 Stellplätzen, durch die Innenstadtlage waren besondere Gestaltung und Emissionsschutz vorgeschrieben. Stahlkonstruktion.

Land: Rheinland-Pfalz
Kreis: Westerwaldkreis
Standard: über Durchschnitt
Bauzeit: 48 Wochen
Kennwerte: bis 3. Ebene DIN 276

**BGF 538 €/m²**

**Planung:** Freier Architekt BDA Stefan Musil; Ransbach-Baumbach

veröffentlicht: BKI Objektdaten N12

### 7800-0021 Garage zu Einfamilienhaus*
**BRI** 61 m³ **BGF** 25 m² **NUF** 23 m²

Garage zum Einfamilienhaus. Mauerwerksbau mit Stb-Flachdach.

Land: Hessen
Kreis: Offenbach
Standard: Durchschnitt
Bauzeit: 26 Wochen
Kennwerte: bis 3. Ebene DIN 276

**BGF 2.103 €/m²**

**Planung:** Fischer + Goth, Peter Goth Walter F. Fischer; Aschaffenburg

veröffentlicht: BKI Objektdaten N7
* Nicht in der Auswertung enthalten

### 7800-0020 Garage zu Mehrfamilienhaus (6 STP)
**BRI** 470 m³ **BGF** 172 m² **NUF** 137 m²

3 Doppelgaragen, Raum für Mülltonnen. Stahlbetonbau.

Land: Baden-Württemberg
Kreis: Ortenaukreis
Standard: Durchschnitt
Bauzeit: 70 Wochen
Kennwerte: bis 4. Ebene DIN 276

**BGF 776 €/m²**

**Planung:** Freier Architekt Rainer Roth; Offenburg

veröffentlicht: BKI Objektdaten N6

### 7600-0039 Bauhof (2 KFZ)
**BRI** 2.505 m³ **BGF** 367 m² **NUF** 337 m²

Fahrzeughalle des Bauhofs mit Pausenraum, Umkleide und WC. Holztafelbau.

Land: Baden-Württemberg
Kreis: Reutlingen
Standard: Durchschnitt
Bauzeit: 35 Wochen
Kennwerte: bis 2. Ebene DIN 276

**BGF 899 €/m²**

**Planung:** Hartmaier + Partner Freie Architekten; Münsingen

veröffentlicht: BKI Objektdaten N6

## Objektübersicht zur Gebäudeart

### 7800-0018 Garage Wohnanlage (23 STP)*

**BRI** 1.119 m³    **BGF** 269 m²    **NUF** 247 m²

Garagengebäude mit Doppelparker für 23 PKW und Mülltonnenstandplatz für Wohnanlage. Stahlbetonbau.

Land: Rheinland-Pfalz
Kreis: Mainz, Stadt
Standard: über Durchschnitt
Bauzeit: 113 Wochen
Kennwerte: bis 3. Ebene DIN 276

**BGF   1.593 €/m²**

**Planung:** Wohnbau Mainz GmbH; Mainz

veröffentlicht: BKI Objektdaten N6
* Nicht in der Auswertung enthalten

### 7800-0017 Busabstellhalle (16 STP), Tankstelle

**BRI** 7.052 m³    **BGF** 1.306 m²    **NUF** 1.244 m²

Busabstellhalle für 16 Busse als Teil eines Omnibusbetriebshofs. Mauerwerksbau.

Land: Baden-Württemberg
Kreis: Freudenstadt
Standard: Durchschnitt
Bauzeit: 65 Wochen
Kennwerte: bis 4. Ebene DIN 276

**BGF   688 €/m²**

**Planung:** Detlef Brückner Dipl.-Ing. (FH) Freier Architekt; Freudenstadt

veröffentlicht: BKI Objektdaten N4

### 7800-0019 Busbetriebshalle (6 STP)

**BRI** 1.826 m³    **BGF** 323 m²    **NUF** 308 m²

Abstellgebäude. Stahlskelettbau.

Land: Bayern
Kreis: Main-Spessart
Standard: unter Durchschnitt
Bauzeit: 74 Wochen
Kennwerte: bis 3. Ebene DIN 276

**BGF   600 €/m²**

**Planung:** Scholz & Völker Architektengemeinschaft; Würzburg

veröffentlicht: BKI Objektdaten N6

# Tiefgaragen

## Kostenkennwerte für die Kosten des Bauwerks (Kostengruppen 300+400 nach DIN 276)

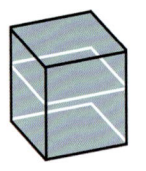

**BRI** 290 €/m³
von 250 €/m³
bis 325 €/m³

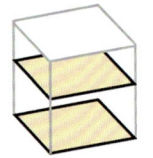

**BGF** 855 €/m²
von 690 €/m²
bis 1.020 €/m²

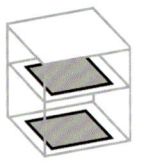

**NUF** 1.560 €/m²
von 975 €/m²
bis 2.240 €/m²

**NE** 20.185 €/NE
von 13.040 €/NE
bis 29.200 €/NE
NE: Stellplätze

**Kosten:**
Stand 1. Quartal 2022
Bundesdurchschnitt
inkl. 19% MwSt.

### Objektbeispiele

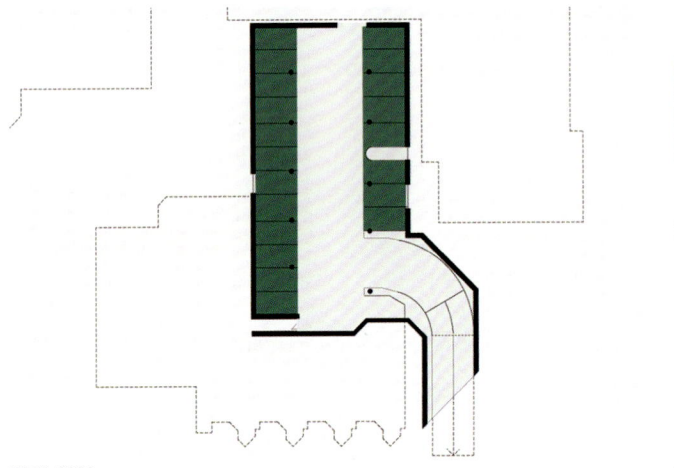

7800-0009

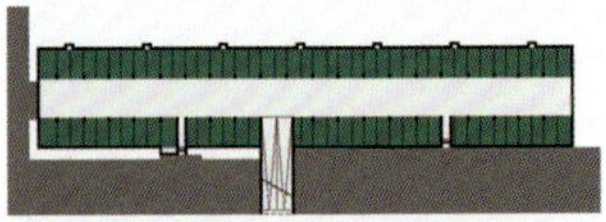

7800-0010

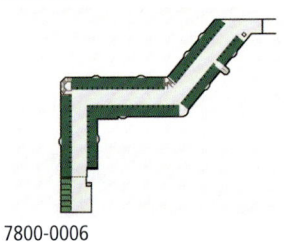

7800-0006

### Kosten der 4 Vergleichsobjekte — Seite 864

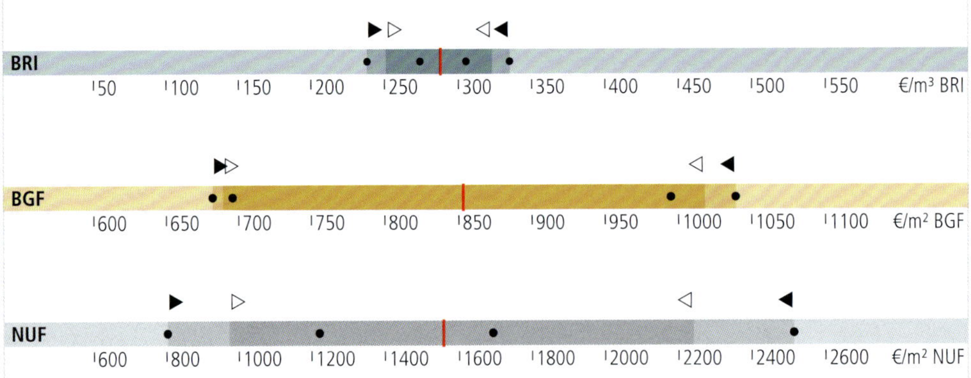

- ● KKW
- ▶ min
- ▷ von
- | Mittelwert
- ◁ bis
- ◀ max

BRI: €/m³ BRI (Skala 50–550)

BGF: €/m² BGF (Skala 600–1100)

NUF: €/m² NUF (Skala 600–2600)

© BKI Baukosteninformationszentrum; Erläuterungen zu den Tabellen siehe Seite 46    Kostenstand: 1. Quartal 2022, Bundesdurchschnitt, **inkl. 19% MwSt.**

## Kostenkennwerte für die Kostengruppen der 1. und 2. Ebene DIN 276

| KG | Kostengruppen der 1. Ebene | Einheit | ▷ | €/Einheit | ◁ | ▷ | % an 300+400 | ◁ |
|---|---|---|---|---|---|---|---|---|
| 100 | Grundstück | m²GF | – | – | – | – | – | – |
| 200 | Vorbereitende Maßnahmen | m²GF | 10 | **10** | 10 | 2,3 | **2,3** | 2,3 |
| 300 | Bauwerk – Baukonstruktionen | m²BGF | 643 | **787** | 936 | 87,8 | **92,5** | 96,6 |
| 400 | Bauwerk – Technische Anlagen | m²BGF | 35 | **66** | 145 | 3,4 | **7,5** | 12,2 |
|  | Bauwerk (300+400) | m²BGF | 689 | **853** | 1.018 | 100,0 | **100,0** | 100,0 |
| 500 | Außenanlagen und Freiflächen | m²AF | 63 | **63** | 63 | 8,6 | **8,6** | 8,6 |
| 600 | Ausstattung und Kunstwerke | m²BGF | – | – | – | – | – | – |
| 700 | Baunebenkosten* | m²BGF | 189 | **211** | 233 | 21,7 | **24,3** | 26,9 |
| 800 | Finanzierung | m²BGF | – | – | – | – | – | – |

◁ * Auf Grundlage der HOAI 2021 berechnete Werte nach §§ 35, 52, 56. Weitere Informationen siehe Seite 50

| KG | Kostengruppen der 2. Ebene | Einheit | ▷ | €/Einheit | ◁ | ▷ | % an 1. Ebene | ◁ |
|---|---|---|---|---|---|---|---|---|
| 310 | Baugrube / Erdbau | m³BGI | 15 | **24** | 46 | 6,4 | **11,2** | 17,0 |
| 320 | Gründung, Unterbau | m²GRF | 89 | **157** | 236 | 14,8 | **19,2** | 29,8 |
| 330 | Außenwände / vertikal außen | m²AWF | 246 | **288** | 411 | 11,2 | **16,7** | 30,0 |
| 340 | Innenwände / vertikal innen | m²IWF | 171 | **282** | 327 | 2,3 | **5,9** | 10,0 |
| 350 | Decken / horizontal | m²DEF | – | – | – | – | – | – |
| 360 | Dächer | m²DAF | 267 | **303** | 331 | 35,3 | **39,6** | 50,6 |
| 370 | Infrastrukturanlagen | | – | – | – | – | – | – |
| 380 | Baukonstruktive Einbauten | m²BGF | – | – | – | – | – | – |
| 390 | Sonst. Maßnahmen für Baukonst. | m²BGF | 29 | **58** | 90 | 3,6 | **7,7** | 11,2 |
| **300** | **Bauwerk – Baukonstruktionen** | m²BGF | | | | | **100,0** | |
| 410 | Abwasser-, Wasser-, Gasanlagen | m²BGF | 14 | **21** | 28 | 22,9 | **44,3** | 71,2 |
| 420 | Wärmeversorgungsanlagen | m²BGF | – | – | – | – | – | – |
| 430 | Raumlufttechnische Anlagen | m²BGF | 22 | **32** | 42 | 3,4 | **20,4** | 66,8 |
| 440 | Elektrische Anlagen | m²BGF | 6 | **27** | 86 | 8,0 | **31,7** | 55,7 |
| 450 | Kommunikationstechnische Anlagen | m²BGF | 3 | **3** | 3 | 0,0 | **0,6** | 2,4 |
| 460 | Förderanlagen | m²BGF | – | – | – | – | – | – |
| 470 | Nutzungsspez. / verfahrenstech. Anl. | m²BGF | – | – | – | – | – | – |
| 480 | Gebäude- und Anlagenautomation | m²BGF | – | – | – | – | – | – |
| 490 | Sonst. Maßnahmen f. techn. Anl. | m²BGF | – | – | – | – | – | – |
| **400** | **Bauwerk – Technische Anlagen** | m²BGF | | | | | **100,0** | |

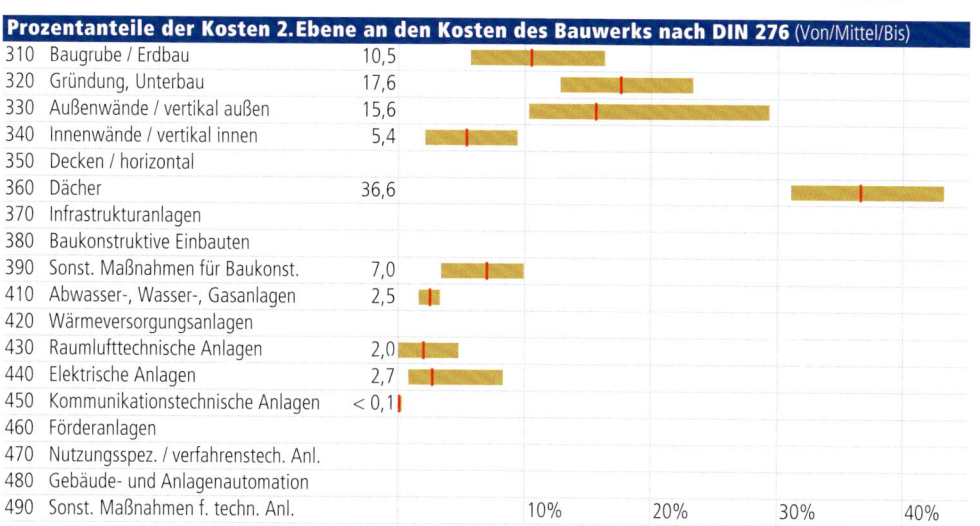

### Prozentanteile der Kosten 2. Ebene an den Kosten des Bauwerks nach DIN 276 (Von/Mittel/Bis)

| KG | Kostengruppe | Mittelwert |
|---|---|---|
| 310 | Baugrube / Erdbau | 10,5 |
| 320 | Gründung, Unterbau | 17,6 |
| 330 | Außenwände / vertikal außen | 15,6 |
| 340 | Innenwände / vertikal innen | 5,4 |
| 350 | Decken / horizontal | |
| 360 | Dächer | 36,6 |
| 370 | Infrastrukturanlagen | |
| 380 | Baukonstruktive Einbauten | |
| 390 | Sonst. Maßnahmen für Baukonst. | 7,0 |
| 410 | Abwasser-, Wasser-, Gasanlagen | 2,5 |
| 420 | Wärmeversorgungsanlagen | |
| 430 | Raumlufttechnische Anlagen | 2,0 |
| 440 | Elektrische Anlagen | 2,7 |
| 450 | Kommunikationstechnische Anlagen | < 0,1 |
| 460 | Förderanlagen | |
| 470 | Nutzungsspez. / verfahrenstech. Anl. | |
| 480 | Gebäude- und Anlagenautomation | |
| 490 | Sonst. Maßnahmen f. techn. Anl. | |

© BKI Baukosteninformationszentrum; Erläuterungen zu den Tabellen siehe Seite 48 und 50    Kostenstand: 1. Quartal 2022, Bundesdurchschnitt, inkl. 19% MwSt.

# Tiefgaragen

**Prozentanteile der Kosten für Leistungsbereiche nach STLB (Kosten Bauwerk nach DIN 276)**

| LB | Leistungsbereiche | ▷ % an 300+400 ◁ | | |
|---|---|---:|---:|---:|
| 000 | Sicherheits-, Baustelleneinrichtungen inkl. 001 | 2,0 | **6,0** | 10,0 |
| 002 | Erdarbeiten | 5,3 | **9,3** | 13,4 |
| 006 | Spezialtiefbauarbeiten inkl. 005 | – | – | – |
| 009 | Entwässerungskanalarbeiten inkl. 011 | 0,0 | **0,4** | 0,7 |
| 010 | Drän- und Versickerarbeiten | 0,0 | **0,5** | 1,1 |
| 012 | Mauerarbeiten | 0,0 | **0,6** | 1,2 |
| 013 | Betonarbeiten | 50,2 | **53,0** | 55,8 |
| 014 | Natur-, Betonwerksteinarbeiten | 0,0 | **2,8** | 5,6 |
| 016 | Zimmer- und Holzbauarbeiten | – | – | – |
| 017 | Stahlbauarbeiten | – | – | – |
| 018 | Abdichtungsarbeiten | 0,7 | **1,4** | 2,1 |
| 020 | Dachdeckungsarbeiten | – | – | – |
| 021 | Dachabdichtungsarbeiten | 6,2 | **8,4** | 10,6 |
| 022 | Klempnerarbeiten | 0,0 | **0,5** | 1,1 |
| | **Rohbau** | 76,8 | **83,0** | 89,2 |
| 023 | Putz- und Stuckarbeiten, Wärmedämmsysteme | – | – | – |
| 024 | Fliesen- und Plattenarbeiten | – | – | – |
| 025 | Estricharbeiten | 0,0 | **0,3** | 0,7 |
| 026 | Fenster, Außentüren inkl. 029, 032 | 0,0 | **< 0,1** | 0,1 |
| 027 | Tischlerarbeiten | 0,0 | **0,6** | 1,1 |
| 028 | Parkettarbeiten, Holzpflasterarbeiten | – | – | – |
| 030 | Rollladenarbeiten | – | – | – |
| 031 | Metallbauarbeiten inkl. 035 | 0,5 | **5,0** | 9,5 |
| 034 | Maler- und Lackiererarbeiten inkl. 037 | < 0,1 | **2,6** | 5,2 |
| 036 | Bodenbelagarbeiten | – | – | – |
| 038 | Vorgehängte hinterlüftete Fassaden | – | – | – |
| 039 | Trockenbauarbeiten | – | – | – |
| | **Ausbau** | 2,5 | **8,6** | 14,6 |
| 040 | Wärmeversorgungsanl. - Betriebseinr. inkl. 041 | – | – | – |
| 042 | Gas- und Wasserinstallation, Leitungen inkl. 043 | 0,0 | **0,4** | 0,8 |
| 044 | Abwasseranlagen - Leitungen | 0,4 | **0,6** | 0,8 |
| 045 | GWE-Einrichtungsgegenstände inkl. 046 | – | – | – |
| 047 | Dämmarbeiten an betriebstechnischen Anlagen | – | – | – |
| 049 | Feuerlöschanlagen, Feuerlöschgeräte | – | – | – |
| 050 | Blitzschutz- und Erdungsanlagen | 0,2 | **0,2** | 0,2 |
| 052 | Mittelspannungsanlagen | – | – | – |
| 053 | Niederspannungsanlagen inkl. 054 | 0,5 | **0,8** | 1,1 |
| 055 | Sicherheits- u. Ersatzstromversorgungsanl. | – | – | – |
| 057 | Gebäudesystemtechnik | – | – | – |
| 058 | Leuchten und Lampen inkl. 059 | 0,0 | **< 0,1** | < 0,1 |
| 060 | Sprechanlagen, elektroakust. Anlagen inkl. 064 | – | – | – |
| 061 | Kommunikationsnetze inkl. 062 | – | – | – |
| 063 | Gefahrenmeldeanlagen | – | – | – |
| 069 | Aufzüge | – | – | – |
| 070 | Gebäudeautomation | – | – | – |
| 075 | Raumlufttechnische Anlagen inkl. 078 | 0,0 | **3,0** | 6,0 |
| | **Gebäudetechnik** | 1,7 | **5,0** | 8,3 |
| | Sonstige Leistungsbereiche inkl. 008, 033, 051 | 0,0 | **3,4** | 6,9 |

**Kosten:**
Stand 1. Quartal 2022
Bundesdurchschnitt
inkl. 19% MwSt.

- ● KKW
- ▶ min
- ▷ von
- | Mittelwert
- ◁ bis
- ◀ max

© BKI Baukosteninformationszentrum; Erläuterungen zu den Tabellen siehe Seite 52

## Planungskennwerte für Flächen und Rauminhalte nach DIN 277

| Grundflächen | | | ▷ | **Fläche/NUF (%)** | ◁ | ▷ | **Fläche/BGF (%)** | ◁ |
|---|---|---|---|---|---|---|---|---|
| NUF | Nutzungsfläche | 100,0 | | **100,0** | 100,0 | 53,0 | **60,6** | 60,6 |
| TF | Technikfläche | 0,7 | | **0,7** | 0,7 | 0,5 | **0,5** | 0,5 |
| VF | Verkehrsfläche | 35,5 | | **65,8** | 94,6 | 32,6 | **32,6** | 40,0 |
| NRF | Netto-Raumfläche | 136,2 | | **166,2** | 194,6 | 93,4 | **93,4** | 94,2 |
| KGF | Konstruktions-Grundfläche | 9,4 | | **10,5** | 11,2 | 5,8 | **6,6** | 6,6 |
| BGF | Brutto-Grundfläche | 149,3 | | **176,7** | 208,1 | 100,0 | **100,0** | 100,0 |

| Brutto-Rauminhalte | | | ▷ | **BRI/NUF (m)** | ◁ | ▷ | **BRI/BGF (m)** | ◁ |
|---|---|---|---|---|---|---|---|---|
| BRI | Brutto-Rauminhalt | 4,68 | | **5,22** | 6,20 | 2,73 | **2,94** | 3,02 |

| Flächen von Nutzeinheiten | | ▷ | **NUF/Einheit (m²)** | ◁ | ▷ | **BGF/Einheit (m²)** | ◁ |
|---|---|---|---|---|---|---|---|
| Nutzeinheit: Stellplätze | 10,85 | | **14,27** | 16,62 | 24,11 | **24,11** | 27,14 |

| Lufttechnisch behandelte Flächen | | ▷ | **Fläche/NUF (%)** | ◁ | ▷ | **Fläche/BGF (%)** | ◁ |
|---|---|---|---|---|---|---|---|
| Entlüftete Fläche | 164,6 | | **164,6** | 164,6 | 90,6 | **90,6** | 90,6 |
| Be- und entlüftete Fläche | – | | **–** | – | – | **–** | – |
| Teilklimatisierte Fläche | – | | **–** | – | – | **–** | – |
| Klimatisierte Fläche | – | | **–** | – | – | **–** | – |

| KG | Kostengruppen (2.Ebene) | Einheit | ▷ | **Menge/NUF** | ◁ | ▷ | **Menge/BGF** | ◁ |
|---|---|---|---|---|---|---|---|---|
| 310 | Baugrube / Erdbau | m³ BGI | 7,06 | **7,10** | 8,31 | 3,50 | **4,05** | 4,05 |
| 320 | Gründung, Unterbau | m² GRF | 1,49 | **1,77** | 2,09 | 1,00 | **1,00** | 1,01 |
| 330 | Außenwände / vertikal außen | m² AWF | 0,75 | **0,77** | 0,89 | 0,36 | **0,44** | 0,44 |
| 340 | Innenwände / vertikal innen | m² IWF | 0,33 | **0,35** | 0,51 | 0,16 | **0,19** | 0,31 |
| 350 | Decken / horizontal | m² DEF | – | **–** | – | – | **–** | – |
| 360 | Dächer | m² DAF | 1,49 | **1,77** | 2,08 | 1,00 | **1,00** | 1,00 |
| 370 | Infrastrukturanlagen | | – | **–** | – | – | **–** | – |
| 380 | Baukonstruktive Einbauten | m² BGF | 1,49 | **1,77** | 2,08 | 1,00 | **1,00** | 1,00 |
| 390 | Sonst. Maßnahmen für Baukonst. | m² BGF | 1,49 | **1,77** | 2,08 | 1,00 | **1,00** | 1,00 |
| **300** | **Bauwerk – Baukonstruktionen** | **m² BGF** | **1,49** | **1,77** | **2,08** | **1,00** | **1,00** | **1,00** |

## Planungskennwerte für Bauzeiten

**3 Vergleichsobjekte**

**Bauzeit in Wochen**

Bauzeit: ca. 40–65 Wochen (Median ca. 50)

© BKI Baukosteninformationszentrum; Erläuterungen zu den Tabellen siehe Seite 54 — Kostenstand: 1. Quartal 2022, Bundesdurchschnitt, **inkl. 19% MwSt.**

# Tiefgaragen

## Objektübersicht zur Gebäudeart

€/m² BGF
min      680 €/m²
von      690 €/m²
Mittel   **855 €/m²**
bis    1.020 €/m²
max    1.040 €/m²

**Kosten:**
Stand 1. Quartal 2022
Bundesdurchschnitt
inkl. 19% MwSt.

### 7800-0013 Tiefgarage für Geschäftshaus (28 STP) — **BRI** 971 m³ **BGF** 298 m² **NUF** 175 m²

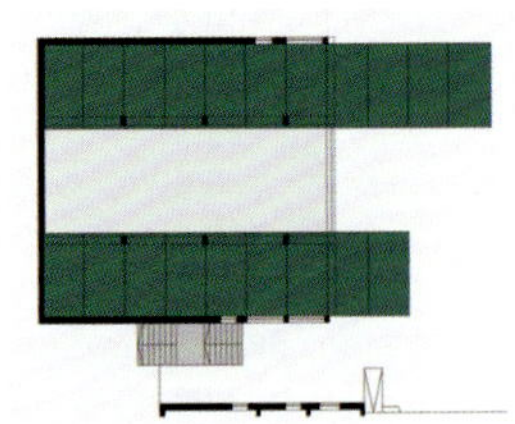

Stirnseitig offenes Parkdeck (zu Objekt 7200-0017) ohne besondere Anforderungen an Brandschutz/Lüftungstechnik. Stahlbetonbau.

Land: Thüringen
Kreis: Südthüringen
Standard: Durchschnitt
Bauzeit: 52 Wochen
Kennwerte: bis 3. Ebene DIN 276

**BGF    995 €/m²**

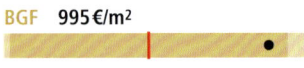

www.bki.de

**Planung:** Baur Consult Ingenieure; Hassfurt

### 7800-0010 Tiefgarage für Wohnanlage (75 STP) — **BRI** 5.363 m³ **BGF** 1.836 m² **NUF** 1.591 m²

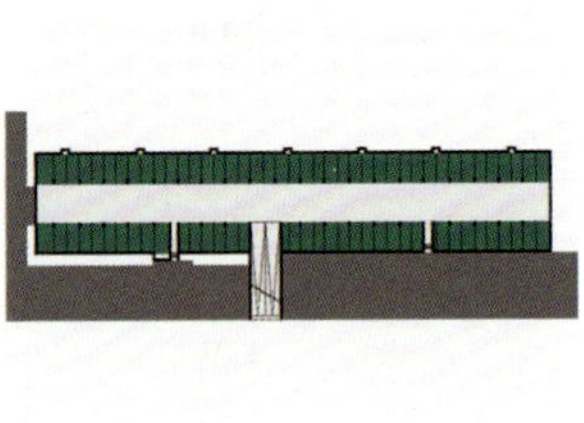

Tiefgarage für Wohnanlage (Objekt 6100-0070) 75 PKW-Stellplätze, Nebenräume für Entlüftungsanlage und Waschplatz. Stahlbetonbau.

Land: Bayern
Kreis: München
Standard: Durchschnitt
Bauzeit: 65 Wochen
Kennwerte: bis 2. Ebene DIN 276

**BGF    696 €/m²**

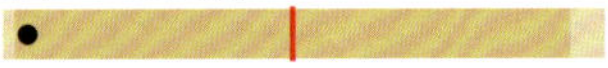

www.bki.de

### 7800-0009 Tiefgarage (20 STP) — **BRI** 1.966 m³ **BGF** 634 m² **NUF** 262 m²

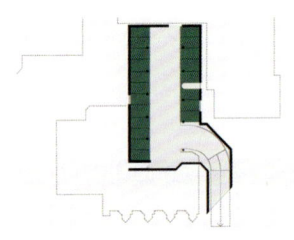

Tiefgarage mit 20 Stellplätzen als Teil eines Altenzentrums. Stahlbetonbau.

Land: Baden-Württemberg
Kreis: Freudenstadt
Standard: Durchschnitt
Bauzeit: 221 Wochen*
Kennwerte: bis 2. Ebene DIN 276

**BGF    1.039 €/m²**

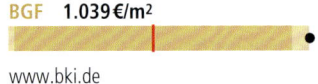

www.bki.de
* Nicht in der Auswertung enthalten

### 7800-0006 Tiefgarage (102 STP) — **BRI** 7.512 m³ **BGF** 3.020 m² **NUF** 1.686 m²

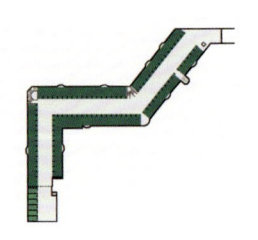

Tiefgarage mit 102 Stellplätzen zu Mehrfamilienhaus. Wegen Hanglage keine mechanische Belüftung. Stahlbetonbau.

Land: Baden-Württemberg
Kreis: Böblingen
Standard: unter Durchschnitt
Bauzeit: 39 Wochen
Kennwerte: bis 2. Ebene DIN 276

**BGF    682 €/m²**

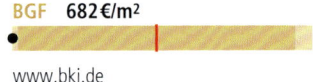

www.bki.de

**Gewerbe**

# Feuerwehrhäuser

## Kostenkennwerte für die Kosten des Bauwerks (Kostengruppen 300+400 nach DIN 276)

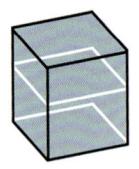

**BRI** 445 €/m³
von 385 €/m³
bis 550 €/m³

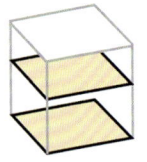

**BGF** 2.060 €/m²
von 1.710 €/m²
bis 2.500 €/m²

**NUF** 2.775 €/m²
von 2.290 €/m²
bis 3.550 €/m²

**NE** 351.260 €/NE
von 178.600 €/NE
bis 471.545 €/NE
NE: Stellplätze

**Kosten:**
Stand 1. Quartal 2022
Bundesdurchschnitt
inkl. 19% MwSt.

### Objektbeispiele

7600-0087

7600-0081

7600-0084

## Kosten der 23 Vergleichsobjekte — Seiten 870 bis 876

- ● KKW
- ▶ min
- ▷ von
- | Mittelwert
- ◁ bis
- ◀ max

BRI — €/m³ BRI (250–750)

BGF — €/m² BGF (1200–3200)

NUF — €/m² NUF (1500–4500)

© BKI Baukosteninformationszentrum; Erläuterungen zu den Tabellen siehe Seite 46    Kostenstand: 1. Quartal 2022, Bundesdurchschnitt, **inkl. 19% MwSt.**

## Kostenkennwerte für die Kostengruppen der 1. und 2. Ebene DIN 276

| KG | Kostengruppen der 1. Ebene | Einheit | ▷ | €/Einheit | ◁ | ▷ | % an 300+400 | ◁ |
|---|---|---|---|---|---|---|---|---|
| 100 | Grundstück | m²GF | – | – | – | – | – | – |
| 200 | Vorbereitende Maßnahmen | m²GF | 7 | **14** | 25 | 1,4 | **2,5** | 4,5 |
| 300 | Bauwerk – Baukonstruktionen | m²BGF | 1.256 | **1.531** | 1.859 | 69,6 | **74,3** | 79,2 |
| 400 | Bauwerk – Technische Anlagen | m²BGF | 406 | **532** | 707 | 20,8 | **25,7** | 30,4 |
|  | Bauwerk (300+400) | m²BGF | 1.709 | **2.062** | 2.502 | 100,0 | **100,0** | 100,0 |
| 500 | Außenanlagen und Freiflächen | m²AF | 83 | **154** | 340 | 8,2 | **13,9** | 20,3 |
| 600 | Ausstattung und Kunstwerke | m²BGF | 29 | **72** | 113 | 1,7 | **3,6** | 5,9 |
| 700 | Baunebenkosten* | m²BGF | 417 | **464** | 512 | 20,3 | **22,6** | 24,9 |
| 800 | Finanzierung | m²BGF | – | – | – | – | – | – |

\* Auf Grundlage der HOAI 2021 berechnete Werte nach §§ 35, 52, 56. Weitere Informationen siehe Seite 50

| KG | Kostengruppen der 2. Ebene | Einheit | ▷ | €/Einheit | ◁ | ▷ | % an 1. Ebene | ◁ |
|---|---|---|---|---|---|---|---|---|
| 310 | Baugrube / Erdbau | m³BGI | 19 | **39** | 69 | 1,5 | **2,3** | 3,9 |
| 320 | Gründung, Unterbau | m²GRF | 219 | **314** | 429 | 11,6 | **18,8** | 23,5 |
| 330 | Außenwände / vertikal außen | m²AWF | 488 | **498** | 530 | 26,6 | **30,1** | 34,5 |
| 340 | Innenwände / vertikal innen | m²IWF | 239 | **283** | 316 | 12,8 | **16,4** | 19,6 |
| 350 | Decken / horizontal | m²DEF | 224 | **367** | 426 | 0,6 | **5,3** | 8,9 |
| 360 | Dächer | m²DAF | 286 | **318** | 364 | 18,3 | **20,4** | 22,1 |
| 370 | Infrastrukturanlagen |  | – | – | – | – | – | – |
| 380 | Baukonstruktive Einbauten | m²BGF | 24 | **37** | 59 | 0,3 | **2,0** | 4,8 |
| 390 | Sonst. Maßnahmen für Baukonst. | m²BGF | 40 | **65** | 84 | 3,8 | **4,8** | 6,1 |
| **300** | **Bauwerk – Baukonstruktionen** | **m²BGF** |  |  |  |  | **100,0** |  |
| 410 | Abwasser-, Wasser-, Gasanlagen | m²BGF | 76 | **120** | 186 | 13,8 | **21,4** | 26,6 |
| 420 | Wärmeversorgungsanlagen | m²BGF | 64 | **103** | 161 | 13,6 | **18,1** | 23,3 |
| 430 | Raumlufttechnische Anlagen | m²BGF | 25 | **39** | 59 | 4,0 | **8,1** | 14,0 |
| 440 | Elektrische Anlagen | m²BGF | 115 | **161** | 233 | 25,2 | **28,7** | 35,1 |
| 450 | Kommunikationstechnische Anlagen | m²BGF | 33 | **61** | 102 | 5,0 | **10,7** | 15,0 |
| 460 | Förderanlagen | m²BGF | 21 | **21** | 21 | 0,0 | **0,8** | 4,0 |
| 470 | Nutzungsspez. / verfahrenstech. Anl. | m²BGF | 29 | **59** | 86 | 3,1 | **9,7** | 19,5 |
| 480 | Gebäude- und Anlagenautomation | m²BGF | 7 | **27** | 46 | 0,2 | **2,0** | 8,8 |
| 490 | Sonst. Maßnahmen f. techn. Anl. | m²BGF | < 1 | **3** | 7 | < 0,1 | **0,4** | 1,7 |
| **400** | **Bauwerk – Technische Anlagen** | **m²BGF** |  |  |  |  | **100,0** |  |

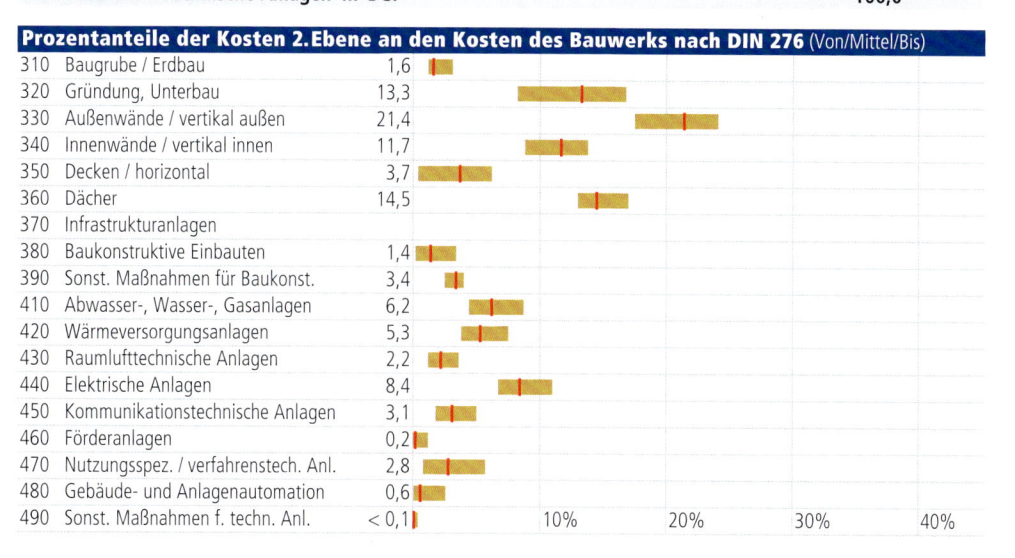

### Prozentanteile der Kosten 2. Ebene an den Kosten des Bauwerks nach DIN 276 (Von/Mittel/Bis)

| KG | Kostengruppe | Mittel |
|---|---|---|
| 310 | Baugrube / Erdbau | 1,6 |
| 320 | Gründung, Unterbau | 13,3 |
| 330 | Außenwände / vertikal außen | 21,4 |
| 340 | Innenwände / vertikal innen | 11,7 |
| 350 | Decken / horizontal | 3,7 |
| 360 | Dächer | 14,5 |
| 370 | Infrastrukturanlagen |  |
| 380 | Baukonstruktive Einbauten | 1,4 |
| 390 | Sonst. Maßnahmen für Baukonst. | 3,4 |
| 410 | Abwasser-, Wasser-, Gasanlagen | 6,2 |
| 420 | Wärmeversorgungsanlagen | 5,3 |
| 430 | Raumlufttechnische Anlagen | 2,2 |
| 440 | Elektrische Anlagen | 8,4 |
| 450 | Kommunikationstechnische Anlagen | 3,1 |
| 460 | Förderanlagen | 0,2 |
| 470 | Nutzungsspez. / verfahrenstech. Anl. | 2,8 |
| 480 | Gebäude- und Anlagenautomation | 0,6 |
| 490 | Sonst. Maßnahmen f. techn. Anl. | < 0,1 |

© BKI Baukosteninformationszentrum; Erläuterungen zu den Tabellen siehe Seite 48 und 50  Kostenstand: 1. Quartal 2022, Bundesdurchschnitt, **inkl. 19% MwSt.**

# Feuerwehrhäuser

## Prozentanteile der Kosten für Leistungsbereiche nach STLB (Kosten Bauwerk nach DIN 276)

**Kosten:** Stand 1. Quartal 2022, Bundesdurchschnitt inkl. 19% MwSt.

| LB | Leistungsbereiche | von | Mittelwert | bis |
|---|---|---|---|---|
| 000 | Sicherheits-, Baustelleneinrichtungen inkl. 001 | 2,2 | 3,2 | 3,8 |
| 002 | Erdarbeiten | 1,6 | 3,9 | 5,8 |
| 006 | Spezialtiefbauarbeiten inkl. 005 | – | – | – |
| 009 | Entwässerungskanalarbeiten inkl. 011 | 0,4 | 1,4 | 3,0 |
| 010 | Drän- und Versickerarbeiten | 0,0 | 0,1 | 0,2 |
| 012 | Mauerarbeiten | 3,0 | 5,7 | 7,3 |
| 013 | Betonarbeiten | 9,0 | 14,8 | 18,0 |
| 014 | Natur-, Betonwerksteinarbeiten | < 0,1 | < 0,1 | 0,3 |
| 016 | Zimmer- und Holzbauarbeiten | 0,0 | 0,9 | 2,4 |
| 017 | Stahlbauarbeiten | 0,3 | 2,0 | 4,6 |
| 018 | Abdichtungsarbeiten | 0,3 | 0,8 | 1,5 |
| 020 | Dachdeckungsarbeiten | – | – | – |
| 021 | Dachabdichtungsarbeiten | 4,9 | 5,5 | 7,5 |
| 022 | Klempnerarbeiten | 0,7 | 1,3 | 2,2 |
| | **Rohbau** | **36,0** | **39,6** | **44,7** |
| 023 | Putz- und Stuckarbeiten, Wärmedämmsysteme | 1,1 | 4,0 | 8,6 |
| 024 | Fliesen- und Plattenarbeiten | 1,8 | 3,7 | 6,3 |
| 025 | Estricharbeiten | 0,6 | 0,9 | 1,1 |
| 026 | Fenster, Außentüren inkl. 029, 032 | 3,0 | 4,7 | 11,0 |
| 027 | Tischlerarbeiten | 1,9 | 3,0 | 6,6 |
| 028 | Parkettarbeiten, Holzpflasterarbeiten | 0,0 | 0,5 | 1,2 |
| 030 | Rollladenarbeiten | 0,1 | 1,1 | 5,0 |
| 031 | Metallbauarbeiten inkl. 035 | 5,1 | 7,4 | 11,0 |
| 034 | Maler- und Lackiererarbeiten inkl. 037 | 1,1 | 1,8 | 2,7 |
| 036 | Bodenbelagarbeiten | 0,3 | 1,0 | 1,6 |
| 038 | Vorgehängte hinterlüftete Fassaden | 0,0 | 1,3 | 6,4 |
| 039 | Trockenbauarbeiten | 2,3 | 3,3 | 6,7 |
| | **Ausbau** | **26,9** | **32,5** | **35,4** |
| 040 | Wärmeversorgungsanl. - Betriebseinr. inkl. 041 | 3,4 | 4,8 | 6,9 |
| 042 | Gas- und Wasserinstallation, Leitungen inkl. 043 | 1,0 | 1,2 | 1,5 |
| 044 | Abwasseranlagen - Leitungen | 0,9 | 1,3 | 1,9 |
| 045 | GWE-Einrichtungsgegenstände inkl. 046 | 1,1 | 2,0 | 2,6 |
| 047 | Dämmarbeiten an betriebstechnischen Anlagen | 0,6 | 1,0 | 1,6 |
| 049 | Feuerlöschanlagen, Feuerlöschgeräte | < 0,1 | 0,5 | 1,4 |
| 050 | Blitzschutz- und Erdungsanlagen | 0,3 | 0,5 | 0,8 |
| 052 | Mittelspannungsanlagen | – | – | – |
| 053 | Niederspannungsanlagen inkl. 054 | 4,0 | 5,4 | 8,0 |
| 055 | Sicherheits- u. Ersatzstromversorgungsanl. | 0,0 | < 0,1 | 0,4 |
| 057 | Gebäudesystemtechnik | 0,0 | 0,1 | 0,7 |
| 058 | Leuchten und Lampen inkl. 059 | 1,8 | 2,5 | 2,9 |
| 060 | Sprechanlagen, elektroakust. Anlagen inkl. 064 | < 0,1 | 0,5 | 1,3 |
| 061 | Kommunikationsnetze inkl. 062 | 0,3 | 1,1 | 1,7 |
| 063 | Gefahrenmeldeanlagen | 0,2 | 1,4 | 3,1 |
| 069 | Aufzüge | 0,0 | 0,2 | 1,1 |
| 070 | Gebäudeautomation | 0,0 | 0,5 | 2,6 |
| 075 | Raumlufttechnische Anlagen inkl. 078 | 1,5 | 3,2 | 4,4 |
| | **Gebäudetechnik** | **22,3** | **26,4** | **29,0** |
| | Sonstige Leistungsbereiche inkl. 008, 033, 051 | 0,4 | 1,5 | 3,7 |

- ● KKW
- ▶ min
- ▷ von
- | Mittelwert
- ◁ bis
- ◀ max

## Planungskennwerte für Flächen und Rauminhalte nach DIN 277

### Grundflächen

| | | | ▷ | Fläche/NUF (%) | ◁ | ▷ | Fläche/BGF (%) | ◁ |
|---|---|---|---|---|---|---|---|---|
| NUF | Nutzungsfläche | 100,0 | | 100,0 | 100,0 | 71,4 | 75,0 | 77,7 |
| TF | Technikfläche | 3,7 | | 4,6 | 9,5 | 2,7 | 3,3 | 6,7 |
| VF | Verkehrsfläche | 9,2 | | 11,6 | 15,0 | 6,6 | 8,5 | 10,4 |
| NRF | Netto-Raumfläche | 113,2 | | 116,2 | 121,4 | 84,4 | 86,8 | 88,7 |
| KGF | Konstruktions-Grundfläche | 15,1 | | 17,9 | 22,5 | 11,3 | 13,2 | 15,6 |
| BGF | Brutto-Grundfläche | 130,1 | | 134,2 | 142,2 | 100,0 | 100,0 | 100,0 |

### Brutto-Rauminhalte

| | | ▷ | BRI/NUF (m) | ◁ | ▷ | BRI/BGF (m) | ◁ |
|---|---|---|---|---|---|---|---|
| BRI | Brutto-Rauminhalt | 5,66 | 6,20 | 6,71 | 4,35 | 4,62 | 4,80 |

### Flächen von Nutzeinheiten

| | ▷ | NUF/Einheit (m²) | ◁ | ▷ | BGF/Einheit (m²) | ◁ |
|---|---|---|---|---|---|---|
| Nutzeinheit: Stellplätze | 130,15 | 130,15 | 140,32 | 180,59 | 180,59 | 199,35 |

### Lufttechnisch behandelte Flächen

| | ▷ | Fläche/NUF (%) | ◁ | ▷ | Fläche/BGF (%) | ◁ |
|---|---|---|---|---|---|---|
| Entlüftete Fläche | 16,3 | 16,3 | 16,3 | 13,2 | 13,2 | 13,2 |
| Be- und entlüftete Fläche | – | – | – | – | – | – |
| Teilklimatisierte Fläche | – | – | – | – | – | – |
| Klimatisierte Fläche | – | – | – | – | – | – |

### Kostengruppen

| KG | Kostengruppen (2. Ebene) | Einheit | ▷ | Menge/NUF | ◁ | ▷ | Menge/BGF | ◁ |
|---|---|---|---|---|---|---|---|---|
| 310 | Baugrube / Erdbau | m³ BGI | 1,32 | 1,37 | 1,77 | 1,02 | 1,06 | 1,32 |
| 320 | Gründung, Unterbau | m² GRF | 0,96 | 1,03 | 1,11 | 0,74 | 0,80 | 0,81 |
| 330 | Außenwände / vertikal außen | m² AWF | 0,97 | 1,02 | 1,12 | 0,75 | 0,79 | 0,81 |
| 340 | Innenwände / vertikal innen | m² IWF | 0,89 | 1,02 | 1,16 | 0,69 | 0,80 | 0,99 |
| 350 | Decken / horizontal | m² DEF | 0,19 | 0,29 | 0,30 | 0,15 | 0,23 | 0,24 |
| 360 | Dächer | m² DAF | 1,05 | 1,10 | 1,20 | 0,81 | 0,85 | 0,86 |
| 370 | Infrastrukturanlagen | | – | – | – | – | – | – |
| 380 | Baukonstruktive Einbauten | m² BGF | 1,30 | 1,34 | 1,42 | 1,00 | 1,00 | 1,00 |
| 390 | Sonst. Maßnahmen für Baukonst. | m² BGF | 1,30 | 1,34 | 1,42 | 1,00 | 1,00 | 1,00 |
| **300** | **Bauwerk – Baukonstruktionen** | m² BGF | 1,30 | 1,34 | 1,42 | 1,00 | 1,00 | 1,00 |

## Planungskennwerte für Bauzeiten — 23 Vergleichsobjekte

**Bauzeit in Wochen**

Bauzeit: Datenpunkte zwischen ca. 25 und 95 Wochen; Markierungen ▶ bei ca. 28, ▷ bei ca. 40, Median (rot) bei ca. 58, ◁ bei ca. 70, ◀ bei ca. 85. Skala: 10, 20, 30, 40, 50, 60, 70, 80, 90, 100, 110 Wochen.

© BKI Baukosteninformationszentrum; Erläuterungen zu den Tabellen siehe Seite 54. Kostenstand: 1. Quartal 2022, Bundesdurchschnitt, inkl. 19% MwSt.

# Feuerwehrhäuser

## Objektübersicht zur Gebäudeart

### 7600-0087 Rettungswache, Wohnmobilwerkstatt, Prüfhalle
**BRI** 4.561 m³ **BGF** 931 m² **NUF** 755 m²

Kombinationsgebäude mit Rettungswache (3 Fahrzeuge, 7 AP), Werkstattgebäude als Prüfhalle (1 Fahrzeug) und Wohnmobilwerkstatt (3 Fahrzeuge, 5 AP) mit zusätzlichen Außenstellplätzen (18 STP). Mischkonstruktion.

Land: Schleswig-Holstein
Kreis: Rendsburg-Eckernförde
Standard: Durchschnitt
Bauzeit: 52 Wochen
Kennwerte: bis 3. Ebene DIN 276

**BGF 2.174 €/m²**

vorgesehen: BKI Objektdaten E10

**Planung:** schulteplan; Eckernförde

**€/m² BGF**
min 1.400 €/m²
von 1.710 €/m²
Mittel 2.060 €/m²
bis 2.500 €/m²
max 3.190 €/m²

**Kosten:**
Stand 1. Quartal 2022
Bundesdurchschnitt
inkl. 19% MwSt.

### 7600-0082 Feuerwache (3 Fahrzeuge) - Effizienzhaus ~41%
**BRI** 5.818 m³ **BGF** 1.135 m² **NUF** 861 m²

Feuerwache für die Freiwillige Feuerwehr mit drei Fahrzeugstellplätzen. Fertigteilbauweise.

Land: Berlin
Kreis: Berlin, Stadt
Standard: Durchschnitt
Bauzeit: 52 Wochen
Kennwerte: bis 1. Ebene DIN 276

**BGF 2.360 €/m²**

veröffentlicht: BKI Objektdaten E9

**Planung:** Steiner Weißenberger Architekten BDA; Berlin

### 7600-0083 Feuerwache - Effizienzhaus ~57%
**BRI** 3.373 m³ **BGF** 644 m² **NUF** 411 m²

Feuerwache mit einem Büro- und Schulungsbereich. Massivbau.

Land: Bayern
Kreis: Straubing
Standard: Durchschnitt
Bauzeit: 57 Wochen
Kennwerte: bis 1. Ebene DIN 276

**BGF 2.466 €/m²**

veröffentlicht: BKI Objektdaten E9

**Planung:** hiw architekten gmbh; Straubing

### 7600-0084 Feuerwehrhaus (5 Fahrzeuge)
**BRI** 5.614 m³ **BGF** 1.176 m² **NUF** 908 m²

Feuerwehrhaus mit 5 Fahrzeugplätze. Massivbau.

Land: Sachsen-Anhalt
Kreis: Salzlandkreis
Standard: über Durchschnitt
Bauzeit: 74 Wochen
Kennwerte: bis 1. Ebene DIN 276

**BGF 3.190 €/m²**

veröffentlicht: BKI Objektdaten N17

**Planung:** Stuve & Jürgens Architekten BDA, Atelier für Architektur; Köthen/Anhalt

## Objektübersicht zur Gebäudeart

### 7600-0081 Feuerwehrstützpunkt (8 Fahrzeuge)    BRI 7.320 m³    BGF 1.624 m²    NUF 1.311 m²

Feuerwehrstützpunkt (8 Fahrzeuge).

Land: Brandenburg
Kreis: Potsdam-Mittelmark
Standard: Durchschnitt
Bauzeit: 61 Wochen
Kennwerte: bis 3. Ebene DIN 276

BGF    2.109 €/m²

**Planung:** KÖBER-PLAN GmbH; Brandenburg      vorgesehen: BKI Objektdaten N18

---

### 7600-0075 Feuerwehrgerätehaus - Effizienzhaus 70    BRI 2.949 m³    BGF 681 m²    NUF 494 m²

Feuerwehrgerätehaus mit 3 Fahrzeugstellplätzen. Massivbau.

Land: Bayern
Kreis: Bamberg
Standard: Durchschnitt
Bauzeit: 48 Wochen
Kennwerte: bis 1. Ebene DIN 276

BGF    2.583 €/m²

**Planung:** Eis Architekten GmbH; Bamberg      veröffentlicht: BKI Objektdaten E8

---

### 7600-0080 Feuerwache (4 Fahrzeuge)    BRI 7.809 m³    BGF 1.665 m²    NUF 1.219 m²

Feuerwache, im OG mit Räumen eines Musikvereins. Mauerwerks- und Stahlbau.

Land: Niedersachsen
Kreis: Cloppenburg
Standard: Durchschnitt
Bauzeit: 83 Wochen
Kennwerte: bis 1. Ebene DIN 276

BGF    1.874 €/m²

**Planung:** Ortmann & Möller Bauplanung GmbH; Lastrup      veröffentlicht: BKI Objektdaten N17

---

### 7600-0073 Feuerwehrhaus - Effizienzhaus ~28%    BRI 2.118 m³    BGF 471 m²    NUF 329 m²

Feuerwehrhaus für 39 freiwillige Feuerwehrmänner und -frauen und 2 Einsatzfahrzeuge. Mauerwerk.

Land: Mecklenburg-Vorpommern
Kreis: Vorpommern-Greifswald
Standard: Durchschnitt
Bauzeit: 31 Wochen
Kennwerte: bis 3. Ebene DIN 276

BGF    1.914 €/m²

**Planung:** plan² Architekturbüro Stendel; Ribnitz-Damgarten      veröffentlicht: BKI Objektdaten E7

# Feuerwehrhäuser

## Objektübersicht zur Gebäudeart

€/m² BGF
min      1.400 €/m²
von      1.710 €/m²
Mittel   **2.060 €/m²**
bis      2.500 €/m²
max      3.190 €/m²

Kosten:
Stand 1. Quartal 2022
Bundesdurchschnitt
inkl. 19% MwSt.

### 7600-0079 Feuerwehrhaus Fahrzeughalle
**BRI** 4.409 m³  **BGF** 971 m²  **NUF** 699 m²

Feuerwehrhaus. MW-Massivbau.

Land: Brandenburg
Kreis: Barnim
Standard: Durchschnitt
Bauzeit: 83 Wochen
Kennwerte: bis 1. Ebene DIN 276

**BGF   2.372 €/m²**

**Planung:** mh bauplanBAR GmbH und Reimann_Hübler Studio für Architektur GbR;

veröffentlicht: BKI Objektdaten N17

### 7600-0077 Seminargebäude, Fahrzeughalle
**BRI** 6.030 m³  **BGF** 1.534 m²  **NUF** 941 m²

Seminargebäude für ca. 40 Teilnehmer mit Fahrzeughalle (5 STP). Massivbau.

Land: Bayern
Kreis: Bad Tölz
Standard: über Durchschnitt
Bauzeit: 65 Wochen
Kennwerte: bis 1. Ebene DIN 276

**BGF   2.218 €/m²**

**Planung:** Schätzler | Architekten GmbH; München

veröffentlicht: BKI Objektdaten N16

### 7600-0076 Feuerwehrgerätehaus, Übungsturm - Passivhaus
**BRI** 4.395 m³  **BGF** 898 m²  **NUF** 716 m²

Feuerwehrgerätehaus mit Übungsturm, Sozialtrakt als Passivhaus. Massivbau.

Land: Baden-Württemberg
Kreis: Heidelberg
Standard: über Durchschnitt
Bauzeit: 61 Wochen
Kennwerte: bis 1. Ebene DIN 276

**BGF   2.447 €/m²**

**Planung:** Lengfeld & Wilisch Architekten PartG mbB; Darmstadt

veröffentlicht: BKI Objektdaten E8

### 7600-0070 Feuerwehrhaus
**BRI** 4.283 m³  **BGF** 860 m²  **NUF** 667 m²

Feuerwehrgerätehaus mit vier Fahrzeugplätzen. Massivbau.

Land: Sachsen
Kreis: Vogtlandkreis
Standard: über Durchschnitt
Bauzeit: 82 Wochen
Kennwerte: bis 1. Ebene DIN 276

**BGF   1.900 €/m²**

**Planung:** Fugmann Architekten GmbH; Falkenstein

veröffentlicht: BKI Objektdaten N15

## Objektübersicht zur Gebäudeart

### 7600-0069 Feuer- und Rettungswache     BRI 4.631 m³   BGF 918 m²   NUF 648 m²

Feuer- und Rettungswache mit Fahrzeugstellplätzen (4St), Aufenthalts- und Seminarräume, Büros und Werkstatt. Massivbau.

Land: Thüringen
Kreis: Erfurt
Standard: Durchschnitt
Bauzeit: 65 Wochen
Kennwerte: bis 1. Ebene DIN 276

BGF  1.925 €/m²

veröffentlicht: BKI Objektdaten N15

**Planung:** HOFFMANN.SEIFERT.PARTNER architekten ingenieure; Erfurt

---

### 7600-0071 Feuerwehrhaus     BRI 3.208 m³   BGF 686 m²   NUF 525 m²

Feuerwache. Stahlbau (Fahrzeughalle), Mauerwerk (Sozialgebäudeteil).

Land: Schleswig-Holstein
Kreis: Nordfriesland
Standard: Durchschnitt
Bauzeit: 26 Wochen
Kennwerte: bis 1. Ebene DIN 276

BGF  2.066 €/m²

veröffentlicht: BKI Objektdaten N15

**Planung:** Johannsen und Fuchs; Husum

---

### 7600-0063 Feuerwehrhaus     BRI 1.497 m³   BGF 322 m²   NUF 228 m²

Feuerwehrhaus mit Halle, Schulungsraum und Küche (2 Fahrzeuge). Mauerwerksbau.

Land: Bayern
Kreis: Landshut, Stadt
Standard: unter Durchschnitt
Bauzeit: 39 Wochen
Kennwerte: bis 1. Ebene DIN 276

BGF  2.060 €/m²

veröffentlicht: BKI Objektdaten N12

**Planung:** NEUMEISTER & PARINGER ARCHITEKTEN BDA; Landshut

---

### 7600-0074 Feuerwehrhaus     BRI 1.876 m³   BGF 412 m²   NUF 285 m²

Feuerwehrgerätehaus mit zwei Fahrzeugstellplätzen, Schulungsraum und Geräteraum. Mauerwerk.

Land: Sachsen
Kreis: Erzgebirgskreis
Standard: unter Durchschnitt
Bauzeit: 91 Wochen
Kennwerte: bis 1. Ebene DIN 276

BGF  1.647 €/m²

veröffentlicht: BKI Objektdaten N15

**Planung:** Bauplanungsbüro Jürgen Schmiedel; Jöhstadt

# Feuerwehrhäuser

## Objektübersicht zur Gebäudeart

€/m² BGF
min   1.400 €/m²
von   1.710 €/m²
Mittel 2.060 €/m²
bis   2.500 €/m²
max   3.190 €/m²

**Kosten:**
Stand 1. Quartal 2022
Bundesdurchschnitt
inkl. 19% MwSt.

### 7600-0062 Feuerwehrhaus, Rettungswache
**BRI** 8.669 m³  **BGF** 1.850 m²  **NUF** 1.528 m²

Feuerwehrhaus (6 Fahrzeuge) und Rettungswache (2 Rettungswagen). Massivbau.

Land: Nordrhein-Westfalen
Kreis: Gütersloh
Standard: über Durchschnitt
Bauzeit: 52 Wochen
Kennwerte: bis 1. Ebene DIN 276

**BGF   2.277 €/m²**

**Planung:** Martin Wypior Freier Architekt; Stuttgart

veröffentlicht: BKI Objektdaten N12

### 7600-0068 Feuerwehrhaus
**BRI** 4.507 m³  **BGF** 1.093 m²  **NUF** 880 m²

Feuerwehrhaus mit fünf Fahrzeugstellplätzen, Schulungsraum, Werkstatt und Jugendraum. Massivbau.

Land: Baden-Württemberg
Kreis: Ortenaukreis
Standard: Durchschnitt
Bauzeit: 52 Wochen
Kennwerte: bis 1. Ebene DIN 276

**BGF   1.466 €/m²**

**Planung:** Waßmer-STRAUB Architekten; Sasbach

veröffentlicht: BKI Objektdaten N13

### 7600-0053 Feuerwehr, Bürgerhaus*
**BRI** 1.437 m³  **BGF** 413 m²  **NUF** 317 m²

Feuerwehr und Bürgerhaus, Wagenhalle, Geräteraum, Werkstatt, Bürgersaal mit 80 Sitzplätzen und Küche, Bürgermeisterbüro. Mauerwerksbau, Holzrahmenwände.

Land: Brandenburg
Kreis: Oberhavel
Standard: über Durchschnitt
Bauzeit: 31 Wochen
Kennwerte: bis 3. Ebene DIN 276

**BGF   2.492 €/m²**

**Planung:** Dritte Haut° Architekten Dipl.-Ing. Architekt Peter Garkisch; Berlin

veröffentlicht: BKI Objektdaten N12
* Nicht in der Auswertung enthalten

### 7600-0052 Feuerwehrhaus*
**BRI** 1.137 m³  **BGF** 328 m²  **NUF** 212 m²

Feuerwehrhaus für ein Fahrzeug, mit Schulungsraum und Nebenräumen. Massivbau.

Land: Hessen
Kreis: Lahn-Dill-Kreis
Standard: Durchschnitt
Bauzeit: 74 Wochen
Kennwerte: bis 1. Ebene DIN 276

**BGF   2.506 €/m²**

**Planung:** SWOBODA . BEHR-SWOBODA ARCHITEKTEN+INGENIEURE; Braunfels

veröffentlicht: BKI Objektdaten N10
* Nicht in der Auswertung enthalten

## Objektübersicht zur Gebäudeart

### 7600-0054 Feuerwehrhaus

**BRI** 13.142 m³  **BGF** 2.733 m²  **NUF** 2.187 m²

Feuerwehrhaus mit 12 Fahrzeugstellplätzen, Schlauchtrockenturm, Wasch- und Wartungshalle. Massivbau.

Land: Baden-Württemberg
Kreis: Ravensburg
Standard: Durchschnitt
Bauzeit: 61 Wochen
Kennwerte: bis 3. Ebene DIN 276

**BGF  1.787 €/m²**

**Planung:** wassung bader architekten; Tettnang

veröffentlicht: BKI Objektdaten N15

---

### 7600-0049 Feuerwehrhaus

**BRI** 9.810 m³  **BGF** 2.120 m²  **NUF** 1.552 m²

Feuerwehrhaus mit 10 Fahrzeugstellplätzen. Massivbau.

Land: Schleswig-Holstein
Kreis: Plön
Standard: Durchschnitt
Bauzeit: 56 Wochen
Kennwerte: bis 1. Ebene DIN 276

**BGF  1.859 €/m²**

**Planung:** bbp : architekten bda brockstedt.bergfeld.petersen; Kiel

veröffentlicht: BKI Objektdaten N10

---

### 7600-0055 Feuerwehrhaus, Rettungswache

**BRI** 2.838 m³  **BGF** 746 m²  **NUF** 639 m²

Feuerwehrhaus (4 Fahrzeugstellplätze) und Rettungswache. Im OG Schulungsraum, Küche und Sanitäranlagen. Stb-Skelettkonstruktion.

Land: Niedersachsen
Kreis: Peine
Standard: Durchschnitt
Bauzeit: 44 Wochen
Kennwerte: bis 1. Ebene DIN 276

**BGF  1.686 €/m²**

**Planung:** maurer - ARCHITEKTUR; Vechelde

veröffentlicht: BKI Objektdaten N11

---

### 7600-0047 Feuerwehrgerätehaus

**BRI** 10.336 m³  **BGF** 2.198 m²  **NUF** 1.565 m²

Feuerwehrgerätehaus, Fahrzeughalle, Schlauchwerkstatt, Werkstattbereich mit Waschhalle, Umkleide- und Sanitärbereiche, Schulungs- und Aufenthaltsraum. Mauerwerksbau.

Land: Rheinland-Pfalz
Kreis: Rhein-Pfalz-Kreis
Standard: Durchschnitt
Bauzeit: 96 Wochen
Kennwerte: bis 1. Ebene DIN 276

**BGF  1.652 €/m²**

**Planung:** kplan AG Abteilung Architektur; Abensberg

veröffentlicht: BKI Objektdaten N10

© BKI Baukosteninformationszentrum; Erläuterungen zu den Tabellen siehe Seite 56    Kostenstand: 1. Quartal 2022, Bundesdurchschnitt, **inkl. 19% MwSt.**

## Feuerwehrhäuser

### Objektübersicht zur Gebäudeart

**7600-0035 Feuerwehrhaus (2 KFZ)***     **BRI** 1.870 m³    **BGF** 601 m²    **NUF** 361 m²

Feuerwehrhaus mit 2 Stellplätzen und Schulungsraum. Mauerwerksbau.

Land: Baden-Württemberg
Kreis: Alb-Donau-Kreis
Standard: Durchschnitt
Bauzeit: 52 Wochen
Kennwerte: bis 4. Ebene DIN 276

**BGF**    973 €/m²

**Planung:** Architekturbüro Klein + Thierer; Gerstetten

veröffentlicht: BKI Objektdaten N7
* Nicht in der Auswertung enthalten

€/m² BGF
min    1.400 €/m²
von    1.710 €/m²
Mittel    **2.060** €/m²
bis    2.500 €/m²
max    3.190 €/m²

**Kosten:**
Stand 1. Quartal 2022
Bundesdurchschnitt
inkl. 19% MwSt.

**7600-0040 Feuerwehrgerätehaus (11 KFZ)**     **BRI** 8.230 m³    **BGF** 2.010 m²    **NUF** 1.615 m²

Feuerwehrhaus mit 11 Stellplätzen für Einsatzfahrzeuge, Funkzentrale, Umkleide- und Sanitärräume, Verwaltung. Stb-Konstruktion, Pfosten-Riegel-Fassade.

Land: Baden-Württemberg
Kreis: Heilbronn
Standard: Durchschnitt
Bauzeit: 35 Wochen
Kennwerte: bis 4. Ebene DIN 276

**BGF**    1.400 €/m²

**Planung:** Freier Architekt Bernd Zimmermann BDA; Heilbronn

veröffentlicht: BKI Objektdaten N8

**Gewerbe**

# Öffentliche Bereitschaftsdienste

## Kostenkennwerte für die Kosten des Bauwerks (Kostengruppen 300+400 nach DIN 276)

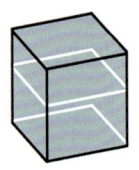

**BRI** 430 €/m³
von 295 €/m³
bis 665 €/m³

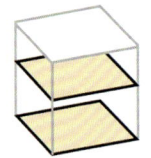

**BGF** 1.995 €/m²
von 1.535 €/m²
bis 2.735 €/m²

**NUF** 2.560 €/m²
von 1.890 €/m²
bis 3.395 €/m²

**NE** 518.685 €/NE
von 133.760 €/NE
bis 903.605 €/NE
NE: Stellplätze

**Kosten:**
Stand 1. Quartal 2022
Bundesdurchschnitt
inkl. 19% MwSt.

### Objektbeispiele

7600-0042

7600-0044

7600-0065

7600-0046

7600-0048

7600-0050

### Kosten der 9 Vergleichsobjekte — Seiten 882 bis 884

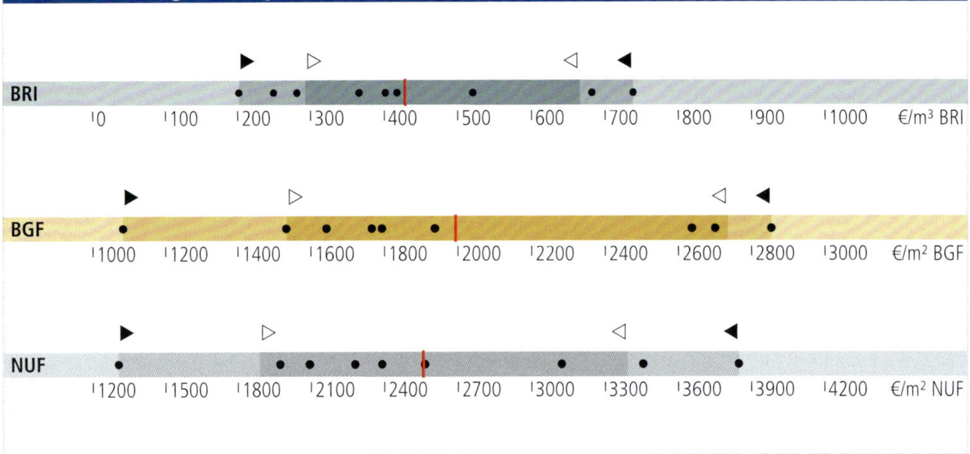

- ● KKW
- ▶ min
- ▷ von
- | Mittelwert
- ◁ bis
- ◀ max

BRI — €/m³ BRI

BGF — €/m² BGF

NUF — €/m² NUF

© BKI Baukosteninformationszentrum; Erläuterungen zu den Tabellen siehe Seite 46    Kostenstand: 1. Quartal 2022, Bundesdurchschnitt, **inkl. 19% MwSt.**

## Kostenkennwerte für die Kostengruppen der 1. und 2. Ebene DIN 276

| KG | Kostengruppen der 1. Ebene | Einheit | ▷ | €/Einheit | ◁ | ▷ | % an 300+400 | ◁ |
|---|---|---|---|---|---|---|---|---|
| 100 | Grundstück | m²GF | – | – | – | – | – | – |
| 200 | Vorbereitende Maßnahmen | m²GF | 6 | 18 | 51 | 1,3 | 3,6 | 10,3 |
| 300 | Bauwerk – Baukonstruktionen | m²BGF | 1.226 | 1.640 | 2.331 | 74,0 | 81,7 | 86,5 |
| 400 | Bauwerk – Technische Anlagen | m²BGF | 226 | 353 | 468 | 13,5 | 18,3 | 26,0 |
|  | Bauwerk (300+400) | m²BGF | 1.535 | 1.994 | 2.735 | 100,0 | 100,0 | 100,0 |
| 500 | Außenanlagen und Freiflächen | m²AF | 15 | 59 | 100 | 3,5 | 9,3 | 19,4 |
| 600 | Ausstattung und Kunstwerke | m²BGF | 8 | 10 | 12 | 0,5 | 0,5 | 0,6 |
| 700 | Baunebenkosten* | m²BGF | 448 | 500 | 552 | 22,1 | 24,7 | 27,3 |
| 800 | Finanzierung | m²BGF | – | – | – | – | – | – |

\* Auf Grundlage der HOAI 2021 berechnete Werte nach §§ 35, 52, 56. Weitere Informationen siehe Seite 50

| KG | Kostengruppen der 2. Ebene | Einheit | ▷ | €/Einheit | ◁ | ▷ | % an 1. Ebene | ◁ |
|---|---|---|---|---|---|---|---|---|
| 310 | Baugrube / Erdbau | m³BGI | 15 | 35 | 43 | 1,3 | 3,1 | 7,3 |
| 320 | Gründung, Unterbau | m²GRF | 266 | 299 | 394 | 7,6 | 18,4 | 23,0 |
| 330 | Außenwände / vertikal außen | m²AWF | 434 | 528 | 782 | 28,8 | 34,5 | 40,5 |
| 340 | Innenwände / vertikal innen | m²IWF | 276 | 348 | 443 | 4,6 | 10,7 | 16,6 |
| 350 | Decken / horizontal | m²DEF | 144 | 255 | 298 | 3,2 | 6,2 | 9,5 |
| 360 | Dächer | m²DAF | 174 | 309 | 469 | 14,7 | 19,1 | 23,6 |
| 370 | Infrastrukturanlagen |  | – | – | – | – | – | – |
| 380 | Baukonstruktive Einbauten | m²BGF | 24 | 81 | 138 | 0,5 | 2,9 | 9,3 |
| 390 | Sonst. Maßnahmen für Baukonst. | m²BGF | 44 | 61 | 107 | 3,8 | 5,0 | 7,9 |
| 300 | Bauwerk – Baukonstruktionen | m²BGF |  |  |  |  | 100,0 |  |
| 410 | Abwasser-, Wasser-, Gasanlagen | m²BGF | 17 | 36 | 57 | 7,7 | 10,4 | 13,0 |
| 420 | Wärmeversorgungsanlagen | m²BGF | 38 | 44 | 59 | 9,8 | 15,0 | 19,9 |
| 430 | Raumlufttechnische Anlagen | m²BGF | 34 | 37 | 44 | 2,2 | 7,8 | 13,3 |
| 440 | Elektrische Anlagen | m²BGF | 88 | 112 | 178 | 25,5 | 38,5 | 63,0 |
| 450 | Kommunikationstechnische Anlagen | m²BGF | 11 | 28 | 46 | 4,5 | 9,6 | 22,3 |
| 460 | Förderanlagen | m²BGF | 16 | 16 | 16 | 0,0 | 0,9 | 3,5 |
| 470 | Nutzungsspez. / verfahrenstech. Anl. | m²BGF | 21 | 109 | 282 | 2,7 | 15,7 | 52,5 |
| 480 | Gebäude- und Anlagenautomation | m²BGF | 13 | 21 | 28 | 0,0 | 2,0 | 4,4 |
| 490 | Sonst. Maßnahmen f. techn. Anl. | m²BGF | < 1 | < 1 | 1 | < 0,1 | < 0,1 | 0,2 |
| 400 | Bauwerk – Technische Anlagen | m²BGF |  |  |  |  | 100,0 |  |

### Prozentanteile der Kosten 2. Ebene an den Kosten des Bauwerks nach DIN 276 (Von/Mittel/Bis)

| KG | Kostengruppe | Mittel % |
|---|---|---|
| 310 | Baugrube / Erdbau | 2,6 |
| 320 | Gründung, Unterbau | 14,6 |
| 330 | Außenwände / vertikal außen | 27,1 |
| 340 | Innenwände / vertikal innen | 8,0 |
| 350 | Decken / horizontal | 4,8 |
| 360 | Dächer | 15,0 |
| 370 | Infrastrukturanlagen |  |
| 380 | Baukonstruktive Einbauten | 2,1 |
| 390 | Sonst. Maßnahmen für Baukonst. | 4,0 |
| 410 | Abwasser-, Wasser-, Gasanlagen | 2,2 |
| 420 | Wärmeversorgungsanlagen | 2,9 |
| 430 | Raumlufttechnische Anlagen | 1,9 |
| 440 | Elektrische Anlagen | 7,2 |
| 450 | Kommunikationstechnische Anlagen | 2,0 |
| 460 | Förderanlagen | 0,2 |
| 470 | Nutzungsspez. / verfahrenstech. Anl. | 4,9 |
| 480 | Gebäude- und Anlagenautomation | 0,6 |
| 490 | Sonst. Maßnahmen f. techn. Anl. | < 0,1 |

© BKI Baukosteninformationszentrum; Erläuterungen zu den Tabellen siehe Seite 48 und 50    Kostenstand: 1. Quartal 2022, Bundesdurchschnitt, inkl. 19% MwSt.

# Öffentliche Bereitschaftsdienste

## Prozentanteile der Kosten für Leistungsbereiche nach STLB (Kosten Bauwerk nach DIN 276)

| LB | Leistungsbereiche | % an 300+400 von | Mittelwert | bis |
|---|---|---|---|---|
| 000 | Sicherheits-, Baustelleneinrichtungen inkl. 001 | 2,4 | 3,1 | 3,7 |
| 002 | Erdarbeiten | 1,8 | 3,4 | 7,0 |
| 006 | Spezialtiefbauarbeiten inkl. 005 | 0,0 | 1,5 | 6,0 |
| 009 | Entwässerungskanalarbeiten inkl. 011 | 0,4 | 0,6 | 0,9 |
| 010 | Drän- und Versickerarbeiten | 0,0 | < 0,1 | 0,1 |
| 012 | Mauerarbeiten | 3,2 | 4,0 | 6,0 |
| 013 | Betonarbeiten | 11,9 | 17,0 | 27,5 |
| 014 | Natur-, Betonwerksteinarbeiten | 0,0 | 0,2 | 0,7 |
| 016 | Zimmer- und Holzbauarbeiten | 0,0 | 5,0 | 19,9 |
| 017 | Stahlbauarbeiten | 3,7 | 8,2 | 13,4 |
| 018 | Abdichtungsarbeiten | < 0,1 | 0,3 | 0,5 |
| 020 | Dachdeckungsarbeiten | 0,0 | 0,8 | 3,1 |
| 021 | Dachabdichtungsarbeiten | 0,5 | 2,8 | 5,1 |
| 022 | Klempnerarbeiten | 2,2 | 2,9 | 3,7 |
| | **Rohbau** | **36,3** | **49,8** | **65,2** |
| 023 | Putz- und Stuckarbeiten, Wärmedämmsysteme | 2,3 | 5,8 | 14,7 |
| 024 | Fliesen- und Plattenarbeiten | 0,2 | 0,7 | 1,2 |
| 025 | Estricharbeiten | 0,2 | 0,4 | 1,1 |
| 026 | Fenster, Außentüren inkl. 029, 032 | < 0,1 | 6,2 | 8,9 |
| 027 | Tischlerarbeiten | 0,3 | 1,4 | 3,0 |
| 028 | Parkettarbeiten, Holzpflasterarbeiten | 0,0 | 0,2 | 0,4 |
| 030 | Rollladenarbeiten | < 0,1 | 0,4 | 0,6 |
| 031 | Metallbauarbeiten inkl. 035 | 1,6 | 7,6 | 13,3 |
| 034 | Maler- und Lackiererarbeiten inkl. 037 | 0,0 | 0,5 | 0,7 |
| 036 | Bodenbelagarbeiten | 0,0 | 0,5 | 1,0 |
| 038 | Vorgehängte hinterlüftete Fassaden | 0,0 | 2,7 | 10,7 |
| 039 | Trockenbauarbeiten | 0,2 | 1,0 | 3,3 |
| | **Ausbau** | **19,9** | **27,3** | **44,5** |
| 040 | Wärmeversorgungsanl. - Betriebseinr. inkl. 041 | 2,2 | 2,5 | 3,3 |
| 042 | Gas- und Wasserinstallation, Leitungen inkl. 043 | 0,3 | 0,5 | 0,6 |
| 044 | Abwasseranlagen - Leitungen | 0,1 | 0,6 | 1,7 |
| 045 | GWE-Einrichtungsgegenstände inkl. 046 | 0,3 | 1,0 | 2,6 |
| 047 | Dämmarbeiten an betriebstechnischen Anlagen | 0,4 | 0,5 | 0,8 |
| 049 | Feuerlöschanlagen, Feuerlöschgeräte | – | – | – |
| 050 | Blitzschutz- und Erdungsanlagen | 0,2 | 0,3 | 0,6 |
| 052 | Mittelspannungsanlagen | – | – | – |
| 053 | Niederspannungsanlagen inkl. 054 | 3,0 | 5,3 | 6,0 |
| 055 | Sicherheits- u. Ersatzstromversorgungsanl. | < 0,1 | 0,3 | 1,0 |
| 057 | Gebäudesystemtechnik | – | – | – |
| 058 | Leuchten und Lampen inkl. 059 | 1,2 | 1,6 | 2,1 |
| 060 | Sprechanlagen, elektroakust. Anlagen inkl. 064 | < 0,1 | 0,2 | 0,7 |
| 061 | Kommunikationsnetze inkl. 062 | 0,4 | 0,5 | 0,6 |
| 063 | Gefahrenmeldeanlagen | 0,4 | 1,3 | 3,8 |
| 069 | Aufzüge | 0,0 | 0,2 | 0,8 |
| 070 | Gebäudeautomation | 0,0 | 0,6 | 1,5 |
| 075 | Raumlufttechnische Anlagen inkl. 078 | 0,0 | 1,8 | 2,6 |
| | **Gebäudetechnik** | **12,3** | **17,1** | **20,6** |
| | Sonstige Leistungsbereiche inkl. 008, 033, 051 | 1,6 | 5,8 | 18,1 |

**Kosten:**
Stand 1. Quartal 2022
Bundesdurchschnitt
inkl. 19% MwSt.

- ● KKW
- ▶ min
- ▷ von
- | Mittelwert
- ◁ bis
- ◀ max

## Planungskennwerte für Flächen und Rauminhalte nach DIN 277

| Grundflächen | | ▷ | Fläche/NUF (%) | ◁ | ▷ | Fläche/BGF (%) | ◁ |
|---|---|---|---|---|---|---|---|
| NUF | Nutzungsfläche | 100,0 | **100,0** | 100,0 | 74,7 | **78,4** | 79,8 |
| TF | Technikfläche | 1,8 | **2,4** | 3,2 | 1,4 | **1,8** | 2,6 |
| VF | Verkehrsfläche | 10,1 | **13,5** | 25,1 | 7,4 | **9,9** | 17,5 |
| NRF | Netto-Raumfläche | 109,9 | **114,1** | 123,9 | 86,6 | **88,9** | 90,3 |
| KGF | Konstruktions-Grundfläche | 13,1 | **14,4** | 18,8 | 9,7 | **11,1** | 13,4 |
| BGF | Brutto-Grundfläche | 126,5 | **128,5** | 135,8 | 100,0 | **100,0** | 100,0 |

| Brutto-Rauminhalte | | ▷ | BRI/NUF (m) | ◁ | ▷ | BRI/BGF (m) | ◁ |
|---|---|---|---|---|---|---|---|
| BRI | Brutto-Rauminhalt | 5,71 | **6,33** | 7,01 | 4,67 | **5,00** | 5,55 |

| Flächen von Nutzeinheiten | ▷ | NUF/Einheit (m²) | ◁ | ▷ | BGF/Einheit (m²) | ◁ |
|---|---|---|---|---|---|---|
| Nutzeinheit: Stellplätze | 195,45 | **195,45** | 195,45 | 256,58 | **256,58** | 256,58 |

| Lufttechnisch behandelte Flächen | ▷ | Fläche/NUF (%) | ◁ | ▷ | Fläche/BGF (%) | ◁ |
|---|---|---|---|---|---|---|
| Entlüftete Fläche | – | – | – | – | – | – |
| Be- und entlüftete Fläche | – | – | – | – | – | – |
| Teilklimatisierte Fläche | – | – | – | – | – | – |
| Klimatisierte Fläche | – | – | – | – | – | – |

| KG | Kostengruppen (2. Ebene) | Einheit | ▷ | Menge/NUF | ◁ | ▷ | Menge/BGF | ◁ |
|---|---|---|---|---|---|---|---|---|
| 310 | Baugrube / Erdbau | m³ BGI | 1,08 | **1,49** | 2,04 | 0,77 | **1,11** | 1,33 |
| 320 | Gründung, Unterbau | m² GRF | 0,72 | **0,91** | 0,95 | 0,70 | **0,70** | 0,75 |
| 330 | Außenwände / vertikal außen | m² AWF | 1,03 | **1,06** | 1,06 | 0,78 | **0,80** | 0,80 |
| 340 | Innenwände / vertikal innen | m² IWF | 0,52 | **0,55** | 0,90 | 0,42 | **0,42** | 0,66 |
| 350 | Decken / horizontal | m² DEF | 0,32 | **0,39** | 0,39 | 0,25 | **0,30** | 0,30 |
| 360 | Dächer | m² DAF | 0,96 | **1,18** | 1,18 | 0,71 | **0,89** | 1,18 |
| 370 | Infrastrukturanlagen | | – | – | – | – | – | – |
| 380 | Baukonstruktive Einbauten | m² BGF | 1,27 | **1,29** | 1,36 | 1,00 | **1,00** | 1,00 |
| 390 | Sonst. Maßnahmen für Baukonst. | m² BGF | 1,27 | **1,29** | 1,36 | 1,00 | **1,00** | 1,00 |
| **300** | **Bauwerk – Baukonstruktionen** | m² BGF | 1,27 | **1,29** | 1,36 | 1,00 | **1,00** | 1,00 |

## Planungskennwerte für Bauzeiten — 9 Vergleichsobjekte

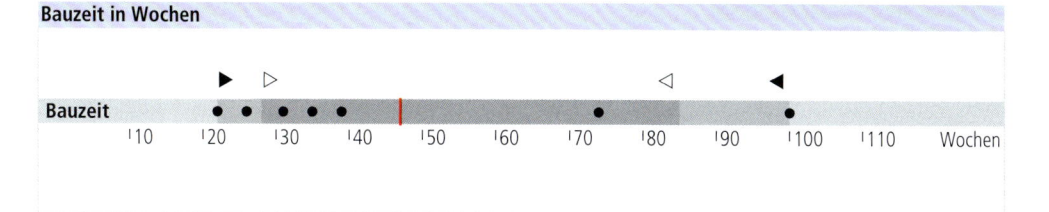

**Bauzeit in Wochen**

Bauzeit: ▶ ▷ ● ● ● ● | ● ◁ ◀ ●
'10 '20 '30 '40 '50 '60 '70 '80 '90 '100 '110 Wochen

© BKI Baukosteninformationszentrum; Erläuterungen zu den Tabellen siehe Seite 54    Kostenstand: 1. Quartal 2022, Bundesdurchschnitt, **inkl. 19% MwSt.**

## Öffentliche Bereitschaftsdienste

**€/m² BGF**
| | | |
|---|---:|---|
| min | 1.085 | €/m² |
| von | 1.535 | €/m² |
| Mittel | **1.995** | **€/m²** |
| bis | 2.735 | €/m² |
| max | 2.855 | €/m² |

**Kosten:**
Stand 1. Quartal 2022
Bundesdurchschnitt
inkl. 19% MwSt.

### Objektübersicht zur Gebäudeart

#### 7600-0072 Straßenmeisterei (25 AP)
**BRI** 17.562 m³   **BGF** 2.666 m²   **NUF** 2.217 m²

Straßenmeisterei mit Salzsiloanlage (25 AP). Stahlbau.

Land: Thüringen
Kreis: Altenburger Land
Standard: Durchschnitt
Bauzeit: 74 Wochen
Kennwerte: bis 3. Ebene DIN 276

**BGF  1.642 €/m²**

**Planung:** HOFFMANN.SEIFERT.PARTNER architekten ingenieure; Zwickau

veröffentlicht: BKI Objektdaten N16

#### 7600-0065 Sozialgebäude (Friedhofsamt)
**BRI** 584 m³   **BGF** 164 m²   **NUF** 112 m²

Sozialgebäude (Friedhofsamt) für 25 Personen. Mauerwerksbau.

Land: Nordrhein-Westfalen
Kreis: Mettmann
Standard: Durchschnitt
Bauzeit: 39 Wochen
Kennwerte: bis 1. Ebene DIN 276

**BGF  2.636 €/m²**

**Planung:** pagelhenn architektinnenarchitekt; Hilden

veröffentlicht: BKI Objektdaten N13

#### 7600-0067 Wirtschaftsgebäude
**BRI** 2.562 m³   **BGF** 375 m²   **NUF** 310 m²

Wirtschaftsgebäude mit Lager-, Funktionstrakt und Garagenbereich (8 STP). Holzrahmenständerbauweise, Holzfachwerkträger.

Land: Sachsen
Kreis: Erzgebirgskreis
Standard: über Durchschnitt
Bauzeit: 22 Wochen
Kennwerte: bis 1. Ebene DIN 276

**BGF  2.854 €/m²**

**Planung:** Atelier ST Gesellschaft von Architekten mbH; Leipzig

veröffentlicht: BKI Objektdaten N13

#### 7600-0050 Straßenmeisterei
**BRI** 9.588 m³   **BGF** 1.531 m²   **NUF** 1.290 m²

Straßenmeisterei. Bestehend aus 3 Bauteilen: Büros und LKW-Geräteboxen, Werkstatt, Salzlagerhalle. Holzskelettbau.

Land: Hessen
Kreis: Rheingau-Taunus-Kreis
Standard: Durchschnitt
Bauzeit: 31 Wochen
Kennwerte: bis 1. Ebene DIN 276

**BGF  1.765 €/m²**

**Planung:** BGF + Architekten; Wiesbaden

veröffentlicht: BKI Objektdaten N10

## Objektübersicht zur Gebäudeart

### 7600-0048 Hauptrettungsstation    BRI 328 m³    BGF 83 m²    NUF 72 m²

Hauptrettungsstation mit Unfallhilfestellung. Holzrahmenbau.

Land: Mecklenburg-Vorpommern
Kreis: Vorpommern-Greifswald
Standard: Durchschnitt
Bauzeit: 26 Wochen
Kennwerte: bis 1. Ebene DIN 276

BGF    2.700 €/m²

**Planung:** Achim Dreischmeier, Architekt BDA und Stadtplaner; Ostseebad Koserow    veröffentlicht: BKI Objektdaten N10

### 7600-0046 Betriebshof    BRI 3.200 m³    BGF 763 m²    NUF 513 m²

Stellplätze für Fahrzeuge, Lagerflächen, Büroraum. Mauerwerksbau, Holzständerwände.

Land: Baden-Württemberg
Kreis: Ravensburg
Standard: Durchschnitt
Bauzeit: 35 Wochen
Kennwerte: bis 3. Ebene DIN 276

BGF    1.533 €/m²

**Planung:** Frankenhauser Architekten; Ravensburg    veröffentlicht: BKI Objektdaten N12

### 7600-0042 Rettungswache    BRI 857 m³    BGF 192 m²    NUF 144 m²

Rettungswache mit einer Fahrzeughalle, Bereitschaftsräume, Teeküche, Sanitärräume und Umkleideräume. Holzkonstruktion.

Land: Niedersachsen
Kreis: Hildesheim
Standard: Durchschnitt
Bauzeit: 22 Wochen
Kennwerte: bis 1. Ebene DIN 276

BGF    1.793 €/m²

**Planung:** Architektur- und Ingenieurbüro Himstedt + Kollien; Hildesheim    veröffentlicht: BKI Objektdaten N9

### 7600-0044 Feuer- und Rettungswache    BRI 12.150 m³    BGF 3.264 m²    NUF 2.465 m²

Feuer- und Rettungswache für sieben Fahrzeuge, vier Brandschutz- und drei Rettungstransportfahrzeuge, Waschhalle, Werkstätten, Umkleideräume, Büroräume für zehn Mitarbeiter, Schulungsräume, Besprechungszimmer. Stb-Konstruktion, Pfosten-Riegel-Fassade; Stb-Filigrandecken; Stahl-Dachtragwerk.

Land: Nordrhein-Westfalen
Kreis: Herford
Standard: Durchschnitt
Bauzeit: 100 Wochen
Kennwerte: bis 3. Ebene DIN 276

BGF    1.938 €/m²

**Planung:** Architekten Prof. Sill; Hamburg    veröffentlicht: BKI Objektdaten N9

# Öffentliche Bereitschaftsdienste

## Objektübersicht zur Gebäudeart

**7700-0047 Fahrzeughalle**  **BRI** 3.635 m³  **BGF** 677 m²  **NUF** 561 m²

Fahrzeughalle für Einsatzfahrzeuge. Mauerwerksbau; Stahlträgerdachkonstruktion, Trapezblechdeckung.

Land: Rheinland-Pfalz
Kreis: Südliche Weinstraße
Standard: Durchschnitt
Bauzeit: 74 Wochen
Kennwerte: bis 4. Ebene DIN 276

**€/m² BGF**
| | |
|---|---|
| min | 1.085 €/m² |
| von | 1.535 €/m² |
| Mittel | **1.995 €/m²** |
| bis | 2.735 €/m² |
| max | 2.855 €/m² |

**BGF**  1.083 €/m²

**Planung:** BECKER I RITZMANN Architekten + Ingenieure; Neustadt

veröffentlicht: BKI Objektdaten N10

**Kosten:**
Stand 1. Quartal 2022
Bundesdurchschnitt
inkl. 19% MwSt.

**Gewerbe**

# Bibliotheken, Museen und Ausstellungen

## Kostenkennwerte für die Kosten des Bauwerks (Kostengruppen 300+400 nach DIN 276)

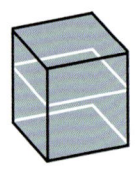

**BRI** 695 €/m³
von 475 €/m³
bis 980 €/m³

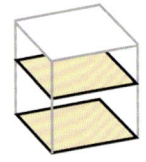

**BGF** 3.015 €/m²
von 2.190 €/m²
bis 4.310 €/m²

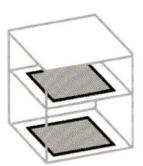

**NUF** 4.525 €/m²
von 3.025 €/m²
bis 6.925 €/m²

**Kosten:**
Stand 1. Quartal 2022
Bundesdurchschnitt
inkl. 19% MwSt.

### Objektbeispiele

9100-0191

9100-0180

9100-0159

## Kosten der 26 Vergleichsobjekte — Seiten 890 bis 896

- ● KKW
- ▶ min
- ▷ von
- | Mittelwert
- ◁ bis
- ◀ max

BRI (€/m³ BRI): 0, 150, 300, 450, 600, 750, 900, 1050, 1200, 1350, 1500

BGF (€/m² BGF): 600, 1200, 1800, 2400, 3000, 3600, 4200, 4800, 5400, 6000, 6600

NUF (€/m² NUF): 900, 1800, 2700, 3600, 4500, 5400, 6300, 7200, 8100, 9000, 9900

© BKI Baukosteninformationszentrum; Erläuterungen zu den Tabellen siehe Seite 46 — Kostenstand: 1. Quartal 2022, Bundesdurchschnitt, **inkl. 19% MwSt.**

## Kostenkennwerte für die Kostengruppen der 1. und 2. Ebene DIN 276

| KG | Kostengruppen der 1. Ebene | Einheit | ▷ | €/Einheit | ◁ | ▷ | % an 300+400 | ◁ |
|---|---|---|---|---|---|---|---|---|
| 100 | Grundstück | m²GF | – | – | – | – | – | – |
| 200 | Vorbereitende Maßnahmen | m²GF | 13 | **37** | 115 | 1,4 | **3,4** | 7,4 |
| 300 | Bauwerk – Baukonstruktionen | m²BGF | 1.669 | **2.216** | 3.178 | 65,5 | **74,5** | 82,7 |
| 400 | Bauwerk – Technische Anlagen | m²BGF | 429 | **799** | 1.292 | 17,3 | **25,5** | 34,5 |
|  | Bauwerk (300+400) | m²BGF | 2.192 | **3.016** | 4.308 | 100,0 | **100,0** | 100,0 |
| 500 | Außenanlagen und Freiflächen | m²AF | 94 | **281** | 1.178 | 4,0 | **9,6** | 27,9 |
| 600 | Ausstattung und Kunstwerke | m²BGF | 78 | **182** | 444 | 2,4 | **7,2** | 17,8 |
| 700 | Baunebenkosten* | m²BGF | 658 | **706** | 754 | 22,0 | **23,6** | 25,2 |
| 800 | Finanzierung | m²BGF | – | – | – | – | – | – |

\* Auf Grundlage der HOAI 2021 berechnete Werte nach §§ 35, 52, 56. Weitere Informationen siehe Seite 50

| KG | Kostengruppen der 2. Ebene | Einheit | ▷ | €/Einheit | ◁ | ▷ | % an 1. Ebene | ◁ |
|---|---|---|---|---|---|---|---|---|
| 310 | Baugrube / Erdbau | m³BGI | 24 | **65** | 145 | 1,7 | **2,4** | 3,8 |
| 320 | Gründung, Unterbau | m²GRF | 404 | **617** | 1.548 | 7,7 | **14,6** | 18,3 |
| 330 | Außenwände / vertikal außen | m²AWF | 672 | **816** | 1.043 | 28,4 | **35,3** | 43,5 |
| 340 | Innenwände / vertikal innen | m²IWF | 280 | **383** | 482 | 5,3 | **12,6** | 16,6 |
| 350 | Decken / horizontal | m²DEF | 243 | **426** | 597 | 0,3 | **6,7** | 13,2 |
| 360 | Dächer | m²DAF | 529 | **733** | 1.284 | 15,1 | **18,8** | 24,5 |
| 370 | Infrastrukturanlagen |  | – | – | – | – | – | – |
| 380 | Baukonstruktive Einbauten | m²BGF | 76 | **128** | 242 | 1,0 | **3,6** | 8,4 |
| 390 | Sonst. Maßnahmen für Baukonst. | m²BGF | 74 | **146** | 233 | 3,9 | **6,5** | 12,7 |
| **300** | **Bauwerk – Baukonstruktionen** | **m²BGF** |  |  |  |  | **100,0** |  |
| 410 | Abwasser-, Wasser-, Gasanlagen | m²BGF | 52 | **82** | 140 | 7,7 | **13,5** | 21,9 |
| 420 | Wärmeversorgungsanlagen | m²BGF | 79 | **128** | 257 | 14,2 | **19,7** | 40,7 |
| 430 | Raumlufttechnische Anlagen | m²BGF | 5 | **148** | 297 | 0,9 | **10,9** | 21,4 |
| 440 | Elektrische Anlagen | m²BGF | 158 | **296** | 899 | 24,7 | **37,2** | 47,5 |
| 450 | Kommunikationstechnische Anlagen | m²BGF | 18 | **55** | 91 | 2,9 | **7,8** | 12,5 |
| 460 | Förderanlagen | m²BGF | 21 | **78** | 135 | 0,0 | **1,6** | 5,3 |
| 470 | Nutzungsspez. / verfahrenstech. Anl. | m²BGF | 3 | **59** | 126 | 0,5 | **5,2** | 14,8 |
| 480 | Gebäude- und Anlagenautomation | m²BGF | 36 | **65** | 116 | 0,0 | **2,8** | 6,2 |
| 490 | Sonst. Maßnahmen f. techn. Anl. | m²BGF | 3 | **11** | 28 | 0,1 | **1,3** | 7,2 |
| **400** | **Bauwerk – Technische Anlagen** | **m²BGF** |  |  |  |  | **100,0** |  |

### Prozentanteile der Kosten 2. Ebene an den Kosten des Bauwerks nach DIN 276 (Von/Mittel/Bis)

| KG | Kostengruppe | % |
|---|---|---|
| 310 | Baugrube / Erdbau | 1,8 |
| 320 | Gründung, Unterbau | 11,3 |
| 330 | Außenwände / vertikal außen | 27,9 |
| 340 | Innenwände / vertikal innen | 9,3 |
| 350 | Decken / horizontal | 4,9 |
| 360 | Dächer | 14,8 |
| 370 | Infrastrukturanlagen |  |
| 380 | Baukonstruktive Einbauten | 2,7 |
| 390 | Sonst. Maßnahmen für Baukonst. | 4,9 |
| 410 | Abwasser-, Wasser-, Gasanlagen | 2,5 |
| 420 | Wärmeversorgungsanlagen | 4,0 |
| 430 | Raumlufttechnische Anlagen | 3,3 |
| 440 | Elektrische Anlagen | 8,2 |
| 450 | Kommunikationstechnische Anlagen | 1,6 |
| 460 | Förderanlagen | 0,6 |
| 470 | Nutzungsspez. / verfahrenstech. Anl. | 1,4 |
| 480 | Gebäude- und Anlagenautomation | 0,9 |
| 490 | Sonst. Maßnahmen f. techn. Anl. | 0,2 |

© BKI Baukosteninformationszentrum; Erläuterungen zu den Tabellen siehe Seite 48 und 50    Kostenstand: 1. Quartal 2022, Bundesdurchschnitt, **inkl. 19% MwSt.**

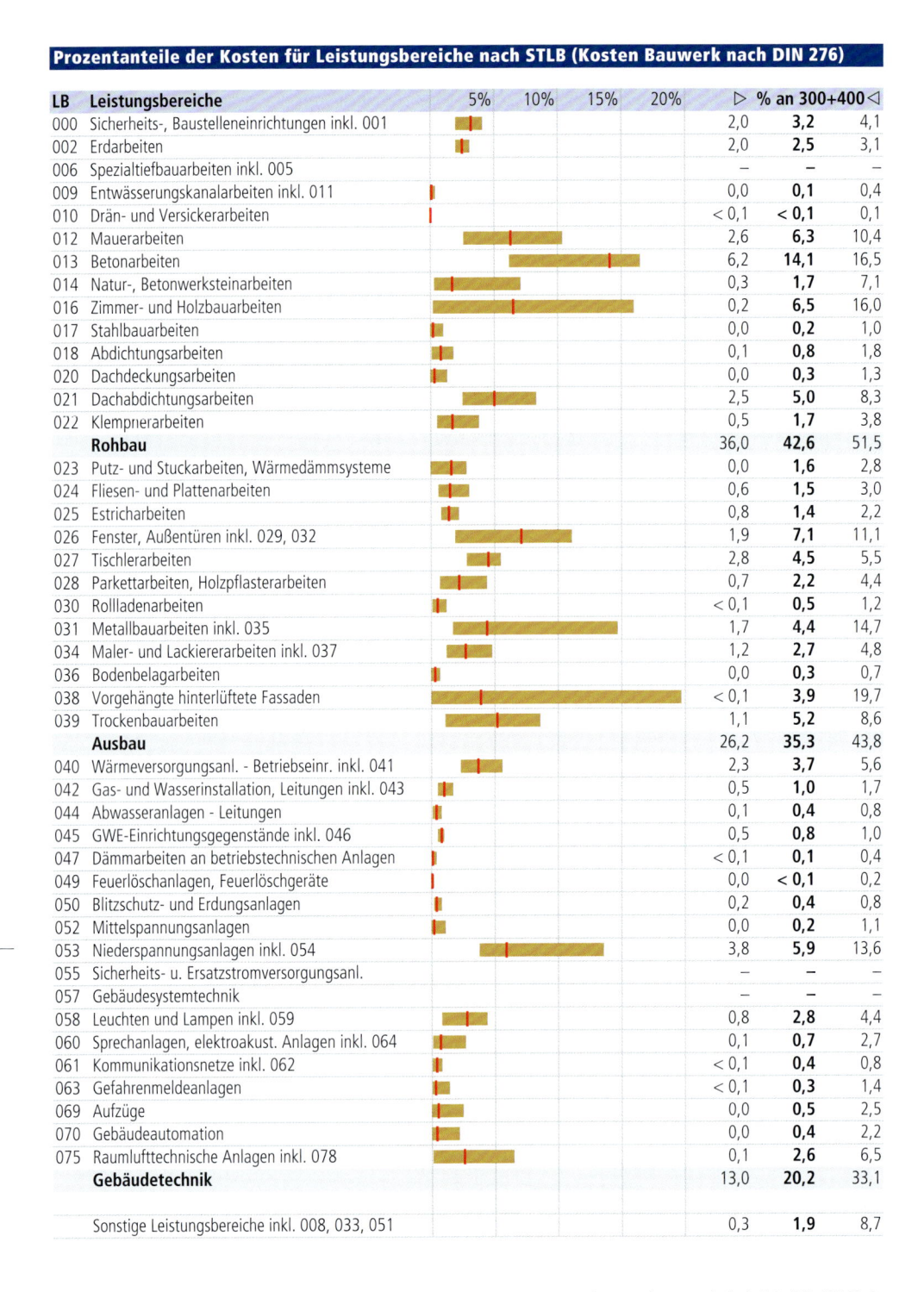

# Bibliotheken, Museen und Ausstellungen

**Prozentanteile der Kosten für Leistungsbereiche nach STLB (Kosten Bauwerk nach DIN 276)**

| LB | Leistungsbereiche | von | Mittelwert | bis |
|---|---|---|---|---|
| 000 | Sicherheits-, Baustelleneinrichtungen inkl. 001 | 2,0 | **3,2** | 4,1 |
| 002 | Erdarbeiten | 2,0 | **2,5** | 3,1 |
| 006 | Spezialtiefbauarbeiten inkl. 005 | – | **–** | – |
| 009 | Entwässerungskanalarbeiten inkl. 011 | 0,0 | **0,1** | 0,4 |
| 010 | Drän- und Versickerarbeiten | < 0,1 | **< 0,1** | 0,1 |
| 012 | Mauerarbeiten | 2,6 | **6,3** | 10,4 |
| 013 | Betonarbeiten | 6,2 | **14,1** | 16,5 |
| 014 | Natur-, Betonwerksteinarbeiten | 0,3 | **1,7** | 7,1 |
| 016 | Zimmer- und Holzbauarbeiten | 0,2 | **6,5** | 16,0 |
| 017 | Stahlbauarbeiten | 0,0 | **0,2** | 1,0 |
| 018 | Abdichtungsarbeiten | 0,1 | **0,8** | 1,8 |
| 020 | Dachdeckungsarbeiten | 0,0 | **0,3** | 1,3 |
| 021 | Dachabdichtungsarbeiten | 2,5 | **5,0** | 8,3 |
| 022 | Klempnerarbeiten | 0,5 | **1,7** | 3,8 |
| | **Rohbau** | 36,0 | **42,6** | 51,5 |
| 023 | Putz- und Stuckarbeiten, Wärmedämmsysteme | 0,0 | **1,6** | 2,8 |
| 024 | Fliesen- und Plattenarbeiten | 0,6 | **1,5** | 3,0 |
| 025 | Estricharbeiten | 0,8 | **1,4** | 2,2 |
| 026 | Fenster, Außentüren inkl. 029, 032 | 1,9 | **7,1** | 11,1 |
| 027 | Tischlerarbeiten | 2,8 | **4,5** | 5,5 |
| 028 | Parkettarbeiten, Holzpflasterarbeiten | 0,7 | **2,2** | 4,4 |
| 030 | Rollladenarbeiten | < 0,1 | **0,5** | 1,2 |
| 031 | Metallbauarbeiten inkl. 035 | 1,7 | **4,4** | 14,7 |
| 034 | Maler- und Lackiererarbeiten inkl. 037 | 1,2 | **2,7** | 4,8 |
| 036 | Bodenbelagarbeiten | 0,0 | **0,3** | 0,7 |
| 038 | Vorgehängte hinterlüftete Fassaden | < 0,1 | **3,9** | 19,7 |
| 039 | Trockenbauarbeiten | 1,1 | **5,2** | 8,6 |
| | **Ausbau** | 26,2 | **35,3** | 43,8 |
| 040 | Wärmeversorgungsanl. - Betriebseinr. inkl. 041 | 2,3 | **3,7** | 5,6 |
| 042 | Gas- und Wasserinstallation, Leitungen inkl. 043 | 0,5 | **1,0** | 1,7 |
| 044 | Abwasseranlagen - Leitungen | 0,1 | **0,4** | 0,8 |
| 045 | GWE-Einrichtungsgegenstände inkl. 046 | 0,5 | **0,8** | 1,0 |
| 047 | Dämmarbeiten an betriebstechnischen Anlagen | < 0,1 | **0,1** | 0,4 |
| 049 | Feuerlöschanlagen, Feuerlöschgeräte | 0,0 | **< 0,1** | 0,2 |
| 050 | Blitzschutz- und Erdungsanlagen | 0,2 | **0,4** | 0,8 |
| 052 | Mittelspannungsanlagen | 0,0 | **0,2** | 1,1 |
| 053 | Niederspannungsanlagen inkl. 054 | 3,8 | **5,9** | 13,6 |
| 055 | Sicherheits- u. Ersatzstromversorgungsanl. | – | **–** | – |
| 057 | Gebäudesystemtechnik | – | **–** | – |
| 058 | Leuchten und Lampen inkl. 059 | 0,8 | **2,8** | 4,4 |
| 060 | Sprechanlagen, elektroakust. Anlagen inkl. 064 | 0,1 | **0,7** | 2,7 |
| 061 | Kommunikationsnetze inkl. 062 | < 0,1 | **0,4** | 0,8 |
| 063 | Gefahrenmeldeanlagen | < 0,1 | **0,3** | 1,4 |
| 069 | Aufzüge | 0,0 | **0,5** | 2,5 |
| 070 | Gebäudeautomation | 0,0 | **0,4** | 2,2 |
| 075 | Raumlufttechnische Anlagen inkl. 078 | 0,1 | **2,6** | 6,5 |
| | **Gebäudetechnik** | 13,0 | **20,2** | 33,1 |
| | Sonstige Leistungsbereiche inkl. 008, 033, 051 | 0,3 | **1,9** | 8,7 |

Kosten: Stand 1. Quartal 2022 Bundesdurchschnitt inkl. 19% MwSt.

- ● KKW
- ▶ min
- ▷ von
- | Mittelwert
- ◁ bis
- ◀ max

## Planungskennwerte für Flächen und Rauminhalte nach DIN 277

| Grundflächen | | ▷ | Fläche/NUF (%) | ◁ | ▷ | Fläche/BGF (%) | ◁ |
|---|---|---|---|---|---|---|---|
| NUF | Nutzungsfläche | 100,0 | **100,0** | 100,0 | 64,3 | **69,3** | 76,0 |
| TF | Technikfläche | 5,3 | **7,6** | 15,3 | 3,4 | **4,8** | 8,5 |
| VF | Verkehrsfläche | 12,8 | **17,7** | 23,2 | 8,3 | **11,4** | 14,1 |
| NRF | Netto-Raumfläche | 116,0 | **123,4** | 133,4 | 81,4 | **84,3** | 87,3 |
| KGF | Konstruktions-Grundfläche | 18,8 | **23,7** | 30,6 | 12,7 | **15,7** | 18,6 |
| BGF | Brutto-Grundfläche | 135,6 | **147,1** | 161,1 | 100,0 | **100,0** | 100,0 |

| Brutto-Rauminhalte | | ▷ | BRI/NUF (m) | ◁ | ▷ | BRI/BGF (m) | ◁ |
|---|---|---|---|---|---|---|---|
| BRI | Brutto-Rauminhalt | 5,75 | **6,57** | 7,55 | 4,12 | **4,46** | 4,99 |

| Flächen von Nutzeinheiten | | ▷ | NUF/Einheit (m²) | ◁ | ▷ | BGF/Einheit (m²) | ◁ |
|---|---|---|---|---|---|---|---|
| Nutzeinheit: | | – | – | – | – | – | – |

| Lufttechnisch behandelte Flächen | | ▷ | Fläche/NUF (%) | ◁ | ▷ | Fläche/BGF (%) | ◁ |
|---|---|---|---|---|---|---|---|
| Entlüftete Fläche | | – | – | – | – | – | – |
| Be- und entlüftete Fläche | | 103,5 | **103,5** | 103,5 | 91,4 | **91,4** | 91,4 |
| Teilklimatisierte Fläche | | – | – | – | – | – | – |
| Klimatisierte Fläche | | – | – | – | – | – | – |

| KG | Kostengruppen (2. Ebene) | Einheit | ▷ | Menge/NUF | ◁ | ▷ | Menge/BGF | ◁ |
|---|---|---|---|---|---|---|---|---|
| 310 | Baugrube / Erdbau | m³ BGI | 1,77 | **2,16** | 3,62 | 1,33 | **1,48** | 2,14 |
| 320 | Gründung, Unterbau | m² GRF | 0,84 | **0,94** | 1,07 | 0,59 | **0,66** | 0,67 |
| 330 | Außenwände / vertikal außen | m² AWF | 1,39 | **1,55** | 1,73 | 1,04 | **1,04** | 1,16 |
| 340 | Innenwände / vertikal innen | m² IWF | 0,86 | **1,14** | 1,50 | 0,59 | **0,72** | 0,85 |
| 350 | Decken / horizontal | m² DEF | 0,78 | **0,78** | 0,87 | 0,45 | **0,45** | 0,48 |
| 360 | Dächer | m² DAF | 0,94 | **1,00** | 1,17 | 0,55 | **0,71** | 0,76 |
| 370 | Infrastrukturanlagen | | – | – | – | – | – | – |
| 380 | Baukonstruktive Einbauten | m² BGF | 1,36 | **1,47** | 1,61 | 1,00 | **1,00** | 1,00 |
| 390 | Sonst. Maßnahmen für Baukonst. | m² BGF | 1,36 | **1,47** | 1,61 | 1,00 | **1,00** | 1,00 |
| **300** | **Bauwerk – Baukonstruktionen** | m² BGF | 1,36 | **1,47** | 1,61 | 1,00 | **1,00** | 1,00 |

## Planungskennwerte für Bauzeiten — 26 Vergleichsobjekte

**Bauzeit in Wochen**

Bauzeit: 15, 30, 45, 60, 75, 90, 105, 120, 135, 150, 165 Wochen

© BKI Baukosteninformationszentrum; Erläuterungen zu den Tabellen siehe Seite 54 — Kostenstand: 1. Quartal 2022, Bundesdurchschnitt, inkl. 19% MwSt.

## Bibliotheken, Museen und Ausstellungen

**€/m² BGF**
| | | |
|---|---|---|
| min | 1.195 | €/m² |
| von | 2.190 | €/m² |
| Mittel | **3.015** | **€/m²** |
| bis | 4.310 | €/m² |
| max | 5.515 | €/m² |

**Kosten:**
Stand 1. Quartal 2022
Bundesdurchschnitt
inkl. 19% MwSt.

### Objektübersicht zur Gebäudeart

**9100-0191 Besucher- und Dokumentationszentrum**   BRI 3.498 m³   BGF 928 m²   NUF 556 m²

Besucher- und Dokumentationszentrum einer KZ-Gedenkstätte. Massivbau.

Land: Sachsen-Anhalt
Kreis: Altmarkkreis Salzwedel
Standard: Durchschnitt
Bauzeit: 70 Wochen
Kennwerte: bis 1. Ebene DIN 276

BGF   **4.274 €/m²**

**Planung:** BHBVT Gesellschaft von Architekten mbH; Berlin

vorgesehen: BKI Objektdaten N18

---

**9100-0180 Veranstaltungsgebäude (300 Sitzplätze)**   BRI 6.518 m³   BGF 1.398 m²   NUF 873 m²

Kultur- und Veranstaltungsgebäude mit Bankfiliale im UG. Stahlbetonbau.

Land: Saarland
Kreis: Saarbrücken, Regionalverband
Standard: über Durchschnitt
Bauzeit: 78 Wochen
Kennwerte: bis 1. Ebene DIN 276

BGF   **4.366 €/m²**

**Planung:** Hepp + Zenner Ingenieurgesellschaft für Objekt- und; Saarbrücken

veröffentlicht: BKI Objektdaten E9

---

**9100-0153 Kreis- und Kommunalarchiv, Bibliothek**   BRI 9.634 m³   BGF 2.525 m²   NUF 1.683 m²

Kreis- und Kommunalarchiv mit Bibliothek. Mauerwerksbau.

Land: Niedersachsen
Kreis: Bentheim
Standard: Durchschnitt
Bauzeit: 61 Wochen
Kennwerte: bis 1. Ebene DIN 276

BGF   **2.459 €/m²**

**Planung:** Haslob Kruse + Partner; Bremen

veröffentlicht: BKI Objektdaten N16

---

**9100-0159 Skulpturenzentrum**   BRI 31.320 m³   BGF 7.028 m²   NUF 4.639 m²

Skulpturenzentrum mit Ateliers, Museum und Gastronomie, teilunterkellert. Massivbau.

Land: Berlin
Kreis: Berlin
Standard: Durchschnitt
Bauzeit: 109 Wochen
Kennwerte: bis 1. Ebene DIN 276

BGF   **2.029 €/m²**

**Planung:** Reiner Maria Löneke Architekten GmbH; Berlin

veröffentlicht: BKI Objektdaten N16

## Objektübersicht zur Gebäudeart

### 9100-0129 Ausstellungsgebäude  BRI 5.409 m³   BGF 836 m²   NUF 628 m²

Das "Haus der Flüsse" informiert mit einer Dauerausstellung und dem vorgelagerten Themenpark über die Flusslandschaft. Holztafelwände, Pfosten-Riegel-Fassade.

Land: Sachsen-Anhalt
Kreis: Stendal
Standard: Durchschnitt
Bauzeit: 48 Wochen
Kennwerte: bis 1. Ebene DIN 276

BGF   4.762 €/m²

**Planung:** däschler architekten & ingenieure gmbh; Halle (Saale)

veröffentlicht: BKI Objektdaten N15

### 9100-0166 Stadthalle, TG (88 STP) - Effizienzhaus ~70%   BRI 39.021 m³   BGF 7.561 m²   NUF 4.851 m²

Stadthalle mit Veranstaltungssaal und Konferenzräumen. Stb-Massivbau.

Land: Bayern
Kreis: Main-Spessart
Standard: Durchschnitt
Bauzeit: 144 Wochen
Kennwerte: bis 1. Ebene DIN 276

BGF   3.035 €/m²

**Planung:** Bez + Kock Architekten Generalplaner GmbH; Stuttgart

veröffentlicht: BKI Objektdaten E9

### 9100-0136 Mediathek   BRI 9.839 m³   BGF 2.391 m²   NUF 1.588 m²

Mediatheks- und Leistungszentrum für integriertes Informationsmanagement mit Bibliothek und Hörsaal. Stb-Skelettbau.

Land: Sachsen-Anhalt
Kreis: Halle (Saale), Stadt
Standard: Durchschnitt
Bauzeit: 95 Wochen
Kennwerte: bis 1. Ebene DIN 276

BGF   3.075 €/m²

**Planung:** F29 Architekten

veröffentlicht: BKI Objektdaten N15

### 9100-0139 Bibliothek - Effizienzhaus ~66%   BRI 9.580 m³   BGF 2.642 m²   NUF 1.931 m²

Bibliothek mit Foyer, Versammlungsraum und Verwaltung. Stahlbeton.

Land: Berlin
Kreis: Berlin
Standard: Durchschnitt
Bauzeit: 74 Wochen
Kennwerte: bis 1. Ebene DIN 276

BGF   2.274 €/m²

**Planung:** AV1 Architekten GmbH; Kaiserslautern

veröffentlicht: BKI Objektdaten E7

# Bibliotheken, Museen und Ausstellungen

**€/m² BGF**

| | | |
|---|---|---|
| min | 1.195 | €/m² |
| von | 2.190 | €/m² |
| Mittel | **3.015** | **€/m²** |
| bis | 4.310 | €/m² |
| max | 5.515 | €/m² |

**Kosten:**
Stand 1. Quartal 2022
Bundesdurchschnitt
inkl. 19% MwSt.

## Objektübersicht zur Gebäudeart

### 9100-0151 Bibliothek
**BRI** 17.507 m³  **BGF** 4.629 m²  **NUF** 3.198 m²

Bibliothek mit 185 Arbeitsplätzen und 11.568m Regalkapazität. Massivbau.

Land: Mecklenburg-Vorpommern
Kreis: Vorpommern-Greifswald
Standard: Durchschnitt
Bauzeit: 130 Wochen
Kennwerte: bis 1. Ebene DIN 276

**BGF**  2.767 €/m²

**Planung:** Eßmann | Gärtner | Nieper Architekten GbR; Leipzig

veröffentlicht: BKI Objektdaten N16

### 9100-0094 Eingangsgebäude Freilichtmuseum (2 AP)
**BRI** 255 m³  **BGF** 82 m²  **NUF** 66 m²

Eingangsbauwerk für Freilichtmuseum. Massivbau.

Land: Sachsen-Anhalt
Kreis: Mansfeld-Südharz
Standard: über Durchschnitt
Bauzeit: 43 Wochen
Kennwerte: bis 3. Ebene DIN 276

**BGF**  3.327 €/m²

**Planung:** petermann.thiele.kochanek architekten und ingenieure; Bad Frankenhausen

veröffentlicht: BKI Objektdaten N13

### 9100-0113 Kunstmuseum
**BRI** 7.143 m³  **BGF** 1.426 m²  **NUF** 898 m²

Kunstmuseum mit Foyer, Veranstaltung, Ausstellung, Café und Museumspädagogik. Stb-Konstruktion.

Land: Mecklenburg-Vorpommern
Kreis: Vorpommern-Rügen
Standard: über Durchschnitt
Bauzeit: 91 Wochen
Kennwerte: bis 1. Ebene DIN 276

**BGF**  5.515 €/m²

**Planung:** Staab Architekten GmbH; Berlin

veröffentlicht: BKI Objektdaten N13

### 9100-0090 Forschungs- und Erlebniszentrum
**BRI** 21.732 m³  **BGF** 4.398 m²  **NUF** 2.435 m²

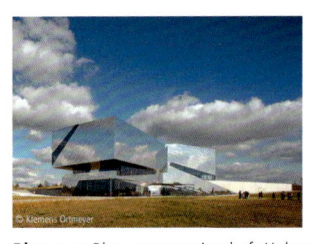

Forschungs- und Erlebniszentrum mit Cafeteria, Vortragssaal, Laborräumen, Büroräumen und Ausstellungsräumen. Stahlbeton-Konstruktion.

Land: Niedersachsen
Kreis: Helmstedt
Standard: Durchschnitt
Bauzeit: 113 Wochen
Kennwerte: bis 2. Ebene DIN 276

**BGF**  2.445 €/m²

**Planung:** Planungsgemeinschaft Holzer Kobler Architekturen Berlin GmbH

veröffentlicht: BKI Objektdaten N13

## Objektübersicht zur Gebäudeart

### 9100-0098 Naturparkzentrum, Agrarmuseum*

**BRI** 10.997 m³   **BGF** 2.086 m²   **NUF** 1.669 m²

Naturparkzentrum und Agrarmuseum als Gebäudeensemble. Massivbau (Naturparkzentrum), Holztafelbau (Agrarmuseum).

Land: Brandenburg
Kreis: Barnim
Standard: über Durchschnitt
Bauzeit: 118 Wochen
Kennwerte: bis 1. Ebene DIN 276

**BGF**   2.699 €/m²

**Planung:** rw+ Architekten; Berlin

veröffentlicht: BKI Objektdaten E6
* Nicht in der Auswertung enthalten

### 9100-0097 Museum

**BRI** 2.704 m³   **BGF** 655 m²   **NUF** 364 m²

Museumsgebäude als Erweiterung zum Melanchthonhaus. Massivbau.

Land: Sachsen-Anhalt
Kreis: Wittenberg
Standard: über Durchschnitt
Bauzeit: 109 Wochen
Kennwerte: bis 3. Ebene DIN 276

**BGF**   5.269 €/m²

**Planung:** dietzsch & weber architekten bda; Halle (Saale)

veröffentlicht: BKI Objektdaten S2

### 9100-0089 Ausstellungsgebäude

**BRI** 4.910 m³   **BGF** 869 m²   **NUF** 718 m²

Ausstellungsgebäude bestehend aus 3 Gebäudeteilen. Stahlkonstruktion.

Land: Mecklenburg-Vorpommern
Kreis: Mecklenburgische Seenplatte
Standard: Durchschnitt
Bauzeit: 143 Wochen
Kennwerte: bis 1. Ebene DIN 276

**BGF**   1.194 €/m²

**Planung:** Kisse Architekt; Waren

veröffentlicht: BKI Objektdaten N13

### 9100-0095 Stadtteilbibliothek (3 AP)

**BRI** 2.885 m³   **BGF** 553 m²   **NUF** 488 m²

Stadtteilbibliothek mit Sortierraum, Bilderbuchkino und Personalräumen. Stb-Konstruktion.

Land: Bremen
Kreis: Bremerhaven
Standard: Durchschnitt
Bauzeit: 48 Wochen
Kennwerte: bis 1. Ebene DIN 276

**BGF**   2.472 €/m²

**Planung:** Architekturbüro Werner Grannemann; Bremerhaven

veröffentlicht: BKI Objektdaten N13

# Bibliotheken, Museen und Ausstellungen

**€/m² BGF**
| | |
|---|---|
| min | 1.195 €/m² |
| von | 2.190 €/m² |
| Mittel | **3.015 €/m²** |
| bis | 4.310 €/m² |
| max | 5.515 €/m² |

**Kosten:**
Stand 1. Quartal 2022
Bundesdurchschnitt
inkl. 19% MwSt.

## Objektübersicht zur Gebäudeart

### 9100-0082 Stadtbibliothek
**BRI** 11.178 m³  **BGF** 2.646 m²  **NUF** 1.835 m²

Bibliothek mit Veranstaltungsflächen, Büros, Archiv und Nebenräumen. Massivbau.

Land: Niedersachsen
Kreis: Hannover, Region
Standard: über Durchschnitt
Bauzeit: 74 Wochen
Kennwerte: bis 1. Ebene DIN 276

**BGF  2.200 €/m²**

Planung: Hochbauabteilung Stadt Garbsen Herr Berle, Herr Menzel

veröffentlicht: BKI Objektdaten N12

### 9100-0101 Bücherei
**BRI** 924 m³  **BGF** 240 m²  **NUF** 213 m²

Gemeindebücherei. Holzrahmenbau.

Land: Schleswig-Holstein
Kreis: Plön
Standard: über Durchschnitt
Bauzeit: 31 Wochen
Kennwerte: bis 3. Ebene DIN 276

**BGF  2.523 €/m²**

Planung: DA-Diekmann Architekturbüro Horst Diekmann; Schönberg

veröffentlicht: BKI Objektdaten N13

### 9100-0077 Weinkulturhaus
**BRI** 2.631 m³  **BGF** 665 m²  **NUF** 445 m²

Umbau eines Wohnhauses mit Scheune zum Weinkulturhaus mit Probierstube, Vinothek, Veranstaltungs- und Ausstellungsräumen. Mauerwerkswände (Bestand), Stb-Wände und Decken.

Land: Bayern
Kreis: Miltenberg
Standard: über Durchschnitt
Bauzeit: 52 Wochen
Kennwerte: bis 1. Ebene DIN 276

**BGF  3.599 €/m²**

Planung: Büro für Städtebau und Architektur Dr. Hartmut Holl; Würzburg

veröffentlicht: BKI Objektdaten N11

### 9100-0071 Besucherinformationszentrum
**BRI** 7.211 m³  **BGF** 2.060 m²  **NUF** 1.335 m²

Besucherinformationszentrum für das UNESCO-Weltnaturerbe Grube Messel. Ausstellung, Verkauf, Gastronomie, Verwaltung (452 m² Ausstellungsfläche). Sichtbeton-Konstruktion.

Land: Hessen
Kreis: Darmstadt-Dieburg
Standard: Durchschnitt
Bauzeit: 100 Wochen
Kennwerte: bis 1. Ebene DIN 276

**BGF  2.959 €/m²**

Planung: Landau + Kindelbacher Architekten - Innenarchitekten GmbH; München

veröffentlicht: BKI Objektdaten N11

## Objektübersicht zur Gebäudeart

### 9100-0112 Stadthalle     BRI 49.169 m³    BGF 9.383 m²    NUF 4.757 m²

Stadthalle mit Foyer, Veranstaltungssälen (2St), Restaurant, Tagungsräume, Ballettsaal und Orchesterprobenraum. Stb-Konstruktion.

Land: Thüringen
Kreis: Greiz
Standard: Durchschnitt
Bauzeit: 130 Wochen
Kennwerte: bis 1. Ebene DIN 276

**BGF 3.294 €/m²**

Planung: HOFFMANN.SEIFERT.PARTNER architekten ingenieure; Erfurt

veröffentlicht: BKI Objektdaten N15

---

### 9100-0076 Kirche, Gemeindehaus     BRI 1.342 m³    BGF 245 m²    NUF 170 m²

Gemeindehaus und Kirche mit 100 Sitzplätzen. Stb-Stützen, Mauerwerk.

Land: Brandenburg
Kreis: Oberhavel
Standard: Durchschnitt
Bauzeit: 48 Wochen
Kennwerte: bis 1. Ebene DIN 276

**BGF 2.316 €/m²**

Planung: Neuapostolische Kirche Berlin-Brandenburg; Berlin

veröffentlicht: BKI Objektdaten N11

---

### 9100-0065 Ausstellungsgebäude     BRI 3.070 m³    BGF 970 m²    NUF 791 m²

Ausstellungs- und Informationsgebäude direkt am Ostseestrand. Erschließung über eine Gangway. Stahlrahmenkonstruktion.

Land: Schleswig-Holstein
Kreis: Rendsburg-Eckernförde
Standard: über Durchschnitt
Bauzeit: 44 Wochen
Kennwerte: bis 1. Ebene DIN 276

**BGF 2.588 €/m²**

Planung: Architekturbüro Giese+Hanke GbR; Eckernförde

veröffentlicht: BKI Objektdaten N10

---

### 9100-0058 Bibliotheksgebäude     BRI 11.510 m³    BGF 2.900 m²    NUF 2.409 m²

Hochschulbibliothek, Archiv, Seminarräume. Stb-Konstruktion; KS-Mauerwerk, Pfosten-Riegel-Fassade; Stb-Decken; Stb-Flachdach.

Land: Sachsen-Anhalt
Kreis: Jerichower Land
Standard: Durchschnitt
Bauzeit: 44 Wochen
Kennwerte: bis 1. Ebene DIN 276

**BGF 1.820 €/m²**

Planung: Architektengemeinschaft Mayer-Winderlich / Martinez Moreno; Potsdam

veröffentlicht: BKI Objektdaten N10

---

© BKI Baukosteninformationszentrum; Erläuterungen zu den Tabellen siehe Seite 56    Kostenstand: 1. Quartal 2022, Bundesdurchschnitt, **inkl. 19% MwSt.**

**Bibliotheken, Museen und Ausstellungen**

€/m² BGF
min         1.195 €/m²
von         2.190 €/m²
Mittel      3.015 €/m²
bis         4.310 €/m²
max         5.515 €/m²

Kosten:
Stand 1. Quartal 2022
Bundesdurchschnitt
inkl. 19% MwSt.

## Objektübersicht zur Gebäudeart

### 9100-0050 Bauernhofmuseum, Eingangsbereich
**BRI** 2.579 m³   **BGF** 617 m²   **NUF** 380 m²

Eingangsgebäude für ein Bauernhofmuseum. Stb-Wände, Holzrahmenwände; Stb-Decken; Holzrahmendachkonstruktion.

Land: Bayern
Kreis: Hof
Standard: Durchschnitt
Bauzeit: 61 Wochen
Kennwerte: bis 4. Ebene DIN 276

**BGF   1.931 €/m²**

**Planung:** Architekt Dipl.-Ing. (FH) Dietrich Scheler; Münchberg

veröffentlicht: BKI Objektdaten N10

### 9100-0055 Kultur und Sportzentrum
**BRI** 18.242 m³   **BGF** 3.185 m²   **NUF** 2.307 m²

Sporthalle, Bücherei, Bürgersaal, Jugendtreff. Stb-Skelettkonstruktion, Stahldachkonstruktion.

Land: Baden-Württemberg
Kreis: Stuttgart, Stadtkreis
Standard: über Durchschnitt
Bauzeit: 78 Wochen
Kennwerte: bis 1. Ebene DIN 276

**BGF   2.630 €/m²**

**Planung:** weinbrenner.single.arabzadeh ArchitektenWerkgemeinschaft; Nürtingen

veröffentlicht: BKI Objektdaten N9

### 9100-0045 Stadthalle
**BRI** 10.300 m³   **BGF** 2.209 m²   **NUF** 1.480 m²

Stadthalle mit 570 m² großem Saal, beweglicher Trennwand zur Unterteilung in zwei kleine Einheiten. Bühne mit Bühnentechnik und Funktionsräumen. Stb-Konstruktion.

Land: Baden-Württemberg
Kreis: Göppingen
Standard: Durchschnitt
Bauzeit: 83 Wochen
Kennwerte: bis 4. Ebene DIN 276

**BGF   3.283 €/m²**

**Planung:** K+H Architekten Freie Architekten und Stadtplaner; Stuttgart

veröffentlicht: BKI Objektdaten N9

Kultur

# Theater

## Kostenkennwerte für die Kosten des Bauwerks (Kostengruppen 300+400 nach DIN 276)

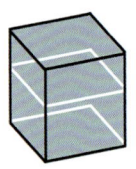

**BRI** 710 €/m³
von 620 €/m³
bis 825 €/m³

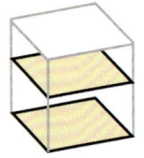

**BGF** 3.490 €/m²
von 2.640 €/m²
bis 4.745 €/m²

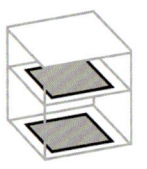

**NUF** 6.680 €/m²
von 4.045 €/m²
bis 10.760 €/m²

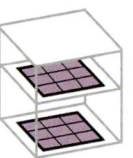

**NE** 115.255 €/NE
von 115.255 €/NE
bis 115.255 €/NE
NE: Sitzplätze

### Objektbeispiele

**Kosten:**
Stand 1. Quartal 2022
Bundesdurchschnitt
inkl. 19% MwSt.

9100-0074

9100-0018

9100-0165

## Kosten der 5 Vergleichsobjekte — Seiten 902 bis 903

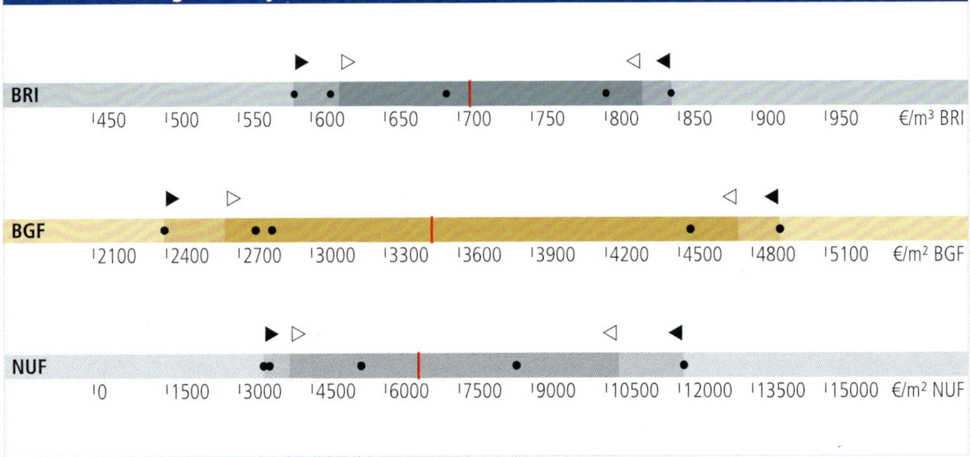

- ● KKW
- ▶ min
- ▷ von
- | Mittelwert
- ◁ bis
- ◀ max

BRI — €/m³ BRI (450–950)

BGF — €/m² BGF (2100–5100)

NUF — €/m² NUF (0–15000)

© BKI Baukosteninformationszentrum; Erläuterungen zu den Tabellen siehe Seite 46  Kostenstand: 1. Quartal 2022, Bundesdurchschnitt, **inkl. 19% MwSt.**

## Kostenkennwerte für die Kostengruppen der 1. und 2. Ebene DIN 276

| KG | Kostengruppen der 1. Ebene | Einheit | ▷ | €/Einheit | ◁ | ▷ | % an 300+400 | ◁ |
|---|---|---|---|---|---|---|---|---|
| 100 | Grundstück | m²GF | – | – | – | – | – | – |
| 200 | Vorbereitende Maßnahmen | m²GF | 12 | **39** | 67 | 0,9 | **2,3** | 3,7 |
| 300 | Bauwerk – Baukonstruktionen | m²BGF | 1.873 | **2.505** | 3.037 | 65,3 | **73,5** | 85,1 |
| 400 | Bauwerk – Technische Anlagen | m²BGF | 507 | **986** | 1.672 | 14,9 | **26,5** | 34,7 |
|  | Bauwerk (300+400) | m²BGF | 2.642 | **3.491** | 4.743 | 100,0 | **100,0** | 100,0 |
| 500 | Außenanlagen und Freiflächen | m²AF | – | – | – | – | – | – |
| 600 | Ausstattung und Kunstwerke | m²BGF | 39 | **126** | 214 | 1,4 | **2,9** | 4,4 |
| 700 | Baunebenkosten* | m²BGF | 720 | **756** | 791 | 21,5 | **22,5** | 23,6 |
| 800 | Finanzierung | m²BGF | – | – | – | – | – | – |

◁ * Auf Grundlage der HOAI 2021 berechnete Werte nach §§ 35, 52, 56. Weitere Informationen siehe Seite 50

| KG | Kostengruppen der 2. Ebene | Einheit | ▷ | €/Einheit | ◁ | ▷ | % an 1. Ebene | ◁ |
|---|---|---|---|---|---|---|---|---|
| 310 | Baugrube / Erdbau | m³BGI | 27 | **31** | 34 | 1,8 | **2,3** | 2,7 |
| 320 | Gründung, Unterbau | m²GRF | 470 | **574** | 701 | 7,2 | **11,1** | 15,4 |
| 330 | Außenwände / vertikal außen | m²AWF | 562 | **871** | 1.155 | 17,2 | **24,5** | 27,2 |
| 340 | Innenwände / vertikal innen | m²IWF | 436 | **515** | 598 | 19,2 | **21,1** | 21,8 |
| 350 | Decken / horizontal | m²DEF | 406 | **562** | 734 | 3,2 | **16,0** | 21,7 |
| 360 | Dächer | m²DAF | 635 | **779** | 951 | 11,5 | **15,0** | 24,4 |
| 370 | Infrastrukturanlagen |  | – | – | – | – | – | – |
| 380 | Baukonstruktive Einbauten | m²BGF | 50 | **126** | 152 | 3,1 | **5,9** | 8,5 |
| 390 | Sonst. Maßnahmen für Baukonst. | m²BGF | 75 | **96** | 118 | 3,5 | **4,2** | 4,8 |
| **300** | **Bauwerk – Baukonstruktionen** | **m²BGF** |  |  |  |  | **100,0** |  |
| 410 | Abwasser-, Wasser-, Gasanlagen | m²BGF | 81 | **112** | 143 | 10,8 | **19,4** | 43,6 |
| 420 | Wärmeversorgungsanlagen | m²BGF | 84 | **125** | 147 | 2,9 | **10,5** | 17,1 |
| 430 | Raumlufttechnische Anlagen | m²BGF | 185 | **278** | 325 | 6,4 | **23,9** | 40,9 |
| 440 | Elektrische Anlagen | m²BGF | 94 | **144** | 199 | 13,6 | **24,1** | 54,5 |
| 450 | Kommunikationstechnische Anlagen | m²BGF | 11 | **44** | 81 | 2,5 | **5,9** | 16,0 |
| 460 | Förderanlagen | m²BGF | 25 | **39** | 46 | 0,9 | **3,3** | 5,5 |
| 470 | Nutzungsspez. / verfahrenstech. Anl. | m²BGF | 11 | **293** | 856 | 1,0 | **12,7** | 47,6 |
| 480 | Gebäude- und Anlagenautomation | m²BGF | – | – | – | – | – | – |
| 490 | Sonst. Maßnahmen f. techn. Anl. | m²BGF | – | – | – | – | – | – |
| **400** | **Bauwerk – Technische Anlagen** | **m²BGF** |  |  |  |  | **100,0** |  |

## Prozentanteile der Kosten 2. Ebene an den Kosten des Bauwerks nach DIN 276 (Von/Mittel/Bis)

| 310 | Baugrube / Erdbau | 1,7 |
| 320 | Gründung, Unterbau | 8,7 |
| 330 | Außenwände / vertikal außen | 18,3 |
| 340 | Innenwände / vertikal innen | 15,7 |
| 350 | Decken / horizontal | 11,3 |
| 360 | Dächer | 11,6 |
| 370 | Infrastrukturanlagen |  |
| 380 | Baukonstruktive Einbauten | 4,2 |
| 390 | Sonst. Maßnahmen für Baukonst. | 3,2 |
| 410 | Abwasser-, Wasser-, Gasanlagen | 3,6 |
| 420 | Wärmeversorgungsanlagen | 3,0 |
| 430 | Raumlufttechnische Anlagen | 6,9 |
| 440 | Elektrische Anlagen | 4,5 |
| 450 | Kommunikationstechnische Anlagen | 1,4 |
| 460 | Förderanlagen | 1,0 |
| 470 | Nutzungsspez. / verfahrenstech. Anl. | 4,9 |
| 480 | Gebäude- und Anlagenautomation |  |
| 490 | Sonst. Maßnahmen f. techn. Anl. |  |

© BKI Baukosteninformationszentrum; Erläuterungen zu den Tabellen siehe Seite 48 und 50    Kostenstand: 1. Quartal 2022, Bundesdurchschnitt, inkl. 19% MwSt.

# Theater

## Prozentanteile der Kosten für Leistungsbereiche nach STLB (Kosten Bauwerk nach DIN 276)

| LB | Leistungsbereiche | von | Mittelwert | bis |
|---|---|---|---|---|
| 000 | Sicherheits-, Baustelleneinrichtungen inkl. 001 | 2,3 | **3,3** | 4,3 |
| 002 | Erdarbeiten | 1,2 | **2,1** | 2,9 |
| 006 | Spezialtiefbauarbeiten inkl. 005 | 0,0 | **1,4** | 2,7 |
| 009 | Entwässerungskanalarbeiten inkl. 011 | 0,0 | **< 0,1** | 0,2 |
| 010 | Drän- und Versickerarbeiten | < 0,1 | **0,1** | 0,1 |
| 012 | Mauerarbeiten | 0,0 | **0,7** | 1,5 |
| 013 | Betonarbeiten | 5,8 | **10,8** | 15,8 |
| 014 | Natur-, Betonwerksteinarbeiten | 0,0 | **0,6** | 1,2 |
| 016 | Zimmer- und Holzbauarbeiten | 0,0 | **18,7** | 37,4 |
| 017 | Stahlbauarbeiten | 0,0 | **1,3** | 2,7 |
| 018 | Abdichtungsarbeiten | 0,0 | **0,3** | 0,6 |
| 020 | Dachdeckungsarbeiten | 0,0 | **2,9** | 5,8 |
| 021 | Dachabdichtungsarbeiten | 0,0 | **0,7** | 1,4 |
| 022 | Klempnerarbeiten | 0,4 | **1,1** | 1,8 |
|  | **Rohbau** | 27,3 | **44,0** | 60,8 |
| 023 | Putz- und Stuckarbeiten, Wärmedämmsysteme | 0,0 | **0,6** | 1,1 |
| 024 | Fliesen- und Plattenarbeiten | 0,0 | **0,2** | 0,4 |
| 025 | Estricharbeiten | 0,0 | **0,4** | 0,9 |
| 026 | Fenster, Außentüren inkl. 029, 032 | 0,3 | **0,8** | 1,2 |
| 027 | Tischlerarbeiten | 4,0 | **4,1** | 4,3 |
| 028 | Parkettarbeiten, Holzpflasterarbeiten | 0,0 | **0,5** | 1,1 |
| 030 | Rollladenarbeiten | 0,1 | **0,5** | 0,9 |
| 031 | Metallbauarbeiten inkl. 035 | 7,3 | **12,6** | 18,0 |
| 034 | Maler- und Lackiererarbeiten inkl. 037 | 1,0 | **1,5** | 1,9 |
| 036 | Bodenbelagarbeiten | 0,3 | **0,9** | 1,4 |
| 038 | Vorgehängte hinterlüftete Fassaden | — | — | — |
| 039 | Trockenbauarbeiten | 4,1 | **8,2** | 12,2 |
|  | **Ausbau** | 27,6 | **30,3** | 33,0 |
| 040 | Wärmeversorgungsanl. - Betriebseinr. inkl. 041 | 0,0 | **1,5** | 2,9 |
| 042 | Gas- und Wasserinstallation, Leitungen inkl. 043 | 0,4 | **1,2** | 2,0 |
| 044 | Abwasseranlagen - Leitungen | 0,1 | **0,5** | 0,8 |
| 045 | GWE-Einrichtungsgegenstände inkl. 046 | 0,2 | **2,1** | 4,1 |
| 047 | Dämmarbeiten an betriebstechnischen Anlagen | < 0,1 | **0,8** | 1,6 |
| 049 | Feuerlöschanlagen, Feuerlöschgeräte | 0,0 | **0,4** | 0,8 |
| 050 | Blitzschutz- und Erdungsanlagen | < 0,1 | **0,2** | 0,3 |
| 052 | Mittelspannungsanlagen | — | — | — |
| 053 | Niederspannungsanlagen inkl. 054 | 3,2 | **3,5** | 3,8 |
| 055 | Sicherheits- u. Ersatzstromversorgungsanl. | 0,0 | **< 0,1** | 0,2 |
| 057 | Gebäudesystemtechnik | — | — | — |
| 058 | Leuchten und Lampen inkl. 059 | 0,9 | **1,6** | 2,3 |
| 060 | Sprechanlagen, elektroakust. Anlagen inkl. 064 | < 0,1 | **0,2** | 0,4 |
| 061 | Kommunikationsnetze inkl. 062 | 0,2 | **0,4** | 0,6 |
| 063 | Gefahrenmeldeanlagen | 0,0 | **0,2** | 0,4 |
| 069 | Aufzüge | 0,0 | **0,5** | 1,0 |
| 070 | Gebäudeautomation | — | — | — |
| 075 | Raumlufttechnische Anlagen inkl. 078 | 0,0 | **2,9** | 5,8 |
|  | **Gebäudetechnik** | 10,8 | **16,0** | 21,1 |
|  | Sonstige Leistungsbereiche inkl. 008, 033, 051 | 0,8 | **9,7** | 18,6 |

**Kosten:**
Stand 1. Quartal 2022
Bundesdurchschnitt
inkl. 19% MwSt.

- KKW
- ▶ min
- ▷ von
- | Mittelwert
- ◁ bis
- ◀ max

© BKI Baukosteninformationszentrum; Erläuterungen zu den Tabellen siehe Seite 52

## Planungskennwerte für Flächen und Rauminhalte nach DIN 277

| Grundflächen | | ▷ | Fläche/NUF (%) | ◁ | ▷ | Fläche/BGF (%) | ◁ |
|---|---|---|---|---|---|---|---|
| NUF | Nutzungsfläche | 100,0 | **100,0** | 100,0 | 53,7 | **58,8** | 61,1 |
| TF | Technikfläche | 10,8 | **15,6** | 18,5 | 5,7 | **7,7** | 7,8 |
| VF | Verkehrsfläche | 25,1 | **40,2** | 54,6 | 17,3 | **18,8** | 24,8 |
| NRF | Netto-Raumfläche | 151,1 | **155,9** | 170,0 | 84,4 | **85,2** | 86,2 |
| KGF | Konstruktions-Grundfläche | 24,1 | **28,5** | 31,8 | 13,8 | **14,8** | 15,6 |
| BGF | Brutto-Grundfläche | 180,5 | **184,3** | 207,6 | 100,0 | **100,0** | 100,0 |

| Brutto-Rauminhalte | | ▷ | BRI/NUF (m) | ◁ | ▷ | BRI/BGF (m) | ◁ |
|---|---|---|---|---|---|---|---|
| BRI | Brutto-Rauminhalt | 8,90 | **9,14** | 11,67 | 4,56 | **4,84** | 5,22 |

| Flächen von Nutzeinheiten | ▷ | NUF/Einheit (m²) | ◁ | ▷ | BGF/Einheit (m²) | ◁ |
|---|---|---|---|---|---|---|
| Nutzeinheit: Sitzplätze | 13,29 | **13,29** | 13,29 | 25,35 | **25,35** | 25,35 |

| Lufttechnisch behandelte Flächen | ▷ | Fläche/NUF (%) | ◁ | ▷ | Fläche/BGF (%) | ◁ |
|---|---|---|---|---|---|---|
| Entlüftete Fläche | – | **–** | – | – | **–** | – |
| Be- und entlüftete Fläche | 83,2 | **83,2** | 83,2 | 43,6 | **43,6** | 43,6 |
| Teilklimatisierte Fläche | – | **–** | – | – | **–** | – |
| Klimatisierte Fläche | – | **–** | – | – | **–** | – |

| KG | Kostengruppen (2. Ebene) | Einheit | ▷ | Menge/NUF | ◁ | ▷ | Menge/BGF | ◁ |
|---|---|---|---|---|---|---|---|---|
| 310 | Baugrube / Erdbau | m³ BGI | 2,47 | **2,81** | 2,81 | 1,60 | **1,69** | 1,89 |
| 320 | Gründung, Unterbau | m² GRF | 0,61 | **0,69** | 0,77 | 0,39 | **0,44** | 0,44 |
| 330 | Außenwände / vertikal außen | m² AWF | 1,00 | **1,12** | 1,29 | 0,64 | **0,67** | 0,67 |
| 340 | Innenwände / vertikal innen | m² IWF | 1,42 | **1,56** | 1,68 | 0,93 | **0,93** | 0,98 |
| 350 | Decken / horizontal | m² DEF | 0,83 | **1,09** | 1,55 | 0,59 | **0,59** | 0,73 |
| 360 | Dächer | m² DAF | 0,61 | **0,70** | 0,79 | 0,40 | **0,44** | 0,44 |
| 370 | Infrastrukturanlagen | | – | **–** | – | – | **–** | – |
| 380 | Baukonstruktive Einbauten | m² BGF | 1,81 | **1,84** | 2,08 | 1,00 | **1,00** | 1,00 |
| 390 | Sonst. Maßnahmen für Baukonst. | m² BGF | 1,81 | **1,84** | 2,08 | 1,00 | **1,00** | 1,00 |
| **300** | **Bauwerk – Baukonstruktionen** | **m² BGF** | **1,81** | **1,84** | **2,08** | **1,00** | **1,00** | **1,00** |

## Planungskennwerte für Bauzeiten — 5 Vergleichsobjekte

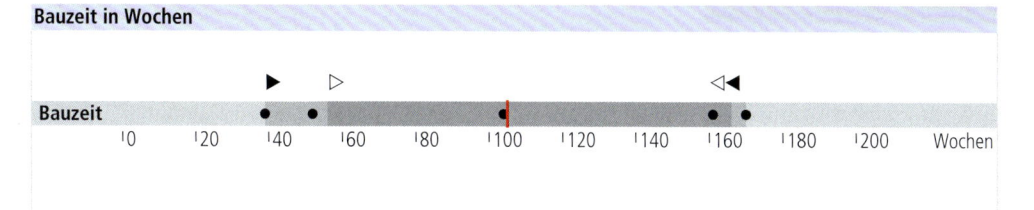

**Bauzeit in Wochen**

Bauzeit: 0 | 20 | 40 | 60 | 80 | 100 | 120 | 140 | 160 | 180 | 200 Wochen

© **BKI** Baukosteninformationszentrum; Erläuterungen zu den Tabellen siehe Seite 54    Kostenstand: 1. Quartal 2022, Bundesdurchschnitt, inkl. 19% MwSt.

## Theater

**Objektübersicht zur Gebäudeart**

### 9100-0165 Musikforum, Konzertsaal - Effizienzhaus ~72%
**BRI** 33.500 m³  **BGF** 5.457 m² **NUF** 2.216 m²

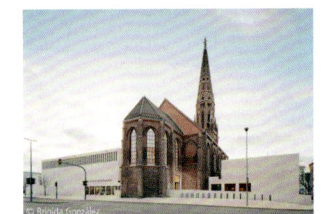

Musikforum und Konzertsaal als Effizienzhaus ~72%. Stb-Massivbau.

Land: Nordrhein-Westfalen
Kreis: Bochum, Stadt
Standard: über Durchschnitt
Bauzeit: 161 Wochen
Kennwerte: bis 1. Ebene DIN 276

**BGF** 4.912 €/m²

**Planung:** Bez + Kock Architekten Generalplaner GmbH; Stuttgart

veröffentlicht: BKI Objektdaten N17

**€/m² BGF**
min 2.390 €/m²
von 2.640 €/m²
Mittel **3.490** €/m²
bis 4.745 €/m²
max 4.910 €/m²

**Kosten:**
Stand 1. Quartal 2022
Bundesdurchschnitt
inkl. 19% MwSt.

### 9100-0074 Freilichttheater Bühnenhaus
**BRI** 2.200 m³  **BGF** 476 m² **NUF** 385 m²

Multifunktionales Freilicht-Bühnenhaus, flexible Benutzbarkeit der Anlage für unterschiedliche Formate von Veranstaltungen. Holzständerkonstruktion.

Land: Brandenburg
Kreis: Spree-Neiße
Standard: Durchschnitt
Bauzeit: 39 Wochen
Kennwerte: bis 3. Ebene DIN 276

**BGF** 2.836 €/m²

**Planung:** subsolar; Berlin

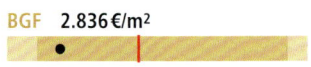

veröffentlicht: BKI Objektdaten N11

### 9100-0018 Theatergebäude
**BRI** 77.370 m³  **BGF** 14.373 m² **NUF** 7.534 m²

Theatergebäude einer Kreisstadt mit Zuschauerparkett (369 Plätze) und Rang (198 Plätze), Unterbühne und Orchestergraben, zweigeschossiges Zuschauerfoyer, Bühnenturm, Probenräume, Werkstätten, Magazine, Verwaltung, Technik. Stb-Skelettbau.

Land: Bayern
Kreis: Hof, Stadt
Standard: über Durchschnitt
Bauzeit: 170 Wochen
Kennwerte: bis 3. Ebene DIN 276

**BGF** 4.547 €/m²

**Planung:** Architekten Auer+Weber mit Thomas Bittcher-Zeitz; München

veröffentlicht: BKI Objektdaten N2

### 9100-0001 Stadthalle
**BRI** 13.130 m³  **BGF** 3.231 m² **NUF** 1.405 m²

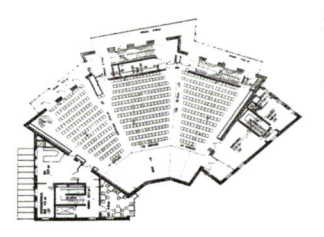

Stadthalle mit Theater- und Versammlungsraum, Café, Restaurant, Tanzbar, Ausstellungsraum. Mauerwerksbau.

Land: Bayern
Kreis: Berchtesgadener Land
Standard: über Durchschnitt
Bauzeit: 52 Wochen
Kennwerte: bis 2. Ebene DIN 276

**BGF** 2.391 €/m²

www.bki.de

## Objektübersicht zur Gebäudeart

### 6400-0008 Bürgerzentrum, Theatersaal, (3 WE)   **BRI** 18.912 m³   **BGF** 4.727 m²   **NUF** 3.606 m²

Bürgerzentrum mit Theater, Jugendzentrum, Restaurant, Kegelbahn, Schießstand, Bibliothek und 3 Wohneinheiten. UG, 2 Vollgeschosse. Stb-Skelettbau.

Land: Bayern
Kreis: München
Standard: über Durchschnitt
Bauzeit: 104 Wochen
Kennwerte: bis 2. Ebene DIN 276

**BGF**   **2.768 €/m²**

www.bki.de

# Arbeitsblatt zur Standardeinordnung bei Gemeindezentren

## Kostenkennwerte für die Kosten des Bauwerks (Kostengruppen 300+400 nach DIN 276)

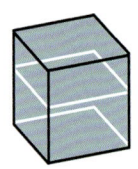

**BRI** 580 €/m³
von 440 €/m³
bis 705 €/m³

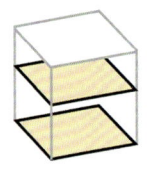

**BGF** 2.425 €/m²
von 1.805 €/m²
bis 3.060 €/m²

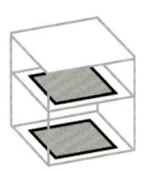

**NUF** 3.670 €/m²
von 2.660 €/m²
bis 4.745 €/m²

Kosten:
Stand 1. Quartal 2022
Bundesdurchschnitt
inkl. 19% MwSt.

### Standardzuordnung

(Diagramm: gesamt / einfach / mittel / hoch; Skala 500–3500 €/m² BGF)

- ● KKW
- ▶ min
- ▷ von
- | Mittelwert
- ◁ bis
- ◀ max

### Standardeinordnung für Ihr Projekt:

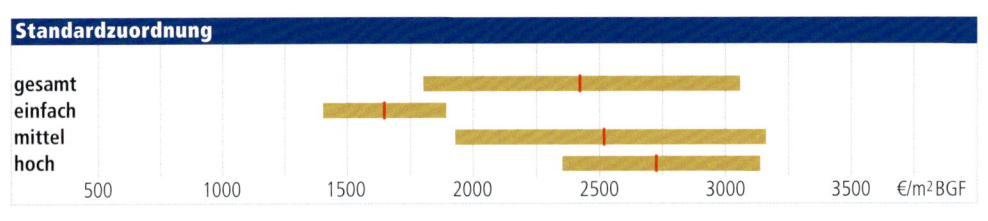

| KG | Kostengruppen der 2. Ebene | niedrig | mittel | hoch | Punkte |
|---|---|---|---|---|---|
| 310 | Baugrube / Erdbau | | | | |
| 320 | Gründung, Unterbau | 1 | 3 | 4 | |
| 330 | Außenwände/Vert. Konstrukt., außen | 5 | 7 | 9 | |
| 340 | Innenwände/Vert. Baukonstrukt., innen | 3 | 4 | 4 | |
| 350 | Decken/Horizontale Baukonstruktionen | 2 | 2 | 3 | |
| 360 | Dächer | 3 | 5 | 6 | |
| 370 | Infrastrukturanlagen | | | | |
| 380 | Baukonstruktive Einbauten | 0 | 1 | 2 | |
| 390 | Sonst. Maßnahmen für Baukonstrukt. | | | | |
| 410 | Abwasser-, Wasser-, Gasanlagen | 1 | 1 | 2 | |
| 420 | Wärmeversorgungsanlagen | 1 | 1 | 2 | |
| 430 | Raumlufttechnische Anlagen | 0 | 0 | 1 | |
| 440 | Elektrische Anlagen | 1 | 2 | 3 | |
| 450 | Kommunikationstechnische Anlagen | 0 | 0 | 0 | |
| 460 | Förderanlagen | 1 | 1 | 1 | |
| 470 | Nutzungsspez. u. verfahrenstechn. Anl. | 0 | 0 | 1 | |
| 480 | Gebäude- und Anlagenautomation | 0 | 0 | 0 | |
| 490 | Sonst. Maßnahmen für techn. Anlagen | | | | |

Punkte: 18 bis 23 = einfach   24 bis 32 = mittel   33 bis 38 = hoch     Ihr Projekt (Summe):

**Erläuterung:**
Obenstehende Tabelle soll Ihnen die Zuordnung zu den Gebäudearten mit einfachem, mittlerem und hohem Standard erleichtern. Schätzen Sie für jedes Grobelement ab, ob die Aufwendungen niedrig, mittel oder hoch sein werden und übertragen Sie die Punkte in die rechte Spalte. Bilden Sie die Summe der rechten Spalte und ordnen Sie Ihr Projekt nach dem Schema der untersten Zeile ein. Nehmen Sie dieses Schema auch als Hinweis darauf, bei welchen Kostengruppen Sie den Mittelwert nach oben oder unten anpassen sollten.

© BKI Baukosteninformationszentrum; Erläuterungen zu den Tabellen siehe Seite 58     Kostenstand: 1. Quartal 2022, Bundesdurchschnitt, **inkl. 19% MwSt.**

## Kostenkennwerte für die Kostengruppen der 1. und 2. Ebene DIN 276

| KG | Kostengruppen der 1. Ebene | Einheit | ▷ | €/Einheit | ◁ | ▷ | % an 300+400 | ◁ |
|---|---|---|---|---|---|---|---|---|
| 100 | Grundstück | m²GF | – | – | – | – | – | – |
| 200 | Vorbereitende Maßnahmen | m²GF | 15 | **48** | 171 | 1,9 | **4,5** | 8,8 |
| 300 | Bauwerk – Baukonstruktionen | m²BGF | 1.457 | **1.918** | 2.445 | 73,7 | **79,4** | 84,1 |
| 400 | Bauwerk – Technische Anlagen | m²BGF | 320 | **505** | 712 | 15,9 | **20,6** | 26,3 |
|  | Bauwerk (300+400) | m²BGF | 1.804 | **2.423** | 3.059 | 100,0 | **100,0** | 100,0 |
| 500 | Außenanlagen und Freiflächen | m²AF | 54 | **147** | 366 | 2,7 | **8,2** | 15,5 |
| 600 | Ausstattung und Kunstwerke | m²BGF | 26 | **83** | 139 | 1,3 | **3,6** | 6,8 |
| 700 | Baunebenkosten* | m²BGF | 600 | **643** | 687 | 25,1 | **26,9** | 28,7 |
| 800 | Finanzierung | m²BGF | – | – | – | – | – | – |

◁ * Auf Grundlage der HOAI 2021 berechnete Werte nach §§ 35, 52, 56. Weitere Informationen siehe Seite 50

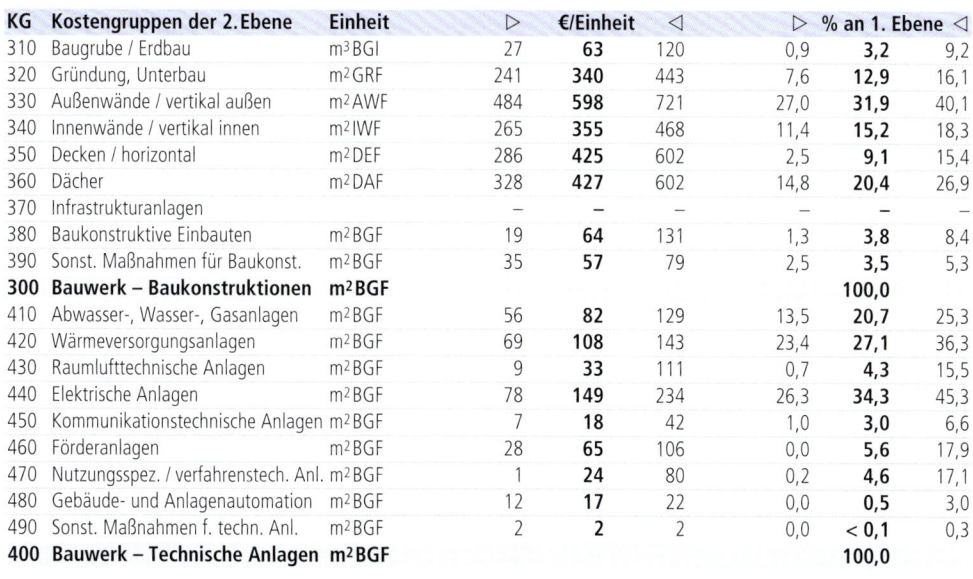

| KG | Kostengruppen der 2. Ebene | Einheit | ▷ | €/Einheit | ◁ | ▷ | % an 1. Ebene | ◁ |
|---|---|---|---|---|---|---|---|---|
| 310 | Baugrube / Erdbau | m³BGI | 27 | **63** | 120 | 0,9 | **3,2** | 9,2 |
| 320 | Gründung, Unterbau | m²GRF | 241 | **340** | 443 | 7,6 | **12,9** | 16,1 |
| 330 | Außenwände / vertikal außen | m²AWF | 484 | **598** | 721 | 27,0 | **31,9** | 40,1 |
| 340 | Innenwände / vertikal innen | m²IWF | 265 | **355** | 468 | 11,4 | **15,2** | 18,3 |
| 350 | Decken / horizontal | m²DEF | 286 | **425** | 602 | 2,5 | **9,1** | 15,4 |
| 360 | Dächer | m²DAF | 328 | **427** | 602 | 14,8 | **20,4** | 26,9 |
| 370 | Infrastrukturanlagen |  | – | – | – | – | – | – |
| 380 | Baukonstruktive Einbauten | m²BGF | 19 | **64** | 131 | 1,3 | **3,8** | 8,4 |
| 390 | Sonst. Maßnahmen für Baukonst. | m²BGF | 35 | **57** | 79 | 2,5 | **3,5** | 5,3 |
| **300** | **Bauwerk – Baukonstruktionen** | **m²BGF** |  |  |  |  | **100,0** |  |
| 410 | Abwasser-, Wasser-, Gasanlagen | m²BGF | 56 | **82** | 129 | 13,5 | **20,7** | 25,3 |
| 420 | Wärmeversorgungsanlagen | m²BGF | 69 | **108** | 143 | 23,4 | **27,1** | 36,3 |
| 430 | Raumlufttechnische Anlagen | m²BGF | 9 | **33** | 111 | 0,7 | **4,3** | 15,5 |
| 440 | Elektrische Anlagen | m²BGF | 78 | **149** | 234 | 26,3 | **34,3** | 45,3 |
| 450 | Kommunikationstechnische Anlagen | m²BGF | 7 | **18** | 42 | 1,0 | **3,0** | 6,6 |
| 460 | Förderanlagen | m²BGF | 28 | **65** | 106 | 0,0 | **5,6** | 17,9 |
| 470 | Nutzungsspez. / verfahrenstech. Anl. | m²BGF | 1 | **24** | 80 | 0,2 | **4,6** | 17,1 |
| 480 | Gebäude- und Anlagenautomation | m²BGF | 12 | **17** | 22 | 0,0 | **0,5** | 3,0 |
| 490 | Sonst. Maßnahmen f. techn. Anl. | m²BGF | 2 | **2** | 2 | 0,0 | **< 0,1** | 0,3 |
| **400** | **Bauwerk – Technische Anlagen** | **m²BGF** |  |  |  |  | **100,0** |  |

### Prozentanteile der Kosten 2. Ebene an den Kosten des Bauwerks nach DIN 276 (Von/Mittel/Bis)

| KG | Kostengruppe | Mittel |
|---|---|---|
| 310 | Baugrube / Erdbau | 2,5 |
| 320 | Gründung, Unterbau | 10,4 |
| 330 | Außenwände / vertikal außen | 25,7 |
| 340 | Innenwände / vertikal innen | 12,1 |
| 350 | Decken / horizontal | 7,3 |
| 360 | Dächer | 16,5 |
| 370 | Infrastrukturanlagen |  |
| 380 | Baukonstruktive Einbauten | 3,1 |
| 390 | Sonst. Maßnahmen für Baukonst. | 2,7 |
| 410 | Abwasser-, Wasser-, Gasanlagen | 3,9 |
| 420 | Wärmeversorgungsanlagen | 5,1 |
| 430 | Raumlufttechnische Anlagen | 1,1 |
| 440 | Elektrische Anlagen | 6,8 |
| 450 | Kommunikationstechnische Anlagen | 0,6 |
| 460 | Förderanlagen | 1,2 |
| 470 | Nutzungsspez. / verfahrenstech. Anl. | 0,9 |
| 480 | Gebäude- und Anlagenautomation | 0,1 |
| 490 | Sonst. Maßnahmen f. techn. Anl. | < 0,1 |

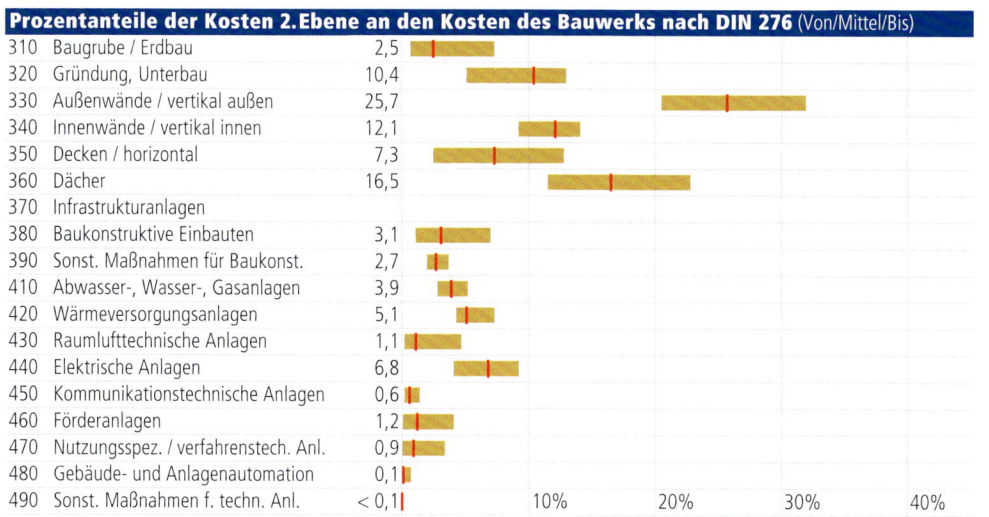

© BKI Baukosteninformationszentrum; Erläuterungen zu den Tabellen siehe Seite 48 und 50    Kostenstand: 1. Quartal 2022, Bundesdurchschnitt, **inkl. 19% MwSt.**

# Gemeindezentren

**Prozentanteile der Kosten für Leistungsbereiche nach STLB (Kosten Bauwerk nach DIN 276)**

Kosten:
Stand 1. Quartal 2022
Bundesdurchschnitt
inkl. 19% MwSt.

| LB  | Leistungsbereiche | ▷ von | Mittelwert | ◁ bis |
|-----|-------------------|-------|------------|-------|
| 000 | Sicherheits-, Baustelleneinrichtungen inkl. 001 | 1,6 | **2,3** | 3,4 |
| 002 | Erdarbeiten | 1,5 | **3,1** | 7,1 |
| 006 | Spezialtiefbauarbeiten inkl. 005 | 0,0 | **0,1** | 1,6 |
| 009 | Entwässerungskanalarbeiten inkl. 011 | 0,3 | **0,6** | 0,9 |
| 010 | Drän- und Versickerarbeiten | 0,0 | **< 0,1** | 0,5 |
| 012 | Mauerarbeiten | 3,0 | **7,2** | 12,9 |
| 013 | Betonarbeiten | 9,7 | **13,7** | 18,8 |
| 014 | Natur-, Betonwerksteinarbeiten | < 0,1 | **0,5** | 2,3 |
| 016 | Zimmer- und Holzbauarbeiten | 2,4 | **5,8** | 9,9 |
| 017 | Stahlbauarbeiten | 0,7 | **2,4** | 6,9 |
| 018 | Abdichtungsarbeiten | 0,4 | **0,7** | 1,3 |
| 020 | Dachdeckungsarbeiten | 0,4 | **2,7** | 6,1 |
| 021 | Dachabdichtungsarbeiten | 0,6 | **2,0** | 4,3 |
| 022 | Klempnerarbeiten | 0,9 | **2,2** | 4,7 |
|     | **Rohbau** | 36,1 | **43,4** | 54,2 |
| 023 | Putz- und Stuckarbeiten, Wärmedämmsysteme | 1,5 | **3,5** | 5,1 |
| 024 | Fliesen- und Plattenarbeiten | 1,6 | **2,4** | 4,3 |
| 025 | Estricharbeiten | 0,7 | **1,4** | 1,7 |
| 026 | Fenster, Außentüren inkl. 029, 032 | 5,0 | **9,1** | 14,7 |
| 027 | Tischlerarbeiten | 4,2 | **7,2** | 10,3 |
| 028 | Parkettarbeiten, Holzpflasterarbeiten | 0,1 | **1,3** | 2,6 |
| 030 | Rollladenarbeiten | < 0,1 | **0,9** | 3,1 |
| 031 | Metallbauarbeiten inkl. 035 | 1,1 | **2,9** | 7,3 |
| 034 | Maler- und Lackiererarbeiten inkl. 037 | 1,5 | **2,0** | 2,7 |
| 036 | Bodenbelagarbeiten | 0,2 | **1,0** | 3,2 |
| 038 | Vorgehängte hinterlüftete Fassaden | 0,0 | **1,5** | 6,6 |
| 039 | Trockenbauarbeiten | 2,0 | **4,8** | 8,3 |
|     | **Ausbau** | 31,4 | **38,1** | 44,8 |
| 040 | Wärmeversorgungsanl. - Betriebseinr. inkl. 041 | 3,7 | **4,5** | 6,4 |
| 042 | Gas- und Wasserinstallation, Leitungen inkl. 043 | 0,6 | **1,0** | 1,6 |
| 044 | Abwasseranlagen - Leitungen | 0,3 | **0,6** | 1,3 |
| 045 | GWE-Einrichtungsgegenstände inkl. 046 | 0,9 | **1,5** | 2,4 |
| 047 | Dämmarbeiten an betriebstechnischen Anlagen | 0,1 | **0,4** | 0,9 |
| 049 | Feuerlöschanlagen, Feuerlöschgeräte | < 0,1 | **< 0,1** | < 0,1 |
| 050 | Blitzschutz- und Erdungsanlagen | 0,1 | **0,3** | 0,5 |
| 052 | Mittelspannungsanlagen | – | **–** | – |
| 053 | Niederspannungsanlagen inkl. 054 | 2,0 | **3,3** | 4,8 |
| 055 | Sicherheits- u. Ersatzstromversorgungsanl. | – | **–** | – |
| 057 | Gebäudesystemtechnik | 0,0 | **< 0,1** | 0,8 |
| 058 | Leuchten und Lampen inkl. 059 | 1,7 | **3,2** | 4,8 |
| 060 | Sprechanlagen, elektroakust. Anlagen inkl. 064 | < 0,1 | **0,3** | 1,1 |
| 061 | Kommunikationsnetze inkl. 062 | < 0,1 | **0,2** | 0,5 |
| 063 | Gefahrenmeldeanlagen | < 0,1 | **< 0,1** | 0,4 |
| 069 | Aufzüge | 0,0 | **0,6** | 2,8 |
| 070 | Gebäudeautomation | < 0,1 | **0,2** | 1,2 |
| 075 | Raumlufttechnische Anlagen inkl. 078 | 0,1 | **0,8** | 2,9 |
|     | **Gebäudetechnik** | 12,1 | **17,0** | 22,6 |
|     | Sonstige Leistungsbereiche inkl. 008, 033, 051 | 0,1 | **1,5** | 3,6 |

- ● KKW
- ▶ min
- ▷ von
- │ Mittelwert
- ◁ bis
- ◀ max

© BKI Baukosteninformationszentrum; Erläuterungen zu den Tabellen siehe Seite 52

## Planungskennwerte für Flächen und Rauminhalte nach DIN 277

| Grundflächen | | ▷ | Fläche/NUF (%) | ◁ | ▷ | Fläche/BGF (%) | ◁ |
|---|---|---|---|---|---|---|---|
| NUF | Nutzungsfläche | 100,0 | **100,0** | 100,0 | 62,2 | **66,9** | 70,6 |
| TF | Technikfläche | 4,6 | **5,7** | 10,0 | 2,9 | **3,6** | 6,0 |
| VF | Verkehrsfläche | 15,8 | **20,6** | 29,4 | 10,1 | **13,2** | 17,3 |
| NRF | Netto-Raumfläche | 120,3 | **125,8** | 137,4 | 79,7 | **83,4** | 85,5 |
| KGF | Konstruktions-Grundfläche | 21,7 | **25,3** | 33,6 | 14,3 | **16,5** | 20,2 |
| BGF | Brutto-Grundfläche | 144,2 | **151,4** | 166,2 | 100,0 | **100,0** | 100,0 |

| Brutto-Rauminhalte | | ▷ | BRI/NUF (m) | ◁ | ▷ | BRI/BGF (m) | ◁ |
|---|---|---|---|---|---|---|---|
| BRI | Brutto-Rauminhalt | 5,77 | **6,36** | 7,45 | 3,84 | **4,22** | 4,96 |

| Flächen von Nutzeinheiten | | ▷ | NUF/Einheit (m²) | ◁ | ▷ | BGF/Einheit (m²) | ◁ |
|---|---|---|---|---|---|---|---|
| Nutzeinheit: | | – | – | – | – | – | – |

| Lufttechnisch behandelte Flächen | | ▷ | Fläche/NUF (%) | ◁ | ▷ | Fläche/BGF (%) | ◁ |
|---|---|---|---|---|---|---|---|
| Entlüftete Fläche | | 13,3 | **13,3** | 14,1 | 7,9 | **8,5** | 8,5 |
| Be- und entlüftete Fläche | | 46,5 | **46,5** | 46,5 | 34,9 | **34,9** | 34,9 |
| Teilklimatisierte Fläche | | – | – | – | – | – | – |
| Klimatisierte Fläche | | – | – | – | – | – | – |

| KG | Kostengruppen (2. Ebene) | Einheit | ▷ | Menge/NUF | ◁ | ▷ | Menge/BGF | ◁ |
|---|---|---|---|---|---|---|---|---|
| 310 | Baugrube / Erdbau | m³ BGI | 0,94 | **1,28** | 1,78 | 0,66 | **0,89** | 1,26 |
| 320 | Gründung, Unterbau | m² GRF | 0,76 | **0,90** | 1,02 | 0,60 | **0,64** | 0,78 |
| 330 | Außenwände / vertikal außen | m² AWF | 1,15 | **1,25** | 1,43 | 0,82 | **0,88** | 0,98 |
| 340 | Innenwände / vertikal innen | m² IWF | 0,89 | **1,03** | 1,16 | 0,68 | **0,73** | 0,84 |
| 350 | Decken / horizontal | m² DEF | 0,41 | **0,55** | 0,67 | 0,28 | **0,37** | 0,39 |
| 360 | Dächer | m² DAF | 0,91 | **1,16** | 1,34 | 0,67 | **0,82** | 0,95 |
| 370 | Infrastrukturanlagen | | – | – | – | – | – | – |
| 380 | Baukonstruktive Einbauten | m² BGF | 1,44 | **1,51** | 1,66 | 1,00 | **1,00** | 1,00 |
| 390 | Sonst. Maßnahmen für Baukonst. | m² BGF | 1,44 | **1,51** | 1,66 | 1,00 | **1,00** | 1,00 |
| **300** | **Bauwerk – Baukonstruktionen** | **m² BGF** | **1,44** | **1,51** | **1,66** | **1,00** | **1,00** | **1,00** |

## Planungskennwerte für Bauzeiten

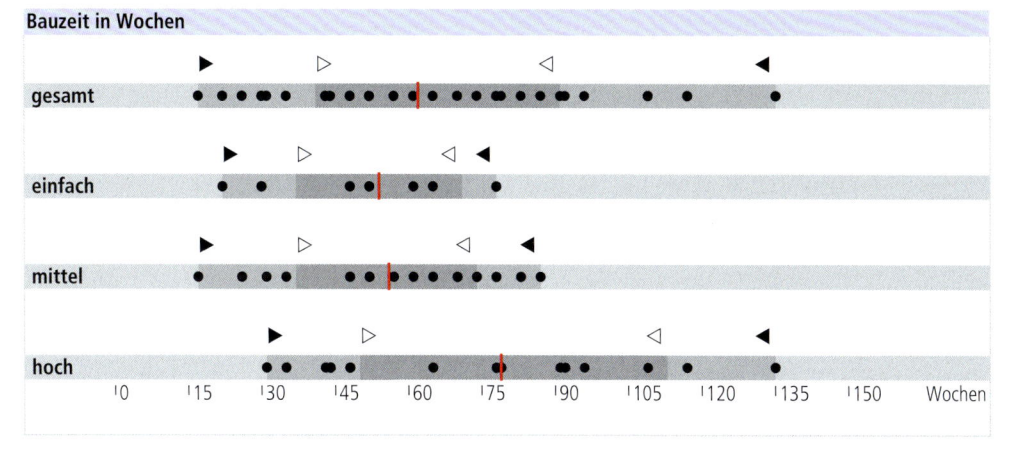

**Bauzeit in Wochen**

gesamt, einfach, mittel, hoch (Skala 0 bis 150 Wochen)

© **BKI** Baukosteninformationszentrum; Erläuterungen zu den Tabellen siehe Seite 54    Kostenstand: 1. Quartal 2022, Bundesdurchschnitt, **inkl. 19% MwSt.**

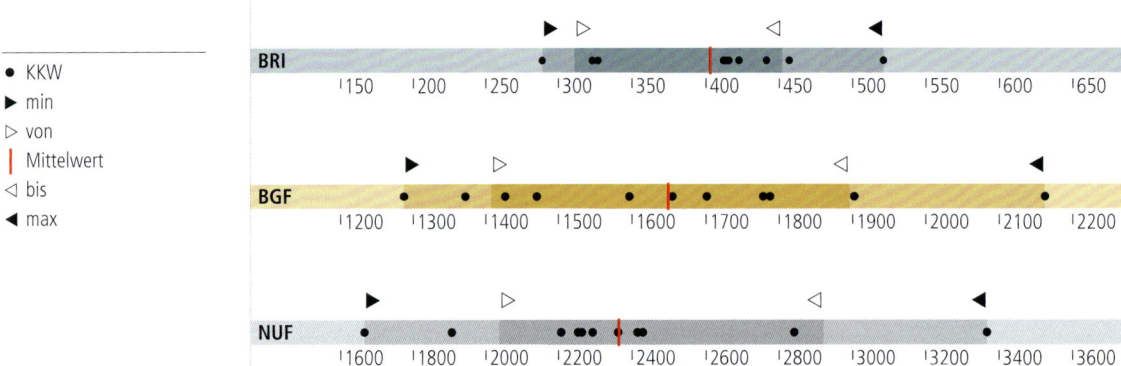

# Gemeindezentren, einfacher Standard

## Kostenkennwerte für die Kosten des Bauwerks (Kostengruppen 300+400 nach DIN 276)

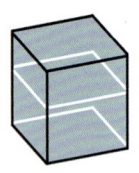

**BRI** 405 €/m³
von 310 €/m³
bis 450 €/m³

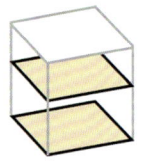

**BGF** 1.650 €/m²
von 1.405 €/m²
bis 1.895 €/m²

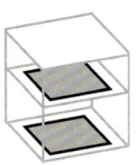

**NUF** 2.365 €/m²
von 2.035 €/m²
bis 2.920 €/m²

**Kosten:**
Stand 1. Quartal 2022
Bundesdurchschnitt
inkl. 19% MwSt.

### Objektbeispiele

6400-0046

6400-0096

9100-0140

### Kosten der 11 Vergleichsobjekte — Seiten 912 bis 914

- ● KKW
- ▶ min
- ▷ von
- | Mittelwert
- ◁ bis
- ◀ max

BRI: €/m³ BRI (150–650)
BGF: €/m² BGF (1200–2200)
NUF: €/m² NUF (1600–3600)

© BKI Baukosteninformationszentrum; Erläuterungen zu den Tabellen siehe Seite 46 — Kostenstand: 1. Quartal 2022, Bundesdurchschnitt, **inkl. 19% MwSt.**

## Kostenkennwerte für die Kostengruppen der 1. und 2. Ebene DIN 276

| KG | Kostengruppen der 1. Ebene | Einheit | ▷ | €/Einheit | ◁ | ▷ | % an 300+400 | ◁ |
|---|---|---|---|---|---|---|---|---|
| 100 | Grundstück | m²GF | – | – | – | – | – | – |
| 200 | Vorbereitende Maßnahmen | m²GF | 4 | **16** | 73 | 1,0 | **4,3** | 7,8 |
| 300 | Bauwerk – Baukonstruktionen | m²BGF | 1.152 | **1.369** | 1.591 | 77,8 | **83,0** | 87,0 |
| 400 | Bauwerk – Technische Anlagen | m²BGF | 200 | **280** | 367 | 13,0 | **17,0** | 22,2 |
|  | Bauwerk (300+400) | m²BGF | 1.407 | **1.649** | 1.896 | 100,0 | **100,0** | 100,0 |
| 500 | Außenanlagen und Freiflächen | m²AF | 15 | **48** | 137 | 3,3 | **6,1** | 10,3 |
| 600 | Ausstattung und Kunstwerke | m²BGF | 40 | **100** | 167 | 2,4 | **6,1** | 9,8 |
| 700 | Baunebenkosten* | m²BGF | 447 | **479** | 512 | 26,8 | **28,7** | 30,7 |
| 800 | Finanzierung | m²BGF | – | – | – | – | – | – |

\* Auf Grundlage der HOAI 2021 berechnete Werte nach §§ 35, 52, 56. Weitere Informationen siehe Seite 50

| KG | Kostengruppen der 2. Ebene | Einheit | ▷ | €/Einheit | ◁ | ▷ | % an 1. Ebene | ◁ |
|---|---|---|---|---|---|---|---|---|
| 310 | Baugrube / Erdbau | m³BGI | 30 | **57** | 97 | 0,5 | **4,2** | 11,6 |
| 320 | Gründung, Unterbau | m²GRF | 171 | **219** | 243 | 6,5 | **11,5** | 14,7 |
| 330 | Außenwände / vertikal außen | m²AWF | 454 | **470** | 479 | 28,3 | **29,2** | 30,7 |
| 340 | Innenwände / vertikal innen | m²IWF | 209 | **262** | 290 | 11,5 | **15,0** | 20,1 |
| 350 | Decken / horizontal | m²DEF | 295 | **408** | 520 | 0,0 | **8,4** | 13,9 |
| 360 | Dächer | m²DAF | 282 | **373** | 555 | 15,8 | **23,0** | 34,8 |
| 370 | Infrastrukturanlagen | | – | – | – | – | – | – |
| 380 | Baukonstruktive Einbauten | m²BGF | 35 | **88** | 182 | 2,7 | **6,4** | 12,1 |
| 390 | Sonst. Maßnahmen für Baukonst. | m²BGF | 23 | **29** | 32 | 1,6 | **2,2** | 2,7 |
| **300** | **Bauwerk – Baukonstruktionen** | **m²BGF** | | | | | **100,0** | |
| 410 | Abwasser-, Wasser-, Gasanlagen | m²BGF | 44 | **54** | 74 | 22,3 | **25,6** | 27,6 |
| 420 | Wärmeversorgungsanlagen | m²BGF | 57 | **68** | 89 | 28,2 | **33,3** | 42,1 |
| 430 | Raumlufttechnische Anlagen | m²BGF | 1 | **9** | 17 | 0,3 | **2,2** | 5,9 |
| 440 | Elektrische Anlagen | m²BGF | 42 | **60** | 97 | 20,1 | **27,7** | 32,4 |
| 450 | Kommunikationstechnische Anlagen | m²BGF | 6 | **6** | 7 | 0,0 | **1,8** | 2,9 |
| 460 | Förderanlagen | m²BGF | 13 | **13** | 13 | 0,0 | **2,1** | 6,4 |
| 470 | Nutzungsspez. / verfahrenstech. Anl. | m²BGF | < 1 | **15** | 42 | 0,5 | **7,3** | 20,9 |
| 480 | Gebäude- und Anlagenautomation | m²BGF | – | – | – | – | – | – |
| 490 | Sonst. Maßnahmen f. techn. Anl. | m²BGF | – | – | – | – | – | – |
| **400** | **Bauwerk – Technische Anlagen** | **m²BGF** | | | | | **100,0** | |

### Prozentanteile der Kosten 2. Ebene an den Kosten des Bauwerks nach DIN 276 (Von/Mittel/Bis)

| KG | Kostengruppe | Mittel % |
|---|---|---|
| 310 | Baugrube / Erdbau | 3,5 |
| 320 | Gründung, Unterbau | 10,0 |
| 330 | Außenwände / vertikal außen | 25,3 |
| 340 | Innenwände / vertikal innen | 12,9 |
| 350 | Decken / horizontal | 7,3 |
| 360 | Dächer | 20,1 |
| 370 | Infrastrukturanlagen | |
| 380 | Baukonstruktive Einbauten | 5,4 |
| 390 | Sonst. Maßnahmen für Baukonst. | 1,9 |
| 410 | Abwasser-, Wasser-, Gasanlagen | 3,4 |
| 420 | Wärmeversorgungsanlagen | 4,4 |
| 430 | Raumlufttechnische Anlagen | 0,3 |
| 440 | Elektrische Anlagen | 3,8 |
| 450 | Kommunikationstechnische Anlagen | 0,3 |
| 460 | Förderanlagen | 0,3 |
| 470 | Nutzungsspez. / verfahrenstech. Anl. | 1,1 |
| 480 | Gebäude- und Anlagenautomation | |
| 490 | Sonst. Maßnahmen f. techn. Anl. | |

© BKI Baukosteninformationszentrum; Erläuterungen zu den Tabellen siehe Seite 48 und 50   Kostenstand: 1. Quartal 2022, Bundesdurchschnitt, inkl. 19% MwSt.

# Gemeindezentren, einfacher Standard

## Prozentanteile der Kosten für Leistungsbereiche nach STLB (Kosten Bauwerk nach DIN 276)

**Kosten:** Stand 1. Quartal 2022 Bundesdurchschnitt inkl. 19% MwSt.

| LB | Leistungsbereiche | von | Mittelwert | bis |
|---|---|---|---|---|
| 000 | Sicherheits-, Baustelleneinrichtungen inkl. 001 | 1,4 | **1,8** | 2,2 |
| 002 | Erdarbeiten | 0,8 | **4,0** | 7,1 |
| 006 | Spezialtiefbauarbeiten inkl. 005 | – | **–** | – |
| 009 | Entwässerungskanalarbeiten inkl. 011 | < 0,1 | **0,4** | 0,7 |
| 010 | Drän- und Versickerarbeiten | – | **–** | – |
| 012 | Mauerarbeiten | 9,0 | **12,1** | 14,6 |
| 013 | Betonarbeiten | 10,1 | **12,6** | 14,3 |
| 014 | Natur-, Betonwerksteinarbeiten | < 0,1 | **1,3** | 2,4 |
| 016 | Zimmer- und Holzbauarbeiten | 4,0 | **4,6** | 5,2 |
| 017 | Stahlbauarbeiten | 0,9 | **4,1** | 7,3 |
| 018 | Abdichtungsarbeiten | 0,4 | **0,6** | 0,7 |
| 020 | Dachdeckungsarbeiten | 4,1 | **5,8** | 8,3 |
| 021 | Dachabdichtungsarbeiten | 0,3 | **2,2** | 3,5 |
| 022 | Klempnerarbeiten | 0,7 | **1,2** | 1,6 |
| | **Rohbau** | 43,4 | **50,7** | 61,0 |
| 023 | Putz- und Stuckarbeiten, Wärmedämmsysteme | 3,1 | **3,7** | 4,6 |
| 024 | Fliesen- und Plattenarbeiten | 1,4 | **2,4** | 3,3 |
| 025 | Estricharbeiten | 1,6 | **1,7** | 1,9 |
| 026 | Fenster, Außentüren inkl. 029, 032 | 6,8 | **7,4** | 8,0 |
| 027 | Tischlerarbeiten | 6,2 | **8,6** | 12,5 |
| 028 | Parkettarbeiten, Holzpflasterarbeiten | 0,0 | **< 0,1** | < 0,1 |
| 030 | Rollladenarbeiten | 0,6 | **1,2** | 2,1 |
| 031 | Metallbauarbeiten inkl. 035 | 0,9 | **1,9** | 3,4 |
| 034 | Maler- und Lackiererarbeiten inkl. 037 | 1,1 | **1,8** | 2,3 |
| 036 | Bodenbelagarbeiten | 1,7 | **2,7** | 3,9 |
| 038 | Vorgehängte hinterlüftete Fassaden | – | **–** | – |
| 039 | Trockenbauarbeiten | 2,6 | **4,8** | 6,7 |
| | **Ausbau** | 29,1 | **36,2** | 42,2 |
| 040 | Wärmeversorgungsanl. - Betriebseinr. inkl. 041 | 3,9 | **4,0** | 4,0 |
| 042 | Gas- und Wasserinstallation, Leitungen inkl. 043 | 0,7 | **1,1** | 1,6 |
| 044 | Abwasseranlagen - Leitungen | 0,3 | **0,5** | 0,6 |
| 045 | GWE-Einrichtungsgegenstände inkl. 046 | 1,2 | **1,8** | 2,3 |
| 047 | Dämmarbeiten an betriebstechnischen Anlagen | < 0,1 | **< 0,1** | 0,2 |
| 049 | Feuerlöschanlagen, Feuerlöschgeräte | < 0,1 | **< 0,1** | < 0,1 |
| 050 | Blitzschutz- und Erdungsanlagen | 0,1 | **0,3** | 0,4 |
| 052 | Mittelspannungsanlagen | – | **–** | – |
| 053 | Niederspannungsanlagen inkl. 054 | 1,3 | **1,6** | 1,9 |
| 055 | Sicherheits- u. Ersatzstromversorgungsanl. | – | **–** | – |
| 057 | Gebäudesystemtechnik | – | **–** | – |
| 058 | Leuchten und Lampen inkl. 059 | 1,0 | **1,9** | 2,6 |
| 060 | Sprechanlagen, elektroakust. Anlagen inkl. 064 | < 0,1 | **< 0,1** | 0,1 |
| 061 | Kommunikationsnetze inkl. 062 | < 0,1 | **0,2** | 0,3 |
| 063 | Gefahrenmeldeanlagen | 0,0 | **< 0,1** | < 0,1 |
| 069 | Aufzüge | 0,0 | **0,3** | 0,7 |
| 070 | Gebäudeautomation | – | **–** | – |
| 075 | Raumlufttechnische Anlagen inkl. 078 | < 0,1 | **0,2** | 0,3 |
| | **Gebäudetechnik** | 9,5 | **12,1** | 14,0 |
| | Sonstige Leistungsbereiche inkl. 008, 033, 051 | 0,0 | **1,0** | 1,9 |

- ● KKW
- ▶ min
- ▷ von
- │ Mittelwert
- ◁ bis
- ◀ max

## Planungskennwerte für Flächen und Rauminhalte nach DIN 277

| Grundflächen | | ▷ | Fläche/NUF (%) | ◁ | ▷ | Fläche/BGF (%) | ◁ |
|---|---|---|---|---|---|---|---|
| NUF | Nutzungsfläche | 100,0 | **100,0** | 100,0 | 67,5 | **70,4** | 73,3 |
| TF | Technikfläche | 4,7 | **5,4** | 10,4 | 3,0 | **3,5** | 6,2 |
| VF | Verkehrsfläche | 12,6 | **15,8** | 20,1 | 8,6 | **11,0** | 13,3 |
| NRF | Netto-Raumfläche | 115,9 | **119,7** | 123,8 | 81,7 | **83,9** | 86,3 |
| KGF | Konstruktions-Grundfläche | 19,2 | **23,5** | 28,7 | 13,7 | **16,1** | 18,3 |
| BGF | Brutto-Grundfläche | 137,9 | **143,2** | 150,4 | 100,0 | **100,0** | 100,0 |

| Brutto-Rauminhalte | | ▷ | BRI/NUF (m) | ◁ | ▷ | BRI/BGF (m) | ◁ |
|---|---|---|---|---|---|---|---|
| BRI | Brutto-Rauminhalt | 5,51 | **5,98** | 6,45 | 3,89 | **4,18** | 4,83 |

| Flächen von Nutzeinheiten | | ▷ | NUF/Einheit (m²) | ◁ | ▷ | BGF/Einheit (m²) | ◁ |
|---|---|---|---|---|---|---|---|
| Nutzeinheit: | | – | – | – | – | – | – |

| Lufttechnisch behandelte Flächen | ▷ | Fläche/NUF (%) | ◁ | ▷ | Fläche/BGF (%) | ◁ |
|---|---|---|---|---|---|---|
| Entlüftete Fläche | – | – | – | – | – | – |
| Be- und entlüftete Fläche | – | – | – | – | – | – |
| Teilklimatisierte Fläche | – | – | – | – | – | – |
| Klimatisierte Fläche | – | – | – | – | – | – |

| KG | Kostengruppen (2. Ebene) | Einheit | ▷ | Menge/NUF | ◁ | ▷ | Menge/BGF | ◁ |
|---|---|---|---|---|---|---|---|---|
| 310 | Baugrube / Erdbau | m³ BGI | 0,94 | **1,17** | 1,17 | 0,72 | **0,91** | 0,91 |
| 320 | Gründung, Unterbau | m² GRF | 0,93 | **0,93** | 1,05 | 0,71 | **0,71** | 0,84 |
| 330 | Außenwände / vertikal außen | m² AWF | 1,10 | **1,10** | 1,17 | 0,83 | **0,83** | 0,85 |
| 340 | Innenwände / vertikal innen | m² IWF | 0,86 | **1,02** | 1,02 | 0,64 | **0,78** | 0,78 |
| 350 | Decken / horizontal | m² DEF | 0,56 | **0,56** | 0,56 | 0,42 | **0,42** | 0,42 |
| 360 | Dächer | m² DAF | 1,10 | **1,10** | 1,17 | 0,84 | **0,84** | 0,93 |
| 370 | Infrastrukturanlagen | | – | – | – | – | – | – |
| 380 | Baukonstruktive Einbauten | m² BGF | 1,38 | **1,43** | 1,50 | 1,00 | **1,00** | 1,00 |
| 390 | Sonst. Maßnahmen für Baukonst. | m² BGF | 1,38 | **1,43** | 1,50 | 1,00 | **1,00** | 1,00 |
| **300** | **Bauwerk – Baukonstruktionen** | m² BGF | 1,38 | **1,43** | 1,50 | 1,00 | **1,00** | 1,00 |

## Planungskennwerte für Bauzeiten — 11 Vergleichsobjekte

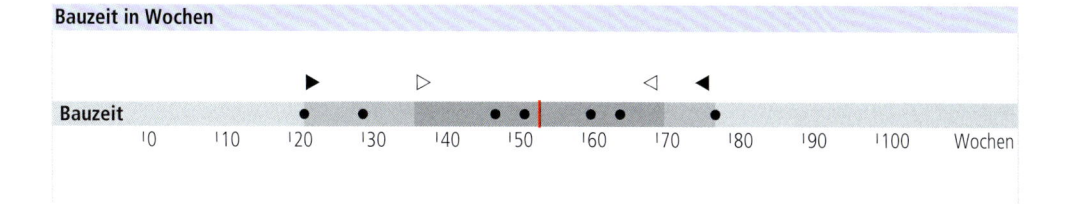

**Bauzeit in Wochen**

Bauzeit: ▶ ▷ ◁ ◀
0 | 10 | 20 | 30 | 40 | 50 | 60 | 70 | 80 | 90 | 100  Wochen

© BKI Baukosteninformationszentrum; Erläuterungen zu den Tabellen siehe Seite 54    Kostenstand: 1. Quartal 2022, Bundesdurchschnitt, inkl. 19% MwSt.

# Gemeindezentren, einfacher Standard

**€/m² BGF**
| | |
|---|---|
| min | 1.285 €/m² |
| von | 1.405 €/m² |
| Mittel | **1.650 €/m²** |
| bis | 1.895 €/m² |
| max | 2.160 €/m² |

**Kosten:**
Stand 1. Quartal 2022
Bundesdurchschnitt
inkl. 19% MwSt.

## Objektübersicht zur Gebäudeart

### 6400-0096 Gemeindezentrum
**BRI** 5.487 m³  **BGF** 1.084 m²  **NUF** 738 m²

Gemeindezentrum. Holzbau.

Land: Niedersachsen
Kreis: Harburg
Standard: unter Durchschnitt
Bauzeit: 48 Wochen
Kennwerte: bis 1. Ebene DIN 276

**BGF** 1.655 €/m²

**Planung:** Studio b2; Brackel

veröffentlicht: BKI Objektdaten N16

---

### 9100-0140 Nachbarschaftstreff
**BRI** 1.369 m³  **BGF** 425 m²  **NUF** 328 m²

Nachbarschaftstreff für flexible Nutzung eines Neubaugebiets. Mauerwerksbau.

Land: Bayern
Kreis: München
Standard: unter Durchschnitt
Bauzeit: 65 Wochen
Kennwerte: bis 1. Ebene DIN 276

**BGF** 1.470 €/m²

**Planung:** zillerplus Architekten und Stadtplaner Michael Ziller; München

veröffentlicht: BKI Objektdaten N15

---

### 9100-0107 Gemeindehaus
**BRI** 1.475 m³  **BGF** 301 m²  **NUF** 193 m²

Gemeindehaus mit Saal, Küche und Sanitärräumen. Mauerwerksbau.

Land: Niedersachsen
Kreis: Gifhorn
Standard: unter Durchschnitt
Bauzeit: 22 Wochen
Kennwerte: bis 1. Ebene DIN 276

**BGF** 2.162 €/m²

**Planung:** k.A.

veröffentlicht: BKI Objektdaten N13

---

### 6400-0075 Gemeindehaus
**BRI** 531 m³  **BGF** 116 m²  **NUF** 77 m²

Gemeindehaus mit Saal (30 Sitzplätze), Büro, Teeküche und Nebenräumen. Mauerwerksbau.

Land: Sachsen-Anhalt
Kreis: Magdeburg
Standard: unter Durchschnitt
Bauzeit: 30 Wochen
Kennwerte: bis 1. Ebene DIN 276

**BGF** 1.902 €/m²

**Planung:** Steinblock Architekten GmbH; Magdeburg

veröffentlicht: BKI Objektdaten N12

## Objektübersicht zur Gebäudeart

### 6400-0061 Gemeindezentrum — BRI 1.893 m³ | BGF 570 m² | NUF 341 m²

Kirchliches Gemeindezentrum mit Versammlungsraum, Gruppenräumen und Büro. Mauerwerksbau.

Land: Mecklenburg-Vorpommern
Kreis: Nordwestmecklenburg
Standard: unter Durchschnitt
Bauzeit: 52 Wochen
Kennwerte: bis 1. Ebene DIN 276

BGF  1.372 €/m²

veröffentlicht: BKI Objektdaten N10

**Planung:** Architekt Dipl.-Ing. Axel Danne; Herrnburg

---

### 9100-0056 Evangelische Kirche und Gemeindezentrum — BRI 2.675 m³ | BGF 435 m² | NUF 327 m²

Kirche, Gemeindezentrum. Mauerwerksbau.

Land: Brandenburg
Kreis: Havelland
Standard: unter Durchschnitt
Bauzeit: 48 Wochen
Kennwerte: bis 1. Ebene DIN 276

BGF  1.778 €/m²

veröffentlicht: BKI Objektdaten N9

**Planung:** Architekturbüro Albeshausen+Hänsel; Frankfurt (Oder)

---

### 6400-0059 Gemeindezentrum, Pfarrhaus — BRI 9.955 m³ | BGF 2.498 m² | NUF 1.931 m²

Gemeindezentrum für Gottesdienste mit 450 Sitzplätzen, kirchliche Gemeindearbeit, Jugendarbeit, Dienstwohnung, Pfarrhaus. Massivbau.

Land: Nordrhein-Westfalen
Kreis: Leverkusen, Stadt
Standard: unter Durchschnitt
Bauzeit: 78 Wochen
Kennwerte: bis 3. Ebene DIN 276

BGF  1.287 €/m²

veröffentlicht: BKI Objektdaten N12

**Planung:** Wolfgang Zelck Dipl.-Ing. Architekt; Köln

---

### 6400-0046 Jugendhaus — BRI 1.604 m³ | BGF 418 m² | NUF 302 m²

Jugendhaus als selbstständiger Teil einer Dorfgemeinschaftsanlage. Mauerwerksbau.

Land: Niedersachsen
Kreis: Gifhorn
Standard: unter Durchschnitt
Bauzeit: 78 Wochen
Kennwerte: bis 4. Ebene DIN 276

BGF  1.596 €/m²

veröffentlicht: BKI Objektdaten N4

**Planung:** Dreischhoff + Partner Planungsgesell. mbH BDB; Braunschweig

## Gemeindezentren, einfacher Standard

**Objektübersicht zur Gebäudeart**

### 6400-0037 Gemeindezentrum, Hausmeisterwohnung

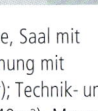

**BRI** 1.439 m³ **BGF** 441 m² **NUF** 310 m²

Gemeindesaal (teilbar), Küche, Saal mit Wintergarten, 4 Zimmerwohnung mit Balkon, Garage (Hausmeister); Technik- und Abstellräume, Jugendraum (40 m²). Mauerwerksbau.

Land: Baden-Württemberg
Kreis: Freudenstadt
Standard: unter Durchschnitt
Bauzeit: 61 Wochen
Kennwerte: bis 1. Ebene DIN 276

**BGF** 1.701 €/m²

**Planung:** Detlef Brückner Dipl.-Ing. (FH) Freier Architekt; Freudenstadt

veröffentlicht: BKI Objektdaten N2

### 6400-0045 Kinder- und Jugendhaus

**BRI** 1.231 m³ **BGF** 291 m² **NUF** 230 m²

Kinder- und Jugendhaus mit einzügigem Kindergarten und getrennt zugänglichem Bereich für Jugendliche. Mauerwerksbau.

Land: Hessen
Kreis: Schwalm-Eder-Kreis
Standard: unter Durchschnitt
Bauzeit: 52 Wochen
Kennwerte: bis 3. Ebene DIN 276

**BGF** 1.787 €/m²

**Planung:** Harald Gläsel Architekt VfA; Schwalmstadt-Treysa

veröffentlicht: BKI Objektdaten N4

### 6400-0036 Gemeinde- und Diakoniezentrum

**BRI** 8.592 m³ **BGF** 2.481 m² **NUF** 1.571 m²

Gemeinde- und Diakoniezentrum, Versammlungsräume, Café der Suchtberatung, Büroräume für 51 Mitarbeiter, Diakonische Dienste mit Schwesternstation, Gruppenräume; Tiefgarage, Haustechnik, Lager, Jugendraum der Gemeinde. Mauerwerksbau.

Land: Sachsen-Anhalt
Kreis: Dessau-Roßlau, Stadt
Standard: unter Durchschnitt
Bauzeit: 61 Wochen
Kennwerte: bis 1. Ebene DIN 276

**BGF** 1.426 €/m²

**Planung:** Bankert und Lohde Freie Architekten; Dessau

veröffentlicht: BKI Objektdaten N2

---

**€/m² BGF**
min   1.285 €/m²
von   1.405 €/m²
Mittel **1.650 €/m²**
bis   1.895 €/m²
max   2.160 €/m²

**Kosten:**
Stand 1. Quartal 2022
Bundesdurchschnitt
inkl. 19% MwSt.

**Kultur**

# Gemeindezentren, mittlerer Standard

## Kostenkennwerte für die Kosten des Bauwerks (Kostengruppen 300+400 nach DIN 276)

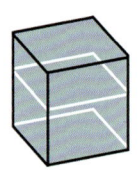

**BRI** 2.610 €/m³
von 505 €/m³
bis 715 €/m³

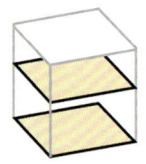

**BGF** 2.520 €/m²
von 1.930 €/m²
bis 3.160 €/m²

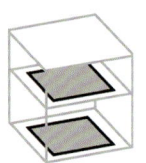

**NUF** 3.805 €/m²
von 2.895 €/m²
bis 4.765 €/m²

**Kosten:**
Stand 1. Quartal 2022
Bundesdurchschnitt
inkl. 19% MwSt.

### Objektbeispiele

6400-0117

9100-0059

6400-0118

### Kosten der 32 Vergleichsobjekte — Seiten 920 bis 927

- ● KKW
- ▶ min
- ▷ von
- | Mittelwert
- ◁ bis
- ◀ max

BRI: €/m³ BRI (Skala 100–1100)

BGF: €/m² BGF (Skala 700–4200)

NUF: €/m² NUF (Skala 1800–6300)

© BKI Baukosteninformationszentrum; Erläuterungen zu den Tabellen siehe Seite 46

## Kostenkennwerte für die Kostengruppen der 1. und 2. Ebene DIN 276

| KG | Kostengruppen der 1. Ebene | Einheit | ▷ | €/Einheit | ◁ | ▷ | % an 300+400 | ◁ |
|---|---|---|---|---|---|---|---|---|
| 100 | Grundstück | m²GF | – | – | – | – | – | – |
| 200 | Vorbereitende Maßnahmen | m²GF | 15 | **33** | 84 | 2,2 | **4,8** | 9,8 |
| 300 | Bauwerk – Baukonstruktionen | m²BGF | 1.526 | **1.980** | 2.510 | 72,1 | **78,7** | 83,1 |
| 400 | Bauwerk – Technische Anlagen | m²BGF | 373 | **539** | 767 | 16,9 | **21,3** | 27,9 |
|  | Bauwerk (300+400) | m²BGF | 1.932 | **2.519** | 3.161 | 100,0 | **100,0** | 100,0 |
| 500 | Außenanlagen und Freiflächen | m²AF | 77 | **174** | 443 | 3,4 | **9,9** | 18,0 |
| 600 | Ausstattung und Kunstwerke | m²BGF | 12 | **62** | 125 | 0,4 | **2,5** | 4,7 |
| 700 | Baunebenkosten* | m²BGF | 632 | **678** | 724 | 25,4 | **27,2** | 29,0 |
| 800 | Finanzierung | m²BGF | – | – | – | – | – | – |

◁ * Auf Grundlage der HOAI 2021 berechnete Werte nach §§ 35, 52, 56. Weitere Informationen siehe Seite 50

| KG | Kostengruppen der 2. Ebene | Einheit | ▷ | €/Einheit | ◁ | ▷ | % an 1. Ebene | ◁ |
|---|---|---|---|---|---|---|---|---|
| 310 | Baugrube / Erdbau | m³BGI | 36 | **69** | 182 | 1,1 | **2,8** | 8,5 |
| 320 | Gründung, Unterbau | m²GRF | 280 | **385** | 453 | 9,8 | **14,0** | 18,1 |
| 330 | Außenwände / vertikal außen | m²AWF | 536 | **650** | 802 | 28,7 | **35,9** | 41,5 |
| 340 | Innenwände / vertikal innen | m²IWF | 259 | **342** | 397 | 11,0 | **13,9** | 17,5 |
| 350 | Decken / horizontal | m²DEF | 199 | **344** | 446 | 2,4 | **9,0** | 18,5 |
| 360 | Dächer | m²DAF | 312 | **382** | 431 | 13,9 | **17,8** | 20,6 |
| 370 | Infrastrukturanlagen |  | – | – | – | – | – | – |
| 380 | Baukonstruktive Einbauten | m²BGF | 8 | **45** | 116 | 0,6 | **2,3** | 5,5 |
| 390 | Sonst. Maßnahmen für Baukonst. | m²BGF | 57 | **68** | 83 | 3,5 | **4,3** | 6,9 |
| **300** | **Bauwerk – Baukonstruktionen** | **m²BGF** |  |  |  |  | **100,0** |  |
| 410 | Abwasser-, Wasser-, Gasanlagen | m²BGF | 53 | **88** | 113 | 15,9 | **20,1** | 23,3 |
| 420 | Wärmeversorgungsanlagen | m²BGF | 74 | **112** | 142 | 23,8 | **25,8** | 28,9 |
| 430 | Raumlufttechnische Anlagen | m²BGF | 2 | **22** | 61 | 0,2 | **2,2** | 10,3 |
| 440 | Elektrische Anlagen | m²BGF | 115 | **171** | 243 | 29,2 | **39,1** | 45,5 |
| 450 | Kommunikationstechnische Anlagen | m²BGF | 7 | **17** | 30 | 1,7 | **3,4** | 5,7 |
| 460 | Förderanlagen | m²BGF | 59 | **62** | 65 | 0,0 | **7,0** | 19,9 |
| 470 | Nutzungsspez. / verfahrenstech. Anl. | m²BGF | < 1 | **18** | 52 | 0,1 | **1,9** | 8,8 |
| 480 | Gebäude- und Anlagenautomation | m²BGF | 12 | **12** | 12 | 0,0 | **0,4** | 2,2 |
| 490 | Sonst. Maßnahmen f. techn. Anl. | m²BGF | 2 | **2** | 2 | 0,0 | **< 0,1** | 0,3 |
| **400** | **Bauwerk – Technische Anlagen** | **m²BGF** |  |  |  |  | **100,0** |  |

### Prozentanteile der Kosten 2. Ebene an den Kosten des Bauwerks nach DIN 276 (Von/Mittel/Bis)

| KG | Kostengruppe | Mittel % |
|---|---|---|
| 310 | Baugrube / Erdbau | 2,1 |
| 320 | Gründung, Unterbau | 11,3 |
| 330 | Außenwände / vertikal außen | 28,6 |
| 340 | Innenwände / vertikal innen | 10,9 |
| 350 | Decken / horizontal | 7,0 |
| 360 | Dächer | 14,3 |
| 370 | Infrastrukturanlagen |  |
| 380 | Baukonstruktive Einbauten | 1,8 |
| 390 | Sonst. Maßnahmen für Baukonst. | 3,3 |
| 410 | Abwasser-, Wasser-, Gasanlagen | 4,1 |
| 420 | Wärmeversorgungsanlagen | 5,4 |
| 430 | Raumlufttechnische Anlagen | 0,7 |
| 440 | Elektrische Anlagen | 7,9 |
| 450 | Kommunikationstechnische Anlagen | 0,7 |
| 460 | Förderanlagen | 1,4 |
| 470 | Nutzungsspez. / verfahrenstech. Anl. | 0,6 |
| 480 | Gebäude- und Anlagenautomation | < 0,1 |
| 490 | Sonst. Maßnahmen f. techn. Anl. | < 0,1 |

© BKI Baukosteninformationszentrum; Erläuterungen zu den Tabellen siehe Seite 48 und 50   Kostenstand: 1. Quartal 2022, Bundesdurchschnitt, **inkl. 19% MwSt.**

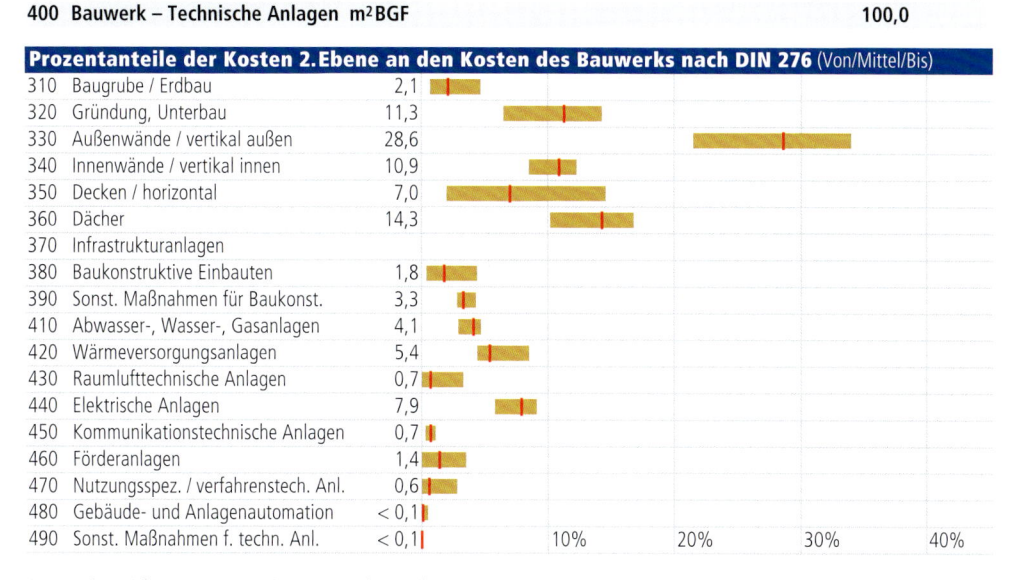

**Gemeindezentren, mittlerer Standard**

**Prozentanteile der Kosten für Leistungsbereiche nach STLB (Kosten Bauwerk nach DIN 276)**

| LB | Leistungsbereiche | von | % an 300+400 Mittelwert | bis |
|---|---|---|---|---|
| 000 | Sicherheits-, Baustelleneinrichtungen inkl. 001 | 2,1 | **2,8** | 4,0 |
| 002 | Erdarbeiten | 2,1 | **3,3** | 5,2 |
| 006 | Spezialtiefbauarbeiten inkl. 005 | – | – | – |
| 009 | Entwässerungskanalarbeiten inkl. 011 | 0,4 | **0,6** | 0,9 |
| 010 | Drän- und Versickerarbeiten | 0,0 | **< 0,1** | 0,6 |
| 012 | Mauerarbeiten | 0,4 | **6,2** | 10,3 |
| 013 | Betonarbeiten | 10,4 | **13,9** | 19,9 |
| 014 | Natur-, Betonwerksteinarbeiten | < 0,1 | **0,1** | 0,5 |
| 016 | Zimmer- und Holzbauarbeiten | 1,9 | **5,2** | 8,6 |
| 017 | Stahlbauarbeiten | 0,8 | **2,1** | 5,0 |
| 018 | Abdichtungsarbeiten | 0,4 | **0,9** | 1,5 |
| 020 | Dachdeckungsarbeiten | 0,0 | **2,3** | 4,6 |
| 021 | Dachabdichtungsarbeiten | 0,5 | **2,4** | 4,2 |
| 022 | Klempnerarbeiten | 0,5 | **1,3** | 2,2 |
| | **Rohbau** | 34,9 | **41,0** | 48,1 |
| 023 | Putz- und Stuckarbeiten, Wärmedämmsysteme | 2,2 | **4,3** | 5,8 |
| 024 | Fliesen- und Plattenarbeiten | 1,8 | **2,4** | 3,7 |
| 025 | Estricharbeiten | 1,3 | **1,5** | 1,7 |
| 026 | Fenster, Außentüren inkl. 029, 032 | 10,0 | **12,6** | 17,9 |
| 027 | Tischlerarbeiten | 3,4 | **5,7** | 8,2 |
| 028 | Parkettarbeiten, Holzpflasterarbeiten | 0,6 | **1,7** | 2,8 |
| 030 | Rollladenarbeiten | 0,0 | **1,2** | 3,9 |
| 031 | Metallbauarbeiten inkl. 035 | 0,6 | **2,3** | 4,1 |
| 034 | Maler- und Lackiererarbeiten inkl. 037 | 1,5 | **1,9** | 2,6 |
| 036 | Bodenbelagarbeiten | < 0,1 | **0,6** | 1,3 |
| 038 | Vorgehängte hinterlüftete Fassaden | 0,0 | **0,9** | 5,3 |
| 039 | Trockenbauarbeiten | 1,9 | **4,9** | 7,9 |
| | **Ausbau** | 35,2 | **40,0** | 45,1 |
| 040 | Wärmeversorgungsanl. - Betriebseinr. inkl. 041 | 3,6 | **4,8** | 7,2 |
| 042 | Gas- und Wasserinstallation, Leitungen inkl. 043 | 0,6 | **0,9** | 1,5 |
| 044 | Abwasseranlagen - Leitungen | 0,3 | **0,6** | 1,2 |
| 045 | GWE-Einrichtungsgegenstände inkl. 046 | 0,7 | **1,5** | 2,2 |
| 047 | Dämmarbeiten an betriebstechnischen Anlagen | 0,2 | **0,4** | 0,9 |
| 049 | Feuerlöschanlagen, Feuerlöschgeräte | < 0,1 | **< 0,1** | < 0,1 |
| 050 | Blitzschutz- und Erdungsanlagen | 0,2 | **0,3** | 0,7 |
| 052 | Mittelspannungsanlagen | – | – | – |
| 053 | Niederspannungsanlagen inkl. 054 | 2,7 | **3,9** | 5,2 |
| 055 | Sicherheits- u. Ersatzstromversorgungsanl. | – | – | – |
| 057 | Gebäudesystemtechnik | – | – | – |
| 058 | Leuchten und Lampen inkl. 059 | 2,0 | **3,2** | 4,4 |
| 060 | Sprechanlagen, elektroakust. Anlagen inkl. 064 | 0,1 | **0,3** | 0,5 |
| 061 | Kommunikationsnetze inkl. 062 | < 0,1 | **0,3** | 0,6 |
| 063 | Gefahrenmeldeanlagen | < 0,1 | **< 0,1** | 0,2 |
| 069 | Aufzüge | 0,0 | **1,1** | 3,2 |
| 070 | Gebäudeautomation | 0,0 | **< 0,1** | 0,5 |
| 075 | Raumlufttechnische Anlagen inkl. 078 | < 0,1 | **0,5** | 2,9 |
| | **Gebäudetechnik** | 13,2 | **18,0** | 23,9 |
| | Sonstige Leistungsbereiche inkl. 008, 033, 051 | 0,1 | **1,0** | 1,9 |

Kosten:
Stand 1. Quartal 2022
Bundesdurchschnitt
inkl. 19% MwSt.

- KKW
▶ min
▷ von
| Mittelwert
◁ bis
◀ max

## Planungskennwerte für Flächen und Rauminhalte nach DIN 277

| Grundflächen | | ▷ | Fläche/NUF (%) | ◁ | ▷ | Fläche/BGF (%) | ◁ |
|---|---|---|---|---|---|---|---|
| NUF | Nutzungsfläche | 100,0 | **100,0** | 100,0 | 61,8 | **66,7** | 70,2 |
| TF | Technikfläche | 4,3 | **5,5** | 10,1 | 2,7 | **3,5** | 6,1 |
| VF | Verkehrsfläche | 14,6 | **19,8** | 26,7 | 9,7 | **12,7** | 15,9 |
| NRF | Netto-Raumfläche | 119,2 | **125,1** | 134,7 | 79,0 | **82,8** | 84,7 |
| KGF | Konstruktions-Grundfläche | 23,1 | **26,8** | 35,1 | 15,3 | **17,2** | 21,0 |
| BGF | Brutto-Grundfläche | 144,8 | **151,9** | 168,0 | 100,0 | **100,0** | 100,0 |

| Brutto-Rauminhalte | | ▷ | BRI/NUF (m) | ◁ | ▷ | BRI/BGF (m) | ◁ |
|---|---|---|---|---|---|---|---|
| BRI | Brutto-Rauminhalt | 5,73 | **6,23** | 7,01 | 3,76 | **4,13** | 4,63 |

| Flächen von Nutzeinheiten | | ▷ | NUF/Einheit (m²) | ◁ | ▷ | BGF/Einheit (m²) | ◁ |
|---|---|---|---|---|---|---|---|
| Nutzeinheit: | | – | – | – | – | – | – |

| Lufttechnisch behandelte Flächen | ▷ | Fläche/NUF (%) | ◁ | ▷ | Fläche/BGF (%) | ◁ |
|---|---|---|---|---|---|---|
| Entlüftete Fläche | 16,4 | **16,4** | 16,4 | 11,6 | **11,6** | 11,6 |
| Be- und entlüftete Fläche | 61,8 | **61,8** | 61,8 | 46,7 | **46,7** | 46,7 |
| Teilklimatisierte Fläche | – | – | – | – | – | – |
| Klimatisierte Fläche | – | – | – | – | – | – |

| KG | Kostengruppen (2. Ebene) | Einheit | ▷ | Menge/NUF | ◁ | ▷ | Menge/BGF | ◁ |
|---|---|---|---|---|---|---|---|---|
| 310 | Baugrube / Erdbau | m³ BGI | 0,89 | **1,33** | 1,66 | 0,66 | **0,97** | 1,17 |
| 320 | Gründung, Unterbau | m² GRF | 0,80 | **0,87** | 0,96 | 0,58 | **0,62** | 0,77 |
| 330 | Außenwände / vertikal außen | m² AWF | 1,24 | **1,31** | 1,37 | 0,88 | **0,92** | 0,97 |
| 340 | Innenwände / vertikal innen | m² IWF | 0,85 | **0,96** | 1,06 | 0,63 | **0,68** | 0,69 |
| 350 | Decken / horizontal | m² DEF | 0,31 | **0,51** | 0,51 | 0,23 | **0,35** | 0,36 |
| 360 | Dächer | m² DAF | 0,89 | **1,17** | 1,24 | 0,64 | **0,83** | 0,93 |
| 370 | Infrastrukturanlagen | | – | – | – | – | – | – |
| 380 | Baukonstruktive Einbauten | m² BGF | 1,45 | **1,52** | 1,68 | 1,00 | **1,00** | 1,00 |
| 390 | Sonst. Maßnahmen für Baukonst. | m² BGF | 1,45 | **1,52** | 1,68 | 1,00 | **1,00** | 1,00 |
| **300** | **Bauwerk – Baukonstruktionen** | **m² BGF** | **1,45** | **1,52** | **1,68** | **1,00** | **1,00** | **1,00** |

## Planungskennwerte für Bauzeiten — 32 Vergleichsobjekte

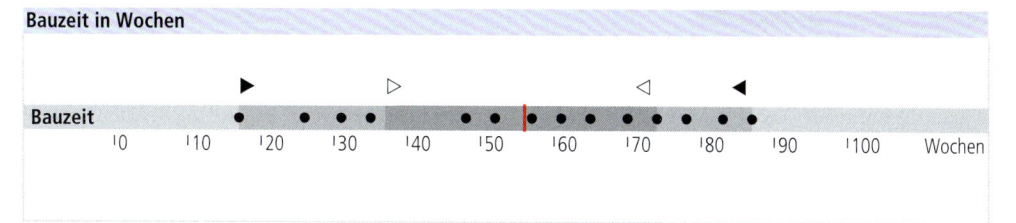

**Bauzeit in Wochen**

Bauzeit: ▶ bei ca. 20 Wochen; ▷ bei ca. 35 Wochen; ◁ bei ca. 70 Wochen; ◀ bei ca. 82 Wochen. Skala: 10 | 20 | 30 | 40 | 50 | 60 | 70 | 80 | 90 | 100 Wochen.

© BKI Baukosteninformationszentrum; Erläuterungen zu den Tabellen siehe Seite 54    Kostenstand: 1. Quartal 2022, Bundesdurchschnitt, inkl. 19% MwSt.

## Gemeindezentren, mittlerer Standard

**€/m² BGF**

| | | |
|---|---:|---|
| min | 1.460 | €/m² |
| von | 1.930 | €/m² |
| Mittel | **2.520** | **€/m²** |
| bis | 3.160 | €/m² |
| max | 3.835 | €/m² |

**Kosten:**
Stand 1. Quartal 2022
Bundesdurchschnitt
inkl. 19% MwSt.

### Objektübersicht zur Gebäudeart

---

**6400-0118 Gemeindezentrum, Kindertagesstätte (3 Gruppen)**    **BRI** 2.360 m³   **BGF** 555 m²   **NUF** 373 m²

Gemeindezentrum mit Kindertagesstätte. Massivbau.

Land: Brandenburg
Kreis: Märkisch-Oderland
Standard: Durchschnitt
Bauzeit: 74 Wochen
Kennwerte: bis 1. Ebene DIN 276

**BGF**   **2.726 €/m²**

**Planung:** D:4 Architektur; Berlin

vorgesehen: BKI Objektdaten N18

---

**6400-0117 Gemeindehaus (195 Sitzplätze)**    **BRI** 1.489 m³   **BGF** 340 m²   **NUF** 223 m²

Gemeindehaus. Mauerwerk.

Land: Hessen
Kreis: Kassel
Standard: Durchschnitt
Bauzeit: 57 Wochen
Kennwerte: bis 1. Ebene DIN 276

**BGF**   **3.041 €/m²**

**Planung:** Architekturbüro Müntinga und Puy; Bad Arolsen

vorgesehen: BKI Objektdaten N18

---

**6400-0113 Bildungscampus - Effizienzhaus ~87%**    **BRI** 4.707 m³   **BGF** 1.113 m²   **NUF** 815 m²

Multifunktionaler Bildungscampus mit Jugendzentrum mit einer Gruppe für 20 Kinder, einer Kita mit 3 Gruppen für 45 Kinder, einer Schule mit 2 Klassen für 50 Schüler und Dorfgemeinschaftsräumen. Holzrahmenbau.

Land: Schleswig-Holstein
Kreis: Schleswig-Flensburg
Standard: Durchschnitt
Bauzeit: 61 Wochen
Kennwerte: bis 1. Ebene DIN 276

**BGF**   **3.164 €/m²**

**Planung:** heinobrodersen architekt; Flensburg

veröffentlicht: BKI Objektdaten E9

---

**6400-0103 Gemeindehaus**    **BRI** 2.639 m³   **BGF** 700 m²   **NUF** 420 m²

Gemeindehaus mit Jugendbereich. Massivbau.

Land: Nordrhein-Westfalen
Kreis: Ennepe-Ruhr-Kreis
Standard: Durchschnitt
Bauzeit: 52 Wochen
Kennwerte: bis 1. Ebene DIN 276

**BGF**   **2.494 €/m²**

**Planung:** Kemper Steiner & Partner Architekten GmbH; Bochum

veröffentlicht: BKI Objektdaten N16

## Objektübersicht zur Gebäudeart

### 6400-0110 Jugendhaus

**BRI** 1.762 m³ **BGF** 380 m² **NUF** 289 m²

Jugendhaus. Holzbau.

Land: Baden-Württemberg
Kreis: Heilbronn
Standard: Durchschnitt
Bauzeit: 48 Wochen
Kennwerte: bis 1. Ebene DIN 276

**BGF** 1.838 €/m²

**Planung:** MATTES//EPPMANN ARCHITEKTEN GbR; Abstatt

veröffentlicht: BKI Objektdaten N17

### 9100-0156 Chor- und Gemeindehaus - Effizienzhaus ~68%

**BRI** 2.292 m³ **BGF** 421 m² **NUF** 274 m²

Chor- und Gemeindehaus mit max. 180 Sitzplätzen. Massivbau.

Land: Mecklenburg-Vorpommern
Kreis: Rostock
Standard: Durchschnitt
Bauzeit: 52 Wochen
Kennwerte: bis 1. Ebene DIN 276

**BGF** 3.511 €/m²

**Planung:** Architekten Johannsen und Partner; Hamburg

veröffentlicht: BKI Objektdaten E8

### 9100-0179 Gemeindehaus

**BRI** 2.166 m³ **BGF** 536 m² **NUF** 372 m²

Gemeindehaus mit 270 Sitzplätzen. Massivbau.

Land: Baden-Württemberg
Kreis: Ortenaukreis
Standard: Durchschnitt
Bauzeit: 87 Wochen
Kennwerte: bis 1. Ebene DIN 276

**BGF** 3.592 €/m²

**Planung:** VON M GmbH; Stuttgart

veröffentlicht: BKI Objektdaten N17

### 6400-0104 Jugendtreff

**BRI** 2.400 m³ **BGF** 583 m² **NUF** 414 m²

Jugendtreff für ca. 30 Kinder. Massivbau.

Land: Bayern
Kreis: Eichstätt
Standard: Durchschnitt
Bauzeit: 52 Wochen
Kennwerte: bis 1. Ebene DIN 276

**BGF** 3.156 €/m²

**Planung:** ABHD Architekten Beck und Denzinger; Neuburg a.d. Donau

veröffentlicht: BKI Objektdaten N16

© BKI Baukosteninformationszentrum; Erläuterungen zu den Tabellen siehe Seite 56    Kostenstand: 1. Quartal 2022, Bundesdurchschnitt, inkl. 19% MwSt.

# Gemeindezentren, mittlerer Standard

**€/m² BGF**
| | | |
|---|---:|---|
| min | 1.460 | €/m² |
| von | 1.930 | €/m² |
| Mittel | **2.520** | **€/m²** |
| bis | 3.160 | €/m² |
| max | 3.835 | €/m² |

**Kosten:**
Stand 1. Quartal 2022
Bundesdurchschnitt
inkl. 19% MwSt.

## Objektübersicht zur Gebäudeart

### 6400-0099 Gemeindehaus, Wohnung (1 WE) — BRI 6.171 m³ | BGF 1.458 m² | NUF 924 m²

Gemeindehaus mit einer Wohneinheit (108 m² WFL) und 4 Gruppenräumen. Massivbau.

Land: Nordrhein-Westfalen
Kreis: Mönchengladbach, Stadt
Standard: Durchschnitt
Bauzeit: 74 Wochen
Kennwerte: bis 1. Ebene DIN 276

**BGF 2.738 €/m²**

**Planung:** LEPEL & LEPEL Architektur, Innenarchitektur; Köln

veröffentlicht: BKI Objektdaten N16

### 6400-0105 Bürgerhaus — BRI 4.840 m³ | BGF 1.021 m² | NUF 757 m²

Bürgerhaus als Versammlungsstätte mit einem Saal für 250 Personen. Stb-Wände (Flutkeller), Holzrahmenwände.

Land: Hessen
Kreis: Lahn-Dill-Kreis
Standard: Durchschnitt
Bauzeit: 48 Wochen
Kennwerte: bis 1. Ebene DIN 276

**BGF 3.108 €/m²**

**Planung:** STUDIOBORNHEIM Unger Ritter Architekten PartG mbB; Frankfurt am Main

veröffentlicht: BKI Objektdaten N16

### 9100-0133 Gemeindezentrum, Restaurant, Pension (10 Betten) — BRI 2.856 m³ | BGF 682 m² | NUF 469 m²

Gemeindezentrum mit Veranstaltungssaal (175 Sitzplätze), Restaurant und Pension (10 Betten). Mauerwerksbau.

Land: Schleswig-Holstein
Kreis: Dithmarschen
Standard: Durchschnitt
Bauzeit: 26 Wochen
Kennwerte: bis 1. Ebene DIN 276

**BGF 2.452 €/m²**

**Planung:** JEBENS SCHOOF ARCHITEKTEN BDA; Heide

veröffentlicht: BKI Objektdaten N15

### 6400-0106 Gemeindehaus — BRI 3.415 m³ | BGF 610 m² | NUF 406 m²

Gemeindehaus mit 99 Sitzplätzen. Massivbau.

Land: Niedersachsen
Kreis: Hannover, Region
Standard: Durchschnitt
Bauzeit: 78 Wochen
Kennwerte: bis 1. Ebene DIN 276

**BGF 3.837 €/m²**

**Planung:** pax brüning architekten bda; Hannover

veröffentlicht: BKI Objektdaten N16

## Objektübersicht zur Gebäudeart

### 6400-0094 Spielhaus, Jugendtreff - Effizienzhaus ~62%   BRI 1.705 m³   BGF 480 m²   NUF 313 m²

Spielhaus und Jugendtreff für Kinder und Jugendliche ab 6 Jahren. Holzständerbau.

Land: Bremen
Kreis: Bremen
Standard: Durchschnitt
Bauzeit: 31 Wochen
Kennwerte: bis 1. Ebene DIN 276

BGF   1.839 €/m²

veröffentlicht: BKI Objektdaten E7

**Planung:** Püffel Architekten; Bremen

### 9100-0163 Gemeindezentrum   BRI 2.587 m³   BGF 589 m²   NUF 375 m²

Gemeindezentrum mit Saal (231 Sitzplätze). Massivbau.

Land: Nordrhein-Westfalen
Kreis: Märkischer Kreis
Standard: Durchschnitt
Bauzeit: 78 Wochen
Kennwerte: bis 1. Ebene DIN 276

BGF   2.799 €/m²

veröffentlicht: BKI Objektdaten N17

**Planung:** BATHE + REBER Architekten GbR; Dortmund

### 6400-0097 Gemeindehaus   BRI 2.520 m³   BGF 511 m²   NUF 386 m²

Gemeindehaus (100 Sitzplätze). Stahlbeton in Verbindung mit Brettstapelkonstruktion.

Land: Baden-Württemberg
Kreis: Pforzheim
Standard: Durchschnitt
Bauzeit: 70 Wochen
Kennwerte: bis 1. Ebene DIN 276

BGF   3.499 €/m²

veröffentlicht: BKI Objektdaten N16

**Planung:** AAg Loebner Schäfer Weber BDA Freie Architekten GmbH; Heidelberg

### 6400-0101 Gemeindehaus   BRI 574 m³   BGF 150 m²   NUF 93 m²

Gemeindehaus. Mauerwerksbau.

Land: Schleswig-Holstein
Kreis: Stormarn
Standard: Durchschnitt
Bauzeit: 26 Wochen
Kennwerte: bis 1. Ebene DIN 276

BGF   2.839 €/m²

veröffentlicht: BKI Objektdaten N16

**Planung:** Dohse Architekten; Hamburg

© BKI Baukosteninformationszentrum; Erläuterungen zu den Tabellen siehe Seite 56   Kostenstand: 1. Quartal 2022, Bundesdurchschnitt, **inkl. 19% MwSt.**

**Gemeindezentren, mittlerer Standard**

## Objektübersicht zur Gebäudeart

### 6400-0082 Gemeindehaus
**BRI** 1.118 m³   **BGF** 266 m²   **NUF** 187 m²

Gemeindehaus mit teilbarem Saal (80 Sitzplätze), Foyer, Jugendraum und Büro. Holzrahmenbau (vorgefertigt).

Land: Schleswig-Holstein
Kreis: Pinneberg
Standard: Durchschnitt
Bauzeit: 35 Wochen
Kennwerte: bis 1. Ebene DIN 276

**BGF** 2.656 €/m²

Planung: hage.felshart.griesenberg Architekten BDA; Ahrensburg

veröffentlicht: BKI Objektdaten E6

### 6400-0098 Gemeindehaus (199 Sitzplätze)
**BRI** 3.773 m³   **BGF** 1.136 m²   **NUF** 512 m²

Gemeindehaus (199 Sitzplätze). Massivbau.

Land: Nordrhein-Westfalen
Kreis: Mettmann
Standard: Durchschnitt
Bauzeit: 70 Wochen
Kennwerte: bis 1. Ebene DIN 276

**BGF** 2.373 €/m²

Planung: Kastner Pichler Architekten; Köln

veröffentlicht: BKI Objektdaten N16

### 6400-0090 Gemeindehaus
**BRI** 750 m³   **BGF** 229 m²   **NUF** 142 m²

Gemeindehaus mit Gemeindesaal, Küche und Büro. MW-Massivbau.

Land: Niedersachsen
Kreis: Gifhorn
Standard: Durchschnitt
Bauzeit: 26 Wochen
Kennwerte: bis 4. Ebene DIN 276

**BGF** 1.753 €/m²

Planung: k.A.

veröffentlicht: BKI Objektdaten N15

### 6400-0091 Pfarrhaus
**BRI** 796 m³   **BGF** 266 m²   **NUF** 159 m²

Pfarrhaus mit Wohnung (161 m² WFL) und Amtszimmer. Mauerwerksbau.

Land: Hamburg
Kreis: Hamburg, Freie und Hansestadt
Standard: Durchschnitt
Bauzeit: 52 Wochen
Kennwerte: bis 1. Ebene DIN 276

**BGF** 1.678 €/m²

Planung: Architekten Johannsen und Partner; Hamburg

veröffentlicht: BKI Objektdaten N15

---

**€/m² BGF**
min   1.460 €/m²
von   1.930 €/m²
Mittel   **2.520** €/m²
bis   3.160 €/m²
max   3.835 €/m²

**Kosten:**
Stand 1. Quartal 2022
Bundesdurchschnitt
inkl. 19% MwSt.

## Objektübersicht zur Gebäudeart

### 6400-0084 Pfarr- und Jugendheim     **BRI** 2.021 m³    **BGF** 595 m²    **NUF** 415 m²

Pfarr- und Jugendheim. Mauerwerksbau.

Land: Bayern
Kreis: Neustadt a.d.Waldnaab
Standard: Durchschnitt
Bauzeit: 74 Wochen
Kennwerte: bis 3. Ebene DIN 276

**BGF**    1.751 €/m²

**Planung:** Architekturbüro Michael Dittmann; Amberg

veröffentlicht: BKI Objektdaten E6

### 6400-0078 Gemeindehaus     **BRI** 2.185 m³    **BGF** 576 m²    **NUF** 336 m²

Gemeindehaus mit Saal (158 Sitzplätze), Jugendgemeindebereich im DG. Holzbauweise.

Land: Schleswig-Holstein
Kreis: Segeberg
Standard: Durchschnitt
Bauzeit: 52 Wochen
Kennwerte: bis 1. Ebene DIN 276

**BGF**    2.028 €/m²

**Planung:** Stoy-Architekten; Neumünster

veröffentlicht: BKI Objektdaten N12

### 9100-0099 Ökumenisches Zentrum     **BRI** 24.000 m³    **BGF** 6.400 m²    **NUF** 4.004 m²

Ökumenisches Zentrum mit Kapelle, Café, Veranstaltungsraum, Büronutzung, Wohnungen und Stadtkloster. Stahlskelettbau.

Land: Hamburg
Kreis: Hamburg, Freie und Hansestadt
Standard: Durchschnitt
Bauzeit: 83 Wochen
Kennwerte: bis 1. Ebene DIN 276

**BGF**    1.986 €/m²

**Planung:** Wandel Lorch Architekten; Saarbrücken

veröffentlicht: BKI Objektdaten E6

### 6400-0079 Gemeindezentrum     **BRI** 2.523 m³    **BGF** 567 m²    **NUF** 320 m²

Gemeindezentrum mit Saal (120 Sitzplätze), Büroräumen, und Kantorei. Massivbau.

Land: Hessen
Kreis: Hersfeld-Rotenburg
Standard: Durchschnitt
Bauzeit: 65 Wochen
Kennwerte: bis 1. Ebene DIN 276

**BGF**    2.622 €/m²

**Planung:** DORBRITZ ARCHITEKTEN BDA; Bad Hersfeld

veröffentlicht: BKI Objektdaten N13

© BKI Bausteninformationszentrum; Erläuterungen zu den Tabellen siehe Seite 56    Kostenstand: 1. Quartal 2022, Bundesdurchschnitt, **inkl. 19% MwSt.**

## Gemeindezentren, mittlerer Standard

### Objektübersicht zur Gebäudeart

**€/m² BGF**
min 1.460 €/m²
von 1.930 €/m²
Mittel **2.520 €/m²**
bis 3.160 €/m²
max 3.835 €/m²

**Kosten:**
Stand 1. Quartal 2022
Bundesdurchschnitt
inkl. 19% MwSt.

---

#### 6400-0072 Gemeindehaus
**BRI** 336 m³  **BGF** 84 m²  **NUF** 63 m²

Gemeindehaus mit Gemeinderaum (45 Sitzplätze), Küche und Sanitärräumen. Mauerwerksbau.

Land: Thüringen
Kreis: Weimarer Land
Standard: Durchschnitt
Bauzeit: 17 Wochen
Kennwerte: bis 1. Ebene DIN 276

**BGF** 2.353 €/m²

Planung: B19 ARCHITEKTEN BDA; Weimar

veröffentlicht: BKI Objektdaten N11

---

#### 6400-0077 Pfarramt - Effizienzhaus 70
**BRI** 914 m³  **BGF** 280 m²  **NUF** 172 m²

Pfarramt mit Büro und Wohnung. Mauerwerksbau, Holzdachkonstruktion.

Land: Hamburg
Kreis: Hamburg, Freie und Hansestadt
Standard: Durchschnitt
Bauzeit: 52 Wochen
Kennwerte: bis 1. Ebene DIN 276

**BGF** 1.460 €/m²

Planung: Stefan-Andreas Zech; Hamburg

veröffentlicht: BKI Objektdaten E5

---

#### 9100-0069 Gemeindehaus mit Kita, Wohnung
**BRI** 4.393 m³  **BGF** 1.324 m²  **NUF** 838 m²

Gemeindehaus mit Gemeindesaal, Kita, Jugendraum, Amtszimmer und Küsterwohnung. Mauerwerksbau.

Land: Schleswig-Holstein
Kreis: Kiel, Stadt
Standard: Durchschnitt
Bauzeit: 52 Wochen
Kennwerte: bis 1. Ebene DIN 276

**BGF** 1.995 €/m²

Planung: Zastrow + Zastrow Architekten und Stadtplaner; Kiel

veröffentlicht: BKI Objektdaten N11

---

#### 6400-0063 Begegnungszentrum
**BRI** 1.995 m³  **BGF** 466 m²  **NUF** 378 m²

Begegnungszentrum. Holztafelbau.

Land: Niedersachsen
Kreis: Braunschweig, Stadt
Standard: Durchschnitt
Bauzeit: 48 Wochen
Kennwerte: bis 3. Ebene DIN 276

**BGF** 2.524 €/m²

Planung: maurer - ARCHITEKTUR; Vechelde

veröffentlicht: BKI Objektdaten N13

## Objektübersicht zur Gebäudeart

### 9100-0072 Kirche, Gemeindesaal, Pfarrhaus

**BRI** 6.033 m³  **BGF** 1.227 m²  **NUF** 786 m²

Kirche (80 Sitzplätze), Gemeindesaal und Pfarrhaus mit 2 WE (209 m² WFL). Massivbau.

Land: Baden-Württemberg
Kreis: Heidelberg, Stadt
Standard: Durchschnitt
Bauzeit: 87 Wochen
Kennwerte: bis 1. Ebene DIN 276

**BGF** 2.124 €/m²

**Planung:** AAg Loebner Schäfer Weber Freie Architekten GmbH; Heidelberg

veröffentlicht: BKI Objektdaten N11

### 6400-0071 Gemeindehaus

**BRI** 3.323 m³  **BGF** 1.090 m²  **NUF** 790 m²

Katholisches Gemeindehaus für flexible Nutzungen aller Gemeindegruppierungen. Massivbau.

Land: Baden-Württemberg
Kreis: Esslingen
Standard: Durchschnitt
Bauzeit: 57 Wochen
Kennwerte: bis 3. Ebene DIN 276

**BGF** 1.863 €/m²

**Planung:** KLE-Architekten Dipl.-Ing. Freie Architekten BDA; Kirchheim u. Teck

veröffentlicht: BKI Objektdaten N13

### 9100-0059 Kirche und Gemeindezentrum

**BRI** 2.797 m³  **BGF** 678 m²  **NUF** 510 m²

Kirche (300 Sitzplätze) mit Gemeinderäumen, Seniorentreff, Foyer. Mauerwerksbau; Stb-Decke; Stb-Flachdach.

Land: Nordrhein-Westfalen
Kreis: Duisburg, Stadt
Standard: Durchschnitt
Bauzeit: 61 Wochen
Kennwerte: bis 1. Ebene DIN 276

**BGF** 2.153 €/m²

**Planung:** Eberl & Lohmeyer Architekten GbR; Wesel

veröffentlicht: BKI Objektdaten N10

### 6400-0056 Pfarr- und Jugendheim

**BRI** 2.415 m³  **BGF** 426 m²  **NUF** 294 m²

Pfarr- und Jugendheim mit einem Saal, Gruppenräumen, Teeküche, Büro, Lagerräume und ein Pfarrbüro. Mauerwerksbau.

Land: Bayern
Kreis: Dingolfing-Landau
Standard: Durchschnitt
Bauzeit: 35 Wochen
Kennwerte: bis 3. Ebene DIN 276

**BGF** 2.640 €/m²

**Planung:** Nadler und Sperk Architektenpartnerschaft; Landshut

veröffentlicht: BKI Objektdaten N10

© BKI Baukosteninformationszentrum; Erläuterungen zu den Tabellen siehe Seite 56    Kostenstand: 1. Quartal 2022, Bundesdurchschnitt, inkl. 19% MwSt.

## Gemeindezentren, hoher Standard

### Kostenkennwerte für die Kosten des Bauwerks (Kostengruppen 300+400 nach DIN 276)

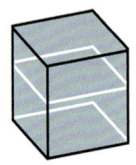

**BRI** 640 €/m³
von 520 €/m³
bis 740 €/m³

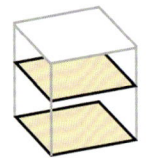

**BGF** 2.725 €/m²
von 2.355 €/m²
bis 3.140 €/m²

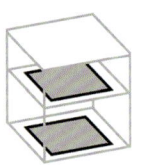

**NUF** 4.240 €/m²
von 3.475 €/m²
bis 5.065 €/m²

Kosten:
Stand 1. Quartal 2022
Bundesdurchschnitt
inkl. 19% MwSt.

### Objektbeispiele

6400-0116

6400-0115

6400-0102

### Kosten der 18 Vergleichsobjekte — Seiten 932 bis 937

- ● KKW
- ▶ min
- ▷ von
- | Mittelwert
- ◁ bis
- ◀ max

BRI: €/m³ BRI (400–900)

BGF: €/m² BGF (1800–3800)

NUF: €/m² NUF (2800–6300)

© BKI Baukosteninformationszentrum; Erläuterungen zu den Tabellen siehe Seite 46 — Kostenstand: 1. Quartal 2022, Bundesdurchschnitt, **inkl. 19% MwSt.**

## Kostenkennwerte für die Kostengruppen der 1. und 2. Ebene DIN 276

| KG | Kostengruppen der 1. Ebene | Einheit | ▷ | €/Einheit | ◁ | ▷ | % an 300+400 | ◁ |
|---|---|---|---|---|---|---|---|---|
| 100 | Grundstück | m²GF | – | – | – | – | – | – |
| 200 | Vorbereitende Maßnahmen | m²GF | 29 | **106** | 264 | 1,7 | **4,1** | 7,2 |
| 300 | Bauwerk – Baukonstruktionen | m²BGF | 1.845 | **2.144** | 2.555 | 74,7 | **78,5** | 83,2 |
| 400 | Bauwerk – Technische Anlagen | m²BGF | 456 | **582** | 735 | 16,8 | **21,5** | 25,3 |
|  | Bauwerk (300+400) | m²BGF | 2.354 | **2.726** | 3.138 | 100,0 | **100,0** | 100,0 |
| 500 | Außenanlagen und Freiflächen | m²AF | 76 | **158** | 340 | 1,4 | **6,2** | 10,6 |
| 600 | Ausstattung und Kunstwerke | m²BGF | 61 | **103** | 141 | 2,2 | **3,8** | 5,3 |
| 700 | Baunebenkosten* | m²BGF | 636 | **682** | 728 | 23,5 | **25,2** | 26,9 |
| 800 | Finanzierung | m²BGF | – | – | – | – | – | – |

\* Auf Grundlage der HOAI 2021 berechnete Werte nach §§ 35, 52, 56. Weitere Informationen siehe Seite 50

| KG | Kostengruppen der 2. Ebene | Einheit | ▷ | €/Einheit | ◁ | ▷ | % an 1. Ebene | ◁ |
|---|---|---|---|---|---|---|---|---|
| 310 | Baugrube / Erdbau | m³BGI | 13 | **60** | 84 | 0,9 | **2,9** | 6,3 |
| 320 | Gründung, Unterbau | m²GRF | 295 | **386** | 432 | 7,4 | **12,4** | 15,0 |
| 330 | Außenwände / vertikal außen | m²AWF | 606 | **640** | 659 | 24,2 | **27,8** | 35,1 |
| 340 | Innenwände / vertikal innen | m²IWF | 375 | **471** | 537 | 16,6 | **17,5** | 18,8 |
| 350 | Decken / horizontal | m²DEF | 404 | **572** | 658 | 8,8 | **10,1** | 12,5 |
| 360 | Dächer | m²DAF | 448 | **555** | 737 | 15,9 | **22,0** | 25,1 |
| 370 | Infrastrukturanlagen | | – | – | – | – | – | – |
| 380 | Baukonstruktive Einbauten | m²BGF | 40 | **73** | 92 | 2,7 | **3,8** | 5,5 |
| 390 | Sonst. Maßnahmen für Baukonst. | m²BGF | 52 | **68** | 97 | 2,9 | **3,4** | 4,4 |
| **300** | **Bauwerk – Baukonstruktionen** | **m²BGF** | | | | | **100,0** | |
| 410 | Abwasser-, Wasser-, Gasanlagen | m²BGF | 72 | **102** | 161 | 11,7 | **16,6** | 26,6 |
| 420 | Wärmeversorgungsanlagen | m²BGF | 120 | **141** | 155 | 20,5 | **22,9** | 26,6 |
| 430 | Raumlufttechnische Anlagen | m²BGF | 20 | **60** | 139 | 3,3 | **9,8** | 22,7 |
| 440 | Elektrische Anlagen | m²BGF | 154 | **203** | 276 | 25,2 | **32,9** | 45,0 |
| 450 | Kommunikationstechnische Anlagen | m²BGF | 8 | **32** | 57 | 0,6 | **3,5** | 9,1 |
| 460 | Förderanlagen | m²BGF | 123 | **123** | 123 | 0,0 | **6,8** | 20,3 |
| 470 | Nutzungsspez. / verfahrenstech. Anl. | m²BGF | 1 | **39** | 114 | 0,2 | **6,3** | 18,3 |
| 480 | Gebäude- und Anlagenautomation | m²BGF | 22 | **22** | 22 | 0,0 | **1,2** | 3,6 |
| 490 | Sonst. Maßnahmen f. techn. Anl. | m²BGF | – | – | – | – | – | – |
| **400** | **Bauwerk – Technische Anlagen** | **m²BGF** | | | | | **100,0** | |

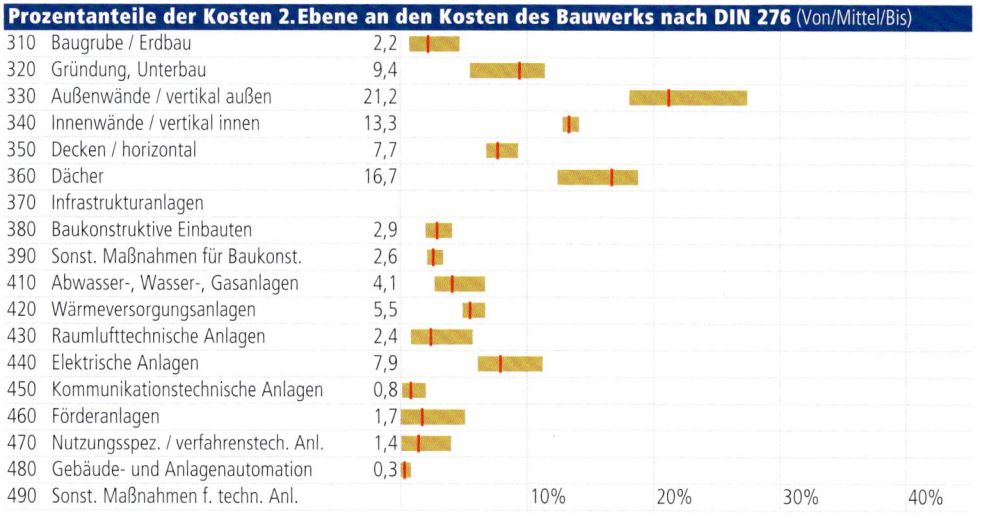

## Prozentanteile der Kosten 2. Ebene an den Kosten des Bauwerks nach DIN 276 (Von/Mittel/Bis)

| KG | Kostengruppe | % |
|---|---|---|
| 310 | Baugrube / Erdbau | 2,2 |
| 320 | Gründung, Unterbau | 9,4 |
| 330 | Außenwände / vertikal außen | 21,2 |
| 340 | Innenwände / vertikal innen | 13,3 |
| 350 | Decken / horizontal | 7,7 |
| 360 | Dächer | 16,7 |
| 370 | Infrastrukturanlagen | |
| 380 | Baukonstruktive Einbauten | 2,9 |
| 390 | Sonst. Maßnahmen für Baukonst. | 2,6 |
| 410 | Abwasser-, Wasser-, Gasanlagen | 4,1 |
| 420 | Wärmeversorgungsanlagen | 5,5 |
| 430 | Raumlufttechnische Anlagen | 2,4 |
| 440 | Elektrische Anlagen | 7,9 |
| 450 | Kommunikationstechnische Anlagen | 0,8 |
| 460 | Förderanlagen | 1,7 |
| 470 | Nutzungsspez. / verfahrenstech. Anl. | 1,4 |
| 480 | Gebäude- und Anlagenautomation | 0,3 |
| 490 | Sonst. Maßnahmen f. techn. Anl. | |

© BKI Baukosteninformationszentrum; Erläuterungen zu den Tabellen siehe Seite 48 und 50   Kostenstand: 1. Quartal 2022, Bundesdurchschnitt, inkl. 19% MwSt.

**Gemeindezentren, hoher Standard**

**Prozentanteile der Kosten für Leistungsbereiche nach STLB (Kosten Bauwerk nach DIN 276)**

| LB | Leistungsbereiche | von | Mittelwert % an 300+400 | bis |
|---|---|---|---|---|
| 000 | Sicherheits-, Baustelleneinrichtungen inkl. 001 | 1,5 | 1,9 | 2,4 |
| 002 | Erdarbeiten | 0,9 | 1,7 | 2,2 |
| 006 | Spezialtiefbauarbeiten inkl. 005 | 0,0 | 0,5 | 1,1 |
| 009 | Entwässerungskanalarbeiten inkl. 011 | 0,4 | 0,5 | 0,7 |
| 010 | Drän- und Versickerarbeiten | 0,0 | 0,2 | 0,3 |
| 012 | Mauerarbeiten | 3,5 | 4,5 | 5,8 |
| 013 | Betonarbeiten | 10,6 | 14,5 | 19,5 |
| 014 | Natur-, Betonwerksteinarbeiten | 0,0 | 0,5 | 1,0 |
| 016 | Zimmer- und Holzbauarbeiten | 4,8 | 8,2 | 13,1 |
| 017 | Stahlbauarbeiten | 0,2 | 1,4 | 2,4 |
| 018 | Abdichtungsarbeiten | 0,5 | 0,6 | 0,7 |
| 020 | Dachdeckungsarbeiten | 0,0 | 0,5 | 0,9 |
| 021 | Dachabdichtungsarbeiten | 0,4 | 0,9 | 1,5 |
| 022 | Klempnerarbeiten | 4,4 | 4,9 | 5,5 |
|  | **Rohbau** | **36,1** | **40,7** | **45,0** |
| 023 | Putz- und Stuckarbeiten, Wärmedämmsysteme | 1,2 | 1,7 | 2,5 |
| 024 | Fliesen- und Plattenarbeiten | 1,3 | 2,6 | 3,9 |
| 025 | Estricharbeiten | 0,1 | 0,9 | 1,4 |
| 026 | Fenster, Außentüren inkl. 029, 032 | 1,9 | 3,7 | 6,0 |
| 027 | Tischlerarbeiten | 8,3 | 9,0 | 9,6 |
| 028 | Parkettarbeiten, Holzpflasterarbeiten | 0,9 | 1,8 | 2,8 |
| 030 | Rollladenarbeiten | 0,0 | 0,1 | 0,2 |
| 031 | Metallbauarbeiten inkl. 035 | 2,1 | 5,2 | 8,3 |
| 034 | Maler- und Lackiererarbeiten inkl. 037 | 2,4 | 2,6 | 2,8 |
| 036 | Bodenbelagarbeiten | < 0,1 | 0,2 | 0,4 |
| 038 | Vorgehängte hinterlüftete Fassaden | 0,5 | 4,1 | 6,7 |
| 039 | Trockenbauarbeiten | 1,0 | 4,4 | 6,8 |
|  | **Ausbau** | **31,8** | **36,3** | **42,4** |
| 040 | Wärmeversorgungsanl. - Betriebseinr. inkl. 041 | 4,1 | 4,5 | 4,9 |
| 042 | Gas- und Wasserinstallation, Leitungen inkl. 043 | 0,7 | 1,0 | 1,4 |
| 044 | Abwasseranlagen - Leitungen | 0,3 | 0,8 | 1,2 |
| 045 | GWE-Einrichtungsgegenstände inkl. 046 | 0,8 | 1,5 | 2,0 |
| 047 | Dämmarbeiten an betriebstechnischen Anlagen | < 0,1 | 0,5 | 0,8 |
| 049 | Feuerlöschanlagen, Feuerlöschgeräte | 0,0 | < 0,1 | < 0,1 |
| 050 | Blitzschutz- und Erdungsanlagen | < 0,1 | 0,2 | 0,3 |
| 052 | Mittelspannungsanlagen | – | – | – |
| 053 | Niederspannungsanlagen inkl. 054 | 2,5 | 3,8 | 4,6 |
| 055 | Sicherheits- u. Ersatzstromversorgungsanl. | – | – | – |
| 057 | Gebäudesystemtechnik | 0,0 | 0,3 | 0,5 |
| 058 | Leuchten und Lampen inkl. 059 | 3,0 | 4,2 | 5,5 |
| 060 | Sprechanlagen, elektroakust. Anlagen inkl. 064 | 0,0 | 0,5 | 1,1 |
| 061 | Kommunikationsnetze inkl. 062 | < 0,1 | 0,1 | 0,2 |
| 063 | Gefahrenmeldeanlagen | 0,0 | 0,2 | 0,4 |
| 069 | Aufzüge | – | – | – |
| 070 | Gebäudeautomation | < 0,1 | 0,5 | 1,0 |
| 075 | Raumlufttechnische Anlagen inkl. 078 | 0,7 | 1,8 | 2,8 |
|  | **Gebäudetechnik** | **17,4** | **19,9** | **22,1** |
|  | Sonstige Leistungsbereiche inkl. 008, 033, 051 | 0,9 | 3,1 | 4,6 |

**Kosten:**
Stand 1. Quartal 2022
Bundesdurchschnitt
inkl. 19% MwSt.

- KKW
- ▶ min
- ▷ von
- | Mittelwert
- ◁ bis
- ◀ max

## Planungskennwerte für Flächen und Rauminhalte nach DIN 277

| Grundflächen | | ▷ | Fläche/NUF (%) | ◁ | ▷ | Fläche/BGF (%) | ◁ |
|---|---|---|---|---|---|---|---|
| NUF | Nutzungsfläche | 100,0 | **100,0** | 100,0 | 60,6 | **65,2** | 68,3 |
| TF | Technikfläche | 5,1 | **6,2** | 9,5 | 3,2 | **3,9** | 5,4 |
| VF | Verkehrsfläche | 20,1 | **25,1** | 34,1 | 13,1 | **15,5** | 20,3 |
| NRF | Netto-Raumfläche | 125,6 | **130,6** | 143,3 | 80,5 | **84,2** | 86,4 |
| KGF | Konstruktions-Grundfläche | 21,1 | **23,8** | 29,9 | 13,1 | **15,3** | 18,8 |
| BGF | Brutto-Grundfläche | 147,5 | **155,4** | 167,5 | 100,0 | **100,0** | 100,0 |

| Brutto-Rauminhalte | | ▷ | BRI/NUF (m) | ◁ | ▷ | BRI/BGF (m) | ◁ |
|---|---|---|---|---|---|---|---|
| BRI | Brutto-Rauminhalt | 6,14 | **6,83** | 8,03 | 4,03 | **4,39** | 5,38 |

| Flächen von Nutzeinheiten | ▷ | NUF/Einheit (m²) | ◁ | ▷ | BGF/Einheit (m²) | ◁ |
|---|---|---|---|---|---|---|
| Nutzeinheit: | – | – | – | – | – | – |

| Lufttechnisch behandelte Flächen | ▷ | Fläche/NUF (%) | ◁ | ▷ | Fläche/BGF (%) | ◁ |
|---|---|---|---|---|---|---|
| Entlüftete Fläche | 11,7 | **11,7** | 11,7 | 7,0 | **7,0** | 7,0 |
| Be- und entlüftete Fläche | 31,2 | **31,2** | 31,2 | 23,1 | **23,1** | 23,1 |
| Teilklimatisierte Fläche | – | – | – | – | – | – |
| Klimatisierte Fläche | – | – | – | – | – | – |

| KG | Kostengruppen (2. Ebene) | Einheit | ▷ | Menge/NUF | ◁ | ▷ | Menge/BGF | ◁ |
|---|---|---|---|---|---|---|---|---|
| 310 | Baugrube / Erdbau | m³ BGI | 1,06 | **1,29** | 1,29 | 0,59 | **0,74** | 0,74 |
| 320 | Gründung, Unterbau | m² GRF | 0,91 | **0,93** | 0,93 | 0,61 | **0,61** | 0,63 |
| 330 | Außenwände / vertikal außen | m² AWF | 1,21 | **1,32** | 1,32 | 0,81 | **0,86** | 0,86 |
| 340 | Innenwände / vertikal innen | m² IWF | 1,11 | **1,15** | 1,15 | 0,66 | **0,75** | 0,75 |
| 350 | Decken / horizontal | m² DEF | 0,58 | **0,61** | 0,61 | 0,36 | **0,37** | 0,37 |
| 360 | Dächer | m² DAF | 1,21 | **1,21** | 1,21 | 0,79 | **0,79** | 0,82 |
| 370 | Infrastrukturanlagen | | – | – | – | – | – | – |
| 380 | Baukonstruktive Einbauten | m² BGF | 1,48 | **1,55** | 1,67 | 1,00 | **1,00** | 1,00 |
| 390 | Sonst. Maßnahmen für Baukonst. | m² BGF | 1,48 | **1,55** | 1,67 | 1,00 | **1,00** | 1,00 |
| **300** | **Bauwerk – Baukonstruktionen** | m² BGF | 1,48 | **1,55** | 1,67 | 1,00 | **1,00** | 1,00 |

## Planungskennwerte für Bauzeiten — 18 Vergleichsobjekte

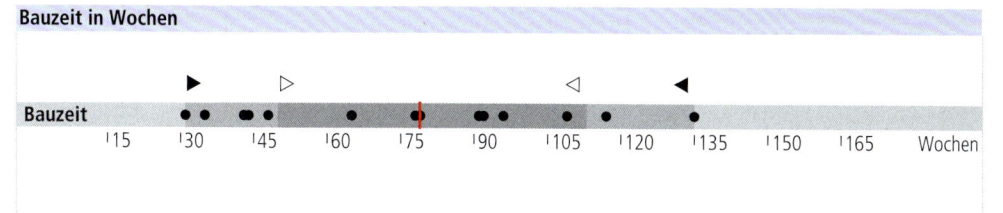

**Bauzeit in Wochen**

Bauzeit: 15 | 30 | 45 | 60 | 75 | 90 | 105 | 120 | 135 | 150 | 165 Wochen

© BKI Baukosteninformationszentrum; Erläuterungen zu den Tabellen siehe Seite 54   Kostenstand: 1. Quartal 2022, Bundesdurchschnitt, inkl. 19% MwSt.

## Gemeindezentren, hoher Standard

### Objektübersicht zur Gebäudeart

€/m² BGF
min 2.060 €/m²
von 2.355 €/m²
Mittel **2.725 €/m²**
bis 3.140 €/m²
max 3.565 €/m²

**Kosten:**
Stand 1. Quartal 2022
Bundesdurchschnitt
inkl. 19% MwSt.

---

**6400-0116 Dorfgemeinschaftshaus - Effizienzhaus ~42%**  BRI 2.350 m³   BGF 598 m²   NUF 402 m²

Dorfgemeinschaftshaus, Effizienzhaus ~42%. Holzbau.

Land: Niedersachsen
Kreis: Harburg
Standard: über Durchschnitt
Bauzeit: 44 Wochen
Kennwerte: bis 1. Ebene DIN 276

BGF **2.059 €/m²**

**Planung:** jup. architektur; Winsen (Luhe)

veröffentlicht: BKI Objektdaten E9

---

**6400-0115 Jugendfreizeiteinrichtung, Familienzentrum**  BRI 2.855 m³   BGF 680 m²   NUF 402 m²

Jugendfreizeiteinrichtung mit 70 Plätzen und Familienzentrum mit 30 Plätzen. Massivbau.

Land: Berlin
Kreis: Berlin, Stadt
Standard: über Durchschnitt
Bauzeit: 78 Wochen
Kennwerte: bis 1. Ebene DIN 276

BGF **3.567 €/m²**

**Planung:** Gruber + Popp Architekt:innen BDA; Berlin

vorgesehen: BKI Objektdaten N18

---

**9100-0164 Sport- und Gemeinschaftshaus - Effizienzhaus ~35%**  BRI 6.321 m³   BGF 1.686 m²   NUF 1.143 m²

Gemeinschaftshaus mit Seminar-/Versammlungsräumen, Bistro, Kinder- und Jugendräumen sowie Räumen für einen Sportverein. Mauerwerksbau.

Land: Schleswig-Holstein
Kreis: Herzogtum Lauenburg
Standard: über Durchschnitt
Bauzeit: 79 Wochen
Kennwerte: bis 1. Ebene DIN 276

BGF **2.397 €/m²**

**Planung:** Meyer Steffens Architekten und Stadtplan; Lübeck

veröffentlicht: BKI Objektdaten N17

---

**6400-0102 Familienzentrum, Kinderkrippe (24 Kinder)**  BRI 4.691 m³   BGF 1.197 m²   NUF 764 m²

Familienzentrum mit Beratungsräumen, Café, Büros und Kinderkrippe (2 Gruppen, 24 Kinder). Massivbau.

Land: Niedersachsen
Kreis: Wilhelmshaven, Stadt
Standard: über Durchschnitt
Bauzeit: 65 Wochen
Kennwerte: bis 1. Ebene DIN 276

BGF **3.026 €/m²**

**Planung:** THALEN CONSULT GmbH; Neuenburg

veröffentlicht: BKI Objektdaten N16

## Objektübersicht zur Gebäudeart

### 9100-0123 Informations- und Kommunikationszentrum*
**BRI** 1.312 m³  **BGF** 360 m²  **NUF** 230 m²

Informations- und Kommunikationszentrum für Hochschule und Stadt mit Kinderhort (5 Kinder) und Jugendclubräumen (29 Jugendliche). Mauerwerks- und Stahlbetonbau.

Land: Sachsen
Kreis: Mittelsachsen
Standard: über Durchschnitt
Bauzeit: 48 Wochen
Kennwerte: bis 1. Ebene DIN 276

**BGF** 3.587 €/m² *

**Planung:** Architekturbüro Raum und Bau GmbH; Dresden

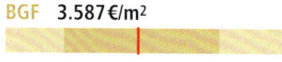

veröffentlicht: BKI Objektdaten N15
* Nicht in der Auswertung enthalten

### 6400-0093 Gemeindezentrum
**BRI** 2.295 m³  **BGF** 466 m²  **NUF** 300 m²

Gemeindezentrum mit Saal und Gruppenräumen. Mauerwerksbau.

Land: Bayern
Kreis: Nürnberg
Standard: über Durchschnitt
Bauzeit: 48 Wochen
Kennwerte: bis 1. Ebene DIN 276

**BGF** 2.966 €/m²

**Planung:** Architekturbüro Klaus Thiemann; Hersbruck

veröffentlicht: BKI Objektdaten N15

### 6400-0083 Pfarrhaus, Doppelgarage
**BRI** 1.075 m³  **BGF** 339 m²  **NUF** 248 m²

Pfarrhaus mit zwei Wohneinheiten (167 m² WFL) und Bürofläche (81 m² NUF), Doppelgarage und Nebenraum. Mauerwerksbau.

Land: Bayern
Kreis: Regensburg
Standard: über Durchschnitt
Bauzeit: 31 Wochen
Kennwerte: bis 1. Ebene DIN 276

**BGF** 2.240 €/m²

**Planung:** Michael Feil Architekt; Regensburg

veröffentlicht: BKI Objektdaten E6

### 9100-0162 Festhalle (600 Sitzplätze)
**BRI** 15.532 m³  **BGF** 2.377 m²  **NUF** 1.535 m²

Fest- und Mehrzweckhalle für Veranstaltungen (600 Sitzplätze) und Vereins- und Schulsport mit Tribüne. Massivbau mit Holzbaukonstruktion.

Land: Baden-Württemberg
Kreis: Bodenseekreis
Standard: über Durchschnitt
Bauzeit: 135 Wochen
Kennwerte: bis 1. Ebene DIN 276

**BGF** 3.351 €/m²

**Planung:** SPREEN ARCHITEKTEN Partnerschaft mbB; München

veröffentlicht: BKI Objektdaten N17

© BKI Baukosteninformationszentrum; Erläuterungen zu den Tabellen siehe Seite 56    Kostenstand: 1. Quartal 2022, Bundesdurchschnitt, inkl. 19% MwSt.

**Gemeindezentren, hoher Standard**

## Objektübersicht zur Gebäudeart

€/m² BGF
min    2.060 €/m²
von    2.355 €/m²
Mittel **2.725 €/m²**
bis    3.140 €/m²
max    3.565 €/m²

**Kosten:**
Stand 1. Quartal 2022
Bundesdurchschnitt
inkl. 19% MwSt.

---

### 6400-0085 Pfarrzentrum
**BRI** 5.123 m³ | **BGF** 1.247 m² | **NUF** 884 m²

Pfarrzentrum mit drei Gebäudeteilen (Pfarrheim, Pfarrhaus und Sakristei). Stb-Konstruktion.

Land: Bayern
Kreis: Regensburg, Stadt
Standard: über Durchschnitt
Bauzeit: 92 Wochen
Kennwerte: bis 1. Ebene DIN 276

**BGF 2.929 €/m²**

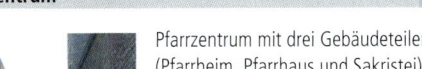

**Planung:** Kühn & Neuwald Architekten; Regenstauf

veröffentlicht: BKI Objektdaten E6

---

### 6400-0081 Gemeindehaus
**BRI** 1.300 m³ | **BGF** 351 m² | **NUF** 203 m²

Gemeindehaus mit Gemeindesaal (80 Sitzplätze), Foyer, Küche und Büros. Massivbau.

Land: Bayern
Kreis: Würzburg
Standard: über Durchschnitt
Bauzeit: 43 Wochen
Kennwerte: bis 1. Ebene DIN 276

**BGF 2.476 €/m²**

**Planung:** Georg Redelbach Architekten; Marktheidenfeld

veröffentlicht: BKI Objektdaten N13

---

### 6400-0076 Kommunikationszentrum, Kita - Passivhaus
**BRI** 9.878 m³ | **BGF** 1.864 m² | **NUF** 1.017 m²

Kommunikationszentrum für studentische Nutzung (Saal, Aufenthaltsräume) und einer Kindertagesstätte für 15 Kinder. Massivbauweise.

Land: Rheinland-Pfalz
Kreis: Birkenfeld
Standard: über Durchschnitt
Bauzeit: 96 Wochen
Kennwerte: bis 1. Ebene DIN 276

**BGF 2.912 €/m²**

**Planung:** planungsgruppeDREI PartG; Mühltal

veröffentlicht: BKI Objektdaten E6

---

### 6400-0088 Pfarrheim
**BRI** 2.429 m³ | **BGF** 583 m² | **NUF** 409 m²

Pfarrheim mit Gemeindesaal, Jugend- und Seminarraum. Massivbau.

Land: Nordrhein-Westfalen
Kreis: Mettmann
Standard: über Durchschnitt
Bauzeit: 65 Wochen
Kennwerte: bis 1. Ebene DIN 276

**BGF 3.111 €/m²**

**Planung:** TRU Architekten Partnerschaft mbB; Düsseldorf

veröffentlicht: BKI Objektdaten N13

## Objektübersicht zur Gebäudeart

### 9100-0068 Gemeindehaus mit Wohnung

**BRI** 2.385 m³    **BGF** 673 m²    **NUF** 411 m²

Gemeindehaus mit Saal und Küsterwohnung im OG. Mauerwerksbau.

Land: Schleswig-Holstein
Kreis: Kiel, Stadt
Standard: über Durchschnitt
Bauzeit: 35 Wochen
Kennwerte: bis 1. Ebene DIN 276

**BGF**   2.361 €/m²

**Planung:** Zastrow + Zastrow Architekten und Stadtplaner; Kiel

veröffentlicht: BKI Objektdaten N11

### 6400-0065 Begegnungszentrum, Wohnungen, TG

**BRI** 5.643 m³    **BGF** 1.731 m²    **NUF** 1.345 m²

Begegnungszentrum mit Tiefgarage (7 STP) und 4 Wohnungen in den beiden Obergeschossen. Mauerwerksbau.

Land: Nordrhein-Westfalen
Kreis: Rhein-Erft-Kreis
Standard: über Durchschnitt
Bauzeit: 117 Wochen
Kennwerte: bis 1. Ebene DIN 276

**BGF**   2.544 €/m²

**Planung:** BATHE + REBER Architekten GbR; Dortmund

veröffentlicht: BKI Objektdaten N11

### 6400-0060 Gemeindehaus, Kindergarten*

**BRI** 2.890 m³    **BGF** 773 m²    **NUF** 428 m²

Gemeindehaus, Kindergarten (15 Kinder), Dorfladen, Mehrzweckraum, Gemeindeamt, zertifiziertes Passivhaus. Holzkonstruktion.

Land: Österreich
Kreis: Vorarlberg
Standard: über Durchschnitt
Bauzeit: 48 Wochen
Kennwerte: bis 3. Ebene DIN 276

**BGF**   3.701 €/m²

**Planung:** Cukrowicz Nachbaur Architekten ZT GmbH; Bregenz

veröffentlicht: BKI Objektdaten E4
* Nicht in der Auswertung enthalten

### 9100-0057 Gemeindehaus

**BRI** 3.412 m³    **BGF** 786 m²    **NUF** 570 m²

Versammlungsstätte mit Versammlungsraum, Gruppenräumen, Jugendräumen und Büros. Stb-Konstruktion; Stahl-Pfosten-Riegel-Fassade; Stb-Flachdach.

Land: Nordrhein-Westfalen
Kreis: Hagen, Stadt
Standard: über Durchschnitt
Bauzeit: 91 Wochen
Kennwerte: bis 1. Ebene DIN 276

**BGF**   2.929 €/m²

**Planung:** BATHE + REBER Architekten GbR; Dortmund

veröffentlicht: BKI Objektdaten N10

© BKI Baukosteninformationszentrum; Erläuterungen zu den Tabellen siehe Seite 56    Kostenstand: 1. Quartal 2022, Bundesdurchschnitt, **inkl. 19% MwSt.**

## Gemeindezentren, hoher Standard

### Objektübersicht zur Gebäudeart

**€/m² BGF**
| min | 2.060 €/m² |
|---|---|
| von | 2.355 €/m² |
| **Mittel** | **2.725 €/m²** |
| bis | 3.140 €/m² |
| max | 3.565 €/m² |

**Kosten:**
Stand 1. Quartal 2022
Bundesdurchschnitt
inkl. 19% MwSt.

---

**6400-0053 Dorfgemeinschaftshaus** — BRI 7.380 m³ | BGF 1.040 m² | NUF 724 m²

Dorfgemeinschaftshaus für Veranstaltungen mit 300 Sitzplätzen an Tischen, Bühne, Veranstaltungsküche. Mauerwerksbau.

Land: Baden-Württemberg
Kreis: Neckar-Odenwald-Kreis
Standard: über Durchschnitt
Bauzeit: 117 Wochen
Kennwerte: bis 3. Ebene DIN 276

BGF **2.840 €/m²**

Planung: Ecker Architekten; Buchen
veröffentlicht: BKI Objektdaten N9

---

**6400-0028 Bürgerhaus** — BRI 3.469 m³ | BGF 782 m² | NUF 417 m²

Bürgerhaus mit Veranstaltungssaal, Sitzungssaal, Bistro mit Küche, Bücherei, Bürgermeisterraum. Mauerwerksbau.

Land: Rheinland-Pfalz
Kreis: Südwestpfalz
Standard: über Durchschnitt
Bauzeit: 109 Wochen
Kennwerte: bis 1. Ebene DIN 276

BGF **2.509 €/m²**

Planung: Planwerk 3 Emmer und Schröder mit Henning
www.bki.de

---

**6400-0026 Gemeindezentrum** — BRI 6.632 m³ | BGF 1.444 m² | NUF 1.069 m²

Gemeindezentrum mit Saal, Küche, Nebenräumen; zusammen errichtet mit Kindergarten (Objekt 4400-0014). Holzskelettbau.

Land: Bayern
Kreis: Augsburg
Standard: über Durchschnitt
Bauzeit: 65 Wochen
Kennwerte: bis 4. Ebene DIN 276

BGF **2.456 €/m²**

Planung: Architektengruppe 4 Braun-Dietz-Lüling-Schlagenhaufer; Ingolstadt
www.bki.de

---

**9100-0012 Musikschule*** — BRI 5.173 m³ | BGF 1.358 m² | NUF 760 m²

Musikschulgebäude als Teil einer Gesamtanlage (Objekte 4100-0010, 5100-0023, 6100-0160). Stb-Skelettbau.

Land: Bayern
Kreis: Dingolfing-Landau
Standard: über Durchschnitt
Bauzeit: 143 Wochen
Kennwerte: bis 2. Ebene DIN 276

BGF **3.169 €/m²**

www.bki.de
* Nicht in der Auswertung enthalten

## Objektübersicht zur Gebäudeart

**9100-0006 Dorfgemeinschaftshaus, Saal (100 STP)**    **BRI** 1.970 m³   **BGF** 491 m²   **NUF** 256 m²

Kleiner Gemeindesaal (100 Plätze), als neuer Anbau an einen denkmalgeschützten Bau aus dem 18. Jahrhundert, im Dorf-Mittelpunkt, als Dorf-Gemeinschaftshaus genutzt. Mauerwerksbau.

Land: Rheinland-Pfalz
Kreis: Südliche Weinstraße
Standard: über Durchschnitt
Bauzeit: 117 Wochen
Kennwerte: bis 3. Ebene DIN 276

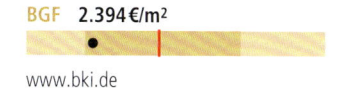

**BGF**   **2.394 €/m²**

**Planung:** Prof. Peter Sulzer Architekt; Gleisweiler

www.bki.de

# Sakralbauten

## Kostenkennwerte für die Kosten des Bauwerks (Kostengruppen 300+400 nach DIN 276)

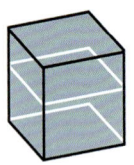

**BRI** 605 €/m³
von 510 €/m³
bis 730 €/m³

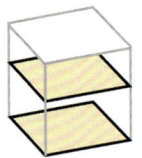

**BGF** 3.150 €/m²
von 2.635 €/m²
bis 3.560 €/m²

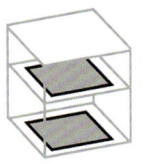

**NUF** 4.535 €/m²
von 3.620 €/m²
bis 5.505 €/m²

**NE** 9.655 €/NE
von 5.805 €/NE
bis 14.010 €/NE
NE: Sitzplätze

**Kosten:**
Stand 1. Quartal 2022
Bundesdurchschnitt
inkl. 19% MwSt.

### Objektbeispiele

9100-0187

9100-0171

9100-0085

### Kosten der 12 Vergleichsobjekte — Seiten 940 bis 943

- • KKW
- ▶ min
- ▷ von
- | Mittelwert
- ◁ bis
- ◀ max

BRI: €/m³ BRI (400–900)
BGF: €/m² BGF (2200–4200)
NUF: €/m² NUF (2800–6300)

© BKI Baukosteninformationszentrum; Erläuterungen zu den Tabellen siehe Seite 46
Kostenstand: 1. Quartal 2022, Bundesdurchschnitt, inkl. 19% MwSt.

## Kostenkennwerte für die Kostengruppen der 1. Ebene DIN 276

| KG | Kostengruppen der 1. Ebene | Einheit | ▷ | €/Einheit | ◁ | ▷ | % an 300+400 | ◁ |
|---|---|---|---|---|---|---|---|---|
| 100 | Grundstück | m²GF | – | – | – | – | – | – |
| 200 | Vorbereitende Maßnahmen | m²GF | 9 | **54** | 116 | 1,0 | **4,3** | 8,6 |
| 300 | Bauwerk – Baukonstruktionen | m²BGF | 2.260 | **2.705** | 3.111 | 82,5 | **85,8** | 88,2 |
| 400 | Bauwerk – Technische Anlagen | m²BGF | 353 | **444** | 521 | 11,8 | **14,2** | 17,5 |
|  | Bauwerk (300+400) | m²BGF | 2.634 | **3.148** | 3.560 | 100,0 | **100,0** | 100,0 |
| 500 | Außenanlagen und Freiflächen | m²AF | 67 | **172** | 263 | 5,7 | **10,5** | 14,5 |
| 600 | Ausstattung und Kunstwerke | m²BGF | 235 | **353** | 514 | 6,6 | **10,7** | 14,0 |
| 700 | Baunebenkosten* | m²BGF | 764 | **819** | 874 | 24,4 | **26,1** | 27,9 |
| 800 | Finanzierung | m²BGF | – | – | – | – | – | – |

\* Auf Grundlage der HOAI 2021 berechnete Werte nach §§ 35, 52, 56. Weitere Informationen siehe Seite 50

## Planungskennwerte für Flächen und Rauminhalte nach DIN 277

| Grundflächen | | ▷ | Fläche/NUF (%) | ◁ | ▷ | Fläche/BGF (%) | ◁ |
|---|---|---|---|---|---|---|---|
| NUF | Nutzungsfläche | 100,0 | **100,0** | 100,0 | 66,4 | **70,7** | 75,5 |
| TF | Technikfläche | 3,0 | **3,5** | 4,6 | 2,0 | **2,5** | 3,5 |
| VF | Verkehrsfläche | 14,9 | **19,4** | 27,0 | 9,7 | **12,9** | 17,1 |
| NRF | Netto-Raumfläche | 114,8 | **121,0** | 128,7 | 81,1 | **84,7** | 86,8 |
| KGF | Konstruktions-Grundfläche | 18,6 | **22,4** | 30,4 | 13,2 | **15,3** | 18,9 |
| BGF | Brutto-Grundfläche | 134,2 | **143,3** | 153,3 | 100,0 | **100,0** | 100,0 |

| Brutto-Rauminhalte | | ▷ | BRI/NUF (m) | ◁ | ▷ | BRI/BGF (m) | ◁ |
|---|---|---|---|---|---|---|---|
| BRI | Brutto-Rauminhalt | 7,13 | **7,64** | 8,79 | 4,85 | **5,33** | 6,03 |

| Flächen von Nutzeinheiten | ▷ | NUF/Einheit (m²) | ◁ | ▷ | BGF/Einheit (m²) | ◁ |
|---|---|---|---|---|---|---|
| Nutzeinheit: Sitzplätze | 1,65 | **1,99** | 2,51 | 2,46 | **2,87** | 3,66 |

| Lufttechnisch behandelte Flächen | ▷ | Fläche/NUF (%) | ◁ | ▷ | Fläche/BGF (%) | ◁ |
|---|---|---|---|---|---|---|
| Entlüftete Fläche | – | – | – | – | – | – |
| Be- und entlüftete Fläche | – | – | – | – | – | – |
| Teilklimatisierte Fläche | 100,0 | **100,0** | 100,0 | 82,1 | **82,1** | 82,1 |
| Klimatisierte Fläche | – | – | – | – | – | – |

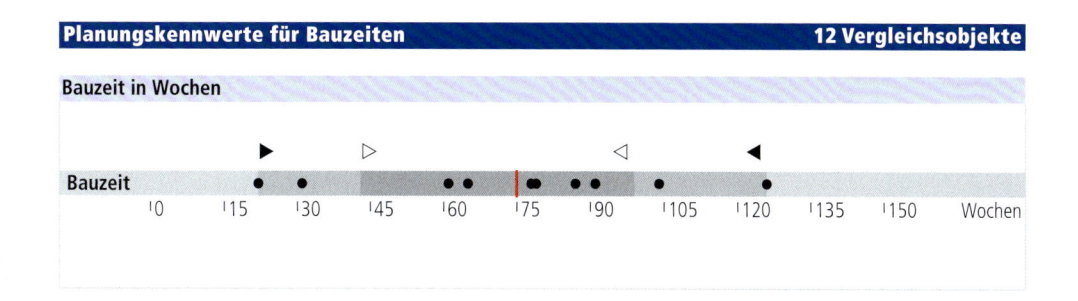

## Planungskennwerte für Bauzeiten — 12 Vergleichsobjekte

Bauzeit in Wochen: Bauzeit-Skala von 0 bis 150+ Wochen mit Datenpunkten, Markierungen ▶ (~22), ▷ (~43), ◁ (~82), ◀ (~108).

© BKI Baukosteninformationszentrum; Erläuterungen zu den Tabellen siehe Seite 48, 50, 54   Kostenstand: 1. Quartal 2022, Bundesdurchschnitt, inkl. 19% MwSt.

# Sakralbauten

## Objektübersicht zur Gebäudeart

€/m² BGF
min 2.445 €/m²
von 2.635 €/m²
Mittel **3.150 €/m²**
bis 3.560 €/m²
max 3.925 €/m²

**Kosten:**
Stand 1. Quartal 2022
Bundesdurchschnitt
inkl. 19% MwSt.

### 9100-0187 Neuapostolische Kirche (212 Sitzplätze)
**BRI** 2.481 m³ **BGF** 426 m² **NUF** 254 m²

Kirche mit 212 Sitzplätzen, Foyer, Sakristei, Sanitärräume, Teeküche und Mehrzweckräumen für kirchliche Unterrichte, Jugendabende, Gemeinde- und Seniorenzusammenkünfte. Massivbau.

Land: Brandenburg
Kreis: Dahme-Spreewald
Standard: Durchschnitt
Bauzeit: 61 Wochen
Kennwerte: bis 1. Ebene DIN 276

**BGF  3.591 €/m²**

**Planung:** ATG Bau-Planung GmbH Architektur- und; Berlin

vorgesehen: BKI Objektdaten N18

### 9100-0171 Jugendkapelle
**BRI** 283 m³ **BGF** 53 m² **NUF** 44 m²

Jugendkapelle mit 40 Sitzplätzen. Holzständerbau.

Land: Bayern
Kreis: Amberg-Sulzbach
Standard: Durchschnitt
Bauzeit: 22 Wochen
Kennwerte: bis 1. Ebene DIN 276

**BGF  2.502 €/m²**

**Planung:** Architekturbüro Klaus Thiemann; Hersbruck

veröffentlicht: BKI Objektdaten N17

### 9100-0160 Neuapostolische Kirche
**BRI** 2.684 m³ **BGF** 465 m² **NUF** 319 m²

Neuapostolische Kirche mit 150 Sitzplätzen. Massivbau.

Land: Baden-Württemberg
Kreis: Rhein-Neckar-Kreis
Standard: Durchschnitt
Bauzeit: 79 Wochen
Kennwerte: bis 1. Ebene DIN 276

**BGF  3.371 €/m²**

**Planung:** Bodamer Faber Architekten BDA; Stuttgart

veröffentlicht: BKI Objektdaten N16

### 9100-0161 Kirche - Effizienzhaus ~79%
**BRI** 3.408 m³ **BGF** 647 m² **NUF** 455 m²

Kirche mit 172 Sitzplätzen, Foyer und Nebenräumen. Massivbau.

Land: Baden-Württemberg
Kreis: Rottweil
Standard: über Durchschnitt
Bauzeit: 87 Wochen
Kennwerte: bis 1. Ebene DIN 276

**BGF  3.259 €/m²**

**Planung:** Bodamer Faber Architekten BDA; Stuttgart

veröffentlicht: BKI Objektdaten E8

## Objektübersicht zur Gebäudeart

### 9100-0115 Kirche     BRI 6.263 m³    BGF 827 m²    NUF 543 m²

Kath. Kirche (164 Sitzplätze), Taufkapelle und Sakristei. Stb-Konstruktion, Holzdach.

Land: Bayern
Kreis: Schweinfurt
Standard: über Durchschnitt
Bauzeit: 126 Wochen
Kennwerte: bis 1. Ebene DIN 276

BGF   3.470 €/m²

**Planung:** Architekturbüro Gerber; Werneck

veröffentlicht: BKI Objektdaten N15

### 9100-0142 Kapelle, Gemeinderäume, Café     BRI 3.295 m³    BGF 840 m²    NUF 492 m²

Sakralbau mit Kirchenraum, Café, Wohngemeinschaft, Seminar- und Büroräumen, separat stehendem Glockenturm. Mauerwerksbau.

Land: Niedersachsen
Kreis: Vechta
Standard: über Durchschnitt
Bauzeit: 61 Wochen
Kennwerte: bis 1. Ebene DIN 276

BGF   2.443 €/m²

**Planung:** Ulrich Tilgner Thomas Grotz Architekten GmbH; Bremen

veröffentlicht: BKI Objektdaten N15

### 9100-0116 Kirche*     BRI 4.397 m³    BGF 698 m²    NUF 458 m²

Kath. Kirche (236 Sitzplätze) mit Nebenräumen und Glockenstube. Stb-Konstruktion.

Land: Niedersachsen
Kreis: Friesland
Standard: Durchschnitt
Bauzeit: 92 Wochen
Kennwerte: bis 1. Ebene DIN 276

BGF   7.637 €/m²

**Planung:** Königs Architekten; Köln

veröffentlicht: BKI Objektdaten N15
* Nicht in der Auswertung enthalten

### 9100-0087 Kirche     BRI 3.090 m³    BGF 552 m²    NUF 453 m²

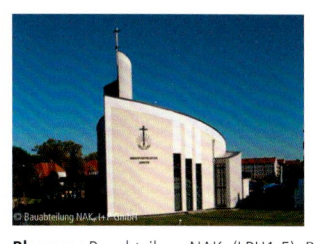

Eingeschossiger Kirchenneubau (230 Sitzplätze) mit Versammlungs- und Andachtsraum, Unterrichtsräumen, Büro und Café. Massivbau, Stahlbetonunterzüge.

Land: Brandenburg
Kreis: Brandenburg
Standard: Durchschnitt
Bauzeit: 65 Wochen
Kennwerte: bis 1. Ebene DIN 276

BGF   2.992 €/m²

**Planung:** Bauabteilung NAK, (LPH1-5); Berlin + I+P GmbH (LPH5-8); Hohen Neuendorf

veröffentlicht: BKI Objektdaten N12

# Sakralbauten

## Objektübersicht zur Gebäudeart

**€/m² BGF**
min 2.445 €/m²
von 2.635 €/m²
Mittel **3.150** €/m²
bis 3.560 €/m²
max 3.925 €/m²

**Kosten:**
Stand 1. Quartal 2022
Bundesdurchschnitt
inkl. 19% MwSt.

### 9100-0085 Kirche
**BRI** 2.577 m³ **BGF** 438 m² **NUF** 280 m²

Kirche mit Kirchensaal (140 Sitzplätze), Nebenräumen für Unterricht und Gemeinschaft, Sakristei. Massivbau.

Land: Baden-Württemberg
Kreis: Esslingen
Standard: Durchschnitt
Bauzeit: 78 Wochen
Kennwerte: bis 1. Ebene DIN 276

**BGF 3.924 €/m²**

veröffentlicht: BKI Objektdaten N12

**Planung:** k.A.

### 9100-0061 Synagoge
**BRI** 1.197 m³ **BGF** 267 m² **NUF** 192 m²

Synagoge mit 120 Sitzplätzen, Foyer, Garderobe und Technikraum. Stb-Skelett mit Mauerwerk.

Land: Mecklenburg-Vorpommern
Kreis: Schwerin, Stadt
Standard: Durchschnitt
Bauzeit: 31 Wochen
Kennwerte: bis 1. Ebene DIN 276

**BGF 3.175 €/m²**

veröffentlicht: BKI Objektdaten N10

**Planung:** Architekturbüro Brenncke; Schwerin

### 9100-0032 Evangelische Kirche*
**BRI** 2.084 m³ **BGF** 331 m² **NUF** 261 m²

Unterteilbarer Kirchenraum, Abstellräume, Teeküche, WCs, Technikraum. Brettstapelkonstruktion.

Land: Niedersachsen
Kreis: Heidekreis
Standard: über Durchschnitt
Bauzeit: 56 Wochen
Kennwerte: bis 1. Ebene DIN 276

**BGF 5.373 €/m²**

veröffentlicht: BKI Objektdaten N5
* Nicht in der Auswertung enthalten

**Planung:** ARCHITEKTURBÜRO TABERY; Bremervörde

### 6400-0042 Kirche, Gemeinderäume
**BRI** 8.756 m³ **BGF** 1.612 m² **NUF** 1.320 m²

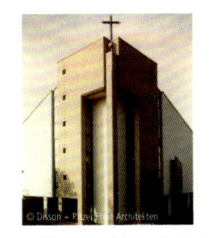

Kirche mit Taufkapelle, Sakristei und Pfarrwohnung, Unterkirche (Pfarrsaal) mit Teeküche. Mauerwerksbau.

Land: Rheinland-Pfalz
Kreis: Neustadt, Weinstraße
Standard: über Durchschnitt
Bauzeit: 104 Wochen
Kennwerte: bis 1. Ebene DIN 276

**BGF 2.800 €/m²**

veröffentlicht: BKI Objektdaten N3

**Planung:** Disson + Ritzer Freie Architekten; Neustadt/Weinstr.

## Objektübersicht zur Gebäudeart

### 6400-0029 Ev. Gemeindehaus

**BRI** 1.118 m³    **BGF** 273 m²    **NUF** 200 m²

Ein holzverschalter Kubus umschließt den Versammlungsraum (über 2 Geschosse); ein massiver, unterkellerter Baukörper beinhaltet notwendige Nebenräume. Beide Baukörper werden durch eine Foyer- und Eingangszone miteinander verbunden. Mauerwerksbau.

Land: Hessen
Kreis: Gießen
Standard: über Durchschnitt
Bauzeit: 91 Wochen
Kennwerte: bis 2. Ebene DIN 276

**BGF   3.620 €/m²**

**Planung:** Hempelt + Bernhardt Freie Architekten BDA; Darmstadt

www.bki.de

### 9100-0003 Evangelische Kirche*

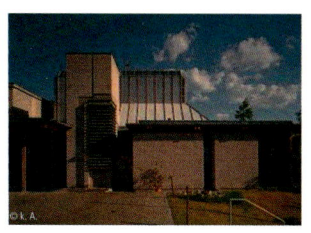

**BRI** 2.051 m³    **BGF** 339 m²    **NUF** 252 m²

Evangelische Kirche mit Glockenturm, Anbau an bestehendes Gemeindezentrum, Nebenräume. Mauerwerksbau.

Land: Bayern
Kreis: Würzburg
Standard: über Durchschnitt
Bauzeit: 78 Wochen
Kennwerte: bis 2. Ebene DIN 276

**BGF   6.323 €/m²**

www.bki.de
* Nicht in der Auswertung enthalten

### 6400-0006 Kirche und Gemeindezentrum

**BRI** 8.028 m³    **BGF** 1.694 m²    **NUF** 1.170 m²

Kirche, Gemeindesäle, Alten- und Jugendräume als Teil eines Gemeindezentrums. UG, EG und teilweise OG. Mauerwerksbau.

Land: Baden-Württemberg
Kreis: Stuttgart, Stadtkreis
Standard: über Durchschnitt
Bauzeit: 91 Wochen
Kennwerte: bis 2. Ebene DIN 276

**BGF   2.635 €/m²**

www.bki.de

# Friedhofsgebäude

## Kostenkennwerte für die Kosten des Bauwerks (Kostengruppen 300+400 nach DIN 276)

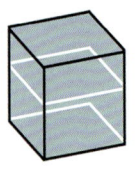

**BRI** 575 €/m³
von 420 €/m³
bis 845 €/m³

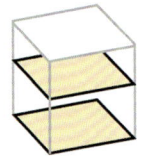

**BGF** 2.610 €/m²
von 2.015 €/m²
bis 3.405 €/m²

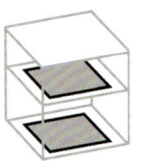

**NUF** 3.580 €/m²
von 2.760 €/m²
bis 4.940 €/m²

**Kosten:**
Stand 1. Quartal 2022
Bundesdurchschnitt
inkl. 19% MwSt.

### Objektbeispiele

9700-0026 © Alexander Burzik
9700-0023 © Waldemar Merger
9700-0008 © Lothar Graner Freie Architekten
9700-0021 © architekturbüro team-modul
9700-0016 © Böttcher & Riesterer Architekten Partnerschaft
9700-0018 © Nopto Architekt

### Kosten der 13 Vergleichsobjekte — Seiten 948 bis 952

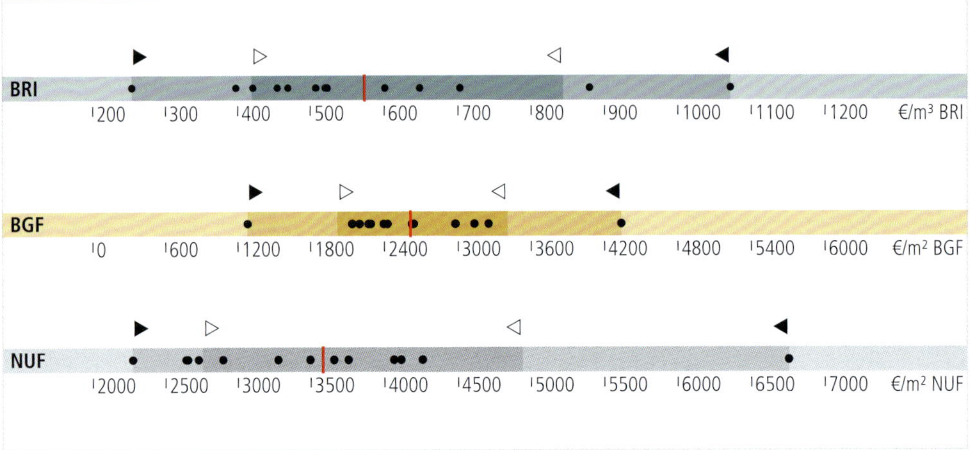

- ● KKW
- ▶ min
- ▷ von
- | Mittelwert
- ◁ bis
- ◀ max

BRI: €/m³ BRI
BGF: €/m² BGF
NUF: €/m² NUF

© BKI Baukosteninformationszentrum; Erläuterungen zu den Tabellen siehe Seite 46    Kostenstand: 1. Quartal 2022, Bundesdurchschnitt, **inkl. 19% MwSt.**

## Kostenkennwerte für die Kostengruppen der 1. und 2. Ebene DIN 276

| KG | Kostengruppen der 1. Ebene | Einheit | ▷ | €/Einheit | ◁ | ▷ | % an 300+400 | ◁ |
|---|---|---|---|---|---|---|---|---|
| 100 | Grundstück | m²GF | – | – | – | – | – | – |
| 200 | Vorbereitende Maßnahmen | m²GF | 3 | 9 | 21 | 2,0 | 3,2 | 3,9 |
| 300 | Bauwerk – Baukonstruktionen | m²BGF | 1.755 | 2.154 | 2.595 | 64,1 | 85,1 | 91,6 |
| 400 | Bauwerk – Technische Anlagen | m²BGF | 236 | 458 | 1.871 | 8,4 | 14,9 | 35,9 |
|  | Bauwerk (300+400) | m²BGF | 2.017 | 2.612 | 3.406 | 100,0 | 100,0 | 100,0 |
| 500 | Außenanlagen und Freiflächen | m²AF | 49 | 121 | 227 | 6,6 | 12,3 | 19,2 |
| 600 | Ausstattung und Kunstwerke | m²BGF | 61 | 131 | 236 | 2,4 | 5,2 | 10,2 |
| 700 | Baunebenkosten* | m²BGF | 697 | 748 | 798 | 27,2 | 29,2 | 31,2 |
| 800 | Finanzierung | m²BGF | – | – | – | – | – | – |

◁ * Auf Grundlage der HOAI 2021 berechnete Werte nach §§ 35, 52, 56. Weitere Informationen siehe Seite 50

| KG | Kostengruppen der 2. Ebene | Einheit | ▷ | €/Einheit | ◁ | ▷ | % an 1. Ebene | ◁ |
|---|---|---|---|---|---|---|---|---|
| 310 | Baugrube / Erdbau | m³BGI | 56 | 57 | 58 | 0,1 | 1,0 | 2,9 |
| 320 | Gründung, Unterbau | m²GRF | 195 | 316 | 380 | 6,7 | 13,2 | 16,6 |
| 330 | Außenwände / vertikal außen | m²AWF | 466 | 597 | 857 | 29,8 | 34,3 | 42,3 |
| 340 | Innenwände / vertikal innen | m²IWF | 319 | 482 | 574 | 8,8 | 12,1 | 17,0 |
| 350 | Decken / horizontal | m²DEF | 375 | 375 | 375 | 0,0 | 2,3 | 7,0 |
| 360 | Dächer | m²DAF | 407 | 523 | 756 | 23,3 | 33,4 | 40,3 |
| 370 | Infrastrukturanlagen |  | – | – | – | – | – | – |
| 380 | Baukonstruktive Einbauten | m²BGF | 19 | 19 | 19 | 0,0 | 0,3 | 1,0 |
| 390 | Sonst. Maßnahmen für Baukonst. | m²BGF | 19 | 66 | 90 | 1,5 | 3,4 | 4,6 |
| **300** | **Bauwerk – Baukonstruktionen** | **m²BGF** |  |  |  |  | **100,0** |  |
| 410 | Abwasser-, Wasser-, Gasanlagen | m²BGF | 6 | 60 | 97 | 17,5 | 22,8 | 32,6 |
| 420 | Wärmeversorgungsanlagen | m²BGF | 137 | 137 | 137 | 0,0 | 13,3 | 39,8 |
| 430 | Raumlufttechnische Anlagen | m²BGF | 14 | 119 | 225 | 1,9 | 20,6 | 57,7 |
| 440 | Elektrische Anlagen | m²BGF | 32 | 57 | 103 | 18,1 | 39,5 | 80,0 |
| 450 | Kommunikationstechnische Anlagen | m²BGF | 16 | 16 | 16 | 0,0 | 1,6 | 4,8 |
| 460 | Förderanlagen | m²BGF | – | – | – | – | – | – |
| 470 | Nutzungsspez. / verfahrenstech. Anl. | m²BGF | 17 | 17 | 17 | 0,0 | 1,7 | 5,0 |
| 480 | Gebäude- und Anlagenautomation | m²BGF | – | – | – | – | – | – |
| 490 | Sonst. Maßnahmen f. techn. Anl. | m²BGF | – | – | – | – | – | – |
| **400** | **Bauwerk – Technische Anlagen** | **m²BGF** |  |  |  |  | **100,0** |  |

## Prozentanteile der Kosten 2. Ebene an den Kosten des Bauwerks nach DIN 276 (Von/Mittel/Bis)

| KG | Kostengruppe | Mittel |
|---|---|---|
| 310 | Baugrube / Erdbau | 0,9 |
| 320 | Gründung, Unterbau | 12,0 |
| 330 | Außenwände / vertikal außen | 30,3 |
| 340 | Innenwände / vertikal innen | 10,6 |
| 350 | Decken / horizontal | 1,9 |
| 360 | Dächer | 30,2 |
| 370 | Infrastrukturanlagen |  |
| 380 | Baukonstruktive Einbauten | 0,3 |
| 390 | Sonst. Maßnahmen für Baukonst. | 3,0 |
| 410 | Abwasser-, Wasser-, Gasanlagen | 2,5 |
| 420 | Wärmeversorgungsanlagen | 1,7 |
| 430 | Raumlufttechnische Anlagen | 3,5 |
| 440 | Elektrische Anlagen | 2,7 |
| 450 | Kommunikationstechnische Anlagen | 0,2 |
| 460 | Förderanlagen |  |
| 470 | Nutzungsspez. / verfahrenstech. Anl. | 0,2 |
| 480 | Gebäude- und Anlagenautomation |  |
| 490 | Sonst. Maßnahmen f. techn. Anl. |  |

© BKI Baukosteninformationszentrum; Erläuterungen zu den Tabellen siehe Seite 48 und 50   Kostenstand: 1. Quartal 2022, Bundesdurchschnitt, inkl. 19% MwSt.

# Friedhofsgebäude

## Prozentanteile der Kosten für Leistungsbereiche nach STLB (Kosten Bauwerk nach DIN 276)

Kosten: Stand 1. Quartal 2022, Bundesdurchschnitt inkl. 19% MwSt.

| LB | Leistungsbereiche | von | Mittelwert | bis |
|---|---|---|---|---|
| 000 | Sicherheits-, Baustelleneinrichtungen inkl. 001 | 1,0 | 2,5 | 4,0 |
| 002 | Erdarbeiten | 1,8 | 2,3 | 2,7 |
| 006 | Spezialtiefbauarbeiten inkl. 005 | – | – | – |
| 009 | Entwässerungskanalarbeiten inkl. 011 | – | – | – |
| 010 | Drän- und Versickerarbeiten | 0,6 | 1,0 | 1,3 |
| 012 | Mauerarbeiten | 1,2 | 5,1 | 9,0 |
| 013 | Betonarbeiten | 6,6 | 10,0 | 13,4 |
| 014 | Natur-, Betonwerksteinarbeiten | 2,8 | 4,6 | 6,4 |
| 016 | Zimmer- und Holzbauarbeiten | 10,7 | 17,1 | 23,5 |
| 017 | Stahlbauarbeiten | 0,0 | 1,5 | 3,0 |
| 018 | Abdichtungsarbeiten | 0,0 | 0,7 | 1,4 |
| 020 | Dachdeckungsarbeiten | 0,9 | 2,0 | 3,0 |
| 021 | Dachabdichtungsarbeiten | 0,0 | 8,6 | 17,3 |
| 022 | Klempnerarbeiten | 2,0 | 2,9 | 3,9 |
| | **Rohbau** | **46,7** | **58,3** | **69,9** |
| 023 | Putz- und Stuckarbeiten, Wärmedämmsysteme | 1,4 | 4,0 | 6,6 |
| 024 | Fliesen- und Plattenarbeiten | 1,2 | 2,5 | 3,9 |
| 025 | Estricharbeiten | 0,8 | 1,0 | 1,2 |
| 026 | Fenster, Außentüren inkl. 029, 032 | 0,6 | 9,3 | 17,9 |
| 027 | Tischlerarbeiten | 0,4 | 10,2 | 20,0 |
| 028 | Parkettarbeiten, Holzpflasterarbeiten | – | – | – |
| 030 | Rollladenarbeiten | – | – | – |
| 031 | Metallbauarbeiten inkl. 035 | 0,0 | 1,6 | 3,2 |
| 034 | Maler- und Lackiererarbeiten inkl. 037 | 0,6 | 1,2 | 1,8 |
| 036 | Bodenbelagarbeiten | – | – | – |
| 038 | Vorgehängte hinterlüftete Fassaden | – | – | – |
| 039 | Trockenbauarbeiten | 0,0 | 1,8 | 3,7 |
| | **Ausbau** | **27,3** | **31,7** | **36,1** |
| 040 | Wärmeversorgungsanl. - Betriebseinr. inkl. 041 | – | – | – |
| 042 | Gas- und Wasserinstallation, Leitungen inkl. 043 | 0,0 | 0,5 | 0,9 |
| 044 | Abwasseranlagen - Leitungen | 0,0 | 0,5 | 1,0 |
| 045 | GWE-Einrichtungsgegenstände inkl. 046 | 0,0 | 0,4 | 0,8 |
| 047 | Dämmarbeiten an betriebstechnischen Anlagen | 0,0 | < 0,1 | < 0,1 |
| 049 | Feuerlöschanlagen, Feuerlöschgeräte | – | – | – |
| 050 | Blitzschutz- und Erdungsanlagen | 0,5 | 0,8 | 1,0 |
| 052 | Mittelspannungsanlagen | – | – | – |
| 053 | Niederspannungsanlagen inkl. 054 | 1,3 | 2,7 | 4,0 |
| 055 | Sicherheits- u. Ersatzstromversorgungsanl. | – | – | – |
| 057 | Gebäudesystemtechnik | – | – | – |
| 058 | Leuchten und Lampen inkl. 059 | 0,0 | 0,3 | 0,5 |
| 060 | Sprechanlagen, elektroakust. Anlagen inkl. 064 | – | – | – |
| 061 | Kommunikationsnetze inkl. 062 | – | – | – |
| 063 | Gefahrenmeldeanlagen | – | – | – |
| 069 | Aufzüge | – | – | – |
| 070 | Gebäudeautomation | – | – | – |
| 075 | Raumlufttechnische Anlagen inkl. 078 | 0,0 | 4,6 | 9,1 |
| | **Gebäudetechnik** | **2,4** | **9,7** | **16,9** |
| | Sonstige Leistungsbereiche inkl. 008, 033, 051 | 0,2 | 0,3 | 0,4 |

Legende:
- ● KKW
- ▶ min
- ▷ von
- | Mittelwert
- ◁ bis
- ◀ max

## Planungskennwerte für Flächen und Rauminhalte nach DIN 277

| Grundflächen | | ▷ | Fläche/NUF (%) | ◁ | ▷ | Fläche/BGF (%) | ◁ |
|---|---|---|---|---|---|---|---|
| NUF | Nutzungsfläche | 100,0 | **100,0** | 100,0 | 68,8 | **73,9** | 78,4 |
| TF | Technikfläche | 3,6 | **4,5** | 4,5 | 2,5 | **3,1** | 4,4 |
| VF | Verkehrsfläche | 19,6 | **24,8** | 36,2 | 12,2 | **15,9** | 21,4 |
| NRF | Netto-Raumfläche | 113,7 | **119,2** | 128,9 | 83,6 | **86,3** | 87,3 |
| KGF | Konstruktions-Grundfläche | 16,2 | **18,7** | 21,5 | 12,7 | **13,7** | 16,4 |
| BGF | Brutto-Grundfläche | 130,2 | **137,9** | 147,6 | 100,0 | **100,0** | 100,0 |

| Brutto-Rauminhalte | | ▷ | BRI/NUF (m) | ◁ | ▷ | BRI/BGF (m) | ◁ |
|---|---|---|---|---|---|---|---|
| BRI | Brutto-Rauminhalt | 5,85 | **6,52** | 7,30 | 4,42 | **4,76** | 5,38 |

| Flächen von Nutzeinheiten | | ▷ | NUF/Einheit (m²) | ◁ | ▷ | BGF/Einheit (m²) | ◁ |
|---|---|---|---|---|---|---|---|
| Nutzeinheit: | | – | – | – | – | – | – |

| Lufttechnisch behandelte Flächen | ▷ | Fläche/NUF (%) | ◁ | ▷ | Fläche/BGF (%) | ◁ |
|---|---|---|---|---|---|---|
| Entlüftete Fläche | – | – | – | – | – | – |
| Be- und entlüftete Fläche | – | – | – | – | – | – |
| Teilklimatisierte Fläche | – | – | – | – | – | – |
| Klimatisierte Fläche | – | – | – | – | – | – |

| KG | Kostengruppen (2. Ebene) | Einheit | ▷ | Menge/NUF | ◁ | ▷ | Menge/BGF | ◁ |
|---|---|---|---|---|---|---|---|---|
| 310 | Baugrube / Erdbau | m³ BGI | 0,68 | **0,68** | 0,68 | 0,52 | **0,52** | 0,52 |
| 320 | Gründung, Unterbau | m² GRF | 1,28 | **1,28** | 1,37 | 0,78 | **0,78** | 0,79 |
| 330 | Außenwände / vertikal außen | m² AWF | 1,45 | **1,63** | 1,63 | 1,03 | **1,10** | 1,10 |
| 340 | Innenwände / vertikal innen | m² IWF | 0,70 | **0,73** | 0,73 | 0,43 | **0,47** | 0,47 |
| 350 | Decken / horizontal | m² DEF | 0,45 | **0,45** | 0,45 | 0,35 | **0,35** | 0,35 |
| 360 | Dächer | m² DAF | 1,65 | **1,79** | 1,79 | 1,11 | **1,14** | 1,14 |
| 370 | Infrastrukturanlagen | | – | – | – | – | – | – |
| 380 | Baukonstruktive Einbauten | m² BGF | 1,30 | **1,38** | 1,48 | 1,00 | **1,00** | 1,00 |
| 390 | Sonst. Maßnahmen für Baukonst. | m² BGF | 1,30 | **1,38** | 1,48 | 1,00 | **1,00** | 1,00 |
| **300** | **Bauwerk – Baukonstruktionen** | m² BGF | 1,30 | **1,38** | 1,48 | 1,00 | **1,00** | 1,00 |

## Planungskennwerte für Bauzeiten — 13 Vergleichsobjekte

**Bauzeit in Wochen**

Bauzeit: |0  |10  |20  |30  |40  |50  |60  |70  |80  |90  |100  Wochen

© BKI Baukosteninformationszentrum; Erläuterungen zu den Tabellen siehe Seite 54. Kostenstand: 1. Quartal 2022, Bundesdurchschnitt, inkl. 19% MwSt.

# Friedhofsgebäude

## Objektübersicht zur Gebäudeart

**€/m² BGF**
| | | |
|---|---:|---|
| min | 1.280 | €/m² |
| von | 2.015 | €/m² |
| Mittel | **2.610** | **€/m²** |
| bis | 3.405 | €/m² |
| max | 4.335 | €/m² |

**Kosten:**
Stand 1. Quartal 2022
Bundesdurchschnitt
inkl. 19% MwSt.

---

### 9700-0026 Krematorium
**BRI** 4.697 m³   **BGF** 1.161 m²   **NUF** 745 m²

Krematorium. Massivbau.

Land: Thüringen
Kreis: Jena
Standard: Durchschnitt
Bauzeit: 78 Wochen
Kennwerte: bis 1. Ebene DIN 276

**BGF   4.337 €/m²**

**Planung:** Architekten S. Beier + A. Wölfel + N. Havermann (LPH 1-2); Mellingen

veröffentlicht: BKI Objektdaten N15

---

### 9700-0024 Aufbahrungsgebäude*
**BRI** 750 m³   **BGF** 218 m²   **NUF** 176 m²

Aufbahrungsgebäude mit Lager und Doppelgarage. Massivbau.

Land: Bayern
Kreis: Erding
Standard: unter Durchschnitt
Bauzeit: 31 Wochen
Kennwerte: bis 1. Ebene DIN 276

**BGF   1.385 €/m²**

**Planung:** oberprillerarchitekten; Hörmannsdorf

veröffentlicht: BKI Objektdaten N15
* Nicht in der Auswertung enthalten

---

### 9700-0023 Aussegnungshalle
**BRI** 1.557 m³   **BGF** 421 m²   **NUF** 333 m²

Aussegnungshalle mit Aufbahrungsräumen (3St), öffentlichen WCs (2St) und Nebenräumen. Mauerwerksbau.

Land: Bayern
Kreis: Dillingen a.d. Donau
Standard: über Durchschnitt
Bauzeit: 61 Wochen
Kennwerte: bis 1. Ebene DIN 276

**BGF   3.250 €/m²**

**Planung:** DBW Architekten; Haunsheim

veröffentlicht: BKI Objektdaten N15

---

### 9700-0021 Aussegnungshalle
**BRI** 1.446 m³   **BGF** 280 m²   **NUF** 186 m²

Aussegnungshalle mit 50 Sitzplätzen, Aufbahrungsräumen (2St), öffentliche WCs (2St) und Nebenräumen. Stb-Mauerwerksbau, Brettschichtholz-Massivdach.

Land: Bayern
Kreis: Pfaffenhofen
Standard: Durchschnitt
Bauzeit: 52 Wochen
Kennwerte: bis 1. Ebene DIN 276

**BGF   2.424 €/m²**

**Planung:** architekturbüro raum-modul Stephan Karches; Ingolstadt

veröffentlicht: BKI Objektdaten N13

## Objektübersicht zur Gebäudeart

### 9700-0020 Kolumbarium*

**BRI** 224 m³    **BGF** 49 m²    **NUF** 33 m²

Kolumbarium mit 322 Urnenplätzen. Stb-Konstruktion.

Land: Nordrhein-Westfalen
Kreis: Rheinisch-Bergischer Kreis
Standard: Durchschnitt
Bauzeit: 48 Wochen
Kennwerte: bis 1. Ebene DIN 276

**BGF** 7.304 €/m²

**Planung:** Architekturbüro Dipl.-Ing. Dagmar Ditzer; Bergisch Gladbach

veröffentlicht: BKI Objektdaten N13
* Nicht in der Auswertung enthalten

### 9700-0018 Aussegnungshalle

**BRI** 707 m³    **BGF** 157 m²    **NUF** 132 m²

Aussegnungshalle mit 100 Sitzplätzen. Mauerwerksbau.

Land: Nordrhein-Westfalen
Kreis: Gütersloh
Standard: Durchschnitt
Bauzeit: 35 Wochen
Kennwerte: bis 1. Ebene DIN 276

**BGF** 2.288 €/m²

**Planung:** Nopto Architekt; Herzebrock-Clarholz

veröffentlicht: BKI Objektdaten N11

### 9700-0016 Friedhofshalle, Aufbahrungshaus

**BRI** 1.413 m³    **BGF** 235 m²    **NUF** 196 m²

Friedhofshalle (80 Sitzplätze), Aufbahrungshaus mit zwei Aufbahrungsräumen. Mauerwerksbau.

Land: Baden-Württemberg
Kreis: Lörrach
Standard: Durchschnitt
Bauzeit: 43 Wochen
Kennwerte: bis 1. Ebene DIN 276

**BGF** 3.134 €/m²

**Planung:** Böttcher & Riesterer Architekten Partnerschaft; Efringen-Kirchen

veröffentlicht: BKI Objektdaten N11

### 9700-0015 Trauerhalle

**BRI** 1.091 m³    **BGF** 192 m²    **NUF** 174 m²

Trauerhalle mit ca. 80 Sitzplätzen und 40 Stehplätzen. Holzrahmenkonstruktion.

Land: Thüringen
Kreis: Wartburgkreis
Standard: Durchschnitt
Bauzeit: 43 Wochen
Kennwerte: bis 1. Ebene DIN 276

**BGF** 2.395 €/m²

**Planung:** Lehrmann & Partner GbR Architekten und Ingenieure; Schmerbach

veröffentlicht: BKI Objektdaten N10

© BKI Baukosteninformationszentrum; Erläuterungen zu den Tabellen siehe Seite 56    Kostenstand: 1. Quartal 2022, Bundesdurchschnitt, inkl. 19% MwSt.

# Friedhofsgebäude

## Objektübersicht zur Gebäudeart

### 9700-0014 Kolumbarium*

**BRI** 515 m³    **BGF** 62 m²    **NUF** 56 m²

Kolumbarium (Gebäude für Urnenaufstellung). Ort des Abschieds und der Einkehr. Stb-Fertigteile.

Land: Mecklenburg-Vorpommern
Kreis: Rostock
Standard: über Durchschnitt
Bauzeit: 22 Wochen
Kennwerte: bis 1. Ebene DIN 276

**BGF**    12.472 €/m²

**Planung:** HASS+BRIESE Architekten BG Freier Architekten; Rostock

veröffentlicht: BKI Objektdaten N10
\* Nicht in der Auswertung enthalten

**€/m² BGF**
min    1.280 €/m²
von    2.015 €/m²
Mittel    **2.610 €/m²**
bis    3.405 €/m²
max    4.335 €/m²

**Kosten:**
Stand 1. Quartal 2022
Bundesdurchschnitt
inkl. 19% MwSt.

### 9700-0013 Bestattungsgebäude, Trauerhaus

**BRI** 1.045 m³    **BGF** 216 m²    **NUF** 179 m²

Christliches Trauerhaus. Stahl-Skelettkonstruktion; Holzständerwände; Stahlträger, Stahl-Trapezblechdach.

Land: Nordrhein-Westfalen
Kreis: Recklinghausen
Standard: Durchschnitt
Bauzeit: 17 Wochen
Kennwerte: bis 1. Ebene DIN 276

**BGF**    2.196 €/m²

**Planung:** Dipl.-Ing. Rainer Steinke Architekt BDA; Herten

veröffentlicht: BKI Objektdaten N10

### 9700-0012 Friedhofshalle

**BRI** 4.400 m³    **BGF** 1.077 m²    **NUF** 702 m²

Aussegnungshalle, Andachtsraum mit 210 Sitzplätzen, Aufbahrungszellen (6St), Nebenräume. Stb-Konstruktion; Holzdachkonstruktion.

Land: Baden-Württemberg
Kreis: Tuttlingen
Standard: Durchschnitt
Bauzeit: 78 Wochen
Kennwerte: bis 1. Ebene DIN 276

**BGF**    2.137 €/m²

**Planung:** Muffler Architekten Freie Architekten BDA / DWB; Tuttlingen

veröffentlicht: BKI Objektdaten N9

### 9700-0008 Aufbahrungshalle

**BRI** 301 m³    **BGF** 86 m²    **NUF** 67 m²

Aufbahrungshalle. Stb-Konstruktion, Holzdachstuhl.

Land: Baden-Württemberg
Kreis: Esslingen
Standard: Durchschnitt
Bauzeit: 22 Wochen
Kennwerte: bis 3. Ebene DIN 276

**BGF**    2.270 €/m²

**Planung:** Gregor Dahlmann Dipl.-Ing. (FH) Freier Architekt; Stuttgart

veröffentlicht: BKI Objektdaten N8

## Objektübersicht zur Gebäudeart

### 9700-0007 Friedhofsgebäude*

**BRI** 361 m³  **BGF** 83 m²  **NUF** 75 m²

Versammlungsraum für Trauerfeiern. Mauerwerksbau.

Land: Sachsen-Anhalt
Kreis: Harz
Standard: unter Durchschnitt
Bauzeit: 30 Wochen
Kennwerte: bis 1. Ebene DIN 276

**BGF** 1.256 €/m²

**Planung:** Jean-Elie Hamesse Architekt + Planer; Braunschweig

veröffentlicht: BKI Objektdaten N5
* Nicht in der Auswertung enthalten

### 9700-0005 Friedhofskapelle

**BRI** 1.140 m³  **BGF** 269 m²  **NUF** 197 m²

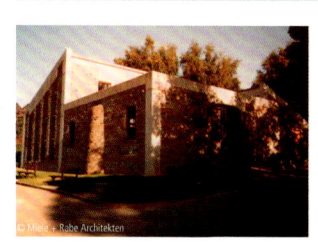

Atrium, Kapelle, 3 Leichenzellen, Nebenräume. Mauerwerksbau.

Land: Nordrhein-Westfalen
Kreis: Essen, Stadt
Standard: über Durchschnitt
Bauzeit: 43 Wochen
Kennwerte: bis 1. Ebene DIN 276

**BGF** 2.977 €/m²

**Planung:** Miele + Rabe Dipl.-Ing. Architekten AKNW; Hagen-Hohenlimburg

veröffentlicht: BKI Objektdaten N2

### 9700-0004 Friedhofskapelle, Aussegnungshalle

**BRI** 1.176 m³  **BGF** 177 m²  **NUF** 134 m²

Aussegnungshalle, Aufbewahrungsräume, Aufenthaltsräume für Angehörige. Mauerwerksbau.

Land: Niedersachsen
Kreis: Osterholz
Standard: Durchschnitt
Bauzeit: 43 Wochen
Kennwerte: bis 1. Ebene DIN 276

**BGF** 2.639 €/m²

**Planung:** Willi Räke Dipl.-Ing. Architekt; Bremen

veröffentlicht: BKI Objektdaten N2

### 9700-0003 Dörfliches Friedhofsgebäude

**BRI** 877 m³  **BGF** 174 m²  **NUF** 98 m²

Einfaches dörfliches Friedhofsgebäude, nicht unterkellert; Versammlungsraum, Aufbahrungsraum mit Leichenkühlzelle, Umkleideraum für Pfarrer, Geräteraum, Chemikalientoilette, geringe technische Ausstattung, Rohbau als Selbstbau der Dorfbewohner. Mauerwerksbau.

Land: Rheinland-Pfalz
Kreis: Südliche Weinstraße
Standard: unter Durchschnitt
Bauzeit: 91 Wochen
Kennwerte: bis 2. Ebene DIN 276

**BGF** 1.280 €/m²

www.bki.de

# Friedhofsgebäude

## Objektübersicht zur Gebäudeart

**9700-0002 Friedhofsgebäude**     **BRI** 3.528 m³    **BGF** 808 m²    **NUF** 498 m²

Leichenhalle mit vier Sargzellen, Einsegnungshalle mit 97 Sitzplätzen. Stahlbetonbau.

Land: Baden-Württemberg
Kreis: Heilbronn
Standard: über Durchschnitt
Bauzeit: 39 Wochen
Kennwerte: bis 2. Ebene DIN 276

**BGF**    2.624 €/m²

www.bki.de

**€/m² BGF**
| | | |
|---|---:|---|
| min | 1.280 | €/m² |
| von | 2.015 | €/m² |
| Mittel | **2.610** | **€/m²** |
| bis | 3.405 | €/m² |
| max | 4.335 | €/m² |

**Kosten:**
Stand 1. Quartal 2022
Bundesdurchschnitt
inkl. 19% MwSt.

**BKI-NHK 2022**

# Erläuterung

Die BKI-NHK 2022 wurden auf Anregung aus der Bewertungspraxis speziell für die Belange der Beleihungswertermittlung entwickelt. Untersuchungen zeigen, dass Bewertungen auf Basis NHK 2010 im Vergleich zu Bewertungen mit aktuellen BKI Kostenkennwerten zu häufig erheblichen Abweichungen führen.

Die BKI-NHK basieren auf der Auswertung realer, abgerechneter Neubauten aus der BKI Neubau Datenbanken. Diese wurden den Gebäudetypen nach NHK zugeordnet und ausgewertet. Die Gliederung und die Strukturen entsprechen daher weitgehend der gewohnten NHK Darstellung.

Für die Gebäudetypen 1-3 sind neben den empirischen Daten zur Feingliederung auch Faktoren zur Bildung unterschiedlicher Standards, Gebäudetypen mit nicht ausgebautem Dach und Gebäudetypen mit Flachdach erforderlich.

Die Faktoren zur Bildung der Standardstufen der Gebäudetypen 1-3 beruhen auf einer Analyse der NHK 2010 Faktoren. Diese wurden überprüft, für brauchbar befunden und für BKI NHK angewendet.

Die Bildung von Faktoren zur Differenzierung in nicht ausgebaute Dachgeschosse und Flachdachtypen wurden auf Grundlage von Analysen entsprechender Gebäuden aus der BKI Neubau Datenbanken vorgenommen.

Für die Gebäudetypen 1-3 wurden die Kosten besonderer Bauteile untersucht und in Abzug gebracht. Kosten besonderer Bauteile (Terrassen, Balkone, Vordächer u. ä.) sind bei diesen Gebäudetypen daher gesondert zu berechnen. Bei den übrigen Gebäudetypen sind bei den BKI Objekten besondere Bauteile nicht in einem relevanten Anteil enthalten.

Die Baunebenkosten enthalten Honorare (KG 730) und Gebühren (KG 771) im üblichen Umfang. Zur Berechnung des BKI-NHK Honoraranteils wurde vom Basishonorarsatz der geringstmöglichen Honorarzone (nach HOAI 2021) ausgegangen.

Die BKI-NHK erscheinen jährlich in Verbindung mit der Fachbuchreihe BKI Baukosten Neubau. Sie beinhalten dann auch die jeweils zu den Datenbanken neu hinzugekommen Neubau-Objekte. Durch die jährliche Überarbeitung, Anpassung und Veröffentlichung ist eine ständige Aktualität der Daten gewährleistet.

**Wohngebäude, Gebäudetyp 1-3** — €/m² BGF

## Dachgeschoss, voll ausgebaut

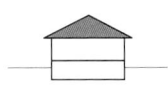

### Keller-, Erdgeschoss

| | | Standardstufe | | | | |
|---|---|---|---|---|---|---|
| | | 1 | 2 | 3 | 4 | 5 |
| 1.01 | freistehende Einfamilienhäuser | 1.420 | 1.580 | 1.820 | 2.180 | 2.740 |
| 2.01 | Doppel- und Reihenendhäuser | 1.205 | 1.340 | 1.545 | 1.850 | 2.330 |
| 3.01 | Reihenmittelhäuser | 1.010 | 1.125 | 1.295 | 1.550 | 1.945 |

### Keller-, Erd-, Obergeschoss

| | | Standardstufe | | | | |
|---|---|---|---|---|---|---|
| | | 1 | 2 | 3 | 4 | 5 |
| 1.11 | freistehende Einfamilienhäuser | 1.345 | 1.500 | 1.725 | 2.065 | 2.600 |
| 2.11 | Doppel- und Reihenendhäuser | 1.225 | 1.360 | 1.570 | 1.880 | 2.360 |
| 3.11 | Reihenmittelhäuser | 1.165 | 1.295 | 1.490 | 1.785 | 2.245 |

### Erdgeschoss, nicht unterkellert

| | | Standardstufe | | | | |
|---|---|---|---|---|---|---|
| | | 1 | 2 | 3 | 4 | 5 |
| 1.21 | freistehende Einfamilienhäuser | 1.590 | 1.770 | 2.040 | 2.445 | 3.070 |
| 2.21 | Doppel- und Reihenendhäuser | 1.240 | 1.380 | 1.590 | 1.905 | 2.395 |
| 3.21 | Reihenmittelhäuser | 1.280 | 1.425 | 1.640 | 1.965 | 2.470 |

### Erd-, Obergeschoss, nicht unterkellert

| | | Standardstufe | | | | |
|---|---|---|---|---|---|---|
| | | 1 | 2 | 3 | 4 | 5 |
| 1.31 | freistehende Einfamilienhäuser | 1.360 | 1.515 | 1.745 | 2.090 | 2.630 |
| 2.31 | Doppel- und Reihenendhäuser | 1.135 | 1.260 | 1.455 | 1.740 | 2.190 |
| 3.31 | Reihenmittelhäuser | 1.255 | 1.395 | 1.610 | 1.930 | 2.425 |

## Dachgeschoss, nicht ausgebaut

### Keller-, Erdgeschoss

| | | Standardstufe | | | | |
|---|---|---|---|---|---|---|
| | | 1 | 2 | 3 | 4 | 5 |
| 1.02 | freistehende Einfamilienhäuser | 1.265 | 1.405 | 1.620 | 1.940 | 2.440 |
| 2.02 | Doppel- und Reihenendhäuser | 1.075 | 1.195 | 1.375 | 1.650 | 2.070 |
| 3.02 | Reihenmittelhäuser | 900 | 1.000 | 1.150 | 1.380 | 1.735 |

### Keller-, Erd-, Obergeschoss

| | | Standardstufe | | | | |
|---|---|---|---|---|---|---|
| | | 1 | 2 | 3 | 4 | 5 |
| 1.12 | freistehende Einfamilienhäuser | 1.265 | 1.410 | 1.620 | 1.945 | 2.440 |
| 2.12 | Doppel- und Reihenendhäuser | 1.150 | 1.280 | 1.475 | 1.765 | 2.220 |
| 3.12 | Reihenmittelhäuser | 1.095 | 1.215 | 1.400 | 1.680 | 2.110 |

### Erdgeschoss, nicht unterkellert

| | | Standardstufe | | | | |
|---|---|---|---|---|---|---|
| | | 1 | 2 | 3 | 4 | 5 |
| 1.22 | freistehende Einfamilienhäuser | 1.370 | 1.525 | 1.755 | 2.100 | 2.640 |
| 2.22 | Doppel- und Reihenendhäuser | 1.065 | 1.185 | 1.370 | 1.640 | 2.060 |
| 3.22 | Reihenmittelhäuser | 1.100 | 1.225 | 1.410 | 1.690 | 2.125 |

### Erd-, Obergeschoss, nicht unterkellert

| | | Standardstufe | | | | |
|---|---|---|---|---|---|---|
| | | 1 | 2 | 3 | 4 | 5 |
| 1.32 | freistehende Einfamilienhäuser | 1.265 | 1.410 | 1.625 | 1.945 | 2.445 |
| 2.32 | Doppel- und Reihenendhäuser | 1.055 | 1.175 | 1.350 | 1.620 | 2.035 |
| 3.32 | Reihenmittelhäuser | 1.170 | 1.300 | 1.495 | 1.795 | 2.255 |

© BKI Baukosteninformationszentrum; Erläuterungen zu den Tabellen siehe Seite 955    Kostenstand: 1.Quartal 2022, Bundesdurchschnitt, **inkl. 19% MwSt.**

## Wohngebäude, Gebäudetyp 1-5

€/m² BGF

**Flachdach oder flach geneigtes Dach**

### Keller-, Erdgeschoss

| | | Standardstufe | | | | |
|---|---|---|---|---|---|---|
| | | 1 | 2 | 3 | 4 | 5 |
| 1.03 | freistehende Einfamilienhäuser | 1.415 | 1.575 | 1.815 | 2.175 | 2.735 |
| 2.03 | Doppel- und Reihenendhäuser | 1.225 | 1.365 | 1.575 | 1.885 | 2.370 |
| 3.03 | Reihenmittelhäuser | 1.055 | 1.170 | 1.350 | 1.615 | 2.035 |

### Keller-, Erd-, Obergeschoss

| | | Standardstufe | | | | |
|---|---|---|---|---|---|---|
| | | 1 | 2 | 3 | 4 | 5 |
| 1.13 | freistehende Einfamilienhäuser | 1.360 | 1.515 | 1.745 | 2.090 | 2.630 |
| 2.13 | Doppel- und Reihenendhäuser | 1.245 | 1.390 | 1.600 | 1.915 | 2.405 |
| 3.13 | Reihenmittelhäuser | 1.190 | 1.325 | 1.525 | 1.830 | 2.300 |

### Erdgeschoss, nicht unterkellert

| | | Standardstufe | | | | |
|---|---|---|---|---|---|---|
| | | 1 | 2 | 3 | 4 | 5 |
| 1.23 | freistehende Einfamilienhäuser | 1.670 | 1.855 | 2.140 | 2.560 | 3.220 |
| 2.23 | Doppel- und Reihenendhäuser | 1.365 | 1.520 | 1.755 | 2.100 | 2.640 |
| 3.23 | Reihenmittelhäuser | 1.405 | 1.560 | 1.800 | 2.155 | 2.710 |

### Erd-, Obergeschoss, nicht unterkellert

| | | Standardstufe | | | | |
|---|---|---|---|---|---|---|
| | | 1 | 2 | 3 | 4 | 5 |
| 1.33 | freistehende Einfamilienhäuser | 1.410 | 1.570 | 1.810 | 2.170 | 2.725 |
| 2.33 | Doppel- und Reihenendhäuser | 1.190 | 1.320 | 1.525 | 1.825 | 2.290 |
| 3.33 | Reihenmittelhäuser | 1.315 | 1.465 | 1.685 | 2.020 | 2.540 |

Einschl. Baunebenkosten i.H.v. 21%

### 4 Mehrfamilienhäuser

| | | Standardstufe | | |
|---|---|---|---|---|
| | | 3 | 4 | 5 |
| 4.1 | Mehrfamilienhäuser mit bis zu 6 WE | 1.270 | 1.845 | 2.150 |
| 4.2 | Mehrfamilienhäuser mit 7 bis 20 WE | 1.390 | 1.735 | 2.005 |
| 4.3 | Mehrfamilienhäuser mit mehr als 20 WE | 1.465 | 1.800 | 2.025 |

Einschl. Baunebenkosten i.H.v. 22%

### 5 Wohnhäuser mit Mischnutzung, Banken / Geschäftshäuser

| | | Standardstufe | | |
|---|---|---|---|---|
| | | 3 | 4 | 5 |
| 5.1 | Wohnhäuser mit Mischnutzung | 1.665 | 2.055 | 2.580 |
| 5.2 | Banken und Geschäftshäuser mit Wohnungen | 1.960 | 2.205 | 2.720 |
| 5.3 | Banken und Geschäftshäuser ohne Wohnungen | 2.075 | 2.610 | 3.390 |

Einschl. Baunebenkosten i.H.v. 23%

**Nichtwohngebäude, Gebäudetyp 6-13** — €/m² BGF

| 6 Bürogebäude | | | Standardstufe | | |
|---|---|---|---|---|---|
| | | | 3 | 4 | 5 |
| | 6.1 | Bürogebäude, Massivbau | 1.835 | 2.535 | 3.560 |
| | 6.2 | Bürogebäude, Stahlbetonskelettbau | 2.360 | 2.810 | 3.535 |

Einschl. Baunebenkosten i.H.v. 22%

| 7 Gemeindezentren, Saalbauten / Veranstaltungsgebäude | | | Standardstufe | | |
|---|---|---|---|---|---|
| | | | 3 | 4 | 5 |
| | 7.1 | Gemeindezentren | 2.120 | 3.120 | 3.380 |
| | 7.2 | Saalbauten / Veranstaltungsgebäude | 2.780 | 3.350 | 4.235 |

Einschl. Baunebenkosten i.H.v. 26% für 7.1 und 22% für 7.2

| 8 Kindergärten / Schulen | | | Standardstufe | | |
|---|---|---|---|---|---|
| | | | 3 | 4 | 5 |
| | 8.1 | Kindergärten | 2.465 | 2.660 | 3.145 |
| | 8.2 | Allgemeinbildende Schulen, Berufsbildende Schulen | 2.215 | 2.690 | 3.330 |
| | 8.3 | Sonderschulen | 2.560 | 2.780 | 3.125 |

Einschl. Baunebenkosten i.H.v. 22% für 8.1 und 23% für 8.2 bis 8.3

| 9 Wohnheime, Alten-/ Pflegeheime | | | Standardstufe | | |
|---|---|---|---|---|---|
| | | | 3 | 4 | 5 |
| | 9.1 | Wohnheime / Internate | 1.900 | 2.325 | 2.750 |
| | 9.2 | Alten- / Pflegeheime | 1.975 | 2.435 | 3.475 |

Einschl. Baunebenkosten i.H.v. 22%

| 10 Krankenhäuser, Tageskliniken | | | Standardstufe | | |
|---|---|---|---|---|---|
| | | | 3 | 4 | 5 |
| | 10.1 | Krankenhäuser / Kliniken | 2.560 | 2.975 | 3.330 |
| | 10.2 | Tageskliniken / Ärztehäuser | 2.370 | 2.880 | 3.375 |

Einschl. Baunebenkosten i.H.v. 24%

| 11 Beherbergungsstätten, Verpflegungseinrichtungen | | | Standardstufe | | |
|---|---|---|---|---|---|
| | | | 3 | 4 | 5 |
| | 11.1 | Hotels | 2.265 | 2.525 | 3.095 |

Einschl. Baunebenkosten i.H.v. 22%

| 12 Sporthallen, Freizeitbäder / Heilbäder | | | Standardstufe | | |
|---|---|---|---|---|---|
| | | | 3 | 4 | 5 |
| | 12.1 | Sporthallen (Einfeldhallen) | 2.395 | 2.880 | 3.545 |
| | 12.2 | Sporthallen (Dreifeldhallen / Mehrfeldhallen) | 2.110 | 2.685 | 3.085 |
| | 12.3 | Tennishallen | 1.095 | 1.660 | 1.825 |
| | 12.4 | Freizeitbäder / Heilbäder | 3.585 | 4.085 | 4.650 |

Einschl. Baunebenkosten i.H.v. 22% für 12.1, 23% für 12.2, 21% für 12.3 und 26% für 12.4

| 13 Verbrauchermärkte, Kauf- / Warenhäuser, Autohäuser | | | Standardstufe | | |
|---|---|---|---|---|---|
| | | | 3 | 4 | 5 |
| | 13.1 | Verbrauchermärkte | 1.440 | 1.805 | 2.285 |
| | 13.2 | Kauf-/ Warenhäuser | 2.595 | 3.095 | 4.015 |
| | 13.3 | Autohäuser ohne Werkstatt | 1.065 | 1.720 | 2.255 |

Einschl. Baunebenkosten i.H.v. 21% für 13.1, 24% für 13.2 und 23% für 13.3

## 14 Garagen

| | | | Standardstufe | | |
|---|---|---|---|---|---|
| | | | 3 | 4 | 5 |
| | 14.1 | Einzelgaragen / Mehrfachgaragen | 390 | 715 | 895 |
| | 14.2 | Hochgaragen | 660 | 925 | 1.165 |
| | 14.3 | Tiefgaragen | 845 | 1.105 | 1.285 |
| | 14.4 | Nutzfahrzeuggaragen | 860 | 1.335 | 2.215 |

Einschl. Baunebenkosten i.H.v. 15% für 14.1, 20% für 14.2 bis 14.4

## 15 Betriebs-/ Werkstätten, Produktionsgebäude

| | | | Standardstufe | | |
|---|---|---|---|---|---|
| | | | 3 | 4 | 5 |
| | 15.1 | Betriebs-/Werkstätten, eingeschossig | 1.885 | 2.355 | 2.980 |
| | 15.2 | Betriebs-/Werkstätten, mehrgeschossig, ohne Hallenanteil | 1.625 | 2.210 | 3.270 |
| | 15.3 | Betriebs-/Werkstätten, mehrgeschossig, hoher Hallenanteil | 1.340 | 1.740 | 2.445 |
| | 15.4 | Industrielle Produktionsgebäude, Massivbauweise | 1.795 | 2.040 | 2.370 |
| | 15.5 | Industrielle Produktionsgebäude, überwiegend Skelettbauweise | 1.540 | 1.980 | 3.095 |

Einschl. Baunebenkosten i.H.v. 23%

## 16 Lagergebäude

| | | | Standardstufe | | |
|---|---|---|---|---|---|
| | | | 3 | 4 | 5 |
| | 16.1 | Lagergebäude ohne Mischnutzung, Kaltlager | 685 | 1.280 | 1.760 |
| | 16.2 | Lagergebäude mit bis zu 25% Misch-nutzung | 980 | 1.295 | 1.655 |
| | 16.3 | Lagergebäude mit mehr als 25% Misch-nutzung | 1.235 | 1.785 | 2.145 |

Einschl. Baunebenkosten i.H.v. 20% für 16.1, 19% für 16.2 und 20% für 16.3

## 17 Sonstige Gebäude

| | | | Standardstufe | | |
|---|---|---|---|---|---|
| | | | 3 | 4 | 5 |
| | 17.1 | Museen | 3.085 | 4.405 | 5.775 |
| | 17.2 | Theater | 3.425 | 4.355 | 5.715 |
| | 17.3 | Sakralbauten | 3.695 | 4.475 | 7.770 |
| | 17.4 | Friedhofsgebäude | 2.065 | 2.920 | 3.595 |

Einschl. Baunebenkosten i.H.v. 23% für 17.1, 25% für 17.2, 24% für 17.3 und 28% für 17.4

# Anhang

**Regionalfaktoren**

# Regionalfaktoren Deutschland

Diese Faktoren geben Aufschluss darüber, inwieweit die Baukosten in einer bestimmten Region Deutschlands teurer oder günstiger liegen als im Bundesdurchschnitt. Sie können dazu verwendet werden, die BKI Baukosten an das besondere Baupreisniveau einer Region anzupassen.

Hinweis: Alle Angaben wurden durch Untersuchungen des BKI weitgehend verifiziert. Dennoch können Abweichungen zu den angegebenen Werten entstehen. In Grenznähe zu einem Land-/Stadtkreis mit anderen Baupreisfaktoren sollte dessen Baupreisniveau mit berücksichtigt werden, da die Übergänge zwischen den Land-/Stadtkreisen fließend sind. Die Besonderheiten des Einzelfalls können ebenfalls zu Abweichungen führen.

Für die größeren Inseln Deutschlands wurden separate Regionalfaktoren ermittelt. Dazu wurde der zugehörige Landkreis in Festland und Inseln unterteilt. Alle Inseln eines Landkreises erhalten durch dieses Verfahren den gleichen Regionalfaktor. Der Regionalfaktor des Festlandes erhält keine Inseln mehr und ist daher gegenüber früheren Ausgaben verringert.

| Land- / Stadtkreis / Insel | Bundeskorrekturfaktor |
|---|---|
| **A**achen, Städteregion | 0,948 |
| Ahrweiler | 0,974 |
| Aichach-Friedberg | 1,073 |
| Alb-Donau-Kreis | 1,017 |
| Altenburger Land | 0,877 |
| Altenkirchen (Westerwald) | 0,968 |
| Altmarkkreis Salzwedel | 0,825 |
| Altötting | 1,000 |
| Alzey-Worms | 0,980 |
| Amberg, Stadt | 1,036 |
| Amberg-Sulzbach | 1,006 |
| Ammerland | 0,794 |
| Amrum, Insel | 1,402 |
| Anhalt-Bitterfeld | 0,771 |
| Ansbach | 1,020 |
| Ansbach, Stadt | 1,097 |
| Aschaffenburg | 1,114 |
| Aschaffenburg, Stadt | 1,096 |
| Augsburg | 1,075 |
| Augsburg, Stadt | 1,147 |
| Aurich, Festlandanteil | 0,768 |
| Aurich, Inselanteil | 1,294 |
| **B**ad Dürkheim | 0,976 |
| Bad Kissingen | 1,039 |
| Bad Kreuznach | 0,995 |
| Bad Tölz-Wolfratshausen | 1,143 |
| Baden-Baden, Stadtkreis | 0,994 |
| Baltrum, Insel | 1,294 |
| Bamberg | 1,026 |
| Bamberg, Stadt | 1,098 |
| Barnim | 0,875 |
| Bautzen | 0,877 |
| Bayreuth | 1,064 |
| Bayreuth, Stadt | 1,075 |
| Berchtesgadener Land | 1,096 |
| Bergstraße | 1,041 |
| Berlin, Stadt | 1,100 |
| Bernkastel-Wittlich | 1,019 |
| Biberach | 0,994 |
| Bielefeld, Stadt | 0,867 |
| Birkenfeld | 0,984 |
| Bochum, Stadt | 0,870 |
| Bodenseekreis | 0,989 |
| Bonn, Stadt | 0,956 |
| Borken | 0,935 |
| Borkum, Insel | 1,038 |
| Bottrop, Stadt | 0,885 |
| Brandenburg an der Havel, Stadt | 0,944 |
| Braunschweig, Stadt | 0,876 |
| Breisgau-Hochschwarzwald | 1,079 |
| Bremen, Stadt | 0,970 |
| Bremerhaven, Stadt | 0,977 |
| Burgenlandkreis | 0,892 |
| Böblingen | 1,111 |
| Börde | 0,887 |
| **C**alw | 1,069 |
| Celle | 0,857 |
| Cham | 0,890 |
| Chemnitz, Stadt | 0,838 |
| Cloppenburg | 0,778 |
| Coburg | 0,995 |
| Coburg, Stadt | 1,103 |
| Cochem-Zell | 1,015 |
| Coesfeld | 0,931 |
| Cottbus, Stadt | 0,799 |
| Cuxhaven | 0,826 |
| **D**achau | 1,182 |
| Dahme-Spreewald | 0,883 |
| Darmstadt, Stadt | 1,029 |

| | |
|---|---:|
| Darmstadt-Dieburg | 1,017 |
| Deggendorf | 0,986 |
| Delmenhorst, Stadt | 0,756 |
| Dessau-Roßlau, Stadt | 0,964 |
| Diepholz | 0,833 |
| Dillingen a.d.Donau | 1,037 |
| Dingolfing-Landau | 0,956 |
| Dithmarschen | 0,945 |
| Donau-Ries | 1,003 |
| Donnersbergkreis | 0,970 |
| Dortmund, Stadt | 0,785 |
| Dresden, Stadt | 0,910 |
| Duisburg, Stadt | 0,933 |
| Düren | 0,968 |
| Düsseldorf, Stadt | 1,018 |
| | |
| **E**bersberg | 1,213 |
| Eichsfeld | 0,866 |
| Eichstätt | 1,052 |
| Eifelkreis Bitburg-Prüm | 0,977 |
| Eisenach, Stadt | 0,907 |
| Elbe-Elster | 0,852 |
| Emden, Stadt | 0,706 |
| Emmendingen | 1,061 |
| Emsland | 0,806 |
| Ennepe-Ruhr-Kreis | 0,933 |
| Enzkreis | 1,027 |
| Erding | 1,105 |
| Erfurt, Stadt | 0,881 |
| Erlangen, Stadt | 1,199 |
| Erlangen-Höchstadt | 1,040 |
| Erzgebirgskreis | 0,904 |
| Essen, Stadt | 0,959 |
| Esslingen | 1,041 |
| Euskirchen | 0,952 |
| | |
| **F**ehmarn, Insel | 1,211 |
| Flensburg, Stadt | 0,807 |
| Forchheim | 1,080 |
| Frankenthal (Pfalz), Stadt | 0,929 |
| Frankfurt (Oder), Stadt | 0,801 |
| Frankfurt am Main, Stadt | 1,007 |
| Freiburg im Breisgau, Stadtkreis | 1,105 |
| Freising | 1,086 |
| Freudenstadt | 1,073 |
| Freyung-Grafenau | 0,982 |
| Friesland, Festlandanteil | 0,857 |
| Friesland, Inselanteil | 1,657 |
| Fulda | 1,001 |
| Föhr, Insel | 1,402 |
| Fürstenfeldbruck | 1,202 |
| Fürth | 1,098 |
| Fürth, Stadt | 1,027 |
| | |
| **G**armisch-Partenkirchen | 1,164 |
| Gelsenkirchen, Stadt | 0,842 |
| Gera, Stadt | 0,908 |
| Germersheim | 0,977 |
| Gießen | 0,999 |
| Gifhorn | 0,842 |
| Goslar | 0,887 |
| Gotha | 0,899 |
| Grafschaft Bentheim | 0,831 |
| Greiz | 0,955 |
| Groß-Gerau | 0,984 |
| Göppingen | 1,028 |
| Görlitz | 0,827 |
| Göttingen | 0,867 |
| Günzburg | 1,066 |
| Gütersloh | 0,927 |
| | |
| **H**agen, Stadt | 0,865 |
| Halle (Saale), Stadt | 0,803 |
| Hamburg, Freie und Hansestadt | 1,183 |
| Hameln-Pyrmont | 0,817 |
| Hamm, Stadt | 0,887 |
| Hannover, Region | 0,901 |
| Harburg | 1,032 |
| Harz | 0,832 |
| Havelland | 0,948 |
| Haßberge | 1,074 |
| Heidekreis | 0,850 |
| Heidelberg, Stadtkreis | 1,029 |
| Heidenheim | 1,019 |
| Heilbronn | 1,036 |
| Heilbronn, Stadtkreis | 0,992 |
| Heinsberg | 0,924 |
| Helgoland, Insel | 1,959 |
| Helmstedt | 0,897 |
| Herford | 0,889 |
| Herne, Stadt | 0,929 |
| Hersfeld-Rotenburg | 1,015 |
| Herzogtum Lauenburg | 0,914 |
| Hiddensee, Insel | 1,123 |
| Hildburghausen | 0,915 |
| Hildesheim | 0,881 |
| Hochsauerlandkreis | 0,936 |
| Hochtaunuskreis | 1,011 |
| Hof | 1,112 |
| Hof, Stadt | 1,101 |
| Hohenlohekreis | 1,031 |
| Holzminden | 0,854 |
| Höxter | 0,907 |
| | |
| **I**lm-Kreis | 0,816 |
| Ingolstadt, Stadt | 1,117 |

| | |
|---|---:|
| **J**ena, Stadt | 0,942 |
| Jerichower Land | 0,814 |
| Juist, Insel | 1,294 |
| | |
| **K**aiserslautern | 0,960 |
| Kaiserslautern, Stadt | 0,919 |
| Karlsruhe | 1,022 |
| Karlsruhe, Stadtkreis | 1,120 |
| Kassel | 0,977 |
| Kassel, Stadt | 1,043 |
| Kaufbeuren | 1,025 |
| Kelheim | 1,038 |
| Kempten (Allgäu) | 0,966 |
| Kiel, Stadt | 1,045 |
| Kitzingen | 1,066 |
| Kleve | 0,950 |
| Koblenz, Stadt | 0,984 |
| Konstanz | 1,086 |
| Krefeld, Stadt | 0,905 |
| Kronach | 1,164 |
| Kulmbach | 1,047 |
| Kusel | 0,926 |
| Kyffhäuserkreis | 0,872 |
| Köln, Stadt | 0,984 |
| | |
| **L**ahn-Dill-Kreis | 0,993 |
| Landau in der Pfalz, Stadt | 0,919 |
| Landsberg am Lech | 1,176 |
| Landshut | 0,992 |
| Landshut, Stadt | 1,149 |
| Langeoog, Insel | 1,406 |
| Leer, Festlandanteil | 0,738 |
| Leer, Inselanteil | 1,038 |
| Leipzig | 0,956 |
| Leipzig, Stadt | 0,780 |
| Leverkusen, Stadt | 0,930 |
| Lichtenfels | 1,053 |
| Limburg-Weilburg | 0,999 |
| Lindau (Bodensee) | 1,053 |
| Lippe | 0,903 |
| Ludwigsburg | 1,079 |
| Ludwigshafen am Rhein, Stadt | 0,971 |
| Ludwigslust-Parchim | 0,924 |
| Lörrach | 1,053 |
| Lübeck, Hansestadt | 1,014 |
| Lüchow-Dannenberg | 0,841 |
| Lüneburg | 0,932 |
| | |
| **M**agdeburg, Stadt | 0,837 |
| Main-Kinzig-Kreis | 0,988 |
| Main-Spessart | 1,069 |
| Main-Tauber-Kreis | 1,054 |
| Main-Taunus-Kreis | 0,998 |
| Mainz, Stadt | 0,980 |
| Mainz-Bingen | 1,028 |
| Mannheim, Stadtkreis | 0,975 |
| Mansfeld-Südharz | 0,847 |
| Marburg-Biedenkopf | 1,004 |
| Mayen-Koblenz | 0,974 |
| Mecklenburgische Seenplatte | 0,904 |
| Meißen | 0,928 |
| Memmingen | 1,037 |
| Merzig-Wadern | 0,987 |
| Mettmann | 0,889 |
| Miesbach | 1,260 |
| Miltenberg | 1,121 |
| Minden-Lübbecke | 0,882 |
| Mittelsachsen | 0,885 |
| Märkisch-Oderland | 0,884 |
| Märkischer Kreis | 0,918 |
| Mönchengladbach, Stadt | 0,901 |
| Mühldorf a.Inn | 1,032 |
| Mülheim an der Ruhr, Stadt | 0,904 |
| München | 1,298 |
| München, Stadt | 1,573 |
| Münster, Stadt | 0,886 |
| | |
| **N**eckar-Odenwald-Kreis | 1,036 |
| Neu-Ulm | 1,066 |
| Neuburg-Schrobenhausen | 1,059 |
| Neumarkt i.d.OPf. | 1,010 |
| Neumünster, Stadt | 0,884 |
| Neunkirchen | 0,977 |
| Neustadt a.d.Aisch-Bad Windsheim | 1,112 |
| Neustadt a.d.Waldnaab | 1,042 |
| Neustadt an der Weinstraße, Stadt | 1,019 |
| Neuwied | 0,910 |
| Nienburg (Weser) | 0,674 |
| Norderney, Insel | 1,294 |
| Nordfriesland, Festlandanteil | 1,052 |
| Nordfriesland, Inselanteil | 1,402 |
| Nordhausen | 0,832 |
| Nordsachsen | 0,909 |
| Nordwest-Mecklenburg, Inselanteil | 1,191 |
| Nordwestmecklenburg, Festlandanteil | 0,941 |
| Northeim | 0,890 |
| Nürnberg, Stadt | 1,064 |
| Nürnberger Land | 1,065 |
| | |
| **O**berallgäu | 1,040 |
| Oberbergischer Kreis | 0,941 |
| Oberhausen, Stadt | 0,917 |
| Oberhavel | 0,939 |
| Oberspreewald-Lausitz | 0,865 |
| Odenwaldkreis | 1,000 |
| Oder-Spree | 0,914 |

| | |
|---|---:|
| Offenbach | 1,000 |
| Offenbach am Main, Stadt | 0,968 |
| Oldenburg | 0,840 |
| Oldenburg (Oldb), Stadt | 0,857 |
| Olpe | 1,019 |
| Ortenaukreis | 1,035 |
| Osnabrück | 0,820 |
| Osnabrück, Stadt | 0,787 |
| Ostalbkreis | 1,034 |
| Ostallgäu | 1,076 |
| Osterholz | 0,836 |
| Ostholstein, Festlandanteil | 0,961 |
| Ostholstein, Inselanteil | 1,211 |
| Ostprignitz-Ruppin | 0,905 |
| | |
| **P**aderborn | 0,898 |
| Passau | 0,964 |
| Passau, Stadt | 1,075 |
| Peine | 0,883 |
| Pellworm, Insel | 1,402 |
| Pfaffenhofen a.d.Ilm | 1,076 |
| Pforzheim, Stadtkreis | 0,998 |
| Pinneberg, Festlandanteil | 0,959 |
| Pinneberg, Inselanteil | 1,959 |
| Pirmasens, Stadt | 0,961 |
| Plön | 1,014 |
| Poel, Insel | 1,191 |
| Potsdam, Stadt | 1,041 |
| Potsdam-Mittelmark | 0,987 |
| Prignitz | 0,807 |
| | |
| **R**astatt | 1,004 |
| Ravensburg | 1,021 |
| Recklinghausen | 0,872 |
| Regen | 0,990 |
| Regensburg | 1,028 |
| Regensburg, Stadt | 1,109 |
| Rems-Murr-Kreis | 1,042 |
| Remscheid, Stadt | 0,882 |
| Rendsburg-Eckernförde | 0,939 |
| Reutlingen | 1,021 |
| Rhein-Erft-Kreis | 0,948 |
| Rhein-Hunsrück-Kreis | 1,005 |
| Rhein-Kreis Neuss | 0,864 |
| Rhein-Lahn-Kreis | 0,998 |
| Rhein-Neckar-Kreis | 1,058 |
| Rhein-Pfalz-Kreis | 0,971 |
| Rhein-Sieg-Kreis | 0,961 |
| Rheingau-Taunus-Kreis | 1,031 |
| Rheinisch-Bergischer Kreis | 0,986 |
| Rhön-Grabfeld | 1,040 |
| Rosenheim | 1,193 |
| Rosenheim, Stadt | 1,099 |
| Rostock | 0,966 |
| Rostock, Stadt | 0,997 |
| Rotenburg (Wümme) | 0,767 |
| Roth | 1,017 |
| Rottal-Inn | 1,001 |
| Rottweil | 1,002 |
| Rügen, Insel | 1,123 |
| | |
| **S**aale-Holzland-Kreis | 0,870 |
| Saale-Orla-Kreis | 0,822 |
| Saalekreis | 0,847 |
| Saalfeld-Rudolstadt | 0,980 |
| Saarbrücken, Regionalverband | 0,948 |
| Saarlouis | 0,973 |
| Saarpfalz-Kreis | 0,990 |
| Salzgitter, Stadt | 0,848 |
| Salzlandkreis | 0,808 |
| Schaumburg | 0,859 |
| Schleswig-Flensburg | 0,928 |
| Schmalkalden-Meiningen | 0,979 |
| Schwabach, Stadt | 1,123 |
| Schwalm-Eder-Kreis | 0,978 |
| Schwandorf | 1,002 |
| Schwarzwald-Baar-Kreis | 1,000 |
| Schweinfurt | 1,061 |
| Schweinfurt, Stadt | 1,012 |
| Schwerin, Stadt | 1,054 |
| Schwäbisch Hall | 0,976 |
| Segeberg | 0,974 |
| Siegen-Wittgenstein | 0,968 |
| Sigmaringen | 1,038 |
| Soest | 0,945 |
| Solingen, Stadt | 0,881 |
| Sonneberg | 0,951 |
| Speyer, Stadt | 1,132 |
| Spiekeroog, Insel | 1,406 |
| Spree-Neiße | 0,788 |
| St. Wendel | 1,017 |
| Stade | 0,899 |
| Starnberg | 1,310 |
| Steinburg | 0,930 |
| Steinfurt | 0,921 |
| Stendal | 0,739 |
| Stormarn | 0,984 |
| Straubing, Stadt | 1,207 |
| Straubing-Bogen | 1,027 |
| Stuttgart, Stadtkreis | 1,136 |
| Suhl, Stadt | 1,021 |
| Sylt, Insel | 1,402 |
| Sächsische Schweiz-Osterzgebirge | 0,962 |
| Sömmerda | 0,883 |
| Südliche Weinstraße | 0,984 |
| Südwestpfalz | 0,971 |

| | |
|---|---|
| **T**eltow-Fläming | 0,971 |
| Tirschenreuth | 0,995 |
| Traunstein | 1,138 |
| Trier, Stadt | 1,039 |
| Trier-Saarburg | 1,054 |
| Tuttlingen | 1,025 |
| Tübingen | 1,023 |
| | |
| **U**ckermark | 0,829 |
| Uelzen | 0,868 |
| Ulm, Stadtkreis | 1,053 |
| Unna | 0,882 |
| Unstrut-Hainich-Kreis | 0,862 |
| Unterallgäu | 0,996 |
| Usedom, Insel | 1,134 |
| | |
| **V**echta | 0,845 |
| Verden | 0,890 |
| Viersen | 0,976 |
| Vogelsbergkreis | 0,957 |
| Vogtlandkreis | 0,925 |
| Vorpommern-Greifswald, Festlandanteil | 0,884 |
| Vorpommern-Greifswald, Inselanteil | 1,134 |
| Vorpommern-Rügen, Festlandanteil | 0,873 |
| Vorpommern-Rügen, Inselanteil | 1,123 |
| Vulkaneifel | 0,988 |
| | |
| **W**aldeck-Frankenberg | 0,981 |
| Waldshut | 1,099 |
| Wangerooge, Insel | 1,657 |
| Warendorf | 0,912 |
| Wartburgkreis | 0,928 |
| Weiden i.d.OPf., Stadt | 0,996 |
| Weilheim-Schongau | 1,156 |
| Weimar, Stadt | 0,997 |
| Weimarer Land | 0,948 |
| Weißenburg-Gunzenhausen | 1,061 |
| Werra-Meißner-Kreis | 0,969 |
| Wesel | 0,896 |
| Wesermarsch | 0,810 |
| Westerwaldkreis | 0,952 |
| Wetteraukreis | 1,019 |
| Wiesbaden, Stadt | 1,016 |
| Wilhelmshaven, Stadt | 0,821 |
| Wittenberg | 0,816 |
| Wittmund, Festlandanteil | 0,776 |
| Wittmund, Inselanteil | 1,406 |
| Wolfenbüttel | 0,872 |
| Wolfsburg, Stadt | 0,887 |
| Worms, Stadt | 0,964 |
| Wunsiedel i.Fichtelgebirge | 1,117 |
| Wuppertal, Stadt | 0,848 |
| Würzburg | 1,083 |
| Würzburg, Stadt | 1,221 |

| | |
|---|---|
| **Z**ingst, Insel | 1,123 |
| Zollernalbkreis | 1,034 |
| Zweibrücken, Stadt | 1,036 |
| Zwickau | 0,949 |